찐합격

당신도 이번에 반드시 합격합니다!

전기⑥ | 실기

소방설비산업기사

본문 및 10개년 과년도

우석대학교 소방방재학과 교수 공하성

BM (주)도서출판 성안당

원퀵으로
기출문제를
보내고
원퀵으로
소방책을 받자!!

2025 소방설비산업기사, 소방설비기사 시험을 보신 후 기출문제를 재구성하여 성안당 출판사에 15문제 이상 보내주신 분에게 공하성 교수님의 소방시리즈 책 중 한 권을 무료로 보내드립니다.

독자 여러분들이 보내주신 재구성한 기출문제는 보다 더 나은 책을 만드는 데 큰 도움이 됩니다.

이메일 coh@cyber.co.kr(최옥현) | ※ 메일을 보내실 때 성함, 연락처, 주소를 꼭 기재해 주시기 바랍니다.

- 무료로 제공되는 책은 독자분께서 보내주신 기출문제를 공하성 교수님이 검토 후 보내드립니다.
- 책 무료 증정은 조기에 마감될 수 있습니다.

도서 A/S 안내

성안당에서 발행하는 모든 도서는 저자와 출판사, 그리고 독자가 함께 만들어 나갑니다.

좋은 책을 펴내기 위해 많은 노력을 기울이고 있습니다. 혹시라도 내용상의 오류나 오탈자 등이 발견되면 **"좋은 책은 나라의 보배"**로서 우리 모두가 함께 만들어 간다는 마음으로 연락주시기 바랍니다. 수정 보완하여 더 나은 책이 되도록 최선을 다하겠습니다.

성안당은 늘 독자 여러분들의 소중한 의견을 기다리고 있습니다. 좋은 의견을 보내주시는 분께는 성안당 쇼핑몰의 포인트(3,000포인트)를 적립해 드립니다.

잘못 만들어진 책이나 부록 등이 파손된 경우에는 교환해 드립니다.

저자 문의 : http://pf.kakao.com/_TZKbxj
Daum cafe.daum.net/firepass
NAVER cafe.naver.com/fireleader

본서 기획자 e-mail : coh@cyber.co.kr(최옥현)

홈페이지 : http://www.cyber.co.kr 전화 : 031) 950-6300

머리말

God loves you, and has a wonderful plan for you.

안녕하십니까?

우석대학교 소방방재학과 교수 공하성입니다.

지난 30년간 보내주신 독자 여러분의 아낌없는 찬사에 진심으로 감사드립니다.

앞으로도 변함없는 성원을 부탁드리며, 여러분들의 성원에 힘입어 항상 더 좋은 책으로 거듭나겠습니다.

이 책의 특징은 학원 강의를 듣듯 정말 자세하게 설명해 놓았습니다. 책을 한 장 한 장 넘길 때마다 확연하게 느낄 것입니다.

또한, 기존 시중에 있는 다른 책들의 잘못 설명된 점들에 대하여 지적해 놓음으로써 여러 권의 책을 가지고 공부하는 독자들에게 혼동의 소지가 없도록 하였습니다.

일반적으로 소방설비산업기사의 기출문제를 분석해보면 문제은행식으로 과년도 문제가 매년 거듭 출제되고 있습니다. 그러므로 과년도 문제만 풀어보아도 충분히 합격할 수가 있습니다.

이 책은 여기에 중점을 두어 국내 최다의 과년도 문제를 실었습니다. 과년도 문제가 응용문제를 풀 수 있는 가장 좋은 문제입니다.

또한, 각 문제마다 아래와 같이 중요도를 표시하였습니다.

별표없는것	출제빈도 10%	★	출제빈도 30%
★★	출제빈도 70%	★★★	출제빈도 90%

본 책에는 일부 잘못된 부분이 있을 수 있으며, 잘못된 부분에 대해서는 발견 즉시 성안당(www.cyber.co.kr) 또는 예스미디어(www.ymg.kr)에 올리도록 하고, 새로운 책이 나올 때마다 늘 수정·보완하도록 하겠습니다. 원고 정리를 도와준 안재천 교수님, 김혜원 님에게 감사를 드립니다.

끝으로 이 책에 대한 모든 영광을 그 분께 돌려드립니다.

공하성 올림

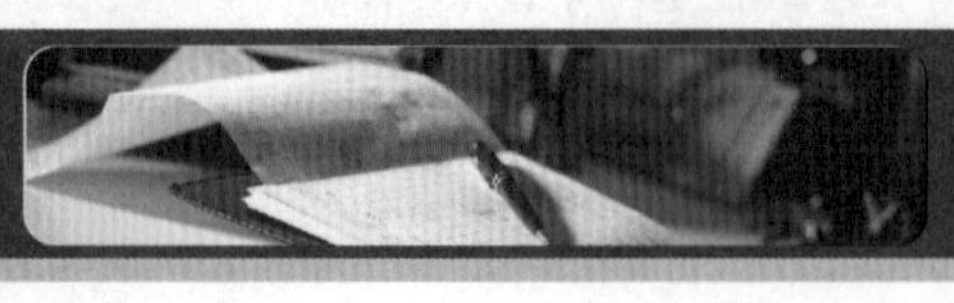

소방설비산업기사 출제경향분석

(최근 10년간 출제된 과년도 문제 분석)

1. 자동화재탐지설비	30.3%
2. 자동화재속보설비	0.1%
3. 비상경보설비	0.7%
4. 비상방송설비	2.4%
5. 누전경보기	7.3%
6. 가스누설경보기	1.4%
7. 유도등 · 유도표지	3.5%
8. 비상조명등	0.4%
9. 비상콘센트설비	3.0%
10. 무선통신보조설비	3.6%
11. 옥내소화전설비	1.0%
12. 옥외소화전설비	
13. 스프링클러설비	4.5%
14. 물분무소화설비	
15. 포소화설비	
16. 이산화탄소 소화설비	3.8%
17. 할론소화설비	4.3%
18. 분말소화설비	0.5%
19. 제연설비	1.5%
20. 연결송수관설비	
21. 소방전기설비	7.3%
22. 배선시공기준	11.8%
23. 시퀀스회로	7.6%
24. 배연창설비	0.3%
25. 자동방화문설비	
26. 방화셔터설비	
27. 옥내배선기호	4.7%

수험자 유의사항

– 공통 유의사항

1. 시험 시작 시간 이후 입실 및 응시가 불가하며, 수험표 및 접수내역 사전확인을 통한 시험장 위치, 시험장 입실 가능 시간을 숙지하시기 바랍니다.
2. 시험 준비물 : 공단인정 신분증, 수험표, 계산기(필요 시), 흑색 볼펜류 필기구(필답, 기술사 필기), 계산기(필요 시), 수험자 지참 준비물(작업형 실기)
   ※ 공학용 계산기는 일부 등급에서 제한된 모델로만 사용이 가능하므로 사전에 필히 확인 후 지참 바랍니다.
3. 부정행위 관련 유의사항 : 시험 중 다음과 같은 행위를 하는 자는 국가기술자격법 제10조 제6항의 규정에 따라 당해 검정을 중지 또는 무효로 하고 3년간 국가기술자격법에 의한 검정을 받을 자격이 정지됩니다.
   - 시험 중 다른 수험자와 시험과 관련된 대화를 하거나 답안지(작품 포함)를 교환하는 행위
   - 시험 중 다른 수험자의 답안지(작품) 또는 문제지를 엿보고 답안을 작성하거나 작품을 제작하는 행위
   - 다른 수험자를 위하여 답안(실기작품의 제작방법 포함)을 알려 주거나 엿보게 하는 행위
   - 시험 중 시험문제 내용과 관련된 물건을 휴대하여 사용하거나 이를 주고받는 행위
   - 시험장 내외의 자로부터 도움을 받고 답안지를 작성하거나 작품을 제작하는 행위
   - 다른 수험자와 성명 또는 수험번호(비번호)를 바꾸어 제출하는 행위
   - 대리시험을 치르거나 치르게 하는 행위
   - 시험시간 중 통신기기 및 전자기기를 사용하여 답안지를 작성하거나 다른 수험자를 위하여 답안을 송신하는 행위
   - 그 밖에 부정 또는 불공정한 방법으로 시험을 치르는 행위
4. 시험시간 중 전자·통신기기를 비롯한 불허물품 소지가 적발되는 경우 퇴실조치 및 당해 시험은 무효처리가 됩니다.

– 실기시험 수험자 유의사항

1. 문제지를 받는 즉시 응시 종목의 문제가 맞는지 확인하셔야 합니다.
2. 답안지 내 인적 사항 및 답안작성(계산식 포함)은 **검정색** 필기구만을 계속 사용하여야 합니다.
3. 답안정정 시에는 **두 줄**(=)을 긋고 다시 **기재 가능**하며, **수정 테이프 사용** 또한 **가능**합니다.
4. 계산문제는 반드시 '계산과정'과 '답'란에 정확히 기재하여야 하며 계산과정이 틀리거나 없는 경우 0점 처리됩니다.
   ※ 연습이 필요 시 연습란을 이용하여야 하며, 연습란은 채점대상이 아닙니다.
5. 계산문제는 최종 결과값(답)에서 소수 셋째자리에서 반올림하여 둘째자리까지 구하여야 하나 개별 문제에서 소수처리에 대한 별도 요구사항이 있을 경우, 그 요구사항에 따라야 합니다.
6. 답에 단위가 없으면 오답으로 처리됩니다. (단, 문제의 요구사항에 단위가 주어졌을 경우는 생략되어도 무방합니다)
7. 문제에서 요구한 가지 수 이상을 답란에 표기한 경우, 답란기재 순으로 요구한 가지 수만 채점합니다.

CONTENTS

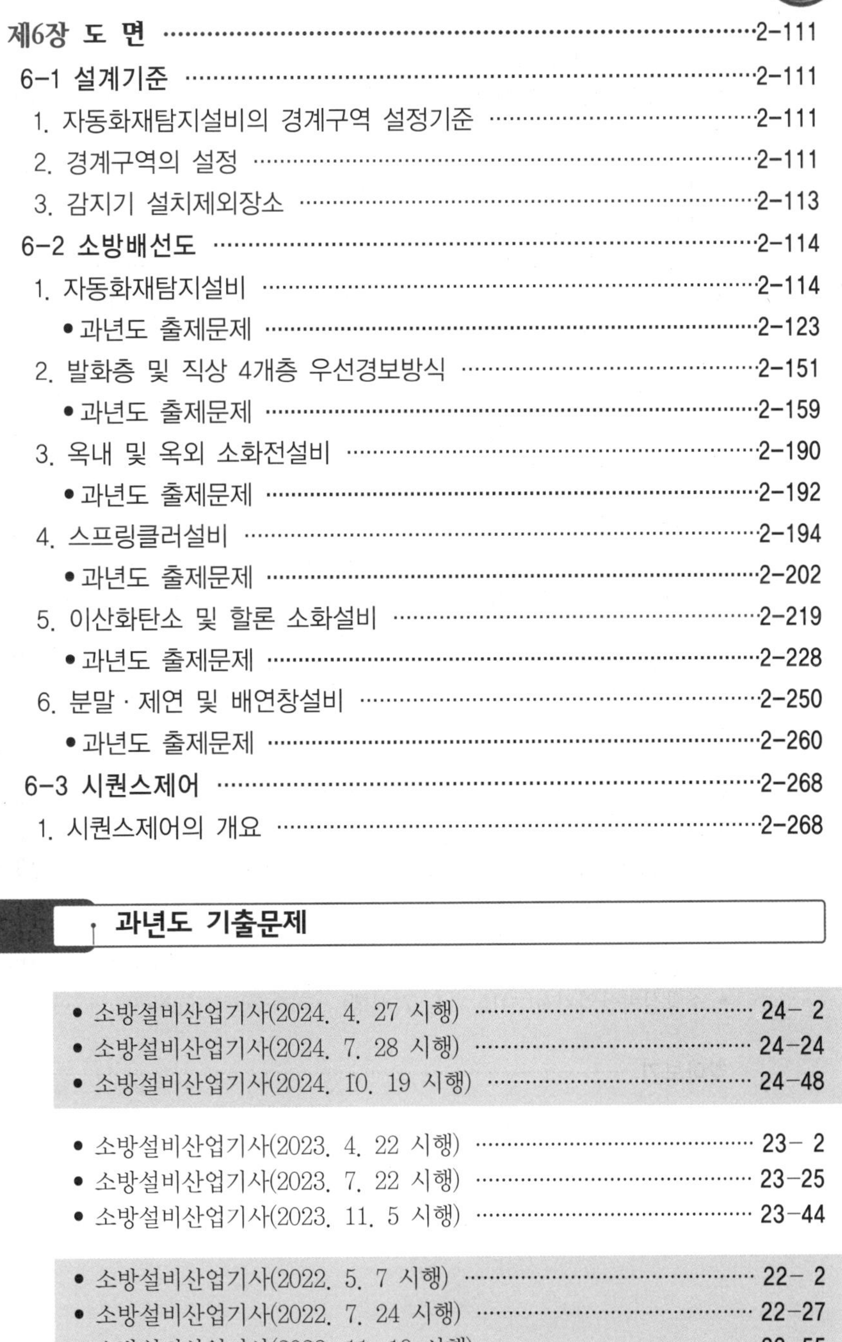

차 례

과년도 기출문제

CONTENTS

책선정시 유의사항

첫째 **저자의 지명도를 보고 선택할 것**
(저자가 책의 모든 내용을 집필하기 때문)

둘째 **문제에 대한 100% 상세한 해설이 있는지 확인할 것**
(해설이 없을 경우 문제 이해에 어려움이 있음)

셋째 **과년도문제가 많이 수록되어 있는 것을 선택할 것**
(국가기술자격시험은 대부분 과년도문제에서 출제되기 때문)

넷째 **핵심내용을 정리한 요점 노트가 있는지 확인할 것**
(요점 노트가 있으면 중요사항을 쉽게 구분할 수 있기 때문)

시험안내

소방설비산업기사 실기(전기분야) 시험내용

구 분	내 용
시험 과목	소방전기시설 설계 및 시공실무
출제 문제	12~18문제
합격 기준	60점 이상
시험 시간	2시간 30분
문제 유형	필답형

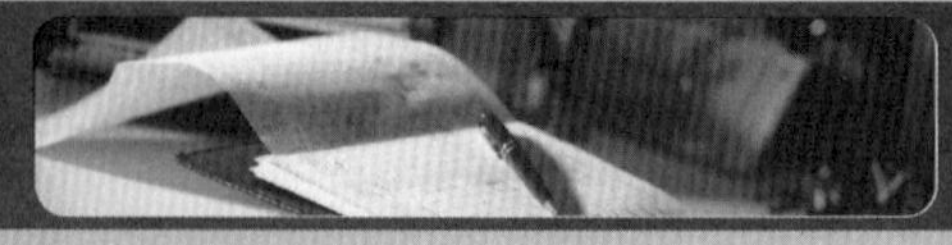

이 책의 특징

(2) 자동화재 탐지설비의 발신기 설치기준(NFSC 203⑨)

❶ 소방대상물의 층마다 설치하고, 수평거리가 25[m] 이하가 되도록 할 것

❷ 조작이 쉬운 장소에 설치하고 스위치는 바닥에서 0.8~1.5[m] 이하의 높이에 설치

● 초스피드 기억법 

층수발조바(층계위의 조수 발좀봐.)

반드시 암기해야 할 사항은 기억법을 적용하여 한번에 암기되도록 함

각 문제마다 중요도를 표시하여 ★이 많은 것은 특별히 주의깊게 보도록 하였음

각 문제마다 배점을 표시하여 배점기준을 파악할 수 있도록 하였음

☆☆☆

문제 06

어느 건물의 자동화재탐지설비의 수신기를 보니 스위치 주의등이 점멸하고 있었다. 어떤 경우에 점멸하는지 그 원인을 2가지만 예를 들어 설명하시오.

득점	배점
	4

○

○

해답 ① 지구경종 정지스위치 ON시
② 주경종 정지스위치 ON시

해설 **스위치 주의등 점멸**시의 **원인**
① 지구경종 정지스위치 ON시
② 주경종 정지스위치 ON시
③ 자동복구 스위치 ON시
④ 도통시험 스위치 ON시
등으로 각 스위치가 ON상태에서 점멸한다.

특히, 중요한 내용은 별도로 정리하여 쉽게 암기할 수 있도록 하였음

중요

교차회로방식

구분	설명
정의	하나의 방호구역 내에 2 이상의 화재감지기 회로를 설치하고 인접한 2 이상의 화재감지기가 동시에 감지되는 때에 스프링클러 설비가 작동되도록 하는 방식
적용설비	① 분말소화설비 ② CO^2 소화설비 ③ 할론 소화설비 ④ 준비작동식 스프링클러 설비 ⑤ 일제살수식 스프링클러 설비 ⑥ 청정소화약제 소화설비

참고

실드선의 **단면** 및 **외형**

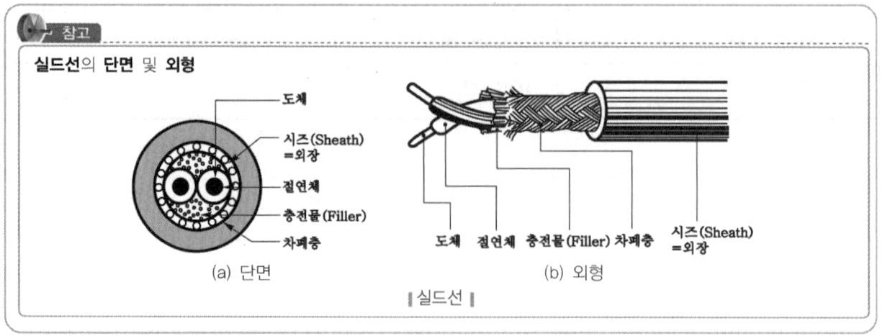

(a) 단면 (b) 외형

‖실드선‖

이 책의 공부방법

첫째, 요점노트를 읽고 숙지한다.
(요점노트에서 평균 60% 이상이 출제되기 때문에 항상 휴대하고 다니며 틈날 때마다 눈에 익힌다.)

둘째, 초스피드 기억법을 읽고 숙지한다.
(특히 혼동되면서 중요한 내용들은 기억법을 적용하여 쉽게 암기할 수 있도록 하였으므로 꼭 기억한다.)

셋째, 본 책의 출제문제 수를 파악하고, 시험 때까지 5번 정도 반복하여 공부할 수 있도록 1일 공부 분량을 정한다.
(이때 너무 무리하지 않도록 1주일에 하루 정도는 쉬는 것으로 하여 계획을 짜는 것이 좋겠다.)

넷째, 암기할 사항은 확실하게 암기할 것
(대충 암기할 경우 실제시험에서는 답안을 작성하기 어려움)

다섯째, 시험장에 갈 때에도 책과 요점노트는 반드시 지참한다.
(가능한 한 대중교통을 이용하여 시험장으로 향하는 동안에도 요점노트를 계속 본다.)

여섯째, 시험장에 도착해서는 책을 다시 한번 훑어본다.
(마지막 5분까지 최선을 다하면 반드시 한 번에 합격할 수 있다.)

일곱째, 설치기준은 초스피드 기억법에 있는 설치기준을 암기할 것
(좀 더 쉽게 암기할 수 있도록 구성해 놓았기 때문)

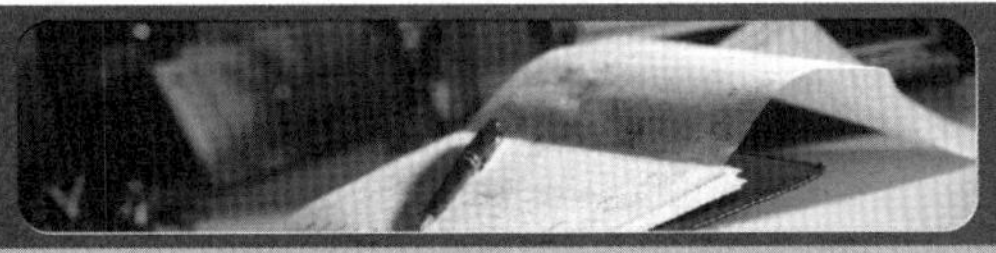

단위환산표

단위환산표(전기분야)

명 칭	기 호	크 기	명 칭	기 호	크 기
테라(tera)	T	10^{12}	피코(pico)	p	10^{-12}
기가(giga)	G	10^{9}	나노(nano)	n	10^{-9}
메가(mega)	M	10^{6}	마이크로(micro)	μ	10^{-6}
킬로(kilo)	k	10^{3}	밀리(milli)	m	10^{-3}
헥토(hecto)	h	10^{2}	센티(centi)	c	10^{-2}
데카(deka)	D	10^{1}	데시(deci)	d	10^{-1}

〈보기〉

- $1\text{km}=10^{3}\text{m}$
- $1\text{mm}=10^{-3}\text{m}$
- $1\text{pF}=10^{-12}\text{F}$
- $1\mu\text{m}=10^{-6}\text{m}$

단위읽기표(전기분야)

여러분들이 고민하는 것 중 하나가 단위를 어떻게 읽느냐 하는 것일 듯합니다. 그 방법을 속시원하게 공개해 드립니다.

(알파벳 순)

단위	단위 읽는법	단위의 의미(물리량)
[Ah]	암페어 아워(Ampere hour)	축전지의 용량
[AT/m]	암페어 턴 퍼 미터(Ampere Turn per meter)	자계의 세기
[AT/Wb]	암페어 턴 퍼 웨버(Ampere Turn per Weber)	자기저항
[atm]	에이 티 엠(atmosphere)	기압, 압력
[AT]	암페어 턴(Ampere Turn)	기자력
[A]	암페어(Ampere)	전류
[BTU]	비티유(British Thermal Unit)	열량
[C/m^2]	쿨롱 퍼 제곱 미터(Coulomb per meter square)	전속밀도
[cal/g]	칼로리 퍼 그램(calorie per gram)	융해열, 기화열
[cal/g℃]	칼로리 퍼 그램 도씨(calorie per gram degree Celsius)	비열
[cal]	칼로리(calorie)	에너지, 일
[C]	쿨롱(Coulomb)	전하(전기량)
[dB/m]	데시벨 퍼 미터(deciBel per meter)	감쇠정수
[dyn], [dyne]	다인(dyne)	힘
[erg]	에르그(erg)	에너지, 일
[F/m]	패럿 퍼 미터(Farad per meter)	유전율
[F]	패럿(Farad)	정전용량(커패시턴스)
[gauss]	가우스(gauss)	자화의 세기
[g]	그램(gram)	질량
[H/m]	헨리 퍼 미터(Henry per meter)	투자율
[HP]	마력(Horse Power)	일률
[Hz]	헤르츠(Hertz)	주파수
[H]	헨리(Henry)	인덕턴스
[h]	아워(hour)	시간
[J/m^3]	줄 퍼 세제곱 미터(Joule per meter cubic)	에너지 밀도
[J]	줄(Joule)	에너지, 일
[kg/m^2]	킬로그램 퍼 제곱 미터(kilogram per meter square)	화재하중
[K]	케이(Kelvin temperature)	켈빈온도
[lb]	파운드(pound)	중량
[m^{-1}]	미터 마이너스 일제곱(meter－)	감광계수
[m/min]	미터 퍼 미뉴트(meter per minute)	속도
[m/s], [m/sec]	미터 퍼 세컨드(meter per second)	속도
[m^2]	제곱 미터(meter square)	면적

단위읽기표

단위	단위 읽는법	단위의 의미(물리량)
〔maxwell/m^2〕	맥스웰 퍼 제곱 미터(maxwell per meter square)	자화의 세기
〔mol〕, 〔mole〕	몰(mole)	물질의 양
〔m〕	미터(meter)	길이
〔N/C〕	뉴턴 퍼 쿨롱(Newton per Coulomb)	전계의 세기
〔N〕	뉴턴(Newton)	힘
〔N·m〕	뉴턴 미터(Newton meter)	회전력
〔PS〕	미터마력(PferdeStarke)	일률
〔rad/m〕	라디안 퍼 미터(radian per meter)	위상정수
〔rad/s〕, 〔rad/sec〕	라디안 퍼 세컨드(radian per second)	각주파수, 각속도
〔rad〕	라디안(radian)	각도
〔rpm〕	알피엠(revolution per minute)	동기속도, 회전속도
〔S〕	지멘스(Siemens)	컨덕턴스
〔s〕, 〔sec〕	세컨드(second)	시간
〔V/cell〕	볼트 퍼 셀(Volt per cell)	축전지 1개의 최저 허용전압
〔V/m〕	볼트 퍼 미터(Volt per meter)	전계의 세기
〔Var〕	바르(Var)	무효전력
〔VA〕	볼트 암페어(Volt Ampere)	피상전력
〔vol%〕	볼륨 퍼센트(volume percent)	농도
〔V〕	볼트(Volt)	전압
〔W/m^2〕	와트 퍼 제곱 미터(watt per meter square)	대류열
〔W/m^2·K^3〕	와트 퍼 제곱 미터 케이 세제곱(Watt per meter square Kelvin cubic)	스테판 볼츠만 상수
〔W/m^2·℃〕	와트 퍼 제곱 미터 도씨(Watt per meter square degree Celsius)	열전달률
〔W/m^3〕	와트 퍼 세제곱 미터(Watt per meter cubic)	와전류손
〔W/m·K〕	와트 퍼 미터 케이(Watt per meter Kelvin)	열전도율
〔W/sec〕, 〔W/s〕	와트 퍼 세컨드(Watt per second)	전도열
〔Wb/m^2〕	웨버 퍼 제곱 미터(Weber per meter square)	자화의 세기
〔Wb〕	웨버(Weber)	자극의 세기, 자속, 자화
〔Wb·m〕	웨버 미터(Weber meter)	자기모멘트
〔W〕	와트(Watt)	전력, 유효전력(소비전력)
〔°F〕	도에프(degree Fahrenheit)	화씨온도
〔°R〕	도알(degree Rankine temperature)	랭킨온도
〔Ω^{-1}〕	옴 마이너스 일제곱(ohm-)	컨덕턴스
〔Ω〕	옴(ohm)	저항
〔℧〕	모(mho)	컨덕턴스
〔℃〕	도씨(degree Celsius)	섭씨온도

단위읽기표

(가나다 순)

단위의 의미(물리량)	단위	단위 읽는 법
각도	[rad]	라디안(radian)
각주파수, 각속도	[rad/s], [rad/sec]	라디안 퍼 세컨드(radian per second)
감광계수	[m^{-1}]	미터 마이너스 일제곱(meter−)
감쇠정수	[dB/m]	데시벨 퍼 미터(deciBel per meter)
기압, 압력	[atm]	에이 티 엠(atmosphere)
기자력	[AT]	암페어 턴(Ampere Turn)
길이	[m]	미터(meter)
농도	[vol%]	볼륨 퍼센트(volume percent)
대류열	[W/m^2]	와트 퍼 제곱 미터(watt per meter square)
동기속도, 회전속도	[rpm]	알피엠(revolution per minute)
랭킨온도	[°R]	도알(degree Rankine temperature)
면적	[m^2]	제곱 미터(meter square)
무효전력	[Var]	바르(Var)
물질의 양	[mol], [mole]	몰(mole)
비열	[cal/g℃]	칼로리 퍼 그램 도씨(calorie per gram degree Celsius)
섭씨온도	[℃]	도씨(degree Celsius)
속도	[m/min]	미터 퍼 미뉴트(meter per minute)
속도	[m/s], [m/sec]	미터 퍼 세컨드(meter per second)
스테판 볼츠만 상수	[$W/m^2 \cdot K^3$]	와트 퍼 제곱 미터 케이 세제곱(Watt per meter square Kelvin cubic)
시간	[h]	아워(hour)
시간	[s], [sec]	세컨드(second)
에너지 밀도	[J/m^3]	줄 퍼 세제곱 미터(Joule per meter cubic)
에너지, 일	[cal]	칼로리(calorie)
에너지, 일	[erg]	에르그(erg)
에너지, 일	[J]	줄(Joule)
열량	[BTU]	비티유(British Thermal Unit)
열전달률	[$W/m^2 \cdot$℃]	와트 퍼 제곱 미터 도씨(Watt per meter square degree Celsius)
열전도율	[$W/m \cdot K$]	와트 퍼 미터 케이(Watt per meter Kelvin)
와전류손	[W/m^3]	와트 퍼 세제곱 미터(Watt per meter cubic)
위상정수	[rad/m]	라디안 퍼 미터(radian per meter)
유전율	[F/m]	패럿 퍼 미터(Farad per meter)
융해열, 기화열	[cal/g]	칼로리 퍼 그램(calorie per gram)

단위읽기표

단위의 의미(물리량)	단위	단위 읽는 법
인덕턴스	〔H〕	헨리(Henry)
일률	〔HP〕	마력(Horse Power)
일률	〔PS〕	미터마력(PferdeStarke)
자계의 세기	〔AT/m〕	암페어 턴 퍼 미터(Ampere Turn per meter)
자극의 세기, 자속, 자화	〔Wb〕	웨버(Weber)
자기모멘트	〔Wb·m〕	웨버 미터(Weber meter)
자기저항	〔AT/Wb〕	암페어 턴 퍼 웨버(Ampere Turn per Weber)
자화의 세기	〔gauss〕	가우스(gauss)
자화의 세기	〔maxwell/m^2〕	맥스웰 퍼 제곱 미터(maxwell per meter square)
자화의 세기	〔Wb/m^2〕	웨버 퍼 제곱 미터(Weber per meter square)
저항	〔Ω〕	옴(ohm)
전계의 세기	〔N/C〕	뉴턴 퍼 쿨롱(Newton per Coulomb)
전계의 세기	〔V/m〕	볼트 퍼 미터(Volt per meter)
전도열	〔W/sec〕, 〔W/s〕	와트 퍼 세컨드(Watt per second)
전력, 유효전력(소비전력)	〔W〕	와트(Watt)
전류	〔A〕	암페어(Ampere)
전속밀도	〔C/m^2〕	쿨롱 퍼 제곱 미터(Coulomb per meter square)
전압	〔V〕	볼트(Volt)
전하(전기량)	〔C〕	쿨롱(Coulomb)
정전용량(커패시턴스)	〔F〕	패럿(Farad)
주파수	〔Hz〕	헤르츠(Hertz)
중량	〔lb〕	파운드(pound)
질량	〔g〕	그램(gram)
축전지 1개의 최저 허용전압	〔V/cell〕	볼트 퍼 셀(Volt per cell)
축전지의 용량	〔Ah〕	암페어 아워(Ampere hour)
컨덕턴스	〔S〕	지멘스(Siemens)
컨덕턴스	〔℧〕	모(mho)
컨덕턴스	〔$Ω^{-1}$〕	옴 마이너스 일제곱(ohm−)
켈빈온도	〔K〕	케이(Kelvin temperature)
투자율	〔H/m〕	헨리 퍼 미터(Henry per meter)
피상전력	〔VA〕	볼트 암페어(Volt Ampere)
화씨온도	〔°F〕	도에프(degree Fahrenheit)
화재하중	〔kg/m^2〕	킬로그램 퍼 제곱 미터(kilogram per meter square)
회전력	〔N·m〕	뉴턴 미터(Newton meter)
힘	〔dyn〕, 〔dyne〕	다인(dyne)
힘	〔N〕	뉴턴(Newton)

시험안내 연락처

기관명	주 소	전화번호
서울지역본부	02512 서울 동대문구 장안벚꽃로 279(휘경동 49-35)	02-2137-0590
서울서부지사	03302 서울 은평구 진관3로 36(진관동 산100-23)	02-2024-1700
서울남부지사	07225 서울시 영등포구 버드나루로 110(당산동)	02-876-8322
서울강남지사	06193 서울시 강남구 테헤란로 412 T412빌딩 15층(대치동)	02-2161-9100
인천지사	21634 인천시 남동구 남동서로 209(고잔동)	032-820-8600
경인지역본부	16626 경기도 수원시 권선구 호매실로 46-68(탑동)	031-249-1201
경기동부지사	13313 경기 성남시 수정구 성남대로 1217(수진동)	031-750-6200
경기서부지사	14488 경기도 부천시 길주로 463번길 69(춘의동)	032-719-0800
경기남부지사	17561 경기 안성시 공도읍 공도로 51-23	031-615-9000
경기북부지사	11801 경기도 의정부시 바대논길 21 해인프라자 3~5층(고산동)	031-850-9100
강원지사	24408 강원특별자치도 춘천시 동내면 원창 고개길 135(학곡리)	033-248-8500
강원동부지사	25440 강원특별자치도 강릉시 사천면 방동길 60(방동리)	033-650-5700
부산지역본부	46519 부산시 북구 금곡대로 441번길 26(금곡동)	051-330-1910
부산남부지사	48518 부산시 남구 신선로 454-18(용당동)	051-620-1910
경남지사	51519 경남 창원시 성산구 두대로 239(중앙동)	055-212-7200
경남서부지사	52733 경남 진주시 남강로 1689(초전동 260)	055-791-0700
울산지사	44538 울산광역시 중구 종가로 347(교동)	052-220-3277
대구지역본부	42704 대구시 달서구 성서공단로 213(갈산동)	053-580-2300
경북지사	36616 경북 안동시 서후면 학가산 온천길 42(명리)	054-840-3000
경북동부지사	37580 경북 포항시 북구 법원로 140번길 9(장성동)	054-230-3200
경북서부지사	39371 경상북도 구미시 산호대로 253(구미첨단의료 기술타워 2층)	054-713-3000
광주지역본부	61008 광주광역시 북구 첨단벤처로 82(대촌동)	062-970-1700
전북지사	54852 전북 전주시 덕진구 유상로 69(팔복동)	063-210-9200
전북서부지사	54098 전북 군산시 공단대로 197번지 풍산빌딩 2층(수송동)	063-731-5500
전남지사	57948 전남 순천시 순광로 35-2(조례동)	061-720-8500
전남서부지사	58604 전남 목포시 영산로 820(대양동)	061-288-3300
대전지역본부	35000 대전광역시 중구 서문로 25번길 1(문화동)	042-580-9100
충북지사	28456 충북 청주시 흥덕구 1순환로 394번길 81(신봉동)	043-279-9000
충북북부지사	27480 충북 충주시 호암수청2로 14 충주농협 호암행복지점 3~4층(호암동)	043-722-4300
충남지사	31081 충남 천안시 서북구 상고1길 27(신당동)	041-620-7600
세종지사	30128 세종특별자치시 한누리대로 296(나성동)	044-410-8000
제주지사	63220 제주 제주시 복지로 19(도남동)	064-729-0701

※ 청사이전 및 조직변동 시 주소와 전화번호가 변경, 추가될 수 있음

응시자격

기사 : 다음의 어느 하나에 해당하는 사람

1. **산업기사** 등급 이상의 자격을 취득한 후 응시하려는 종목이 속하는 동일 및 유사 직무분야에서 **1년 이상** 실무에 종사한 사람
2. **기능사** 자격을 취득한 후 응시하려는 종목이 속하는 동일 및 유사 직무분야에서 **3년 이상** 실무에 종사한 사람
3. 응시하려는 종목이 속하는 동일 및 유사 직무분야의 다른 종목의 기사 등급 이상의 자격을 취득한 사람
4. 관련학과의 대학졸업자 등 또는 그 졸업예정자
5. **3년제 전문대학** 관련학과 졸업자 등으로서 졸업 후 응시하려는 종목이 속하는 동일 및 유사 직무분야에서 **1년 이상** 실무에 종사한 사람
6. **2년제 전문대학** 관련학과 졸업자 등으로서 졸업 후 응시하려는 종목이 속하는 동일 및 유사 직무분야에서 **2년 이상** 실무에 종사한 사람
7. 동일 및 유사 직무분야의 **기사** 수준 기술훈련과정 이수자 또는 그 이수예정자
8. 동일 및 유사 직무분야의 **산업기사** 수준 기술훈련과정 이수자로서 이수 후 응시하려는 종목이 속하는 동일 및 유사 직무분야에서 **2년 이상** 실무에 종사한 사람
9. 응시하려는 종목이 속하는 동일 및 유사 직무분야에서 **4년 이상** 실무에 종사한 사람
10. 외국에서 동일한 종목에 해당하는 자격을 취득한 사람

산업기사 : 다음의 어느 하나에 해당하는 사람

1. **기능사** 등급 이상의 자격을 취득한 후 응시하려는 종목이 속하는 동일 및 유사 직무분야에 **1년 이상** 실무에 종사한 사람
2. 응시하려는 종목이 속하는 동일 및 유사 직무분야의 다른 종목의 산업기사 등급 이상의 자격을 취득한 사람
3. 관련학과의 **2년제** 또는 **3년제 전문대학**졸업자 등 또는 그 졸업예정자
4. 관련학과의 대학졸업자 등 또는 그 졸업예정자
5. 동일 및 유사 직무분야의 산업기사 수준 기술훈련과정 이수자 또는 그 이수예정자
6. 응시하려는 종목이 속하는 동일 및 유사 직무분야에서 **2년 이상** 실무에 종사한 사람
7. 고용노동부령으로 정하는 기능경기대회 입상자
8. 외국에서 동일한 종목에 해당하는 자격을 취득한 사람

※ 세부사항은 한국산업인력공단 **1644-8000**으로 문의바람

초스피드 기억법

상대성 원리

아인슈타인이 '상대성 원리'를 발견하고 강연회를 다니기 시작했다. 많은 단체 또는 사람들이 그를 불렀다.

30번 이상의 강연을 한 어느 날이었다. 전속 운전기사가 아인슈타인에게 장난스럽게 이런말을 했다.

"박사님! 전 상대성 원리에 대한 강연을 30번이나 들었기 때문에 이제 모두 암송할 수 있게 되었습니다. 박사님은 연일 강연하시느라 피곤하실 텐데 다음번에는 제가 한번 강연하면 어떨까요?"

그 말을 들은 아인슈타인은 아주 재미있어 하면서 순순히 그 말에 응하였다.

그래서 다음 대학을 향해 가면서 아인슈타인과 운전기사는 옷을 바꿔입었다.

운전기사는 아인슈타인과 나이도 비슷했고 외모도 많이 닮았다.

이때부터 아인슈타인은 운전을 했고 뒷자석에는 운전기사가 앉아 있게 되었다.

학교에 도착하여 강연이 시작되었다.

가짜 아인슈타인 박사의 강의는 정말 훌륭했다. 말 한마디, 얼굴표정, 몸의 움직임까지도 진짜 박사와 흡사했다.

성공적으로 강연을 마친 가짜 박사는 많은 박수를 받으며 강단에서 내려오려고 했다. 그 때 문제가 발생했다. 그 대학의 교수가 질문을 한 것이다.

가슴이 '쿵'하고 내려앉은 것은 가짜 박사보다 진짜 박사쪽이었다.

운전기사 복장을 하고 있으니 나서서 질문에 답할 수도 없는 상황이었다.

그런데 단상에 있던 가짜 박사는 조금도 당황하지 않고 오히려 빙그레 웃으며 이렇게 말했다.

"아주 간단한 질문이오. 그 정도는 제 운전기사도 답할 수 있습니다."

그러더니 진짜 아인슈타인 박사를 향해 소리쳤다.

"여보게나? 이 분의 질문에 대해 어서 설명해 드리게나!"

그 말에 진짜 박사는 안도의 숨을 내쉬며 그 질문에 대해 차근차근 설명해 나갔다.

인생을 살면서 아무리 어려운 일이 닥치더라도 결코 당황하지 말고 침착하고 지혜롭게 대처하는 여러분들이 되시길 바랍니다.

Key Point

1 경보설비의 종류

경보설비
- 자동화재 탐지설비 · 시각경보기
- 자동화재 속보설비
- 가스누설경보기
- 비상방송설비
- 비상경보설비(비상벨설비, 자동식 사이렌설비)
- 누전경보기
- 단독경보형 감지기
- 통합감시시설
- 화재알림설비

● 초스피드 기억법

경자가비누단(경자가 비누를 단독으로 쓴다.)

2 고정방법

구 분	공기관식 감지기	정온식 감지선형 감지기
직선부분	35[cm] 이내	50[cm] 이내
굴곡부분	5[cm] 이내	10[cm] 이내
접속부분	5[cm] 이내	10[cm] 이내
굴곡반경	5[mm] 이상	5[cm] 이상

● 초스피드 기억법

35공(삼삼오오 짝을 지어 공부한다.)
정감5(정감있고 오붓하게)

3 감지기의 부착높이

부착높이	감지기의 종류
4[m] 미만	• 차동식(스포트형, 분포형) • 보상식 스포트형 • 정온식(스포트형, 감지선형) ─ 열감지기 • 이온화식 또는 광전식(스포트형, 분리형, 공기흡입형) : 연기감지기 • 열복합형 • 연기복합형(연복합형) • 열연기복합형 ─ 복합형 감지기 • 불꽃감지기 기억법 열연불복 4미

✽ 자동화재탐지설비
① 감지기
② 수신기
③ 발신기
④ 중계기
⑤ 음향장치
⑥ 표시등
⑦ 전원
⑧ 배선

✽ 공기관식의 구성요소
① 공기관
② 다이어프램
③ 리크구멍
④ 접점
⑤ 시험장치

✽ 공기관
① 두께 : 0.3[mm] 이상
② 바깥지름 : 1.9[mm] 이상

4~8[m] 미만	• 차동식(스포트형, 분포형) • 보상식 스포트형 • 정온식(스포트형, 감지선형) 특종 또는 1종 — 열감지기 • 이온화식 1종 또는 2종 • 광전식(스포트형, 분리형, 공기흡입형) 1종 또는 2종 — 연기감지기 • 열복합형 • 연기복합형(연복합형) • 열연기복합형 — 복합형 감지기 • 불꽃감지기 기억법 8미열 정특1 이광12 복불
8~15[m] 미만	• 차동식 분포형 • 이온화식 1종 또는 2종 • 광전식(스포트형, 분리형, 공기흡입형) 1종 또는 2종 • 연기복합형(연복합형) • 불꽃감지기 기억법 15분 이광12 연복불
15~20[m] 미만	• 이온화식 1종 • 광전식(스포트형, 분리형, 공기흡입형) 1종 • 연기복합형(연복합형) • 불꽃감지기 기억법 이광불연복2
20[m] 이상	• 불꽃감지기 • 광전식(분리형, 공기흡입형) 중 아날로그방식 기억법 불광아

※ 8~15[m] 미만 설치 가능한 감지기
① 차동식 분포형
② 이온화식 1·2종
③ 광전식 1·2종
④ 연기복합형(연복합형)

※ 연기복합형(연복합형) 감지기
이온화식+광전식을 겸용한 것으로 두 가지 기능이 동시에 작동되면 신호를 발함

4 반복시험 횟수

횟 수	기 기
1000회	속보기
2000회	중계기
5000회	전원스위치 · 발신기
6000회	감지기
10000회	비상조명등, 스위치접점, 기타의 설비 및 기기

※ 속보기
감지기 또는 P형 발신기로부터 발신하는 신호나 중계기를 통하여 송신된 신호를 수신하여 관계인에게 화재발생을 경보함과 동시에 소방관서에 자동적으로 전화를 통한 해당 소방대상물의 위치 및 화재발생을 음성으로 통보하여 주는 것

● 초스피드 기억법 

속1
중2 (중이염)
5전발

Key Point

5 대상에 따른 음압

음 압	대 상
40[dB] 이하	① 유도등 · 비상조명등의 소음
60[dB] 이상	① 고장표시장치용 ② 전화용 부저 ③ 단독경보형 감지기(건전지 교체 **음성안내**)
70[dB] 이상	① 가스누설경보기(단독형 · 영업용) ② 누전경보기 ③ 단독경보형 감지기(건전지 교체 **음향경보**)
85[dB] 이상	① 단독경보형 감지기(화재경보음)
90[dB] 이상	① 가스누설경보기(공업용) ② 자동화재탐지설비의 음향장치

● 초스피드 기억법

유비음4 (유비는 음식 중 사발면을 좋아한다.)
고전음6 (고전음악을 유창하게 해.)
9공자

6 수평거리 · 보행거리

(1) 수평거리

수평거리	기기
수평거리 25[m] 이하	① 발신기 ② 음향장치(확성기) ③ 비상콘센트(지하상가 · 지하층 바닥면적 3000[m^2] 이상)
수평거리 50[m] 이하	① 비상콘센트(기타)

● 초스피드 기억법

발음2비지 (발음이 비슷하지)

(2) 보행거리

보행거리	기기
보행거리 15[m] 이하	① 유도표지
보행거리 20[m] 이하	② 복도통로유도등 ③ 거실통로유도등 ④ 3종 연기감지기
보행거리 30[m] 이하	① 1 · 2종 연기감지기

● 초스피드 기억법

보통2 (보통이 아니네요!)

*** 유도등**
평상시에 상용전원에 의해 점등되어 있다가, 비상시에 비상전원에 의해 점등된다.

*** 비상조명등**
평상시에 소등되어 있다가 비상시에 점등된다.

*** 수평거리**
최단거리 · 직선거리 또는 반경을 의미한다.

*** 보행거리**
걸어서 가는 거리

※ 비상전원
상용전원 정전시에 사용하기 위한 전원

※ 예비전원
상용전원 고장시 또는 용량부족시 최소한의 기능을 유지하기 위한 전원

※ 변류기
누설전류를 검출하는 데 사용하는 기기

※ 자동화재속보설비
자동화재탐지설비와 연동

※ 정온식 스포트형 감지기
일국소의 주위 온도가 일정한 온도 이상이 되는 경우에 작동하는 것으로서 외관이 전선으로 되어 있지 않은 것

7 비상전원 용량

설비의 종류	비상전원 용량
• 자동화재탐지설비 • 비상경보설비 • 자동화재속보설비	10분 이상
• 유도등 • 비상조명등 • 비상콘센트설비 • 제연설비 • 물분무소화설비 • 옥내소화전설비(30층 미만) • 특별피난계단의 계단실 및 부속실 제연설비(30층 미만) • 스프링클리설비(30층 미만) • 연결송수관설비(30층 미만)	20분 이상
• 무선통신보조설비의 증폭기	30분 이상
• 옥내소화전설비(30~49층 이하) • 특별피난계단의 계단실 및 부속실 제연설비(30~49층 이하) • 연결송수관설비(30~49층 이하) • 스프링클러설비(30~49층 이하)	40분 이상
• 유도등 · 비상조명등(지하상가 및 11층 이상) • 옥내소화전설비(50층 이상) • 특별피난계단의 계단실 및 부속실 제연설비(50층 이상) • 연결송수관설비(50층 이상) • 스프링클러설비(50층 이상)	60분 이상

● 초스피드 기억법

경자비1 (**경자**라는 이름은 **비일**비재하게 많다.)
3증(3중고)

8 주위온도 시험

주위온도	기 기
-20~70[℃]	경종, 발신기(옥외형)
-20~50[℃]	변류기(옥외형)
-10~50[℃]	기타
0~40[℃]	가스누설경보기(분리형)

● 초스피드 기억법

분04 (분양소)

9 스포트형 감지기의 바닥면적

(단위 : [m²])

부착높이 및 소방대상물의 구분		감지기의 종류				
		차동식·보상식 스포트형		정온식 스포트형		
		1종	2종	특종	1종	2종
4[m] 미만	내화구조	90	70	70	60	20
	기타구조	50	40	40	30	15
4[m] 이상 8[m] 미만	내화구조	45	35	35	30	–
	기타구조	30	25	25	15	–

10 연기감지기의 바닥면적

(단위 : [m^2])

부착높이	감지기의 종류	
	1종 및 2종	3종
4[m] 미만	150	50
4~20[m] 미만	75	설치할 수 없다.

11 절연저항시험(절대! 절대! 중요!)

절연저항계	절연저항	대 상
직류 250[V]	0.1[MΩ] 이상	• 1경계구역의 절연저항
직류 500[V]	5[MΩ] 이상	• 누전경보기 • 가스누설경보기 • 수신기(10회로 미만, 절연된 충전부와 외함 간) • 자동화재속보설비 • 비상경보설비 • 유도등(교류입력측과 외함간 포함) • 비상조명등(교류입력측과 외함간 포함)
	20[MΩ] 이상	• 경종 • 발신기 • 중계기 • 비상콘센트 • 기기의 절연된 선로간 • 기기의 충전부와 비충전부간 • 기기의 교류입력측과 외함간(유도등·비상조명등 제외)
	50[MΩ] 이상	• 감지기(정온식 감지선형 감지기 제외) • 가스누설경보기(10회로 이상) • 수신기(10회로 이상, 교류입력측과 외함 간 제외)
	1000[MΩ] 이상	• 정온식 감지선형 감지기

12 소요시간

기 기	시 간
P·R형 수신기	5초 이내
중계기	5초 이내
비상방송설비	10초 이하
가스누설경보기	60초 이내

● 초스피드 기억법 

시중5 (시중을 드시오!), 6가(육체미가 뛰어나다.)

중요 축적형 수신기

전원차단시간	축적시간	화재표시감지시간
1~3초 이하	30~60초 이하	60초(전원 차단 및 인가 1회 이상 반복)

Key Point

※ 연기감지기
화재시 발생하는 연기를 이용하여 작동하는 것으로서 주로 계단, 경사로, 복도, 통로, 엘리베이터, 전산실, 통신기기실에 쓰인다.

※ 경계구역
소방대상물 중 화재신호를 발신하고 그 신호를 수신 및 유효하게 제어할 수 있는 구역

※ 정온식 감지선형 감지기
일국소의 주위 온도가 일정한 온도 이상이 되는 경우에 작동하는 것으로서 외관이 전선으로 되어 있는 것

13 수신기의 적합기준(NFPC 203 5조, NFTC 203 2.2.1)

① 해당 특정소방대상물의 경계구역을 각각 표시할 수 있는 회선수 이상의 수신기를 설치할 것

② 해당 특정소방대상물에 가스누설탐지설비가 설치된 경우에는 가스누설탐지설비로부터 가스누설신호를 수신하여 가스누설경보를 할 수 있는 수신기를 설치할 것 (가스누설탐지설비의 수신부를 별도로 설치한 경우는 제외)

중요

축적형 수신기의 설치

(1) **지하층 · 무창층**으로 환기가 잘 되지 않는 장소

(2) 실내 면적이 **40[m^2] 미만**인 장소

(3) 감지기의 부착면과 실내 바닥의 거리가 **2.3[m] 이하**인 장소

14 설치높이

기 기	설치높이
기타 기기	바닥에서 0.8~1.5[m] 이하
시각경보장치	바닥에서 2~2.5[m] 이하(단, 천장의 높이가 2[m] **이하**인 경우에는 천장으로부터 0.15[m] **이내**의 장소에 설치)

15 누전경보기의 설치방법

정격전류	경보기 종류
60[A] 초과	1급
60[A] 이하	1급 또는 2급

(1) 변류기는 옥외인입선의 **제1지점**의 **부하측** 또는 **제2종**의 **접지선측**에 설치할 것

(2) 옥외전로에 설치하는 변류기는 **옥외형**을 사용할 것

※ 변류기의 설치
① 옥외인입선의 제1지점의 부하측
② 제2종의 접지선측

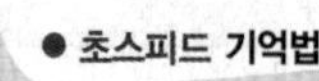

● 초스피드 기억법

1부접2누 (**일부**는 **접이**식 의자에 **누**워있다.)

16 누전경보기

공칭작동전류치	감도조정장치의 조정범위
200[mA] 이하	1[A] 이하(1000[mA])

※ 공칭작동전류치
누전경보기를 작동시키기 위하여 필요한 누설전류의 값으로서 제조자에 의하여 표시된 값

● 초스피드 기억법

누공2 (**누**구나 **공**짜**이**면 좋아해.)
누감1 (**누**가 **감**히 **일**부러 그럴까?)

Key Point

참고

검출누설전류 설정치 범위

경계전로	제2종 접지선
100~400[mA]	400~700[mA]

17 설치높이

유도등 · 유도표지	설치높이
• 복도통로유도등 • 계단통로유도등 • 통로유도표지	1[m] 이하
• 피난구유도등 • 거실통로유도등	1.5[m] 이상

18 설치개수

(1) 복도 · 거실 통로유도등

$$개수 \geq \frac{보행거리}{20} - 1$$

(2) 유도표지

$$개수 \geq \frac{보행거리}{15} - 1$$

(3) 객석유도등

$$개수 \geq \frac{직선부분\ 길이}{4} - 1$$

19 비상콘센트 전원회로의 설치기준

구 분	전 압	용 량	플러그접속기
단상 교류	220[V]	1.5[kVA] 이상	접지형 2극

① 1 전용회로에 설치하는 비상콘센트는 10개 이하로 할 것
② 풀박스는 1.6[mm] 이상의 철판을 사용할 것

● 초스피드 기억법 

10콘(시큰둥!)

* 조도
① 객석유도등 : 0.2[lx] 이상
② 통로유도등 : 1[lx] 이상
③ 비상조명등 : 1[lx] 이상

* 통로유도등
백색바탕에 녹색문자

* 피난구유도등
녹색바탕에 백색문자

* 풀박스
배관이 긴 곳 또는 굴곡 부분이 많은 곳에서 시공을 용이하게 하기 위하여 배선 도중에 사용하여 전선을 끌어들이기 위한 박스

20 감지기의 적응장소

정온식 스포트형 감지기	연기감지기	차동식 스포트형 감지기
① 영사실 ② 주방 · 주조실 ③ 용접작업장 ④ 건조실 ⑤ 조리실 ⑥ 스튜디오 ⑦ 보일러실 ⑧ 살균실	① 계단 · 경사로 ② 복도 · 통로 ③ 엘리베이터 승강로(권상기실이 있는 경우에는 권상기실) ④ 린넨슈트 ⑤ 파이프피트 및 덕트 ⑥ 전산실 ⑦ 통신기기실	① 일반 사무실

※ 린넨슈트
병원, 호텔 등에서 세탁물을 구분하여 실로 유도하는 통로

● **초스피드 기억법**

영주용건 정조스 보살(**영주**의 **용건**이 **정**말 **죠스**와 **보살**을 만나는 것이냐?)

21 전원의 종류

1. 상용전원 : 평상시 주전원으로 사용되는 전원
2. 비상전원 : 상용전원 정전 때를 대비하기 위한 전원
3. 예비전원 : 상용전원 고장시 또는 용량부족시 최소한의 기능을 유지하기 위한 전원

22 옥내소화전설비, 자동화재탐지설비의 공사방법

1. 가요전선관공사
2. 합성수지관공사
3. 금속관공사
4. 금속덕트공사
5. 케이블공사

● **초스피드 기억법**

옥자가 합금케(**옥자**가 **합금**을 **캐**냈다.)

Key Point

23 대상에 따른 전압

전 압	대 상
0.5〔V〕 이하	• 경계전로의 전압강하
0.6〔V〕 이하	• 완전방전
60〔V〕 초과	• 접지단자 설치
100~300〔V〕 이하	• 보안기의 작동전압
300〔V〕 이하	• 전원변압기의 1차 전압 • 유도등 · 비상조명등의 사용전압
600〔V〕 이하	• 누전경보기의 경계전로 전압

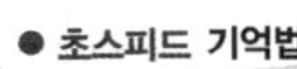

변3(변상해), 누6(누룩)

24 공식

(1) 부동충전방식

❶ 2차전류

$$2\text{차전류} = \frac{\text{축전지의 정격용량}}{\text{축전지의 공칭용량}} + \frac{\text{상시부하}}{\text{표준전압}} \text{〔A〕}$$

❷ 축전지의 용량

㉮ 시간에 따라 방전전류가 일정한 경우

$$C = \frac{1}{L} KI \text{〔Ah〕}$$

여기서, C : 축전지용량
L : 용량저하율(보수율)
K : 용량환산시간〔h〕
I : 방전전류〔A〕

㉯ 시간에 따라 방전전류가 증가하는 경우

$$C = \frac{1}{L}[K_1I_1 + K_2(I_2 - I_1) + K_3(I_3 - I_2) + \cdots\cdots + K_n(I_n - I_{n-1})] \text{〔Ah〕}$$

여기서, C : 25〔℃〕에서의 정격방전율 환산용량〔Ah〕
L : 용량저하율(보수율)
$K_1 \cdot K_2 \cdot K_3$: 용량환산시간〔h〕
$I_1 \cdot I_2 \cdot I_3$: 방전전류〔A〕

✱ **부동충전방식**
축전지와 부하를 충전기에 병렬로 접속하여 충전과 방전을 동시에 행하는 방식

✱ **용량저하율(보수율)**
축전지의 용량저하를 고려하여 축전지의 용량산정시 여유를 주는 계수로서, 보통 0.8을 적용한다.

Key Point

※ 전압강하의 정의
입력전압과 출력전압의 차

※ 전압강하
1. 단상 2선식

$$e = V_s - V_r = 2IR$$

2. 3상 3선식

$$e = V_s - V_r = \sqrt{3}\,IR$$

여기서,
e : 전압강하[V]
V_s : 입력전압[V]
V_r : 출력전압[V]
I : 전류[A]
R : 저항[Ω]

(2) 전선

❶ 전선의 단면적

전기방식	전선 단면적
단상 2선식	$A=\frac{35.6LI}{1,000e}$
3상 3선식	$A=\frac{30.8\,LI}{1,000e}$

여기서, A : 전선의 단면적[mm²]
L : 선로길이[m]
I : 전부하전류[A]
e : 각 선간의 전압강하[V]

● 초스피드 기억법

308(삼촌의 공이 팔에…)

❷ 전선의 저항

$$R=\rho\,\frac{l}{A}$$

여기서, R : 전선의 저항[Ω]
ρ : 전선의 고유저항[Ω · mm²/m]
A : 전선의 단면적[mm²]
l : 전선의 길이[m]

참고

고유저항(specific resistance)

전선의 종류	고유저항[Ω · mm²/m]
알루미늄선	$\frac{1}{35}$
경동선	$\frac{1}{55}$
연동선	$\frac{1}{58}$

● 초스피드 기억법

경5(경호)

Key Point

(3) 전동기의 용량

① 일반설비의 전동기 용량산정

$$P\eta t = 9.8KHQ$$

여기서, P : 전동기 용량〔kW〕
η : 효율
t : 시간〔s〕
K : 여유계수
H : 전양정〔m〕
Q : 양수량〔m^3〕

② 제연설비(배연설비)의 전동기 용량산정

$$P = \frac{P_T Q}{102 \times 60\eta} K$$

여기서, P : 배연기 동력〔kW〕
P_T : 전압(풍압)〔mmAq, mmH$_2$O〕
Q : 풍량〔m^3/min〕
K : 여유율
η : 효율

단위환산

① 1〔Lpm〕= 10^{-3}〔m^3/min〕
② 1〔mmAq〕= 10^{-3}〔m〕
③ 1〔HP〕= 0.746〔kW〕
④ 1000〔L〕= 1〔m^3〕

※ Lpm
'Liter per minute'의 약자이다.

(4) 전동기의 속도

① 동기속도

$$N_S = \frac{120f}{P} \text{〔rpm〕}$$

여기서, N_S : 동기속도〔rpm〕
P : 극수
f : 주파수〔Hz〕

② 회전속도

$$N = \frac{120f}{P}(1-S) \text{〔rpm〕}$$

여기서, N : 회전속도〔rpm〕
P : 극수
f : 주파수〔Hz〕
S : 슬립

※ 슬립
유도전동기의 회전자 속도에 대한 고정자가 만든 회전자계의 늦음의 정도를 말하며, 평상운전에서 슬립은 4~8〔%〕 정도 되며 슬립이 클수록 회전속도는 느려진다.

Key Point

* **역률개선용 전력용 콘덴서**
전동기와 병렬로 연결

(5) 역률개선용 전력용 콘덴서의 용량

$$Q_c = P(\tan\theta_1 - \tan\theta_2) = P\left(\frac{\sin\theta_1}{\cos\theta_1} - \frac{\sin\theta_2}{\cos\theta_2}\right)\text{[kVA]}$$

여기서, Q_C : 콘덴서의 용량[kVA]
P : 유효전력[kW]
$\cos\theta_1$: 개선 전 역률
$\cos\theta_2$: 개선 후 역률
$\sin\theta_1$: 개선 전 무효율($\sin\theta_1 = \sqrt{1-\cos\theta_1^{\ 2}}$)
$\sin\theta_2$: 개선 후 무효율($\sin\theta_2 = \sqrt{1-\cos\theta_2^{\ 2}}$)

(6) 자가발전설비

① 발전기의 용량

$$P_n > \left(\frac{1}{e} - 1\right) X_L P\ \text{[kVA]}$$

여기서, P_n : 발전기 정격출력[kVA]
e : 허용전압강하
X_L : 과도 리액턴스
P : 기동용량[kVA]

② **발**전기용 **차**단용량

$$P_s = \frac{1.25 P_n}{X_L}\ \text{[kVA]}$$

여기서, P_s : 발전기용 차단용량[kVA]
P_n : 발전기 용량[kVA]
X_L : 과도 리액턴스

● 초스피드 기억법

발차125 (**발**에 물이 **차**면 **일일이 오**도록 하라.)

(7) 조명

$$FUN = AED$$

여기서, F : 광속[lm], U : 조명률
N : 등개수, A : 단면적[m^2]
E : 조도[lx], D : 감광보상률$\left(D = \frac{1}{M}\right)$
M : 유지율

* **감광보상률**
먼지 등으로 인하여 빛이 감소되는 것을 보상해 주는 비율

(8) 실지수

$$K = \frac{XY}{H(X+Y)}$$

여기서, X : 가로의 길이〔m〕
Y : 세로의 길이〔m〕
H : 작업대에서 광원까지의 높이(광원의 높이)〔m〕

25 설치기준

(1) 자동화재 탐지설비의 수신기 설치기준

① **수위실** 등 상시 사람이 상주하는 곳(관계인이 쉽게 접근할 수 있고 관리가 용이한 장소에 설치 가능)
② **경계구역 일람도** 비치(주수신기 설치시 기타 수신기는 제외)
③ 조작스위치는 바닥에서 **0.8~1.5〔m〕**의 위치에 설치
④ 하나의 경계구역은 하나의 **표시등 · 문자**가 표시될 것
⑤ **감지기, 중계기, 발신기**가 작동하는 경계구역을 표시

● 초스피드 기억법

수경바표감(수경야채는 바로 표창장 감이오.)

(2) 자동화재 탐지설비의 발신기 설치기준(NFPC 203 9조, NFTC 203 2.6.1)

① 소방대상물의 **층**마다 설치하고, **수평거리가** 25〔m〕 이하가 되도록 할 것
② **조작**이 쉬운 장소에 설치하고 스위치는 **바**닥에서 **0.8~1.5〔m〕** 이하의 높이에 설치

● 초스피드 기억법

층수발조바(층계 위의 조수 발좀봐.)

(3) 자동화재 탐지설비의 감지기 설치기준

① 실내로의 공기유입구로부터 **1.5〔m〕** 이상의 거리에 설치(차동식 분포형 제외)
② **천장** 또는 **반자**의 옥내의 면하는 부분에 설치
③ **보상식 스포트형 감지기**는 정온점이 감지기 주위의 평상시 최고온도보다 **20〔℃〕** 이상 높은 것으로 설치
④ **정온식 감지기**는 다량의 화기를 단속적으로 취급하는 장소에 설치 (**주방 · 보일러실** 등)
⑤ **스포트형 감지기**의 경사제한 각도는 **45°**

(4) 연기감지기 설치장소

① **계**단 · 경사로 및 에스컬레이터 경사로
② **복**도(30〔m〕 미만 제외)

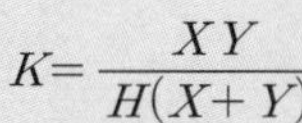

Key Point

※ 실지수(방지수)
방의 크기와 모양에 대한 광속의 이용척도를 나타내는 수치

※ 경계구역 일람도
회로배선이 각 구역별로 어떻게 결선되어 있는지 나타낸 도면

※ 설치높이

기 기	설치높이
기타 기기	바닥에서 0.8~1.5〔m〕 이하
시각 경보 장치	바닥에서 2~2.5〔m〕 이하 (단, 천장의 높이가 2〔m〕 이하인 경우에는 천장으로부터 0.15〔m〕 이내의 장소에 설치)

※ 발신기 설치제외 장소
지하구

Key Point

❸ 엘리베이터 승강로(권상기실이 있는 경우에는 권상기실), 린넨슈트, 파이프피트 및 덕트, 기타 이와 유사한 장소

❹ 천장 · 반자의 높이가 15~20[m] 미만

❺ 다음에 해당하는 특정소방대상물의 취침 · 숙박 · 입원 등 이와 유사한 용도로 사용되는 거실

㉮ 공동주택 · 오피스텔 · 숙박시설 · 노유자시설 · 수련시설

㉯ 교육연구시설 중 **합숙소**

㉰ **의료시설**, 근린생활시설 중 입원실이 있는 **의원 · 조산원**

㉱ 교정 및 군사시설

㉲ 근린생활시설 중 **고시원**

※ 린넨슈트
병원, 호텔 등에서 세탁물을 구분하여 실로 유도하는 통로

● 초스피드 기억법

연계복천엘

(5) 자동화재 탐지설비의 중계기 설치기준

❶ **수신기**와 **감지기** 사이에 설치(단, 수신기에서 **도통시험**을 하지 않을 때)

❷ **과전류 차단기** 설치(수신기를 거쳐 전원공급이 안될 때)

❸ 조작 및 점검에 편리하고 **화재** 및 **침수** 등의 재해로 인한 피해를 받을 우려가 없는 장소에 설치

❹ **상용전원** 및 **예비전원**의 시험을 할 수 있을 것

❺ 전원의 정전이 즉시 수신기에 표시되도록 할 것

※ 중계기
수신기와 감지기 사이에 설치

※ 중계기의 시험
① 상용전원시험
② 예비전원시험

● 초스피드 기억법

수과조중상정(**수**학 · **과**학 · **조**리학은 **중상**위 **정**도)

(6) 감지기회로의 도통시험을 위한 종단저항의 기준

❶ **점검** 및 **관리**가 쉬운 장소에 설치

❷ 전용함 설치시 바닥에서 1.5[m] 이내의 높이에 설치

❸ 감지기회로의 **끝 부분**에 설치하며, 종단감지기에 설치할 경우 구별이 쉽도록 해당 감지기의 기판 및 감지기 외부 등에 별도의 표시를 할 것

※ 종단저항
① 설치목적 : 도통시험
② 설치장소 : 수신기함 또는 발신기함 내부

● 초스피드 기억법

종점감전

(7) 자동화재 탐지설비의 음향장치의 구조 및 성능기준

❶ **감지기** · **발신기**의 작동과 연동

❷ 정격 전압의 80[%]에서 음향을 발할 것

❸ 음량은 중심에서 1[m] 떨어진 곳에서 90[dB] 이상

감발음89(**감발**의 차이로 **음식**을 **팔고** 샀다.)

(8) 자동화재 탐지설비의 경계구역 설정기준

① 1경계구역이 2개 이상의 **건축물**에 미치지 않을 것
② 1경계구역이 2개 이상의 **층**에 미치지 않을 것(단, **2개층**의 면적 **500**〔m^2〕 이하는 제외)
③ 1경계구역의 면적은 **600**〔m^2〕(내부전체가 보일 경우 **1000**〔m^2〕 이하) 이하로 하고, 1변의 길이는 **50**〔m〕 이하로 할 것

(9) 피난구 유도등의 설치 장소

① **옥내**로부터 직접 지상으로 통하는 출입구 및 그 부속실의 출입구
② **직**통계단 · 직통계단의 **계단실** 및 그 부속실의 출입구
③ **출**입구에 이르는 **복도** 또는 **통로**로 통하는 출입구
④ **안전구획**된 거실로 통하는 출입구

피옥직안출

(10) 무선통신보조설비의 증폭기 및 무선중계기의 설치 기준(NFPC 505 8조, NFTC 505 2.5.1)

① 비상전원용량은 **30분** 이상
② 증폭기 및 무선중계기 설치시 적합성 평가를 받은 제품 설치
③ 증폭기의 전면에 **전압계** · **표시등**을 설치할 것(전원 여부 확인)
④ 전원은 **축전지설비**, **전기저장장치** 또는 **교류전압 옥내간선**으로 할 것(**전용**배선)

● 초스피드 기억법

3무증표축전(**상무**님이 **증표**로 **축전**을 보냈다.)

(11) 무선통신보조설비의 분배기 · 분파기 · 혼합기 설치 기준

① **먼**지 · 습기 · 부식 등에 이상이 없을 것
② **임**피던스 50〔Ω〕의 것
③ **점**검이 편리하고 **화**재 등의 피해 우려가 없는 장소

● 초스피드 기억법

무먼임점화

26 설치 제외 장소

(1) 자동화재 탐지설비의 감지기 설치 제외 장소

① 천장 또는 반자의 높이가 **20**〔m〕 이상인 곳(감지기의 부착 높이에 따라 적응성이 있는 장소 제외)

Key Point

※ **계단 · 경사로의 1경계구역**
높이 : 45〔m〕 이하

※ **피난구 유도등**
피난구 또는 피난경로로 사용되는 출입구를 표시하여 피난을 유도하는 등

※ **증폭기**
신호 전송시 신호가 약해져 수신이 불가능해지는 것을 방지하기 위해서 증폭하는 장치

※ **전기저장장치**
외부 전기에너지를 저장해 두었다가 필요한 때 전기를 공급하는 장치

② **헛간** 등 외부와 기류가 통하여 화재를 유효하게 감지할 수 없는 장소
③ **목욕실** · 화장실 기타 이와 유사한 장소
④ **부식성**가스 체류 장소
⑤ **프레스공장** · **주조공장** 등 감지기의 **유지관리**가 어려운 장소

(2) 누전경보기의 수신부 설치 제외 장소

① 온도변화가 급격한 장소
② 습도가 높은 장소
③ 가연성의 증기, 가스 등 또는 부식성의 증기, 가스 등의 다량 체류 장소
④ **대전류회로, 고주파발생회로** 등의 영향을 받을 우려가 있는 장소
⑤ 화약류 제조, 저장, 취급 장소

● **초스피드 기억법**

온습누가대화(**온**도 · **습**도가 높으면 **누가 대화**하냐?)

(3) 피난구 유도등의 설치제외 장소

① 옥내에서 직접 지상으로 통하는 출입구(바닥면적 1000[m^2] 미만 층)
② **대각선 길이**가 15[m] 이내인 구획된 실의 출입구
③ 비상조명등 · 유도표지가 설치된 거실 출입구(거실 각 부분에서 출입구까지의 **보행거리** 20[m] 이하)
④ 출입구가 3 **이상**인 거실(거실 각 부분에서 출입구까지의 **보행거리** 30[m] 이하는 주된 출입구 **2개** 외의 출입구)

(4) 통로유도등의 설치제외 장소

① 길이 30[m] 미만의 복도 · 통로(구부러지지 않은 복도 · 통로)
② 보행거리 20[m] 미만의 복도 · 통로(출입구에 **피난구 유도등**이 설치된 복도 · 통로)

(5) 객석유도등의 설치제외 장소

① **채광**이 충분한 객석(**주간**에만 사용)
② **통**로유도등이 설치된 객석(거실 각 부분에서 거실 출입구까지의 **보행거리** 20[m] 이하)

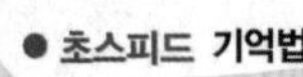

● **초스피드 기억법**

채객보통(**채**소는 **객**관적으로 **보통**이다.)

(6) 비상조명등의 설치제외 장소

① 거실 각 부분에서 출입구까지의 **보행거리** 15[m] 이내
② **공동주택** · **경기장** · **의원** · 의료시설 · **학교 거실**

Key Point

※ 누전경보기의 수신부 설치 장소
옥내의 점검에 편리한 장소

※ 통로유도등
① 복도통로유도등
피난통로가 되는 복도에 설치하는 통로유도등으로서 피난구의 방향을 명시하는 것
② 거실통로유도등
거주, 집무, 작업, 집회, 오락 그 밖에 이와 유사한 목적을 위하여 계속적으로 사용하는 거실, 주차장 등 개방된 통로에 설치하는 유도등으로 피난의 방향을 명시하는 것
③ 계단통로유도등
피난통로가 되는 계단이나 경사로에 설치하는 통로유도등으로 바닥면 및 디딤 바닥면을 비추는 것

※ 비상조명등
화재발생 등에 따른 정전시에 안전하고 원활한 피난활동을 할 수 있도록 거실 및 피난통로 등에 설치되어 자동 점등되는 조명등

(7) 휴대용 비상조명등의 설치제외 장소

① 복도 · 통로 · 창문 등을 통해 피난이 용이한 경우(**지상 1층 · 피난층**)

② **숙박시설**로서 복도에 비상조명등을 설치한 경우

휴피(휴지로 피 닦아.)

27 도 면

(1) 자동화재 탐지설비

① 일제명동방식(일제경보방식), 발화층 및 직상 4개층 우선경보방식

배 선	가닥수 산정
• 회로선	**종단저항수** 또는 **경계구역번호 개수** 또는 **발신기세트수**마다 1가닥씩 추가
• 공통선	**회로선 7개** 초과시마다 1가닥씩 추가
• 경종선	**층수**마다 1가닥씩 추가
• 경종표시등공통선	1가닥(조건에 따라 1가닥씩 추가)
• 응답선(발신기선)	1가닥
• 표시등선	

일제명동방식=일제경보방식

② 구분명동방식(구분경보방식)

배 선	가닥수 산정
• 회로선	**종단저항수** 또는 **경계구역번호 개수** 또는 **발신기세트수**마다 1가닥 추가
• 공통선	**회로선 7개** 초과시마다 1가닥씩 추가
• 경종선	**동**마다 1가닥씩 추가
• 경종표시등공통선	1가닥(조건에 따라 1가닥씩 추가)
• 응답선(발신기선)	1가닥
• 표시등선	

(2) 스프링클러설비

① 습식 · 건식

배 선	가닥수 산정
• 유수검지스위치	**알람체크밸브** 또는 **건식밸브**수마다 1가닥씩 추가
• 탬퍼스위치	
• 사이렌	
• 공통	1가닥

Key Point

※ 휴대용 비상조명등
화재발생 등으로 정전시 안전하고 원활한 피난을 위하여 피난자가 휴대할 수 있는 조명등

※ 경보방식
① 일제경보방식
층별 구분 없이 일제히 경보하는 방식
② 발화층 및 직상 4개층 우선경보방식
화재시 안전한 대피를 위하여 위험한 층부터 우선적으로 경보하는 방식
③ 구분경보방식
동별로 구분하여 경보하는 방식

※ 유수검지스위치와 같은 의미
① 알람스위치
② 압력스위치

※ 탬퍼스위치와 같은 의미
① 밸브폐쇄확인스위치
② 밸브개폐확인스위치
③ 모니터링스위치
④ 밸브모니터링스위치
⑤ 개폐표시형 밸브모니터링스위치

❷ 준비작동식

배 선	가닥수 산정
• 전원 ⊕	1가닥
• 전원 ⊖	
• 감지기공통	(조건에 따라 1가닥 추가)
• 감지기 A	**준비작동식 밸브**수마다 1가닥씩 추가
• 감지기 B	
• 밸브기동(SV)	
• 밸브개방확인(PS)	
• 밸브주의(TS)	
• 사이렌	
• 수동기동	(조건에 따라 1가닥씩 추가)

※ SV(밸브기동)
① 'Solenoid Valve'의 약자이다.
② 밸브개방
③ 솔레노이드밸브
④ 솔레노이드밸브 기동

※ PS(압력스위치)
① 'Pressure Switch'의 약자이다.
② 밸브개방확인

※ TS(탬퍼스위치)
① 'Tamper Switch'의 약자이다.
② 밸브주의

(3) CO_2 및 할론소화설비 · 분말소화설비

배 선	가닥수 산정
• 전원 ⊕	1가닥
• 전원 ⊖	
• 방출지연스위치	
• 감지기공통	(조건에 따라 1가닥 추가)
• 복구스위치	
• 감지기 A	**수동조작함수**마다 1가닥씩 추가
• 감지기 B	
• 기동스위치	
• 사이렌	
• 방출표시등	
• 도어스위치	(조건에 따라 **수동조작함수**마다 1가닥씩 추가)

※ 사이렌
실내에 설치하여 인명을 대피시킨다.

※ 방출표시등
실외에 설치하여 출입을 금지시킨다.

(4) 제연설비

❶ 전실제연설비(특별피난계단의 계단실 및 부속실 제연설비) : NFPC 501A, NFTC 501A에 따름

배 선	가닥수 산정
• 전원 ⊕	1가닥
• 전원 ⊖	
• 감지기공통	(조건에 따라 1가닥 추가)
• 복구스위치	(**복구방식** 또는 **수동복구방식**을 채택할 경우 1가닥 추가)
• 지구	**급기댐퍼** 또는 **배기댐퍼수**마다 1가닥씩 추가
• 기동(급배기댐퍼 기동)	
• 확인(배기댐퍼 확인)	
• 확인(급기댐퍼 확인)	
• 확인(수동기동 확인)	

※ 전실제연설비
전실 내에 신선한 공기를 유입하여 연기가 계단쪽으로 확산되는 것을 방지하기 위한 설비

Key Point

② 상가제연설비(거실제연설비) : NFPC 501, NFTC 501에 따름

배 선	가닥수 산정
• 전원 ⊕	1가닥
• 전원 ⊖	
• 감지기공통	(조건에 따라 1가닥 추가)
• 복구스위치	(**복구방식** 또는 **수동복구방식**을 채택할 경우 1가닥 추가)
• 지구	**급기댐퍼** 또는 **배기댐퍼수**마다 1가닥씩 추가
• 기동(급기댐퍼 기동)	
• 기동(배기댐퍼 기동)	
• 확인(급기댐퍼 확인)	
• 확인(배기댐퍼 확인)	

28 박스 사용처(절대 중요! 중요!)

※ 박스의 종류
① 4각박스
② 8각박스
③ 스위치박스

(1) 4각박스

① 4방출 이상인 곳
② 한쪽면 2방출 이상인 곳
③ 간선배관
- **발**신기세트
- **제**어반
- **부**수신기
- **수**신기
- **수**동조작함
- **슈**퍼비죠리판넬

● 초스피드 기억법 

4발제부수슈(네팔에 있는 **제부**가 **수술**했다.)

(2) 8각박스

4각박스 이외의 곳
- 감지기
- 사이렌
- 방출표시등
- 알람체크밸브
- 건식밸브
- 준비작동식 밸브
- 유도등

문제에서 박스에 대한 조건이 있는 경우에는 조건에 의해 박스의 개수를 산출할 것

에디슨의 한마디

어느 날, 연구에 몰입해 있는 에디슨에게 한 방문객이 아들을 데리고 찾아와서 말했습니다.

"선생님, 이 아이에게 평생의 좌우명이 될 만한 말씀 한마디만 해 주십시오."

그러나 연구에 몰두해 있던 에디슨은 입을 열 줄 몰랐고, 초조해진 방문객은 자꾸 시계를 들여다보았습니다.

유학을 떠나는 아들의 비행기 탑승시간이 가까웠기 때문입니다.

그때, 에디슨이 말했습니다.

"시계를 보지 말라."

시계를 보지 않는다는 데는 많은 의미가 있습니다. 자신의 일에 즐겨 몰두해 있는 사람이라면 결코 시계를 보지 않을 것입니다.

허리를 펴며 "벌써 시간이 이렇게 됐나?"라고, 아무렇지 않은 듯 말하지 않을까요?

•「지하철 사랑의 편지」 중에서•

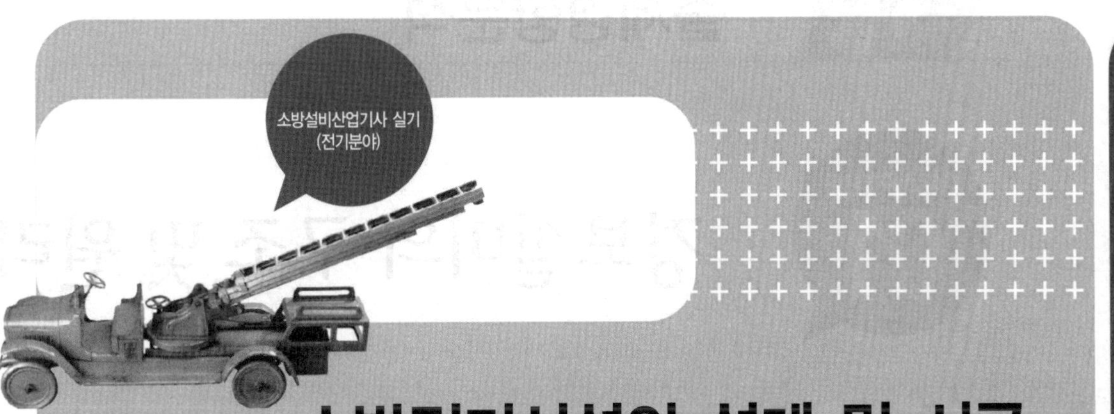

소방전기시설의 설계 및 시공

출제경향분석

CHAPTER 01 경보설비의 구조 및 원리

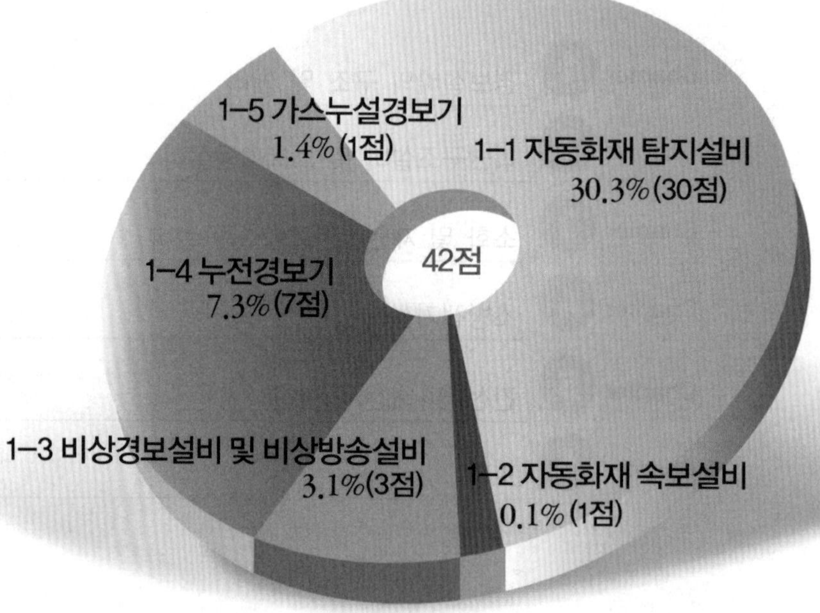

1-5 가스누설경보기 1.4% (1점)

1-1 자동화재 탐지설비 30.3% (30점)

42점

1-4 누전경보기 7.3% (7점)

1-3 비상경보설비 및 비상방송설비 3.1%(3점)

1-2 자동화재 속보설비 0.1% (1점)

CHAPTER

01 경보설비의 구조 및 원리

1-1 자동화재탐지설비

1 경보설비 및 감지기

출제확률  8.9% (9점)

Key Point

1 경보설비의 종류

① 자동화재탐지설비 · 시각경보기
② 자동화재속보설비
③ 누전경보기
④ 비상방송설비
⑤ 비상경보설비(비상벨설비, 자동식 사이렌설비)
⑥ 가스누설경보기
⑦ 단독경보형 감지기
⑧ 통합감시시설
⑨ 화재알림설비

＊ 경보설비
화재발생 사실을 통보하는 기계 · 기구 또는 설비

2 자동화재탐지설비

(1) 구성요소

① 감지기
② 수신기
③ 발신기
④ 중계기
⑤ 음향장치
⑥ 표시등
⑦ 전원
⑧ 배선

＊ 자동화재탐지설비
건물 내에 발생한 화재를 초기단계에서 자동적으로 발견하여 관계인에게 통보하는 설비

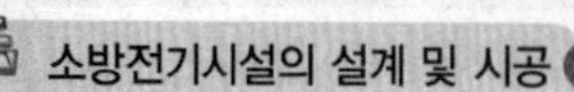

(2) 구성도

＊ 차동식 분포형 감지기
① 공기관식
② 열전대식
③ 열반도체식

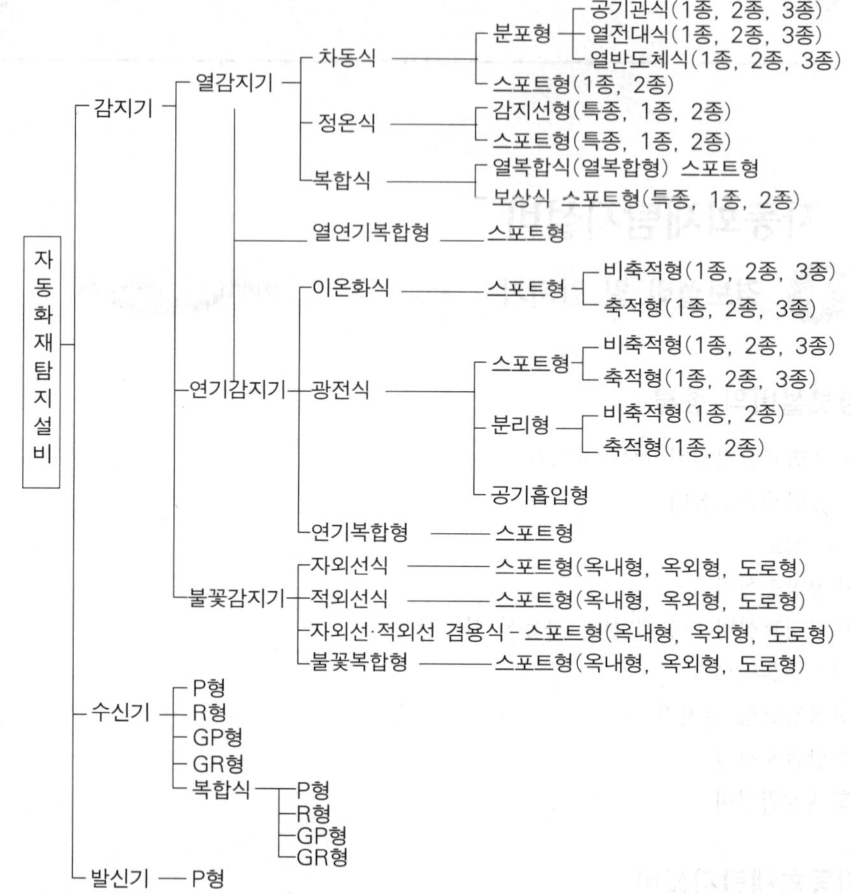

＊ P형 수신기
특정소방대상물에 설치되는 수신기

(2) 설치대상(소방시설법 시행령 [별표 4])

설치대상	조 건
① 정신의료기관 · 의료재활시설	• 창살설치 : 바닥면적 300[m²] 미만 • 기타 : 바닥면적 300[m²] 이상
② 노유자시설	• 연면적 400[m²] 이상
③ <u>근</u>린생활시설 · <u>위</u>락시설 ④ <u>의</u>료시설(정신의료기관, 요양병원 제외) ⑤ <u>복</u>합건축물 · 장례시설 기억법 근위의복 6	• 연면적 <u>6</u>00[m²] 이상
⑥ 목욕장 · 문화 및 집회시설, 운동시설 ⑦ 종교시설 ⑧ 방송통신시설 · 관광휴게시설 ⑨ 업무시설 · 판매시설 ⑩ 항공기 및 자동차 관련시설 · 공장 · 창고시설 ⑪ 지하가(터널 제외) · 운수시설 · 발전시설 · 위험물 저장 및 처리시설 ⑫ 교정 및 군사시설 중 국방 · 군사시설	• 연면적 1000[m²] 이상

＊ 600[m²] 이상 설치대상
① 근린생활시설
② 위락시설

＊ 1000[m²] 이상 설치대상
① 목욕장
② 문화 · 집회시설
③ 운동시설
④ 방송통신시설
⑤ 지하가(터널 제외)

⑬ 교육연구시설 · 동식물관련시설 ⑭ 자원순환관련시설 · 교정 및 군사시설(국방 · 군사시설 제외) ⑮ 수련시설(숙박시설이 있는 것 제외) ⑯ 묘지관련시설 **기억법** 교동자교수 2	• 연면적 2000[m²] 이상
⑰ 지하가 중 터널	• 길이 1000[m] 이상
⑱ 특수가연물 저장 · 취급	• 지정수량 500배 이상
⑲ 수련시설(숙박시설이 있는 것)	• 수용인원 100명 이상
⑳ 발전시설	• 전기저장시설
㉑ 지하구 ㉒ 노유자생활시설	• 전부
㉓ 전통시장	
㉔ 숙박시설 ㉕ 아파트 등 · 기숙사 ㉖ 6층 이상 건축물	
㉗ 요양병원(정신병원, 의료시설 제외)	
㉘ 조산원, 산후조리원	

3 감지기

(1) 종별

종 별	설 명
차동식 분포형 감지기	**넓은 범위**에서의 **열효과**에 의하여 작동한다.
차동식 스포트형 감지기	**일국소**에서의 **열효과**에 의하여 작동한다.
이온화식 연기감지기	**이온전류**가 **변화**하여 작동한다.
광전식 연기감지기	**광량**의 **변화**로 작동한다.
보상식 스포트형 감지기	**차동식 스포트형+정온식 스포트형**의 성능을 겸한 것으로 둘 중 **한** 기능이 작동되면 신호를 발한다.
열복합형 감지기	**차동식 스포트형+정온식 스포트형**의 성능이 있는 것으로 **두 가지** 성능의 감지기능이 함께 작동될 때 화재신호를 발신하거나 또는 두 개의 화재신호를 각각 발신한다.
정온식 감지선형 감지기	외관이 **전선**으로 되어 있는 것

★ **문제** **차동식 스포트형 감지기와 차동식 분포형 감지기의 감지원리에 대하여 간략하게 비교 설명하시오.**

득점	배점
	5

○ 차동식 스포트형 감지기 :
○ 차동식 분포형 감지기 :

① 차동식 스포트형 감지기 : 일국소에서의 열효과에 의하여 작동하는 것
② 차동식 분포형 감지기 : 넓은 범위에서의 열효과에 의하여 작동하는 것

(2) 형식

형 식	설 명
다신호식 감지기	① 각 서로 다른 종별 또는 감도 등의 기능을 갖춘 것으로서 일정 시간 간격을 두고 각각 다른 2개 이상의 화재신호를 발하는 감지기 ② 동일 종별 또는 감도를 갖는 2개 이상의 센서를 통해 감지하여 화재신호를 각각 발신하는 감지기
아날로그식 감지기	주위의 온도 또는 연기의 양의 변화에 따른 화재정보신호값을 출력하는 방식의 감지기

Key Point

＊ 감지기
화재시 발생하는 열, 연기, 불꽃 또는 연소생성물을 자동적으로 감지하여 수신기에 발신하는 장치

＊ 정온식 감지선형 감지기
일국소의 주위온도가 일정한 온도 이상이 되는 경우에 작동하는 것

＊ 차동식 분포형 감지기
넓은 범위(전구역)의 열효과에 의하여 작동하는 것

＊ 차동식 스포트형 감지기
일국소의 열효과에 의하여 작동하는 것

Key Point

※ 공기관식의 구성요소
① 공기관
② 다이어프램
③ 리크구멍
④ 접점
⑤ 시험장치

※ 리크구멍
감지기의 오동작(비화재보) 방지

※ 공기관
두께 0.3〔mm〕 이상, 바깥지름 1.9〔mm〕 이상의 중공동관

※ 검출부와 공기관의 접속
공기관 접속단자에 삽입 후 납땜

※ 공기관의 상호접속
슬리브에 삽입 후 납땜

※ 공기관의 지지금속기구
① 스테플
② 스티커

※ 공기관의 길이
20~100〔m〕 이하

4 차동식 분포형 감지기

(1) 공기관식

① 구성요소 : 공기관(두께 0.3〔mm〕 이상, 바깥지름(외경) 1.9〔mm〕 이상) 다이어프램, 리크구멍, 시험장치, 접점

※ 리크구멍 = 리크공 = 리크홀 = 리크밸브

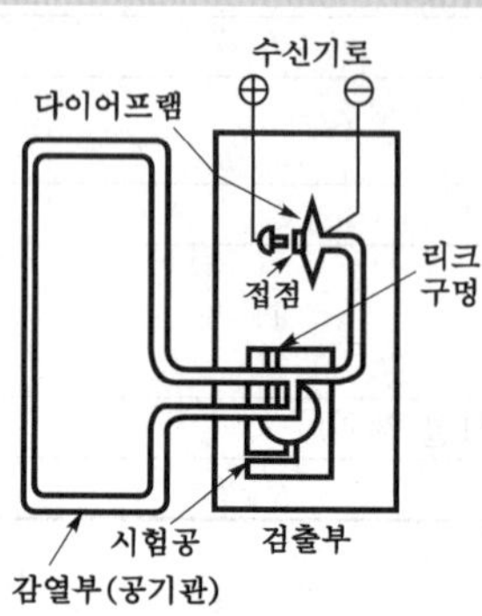

▌공기관식 감지기 1▐

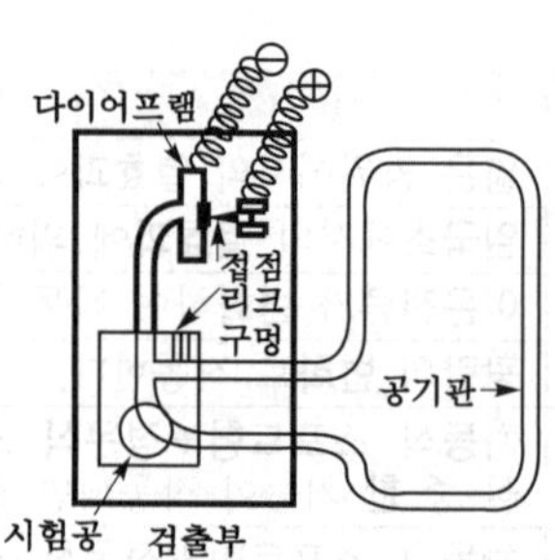

▌공기관식 감지기 2▐

② 동작원리 : 화재발생시 공기관 내의 공기가 팽창하여 **다이어프램**을 밀어 올려 접점을 붙게 함으로써 수신기에 신호를 보낸다.
③ 공기관 상호간의 접속 : **슬리브**에 삽입한 후 **납땜**한다.
④ 검출부와 공기관의 접속 : **공기관 접속단자**에 삽입한 후 납땜한다.
⑤ 고정방법
㉠ 직선부분 : 35〔cm〕 이내
㉡ 굴곡부분 : 5〔cm〕 이내
㉢ 접속부분 : 5〔cm〕 이내
㉣ 굴곡반경 : 5〔mm〕 이상

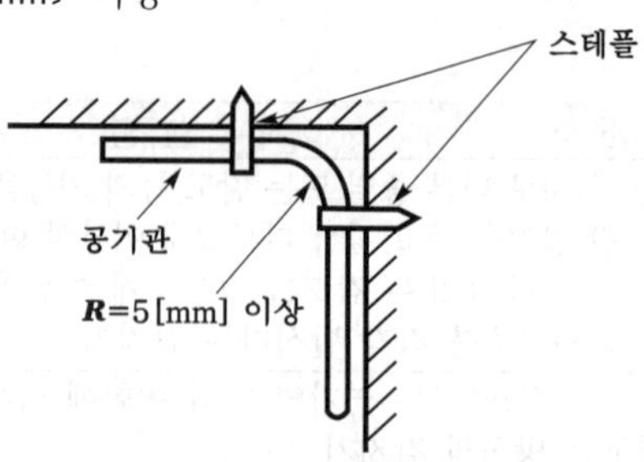

▌공기관식 감지기의 곡률반경▐

Key Point

★★★

문제 공기관식 차동식 분포형 감지기의 공기관을 가설할 때 다음 물음에 답하시오.

득점	배점
	6

(가) 굴곡시킬 수 있는 곡률반경은?

(나) 관끼리의 접속방법은?

(다) 설치할 수 있는 최대길이와 최소길이는?

○ 최대길이 : ○ 최소길이 :

해답 (가) 5〔mm〕 이상

(나) 슬리브로 접속하여 납땜한다.

(다) 최대길이 : 100〔m〕, 최소길이 : 20〔m〕

(2) 열전대식

① **구성요소** : 열전대, 미터릴레이(가동선륜, 스프링, 접점), 접속전선

> **미터릴레이** : 전압계가 부착되어 있는 릴레이

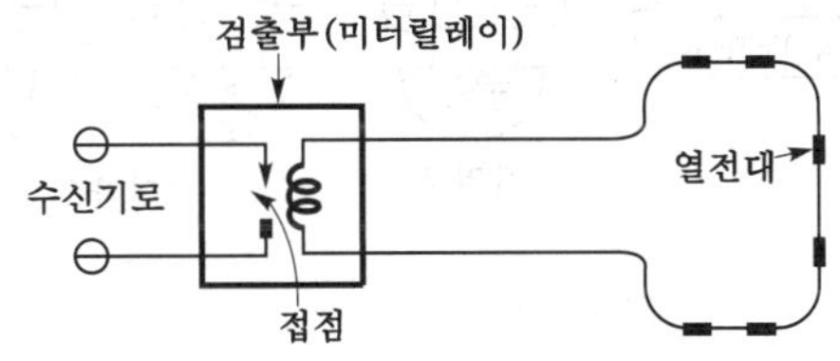

❙ 열전대식 감지기의 구조 1 ❙

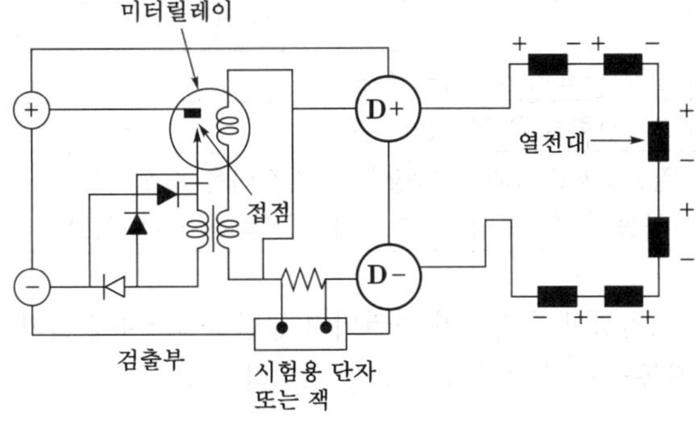

❙ 열전대식 감지기의 구조 2 ❙

② 동작원리 : 화재발생시 열전대부가 가열되면 **열기전력**이 발생하여 **미터릴레이**에 전류가 흘러 접점을 붙게 함으로써 수신기에 신호를 보낸다.

③ 열전대부의 접속 : **슬리브**에 삽입한 후 **압착**한다.

④ 고정방법 : 메신저와이어(messenger wire) 사용시 30〔cm〕 이내

> **메신저와이어** : 열전대가 늘어지지 않도록 고정시키기 위한 철선

(3) 열반도체식

① **구성요소** : 열반도체소자, 수열판, 미터릴레이

※ 미터릴레이
전압계가 부착되어 있는 릴레이

※ 극성이 있는 감지기
① 열전대식
② 열반도체식

※ 열반도체소자의 구성요소
① 비스무트(Bi)
② 안티몬(Sb)
③ 텔루륨(Te)

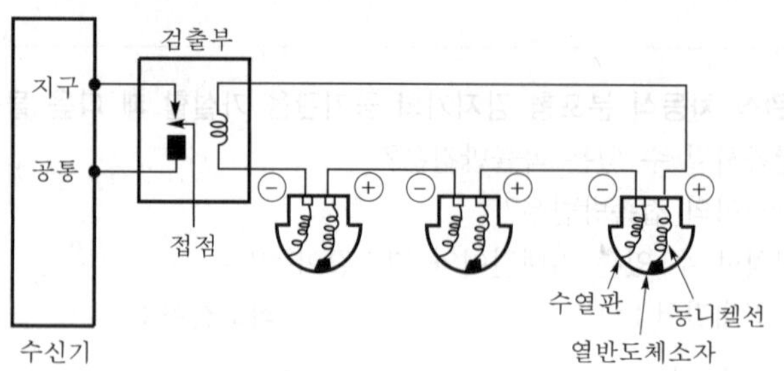

▌열반도체식 감지기의 구조 1▐

※ 동니켈선
감지기의 오동작 방지

※ 열반도체식의 동작 원리
화재발생시 열반도체 소자가 제베크효과에 의해 열기전력이 발생하여 미터릴레이를 작동시켜 수신기에 신호를 보낸다.

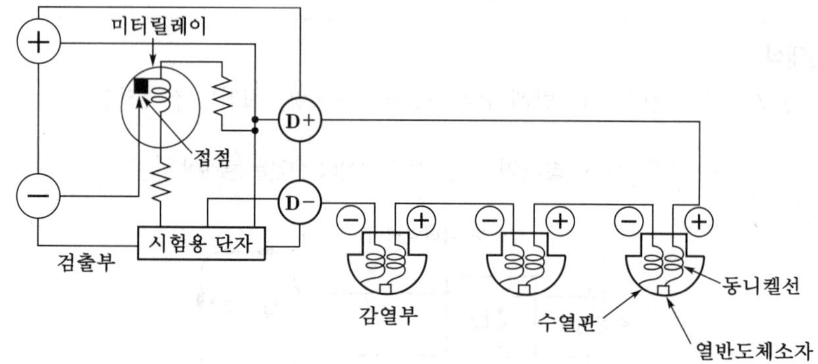

▌열반도체식 감지기의 구조 2▐

용어

용 어	설 명
수열판	열을 유효하게 받는 부분
열반도체소자	열기전력을 발생하는 부분
동니켈선	열반도체소자와 역방향의 열기전력을 발생하는 부분 (차동식 스포트형 감지기의 리크공과 같은 역할을 한다.)

② 동작원리 : 화재발생시 수열판이 가열되면 열반도체소자에 **열기전력**이 발생하여 **미터릴레이**를 작동시켜 수신기에 신호를 보낸다.

공기관식 차동식 분포형 감지기

(1) **작동개시시간**이 허용범위보다 **늦게 되는 경우**
① 감지기의 **리크저항** (leak resistance)이 **기준치 이하**일 때
② 검출부 내의 **다이어프램**이 부식되어 표면에 구멍(leak)이 발생하였을 때

(2) **작동개시시간**이 허용범위보다 **빨리 되는 경우**
① 감지기의 **리크저항** (leak resistance)이 **기준치 이상**일 때
② 감지기의 **리크구멍**이 이물질 등에 의해 막히게 되었을 때

5 차동식 스포트형 감지기

(1) 공기의 팽창을 이용한 것

① 구성요소 : 감열실, 다이어프램, 리크구멍, 접점, 작동표시장치

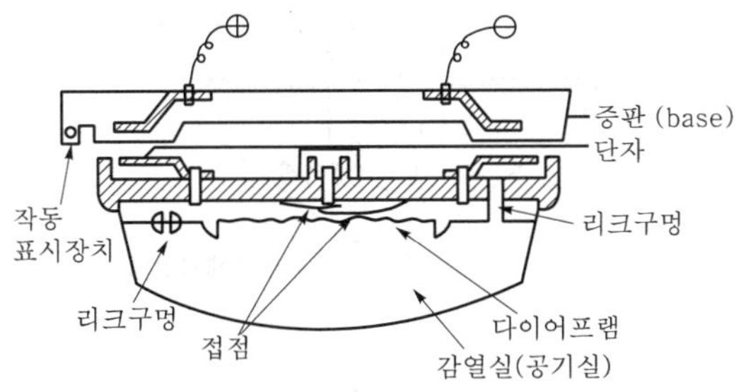

‖ 공기의 팽창을 이용한 것 1 ‖

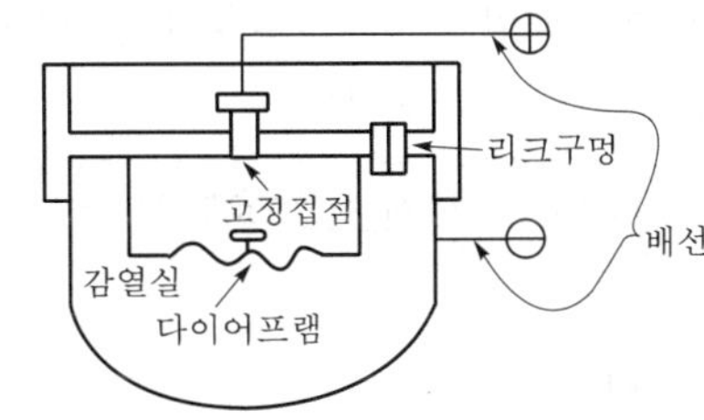

‖ 공기의 팽창을 이용한 것 2 ‖

※ **리크구멍** : 감지기의 오동작을 방지하며, 리크구멍이 이물질 등에 의해 막히게 되면 오동작이 발생하여 비화재보의 원인이 된다.

② 동작원리 : 화재발생시 감열부의 공기가 팽창하여 **다이어프램**을 밀어 올려 접점을 붙게 함으로써 수신기에 신호를 보낸다.

문제 **차동식 스포트형 감지기의 구조에 관한 다음 그림에서 주어진 번호의 명칭을 쓰고, ①의 기능을 간단히 설명하시오.**

득점	배점
	6

○ 명칭 : ① ② ③ ④

○ 기능 :

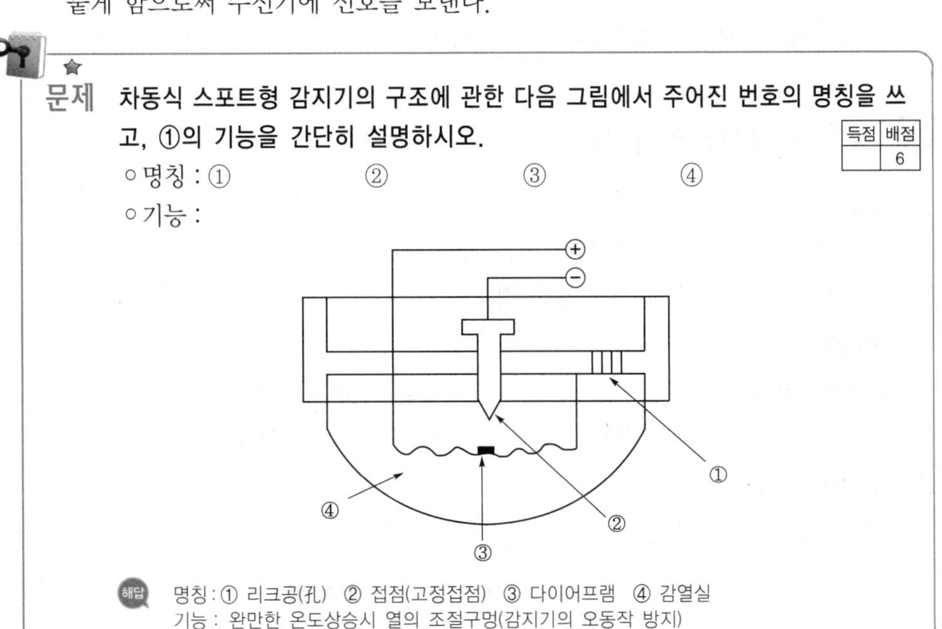

해답 명칭 : ① 리크공(孔) ② 접점(고정접점) ③ 다이어프램 ④ 감열실
기능 : 완만한 온도상승시 열의 조절구멍(감지기의 오동작 방지)

* **차동식 스포트형 감지기**
  1. 공기의 팽창이용
     ① 감열실
     ② 다이어프램
     ③ 리크구멍
     ④ 접점
     ⑤ 작동표시장치
  2. 열기전력 이용
     ① 감열실
     ② 반도체열전대
     ③ 고감도릴레이
  3. 반도체 이용

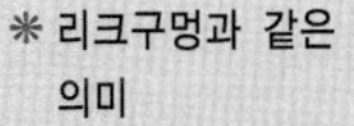

* **리크구멍과 같은 의미**
  ① 리크공
  ② 리크홀
  ③ 리크밸브

(2) 열기전력을 이용한 것

① 구성요소 : 감열실, 반도체열전대, 고감도릴레이

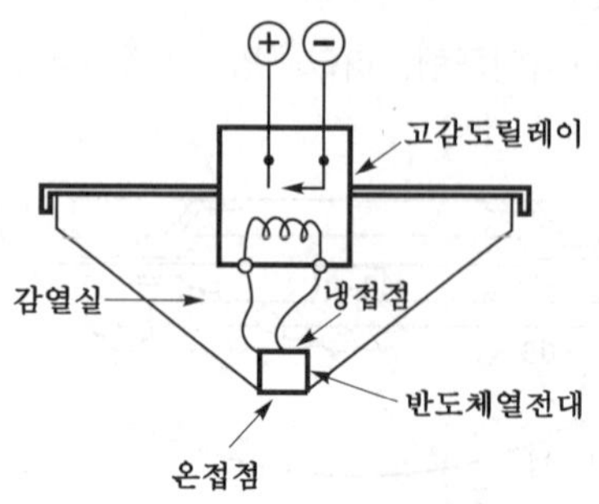

┃열기전력을 이용한 것┃

※ 고감도릴레이
미소한 전압으로도 동작하는 계전기

② 동작원리 : 화재발생시 반도체열전대가 가열되면 열기전력이 발생하여 **고감도릴레이**를 작동시켜 수신기에 신호를 보낸다.

고감도릴레이 : 미소한 전압으로도 동작하는 계전기

6 정온식 스포트형 감지기

① **바이메탈**의 활곡 · 반전을 이용한 것
② 금속의 팽창계수차를 이용한 것
③ **액체(기체)**의 팽창을 이용한 것
④ 가용절연물을 이용한 것
⑤ 감열반도체 소자를 이용한 것

※ 바이메탈
팽창계수가 다른 금속을 서로 붙여서 열에 의해 어느 한쪽으로 휘어지게 만든 것

바이메탈 : 팽창계수가 다른 금속을 서로 붙여서 열에 의해 어느 한쪽으로 휘어지게 만든 것

7 정온식 감지선형 감지기

(1) 종류

① 선 전체가 감열부분으로 되어 있는 것
② 감열부가 띄엄띄엄 존재해 있는 것

(2) 고정방법

① 직선부분 : 50[cm] 이내　② 단자부분 : 10[cm] 이내
③ 굴곡부분 : 10[cm] 이내　④ 굴곡반경 : 5[cm] 이상

※ 비재용형 감지기
① 정온식 스포트형 감지기(가용절연물 이용)
② 정온식 감지선형 감지기

※ 비재용형
한 번 동작하면 재차 사용이 불가능한 것

(3) 감지선의 접속

단자를 사용하여 접속한다.

※ 정온식 감지선형 감지기 : **비재용형**

중요 접속방법

(1) 공기관식 감지기

① 공기관의 상호접속 : **슬리브**를 이용하여 접속한 후 **납땜**한다.

② 검출부와 공기관의 접속 : **공기관 접속단자**에 공기관을 삽입하고 **납땜**한다.

(2) 열전대식 · 열반도체식 감지기

슬리브에 삽입한 후 **압착**한다.

(3) 정온식 감지선형 감지기

단자를 이용하여 **접속**한다.

8 보상식 스포트형 감지기의 동작원리

① **차동식**으로 **동작** : 화재발생시 주위의 온도가 급격히 상승하면 **다이어프램**을 밀어 올려 수신기에 신호를 보낸다.

② **정온식**으로 **동작** : 화재발생시 일정온도 이상이 되면 팽창률이 큰 금속이 **활곡** 또는 **반선**하여 수신기에 신호를 보낸다.

스포트형 감지기의 종류

(1) 차동식 스포트형 감지기

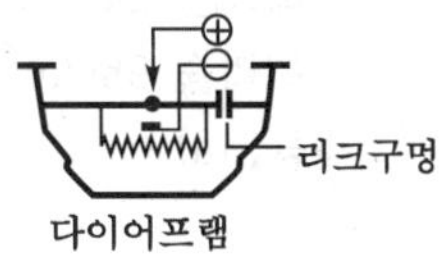

(2) 정온식 스포트형 감지기

(3) 보상식 스포트형 감지기

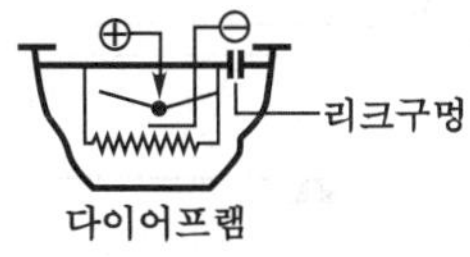

9 이온화식 연기감지기

(1) 구성요소

이온실, 신호증폭회로, 스위칭회로, 작동표시장치

Key Point

* **보상식 스포트형 감지기의 구성요소**
① 감열실
② 다이어프램
③ 리크구멍
④ 고팽창금속
⑤ 저팽창금속

* **이온화식 감지기의 구성요소**
① 이온실
② 신호증폭회로
③ 스위칭회로
④ 작동표시장치

※ 이온화식 연기감지기
① 내부이온실 : ⊕극전류, 밀폐
② 외부이온실 : ⊖극전류, 개방

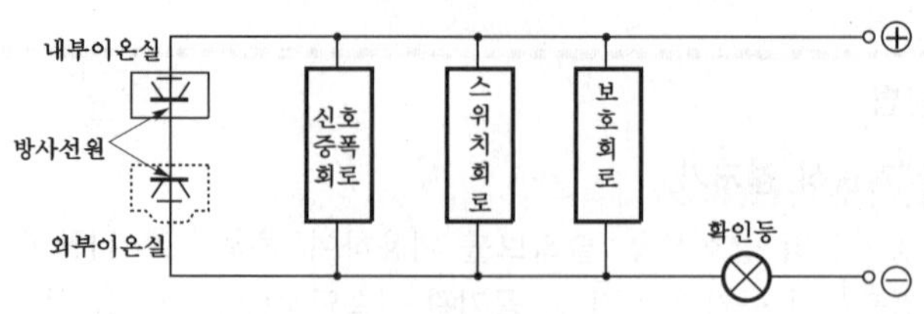

▌이온화식 감지기의 구조 1▐

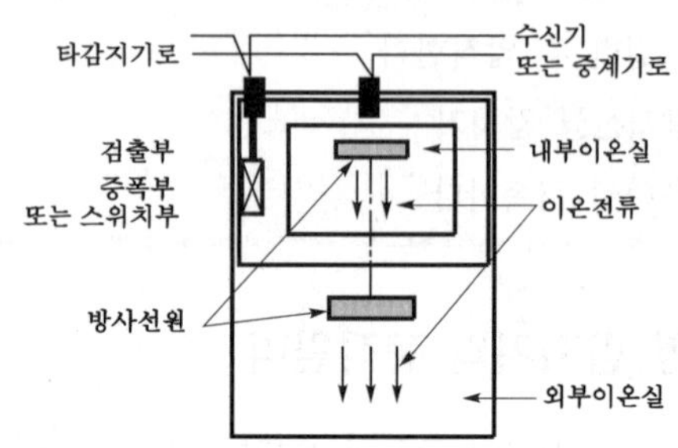

▌이온화식 감지기의 구조 2▐

(2) 동작원리

화재발생시 연기입자의 침입으로 **이온전류**의 흐름이 저항을 받아 이온전류가 작아지면 이것을 검출부, 증폭부, 스위칭회로에 전달하여 수신기에 신호를 보낸다.

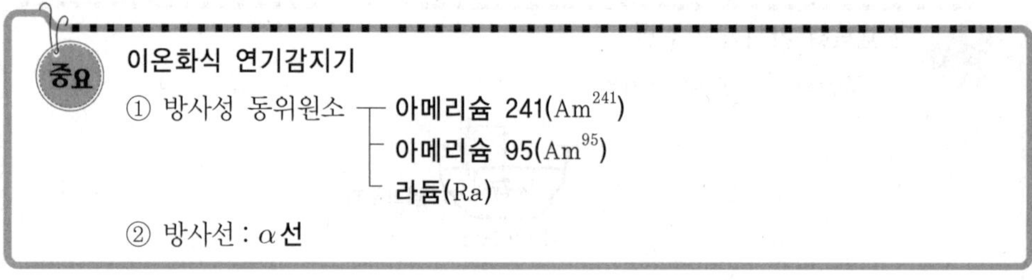

중요 **이온화식 연기감지기**

① 방사성 동위원소 ┬ **아메리슘 241**(Am^{241})
├ **아메리슘 95**(Am^{95})
└ **라듐**(Ra)

② 방사선 : α **선**

※ 광전식 스포트형 감지기
일반적으로 산란광식을 사용한다.

※ 산란광식 감지기의 동작원리
연기가 암상자 내로 유입되면 빛이 산란현상을 일으켜 광전소자의 저항이 변화하여 수신기에 신호를 보낸다.

10 광전식 스포트형 감지기

(1) 구성요소

발광부, 수광부, 차광판, 신호증폭회로, 스위칭회로, 작동표시장치

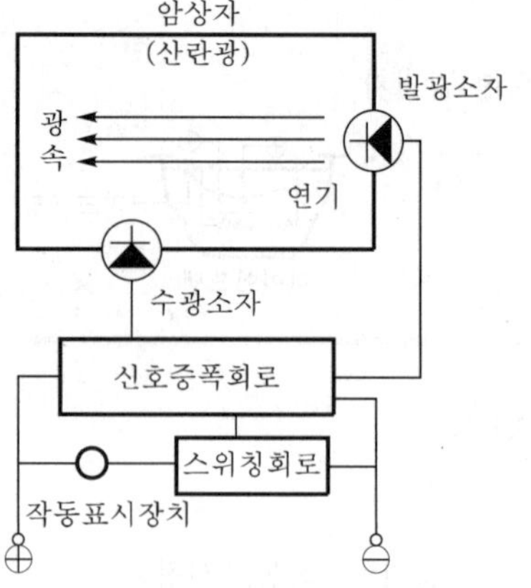

▌광전식 스포트형 감지기 1▐

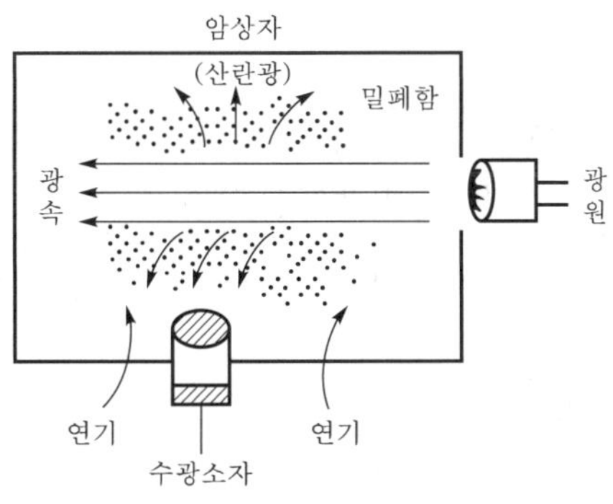

‖광전식 스포트형 감지기 2‖

(2) 동작원리

화재발생시 연기입자의 침입으로 광반사가 일어나 광전소자의 저항이 변화하면 이것을 수신기에 전달하여 신호를 보낸다.

11 광전식 분리형 감지기

(1) 구성요소

발광부, 수광부, 신호증폭회로, 스위칭회로, 작동표시장치

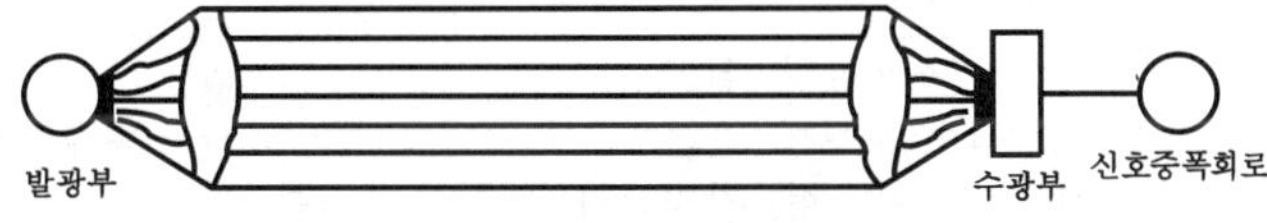

‖광전식 분리형 감지기‖

(2) 동작원리

발광부에서 상시 수광부로 빛을 보내고 있어 그 사이에 연기가 광도의 축을 방해하는 경우, 광량이 감소되면서 일정량을 초과하면 화재신호를 발한다.

12 공기흡입형 감지기(Air Sampling Smoke Detector)

(1) 구성요소

흡입배관, 공기흡입펌프(Aspirator), 감지부, 계측제어부, 필터

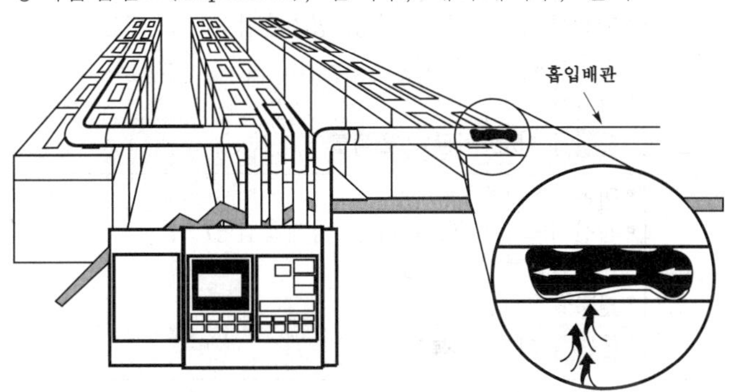

‖공기흡입형 감지기의 구성‖

(2) 동작원리

흡입용 팬 또는 펌프가 흡입배관을 통하여 경계구역 내의 공기를 흡입하고 흡입한 공기 중에 함유된 연소생성물을 분석하여 화재를 감지한다.

Key Point

※ 감광식 감지기의 동작원리
연기가 암상자 내로 유입되면 수광소자로 들어오는 빛의 양이 감소하여 광전소자저항의 변화로 수신기에 신호를 보낸다.

※ 광전식 감지기의 광원
광속변화가 적을 것

※ 광전식 분리형 감지기
일반적으로 감광식을 사용한다.

※ 광도의 축
송광면과 수광면의 중심을 연결하는 선

※ 광전식 감지기
① 스포트형
② 분리형
③ 공기흡입형

13 불꽃감지기

자외선식(UV) 감지기	적외선식(IR) 감지기
자외선 영역(0.1~0.35〔μm〕) 중 화재시 0.18~0.26〔μm〕의 파장에서 강한 에너지 레벨이 되며 이를 검출하여 그 검출신호를 화재신호로 발한다.	적외선 영역(0.76~220〔μm〕) 중 화재시에는 4.35〔μm〕에서 강한 에너지 레벨이 되며 이 파장을 검출하여 이를 화재신호로 발한다.

※ 검출파장
(1) 자외선식 : 0.18~0.26〔μm〕
(2) 적외선식 : 4.35〔μm〕

14 감지기의 설치기준

(1) **부착높이**(NFPC 203 7조, NFTC 203 2.4.1)

부착높이	감지기의 종류
4〔m〕 미만	• 차동식(스포트형, 분포형) • 보상식 스포트형 • 정온식(스포트형, 감지선형) ─ 열감지기 • 이온화식 또는 광전식(스포트형, 분리형, 공기흡입형) : 연기감지기 • 열복합형 • 연기복합형(연복합형) • 열연기복합형 ─ 복합형 감지기 • 불꽃감지기 기억법 열연불복 4미
4~8〔m〕 미만	• 차동식(스포트형, 분포형) • 보상식 스포트형 • 정온식(스포트형, 감지선형) 특종 또는 1종 ─ 열감지기 • 이온화식 1종 또는 2종 • 광전식(스포트형, 분리형, 공기흡입형) 1종 또는 2종 ─ 연기감지기 • 열복합형 • 연기복합형(연복합형) • 열연기복합형 ─ 복합형 감지기 • 불꽃감지기 기억법 8미열 정특1 이광12 복불
8~15〔m〕 미만	• 차동식 분포형 • 이온화식 1종 또는 2종 • 광전식(스포트형, 분리형, 공기흡입형) 1종 또는 2종 • 연기복합형(연복합형) • 불꽃감지기 기억법 15분 이광12 연복불
15~20〔m〕 미만	• 이온화식 1종 • 광전식(스포트형, 분리형, 공기흡입형) 1종 • 연기복합형(연복합형) • 불꽃감지기 기억법 이광불연복2
20〔m〕 이상	• 불꽃감지기 • 광전식(분리형, 공기흡입형) 중 아날로그방식 기억법 불광아

※ 8~15〔m〕 미만 설치 가능한 감지기
① 차동식 분포형
② 이온화식 1·2종
③ 광전식 1·2종
④ 연기복합형(연복합형)

※ 부착높이 20〔m〕 이상에 설치되는 광전식 중 아날로그방식의 감지기
공칭감지농도 하한값이 감광률 5〔%/m〕 미만

Key Point

중요 **지하층 · 무창층** 등으로서 환기가 잘되지 아니하거나 실내면적이 **40[m²] 미만**인 장소, 감지기의 부착면과 실내바닥과의 거리가 **2.3[m] 이하**인 곳으로서 일시적으로 발생한 열 · 연기 또는 먼지 등으로 인하여 화재신호를 발신할 우려가 있는 장소의 적응감지기

(1) **불**꽃감지기 (2) **정**온식 **감**지선형 감지기
(3) **분**포형 감지기 (4) **복**합형 감지기
(5) **광**전식 분리형 감지기 (6) **아**날로그방식의 감지기
(7) **다**신호방식의 감지기 (8) **축**적방식의 감지기

기억법 **불정감 복분(복분자) 광아다축**

(2) 연기감지기의 설치장소(NFPC 203 7조, NFTC 203 2.4.2)

① 계단 · 경사로 및 에스컬레이터 경사로
② 복도(30[m] 미만 제외)
③ 엘리베이터 승강로(권상기실이 있는 경우에는 권상기실) · 린넨슈트 · 파이프피트 및 덕트, 기타 이와 유사한 장소
④ 천장 또는 반자의 높이가 15~20[m] 미만의 장소
⑤ 다음에 해당하는 특정소방대상물의 취침 · 숙박 · 입원 등 이와 유사한 용도로 사용되는 거실
㉠ **공**동주택 · **오**피스텔 · **숙**박시설 · **노**유자시설 · **수**련시설
㉡ 교육연구시설 중 **합숙소**
㉢ **의**료시설, 근린생활시설 중 입원실이 있는 **의원** · **조산원**
㉣ **교**정 및 **군**사시설
㉤ 근린생활시설 중 **고시원**

기억법 **공오숙노수 합의조 교군고**

(3) 감지기 설치기준(NFPC 203 7조, NFTC 203 2.4.3.1~2.4.3.6)

① 감지기(**차동식 분포형** 제외)는 실내로의 공기유입구로부터 1.5[m] 이상 떨어진 위치에 설치할 것
② 감지기는 천장 또는 반자의 옥내의 면하는 부분에 설치할 것
③ **보상식 스포트형 감지기**는 정온점이 감지기 주위의 평상시 최고온도보다 20[℃] 이상 높은 것으로 설치하여야 한다.
④ **정온식 감지기**는 **주방 · 보일러실** 등으로 다량의 화기를 단속적으로 취급하는 장소에 설치한다.
⑤ 스포트형 감지기는 45° 이상 경사되지 아니하도록 부착할 것
⑥ 바닥면적 (단위 : [m²])

부착높이 및 소방대상물의 구분		감지기의 종류				
		차동식 · 보상식 스포트형		정온식 스포트형		
		1종	2종	특종	1종	2종
4[m] 미만	내화구조	90	70	70	60	20
	기타구조	50	40	40	30	15
4[m] 이상 8[m] 미만	내화구조	45	35	35	30	설치 불가능
	기타구조	30	25	25	15	

*** 린넨슈트**
병원, 호텔 등에서 세탁물을 구분하여 실로 유도하는 통로

*** 정온식 감지기의 설치장소**
① 주방
② 조리실
③ 용접작업장
④ 건조실
⑤ 살균실
⑥ 보일러실
⑦ 주조실
⑧ 영사실
⑨ 스튜디오

*** 정온식 감지기의 공칭작동온도범위**

60~150[℃]

① 60~80[℃]→5[℃] 눈금
② 80~150[℃]→10[℃] 눈금

Key Point

문제 정온식 스포트형 특종 감지기를 부착면의 높이가 7[m]인 내화구조로 된 소방대상물에 설치하고자 한다. 이 경우 소방대상물의 바닥면적이 110[m²]라면 몇 개 이상 설치하여야 하는가?

득점	배점
	3

○ 계산과정 :
○ 답 :

해답 ○ 계산과정 : $\frac{110}{35} = 3.14 \fallingdotseq 4$개
○ 답 : 4개 이상

해설 4[m] 이상이고 **정온식 스포트형 감지기 특종**이므로
감지기 1개가 담당하는 바닥면적은 **35[m²]**이므로
최소설치개수$= \frac{110}{35} = 3.14 \fallingdotseq$ **4개**

중요 **축적기능이 없는 감지기의 설치**
① **교차회로 방식**에 사용되는 감지기
② **급속**한 **연소확대**가 우려되는 장소에 사용되는 감지기
③ **축적기능**이 있는 **수신기**에 연결하여 사용하는 감지기

＊공기관의 길이
20~100[m] 이하

＊각 부분과의 수평거리
1. 공기관식:1.5[m] 이하
2. 정온식 감지선형
① 1종 : 3[m] 이하 (내화구조 4.5[m] 이하)
② 2종 : 1[m] 이하 (내화구조 3[m] 이하)

＊주소형 열전대식 감지기
각각의 열전대부에 대한 작동 여부를 검출부에서 표시할 수 있는 감지기

＊열전대식 감지기
4~20개 이하

(4) 공기관식 차동식 분포형 감지기의 설치기준(NFPC 203 7조, NFTC 203 2.4.3.7)

① 공기관의 노출부분은 감지구역마다 20[m] 이상이 되도록 설치한다.
② 공기관과 감지구역의 각 변과의 수평거리는 1.5[m] 이하가 되도록 한다.
③ 공기관 상호간의 거리는 6[m](내화구조는 9[m]) 이하가 되도록 한다.
④ 하나의 검출부에 접속하는 공기관의 길이는 100[m] 이하가 되도록 한다.
⑤ 검출부는 5° 이상 경사되지 않도록 한다.
⑥ 검출부는 바닥으로부터 0.8~1.5[m] 이하의 위치에 설치한다.
⑦ 공기관은 도중에서 **분기**하지 않도록 한다.

※ **경사제한각도**

5° 이상	45° 이상
차동식 분포형 감지기	스포트형 감지기

(5) 열전대식 감지기의 설치기준(NFPC 203 7조, NFTC 203 2.4.3.8)

① 하나의 검출부에 접속하는 열전대부는 4~20개 이하로 할 것(단, **주소형 열전대식 감지기**는 제외)
② 바닥면적

분 류	바닥면적	설치개수(최소개수)
내화구조	22[m²]	1개 이상(4개)
기타구조	18[m²]	1개 이상(4개)

(6) 열반도체식 감지기의 설치기준(NFPC 203 7조, NFTC 203 2.4.3.9)

① 하나의 검출기에 접속하는 감지부는 **2~15개** 이하가 되도록 할 것

② 바닥면적

(단위 : [m^2])

부착높이 및 소방대상물의 구분		감지기의 종류	
		1종	2종
8[m] 미만	내화구조	65	36
	기타구조	40	23
8~15[m] 미만	내화구조	50	36
	기타구조	30	23

Key Point

※ 열반도체식 감지기
2~15개 이하
(부착 높이가 8[m] 미만이고 바닥면적이 기준면적 이하인 경우 1개로 할 수 있다.)

(7) 연기감지기의 설치기준(NFPC 203 7조, NFTC 203 2.4.3.10)

① 복도 및 통로는 보행거리 **30[m]**(3종은 **20[m]**)마다 1개 이상으로 할 것

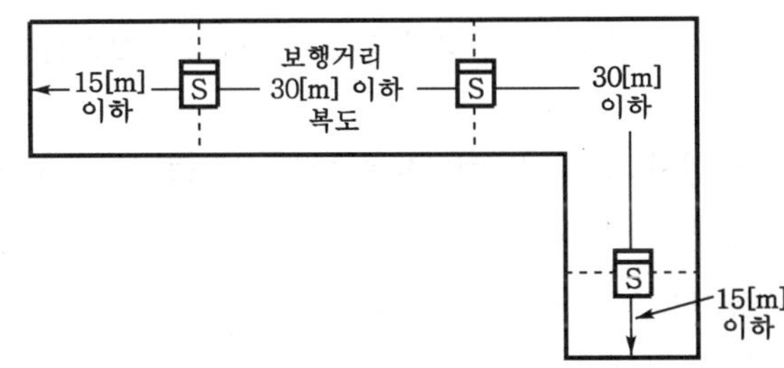

‖ 연기감지기의 설치 ‖

② 계단 및 경사로는 수직거리 **15[m]**(3종은 **10[m]**)마다 1개 이상으로 할 것

③ 천장 또는 반자가 낮은 실내 또는 좁은 실내는 **출입구**의 가까운 부분에 설치할 것

④ 천장 또는 반자 부근에 **배기구**가 있는 경우에는 그 부근에 설치할 것

⑤ 감지기는 벽 또는 보로부터 **0.6[m]** 이상 떨어진 곳에 설치할 것

⑥ 바닥면적

(단위 : [m^2])

부착높이	감지기의 종류	
	1종 및 2종	3종
4[m] 미만	150	50
4~20[m] 미만	75	설치 불가능

※ 연기농도의 단위
[%/m]

※ 연기
완전 연소되지 않은 가연물이 고체 또는 액체의 미립사로 떠돌아 다니는 상태

※ 벽 또는 보의 설치거리
① 스포트형 감지기 : 0.3[m] 이상
② 연기감지기 : 0.6[m] 이상

문제 ☆ **제1종 연기감지기의 설치기준에 대하여 다음 (   ) 안의 빈칸을 채우시오.**

득점	배점
	8

(가) 복도 및 통로에 있어서는 보행거리 (   )[m]마다 1개 이상으로 할 것
(나) 계단 및 경사로에 있어서는 수직거리 (   )[m]마다 1개 이상으로 할 것
(다) 감지기는 벽 또는 보로부터 (   )[m] 이상 떨어진 곳에 설치할 것
(라) 천장 또는 반자 부근에 (   )가 있는 경우에는 그 부근에 설치할 것

해답 (가) 30 (나) 15 (다) 0.6 (라) 배기구

(8) 정온식 감지선형 감지기의 설치기준(NFPC 203 7조, NFTC 203 2.4.3.12)

① 정온식 감지선형 감지기의 거리기준

종 별 / 수평거리	1종		2종	
	내화구조	기타구조	내화구조	기타구조
감지기와 감지구역의 각 부분과의 수평거리	4.5〔m〕 이하	3〔m〕 이하	3〔m〕 이하	1〔m〕 이하

② 감지선형 감지기의 굴곡반경 : 5〔cm〕 이상

③ 단자부와 마감 고정금구와의 설치간격 : 10〔cm〕 이내

④ 보조선이나 고정금구를 사용하여 감지선이 늘어지지 않도록 설치할 것

⑤ 케이블트레이에 감지기를 설치하는 경우에는 **케이블트레이 받침대**에 **마감금구**를 사용하여 설치할 것

⑥ **창고**의 **천장** 등에 지지물이 적당하지 않는 장소에서는 **보조선**을 설치하고 그 보조선에 설치할 것

⑦ 분전반 내부에 설치하는 경우 **접착제**를 이용하여 **돌기**를 바닥에 고정시키고 그 곳에 감지기를 설치할 것

(9) 불꽃감지기의 설치기준(NFPC 203 7조, NFTC 203 2.4.3.13)

① 공칭감시거리 · 공칭시야각(감지기형식 19-3)

조 건	공칭감시거리	공칭시야각
20〔m〕 **미만**의 장소에 적합한 것	1〔m〕 간격	5° 간격
20〔m〕 **이상**의 장소에 적합한 것	5〔m〕 간격	

② 감지기는 **공칭감시거리**와 **공칭시야각**을 기준으로 감시구역이 모두 포용될 수 있도록 설치할 것

③ 감지기는 화재감지를 유효하게 감지할 수 있는 **모서리** 또는 **벽** 등에 설치할 것

④ 감지기를 **천장**에 설치하는 경우에는 감지기는 **바닥**을 향하여 설치할 것

⑤ **수분**이 많이 발생할 우려가 있는 장소에는 **방수형**으로 설치할 것

(10) 아날로그방식의 감지기 설치기준(NFPC 203 7조, NFTC 203 2.4.3.14)

공칭감지온도범위 및 **공칭감지농도범위**에 적합한 장소에 설치할 것

(11) 다신호방식의 감지기 설치기준(NFPC 203 7조, NFTC 203 2.4.3.14)

화재신호를 발신하는 **감도**에 적합한 장소에 설치할 것

(12) 광전식 분리형 감지기의 설치기준(NFPC 203 7조, NFTC 203 2.4.3.15)

① 감지기의 수광면은 햇빛을 직접 받지 않도록 설치할 것

② 광축은 나란한 벽으로부터 **0.6〔m〕 이상** 이격하여 설치할 것

※ 도로형의 최대시야각
180° 이상

※ 아날로그방식의 감지기
주위의 온도 또는 연기 양의 변화에 따라 각각 다른 전류치 또는 전압치 등의 출력을 발하는 감지기

※ 다신호방식의 감지기
일정시간 간격을 두고 각각 다른 2개 이상의 화재신호를 발하는 감지기

③ 감지기의 송광부와 수광부는 설치된 뒷벽으로부터 1〔m〕 **이내** 위치에 설치할 것

④ 광축의 높이는 천장 등 높이의 80〔%〕 **이상**일 것

⑤ 감지기의 광축의 길이는 **공칭감시거리**범위 이내일 것

Key Point

※ **광축**
송광면과 수광면의 중심을 연결한 선

아날로그식 분리형 광전식 감지기의 공칭감시거리(감지기형식 19)
5~100〔m〕 **이하**로 하여 5〔m〕 **간격**으로 한다.

(13) **특수한 장소에 설치하는 감지기**(NFPC 203 7조, NFTC 203 2.4.4)

장 소	적응감지기
• 화학공장 • 격납고 • 제련소	• 광전식 분리형 감지기 • 불꽃감지기
• 전산실 • 반도체공장	• 광전식 공기흡입형 감지기

(14) **감지기의 설치제외 장소**(NFPC 203 7조, NFTC 203 2.4.5)

① 천장 또는 반자의 높이가 20〔m〕 이상인 장소(단, 부착높이에 따라 적응성이 있는 장소 제외)

② **헛간** 등 외부와 기류가 통하는 장소로서 감지기에 의하여 **화재발생**을 유효하게 감지할 수 없는 장소

③ **부식성** 가스가 체류하는 장소

④ **고온도** 및 **저온도**로서 감지기의 기능이 정지되기 쉽거나 감지기의 **유지관리**가 어려운 장소

⑤ **목욕실** · 욕조나 샤워시설이 있는 **화장실**, 기타 이와 유사한 장소

⑥ **파이프덕트** 등 그 밖의 이와 비슷한 것으로서 2개층마다 방화구획된 것이나 수평단면적이 5〔m^2〕 이하인 것

⑦ 먼지 · 가루 또는 **수증기**가 다량으로 체류하는 장소 또는 주방 등 평상시에 연기가 발생하는 장소(단, **연기감지기**만 적용)

⑧ **프레스공장** · **주조공장** 등 화재발생의 위험이 적은 장소로서 감지기의 유지관리가 어려운 장소

※ **방화구획**
화재시 불이 번지지 않도록 내화구조로 구획해 놓은 것

15 감지기의 기능시험

(1) 차동식 분포형 감지기

① 화재작동시험

㉠ 공기관식 : 펌프시험, 작동계속시험, 유통시험, 접점수고시험

Key Point

※ 펌프시험
테스트펌프로 감지기에 공기를 불어넣어 작동할 때까지의 시간이 지정치인가를 확인하기 위한 시험

※ 유통시험
확인할 수 있는 것
① 공기관의 길이
② 공기관의 누설
③ 공기관의 찌그러짐

※ 공기관식의 화재작동시험
① 펌프시험
② 작동계속시험
③ 유통시험
④ 접점수고시험: 감지기의 접점간격 확인

※ 테스트펌프와 같은 의미
공기주입기

※ 유통시험시 사용 기구
① 공기주입기
② 고무관
③ 유리관
④ 마노미터

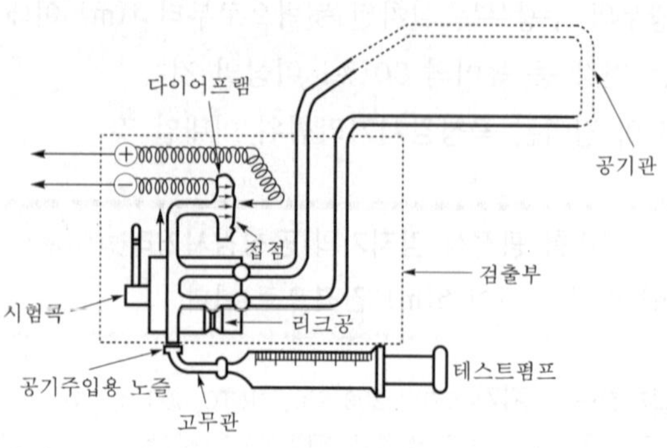

▮ 펌프시험 ▮

중요 **공기관식의 화재작동시험**

① **펌프시험** : 감지기의 작동공기압에 상당하는 공기량을 테스트펌프에 의해 불어넣어 작동할 때까지의 시간이 지정치인가를 확인하기 위한 시험
② **작동계속시험** : 감지기가 작동을 개시한 때부터 작동정지할 때까지의 시간을 측정하여 감지기의 작동의 계속이 정상인가를 확인하기 위한 시험
③ **유통시험** : 공기관이 새거나, 깨지거나, 줄어들었는지의 여부 및 공기관의 길이를 확인하기 위한 시험
　㉠ 검출부의 시험공 또는 공기관의 한쪽 끝에 테스트펌프를, 다른 한쪽 끝에 마노미터를 접속한다.
　㉡ 테스트펌프로 공기를 불어넣어 마노미터의 수위를 100〔mm〕까지 상승시켜 수위를 정지시킨다.(정지하지 않으면 공기관에 누설이 있는 것이다.)
　㉢ 시험콕을 이동시켜 송기구를 열고 수위가 50〔mm〕까지 내려가는 시간(**유통시간**)을 측정하여 공기관의 길이를 산출한다.

※ 공기관의 두께는 0.3〔mm〕 이상, 외경은 1.9〔mm〕 이상이며, 공기관의 길이는 20~100〔m〕 이하이어야 한다.

④ **접점수고시험** : 접점수고치가 적정치를 보유하고 있는지를 확인하기 위한 시험(접점수고치가 규정치 이상이면 감지기의 작동이 늦어진다.)

　㉡ 열전대식 : 화재작동시험, 합성저항시험
② 연소시험
　㉠ 감지기를 작동시키지 않고 행하는 시험
　㉡ 감지기를 작동시키고 행하는 시험

(2) 스포트형 감지기

가열시험 : 감지기를 가열한 경우 감지기가 정상적으로 작동하는가를 확인

(3) 정온식 감지선형 감지기

합성저항시험 : 감지기의 **단선 유무** 확인

(4) 연기감지기

가연시험 : 가연시험기에 의해 가연한 경우 **동작유무** 확인

16 측정기기

(1) **마노미터(mano meter)**
 ① 정의 : 공기관의 누설을 측정하기 위한 기구
 ② 적응시험 : **유통시험, 접점수고시험, 연소시험**

(2) **테스트펌프(test pump)**
 ① 정의 : 공기관에 공기를 주입하기 위한 기구
 ② 적응시험 : **유통시험, 접점수고시험**

(3) **초시계(stop watch)**
 ① 정의 : 공기관의 유통시간을 측정하기 위한 기구
 ② 적응시험 : **유통시험**

★★★
문제 공기관식 차동식 분포형 감지기의 공기관을 시험하는 방법 중 현장에서 사용하는 공구 이외의 시험용구 3가지를 쓰시오.

득점	배점
	9

○
○
○

해답 ① 마노미터 ② 테스트펌프 ③ 초시계

17 절연저항시험

절연저항계	절연저항	대 상
직류 250〔V〕	0.1〔MΩ〕 이상	• 1경계구역의 절연저항
직류 500〔V〕	5〔MΩ〕 이상	• 누전경보기 • 가스누설경보기 • 수신기(10회로 미만, 절연된 충전부와 외함 간) • 자동화재속보설비 • 비상경보설비 • 유도등(교류입력측과 외함간 포함) • 비상조명등(교류입력측과 외함간 포함)
	20〔MΩ〕 이상	• 경종 • 발신기 • 중계기 • 비상콘센트 • 기기의 절연된 선로간 • 기기의 충전부와 비충전부간 • 기기의 교류입력측과 외함간(유도등 · 비상조명등 제외)
	50〔MΩ〕 이상	• 감지기(정온식 감지선형 감지기 제외) • 가스누설경보기(10회로 이상) • 수신기(10회로 이상, 교류입력측과 외함 간 제외)
	1000〔MΩ〕 이상	• 정온식 감지선형 감지기

Key Point

＊ 마노미터
공기관의 누설측정

＊ 마노미터의 수위가 불안정한 경우의 원인
공기관 접속부분의 불량 또는 물방울 등의 침입

＊ 접점수고시험
① 접점수고치가 낮은 경우 : 비화재보의 원인
② 접점수고치가 높은 경우 : 지연동작의 원인

＊ 절연저항시험
★ 꼭 기억하세요 ★

＊ 이온화식 감지기
① 축적시간 : 5~60초
② 공칭축적시간 : 10~60초

＊ 감지기의 충격시험
① 최대가속도 : 50〔g〕
② 시험횟수 : 5회

※ 감시전류
평상시에 감지기회로에 흐르는 전류

※ 동작전류
화재시에 감지기회로에 흐르는 전류

※ 정온식 감지기의 시험
(1) 충격시험
임의의 방향으로 최대가속도 50[g]([g]는 중력가속도)의 충격을 5회 가하는 시험
(2) 부작동시험
공칭작동온도보다 10[℃] 낮은 풍속 1[m/s]의 기류에 투입한 경우 10분 이내로 작동하지 않을 것

18 감지기회로의 감시전류와 동작전류

(1) 감시전류 I 는

$$I=\frac{\text{회로전압}}{\text{종단저항}+\text{릴레이저항}+\text{배선저항}}$$

(2) 동작전류 I 는

$$I=\frac{\text{회로전압}}{\text{릴레이저항}+\text{배선저항}}$$

19 설치장소별 감지기의 적응성

(1) 연기감지기를 설치할 수 없는 경우(NFTC 203 2.4.6(1))

설치장소		적응열감지기									불꽃감지기
환경상태	적응장소	차동식 스포트형		차동식 분포형		보상식 스포트형		정온식		열아날로그식	
		1종	2종	1종	2종	1종	2종	특종	1종		
먼지 또는 미분 등이 다량으로 체류하는 장소	• 쓰레기장 • 하역장 • 도장실 • 섬유 · 목재 · 석재 등 가공공장	○	○	○	○	○	○	○	×	○	○

〔비고〕 1. **불꽃감지기**에 따라 감시가 곤란한 장소는 적응성이 있는 열감지기를 설치할 것
2. **차동식 분포형 감지기**를 설치하는 경우에는 검출부에 먼지, 미분 등이 침입하지 않도록 조치할 것
3. **차동식 스포트형 감지기** 또는 **보상식 스포트형 감지기**를 설치하는 경우에는 검출부에 먼지, 미분 등이 침입하지 않도록 조치할 것
4. **정온식 감지기**를 설치하는 경우에는 **특종**으로 설치할 것
5. **섬유, 목재가공 공장** 등 화재확대가 급속하게 진행될 우려가 있는 장소에 설치하는 경우 **정온식 감지기**는 **특종**으로 설치할 것, 공칭작동온도 **75[℃] 이하**, 열아날로그식 스포트형 감지기는 화재표시 설정시 **80[℃] 이하**가 되도록 할 것

설치장소		적응열감지기									불꽃감지기
환경상태	적응장소	차동식 스포트형		차동식 분포형		보상식 스포트형		정온식		열아날로그식	
		1종	2종	1종	2종	1종	2종	특종	1종		
수증기가 다량으로 머무는 장소	• 증기 세정실 • 탕비실 • 소독실	×	×	×	○	×	○	○	○	○	○

〔비고〕 1. **차동식 분포형 감지기** 또는 **보상식 스포트형 감지기**는 급격한 온도변화가 없는 장소에 한하여 사용할 것
2. **차동식 분포형 감지기**를 설치하는 경우에는 검출부에 수증기가 침입하지 않도록 조치할 것
3. **보상식 스포트형 감지기, 정온식 감지기** 또는 **열아날로그식 감지기**를 설치하는 경우에는 **방수형**으로 설치할 것
4. **불꽃감지기**를 설치할 경우 **방수형**으로 할 것

설치장소		적응열감지기									불꽃감지기
환경상태	적응장소	차동식 스포트형		차동식 분포형		보상식 스포트형		정온식		열아날로그식	
		1종	2종	1종	2종	1종	2종	특종	1종		
부식성 가스가 발생할 우려가 있는 장소	• 도금공장 • 축전지실 • 오수처리장	×	×	○	○	○	○	○	×	○	○

〔비고〕 1. **차동식 분포형 감지기**를 설치하는 경우에는 감지부가 피복되어 있고 검출부가 부식성가스에 영향을 받지 않는 것 또는 검출부에 부식성 가스가 침입하지 않도록 조치할 것
2. **보상식 스포트형 감지기, 정온식 감지기** 또는 **열아날로그식 스포트형 감지기**를 설치하는 경우에는 부식성 가스의 성상에 반응하지 않는 **내산형** 또는 **내알칼리형**으로 설치할 것
3. **정온식 감지기**를 설치하는 경우에는 **특종**으로 설치할 것

설치장소		적응열감지기									불꽃감지기
환경상태	적응장소	차동식 스포트형		차동식 분포형		보상식 스포트형		정온식		열아날로그식	
		1종	2종	1종	2종	1종	2종	특종	1종		
주방, 기타 평상시에 연기가 체류하는 장소	• 주방 • 조리실 • 용접작업장	×	×	×	×	×	×	○	○	○	○
현저하게 고온으로 되는 장소	• 건조실 • 살균실 • 보일러실 • 주조실 • 영사실 • 스튜디오	×	×	×	×	×	×	○	○	○	×

〔비고〕 1. **주방, 조리실** 등 습도가 많은 장소에는 **방수형** 감지기를 설치할 것
2. **불꽃감지기**는 UV/IR형을 설치할 것

설치장소		적응열감지기									불꽃감지기
환경상태	적응장소	차동식 스포트형		차동식 분포형		보상식 스포트형		정온식		열아날로그식	
		1종	2종	1종	2종	1종	2종	특종	1종		
배기가스가 다량으로 체류하는 장소	• 주차장, 차고 • 화물취급소 차로 • 자가발전실 • 트럭 터미널 • 엔진 시험실	○	○	○	○	○	○	×	×	○	○

〔비고〕 1. **불꽃감지기**에 따라 감시가 곤란한 장소는 적응성이 있는 열감지기를 설치할 것
2. **열아날로그식 스포트형 감지기**는 화재표시 설정이 **60〔℃〕 이하**가 바람직하다.

Key Point

※ 공기관식 감지기의 가열시험시 작동하지 않는 경우의 원인

① 접점간격이 너무 넓다.
② 공기관이 막혔다.
③ 다이아프램이 부식되었다.
④ 공기관이 부식되었다.

설치장소		적응열감지기									불꽃감지기
환경상태	적응장소	차동식 스포트형		차동식 분포형		보상식 스포트형		정온식		열아날로그식	
		1종	2종	1종	2종	1종	2종	특종	1종		
연기가 다량으로 유입할 우려가 있는 장소	• 음식물배급실 • 주방 전실 • 주방 내 식품저장실 • 음식물 운반용 엘리베이터 • 주방 주변의 복도 및 통로 • 식당	○	○	○	○	○	○	○	○	○	×

※ 정온식 감지기(특종)
① 음식물배급실
② 주방전실

〔비고〕 1. 고체연료 등 가연물이 수납되어 있는 **음식물배급실, 주방 전실**에 설치하는 **정온식 감지기**는 **특종**으로 설치할 것
2. **주방 주변**의 **복도** 및 **통로, 식당** 등에는 **정온식 감지기**를 설치하지 말 것
3. **열아날로그식 스포트형 감지기**를 설치하는 경우에는 화재표시 설정을 **60〔℃〕 이하**로 할 것

설치장소		적응열감지기									불꽃감지기
환경상태	적응장소	차동식 스포트형		차동식 분포형		보상식 스포트형		정온식		열아날로그식	
		1종	2종	1종	2종	1종	2종	특종	1종		
물방울이 발생하는 장소	• 스레트 또는 철판으로 설치한 지붕 창고 · 공장 • 패키지형 냉각기전용 수납실 • 밀폐된 지하창고 • 냉동실 주변	×	×	○	○	○	○	○	○	○	○
불을 사용하는 설비로서 불꽃이 노출되는 장소	• 유리공장 • 용선로가 있는 장소 • 용접실 • 작업장 • 주방 • 주조실	×	×	×	×	×	×	○	○	○	×

※ 보상식 스포트형 감지기
급격한 온도변화가 없는 장소에 설치

〔비고〕 1. **보상식 스포트형 감지기, 정온식 감지기** 또는 **열아날로그식 스포트형 감지기**를 설치하는 경우에는 **방수형**으로 설치할 것
2. **보상식 스포트형 감지기**는 급격한 온도변화가 없는 장소에 한하여 설치할 것
3. 불꽃감지기를 설치하는 경우에는 방수형으로 설치할 것

주) 1. "○"는 해당 설치장소에 적응하는 것을 표시, "×"는 해당 설치장소에 적응하지 않는 것을 표시
2. 차동식 스포트형, 차동식 분포형 및 보상식 스포트형 1종은 감도가 예민하기 때문에 비화재보 발생은 2종에 비해 불리한 조건이라는 것을 유의할 것
3. 차동식 분포형 3종 및 정온식 2종은 소화설비와 연동하는 경우에 한해서 사용할 것
4. 다신호식 감지기는 그 감지기가 가지고 있는 종별, 공칭작동 온도별로 따르지 말고 상기 표에 따른 적응성이 있는 감지기로 할 것

(2) 연기감지기를 설치할 수 있는 경우(NFTC 203 2.4.6(2))

설치장소		적응열감지기					적응연기감지기						불꽃감지기
환경상태	적응장소	차동식스포트형	차동식분포형	보상식스포트형	정온식	열아날로그식	이온화식스포트형	광전식스포트형	이온아날로그식스포트형	광전아날로그식스포트형	광전식분리형	광전아날로그식분리형	
1. 흡연에 의해 연기가 체류하며 환기가 되지 않는 장소	• 회의실 • 응접실 • 휴게실 • 노래연습실 • 오락실 • 다방 • 음식점 • 대합실 • 카바레 등의 객실 • 집회장 • 연회장	○	○	○				◎		◎	○	○	
2. 취침시설로 사용하는 장소	• 호텔객실 • 여관 • 수면실						◎	◎	◎	◎	○	○	
3. 연기 이외의 미분이 떠다니는 장소	• 복도 • 통로						◎	◎	◎	◎	○	○	○
4. 바람에 영향을 받기 쉬운 장소	• 로비 • 교회 • 관람장 • 옥탑에 있는 기계실		○					◎		◎	○	○	○
5. 연기가 멀리 이동해서 감지기에 도달하는 장소	• 계단 • 경사로							○		○	○	○	
6. 훈소화재의 우려가 있는 장소	• 전화기기실 • 통신기기실 • 전산실 • 기계제어실							○		○	○	○	
7. 넓은 공간으로 천장이 높아 열 및 연기가 확산하는 장소	• 체육관 • 항공기격납고 • 높은 천장의 창고·공장 • 관람석 상부 등 감지기 부착높이가 8[m] 이상의 장소		○								○	○	○

〔비고〕 **광전식 스포트형 감지기** 또는 **광전아날로그식 스포트형 감지기**를 설치하는 경우에는 해당 감지기회로에 **축적기능**을 갖지 않는 것으로 할 것

✽ **훈소**
① 불꽃 없이 연기만 내면서 타다가 어느 정도 시간이 경과 후 발열될 때의 연소상태
② 화염이 발생되지 않은 채 가연성 증기가 외부로 방출되는 현상

Key Point

주) 1. "○"는 해당 설치장소에 적응하는 것을 표시
2. "◎" 해당 설치장소에 **연기감지기**를 설치하는 경우에는 해당 감지회로에 **축적기능**을 갖는 것을 표시
3. 차동식 스포트형, 차동식 분포형, 보상식 스포트형 및 연기식(해당 감지기회로에 축적기능을 갖지 않는 것) 1종은 감도가 예민하기 때문에 비화재보 발생은 2종에 비해 불리한 조건이라는 것을 유의할 것
4. 차동식 분포형 3종 및 정온식 2종은 소화설비와 연동하는 경우에 한해서 사용할 것
5. **광전식 분리형 감지기**는 평상시 연기가 발생하는 장소 또는 공간이 협소한 경우에는 적응성이 없음
6. 넓은 공간으로 천장이 높아 열 및 연기가 확산하는 장소로서 차동식 분포형 또는 광전식 분리형 2종을 설치하는 경우에는 제조사의 사양에 따를 것
7. **다신호식 감지기**는 그 감지기가 가지고 있는 종별, 공칭작동 온도별로 따르고 표에 따른 적응성이 있는 감지기로 할 것

※ 다신호식 감지기
① 각 서로 다른 종별 또는 감도 등의 기능을 갖춘 것으로서 일정 시간 간격을 두고 각각 다른 2개 이상의 화재신호를 발하는 감지기
② 동일 종별 또는 감도를 갖는 2개 이상의 센서를 통해 감지하여 화재신호를 각각 발신하는 감지기

2 수신기

출제확률 3.6% (4점)

1 P형 수신기의 기능

① 화재표시 작동시험장치
② 수신기와 감지기 사이의 도통시험장치
③ 상용전원과 예비전원의 자동절환장치
④ 예비전원 양부시험장치
⑤ 기록장치

2 R형 수신기

(1) 기능

① 화재표시 작동시험장치
② 수신기와 중계기 사이의 단선·단락·도통시험장치
③ 상용전원과 예비전원의 자동절환장치
④ 예비전원 양부시험장치
⑤ 기록장치
⑥ 지구등 또는 적당한 표시장치

(2) 특징

① 선로수가 적어 경제적이다.
② 선로길이를 길게 할 수 있다.
③ 증설 또는 이설이 비교적 쉽다.
④ 화재발생지구를 선명하게 숫자로 표시할 수 있다.
⑤ 신호의 전달이 확실하다.

중요 P형 수신기와 R형 수신기의 비교

구 분	P형 수신기	R형 수신기
시스템의 구성	P형 수신기	중계기 R형 수신기
신호전송방식	1 : 1 접점방식	다중전송방식
신호의 종류	공통신호	고유신호
화재표시기구	램프(lamp)	액정표시장치(LCD)
자기진단기능	없음	있음

Key Point

※ 수신기
감지기나 발신기에서 발하는 화재신호를 직접 수신하거나 중계기를 통하여 수신하여 화재의 발생을 표시 및 경보하여 주는 장치

※ P형 수신기
① 화재표시 작동시험장치
② 도통시험장치
③ 자동절환장치
④ 예비전원 양부시험장치
⑤ 기록장치

※ P형 수신기의 정상작동
① 지구벨
② 지구램프
③ 화재램프
— 점등

※ P형 수신기의 신호방식
① 공통신호방식
② 1:1 접점방식
③ 개별신호방식

※ R형 수신기의 신호방식
① 고유신호방식
② 다중전송방식
③ 다중전송신호방식
④ 다중통신방식

Key Point

✻ R형 수신기
각종 계기에 이르는 외부 신호선의 단선 및 단락시험을 할 수 있는 장치가 있어야 하는 수신기

선로수	많이 필요하다.	적게 필요하다.
기기비용	적게 소요	많이 소요
배관배선공사	선로수가 많이 소요되므로 복잡하다.	선로수가 적게 소요되므로 간단하다.
유지관리	선로수가 많고 수신기에 자기 진단기능이 없으므로 어렵다.	선로수가 적고 자기진단기능에 의해 고장발생을 자동으로 경보·표시하므로 쉽다.
수신반가격	기능이 단순하므로 가격이 싸다.	효율적인 감지·제어를 위해 여러 기능이 추가되어 있어 가격이 비싸다.
화재표시방식	창구식, 지도식	창구식, 지도식, CRT식, 디지털식

★★★
문제 P형 수신기와 R형 수신기의 특성을 다음 표에 비교하여 설명하시오.

득점	배점
	6

형 식	P형 시스템	R형 시스템
신호전달방식(전송)		
배관배선공사		
유지관리		
수신반가격		

해답

형 식	P형 시스템	R형 시스템
신호전달방식(전송)	1 : 1 접점방식	다중전송방식
배관배선공사	복잡하다.	간단하다.
유지관리	어렵다.	쉽다.
수신반가격	저가	고가

✻ 수신기의 분류
(1) P형
(2) R형
(3) GP형
(4) GR형
(5) 복합식
① P형 복합식
② R형 복합식
③ GP형 복합식
④ GR형 복합식

3 수신기의 적합기준(NFPC 203 5조, NFTC 203 2.2.1)

① 해당 특정소방대상물의 경계구역을 각각 표시할 수 있는 회선수 이상의 수신기를 설치할 것

② 해당 특정소방대상물에 가스누설탐지설비가 설치된 경우에는 가스누설탐지설비로부터 가스누설신호를 수신하여 가스누설경보를 할 수 있는 수신기를 설치할 것(가스누설탐지설비의 수신부를 별도로 설치한 경우는 제외)

✻ GP형 수신기
P형 수신기의 기능과 가스누설경보기의 수신부 기능을 겸한 수신기

Key Point

> **중요** 축적형 수신기의 설치
> (1) **지하층 · 무창층**으로 환기가 잘 되지 않는 장소
> (2) 실내 면적이 **40[m^2] 미만**인 장소
> (3) 감지기의 부착면과 실내 바닥의 거리가 **2.3[m] 이하**인 장소

4 자동화재탐지설비의 수신기의 설치기준(NFPC 203 5조, NFTC 203 2.2.3)

① **수위실** 등 상시 사람이 근무하는 장소에 설치할 것(단, 사람이 상시 근무하는 장소가 없는 경우에는 관계인이 쉽게 접근할 수 있고 관리가 용이한 장소에 설치할 수 있다.)
② 수신기가 설치된 장소에는 **경계구역 일람도**를 비치할 것(단, **주수신기**를 설치하는 경우에는 **주수신기**를 제외한 기타 수신기는 제외)
③ 수신기의 음향기구는 그 음량 및 음색이 다른 기기의 소음 등과 명확히 구별될 수 있는 것으로 할 것
④ 수신기는 **감지기 · 중계기** 또는 **발신기**가 작동하는 경계구역을 표시할 수 있는 것으로 할 것
⑤ 화재 · 가스 전기등에 대한 **종합방재반**을 설치한 경우에는 해당 조작반에 수신기의 작동과 연동하여 감지기 · 중계기 또는 발신기가 작동하는 경계구역을 표시할 수 있는 것으로 할 것
⑥ 하나의 경계구역은 하나의 **표시등** 또는 하나의 **문자**로 표시되도록 할 것
⑦ 수신기의 조작스위치는 바닥으로부터의 높이가 **0.8~1.5[m]** 이하인 장소에 설치할 것
⑧ 하나의 특정소방대상물에 2 이상의 수신기를 설치하는 경우에는 수신기를 **상호**간 연동하여 화재발생 **상황**을 각 수신기마다 **확인**할 수 있도록 할 것

> **중요**
> (1) 수신기의 **스위치**의 **주의등 점멸**시의 **원인**
> ① 지구경종정지 스위치 ON시
> ② 주경종정지 스위치 ON시
> ③ 자동복구 스위치 ON시
> ④ 도통시험 스위치 ON시
> ⑤ 동작시험 스위치 ON시
> (2) 수신기의 **19번째 회로 이상**시의 **원인**
> ① 19번째 전선접속부의 접속불량
> ② 19번째 종단저항의 단선
> ③ 19번째 종단저항의 누락
> ④ 19번째 지구선의 단선
> ⑤ 19번째 지구선의 누락

＊ 경계구역 일람도
회로배선이 각 구역별로 어떻게 결선되어 있는지 나타낸 도면

＊ 주수신기
모든 수신기와 연결되어 각 수신기의 상황을 감시하고 제어할 수 있는 수신기

＊ 설치높이
① 기타 기기 : 0.8~1.5[m] 이하
② 시각경보장치 : 2~2.5[m] 이하(단, 천장의 높이가 2[m] 이하인 경우에는 천장으로부터 0.15[m] 이내의 장소에 설치)

＊ 상시개로방식
자동화재탐지설비에 사용해도 좋은 회로방식

＊ 스위치 주의등
각 스위치가 정상위치에 있지 않을 때 점등된다.

Key Point

※ 상용전원 감시등 소등 원인
① 정전
② Fuse 단선
③ 입력전원 전원선 불량
④ 전원회로부 훼손

※ 예비전원 감시등 소등 원인
① Fuse 단선
② 충전 불량
③ 배터리소켓 접속 불량
④ 배터리 완전방전

※ 회로도통시험
① 정상상태 : 2~6[V]
② 단선상태 : 0[V]
③ 단락상태 : 22~26[V]

5 P형 수신기의 고장진단

고장증상	예상원인	점검방법
상용전원 감시등 소등	① 정전	상용전원 확인
	② Fuse 단선	전원스위치를 끄고 Fuse 교체
	③ 입력전원 전원선 불량	외부전원선 점검
	④ 전원회로부 훼손	트랜스 2차측 24[V] AC 및 다이오드 출력 24[V] DC 확인
예비전원 감시등 점등	① Fuse 단선	확인교체
	② 충전불량	충전 전압확인
	③ 배터리소켓 접속불량	배터리 감시표시등의 점등확인
	④ 장기간 정전으로 인한 배터리의 완전방전	소켓단자 확인

6 수신기의 시험(성능시험)

(1) 화재표시작동시험

① 시험방법

㉠ 회로선택스위치로서 실행하는 시험 : 동작시험스위치를 눌러서 스위치 주의등의 점등을 확인한 후 회로선택스위치를 차례로 회전시켜 1회로마다 화재시의 작동시험을 행할 것

㉡ 감지기 또는 발신기의 작동시험과 함께 행하는 방법 : 감지기 또는 발신기를 차례로 작동시켜 경계구역과 지구표시등과의 접속상태를 확인할 것

② 가부판정의 기준 : 각 **릴레이**(relay)의 작동, **화재표시등**, **지구표시등** 그 밖의 표시장치의 점등(램프의 단선도 함께 확인할 것), **음향장치** 작동확인, **감지기회로** 또는 **부속기기회로**와의 연결접속이 정상일 것

(2) 회로도통시험

① 시험방법 : **감지기회로**의 **단선**의 **유무**와 기기 등의 접속상황을 확인하기 위해서 다음과 같은 시험을 행할 것

㉠ 도통시험스위치를 누른다.

㉡ 회로선택스위치를 차례로 회전시킨다.

㉢ 각 회선별로 전압계의 전압을 확인한다.(단, 발광다이오드로 그 정상유무를 표시하는 것은 발광다이오드의 점등유무를 확인한다.)

㉣ 종단저항 등의 접속상황을 조사한다.

② 가부판정의 기준 : 각 회선의 **전압계**의 **지시치** 또는 발광다이오드(LED)의 점등유무 상황이 정상일 것

회로도통시험 = 도통시험

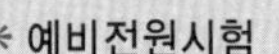

(3) 공통선시험(단, 7회선 이하는 제외)

① **시험방법** : 공통선이 담당하고 있는 경계구역의 적정여부를 다음에 따라 확인할 것

㉠ 수신기 내 접속단자의 회로공통선을 1선 제거한다.

㉡ 회로도통시험의 예에 따라 도통시험스위치를 누르고, 회로선택스위치를 차례로 회전시킨다.

㉢ 전압계 또는 발광다이오드를 확인하여 「**단선**」을 지시한 경계구역의 회선수를 조사한다.

② **가부판정의 기준** : 공통선이 담당하고 있는 경계구역수가 7 이하일 것

(4) 예비전원시험

① **시험방법** : 상용전원 및 비상전원이 사고 등으로 정전된 경우, 자동적으로 예비전원으로 절환되며, 또한 정전복구시에 자동적으로 상용전원으로 절환되는지의 여부를 다음에 따라 확인할 것

㉠ 예비전원시험스위치를 누른다.

㉡ 전압계의 지시치가 지정치의 범위 내에 있을 것(단, 발광다이오드로 그 정상유무를 표시하는 것은 발광다이오드의 정상 점등유무를 확인한다.)

㉢ 교류전원을 개로하고 자동절환릴레이의 작동상황을 조사한다.

② **가부판정의 기준** : 예비전원의 **전압, 용량, 절환상황** 및 **복구작동**이 정상일 것

(5) 동시작동시험(단, 1회선은 제외)

① **시험방법** : 감지기회로가 동시에 수회선 작동하더라도 수신기의 기능에 이상이 없는가의 여부를 다음에 따라 확인할 것

㉠ 주전원에 의해 행한다.

㉡ 각 회선의 화재작동을 복구시키는 일이 없이 **5회선**(5회선 미만은 전회선)을 동시에 작동시킨다.

㉢ ㉡의 경우 주음향장치 및 지구음향장치를 작동시킨다.

㉣ 부수신기와 표시기를 함께 하는 것에 있어서는 이 모두를 작동상태로 하고 행한다.

② **가부판정의 기준** : 각 회선을 동시작동시켰을 때 **수신기, 부수신기, 표시기, 음향장치** 등의 기능에 이상이 없고, 또한 **화재**시 **작동**을 정확하게 계속하는 것일 것

(6) 회로저항시험

감지기회로의 선로저항치가 수신기의 기능에 이상을 가져오는지 여부 확인

(7) 저전압시험

정격전압의 80〔%〕 이하로 하여 행한다.

> 수신기에 내장하는 음향장치는 사용전압의 최소 80〔%〕인 전압에서 소리를 내어야 한다.

(8) 비상전원시험

비상전원으로 **축전지설비**를 사용하는 것에 대해 행한다.

Key Point

✻ 예비전원시험

1. 시험목적
   상용전원 및 비상전원 정전시 자동적으로 예비전원으로 절환되며, 정전복구시에 자동적으로, 상용전원으로 절환되는지의 여부 확인
2. 시험방법
   ① 예비전원 시험스위치 ON
   ② 전압계의 지시치가 지정치의 범위 내에 있을 것
   ③ 교류전원을 개로하고 자동절환릴레이의 작동상황을 조사
3. 판정기준
   ① 예비전원의 전압이 정상일 것
   ② 예비전원의 용량이 정상일 것
   ③ 예비전원의 절환이 정상일 것
   ④ 예비전원의 복구가 정상일 것

✻ 동시작동시험

5회선을 동시에 작동시켜 수신기의 기능에 이상여부 확인

(9) 지구음향장치 작동시험

화재신호와 연동하여 음향장치의 정상 작동여부를 확인한다.

※ 감지기회로의 단선시험방법
① 회로도통시험
② 회로저힝시험

문제 자동화재탐지설비에서 감지기회로의 배선이 단선되었는지를 시험하는 방법을 2가지만 답하시오.

득점	배점
	4

○ ○

해답 ① 회로도통시험
② 회로저항시험

7 수신기의 절연저항시험

※ 메거
'절연저항계'를 말한다.

(1) 사용기기

직류 250[V]급 메거(megger)

(2) 측정방법

기기 부착 전	기기 부착 후
배선 상호간	배선과 대지 사이

(3) 판정기준

1경계구역마다 0.1[MΩ] 이상일 것

※ 접점
① 전자계전기 : GS합금
② 감지기 : PGS합금

※ 수신기의 일반기능
① 정격전압이 60[V]를 넘는 기구의 금속제외함에는 접지단자 설치
② 공통신호용 단자는 7개 회로마다 1개씩 설치

비교

수신기의 절연저항시험

구 분	설 명	
절연된 충전부와 외함간	10회로 미만	직류 500[V] 절연저항계, 5[MΩ] 이상
	10회로 이상	직류 500[V] 절연저항계, 50[MΩ] 이상
교류입력측과 외함간	직류 500[V] 절연저항계, 20[MΩ] 이상	
절연된 선로간	직류 500[V] 절연저항계, 20[MΩ] 이상	

3 발신기 · 중계기 · 시각경보장치 등

출제확률 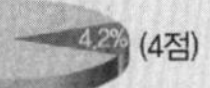

(4점)

1 P형 발신기

구성요소 : 보호판, 스위치, 응답램프(응답확인램프), 외함, 명판

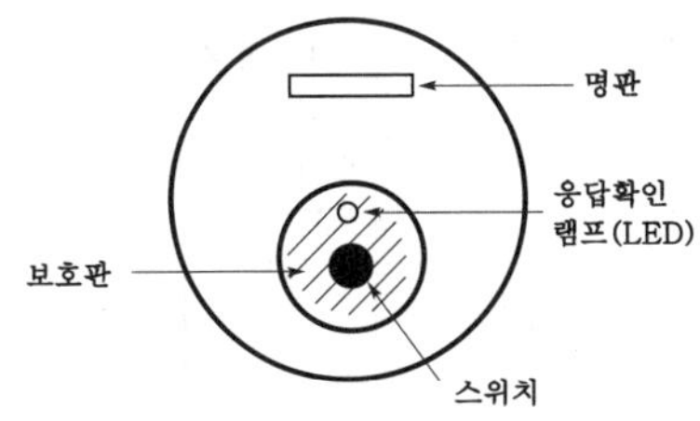

‖P형 발신기‖

※ P형 발신기

스위치 표시선 공통선 응답선

공통신호

(1) **P형 수동발신기**의 **외형**

① 응답램프 : 발신기의 신호가 수신기에 전달되었는가를 확인하여 주는 램프

② 발신기스위치 : 수동조작에 의하여 수신기에 화재신호를 발신하는 장치

③ 투명플라스틱 보호판 : 스위치를 보호하기 위한 것

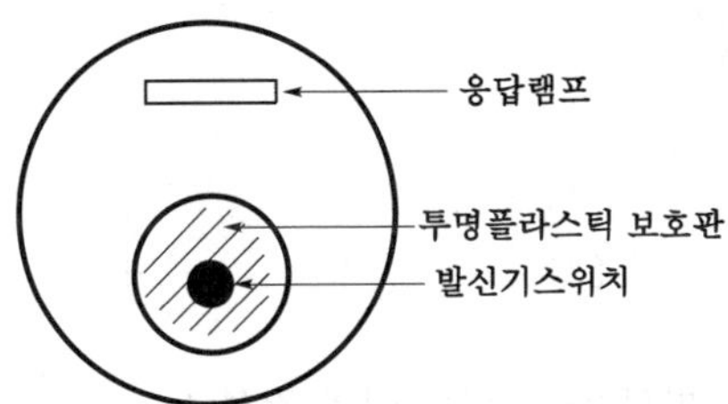

‖P형 수동발신기(구형)‖

(2) **P형 수동발신기**의 내부회로 1

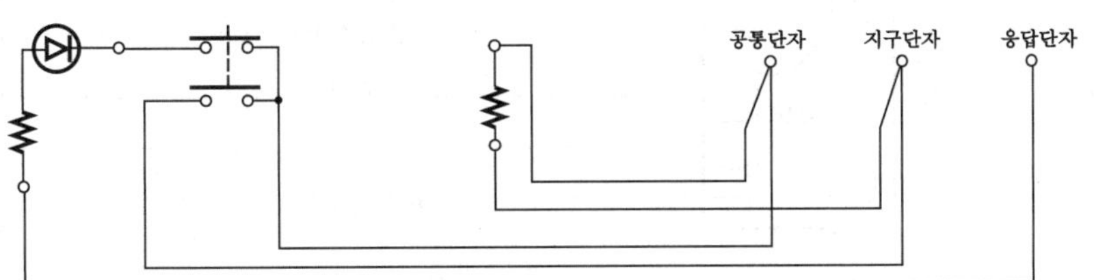

용도 및 기능
① **공통단자** : 지구 · 응답 단자를 공유한 단자
② **지구단자** : 화재신호를 수신기에 알리기 위한 단자
③ **응답단자** : 발신기의 신호가 수신기에 전달되었는가를 확인하여 주기 위한 단자

(3) P형 수동발신기의 내부회로 2

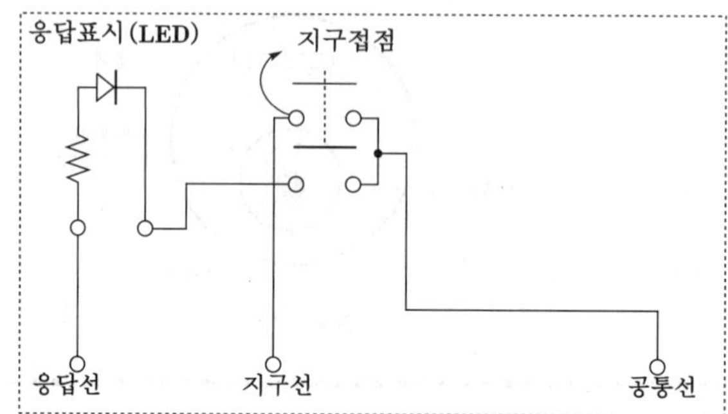

(4) P형 수동발신기의 내부회로 3

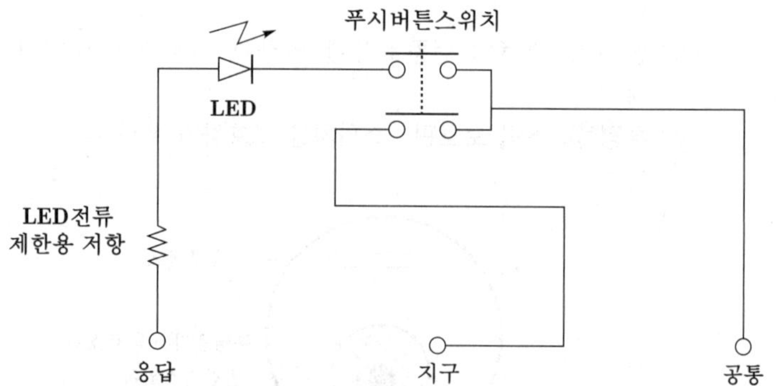

(5) P형 수동발신기와 수신기간의 결선 1

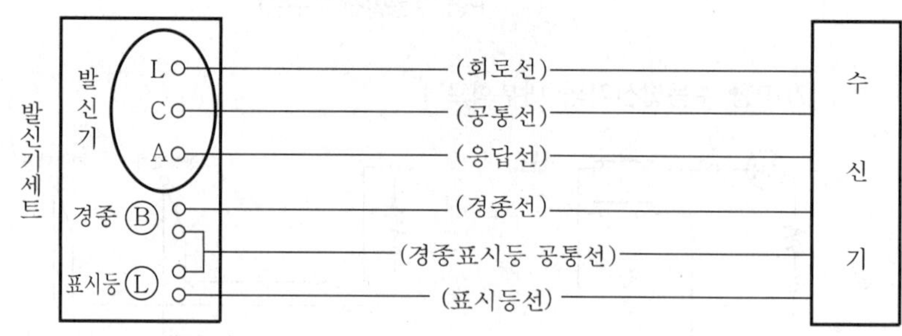

※ 응답램프와 같은 의미
① 확인램프
② 응답확인램프

※ 지구선과 같은 의미
① 회로선
② 신호선
③ 표시선
④ 감지기선

※ LED
'발광다이오드'를 말한다.

※ 경종표시등 공통선과 같은 의미
벨표시등 공통선

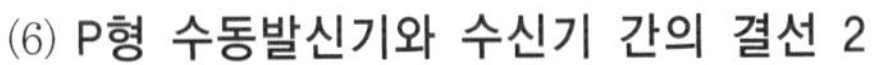

(6) P형 수동발신기와 수신기 간의 결선 2

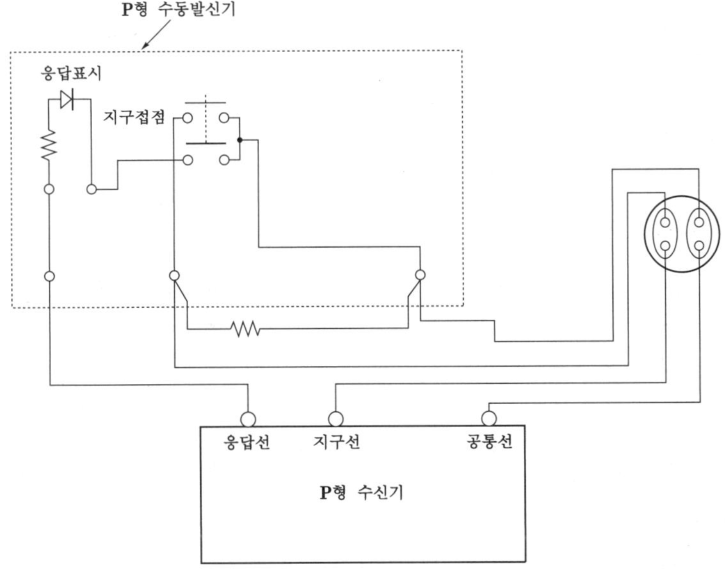

(7) P형 수동발신기와 수신기 간의 결선 3

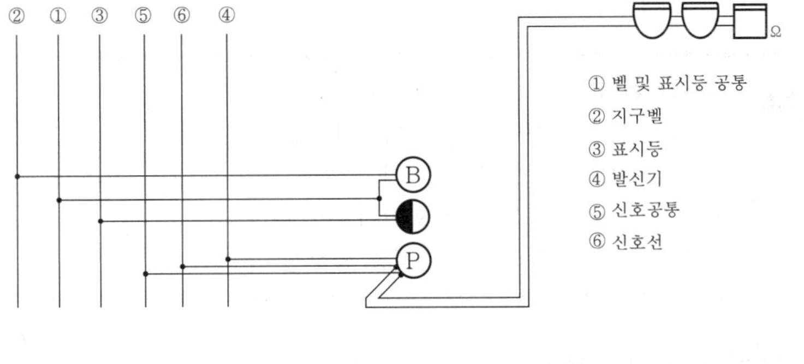

Key Point

※ 신호공통선과 같은 의미
① 지구공통선
② 회로공통선
③ 감지기공통선
④ 발신기공통선

2 P형 발신기

① P형 수신기 또는 R형 수신기에 연결하여 사용한다.
② 스위치, 명판, 응답램프가 있다.

※ 응답램프와 같은 의미
① 확인램프
② 응답확인램프

3 수신기 · 발신기 · 감지기의 배선기호의 의미

명 칭	기 호	원 어	동일한 명칭
회로선	L	Line	• 지구선 • 신호선 • 표시선 • 감지기선
	N	Number	
공통선	C	Common	• 지구공통선 • 신호공통선 • 회로공통선 • 감지기공통선 • 발신기공통선
응답선	A	Answer	• 발신기선 • 발신기응답선 • 응답확인선 • 확인선
경종선	B	Bell	• 벨선
표시등선	PL	Pilot Lamp	–
경종공통선	BC	Bell Common	• 벨공통선
경종표시등 공통선	특별한 기호가 없음		

※ 표시등의 색
① 기타 : 적색
② 가스누설표시등 : 황색

동일한 용어

① 회로선=신호선=표시선=지구선=감지기선
② 회로공통선=신호공통선=지구공통선=감지기공통선=발신기공통선
③ 응답선=발신기응답선=확인선=발신기선
④ 경종표시등 공통선=벨표시등 공통선

4 자동화재탐지설비의 발신기 설치기준(NFPC 203 9조, NFTC 203 2.6)

※ 발신기
화재발생신호를 수신기에 수동으로 발신하는 장치

※ 발신기 설치제외 장소
지하구

① **조작**이 쉬운 장소에 설치하고 스위치는 바닥으로부터 0.8~1.5[m] 이하의 높이에 설치할 것
② 특정소방대상물의 **층**마다 설치하되, 해당 특정소방대상물의 각 부분으로부터 하나의 발신기까지의 **수평거리**가 25[m] 이하가 되도록 할 것(단, 복도 또는 별도로 구획된 실로서 **보행거리**가 40[m] 이상일 경우에는 추가 설치)

Key Point

중요 수평거리와 보행거리

(1) 수평거리

수평거리	적용대상
수평거리 25〔m〕 이하	• 발신기 • 음향장치(확성기) • 비상콘센트(지하상가 · 바닥면적 3000〔m^2〕 이상)
수평거리 50〔m〕 이하	• 비상콘센트(기타)

(2) 보행거리

보행거리	적용대상
보행거리 15〔m〕 이하	• 유도표지
보행거리 20〔m〕 이하	• 복도통로유도등 • 거실통로유도등 • 3종 연기감지기
보행거리 30〔m〕 이하	• 1 · 2종 연기감지기

5 자동화재탐지설비의 중계기 설치기준(NFPC 203 6조, NFTC 203 2.3.1)

① 수신기에서 직접 감지기회로의 **도통시험**을 하지 않는 것에 있어서는 **수신기**와 **감지기** 사이에 설치할 것

② **조작** 및 **점검**에 편리하고 화재 및 침수 등의 **재해**로 인한 피해를 받을 우려가 없는 장소에 설치할 것

③ 수신기에 따라 감시되지 않는 배선을 통하여 전력을 공급받는 것에 있어서는 **전원입력측**의 배선에 **과전류차단기**를 설치하고 해당 전원의 정전시 즉시 수신기에 표시되는 것으로 하며, **상용전원** 및 **예비전원**의 시험을 할 수 있도록 할 것

★★★

문제 자동화재탐지설비의 중계기 설치기준 3가지를 쓰시오.

득점	배점
	6

○

○

○

해답 ① 수신기에서 직접 감지기회로의 도통시험을 하지 않는 것에 있어서는 수신기와 감지기 사이에 설치

② 조작 및 점검이 편리하고 화재 및 침수 등의 재해로 인한 피해를 받을 우려가 없는 장소에 설치

③ 중계기로 직접 전력을 공급받는 경우에는 전원입력측의 배선에 과전류차단기를 설치하고 전원의 정전이 즉시 수신기에 표시되는 것으로 하며, 상용전원 및 예비전원의 시험을 할 수 있도록 할 것

＊ 중계기
감지기 · 발신기 또는 전기적접점 등의 작동에 따른 신호를 받아 이를 수신기의 제어반에 전송하는 장치

＊ 중계기의 설치위치
수신기와 감지기 사이에 설치

＊ 중계기의 시험
① 상용전원시험
② 예비전원시험

＊ 일제경보방식
층별 구분 없이 동시에 경보하는 방식

※ 우선경보방식
화재시 안전하고 신속한 인명의 대피를 위하여 화재가 발생한 층과 인근 층부터 우선하여 별도로 경보하는 방식

※ 발화층 및 직상 4개층 우선경보방식 소방대상물
11층(공동주택 16층) 이상인 특정소방대상물

6 자동화재탐지설비의 음향장치 설치기준(NFPC 203 8조, NFTC 203 2.5.1)

① 주음향장치는 수신기의 내부 또는 그 직근에 설치할 것

② **11층**(공동주택 **16층**) 이상인 특정소방대상물의 경보

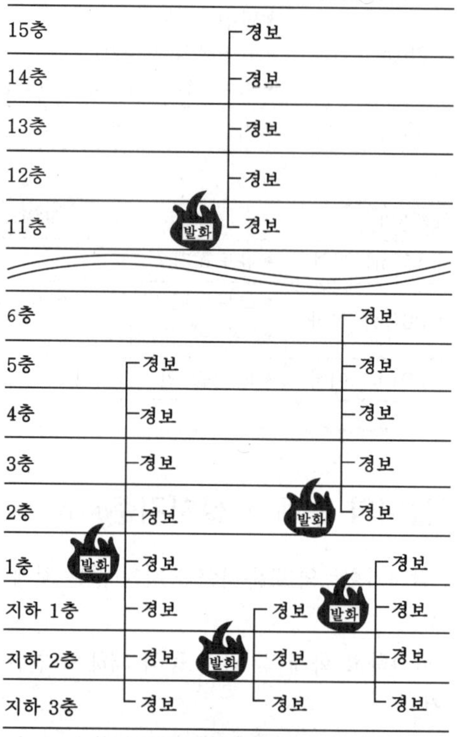

‖음향장치의 경보‖

발화층	경보층	
	11층(공동주택 16층) 미만	11층(공동주택 16층) 이상
2층 이상 발화	전층 일제경보	• 발화층 • 직상 4개층
1층 발화		• 발화층 • 직상 4개층 • 지하층
지하층 발화		• 발화층 • 직상층 • 기타의 지하층

★★★

문제 **지상 11층, 지하 2층이며, 연면적 3500[m^2]인 특정소방대상물에 자동화재탐지설비의 음향장치를 설치하였다. 다음의 경우에 경보를 발하여야 할 층은?**

(가) 2층에서 발화한 경우

(나) 지하 1층에서 발화한 경우

득점	배점
	4

해답 (가) 2층, 3층, 4층, 5층, 6층
(나) 1층, 지하 1·2층

Key Point

③ 지구음향장치는 특정소방대상물의 층마다 설치하되, 해당 특정소방대상물의 각 부분으로부터 하나의 음향장치까지의 **수평거리**가 25〔m〕 이하(지하가 중 터널의 경우에는 주행방향의 측벽길이 50〔m〕 이내)가 되도록 하고, 해당 층의 각 부분에 유효하게 경보를 발할 수 있도록 설치할 것(단, **비상방송설비**를 자동화재탐지설비의 **감지기**와 연동하여 작동하도록 설치한 경우에는 지구음향장치를 설치하지 아니할 수 있다.)

자동화재탐지설비의 음향장치의 구조 및 성능기준

(1) 정격전압의 80〔%〕 전압에서 음향을 발할 수 있는 것으로 할 것
(2) 음량은 부착된 음향장치의 중심으로부터 1〔m〕 떨어진 위치에서 90〔dB〕 이상이 되는 것으로 할 것
(3) **감지기** 및 **발신기**의 작동과 연동하여 작동할 수 있는 것으로 할 것

7 청각장애인용 시각경보장치의 설치기준(NFPC 203 8조, NFTC 203 2.5.2)

① **복도 · 통로 · 청각장애인용 객실** 및 공용으로 사용하는 **거실**에 설치하며, 각 부분으로부터 유효하게 경보를 발할 수 있는 위치에 설치할 것

② **공연장 · 집회장 · 관람장** 또는 이와 유사한 장소에 설치하는 경우에는 시선이 집중되는 **무대부 부분** 등에 설치할 것

③ 바닥으로부터 2~2.5〔m〕 이하의 장소에 설치할 것(단, 천장의 높이가 2〔m〕 **이하**인 경우에는 천장으로부터 0.15〔m〕 **이내**의 장소에 설치)

＊ 시각경보장치
자동화재탐지설비에서 발하는 화재신호를 시각경보기에 전달하여 청각장애인에게 점멸형태의 시각경보를 하는 것

하나의 특정소방대상물에 2 이상의 수신기가 설치된 경우

어느 수신기에서도 **지구음향장치** 및 **시각경보장치**를 작동할 수 있도록 할 것

8 자동화재탐지설비의 고장원인

(1) 비화재보가 발생할 수 있는 원인

① 표시회로의 절연불량
② 감지기의 기능불량
③ 수신기의 기능불량
④ 감지기가 설치되어 있는 장소의 온도변화가 급격한 것에 의한 것

＊ 비화재보가 빈번할 때의 조치사항
① 감지기 설치장소에 이상온도 반입체가 있는가 조사
② 수신기 내부의 계전기기능조사
③ 감지기 회로배선의 절연상태확인
④ 표시회로의 절연상태확인

(2) 동작하지 않는 경우의 원인

① 전원의 고장
② 전기회로의 접촉불량
③ 전기회로의 단선
④ 릴레이 · 감지기 등의 접점불량
⑤ 감지기의 기능불량

※ 경계구역 일람도
회로배선이 각 구역별로 어떻게 결선되어 있는지 나타낸 도면

9 자동화재탐지설비의 유지관리 사항

① 수신기가 있는 장소에는 **경계구역 일람도**를 비치하였는가
② 수신기 부근에 조작상 지장을 주는 **장애물**은 없는가
③ 수신기 **조작부**의 **스위치**는 **정상위치**에 있는가
④ 감지기는 유효하게 화재발생을 **감지**할 수 있도록 설치되었는가
⑤ 연기감지기는 출입구부분이나 흡입구가 있는 실내에는 그 부근에 설치되어 있는가
⑥ 발신기의 상단에 **표시등**은 점등되어 있는가
⑦ **비상전원**이 방전되고 있지 않는가

1-2 자동화재속보설비

1 자동화재속보설비의 설치기준(NFPC 204 4조, NFTC 204 2.1.1)

① **자동화재탐지설비**와 연동으로 작동하여 자동적으로 화재신호를 **소방관서**에 전달되는 것으로 할 것

② 조작스위치는 바닥으로부터 0.8~1.5[m] 이하의 높이에 설치하고, 그 보기 쉬운 곳에 스위치임을 표시한 표지를 할 것

③ 속보기는 소방관서에 통신망으로 통보하도록 하며, **데이터** 또는 **코드전송방식**을 부가적으로 설치할 수 있다.

④ 문화재에 설치하는 자동화재속보설비는 **속보기**에 **감지기**를 **직접 연결**하는 방식으로 할 수 있다.

> **※ 경계구역 일람도**
> 회로배선이 각 구역별로 어떻게 결선되어 있는지 나타낸 도면

> **※ 통신망**
> 유선이나 무선 또는 유무선 겸용 방식을 구성하여 음성 또는 데이터 등을 전송할 수 있는 집합체

2 속보기의 성능시험 기술기준

(1) 표시등의 색

① 자동화재속보설비 : **적색**

② 누전경보기 : **적색**

③ 가스누설경보기 : **황색**

(2) 예비전원

① 내부에 예비전원은 **알칼리계 2차 축전지, 리튬계 2차 축전지** 또는 **무보수밀폐형 축전지**를 설치하여야 하며 예비전원의 인출선 또는 접속단자는 오접속을 방지하기 위하여 적당한 색상에 의하여 극성을 구분할 수 있도록 할 것

② 예비전원은 자동적으로 충전되어야 하며 **자동과충전방지장치**가 있을 것

③ 예비전원을 **병렬**로 접속하는 경우는 **역충전방지** 등의 조치 강구

(3) 속보기의 절연저항값

① 절연된 충전부와 외함간 : **직류** 500[V] 절연저항계로 5[MΩ] 이상

② 교류입력측과 외함간 : **직류** 500[V] 절연저항계로 20[MΩ] 이상

③ 절연된 선로간 : **직류** 500[V] 절연저항계로 20[MΩ] 이상

> **※ 직류**
> 시간의 변화에 따라 크기와 방향이 일정한 것

1-3 비상경보설비 및 비상방송설비

출제확률  3.0% (3점)

1 비상경보설비 및 단독경보형 감지기

Key Point

※ 비상벨설비
화재발생상황을 경종으로 경보하는 설비

※ 자동식 사이렌설비
화재발생 상황을 사이렌으로 경보하는 설비

※ 비상벨설비 · 자동식 사이렌설비
부식성 가스 또는 습기 등으로 인하여 부식의 우려가 없는 장소에 설치할 것

※ 발신기의 설치제외
지하구

※ 단독경보형 감지기
화재에 의해서 발생되는 열, 연기 또는 불꽃을 감지하여 작동하는 것으로서 수신기에 작동신호를 발신하지 아니하고 감지기가 단독적으로 내장된 음향장치에 의하여 경보하는 감지기

1 비상벨 또는 자동식 사이렌설비의 설치기준(NFPC 201 4조, NFTC 201 2.1.1)

(1) 음향장치

① 지구음향장치는 소방대상물의 **층**마다 설치하되, 해당 소방대상물의 각 부분으로부터 하나의 음향장치까지의 **수평거리**가 25〔m〕 이하가 되도록 하고, 해당 층의 각 부분에 유효하게 경보를 발할 수 있도록 설치할 것

② 정격전압의 80〔%〕 전압에서 음향을 발할 수 있도록 할 것

③ 음량은 부착된 음향장치의 중심으로부터 1〔m〕 떨어진 위치에서 90〔dB〕 이상이 되는 것으로 할 것

(2) 발신기

① 조작이 **쉬운 장소**에 설치하고, 조작스위치는 바닥으로부터 0.8~1.5〔m〕 이하의 높이에 설치할 것

② 특정소방대상물의 **층**마다 설치하되, 해당 특정소방대상물의 각 부분으로부터 하나의 발신기까지의 **수평거리**가 25〔m〕 이하가 되도록 할 것(단, 복도 또는 별도로 구획된 실로서 **보행거리**가 40〔m〕 이상일 경우에는 추가로 설치)

③ 발신기의 **위치표시등**은 **함**의 **상부**에 설치하되, 그 불빛은 부착면으로부터 15° 이상의 범위 안에서 부착지점으로부터 10〔m〕 이내의 어느 곳에서도 쉽게 식별할 수 있는 **적색등**으로 할 것

(3) 상용전원

① 전원은 전기가 정상적으로 공급되는 **축전지설비**, **전기저장장치** 또는 **교류전압**의 **옥내간선**으로 하고, 전원까지의 배선은 **전용**으로 할 것

② 개폐기에는 "**비상벨설비 또는 자동식 사이렌 설비용**"이라고 표시한 표지를 할 것

2 단독경보형 감지기의 설치기준(NFPC 201 5조, NFTC 201 2.1.1)

① 각 실(이웃하는 실내의 바닥면적이 각각 30〔m^2〕 미만이고 벽체의 상부의 전부 또는 일부가 개방되어 이웃하는 실내와 공기가 상호유통되는 경우에는 이를 1개의 실로 본다)마다 설치하되, 바닥면적이 150〔m^2〕를 초과하는 경우에는 150〔m^2〕마다 1개 이상 설치할 것

② 최상층의 계단실의 천장(외기가 상통하는 계단실의 경우를 제외한다)에 설치할 것

③ 건전지 주전원으로 사용하는 단독경보형 감지기는 정상적인 작동상태를 유지할 수 있도록 주기적으로 건전지를 교환할 것

④ 상용전원을 주전원으로 사용하는 단독경보형 감지기의 2차 전지는 제품검사에 합격한 것을 사용할 것

2 비상방송설비

1 비상방송설비의 계통도

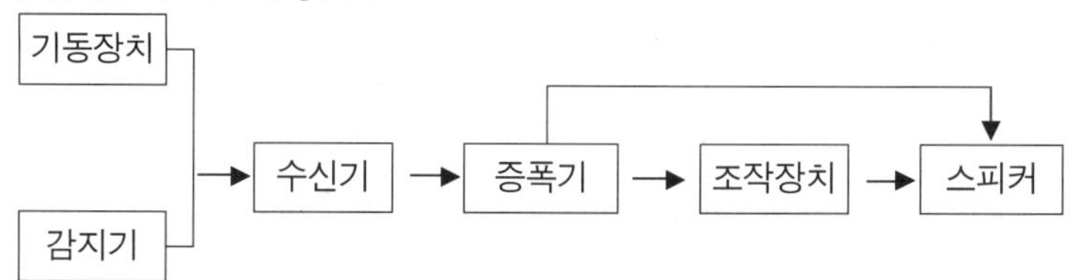

비상방송설비의 계통도

2 비상방송설비의 설치기준(NFPC 202 4조, NFTC 202 2.1.1)

① **11층**(공동주택 **16층**) 이상인 특정소방대상물의 경보

발화층 및 직상 4개층 우선경보방식

발화층	경보층	
	11층(공동주택 16층) 미만	11층(공동주택 16층) 이상
2층 이상 발화	전층 일제경보	• 발화층 • 직상 4개층
1층 발화		• 발화층 • 직상 4개층 • 지하층
지하층 발화		• 발화층 • 직상층 • 기타의 지하층

② 확성기의 음성입력은 실내 1〔W〕, 실외 3〔W〕 이상일 것

③ 확성기는 **각 층**마다 설치하되, 각 부분으로부터의 **수평거리**는 25〔m〕 이하일 것

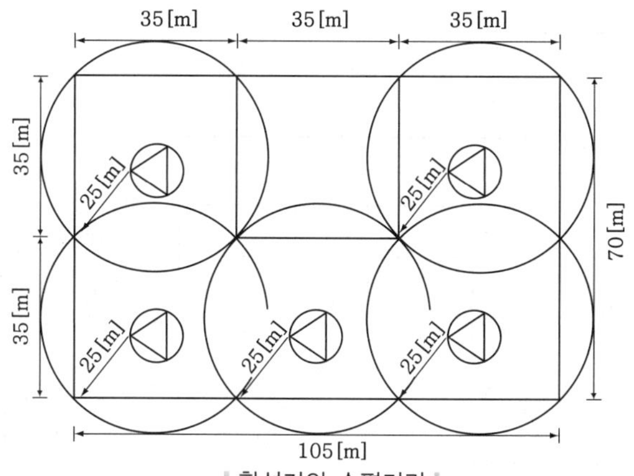

확성기의 수평거리

④ 음량조정기는 **3선식** 배선일 것

⑤ 조작스위치는 바닥으로부터 0.8~1.5〔m〕 이하의 높이에 설치할 것

⑥ 다른 전기회로에 의하여 **유도장애**가 생기지 않을 것

⑦ 비상방송 개시시간은 **10초** 이하일 것

※ 비상방송설비
업무용 방송설비와 겸용 가능

※ 확성기
소리를 크게 하여 멀리까지 전달될 수 있도록 하는 장치로서 일명 '스피커'를 말한다.

※ 음량조정기
가변저항을 이용하여 전류를 변화시켜 음량을 크게 하거나 작게 조절할 수 있는 장치

※ 확성기(스피커)

① 스피커

② 스피커(벽붙이형)

③ 스피커(소방설비용)

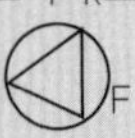

④ 스피커 (아우트렛만인 경우)

⑤ 폰형 스피커

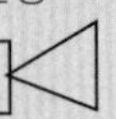

※ 증폭기

전압전류의 진폭을 늘려 감도를 좋게 하고 미약한 음성전류를 커다란 음성전류로 변화시켜 소리를 크게 하는 장치

※ 절체개폐기와 같은 의미

① 절환스위치
② 전환스위치

☆☆☆

문제 **비상방송설비에 대한 다음 각 물음에 답하시오.**

득점	배점
	8

(가) 확성기의 음성입력은 몇 〔W〕 이상이어야 하는가?
(나) 음량조정기를 설치하는 경우 음량조정기의 배선은 몇 선식으로 하여야 하는가?
(다) 기동장치에 의한 화재신고를 수신한 후 필요한 음량으로 방송이 개시될 때까지의 소요시간은 몇 초 이하로 하여야 하는가?
(라) 조작부의 조작스위치는 바닥으로부터 어느 정도의 높이에 설치하여야 하는가?

해답
(가) 3〔W〕(실내 1〔W〕) 이상
(나) 3선식 배선
(다) 10초 이하
(라) 0.8〔m〕 이상 1.5〔m〕 이하

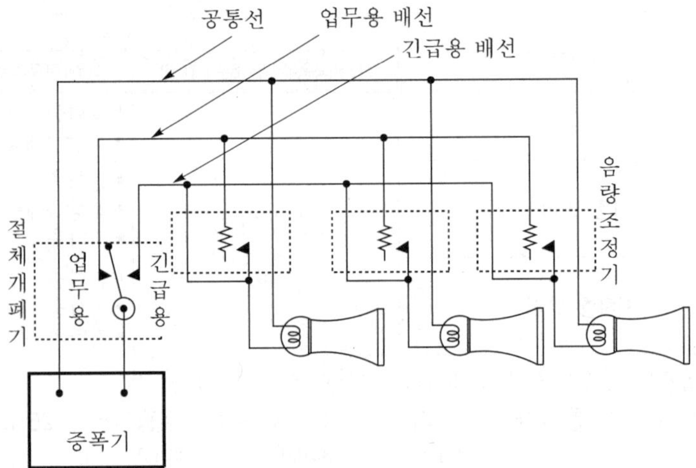

‖ 3선식 배선 1 ‖

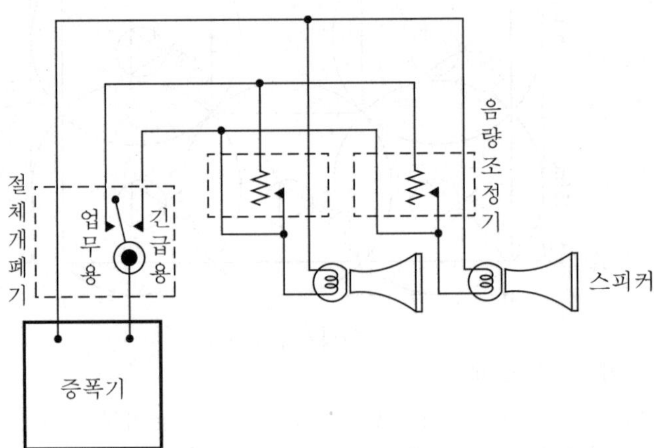

‖ 3선식 배선 2 ‖

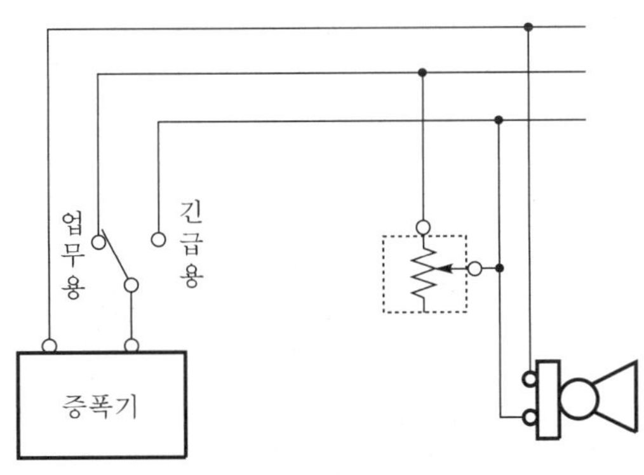

3선식 배선 3

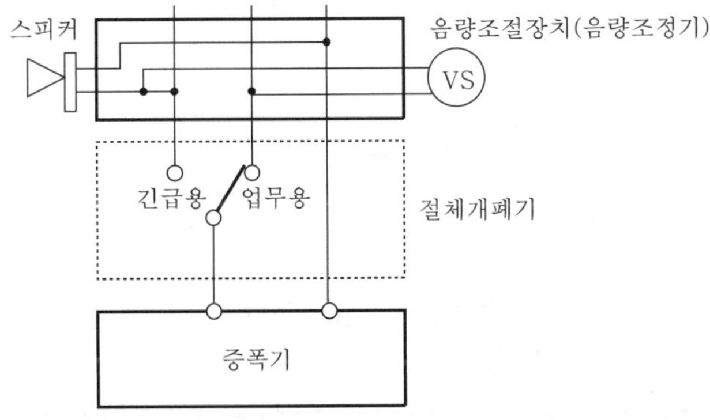

3선식 배선 4

음향장치의 구조 및 성능기준

(1) 정격전압의 **80[%]** 전압에서 음향을 발할 수 있는 것을 할 것

(2) **자동화재탐지설비**의 작동과 연동하여 작동할 수 있는 것으로 할 것

※ Joint box
'접속함'을 말한다.

3 비상방송설비의 도면 · 배선도

※ 음량조정장치와 같은 의미
① 음량조절장치
② 음량조정기

(1) 도면

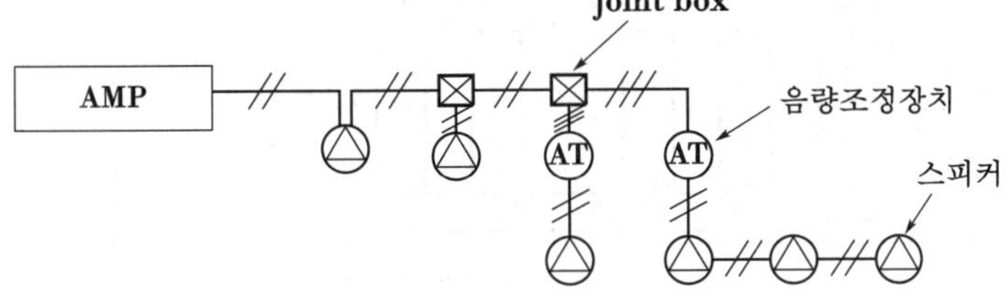

(2) 배선도

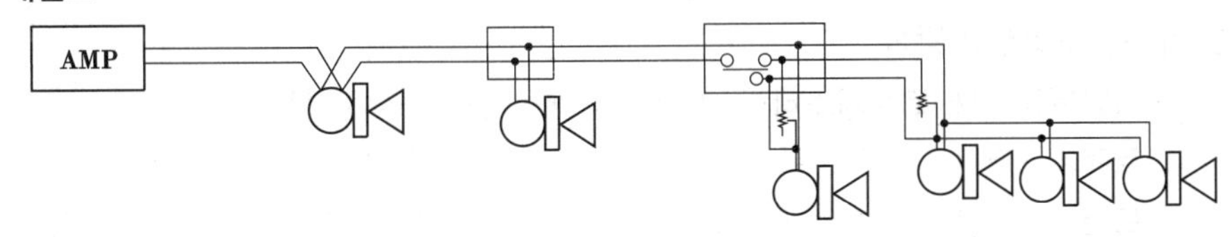

1-4 누전경보기

1 누전경보기

(1) 구성요소

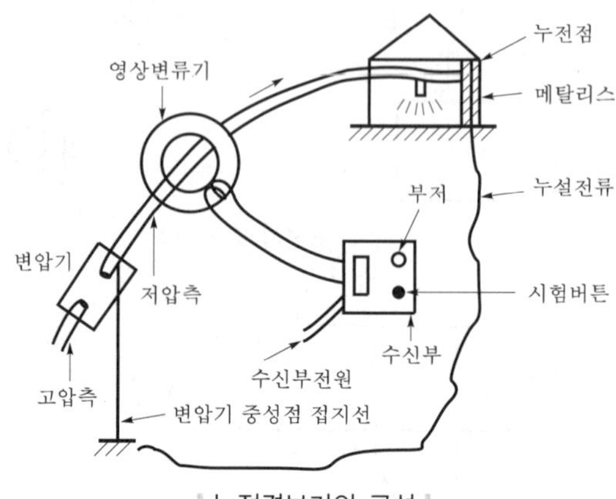

| 누전경보기의 구성 |

① 영상변류기 : **누설전류**를 검출한다.

② 수신부(차단기구 포함) : **누설전류**를 **증폭**한다.

③ 음향장치 : 경보를 발한다.

중요 **변류기와 영상변류기**

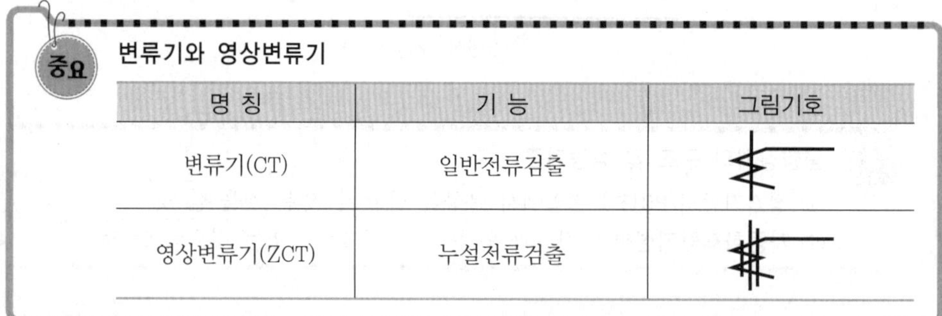

명 칭	기 능	그림기호
변류기(CT)	일반전류검출	
영상변류기(ZCT)	누설전류검출	

(2) 집합형 수신부의 내부결선도(5~10회로용)

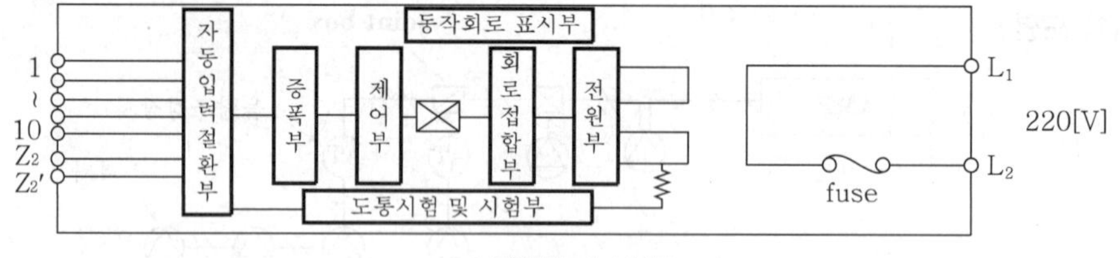

| 집합형 수신부 |

(3) 수신부 증폭부의 방식

① **매칭트랜스**나 **트랜지스터**를 조합하여 계전기를 동작시키는 방식

② **트랜지스터**나 I.C로 증폭하여 계전기를 동작시키는 방식

③ **트랜지스터** 또는 I.C와 **미터릴레이**를 증폭하여 계전기를 동작시키는 방식

※ 누전경보기
내화구조가 아닌 건축물로서 벽, 바닥 또는 천장의 전부나 일부를 불연재료 또는 준불연재료가 아닌 재료에 철망을 넣어 만든 건물의 전기설비로부터 누설전류를 탐지하여 경보를 발하는 것

※ 메탈리스
'금속으로 된 망'을 의미한다.

※ 누전경보기의 개괄적인 구성
① 변류기
② 수신부

※ 수신부
변류기로부터 검출된 신호를 수신하여 누전의 발생을 해당 소방대상물의 관계인에게 경보하여 주는 것(차단기구를 갖는 것 포함)

※ 변류기
이것을 점검하고자 할 때에는 2차측은 단락하여야 한다. 단락하지 않으면 변류기 2차측에 고압이 유발되어 소손의 우려가 있다.

※ 집합형 수신부
2개 이상의 변류기를 연결하여 사용하는 수신부로서 하나의 전원장치 및 음향장치 등으로 구성된 것

※ 트랜지스터
PNP 또는 NPN 접합으로 이루어진 3단자 반도체 소자로서, 주로 증폭용으로 사용된다.

(4) 차단기구가 있는 수신부의 내부 회로도

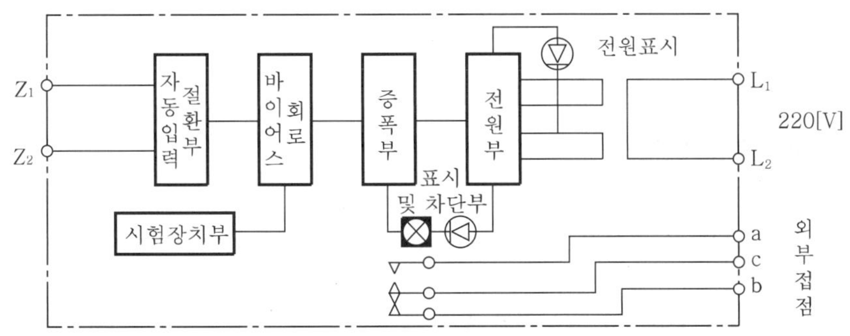

수신부(차단기구 부착)

2 누전경보기의 시험

시 험	설 명
동작시험	스위치를 시험위치에 두고 회로시험스위치로 각 구역을 선택하여 **누전시**와 **같은 작동**이 행하여지는지를 확인한다.
도통시험	스위치를 시험위치에 두고 회로시험스위치로 각 구역을 선택하여 **변류기**와의 **접속**이상 유무를 점검한다. 이상시에는 **도통감시등**이 점등된다.
누설전류 측정시험	평상시 누설되어지고 있는 **누전량**을 **점검**할 때 사용한다. 이 스위치를 누르고 회로시험스위치 해당구역을 선택하면 누전되고 있는 전류량이 누설전류 표시부에 숫자로 나타난다.

참고

누전경보기와 누전차단기

누전경보기 (ELD ; Earthed Leakage Detector)	누전차단기 (ELB ; Earth Leakage Breaker)
누설전류를 **검출**하여 소방대상물의 관계인에게 **경보**를 발하는 장치	**누설전류**를 **검출**하여 **회로**를 **차단**시키는 기기

누전경보기(수신부)

누전차단기

Key Point

※ 바이어스 회로
증폭부가 정상적인 기능을 발휘할 수 있도록 도와주는 회로

※ 누전경보기의 기능 시험
① 누설전류 측정시험
② 동작시험
③ 도통시험

※ 검출시험
누설전류를 변류기에 흘려서 실시

※ 누전경보기
600〔V〕 이하의 누설전류 검출

※ 누전차단기와 같은 의미
ELB

※ 누전경보기의 분류
① 옥내형
② 옥외형

3 누전경보기의 수신부(NFPC 205 5조, NFTC 205 2.2)

(1) 수신부의 설치장소

옥내의 점검에 편리한 장소(옥내 건조한 장소)

(2) 수신부의 설치 제외장소

① 습도가 높은 장소
② 온도의 변화가 급격한 장소
③ 화약류제조 · 저장 · 취급장소
④ **대전류회로 · 고주파 발생회로** 등의 영향을 받을 우려가 있는 장소
⑤ 가연성의 증기 · 먼지 · 가스 · 부식성의 증기 · 가스 다량 체류장소

※ 푸시버튼스위치와 같은 의미
누름버튼스위치

4 누전경보기의 미작동 원인

① 접속단자의 접속불량
② 푸시버튼스위치의 접촉불량
③ 회로의 단선
④ 수신부 자체의 고장
⑤ 수신부 전원 Fuse 단선

1-5 가스누설경보기

출제확률  (1점)

1 가스누설경보기의 형식승인 및 제품검사기술기준

(1) 경보기의 분류

① 단독형 : 가정용

② 분리형 ┬ 영업용 : 1회로용
　　　　 └ 공업용 : 1회로 이상용

(2) 분리형 수신부의 기능

수신개시로부터 가스누설표시까지의 소요시간은 **60초** 이내일 것

(3) 음향장치

구 분	음 향
주음향 장치용(공업용)	**90**〔**dB**〕 이상
주음향 장치용(단독형, 영업용)	**70**〔**dB**〕 이상
고장표시장치용	**60**〔**dB**〕 이상
충전부와 비충전부 사이의 절연저항	직류 500〔V〕 절연저항계, **20**〔**MΩ**〕 이상

(4) 절연저항시험

구 분	설 명
절연된 충전부와 외함간	직류 500〔V〕 절연저항계, **5**〔**MΩ**〕 이상
입력측과 외함간	직류 500〔V〕 절연저항계, **20**〔**MΩ**〕 이상
절연된 선로간	직류 500〔V〕 절연저항계, **20**〔**MΩ**〕 이상
충전부와 비충전부 사이	직류 500〔V〕 절연저항계, **20**〔**MΩ**〕 이상

(5) 예비전원

경보기의 예비전원은 **알칼리계 2차 축전지, 리튬계 2차 축전지** 또는 **무보수밀폐형 연축전지**이어야 한다.

※ 수신기~감지부 전선

공업용	영업용
0.75〔mm^2〕 4P	0.75〔mm^2〕 3P

(6) 누설등 · 누설지구등 : 황색

Key Point

＊ 가스누설경보기
가스로 인한 사고를 미연에 방지하여 주는 경보장치

＊ 가스누설경보기
(1) 단독형 : 70〔dB〕 이상
(2) 분리형
① 영업용 : 70〔dB〕 이상
② 공업용 : 90〔dB〕 이상

＊ 가스누설경보기의 검사방식
① 반도체식
② 접촉연소식
③ 기체열전도식

＊ 누설등
가스의 누설을 표시하는 표시등

＊ 누설지구등
가스가 누설할 경계구역의 위치를 표시하는 표시등

Key Point

※ **발광다이오드**
간단히 'LED'라고도 부른다.

※ **60[V] 초과**
접지단자 설치

(7) 표시등

① 전구는 **2개 이상**을 **병렬**로 접속하여야 한다.(단, **방전등** 또는 **발광다이오드**는 제외)

② 주위의 밝기가 **300[lx]**인 장소에서 측정하였을 때 앞면으로부터 **3[m]** 떨어진 곳에서 켜진 등이 확실히 식별될 것

(8) 가스누설경보기의 절연저항시험

충전부와 비충전부 사이 : 직류 500[V] 절연저항계, **20[MΩ]** 이상

면접 · 구술시험 10계명

1. 질문의 핵심을 파악한다.
2. 밝은 표정으로 자신감 있게 답한다.
3. 줄줄 외워 답하기보다 잠깐 생각하고 대답한다.
4. 평이한 문제도 깊이 있게 설명한다.
5. 결론부터 말하고 그 근거를 제시한다.
6. 틀린 답변은 즉시 고친다.
7. 자신이 아는 범위에서 답한다.
8. 정확하고 알아듣기 쉽게 발음한다.
9. 시작할 때와 마칠 때 공손하게 인사한다.
10. 복장과 용모는 단정하게 한다.

출제경향분석

CHAPTER 02 피난구조설비 및 소화활동설비

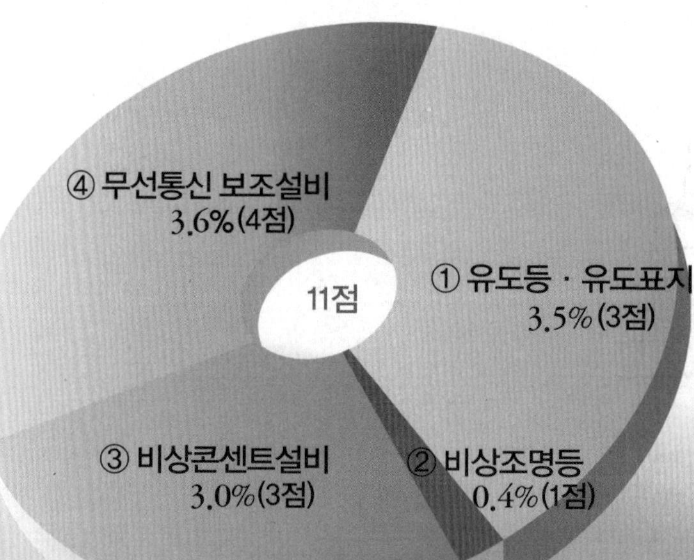

CHAPTER

02 피난구조설비 및 소화활동설비

1 유도등 · 유도표지

출제확률 

(3점)

1 종류

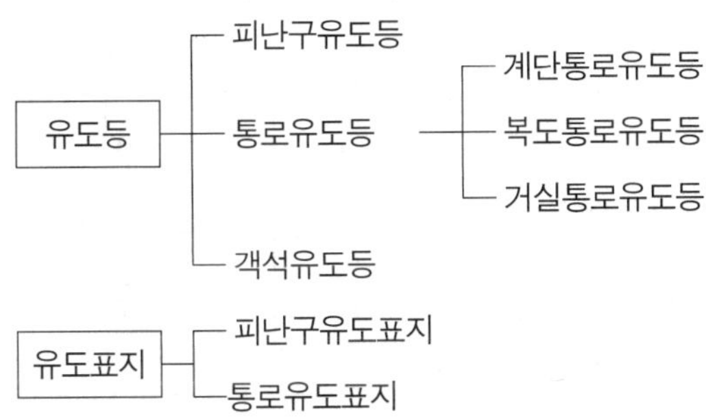

2 유도등 및 유도표지의 종류(NFPC 303 4조, NFTC 303 2.1.1)

설치장소	유도등 및 유도표지의 종류
• 공연장 · 집회장 · 관람장 · **운동시설** • 유흥주점 영업시설(카바레, 나이트클럽)	• 대형 피난구유도등 • 통로유도등 • 객석유도등
• 위락시설 · 판매시설 · 운수시설 · 장례시설(장례식장) • 관광숙박업 · 의료시설 · 방송통신시설 • 전시장 · 지하상가 · 지하철역사	• 대형 피난구유도등 • 통로유도등
• 숙박시설 · 오피스텔 • 지하층 · 무창층 및 11층 이상인 특정소방대상물	• 중형 피난구유도등 • 통로유도등
• 근린생활시설 · 노유자시설 · 업무시설 · 발전시설 • 종교시설 · 교육연구시설 · 공장 · 수련시설 • 교정 및 군사시설 • 자동차정비공장 · 운전학원 및 정비학원 • 다중이용업소 · 복합건축물	• 소형 피난구유도등 • 통로유도등
• 그 밖의 것	• 피난구유도표지 • 통로유도표지

Key Point

✻ 유도등
화재시에 피난을 유도하기 위한 등으로서 정상 상태에서는 상용전원에 따라 켜지고 상용전원이 정전되는 경우에는 비상전원으로 자동전환되어 켜지는 등

✻ 오피스텔
중형 피난구유도등

✻ 다중이용업소
소형 피난구유도등

✻ 객석유도등의 설치장소
① 공연장
② 집회장
③ 관람장
④ 운동시설

※ 피난구유도등
피난구 또는 피난경로로 사용되는 출입구를 표시하여 피난을 유도하는 등

※ 유도등
전원이 필요하다.

※ 유도표지
전원이 필요 없다.

3 피난구유도등의 설치장소

설치장소	도 해
① **옥내**로부터 직접 지상으로 통하는 출입구 및 그 부속실의 출입구	옥외 실내
② 직통계단 · 직통계단의 **계단실** 및 그 부속실의 출입구	복도 계단
③ 출입구에 이르는 **복도** 또는 **통로**로 통하는 출입구	거실 복도
④ **안전구획**된 거실로 통하는 출입구	출구 방화문

★★★
문제 피난구유도등에 대한 다음 각 물음에 답하시오.

득점	배점
	10

(가) 피난구유도등은 피난구의 바닥으로부터 높이 몇 〔m〕 이상의 곳에 설치하여야 하는가?

(나) 피난구유도등을 상용전원으로 등을 켜는 때에 보통시력에 의하여 표시면의 그림문자, 색채 및 화살표가 함께 표시된 경우에는 직선거리 몇 〔m〕의 위치에서 화살표가 쉽게 식별되어야 하는가?

(다) 피난구유도등은 어떤 장소에 반드시 설치하여야 하는지 그 기술기준을 3가지 쓰시오. (단, 유사한 장소 또는 내용별로 묶어서 답하도록 한다.)

ㅇ　　　ㅇ　　　ㅇ

해답
(가) 1.5〔m〕 이상
(나) 30〔m〕
(다) ① 옥내로부터 직접 지상으로 통하는 출입구 및 그 부속실의 출입구
② 직통계단 · 직통계단의 계단실 및 그 부속실의 출입구
③ 안전구획된 거실로 통하는 출입구

4 복도통로유도등의 설치기준

① 복도에 설치하되 피난구유도등이 설치된 출입구의 맞은편 복도에는 **입체형**으로 설치하거나, **바닥**에 설치할 것
② 구부러진 모퉁이 및 피난구유도등이 설치된 출입구의 맞은편 복도에 입체형 또는 바닥에 설치한 통로유도등을 기점으로 보행거리 20〔m〕마다 설치
③ 바닥으로부터 높이 1〔m〕 **이하**의 위치에 설치할 것(단, 지하층 또는 무창층의 용도가 **도매시장 · 소매시장 · 여객자동차터미널 · 지하철역사** 또는 **지하상가**인 경우에는 복도 · 통로 중앙부분의 바닥에 설치할 것)
④ 바닥에 설치하는 통로유도등은 하중에 따라 파괴되지 아니하는 강도의 것으로 할 것

용어

복도통로유도등
피난통로가 되는 복도에 설치하는 통로유도등으로서 피난구의 방향을 명시하는 것

5 거실통로유도등의 설치기준

① 거실의 통로에 설치할 것(단, 거실의 통로가 **벽체** 등으로 **구획**된 경우에는 **복도통로유도등**을 설치할 것)
② 구부러진 모퉁이 및 **보행거리** 20〔m〕마다 설치할 것
③ 바닥으로부터 높이 1.5〔m〕 **이상**의 위치에 설치할 것

용어

거실통로유도등
거주, 집무, 작업, 집회, 오락 그 밖에 이와 유사한 목적을 위하여 계속적으로 사용하는 거실, 주차장 등 개방된 통로에 설치하는 유도등으로 피난의 방향을 명시하는 것

6 계단통로유도등의 설치기준

① 각 층의 **경사로참** 또는 **계단참**마다(1개 층에 경사로참 또는 계단참이 2 이상 있는 경우에는 2개의 계단참마다) 설치할 것
② 바닥으로부터 높이 1〔m〕 **이하**의 위치에 설치할 것

중요

조명도

구 분	설 명
복도통로유도등	1〔lx〕 이상
비상조명등	1〔lx〕 이상
계단통로유도등	0.5〔lx〕 이상
객석유도등	0.2〔lx〕 이상

Key Point

＊ 계단통로유도등
피난통로가 되는 계단이나 경사로에 설치하는 통로유도등으로 바닥면 및 디딤 바닥면을 비추는 것

＊ 객석유도등의 조명도
유도등의 바로 밑에서 0.3〔m〕 떨어진 위치에서의 수평조도가 0.2〔lx〕 이상

＊ 통로유도등
피난통로를 안내하기 위한 유도등으로 복도통로유도등, 거실통로유도등, 계단통로유도등이 있다.

※ 설치높이
(1) 1[m] 이하
① 복도통로유도등
② 계단통로유도등
③ 통로유도표지
(2) 1.5[m] 이상
① 거실통로유도등
② 피난구유도등

※ 통로유도등

7 통로유도등의 조도

계단통로유도등	복도 · 거실 통로유도등
바닥면 또는 디딤바닥면으로부터 높이 2.5m의 위치에 그 유도등을 설치하고 그 유도등의 바로 밑으로부터 **수평거리**로 10m 떨어진 위치에서의 법선조도가 0.5lx 이상	**복도통로유도등**은 바닥면으로부터 1m 높이에, **거실통로유도등**은 바닥면적으로부터 2m 높이에 설치하고 그 유도등의 중앙으로부터 0.5m 떨어진 위치의 바닥면 조도와 유도등의 전면 중앙으로부터 0.5m 떨어진 위치의 조도가 1lx 이상이어야 한다(단, 바닥면에 설치하는 통로유도등은 그 유도등의 바로 윗부분 1m의 높이에서 법선조도가 1lx 이상).

8 유도등의 색깔표시방법

복도통로유도등	피난구유도등
백색바탕에 **녹색문자**	**녹색바탕**에 **백색문자**

| 복도통로유도등 |

| 피난구유도등 |

9 객석유도등의 설치기준(유도등 형식승인 2조, 23조)

① 객석유도등은 객석의 **통로**, **바닥** 또는 **벽**에 설치하여야 한다.
② 조도시험은 바닥면 또는 디딤 바닥면에서 높이 0.5[m]의 위치에 설치하고 그 유도등의 바로 밑에서 0.3[m] 떨어진 위치에서의 수평조도가 0.2[lx] 이상이어야 한다.

(1) 설치거리

구 분	설치거리
복도통로유도등	구부러진 모퉁이 및 피난구유도등이 설치된 출입구의 맞은편 복도에 입체형 또는 바닥에 설치된 통로유도등을 기점으로 보행거리 20[m]마다 설치
거실통로유도등	구부러진 모퉁이 및 보행거리 20[m]마다 설치
계단통로유도등	각 층의 경사로참 또는 계단참마다 설치

(2) 설치높이

구 분	설치높이
피난구유도등	피난구의 바닥으로부터 높이 1.5[m] 이상
통로유도표지 · 계단통로유도등 · 복도통로유도등	바닥으로부터 높이 1[m] 이하

10 유도표지의 설치기준(NFPC 303 8조, NFTC 303 2.5.1.2)

피난구유도표지	통로유도표지
출입구 상단에 설치	바닥에서 1[m] **이하**의 높이에 설치

11 유도표지의 적합기준

‖ 축광표지(축광표지 성능인증 8·9조) ‖

구 분	피난기구·유도표지
식별도 시험	위치표지는 주위조도 0[lx]에서 **60분간** 발광 후 직선거리가 **축광유도표지**는 20[m], **축광위치표지**는 10[m] 떨어진 위치에서 식별
휘도 시험	표지면의 휘도는 주위조도 0[lx]에서 **60분**간 발광 후 7[mcd/m^2] 이상

‖ 유도표지의 크기 ‖

종 류	긴변 길이	짧은변 길이
피난구축광유도표지	360[mm] 이상	120[mm] 이상
통로축광유도표지	250[mm] 이상	85[mm] 이상
축광위치표지	200[mm] 이상	70[mm] 이상

12 전원

(1) 유도등의 전원

① 상용전원 : **전기저장장치, 교류전압 옥내간선**

② 비상전원 : **축전지설비**

③ 유도등의 인입선과 옥내배선은 **직접 연결**할 것

④ 유도등은 전기회로에 점멸기를 설치하지 아니하고 항상 점등상태를 유지할 것

예외규정

다음의 장소로서 3선식 배선에 따라 상시 충전되는 구조인 경우

(1) **외부**의 **빛**에 의해 피난구 또는 피난방향을 쉽게 식별할 수 있는 장소

(2) **공연장, 암실** 등으로서 어두워야 할 필요가 있는 장소

(3) 소방대상물의 **관계인** 또는 **종사원**이 주로 사용하는 장소

(2) 각 설비의 비상전원 종류

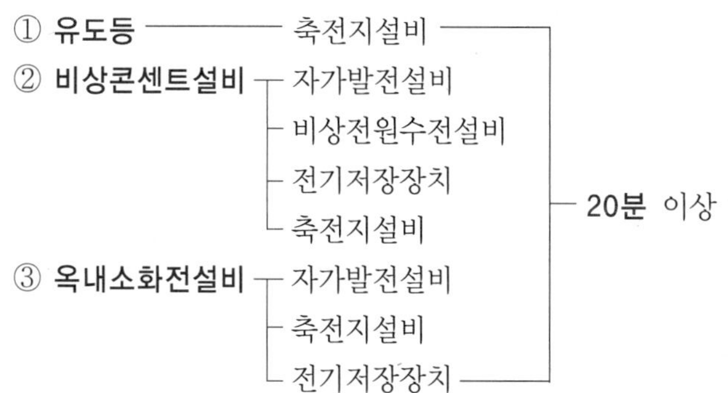

Key Point

※ 피난구유도표지
피난구 또는 피난경로로 사용되는 출입구를 표시하여 피난을 유도하는 표지

※ 통로유도표지
피난통로가 되는 복도, 계단 등에 설치하는 것으로서 피난구의 방향을 표시하는 유도표지

※ 유도표지의 설치 제외
피난방향을 표시하는 통로유도등을 설치한 부분

※ 상용전원
평상시에 사용하기 위한 전원

※ 비상전원
상용전원 정전시에 사용하기 위한 전원

※ 예비전원
상용전원 고장시 또는 용량 부족시 최소한의 기능을 유지하기 위한 전원

예외규정

유도등의 60분 이상 작동용량

(1) **11층** 이상(지하층 제외)

(2) 지하층 · 무창층으로서 **도매시장 · 소매시장 · 여객자동차터미널 · 지하철역사 · 지하상가**

13 유도등의 회로

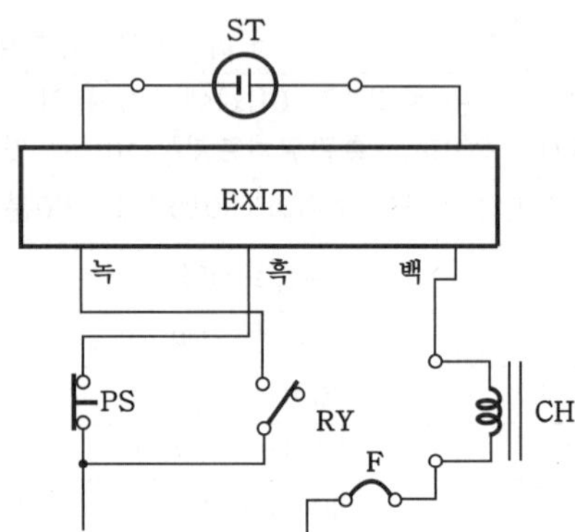

※ PS

'풀스위치(Pull Switch)'를 말하는 것으로 이것은 유도등 등의 점멸에 사용하는 것으로 끈을 잡아당겨 조작하는 개폐기를 말한다.

14 유도등의 내부회로

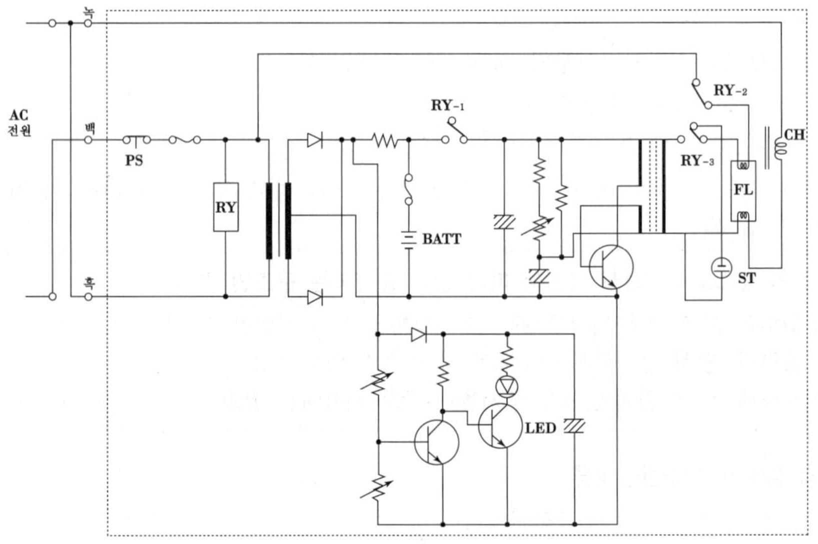

※ RY

'릴레이(Relay)'를 의미한다.

※ 유도등 배선

① 백색 : 공통선

② 흑색 : 충전선

③ 녹색(적색) : 상용선

15 유도등의 3선식 배선시 반드시 점등되어야 하는 경우

① **자동화재탐지설비**의 **감지기** 또는 **발신기**가 작동되는 때

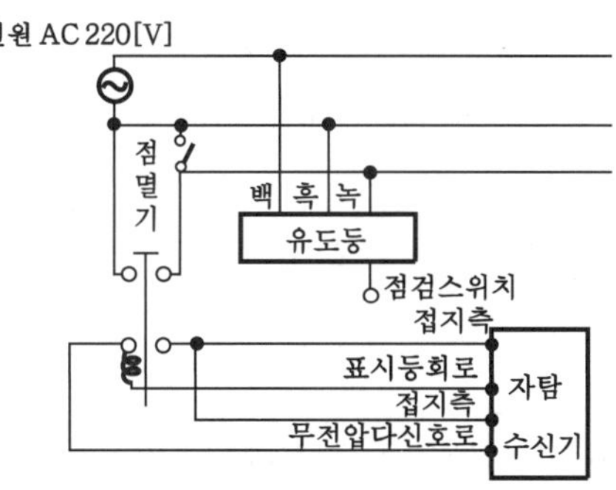

‖ 자동화재탐지설비와 연동 ‖

② **비상경보설비**의 **발신기**가 작동되는 때

③ **상용전원**이 **정전**되거나 **전원선**이 **단선**되는 때

④ **방재업무**를 **통제**하는 곳 또는 전기실의 배전반에서 **수동**으로 **점등**하는 때

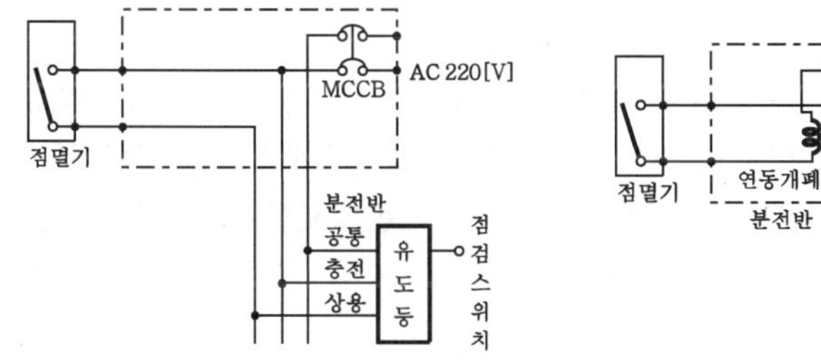

‖ 유도등의 원격점멸 ‖

⑤ **자동소화설비**가 작동되는 때

16 최소설치개수 산정식

설치개수 산정시 소수가 발생하면 반드시 **절상**한다.

① 객석유도등

$$설치개수 = \frac{객석통로의\ 직선부분의\ 길이[m]}{4} - 1$$

② 유도표지

$$설치개수 = \frac{구부러진\ 곳이\ 없는\ 부분의\ 보행거리[m]}{15} - 1$$

③ 복도통로유도등, 거실통로유도등

$$설치개수 = \frac{구부러진\ 곳이\ 없는\ 부분의\ 보행거리[m]}{20} - 1$$

Key Point

※ 3선식 배선시 점등되어야 하는 경우
① 자동화재탐지설비의 감지기 또는 발신기가 작동되는 때
② 비상경보설비의 발신기가 작동되는 때
③ 상용전원이 정전되거나 전원선이 단선되는 때
④ 방재업무를 통제하는 곳 또는 전기실의 배전반에서 수동적으로 점등하는 때
⑤ 자동소화설비가 작동되는 때

※ MCCB
배선용 차단기

※ 점멸기
점등 또는 소등시에 사용하는 스위치

문제 ★★ 객석통로의 직선부분의 길이가 17〔m〕일 경우 객석유도등의 최소설치개수는?

득점	배점
	4

○ 계산과정 :

○ 답 :

해답

○ 계산과정 : $\frac{17}{4}-1=3.25 ≒ 4$개

○ 답 : 4개

해설

설치개수 $=\frac{\text{객석통로의 직선부분의 길이〔m〕}}{4}-1=\frac{17}{4}-1=3.25 ≒ 4$개

∴ 객석유도등의 개수 산정은 절상이므로 4개를 설치한다.

※ 전선의 굵기
① 인출선 굵기 : 0.75〔mm^2〕 이상
② 인출선 길이 : 150〔mm〕 이상

※ 유도등의 반복시험 횟수
2500회

※ 유도등 외함의 재질
① 3〔mm〕 이상의 내열성 강화유리
② 합성수지로서 80〔℃〕에서 변형되지 않을 것

※ 표시등의 전구
2개 이상 병렬접속

17 유도등의 제외(NFPC 303 11조, NFTC 303 2.8.1)

(1) 피난구유도등의 설치제외장소

① 바닥면적이 1000〔m^2〕 미만인 층으로서 옥내로부터 직접 지상으로 통하는 출입구

② **대각선 길이**가 15〔m〕 이내인 구획된 실의 출입구

③ 거실 각 부분으로부터 하나의 출입구에 이르는 보행거리가 20〔m〕 이하이고 비상조명등과 유도표지가 설치된 거실의 출입구

④ 출입구가 **3 이상** 있는 거실로서 그 거실 각 부분으로부터 하나의 출입구에 이르는 보행거리가 30〔m〕 이하인 경우에는 주된 출입구 **2개소 외**의 유도표지가 부착된 출입구(단, **공연장 · 집회장 · 관람장 · 전시장 · 판매시설 · 운수시설 · 숙박시설 · 노유자시설 · 의료시설 · 장례시설(장례식장)** 제외)

(2) 통로유도등의 설치제외장소

① 구부러지지 아니한 복도 또는 통로로서 길이가 30〔m〕 미만인 복도 또는 통로

② 복도 또는 통로로서 보행거리가 20〔m〕 미만이고 그 복도 또는 통로와 연결된 출입구 또는 그 부속실의 출입구에 **피난구유도등**이 설치된 복도 또는 통로

(3) 객석유도등의 설치제외장소

① **주간**에만 사용하는 장소로서 **채광**이 충분한 객석

② 거실 등의 각 부분으로부터 하나의 거실 출입구에 이르는 **보행거리**가 20〔m〕 **이하**인 객석의 통로로서 그 통로에 통로유도등이 설치된 객석

Key Point

2 비상콘센트설비

출제확률 3.0% (3점)

1 비상콘센트설비의 구성도

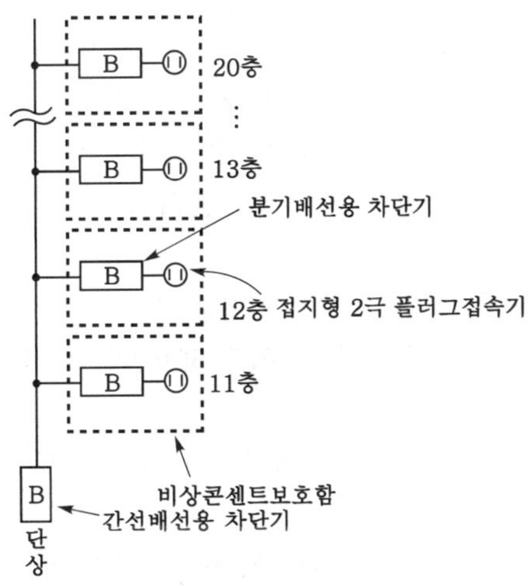

2 비상콘센트설비(NFPC 504 4조, NFTC 504 2.1)

구 분	전 압	공급용량	플러그접속기
단상 교류	220〔V〕	1.5〔kVA〕 이상	접지형 2극

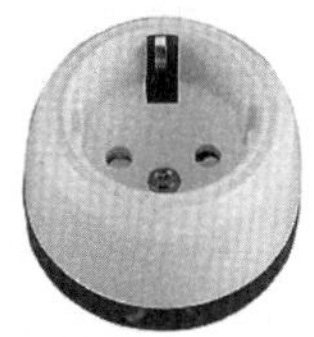

접지형 2극 플러그접속기

★★★

문제 비상콘센트설비의 전원회로의 전압과 용량에 대한 표를 완성하시오.

득점	배점
	4

구 분	전 압	용 량
단상 교류	(　　)〔V〕	(　　)〔kVA〕 이상

해답

구 분	전 압	용 량
단상 교류	220〔V〕	1.5〔kVA〕 이상

① 하나의 전용회로에 설치하는 비상콘센트는 **10개** 이하로 할 것(전선의 용량은 **3개 이상**일 때 **3개**)

* **비상콘센트설비**
화재시 소화활동 등에 필요한 전원을 전용회선으로 공급하는 설비

* **비상콘센트의 심벌**
⊙⊙

* **플러그접속기**
'콘센트'를 의미한다.

설치하는 비상콘센트 수량	전선의 용량 산정시 적용하는 비상콘센트 수량	전선의 용량
1	1개 이상	1.5〔kVA〕 이상
2	2개 이상	3.0〔kVA〕 이상
3~10	3개 이상	4.5〔kVA〕 이상

② 전원회로는 각 층에 있어서 **2 이상**이 되도록 설치할 것(단, 설치해야 할 층의 콘센트가 **1개**인 때에는 하나의 회로로 할 수 있다.)

③ 플러그접속기의 칼받이 접지극에는 **접지공사**를 해야 한다. (감전보호가 목적이므로 **보호접지**를 해야 한다.)

④ 풀박스는 1.6〔mm〕 이상의 철판을 사용할 것

⑤ 절연저항은 **전원부**와 **외함** 사이를 **직류** 500〔V〕 **절연저항계**로 측정하여 20〔MΩ〕 이상일 것

⑥ 전원으로부터 각 층의 비상콘센트에 분기되는 경우에는 **분기배선용 차단기**를 보호함 안에 설치할 것

⑦ 바닥으로부터 0.8~1.5〔m〕 이하의 높이에 설치할 것

⑧ 전원회로는 주배전반에서 **전용회로**로 하며, 배선의 종류는 **내화배선**이어야 한다.

※ **풀박스**(pull box) : 배관이 긴 곳 또는 굴곡부분이 많은 곳에서 시공을 용이하게 하기 위하여 배선 도중에 사용하여 전선을 끌어들이기 위한 박스

※ 접지
회로의 일부분을 대지에 도선 등의 도체로 접속하여 영전위가 되도록 하는 것

※ 플러그접속기
'콘센트'를 의미한다.

참고

비상콘센트설비(emergency consent system) : 화재시 소화활동 등에 필요한 전원을 전용회선으로 공급하는 설비

3 비상콘센트설비의 설치대상(소방시설법 시행령 〔별표 4〕)

① 11층 이상의 층

② **지하 3층** 이상이고, 지하층의 바닥면적의 합계가 1000〔m^2〕 이상인 것은 지하 전층

③ 지하가 중 터널길이 500〔m〕 이상

4 절연내력시험(NFPC 504 4조, NFTC 504 2.1.6.2)

150〔V〕 이하	150〔V〕 초과
1000〔V〕의 실효전압을 가하여 1분 이상 견딜 것	(정격전압×2)+1000〔V〕의 실효전압을 가하여 1분 이상 견딜 것

※ 절연저항시험
DC 500〔V〕 절연저항계로 20〔MΩ〕 이상

※ 절연저항시험 정의
전원부와 외함 등의 절연이 얼마나 잘 되어 있는가를 확인하는 시험

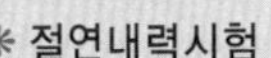

5 설치거리(NFPC 504 4조, NFTC 504 2.1.5.2.1 · 2.1.5.2.2)

조 건	설치거리
지하상가 또는 **지하층**의 바닥면적의 합계가 3000〔m^2〕 이상	수평거리 25〔m〕 이하
기타	수평거리 50〔m〕 이하

6 비상콘센트의 배치(NFPC 504 4조, NFTC 504 2.1.5.2)

조 건	배 치
• 바닥면적 1000〔m^2〕 **미만** 층	• 계단의 출입구로부터 5〔m〕 이내
• 바닥면적 1000〔m^2〕 **이상** 층	• 각 계단의 출입구로부터 5〔m〕 이내 • 계단부속실의 출입구로부터 5〔m〕 이내

7 비상콘센트 보호함의 시설기준(NFPC 504 5조, NFTC 504 2.2.1)

① 보호함에는 쉽게 개폐할 수 있는 **문**을 설치하여야 한다.
② 보호함 표면에 "**비상콘센트**"라고 표시한 표지를 하여야 한다.
③ 보호함 상부에 **적색**의 표시등을 설치하여야 한다.(단, 비상콘센트의 보호함을 **옥내소화전함** 등과 접속하여 설치하는 경우에는 **옥내소화전함** 등의 표시등과 겸용할 수 있다.)

| 비상콘센트 보호함 |

8 비상콘센트설비의 비상전원(NFPC 504 4조, NFTC 504 2.1.1.2)

지하층을 제외한 층수가 **7층** 이상으로서 연면적이 **2000〔m^2〕** 이상이거나 지하층의 바닥면적의 합계가 **3000〔m^2〕** 이상인 특정소방대상물의 비상콘센트설비에는 **자가발전설비, 비상전원수전설비 · 축전지설비** 또는 **전기저장장치**를 비상전원으로 설치하여야 한다.(단, 둘 이상의 변전소로부터 전력을 동시에 공급받을 수 있거나 하나의 변전소로부터 전력의 공급이 중단되는 때에는 자동으로 다른 변전소로부터 전력을 공급받을 수 있도록 **상용전원**을 설치한 경우에는 비상전원을 설치하지 아니할 수 있다.)

Key Point

✽ 절연내력시험
평상시보다 높은 전압을 인가하여 절연이 파괴되는지의 여부를 확인하는 시험

✽ 설치높이
① 시각경보장치
: 2~2.5〔m〕 이하(단, 천장의 높이가 2〔m〕 이하인 경우에는 천장으로부터 0.15〔m〕 이내의 장소에 설치)
② 기타 기기
: 0.8~1.5〔m〕 이하

✽ 비상콘센트설비의 비상전원 설치대상
① 7층 이상으로 연면적 2000〔m^2〕 이상
② 지하층의 바닥면적 합계 3000〔m^2〕 이상

✽ 전기저장장치
외부 전기에너지를 저장해 두었다가 필요한 때 전기를 공급하는 장치

※ 비상전원
(1) 유도등 : 축전지설비
(2) 비상콘센트설비
① 자가발전설비
② 비상전원수전설비
③ 전기저장장치
④ 축전지설비
(3) 옥내소화전설비
① 자가발전설비
② 축전지설비
③ 전기저장장치

※ 저압(KEC 기준)
교류는 1000〔V〕 이하, 직류는 1500〔V〕 이하

※ 고압(KEC 기준)
① 교류
7000〔V〕 ≧ V > 1000〔V〕
② 직류
7000〔V〕 ≧ V > 1500〔V〕

※ 특고압(KEC 기준)
7000〔V〕를 초과하는 것

※ 상용전원회로의 배선
① 저압수전 : 인입개폐기의 직후에서 분기
② 특·고압수전 : 전력용 변압기 2차측의 주차단기 1차측에서 분기

비상콘센트설비의 비상전원용량 : 20분 이상

9 비상콘센트설비의 상용전원회로의 배선(NFPC 504 4조, NFTC 504 2.1.1.1)

저압수전	특고압수전 또는 고압수전
인입개폐기의 **직후**에서 분기하여 **전용배선** 저압, B, 비상콘센트설비용, 일반부하 B : 배선용 차단기(용도 : 인입개폐기) ‖ 인입개폐기 직후 분기 ‖	전력용 변압기 2차측의 **주차단기 1차측** 또는 **2차측**에서 분기하여 **전용배선** 고압 또는 특고압, 주차단기, 1차측, 2차측, B, 비상콘센트설비용, 일반부하 : 전력용 변압기 B : 배선용 차단기 ‖ 주차단기 1차측 분기 ‖ 고압 또는 특고압, 주차단기, 1차측, 2차측, B, 비상콘센트설비용, 일반부하 : 전력용 변압기 B : 배선용 차단기 ‖ 주차단기 2차측 분기 ‖

★★★

문제 비상콘센트설비의 전원 및 콘센트 등에 대한 다음 각 물음에 답하시오.

득점	배점
	9

(가) 상용전원회로의 배선은 다음의 경우에 어느 곳에서 분기하여 전용 배선으로 하여야 하는가?
① 저압수전인 경우 :
② 고압수전인 경우 :
③ 특고압수전인 경우 :

(나) 비상콘센트설비의 전원부와 외함 사이의 절연저항은 전원부와 외함 사이를 500〔V〕 절연저항계로 측정할 때 몇 〔MΩ〕 이상이어야 하는가?

(다) 하나의 전용회로에 설치하는 비상콘센트는 몇 개 이하로 하여야 하는가?

(라) 비상콘센트의 그림기호를 그리시오.

해답
(가) ① 저압수전인 경우 : 인입개폐기의 직후에서
② 고압수전인 경우 : 전력용 변압기 2차측의 주차단기 1차측 또는 2차측에서
③ 특고압수전인 경우 : 전력용 변압기 2차측의 주차단기 1차측 또는 2차측에서
(나) 20〔MΩ〕 이상
(다) 10개
(라) ⊙⊙

10 전선의 종류

약 호	명 칭	최고허용온도
OW	옥외용 비닐절연전선	60[℃]
DV	인입용 비닐절연전선	
HFIX	450/750V 저독성 난연 가교폴리올레핀 절연전선	90[℃]
CV	가교폴리에틸렌절연 비닐외장케이블	
MI	미네랄 인슐레이션 케이블	
IH	하이퍼론 절연전선	95[℃]

참고

전선관의 종류

(1) 후강전선관 : 표시된 규격은 **내경**을 의미하며, **짝수**로 표시된다.
폭발성 가스 저장장소에 사용된다.

규격 : 16[mm], 22[mm], 28[mm], 36[mm], 42[mm], 54[mm], 70[mm], 82[mm], 92[mm], 104[mm]

(2) 박강전선관 : 표시된 규격은 **외경**을 의미하며, **홀수**로 표시된다.

규격 : 19[mm], 25[mm], 31[mm], 39[mm], 51[mm], 63[mm], 75[mm]

Key Point

✻ **HFIX전선의 의미**
450/750[V] 저독성 난연 가교폴리올레핀 절연전선

✻ **전선관**
'금속관'이라고도 부른다.

3 무선통신보조설비

출제확률 3.6% (4점)

※ 무선통신보조설비
화재시 소방관 상호간의 원활한 무선통신를 위해 사용하는 설비

※ 무선통신보조설비의 구성요소
① 누설동축케이블, 동축케이블
② 분배기
③ 증폭기
④ 옥외안테나
⑤ 혼합기
⑥ 분파기

※ 각 저항의 사용설비
(1) 무반사 종단저항
① 무선통신보조설비
(2) 종단저항
① 자동화재탐지설비
② 제연설비
③ 이산화탄소 소화설비
④ 할론소화설비
⑤ 분말소화설비
⑥ 포소화설비
⑦ 준비작동식 스프링클러설비

1 무선통신보조설비의 설치기준(NFPC 505 5~7조, NFTC 505 2.2~2.4)

① 누설동축케이블 및 안테나는 **금속판** 등에 의하여 **전파의 복사** 또는 **특성**이 현저하게 저하되지 않는 위치에 설치할 것
② **누설동축케이블**과 이에 접속하는 **안테나** 또는 **동축케이블**과 이에 접속하는 **안테나**일 것
③ 누설동축케이블 및 동축케이블은 화재에 따라 해당 케이블의 피복이 소실된 경우에 케이블 본체가 떨어지지 않도록 4〔m〕 이내마다 금속제 또는 자기제 등의 지지금구로 벽·천장·기둥 등에 견고하게 고정시킬 것(단, **불연재료**로 구획된 반자 안에 설치하는 경우 제외)
④ 누설동축케이블 및 안테나는 고압전로로부터 1.5〔m〕 이상 떨어진 위치에 설치할 것(단, 해당 전로에 **정전기차폐장치**를 유효하게 설치한 경우에는 제외)

★★★
문제 **무선통신보조설비의 누설동축케이블 등에 관한 다음 각 물음에 답하시오.**

득점	배점
	6

(가) 누설동축케이블의 끝부분에는 어떤 종류의 종단저항을 견고하게 설치해야 하는가?
(나) 누설동축케이블 또는 동축케이블의 임피던스는 몇 〔Ω〕으로 하는가?

해답 (가) 무반사 종단저항
(나) 50〔Ω〕

⑤ 누설동축케이블의 끝부분에는 **무반사 종단저항**을 설치할 것
⑥ 누설동축케이블, 동축케이블, 분배기, 분파기, 혼합기 등의 임피던스는 50〔Ω〕으로 할 것
⑦ 증폭기의 전면에는 주회로전원의 정상여부를 표시할 수 있는 **표시등** 및 **전압계**를 설치할 것
⑧ **건축물**, **지하가**, **터널** 또는 **공동구**의 출입구 및 출입구 인근에서 통신이 가능한 장소에 설치할 것
⑨ 다른 용도로 사용되는 안테나로 인한 **통신장애**가 발생하지 않도록 설치할 것
⑩ 옥외안테나는 견고하게 설치하며 파손의 우려가 없는 곳에 설치하고 그 가까운 곳의 보기 쉬운 곳에 "**무선통신보조설비 안테나**"라는 표시와 함께 통신가능거리를 표시한 표지를 설치할 것
⑪ 수신기가 설치된 장소 등 사람이 상시 근무하는 장소에는 옥외안테나의 위치가 모두 표시된 옥외안테나 위치표시도를 비치할 것
⑫ 소방전용 주파수대에 **전파의 전송** 또는 **복사**에 적합한 것으로서 **소방전용**의 것으로 할 것(단, 소방대 상호간의 **무선연락**에 지장이 없는 경우에는 다른 용도와 겸용 가능)
⑬ **비상전원용량**

설 비	비상전원의 용량
자동화재탐지설비, 비상경보설비, 자동화재속보설비	**10분** 이상
유도등, 비상조명등, 비상콘센트설비, 옥내소화전설비(30층 미만), 제연설비, 물분무소화설비, 특별피난계단의 계단실 및 부속실 제연설비(30층 미만), 스프링클러설비(30층 미만), 연결송수관설비(30층 미만)	**20분** 이상

무선통신보조설비의 증폭기	30분 이상
옥내소화전설비(30~49층 이하), 특별피난계단의 계단실 및 부속실 제연설비(30~49층 이하), 연결송수관설비(30~49층 이하), 스프링클러설비(30~49층 이하)	40분 이상
유도등·비상조명등(지하상가 및 11층 이상), 옥내소화전설비(50층 이상), 특별피난계단의 계단실 및 부속실 제연설비(50층 이상), 연결송수관설비(50층 이상), 스프링클러설비(50층 이상)	60분 이상

용어

(1) 누설동축케이블과 동축케이블

누설동축케이블	동축케이블
동축케이블의 외부도체에 가느다란 홈을 만들어서 전파가 외부로 새어나갈 수 있도록 한 케이블. **정합손실**이 **큰 것**을 사용	유도장애를 방지하기 위해 전파가 누설되지 않도록 만든 케이블. **정합손실**이 **작은 것**을 사용

(2) 종단저항과 무반사 종단저항

종단저항	무반사 종단저항
감지기회로의 도통시험을 용이하게 하기 위하여 **감지기회로**의 **끝부분**에 설치하는 저항	전송로로 전송되는 전자파가 전송로의 종단에서 반사되어 교신을 방해하는 것을 막기 위해 **누설동축케이블**의 **끝 부분**에 설치하는 저항

※ **누설동축케이블의 임피던스**
50[Ω]

2 무선통신보조설비의 증폭기 및 무선중계기의 설치기준(NFPC 505 8조, NFTC 505 2.5)

① 전원은 **축전지설비**, **전기저장장치** 또는 **교류전압 옥내간선**으로 하고, 전원까지의 배선은 **전용**으로 할 것

② 증폭기의 전면에는 주회로전원의 정상여부를 표시할 수 있는 **표시등** 및 **전압계**를 설치할 것

③ 증폭기의 비상전원용량은 **30분** 이상일 것

④ **증폭기 및 무선중계기**를 설치하는 경우에는 전파법에 따른 적합성평가를 받은 제품으로 설치할 것

⑤ 디지털방식의 무전기를 사용하는 데 지장이 없도록 설치할 것

※ **증폭기**
신호전송시 신호가 약해져 수신이 불가능해지는 것을 방지하기 위해서 증폭하는 장치

3 무선통신보조설비의 설치제외(NFPC 505 4조, NFTC 505 2.1.1)

① 지하층으로서 특정소방대상물의 바닥부분 **2면 이상**이 지표면과 동일한 경우의 해당층

② 지하층으로서 지표면으로부터의 깊이가 **1[m] 이하**인 경우의 해당층

4 옥내배선기호

명 칭	그림기호	비 고
누설동축케이블	————	• 천장에 은폐하는 경우 : —— - ——
안테나	(안테나 기호)	• 내열형 : (안테나 기호)H
분배기	(분배기 기호)	
무선기 접속단자	◎	• 소방용 : ◎F • 경찰용 : ◎P • 자위용 : ◎G
혼합기	(혼합기 기호)	
분파기 (필터 포함)	(F 기호)	

※ 분배기
신호의 전송로가 분기되는 장소에 설치하는 것으로 임피던스 매칭(matching)과 신호 균등분배를 위해 사용하는 장치

※ 분파기
서로 다른 주파수의 합성된 신호를 분리하기 위해서 사용하는 장치

※ 혼합기
두 개 이상의 입력신호를 원하는 비율로 조합한 출력이 발생하도록 하는 장치

★

문제 무선통신보조설비에 대한 다음 각 물음에 답하시오.

득점	배점
	6

(가) 누설동축케이블의 그림기호는 ———— 이다. —— - —— 은 어떤 경우에 사용되는가?

(나) 그림기호 (안테나 기호) 의 명칭은?

(다) 분배기의 그림기호는?

해답
(가) 천장에 은폐하는 경우
(나) 안테나
(다) (분배기 기호)

허물을 덮어주세요

어느 화가가 알렉산드로스 대왕의 초상화를 그리기로 한 후 고민에 빠졌습니다. 왜냐하면 대왕의 이마에는 추하기 짝이 없는 상처가 있었기 때문입니다.

화가는 대왕의 상처를 그대로 화폭에 담고 싶지는 않았습니다.

대왕의 위엄에 손상을 입히고 싶지 않았기 때문이죠.

그러나 상처를 그리지 않는다면 그 초상화는 진실한 것이 되지 못하므로 화가 자신의 신망은 여지없이 땅에 떨어지고 말 것입니다.

화가는 고민 끝에 한 가지 방법을 생각해냈습니다.

대왕이 이마에 손을 짚고 쉬고 있는 모습을 그려야겠다고 생각한 것입니다.

다른 사람의 상처를 보셨다면 그의 허물을 가려줄 방법을 생각해 봐야 하지 않을까요? 사랑은 허다한 허물을 덮는다고 합니다.

• 「지하철 사랑의 편지」 중에서 •

출제경향분석

소화 및 제연 · 연결송수관 설비

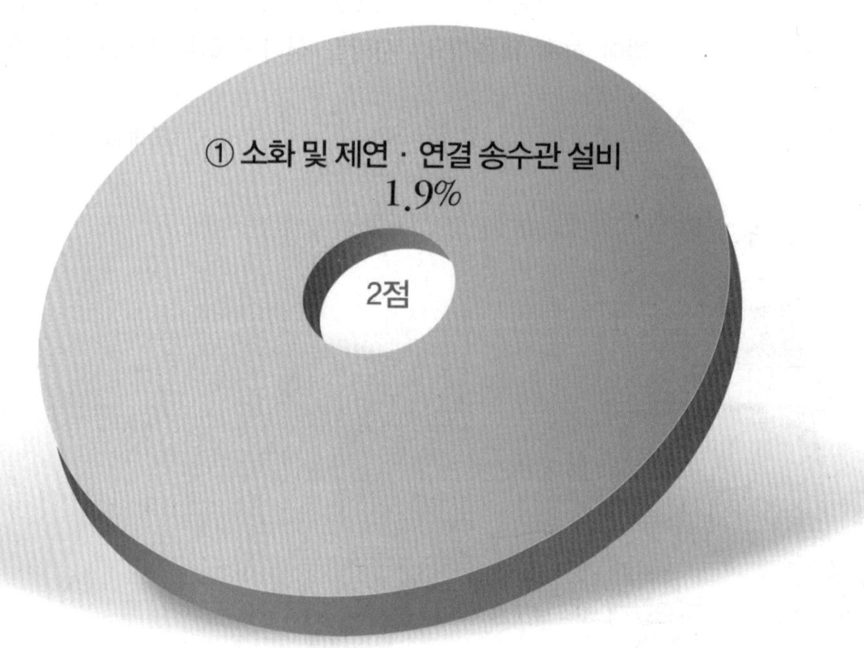

Key Point

1 소화 및 제연 · 연결송수관 설비

출제확률  1.9% (2점)

1 옥내소화전설비의 상용전원

저압수전	특고압 · 고압 수전
인입개폐기의 직후에서 분기하여 **전용배선**으로 할 것	전력용 변압기 2차측의 주차단기 1차측에서 분기하여 **전용배선**으로 할 것

※ **수전**
전기를 공급하는 것

2 각 설비의 비상전원 종류

① **유도등** ── 축전지설비
② **비상콘센트설비** ┬ 자가발전설비
├ 비상전원수전설비
├ 전기저장장치
└ 축전지설비
③ **옥내소화전설비** ┬ 자가발전설비
├ 축전지설비
└ 전기저장장치

── 20분 이상

※ **상용전원회로의 배선**
① 저압수전 : 인입개폐기의 직후에서 분기
② 특 · 고압수전 : 전력용 변압기 2차측의 주차단기 1차측에서 분기

문제 11층 이상인 건물의 특정소방대상물에 옥내소화전설비를 하였다. 이 설비를 작동시키기 위한 전원 중 비상전원으로 설치할 수 있는 설비의 종류를 2가지 쓰시오.

○ ○

득점	배점
	4

해답 ① 자가발전설비
② 축전지설비

3 옥내소화전설비의 비상전원 설치기준(NFPC 102 8조, NFTC 102 2.5.3)

① 점검에 편리하고 **화재** 및 **침수** 등의 재해로 인한 피해를 받을 우려가 없는 곳에 설치하여야 한다.
② 옥내소화전설비를 유효하게 **20분** 이상 작동할 수 있어야 한다.
③ 상용전원으로부터 전력의 공급이 중단된 때에는 **자동**으로 **비상전원**으로부터 전력을 공급받을 수 있도록 하여야 한다.
④ 비상전원의 설치장소는 다른 장소와 **방화구획**하여야 하며, 그 장소에는 비상전원의 공급에 필요한 기구나 설비 외의 것을 두어서는 아니 된다.(단, **열병합발전설비**에 있어서 필요한 기구나 설비는 제외)

※ **옥내소화전설비의 비상전원 설치대상**
지하층을 제외한 7층 이상으로 연면적 2000[m²] 이상

⑤ 비상전원을 실내에 설치하는 때에는 그 실내에 **비상조명등**을 설치하여야 한다.

※ 일제개방밸브
'델류지밸브(deluge valve)'라고도 부른다.

4 일제개방밸브의 작동기준(NFPC 103 9조, NFTC 103 2.6.3)

① 담당구역 내의 화재감지기의 동작에 의하여 개방 · 작동될 것
② 일제개방밸브의 인근에서 수동기동(**전기식** 및 **배수식**)에 의하여도 개방 · 작동될 수 있게 할 것
③ 폐쇄형 스프링클러헤드를 사용하는 설비의 경우에 화재감지기회로는 **교차회로**방식으로 하여야 한다.

※ 교차회로방식
하나의 일제개방밸브의 담당구역 내에 2 이상의 화재감지기회로가 동시에 감지되는 때에 일제개방밸브가 개방 · 작동되는 방식

예외규정

교차회로방식 적용 제외

(1) 스프링클러설비의 배관 또는 헤드에 누설경보용 **물** 또는 **압축공기**가 채워지는 경우
(2) 불꽃감지기
(3) 정온식 감지선형 감지기
(4) 분포형 감지기
(5) 복합형 감지기
(6) 광전식 분리형 감지기
(7) 아날로그방식의 감지기
(8) 다신호방식의 감지기
(9) 축적방식의 감지기

(2)~(9): 이와 같은 감지기를 설치하는 경우

5 이산화탄소 소화설비의 수동식 기동장치의 설치기준(NFPC 106 6조, NFTC 106 2.3.1)

① 전역방출방식은 방호구역마다, 국소방출방식은 방호대상물마다 설치할 것
② 해당 방호구역의 출입구 부근 등 조작을 하는 자가 쉽게 피난할 수 있는 장소에 설치할 것
③ 기동장치의 조작부는 바닥에서 0.8~1.5〔m〕 이하의 위치에 설치하고, 보호판 등에 의한 보호장치를 설치할 것
④ 기동장치 인근의 보기 쉬운 곳에 **"이산화탄소 소화설비 수동식 기동장치"**라는 표지를 할 것
⑤ 전기를 사용하는 기동장치에는 **전원표시등**을 설치할 것
⑥ 기동장치의 방출용 스위치는 **음향경보장치**와 연동하여 조작될 수 있는 것으로 할 것
⑦ 기동장치에는 보호장치를 설치해야 하며, 보호장치를 개방하는 경우 기동장치에 설치된 버저 또는 벨 등에 의하여 경고음을 발할 것
⑧ 기동장치를 옥외에 설치하는 경우 빗물 또는 외부 충격의 영향을 받지 아니하도록 설치할 것

Key Point

6 이산화탄소 소화설비의 음향경보장치(NFPC 106 13조, NFTC 106 2.10.1)

① 방호구역 또는 방호대상물이 있는 구획의 각 부분으로부터 하나의 확성기까지의 **수평거리**는 25[m] 이하가 되도록 할 것
② 제어반의 **복구스위치**를 조작하여도 경보를 계속 발할 수 있는 것으로 할 것
③ 소화약제의 방사개시 후 **1분** 이상까지 경보를 계속 할 수 있는 것으로 할 것

7 제연구역의 구획(NFPC 501 4조, NFTC 501 2.1.1)

① 하나의 제연구역의 면적은 1000[m^2] 이내로 할 것
② 거실과 통로(복도 포함)는 **각각 제연구획**할 것
③ 통로상의 제연구역은 보행중심선의 길이가 **60**[m]를 초과하지 아니할 것
④ 하나의 제연구역은 직경 **60**[m] 원내에 들어갈 수 있을 것
⑤ 하나의 제연구역은 **2개 이상** 층에 미치지 아니하도록 할 것(단, 층의 구분이 불분명한 부분은 그 부분을 다른 부분과 별도로 제연구획하여야 한다.)

✱ 제연설비의 구획 기준
① 1 제연구역의 면적은 1000[m^2] 이내
② 거실과 통로는 상호 제연구획
③ 통로상의 제연구역은 보행중심선의 길이가 60[m]를 초과하지 않을 것
④ 1 제연구역은 직경 60[m] 원내에 들어갈 것

8 제연설비의 기동(NFPC 501 11조, NFTC 501 2.9.2)

제연설비의 작동은 해당 제연구역에 설치된 화재감지기와 연동되어야 하며, 예상제연구역(또는 인접장소)마다 설치된 수동기동장치 및 제어반에서 수동으로 기동이 가능하도록 해야 한다.

9 제연설비의 배출기 설치기준(NFPC 501 9조, NFTC 501 2.6.1)

① 배출기와 배출풍도의 접속부분에 사용하는 **캔버스**는 **내열성**(**석면** 제외)이 있는 것으로 할 것
② 배출기의 **전동기**부분과 **배풍기**부분은 분리하여 설치할 것
③ 배풍기부분은 유효한 **내열처리**를 할 것

※ **캔버스**(canvas) : 덕트와 덕트 사이에 천 등을 삽입하여 진동을 흡수하기 위한 것

✱ 내식성
부식에 견디는 성질

✱ 내열성
열에 견디는 성질

참고

제연설비의 배출풍도의 기준(NFPC 501 9조, NFTC 501 2.6.2.1)
배출풍도는 **아연도금강판** 또는 이와 동등 이상의 **내식성** · 내열성이 있는 것으로 하며, 내열성이 있는 단열재로 유효한 **단열처리**를 할 것

출제경향분석

소방전기설비

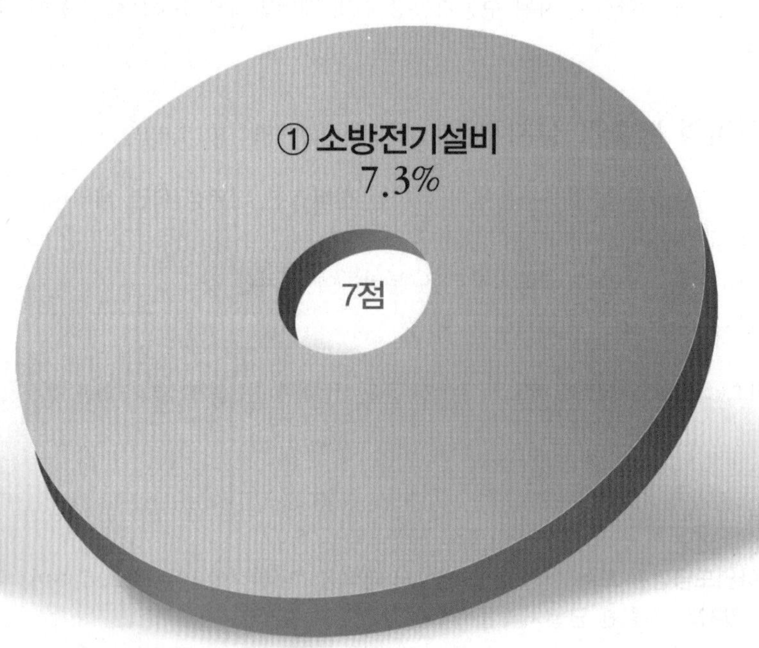

CHAPTER

04 소방전기설비

1 소방전기설비

출제확률 

(7점)

1 전원의 종류

(1) 상용전원

평상시 주전원으로 사용되는 전원

(2) 비상전원

상용전원 정전 때를 대비하기 위한 전원

(3) 예비전원

상용전원 고장시 또는 용량 부족시 최소한의 기능을 유지하기 위한 전원

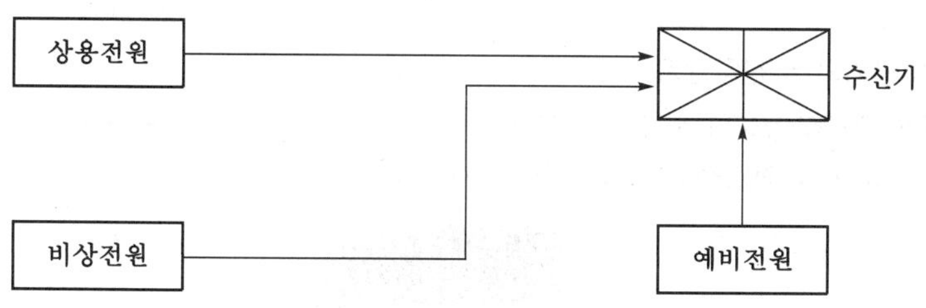

| 전원설비 |

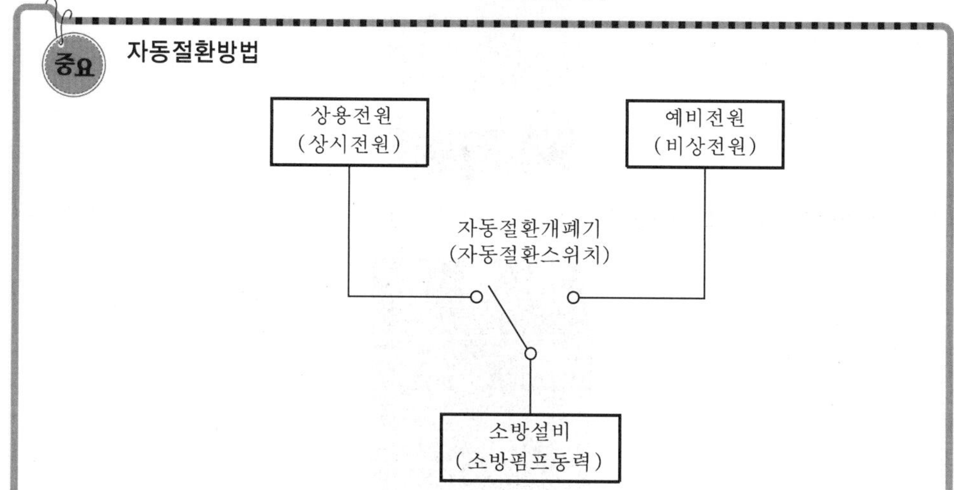

Key Point

※ 전원의 종류

1. 상용전원
   ① 교류전원
   ② 축전지설비
2. 비상전원
   ① 비상전원수전설비
   ② 자가발전설비
   ③ 축전지설비
   ④ 전기저장장치
3. 예비전원

※ 비상전원

상용전원 정전시를 대비해 변전소 등에서 공급하는 전원

※ 예비전원

상용전원 고장시를 대비해 수신기에 내장하는 축전지설비 등의 전원

Key Point

※ 배선용 차단기
퓨즈를 사용하지 않고 바이메탈이나 전자석으로 회로를 차단시키는 기기로서 일반적으로 600[V] 이하의 저압에 사용된다.

※ 트립
차단장치에 의해 배선용 차단기가 자동으로 차단되는 것을 의미한다.

※ 약호
① 배선용 차단기 : MCCB
② 누전차단기 : ELB

※ 바이메탈
온도의 변화에 따라 신축하는 비율이 다른 두 종류의 금속을 접합하여 놓은 것

※ 누설전류와 같은 의미
① 누전전류
② 영상전류

2 배선용 차단기의 특징

① **부하차단 능력**이 우수하다.
② 퓨즈를 사용하지 않고 **바이메탈**(bimetal)이나 전자석으로 회로를 차단하므로 반영구적으로 사용이 가능하다.
③ **신뢰성**이 높다.
④ 충전부가 케이스 내에 수용되어 있으므로 안전하게 사용할 수 있다.
⑤ **소형 경량**으로 사용이 간편하다.
⑥ 트립(trip)시 즉시 **재투입**(resetting)이 가능하다.
⑦ 회로의 차단여부를 쉽게 확인할 수 있다.

문제 배선용 차단기(molded-case circuit breaker)의 특징 5가지를 쓰시오.

○ ○ ○ ○ ○

득점	배점
	10

해답 ① 부하차단 능력 우수
② 퓨즈가 필요 없으므로 반영구적으로 사용 가능
③ 신뢰성이 높다.
④ 충전부가 케이스 내에 수용되어 안전
⑤ 소형 경량

참고

배선용 차단기와 누전차단기

① **배선용 차단기**(Molded Case Circuit Breaker) : 퓨즈를 사용하지 않고 **바이메탈**(bimetal)이나 전자석으로 회로를 차단시키는 기기

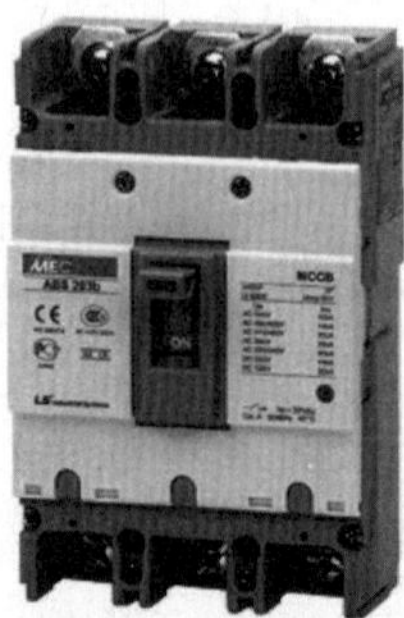

② **누전차단기**(Earth Leakage Breaker) : 누설전류를 검출하여 회로를 차단시키는 기기

Key Point

3 충전방식

(1) 보통충전방식

필요할 때마다 표준시간율로 충전하는 방식

(2) 급속충전방식

보통 충전전류의 **2배**의 **전류**로 충전하는 방식

(3) 부동충전방식

① 전지의 자기방전을 보충함과 동시에 상용부하에 대한 전력공급은 충전기가 부담하되, 부담하기 어려운 일시적인 대전류부하는 축전지가 부담하도록 하는 방식으로 **가장 많이 사용**된다.

② 축전지와 부하를 충전기(정류기)에 병렬로 접속하여 충전과 방전을 동시에 행하는 방식이다.

표준부동전압 : 2.15~2.17[V]

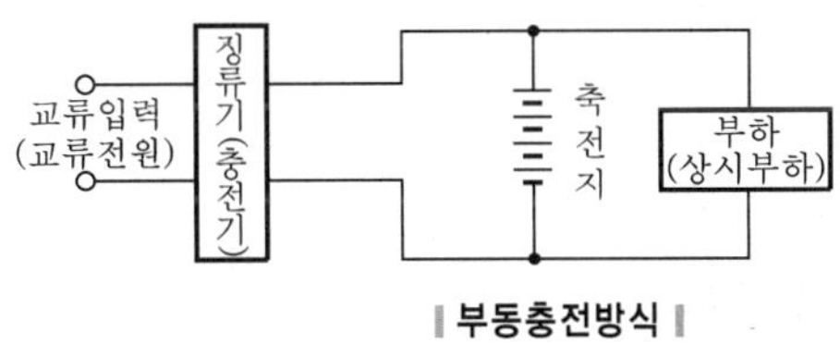

‖ 부동충전방식 ‖

(4) 균등충전방식

각 축전지의 전위차를 보정하기 위해 1~3개월마다 10~12시간 1회 충전하는 방식이다.

균등충전전압 : 2.4~2.5[V]

(5) 세류충전(트리클충전)방식

자기방전량만 항상 **충전**하는 방식

(6) 회복충전방식

축전지의 과방전 및 방전상태, 가벼운 설페이션 현상 등이 생겼을 때 기능회복을 위하여 실시하는 충전방식

설페이션(sulfation) : 충전이 부족할 때 축전지의 극판에 백색 황색연이 생기는 현상

* **부동충전방식**
축전지와 부하를 충전기에 병렬로 접속하여 충전과 방전을 동시에 행하는 방식

* **부동충전전압**
2.15~2.17[V]

* **균등충전전압**
2.4~2.5[V]

참고

(1) **축전지의 과충전 원인**
① 충전전압이 높을 때
② 전해액의 비중이 높을 때
③ 전해액의 온도가 높을 때

(2) **축전지의 충전불량 원인**
① 극판에 설페이션 현상이 발생하였을 때
② 축전지를 장기간 방치하였을 때
③ 충전회로가 접지되었을 때

(3) **축전지의 설페이션 원인**
① 과방전하였을 때
② 극판이 노출되어 있을 때
③ 극판이 단락되었을 때
④ 불충분한 충방전을 반복하였을 때
⑤ 전해액의 비중이 너무 높거나 낮을 때

※ 부동충전방식의 장점
★ 꼭 기억하세요 ★

4 부동충전방식

(1) 장점

① 축전지의 수명이 연장된다.
② 축전지 용량이 작아도 된다.
③ 부하변동에 대한 방전전압을 일정하게 유지할 수 있다.
④ 보수가 용이하다.

(2) 2차 전류

$$2차\ 전류 = \frac{축전지의\ 정격용량}{축전지의\ 공칭용량} + \frac{상시부하}{표준전압}\ [A]$$

(3) 2차 출력

2차 출력 = 표준전압 × 2차 전류〔kVA〕

(4) 축전지의 용량

※ 축전지

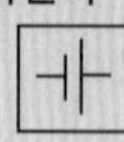

※ 정류장치

① 시간에 따라 방전전류가 일정한 경우

$$C = \frac{1}{L} KI\ [Ah]$$

② 시간에 따라 방전전류가 증가하는 경우

$$C = \frac{1}{L}[K_1 I_1 + K_2(I_2 - I_1) + K_3(I_3 - I_2) + \cdots\cdots + K_n(I_n - I_{n-1})]\ [Ah]$$

여기서, C : 축전지용량
L : 용량저하율(보수율)

K : 용량환산시간〔h〕
I : 방전전류〔A〕

용량저하율(보수율) : 축전지의 용량저하를 고려하여 축전지의 용량 산정시 여유를 주는 계수 또는 부하를 만족하는 용량을 감정하기 위한 계수로서, 보통 0.8을 적용한다.

Key Point

※ 용량저하율
부하를 만족하는 용량을 감정하기 위한 계수

중요 **축전지용량 산정(연축전지, 알칼리축전지의 경우)**

(1) **시간에 따라 방전전류가 감소하는 경우**

① $C_1 = \frac{1}{L} K_1 I_1$

② $C_2 = \frac{1}{L} K_2 I_2$

③ $C_3 = \frac{1}{L} K_3 I_3$

셋 중 큰 값

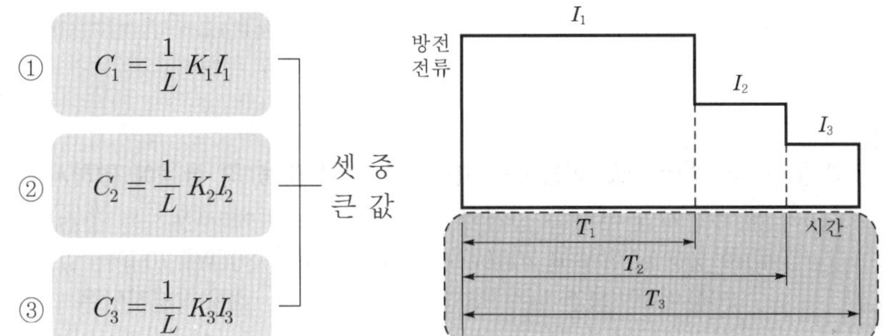

여기서, C : 축전지의 용량〔Ah〕
L : 용량저하율(보수율)
K : 용량환산시간〔h〕
I : 방전전류〔A〕

(2) **시간에 따라 방전전류가 증가하는 경우**

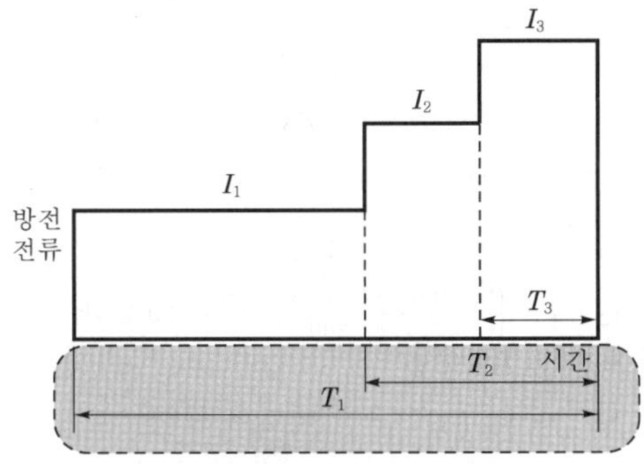

$$C = \frac{1}{L}[K_1 I_1 + K_2(I_2 - I_1) + K_3(I_3 - I_2)]$$

여기서, C : 축전지의 용량〔Ah〕
L : 용량저하율(보수율)
K : 용량환산시간〔h〕
I : 방전전류〔A〕

＊출처 : 2016년 건축전기설비 설계기준

예외규정

시간에 따라 **방전전류**가 **증가**하는 경우

$$C = \frac{1}{L}(K_1 I_1 + K_2 I_2 + K_3 I_3)$$

여기서, C : 축전지의 용량[Ah]
L : 용량저하율(보수율)
K : 용량환산시간[h]
I : 방전전류[A]

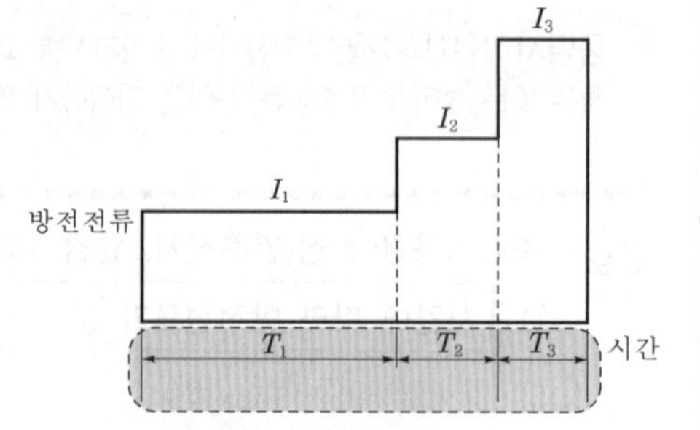

문제 **예비전원설비로 이용되는 축전지에 대한 다음 각 물음에 답하시오.**

득점	배점
	8

(가) 축전지와 부하를 충전기에 병렬로 접속하여 사용하는 충전방식은?

(나) 비상용 조명부하 200[V]용 50[W] 80등, 30[W] 70등이 있다. 방전시간은 30분이고, 축전지는 HS형 110[cell]이며, 허용최저전압은 190[V], 최저축전지온도는 5[℃]일 때 축전지의 용량은 몇 [Ah]이겠는가? (단, 보수율은 0.8, 용량환산시간은 1.2이다.)
- ○ 계산과정 :
- ○ 답 :

(다) 연축전지와 알칼리축전지의 공칭전압은 몇 [V]인가?
- ○ 연축전지 :
- ○ 알칼리축전지 :

해답 (가) 부동충전방식

(나) ○ 계산과정 : $I = \frac{(50 \times 80) + (30 \times 70)}{200} = 30.5$[A]

$C = \frac{1}{0.8} \times 1.2 \times 30.5 = 45.75$[Ah]

○ 답 : 45.75[Ah]

(다) ① 연축전지 : 2[V] 이상
② 알칼리축전지 : 1.2[V] 이상

해설 (나) 전류 $I = \frac{P}{V} = \frac{(50 \times 80) + (30 \times 70)}{200} = 30.5$[A]

축전지의 용량 C는

$C = \frac{1}{L}KI = \frac{1}{0.8} \times 1.2 \times 30.5 = 45.75$[Ah]

＊ 연축전지
장시간 일정전류를 취하는 부하에 사용된다.

＊ 알칼리축전지
비교적 단시간에 대전류를 사용하는 부하에 사용된다.

5 축전지(battery)

(1) 축전지의 비교

구 분	연축전지	알칼리축전지
공칭전압	2.0[V]	1.2[V]
방전종지전압	1.75[V](무보수 밀폐형 연축전지)	1[V](원통형 니켈카드뮴 축전지)
기전력	2.05~2.08[V]	1.32[V]
공칭용량	10[Ah]	5[Ah]
기계적 강도	약하다.	강하다.

＊ 공칭전압
공통적으로 결정하여 사용되고 있는 전압

과충방전에 의한 전기적 강도	약하다.	강하다.
충전시간	길다.	짧다.
종류	클래드식, 페이스트식	소결식, 포켓식
수명	5~15년	15~20년

(2) 연축전지의 화학반응식

$$\underset{(+)}{PbO_2} + \underset{\text{전해액}}{2H_2SO_4} + Pb \underset{\text{충전}}{\overset{\text{방전}}{\rightleftarrows}} \underset{(+)}{PbSO_4} + 2H_2O + \underset{(-)}{PbSO_4}$$

연축전지(lead-acid battery)의 종류에는 **클래드식**(CS형)과 **페이스트식**(HS형)이 있으며 충전시에는 **수소가스**가 발생하므로 반드시 **환기**를 시켜야 한다.

참고

연축전지	알칼리축전지
① 클래드식(CS형) ② 페이스트식(HS형)	① 소결식(AH형, AHH형) ② 포켓식(AL형, AM형, AMH형, AH형)

용어

셀(cell) : 화학변화에 의해서 생기는 에너지, 열, 빛 등의 물리적인 에너지를 전기에너지로 변환하는 전지의 단체(單體)

6 알칼리축전지의 장단점

(1) 장점

① 충전시간이 짧다.
② 기계적 강도가 강하다.
③ 과충방전에 강하다.
④ 온도특성이 양호하다.
⑤ 수명이 길다.

(2) 단점

① 가격이 고가이다.
② 단자전압이 낮다.

참고

방전율과 공칭용량

축전지의 종류	방전율	공칭용량
연축전지	10시간율	10〔Ah〕
알칼리축전지	5시간율	5〔Ah〕

Key Point

※ 소결식
니켈을 주성분으로 한 금속분말을 소결해서 만든 다공성 기판의 가는 구멍 속에 양극작용 물질을 채운 양극판과 음극작용 물질을 채운 음극판으로 된 알칼리 축전지의 형식

※ CS형
부하에 따라 일정한 방전전류를 가진다.

※ HS형
부하에 따라 방전전류가 급격히 변한다.

※ 알칼리축전지의 단자전압
1.2〔V〕

7 축전지 1개의 허용최저전압

$$V = \frac{V_a + V_c}{n} \text{〔V/cell〕}$$

여기서, V_a : 부하의 허용최저전압〔V〕
V_c : 축전지와 부하간의 접속선의 전압강하〔V〕
n : 직렬로 접속한 단전지 개수

8 축전지설비

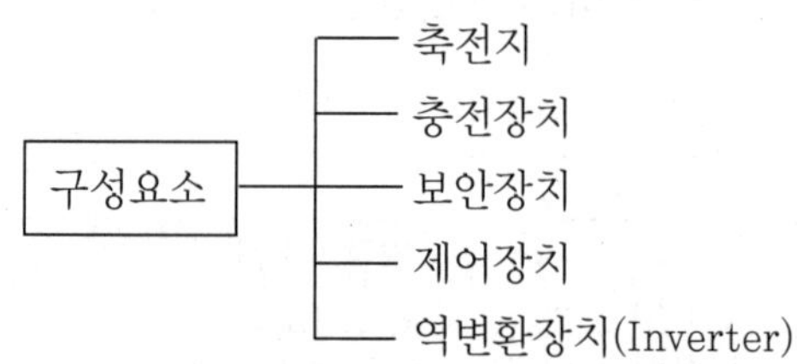

※ 역변환장치
직류를 교류로 바꾸는 장치

축전지설비의 구성은 크게 구분하여 **축전지, 보안장치, 충전장치, 제어장치** 등 4가지로 구성되며, 일반적으로는 **축전지, 보안장치, 충전장치, 제어장치, 역변환장치** 등 5가지로 구분한다.

※ 연축전지
'납축전지'라고도 부른다.

9 연축전지의 불량현상 및 추정원인

고 장	불량현상	추정원인
초기 고장	전셀의 전압불균형이 크고, 비중이 낮다.	고온의 장소에서 장기간 방치하여 과방전하였을 때
	단전지 전압의 비중저하, 전압계 역전	극성을 반대로 하여 충전하였을 때
우발 고장	전해액 변색, 충전하지 않고 정치 중에도 다량으로 가스발생	불순물이 혼입되었을 때
	전해액의 감소가 빠르다.	과충전하였을 때 또는 실온이 높을 때

10 자가발전설비

(1) 발전기용량의 산정

$$P_n \geq \left(\frac{1}{e} - 1\right) X_L P \text{〔kVA〕}$$

여기서, P_n : 발전기의 정격용량〔kVA〕
e : 허용전압강하
X_L : 과도리액턴스
P : 기동용량

(2) 발전기용 차단기의 용량

$$P_s \geq \frac{P_n}{X_L} \times 1.25(\text{여유율})$$

여기서, P_s : 발전기용 차단기의 용량〔kVA〕

X_L : 과도리액턴스

P_n : 발전기용량〔kVA〕

문제 100〔kVA〕 자가발전기용 차단기의 차단용량은 몇 〔kVA〕인가? (단, 발전기 과도리액턴스는 0.25이다.)

○ 계산과정 :

○ 답 :

득점	배점
	4

해답

○ 계산과정 : $\frac{1.25}{0.25} \times 100 = 500$〔kVA〕

○ 답 : 500〔kVA〕

해설

$$P_S = \frac{1.25P_n}{X_L} = \frac{1.25}{0.25} \times 100 = 500\text{〔kVA〕}$$

여기서, P_S : 차단용량, X_L : 과도리액턴스, P_n : 발전기의 정격용량

11 발전기반의 결선도

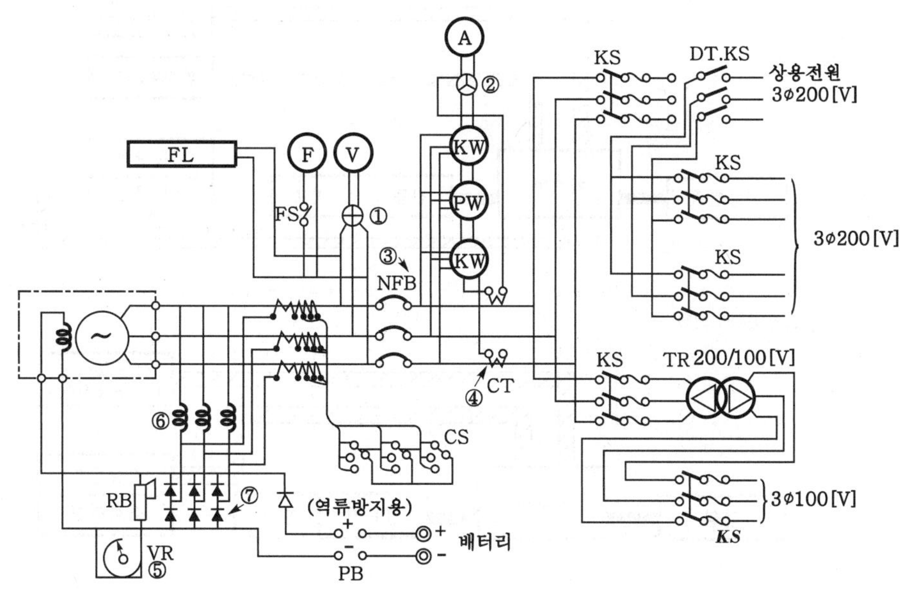

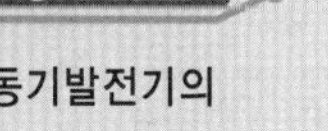

※ 동기발전기의 병렬운전조건

① 기전력의 크기가 같을 것

② 기전력의 위상이 같을 것

③ 기전력의 주파수가 같을 것

④ 기전력의 파형이 같을 것

※ 심벌

① 전압계용 절환스위치

② 전류계용 절환스위치

③ 배선용 차단기

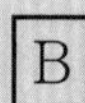

④ 변류기

기 호	명 칭	설 명
①	VS(Volt meter Switch)	전압계용 절환스위치
②	AS(Ampere meter Switch)	전류계용 절환스위치
③	**배선용 차단기**(No Fuse Breaker)	퓨즈를 사용하지 않고 **바이메탈**(bimetal)이나 전자석으로 회로를 차단하는 개폐기의 일종으로서, 일반적으로 MCCB라고 불리어진다.
④	**변류기**(Current Transformer)	교류에서 대전류를 소전류로 변성하는 기기로서, 일반적으로 CT라고 불리어진다.
⑤	**전압조정기**(Voltage Regulator)	회로의 전압을 일정하게 유지하기 위해 사용하는 장치로서, 일반적으로 VR이라 불리어진다.
⑥	**직렬리액터**(Series Reactor)	**제5고조파**에 의해 파형이 찌그러지는 것을 개선한다. 일반적으로 SR이라 불리어진다.
⑦	**3상 정류기**(three-phase rectifier)	3상 교류를 직류로 바꾸기 위한 장치

※ **직렬리액터**
제5고조파에 의한 파형개선

12 배선공사

내화배선 : ▬, 내열배선 : ▨, 일반배선 : ——, 배관 : ------

※ **옥내소화전설비 배선공사**
★ 꼭 기억하세요 ★

① 옥내소화전설비

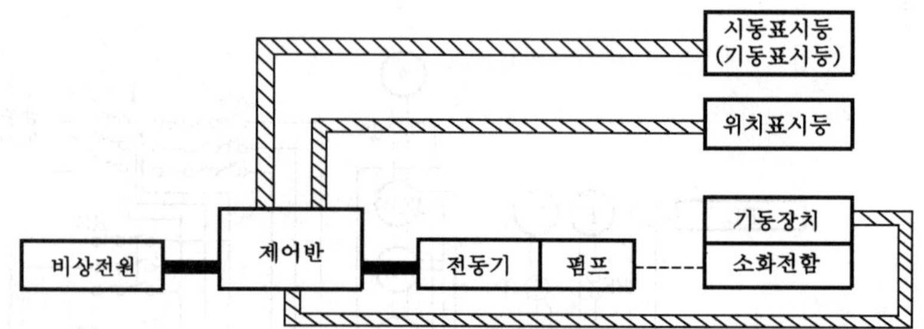

※ **제어반**

② 옥외소화전설비

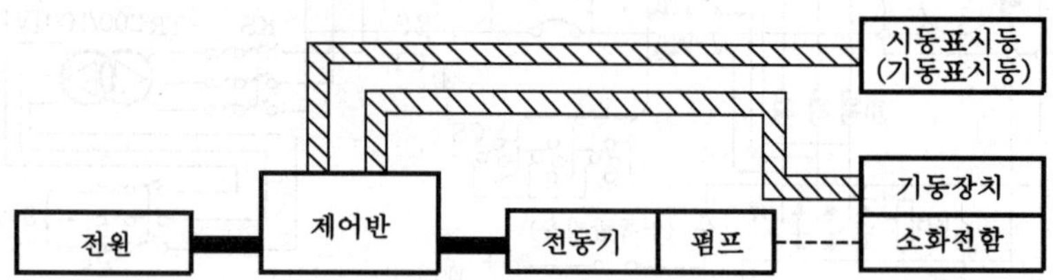

Key Point

③ 자동화재탐지설비

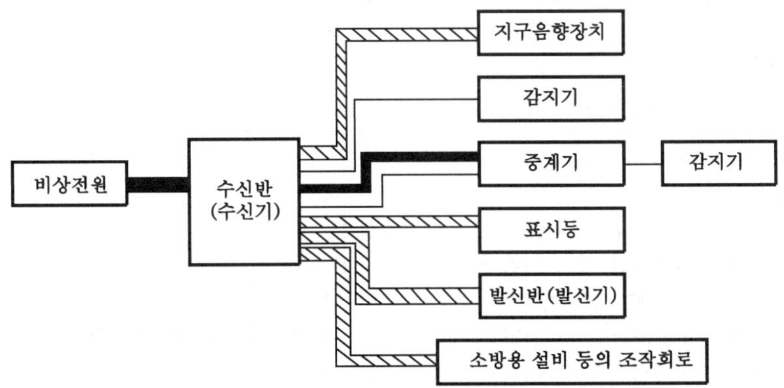

※ 수신반

④ 비상벨 · 자동식 사이렌

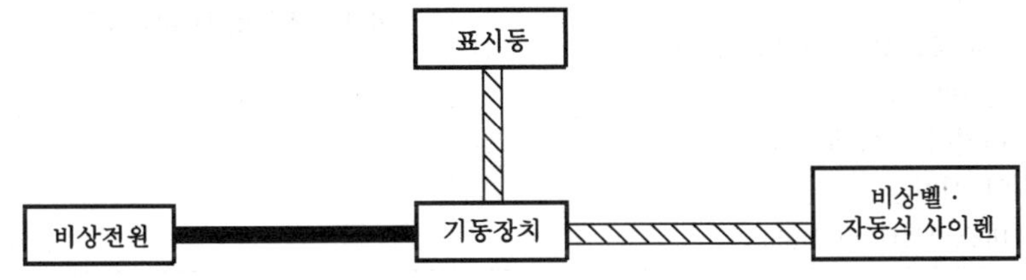

⑤ 스프링클러설비 · 물분무소화설비 · 포소화설비

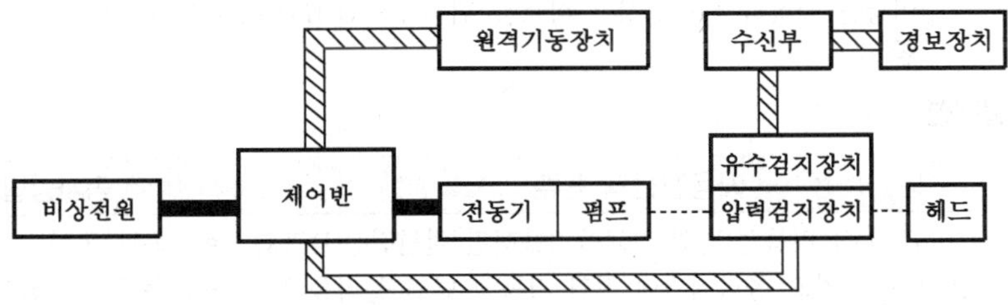

⑥ 이산화탄소 소화설비 · 할론소화설비 · 분말소화설비

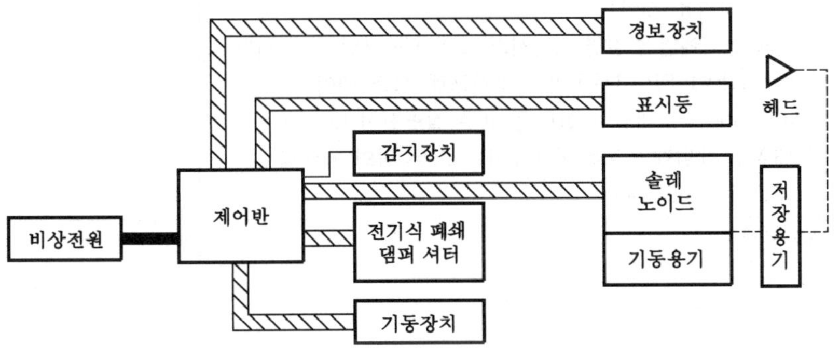

※ 솔레노이드
'전자개방밸브'라고도 부른다.

13 내화배선 · 내열배선(NFTC 102 2.7.2)

※ 내화배선 공사방법
① 금속관 공사
② 2종 금속제 가요전선관 공사
③ 합성수지관 공사

(1) 내화배선

사용전선의 종류	공사방법
① 450/750〔V〕 저독성 난연 가교폴리올레핀 절연전선(HFIX) ② 0.6/1〔kV〕 가교 폴리에틸렌 절연 저독성 난연 폴리올레핀 시스 전력 케이블 ③ 6/10〔kV〕 가교 폴리에틸렌 절연 저독성 난연 폴리올레핀 시스 전력용 케이블 ④ 가교 폴리에틸렌 절연 비닐시스 트레이용 난연 전력 케이블 ⑤ 0.6/1〔kV〕 EP 고무절연 클로로프렌 시스 케이블 ⑥ 300/500〔V〕 내열성 실리콘 고무 절연전선(180℃) ⑦ 내열성 에틸렌-비닐 아세테이트 고무 절연 케이블 ⑧ 버스덕트(Bus Duct)	• 금속관 공사 • 2종 금속제 가요전선관 공사 • 합성수지관 공사 내화구조로 된 벽 또는 바닥 등에 벽 또는 바닥의 표면으로부터 25〔mm〕 이상의 깊이로 매설할 것
내화전선	• 케이블 공사

〔비고〕 내화전선의 내화성능은 KS C IEC 60331-1과 2(온도 **830℃**/가열시간 **120분**) 표준 이상을 충족하고 난연성능 확보를 위해 KS C IEC 60332-3-24 성능 이상을 충족할 것

※ FP
내화전선으로 'FR-6'이라는 기호로 사용되기도 한다.

※ 내열배선 공사방법
① 금속관 공사
② 금속제 가요전선관 공사
③ 금속덕트 공사
④ 케이블 공사

(2) 내열배선

사용전선의 종류	공사방법
① 450/750〔V〕 저독성 난연 가교폴리올레핀 절연전선(HFIX) ② 0.6/1〔kV〕 가교 폴리에틸렌 절연 저독성 난연 폴리올레핀 시스 전력 케이블 ③ 6/10〔kV〕 가교 폴리에틸렌 절연 저독성 난연 폴리올레핀 시스 전력용 케이블 ④ 가교 폴리에틸렌 절연 비닐시스 트레이용 난연 전력 케이블 ⑤ 0.6/1〔kV〕 EP 고무절연 클로로프렌 시스 케이블 ⑥ 300/500〔V〕 내열성 실리콘 고무 절연전선(180℃) ⑦ 내열성 에틸렌-비닐 아세테이트 고무 절연 케이블 ⑧ 버스덕트(Bus Duct)	• 금속관 공사 • 금속제 가요전선관 공사 • 금속덕트 공사 • 케이블 공사
내화전선	• 케이블 공사

※ 자동화재탐지설비의 배선공사
① 가요전선 공사(가요전선관 공사)
② 합성수지관 공사
③ 금속관 공사
④ 금속덕트 공사
⑤ 케이블 공사

Key Point

소방용 케이블과 다른 용도의 케이블을 배선전용실에 함께 배선할 경우

① 소방용 케이블을 내화성능을 갖는 배선전용실 등의 내부에 소방용이 아닌 케이블과 함께 노출하여 배선할 때 소방용 케이블과 다른 용도의 케이블간의 피복과 피복간의 이격거리는 15〔cm〕 이상이어야 한다.

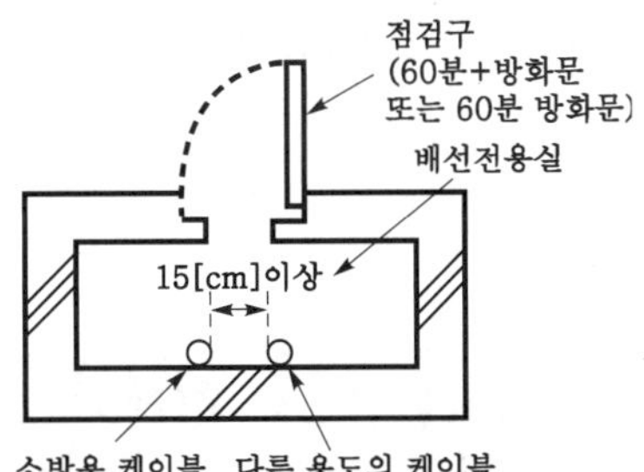

② 불연성 격벽을 설치한 경우에 격벽의 높이는 굵은 케이블 지름의 **1.5배** 이상이어야 한다.

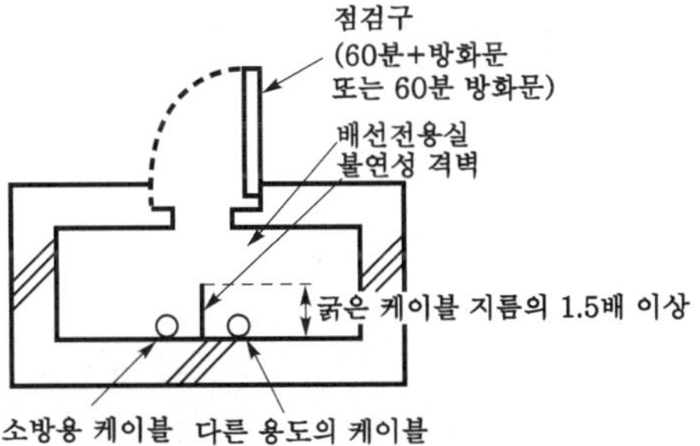

＊ 격벽
건물에 칸막이를 하기 위하여 만든 벽체

출제경향분석

간선 및 배선시공기준

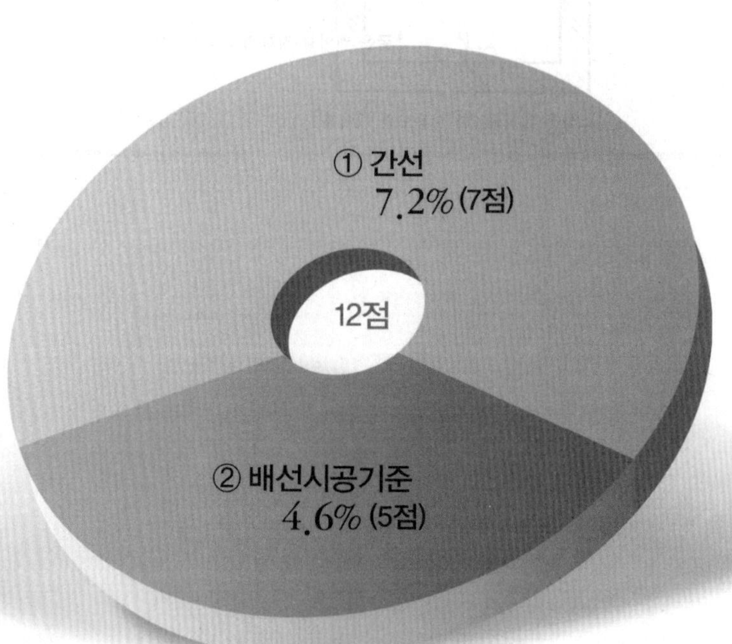

CHAPTER

05 간선 및 배선시공기준

1 간 선

출제확률  (7점)

Key Point

1 전선의 굵기 결정요소

① 허용전류(가장 중요) ┐
② 전압강하 ├─3요소 ┐
③ 기계적 강도 ┘ ├ 5요소
④ 전력손실 │
⑤ 경제성 ┘

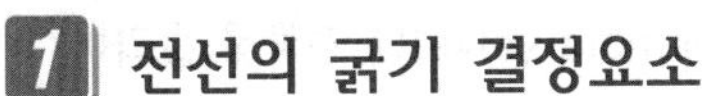

전선의 굵기 결정요소

결정요소	설 명
허용전류	전선에 안전하게 흘릴 수 있는 최대전류
전압강하	입력전압과 출력전압의 차
기계적 강도	기계적인 힘에 의하여 손상을 받는 일이 없이 견딜 수 있는 능력
전력손실	1초 동안에 전기가 일을 할 때 이에 소비되는 손실
경제성	투자경비에 대한 연간 경비와 전력손실 금액의 총합이 최소가 되도록 정한다.

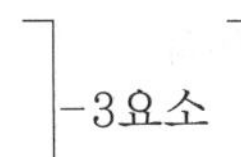

※ 전압강하
입력전압과 출력전압의 차

2 전압강하

① **정의** : 입력전압과 출력전압의 차

② **수용가설비의 전압강하**(KEC 232.3.9)

설비의 유형	조명[%]	기타[%]
저압으로 수전하는 경우	3	5
고압 이상으로 수전하는 경우*	6	8

* 가능한 한 최종 회로 내의 전압강하가 저압으로 수전하는 경우를 넘지 않도록 하는 것이 바람직하다. 사용자의 배선설비가 100[m]를 넘는 부분의 전압강하는 0.005[%/m] 증가할 수 있으나 이러한 증가분은 0.5[%]를 넘지 않아야 한다.

③ **전선단면적**

전기방식	전선단면적
단상 2선식	$A = \dfrac{35.6LI}{1000e}$

※ 단상 2선식
간단히 '1φ2W'라고도 표시한다.

※ 3상 3선식
간단히 '3φ3W'라고도 표시한다.

※ 중성선
전원과 부하의 중성점을 연결하는 선

3상 3선식	$A = \dfrac{30.8LI}{1000e}$
단상 3선식 3상 4선식	$A = \dfrac{17.8LI}{1000e'}$

여기서, L : 선로길이〔m〕, I : 전부하전류〔A〕
e : 각 선간의 전압강하〔V〕
e' : 각 선간의 1선과 중성선 사이의 전압강하〔V〕

★★★
문제 방재반에서 200〔m〕 떨어진 곳에 델류지밸브(deluge valve)가 설치되어 있다. 델류지밸브에 부착되어 있는 솔레노이드밸브(solenoid valve)에 전류를 흘리어 밸브를 작동시킬 때, 선로의 전압강하는 몇 〔V〕가 되겠는가? (단, 선로의 굵기는 6〔mm^2〕, 솔레노이드의 작동전류는 1〔A〕이다.)

득점	배점
	5

○ 계산과정 :
○ 답 :

해답 ○ 계산과정 : $\dfrac{35.6 \times 200 \times 1}{1000 \times 6} = 1.186 ≒ 1.19$〔V〕
○ 답 : 1.19〔V〕

해설 **솔레노이드밸브**는 **단상 2선식**이므로
전압강하 $e = \dfrac{35.6LI}{1000A} = \dfrac{35.6 \times 200 \times 1}{1000 \times 6} = 1.186 ≒ 1.19$〔V〕

참고

전압강하
① 단상 2선식
$$e = V_s - V_r = 2IR$$
② 3상 3선식
$$e = V_s - V_r = \sqrt{3}\,IR$$
여기서, e : 전압강하〔V〕, V_s : 입력전압〔V〕, V_r : 출력전압〔V〕, I : 전류〔A〕, R : 저항〔Ω〕

※ 공칭단면적
실제 실무에서 생산되는 규정된 전선의 굵기를 말한다.

3 공칭단면적

① 0.5〔mm^2〕 ② 0.75〔mm^2〕 ③ 1〔mm^2〕 ④ 1.5〔mm^2〕
⑤ 2.5〔mm^2〕 ⑥ 4〔mm^2〕 ⑦ 6〔mm^2〕 ⑧ 10〔mm^2〕
⑨ 16〔mm^2〕 ⑩ 25〔mm^2〕 ⑪ 35〔mm^2〕 ⑫ 50〔mm^2〕
⑬ 70〔mm^2〕 ⑭ 95〔mm^2〕 ⑮ 120〔mm^2〕 ⑯ 150〔mm^2〕
⑰ 185〔mm^2〕 ⑱ 240〔mm^2〕 ⑲ 300〔mm^2〕 ⑳ 400〔mm^2〕
㉑ 500〔mm^2〕

4 송배선식과 교차회로방식의 적용설비

(1) 송배선식 적용설비
① 자동화재탐지설비
② 제연설비

Key Point

용어

※ **송배선식** : **도통시험**을 용이하게 하기 위하여 배선의 도중에서 분기하지 않는 방식

(2) 교차회로방식 적용설비

① **분**말소화설비
② **할**론소화설비
③ **이**산화탄소 소화설비
④ **준**비작동식 스프링클러설비
⑤ **일**제살수식 스프링클러설비
⑥ **부**압식 스프링클러설비
⑦ **할**로겐화합물 및 불활성기체 소화설비

기억법 분할이 준일부할

교차회로방식 : 하나의 담당구역 내에 **2 이상**의 **감지기회로**를 설치하고 **2 이상**의 **감지기회로**가 동시에 감지되는 때에 설비가 작동하는 방식

5 자동화재탐지설비의 배선

① 자동화재탐지설비의 감지기회로의 전로저항은 **50[Ω]** 이하가 되도록 해야 한다.
② P형 수신기 및 GP형 수신기의 감지기회로의 배선에 있어서 하나의 공통선에 접속할 수 있는 경계구역은 **7개** 이하로 할 것

6 전동기용량을 구하는 식

(1) 일반적인 설비 : **물**사용 설비

①
$$P=\frac{9.8\,KHQ}{\eta t}$$

여기서, P : 전동기용량[kW], η : 효율
t : 시간[s], K : 여유계수
H : 전양정[m], Q : 양수량(유량)[m³]

②
$$P=\frac{0.163\,KHQ}{\eta}$$

여기서, P : 전동기용량[kW]
η : 효율
H : 전양정[m]
Q : 양수량(유량)[m³/min]
K : 여유계수

* **교차회로방식**
① CO_2 소화설비
② 분말소화설비
③ 할론소화설비
④ 준비작동식 스프링클러설비
⑤ 일제살수식 스프링클러설비
⑥ 할로겐화합물 및 불활성기체 소화설비

* **경계구역**
자동화재탐지설비의 1회선이 화재를 유효하게 탐지할 수 있는 구역

* **감지기공통선**
7회선 이하

* **전동기용량**

$$P=\frac{9.8KHQ}{\eta t}$$

여기서,
P : 전동기용량[kW]
η : 효율
K : 여유계수
H : 전양정[m]
Q : 양수량(유량)[m³/min]

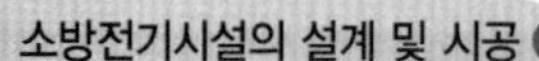

③

$$P=\frac{\gamma HQ}{1000}K$$

여기서, P : 전동기용량〔kW〕
η : 효율
γ : 비중량(물의 비중량 9800N/m^3)
H : 전양정〔m〕
Q : 양수량(유량)〔m^3/s〕
K : 여유계수

※ 여유계수
'전달계수'라고도 부른다.

★★★

문제 지상 10〔m〕되는 1000〔m^3〕의 저수조에 양수하는 데 15〔kW〕 용량의 전동기를 사용한다면 얼마 후에 저수조에 물이 가득 차겠는지 쓰시오. (단, 전동기의 효율은 80〔%〕이고 여유계수는 1.2이다.)

득점	배점
	4

○ 계산과정 :
○ 답 :

해답
○ 계산과정 : $\frac{9.8\times1.2\times10\times1000}{15\times0.8}=9800$초 ≒ 163분
○ 답 : 163분

해설
$\therefore\ t=\frac{9.8KHQ}{P\eta}=\frac{9.8\times1.2\times10\times1000}{15\times0.8}=9800$초 ≒ 163분

(2) **제연설비**(배연설비) **: 공기** 또는 **기류** 사용설비

$$P=\frac{P_T\,Q}{102\times60\eta}K$$

여기서, P : 배연기동력〔kW〕, P_T : 전압(풍압)〔mmAq, mmH_2O〕
Q : 풍량〔m^3/min〕, K : 여유율, η : 효율

주의

제연설비(배연설비)의 전동기의 소요동력은 반드시 위의 식을 적용하여야 한다. 주의! 또 주의!

7 아주 중요한 단위환산

① 1〔mmAq〕=10^{-3}〔mH_2O〕=10^{-3}〔m〕
② 760〔mmHg〕=10.332〔mH_2O〕=10.332〔m〕
③ 1〔Lpm〕=10^{-3}〔m^3/min〕
④ 1〔HP〕=0.746〔kW〕
⑤ 1000〔L〕=1〔m^3〕

※ 단위가 〔kW〕이므로 〔kW〕에는 역률이 이미 포함되어 있기 때문에 전동기의 **역률**은 **적용하지 않는 것**에 유의하여 전동기의 용량을 산정할 것

Key Point

8 V결선

변압기 1대의 이용률	출력비
$U=\frac{\sqrt{3}\ V_pI_p\cos\theta}{2V_pI_p\cos\theta}=\frac{\sqrt{3}}{2}=0.866$ ∴ 86.6〔%〕	$\frac{P_V}{P_\triangle}=\frac{\sqrt{3}\ V_pI_p\cos\theta}{3V_pI_p\cos\theta}=\frac{\sqrt{3}}{3}=0.577$ ∴ 57.7〔%〕

※ V결선
△결선된 전원 중 1상을 제거하여 결선한 방식으로 V결선은 변압기 사고시 응급조치 등의 용도로 사용된다.

9 전동기의 속도

동기속도	회전속도
$N_S=\frac{120f}{P}$〔rpm〕 여기서, N_S : 동기속도〔rpm〕 P : 극수 f : 주파수〔Hz〕	$N=\frac{120f}{P}(1-S)$〔rpm〕 여기서, N : 회전속도〔rpm〕 P : 극수 f : 주파수〔Hz〕 S : 슬립

※ 우리 나라의 상용주파수는 60〔Hz〕이다.

용어

슬립(slip) : 유도전동기의 **회전자속도**에 대한 **고정자**가 만든 **회전자계**의 **늦음**의 **정도**를 말하며, 평상운전에서 슬립은 **4~8〔%〕** 정도되며 슬립이 클수록 회전속도는 느려진다.

10 유도전동기의 기동법

기동법	적 용
전전압기동법(직입기동)	전동기용량이 5.5〔kW〕 미만에 적용(소형 전동기용)
Y-△ 기동법	전동기용량이 5.5~15〔kW〕 미만에 적용
기동보상기법	전동기용량이 15〔kW〕 이상에 적용
리액터기동법	-

15〔kW〕 이상에 Y-△ 기동법을 사용하기도 함

※ Y-△ 기동법
전동기 기동시에 권선을 Y결선으로 하여 기동전류를 운전시의 $\frac{1}{3}$배로 제한한 후 일정시간이 지난 다음 △결선으로 변환하여 각 상에 운전시의 전류를 가한다.

또 다른 이론

기동법	적 용
전전압기동법(직입기동)	18.5〔kW〕 미만
Y-△ 기동법	18.5~90〔kW〕 미만
리액터기동법	90〔kW〕 이상

Key Point

＊ 기동보상기법
전원측에 3상 단권변압기를 설치하여 전압을 평상시의 50~80[%]로 저감하여 기동시킨 후 일정시간이 지난 다음 평상시의 전압을 가하는 방식

＊ 리액터기동법
전동기와 직렬로 리액터로 설치하여 전압을 평상시의 50~80[%]로 저감하여 기동시킨 후 일정시간이 지난 다음 평상시의 전압을 가하는 방식

＊ 1본의 길이
① 전선관(후강, 박강) : 3.66[m]
② 합성수지관 : 4[m]

참고

역회전방법

전동기 종류	역회전방법
3상 유도전동기	3상 중 2상을 바꿈
단상 유도전동기	주권선이나 보조권선 중 한 권선을 바꿈
직류전동기	전기자권선이나 계자권선 중 한 권선을 바꿈

11 전동기의 절연물 허용온도

절연의 종류	Y	A	E	B	F	H	C
최고허용온도[℃]	90	105	120	130	155	180	180[℃] 초과

12 과전류 트립 동작시간 및 특성(산업용 배선차단기)(KEC 표 212.3-2)

정격전류의 구분	시 간	정격전류의 배수 (모든 극에 통전)	
		부동작 전류	동작 전류
63A 이하	60분	1.05배	1.3배
63A 초과	120분		

중요 **전선관 굵기 선정**

접지선을 포함한 케이블 또는 절연도체의 내부 단면적(피복절연물 포함)이 **금속관, 합성수지관, 가요전선관 등 전선관 단면적**의 $\frac{1}{3}$을 초과하지 않도록 할 것(KSC IEC/TS 61200-52의 521.6 표준 준용, KEC 핸드북 p.301, p.306, p.313)

$$\frac{\pi D^2}{4}\times\frac{1}{3} \geq \text{전선단면적(피복절연물 포함)}\times\text{가닥수}$$

$$D \geq \sqrt{\text{전선단면적(피복절연물 포함)}\times\text{가닥수}\times\frac{4}{\pi}\times 3}$$

여기서, D : 후강전선관 굵기(내경)[mm]

▌후강전선관 vs 박강전선관▐

구 분	후강전선관	박강전선관
사용장소	• 공장 등의 배관에서 특히 **강도**를 필요로 하는 경우 • **폭발성가스**나 **부식성가스**가 있는 장소	• 일반적인 장소
관의 호칭 표시방법	• **안지름**(내경)의 근사값을 **짝수**로 표시	• **바깥지름**(외경)의 근사값을 **홀수**로 표시
규격	16[mm], 22[mm], 28[mm], 36[mm], 42[mm], 54[mm], 70[mm], 82[mm], 92[mm], 104[mm]	19[mm], 25[mm], 31[mm], 39[mm], 51[mm], 63[mm], 75[mm]

13 역률개선용 전력용 콘덴서의 용량

$$Q_c = P(\tan\theta_1 - \tan\theta_2) = P\left(\frac{\sin\theta_1}{\cos\theta_1} - \frac{\sin\theta_2}{\cos\theta_2}\right)$$
$$= P\left(\frac{\sqrt{1-\cos\theta_1{}^2}}{\cos\theta_1} - \frac{\sqrt{1-\cos\theta_2{}^2}}{\cos\theta_2}\right)\text{[kVA]}$$

여기서, Q_C : 콘덴서의 용량[kVA]
P : 유효전력[kW],
$\cos\theta_1$: 개선 전 역률, $\cos\theta_2$: 개선 후 역률,
$\sin\theta_1$: 개선 전 무효율($\sin\theta_1 = \sqrt{1-\cos\theta_1{}^2}$),
$\sin\theta_2$: 개선 후 무효율($\sin\theta_2 = \sqrt{1-\cos\theta_2{}^2}$)

Key Point

※ 콘덴서의 용량단위
원래 콘덴서 용량의 단위는 [KVar]인데 우리가 언제부터인가 [kVA]로 잘못 표기하고 있는 것 뿐이다.

14 콘덴서회로의 주변기기

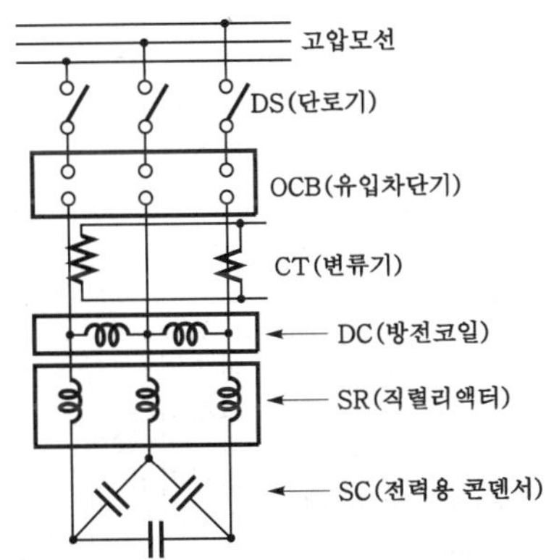

주변기기	설 명
방전코일 (discharge coil)	투입시 과전압으로부터 보호하고, 개방시 콘덴서의 잔류전하를 방전시킨다. 콘덴서(condenser)를 회로에서 분리시켰을 경우 잔류전하를 방전시켜 위험을 방지하기 위한 목적으로 사용되는 것으로 계기용 변압기(potential transformer)와 비슷한 구조로 되어 있다.
직렬리액터 (series reactor)	**제5고조파**에 의한 **파형 개선**한다. 역률개선을 위하여 회로에 전력용 콘덴서를 설치하면 제5고조파가 발생하여 회로의 파형이 찌그러지는데 이것을 방지하기 위하여 회로에 **직렬**로 설치하는 리액터(reactor)를 "직렬리액터"라고 한다.
전력용 콘덴서 (static condenser)	부하의 **역률을 개선한다.** "진상용 콘덴서" 또는 영어발음 그대로 "스테틱 콘덴서"(static condenser)라고도 부르며 부하의 역률을 개선하는 데 사용된다.

※ 방전코일
투입시 과전압으로부터 보호하고, 개방시 콘덴서의 잔류전하를 방전시킨다.

※ 직렬리액터
제5고조파에 의한 파형 개선

★

문제 방전코일(discharge coil)의 역할에 대하여 간단히 설명하시오.

득점	배점
	4

해답 투입시 과전압으로부터 보호하고, 개방시 콘덴서의 잔류전하 방전

Key Point

15 조명

$$FUN = AED$$

여기서, F : 광속[lm]
U : 조명률
N : 등 개수
A : 단면적[m^2]
E : 조도[lx]
D : 감광보상률$\left(D = \frac{1}{M}\right)$
M : 유지율

※ 등수 산정시 **소수**가 발생하면 반드시 **절상**하여야 한다.

※ 감광보상률
먼지 등으로 인하여 빛이 감소되는 것을 보상해 주는 비율

16 분기회로수

15[A] 분기회로를 원칙으로 한다.

17 여러 가지 측정계기

측정계기	설명
훅온미터(hook on meter)	전선의 전류를 측정하는 계기
절연저항계(megger)	절연저항을 측정하는 계기
코올라우시 브리지(Kohlrausch bridge)	접지저항, 전해액의 저항, 전지의 내부저항을 측정하는 계기
휘트스톤 브리지(Wheatstone bridge)	0.5~10^5[Ω]의 중저항 측정용 계기
검류계(galvano－meter)	미소한 전류를 측정하기 위한 계기

※ 전위차계
0.1[Ω] 이하의 저저항 측정

※ 휘트스톤 브리지
0.5~10^5[Ω]의 중저항 측정

※ 절연저항계
10^6[Ω] 이상의 고저항 측정

Key Point

2 배선시공기준

출제확률  4.6% (5점)

1 감지기회로의 종단저항 설치기준(NFPC 203 11조, NFTC 203 2.8.1.3)

① **점검** 및 **관리**가 쉬운 장소에 설치할 것
② 전용함 설치시 바닥으로부터 1.5〔m〕 이내의 높이에 설치할 것
③ 감지기회로의 **끝부분**에 설치하며, **종단감지기**에 설치할 경우에는 구별이 쉽도록 해당 감지기의 **기판** 등에 별도의 표시를 할 것

※ **종단저항의 기준**
★ 꼭 기억하세요 ★

용어

종단저항 : 감지기회로의 **도통시험**을 용이하게 하기 위하여 감지기회로의 **끝**부분에 설치하는 저항

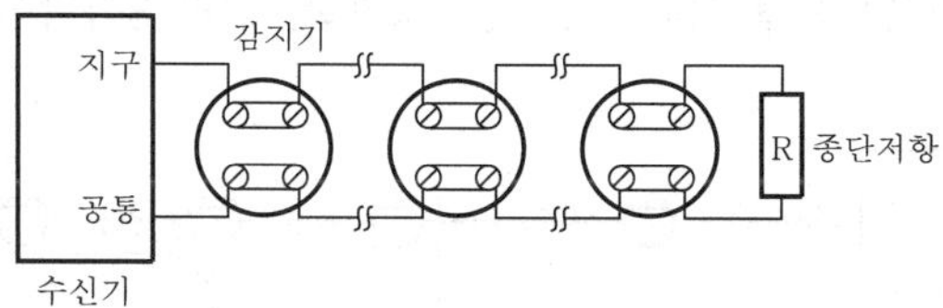

‖ 종단저항의 설치 ‖

※ **회로도통시험**
감지기회로의 단선유무와 기기 등의 접속상황 확인

☆☆☆

문제 **자동화재탐지설비의 배선, 설치기준 중 상시개로식의 배선에는 그 회로의 끝부분에 종단저항을 설치하여야 하는데 그 설치목적은 무엇 때문인가?**

득점	배점
	3

해답 도통시험을 용이하게 하기 위하여

2 송배선식과 교차회로방식

(1) 송배선식

① 정의 : **도통시험**을 용이하게 하기 위하여 배선의 도중에서 분기하지 않는 방식
② 적용설비 ─┬ 자동화재탐지설비
　　　　　　└ 제연설비
③ 가닥수 산정 : 종단저항을 수동발신기함 내에 설치하는 경우 **루프**(loop)된 곳은 **2가닥**, **기타 4가닥**이 된다.

※ **송배선방식 감지기**
① 차동식 스포트형
② 정온식 스포트형
③ 보상식 스포트형

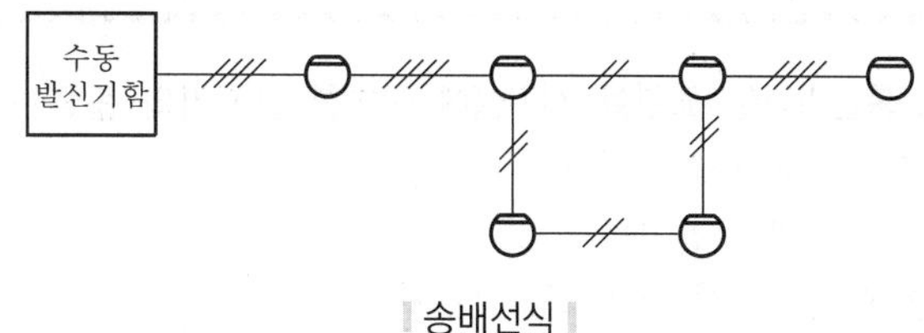

‖ 송배선식 ‖

Key Point

※ 교차회로방식
하나의 담당구역 내에 2 이상의 감지기회로를 설치하고 2 이상의 감지기회로가 동시에 감지되는 때에 설비가 작동하는 방식

※ 정온식 감지선형 감지기
비재용형 감지기

(2) 교차회로방식

① 정의 : 하나의 담당구역 내에 2 이상의 **감지기회로**를 설치하고 2 이상의 **감지기회로**가 동시에 감지되는 때에 설비가 작동하는 방식

② 적용설비
- 분말소화설비
- 할론소화설비
- 이산화탄소 소화설비
- 준비작동식 스프링클러설비
- 일제살수식 스프링클러설비
- 부압식 스프링클러설비
- 할로겐화합물 및 불활성기체 소화설비

기억법 **분할이 준일부할**

③ 가닥수 산정 : **말단**과 **루프**(loop)된 곳은 **4가닥**, **기타 8가닥**이 된다.

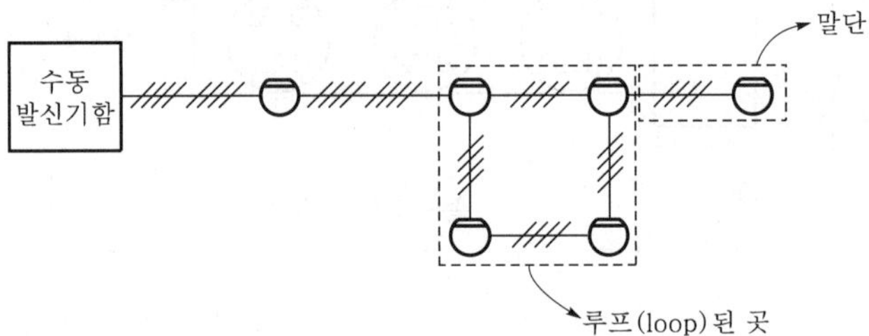

| 교차회로방식 |

3 접속방법

(1) 공기관식 감지기

① 공기관의 상호접속 : **슬리브**를 이용하여 접속한 후 **납땜**한다.

② 검출부와 공기관의 접속 : **공기관 접속단자**에 공기관을 삽입하고 **납땜**한다.

(2) 열전대식 · 열반도체식 감지기

슬리브에 삽입한 후 압착한다.

(3) 정온식 감지선형 감지기

단자를 이용하여 **접속**한다.

중요 **전산실, 통신기기실, 교환실, 전기실에 적합한 감지기의 종류**(NFTC 203 2.4.6(2))

① 광전식 스포트형 감지기
② 광전식 분리형 감지기
③ 광전 아날로그식 스포트형 감지기
④ 광전 아날로그식 분리형 감지기

4 절연저항시험

(1) 측정방법

전원회로의 전로와 대지 사이 및 배선 상호간의 절연저항은 KEC 기준에 의하고, 감지기회로 및 부속회로의 전로와 대지 사이 및 배선 상호간의 절연저항은 NFPC·NFTC 기준에 의한다.

(2) 가부판정의 기준

① **KEC 기준**(KEC 112, 211.2.8., 211.5)

전로의 사용전압	시험전압	절연저항
SELV 및 PELV	직류 250〔V〕	0.5〔MΩ〕 이상
FELV, 500〔V〕 이하	직류 500〔V〕	1.0〔MΩ〕 이상
500〔V〕 초과	직류 1000〔V〕	1.0〔MΩ〕 이상

〔비고〕 1. **ELV**(Extra Low Voltage) : 특별저압(2차 저압이 교류 50〔V〕 이하, 직류 120〔V〕 이하)
2. **SELV**(Safety Extra Low Voltage) : 비접지회로(1차와 2차가 전기적으로 절연되고 비접지)
3. **PELV**(Protective Extra Low Voltage) : 접지회로(1차와 2차가 전기적으로 절연되고 접지)
4. **FELV**(Functional Extra-Low Voltage) : 기능적 특별저압(전기적으로 절연되어 있지 않음)

② **NFPC · NFTC 기준**(NFPC 203 11조, NFTC 203 2.8.1.5) : 1경계구역마다 **직류 250〔V〕**의 **절연저항측정기**를 사용하여 측정한 절연저항이 **0.1〔MΩ〕** 이상이 되도록 할 것

문제 **자동화재탐지설비 및 시각경보장치의 화재안전기준에서 감지기회로 및 부속회로의 전로와 대지 사이 및 배선 상호간의 절연저항에 대한 것이다. 다음 각 물음에 답하시오.**

득점	배점
	6

(가) 시험명칭은?
(나) 이때 사용하여야 하는 측정기의 이름은?
(다) 적부판정 기준값은?

해답 (가) 절연저항시험
(나) 직류 250〔V〕 절연저항측정기
(다) 0.1〔MΩ〕 이상

5 자동화재탐지설비의 배선

① 자동화재탐지설비의 **감지기회로**의 **전로저항**은 **50〔Ω〕** 이하가 되도록 해야 한다.
② 자동화재탐지설비의 **감지기회로**의 **절연저항**은 **0.1〔MΩ〕** 이상이어야 한다.
③ P형 수신기 및 GP형 수신기의 감지기회로의 배선에 있어서 하나의 공통선에 접속할 수 있는 경계구역은 **7개** 이하로 해야 한다.

Key Point

＊ **절연저항계**
1〔MΩ〕 이상의 고저항을 측정하는 기기이므로 일명 '메거(megger)'라고도 부른다.

＊ **경계구역**
소방대상물 중 화재신호를 발신하고 그 신호를 수신 및 유효하게 제어할 수 있는 구역

※ **HFIX전선의 의미**
450/750〔V〕 저독성 난연 가교폴리올레핀 절연전선

6 전선의 종류

약 호	명 칭	최고허용온도
OW	옥외용 비닐절연전선	60〔℃〕
DV	인입용 비닐절연전선	
HFIX	450/750〔V〕 저독성 난연 가교폴리올레핀 절연전선	90〔℃〕
CV	가교폴리에틸렌절연 비닐외장케이블	
MI	미네랄 인슐레이션 케이블	
IH	하이퍼론 절연전선	95〔℃〕
FP	내화전선(내화케이블)	
HP	내열전선	
GV	접지용 비닐전선	
E	접지선	

※ **배선도의 의미**
16〔mm〕 후강전선관에 1.5〔mm^2〕 450/750〔V〕 저독성 난연 가교폴리올레핀 절연전선 4가닥을 넣어 천장은폐배선한다.

중요 배선도가 나타내는 의미

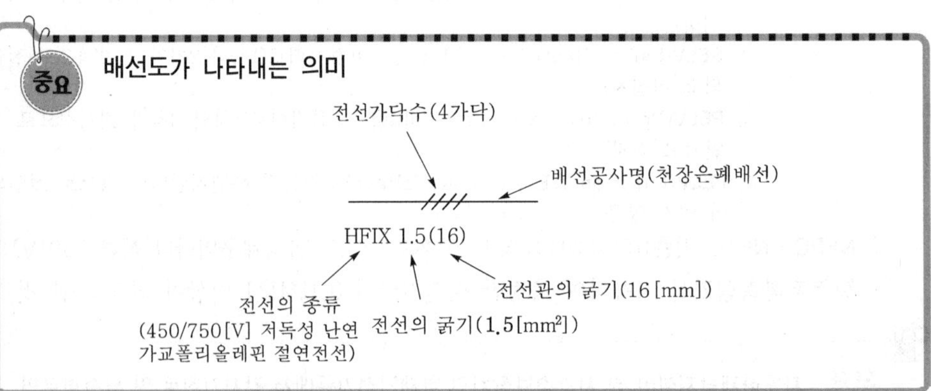

※ **정류장치**
교류를 직류로 바꾸어 주는 장치

7 옥내배선기호(KSC 0301 : 1990) 2015 확인

명 칭	그림기호	적 요
천장은폐배선	———	• 천장 속의 배선을 구별하는 경우 : —·—·—·
바닥은폐배선	– – – –	
노출배선	················	• 바닥면 노출배선을 구별하는 경우 : —··—··—
상승		• 케이블의 방화구획 관통부 :
인하		• 케이블의 방화구획 관통부 :
소통		• 케이블의 방화구획 관통부 :
정류장치		
축전지		

구분		심벌	비고
비상 조명등	백열등	●	• 일반용 조명 형광등에 조립하는 경우 :
	형광등		• 계단에 설치하는 통로유도등과 겸용 :
유도등	백열등		• 객석유도등 : S
	형광등		• 중형 : 중 • 통로유도등 : • 계단에 설치하는 비상용 조명과 겸용 :
비상콘센트			
배전반, 분전반 및 제어반			• 배전반 : • 분전반 : • 제어반 :
보안기			
스피커			• 벽붙이형 : • 소방설비용 : F • 아우트렛만인 경우 : • 폰형 스피커 :
증폭기		AMP	• 소방설비용 : AMP F
차동식 스포트형 감지기			
보상식 스포트형 감지기			
정온식 스포트형 감지기			• 방수형 : • 내산형 : • 내알칼리형 : • 방폭형 : EX
연기감지기		S	• 점검박스 붙이형 : S • 매입형 : S
감지선			• 감지선과 전선의 접속점 : • 가건물 및 천장 안에 시설할 경우 : • 관통위치 :

Key Point

※ 역변환장치
직류를 교류로 바꾸어 주는 장치

※ 비상조명등
평상시에 소등되어 있다가 비상시에 점등된다.

※ 유도등
평상시에 상용전원에 의해 점등되어 있다가, 비상시에 비상전원에 의해 점등된다.

※ 아우트렛만인 경우
스피커의 배관 및 배선이 모두 되어 있는 상태에서 스피커는 설치되어 있지 않고 단지 박스만 설치되어 있는 경우를 말한다.

※ 방폭형
폭발성 가스에 의해 인화되지 않는 형태

Key Point

※ 가건물
임시로 설치되어 있는 건물

※ 회로시험기
여기서는 직류전류, 직류전압, 교류전압, 직류저항 등을 측정하는 레인지가 많은 계기를 의미하는 것이 아니고, '회로시험용 푸시버튼 스위치'를 의미한다.

※ 부수신기
수신기의 보조역할을 하는 것으로서, 경계구역을 블록(block) 단위로 표현한다.

※ 경계구역
자동화재탐지설비의 1회선이 화재발생을 유효하게 탐지할 수 있는 구역

공기관	───	• 가건물 및 천장 안에 시설할 경우 : - - - - - - - • 관통위치 : ─○─○─
열전대	─■─	• 가건물 및 천장 안에 시설할 경우 : ─⊟─
열반도체	(oo)	
차동식 분포형 감지기의 검출부	⧖	
P형 발신기	Ⓟ	• 옥외형 : Ⓟ • 방폭형 : $Ⓟ_{EX}$
회로 시험기	⊡	
경보벨	Ⓑ	• 방수용 : Ⓑ • 방폭형 : $Ⓑ_{EX}$
수신기	⊠	• 가스 누설 경보설비와 일체인 것 : • 가스 누설 경보설비 및 방배연 연동과 일체인 것 :
부수신기 (표시기)	⊞	
중계기	▭	
표시등	◐	
차동스포트 시험기	[T]	
경계구역 경계선	─ - ─	
경계구역 번호	○	• 경계구역 번호가 1인 계단 : (계단/1)
기동장치	Ⓕ	• 방수용 : Ⓕ • 방폭형 : $Ⓕ_{EX}$
비상 전화기	(ET)	
기동 버튼	Ⓔ	• 가스계 소화설비 : $Ⓔ_{G}$ • 수계 소화설비 : $Ⓔ_{W}$

Key Point

제어반		
표시반		• 창이 3개인 표시반 : $_3$
표시등		• 시동표시등과 겸용 :
자동폐쇄 장치	ER	• 방화문용 : ER$_D$ • 방화셔터용 : ER$_S$ • 연기방지 수직벽용 : ER$_W$ • 방화댐퍼용 : ER$_{SD}$
연동 제어기		• 조작부를 가진 연동 제어기 :
누설동축 케이블		• 천장에 은폐하는 경우 :
안테나		• 내열형 : $_H$
혼합기		
분배기		
분파기 (필터포함)	F	
무선기 접속단자		• 소방용 : $_F$ • 경찰용 : $_P$ • 자위용 : $_G$
개폐기	S	• 전류계붙이 : S
배선용 차단기	B	• 모터브레이크를 표시하는 경우 : B
누전차단기	E	• 과전류 소자붙이 : BE
압력스위치	$_P$	

문제 다음은 자동화재탐지설비의 심벌이다. 명칭을 쓰시오.

득점	배점
	8

(가) (나) (다) $_S$ (라)

해답 (가) 중계기 (나) 표시등 (다) 객석유도등 (라) 비상콘센트

※ 혼합기
두 개 이상의 입력신호를 원하는 비율로 조합한 출력이 발생하도록 하는 장치

※ 분배기
신호의 전송로가 분기되는 장소에 설치하는 것으로 임피던스 매칭(matching)과 신호 균등분배를 위해 사용하는 장치

※ 분파기
서로 다른 주파수의 합성된 신호를 분리하기 위해서 사용하는 장치

참고

(1) 옥내배선기호

명 칭	그림기호	비 고
정크션박스	-----⊙-----	
금속덕트	MD	
케이블의 방화구획된 관통부	—(⊢⊣)—	
철거	—×××⊗×××—	

(2) **배관**의 **표시방법**

① 강제전선관의 경우 : 2.5(19)

② 경질 비닐전선관인 경우 : 2.5(VE16)

③ 2종 금속제 가요전선관인 경우 : 2.5(F_2 17)

④ 합성수지제 가요관인 경우 : 2.5(PF16)

⑤ 전선이 들어 있지 않은 경우 : (19)

※ **강제전선관과 같은 의미**
① 금속전선관
② 금속관
③ 전선관

※ C
19[mm] 박강전선관에 전선이 들어있지 않다.

8 금속관공사의 시설조건(KEC 232.12.1)

※ **옥외용 비닐절연전선**
약호는 'OW'이다.

(1) 전선은 **절연전선**(**옥외용 비닐절연전선**을 제외한다)일 것

(2) 전선은 **연선**일 것. 다만, 다음의 것은 적용하지 않는다.
① 짧고 가는 금속관에 넣은 것
② 단면적 10[mm^2](알루미늄선은 단면적 16[mm^2]) 이하의 것

(3) 전선은 금속관 안에서 **접속점**이 없도록 할 것

9 금속관의 시설(KEC 232.12.3)

(1) 관 상호간 및 관과 박스 기타의 부속품과는 **나사접속** 기타 이와 동등 이상의 효력이 있는 방법에 의하여 견고하고 또한 전기적으로 완전하게 접속할 것

(2) 관의 끝부분에는 전선의 피복을 손상하지 아니하도록 적당한 구조의 **부싱**을 사용할 것(단, 금속관공사로부터 애자사용공사로 옮기는 경우에는 그 부분의 관의 **끝부분**에는 **절연부싱** 또는 이와 유사한 것을 사용)

(3) 금속관을 금속제의 풀박스에 접속하여 사용하는 경우에는 위 (1)에 준하여 시설하여야 한다.(단, 기술상 부득이한 경우에는 관 및 풀박스를 건조한 곳에서 불연성의 조영재에 견고하게 시설하고 또한 관과 풀박스 상호간을 전기적으로 접속하는 때에는 제외)

※ **풀박스**
배관이 긴 곳 또는 굴곡 부분이 많은 곳에서 시공이 용이하도록 전선을 끌어들이기 위해 배선 도중에 사용하는 박스

※ **조영재**
전선을 고정시킬 수 있는 벽 등을 말한다.

Key Point

10 금속관 부속품의 시설(KEC 232.12.3)

(1) 습기가 많은 장소 또는 물기가 있는 장소에 시설하는 경우에는 **방습장치**를 할 것

(2) 관에는 **접지공사**를 할 것(단, 사용전압이 400〔V〕 이하로서 다음 중 하나에 해당하는 경우에는 제외)

① 관의 길이(2개 이상의 관을 접속하여 사용하는 경우에는 그 전체의 길이)가 **4〔m〕 이하**인 것을 건조한 장소에 시설하는 경우

② 옥내배선의 사용전압이 **직류 300〔V〕** 또는 **교류대지전압 150〔V〕** 이하로서 그 전선을 넣는 관의 길이가 **8〔m〕 이하**인 것을 사람이 쉽게 접촉할 우려가 없도록 시설하는 경우 또는 건조한 장소에 시설하는 경우

※ 방습장치
습기를 방지하는 장치

11 금속관공사에 이용되는 부품 및 공구

명 칭	외 형	설 명
부싱 (bushing)		전선의 절연피복을 보호하기 위하여 **금속관 끝**에 취부하여 사용되는 부품
유니언커플링 (union coupling)		**금속전선관 상호**간을 **접속**하는 데 사용되는 부품(**관**이 **고정**되어 **있을 때**)
노멀밴드 (normal bend)		**매입배관**공사를 할 때 **직각**으로 굽히는 곳에 사용하는 부품
유니버설엘보 (universal elbow)		**노출배관**공사를 할 때 관을 직각으로 굽히는 곳에 사용하는 부품
링리듀서 (ring reducer)		**금속관**을 **아우트렛박스**에 로크너트만으로 고정하기 어려울 때 **보조적**으로 사용되는 **부품**
커플링 (coupling)	커플링 전선관	**금속전선관 상호**간을 **접속**하는 데 사용되는 부품(**관**이 **고정**되어 있지 **않을 때**)
새들 (saddle)		**관**을 **지지**하는 데 사용하는 재료

※ 노멀밴드
매입배관공사의 직각부분에 사용

※ 유니버설엘보
노출배관공사의 직각부분에 사용

로크너트 (lock nut)		**금속관**과 **박스**를 **접속**할 때 사용하는 재료로 최소 **2개**를 사용한다.
리머 (reamer)		금속관 **말단**의 **모**를 다듬기 위한 기구
파이프커터 (pipe cutter)		금속관을 절단하는 기구

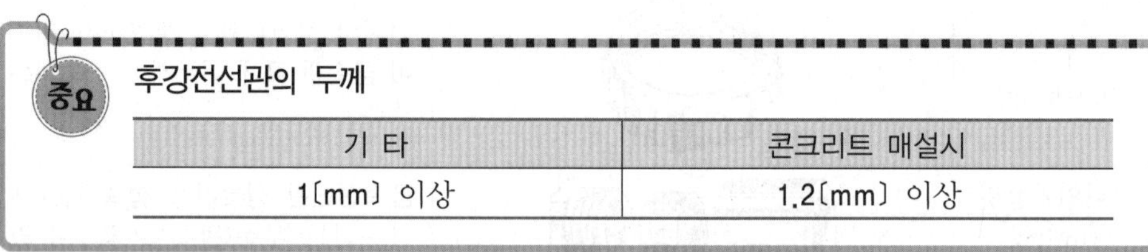

중요 후강전선관의 두께

기 타	콘크리트 매설시
1〔mm〕 이상	1.2〔mm〕 이상

12 합성수지관 및 부품의 시설(KEC 232.11.3)

(1) 관 상호간 및 박스와는 관을 삽입하는 깊이를 관의 바깥지름의 1.2배(**접착제**를 사용하는 경우에는 0.8배) 이상으로 하고 또한 꽂음접속에 의하여 견고하게 접속할 것

(2) 관의 지지점 간의 거리는 1.5〔m〕 이하로 하고, 또한 그 지지점은 관의 끝·관과 박스의 접속점 및 관 상호간의 접속점 등에 가까운 곳에 시설할 것

(3) 습기가 많은 장소 또는 물기가 있는 장소에 시설하는 경우에는 방습장치를 할 것

(4) 합성수지관을 금속제의 박스에 접속하여 사용하는 경우 또는 분진방폭형 가요성 부속을 사용하는 경우에는 박스 또는 분진방폭형 가요성 부속에 접지공사를 할 것(단, 사용전압이 400〔V〕 이하로서 다음 중 하나에 해당하는 경우는 제외)
  ① 건조한 장소에 시설하는 경우
  ② 옥내배선의 사용전압이 직류 300〔V〕 또는 교류대지전압이 150〔V〕 이하로서 사람이 쉽게 접촉할 우려가 없도록 시설하는 경우

(5) 합성수지관을 **풀박스**에 접속하여 사용하는 경우에는 위 (1)의 규정에 준하여 시설할 것(단, 기술상 부득이한 경우에 관 및 **풀박스**를 건조한 장소에서 **불연성**의 **조영재**에 견고하게 시설하는 때는 제외)

Key Point

(6) 난연성이 없는 콤바인 덕트관은 직접 콘크리트에 매입하여 시설하는 경우 이외에는 전용의 불연성 또는 난연성의 관 또는 덕트에 넣어 시설할 것

(7) 합성수지제 휨(가요)전선관 상호간은 **직접 접속**하지 말 것

13 합성수지관(경질비닐전선관)의 장점

① 가볍고 시공이 용이하다.
② 내부식성이다.
③ 강제전선관에 비해 가격이 저렴하다.
④ 절단이 용이하다.
⑤ 접지가 불필요하다.

※ **내부식성**
부식에 잘 견디는 성질

중요 관의 길이

금속관(전선관)	합성수지관(경질비닐전선관, PVC전선관)
3.66〔m〕	4〔m〕

※ **관의 길이**
★ 꼭 기억하세요 ★

★★★

문제 **경질비닐전선관의 장점을 3가지만 열거하고 경질비닐전선관 1본의 길이는 얼마인지 답하시오.**

득점	배점
	5

〈장점〉
○
○
○
○1본의 길이 :

해답 장점 : ① 가볍고 시공이 용이하다.
② 내부식성이다.
③ 가격이 저렴하다.
1본의 길이 : 4〔m〕

※ **가요전선관공사**
짧은 배관이나 굴곡부분이 많은 곳에 사용한다.

14 가요전선관공사

(1) 시공장소

① 굴곡장소가 많거나 금속관공사의 시공이 어려운 경우
② 전동기와 옥내배선을 연결할 경우

(2) 공사에 사용되는 재료

① 스트레이트박스 커넥터(straight box connector) : 가요전선관과 박스의 연결에 사용된다.

▮스트레이트박스 커넥터▮

② 콤비네이션 커플링(combination coupling) : 가요전선관과 전선관(금속관)의 연결에 사용된다.

▮콤비네이션 커플링▮

③ 스프리트 커플링(split coupling) : 가요전선관과 가요전선관의 연결에 사용된다.

▮스프리트 커플링▮

15 접지시스템(KEC 140)

(1) 접지시스템 구분

접지 대상	접지시스템 구분	접지시스템 시설 종류	접지도체의 단면적 및 종류
특고압·고압 설비	• **계통접지** : 전력계통의 이상현상에 대비하여 대지와 계통을 접지하는 것 • **보호접지** : 감전보호를 목적으로 기기의 한 점 이상을 접지하는 것 • **피뢰시스템 접지** : 뇌격전류를 안전하게 대지로 방류하기 위해 접지하는 것	• 단독접지 • 공통접지 • 통합접지	6(mm²) 이상 연동선
일반적인 경우			구리 6(mm²) (철제 50(mm²)) 이상
변압기		• **변압기 중성점 접지**	16(mm²) 이상 연동선

(2) 접지도체에 피뢰시스템이 접속되는 경우 접지도체의 단면적(KEC 142.3.1)

구 리	철 제
16(mm²) 이상	50(mm²) 이상

(3) 큰 고장전류가 접지도체를 통하여 흐르지 않을 경우 접지도체의 최소 단면적(KEC 142.3.1)

구 리	철 제
6(mm²) 이상	50(mm²) 이상

친밀한 사귐을 위한 10가지 충고

1. 만나면 무슨 일이든 명랑하게 먼저 말을 건네라.
2. 그리고 웃어라.
3. 그 상대방의 이름을 어떤 식으로든지 불러라.
   (사람에게 가장 아름다운 음악은 자기의 이름이다.)
4. 그에게 친절을 베풀라.
5. 당신이 하고 있는 일이 재미있는 것처럼 말하고 행동하라.
   (성실한 삶을 살고 있음을 보여라)
6. 상대방에게 진정한 관심을 가지라.
   (싫어할 사람이 없다.)
7. 상대방만이 갖고 있는 장점을 칭찬하는 사람이 되라.
8. 상대방의 감정을 늘 생각하는 사람이 되라.
9. 내가 할 수 있는 서비스를 늘 신속히 하라.
10. 이 모든 것에 유머와 겸손을 더하라.

•김형모의 「마음의 고통을 돕기 위한 10가지 충고」 중에서

출제경향분석

CHAPTER 06

도 면

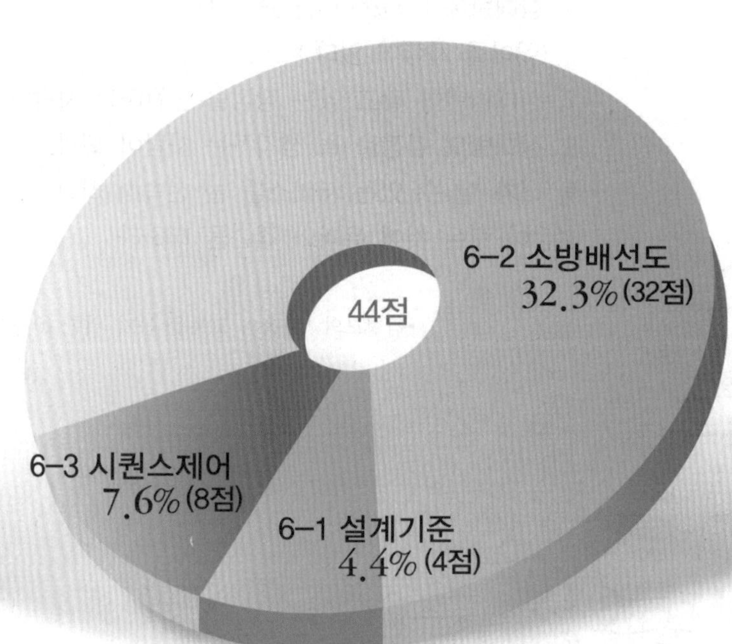

도 면

6-1 설계기준

1 자동화재탐지설비의 경계구역 설정기준(NFPC 203 4조, NFTC 203 2.1.1)

① 하나의 경계구역이 **2개 이상**의 **건축물**에 미치지 않도록 할 것
② 하나의 경계구역이 **2개 이상**의 **층**에 미치지 않도록 할 것. 다만, **500[m^2]** 이하의 범위 안에서는 2개 층을 하나의 경계구역으로 할 수 있다.
③ 하나의 경계구역의 면적은 **600[m^2]**(내부 전체가 보이면 1000[m^2]) 이하로 하고, 한 변의 길이는 **50[m]** 이하로 할 것

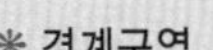

Key Point

※ 경계구역
소방대상물 중 화재신호를 발신하고 그 신호를 수신 및 유효하게 제어할 수 있는 구역

※ 감지구역
감지기가 화재발생을 유효하게 탐지할 수 있는 구역

2 경계구역의 설정

※ 1변의 길이로 설정하는 경우
★ 꼭 기억하세요 ★

(1) 면적과 1변의 길이로 설정하는 경우

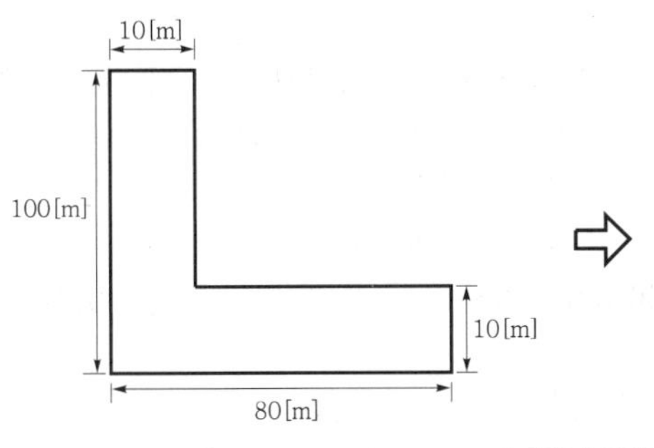

⇨

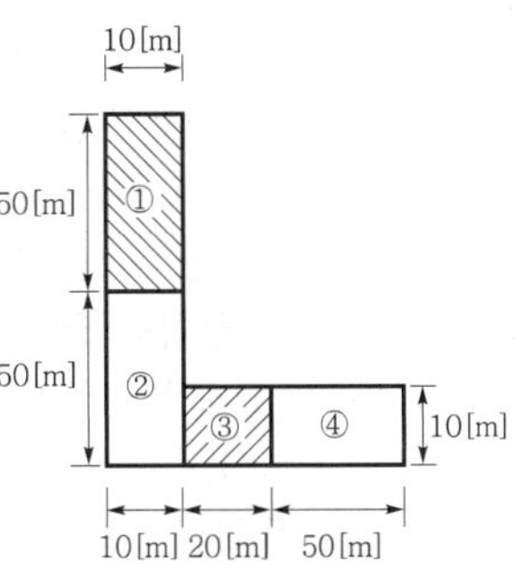

| 4경계구역 |

(2) 1변의 길이로 설정하는 경우

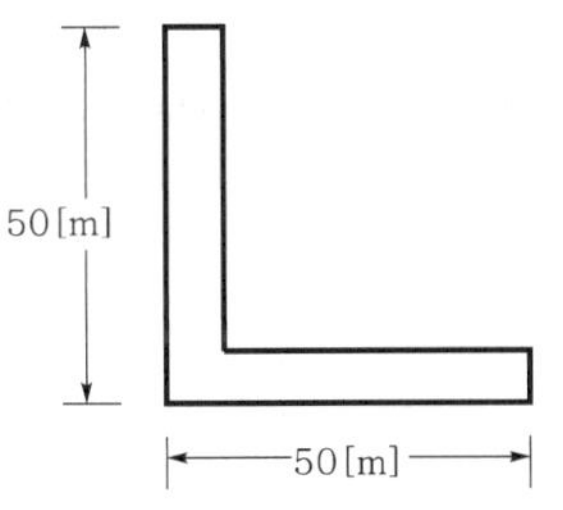

⇨

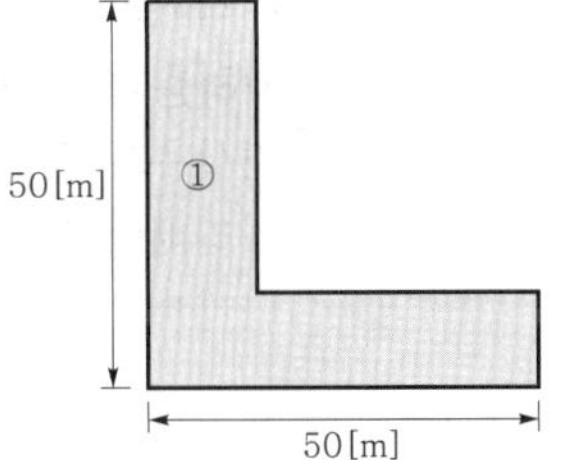

| 1경계구역 |

※ 계단의 1경계구역
높이 45[m] 이하

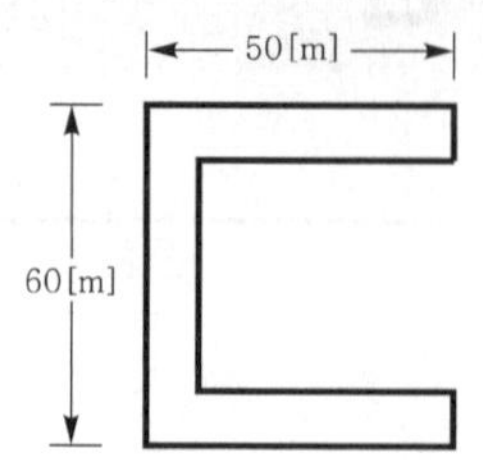

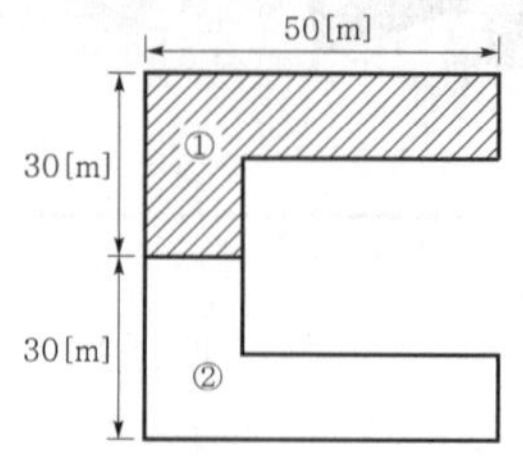

| 2경계구역 |

※ 5[m] 미만 경계구역면적 산입제외
① 차고
② 주차장
③ 창고

※ 지하층과 지상층
별개의 경계구역(단, 지하 1층인 경우는 제외)

(3) 지하층의 경우

고층건축물 등에서 층수가 많은 경우는 **45[m]** 이하마다 별개의 경계구역으로 한다. 또 지하층이 2층 이상의 것에 대하여는 지상층과 별개의 경계구역으로 한다. 단, 지하층이 1층만의 경우는 지상층과 동일 경계구역으로 할 수 있다.

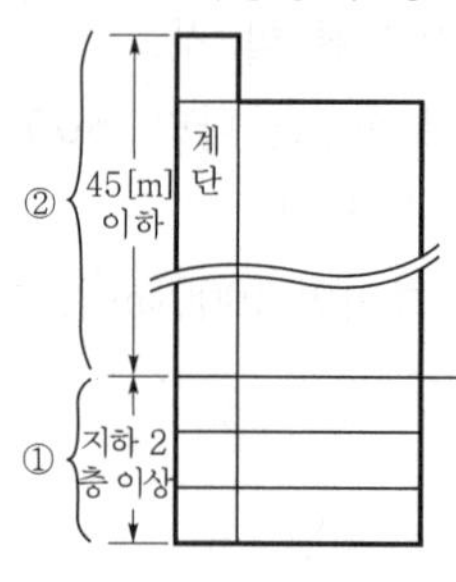

(a) 지하 2층 이상의 경우

| 2경계구역 |

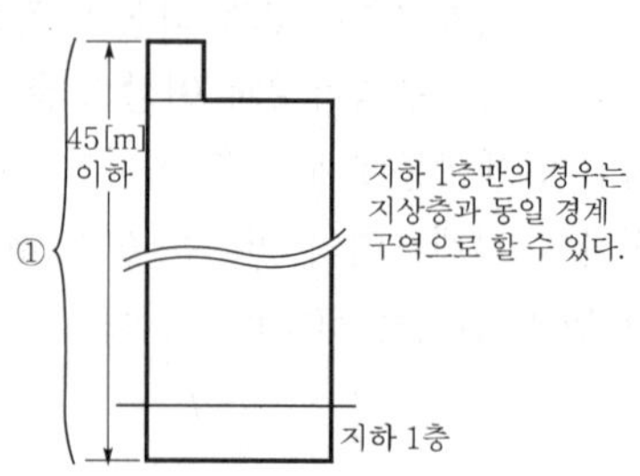

(b) 지하 1층의 경우

| 1경계구역 |

(1) **각 층의 경계구역 산정**(수평 경계구역)
① 여러 개의 **건축물**이 있는 경우 각각 **별개**의 **경계구역**으로 한다.
② 여러 개의 **층**이 있는 경우 각각 **별개**의 **경계구역**으로 한다.(단, **2개층**의 면적의 합이 **500[m²] 이하**인 경우는 **1경계구역**으로 할 수 있다.)
③ **지하층**과 **지상층**은 **별개**의 **경계구역**으로 한다.(**지하 1층**인 경우에도 **별개**의 **경계구역**으로 한다. 주의! 또 주의!!)
④ 1경계구역의 면적은 **600[m²] 이하**로 하고, 한 변의 길이는 **50[m] 이하**로 한다.
⑤ **목욕실·화장실** 등도 **경계구역면적**에 **포함**한다.
⑥ **계단** 및 **엘리베이터**의 면적은 **경계구역면적**에서 **제외**한다.

(2) **계단·엘리베이터**의 **경계구역 산정**(수직 경계구역)
① **수직거리** 45[m] 이하마다 **1경계구역**으로 한다.
② **지하층**과 **지상층**은 **별개**의 **경계구역**으로 한다.(단, **지하 1층**인 경우에는 지상층과 **동일 경계구역**으로 한다.)
③ 엘리베이터마다 1경계구역으로 한다.

3 감지기 설치제외장소(NFPC 203 7조, NFTC 203 2.4.5)

① 천장 또는 반자의 높이가 20〔m〕 이상인 장소(단, 감지기의 부착높이에 따라 적응성이 있는 장소 제외)
② **헛간** 등 외부와 기류가 통하는 장소로서 감지기에 의하여 **화재발생**을 유효하게 감지할 수 없는 장소
③ **부식성** 가스가 체류하고 있는 장소
④ **고온도** 및 **저온도**로서 감지기의 기능이 정지되기 쉽거나 감지기의 유지관리가 어려운 장소
⑤ **목욕실** · 욕조나 샤워시설이 있는 **화장실** 기타 이와 유사한 장소
⑥ 파이프덕트 등 그 밖의 이와 비슷한 것으로서 **2개 층**마다 **방화구획**된 것이나 수평단면적이 5〔m^2〕 이하인 것
⑦ 먼지 · 가루 또는 수증기가 다량으로 체류하는 장소 또는 주방 등 평상시에 연기가 발생하는 장소(**연기감지기**만 적용)
⑧ **프레스공장 · 주조공장** 등 화재발생의 위험이 적은 장소로서 감지기의 유지관리가 어려운 장소

계단 · 엘리베이터의 감지기 개수 산정

① 연기감지기 **1 · 2종** : 수직거리 15〔m〕마다 설치한다.
② 연기감지기 **3종** : 수직거리 10〔m〕마다 설치한다.
③ **지하층**과 **지상층**은 **별도**로 **감지기 개수**를 **산정**한다.(단, 지하 1층의 경우에는 제외한다.)
④ **엘리베이터마다** 연기감지기는 **1개씩** 설치한다.

※ 방화구획
화재시 불이 번지지 않도록 내화구조로 구획해 놓은 것

6-2 소방배선도

1 자동화재탐지설비

출제확률 32.3% (32점)

1 발화층 및 직상 4개층 우선경보방식

(1) 지상 11층

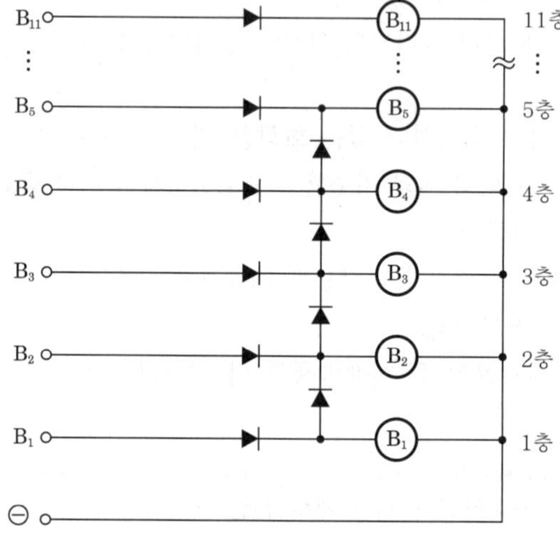

* ─▶├─ '다이오드(diode)'를 의미한다.

(2) 지하 3층, 지상 11층

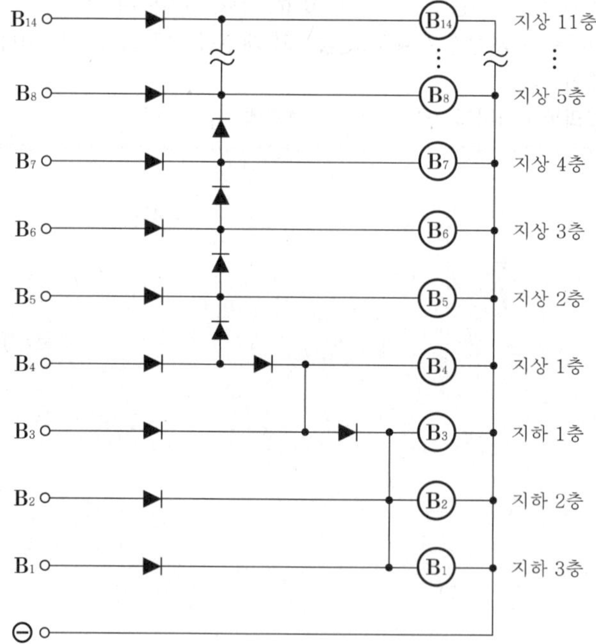

* **지하층을 일제경보로 하는 이유**
지하층의 경우 지하 중간층에서 화재가 발생한 경우 지상으로 탈출하려면 반드시 화재가 발생한 층을 경유하여야 하므로 우선경보방식이라 할지라도 지하 전층에 경보를 발하여야 한다.

※ 우선경보방식이라 할지라도 **지하층**은 매우 위험하여 **일제경보방식**과 같이 경보하여야 하므로 위와 같이 배선하여야 한다.

Key Point

2 발신기 결선도

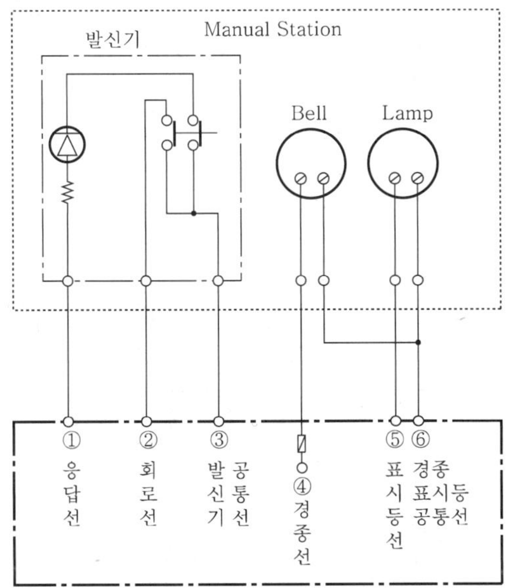

3 일제경보방식(일제명동방식)

* 일제경보방식
층별 구분 없이 일제히 경보하는 방식

(1) 배선내역

배 선	가닥수 산정
• 회로선	**종단저항수** 또는 **경계구역번호 개수** 또는 **발신기세트**수마다 1가닥씩 추가
• 공통선	**회로선 7개** 초과시마다 1가닥씩 추가
• 경종선	층수마다 1가닥씩 추가
• 경종표시등공통선	1가닥(조건에 따라 1가닥씩 추가)
• 응답선(발신기선)	1가닥
• 표시등선	

일제명동방식=일제경보방식

* 구분경보
동별로 구분하여 경보하는 방식

(2) 결선도

① 결선도 1

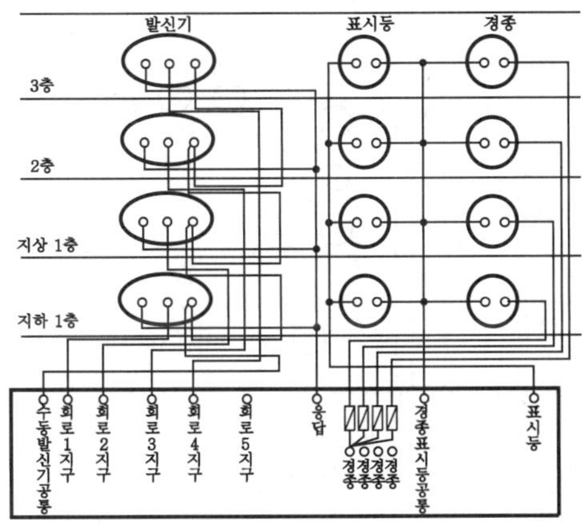

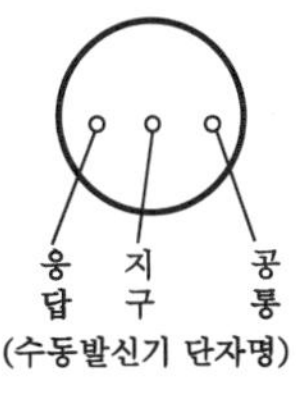

▱ : 퓨즈(Fuse)

문제 P형 5회로수신기와 수동발신기, 경종, 표시등 사이를 결선하시오. (단, 방호대상물은 2500〔m^2〕인 지하 1층, 지상 3층 건물임)

득점	배점
	5

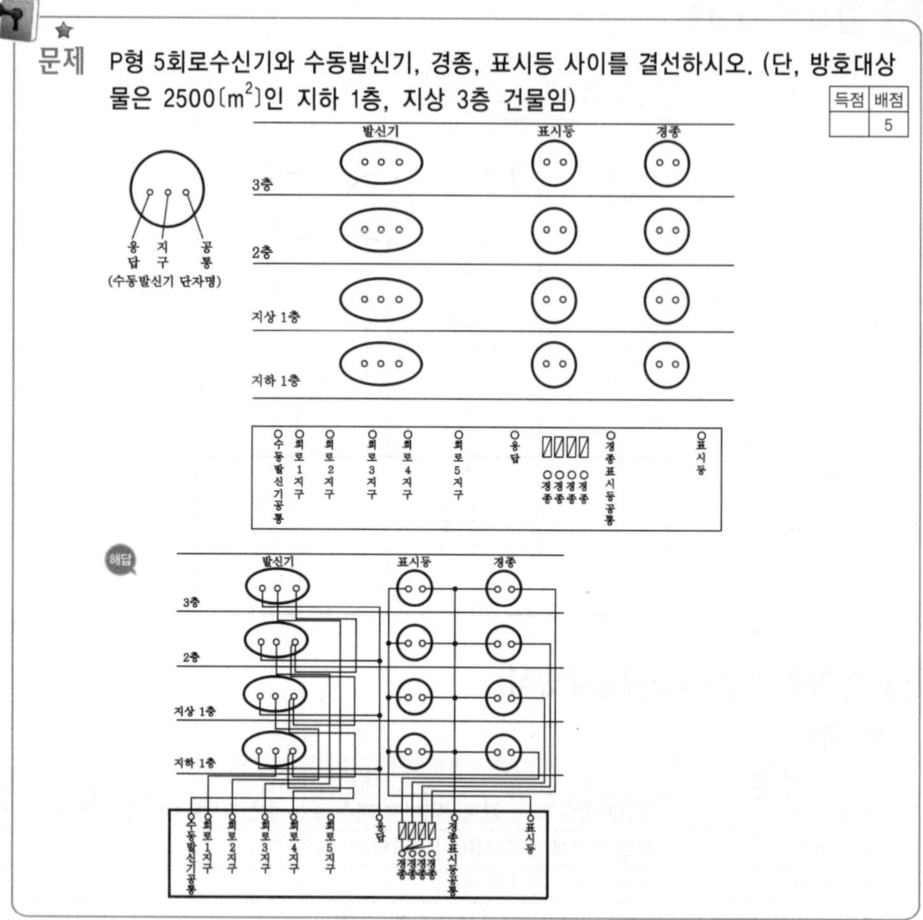

② 결선도 2

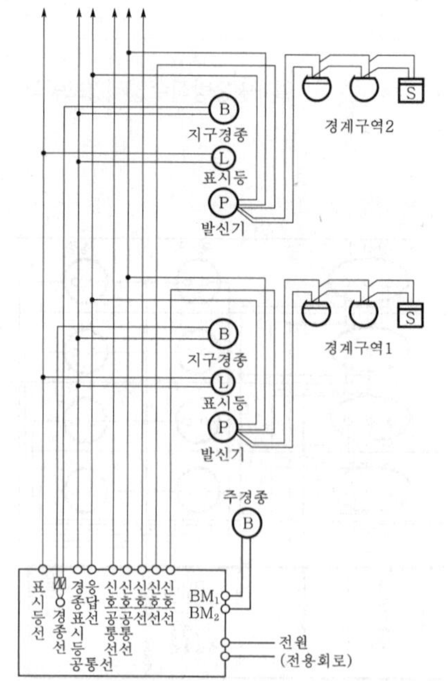

✻ 지구경종
'지구벨'이라고도 부른다.

③ 결선도 3

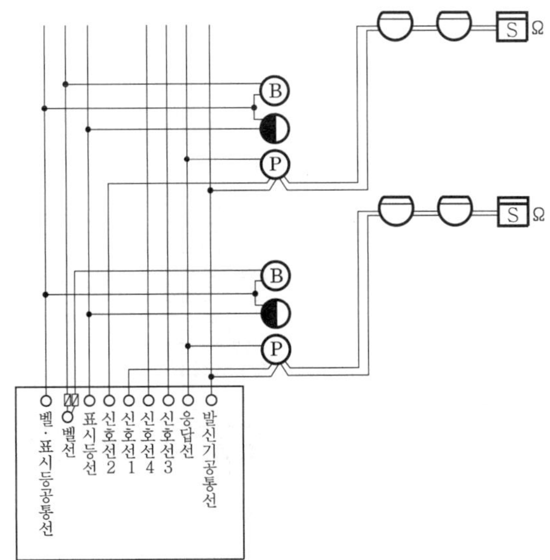

④ 결선도 4

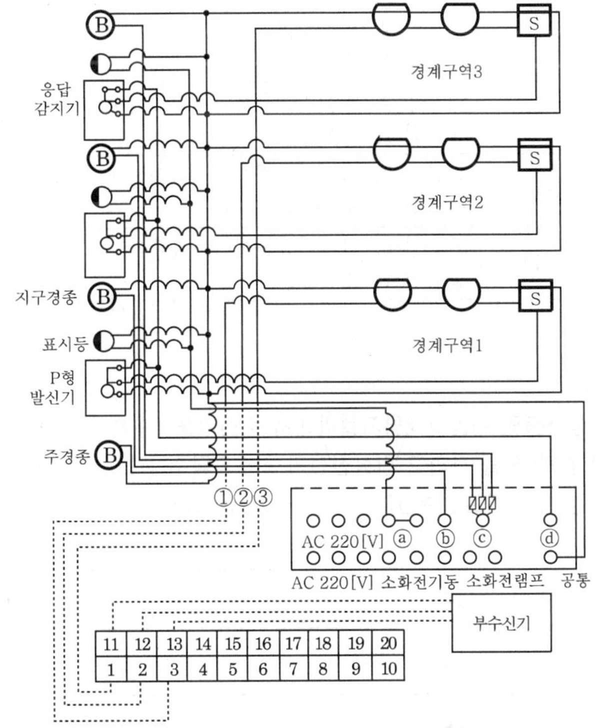

기 호	전선의 명칭
ⓐ	표시등선
ⓑ	주경종선
ⓒ	지구경종선
ⓓ	응답선

Key Point

✻ 응답선과 같은 의미
① 발신기선
② 발신기응답선
③ 확인선

✻ 신호선과 같은 의미
① 회로선
② 표시선
③ 지구선
④ 감지기선

(3) 계통도

① 계통도 1

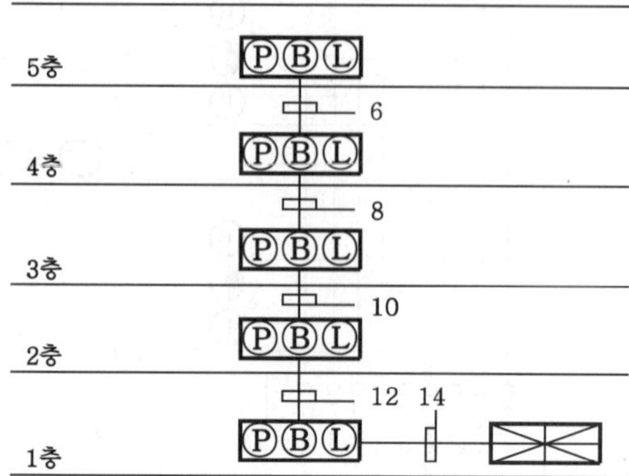

내 역	용 도
HFIX 2.5-6	회로선 1, 발신기공통선 1, 경종선 1, 경종표시등공통선 1, 응답선 1, 표시등선 1
HFIX 2.5-8	회로선 2, 발신기공통선 1, 경종선 2, 경종표시등공통선 1, 응답선 1, 표시등선 1
HFIX 2.5-10	회로선 3, 발신기공통선 1, 경종선 3, 경종표시등공통선 1, 응답선 1, 표시등선 1
HFIX 2.5-12	회로선 4, 발신기공통선 1, 경종선 4, 경종표시등공통선 1, 응답선 1, 표시등선 1
HFIX 2.5-14	회로선 5, 발신기공통선 1, 경종선 5, 경종표시등공통선 1, 응답선 1, 표시등선 1

※ 발신기공통선과 같은 의미
① 회로공통선
② 지구공통선
③ 신호공통선
④ 감지기공통선

※ 경종표시등공통선과 같은 의미
벨표시등공통선

★★★

문제 지상 5층의 자동화재탐지설비에서 수신기를 1층에 설치한다고 할 때 이 설비의 입상계통도를 그리고 입상전선의 최소가닥수를 표시하시오. (단, 경보방식은 일제경보방식으로, 수신기는 P형 5회로용이다.)

득점	배점
	5

5층

4층

3층

2층

1층

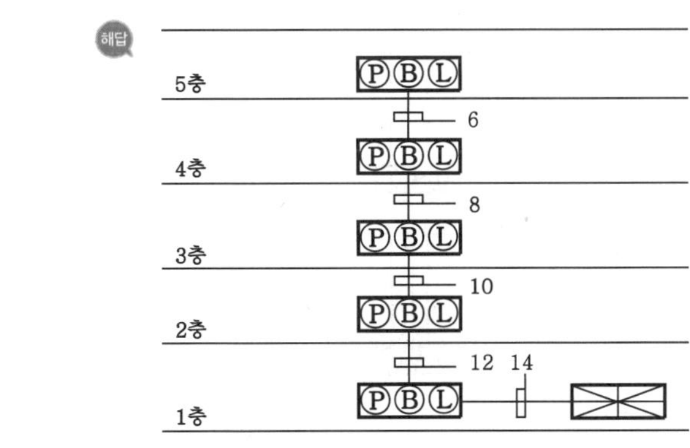

② 계통도 2

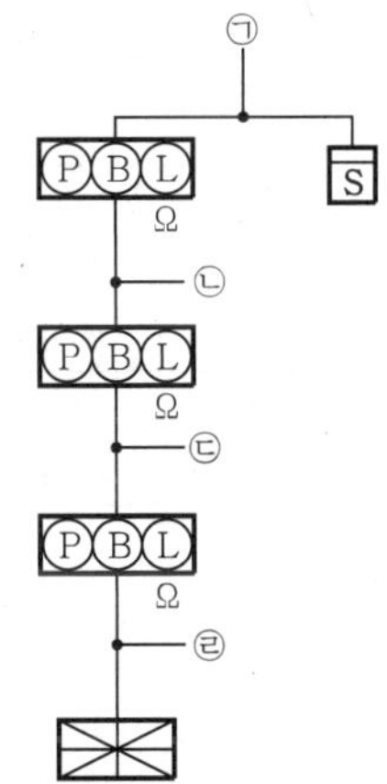

기 호	내 역	용 도
㉠	HFIX 1.5-4	지구, 공통 각 2가닥
㉡	HFIX 2.5-6	지구선 1, 발신기공통선 1, 경종선 1, 경종표시등공통선 1, 응답선 1, 표시등선 1
㉢	HFIX 2.5-8	지구선 2, 발신기공통선 1, 경종선 2, 경종표시등공통선 1, 응답선 1, 표시등선 1
㉣	HFIX 2.5-10	지구선 3, 발신기공통선 1, 경종선 3, 경종표시등공통선 1, 응답선 1, 표시등선 1

③ 계통도 3

종단저항은 기기수용상자 내에 설치하고, Ⓑ, Ⓟ, ◐은 각각 별도로 공통선을 취한다.

※ 발신기세트의 구성
① 발신기
② 경종
③ 표시등

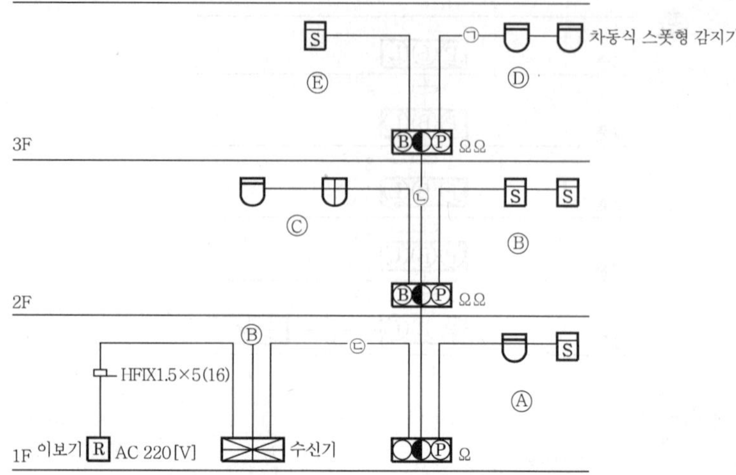

기 호	내 역	용 도
㉠	HFIX 1.5-4	지구, 공통 각 2가닥
㉡	HFIX 2.5-7	회로선 2, 회로공통선 1, 경종선 1, 경종표시등공통선 1, 응답선 1, 표시등선 1
㉢	HFIX 2.5-12	회로선 5, 회로공통선 1, 경종선 3, 경종표시등공통선 1, 응답선 1, 표시등선 1

참고

P형 수신기가 사용되는 소방대상물
일반적으로 **40회로** 이하

④ 계통도 4

선로의 수는 최소로 하고 발신기공통선 : 1선, 경종표시등공통선 : 1선으로 하고 7 경계구역이 넘을 시 발신기간 공통선 및 경종표시등공통선은 각각 1선씩 추가하는 것으로 한다.

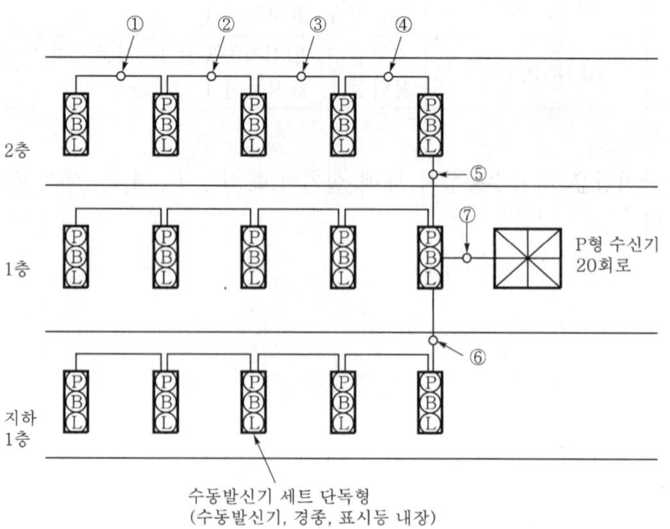

※ 이보기
소화전 기동 릴레이함

※ 수신기
감지기나 발신기 등의 감시장치들로부터 그 동작유무를 직접 또는 중계기를 통해 수신하여 화재의 발생을 소방대상물의 관계인에게 통보하여 주는 것

※ 발신기 SET
발신기, 경종, 표시등이 하나의 세트로 되어 있는 것으로 '종합반'이라고도 함

기 호	내 역	용 도
①	HFIX 2.5-6	회로선 1, 발신기공통선 1, 경종선 1, 경종표시등공통선 1, 응답선 1, 표시등선 1
②	HFIX 2.5-7	회로선 2, 발신기공통선 1, 경종선 1, 경종표시등공통선 1, 응답선 1, 표시등선 1
③	HFIX 2.5-8	회로선 3, 발신기공통선 1, 경종선 1, 경종표시등공통선 1, 응답선 1, 표시등선 1
④	HFIX 2.5-9	회로선 4, 발신기공통선 1, 경종선 1, 경종표시등공통선 1, 응답선 1, 표시등선 1
⑤	HFIX 2.5-10	회로선 5, 발신기공통선 1, 경종선 1, 경종표시등공통선 1, 응답선 1, 표시등선 1
⑥	HFIX 2.5-10	회로선 5, 발신기공통선 1, 경종선 1, 경종표시등공통선 1, 응답선 1, 표시등선 1
⑦	HFIX 2.5-26	회로선 15, 발신기공통선 3, 경종선 3, 경종표시등공통선 3, 응답선 1, 표시등선 1

⑤ 계통도 5

계단에 설치되는 연기감지기는 별개의 회로로 구성한다.

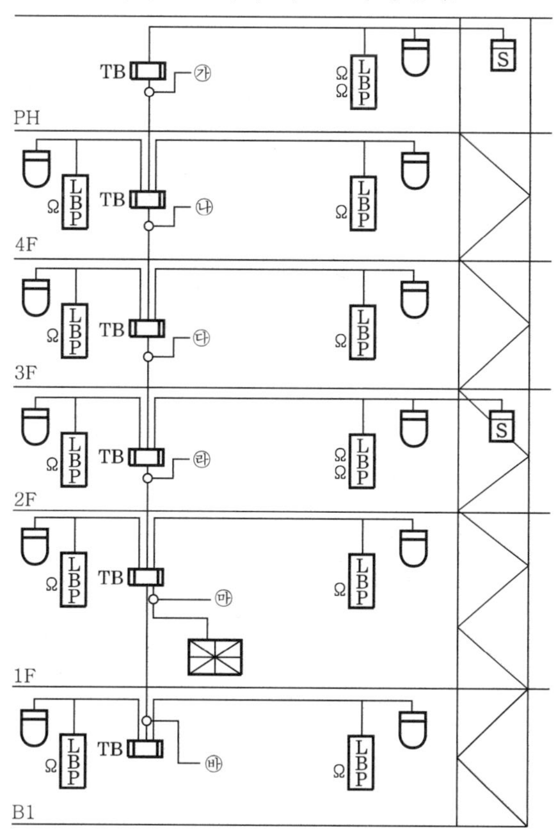

Key Point

※ HFIX

450/750〔V〕 저독성 난연 가교폴리올레핀 절연전선

※ TB

'단자대(Terminal Block)'를 의미한다.

※ 부수신기

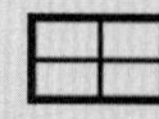

※ 수신기

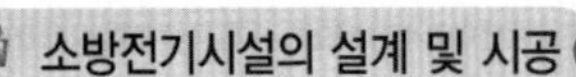

기 호	내 역	용 도
㉮	HFIX 2.5-7	회로선 2, 회로공통선 1, 경종선 1, 경종표시등공통선 1, 응답선 1, 표시등선 1
㉯	HFIX 2.5-9	회로선 4, 회로공통선 1, 경종선 1, 경종표시등공통선 1, 응답선 1, 표시등선 1
㉰	HFIX 2.5-12	회로선 6, 회로공통선 1, 경종선 2, 경종표시등공통선 1, 응답선 1, 표시등선 1
㉱	HFIX 2.5-17	회로선 9, 회로공통선 2, 경종선 3, 경종표시등공통선 1, 응답선 1, 표시등선 1
㉲	HFIX 2.5-23	회로선 13, 회로공통선 2, 경종선 5, 경종표시등공통선 1, 응답선 1, 표시등선 1
㉳	HFIX 2.5-7	회로선 2, 회로공통선 1, 경종선 1, 경종표시등공통선 1, 응답선 1, 표시등선 1

과년도 출제문제

☆☆ **문제 01**

그림과 같은 공기관식 차동식 분포형 감지기의 설치도면을 보고 다음 각 물음에 답하시오.
(단, ① 하나의 공기관의 총 길이는 52[m]이다. ② 전체의 경계구역을 1경계구역으로 한다. ③ 본 건물은 내화구조이다.)

득점	배점
	7

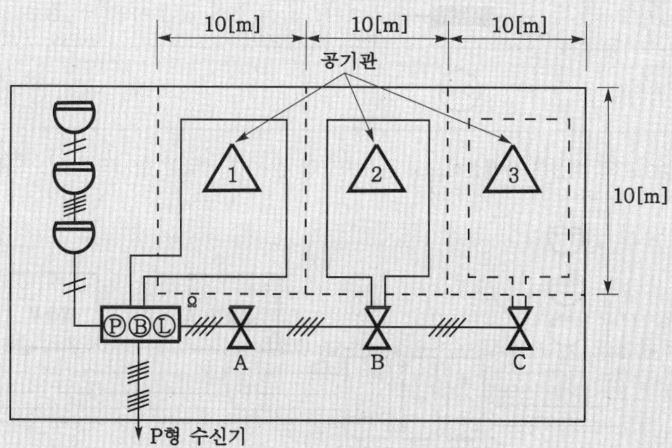

(가) ⧗ 의 명칭은 무엇인가?

(나) 공기관의 설치와 배선의 가닥수 표시가 잘못된 부분이 있다. 잘못된 부분을 수정하여 전체도면을 올바르게 작성하시오.

(다) △3 의 공기관 표시는 어느 경우에 하는 것인가?

해답 (가) 차동식 분포형 감지기의 검출부
(나)

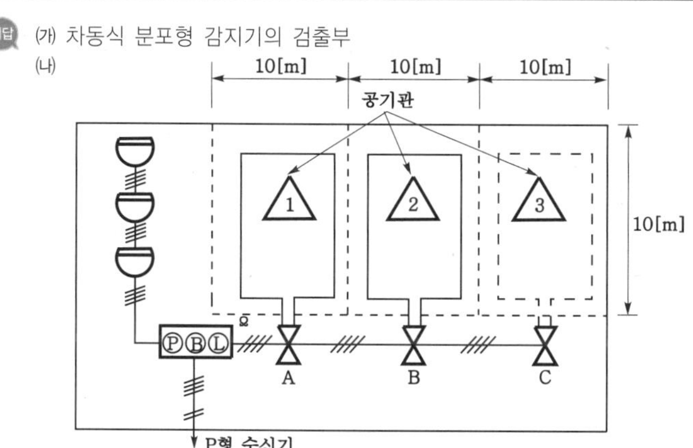

(다) 가건물 및 천장 안에 시설하는 경우

해설 (가), (다) **자동화재탐지설비**

명 칭	그림기호	비 고
차동식 분포형 감지기의 검출부	X	• 가건물 및 천장 안에 시설하는 경우 : X (점선)
감지선	─◉─	• 감지선과 전선의 접속점 : ─●─ • 가건물 및 천장 안에 시설하는 경우 : ---◉--- • 관통위치 : ─○─○─
공기관	────	• 가건물 및 천장 안에 시설하는 경우 : -------- • 관통위치 : ─○─○─
열전대	─■─	• 가건물 및 천장 안에 시설하는 경우 : ─□─
열반도체	(○○)	

(나) 감지기회로의 배선은 **송배선식**으로 종단저항이 발신기 세트에 설치되어 있으므로 모두 **4가닥**이 된다.

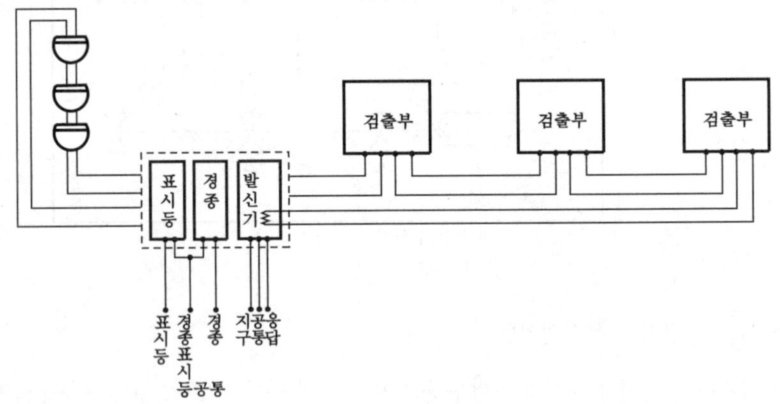

용어

송배선식	교차회로방식
감지기회로의 **도통시험**을 용이하게 하기 위해 배선의 도중에서 분기하지 않는 방식	하나의 방호구역 내에 2 이상의 감지기회로를 설치하고 2 이상의 감지기회로가 동시에 감지되는 때에 설비가 작동되도록 하는 방식

문제 02

다음은 P형 수신기의 결선도에 대한 것이다. 다음 결선도를 보고 각 물음에 답하시오.

득점	배점
	12

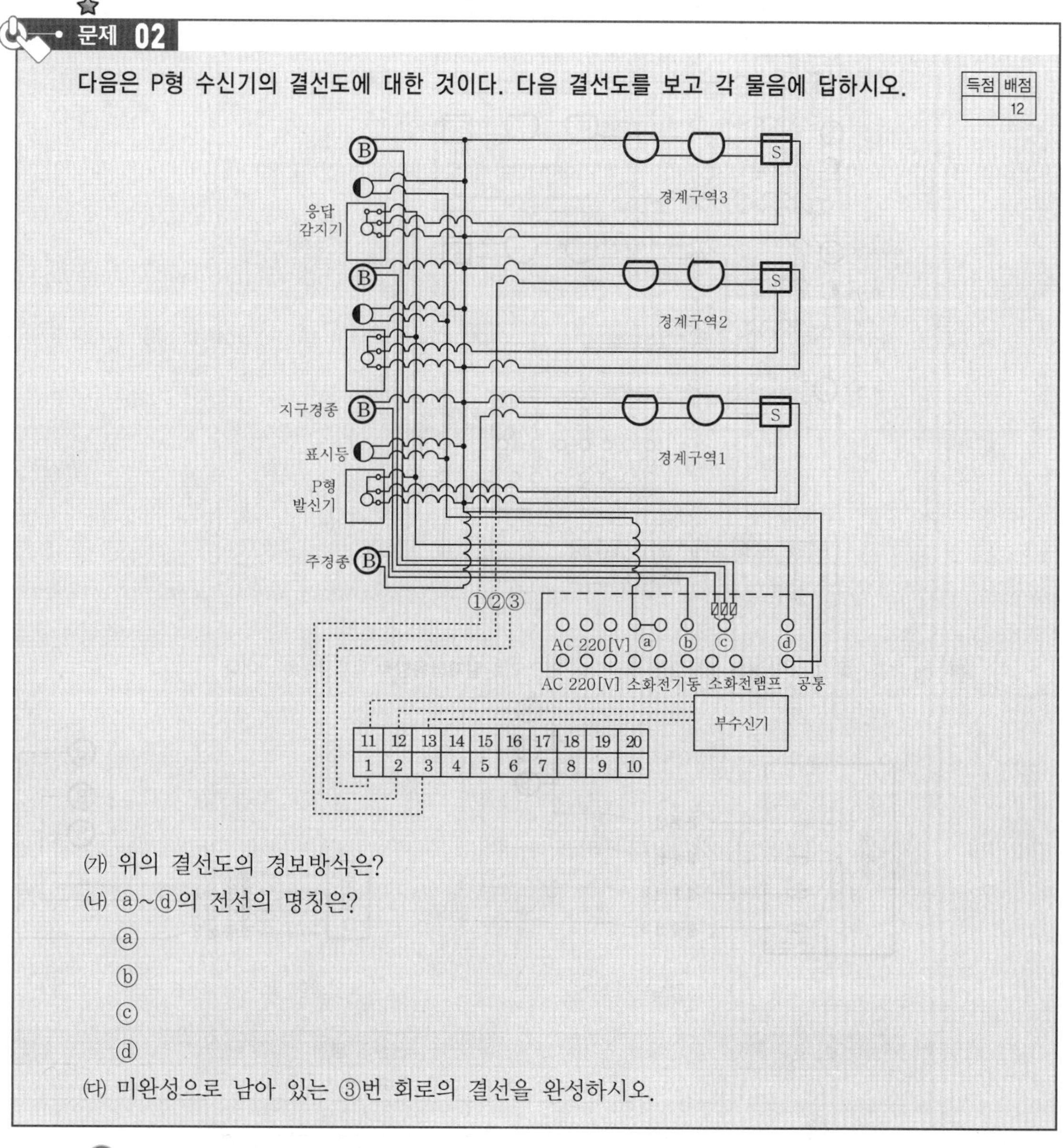

(가) 위의 결선도의 경보방식은?

(나) ⓐ~ⓓ의 전선의 명칭은?

ⓐ

ⓑ

ⓒ

ⓓ

(다) 미완성으로 남아 있는 ③번 회로의 결선을 완성하시오.

해답 (가) 일제명동방식(일제경보방식)

(나) ⓐ 표시등

ⓑ 주경종

ⓒ 지구경종

ⓓ 응답

(다)

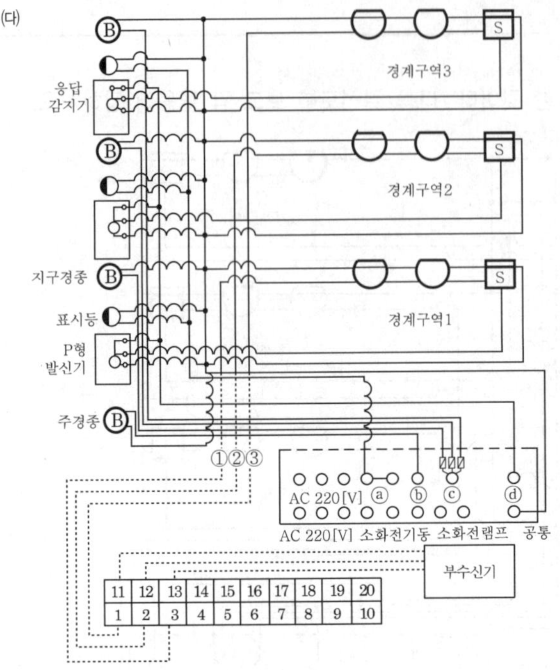

해설 (가) 경종선이 각 회로마다 공통으로 배선되어 있으므로 **일제명동방식**(일제경보방식)이다.

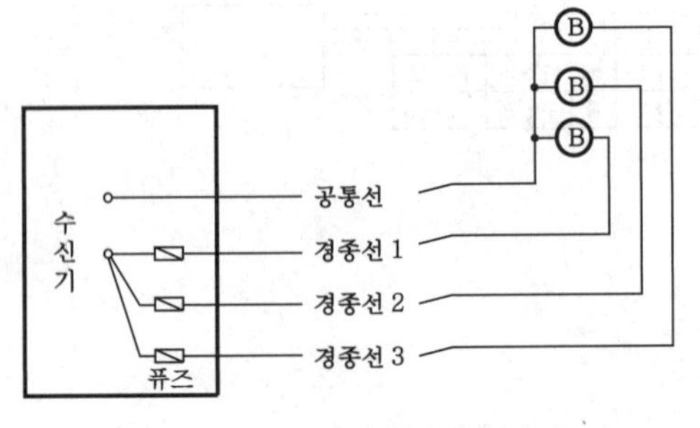

▌일제경보방식▐

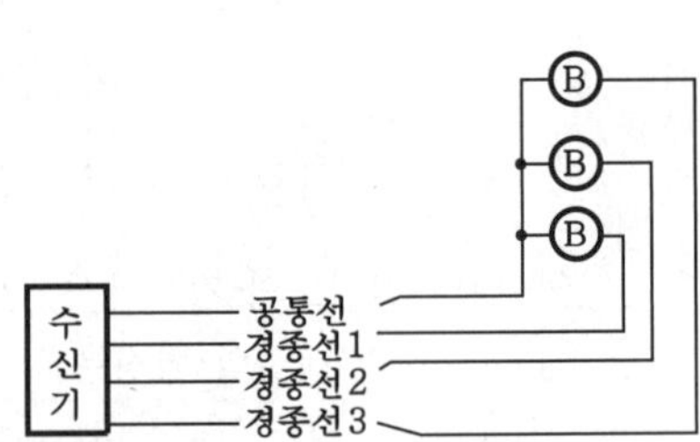

▌발화층 및 직상 4개층 우선경보방식▐

(나)

기 호	전선의 명칭
ⓐ	표시등선
ⓑ	주경종선
ⓒ	지구경종선
ⓓ	응답선

☆☆☆

문제 03

지상 5층의 자동화재탐지설비에서 수신기를 1층에 설치한다고 할 때 이 설비의 입상 계통도를 그리고 입상전선의 최소가닥수를 표시하시오. (단, 경보방식은 일제경보방식으로, 수신기는 P형 5회로용이다.)

득점	배점
	5

5층

4층

3층

2층

1층

해답

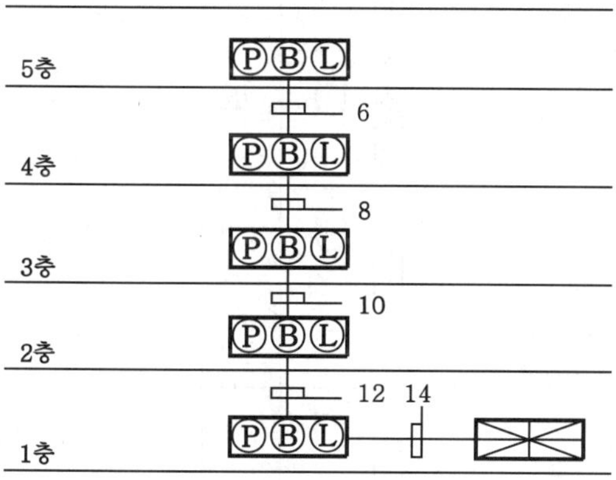

5층 Ⓟ Ⓑ Ⓛ

6

4층 Ⓟ Ⓑ Ⓛ

8

3층 Ⓟ Ⓑ Ⓛ

10

2층 Ⓟ Ⓑ Ⓛ

12 14

1층 Ⓟ Ⓑ Ⓛ

해설 **간선**의 **내역** 및 **용도**

내 역	용 도
HFIX 2.5-6	회로선 1, 발신기공통선 1, 경종선 1, 경종표시등공통선 1, 응답선 1, 표시등선 1
HFIX 2.5-8	회로선 2, 발신기공통선 1, 경종선 2, 경종표시등공통선 1, 응답선 1, 표시등선 1
HFIX 2.5-10	회로선 3, 발신기공통선 1, 경종선 3, 경종표시등공통선 1, 응답선 1, 표시등선 1
HFIX 2.5-12	회로선 4, 발신기공통선 1, 경종선 4, 경종표시등공통선 1, 응답선 1, 표시등선 1
HFIX 2.5-14	회로선 5, 발신기공통선 1, 경종선 5, 경종표시등공통선 1, 응답선 1, 표시등선 1

용어

계통도(system diagram) : 소방시설의 중추적 역할을 하는 간선부분의 전기적 계통을 표시한 도면

문제 04

다음은 어느 건물의 자동화재탐지설비 계통도이다. 간선의 내용을 용도별로 전선의 종류, 굵기, 가닥수를 기재하시오. (단, ① 회선도통시험에 영향을 줄 수 있는 배선방식을 피한다. ② 계단에 설치되는 연기감지기는 별개의 회로로 구성한다. ③ 수신기는 13회로용이다. ④ 가닥은 여분을 두지 않으며 굵기는 통상 사용되는 것으로 한다.)

득점	배점
	20

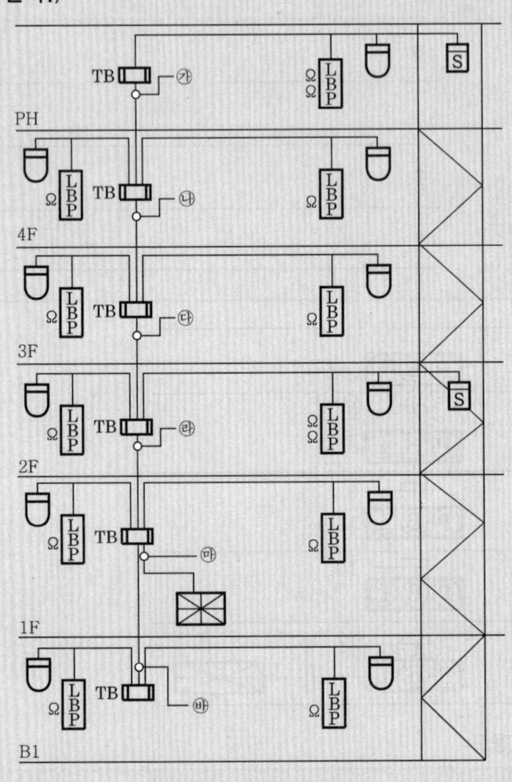

해답

기 호	전선의 굵기-개수	용 도
㉮	HFIX 2.5-2	회로선
	HFIX 2.5-1	공통선
	HFIX 2.5-1	경종선
	HFIX 2.5-1	경종표시등공통선
	HFIX 2.5-1	응답선
	HFIX 2.5-1	표시등선
㉯	HFIX 2.5-4	회로선
	HFIX 2.5-1	공통선
	HFIX 2.5-1	경종선
	HFIX 2.5-1	경종표시등공통선
	HFIX 2.5-1	응답선
	HFIX 2.5-1	표시등선

㉰	HFIX 2.5-6	회로선
	HFIX 2.5-1	공통선
	HFIX 2.5-2	경종선
	HFIX 2.5-1	경종표시등공통선
	HFIX 2.5-1	응답선
	HFIX 2.5-1	표시등선
㉱	HFIX 2.5-9	회로선
	HFIX 2.5-2	공통선
	HFIX 2.5-3	경종선
	HFIX 2.5-1	경종표시등공통선
	HFIX 2.5-1	응답선
	HFIX 2.5-1	표시등선
㉲	HFIX 2.5-13	회로선
	HFIX 2.5-2	공통선
	HFIX 2.5-5	경종선
	HFIX 2.5-1	경종표시등공통선
	HFIX 2.5-1	응답선
	HFIX 2.5-1	표시등선
㉳	HFIX 2.5-2	회로선
	HFIX 2.5-1	공통선
	HFIX 2.5-1	경종선
	HFIX 2.5-1	경종표시등공통선
	HFIX 2.5-1	응답선
	HFIX 2.5-1	표시등선

- **11층 미만**이므로 **일제경보방식**이다.
- 일반적으로 옥상(PH)에는 발신기세트(LBP)가 설치되어 있어도 별개의 경계구역으로 설정하지 않고 4층(4F)의 경종선이 옥상(PH)의 경종선과 병렬로 연결되므로 옥상 유무와 관계없이 경종가닥수는 동일하다.

비교

옥상(PH)을 **층수**로 보는 **경우**의 **가닥수**

기 호	내 역	용 도
㉮	HFIX 2.5-7	회로선 2, 회로공통선 1, 경종선 1, 경종표시등공통선 1, 응답선 1, 표시등선 1
㉯	HFIX 2.5-10	회로선 4, 회로공통선 1, 경종선 2, 경종표시등공통선 1, 응답선 1, 표시등선 1
㉰	HFIX 2.5-13	회로선 6, 회로공통선 1, 경종선 3, 경종표시등공통선 1, 응답선 1, 표시등선 1
㉱	HFIX 2.5-18	회로선 9, 회로공통선 2, 경종선 4, 경종표시등공통선 1, 응답선 1, 표시등선 1
㉲	HFIX 2.5-24	회로선 13, 회로공통선 2, 경종선 6, 경종표시등공통선 1, 응답선 1, 표시등선 1
㉳	HFIX 2.5-7	회로선 2, 회로공통선 1, 경종선 1, 경종표시등공통선 1, 응답선 1, 표시등선 1

문제 05

도면은 어느 사무실 건물의 1층 자동화재탐지설비의 미완성 평면도를 나타낸 것이다. 이 건물은 지상 3층으로 각 층의 평면은 1층과 동일하다고 할 경우 평면도 및 주어진 조건을 이용하여 다음 각 물음에 답하시오.

득점	배점
	10

(가) 도면의 P형 수신기는 최소 몇 회로용을 사용하여야 하는가?

(나) 수신기에서 발신기 세트까지의 배선가닥수는 몇 가닥이며, 여기에 사용되는 후강전선관은 몇 〔mm〕를 사용하는가?

○ 가닥수 :

○ 후강전선관(계산과정 및 답) :

(다) 연기감지기를 매입인 것으로 사용한다고 하면 그림기호는 어떻게 표시하는가?

(라) 배관 및 배선을 하여 자동화재탐지설비의 도면을 완성하고 배선가닥수를 표기하도록 하시오.

(마) 간선계통도를 그리시오.

〔조건〕

- ○ 계통도 작성시 각 층 수동발신기는 1개씩 설치하는 것으로 한다.
- ○ 계단실의 감지기는 설치를 제외한다.
- ○ 간선의 사용전선은 HFIX 2.5〔mm^2〕이며, 공통선은 발신기 공통 1선, 경종표시등 공통 1선을 각각 사용한다.
- ○ 계통도 작성시 선수는 최소로 한다.
- ○ 전선관공사는 후강전선관으로 콘크리트 내 매입 시공한다.
- ○ 각 실은 이중천장이 없는 구조이며, 천장에 감지기를 바로 취부한다.
- ○ 각 실의 바닥에서 천장까지 높이는 2.8〔m〕이다.
- ○ HFIX 2.5〔mm^2〕의 피복절연물을 포함한 전선의 단면적은 13〔mm^2〕이다.

〔도면〕

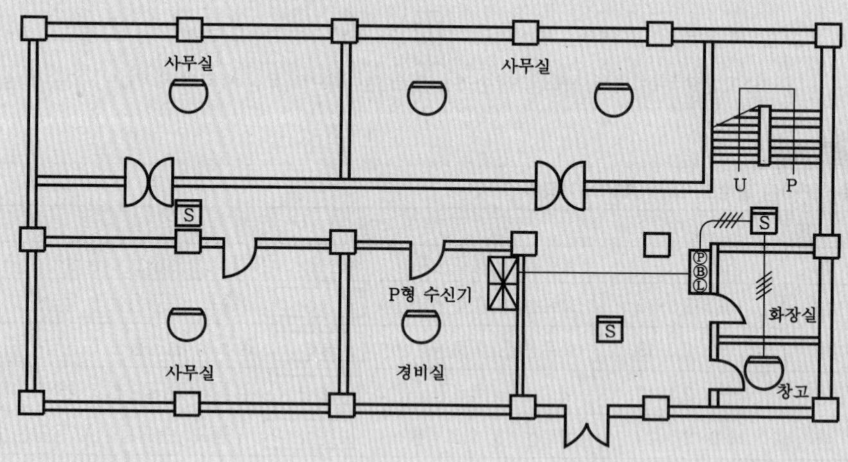

해답 (가) 3회로이므로 5회로용

(나) ① 가닥수 : 10가닥

② 후강전선관(계산과정 및 답) : $\sqrt{13\times10\times\frac{4}{\pi}\times3}\geq 22.2$[mm]

$\therefore$ 28[mm]

(다)

(라)

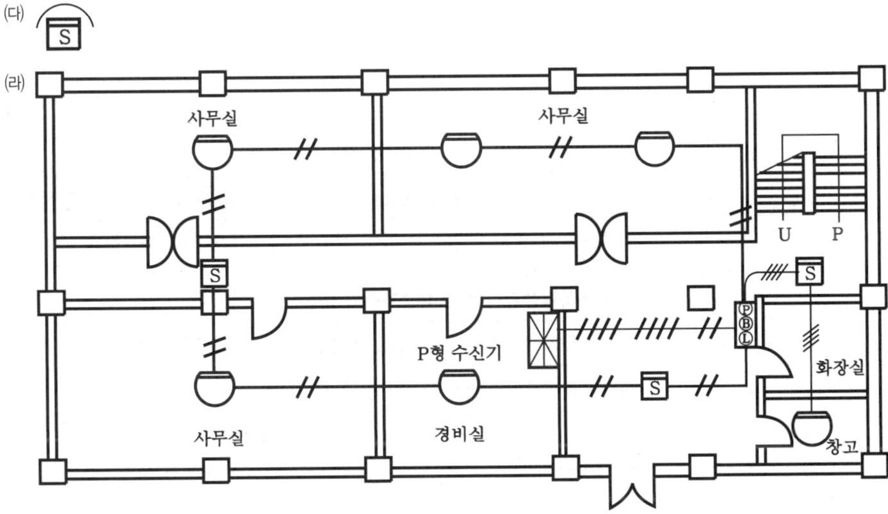

(마)

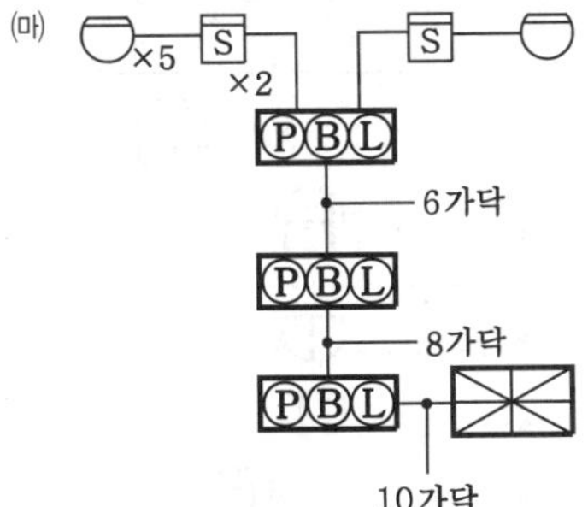

해설 (가) 각 층이 1회로이므로 P형 수신기는 최소 3회로(지상 3층)이므로 **5회로용**을 사용하면 된다.

(나) ① 문제에서 지상 3층으로 **11층 미만**이므로 **일제경보방식**이다.

수신기~발신기 세트 배선 내역 : 회로선 3, 발신기공통선 1, 경종선 3, 경종표시등공통선 1, 응답선 1, 표시등선 1

②

〈전선관 굵기 선정〉

- 접지선을 포함한 케이블 또는 절연도체의 내부 단면적(피복절연물 포함)이 **금속관, 합성수지관, 가요전선관 등 전선관 단면적**의 $\frac{1}{3}$을 초과하지 않도록 할 것(KSC IEC/TS 61200-52의 521.6 표준 준용, KEC 핸드북 p.301, p.306, p.313)

2.5[mm^2] **10가닥**이므로 다음과 같이 계산한다.

$$\frac{\pi D^2}{4}\times\frac{1}{3}\geq \text{전선단면적(피복절연물 포함)}\times\text{가닥수}$$

$$D\geq\sqrt{\text{전선단면적(피복절연물 포함)}\times\text{가닥수}\times\frac{4}{\pi}\times3}$$

여기서, D : 후강전선관 굵기(내경)[mm]

후강전선관 굵기 D는

$$D \geq \sqrt{\text{전선단면적(피복절연물 포함)} \times \text{가닥수} \times \frac{4}{\pi} \times 3}$$

$$\geq \sqrt{13 \times 10 \times \frac{4}{\pi} \times 3}$$

≧ 22.2〔mm〕(∴ 28〔mm〕 선정)

- 13〔mm^2〕: 〔조건〕에서 주어짐
- 10가닥 : (나)의 ①에서 구함

▮ 후강전선관 vs 박강전선관 ▮

구 분	후강전선관	박강전선관
사용장소	• 공장 등의 배관에서 특히 **강도**를 필요로 하는 경우 • **폭발성가스**나 **부식성가스**가 있는 장소	• 일반적인 장소
관의 호칭 표시방법	• **안지름**(내경)의 근사값을 **짝수**로 표시	• **바깥지름**(외경)의 근사값을 **홀수**로 표시
규격	16〔mm〕, 22〔mm〕, 28〔mm〕, 36〔mm〕, 42〔mm〕, 54〔mm〕, 70〔mm〕, 82〔mm〕, 92〔mm〕, 104〔mm〕	19〔mm〕, 25〔mm〕, 31〔mm〕, 39〔mm〕, 51〔mm〕, 63〔mm〕, 75〔mm〕

(다) 옥내배선기호

명 칭	그림기호	비 고
연기감지기	S	• 점검박스 붙이형 : S • 매입형 : S
정온식 스포트형 감지기		• 방수형 : • 내산형 : • 내알칼리형 : • 방폭형 : EX
차동식 스포트형 감지기		
보상식 스포트형 감지기		

(라) 자동화재탐지설비의 감지기회로의 배선은 **송배선식**이므로 루프(loop)된 곳은 2가닥, 기타는 4가닥이 된다.

(마) 계통도 작성시 감지기도 구분하여 표시하는 것이 타당하다.

문제 06

다음 도면은 소방대상물에 있어서 3층, 4층 설비계통도와 3층 부분의 설비도이다. 계통도와 설비도 및 범례를 참고하여 각 물음에 답하시오. (단, ① 천장높이는 4〔m〕 미만, 보는 없다. ② 이중천장으로 주요 구조부는 내화구조로 되어 있다. ③ 수신기는 P형으로 10회선이 설치되어 있다. ④ 발신기공통선은 1선, 경종표시등공통선은 2선으로 한다.)

득점	배점
	24

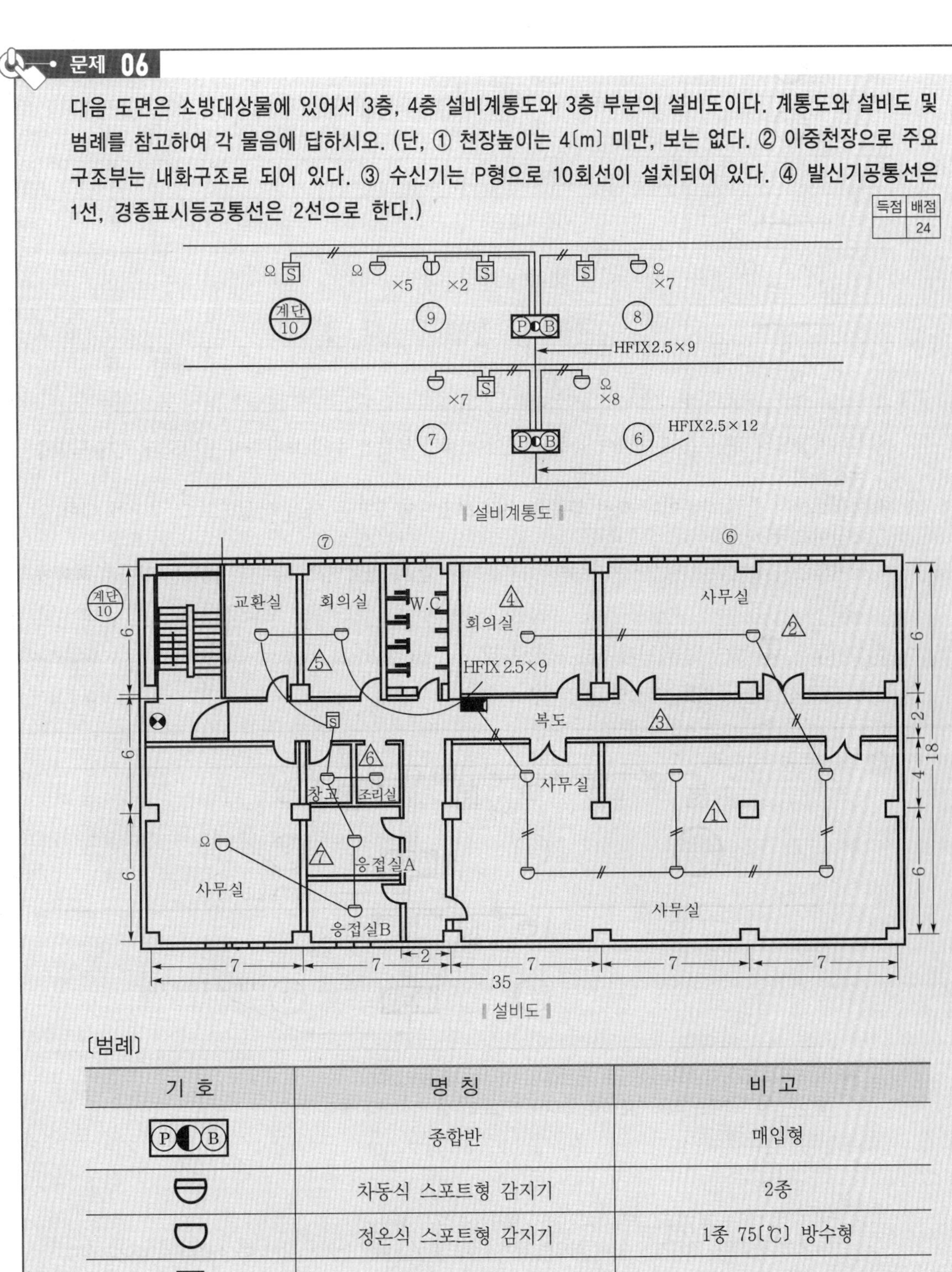

∥설비계통도∥

∥설비도∥

〔범례〕

기 호	명 칭	비 고
Ⓟ◐Ⓑ	종합반	매입형
	차동식 스포트형 감지기	2종
	정온식 스포트형 감지기	1종 75〔℃〕 방수형
S	연기감지기	2종, 확인등부착, 비축적형
Ⓟ	발신기	P형

기호	명칭	비고
◐	표시등	DC 24〔V〕
Ⓑ	경보벨	150ϕ DC 24〔V〕 30〔mA〕
Ω	종단저항	
───	배관배선	
↗ ↙	상승, 인하	
─ - ─	경계구역 경계선	
(NO)	경계구역 번호	

(가) 설비계통도의 3F 부분에 대하여 틀린 부분이나 빠진 부분을 수정 보완하여 설비도와 맞게 도면을 작성하시오.

(나) 설비도에서 틀린 부분이나 빠진 부분을 수정 보완하여 도면을 다시 작성하고 그 부분에 대한 요약설명을 하시오.

(다) 설비도에서 종합반의 발신기에 누름스위치를 설치할 때 바닥면으로부터의 높이는 얼마로 하여야 하는가?

(라) 설비도의 ⊗는 무엇을 나타내는 기호인가?

(마) HFIX전선이란 무엇을 약칭한 것인가?

해답 (가)

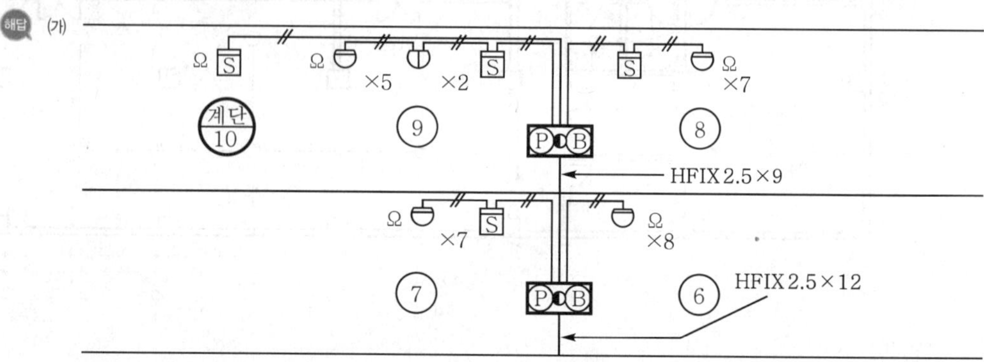

(나) (1) 복도의 길이가 35〔m〕이므로 연기감지기가 1개 더 필요하다.

(2) △2 사무실에는 최소 2개 이상의 차동식 스포트형 감지기가 필요하다.

$$\frac{(7+7)\times 6}{70}=1.2$$

∴ 2개

(3) ⑥번 구역의 말단(△4)에 종단저항이 설치되어 있지 않다.

(4) ⑥번 구역에서 감지기는 송배선식으로 하여야 하므로 △1 에서 분기된 감지기는 4가닥으로 하여야 한다.

(5) △6 의 조리실에는 범례 및 화재안전기준에 의해 정온식 스포트형 감지기(방수형)를 설치하여야 한다.

(6) 교환실에는 연기감지기를 설치하여야 한다.

(7) ⑦번 구역 감지기도 송배선식으로 2가닥 또는 4가닥으로 표시하여야 한다.

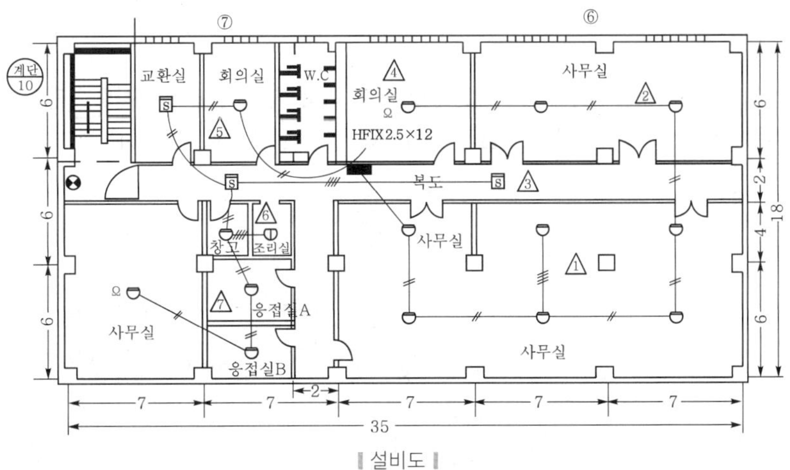

▌설비도▐

(다) 0.8〔m〕 이상 1.5〔m〕 이하

(라) 유도등

(마) 450/750〔V〕 저독성 난연 가교폴리올레핀 절연전선

해설 (가), (나)

(1) HFIX 2.5×9 : 회로선 3, 회로공통선 1, 경종선 1, 경종표시등공통선 2, 응답선 1, 표시등선 1

(2) HFIX 2.5×12 : 회로선 5, 회로공통선 1, 경종선 2, 경종표시등공통선 2, 응답선 1, 표시등선 1

(3) 4층이므로 **일제경보방식**이다.

(4) **수정내용**

① 설비도의 ⑥번, 설비계통도의 ⑦번의 감지기 말단에 종단저항 1개씩 설치

② 설비도에서 교환실에는 연기감지기(S)를 설치하여야 한다.

(다) 자동화재탐지설비의 발신기는 조작이 쉬운 장소에 설치하고, 스위치는 바닥으로부터 **0.8~1.5〔m〕** 이하의 높이에 설치할 것

(라) 유도등

종 류		그림기호	적 요
유도등	백열등		● 객석유도등 : S
	형광등		● 중형 : 중 ● 통로유도등 : ● 계단에 설치하는 비상용 조명과 겸용 :

(마) HFIX : 450/750〔V〕 저독성 난연 가교폴리올레핀 절연전선

문제 07

그림과 같은 자동화재탐지설비 계통도를 보고 다음 각 물음에 답하시오. (단, ① 각 층의 바닥면적은 450[m^2]이다. ② 종단저항은 감지기 말단에 설치한 것으로 한다.)

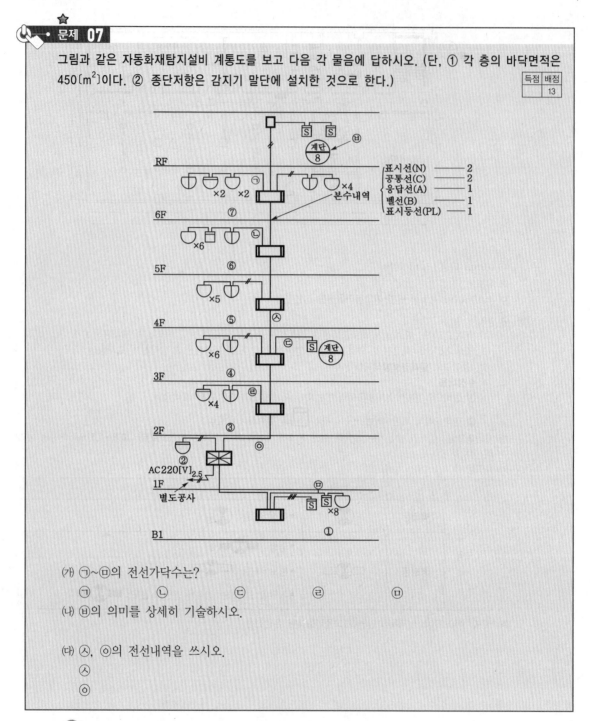

득점	배점
	13

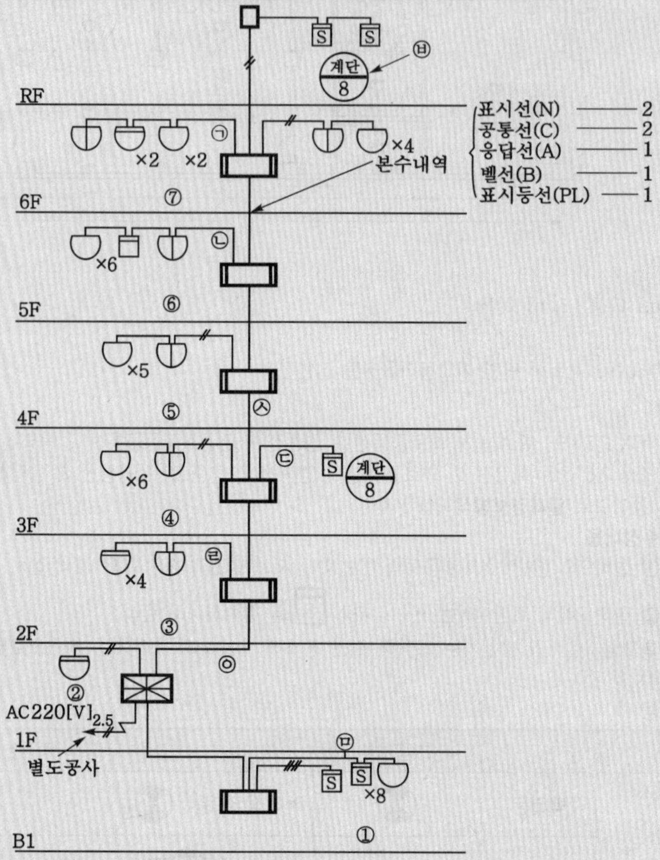

(가) ㉠~㉤의 전선가닥수는?

㉠ ㉡ ㉢ ㉣ ㉤

(나) ㉥의 의미를 상세히 기술하시오.

(다) ㉦, ㉧의 전선내역을 쓰시오.

㉦

㉧

해답

(가) ㉠ 4가닥 ㉡ 2가닥 ㉢ 4가닥 ㉣ 2가닥 ㉤ 2가닥

(나) 경계구역 번호가 8인 계단

(다) ㉦ 표시선 4, 공통선 2, 응답선 1, 벨선 3, 표시등선 1

㉧ 표시선 6, 공통선 2, 응답선 1, 벨선 5, 표시등선 1

해설

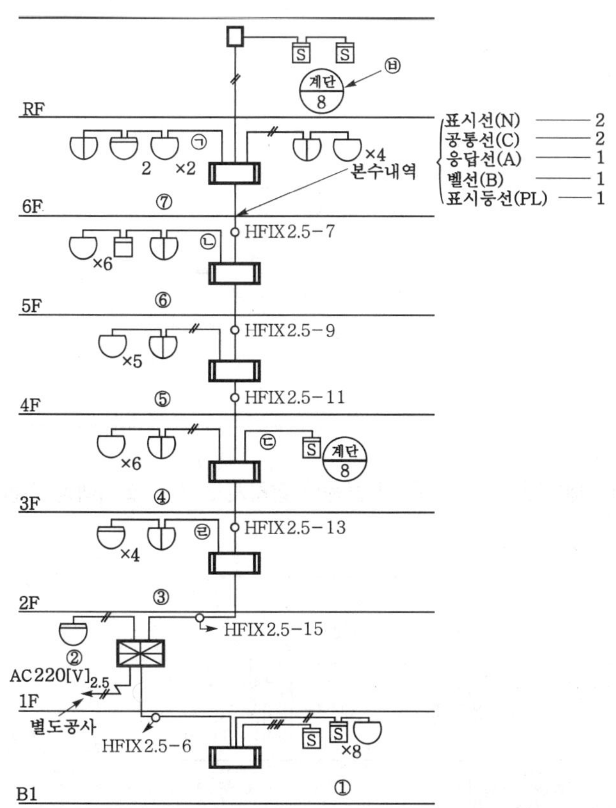

• **11층 미만**이므로 **일제경보방식**이다.

(가), (다) 배선의 내역 및 용도

기 호	내 역	용 도
㉠	HFIX 1.5-4	표시선 2, 공통선 2
㉡	HFIX 1.5-2	표시선 1, 공통선 1
㉢	HFIX 1.5-4	표시선 2, 공통선 2(종단저항이 감지기 말단에 설치되어 있지만 (계단 8)이 2곳에 있고 옥상의 가닥수가 2가닥이므로 ㉢은 **4가닥**이 된다.) 2가닥 2가닥 계단 8 Ω 4가닥 계단 8 ‖ 실제 배선 ‖
㉣	HFIX 1.5-2	표시선 1, 공통선 1
㉤	HFIX 1.5-2	표시선 1, 공통선 1
㉦	HFIX 2.5-11	표시선 4, 공통선 2, 응답선 1, 벨선 3, 표시등선 1
㉧	HFIX 2.5-15	표시선 6, 공통선 2, 응답선 1, 벨선 5, 표시등선 1

(나) 옥내배선 기호

명 칭	그림기호	적 요
경계구역 경계선	── - ──	
경계구역 번호	○	• ①: 경계구역 번호가 1 • (계단/7): 경계구역 번호가 7인 계단

본 문제는 경계구역 번호를 보고 가닥수를 신징하여야 한다.
①～(계단/8) 까지 전체 8회로임을 알 수 있다. 경계구역번호가 곧 회로수라는 것을 기억하라.
기존 시중에 있는 대부분의 책들이 틀린 답을 제시하고 있으므로 주의하기 바란다.

☆☆ 문제 08

그림과 같은 자동화재탐지설비 계통도를 보고 다음 각 물음에 답하시오. (단, 설치대상 건물의 연면적은 5000[m^2]이다.)

득점	배점
	13

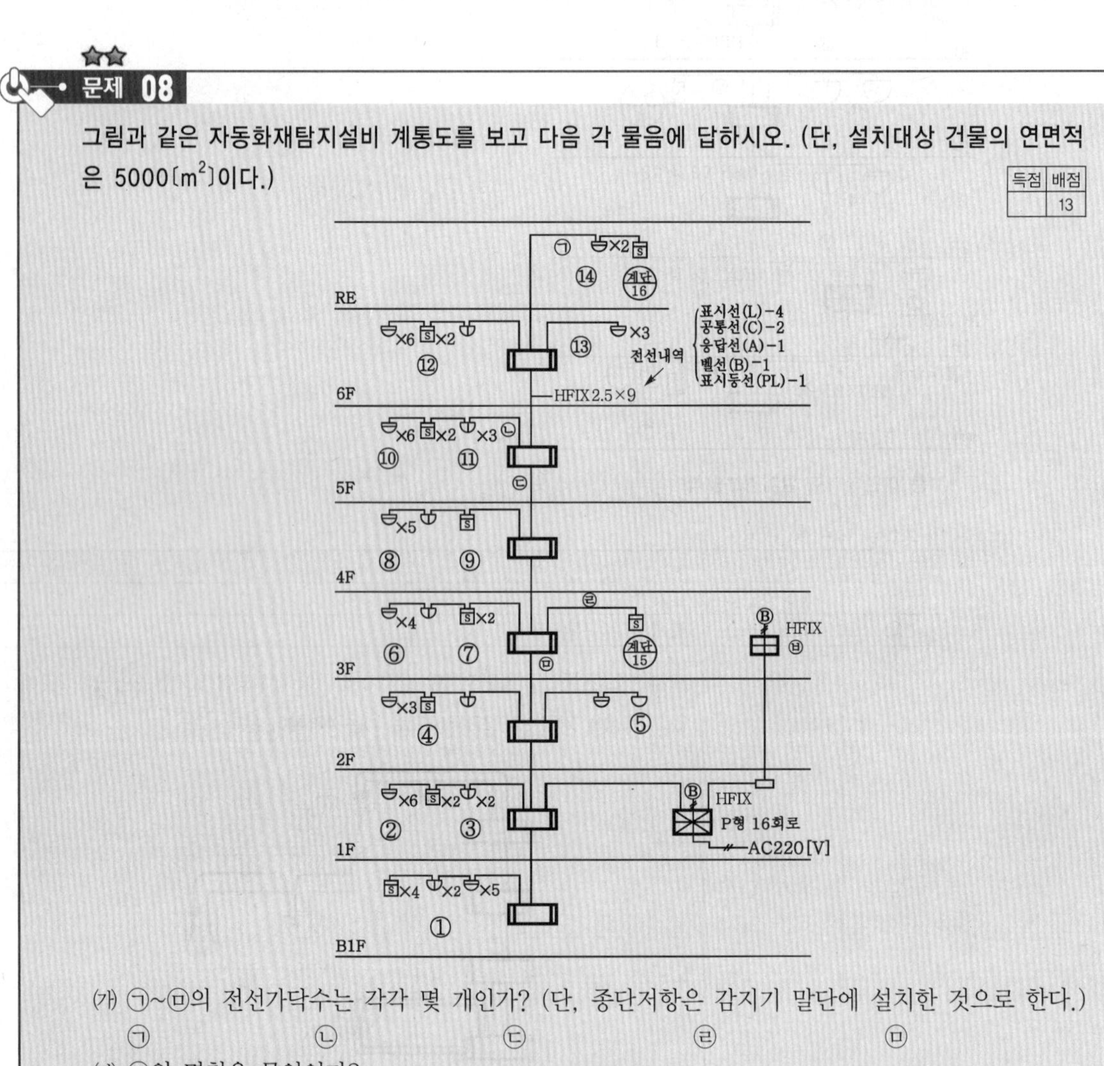

(가) ㉠～㉤의 전선가닥수는 각각 몇 개인가? (단, 종단저항은 감지기 말단에 설치한 것으로 한다.)
㉠　　㉡　　㉢　　㉣　　㉤

(나) ㉥의 명칭은 무엇인가?

(다) 계통도상에 주어져 있는 전선내역을 참조하여 ㉤전선의 내역을 쓰시오.

(라) 계통도상에 주어져 있는 전선내역을 참조하여 ㉠전선의 내역을 쓰시오.

해답 (가) ㉠ 3가닥　㉡ 3가닥　㉢ 12가닥　㉣ 2가닥　㉤ 20가닥
(나) 부수신기(표시기)

(다) 표시선 11, 공통선 3, 응답선 1, 벨선 4, 표시등선 1
(라) 표시선 2, 공통선 1

해설

- **11층 미만**이므로 **일제경보방식**이다.

(가) **배선**의 **내역** 및 **용도**

기 호	내 역	용 도
㉠	HFIX 1.5-3	표시선 2, 공통선 1 ‖ 실제 배선 ‖
㉡	HFIX 1.5-3	표시선 2, 공통선 1
㉢	HFIX 2.5-12	표시선 6, 공통선 2(회로공통선 1, 경종표시등공통선 1), 응답선 1, 벨선 2, 표시등선 1
㉣	HFIX 1.5-2	표시선 1, 공통선 1
㉤	HFIX 2.5-20	표시선 11, 공통선 3(회로공통선 2, 경종표시등공통선 1), 응답선 1, 벨선 4, 표시등선 1

본 문제는 경계구역 번호를 보고 가닥수를 산정하여야 한다.
①~(계단 16)까지 전체 16회로임을 알 수 있다. 경계구역 번호가 곧 회로수라는 것을 기억하라.
기존 시중에 있는 대부분의 책들이 틀린 답을 제시하고 있으므로 주의하기 바란다.

(나) 옥내배선 기호

명 칭	그림기호	적 요
수신기		• 가스누설 경보설비와 일체 : • 가스누설 경보설비 및 방배연 연동과 일체 :
부수신기(표시기)		

문제 09

그림은 자동화재탐지설비의 수신기와 수동발신기 세트함간의 결선을 나타낸 약식도면이다. 이 도면을 보고 다음 각 물음에 답하시오.

득점	배점
	11

(가) 일제경보를 할 수 있도록 하기 위한 평면도의 ①~③에 배선되어야 할 전선가닥수는 최소 몇 본인가?
① ② ③

(나) 간선계통도를 그리고 입상입하하는 간선수를 도면에 명기하시오.

[도면]

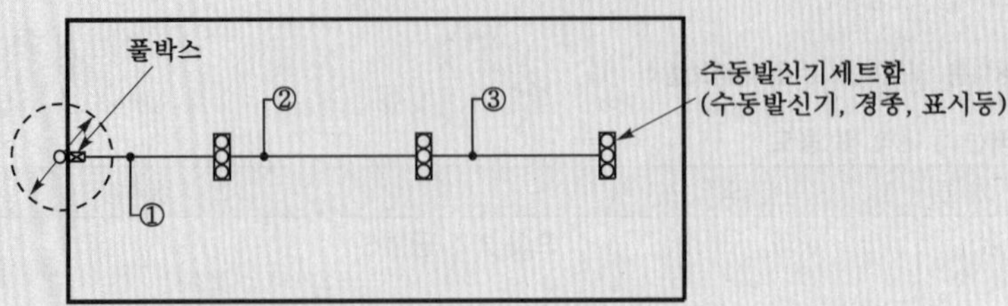

[조건]

○ 건물은 지상 6층, 지하 1층인 건물이다.
○ 배선은 최소선수로 표시한다.
○ 수동발신기 및 경종표시등 공통선은 6경계구역 초과시 별도로 결선한다.
○ 수신기는 P형 30회로이며, 지상 1층에 설치한다.

해답 (가) ① 8본 ② 7본 ③ 6본

(나)

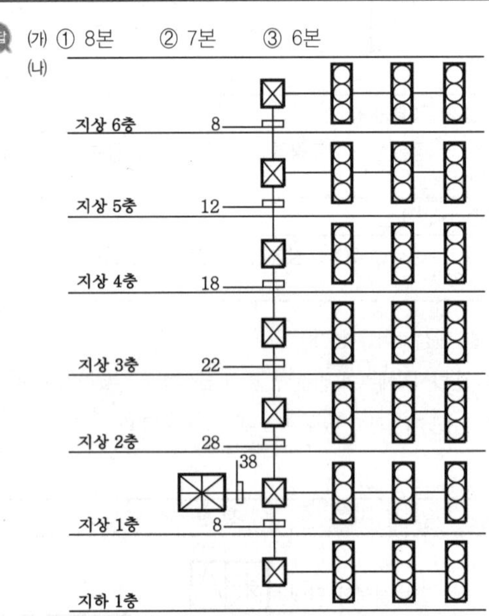

해설 (가) 평면도의 최소본수를 표시하면 다음과 같다.

기 호	내 역	용 도
①	HFIX 2.5-8	회로선 3, 수동발신기공통선 1, 경종선 1, 경종표시등공통선 1, 응답선 1, 표시등선 1
②	HFIX 2.5-7	회로선 2, 수동발신기공통선 1, 경종선 1, 경종표시등공통선 1, 응답선 1, 표시등선 1
③	HFIX 2.5-6	회로선 1, 수동발신기공통선 1, 경종선 1, 경종표시등공통선 1, 응답선 1, 표시등선 1

(나)

• **11층 미만**이므로 **일제경보방식**이다.

[조건]에 의해 6경계구역 초과시 별도 결선

• 수동발신기 공통선수 $= \frac{\text{회로선}}{6}$ (절상)
• 경종표시등 공통선수 $= \frac{\text{회로선}}{6}$ (절상)

가닥수	용 도
8	회로선 3, 수동발신기공통선 1, 경종선 1, 경종표시등공통선 1, 응답선 1, 표시등선 1
12	회로선 6, 수동발신기공통선 1, 경종선 2, 경종표시등공통선 1, 응답선 1, 표시등선 1
18	회로선 9, 수동발신기공통선 2, 경종선 3, 경종표시등공통선 2, 응답선 1, 표시등선 1
22	회로선 12, 수동발신기공통선 2, 경종선 4, 경종표시등공통선 2, 응답선 1, 표시등선 1
28	회로선 15, 수동발신기공통선 3, 경종선 5, 경종표시등공통선 3, 응답선 1, 표시등선 1
38	회로선 21, 수동발신기공통선 4, 경종선 7, 경종표시등공통선 4, 응답선 1, 표시등선 1

용어

풀박스 (pull box)
배관이 긴 곳 또는 굴곡부분이 많은 곳에서 시공을 용이하게 하기 위하여 배선 도중에 사용하여 전선을 끌어들이기 위한 박스

문제 10

지상 1층에서 7층까지의 내화구조가 아닌 사무실용 건축물이 있다. 계단은 각 층에 2개 장소에 있고 각 층의 높이는 3.6〔m〕이며, 각 층의 면적은 560〔m^2〕이다. 1층에 수신기를 설치할 경우 다음 물음에 답하시오.

득점	배점
	15

RH
7F
6F
5F
4F
3F
2F
1F

| 계통도 |

(가) 각 층에 설치하는 감지기의 종류를 쓰고 그 수량을 산정하시오.
- ○감지기의 종류 :
- ○수량 :

(나) 계단에 설치하는 감지기의 종류를 쓰고 그 수량을 산정하시오.
- ○감지기의 종류 :
- ○수량 :

(다) 각 층에 설치하는 발신기의 종류를 쓰고 그 수량을 산정하시오.
- ○발신기의 종류 :
- ○수량 :

(라) 1층에 설치하는 수신기의 종류를 쓰고 그 회로수를 쓰시오.
- ○수신기의 종류 :
- ○수량 :

(마) 종단저항은 몇 개가 필요한지를 필요개소별로 그 개수를 쓰시오.

(바) 계통도를 그리고 각 간선의 전선수량을 표현하시오.

해답 (가) ① 감지기의 종류 : 차동식 스포트형(2종) ② 수량 : 98개
(나) ① 감지기의 종류 : 연기감지기(2종) ② 수량 : 4개
(다) ① 발신기의 종류 : P형 발신기 ② 수량 : 7개
(라) ① 수신기의 종류 : P형 수신기 ② 수량 : 9회로
(마) 수신반 내에 2개, 각 층별로 1개씩 설치하여 9개가 된다.
(바)

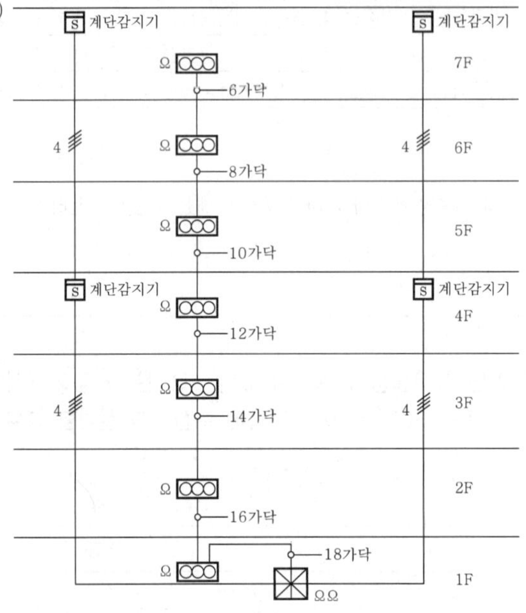

해설 (가) 각 층의 설치감지기 종류 및 수량 산정

가닥수	용 도
6	회로선 1, 회로공통선 1, 경종선 1, 경종표시등공통선 1, 응답선 1, 표시등선 1
8	회로선 2, 회로공통선 1, 경종선 2, 경종표시등공통선 1, 응답선 1, 표시등선 1
10	회로선 3, 회로공통선 1, 경종선 3, 경종표시등공통선 1, 응답선 1, 표시등선 1
12	회로선 4, 회로공통선 1, 경종선 4, 경종표시등공통선 1, 응답선 1, 표시등선 1
14	회로선 5, 회로공통선 1, 경종선 5, 경종표시등공통선 1, 응답선 1, 표시등선 1
16	회로선 6, 회로공통선 1, 경종선 6, 경종표시등공통선 1, 응답선 1, 표시등선 1
18	회로선 7, 회로공통선 1, 경종선 7, 경종표시등공통선 1, 응답선 1, 표시등선 1

층 별	적용 감지기	수량산출	수 량
1F	차동식 스포트형(2종)	560[m^2]/40[m^2]=14	14
2F	차동식 스포트형(2종)	560[m^2]/40[m^2]=14	14
3F	차동식 스포트형(2종)	560[m^2]/40[m^2]=14	14
4F	차동식 스포트형(2종)	560[m^2]/40[m^2]=14	14
5F	차동식 스포트형(2종)	560[m^2]/40[m^2]=14	14
6F	차동식 스포트형(2종)	560[m^2]/40[m^2]=14	14
7F	차동식 스포트형(2종)	560[m^2]/40[m^2]=14	14
계			98

• [문제]에서 내화구조가 아니라고 했으므로 기타구조로 답안 작성

(나) 계단에 설치하는 감지기의 종류 및 수량 산정
① 적용 감지기 : 연기식 2종 감지기(이온화식 또는 광전식)
② 설치수량
- 1개 계단높이 : 7×3.6=총 25.2[m]
- 1개 계단 감지기 설치수량 : 25.2[m]÷15[m] ≒ 2개
- 2개 계단이므로 총 4개 설치

(다) 각 층에 설치하는 발신기 종류 및 수량 산정

층 별	발신기 종류	수량산출	수 량
1F	P형 발신기	560[m^2]/600[m^2]=0.93	1
2F	P형 발신기	560[m^2]/600[m^2]=0.93	1
3F	P형 발신기	560[m^2]/600[m^2]=0.93	1
4F	P형 발신기	560[m^2]/600[m^2]=0.93	1
5F	P형 발신기	560[m^2]/600[m^2]=0.93	1
6F	P형 발신기	560[m^2]/600[m^2]=0.93	1
7F	P형 발신기	560[m^2]/600[m^2]=0.93	1
계			7

(라) 1층에 설치되는 수신기의 종류 및 회로수
① 수신기의 종류 : P형 수신기(일반적으로 **40회로** 이하는 **P형 수신기** 사용)
② 회로수 : 각 층(7회로)+계단(2회로)=9회로

(마) 종단저항 필요개소별 개수

층 별	설치개소	개 수	용 도
1F	수신기 내	2	계단 2회로
1F	발신기 세트 내	1	층별 1회로
2F	발신기 세트 내	1	층별 1회로
3F	발신기 세트 내	1	층별 1회로
4F	발신기 세트 내	1	층별 1회로
5F	발신기 세트 내	1	층별 1회로
6F	발신기 세트 내	1	층별 1회로
7F	발신기 세트 내	1	층별 1회로
계		9	

(바) **11층 미만**이므로 **일제경보방식**이다.

☆☆

문제 11

주어진 조건을 이용하여 자동화재탐지설비의 수동발신기간 연결간선수를 구하고 각 선로의 용도를 표시하시오.

득점	배점
	12

〔조건〕

- 선로의 수는 최소로 하고 발신기공통선은 1선, 경종 및 표시등 공통선을 1선으로 하고 7경계구역이 넘을 시 발신기공통선, 경종 및 표시등 공통선은 각각 1선씩 추가하는 것으로 한다.
- 건물의 규모는 지상 6층, 지하 2층으로 연면적은 3500[m^2]인 것으로 한다.

6층 ⓅⒷⓁ
①
5층 ⓅⒷⓁ
②
4층 ⓅⒷⓁ
③
3층 ⓅⒷⓁ
④
2층 ⓅⒷⓁ ⑥
⑤
1층 ⓅⒷⓁ
지하 1층 ⓅⒷⓁ
지하 2층 ⓅⒷⓁ

〔답안작성 예시(8선)〕

- 수동발신기 지구선 : 2선
- 수동발신기 응답선 : 1선
- 수동발신기 공통선 : 1선
- 경종선 : 2선
- 표시등선 : 1선
- 경종 및 표시등 공통선 : 1선

해답

용도 \ 기호	①	②	③	④	⑤	⑥
수동발신기 지구선	1선	2선	3선	4선	5선	8선
수동발신기 응답선	1선	1선	1선	1선	1선	1선
수동발신기 공통선	1선	1선	1선	1선	1선	2선
경종선	1선	2선	3선	4선	5선	8선
표시등선	1선	1선	1선	1선	1선	1선
경종 및 표시등 공통선	1선	1선	1선	1선	1선	2선
합계	6선	8선	10선	12선	14선	22선

해설 **11층 미만**이므로 **일제경보방식**이다.

기 호	내 역	용 도
①	HFIX 2.5-6	회로선 1, 회로공통선 1, 경종선 1, 경종표시등공통선 1, 응답선 1, 표시등선 1
②	HFIX 2.5-8	회로선 2, 회로공통선 1, 경종선 2, 경종표시등공통선 1, 응답선 1, 표시등선 1
③	HFIX 2.5-10	회로선 3, 회로공통선 1, 경종선 3, 경종표시등공통선 1, 응답선 1, 표시등선 1
④	HFIX 2.5-12	회로선 4, 회로공통선 1, 경종선 4, 경종표시등공통선 1, 응답선 1, 표시등선 1
⑤	HFIX 2.5-14	회로선 5, 회로공통선 1, 경종선 5, 경종표시등공통선 1, 응답선 1, 표시등선 1
⑥	HFIX 2.5-22	회로선 8, 회로공통선 2, 경종선 8, 경종표시등공통선 2, 응답선 1, 표시등선 1

문제 12

도면은 자동화재탐지설비의 간선계통도 및 평면도이다. 도면 및 유의사항을 보고 다음 각 물음에 답하시오.

득점	배점
	14

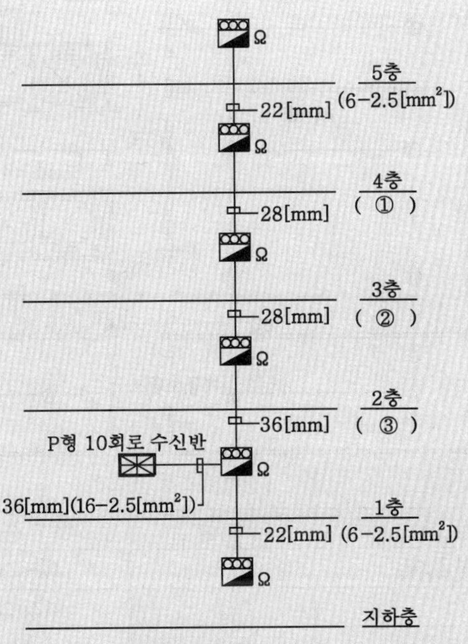

▮간선계통도(축척 : 없음)▮

(가) 도면의 ①~④에 필요한 최소전선수는 얼마인가?

①

②

③

④

(나) 본 공사에 소요되는 물량을 산출하여 답안지의 빈칸 ①~⑮를 채우시오.

〔유의사항〕

- 지하 1층, 지상 5층의 건물로서 전층이 기준층이며, 층고는 3〔m〕, 이중천장은 천장면으로부터 0.5〔m〕임
- 모든 파이프는 후강전선관이며, 천장슬래브 및 벽체 매입배관임
- 주수신반 및 소화전함은 바닥으로부터 상단까지 1.8〔m〕이며, 벽체 매입으로 함
- 발신기, 표시등, 경종은 소화전 위의 상단 설치
- 3방출 이상은 4각박스를 사용할 것

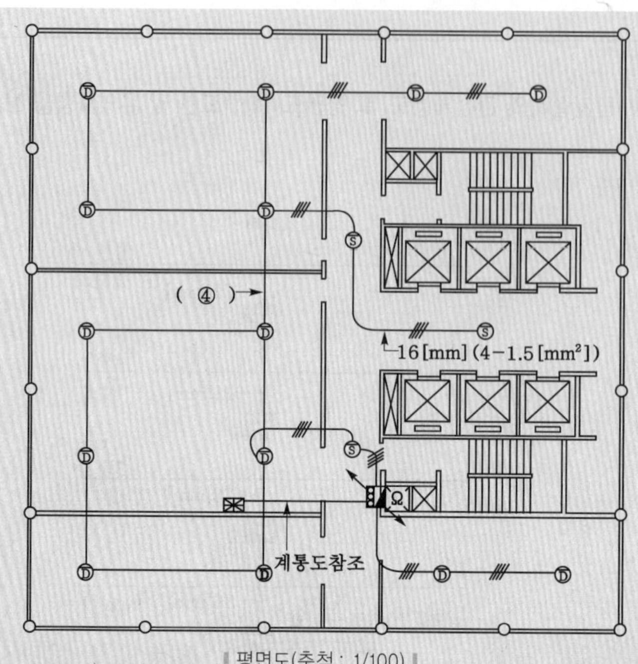

▌평면도(축척 : 1/100)▐

종 류	수 량	종 류	수 량
차동식 스포트형 감지기	(①)	부싱(28[mm])	(⑨)
연기감지기	(②)	부싱(36[mm])	(⑩)
로크너트(16[mm])	(③)	노멀밴드(16[mm])	(⑪)
로크너트(22[mm])	(④)	수신기	(⑫)
로크너트(28[mm])	(⑤)	발신기	(⑬)
로크너트(36[mm])	(⑥)	4각박스	(⑭)
부싱(16[mm])	(⑦)	8각박스	(⑮)
부싱(22[mm])	(⑧)		

해답 (가) ① 8선 ② 10선 ③ 12선 ④ 4선

(나)

종 류	수 량	종 류	수 량
차동식 스포트형 감지기	(84)	부싱(28[mm])	(4)
연기감지기	(18)	부싱(36[mm])	(4)
로크너트(16[mm])	(456)	노멀밴드(16[mm])	(42)
로크너트(22[mm])	(8)	수신기	(1)
로크너트(28[mm])	(8)	발신기	(6)
로크너트(36[mm])	(8)	4각박스	(24)
부싱(16[mm])	(228)	8각박스	(78)
부싱(22[mm])	(4)		

해설 (가) **11층 미만**이므로 **일제경보방식**이다.

기 호	내 역	용 도
①	HFIX 2.5-8	회로선 2, 회로공통선 1, 경종선 2, 경종표시등공통선 1, 응답선 1, 표시등선 1
②	HFIX 2.5-10	회로선 3, 회로공통선 1, 경종선 3, 경종표시등공통선 1, 응답선 1, 표시등선 1
③	HFIX 2.5-12	회로선 4, 회로공통선 1, 경종선 4, 경종표시등공통선 1, 응답선 1, 표시등선 1
④	HFIX 1.5-4	지구, 공통 각 2가닥
-	HFIX 2.5-16	회로선 6, 회로공통선 1, 경종선 6, 경종표시등공통선 1, 응답선 1, 표시등선 1

(나) ① 차동식 스포트형 감지기는 한 층에 14개이므로 14개×6층=**84개**이다.

② 연기감지기는 한 층에 3개이므로 3개×6층= **18개**이다.

③ 로크너트(16[mm])는 한 층에 76개이므로 76개×6층=**456개**이다.

※ 로크너트(16[mm])는 부싱(16[mm])개수의 2배이므로 76개(38개×2배=76개)이다.

④ 로크너트(22[mm])는 지하층, 1층, 4층, 5층에 각각 2개씩 **8개**이다.

※ 로크너트(22[mm])는 부싱(22[mm])개수의 2배이므로 8개(4개×2배=8개)이다.

⑤ 로크너트(28[mm])는 부싱(28[mm])개수의 2배이므로 **8개**(4개×2배=8개)이다.

⑥ 로크너트(36[mm])는 부싱(36[mm])개수의 2배이므로 **8개**(4개×2배=8개)이다.

⑦ 부싱(16[mm])는 한 층에 38개이므로 38개×6층=**228개**이다. (○ : 부싱표시)

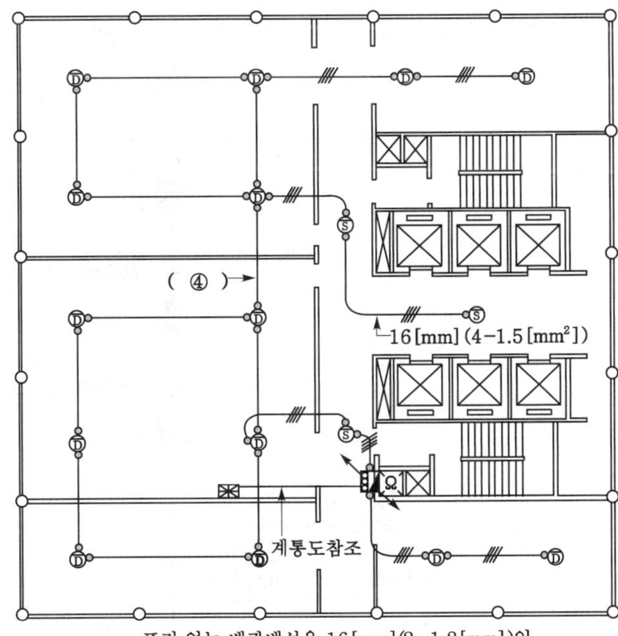

표기 없는 배관배선은 16[mm](2-1.2[mm])임

⑧ 부싱(22[mm])는 지하층, 1층, 4층, 5층에 각각 1개씩 **4개**이다.(○ : 부싱표시)

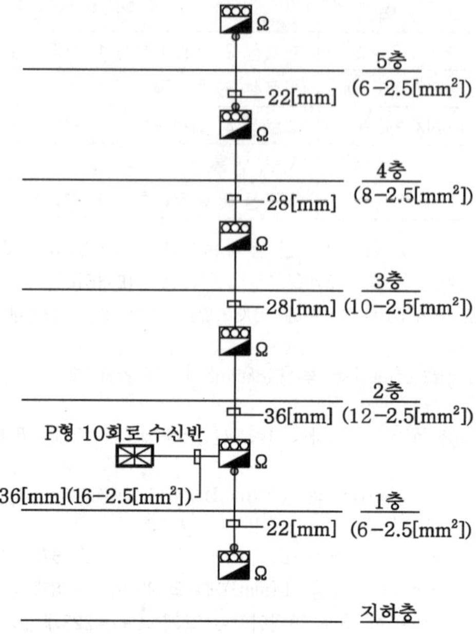

⑨ 부싱(28[mm])는 2층에 1개, 3층에 2개, 4층에 1개이므로 총 **4개**이다.(○ : 부싱표시)

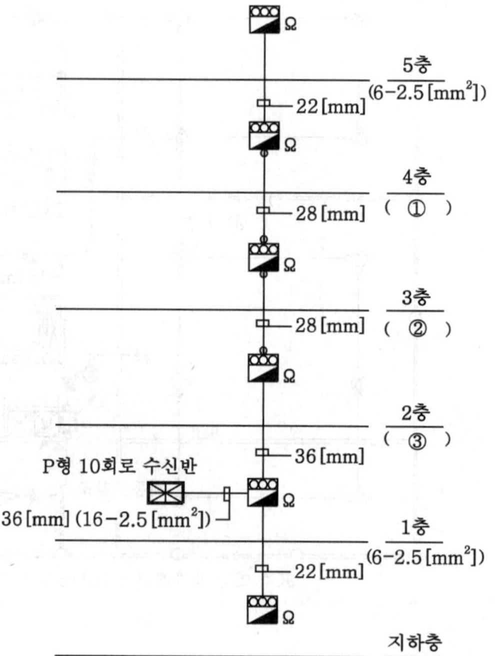

⑩ 부싱(36[mm])은 1층에 3개, 2층에 1개이므로 총 **4개**이다.(○ : 부싱표시)

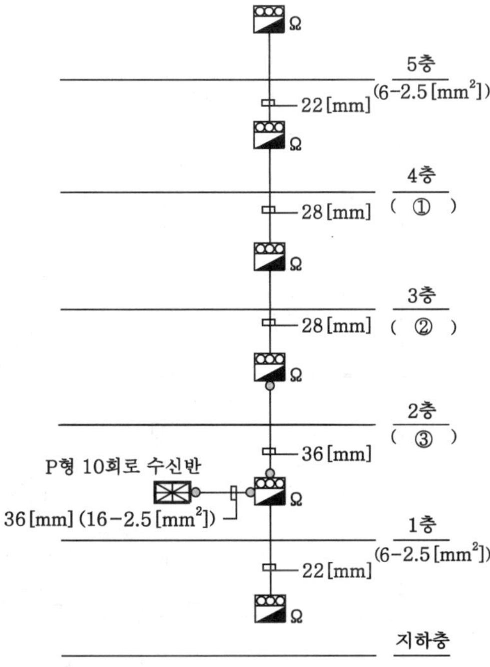

⑪ 노멀밴드(16[mm])는 한 층에 7개이므로 7개×6층=**42개**이다.(: 노멀밴드표시)

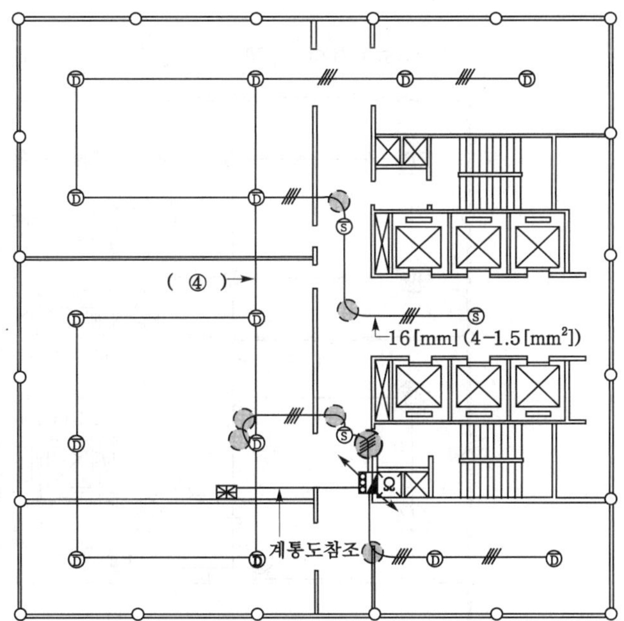

⑫ 수신기는 1층에 **1대**가 사용된다.
⑬ 발신기는 각 층에 1개씩 **6개**이다.

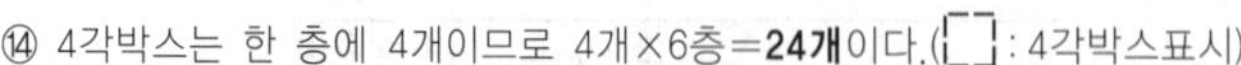

- 〔유의사항〕에서 주수신반 및 소화전함은 벽체 매입이므로 이때에는 수신기 및 발신기세트는 자체 박스가 있으므로 4각박스와 8각박스 산출에서 제외

⑭ 4각박스는 한 층에 4개이므로 4개×6층=**24개**이다.(: 4각박스표시)

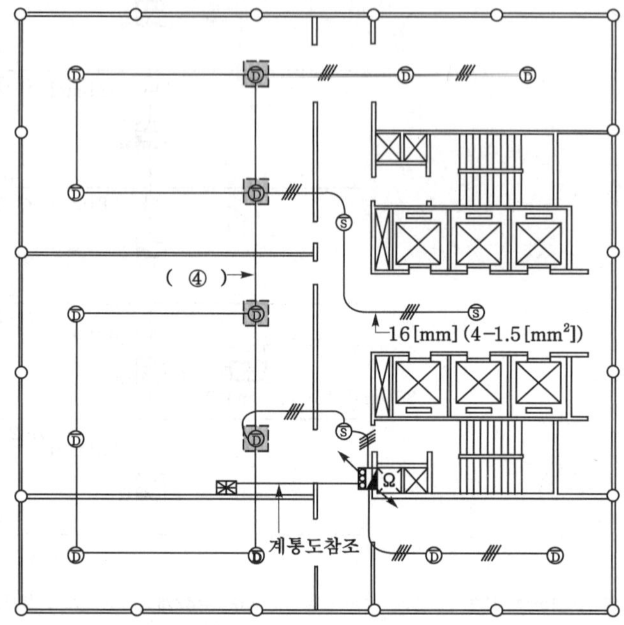

⑮ 8각박스는 한 층에 13개이므로 13개×6층=**78개**이다.(: 8각박스표시)

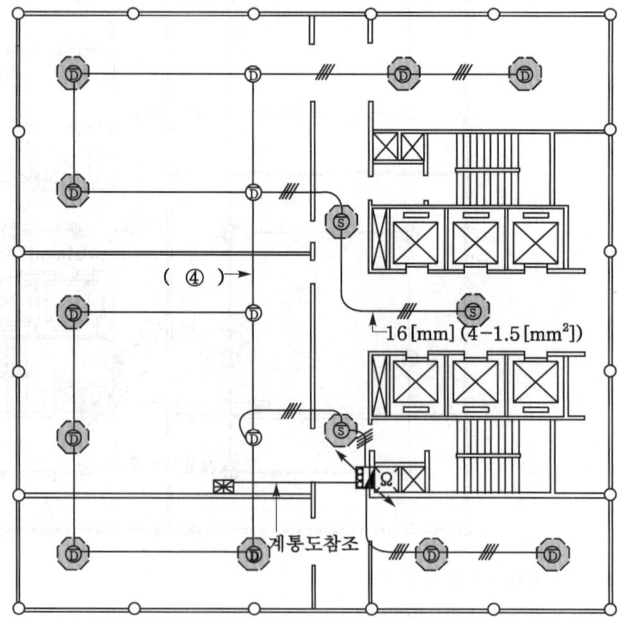

표기 없는 배관배선은 16〔mm〕(2~1.5〔mm^2〕)임

발화층 및 직상 4개층 우선경보방식

1 배선내역

배 선	추 가
회로선	*
공통선	*
경종선	*
경종표시등공통선	조건에 의해 추가될 수 있음
응답선(발신기선)	
표시등선	

발화층 직상 4개층 우선경보방식 소방대상물

11층(공동주택 16층) 이상의 특정소방대상물

2 결선도

(1) 결선도 1

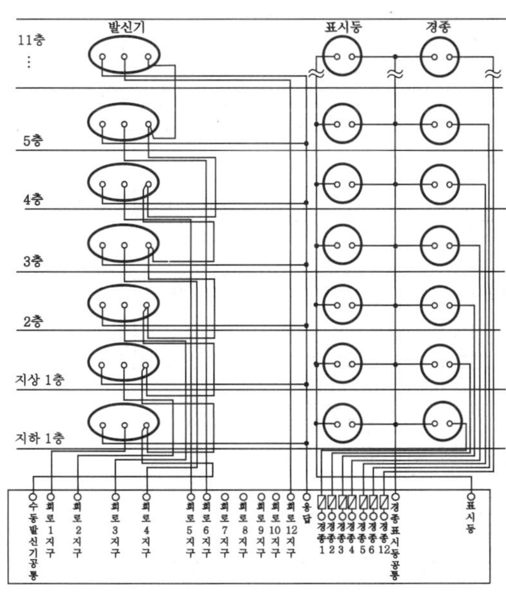

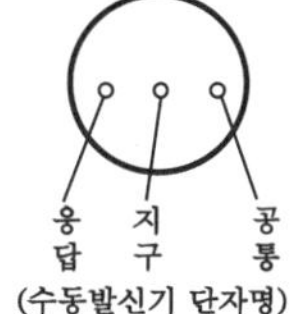

(수동발신기 단자명)

＊ 발화층 및 직상 4개층 우선경보방식
화재시 안전하고 신속한 인명의 대피를 위하여 화재가 발생한 층과 인근 층부터 우선하여 별도로 경보하는 방식

＊ 특정소방대상물
화재를 예방·경계·진압하기 위한 것으로 건축물, 차량 등을 말한다.

(2) 결선도 2

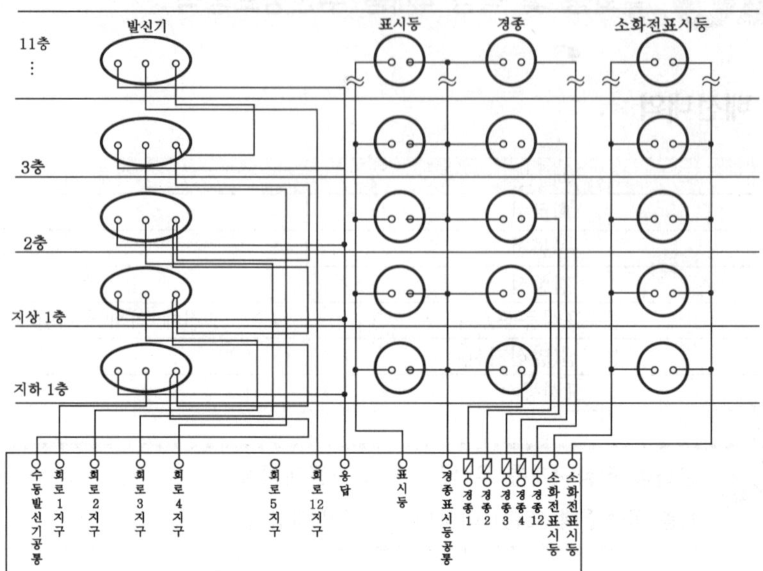

※ 소화전 표시등
일제경보방식 · 우선경보방식 할 것 없이 모두 병렬로 연결된다.

(3) 결선도 3

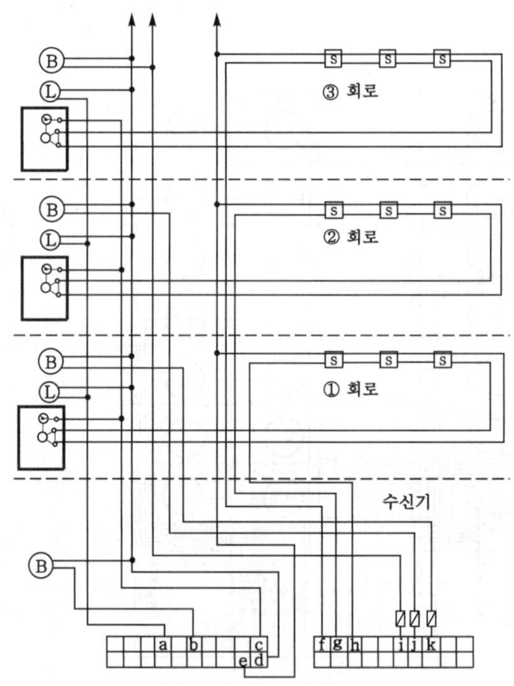

※ 연기감지기

명 칭	심 벌
매입형	S
점검박스 붙이형	S

기 호	전선의 명칭
a	표시등선
b	주경종선
c	응답선
d	경종표시등공통선
e	회로공통선
f	회로선 3

Key Point

g	회로선 2
h	회로선 1
i	경종선 3
j	경종선 2
k	경종선 1

3 계통도

(1) 계통도 1

선로의 수는 최소로 하고 발신기공통선은 1선, 경종 및 표시등 공통선을 1선으로 하고 7경계구역이 넘을 시 발신기공통선, 경종 및 표시등공통선은 각각 1선씩 추가하는 것으로 한다.

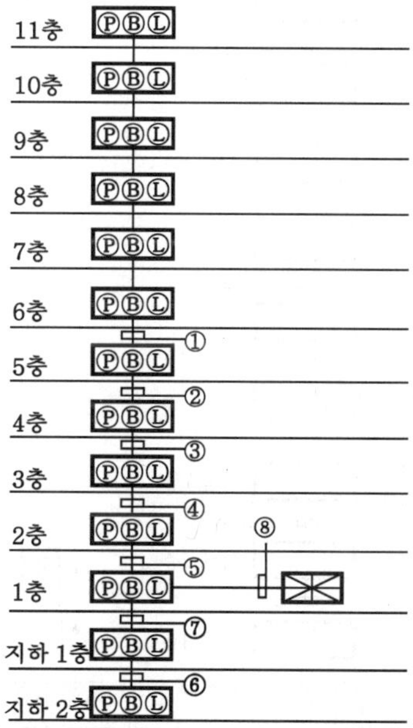

기 호	내 역	용 도
①	HFIX 2.5-16	회로선 6, 회로공통선 1, 경종선 6, 경종표시등공통선 1, 응답선 1, 표시등선 1
②	HFIX 2.5-18	회로선 7, 회로공통선 1, 경종선 7, 경종표시등공통선 1, 응답선 1, 표시등선 1
③	HFIX 2.5-22	회로선 8, 회로공통선 2, 경종선 8, 경종표시등공통선 2, 응답선 1, 표시등선 1
④	HFIX 2.5-24	회로선 9, 회로공통선 2, 경종선 9, 경종표시등공통선 2, 응답선 1, 표시등선 1
⑤	HFIX 2.5-26	회로선 10, 회로공통선 2, 경종선 10, 경종표시등공통선 2, 응답선 1, 표시등선 1
⑥	HFIX 2.5-6	회로선 1, 회로공통선 1, 경종선 1, 경종표시등공통선 1, 응답선 1, 표시등선 1
⑦	HFIX 2.5-8	회로선 2, 회로공통선 1, 경종선 2, 경종표시등공통선 1, 응답선 1, 표시등선 1
⑧	HFIX 2.5-32	회로선 13, 회로공통선 2, 경종선 13, 경종표시등공통선 2, 응답선 1, 표시등선 1

※ 경계구역
면적과 길이를 모두 고려하여 산정하여야 한다.(길이 50m 이하, 면적 600m^2 이하)

※ 7경계구역
'7회로'를 의미한다.

※ HFIX 2.5-24의 의미
2.5[mm^2] 450/750[V] 저독성 난연 가교폴리올레핀 절연전선 24가닥을 넣는다.

Key Point

(2) 계통도 2

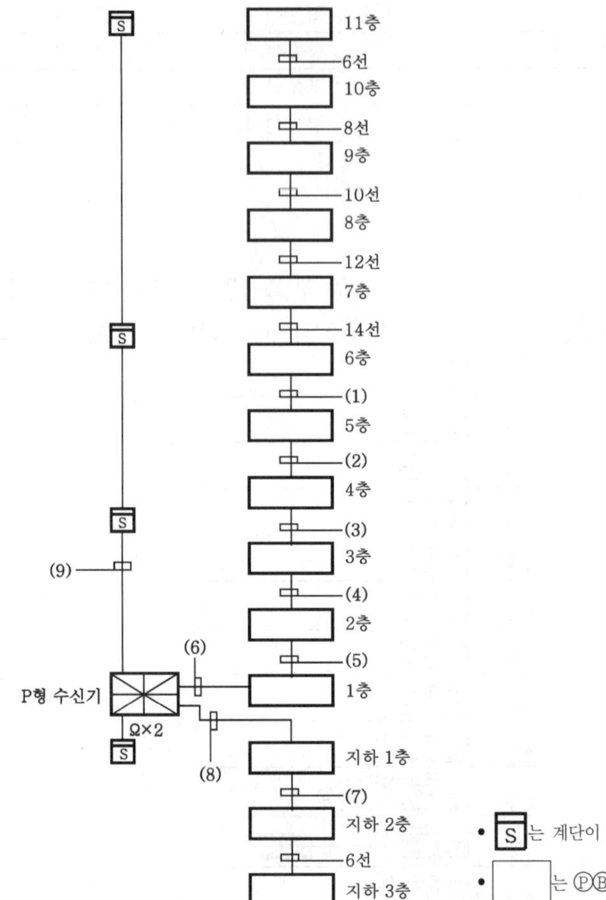

기 호	내 역	용 도
(1)	HFIX 2.5-16	회로선 6, 회로공통선 1, 경종선 6, 경종표시등공통선 1, 응답선 1, 표시등선 1
(2)	HFIX 2.5-18	회로선 7, 회로공통선 1, 경종선 7, 경종표시등공통선 1, 응답선 1, 표시등선 1
(3)	HFIX 2.5-21	회로선 8, 회로공통선 2, 경종선 8, 경종표시등공통선 1, 응답선 1, 표시등선 1
(4)	HFIX 2.5-23	회로선 9, 회로공통선 2, 경종선 9, 경종표시등공통선 1, 응답선 1, 표시등선 1
(5)	HFIX 2.5-25	회로선 10, 회로공통선 2, 경종선 10, 경종표시등공통선 1, 응답선 1, 표시등선 1
(6)	HFIX 2.5-27	회로선 11, 회로공통선 2, 경종선 11, 경종표시등공통선 1, 응답선 1, 표시등선 1
(7)	HFIX 2.5-8	회로선 2, 회로공통선 1, 경종선 2, 경종표시등공통선 1, 응답선 1, 표시등선 1
(8)	HFIX 2.5-10	회로선 3, 회로공통선 1, 경종선 3, 경종표시등공통선 1, 응답선 1, 표시등선 1
(9)	HFIX 1.5-4	지구, 공통 각 2가닥

*Ⓟ
'P형 발신기'를 의미한다.

*Ⓑ
'경종'을 의미한다.

*Ⓛ
'표시등'을 의미한다.

(3) 계통도 3

벨과 표시등의 공통선은 회로표시선공통선과 별도로 하되 최소의 전선수로 한다.

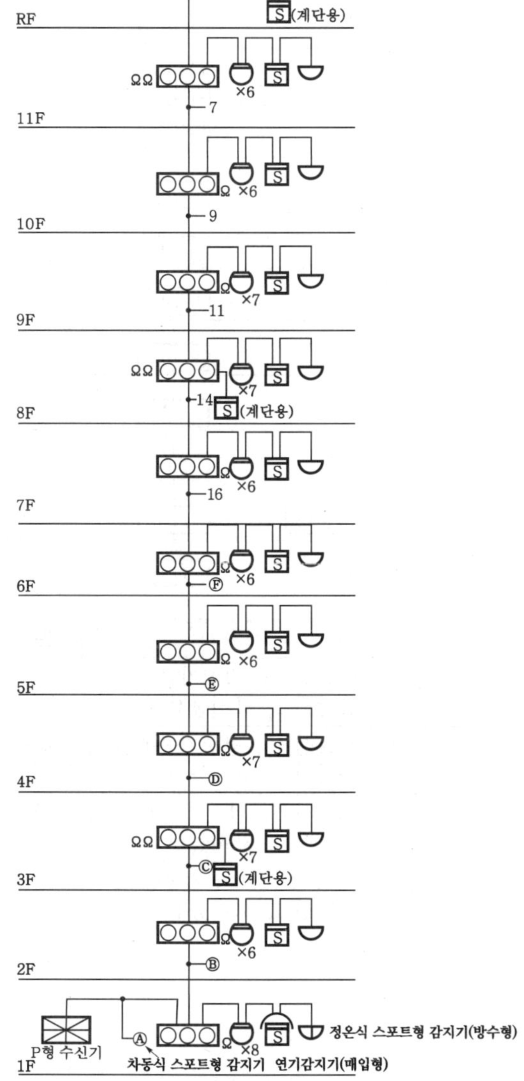

기 호	내 역	용 도
Ⓐ	HFIX 2.5-30	회로선 14, 회로표시선공통선 2, 벨선 11, 벨표시등공통선 1, 응답선 1, 표시등선 1
Ⓑ	HFIX 2.5-28	회로선 13, 회로표시선공통선 2, 벨선 10, 벨표시등공통선 1, 응답선 1, 표시등선 1
Ⓒ	HFIX 2.5-26	회로선 12, 회로표시선공통선 2, 벨선 9, 벨표시등공통선 1, 응답선 1, 표시등선 1
Ⓓ	HFIX 2.5-23	회로선 10, 회로표시선공통선 2, 벨선 8, 벨표시등공통선 1, 응답선 1, 표시등선 1
Ⓔ	HFIX 2.5-21	회로선 9, 회로표시선공통선 2, 벨선 7, 벨표시등공통선 1, 응답선 1, 표시등선 1
Ⓕ	HFIX 2.5-19	회로선 8, 회로표시선공통선 2, 벨선 6, 벨표시등공통선 1, 응답선 1, 표시등선 1

Key Point

※ **회로표시선공통선**

'회로공통선'을 의미한다.

※ **정온식 스포트형 감지기**

명 칭	심 벌
방수형	(방수형 심벌)
내산형	(내산형 심벌)
내알칼리형	(내알칼리형 심벌)
방폭형	(방폭형 심벌) EX

※ **벨선**

'경종선'을 의미한다.

※ 부수신기

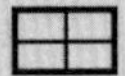

※ 수신기

※ 제어반

(4) 계통도 4

11층 PBL
HFIX 2.5－6
10층 PBL
9층 PBL
8층 PBL
7층 PBL
6층 PBL
5층 PBL
4층 PBL
④
3층 PBL
③
2층 PBL
①
②
1층 PBL
지하 1층 PBL

기호	내 역	용 도
①	HFIX 2.5－29	회로선 12, 발신기공통선 2, 경종선 12, 경종표시등공통선 1, 응답선 1, 표시등선 1
②	HFIX 2.5－25	회로선 10, 발신기공통선 2, 경종선 10, 경종표시등공통선 1, 응답선 1, 표시등선 1
③	HFIX 2.5－23	회로선 9, 발신기공통선 2, 경종선 9, 경종표시등공통선 1, 응답선 1, 표시등선 1
④	HFIX 2.5－21	회로선 8, 발신기공통선 2, 경종선 8, 경종표시등공통선 1, 응답선 1, 표시등선 1

4 평면도

(1) 평면도 1

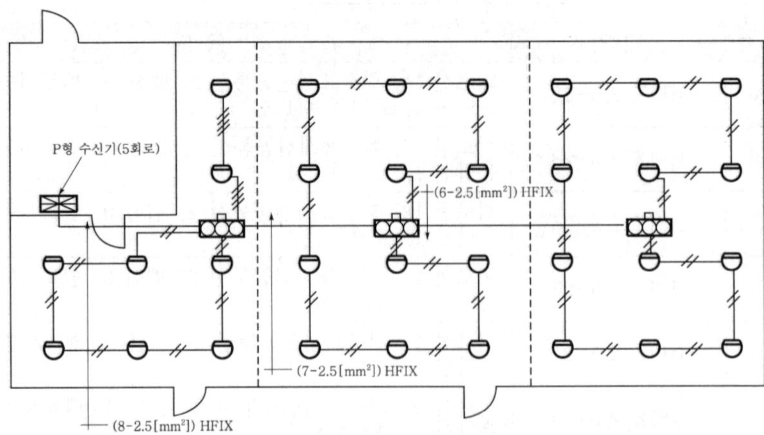

Key Point

※ 자동화재탐지설비의 구성
① 감지기
② 수신기
③ 발신기
④ 중계기
⑤ 음향장치
⑥ 표시등
⑦ 전원
⑧ 배선

문제 다음은 자동화재탐지설비의 평면을 나타낸 도면이다. 이 도면을 보고 다음 각 물음에 답하시오. (단, 모든 배관은 슬래브 내 매입배관이며 이중천장이 없는 구조이다.)

득점	배점
	10

〔범례〕

- : 차동식 스포트형 감지기(2종)
- : 수동발신기 세트함
- : 수신기 P형(5회로)

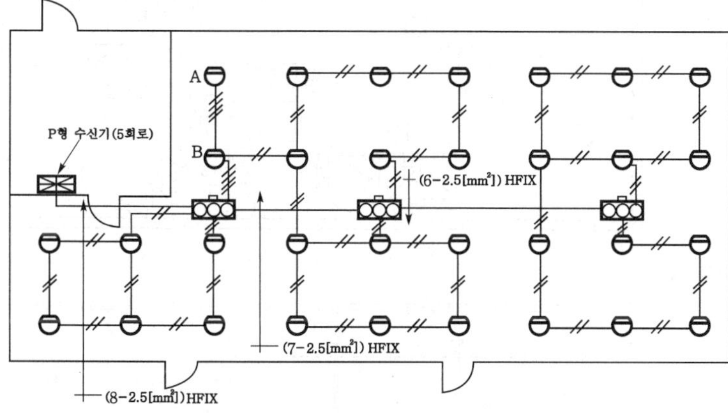

‖ 자동화재탐지설비 평면도(축척 : 없음) ‖

(가) 도면의 잘못된 부분(배관 및 배선)을 고쳐서 올바른 도면으로 그리시오. (단, 배관 및 배선가닥수는 최소화하여 적용한다.)

(나) A-B 사이의 전선관은 최소 몇 〔mm〕를 사용하면 되는지 구하시오. (단 HFIX 1.5〔mm^2〕 피복절연물을 포함한 전선의 단면적은 9〔mm^2〕이고, HFIX 2.5〔mm^2〕 피복절연물을 포함한 전선의 단면적은 13〔mm^2〕이다.)

(다) 수동발신기 세트함에는 어떤 것들이 내장되는가?

해답 (가)

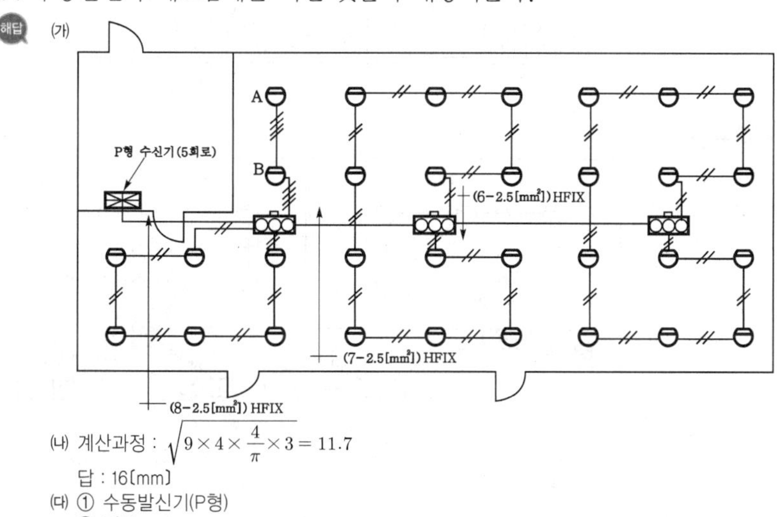

(나) 계산과정 : $\sqrt{9 \times 4 \times \frac{4}{\pi} \times 3} = 11.7$

답 : 16〔mm〕

(다) ① 수동발신기(P형)
② 경종
③ 표시등

※ 6선(발신기~발신기간)의 내역
① 회로선 1
② 회로공통선 1
③ 경종선 1
④ 경종표시등공통선 1
⑤ 응답선 1
⑥ 표시등선 1

※ 7선(발신기~발신기간)의 내역
① 회로선 2
② 회로공통선 1
③ 경종선 1
④ 경종표시등공통선 1
⑤ 응답선 1
⑥ 표시등선 1

※ 
'댐퍼'를 의미한다.

※ ELV
'엘리베이터(elevator)'를 의미한다.

※ 12선의 내역
① 회로선 7
② 회로공통선 1
③ 경종선 1
④ 경종표시등공통선 1
⑤ 응답선 1
⑥ 표시등선 1

(2) 평면도 2

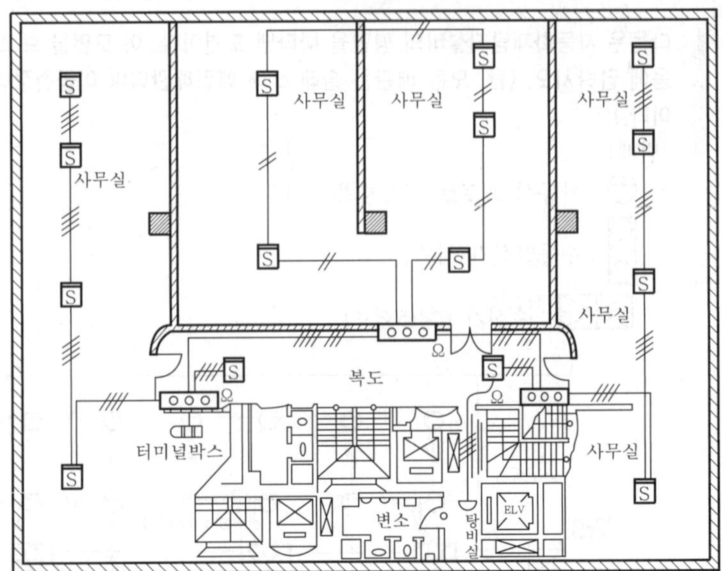

(3) 평면도 3

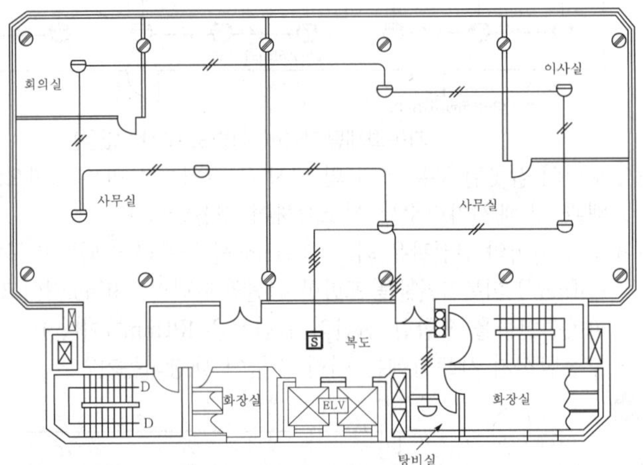

(4) 평면도 4

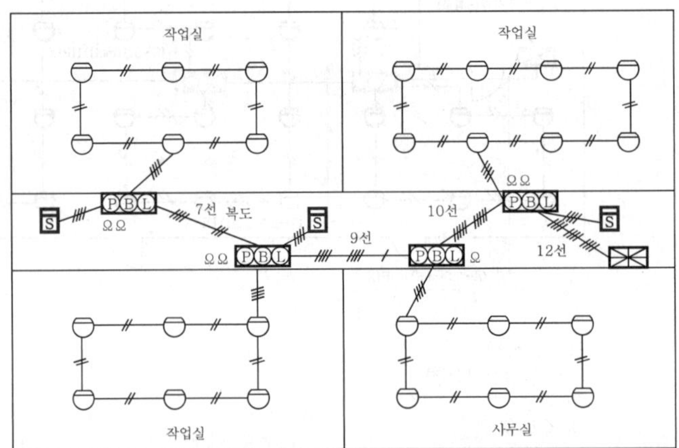

과년도 출제문제

출제확률  (17점)

문제 01

P형 5회로 수신기와 수동발신기, 경종, 표시등 및 소화전 기동표시등 사이를 결선하시오. (단, 발화층 및 직상 4개층 우선경보방식으로 결선할 것)

득점	배점
	7

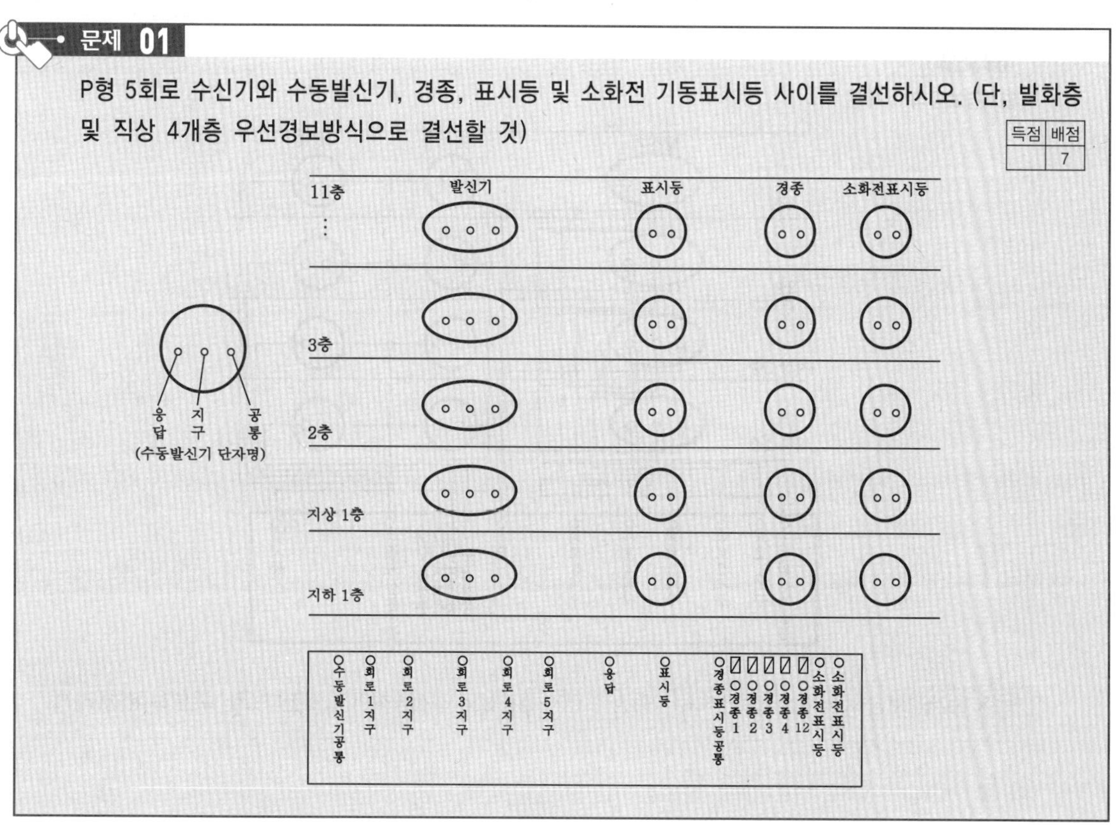

해답

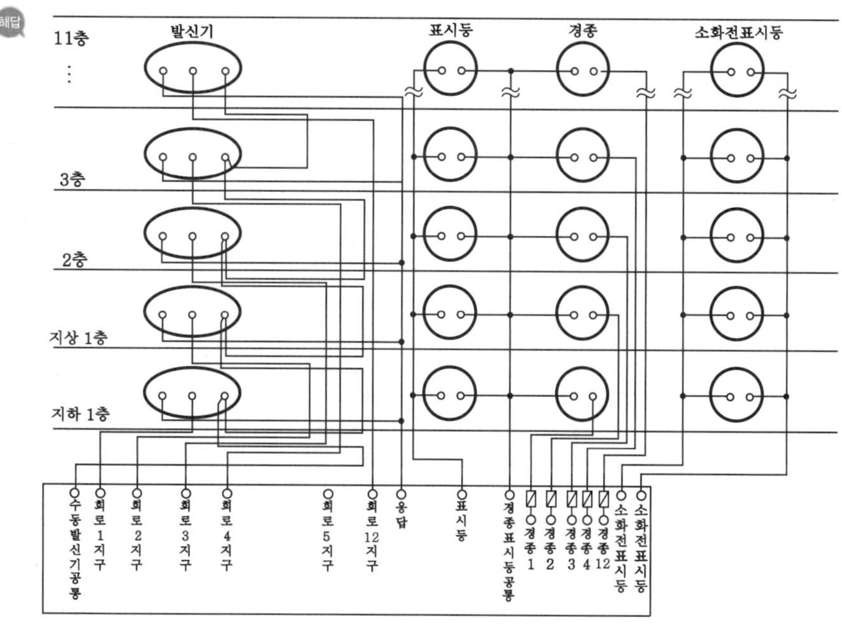

발화층 및 직상 4개층 우선경보방식	일제경보방식
① 화재시 안전하고 신속한 인명의 대피를 위하여 화재가 발생한 층과 인근층부터 우선하여 별도로 경보하는 방식 ② 11층(공동주택 16층) 이상의 특정소방대상물 경보	소규모 소방대상물에서 화재발생시 전층에 동시에 경보하는 방식

비교

일제경보방식의 **배선**

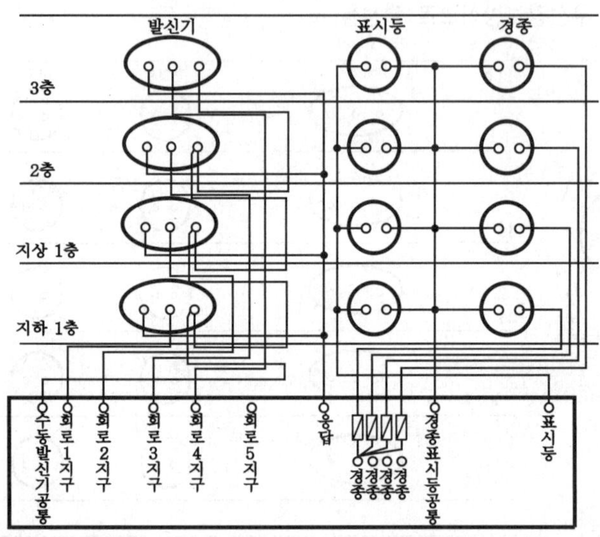

※ 일제경보방식과 우선경보방식의 차이점은 단지 **경종선**의 결선방식만 달라진다.(잘 구분하여 보라!)

☆

문제 02

그림은 자동화재탐지설비의 미완성 결선도이다. 발화층 및 직상 4개층 우선경보방식으로 할 때 범례를 참고하여 결선도를 완성하시오.

득점	배점
	14

〔범례〕

A : 발신기선
B : 공통(-)선
C : 회로선
1 : 표시등선
2 : 벨 · 표시등 공통선
3 : 벨 · 표시등 공통선
4 : 벨선

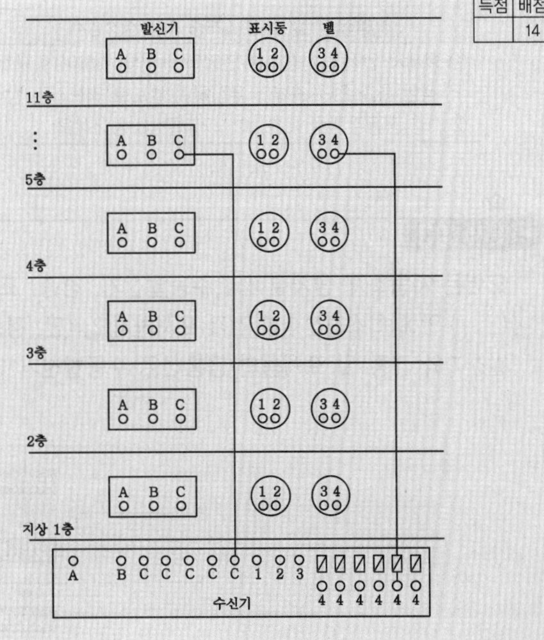

해답

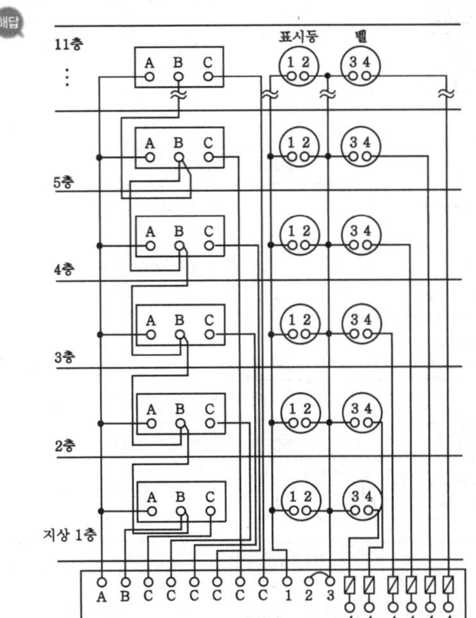

해설 **발화층 및 직상 4개층 우선경보방식**일 경우

(1) **경계구역과 무관하게 병렬로 연결하는 단자**

발신기선, 공통(−)선, 표시등선, 벨 · 표시등 공통선

- 공통(−)선은 7경계구역이 넘을 시 별도로 1선을 추가한다.

(2) **경계구역별로 구분하여 연결되는 단자**
회로선, 벨선

용어

발화층 및 직상 4개층 우선경보방식과 **일제경보방식**

발화층 및 직상 4개층 우선경보방식	일제경보방식
① 화재시 안전하고 신속한 인명의 대피를 위하여 화재가 발생한 층과 인근 층부터 우선하여 별도로 경보하는 방식 ② 11층(공동주택은 16층) 이상인 특정소방대상물	소규모 소방대상물에서 화재발생시 전층에 동시에 경보하는 방식

문제 03

도면은 자동화재 탐지설비의 수동발신기, 경종, 표시등과 수신기와의 간선연결을 나타낸 도면이다. (　　) 안에 최소전선수를 각각 표시하시오. (단, 경종은 직상 4개층 우선경보를 발하는 방식으로 수동발신기와 경종 및 표시등의 공통선은 수동발신기 1선, 표시등 · 경종에서 1선으로 한다.)

①　　　　②　　　　③　　　　④　　　　⑤

득점	배점
	7

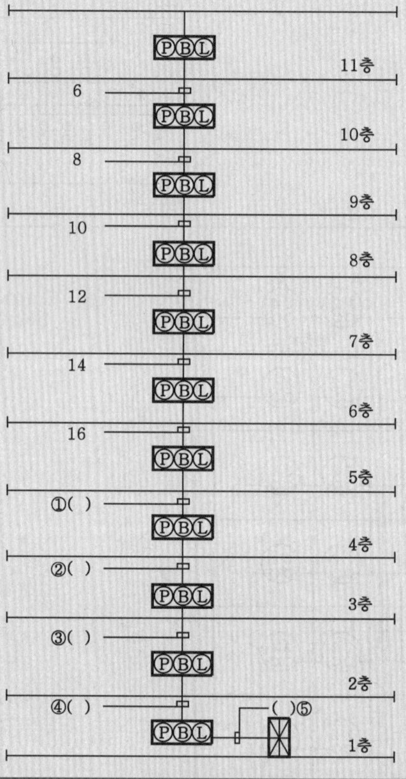

11층
6
10층
8
9층
10
8층
12
7층
14
6층
16
5층
①( )
4층
②( )
3층
③( )
2층
④( )
( )⑤
1층

심 벌	명칭(범례)
ⓅⒷⓁ	수동발신기 세트(수동발신기, 경종, 표시등)
⊠	수신기(P형 5회선)

해답 ① 18가닥　② 21가닥　③ 23가닥　④ 25가닥　⑤ 27가닥

해설 문제의 조건에 의하여 **발화층** 및 **직상 4개층 우선경보방식**에 의해 가닥수를 산정하면 다음과 같다.

기 호	내 역	용 도
①	HFIX 2.5-18	회로선 7, 발신기공통선 1, 경종선 7, 경종표시등공통선 1, 응답선 1, 표시등선 1
②	HFIX 2.5-21	회로선 8, 발신기공통선 2, 경종선 8, 경종표시등공통선 1, 응답선 1, 표시등선 1
③	HFIX 2.5-23	회로선 9, 발신기공통선 2, 경종선 9, 경종표시등공통선 1, 응답선 1, 표시등선 1
④	HFIX 2.5-25	회로선 10, 발신기공통선 2, 경종선 10, 경종표시등공통선 1, 응답선 1, 표시등선 1
⑤	HFIX 2.5-27	회로선 11, 발신기공통선 2, 경종선 11, 경종표시등공통선 1, 응답선 1, 표시등선 1

☆☆☆

문제 04

지하 3층, 지상 11층인 사무실 건물에 자동화재탐지설비 P형을 시설하였다. 시스템을 전기적으로 완벽하게 운영하기 위하여 필요한 전선의 최소수량(가닥수)을 ㈎~㈐까지 쓰고 종단저항의 수량 ㈑를 쓰시오. (단, 지상층 각 층의 높이는 3[m]이고 지하층 각 층의 높이는 3.1[m]이다.)

득점	배점
	13

[보기]

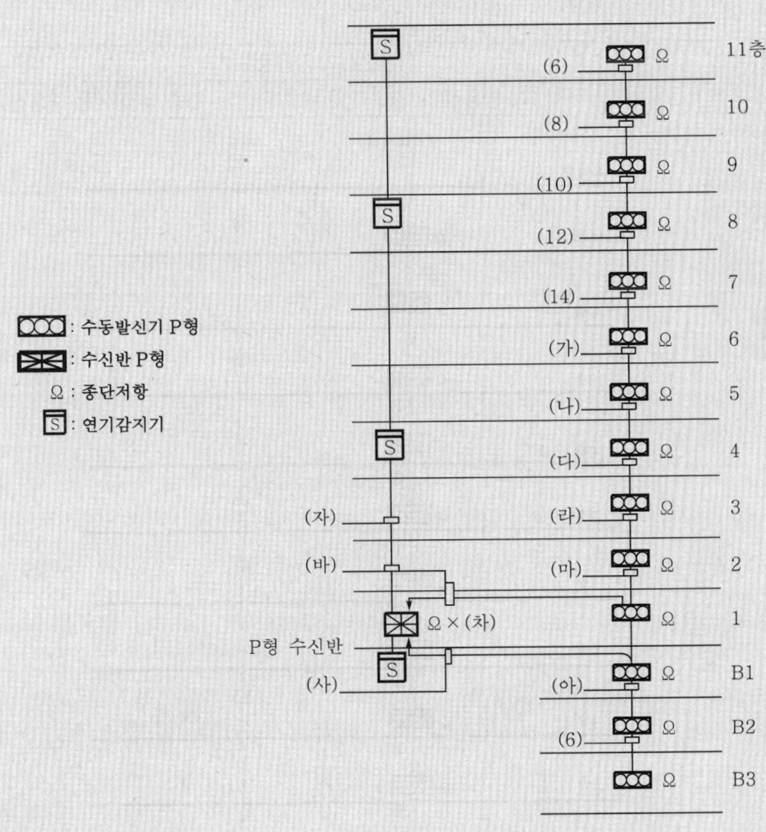

해답 ㈎ 16 ㈏ 18 ㈐ 21 ㈑ 23 ㈒ 25 ㈓ 27 ㈔ 10 ㈕ 8 ㈖ 4 ㈗ 2

해설

기 호	내 역	용 도
㈎	HFIX 2.5-16	회로선 6, 회로공통선 1, 경종선 6, 경종표시등공통선 1, 응답선 1, 표시등선 1
㈏	HFIX 2.5-18	회로선 7, 회로공통선 1, 경종선 7, 경종표시등공통선 1, 응답선 1, 표시등선 1

(다)	HFIX 2.5-21	회로선 8, 회로공통선 2, 경종선 8, 경종표시등공통선 1, 응답선 1, 표시등선 1
(라)	HFIX 2.5-23	회로선 9, 회로공통선 2, 경종선 9, 경종표시등공통선 1, 응답선 1, 표시등선 1
(마)	HFIX 2.5-25	회로선 10, 회로공통선 2, 경종선 10, 경종표시등공통선 1, 응답선 1, 표시등선 1
(바)	HFIX 2.5-27	회로선 11, 회로공통선 2, 경종선 11, 경종표시등공통선 1, 응답선 1, 표시등선 1
(사)	HFIX 2.5-10	회로선 3, 회로공통선 1, 경종선 3, 경종표시등공통선 1, 응답선 1, 표시등선 1
(아)	HFIX 2.5-8	회로선 2, 회로공통선 1, 경종선 2, 경종표시등공통선 1, 응답선 1, 표시등선 1
(자)	HFIX 1.5-4	지구, 공통 각 2가닥

(차) 지하층은 원칙적으로 별개의 경계구역으로 하여야 하므로 지상층 1경계구역과 지하층 1경계구역을 합하여 2경계구역이 되어 **2개**의 종단저항을 설치한다.

☆☆

문제 05

도면은 지하 1층, 지상 11층인 건물에 설치된 자동화재탐지설비의 계통도이다. 간선의 전선가닥수와 각 전선의 용도 및 가닥수를 답안작성 예시와 같이 작성하시오. (단, 자동화재탐지설비를 운용하기 위한 최소전선수를 사용하도록 한다.)

득점	배점
	10

〔답안작성 예시〕

번 호	가닥수	전선의 사용용도(가닥수)
⑪	12	응답선(2), 지구선(2), 공통선(2), 경종선(2), 표시등선(2), 경종 및 표시등 공통선(2)

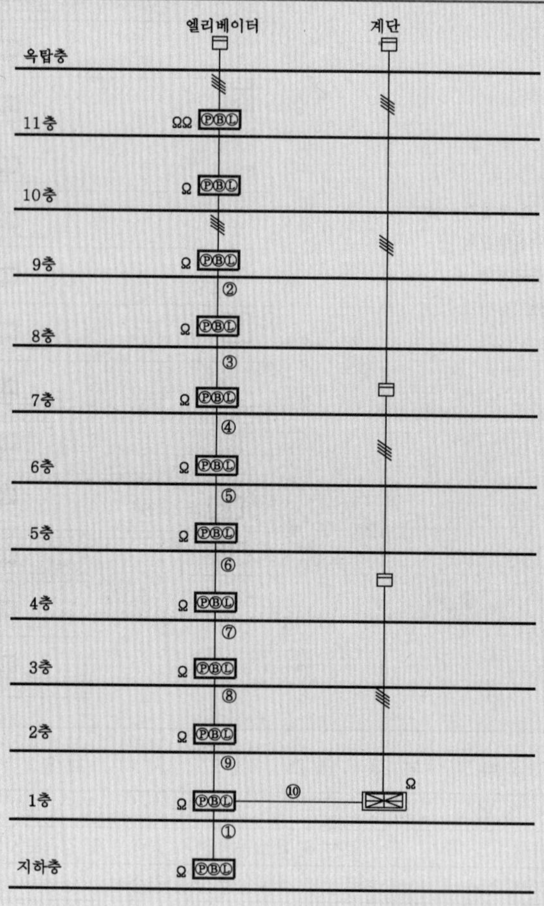

해답

번 호	가닥수	전선의 사용용도(가닥수)
①	6	응답선(1), 지구선(1), 공통선(1), 경종선(1), 표시등선(1), 경종 및 표시등 공통선(1)
②	11	응답선(1), 지구선(4), 공통선(1), 경종선(3), 표시등선(1), 경종 및 표시등 공통선(1)
③	13	응답선(1), 지구선(5), 공통선(1), 경종선(4), 표시등선(1), 경종 및 표시등 공통선(1)
④	15	응답선(1), 지구선(6), 공통선(1), 경종선(5), 표시등선(1), 경종 및 표시등 공통선(1)
⑤	17	응답선(1), 지구선(7), 공통선(1), 경종선(6), 표시등선(1), 경종 및 표시등 공통선(1)
⑥	20	응답선(1), 지구선(8), 공통선(2), 경종선(7), 표시등선(1), 경종 및 표시등 공통선(1)
⑦	22	응답선(1), 지구선(9), 공통선(2), 경종선(8), 표시등선(1), 경종 및 표시등 공통선(1)
⑧	24	응답선(1), 지구선(10), 공통선(2), 경종선(9), 표시등선(1), 경종 및 표시등 공통선(1)
⑨	26	응답선(1), 지구선(11), 공통선(2), 경종선(10), 표시등선(1), 경종 및 표시등 공통선(1)
⑩	30	응답선(1), 지구선(13), 공통선(2), 경종선(12), 표시등선(1), 경종 및 표시등 공통선(1)

해설 문제의 조건에서 **11층** 이상으로 **발화층 및 직상 4개층 우선경보방식**에 의해 가닥수를 산정하여야 한다.

참고

문제의 그림기호 중 [그림기호]은 과거에 사용되어진 **수신기**(다른 시설과 연동)의 심벌(symbol)로서, 요즘은 이와 같은 그림기호를 사용하지 않으며 아래에 제시한 것처럼 수신기의 심벌에 필요에 따라 해당설비의 그림기호를 방기하면 된다.

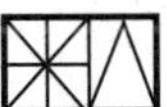

‖ **수신기**(가스누설 경보설비와 일체) ‖

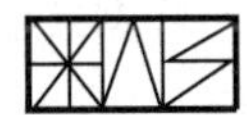

‖ **수신기**(가스누설 경보설비 및 방배연 연동과 일체) ‖

☆☆☆

문제 06

자동화재 탐지설비의 조건을 보고 다음 각 물음에 답하시오.

득점	배점
	16

〔조건〕

설비의 설계는 경제성을 고려하여 설계한다. 건물의 연면적은 5500〔m^2〕이다. 공통선은 상층에서부터 기준으로 시작하여 회로를 설정한다.

벨과 표시등의 공통선은 회로표시선공통선과 별도로 하되 최소의 전선수로 한다.

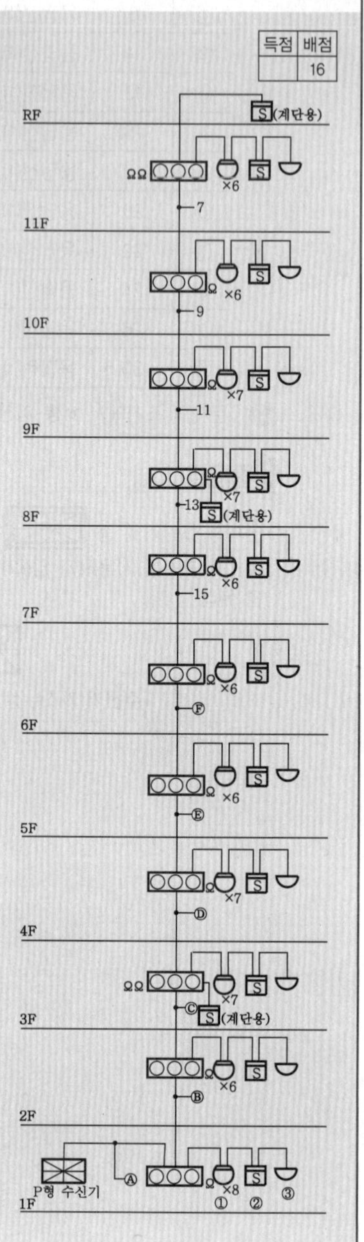

(가) 계통도상의 Ⓐ~Ⓕ의 입선가닥수는 최소 몇 가닥이 필요한가?

Ⓐ

Ⓑ

Ⓒ

Ⓓ

Ⓔ

Ⓕ

(나) 계통도상의 발신기 세트에 내장되어 있는 주요 부분 3가지를 쓰시오.

○

○

○

(다) 그림기호 ①은 어떤 감지기의 그림기호인가?

(라) 그림기호 ②는 연기감지기이다. 이 감지기를 매입형으로 공사할 때의 그림기호를 그리시오.

(마) 그림기호 ③은 정온식 스포트형 감지기이다. 방수인 것을 표시할 때의 그림기호를 그리시오.

해답 (가) Ⓐ 29가닥

Ⓑ 27가닥

Ⓒ 25가닥

Ⓓ 22가닥

Ⓔ 20가닥

Ⓕ 17가닥

(나) ① 발신기(P형)

② 경종

③ 표시등

(다) 차동식 스포트형 감지기

(라) 

(마) 

해설 (가) 층수가 **11층 이상**이므로 **우선경보방식**으로 간선수를 산정한다.

- 벨선 : 층수를 세면 된다.
- 회로선 : 종단저항(Ω) 또는 발신기세트(○○○) 수를 세면 된다.
- 회로표시선공통선 : $\frac{회로선}{7}$(절상)하면 된다.
- 벨표시등공통선, 응답선, 표시등선 : 조건이 없으므로 무조건 1가닥

기 호	내 역	용 도
Ⓐ	HFIX 2.5-29	회로선 13, 회로표시선공통선 2, 벨선 11, 벨표시등공통선 1, 응답선 1, 표시등선 1
Ⓑ	HFIX 2.5-27	회로선 12, 회로표시선공통선 2, 벨선 10, 벨표시등공통선 1, 응답선 1, 표시등선 1
Ⓒ	HFIX 2.5-25	회로선 11, 회로표시선공통선 2, 벨선 9, 벨표시등공통선 1, 응답선 1, 표시등선 1
Ⓓ	HFIX 2.5-22	회로선 9, 회로표시선공통선 2, 벨선 8, 벨표시등공통선 1, 응답선 1, 표시등선 1
Ⓔ	HFIX 2.5-20	회로선 8, 회로표시선공통선 2, 벨선 7, 벨표시등공통선 1, 응답선 1, 표시등선 1
Ⓕ	HFIX 2.5-17	회로선 7, 회로표시선공통선 1, 벨선 6, 벨표시등공통선 1, 응답선 1, 표시등선 1

(나) **발신기세트**

명 칭	도시기호	전기기기 명칭	비 고
발신기세트 단독형	ⓅⒷⓁ 또는 ⓅⒷⓁ	• Ⓟ : 발신기(P형) • Ⓑ : 경종 • Ⓛ : 표시등	-

(다)~(마) **옥내배선기호**

명 칭	그림기호	비 고
연기감지기	S	• 점검박스 붙이형 : S • 매입형 : S
정온식 스포트형 감지기	◡	• 방수형 : • 내산형 : • 내알칼리형 : • 방폭형 : EX
차동식 스포트형 감지기		-
보상식 스포트형 감지기		-

☆☆☆
문제 07

지하 1층, 지상 11층 각 층의 바닥면적이 550[m^2]인 사무실 건물에 자동화재탐지설비를 시설하였다. 설비계통도와 설비평면도를 참고하여 주어진 물음에 답하시오.

득점	배점
	12

[조건]

○ 선로의 수는 최소로 하고 발신기공통선 : 1선, 경종표시등공통선 : 1선으로 하고 7경계구역이 넘을시 발신기간 공통선 및 경종표시등공통선은 각각 1선씩 추가하는 것으로 한다.

○ 수신기는 P형(20회로용)을 사용한다.

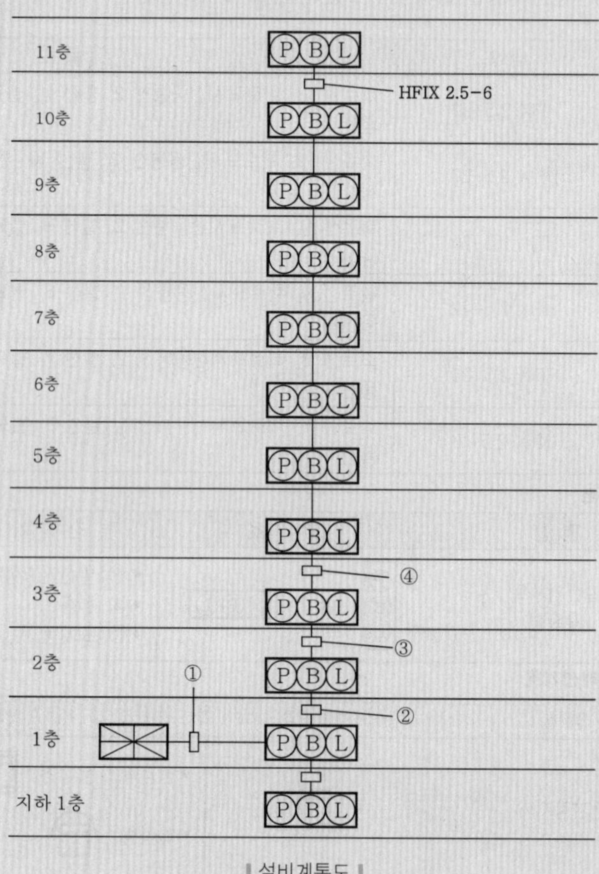

‖ 설비계통도 ‖

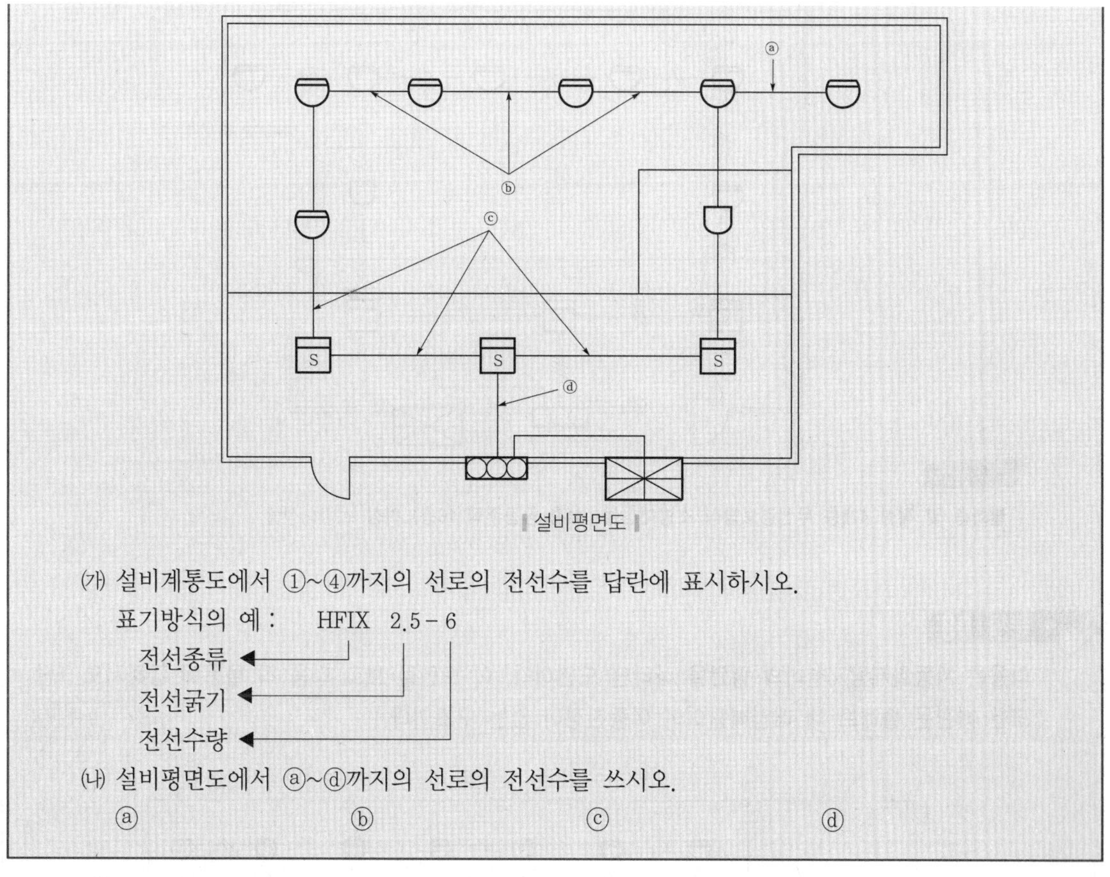

설비평면도

(가) 설비계통도에서 ①~④까지의 선로의 전선수를 답란에 표시하시오.

표기방식의 예 : HFIX 2.5 - 6

전선종류 ◀ (HFIX)
전선굵기 ◀ (2.5)
전선수량 ◀ (6)

(나) 설비평면도에서 ⓐ~ⓓ까지의 선로의 전선수를 쓰시오.

ⓐ ⓑ ⓒ ⓓ

해답 (가) ① HFIX 2.5－30
② HFIX 2.5－26
③ HFIX 2.5－24
④ HFIX 2.5－22

(나) ⓐ 4가닥
ⓑ 2가닥
ⓒ 2가닥
ⓓ 4가닥

해설 (가) **지상 11층**이므로 **우선경보방식**으로 산정하여야 한다.

- 회로선 : 발신기세트(ⓅⒷⓁ) 수를 세면 된다.
- 발신기공통선 : [조건]에 의해 $\frac{\text{회로선}}{7}$(절상)하면 된다.
- 경종선 : 층수를 세면 된다.
- 경종표시등공통선 : [조건]에 의해 $\frac{\text{회로선}}{7}$(절상)하면 된다.
- 응답선, 표시등선 : 무조건 1가닥

기 호	내 역	용 도
①	HFIX 2.5－30	회로선 12, 발신기공통선 2, 경종선 12, 경종표시등공통선 2, 응답선 1, 표시등선 1
②	HFIX 2.5－26	회로선 10, 발신기공통선 2, 경종선 10, 경종표시등공통선 2, 응답선 1, 표시등선 1
③	HFIX 2.5－24	회로선 9, 발신기공통선 2, 경종선 9, 경종표시등공통선 2, 응답선 1, 표시등선 1
④	HFIX 2.5－22	회로선 8, 발신기공통선 2, 경종선 8, 경종표시등공통선 2, 응답선 1, 표시등선 1

(나) 자동화재탐지설비의 감지기 사이의 회로의 배선은 **송배선식**으로 하여야 하므로 감지기간 배선수는 다음과 같다. **루프**된 곳은 **2가닥** 그 외는 **4가닥**이 된다.

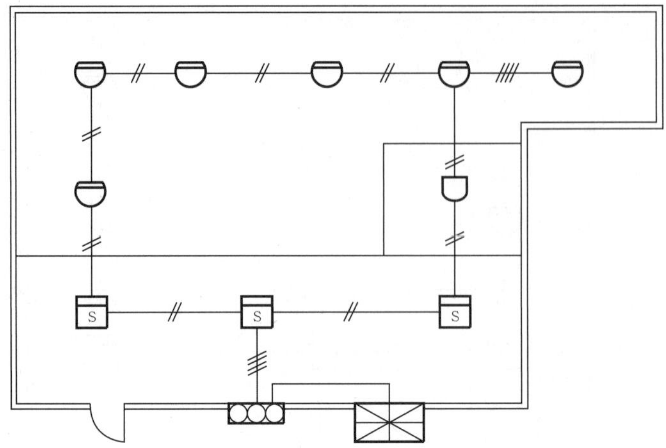

참고

발화층 및 직상 4개층 우선경보방식 소방대상물 : 11층(공동주택 16층) 이상 소방대상물

문제 08

다음은 자동화재탐지설비의 평면을 나타낸 도면이다. 이 도면을 보고 다음 각 물음에 답하시오. (단, 모든 배관은 슬래브 내 매입배관이며 이중천장이 없는 구조이다.)

득점	배점
	10

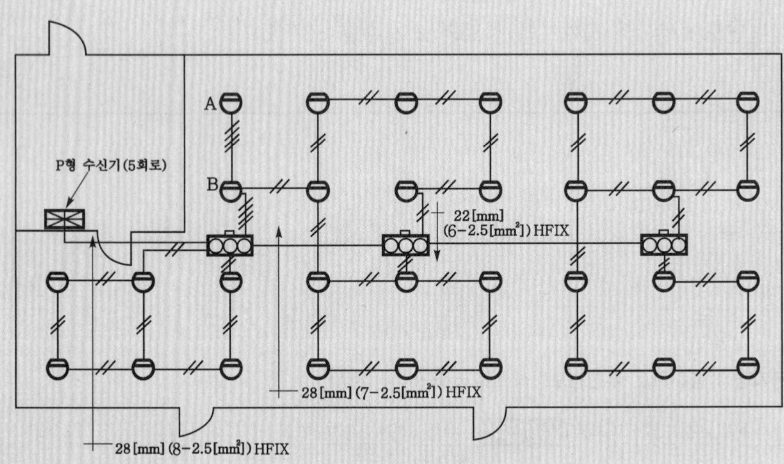

‖ 자동화재탐지설비 평면도(축척 : 없음) ‖

〔범례〕

: 차동식 스포트형 감지기(2종)

: 수동발신기 세트함

: 수신기 P형(5회로)

(가) 도면의 잘못된 부분(배관 및 배선)을 고쳐서 올바른 도면으로 그리시오. (단, 배관 및 배선가닥수는 최소화하여 적용한다.)

(나) A−B 사이의 전선관은 최소 몇 〔mm〕를 사용하면 되는지 구하시오. (단, HFIX 1.5〔mm^2〕 피복절연물을 포함한 전선의 단면적은 9〔mm^2〕이고, HFIX 2.5〔mm^2〕 피복절연물을 포함한 전선의 단면적은 13〔mm^2〕이다.)

ㅇ계산과정 :

ㅇ답 :

(다) 수동발신기 세트함에는 어떤 것들이 내장되는가?

해답 (가)

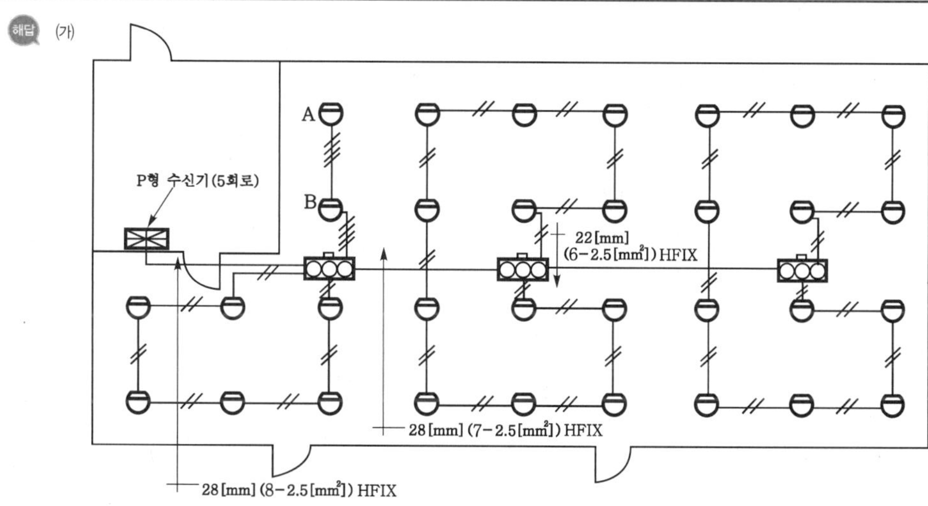

(나) ㅇ계산과정 : $\sqrt{9\times4\times\frac{4}{\pi}\times3}=11.7$

ㅇ답 : 16〔mm〕

(다) ① 수동발신기(P형)

② 경종

③ 표시등

해설 (가) 위의 도면은 3경계구역으로서 경계구역별 배관을 절단하고 **루프**(loop)형태로 배선하면 된다.

(나)

〈전선관 굵기 선정〉

- 접지선을 포함한 케이블 또는 절연도체의 내부 단면적(피복절연물 포함)이 **금속관, 합성수지관, 가요전선관 등 전선관 단면적**의 $\frac{1}{3}$을 초과하지 않도록 할 것(KSC IEC/TS 61200-52의 521.6 표준 준용, KEC 핸드북 p.301, p.306, p.313)

감지기의 배선은 HFIX 1.5〔mm^2〕로서 **4가닥**이므로 다음과 같이 계산한다.

$$\frac{\pi D^2}{4}\times\frac{1}{3}\geq \text{전선단면적(피복절연물 포함)}\times\text{가닥수}$$

$$D\geq\sqrt{\text{전선단면적(피복절연물 포함)}\times\text{가닥수}\times\frac{4}{\pi}\times3}$$

여기서, D : 후강전선관 굵기(내경)〔mm〕

후강전선관 굵기 D는

$$D\geq\sqrt{\text{전선단면적(피복절연물 포함)}\times\text{가닥수}\times\frac{4}{\pi}\times3}$$

$$\geq\sqrt{9\times4\times\frac{4}{\pi}\times3}$$

≧ 11.7〔mm〕(∴ 16〔mm〕 선정)

비교

박강전선관 굵기

$$D \geq \sqrt{\text{전선단면적(피복절연물 포함)} \times \text{가닥수} \times \frac{4}{\pi} \times 3} + 2 \times \text{관 두께}$$

여기서, D : 박강전선관 굵기(외경)〔mm〕

- 9〔mm²〕: (나)의 〔단서〕에서 주어짐
- 4가닥 : 〔평면도〕에서 주어짐

‖ 후강전선관 vs 박강전선관 ‖

구 분	후강전선관	박강전선관
사용장소	• 공장 등의 배관에서 특히 **강도**를 필요로 하는 경우 • **폭발성가스**나 **부식성가스**가 있는 장소	• 일반적인 장소
관의 호칭 표시방법	• **안지름**(내경)의 근사값을 **짝수**로 표시	• **바깥지름**(외경)의 근사값을 **홀수**로 표시
규격	16〔mm〕, 22〔mm〕, 28〔mm〕, 36〔mm〕, 42〔mm〕, 54〔mm〕, 70〔mm〕, 82〔mm〕, 92〔mm〕, 104〔mm〕	19〔mm〕, 25〔mm〕, 31〔mm〕, 39〔mm〕, 51〔mm〕, 63〔mm〕, 75〔mm〕

(다) **발신기 세트**(fire alarm box set) : 발신기, 경종, 표시등이 하나의 세트로 구성되어 있는 것

문제 09

주어진 도면은 어떤 12층 건물에 대한 자동화재탐지설비의 평면도이다. 이 평면도를 보고 다음 각 물음에 답하시오.

득점	배점
	12

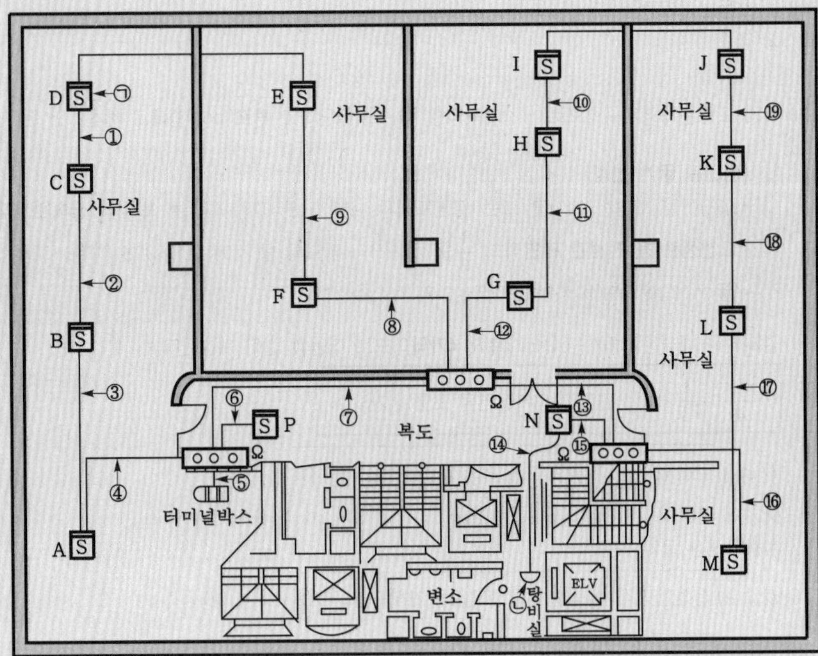

(가) 도면의 배관 배선이 잘못된 곳이 3개소(누락 또는 연결오류) 있다. 이곳을 지적하여 올바른 방법을 설명하시오.(단, 감지기 기호를 이용하여 답을 할 것)

○

○

○

(나) ①~⑲까지는 최소 몇 가닥의 전선이 필요한가? (단, 수동발신기간 배선은 처음 6선으로부터 결선을 시작하는 것으로 한다.)

① ② ③ ④ ⑤ ⑥ ⑦

⑧ ⑨ ⑩ ⑪ ⑫ ⑬ ⑭

⑮ ⑯ ⑰ ⑱ ⑲

(다) 소요되는 부싱은 최소 몇 개가 필요한가? (단, 크기에 관계없이 개수만 답하도록 한다.)

(라) 도면에서 ㉠, ㉡은 어떤 감지기의 그림기호인가?

㉠ ㉡

해답 (가) ① D와 E 사이에 배관이 연결되어 있다.(배관을 절단하여야 한다.)
② I와 J 사이에 배관이 연결되어 있다.(배관을 절단하여야 한다.)
③ E와 I 사이에 배관이 연결되어 있지 않다.(배관이 연결되어야 한다.)

(나) ① 4가닥 ② 4가닥 ③ 4가닥 ④ 4가닥 ⑤ 8가닥 ⑥ 4가닥 ⑦ 7가닥
⑧ 2가닥 ⑨ 2가닥 ⑩ 2가닥 ⑪ 2가닥 ⑫ 2가닥 ⑬ 6가닥 ⑭ 4가닥
⑮ 4가닥 ⑯ 4가닥 ⑰ 4가닥 ⑱ 4가닥 ⑲ 4가닥

(다) 40개

(라) ㉠ 연기감지기 ㉡ 정온식 스포트형 감지기

해설 (가) 경계구역의 경계선은 일반적으로 **복도**, **통로**, **방화벽** 등을 기준으로 하고, 감지기회로의 배선은 가능한 한 **루프**(loop)배선형태를 취하여야 하므로 도면을 수정한 올바른 회로도는 다음과 같다.

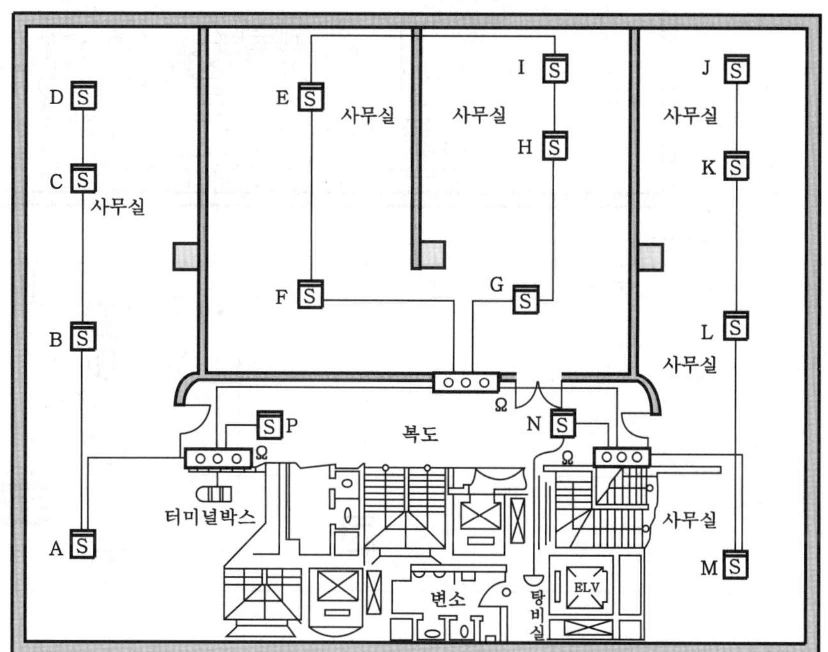

(나) **배선**의 **내역** 및 **용도**

기 호	내 역	용 도
①~④	HFIX 1.5-4	지구, 공통 각 2가닥
⑤	HFIX 2.5-8	회로선 3, 회로공통선 1, 경종선 1, 경종표시등공통선 1, 응답선 1, 표시등선 1
⑥	HFIX 1.5-4	지구, 공통 각 2가닥
⑦	HFIX 2.5-7	회로선 2, 회로공통선 1, 경종선 1, 경종표시등공통선 1, 응답선 1, 표시등선 1
⑧~⑫	HFIX 1.5-2	지구, 공통 각 1가닥
⑬	HFIX 2.5-6	회로선 1, 회로공통선 1, 경종선 1, 경종표시등공통선 1, 응답선 1, 표시등선 1
⑭~⑲	HFIX 1.5-4	지구, 공통 각 2가닥

(다) **부싱**(bushing) 설치장소를 ○으로 표기하면 다음과 같다.

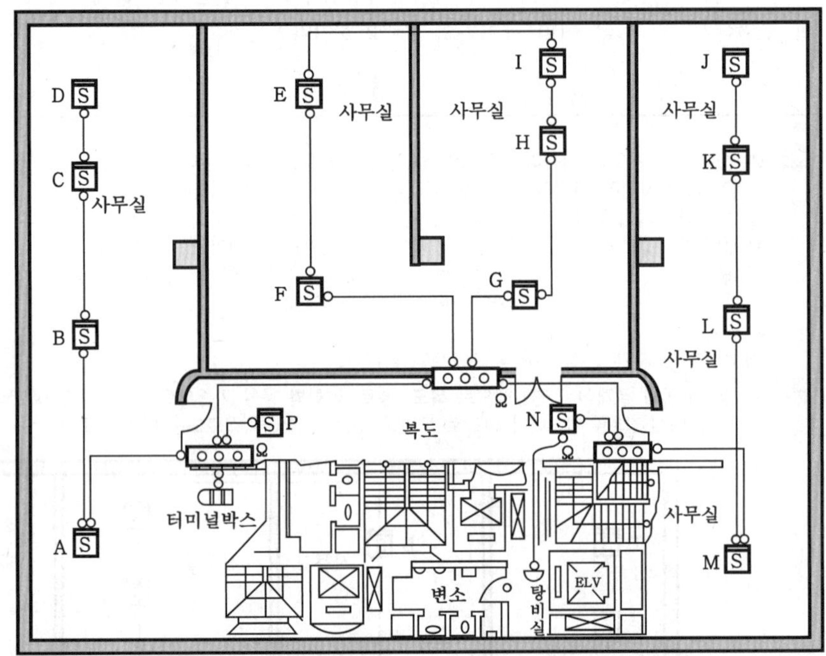

(라) **옥내배선기호**

명 칭	그림기호	비 고
정온식 스포트형 감지기		• 방수형 : • 내산형 : • 내알칼리형 : • 방폭형 : EX
연기감지기	S	• 점검박스 붙이형 : S • 매입형 : S

용어

방수형	방폭형
그 구조가 방수구조로 되어 있는 것 ‖ 정온식 스포트형 감지기(방수형) ‖	폭발성 가스가 용기 내부에서 폭발하였을 때 용기가 그 압력에 견디거나 또는 외부의 폭발성 가스에 인화될 우려가 없도록 만들어진 형태의 제품 ‖ 정온식 스포트형 감지기(방폭형) ‖

☆☆☆

문제 10

답안지 도면은 지하 1층 및 지하 2층에 대한 자동화재탐지설비의 평면도이다. 이 도면을 보고 다음 각 물음에 답하시오. (단, 도면에는 잘못된 부분과 미완성부분이 있을 수 있음)

득점	배점
	11

(가) 본 도면에 설치될 감지기는 차동식 스포트형 2종 감지기를 사용하였고 건물구조는 주요구조부를 내화구조로 한 소방대상물이다. 감지기의 설치수량이 옳은지의 여부와 그 이유를 설명하시오. (단, 층고는 3m이다.)

(나) 배선의 상승, 인하, 소통은 ○↗, ↙○, ↙○↗로 표현한다. 케이블의 방화구획 관통부는 어떻게 나타내는가?

- ○ 상승 :
- ○ 인하 :
- ○ 소통 :

(다) 도면에 표시된 그림기호 ⊟과 Ⓟ(삼각형 안)의 명칭은 무엇인가?

(라) 도면의 잘못된 부분과 미완성부분이 있을 경우 이 부분들을 보완하여 도면을 작성하시오.(단, 배관배선부분만 수정보완하되, 배관배선을 삭제할 때에는 F부분을 ㅁ로 표시하고, 배관배선을 연결할 때에는 선으로 직접 연결하여 표현할 것. 즉, 감지기의 개수 및 설치는 옳은 것으로 간주하고 답안을 작성한다.)

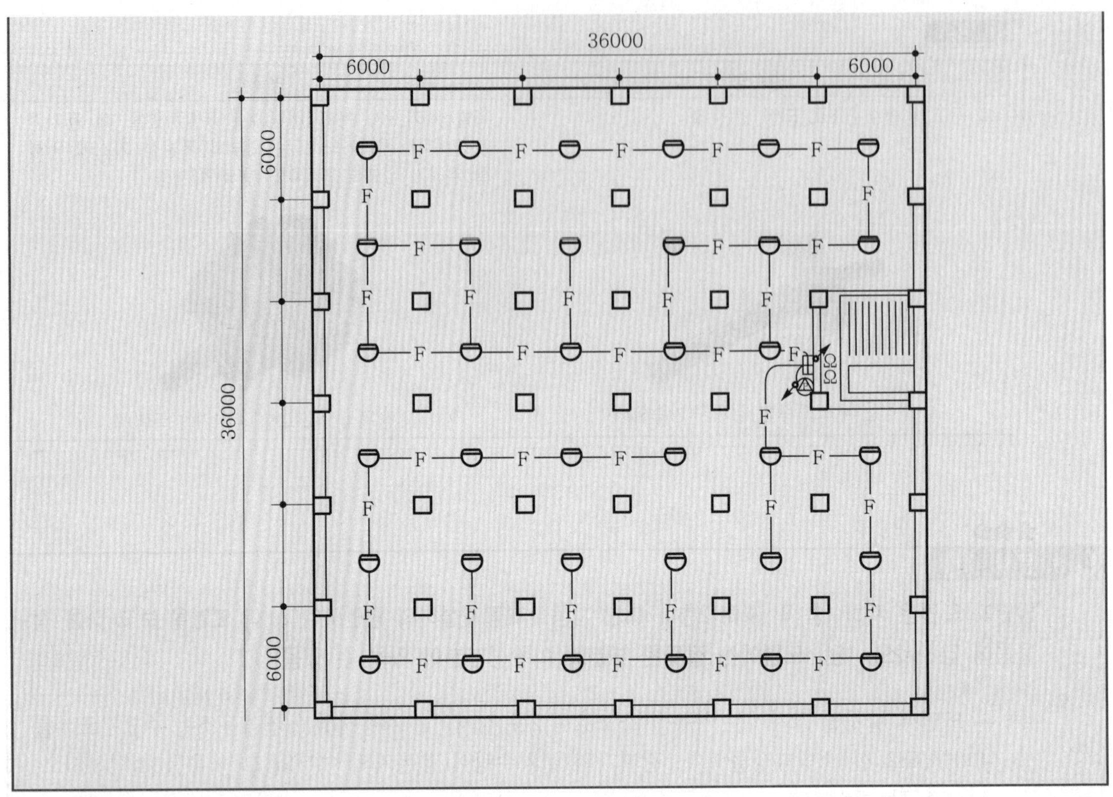

해답 (가) 감지기를 18개 이상 설치하여야 하므로 감지기의 설치수량이 옳다.

(나) ① 상승 : ② 인하 : ③ 소통 :

(다) ① : 부수신기(표시기)

② : 프리액션밸브

(라)

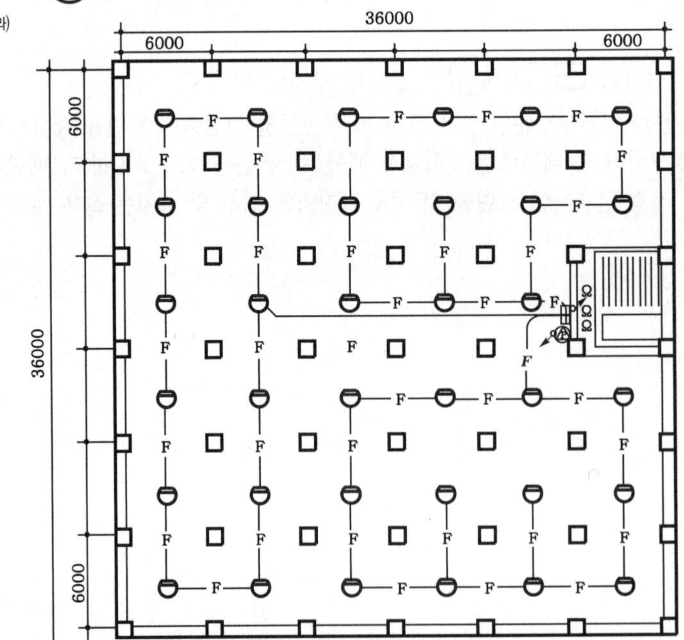

해설 (가) 소방대상물의 면적은 **1260**[m^2](36×36－6×6=1260[m^2])로서, 문제에서 감지기의 설치높이가 주어지지 않았지만 [단서]에서 층고가 **3**[**m**]라고 주어졌으므로 감지기의 설치높이를 **3**[**m**]로 본다.

감지기 1개가 담당하는 **바닥면적**

(단위 : [m^2])

부착높이 및 소방대상물의 구분		감지기의 종류				
		차동식·보상식 스포트형		정온식 스포트형		
		1종	2종	특 종	1종	2종
4[m] 미만	내화구조	90	70	70	60	20
	기타 구조	50	40	40	30	15
4[m] 이상 8[m] 미만	내화구조	45	35	35	30	설치 불가능
	기타 구조	30	25	25	15	

기억법

차	보		정	
9	7	7	6	2
5	4	4	3	①
④	③	③	3	×
3	②	②	①	×

※ 동그라미(○) 친 부분은 뒤에 5가 붙음

감지기의 **최소수량**$=\dfrac{420[m^2]\times 3\text{경계구역}}{70[m^2]}=18$개

(나), (다)

명 칭	그림기호	적 요
상승		• 케이블의 방화구획 관통부 :
인하		• 케이블의 방화구획 관통부 :
소통		• 케이블의 방화구획 관통부 :
부수신기 (표시기)		
표시반		• 창이 3개인 표시반 :
수신기		• 가스누설 경보설비와 일체인 것 : • 가스누설 경보설비 및 방배연 연동과 일체인 것 :
제어반		
경보밸브 (습식)		
경보밸브 (건식)		
프리액션밸브		

(라) 하나의 경계구역의 면적은 **600**[m^2] 이하로 하고, 한 변의 길이는 **50**[**m**] 이하로 하여 경계구역을 산정하면 다음과 같다. (도면에 프리액션 밸브가 설치되어 있지만 문제에서 자동화재탐지설비라고 하였으므로 **자동화재탐지설비**가 되는 것이다. 주의! 주의!)

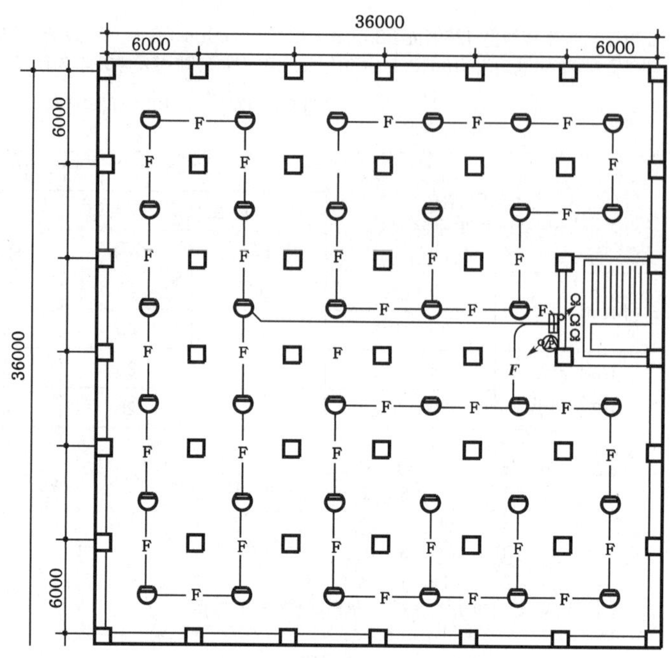

문제 11

다음은 자동화재탐지설비의 설비평면도이다. 각각의 물음에 답하시오. (단, 각 실은 이중천장이 없는 구조이며 전선관은 후강전선관을 사용하여 콘크리트 매입시공한다.)

득점	배점
	9

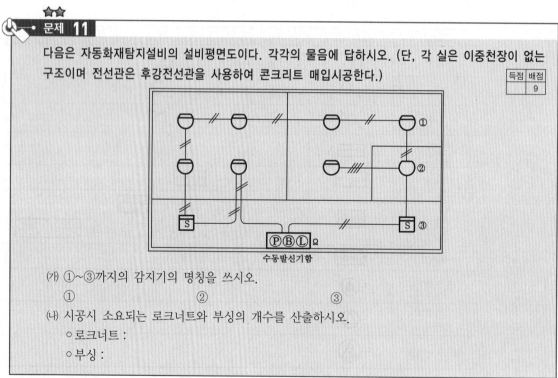

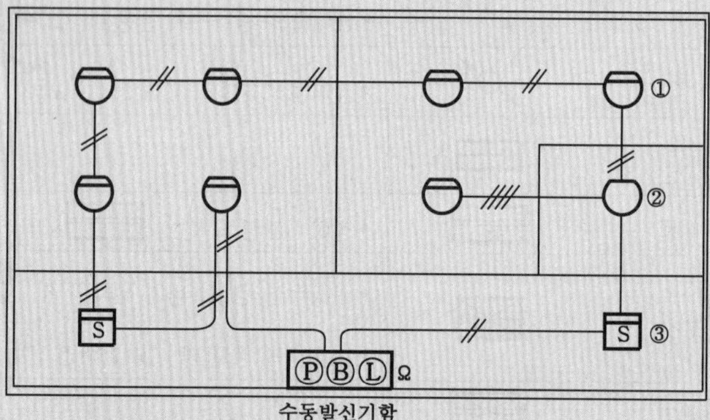

(가) ①~③까지의 감지기의 명칭을 쓰시오.

① ② ③

(나) 시공시 소요되는 로크너트와 부싱의 개수를 산출하시오.

○ 로크너트 :

○ 부싱 :

해답 (가) ① 차동식 스포트형 감지기
② 정온식 스포트형 감지기
③ 연기감지기

(나) 로그너트 : 22개×2=44개 ○ 답 : 44개
부싱 : 22개

해설 (가) **옥내배선기호**

명 칭	그림기호	비 고
연기감지기	S	• 점검박스 붙이형 : S • 매입형 : S
정온식 스포트형 감지기	◡	• 방수형 : • 내산형 : • 내알칼리형 : • 방폭형 : ◡EX
차동식 스포트형 감지기	⊖	–
보상식 스포트형 감지기	⊜	–

(나) ○ : 부싱 설치장소(22개소)

로크너트는 부싱 개수의 **2배**이므로 **44개**(22개×2=44개)가 된다.

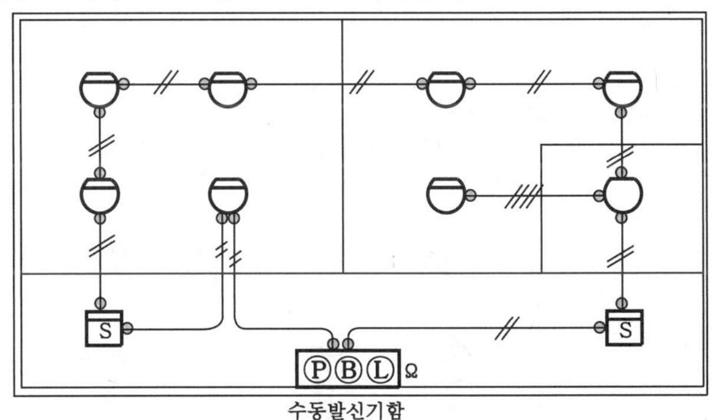

수동발신기함

☆☆☆
문제 12

자동화재탐지설비의 평면을 나타낸 도면이다. 이 도면을 보고 다음 각 물음에 답하시오. (단, 각 실은 이중 천장이 없는 구조이며, 전선관은 16〔mm〕 후강스틸전선관을 사용콘크리트 내 매입 시공한다.)

득점	배점
	10

(가) 시공에 소요되는 로크너트와 부싱의 소요개수는?

○ 로크너트 :

○ 부싱 :

(나) 각 감지기간과 감지기와 수동발신기 세트간(①~⑪)에 배선되는 전선의 가닥수는?

① ② ③ ④

⑤ ⑥ ⑦ ⑧

⑨ ⑩ ⑪

(다) 본 설비에 사용되는 전선의 종류는 무엇인지 그 명칭을 쓰시오.

(라) 도면에 그려진 심벌 (가)~(다)의 명칭은?

(가) :

(나) :

(다) :

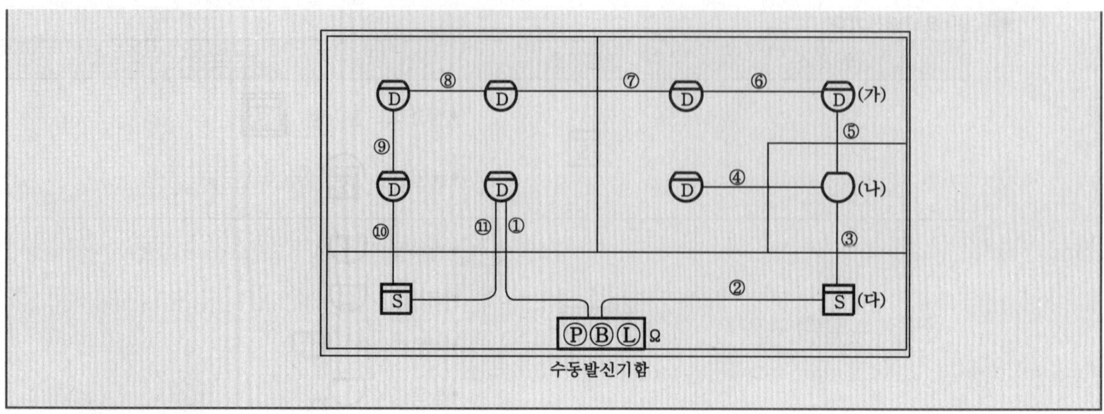

해답 (가) 부싱 : 22개, 로크너트 : 44개

(나) ① 2가닥 ② 2가닥 ③ 2가닥 ④ 4가닥
⑤ 2가닥 ⑥ 2가닥 ⑦ 2가닥 ⑧ 2가닥
⑨ 2가닥 ⑩ 2가닥 ⑪ 2가닥

(다) 450/750〔V〕 저독성 난연 가교폴리올레핀 절연전선

(라) (가) 차동식 스포트형 감지기
(나) 정온식 스포트형 감지기
(다) 연기감지기

해설 (가), (나)

① ○ : 부싱 설치장소(22개소)
로크너트는 부싱 개수의 **2배**이므로 **44개**(22개×2=44개)가 된다.

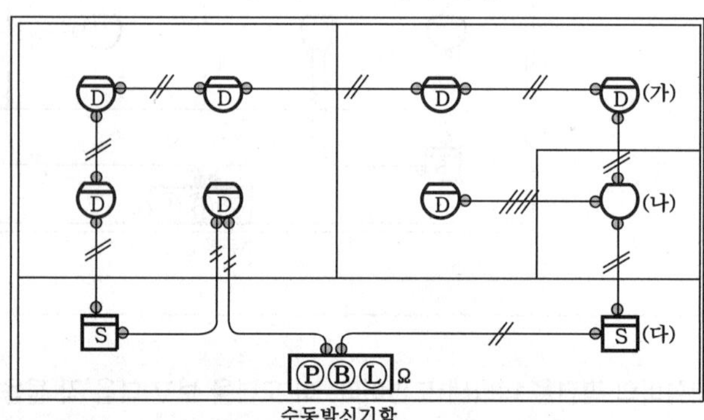

② 자동화재탐지설비의 감지기배선은 **송배선식**이므로 루프(loop)된 곳은 **2가닥**, 그 외는 **4가닥**이 된다.

(다) 감지기와 연결되는 배선에는 **450/750〔V〕 저독성 난연 가교폴리올레핀 절연전선**(HFIX전선)을 사용하여야 한다.

(라) **옥내배선기호**

명 칭	그림기호	적 요
차동식 스포트형 감지기		
보상식 스포트형 감지기		
정온식 스포트형 감지기		• 방수형 : • 내산형 : • 내알칼리형 : • 방폭형 : EX
연기감지기	S	• 점검박스 붙이형 : S • 매입형 : S

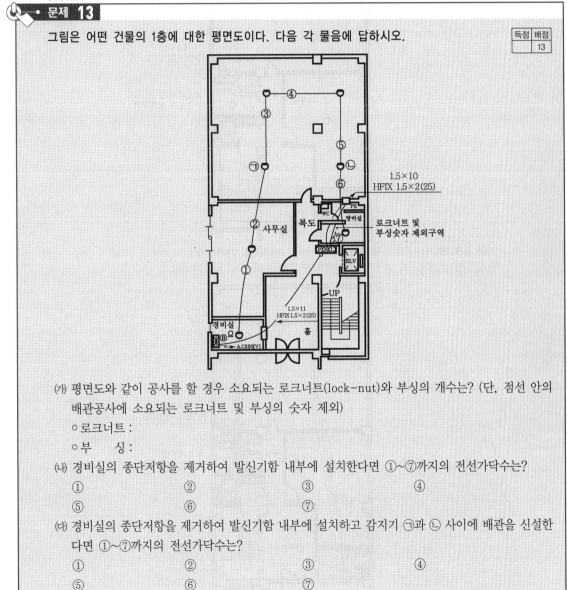

감지선	—⊙—	• 감지선과 전선의 접속점 : —●— • 가건물 및 천장 안에 시설할 경우 : —⊙— • 관통위치 : —○—○—
공기관	———	• 가건물 및 천장 안에 시설할 경우 : ------------- • 관통위치 : —○—○—
열전대	—■—	• 가건물 및 천장 안에 시설할 경우 : —□—

• Ⓓ은 예전에 사용되던 차동식 스포트형 감지기의 심벌(symbol)로서 현재는 ⊖이 사용되고 있으니 참고하기 바란다.

☆☆☆

문제 13

그림은 어떤 건물의 1층에 대한 평면도이다. 다음 각 물음에 답하시오.

득점	배점
	13

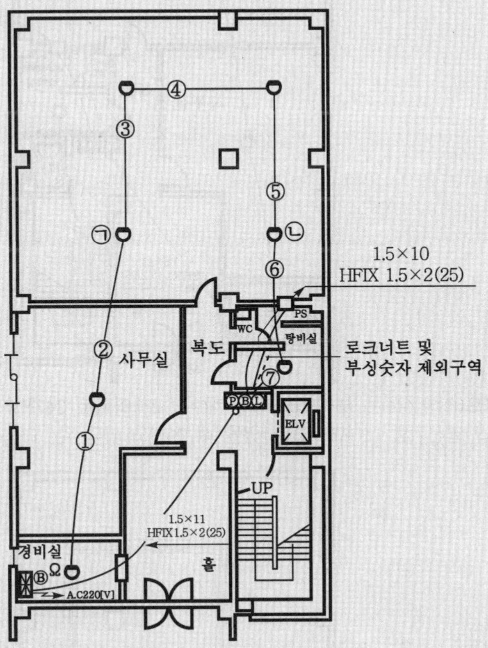

1.5×10
HFIX 1.5×2(25)
PS
WC
방비실
로크너트 및 부싱숫자 제외구역
사무실
복도
PBL
ELV
UP
1.5×11
HFIX 1.5×2(25)
경비실
홀
A.C220[V]

(가) 평면도와 같이 공사를 할 경우 소요되는 로크너트(lock-nut)와 부싱의 개수는? (단, 점선 안의 배관공사에 소요되는 로크너트 및 부싱의 숫자 제외)

○ 로크너트 :

○ 부　　싱 :

(나) 경비실의 종단저항을 제거하여 발신기함 내부에 설치한다면 ①~⑦까지의 전선가닥수는?

① ② ③ ④

⑤ ⑥ ⑦

(다) 경비실의 종단저항을 제거하여 발신기함 내부에 설치하고 감지기 ㉠과 ㉡ 사이에 배관을 신설한다면 ①~⑦까지의 전선가닥수는?

① ② ③ ④

⑤ ⑥ ⑦

해답 (가) ① 로크너트 : 34개
② 부싱 : 17개
(나) ① 4가닥 ② 4가닥 ③ 4가닥 ④ 4가닥
⑤ 4가닥 ⑥ 4가닥 ⑦ 4가닥
(다) ① 4가닥 ② 4가닥 ③ 2가닥 ④ 2가닥
⑤ 2가닥 ⑥ 4가닥 ⑦ 4가닥

해설 (가) ① 부싱(bushing) 설치장소를 ○으로 표시하면 다음과 같다.

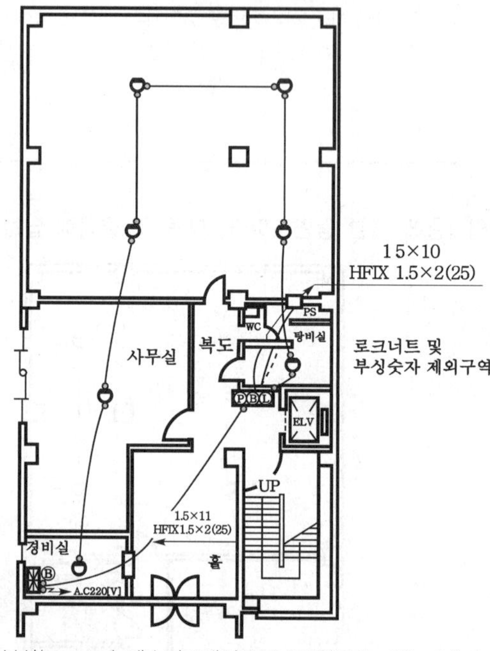

② **로크너트**(lock nut)는 부싱(bushing) 개수의 2배이므로 **34개**(17개×2배=34)가 된다.

(나) 종단저항을 발신기함 내부에 설치하였을 때 전선의 가닥수는 다음과 같다.

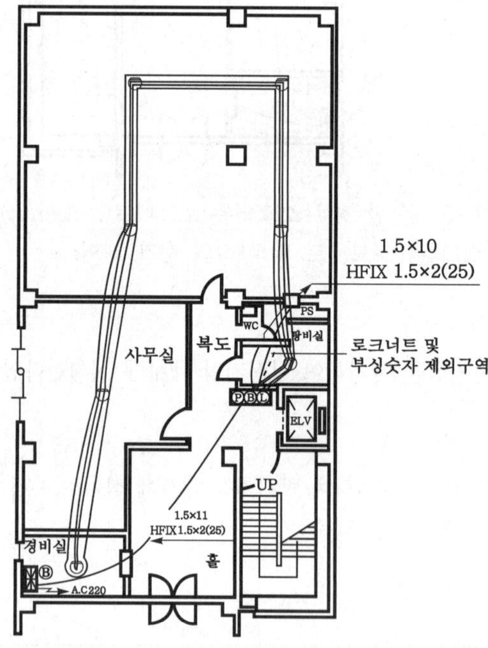

(다) 종단저항을 발신기함 내부에 설치하고 ㉠과 ㉡ 사이에 배관을 신설하면 전선가닥수는 다음과 같다.

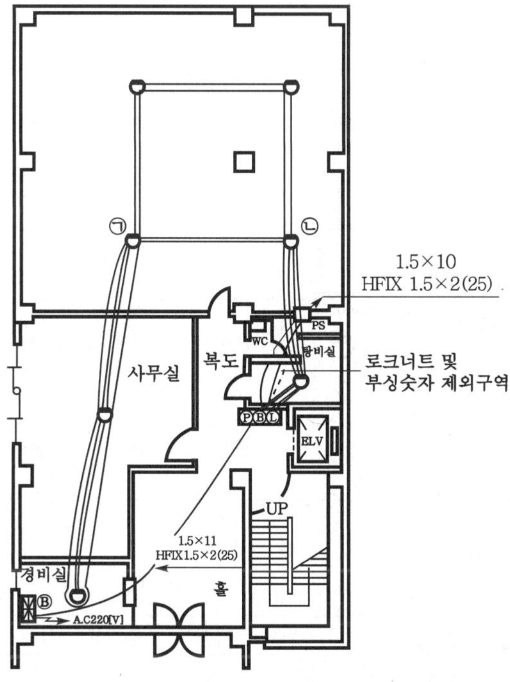

참고

시중의 어떤 책은 **부싱-16개**, 이에 따라 **로크너트-32개**로 답을 제시하고 있다. 그것은 전원부분에는 부싱개수를 고려하지 않은 것인데 전원부분에도 반드시 부싱(bushing)을 사용하여 전선의 피복손상으로 인한 **합선** 및 **누전** 등을 방지하여야 한다.

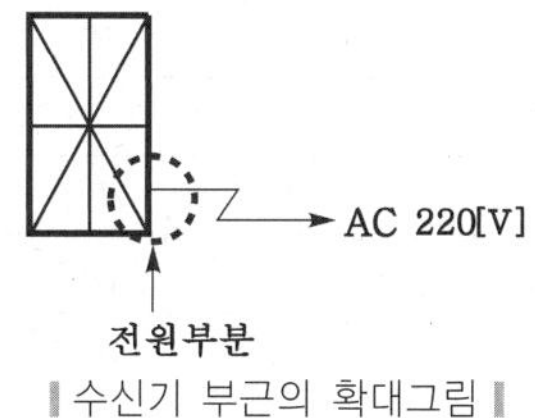

▮수신기 부근의 확대그림▮

문제 14

다음은 자동화재탐지설비의 평면도를 나타낸 도면이다. 이 도면과 주어진 품셈표에 의하여 소요자재 및 취부인건비품을 산출하여 답안지의 ①~㉑의 빈칸을 채우시오. (단, ① 모든 배관은 슬래브 내 매입배관하며, 이중천장이 없는 구조이다. ② 계산시 소수점 셋째 자리 이하는 반올림한다. 예 : 0.045는 0.05로, 0.044는 0.04로 함)

득점	배점
	7

〔범례〕

⊖ : 차동식 스포트형 감지기(2종)

▯ : 수동발신기 세트함(수동발신기, 경종, 표시등, 함 내 내장)

—//— : 16〔mm〕 (2−1.5〔mm^2〕) HFIX

—////— : 16〔mm〕 (4−2.5〔mm^2〕) HFIX

⊠ : 수신기 P형(5회로)

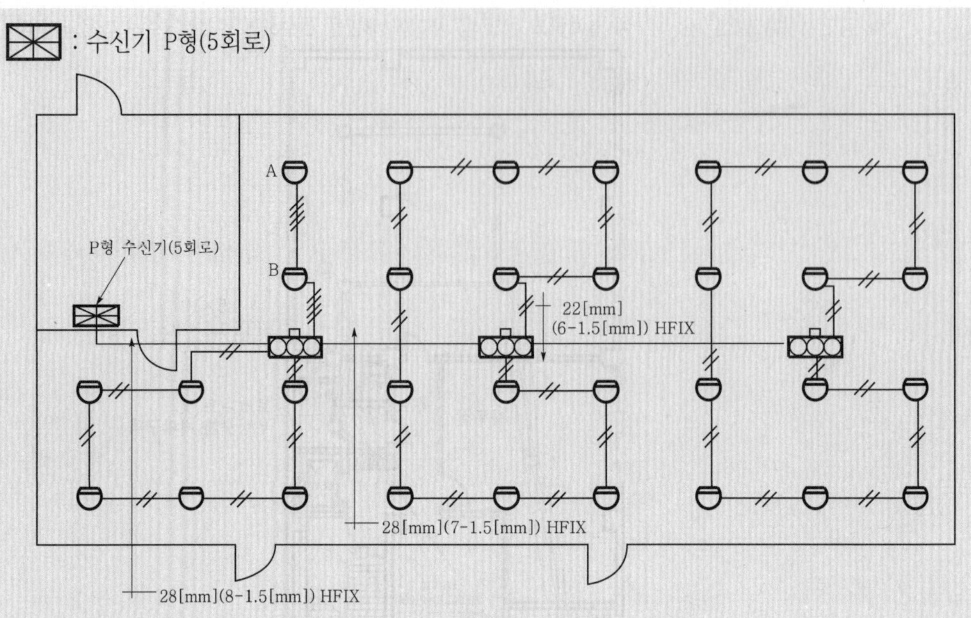

‖품셈표‖

공 종	수 량	단 위	공량계
수동발신기 P형	(①)	개	(②)
경종	(③)	개	(④)
표시등	(⑤)	개	(⑥)
P형 수신기	(⑦)	CH	(⑧)
후강전선관(16[mm])	130	M	(⑨)
후강전선관(22[mm])	25	M	(⑩)
후강전선관(28[mm])	50	M	(⑪)
HFIX 전선(1.5[mm^2])	310	M	(⑫)
HFIX 전선(2.5[mm^2])	500	M	(⑬)
8각 콘크리트박스	(⑭)	개	(⑮)
4각 콘크리트박스	(⑯)	개	(⑰)
수동발신기함	(⑱)	개	(⑲)
차동식 스포트형 감지기	(⑳)	개	(㉑)

공 종	단 위	내선전공 공량	공 종	단 위	내선전공 공량
수동발신기 P형	개	0.3	후강전선관(28[mm])	M	0.14
경종	개	0.15	후강전선관(36[mm])	M	0.2
표시등	개	0.20	전선 6[mm^2] 이하	M	0.01
P형 수신기(기본 공수)	대	6	전선 16[mm^2] 이하	M	0.02
P형 수신기 회선당 할증	회선	0.3	전선 35[mm^2] 이하	M	0.031
부수신기(기본 공수)	대	3.0	8각 콘크리트박스	개	0.12
유도등	개	0.2	4각 콘크리트박스	개	0.12
후강전선관(16[mm])	M	0.08	수동발신기함	개	0.66
후강전선관(22[mm])	M	0.11	차동식 스포트형 감지기	개	0.13

해답

공 종	수 량	단 위	공량계
수동발신기 P형	(3)	개	(3×0.3=0.9)
경종	(4)	개	(4×0.15=0.6)
표시등	(3)	개	(3×0.2=0.6)
P형 수신기	(1)	CH	(6+(3×0.3)=6.9)
후강전선관(16〔mm〕)	130	M	(130×0.08=10.4)
후강전선관(22〔mm〕)	25	M	(25×0.11=2.75)
후강전선관(28〔mm〕)	50	M	(50×0.14=7)
HFIX 전선(1.5〔mm^2〕)	310	M	(310×0.01=3.1)
HFIX 전선(2.5〔mm^2〕)	500	M	(500×0.01=5)
8각 콘크리트박스	(30)	개	(30×0.12=3.6)
4각 콘크리트박스	(6)	개	(6×0.12=0.72)
수동발신기함	(3)	개	(3×0.66=1.98)
차동식 스포트형 감지기	(32)	개	(32×0.13=4.16)

해설 ①, ② 수동발신기는 수동발신기 세트함에 1개씩 내장되어 있으므로 **3개**가 된다.

③, ④ 경종은 수동발신기 세트함에 1개씩 내장되어 있는 지구경종 **3개**와 수신기 내부의 주경종 **1개**, 총 **4개**이다.

⑤, ⑥ 표시등은 수동발신기 세트함에 1개씩 내장되어 있으므로 **3개**가 된다.

⑦, ⑧ P형 수신기는 1대이고, P형 수신기의 회선당 할증은 수동발신기 세트함의 수와 같으므로 **3회선**이 된다.

∴ (1×6)+(3×0.3)=**6.9인**

⑨ 길이가 130〔m〕로 주어졌으므로 여기에다 내선전공 공량만 곱하면 된다.

⑩ 길이가 25〔m〕로 주어졌으므로 여기에다 내선전공 공량만 곱하면 된다.

⑪ 길이가 50〔m〕로 주어졌으므로 여기에다 내선전공 공량만 곱하면 된다.

⑫ 길이가 310〔m〕이고 1.5〔mm^2〕로서 전선 6〔mm^2〕 이하의 내선전공 공량을 적용하여야 하므로 0.01이 된다.

∴ 310×0.01=**3.1인**

⑬ 500×0.01=**5인**

⑭, ⑮ 8각 콘크리트박스는 각 감지기마다 설치하여야 한다.(단, 한쪽면 2방출 이상은 제외)

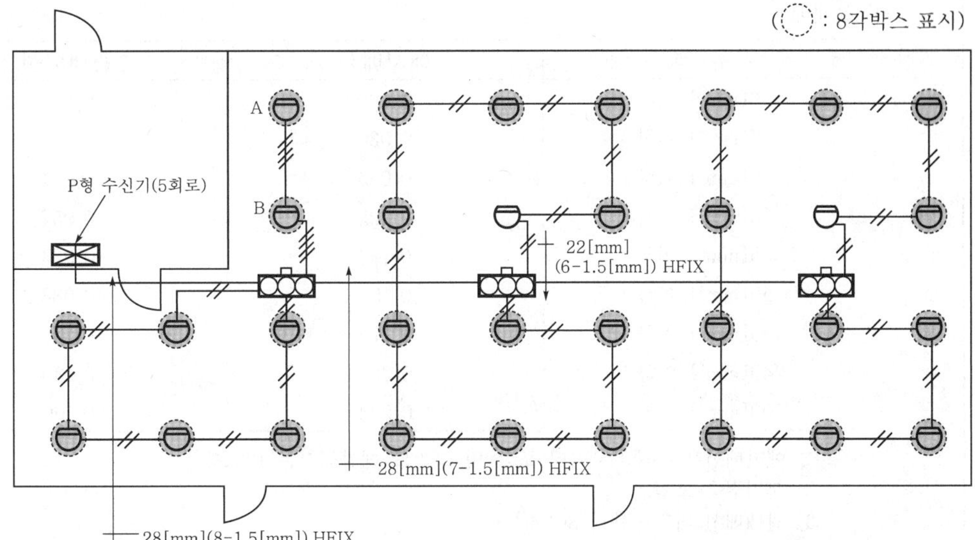

⑯, ⑰ 4각 콘크리트박스는 **6개** (발신기 세트함 3개, 감지기 한쪽면 2방출 이상 2개, 수신기 1개)를 설치하여야 한다.

- 문제 및 문제 조건에서 주수신반 및 소화전함은 벽체 매입이라는 말이 없으므로 이때에는 수신기 및 발신기세트는 4각박스 적용

⑱, ⑲ 수동발신기함은 **3개**이다.

⑳ 차동식 스포트형 감지기는 **32개**이다.

문제 15

다음 도면은 자동화재탐지설비를 설계한 어느 건물의 평면도이다. 주어진 조건과 자료를 이용하여 다음 각 물음에 답하시오.

득점	배점
	15

〔조건〕

- 본 방호대상물은 공장건물로 이중천장이 없는 구조이다.
- 공량 산출시 내선전공의 단위공량은 첨부된 품셈표에서 찾아 적용한다.
- 배관공사는 콘크리트매입으로 전선관은 후강전선관을 사용한다.
- 감지기 취부는 매입 콘크리트박스에 직접 취부하는 것으로 한다.
- 감지기간 전선은 HFIX 1.5〔mm^2〕 전선, 감지기간 배선을 제외한 전선은 HFIX 2.5〔mm^2〕 전선을 사용한다.
- 간선배관은 후강 28C로 한다.
- 감지기 부착높이는 바닥으로부터 3.8〔m〕이다.

〔범례〕

- ⓅⒷⓁΩ : 수동발신기 세트 단독형(수동발신기, 경종, 표시등, 종단저항 내장)
- ⊖ : 차동식 스포트형 감지기(2종)
- Ⓢ : 광전식 연기감지기(2종)
- —//— : 감지기 배관 및 배선 16C(2－1.5)HFIX
- —////— : 감지기 배관 및 배선 16C(4－1.5)HFIX
- 수신기 결선공량 산출시 회로수는 4회로로 산출한다.

(1) 옥내배선 (〔m〕당 : 내선전공)

규 격	애자배선	관내배선
6〔mm^2〕 이하	0.020	0.010
16〔mm^2〕 이하	0.030	0.020
35〔mm^2〕 이하	0.055	0.031
70〔mm^2〕 이하	0.092	0.052
95〔mm^2〕 이하	0.108	0.064
150〔mm^2〕 이하	0.150	0.088
185〔mm^2〕 이하	0.170	0.107
240〔mm^2〕 이하	0.202	0.130
300〔mm^2〕 이하	0.238	0.160

〔주〕 1. 애자배선은 은폐공사이며 노출 및 그리드 애자공사는 130〔%〕
2. 분기접속 포함
3. 관내배선 바닥공사시 80〔%〕
4. 관내 배선품에 대하여 천장 금속 덕트 내 공사시는 200〔%〕, 바닥붙임 덕트 내 공사는 150〔%〕, 금속 및 목재 몰딩배선 130〔%〕
5. 옥내케이블 관내 배선은 전력케이블 신설(구내) 준용
6. 철거 30〔%〕

(2) 전선배선관

([m]당)

박강(薄鋼) 및 P.V.C 전선관			후강(厚鋼)전선관	
규 격		내선전공	규 격	내선전공
박 강	PVC			
	14[mm]	0.04		
15[mm]	16[mm]	0.05	16[mm](1/2 ")	0.08
19[mm]	22[mm]	0.06	22[mm](3/4 ")	0.11
25[mm]	28[mm]	0.08	28[mm](1 ")	0.14
31[mm]	36[mm]	0.10	36[mm](1 1/4 ")	0.20
39[mm]	42[mm]	0.13	42[mm](1 1/2 ")	0.25
51[mm]	54[mm]	0.19	54[mm](2 ")	0.34
63[mm]	70[mm]	0.28	70[mm](2 1/2 ")	0.44
75[mm]	82[mm]	0.37	82[mm](3 ")	0.54
	100[mm]	0.45	90[mm](3 1/2 ")	0.60
	104[mm]	0.46	104[mm](4 ")	0.71

[주] 1. 콘크리트매입 기준임
2. 철근콘크리트 노출 및 블록칸막이 벽 내는 120[%], 목조건물은 110[%], 철강조 노출은 125[%]
3. 기설콘크리트 노출공사시 앵커볼트 매입깊이가 10[cm] 이상인 경우는 앵커볼트 매입품을 별도 계상하고 전선관 설치품은 매입품으로 계상한다.
4. 천장 속, 마루 밑 공사 130[%]
5. 이 품에는 관의 절단, 나사내기, 구부리기, 나사조임, 관내 청소점검, 도이선 넣기품 포함
6. 계장 및 통신용 배관공사도 이에 준함
7. 플렉시블 콘딧 파이프는 후강전선관 품의 50[%]
8. 방폭설비시는 120[%]

(3) 아웃트렛박스(outlet box) 신설

(개당)

종 별	내선전공
8각 Concrete box	0.12
4각 Concrete box	0.12
8각 Outlet box	0.20
중형 4각 Outlet box	0.20
대형 4각 Outlet box	0.20
1개용 Switch box	0.20
2~3개용 Switch box	0.20
4~5개용 Switch box	0.25
노출형 Box(콘크리트 노출기준)	0.29

[주] 1. 콘크리트매설 경우임
2. Box위치의 먹줄치기, 구멍뚫기, 첨부 커버 포함
3. Block 벽체의 공동 내 설치 120[%]
4. 방폭형 및 방수형 300[%]
5. 기타 할증은 전선관 배관 준용

(4) 자동화재경보장치 신설 (단위당)

공 종	단 위	내선전공	비 고
SPOT형 감지기 (차동식, 정온식, 보상식) 노출형	개	0.13	(1) 천장높이 4〔m〕 기준 1〔m〕 증가시마다 5〔%〕 증 (2) 매입형 또는 특수구조의 것은 조건에 따라서 산정할 것
시험기(공기관 포함)	개	0.15	(1) 상동 (2) 상동
분포형의 공기관 (열전대선 감지선)	〔m〕	0.025	(1) 상동 (2) 상동
검출기	개	0.030	
공기관식 Booster	개	0.10	
발신기 P형	개	0.30	
회로시험기	개	0.10	3급(푸시버튼만으로 응답확인 없는 것)
수신기 P형(기본공수) (회선수 공수산출 가산요)	대	6.0	회선수에 대한 산정 매 1회선에 대해서 (직종: 내선전공 / 형식) P형 0.3, 부수신기 1.1
부수신기(기본공수)	대	3.0	참고 : 산정 예(P형)의 10회분 기본 공수는 6인 회선당 할증수는 (10×0.3)=3 ∴ 6+3=9인
소화전기동 릴레이	대	1.5	수신기가 내장되지 않은 것으로 별개로 취부할 경우에 적용
전령(電鈴)	개	0.15	
표시등	개	0.20	
표시판	개	0.15	

직종 형식	내선전공
P형	0.3
부수신기	1.1

〔주〕 1. 시험공량은 총 산출품의 10〔%〕로 하되 최소치를 3인으로 함
2. 부착시 목대를 필요로 하는 현장은 목대 매 개당 0.02인을 가산할 것
3. 공기관의 길이는 텍스 붙인 평면천장의 산출식의 5〔%〕 증으로 하되 보돌림과 시험기로 인하되는 수량을 가산할 것

(가) 선로의 전선수를 답란의 도면에 표시하시오. (예 4선 : —////—)

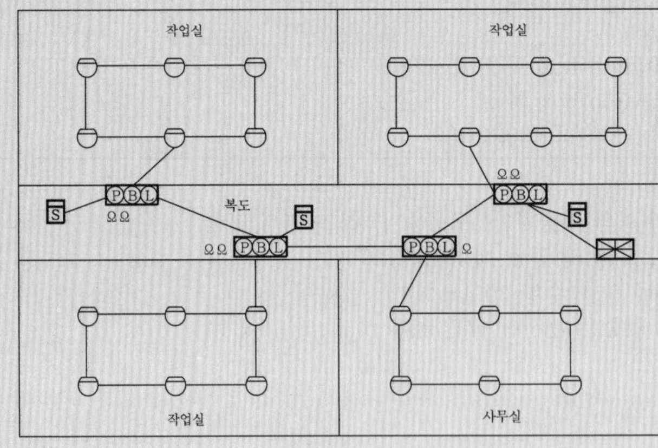

(나) 물량 및 공량산출표를 완성하시오.

품 명	규 격	수 량	단 위	내선전공공량	공량계
화재수신반	5CC.T	1	대	(①)	(②)
감지기	연기식	(③)	EA	(④)	(⑤)
감지기	차동식	(⑥)	EA	(⑦)	(⑧)
전선관	16C	120	M	(⑨)	(⑩)
전선관	28C	35	M	(⑪)	(⑫)
전선	HFIX 1.5[mm^2]	300	M	(⑬)	(⑭)
전선	HFIX 2.5[mm^2]	70	M	(⑮)	(⑯)
8각박스	Cover 포함	(⑰)	EA	(⑱)	(⑲)
4각박스	Cover 포함	(⑳)	EA	(㉑)	(㉒)

해답 (가)

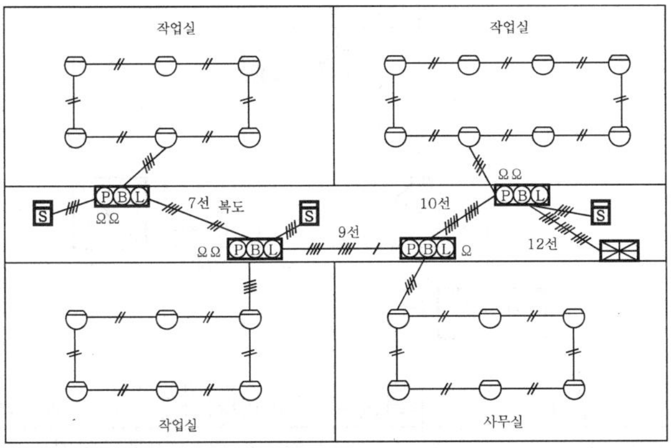

작업실 작업실
7선 복도 10선 9선 12선
작업실 사무실

(나)

품 명	규 격	수 량	단 위	내선전공공량	공량계
화재수신반	5CC.T	1	대	(6.0+(4×0.3))	(7.2)
감지기	연기식	(3)	EA	(0.13)	(0.39)
감지기	차동식	(26)	EA	(0.13)	(3.38)
전선관	16C	120	M	(0.08)	(9.6)
전선관	28C	35	M	(0.14)	(4.9)
전선	HFIX 1.5[mm^2]	300	M	(0.01)	(3)
전선	HFIX 2.5[mm^2]	70	M	(0.01)	(0.7)
8각박스	Cover 포함	(29)	EA	(0.12)	(3.48)
4각박스	Cover 포함	(5)	EA	(0.12)	(0.6)

해설 (가) 본 도면은 자동화재탐지설비로서 감지기 사이 및 감지기~발신기 세트 사이의 가닥수가 루프(loop)된 곳은 **2가닥**, 기타는 **4가닥**이 된다.

가닥수	용 도
7선	회로선 2, 발신기공통선 1, 경종선 1, 경종표시등공통선 1, 응답선 1, 표시등선 1
9선	회로선 4, 발신기공통선 1, 경종선 1, 경종표시등공통선 1, 응답선 1, 표시등선 1
10선	회로선 5, 발신기공통선 1, 경종선 1, 경종표시등공통선 1, 응답선 1, 표시등선 1
12선	회로선 7, 발신기공통선 1, 경종선 1, 경종표시등공통선 1, 응답선 1, 표시등선 1

(나) ① 화재수신반 **5회로**를 초과하므로 P형 수신기를 사용하여야 하며, 그러므로 P형 수신기의 기본공수는 **6**이며 회로수는 **7회로**이지만 [조건] 맨 마지막에서 회로수는 **4회로**로 산출하라고 하였으므로 회선당 할증 **0.3**을 적용하여 계산하면 6+(4×0.3)=7.2가 된다.

② 8각박스는 **29개**(차동식 스포트형 감지기 26개, 연기감지기 3개)가 사용된다.

③ 4각박스는 **5개**(발신기 세트 4개, 수신기 1개)가 사용된다.

3 옥내 및 옥외 소화전설비

※ 옥내소화전설비의 기동방식
① 자동기동방식
: 기동용 수압개폐장치를 이용하는 방식
② 수동기동방식
: ON, OFF 스위치를 이용하는 방식

※ M.C.C
모터컨트롤센터로서, 동력제어반을 의미한다.

1 계통도 1

① 각 표시등의 공통선은 별도로 1선을 사용한다.

② MCC의 전원감시기능은 있는 것으로 본다.

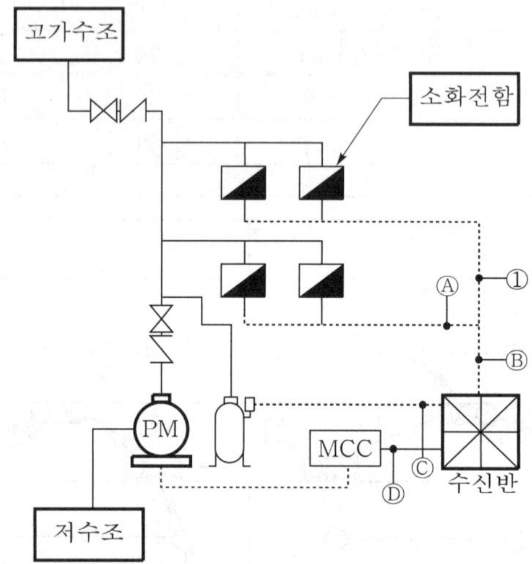

기 호	구 분		배선수	배선굵기	배선의 용도
①, Ⓐ, Ⓑ	소화전함 ↔ 수신반	ON－OFF식	5	2.5[mm^2]	기동, 정지, 공통, 기동확인표시등 2
		수압개폐식	2	2.5[mm^2]	기동확인표시등 2
Ⓒ	압력탱크 ↔ 수신반		2	2.5[mm^2]	압력스위치 2
Ⓓ	MCC ↔ 수신반		5	2.5[mm^2]	기동 2, 기동확인표시등, 전원감시표시등, 표시등 공통

* Ⓓ : 실제 실무에서는 **교류방식**은 4가닥(**기동 2**, **확인 2**), **직류방식**은 4가닥(**전원** ⊕·⊖, **기동 1**, **확인 1**)을 사용한다.

※ 계통도 2
★꼭 기억하세요★

2 계통도 2

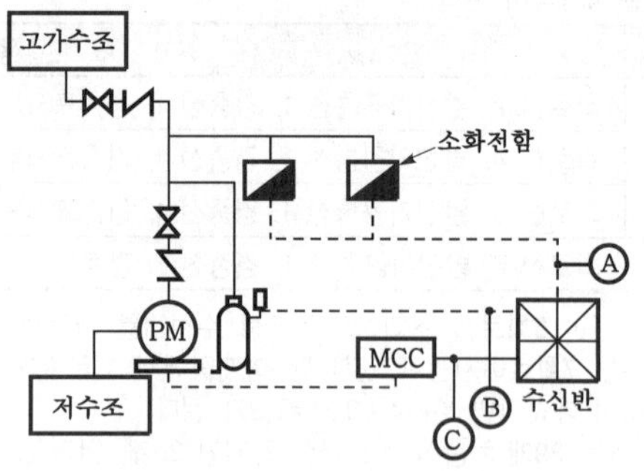

기 호	구 분		배선수	배선굵기	배선의 용도
Ⓐ	소화전함 ↔수신반	ON, OFF식	5	2.5[mm²]	기동, 정지, 공통, 기동확인표시등 2
		수압개폐식	2	2.5[mm²]	기동확인표시등 2
Ⓑ	압력탱크↔수신반		2	2.5[mm²]	압력스위치 2
Ⓒ	MCC↔수신반		5	2.5[mm²]	공통, ON, OFF, 운전표시, 정지표시

* Ⓒ : 실제 실무에서는 **교류방식**은 4가닥(**기동 2**, **확인 2**), **직류방식**은 4가닥(**전원** ⊕ · ⊖, **기동 1**, **확인 1**)을 사용한다.

참고

옥내소화전설비와 **옥외소화전설비**

옥내소화전설비	옥외소화전설비
초기소화를 목적으로 옥내의 문 또는 계단 가까이 설치하는 설비	옥외에 설치하여 외부소화 및 근접건물로의 연소방지 목적으로 설치되는 설비
 ‖ 옥내소화전(함) ‖	 ‖ 옥외소화전 ‖

Key Point

✻ 기동확인표시등
간단히 '확인'이라고도 한다.

✻ 압력탱크와 같은 의미
압력체임버(Pressure Chamber)

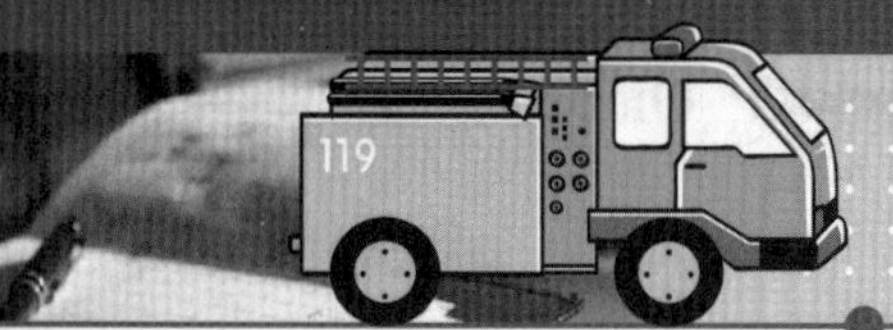

과년도 출제문제

문제 01

그림은 옥내소화전설비의 전기적 계통도이다. 그림을 보고 답란표의 Ⓐ~Ⓑ까지의 배선수와 각 배선의 용도를 쓰시오. (단, 사용전선은 HFIX전선이며, 배선수는 운전조작상 필요한 최소전선수를 쓰도록 한다.)

득점	배점
	9

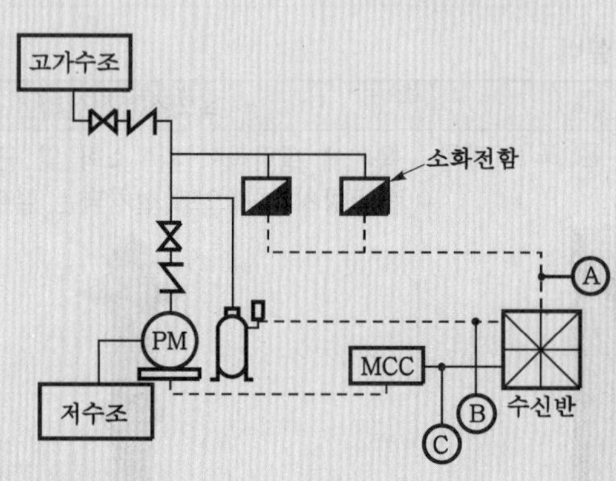

기 호	구 분		배선수	배선굵기	배선의 용도
Ⓐ	소화전함 ↔ 수신반	ON,OFF식		2.5[mm^2]	
		수압개폐식		2.5[mm^2]	
Ⓑ	압력탱크 ↔ 수신반			2.5[mm^2]	
Ⓒ	MCC ↔ 수신반		5	2.5[mm^2]	공통, ON, OFF, 운전표시, 정지표시

해답

기 호	구 분		배선수	배선굵기	배선의 용도
Ⓐ	소화전함 ↔ 수신반	ON,OFF식	5	2.5[mm^2]	기동, 정지, 공통, 기동확인표시등 2
		수압개폐식	2	2.5[mm^2]	기동확인표시등 2
Ⓑ	압력탱크 ↔ 수신반		2	2.5[mm^2]	압력스위치 2
Ⓒ	MCC ↔ 수신반		5	2.5[mm^2]	공통, ON, OFF, 운전표시, 정지표시

해설 **옥내소화전설비**의 구성은 일반수원, 고가수조 또는 저수조 및 모터펌프 기동장치, 배관의 개폐밸브, 호스, 노즐 및 소화전함 등으로 구성되며 소화전 펌프의 기동방식에 따라 **ON, OFF 스위치**에 의한 수동기동방식과 **기동용 수압개폐장치**를 부설하는 자동기동방식이 있다.

- Ⓒ : 실제 실무에서는 **교류방식**은 4가닥(**기동 2, 확인 2**), **직류방식**은 4가닥(**전원** ⊕ · ⊖, **기동 1, 확인 1**)을 사용한다.

참고

옥내소화전설비와 **옥외소화전설비**

옥내소화전설비	옥외소화전설비
초기소화를 목적으로 옥내의 문 또는 계단 가까이 설치하는 설비	옥외에 설치하여 외부소화 및 근접건물로의 연소방지 목적으로 설치되는 설비

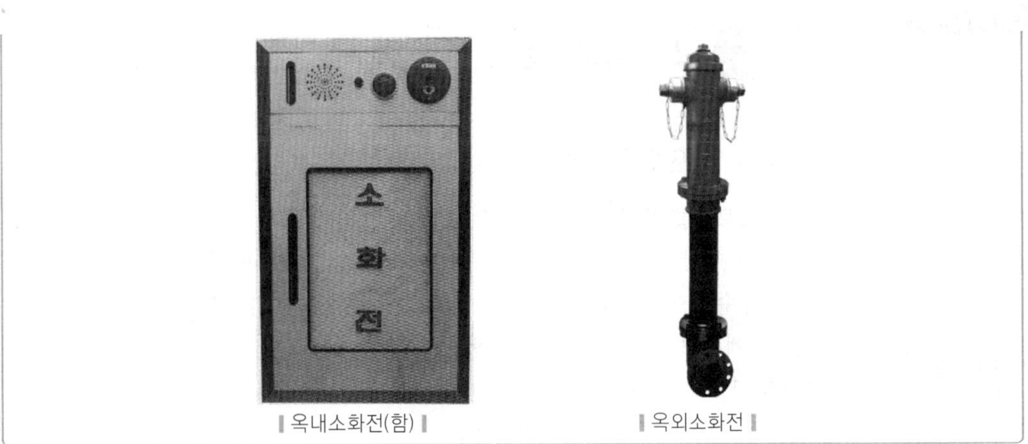

‖ 옥내소화전(함) ‖ ‖ 옥외소화전 ‖

4 스프링클러설비

1 습식 스프링클러설비

습식 스프링클러설비는 일반적으로 **가장 많이 이용**되는 방식으로서 1차측 및 2차측 배관 내에 항상 가압수가 충수되어 있어 화재가 발생하면 열에 의하여 헤드가 개방되고 이때 유수검지장치(alarm check valve)가 작동하여 사이렌 경보를 울림과 동시에 소화설비반에 밸브개방신호를 표시한다.

(1) 계통도 1

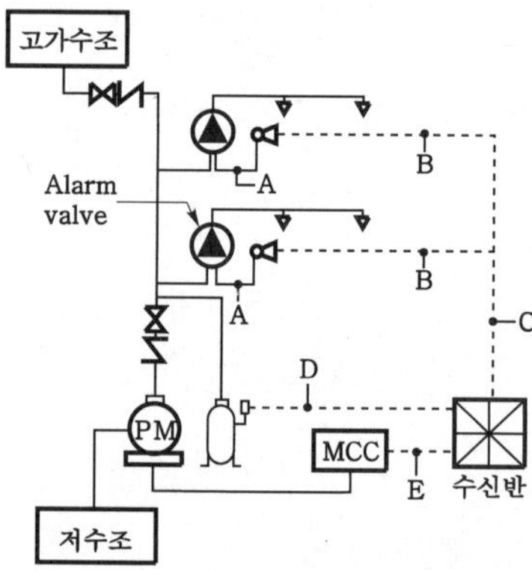

기 호	내 역	용 도
A	HFIX 2.5-3	유수검지스위치 1, 탬퍼스위치 1, 공통 1
B	HFIX 2.5-4	유수검지스위치 1, 탬퍼스위치 1, 사이렌 1, 공통 1
C	HFIX 2.5-7	유수검지스위치 2, 탬퍼스위치 2, 사이렌 2, 공통 1
D	HFIX 2.5-2	압력스위치 2
E	HFIX 2.5-5	기동, 정지, 공통, 전원표시등, 기동확인표시등

* 기호 E에서 전원표시등은 생략할 수 있다.

(2) 계통도 2

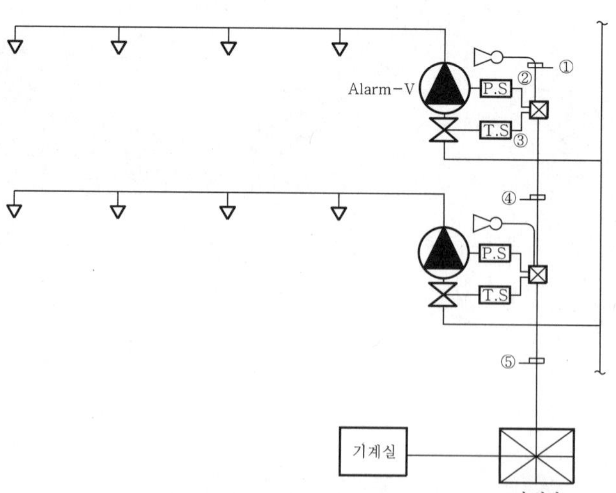

※ 스프링클러설비
① 습식
② 건식
③ 준비작동식
④ 일제살수식

※ 습식의 작동순서
① 화재발생
② 헤드개방
③ 알람체크밸브의 유수검지
④ 압력스위치 작동
⑤ 소화설비반에 신호
⑥ 사이렌 경보

※ 가압수
펌프에 의해 압력이 가해져 있는 물

※ 유수검지스위치와 같은 의미
① 알람스위치
② 압력스위치

※ P.S
'압력스위치(Pressure Switch)'를 의미한다.

※ T.S
'탬퍼스위치(Tamper Switch)'를 의미한다.

기 호	내 역	용 도
①	HFIX 2.5-2	사이렌 2
②	HFIX 2.5-2	압력스위치 2
③	HFIX 2.5-2	밸브 폐쇄확인스위치 2
④	HFIX 2.5-4	밸브 폐쇄확인스위치 1, 사이렌 1, 압력스위치 1, 공통
⑤	HFIX 2.5-7	밸브 폐쇄확인스위치 2, 사이렌 2, 압력스위치 2, 공통

2 준비작동식 스프링클러설비

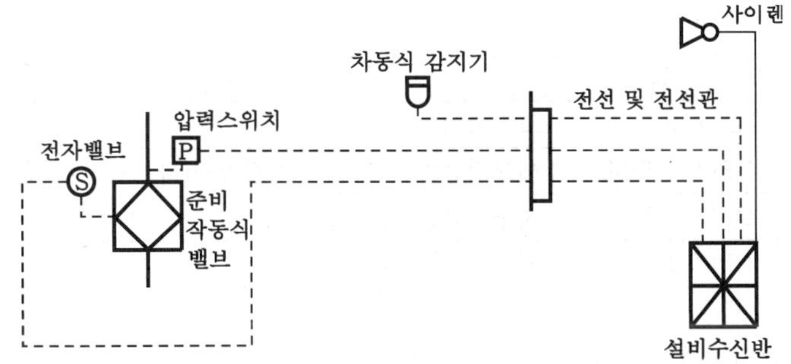

① 감지기 A · B 작동
② 수신반에 신호(화재표시등 및 지구표시등 점등)
③ 전자밸브 작동
④ 준비작동식 밸브 작동
⑤ 압력스위치 작동
⑥ 수신반에 신호(기동표시등 및 밸브개방표시등 점등)
⑦ 사이렌 경보

문제 다음 그림은 어떤 준비작동식 스프링클러설비의 계통을 나타낸 도면이다. 화재가 발생하였을 때 화재감지기, 소화설비반의 표시부, 전자밸브, 준비작동식 밸브 및 압력스위치들간의 작동연계성(operation sequence)을 요약 설명하시오.

득점	배점
	4

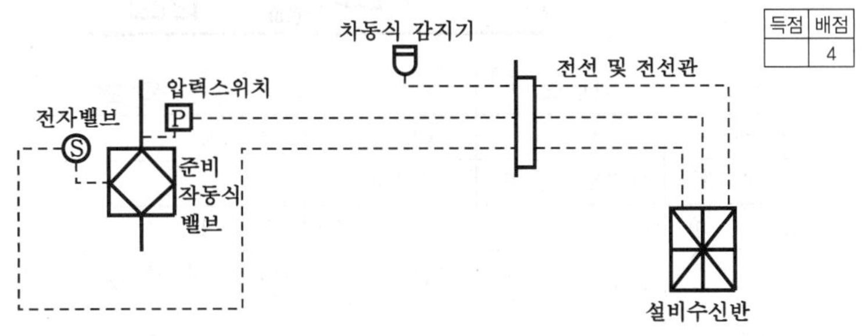

해답
① 감지기 A · B 작동
② 수신반에 신호(화재표시등 및 지구표시등 점등)
③ 전자밸브 작동
④ 준비작동식 밸브 작동
⑤ 압력스위치 작동
⑥ 수신반에 신호(기동표시등 및 밸브개방표시등 점등)
⑦ 사이렌 경보

Key Point

* **밸브 폐쇄확인 스위치(탬퍼스위치)**
밸브의 개폐상태를 감시한다.

* **전자밸브와 같은 의미**
① 전자개방밸브
② 솔레노이드밸브

* **준비작동식 밸브와 같은 의미**
① 준비작동밸브
② 프리액션밸브

(1) 계통도

① 계통도 1

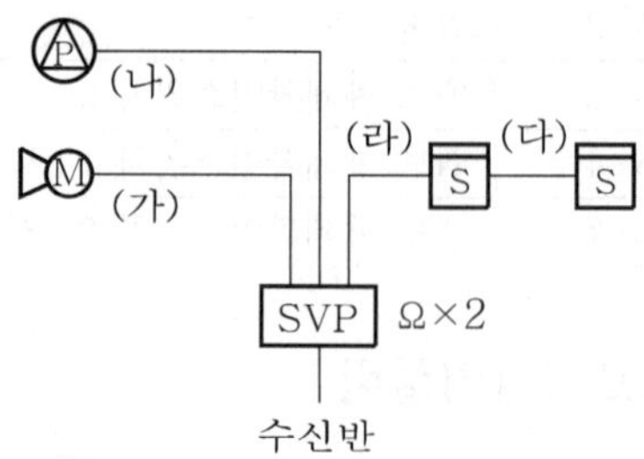

기 호	내 역	용 도
(가)	HFIX 2.5-2	모터사이렌 2
(나)	HFIX 2.5-4	밸브기동(SV) 1, 밸브개방확인(PS) 1, 밸브주의(TS) 1, 공통 1
(다)	HFIX 1.5-4	지구, 공통 각 2가닥
(라)	HFIX 1.5-8	지구, 공통 각 4가닥

※ 밸브기동
'밸브개방'이라고도 말한다.

② 계통도 2

- 감지기선로 및 사이렌은 제외한다.
- ⊟ : 프리액션밸브 슈퍼비조리판넬

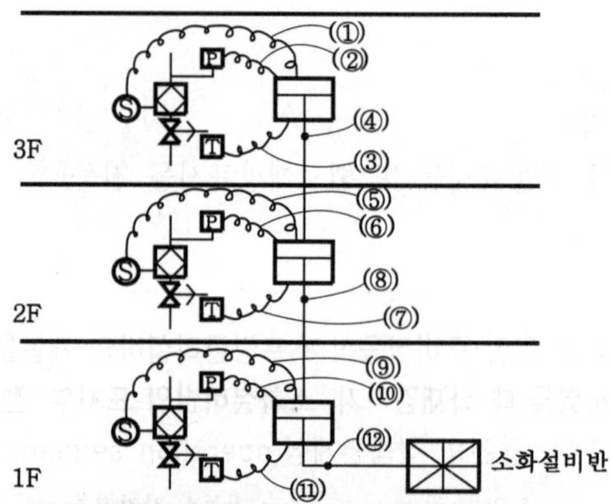

기 호	내 역	용 도
①, ⑤, ⑨	HFIX 2.5-2	솔레노이드밸브 기동 2
②, ⑥, ⑩	HFIX 2.5-2	압력스위치 2
③, ⑦, ⑪	HFIX 2.5-2	밸브 모니터링스위치 2
④	HFIX 2.5-5	전원 ⊕·⊖, 압력스위치, 솔레노이드밸브 기동, 밸브 모니터링 스위치
⑧	HFIX 2.5-8	전원 ⊕·⊖, (압력스위치, 솔레노이드밸브 기동, 밸브 모니터링 스위치)×2
⑫	HFIX 2.5-11	전원 ⊕·⊖, (압력스위치, 솔레노이드밸브 기동, 밸브 모니터링 스위치)×3

중요 일반적인 중계기~중계기, 중계기~수신기 사이의 가닥수

설 비	가닥수	내 역
• 자동화재탐지설비	7	전원선 2(전원 ⊕ · ⊖) 신호선 2 응답선 1 표시등선 1 기동램프 1(옥내소화전설비와 겸용인 경우)
• 프리액션 스프링클러설비 (준비작동식 스프링클러설비) • 제연설비 • 가스계 소화설비	4	전원선 2(전원 ⊕ · ⊖) 신호선 2

③ 계통도 3

• 감지기회로에 공통선은 별도로 취한다.

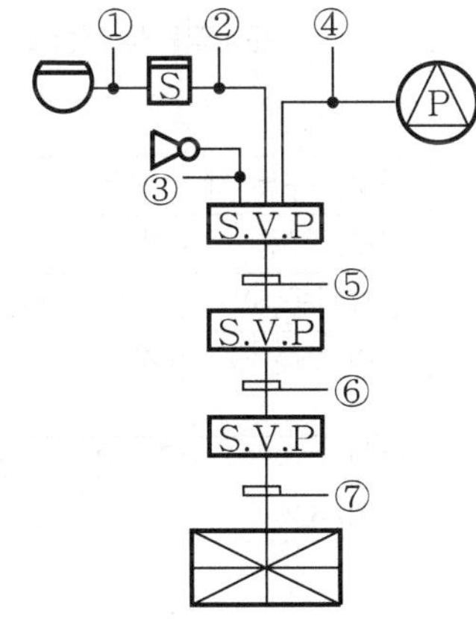

기 호	내 역	용 도
①	HFIX 1.5-4	지구, 공통 각 2가닥
②	HFIX 1.5-8	지구, 공통 각 4가닥
③	HFIX 2.5-2	사이렌 2
④	HFIX 2.5-4	밸브기동(SV) 1, 밸브개방확인(PS) 1, 밸브주의(TS) 1, 공통 1
⑤	HFIX 2.5-9	전원 ⊕ · ⊖, 감지기 공통, 사이렌, 감지기 A · B, 밸브기동, 밸브개방확인, 밸브주의
⑥	HFIX 2.5-15	전원 ⊕ · ⊖, 감지기 공통, (사이렌, 감지기 A · B, 밸브기동, 밸브개방확인, 밸브주의)×2
⑦	HFIX 2.5-21	전원 ⊕ · ⊖, 감지기 공통, (사이렌, 감지기 A · B, 밸브기동, 밸브개방확인, 밸브주의)×3

Key Point

※ 배선 굵기
감지기 배선은 HFIX 1.5〔mm^2〕, 기타 배선은 HFIX 2.5〔mm^2〕를 사용한다.

※ SV(밸브기동)
① 'Solenoid Valve'의 약자이다.
② 밸브개방
③ 솔레노이드밸브
④ 솔레노이드밸브 기동

※ PS(압력스위치)
① 'Pressure Switch'의 약자이다.
② 밸브개방확인

※ TS(탬퍼스위치)
① 'Tamper Switch'의 약자이다.
② 밸브주의

※ 준비작동식
스프링클러설비의 오동작을 방지하기 위하여 개발된 것으로, 2개 이상의 감지기 및 헤드가 작동되어야 살수되는 장치이다.

※ Preaction valve
'준비작동밸브'를 의미한다.

※ TS(탬퍼스위치)
개폐지시형 밸브의 개폐상태를 감시하는 스위치

④ 계통도 4
음향장치는 설치를 생략한다.

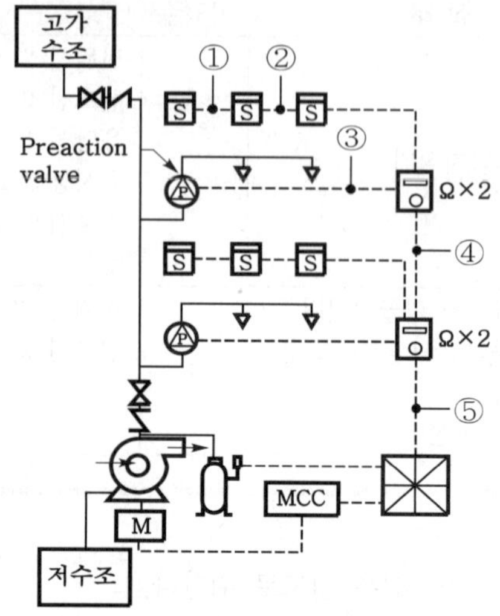

| 준비작동식 계통도 |

기 호	내 역	용 도
①	HFIX 1.5-4	지구, 공통 각 2가닥
②	HFIX 1.5-8	지구, 공통 각 4가닥
③	HFIX 2.5-4	밸브기동(SV) 1, 밸브개방확인(PS) 1, 밸브주의(TS) 1, 공통 1
④	HFIX 2.5-7	전원 ⊕·⊖, 감지기 A·B, 밸브기동, 밸브개방확인, 밸브주의
⑤	HFIX 2.5-12	전원 ⊕·⊖, (감지기 A·B, 밸브기동, 밸브개방확인, 밸브주의)×2

⑤ 계통도 5

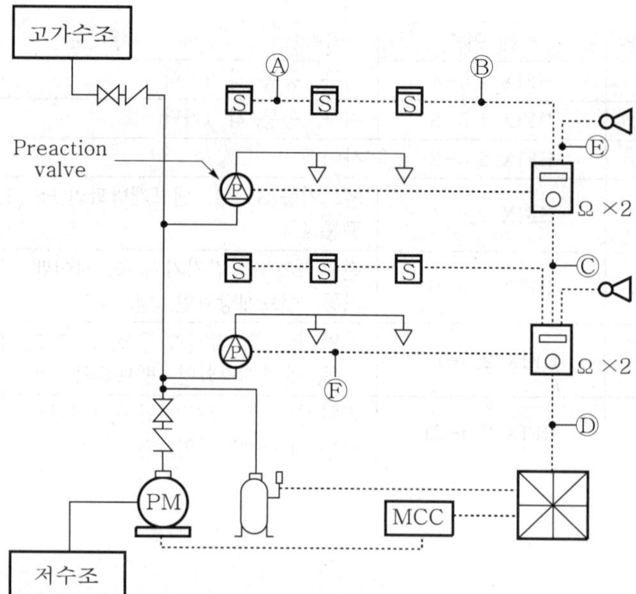

기호	내 역	용 도
Ⓐ	HFIX 1.5-4	지구, 공통 각 2가닥
Ⓑ	HFIX 1.5-8	지구, 공통 각 4가닥
Ⓒ	HFIX 2.5-8	전원 ⊕·⊖, 감지기 A·B, 밸브기동, 밸브개방확인, 밸브주의, 사이렌
Ⓓ	HFIX 2.5-14	전원 ⊕·⊖, (감지기 A·B, 밸브기동, 밸브개방확인, 밸브주의, 사이렌)×2
Ⓔ	HFIX 2.5-2	사이렌 2
Ⓕ	HFIX 2.5-4	밸브기동 1, 밸브개방확인 1, 밸브주의 1, 공통 1

중요 **슈퍼비조리판넬 접속도**

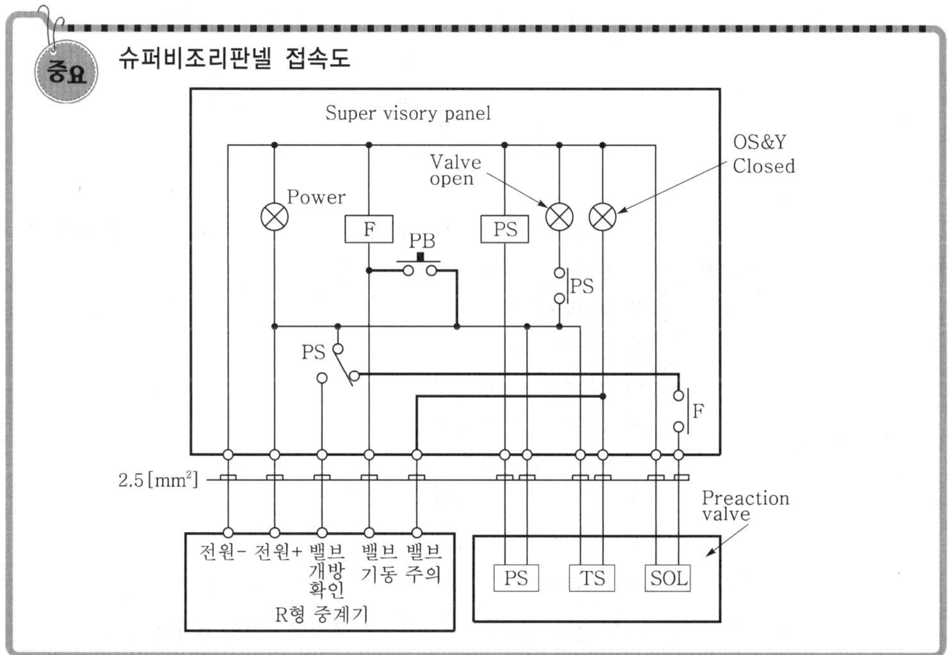

(2) 평면도

① 평면도 1

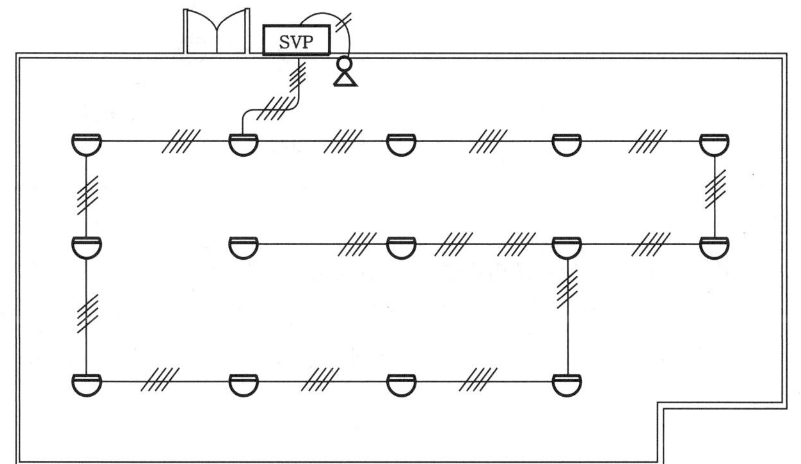

Key Point

＊ 슈퍼비조리판넬
준비작동밸브의 조정장치

＊ OS&Y CLOSED
개폐지시형 밸브의 감시표시등

＊ 준비작동식 동작순서
① 감지기 A·B 동작
② 수신반에 신호(화재표시등 및 지구표시등 점등)
③ 솔레노이드밸브 동작
④ 프리액션밸브 동작
⑤ 압력스위치 작동
⑥ 수신반에 신호(기동표시등 및 밸브개방표시등 점등)
⑦ 사이렌경보

※ 회로도통시험
감지기회로의 단선유무와 기기 등의 접속상황을 확인하기 위한 시험

※ 교차회로방식의 적용설비
① 분말소화설비
② 할론소화설비
③ 이산화탄소 소화설비
④ 준비작동식 스프링클러설비
⑤ 일제살수식 스프링클러설비
⑥ 부압식 스프링클러설비
⑦ 할로겐화합물 및 불활성기체 소화설비

※ 모니터링 스위치와 같은 의미
① 개폐표시형 밸브 모니터링 스위치
② 탬퍼스위치

※ 화재신호
'사이렌'을 의미한다.

중요

송배선식과 교차회로방식

(1) 송배선식

① 정의 : **감지기회로**의 **도통시험**을 용이하게 하기 위하여 배선의 도중에서 분기하지 않는 방식

② 적용설비 ┌ 자동화재탐지설비
　　　　　 └ 제연설비

③ 가닥수 산정 : 종단저항을 수동발신기함 내에 설치하는 경우 **루프**(loop)된 곳은 **2가닥**, **기타 4가닥**이 된다.

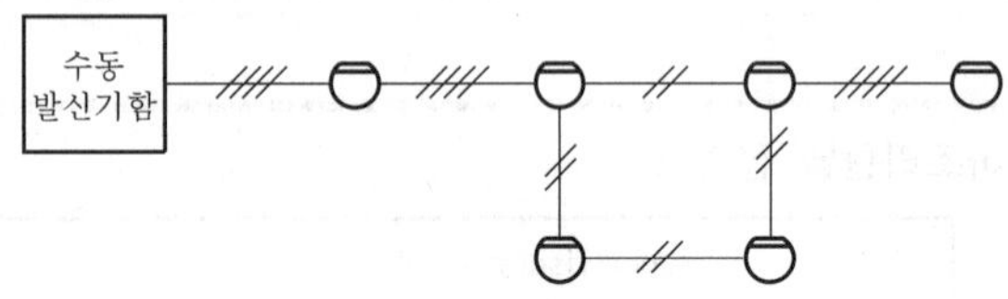

‖ 송배선식 ‖

(2) 교차회로방식

① 정의 : 하나의 담당구역 내에 **2 이상**의 **감지기회로**를 설치하고 **2 이상**의 **감지기회로**가 동시에 감지되는 때에 설비가 작동하는 방식

② 적용설비 ┌ **분**말소화설비
　　　　　 ├ **할**론소화설비
　　　　　 ├ **이**산화탄소 소화설비
　　　　　 ├ **준**비작동식 스프링클러설비
　　　　　 ├ **일**제살수식 스프링클러설비
　　　　　 ├ **부**압식 스프링클러설비
　　　　　 └ **할**로겐화합물 및 불활성기체 소화설비

기억법 **분할이 준일부할**

③ 가닥수 산정 : **말단**과 **루프**(loop)된 곳은 **4가닥**, **기타 8가닥**이 된다.

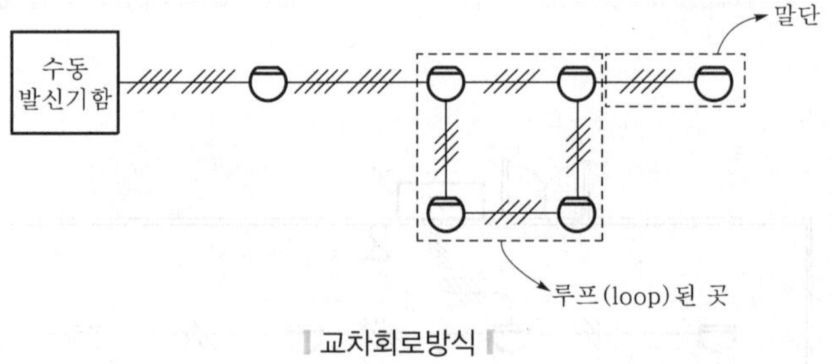

‖ 교차회로방식 ‖

② 평면도 2

- 준비작동식 슈퍼비조리판넬과 소화설비반간의 배선은 ⊕ · ⊖ 전원 : 2선, 감지기 : 2선, 화재신호 : 1선, 압력스위치 : 1선, 모니터링스위치 : 1선 총 7선이다.
- 구역이 늘어날 경우 전원 2선을 제외한 선수가 늘어나는 것으로 한다.

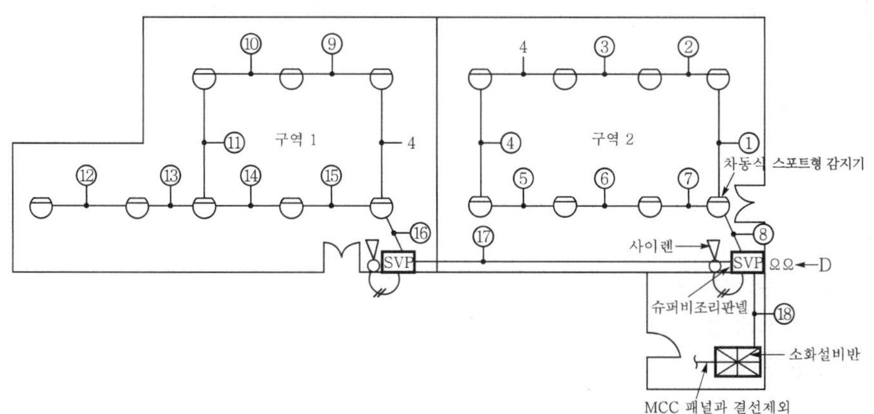

기 호	내 역	용 도
①~⑦	HFIX 1.5-4	지구, 공통 각 2가닥
⑧	HFIX 1.5-8	지구, 공통 각 4가닥
⑨~⑫	HFIX 1.5-4	지구, 공통 각 2가닥
⑬	HFIX 1.5-8	지구, 공통 각 4가닥
⑭, ⑮	HFIX 1.5-4	지구, 공통 각 2가닥
⑯	HFIX 1.5-8	지구, 공통 각 4가닥
⑰	HFIX 2.5-7	전원 ⊕·⊖, 감지기 A·B, 화재신호, 압력스위치, 모니터링스위치
⑱	HFIX 2.5-12	전원 ⊕·⊖, (감지기 A·B, 화재신호, 압력스위치, 모니터링스위치)×2

※ 모니터링스위치=탬퍼스위치(Tamper Switch)

*** HFIX 2.5-12의 의미**
2.5[mm^2] 450/750[V] 저독성 난연 가교폴리올레핀 절연전선 12가닥이 들어있다.

과년도 출제문제

문제 01

다음은 습식 스프링클러설비의 작동과 관련 부대전기설비의 배선을 나타낸 그림이다. 각 기기들의 연계 작동순서를 간략하게 설명하시오. (단, 압력챔버의 압력스위치 작동으로 펌프모터 MCC 작동, 펌프모터기동의 설명은 제외한다.)

득점	배점
	7

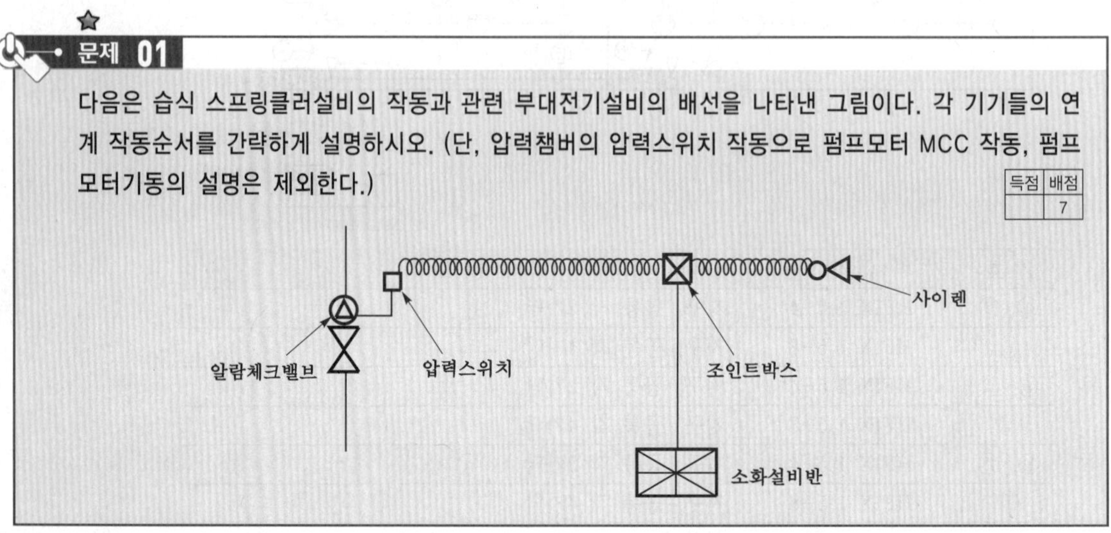

해답 화재발생 → 헤드개방 → 알람체크밸브의 유수검지 → 압력스위치 동작 → 소화설비반에 신호 → 사이렌 경보

해설 **작동순서**

설 비	작동순서
• 습식 • 건식	① 화재발생 ② 헤드개방 ③ **알람체크밸브**의 유수검지 ④ **압력스위치** 동작 ⑤ **소화설비반**에 **신호** ⑥ **사이렌 경보** 위의 문제와 달리 도면이 주어지지 않고 작동순서를 물어본다면 다음과 같이 작성하면 된다. ① 화재발생 ② 헤드개방 ③ **유수검지장치** 작동 ④ **수신반**에 **신호** ⑤ **밸브개방표시등 점등 및 사이렌 경보**
• 준비작동식	① 감지기 A · B 작동 ② 수신반에 신호(**화재표시등** 및 **지구표시등** 점등) ③ **전자밸브** 작동 ④ **준비작동식밸브** 작동 ⑤ **압력스위치** 작동 ⑥ 수신반에 신호(**기동표시등** 및 **밸브개방표시등** 점등) ⑦ **사이렌 경보**

• 일제살수식	① 감지기 A · B 작동 ② 수신반에 신호(**화재표시등** 및 **지구표시등** 점등) ③ **전자밸브** 동작 ④ **델류지밸브** 동작 ⑤ **압력스위치** 작동 ⑥ 수신반에 신호(**기동표시등** 및 **밸브개방표시등** 점등) ⑦ **사이렌 경보**
• 할론소화설비 • 이산화탄소 소화설비	① 감지기 A · B 작동 ② 수신반에 신호 ③ **화재표시등, 지구표시등** 점등 ④ 사이렌 경보 ⑤ 기동용기 솔레노이드 개방 ⑥ 약제 방출 ⑦ **압력스위치** 작동 ⑧ **방출표시등** 점등

• **소화설비반**에 **신호** 후 **소화설비반**에서 **사이렌 경보** 신호를 보낸다.
• 다음과 같이 작동순서를 쓰지 않도록 주의하라!
화재발생 → 헤드개방 → 알람체크밸브의 유수검지 → 압력스위치 작동 → 사이렌 경보 및 소화설비반에 신호

‖ 틀린 작동순서 ‖

★★ 문제 02

그림은 습식 스프링클러설비의 전기적 계통도이다. 그림을 보고 답란의 A~D까지의 배선수와 각 배선의 용도를 쓰시오.

득점	배점
	8

〔조건〕

○ 각 유수검지장치에는 밸브개폐감시용 스위치는 부착되어 있지 않은 것으로 한다.
○ 사용전선은 HFIX전선이다.
○ 배선수는 운전조작상 필요한 최소전선수를 쓰도록 한다.

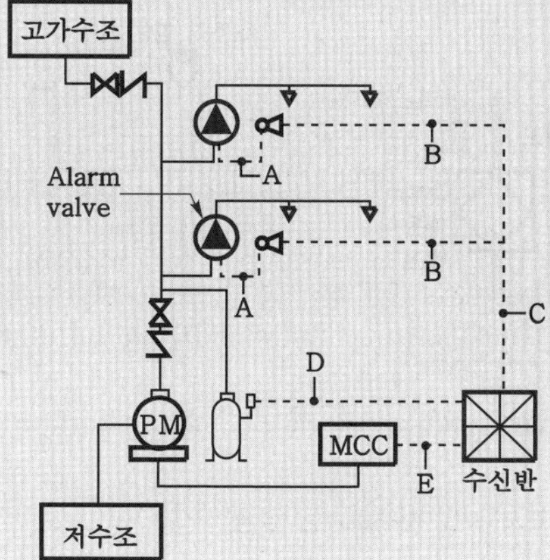

기 호	구 분	배선수	배선굵기	배선의 용도
A	알람밸브 ↔ 사이렌		2.5[mm^2] 이상	
B	사이렌 ↔ 수신반		2.5[mm^2] 이상	
C	2개 구역일 경우		2.5[mm^2] 이상	
D	알람탱크 ↔ 수신반		2.5[mm^2] 이상	
E	MCC ↔ 수신반	5	2.5[mm^2] 이상	공통, ON, OFF, 운전표시, 정지표시

해답

기 호	구 분	배선수	배선 굵기	배선의 용도
A	알람밸브 ↔ 사이렌	2	2.5[mm^2] 이상	유수검지스위치 2
B	사이렌 ↔ 수신반	3	2.5[mm^2] 이상	유수검지스위치 1, 사이렌 1, 공통 1
C	2개구역일 경우	5	2.5[mm^2] 이상	유수검지스위치 2, 사이렌 2, 공통 1
D	알람탱크 ↔ 수신반	2	2.5[mm^2] 이상	압력스위치 2
E	MCC ↔ 수신반	5	2.5[mm^2] 이상	공통, ON, OFF, 운전표시, 정지표시

해설

- E : 실제 실무에서는 **교류방식**은 4가닥(**기동 2, 확인 2**), **직류방식**은 4가닥(**전원 ⊕ · ⊖, 기동 1, 확인 1**)을 사용한다.

참고

유수검지장치 : 유수검지장치는 헤드의 개방에 의한 유수를 자동적으로 검지하여 신호를 발생시키는 장치로서 자동경보밸브, 패들(paddle)형 유수검지기, 유수작동밸브, 오리피스 또는 벤투리형 유수검지기가 있으나 일반적으로 자동경보밸브가 사용된다.

☆

문제 03

다음 그림은 어떤 준비작동식 스프링클러설비의 계통을 나타낸 도면이다. 화재가 발생하였을 때 화재감지기, 소화설비반의 표시부, 전자밸브, 준비작동식 밸브 및 압력스위치들간의 작동연계성(operation sequence)을 요약 설명하시오.

득점	배점
	4

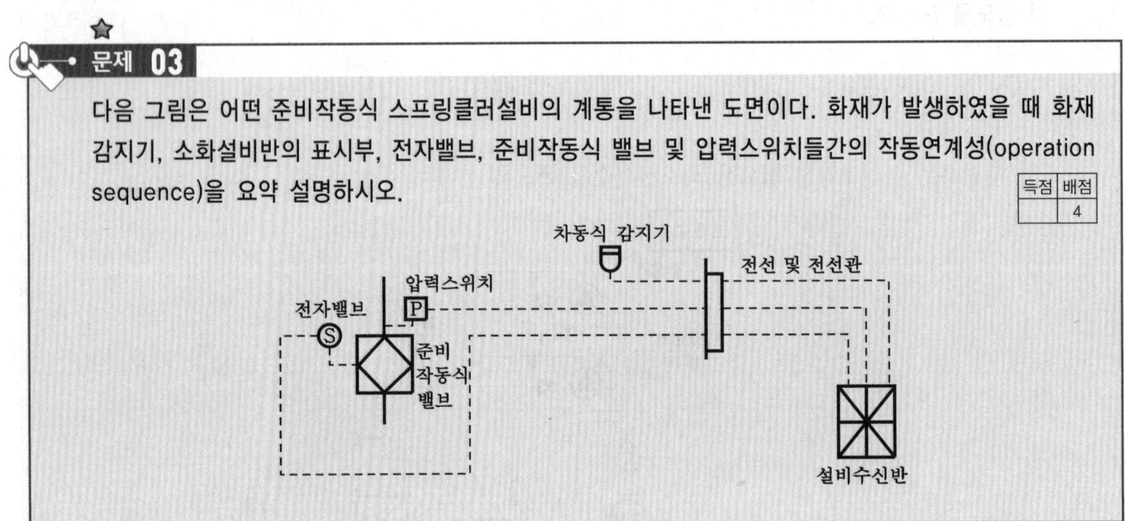

해답 ① 감지기 A · B 작동
② 수신반에 신호(화재표시등 및 지구표시등 점등)
③ 전자밸브 작동
④ 준비작동식 밸브 작동
⑤ 압력스위치 작동
⑥ 수신반에 신호(기동표시등 및 밸브개방표시등 점등)
⑦ 사이렌 경보

해설 **주요구성부분**

구 분	설 명
전자밸브 (Solenoid Valve)	수신반의 신호 또는 수동조작 스위치에 의하여 작동되어 준비작동식 밸브(Preaction Valve)를 개방시켜 준다.
준비작동식 밸브 (Preaction Valve)	전자밸브의 작동에 의해 개방되어 1차측 배관 내에 있는 물을 2차측으로 송수시켜 준다. 작동방식에 따라 **전기식**(electrical), **기계식**(mechanical), **뉴매틱식**(pneumatical)의 3가지로 나눈다.
압력스위치 (Pressure Switch)	준비작동식 밸브의 2차측에 설치되어 준비작동식 밸브가 개방되면 2차측에 흐르는 물의 압력으로 압력스위치 내의 벨로스(bellows)가 가압되어 접점이 붙어서 수신반에 신호를 보낸다.

문제 04

그림과 같은 준비작동식(pre-action) 스프링클러설비 부대전기설비 평면도의 ①~④까지의 감지기간 배선수를 표시하시오.

득점	배점
	8

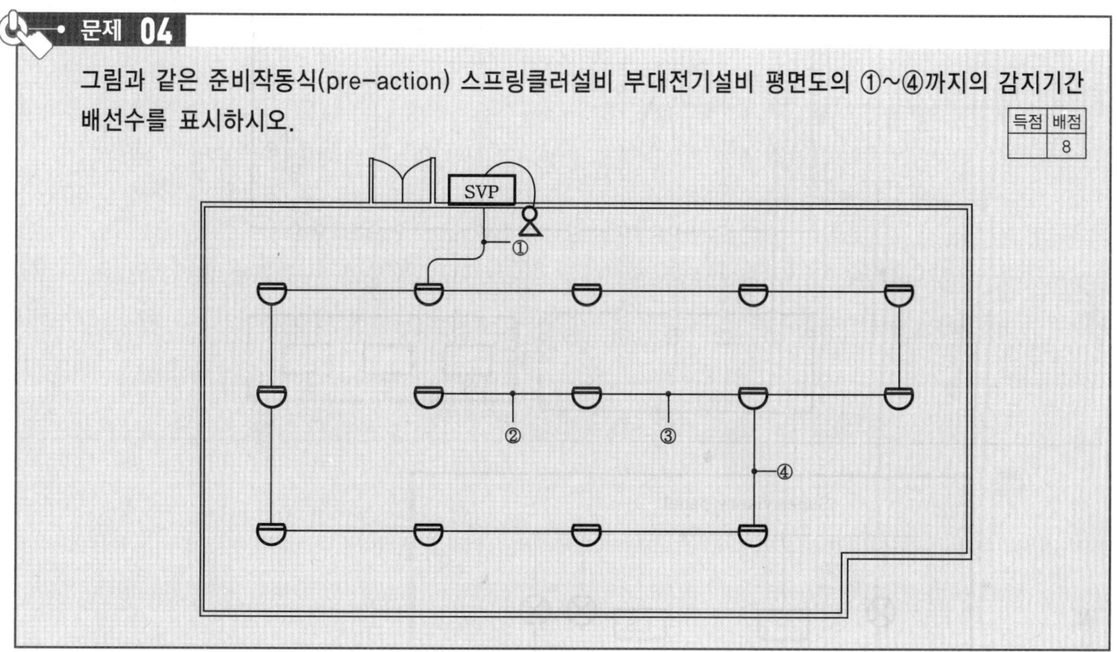

해답 ① ////-//// ② //// ③ ////-//// ④ ////

해설 **준비작동식**(pre-action) 스프링클러설비는 **교차회로방식**을 취하므로 감지기간 배선수는 다음과 같다. 즉, 감지기회로의 말단과 루프(Loop)된 곳은 **4가닥**, 그 외는 **8가닥**이 된다.

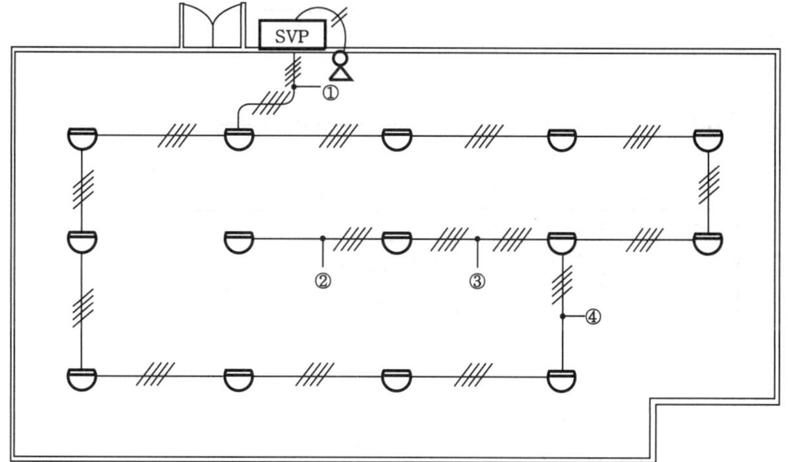

☆☆☆ **문제 05**

다음 도면은 준비작동식 스프링클러 소화설비에 사용되는 Super visory panel에서 수신기까지의 내부 결선도이다. 결선도를 완성시키고 ①~⑧에 이용되는 전선의 용도에 관한 명칭을 쓰시오.

득점	배점
	12

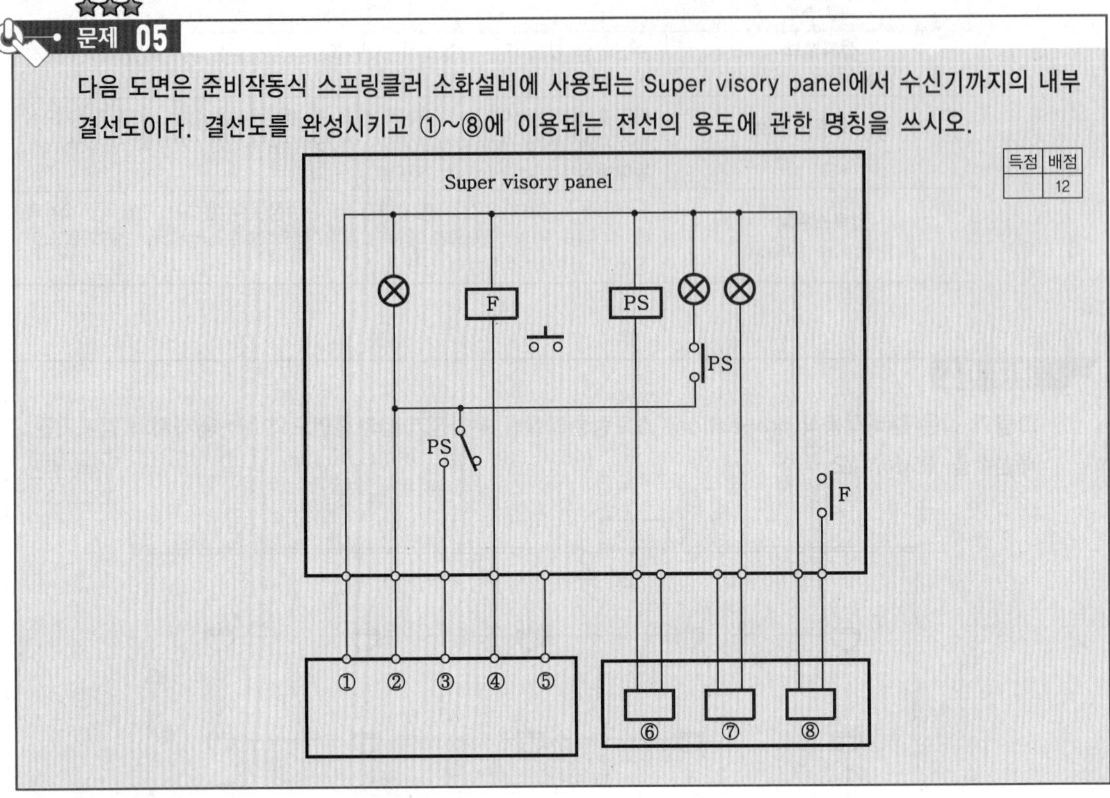

해답

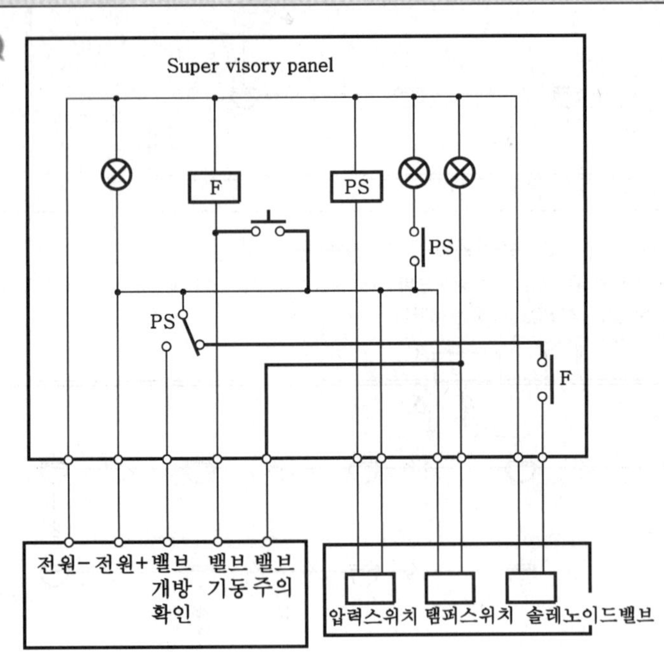

해설 완성된 결선도로 나타내면 다음과 같다.

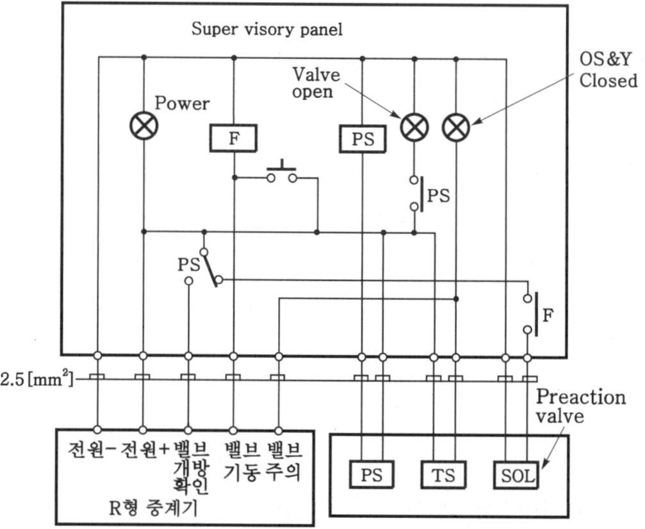

※ 전선의 용도에 관한 명칭을 답할 때 전원 ⊖와 전원 ⊕가 바뀌지 않도록 주의 할 것
일반적으로 공통선(common line)은 전원 ⊖를 사용하므로 기호 ①이 전원 ⊖가 되어야 한다.

중요

(1) **동작설명**

① 준비작동식 스프링클러설비를 기동시키기 위하여 푸시버튼스위치(PB)를 누르면 릴레이(F)가 여자되며 릴레이(F)의 접점(F)이 닫히므로 솔레노이드밸브(SOL)가 작동된다.

② 솔레노이드밸브에 의해 준비작동밸브가 개방되며 이때 준비작동밸브 1차측의 물이 2차측으로 이동한다.

③ 이로 인해 배관 내의 압력이 낮아지므로 압력스위치(PS)가 작동되면 릴레이(PS)가 여자되어 릴레이(PS)의 접점(PS)에 의해 램프(valve open)를 점등시키고 밸브개방 확인신호를 보낸다.

④ 또한, 평상시 게이트밸브가 닫혀 있으면 탬퍼스위치(TS)가 폐로되어 램프(OS&Y Closed)가 점등되어 게이트밸브가 닫혀 있다는 것을 알려준다.

(2) **수동조작함과 슈퍼비조리판넬의 비교**

구 분	수동조작함	슈퍼비조리판넬 (super visory panel)
사용설비	• 이산화탄소 소화설비 • 할론소화설비	• 준비작동식 스프링클러설비
기능	• 화재시 **작동문**을 **폐쇄**시키고 **가스**를 **방출**, **화재**를 **진화**시키는 데 사용하는 함	• 준비작동밸브의 **수동조정장치**
전면부착부품	전원감시등 방출표시등 기동스위치	전원감시등 밸브개방표시등 밸브주의표시등 기동스위치

☆

문제 06

주어진 조건의 도면을 보고 다음 각 물음에 답하시오.

득점	배점
	11

(가) 도면에서 그림기호 ▷Ⓜ의 명칭은 무엇인가?

(나) 도면의 ㉮~㉯에 해당되는 전선가닥수는 최소 몇 가닥인가?

㉮ ㉯ ㉰ ㉱ ㉲ ㉳

(다) 답안지표의 물량을 구하시오.

① 4각박스 :
② 8각박스 :
③ 로크너트 :
④ 부싱 :

〔조건〕

○ 대상물은 지하주차장으로서 내화구조이다.
○ 천장의 높이는 3〔m〕이다.
○ 슈퍼비조리판넬인 SVP의 설치높이는 1.2〔m〕이다.
○ 전선관은 후강전선관 16〔mm〕를 콘크리트 매입으로 사용한다고 한다.

〔도면〕

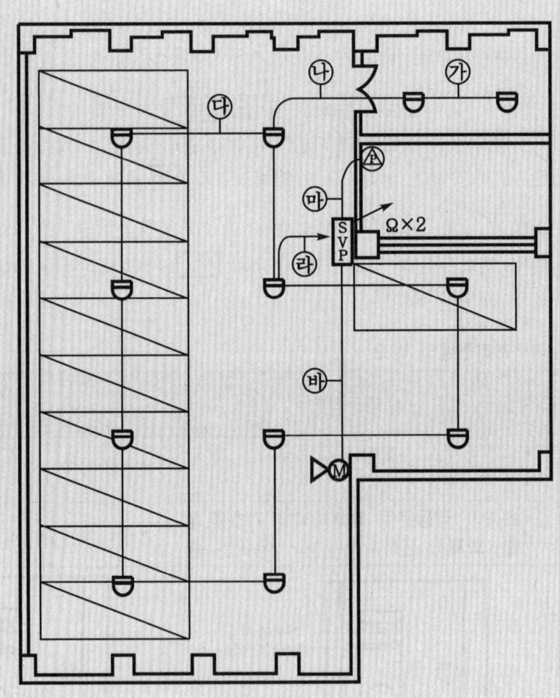

해답 (가) 모터사이렌

(나) ㉮ 4가닥 ㉯ 8가닥 ㉰ 4가닥 ㉱ 8가닥 ㉲ 4가닥 ㉳ 2가닥

(다) ① 4각박스 : 2개
② 8각박스 : 13개

③ 로크너트 : 62개
④ 부싱 : 31개

해설 (가)

명 칭	그림기호	비 고
사이렌		–
모터사이렌		M : 'Motor'의 약자
전자사이렌		S : 'Sound'의 약자

(나)

기 호	내 역	용 도
㉮	HFIX 1.5-4	지구, 공통 각 2가닥
㉯	HFIX 1.5-8	지구, 공통 각 4가닥
㉰	HFIX 1.5-4	지구, 공통 각 2가닥
㉱	HFIX 1.5-8	지구, 공통 각 4가닥
㉲	HFIX 2.5-4	밸브기동(SV) 1, 밸브개방확인(PS) 1, 밸브주의(TS) 1, 공통 1
㉳	HFIX 2.5-2	사이렌 2

(다) (1) 4각박스는 **2개** (감지기 1개소+SVP 1개소), 8각박스는 **13개** (감지기 11개소+모터사이렌 1개소+프리액션밸브 1개소)가 필요하다.

(⬚ : 4각박스 표시)

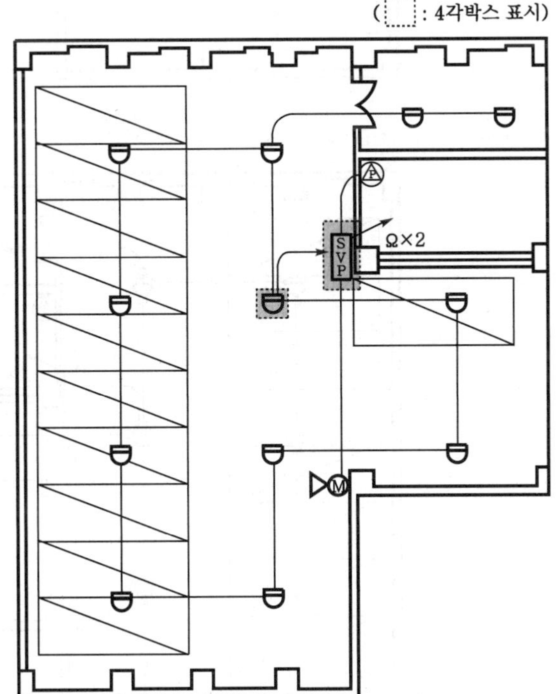

중요

4각박스 사용처(절대 중요! 중요!)
(1) 4방출 이상인 곳
(2) 한쪽면 2방출 이상인 곳

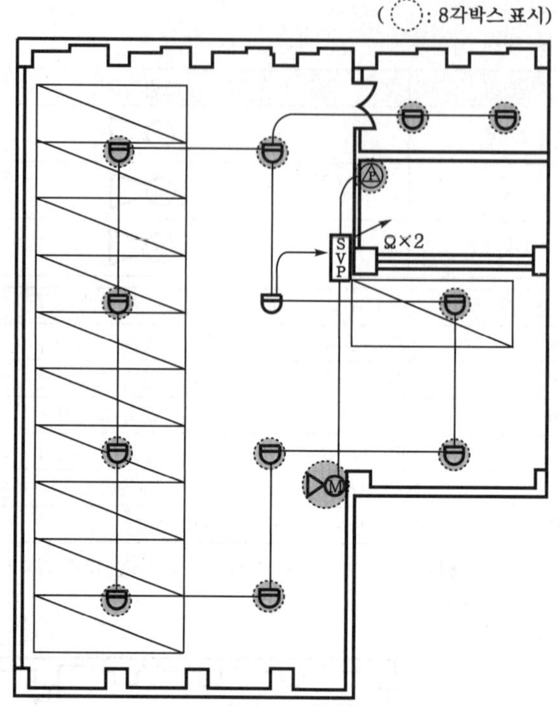

(2) **부싱** (bushing)의 설치개소를 ○로 표시하면 다음과 같다.

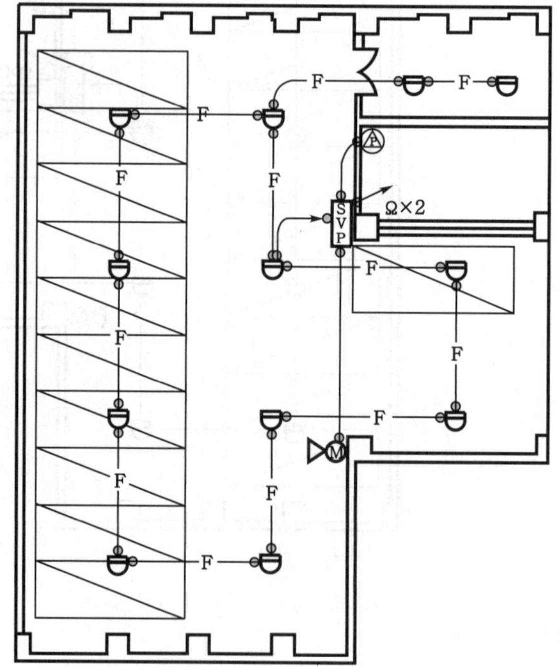

- 부싱(bushing)은 31개, 로크너트(lock nut)는 62개(31×2=62개) 필요하다.

★★★
문제 07

주어진 조건과 도면을 이용하여 보기와 같이 (가)~(바)까지의 후강전선관의 크기, 전선의 종류, 전선의 최소굵기 및 전선의 최소수량 등을 표기하여 도면을 완성하고 다음 표의 빈칸을 채우시오.

득점	배점
	13

〔조건〕

- 지하주차장 : 내화구조
- 천장높이 : 3〔m〕
- 설치높이 : 1.2〔m〕
- 전선관 : 금속관(콘크리트 매입)
- 스프링클러, 소화설비방식 : Preaction valve system의 감지기 설치방식

〔범례〕

- (M)◁ : 모터사이렌
- (P) : Preaction valve
- S : 연기감지기
- ⊖ : 차동식 감지기
- SVP : Supervisory panel

〔보기〕

HFIX 4 − 2

전선종류◀ (HFIX)
전선굵기◀ (4)
전선수량◀ (2)

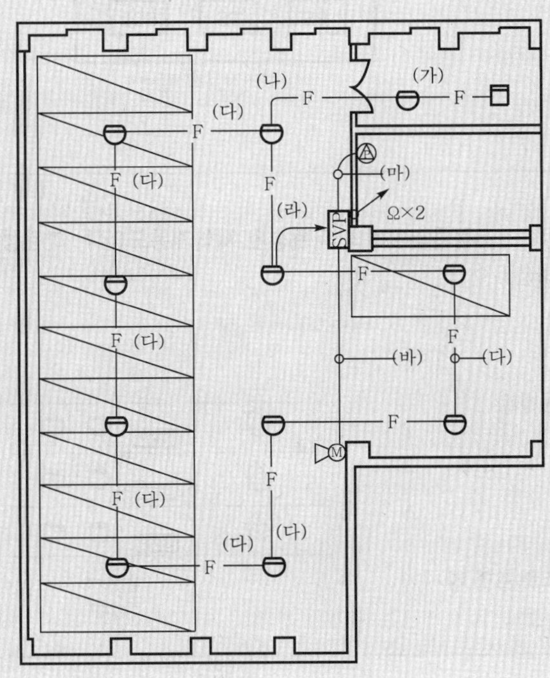

기 호	내 역	용 도
(가)		
(나)		
(다)		
(라)		
(마)		
(바)		

해답

기 호	내 역	용 도
(가)	HFIX 1.5-4	지구, 공통 각 2가닥
(나)	HFIX 1.5-8	지구, 공통 각 4가닥
(다)	HFIX 1.5-4	지구, 공통 각 2가닥
(라)	HFIX 1.5-8	지구, 공통 각 4가닥
(마)	HFIX 2.5-4	밸브기동(SV) 1, 밸브개방확인(PS) 1, 밸브주의(TS) 1, 공통 1
(바)	HFIX 2.5-2	사이렌 2

해설 (가)~(라) 조건에서 Preaction valve system은 준비작동식 스프링클러설비를 의미하므로 감지기회로의 배선방식은 **교차회로방식**으로 말단과 루프(loop)된 곳은 **4가닥**, 기타는 **8가닥**이 된다.

(마) 준비작동식 밸브(preaction valve)에는 **4가닥**(밸브기동(SV) 1, 밸브개방확인(PS) 1, 밸브주의(TS) 1, 공통 1)이 필요하다.

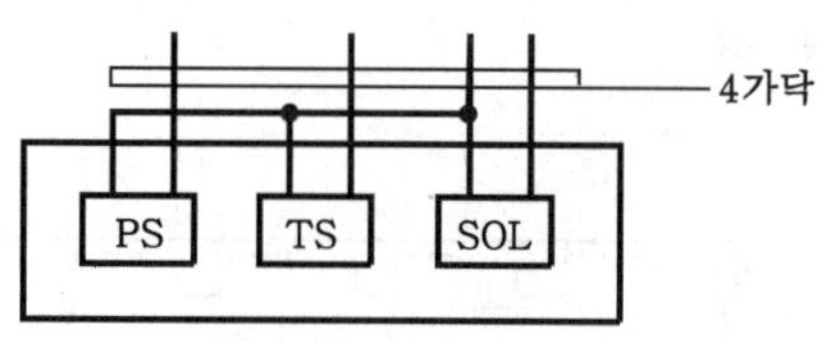

‖ 준비작동식 밸브 ‖

☆☆☆

문제 08

그림은 프리액션형의 스프링클러설비의 미완성된 제어계통도이다. 미완성된 부분을 완성하고 각 부분의 전선수량을 표현하시오.

득점	배점
	10

〔범례〕

Ⓟ : 프리액션밸브

SVP : 슈퍼비조리판넬

Ω : 종단저항

⌓ : 차동식 스포트형 감지기

해답

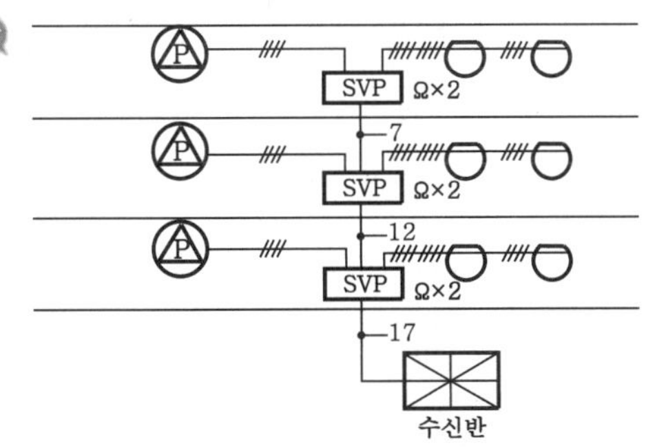

해설 ① 프리액션밸브~슈퍼비조리판넬 : **4가닥**(밸브기동(SV) 1, 밸브개방확인(PS) 1, 밸브주의(TS) 1, 공통 1)

② 감지기~슈퍼비조리판넬 : **8가닥**(지구, 공통 각 4가닥)

③ 감지기 상호간 : **4가닥**(지구, 공통 각 2가닥)

내 역	용 도
HFIX 2.5-7	전원 ⊕ · ⊖, 감지기 A · B, 밸브기동, 밸브개방확인, 밸브주의
HFIX 2.5-12	전원 ⊕ · ⊖, (감지기 A · B, 밸브기동, 밸브개방확인, 밸브주의)×2
HFIX 2.5-17	전원 ⊕ · ⊖, (감지기 A · B, 밸브기동, 밸브개방확인, 밸브주의)×3

종단저항(Terminal Resistance)도 꼭 기억하여 표시하도록 할 것
요즘에는 준비작동식 스프링클러설비에 전화선을 사용하지 않는다.

☆

문제 09

다음은 준비작동식 스프링클러설비의 부대전기설비 계통도이다. 범례 및 조건을 보고 (　) 안에 선수를 써 넣으시오.

득점	배점
	12

〔조건〕

○ 프리액션밸브 슈퍼비죠리판넬과 소화설비반의 연결 선수는 다음과 같다.
전원(+, −) : 2선
압력스위치 : 1선
솔레노이드밸브 기동 : 1선
개폐표시형 밸브 모니터링스위치 : 1선
(이때 전원 (−) : 1선은 공통으로 사용한다.)

○ 감지기 선로는 별개로 본 문제에서 제외한다.

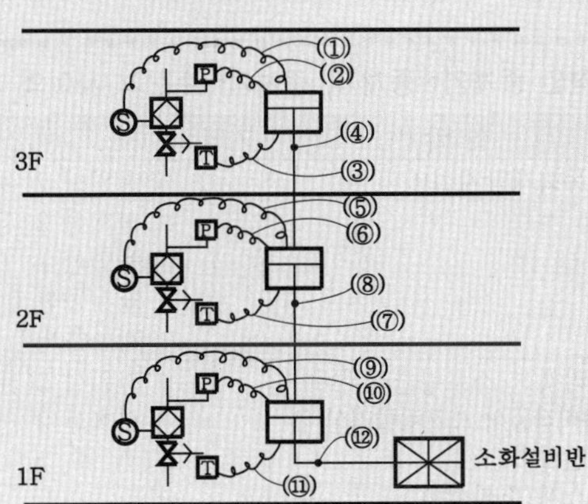

〔범례〕

: 프리액션밸브 슈퍼비죠리판넬

: 프리액션밸브

P : 압력스위치

T : 밸브 모니터링스위치

S : 솔레노이드밸브

: 개폐표시형 밸브

해답 ① 2선 ② 2선 ③ 2선 ④ 5선
⑤ 2선 ⑥ 2선 ⑦ 2선 ⑧ 8선
⑨ 2선 ⑩ 2선 ⑪ 2선 ⑫ 11선

기 호	내 역	용 도
①, ⑤, ⑨	HFIX 2.5-2	솔레노이드밸브 기동 2
②, ⑥, ⑩	HFIX 2.5-2	압력스위치 2
③, ⑦, ⑪	HFIX 2.5-2	밸브 모니터링스위치 2
④	HFIX 2.5-5	전원 ⊕ · ⊖, 압력스위치, 솔레노이드밸브 기동, 밸브 모니터링 스위치
⑧	HFIX 2.5-8	전원 ⊕ · ⊖, (압력스위치, 솔레노이드밸브 기동, 밸브 모니터링 스위치)×2
⑫	HFIX 2.5-11	전원 ⊕ · ⊖, (압력스위치, 솔레노이드밸브 기동, 밸브 모니터링 스위치)×3

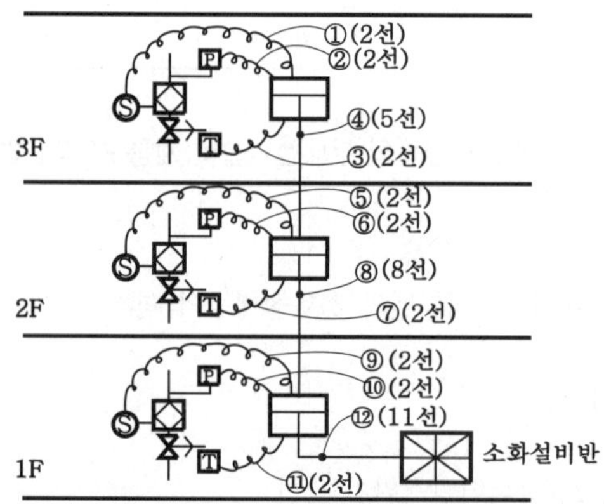

• 개폐표시형 밸브 모니터링스위치는 '**탬퍼스위치**'를 의미한다.

일반적인 중계기~중계기, 중계기~수신기 사이의 가닥수

설 비	가닥수	내 역
• 자동화재탐지설비	7	전원선 2(전원 ⊕ · ⊖) 신호선 2 응답선 1 표시등선 1 기동램프 1(옥내소화전설비와 겸용인 경우)
• 프리액션 스프링클러설비 (준비작동식 스프링클러설비) • 제연설비 • 가스계 소화설비	4	전원선 2(전원 ⊕ · ⊖) 신호선 2

★★★
문제 10

지하 1층, 2층, 3층의 주차장에 프리액션형의 스프링클러시설을 하고 이온식 연기감지기 2종을 설치하여 소화설비와 연동하는 감지기배선을 하려고 한다. 답안지에 주어진 평면도를 이용하여 다음 각 물음에 답하시오. (단, 층고는 3[m]이다.)

득점	배점
	11

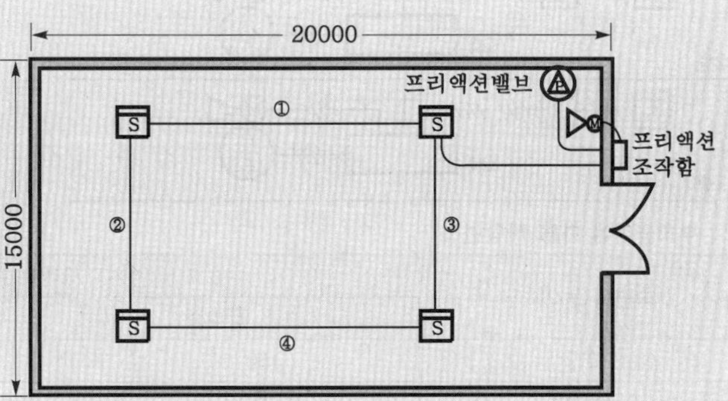

[조건]

- 본 도면은 편의상 일부 생략되었으므로 도면에 표시되지 않은 사항은 고려하지 않는다.
- 모든 전선관은 후강 16C로서 매입시공한다.
- 전선관 3방출 이상은 4각박스 사용, 기타는 필요시 8각박스를 사용한다.
- 공통선은 모든 선로에서 1선으로 한다.
- 프리액션 조작반에는 압력스위치, 기동용 솔레노이드밸브, 밸브 모니터링스위치가 설치되어 있다.

(가) 위 평면도의 이온식(2종) 감지기가 왜 4개가 되는지 설명하시오.

(나) 본 설비의 감지기에 사용되는 4각박스는 몇 개인가?

(다) ①, ②, ③, ④의 전선가닥수를 쓰시오.

①　　　②　　　③　　　④

(라) 본 설비의 계통도를 작성하고 계통도상에 전선수를 쓰도록 하시오.

해답 (가) 교차회로방식이므로

$$감지기개수 = \frac{20 \times 15}{150} = 2$$

∴ 2×2개 회로 = 4개 이상

(나) 3개

(다) ① 4가닥
② 4가닥
③ 4가닥
④ 4가닥

(라)

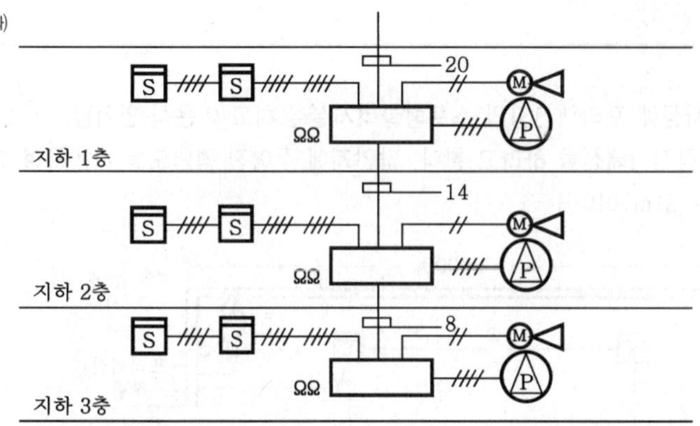

해설 (가) **감지기**의 **부착높이에 따른 바닥면적**

부착면의 높이	연기감지기의 종류	
	1종 및 2종	3종
4[m] 미만	150[m^2]	50[m^2]
4~20[m] 미만	75[m^2]	–

부착높이가 4[m] 미만의 이온화식 2종 연기감지기 1개가 담당하는 바닥면적은 **150[m^2]**이므로

$$\frac{(20\times 15)}{150}=2$$

∴ 2×2개 회로 ＝4개 이상

※ 교차회로방식이므로 4개 이상이 되어 최소 4개를 설치하였다. 참고로 답안 작성시에는 특별한 조건이 없는 한 **최소개수**로 답하도록 한다.

(나) 조건에서 전선관 3방출 이상은 4각박스를 사용한다고 하였으므로, 3방출 이상은 **6개소[**(감지기 1개소＋프리액션 조작반 1개소)×3층]이나 감지기에 사용되는 것만 고려하면 4각박스는 **3개(**감지기 1개소×3층]가 필요하다.)

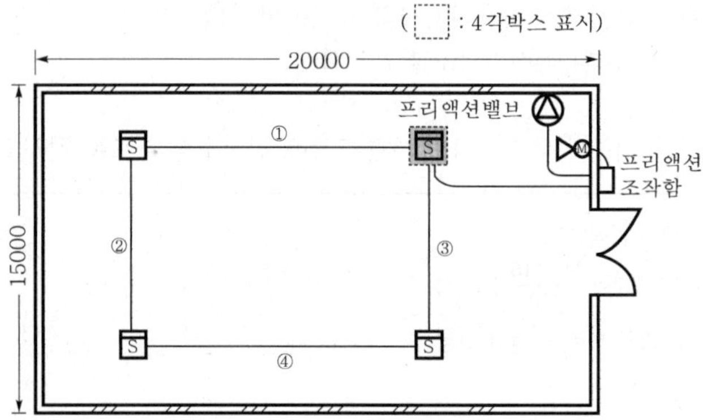

(다) **프리액션형**(preaction type) 스프링클러설비는 **교차회로방식**을 적용하여야 하므로 감지기회로의 배선은 말단과 루프(loop)된 곳은 **4가닥**, 그 외는 **8가닥**이 된다.

(라) **간선**의 **내역** 및 **용도**

층 별	내 역	용 도
지하 1층	HFIX 2.5-20	전원 ⊕·⊖, (사이렌, 감지기 A·B, 밸브기동, 밸브개방확인, 밸브주의)×3
지하 2층	HFIX 2.5-14	전원 ⊕·⊖, (사이렌, 감지기 A·B, 밸브기동, 밸브개방확인, 밸브주의)×2
지하 3층	HFIX 2.5-8	전원 ⊕·⊖, 사이렌, 감지기 A·B, 밸브기동, 밸브개방확인, 밸브주의

☆☆☆

문제 11

지하 1층, 2층, 3층의 주차장에 프리액션형의 스프링클러시설을 하고 정온식 감지기 1종을 설치하여 소화설비와 연동하는 감지기배선을 하려고 한다. 주어진 평면도를 이용하여 다음 각 물음에 답하시오. (단, 층고는 3.6〔m〕이다.)

득점	배점
	11

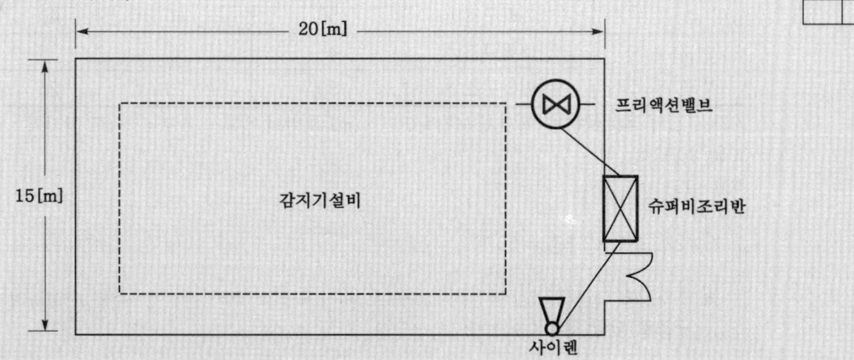

(가) 본 설비에 필요한 감지기 수량을 산정하시오.

○ 계산과정 :

○ 답 :

(나) 각 설비 및 감지기간 배선도를 작성할 때 배선에 필요한 가닥수는 몇 가닥인지 감지기간 배선도를 작성하고, 평면도를 직접 표기하시오.

(다) 본 설비의 계통도를 작성하고 계통도상에 전선수를 쓰도록 하시오.

해답

(가) ○ 계산과정 : $\dfrac{(20\times15)}{30}=10$

∴ 10×2개 회로×3개층 = 60개

○ 답 : 60개

(나)

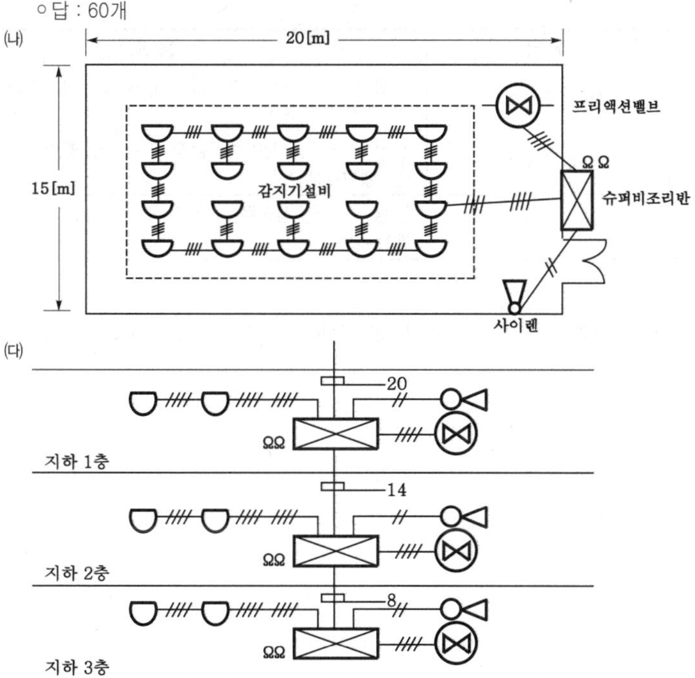

해설 (가) **감지기**의 **부착높이**에 따른 **바닥면적** (단위 : [m^2])

부착높이 및 특정소방대상물의 구분		감지기의 종류				
		차동식 · 보상식 스포트형		정온식 스포트형		
		1종	2종	특종	1종	2종
4[m] 미만	내화구조	90	70	70	60	20
	기타구조	50	40	40	30	15
4[m] 이상 8[m] 미만	내화구조	45	35	35	30	
	기타구조	30	25	25	15	

기타 구조의 특정소방대상물로서 부착높이가 4[m] 미만의 정온식 스포트형 1종 감지기 1개가 담당하는 바닥면적은 30[m^2]이므로

$$\frac{(20\times15)}{30}=10$$

∴ 10×2개 회로×3개층 = 60개

※ 주차장에 대한 특별한 조건이 없으므로 기타 구조로 보아 감지기개수를 산출하여야 한다. 답란에 **'기타 구조로 답안 산정'**이라는 말을 쓰도록 한다.

(나) ① **프리액션형**(준비작동식) 스프링클러설비는 **교차회로방식**을 적용하여야 하므로 감지기회로의 배선은 말단과 루프(loop)된 곳은 **4가닥**, 그 외는 **8가닥**이 된다.

② 프리액션밸브(preaction valve)는 **4가닥**(밸브기동(SV) 1, 밸브개방확인(PS) 1, 밸브주의(TS) 1, 공통 1)이 필요하다.

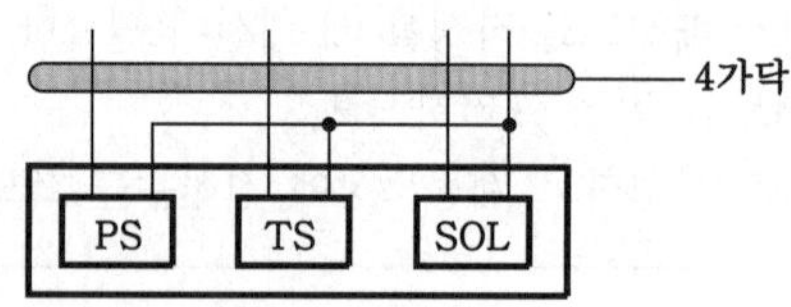

‖ 프리액션밸브 ‖

③ 사이렌(siren)은 2가닥이 필요하다.

(다) 간선의 내역 및 용도

층 별	내 역	용 도
지하 1층	HFIX 2.5-20	전원 ⊕ · ⊖, (사이렌, 감지기 A · B, 밸브기동, 밸브개방확인, 밸브주의)×3
지하 2층	HFIX 2.5-14	전원 ⊕ · ⊖, (사이렌, 감지기 A · B, 밸브기동, 밸브개방확인, 밸브주의)×2
지하 3층	HFIX 2.5-8	전원 ⊕ · ⊖, 사이렌, 감지기 A · B, 밸브기동, 밸브개방확인, 밸브주의

참고

교차회로방식 : 하나의 방호구역 내에 2 이상의 감지기회로를 설치하고 2 이상의 감지기회로가 동시에 감지되는 때에 설비가 작동되도록 하는 방식

5 이산화탄소 및 할론 소화설비

출제확률 6.1% (6점)

1 이산화탄소 소화설비

(1) 블록다이어그램(block diagram)

① 블록다이어그램

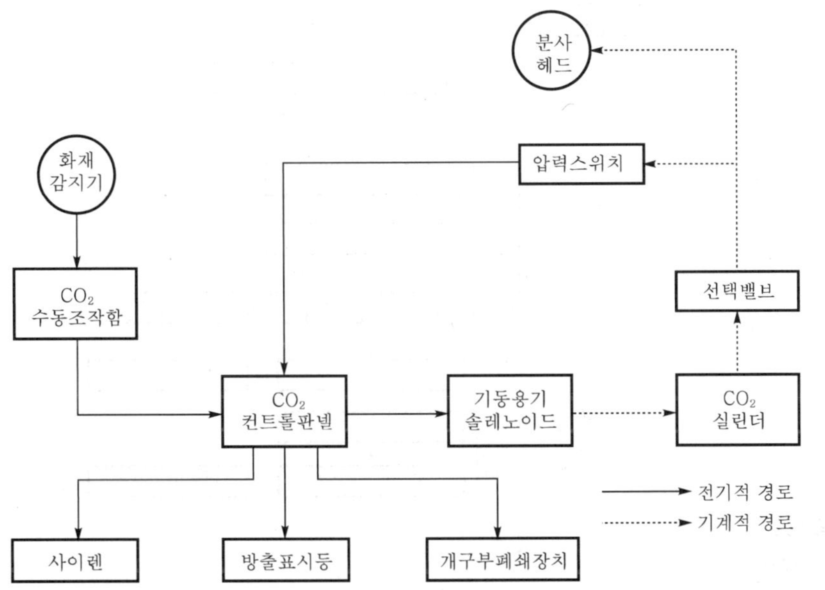

중요 기능

구 성	설 명
압력스위치	선택밸브의 개방에 의한 소화약제가 방출되면 이 압력에 의해 컨트롤판넬에 신호를 보낸다.
방출표시등	**실외**의 **출입구 위**에 설치하는 것으로 소화가스의 방출을 알려 실내로의 입실을 금지시킨다.
사이렌	**실내**에 설치하는 것으로 음향으로 경보를 알려 실내에 있는 인명을 대피시킨다.
수동조작함	**실외**의 **출입구 부근**에 설치하는 것으로 화재발생시 작동문을 폐쇄시키고 가스를 방출, 화재를 진화시키는 데 사용되는 함이다.

Key Point

＊ 선택밸브
기동용기의 가스압력에 의해 개방되어져서 저장 용기의 가스가 분사헤드로 이동하도록 해주는 역할을 한다.

＊ 방출표시등
간단히 '방출등'이라고 부르기도 한다.

＊ 개구부 폐쇄장치
'탬퍼스위치'를 의미한다.

② 블록다이어그램 2

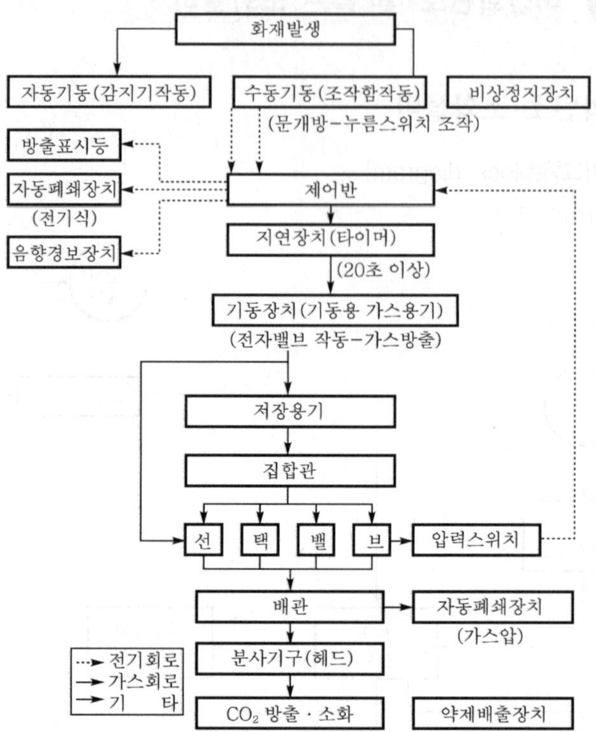

※ 압력스위치
선택밸브의 개방으로 압력이 증가하면 작동되어 방출표시등을 점등시킴과 동시에 수신반에 신호를 보낸다.

※ 심벌

명 칭	심 벌
방출표시등	
방출표시등(벽붙이형)	
사이렌	
모터사이렌	
전자사이렌	

(2) 평면도

① 평면도 1

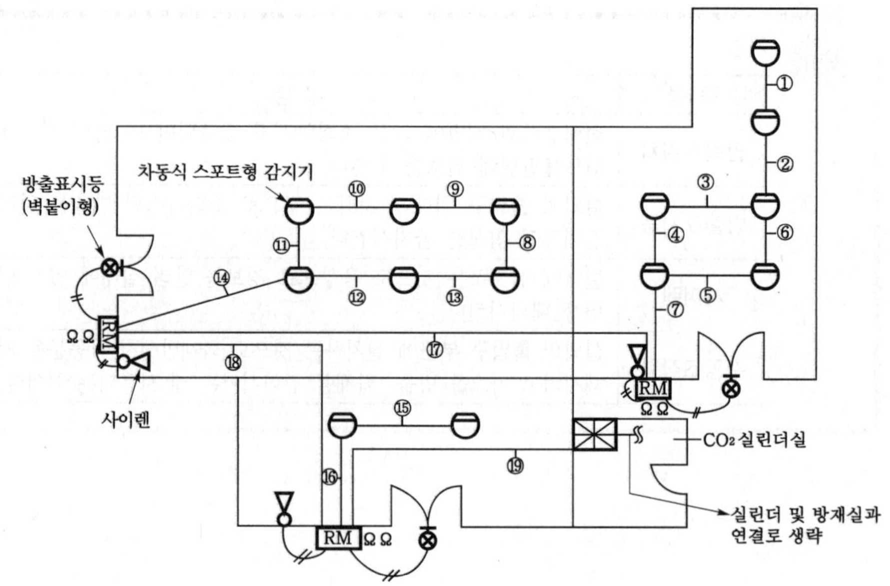

기 호	내 역	용 도
①, ③~⑥ ⑧~⑬, ⑮	HFIX 1.5-4	지구, 공통 각 2가닥
②, ⑦, ⑭, ⑯	HFIX 1.5-8	지구, 공통 각 4가닥
⑰	HFIX 2.5-8	전원 ⊕ · ⊖, 방출지연스위치, 감지기 A · B, 기동스위치, 사이렌, 방출표시등
⑱	HFIX 2.5-13	전원 ⊕ · ⊖, 방출지연스위치, (감지기 A · B, 기동스위치, 사이렌, 방출표시등)×2
⑲	HFIX 2.5-18	전원 ⊕ · ⊖, 방출지연스위치, (감지기 A · B, 기동스위치, 사이렌, 방출표시등)×3

② 평면도 2

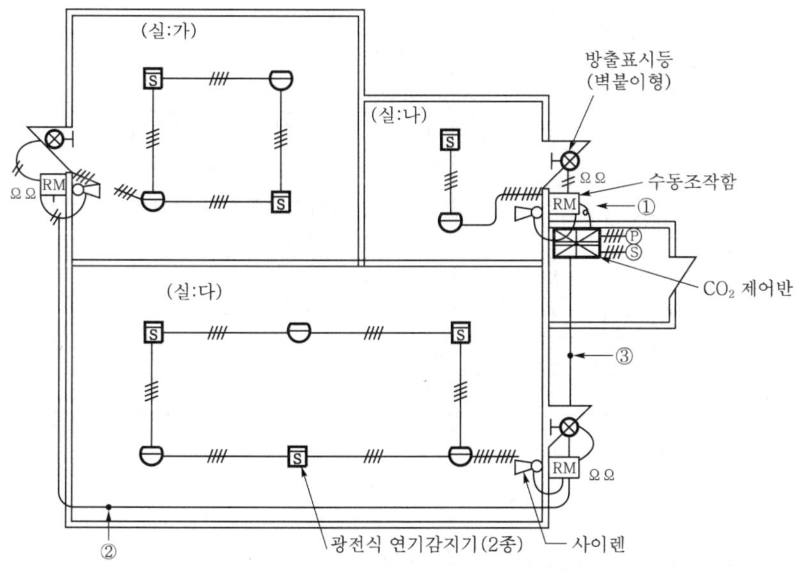

기 호	내 역	용 도
①, ②	HFIX 2.5-8	전원 ⊕ · ⊖, 방출지연스위치, 감지기 A · B, 기동스위치, 사이렌, 방출표시등
③	HFIX 2.5-13	전원 ⊕ · ⊖, 방출지연스위치, (감지기 A · B, 기동스위치, 사이렌, 방출표시등)×2

2 할론소화설비

(1) 계통도

① 계통도 1

- 전선가닥수는 최소가닥수로 선정한다.
- 복구스위치 및 도어스위치는 없는 것으로 한다.

Key Point

✻ 수동조작함
화재발생시 작동문을 폐쇄시키고 가스방출, 화재를 진화시키는 데 사용되는 함

✻ 심벌

내 용	심 벌
수동조작함	RM
수동조작함 (소방설비용)	RM F

※ 솔레노이드
수신반의 신호에 의해 동작되어 기동용기를 개방시킨다.

※ 방재센터
화재를 예방, 경계, 진압하기 위한 총체적 지휘본부로서 피난층의 가까운 곳에 설치한다.

※ 감지기 A · B
교차회로방식으로 '하나의 구역 내에 2개의 감지기회로를 설치했다'는 의미이다.

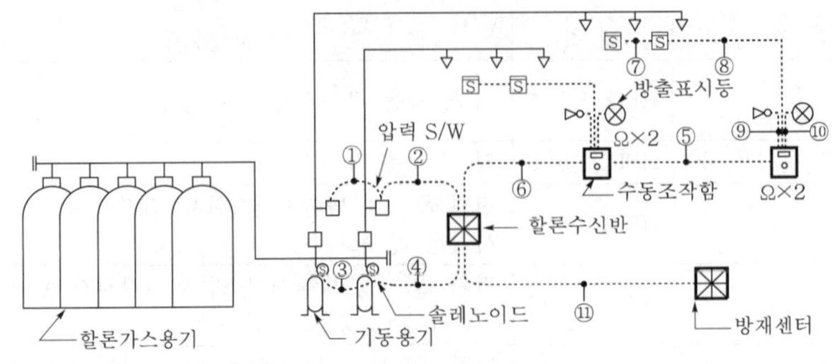

기 호	내 역	용 도
①	HFIX 2.5-2	압력스위치 2
②	HFIX 2.5-3	압력스위치 2, 공통 1
③	HFIX 2.5-2	솔레노이드밸브기동 2
④	HFIX 2.5-3	솔레노이드밸브기동 2, 공통 1
⑤	HFIX 2.5-8	전원 ⊕ · ⊖, 방출지연스위치, 감지기 A · B, 기동스위치, 사이렌, 방출표시등
⑥	HFIX 2.5-13	전원 ⊕ · ⊖, 방출지연스위치, (감지기 A · B, 기동스위치, 사이렌, 방출표시등)×2
⑦	HFIX 1.5-4	지구, 공통 각 2가닥
⑧	HFIX 1.5-8	지구, 공통 각 4가닥
⑨	HFIX 2.5-2	사이렌 2
⑩	HFIX 2.5-2	방출표시등 2
⑪	HFIX 2.5-9	전원표시, 화재표시, 공통, (감지기 A · B, 방출표시등)×2

② 계통도 2

- 전선의 가닥수는 최소가닥수로 한다.
- 복구스위치 및 도어스위치는 없는 것으로 한다.

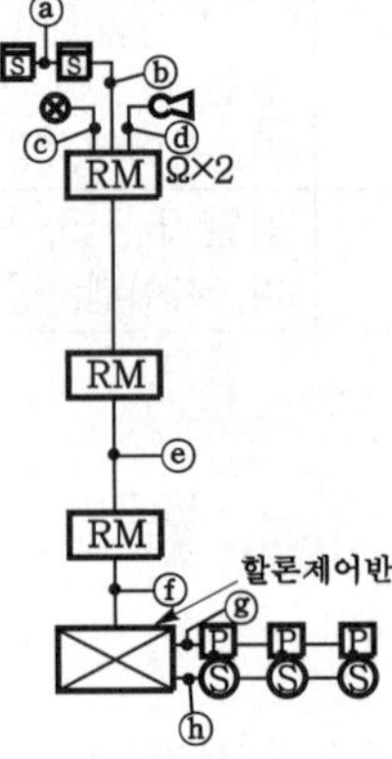

기 호	내 역	용 도
ⓐ	HFIX 1.5-4	지구, 공통 각 2가닥
ⓑ	HFIX 1.5-8	지구, 공통 각 4가닥
ⓒ	HFIX 2.5-2	방출표시등 2
ⓓ	HFIX 2.5-2	사이렌 2
ⓔ	HFIX 2.5-13	전원 ⊕·⊖, 방출지연스위치, (감지기 A, 감지기 B, 기동스위치, 사이렌, 방출표시등)×2
ⓕ	HFIX 2.5-18	전원 ⊕·⊖, 방출지연스위치, (감지기 A, 감지기 B, 기동스위치, 사이렌, 방출표시등)×3
ⓖ	HFIX 2.5-4	압력스위치 3, 공통 1
ⓗ	HFIX 2.5-4	솔레노이드밸브 기동 3, 공통 1

③ 계통도 3

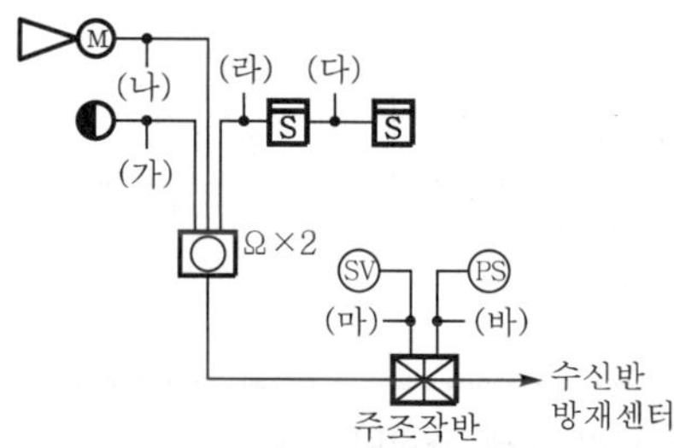

기 호	내 역	용 도
(가)	HFIX 2.5-2	방출표시등 2
(나)	HFIX 2.5-2	사이렌 2
(다)	HFIX 1.5-4	지구, 공통 각 2가닥
(라)	HFIX 1.5-8	지구, 공통 각 4가닥
(마)	HFIX 2.5-2	솔레노이드밸브 기동 2
(바)	HFIX 2.5-2	압력스위치 2

★★★

문제 할론 1301 설비에 설치되는 사이렌과 방출등의 설치위치와 설치목적을 간단하게 설명하시오.

득점	배점
	6

○ 사이렌(설치위치 및 설치목적) :

○ 방출등(설치위치 및 설치목적) :

해답

구 분	사이렌	방출등
설치위치	실내	실외(출입구 위)
설치목적	음향으로 경보를 알려 실내에 있는 인명 대피	소화약제의 방출을 알려 외부인의 출입 금지

Key Point

＊ 방출지연스위치
자동복귀형 스위치로서 수동식 기동장치의 타이머를 순간정지시키는 기능의 스위치

＊ 설치위치 및 이유
1. 사이렌
① 설치위치 : 실내
② 이유 : 실내에 있는 인명을 대피시키기 위하여
2. 수동조작함
① 설치위치 : 실외의 출입구 부근
② 이유 : 화재시 유효하게 조작하기 위하여
3. 방출표시등
① 설치위치 : 실외의 출입구 위
② 이유 : 외부인의 출입을 금지시키기 위하여

④ 계통도 4

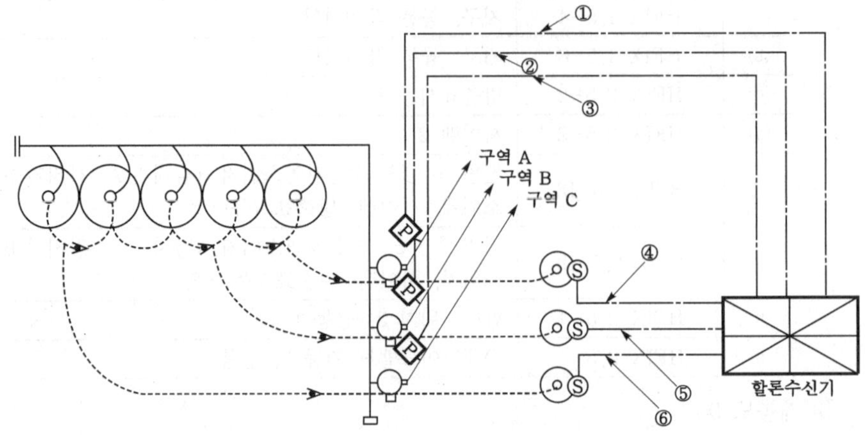

기 호	내 역	용 도
①, ②, ③	HFIX 2.5-2	압력스위치 2
④, ⑤, ⑥	HFIX 2.5-2	솔레노이드밸브 기동 2

※ 패키지시스템
캐비닛에 기동용기, 저장용기 등 시스템을 집약시켜 놓은 것. 일반적으로 방출표시등과 감지기만 외부에 인출되어 있다.

중요

패키지시스템(package system)

(1) 종단저항이 수동조작함에 설치되어 있는 경우

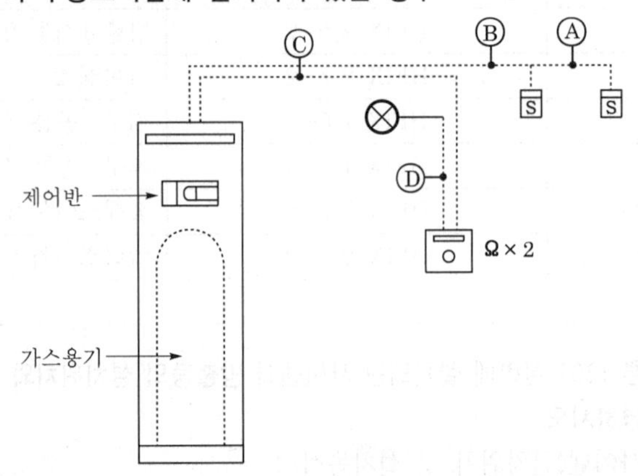

기 호	내 역	용 도
Ⓐ	HFIX 1.5-4	지구, 공통 각 2가닥
Ⓑ	HFIX 1.5-8	지구, 공통 각 4가닥
Ⓒ	HFIX 2.5-7	전원 ⊕·⊖, 방출지연스위치, 감지기 A·B, 기동스위치, 방출표시등
Ⓓ	HFIX 2.5-2	방출표시등 2

※ 감지기 A·B
교차회로방식으로 하나의 구역 내에 2개의 감지기회로를 설치했다는 의미이다.

(2) 종단저항이 패키지에 설치되어 있는 경우

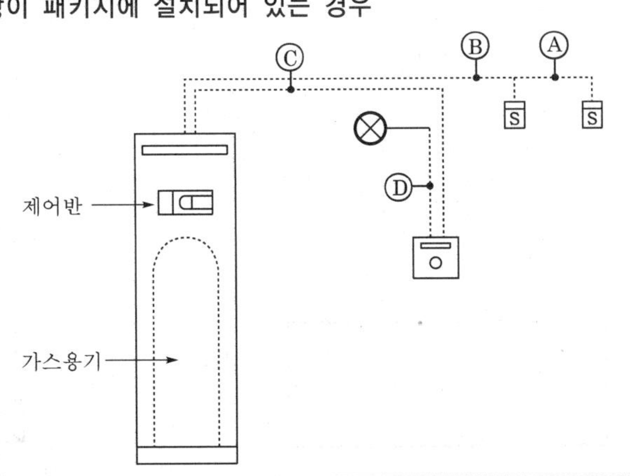

기 호	내 역	용 도
Ⓐ	HFIX 1.5-4	지구, 공통 각 2가닥
Ⓑ	HFIX 1.5-8	지구, 공통 각 4가닥
Ⓒ	HFIX 2.5-5	전원 ⊕·⊖, 방출지연스위치, 기동스위치, 방출표시등
Ⓓ	HFIX 2.5-2	방출표시등 2

※ 사이렌
사이렌은 캐비닛 내에 내장되어 있다.

(2) 수동조작함

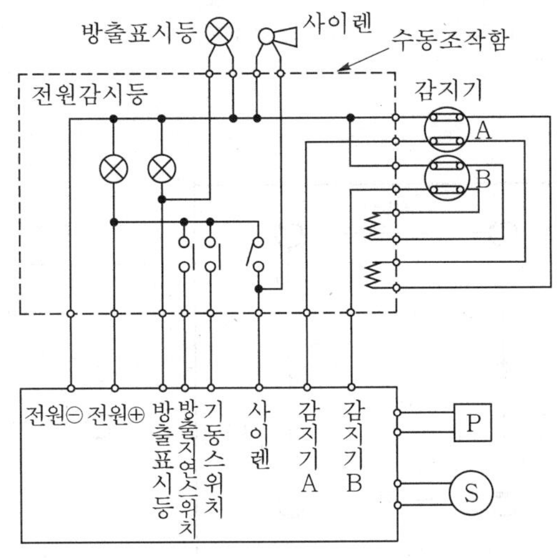

※ 심벌

내 용	심 벌
수동조작함	RM
수동조작함 (소방설비용)	RM F

★★★

문제 도면은 할론(halon)소화설비의 수동조작함에서 할론제어반까지의 결선도 및 계통도(3 zone)이다. 주어진 도면과 조건을 이용하여 다음 각 물음에 답하시오.

득점	배점
	11

〔조건〕

◦ 전선의 가닥수는 최소가닥수로 한다.
◦ 복구스위치 및 도어스위치는 없는 것으로 한다.
◦ 번호표기가 없는 것은 방출지연스위치이다.

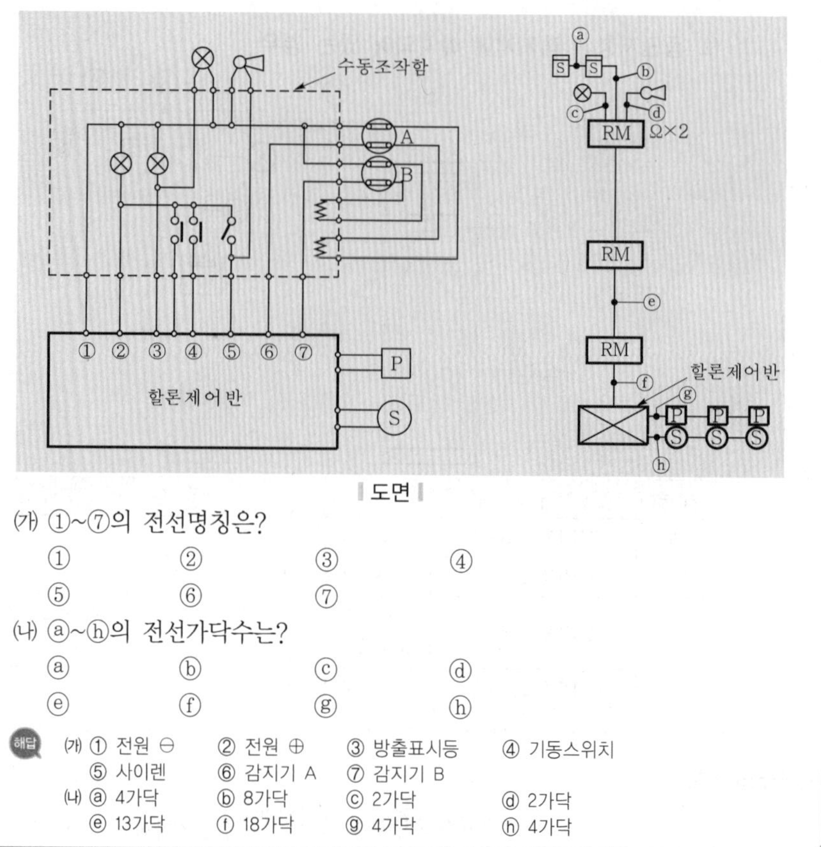

‖ 도면 ‖

(가) ①~⑦의 전선명칭은?

① ② ③ ④

⑤ ⑥ ⑦

(나) ⓐ~ⓗ의 전선가닥수는?

ⓐ ⓑ ⓒ ⓓ

ⓔ ⓕ ⓖ ⓗ

해답 (가) ① 전원 ⊖ ② 전원 ⊕ ③ 방출표시등 ④ 기동스위치
⑤ 사이렌 ⑥ 감지기 A ⑦ 감지기 B

(나) ⓐ 4가닥 ⓑ 8가닥 ⓒ 2가닥 ⓓ 2가닥
ⓔ 13가닥 ⓕ 18가닥 ⓖ 4가닥 ⓗ 4가닥

※ 심벌

명 칭	심 벌
방출표시등	
방출표시등(벽붙이형)	
사이렌	
모터 사이렌	
전자 사이렌	

(3) 평면도

① 평면도 1

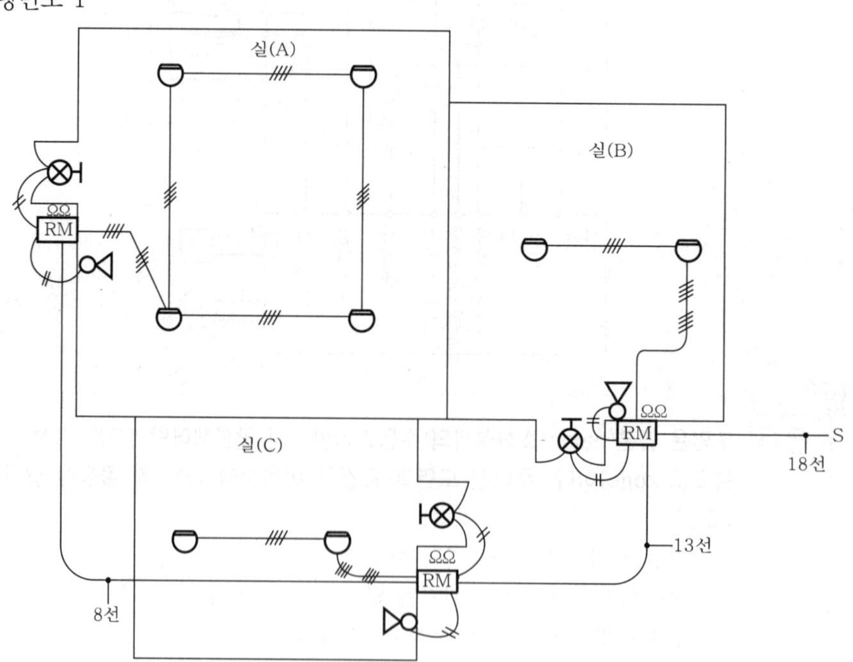

② 평면도 2

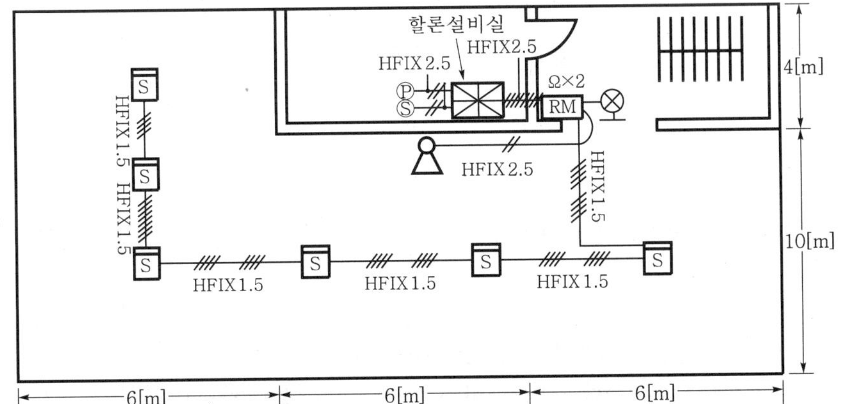

Key Point

＊ 배선굵기

① 감지기배선
: HFIX 1.5〔mm²〕

② 기타 배선
: HFIX 2.5〔mm²〕

과년도 출제문제

★★

문제 01

그림은 CO_2 설비 부대전기 평면도를 나타낸 것이다. 주어진 조건과 도면을 이용하여 다음 각 물음에 답하시오.

득점	배점
	22

〔조건〕

- 본 CO_2 대상지역의 천장은 이중천장이 없는 구조이다.
- CO_2 수동조작함과 CO_2 컨트롤판넬간의 배선은 ⊕ · ⊖ 전원 : 2선, 감지기 : 2선, 수동기동 : 1선, 방출표시등 : 1선, 사이렌 : 1선, 방출지연 1선이다.
- 배관은 후강스틸전선관을 사용하며 슬래브 내 매입 시공하는 것으로 한다.

(가) 도면 ①~⑲까지의 전선수는 각각 몇 가닥인가?

①	②	③	④	⑤
⑥	⑦	⑧	⑨	⑩
⑪	⑫	⑬	⑭	⑮
⑯	⑰	⑱	⑲	

(나) 도면 A~C의 명칭은 무엇인가? (단, 종류가 구분되어야 할 것은 구분된 명칭까지 상세히 밝히도록 하시오.)

A :　　　　　　　　B :　　　　　　　　C :

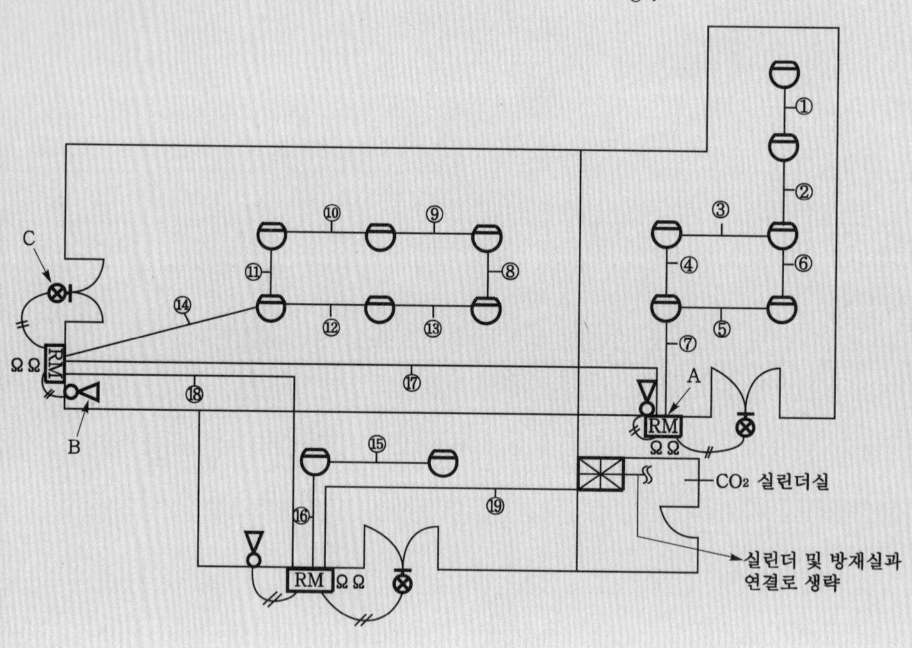

해답 (가) ① 4가닥　② 8가닥　③ 4가닥　④ 4가닥　⑤ 4가닥
⑥ 4가닥　⑦ 8가닥　⑧ 4가닥　⑨ 4가닥　⑩ 4가닥

⑪ 4가닥 ⑫ 4가닥 ⑬ 4가닥 ⑭ 8가닥 ⑮ 4가닥
⑯ 8가닥 ⑰ 8가닥 ⑱ 13가닥 ⑲ 18가닥

(나) A : 수동조작함, B : 사이렌, C : 방출표시등(벽붙이형)

해설 (가) CO_2 설비는 교차회로방식이므로 감지기의 배선은 **말단**과 **루프**(loop)된 곳은 **4가닥**, 기타는 **8가닥**이 된다.

기 호	내 역	용 도
①, ③~⑥, ⑧~⑬, ⑮	HFIX 1.5-4	지구, 공통 각 2가닥
②, ⑦, ⑭, ⑯	HFIX 1.5-8	지구, 공통 각 4가닥
⑰	HFIX 2.5-8	전원 ⊕ · ⊖, 방출지연스위치, 감지기 A · B, 기동스위치, 사이렌, 방출표시등
⑱	HFIX 2.5-13	전원 ⊕ · ⊖, 방출지연스위치, (감지기 A · B, 기동스위치, 사이렌, 방출표시등)×2
⑲	HFIX 2.5-18	전원 ⊕ · ⊖, 방출지연스위치, (감지기 A · B, 기동스위치, 사이렌, 방출표시등)×3

문제 02

도면과 같은 전화교환실 및 컴퓨터실과 전기실에서 CO_2 소화설비를 하려고 한다. 조건을 참고하여 다음 각 물음에 답하시오.

득점	배점
	16

[조건]

- 감지기는 차동식 스포트형 2종을 사용한다.
- 건축물의 구조는 내화구조이며, 층고는 3.6[m]이다.

(가) 면적을 고려하여 감지기 수량을 계산하고 도면을 완성하시오.

- 수량계산 : ① 컴퓨터실 ② 전화교환실 ③ 전기실
- 도면완성 :

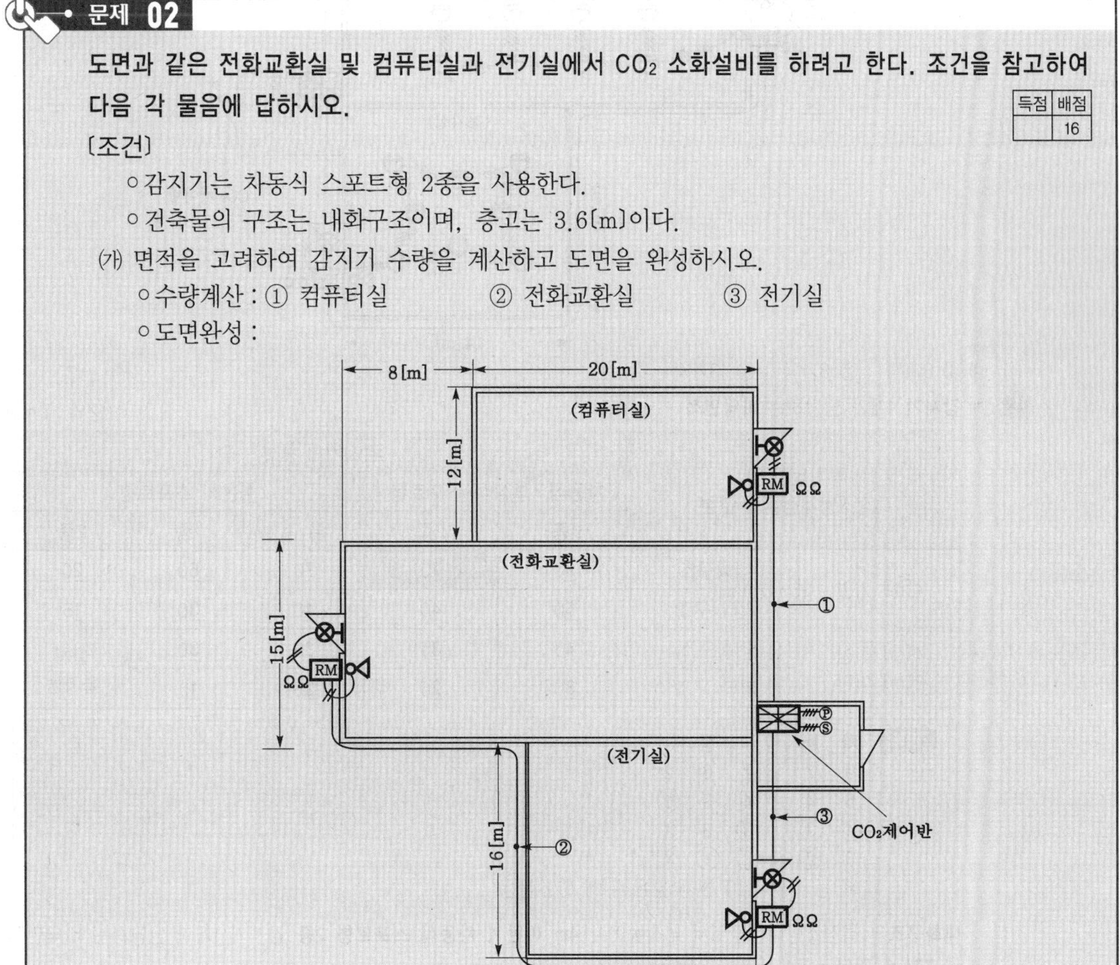

(나) ①~③까지 선로에 필요한 최소전선가닥수는?

① ② ③

해답 (가) ○수량계산 : ① 컴퓨터실 : $\frac{(12\times20)}{70} ≒ 3.42 = 4$ $\therefore 4\times2 = 8$개

② 전화교환실 : $\frac{15\times(8+20)}{70} = 6$ $\therefore 6\times2 = 12$개

③ 전기실 : $\frac{(16\times14)}{70} = 3.2 = 4$ $\therefore 4\times2 = 8$개

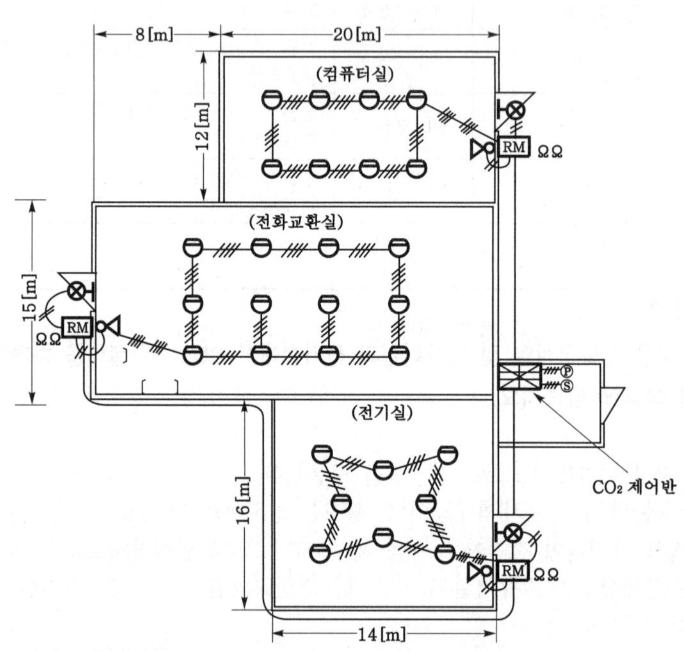

(나) ① 8가닥 ② 8가닥 ③ 13가닥

해설 (가) **감지기 1개**가 담당하는 **바닥면적** (단위 : [m²])

부착높이 및 특정소방대상물의 구분		감지기의 종류				
		차동식·보상식 스포트형		정온식 스포트형		
		1종	2종	특 종	1종	2종
4[m] 미만	내화구조	90	70	70	60	20
	기타 구조	50	40	40	30	15
4[m] 이상 8[m] 미만	내화구조	45	35	35	30	설치 불가능
	기타 구조	30	25	25	15	

기억법 차 보 정
9 7 7 6 2
5 4 4 3 ①
④ ③ ③ 3 ×
3 ② ② ① ×
※ 동그라미(○) 친 부분은 뒤에 5가 붙음

내화구조의 특정소방대상물로서 부착높이가 **4m 미만**의 **차동식 스포트형 2종** 감지기 1개가 담당하는 바닥면적은 **70**[m²]이므로

① **컴퓨터실**

최소설치개수$=\frac{(12\times20)}{70}\fallingdotseq3.42=4$

∴ 4×2개 회로=8개

② **전화교환실**

최소설치개수$=\frac{15\times(8+20)}{70}=6$

∴ 6×2개 회로=12개

③ **전기실**

최소설치개수$=\frac{(16\times14)}{70}=3.2=4$

∴ 4×2개 회로=8개

- 감지기개수 산정시 소수가 발생하면 반드시 절상
- 원칙적으로 전화교환실 및 컴퓨터실과 전기실에는 연기감지기를 설치하여야 하지만 조건을 참고하라고 하였으므로 차동식 스포트형(2종) 감지기 설치

(나)

기 호	내 역	용 도
①, ②	HFIX 2.5-8	전원 ⊕·⊖, 감지기 A·B, 기동스위치, 사이렌, 방출표시등, 방출지연스위치
③	HFIX 2.5-13	전원 ⊕·⊖, 방출지연스위치, (감지기 A·B, 기동스위치, 사이렌, 방출표시등)×2

문제 03

다음 그림은 할론소화설비 기동용 연기감지기의 회로를 잘못 결선한 그림이다. 잘못 결선된 부분을 바로잡아 옳은 결선도를 그리고 잘못 결선한 이유를 설명하시오. (단, 종단저항은 제어반 내에 설치된 것으로 본다.)

득점	배점
	8

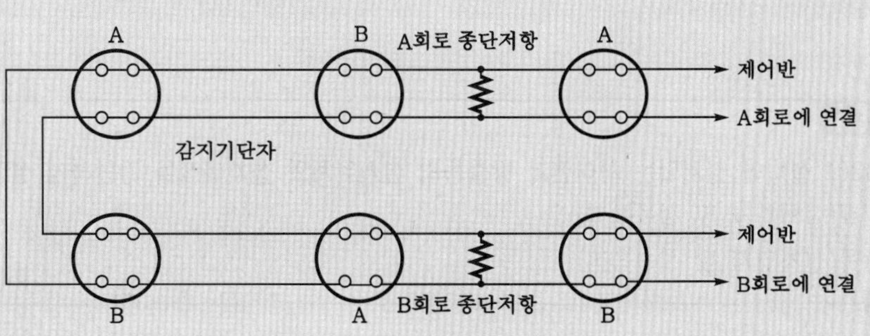

해답 (1) 정정 결선도

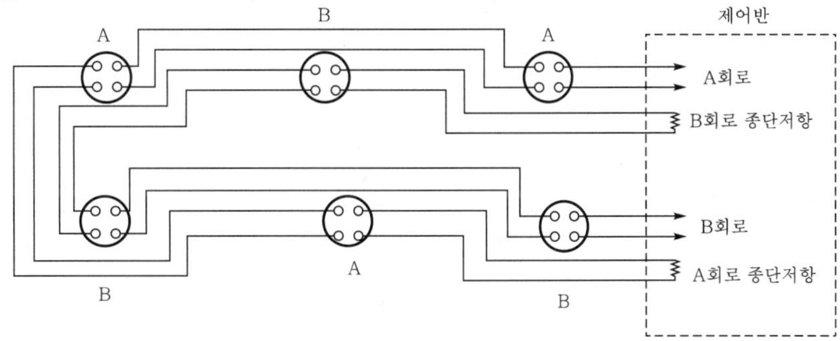

(2) 잘못 결선된 이유

① 회로의 종단저항이 회로도통시험을 할 수 있는 위치에 설치되지 않았으며 이를 제어반 내에 설치한다.

② 기동용 연기감지기는 A회로 B회로를 구분하여 교차회로방식으로 하여야 한다.

해설 ① **송배선식**(보내기배선) : 수신기에서 2차측의 외부배선의 **도통시험**을 용이하게 하기 위해 배선의 도중에서 **분기**하지 않도록 하는 배선방식

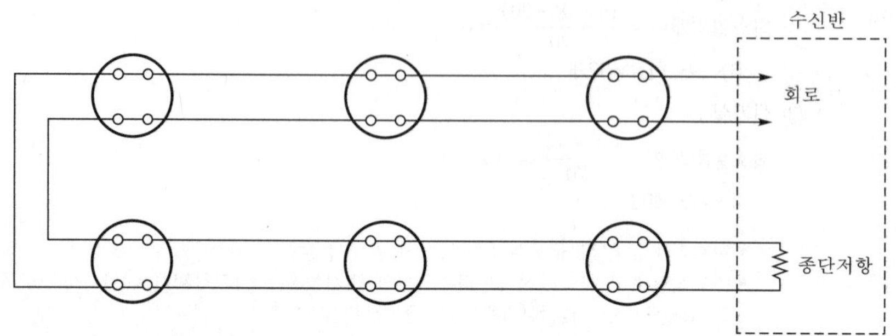

② **교차회로방식** : 하나의 방호구역 내에 2 이상의 감지기회로를 설치하고 2 이상의 감지기회로가 **동시**에 **감지**되는 때에 설비가 작동하여 소화약제가 방출되는 방식

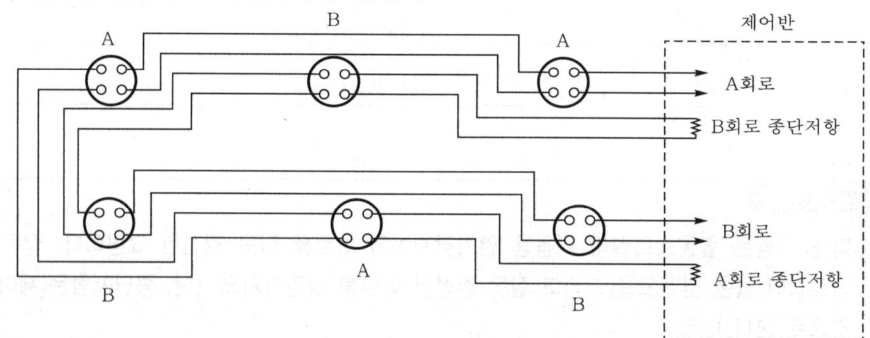

★★★

문제 04

할론 1301 설비에 설치되는 사이렌과 방출등의 설치위치와 설치목적을 간단하게 설명하시오.

ㅇ사이렌(설치위치 및 설치목적) :

ㅇ방출등(설치위치 및 설치목적) :

득점	배점
	6

해답 (1) 사이렌

① 설치위치 : 실내

② 설치목적 : 음향으로 경보를 알려 실내에 있는 인명 대피

(2) 방출등

① 설치위치 : 실외(출입구 위)

② 설치목적 : 소화약제의 방출을 알려 외부인의 출입 금지

참고

① 사이렌의 심벌 :

② 방출등(방출표시등)의 심벌 : ⊗

문제 05

도면은 할론설비의 할론실린더실 전기배선을 나타낸 도면이다. ①~⑥까지의 배선된 배선의 최소숫자는 얼마인가?

득점	배점
	4

〔범례〕

P : 압력스위치
S : 기동용 솔레노이드(solenoid)
: 할론 실린더 및 연결관
: 안전밸브
: 할론수신기
: 선택밸브
: 가스억제밸브

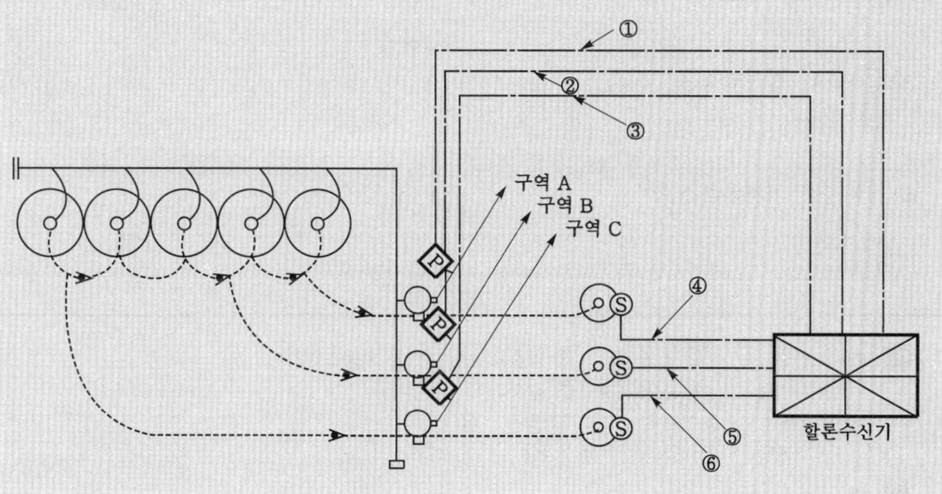

해답 ① 2가닥 ② 2가닥 ③ 2가닥 ④ 2가닥 ⑤ 2가닥 ⑥ 2가닥

해설 **전선의 내역**

기 호	내 역	용 도
①, ②, ③	HFIX 2.5-2	압력스위치 2
④, ⑤, ⑥	HFIX 2.5-2	솔레노이드밸브기동 2

★★★

문제 06

도면은 할론(halon)소화설비의 수동조작함에서 할론제어반까지의 결선도 및 계통도(3 zone)이다. 주어진 도면과 조건을 이용하여 다음 각 물음에 답하시오.

득점	배점
	11

〔조건〕

- 전선의 가닥수는 최소가닥수로 한다.
- 복구스위치 및 도어스위치는 없는 것으로 한다.
- 번호표기가 없는 것은 방출지연스위치이다.

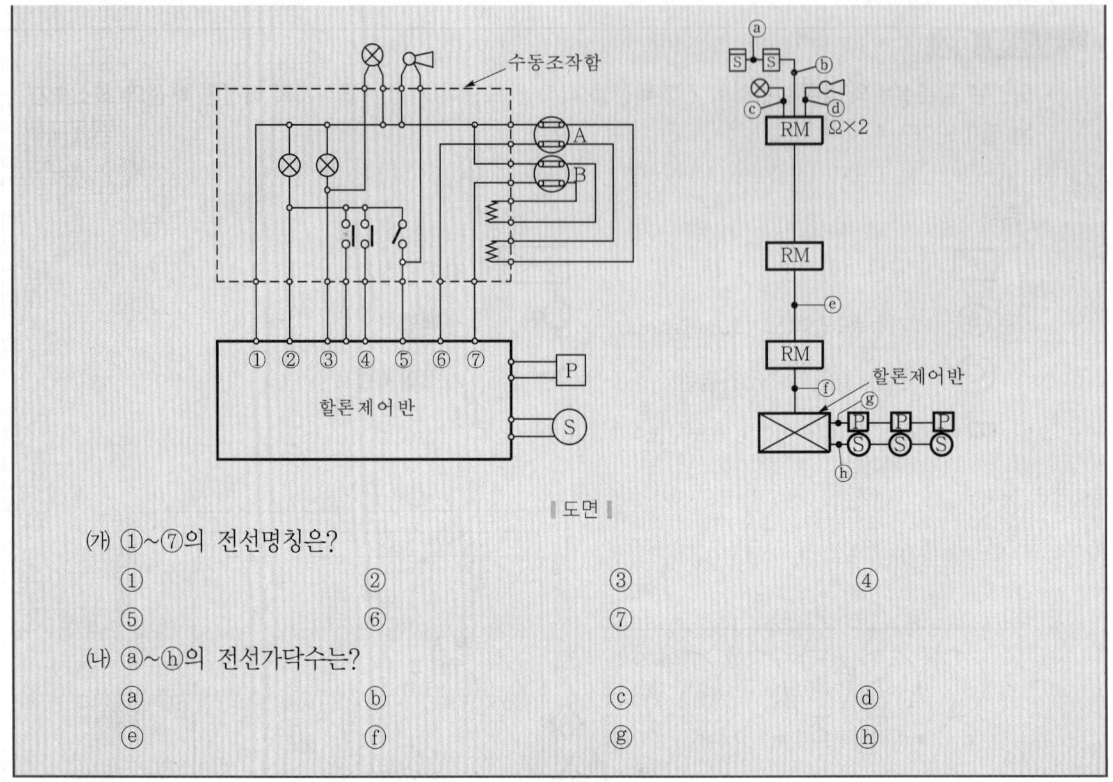

| 도면 |

(가) ①~⑦의 전선명칭은?

① ② ③ ④

⑤ ⑥ ⑦

(나) ⓐ~ⓗ의 전선가닥수는?

ⓐ ⓑ ⓒ ⓓ

ⓔ ⓕ ⓖ ⓗ

해답 (가) ① 전원 ⊖ ② 전원 ⊕ ③ 방출표시등 ④ 기동스위치
⑤ 사이렌 ⑥ 감지기 A ⑦ 감지기 B

(나) ⓐ 4가닥 ⓑ 8가닥 ⓒ 2가닥 ⓓ 2가닥
ⓔ 13가닥 ⓕ 18가닥 ⓖ 4가닥 ⓗ 4가닥

해설 (가)

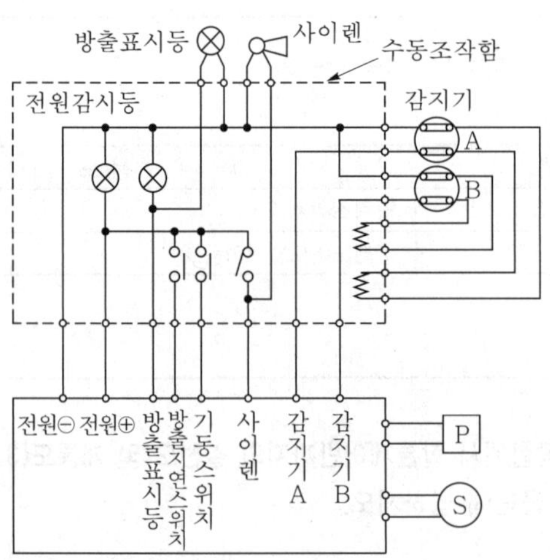

- 전선의 용도에 관한 명칭을 답할 때 전원 ⊖와 전원 ⊕가 바뀌지 않도록 주의 할 것
일반적으로 공통선(common line)은 전원 ⊖를 사용하므로 기호 ①이 전원 ⊖가 되어야 한다.

(나)

기 호	내 역	용 도
ⓐ	HFIX 1.5-4	지구, 공통 각 2가닥
ⓑ	HFIX 1.5-8	지구, 공통 각 4가닥
ⓒ	HFIX 2.5-2	방출표시등 2
ⓓ	HFIX 2.5-2	사이렌 2
ⓔ	HFIX 2.5-13	전원 ⊕ · ⊖, 방출지연스위치, (감지기 A, 감지기 B, 기동스위치, 사이렌, 방출표시등)×2
ⓕ	HFIX 2.5-18	전원 ⊕ · ⊖, 방출지연스위치, (감지기 A, 감지기 B, 기동스위치, 사이렌, 방출표시등)×3
ⓖ	HFIX 2.5-4	압력스위치 3, 공통 1
ⓗ	HFIX 2.5-4	솔레노이드밸브 기동 3, 공통 1

문제 07

그림은 전기실에 설치되는 할론 1301 소화설비의 전기적인 블록다이어그램이다. 시스템을 전기적으로 완벽하게 운영하기 위하여 필요한 전선의 종류, 전선의 최소굵기, 전선의 최소수량의 크기 등을 (가)~(바)까지 표시하고 종단저항의 수량 (사)를 쓰시오.

득점	배점
	14

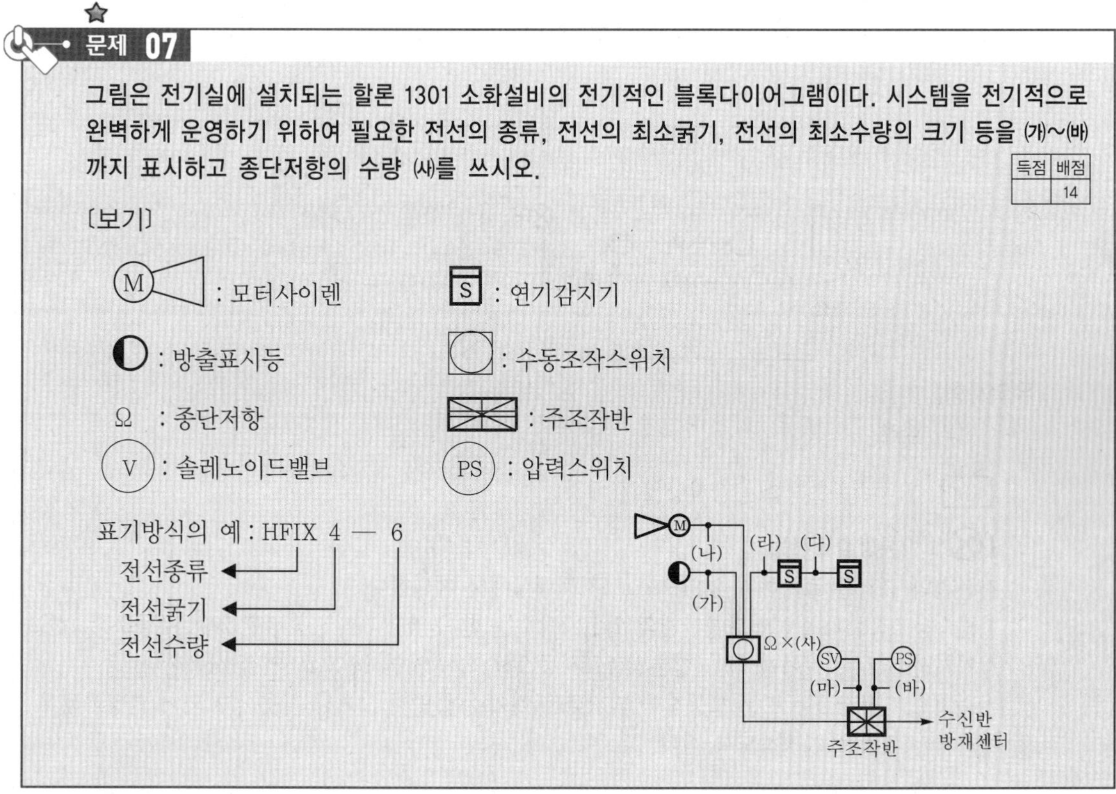

해답 (가) HFIX 2.5-2 (나) HFIX 2.5-2 (다) HFIX 1.5-4
(라) HFIX 1.5-8 (마) HFIX 2.5-2 (바) HFIX 2.5-2
(사) 2

해설

기 호	내 역	용 도
(가)	HFIX 2.5-2	방출표시등 2
(나)	HFIX 2.5-2	사이렌 2
(다)	HFIX 1.5-4	지구, 공통 각 2가닥
(라)	HFIX 1.5-8	지구, 공통 각 4가닥
(마)	HFIX 2.5-2	솔레노이드밸브 기동 2
(바)	HFIX 2.5-2	압력스위치 2

(사) 할론소화설비는 교차배선방식을 적용해야 하므로 **2개**의 종단저항을 설치한다.

☆☆☆ 문제 08

도면은 어느 방호대상물의 할론설비 부대전기설비를 설계한 도면이다. 잘못 설계된 점을 4가지만 지적하여 그 이유를 설명하시오.

득점	배점
	8

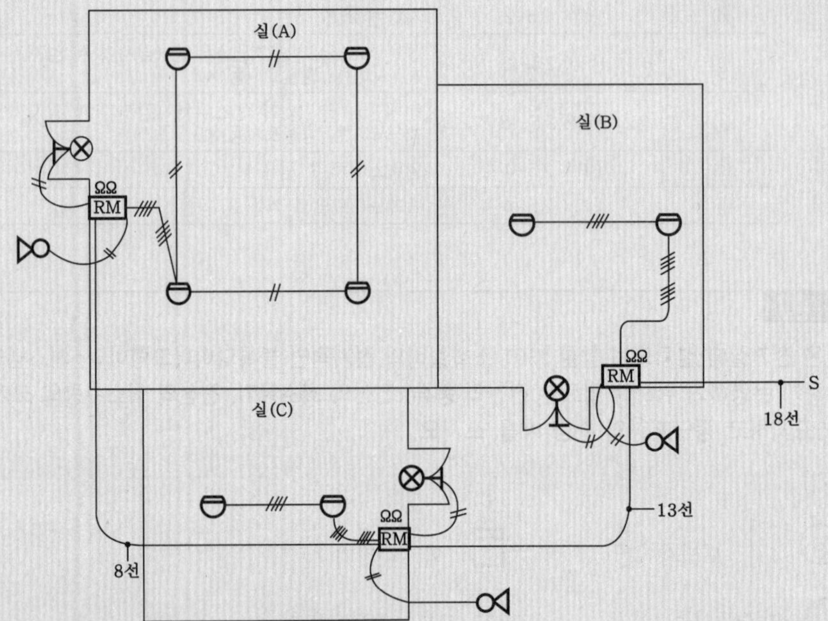

〔유의사항〕

○ 심벌의 범례

RM : 할론수동조작함(종단저항 2개 내장)

⊗ : 할론방출표시등

○ 전선관의 규격은 표기하지 않았으므로 지적대상에서 제외한다.

○ 할론수동조작함과 할론컨트롤판넬의 입선가닥수는 한 구역당 (+, −) 전원 2선, 수동조작 1선, 감지기선로 2선, 사이렌 1선, 할론방출표시등 1선, 방출지연 1선으로 연결 사용한다.

○ 기술적으로 동작불능 또는 오동작이 되거나 관련기준에 맞지 않거나 잘못 설계되어 인명피해가 우려되는 것들을 지적하도록 한다.

○

○

○

○

해답 ① 할론 수동조작함이 실내에 설치되어 있다.(화재시 유효한 조작을 위하여 실외에 설치되어야 한다.)

② 사이렌이 실외에 설치되어 있다.(실내에 있는 인명을 대피시키기 위하여 실내에 설치되어야 한다.)

③ 할론방출표시등이 실내의 출입구 부근에 설치되어 있다.(외부인의 출입을 금지시키기 위하여 실외의 출입구 위에 설치되어야 한다.)

④ 실(A)의 감지기 상호간 배선가닥수가 2가닥으로 되어 있다.[할론설비의 감지기배선은 교차회로방식으로 배선가닥수는 4가닥(지구, 공통 각 2가닥)으로 되어야 한다.]

해설 ① 올바른 설계 도면

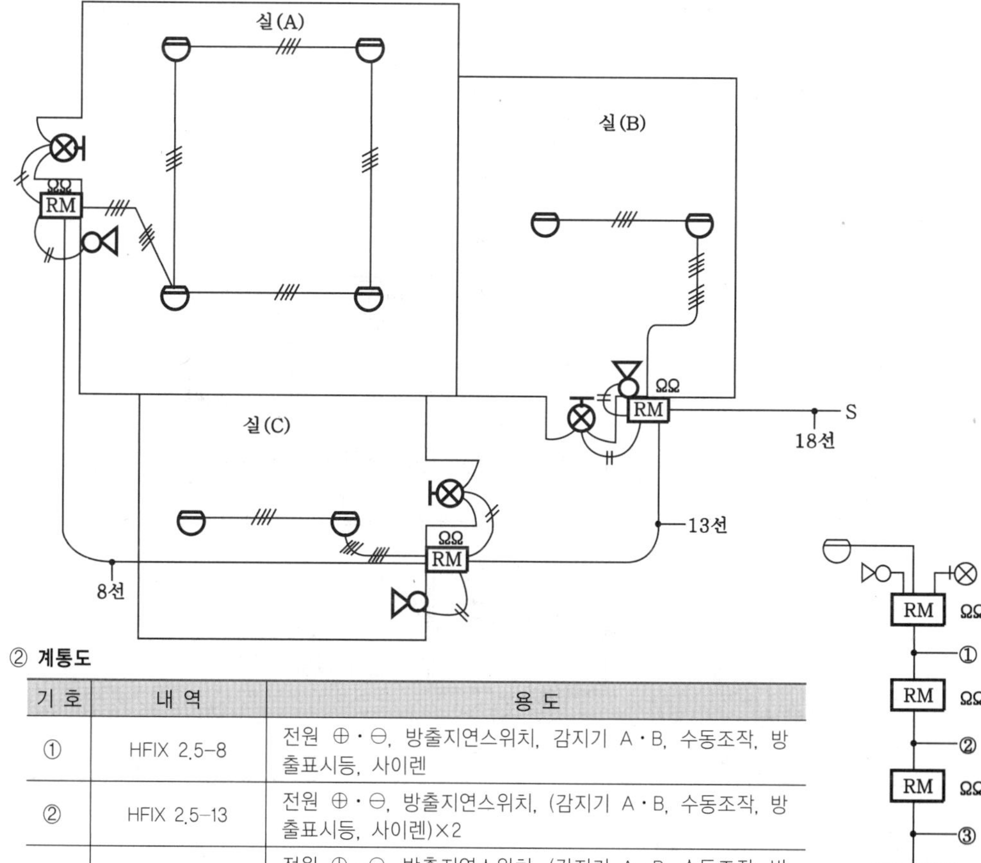

② 계통도

기 호	내 역	용 도
①	HFIX 2.5-8	전원 ⊕·⊖, 방출지연스위치, 감지기 A·B, 수동조작, 방출표시등, 사이렌
②	HFIX 2.5-13	전원 ⊕·⊖, 방출지연스위치, (감지기 A·B, 수동조작, 방출표시등, 사이렌)×2
③	HFIX 2.5-18	전원 ⊕·⊖, 방출지연스위치, (감지기 A·B, 수동조작, 방출표시등, 사이렌)×3

★★★
문제 09

다음 설계조건을 보고 할론설비에 대한 부대전기설비의 접속평면도를 완성하고, 각 개소에 전선의 선수를 표시하시오.

득점	배점
	12

〔조건〕

- 선수 표시 예 2선 : —//—
- 범례
  - : 할론방출등
  - : 사이렌
  - RM : 할론수동조작함
  - : 할론수신반(3회로)
  - : 차동식 스포트형 감지기(2종)

○ 배선의 양은 최소가 되게 설계한다.
○ 할론수동조작함과 할론수신반 사이는 직접 콘서트파이프로 연결하며, 이때 선수는 전원 : 2선, 감지기 : 2선, 방출등 : 1선, 수동조작 : 1선, 사이렌 : 1선, 방출지연 1선이다.
○ 할론수신반과 실린더솔레노이드, 프레셔스위치, 방재센터간의 선로는 본 설계에서 제외한다.

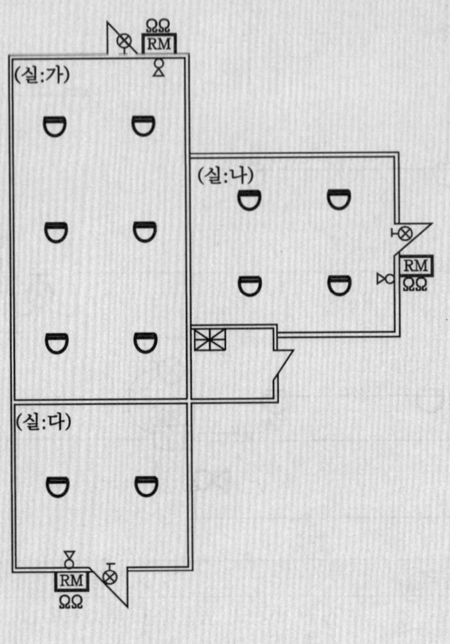

해답

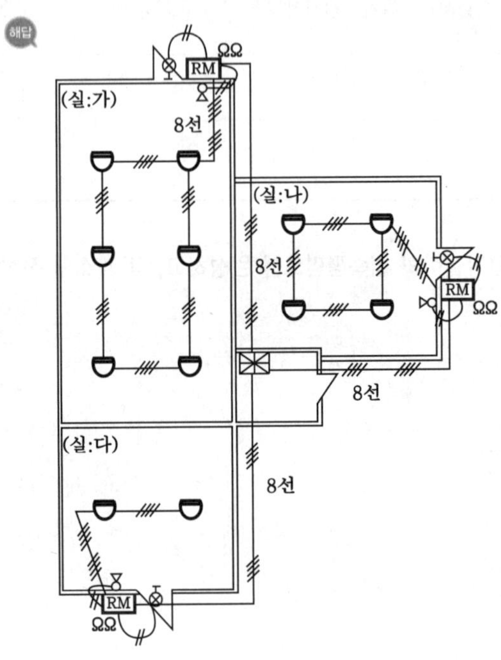

해설 ① **계통도**

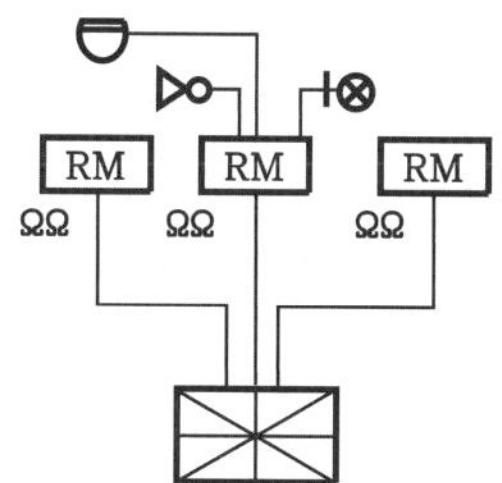

내 역	용 도
HFIX 2.5-8	전원 ⊕ · ⊖, 방출지연스위치, 감지기 A · B, 기동스위치(수동조작), 사이렌, 방출표시등(방출등)

② **동작설명**

화재가 발생하여 2개 이상의 감지기회로(교차회로)가 작동하면 할론수신반에 신호를 보내어 화재표시등 및 지구표시등이 점등되고 이와 동시에 화재가 발생한 구역에 사이렌을 울려 인명을 대피시킨다. 일정시간 후 기동용기의 솔레노이드가 개방되어 가스용기 내의 소화약제가 방출된다. 이때 이 압력에 의해 압력스위치가 작동되어 방출표시등(방출등)을 점등시킴으로써 외부인의 출입을 금지시킨다.

☆☆

문제 10

다음은 할론소화설비이다. 평면도를 완성하고 범례표를 작성하시오. 각 방호구역별 수동조작함과 사이렌은 별개로 설치하고, 수동조작함과 할론제어반 사이의 배관도 각각 별개로 한다. (단, 범례표를 작성하고 도면에 가닥수도 표기하시오.)

득점	배점
	15

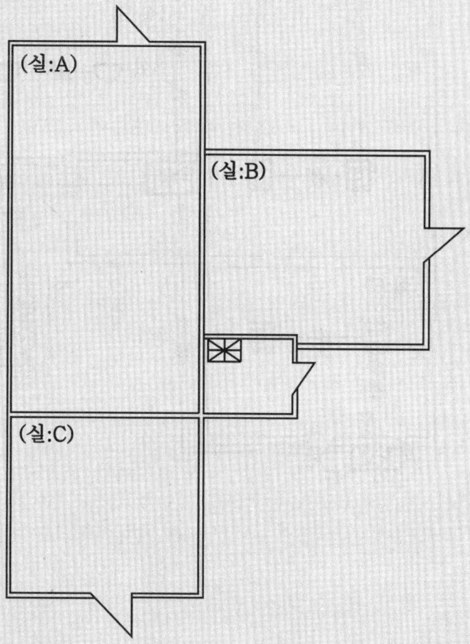

(실:A)

(실:B)

(실:C)

○ 실 A : 이온화식 감지기(4개)

○ 실 B : 정온식 스포트형 감지기(2개)

○ 실 C : 이온화식 감지기(2개)

 **범례**

심 벌	명 칭
	제어반
RM	수동조작함
	방출표시등(벽붙이형)
	사이렌
S	연기감지기(이온화식)
	정온식 스포트형 감지기
PS	압력스위치
SV	솔레노이드밸브
Ω	종단저항

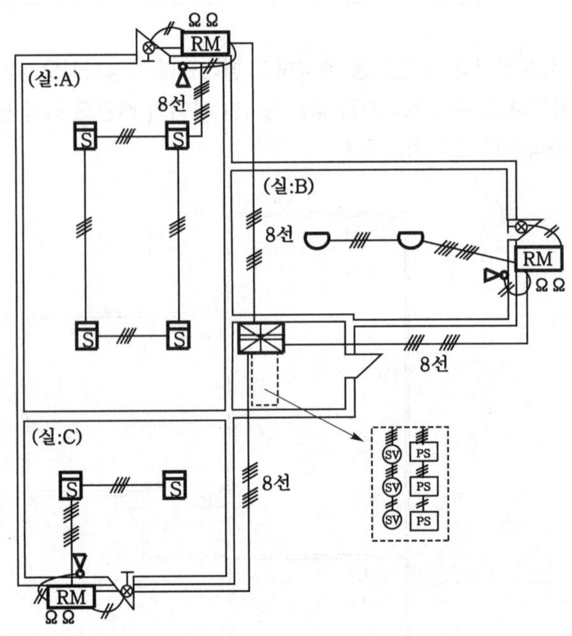

해설 **문제 9 참조**

☆☆

문제 11

컴퓨터와 전기실에 할론소화설비를 하려고 한다. 이 설비를 자동적으로 동작시키기 위한 전기설계를 하시오.

득점	배점
	9

〔조건〕

다음 심벌을 사용하여 완성하시오.

심벌	명칭	심벌	명칭
⊗	방출표시등	PS	압력스위치
(사이렌 심벌)	사이렌	SV	솔레노이드 밸브
(차동식 감지기 심벌)	차동식 스포트형 감지기(2종)	(할론제어반 심벌)	할론제어반
RM	할론수동조작함	Ω	종단저항

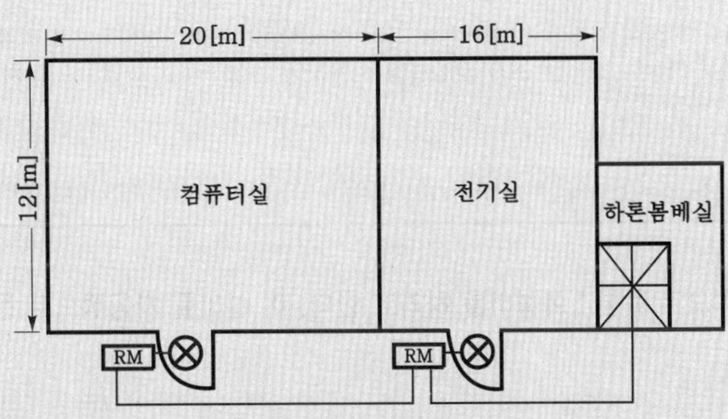

(단, 건축물의 구조는 내화구조이며, 층고는 3〔m〕이다.)

해답

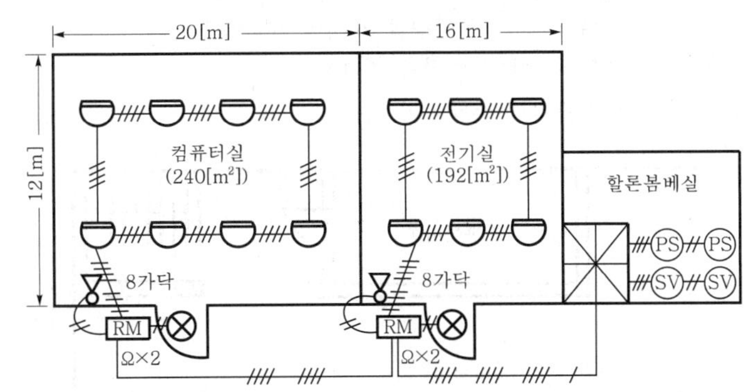

해설 **감지기 1개**가 담당하는 **바닥면적**

(단위 : 〔m²〕)

부착높이 및 특정소방대상물의 구분		감지기의 종류				
		차동식·보상식 스포트형		정온식 스포트형		
		1종	2종	특 종	1종	2종
4〔m〕 미만	내화구조	90	70	70	60	20
	기타 구조	50	40	40	30	15
4〔m〕 이상 8〔m〕 미만	내화구조	45	35	35	30	설치 불가능
	기타 구조	30	25	25	15	

기억법 차 보 정

차	보		정	
9	7	7	6	2
5	4	4	3	①
④	③	③	3	×
3	②	②	①	×

※ 동그라미(○) 친 부분은 뒤에 5가 붙음

내화구조의 특정소방대상물로서 부착높이 **4〔m〕 미만**의 **차동식 스포트형 2종 감지기** 1개가 담당하는 바닥면적은 **70〔m²〕**이므로

① **컴퓨터실**

최소설치개수 $= \dfrac{(12\times20)}{70} \fallingdotseq 3.42 = 4$

∴ 4×2개 회로 = 8개

② **전기실**

최소설치개수 $= \dfrac{(12\times16)}{70} \fallingdotseq 2.74 = 3$

∴ 3×2개 회로 = 6개

- 감지기개수 산정시 소수가 발생하면 반드시 절상하여야 하며, 원칙적으로 컴퓨터실과 전기실에는 연기감지기를 설치하여야 하지만 조건의 심벌을 사용하여 완성하라고 하였으므로 **차동식 스포트형**(2종) **감지기**를 설치하여야 한다.

☆

문제 12

컴퓨터실에 독립적으로 할론소화설비를 하려고 한다. 이 설비를 자동적으로 동작시키기 위한 전기설계를 하시오.

득점	배점
	15

〔유의사항〕

- 평면도 및 제어계통도만 작성할 것
- 감지기의 종류를 명시할 것
- 배선 상호간에 사용되는 전선류와 전선가닥수를 표시할 것
- 심벌은 임의로 사용하고 심벌 부근에 심벌명을 기재할 것
- 실의 높이는 4〔m〕이며 지상 2층에 컴퓨터실이 있음

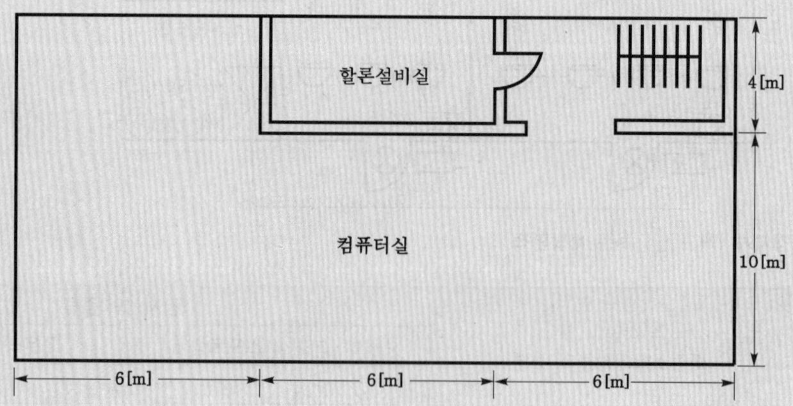

해답 ① 평면도

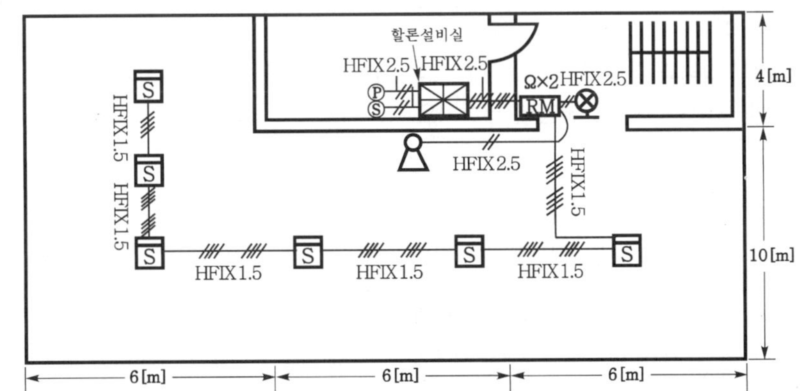

② 제어계통도

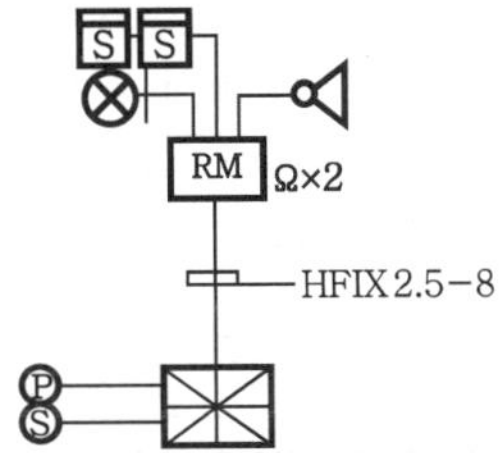

③ 감지기의 종류 : 연기감지기 2종

④

심 벌	심벌명
S	연기감지기 2종
RM	수동조작함
⊠	할론컨트롤판넬(수신기)
⊢⊗	방출표시등(벽붙이형)
○◁	사이렌
Ⓟ	압력스위치
Ⓢ	솔레노이드밸브
Ω	종단저항

해설 컴퓨터실의 면적은 다음과 같다.

$(6+6+6)\times 10+(6\times 4)=204[m^2]$

부착 높이	감지기의 종류	
	1종 및 2종	3종
4[m] 미만	150[m²]	50[m²]
4~20[m] 미만 ⟶	75[m²]	

위 표에서 감지기 1개가 담당하는 바닥면적은 75[m²]이고, **교차회로방식**을 적용하여야 하므로

$\frac{204}{75}=2.72 \fallingdotseq 3$

3×2개 회로=6개

☆ 문제 13

답안지의 그림과 같은 통신실에 할론 1301 가스설비와 연동되는 감지기설비를 하려고 한다. 주어진 조건을 이용하여 다음 각 물음에 답하시오.

득점	배점
	17

〔조건〕

- ○도면의 축적은 NS로 작성한다.
- ○감지기배선은 가위배선으로 한다.
- ○모든 배관배선은 콘크리트 매입으로 한다.
- ○사용하는 전선관은 모두 공사용 후강전선관으로 한다.
- ○전원 및 각종 신호선은 1개의 선으로 표시하며 배선가닥수는 표시된 선 위에 빗금으로 표시하도록 한다.
- ○감지기 설치 및 배관배선은 규정된 심벌을 사용한다.
- ○할론저장실까지의 거리는 주조작반에서 20〔m〕 거리에 있다.
- ○수동조작반으로 연결되는 배관배선은 감지기, 사이렌, 방출표시등 등이다.
- ○모든 배관배선의 개소에는 가닥수를 표시하도록 한다.
- ○통신실의 높이는 4〔m〕이며, 주요구조부가 내화구조이다.

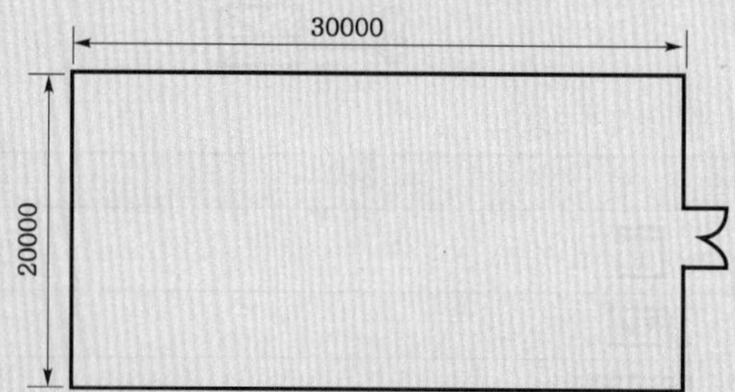

(가) 감지기는 차동식 스포트형 감지기 2종을 사용하려고 한다. 필요한 개수를 산정하여 도면에 적당한 간격으로 배치하여 설치하고 배선가닥수도 표시하도록 하시오.

(나) 모터사이렌, 할론방출표시등, 수동조작함을 도면의 적당한 위치에 설치하고 배선가닥수도 표시하도록 하시오.

(다) 감지기와 감지기간의 배선은 어떤 종류의 전선을 사용하는가?

(라) 감지기와 수동조작반과의 배선은 어떤 종류의 전선을 사용하는가?

(마) 사이렌과 수동조작반, 수동조작반 상호간의 배선은 어떤 종류의 전선을 사용하는가?

(바) 수동조작반과 주조작반 사이의 배선에 대한 전선의 명칭을 쓰시오. (단, 감지기의 공통선은 전원선과 분리하여 사용하는 것으로 한다.)

해답 (가), (나)

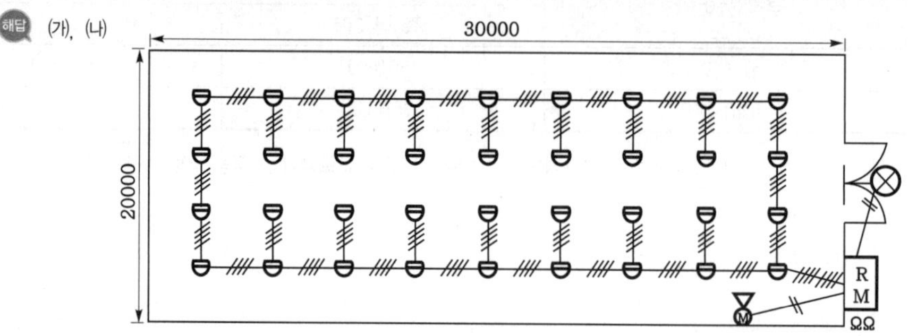

(다) 450/750〔V〕 저독성 난연 가교폴리올레핀 절연전선
(라) 450/750〔V〕 저독성 난연 가교폴리올레핀 절연전선
(마) 450/750〔V〕 저독성 난연 가교폴리올레핀 절연전선
(바) 전원 ⊕·⊖, 감지기 공통, 감지기 A·B, 기동스위치, 모터사이렌, 할론방출표시등, 방출지연스위치

해설 (가) ① **감지기 1개**가 담당하는 **바닥면적** (단위 : 〔m^2〕)

부착높이 및 소방대상물의 구분		감지기의 종류				
		차동식·보상식 스포트형		정온식 스포트형		
		1종	2종	특 종	1종	2종
4〔m〕 미만	내화구조	90	70	70	60	20
	기타 구조	50	40	40	30	15
4〔m〕 이상 8〔m〕 미만	내화구조	45	35	35	30	설치 불가능
	기타 구조	30	25	25	15	

기억법
차 보 정
9 7 7 6 2
5 4 4 3 ①
④ ③ ③ 3 ×
3 ② ② ① ×
※ 동그라미(○) 친 부분은 뒤에 5가 붙음

〔조건〕에서 **통신실**의 높이가 **4〔m〕**이며, 주요구조부가 **내화구조**이므로 **차동식 스포트형 2종 감지기** 1개가 담당하는 바닥면적은 **35〔m^2〕**가 되어

$$\frac{20\times30}{35}=17.14 \fallingdotseq 18$$

∴ 18×2개 회로=36개

② 감지기배선은 **가위배선**(교차배선)이라고 하였으므로, 감지기회로의 말단과 루프(loop)된 곳은 **4가닥**, 그 외는 **8가닥**이 된다.

(나) ① **모터사이렌** : 음향으로 경보를 알려 실내에 있는 인명을 대피시키는 역할을 하는 것으로, **실내**에 설치한다.
② **할론방출표시등** : 소화약제의 방출을 알려 외부인의 출입을 금지시키는 역할을 하며, **실외**의 **출입구 위**에 설치한다.
③ **수동조작함** : 가스방출구역 내에 화재가 발생하면 사이렌을 이용하여 사람들을 대피시킨 후 방화댐퍼나 방화셔터 등 창문을 폐쇄시키고 가스를 방출, 화재를 진화시키는 용도로 사용하는 것으로, **실외출입구 부근**의 손이 닿기 쉬운 위치에 설치한다.

명 칭	그림기호	적 요
사이렌	○◁	• 모터사이렌 : Ⓜ◁ • 전자사이렌 : Ⓢ◁
방출표시등	⊗	• 벽붙이형 : ├⊗
수동조작함	RM	• 소방용 : RM_F

(다)~(마) (1) HFIX 1.5〔mm^2〕 전선의 사용범위
① 감지기 상호간 배선
② 감지기~수동조작반과의 배선
③ 감지기~발신기세트와의 배선
④ 감지기~수신기와의 배선
(2) HFIX 2.5〔mm^2〕 전선의 사용범위
① 감지기와 연결되는 배선 이외의 곳

• **HFIX전선** : 450/750〔V〕 저독성 난연 가교폴리올레핀 절연전선으로, 최고허용온도는 **90〔℃〕**이다.

㈓ **배선내역**

구 역	내 역	용 도
1구역일 경우	HFIX 2.5-9	전원 ⊕·⊖, 감지기 공통, 방출지연스위치, 감지기 A·B, 기동스위치, 모터사이렌, 할론방출표시등
2구역일 경우	HFIX 2.5-14	전원 ⊕·⊖, 감지기 공통, 방출지연스위치, (감지기 A·B, 기동스위치, 모터사이렌, 할론방출표시등)×2
3구역일 경우	HFIX 2.5-19	전원 ⊕·⊖, 감지기 공통, 방출지연스위치, (감지기 A·B, 기동스위치, 모터사이렌, 할론방출표시등)×3

- NS(Non Scale) : **"축적 없음"**을 뜻한다.
- 단서에서 감지기의 공통선은 전원선과 분리하여 사용하라는 의미는 **감지기공통선**을 추가하라는 의미임을 기억하라.

☆☆

문제 14

어떤 건물에 대한 소방설비의 배선도면을 보고 다음 각 물음에 답하시오. (단, 배선공사는 후강전선관을 사용한다고 한다.)

득점	배점
	11

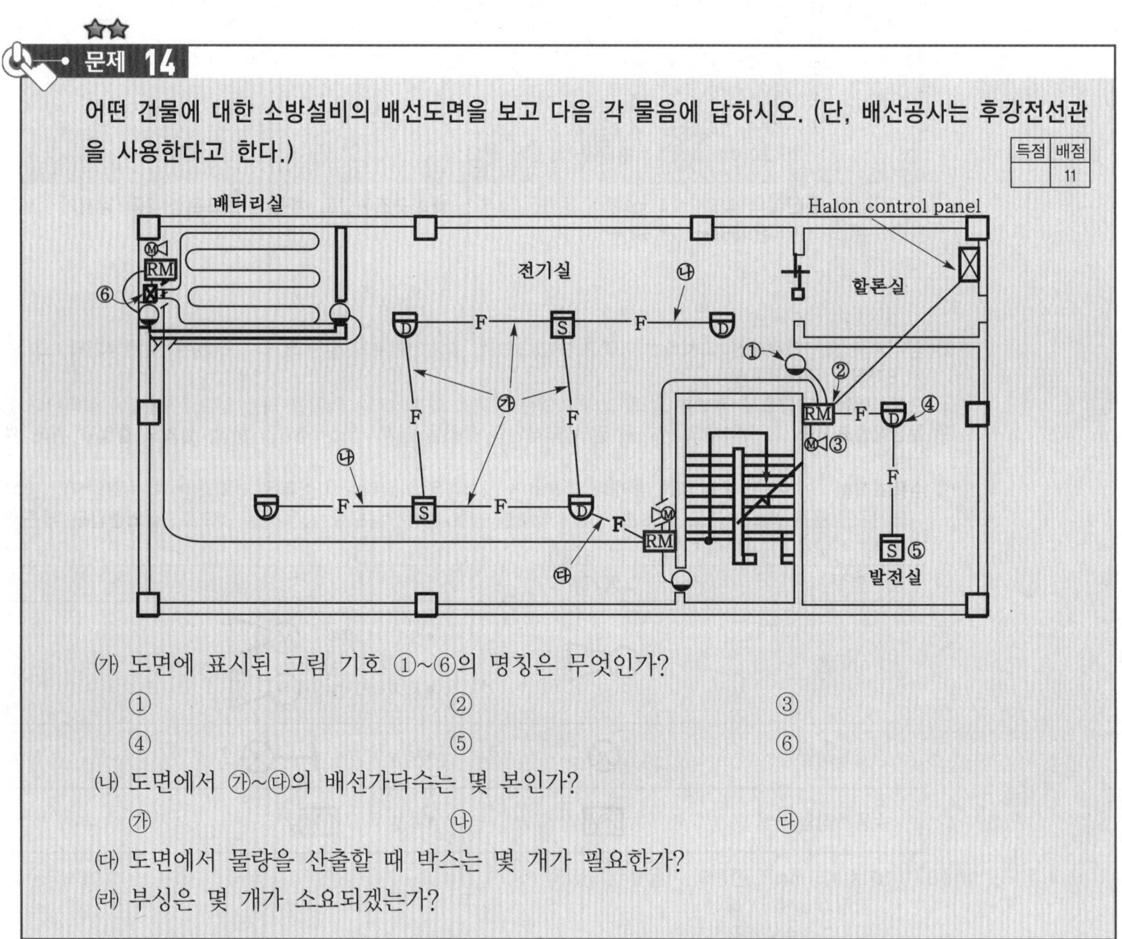

㈎ 도면에 표시된 그림 기호 ①~⑥의 명칭은 무엇인가?

① ② ③

④ ⑤ ⑥

㈏ 도면에서 ㉮~㉰의 배선가닥수는 몇 본인가?

㉮ ㉯ ㉰

㈐ 도면에서 물량을 산출할 때 박스는 몇 개가 필요한가?

㈑ 부싱은 몇 개가 소요되겠는가?

해답 ㈎ ① 방출표시등 ② 수동조작함 ③ 모터 사이렌 ④ 차동식 스포트형 감지기
⑤ 연기감지기 ⑥ 차동식 분포형 감지기의 검출부
㈏ ㉮ 4본 ㉯ 4본 ㉰ 8본
㈐ 20개 ㈑ 40개

해설 (가) 옥내배선기호

명 칭	그림기호	적 요
방출표시등	⊗ 또는 ◐	• 벽붙이형 : ├⊗
수동조작함	RM	• 소방설비용 : $\boxed{RM}_F$
사이렌	○◁	• 모터사이렌 : Ⓜ◁ • 전자사이렌 : Ⓢ◁
차동식 스포트형 감지기	⊖	
보상식 스포트형 감지기	⊜	
정온식 스포트형 감지기	◡	• 방수형 : • 내산형 : • 내알칼리형 : • 방폭형 : $◡_{EX}$
연기감지기	S	• 점검박스 붙이형 : S • 매입형 : S

차동식 분포형 감지기의 검출부의 심벌은 원칙적으로 ⧗ 이지만 공기관의 접속부분에는 차동식 분포형 감지기의 검출부가 설치되므로 본 문제에서는 ⊠을 차동식 분포형 감지기의 검출부로 보아야 한다.

(나) 평면도에서 할론컨트롤판넬(halon control panel)을 사용하였으므로, 할론소화설비인 것을 알 수 있다. 할론소화설비의 감지기회로의 배선은 **교차회로방식**으로서 말단과 루프(loop)된 곳은 **4가닥**, 기타는 **8가닥**이 있다.

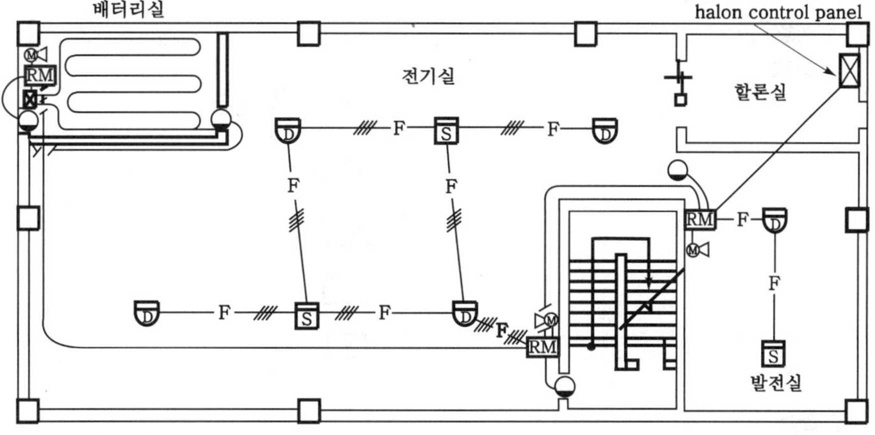

(다) ◌ : 박스표시(20개)

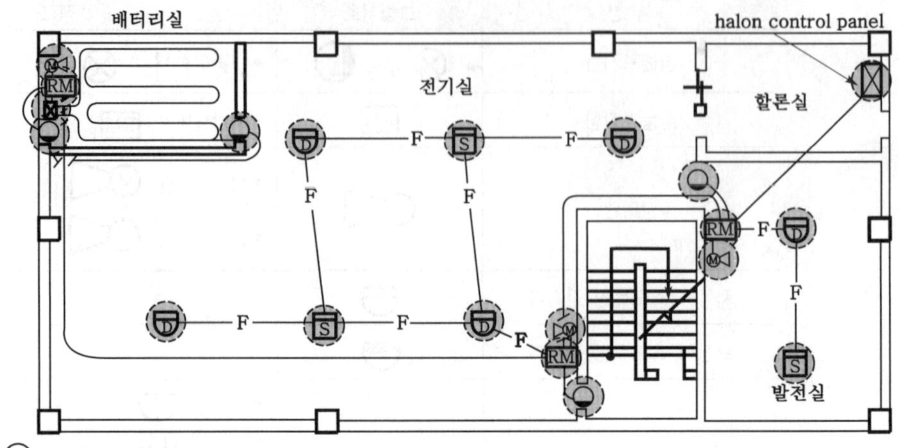

(라) ○ : 부싱표시(40개)

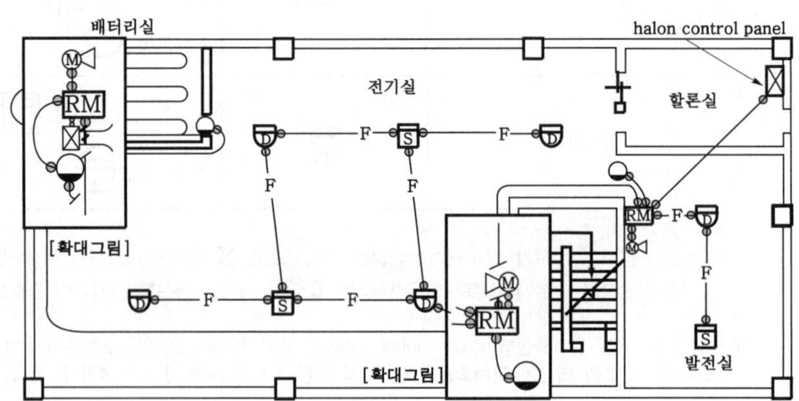

참고

계통도

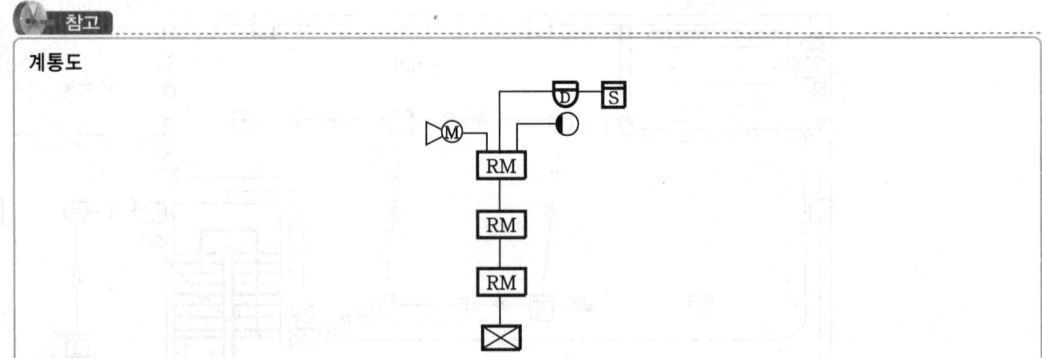

☆☆☆

문제 15

할론 1301에 설치되는 수동조작함과 방출표시등 및 사이렌의 설치위치를 쓰시오.

득점	배점
	6

- 수동조작함 :
- 방출표시등 :
- 사이렌 :

해답 ○ 수동조작함 : 실외(출입구 부근)
○ 방출표시등 : 실외(출입구 위)
○ 사이렌 : 실내

해설 각 **부품**의 **설치위치** 및 **이유**

구 분	설치위치	이 유
사이렌(○◁)	**실내**	실내에 있는 **인명**을 **대피**시키기 위하여
수동조작함(RM)	**실외**의 **출입구 부근**	화재시 **유효**하게 **조작**하기 위하여
방출표시등(⊗)	**실외**의 **출입구 위**	외부인의 **출입**을 **금지**시키기 위하여

문제 16

할론 1301 설비에 설치되는 사이렌과 방출등의 설치위치와 설치목적을 간단하게 설명하시오.

○ 사이렌(설치위치 및 설치목적) :
○ 방출등(설치위치 및 설치목적) :

득점	배점
	6

해답 ○ 사이렌
① 설치위치 : 실내
② 설치목적 : 음향으로 경보를 알려 실내에 있는 인명을 대피시킨다.
○ 방출등
① 설치위치 : 실외
② 설치목적 : 소화약제의 방출을 알려 외부인의 출입을 금지시킨다.

참고

(1) 사이렌의 심벌 : ○◁
(2) 방출등(방출표시등)의 심벌 : ⊗

6 분말 · 제연 및 배연창설비

출제확률 3.2% (3점)

✻ 분말소화설비
교차회로방식

1 분말소화설비

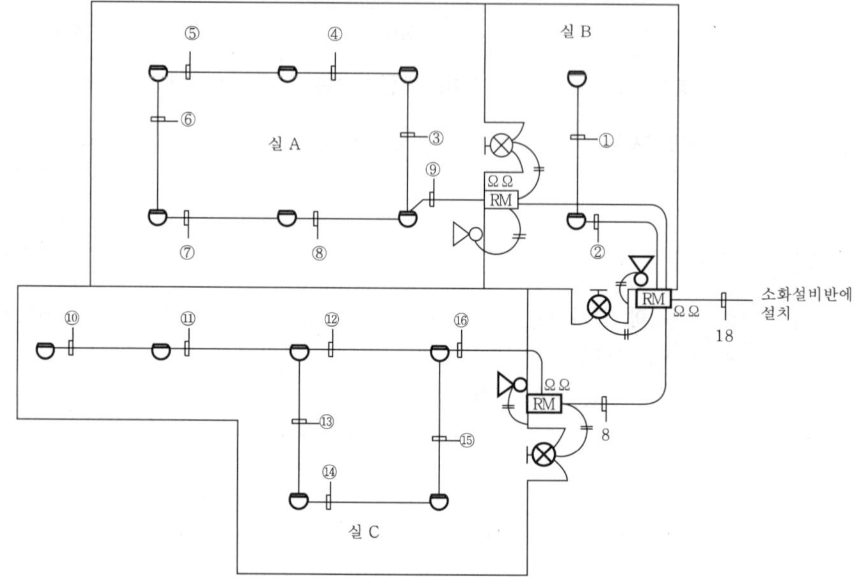

✻ 18선의 내역

내 용	가닥수
전원 ⊕	1
전원 ⊖	1
방출지연 스위치	1
감지기 A	3
감지기 B	3
기동 스위치	3
사이렌	3
방출 표시등	3

기 호	내 역	용 도
①, ③~⑧, ⑩, ⑫~⑮	HFIX 1.5-4	지구, 공통 각 2가닥
②, ⑨, ⑪, ⑯	HFIX 1.5-8	지구, 공통 각 4가닥

2 제연설비

✻ 제연설비
송배선식

✻ 전실제연설비
전실 내에 신선한 공기를 유입하여 연기가 계단쪽으로 확산되는 것을 방지하기 위한 설비

(1) 전실제연설비(특별피난계단의 계단실 및 부속실 제연설비) : NFPC 501A, NFTC 501A 적용

① 계통도 1

- 모든 댐퍼는 모터구동방식이며, 별도의 복구선은 없는 것으로 한다.
- 배선은 운전조작상 필요한 최소전선수이다.

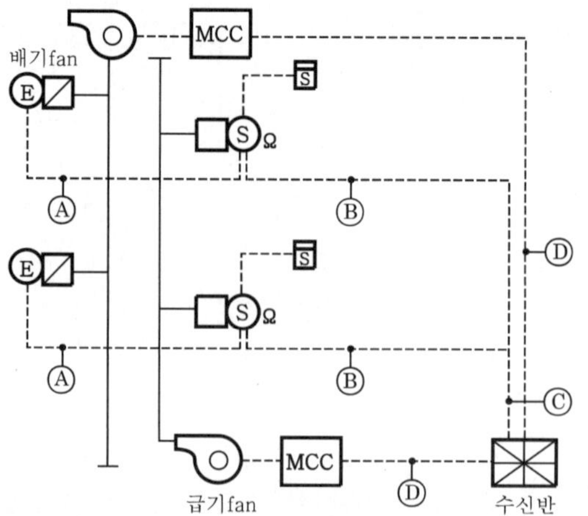

기 호	내 역	용 도
Ⓐ	HFIX 2.5-4	전원 ⊕·⊖, 기동(배기댐퍼 기동), 확인(배기댐퍼 확인)
Ⓑ	HFIX 2.5-7	전원 ⊕·⊖, 지구, 기동(급배기댐퍼 기동), 확인 3(배기댐퍼 확인, 급기댐퍼 확인, 수동기동 확인)
Ⓒ	HFIX 2.5-12	전원 ⊕·⊖, (지구, 기동, 확인 3)×2
Ⓓ	HFIX 2.5-5	기동, 정지, 공통, 전원표시등, 기동확인표시등

* Ⓓ : 실제 실무에서는 **교류방식**은 4가닥(**기동 2, 확인 2**), **직류방식**은 4가닥(**전원 ⊕·⊖, 기동 1, 확인 1**)을 사용한다.

- Ⓒ 확인 : 배기댐퍼 확인, 급기댐퍼 확인, 수동기동 확인
- **요즘**에는 복구방식이 **자동복구방식**으로 수동으로 복구시키는 복구스위치는 거의 사용되지 않는다.
- 배기댐퍼=배출댐퍼
- NFPC 501A 22·23조, NFTC 501A 2.19.1·2.20.1.2.5에 따라 Ⓑ, Ⓒ에는 **'수동기동 확인'**이 반드시 추가되어야 한다.

특별피난계단의 계단실 및 부속실 제연설비(NFPC 501A 22·23조, NFTC 501A 2.19.1·2.20.1.2.5)
- **제22조 수동기동장치** : 배출댐퍼 및 개폐기의 직근 또는 제연구역에는 장치의 작동을 위하여 수동기동장치를 설치하고 스위치는 바닥으로부터 0.8m 이상 1.5m 이하의 높이에 설치해야 한다. (단, 계단실 및 그 부속실을 동시에 제연하는 제연구역에는 그 부속실에만 설치할 수 있다.)
- **제23조 제어반** : 제연설비의 제어반은 다음 각 호의 기준에 적합하도록 설치해야 한다.
  마. **수동기동장치**의 **작동여부**에 대한 **감시기능**

중요 전실제연설비(특별피난계단의 계단실 및 부속실 제연설비)의 실제배선

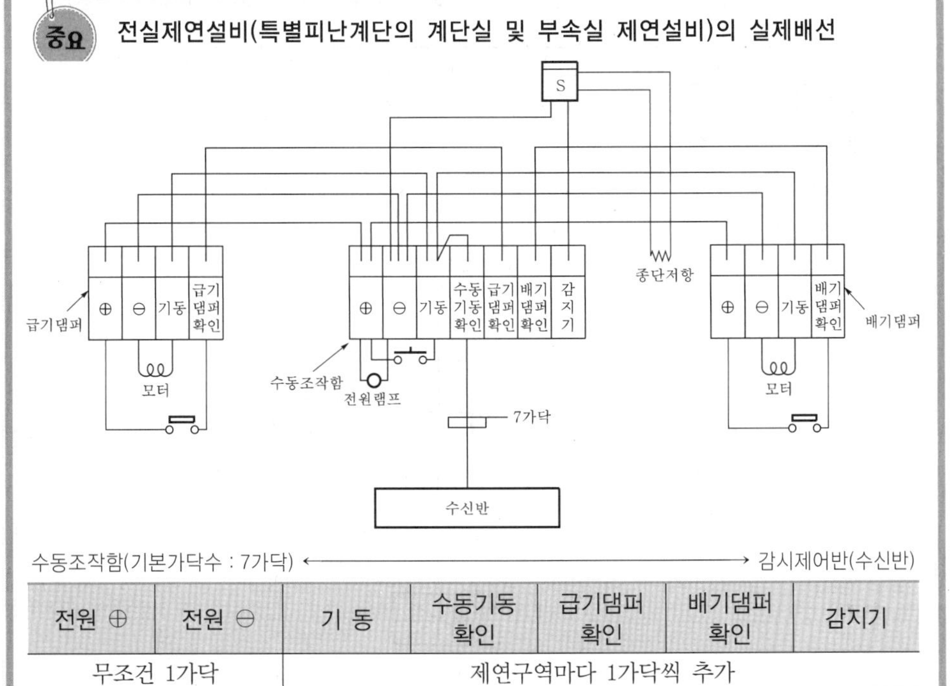

수동조작함(기본가닥수 : 7가닥) ⟷ 감시제어반(수신반)

전원 ⊕	전원 ⊖	기 동	수동기동 확인	급기댐퍼 확인	배기댐퍼 확인	감지기
무조건 1가닥		제연구역마다 1가닥씩 추가				

Key Point

※ **전실제연설비의 간선내역**

내 용	추 가
전원 ⊕	
전원 ⊖	
지구	*
기동	*
확인 3	*

※ 수동조작함이 급기댐퍼 아래에 위치하고 있을 경우 '급기댐퍼확인, 배기댐퍼확인, 감지기'는 수동조작함에 연결되지 않아도 됨

※ 배기댐퍼 확인=배기댐퍼개방확인

※ 급기댐퍼 확인=급기댐퍼개방확인

② 계통도 2

- 각 댐퍼(damper)의 기동은 동시기동방식이다.
- 감지기의 공통선만 별도로 한다.
- MCC의 전원감시기능은 있는 것으로 본다.

※ 배기댐퍼

(E ; Exhaust)

※ 급기댐퍼

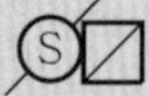

(S ; Supply)

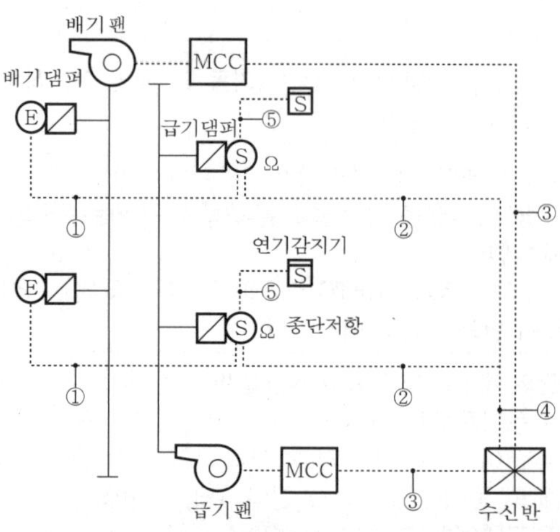

※ 수신반
'감시제어반'이라고도 부른다.

기 호	내 역	용 도
①	HFIX 2.5-4	전원 ⊕ · ⊖, 기동(배기댐퍼 기동), 확인(배기댐퍼 확인)
②	HFIX 2.5-8	전원 ⊕ · ⊖, 기동(급배기댐퍼 기동), 감지기, 감지기 공통, 확인 3(배기댐퍼 확인, 급기댐퍼 확인, 수동기동 확인)
③	HFIX 2.5-5	기동 2(기동, 정지), 기동확인표시등, 전원감시표시등, 표시등 공통
④	HFIX 2.5-13	전원 ⊕ · ⊖, 감지기 공통, (기동, 감지기, 확인 3)×2
⑤	HFIX 1.5-4	(감지기, 감지기 공통)×2

③ 계통도 3

- 댐퍼는 모터식이며 복구는 자동복구이고 전원은 제연설비반에서 공급하고 기동은 동시에 기동하는 것이다.

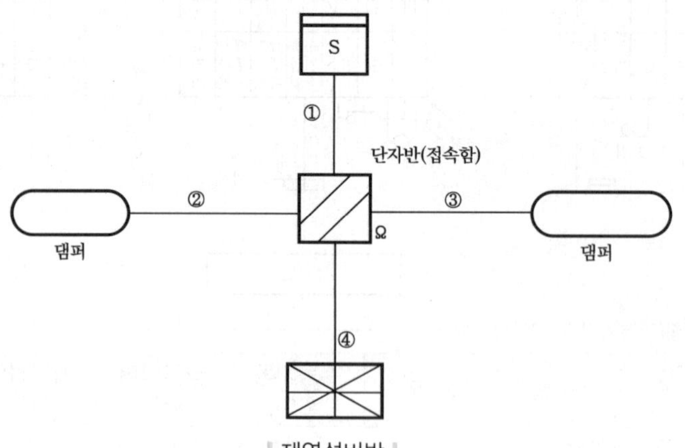

| 제연설비반 |

※ 댐퍼
공기의 양을 조절하기 위하여 덕트 전면에 설치된 수동 또는 자동식 장치

※ 단자반의 설치높이
0.8~1.5[m] 이하

Key Point

기호	내 역	용 도
①	HFIX 1.5-4	지구, 공통 각 2가닥
②	HFIX 2.5-4	전원 ⊕·⊖, 기동, 확인(댐퍼 확인)
③	HFIX 2.5-4	전원 ⊕·⊖, 기동, 확인(댐퍼 확인)
④	HFIX 2.5-7	전원 ⊕·⊖, 지구, 기동(급배기댐퍼 기동), 확인 3(배기댐퍼 확인, 급기댐퍼 확인, 수동기동 확인)

★★★

문제 다음 도면은 전실 급배기댐퍼를 나타낸 것이다. 다음 각 물음에 답하시오. (단, 댐퍼는 모터식이며 복구는 자동복구이고 전원은 제연설비반에서 공급하고 기동은 동시에 기동하는 것이다.)

득점	배점
	14

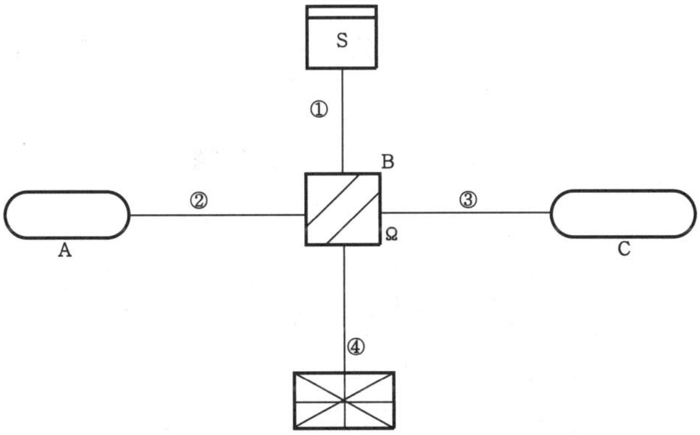

S
①
B
②
③
Ω
A
C
④

‖ 제연설비반 ‖

(가) A, B, C의 명칭을 쓰시오.

A : B : C :

(나) ①, ②, ③, ④의 전선가닥수를 쓰시오.

① ② ③ ④

(다) B의 설치높이는?

해답 (가) A : 배기댐퍼 또는 급기댐퍼
B : 수동조작함
C : 배기댐퍼 또는 급기댐퍼
(나) ① 4가닥 ② 4가닥 ③ 4가닥 ④ 7가닥
(다) 바닥에서 0.8[m] 이상 1.5[m] 이하

④ 계통도 4

- 운전방식은 솔레노이드스위치에 의한 댐퍼기동방식과 모터운전에 의한 댐퍼복구방식을 채택하였다.

〔범례〕

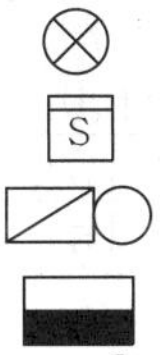

: Door release
: 연기감지기
: 댐퍼
: 단자반
Ω : 종단저항

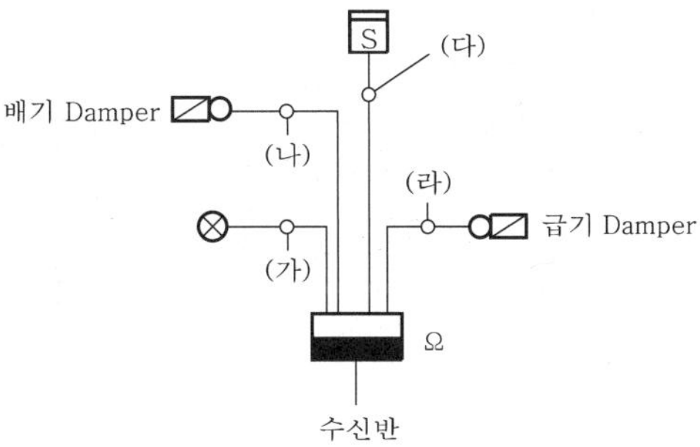

S
(다)
배기 Damper
(나)
(라)
급기 Damper
(가)
Ω
수신반

※ **솔레노이드댐퍼**
솔레노이드에 의해 누르게핀을 이동시킴으로써 작동되는 것으로 개구부면적이 작은 곳에 설치한다.

※ **모터댐퍼**
모터에 의해 누르게핀을 이동시킴으로써 작동되는 것으로 개구부면적이 큰 곳에 설치한다.

기호	내 역	용 도
㈎	HFIX 2.5-3	기동, 확인, 공통
㈏	HFIX 2.5-4	전원 ⊕·⊖, 기동(배기댐퍼 기동), 확인(배기댐퍼 확인)
㈐	HFIX 1.5-4	지구, 공통 각 2가닥
㈑	HFIX 2.5-4	전원 ⊕·⊖, 기동(급기댐퍼 기동), 확인(급기댐퍼 확인)

※ 배기댐퍼

※ 급기댐퍼

중요 **수동복구방식을 채택할 경우**

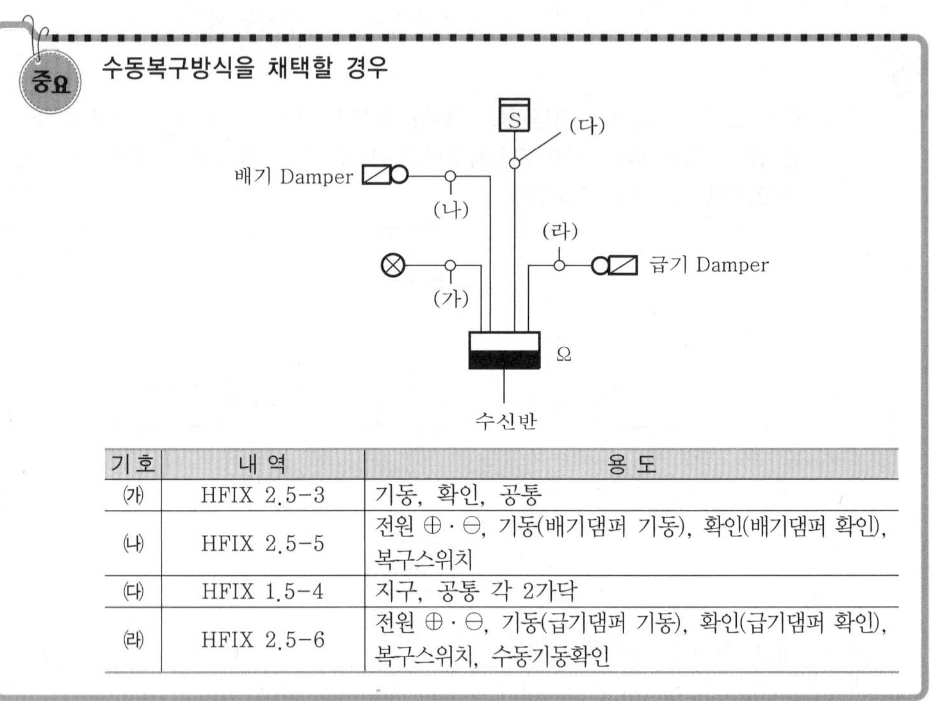

기호	내 역	용 도
㈎	HFIX 2.5-3	기동, 확인, 공통
㈏	HFIX 2.5-5	전원 ⊕·⊖, 기동(배기댐퍼 기동), 확인(배기댐퍼 확인), 복구스위치
㈐	HFIX 1.5-4	지구, 공통 각 2가닥
㈑	HFIX 2.5-6	전원 ⊕·⊖, 기동(급기댐퍼 기동), 확인(급기댐퍼 확인), 복구스위치, 수동기동확인

⑤ 계통도 5

- 운전방식은 기동스위치에 의한 댐퍼기동방식과 Motor식에 의한 자동복구방식을 채용하였다.
- 급·배기댐퍼 기동스위치는 동일선(1선)으로 한다.

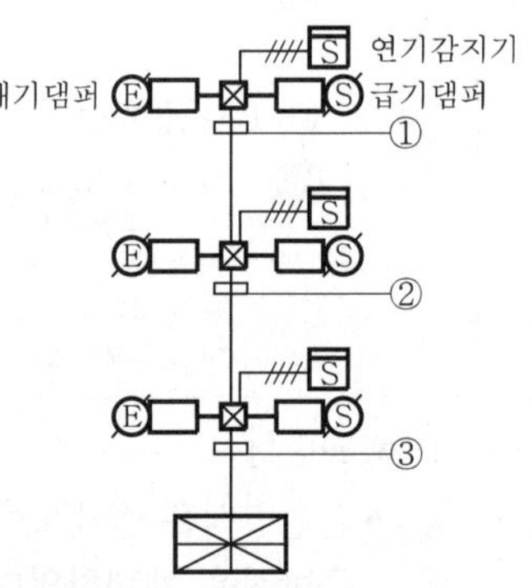

기호	내 역	용 도
①	HFIX 2.5-7	전원 ⊕·⊖, 지구, 기동(급배기댐퍼 기동), 확인 3(배기댐퍼 확인, 급기댐퍼 확인, 수동기동 확인)
②	HFIX 2.5-12	전원 ⊕·⊖, (지구, 기동(급배기댐퍼 기동), 확인 3)×2
③	HFIX 2.5-17	전원 ⊕·⊖, (지구, 기동(급배기댐퍼 기동), 확인 3)×3

일반적인 중계기~중계기, 중계기~수신기 사이의 가닥수

설 비	가닥수	내 역
• 자동화재탐지설비	7	전원선 2(전원 ⊕ · ⊖) 신호선 2 응답선 1 표시등선 1 기동램프 1(옥내소화전설비와 겸용인 경우)
• 프리액션 스프링클러설비 (준비작동식 스프링클러설비) • 제연설비 • 가스계 소화설비	4	전원선 2(전원 ⊕ · ⊖) 신호선 2

⑥ 계통도 6

• 복구선을 별도로 사용하는 것으로 한다.

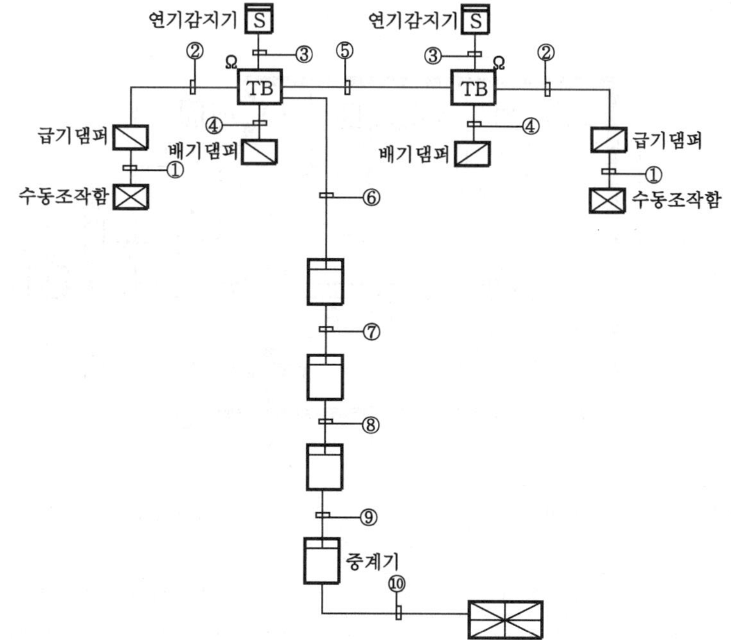

〔범례〕

TB : 단자반

: 댐퍼

: R형 수신기

Ω : 종단저항

기 호	내 역	용 도
①	HFIX 2.5-5	전원 ⊕ · ⊖, 기동(급기댐퍼 기동), 복구, 확인(수동기동 확인)
②	HFIX 2.5-6	전원 ⊕ · ⊖, 기동(급기댐퍼 기동), 복구, 확인 2(급기댐퍼 확인, 수동기동 확인)
③	HFIX 1.5-4	지구, 공통 각 2가닥
④	HFIX 2.5-5	전원 ⊕ · ⊖, 복구, 기동(배기댐퍼 기동), 확인(배기댐퍼 확인)
⑤	HFIX 2.5-8	전원 ⊕ · ⊖, 복구, 지구, 기동(급배기댐퍼 기동), 확인 3(배기댐퍼 확인, 급기댐퍼 확인, 수동기동 확인)
⑥	HFIX 2.5-13	전원 ⊕ · ⊖, 복구, (지구, 기동(급배기댐퍼 기동), 확인 3)×2
⑦	HFIX 2.5-4	전원 ⊕ · ⊖, 신호 2
⑧	HFIX 2.5-4	전원 ⊕ · ⊖, 신호 2
⑨	HFIX 2.5-4	전원 ⊕ · ⊖, 신호 2
⑩	HFIX 2.5-4	전원 ⊕ · ⊖, 신호 2

＊ 밀폐형의 동작순서
① 매장의 화재발생
② 감지기 작동
③ 수신반에 신호
④ 화재가 발생한 매장의 배기댐퍼 · 배기 FAN 작동
⑤ 연기배출
⑥ 복도의 급기 FAN 작동

(2) 상가제연설비(밀폐형, 거실제연설비) : NFPC 501, NFTC 501 적용

① 계통도 1

• 모든 댐퍼는 모터구동방식이며, 별도의 복구선은 없는 것으로 한다.

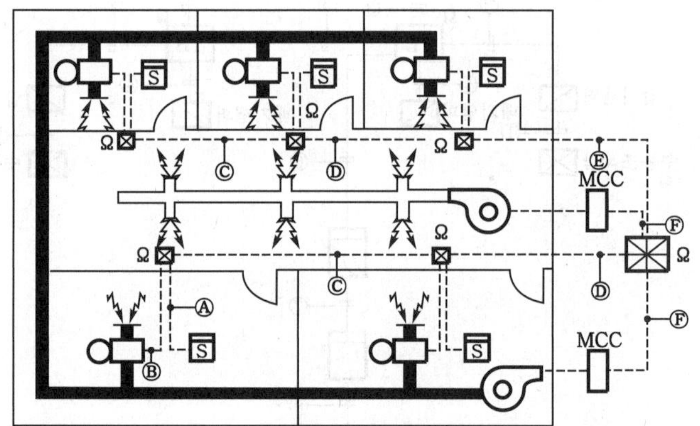

기호	구 분	배선의 용도
Ⓐ	HFIX 1.5-4	지구, 공통 각 2가닥
Ⓑ	HFIX 2.5-4	전원 ⊕ · ⊖, 기동, 기동표시(배기댐퍼 확인)
Ⓒ	HFIX 2.5-5	전원 ⊕ · ⊖, 지구, 기동, 기동표시(배기댐퍼 확인)
Ⓓ	HFIX 2.5-8	전원 ⊕ · ⊖, (지구, 기동, 기동표시(배기댐퍼 확인))×2
Ⓔ	HFIX 2.5-11	전원 ⊕ · ⊖, (지구, 기동, 기동표시(배기댐퍼 확인))×3
Ⓕ	HFIX 2.5-5	기동, 정지, 공통, 전원표시, 기동표시(기동확인표시등)

• 전원표시=전원표시등

Key Point

※ 개방형의 동작순서 (A구역 화재시)
① A구역의 감지기 작동
② 수신반에 신호
③ A구역 배기댐퍼·배기 FAN 작동
④ B구역 급기댐퍼·배기 FAN 작동

※ '기동출력 2'의 뜻
① 배기댐퍼 기동
② 급기댐퍼 기동

(3) **상가제연설비(개방형, 거실제연설비)** : NFPC 501, NFTC 501 적용

① 계통도 1

- 모든 댐퍼는 모터구동방식이며, 별도의 복구선은 없는 것으로 한다.

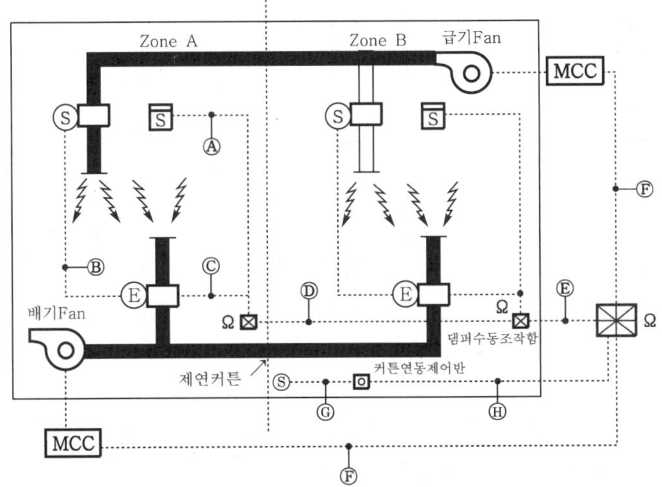

기 호	구 분	용 도
Ⓐ	HFIX 1.5-4	지구, 공통 각 2가닥
Ⓑ	HFIX 2.5-4	전원 ⊕·⊖, 기동, 확인
Ⓒ	HFIX 2.5-6	전원 ⊕·⊖, 기동 2, 확인 2
Ⓓ	HFIX 2.5-7	전원 ⊕·⊖, 지구, 기동 2(기동출력 2), 확인 2
Ⓔ	HFIX 2.5-12	전원 ⊕·⊖, (지구, 기동 2, 확인 2)×2
Ⓕ	HFIX 2.5-5	기동, 정지, 공통, 전원표시등, 기동확인표시등
Ⓖ	HFIX 2.5-3	기동, 확인, 공통
Ⓗ	HFIX 2.5-4(3)	기동 2, 확인 2 또는 공통, 기동, 확인

중요 **기동·수동 복구방식을 채택할 경우**

기 호	구 분	배선의 용도
Ⓐ	HFIX 1.5-4	지구, 공통 각 2가닥
Ⓑ	HFIX 2.5-5	전원 ⊕·⊖, 복구, 기동, 확인
Ⓒ	HFIX 2.5-7	전원 ⊕·⊖, 복구, 기동 2, 확인 2
Ⓓ	HFIX 2.5-8	전원 ⊕·⊖, 복구, 지구, 기동 2(기동출력 2), 확인 2
Ⓔ	HFIX 2.5-13	전원 ⊕·⊖, 복구, (지구, 기동 2, 확인 2)×2
Ⓕ	HFIX 2.5-5	기동, 정지, 공통, 전원표시등, 기동확인표시등
Ⓖ	HFIX 2.5-4	기동, 확인, 공통, 복구
Ⓗ	HFIX 2.5-5(4)	기동 2, 확인 2, 복구 또는 공통, 기동, 확인, 복구

② 계통도 2

- 모든 댐퍼는 모터구동방식이며, 복구선은 1선 추가한다.

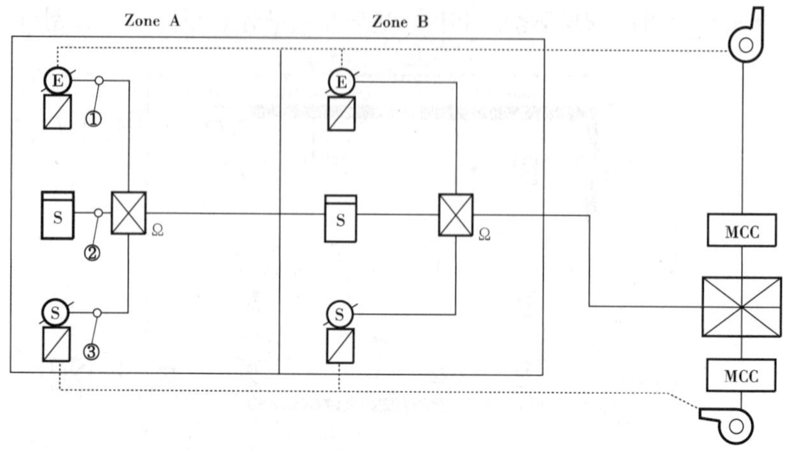

기호	내 역	용 도
①	HFIX 2.5-5	전원 ⊕ · ⊖, 복구, 기동, 배기댐퍼 확인
②	HFIX 1.5-4	지구, 공통 각 2가닥
③	HFIX 2.5-5	전원 ⊕ · ⊖, 복구, 기동, 급기댐퍼 확인

※ 배연창설비
화재로 인한 연기를 신속하게 외부로 배출시키므로, 피난 및 소화활동에 지장이 없도록 하기 위한 설비

(4) 스모크타워 제연설비(전실제연설비) : NFPC 501A, NFTC 501A 적용

① 계통도 1

- 제연설비의 댐퍼기동방식 중 기동 : 솔레노이드, 복구 : 모터방식이며, 급배기 기동 및 복구는 각각 동시에 행한다.
- 공통선은 전원선과 표시등선, 기동복구선 등에 1개를 사용하고 감지기배선은 별개로 한다.

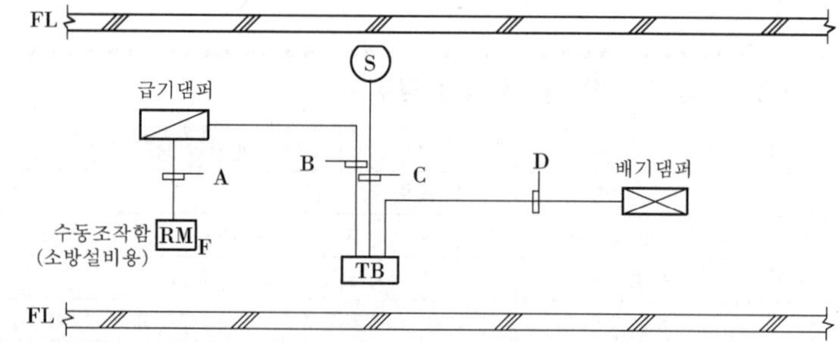

※ 전동구동장치
배연창을 자동으로 열리게 하기 위한 장치

※ 표시등선
일반적으로 '확인'이라고 부른다.

기 호	내 역	용 도
A	HFIX 2.5-5	전원선 2, 기동선 1, 표시등선 1, 기동복구선 1
B	HFIX 2.5-6	전원선 2, 기동선 1, 표시등선 2(급기댐퍼확인, 수동기동확인), 기동복구선 1
C	HFIX 1.5-4	지구선 2, 공통선 2
D	HFIX 2.5-5	전원선 2, 기동선 1, 표시등선 1, 기동복구선 1

Key Point

3 배연창설비

(1) 솔레노이드방식

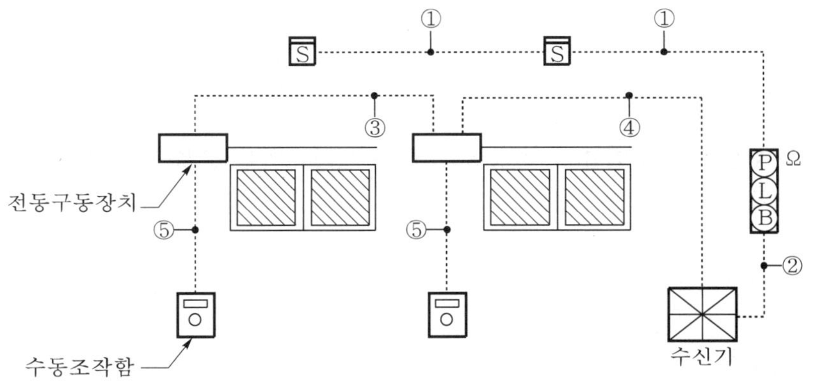

기 호	내 역	용 도
①	HFIX 1.5-4	지구, 공통 각 2가닥
②	HFIX 2.5-6	응답, 지구, 벨표시등 공통, 벨, 표시등, 지구공통
③	HFIX 2.5-3	기동, 확인, 공통
④	HFIX 2.5-5	기동 2, 확인 2, 공통
⑤	HFIX 2.5-3	기동, 확인, 공통

- 벨표시등 공통=경종표시등 공통
- 벨=경종

(2) Motor 방식

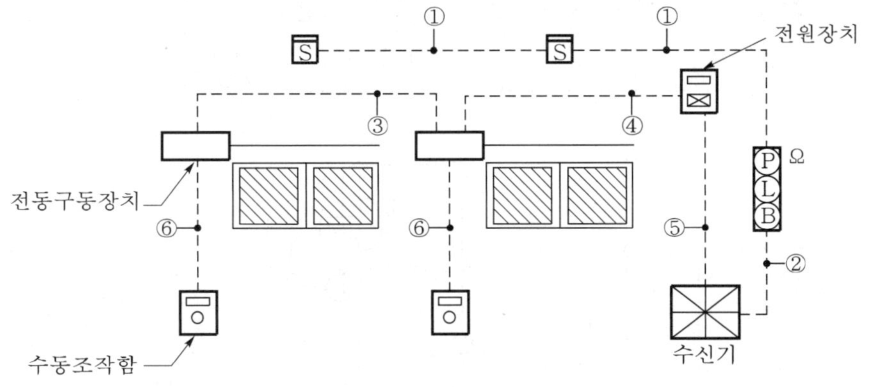

기 호	내 역	용 도
①	HFIX 1.5-4	지구, 공통 각 2가닥
②	HFIX 2.5-6	응답, 지구, 벨표시등 공통, 벨, 표시등, 지구 공통
③	HFIX 2.5-5	전원 ⊕·⊖, 기동, 복구, 동작확인
④	HFIX 2.5-6	전원 ⊕·⊖, 기동, 복구, 동작확인 2
⑤	HFIX 2.5-8	전원 ⊕·⊖, 교류전원 2, 기동, 복구, 동작확인 2
⑥	HFIX 2.5-5	전원 ⊕·⊖, 기동, 복구, 정지

※ 솔레노이드 방식
솔레노이드의 작동에 의해 배연창이 열리게 하는 방식

※ Motor 방식
Motor의 작동에 의해 배연창이 열리게 하는 방식

※ HFIX
450/750[V] 저독성 난연 가교폴리올레핀 절연전선

※ 지구선과 같은 의미
① 회로선
② 표시선
③ 신호선
④ 감지기선

출제확률  (3점)

문제 01

그림과 같은 분말소화설비 부대전기설비 평면도의 ( ) 안에 감지기간 배선수를 표시하시오. (단, 답안지의 해당 번호에 기재)

득점	배점
	8

〔범례〕

- : 차동식 스포트형 감지기(1종)
- RM : 수동조작함(종단저항 2개 내장)
- : 방출표시등
- : 사이렌

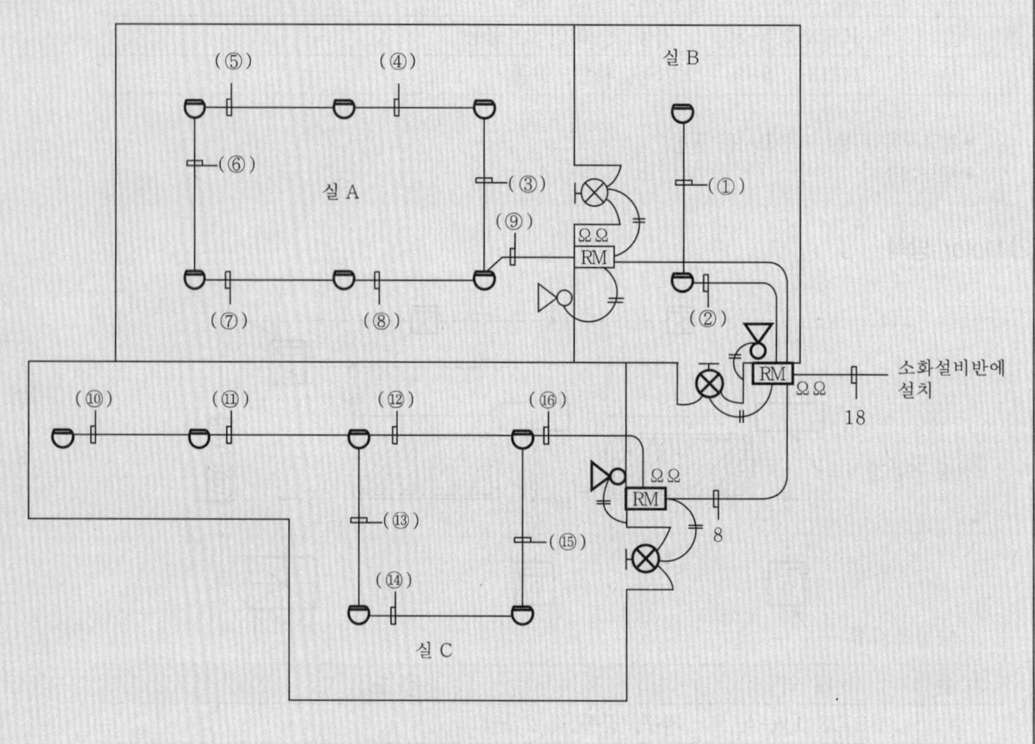

해답 ① 4 ② 8 ③ 4 ④ 4 ⑤ 4 ⑥ 4 ⑦ 4 ⑧ 4
⑨ 8 ⑩ 4 ⑪ 8 ⑫ 4 ⑬ 4 ⑭ 4 ⑮ 4 ⑯ 8

해설 분말소화설비는 **교차배선**을 하여야 하므로 감지기간 배선수는 다음과 같다. 감지기회로의 말단과 루프(loop)된 곳은 **4가닥** 그 외는 **8가닥**이 된다.

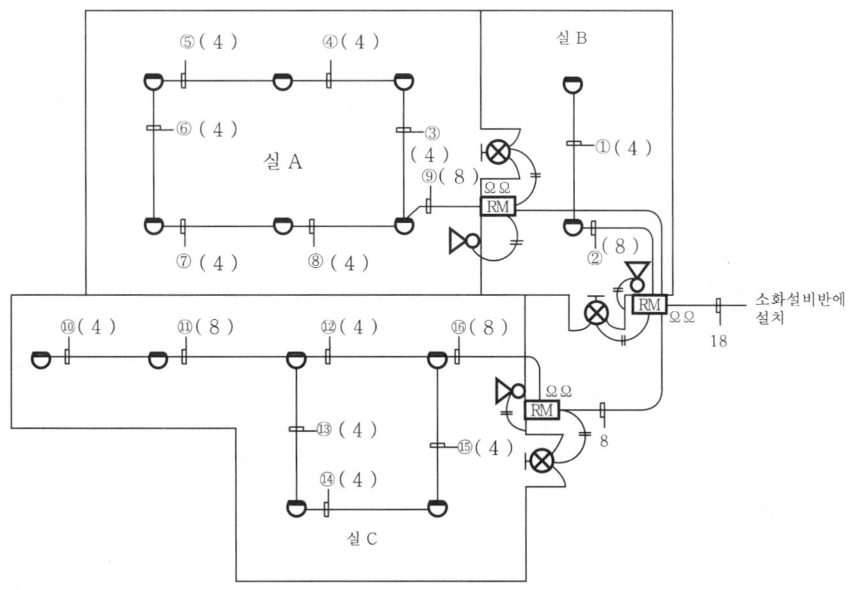

★★★ 문제 02

다음 도면은 전실 급배기댐퍼를 나타낸 것이다. 다음 각 물음에 답하시오. (단, 댐퍼는 모터식이며 복구는 자동복구이고 전원은 제연설비반에서 공급하고 기동은 동시에 기동하는 것이다.)

득점	배점
	13

(가) A, B, C의 명칭을 쓰시오.

A :

B :

C :

(나) ①, ②, ③, ④의 전선가닥수를 쓰시오.

① ② ③ ④

(다) B의 설치 높이는?

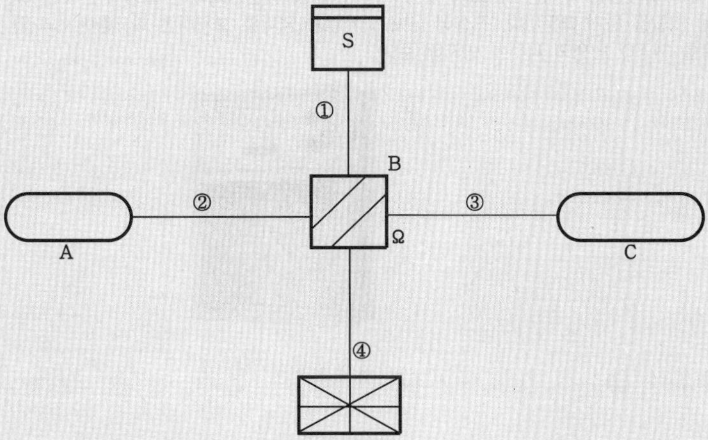

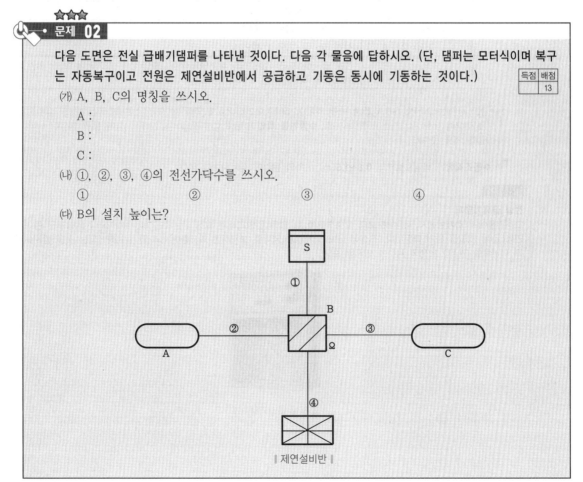

S

①

B

②

③

A

C

④

‖제연설비반‖

해답 (가) A : 배기댐퍼 또는 급기댐퍼
B : 수동조작함
C : 급기댐퍼 또는 배기댐퍼
(나) ① 4가닥
② 4가닥
③ 4가닥
④ 7가닥
(다) 0.8〔m〕 이상 1.5〔m〕 이하

해설 (가) ① **배기댐퍼**(exhaust damper) : 전실에 유입된 연기를 배출시키기 위한 통풍기의 한 부품
② **수동조작함**(manual box) : 화재발생시 수동으로 급 · 배기 댐퍼를 기동시키기 위한 조작반
③ **급기댐퍼**(supply damper) : 전실 내에 신선한 공기를 공급하기 위한 통풍기의 한 부품

- 기호 A · C는 댐퍼로서 그림의 심벌(symbol)로는 급기댐퍼와 배기댐퍼를 구분할 수 없으므로 해답처럼 2가지를 함께 답하는 것을 권한다.
- B : (다)에서 B의 설치높이를 물어보았고 또한 B에 종단저항이 설치되어 있으므로 B를 '**수동조작함**'으로 보는 것이 옳다. 도면에 수동조작함이 별도로 있을 경우에는 단자함(접속함)으로 답해도 정답!

(나) **전선**의 **내역**
motor식이며 동시기동 자동복구방식이므로 기동스위치 1개로 급 · 배기댐퍼를 기동할 수 있으며 수동으로 복구시키는 복구스위치는 필요 없다.

기호	내 역	용 도
①	HFIX 1.5-4	지구, 공통 각 2가닥
②	HFIX 2.5-4	전원 ⊕ · ⊖, 기동 1, 확인 1
③	HFIX 2.5-4	전원 ⊕ · ⊖, 기동 1, 확인 1
④	HFIX 2.5-7	전원 ⊕ · ⊖, 지구, 기동 1(급 · 배기댐퍼 기동), 확인 1(급 · 배기댐퍼 확인), 확인 1(배기댐퍼 확인), 확인 1(수동기동 확인)

- 기호 ④에는 'NFPC 501A 23조 마목, NFTC 501A 2.20.1.2.5'에 의해 제어반(수신반)에 수동기동장치의 작동 여부에 대한 감시기능이 필요하므로 **수동기동 확인**이 반드시 추가되어야 한다. 시중에 틀린 책들이 너무 많다. 거듭 주의!

(다) **수동조작함**은 바닥으로부터 **0.8~1.5〔m〕** 이하의 높이에 설치하여야 한다.

용어

전실 급배기댐퍼
고층건물에서 화재발생시 저층부분보다 고층부분에 더 많은 인명피해가 발생되는 것은 elevator pit나 비상계단 등이 연통(굴뚝) 역할을 하기 때문이다. 전실에 급배기 가압용 댐퍼를 설치하면 화재층에서의 연기가 확산되는 것을 방지하고 피난로를 제공해 인명의 피해를 방지해 준다.

‖ 전실 급배기댐퍼 ‖

☆ 문제 03

다음은 전실제연설비의 계통도이다. A~E의 명칭과 ①~⑩의 가닥수를 기입하시오. (단, 복구선을 별도로 사용하는 것으로 한다.)

득점	배점
	15

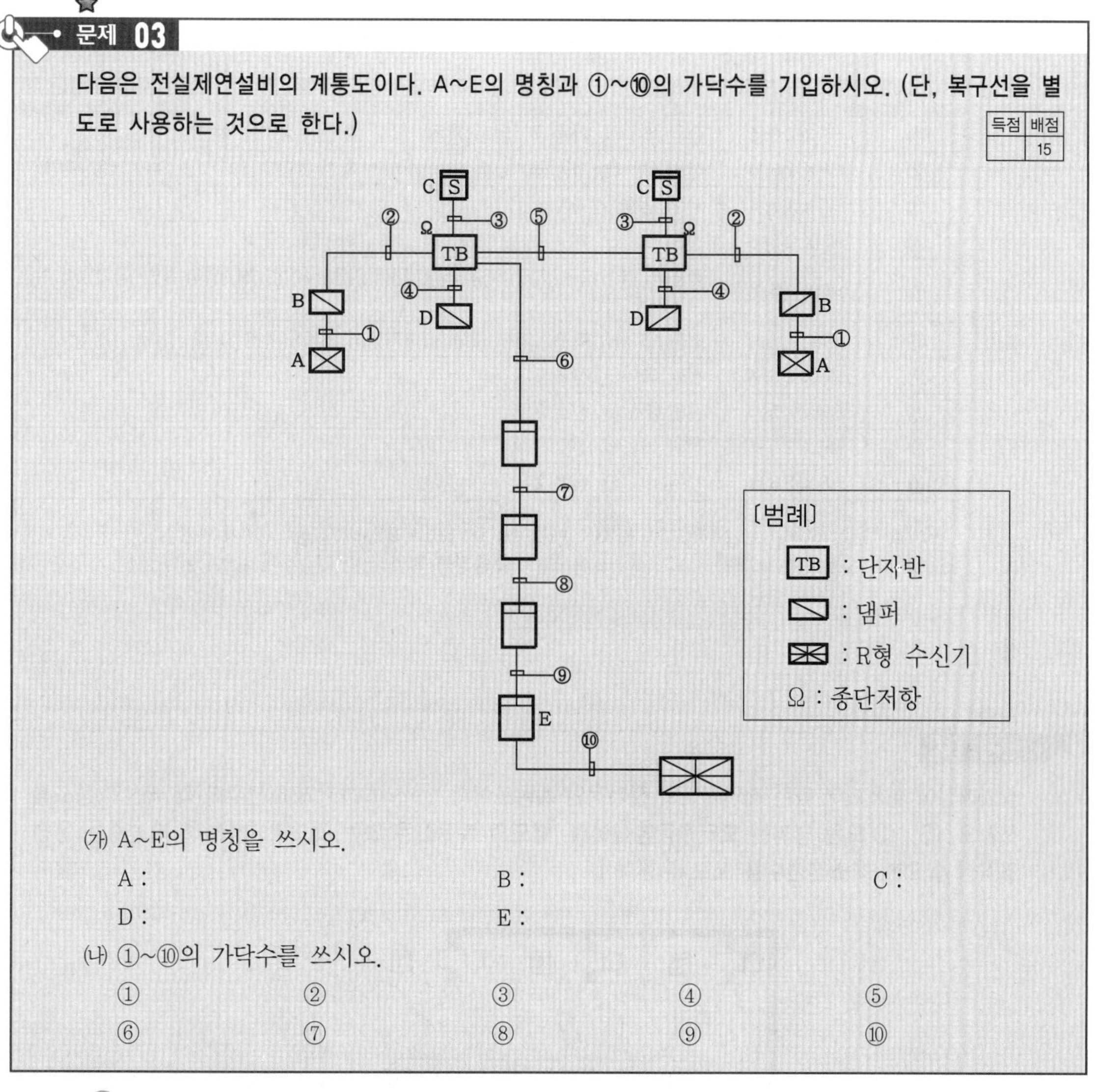

(가) A~E의 명칭을 쓰시오.

A : B : C :

D : E :

(나) ①~⑩의 가닥수를 쓰시오.

① ② ③ ④ ⑤

⑥ ⑦ ⑧ ⑨ ⑩

해답 (가) A : 수동조작함 B : 급기댐퍼 C : 연기감지기

D : 배기댐퍼 E : 중계기

(나) ① 5가닥 ② 6가닥 ③ 4가닥 ④ 5가닥 ⑤ 8가닥

⑥ 13가닥 ⑦ 4가닥 ⑧ 4가닥 ⑨ 4가닥 ⑩ 4가닥

해설

기 호	용 어	설 명
A	**수동조작함** (manual box)	화재발생시 수동으로 급배기댐퍼를 기동시키기 위한 조작반
B	**급기댐퍼** (supply damper)	전실 내에 신선한 공기를 공급하기 위한 통풍기의 한 부품
C	**연기감지기** (smoke detector)	화재시 발생하는 연기를 이용하여 자동적으로 화재의 발생을 감지기로 감지하여 수신기에 발신하는 것으로서 **이온화식**, **광전식**, **연복합형**의 3가지로 구분한다.
D	**배기댐퍼** (exhaust damper)	전실에 유입된 연기를 배출시키기 위한 통풍기의 한 부품
E	**중계기**	감지기나 발신기의 작동에 의한 신호를 받아 이를 수신기에 발신하여 소화설비, 제연설비, 기타 이와 유사한 방재설비에 제어신호를 발신한다.

- B : 수동조작함과 연결되어 있으므로 **급기댐퍼**
- 시중에 틀린 책들이 정말 많다. *거듭! 주의*

기 호	내 역	용 도
①	HFIX 2.5-5	전원 ⊕ · ⊖, 기동(급기댐퍼 기동), 복구, 확인(수동기동 확인)
②	HFIX 2.5-6	전원 ⊕ · ⊖, 기동(급기댐퍼 기동), 복구, 확인 2(급기댐퍼 확인, 수동기동 확인)
③	HFIX 1.5-4	지구, 공통 각 2가닥
④	HFIX 2.5-5	전원 ⊕ · ⊖, 복구, 기동(배기댐퍼 기동), 확인(배기댐퍼 확인)
⑤	HFIX 2.5-8	전원 ⊕ · ⊖, 복구, 지구, 기동(급배기댐퍼 기동), 확인 3(배기댐퍼 확인, 급기댐퍼 확인, 수동기동 확인)
⑥	HFIX 2.5-13	전원 ⊕ · ⊖, 복구, (지구, 기동(급배기댐퍼 기동), 확인 3)×2
⑦	HFIX 2.5-4	전원 ⊕ · ⊖, 신호 2
⑧	HFIX 2.5-4	전원 ⊕ · ⊖, 신호 2
⑨	HFIX 2.5-4	전원 ⊕ · ⊖, 신호 2
⑩	HFIX 2.5-4	전원 ⊕ · ⊖, 신호 2

- 기호 ①, ②, ⑤, ⑥에는 'NFPC 501A 23조 마목, NFTC 501A 2.20.1.2.5'에 의해 제어반(수신반)에 수동기동장치의 작동 여부에 대한 감시기능이 필요하므로 **수동기동 확인**이 반드시 추가되어야 한다. 시중에 틀린 책들이 너무 많다. *거듭 주의!*
- 확인 3 : 배기댐퍼 확인 1, 급기댐퍼 확인 1, 수동기동 확인 1

☆☆

문제 04

상가매장에 설치되어 있는 제연설비의 전기적인 계통도이다. Ⓐ ~ Ⓔ까지의 배선수와 각 배선의 용도를 쓰시오. (단, ① 모든 댐퍼는 모터구동방식이며, 별도의 복구선은 없는 것으로 한다. ② 배선수는 운전조작상 필요한 최소전선수를 쓰도록 한다.)

득점	배점
	10

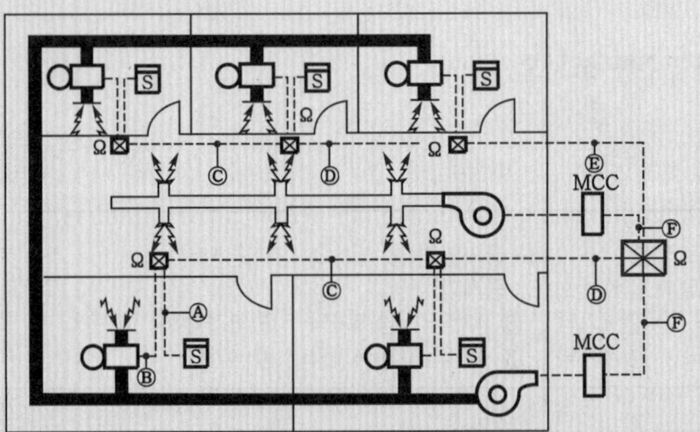

기 호	구 분	배선수	배선굵기	배선의 용도
Ⓐ	감지기 ↔ 수동조작함		1.5[mm²]	
Ⓑ	댐퍼 ↔ 수동조작함		2.5[mm²]	
Ⓒ	수동조작함 ↔ 수동조작함		2.5[mm²]	
Ⓓ	수동조작함 ↔ 수동조작함		2.5[mm²]	
Ⓔ	수동조작함 ↔ 수신반		2.5[mm²]	
Ⓕ	MCC ↔ 수신반	5	2.5[mm²]	기동, 정지, 공통, 전원표시, 기동표시

기 호	구 분	배선수	배선굵기	배선의 용도
Ⓐ	감지기 ↔ 수동조작함	4	1.5[mm^2]	지구, 공통 각 2가닥
Ⓑ	댐퍼 ↔ 수동조작함	4	2.5[mm^2]	전원 ⊕ · ⊖, 기동, 기동표시
Ⓒ	수동조작함 ↔ 수동조작함	5	2.5[mm^2]	전원 ⊕ · ⊖, 지구, 기동, 기동표시
Ⓓ	수동조작함 ↔ 수동조작함	8	2.5[mm^2]	전원 ⊕ · ⊖, (지구, 기동, 기동표시)×2
Ⓔ	수동조작함 ↔ 수신반	11	2.5[mm^2]	전원 ⊕ · ⊖, (지구, 기동, 기동표시)×3
Ⓕ	MCC ↔ 수신반	5	2.5[mm^2]	기동, 정지, 공통, 전원표시, 기동표시

- 전원표시=전원표시등
- 기동표시=기동확인표시등=확인=배기댐퍼 확인
- 상가제연설비는 NFPC 501, NFTC 501에 따르므로 수동기동확인이 필요없다.

참고

(1) **제연설비** : 화재시 발생하는 연기를 감지하여 방연 및 제연함은 물론 화재의 확대, 연기의 확산을 막아 질식으로 인한 귀중한 인명피해를 줄이는 안전설비

(2) 기동, 복구Type Damper를 사용할 경우

기 호	구 분	배선수	배선굵기	배선의 용도
Ⓐ	감지기 ↔ 수동조작함	4	1.5[mm^2]	지구, 공통 각 2가닥
Ⓑ	댐퍼 ↔ 수동조작함	5	2.5[mm^2]	전원 ⊕ · ⊖, 복구, 기동, 기동표시
Ⓒ	수동조작함 ↔ 수동조작함	6	2.5[mm^2]	전원 ⊕ · ⊖, 복구, 지구, 기동, 기동표시
Ⓓ	수동조작함 ↔ 수동조작함	9	2.5[mm^2]	전원 ⊕ · ⊖, 복구, (지구, 기동, 기동표시)×2
Ⓔ	수동조작함 ↔ 수신반	12	2.5[mm^2]	전원 ⊕ · ⊖, 복구, (지구, 기동, 기동표시)×3
Ⓕ	MCC ↔ 수신반	5	2.5[mm^2]	기동, 정지, 공통, 전원표시, 기동표시

* Ⓕ : 실제 실무에서는 **교류방식**은 4가닥(**기동** 2, **확인** 2), **직류방식**은 4가닥(**전원** ⊕ · ⊖, **기동** 1, **확인** 1)을 사용한다.

- 기동표시=확인

문제 05

각 층에 수동발신기 1회로, 알람밸브 1회로, 제연댐퍼 1회로가 설치되어 있고 층별 R형 중계기가 1대씩 설치되고 있는 지상 6층 지하 1층인 소방대상물이 있다. 이 건물의 소방설비 간선계통도를 그리고 선수를 표시하시오. (단, R형 수신기는 지상 1층에 설치하며, R형 수신기 1대에는 R형 중계기 10대를 연결할 수 있으며, R형 중계기와 수신기간의 선로는 신호선 2선, 전원선 2선을 연결하며 이 선들은 층간중계기의 증가에 따라 회선이 증가하지 않는다.)

득점	배점
	6

[범례]

R형 수신기 :　　알람밸브 :　　제연댐퍼 :

R형 중계기 :　　사이렌 :　　수동 발신기 :

해답

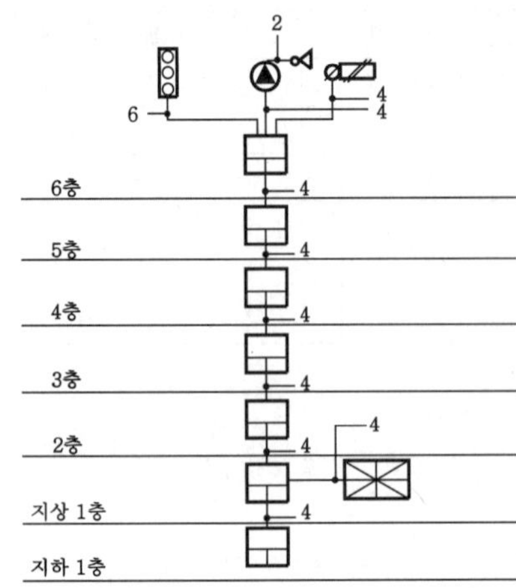

해설 **배선**의 **용도**

가닥수	용 도
4	유수검지 스위치, 탬퍼스위치, 사이렌, 공통
4	전원 ⊕ · ⊖, 기동, 확인
4	신호선 2, 전원선 2
6	지구선, 발신기공통선, 경종선, 경종표시등 공통선, 응답선, 표시등선

- 원칙적으로 중계기의 심벌은 ⊞이지만 〔범례〕에서 ⊟로 되어 있으므로 이때에는 계통도에 중계기를 그릴 때에도 〔범례〕 그대로 ⊟로 그리는 것이 옳다.

중요

일반적인 중계기~중계기, 중계기~수신기 사이의 가닥수

설 비	가닥수	내 역
• 자동화재탐지설비	7	전원선 2(전원 ⊕ · ⊖) 신호선 2 응답선 1 표시등선 1 기동램프 1(옥내소화전설비와 겸용인 경우)
• 프리액션 스프링클러설비(준비작동식 스프링클러설비) • 제연설비 • 가스계 소화설비	4	전원선 2(전원 ⊕ · ⊖) 신호선 2

참고

P형 수신기와 **R형 수신기**의 비교

구 분	P형 수신기	R형 수신기
시스템의 구성	P형 수신기	중계기 R형 수신기
신호전송방식	1 : 1 접점방식	다중전송방식
신호의 종류	공통신호	고유신호
화재표시기구	램프(lamp)	액정표시장치(LCD)
자기진단기능	없음	있음
선로수	많이 필요하다.	적게 필요하다.
기기비용	적게 소요	많이 소요

★★★

문제 06

그림은 6층 이상의 사무실 건물에 시설하는 배연창설비로서 계통도 및 조건을 참고하여 배선수와 각 배선의 용도를 다음 표에 작성하시오.

득점	배점
	8

〔조건〕

- ○ 전동구동장치는 솔레노이드식이다.
- ○ 사용전선은 HFIX전선을 사용한다.
- ○ 화재감지기가 작동되거나 수동조작함의 스위치를 ON시키면 배연창이 동작되어 수신기에 동작상태를 표시하게 된다.
- ○ 화재감지기는 자동화재탐지설비용 감지기를 겸용으로 사용한다.

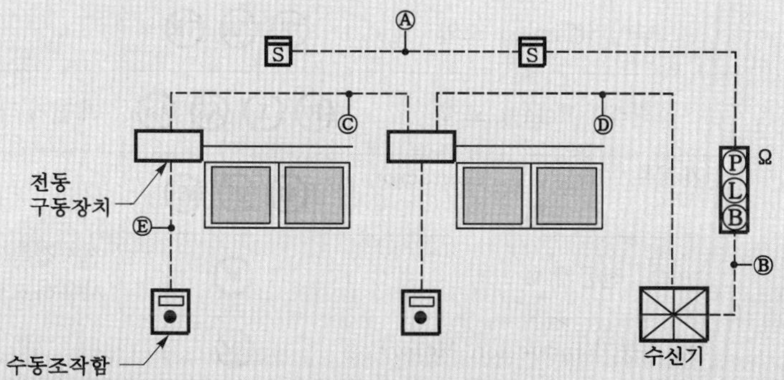

기 호	구 분	배선수	배선굵기	배선의 용도
Ⓐ	감지기 ↔ 감지기, 발신기		1.5〔mm²〕	
Ⓑ	발신기 ↔ 수신기		2.5〔mm²〕	
Ⓒ	전동구동장치 ↔ 전동구동장치		2.5〔mm²〕	
Ⓓ	전동구동장치 ↔ 수신기		2.5〔mm²〕	
Ⓔ	전동구동장치 ↔ 수동조작함	3	2.5〔mm²〕	기동, 확인, 공통

해답

기 호	구 분	배선수	배선굵기	배선의 용도
Ⓐ	감지기 ↔ 감지기, 발신기	4	1.5〔mm²〕	지구 2, 공통 2
Ⓑ	발신기 ↔ 수신기	6	2.5〔mm²〕	응답, 지구, 벨표시등 공통, 벨, 표시등, 지구 공통
Ⓒ	전동구동장치 ↔ 전동구동장치	3	2.5〔mm²〕	기동, 확인, 공통
Ⓓ	전동구동장치 ↔ 수신기	5	2.5〔mm²〕	기동 2, 확인 2, 공통
Ⓔ	전동구동장치 ↔ 수동조작함	3	2.5〔mm²〕	기동, 확인, 공통

참고

배연창설비 : 화재로 인한 연기를 신속하게 외부로 배출시키므로, 피난 및 소화활동에 지장이 없도록 하기 위한 설비이다. 동작원리는 **Solenoid방식**과 **Motor방식**의 2가지 형태로 나눈다.

Key Point

6-3 시퀀스제어

1 시퀀스제어의 개요

출제확률 7.6% (8점)

1 시퀀스제어의 기본사항

명 칭	심 벌	비 고
표시등(Pilot Lamp)	(L) (PL) (OL)	(RL) : 적색 표시등(위험, 운전) (GL) : 녹색 표시등(안전, 정지)
타이머(Timer) 코일	(T) (TLR) (TR)	–
릴레이(Relay) 코일	(R) (X) (AR) (Aux)	'**계전기**'라고도 함
전자접촉기(Magnatic Contactor) 코일	(M) (MC) (MS)	–
전동기(Motor)	(M)	전자접촉기 코일 심벌과 혼용해서 사용하므로 잘 구분할 것
유도전동기(Induction Motor)	(IM)	–

2 접점의 개념

접점의 종류	심 벌	설 명	비 고
a접점 (arbeit contact)		평상시 열려 있는 접점	'NO(Normal Open)'이라고도 함
b접점 (break contact)		평상시 닫혀 있는 접점	'NC(Normal Close)'라고도 함
c접점 (change over contact)	c접점 b접점 a접점	a접점과 b접점을 공유하는 접점	–

3 시퀀스제어의 기본심벌

명 칭	심 벌		적 요
	a접점	b접점	
• 배선용 차단기(Molded Case Circuit Breaker)			약호는 'MCCB'이다.
• 텀블러스위치(Tumbler Switch) • 토글스위치(Toggle Switch)			**접점**(일반) 혹은 **수동접점** : 조작을 가하면 그 상태를 그대로 유지하는 접점

＊ **수동접점**
① 텀블러스위치
② 토글스위치

• **푸시버튼스위치**[누름버튼스위치(PB ; Push Button Switch)]			**수동조작 자동복귀접점** : 눌렀다가 손을 떼면 복귀하는 접점
• 리미트스위치(Limit Switch)			**기계적 접점** : 접점의 개폐가 전기적 이외의 원인에 의해서 이루어지는 것에 쓰인다.
• 캠스위치(Cam Switch) • 절환스위치(Selecter Switch)			**조작스위치 잔류접점** : 2단계 이상으로 조작이 가능하며 조작을 가하면 그 상태를 그대로 유지하는 접점
• 릴레이(Relay) 접점 • 전자접촉기(Magnetic) 보조접점			**계전기접점** 혹은 **보조스위치접점** : '**보조접점**'이라고도 함
• 타이머(Timer) 접점			**한시(限時)동작접점** : 일반적인 **타이머**와 같이 일정시간 후 동작하는 접점
			한시복귀접점 : 순시동작한 다음 일정시간 후 복귀하는 접점
• 열동계전기(Thermal Relay) • 전자식 과전류계전기(Electronic Over Current Relay)			**수동복귀접점** : 인위적으로 복귀시키는 것으로 전자석으로 복귀시키는 것도 포함된다.
• 과부하전류히터			**열동계전기**와 함께 있는 것으로 과전류를 감지한다.
• 전자접촉기 주접점			**전동기** 등과 같이 개폐용량이 큰 부하에 사용한다.

※ **수동조작 자동복귀접점**
푸시버튼스위치

※ **기계적 접점**
리미트스위치

※ **한시접점**
타이머

※ **수동복귀접점**
열동계전기

※ **열동계전기**
전동기의 과부하보호용 계전기로서 서멀릴레이(Thermal Relay)라고도 부른다.

4 시퀀스회로 작성순서

① 가로로 그릴 수도 있고 세로로 그릴 수도 있다.

② 가로로 그릴 때 : **전원**은 왼쪽과 오른쪽에 세로로 그리고 **조작회로**는 왼쪽에서 오른쪽 및 위에서 아래의 동작순으로 그린다.

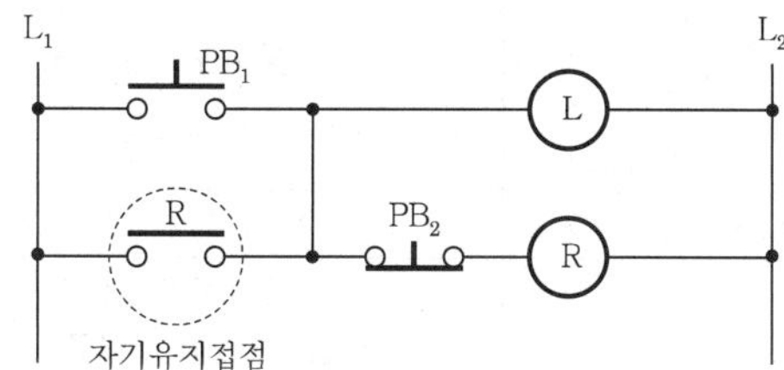

‖ 가로로 그릴 때 ‖

※ **자기유지접점**
한 번 동작하면 원상태를 계속 유지하는 접점

Key Point

③ 세로로 그릴 때 : **전원**은 위와 아래에 가로로 그리고 **조작회로**는 위에서 아래로 및 왼쪽에서 오른쪽의 동작순으로 그린다.

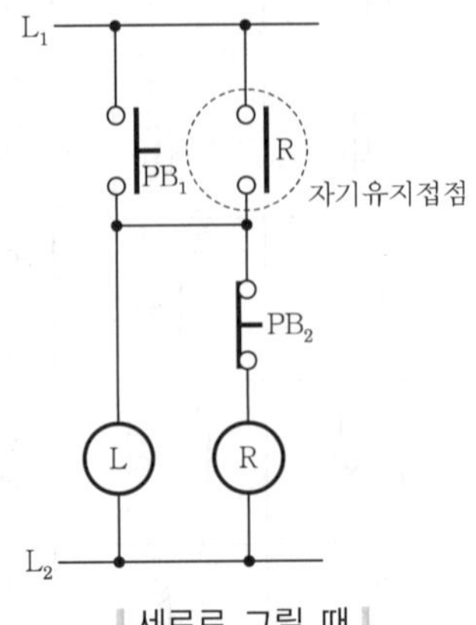

▌세로로 그릴 때▐

(1) 불대수

임의의 회로에서 일련의 기능을 수행하기 위한 가장 최적의 방법을 결정하기 위하여 이를 수식적으로 표현하는 방법을 **불대수**(Boolean Algebra)라 한다.

① 불대수의 정리

논리합	논리곱	비 고
$X+0=X$	$X \cdot 0=0$	–
$X+1=1$	$X \cdot 1=X$	–
$X+X=X$	$X \cdot X=X$	–
$X+\overline{X}=1$	$X \cdot \overline{X}=0$	–
$X+Y=Y+X$	$X \cdot Y=Y \cdot X$	교환법칙
$X+(Y+Z)=(X+Y)+Z$	$X(YZ)=(XY)Z$	결합법칙
$X(Y+Z)=XY+XZ$	$(X+Y)(Z+W)$ $=XZ+XW+YZ+YW$	분배법칙

✻ **불대수정리**
★ 꼭 기억하세요 ★

✻ **불대수의 의미**
① 1 : ON
② 0 : OFF
③ $\overline{X}$: b접점
④ X : a접점
⑤ + : 병렬
⑥ (무시) · : 직렬

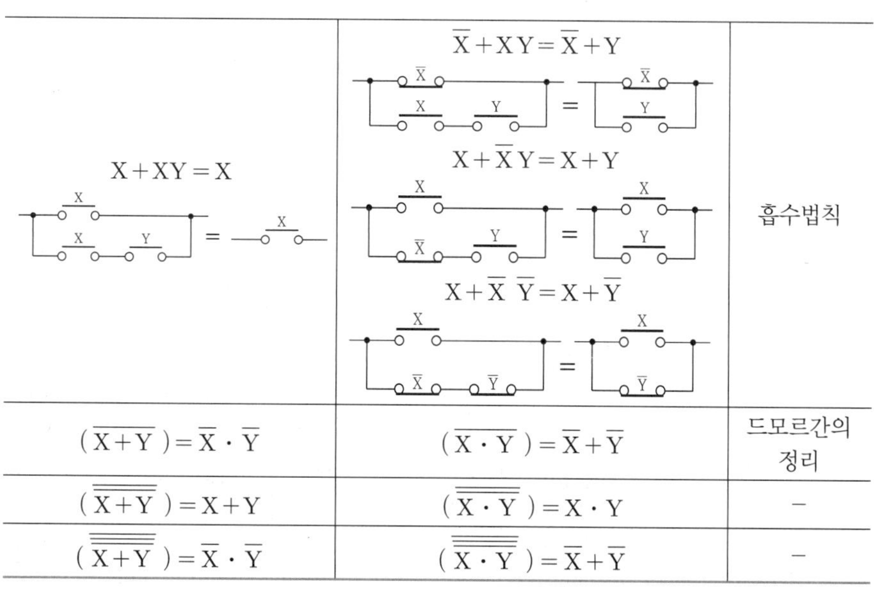

$X+XY=X$	$\overline{X}+XY=\overline{X}+Y$ $X+\overline{X}Y=X+Y$ $X+\overline{X}\ \overline{Y}=X+\overline{Y}$	흡수법칙
$(\overline{X+Y})=\overline{X}\cdot\overline{Y}$	$(\overline{X\cdot Y})=\overline{X}+\overline{Y}$	드모르간의 정리
$(\overline{\overline{X+Y}})=X+Y$	$(\overline{\overline{X\cdot Y}})=X\cdot Y$	–
$(\overline{\overline{\overline{X+Y}}})=\overline{X}\cdot\overline{Y}$	$(\overline{\overline{\overline{X\cdot Y}}})=\overline{X}+\overline{Y}$	–

② 시퀀스회로와 논리회로의 관계

회 로	시퀀스회로	논리식	논리회로	진리표
직렬회로 (AND회로)	A, B, Z	$Z=A\cdot B$ $Z=AB$	A, B → Z	A B X 0 0 0 0 1 0 1 0 0 1 1 1
병렬회로 (OR회로)	A, B, Z	$Z=A+B$	A, B → Z	A B X 0 0 0 0 1 1 1 0 1 1 1 1
a접점	A, Z	$Z=A$	A → Z A → Z	A X 0 0 1 1
b접점 (NOT회로)	$\overline{A}$, Z	$Z=\overline{A}$	A → Z A → Z A → Z	A X 0 1 1 0
NAND 회로	A, B, X_b	$X=\overline{A\cdot B}$	A, B → X A, B → X	A B X 0 0 1 0 1 1 1 0 1 1 1 0

※ 진리표
'진가표', '참값표'라고 도 부른다.

Key Point

회로	논리식	진리표 (A, B, X)
NOR회로	$X=\overline{A+B}$	0 0 1 0 1 0 1 0 0 1 1 0
EXCLUSIVE OR회로	$X=A\oplus B$ $=\overline{A}B+A\overline{B}$	0 0 0 0 1 1 1 0 1 1 1 0
EXCLUSIVE NOR회로	$X=\overline{A\oplus B}$ $=AB+\overline{A}\,\overline{B}$	0 0 1 0 1 0 1 0 0 1 1 1

※ EXCLUSIVE OR회로
입력신호 A, B 중 어느 한쪽만이 1이면 출력신호 X가 1이 된다.

※ 릴레이회로와 같은 의미
① 유접점회로
② 접점회로
③ 시퀀스회로

※ 논리회로와 같은 의미
무접점회로

★★★

문제 그림은 6개의 접점을 가진 릴레이회로이다. 이 회로의 논리식을 쓰고 이것을 2개의 접점을 가진 간단한 식으로 표현하고 릴레이 접점회로와 논리회로를 그리시오.

득점	배점
	6

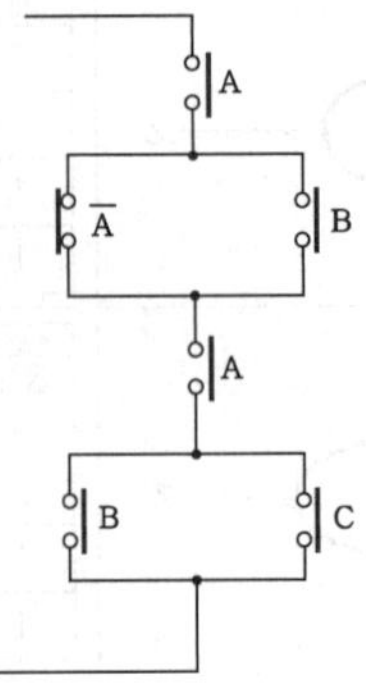

(가) 회로도의 접점 6개를 모두 사용한 릴레이회로의 논리식은?
(나) 간략화된 논리식은?
(다) 간략화된 릴레이 접점회로는?
(라) 간략화된 논리회로는?

해답
(가) $A(\overline{A}+B)\cdot A(B+C)$
(나) AB
(다)
(라)

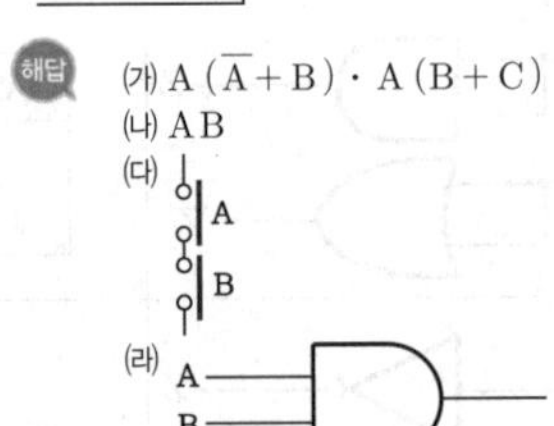

해설 (나) 도면의 릴레이 회로를 이상적인 SYSTEM의 구성을 위해 간소화하면 다음과 같다.

$A(\overline{A}+B)\cdot A(B+C)=A(\overline{A}+B)(B+C)$
$=A(\overline{A}B+\overline{A}C+BB+BC)$
$=\underline{A\overline{A}}B+\underline{A\overline{A}}C+A\underline{BB}+ABC$
$X\cdot\overline{X}=0\quad X\cdot\overline{X}=0\quad X\cdot X=X$
$=\underline{0\cdot B}+\underline{0\cdot C}+AB+ABC$
$X\cdot 0=0\quad X\cdot 0=0$
$=AB+ABC$
$=AB\underline{(1+C)}$
$X+1=1$
$=\underline{AB\cdot 1}$
$X\cdot 1=X$
$=AB$

Key Point

(2) 카르노맵(Karnaugh map)

논리회로에 해당하는 진리표를 행렬로 정의한 표

① 2변수 카르노맵

A \ B	0	1
0	A=0, B=0	A=0, B=1
1	A=1, B=0	A=1, B=1

A	B	X
0 $\overline{A}$	0 $\overline{B}$	1
0 $\overline{A}$	1 B	1
1 A	0 $\overline{B}$	0
1 A	1 B	0

진리표

$X=\overline{A}\,\overline{B}+\overline{A}B$
X가 1인 것만 작성해서 더하면 논리식이 된다.($0=\overline{A}, \overline{B}$, $1=A, B$로 표시)

⇨

A \ B	0	1
0	1	1
1		

카르노맵

㉠ X가 1인 것만 표 안에 1로 표시
㉡ 인접해 있는 1을 2^n(2, 4, 8, 16, …)으로 묶되 **최대 개수**로 묶는다.

⇩

$0=\overline{A}$, $1=A$로 표시
$0=\overline{B}$, $1=B$로 표시

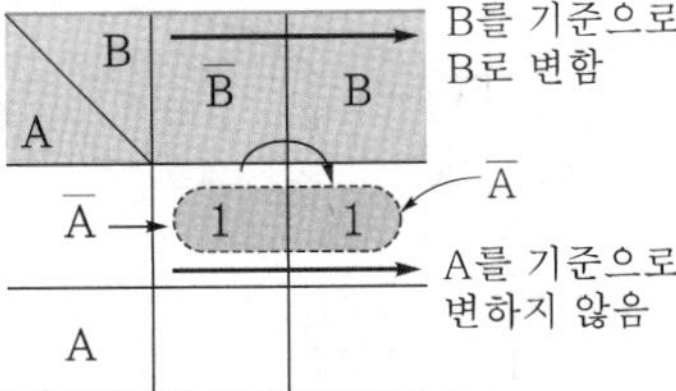

변하지 않는 것만 찾으면 $\overline{A}$
($\therefore$ $X=\overline{A}\,\overline{B}+\overline{A}B=\overline{A}$로 간소화된다.)

★★★
문제 다음 진리표를 보고 논리식으로 나타내시오. (단, 간소화는 하지 말 것)

득점	배점
	4

A	B	C	X
0	0	0	0
0	0	1	0
0	1	0	1
0	1	1	1
1	0	0	0
1	0	1	0
1	1	0	0
1	1	1	0

해답 $X=\overline{A}B\overline{C}+\overline{A}BC$

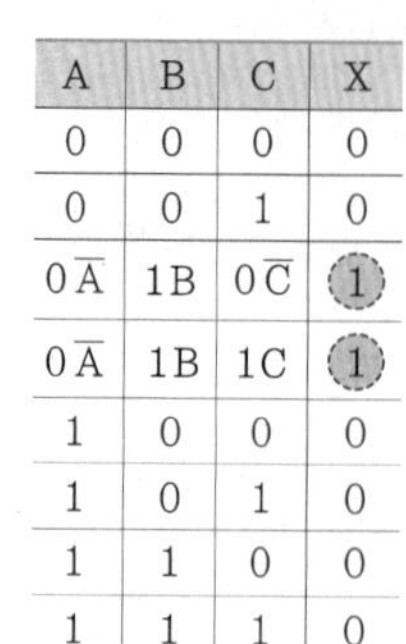

해설

A	B	C	X
0	0	0	0
0	0	1	0
0 $\overline{A}$	1B	0 $\overline{C}$	1
0 $\overline{A}$	1B	1C	1
1	0	0	0
1	0	1	0
1	1	0	0
1	1	1	0

X =1인 것만 작성해서 더하면 논리식이 된다.
($0 = \overline{A}, \overline{B}, \overline{C}$, $1 = A, B, C$로 표시)
$X = \overline{A}B\overline{C} + \overline{A}BC$

② 3변수 카르노맵

$X = \overline{A}BC + \overline{A}B\overline{C} = \overline{A}B$

A \ BC	$\overline{B}\,\overline{C}$ 0 0	$\overline{B}$ C 0 1	B C 1 1	B $\overline{C}$ 1 0
$\overline{A}$ 0	0	0	1	1
A 1	0	0	0	0

BC를 기준으로 볼 때 B는 변하지 않음

$\overline{A}B$($\therefore X=\overline{A}BC+\overline{A}B\overline{C}=\overline{A}B$)

A를 기준으로 볼 때 $\overline{A}$는 변하지 않음

예시

① $X = A\overline{B}\,\overline{C} + AB\overline{C} = A\overline{C}$

BC를 기준으로 볼 때 $\overline{C}$는 변하지 않음

A \ BC	$\overline{B}\,\overline{C}$ 0 0	$\overline{B}$ C 0 1	B C 1 1	B $\overline{C}$ 1 0
$\overline{A}$ 0	0	0	0	0
A 1	1	0	0	1

A를 기준으로 볼 때 A는 변하지 않음

$A\overline{C}$($\therefore X=A\overline{B}\,\overline{C}+AB\overline{C}=A\overline{C}$)

② $X = \overline{A}BC + \overline{A}B\overline{C} + ABC + AB\overline{C} = B$

BC를 기준으로 볼 때 B는 변하지 않음

A \ BC	$\overline{B}\,\overline{C}$ 0 0	$\overline{B}$ C 0 1	B C 1 1	B $\overline{C}$ 1 0
$\overline{A}$ 0	0	0	1	1
A 1	0	0	1	1

B($\therefore X=\overline{A}BC+\overline{A}B\overline{C}+ABC+AB\overline{C}$
$=B$)

A를 기준으로 볼 때 A는 변함

③ $X = \overline{A}BC + \overline{A}B\overline{C} + A\overline{B}\,\overline{C} + AB\overline{C} = \overline{A}B + A\overline{C}$

BC를 기준으로 볼 때 $\overline{C}$는 변하지 않음

A \ BC	$\overline{B}\,\overline{C}$ 0 0	$\overline{B}$ C 0 1	B C 1 1	B $\overline{C}$ 1 0
$\overline{A}$ 0	0	0	1	1
A 1	1	0	0	1

BC를 기준으로 볼 때 B는 변하지 않음

$\overline{A}B$

A를 기준으로 볼 때 $\overline{A}$는 변하지 않음

2개 이상 묶은 것은 이렇게 다시 묶을 필요가 없음

$A\overline{C}$($\therefore X=\overline{A}BC+\overline{A}B\overline{C}+A\overline{B}\,\overline{C}+AB\overline{C}$
$=\overline{A}B+A\overline{C}$)

A를 기준으로 볼 때 A는 변하지 않음

④ $X=\overline{A}\,\overline{B}\,\overline{C}+\overline{A}\,\overline{B}C+\overline{A}B\overline{C}+A\overline{B}C+ABC=\overline{A}\,\overline{B}+\overline{A}\,\overline{C}+AC$

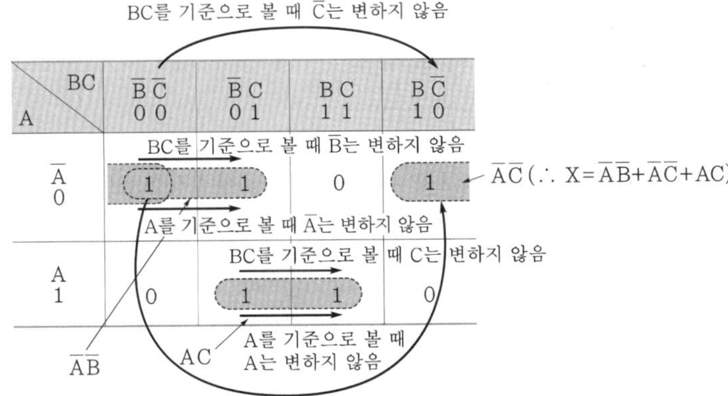

⑤ $X=\overline{A}\,\overline{B}\,\overline{C}\,\overline{D}+\overline{A}\,\overline{B}\,\overline{C}D+\overline{A}\,\overline{B}CD+\overline{A}\,\overline{B}C\overline{D}+\overline{A}B\overline{C}D+\overline{A}BCD+A\overline{B}\,\overline{C}\,\overline{D}$

$+A\overline{B}C\overline{D}$

$=\overline{A}D+\overline{B}\,\overline{D}$

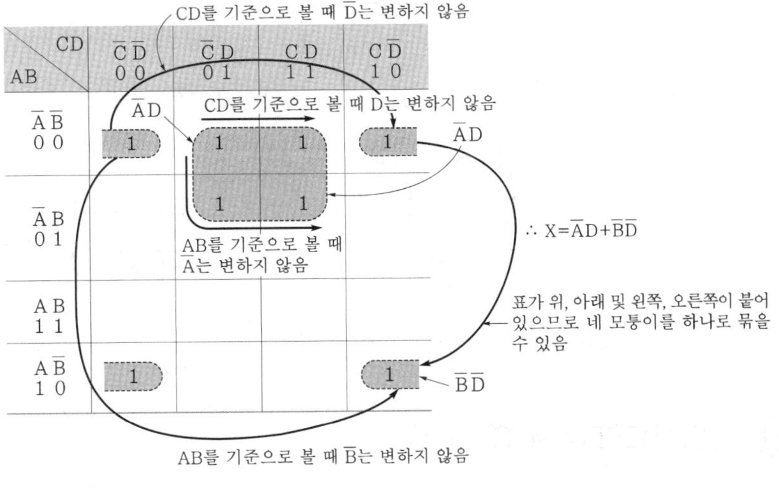

문제 다음에 주어진 진리표를 보고 다음 각 물음에 답하시오.

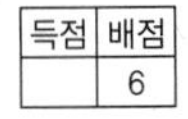

득점	배점
	6

A	B	C	X
0	0	0	0
0	0	1	0
0	1	0	1
0	1	1	0
1	0	0	1
1	0	1	1
1	1	0	1
1	1	1	0

(가) 카르노맵을 이용하여 간략화하고 논리식을 쓰시오.

A \ BC	00	01	11	10
0				
1				

(나) 간략화된 논리식을 보고 유접점회로 및 무접점회로로 나타내시오.

○ 유접점회로 :

○ 무접점회로 :

해답 (가)

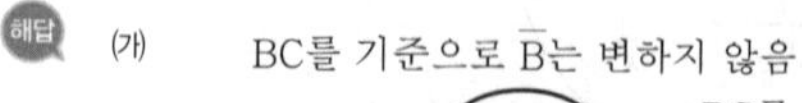

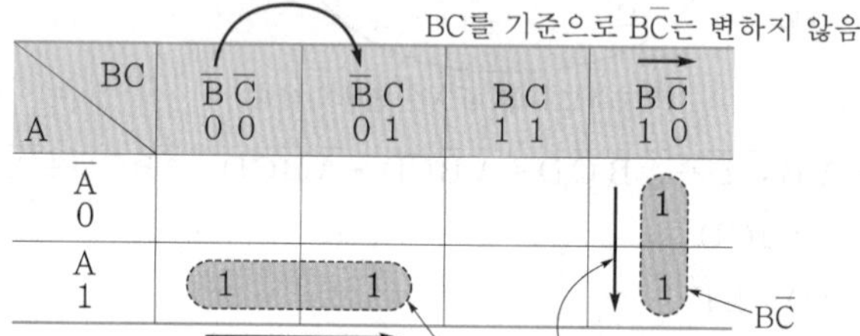

BC를 기준으로 $B\overline{C}$는 변하지 않음
BC
A
$\overline{B}\,\overline{C}$ 0 0
$\overline{B}$ C 0 1
B C 1 1
B $\overline{C}$ 1 0
$\overline{A}$ 0
A 1
1
1
1
1
$B\overline{C}$
A를 기준으로 A는 변하지 않음
$A\overline{B}$
A를 기준으로 A는 변함

$\therefore X = A\overline{B} + B\overline{C}$

(나) ① 유접점회로

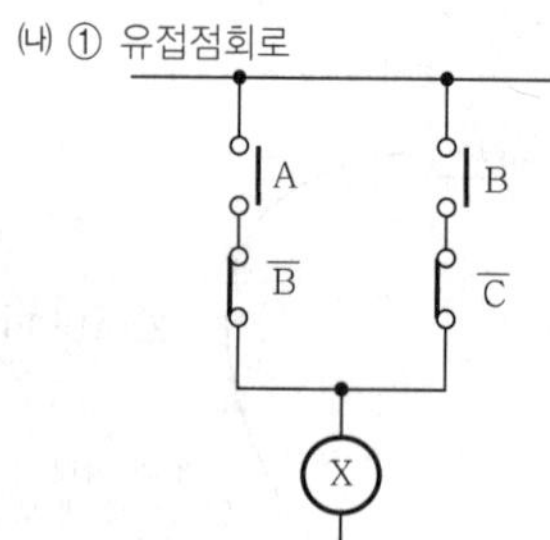

② 무접점회로

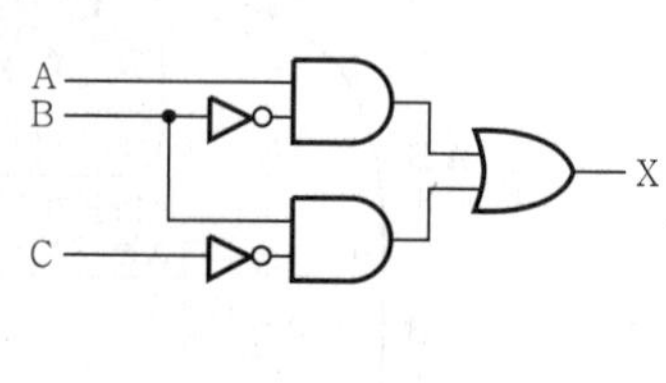

5 타임차트(Time Chart)

시퀀스회로의 동작상태를 시간의 흐름에 따라 변화되는 상태를 나타낸 표

(1) 시퀀스회로

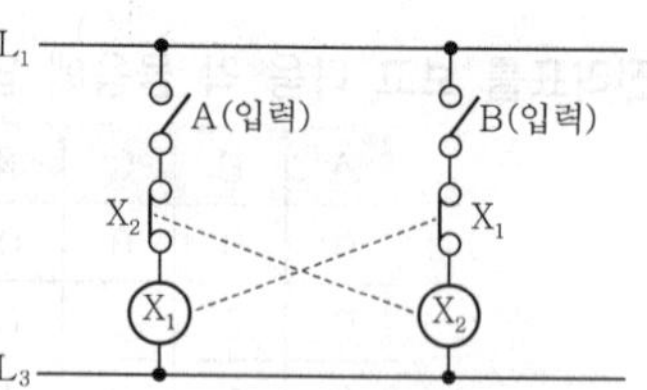

(2) 논리회로(무접점회로)

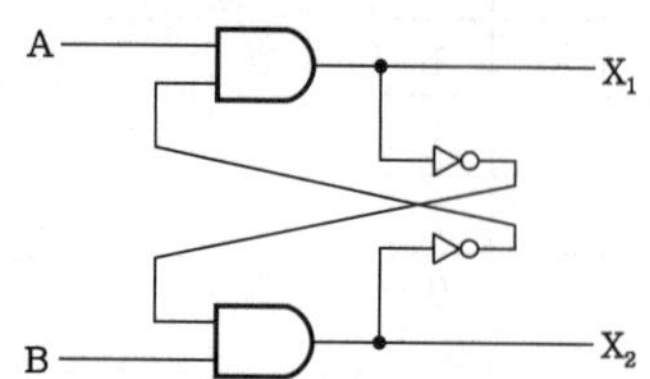

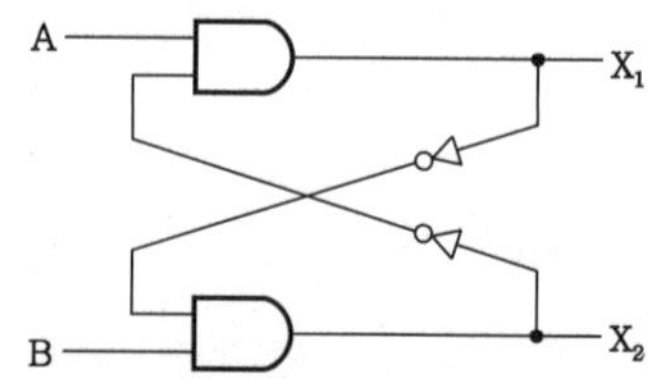

Key Point

(3) 타임차트

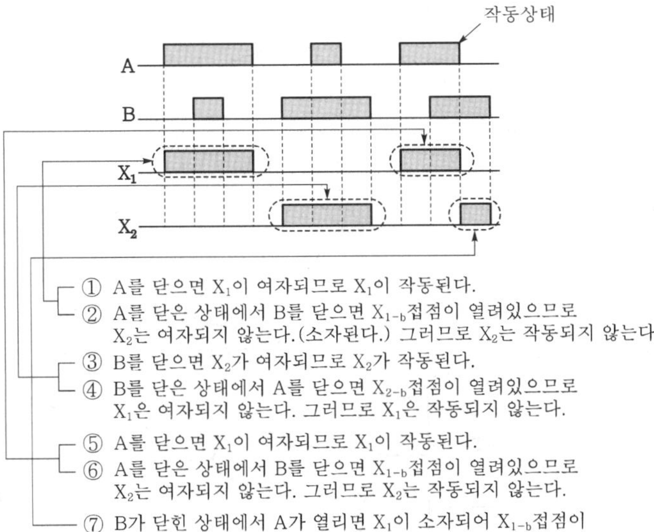

작동상태
A
B
X_1
X_2
① A를 닫으면 X_1이 여자되므로 X_1이 작동된다.
② A를 닫은 상태에서 B를 닫으면 X_{1-b}접점이 열려있으므로 X_2는 여자되지 않는다.(소자된다.) 그러므로 X_2는 작동되지 않는다.
③ B를 닫으면 X_2가 여자되므로 X_2가 작동된다.
④ B를 닫은 상태에서 A를 닫으면 X_{2-b}접점이 열려있으므로 X_1은 여자되지 않는다. 그러므로 X_1은 작동되지 않는다.
⑤ A를 닫으면 X_1이 여자되므로 X_1이 작동된다.
⑥ A를 닫은 상태에서 B를 닫으면 X_{1-b}접점이 열려있으므로 X_2는 여자되지 않는다. 그러므로 X_2는 작동되지 않는다.
⑦ B가 닫힌 상태에서 A가 열리면 X_1이 소자되어 X_{1-b}접점이 다시 닫히므로 X_2가 여자된다. 그러므로 X_2는 작동된다.

※ 여자된다.
전자석이 된다.

※ 소자(무여자)된다.
전자석의 힘을 잃는다.

★★★

문제 그림과 같은 유접점 시퀀스회로에 대해 다음 각 물음에 답하시오.

득점	배점
	8

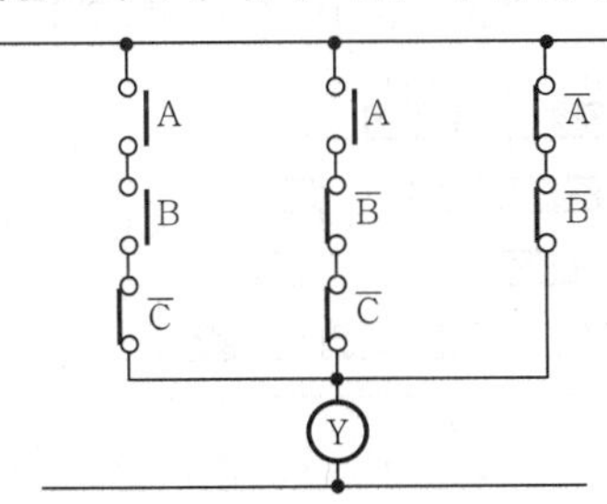

(가) 그림의 시퀀스도를 가장 간략화한 논리식으로 표현하시오. (단, 최초의 논리식을 쓰고 이것을 간략화하는 과정을 기술하시오.)

(나) (가)에서 가장 간략화한 논리식을 무접점 논리회로로 그리시오.

(다) 주어진 타임차트를 완성하시오.

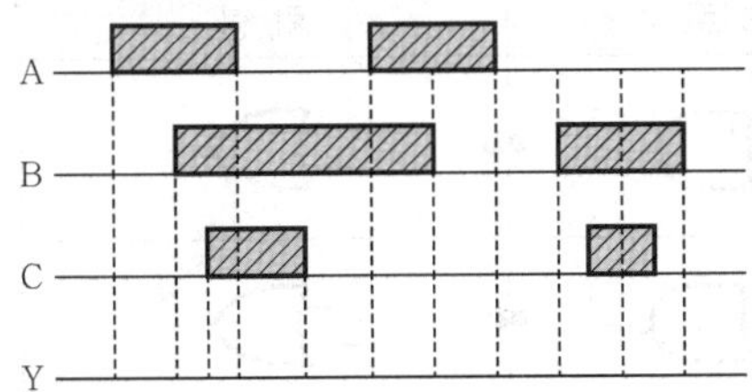

(가) **불대수로 간소화**

$$Y = AB\overline{C} + A\overline{B}\,\overline{C} + \overline{A}\,\overline{B}$$
$$= A\overline{C}(\underbrace{B+\overline{B}}_{X+\overline{X}=1}) + \overline{A}\,\overline{B}$$
$$= \underbrace{A\overline{C}\cdot 1}_{X\cdot 1 = X} + \overline{A}\,\overline{B}$$
$$= A\overline{C} + \overline{A}\overline{B}$$

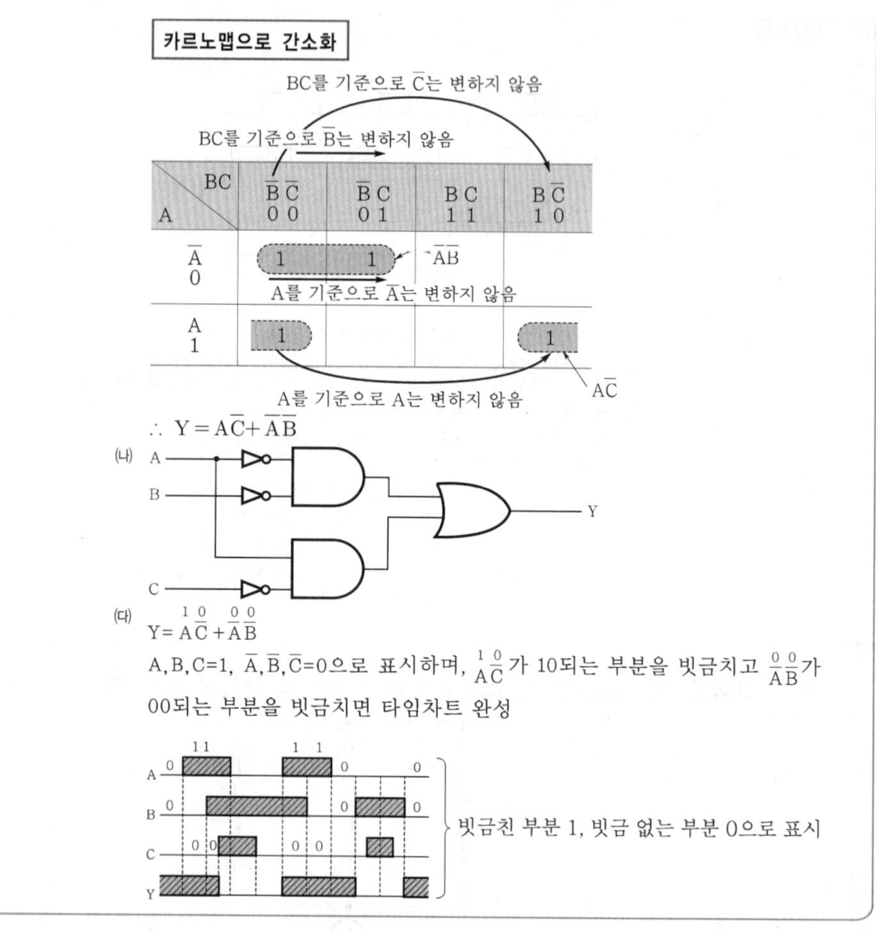

$$\therefore \ Y = A\overline{C} + \overline{A}B$$

(나)

(다) $Y = A\overline{C} + \overline{A}\,\overline{B}$

$A, B, C = 1$, $\overline{A}, \overline{B}, \overline{C} = 0$으로 표시하며, $\overset{1\ 0}{A\overline{C}}$ 가 10되는 부분을 빗금치고 $\overset{0\ 0}{\overline{A}\,\overline{B}}$ 가

00되는 부분을 빗금치면 타임차트 완성

(4) 논리회로 치환법

① AND회로 → OR회로, OR회로 → AND회로로 바꾼다.

② 버블(bubble)이 있는 것은 버블을 없애고, 버블이 없는 것은 버블을 붙인다.[버블(bubble)이란 작은 동그라미를 말한다.]

논리회로	치 환	명 칭
버블		NOR회로
		OR회로
		NAND회로
		AND회로

Key Point

③ 치환순서

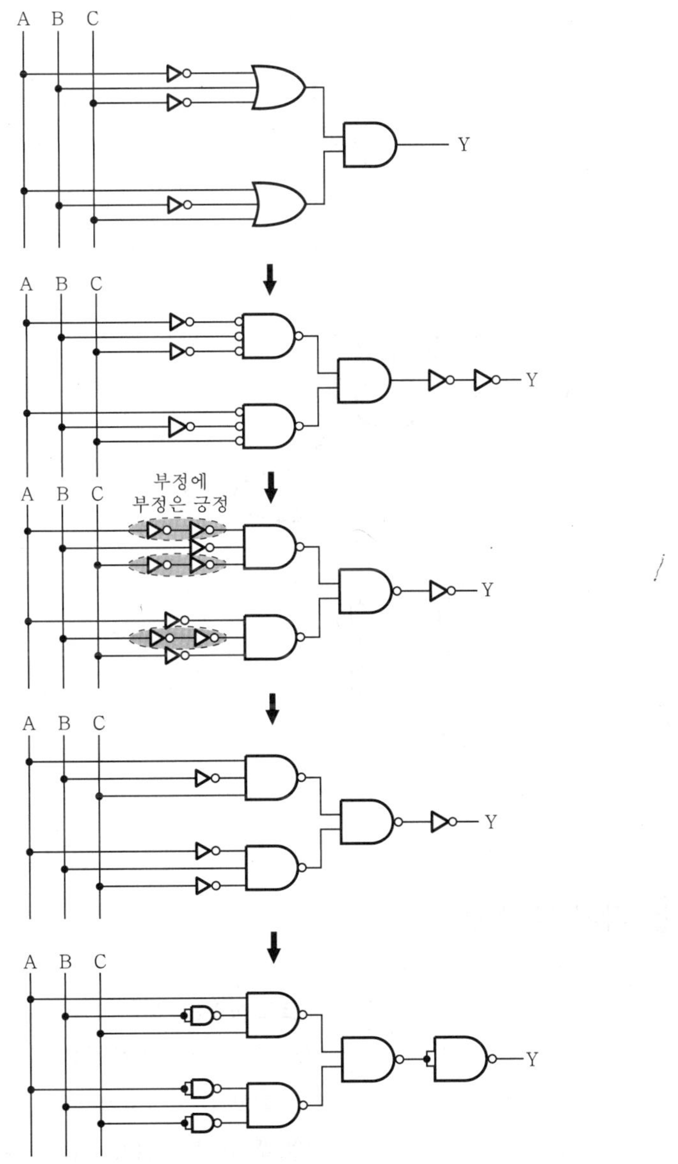

★★

문제 **다음 NAND 무접점회로에 대한 다음 각 물음에 답하시오.**

득점	배점
	6

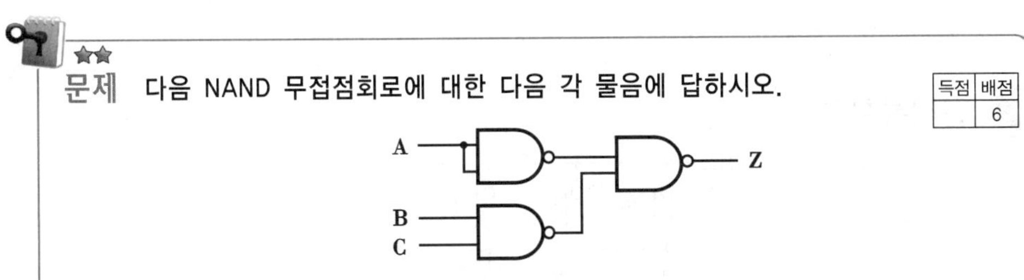

(가) AND회로 1개 및 OR회로 1개를 사용하여 무접점회로를 재구성하여 그리시오.

(나) '(가)'를 유접점 릴레이회로로 그리시오.

(다) '(나)'회로의 논리식을 쓰시오.

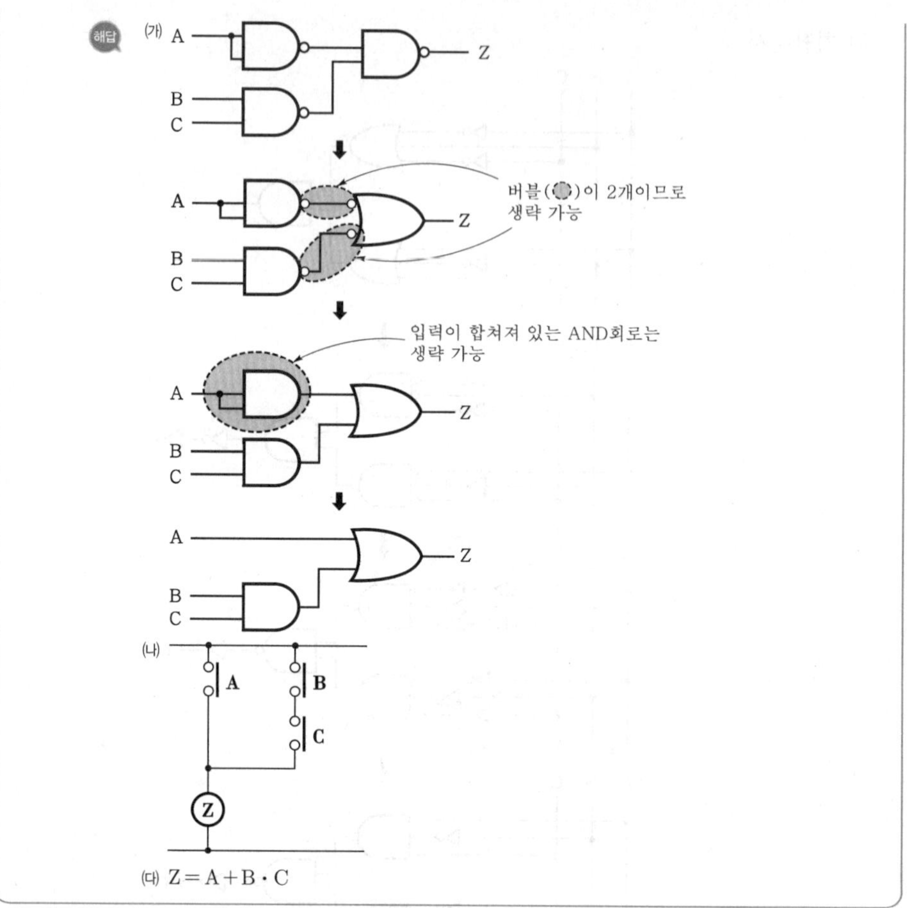

(다) Z = A + B · C

6 자기유지회로

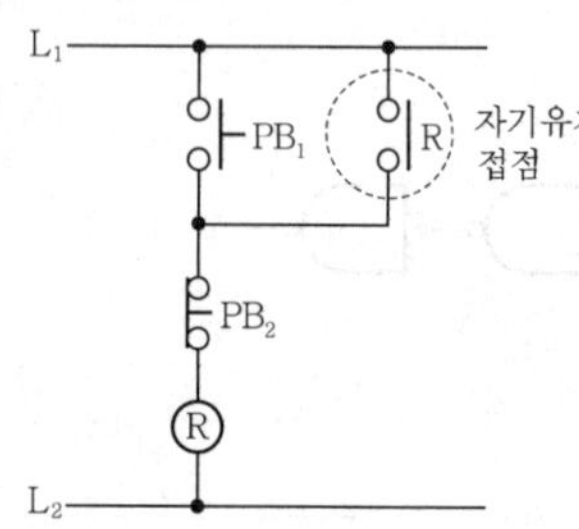

〔동작설명〕

① 푸시버튼스위치 PB_1을 누르면 릴레이 R이 여자되고 R_{-a}접점에 의해 자기유지된다.

② 푸시버튼스위치 PB_2를 누르면 R이 소자된다.

7 인터록회로

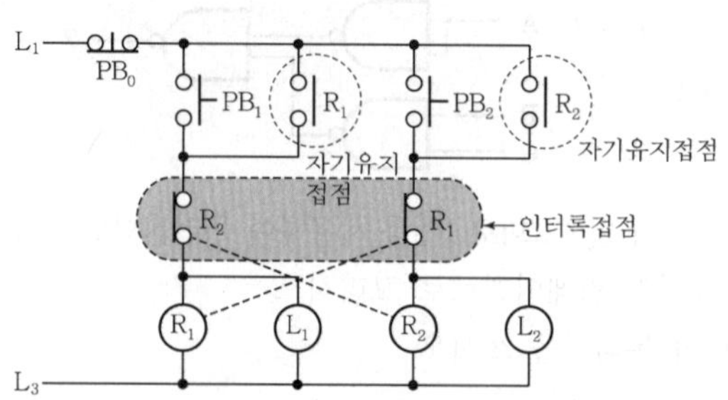

Key Point

〔동작설명〕

① 푸시버튼스위치 PB_1을 누르면 (ON 조작하면) 릴레이 R_1이 여자되고 자기유지되어 손을 떼어도 램프 L_1은 계속 점등된다. 이때 PB_2를 눌러도 L_2는 점등되지 않는다.

② 푸시버튼스위치 PB_0을 누르면 (OFF 조작하면) 릴레이 R_1이 소자되어 자기유지가 해제되고 램프 L_1은 소등된다.

③ 푸시버튼스위치 PB_2를 누르면 (ON 조작하면) 릴레이 R_2가 여자되고 자기유지되어 손을 떼어도 램프 L_2는 계속 점등된다. 이때 PB_1을 눌러도 L_1은 점등되지 않는다.

④ 푸시버튼스위치 PB_0을 누르면 (OFF 조작하면) 릴레이 R_2가 소자되어 자기유지가 해제되고 램프 L_2는 소등된다.

※ PB_1 ON시 L_1이 점등된 상태에서 L_2가 점등되지 않고 PB_2 ON시 L_2가 점등된 상태에서 L_1이 점등되지 않는 회로를 **인터록(Interlock)회로**라고 한다.

8 기동정지회로

(1) 1개소 기동정지회로 1

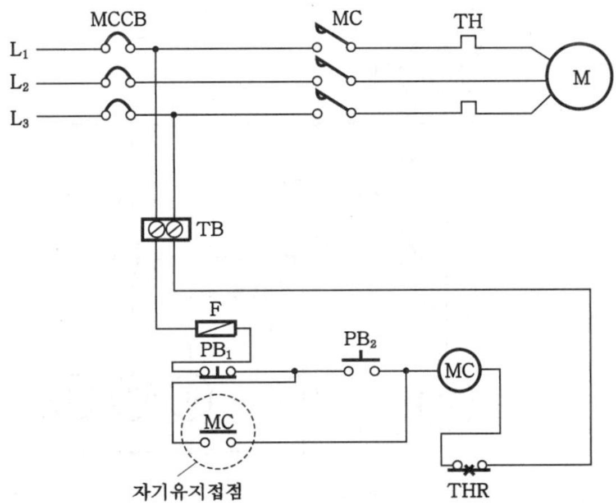

※ **자기유지접점**(MC)은 푸시버튼(ON)과 **병렬**로 접속된다.

중요 배선용 차단기의 특징

① **부하차단능력**이 우수하다.
② 퓨즈가 필요 없으므로 반영구적으로 사용이 가능하다.
③ **신뢰성**이 높다.
④ 충전부가 케이스 내에 수용되어 안전하다.
⑤ **소형 경량**이다.

※ TB
'단자대(Terminal Block)'를 의미

※ 자기유지
한 번 동작하면 원상태를 계속 유지하는 것

※ 배선용 차단기
퓨즈를 사용하지 않고 바이메탈이나 전자석으로 회로를 차단하는 저압용 개폐기이다. 예전에는 'NFB'라고 불리어졌다.

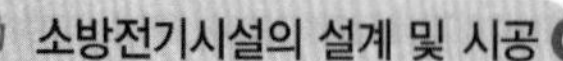

(2) 1개소 기동정지회로 2

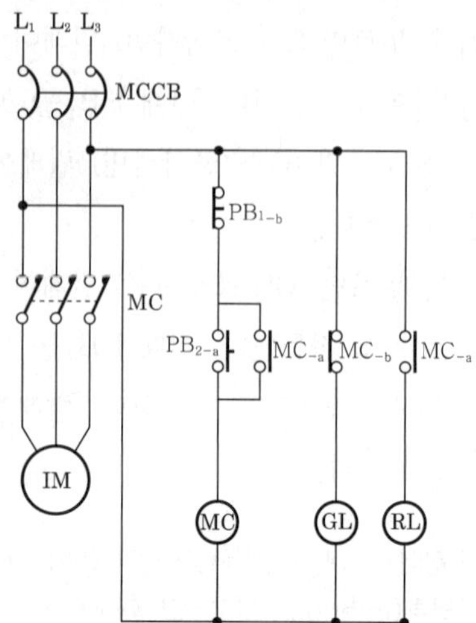

※ 열동계전기
전동기의 과부하보호용 계전기로서 서멀릴레이(Thermal Relay)라고도 부른다.

※ 주회로에 열동계전기(□)가 없으므로 보조회로에 열동계전기접점( )을 그리지 않는다.

(3) 1개소 기동정지회로 3

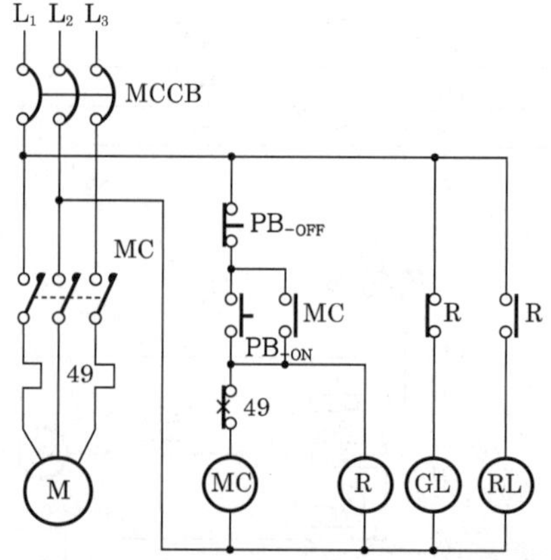

※ 전자접촉기
계전기와 마찬가지로 전자력에 의해 접점을 개폐하는 기능을 가진 장치로서 주접점이 있어서 큰 부하전류를 개폐할 수 있다.

※ 전자접촉기가 여자될 때 릴레이 (R) 도 동시에 여자되고, 릴레이 (R) 의 보조접점에 의하여 (GL) 램프는 소등되고, (RL) 램프가 점등하게 된다.

중요 자동제어기구 번호

번 호	기구명칭
19	기동운전 전환접촉기(전자접촉기)
28	경보장치
29	소화장치
49	회전기 온도계전기(열동계전기)
52	교류차단기(배선용 차단기)
88	보기용 접촉기(전자접촉기)

Key Point

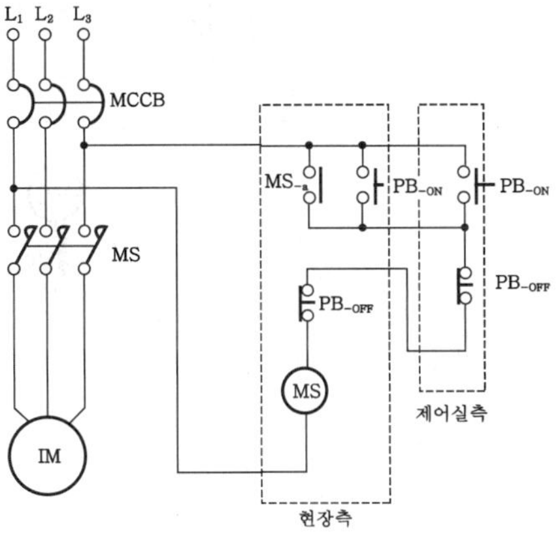

※ 주로 사용되는 시퀀스회로
① 자기유지회로
② 2개소 기동정지회로
③ Y-△ 기동회로

(4) 2개소 기동정지회로

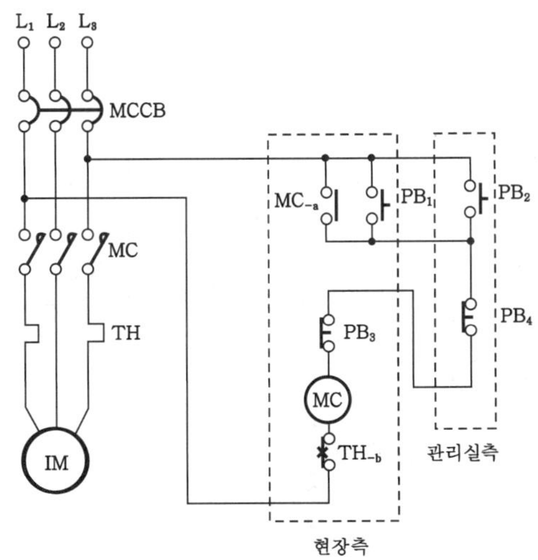

★★★
문제 유도전동기 (IM)을 현장측과 제어실측 어느 쪽에서도 기동 및 정지제어가 가능하도록 배선하시오. (단, 푸시버튼스위치 기동용(PB_{-ON}) 2개, 정지용(PB_{-OFF}) 2개, 전자접촉기 a접점 1개(자기유지용)를 사용할 것)

득점	배점
	5

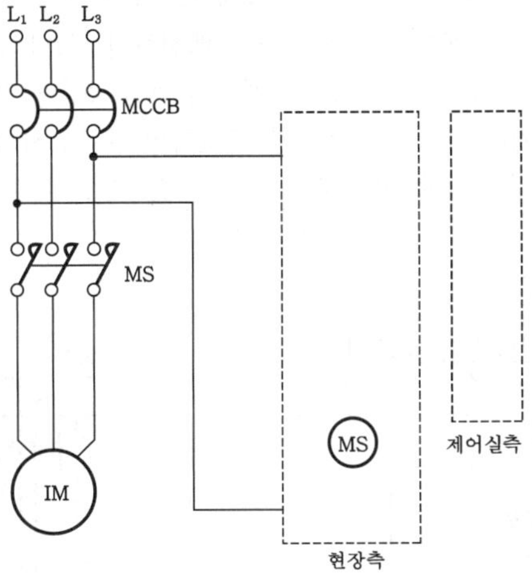

L_1 L_2 L_3
MCCB
MS
MS
IM
제어실측
현장측

해답

L_1 L_2 L_3
MCCB
MS
MS_{-a}
PB_{-ON}
PB_{-ON}
PB_{-OFF}
PB_{-OFF}
MS
IM
제어실측
현장측

(5) 3개소 기동정지회로

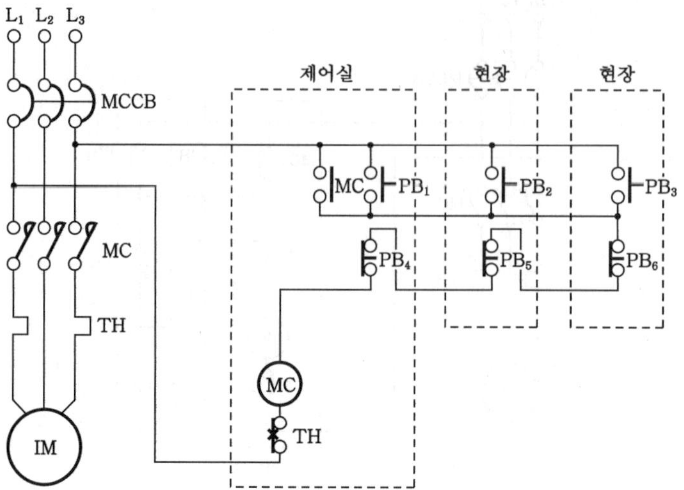

중요

고장지점을 찾기 쉬운 3개소 기동정지회로

기동방식이 ON-OFF 기동방식의 옥내소화전설비 시퀀스회로는 **유지보수** 측면을 고려하여 실무에서는 다음과 같이 배선한다. 일반적으로 OFF 버튼이 주로 고장이 나므로 이와 같이 회로를 설계하여 현장 중간 중간지점에서 ON 버튼만 눌러서 전자접촉기(MC)의 작동유무를 확인하면, 어느 지점의 OFF 버튼이 고장났는지 확인하기 쉬우므로 **고장지점**을 쉽게 찾는다.

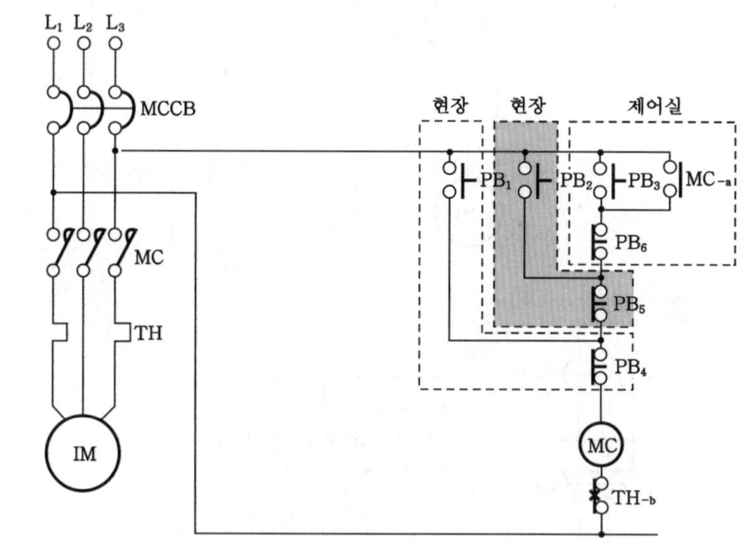

9 양수설비

(1) 양수설비 1(수동운전 : 정지우선회로)

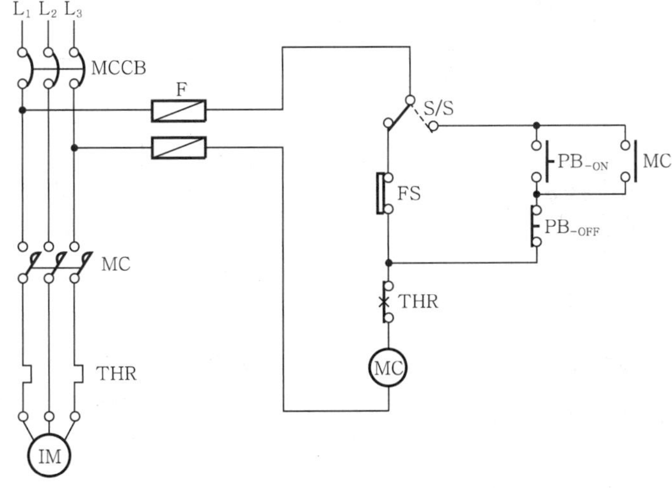

〔동작설명〕

① 자동운전은 리미트스위치(만수위 검출)에 의하여 이루어진다.

② 수동운전인 경우에는 다음과 같이 동작된다.

㉠ 운전용 누름버튼스위치에 의하여 전자접촉기가 여자되어 전동기가 운전된다.

㉡ 정지용 누름버튼스위치에 의하여 전자접촉기가 소자되어 전동기가 정지된다.

㉢ 전동기운전 중 과부하 또는 과열이 발생되면 열동계전기가 동작되어 전동기가 정지된다.(단, 자동운전시에서도 열동계전기가 동작하면 전동기가 정지한다.)

(2) 양수설비 2(수동운전 : 정지우선회로)

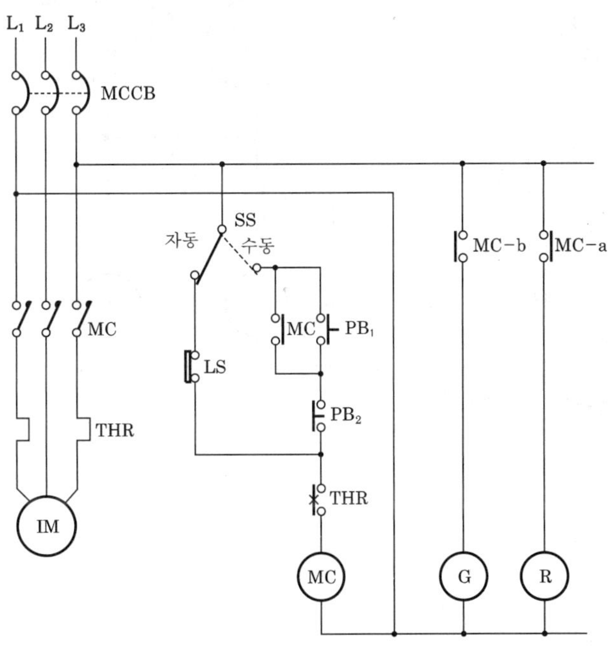

Key Point

※ 푸시버튼스위치(PB)
사람의 손에 의하여 누르면 작동하고 손을 떼면 스프링의 힘에 의해 원상태로 복귀되는 스위치로서, 이것을 수동조작 자동복귀 접점이라 한다.

※ 주접점( )
큰 부하전류를 개폐하기 위한 접점

※ 보조접점( )
전자접촉기, 계전기, 타이머 등을 제어하기 위한 접점

※ 양수설비
물을 퍼올리는 설비

(3) 양수설비 3(수동운전 : 기동우선회로)

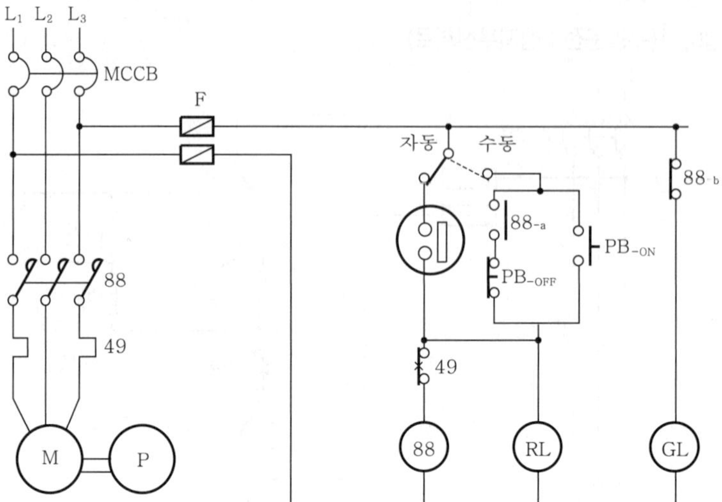

※ **유도전동기(Ⓜ)**
교류전동기의 일종으로 전자유도작용에 의한 힘을 받아 회전하는 기계

(4) 양수설비 4(수동운전 : 정지우선회로)

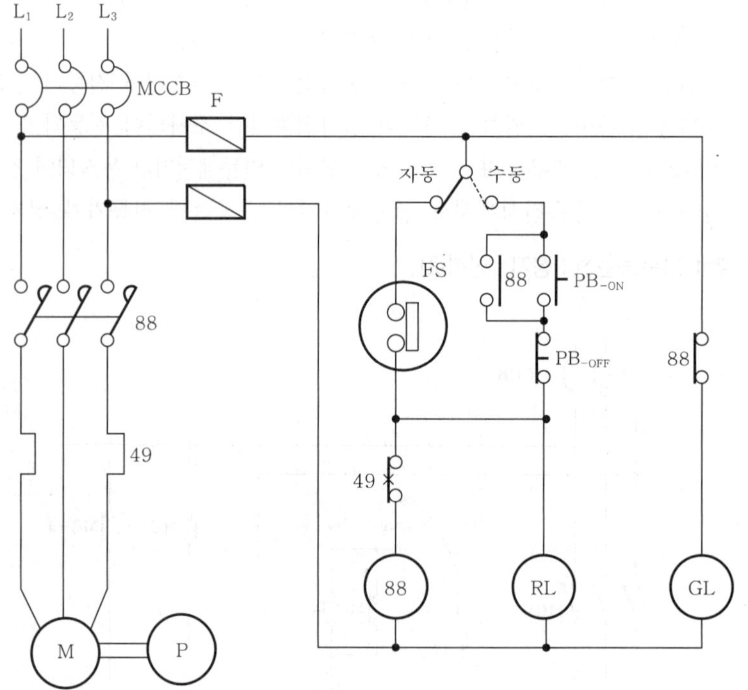

Key Point

10 정 · 역전 회로

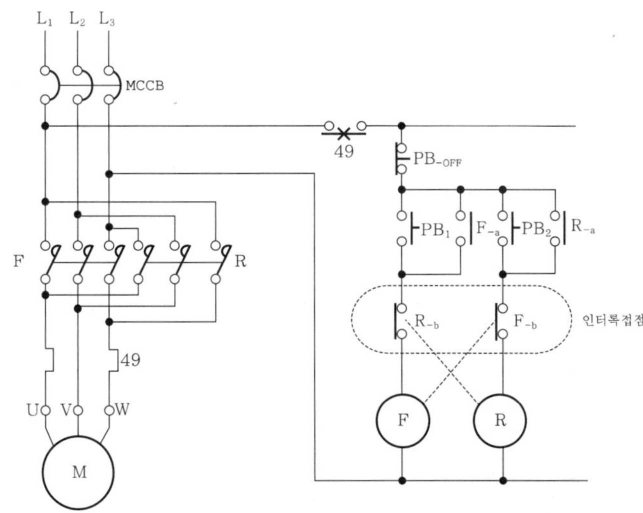

11 Y-△ 기동회로

(1) Y-△ 기동회로 1

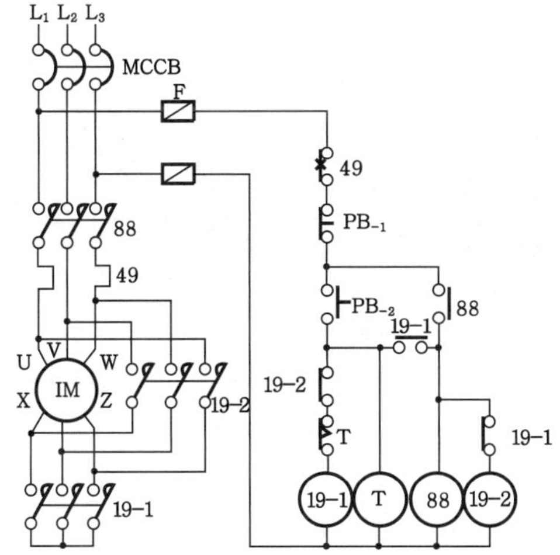

〔동작설명〕

① 이 회로는 전동기의 기동전류를 적게 하기 위하여 사용하는 방법으로 PB-2를 누르면 19-1이 여자되고, T가 통전되며 전자접촉기 보조접점 19-1이 폐로되어 88이 여자된다. 또한 88접점이 폐로되어 자기유지된다.

② 이와 동시에 전자접촉기 주접점 88, 19-1이 닫혀 유도전동기는 Y결선으로 기동한다.

③ 타이머의 설정시간 후 타이머의 한시동작 순시복귀 b접점이 개로되면 19-1이 소자되고 19-2가 여자되어 전동기는 △결선으로 운전된다.

④ 운전 중 PB-1을 누르거나 전동기에 과부하가 걸려 49가 작동하면 동작 중인 88, 19-1, 19-2, T가 모두 소자되고 전동기는 정지한다.

※ 퓨즈(F)
납과 주석의 합금으로 포장퓨즈와 비포장퓨즈로 나눈다.
(1) 포장퓨즈
① 통형 퓨즈
② 플러그퓨즈
③ 텅스텐퓨즈
④ 유리관퓨즈
⑤ 온도퓨즈
⑥ 전동기형 퓨즈
(2) 비포장퓨즈
① 실퓨즈
② 훅퓨즈
③ 판퓨즈

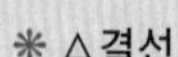

중요 전동기 Y－△결선

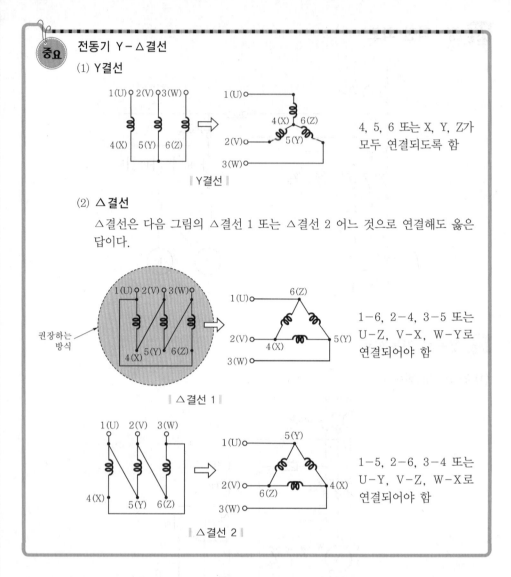

(1) Y결선

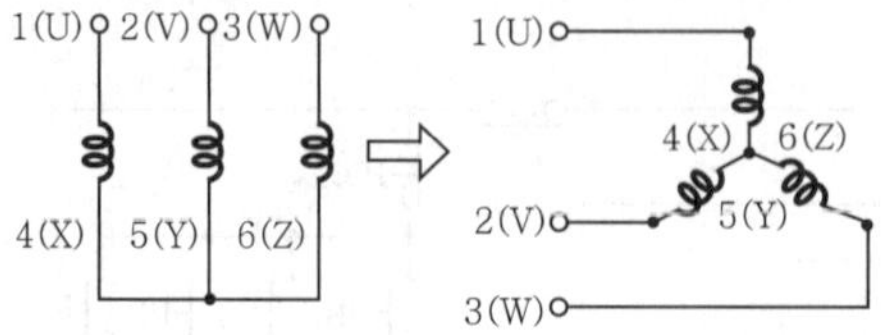

4, 5, 6 또는 X, Y, Z가 모두 연결되도록 함

‖ Y결선 ‖

(2) △결선

△결선은 다음 그림의 △결선 1 또는 △결선 2 어느 것으로 연결해도 옳은 답이다.

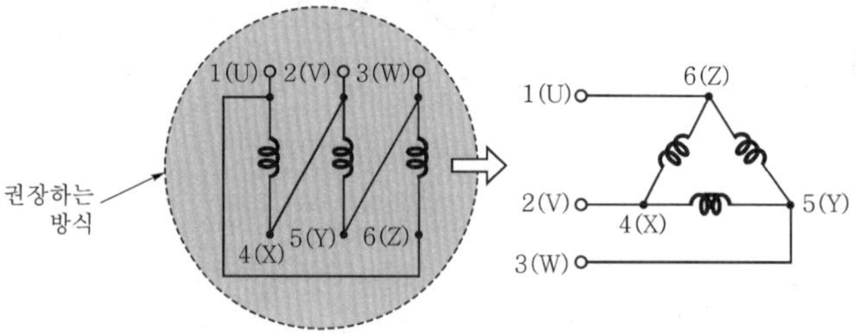

권장하는 방식

1－6, 2－4, 3－5 또는 U－Z, V－X, W－Y로 연결되어야 함

‖ △결선 1 ‖

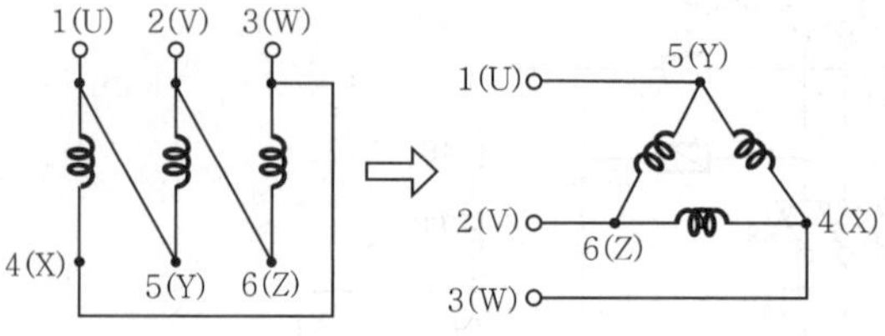

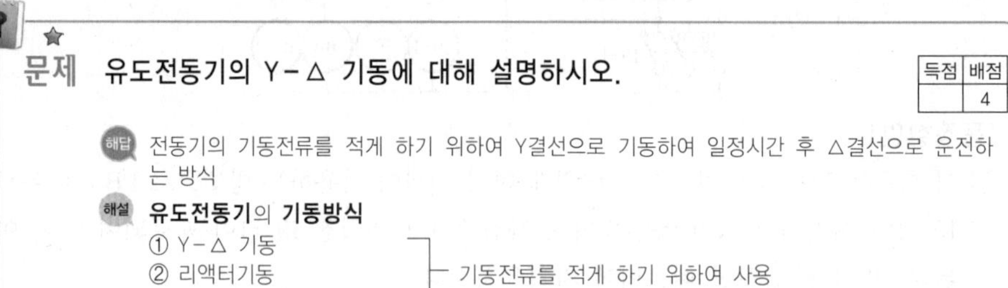

1－5, 2－6, 3－4 또는 U－Y, V－Z, W－X로 연결되어야 함

‖ △결선 2 ‖

※ △결선
1–6, 2–4, 3–5로 연결하는 방식이 전원을 투입할 때 순간적인 돌입전류가 적으므로 전동기의 수명을 연장시킬 수 있어서 이 방식을 권장함

※ Y–△ 기동방식
전동기의 기동전류를 적게 하기 위하여 사용

★
문제 유도전동기의 Y－△ 기동에 대해 설명하시오.

득점	배점
	4

해답 전동기의 기동전류를 적게 하기 위하여 Y결선으로 기동하여 일정시간 후 △결선으로 운전하는 방식

해설 **유도전동기**의 **기동방식**

① Y－△ 기동
② 리액터기동
③ 기동보상기에 의한 기동

— 기동전류를 적게 하기 위하여 사용

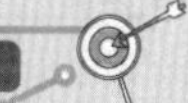

(2) Y-△ 기동회로 2

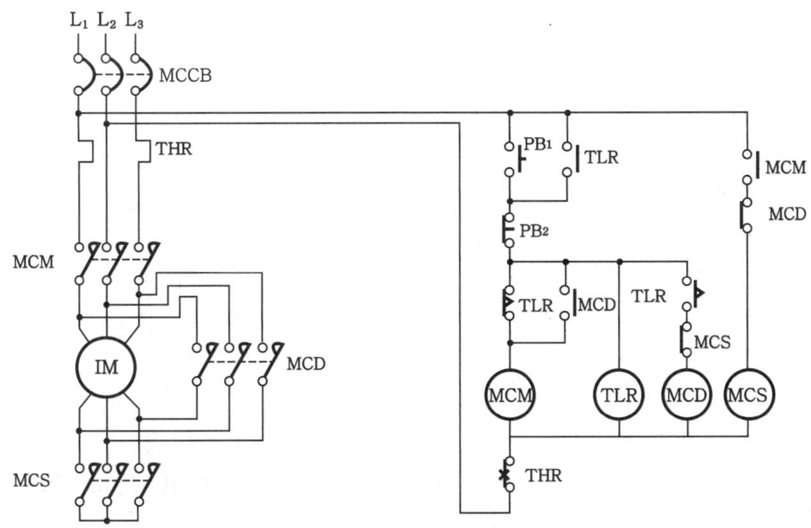

(3) Y-△ 기동회로 3

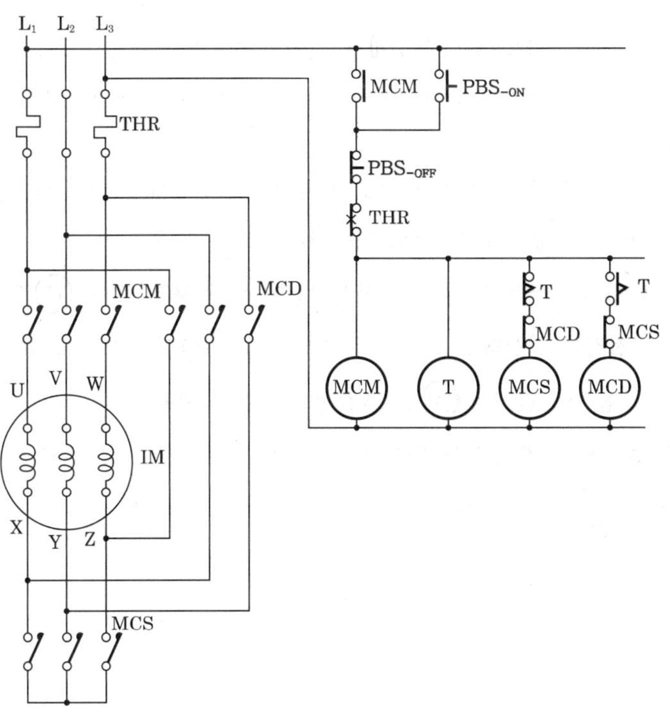

Key Point

※ Y-△ 기동회로 추천
설계자에 따라 여러 가지 형태로 설계할 수 있다. 안전을 가장 우선시한다면 Y-△ 기동회로 2를 권한다.

※ 타이머(TLR)
미리 설정된 시간 후에 이미 ON 또는 OFF 하는 기능을 가진 스위치

※ Y-△ 기동회로 정의
전동기의 기동전류를 적게 하기 위하여 Y결선으로 기동한 후 일정시간 후 △결선으로 운전하는 방식

(4) Y-△ 기동회로 4

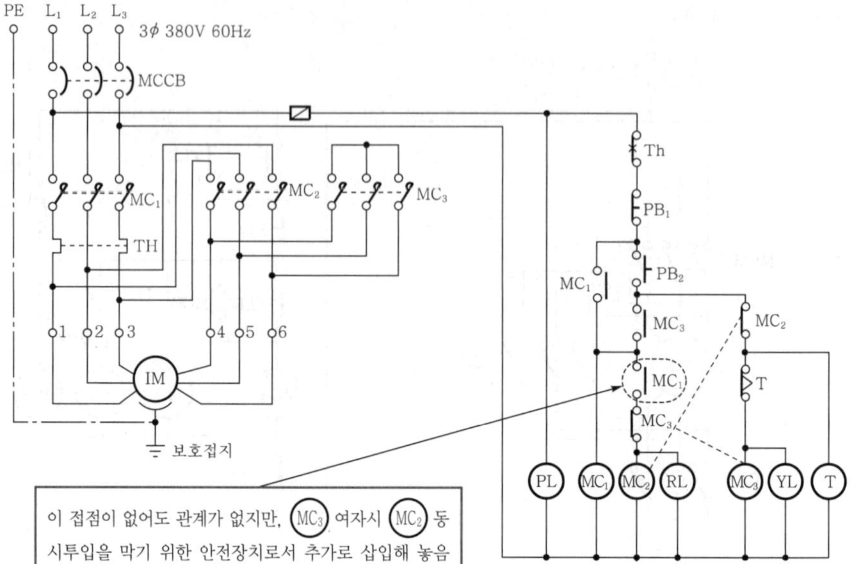

※ 보호접지
감전보호를 목적으로 기기의 한 점 이상을 접지하는 것

〔동작설명〕

① 배선용 차단기 MCCB를 투입하면 전원이 공급되고 (PL) 램프가 점등된다.

② 기동용 푸시버튼스위치 PB_2를 누르면 MC_3 여자, (YL) 램프 점등, 타이머 T는 통전된다.

③ MC_{3-a}접점에 의해 MC_1이 여자되고 자기유지되며 MC_1, MC_3 주접점이 닫혀서 3상 유도전동기 (IM)은 Y결선으로 기동한다.

④ 타이머 T의 설정시간 후 T의 한시접점에 의해 MC_3 소자, (YL) 램프가 소등된다.

⑤ MC_{3-b}접점이 원상태로 복귀되어 MC_2 여자, (RL) 램프가 점등된다.

⑥ MC_2 주접점이 닫혀서 (IM)은 △결선으로 운전된다.

⑦ 운전 중 과부하가 걸리면 열동계전기 TH가 개로되어 MC_1, MC_2가 소자, (RL)이 소등되고, (IM)은 정지한다.

Key Point

★★

문제 도면은 소방펌프용 모터의 Y-△ 기동방식의 미완성 시퀀스 도면이다. 도면을 보고 다음 각 물음에 답하시오.

득점	배점
	6

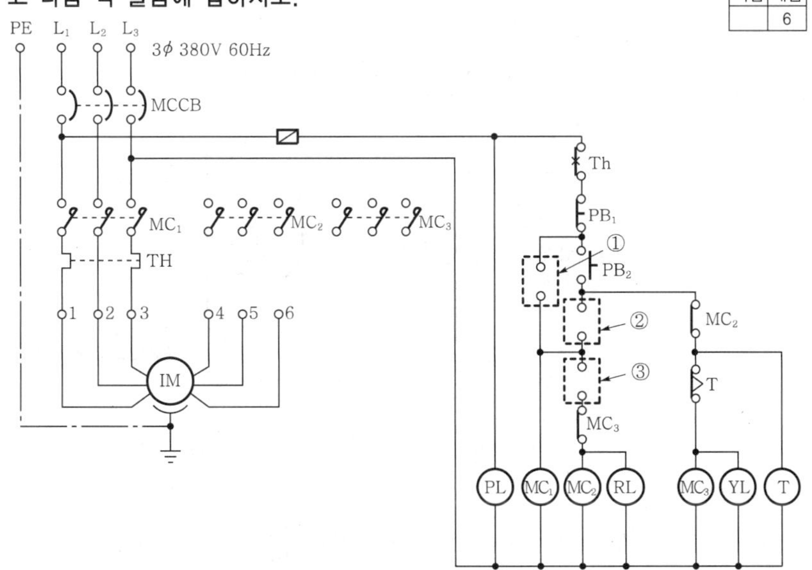

(가) 주회로의 미완성 부분을 완성하시오.

(나) ①~③의 접점 및 접점기호를 표시하시오.

해답 (가)

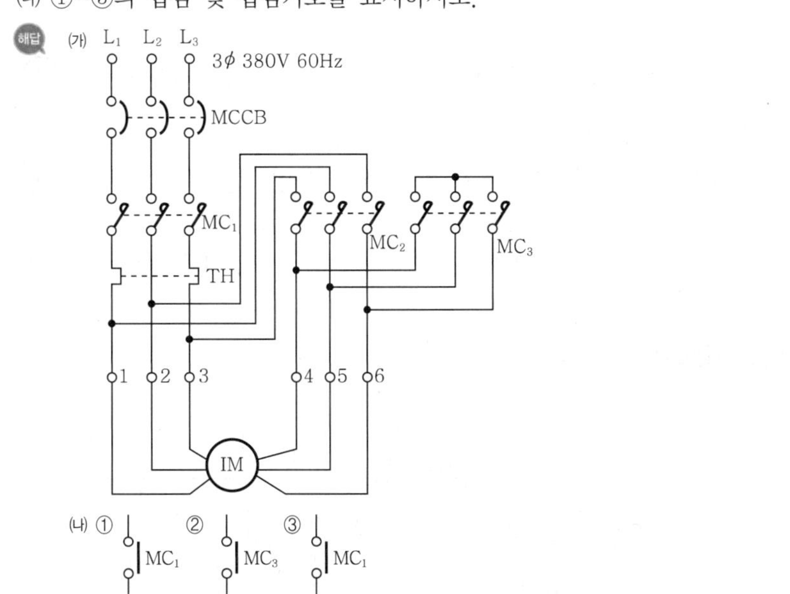

(나) ① MC_1 ② MC_3 ③ MC_1

※ 전자접촉기의 기능

① MC_1 : 주전원 개폐용

② MC_2 : △운전용

③ MC_3 : Y기동용

(5) Y-△ 기동회로 5

타이머를 사용하지 않고 푸시버튼스위치로 Y-△ 결선을 제어하는 방식

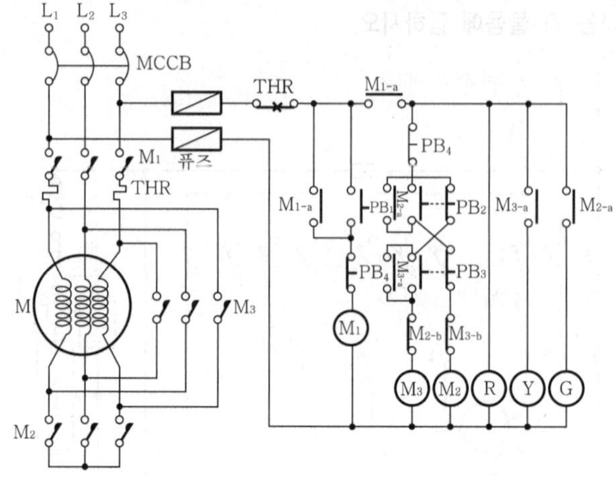

여기서, (R) : 적색램프, (Y) : 황색램프, (G) : 녹색램프

* 퓨즈의 역할
① 부하전류통전
② 과전류 차단

〔동작설명〕

① 누름버튼스위치 PB_1을 누르면 전자개폐기 (M_1)이 여자되어 적색램프 (R)을 점등시킨다.
② 누름버튼스위치 PB_2를 누르면 전자개폐기 (M_2)가 여자되어 녹색램프 (G)점등, 전동기를 Y기동시킨다.
③ 누름버튼스위치 PB_3를 누르면 (M_2)소자, (G)소등, 전자개폐기 (M_3)가 여자되어 황색램프 (Y)점등, 전동기를 △운전시킨다.
④ 누름버튼스위치 PB_4를 누르면 여자 중이던 (M_1) · (M_3)가 소자되고, (R) · (Y)가 소등되며, 전동기는 정지한다.
⑤ 운전 중 과부하가 걸리면 열동계전기 THR이 작동하여 전동기를 정지시키므로 점검을 요한다.

(6) Y-△ 기동회로 6

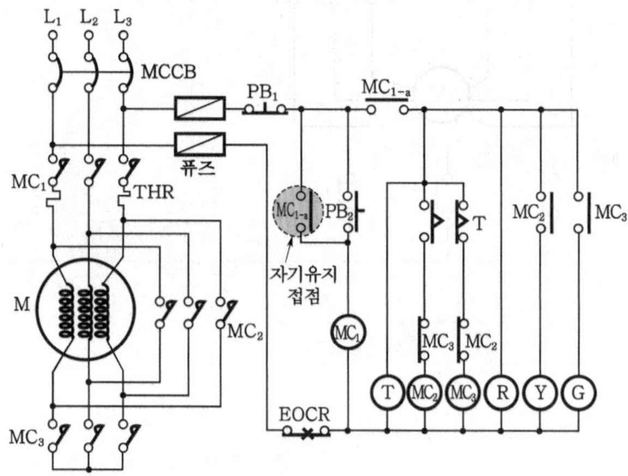

여기서, (R) : 적색램프, (Y) : 황색램프, (G) : 녹색램프

Key Point

〔동작설명〕

① 누름버튼스위치 PB_2를 누르면 전자개폐기 (MC_1)이 여자되어 적색램프 (R)을 점등 시킨다.

② 이와 동시에 타이머 (T)가 통전되고 전자개폐기 (MC_3)가 여자되어 녹색램프 (G) 점등, 전동기를 (Y)기동시킨다.

③ 타이머의 설정시간 후 (MC_3)소자, (G)소등, 전자개폐기 (MC_2)가 여자되어 황색램프 (Y)점등, 전동기를 △운전시킨다.

④ 누름버튼스위치 PB_1을 누르면 여자 중이던 (MC_1) · (MC_2)가 소자되고, (R) · (Y)가 소등되며, 전동기는 정지한다.

⑤ 운전 중 과부하가 걸리면 전자식 과전류계전기 EOCR이 작동하여 전동기를 정지시키므로 점검이 필요하다.

※ EOCR(Electrinic Over Current Relay) 전자식 과전류계전기

(7) Y-△ 기동회로 7

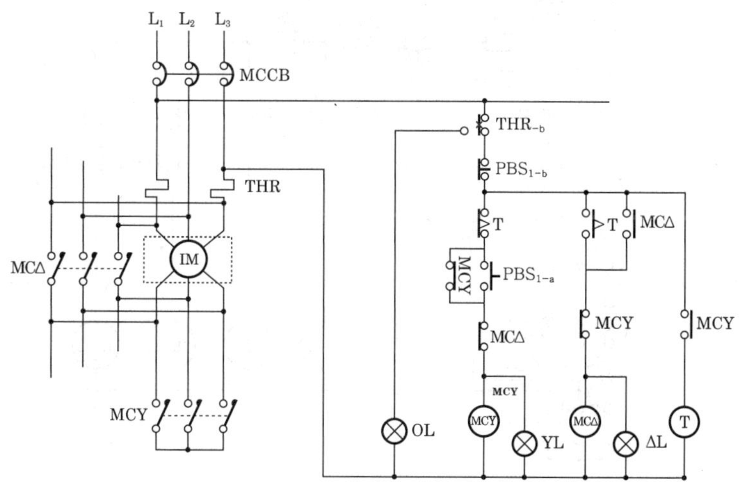

※ OL(Overload Lamp) 전동기에 과부하가 걸렸을 때 점등되는 램프

(8) Y-△ 기동회로 8

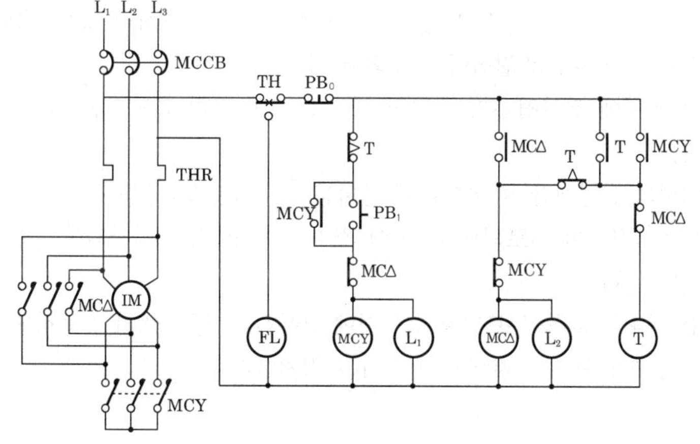

※ FL(Fail Lamp) 전동기 운전에 실패했을 때, 즉 전동기에 과부하가 걸렸을 때 점등되는 램프

※ 타이머(TR)
일정시간 후에 ON 또는 OFF하는 기능을 가진 스위치

(9) Y-△ 기동회로 9

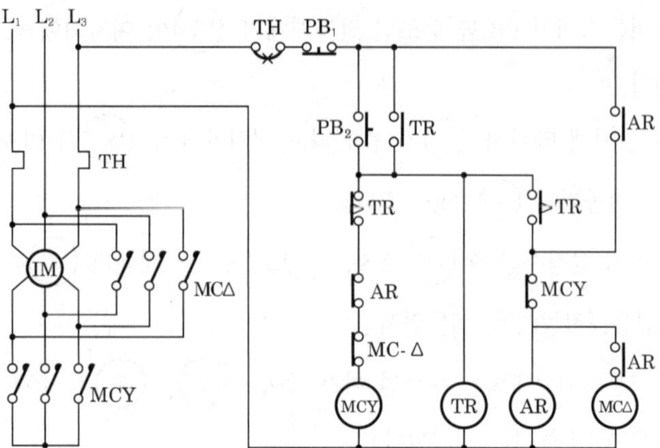

(10) Y-△ 기동회로 10

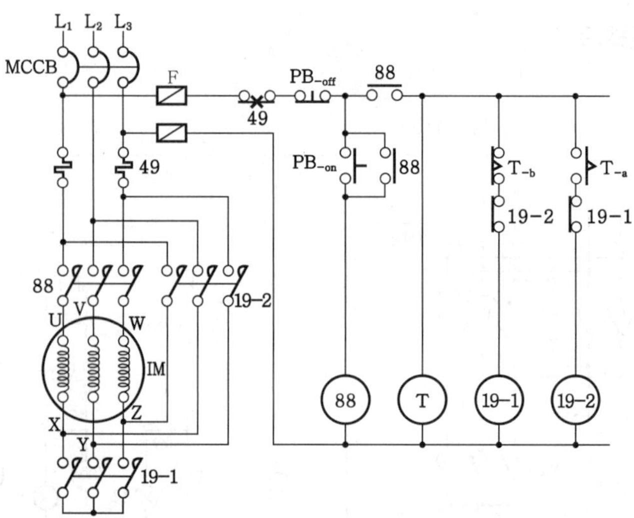

〔동작설명〕

① 이 회로는 전동기의 기동전류를 작게 하기 위하여 사용하는 방법으로 PB-ON을 누르면 88이 여자되고, T가 통전되며 전자접촉기 보조접점 88이 폐로되어 19−1이 여자된다. 또한, 88접점이 폐로되어 자기유지된다.

② 이와 동시에 전자접촉기 주접점 88, 19−1이 닫혀 유도전동기는 Y결선으로 기동한다.

③ 타이머의 설정시간 후 타이머의 한시동작 순시복귀 b접점이 개로되고 한시동작 순시복귀 a접점이 폐로되면 19−1이 소자되고 19−2가 여자되어 전동기는 △결선으로 운전된다.

④ 운전 중 PB-OFF를 누르거나 전동기에 과부하가 걸려 49가 작동하면 동작 중인 88, 19−2, T가 모두 소자되고 전동기는 정지한다.

(11) Y-△ 기동회로 11

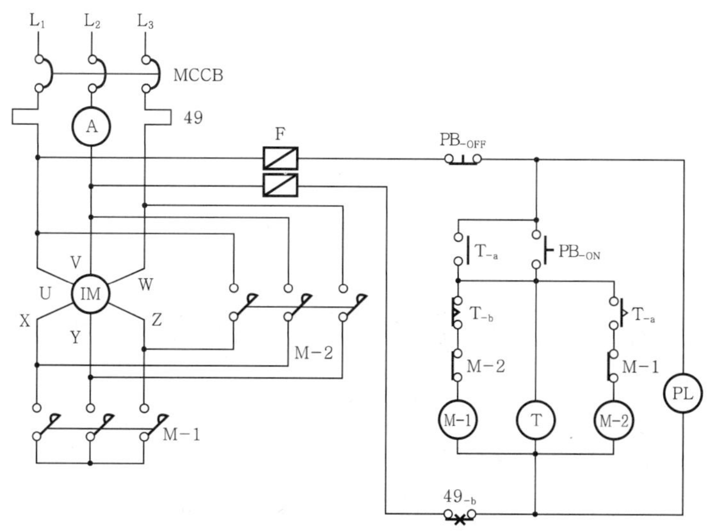

〔동작설명〕

① 배선용 차단기 MCCB를 투입하면 전원이 공급되고 (PL)램프가 점등된다.

② 기동용 푸시버튼스위치 PB-ON을 누르면 타이머 (T)는 통전된다.

③ 타이머 (T)의 순시 a접점에 의해 (M-1)이 여자되고 (M-1)의 주접점이 닫혀서 3상 유도 전동기 (IM)이 Y결선으로 기동한다.

④ 타이머 (T)의 설정 시간 후 (T)의 한시접점에 의해 (M-1)이 소자되고, (M-2)가 여자된다.

⑤ (M-2)의 주접점이 닫혀서 (IM)이 △결선으로 운전된다.

⑥ (M-1), (M-2)의 인터록 b접점에 의해 (M-1), (M-2)의 전자접촉기와 동시 투입을 방지한다.

⑦ PB-OFF를 누르거나 운전 중 과부하가 걸리면 열동계전기 49-b가 개로되어 (M-1), (T), (M-2)가 소자되고 (IM)은 정지한다.

Key Point

※ Y-△ 기동회로 11
전자접촉기 2개로 Y-△ 기동운전하는 방식으로 주전원 개폐용 전자접촉기가 없어서 전동기에 누전 등이 발생하면 M-1 또는 M-2가 닫히지 않은 상태에서도 전동기가 회전하여 소손될 수 있으므로 실무에서는 권장하지 않음

면면이 이어져 오는 개성상인 5대 경영철학

1. 남의 돈으로 사업하지 않는다.
2. 한 가지 업종을 선택해 그 분야 최고 기업으로 키운다.
3. 장사꾼은 목에 칼이 들어와도 신용을 지킨다.
4. 자식이라도 능력이 모자라면 회사를 물려주지 않는다.
5. 기업은 국가경제발전에 기여해야 한다.

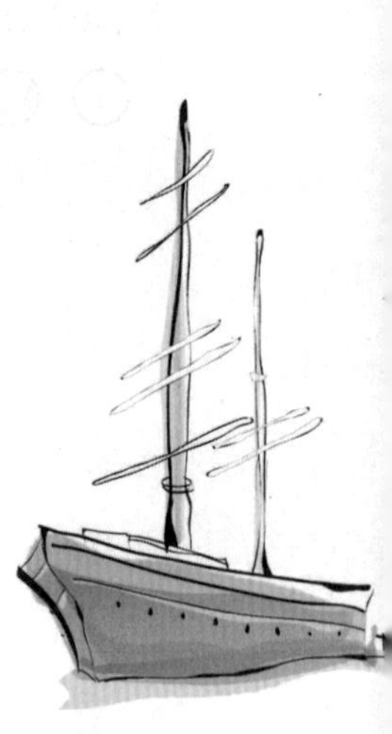

과년도 출제문제

2024년 소방설비산업기사 실기(전기분야)

** 수험자 유의사항 **

- 공통 유의사항

1. 시험 시작 시간 이후 입실 및 응시가 불가하며, 수험표 및 접수내역 사전확인을 통한 시험장 위치, 시험장 입실 가능 시간을 숙지하시기 바랍니다.
2. 시험 준비물 : 공단인정 신분증, 수험표, 계산기(필요 시), 흑색 볼펜류 필기구(필답, 기술사 필기), 계산기(필요 시), 수험자 지참 준비물(작업형 실기)
   ※ 공학용 계산기는 일부 등급에서 제한된 모델로만 사용이 가능하므로 사전에 필히 확인 후 지참 바랍니다.
3. 부정행위 관련 유의사항 : 시험 중 다음과 같은 행위를 하는 자는 국가기술자격법 제10조 제6항의 규정에 따라 당해 검정을 중지 또는 무효로 하고 3년간 국가기술자격법에 의한 검정을 받을 자격이 정지됩니다.
   - 시험 중 다른 수험자와 시험과 관련된 대화를 하거나 답안지(작품 포함)를 교환하는 행위
   - 시험 중 다른 수험자의 답안지(작품) 또는 문제지를 엿보고 답안을 작성하거나 작품을 제작하는 행위
   - 다른 수험자를 위하여 답안(실기작품의 제작방법 포함)을 알려 주거나 엿보게 하는 행위
   - 시험 중 시험문제 내용과 관련된 물건을 휴대하여 사용하거나 이를 주고받는 행위
   - 시험장 내외의 자로부터 도움을 받고 답안지를 작성하거나 작품을 제작하는 행위
   - 다른 수험자와 성명 또는 수험번호(비번호)를 바꾸어 제출하는 행위
   - 대리시험을 치르거나 치르게 하는 행위
   - 시험시간 중 통신기기 및 전자기기를 사용하여 답안지를 작성하거나 다른 수험자를 위하여 답안을 송신하는 행위
   - 그 밖에 부정 또는 불공정한 방법으로 시험을 치르는 행위
4. 시험시간 중 전자·통신기기를 비롯한 불허물품 소지가 적발되는 경우 퇴실조치 및 당해 시험은 무효처리가 됩니다.

- 실기시험 수험자 유의사항

1. 문제지를 받는 즉시 응시 종목의 문제가 맞는지 확인하셔야 합니다.
2. 답안지 내 인적 사항 및 답안작성(계산식 포함)은 **검정색** 필기구만을 계속 사용하여야 합니다.
3. 답안정정 시에는 **두 줄**(=)을 긋고 다시 **기재 가능**하며, **수정 테이프 사용** 또한 **가능**합니다.
4. 계산문제는 반드시 '계산과정'과 '답'란에 정확히 기재하여야 하며 계산과정이 틀리거나 없는 경우 0점 처리됩니다.
   ※ 연습이 필요 시 연습란을 이용하여야 하며, 연습란은 채점대상이 아닙니다.
5. 계산문제는 최종 결과값(답)에서 소수 셋째자리에서 반올림하여 둘째자리까지 구하여야 하나 개별 문제에서 소수 처리에 대한 별도 요구사항이 있을 경우, 그 요구사항에 따라야 합니다.
6. 답에 단위가 없으면 오답으로 처리됩니다. (단, 문제의 요구사항에 단위가 주어졌을 경우는 생략되어도 무방합니다)
7. 문제에서 요구한 가지 수 이상을 답란에 표기한 경우, 답란기재 순으로 요구한 가지 수만 채점합니다.

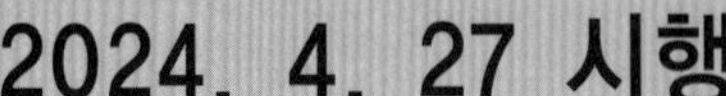

2024. 4. 27 시행

▌2024년 산업기사 제1회 필답형 실기시험▌

자격종목	시험시간	형별	수험번호	성명	감독위원 확인
소방설비산업기사(전기분야)	2시간 30분				

※ 다음 물음에 답을 해당 답란에 답하시오.(배점 : 100)

☆☆☆

문제 01

다음은 유도등에 대한 설명이다. ①~⑥까지 빈칸을 채우시오.

(20.7.문16, 19.6.문18, 11.5.문16)

득점	배점
	6

유사문제부터 풀어보세요. 실력이 팍!팍! 올라갑니다.

구 분	설 명
유도등	화재시에 피난을 유도하기 위한 등으로서 정상상태에서는 (①)에 따라 켜지고 (①)이 정전되는 경우에는 (②)으로 자동전환되어 켜지는 등
(③)	피난구 또는 피난경로로 사용되는 출입구를 표시하여 피난을 유도하는 등
통로유도등	피난통로를 안내하기 위한 유도등으로 (④), (⑤), (⑥) 등이 있다.

해답 ① 상용전원
② 비상전원
③ 피난구유도등
④ 복도통로유도등
⑤ 거실통로유도등
⑥ 계단통로유도등

해설

• 보기 ④, ⑤, ⑥은 답이 서로 바뀌어도 된다.

구 분	설 명
유도등	화재시에 피난을 유도하기 위한 등으로서 **정상상태**에서는 **상용전원**에 따라 켜지고 상용전원이 정전되는 경우에는 **비상전원**으로 자동전환되어 켜지는 등 기호 ①②
피난구유도등 기호 ③	피난구 또는 피난경로로 사용되는 **출입구**를 표시하여 피난을 유도하는 등
통로유도등	피난통로를 안내하기 위한 유도등으로 **복도통로유도등**, **거실통로유도등**, **계단통로유도등**이 있다. 기호 ④⑤⑥
복도통로유도등	피난통로가 되는 **복도**에 설치하는 통로유도등으로서 **피난구**의 **방향**을 명시하는 것
거실통로유도등	**거주**, **집무**, **작업**, **집회**, **오락**, 그 밖에 이와 유사한 목적을 위하여 계속적으로 사용하는 거실, 주차장 등 개방된 통로에 설치하는 유도등으로 피난의 방향을 명시하는 것
계단통로유도등	피난통로가 되는 **계단**이나 **경사로**에 설치하는 통로유도등으로 **바닥면** 및 **디딤바닥면**을 비추는 것
객석유도등	객석의 **통로**, **바닥** 또는 **벽**에 설치하는 유도등

문제 02

공급점에서 40m의 지점에 80A, 60m 지점에 60A, 100m 지점에 20A의 부하가 걸려 있을 때, 부하 중심까지의 거리를 구하시오.

득점	배점
	5

○ 계산과정 :

○ 답 :

○ 계산과정 : $\dfrac{40\times80+60\times60+100\times20}{80+60+20}=55\text{m}$

○ 답 : 55m

기호

- L_1 : 40m
- I_1 : 80A
- L_2 : 60m
- I_2 : 60A
- L_3 : 100m
- I_3 : 20A
- L : ?

부하중심거리

$$L=\frac{\Sigma LI}{\Sigma I}=\frac{L_1I_1+L_2I_2+L_3I_3}{I_1+I_2+I_3}$$

여기서, L : 부하중심거리〔m〕

$L_1 \cdot L_2 \cdot L_3$: 각 떨어진 거리〔m〕

$I_1 \cdot I_2 \cdot I_3$: 각 전류〔A〕

$$L=\frac{L_1I_1+L_2I_2+L_3I_3}{I_1+I_2+I_3}=\frac{(40\text{m}\times80\text{A})+(60\text{m}\times60\text{A})+(100\text{m}\times20\text{A})}{80\text{A}+60\text{A}+20\text{A}}=55\text{m}$$

문제 03

그림은 열전대식 차동식 분포형 감지기에 대한 결선도면이다. 이 도면을 보고 다음 각 물음에 답하시오.

(03.4.문2)

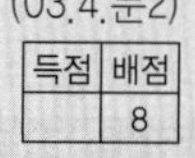

득점	배점
	8

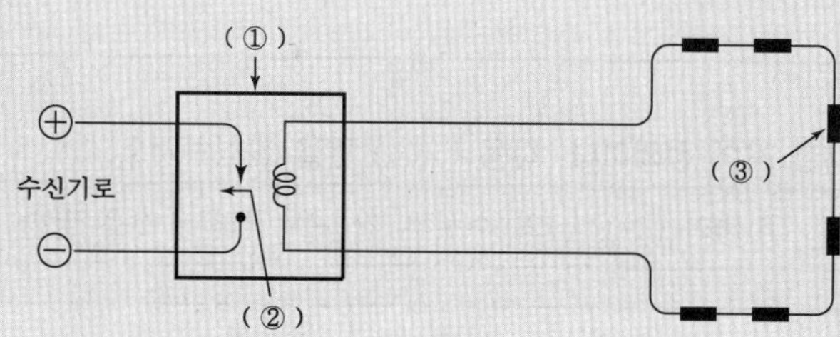

(가) ①에 해당되는 곳은 무슨 부분인가?

○

(나) ②, ③에 해당되는 곳의 명칭은?

○ ②

○ ③

(다) 하나의 검출부에 접속하는 열전대부는 몇 개 이하로 하여야 하는가?

○

(라) 열전대부는 감지구역의 바닥면적이 몇 m^2마다 1개 이상으로 하여야 하는가? (단, 일반적인 경우임)

○

해답 (가) ① 검출부
(나) ② 접점
③ 열전대
(다) 20개 이하
(라) $18m^2$

해설 (가), (나)

• (가) '**미터릴레이**'도 정답

열전대식 감지기의 설치기준(NFPC 203 7조, NFTC 203 2.4.3.8)

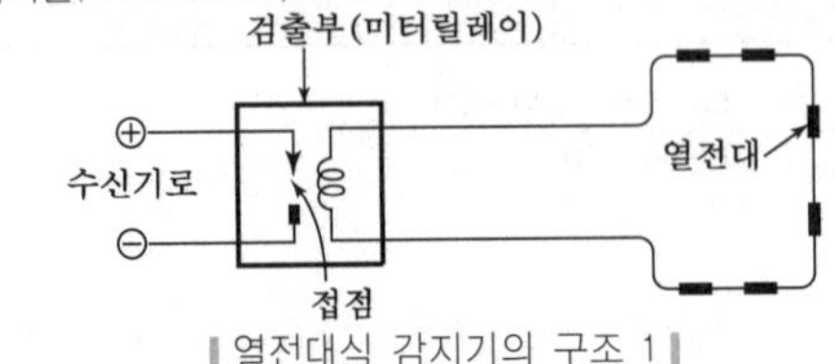

‖ 열전대식 감지기의 구조 1 ‖

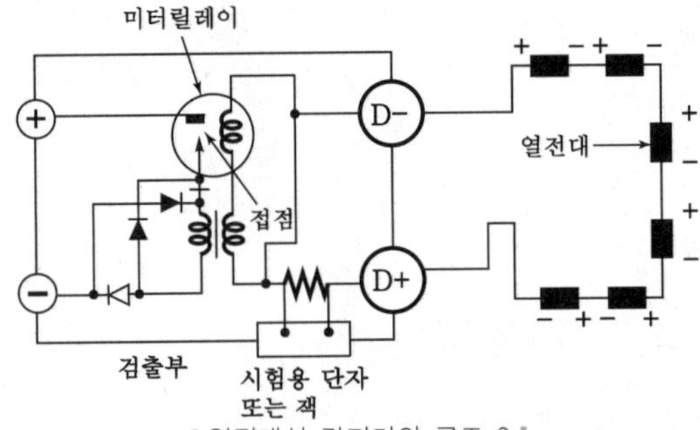

‖ 열전대식 감지기의 구조 2 ‖

(다) 하나의 검출부에 접속하는 열전대부는 **4~20개** 이하로 할 것

(라)

• 일반적인 경우=기타 구조

바닥면적

분 류	바닥면적	설치개수(최소 설치개수)
내화구조	$22m^2$	1개 이상(4개)
기타 구조	$\mathbf{18m^2}$	1개 이상(4개)

문제 04

GP형 수신기에 대한 용어 정의이다. 다음 (　　) 안을 완성하시오. (14.11.문7, 08.7.문7)

득점	배점
	3

GP형 수신기는 (①)와 (②)의 수신부 기능을 겸하는 것을 말한다.

해답 ① P형 수신기
② 가스누설경보기

해설 **수신기**의 **종류**

수신기의 종류	설 명	설치장소
P형 수신기	감지기 또는 발신기의 신호를 **공통신호**로서 수신하여 화재발생을 **관계인**에게 통보	수위실 등 상시 사람이 근무하는 장소
R형 수신기	감지기 또는 발신기의 신호를 **고유신호**로서 수신하여 화재발생을 **관계인**에게 통보 기억법 R고(**알고**! 모르고!)	

GP형 수신기	**P형 수신기**와 **가스누설경보기**의 수신부 기능을 겸한 것	수위실 등 상시 사람이 근무하는 장소
GR형 수신기	**R형 수신기**와 **가스누설경보기**의 수신부 기능을 겸한 것	

중요

수신기의 **조합**

수신기의 종류	조합기기
GP형 수신기	**P형** 수신기 + **가스누설경보기**
GR형 수신기	**R형** 수신기 + **가스누설경보기**
P형 복합식 수신기	**P형** 수신기 + **자동소화설비**의 **제어반**
R형 복합식 수신기	**R형** 수신기 + **자동소화설비**의 **제어반**
GP형 복합식 수신기	**GP형** 수신기 + **자동소화설비**의 **제어반**
GR형 복합식 수신기	**GR형** 수신기 + **자동소화설비**의 **제어반**

★★★

문제 05

비상콘센트설비에 관한 내용이다. 다음 각 물음에 답하시오.

(21.11.문13, 18.11.문3, 14.7.문10·18, 13.11.문1, 11.11.문17)

득점	배점
	7

(가) 비상콘센트를 설치해야 하는 특정소방대상물 3가지를 쓰시오. (단, 위험물 저장 및 처리시설 중 가스시설 및 지하구는 제외한다.)
○
○
○

(나) 비상콘센트는 바닥으로부터 높이 몇 m 이상 몇 m 이하의 위치에 설치해야 하는가?
○

(다) 하나의 전용회로에 설치하는 비상콘센트는 몇 개 이하로 해야 하는가?
○

(라) 하나의 전용회로에 설치하는 비상콘센트가 6개일 경우, 전선의 용량은 비상콘센트 몇 개의 공급용량을 합한 용량 이상의 것으로 해야 하는가? (단, 각 비상콘센트의 공급용량은 모두 같다고 한다.)
○

(마) 전원회로의 배선은 어떤 배선으로 해야 하는가?
○

해답 (가) ① 11층 이상의 층
② 지하 3층 이상이고 지하층의 바닥면적의 합계가 1000m^2 이상인 것은 지하 전층
③ 지하가 중 터널 길이 500m 이상

(나) 0.8m 이상 1.5m 이하

(다) 10개 이하

(라) 3개

(마) 내화배선

해설 (1) **비상콘센트설비**의 **설치대상**(소방시설법 시행령 [별표 4]) 질문 (가)
① **11층** 이상의 층
② **지하 3층** 이상이고, 지하층의 바닥면적의 합계가 **1000m^2** 이상인 것은 지하 전층
③ 지하가 중 터널길이 **500m** 이상

- '**설치기준**'과 '**설치대상**'은 다르다. 혼동하지 말라!
- 일반적으로 '**11층 이상**'이란 지하층을 제외한 층수를 말한다.

(2) **비상콘센트설비**(NFPC 504 4조, NFTC 504 2.1)

구 분	전 압	용 량	플러그접속기
단상교류	220V	1.5kVA 이상	접지형 2극

▌접지형 2극 플러그접속기▐

① 하나의 전용회로에 설치하는 비상콘센트는 **10개** 이하로 할 것(전선의 용량은 **3개** 이상일 때 **3개**) 질문 ㈐

설치하는 비상콘센트 수량	전선의 용량산정시 적용하는 비상콘센트 수량	전선의 용량
1	1개 이상	1.5kVA 이상
2	2개 이상	3.0kVA 이상
3~10	3개 이상 질문 ㈑	4.5kVA 이상

② 전원회로는 각 층에 있어서 **2 이상**이 되도록 설치할 것(단, 설치해야 할 층의 콘센트가 **1개**인 때에는 하나의 회로로 할 수 있다.)

③ 플러그접속기의 칼받이 접지극에는 **접지공사**를 해야 한다. (감전보호가 목적이므로 **보호접지**를 해야 한다.)

④ 풀박스는 **1.6mm** 이상의 철판을 사용할 것

- **풀박스**(pull box) : 배관이 긴 곳 또는 굴곡부분이 많은 곳에서 시공을 용이하게 하기 위하여 배선 도중에 사용하여 전선을 끌어들이기 위한 박스

⑤ 절연저항은 **전원부**와 **외함** 사이를 **직류 500V 절연저항계**로 측정하여 **20MΩ** 이상일 것

⑥ 전원으로부터 각 층의 비상콘센트에 분기되는 경우에는 **분기배선용 차단기**를 보호함 안에 설치할 것

⑦ 바닥으로부터 **0.8~1.5m** 이하의 높이에 설치할 것 질문 ㈏

⑧ 전원회로는 주배전반에서 **전용회로**로 하며, 배선의 종류는 **내화배선**이어야 한다. 질문 ㈒

용어

비상콘센트설비(emergency consent system) : 화재시 **소화활동** 등에 필요한 **전원**을 **전용회선**으로 공급하는 설비

☆

문제 06

스프링클러설비에서 감시제어반과 동력제어반으로 구분하여 설치하지 않아도 되는 경우 4가지를 쓰시오.

(15.4.문6)

득점	배점
	4

○
○
○
○

해답 ① 다음의 어느 하나에 해당하지 않는 특정소방대상물에 설치되는 스프링클러설비

㉠ 7층 이상(지하층 제외)으로서 연면적 2000m^2 이상

㉡ ㉠에 해당하지 않는 특정소방대상물로서 지하층의 바닥면적의 합계 3000m^2 이상

② 내연기관에 가압송수장치를 사용하는 스프링클러설비

③ 고가수조에 가압송수장치를 사용하는 스프링클러설비

④ 가압수조에 가압송수장치를 사용하는 스프링클러설비

해설 **스프링클러설비**에서 **감시제어반**과 **동력제어반**으로 **구분**하여 **설치하지 않아도 되는 경우**(NFPC 103 13조, NFTC 103 2.10.1)

(1) 다음의 어느 하나에 해당하지 않는 특정소방대상물에 설치되는 스프링클러설비

① 지하층을 제외한 층수가 **7층** 이상으로서 연면적이 **2000m^2** 이상인 것

② ①에 해당하지 않는 특정소방대상물로서 **지하층**의 바닥면적의 합계가 **3000m^2** 이상인 것

(2) **내연기관**에 따른 가압송수장치를 사용하는 스프링클러설비

(3) **고가수조**에 따른 가압송수장치를 사용하는 스프링클러설비
(4) **가압수조**에 따른 가압송수장치를 사용하는 스프링클러설비

기억법 감동 72 지3 내고가

☆☆☆
문제 07

이산화탄소 소화설비에 설치하는 방출표시등 및 사이렌의 설치위치 및 목적을 쓰시오.

(21.7.문4, 13.4.문14)

득점	배점
	4

(가) 방출표시등
○ 설치위치 :
○ 목적 :

(나) 사이렌
○ 설치위치 :
○ 목적 :

해답 (가) 방출표시등
① 설치위치 : 실외 출입구 위
② 목적 : 실내 입실금지

(나) 사이렌
① 설치위치 : 실내
② 목적 : 실내 사람대피

해설

- **방출표시등** : '**실외**'라고만 쓰면 틀림! '**실외 출입구 위**'라고 정확히 쓰자! '**실내 입실금지**', '**외부인 출입금지**' 모두 정답!
- **사이렌** : '**실내 사람대피**', '**실내 인명대피**' 모두 정답!

‖ **이산화탄소 소화설비**에 사용하는 **부속장치** ‖

구 분	사이렌	방출표시등(벽붙이형)	수동조작함
심벌	○◁	⊗	RM
설치위치	실내	실외 출입구 위	실외 출입구 부근
설치목적	음향으로 경보를 알려 **실내**에 있는 **사람**을 **대피**시킨다.	소화약제의 방출을 알려 실내에 **입실**을 **금지**시킨다.	수동으로 **창문**을 **폐쇄**시키고 **약제방출신호**를 보내 화재를 진화시킨다.

☆☆
문제 08

다음은 전동기와 전력용 콘덴서에 관련된 사항이다. 각 물음에 답하시오.

(15.7.문10, 14.4.문6, 14.11.문14, 10.4.문8, 10.10.문4·12, 09.7.문5)

득점	배점
	6

(가) 부하용량 200kVA를 공급하고 있는 단상부하이며 역률은 60%이다. 역률을 95%로 개선하기 위한 전력용 콘덴서는 몇 kVA가 필요한가?
○ 계산과정 :
○ 답 :

(나) 투입시 과전압으로부터 보호하고 개방시 콘덴서의 잔류전하를 방전시키며 콘덴서를 회로에서 분리시켰을 경우 잔류전하를 방전시켜 위험을 방지하기 위한 목적으로 사용되는 것을 무엇이라 하는가?
○

(다) 직렬리액터의 설치목적을 쓰시오.
○

해답 (가) ○ 계산과정 : $P=200\times0.6=120\text{kW}$

$$Q_c=120\times\left(\frac{\sqrt{1-0.6^2}}{0.6}-\frac{\sqrt{1-0.95^2}}{0.95}\right)=120.557\fallingdotseq 120.56\text{kVA}$$

○ 답 : 120.56 kVA

(나) 방전코일

(다) 제5고조파에 의한 파형 개선

해설 (가) ① 기호

- P_a : 200kVA
- $\cos\theta_1$: 60%=0.6
- $\cos\theta_2$: 95%=0.95

② 유효전력(P)

- $P=VI\cos\theta=P_a\cos\theta$

여기서, P : 유효전력[kW]
V : 전압[V]
I : 전류[A]
$\cos\theta$: 역률
P_a : 피상전력[kVA]

$P=P_a\cos\theta=200\text{kVA}\times0.6=120\text{kW}$

- $\cos\theta$는 개선 전 역률 $\cos\theta_1$을 적용한다는 것을 기억하라!

③ 역률개선용 **전력용 콘덴서**의 **용량**(Q_C)

$$Q_C=P\left(\frac{\sqrt{1-\cos\theta_1{}^2}}{\cos\theta_1}-\frac{\sqrt{1-\cos\theta_2{}^2}}{\cos\theta_2}\right)$$

여기서, Q_C : 콘덴서의 용량[kVA]
P : 유효전력[kW]
$\cos\theta_1$: 개선 전 역률
$\cos\theta_2$: 개선 후 역률

$$Q_C=P\left(\frac{\sqrt{1-\cos\theta_1{}^2}}{\cos\theta_1}-\frac{\sqrt{1-\cos\theta_2{}^2}}{\cos\theta_2}\right)=120\text{kW}\times\left(\frac{\sqrt{1-0.6^2}}{0.6}-\frac{\sqrt{1-0.95^2}}{0.95}\right)=120.557\fallingdotseq120.56\text{kVA}$$

(나), (다) **콘덴서회로**의 **주변기기**

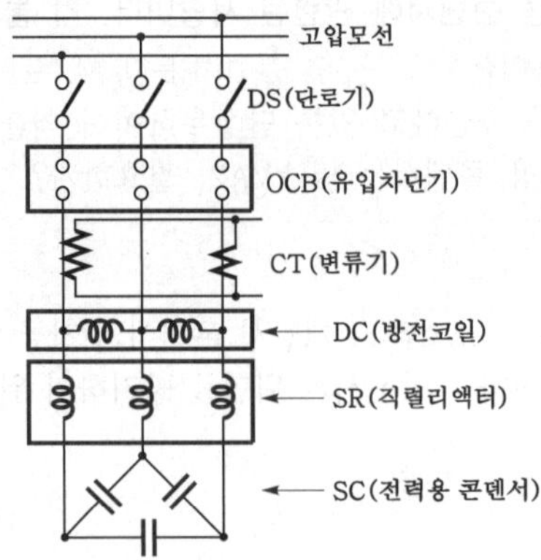

주변기기	설 명
방전코일 (discharge coil) 질문 (나)	**투입**시 **과전압**으로부터 **보호**하고, **개방**시 **콘덴서**의 **잔류전하**를 **방전**시킨다. 콘덴서(condenser)를 회로에서 분리시켰을 경우 잔류전하를 방전시켜 위험을 방지하기 위한 목적으로 사용되는 것으로 계기용 변압기(potential transformer)와 비슷한 구조로 되어 있다.
직렬리액터 (series reactor) 질문 (다)	**제5고조파**에 의한 **파형**을 **개선**한다. 역률개선을 위하여 회로에 전력용 콘덴서를 설치하면 제5고조파가 발생하여 회로의 파형이 찌그러지며 이것을 방지하기 위하여 회로에 **직렬**로 리액터(reactor)를 설치하는데 이것을 "**직렬리액터**"라고 한다.
전력용 콘덴서 (static condenser)	부하의 **역률을 개선한다.** "**진상용 콘덴서**" 또는 영어발음 그대로 "**스테틱 콘덴서**(static condenser)"라고도 부르며 **부하**의 **역률**을 **개선**하는 데 사용된다.

☆ 문제 09

비상콘센트 비상전원에 관한 다음 (   ) 안을 완성하시오.

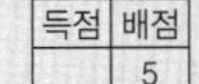

득점	배점
	5

(가) 비상콘센트설비를 유효하게 (   ) 이상 작동시킬 수 있는 용량으로 할 것

(나) 비상전원을 실내에 설치하는 때에는 그 실내에 (   )을 설치할 것

해답 (가) 20분

(나) 비상조명등

해설

비상콘센트설비의 비상전원 중 자가발전설비의 설치기준(NFPC 504 4조, NFTC 504 2.1.1.3)	예비전원을 내장하지 아니하는 비상조명등의 비상전원 설치기준(NFPC 304 4조, NFTC 304 2.1.1.4)
① **점검**에 편리하고 화재 및 침수 등의 재해로 인한 피해를 받을 우려가 없는 곳에 설치 ② 비상콘센트설비를 유효하게 **20분** 이상 작동할 수 있을 것 ③ 상용전원으로부터 전력의 공급이 중단된 때에는 자동으로 비상전원으로부터 전력을 공급받을 수 있을 것 ④ 비상전원의 설치장소는 다른 장소와 **방화구획**하여야 하며, 그 장소에는 비상전원의 공급에 필요한 기구나 설비 외의 것을 두지 말 것(단, **열병합발전설비**에 필요한 기구나 설비 제외) ⑤ 비상전원을 실내에 설치하는 때에는 그 실내에 **비상조명등** 설치	① **점검**이 편리하고 화재 및 침수 등의 재해로 인한 피해를 받을 우려가 없는 곳에 설치 ② 상용전원으로부터 전력의 공급이 중단된 때에는 **자동**으로 **비상전원**으로부터 전력을 공급받을 수 있도록 할 것 ③ 비상전원의 설치장소는 다른 장소와 **방화구획**하여야 하며, 그 장소에는 비상전원의 공급에 필요한 기구나 설비 외의 것을 두지 말 것(**열병합발전설비**에 필요한 기구나 설비 제외) ④ 비상전원을 실내에 설치하는 때에는 그 실내에 **비상조명등** 설치

☆☆☆ 문제 10

스프링클러 프리액션밸브의 간선계통도이다. 다음 각 물음에 답하시오. (16.4.문3, 11.11.문7)

득점	배점
	8

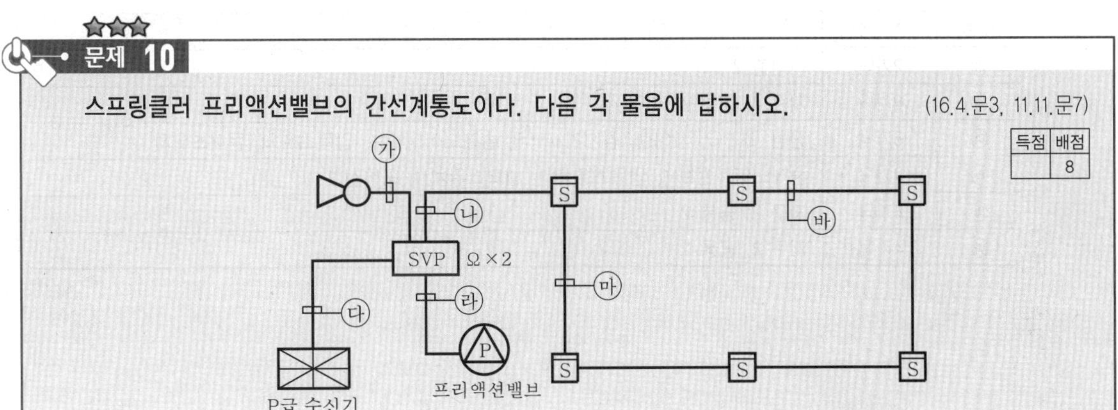

(가) ㉮~㉳의 매설 가닥수를 쓰시오. (단, 프리액션밸브용 감지기공통선과 전원공통선은 분리해서 사용하고 압력스위치, 탬퍼스위치 및 솔레노이드밸브용 공통선은 1가닥을 사용하는 조건이며, 전화선은 제외한다.)

기 호	㉮	㉯	㉰	㉱	㉲	㉳
가닥수						

(나) ㉰의 배선별 용도를 쓰시오.

○

해답 (가)

기 호	㉮	㉯	㉰	㉱	㉲	㉳
가닥수	2가닥	8가닥	9가닥	4가닥	4가닥	4가닥

(나) 전원 ⊕·⊖, 사이렌, 감지기 A·B, 솔레노이드밸브, 압력스위치, 탬퍼스위치, 감지기공통

해설 **가닥수의 내역**

기 호	가닥수	내 역
㉮	2가닥	사이렌 2
㉯	8가닥	지구 4, 공통 4
㉰	9가닥	전원 ⊕·⊖, 사이렌, 감지기 A·B, 솔레노이드밸브, 압력스위치, 탬퍼스위치, 감지기공통
㉱	4가닥	솔레노이드밸브 1, 압력스위치 1, 탬퍼스위치 1, 공통선 1
㉲	4가닥	지구 2, 공통 2
㉳	4가닥	지구 2, 공통 2

- 솔레노이드밸브 = 밸브기동 = SV(Solenoid Valve)
- 압력스위치 = 밸브개방 확인 = PS(Pressure Switch)
- 탬퍼스위치 = 밸브주의 = TS(Tamper Switch)
- 여기서는 조건에서 **압력스위치, 탬퍼스위치, 솔레노이드밸브**라는 명칭을 사용하였으므로 (나)의 답에서 우리가 일반적으로 사용하는 밸브개방 확인, 밸브주의, 밸브기동 등의 용어를 사용하면 오답으로 채점될 수 있다. 주의하라! 주어진 조건에 있는 명칭을 사용하여야 빈틈없는 올바른 답이 된다.
- 기호 ㉯, ㉲, ㉳ : 스프링클러 프리액션밸브는 감지기배선이 **교차회로방식**이므로 가닥수는 다음과 같다.

말단, 루프(loop)	기 타
4가닥	8가닥

비교

감지기공통선과 **전원공통선**을 **1가닥**으로 사용하고, **압력스위치·탬퍼스위치·솔레노이드밸브**의 **공통선**도 **1가닥**을 사용하는 경우

기 호	가닥수	내 역
㉮	2가닥	사이렌 2
㉯	8가닥	지구 4, 공통 4
㉰	8가닥	전원 ⊕·⊖, 사이렌, 감지기 A·B, 솔레노이드밸브, 압력스위치, 탬퍼스위치
㉱	4가닥	솔레노이드밸브 1, 압력스위치 1, 탬퍼스위치 1, 공통선 1
㉲	4가닥	지구 2, 공통 2
㉳	4가닥	지구 2, 공통 2

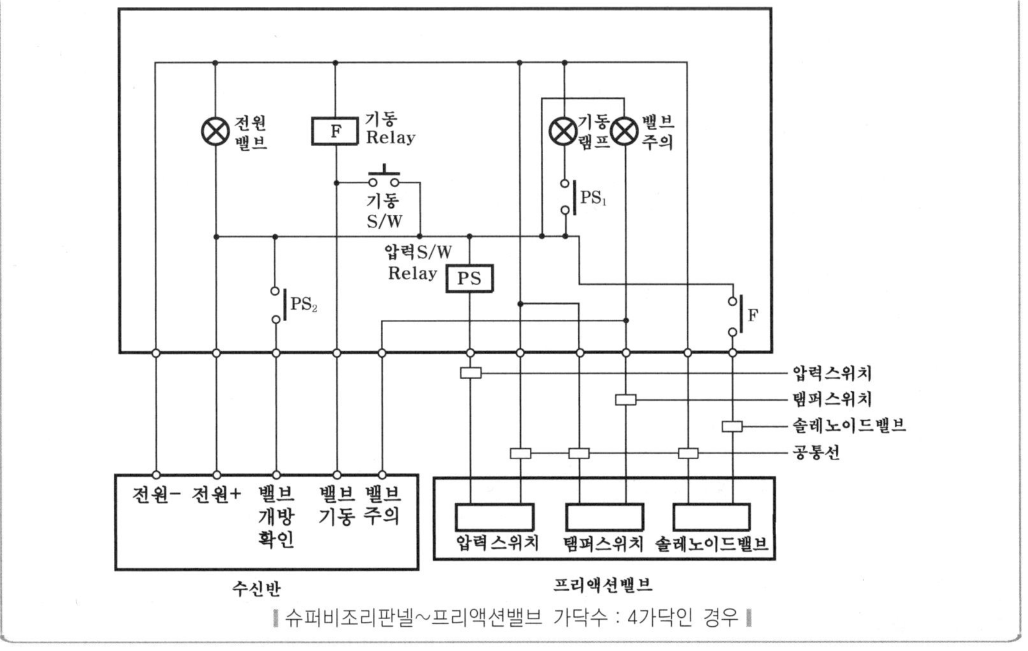

▮ 슈퍼비조리판넬~프리액션밸브 가닥수 : 4가닥인 경우 ▮

문제 11

자동화재탐지설비에서 비화재보가 발생할 수 있는 원인 4가지를 쓰시오. (07.4.문5)

득점	배점
	4

○
○
○
○

해답 ① 표시회로의 절연불량
② 감지기의 기능불량
③ 수신기의 기능불량
④ 급격한 온도변화에 따른 감지기 동작

해설 **자동화재탐지설비**의 **고장원인**

(1) 비화재보가 발생할 수 있는 원인
① **표시회로**의 절연불량
② **감지기**의 기능불량
③ **수신기**의 기능불량
④ **급**격한 **온도변화**에 따른 감지기 동작

기억법 **표감수급**

중요

비화재보가 **빈번할 때**의 **조치사항**
(1) 표시회로의 **절연상태**확인
(2) 감지기회로 **배선** 및 **절연상태**확인
(3) 수신기 내부의 **계전기 접점**확인
(4) 감지기 설치장소에 급격한 **온도상승**을 가져오는 **감열체**가 있는지를 확인

(2) 동작하지 않는 경우의 원인
① **전원**의 고장
② **전기회로**의 접촉불량 · 단선
③ **릴레이 · 감지기** 등의 접점불량
④ **감지기**의 기능불량

참고

일관성 비화재보(Nuisance Alarm)시 **적응성 감지기**
(1) **불**꽃감지기
(2) **정**온식 **감**지선형 감지기
(3) **분**포형 감지기
(4) **복**합형 감지기
(5) **광**전식 분리형 감지기
(6) **아**날로그방식의 감지기
(7) **다**신호방식의 감지기
(8) **축**적방식의 감지기

기억법 **불정감 복분(복분자) 광아다축**

문제 12

다음은 단상전동기의 기동제어회로이다. 푸시버튼스위치(PBS)에 의해 기동 · 정지가 가능하도록 미완성 회로도를 완성하고, 회로도에 사용된 문자기호의 명칭을 쓰시오. (15.11.문1, 14.4.문17)

득점	배점
	9

(가) 미완성 회로도

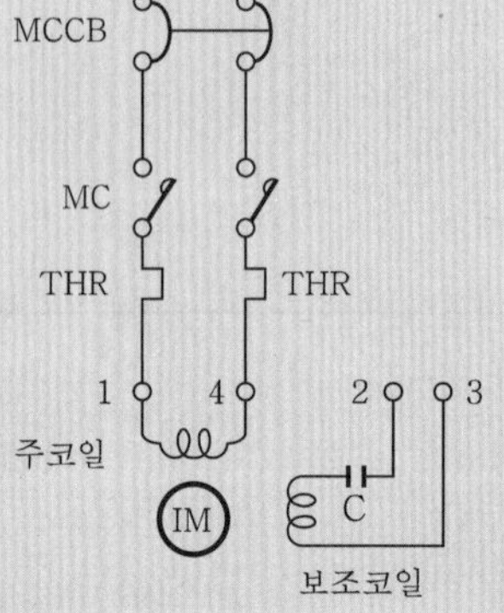

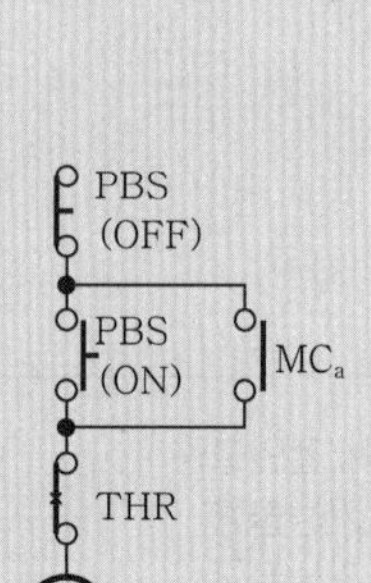

(나) 회로도에서 사용된 문자기호의 명칭

문자기호	문자기호의 명칭
THR	
MC	
MCCB	
IM	

해답 (가)

- 보조코일 2, 3은 THR 아래에 접속하는 것에 주의할 것

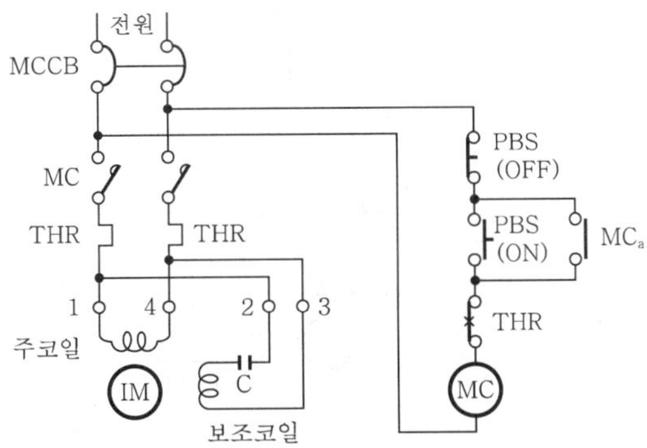

(나)

문자기호	문자기호의 명칭
THR	열동계전기
MC	전자접촉기
MCCB	배선용 차단기
IM	단상유도전동기

해설 (가) ① 보조코일의 연결이 서로 반대로 되어도 옳다. 이때는 단지 전동기의 회전방향만 반대로 될 뿐이다.

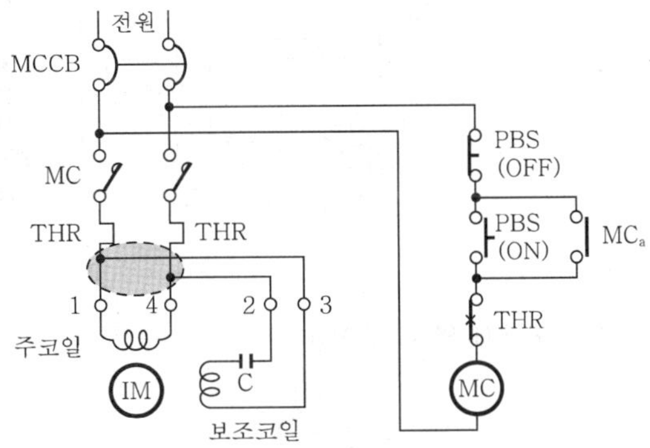

‖ 옳은 도면 ① ‖

② 전원의 연결이 서로 반대로 되어도 옳다.

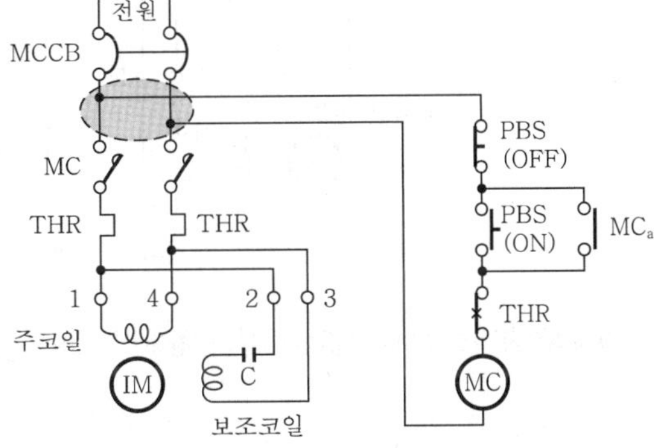

‖ 옳은 도면 ② ‖

③ 보조코일과 전원의 연결이 모두 반대로 되어도 옳다.

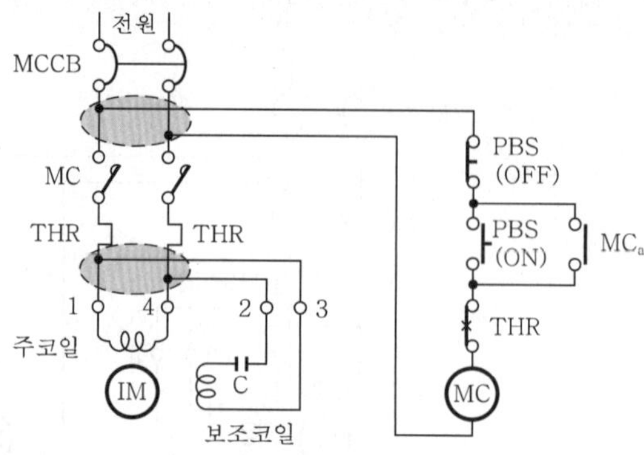

❙옳은 도면 ③❙

④ 접속부분에 점(●)을 찍지 않으면 틀림

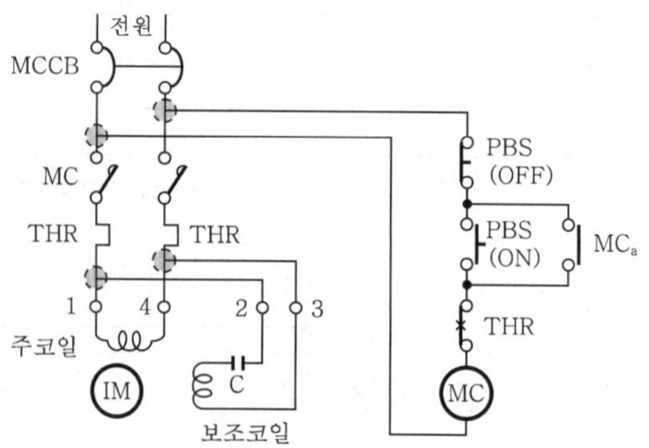

❙틀린 도면 ①❙

⑤ 보조코일이 THR 위에 연결되면 틀림

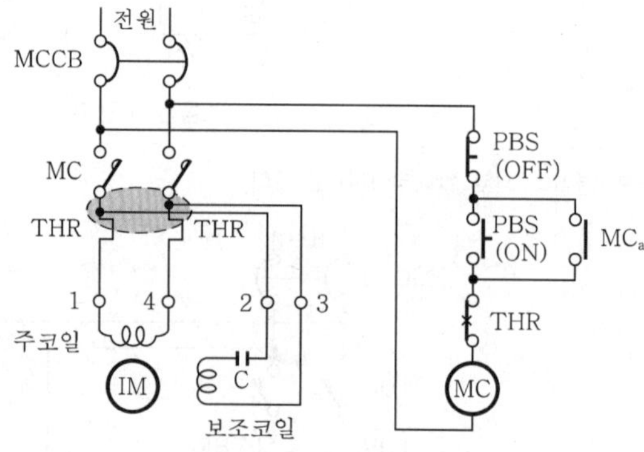

❙틀린 도면 ②❙

(나)

- IM : **'유도전동기'**라고 써야 정답이다. 단지 **'전동기'**라고만 쓰면 틀린다.

문자기호	문자기호의 명칭
THR(Thermal Relay)	열동계전기
MC(Magnetic Contactor)	전자접촉기
MCCB(Molded Case Circuit Breaker)	배선용 차단기
IM(Induction Motor)	단상유도전동기
C(Condenser)	콘덴서
PBS(OFF)	푸시버튼스위치(OFF)
PBS(ON)	푸시버튼스위치(ON)
MC_a	전자접촉기 a접점

☆☆☆

문제 13

P형 수신기 기능시험의 종류를 9가지 쓰시오. (16.4.문10, 16.6.문3, 14.11.문3)

득점	배점
	9

○ ○ ○
○ ○ ○
○ ○ ○

해답
① 화재표시작동시험 ② 회로도통시험
③ 공통선시험 ④ 동시작동시험
⑤ 회로저항시험 ⑥ 예비전원시험
⑦ 저전압시험 ⑧ 비상전원시험
⑨ 지구음향장치 작동시험

해설 **수신기**의 **시험**(성능시험)

시험 종류	시험방법	가부판정기준(확인사항)
화재표시 작동시험	① 회로선택스위치로서 실행하는 시험 : 동작시험스위치를 눌러서 스위치 주의등의 점등을 확인한 후 회로선택스위치를 차례로 회전시켜 **1회로**마다 화재시의 작동시험을 행할 것 ② 감지기 또는 발신기의 작동시험과 함께 행하는 방법 : 감지기 또는 발신기를 차례로 작동시켜 경계구역과 지구표시등과의 접속상태를 확인할 것	① 각 **릴레이**(relay)의 작동 ② **화재표시등, 지구표시등,** 그 밖의 표시장치의 점등(램프의 단선도 함께 확인할 것) ③ **음향장치** 작동확인 ④ **감지기회로** 또는 **부속기기회로**와의 연결접속이 정상일 것
회로도통시험	목적 : **감지기회로**의 **단선**의 **유무**와 기기 등의 접속상황을 확인 ① 도통시험스위치를 누른다. ② 회로선택스위치를 차례로 회전시킨다. ③ 각 회선별로 전압계의 전압을 확인한다. (단, 발광다이오드로 그 정상유무를 표시하는 것은 발광다이오드의 점등유무를 확인한다.) ④ 종단저항 등의 접속상황을 조사한다.	각 회선의 **전압계**의 **지시치** 또는 발광다이오드(LED)의 점등유무 상황이 정상일 것
공통선시험 (단, 7회선 이하는 제외)	목적 : 공통선이 담당하고 있는 경계구역의 적정여부 확인 ① 수신기 내 접속단자의 회로공통선을 1선 제거한다. ② 회로도통시험의 예에 따라 도통시험스위치를 누르고, 회로선택스위치를 차례로 회전시킨다. ③ 전압계 또는 발광다이오드를 확인하여 **'단선'**을 지시한 경계구역의 회선수를 조사한다.	공통선이 담당하고 있는 경계구역수가 **7 이하**일 것

예비전원시험	목적 : 상용전원 및 비상전원이 사고 등으로 정전된 경우 자동적으로 예비전원으로 절환되며, 또한 정전복구시에 자동적으로 상용전원으로 절환되는지의 여부 확인 ① 예비전원시험스위치를 누른다. ② 전압계의 지시치가 지정범위 내에 있을 것(단, 발광다이오드로 그 정상유무를 표시하는 것은 발광다이오드의 정상 점등 유무를 확인한다.) ③ 교류전원을 개로(상용전원을 차단)하고 자동절환릴레이의 작동상황을 조사한다.	① 예비전원의 **전압** ② 예비전원의 **용량** ③ 예비전원의 **절환상황** ④ 예비전원의 **복구작동**이 정상일 것
동시작동시험 (단, 1회선은 제외)	① **동작시험스위치**를 시험위치에 놓는다. ② 상용전원으로 **5회선**(5회선 미만은 전회선) 동시 작동 ③ 주음향장치 및 지구음향장치 작동 ④ 부수신기와 표시장치도 모두를 작동상태로 하고 실시	① **수신기**의 기능에 이상이 없을 것 ② **부수신기**의 기능에 이상이 없을 것 ③ **표시장치**(표시기)의 기능에 이상이 없을 것 ④ **음향장치**의 기능에 이상이 없을 것
지구음향장치 작동시험	목적 : 화재신호와 연동하여 음향장치의 정상 작동여부 확인 임의의 감지기 또는 발신기를 작동	① 지구음향장치가 작동하고 음량이 정상일 것 ② 음량은 음향장치의 중심에서 **1m** 떨어진 위치에서 **90dB** 이상일 것
회로저항시험	감지기회로의 선로저항치가 수신기의 기능에 이상을 가져오는지 여부 확인	하나의 감지기회로의 합성저항치는 **50Ω** 이하로 할 것
저전압시험	정격전압의 **80%**로 하여 행한다.	—
비상전원시험	비상전원으로 **축전지설비**를 사용하는 것에 대해 행한다.	

 **도표공동 예저비지**

문제 14

분전반에서 35m의 거리에 20W, 220V인 유도등 30개를 설치하려고 한다. 부하전류의 크기[A]를 구하고, 전선의 굵기는 몇 mm^2 이상으로 해야 하는지 보기에서 고르시오. (단, 배선방식은 1ϕ2W이며, 전압강하는 2% 이내이고, 전선은 동선을 사용한다. (또한, 전압과 전류의 위상차는 없다.)

(17.4.문11, 11.7.문14)

득점	배점
	5

[보기] 전선의 공칭단면적[mm^2]
1.5, 2.5, 4.6, 10, 16, 25, 35, 50

(가) 부하전류의 크기[A]
- ○ 계산과정 :
- ○ 답 :

(나) 전선의 공칭단면적[mm^2]
- ○ 계산과정 :
- ○ 답 :

(가) ○ 계산과정 : $I = \frac{20 \times 30}{220} = 2.727 ≒ 2.73A$

○ 답 : 2.73A

(나) ○ 계산과정 : $e = 220 \times 0.02 = 4.4V$

$$A = \frac{35.6 \times 35 \times 2.73}{1000 \times 4.4} = 0.77mm^2$$

○ 답 : $1.5mm^2$

해설 (가) **전류**

$$I = \frac{P}{V}$$

여기서, I : 전류[A]
P : 전력[W]
V : 전압[V]

전류 $I = \frac{P}{V} = \frac{20\text{W} \times 30\text{개}}{220\text{V}} = 2.727 ≒ 2.73\text{A}$

- [단서]에서 '**전압과 전류의 위상차가 없다**'는 뜻은 역률($\cos\theta$)=1, 무효율($\sin\theta$)=0 이라는 뜻이다. 다시 말해 역률($\cos\theta$)=1이므로 적용하지 않아도 된다는 뜻이다.
- 어떤 사람은 구해진 2.73A에 1.25 또는 1.1을 추가로 곱한다. 이것은 **허용전류**를 구할 때 그렇게 하는 것이다. 이 문제에서는 허용전류가 아니므로 해당사항이 없다. 허용전류는 **전동기**나 **비상콘센트**의 **전선굵기**를 구할 때 적용한다.

(나) **전압강하**

전압강하 e = 전압×전압강하 = $220\text{V} \times 0.02 = 4.4\text{V}$

- 전압강하는 **2%**이므로 **0.02** 적용

단상 2선식이므로 전선단면적 $A = \frac{35.6LI}{1000e} = \frac{35.6 \times 35\text{m} \times 2.73\text{A}}{1000 \times 4.4\text{V}} ≒ 0.77\text{mm}^2$

∴ 공칭단면적은 **1.5mm²**를 선정한다.

- 35m : 문제에서 주어짐
- 2.73A : (가)에서 구한 값
- 4.4V : 바로 위에서 구한 값
- 문제에서 제시한대로 반드시 **공칭단면적**으로 답해야 정답

참고

공칭단면적

① 0.5mm²	② 0.75mm²	③ 1mm²	④ 1.5mm²	⑤ 2.5mm²	⑥ 4mm²
⑦ 6mm²	⑧ 10mm²	⑨ 16mm²	⑩ 25mm²	⑪ 35mm²	⑫ 50mm²
⑬ 70mm²	⑭ 95mm²	⑮ 120mm²	⑯ 150mm²	⑰ 185mm²	⑱ 240mm²
⑲ 300mm²	⑳ 400mm²	㉑ 500mm²			

용어

공칭단면적 : 실제 실무에서 생산되는 규정된 전선의 굵기를 말한다.

중요

단상 2선식과 **3상 3선식**

구 분	단상 2선식	3상 3선식
적응기기	• 기타기기(**사이렌**, 경종, 표시등, **유도등**, 비상조명등, 솔레노이드밸브, 감지기 등)	• 소방펌프 • 제연팬
전압강하 1 (**전기저항**이 주어졌을 때 적용)	$e = V_s - V_r = 2IR$	$e = V_s - V_r = \sqrt{3}\,IR$
	여기서, e : 전압강하[V], V_s : 입력전압[V], V_r : 출력전압[V], I : 전류[A], R : 저항[Ω]	
전압강하 2 (**전기저항**이 주어지지 않았을 때 적용)	$A = \frac{35.6LI}{1000e}$	$A = \frac{30.8LI}{1000e}$
	여기서, A : 전선의 단면적[mm²], L : 선로길이[m], I : 전부하전류[A] e : 각 선간의 전압강하[V]	

★★★

문제 15

다음은 한국전기설비규정(KEC)에 따른 전선의 식별이다. 빈칸에 알맞은 색상을 쓰시오.

득점	배점
	3

상(문자)	색 상	상(문자)	색 상
L_1	갈색	N	②
L_2	흑색	보호도체	③
L_3	①		

해답 ① 회색
② 파란색
③ 녹색-노란색

해설 **전선식별**(KEC 121.2)

구 성	상(문자)	색 상
3상 전원	L_1	갈색
	L_2	검은색
	L_3	회색
중성선	N	파란색
접지선	보호도체	녹색-노란색

• 녹색-노란색 : **녹색**과 **노란색**을 **섞어서** 사용한다는 뜻

노란색

녹색

▮보호도체(접지선)▮

용어

3상 전원 vs **중성선** vs **접지선**

3상 전원	중성선(Neutral Line)	접지선(Earth Line)
평상시 전류도 흐르고 전압도 공급되고 있는 선	평상시 전류는 흐르지만 전압은 0V인 선	평상시에는 전류가 흐르지 않다가 누전 발생시 전류를 대지(땅)로 흘려보내는 선

★

문제 16

바닥으로부터 천장까지의 높이가 20m 이상의 특정소방대상물에 설치할 수 있는 감지기의 종류를 3가지를 쓰시오. (21.7.문18, 20.11.문9, 19.11.문13, 19.6.문2, 15.7.문1, 15.4.문14, 13.7.문5, 13.4.문2)

득점	배점
	5

○
○
○

해답 ① 불꽃감지기
② 광전식(분리형) 중 아날로그방식
③ 광전식(공기흡입형) 중 아날로그방식

• **'아날로그방식'**까지 정확히 써야 정답!

감지기의 **설치기준** (NFPC 203 7조, NFTC 203 2.4.1)

부착높이	감지기의 종류
4m **미**만	• 차동식(스포트형, 분포형) • 보상식 스포트형 • 정온식(스포트형, 감지선형) ─ **열**감지기 • 이온화식 또는 광전식(스포트형, 분리형, 공기흡입형) : **연**기감지기 • 열복합형 • 연기복합형(연복합형) • 열연기복합형 ─ **복**합형 감지기 • **불**꽃감지기 기억법 열연불복 4미
4~**8**m **미**만	• 차동식(스포트형, 분포형) • 보상식 스포트형 • **정**온식(스포트형, 감지선형) **특**종 또는 **1**종 ─ **열**감지기 • **이**온화식 **1**종 또는 **2**종 • **광**전식(스포트형, 분리형, 공기흡입형) 1종 또는 2종 ─ 연기감지기 • 열복합형 • 연기복합형(연복합형) • 열연기복합형 ─ **복**합형 감지기 • **불**꽃감지기 기억법 8미열 정특1 이광12 복불
8~**15**m 미만	• 차동식 **분**포형 • **이**온화식 **1**종 또는 **2**종 • **광**전식(스포트형, 분리형, 공기흡입형) 1종 또는 2종 • **연**기**복**합형(연복합형) • **불**꽃감지기 기억법 15분 이광12 연복불
15~**2**0m 미만	• **이**온화식 1종 • **광**전식(스포트형, 분리형, 공기흡입형) 1종 • **연**기**복**합형(연복합형) • **불**꽃감지기 기억법 이광불연복2
20m 이상	• **불**꽃감지기 • **광**전식(분리형, 공기흡입형) 중 **아**날로그방식 기억법 불광아

☆☆☆

문제 17

내화구조인 사무실의 평면도에 자동화재탐지설비를 설계하고자 한다. 주어진 조건을 이용하여 평면도에 감지기를 그려넣고 감지기와 감지기 간, 감지기와 발신기 사이의 전선가닥수를 명시하시오.

(10.10.문8)

득점	배점
	5

22m

18m

사무실

ⓅⒷⓁ

복도

‖ 평면도 ‖

〔설계조건〕

① 차동식 스포트형 감지기(2종)를 설치하고 소방시설 자체점검사항 등에 관한 고시에서 정하는 소방도시기호를 사용한다.

② 감지기의 부착높이는 3.8m이다.

③ 천장은폐배선을 사용하고 KS C 0301을 따른다.

④ 설계시 복도는 고려하지 않는다.

⑤ 발신기세트 옥내소화전 내장형을 사용한다.

⑥ 평면도상에 종단저항을 표시하도록 한다.

⑦ 전선가닥수는 다음 예와 같이 표시한다.

예 ―////―

⑧ 감지기는 루프배선으로 한다.

해답

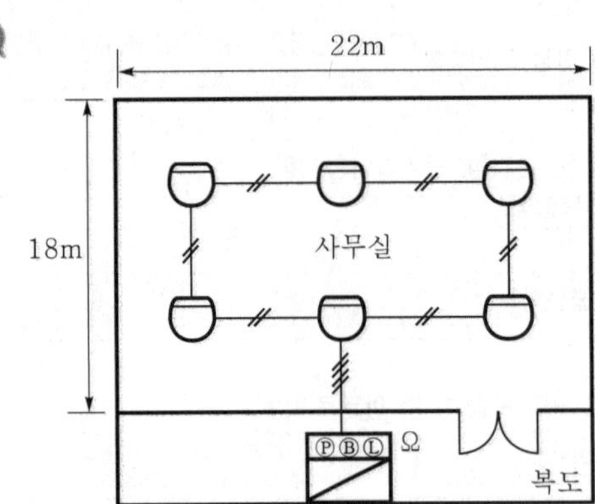

해설 (1) **스포트형 감지기**의 **바닥면적**(NFPC 203 7조, NFTC 203 2.4.3.5)

부착높이 및 특정소방대상물의 구분		감지기의 종류				
		차동식·보상식 스포트형		정온식 스포트형		
		1종	2종	특종	1종	2종
4m 미만	내화구조	90m²	70m²	70m²	60m²	20m²
	기타구조	50m²	40m²	40m²	30m²	15m²
4m 이상 8m 미만	내화구조	45m²	35m²	35m²	30m²	–
	기타구조	30m²	25m²	25m²	15m²	–

기억법
차 보 정
9 7 7 6 2
5 4 4 3 ①
④ ③ ③ 3 ×
3 ② ② ① ×
※ 동그라미(○) 친 부분은 뒤에 5가 붙음

• 〔문제〕 및 〔조건 ①②〕에서 **3.8m**, **내화구조**, **차동식 스포트형 2종**이므로 감지기 1개가 담당하는 바닥면적은 **70m²**

$$\text{차동식 스포트형 2종 감지기의 설치개수} = \frac{18\text{m} \times 22\text{m}}{\text{감지기 1개의 바닥면적}} = \frac{396\text{m}^2}{70\text{m}^2} = 5.6 \fallingdotseq 6\text{개(절상)}$$

(2) **소방시설 도시기호**

구 분	명 칭	그림기호	구 분	명 칭	그림기호
경보설비기기류	차동식 스포트형 감지기		경보설비기기류	경계구역번호	
	보상식 스포트형 감지기			비상용 누름버튼	F
	정온식 스포트형 감지기			비상전화기	ET
				비상벨	B
	연기감지기	S		사이렌	
				모터사이렌	M
	감지선			전자사이렌	S
	공기관			조작장치	EP
	열전대			증폭기	AMP
	열반도체			기동누름버튼	E
	차동식 분포형 감지기의 검출기			이온화식 감지기 (스포트형)	S I (I ; 'Ionization'의 약자)

경보설비기기류	발신기세트 단독형	Ⓟ Ⓑ Ⓛ	경보설비기기류	광전식 연기감지기 (아날로그)	S A (A ; 'Analog'의 약자)
	발신기세트 옥내소화전 내장형	ⓅⒷⓁ		광전식 연기감지기 (스포트형)	S P (P ; 'Photo'의 약자)

(3)

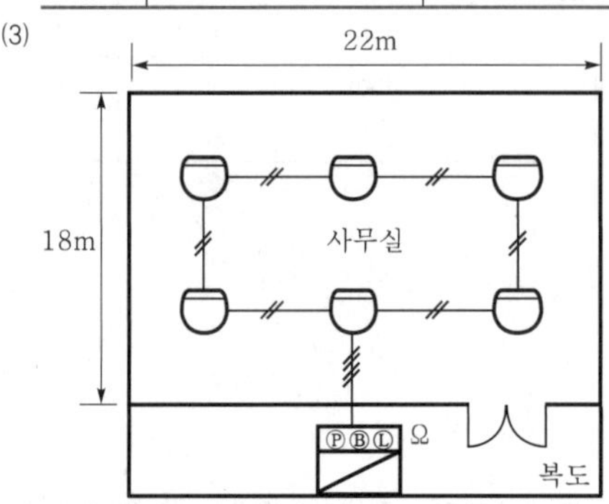

가닥수	배선의 용도
2가닥	지구, 공통
4가닥	지구, 공통 각 2가닥

• **평면도**이므로 무조건 **일제경보방식**으로 간선의 가닥수를 산정하면 된다.

비교

송배선식과 **교차회로방식**

구 분	송배선식	교차회로방식
목적	**감지기회로**의 **도통시험**을 용이하게 하기 위하여	감지기의 **오동작** 방지
원리	배선의 도중에서 분기하지 않는 방식	하나의 담당구역 내에 **2 이상**의 **감지기회로**를 설치하고 **2 이상**의 **감지기회로**가 **동시**에 **감지**되는 때에 설비가 작동하는 방식
적용설비	• 자동화재탐지설비 • 제연설비	• **분**말소화설비 • **할**론소화설비 • **이**산화탄소 소화설비 • **준**비작동식 스프링클러설비 • **일**제살수식 스프링클러설비 • **할**로겐화합물 및 불활성기체 소화설비 • **부**압식 스프링클러설비 기억법 **분할이 준일할부**
가닥수 산정	종단저항을 수동발신기함 내에 설치하는 경우 **루프**(loop)된 곳은 **2가닥**, **기타 4가닥**이 된다. 수동발신기함 루프(loop) ‖ 송배선식 ‖	**말단**과 **루프**(loop)된 곳은 **4가닥**, **기타 8가닥**이 된다. 수동발신기함 말단 루프(loop) ‖ 교차회로방식 ‖

☆☆☆

문제 18

객석통로에 객석유도등을 설치하려고 한다. 객석통로의 직선부분의 거리가 14m이다. 최소 몇 개의 객석유도등을 설치하여야 하는지 구하시오.

(23.11.문2, 22.7.문5, 21.7.문17, 20.11.문13, 19.6.문16, 18.11.문4, 14.7.문6, 14.11.문8, 13.4.문7, 12.11.문16)

득점	배점
	4

○ 계산과정 :

○ 답 :

해답

○ 계산과정 : $\frac{14}{4}-1=2.5 \fallingdotseq 3$개

○ 답 : 3개

해설 **최소 설치개수 산정식**

구 분	산정식
객석유도등	설치개수 $=\frac{\text{객석통로의 직선부분의 길이[m]}}{\underline{4}}-1$ 기억법 **객4(객사)**
유도표지	설치개수 $=\frac{\text{구부러진 곳이 없는 부분의 보행거리[m]}}{15}-1$
복도통로유도등, 거실통로유도등	설치개수 $=\frac{\text{구부러진 곳이 없는 부분의 보행거리[m]}}{20}-1$

객석유도등 설치개수 $=\frac{\text{객석통로의 직선부분의 길이[m]}}{4}-1=\frac{14}{4}-1=2.5 \fallingdotseq 3$개(절상)

- 설치개수 산정시 소수가 발생하면 반드시 **절상**한다.

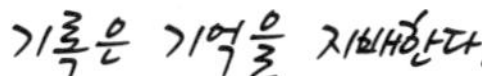

- 어느 한 회사의 광고 카피 -

24년

2024. 7. 28 시행

▮ 2024년 산업기사 제2회 필답형 실기시험 ▮

자격종목	시험시간	형별	수험번호	성명	감독위원 확인
소방설비산업기사(전기분야)	2시간 30분				

※ 다음 물음에 답을 해당 답란에 답하시오.(배점 : 100)

문제 01

인가요소 측정에 관한 다음 각 물음에 답하시오.

(03.7.문1)

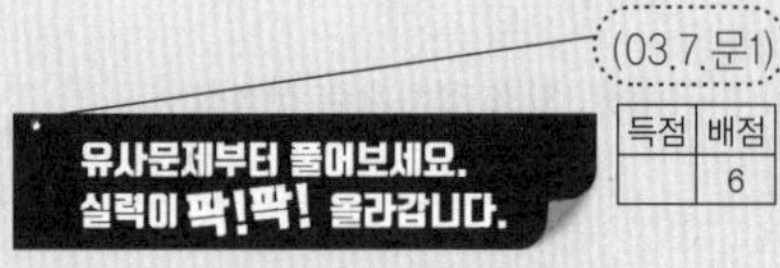
유사문제부터 풀어보세요.
실력이 팍!팍! 올라갑니다.

득점	배점
	6

(가) 전선의 전류를 측정하는 계기는?
○

(나) 옥내전등선의 절연저항을 측정하는 데 사용되는 계기는?
○

(다) 접지저항을 측정할 때 사용되는 브리지는?
○

해답 (가) 훅온미터 (나) 절연저항계 (다) 코올라우시 브리지

해설
- (가) 훅온미터=후크온미터=훅온메타=후크온메타=클램프미터 모두 정답
- (나) 절연저항계=메거 모두 정답

여러 가지 측정계기

측정계기	설 명
훅온미터(hook on meter) (=클램프미터)	• 전선의 **전류**를 **측정**하는 계기(전압, 저항까지 측정되는 계기가 많음) • **클램프미터**라고도 하며 직·교류 겸용
절연저항계(megger) (=메거)	• **절연저항**을 **측정**하는 계기
코올라우시 브리지(Kohlrausch bridge)	• **접지저항**, **전해액**의 **저항**, **전지**의 **내부저항**을 측정하는 계기 • **접지저항**을 측정하는 **브리지** 측정법
휘트스톤 브리지(Wheatstone bridge) (=휘스톤 브리지)	0.5~10^5Ω의 중저항 측정용 계기
검류계(galvano-meter) (=갈바노미터)	미소한 전류를 측정하기 위한 계기

문제 02

다음은 저압옥내배선의 금속관공사에 이용되는 부품 또는 공구이다. 명칭을 간단히 설명하시오.

(21.7.문16, 20.10.문17, 19.11.문16, 18.4.문9, 18.11.문2, 17.11.문14, 16.6.문12, 16.11.문2, 15.7.문4, 14.4.문8, 13.7.문18, 12.4.문2, 04.7.문4, 03.4.문6)

득점	배점
	5

○ 부싱 : ○ 노멀밴드 : ○ 커플링 :
○ 새들 : ○ 리머 :

해답 ① 부싱 : 전선의 피복을 보호하기 위해 전선관 끝에 부착
② 노멀밴드 : 매입배관시 직각으로 굽히는 곳에 사용
③ 커플링 : 전선관 상호 접속시 사용(관이 고정되어 있지 않을 때)
④ 새들 : 관 지지시 사용
⑤ 리머 : 전선관 말단을 다듬는 데 사용

- 노멀밴드=노멀벤드

‖ **금속관공사**에 **이용되는 부품** 및 **공구** ‖

명 칭	외 형	설 명
부싱 (bushing)		• **전선**의 **절연피복**을 **보호**하기 위하여 금속관 끝에 취부하여 사용되는 부품(전선의 피복을 보호하기 위해 전선관 끝에 부착) • 취부=부착
유니언커플링 (union coupling) (=유니온 커플링)		• **금속전선관 상호간**을 **접속**하는 데 사용되는 부품(**관**이 **고정**되어 있을 때) • 금속전선관=금속관=전선관
노멀밴드 (normal bend)		**매입**배관공사를 할 때 **직각**으로 굽히는 곳에 사용하는 부품(매입배관시 직각으로 굽히는 곳에 사용)
유니버설엘보 (universal elbow) (=유니버셜 엘보우)		**노출**배관공사를 할 때 관을 **직각**으로 굽히는 곳에 사용하는 부품
링리듀서 (ring reducer)		금속관을 아우트렛박스에 로크너트만으로 고정하기 어려울 때 보조적으로 사용되는 부품
커플링 (coupling)	커플링 전선관	**금속전선관 상호간**을 **접속**하는 데 사용되는 부품(**관**이 **고정**되어 있지 **않을 때**)
새들 (saddle)		**관**을 **지지**하는 데 사용하는 재료
로크너트 (lock nut)		**금속관**과 **박스**를 **접속**할 때 사용하는 재료로 최소 **2개**를 사용한다.

리머 (reamer)		• 금속관 **말단**의 **모**를 **다듬**기 위한 기구 (전선관 말단을 다듬는 데 사용) • 금속관=전선관=금속전선관 • 말단=끝단
파이프커터 (pipe cutter)		금속관을 **절단**하는 기구
환형 3방출 정크션박스		배관을 **분기**할 때 사용하는 박스
파이프벤더 (pipe bender)		금속관(후강전선관, 박강전선관)을 구부릴 때 사용하는 공구 ※ 28mm 이상은 **유압식 파이프벤더**를 사용한다.

☆ **문제 03**

「소방시설 설치 및 관리에 관한 법률 시행규칙」〔별표 3〕 소방시설별 장비기준에 대한 다음 ( ) 안을 완성하시오.

득점	배점
	8

소방시설	점검장비
모든 소방시설	방수압력측정계, (①), (②)
자동화재탐지설비, 시각경보기	(③), 연(煙)감지기시험기, 공기주입시험기, 감지기시험기 연결막대, 음량계
누전경보기	(④)
무선통신보조설비	무선기
통로유도등, 비상조명등	조도계(밝기 측정기)

① 절연저항계
② 전류전압측정계
③ 열감지기시험기
④ 누전계

• ① **'절연저항측정기'**라고 써도 정답
• 절연저항계=절연저항측정기

소방시설별 장비기준(소방시설법 시행규칙 〔별표 3〕)

소방시설	장 비	규 격
• 모든 소방시설	• 방수압력측정계 • 절연저항계(절연저항측정기) 기호 ① • 전류전압측정계 기호 ②	–
• 소화기구	• 저울	–

• 옥내소화전설비 • 옥외소화전설비	• 소화전밸브압력계	–
• 스프링클러설비 • 포소화설비	• 헤드결합렌치	–
• 이산화탄소 소화설비 • 분말소화설비 • 할론소화설비 • 할로겐화합물 및 불활성기체 소화설비	• 검량계, 기동관누설시험기	–
• 자동화재탐지설비 • 시각경보기	• 열감지기시험기 기호 ③ · 공기주입시험기 • 연감지기시험기 • 감지기시험기 연결막대 • 음량계	–
• 누전경보기	• 누전계 기호 ④	누전전류 측정용
• 무선통신보조설비	• 무선기	통화시험용
• 제연설비	• 풍속풍압계 • 폐쇄력측정기 • 차압계(압력차측정기)	–
• 통로유도등 • 비상조명등	• 조도계(밝기측정기)	최소눈금이 0.1 lx 이하인 것

문제 04

모터컨트롤센터(M.C.C)에서 소화전 펌프모터에 전기를 공급하는 전동기설비를 역률 90%로 개선하려면 전력용 콘덴서는 몇 kVA가 필요한지 구하시오. (단, 전압은 3상 380V이고 모터의 용량은 200kW, 역률은 70%라고 한다.) (18.4.문2, 14.11.문14)

○ 계산과정 :

○ 답 :

득점	배점
	4

해답

○ 계산과정 : $200\left(\frac{\sqrt{1-0.7^2}}{0.7}-\frac{\sqrt{1-0.9^2}}{0.9}\right)=107.176 ≒ 107.18\text{kVA}$

○ 답 : 107.18kVA

해설 역률개선용 **전력용 콘덴서**의 **용량** Q_c는

$$Q_c = P\left(\frac{\sqrt{1-\cos\theta_1{}^2}}{\cos\theta_1}-\frac{\sqrt{1-\cos\theta_2{}^2}}{\cos\theta_2}\right)\text{[kVA]}$$

여기서, Q_c : 콘덴서의 용량[kVA]

P : 유효전력[kW]

$\cos\theta_1$: 개선 전 역률

$\cos\theta_2$: 개선 후 역률

콘덴서의 용량 Q_c는

$$Q_c = P\left(\frac{\sqrt{1-\cos\theta_1{}^2}}{\cos\theta_1}-\frac{\sqrt{1-\cos\theta_2{}^2}}{\cos\theta_2}\right)=200\text{kW}\times\left(\frac{\sqrt{1-0.7^2}}{0.7}-\frac{\sqrt{1-0.9^2}}{0.9}\right)=107.176 ≒ 107.18\text{kVA}$$

• 여기서, 단위 때문에 궁금해하는 사람이 있다. 원래 콘덴서 용량의 단위는 **kVar**인데 우리가 언제부터인가 **kVA**로 잘못 표기하고 있는 것뿐이다. 그러므로 문제에서 단위가 주어지지 않았으면 kVar 또는 kVA 어느 단위로 답해도 정답! 이 문제에서는 kVA로 주어졌으므로 kVA로 답하면 된다.

비교

200kVA로 주어진 경우

- P_a : 200kVA
- $\cos\theta_1$: 0.7
- $\cos\theta_2$: 0.9

$$Q_C = P\left(\frac{\sqrt{1-\cos\theta_1^{\ 2}}}{\cos\theta_1} - \frac{\sqrt{1-\cos\theta_2^{\ 2}}}{\cos\theta_2}\right) = P_a \times \cos\theta_1\left(\frac{\sqrt{1-\cos\theta_1^{\ 2}}}{\cos\theta_1} - \frac{\sqrt{1-\cos\theta_2^{\ 2}}}{\cos\theta_2}\right)$$

$$= 200\text{kVA} \times 0.7\left(\frac{\sqrt{1-0.7^2}}{0.7} - \frac{\sqrt{1-0.9^2}}{0.9}\right) = 75.023 \fallingdotseq 75.02\text{kVA}$$

- $P = VI\cos\theta = P_a\cos\theta$

  여기서, P : 유효전력〔kW〕, V : 전압〔V〕, I : 전류〔A〕
  $\cos\theta$: 역률, P_a : 피상전력〔kVA〕

  $P = P_a\cos\theta = 200\text{kVA} \times 0.7 = 140\text{kW}$
- $\cos\theta$는 개선 전 역률 $\cos\theta_1$을 적용한다는 것을 기억하라!

☆☆ **문제 05**

다음 소방시설 도시기호 각각의 명칭을 쓰시오.

(21.4.문6, 17.6.문3, 16.11.문8, 15.4.문5, 15.11.문11, 13.4.문11, 10.10.문3, 06.7.문4, 03.10.문13, 02.4.문8)

득점	배점
	5

(가) Ⓑ　　(나)　　(다)

(라) S　　(마)

해답 (가) 비상벨　(나) 표시등　(다) 피난구유도등　(라) 연기감지기　(마) 차동식 스포트형 감지기

- (가) Ⓑ : **'소방시설 도시기호'**만 물어볼 때는 **'경종'**이라고 쓰면 틀릴 수 있다. **비상벨**이 정답! 경종설비라고 하지 않고 비상벨설비라고 하는 이유를 생각해 보라!

해설 **소방시설 도시기호**

구 분	명 칭	그림기호	구 분	명 칭	그림기호
경보설비기기류	차동식 스포트형 감지기 질문 (마)		경보설비기기류	모터사이렌	Ⓜ
	보상식 스포트형 감지기			전자사이렌	Ⓢ
	정온식 스포트형 감지기			화재경보벨	Ⓑ
				시각경보기(스트로브)	
	연기감지기 질문 (라)	S		수신기	

구분	명칭	심벌
경보설비기기류	감지선	
	경계구역번호	
	비상용 누름버튼	F
	비상전화기	ET
	비상벨 질문 (개)	B
	사이렌	
경보설비기기류	부수신기	
	중계기	
	표시등 질문 (내)	
	피난구유도등 질문 (대)	
	통로유도등	
	표시판	
	보조전원	TR
	종단저항	Ω

★★★

문제 06

차동식 스포트형 감지기와 정온식 스포트형 감지기를 비교 설명하시오. (19.11.문14, 14.4.문11, 10.7.문2)

○ 차동식 스포트형 감지기 :
○ 정온식 스포트형 감지기 :

득점	배점
	4

해답 ○ 차동식 스포트형 감지기 : 주위온도가 일정 상승률 이상일 때 작동하는 것으로 일국소에서의 열효과에 의하여 작동
○ 정온식 스포트형 감지기 : 일국소의 주위온도가 일정 온도 이상일 때 작동하는 것으로 외관이 전선이 아닌 것

해설 (1) **일반 감지기**

종 류	설 명
차동식 스포트형 감지기	주위온도가 **일정 상승률** 이상일 때 작동하는 것으로 **일국소에서의 열효과**에 의하여 작동하는 것
정온식 스포트형 감지기	일국소의 주위온도가 **일정 온도** 이상일 때 작동하는 것으로 **외관이 전선이 아닌 것**
보상식 스포트형 감지기	**차동식 스포트형+정온식 스포트형의 성능을 겸한 것**으로 **둘 중 한 기능**이 작동되면 신호를 발하는 것

(2) **감지기**의 **형식별 특성**

종 류	설 명
다신호식 감지기	① 각 서로 다른 종별 또는 감도 등의 기능을 갖춘 것으로서 일정 시간 간격을 두고 각각 다른 2개 이상의 화재신호를 발하는 감지기 ② 동일 종별 또는 감도를 갖는 2개 이상의 센서를 통해 감지하여 화재신호를 각각 발신하는 감지기
아날로그식 감지기	주위의 **온도** 또는 **연기**의 양의 변화에 따른 화재정보신호값을 출력하는 방식의 감지기

(3) **복합형 감지기**

종 류	설 명
열복합형 감지기	**차동식 스포트형+정온식 스포트형**의 성능이 있는 것으로 두 가지 성능의 감지기능이 함께 작동될 때 화재신호를 발신하거나 또는 두 개의 화재신호를 각각 발신하는 것
연복합형 감지기	**이온화식+광전식**의 성능이 있는 것으로 두 가지 성능의 감지기능이 함께 작동될 때 화재신호를 발신하거나 또는 두 개의 화재신호를 각각 발신하는 것
열·연기복합형 감지기	**열감지기+연기감지기**의 성능이 있는 것으로 두 가지 성능의 감지기능이 함께 작동될 때 화재신호를 발신하거나 또는 두 개의 화재신호를 각각 발신하는 것

불꽃복합형 감지기	**불꽃자외선식+불꽃적외선식** 및 **불꽃영상분석식**의 성능 중 두 가지 이상 성능을 가진 것으로 두 가지 이상의 감지기능이 함께 작동될 때 화재신호를 발신하거나 또는 두 개의 화재신호를 각각 발신하는 것

☆☆☆ **문제 07**

자동화재탐지설비의 R형 수신기의 신호전달방식을 쓰시오. (14.4.문1, 12.11.문11)

○

득점	배점
	5

해답 다중전송방식

해설

- 다중전송방식=다중전송신호방식=다중통신방식=고유신호방식 모두 정답!

(1) **다중전송방식**(Multiplex Communication)

하나의 전송선로에 2개 이상의 정보를 실어 동시에 신호를 전송하는 통신방식으로 주로 **R형 수신기**에 사용한다.

(2) **P형 수신기**와 **R형 수신기**의 **비교**

구 분	P형 수신기	R형 수신기
시스템의 구성	P형 수신기	중계기 R형 수신기
신호전송방식 (신호전달방식)	1 : 1 접점방식	**다중전송방식**
신호의 종류	공통신호	고유신호
화재표시기구	램프(lamp)	액정표시장치(LCD)
자기진단기능	없음	있음
선로수	많이 필요하다.	적게 필요하다.
기기비용	적게 소요	많이 소요
배관배선공사	선로수가 많이 소요되므로 복잡하다.	선로수가 적게 소요되므로 간단하다.
유지관리	선로수가 많고 수신기에 자기진단기능이 없으므로 어렵다.	선로수가 적고 자기진단기능에 의해 고장발생을 자동으로 경보·표시하므로 쉽다.
수신반 가격	기능이 단순하므로 가격이 싸다.	효율적인 감지·제어를 위해 여러 기능이 추가되어 있어서 가격이 비싸다.
화재표시방식	창구식, 지도식	창구식, 지도식, CRT식, 디지털식

중요

R형 수신기의 **특징**

(1) **선로수**가 적어 경제적이다.

(2) **선로길이**를 길게 할 수 있다.

(3) **증설** 또는 **이설**이 비교적 쉽다.

(4) **화재발생지구**를 선명하게 **숫**자로 표시할 수 있다.

(5) **신호**의 **전달**이 **확실**하다.

기억법 R수길 증숫신

☆ 문제 08

3ϕ 380V, 60Hz, $8P$, 75HP의 전동기가 있다. 회전속도가 882rpm일 때, 이 전동기의 회전자 주파수〔Hz〕를 구하시오. (20.7.문9)

○ 계산과정 :

○ 답 :

득점	배점
	4

해답 ○ 계산과정 : $N_s = \frac{120 \times 60}{8} = 900\text{rpm}$

$s = \frac{900-882}{900} = 0.02$

$f_r = 0.02 \times 60 = 1.2\text{Hz}$

○ 답 : 1.2Hz

해설 **기호**

- f : 60Hz
- P : $8P$
- N : 882rpm
- f_r : ?

(1) **동기속도**

동기속도	회전속도
$N_s = \frac{120f}{P}$〔rpm〕 여기서, N_s : 동기속도〔rpm〕 f : 주파수〔Hz〕 P : 극수	$N = \frac{120f}{P}(1-s)$〔rpm〕 여기서, N : 회전속도〔rpm〕 f : 주파수〔Hz〕 P : 극수 s : 슬립$\left(s = \frac{N_s - N}{N_s}\right)$

동기속도 $N_s = \frac{120f}{P} = \frac{120 \times 60}{8} = 900\text{rpm}$

(2) **슬립**

$$s = \frac{N_s - N}{N_s}$$

여기서, s : 슬립

N_s : 동기속도〔rpm〕

N : 회전속도〔rpm〕

$s = \frac{N_s - N}{N_s} = \frac{900-882}{900} = 0.02$

(3) **회전자 주파수**

$$f_r = s \times f$$

여기서, f_r : 회전자 주파수〔Hz〕

s : 슬립

f : 주파수〔Hz〕

$f_r = s \times f = 0.02 \times 60\text{Hz} = 1.2\text{Hz}$

- **0.02** : (2)에서 구한 값
- **60Hz** : 〔문제〕에서 주어진 값

용어

슬립(Slip)	회전자 주파수(Rotor Freguency)
유도전동기의 **회전자속도**에 대한 **고정자**가 만든 **회전자계**의 **늦음**의 **정도**를 말하며, 평상운전에서 슬립은 **4~8%** 정도되며, 슬립이 클수록 회전속도는 느려진다.	전동기의 회전부분, 즉 전동기의 회전자에서 발생하는 전류의 주파수

☆

문제 09

이산화탄소 소화설비의 화재안전기술기준의 제어반 등에 대한 내용이다. 다음 각 물음에 답하시오.

득점	배점
	5

(가) 제어반 및 화재표시반 설치장소에 대한 기준을 쓰시오.

○

(나) 다음 (　　) 안을 완성하시오.

> 각 방호구역마다 음향경보장치의 조작 및 감지기의 작동을 명시하는 (①)과 이와 연동하여 작동하는 벨·버저 등의 (②)를 설치할 것. 이 경우 음향경보장치의 조작 및 감지기의 작동을 명시하는 (①)을 겸용할 수 있다.

해답 (가) 화재 및 침수 등의 재해로 인한 피해를 받을 우려가 없고 점검에 편리한 장소

(나) ① 표시등

② 경보기

해설 **이산화탄소 소화설비**의 **제어반** 등(NFPC 106 7조, NFTC 106 2.4)

이산화탄소 소화설비의 제어반 및 화재표시반의 설치기준(단, 자동화재탐지설비의 수신기 제어반이 화재표시반의 기능을 가지고 있는 것은 화재표시반 설치 제외)

(1) 제어반은 수동기동장치 또는 화재감지기에서의 신호를 수신하여 **음향경보장치**의 **작동**, **소화약제**의 **방출** 또는 **지연** 등 기타의 **제어기능**을 가진 것으로 하고, 제어반에는 **전원표시등**을 설치할 것

(2) 화재표시반은 제어반에서의 신호를 수신하여 작동하는 기능을 가진 것으로 하되, 다음의 기준에 따라 설치할 것

① 각 방호구역마다 **음향경보장치**의 조작 및 **감지기**의 작동을 명시하는 **표시등**과 이와 연동하여 작동하는 벨·버저 등의 **경보기**를 설치할 것. 이 경우 음향경보장치의 조작 및 감지기의 작동을 명시하는 **표시등**을 **겸용**할 수 있다. 질문 (나)

② 수동식 기동장치는 그 **방출용 스위치**의 작동을 명시하는 **표시등**을 설치할 것

③ 소화약제의 **방출**을 **명시**하는 **표시등**을 설치할 것

④ 자동식 기동장치는 **자동·수동**의 **절환**을 **명시**하는 **표시등**을 설치할 것

(3) 제어반 및 화재표시반은 화재 및 침수 등의 재해로 인한 피해를 받을 우려가 없고 점검에 편리한 장소에 설치할 것 질문 (가)

(4) 제어반 및 화재표시반에는 해당 **회로도** 및 **취급설명서**를 비치할 것

(5) 수동잠금밸브의 개폐여부를 확인할 수 있는 표시등을 설치할 것

☆☆

문제 10

자동화재탐지설비의 감지기에 관한 설명이다. (　　) 안을 채우시오. (19.11.문14, 10.7.문2, 14.04.문11)

득점	배점
	6

(가) (　　)란 화재시 발생하는 열, 연기, 불꽃을 자동적으로 감지하는 기능 중 두 가지 이상의 성능을 가진 것으로서 두 가지 이상의 성능이 함께 작동할 때 화재신호를 발신하거나 두 개 이상의 화재신호를 각각 발신하는 감지기를 말한다.

(나) (　　)란 차동식 스포트형 감지기와 정온식 스포트형 감지기의 성능을 겸한 것으로서 차동식 스포트형 감지기의 성능 또는 정온식 스포트형 감지기의 성능 중 어느 한 기능이 작동되면 작동신호를 발하는 것을 말한다.

(다) (　　)란 각 서로 다른 종별 또는 감도 등의 기능을 갖춘 것으로서 일정시간 간격을 두고 각각 다른 2개 이상의 화재신호를 발하는 감지기를 말한다.

해답 (가) 복합형 감지기
(나) 보상식 스포트형 감지기
(다) 다신호식 감지기

해설 (1) **감지기의 형식별 특성**

종 류	설 명
다신호식 감지기 질문 (다)	① 각 서로 다른 **종별** 또는 **감도** 등의 기능을 갖춘 것으로서 **일정시간 간격**을 두고 각각 다른 **2개** 이상의 **화재신호**를 발하는 감지기 ② 동일 **종별** 또는 **감도**를 갖는 **2개** 이상의 센서를 통해 감지하여 **화재신호**를 각각 발신하는 감지기
아날로그식 감지기	주위의 **온도** 또는 **연기**의 **양**의 변화에 따른 화재정보신호값을 출력하는 방식의 감지기

기억법 다2

(2) **복합형 감지기**
화재시 발생하는 열, 연기, 불꽃을 자동적으로 감지하는 기능 중 두 가지 이상의 성능(동일 생성물이나 다른 연소생성물의 감지 기능)을 가진 것으로서 두 가지 이상의 성능이 함께 작동할 때 화재신호를 발신하거나 두 개 이상의 화재신호를 각각 발신하는 감지기 질문 (가)

‖ 감지기의 구분 ‖

종 류	설 명
열복합형 감지기	**차동식 스포트형+정온식 스포트형**의 성능이 있는 것으로 두 가지 성능의 감지기능이 함께 작동될 때 화재신호를 발신하거나 또는 두 개의 화재신호를 각각 발신하는 것
연복합형 감지기	**이온화식+광전식**의 성능이 있는 것으로 두 가지 성능의 감지기능이 함께 작동될 때 화재신호를 발신하거나 또는 두 개의 화재신호를 각각 발신하는 것
열·연기복합형 감지기	**열감지기+연기감지기**의 성능이 있는 것으로 두 가지 성능의 감지기능이 함께 작동될 때 화재신호를 발신하거나 또는 두 개의 화재신호를 각각 발신하는 것
불꽃복합형 감지기	**불꽃자외선식+불꽃적외선식** 및 **불꽃영상분석식**의 성능 중 두 가지 이상의 성능을 가진 것으로 두 가지 이상의 감지기능이 함께 작동될 때 화재신호를 발신하거나 또는 두 개의 화재신호를 각각 발신하는 것

기억법 **열복차정**

(3) **일반감지기**

종 류	설 명
차동식 스포트형 감지기	주위온도가 일정상승률 이상일 때 작동하는 것으로 **일국소에서의 열효과**에 의하여 작동하는 것
정온식 스포트형 감지기	일국소의 주위온도가 일정온도 이상일 때 작동하는 것으로 **외관이 전선이 아닌 것**
보상식 스포트형 감지기 질문 (나)	**차동식 스포트형+정온식 스포트형의 성능을 겸한 것**으로 **둘 중 한 기능**이 작동되면 신호를 발하는 것

기억법 **보차정한**

☆☆

문제 11

다음 그림과 같은 구역에 비상방송설비를 설치하려고 한다. 스피커의 설치위치를 평면도에 표시하시오. (단, 이때 스피커의 숫자는 최소로 설치하며, 배관배선은 표시하지 않으며 스피커의 심벌은 ▽(원 안) 로 표시한다.) (17.11.문7, 10.7.문6)

득점	배점
	5

35m 35m 35m
35m
35m
70m
105m

해답

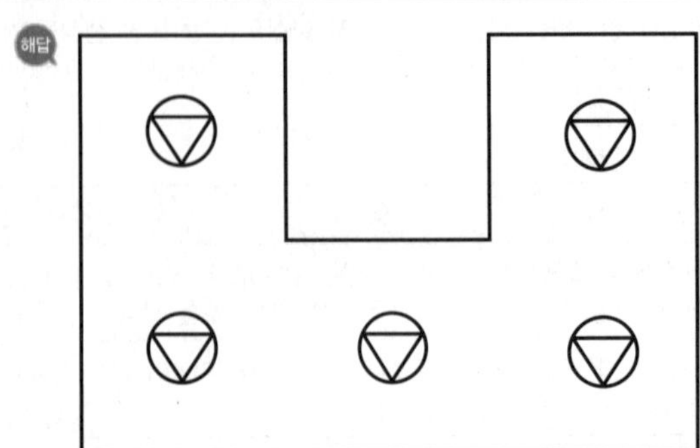

해설 확성기는 **각 층**마다 설치하되, 그 층의 각 부분으로부터 하나의 확성기까지의 **수평거리**가 **25m** 이하가 되도록 하고, 해당 층의 각 부분에 유효하게 경보를 발할 수 있도록 설치할 것(NFPC 202 4조, NFTC 202 2.1.1.2)

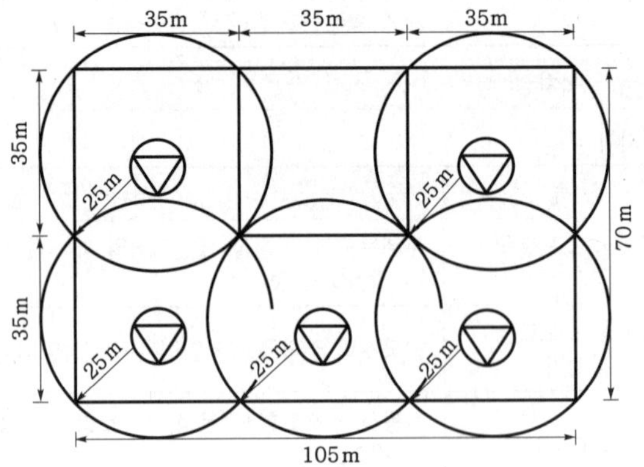

아하! 그렇구나 이런 유형의 문제인 경우

시험장에 **"자"**를 지참하여 **도면**의 **길이**와 **실제 길이**를 측정하면 몇 %를 **축소**하여 나타내었는지를 알 수 있다. 확인 후 **컴퍼스**(compass)를 이용하여 나타내고자 하는 길이를 도면의 축소율만큼 축소시켜 그린 후 빈칸이 없어야 한다. 이 문제는 실제로 **35m**가 **3.5cm** 축소되어 출제되었다. 그러므로 **수평거리 25m** 이하가 되어야 하므로 **2.5cm**로 축소하여 컴퍼스를 이용해서 **평면도**에 **빈곳없이** 모두 그려보면 확성기의 개수를 쉽게 알 수 있다. 괜찮은 방법이지 않은가?

☆

문제 12

P형 수신기에서 회로도통시험을 한 결과 정상신호가 나타나지 않았을 경우의 원인을 3가지 쓰시오. (단, 수신기의 자체 고장은 없다.)

(기사 10.4.문15)

○
○
○

득점	배점
	6

해답 ① 감지기회로의 단선
② 종단저항의 접속 불량
③ 감지기의 고장

해설

• 암기하기 쉬운 것 위주로 3가지를 써보자!

회로도통시험시 정상신호가 나타나지 않았을 경우의 원인

(1) 감지기회로의 **단선**
(2) 감지기회로의 **단락**
(3) 감지기의 **고장**
(4) 종단저항의 **접속 불량**
(5) 종단저항의 **누락**

중요

회로도통시험

구 분	설 명
시험방법	**감지기회로**의 **단선**의 **유무**와 기기 등의 접속상황을 확인하기 위해서 다음과 같은 시험을 행할 것 ① 도통시험스위치를 누른다. ② 회로선택스위치를 차례로 회전시킨다. ③ 각 회선별로 전압계의 전압을 확인한다(단, 발광다이오드로 그 정상 유무를 표시하는 것은 발광다이오드의 점등 유무를 확인한다). ④ 종단저항 등의 접속상황을 조사한다.
가부판정의 기준	각 회선의 **전압계**의 **지시치** 또는 발광다이오드(LED)의 점등 유무 상황이 정상일 것

• 회로도통시험
① 정상상태 : 2~6V
② 단선상태 : 0V
③ 단락상태 : 22~26V

☆☆

문제 13

자동화재탐지설비를 설치해야 할 특정소방대상물의 지상 5층 사무실의 각 층당 바닥면적이 500m^{2}인 경우 다음 조건을 참고하여 감지기의 종류별 설치해야 할 최소감지기의 수량을 계산하시오.

(20.11.문14, 16.6.문14, 14.4.문12, 13.11.문16)

득점	배점
	10

〔조건〕

① 감지기의 설치높이 : 바닥으로부터 3.6m

② 주요구조부 : 내화구조

③ 계단 : 건축물 양쪽 2개소

(가) 지상 3층에 설치하는 차동식 스포트형 감지기 2종의 최소설치개수

○ 계산과정 :

○ 답 :

(나) 연기감지기 2종(계단)의 최소설치개수

○ 계산과정 :

○ 답 :

(다) 각 층에 발신기를 설치할 때 발신기의 총 개수를 구하시오. (단, 문제에서 주어지지 않은 조건은 무시한다.)

○ 계산과정 :

○ 답 :

(라) 1층에 수신기를 설치할 때 최소회로수를 산정하시오.

○ 계산과정 :

○ 답 :

(마) 건물 전체에 설치하는 종단저항의 개수를 용도별로 산정하시오.

○ 계산과정 :

○ 답 :

(가) ○ 계산과정 : $\frac{500}{70}=7.14=8$개

○ 답 : 8개

(나) ○ 계산과정 : $\frac{3.6\times5}{15}=1.2\fallingdotseq2$개, $2\times2=4$개

○ 답 : 4개

(다) ○ 계산과정 : ① 5개

② $\frac{500}{600}=0.8\fallingdotseq1$개

$\therefore\ 5\times1=5$개

○ 답 : 5개

(라) ○ 계산과정 : ① 수평경계구역 5회로

② 수직경계구역 $\frac{3.6\times5}{45}=0.4\fallingdotseq1$회로, $1\times2=2$회로

$\therefore\ 5+2=7$회로

○ 답 : 7회로

(마) ○ 계산과정 : $7\times1=7$개

○ 답 : 7개

해설 (가) **스포트형 감지기**의 **바닥면적**

부착높이 및 특정소방대상물의 구분		감지기의 종류				
		차동식·**보**상식 스포트형		**정**온식 스포트형		
		1종	2종	특종	1종	2종
4m 미만	내화구조	90m²	70m²	70m²	60m²	20m²
	기타구조	50m²	40m²	40m²	30m²	15m²
4m 이상 8m 미만	내화구조	45m²	35m²	35m²	30m²	–
	기타구조	30m²	25m²	25m²	15m²	–

기억법
차 보 정
9 7 7 6 2
5 4 4 3 ①
④ ③ ③ 3 ×
3 ② ② ① ×
※ 동그라미(○) 친 부분은 뒤에 5가 붙음

차동식 스포트형 감지기(2종)의 설치개수 $=\dfrac{500\text{m}^2}{\text{감지기 1개의 바닥면적}}=\dfrac{500\text{m}^2}{70\text{m}^2}=7.14 \fallingdotseq 8$개(절상)

(나) **연기감지기**의 **설치기준**

설치장소	복도 · 통로		계단 · 경사로	
종 별	1 · 2종	3종	1 · 2종	3종
설치거리	보행거리 30m	보행거리 20m	수직거리 15m	수직거리 10m

계단 연기감지기의 설치개수 $=\dfrac{\text{계단높이}}{\text{수직거리}}=\dfrac{3.6\text{m}\times 5\text{개층}}{15\text{m}}=1.2 \fallingdotseq 2$개(절상), 2개×2개소=4개

- 2개소 : [조건 ③]에서 주어진 값

(다) **발신기**의 **설치기준**(NFPC 203 9조, NFTC 203 2.6)

① 조작이 **쉬운 장소**에 설치하고, 조작스위치는 바닥으로부터 **0.8~1.5m** 이하의 높이에 설치할 것
② 특정소방대상물의 **층**마다 설치하되, 해당 특정소방대상물의 각 부분으로부터 하나의 발신기까지의 **수평거리**가 **25m** 이하가 되도록 할 것(단, 복도 또는 별도로 구획된 실로서 **보행거리**가 **40m** 이상일 경우에는 추가로 설치)
③ 발신기의 **위치표시등**은 **함**의 **상부**에 설치하되, 그 불빛은 부착면으로부터 15° 이상의 범위 안에서 부착지점으로부터 10m 이내의 어느 곳에서도 쉽게 식별할 수 있는 **적색등**으로 할 것
※ 발신기는 자동화재탐지설비 경계구역 산정기준인 600m² 이하마다 설치해야 하므로

- 발신기개수=층수× [발신기개수 $=\dfrac{\text{바닥면적}}{600\text{m}^2}$(절상), 발신기개수 $=\dfrac{\text{수평거리}}{25\text{m}}$(절상)] 둘 중 **큰 값**

① 발신기개수=층수=5층=5개
② 발신기개수 $=\dfrac{\text{바닥면적}}{600\text{m}^2}=\dfrac{500\text{m}^2}{600\text{m}^2}=0.8 \fallingdotseq 1$개
③ 발신기개수 $=\dfrac{\text{수평거리}}{25\text{m}}$(주어지지 않았으므로 무시)

∴ 5개×1개=5개

- **5층** : [문제]에서 주어짐
- **500m²** : [문제]에서 주어짐

(라) ① **수평경계구역**

- 수평경계구역(면적)$= \frac{\text{바닥면적}[m^2]}{600m^2}$ ─┐
- 수평경계구역(길이)$= \frac{\text{가장 긴 변 길이}[m]}{50m}$ ─┘ 둘 중 **큰 값**

수평경계구역(면적)$= \frac{\text{바닥면적}[m^2]}{600m^2} = \frac{500m^2}{600m^2} = 0.8 ≒ 1$개

1개×5층=5경계구역(5회로)

- 경계구역=회로
- **5층** : [문제]에서 주어짐

② **수직경계구역**

구 분	경계구역
계단 (지상 1~5층)	• 수직거리 : 3.6m×5층 = 18m • 한 층의 높이가 주어지지 않았으므로 여기서는 [조건 ①]의 감지기 부착높이 3.6m를 한 층의 높이로 간주 • 경계구역(회로) : $\frac{\text{수직거리}}{45m} = \frac{18m}{45m}$ $= 0.4 ≒ 1$경계구역(1회로)(절상) ∴ 1경계구역(1회로)×2개소=2경계구역(2회로) • 2개소 : [조건 ③]에서 주어짐

계단=2경계구역(2회로)

∴ 5경계구역(5회로)+2경계구역(2회로)=7경계구역(7회로)

- 수직거리 **45m 이하**를 **1경계구역**으로 하므로 $\frac{\text{수직거리}}{45m}$를 하면 경계구역을 구할 수 있다.
- 경계구역 산정은 **소수점**이 발생하면 반드시 **절상**

아하! 그렇구나 계단 · 엘리베이터의 경계구역 산정

① **수직거리 45m** 이하마다 **1경계구역**으로 한다.
② **지하층**과 **지상층**은 **별개**의 **경계구역**으로 한다. (단, **지하 1층**인 경우에는 지상층과 **동일 경계구역**으로 한다.)
③ **엘리베이터마다 1경계구역**으로 한다.

(마)

- 회로수=종단저항개수
- (라)에서 7회로이므로 종단저항도 **7개**

송배선식과 **교차회로방식**

구 분	송배선식	교차회로방식
목적	**도통시험**을 용이하게 하기 위하여	감지기의 **오동작** 방지
원리	배선의 도중에서 분기하지 않는 방식	하나의 담당구역 내에 **2 이상**의 **감지기회로**를 설치하고 **2 이상**의 **감지기회로**가 **동시**에 **감지**되는 때에 설비가 작동하는 방식으로 회로방식이 **AND 회로**에 해당된다.

적용 설비	• 자동화재탐지설비 • 제연설비	• **분**말소화설비 • **할**론소화설비 • **이**산화탄소 소화설비 • **준**비작동식 스프링클러설비 • **일**제살수식 스프링클러설비 • **할**로겐화합물 및 불활성기체 소화설비 • **부**압식 스프링클러설비 기억법 **분할이 준일할부**
가닥수 산정	종단저항을 수동발신기함 내에 설치하는 경우 **루프**(loop)된 곳은 **2가닥, 기타 4가닥**이 된다. 수동 발신기함 루프(loop) ‖ 송배선식 ‖	**말단**과 **루프**(loop)된 곳은 **4가닥, 기타 8가닥**이 된다. 말단 수동 발신기함 루프(loop) ‖ 교차회로방식 ‖
종단 저항 개수	1경계구역당 **1개**	1구역(zone)당 **2개**

☆☆☆
문제 14

다음 도면은 지하 1층에 대한 할론소화설비와 연동하는 감지기 설비를 나타낸 그림이다. 지하 3층 건물이라 할 때 조건을 참고하여 다음 각 물음에 답하시오.

(17.6.문3, 16.6.문1, 14.7.문15, 12.11.문2, 기사 12.4.문1)

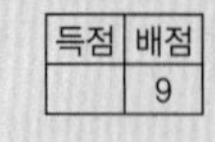

득점	배점
	9

〔조건〕

① 지하 1층, 지하 2층, 지하 3층에 할론소화설비를 시설하고, 수신반은 지상 1층에 설치한다.

② 사용하는 전선은 후강전선관이며, 콘크리트 매입으로 한다.

③ 기동을 만족시키는 최소의 배선을 하도록 한다.

④ 건축물은 내화구조로 각 층의 높이는 3.8m이다.

⑤ 종단저항은 수동기동함에 설치한다.

⑥ 감지기 공통선은 전원 ⊖와 별도로 하고 복구스위치는 제외한다.

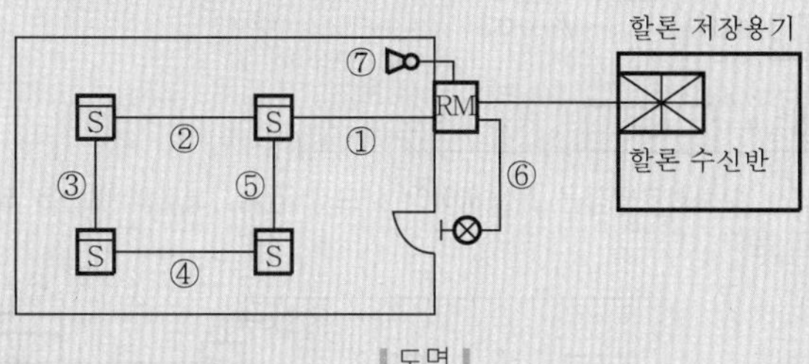

‖ 도면 ‖

(가) ①, ②, ⑤, ⑥의 최소전선가닥수를 쓰시오.

○ ①

○ ②

○ ⑤

○ ⑥

(나) 위와 같은 설비의 감지기회로에 사용되는 회로방식을 쓰시오.

○

(다) ⑦의 명칭을 쓰시오.

○

(라) 주어진 계통도에 ⓐ, ⓑ, ⓒ의 배선가닥수를 표시하시오.

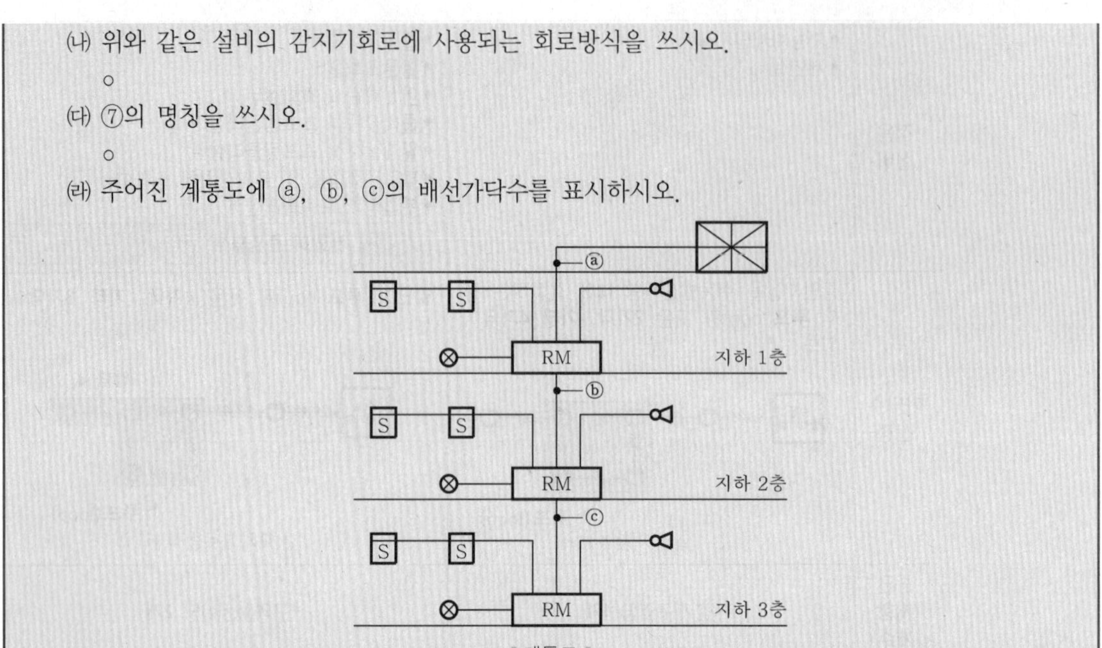

▌계통도▐

해답 (가) ○① 8가닥
○② 4가닥
○⑤ 4가닥
○⑥ 2가닥

(나) 교차회로방식

(다) 사이렌

(라)

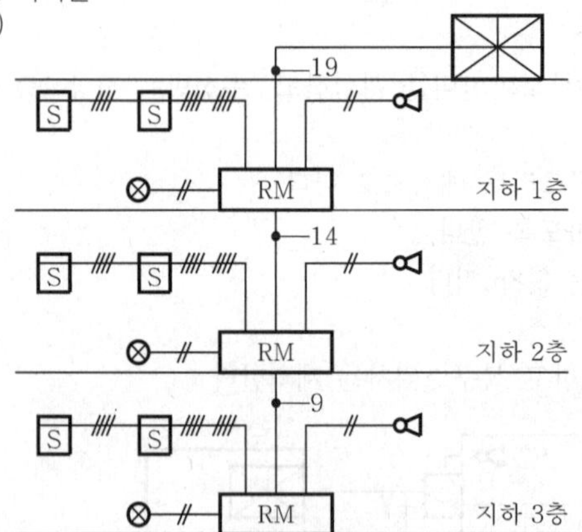

해설 (가) **할론소화설비**는 **교차회로방식**을 적용하여야 하므로 감지기회로의 배선은 **말단** 및 **루프**(loop)된 곳은 **4가닥**, 그 외는 **8가닥**이 된다.

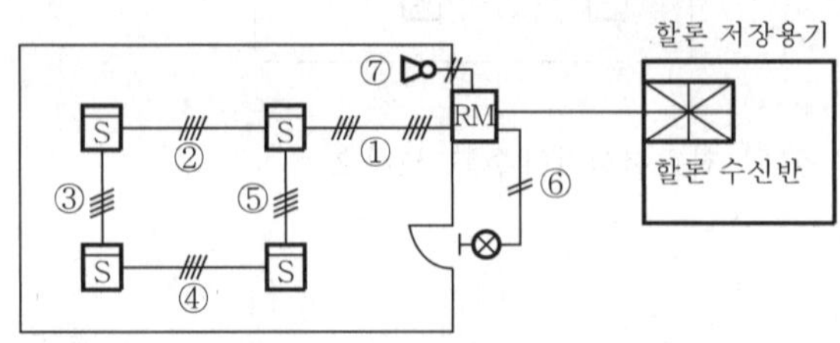

(나) **교차회로방식**

① 정의 : 하나의 방호구역 내에 2 이상의 감지기회로를 설치하고 2 이상의 감지기회로가 동시에 감지되는 때에 설비가 작동되도록 하는 방식

② 적용설비

㉠ **분**말소화설비
㉡ **할**론소화설비
㉢ **이**산화탄소소화설비
㉣ **준**비작동식 스프링클러설비
㉤ **일**제살수식 스프링클러설비
㉥ **할**로겐화합물 및 불활성기체 소화설비
㉦ **부**압식 스프링클러설비

기억법 **분할이 준일할부**

(다) **할론소화설비**에 사용하는 **부속장치**

구 분	사이렌	방출표시등(벽붙이형)	수동조작함
심벌	(사이렌 심벌)	(방출표시등 심벌)	RM
설치위치	실내	실외의 출입구 위	실외의 출입구 부근
설치목적	음향으로 경보를 알려 **실내**에 있는 **사람**을 **대피**시킨다.	소화약제의 방출을 알려 **외부인**의 **출입**을 **금지**시킨다.	수동으로 **창문**을 **폐쇄**시키고 **약제방출신호**를 보내 화재를 진화시킨다.

(라) **계통도**

층	내 역	용 도
지하 1층	HFIX 2.5－19	전원 ⊕ · ⊖, 감지기공통 1, 방출지연스위치, (감지기 A · B, 기동스위치, 방출표시등, 사이렌)×3
지하 2층	HFIX 2.5－14	전원 ⊕ · ⊖, 감지기공통 1, 방출지연스위치, (감지기 A · B, 기동스위치, 방출표시등, 사이렌)×2
지하 3층	HFIX 2.5－9	전원 ⊕ · ⊖, 감지기공통 1, 방출지연스위치, 감지기 A · B, 기동스위치, 방출표시등, 사이렌

- 사이렌 : **2가닥**, 방출표시등 : **2가닥**
- 가닥수는 **감지기**, **방출표시등**, **사이렌**, **간선** 모든 부분에 표시하는 것이 좋다.
- 방출지연스위치=방출지연비상스위치
- 기동스위치=수동조작스위치
- [조건 ⑥]에 의해 감지기 공통선 별도로 추가해야 한다.

☆☆☆

문제 15

양수량이 $2m^3/min$이고, 총양정이 90m인 펌프용 전동기의 용량은 몇 kW인지 구하시오. (단, 펌프효율은 65%이고, 여유율은 1.25라고 한다.)

(23.7.문5, 20.7.문15, 19.4.문15, 17.4.문9, 14.4.문7, 11.7.문3, 05.7.문13)

○ 계산과정 :
○ 답 :

득점	배점
	4

○ 계산과정 : $\frac{9.8\times1.25\times90\times2}{0.65\times60}=56.538 \fallingdotseq 56.54\text{kW}$

○ 답 : 56.54kW

해설 **기호**

- t : min=60s
- Q : 2m^3
- H : 90m
- P : ?
- η : 65%=0.65
- K : 1.25

전동기의 **용량**

$$P\eta t = 9.8KHQ$$: **물**을 사용하는 설비

여기서, P : 전동기용량[kW]
η : 효율
t : 시간[s]
K : 전달계수
H : 전양정[m]
Q : 양수량[m^3]

$$P = \frac{9.8KHQ}{\eta t} = \frac{9.8 \times 1.25 \times 90 \times 2}{0.65 \times 60} = 56.538 ≒ 56.54\text{kW}$$

별해

전동기의 **용량**

$$P = \frac{0.163KHQ}{\eta}$$
$$= \frac{0.163 \times 1.25 \times 90\text{m} \times 2\text{m}^3/\text{min}}{0.65}$$
$$= 56.423 ≒ 56.42\text{kW}$$

- **별해**와 같이 계산해도 정답! **소수점 차이**가 나지만 이것도 정답!

중요

(1) **전동기**의 **용량**을 **구하는 식**

① 일반적인 설비 : **물** 사용설비

t(시간)[s]	t(시간)[min]	비중량이 주어진 경우 적용
$P = \frac{9.8KHQ}{\eta t}$	$P = \frac{0.163KHQ}{\eta}$	$P = \frac{\gamma HQ}{1000\eta}K$
여기서, P : 전동기용량[kW] η : 효율 t : 시간[s] K : 여유계수(전달계수) H : 전양정[m] Q : 양수량(유량)[m^3]	여기서, P : 전동기용량[kW] η : 효율 H : 전양정[m] Q : 양수량(유량)[m^3/min] K : 여유계수(전달계수)	여기서, P : 전동기용량[kW] η : 효율 γ : 비중량(물의 비중량 9800N/m^3) H : 전양정[m] Q : 양수량(유량)[m^3/s] K : 여유계수

② 제연설비(배연설비) : **공기** 또는 **기류** 사용설비

$$P = \frac{P_T Q}{102 \times 60\eta}K$$

여기서, P : 배연기(전동기) (소요)동력[kW]
P_T : 전압(풍압)[mmAq, mmH$_2$O]

Q : 풍량〔m_3/min〕
K : 여유율(여유계수, 전달계수)
η : 효율

주의

제연설비(배연설비)의 전동기 소요동력은 반드시 위의 식을 적용하여야 한다. 주의! 또 주의!

(2) **아주 중요한 단위환산**(꼭! 기억하시라!)
① 1mmAq=10^{-3}mH_2O=10^{-3}m
② 760mmHg=10.332mH_2O=10.332m
③ 1Lpm=$10^{-3}$$m^3$/min
④ 1HP=0.746kW

☆ 문제 16

비상방송설비의 블록다이어그램(block diagram) 및 보기를 참고하여 다음 각 물음에 답하시오.

(20.10.문1, 19.11.문12, 기사 03.4.문13)

득점	배점
	8

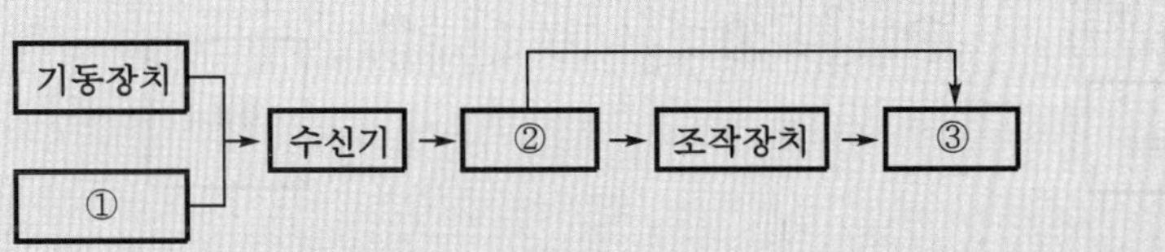

〔보기〕
스피커, 감지기, 증폭기, 컷아웃스위치, 변압기

(가) ①, ②의 명칭을 쓰시오.
○ ①
○ ②

(나) 기동장치를 기동하는 전원의 전압은 몇 V인지 쓰시오.
○

(다) 음량조정기를 설치하는 경우 음량조정기의 배선은 몇 선식으로 하여야 하는지 쓰시오.
○

(라) 기동장치에 따른 화재신호를 수신한 후 필요한 음량으로 화재발생상황 및 피난에 유효한 방송이 자동으로 개시될 때까지의 소요시간은 몇 초 이내로 해야 하는지 쓰시오.
○

(마) ③의 음성입력은 실외의 경우 몇 W 이상이어야 하는지 쓰시오.
○

(바) 1층에서 화재가 발생할 때에 우선적으로 경보를 발하여야 할 층을 쓰시오. (단, 공동주택이 아닌 지하 3층에서 지상 13층 건물이다.)
○

해답 (가) ○ ① : 감지기
○ ② : 증폭기
(나) 직류 24V
(다) 3선식
(라) 10초 이하
(마) 3W 이상
(바) 지하 전층, 1층, 2층, 3층, 4층, 5층

해설 (가) **비상방송설비**의 **계통도**

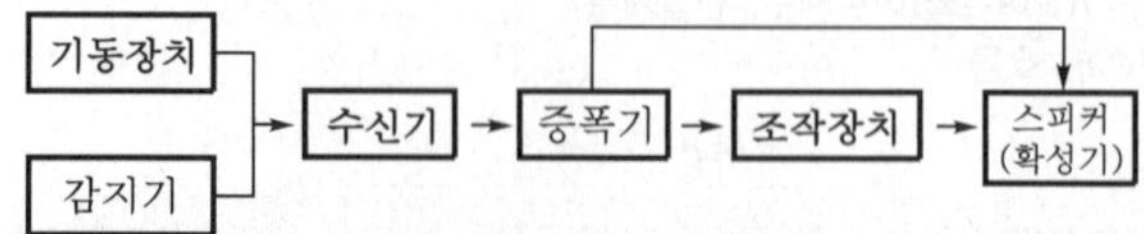

(나) **자동화재탐지설비 · 비상경보설비 · 비상방송설비 · 옥내소화전설비** 등의 전원은 **직류 24V**이다.

(다)~(바) **비상방송설비**의 **설치기준**(NFPC 202 4조, NFTC 202 2.1.1)

① 확성기의 음성입력은 실외는 **3W**(실내는 **1W**) 이상일 것 질문 (마)

② 음량조정기의 배선은 **3선식**으로 할 것 질문 (다)

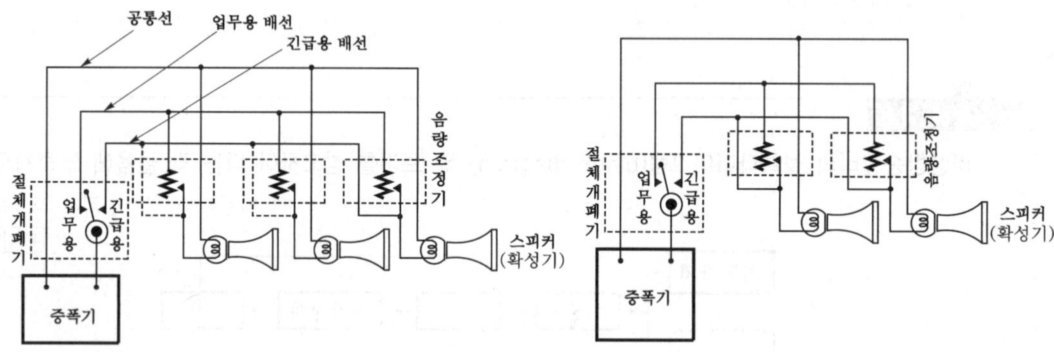

▌3선식 배선 1▐

▌3선식 배선 2▐

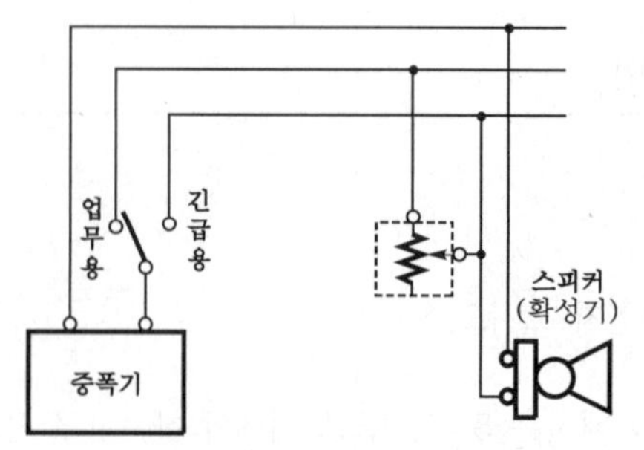

▌3선식 배선 3▐

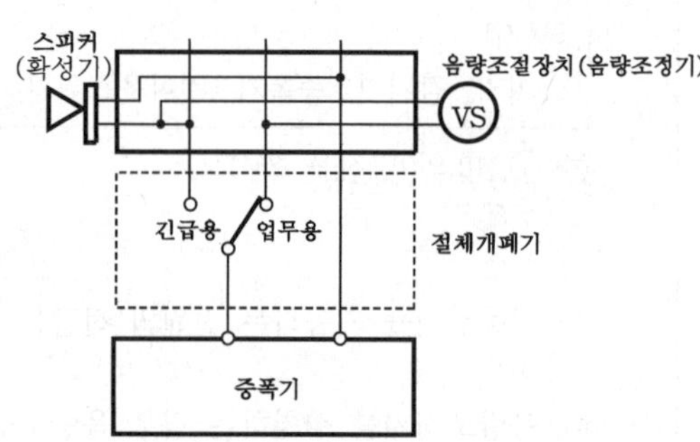

▌3선식 배선 4▐

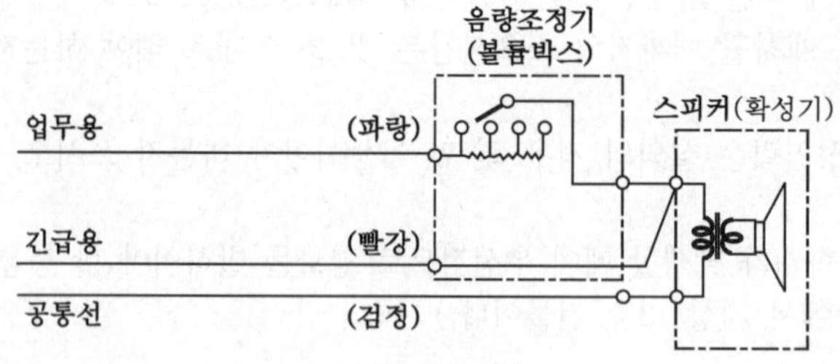

▌3선식 배선 5▐

③ 기동장치에 의한 **화재신고**를 수신한 후 필요한 음량으로 방송이 개시될 때까지의 소요시간은 **10초** 이하로 할 것 질문 (라)

④ 조작부의 조작스위치는 바닥으로부터 **0.8~1.5m** 이하의 높이에 설치할 것

⑤ 다른 전기회로에 의하여 **유도장애**가 생기지 아니하도록 할 것

⑥ 확성기는 **각 층**마다 설치하되, 각 부분으로부터의 수평거리는 **25m** 이하일 것

⑦ **발화층** 및 **직상 4개층 우선경보방식** 질문 (바)

- [단서]에서 **지하 3층**에서 **지상 13층**으로 지상 11층 이상이므로 **발화층** 및 **직상 4개층** 우선경보방식 적용
- 화재시 원활한 대피를 위하여 위험한 층(발화층 및 직상 4개층)부터 우선적으로 경보하는 방식
- 발화층 및 직상 4개층 우선경보방식 적용대상물 : **11층**(공동주택 **16층**) 이상의 특정소방대상물의 경보

층	경보	비고
13층		
12층		
11층		
6층		
5층	경보	직상 4개층
4층	경보	직상 4개층
3층	경보	직상 4개층
2층	경보	직상 4개층
1층 (발화)	경보	발화층
지하 1층	경보	지하층(지하 전층)
지하 2층	경보	지하층(지하 전층)
지하 3층	경보	지하층(지하 전층)

‖ 발화층 및 직상 4개층 우선경보방식 ‖

‖ 음향장치의 경보 ‖

발화층	경보층	
	11층(공동주택 16층) 미만	11층(공동주택 16층) 이상
2층 이상 발화	전층 일제경보	• 발화층 • 직상 4개층
1층 발화	전층 일제경보	• 발화층 • 직상 4개층 • 지하층
지하층 발화	전층 일제경보	• 발화층 • 직상층 • 기타의 지하층

- (마) **실외**이므로 **3W** 정답
- (바) 명확히 층수가 주어졌으므로 1·2층 식으로 답해야 정답! 발화층, 직상 4개층 등으로 답하면 안 됨

★★★

문제 17

축전지의 충전 종류 중 균등충전방식에 대해 간단히 설명하시오. (19.6.문17, 14.4.문9, 13.4.문4)

○

득점	배점
	3

해답 각 축전지의 전위차를 보정하기 위해 1~3개월마다 10~12시간 1회 충전하는 방식

해설 **충전방식**

구 분	설 명
보통충전방식	필요할 때마다 표준시간율로 충전하는 방식
급속충전방식	보통충전전류의 **2배**의 **전류**로 충전하는 방식
부동충전방식	① 전지의 자기방전을 보충함과 동시에 상용부하에 대한 전력공급은 충전기가 부담하되, 부담하기 어려운 일시적인 대전류부하는 축전지가 부담하도록 하는 방식으로 **가장 많이 사용**된다. ② 축전지와 부하를 충전기(정류기)에 병렬로 접속하여 충전과 방전을 동시에 행하는 방식이다. ③ 표준부동전압 : **2.15~2.17V** 교류입력 / 정류기 / 축전지 / 부하 ▌부동충전방식▐ • 교류입력=교류전원=교류전압 • 정류기=정류부=충전기
균등충전방식	① 각 축전지의 전위차를 보정하기 위해 1~3개월마다 10~12시간 1회 충전하는 방식이다. ② 균등충전전압 : **2.4~2.5V**
세류(트리클) **충전방식**	**자기방전량**만 항상 **충전**하는 방식
회복충전방식	축전지의 과방전 및 방전상태, 가벼운 설페이션현상 등이 생겼을 때 기능회복을 위하여 실시하는 충전방식 • **설페이션**(sulfation) : 충전이 부족할 때 축전지의 극판에 백색 황색연이 생기는 현상

☆☆☆

문제 18

자동화재탐지설비 및 시각경보장치의 화재안전성능기준에 따라 다음 보기에서 설명하고 있는 감지기를 쓰시오. (22.5.문4, 15.11.문14, 12.7.문14, 11.5.문12)

득점	배점
	3

〔보기〕
① 감지기의 수광면은 햇빛을 직접 받지 않도록 설치할 것
② 광축은 나란한 벽으로부터 0.6m 이상 이격하여 설치할 것
③ 감지기의 송광부와 수광부는 설치된 뒷벽으로부터 1m 이내 위치에 설치할 것
④ 광축높이는 천장 등 높이의 80% 이상일 것
⑤ 감지기의 광축길이는 공칭감시거리 범위 이내일 것

○

해답 광전식 분리형 감지기

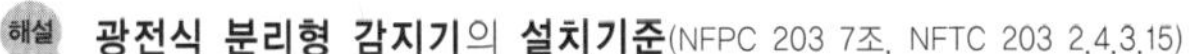

해설 **광전식 분리형 감지기**의 **설치기준**(NFPC 203 7조, NFTC 203 2.4.3.15)

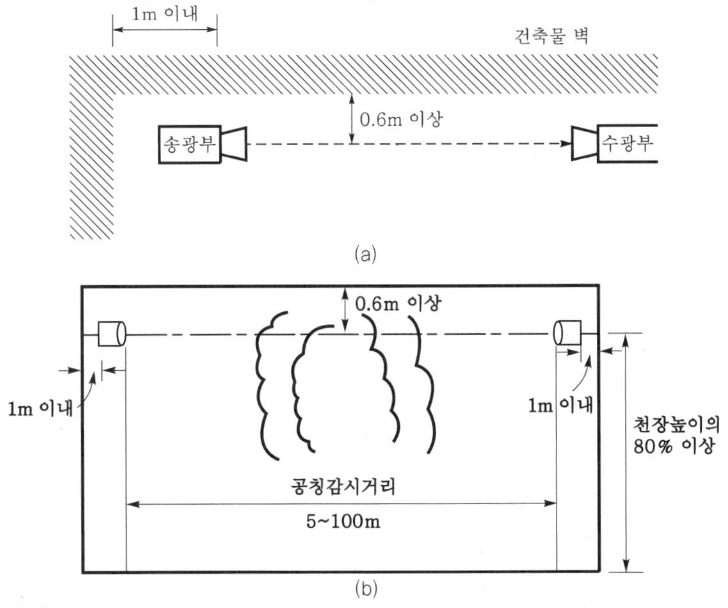

‖ 광전식 분리형 감지기 ‖

(1) 감지기의 수광면은 햇빛을 직접 받지 않도록 설치할 것
(2) 광축은 나란한 벽으로부터 **0.6m 이상** 이격하여 설치할 것
(3) 감지기의 송광부와 수광부는 설치된 뒷벽으로부터 **1m 이내** 위치에 설치할 것
(4) 광축높이는 천장 등 높이의 **80% 이상**일 것
(5) 감지기의 광축길이는 **공칭감시거리** 범위 이내일 것

- **아날로그식 분리형 광전식 감지기**의 **공칭감시거리**(감지기의 형식승인 및 제품검사의 기술기준 19조)
  – **5~100m 이하**로 하여 **5m 간격**으로 한다.

비교

(1) **광전식 분리형 감지기**의 **구성도 1**

(2) **광전식 분리형 감지기**의 **구성도 2**

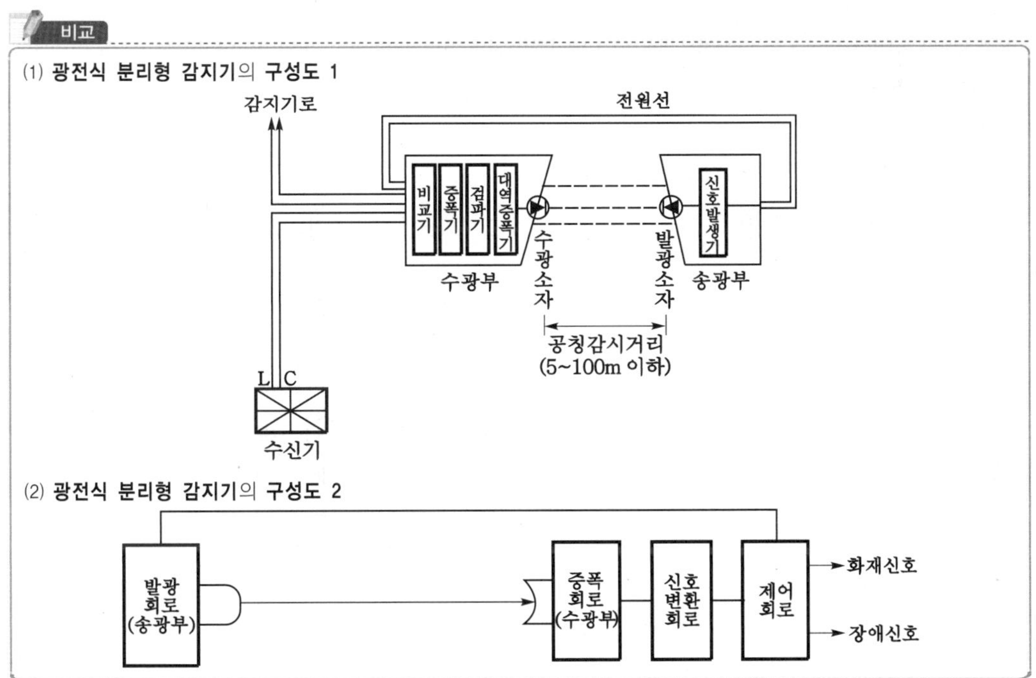

▮ 2024년 산업기사 제3회 필답형 실기시험 ▮			수험번호	성명	감독위원 확 인
자격종목 소방설비산업기사(전기분야)	시험시간 2시간 30분	형별			

※ 다음 물음에 답을 해당 답란에 답하시오.(배점 : 100)

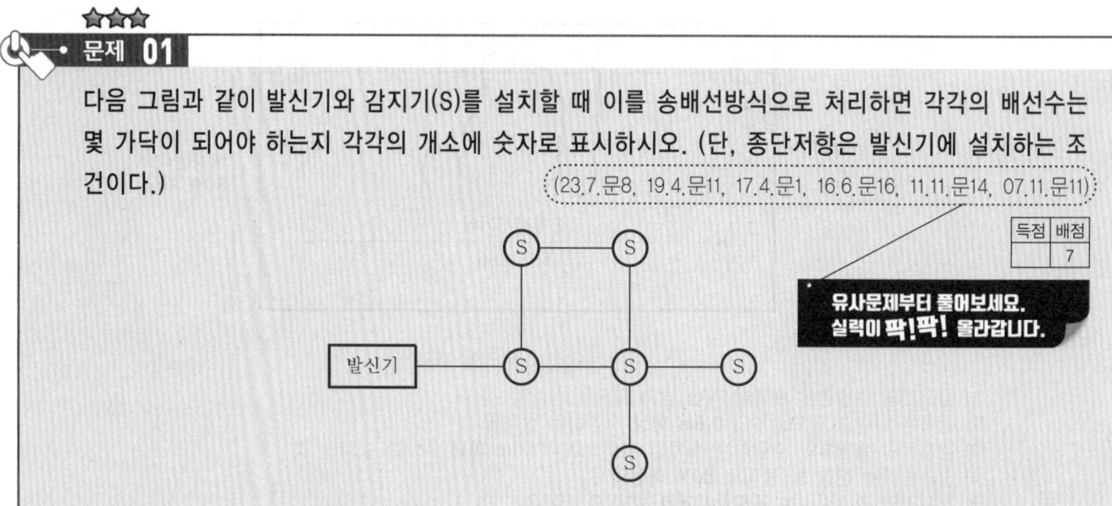

☆☆☆ 문제 01

다음 그림과 같이 발신기와 감지기(S)를 설치할 때 이를 송배선방식으로 처리하면 각각의 배선수는 몇 가닥이 되어야 하는지 각각의 개소에 숫자로 표시하시오. (단, 종단저항은 발신기에 설치하는 조건이다.)

(23.7.문8, 19.4.문11, 17.4.문1, 16.6.문16, 11.11.문14, 07.11.문11)

득점	배점
	7

해답

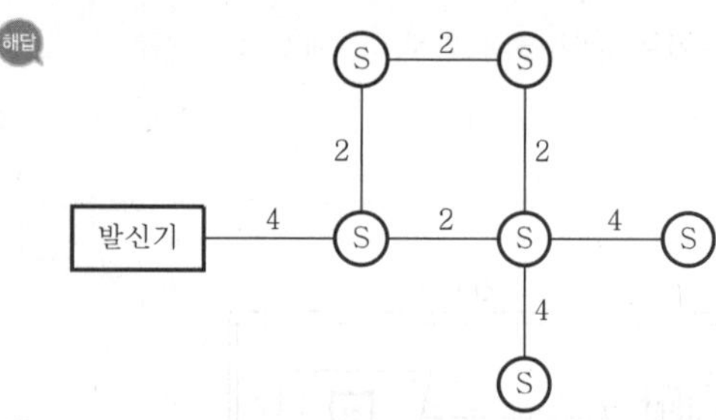

해설

- 문제에서 숫자로 표시하라고 했으므로 빗금이 아닌 반드시 **숫자**로 **표시**해야 정답! 이 문제에서는 다음과 같이 빗금으로 표시하면 틀림

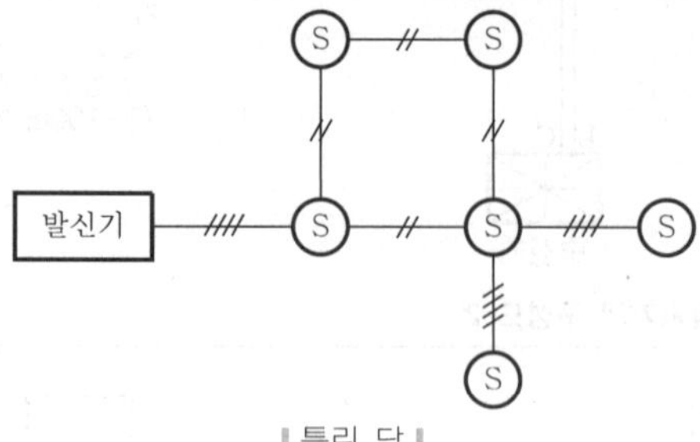

▮틀린 답▮

‖ 송배선식과 교차회로방식 ‖

구 분	송배선식	교차회로방식
목적	**감지기회로**의 **도통시험**을 용이하게 하기 위하여	감지기의 **오동작** 방지
원리	배선의 도중에서 분기하지 않는 방식	하나의 담당구역 내에 **2 이상**의 **감지기회로**를 설치하고 **2 이상**의 **감지기회로**가 **동시**에 **감지**되는 때에 설비가 작동하는 방식
적용 설비	• 자동화재탐지설비 • 제연설비	• **분**말소화설비 • **할**론소화설비 • **이**산화탄소 소화설비 • **준**비작동식 스프링클러설비 • **일**제살수식 스프링클러설비 • **할**로겐화합물 및 불활성기체 소화설비 • **부**압식 스프링클러설비 기억법 **분할이 준일할부**
가닥수 산정	종단저항을 수동발신기함 내에 설치하는 경우 **루프**(loop)된 곳은 **2가닥**, **기타 4가닥**이 된다. 수동발신기함 / 루프(loop) ‖ 송배선식 ‖	**말단**과 **루프**(loop)된 곳은 **4가닥**, **기타 8가닥**이 된다. 말단 / 수동발신기함 / 루프(loop) ‖ 교차회로방식 ‖

★★★

문제 02

비상방송설비의 화재안전성능기준상 부속회로의 전로와 대지 사이 및 배선 상호간의 절연저항을 측정하려고 한다. 이때, 사용되는 측정기구와 측정된 절연저항의 양부에 대한 기준을 쓰시오.

(19.11.문7, 17.6.문12, 16.11.문11, 13.4.문10, 13.11.문5, 12.7.문11, 06.7.문8, 06.4.문9)

○ 측정기구 :

○ 양부판단기준 :

득점	배점
	4

해답

○ 측정기구 : 직류 250V 절연저항측정기

○ 양부판단기준 : 0.1MΩ 이상

해설

• 규격에서 **'직류'**라는 말까지 반드시 써야 함. **'250V'**만 쓰면 틀림

비상방송설비(NFPC 202 5조, NFTC 202 2.2.1.3)

전원회로의 전로와 대지 사이 및 배선상호간의 절연저항은 「전기사업법」 제67조에 따른 기술기준이 정하는 바에 따르고, 부속회로의 전로와 대지 사이 및 배선상호간의 절연저항은 1경계구역마다 **직류 250V**의 **절연저항측정기**를 사용하여 측정한 절연저항이 **0.1MΩ 이상**이 되도록 할 것

‖ 절연저항시험(절대! 절대! 중요) ‖

절연저항계	절연저항	대 상
직류 **250V**	**0.1MΩ** 이상 ←	• 1경계구역의 절연저항
직류 500V	5MΩ 이상	• 누전경보기 • 가스누설경보기 • 수신기(10회로 미만, 절연된 충전부와 외함 간) • 자동화재속보설비 • 비상경보설비 • 유도등(교류입력측과 외함 간 포함) • 비상조명등(교류입력측과 외함 간 포함)

직류 500V	20MΩ 이상	• 경종 • 발신기 • 중계기 • 비상콘센트 • 기기의 절연된 선로 간 • 기기의 충전부와 비충전부 간 • 기기의 교류입력측과 외함 간(유도등 · 비상조명등 제외)
	50MΩ 이상	• 감지기(정온식 감지선형 감지기 제외) • 가스누설경보기(10회로 이상) • 수신기(10회로 이상, 교류입력측과 외함 간 제외)
	1000MΩ 이상	• 정온식 감지선형 감지기

★★

문제 03

옥내소화전설비의 감시 및 동력제어반의 연결계통도를 참고하여 다음 각 물음에 답하시오. (단, 동력제어반의 전원표시등은 제외한다.) (16.11.문1, 12.4.문4, 기사 09.10.문18)

득점	배점
	8

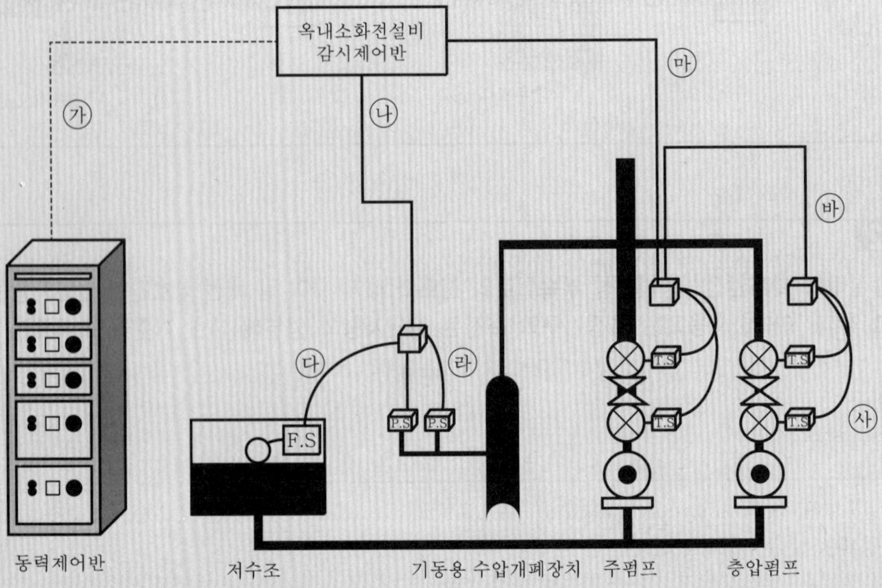

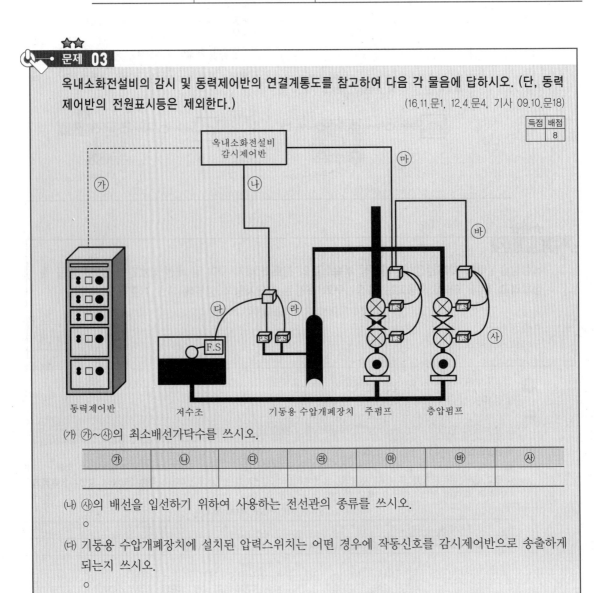

(가) ㉮~㉳의 최소배선가닥수를 쓰시오.

㉮	㉯	㉰	㉱	㉲	㉳	㉴

(나) ㉴의 배선을 입선하기 위하여 사용하는 전선관의 종류를 쓰시오.

○

(다) 기동용 수압개폐장치에 설치된 압력스위치는 어떤 경우에 작동신호를 감시제어반으로 송출하게 되는지 쓰시오.

○

 (가)

㉮	㉯	㉰	㉱	㉲	㉳	㉴
4가닥	4가닥	2가닥	2가닥	5가닥	3가닥	2가닥

(나) 금속제 가요전선관

(다) 기동용 수압개폐장치 내의 압력이 저하되었을 때

해설 (가)

기 호	내 역	배선의 용도
㉮	HFIX 2.5-4	기동 1, 정지 1, 공통 1, 기동표시등 1
㉯	HFIX 2.5-4	플로트스위치 1, 압력스위치 2, 공통 1
㉰	HFIX 2.5-2	플로트스위치 2
㉱	HFIX 2.5-2	압력스위치 2
㉲	HFIX 2.5-5	탬퍼스위치 4, 공통 1
㉳	HFIX 2.5-3	탬퍼스위치 2, 공통 1
㉴	HFIX 2.5-2	탬퍼스위치 2

- ㉮ 동력제어반(MCC반)에는 일반적으로 **전원표시등**을 사용하지만 문제의 〔단서〕에 의해 제외
- ㉮ 전원표시등=전원감시표시등, 기동표시등=기동확인표시등
- ㉯ 플로트스위치(Float Switch)=감수경보스위치
- ㉲~㉴ 탬퍼스위치(Tamper Switch)=밸브폐쇄확인스위치

(나)

기 호	전선관의 종류	이 유
㉰, ㉱, ㉴	금속제 가요전선관	구부러짐이 많은 곳이므로
㉮, ㉯, ㉲, ㉳	후강전선관	콘크리트 매입배관용으로 사용하므로

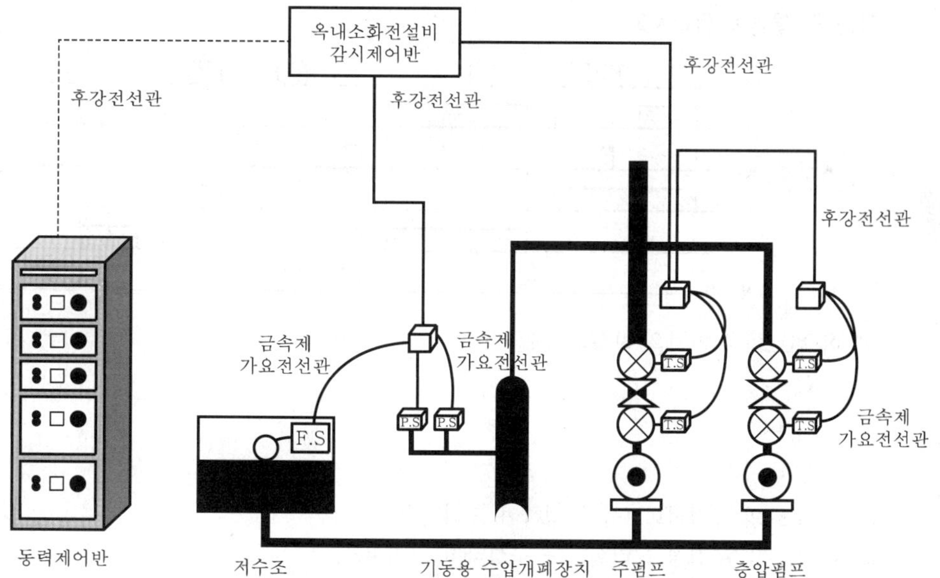

- ㉴ 옥내소화전설비의 화재안전기준 NFTC 102 2.7.2에 의해 옥내소화전설비의 감시·조작 또는 표시등회로의 배선은 **내화배선** 또는 **내열배선**으로 하여야 한다. NFTC 102 2.7.2에 의해 내화배선 또는 내열배선에 공통으로 사용할 수 있고, **구부러짐**이 **많은 곳**에 사용할 수 있는 전선관은 '**금속제 가요전선관**'이다.
- '**가요전선관**'보다 '**금속제 가요전선관**'이 정확한 답이다.

(다) 기동용 수압개폐장치(압력챔버)에 설치되어 있는 압력스위치는 옥내소화전설비의 배관 내의 관창(nozzle)을 통해 물을 방사하였을 때 배관 내의 압력이 감소함에 따라 기동용 수압개폐장치 내의 압력이 저하되었을 때 작동신호를 감시제어반에 송출한다.

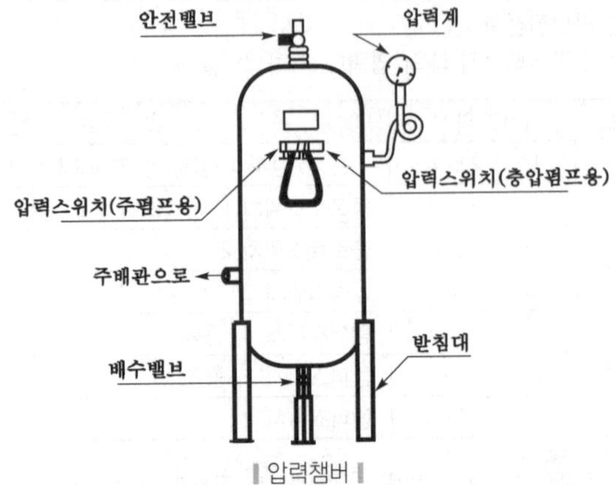

‖ 압력챔버 ‖

문제 04

3개의 입력 A, B, C 중 어느 것이나 먼저 들어간 입력이 우선동작하여 입력의 종류에 따라 출력 X_a, X_b, X_c를 발생시키고, 그 후에 들어가는 신호는 먼저 들어간 신호에 의해서 Lock(동작 불능상태)되어 출력이 없다고 한다. 이와 같은 사항을 그림과 같은 타임차트로 표현하였다. 이 타임차트를 보고 다음 각 물음에 답하시오. (16.4.문11)

득점	배점
	8

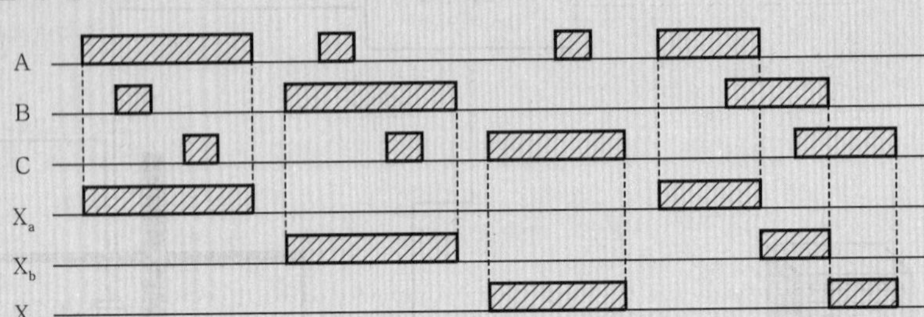

(가) 이 회로의 논리식을 작성하시오.

○ $X_a =$

○ $X_b =$

○ $X_c =$

(나) 이 회로의 유접점회로를 구성하여 그리시오.

(다) 이 회로의 무접점 논리회로를 구성하여 그리시오.

해답 (가) ○ $X_a = A\,\overline{X_b}\,\overline{X_c}$

○ $X_b = B\,\overline{X_a}\,\overline{X_c}$

○ $X_c = C\,\overline{X_a}\,\overline{X_b}$

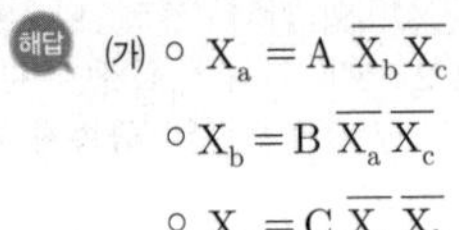

(나)

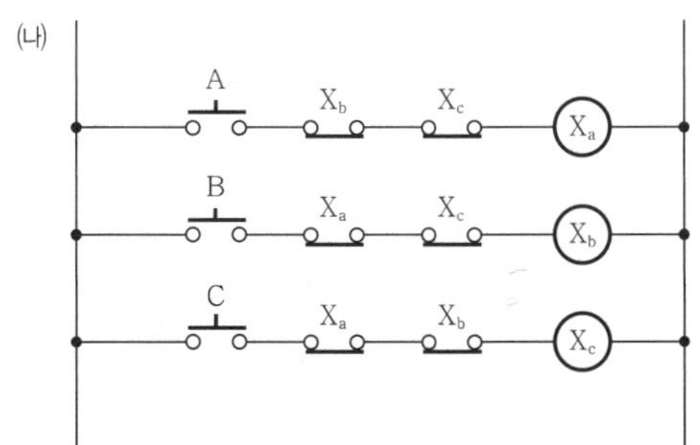

(다)

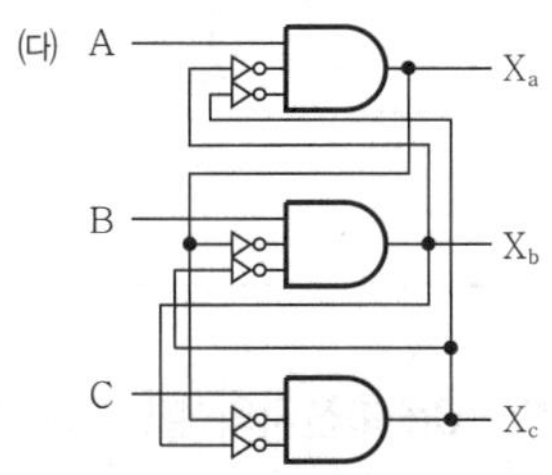

- (가) : 타임차트를 보고 논리식을 작성하는 것은 매우 어려우므로 〔문제〕의 동작설명을 읽고 유접점(시퀀스) 회로부터 먼저 그린 후 논리식을 작성하면 보다 쉽다.
- (나) : 문제에서 A~C는 3개의 입력이라고 했으므로 , , 3가지 중 어느 것으로 표현해도 모두 정답!

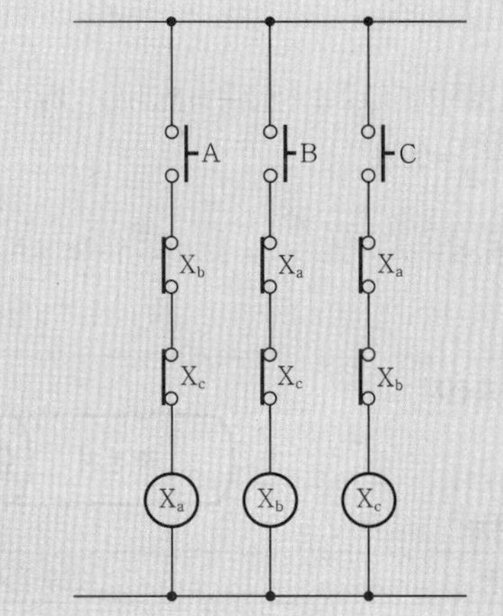

‖ 이것도 정답(이와 같이 세로로 그려도 정답) ‖

- (다) : 접속부분에 점(•)도 빠짐없이 잘 찍을 것

‖ **시퀀스회로**와 **논리회로**의 관계 ‖

회 로	시퀀스회로	논리식	논리회로
직렬회로 (AND회로)	A B Z	Z=A · B Z=AB	A B Z
병렬회로 (OR회로)	A B Z	Z=A+B	A B Z

a접점		Z=A	
b접점		$Z=\overline{A}$	

☆

문제 05

수신기의 예비전원으로 DC 24V인 Ni－Cd 축전지를 사용한다면 Ni－Cd 축전지의 셀(cell)수는 몇 개인지 구하시오.

(08.7.문3)

○ 계산과정 :

○ 답 :

득점	배점
	5

해답 ○ 계산과정 : $\frac{24}{1.2}=20$개

○ 답 : 20개

해설 알칼리축전지(Ni－Cd 축전지) 1cell의 전압(공칭전압)은 **1.2V**이므로

$$셀수=\frac{전체\ 전압}{공칭전압}=\frac{24}{1.2}=20개$$

• '20셀'이라고 해도 옳은 답이다.

참고

(1) **Ni－Cd**(니켈－카드뮴) **축전지**

(2) **연축전지**와 **알칼리축전지**의 비교

구 분	연축전지	알칼리축전지
공칭전압	2.0V	1.2V
방전종지전압	1.75V(무보수 밀폐형 연축전지)	1V(원통형 니켈카드뮴 축전지)
기전력	2.05～2.08V	1.32V
공칭용량	10Ah	5Ah
기계적 강도	약하다.	강하다.
과충방전에 따른 전기적 강도	약하다.	강하다.
충전시간	길다.	짧다.
종류	클래드식, 페이스트식	소결식, 포켓식
수명	5～15년	15～20년

☆☆

문제 06

다음 소방시설 도시기호 각각의 명칭을 쓰시오. (22.7.문3, 16.6.문6)

득점	배점
	4

(가) B

(나)

(다)

(라) S I

해답 (가) 비상벨
(나) 중계기
(다) 회로시험기
(라) 이온화식 감지기(스포트형)

해설

- (가) '**경종**'이라고 쓰면 틀릴 수 있다. **비상벨**이 정답! 경종설비라고 하지 않고 비상벨설비라고 하는 이유를 생각해 보라!
- (라) '**스포트형**'까지 꼭 써야 정답. 이온화식 연기감지기도 맞을 것으로 보이지만 정확한 답은 **이온화식 감지기**이다.

소방시설 도시기호

명 칭	그림기호	명 칭	그림기호
제어반		이온화식 감지기(스포트형) 질문 (라)	S I (I ; 'Ionization'의 약자)
표시반		광전식 연기감지기(아날로그)	S A (A ; 'Analog'의 약자)
수신기		광전식 연기감지기(스포트형)	S P (P ; 'Photo'의 약자)
부수신기(표시기)		경계구역번호	△
중계기 질문 (나)		비상용 누름버튼	F
회로시험기 질문 (다)	또는	비상전화기	ET
개폐기	S	비상벨 질문 (가)	B
연기감지기	S		

☆☆☆ 문제 07

다음은 비상콘센트설비의 설치기준이다. ( ) 안을 채우시오. (23.7.문15, 20.11.문6, 14.7.문18, 11.5.문15)

득점	배점
	5

(가) 비상콘센트설비의 전원회로는 단상교류 220V인 것으로서, 그 공급용량은 ( )kVA 이상인 것으로 할 것
(나) 전원으로부터 각 층의 비상콘센트에 분기되는 경우에는 분기배선용 ( )를 보호함 안에 설치할 것
(다) 지하층을 제외한 층수가 7층 이상으로서 연면적이 ( )m^2 이상이거나 지하층의 바닥면적의 합계가 3000m^2 이상인 특정소방대상물의 비상콘센트설비에는 자가발전설비, 비상전원수전설비, 축전지설비 또는 전기저장장치를 비상전원으로 설치할 것

해답 (가) 1.5
(나) 차단기
(다) 2000

해설 **비상콘센트설비**(NFPC 504 4조, NFTC 504 2.1)

구 분	전 압	용 량	플러그접속기
단상교류	220V	**1.5kVA** 이상 질문 (가)	접지형 2극

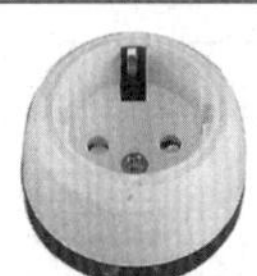

‖ 접지형 2극 플러그접속기 ‖

(1) 하나의 전용회로에 설치하는 비상콘센트는 **10개** 이하로 할 것(전선의 용량은 **3개** 이상일 때 **3개**)

설치하는 비상콘센트 수량	전선의 용량산정시 적용하는 비상콘센트 수량	전선의 용량
1	1개 이상	1.5kVA 이상
2	2개 이상	3.0kVA 이상
3~10	3개 이상	4.5kVA 이상

(2) 전원회로는 각 층에 있어서 **2 이상**이 되도록 설치할 것(단, 설치해야 할 층의 콘센트가 **1개**인 때에는 하나의 회로로 할 수 있다.)
(3) 플러그접속기의 칼받이 접지극에는 **접지공사**를 해야 한다. (감전보호가 목적이므로 **보호접지**를 해야 한다.)
(4) 풀박스는 **1.6mm** 이상의 철판을 사용할 것
(5) 절연저항은 **전원부**와 **외함** 사이를 **직류 500V 절연저항계**로 측정하여 **20MΩ** 이상일 것
(6) 전원으로부터 각 층의 비상콘센트에 분기되는 경우에는 **분기배선용 차단기**를 보호함 안에 설치할 것 질문 (나)
(7) 바닥으로부터 **0.8~1.5m** 이하의 높이에 설치할 것
(8) 전원회로는 주배전반에서 **전용회로**로 하며, 배선의 종류는 **내화배선**이어야 한다.
(9) 지하층을 제외한 층수가 **7층** 이상으로서 연면적이 **2000m^2** 이상이거나 지하층의 바닥면적의 합계가 **3000m^2** 이상인 특정소방대상물의 비상콘센트설비에는 **자가발전설비**, **비상전원수전설비**, **축전지설비** 또는 **전기저장장치**를 비상전원으로 설치할 것(단, 2 이상의 변전소에서 전력을 동시에 공급받을 수 있거나 하나의 변전소로부터 전력의 공급이 중단되는 때에는 자동으로 다른 변전소로부터 전력을 공급받을 수 있도록 상용전원을 설치한 경우 제외) 질문 (다)

용어

비상콘센트설비(emergency consent system) : 화재시 **소화활동** 등에 필요한 **전원**을 **전용회선**으로 공급하는 설비

☆☆☆
문제 08

그림과 같은 건물평면도의 경우 자동화재탐지설비의 최소경계구역의 수를 구하시오.

(14.4.문15, 14.11.문6, 07.11.문14)

득점	배점
	5

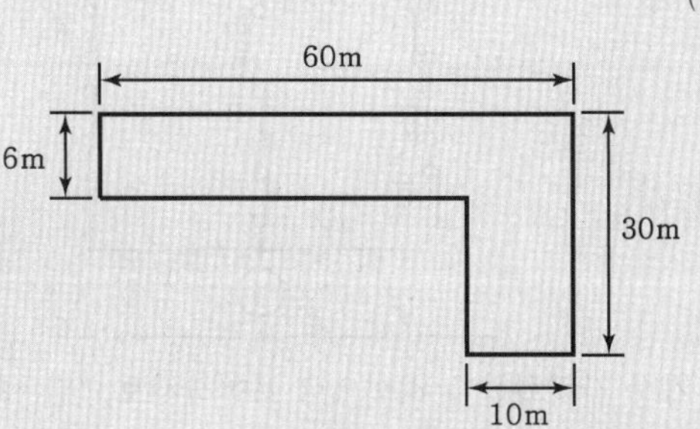

○ 계산과정 :

○ 답 :

○ 계산과정 : $\frac{(50\times6)+(30\times10)}{600}=1$경계구역

$\frac{60}{50}=1.2\fallingdotseq2$경계구역

○ 답 : 2경계구역

• 계산과정을 작성하기 불편하면 해설처럼 그림으로 그려도 정답으로 채점될 것으로 보임

하나의 경계구역의 면적을 **600m²** 이하로 하고, 한 변의 길이는 **50m** 이하로 산정

경계구역수 $=\frac{\text{바닥면적[m}^2\text{]}}{600\text{m}^2}$ (절상)

경계구역수 $=\frac{\text{가장 긴 길이[m]}}{50\text{m}}$ (절상)

― 둘 중 **큰 값**

(1) 경계구역수 $=\frac{\text{바닥면적[m}^2\text{]}}{600\text{m}^2}=\frac{(50\times6)\text{m}^2+(30\times10)\text{m}^2}{600\text{m}^2}=1$경계구역

(2) 경계구역수 $=\frac{\text{가장 긴 길이[m]}}{50\text{m}}=\frac{60\text{m}}{50\text{m}}=1.2\fallingdotseq2$경계구역(절상) ∴ 2경계구역

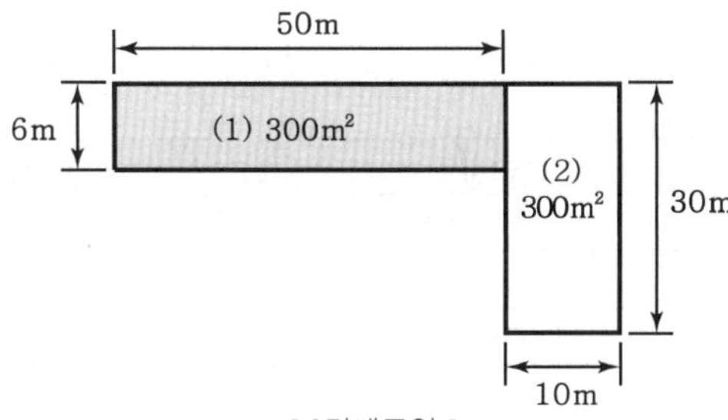

‖ 2경계구역 ‖

중요

자동화재탐지설비의 **경계구역 설정기준**

(1) 1경계구역이 2개 이상의 **건축물**에 미치지 않을 것

(2) 1경계구역이 2개 이상의 층에 미치지 않을 것(단, 2개층이 **500m²** 이하는 제외)

(3) 1경계구역의 면적은 **600m²**(주출입구에서 내부 전체가 보이는 것은 **1000m²**) 이하로 하고, 1변의 길이는 **50m** 이하로 할 것

문제 09

그림과 같은 유접점 시퀀스회로에 대해 다음 각 물음에 답하시오. (20.11.문11, 13.11.문2)

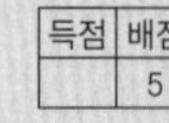

득점	배점
	5

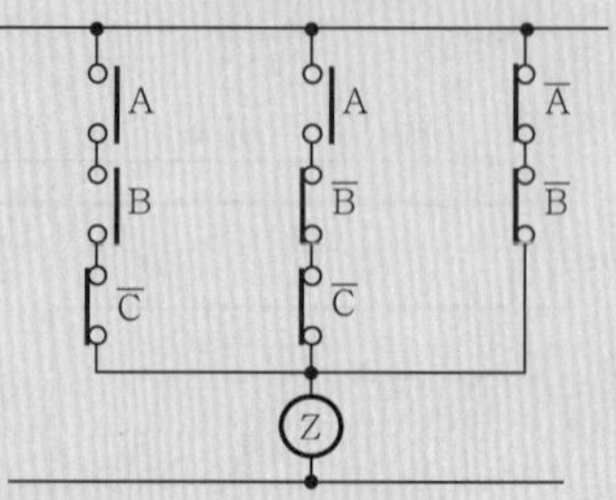

(가) 그림의 시퀀스도를 가장 간략화한 논리식으로 표현하시오. (단, 최초의 논리식을 쓰고 이것을 간략화하는 과정을 기술하시오.)

○

(나) (가)에서 가장 간략화한 논리식을 무접점 논리회로로 그리시오.

○

해답 (가) $Z = AB\overline{C} + A\overline{B}\,\overline{C} + \overline{A}\,\overline{B} = A\overline{C}(B+\overline{B}) + \overline{A}\,\overline{B} = A\overline{C} + \overline{A}\,\overline{B}$

(나)

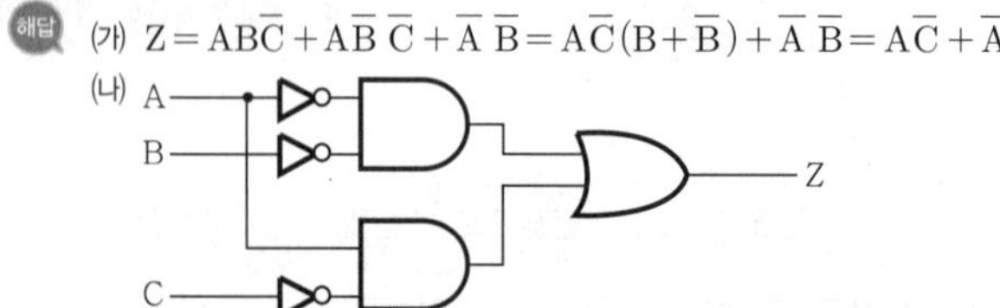

해설 (가) **불대수 간소화**

$$\begin{aligned} Z &= AB\overline{C} + A\overline{B}\,\overline{C} + \overline{A}\,\overline{B} \\ &= A\overline{C}\underbrace{(B+\overline{B})}_{X+\overline{X}=1} + \overline{A}\,\overline{B} \\ &= \underbrace{A\overline{C}\cdot 1}_{X\cdot 1=X} + \overline{A}\,\overline{B} \\ &= A\overline{C} + \overline{A}\overline{B} \end{aligned}$$

중요

불대수의 **정리**

정 리	논리합	논리곱	비 고
정리 1	X+0=X	X·0=0	–
정리 2	X+1=1	X·1=X	
정리 3	X+X=X	X·X=X	
정리 4	$\overline{X}$+X=1	$\overline{X}$·X=0	
정리 5	$\overline{X}$+Y=Y+$\overline{X}$	X·Y=Y·X	교환법칙
정리 6	X+(Y+Z)=(X+Y)+Z	X(YZ)=(XY)Z	결합법칙
정리 7	X(Y+Z)=XY+XZ	(X+Y)(Z+W)= XZ+XW+YZ+YW	분배법칙
정리 8	X+XY=X	X+$\overline{X}$Y=X+Y	흡수법칙
정리 9	$\overline{(X+Y)}=\overline{X}\cdot\overline{Y}$	$\overline{(X\cdot Y)}=\overline{X}+\overline{Y}$	드모르간의 정리

카르노맵 간소화

$$Z = AB\overline{C} + A\overline{B}\,\overline{C} + \overline{A}\,\overline{B}$$

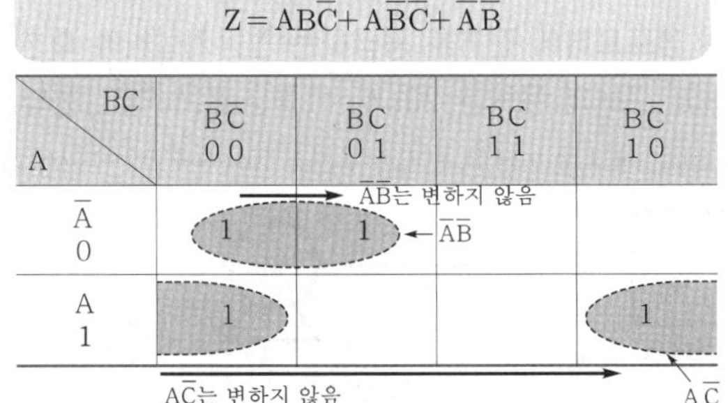

BC
A
$\overline{B}\,\overline{C}$ 00
$\overline{B}C$ 01
BC 11
$B\overline{C}$ 10
$\overline{A}$ 0
A 1
1
1
1
1
$\overline{A}\,\overline{B}$는 변하지 않음
$\overline{A}\,\overline{B}$
$A\overline{C}$는 변하지 않음
$A\overline{C}$

① 논리식의 $AB\overline{C}$, $A\overline{B}\,\overline{C}$, $\overline{A}\,\overline{B}$를 각각 표 안의 1로 표시

② 서로 인접해 있는 1을 2^n(2, 4, 8, 16, …)으로 묶되 **최대개수**로 묶음

$\therefore\ Z = AB\overline{C} + A\overline{B}\,\overline{C} + \overline{A}\,\overline{B} = \overline{A}\,\overline{B} + A\overline{C} = A\overline{C} + \overline{A}\,\overline{B}$

(나) **무접점 논리회로**

시퀀스	논리식	논리회로
직렬회로(AND회로) (교차회로방식)	$Z = A \cdot B$ $Z = AB$	A, B — Z
병렬회로(OR회로)	$Z = A + B$	A, B — Z
a접점	$Z = A$	A — Z A — Z
b접점(NOT회로)	$Z = \overline{A}$	A — Z A — Z A — Z

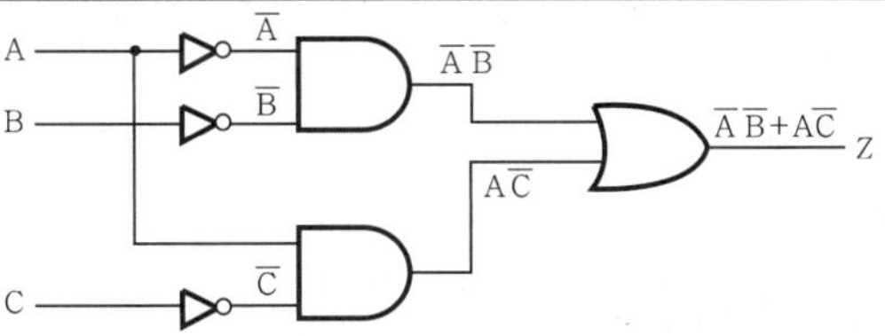

• 무접점 논리회로로 그린 후 논리식을 써서 반드시 다시 한 번 검토해 보는 것이 좋다.

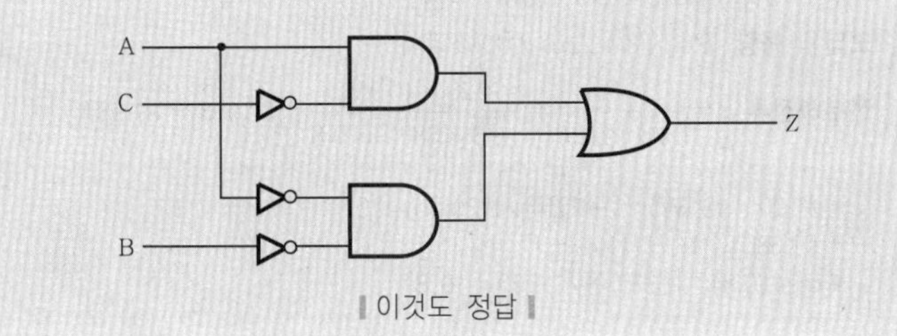

▌이것도 정답▐

☆☆☆

문제 10

모터컨트롤센터(M.C.C)에서 소화전 펌프모터에 전기를 공급하는 전동기설비에 대한 다음 각 물음에 답하시오. (단, 전압은 3상 380V이고 모터의 용량은 20kW, 역률은 80%라고 한다.)

(21.4.문7, 17.4.문9, 17.6.문1, 15.7.문10, 14.4.문7, 14.11.문14, 11.7.문3, 10.4.문8, 10.10.문4, 09.7.문5, 08.4.문9)

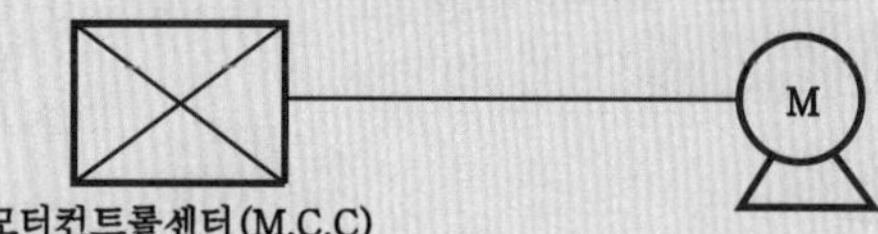

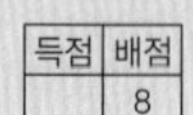

(가) 모터의 전부하전류(full load current)는 몇 A인가?
- ○ 계산과정 :
- ○ 답 :

(나) 모터의 역률을 95%로 개선하고자 할 때 필요한 전력용 콘덴서의 용량은 몇 kVA인가?
- ○ 계산과정 :
- ○ 답 :

(다) 배관공사를 후강전선관으로 하고자 한다. KS C 8401 규정에 의해 후강전선관의 호칭구경을 오름차순으로 나열할 때 (　) 안에 알맞은 값을 쓰시오.

〔보기〕 호칭구경〔mm〕
16, 22, (①), 36, 42, (②), 70, 82, 92, 104

해답

(가) ○ 계산과정 : $\frac{20\times10^3}{\sqrt{3}\times380\times0.8}=37.983 ≒ 37.98\text{A}$

○ 답 : 37.98A

(나) ○ 계산과정 : $20\left(\frac{\sqrt{1-0.8^2}}{0.8}-\frac{\sqrt{1-0.95^2}}{0.95}\right)=8.43\text{kVA}$

○ 답 : 8.43kVA

(다) ① 28
② 54

해설

(가) **3상 전력**

$$P=\sqrt{3}\,VI\cos\theta$$

여기서, P : 3상 전력(모터의 용량)〔W〕, V : 전압〔V〕
I : 전부하전류〔A〕, $\cos\theta$: 역률

모터의 **용량** $P=\sqrt{3}\,VI\cos\theta$〔kW〕에서

전부하전류 $I=\frac{P}{\sqrt{3}\,V\cos\theta}=\frac{20\times10^3\text{W}}{\sqrt{3}\times380\text{V}\times0.8}=37.983 ≒ 37.98\text{A}$

- $P(20\times10^3\text{W})$: 〔단서〕에서 20kW=20×10^3W(k=10^3)
- $V(380\text{V})$: 〔단서〕에서 주어짐
- $\cos\theta(0.8)$: 〔단서〕에서 **80%= 0.8**

(나) 역률개선용 **전력용 콘덴서**의 **용량** Q_c는

$$Q_c=P\left(\frac{\sqrt{1-\cos\theta_1{}^2}}{\cos\theta_1}-\frac{\sqrt{1-\cos\theta_2{}^2}}{\cos\theta_2}\right)〔\text{kVA}〕$$

여기서, Q_c : 콘덴서의 용량〔kVA〕
P : 유효전력〔kW〕
$\cos\theta_1$: 개선 전 역률
$\cos\theta_2$: 개선 후 역률

$$\therefore\ Q_c = P\left(\frac{\sqrt{1-\cos\theta_1^{\ 2}}}{\cos\theta_1} - \frac{\sqrt{1-\cos\theta_2^{\ 2}}}{\cos\theta_2}\right) = 20\text{kW}\left(\frac{\sqrt{1-0.8^2}}{0.8} - \frac{\sqrt{1-0.95^2}}{0.95}\right) = 8.43\text{kVA}$$

- P의 단위가 kW임을 주의!

비교

20kVA로 주어진 경우

- P_a : 20kVA
- $\cos\theta_1$: 0.8
- $\cos\theta_2$: 0.95

$$Q_C = P\left(\frac{\sqrt{1-\cos\theta_1^{\ 2}}}{\cos\theta_1} - \frac{\sqrt{1-\cos\theta_2^{\ 2}}}{\cos\theta_2}\right) = P_a \times \cos\theta_1\left(\frac{\sqrt{1-\cos\theta_1^{\ 2}}}{\cos\theta_1} - \frac{\sqrt{1-\cos\theta_2^{\ 2}}}{\cos\theta_2}\right)$$

$$= 20\text{kVA} \times 0.8\left(\frac{\sqrt{1-0.8^2}}{0.8} - \frac{\sqrt{1-0.95^2}}{0.95}\right) = 6.741 \fallingdotseq 6.74\text{kVA}$$

- $P = VI\cos\theta = P_a\cos\theta$

  여기서, P : 유효전력〔kW〕
  V : 전압〔V〕
  I : 전류〔A〕
  $\cos\theta$: 역률
  P_a : 피상전력〔kVA〕

  $P = P_a\cos\theta = 20\text{kVA} \times 0.8 = 16\text{kW}$
- $\cos\theta$는 개선 전 역률 $\cos\theta_1$을 적용한다는 것을 기억하라!

(다)

구 분	후강전선관	박강전선관
사용장소	• 공장 등의 배관에서 특히 **강도**를 필요로 하는 경우 • **폭발성 가스**나 **부식성 가스**가 있는 장소	• 일반적인 장소
관의 호칭 표시방법	• 안지름의 근사값을 **짝수**로 표시	• 바깥지름의 근사값을 **홀수**로 표시
규격	16mm, 22mm, 28mm, 36mm, 42mm, 54mm, 70mm, 82mm, 92mm, 104mm	19mm, 25mm, 31mm, 39mm, 51mm, 63mm, 75mm

중요

1본의 **길이**

• 후강전선관 • 박강전선관	합성수지관
3.66m	**4m**

Tip

- 후강전선관과 박강전선관은 과거 강관에 에나멜 칠을 할 당시에 사용되던 전선관이다.
- 후강전선관의 두께가 박강전선관보다 더 두껍다.
- 현재는 박강전선관은 생산되고 있지 않는 상태이다.
- **후강전선관**도 이제는 에나멜 칠은 하지 않고 모두 **아연도금강관**으로만 생산된다.

☆

문제 11

제연설비의 풍량이 10m³/s, 전압은 50mmAq인 제연설비의 동력[kW]을 구하시오. (단, 효율은 70%, 전달계수는 1.1이다.)

(15.7.문7)

○ 계산과정 :

○ 답 :

득점	배점
	5

해답

○ 계산과정 : $\dfrac{50\times(10\times60)}{102\times60\times0.7}\times1.1=7.703 \fallingdotseq 7.7\text{kW}$

○ 답 : 7.7kW

해설 **전동기**의 **용량**

$$P=\frac{P_T Q}{102\times60\eta}K$$

$$=\frac{50\text{mmAq}\times(10\times60)\text{m}^3/\text{min}}{102\times60\times0.7}\times1.1$$

$$=7.703 \fallingdotseq 7.7\text{kW}$$

- P_T : 50mmAq(〔문제〕에서 주어짐)
- Q(풍량) : 10m³/s=$10\text{m}^3\Big/\frac{1}{60}$min=(10×60)m³/min$\left(\because\ 1\text{min}=60\text{s},\ 1\text{s}=\frac{1}{60}\text{min}\right)$
- η(효율) : 〔단서〕에서 70%=**0.7**
- K(전달계수) : 1.1(〔단서〕에서 주어짐)
- '**제연설비**'이므로 반드시 제연설비식에 의해 전동기의 용량을 산출하여야 한다. 다른 식$\left(P=\dfrac{9.8KHQ}{\eta t}\right)$으로 구해도 답은 비슷하게 나오지만 틀린다. 주의!

중요

(1) **전동기**의 **용량**을 **구하는 식**

일반적인 설비 : **물**을 사용하는 설비	**제연설비(배연설비)** : **공기** 또는 **기류**를 사용하는 설비
$P=\dfrac{9.8KHQ}{\eta t}$ 여기서, P : 전동기의 용량〔kW〕 η : 효율 t : 시간〔s〕 K : 여유계수 H : 전양정〔m〕 Q : 양수량(유량)〔m³〕	$P=\dfrac{P_T Q}{102\times60\eta}K$ 여기서, P : 배연기의 동력〔kW〕 P_T : 전압(풍압)〔mmAq, mmH₂O〕 Q : 풍량〔m³/min〕 K : 여유율 η : 효율

(2) **아주 중요한 단위환산**(꼭! 기억하시라.)

① 1mmAq=10^{-3}mH₂O=10^{-3}m

② 760mmHg=10.332mH₂O=10.332m

③ 1Lpm=10^{-3}m³/min

④ 1HP=0.746kW

☆☆☆
문제 12

소방설비의 배관배선공사에 대한 다음 각 물음에 답하시오. (13.7.문18, 03.4.문6)

득점	배점
	5

(가) 금속관과 박스를 접속할 때 사용하는 것은?
○
(나) 전선의 절연피복을 보호하기 위하여 금속관 끝에 취부하여 사용하는 것은?
○
(다) 금속관 상호간의 접속용으로 관이 고정되어 있을 때 사용하는 것은?
○
(라) 노출배관공사를 할 때 관을 직각으로 굽히는 곳에 사용하는 것은?
○
(마) 후강전선관 1본의 표준길이는 몇 m인가?
○

해답 (가) 로크너트 (나) 부싱 (다) 유니언커플링 (라) 유니버설엘보 (마) 3.66m

해설 (1) **금속관공사**에 **이용**되는 **부품** 및 **공구**

명 칭	외 형	설 명
부싱 (bushing) 질문 (나)		전선의 절연피복을 보호하기 위하여 **금속관 끝**에 취부(부착)하여 사용되는 부품
유니언커플링 (union coupling) 질문 (다)		**금속전선관 상호**간을 **접속**하는 데 사용되는 부품(**관**이 **고**정되어 **있을 때**)
노멀밴드 (normal bend)		**매입배관**공사를 할 때 **직각**으로 굽히는 곳에 사용하는 부품
유니버설엘보 (universal elbow) 질문 (라)		**노출배관**공사를 할 때 관을 직각으로 굽히는 곳에 사용하는 부품
링리듀서 (ring reducer)		**금속관**을 **아웃렛박스**에 로크너트만으로 고정하기 어려울 때 **보조적**으로 사용되는 **부품**
커플링 (coupling)	커플링 전선관	금속전선관 상호간을 접속하는 데 사용되는 부품(관이 고정되어 있지 않을 때)
새들 (saddle)		**관**을 **지지**하는 데 사용하는 재료

로크너트 (lock nut) 질문 (가)		**금속관**과 **박스**를 **접속**할 때 사용하는 재료로 최소 **2개**를 사용한다. 기억법 로금박
리머 (reamer)		금속관 **말단**의 **모**를 다듬기 위한 기구
파이프커터 (pipe cutter)		**금속관**을 **절단**하는 기구
환형 3방출 정크션박스		**배관**을 **분기**할 때 사용하는 박스

(2) **관**의 **길이**

금속관(후강전선관, 박강전선관)	합성수지관(경질비닐전선관, PVC전선관)
3.66m 질문 (마)	**4m**

문제 13

공기관식 차동식 분포형 감지기에 대한 시험종류 2가지를 쓰시오. (09.10.문8)

○

○

득점	배점
	5

① 화재작동시험
② 작동계속시험

해설 **차동식 분포형 감지기**의 **시험종류**

공기관식	열전대식
① **화**재작동시험(펌프시험) ② **작**동계속시험 ③ **유**통시험 ④ 접점수고시험(다이어프램시험) ⑤ 리크시험(리크저항시험)	① 화재작동시험 ② 열전대회로 합성저항시험

기억법 공화작유

문제 14

2전력계법을 사용하여 3상 유도전동기의 전력을 각각 측정하였더니 400W, 600W가 측정되었다. 다음 각 물음에 답하시오. (기사 13.11.문4)

(가) 피상전력〔VA〕을 구하시오.

○계산과정 :

○답 :

득점	배점
	6

(나) 역률[%]을 구하시오.
 ○ 계산과정 :
 ○ 답 :

(가) ○ 계산과정 : $2\sqrt{400^2+600^2-400\times600}=1058.3$VA
 ○ 답 : 1058.3VA

(나) ○ 계산과정 : $\dfrac{400+600}{1058.3}=0.94491=94.491\% \fallingdotseq 94.49\%$
 ○ 답 : 94.49%

기호

- P_1 : 400W
- P_2 : 600W
- P_a : ?
- $\cos\theta$: ?

| 3상 전력의 측정 |

<table>
<tr><th>2전력계법</th><th>3전력계법</th></tr>
<tr><td>단상전력계 2개로 측정하는 경우
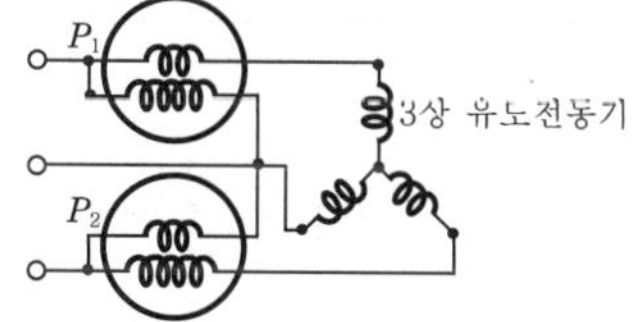

① 유효전력
$P=P_1+P_2$[W]
여기서, P : 유효전력[W]
$P_1 \cdot P_2$: 전력계의 지시값[W]
② 무효전력
$P_r=\sqrt{3}(P_1-P_2)$[Var]
여기서, P_r : 무효전력[Var]
$P_1 \cdot P_2$: 전력계의 지시값[W]
③ 피상전력
$P_a=2\sqrt{P_1^{\,2}+P_2^{\,2}-P_1P_2}$
여기서, P_a : 피상전력[VA]
$P_1 \cdot P_2$: 전력계의 지시값[W]
④ 역률
$\cos\theta=\dfrac{P_1+P_2}{2\sqrt{P_1^{\,2}+P_2^{\,2}-P_1P_2}}=\dfrac{P_1+P_2}{P_a}$
여기서, $\cos\theta$: 역률
P_a : 피상전력[VA]
$P_1 \cdot P_2$: 전력계의 지시값[W]</td>
<td>단상전력계 3개로 측정하는 경우
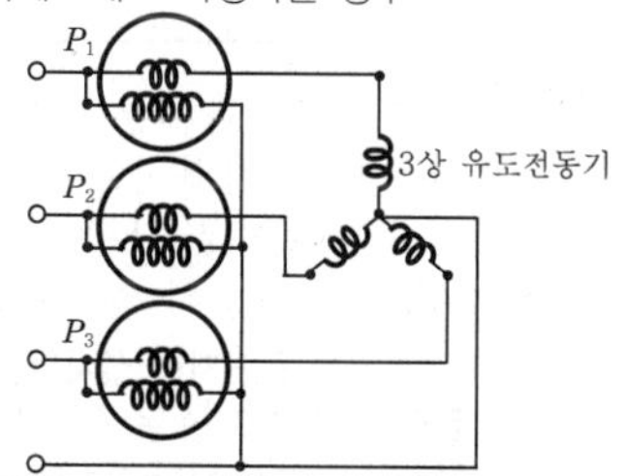

① 유효전력
$P=P_1+P_2+P_3$[W]
여기서, P : 유효전력[W]
$P_1 \cdot P_2 \cdot P_3$: 전력계의 지시값[W]
② 무효전력
$P_r=\sqrt{P_a^{\,2}-(P_1+P_2+P_3)^2}$
여기서, P_r : 무효전력[Var]
P_a : 피상전력[VA]
$P_1 \cdot P_2 \cdot P_3$: 전력계의 지시값[W]
③ 피상전력
$P_a=\sqrt{(P_1+P_2+P_3)^2+P_r^{\,2}}$
여기서, P_a : 피상전력[VA]
$P_1 \cdot P_2 \cdot P_3$: 전력계의 지시값[W]
P_r : 무효전력[Var]
④ 역률
$\cos\theta=\dfrac{P_1+P_2+P_3}{\sqrt{(P_1+P_2+P_3)^2+P_r^{\,2}}}=\dfrac{P_1+P_2+P_3}{P_a}$
여기서, $\cos\theta$: 역률
$P_1 \cdot P_2 \cdot P_3$: 전력계의 지시값[W]
P_r : 무효전력[Var], P_a : 피상전력[VA]</td></tr>
</table>

용어

2전력계법	3전력계법
단상전력계 2개로 3상 전력을 측정하기 위한 방법	단상전력계 3개로 3상 전력을 측정하기 위한 방법

(가) **피상전력**

$$P_a = 2\sqrt{{P_1}^2 + P_2 - P_1P_2} = 2\sqrt{(400\text{W})^2 + (600\text{W})^2 - 400\text{W}\times 600\text{W}} = 1058.3\text{VA}$$

(나) **역률**

$$\cos\theta = \frac{P_1 + P_2}{P_a} = \frac{400\text{W}+600\text{W}}{1058.3\text{VA}} = 0.94491 = 94.491\% \fallingdotseq 94.49\%$$

☆☆☆

문제 15

감지기회로의 도통시험을 위한 종단저항의 설치기준 3가지를 쓰시오. (20.7.문5, 16.6.문15, 02.10.문1)

○

○

○

득점	배점
	5

해답 ① 점검 및 관리가 쉬운 장소에 설치
② 전용함 설치시 바닥으로부터 1.5m 이내의 높이에 설치
③ 감지기회로의 끝부분에 설치하며, 종단감지기에 설치시 구별이 쉽도록 해당 감지기의 기판 및 감지기의 외부 등에 별도의 표시를 할 것

해설 감지기회로의 **종단저항 설치기준**(NFPC 203 11조, NFTC 203 2.8.1.3)
(1) **점검** 및 **관리**가 쉬운 장소에 설치할 것
(2) **전**용함 설치시 바닥으로부터 **1.5m** 이내의 높이에 설치할 것
(3) **감**지기회로의 **끝부분**에 설치하며, **종단감지기**에 설치할 경우에는 구별이 쉽도록 해당 감지기의 **기판** 및 **감지기 외부** 등에 별도의 표시를 할 것

기억법 감전점

- '점검 및 관리가 편리하고 화재 및 침수 등의 재해를 받을 우려가 없는 장소'라고 쓰지 않도록 주의하라! 이것은 **종단저항**의 **설치기준**과 **중계기**의 **설치기준**이 섞여 있는 이상한 내용이다.
- 종단감지기에 설치시 **기판**뿐만 아니라 **감지기 외부**에도 설치하도록 법이 개정되었다. 그러므로 **감지기 외부**에도 꼭! 쓰도록 한다.

용어

도통시험(회로도통시험)	종단저항
감지기회로의 **단선유무**와 기기 등의 접속상황을 확인하기 위한 시험	감지기회로의 **도통시험**을 용이하게 하기 위하여 감지기회로의 **끝**부분에 설치하는 저항 ▌종단저항의 설치▐

☆☆☆

문제 16

3선식 배선에 의하여 상시 충전되는 유도등의 전기회로에 점멸기를 설치하는 경우에 유도등이 반드시 점등되어야 할 때를 5가지 쓰시오. (17.6.문6, 16.6.문11, 15.11.문3, 14.4.문13, 10.10.문1)

○
○
○
○
○

득점	배점
	5

해답 ① 자동화재탐지설비의 감지기 또는 발신기가 작동되는 때
② 비상경보설비의 발신기가 작동되는 때
③ 상용전원이 정전되거나 전원선이 단선되는 때
④ 방재업무를 통제하는 곳 또는 전기실의 배전반에서 수동으로 점등하는 때
⑤ 자동소화설비가 작동되는 때

해설 유도등의 **3선식 배선**시 반드시 점등되어야 하는 경우(NFTC 303 2.7.4)

(1) **자동화재탐지설비**의 **감지기** 또는 **발신기**가 작동되는 때

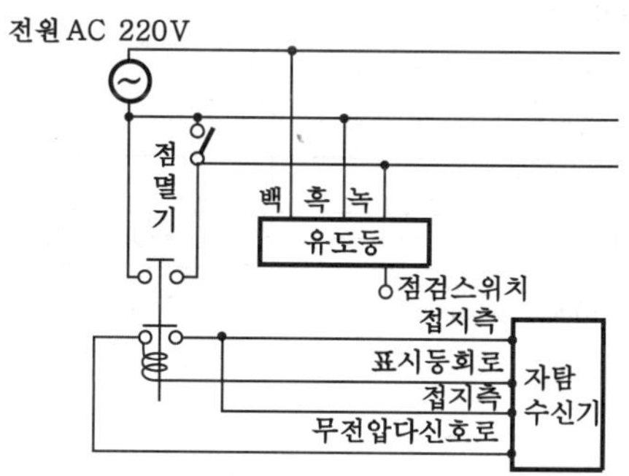

▌자동화재탐지설비와 연동▐

(2) **비상경보설비**의 **발신기**가 작동되는 때
(3) **상용전원**이 **정전**되거나 **전원선**이 **단선**되는 때
(4) **방재업무**를 **통제**하는 곳 또는 전기실의 **배**전반에서 **수동**으로 **점등**하는 때

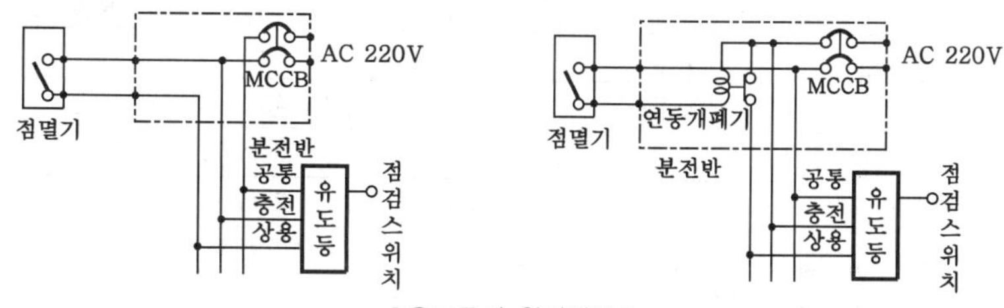

▌유도등의 원격점멸▐

(5) **자동소화설비**가 작동되는 때

기억법 탐감발
비경발
상정전단
방통배수점
자소

비교

유도등의 **3선식 배선**에 따라 상시 충전되는 경우 점멸기를 설치하지 아니하고 항상 점등상태를 유지하여야 하는데, 유지하지 않아도 되는 장소(3선식 배선이 가능한 장소)
(1) **외부**의 빛에 의해 피난구 또는 피난방향을 쉽게 식별할 수 있는 장소
(2) **공연장, 암실** 등으로서 어두워야 할 필요가 있는 장소
(3) 특정소방대상물의 **관계인** 또는 **종사원**이 주로 사용하는 장소

☆☆☆
문제 17

면적 550m²인 어떤 실에 자동화재탐지설비를 설치하려고 한다. 광전식 연기감지기 2종을 설치하고 설치높이가 10m일 때 감지기의 설치개수를 구하시오. (16.6.문14, 14.4.문12, 13.11.문16)

○ 계산과정 :
○ 답 :

득점	배점
	5

해답
○ 계산과정 : $\frac{550}{75}=7.3 \fallingdotseq 8$개
○ 답 : 8개

해설 **연기감지기**의 **설치개수**

부착높이	연기감지기의 종류	
	1종 및 2종	3종
4m 미만	150m²	50m²
4~20m 미만 →	75m²	–

문제에서 높이가 **10m**로 위 표에서 감지기 1개가 담당하는 바닥면적은 **75m²**이므로

$\frac{550}{75}=7.3 \fallingdotseq 8$개(절상)

비교

스포트형 감지기의 **바닥면적**(NFPC 203 7조, NFTC 203 2.4.3.5)

부착높이 및 특정소방대상물의 구분		감지기의 종류				
		차동식·보상식 스포트형		정온식 스포트형		
		1종	2종	특종	1종	2종
4m 미만	내화구조	90m²	70m²	70m²	60m²	20m²
	기타구조	50m²	40m²	40m²	30m²	15m²
4m 이상 8m 미만	내화구조	45m²	35m²	35m²	30m²	–
	기타구조	30m²	25m²	25m²	15m²	–

기억법

차	보		정	
9	7	7	6	2
5	4	4	3	①
④	③	③	3	×
3	②	②	①	×

※ 동그라미(○) 친 부분은 뒤에 5가 붙음

문제 18

소방시설 중 경보설비의 종류 3가지를 쓰시오. (22.5.문6)

○

○

○

득점	배점
	5

해답 ① 시각경보기
② 자동화재탐지설비
③ 비상방송설비

해설 **경보설비**의 **종류**

(1) **단**독경보형 감지기
(2) 비상**경**보설비(비상벨설비, 자동식 사이렌설비)
(3) **시**각경보기
(4) 자동화재**탐**지설비
(5) 비상**방**송설비
(6) 자동화재**속**보설비
(7) **통**합감시시설
(8) **누**전경보기
(9) **가**스누설경보기
(10) 화재**알**림설비

기억법 단경시탐 방속 통누가알

기록하는 사람은 무엇을 하던지 반드시 승리한다.

눈 마사지는 이렇게

① 마사지 전 눈 주위 긴장된 근육을 풀어주기 위해 간단한 눈 주위 스트레칭(눈을 크게 뜨거나 감는 등)을 한다.

② 엄지손가락을 제외한 나머지 손가락을 펴서 눈썹 끝부터 눈 바로 아래 부분까지 가볍게 댄다.

③ 눈을 감고 눈꺼풀이 당긴다는 느낌이 들 정도로 30초간 잡아당긴다.

④ 눈꼬리 바로 위 손가락이 쑥 들어가는 부분(관자놀이)에 세 손가락으로 지그시 누른 후 시계 반대방향으로 30회 돌려준다.

⑤ 마사지 후 눈을 감은 뒤 두 손을 가볍게 말아 쥐고 아래에서 위로 피아노 건반을 누르듯 두드려준다. 10초 동안 3회 반복

도움말 : 고대안암병원 김효명 교수, 누네병원 최재호 원장

과년도 출제문제

2023년 소방설비산업기사 실기(전기분야)

**** 수험자 유의사항 ****

– 공통 유의사항

1. 시험 시작 시간 이후 입실 및 응시가 불가하며, 수험표 및 접수내역 사전확인을 통한 시험장 위치, 시험장 입실 가능 시간을 숙지하시기 바랍니다.
2. 시험 준비물 : 공단인정 신분증, 수험표, 계산기(필요 시), 흑색 볼펜류 필기구(필답, 기술사 필기), 계산기(필요 시), 수험자 지참 준비물(작업형 실기)
   ※ 공학용 계산기는 일부 등급에서 제한된 모델로만 사용이 가능하므로 사전에 필히 확인 후 지참 바랍니다.
3. 부정행위 관련 유의사항 : 시험 중 다음과 같은 행위를 하는 자는 국가기술자격법 제10조 제6항의 규정에 따라 당해 검정을 중지 또는 무효로 하고 3년간 국가기술자격법에 의한 검정을 받을 자격이 정지됩니다.
   - 시험 중 다른 수험자와 시험과 관련된 대화를 하거나 답안지(작품 포함)를 교환하는 행위
   - 시험 중 다른 수험자의 답안지(작품) 또는 문제지를 엿보고 답안을 작성하거나 작품을 제작하는 행위
   - 다른 수험자를 위하여 답안(실기작품의 제작방법 포함)을 알려 주거나 엿보게 하는 행위
   - 시험 중 시험문제 내용과 관련된 물건을 휴대하여 사용하거나 이를 주고받는 행위
   - 시험장 내외의 자로부터 도움을 받고 답안지를 작성하거나 작품을 제작하는 행위
   - 다른 수험자와 성명 또는 수험번호(비번호)를 바꾸어 제출하는 행위
   - 대리시험을 치르거나 치르게 하는 행위
   - 시험시간 중 통신기기 및 전자기기를 사용하여 답안지를 작성하거나 다른 수험자를 위하여 답안을 송신하는 행위
   - 그 밖에 부정 또는 불공정한 방법으로 시험을 치르는 행위
4. 시험시간 중 전자·통신기기를 비롯한 불허물품 소지가 적발되는 경우 퇴실조치 및 당해 시험은 무효처리가 됩니다.

– 실기시험 수험자 유의사항

1. 문제지를 받는 즉시 응시 종목의 문제가 맞는지 확인하셔야 합니다.
2. 답안지 내 인적 사항 및 답안작성(계산식 포함)은 **검정색** 필기구만을 계속 사용하여야 합니다.
3. 답안정정 시에는 **두 줄**(=)을 긋고 다시 **기재 가능**하며, **수정 테이프 사용** 또한 **가능**합니다.
4. 계산문제는 반드시 '계산과정'과 '답'란에 정확히 기재하여야 하며 계산과정이 틀리거나 없는 경우 0점 처리됩니다.
   ※ 연습이 필요 시 연습란을 이용하여야 하며, 연습란은 채점대상이 아닙니다.
5. 계산문제는 최종 결과값(답)에서 소수 셋째자리에서 반올림하여 둘째자리까지 구하여야 하나 개별 문제에서 소수 처리에 대한 별도 요구사항이 있을 경우, 그 요구사항에 따라야 합니다.
6. 답에 단위가 없으면 오답으로 처리됩니다. (단, 문제의 요구사항에 단위가 주어졌을 경우는 생략되어도 무방합니다)
7. 문제에서 요구한 가지 수 이상을 답란에 표기한 경우, 답란기재 순으로 요구한 가지 수만 채점합니다.

2023. 4. 22 시행

▌2023년 산업기사 제1회 필답형 실기시험▌

수험번호	성명	감독위원 확 인

자격종목	시험시간	형별
소방설비산업기사(전기분야)	2시간 30분	

※ 다음 물음에 답을 해당 답란에 답하시오.(배점 : 100)

★★★ 문제 01

피난구유도등을 설치하여야 하는 장소 4가지를 쓰시오.

(14.4.문14, 13.11.문3)

유사문제부터 풀어보세요.
실력이 팍!팍! 올라갑니다.

득점	배점
	5

○
○
○
○

해답 ① 옥내로부터 직접 지상으로 통하는 출입구 및 그 부속실의 출입구
② 직통계단·직통계단의 계단실 및 그 부속실의 출입구
③ 출입구에 이르는 복도 또는 통로로 통하는 출입구
④ 안전구획된 거실로 통하는 출입구

해설 **피난구유도등**의 **설치장소**(NFPC 303 5조, NFTC 303 2.2)

설치장소	설치 예
옥내로부터 직접 지상으로 통하는 출입구 및 그 부속실의 출입구	옥외 / 실내
직통계단·직통계단의 **계단실** 및 그 부속실의 출입구	복도 / 계단
출입구에 이르는 **복도** 또는 **통로**로 통하는 출입구	거실 / 복도
안전구획된 거실로 통하는 출입구	출구 / 방화문

기억법 옥직출안

☆☆☆
문제 02

다음은 자동화재탐지설비에 사용하는 용어의 정의를 설명한 것이다. 각각이 설명하는 용어를 쓰시오.

득점	배점
	3

(가) 특정소방대상물 중 화재신호를 발신하고 그 신호를 수신 및 유효하게 제어할 수 있는 구역
○
(나) 감지기나 발신기에서 발하는 화재신호를 직접 수신하거나 중계기를 통하여 수신하여 화재의 발생을 표시 및 경보하여 주는 장치
○
(다) 감지기·발신기 또는 전기적접점 등의 작동에 따른 신호를 받아 이를 수신기의 제어반에 전송하는 장치
○

해답 (가) 경계구역
(나) 수신기
(다) 중계기

해설 **자동화재탐지설비** 및 **시각경보장치**의 **용어**(NFPC 203 3조, NFTC 203 1.7.1)

용 어	정 의
경계구역	특정소방대상물 중 **화재신호**를 **발신**하고 그 **신호**를 **수신** 및 유효하게 **제어**할 수 있는 구역 질문 (가)
수신기	감지기나 발신기에서 발하는 **화재신호**를 **직접 수신**하거나 중계기를 통하여 수신하여 **화재**의 **발생**을 **표시** 및 **경보**하여 주는 장치 질문 (나)
중계기	감지기·발신기 또는 전기적접점 등의 작동에 따른 **신호**를 받아 이를 수신기의 제어반에 **전송**하는 장치 질문 (다)
감지기	화재시 발생하는 열, 연기, 불꽃 또는 연소생성물을 자동적으로 **감지**하여 **수신기**에 **발신**하는 장치
발신기	화재발생신호를 수신기에 **수동**으로 **발신**하는 장치
시각경보장치	**자동화재탐지설비**에서 발하는 화재신호를 시각경보기에 전달하여 **청각장애인**에게 **점멸형태**의 **시각경보**를 하는 것
거실	**거주·집무·작업·집회·오락**, 그 밖에 이와 유사한 목적을 위하여 사용하는 방

용어

신호처리방식
화재신호 및 **상태신호** 등을 **송수신**하는 방식

신호처리방식	설 명
유선식	화재신호 등을 **배선**으로 송수신하는 방식
무선식	화재신호 등을 **전파**에 의해 송수신하는 방식
유무선식	**유선식**과 **무선식**을 **겸용**으로 사용하는 방식

☆☆
문제 03

유도등 및 유도표지의 화재안전성능기준에서 명시한 다음 용어의 정의를 쓰시오. (22.7.문9)

(가) 피난구유도등
(나) 객석유도등
(다) 통로유도등

득점	배점
	6

해답 (가) 피난구 또는 피난경로로 사용되는 출입구를 표시하여 피난을 유도하는 등
(나) 객석의 통로, 바닥 또는 벽에 설치하는 유도등
(다) 피난통로를 안내하기 위한 유도등으로 복도통로유도등, 거실통로유도등, 계단통로유도등을 말함

해설
- (다) 통로유도등의 종류(복도통로유도등, 거실통로유도등, 계단통로유도등)까지 꼭 써야 정답!

유도등 및 **유도표지**의 **용어**(NFPC 303 3조, NFTC 303 1.7조)

용 어	정 의
유도등	화재시에 **피난**을 **유도**하기 위한 등으로서 정상상태에서는 **상용전원**에 따라 켜지고 상용전원이 정전되는 경우에는 **비상전원**으로 자동전환되어 켜지는 등
피난구유도등 질문 (가)	**피난구** 또는 **피난경로**로 사용되는 **출입구**를 표시하여 피난을 유도하는 등
통로유도등 질문 (다)	**피난통로**를 **안내**하기 위한 유도등으로 **복도통로유도등, 거실통로유도등, 계단통로유도등**
복도통로유도등	피난통로가 되는 복도에 설치하는 통로유도등으로서 피난구의 방향을 명시하는 것
거실통로유도등	**거주**, **집무**, **작업**, **집회**, **오락**, 그 밖에 이와 유사한 목적을 위하여 계속적으로 사용하는 **거실**, **주차장** 등 **개방된 통로**에 설치하는 유도등으로 피난의 방향을 명시하는 것
계단통로유도등	피난통로가 되는 **계단**이나 **경사로**에 설치하는 통로유도등으로 **바닥면** 및 **디딤바닥면**을 비추는 것
객석유도등 질문 (나)	객석의 **통로**, **바닥** 또는 **벽**에 설치하는 유도등
피난구유도표지	**피난구** 또는 **피난경로**로 사용되는 출입구를 표시하여 **피난**을 **유도**하는 **표지**
통로유도표지	피난통로가 되는 **복도**, **계단** 등에 설치하는 것으로서 피난구의 방향을 표시하는 유도표지
피난유도선	햇빛이나 전등불에 따라 **축광**(**축광방식**)하거나 전류에 따라 빛을 발하는(**광원점등방식**) 유도체로서 어두운 상태에서 **피난**을 **유도**할 수 있도록 띠 형태로 설치되는 피난유도시설
입체형	유도등 표시면을 **2면** 이상으로 하고 각 면마다 **피난유도표시**가 있는 것
3선식 배선	**평상시**에는 유도등을 **소등**상태로 유도등의 비상전원을 충전하고, 화재 등 **비상시** 점등 신호를 받아 유도등을 **자동**으로 **점등**되도록 하는 방식의 배선

☆☆
문제 04

비상콘센트설비의 전원설치기준에 관한 다음 ( ) 안을 완성하시오. (18.6.문6)

상용전원회로의 배선은 저압수전인 경우에는 (①)에서, 고압수전 또는 특고압수전인 경우에는 (②) 또는 2차측에서 분기하여 전용배선으로 할 것

득점	배점
	4

해답 ① 인입개폐기의 직후
② 전력용 변압기 2차측의 주차단기 1차측

해설 **비상콘센트설비**의 **상용전원회로**의 배선(NFPC 504 4조, NFTC 504 2.1.1.1)

저압수전	특고압수전 또는 고압수전
인입개폐기의 **직후**에서 분기하여 **전용배선** [B] : 배선용 차단기(용도 : 인입개폐기) ∥ 인입개폐기 직후 분기 ∥	전력용 변압기 2차측의 **주차단기 1차측** 또는 **2차측**에서 분기하여 **전용배선** [B] : 배선용 차단기 ∥ 주차단기 1차측 분기 ∥ [B] : 배선용 차단기 ∥ 주차단기 2차측 분기 ∥

비교

옥내소화전설비의 **상용전원회로**의 배선(NFPC 102 8조, NFTC 102 2.5.1)

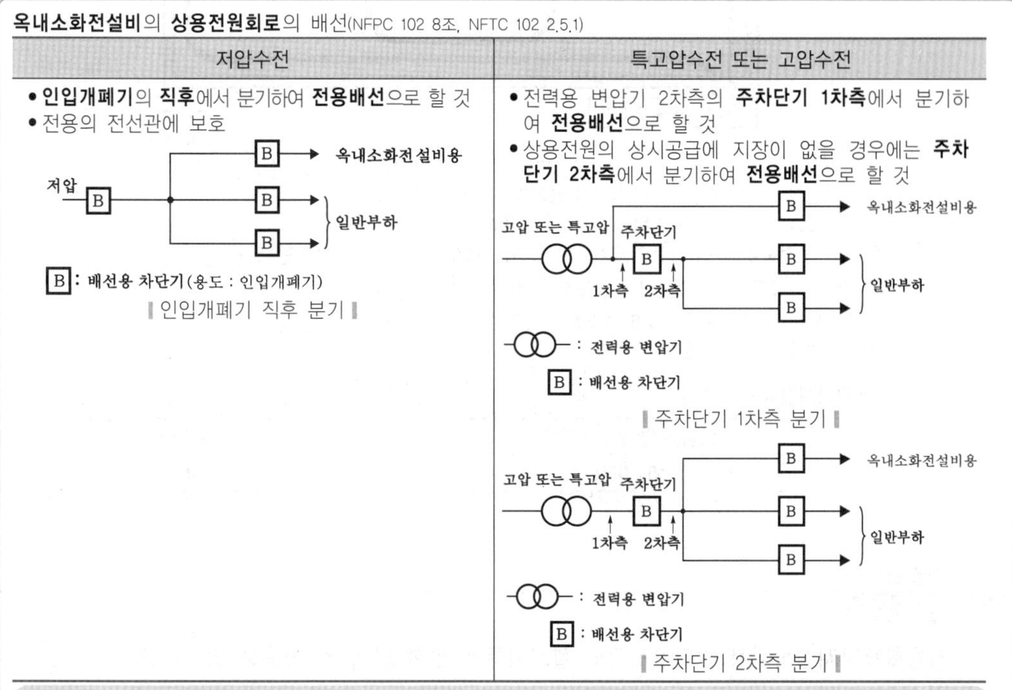

저압수전	특고압수전 또는 고압수전
• **인입개폐기**의 **직후**에서 분기하여 **전용배선**으로 할 것 • 전용의 전선관에 보호 [B] : 배선용 차단기(용도 : 인입개폐기) ∥ 인입개폐기 직후 분기 ∥	• 전력용 변압기 2차측의 **주차단기 1차측**에서 분기하여 **전용배선**으로 할 것 • 상용전원의 상시공급에 지장이 없을 경우에는 **주차단기 2차측**에서 분기하여 **전용배선**으로 할 것 [B] : 배선용 차단기 ∥ 주차단기 1차측 분기 ∥ [B] : 배선용 차단기 ∥ 주차단기 2차측 분기 ∥

• **특고압수전** 또는 **고압수전**에서 비상콘센트설비는 **주차단기 1차측** 또는 **2차측**, 옥내소화전설비는 **주차단기 1차측**으로 차이가 있다. (잘~구분!)

∥ 특고압수전 또는 고압수전의 상용전원회로 ∥

비상콘센트설비	옥내소화전설비
전력용 변압기 2차측의 주차단기 **1차측** 또는 **2차측**에서 분기	전력용 변압기 2차측의 주차단기 **1차측**에서 분기

★★★

문제 05

공기관식 분포형 감지기의 설치기준에 대하여 설명한 것이다. 표 안에 알맞은 말을 넣으시오.

(19.4.문6, 14.11.문10, 09.4.문4)

득점	배점
	4

○ 공기관의 노출부분은 감지구역마다 (①)m 이상이 되도록 설치할 것
○ 하나의 검출부에 접속하는 공기관의 길이는 (②)m 이하로 할 것
○ 검출부는 (③)도 이상 경사되지 않도록 부착할 것
○ 검출부는 바닥으로부터 0.8m 이상, (④)m 이하에 부착할 것

①	②	③	④

해답

①	②	③	④
20	100	5	1.5

해설 **공기관식** 차동식 분포형 감지기의 **설치기준**(NFPC 203 7조 ③항, NFTC 203 2.4.3.7)

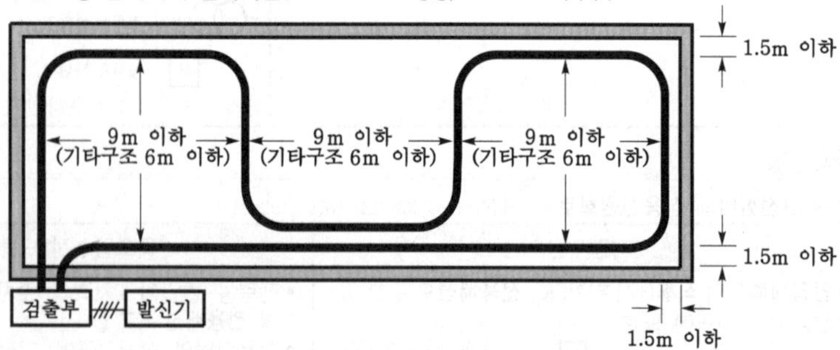

(1) 공기관의 노출부분은 감지구역마다 **20m** 이상이 되도록 설치할 것 질문 ①
(2) 공기관과 감지구역의 각 변과의 **수평거리**는 **1.5m** 이하가 되도록 할 것
(3) 공기관 상호간의 거리는 **6m**(내화구조는 **9m**) 이하가 되도록 할 것
(4) 하나의 **검출부**에 접속하는 공기관의 길이는 **100m** 이하가 되도록 할 것 질문 ②
(5) 검출부는 **5도** 이상 경사되지 않도록 부착할 것 질문 ③
(6) 검출부는 바닥으로부터 **0.8~1.5m** 이하의 위치에 설치할 것 질문 ④
(7) 공기관은 도중에서 **분기**하지 않도록 할 것

• **경사제한각도**

차동식 분포형 감지기	스포트형 감지기
5° 이상	**45°** 이상

★★★

문제 06

자동화재탐지설비에서 연기감지기의 설치기준에 관한 다음 각 물음에 답하시오.

(22.11.문4, 21.7.문3, 20.10.문12, 17.11.문12, 15.11.문9, 12.11.문6, 09.10.문17)

득점	배점
	6

(가) 연기감지기를 종별에 따라 복도 및 통로에 설치할 경우 보행거리 몇 m마다 1개 이상 설치하여야 하는가?

○ 1종 : (①)m
○ 2종 : (②)m
○ 3종 : (③)m

(나) 연기감지기를 종별에 따라 계단 및 경사로에 설치할 경우 수직거리 몇 m마다 1개 이상 설치하여야 하는가?
○1종 : (①)m
○2종 : (②)m
○3종 : (③)m

해답 (가) ① 30
② 30
③ 20
(나) ① 15
② 15
③ 10

해설
• 연기감지기 **1종**과 **2종**이 동일하다.

연기감지기의 **설치기준**(NFPC 203 7조 ③항 10호, NFTC 203 2.4.3.10)

(1) 감지기는 복도 및 통로에 있어서는 **보행거리 30m**(3종은 **20m**)마다, **계단** 및 **경사로**에 있어서는 **수직거리 15m**(**3종**은 **10m**)마다 1개 이상으로 할 것

설치장소	복도 · 통로 질문 (가)		계단 · 경사로 질문 (나)	
종 별	1 · 2종	3종	1 · 2종	3종
설치거리	보행거리 30m	보행거리 20m	수직거리 15m	수직거리 10m

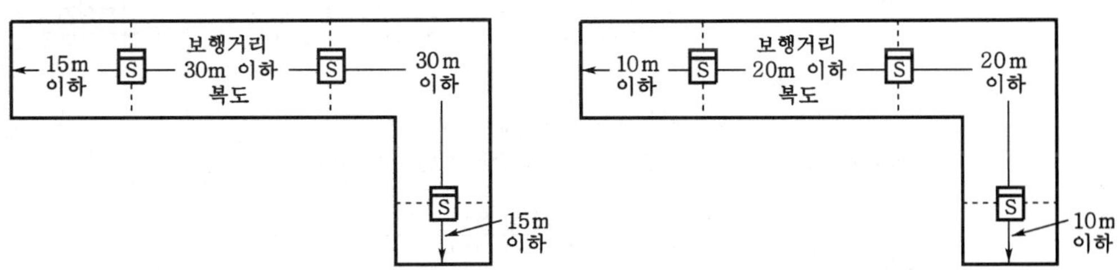

∥복도 및 통로의 연기감지기 설치(1 · 2종)∥ ∥복도 및 통로의 연기감지기 설치(3종)∥

(2) 천장 또는 반자가 **낮은 실내** 또는 **좁은 실내**에 있어서는 **출입구**의 가까운 부분에 설치할 것
(3) 천장 또는 반자 부근에 **배기구**가 있는 경우에는 그 **부근**에 설치할 것

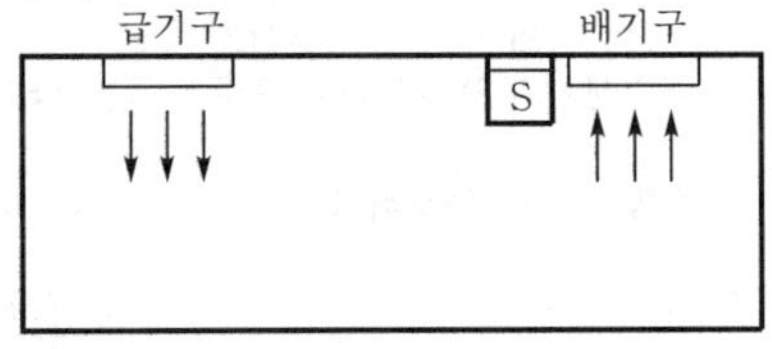

∥배기구가 있는 경우의 연기감지기 설치∥

(4) 감지기는 **벽** 또는 **보**로부터 **0.6m** 이상 떨어진 곳에 설치할 것

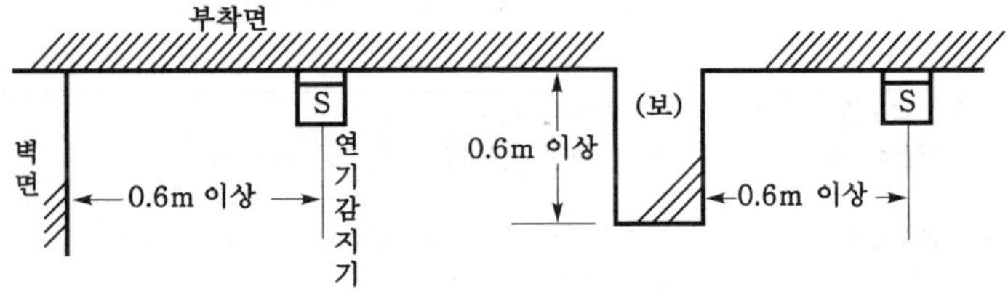

∥벽 또는 보로부터의 연기감지기 설치∥

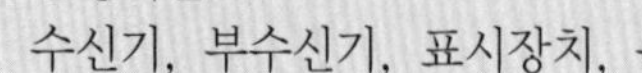

문제 07

자동화재탐지설비의 수신기 기능시험에 대한 내용이다. 보기에서 설명하는 수신기의 시험명칭을 쓰시오. (22.5.문9, 21.7.문14, 20.5.문3, 17.11.문9, 16.6.문3, 14.7.문11, 14.11.문3, 13.7.문2, 09.10.문3)

득점	배점
	3

〔보기〕
○ 시험방법
- 동작시험스위치를 시험위치에 놓는다.
- 5회선(5회선 미만은 전회선)을 동시에 작동시킨다.
- 주음향장치와 지구음향장치를 명동시킨다.

○ 판정기준
수신기, 부수신기, 표시장치, 음향장치 등의 기능에 이상이 없을 것

해답 동시작동시험

해설 **자동화재탐지설비 수신기의 시험**

시험 종류	시험방법	가부판정의 기준
화재표시 작동시험	① 회로선택스위치로서 실행하는 시험 : 동작시험스위치를 눌러서 스위치 주의등의 점등을 확인한 후 회로선택스위치를 차례로 회전시켜 **1회로**마다 화재시의 작동시험을 행할 것 ② 감지기 또는 발신기의 작동시험과 함께 행하는 방법 : 감지기 또는 발신기를 차례로 작동시켜 경계구역과 지구표시등과의 접속상태 확인	① 각 **릴레이**(relay)의 작동이 정상일 것 ② **화재표시등**, **지구표시등**, 그 밖의 표시장치의 점등이 정상일 것 ③ **음향장치**의 작동이 정상일 것 ④ **감지기회로** 또는 **부속기기회로**와의 연결접속이 정상일 것
회로도통시험	① 도통시험스위치 누름 ② 회로선택스위치를 차례로 회전 ③ 각 회선별로 전압계의 전압 확인 또는 발광다이오드의 점등유무 확인 ④ 종단저항 등의 접속상황 확인	각 회선의 **전압계**의 **지시치** 또는 발광다이오드의 점등유무 상황이 정상일 것
공통선시험 (단, 7회선 이하는 제외)	① 수신기의 회로공통선 1선 제거 ② 도통시험스위치를 누르고, 회로선택스위치를 차례로 회전 ③ 전압계 또는 발광다이오드를 확인하여 단선을 지시한 경계구역수 확인	공통선이 담당하고 있는 경계구역수가 **7 이하**일 것
동시작동시험 (단, 1회선은 제외)	① **동작시험스위치**를 시험위치에 놓는다. ② 상용전원으로 **5회선**(5회선 미만은 전회선) 동시 작동 ③ 주음향장치 및 지구음향장치 작동 ④ 부수신기와 표시장치도 모두를 작동상태로 하고 실시	① **수신기**의 기능에 이상이 없을 것 ② **부수신기**의 기능에 이상이 없을 것 ③ **표시장치**(표시기)의 기능에 이상이 없을 것 ④ **음향장치**의 기능에 이상이 없을 것
회로저항시험	① **저항계** 또는 **테스터**를 사용하여 감지기회로의 공통선과 회로선 사이 측정 ② 상시 개로식인 것은 회로 말단을 연결하고 측정	하나의 감지기회로의 합성저항치는 **50Ω 이하**로 할 것
예비전원시험	① 예비전원시험스위치 누름 ② 전압계의 지시치가 지정범위 내에 있을 것 또는 발광다이오드의 정상유무 표시등 점등확인 ③ 상용전원을 차단하고 자동절환릴레이의 작동상황 확인	① 예비전원의 전압이 정상일 것 ② 예비전원의 용량이 정상일 것 ③ 예비전원의 절환상태(절환상황)가 정상일 것 ④ 예비전원의 복구작동이 정상일 것
저전압시험	정격전압의 **80%**로 실시	–
비상전원시험	비상전원으로 **축전지설비**를 사용하는 것에 대해 행한다.	–
지구음향장치의 작동시험	임의의 감지기 또는 발신기를 작동했을 때 화재신호와 연동하여 음향장치의 정상작동 여부 확인	지구음향장치가 작동하고 음량이 정상일 것. 음량은 음향장치의 중심에서 **1m** 떨어진 위치에서 **90dB** 이상일 것

기억법 수화회 공예

• 가부판정의 기준=양부판정의 기준=가부판단의 기준

비교

시험과목

중계기	속보기의 예비전원
• 주위온도시험 • 반복시험 • 방수시험 • 절연저항시험 • 절연내력시험 • 충격전압시험 • 충격시험 • 진동시험 • 습도시험 • 전자파 내성시험	• 충 · 방전시험 • 안전장치시험

☆☆

문제 08

도면은 어느 건물의 자동화재탐지설비 평면도이다. 다음 각 물음에 답하시오.

(20.10.문8, 14.7.문5, 09.10.문15)

득점	배점
	6

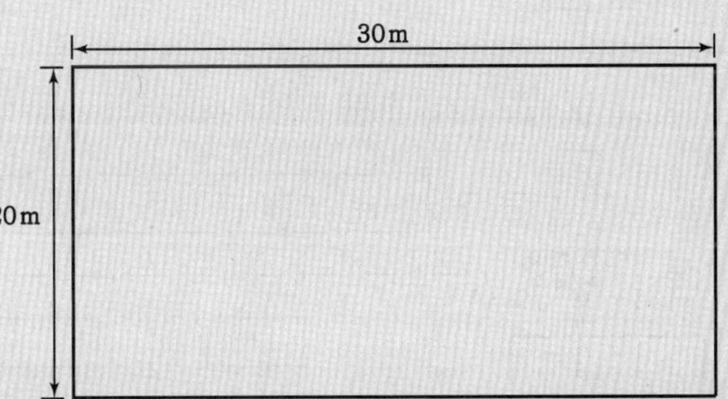

(가) 단독경보형 감지기를 설치할 경우 최소 몇 개를 설치하여야 하는지 구하시오.

○ 계산과정 :

○ 답 :

(나) 평면도에 감지기를 배치하시오. (단, 연기감지기 심벌을 사용할 것)

해답 (가) ○ 계산과정 : $\frac{20 \times 30}{150} = 4$개

○ 답 : 4개

(나)

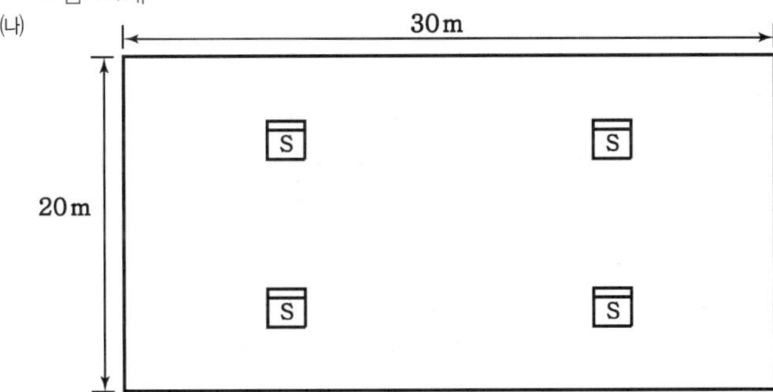

해설 (가) 단독경보형 감지기는 특정소방대상물의 각 실마다 설치하되, 바닥면적이 **150m²**를 초과하는 경우에는 **150m²**마다 1개 이상 설치해야 한다.

$$\text{단독경보형 감지기개수} = \frac{\text{바닥면적}[\mathrm{m}^2]}{150}(\text{절상}) = \frac{(20\times30)\mathrm{m}^2}{150} = 4\text{개}$$

(나)

- [단서]에 의해 연기감지기 심벌(S)을 사용하여 균등하게 **루프**(loop) **형태**로 **배치**하면 된다. 일렬로 배치하면 틀린다. 주의!

★★★

문제 09

비상방송설비에 관한 다음 각 물음에 답하시오. (20.11.문8, 16.11.문8)

득점	배점
	9

(가) 3선식 배선에 대한 미완성회로이다. 미완성부분을 완성하시오.(단, 평상시에는 일반용 배선으로 음량조절기를 이용하여 방송을 하고, 화재발생시에는 비상용 배선으로 최대음량으로 방송을 한다. 또한, 배선시 전선의 접속 및 미접속 예시를 참고하시오.)

〈예시〉

접 속	미접속
─●─	─┼─

공통선
업무용 배선
비상용 배선
업무용
비상용
절환 스위치
증폭기

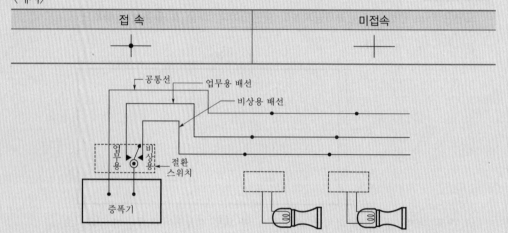

(나) 비상방송설비의 화재안전기술기준에 따라 확성기의 음성입력은 실내와 실외에 설치하는 경우 각각 몇 W 이상이어야 하는가?

○ 실내 : (①)W 이상
○ 실외 : (②)W 이상

해답 (가)

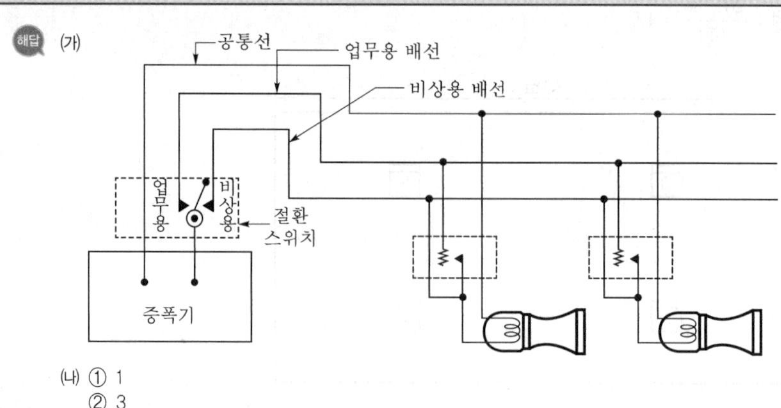

(나) ① 1
② 3

해설 (가)

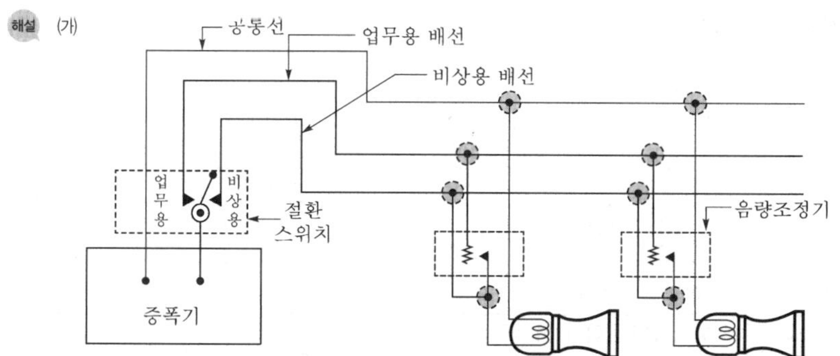

- 접속부분에는 〈예시〉와 같이 반드시 점(●)을 찍어야 한다. 점을 찍지 않으면 접속이 안 된 것이므로 틀린 것이다. (점을 크게 찍으면 더 멋있다!)
- 비상용 배선=긴급용 배선

중요

3선식 배선

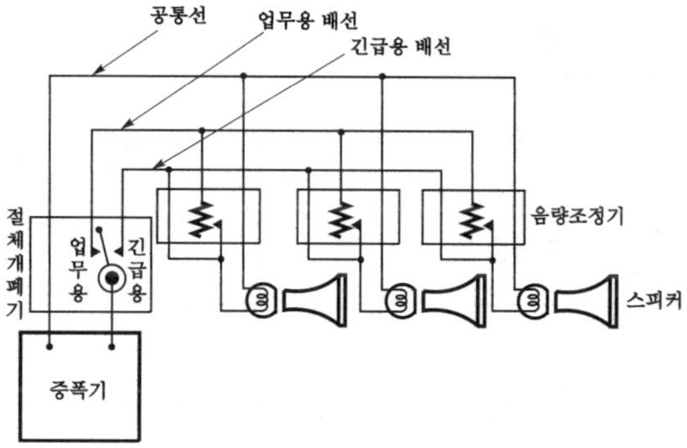

‖3선식 배선 1‖

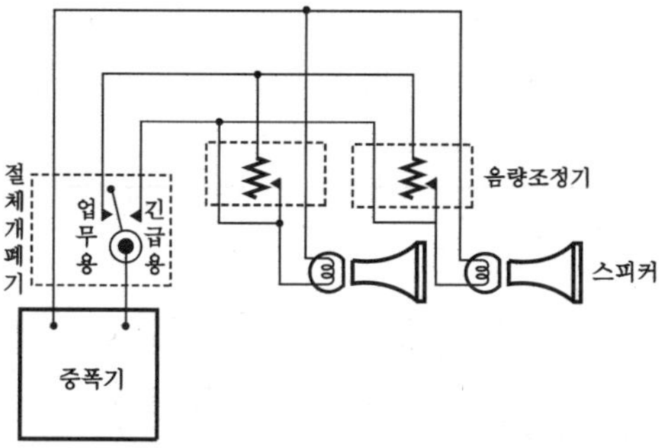

‖3선식 배선 2‖

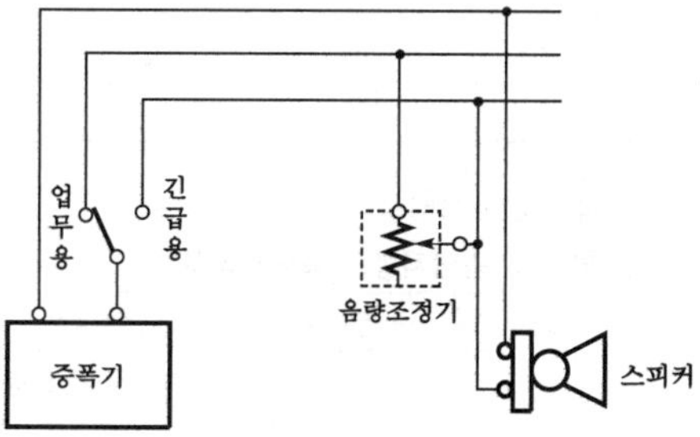

‖3선식 배선 3‖

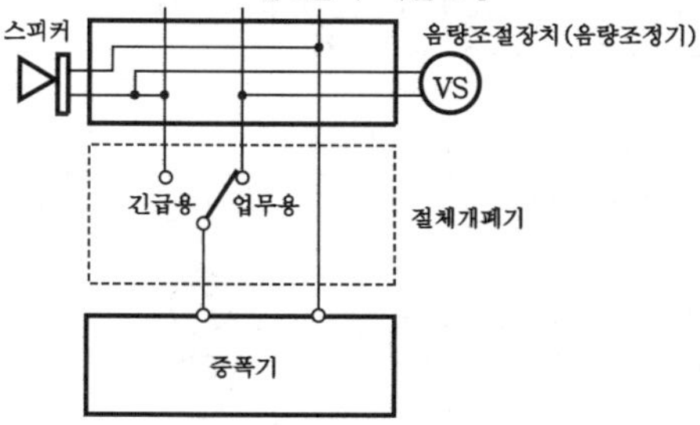

‖3선식 배선 4‖

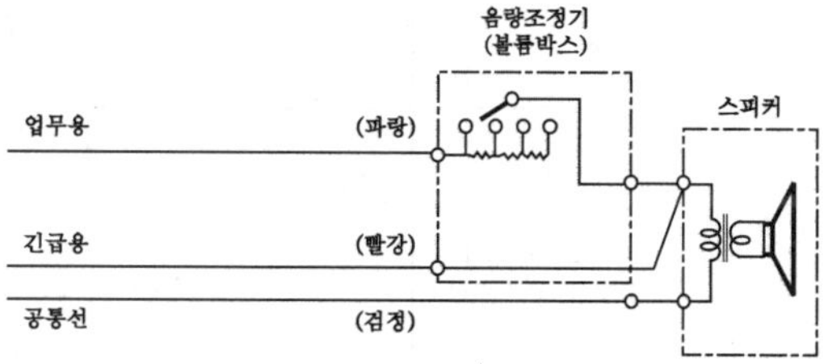

‖3선식 배선 5‖

(나) **비상방송설비**의 **설치기준**(NFPC 202 4조, NFTC 202 2.1.1)

① 확성기의 음성입력은 **실외 3W(실내 1W)** 이상일 것 질문 (나)
② 음량조정기의 배선은 **3선식**으로 할 것
③ 기동장치에 의한 **화재신고**를 수신한 후 필요한 음량으로 방송이 개시될 때까지의 소요시간은 **10초** 이하로 할 것
④ 조작부의 조작스위치는 바닥으로부터 **0.8~1.5m** 이하의 높이에 설치할 것

기 기	설치높이
기타 기기	바닥에서 **0.8~1.5m** 이하
시각경보장치	바닥에서 **2~2.5m** 이하(단, 천장의 높이가 **2m 이하**인 경우에는 천장으로부터 **0.15m 이내**의 장소에 설치)

⑤ 다른 전기회로에 의하여 **유도장애**가 생기지 않도록 할 것
⑥ 확성기는 **각 층**마다 설치하되, 각 부분으로부터의 **수평거리**는 25m 이하일 것
⑦ **발화층** 및 **직상 4개층 우선경보방식**
㉠ 화재시 원활한 대피를 위하여 위험한 층(발화층 및 직상 4개층)부터 우선적으로 경보하는 방식
㉡ 발화층 및 직상 4개층 우선경보방식 적용대상물 : 11층(공동주택 16층) 이상의 특정소방대상물의 경보

‖ 자동화재탐지설비·비상방송설비 음향장치의 경보 ‖

발화층	경보층	
	11층(공동주택 16층) 미만	11층(공동주택 16층) 이상
2층 이상 발화	전층 일제경보	• 발화층 • 직상 4개층
1층 발화		• 발화층 • 직상 4개층 • 지하층
지하층 발화		• 발화층 • 직상층 • 기타의 지하층

☆ 문제 10

자동화재탐지설비에서 도통시험을 원활하게 하기 위하여 상시개로식의 배선에는 그 회로의 끝부분에 무엇을 설치하여야 하는지 쓰시오. (19.4.문10, 04.4.문9)

○

득점	배점
	3

 종단저항

 (1) **종단저항**과 **송배선방식**

구 분	설 명
종단저항 문제	감지기회로의 **도통시험**을 용이하게 하기 위하여 감지기회로의 **끝**부분에 설치하는 저항 (그림: 지구, 공통, 수신기, 감지기, R 종단저항) ‖ 종단저항의 설치 ‖
송배선식 (보내기배선)	수신기에서 2차측의 외부배선의 **도통시험**을 용이하게 하기 위해 배선의 도중에서 분기하지 않도록 하는 배선 (그림: 수신기로, 감지기, 단자판, 단자, 전선, 감지기) ‖ 송배선방식 ‖

(2) 감지기회로의 **종단저항 설치기준** (NFPC 203 11조, NFTC 203 2.8.1.3)

① **점검** 및 **관리**가 쉬운 장소에 설치할 것

② 전용함 설치시 바닥으로부터 **1.5m** 이내의 높이에 설치할 것

③ 감지기회로의 **끝부분**에 설치하며, **종단감지기**에 설치할 경우에는 구별이 쉽도록 해당 감지기의 기판 및 감지기 외부 등에 별도의 표시를 할 것

문제 11

길이 30m, 폭 10m인 방재센터가 있다. 여기에 조명률 50%, 전광속도 2400lm의 40W 형광등이 몇 등 있어야 최소 150lx 이상의 조도를 얻을 수 있는지 계산하시오. (단, 층고는 4m이며, 조명유지율은 80%이다.)

(13.4.문1, 11.7.문8)

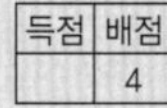

득점	배점
	4

○ 계산과정 :

○ 답 :

해답

○ 계산과정 : $\dfrac{(30\times10)\times150\times\left(\dfrac{1}{0.8}\right)}{2400\times0.5}=46.8 ≒ 47$등

○ 답 : 47등

해설 (1) 기호

- A : $(30\times10)\text{m}^2$
- U : 50%=0.5
- F : 2400lm
- E : 150lx
- M : 80%=0.8

(2)

$$FUN=AED$$

여기서, F : 광속〔lm〕

U : 조명률

N : 등개수

A : 단면적〔m^2〕

E : 조도〔lx〕

D : 감광보상률$\left(D=\dfrac{1}{M}\right)$

M : 유지율(조명유지율)

형광등개수 N은

$$N=\frac{AED}{FU}=\frac{AE\left(\dfrac{1}{M}\right)}{FU}$$

$$=\frac{(30\times10)\times150\times\left(\dfrac{1}{0.8}\right)}{2400\times0.5}=46.8 ≒ 47\text{등(절상)}$$

참고

주의사항

(1) 등개수 산정시 **소수**가 발생하면 반드시 **절상**할 것

(2) **천장높이**를 **고려**하지 **않는 것**에 주의할 것. 왜냐하면 천장높이는 이미 **조명률**에 적용되었기 때문이다. (천장높이를 고려하지 않는 이유를 기억해 두면 참 지식이 될 수 있다.)

☆☆☆

문제 12

다음은 시퀀스회로 유접점회로이다. 회로를 보고 무접점회로를 나타내시오.

(22.5.문2, 22.11.문12, 21.7.문7, 20.11.문6, 19.11.문2, 17.6.문16, 16.6.문10, 15.4.문4, 12.7.문10, 12.11.문4, 10.4.문3)

득점	배점
	3

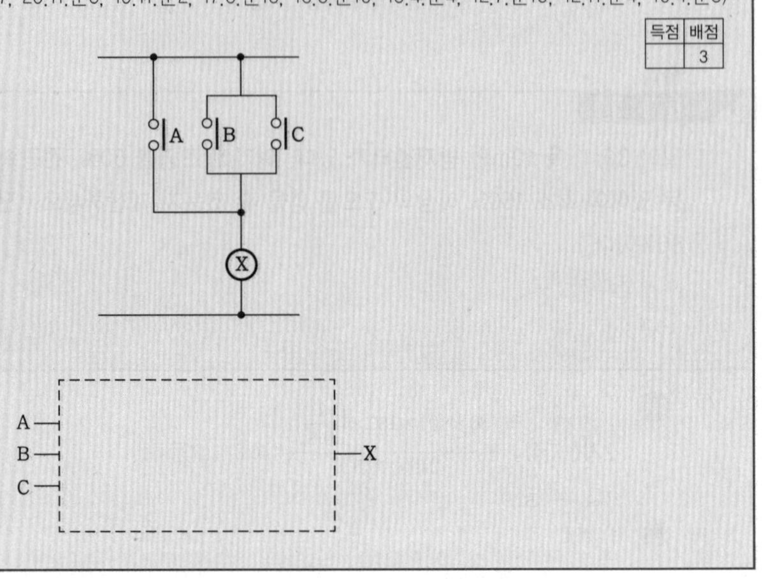

해답

해설

- 시퀀스회로가 좀 이상하게 그려졌다고 혼동하지 말라!
- 문제에 주어진 시퀀스회로는 다음과 같이 그려도 된다.

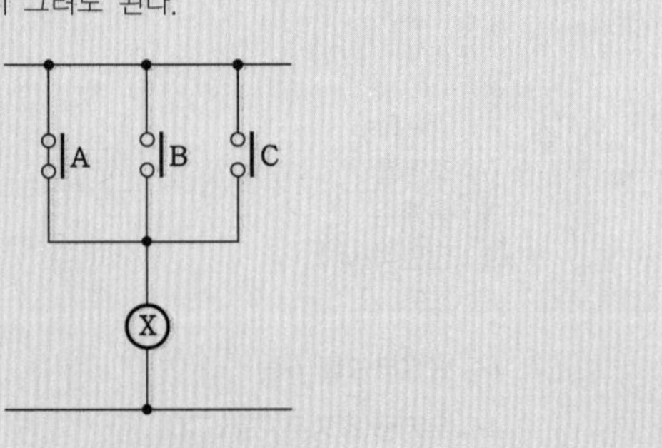

시퀀스회로와 **논리회로**의 **관계**

회 로	시퀀스회로	논리식	논리회로
직렬회로	A, B, Z	Z = A · B Z = AB	A, B, Z
병렬회로	A, B, Z	Z = A + B	A, B, Z

a접점	A, Z	$Z = A$	A — Z, A — Z
b접점	$\overline{A}$, Z	$Z = \overline{A}$	A — Z, A — Z, A — Z

• 논리회로를 가지고 논리식을 써서 반드시 재검토!

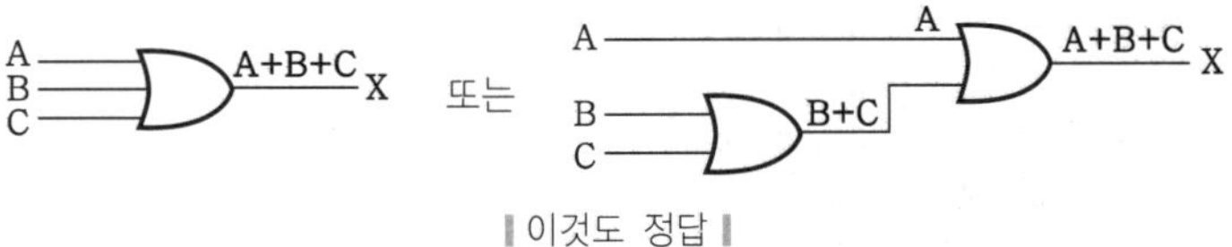

▌이것도 정답▐

★★ 문제 13

자동화재탐지설비를 설치해야 할 특정소방대상물이 가로 40m, 세로 20m인 경우 다음 조건을 고려하여 감지기의 종류별 설치해야 할 최소 감지기의 수량을 계산하시오. (16.6.문14, 14.4.문12, 13.11.문16)

득점	배점
	12

〔조건〕

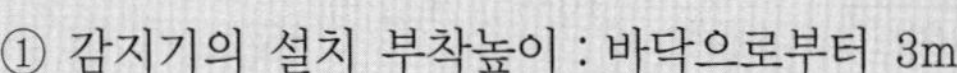

① 감지기의 설치 부착높이 : 바닥으로부터 3m

② 주요구조부 : 콘크리트 라멘조

(가) 차동식 스포트형 2종 감지기의 최소 설치개수

○ 계산과정 :

○ 답 :

(나) 정온식 스포트형 1종 감지기의 최소 설치개수

○ 계산과정 :

○ 답 :

(다) 광전식 스포트형 2종 감지기의 최소 설치개수

○ 계산과정 :

○ 답 :

해답

(가) ○ 계산과정 : $\frac{560}{70} + \frac{240}{70} = 11.4 = 12$개

○ 답 : 12개

(나) ○ 계산과정 : $\frac{600}{60} + \frac{200}{60} = 13.3 \fallingdotseq 14$개

○ 답 : 14개

(다) ○ 계산과정 : $\frac{600}{150} + \frac{200}{150} = 5.3 \fallingdotseq 6$개

○ 답 : 6개

해설

- 〔조건 ①〕에서 3m이므로 4m 미만 적용
- 〔조건 ②〕 콘크리트 라멘조=내화구조

스포트형 감지기의 **바닥면적**(NFPC 203 7조, NFTC 203 2.4.3.5)

(단위 : m^2)

부착높이 및 특정소방대상물의 구분		감지기의 종류				
		차동식·보상식 스포트형		정온식 스포트형		
		1종	2종	특 종	1종	2종
4m 미만	내화구조	90	70	70	60	20
	기타 구조	50	40	40	30	15
4m 이상 8m 미만	내화구조	45	35	35	30	설치 불가능
	기타 구조	30	25	25	15	

기억법
차 보 정
9 7 7 6 2
5 4 4 3 ①
④ ③ ③ 3 ×
3 ② ② ① ×
※ 동그라미(○) 친 부분은 뒤에 5가 붙음

(가) 차동식 스포트형 2종 감지기의 설치개수$=\dfrac{800m^2}{\text{감지기 1개의 바닥면적}}$

$=\dfrac{560m^2}{70m^2}+\dfrac{240m^2}{70m^2}=11.4 ≒ 12$개(절상)

(나) 정온식 스포트형 1종 감지기의 설치개수$=\dfrac{800m^2}{\text{감지기 1개의 바닥면적}}$

$=\dfrac{600m^2}{60m^2}+\dfrac{200m^2}{60m^2}=13.3 ≒ 14$개(절상)

(다) **연기감지기**의 **바닥면적**(NFPC 203 7조, NFTC 203 2.4.3.10.1)

(단위 : m^2)

부착높이	감지기의 종류	
	1종 및 2종	3종
4m 미만	150	50
4~20m 미만	75	×

광전식 스포트형 2종 감지기의 설치개수$=\dfrac{800m^2}{\text{감지기 1개의 바닥면적}}$

$=\dfrac{600m^2}{150m^2}+\dfrac{200m^2}{150m^2}=5.3 ≒ 6$개(절상)

- **광전식** 스포트형은 **연기감지기**이므로 위 표를 적용하여 계산한다.
- 600m^2 초과시 반드시 600m^2 이하로 나누어 계산해야 정답이다. 전체면적으로 바로 나누면 틀림
- **600m^2 초과시 감지기 개수 산정방법**
  ① $\dfrac{\text{전체면적}}{\text{감지기 1개가 담당하는 바닥면적}}$으로 계산하여 최소개수 확인
  ② 전체면적을 600m^2 이하로 적절히 분할하여 $\dfrac{600m^2 \text{ 이하}}{\text{감지기 1개가 담당하는 바닥면적}}$로 각각 계산하여 최소개수가 나오도록 적용(한쪽을 소수점이 없게 면적을 나누면 최소개수가 나옴)

☆☆☆
문제 14

자동화재탐지설비 및 시각경보장치의 화재안전성능기준에 따라 다음 보기에서 설명하고 있는 감지기를 쓰시오.

득점	배점
	3

〔보기〕
① 감지기는 공칭감시거리 및 공칭시야각을 기준으로 감시구역이 모두 포용될 수 있도록 설치할 것
② 감지기는 화재감지를 유효하게 감지할 수 있는 모서리 또는 벽 등에 설치할 것
③ 감지기를 천장에 설치하는 경우에는 감지기는 바닥을 향하여 설치할 것
④ 수분이 많이 발생할 우려가 있는 장소에는 방수형으로 설치할 것

○

해답 불꽃감지기

해설 **불꽃감지기**의 **설치기준**(NFPC 203 7조 ③항 13호, NFTC 203 2.4.3.13)
(1) 감지기는 **공칭감시거리**와 **공칭시야각**을 기준으로 감시구역이 모두 포용될 수 있도록 설치할 것
(2) 감지기는 화재감지를 유효하게 할 수 있는 **모서리** 또는 **벽** 등에 설치할 것
(3) 감지기를 **천장**에 설치하는 경우에는 **바닥**을 향하여 설치할 것
(4) **수분**이 많이 발생할 우려가 있는 장소에는 **방수형**으로 설치할 것

중요

불꽃감지기의 **공칭감시거리 · 공칭시야각**(감지기의 형식승인 및 제품검사의 기술기준 19조의 3)

조 건	공칭감시거리	공칭시야각
20m 미만의 장소에 적합한 것	1m 간격	5° 간격
20m 이상의 장소에 적합한 것	5m 간격	

☆☆☆
문제 15

그림은 자동화재탐지설비의 감지기배선을 나타낸 것이다. 감지기배선을 참고하여 실제 배선도를 그리시오.

득점	배점
	6

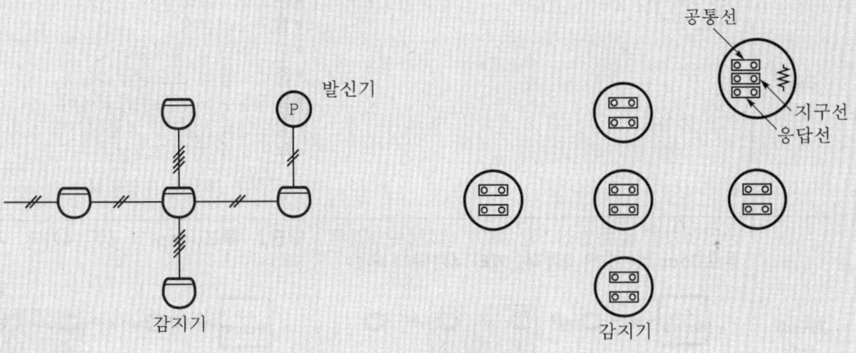

해답

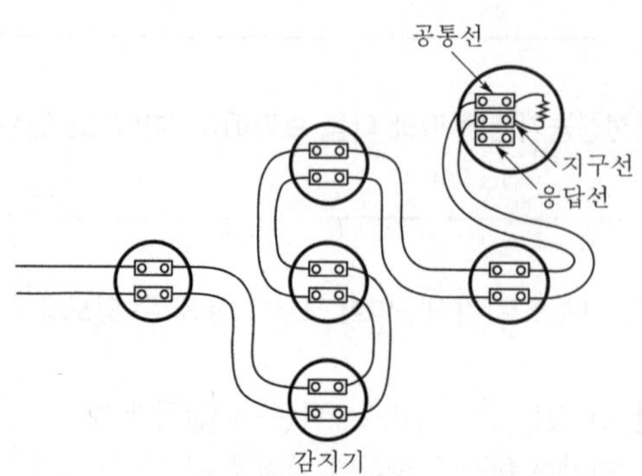

해설

- **송배선식**으로 배선하면 정답!
- 다음과 같이 **공통선**과 **지구선**은 서로 바뀌어도 정답!
- 공통선=회로공통선
- 지구선=회로선=표시선

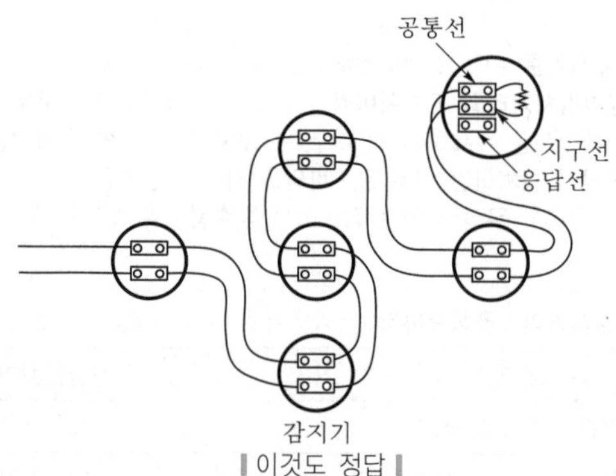

▮이것도 정답▮

▮**송배선식**과 **교차회로방식**▮

구 분	송배선식	교차회로방식
목적	**도통시험**을 용이하게 하기 위하여	감지기의 **오동작** 방지
원리	배선의 도중에서 분기하지 않는 방식	하나의 담당구역 내에 **2 이상**의 **감지기회로**를 설치하고 **2 이상**의 **감지기회로**가 **동시**에 **감지**되는 때에 설비가 작동하는 방식으로 회로방식이 **AND 회로**에 해당된다.
적용 설비	• 자동화재탐지설비 • 제연설비	• **분**말소화설비 • **할**론소화설비 • **이**산화탄소 소화설비 • **준**비작동식 스프링클러설비 • **일**제살수식 스프링클러설비 • **할**로겐화합물 및 불활성기체 소화설비 • **부**압식 스프링클러설비 기억법 **분할이 준일할부**
가닥수 산정	종단저항을 수동발신기함 내에 설치하는 경우 **루프(loop)**된 곳은 **2가닥**, **기타 4가닥**이 된다. 수동 발신기함 루프(loop) ▮송배선식▮	**말단**과 **루프(loop)**된 곳은 **4가닥**, **기타 8가닥**이 된다. 말단 수동 발신기함 루프(loop) ▮교차회로방식▮

종단 저항 개수	1경계구역당 **1개**	1구역(zone)당 **2개**

문제 16

다음은 옥상에 설치된 탱크에 물을 공급하기 위한 펌프의 가동 및 수동기동방식을 나타낸 시퀀스 도면이다. 각 물음에 답하시오.

득점	배점
	12

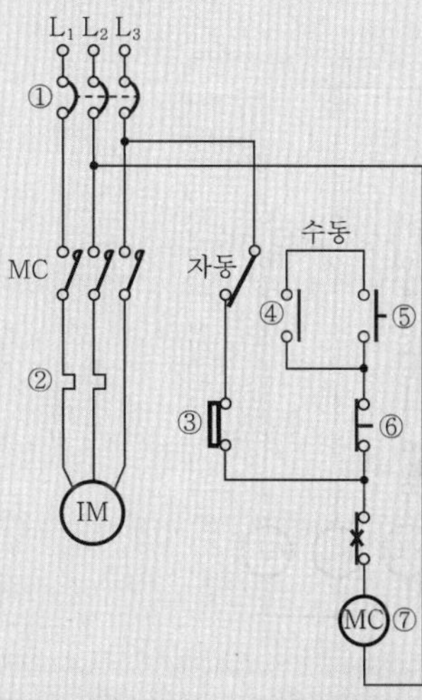

〔보기〕
유도전동기, 열동계전기, 리미트스위치, 기동용 누름(푸시)버튼스위치, 정지용 누름(푸시)버튼스위치, 타이머, 릴레이, 전자접촉기, 플로트스위치, 램프, 배선용 차단기

(가) 도면상에 ①~③, ⑤~⑦ 명칭을 보기에서 골라 적으시오.
○

(나) ④번 접점의 역할을 적으시오.
○

(다) 전동기 정지시 녹색램프 (GL)이 점등되고, 전동기 운전시 녹색램프 (GL)은 소등되고, 적색램프 (RL)이 점등되도록 다음 미완성 부분에 회로를 그리시오.

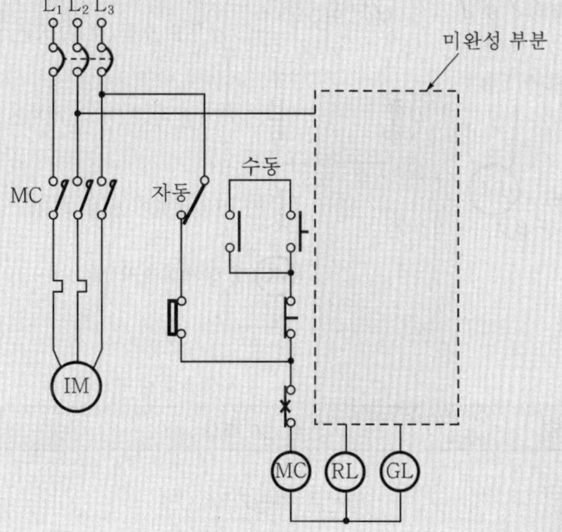

(가) ① 배선용 차단기
② 열동계전기
③ 리미트스위치
⑤ 기동용 누름(푸시)버튼스위치
⑥ 정지용 누름(푸시)버튼스위치
⑦ 전자접촉기

(나) 자기유지

(다)

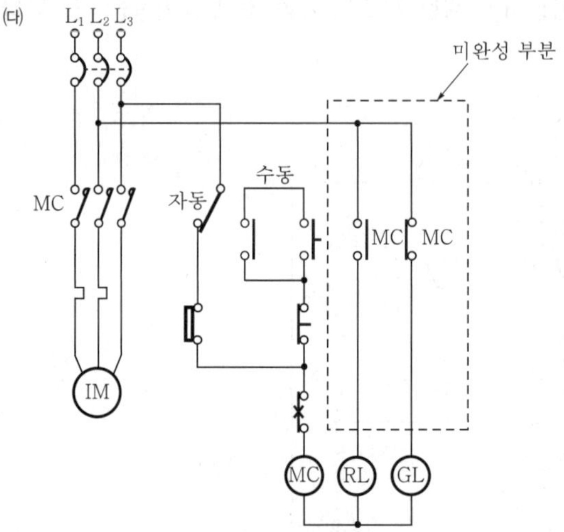

- 기호 ③은 플로트스위치(Float Switch)도 될 수 있지만 심벌이 리미트스위치( )이므로 리미트스위치가 정답!
- 플로트스위치가 답이 되려면 심벌이 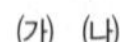 또는 등으로 되어 있어야 함

(가), (나)

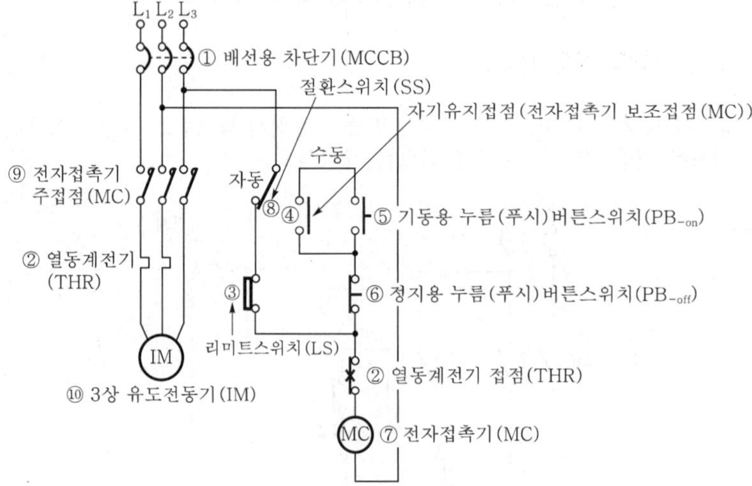

‖ 시퀀스회로의 심벌 ‖

기 호	명칭 및 약호	심 벌
①	배선용 차단기(MCCB)	

②	열동계전기(THR 또는 TH)	열동계전기(THR 또는 TH) 열동계전기 접점(THR 또는 TH)
③	리미트스위치(LS)	
④	전자접촉기 보조접점(MC)	
⑤	기동용 누름(푸시)버튼스위치(PB_{-on})	
⑥	정지용 누름(푸시)버튼스위치(PB_{-off})	
⑦	전자접촉기(MC)	MC
⑧	절환스위치(SS)	
⑨	전자접촉기 주접점(MC)	
⑩	3상 유도전동기(IM)	IM

용어

자기유지
푸시버튼스위치 등을 이용하여 회로를 동작시켰을 때 푸시버튼스위치를 조작한 후 손을 떼어도 그 상태를 계속 유지해주는 것

(다)

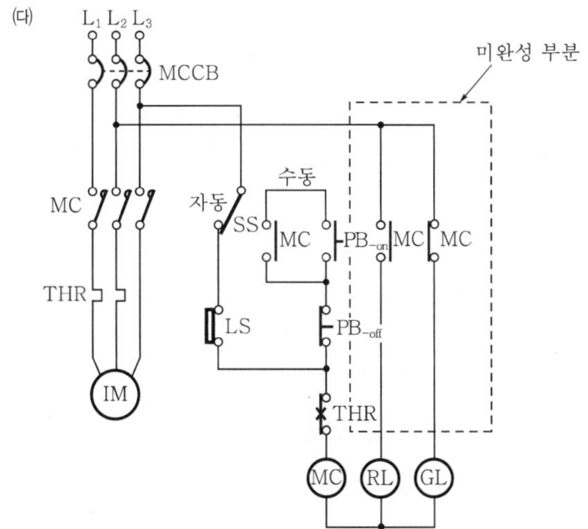

〈**동작설명**〉
① MCCB를 투입한다.
② 자동운전
㉠ 절환스위치(SS)를 **자동**으로 놓는다.
㉡ 저수위가 되면 리미트스위치(LS)가 검출하여 전자접촉기 (MC)가 여자되고 전동기 (IM)이 운전된다.
㉢ 이때 적색등 (RL)은 점등되고 녹색등 (GL)은 소등된다.
③ 수동운전
㉠ 절환스위치(SS)를 **수동**으로 놓는다.
㉡ 누름버튼스위치(PB_{-on})에 의하여 전자접촉기 (MC)가 여자되어 전동기 (IM)가 운전되도록 한다. 이때 적색등 (RL)이 점등되며 녹색등 (GL)이 소등된다.
㉢ 전동기 운전 중 **과부하** 또는 **과열**이 발생되면 열동계전기(THR)가 동작되어 전동기 (IM)이 정지되도록 한다. (단, 자동운전시에도 열동계전기(THR)가 동작하면 전동기 (IM)이 정지하도록 한다.)

☆☆☆
문제 17

그림과 같은 무접점회로를 보고 다음 각 물음에 답하시오.

(19.11.문2, 17.6.문16, 16.6.문10, 15.4.문4, 12.11.문4, 12.7.문10, 10.4.문3)

(가) 유접점회로를 완성하시오. (단, 접점은 6개만 사용한다.)

득점	배점
	8

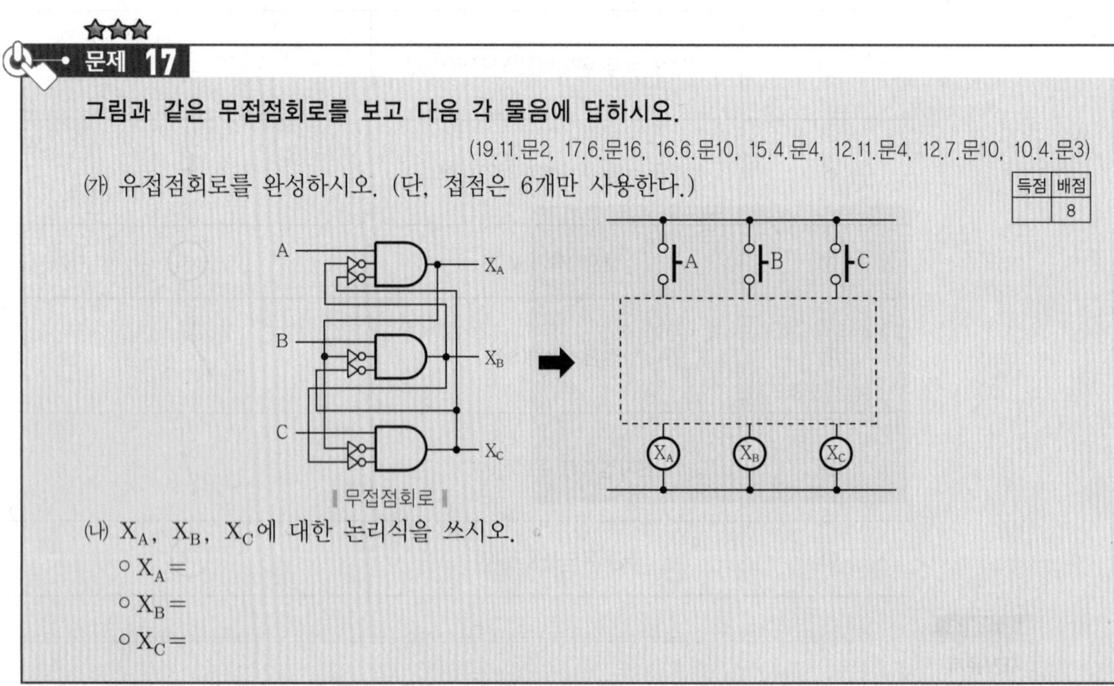

▮무접점회로▮

(나) X_A, X_B, X_C에 대한 논리식을 쓰시오.
○ $X_A =$
○ $X_B =$
○ $X_C =$

해답 (가)

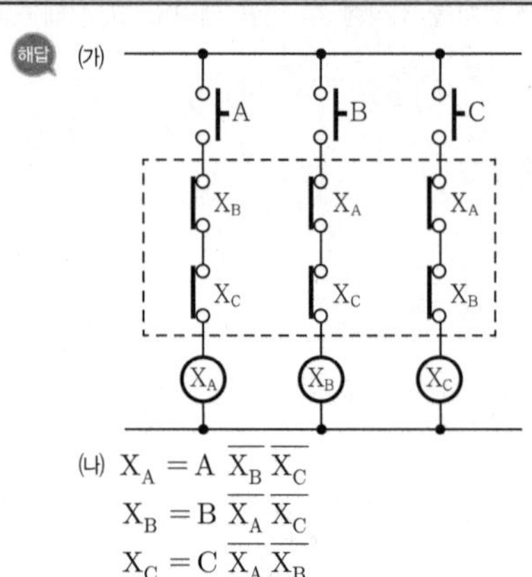

(나) $X_A = A\,\overline{X_B}\,\overline{X_C}$
$X_B = B\,\overline{X_A}\,\overline{X_C}$
$X_C = C\,\overline{X_A}\,\overline{X_B}$

해설 (가)
- A 연결부분에는 X_A 빼고 X_B, X_C 추가, B 연결부분에는 당연히 X_B 빼고 X_A, X_C 추가! 이런 식으로 암기!
- 다음과 같이 가로 형태로도 그릴 수 있다. 참고할 것!

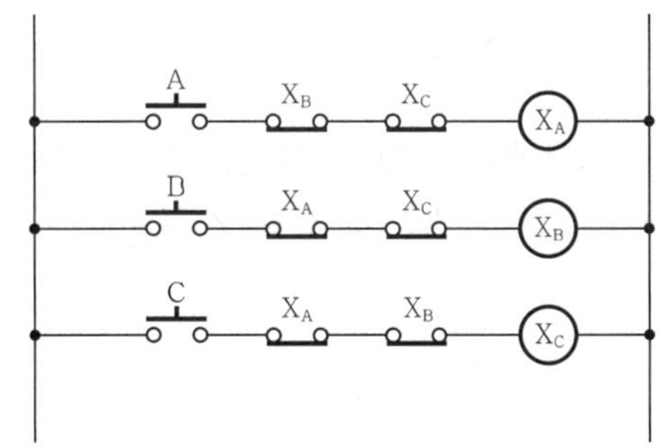

• 접속부분에 점(•)도 빠짐없이 잘 찍을 것

중요

무접점회로를 **타임차트(time chart)**로 그리면 다음과 같다.

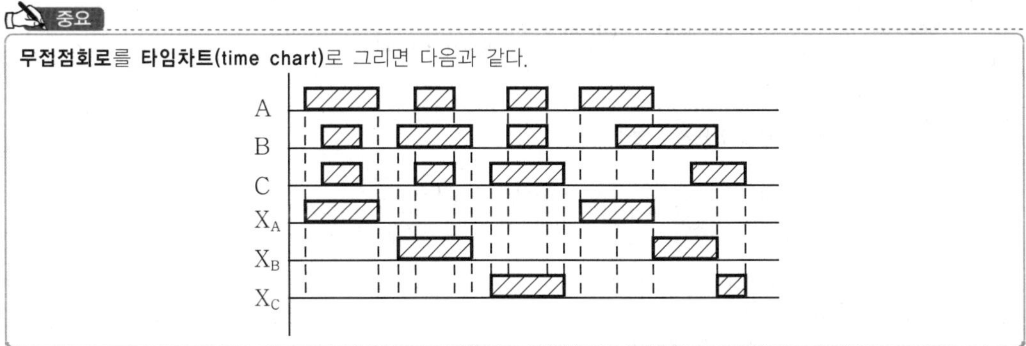

(나)

• 다음과 같이 점(•)을 찍어도 정답!

$X_A = A \cdot \overline{X_B} \cdot \overline{X_C}$

$X_B = B \cdot \overline{X_A} \cdot \overline{X_C}$

$X_C = C \cdot \overline{X_A} \cdot \overline{X_B}$

‖ **시퀀스회로**와 **논리회로**의 관계 ‖

회 로	시퀀스회로	논리식	논리회로
직렬회로 (AND회로)		$Z = A \cdot B$ $Z = AB$	
병렬회로 (OR회로)		$Z = A + B$	
a접점		$Z = A$	
b접점		$Z = \overline{A}$	

☆☆

문제 18

모터컨트롤센터(M.C.C)에서 소화전 펌프모터에 전기를 공급하는 전동기설비를 역률 90%로 개선하려면 전력용 콘덴서는 몇 kVA가 필요한가? (단, 전압은 3상 380V이고 모터의 용량은 70kW, 역률은 60%라고 한다.)

(21.4.문7, 20.11.문3, 18.4.문2, 17.6.문1, 17.4.문9, 15.7.문10, 14.11.문14, 14.4.문6, 11.7.문3, 10.10.문4·12, 10.4.문8, 09.7.문5, 08.4.문9)

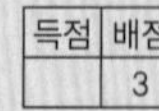

득점	배점
	3

○ 계산과정 :

○ 답 :

해답

○ 계산과정 : $70\left(\frac{\sqrt{1-0.6^2}}{0.6}-\frac{\sqrt{1-0.9^2}}{0.9}\right)=59.430 ≒ 59.43\text{kVA}$

○ 답 : 59.43kVA

해설

역률개선용 **전력용 콘덴서**의 **용량** Q_c는

$$Q_c = P\left(\frac{\sin\theta_1}{\cos\theta_1}-\frac{\sin\theta_2}{\cos\theta_2}\right)=P\left(\frac{\sqrt{1-\cos\theta_1{}^2}}{\cos\theta_1}-\frac{\sqrt{1-\cos\theta_2{}^2}}{\cos\theta_2}\right)\text{[kVA]}$$

여기서, Q_c : 콘덴서의 용량[kVA]

P : 유효전력[kW]

$\cos\theta_1$: 개선 전 역률

$\cos\theta_2$: 개선 후 역률

$\sin\theta_1$: 개선 전 무효율($\sin\theta_1 = \sqrt{1-\cos\theta_1{}^2}$)

$\sin\theta_2$: 개선 후 무효율($\sin\theta_2 = \sqrt{1-\cos\theta_2{}^2}$)

콘덴서의 용량 Q_c는

$$Q_c = P\left(\frac{\sqrt{1-\cos\theta_1{}^2}}{\cos\theta_1}-\frac{\sqrt{1-\cos\theta_2{}^2}}{\cos\theta_2}\right)=70\left(\frac{\sqrt{1-0.6^2}}{0.6}-\frac{\sqrt{1-0.9^2}}{0.9}\right)=59.430 ≒ 59.43\text{kVA}$$

- 여기서, 단위 때문에 궁금해하는 사람이 있다. 원래 콘덴서 용량의 단위는 **kVar**인데 우리가 언제부터인가 **kVA**로 잘못 표기하고 있는 것뿐이다. 그러므로 문제에서 단위가 주어지지 않았으면 kVar 또는 kVA 어느 단위로 답해도 정답! 이 문제에서는 kVA로 주어졌으므로 kVA로 답하면 된다.
- P의 단위가 kW임을 주의! 70kVA로 문제가 나온다면 P=70kVA×개선 전 역률=70kVA×0.6=42kW이고,
$Q_C = 70\times0.6\left(\frac{\sqrt{1-0.6^2}}{0.6}-\frac{\sqrt{1-0.9^2}}{0.9}\right)=42\left(\frac{\sqrt{1-0.6^2}}{0.6}-\frac{\sqrt{1-0.9^2}}{0.9}\right)=35.658 ≒ 35.66\text{kVA}$

“ 사람은 꿈의 크기만큼 자란다. ”

- Peter Drucker -

2023. 7. 22 시행

2023년 산업기사 제2회 필답형 실기시험

자격종목	시험시간	형별	수험번호	성명	감독위원 확인
소방설비산업기사(전기분야)	2시간 30분				

※ 다음 물음에 답을 해당 답란에 답하시오.(배점 : 100)

☆☆

문제 01

그림은 2선식 유도등에 대한 미완성 결선도이다. 예시를 참고하여 결선도를 완성하시오.

(19.4.문17, 18.4.문8, 15.4.문11, 13.4.문13, 10.7.문5)

유사문제부터 풀어보세요. 실력이 팍!팍! 올라갑니다.

득점	배점
	12

〈배선 접속 및 미접속에 대한 예시〉

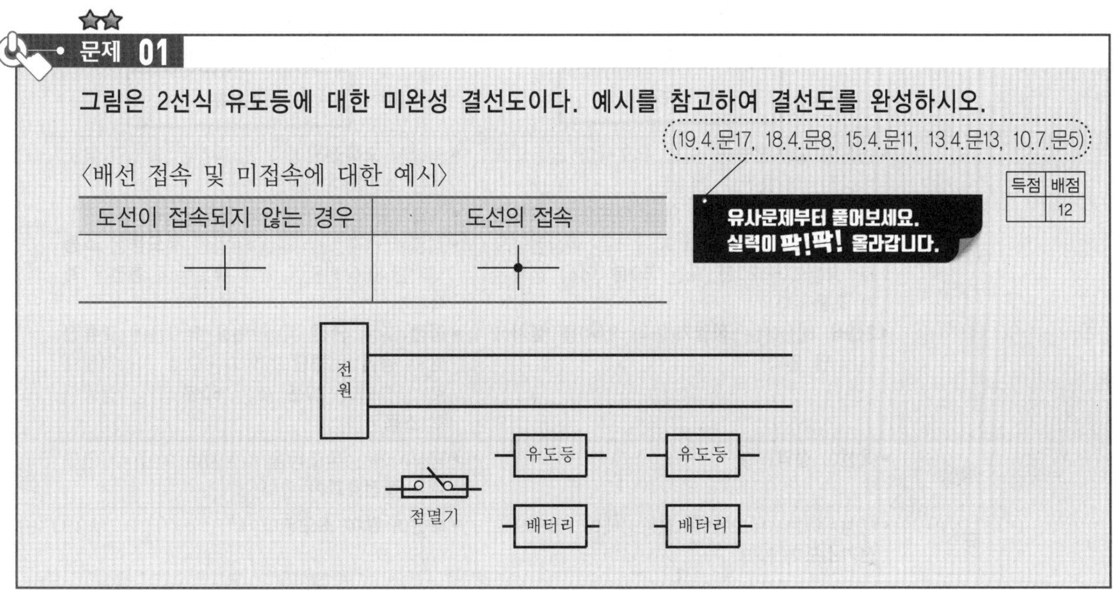

해답

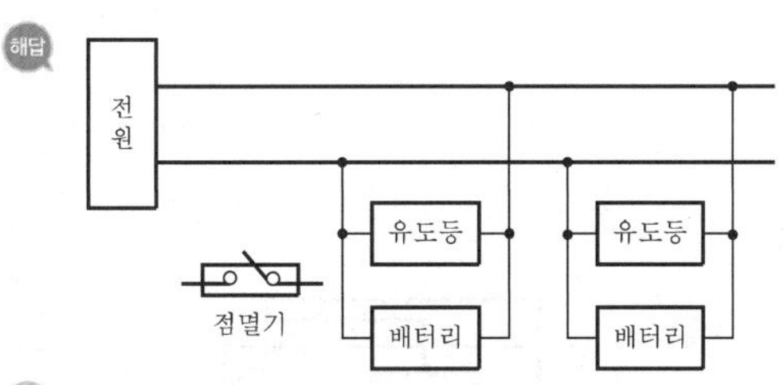

해설

- 도선=전선=배선
- 2선식은 **유도등**과 **배터리**를 **병렬**로 결선하고 점멸기는 연결하지 않는다.

비교

3선식 유도등 결선도

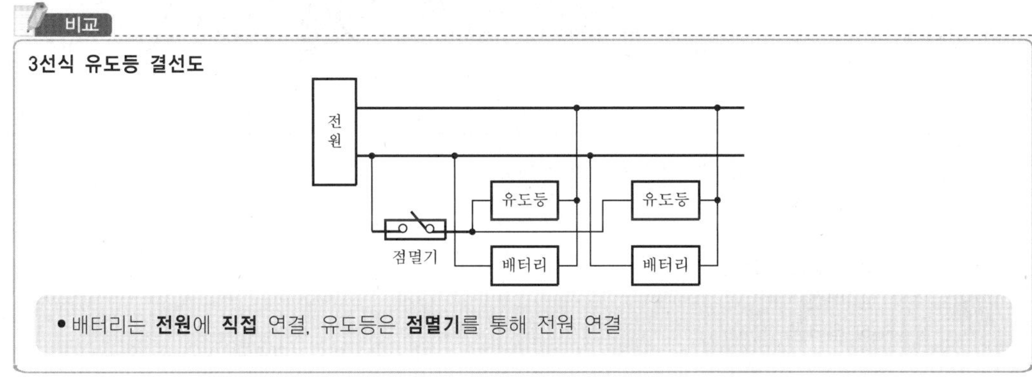

- 배터리는 **전원**에 **직접** 연결, 유도등은 **점멸기**를 통해 전원 연결

중요

2선식 배선과 **3선식 배선**

구 분	2선식 배선	3선식 배선
배선 형태	• 점멸기를 연결할 필요 없다. 2선식 전원 [상용선] (적)녹 [충전선] 흑 [공통선] 백 유도등	• 점멸기를 연결해야 한다. 3선식 전원 점멸기 [상용선] (적)녹 [충전선] 흑 [공통선] 백 유도등
설명	• 평상시 **교류전원**에 의해 유도등이 점등되고 비상전원에 충전도 계속된다. • **정전** 또는 **단선** 등에 의해 유도등에 **교류전원**의 **공급**이 **중단**되면 자동으로 비상전원으로 절환되어 **20분** 또는 **60분** 이상 점등된 후 **소등**된다. • **2선식** 배선에는 **점멸기**(원격 S/W)를 **설치**해서는 **안 된다**.	• 평상시 **교류전원**에 의해 충전은 되지만 유도등은 소등되어 있다. • 점멸기(원격 S/W)를 ON하면 유도등은 점등된다. • 점멸기(원격 S/W)를 OFF하면 **유도등**은 **소등**되지만 비상전원에 의해 유도등에 **충전**은 **계속**된다. • **정전** 또는 **단선** 등에 의해 유도등에 **교류전원**의 **공급**이 **중단**되면 자동으로 비상전원으로 절환되어 **20분** 또는 **60분** 이상 점등된 후 **소등**된다.
장점	• **배선**이 **절약**된다.	• 평상시에는 유도등을 소등시켜 놓을 수 있으므로 **절전효과**가 있다.
단점	• 평상시에는 유도등이 점등상태에 있으므로 **전기소모**가 많다.	• **배선**이 **많이 소요**된다.

☆☆☆
문제 02

감지기의 구조에 관한 다음 물음에 답하시오. (09.7.문14)

득점	배점
	6

(가) 그림의 감지기의 명칭을 쓰시오.

○

(나) ①~⑤까지의 명칭을 쓰시오.

○

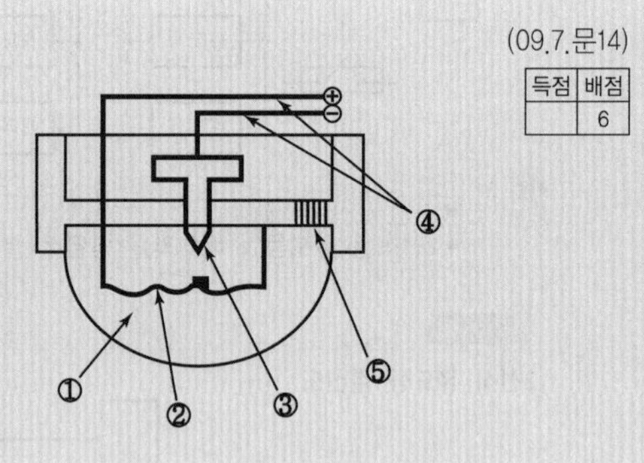

 해답 (가) 차동식 스포트형 감지기(공기의 팽창 이용)

(나) ① 감열실
② 다이어프램
③ 접점(고정접점)
④ 배선
⑤ 리크공

해설 (가)

- **'공기의 팽창 이용'**도 적어야 확실한 정답! 차동식 스포트형 감지기만 쓰면 틀릴 수 있다.
- **감지 형태** 및 **방식**에 따른 **구분**

차동식 스포트형 감지기	정온식 스포트형 감지기	정온식 감지선형 감지기
① **공기**의 **팽창** 이용 ② **열기전력** 이용 ③ **반도체** 이용	① **바이메탈**의 활곡 이용 ② **바이메탈**의 반전 이용 ③ **금속**의 **팽창계수차** 이용 ④ **액체**(기체)의 팽창 이용 ⑤ **가용절연물** 이용 ⑥ **감열반도체소자** 이용	① 선 전체가 감열부분인 것 ② 감열부가 띄엄띄엄 존재해 있는 것

차동식 스포트형 감지기의 **동작원리**

화재발생시 온도상승에 의해 감열부의 공기가 팽창하여 다이어프램을 밀어올려 접점에 붙음으로써 수신기에 화재신호를 보낸다. 난방 등의 완만한 온도상승에 의해서는 리크공(孔)으로 열기가 빠져나가므로 감지기가 작동하지 않는다.

‖ 차동식 스포트형 감지기(공기의 팽창 이용) ‖

(나)

- 기호 ③ **'고정접점'**까지 써야 확실한 정답! 왜냐하면 가동접점도 있기 때문이다.

용어설명

용 어	설 명
감열실(chamber)=공기실	열을 유효하게 받는 부분
다이어프램(diaphragm)	신축성이 있는 금속판으로 인청동판이나 황동판으로 만들어져 있다.
접점	전기접점으로 **PGS 합금**으로 구성되어 있다.
배선	수신기에 화재신호를 보내기 위한 전선
리크공(leak hole)=리크구멍	완만한 온도상승시 열의 조절구멍

기억법 **감다 접배리**

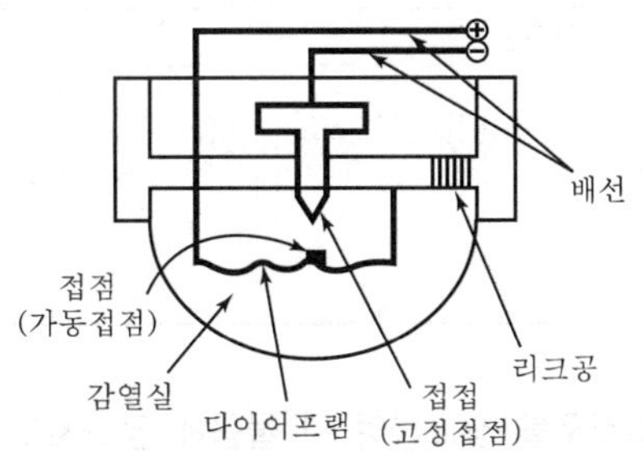

‖ 차동식 스포트형 감지기(공기의 팽창 이용) 구조 ‖

☆☆☆
문제 03

다음에서 제시하는 전선의 명칭을 쓰시오. (20.7.문8, 19.4.문2, 17.6.문3, 09.4.문13, 07.4.문1)

득점	배점
	6

① HIV :
② IV :
③ RB :
④ OW :
⑤ CV :
⑥ HP :

해답 ① HIV : 600V 2종 비닐절연전선
② IV : 600V 비닐절연전선
③ RB : 고무절연전선
④ OW : 옥외용 비닐절연전선
⑤ CV : 가교폴리에틸렌절연 비닐외장케이블
⑥ HP : 내열전선

해설 **전선**의 **종류**

약 호	명 칭	최고허용온도
OW	옥외용 비닐절연전선	60℃
DV	인입용 비닐절연전선	
RB	고무절연전선	
IV	600V 비닐절연전선	
HIV	600V 2종 비닐절연전선	75℃
HFIX	450/750V 저독성 난연 가교폴리올레핀 절연전선	90℃
CV	가교폴리에틸렌절연 비닐외장케이블	
MI	미네랄 인슐레이션 케이블	
IH	하이퍼론 절연전선	95℃
FP	내화전선(내화케이블)	−
HP	내열전선	
GV	접지용 비닐전선	
E	접지선	

• 요즘에는 IV, HIV는 소방용 전선으로 더 이상 사용하지 않는다.

☆☆☆
문제 04

다음의 주어진 시퀀스회로를 참고하여 각 물음에 답하시오.

(20.11.문6, 19.11.문2, 17.6.문16, 16.6.문10, 15.4.문4, 12.11.문4, 12.7.문10, 10.4.문3)

(가) 다음의 시퀀스회로를 보고 논리회로의 미완성부분을 그려 넣으시오.

득점	배점
	6

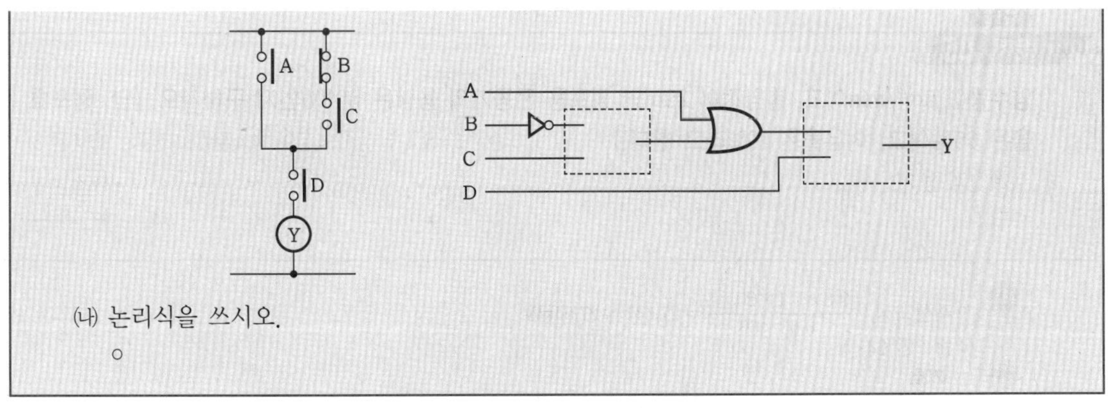

(나) 논리식을 쓰시오.

○

해답 (가)

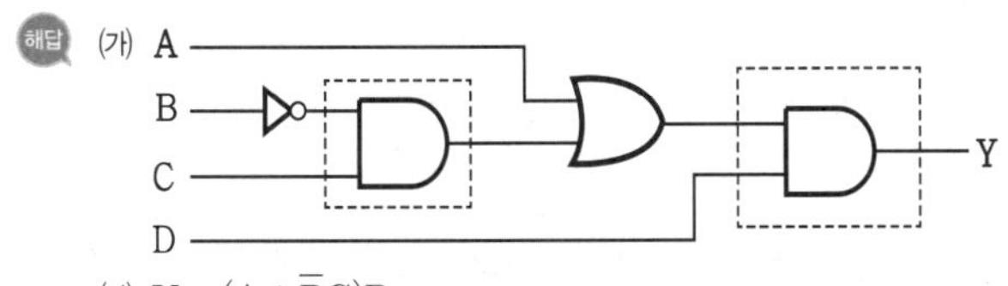

(나) $Y = (A + \overline{B}C)D$

해설 (가), (나)

- 논리회로를 가지고 논리식을 써서 반드시 재검토하라!
- $Y = (A + \overline{B}C) \cdot D$, $Y = D \cdot (A + \overline{B}C)$, $Y = D(A + \overline{B}C)$ 이것도 모두 정답!

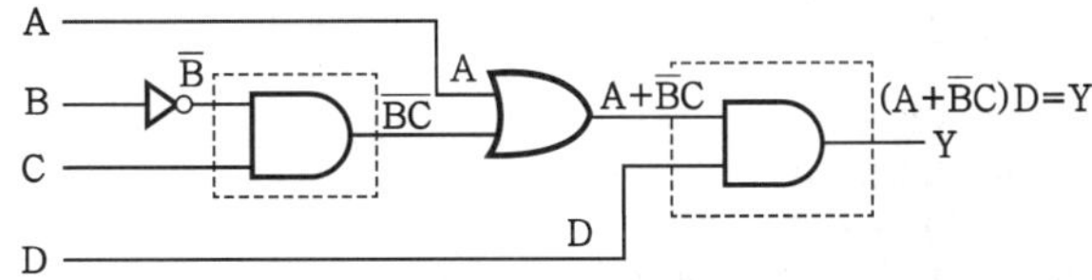

‖ 시퀀스회로와 논리회로의 관계 ‖

회 로	시퀀스회로	논리식	논리회로
직렬회로 (AND회로)	A, B, Z	Z = A · B Z = AB	A, B, Z
병렬회로 (OR회로)	A, B, Z	Z = A + B	A, B, Z
a접점	A, Z	Z = A	A, Z A, Z
b접점	$\overline{A}$, Z	$Z = \overline{A}$	A, Z A, Z A, Z

☆☆☆
 문제 05

양수량이 5m³/min이고, 총양정이 20m인 펌프용 전동기의 용량은 몇 kW인지 구하시오. (단, 펌프효율은 65%이고, 여유율은 10%라고 한다.) (20.7.문15, 19.4.문15, 17.4.문9, 14.4.문7, 11.7.문3, 05.7.문13)

○ 계산과정 :

○ 답 :

득점	배점
	5

해답 ○ 계산과정 : $\frac{9.8\times1.1\times20\times5}{0.65\times60}=27.641 \fallingdotseq 27.64\text{kW}$

○ 답 : 27.64kW

해설 (1) **기호**

- t : min=60s
- Q : 5m^3
- H : 20m
- P : ?
- η : 65%=0.65
- K : 여유율 10%=전달계수 110%=1.1, 전달계수=100%+여유율=100%+10%=110%

(2) **전동기**의 **용량**

$$P\eta t=9.8KHQ$$: **물**을 사용하는 설비

여기서, P : 전동기용량〔kW〕
η : 효율
t : 시간〔s〕
K : 전달계수
H : 전양정〔m〕
Q : 양수량〔m^3〕

$$P=\frac{9.8KHQ}{\eta t}=\frac{9.8\times1.1\times20\times5}{0.65\times60}=27.641 \fallingdotseq 27.64\text{kW}$$

별해

$$P=\frac{0.163KHQ}{\eta}=\frac{0.163\times1.1\times20\text{m}\times5\text{m}^3/\text{min}}{0.65}=27.584 \fallingdotseq 27.58\text{kW}$$

- **별해**와 같이 계산해도 정답! 소수점 차이가 나지만 이것도 정답!

중요

(1) **전동기**의 **용량**을 **구하는 식**

① 일반적인 설비 : **물** 사용설비

t(시간)〔s〕	t(시간)〔min〕	비중량이 주어진 경우 적용
$P=\frac{9.8KHQ}{\eta t}$	$P=\frac{0.163KHQ}{\eta}$	$P=\frac{\gamma HQ}{1000\eta}K$
여기서, P : 전동기용량〔kW〕 η : 효율 t : 시간〔s〕 K : 여유계수(전달계수) H : 전양정〔m〕 Q : 양수량(유량)〔m^3〕	여기서, P : 전동기용량〔kW〕 η : 효율 H : 전양정〔m〕 Q : 양수량(유량)〔m^3/min〕 K : 여유계수(전달계수)	여기서, P : 전동기용량〔kW〕 η : 효율 γ : 비중량(물의 비중량 9800N/m^3) H : 전양정〔m〕 Q : 양수량(유량)〔m^3/s〕 K : 여유계수

② 제연설비(배연설비) : **공기** 또는 **기류** 사용설비

$$P=\frac{P_T\,Q}{102\times 60\eta}K$$

여기서, P : 배연기(전동기) (소요)동력〔kW〕
P_T : 전압(풍압)〔mmAq, mmH_2O〕
Q : 풍량〔m^3/min〕
K : 여유율(여유계수, 전달계수)
η : 효율

주의

제연설비(배연설비)의 전동기 소요동력은 반드시 위의 식을 적용하여야 한다. 주의! 또 주의!

(2) **아주 중요한 단위환산**(꼭! 기억하시라!)
① 1mmAq=$10^{-3}$$mH_2O$=$10^{-3}$m
② 760mmHg=10.332mH_2O=10.332m
③ 1Lpm=$10^{-3}$$m^3$/min
④ 1HP=0.746kW

☆☆
문제 06

수신기와 지구경종과의 거리가 300m인 공장 건물에서 화재가 발생하여 지구경종을 명동시킬 때 선로에서의 전압강하는 몇 V가 되는가? (단, 경종의 전류용량은 50mA이며, 선로의 전선굵기는 2.5mm²이다.)
(18.11.문5, 11.7.문14)

○ 계산과정 :
○ 답 :

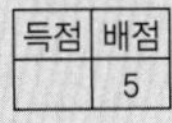

득점	배점
	5

○ 계산과정 : $\frac{35.6\times 300\times(50\times 10^{-3})}{1000\times 2.5}=0.213\fallingdotseq 0.21\text{V}$

○ 답 : 0.21V

● 경종(지구경종)은 단상 2선식이므로 **'단상 2선식'**의 식 적용!

단상 2선식의 **전선단면적**

$$A=\frac{35.6LI}{1000e}$$

여기서, A : 전선단면적〔mm²〕
L : 선로길이〔m〕
I : 전부하전류〔A〕
e : 각 선 간의 전압강하〔V〕

경종은 **단상 2선식**이므로

전압강하 $e=\frac{35.6LI}{1000A}=\frac{35.6\times 300\times(50\times 10^{-3})}{1000\times 2.5}=0.213\fallingdotseq 0.21\text{V}$

비교

위 문제에서 전선의 굵기가 2.5mm로 주어진 경우

$$e=\frac{35.6LI}{1000A}=\frac{35.6LI}{1000\times\pi r^2}=\frac{35.6\times 300\times(50\times 10^{-3})}{1000\times\pi\times 1.25^2}=0.108\fallingdotseq 0.11\text{V}$$

여기서, r : 반지름〔m〕

지름(전선굵기)이 2.5mm 이므로 반지름$=\frac{2.5\text{mm}}{2}=1.25\text{mm}$

참고

주경종과 **지구경종**

주경종(chief alarm bell)	**지구경종**(zone alarm bell)
수신기의 내부 또는 그 직근에 설치하는 경종	소방대상물의 각 구역에 설치하는 경종

중요

전압강하

구 분	단상 2선식	3상 3선식
적응기기	• 기타 기기(사이렌, **경종**, 표시등, 유도등, 비상조명등, 솔레노이드밸브, 감지기 등)	• 소방펌프 • 제연팬
전압강하	$e = V_s - V_r = 2IR$	$e = V_s - V_r = \sqrt{3}\,IR$
	여기서, e : 전압강하〔V〕 V_s : 입력(정격)전압〔V〕 V_r : 출력(단자)전압〔V〕 I : 전류〔A〕 R : 저항〔Ω〕	
	$A = \dfrac{35.6LI}{1000e}$	$A = \dfrac{30.8LI}{1000e}$
	여기서, A : 전선단면적〔mm²〕 L : 선로길이〔m〕 I : 전부하전류〔A〕 e : 각 선간의 전압강하〔V〕	

☆☆☆

문제 07

가스누설경보기를 설치해야 하는 특정소방대상물 6가지를 쓰시오. (단, 가스시설을 설치하는 곳일 것)

득점	배점
	6

○
○
○
○
○
○

 해답

① 종교시설
② 판매시설
③ 운수시설
④ 의료시설
⑤ 노유자시설
⑥ 수련시설

가스누설경보기의 **설치대상**(가스시설이 설지된 경우만 해당) (소방시설법 시행령 〔별표 4〕)

(1) **문**화 및 집회시설
(2) **종**교시설
(3) **판**매시설
(4) **운**수시설
(5) **의**료시설
(6) **노**유자시설
(7) **수**련시설
(8) **운**동시설
(9) **숙**박시설
(10) **물**류터미널
(11) **장**례시설

기억법 문종판운의 노수운 숙물장

중요

(1) **가스누설경보기**의 **점등색**(가스누설경보기의 형식승인 및 제품검사의 기술기준 8조)

누설등(가스누설표시등), 지구등	화재등
황색	적색

(2) **가스누설경보기**의 **분류**(가스누설경보기의 형식승인 및 제품검사의 기술기준 3조)

구조에 따라 구분		비 고
단독형	가정용	–
분리형	영업용	1회로용
	공업용	1회로 이상용

용어

누설등 vs 지구등(가스누설경보기의 형식승인 및 제품검사의 기술기준 8조)

누설등	지구등
가스의 누설을 표시하는 표시등	가스가 누설될 경계구역의 위치를 표시하는 표시등

★★★

문제 08

그림은 자동화재탐지설비의 배선도이다. 감지기회로를 송배선식으로 한 경우 기호 ①~③의 가닥수를 산정하시오. (단, 전화선은 삭제한다.) (22.7.문15, 19.4.문5, 17.4.문1, 16.6.문16, 11.11.문14, 07.11.문11)

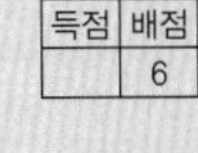

득점	배점
	6

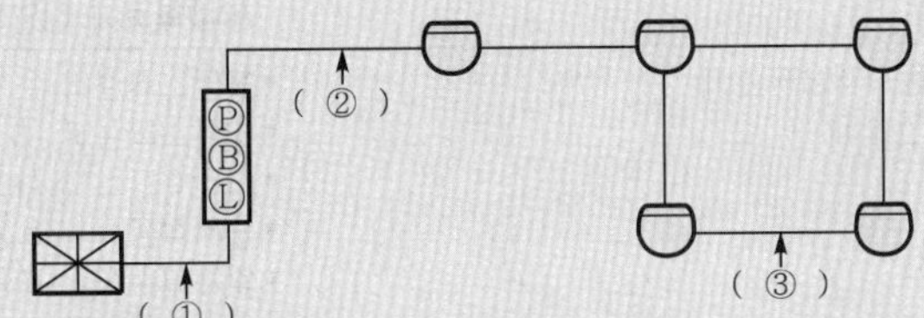

① (　　)가닥
② (　　)가닥
③ (　　)가닥

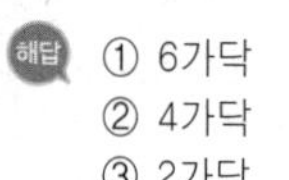

해답 ① 6가닥
② 4가닥
③ 2가닥

해설

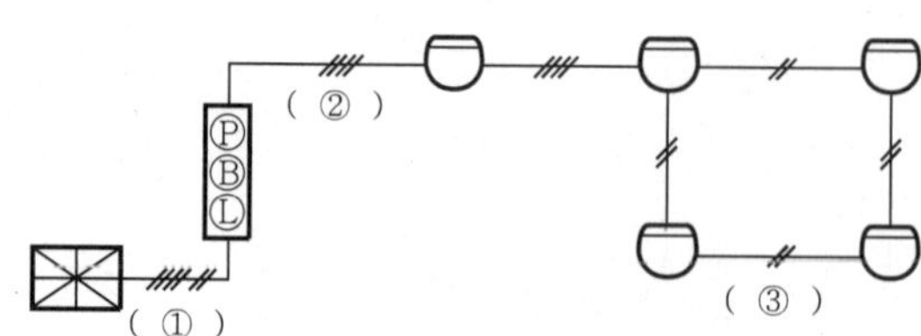

▌배선가닥수 표시▐

(1) **옥내배선기호**

명 칭	그림기호	적 요
차동식 스포트형 감지기		–
보상식 스포트형 감지기		–
정온식 스포트형 감지기		• 방수형 : • 내산형 : • 내알칼리형 : • 방폭형 : EX
연기감지기	S	• 점검박스 붙이형 : S • 매입형 : S
수신기		–
발신기세트	Ⓟ Ⓑ Ⓛ	–

(2) **송배선식**과 **교차회로방식**

구 분	송배선식	교차회로방식
목적	• **도통시험**을 용이하게 하기 위하여	• 감지기의 **오동작** 방지
원리	• 배선의 도중에서 분기하지 않는 방식	• 하나의 담당구역 내에 **2 이상**의 **감지기회로**를 설치하고 **2 이상**의 **감지기회로**가 **동시**에 **감지**되는 때에 설비가 작동하는 방식으로 회로방식이 **AND회로**에 해당된다.
적용설비	• 자동화재탐지설비 • 제연설비	• **분**말소화설비 • **할**론소화설비 • **이**산화탄소 소화설비 • **준**비작동식 스프링클러설비 • **일**제살수식 스프링클러설비 • **할**로겐화합물 및 불활성기체 소화설비 • **부**압식 스프링클러설비 기억법 **분할이 준일할부**

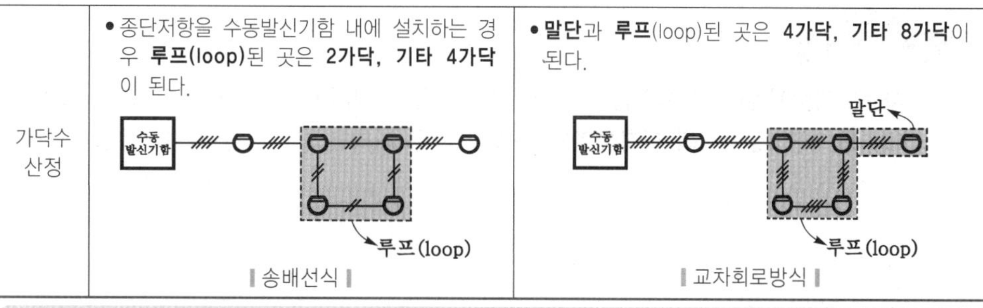

가닥수 산정	• 종단저항을 수동발신기함 내에 설치하는 경우 **루프(loop)**된 곳은 **2가닥, 기타 4가닥**이 된다. ‖ 송배선식 ‖	• **말단**과 **루프**(loop)된 곳은 **4가닥, 기타 8가닥**이 된다. ‖ 교차회로방식 ‖

• **6가닥** : 회로선, 회로공통선, 경종선, 경종표시등공통선, 응답선, 표시등선

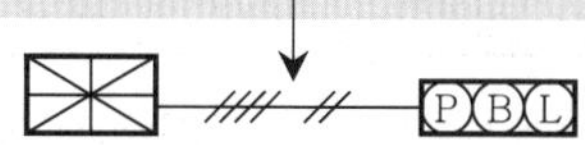

‖ 수신기와 발신기세트 사이의 가닥수 ‖

☆☆

문제 09

유도등 및 유도표지의 화재안전기술기준에서 3선식 배선에 따라 상시 충전되는 구조인 경우 유도등의 3선식 배선이 가능한 장소 3가지를 쓰시오.

(21.4.문8, 20.7.문6, 17.6.문6, 16.6.문11, 15.11.문3, 14.4.문13, 12.4.문7, 10.10.문1)

득점	배점
	3

○
○
○

해답 ① 외부의 빛에 의해 피난구 또는 피난방향을 쉽게 식별할 수 있는 장소
② 공연장, 암실 등으로서 어두워야 할 필요가 있는 장소
③ 특정소방대상물의 관계인 또는 종사원이 주로 사용하는 장소

해설 유도등의 3선식 배선에 따라 상시 **충**전되는 경우 점멸기를 설치하지 않고 항상 점등상태를 유지하지 않아도 되는 장소(**3선식 배선**에 의해 **상시 충전**되는 **구조**)(NFTC 303 2.7.3.2.1)

(1) **외부**의 빛에 의해 피난구 또는 피난방향을 쉽게 식별할 수 있는 장소
(2) **공연장, 암실** 등으로서 어두워야 할 필요가 있는 장소
(3) 특정소방대상물의 **관계인** 또는 **종사원**이 주로 사용하는 장소

기억법 **외충관공**(외부충격을 받아도 관공서는 끄떡 없음)

비교

유도등의 **3선식 배선**시 반드시 **점등**되어야 하는 경우(NFTC 303 2.7.4)
(1) **자동화재탐지설비**의 **감지기** 또는 **발신**기가 작동되는 때
(2) **비상경보설비**의 **발신기**가 작동되는 때
(3) **상용전원**이 **정전**되거나 **전원선**이 **단선**되는 때
(4) **방재업무**를 **통제**하는 곳 또는 전기실의 배전반에서 **수동**으로 **점등**하는 때
(5) **자동소화설비**가 **작동**되는 때

기억법 **탐방 상경자유**

☆☆☆

문제 10

자동화재탐지설비 및 시각경보장치의 화재안전성능기준에 따라 연기감지기의 설치기준 4가지를 적으시오. (단, 감지기의 부착높이와 종별에 따른 바닥면적에 대한 설치기준은 제외할 것)

(20.10.문12, 15.11.문9, 12.11.문6)

득점	배점
	4

○

○

○

○

해답 ① 감지기는 복도 및 통로에서 보행거리 30m(3종은 20m)마다 계단 및 경사로 수직거리 15m(3종은 10m)마다 1개 이상 설치

② 천장 또는 반자가 낮은 실내 또는 좁은 실내에 있어서는 출입구의 가까운 부분에 설치

③ 천장 또는 반자 부근에 배기구가 있는 경우는 그 부근에 설치

④ 감지기는 벽 또는 보로부터 0.6m 이상 떨어진 곳에 설치

해설 **연기감지기**의 **설치기준**(NFPC 203 7조 ③항 10호, NFTC 203 2.4.3.10)

(1) 감지기는 복도 및 통로에 있어서는 **보행거리 30m**(3종은 **20m**)마다, **계단** 및 **경사로**에 있어서는 **수직거리 15m**(**3종**은 **10m**)마다 1개 이상으로 할 것

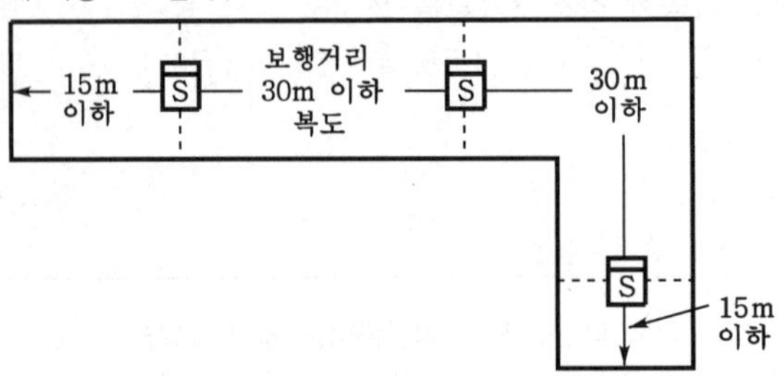

‖ 복도 및 통로의 연기감지기 설치 ‖

(2) 천장 또는 반자가 **낮은 실내** 또는 **좁은 실내**에 있어서는 **출입구**의 가까운 부분에 설치할 것

(3) 천장 또는 반자 부근에 **배기구**가 있는 경우에는 그 **부근**에 설치할 것

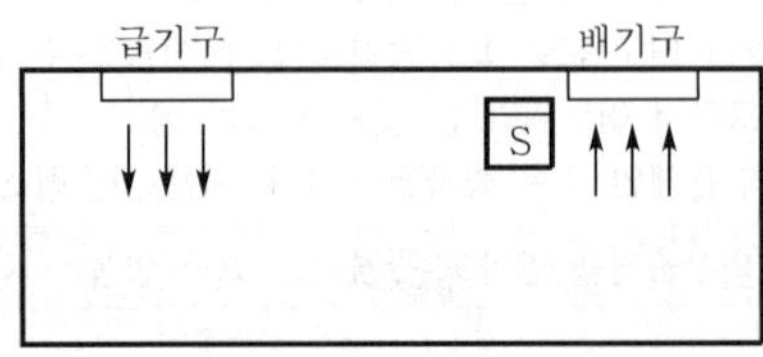

‖ 배기구가 있는 경우의 연기감지기 설치 ‖

(4) 감지기는 **벽** 또는 **보**로부터 **0.6m** 이상 떨어진 곳에 설치할 것

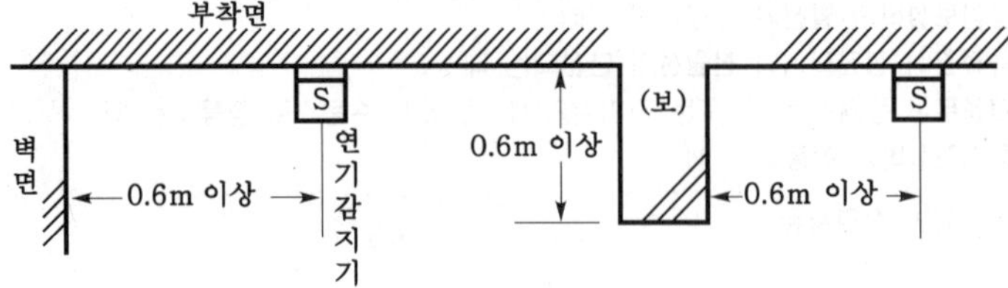

‖ 벽 또는 보로부터의 연기감지기 설치 ‖

☆☆☆
문제 11

건설현장의 비상경보장치를 보기에서 3가지만 골라 적으시오.

득점	배점
	6

〔보기〕
비상벨, 사이렌, 발신기, 휴대용 확성기, 경종, 표시등, 비상조명등, 피난구, 유도등, 무선통신보조설비

○
○
○

① 발신기
② 경종
③ 표시등

- 건설현장의 비상경보장치
  ① 발신기
  ② 경종
  ③ 표시등
  ④ 시각경보장치

건설현장의 **소방시설 정의**(NFPC 606 2조, NFTC 606 1.7)

용 어	설 명
임시소방시설	**설치** 및 **철거**가 쉬운 화재대비시설
간이소화장치	**건설현장**에서 화재발생시 신속한 화재진압이 가능하도록 **물**을 **방수**하는 형태의 소화장치
비상경보장치	**발신기**, **경종**, **표시등** 및 **시각경보장치**가 결합된 형태의 것으로서 화재위험작업공간 등에서 수동조작에 의해서 화재경보상황을 알려줄 수 있는 비상벨장치
가스누설경보기	**건설현장**에서 발생하는 **가연성 가스**를 **탐지**하여 **경보**하는 장치
간이피난유도선	화재발생시 작업자의 **피난**을 **유도**할 수 있는 **케이블** 형태의 장치
비상조명등	화재발생시 안전하고 원활한 피난활동을 할 수 있도록 **계단실 내부**에 설치되어 **자동점등**되는 조명등
방화포	**건설현장** 내 **용접·용단** 등의 작업시 발생하는 **금속성 불티**로부터 가연물이 점화되는 것을 **방지**해주는 차단막

☆☆
문제 12

모터컨트롤센터(M.C.C)에서 소화전 펌프모터에 전기를 공급하는 전동기설비를 역률 90%로 개선하려면 전력용 콘덴서는 몇 kVA가 필요한가? (단, 전압은 3상 380V이고 모터의 용량은 37kW, 역률은 80%라고 한다.)
(18.4.문2, 14.11.문14)

○ 계산과정 :
○ 답 :

득점	배점
	3

○ 계산과정 : $37\left(\dfrac{\sqrt{1-0.8^2}}{0.8}-\dfrac{\sqrt{1-0.9^2}}{0.9}\right) \fallingdotseq 9.83\text{kVA}$
○ 답 : 9.83kVA

해설 (1) 기호

- $\cos\theta_2$: 90%=0.9
- Q_c : ?
- P : 37kW
- $\cos\theta_1$: 80%=0.8

(2) 역률개선용 **전력용 콘덴서**의 **용량** Q_c는

$$Q_c = P\left(\frac{\sin\theta_1}{\cos\theta_1} - \frac{\sin\theta_2}{\cos\theta_2}\right) = P\left(\frac{\sqrt{1-\cos\theta_1{}^2}}{\cos\theta_1} - \frac{\sqrt{1-\cos\theta_2{}^2}}{\cos\theta_2}\right)\text{[kVA]}$$

여기서, Q_c : 콘덴서의 용량[kVA]
P : 유효전력[kW]
$\cos\theta_1$: 개선 전 역률
$\cos\theta_2$: 개선 후 역률
$\sin\theta_1$: 개선 전 무효율($\sin\theta_1 = \sqrt{1-\cos\theta_1{}^2}$)
$\sin\theta_2$: 개선 후 무효율($\sin\theta_2 = \sqrt{1-\cos\theta_2{}^2}$)

콘덴서의 용량 Q_c는

$$Q_c = P\left(\frac{\sqrt{1-\cos\theta_1{}^2}}{\cos\theta_1} - \frac{\sqrt{1-\cos\theta_2{}^2}}{\cos\theta_2}\right) = 37\left(\frac{\sqrt{1-0.8^2}}{0.8} - \frac{\sqrt{1-0.9^2}}{0.9}\right) ≒ 9.83\text{kVA}$$

- 여기서, 단위 때문에 궁금해하는 사람이 있다. 원래 콘덴서 용량의 단위는 **kVar**인데 우리가 언제부터인가 **kVA**로 잘못 표기하고 있는 것뿐이다. 그러므로 문제에서 단위가 주어지지 않았으면 kVar 또는 kVA 어느 단위로 답해도 정답! 이 문제에서는 kVA로 주어졌으므로 kVA로 답하면 된다.
- P의 단위가 kW임을 주의! 37kVA로 문제가 나온다면 P=37kVA×개선 전 역률=37kVA×0.8=29.6kW,

$$Q_c = 37\times0.8\left(\frac{\sqrt{1-0.8^2}}{0.8} - \frac{\sqrt{1-0.9^2}}{0.9}\right) = 29.6\left(\frac{\sqrt{1-0.8^2}}{0.8} - \frac{\sqrt{1-0.9^2}}{0.9}\right) = 7.864 ≒ 7.86\text{kVA}$$

★★★

문제 13

어느 사무실에 공급전원 3상 380V, 전류 20A, 역률 90%일 때 3상 전력[kW]을 구하시오.

(21.4.문7, 20.11.문3, 11.5.문8)

득점	배점
	8

○ 계산과정 :
○ 답 :

해답 ○ 계산과정 : $\sqrt{3}\times380\times20\times0.9 = 11847\text{W} = 11.847\text{kW} ≒ 11.85\text{kW}$
○ 답 : 11.85kW

해설 (1) 기호

- V : 380V
- I : 20A
- $\cos\theta$: 90%이므로 0.9
- 1000W=1kW이므로 11847W=11.847kW
- η : 주어지지 않았으므로 무시

(2) • 문제에서 **3상**이라고 주어짐

3상 전력

$$P = \sqrt{3}\, VI\cos\theta\eta$$

여기서, P : 3상 전력〔W〕
V : 전압〔V〕
I : 전류〔A〕
$\cos\theta$: 역률
η : 효율

$P = \sqrt{3}\, VI\cos\theta = \sqrt{3} \times 380\text{V} \times 20\text{A} \times 0.9 = 11847\text{W} = 11.847\text{kW} \fallingdotseq 11.85\text{kW}$

비교

단상전력

$$P = VI\cos\theta\eta$$

여기서, P : 단상전력〔W〕
V : 전압〔V〕
I : 전류〔A〕
$\cos\theta$: 역률
η : 효율

☆☆☆

문제 14

직류 2선식 배전선이 있다. 회로를 개방한 후 각 선과 대지 사이의 절연저항을 측정한 결과 2MΩ과 3MΩ이 나왔다. 이 배전선의 합성절연저항〔MΩ〕을 구하시오.

득점	배점
	5

○ 계산과정 :
○ 답 :

해답 ○ 계산과정 : $\dfrac{2\times3}{2+3} = 1.2\text{M}\Omega$

○ 답 : 1.2MΩ

해설 (1) **병렬접속**

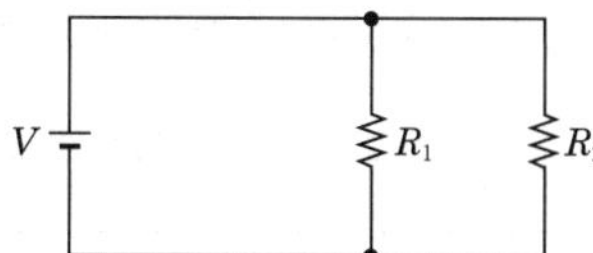

(2) **합성저항**

$$R_0 = \frac{R_1 \times R_2}{R_1 + R_2} = \frac{2\text{M}\Omega \times 3\text{M}\Omega}{2\text{M}\Omega + 3\text{M}\Omega} = 1.2\text{M}\Omega$$

• 각 선과 대지 사이의 절연저항을 측정하였으므로 **병렬**

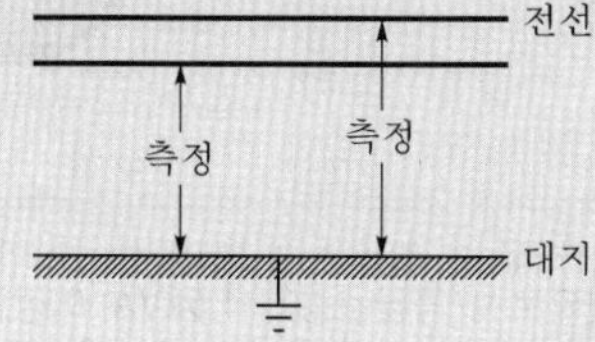

비교

(1) **직렬접속**(series connection)

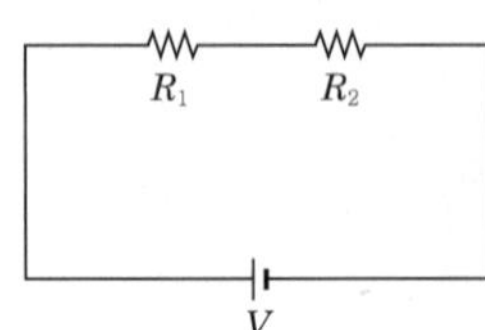

(2) **합성저항**

$$R_0 = R_1 + R_2 \,[\Omega]$$

여기서, R_0 : 합성저항[Ω]
$R_1 \cdot R_2$: 각각의 저항[Ω]

★★★
문제 15

비상콘센트의 전원회로의 전압과 용량에 대해 적으시오. (20.11.문6, 14.7.문18, 11.5.문15)

득점	배점
	4

(가) 3상 교류
 ○ 전압 :
 ○ 공급용량 :
(나) 단상교류
 ○ 전압 :
 ○ 공급용량 :

해답 (가) 3상 교류
 ○ 접압 : 380V
 ○ 공급용량 : 3kVA 이상
(나) 단상교류
 ○ 전압 : 220V
 ○ 공급용량 : 1.5kVA 이상

해설
- (가) 200V도 정답!
- **'3kVA 이상'**, **'1.5kVA 이상'**에서 **'이상'**까지 써야 정답!
- 문제가 잘못 출제되었다고 생각하지 말라! 3상 교류에 관한 내용은 비상콘센트설비의 화재안전기준에는 없지만 비상콘센트설비의 성능인증 및 제품검사의 기술기준에는 있는 내용이다.
- 단, 3상 교류가 한국에 없는 200V라고 적혀 있어서 아리송?

비상콘센트설비(NFTC 504 2.1, 비상콘센트설비의 성능인증 및 제품검사의 기술기준 6조)

구 분	전 압	용 량	플러그접속기
단상교류	220V	1.5kVA 이상	접지형 2극
3상 교류	200V 또는 380V	3kVA 이상	접지형 3극

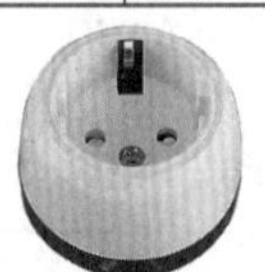

‖ 접지형 2극 플러그접속기 ‖

중요

비상콘센트설비의 **기능**(비상콘센트설비의 성능인증 및 제품검사의 기술기준 6조)
전원회로는 단상 **220V**인 것으로서 공급용량은 **1.5kVA** 이상인 것으로 할 것(단, 단상교류 **100V** 또는 **3상 교류 200V** 또는 **380V**인 것으로 공급용량은 3상 교류인 경우 **3kVA** 이상인 것과 단상교류인 경우 **1.5kVA** 이상인 것 추가 가능)

(1) 하나의 전용회로에 설치하는 비상콘센트는 **10개** 이하로 할 것(전선의 용량은 **3개** 이상일 때 **3개**)

설치하는 비상콘센트수량	전선의 용량산정시 적용하는 비상콘센트수량	전선의 용량
1	1개 이상	1.5kVA 이상
2	2개 이상	3.0kVA 이상
3~10	3개 이상	4.5kVA 이상

(2) 전원회로는 각 층에 있어서 **2 이상**이 되도록 설치할 것(단, 설치해야 할 층의 콘센트가 **1개**인 때에는 하나의 회로로 할 수 있다.)
(3) 플러그접속기의 칼받이 접지극에는 **접지공사**를 해야 한다. (감전보호가 목적이므로 **보호접지**를 해야 한다.)
(4) 풀박스는 **1.6mm** 이상의 철판을 사용할 것
(5) 절연저항은 **전원부**와 **외함** 사이를 **직류 500V 절연저항계**로 측정하여 **20MΩ** 이상일 것
(6) 전원으로부터 각 층의 비상콘센트에 분기되는 경우에는 **분기배선용 차단기**를 보호함 안에 설치할 것
(7) 바닥으로부터 **0.8~1.5m** 이하의 높이에 설치할 것
(8) 전원회로는 주배전반에서 **전용회로**로 하며, 배선의 종류는 **내화배선**이어야 한다.

- **풀박스**(pull box) : 배관이 긴 곳 또는 굴곡부분이 많은 곳에서 시공을 용이하게 하기 위하여 배선 도중에 사용하여 전선을 끌어들이기 위한 박스

용어

비상콘센트설비(emergency consent system)(NFPC 504 3조)
화재시 **소화활동** 등에 필요한 전원을 **전용회선**으로 공급하는 설비

☆☆☆

문제 16

누전경보기에 사용되는 변류기의 1차 권선과 2차 권선 간의 절연저항측정에 사용되는 측정기구와 측정된 절연저항의 양부에 대한 기준을 설명하시오.

(20.11.문3, 19.11.문7, 19.6.문9, 17.6.문12, 16.11.문11, 13.11.문5, 13.4.문10, 12.7.문11, 06.7.문8)

○측정기구 :
○양부 판단기준 :

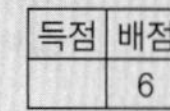

득점	배점
	6

해답 ○측정기구 : 직류 500V 절연저항계
○양부 판단기준 : 5MΩ 이상

해설
- **'직류'**라는 말까지 반드시 써야 함. **'500V'**만 쓰면 절대 안 됨
- **'이상'**이란 말까지 써야 정답!

누전경보기의 **변류기 절연저항시험**(누전경보기 형식승인 및 제품검사의 기술기준 19조)
변류기는 직류 **500V**의 절연저항계로 다음에 따른 시험을 하는 경우 **5MΩ** 이상이어야 한다.
(1) 절연된 **1차 권선**과 **2차 권선** 간의 절연저항
(2) 절연된 **1차 권선**과 **외부금속부** 간의 절연저항
(3) 절연된 **2차 권선**과 **외부금속부** 간의 절연저항

중요

절연저항시험(정대! 정대! 중요)

절연저항계	절연저항	대 상
직류 250V	0.1MΩ 이상	• 1경계구역의 절연저항
직류 500V	**5MΩ 이상**	← • **누전경보기** • 가스누설경보기 • 수신기(10회로 미만, 절연된 충전부와 외함 간) • 자동화재속보설비 • 비상경보설비 • 유도등(교류입력측과 외함 간 포함) • 비상조명등(교류입력측과 외함 간 포함)

직류 500V	20MΩ 이상	• 경종 • 발신기 • 중계기 • 비상콘센트 • 기기의 절연된 선로 간 • 기기의 충전부와 비충전부 간 • 기기의 교류입력측과 외함 간(유도등 · 비상조명등 제외)
	50MΩ 이상	• 감지기(정온식 감지선형 감지기 제외) • 가스누설경보기(10회로 이상) • 수신기(10회로 이상, 교류입력측과 외함 간 제외)
	1000MΩ 이상	• 정온식 감지선형 감지기

☆☆

문제 17

비상조명등의 화재안전성능기준에 따른 휴대용 비상조명등의 설치장소에 관한 내용이다. 다음 (　　) 안을 완성하시오. (20.11.문7, 17.4.문6, 16.11.문9, 13.7.문6)

득점	배점
	5

○ 숙박시설 또는 다중이용업소에는 객실 또는 영업장 안의 구획된 실마다 잘 보이는 곳(외부에 설치시 출입문 손잡이로부터 (①)m 이내 부분)에 1개 이상 설치

○ 대규모점포(지하상가 및 지하역사는 제외)와 영화상영관에는 보행거리 (②)m 이내마다 (③)개 이상 설치

○ 지하상가 및 지하역사에는 보행거리 (④)m 이내마다 (⑤)개 이상 설치

해답 ① 1 ② 50 ③ 3 ④ 25 ⑤ 3

해설 **휴대용 비상조명등**의 **적합기준**(NFPC 304 4조, NFTC 304 2.1.2)

(1) 다음의 장소에 설치할 것

① **숙박시설** 또는 **다중이용업소**에는 **객실** 또는 영업장 안의 **구획**된 **실**마다 잘 보이는 곳(외부에 설치시 출입문 손잡이로부터 **1m** 이내 부분)에 **1개 이상** 설치

② 「유통산업발전법」에 따른 **대규모점포**(지하상가 및 지하역사를 제외)와 **영화상영관**에는 **보행거리 50m** 이내마다 **3개 이상** 설치

③ **지하상가** 및 **지하역사**에는 **보행거리 25m** 이내마다 **3개 이상** 설치

(2) 설치높이는 바닥으로부터 **0.8~1.5m** 이하의 높이에 설치할 것

(3) 어둠 속에서 위치를 확인할 수 있도록 할 것

(4) 사용시 **자동**으로 **점등**되는 구조일 것

(5) 외함은 **난연성능**이 있을 것

(6) 건전지를 사용하는 경우에는 **방전방지조치**를 해야 하고, **충전식 배터리**의 경우에는 **상시 충전**되도록 할 것

(7) 건전지 및 충전식 배터리의 용량은 **20분** 이상 유효하게 사용할 수 있는 것으로 할 것

비교

비상조명등 및 **휴대용 비상조명등**의 **종합점검**

구 분	점검항목
비상조명등	① **설치위치**(거실, 지상에 이르는 복도·계단, 그 밖의 통로) 적정 여부 ② 비상조명등 **변형·손상** 확인 및 정상점등 여부 ③ 조도 적정 여부 ④ **예비전원 내장형**의 경우 **점검스위치** 설치 및 정상작동 여부 ⑤ 비상전원 종류 및 설치장소 기준 적합 여부 ⑥ 비상전원 성능 적정 및 **상용전원 차단시 예비전원 자동전환** 여부

휴대용 비상조명등	① 설치대상 및 설치수량 적정 여부 ② 설치높이 적정 여부 ③ 휴대용 비상조명등의 **변형** 및 **손상** 여부 ④ 어둠 속에서 위치를 확인할 수 있는 구조인지 여부 ⑤ 사용시 자동으로 점등되는지 여부 ⑥ 건전지를 사용하는 경우 유효한 방전 방지조치가 되어 있는지 여부 ⑦ 충전식 배터리의 경우에는 상시 충전되도록 되어 있는지의 여부

☆☆☆

문제 18

정온식 감지선형 감지기의 설치기준 4가지를 쓰시오. (21.4.문17, 20.11.문16)

득점	배점
	4

○

○

○

○

해답 ① 보조선이나 고정금구를 사용하여 감지선이 늘어지지 않도록 설치
② 단자부와 마감고정금구와의 설치간격은 10cm 이내로 설치
③ 감지선형 감지기의 굴곡반경은 5cm 이상
④ 창고의 천장 등에 지지물이 적당하지 않는 장소에서는 보조선을 설치하고 그 보조선에 설치

해설

• 짧은 문장 위주로 4가지만 써보자.

정온식 감지선형 감지기의 **설치기준**(NFPC 203 7조 ③항, NFTC 203 2.4.3.12)

(1) **보**조선이나 **고정금구**를 사용하여 감지선이 늘어지지 않도록 설치할 것
(2) **단**자부와 **마감고정금구**와의 설치간격은 **10cm** 이내로 설치할 것
(3) 감지선형 감지기의 **굴**곡반경은 **5cm** 이상으로 할 것
(4) 감지기와 감지구역의 각 부분과의 수평**거**리가 내화구조의 경우 **1종 4.5m** 이하, **2종 3m 이하**로 할 것. 기타구조의 경우 **1종 3m 이하**, **2종 1m 이하**로 할 것

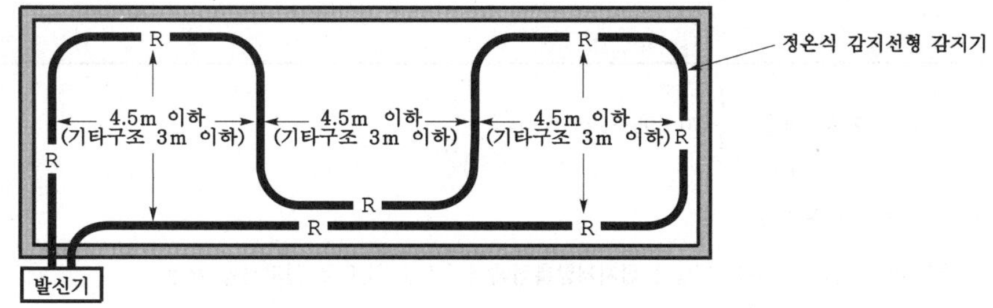

‖ 정온식 감지선형 감지기 ‖

(5) **케**이블트레이에 감지기를 설치하는 경우에는 **케이블트레이 받침대**에 마감금구를 사용하여 설치할 것
(6) **창고**의 **천장** 등에 지지물이 적당하지 않는 장소에서는 **보조선**을 설치하고 그 보조선에 설치할 것
(7) **분**전반 내부에 설치하는 경우 접착제를 이용하여 돌기를 바닥에 고정시키고 그 곳에 감지기를 설치할 것
(8) 그 밖의 설치방법은 형식승인 내용에 따르며 형식승인사항이 아닌 것은 제조사의 **시**방(示方)에 따라 설치할 것

기억법 **정감 보단굴거 케보분시**

2023. 11. 5 시행

▌2023년 산업기사 제4회 필답형 실기시험 ▌			수험번호	성명	감독위원 확 인
자격종목 소방설비산업기사(전기분야)	시험시간 2시간 30분	형별			

※ 다음 물음에 답을 해당 답란에 답하시오.(배점 : 100)

문제 01

비상콘센트설비에 접지공사를 하고자 한다. 그림과 같이 코올라우시(Kohlrausch) 브리지법에 의해 접지저항을 측정할 경우 다음 각 물음에 답하시오. (단, $R_{ab}=70\Omega$, $R_{ca}=95\Omega$, $R_{bc}=145\Omega$이다.)

(20.7.문2, 20.11.문6, 15.4.문5, 12.4.문11)

득점	배점
	6

유사문제부터 풀어보세요. 실력이 팍!팍! 올라갑니다.

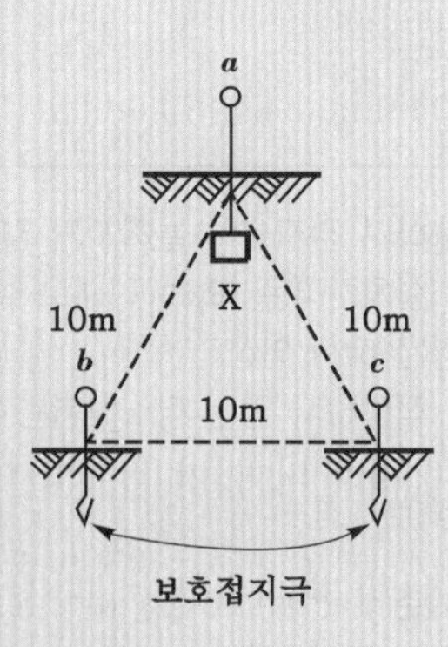

(가) 접지관 X의 접지저항값을 구하시오.
 ○ 계산과정 :
 ○ 답 :

(나) 비상콘센트설비의 플러그접속기 종류를 쓰시오.
 ○

해답 (가) ○ 계산과정 : $\frac{1}{2}(70+95-145)=10\Omega$
 ○ 답 : 10Ω

(나) 접지형 2극

해설 (가) 코올라우시 브리지법은 **접지저항측정**에 사용되는 것으로 접지저항 R_x는

$$R_x=\frac{1}{2}(R_{ab}+R_{ca}-R_{bc})$$
$$=\frac{1}{2}(70+95-145)=10\Omega$$

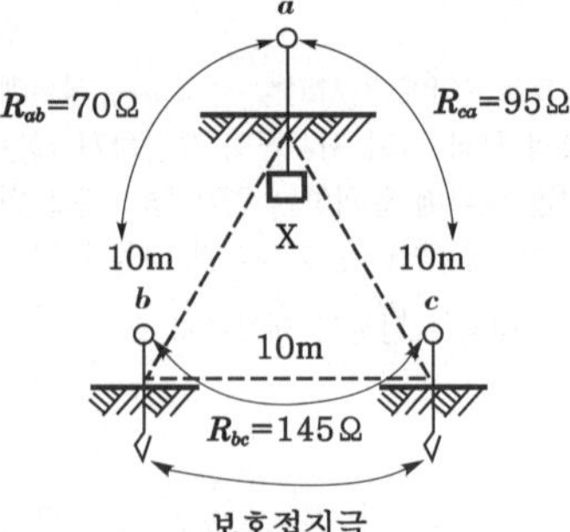

중요

접지저항의 **측정방법**
(1) 코올라우시 브리지법
(2) 접지저항계법

(나) **비상콘센트설비**(NFPC 504 4조, NFTC 504 2.1.2)

구 분	전 압	용 량	플러그접속기
단상교류	220V	1.5kVA 이상	접지형 2극 질문 (나)

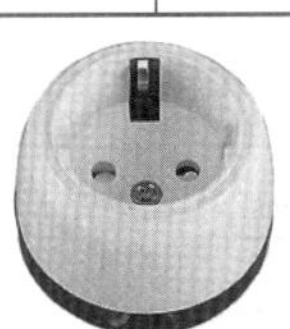

‖ 접지형 2극 플러그접속기 ‖

① 하나의 전용회로에 설치하는 비상콘센트는 **10개** 이하로 할 것(전선의 용량은 **3개** 이상일 때 **3개**)

설치하는 비상콘센트수량	전선의 용량산정시 적용하는 비상콘센트수량	전선의 용량
1	1개 이상	1.5kVA 이상
2	2개 이상	3.0kVA 이상
3~10	3개 이상	4.5kVA 이상

② 전원회로는 각 층에 있어서 **2 이상**이 되도록 설치할 것(단, 설치해야 할 층의 콘센트가 **1개**인 때에는 하나의 회로로 할 수 있다.)
③ 플러그접속기의 칼받이 접지극에는 **접지공사**를 해야 한다. (감전보호가 목적이므로 **보호접지**를 해야 한다.)
④ 풀박스는 **1.6mm** 이상의 철판을 사용할 것
⑤ 절연저항은 **전원부**와 **외함** 사이를 **직류 500V 절연저항계**로 측정하여 **20MΩ** 이상일 것
⑥ 전원으로부터 각 층의 비상콘센트에 분기되는 경우에는 **분기배선용 차단기**를 보호함 안에 설치할 것
⑦ 바닥으로부터 **0.8~1.5m** 이하의 높이에 설치할 것
⑧ 전원회로는 주배전반에서 **전용회로**로 하며, 배선의 종류는 **내화배선**이어야 한다.

- **풀박스**(pull box) : 배관이 긴 곳 또는 굴곡부분이 많은 곳에서 시공을 용이하게 하기 위하여 배선 도중에 사용하여 전선을 끌어들이기 위한 박스

비상콘센트설비(emergency consent system)(NFPC 504 3조)
화재시 **소화활동** 등에 필요한 전원을 **전용회선**으로 공급하는 설비

☆☆☆ 문제 02

객석통로에 객석유도등을 설치하려고 한다. 객석통로의 직선부분의 거리가 18m이다. 몇 개의 객석유도등을 설치하여야 하는지 구하시오.

(22.7.문5, 21.7.문17, 20.11.문13, 19.6.문16, 18.11.문4, 14.11.문8, 14.7.문6, 13.4.문7, 12.11.문16)

○ 계산과정 :
○ 답 :

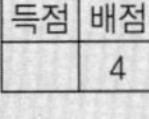

득점	배점
	4

○ 계산과정 : $\frac{18}{4} - 1 = 3.5 \fallingdotseq 4$개

○ 답 : 4개

해설 **최소 설치개수 산정식**(NFPC 303 7조, NFTC 303 2.4.2)
설치개수 산정시 소수가 발생하면 반드시 **절상**한다.

구 분	산정식
객석유도등 →	설치개수 $= \dfrac{\text{객석통로의 직선부분의 길이[m]}}{4} - 1$ 기억법 객4(객사)
유도표지	설치개수 $= \dfrac{\text{구부러진 곳이 없는 부분의 보행거리[m]}}{15} - 1$
복도통로유도등, 거실통로유도등	설치개수 $= \dfrac{\text{구부러진 곳이 없는 부분의 보행거리[m]}}{20} - 1$

객석유도등 설치개수 $= \dfrac{\text{객석통로의 직선부분의 길이[m]}}{4} - 1 = \dfrac{18}{4} - 1 = 3.5 ≒ 4$개(절상)

☆☆☆
문제 03

비상방송설비의 설치기준에 대한 설명이다. 다음 ( ) 안을 채우시오.

(21.11.문14, 19.11.문12, 15.7.문14, 13.11.문14)

득점	배점
	6

○ 조작부의 조작스위치는 바닥으로부터 (①)m 이상 (②)m 이하의 높이에 설치할 것
○ 설비에 대한 감시상태를 (③)분간 지속한 후 유효하게 (④)분 이상 경보할 수 있어야 한다.
○ 기동장치에 따른 화재신고를 수신한 후 필요한 음량으로 화재발생 상황 및 피난에 유효한 방송이 자동으로 개시될 때까지의 소요시간은 (⑤)초 이하로 할 것
○ 음량조정기를 설치하는 경우 음량조정기의 배선은 (⑥)선식으로 할 것

해답 ① 0.8 ② 1.5 ③ 60 ④ 10 ⑤ 10 ⑥ 3

해설 **비상방송설비**의 **설치기준**(NFPC 202 4·6조, NFTC 202 2.1.1·2.3.2)
(1) 확성기의 음성입력은 **실외 3W**(**실내 1W**) 이상일 것
(2) 음량조정기의 배선은 **3선식**(공통선, 긴급용 배선, 업무용 배선)으로 할 것 질문 ⑥
(3) 기동장치에 의한 **화재신고**를 수신한 후 필요한 음량으로 방송이 개시될 때까지의 소요시간은 **10초** 이하로 할 것 질문 ⑤
(4) 조작부의 조작스위치는 바닥으로부터 **0.8~1.5m** 이하의 높이에 설치할 것 질문 ①②

기 기	설치높이
기타 기기	바닥에서 **0.8~1.5m** 이하
시각경보장치	바닥에서 **2~2.5m** 이하(단, 천장의 높이가 **2m 이하**인 경우에는 천장으로부터 **0.15m 이내**의 장소에 설치)

(5) 다른 전기회로에 의하여 **유도장애**가 생기지 않도록 할 것
(6) 확성기는 **각 층**마다 설치하되, 각 부분으로부터의 **수평거리**는 **25m** 이하일 것
(7)

감시시간	경보시간
60분 질문 ③	**10분** 이상 질문 ④

• **NFPC 202 6조, NFTC 202 2.3.2**
비상방송설비에는 그 설비에 대한 **감시상태**를 **60분**간 지속한 후 유효하게 **10분** 이상 **경보**할 수 있는 비상전원으로서 **축전지설비** 또는 **전기저장장치**를 설치해야 한다.

(8) **발화층** 및 **직상 4개층 우선경보방식**
① 화재시 원활한 대피를 위하여 위험한 층(발화층 및 직상 4개층)부터 우선적으로 경보하는 방식
② 발화층 및 직상 4개층 우선경보방식 적용대상물 : 11층(공동주택 16층) 이상의 특정소방대상물의 경보

‖ 자동화재탐지설비 · 비상방송설비 음향장치의 경보 ‖

발화층	경보층	
	11층(공동주택 16층) 미만	11층(공동주택 16층) 이상
2층 이상 발화	전층 일제경보	• 발화층 • 직상 4개층
1층 발화		• 발화층 • 직상 4개층 • 지하층
지하층 발화		• 발화층 • 직상층 • 기타의 지하층

중요

발화층 및 **직상 4개층 우선경보방식 특정소방대상물**
11층(공동주택 **16층**) 이상인 특정소방대상물

문제 04

그림은 릴레이 시퀀스회로도이다. 도면을 참고하여 다음 각 물음에 답하시오.

(20.7.문17, 16.4.문11, 11.5.문14, 04.10.문10)

득점	배점
	9

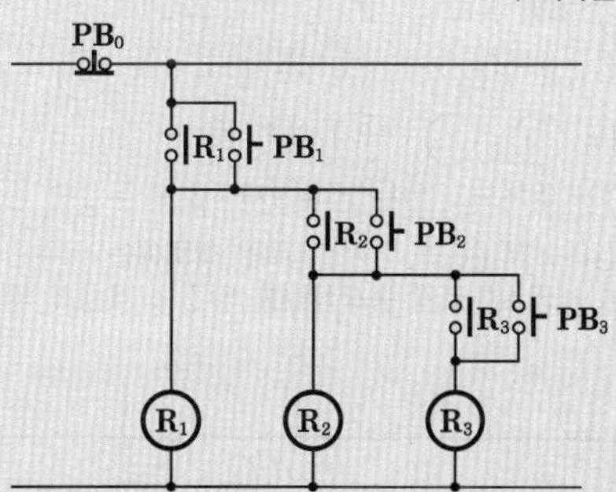

(가) 푸시버튼스위치 $PB_1 \rightarrow PB_2 \rightarrow PB_3 \rightarrow PB_0$를 차례로 눌렀을 때 작동순서를 쓰시오.
○

(나) 현 도면상태에서 PB_2를 on하였을 때의 동작상태를 쓰시오.
○

(다) 타임차트를 완성하시오.

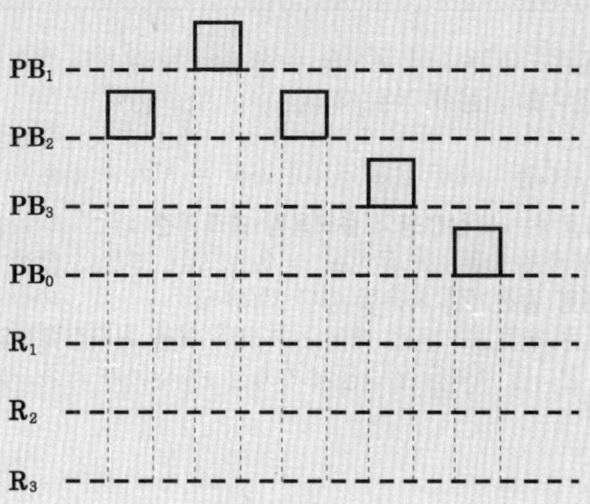

해답 (가) ① PB_1을 누르면 R_1 여자되고 R_1접점에 의해 자기유지된다.
② PB_2를 누르면 R_2 여자되고 R_2접점에 의해 자기유지된다.
③ PB_3를 누르면 R_3 여자되고 R_3접점에 의해 자기유지된다.
④ PB_0를 누르면 동작 중이던 R_1, R_2, R_3가 소자된다.
(나) 동작하지 않는다.
(다)

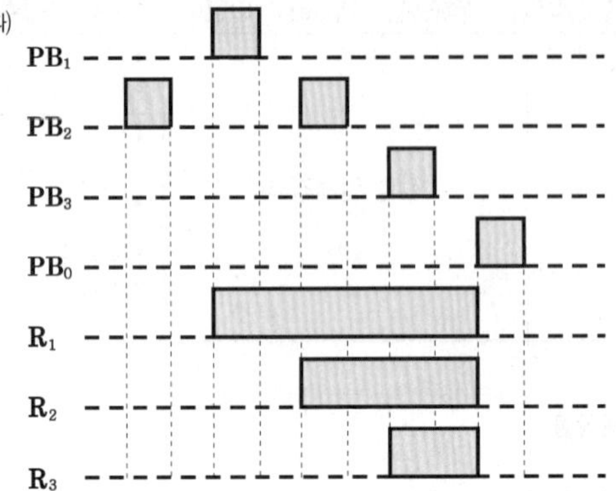

해설 (가) **작동순서**
① 푸시버튼스위치 PB_1을 누르면 계전기 (R_1)이 여자되고 (R_1)의 a접점에 의해 자기유지된다. −PB_1 복귀 후에도 (R_1) 계속 동작−
② (R_1)이 여자되고 있는 상태에서 PB_2를 누르면 (R_2)가 여자되고 (R_2)의 a접점에 의해 자기유지된다. −PB_2 복귀 후에도 (R_1) · (R_2) 계속 동작−
③ (R_1) · (R_2)가 여자되고 있는 상태에서 PB_3를 누르면 (R_3)가 여자되고 (R_3)의 a접점에 의해 자기유지된다. −PB_3 복귀 후에도 (R_1) · (R_2) · (R_3) 계속 동작−
④ (R_1) · (R_2) · (R_3)가 여자되고 있는 상태에서 PB_0를 누르면 동작 중이던 (R_1) · (R_2) · (R_3)가 모두 소자된다.
(나) PB_1을 누르지 않은 상태에서 PB_2를 먼저 누르면 회로에는 아무런 변화가 일어나지 않는다.
(다) **타임차트**(time chart) : 시퀀스회로의 동작상태를 시간의 흐름에 따라 변화되는 상태를 나타낸 표

☆

문제 05

스프링클러설비에 사용하는 비상전원의 출력용량 충족기준 3가지를 쓰시오. (17.11.문13)

○
○
○

득점	배점
	6

해답 ① 비상전원설비에 설치되어 동시에 운전될 수 있는 모든 부하의 합계 입력용량을 기준으로 정격출력 선정(단, 소방전원보존형 발전기를 사용할 경우 제외)
② 기동전류가 가장 큰 부하가 기동될 때에도 부하의 허용 최저입력전압 이상의 출력전압 유지
③ 단시간 과전류에 견디는 내력은 입력용량이 가장 큰 부하가 최종 기동할 경우에도 견딜 수 있을 것

해설 **스프링클러설비**에 **사용**하는 **비상전원**의 **출력용량 충족기준**(NFPC 103 12조, NFTC 103 2.9.3.7)
(1) 비상전원설비에 설치되어 동시에 운전될 수 있는 모든 부하의 합계 입력용량을 기준으로 **정격출력**을 선정할 것 (단, **소방전원보존형 발전기**를 사용할 경우 제외)
(2) 기동전류가 가장 큰 부하가 기동될 때에도 부하의 **허용 최저입력전압 이상**의 **출력전압** 유지
(3) **단시간 과전류**에 견디는 내력은 입력용량이 가장 큰 부하가 최종 기동할 경우에도 견딜 수 있을 것

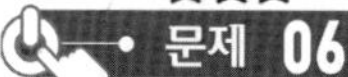

스프링클러설비에 **사용**하는 **자가발전설비**의 **종류**(NFPC 103 12조, NFTC 103 2.9.3.8)

소방전용 발전기	소방부하 겸용 발전기	소방전원보존형 발전기
소방부하용량을 기준으로 정격출력 용량을 산정하여 사용하는 발전기	소방 및 비상부하 겸용으로서 **소방부하**와 **비상부하**의 **전원용량**을 **합산**하여 정격출력용량을 산정하여 사용하는 발전기	소방 및 비상부하 겸용으로서 **소방부하**의 **전원용량**을 기준으로 정격출력용량을 산정하여 사용하는 발전기

☆☆☆

문제 06

수신기로부터 배선거리 180m의 위치에 모터사이렌이 접속되어 있다. 사이렌이 명동될 때 다음 각 물음에 답하시오. (단, 수신기는 정전압출력이라고 하고 전선은 2.5mm^2 HFIX전선이며, 사이렌의 정격전력은 96W라고 가정한다. 2.5mm^2 동선의 전기저항은 8.75Ω/km라고 한다.)

(22.11.문13, 20.5.문14, 17.4.문13, 16.6.문8, 15.11.문8, 14.11.문15)

득점	배점
	6

(가) 사이렌의 단자전압[V]을 구하시오.

○ 계산과정 :

○ 답 :

(나) 사이렌의 작동 여부를 판정하시오.

○

해답

(가) ○ 계산과정 : $R = \frac{24^2}{96} = 6\,\Omega$

$$\frac{180}{1000} \times 8.75 = 1.575\,\Omega$$

$$1.575 \times 2 = 3.15\,\Omega$$

$$V_2 = \frac{6}{3.15+6} \times 24 = 15.737 \fallingdotseq 15.74\text{V}$$

○ 답 : 15.74V

(나) ① 이유 : 15.74V로서 24×0.8=19.2V 미만이므로

② 답 : 작동하지 않는다.

해설

• 문제에서 '**전압변동에 의한 부하전류의 변동은 무시한다.**' 또는 '**전압강하가 없다고 가정한다.**'라는 말이 없으므로 다음과 같이 계산한다.

(가) **사이렌**의 **저항**

$$P = VI = \frac{V^2}{R} = I^2 R$$

여기서, P : 전력[W]

V : 전압[V]

I : 전류[A]

R : 저항(사이렌저항)[Ω]

사이렌의 **저항** R은

$$R = \frac{V^2}{P} = \frac{24^2}{96} = 6\,\Omega$$

배선저항은 km(1000m)당 전기저항이 8.75Ω이므로 180m일 때는

1000m : 8.75Ω=180m : x

1000mx=8.75Ω×180m

$x = \frac{8.75\Omega \times 180\text{m}}{1000\text{m}} = 1.575\Omega$

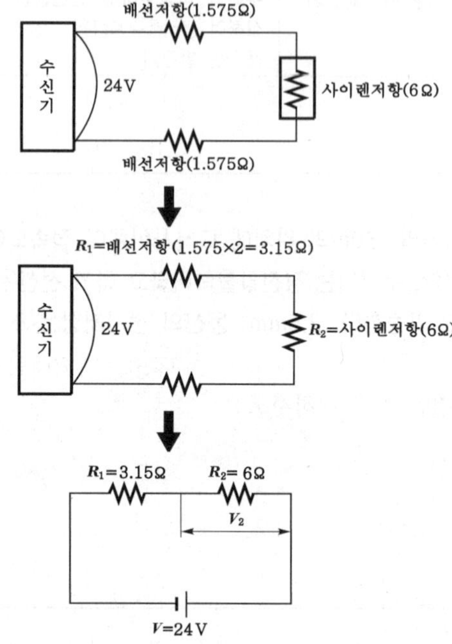

단자전압 V_2는 $\frac{6\Omega}{3.15\Omega+6\Omega} \times 24\text{V} = 15.737 ≒ 15.74\text{V}$

(나)

- 자동화재탐지설비의 정격전압 : **직류 24V**이므로 $V_s = 24\text{V}$

자동화재탐지설비의 정격전압은 **직류 24V**이고, 정격전압의 **80%** 이상에서 동작해야 하므로

동작전압=24×0.8=19.2V

단자전압은 **15.74V**로서 정격전압의 **80%**인 **19.2V** 미만이므로 **사이렌**은 **작동**하지 않는다.

비교

문제에서 '**전압변동에 의한 부하전류의 변동은 무시한다.**' 또는 '**전압강하가 없다고 가정한다.**'라는 말이 있는 경우

수신기의 입력전압은 **직류 24V**이므로

전류 $I = \frac{P}{V} = \frac{96}{24} = 4\text{A}$

배선저항은 km(1000m)당 전기저항이 8.75Ω이므로 180m일 때는

1000m : 8.75Ω=180m : x

1000mx=8.75Ω×180m

$x = \frac{8.75\Omega \times 180\text{m}}{1000\text{m}}$

$= 1.575\Omega$

V_s : 입력전압, V_r : 출력전압(단자전압)이라 하면

사이렌은 **단상 2선식**이므로

전압강하 $e = V_s - V_r = 2IR$에서

$e = 2IR = 2\times4\times1.575 = 12.6\text{V}$

위 식에서 **사이렌**의 **단자전압** $V_r = V_s - e = 24 - 12.6 = 11.4\text{V}$

중요

전압강하

구 분	단상 2선식	3상 3선식
적응기기	• 기타 기기(**사이렌**, 경종, 표시등, 유도등, 비상조명등, 솔레노이드밸브, 감지기 등)	• 소방펌프 • 제연팬
전압강하	$e = V_s - V_r = 2IR$	$e = V_s - V_r = \sqrt{3}\,IR$
	여기서, e : 전압강하[V] V_s : 입력(정격)전압[V] V_r : 출력(단자)전압[V] I : 전류[A] R : 저항[Ω]	
	$A = \frac{35.6LI}{1000e}$	$A = \frac{30.8LI}{1000e}$
	여기서, A : 전선단면적[mm²] L : 선로길이[m] I : 전부하전류[A] e : 각 선간의 전압강하[V]	

☆

문제 07

소방설비에서 그림과 같은 부하특성을 갖는 알칼리축전지를 사용할 때 보수율 $L=0.8$, 최저축전지 온도 5℃, 전압 24V, 허용 최저전압 1.06V/cell일 때, 다음 각 물음에 답하시오. (단, $K_1 = 1.17$, $K_2 = 0.93$, $K_3 = 0.85$이다.) (17.6.문11, 15.11.문5, 12.11.문8)

득점	배점
	6

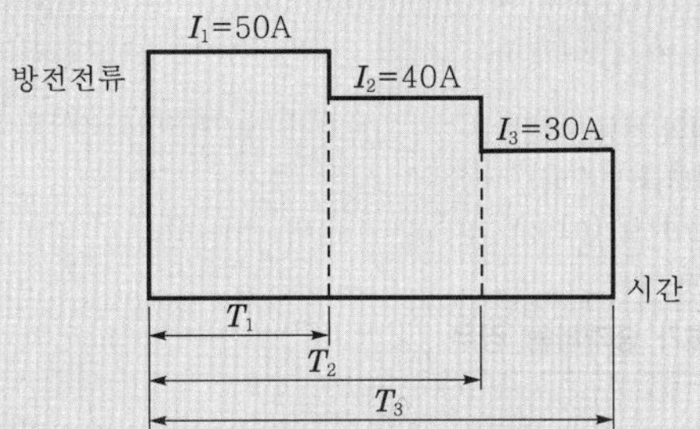

(가) 축전지의 용량[Ah]을 구하시오
 ○ 계산과정 :
 ○ 답 :

(나) 셀수를 구하시오.
 ○ 계산과정 :
 ○ 답 :

해답

(가) ○ 계산과정 : 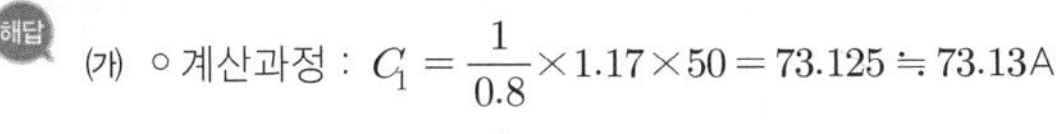 $C_1 = \frac{1}{0.8} \times 1.17 \times 50 = 73.125 ≒ 73.13\text{Ah}$

$C_2 = \frac{1}{0.8} \times 0.93 \times 40 = 46.5\text{Ah}$

$C_3 = \frac{1}{0.8} \times 0.85 \times 30 = 31.875 ≒ 31.88\text{Ah}$

○ 답 : 73.13Ah

(나) ○ 계산과정 : $\frac{24}{1.06} = 22.64 ≒ 23$셀

○ 답 : 23셀

해설 (가) **축전지**의 **용량 산출**

$$C = \frac{1}{L}KI$$

여기서, C : 축전지의 용량〔Ah〕

L : 용량저하율(보수율)

K : 용량환산시간〔h〕

I : 방전전류〔A〕

$C_1 = \frac{1}{L}K_1I_1 = \frac{1}{0.8} \times 1.17 \times 50 = 73.125 ≒ 73.13\text{Ah}$ …………… ①

$C_2 = \frac{1}{L}K_2I_2 = \frac{1}{0.8} \times 0.93 \times 40 = 46.5\text{Ah}$ …………… ②

$C_3 = \frac{1}{L}K_3I_3 = \frac{1}{0.8} \times 0.85 \times 30 = 31.875 ≒ 31.88\text{Ah}$ …………… ③

①~③식 중 **가장 큰 값**인 **73.13Ah** 선정

중요

축전지용량 산정

(1) **시간에 따라 방전전류가 감소하는 경우**

① $C_1 = \frac{1}{L}K_1I_1$

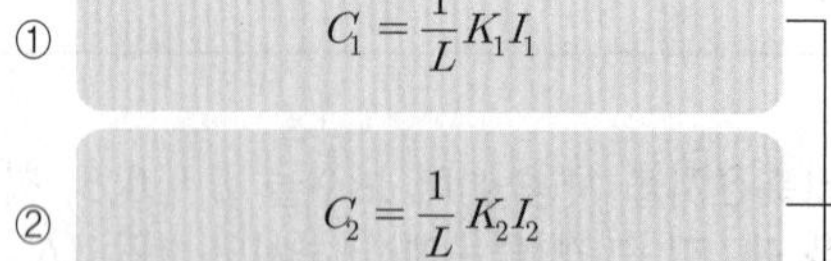

② $C_2 = \frac{1}{L}K_2I_2$

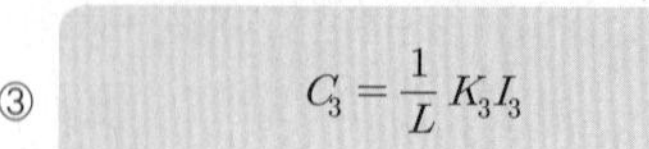

③ $C_3 = \frac{1}{L}K_3I_3$

셋 중 큰 값

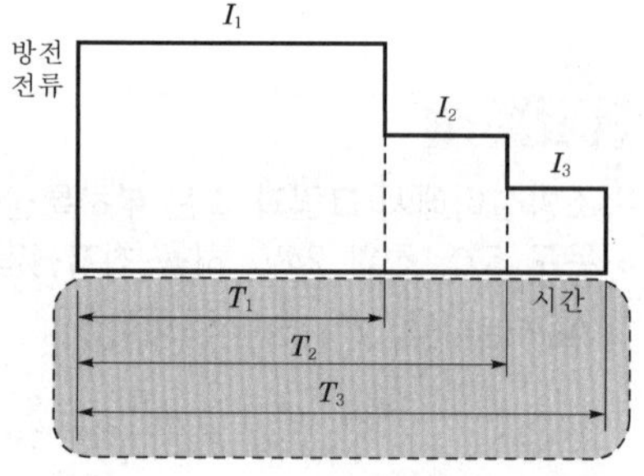

여기서, C : 축전지의 용량〔Ah〕

L : 용량저하율(보수율)

K : 용량환산시간〔h〕

I : 방전전류〔A〕

(2) **시간에 따라 방전전류가 증가하는 경우**

$$C = \frac{1}{L}[K_1I_1 + K_2(I_2 - I_1) + K_3(I_3 - I_2)]$$

여기서, C : 축전지의 용량〔Ah〕

L : 용량저하율(보수율)

K : 용량환산시간〔h〕

I : 방전전류〔A〕

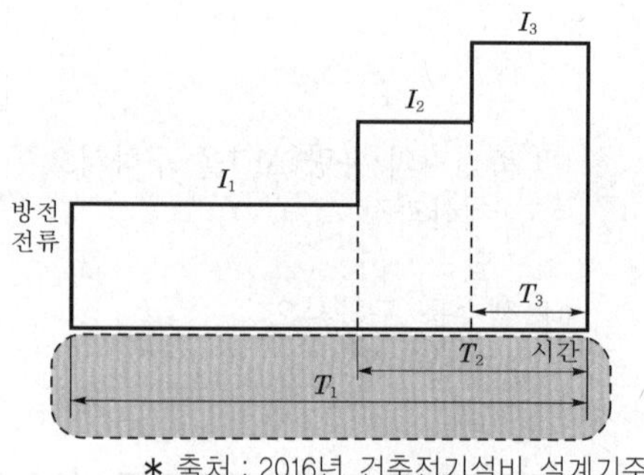

＊ 출처 : 2016년 건축전기설비 설계기준

예외규정

시간에 따라 **방전전류**가 **증가**하는 경우

$$C=\frac{1}{L}(K_1I_1+K_2I_2+K_3I_3)$$

여기서, C : 축전지의 용량〔Ah〕
L : 용량저하율(보수율)
K : 용량환산시간〔h〕
I : 방전전류〔A〕

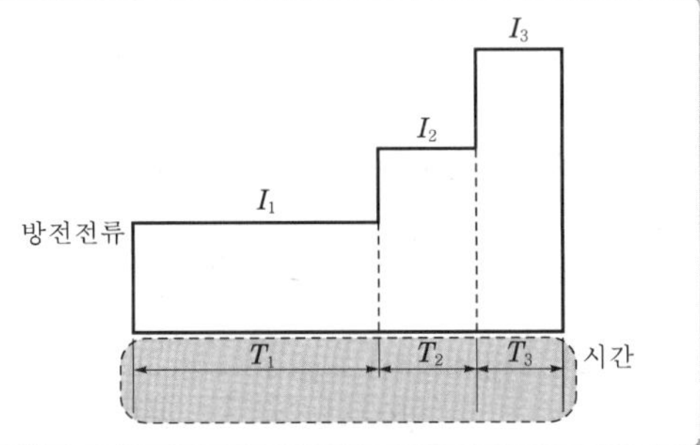

중요

축전지설비(예비전원설비 설계기준 KDS 31 60 20 : 2021)
(1) 축전지의 종류 선정은 **축전지**의 **특성**, **유지 보수성**, **수명**, **경제성**과 **설치장소**의 조건 등을 검토하여 선정
(2) 용량 산정
  ① 축전지의 출력용량 산정시에는 관계 법령에서 정하고 있는 **예비전원 공급용량** 및 **공급시간** 등을 검토하여 용량을 산정
  ② 축전지 출력용량은 부하전류와 사용시간 반영
  ③ 축전지는 종류별로 **보수율**, **효율**, **방전종지전압** 및 기타 필요한 계수 등을 반영하여 용량 산정
(3) 축전지에서 부하에 이르는 전로는 **개폐기** 및 **과전류차단기** 시설
(4) 축전지설비의 보호장치 등의 시설은 전기설비기술기준(한국전기설비규정) 등에 따른다.

(나) 1셀의 전압은 **1.06V/cell**이므로

$$셀수=\frac{전압}{허용\ 최저전압}$$
$$=\frac{24}{1.06}=22.64=23셀(절상)$$

- 1셀의 전압은 **허용 최저전압** 또는 **공칭전압**을 적용하면 됨. 여기서는 허용 최저전압이 주어졌으므로 허용 최저전압 적용
- **셀**(cell) : 화학변화에 의해서 생기는 에너지, 열, 빛 등의 물리적인 에너지를 전기에너지로 변환하는 전지의 단체

참고

축전지의 **사용**

연축전지(lead-acid battery)	**알칼리축전지**(alkaline battery)
장시간 일정전류를 취하는 부하에 사용된다.	비교적 단시간에 대전류를 사용하는 부하에 사용된다.

문제 08

자동화재탐지설비의 화재안전기준에서 정하는 배선기준 중 P형 수신기의 감지기회로 배선에 있어서 하나의 공통선에 접속할 수 있는 경계구역의 수는 몇 개 이하이며, 공통선시험방법에 대하여 설명하시오.
(16.6.문7, 15.11.문11, 13.11.문7, 08.4.문1, 07.11.문6)

득점	배점
	6

(가) 경계구역의 수
  ○
(나) 공통선시험방법
  ○
  ○
  ○

해답 (가) 7개

(나) ① 수신기 내 접속단자의 회로공통선 1선 제거
② 도통시험스위치를 누르고, 회로선택스위치를 차례로 회전
③ 전압계 또는 발광다이오드를 확인하여 「단선」을 지시한 경계구역 회선수 조사

해설 (가) ① **P형 수신기** 및 **GP형 수신기**의 감지기회로의 배선에 있어서 하나의 공통선에 접속할 수 있는 **경계구역** : **7개** 이하
② 자동화재탐지설비의 감지기회로의 **전로저항** : **50Ω** 이하

자동화재탐지설비 감지기회로 전로저항	무선통신보조설비 누설동축케이블 임피던스
50Ω 이하	50Ω

(나) **수신기**의 **시험**(성능시험)

시험종류	시험방법	가부판정의 기준
화재표시 작동시험	① 회로선택스위치로서 실행하는 시험 : 동작시험스위치를 눌러서 스위치 주의등의 점등을 확인한 후 회로선택스위치를 차례로 회전시켜 **1회로**마다 화재시의 작동시험을 행할 것 ② 감지기 또는 발신기의 작동시험과 함께 행하는 방법 : 감지기 또는 발신기를 차례로 작동시켜 경계구역과 지구표시등과의 접속상태를 확인할 것	① 각 **릴레이**(Relay)의 작동 ② **화재표시등** 그 밖의 표시장치의 점등(램프의 단선도 함께 확인할 것) ③ **음향장치** 작동확인 ④ **감지기회로** 또는 **부속기기회로**와의 연결접속이 정상일 것
회로도통시험	**감지기회로**의 **단선**의 **유무**와 기기 등의 접속상황을 확인하기 위해서 다음과 같은 시험을 행할 것 ① 도통시험스위치를 누른다. ② 회로선택스위치를 차례로 회전시킨다. ③ 각 회선별로 전압계의 전압을 확인한다. (단, 발광다이오드로 그 정상유무를 표시하는 것은 발광다이오드의 점등유무를 확인한다.) ④ 종단저항 등의 접속상황을 조사한다.	각 회선의 **전압계**의 **지시치** 또는 발광다이오드(LED)의 점등유무 상황이 정상일 것
공통선시험 (단, 7회선 이하는 제외)	공통선이 담당하고 있는 경계구역의 적정 여부를 다음에 따라 확인할 것 ① 수신기 내 접속단자의 회로공통선을 1선 제거한다. ② 회로도통시험의 예에 따라 도통시험스위치를 누르고, 회로선택스위치를 차례로 회전시킨다. ③ 전압계 또는 발광다이오드를 확인하여 「**단선**」을 지시한 경계구역의 회선수를 조사한다.	공통선이 담당하고 있는 경계구역수가 **7 이하**일 것
예비전원시험	상용전원 및 비상전원이 사고 등으로 정전된 경우, 자동적으로 예비전원으로 절환되며, 또한 정전복구시에 자동적으로 상용전원으로 절환되는지의 여부를 다음에 따라 확인할 것 ① 예비전원시험스위치를 누른다. ② 전압계의 지시치가 지정범위 내에 있을 것(단, 발광다이오드로 그 정상유무를 표시하는 것은 발광다이오드의 정상 점등유무를 확인한다.) ③ 교류전원을 개로(상용전원을 차단)하고 자동절환릴레이의 작동상황을 조사한다.	① 예비전원의 **전압** ② 예비전원의 **용량** ③ 예비전원의 **절환상황** ④ 예비전원의 **복구작동**이 정상일 것
동시작동시험 (단, 1회선은 제외)	① **동작시험스위치**를 시험위치에 놓는다. ② 상용전원으로 **5회선**(5회선 미만은 전회선) 동시 작동 ③ 주음향장치 및 지구음향장치 작동 ④ 부수신기와 표시장치도 모두를 작동상태로 하고 실시	① **수신기**의 기능에 이상이 없을 것 ② **부수신기**의 기능에 이상이 없을 것 ③ **표시장치**(표시기)의 기능에 이상이 없을 것 ④ **음향장치**의 기능에 이상이 없을 것

☆☆ 문제 09

설치장소의 환경상태와 적응장소를 참고하여 당해 설치장소에 적응성을 가지는 감지기를 표에 O로 나타내시오. (단, 연기감지기를 설치할 수 없는 경우이다.) (17.6.문7, 16.11.문3)

득점	배점
	5

설치장소		적응열감지기									불꽃감지기
환경상태	적응장소	차동식 스포트형		차동식 분포형		보상식 스포트형		정온식		열아날로그식	
		1종	2종	1종	2종	1종	2종	특종	1종		
현저하게 고온으로 되는 장소	건조실, 살균실, 보일러실, 주조실, 영사실, 스튜디오										

해답

설치장소		적응열감지기									불꽃감지기
환경상태	적응장소	차동식 스포트형		차동식 분포형		보상식 스포트형		정온식		열아날로그식	
		1종	2종	1종	2종	1종	2종	특종	1종		
현저하게 고온으로 되는 장소	건조실, 살균실, 보일러실, 주조실, 영사실, 스튜디오	×	×	×	×	×	×	○	○	○	×

해설 **자동화재탐지설비** 및 **시각경보장치**(NFTC 203 2.4.6(1))

‖ 설치장소별 감지기 적응성(연기감지기를 설치할 수 없는 경우) ‖

설치장소		적응열감지기									불꽃감지기
환경상태	적응장소	차동식 스포트형		차동식 분포형		보상식 스포트형		정온식		열아날로그식	
		1종	2종	1종	2종	1종	2종	특종	1종		
주방, 기타 평상시에 연기가 체류하는 장소	• 주방 • 조리실 • 용접작업장	×	×	×	×	×	×	○	○	○	○
현저하게 고온으로 되는 장소	• 건조실 • 살균실 • 보일러실 • 주조실 • 영사실 • 스튜디오	×	×	×	×	×	×	○	○	○	×

〔비고〕 1. **주방**, **조리실** 등 습도가 많은 장소에는 **방수형** 감지기를 설치할 것
2. **불꽃감지기**는 UV/IR형을 설치할 것

• 총 10개 O, ×표시를 하여야 하므로 2개 맞으면 1점으로 인정

비교

설치장소별 감지기 적응성(연기감지기를 설치할 수 없는 경우)(NFTC 203 2.4.6(1))

설치장소		적응열감지기									불꽃감지기
환경상태	적응장소	차동식 스포트형		차동식 분포형		보상식 스포트형		정온식		열아날로그식	
		1종	2종	1종	2종	1종	2종	특종	1종		
부식성 가스가 발생할 우려가 있는 장소	• 도금공장 • 축전지실 • 오수처리장	×	×	○	○	○	○	○	×	○	○

〔비고〕 1. **차동식 분포형 감지기**를 설치하는 경우에는 감지부가 피복되어 있고 검출부가 부식성 가스에 영향을 받지 않는 것 또는 검출부에 부식성 가스가 침입하지 않도록 조치할 것

2. **보상식 스포트형 감지기, 정온식 감지기** 또는 **열아날로그식 스포트형 감지기**를 설치하는 경우에는 부식성 가스의 성상에 반응하지 않는 **내산형** 또는 **내알칼리형**으로 설치할 것

3. **정온식 감지기**를 설치하는 경우에는 **특종**으로 설치할 것

설치장소		적응열감지기									불꽃감지기
환경상태	적응장소	차동식 스포트형		차동식 분포형		보상식 스포트형		정온식		열아날로그식	
		1종	2종	1종	2종	1종	2종	특종	1종		
배기가스가 다량으로 체류하는 장소	• 주차장, 차고 • 화물취급소 차로 • 자가발전실 • 트럭 터미널 • 엔진 시험실	○	○	○	○	○	○	×	×	○	○

〔비고〕 1. **불꽃감지기**에 따라 감시가 곤란한 장소는 적응성이 있는 열감지기를 설치할 것

2. **열아날로그식 스포트형 감지기**는 화재표시 설정이 **60℃ 이하**가 바람직하다.

☆☆☆

문제 10

다음은 화재조기진압용 스프링클러설비 상용전원회로의 배선설치기준에 관한 사항이다. (   ) 안을 완성하시오.

(20.7.문13, 13.7.문13)

득점	배점
	6

◦ 저압수전인 경우에는 (①)의 직후에서 분기하여 (②)으로 해야 하며, 전용의 전선관에 보호되도록 할 것

◦ 특고압수전 또는 고압수전일 경우에는 전력용 변압기 2차측의 (③)에서 분기하여 (④)으로 하되, 상용전원의 상시공급에 지장이 없을 경우에는 (⑤)에서 분기하여 (⑥)으로 할 것

해답 ① 인입개폐기
② 전용배선
③ 주차단기 1차측
④ 전용배선
⑤ 주차단기 2차측
⑥ 전용배선

해설 **화재조기진압용 스프링클러설비 · 옥내소화전설비 상용전원회로 배선**[NFPC 103B 14조(NFTC 103B 2.11.1), NFPC 102 8조(NFTC 102 2.5.1)]

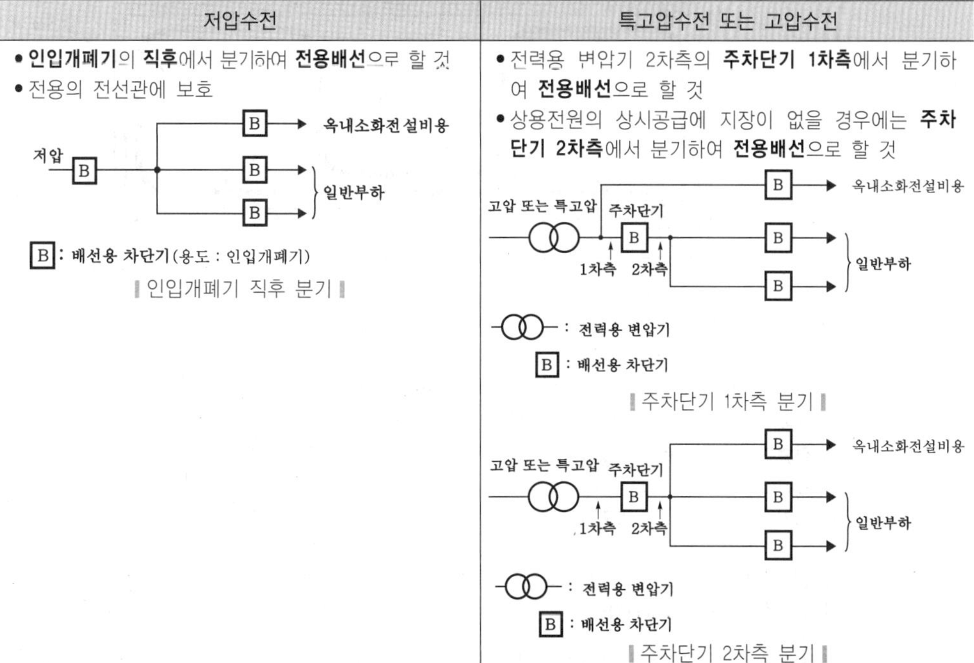

저압수전	특고압수전 또는 고압수전
• **인입개폐기**의 **직후**에서 분기하여 **전용배선**으로 할 것 • 전용의 전선관에 보호 (그림: 저압 – B – B 옥내소화전설비용 / B, B 일반부하) B : 배선용 차단기(용도 : 인입개폐기) ‖ 인입개폐기 직후 분기 ‖	• 전력용 변압기 2차측의 **주차단기 1차측**에서 분기하여 **전용배선**으로 할 것 • 상용전원의 상시공급에 지장이 없을 경우에는 **주차단기 2차측**에서 분기하여 **전용배선**으로 할 것 (그림: 고압 또는 특고압 – 전력용 변압기 – 1차측 – 주차단기 – 2차측 / B 옥내소화전설비용 / B, B 일반부하) 전력용 변압기 / B : 배선용 차단기 ‖ 주차단기 1차측 분기 ‖ (그림: 고압 또는 특고압 – 전력용 변압기 – 1차측 – 주차단기 – 2차측 / B 옥내소화전설비용 / B, B 일반부하) 전력용 변압기 / B : 배선용 차단기 ‖ 주차단기 2차측 분기 ‖

• 특고압수전 또는 고압수전 : 옥내소화전설비는 '**주차단기 1차측에서 분기**', 비상콘센트설비는 '**주차단기 1차측 또는 2차측에서 분기**'로 다름 주의!

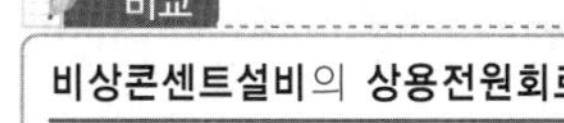

비교

비상콘센트설비의 **상용전원회로**의 배선(NFPC 504 4조, NFTC 504 2.1.1.1)

저압수전	특고압수전 또는 고압수전
인입개폐기의 **직후**에서 분기하여 **전용배선**으로 할 것	전력용 변압기 2차측의 **주차단기 1차측 또는 2차측**에서 분기하여 **전용배선**으로 할 것

☆☆☆

문제 11

자동화재탐지설비의 공기관식 차동식 분포형 감지기 및 스포트형 감지기 설치기준에 관한 다음 (   ) 안을 완성하시오. (19.4.문6, 14.4.문10, 14.11.문10, 09.4.문4)

득점	배점
	4

○ 공기관의 노출부분은 감지구역마다 (①)m 이상이 되도록 설치할 것
○ 하나의 검출부에 접속하는 공기관의 길이는 (②)m 이하가 되도록 할 것
○ 검출부는 바닥으로부터 (③)m 이상 1.5m 이하의 위치에 설치할 것
○ 스포트형 감지기는 (④)도 이상 경사되지 않도록 부착할 것

해답 ① 20
② 100
③ 0.8
④ 45

해설 **공기관식 차동식 분포형 감지기** 또는 **스포트형 감지기**의 **설치기준**(NFPC 203 7조, NFTC 203 2.4.3)

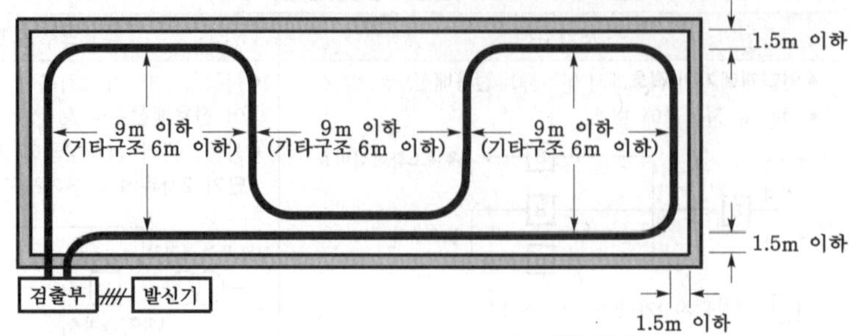

(1) 공기관의 노출부분은 감지구역마다 **20m** 이상이 되도록 설치할 것 질문 ①
(2) 공기관과 감지구역의 각 변과의 **수평거리**는 **1.5m** 이하가 되도록 할 것
(3) 공기관 상호간의 거리는 **6m**(내화구조는 **9m**) 이하가 되도록 할 것
(4) 하나의 **검출부**에 접속하는 공기관의 길이는 **100m** 이하가 되도록 할 것 질문 ②
(5) 검출부는 **5도** 이상 경사되지 않도록 부착할 것
(6) **검출부**는 바닥으로부터 **0.8~1.5m** 이하의 위치에 설치할 것 질문 ③
(7) 공기관은 도중에서 **분기**하지 않도록 할 것
(8) 스포트형 감지기는 **45도** 이상 경사되지 않도록 부착할 것 질문 ④
(9) 감지기(차동식 분포형 제외)는 실내로의 공기유입구로부터 **1.5m** 이상 떨어진 위치에 설치할 것
(10) 감지기는 천장 또는 반자의 **옥내**의 면하는 부분에 설치할 것
(11) **보상식 스포트형 감지기**는 정온점이 감지기 주위의 평상시 최고 온도보다 **20℃** 이상 높은 것으로 설치해야 한다.
(12) **정온식 감지기는 주방·보일러실** 등으로 다량의 화기를 단속적으로 취급하는 장소에 설치한다.

• 경사제한각도

차동식 분포형 감지기	스포트형 감지기
5° 이상	45° 이상

비교

정온식 **감**지선형 **감지기**의 설치기준(NFPC 203 7조 ③항, NFTC 203 2.4.3.12)
(1) **보**조선이나 고정금구를 사용하여 감지선이 늘어지지 않도록 설치할 것
(2) **단**자부와 마감고정금구와의 설치간격은 **10cm** 이내로 설치할 것
(3) 감지선형 감지기의 **굴**곡반경은 **5cm** 이상으로 할 것
(4) 감지기와 감지구역의 각 부분과의 수평**거**리가 내화구조의 경우 **1종 4.5m** 이하, **2종 3m** 이하로 할 것. 기타구조의 경우 **1종 3m** 이하, **2종 1m** 이하로 할 것

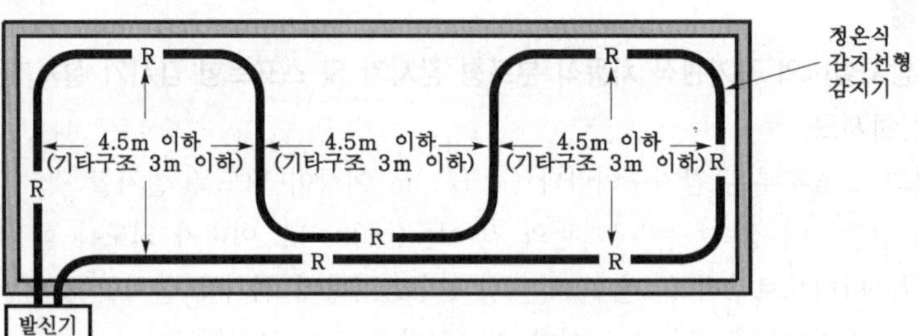

‖ 정온식 감지선형 감지기 ‖

(5) **케**이블트레이에 감지기를 설치하는 경우에는 **케이블트레이 받침대**에 마감금구를 사용하여 설치할 것
(6) **창고**의 **천장** 등에 지지물이 적당하지 않는 장소에서는 **보조선**을 설치하고 그 보조선에 설치할 것
(7) **분**전반 내부에 설치하는 경우 접착제를 이용하여 돌기를 바닥에 고정시키고 그곳에 감지기를 설치할 것
(8) 그 밖의 설치방법은 형식승인내용에 따르며 형식승인사항이 아닌 것은 제조사의 **시**방(示方)에 따라 설치할 것

기억법 정감 보단굴거 케분시

☆☆☆
문제 12

옥내배선도면에 다음과 같이 표현되었을 때 각각 어떤 배선을 의미하는지 쓰시오.

(19.6.문5, 18.11.문9, 13.7.문11, 12.7.문2, 11.11.문15)

득점	배점
	6

(가) ────────

(나) ── ── ──

(다) -------------

해답 (가) 천장은폐배선
(나) 바닥은폐배선
(다) 노출배선

해설 (1) **옥내배선기호**(KSC 0301)

명 칭	그림기호	적 요
천장은폐배선	────────	천장 속의 배선을 구별하는 경우 : ── - ── - ──
바닥은폐배선	── ── ──	–
노출배선	-------------	바닥면 노출배선을 구별하는 경우 : ──-·-──-·-──

• **옥내배선기호**의 **노출배선**과 **소방시설 도시기호**의 노출배선 심벌이 서로 다르므로 주의! 문제는 **'옥내배선'**이라고 말했으므로 옥내배선기호의 노출배선으로 답하면 됨

(2) **배관**의 **표시방법**

① 강제전선관의 경우 : ─//─ HFIX 2.5(19)

② 경질비닐전선관인 경우 : ─//─ 2.5(VE16)

③ 2종 금속제 가요전선관인 경우 : ─//─ 2.5($F_2$17)

④ 합성수지제 가요관인 경우 : ─//─ 2.5(PF16)

⑤ 전선이 들어있지 않은 경우 : ─C─ (19)

비교

소방시설 도시기호(소방시설자체점검사항 등에 관한 고시 [별표])

명 칭	그림기호	적 요
바닥은폐선	── ── ── ──	–
노출배선	────────	–

☆☆
문제 13

바닥면적 200m²인 방재센터가 있다. 여기에 조명률 50%, 전광속도 2400lm의 40W 형광등이 몇 등 있어야 최소 200lx 이상의 조도를 얻을 수 있는지 계산하시오. (단, 층고는 3.6m이며, 감광보상률은 1.2이다.)

(13.4.문1)

득점	배점
	5

○ 계산과정 :

○ 답 :

○ 계산과정 : $\frac{200 \times 200 \times 1.2}{2400 \times 0.5} = 40$등

○ 답 : 40등

$$FUN = AED$$

여기서, F : 광속〔lm〕
U : 조명률
N : 등개수
A : 단면적〔m^2〕
E : 조도〔lx〕
D : 감광보상률$\left(D = \frac{1}{M}\right)$

형광등개수 N은

$$N = \frac{AED}{FU} = \frac{200 \times 200 \times 1.2}{2400 \times 0.5} = 40\text{등}$$

주의사항

(1) 등개수 산정시 **소수**가 발생하면 반드시 **절상**

(2) **천장높이**를 **고려**하지 **않는 것**에 주의. 왜냐하면 천장높이는 이미 **조명률**에 적용되었기 때문이다. (천장높이를 고려하지 않는 이유를 기억해 두면 참 지식이 될 수 있다.)

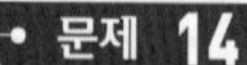

문제 14

자동화재탐지설비의 경계구역 설정기준에 관한 다음 (   ) 안을 완성하시오.

(21.7.문12, 19.11.문8, 14.4.문3, 13.11.문11, 10.10.문14, 02.7.문1)

득점	배점
	6

○ 하나의 경계구역이 2개 이상의 층에 미치지 않도록 할 것. 다만, (①)m^2 이하의 범위 안에서는 2개의 층을 하나의 경계구역으로 할 수 있다.

○ 하나의 경계구역의 면적은 (②)m^2 이하로 하고 한 변의 길이는 (③)m 이하로 할 것. 다만, 해당 특정소방대상물의 주된 출입구에서 그 내부 전체가 보이는 것에서는 한 변의 길이가 50m의 범위 내에서 1000m^2 이하로 할 수 있다.

① 500
② 600
③ 50

해설 **자동화재탐지설비**의 **경계구역 설정기준**(NFPC 203 4조, NFTC 203 2.1.1)

(1) 하나의 경계구역이 **2개** 이상의 **건축물**에 미치지 않을 것

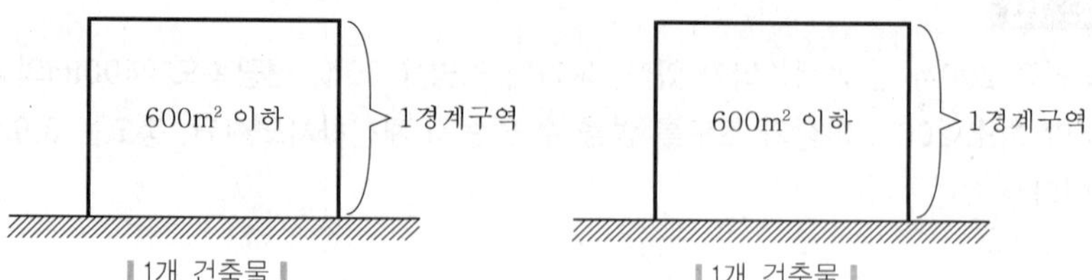

∥1개 건축물∥　　∥1개 건축물∥

(2) 하나의 경계구역이 **2개** 이상의 층에 미치지 않을 것(단, **500m²** 이하의 범위 안에서는 **2개**층을 하나의 경계구역으로 가능) 질문 ①

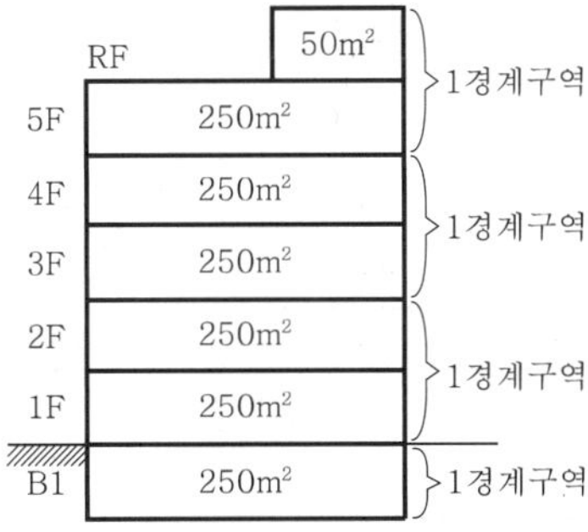

‖ 2개층이 500m² 이하인 경우 ‖

4F 600m² 이하 1경계구역
3F 600m² 이하 1경계구역
2F 600m² 이하 1경계구역
1F 600m² 이하 1경계구역
B1 600m² 이하 1경계구역

‖ 2개층이 500m² 초과인 경우 ‖

(3) 하나의 경계구역의 면적은 **600m²**(주출입구에서 내부 전체가 보이는 것은 **1000m²**) 이하로 하고, 한 변의 길이는 **50m** 이하로 할 것 질문 ②③

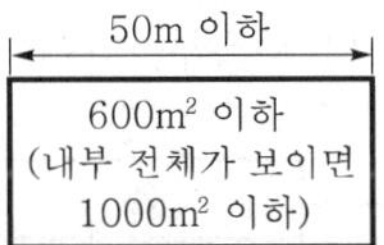

‖ 일반적인 경우 ‖

용어

경계구역과 **감지구역**

경계구역	감지구역
특정소방대상물 중 **화재신호**를 **발신**하고 그 **신호**를 **수신** 및 유효하게 **제어**할 수 있는 구역	감지기가 화재발생을 유효하게 탐지할 수 있는 구역

☆

문제 15

간선의 굵기를 결정하는 요소 3가지를 쓰시오. (20.10.문3)

득점	배점
	4

○

○

○

해답 ① 허용전류
② 전압강하
③ 기계적 강도

해설 **전선**(간선)의 **굵기 결정요소**

(1) **허**용전류(가장 중요) ┐
(2) **전**압강하 ├ 3요소 ┐
(3) **기**계적 강도 ┘ │
(4) 전력손실 ├ 5요소
(5) 경제성 ┘

기억법 **허전기**

중요

전선의 굵기 결정요소

구 분	설 명
허용전류	전선에 안전하게 흘릴 수 있는 최대전류
전압강하	입력전압과 출력전압의 차
기계적 강도	기계적인 힘에 의하여 손상을 받는 일이 없이 견딜 수 있는 능력
전력손실	1초 동안에 진기가 일을 할 때 이에 소비되는 손실
경제성	투자경비에 대한 연간 경비와 전력손실 금액의 총합이 최소가 되도록 정함

☆☆☆

문제 16

다음은 누전경보기 수신부의 구조에 대한 그림이다. 보기에서 골라 빈 곳을 완성하시오.

득점	배점
	5

〔보기〕
지구경보부, 정류부, 트랜지스터 증폭부, 다이어프램, 계전기, 변압부, 감도절환부

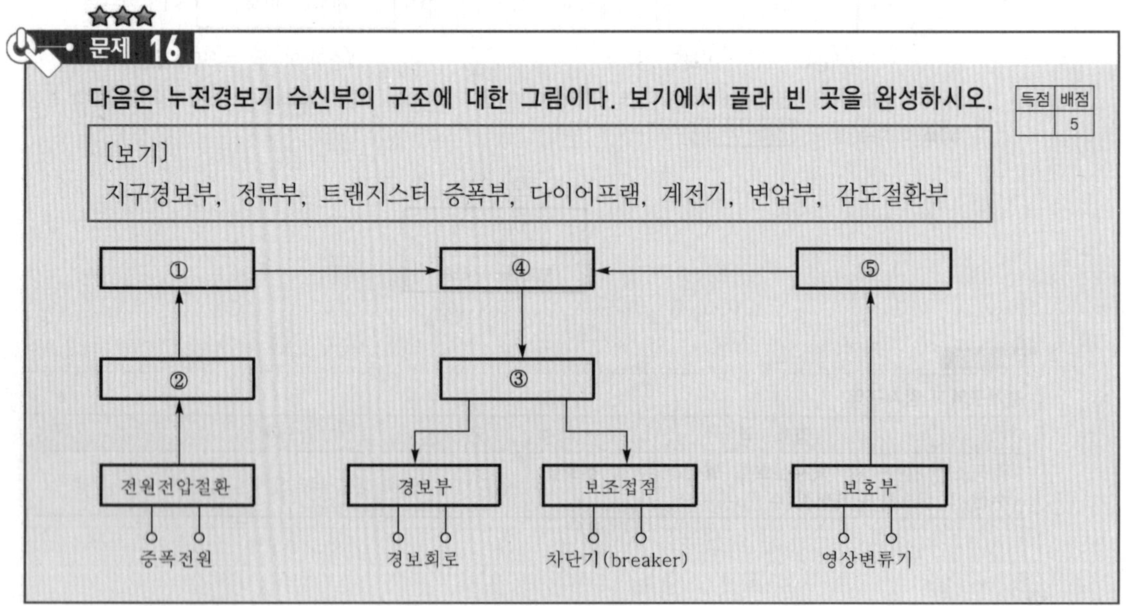

해답
① 정류부
② 변압부
③ 계전기
④ 트랜지스터 증폭부
⑤ 감도절환부

해설

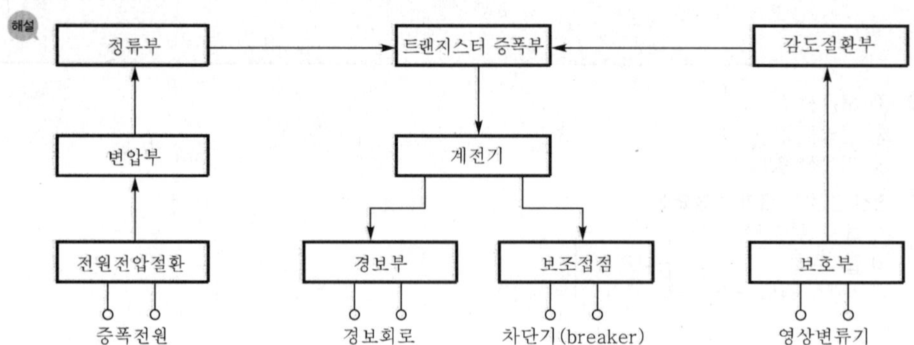

비교문제

다음은 누전경보기의 수신부 내부구조를 블록도로 나타낸 것이다. 다음 각 물음에 답하시오. (14점)

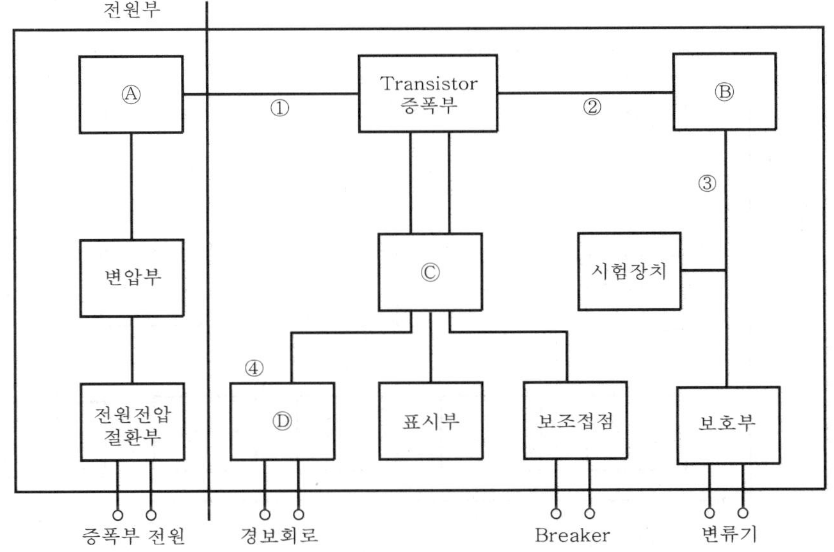

‖ 수신부의 내부구조 ‖

(가) Ⓐ~Ⓓ에 들어갈 각각의 장치명을 쓰시오.

(나) ①~④의 신호전달방향을 화살표로 표시하시오.

(다) 전원부의 회로구성은 그림과 같다.

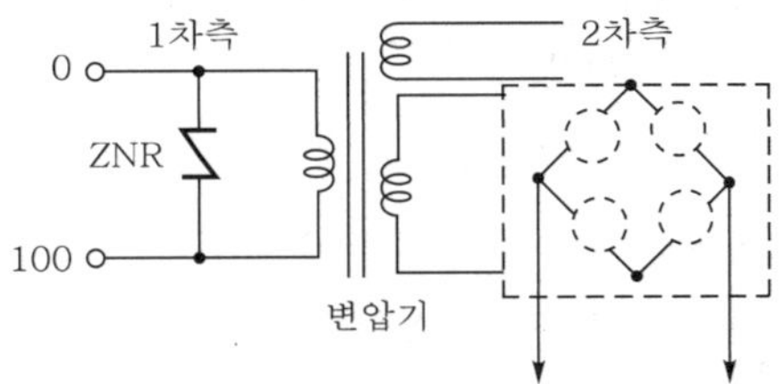

(1) 전류가 흐를 수 있도록 ( )에 Diode를 사용하여 접속하시오.

(2) 1차측에 설치된 ZNR의 목적은 무엇인가?

(라) Ⓑ는 조작부분이 상자 외면에 노출되지 않도록 하는 구조이어야 하는데 조정범위의 상한전류는 몇 A 이하로 하여야 하는가?

(마) 다음 그림과 같이 구성되는 장치는 무엇인가?

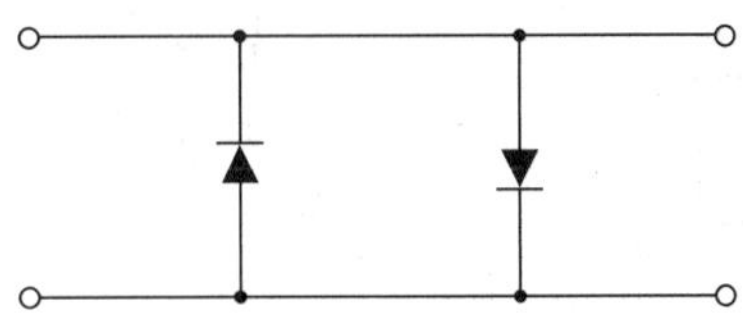

해답 (가) Ⓐ 정류부
Ⓑ 감도절환부
Ⓒ 계전기
Ⓓ 경보부

(나)

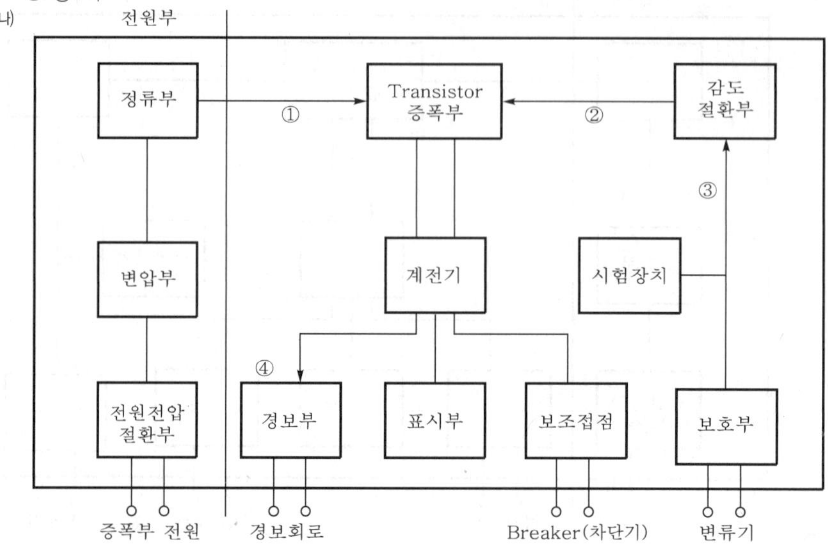

(다) (1)

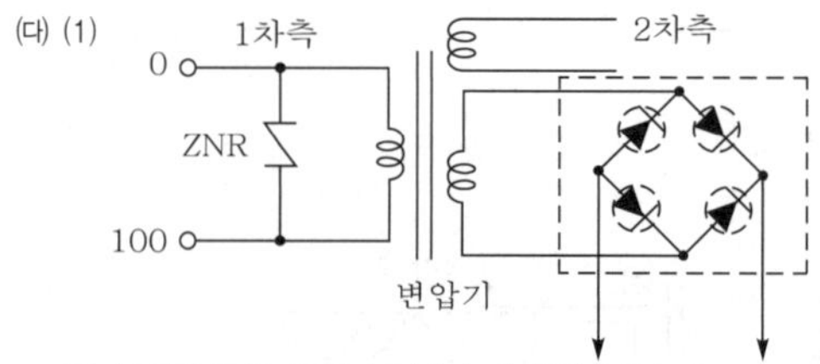

(2) 낙뢰발생시 충격파로부터 수신부 보호

(라) 1A 이하

(마) 과입력보호용 다이오드

해설 (나) 누전경보기의 수신부에서 내부구조의 **신호전달방향**을 화살표로 모두 표시하면 다음과 같다.

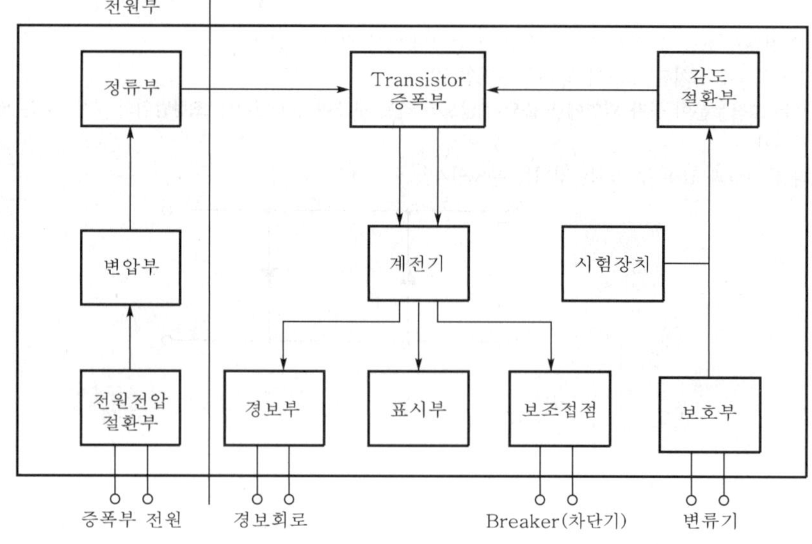

(다) (1)은 **단상전파정류회로**이다.

(2) ZNR : **서지업서버**(Surge Absorber)라고 부르며 낙뢰발생시 충격파로부터 수신부를 보호한다.

(라)

감도조절부(감도조정장치)	공칭작동전류치
① 0.2A ② 0.5A ③ 1A(상한)	200mA

(마) 과입력보호용 다이오드(과도전압억제 다이오드) : **서지전압**과 **순간과도전압**으로부터 **회로**를 **보호**한다.

☆☆

문제 17

주어진 다이오드를 이용한 무접점회로를 참고하여 다음 각 물음에 답하시오. (14.11.문1)

득점	배점
	6

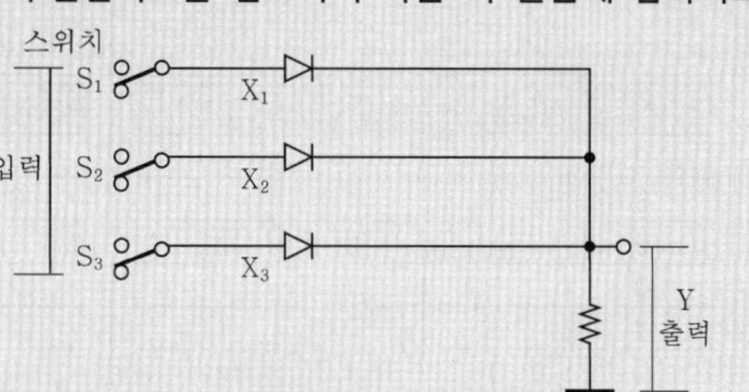

(가) 이 논리회로의 명칭과 회로의 논리식을 쓰시오.

○논리회로 :

○논리식 :

(나) 이 회로의 진리표를 완성하시오.

X_1	X_2	X_3	Y
0	0	0	
0	0	1	
0	1	0	
0	1	1	
1	0	0	
1	0	1	
1	1	0	
1	1	1	

해답 (가) ○논리회로 : OR회로

○논리식 : $X_1 + X_2 + X_3 = Y$

(나)

X_1	X_2	X_3	Y
0	0	0	0
0	0	1	1
0	1	0	1
0	1	1	1
1	0	0	1
1	0	1	1
1	1	0	1
1	1	1	1

해설 (가), (나) **OR회로**와 **AND회로**

구 분	OR회로	AND회로
다이오드를 이용한 회로	스위치 S_1, S_2, S_3 (입력) — X_1, X_2, X_3 — Y 출력 $X_1+X_2+X_3=Y$ $Y=X_1+X_2+X_3$	스위치 S_1, S_2, S_3 (입력) — X_1, X_2, X_3 — Y 출력 $X_1X_2X_3=Y$ $Y=X_1X_2X_3$ $Y=X_1 \cdot X_2 \cdot X_3$

진리표

X_1	X_2	X_3	Y (OR)	X_1	X_2	X_3	Y (AND)
0	0	0	0	0	0	0	0
0	0	1	1	0	0	1	0
0	1	0	1	0	1	0	0
0	1	1	1	0	1	1	0
1	0	0	1	1	0	0	0
1	0	1	1	1	0	1	0
1	1	0	1	1	1	0	0
1	1	1	1	1	1	1	1

- $X_1+X_2+X_3=Y$는 $Y=X_1+X_2+X_3$로 답해도 된다.
- $S_1+S_2+S_3=Y$로 답하지 않도록 주의하라! 이것이 틀렸다는 것은 (나), (다)를 보면 알 수 있다. 어느 곳 하나 S_1, S_2, S_3로 표시한 곳은 없고, X_1, X_2, X_3를 사용하고 있지 않는가?

중요

(1) **OR회로**

무접점회로	유접점회로	타임차트(time chart)
X_1, X_2, X_3 — Y	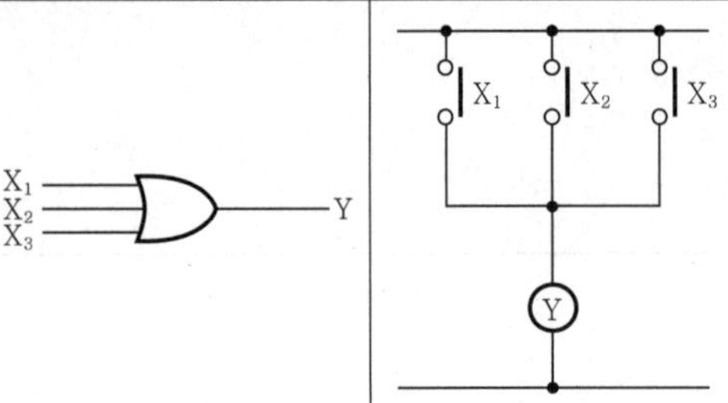	시퀀스회로의 **동작**상태를 **시간**의 **흐름**에 따라 변화되는 것을 나타낸 표 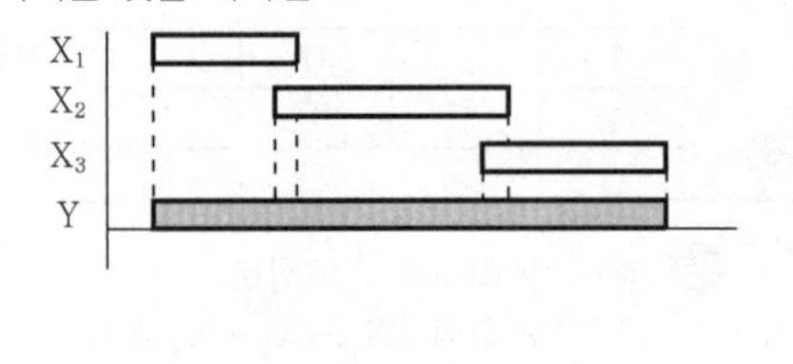

- 유접점회로=시퀀스회로

(2) **AND회로**

무접점회로	유접점회로	타임차트(time chart)
X_1, X_2, X_3 — Y	X_1, X_2, X_3, Y	X_1, X_2, X_3, Y • 어떤 출력도 나오지 않음

(3) **시퀀스회로**와 **논리회로**의 관계

회 로	시퀀스회로	논리식	논리회로
병렬회로(OR회로)	A, B, Z	$Z=A+B$	A, B — Z
직렬회로(AND회로)	A, B, Z	$Z=A\cdot B$ $Z=AB$	A, B — Z
a접점	A, Z	$Z=A$	A — Z A — Z
b접점	$\overline{A}$, Z	$Z=\overline{A}$	A — Z A — Z A — Z

☆☆☆
문제 18

무선통신보조설비의 증폭기 및 무선중계기의 설치기준에 대한 다음 (　　) 안을 완성하시오.

(19.11.문17, 13.7.문17, 06.4.문2)

득점	배점
	4

○ 전원은 전기가 정상적으로 공급되는 축전지설비, 전기저장장치 또는 교류전압 옥내간선으로 하고, 전원까지의 배선은 (①)으로 할 것

○ 증폭기에는 비상전원이 부착된 것으로 하고 해당 비상전원용량은 무선통신보조설비를 유효하게 (②)분 이상 작동시킬 수 있는 것으로 할 것

① 전용
② 30

해설 **무선통신보조설비**의 **설치기준**(NFPC 505 5·8조, NFTC 505 2.2, 2.5)

(1) 증폭기의 전원은 전기가 정상적으로 공급되는 **축전지설비**, **전기저장장치** 또는 **교류전압 옥내간선**으로 하고, 전원까지의 배선은 **전용**으로 할 것 질문 ①

(2) 증폭기의 전면에는 주회로의 전원이 정상인지의 여부를 표시할 수 있는 **표시등** 및 **전압계**를 설치할 것

(3) **비상전원**의 **용량**

설 비	비상전원의 용량
자동화재**탐**지설비, 비상**경**보설비, 자동화재**속**보설비, 물분무소화설비 기억법 탐경속1	**1**0분 이상
① 유도등, 비상조명등, 비상콘센트설비, 제연설비, 물분무소화설비 ② 옥내소화전설비(30층 미만) ③ 특별피난계단의 계단실 및 부속실 제연설비(30층 미만) ④ 스프링클러설비(30층 미만) ⑤ 연결송수관설비(30층 미만)	20분 이상
무선통신보조설비의 증폭기 →	30분 이상 질문 ②
① 옥내소화전설비(30~49층 이하) ② 특별피난계단의 계단실 및 부속실 제연설비(30~49층 이하) ③ 연결송수관설비(30~49층 이하) ④ 스프링클러설비(30~49층 이하)	40분 이상
① 유도등·비상조명등(지하상가 및 11층 이상) ② 옥내소화전설비(50층 이상) ③ 특별피난계단의 계단실 및 부속실 제연설비(50층 이상) ④ 연결송수관설비(50층 이상) ⑤ 스프링클러설비(50층 이상)	60분 이상

(4) 누설동축케이블 및 안테나는 **금속판** 등에 의하여 **전파의 복사** 또는 **특성**이 현저하게 저하되지 않는 위치에 설치할 것

(5) **누설동축케이블**과 이에 접속하는 **안테나** 또는 **동축케이블**과 이에 접속하는 **안테나**일 것

(6) 누설동축케이블 및 동축케이블은 화재에 따라 해당 케이블의 피복이 소실된 경우에 케이블 본체가 떨어지지 않도록 **4m** 이내마다 **금속제** 또는 **자기제** 등의 지지금구로 벽·천장·기둥 등에 견고하게 고정시킬 것(단, **불연재료**로 구획된 반자 안에 설치하는 경우 제외)

(7) 누설동축케이블 및 안테나는 고압전로로부터 **1.5m** 이상 떨어진 위치에 설치할 것(해당 전로에 **정전기차폐장치**를 유효하게 설치한 경우는 제외)

(8) 누설동축케이블의 끝부분에는 **무반사 종단저항**을 설치할 것

(9) 누설동축케이블 또는 동축케이블의 임피던스는 **50**Ω으로 하고 이에 접속하는 안테나·분배기 기타의 장치는 해당 임피던스에 적합한 것으로 해야 한다.

용어

(1) **누설동축케이블**과 **동축케이블**

누설동축케이블	동축케이블
동축케이블의 외부도체에 가느다란 홈을 만들어서 전파가 외부로 새어나갈 수 있도록 한 케이블	유도장애를 방지하기 위해 전파가 누설되지 않도록 만든 케이블

(2) **종단저항**과 **무반사 종단저항**

종단저항	무반사 종단저항
감지기회로의 **도통시험**을 용이하게 하기 위하여 **감지기회로**의 **끝**부분에 설치하는 저항	전송로로 전송되는 전자파가 전송로의 종단에서 반사되어 교신을 방해하는 것을 막기 위해 **누설동축케이블**의 **끝**부분에 설치하는 저항

과년도 출제문제

2022년 소방설비산업기사 실기(전기분야)

** 수험자 유의사항 **

– 공통 유의사항

1. 시험 시작 시간 이후 입실 및 응시가 불가하며, 수험표 및 접수내역 사전확인을 통한 시험장 위치, 시험장 입실 가능 시간을 숙지하시기 바랍니다.
2. 시험 준비물 : 공단인정 신분증, 수험표, 계산기(필요 시), 흑색 볼펜류 필기구(필답, 기술사 필기), 계산기(필요 시), 수험자 지참 준비물(작업형 실기)
   ※ 공학용 계산기는 일부 등급에서 제한된 모델로만 사용이 가능하므로 사전에 필히 확인 후 지참 바랍니다.
3. 부정행위 관련 유의사항 : 시험 중 다음과 같은 행위를 하는 자는 국가기술자격법 제10조 제6항의 규정에 따라 당해 검정을 중지 또는 무효로 하고 3년간 국가기술자격법에 의한 검정을 받을 자격이 정지됩니다.
   - 시험 중 다른 수험자와 시험과 관련된 대화를 하거나 답안지(작품 포함)를 교환하는 행위
   - 시험 중 다른 수험자의 답안지(작품) 또는 문제지를 엿보고 답안을 작성하거나 작품을 제작하는 행위
   - 다른 수험자를 위하여 답안(실기작품의 제작방법 포함)을 알려 주거나 엿보게 하는 행위
   - 시험 중 시험문제 내용과 관련된 물건을 휴대하여 사용하거나 이를 주고받는 행위
   - 시험장 내외의 자로부터 도움을 받고 답안지를 작성하거나 작품을 제작하는 행위
   - 다른 수험자와 성명 또는 수험번호(비번호)를 바꾸어 제출하는 행위
   - 대리시험을 치르거나 치르게 하는 행위
   - 시험시간 중 통신기기 및 전자기기를 사용하여 답안지를 작성하거나 다른 수험자를 위하여 답안을 송신하는 행위
   - 그 밖에 부정 또는 불공정한 방법으로 시험을 치르는 행위
4. 시험시간 중 전자·통신기기를 비롯한 불허물품 소지가 적발되는 경우 퇴실조치 및 당해 시험은 무효처리가 됩니다.

– 실기시험 수험자 유의사항

1. 문제지를 받는 즉시 응시 종목의 문제가 맞는지 확인하셔야 합니다.
2. 답안지 내 인적 사항 및 답안작성(계산식 포함)은 **검정색** 필기구만을 계속 사용하여야 합니다.
3. 답안정정 시에는 **두 줄**(=)을 긋고 다시 **기재 가능**하며, **수정 테이프 사용** 또한 **가능**합니다.
4. 계산문제는 반드시 '계산과정'과 '답'란에 정확히 기재하여야 하며 계산과정이 틀리거나 없는 경우 0점 처리됩니다.
   ※ 연습이 필요 시 연습란을 이용하여야 하며, 연습란은 채점대상이 아닙니다.
5. 계산문제는 최종 결과값(답)에서 소수 셋째자리에서 반올림하여 둘째자리까지 구하여야 하나 개별 문제에서 소수 처리에 대한 별도 요구사항이 있을 경우, 그 요구사항에 따라야 합니다.
6. 답에 단위가 없으면 오답으로 처리됩니다. (단, 문제의 요구사항에 단위가 주어졌을 경우는 생략되어도 무방합니다)
7. 문제에서 요구한 가지 수 이상을 답란에 표기한 경우, 답란기재 순으로 요구한 가지 수만 채점합니다.

2022. 5. 7 시행

2022년 산업기사 제1회 필답형 실기시험

자격종목	시험시간	형별	수험번호	성명	감독위원 확 인
소방설비산업기사(전기분야)	2시간 30분				

※ 다음 물음에 답을 해당 답란에 답하시오.(배점 : 100)

☆☆☆ 문제 01

청각장애인용 시각경보장치의 설치기준을 3가지만 쓰시오.

(21.11.문7, 13.7.문1)

유사문제부터 풀어보세요. 실력이 팍!팍! 올라갑니다.

○

○

○

득점	배점
	6

해답 ① 복도 · 통로 · 청각장애인용 객실 및 공용으로 사용하는 거실에 설치하며, 각 부분에서 유효하게 경보를 발할 수 있는 위치에 설치

② 공연장 · 집회장 · 관람장 또는 이와 유사한 장소에 설치하는 경우에는 시선이 집중되는 무대부 부분 등에 설치

③ 바닥에서 2~2.5m 이하의 높이에 설치(단, 천장높이가 2m 이하는 천장에서 0.15m 이내의 장소에 설치)

해설

- '**무대부**'만 쓰지 말고 '**무대부 부분**'이라고 정확히 쓰자!
- '**단, 천장높이가 ~**', '**단, 시각경보기에 ~**'처럼 **단서**도 반드시 **써야 정답**!!

청각장애인용 시각경보장치의 **설치기준**(NFPC 203 8조, NFTC 203 2.5.2)

(1) **복도 · 통로 · 청각장애인용 객실** 및 공용으로 사용하는 **거실**에 설치하며, 각 부분에서 유효하게 경보를 발할 수 있는 위치에 설치할 것

(2) **공연장 · 집회장 · 관람장** 또는 이와 유사한 장소에 설치하는 경우에는 시선이 집중되는 **무대부 부분** 등에 설치할 것

(3) 바닥으로부터 **2~2.5m** 이하의 높이에 설치할 것(단, 천장높이가 **2m 이하**는 천장에서 **0.15m** 이내의 장소에 설치)

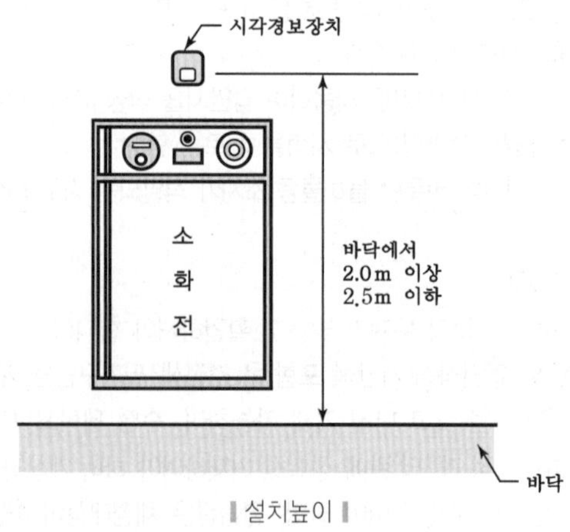

‖ 설치높이 ‖

(4) 광원은 **전용**의 **축전지설비** 또는 **전기저장장치**에 의해 점등되도록 할 것(단, 시각경보기에 작동전원을 공급할 수 있도록 형식승인을 얻은 **수신기**를 설치한 경우 제외)

용어

시각경보장치

자동화재탐지설비에서 발하는 화재신호를 시각경보기에 전달하여 청각장애인에게 **점멸**형태의 **시각경보**를 하는 것

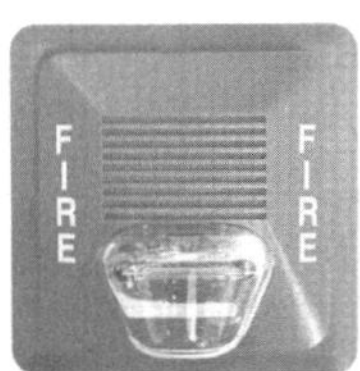

▮ 시각경보장치(시각경보기) ▮

☆☆☆

문제 02

다음은 시퀀스회로 유접점회로이다. 회로를 보고 다음 각 물음에 답하시오.

(20.11.문6, 19.11.문2, 17.6.문16, 16.6.문10, 15.4.문4, 12.11.문4, 12.7.문10, 10.4.문3)

득점	배점
	4

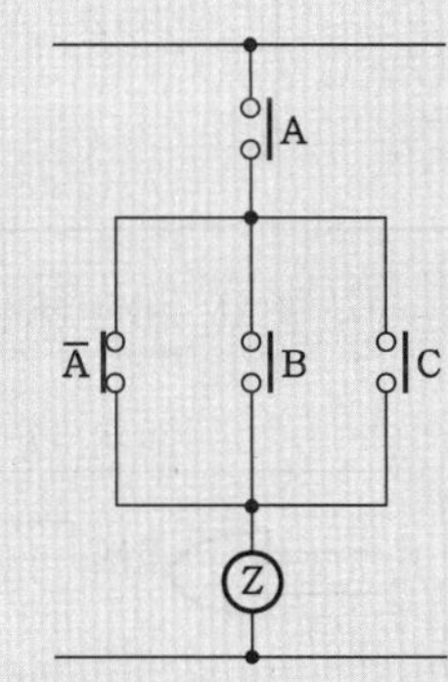

(가) 간략화된 논리식으로 나타내시오.

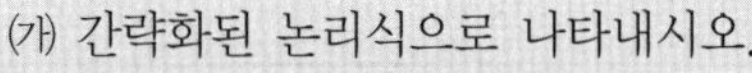

○

(나) 무접점회로로 나타내시오.

해답 (가) $Z = A(B+C)$

(나)

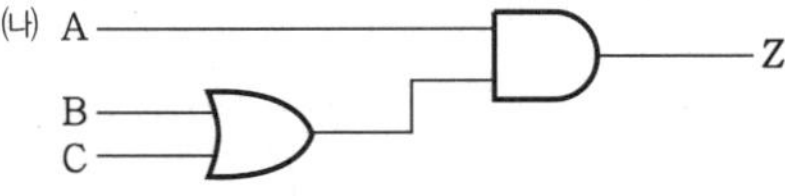

해설

- 그냥 '**논리식으로 나타내시오**'라고 문제가 나와도 **간략화된 논리식**까지 표현하는 것이 정답!

(가) 간략화된 논리식

$$Z = A(\overline{A}+B+C) = \underbrace{A\overline{A}}_{X \cdot \overline{X}=0} + AB + AC$$

$$= AB + AC = A(B+C)$$

(나) **시퀀스회로**와 **논리회로**의 **관계**

회 로	시퀀스회로	논리식	논리회로
직렬회로		Z＝A · B Z＝AB	
병렬회로		Z＝A＋B	
a접점		Z＝A	
b접점		$Z=\overline{A}$	

• 논리회로를 가지고 논리식을 써서 반드시 재검토하라!

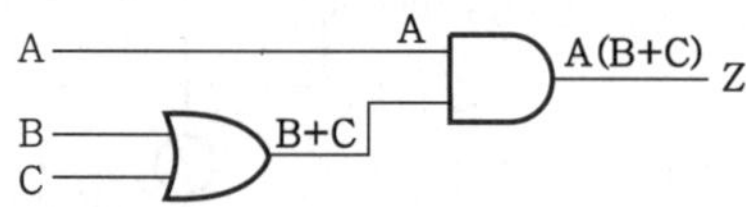

문제 03

무선통신보조설비 누설동축케이블의 설치기준 3가지를 쓰시오. (20.10.문18, 13.7.문17)

○
○
○

득점	배점
	6

해답 ① 금속판 등에 따라 전파의 복사 또는 특성이 현저하게 저하되지 않는 위치에 설치
② 고압의 전로로부터 1.5m 이상 떨어진 위치에 설치(단, 해당 전로에 정전기 차폐장치를 유효하게 설치한 경우 제외)
③ 누설동축케이블의 끝부분에는 무반사 종단저항을 견고하게 설치

해설 • [단서]까지 꼭 써야 정답

무선통신보조설비 누설동축케이블 등의 **설치기준**(NFPC 505 5조, NFTC 505 2.2.1)

(1) 소방전용주파수대에서 **전파**의 **전송** 또는 **복사**에 적합한 것으로서 **소방전용**의 것으로 할 것(단, **소방대 상호간**의 **무선연락**에 지장이 없는 경우에는 다른 용도와 겸용 가능)
(2) 누설동축케이블 및 동축케이블은 **불연** 또는 **난연성**의 것으로서 습기 등의 환경조건에 따라 전기의 특성이 변질되지 않는 것으로 하고, 노출하여 설치한 경우에는 피난 및 통행에 장애가 없도록 할 것
(3) 누설동축케이블 및 동축케이블은 화재에 따라 해당 케이블의 피복이 소실된 경우에 케이블 본체가 떨어지지 않도록 **4m** 이내마다 **금속제** 또는 **자기제** 등의 지지금구로 벽 · 천장 · 기둥 등에 견고하게 고정시킬 것(단, **불연재료**로 구획된 반자 안에 설치하는 경우 제외)

(4) 누설동축케이블 및 안테나는 **금속판** 등에 따라 **전파**의 **복사** 또는 **특성**이 현저하게 저하되지 않는 위치에 설치할 것
(5) 누설동축케이블 및 안테나는 **고**압의 전로로부터 **1.5m** 이상 떨어진 위치에 설치할 것(단, 해당 전로에 **정전기 차폐장치**를 유효하게 설치한 경우 제외)
(6) 누설동축케이블의 **끝**부분에는 **무반사 종단저항**을 견고하게 설치할 것

기억법 **전불무 4고금판**

문제 04

자동화재탐지설비에 설치하는 광전식 분리형 감지기의 설치기준 3가지를 쓰시오.

(15.11.문14, 12.7.문14, 11.5.문12)

득점	배점
	6

○
○
○

해답 ① 수광면 : 햇빛을 직접 받지 않도록 설치
② 광축의 높이 : 천장 등 높이의 80% 이상
③ 광축의 길이 : 공칭감시거리 범위 이내

해설 **광전식 분리형 감지기**의 **설치기준**(NFPC 203 7조, NFTC 203 2.4.3.15)

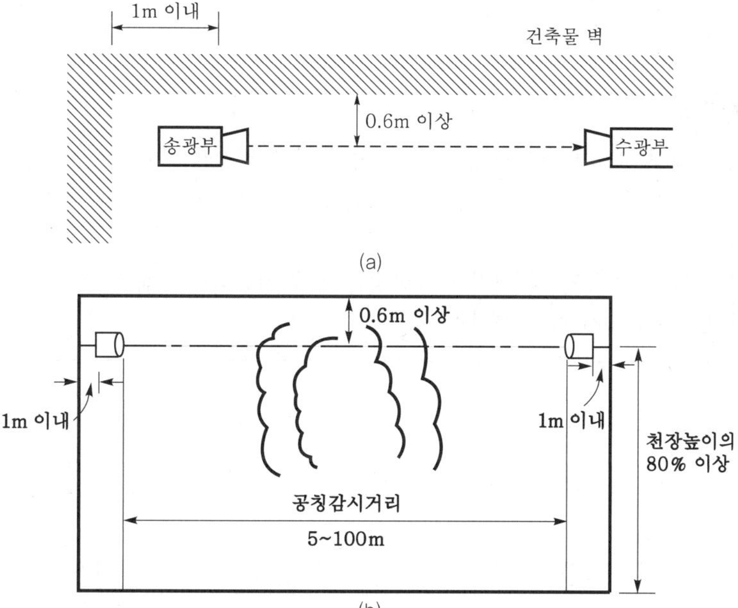

(a)
(b)

‖ 광전식 분리형 감지기 ‖

(1) 감지기의 수광면은 햇빛을 직접 받지 않도록 설치할 것
(2) 광축은 나란한 벽으로부터 **0.6m 이상** 이격하여 설치할 것
(3) 감지기의 송광부와 수광부는 설치된 뒷벽으로부터 **1m 이내** 위치에 설치할 것
(4) 광축높이는 천장 등 높이의 **80% 이상**일 것
(5) 감지기의 광축길이는 **공칭감시거리** 범위 이내일 것

- **아날로그식 분리형 광전식 감지기**의 **공칭감시거리**(감지기의 형식승인 및 제품검사의 기술기준 19조)
  5~100m 이하로 하여 **5m 간격**으로 한다.

비교

(1) **광전식 분리형 감지기**의 **구성도 1**

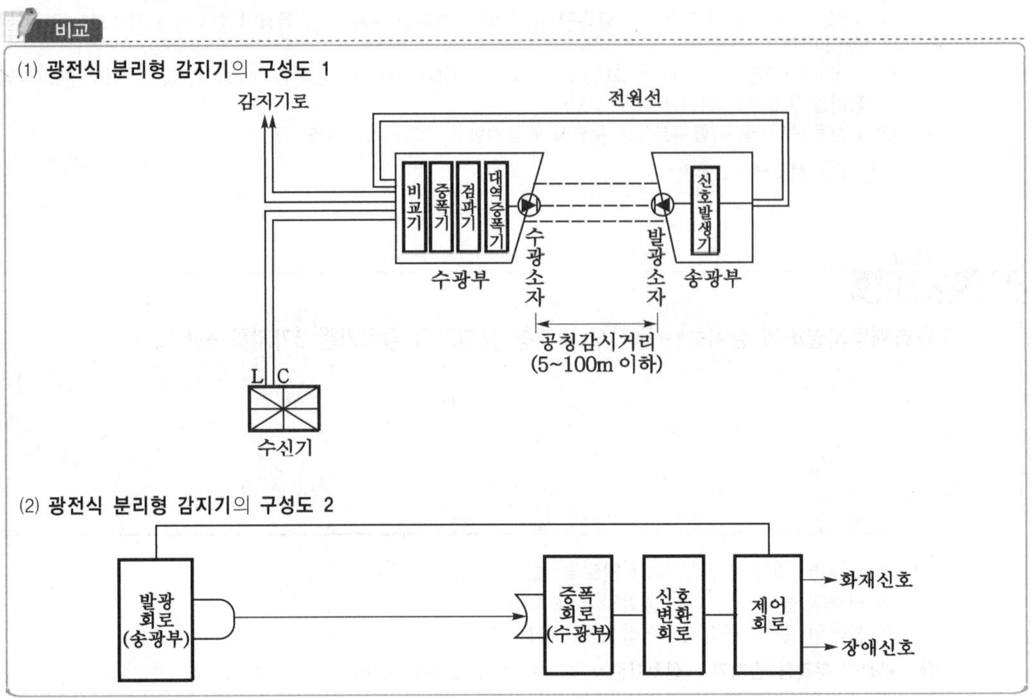

★★★

문제 05

전선관 공사시 다음에 이용되는 부품 또는 공구의 명칭을 쓰시오.

(21.7.문16, 20.10.문17, 19.11.문16, 18.11.문2, 18.4.문9, 17.11.문14, 16.11.문2, 16.6.문12, 15.7.문4, 14.4.문8, 13.7.문18, 12.4.문2)

득점	배점
	4

(가) 매입배관공사를 할 때 직각으로 굽히는 곳에 사용하는 부품 :

(나) 전선피복을 벗길 때 사용하는 공구 :

해답 (가) 노멀밴드
(나) 와이어스트리퍼

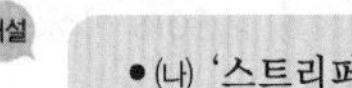

해설 ● (나) **'스트리퍼'** 아님 **'와이어스트리퍼'**가 정답!

▌금속관공사에 이용되는 부품 및 공구▐

명 칭	외 형	설 명
부싱 (bushing)		전선의 절연피복을 보호하기 위하여 **금속관 끝**에 취부하여 사용되는 부품
유니언 커플링 (union coupling)		**금속전선관 상호**간을 **접속**하는 데 사용되는 부품(**관**이 **고정**되어 **있을 때**)

노멀밴드 (normal bend) 질문 (가)	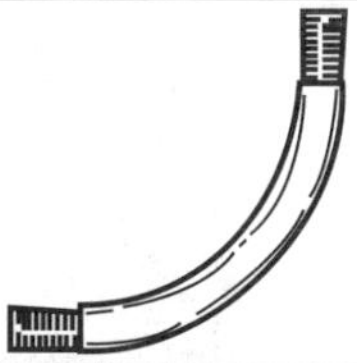	**매입배관**공사를 할 때 **직각**으로 굽히는 곳에 사용하는 부품
유니버설 엘보 (universal elbow)	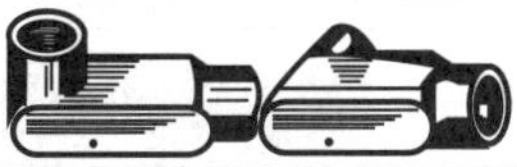	**노출배관**공사를 할 때 관을 직각으로 굽히는 곳에 사용하는 부품
링리듀서 (ring reducer)	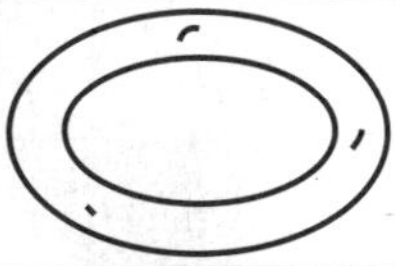	**금속관**을 **아웃렛박스**에 로크너트만으로 고정하기 어려울 때 **보조적**으로 사용되는 **부품**
커플링 (coupling)	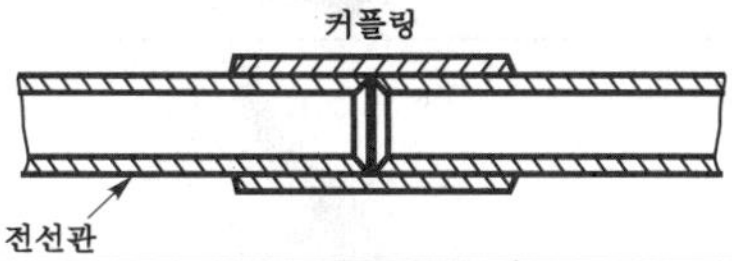 커플링 전선관	금속전선관 상호간을 접속하는 데 사용되는 부품(관이 고정되어 있지 않을 때)
새들(saddle)		**관**을 **지지**하는 데 사용하는 재료
로크너트 (lock nut)		**금속관**과 **박스**를 **접속**할 때 사용하는 재료로 최소 **2개**를 사용한다. 기억법 로금박
리머 (reamer)		금속관 **말단**의 **모**를 다듬기 위한 기구
파이프커터 (pipe cutter)	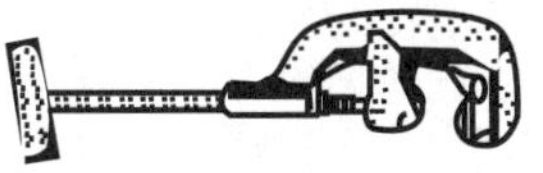	**금속관**을 **절단**하는 기구
환형 3방출 정크션 박스	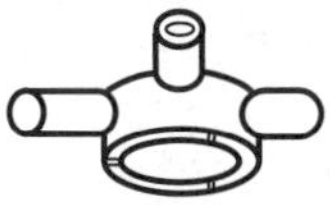	**배관**을 **분기**할 때 사용하는 박스
파이프벤더 (pipe bender)		금속관(후강전선관, 박강전선관)을 구부릴 때 사용하는 공구 ※ 28mm 이상은 **유압식 파이프 벤더**를 사용한다.
8각 박스		감지기 등을 고정하고 배관 분기시에 사용

4각 박스		간선배관 등의 분기시에 사용
아웃렛박스 (outlet box)		① 배관의 **끝** 또는 **중간**에 부착하여 전선의 인출, 전기기구류의 부착 등에 사용 ② 감지기·유도등 및 전선의 접속 등에 사용되는 박스의 총칭 ③ 4각 박스, 8각 박스 등의 박스를 통틀어 일컫는 말
와이어스트리퍼 (wire stripper) 질문 (나)		**전선피복**을 **벗길 때** 사용하는 것

문제 06

소방시설 중 경보설비의 종류에 대한 다음 (　　) 안을 완성하시오.

득점	배점
	5

○ 단독경보형 감지기
○ 비상경보설비(비상벨설비, 자동식 사이렌설비)
○ (①)
○ (②)
○ (③)
○ 자동화재속보설비
○ 통합감시시설
○ (④)
○ (⑤)
○ 화재알림설비

① 시각경보기
② 자동화재탐지설비
③ 비상방송설비
④ 누전경보기
⑤ 가스누설경보기

• ① **'시각경보장치'**가 아님을 주의!
• ①~⑤ 답 위치가 서로 바뀌어도 정답!

경보설비의 **종류**(소방시설법 시행령 [별표 1])
(1) 단독경보형 감지기
(2) 비상경보설비(비상벨설비, 자동식 사이렌설비)
(3) 시각경보기 보기 ①

(4) 자동화재탐지설비 보기 ②
(5) 비상방송설비 보기 ③
(6) 자동화재속보설비
(7) 통합감시시설
(8) 누전경보기 보기 ④
(9) 가스누설경보기 보기 ⑤
(10) 화재알림설비

☆☆☆

문제 07

수신기의 절연저항시험에 관한 다음 (   ) 안을 완성하시오.

(21.7.문5, 20.11.문3, 19.11.문7, 19.6.문9, 18.4.문12, 17.6.문12, 16.11.문11, 13.11.문5, 13.4.문10, 12.7.문11, 06.7.문8, 06.4.문9)

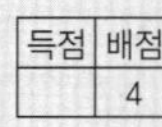

득점	배점
	4

절연된 선로 간의 절연저항은 직류 (①)V의 절연저항계로 측정한 값 (②)MΩ 이상이어야 한다.

해답 ① 500
② 20

해설 (1) **P형 수신기**(KOFEIS 0304)

절연저항시험	절연내력시험
① 수신기의 절연된 충전부와 외함 간의 절연저항은 **직류 500V**의 절연저항계로 측정한 값이 **10회로 미만 5MΩ, 10회로 이상 50MΩ**(교류입력측과 외함 간에는 **20MΩ**) 이상이어야 한다. ② 절연된 선로 간의 절연저항은 **직류 500V**의 절연저항계로 측정한 값이 **20MΩ** 이상이어야 한다.	60Hz의 정현파에 가까운 실효전압 **500V**(정격전압이 60V를 초과하고 150V 이하인 것은 **1000V**, 정격전압이 150V를 초과하는 것은 그 **정격전압**에 **2**를 곱하여 1000을 더한 값)의 교류전압을 가하는 시험에서 **1분**간 견디는 것이어야 한다.

(2) **절연저항시험**(절대! 절대! 중요)

절연저항계	절연저항	대 상
직류 250V	0.1MΩ 이상	• 1경계구역의 절연저항
직류 500V	**5MΩ 이상**	• **누전경보기** • 가스누설경보기 • **수신기**(10회로 미만, 절연된 충전부와 외함 간) • 자동화재속보설비 • 비상경보설비 • 유도등(교류입력측과 외함 간 포함) • 비상조명등(교류입력측과 외함 간 포함)
직류 500V	**20MΩ 이상** ←	• 경종 • 발신기 • 중계기 • **비상콘센트** • 기기의 **절연된 선로 간** • 기기의 충전부와 비충전부 간 • 기기의 **교류입력측과 외함 간**(유도등 · 비상조명등 제외)
	50MΩ 이상	• **감지기**(정온식 감지선형 감지기 제외) • 가스누설경보기(10회로 이상) • 수신기(10회로 이상, 교류입력측과 외함 간 제외)
	1000MΩ 이상	• 정온식 감지선형 감지기

☆☆

문제 08

내화구조로 된 어느 빌딩의 사무실면적이 1000m²이고, 천장높이가 5m이다. 이 사무실에 차동식 스포트형 2종 감지기를 설치하려고 한다. 최소 몇 개가 필요한지 구하시오. (15.7.문13, 07.11.문10)

○ 계산과정 :

○ 답 :

득점	배점
	4

해답

○ 계산과정 : $\frac{560}{35}+\frac{440}{35}=28.57 \fallingdotseq 29$개

○ 답 : 29개

해설 **스포트형 감지기**의 **바닥면적**(NFPC 203 7조, NFTC 203 2.4.3.5)

부착높이 및 특정소방대상물의 구분		감지기의 종류[m²]						
		차동식 스포트형		**보**상식 스포트형		**정**온식 스포트형		
		1종	2종	1종	2종	특 종	1종	2종
4m 미만	내화구조	90	70	90	70	70	60	20
	기타구조	50	40	50	40	40	30	15
4~8m 미만	내화구조	45	35	45	35	35	30	–
	기타구조	30	25	30	25	25	15	–

기억법

차	보		정	
9	7	7	6	2
5	4	4	3	①
④	③	③	3	×
3	②	②	①	×

※ 동그라미(○) 친 부분은 뒤에 5가 붙음

내화구조의 특정소방대상물로서 부착높이가 **5m**, **자동화재탐지설비**라고 보면 1경계구역은 **600m²** 이하로 하여야 하고 차동식 스포트형 감지기 1개가 담당하는 바닥면적은 **35m²**이므로

$\frac{1000}{35}=28.571 \fallingdotseq 29$개(최소개수)

$\frac{560}{35}+\frac{440}{35}=28.57 \fallingdotseq 29$개(소수점 발생시 절상)

- 600m² 초과시 반드시 600m² 이하로 나누어 계산해야 정답이다. 전체 면적으로 바로 나누면 틀림!

〈600m² 초과시 감지기 개수 산정방법〉

- $\frac{\text{전체 면적}}{\text{감지기 1개가 담당하는 바닥면적}}$으로 계산하여 최소개수 확인
- 전체 면적을 600m² 이하로 적절히 분할하여 $\frac{600\text{m}^2 \text{ 이하}}{\text{감지기 1개가 담당하는 바닥면적}}$로 각각 계산하여 최소개수가 나오도록 적용

☆☆☆

문제 09

자동화재탐지설비의 수신기에 대하여 수신회로 성능검사를 하고자 한다. 수신기의 성능시험을 6가지만 쓰시오. (21.7.문14, 20.5.문3, 17.11.문9, 16.6.문3, 14.11.문3, 14.7.문11, 13.7.문2, 09.10.문3)

득점	배점
	6

○
○
○
○
○
○

해답 ① 화재표시작동시험 ② 회로도통시험
③ 공통선시험 ④ 예비전원시험
⑤ 동시작동시험 ⑥ 저전압시험

해설 **수신기**의 **성능시험**

(1) **화**재표시작동시험 (2) **회**로도통시험
(3) **공**통선시험 (4) **예**비전원시험
(5) 동시작동시험 (6) 회로저항시험
(7) 저전압시험 (8) 비상전원시험
(9) 지구음향장치 작동시험

기억법 **수화회 공예**

중요

자동화재탐지설비 수신기의 **시험**

시험 종류	시험방법	가부판정의 기준
화재표시 작동시험	① 회로선택스위치로서 실행하는 시험 : 동작시험스위치를 눌러서 스위치 주의등의 점등을 확인한 후 회로선택스위치를 차례로 회전시켜 **1회로**마다 화재시의 작동시험을 행할 것 ② 감지기 또는 발신기의 작동시험과 함께 행하는 방법 : 감지기 또는 발신기를 차례로 작동시켜 경계구역과 지구표시등과의 접속상태 확인	① 각 **릴레이**(relay)의 작동이 정상일 것 ② **화재표시등**, **지구표시등**, 그 밖의 표시장치의 점등이 정상일 것 ③ **음향장치**의 작동이 정상일 것 ④ **감지기회로** 또는 **부속기기회로**와의 연결접속이 정상일 것
회로도통시험	① 도통시험스위치 누름 ② 회로선택스위치를 차례로 회전 ③ 각 회선별로 전압계의 전압 확인 또는 발광다이오드의 점등유무 확인 ④ 종단저항 등의 접속상황 확인	각 회선의 **전압계**의 **지시치** 또는 발광다이오드의 점등유무 상황이 정상일 것
공통선시험 (단, 7회선 이하는 제외)	① 수신기의 회로공통선 1선 제거 ② 도통시험스위치를 누르고, 회로선택스위치를 차례로 회전 ③ 전압계 또는 발광다이오드를 확인하여 단선을 지시한 경계구역수 확인	공통선이 담당하고 있는 경계구역수가 **7 이하**일 것
동시작동시험 (단, 1회선은 제외)	① **동작시험스위치**를 시험위치에 놓는다. ② 상용전원으로 **5회선**(5회선 미만은 전회선) 동시 작동 ③ 주음향장치 및 지구음향장치 작동 ④ 부수신기와 표시장치도 모두를 작동상태로 하고 실시	① **수신기**의 기능에 이상이 없을 것 ② **부수신기**의 기능에 이상이 없을 것 ③ **표시장치**(표시기)의 기능에 이상이 없을 것 ④ **음향장치**의 기능에 이상이 없을 것
회로저항시험	① **저항계** 또는 **테스터**를 사용하여 감지기회로의 공통선과 회로선 사이 측정 ② 상시 개로식인 것은 회로 말단을 연결하고 측정	하나의 감지기회로의 합성저항치는 **50Ω 이하**로 할 것
예비전원시험	① 예비전원시험스위치 누름 ② 전압계의 지시치가 지정범위 내에 있을 것 또는 발광다이오드의 정상유무 표시등 점등확인 ③ 상용전원을 차단하고 자동절환릴레이의 작동상황 확인	① 예비전원의 전압이 정상일 것 ② 예비전원의 용량이 정상일 것 ③ 예비전원의 절환상태(절환상황)가 정상일 것 ④ 예비전원의 복구작동이 정상일 것

저전압시험	정격전압의 **80%**로 실시	-
비상전원시험	비상전원으로 **축전지설비**를 사용하는 것에 대해 행한다.	-
지구음향장치의 작동시험	임의의 감지기 또는 발신기를 작동했을 때 화재신호와 연동하여 음향장치의 정상작동 여부 확인	지구음향장치가 작동하고 음량이 정상일 것. 음량은 음향장치의 중심에서 **1m** 떨어진 위치에서 **90dB** 이상일 것

• 가부판정의 기준＝양부판정의 기준＝가부판단의 기준

비교

시험과목

중계기	속보기의 예비전원
• 주위온도시험 • 반복시험 • 방수시험 • 절연저항시험 • 절연내력시험 • 충격전압시험 • 충격시험 • 진동시험 • 습도시험 • 전자파 내성시험	• 충 · 방전시험 • 안전장치시험

☆☆☆

문제 10

지상 5층 소방대상물에 층별 바닥면적이 그림과 같을 경우 자동화재탐지설비의 최소 경계구역 수는?

(21.7.문12, 19.11.문8, 14.4.문3, 13.11.문11, 10.10.문14, 02.7.문1)

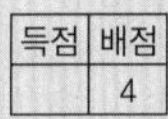

득점	배점
	4

5F	$200m^2$
4F	$200m^2$
3F	$200m^2$
2F	$200m^2$
1F	$200m^2$

○ 계산 과정 :

○ 답 :

해답

○ 계산 과정 : $\dfrac{(200+200)}{500}=0.8 \fallingdotseq 1$경계구역

$\dfrac{(200+200)}{500}=0.8 \fallingdotseq 1$경계구역

$\dfrac{200}{600}=0.3 \fallingdotseq 1$경계구역

○ 답 : 3경계구역

해설

- **$500m^2$ 이하**는 **2개층**을 하나의 경계구역으로 할 수 있다.
- 하나의 경계구역 면적은 **$600m^2$** 이하로 할 것
- 계산과정을 쓰기 힘들면 계산과정에 다음과 같이 그림으로 그려서 답을 작성해도 좋다. (가능하면 답처럼 계산과정을 쓰시고~)

5F	200m²	← 1경계구역
4F	200m²	1경계구역
3F	200m²	
2F	200m²	1경계구역
1F	200m²	

- 그러므로 3경계구역

자동화재탐지설비의 **경계구역 설정기준**(NFPC 203 4조, NFTC 203 2.1.1)

(1) 하나의 경계구역이 **2개** 이상의 **건축물**에 미치지 않을 것
(2) 하나의 경계구역이 **2개** 이상의 층에 미치지 않을 것(단, **500m²** 이하의 범위 안에서는 **2개**층을 하나의 경계구역으로 가능)
(3) 하나의 경계구역의 면적은 **600m²**(주출입구에서 내부 전체가 보이는 것은 **1000m²**) 이하로 하고, 한 변의 길이는 **50m** 이하로 할 것

아하! 그렇구나 각 층의 경계구역(수평경계구역) 산정

① 여러 개의 **건축물**이 있는 경우 각각 **별개**의 **경계구역**으로 한다.
② 여러 개의 **층**이 있는 경우 각각 **별개**의 **경계구역**으로 한다. (단, **2개층**의 면적의 합이 **500m² 이하**인 경우는 **1경계구역**으로 할 수 있다.)
③ **지하층**과 **지상층**은 **별개**의 **경계구역**으로 한다. (**지하 1층**인 경우에도 **별개**의 **경계구역**으로 한다. 주의! 또 주의!)
④ 1경계구역의 면적은 **600m² 이하**로 하고, 한 변의 길이는 **50m 이하**로 한다.
⑤ **목욕실 · 화장실** 등도 **경계구역 면적**에 **포함**한다.
⑥ **계단 및 엘리베이터**의 **면적**은 **경계구역 면적**에서 **제외**한다.

아하! 그렇구나 계단의 경계구역(수직경계구역) 산정

① **수직거리 45m** 이하마다 **1경계구역**으로 한다.
② **지하층**과 **지상층**은 **별개**의 **경계구역**으로 한다. (단, **지하 1층**인 경우에는 지상층과 **동일 경계구역**으로 한다.)

아하! 그렇구나 엘리베이터 승강로 · 린넨슈트 · 파이프덕트의 경계구역(수직경계구역) 산정

수직거리와 관계없이 무조건 각각 **1개**의 **경계구역**으로 한다.

☆☆☆

문제 11

자동화재탐지설비의 중계기의 설치기준에 대한 다음 (　　) 안을 완성하시오.

(17.6.문14, 15.11.문13, 14.7.문12, 13.7.문14)

득점	배점
	5

○ 수신기에서 직접 감지기회로의 도통시험을 하지 않는 것에 있어서는 (①)와 (②) 사이에 설치할 것
○ 수신기에 의하여 감시되지 않는 배선을 통하여 전력을 공급받는 것에 있어서는 전원입력측의 배선에 (③)를 설치하고 해당 전원의 정전시 즉시 수신기에 표시되는 것으로 하며, (④) 및 (⑤)의 시험을 할 수 있도록 할 것

해답 ① 수신기 ② 감지기 ③ 과전류차단기 ④ 상용전원 ⑤ 예비전원

해설
- ① 수신기와 ② 감지기, ④ 상용전원과 ⑤ 예비전원은 서로 위치를 바꾸어도 정답!
- ③ '**15A 이하의 과전류차단기**'라고 쓰지 않도록 주의! 그냥 **과전류차단기**라고 해야 정답!
  → '**15A 이하의 과전류차단기**'는 **누전경보기**의 **전원기준**이다. 혼동하지 말라!

자동화재탐지설비의 **중계기 설치기준**(NFPC 203 6조, NFTC 203 2.3.1)

(1) 수신기에서 직접 감지기회로의 **도통시험**을 하지 않는 것에 있어서는 **수신기**와 **감지기** 사이에 설치할 것
(2) **조작** 및 **점검**에 편리하고 **화재** 및 **침수** 등의 재해로 인한 피해를 받을 우려가 없는 장소에 설치할 것
(3) 수신기에 의하여 감시되지 않는 배선을 통하여 전력을 공급받는 것에 있어서는 **전원입력측**의 배선에 **과전류차단기**를 설치하고 해당 전원의 정전시 즉시 수신기에 표시되는 것으로 하며, **상용전원** 및 **예비전원**의 시험을 할 수 있도록 할 것

비교

누전경보기의 **전원기준**(NFPC 205 6조, NFTC 205 2.3.1)

(1) 전원은 분전반으로부터 **전용회로**로 하고, 각 극에 **개폐기** 및 **15A** 이하의 **과전류차단기**(**배선용 차단기**에 있어서는 **20A** 이하의 것으로 각 극을 개폐할 수 있는 것)를 설치할 것
(2) 전원을 분기할 때에는 다른 차단기에 따라 전원이 차단되지 않도록 할 것
(3) 전원의 개폐기에는 누전경보기용임을 표시한 표지를 할 것

문제 12

사무실(1동)과 공장(2동)으로 구분되어 있는 건물에 P형 발신기 세트를 설치하고, 수신기는 경비실에 설치하였다. 경보방식은 동별 구분경보방식을 적용하였으며, 옥내소화전의 가압송수장치는 기동용 수압개폐장치를 사용하는 방식인 경우 다음 도면의 ㉮, ㉯, ㉰, ㉱, ㉲의 전선가닥수 및 전선의 용도를 답란에 쓰시오. (단, 전선은 최소 가닥수를 적용한다.)

(19.6.문3, 17.4.문5, 16.6.문13, 16.4.문9, 15.7.문8, 13.11.문18, 13.4.문16, 10.4.문16, 09.4.문6, 기사 08.4.문16)

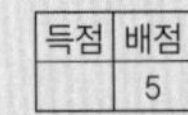

득점	배점
	5

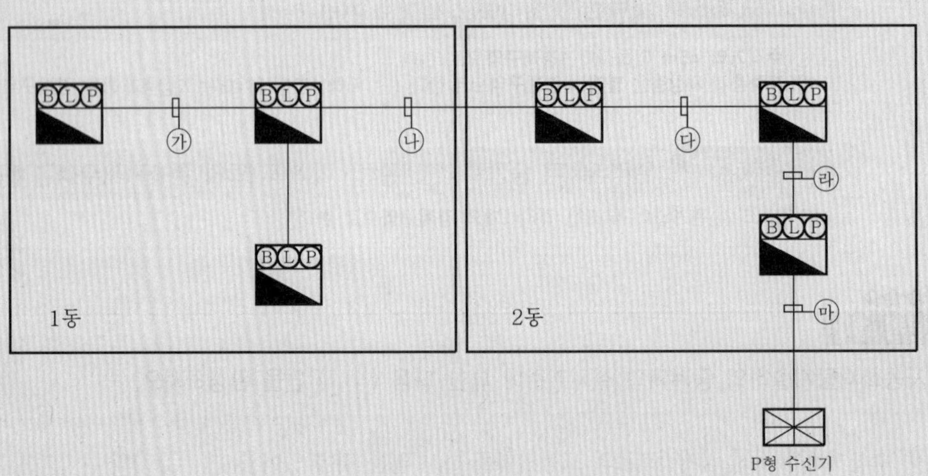

○답란

항 목	가닥수	용 도						
㉮								
㉯								
㉰								
㉱								
㉲								

해답

항 목	가닥수	용 도						
㉮	8	회로선 1	공통선 1	경종선 1	경종표시등 공통선 1	응답선 1	표시등선 1	기동확인 표시등 2
㉯	10	회로선 3	공통선 1	경종선 1	경종표시등 공통선 1	응답선 1	표시등선 1	기동확인 표시등 2
㉰	12	회로선 4	공통선 1	경종선 2	경종표시등 공통선 1	응답선 1	표시등선 1	기동확인 표시등 2
㉱	13	회로선 5	공통선 1	경종선 2	경종표시등 공통선 1	응답선 1	표시등선 1	기동확인 표시등 2
㉲	14	회로선 6	공통선 1	경종선 2	경종표시등 공통선 1	응답선 1	표시등선 1	기동확인 표시등 2

해설

- 문제에서처럼 **동별 구분**이 되어 있을 때는 가닥수를 **구분경보방식**으로 산정한다.
- 구분경보방식은 동별 경보방식이다. 단, 주의할 것은 **경종개수**가 **동별**로 **추가**되는 것에 주의하라!
- 구분경보방식=구분명동방식
- 문제에서 기동용 수압개폐방식(**자동기동방식**)도 주의하여야 한다. 옥내소화전함이 자동기동방식이므로 감지기배선을 제외한 간선에 **'소화전기동확인 2'**가 추가로 사용되어야 한다. 특히, 옥내소화전배선은 구역에 따라 가닥수가 늘어나지 않는 것에 주의하라!
- 소화전기동확인=기동확인표시등

★★★

문제 13

수신기로부터 배선거리 100m의 위치에 경종이 접속되어 있다. 경종이 명동될 때 경종의 단자전압을 구하시오. (단, 수신기의 전압은 24V이고, 전선은 2.5mm^{2}이며, 경종의 정격전류는 1A이다.)

(20.5.문14, 17.4.문11, 14.11.문15)

득점	배점
	4

○ 계산과정 :

○ 답 :

해답

○ 계산과정 : $e=\dfrac{35.6\times100\times1}{1000\times2.5}=1.424\text{V}$

$V_r=24-1.424=22.576 \fallingdotseq 22.58\text{V}$

○ 답 : 22.58V

해설 (1) 기호

- L : 100m
- V_r : ?
- V_s : 24V
- A : 2.5mm^2
- I : 1A

(2) **단상 2선식** 전선단면적

$$A=\frac{35.6LI}{1000e}$$

여기서, A : 전선의 단면적[mm^2]

L : 선로길이(배선거리)[m]

I : 전류[A]

e : 각 선 간의 전압강하[V]

경종은 **단상 2선식**이므로 전압강하 $e=\frac{35.6LI}{1000A}=\frac{35.6\times100\times1}{1000\times2.5}=1.424\text{V}$

- 문제에서 **전류**가 주어질 경우에는 반드시 $e=\frac{35.6LI}{1000A}$ 또는 $e=\frac{30.8LI}{1000A}$ 식을 적용해서 문제를 풀어야 정답!
- 100m : 문제에서 주어짐
- 1A : [단서]에서 주어진 값
- 2.5mm^2 : [단서]에서 주어짐

(3) 단상 2선식 전압강하

$$e=V_s-V_r=2IR$$

여기서, e : 전압강하[V]

V_s : 입력전압[V]

V_r : 출력전압(단자전압)[V]

I : 전류[A]

R : 저항[Ω]

단자전압 $V_r=V_s-e=24-1.424=22.576\fallingdotseq22.58\text{V}$

- 24V : [단서]에서 주어짐
- 1.424 : 바로 위에서 구한 값
-

계산과정에서의 **소수점 처리**	**계산결과**에서의 **소수점 처리**
문제에서 주어지지 않은 경우 소수점 이하 3째자리까지 구하면 된다.	특별한 조건이 없는 한 소수점 이하 3째자리에서 반올림하여 2째자리까지 구함

중요

(1) **전압강하 1**

① **정의** : 입력전압과 출력전압의 차

② **수용가설비**의 **전압강하**(KEC 232.3.9)

설비의 유형	조명[%]	기타[%]
저압으로 수전하는 경우 … ㉠	3	5
고압 이상으로 수전하는 경우 *)	6	8

*) 가능한 한 최종 회로 내의 전압강하가 ㉠ 유형의 값을 넘지 않도록 하는 것이 바람직하다. 사용자의 배선설비가 100m를 넘는 부분의 전압강하는 미터당 0.005% 증가할 수 있으나 이러한 증가분은 0.5%를 넘지 않아야 한다.

③ **전선단면적**

전기방식	전선단면적	적 용
단상 2선식	$A=\frac{35.6LI}{1000e}$	기타
3상 3선식	$A=\frac{30.8LI}{1000e}$	• 소방펌프 • 제연팬
단상 3선식 3상 4선식	$A=\frac{17.8LI}{1000e'}$	–

여기서, L : 선로길이[m]

I : 전부하전류[A]

e : 각 선 간의 전압강하[V]

e' : 각 선 간의 1선과 중성선 사이의 전압강하[V]

(2) **전압강하 2**

단상 2선식	3상 3선식
$e = V_s - V_r = 2IR$	$e = V_s - V_r = \sqrt{3}\,IR$

여기서, e : 전압강하[V]
V_s : 입력전압[V]
V_r : 출력전압[V]
I : 전류[A]
R : 저항[Ω]

☆☆☆
문제 14

소방설비의 배관배선공사에 대한 다음 각 물음에 답하시오. (21.4.문2, 13.7.문18, 03.4.문6 비교)

득점	배점
	6

(가) 합성수지관 1본의 표준길이는 몇 m인가?
○
(나) 금속관 말단의 모를 다듬기 위한 기구는?
○
(다) 노출배관공사를 할 때 관을 직각으로 굽히는 곳에 사용하는 부품은?
○
(라) 금속관과 박스를 접속할 때 사용하는 재료와 최소 설치개수는?
○
(마) 금속관(후강전선관, 박강전선관)을 구부릴 때 사용하는 공구는?
○
(바) 다음 그림의 명칭은?
○

해답 (가) 4m
(나) 리머
(다) 유니버설 엘보
(라) 로크너트, 2개
(마) 파이프벤더
(바) 유니언 커플링

해설 (가) **1본**의 **표준길이**

금속관(전선관)	합성수지관(경질비닐전선관, PVC 전선관)
3.66m	**4m**

(나)~(바) **금속관공사**에 **이용**되는 **부품** 및 **공구**

명 칭	외 형	설 명
부싱 (bushing)		전선의 절연피복을 보호하기 위하여 **금속관 끝**에 취부하여 사용되는 부품

유니언 커플링 (union coupling) 질문 (바)		**금속전선관 상호**간을 **접속**하는 데 사용되는 부품(**관**이 **고정**되어 **있을 때**)
노멀밴드 (normal bend)		**매입배관**공사를 할 때 **직각**으로 굽히는 곳에 사용하는 부품
유니버설 엘보 (universal elbow) 질문 (다)		**노출배관**공사를 할 때 관을 직각으로 굽히는 곳에 사용하는 부품
링리듀서 (ring reducer)		**금속관**을 **아웃렛박스**에 로크너트만으로 고정하기 어려울 때 **보조적**으로 사용되는 **부품**
커플링 (coupling)	커플링 전선관	금속전선관 상호간을 접속하는 데 사용되는 부품(관이 고정되어 있지 않을 때)
새들(saddle)		**관**을 **지지**하는 데 사용하는 재료
로크너트 (lock nut) 질문 (라)		**금속관**과 **박스**를 **접속**할 때 사용하는 재료로 최소 **2개**를 사용한다. 기억법 로금박
리머 (reamer) 질문 (나)		금속관 **말단**의 **모**를 다듬기 위한 기구
파이프커터 (pipe cutter)		**금속관**을 **절단**하는 기구
환형 3방출 정크션 박스		**배관**을 **분기**할 때 사용하는 박스
파이프벤더 (pipe bender) 질문 (마)		금속관(후강전선관, 박강전선관)을 구부릴 때 사용하는 공구 ※ 28mm 이상은 **유압식 파이프벤더**를 사용한다.

8각 박스		감지기 등을 고정하고 배관 분기시에 사용
4각 박스		간선배관 등의 분기시에 사용
아웃렛박스 (outlet box)		① 배관의 **끝** 또는 **중간**에 부착하여 전선의 인출, 전기기구류의 부착 등에 사용 ② 감지기 · 유도등 및 전선의 접속 등에 사용되는 박스의 총칭 ③ 4각 박스, 8각 박스 등의 박스를 통틀어 일컫는 말
와이어스트리퍼 (wire stripper)		전선피복을 벗길 때 사용하는 것

☆☆☆

문제 15

그림은 유도전동기의 Y－△ 기동운전주회로의 미완성 도면이다. 도면을 보고 다음 각 물음에 답하시오.

(13.7.문9)

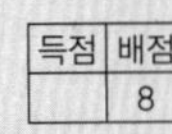

득점	배점
	8

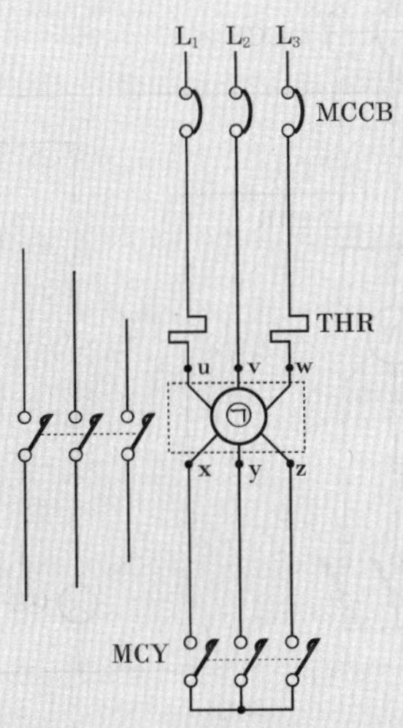

(가) 도면에서 MCCB의 원어에 대한 우리말 명칭은 무엇인가?

○

(나) 도면에서 THR은 어떤 계전기인가?

○

(다) ㉠의 명칭은 무엇인가?

○

(라) 주회로부분의 Y－△에 대한 △부분(MC△)의 주접점회로를 완성하시오.

해답 (가) 배선용 차단기

(나) 열동계전기

(다) 3상 유도전동기

(라)

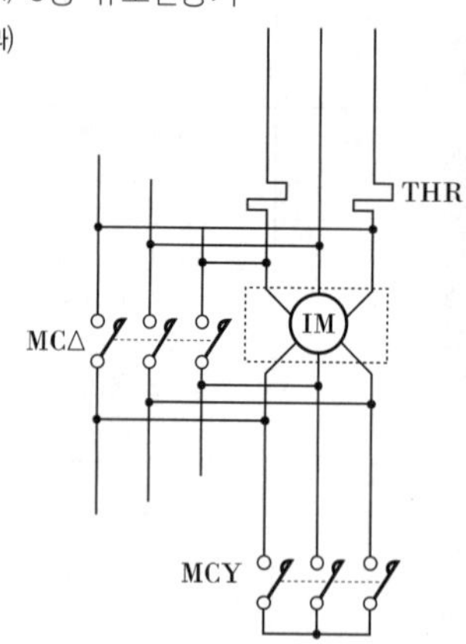

해설 (가) **배선용 차단기**(MCCB) : 퓨즈를 사용하지 않고 **바이메탈**(bimetal)이나 전자석으로 회로를 차단하는 저압용 개폐기, 예전에는 **NFB**라고 불리었다.

(나) **열동계전기**(THermal Relay) : 전동기의 **과부하보호용** 계전기로서, 동작시 수동으로 복구시킨다. 자동제어기구의 번호는 49이다.

(다) '**전동기**'는 틀림. '**유도전동기**'도 틀릴 수 있다. '**3상 유도전동기**'가 정답!

(라) 완성된 도면(예시)

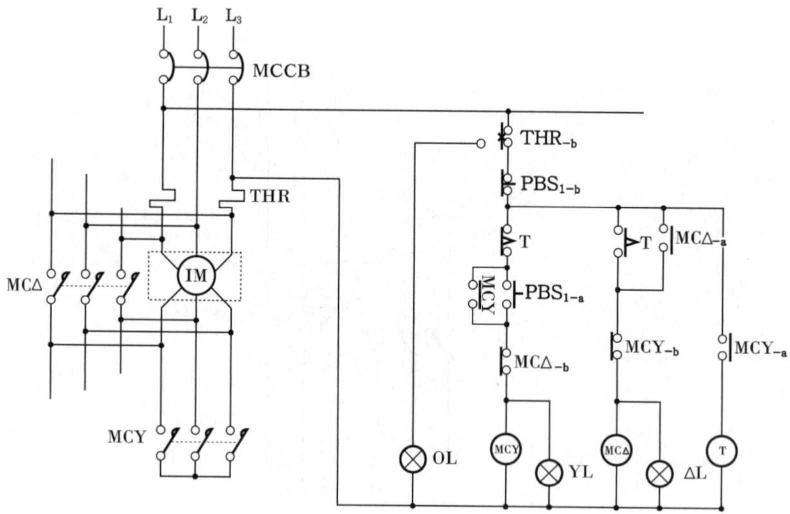

다음과 같이 그려도 정답!

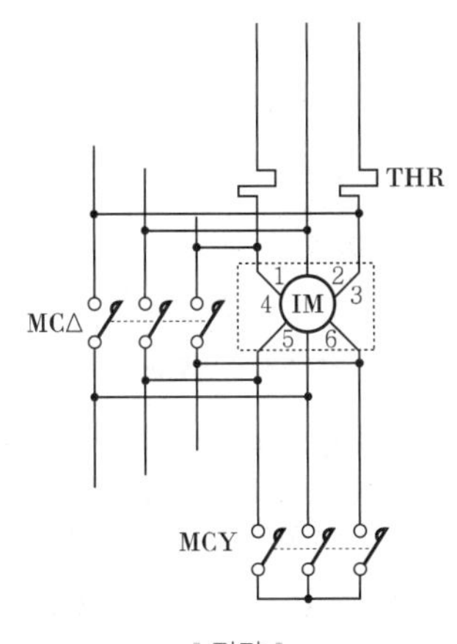

‖ 정답 ‖

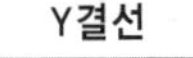

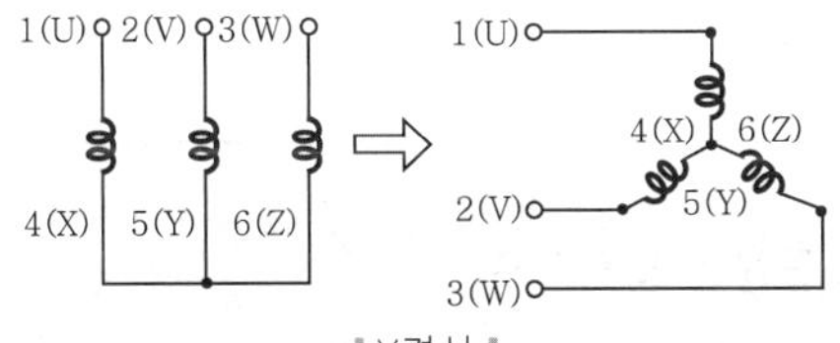

4, 5, 6 또는 X, Y, Z가 모두 연결되도록 함

‖ Y결선 ‖

△결선

△결선은 다음 그림의 △결선 1 또는 △결선 2 어느 것으로 연결해도 옳은 답이다.

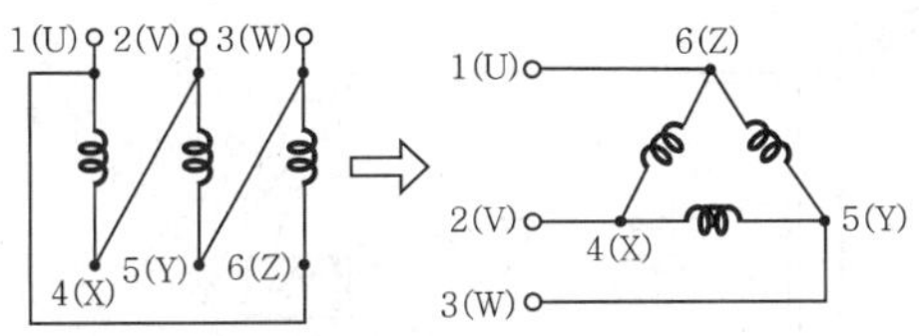

1-6, 2-4, 3-5 또는 U-Z, V-X, W-Y로 연결되어야 함

‖ △결선 1 ‖

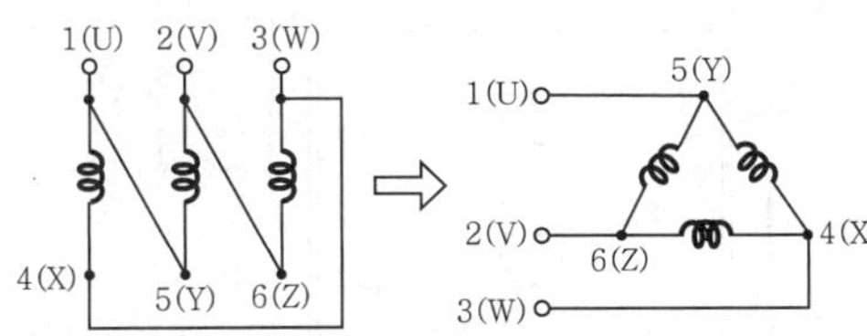

1-5, 2-6, 3-4 또는 U-Y, V-Z, W-X로 연결되어야 함

‖ △결선 2 ‖

☆☆☆

문제 16

자동화재탐지설비 및 시각경보장치의 화재안전성능기준(NFPC 203)의 5조에 따른 자동화재탐지설비의 수신기 설치기준을 3가지만 쓰시오. (19.6.문1)

득점	배점
	6

○

○

○

 ① 수신기의 음향기구는 그 음량 및 음색이 다른 기기의 소음 등과 명확히 구별될 수 있는 것으로 할 것
② 수신기는 감지기 · 중계기 또는 발신기가 작동하는 경계구역을 표시할 수 있는 것으로 할 것
③ 하나의 경계구역은 하나의 표시등 또는 하나의 문자로 표시되도록 할 것

해설

- 짧은 문장 위주로 3가지만 작성해보자.

자동화재탐지설비 수신기의 **설치기준**(NFPC 203 5조, NFTC 203 2.2.3)

(1) **수위실** 등 상시 사람이 근무하고 있는 장소에 설치할 것(단, 사람이 상시 근무하는 장소가 없는 경우에는 **관계인**이 쉽게 접근할 수 있고 **관리**가 **용이**한 장소에 설치할 수 있다.)
(2) 수신기가 설치된 장소에는 **경계구역 일람도**를 비치할 것(단, **주수신기**를 설치하는 경우에는 주수신기를 제외한 기타 수신기는 제외)
(3) 수신기의 음향기구는 그 **음량** 및 **음색**이 다른 기기의 소음 등과 명확히 **구별**될 수 있는 것으로 할 것
(4) 수신기는 **감지기 · 중계기** 또는 **발신기**가 작동하는 경계구역을 표시할 수 있는 것으로 할 것
(5) 화재 · 가스 전기 등에 대한 **종합방재반**을 설치한 경우에는 해당 조작반에 수신기의 작동과 연동하여 감지기 · 중계기 또는 발신기가 작동하는 경계구역을 표시할 수 있는 것으로 할 것
(6) 하나의 경계구역은 하나의 **표시등** 또는 하나의 **문자**로 표시되도록 할 것
(7) 수신기의 조작스위치는 바닥으로부터의 높이가 **0.8~1.5m** 이하인 장소에 설치할 것
(8) 하나의 특정소방대상물에 2 이상의 수신기를 설치하는 경우에는 수신기를 **상호간 연동**하여 **화재발생상황**을 각 수신기마다 **확인**할 수 있도록 할 것

★★★ 문제 17

다음은 이산화탄소 소화설비의 도면이다. 각 물음에 답하시오.

(19.11.문1, 17.11.문6, 17.4.문3, 14.7.문15, 13.4.문14, 08.7.문12, 03.7.문7)

득점	배점
	9

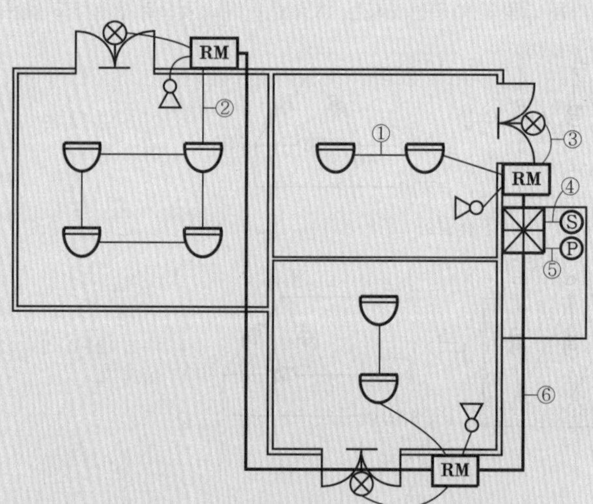

(가) 기호 ①~⑤의 배선가닥수를 쓰시오.

①	②	③	④	⑤

(나) 기호 ⑥의 배선가닥수 및 배선내역을 쓰시오.

배선가닥수	배선내역

해답 (가)

①	②	③	④	⑤
4가닥	8가닥	2가닥	4가닥	4가닥

(나)

배선가닥수	배선내역
13가닥	전원 ⊕ · ⊖, 방출지연스위치 1, (감지기 A · B, 기동스위치 1, 사이렌 1, 방출표시등 1)×2

해설

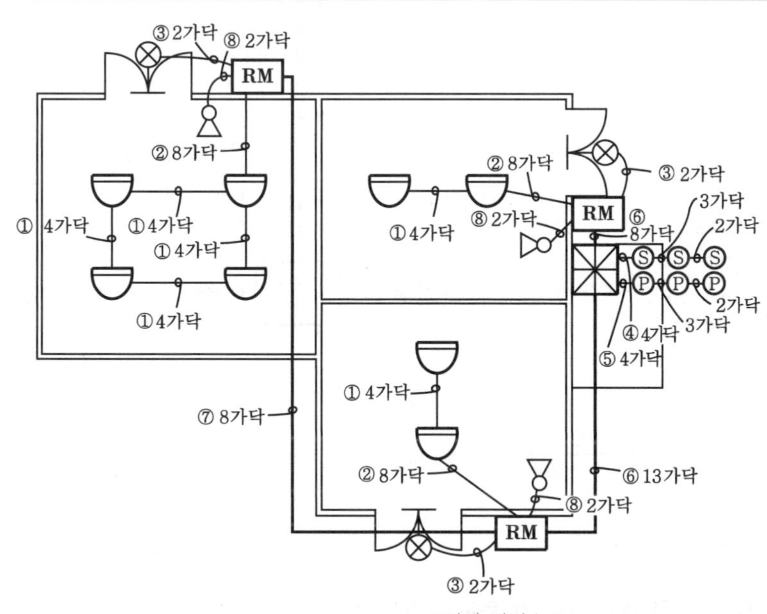

‖ 전체 가닥수 ‖

기 호	가닥수	배선내역
①	4가닥	지구 2, 공통 2
②	8가닥	지구 4, 공통 4
③	2가닥	방출표시등 2
④	4가닥	솔레노이드밸브기동 3, 공통 1
⑤	4가닥	압력스위치 3, 공통 1
⑥	13가닥	전원 ⊕ · ⊖, 방출지연스위치 1, (감지기 A · B, 기동스위치 1, 사이렌 1, 방출표시등 1)×2 ※ 방출지연스위치는 병렬로 연결할 수 있으므로 방호구역마다 추가되지 않는다! 주의!
⑦	8가닥	전원 ⊕ · ⊖, 방출지연스위치 1, 감지기 A · B, 기동스위치 1, 사이렌 1, 방출표시등 1
⑧	2가닥	사이렌 2

- 방출지연스위치=방출지연 비상스위치=비상스위치
- 기호 ④, ⑤는 2가닥이 아니고 **4가닥**임을 기억하라! RM 이 3개이므로 Ⓢ, Ⓟ도 각각 3개씩이 있는 것이다. 비록 도면에는 Ⓢ, Ⓟ가 1개씩만 표시되어 있어도 1개가 아니고 각각 3개가 있는 것이다(Ⓢ, Ⓟ 2개는 생략해 놓았음을 잊지 말라!). 종종 도면에서 Ⓢ, Ⓟ의 개수를 줄여서 1개로 표시하는 경우도 많다.

중요

송배선식과 **교차회로방식**

구 분	송배선식	교차회로방식
목적	• **도통시험**을 용이하게 하기 위하여	• 감지기의 **오동작** 방지

원리	• 배선의 도중에서 분기하지 않는 방식	• 하나의 담당구역 내에 **2 이상**의 **감지기회로**를 설치하고 **2 이상**의 **감지기회로**가 **동시**에 **감지**되는 때에 설비가 작동하는 방식
적용 설비	• 자동화재탐지설비 • 제연설비	• **분**말소화설비 • **할**론소화설비 • **이**산화탄소 소화설비(CO_2 소화설비) • **준**비작동식 스프링클러설비 • **일**제살수식 스프링클러설비 • **할**로겐화합물 및 불활성기체 소화설비 • **부**압식 스프링클러설비 기억법 **분할이 준일할부**
가닥수 산정	• 종단저항을 수동발신기함 내에 설치하는 경우 **루프(loop)**된 곳은 **2가닥**, **기타 4가닥**이 된다. 수동 발신기함 루프(loop)된 곳 ‖ 송배선식 ‖	• **말단**과 **루프**(loop)된 곳은 **4가닥**, **기타 8가닥**이 된다. 말단 수동 발신기함 루프(loop)된 곳 ‖ 교차회로방식 ‖

☆☆☆

문제 18

그림과 같은 시퀀스회로를 보고 다음 각 물음에 답하시오.

(20.10.문15, 20.5.문1, 17.11.문3, 12.7.문6, 06.4.문6)

득점	배점
	8

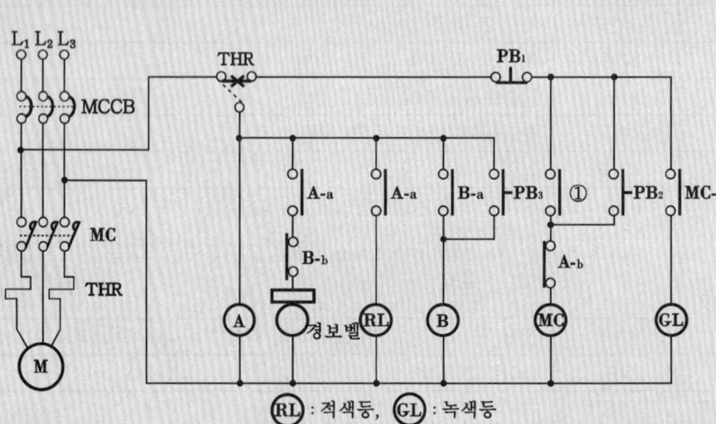

(가) 도면의 ① 부분의 용도는?

○

(나) 도면에서 PB_1과 PB_2의 용도는 무엇인가?

○ PB_1의 용도 :

○ PB_2의 용도 :

(다) 어떤 원인에 의하여 THR의 보조 b접점이 떨어져서 계전기 Ⓐ쪽에 붙었다고 할 때 접점이 떨어질 제반장애를 없앤 다음 이 접점을 원위치시키려면 어떻게 하여야 하는가?

○

(라) 문제의 도면 내용 중 동작에 불필요한 부분이 있으면 쓰고 없으면 '없음'이라고 쓰시오.

○

(마) 계전기 Ⓐ가 여자되었을 때 회로의 동작상황을 상세히 설명하시오.

○

해답 (가) 자기유지

(나) ① PB_1 : 모터 정지용

② PB_2 : 모터 기동용

(다) 수동으로 복귀시킨다.

(라) A_{-b} 접점

(마) 계전기 A_{-a} 접점에 의하여 경보벨이 명동됨과 동시에 (RL)램프가 점등된다.

- (마) 명동=경보
- '(MC)의 자기유지', '자기유지접점' 모두 정답!

(가) 기호 ①은 자기유지접점으로 용도는 (MC)의 자기유지를 시켜주기 위한 것이다.

용어

자기유지접점

푸시버튼스위치 등을 이용하여 회로를 동작시켰을 때 푸시버튼스위치를 조작한 후 손을 떼어도 그 상태를 계속 유지해주는 접점

(나), (다), (마) **동작설명**

① 누름버튼스위치 PB_2를 누르면 전자개폐기 (MC)가 여자되어 자기유지되며, 녹색등 (GL) 점등, 전동기 (M)이 기동된다.

② 누름버튼스위치 PB_1을 누르면 여자 중이던 (MC)가 소자되어, (GL) 소등, (M)은 정지한다.

③ 운전 중 과부하가 걸리면 열동계전기 THR이 작동하여 전동기를 정지시키고 계전기 Ⓐ가 여자되며, 적색등 (RL) 점등, 경보벨이 울린다.

④ 점검자가 THR의 동작을 확인한 후 PB_3를 누르면 계전기 Ⓑ가 여자되어 자기유지되며 경보벨을 정지시킨다.

⑤ 제반장애를 없앤 다음 THR을 수동으로 복귀시켜 정상운전되도록 한다.

(라) ( )의 A_{-b} 접점은 THR 동작시 안전을 위해 (MC)를 다시 한번 개방시켜 주는 역할을 하지만 생략하여도 동작에는 문제가 없다. 그러므로 A_{-b} 접점은 불필요한 부분이다.

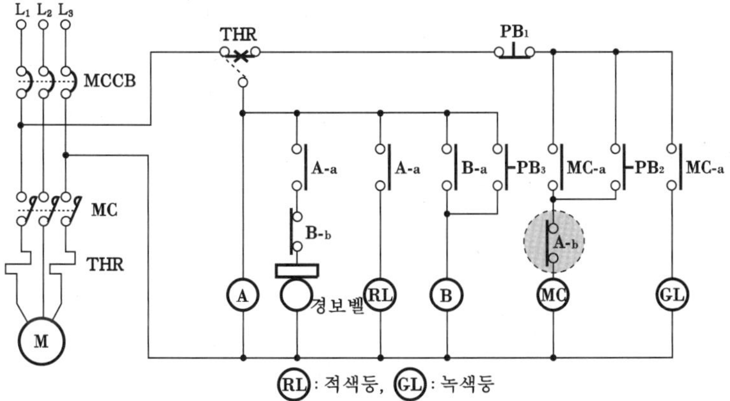

‖ A_{-b} 접점 생략도면 ‖

중요

과부하경보장치 생략도면

〔문제〕의 도면에는 특별히 **잘못된 부분은 없다**. 단, 필요에 따라 과부하경보장치는 생략할 수 있을 것이다. 과부하경보장치를 생략했을 때의 도면은 다음과 같다.

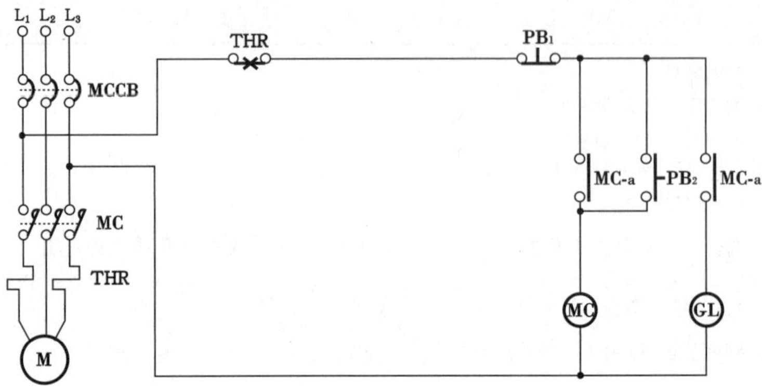

‖ 과부하경보장치 생략도면 ‖

2022. 7. 24 시행

▌2022년 산업기사 제2회 필답형 실기시험▌

자격종목	시험시간	형별	수험번호	성명	감독위원 확 인
소방설비산업기사(전기분야)	2시간 30분				

※ 다음 물음에 답을 해당 답란에 답하시오.(배점 : 100)

문제 01

감지기와 P형 수신기와의 배선회로에서 종단저항이 1.2kΩ, 릴레이저항이 400Ω, 배선회로의 저항은 50Ω이다. 회로전압이 24V일 때, 평상시와 화재시 감지기회로에 흐르는 전류[mA]를 구하시오.

(19.6.문11, 16.4.문5, 15.4.문13, 11.5.문3, 04.7.문8)

유사문제부터 풀어보세요. 실력이 팍!팍! 올라갑니다.

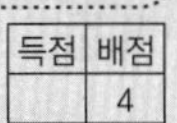

득점	배점
	4

(가) 평상시
 ○ 계산과정 :
 ○ 답 :

(나) 화재시
 ○ 계산과정 :
 ○ 답 :

해답 (가) ○ 계산과정 : $\frac{24}{1.2\times10^3+400+50}=0.014545\text{A}=14.545\text{mA}≒14.55\text{mA}$

○ 답 : 14.55mA

(나) ○ 계산과정 : $\frac{24}{400+50}=0.053333\text{A}=53.333\text{mA}≒53.33\text{mA}$

○ 답 : 53.33mA

해설 (가) **평상시 감시전류** I는

$$I=\frac{\text{회로전압}}{\text{종단저항}+\text{릴레이저항}+\text{배선저항}}$$

$$=\frac{24\text{V}}{1.2\text{k}\Omega\times10^3+400\Omega+50\Omega}=0.014545\text{A}=14.545\text{mA}≒14.55\text{mA}$$

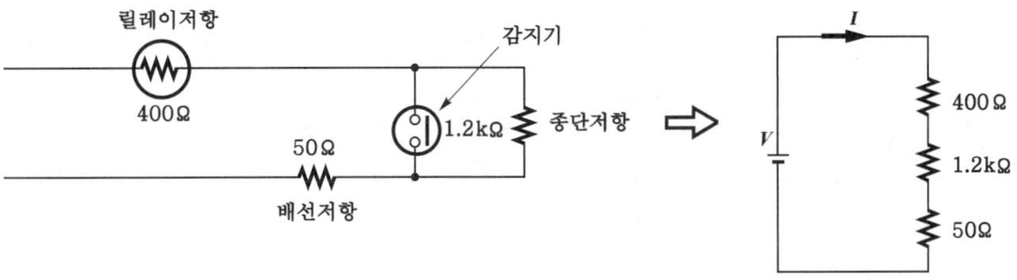

기억법 감회종릴배

(나) **화재시 동작전류** I는

$$I=\frac{\text{회로전압}}{\text{릴레이저항}+\text{배선저항}}$$

$$=\frac{24\text{V}}{400\Omega+50\Omega}=0.053333\text{A}=53.333\text{mA}\fallingdotseq 53.33\text{mA}$$

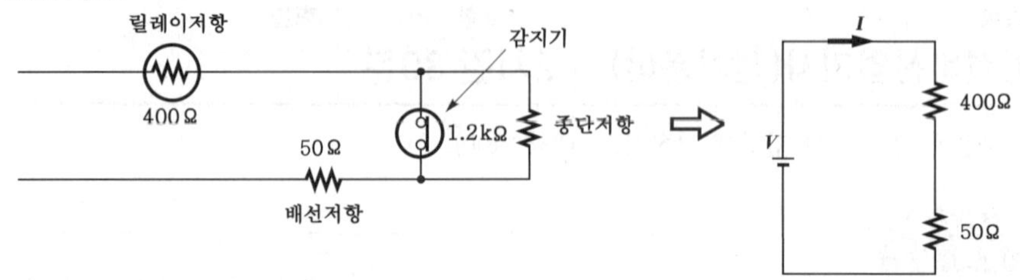

기억법 동회릴배

☆☆☆

문제 02

자동화재탐지설비의 평면도이다. 후강전선관으로 배관공사를 할 경우 주어진 다음 표의 배관 부속자재에 대한 수량을 구하시오. (21.4.문12, 18.11.문1, 17.6.문2, 16.4.문8, 15.11.문15, 12.7.문4, 11.11.문4)

득점	배점
	4

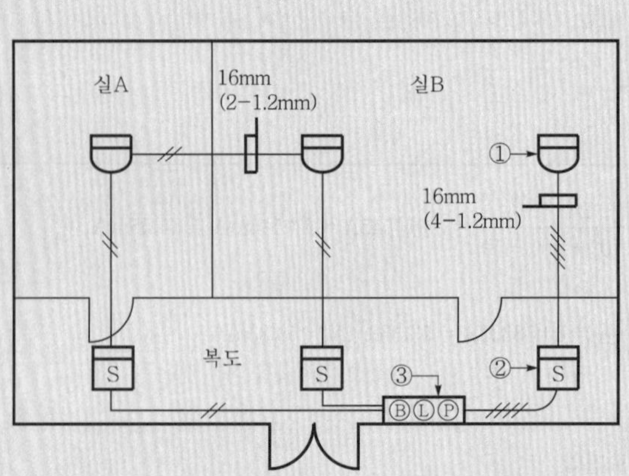

품 명	규 격	단 위	수 량
로크너트	16mm	개	
부싱	16mm	개	

해답

품 명	규 격	단 위	수 량
로크너트	16mm	개	28
부싱	16mm	개	14

해설 (1) 먼저 이 문제에서 잘못된 부분을 찾아보면 다음과 같다.

16mm(2−1.2mm) → **16mm(2−1.5mm²)**

16mm(4−1.2mm) → **16mm(4−1.5mm²)**

(2) 부싱(○) : 14개

(3) 로크너트는 부싱개수의 **2배**이므로 **28개**(14개×2=28개)가 된다.

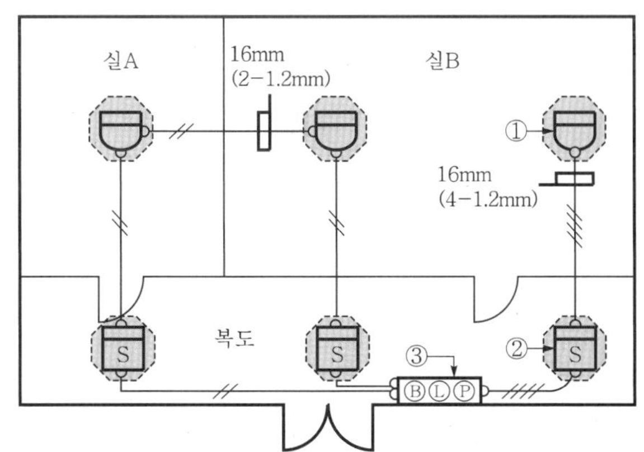

(4) 8각 박스( ) : 감지기마다 설치하므로 총 6개가 된다.

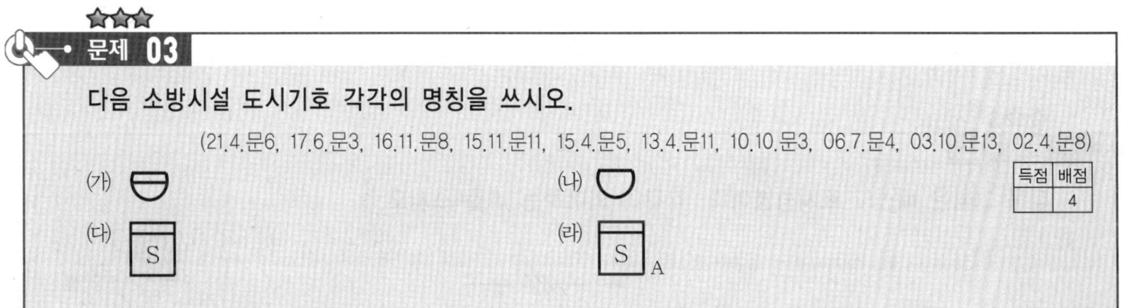

★★★ 문제 03

다음 소방시설 도시기호 각각의 명칭을 쓰시오.

(21.4.문6, 17.6.문3, 16.11.문8, 15.11.문11, 15.4.문5, 13.4.문11, 10.10.문3, 06.7.문4, 03.10.문13, 02.4.문8)

득점	배점
	4

(가) (나)

(다) S (라) S A

해답 (가) 차동식 스포트형 감지기
(나) 정온식 스포트형 감지기
(다) 연기감지기
(라) 광전식 연기감지기(아날로그)

해설

• (라) **'연기감지기(아날로그식)'**이 아님을 주의할 것! **'광전식 연기감지기(아날로그)'**가 정답!

‖ 소방시설 도시기호 ‖

구 분	명 칭	그림기호	구 분	명 칭	그림기호
경보설비기기류	차동식 스포트형 감지기 질문 (가)		경보설비기기류	경계구역번호	
	보상식 스포트형 감지기			비상용 누름버튼	F
	정온식 스포트형 감지기 질문 (나)			비상전화기	ET
	연기감지기 질문 (다)	S		비상벨	B
				사이렌	
				모터사이렌	M
	감지선			전자사이렌	S

경보설비기기류	공기관		경보설비기기류	조작장치	EP
	열전대			증폭기	AMP
	열반도체			기동누름버튼	E
	차동식 분포형 감지기의 검출기			이온화식 감지기 (스포트형)	S I (I ; 'Ionization'의 약자)
	발신기세트 단독형	P B L		광전식 연기감지기 (아날로그) 질문 (라)	S A (A ; 'Analog'의 약자)
	발신기세트 옥내소화전 내장형	P B L		광전식 연기감지기 (스포트형)	S P (P ; 'Photo'의 약자)

☆☆☆

문제 04

다음 그림은 배선도 표시방법이다. 각각이 의미하는 바를 쓰시오.

(21.7.문11, 19.4.문2, 17.6.문3, 12.11.문2)

득점	배점
	5

HFIX 2.5(28)

○ 전선 굵기 :
○ 전선의 종류 :
○ 배선공사명 :
○ 전선관 굵기 :
○ 전선관 종류 :

해답 ① 전선 굵기 : 2.5mm^2
② 전선의 종류 : 450/750V 저독성 난연 가교폴리올레핀 절연전선
③ 배선공사명 : 천장은폐배선
④ 전선관 굵기 : 28mm
⑤ 전선관 종류 : 후강전선관

해설 (1) **배선도**가 나타내는 **의미**

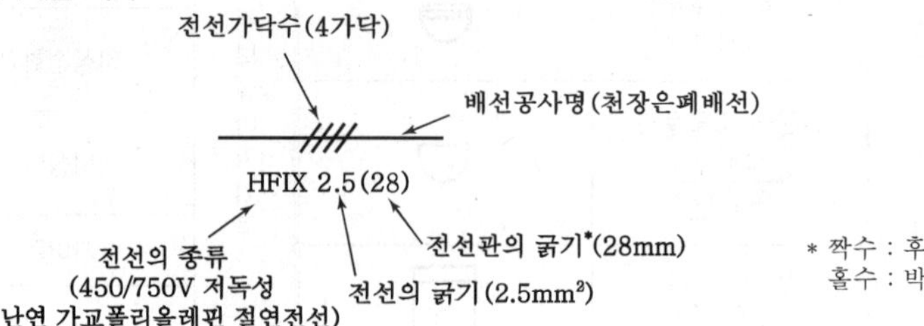

• (28mm) : 짝수이므로 전선관의 종류는 '**후강전선관**'이다.

(2) **전선**의 **종류**

약 호	명 칭	최고허용온도
OW	옥외용 비닐절연전선	60℃
DV	인입용 비닐절연전선	
HFIX	450/750V 저독성 난연 가교폴리올레핀 절연전선	90℃
CV	가교폴리에틸렌절연 비닐외장케이블	
MI	미네랄 인슐레이션 케이블	
IH	하이퍼론 절연전선	95℃
FP	내화전선(내화케이블)	–
HP	내열전선	
GV	접지용 비닐전선	
E	접지선	

(3) **옥내배선기호**

명 칭	그림기호	적 요
천장은폐배선	————	천장 속의 배선을 구별하는 경우 : —·—·—
바닥은폐배선	— — —	–
노출배선	------------	바닥면 노출배선을 구별하는 경우 : —‥—‥—

- 하나의 배선에 여러 종류의 전선을 사용할 경우 전선관 표기는 한 곳에만 하면 된다.

CV25(36) GV6(36)

‖ 잘못된 표기 ‖

- 전선의 위치가 좌우 바뀌어도 된다.

GV6 CV25(36)

‖ 올바른 표기 ‖

(4) **배관**의 **표시방법**

① 강제전선관의 경우 : HFIX 2.5(19)

② 경질비닐전선관인 경우 : 2.5(VE16)

③ 2종 금속제 가요전선관인 경우 : 2.5($F_2$17)

④ 합성수지제 가요관인 경우 : 2.5(PF16)

⑤ 전선이 들어있지 않은 경우 : (19)

(5) **전선관**의 **종류**

후강전선관	박강전선관
• 표시된 규격은 **내경**을 의미하며, **짝수**로 표시된다. • **폭발성 가스** 저장장소에 사용된다. ※ 규격 : 16mm, 22mm, 28mm, 36mm, 42mm, 54mm, 70mm, 82mm, 92mm, 104mm	• 표시된 규격은 **외경**을 의미하며, **홀수**로 표시된다. ※ 규격 : 19mm, 25mm, 31mm, 39mm, 51mm, 63mm, 75mm

☆☆☆
문제 05

객석통로에 객석유도등을 설치하려고 한다. 객석통로의 직선부분의 거리가 25m이다. 몇 개의 객석유도등을 설치하여야 하는지 구하시오.

(21.7.문17, 20.11.문13, 19.6.문16, 18.11.문4, 14.11.문8, 14.7.문6, 13.4.문7, 12.11.문16)

○ 계산과정 :
○ 답 :

득점	배점
	4

해답
○ 계산과정 : $\frac{25}{4}-1=5.25 \fallingdotseq 6$개
○ 답 : 6개

해설 **최소 설치개수 산정식**(NFPC 303 7조, NFTC 303 2.4.2)
설치개수 산정시 소수가 발생하면 반드시 **절상**한다.

구 분	산정식
객석유도등 ⟶	설치개수 $=\frac{\text{객석통로의 직선부분의 길이[m]}}{4}-1$
유도표지	설치개수 $=\frac{\text{구부러진 곳이 없는 부분의 보행거리[m]}}{15}-1$
복도통로유도등, 거실통로유도등	설치개수 $=\frac{\text{구부러진 곳이 없는 부분의 보행거리[m]}}{20}-1$

객석유도등 설치개수 $=\frac{\text{객석통로의 직선부분의 길이[m]}}{4}-1=\frac{25}{4}-1=5.25 \fallingdotseq 6$개(절상)

☆☆☆
문제 06

그림과 같은 건물평면도의 경우 자동화재탐지설비의 최소경계구역의 수를 구하시오.

(21.11.문2, 20.10.문7, 14.11.문6, 14.4.문15, 07.11.문14)

(가)
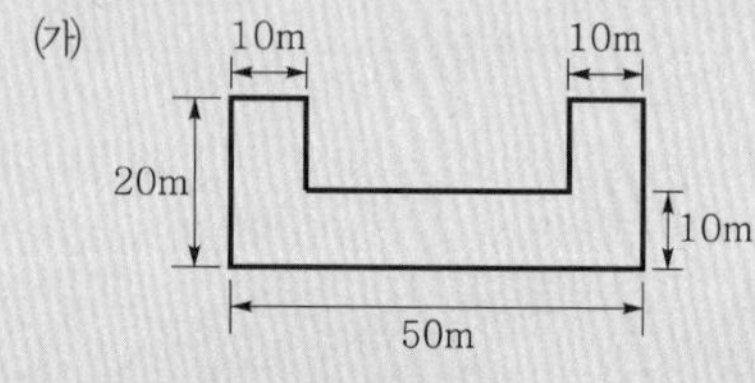

(나)
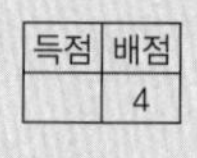

10m
55m

득점	배점
	4

○ 계산과정 :
○ 답 :

○ 계산과정 :
○ 답 :

(가) ○ 계산과정 : ① $\frac{(10\times10+25\times10)}{600}=0.5 \fallingdotseq 1$경계구역

② $\frac{(10\times10+25\times10)}{600}=0.5 \fallingdotseq 1$경계구역

○ 답 : 2경계구역

(나) ○ 계산과정 : ① $\frac{27.5\times10}{600}=0.4 \fallingdotseq 1$경계구역

② $\frac{27.5\times10}{600}=0.4 \fallingdotseq 1$경계구역

○ 답 : 2경계구역

해설

• 계산과정을 작성하기 불편하면 해설처럼 그림으로 그려도 정답으로 채점될 것으로 보임

(가) 하나의 경계구역의 면적을 **600m²** 이하로 하고, 한 변의 길이는 **50m** 이하로 하여 산정하면 2경계구역이 된다.

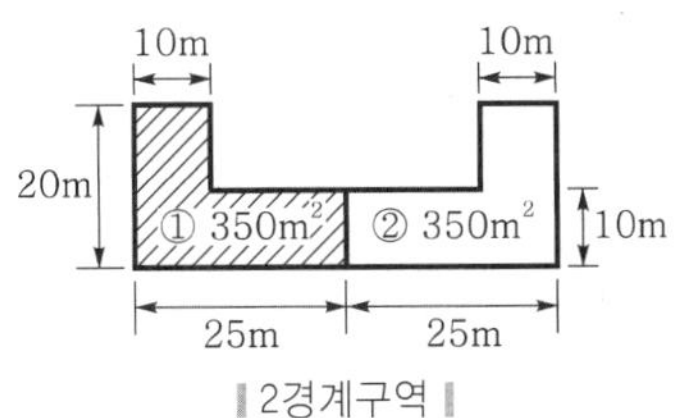

‖ 2경계구역 ‖

$$경계구역수 = \frac{바닥면적[m^2]}{600m^2}(절상)$$

① $\frac{(10\times10+25\times10)m^2}{600m^2}=\frac{350m^2}{600m^2}=0.5 \fallingdotseq 1경계구역(절상)$

② $\frac{(10\times10+25\times10)m^2}{600m^2}=\frac{350m^2}{600m^2}=0.5 \fallingdotseq 1경계구역(절상)$

∴ 1+1=2경계구역

(나) 하나의 경계구역의 면적을 **600m²** 이하로 하고, 한 변의 길이는 **50m** 이하로 하여 산정하면 **2경계구역**이 된다.

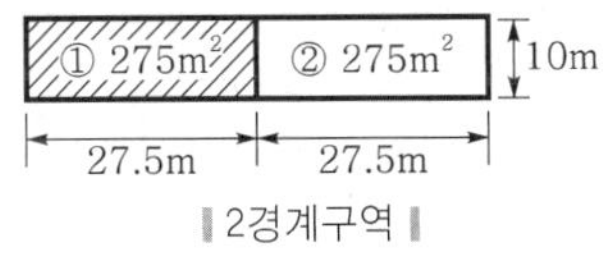

‖ 2경계구역 ‖

① $\frac{(27.5\times10)m^2}{600m^2}=\frac{275m^2}{600m^2}=0.4 \fallingdotseq 1경계구역$

② $\frac{(27.5\times10)m^2}{600m^2}=\frac{275m^2}{600m^2}=0.4 \fallingdotseq 1경계구역$

∴ 1+1=2경계구역

• 한 변의 길이가 50m 이하이므로 바닥면적을 600m²로 나누기만 하면 된다.

중요

자동화재탐지설비의 **경계구역 설정기준**(NFPC 203 4조, NFTC 203 2.1)

(1) 1경계구역이 2개 이상의 **건축물**에 미치지 않을 것

(2) 1경계구역이 2개 이상의 층에 미치지 않을 것(단, 2개층이 **500m²** 이하는 제외)

(3) 1경계구역의 면적은 **600m²**(주출입구에서 내부 전체가 보이는 것은 **1000m²**) 이하로 하고, 1변의 길이는 **50m** 이하로 할 것

☆☆

문제 07

40W 대형 피난구유도등 10개가 교류 220V 상용전원에 연결되어 사용되고 있다면, 소요되는 전류를 구하시오. (단, 유도등(형광등)의 역률은 50%이고, 충전전류는 무시한다.) (21.11.문4, 16.4.문1)

○ 계산과정 :

○ 답 :

득점	배점
	4

해답

○ 계산과정 : $I=\frac{(40\times10개)}{220\times0.5}=3.636 \fallingdotseq 3.64A$

○ 답 : 3.64A

 **기호**

- P : 40W×10개
- V : 220V
- I : ?
- $\cos\theta$: 50%=0.5

유도등은 **단상 2선식**이므로

$$P = VI\cos\theta\eta$$

여기서, P : 전력〔W〕
V : 전압〔V〕
I : 전류〔A〕
$\cos\theta$: 역률
η : 효율

전류 I는

$$I = \frac{P}{V\cos\theta\eta} = \frac{(40\times10개)}{220\times0.5} = 3.636 ≒ 3.64\text{A}$$

- **효율**(η)은 주어지지 않았으므로 **무시**한다.

중요

방 식	공 식	적응설비
단상 2선식	$P = VI\cos\theta\eta$ 여기서, P : 전력〔W〕, V : 전압〔V〕 I : 전류〔A〕, $\cos\theta$: 역률 η : 효율	• 기타설비(유도등·비상조명등·솔레노이드밸브·감지기 등)
3상 3선식	$P = \sqrt{3}\,VI\cos\theta\eta$ 여기서, P : 전력〔W〕, V : 전압〔V〕 I : 전류〔A〕, $\cos\theta$: 역률 η : 효율	• 소방펌프 • 제연팬

☆☆☆ 문제 08

자동화재탐지설비의 화재안전기준의 배선에서 P형 수신기 및 GP형 수신기의 감지기회로 배선에 있어서 하나의 공통선에 접속할 수 있는 경계구역은 몇 개 이하로 하여야 하는가?

(21.11.문6, 20.11.문14, 16.6.문15, 12.11.문3, 02.10.문1)

○

득점	배점
	4

 7개

 **P형 수신기** 및 **GP형 수신기**의 감지기회로의 배선에 있어서 하나의 공통선에 접속할 수 있는 **경계구역**은 **7개** 이하로 하여야 한다.

중요

전로저항 vs **절연저항**

감지기회로의 전로저항	하나의 경계구역의 절연저항
50Ω 이하	**0.1M**Ω 이상(직류 **250V** 절연저항측정기)

문제 09

유도등 및 유도표지의 화재안전성능기준(NFPC 303)에서 다음 용어의 정의를 쓰시오.

득점	배점
	6

(가) 피난구유도표지 :
(나) 복도통로유도등 :
(다) 거실통로유도등 :

해답 (가) 피난구 또는 피난경로로 사용되는 출입구를 표시하여 피난을 유도하는 표지
(나) 피난통로가 되는 복도에 설치하는 통로유도등으로서 피난구의 방향을 명시하는 것
(다) 거주, 집무, 작업, 집회, 오락, 그 밖에 이와 유사한 목적을 위하여 계속적으로 사용하는 거실, 주차장 등 개방된 통로에 설치하는 유도등으로 피난의 방향을 명시하는 것

해설 (1) **용어의 정의 1**(NFPC 303 3조, NFTC 303 1.7)

용 어	정 의
유도등	화재시에 **피난**을 **유도**하기 위한 등으로서 정상상태에서는 **상용전원**에 따라 켜지고 상용전원이 정전되는 경우에는 **비상전원**으로 자동전환되어 켜지는 등
피난구유도등	**피난구** 또는 **피난경로**로 사용되는 **출입구**를 표시하여 피난을 유도하는 등
통로유도등	**피난통로**를 **안내**하기 위한 유도등으로 **복도통로유도등, 거실통로유도등, 계단통로유도등**
복도통로유도등	**피난통로**가 되는 **복도**에 설치하는 통로유도등으로서 **피난구**의 **방향**을 명시하는 것
거실통로유도등	**거주, 집무, 작업, 집회, 오락** 그 밖에 이와 유사한 목적을 위하여 계속적으로 사용하는 **거실, 주차장** 등 **개방된 통로**에 설치하는 유도등으로 피난의 방향을 명시하는 것
계단통로유도등	피난통로가 되는 **계단**이나 **경사로**에 설치하는 통로유도등으로 **바닥면** 및 **디딤 바닥면**을 비추는 것
객석유도등	객석의 **통로, 바닥** 또는 **벽**에 설치하는 유도등
피난구유도표지	피난구 또는 피난경로로 사용되는 **출입구**를 **표시**하여 피난을 유도하는 표지
통로유도표지	피난통로가 되는 **복도, 계단** 등에 설치하는 것으로서 **피난구**의 **방향**을 표시하는 유도표지
피난유도선	햇빛이나 전등불에 따라 **축광**('**축광방식**')하거나 전류에 따라 빛을 발하는('**광원점등방식**') 유도체로서 어두운 상태에서 **피난**을 **유도**할 수 있도록 띠 형태로 설치되는 피난유도시설
입체형	유도등 표시면을 **2면** 이상으로 하고 각 면마다 피난유도표시가 있는 것

(2) **용어의 정의 2**(유도등의 형식승인 및 제품검사의 기술기준 2조)

용어	정의
유도등	화재시에 **긴급대피**를 **안내**하기 위하여 사용되는 등으로서 정상상태에서는 상용전원에 의하여 켜지고, 상용전원이 정전되는 경우에는 비상전원으로 자동전환되어 켜지는 등
피난구유도등	피난구 또는 피난경로로 사용되는 **출입구**가 있다는 것을 표시하는 **녹색등화**의 유도등
통로유도등	**피난통로**를 안내하기 위한 유도등
복도통로유도등	피난통로가 되는 **복도**에 설치하는 통로유도등으로서 **피난구**의 **방향**을 명시하는 것
거실통로유도등	**집무, 작업, 집회, 오락**, 그 밖에 이와 유사한 목적을 위하여 계속적으로 사용하는 거실, 주차장 등 개방된 복도에 설치하는 유도등으로 피난의 방향을 명시하는 것
계단통로유도등	피난통로가 되는 **계단**이나 **경사로**에 설치하는 통로유도등으로 **바닥면** 및 **디딤바닥면**을 비추는 것
객석유도등	객석의 **통로, 바닥** 또는 **벽**에 설치하는 유도등
광속표준전압	비상전원으로 유도등을 켜는 데 필요한 **예비전원**의 **단자전압**
표시면	유도등에 있어서 피난구나 피난방향을 안내하기 위한 **문자** 또는 **부호** 등이 표시된 면
조사면	유도등에 있어서 **표시면 외 조명**에 사용되는 면
방폭형	폭발성 가스가 용기 내부에서 폭발하였을 때 용기가 그 **압력**에 견디거나 또는 **외부**의 **폭발성 가스**에 인화될 우려가 없도록 만들어진 형태의 제품

방수형	그 구조가 **방수구조**로 되어 있는 것
복합표시형 피난구유도등	**피난구유도등**의 **표시면**과 피난목적이 아닌 **안내표시면**('안내표시면')이 구분되어 함께 설치된 유도등
단일표시형	**한 가지** 형상의 표시만으로 **피난유도표시**를 구현하는 방식
동영상표시형	**동영상** 형태로 **피난유도표시**를 구현하는 방식
단일 · 동영상 연계표시형	**단일표시형**과 **동영상표시형**의 두 가지 방식을 연계하여 **피난유도표시**를 구현하는 방식
투광식	광원의 빛이 통과하는 **투과면**에 **피난유도표시** 형상을 인쇄하는 방식
패널식	**영상표시소자**(LED, LCD 및 PDP 등)를 이용하여 **피난유도표시** 형상을 **영상**으로 구현하는 방식

(3) **용어의 정의 3**(축광표지의 성능인증 및 제품검사의 기술기준 2조)

용어	정의
축광표지	화재발생시 **피난방향**을 **안내**하거나 **소방용품** 등의 **위치**를 **표시**하기 위하여 사용되는 표지로서 외부의 전원을 공급받지 아니한 상태에서 **축광**(전등, 태양빛 등을 흡수하여 이를 축적시킨 상태에서 일정시간 동안 발광이 계속되는 것)에 의하여 어두운 곳에서도 도안 · 문자 등이 쉽게 식별될 수 있도록 된 것을 말하며, **축광유도표지, 축광위치표지, 축광보조표지**로 구분
축광유도표지	화재발생시 **피난방향**을 **안내**하기 위하여 사용되는 **축광표지**로서 **피난구축광유도표지, 통로축광유도표지**로 구분
축광위치표지	옥내소화전설비의 함, 발신기, 피난기구(완강기, 간이완강기, 구조대, 금속제피난사다리), 소화기, 투척용 소화용구 및 연결송수관설비의 방수구 등 **소방용품**의 **위치**를 표시하기 위한 축광표지
축광보조표지	피난로 등의 **바닥 · 계단 · 벽면** 등에 설치함으로써 **피난방향** 또는 **소방용품** 등의 **위치**를 추가적으로 알려주는 **보조**역할을 하는 표지

☆☆☆ **문제 10**

다음 주어진 시퀀스회로도를 참고하여 각 물음에 답하시오.

(20.11.문5, 19.11.문2, 17.6.문16, 16.6.문10, 15.7.문16, 15.4.문4, 14.7.문8, 12.11.문4, 12.7.문10, 12.4.문13, 10.4.문3, 06.11.문12)

득점	배점
	5

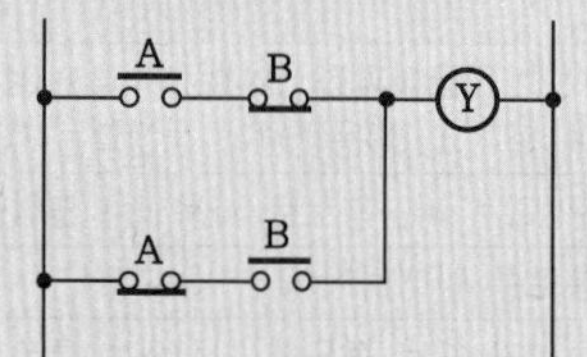

(가) 논리식을 쓰시오.

○

(나) 무접점회로를 그리시오.

(다) 진리표를 완성하시오.

A	B	Y
0	0	
0	1	
1	0	
1	1	

(라) 타임차트를 완성하시오.

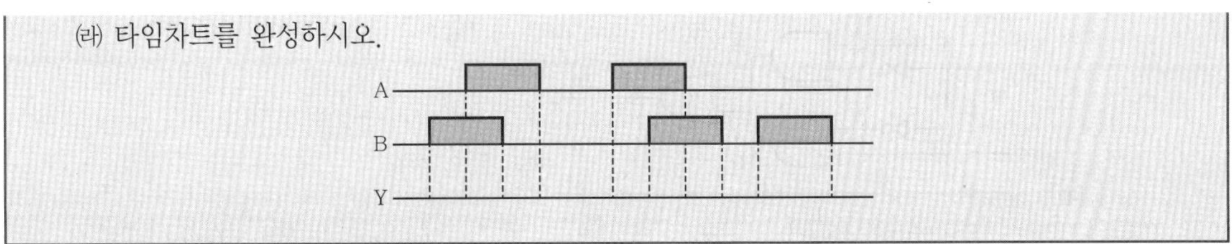

해답 (가) $Y = A\overline{B} + \overline{A}B$

(나)

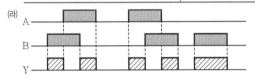

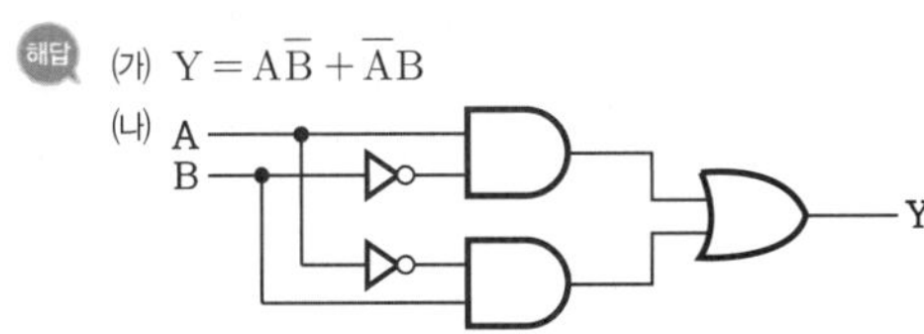

(다)

A	B	Y
0	0	0
0	1	1
1	0	1
1	1	0

(라) A, B, Y

해설 (가) 논리식

$Y = A\overline{B} + \overline{A}B$ 또는 $A\overline{B} + \overline{A}B = Y$

‖ **시퀀스회로**와 **논리회로**의 관계 ‖

회 로	시퀀스회로	논리식	논리회로
직렬회로	A, B, Z	$Z = A \cdot B$ $Z = AB$	A, B, Z
병렬회로	A, B, Z	$Z = A + B$	A, B, Z
a접점	A, Z	$Z = A$	A, Z A, Z
b접점	$\overline{A}$, Z	$Z = \overline{A}$	A, Z A, Z A, Z

(나) 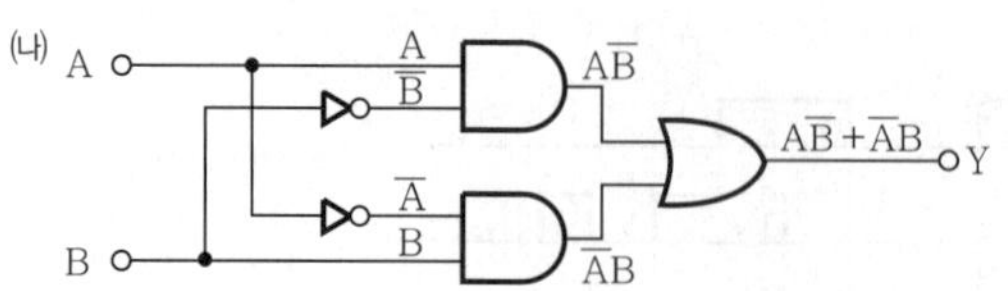

(다)

A	B	Y
0	0	0
$\overline{A}$ 0	B 1	1
A 1	$\overline{B}$ 0	1
1	1	0

- 0= $\overline{A}$, $\overline{B}$, 1= A, B로 표시
  $X=\overline{A}B+A\overline{B}=A\overline{B}+\overline{A}B$
- 논리식에 있는 것($\overline{A}B$, $A\overline{B}$만 진리표에 1로 표시하고, 나머지는 0으로 표시하면 됨)

Y=1인 것만 작성해서 더하면 **논리식**을 다시 비교·검토할 것

- 다음과 같이 완성해도 옳은 답이다.

A	B	Y
0	0	0
A 1	$\overline{B}$ 0	1
$\overline{A}$ 0	B 1	1
1	1	0

▮옳은 답▮

Y=1인 것만 작성해서 더함
(0= $\overline{A}$, $\overline{B}$, 1= A, B로 표시)
$X=A\overline{B}+\overline{A}B$

중요

시퀀스회로와 **논리회로**

명 칭	시퀀스회로	논리회로	진리표
AND회로 (교차회로방식)	A, B, X_{-a}	$X=A\cdot B$ 입력신호 A, B가 동시에 1일 때만 출력신호 X가 1이 된다.	A B X: 0 0 **0** / 0 1 **0** / 1 0 **0** / 1 1 **1**
OR회로	A, B, X_{-a}	$X=A+B$ 입력신호 A, B 중 어느 하나라도 1이면 출력신호 X가 1이 된다.	A B X: 0 0 **0** / 0 1 **1** / 1 0 **1** / 1 1 **1**
NOT회로	A, X_{-b}	$X=\overline{A}$ 입력신호 A가 0일 때만 출력신호 X가 1이 된다.	A X: 0 **1** / 1 **0**

NAND회로		A, B 입력 → X $X=\overline{A\cdot B}$ 입력신호 A, B가 동시에 1일 때만 출력신호 X가 0이 된다. (AND회로의 부정)	A B X 0 0 1 0 1 1 1 0 1 1 1 0
NOR회로		A, B 입력 → X $X=\overline{A+B}$ 입력신호 A, B가 동시에 0일 때만 출력신호 X가 1이 된다. (OR회로의 부정)	A B X 0 0 1 0 1 0 1 0 0 1 1 0
EXCLUSIVE OR회로		A, B 입력 → X $X=A\oplus B=\overline{A}B+A\overline{B}$ 입력신호 A, B 중 어느 한쪽만이 1이면 출력신호 X가 1이 된다.	A B X 0 0 0 0 1 1 1 0 1 1 1 0
EXCLUSIVE NOR회로		A, B 입력 → X $X=\overline{A\oplus B}=AB+\overline{A}\overline{B}$ 입력신호 A, B가 동시에 0이거나 1일 때만 출력신호 X가 1이 된다.	A B X 0 0 1 0 1 0 1 0 0 1 1 1

용어

용 어	설 명
불대수(Boolean algebra) =논리대수	① 임의의 회로에서 일련의 기능을 수행하기 위한 **가장 최적**의 **방법**을 결정하기 위하여 이를 수식적으로 표현하는 방법 ② 여러 가지 조건의 논리적 관계를 **논리기호**로 나타내고 이것을 **수식**적으로 **표현**하는 방법
무접점회로(논리회로)	**집적회로**를 **논리기호**를 사용하여 알기 쉽도록 표현해 놓은 회로
진리표(진가표, 참값표)	논리대수에 있어서 ON, OFF 또는 동작, 부동작의 상태를 **1**과 **0**으로 나타낸 표

(라) $Y=\overset{1\,0}{A\overline{B}}+\overset{0\,1}{\overline{A}B}$(A, B =1, $\overline{A}$, $\overline{B}$ =0으로 표시하여 Y에 $\overset{1\,0}{10(A\overline{B})}$이 되는 부분과 $\overset{0\,1}{01(\overline{A}B)}$이 되는 부분을 빗금치면 타임차트 완성)

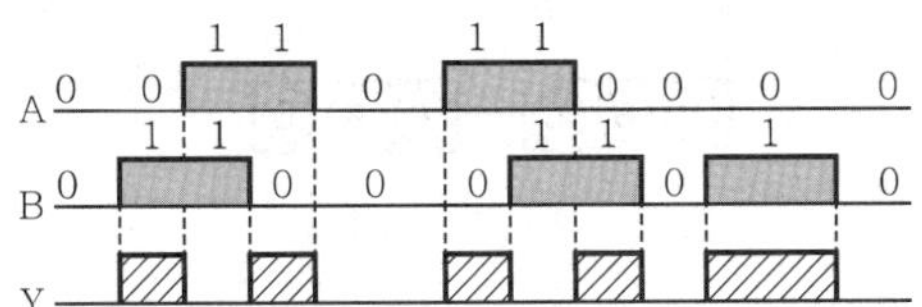

용어

용 어	설 명
타임차트(time chart)	시퀀스회로의 동작상태를 시간의 흐름에 따라 변화되는 것을 나타낸 표
릴레이(relay)	전자력에 의해 접점을 개폐하는 기능을 가진 장치로서, '**계전기**'라고도 부른다. 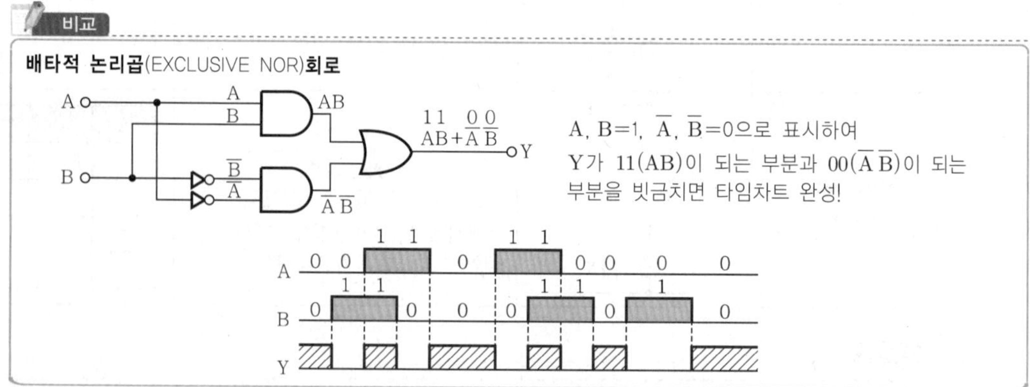 ▮릴레이의 구조▮

비교

배타적 논리곱(EXCLUSIVE NOR)**회로**

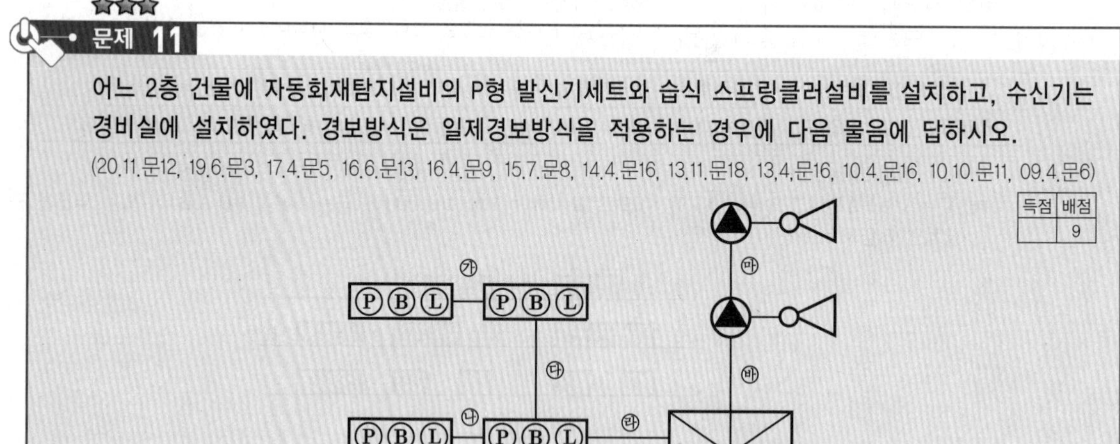

A, B=1, $\overline{A}$, $\overline{B}$=0으로 표시하여 Y가 11(AB)이 되는 부분과 00($\overline{A}\,\overline{B}$)이 되는 부분을 빗금치면 타임차트 완성!

☆☆☆

문제 11

어느 2층 건물에 자동화재탐지설비의 P형 발신기세트와 습식 스프링클러설비를 설치하고, 수신기는 경비실에 설치하였다. 경보방식은 일제경보방식을 적용하는 경우에 다음 물음에 답하시오.

(20.11.문12, 19.6.문3, 17.4.문5, 16.6.문13, 16.4.문9, 15.7.문8, 14.4.문16, 13.11.문18, 13.4.문16, 10.4.문16, 10.10.문11, 09.4.문6)

득점	배점
	9

㉮ ㉯ ㉰ ㉱ ㉲ ㉳

Ⓟ Ⓑ Ⓛ

(가) 기호 ㉮~㉳의 각 가닥수를 쓰시오.
㉮ ㉯ ㉰ ㉱ ㉲ ㉳
(나) 스프링클러설비 동력제어반의 다음 각 사항에 대하여 쓰시오.
○ 제어반 전면부의 색 :
○ 전면부의 표지 :

해답 (가) ㉮ 6가닥 ㉯ 6가닥 ㉰ 7가닥 ㉱ 10가닥 ㉲ 4가닥 ㉳ 7가닥
(나) ① 적색
② 스프링클러설비용 동력제어반

해설 (가)

기 호	가닥수	배선내역
㉮	HFIX 2.5－6	회로선 1, 회로공통선 1, 경종선 1, 경종표시등공통선 1, 응답선 1, 표시등선 1
㉯	HFIX 2.5－6	회로선 1, 회로공통선 1, 경종선 1, 경종표시등공통선 1, 응답선 1, 표시등선 1
㉰	HFIX 2.5－7	회로선 2, 회로공통선 1, 경종선 1, 경종표시등공통선 1, 응답선 1, 표시등선 1
㉱	HFIX 2.5－10	회로선 4, 회로공통선 1, 경종선 2, 경종표시등공통선 1, 응답선 1, 표시등선 1
㉲	HFIX 2.5－4	압력스위치 1, 탬퍼스위치 1, 사이렌 1, 공통 1
㉳	HFIX 2.5－7	압력스위치 2, 탬퍼스위치 2, 사이렌 2, 공통 1

- 기호 ㉱는 [문제 조건]에 의해 **'일제경보방식'**이지만 경종선은 층수를 세어야 하고 문제에서 **2층 건물**이므로 경종선 2가닥 정답!
- 기호 ㉱의 회로선은 발신기세트(ⓅⒷⓁ)를 세면 되므로 4가닥 정답!
- 습식 · 건식 스프링클러설비의 가닥수 산정

배 선	가닥수 산정
압력스위치	**알람체크밸브** 또는 **건식 밸브수**마다 1가닥씩 추가
탬퍼스위치	
사이렌	
공통	1가닥

용 어	설 명
압력스위치 (Pressure Switch)	• 물의 흐름을 감지하여 제어반에 신호를 보내 **펌프**를 **기동**시키는 스위치 • 유수검지장치의 작동여부를 확인할 수 있는 전기적 장치
탬퍼스위치 (Tamper Switch)	• 개폐표시형 밸브의 **개폐상태**를 **감시**하는 스위치

- 압력스위치＝유수검지스위치
- 탬퍼스위치(Tamper Switch)＝밸브폐쇄확인스위치＝밸브개폐확인스위치

(나) **스프링클러설비 동력제어반**의 **설치기준**(NFPC 103 13조, NFTC 103 2.10.4)
① 앞면은 **적색**으로 하고 **"스프링클러설비용 동력제어반"**이라고 표시한 표지를 설치할 것
② 외함은 두께 **1.5mm** 이상의 **강판** 또는 이와 동등 이상의 강도 및 **내열성능**이 있는 것으로 할 것

- **옥내소화전설비, 옥외소화전설비, 물분무소화설비, 포소화설비** 모두 동력제어반의 설치기준이 스프링클러설비와 동일(**적색, 1.5mm** 이상의 강판 등)하다. 단, 표지만 옥내소화전설비는 **'옥내소화전설비용 동력제어반'**, 옥외소화전설비는 **'옥외소화전설비용 동력제어반'** 등으로 다를 뿐이다.

용어

동력제어반
펌프(pump)에 연결된 모터(moter)를 기동 · 정지시키는 곳으로서 "MCC(Motor Control Center)"라고 부른다.

☆☆☆
문제 12

자동화재탐지설비의 발신기에 관한 다음 ( ) 안에 알맞은 내용을 쓰시오.

(19.6.문8, 18.4.문7, 16.11.문14, 15.7.문8)

득점	배점
	4

○ 조작이 쉬운 장소에 설치하고, 스위치는 바닥으로부터 (①)m 이상 (②)m 이하의 높이에 설치할 것

○ 특정소방대상물의 층마다 설치하되, 해당 특정소방대상물의 각 부분으로부터 하나의 발신기까지의 수평거리가 (③)m 이하가 되도록 할 것. 다만, 복도 또는 별도로 구획된 실로서 보행거리가 (④)m 이상일 경우에는 추가로 설치하여야 한다.

○ 발신기의 위치를 표시하는 표시등은 (⑤)에 설치하되, 그 불빛은 부착면으로부터 (⑥)도 이상의 범위 안에서 부착지점으로부터 (⑦)m 이내의 어느 곳에서도 쉽게 식별할 수 있는 (⑧)으로 해야 한다.

①	②	③	④	⑤	⑥	⑦	⑧

해답

①	②	③	④	⑤	⑥	⑦	⑧
0.8	1.5	25	40	함의 상부	15	10	적색등

해설 **자동화재탐지설비**의 **발신기**의 **설치기준**(NFPC 203 9조, NFTC 203 2.6.1)

(1) 조작이 **쉬운 장소**에 설치하고, **스위치**는 바닥으로부터 **0.8~1.5m** 이하의 높이에 설치

(2) 특정소방대상물의 **층**마다 설치하되, 해당 특정소방대상물의 각 부분으로부터 하나의 발신기까지의 **수평거리**가 **25m** 이하가 되도록 할 것(단, 복도 또는 별도로 구획된 실로서 **보행거리**가 **40m** 이상일 경우에는 추가로 설치)

(3) **기둥** 또는 **벽**이 설치되지 아니한 **대형 공간**의 경우 **발신기**는 설치대상장소의 **가장 가까운 장소**의 **벽** 또는 **기둥** 등에 설치

(4) 발신기의 위치를 표시하는 **표시등**은 **함**의 **상부**에 설치하되, 그 불빛은 부착면으로부터 **15도** 이상의 범위 안에서 부착지점으로부터 **10m** 이내의 어느 곳에서도 쉽게 식별할 수 있는 **적색등**으로 해야 한다.

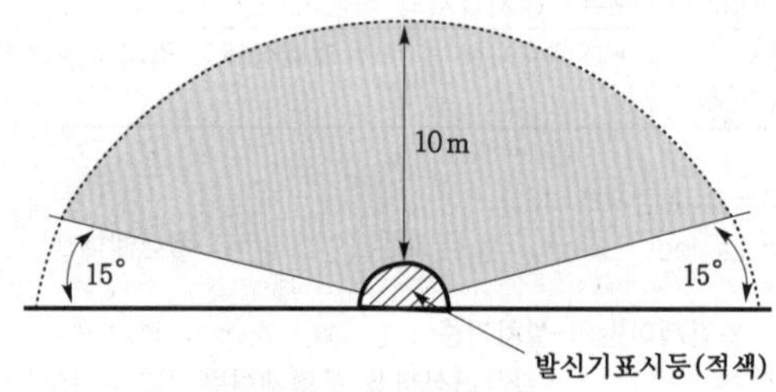

‖발신기표시등의 식별범위‖

중요

표시등과 **발신기표시등**의 식별

<table>
<tr><td>① 옥내소화전설비의 표시등(NFPC 102 7조 ③항, NFTC 102 2.4.3)
② 옥외소화전설비의 표시등(NFPC 109 7조 ④항, NFTC 109 2.4.4)
③ 연결송수관설비의 표시등(NFPC 502 6조, NFTC 502 2.3.1.6.1)</td><td>① 자동화재탐지설비의 발신기표시등(NFPC 203 9조 ②항, NFTC 203 2.6)
② 스프링클러설비의 화재감지기회로의 발신기표시등(NFPC 103 9조 ③항, NFTC 103 2.6.3.5.3)
③ 미분무소화설비의 화재감지기회로의 발신기표시등(NFPC 104A 12조 ①항, NFTC 104A 2.9.1.8.3)
④ 포소화설비의 화재감지기회로의 발신기표시등(NFPC 105 11조 ②항, NFTC 105 2.8.2.2.2)
⑤ 비상경보설비의 화재감지기회로의 발신기표시등(NFPC 201 4조 ⑤항, NFTC 201 2.1.5.3)</td></tr>
<tr><td>부착면과 15° 이하의 각도로도 발산되어야 하며 주위의 밝기가 0lx인 장소에서 측정하여 10m 떨어진 위치에서 켜진 등이 확실히 식별될 것
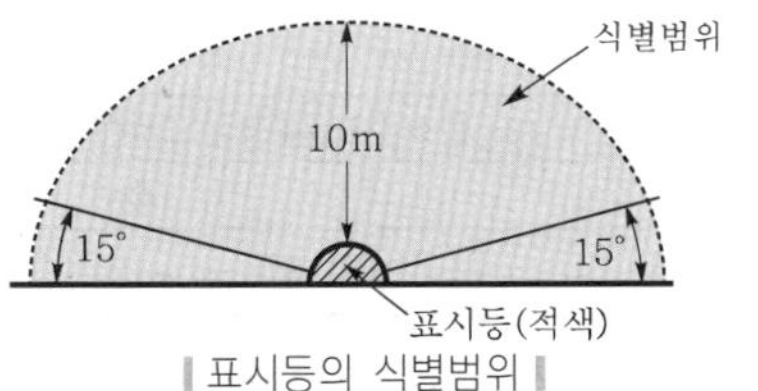

‖ 표시등의 식별범위 ‖</td><td>부착면으로부터 15° 이상의 범위 안에서 10m 거리에서 식별
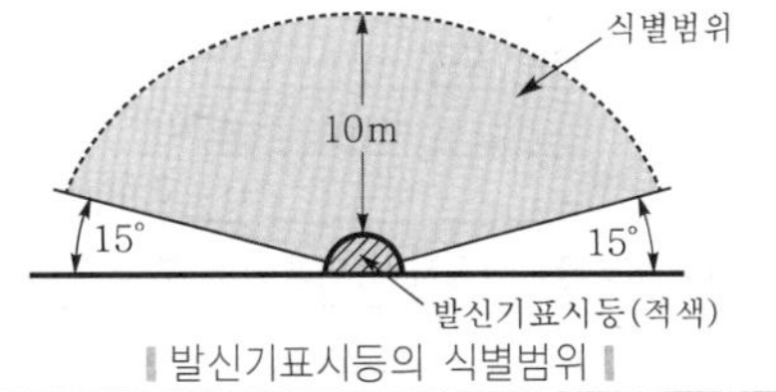

‖ 발신기표시등의 식별범위 ‖</td></tr>
</table>

☆☆☆

문제 13

P형 10회로 수신기에 대한 절연내력시험전압을 쓰시오. (단, 정격전압이 220V라고 한다.)

(21.7.문5, 19.11.문7, 19.6.문9, 17.6.문12, 16.11.문11, 13.11.문5, 13.4.문10, 12.7.문11, 06.7.문8, 06.4.문9)

○ 계산과정 :
○ 답 :

득점	배점
	6

해답 ○ 계산과정 : (220×2)+1000=1440V
○ 답 : 1440V

해설

- 절연내력시험 : 정격전압이 220V라고 주어졌으므로 정격전압별로 모두 답하면 틀리고 (220×2)+1000=1440V가 정답이다. 만약 정격전압이 주어지지 않았다면 정격전압별로 다음과 같이 모두 답하는 것이 맞다.

‖ 절연내력시험(정격전압이 주어지지 않은 경우)(수신기의 형식승인 및 제품검사의 기술기준 20조) ‖

정격전압	가하는 전압	측정방법
60V 이하	500V의 실효전압	1분 이상 견딜 것
60V 초과 150V 이하	1000V의 실효전압	
150V 초과	(정격전압×2)+1000V의 실효전압	

용어

절연저항시험과 **절연내력시험**

절연저항시험	절연내력시험
전원부와 외함 등의 절연이 얼마나 잘 되어 있는가를 확인하는 시험	평상시보다 높은 전압을 인가하여 절연이 파괴되는지의 여부를 확인하는 시험

☆☆☆

 문제 14

저압옥내배선의 금속관공사(Metallic Conduit Construction)에서 끝부분의 모를 다듬는 이유는 무엇인가?

(21.7.문16, 20.10.문17, 19.11.문16, 18.11.문2, 18.4.문9, 17.11.문14, 16.11.문2, 16.6.문12, 15.7.문4, 14.4.문8, 13.7.문18)

○

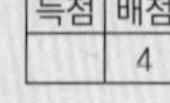

득점	배점
	4

해답 전선의 피복보호

해설

• 금속관의 모를 다듬는 기구는 리머(reamer)이며, 모를 다듬는 목적은 **전선**의 **피복보호**이다. '**전선의 피복보호**', '**전선의 절연피복보호**' 모두 정답!

(1) **관**의 **길이**

금속관(전선관)	합성수지관(경질비닐전선관, PVC전선관)
3.66m	**4m**

(2) **금속관공사**에 **이용**되는 **부품** 및 **공구**

명 칭	외 형	설 명
부싱 (bushing)		전선의 절연피복을 보호하기 위하여 **금속관 끝**에 취부하여 사용되는 부품
유니언 커플링 (union coupling)		**금속전선관 상호**간을 **접속**하는 데 사용되는 부품(**관**이 **고정**되어 **있을 때**)
노멀밴드 (normal bend)		**매입배관**공사를 할 때 **직각**으로 굽히는 곳에 사용하는 부품
유니버설 엘보 (universal elbow)		**노출배관**공사를 할 때 관을 직각으로 굽히는 곳에 사용하는 부품
링리듀서 (ring reducer)		**금속관**을 **아웃렛박스**에 로크너트만으로 고정하기 어려울 때 **보조적**으로 사용되는 **부품**
커플링 (coupling)	커플링 전선관	금속전선관 상호간을 접속하는 데 사용되는 부품(관이 고정되어 있지 않을 때)
새들(saddle)		**관**을 **지지**하는 데 사용하는 재료

로크너트 (lock nut)		**금속관**과 **박스**를 **접속**할 때 사용하는 재료로 최소 **2개**를 사용한다. 기억법 로금박
리머 (reamer)		금속관 **말단**의 **모**를 다듬기 위한 기구(목적 : 전선의 절연피복보호)
파이프커터 (pipe cutter)		**금속관**을 **절단**하는 기구
환형 3방출 정크션 박스		**배관**을 **분기**할 때 사용하는 박스
파이프벤더 (pipe bender)		금속관(후강전선관, 박강전선관)을 구부릴 때 사용하는 공구 ※ 28mm 이상은 **유압식 파이프벤더**를 사용한다.
8각 박스		감지기 등을 고정하고 배관 분기시에 사용
4각 박스		간선배관 등의 분기시에 사용
아웃렛박스 (outlet box)		① 배관의 **끝** 또는 **중간**에 부착하여 전선의 인출, 전기기구류의 부착 등에 사용 ② 감지기·유도등 및 전선의 접속 등에 사용되는 박스의 총칭 ③ 4각 박스, 8각 박스 등의 박스를 통틀어 일컫는 말
와이어스트리퍼 (wire stripper)		전선피복을 벗길 때 사용하는 것

☆☆☆ **문제 15**

그림은 자동화재탐지설비의 배선도이다. ①, ②, ③ 지점에 연결되는 최소 전선수는 몇 가닥인지 쓰시오. (19.4.문5, 17.4.문1, 16.6.문16, 11.11.문14, 07.11.문11)

득점	배점
	6

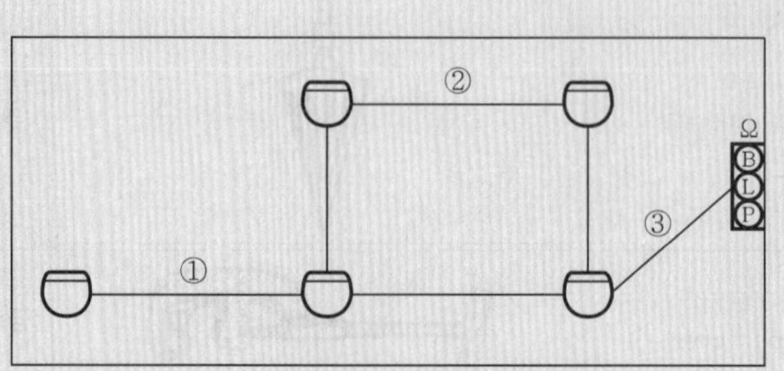

해답 ① 4가닥 ② 2가닥 ③ 4가닥

해설

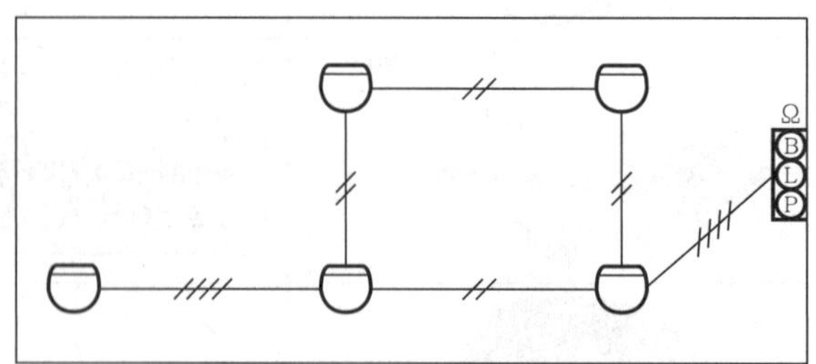

‖ 배선가닥수 표시 ‖

(1) **옥내배선기호**

명 칭	그림기호	적 요
차동식 스포트형 감지기		–
보상식 스포트형 감지기		–
정온식 스포트형 감지기		• 방수형 : • 내산형 : • 내알칼리형 : • 방폭형 : EX
연기감지기	S	• 점검박스 붙이형 : S • 매입형 : S

(2) **송배선식**과 **교차회로방식**

구 분	송배선식	교차회로방식
목적	• **도통시험**을 용이하게 하기 위하여	• 감지기의 **오동작** 방지
원리	• 배선의 도중에서 분기하지 않는 방식	• 하나의 담당구역 내에 **2 이상**의 **감지기회로**를 설치하고 **2 이상**의 **감지기회로**가 **동시**에 **감지**되는 때에 설비가 작동하는 방식으로 회로방식이 **AND회로**에 해당된다.

적용 설비	• 자동화재탐지설비 • 제연설비	• **분**말소화설비 • **할**론소화설비 • **이**산화탄소 소화설비 • **준**비작동식 스프링클러설비 • **일**제살수식 스프링클러설비 • **할**로겐화합물 및 불활성기체 소화설비 • **부**압식 스프링클러설비 기억법 **분할이 준일할부**
가닥수 산정	• 종단저항을 수동발신기함 내에 설치하는 경우 **루프(loop)**된 곳은 **2가닥**, **기타 4가닥**이 된다. 수동 발신기함 루프(loop) ‖ 송배선식 ‖	• **말단**과 **루프**(loop)된 곳은 **4가닥**, **기타 8가닥**이 된다. 말단 수동 발신기함 루프(loop) ‖ 교차회로방식 ‖

☆☆☆

문제 16

다음은 어느 특정소방대상물의 평면도이다. 건축물의 주요구조부는 내화구조이고, 층의 높이는 3.8m일 때 각 실별로 설치하여야 할 감지기수를 구하시오. (단, 차동식 스포트형 감지기 2종을 설치한다.)

(18.4.문13, 17.6.문2, 15.11.문15, 12.11.문15, 11.11.문4)

득점	배점
	13

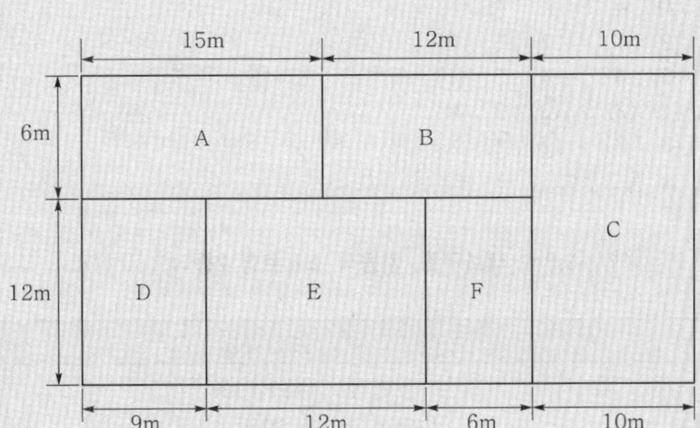

구 분	계산과정	답
A		
B		
C		
D		
E		
F		

해답 (가)

구 분	계산과정	답
A	$\frac{15\times6}{70}=1.2 ≒ 2$개	2개
B	$\frac{12\times6}{70}=1.02 ≒ 2$개	2개
C	$\frac{10\times(6+12)}{70}=2.5 ≒ 3$개	3개
D	$\frac{9\times12}{70}=1.5 ≒ 2$개	2개
E	$\frac{12\times12}{70}=2.05 ≒ 3$개	3개
F	$\frac{6\times12}{70}=1.02 ≒ 2$개	2개

해설 (가) **감지기 1개**가 담당하는 **바닥면적**(NFPC 203 7조, NFTC 203 2.4.3.5)

부착높이 및 특정소방대상물의 구분		감지기의 종류[m^2]				
		차동식 · **보**상식 스포트형		**정**온식 스포트형		
		1종	2종	특 종	1종	2종
4m 미만	내화구조	90	70	70	60	20
	기타 구조	50	40	40	30	15
4m 이상 8m 미만	내화구조	45	35	35	30	설치 불가능
	기타 구조	30	25	25	15	

기억법 차 보 정
9 7 7 6 2
5 4 4 3 ①
④ ③ ③ 3 ×
3 ② ② ① ×
※ 동그라미(○) 친 부분은 뒤에 5가 붙음

- [문제 조건]에서 **3.8m, 내화구조, 차동식 스포트형 2종**이므로 감지기 1개가 담당하는 바닥면적은 **70m^2**

구 분	계산과정	답
A	$\frac{적용면적}{70m^2}=\frac{(15\times6)m^2}{70m^2}=1.2 ≒ 2$개	2개
B	$\frac{적용면적}{70m^2}=\frac{(12\times6)m^2}{70m^2}=1.02 ≒ 2$개	2개
C	$\frac{적용면적}{70m^2}=\frac{[10\times(6+12)]m^2}{70m^2}=2.5 ≒ 3$개	3개
D	$\frac{적용면적}{70m^2}=\frac{(9\times12)m^2}{70m^2}=1.5 ≒ 2$개	2개
E	$\frac{적용면적}{70m^2}=\frac{(12\times12)m^2}{70m^2}=2.05 ≒ 3$개	3개
F	$\frac{적용면적}{70m^2}=\frac{(6\times12)m^2}{70m^2}=1.02 ≒ 2$개	2개

☆☆ 문제 17

전자개폐기에 따른 펌프용 전동기의 기동정지회로이다. 다음 동작설명과 같이 동작이 되도록 푸시버튼스위치 a, b접점과 열동계전기접점을 도면에 그려 넣으시오. (11.7.문5)

득점	배점
	6

〔동작설명〕

- 배선용 차단기 MCCB를 넣으면 녹색램프 (GL)이 켜진다.
- 푸시버튼스위치 PB_{-a} 접점을 누르면(ON하면) 전자개폐기 코일 (MC)에 전류가 흘러 주접점 (MC)가 닫히고, 전동기가 회전되는 동시에 (GL)램프가 꺼지고 적색램프 (RL)이 켜진다. 이때 푸시버튼스위치에서 손을 떼어도 이 동작은 계속된다.
- 푸시버튼스위치 PB_{-b} 접점을 누르면(OFF하면) 전동기가 멈추고 (RL)램프는 꺼지며, (GL)램프가 다시 점등된다.
- 동작 중 열동계전기 THR이 작동하면 (MC)소자 (GL)과 (RL)램프가 소등되고 부저([BZ])가 울린다.
- 보조회로에는 퓨즈(⊠)를 설치한다.

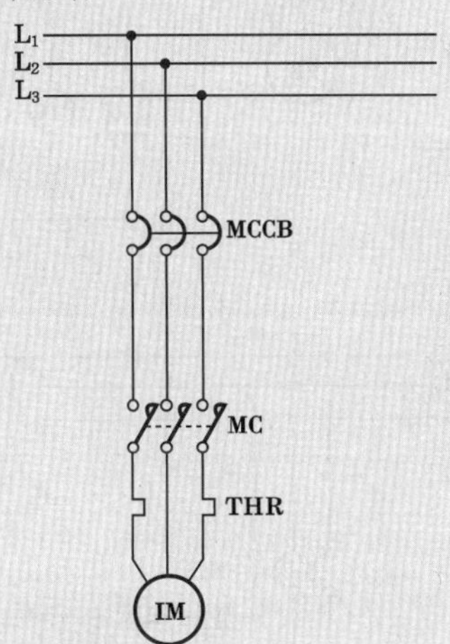

해답

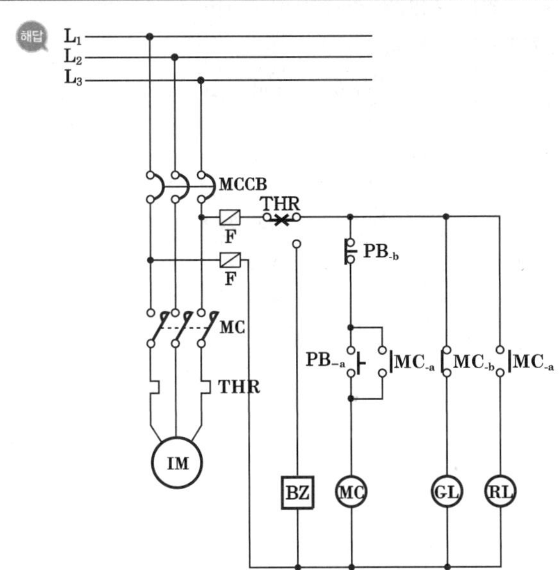

해설

- 일반적으로 퓨즈(▨)는 2개를 설치하는 것이 옳다. 1개만 설치하면 틀릴 수 있다.
- PB보다 PB_{-a}, PB_{-b}, MC보다 MC_{-a}, MC_{-b}처럼 a, b접점을 명확히 표시해 주는 것이 좋다.
- 다음과 같이 그려도 정답!

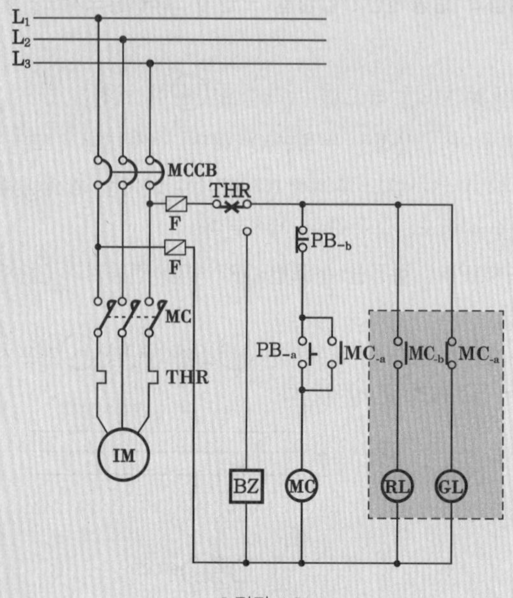

‖ 정답 1 ‖

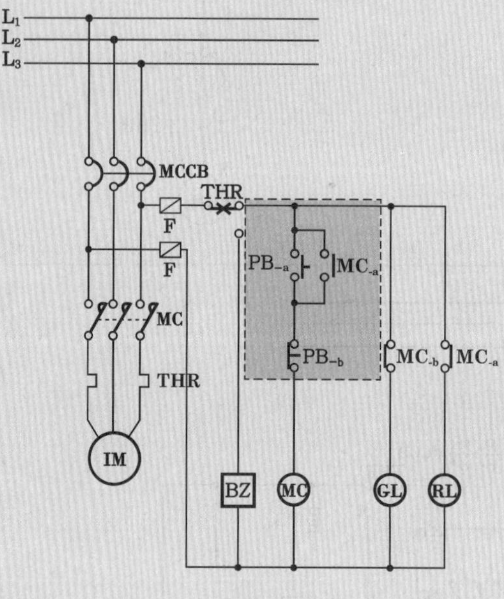

‖ 정답 2 ‖

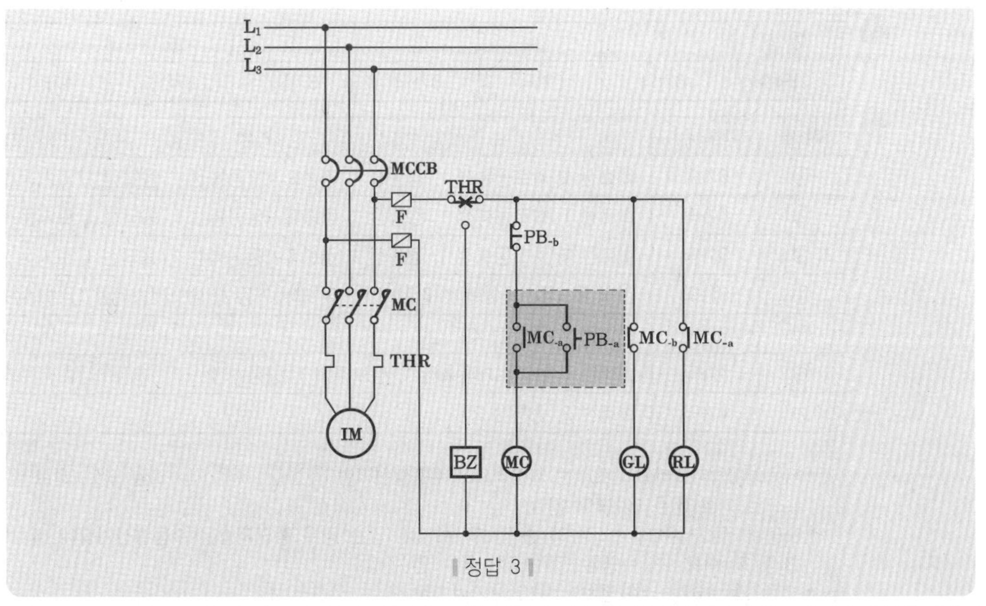

‖정답 3‖

약 호	명 칭
MCCB	배선용 차단기
THR	열동계전기
(MC)	전자개폐기
(IM)	유도전동기
BZ	부저(BuZzer)
(GL)	녹색표시등
(RL)	적색표시등

☆☆☆

문제 18

그림은 자동화재탐지설비와 교차회로방식의 프리액션 스프링클러설비가 설치된 지하주차장의 평면도이다. 그림을 보고 ①~⑦까지의 가닥수를 답란에 쓰시오. (21.4.문10, 16.4.문3, 14.7.문14)

득점	배점
	8

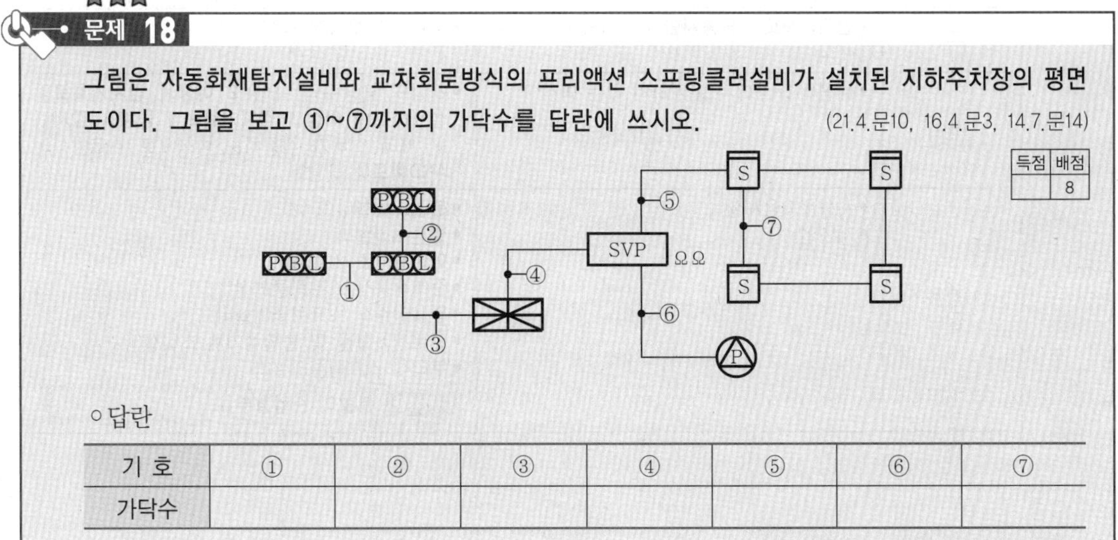

○답란

기 호	①	②	③	④	⑤	⑥	⑦
가닥수							

해답

기 호	①	②	③	④	⑤	⑥	⑦
가닥수	6가닥	6가닥	8가닥	8가닥	8가닥	4가닥	4가닥

해설

기 호	가닥수	내 역
①	6가닥	회로선 1, 회로공통선 1, 경종선 1, 경종표시등공통선 1, 응답선 1, 표시등선 1
②	6가닥	회로선 1, 회로공통선 1, 경종선 1, 경종표시등공통선 1, 응답선 1, 표시등선 1
③	8가닥	회로선 3, 회로공통선 1, 경종선 1, 경종표시등공통선 1, 응답선 1, 표시등선 1
④	8가닥	전원 ⊕ · ⊖, 사이렌 1, 감지기 A · B, 밸브기동 1, 밸브개방확인 1, 밸브주의 1
⑤	8가닥	회로선 4, 공통선 4
⑥	4가닥	밸브기동 1, 밸브개방확인 1, 밸브주의 1, 공통선 1
⑦	4가닥	회로선 2, 공통선 2

- 자동화재탐지설비의 회로수는 일반적으로 **수동발신기함**(ⓅⒷⓁ) 수를 세어보면 되고 **1회로**(발신기세트 1개)이므로 기호 ①은 **6가닥**이 된다.
- 자동화재탐지설비에서 도면에 종단저항 표시가 없는 경우 **종단저항**은 **수동발신기함**에 설치된 것으로 보면 되고, 회로선은 수동발신기함 개수를 세면 된다.
- 밸브기동=솔레노이드밸브=SV(Solenoid Valve)
- 회로선=지구선
- 밸브개방확인=프리액션밸브용 압력스위치=PS(Pressure Switch)
- 밸브주의=탬퍼스위치=TS(Tamper Switch)=밸브폐쇄확인스위치
- 프리액션 스프링클러설비=준비작동식 스프링클러설비
- 기호 ③은 문제에서 **평면도**이므로 **한 층**이기 때문에 **경종선**은 **1가닥**이다. 주의!
- 기호 ④는 자동화재탐지설비에서 전화선을 적용하지 않으므로 프리액션 스프링클러설비에서도 당연히 전화선이 필요 없다.
- 평면도에서 사이렌(◁)이 없더라도 프리액션 스프링클러설비는 스프링클러설비의 화재안전기술기준(NFTC 103) 2.6에 의해 음량장치(사이렌)가 반드시 있어야 하므로 문제에서 제외하라고 말하기 전에는 반드시 사이렌 1 추가!

중요

송배선식과 **교차회로방식**

구 분	송배선식	교차회로방식
목적	• **감지기회로**의 **도통시험**을 용이하게 하기 위하여	• 감지기의 **오동작** 방지
원리	• 배선의 도중에서 분기하지 않는 방식	• 하나의 담당구역 내에 **2 이상**의 **감지기회로**를 설치하고 **2 이상**의 **감지기회로**가 **동시**에 **감지**되는 때에 설비가 작동하는 방식으로 회로방식이 **AND회로**에 해당된다.
적용설비	• 자동화재탐지설비 • 제연설비	• **분**말소화설비 • **할**론소화설비 • **이**산화탄소 소화설비 • **준**비작동식 스프링클러설비 • **일**제살수식 스프링클러설비 • **할**로겐화합물 및 불활성기체 소화설비 • **부**압식 스프링클러설비 기억법 **분할이 준일할부**

가닥수 산정	• 종단저항을 수동발신기함 내에 설치하는 경우 **루프(loop)**된 곳은 **2가닥, 기타 4가닥**이 된다. ‖ 송배선식 ‖	• **말단**과 **루프**(loop)된 곳은 **4가닥, 기타 8가닥**이 된다. ‖ 교차회로방식 ‖

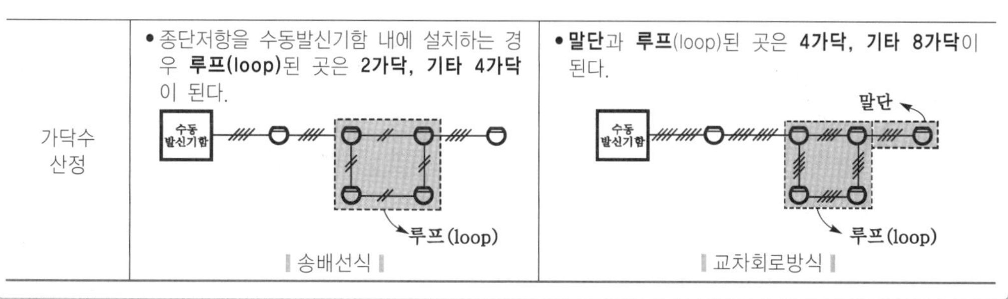

비교

(1) 감지기공통선과 전원공통선은 분리하고, 밸브개방확인, 밸브주의 및 밸브기동의 공통선은 1가닥을 사용하는 경우

기 호	가닥수	내 역
①	6가닥	회로선 1, 회로공통선 1, 경종선 1, 경종표시등공통선 1, 응답선 1, 표시등선 1
②	6가닥	회로선 1, 회로공통선 1, 경종선 1, 경종표시등공통선 1, 응답선 1, 표시등선 1
③	8가닥	회로선 3, 회로공통선 1, 경종선 1, 경종표시등공통선 1, 응답선 1, 표시등선 1
④	9가닥	전원 ⊕·⊖, 사이렌 1, 감지기 A·B, 밸브기동 1, 밸브개방확인 1, 밸브주의 1, 감지기공통선 1
⑤	8가닥	회로선 4, 공통선 4
⑥	4가닥	밸브기동 1, 밸브주의 1, 밸브개방확인 1, 공통선 1
⑦	4가닥	회로선 2, 공통선 2

• 기호 ④ 감지기공통선을 분리하라고 하였으므로 **'감지기공통선 1'** 추가

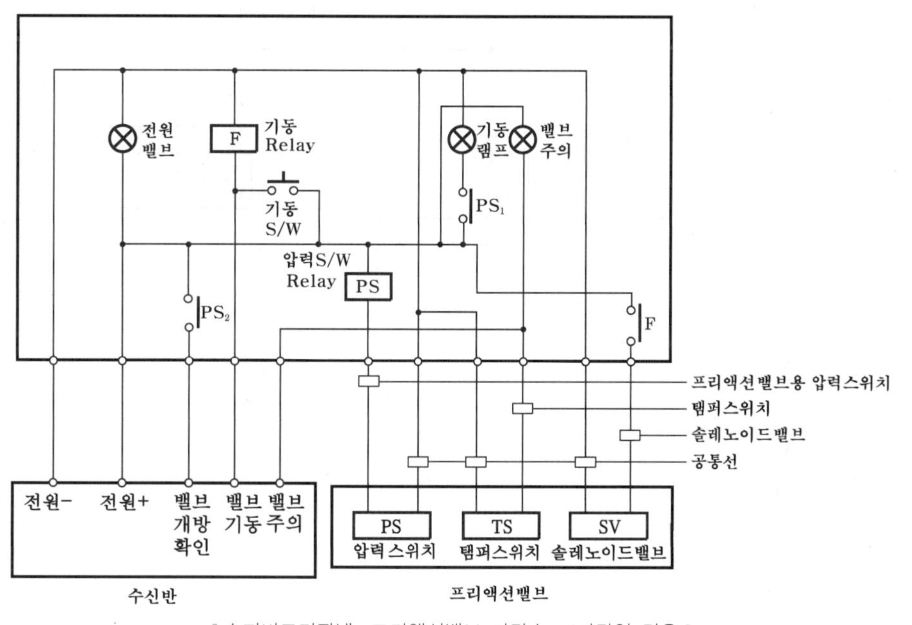

‖ 슈퍼비조리판넬~프리액션밸브 가닥수 : 4가닥인 경우 ‖

(2) 감지기공통선과 전원공통선을 분리하고, 슈퍼비조리판넬과 프리액션밸브 간의 공통선은 겸용하지 않는 경우

기 호	가닥수	내 역
①	6가닥	회로선 1, 회로공통선 1, 경종선 1, 경종표시등공통선 1, 응답선 1, 표시등선 1
②	6가닥	회로선 1, 회로공통선 1, 경종선 1, 경종표시등공통선 1, 응답선 1, 표시등선 1
③	8가닥	회로선 3, 회로공통선 1, 경종선 1, 경종표시등공통선 1, 응답선 1, 표시등선 1
④	9가닥	전원 ⊕·⊖, 사이렌 1, 감지기 A·B, 밸브기동 1, 밸브개방확인 1, 밸브주의 1, 감지기공통 1
⑤	8가닥	회로선 4, 공통선 4
⑥	6가닥	밸브기동 2, 밸브개방확인 2, 밸브주의 2
⑦	4가닥	회로선 2, 공통선 2

- 솔레노이드밸브(SV), 프리액션밸브용 압력스위치(PS), 탬퍼스위치(TS)에 따라 공통선을 사용하지 않으면 솔레노이드밸브(SV) 2, 프리액션밸브용 압력스위치(PS) 2, 탬퍼스위치(TS) 2 총 **6가닥**이 된다.

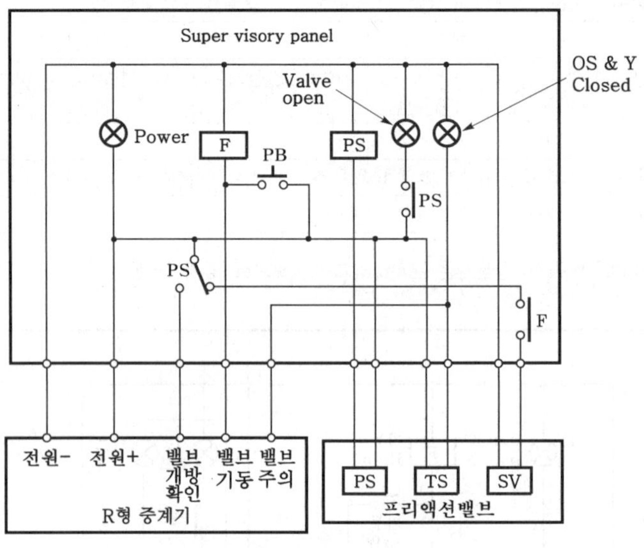

‖ 슈퍼비조리판넬~프리액션밸브 가닥수 : 6가닥인 경우 ‖

22년 2022. 11. 19 시행

▌2022년 산업기사 제4회 필답형 실기시험▐

자격종목	시험시간	형별	수험번호	성명	감독위원 확인
소방설비산업기사(전기분야)	2시간 30분				

※ 다음 물음에 답을 해당 답란에 답하시오.(배점 : 100)

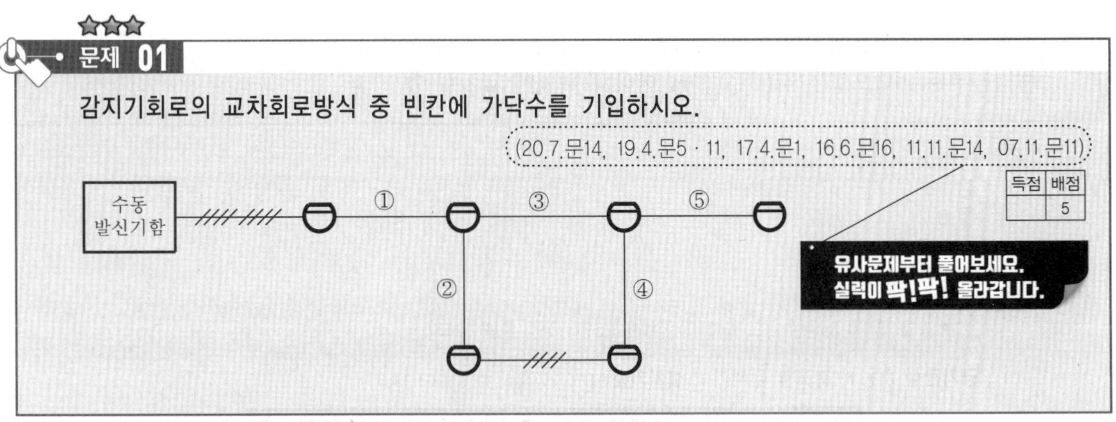

☆☆☆
문제 01
감지기회로의 교차회로방식 중 빈칸에 가닥수를 기입하시오.
(20.7.문14, 19.4.문5 · 11, 17.4.문1, 16.6.문16, 11.11.문14, 07.11.문11)
득점 배점
5
수동 발신기함
①
②
③
④
⑤
유사문제부터 풀어보세요.
실력이 팍!팍! 올라갑니다.

해답 ① 8가닥 ② 4가닥 ③ 4가닥 ④ 4가닥 ⑤ 4가닥

해설 **송배선식**과 **교차회로방식**

구 분	송배선식	교차회로방식
목적	**감지기회로**의 **도통시험**을 용이하게 하기 위하여	감지기의 **오동작** 방지
원리	배선의 도중에서 분기하지 않는 방식	하나의 담당구역 내에 **2 이상**의 **감지기회로**를 설치하고 **2 이상**의 **감지기회로**가 **동시**에 **감지**되는 때에 설비가 작동하는 방식으로 회로방식이 **AND 회로**에 해당된다.
적용 설비	• 자동화재탐지설비 • 제연설비	• **분**말소화설비 • **할**론소화설비 • **이**산화탄소 소화설비 • **준**비작동식 스프링클러설비 • **일**제살수식 스프링클러설비 • **할**로겐화합물 및 불활성기체 소화설비 • **부**압식 스프링클러설비 기억법 **분할이 준일할부**
가닥수 산정	종단저항을 수동발신기함 내에 설치하는 경우 **루프(loop)**된 곳은 **2가닥, 기타 4가닥**이 된다. 수동 발신기함 루프(loop) ▌송배선식▐	**말단**과 **루프**(loop)된 곳은 **4가닥, 기타 8가닥**이 된다. 수동 발신기함 말단 루프(loop) ▌교차회로방식▐

☆☆☆

문제 02

공기관식 차동식 분포형 감지기의 설치기준에 대한 설명으로 (   ) 안에 알맞은 내용을 쓰시오.

(19.4.문6, 14.11.문10, 09.4.문4)

득점	배점
	5

- ○공기관의 노출부분은 감지구역마다 (①)m 이상이 되도록 할 것
- ○공기관과 감지구역의 각 변과의 수평거리는 (②)m 이하가 되도록 하고, 공기관 상호간의 거리는 (③)m(주요구조부를 내화구조로 한 특정소방대상물 또는 그 부분에 있어서는 9m) 이하가 되도록 할 것
- ○하나의 검출부분에 접속하는 공기관의 길이는 (④)m 이하로 할 것
- ○검출부는 바닥으로부터 (⑤)m 이하의 위치에 설치할 것

해답 ① 20
② 1.5
③ 6
④ 100
⑤ 0.8m 이상 1.5

해설

- 기호 ⑤ **'0.8m 이상'**도 답해야 정답! 1.5만 쓰면 틀림 주의!

공기관식 차동식 분포형 감지기의 **설치기준**(NFPC 203 7조, NFTC 203 2.4.3.7)

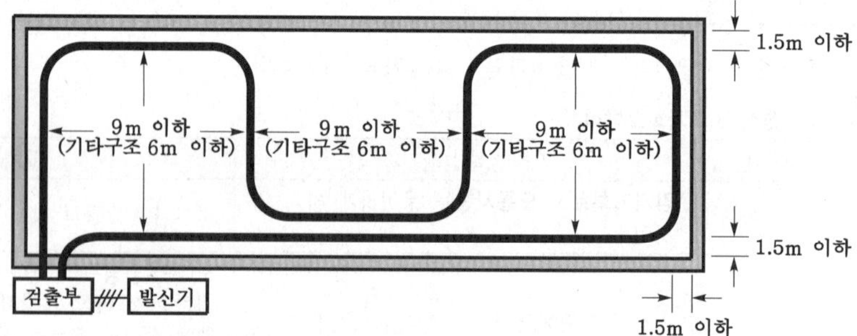

(1) 공기관의 노출부분은 감지구역마다 **20m** 이상이 되도록 설치할 것
(2) 공기관과 감지구역의 각 변과의 **수평거리**는 **1.5m** 이하가 되도록 할 것
(3) 공기관 상호간의 거리는 **6m**(내화구조는 **9m**) 이하가 되도록 할 것
(4) 하나의 **검출부**에 접속하는 공기관의 길이는 **100m** 이하가 되도록 할 것
(5) 검출부는 **5도** 이상 경사되지 않도록 부착할 것
(6) **검출부**는 바닥으로부터 **0.8~1.5m** 이하의 위치에 설치할 것
(7) 공기관은 도중에서 **분기**하지 않도록 할 것

- **경사제한각도**

차동식 분포형 감지기	스포트형 감지기
5° 이상	45° 이상

비교

정온식 감지선형 감지기의 설치기준(NFPC 203 7조, NFTC 203 2.4.3.12)
(1) **보**조선이나 고정금구를 사용하여 감지선이 늘어지지 않도록 설치할 것
(2) **단**자부와 마감고정금구와의 설치간격은 **10cm** 이내로 설치할 것
(3) 감지선형 감지기의 **굴**곡반경은 **5cm** 이상으로 할 것
(4) 감지기와 감지구역의 각 부분과의 수평**거**리가 내화구조의 경우 **1종 4.5m** 이하, **2종 3m** 이하로 할 것. 기타구조의 경우 **1종 3m** 이하, **2종 1m** 이하로 할 것

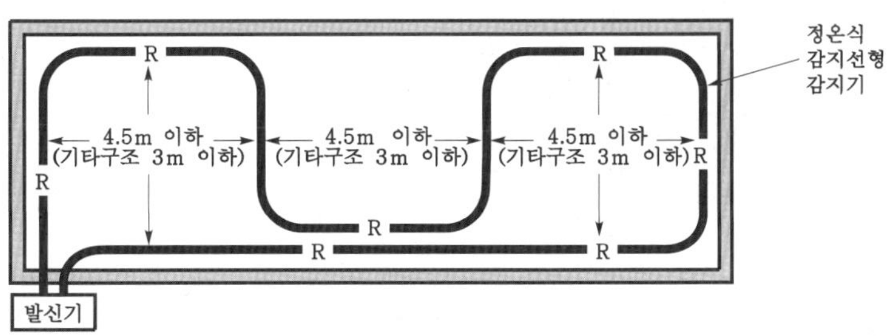

‖ 정온식 감지선형 감지기 ‖

(5) **케**이블트레이에 감지기를 설치하는 경우에는 **케이블트레이 받침대**에 마감금구를 사용하여 설치할 것
(6) **창고**의 **천장** 등에 지지물이 적당하지 않는 장소에서는 **보조선**을 설치하고 그 보조선에 설치할 것
(7) **분**전반 내부에 설치하는 경우 접착제를 이용하여 돌기를 바닥에 고정시키고 그곳에 감지기를 설치할 것
(8) 그 밖의 설치방법은 형식승인내용에 따르며 형식승인사항이 아닌 것은 제조사의 **시**방(示方)에 따라 설치할 것

기억법 **정감 보단굴거 케분시**

☆☆
문제 03

자동화재탐지설비의 화재안전기준에서 정한 연기감지기의 설치기준이다. 다음 빈칸을 채우시오.

(12.11.문10)

부착높이	감지기의 종류〔m^2〕	
	1종 및 2종	3종
4m 미만	150	(①)
4m 이상 (②) m 미만	75	설치 불가능

득점	배점
	4

① 50
② 20

(1) **연기감지기의 바닥면적**(NFPC 203 7조, NFTC 203 2.4.3.10.1)

부착높이	감지기의 종류〔m^2〕	
	1종 및 2종	3종
4m 미만	150	**50**
4~**20m** 미만	75	×

(2) **스포트형 감지기의 바닥면적**(NFPC 203 7조, NFTC 203 2.4.3.5)

부착높이 및 특정소방대상물의 구분		감지기의 종류〔m^2〕				
		차동식 · **보**상식 스포트형		**정**온식 스포트형		
		1종	2종	특 종	1종	2종
4m 미만	주요구조부를 내화구조로 한 특정소방대상물 또는 그 부분	90	70	70	60	20
	기타 구조의 특정소방대상물 또는 그 부분	50	40	40	30	15
4m 이상 8m 미만	주요구조부를 내화구조로 한 특정소방대상물 또는 그 부분	45	35	35	30	
	기타 구조의 특정소방대상물 또는 그 부분	30	25	25	15	

기억법 차 보 정

9	7	7	6	2
5	4	4	3	①
④	③	③	3	×
3	②	②	①	×

※ 동그라미(○) 친 부분은 뒤에 5가 붙음

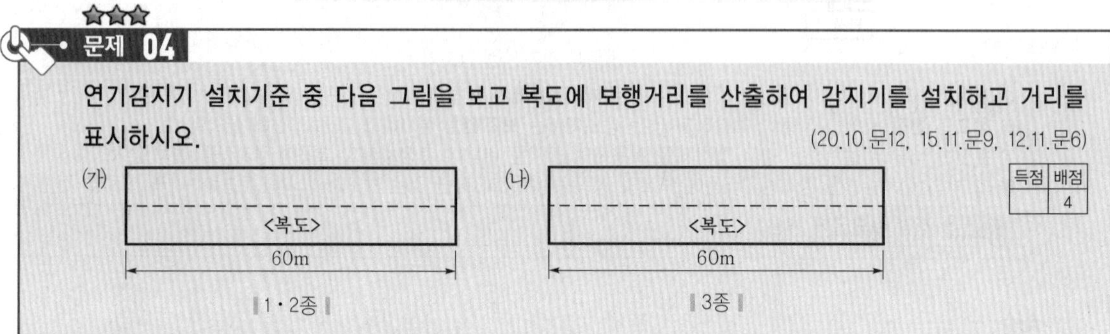

☆☆☆ 문제 04

연기감지기 설치기준 중 다음 그림을 보고 복도에 보행거리를 산출하여 감지기를 설치하고 거리를 표시하시오. (20.10.문12, 15.11.문9, 12.11.문6)

득점	배점
	4

‖1·2종‖ ‖3종‖

해답 (가)

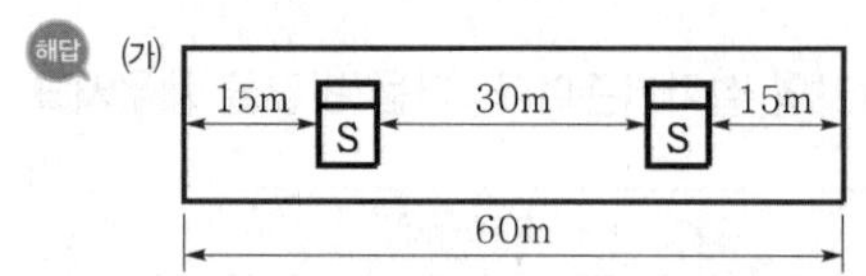

(나)

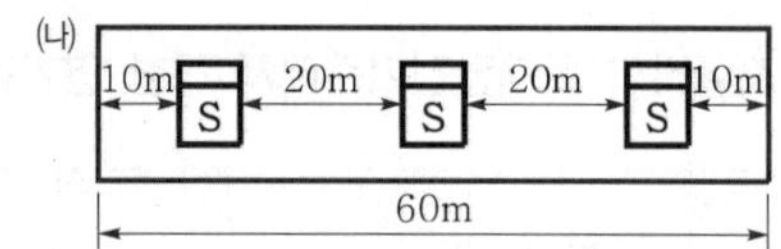

해설 **연기감지기**의 **설치기준**(NFPC 203 7조 ③항 10호, NFTC 203 2.4.3.10)

(1) 감지기는 복도 및 통로에 있어서는 **보행거리 30m**(3종은 **20m**)마다, **계단** 및 **경사로**에 있어서는 **수직거리 15m**(**3종**은 **10m**)마다 1개 이상으로 할 것

설치장소	복도·통로		계단·경사로	
종 별	1·2종	3종	1·2종	3종
설치거리	보행거리 30m	보행거리 20m	수직거리 15m	수직거리 10m

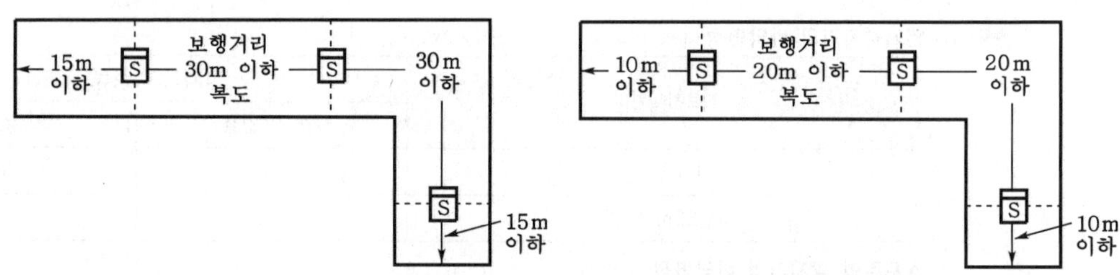

‖복도 및 통로의 연기감지기 설치(1·2종)‖ ‖복도 및 통로의 연기감지기 설치(3종)‖

(2) 천장 또는 반자가 **낮은 실내** 또는 **좁은 실내**에 있어서는 **출입구**의 가까운 부분에 설치할 것

(3) 천장 또는 반자 부근에 **배기구**가 있는 경우에는 그 **부근**에 설치할 것

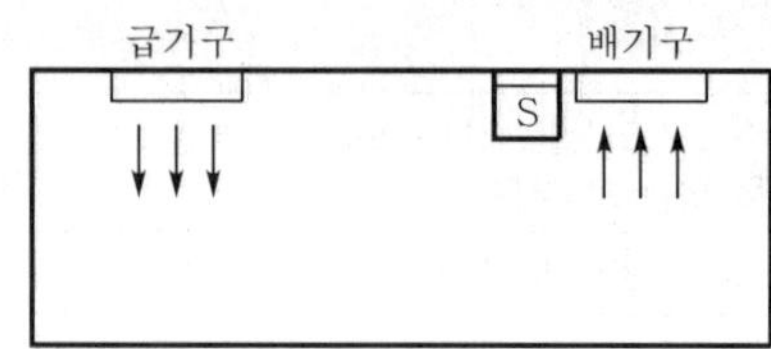

‖배기구가 있는 경우의 연기감지기 설치‖

(4) 감지기는 **벽** 또는 **보**로부터 **0.6m** 이상 떨어진 곳에 설치할 것

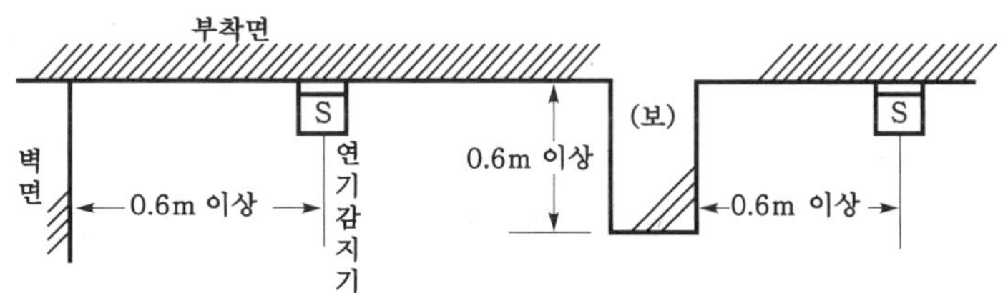

‖ 벽 또는 보로부터의 연기감지기 설치 ‖

☆☆☆
문제 05

설치장소에 따른 유도등의 종류를 모두 쓰시오. (17.6.문4, 15.4.문9, 12.11.문17)

(가) 지하상가 :

(나) 발전시설 :

(다) 공장 :

득점	배점
	6

해답 (가) 대형 피난구유도등, 통로유도등
(나) 소형 피난구유도등, 통로유도등
(다) 소형 피난구유도등, 통로유도등

해설 **유도등** 및 **유도표지**의 **종류**(NFPC 303 4조, NFTC 303 2.1.1)

설치장소	유도등 및 유도표지의 종류
• **공연장** · **집회장** · **관람장** · 운동시설 • 유흥주점 영업시설(카바레, 나이트클럽)	• **대형** 피난구유도등 • 통로유도등 • 객석유도등
• 위락시설 · 판매시설 · 운수시설 · 장례시설(장례식장) • 관광숙박업 · 의료시설 · 방송통신시설 • 전시장 · 지하상가 · 지하역사 →	• **대형** 피난구유도등 • 통로유도등
• 숙박시설 · 오피스텔 • 지하층 · 무창층 및 11층 이상인 특정소방대상물	• **중형** 피난구유도등 • 통로유도등
• 근린생활시설 · 노유자시설 · 업무시설 · 발전시설 • 종교시설 · 교육연구시설 · 공장 · 수련시설 → • 교정 및 군사시설 • 자동차정비공장 · 운전학원 및 정비학원 • 다중이용업소 · 복합건축물	• **소형** 피난구유도등 • 통로유도등
• 그 밖의 것	• 피난구유도표지 • 통로유도표지

☆
문제 06

피난구유도등의 설치제외장소 2가지를 쓰시오. (12.7.문12)

○

○

득점	배점
	6

해답 ① 옥내에서 직접 지상으로 통하는 출입구(바닥면적 $1000m^2$ 미만 층)
② 대각선 길이가 15m 이내인 구획된 실의 출입구

해설 **설치제외장소**

구 분	설치제외장소
피난구유도등의 **설치제외장소** (NFPC 303 11조 ①항, NFTC 303 2.8.1)	① 옥내에서 직접 지상으로 통하는 출입구(바닥면적 **1000m²** 미만 층) ② 대각선 길이가 15m 이내인 구획된 실의 출입구 ③ 비상조명등 · 유도표지가 설치된 거실 출입구(거실 각 부분에서 출입구까지의 **보행거리 20m** 이하) ④ 출입구가 **3 이상**인 거실(거실 각 부분에서 출입구까지의 보행거리 **30m** 이하는 주된 출입구 **2개 외**의 출입구)
자동화재탐지설비의 **감지기 설치제외장소** (NFPC 203 7조 ⑤항, NFTC 203 2.4.5)	① 천상 또는 반자의 높이가 **20m** 이상인 곳(감지기의 부착높이에 따라 적응성이 있는 장소 제외) ② **헛간** 등 외부와 기류가 통하여 화재를 유효하게 감지할 수 없는 장소 ③ **목욕실** · 욕조나 샤워시설이 있는 화장실, 기타 이와 유사한 장소 ④ **부식성** 가스 체류장소 ⑤ **프레스공장** · **주조공장** 등 화재발생의 위험이 적은 장소로서 감지기의 **유지관리**가 어려운 장소 ⑥ **고**온도 및 저온도로서 감지기의 기능이 정지되기 쉽거나 감지기의 유지관리가 어려운 장소 기억법 감제헛목 부프주고
누전경보기의 **수신부 설치제외장소** (NFPC 205 5조, NFTC 205 2.2.2)	① **온**도변화가 급격한 장소 ② **습**도가 높은 장소 ③ **가**연성의 증기, 가스 등 또는 부식성의 증기, 가스 등의 다량 체류장소 ④ **대전류회로, 고주파발생회로** 등의 영향을 받을 우려가 있는 장소 ⑤ **화**약류 제조, 저장, 취급장소 기억법 온습누가대화(온도 · 습도가 높으면 누가 대화하냐?)
통로유도등의 **설치제외장소** (NFPC 303 11조 ②항, NFTC 303 2.8.2)	① 길이 **30m** 미만의 복도 · 통로(구부러지지 않은 복도 · 통로) ② 보행거리 **20m** 미만의 복도 · 통로(출입구에 **피난구유도등**이 설치된 복도 · 통로)
객석유도등의 **설치제외장소** (NFPC 303 11조 ③항, NFTC 303 2.8.3)	① **채광**이 충분한 객석(**주간**에만 사용) ② **통**로유도등이 설치된 객석(거실 각 부분에서 거실 출입구까지의 **보행거리 20m** 이하) 기억법 채객보통(채소는 객관적으로 보통이다.)
비상조명등의 **설치제외장소** (NFPC 304 5조 ①항, NFTC 304 2.2.1)	① 거실 각 부분에서 출입구까지의 **보행거리 15m** 이내 ② **공동주택 · 경기장 · 의원** · 의료시설 · **학교 거실**
휴대용 비상조명등의 **설치제외장소** (NFPC 304 5조 ②항, NFTC 304 2.2.2)	① 복도 · 통로 · 창문 등을 통해 **피**난이 용이한 경우(**지상 1층 · 피난층**) ② **숙박시설**로서 복도에 비상조명등을 설치한 경우 기억법 휴피(휴지로 피 닦아.)

☆☆☆

문제 07

양수량이 매분 12m³이고 총양정이 20m인 펌프로 물탱크에 양수하려고 한다. 펌프의 효율은 85%이고, 여유계수 1.2, 역률 80%라 할 때 다음 물음에 답하시오.

(19.4.문15, 17.4.문9, 14.11.문14, 14.4.문6, 11.7.문3, 10.4.문8, 05.7.문13)

득점	배점
	6

(가) 펌프용 전동기 용량[kW]을 구하시오.

○ 계산과정 :

○ 답 :

(나) 부하용량[kVA]을 구하시오.

○ 계산과정 :

○ 답 :

(가) ○ 계산과정 : $\frac{9.8\times1.2\times20\times12}{0.85\times60}=55.341\fallingdotseq55.34$kW

○ 답 : 55.34kW

(나) ○ 계산과정 : $\frac{55.34}{0.8}=69.175\fallingdotseq69.18$kVA

○ 답 : 69.18kVA

기호

- t : 매분=60s
- Q : 12m^3
- H : 20m
- η : 85%=0.85
- K : 1.2
- $\cos\theta$: 80%=0.8
- P : ?
- P_a : ?

(가)

$$P=\frac{9.8KHQ}{\eta t}$$

여기서, P : 전동기용량[kW]
η : 효율
t : 시간[s]
K : 여유계수
H : 전양정[m]
Q : 양수량(유량)[m^3]

$$P=\frac{9.8KHQ}{\eta t}=\frac{9.8\times1.2\times20\times12}{0.85\times60}$$
$$=55.341\text{kW}\fallingdotseq55.34\text{kW}$$

(나)

$$P=VI\cos\theta=P_a\cos\theta$$

여기서, P : 전력(전동기의 용량)[kW]
V : 전압[V]
I : 전류[A]
$\cos\theta$: 역률
P_a : 부하용량[kVA]
η : 효율

$P=VI\cos\theta=P_a\cos\theta$에서

부하용량 $P_a=\frac{P}{\cos\theta}=\frac{55.34}{0.8}$
$=69.175\text{kVA}\fallingdotseq69.18\text{kVA}$

- 부하용량(P_a) 계산시 효율(η)을 적용할 필요는 없다. 왜냐하면 전동기용량(P) 계산시 이미 효율(η)을 적용했기 때문이다.

☆☆☆

문제 08

다음 옥내배선 그림기호의 명칭을 쓰시오. (21.7.문11, 19.4.문2, 17.6.문3, 12.11.문2)

득점	배점
	6

그림기호	명 칭
————	
— — —	

해답

그림기호	명 칭
————	천장은폐배선
— — —	바닥은폐배선
--------------	노출배선

해설 (1) **옥내배선기호**

명 칭	그림기호	적 요
천장은폐배선	————	천장 속의 배선을 구별하는 경우 : —·—·—
바닥은폐배선	— — —	-
노출배선	--------------	바닥면 노출배선을 구별하는 경우 : —··—··—

- 하나의 배선에 여러 종류의 전선을 사용할 경우 전선관 표기는 한 곳에만 하면 된다.

— ///— — — /—
CV25(36) GV6(36)

‖ 잘못된 표기 ‖

- 전선의 위치가 좌우 바뀌어도 된다.

— /— — — ///—
GV6 CV25(36)

‖ 올바른 표기 ‖

(2) **배관**의 **표시방법**

① 강제전선관의 경우 : // HFIX 2.5 (19)

② 경질비닐전선관인 경우 : // 2.5 (VE16)

③ 2종 금속제 가요전선관인 경우 : // 2.5 ($F_2$17)

④ 합성수지제 가요관인 경우 : // 2.5 (PF16)

⑤ 전선이 들어있지 않은 경우 : —C— (19)

☆☆
문제 09

유도등의 전원으로 이용되는 것 3가지를 쓰시오. (20.11.문16, 11.7.문10)

○

○

○

득점	배점
	6

해답 ① 축전지설비
② 전기저장장치
③ 교류전압의 옥내간선

해설 (1) **유도등의 전원**(NFPC 303 10조, NFTC 303 2.7)

전 원	비상전원
① 축전지설비 ② 전기저장장치 ③ 교류전압의 옥내간선	축전지

용어

전기저장장치
외부 전기에너지를 저장해 두었다가 필요한 때 전기를 공급하는 장치

(2) 각 설비의 비상전원 종류

설 비	비상전원	비상전원 용량
• 자동화재**탐**지설비	• **축**전지설비 • 전기저장장치	**10분** 이상(30층 미만) **30분** 이상(30층 이상)
• 비상**방**송설비	• 축전지설비 • 전기저장장치	
• 비상**경**보설비	• 축전지설비 • 전기저장장치	**10분** 이상
• **유**도등	• 축전지	**20분** 이상 ※ 예외규정 : **60분** 이상 (1) **11층** 이상(지하층 제외) (2) 지하층 · 무창층으로서 **도매시장 · 소매시장 · 여객자동차터미널 · 지하철역사 · 지하상가**
• **무**선통신보조설비	명시하지 않음	**30분** 이상 기억법 **탐경유방무축**
• 비상콘센트설비	• 자가발전설비 • 축전지설비 • 비상전원수전설비 • 전기저장장치	**20분** 이상
• **스**프링클러설비 • **미**분무소화설비	• **자**가발전설비 • **축**전지설비 • **전**기저장장치 • 비상전원**수**전설비(차고 · 주차장으로서 스프링클러설비(또는 미분무소화설비)가 설치된 부분의 바닥면적합계가 1000m^2 미만인 경우)	**20분** 이상(30층 미만) **40분** 이상(30~49층 이하) **60분** 이상(50층 이상) 기억법 **스미자 수전축**

• 포소화설비	• 자가발전설비 • 축전지설비 • 전기저장장치 • 비상전원수전설비 – 호스릴포소화설비 또는 포소화전만을 설치한 차고·주차장 – 포헤드설비 또는 고정포방출설비가 설치된 부분의 바닥면적(스프링클러설비가 설치된 차고·주차장의 바닥면적 포함)의 합계가 1000m^2 미만인 것	**20분** 이상
• **간**이스프링클러설비	• 비상전원**수**전설비	**10분**(숙박시설 바닥면적 합계 300~600m^2 미만, 근린생활시설 바닥면적 합계 1000m^2 이상, 복합건축물 연면적 1000m^2 이상은 **20분**) 이상 기억법 **간수**
• 옥내소화전설비 • 연결송수관설비	• 자가발전설비 • 축전지설비 • 전기저장장치	**20분** 이상(30층 미만) **40분** 이상(30~49층 이하) **60분** 이상(50층 이상)
• 제연설비 • 분말소화설비 • 이산화탄소 소화설비 • 물분무소화설비 • 할론소화설비 • 할로겐화합물 및 불활성기체 소화설비 • 화재조기진압용 스프링클러설비	• 자가발전설비 • 축전지설비 • 전기저장장치	**20분** 이상
• 비상조명등	• 자가발전설비 • 축전지설비 • 전기저장장치	**20분** 이상 ※ 예외규정 : **60분** 이상 (1) **11층** 이상(지하층 제외) (2) 지하층·무창층으로서 **도매시장·소매시장·여객자동차터미널·지하철역사·지하상가**
• 시각경보장치	• 축전지설비 • 전기저장장치	명시하지 않음

☆☆☆

문제 10

자동화재탐지설비의 수신기의 성능시험 중 예비전원시험방법에 대해 다음 괄호를 채우시오.

(21.7.문14, 20.5.문3, 17.11.문9, 16.6.문3, 14.11.문3, 14.7.문11, 13.7.문2, 09.10.문3)

득점	배점
	6

(가) (　　　　)

(나) (　　　　) 있을 것

(다) (　　　　) 작동상황 확인

해답 (가) 예비전원시험스위치 누름
(나) 전압계의 지시치가 지정범위 내에
(다) 상용전원을 차단하고 자동절환릴레이의

해설 **자동화재탐지설비**의 **수신기**의 **시험**

시험 종류	시험방법	가부판정의 기준
화재표시 작동시험	① 회로선택스위치로서 실행하는 시험 : 동작시험스위치를 눌러서 스위치 주의등의 점등을 확인한 후 회로선택스위치를 차례로 회전시켜 **1회로**마다 화재시의 작동시험을 행할 것 ② 감지기 또는 발신기의 작동시험과 함께 행하는 방법 : 감지기 또는 발신기를 차례로 작동시켜 경계구역과 지구표시등과의 접속상태 확인	① 각 **릴레이**(relay)의 작동이 정상일 것 ② **화재표시등**, **지구표시등**, 그 밖의 표시장치의 점등이 정상일 것 ③ **음향장치**의 작동이 정상일 것 ④ **감지기회로** 또는 **부속기기회로**와의 연결접속이 정상일 것
회로도통시험	① 도통시험스위치 누름 ② 회로선택스위치를 차례로 회전 ③ 각 회선별로 전압계의 전압 확인 또는 발광다이오드의 점등유무 확인 ④ 종단저항 등의 접속상황 확인	각 회선의 **전압계**의 **지시치** 또는 발광다이오드의 점등유무 상황이 정상일 것
공통선시험 (단, 7회선 이하는 제외)	① 수신기의 회로공통선 1선 제거 ② 도통시험스위치를 누르고, 회로선택스위치를 차례로 회전 ③ 전압계 또는 발광다이오드를 확인하여 단선을 지시한 경계구역수 확인	공통선이 담당하고 있는 경계구역수가 **7 이하**일 것
동시작동시험 (단, 1회선은 제외)	① **동작시험스위치**를 시험위치에 놓는다. ② 상용전원으로 **5회선**(5회선 미만은 전회선) 동시 작동 ③ 주음향장치 및 지구음향장치 작동 ④ 부수신기와 표시장치도 모두를 작동상태로 하고 실시	① **수신기**의 기능에 이상이 없을 것 ② **부수신기**의 기능에 이상이 없을 것 ③ **표시장치**(표시기)의 기능에 이상이 없을 것 ④ **음향장치**의 기능에 이상이 없을 것
회로저항시험	① **저항계** 또는 **테스터**를 사용하여 감지기회로의 공통선과 회로선 사이 측정 ② 상시 개로식인 것은 회로 말단을 연결하고 측정	하나의 감지기회로의 합성저항치는 **50Ω 이하**로 할 것
예비전원시험	① 예비전원시험스위치 누름 질문 (가) ② 전압계의 지시치가 지정범위 내에 있을 것 또는 발광다이오드의 정상유무 표시등 점등확인 질문 (나) ③ 교류전원을 개로(상용전원을 차단)하고 자동절환릴레이의 작동상황 확인 질문 (다)	① 예비전원의 전압이 정상일 것 ② 예비전원의 용량이 정상일 것 ③ 예비전원의 절환상태(절환상황)가 정상일 것 ④ 예비전원의 복구작동이 정상일 것
저전압시험	정격전압의 **80%**로 실시	–
비상전원시험	비상전원으로 **축전지설비**를 사용하는 것에 대해 행한다.	–
지구음향장치의 작동시험	임의의 감지기 또는 발신기를 작동했을 때 화재신호와 연동하여 음향장치의 정상작동 여부 확인	지구음향장치가 작동하고 음량이 정상일 것, 음량은 음향장치의 중심에서 **1m** 떨어진 위치에서 **90dB** 이상일 것

- 가부판정의 기준=양부판정의 기준=가부판단의 기준

비교

시험과목

중계기	속보기의 예비전원
• 주위온도시험 • 반복시험 • 방수시험 • 절연저항시험 • 절연내력시험 • 충격전압시험 • 충격시험 • 진동시험 • 습도시험 • 전자파 내성시험	• 충 · 방전시험 • 안전장치시험

☆☆☆

문제 11

그림과 같은 건물 평면도의 자동화재탐지설비의 최소경계구역 수를 구하시오.

(21.11.문2, 20.10.문7, 14.11.문6, 14.4.문15, 07.11.문14)

득점	배점
	6

(가)

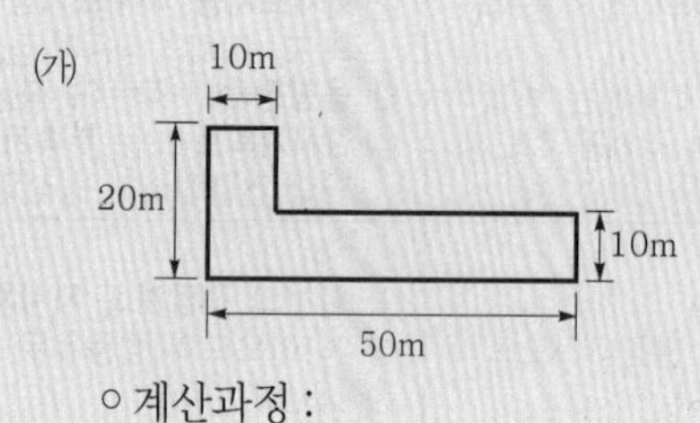

○ 계산과정 :
○ 답 :

(나)

10m
60m

○ 계산과정 :
○ 답 :

(가) ○ 계산과정 : $\frac{500+100}{600}=1$개

○ 답 : 1개

(나) ○ 계산과정 : $\frac{300}{600}=0.5 \fallingdotseq 1$

$\frac{300}{600}=0.5 \fallingdotseq 1$

○ 답 : 2개

해설 (가) 하나의 경계구역의 면적을 **600m²** 이하로 하고, 한 변의 길이는 **50m** 이하로 하여 산정하면 1경계구역이 된다.

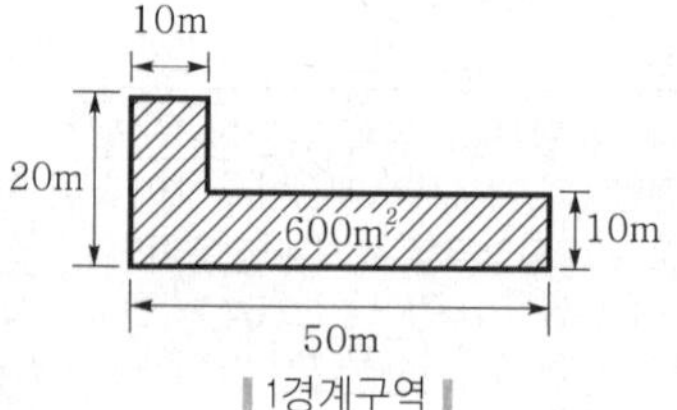

‖ 1경계구역 ‖

$$경계구역수=\frac{바닥면적[m^2]}{600m^2}(절상)$$

$\frac{(500+100)m^2}{600m^2}=1$경계구역

(나)

- 한 변의 길이가 **50m**를 **초과**하므로 50m 이하로 나누는 것
- 한 변의 길이가 **50m 이하**이므로 바닥면적을 **600m²**로 나누기만 하면 된다.

하나의 경계구역의 면적을 **600m²** 이하로 하고, 한 변의 길이는 **50m** 이하로 하여 산정하면 **2경계구역**이 된다.

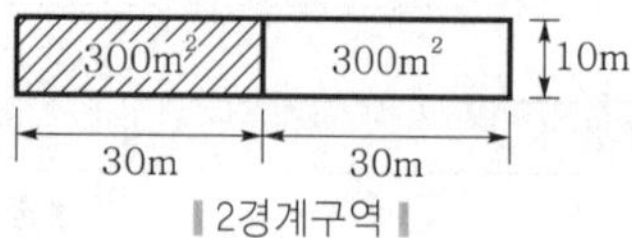

‖ 2경계구역 ‖

① $\frac{(30\times10)m^2}{600m^2}=0.5 \fallingdotseq 1$경계구역(절상)

② $\frac{(30\times10)m^2}{600m^2}=0.5 \fallingdotseq 1$경계구역(절상)

∴ 1+1=2경계구역

중요

자동화재탐지설비의 **경계구역 설정기준**(NFPC 203 4조, NFTC 203 2.1)

(1) 1경계구역이 2개 이상의 **건축물**에 미치지 않을 것

(2) 1경계구역이 2개 이상의 층에 미치지 않을 것(단, 2개층이 **500m²** 이하는 제외)

(3) 1경계구역의 면적은 **600m²**(주출입구에서 내부 전체가 보이는 것은 **1000m²**) 이하로 하고, 1변의 길이는 50m 이하로 할 것

☆☆☆

문제 12

논리식 $Z=\overline{A}+B\cdot C$에 대한 다음 각 물음에 답하시오.

(21.11.문12, 19.11.문2, 17.6.문16, 16.6.문10, 15.4.문4, 12.11.문4, 12.7.문10, 10.4.문3)

득점	배점
	8

(가) 유접점 릴레이회로를 구성하여 그리시오.

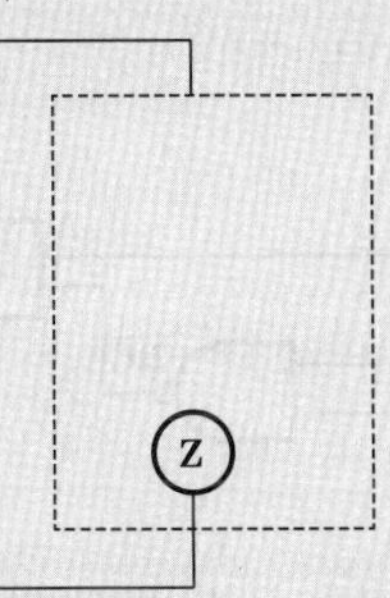

(나) 무접점회로를 구성하여 그리시오.

(다) (나)의 무접점회로를 NAND 무접점회로로 변경한 논리식을 쓰시오.

○

(라) (다)의 논리식을 NAND 시퀀스(NAND 무접점회로)로 구성하시오.

해답 (가)

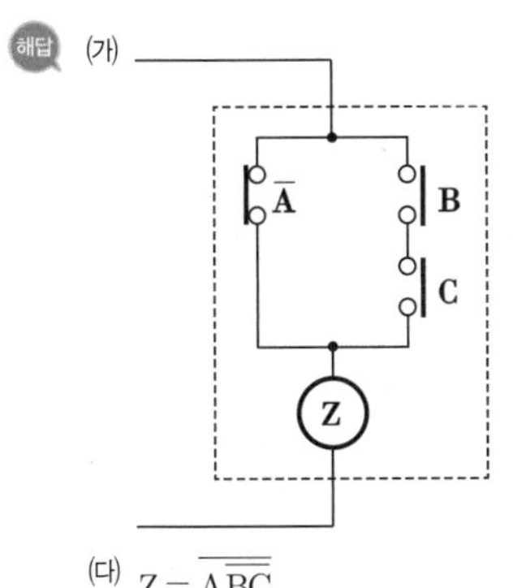

(나)

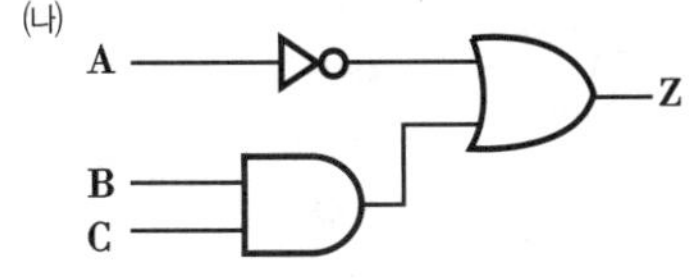

(다) $Z=\overline{A\overline{BC}}$

(라)

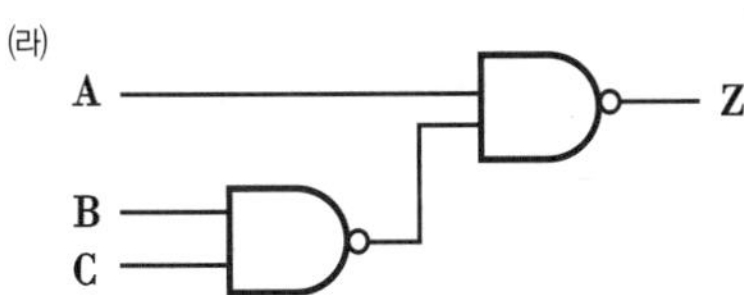

해설 (가), (나)

시퀀스	논리식	논리회로
직렬회로	$Z=A\cdot B$ $Z=AB$	A, B → AND → Z

병렬회로	Z=A+B	
a접점	Z=A	
b접점	$Z=\overline{A}$	

(다)

- 치환법을 이용하여 NAND 무접점회로로 바꾼 다음 논리식을 작성하면 쉽다.

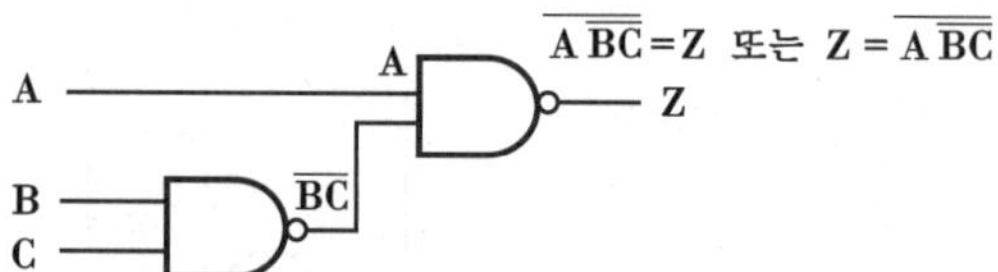

(라) **치환법**

- AND회로 → OR회로, OR회로 → AND회로로 바꾼다.
- 버블(bubble)이 있는 것은 버블을 없애고, 버블이 없는 것은 버블을 붙인다.
- 버블(bubble)이란 작은 동그라미를 말한다.

논리회로	치 환	명 칭
버블		NOR회로
		OR회로
		NAND회로
		AND회로

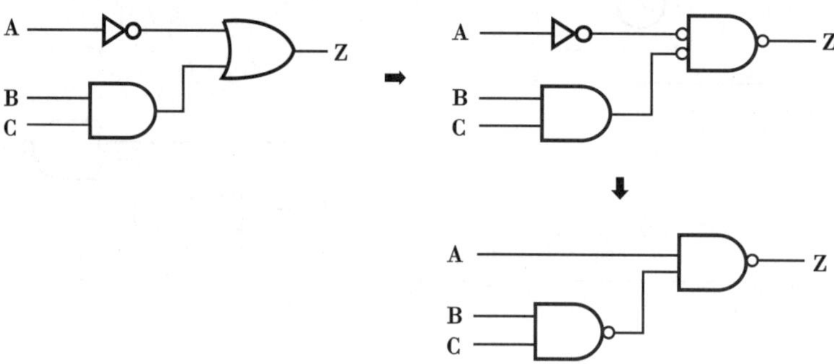

문제 13

수신기로부터 배선거리 100m의 위치에 모터사이렌이 접속되어 있다. 사이렌이 명동될 때의 사이렌의 단자전압을 구하시오. (단, 수신기는 정전압출력이라고 하고 전선은 2.5mm² HFIX전선이며, 사이렌의 정격전력은 48W라고 가정한다. 2.5mm² 동선의 전기저항은 0.6Ω/m라고 한다.)

(20.5.문14, 17.4.문13, 16.6.문8, 15.11.문8, 14.11.문15)

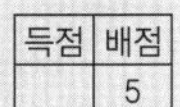

득점	배점
	5

○ 계산과정 :
○ 답 :

○ 계산과정 : $R = \frac{24^2}{48} = 12\,\Omega$

$0.6 \times 100 = 60\,\Omega$

$60 \times 2 = 120\,\Omega$

$V_2 = \frac{12}{120+12} \times 24 = 2.181 \fallingdotseq 2.18\text{V}$

○ 답 : 2.18V

- 문제에서 **'전압변동에 의한 부하전류의 변동은 무시한다'** 또는 **'전압강하가 없다고 가정한다'**라는 말이 없으므로 다음과 같이 계산한다.

(1) **사이렌**의 **저항**

$$P = VI = \frac{V^2}{R} = I^2 R$$

여기서, P : 전력[W]
V : 전압[V]
I : 전류[A]
R : 저항(사이렌저항)[Ω]

사이렌의 **저항** R은

$$R = \frac{V^2}{P} = \frac{24^2}{48} = 12\,\Omega$$

배선저항은 m당 전기저항이 0.6Ω이므로 100m일 때는 **60**Ω$(0.6\,\Omega/\text{m} \times 100\text{m} = 60\Omega)$이 된다.

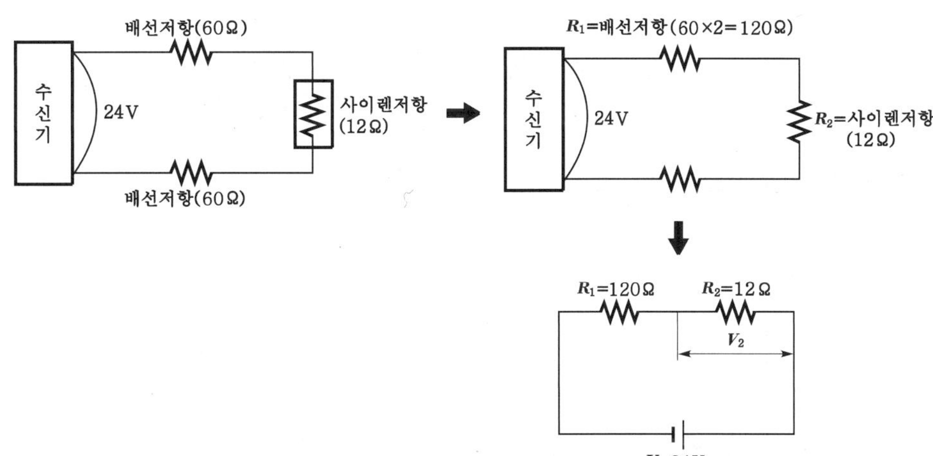

(2) **사이렌**의 **단자전압** V_2는

$$V_2 = \frac{R_2}{R_1 + R_2} V = \frac{12}{120+12} \times 24 = 2.181 = 2.18\text{V}$$

중요

단상 2선식과 **3상 3선식**

구 분	단상 2선식	3상 3선식
적응기기	• 기타기기(**사이렌**, 경종, 표시등, 유도등, 비상조명등, 솔레노이드밸브, 감지기 등)	• 소방펌프 • 제연팬
전압강하	$e = V_s - V_r = 2IR$	$e = V_s - V_r = \sqrt{3}\,IR$
	여기서, e : 전압강하[V], V_s : 입력전압[V], V_r : 출력전압[V], I : 전류[A], R : 저항[Ω]	

비교

[단서]에서 '**전압변동에 의한 부하전류의 변동은 무시한다.**' 또는 '**전압강하가 없다고 가정한다.**'라는 말이 있을 경우 다음과 같이 계산한다. 수신기의 입력전압은 **직류 24V**이므로

전류 $I = \frac{P}{V} = \frac{48}{24} = 2\text{A}$

배선저항은 m당 전기저항이 0.6Ω이므로 100m일 때는 60Ω$(0.6\,\Omega/\text{m} \times 100\text{m} = 60\Omega)$이 된다.

사이렌은 **단상 2선식**이므로 전압강하 $e = V_s - V_r = 2IR$에서

여기서, V_s : 입력전압

V_r : 출력전압(단자전압)

$e = 2IR = 2 \times 2 \times 60 = 240\text{V}$

위 식에서 **사이렌**의 **단자전압** $V_r = V_s - e = 24 - 240 = -216\text{V}$(저항이 너무 커서 −전압으로 나옴)

☆☆

문제 14

감지기의 송배선식과 교차회로방식에 대한 다음 각 물음에 답하시오.

(가) 감지기 송배선식의 미완성 결선도를 완성하시오.

득점	배점
	6

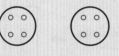

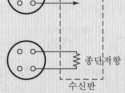

회로

종단저항

수신반

(나) 교차회로방식의 목적을 쓰시오.

○

해답 (가)

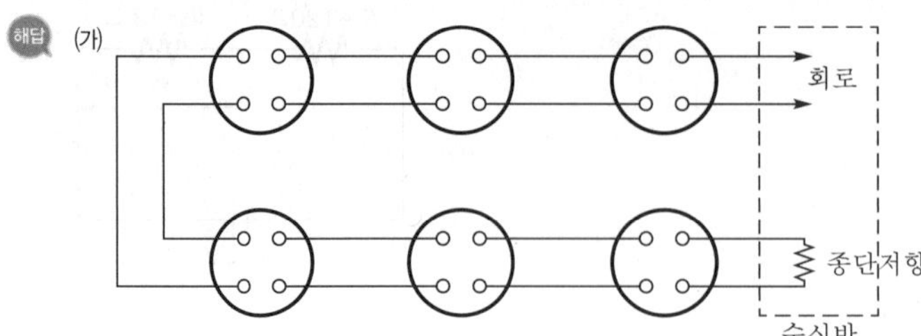

(나) 감지기의 오동작 방지

해설 (개) 다음과 같이 결선해도 정답!

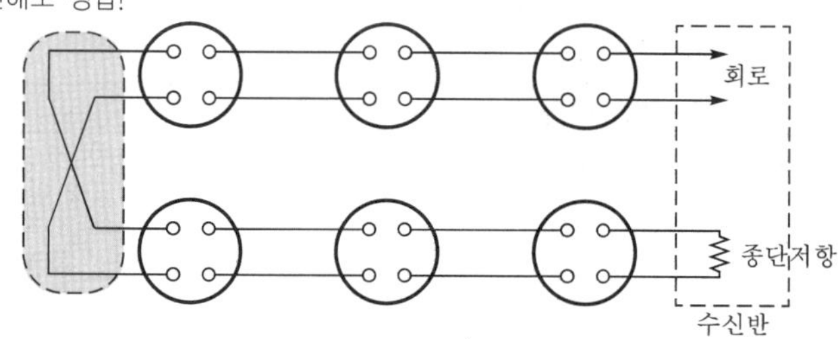

비교

교차회로방식

| 교차회로방식 1 |

| 교차회로방식 2 |

(나)

- **'감지기의 오동작 방지', '감지기회로의 오동작 방지', '감지기의 오작동 방지', '감지기회로의 오작동 방지',** 모두 정답!

교차회로방식은 감지기의 **오동작**을 막기 위해 **2개** 이상의 감지기회로가 동시에 감지하였을 때 설비가 작동되도록 하는 방식으로서, 하나의 화재감지기회로가 화재를 감지하였을 경우에는 **음향장치**로 경보하여 관계인이 확인할 수 있도록 되어 있다.

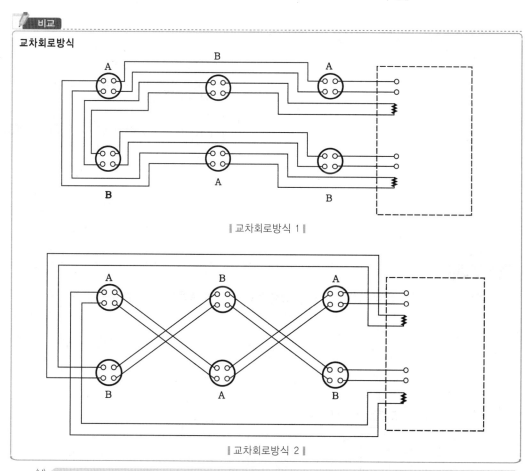

중요

송배선식과 **교차회로방식**

송배선식(송배선방식)	교차회로방식
① 정의 : **감지기회로**의 **도통시험**을 용이하게 하기 위하여 배선의 도중에서 분기하지 않는 방식 ② 적용설비 ┬ 자동화재탐지설비 　　　　　└ 제연설비 ③ 가닥수 산정 : 종단저항을 수동발신기함 내에 설치하는 경우 **루프(loop)**된 곳은 **2가닥**, **기타 4가닥**이 된다. 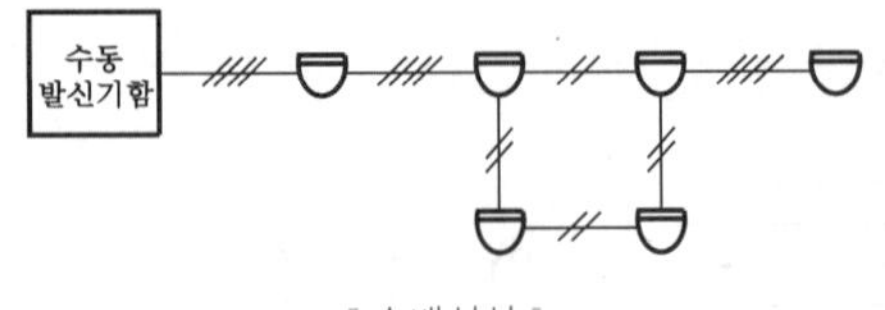 ▮ 송배선식 ▮	① 정의 : 하나의 담당구역 내에 **2 이상**의 **감지기회로**를 설치하고 **2 이상**의 **감지기회로**가 동시에 감지되는 때에 설비가 작동하는 방식 ② 적용설비 ┬ **분**말소화설비 ├ **할**론소화설비 ├ **이**산화탄소 소화설비 ├ **준**비작동식 스프링클러설비 ├ **일**제살수식 스프링클러설비 ├ **할**로겐화합물 및 불활성기체 소화설비 └ **부**압식 스프링클러설비 기억법 **분할이 준일할부** ③ 가닥수 산정 : **말단**과 **루프**(loop)된 곳은 **4가닥**, **기타 8가닥**이 된다. 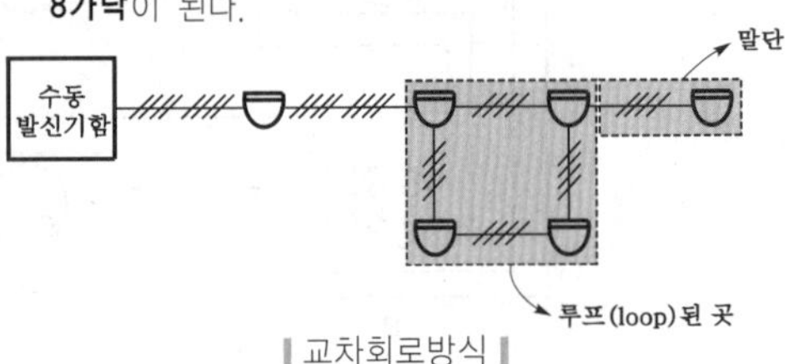 ▮ 교차회로방식 ▮

☆☆☆ 문제 15

비상방송설비의 3선식 배선에 대한 미완성회로이다. 이 회로의 미완성 부분을 완성하시오.

(20.11.문8, 16.11.문8)

득점	배점
	7

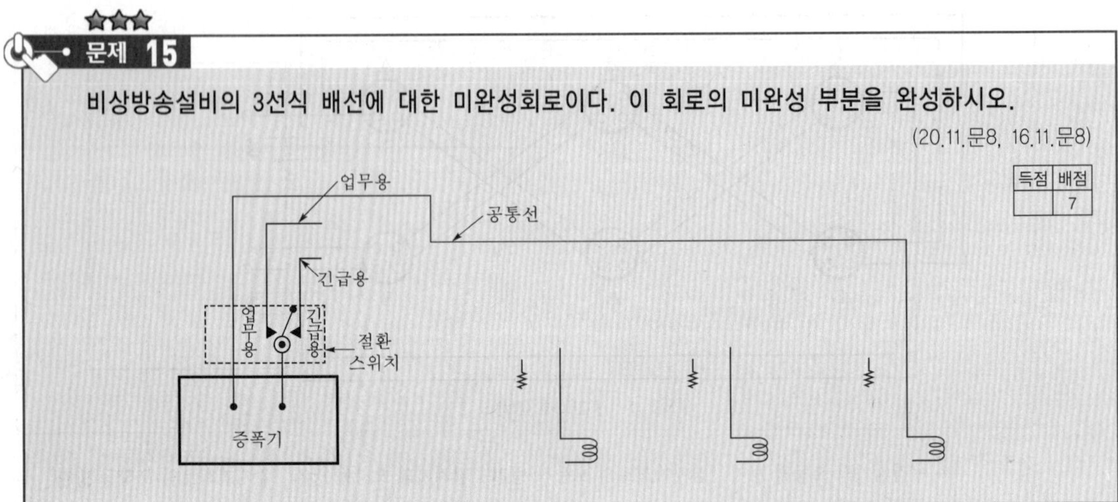

해답

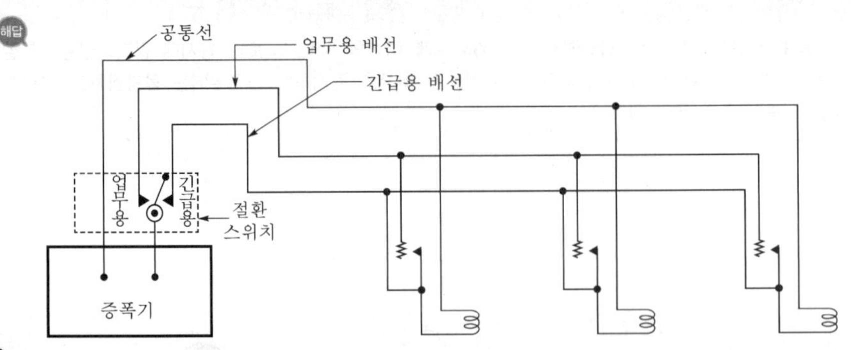

해설

공통선
업무용 배선
긴급용 배선
업무용
긴급용
절환
스위치
음량조정기
증폭기

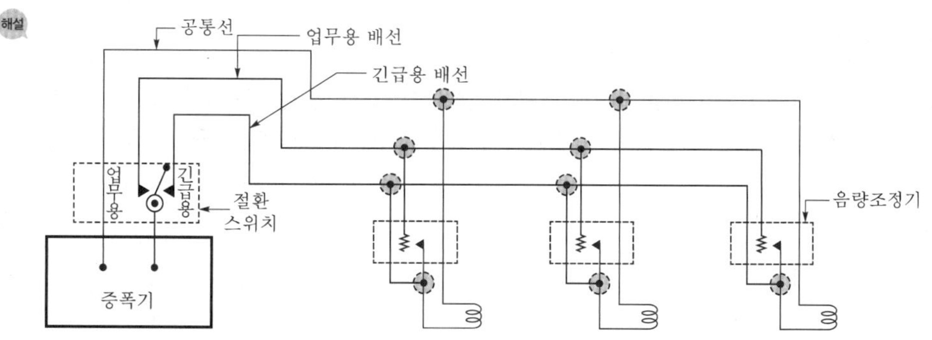

- 접속부분에는 반드시 점(●)을 찍어야 한다. 점을 찍지 않으면 접속이 안 된 것이므로 틀린 것이다. (점을 크게 찍으면 더 멋있다!)

중요

3선식 배선

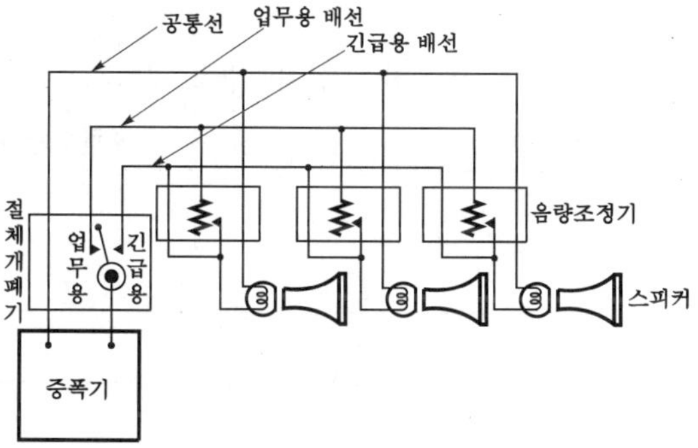

공통선
업무용 배선
긴급용 배선
절체개폐기
업무용
긴급용
음량조정기
스피커
증폭기

‖ 3선식 배선 1 ‖

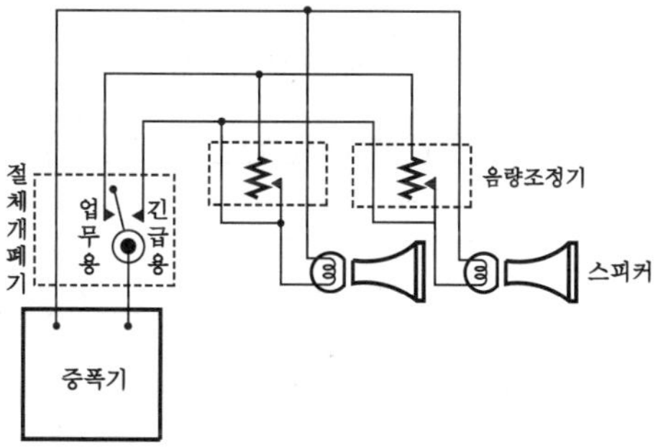

절체개폐기
업무용
긴급용
음량조정기
스피커
증폭기

‖ 3선식 배선 2 ‖

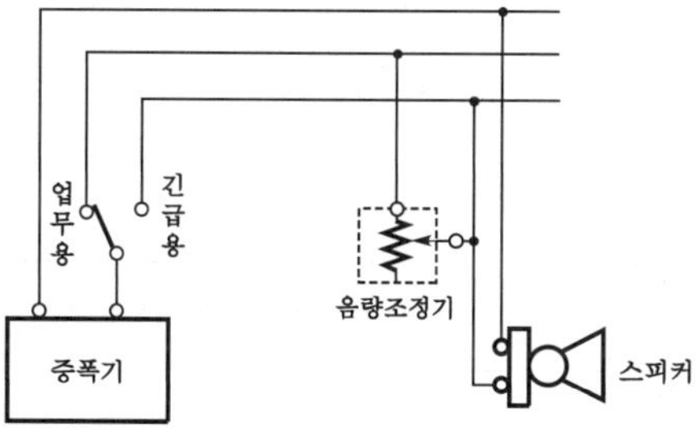

업무용
긴급용
음량조정기
스피커
증폭기

‖ 3선식 배선 3 ‖

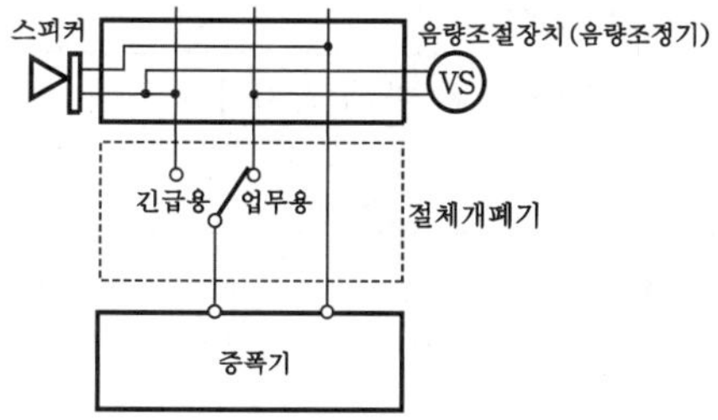

스피커
음량조절장치(음량조정기)
VS
긴급용
업무용
절체개폐기
증폭기

‖ 3선식 배선 4 ‖

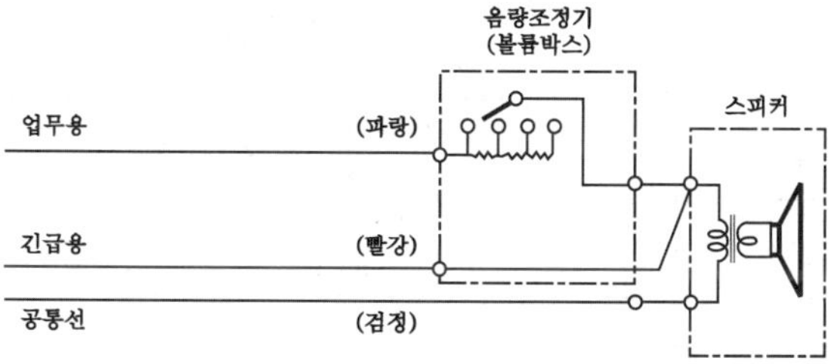

음량조정기
(볼륨박스)
스피커
업무용
(파랑)
긴급용
(빨강)
공통선
(검정)

‖ 3선식 배선 5 ‖

☆☆☆

문제 16

다음은 건물의 평면도를 나타낸 것으로 거실에는 차동식 스포트형 감지기 2종을 설치하고자 한다. 건물의 주요구조부는 내화구조건물이며, 감지기의 설치높이는 4.3m이다. 다음 각 물음에 답하시오.

(18.4.문13, 17.6.문2, 15.11.문15, 12.11.문15, 11.11.문4)

득점	배점
	6

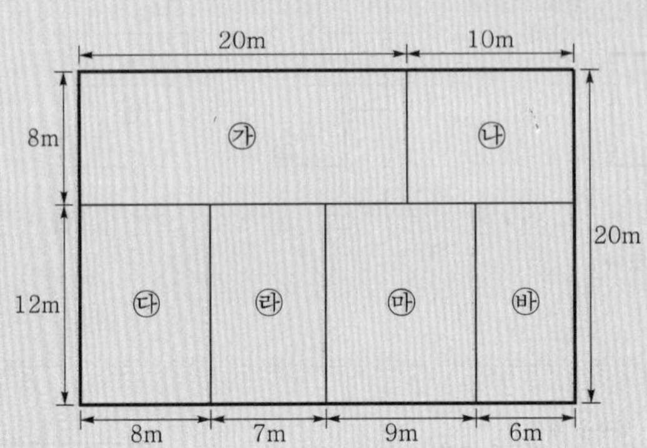

(가) 각 실의 감지기 설치수량을 구하시오. (단, 계산식을 활용하여 설치수량을 구하시오.)

구 분	계산과정	설치수량〔개〕
㉮실		
㉯실		
㉰실		
㉱실		
㉲실		
㉳실		

(나) 각 실의 전체 합한 감지기 수량을 쓰시오.

○

해답 (가)

구 분	계산과정	설치수량〔개〕
㉮실	$\frac{(20\times8)}{35}=4.5 \fallingdotseq 5$개	5개
㉯실	$\frac{(10\times8)}{35}=2.2 \fallingdotseq 3$개	3개
㉰실	$\frac{(8\times12)}{35}=2.7 \fallingdotseq 3$개	3개
㉱실	$\frac{(7\times12)}{35}=2.4 \fallingdotseq 3$개	3개
㉲실	$\frac{(9\times12)}{35}=3.08 \fallingdotseq 4$개	4개
㉳실	$\frac{(6\times12)}{35}=2.05 \fallingdotseq 3$개	3개

(나) 21개

해설 감지기 설치수량(NFPC 203 7조, NFTC 203 2.4.3.5)

부착높이 및 특정소방대상물의 구분		감지기의 종류[m^2]				
		차동식·**보**상식 스포트형		**정**온식 스포트형		
		1종	2종	특 종	1종	2종
4m 미만	내화구조	90	70	70	60	20
	기타 구조	50	40	40	30	15
4m 이상 8m 미만	내화구조	45	35	35	30	설치 불가능
	기타 구조	30	25	25	15	

기억법

차	보		정	
9	7	7	6	2
5	4	4	3	①
④	③	③	3	×
3	②	②	①	×

※ 동그라미(○) 친 부분은 뒤에 5가 붙음

[문제 조건] **4.3m**, **내화구조**, **차동식 스포트형 2종**이므로 감지기 1개가 담당하는 바닥면적은 **35m²**

구 분	계산과정	설치수량[개]
㉮실	$\frac{\text{적용면적}}{35\text{m}^2} = \frac{(20\times8)}{35\text{m}^2} = 4.5 ≒ 5$개(절상)	5개
㉯실	$\frac{\text{적용면적}}{35\text{m}^2} = \frac{(10\times8)\text{m}^2}{35\text{m}^2} = 2.2 ≒ 3$개(절상)	3개
㉰실	$\frac{\text{적용면적}}{35\text{m}^2} = \frac{(8\times12)\text{m}^2}{35\text{m}^2} = 2.7 ≒ 3$개(절상)	3개
㉱실	$\frac{\text{적용면적}}{35\text{m}^2} = \frac{(7\times12)\text{m}^2}{35\text{m}^2} = 2.4 ≒ 3$개(절상)	3개
㉲실	$\frac{\text{적용면적}}{35\text{m}^2} = \frac{(9\times12)\text{m}^2}{35\text{m}^2} = 3.08 ≒ 4$개(절상)	4개
㉳실	$\frac{\text{적용면적}}{35\text{m}^2} = \frac{(6\times12)\text{m}^2}{35\text{m}^2} = 2.05 ≒ 3$개(절상)	3개
합계		5+3+3+3+4+3=21개

문제 17

☆☆☆

청각장애인용 시각경보장치의 설치기준에 대한 다음 (　　) 안을 완성하시오. (21.11.문7)

설치높이는 바닥으로부터 (①)m 이상 (②)m 이하의 장소에 설치할 것. 다만, 천장의 높이가 (③)m 이하인 경우에는 천장으로부터 (④)m 이내의 장소에 설치해야 한다.

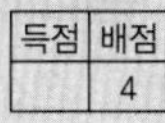

해답
① 2
② 2.5
③ 2
④ 0.15

해설 **청각장애인용 시각경보장치**의 **설치기준**(NFPC 203 8조, NFTC 203 2.5.2)

(1) **복도 · 통로 · 청각장애인용 객실** 및 공용으로 사용하는 **거실**에 설치하며, 각 부분에서 유효하게 경보를 발할 수 있는 위치에 설치할 것

(2) **공연장 · 집회장 · 관람장** 또는 이와 유사한 장소에 설치하는 경우에는 시선이 집중되는 **무대부 부분** 등에 설치할 것

(3) 바닥으로부터 **2~2.5m** 이하의 높이에 설치할 것(단, 천장높이가 **2m 이하**는 천장에서 **0.15m** 이내의 장소에 설치)

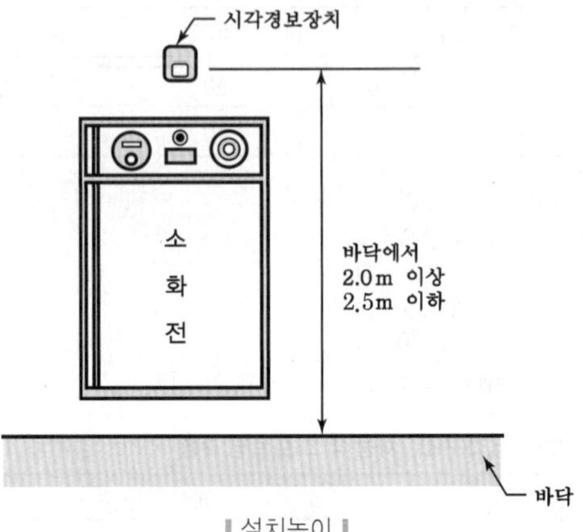

‖ 설치높이 ‖

(4) 광원은 전용의 **축전지설비** 또는 **전기저장장치**에 의하여 점등되도록 할 것(단, 시각경보기에 작동전원을 공급할 수 있도록 형식승인을 얻은 **수신기**를 설치한 경우 제외)

용어

(1) **시각경보장치**
자동화재탐지설비에서 발하는 화재신호를 시각경보기에 전달하여 청각장애인에게 **점멸**형태의 **시각경보**를 하는 것

‖ 시각경보장치(시각경보기) ‖

(2) **전기저장장치**
외부 전기에너지를 저장해 두었다가 필요한 때 전기를 공급하는 장치

☆☆☆
문제 18

전선의 절연피복이나 케이블의 외장피복을 벗겨내는 공구는?
(21.7.문16, 20.10.문17, 19.11.문16, 18.11.문2, 18.4.문9, 17.11.문14, 16.11.문2, 16.6.문12, 15.7.문4, 14.4.문8, 13.7.문18, 12.4.문2)

○

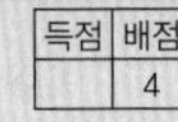

득점	배점
	4

해답 와이어스트리퍼

해설

- '**스트리퍼**'는 정확한 명칭이 아니므로 틀릴 수 있다. '**와이어스트리퍼**'가 정답!

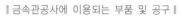

‖ 금속관공사에 이용되는 부품 및 공구 ‖

명 칭	외 형	설 명
부싱 (bushing)		전선의 절연피복을 보호하기 위하여 **금속관 끝**에 취부하여 사용되는 부품
유니언 커플링 (union coupling)		**금속전선관 상호**간을 **접속**하는 데 사용되는 부품(**관**이 **고정**되어 **있을 때**)
노멀밴드 (normal bend)		**매입배관**공사를 할 때 **직각**으로 굽히는 곳에 사용하는 부품
유니버설 엘보 (universal elbow)		**노출배관**공사를 할 때 관을 직각으로 굽히는 곳에 사용하는 부품
링리듀서 (ring reducer)		**금속관**을 **아웃렛박스**에 로크너트만으로 고정하기 어려울 때 **보조적**으로 사용되는 **부품**
커플링 (coupling)	커플링 전선관	금속전선관 상호간을 접속하는 데 사용되는 부품(관이 고정되어 있지 않을 때)
새들(saddle)		**관**을 **지지**하는 데 사용하는 재료
로크너트 (lock nut)		**금속관**과 **박스**를 **접속**할 때 사용하는 재료로 최소 **2개**를 사용한다. 기억법 로금박
리머 (reamer)		금속관 **말단**의 **모**를 다듬기 위한 기구
파이프커터 (pipe cutter)		**금속관**을 **절단**하는 기구
환형 3방출 정크션 박스		**배관**을 **분기**할 때 사용하는 박스

파이프벤더 (pipe bender)	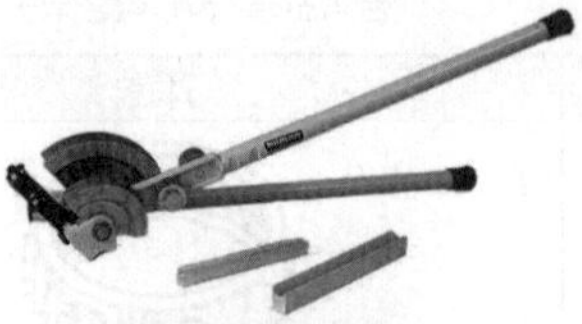	금속관(후강전선관, 박강전선관)을 구부릴 때 사용하는 공구 ※ 28mm 이상은 **유압식 파이프벤더**를 사용한다.
8각 박스		감지기 등을 고정하고 배관 분기시에 사용
4각 박스		간선배관 등의 분기시에 사용
아웃렛박스 (outlet box)		① 배관의 **끝** 또는 **중간**에 부착하여 전선의 인출, 전기기구류의 부착 등에 사용 ② 감지기 · 유도등 및 전선의 접속 등에 사용되는 박스의 총칭 ③ 4각 박스, 8각 박스 등의 박스를 통틀어 일컫는 말
와이어스트리퍼 (wire stripper) 문제	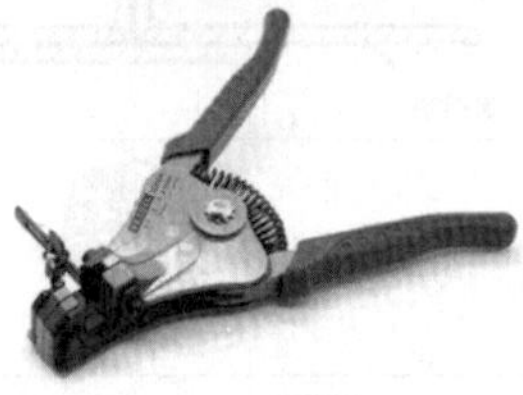	전선피복을 벗길 때 사용하는 것

과년도 출제문제

2021년 소방설비산업기사 실기(전기분야)

** 수험자 유의사항 **

– 공통 유의사항

1. 시험 시작 시간 이후 입실 및 응시가 불가하며, 수험표 및 접수내역 사전확인을 통한 시험장 위치, 시험장 입실 가능 시간을 숙지하시기 바랍니다.
2. 시험 준비물 : 공단인정 신분증, 수험표, 계산기(필요 시), 흑색 볼펜류 필기구(필답, 기술사 필기), 계산기(필요 시), 수험자 지참 준비물(작업형 실기)
   ※ 공학용 계산기는 일부 등급에서 제한된 모델로만 사용이 가능하므로 사전에 필히 확인 후 지참 바랍니다.
3. 부정행위 관련 유의사항 : 시험 중 다음과 같은 행위를 하는 자는 국가기술자격법 제10조 제6항의 규정에 따라 당해 검정을 중지 또는 무효로 하고 3년간 국가기술자격법에 의한 검정을 받을 자격이 정지됩니다.
   - 시험 중 다른 수험자와 시험과 관련된 대화를 하거나 답안지(작품 포함)를 교환하는 행위
   - 시험 중 다른 수험자의 답안지(작품) 또는 문제지를 엿보고 답안을 작성하거나 작품을 제작하는 행위
   - 다른 수험자를 위하여 답안(실기작품의 제작방법 포함)을 알려 주거나 엿보게 하는 행위
   - 시험 중 시험문제 내용과 관련된 물건을 휴대하여 사용하거나 이를 주고받는 행위
   - 시험장 내외의 자로부터 도움을 받고 답안지를 작성하거나 작품을 제작하는 행위
   - 다른 수험자와 성명 또는 수험번호(비번호)를 바꾸어 제출하는 행위
   - 대리시험을 치르거나 치르게 하는 행위
   - 시험시간 중 통신기기 및 전자기기를 사용하여 답안지를 작성하거나 다른 수험자를 위하여 답안을 송신하는 행위
   - 그 밖에 부정 또는 불공정한 방법으로 시험을 치르는 행위
4. 시험시간 중 전자·통신기기를 비롯한 불허물품 소지가 적발되는 경우 퇴실조치 및 당해 시험은 무효처리가 됩니다.

– 실기시험 수험자 유의사항

1. 문제지를 받는 즉시 응시 종목의 문제가 맞는지 확인하셔야 합니다.
2. 답안지 내 인적 사항 및 답안작성(계산식 포함)은 **검정색** 필기구만을 계속 사용하여야 합니다.
3. 답안정정 시에는 **두 줄**(=)을 긋고 다시 **기재 가능**하며, **수정 테이프 사용** 또한 **가능**합니다.
4. 계산문제는 반드시 '계산과정'과 '답'란에 정확히 기재하여야 하며 계산과정이 틀리거나 없는 경우 0점 처리됩니다.
   ※ 연습이 필요 시 연습란을 이용하여야 하며, 연습란은 채점대상이 아닙니다.
5. 계산문제는 최종 결과값(답)에서 소수 셋째자리에서 반올림하여 둘째자리까지 구하여야 하나 개별 문제에서 소수 처리에 대한 별도 요구사항이 있을 경우, 그 요구사항에 따라야 합니다.
6. 답에 단위가 없으면 오답으로 처리됩니다. (단, 문제의 요구사항에 단위가 주어졌을 경우는 생략되어도 무방합니다)
7. 문제에서 요구한 가지 수 이상을 답란에 표기한 경우, 답란기재 순으로 요구한 가지 수만 채점합니다.

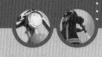

▌2021년 산업기사 제1회 필답형 실기시험▌

자격종목	시험시간	형별	수험번호	성명	감독위원 확인
소방설비산업기사(전기분야)	2시간 30분				

※ 다음 물음에 답을 해당 답란에 답하시오.(배점 : 100)

☆☆ 문제 01

그림은 소방펌프를 작동시키기 위한 유도전동기의 Y-△ 기동운전제어의 미완성 도면이다. 도면을 보고 다음 표의 ( ) 안을 완성하시오. (20.7.문18, 18.11.문8, 13.7.문9)

유사문제부터 풀어보세요. 실력이 팍!팍! 올라갑니다.

득점	배점
	8

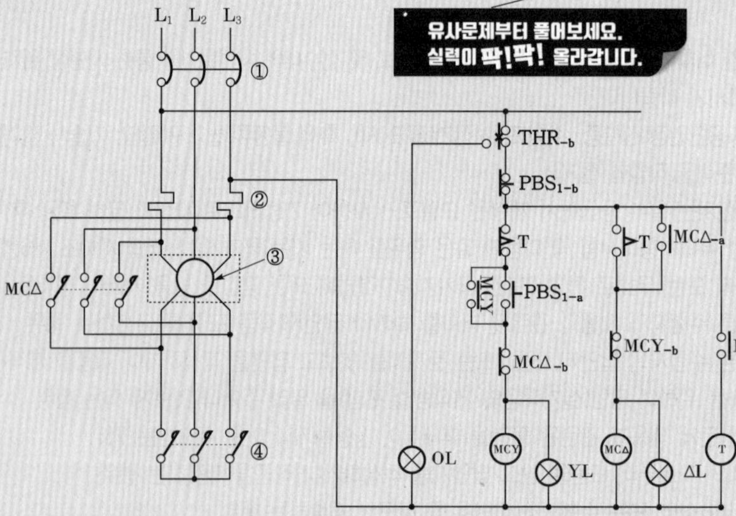

L1 L2 L3 ① ② ③ ④ MC△ THR-b PBS1-b T MC△-a PBS1-a MCY MC△-b MCY-b MCY-a OL YL △L

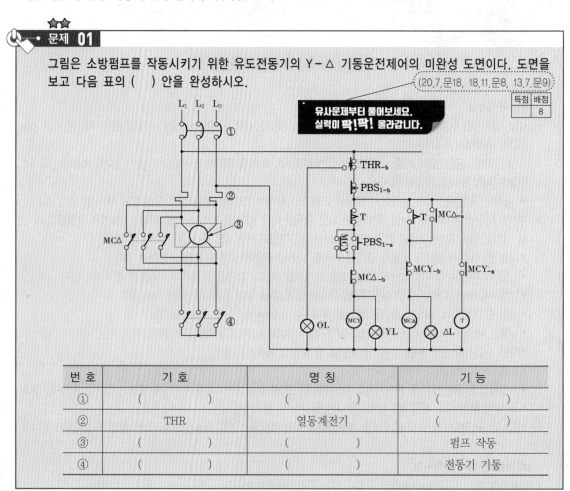

번 호	기 호	명 칭	기 능
①	( )	( )	( )
②	THR	열동계전기	( )
③	( )	( )	펌프 작동
④	( )	( )	전동기 기동

해답

번 호	기 호	명 칭	기 능
①	MCCB	배선용 차단기	과부하 차단
②	THR	열동계전기	전동기의 과부하 보호
③	IM	3상 유도전동기	펌프 작동
④	MCY	전자접촉기	전동기 기동

해설 ① 기호 : 'MCB', 'NFB' 안됨. MCCB 정답!
기능 : '과부하 차단', '과전류 차단' 모두 정답!
② 기능 : '전동기의 과부하 보호', '전동기의 과전류 보호', '전동기의 과부하 차단', '전동기의 과전류 차단' 모두 정답!
단순히 '전동기 보호'는 틀릴 수 있음

③ 기호 : 'M'도 될 수 있지만 틀릴 수 있으니 정확히 'IM(Induction Motor)'라고 쓸 것
명칭 : '**유도전동기**'도 틀릴 수 있으니 '**3상 유도전동기**'라고 쓸 것
④ 명칭 : '**전자접촉기**', '**전자개폐기**' 모두 정답!

용 어	설 명
열동계전기(Thermal Relay)	전동기의 **과부하보호용** 계전기로서, 동작시 수동으로 복구시킨다. 자동제어기구의 번호는 49이다.
배선용 차단기(MCCB)	퓨즈를 사용하지 않고 **바이메탈**이나 전자석으로 회로를 차단하는 저압용 개폐기, 예전에는 **NFB**라고 불렀다.
자기유지접점	푸시버튼스위치 등을 이용하여 회로를 동작시켰을 때 푸시버튼스위치를 조작한 후 손을 떼어도 그 상태를 계속 유지해주는 접점
인터록회로(interlock circuit)	두 가지 중 어느 한 가지 동작만 이루어질 수 있도록 배선 도중에 b접점을 추가하여 놓은 것으로, 전동기의 **Y-Δ 기동회로 · 정역전 기동회로** 등에 적용된다.
전자접촉기(Magnetic Contactor)	**전자석**에 의해 접점을 동작시켜 회로의 **개폐**를 담당하는 기기

용어

자기유지접점과 인터록접점

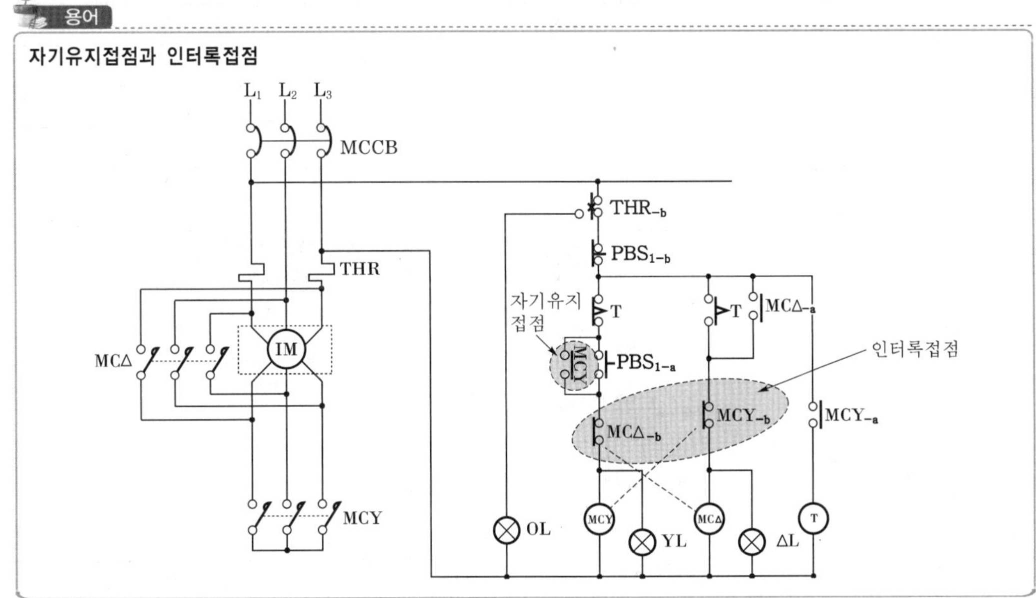

☆☆
문제 02

합성수지관 공사방법에 대한 다음 각 물음에 답하시오. (19.11.문3, 17.6.문5, 06.11.문11)

득점	배점
	4

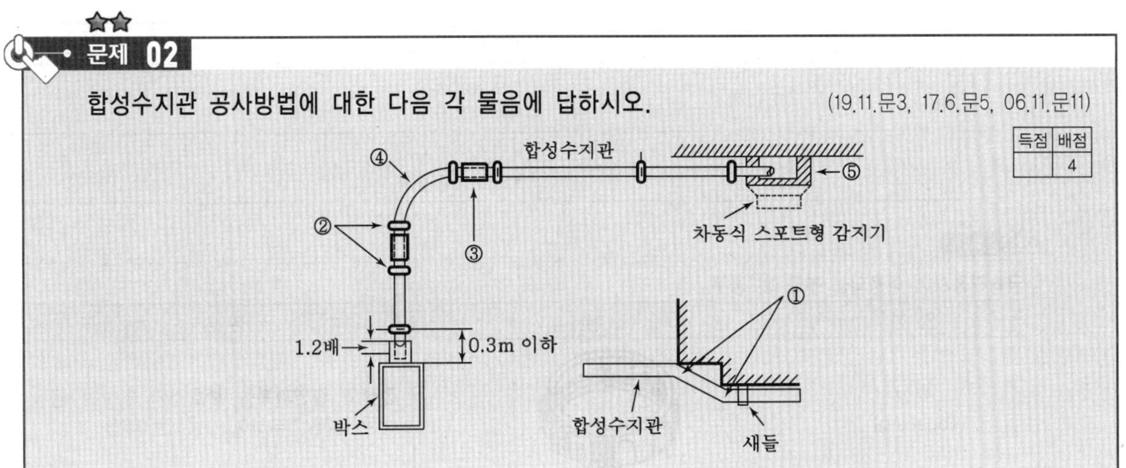

(가) 기호 ①의 굴곡반경은 직경의 몇 배 이상이어야 하는가?

○

(나) 기호 ②~⑤의 명칭과 기능을 쓰시오.

기 호	명 칭	기 능
②		
③		
④		
⑤		

해답 (가) 6배

(나)

기 호	명 칭	기 능
②	새들	관 지지
③	커플링	관 상호간 접속
④	노멀밴드	관을 직각으로 굽히는 곳에 사용
⑤	8각 박스	감지기 부착

해설 **합성수지관공사**

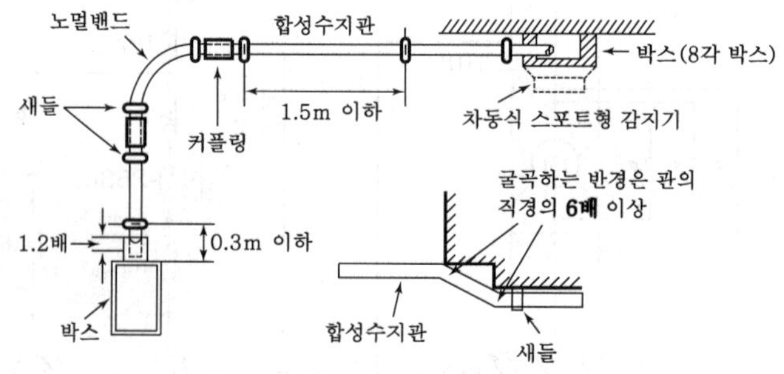

‖ 지지점간 거리 ‖

지지점간 거리	공사방법
1m 이하	• 가요전선관공사 • 캡타이어 케이블공사
1.5m 이하	• 합성수지관공사
2m 이하	• 금속관공사 • 케이블공사
3m 이하	• 금속덕트공사 • 버스덕트공사

중요

금속관공사에 **이용되는 부품** 및 **공구**

명 칭	외 형	설 명
부싱 (bushing)		**전선**의 **절연피복**을 **보호**하기 위하여 금속관 끝에 취부하여 사용되는 부품

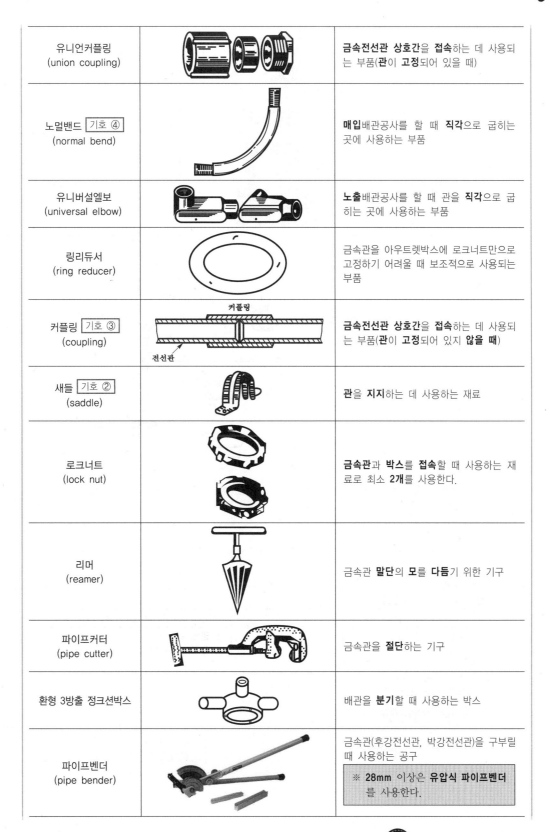

유니언커플링 (union coupling)		**금속전선관 상호간**을 **접속**하는 데 사용되는 부품(**관**이 **고정**되어 있을 때)
노멀밴드 기호 ④ (normal bend)		**매입**배관공사를 할 때 **직각**으로 굽히는 곳에 사용하는 부품
유니버설엘보 (universal elbow)		**노출**배관공사를 할 때 관을 **직각**으로 굽히는 곳에 사용하는 부품
링리듀서 (ring reducer)		금속관을 아우트렛박스에 로크너트만으로 고정하기 어려울 때 보조적으로 사용되는 부품
커플링 기호 ③ (coupling)	커플링 전선관	**금속전선관 상호간**을 **접속**하는 데 사용되는 부품(**관**이 **고정**되어 있지 **않을 때**)
새들 기호 ② (saddle)		**관**을 **지지**하는 데 사용하는 재료
로크너트 (lock nut)		**금속관**과 **박스**를 **접속**할 때 사용하는 재료로 최소 **2개**를 사용한다.
리머 (reamer)		금속관 **말단**의 **모**를 **다듬**기 위한 기구
파이프커터 (pipe cutter)		금속관을 **절단**하는 기구
환형 3방출 정크션박스		배관을 **분기**할 때 사용하는 박스
파이프벤더 (pipe bender)		금속관(후강전선관, 박강전선관)을 구부릴 때 사용하는 공구 ※ 28mm 이상은 **유압식 파이프벤더**를 사용한다.

8각 박스 기호 ⑤		감지기 등을 고정하고 배관 분기시에 사용
4각 박스		간선배관 등의 분기시에 사용

비교

금속관공사

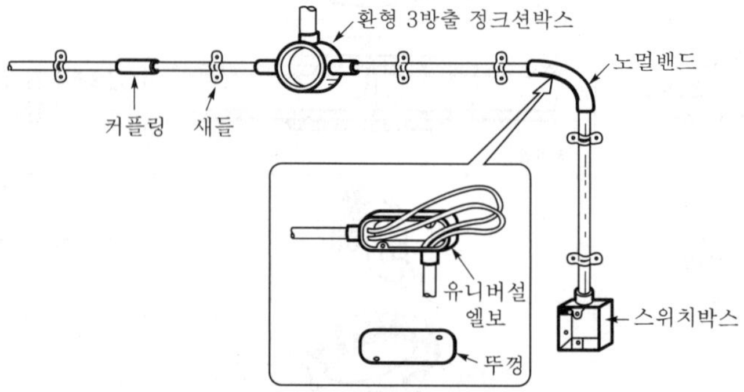

- 환형 3방출 정크션박스=환형 3방출 정션박스
- 노멀밴드=노멀벤드
- 유니버설엘보=유니버셜엘보우
- 아우트렛박스=아웃렛박스

중요

합성수지관공사의 **장단점**

장 점	단 점
① **가**볍고 **시**공이 용이하다. ② **내부식성**이다. ③ **강**제전선관에 비해 **가격**이 **저렴**하다. ④ **절단**이 **용이**하다. ⑤ **접지**가 **불필요**하다. 기억법 **가시내강접절**	① **열**에 약하다. ② **충격**에 약하다.

- 합성수지관=경질비닐전선관

문제 03

논리식 $X = A(B+C)$에 대한 다음 각 물음에 답하시오.

(20.11.문5, 19.11.문2, 17.6.문16, 16.6.문10, 15.7.문16, 15.4.문4, 14.7.문8, 12.11.문4, 12.7.문10, 12.4.문13, 10.4.문3, 06.11.문12)

(가) 다음의 표와 같이 입력 A, B, C가 주어질 때 진리표를 완성하시오.

득점	배점
	7

A	B	C	X
0	0	0	
0	0	1	
0	1	0	
0	1	1	
1	0	0	
1	0	1	
1	1	0	
1	1	1	

(나) 무접점회로를 그리시오.

해답 (가)

A	B	C	X
0	0	0	0
0	0	1	0
0	1	0	0
0	1	1	0
1	0	0	0
1	0	1	1
1	1	0	1
1	1	1	1

(나)

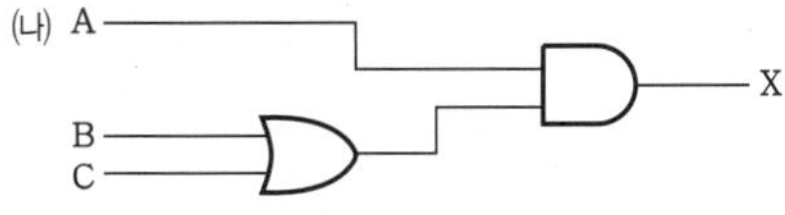

해설

(가) $X = A(B+C) = \overset{1\,1}{AB} + \overset{1\,1}{AC}$

진리표 완성방법

① A, B, C=1, $\overline{A}$, $\overline{B}$, $\overline{C}$=0으로 표시

② AB가 1인 것만 X에 1로 표시하고, AC가 1인 것만 X에 1로 표시하면 끝!

A	B	C	X
0	0	0	0
0	0	1	0
0	1	0	0
0	1	1	0
1	0	0	0
1 A	0	1 C	(1)
1 A	1 B	0	(1)
1 A	1 B	1 C	(1)

(나)

- 문제의 **논리식**을 보고 그리면 쉽다.
- 무접점회로 작성 후 다시 논리식으로 표현한 뒤 검산해서 맞는지 다시 확인하자!
- A는 1이고, B 또는 C가 1일 때 X=1이다.

무접점회로(논리회로)

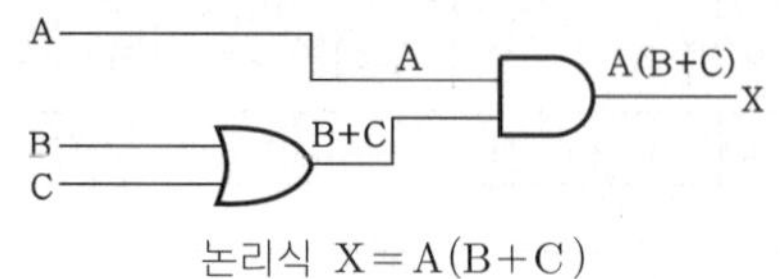

논리식 $X = A(B+C)$

중요

시퀀스회로와 **논리회로**

명 칭	시퀀스회로	논리회로	진리표
AND회로	A, B, X_{-a}	$X = A \cdot B$	A B X 0 0 0 0 1 0 1 0 0 1 1 1
OR회로	A, B, X_{-a}	$X = A + B$	A B X 0 0 0 0 1 1 1 0 1 1 1 1
NOT회로	A, X_{-b}	$X = \overline{A}$	A X 0 1 1 0
NAND회로	A, B, X_{-b}	$X = \overline{A \cdot B}$	A B X 0 0 1 0 1 1 1 0 1 1 1 0
NOR회로	A, B, X_{-b}	$X = \overline{A + B}$	A B X 0 0 1 0 1 0 1 0 0 1 1 0

★★★ 문제 04

객석통로의 직선부분의 길이가 16m일 때 객석유도등의 최소설치개수를 계산하시오. (20.11.문13, 12.11.문16)

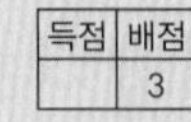

득점	배점
	3

○ 계산과정 :

○ 답 :

○ 계산과정 : $\frac{16}{4} - 1 = 3$개

○ 답 : 3개

해설 **최소설치개수 산정식**(NFPC 303 7조, NFTC 303 2.4.2)
설치개수 산정시 소수가 발생하면 반드시 **절상**한다.

구 분	산정식
객석유도등	$\text{설치개수} = \dfrac{\text{객석통로의 직선부분의 길이[m]}}{4} - 1$
유도표지	$\text{설치개수} = \dfrac{\text{구부러진 곳이 없는 부분의 보행거리[m]}}{15} - 1$
복도통로유도등, 거실통로유도등	$\text{설치개수} = \dfrac{\text{구부러진 곳이 없는 부분의 보행거리[m]}}{20} - 1$

☆☆☆ 문제 05

P형 수신기에서 감지기회로의 단선의 유무와 기기 등의 접속상황을 확인하는 시험을 쓰시오.

(17.11.문9, 16.6.문3, 16.4.문10, 14.11.문3, 14.7.문11, 13.7.문2, 09.10.문3)

○

득점	배점
	3

해답 회로도통시험

해설 **자동화재탐지설비 수신기**의 **시험**

시험 종류	시험방법	가부판정의 기준
화재표시 작동시험	① 회로선택스위치로서 실행하는 시험 : 동작시험스위치를 눌러서 스위치 주의등의 점등을 확인한 후 회로선택스위치를 차례로 회전시켜 **1회로**마다 화재시의 작동시험을 행할 것 ② 감지기 또는 발신기의 작동시험과 함께 행하는 방법 : 감지기 또는 발신기를 차례로 작동시켜 경계구역과 지구표시등과의 접속상태를 확인할 것	① 각 **릴레이**(Relay)의 작동 ② **화재표시등, 지구표시등** 그 밖의 표시장치의 점등(램프의 단선도 함께 확인할 것) ③ **음향장치** 작동확인 ④ **감지기회로** 또는 **부속기기회로**와의 연결접속이 정상일 것
회로도통 시험	**감지기회로**의 **단선**의 **유무**와 기기 등의 접속상황을 확인하기 위해서 다음과 같은 시험을 행할 것 ① 도통시험스위치를 누른다. ② 회로선택스위치를 차례로 회전시킨다. ③ 각 회선별로 전압계의 전압을 확인한다.(단, 발광다이오드로 그 정상유무를 표시하는 것은 발광다이오드의 점등유무를 확인한다.) ④ 종단저항 등의 접속상황을 조사한다.	각 회선의 **전압계**의 **지시치** 또는 발광다이오드(LED)의 점등유무 상황이 정상일 것
공통선 시험 (단, 7회선 이하는 제외)	공통선이 담당하고 있는 경계구역의 적정 여부를 다음에 따라 확인할 것 ① 수신기 내 접속단자의 회로공통선을 1선 제거한다. ② 회로도통시험의 예에 따라 도통시험스위치를 누르고, 회로선택스위치를 차례로 회전시킨다. ③ 전압계 또는 발광다이오드를 확인하여 「단선」을 지시한 경계구역의 회선수를 조사한다.	공통선이 담당하고 있는 경계구역수가 **7 이하**일 것
동시작동 시험 (단, 1회선은 제외)	① **동작시험스위치**를 시험위치에 놓는다. ② 상용전원으로 **5회선**(5회선 미만은 전회선) 동시 작동 ③ 주음향장치 및 지구음향장치 작동 ④ 부수신기와 표시장치도 모두를 작동상태로 하고 실시	① **수신기**의 기능에 이상이 없을 것 ② **부수신기**의 기능에 이상이 없을 것 ③ **표시장치**(표시기)의 기능에 이상이 없을 것 ④ **음향장치**의 기능에 이상이 없을 것

회로저항 시험	감지기회로의 1회선의 선로저항치가 수신기의 기능에 이상을 가져오는지 여부 확인 ① **저항계** 또는 **테스터**(tester)를 사용하여 감지기회로의 공통선과 표시선(회로선) 사이의 전로에 대해 측정한다. ② 항상 개로식인 것에 있어서는 회로의 말단을 도통상태로 하여 측정한다.	하나의 감지기회로의 합성저항치는 **50**Ω 이하로 할 것
예비전원 시험	상용전원 및 비상전원이 사고 등으로 정전된 경우, 자동적으로 예비전원으로 절환되며, 또한 정전복구시에 자동적으로 상용전원으로 절환되는지의 여부를 다음에 따라 확인할 것 ① 예비전원시험스위치를 누른다. ② 전압계의 지시치가 지정범위 내에 있을 것(단, 발광다이오드로 그 정상유무를 표시하는 것은 발광다이오드의 정상 점등유무를 확인한다.) ③ 교류전원을 개로(상용전원을 차단)하고 자동절환릴레이의 작동상황을 조사한다.	① 예비전원의 **전압** ② 예비전원의 **용량** ③ 예비전원의 **절환상황** ④ 예비전원의 **복구작동**이 정상일 것
저전압시험	정격전압의 **80%**로 하여 행한다.	–
비상전원시험	비상전원으로 **축전지설비**를 사용하는 것에 대해 행한다.	–
지구음향장치 작동시험	목적 : 화재신호와 연동하여 음향장치의 정상작동 여부 확인, 임의의 감지기 또는 발신기 작동	① 지구음향장치가 작동하고 음량이 정상일 것 ② 음량은 음향장치의 중심에서 **1m** 떨어진 위치에서 **90dB** 이상일 것

• 가부판정의 기준=양부판정의 기준

☆☆ 문제 06

다음 소방시설 도시기호 각각의 명칭을 쓰시오.

(17.6.문3, 16.11.문8, 15.11.문11, 15.4.문5, 13.4.문11, 10.10.문3, 06.7.문4, 03.10.문13, 02.4.문8)

득점	배점
	4

(가) 

(나) 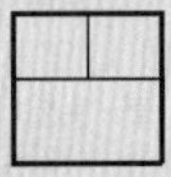

(다) 

(라) 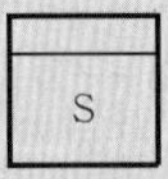

해답 (가) 비상벨 (나) 중계기 (다) 회로시험기 (라) 연기감지기

해설 **소방시설 도시기호**

명 칭	그림기호	적 요
제어반	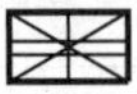	–
표시반	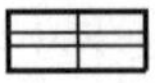	• 창이 3개인 표시반 : 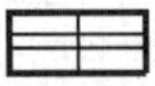3
수신기		• 가스누설경보설비와 일체인 것 : 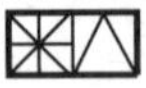 • 가스누설경보설비 및 방배연 연동과 일체인 것 : 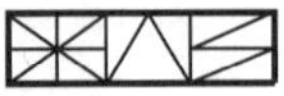
부수신기 (표시기)	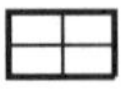	–

중계기	(symbol)	-
회로시험기	(symbol) 또는 (symbol)	-
개폐기	S	• 전류계붙이 : (S)
연기감지기	S	• 점검박스 붙이형 : S • 매입형 : S
비상벨	(B)	-

• 소방시설 도시기호(소방시설 자체점검사항 등에 관한 고시 〔별표 3〕)에는 (가)의 (B)의 명칭이 **비상벨**로 되어 있으므로 비상벨이 정답! '**경종**'으로 답하면 채점위원에 따라 오답처리도 될 수 있을 것이다.

★★★

문제 07

모터컨트롤센터(M.C.C)에서 소화전 펌프모터에 전기를 공급하는 전동기설비에 대한 다음 각 물음에 답하시오. (단, 전압은 3상 380V이고 모터의 용량은 20kW, 역률은 80%라고 한다.)

(20.11.문3, 18.4.문2, 17.6.문1, 17.4.문9, 15.7.문10, 14.11.문14, 14.4.문6, 11.7.문3, 10.10.문4 • 12, 10.4.문8, 09.7.문5, 08.4.문9)

득점	배점
	6

모터컨트롤센터(M.C.C)

(가) 모터의 전부하전류(full load current)는 몇 A인가?
- ○ 계산과정 :
- ○ 답 :

(나) 모터의 역률을 95%로 개선하고자 할 때 필요한 전력용 콘덴서의 용량은 몇 kVA인가?
- ○ 계산과정 :
- ○ 답 :

(다) 배관공사를 후강전선관으로 하고자 한다. 후강전선관 1본의 길이는 몇 m인가?
- ○

해답

(가) ○ 계산과정 : $\frac{20\times10^3}{\sqrt{3}\times380\times0.8}=37.983 ≒ 37.98\text{A}$

○ 답 : 37.98A

(나) ○ 계산과정 : $20\left(\frac{\sqrt{1-0.8^2}}{0.8}-\frac{\sqrt{1-0.95^2}}{0.95}\right)=8.43\text{kVA}$

○ 답 : 8.43kVA

(다) 3.66m

해설 기호

- V : 380V
- P : 20kW=20×10^3W(1kW=1000W=10^3W)
- $\cos\theta_1$: 80%=0.8

(가) **3상전력**

$$P=\sqrt{3}\,VI\cos\theta$$

여기서, P : 3상전력(모터의 용량)[W]
V : 전압[V]
I : 전부하전류[A]
$\cos\theta$: 역률

모터의 **용량** $P=\sqrt{3}\,VI\cos\theta$ [kW]

전부하전류 $I=\dfrac{P}{\sqrt{3}\,V\cos\theta}=\dfrac{20\times10^3}{\sqrt{3}\times380\times0.8}=37.983 \fallingdotseq 37.98\text{A}$

- $P(20\times10^3\text{W})$: 20kW에서 k=10^3이므로 20kW=20×10^3W
- $V(380\text{V})$: [단서]에서 주어짐
- $\cos\theta(0.8)$: [단서]에서 **80%**이므로 **0.8**

(나) 역률개선용 **전력용 콘덴서**의 **용량** Q_c는

$$Q_c=P(\tan\theta_1-\tan\theta_2)=P\left(\frac{\sin\theta_1}{\cos\theta_1}-\frac{\sin\theta_2}{\cos\theta_2}\right)=P\left(\frac{\sqrt{1-\cos\theta_1{}^2}}{\cos\theta_1}-\frac{\sqrt{1-\cos\theta_2{}^2}}{\cos\theta_2}\right)\text{[kVA]}$$

여기서, Q_c : 콘덴서의 용량[kVA]
P : 유효전력[kW]
$\cos\theta_1$: 개선 전 역률
$\cos\theta_2$: 개선 후 역률
$\sin\theta_1$: 개선 전 무효율$(\sin\theta_1=\sqrt{1-\cos\theta_1{}^2})$
$\sin\theta_2$: 개선 후 무효율$(\sin\theta_2=\sqrt{1-\cos\theta_2{}^2})$

$$\therefore\ Q_c=P\left(\frac{\sqrt{1-\cos\theta_1{}^2}}{\cos\theta_1}-\frac{\sqrt{1-\cos\theta_2{}^2}}{\cos\theta_2}\right)=20\left(\frac{\sqrt{1-0.8^2}}{0.8}-\frac{\sqrt{1-0.95^2}}{0.95}\right)=8.43\text{kVA}$$

- P의 단위가 kW임을 주의!

(다) **1본의 길이**

• 후강전선관 • 박강전선관	합성수지관
3.66m	**4m**

- 전선관은 KSC 8401 규정에 의해 1본의 길이는 **3.66m**이다.
- 3.6m, 3.64m라고 쓰면 틀린다.

중요

구 분	후강전선관	박강전선관
사용장소	• 공장 등의 배관에서 특히 **강도**를 필요로 하는 경우 • **폭발성 가스**나 **부식성 가스**가 있는 장소	• 일반적인 장소
관의 호칭 표시방법	• 안지름의 근사값을 **짝수**로 표시	• 바깥지름의 근사값을 **홀수**로 표시
규격	16mm, 22mm, 28mm, 36mm, 42mm, 54mm, 70mm, 82mm, 92mm, 104mm	19mm, 25mm, 31mm, 39mm, 51mm, 63mm, 75mm

Tip

- 후강전선관과 박강전선관은 과거 강관에 에나멜 칠을 할 당시에 사용되던 전선관이다.
- 후강전선관의 두께가 박강전선관보다 더 두껍다.
- 현재 박강전선관은 생산되고 있지 않다.
- **후강전선관**도 이제는 에나멜 칠은 하지 않고 모두 **아연도금강관**으로만 생산된다.

☆☆

문제 08

유도등은 전기회로에 점멸기를 설치하지 아니하고 항상 점등상태를 유지하여야 하는데 점멸기 필요시(3선식) 상시 충전되는 구조인 경우 그렇게 하지 않아도 되는 장소 3가지를 쓰시오.

(20.7.문6, 17.6.문6, 16.6.문11, 15.11.문3, 14.4.문13, 12.4.문7, 10.10.문1)

○
○
○

득점	배점
	6

해답 ① 외부의 빛에 의해 피난구 또는 피난방향을 쉽게 식별할 수 있는 장소
② 공연장, 암실 등으로서 어두워야 할 필요가 있는 장소
③ 특정소방대상물의 관계인 또는 종사원이 주로 사용하는 장소

해설 유도등의 3선식 배선에 따라 상시 **충**전되는 경우 점멸기를 설치하지 아니하고 항상 점등상태를 유지하지 않아도 되는 장소(**3선식 배선**에 의해 **상시 충전**되는 **구조**)(NFTC 303 2.7.3.2.1)

(1) **외부**의 빛에 의해 피난구 또는 피난방향을 쉽게 식별할 수 있는 장소
(2) **공연장, 암실** 등으로서 어두워야 할 필요가 있는 장소
(3) 특정소방대상물의 **관계인** 또는 **종사원**이 주로 사용하는 장소

기억법 **외충관공**(**외**부**충**격을 받아도 **관공**서는 끄덕 없음)

비교

유도등의 **3선식 배선**시 반드시 **점등**되어야 하는 경우(NFTC 303 2.7.4)
(1) **자동화재탐지설비**의 **감지기** 또는 **발신**기가 작동되는 때
(2) **비상경보설비**의 **발신기**가 작동되는 때
(3) **상용전원**이 **정전**되거나 **전원선**이 **단**선되는 때
(4) **방재업무**를 **통제**하는 곳 또는 전기실의 배전반에서 **수동**으로 **점**등하는 때
(5) **자동소화설비**가 **작동**되는 때

기억법 **탐방 상경자유**

☆☆☆

문제 09

다음은 솔레노이드 스위치에 의한 댐퍼기동방식과 수동복구방식을 채택한 전실제연설비의 계통도를 보여주고 있다. 시스템을 운영하는 데 필요한 전선가닥수와 선로의 용도를 쓰시오.

(16.11.문15, 08.7.문17)

득점	배점
	8

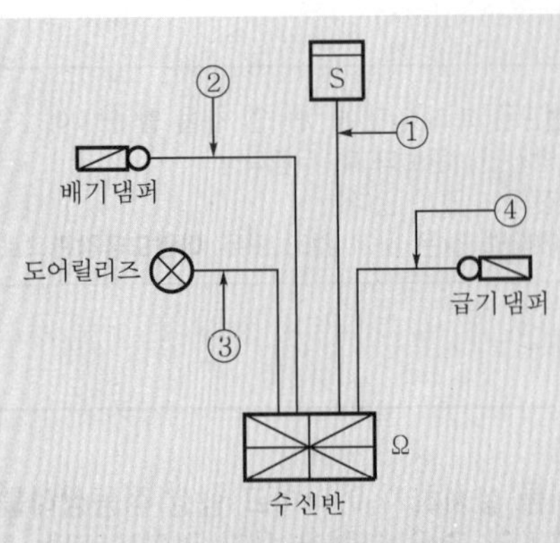

○ 답란 :

기 호	전선가닥수	용 도
①		
②		
③		
④		

- **전실제연설비**란 전실 내에 신선한 공기를 유입하여 연기가 계단쪽으로 확산되는 것을 방지하기 위한 설비로 **'특별피난계단의 계단실 및 부속실 제연설비'**를 의미한다.

기 호	전선가닥수	용 도
①	4	지구 2, 공통 2
②	5	전원 ⊕, 전원 ⊖, 기동, 복구, 확인
③	3	기동, 확인, 공통
④	6	전원 ⊕, 전원 ⊖, 기동, 복구, 확인 2

기 호	전선가닥수	용 도
①	4	지구 2, 공통 2
②	5	전원 ⊕, 전원 ⊖, 기동(기동출력), 복구(복구스위치), 확인(배기댐퍼확인)
③	3	기동, 확인, 공통
④	6	전원 ⊕, 전원 ⊖, 기동(기동출력), 복구(복구스위치), 확인(급기댐퍼확인), 확인(수동기동확인)

- **'기동'**이라고 써도 되고 **'기동출력'**이라고 써도 된다.
- **'복구'**라고 써도 되고 **'복구스위치'**라고 써도 된다.
- **'확인'**이라고 써도 되고 **'배기댐퍼확인'** 또는 **'급기댐퍼확인'**이라고 써도 된다.
- 전실제연설비에는 **수동조작함**이 반드시 필요하며, 수동조작함이 별도의 표시가 없는 경우에는 급기댐퍼에 내장되어 있는 경우가 일반적이다. 또한 수동조작함에는 확인(수동기동확인)이 반드시 필요하다.
- NFPC 501A 22 · 23조, NFTC 501A 2.19.1, 2.20.1.2.5에 따라 ④에는 **'수동기동확인'**이 반드시 추가되어야 한다.

특별피난계단의 계단실 및 부속실 제연설비(NFPC 501A 22 · 23조, NFTC 501A 2.19.1, 2.20.1.2.5)
- **제22조 수동기동장치** : 배출댐퍼 및 개폐기의 직근 또는 제연구역에는 장치의 작동을 위하여 **수동기동장치**를 설치하고, 스위치는 바닥으로부터 0.8~1.5m 이하의 높이에 설치해야 한다(단, 계단실 및 그 부속실을 동시에 제연하는 제연구역에는 그 부속실에만 설치할 수 있다).
- **제23조 제어반** : 제연설비의 제어반은 다음 각 호의 기준에 적합하도록 설치해야 한다.
  마. **수동기동장치**의 **작동여부**에 대한 **감시기능**

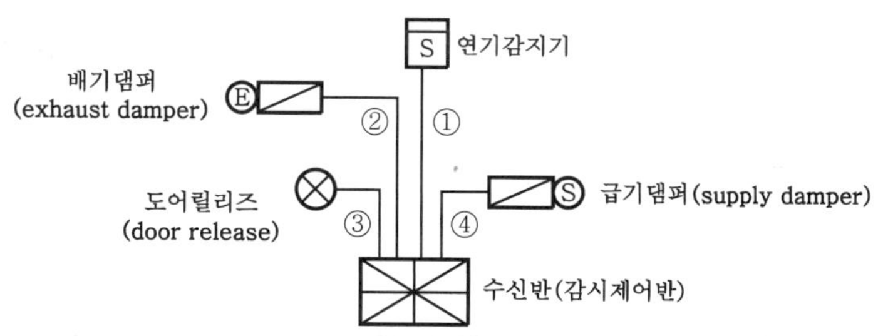

- 배기댐퍼기동확인=배기댐퍼확인
- 급기댐퍼기동확인=급기댐퍼확인

비교

자동복구방식인 **경우**

기 호	가닥수	용 도
①	4	지구 2, 공통 2
②	4	전원 ⊕, 전원 ⊖, 기동(기동출력), 확인(배기댐퍼확인)
③	3	기동, 확인, 공통
④	5	전원 ⊕, 전원 ⊖, 기동, 확인(급기댐퍼확인), 확인(수동기동확인)

중요

전실제연설비(특별피난계단의 계단실 및 부속실 제연설비)의 **실제배선**

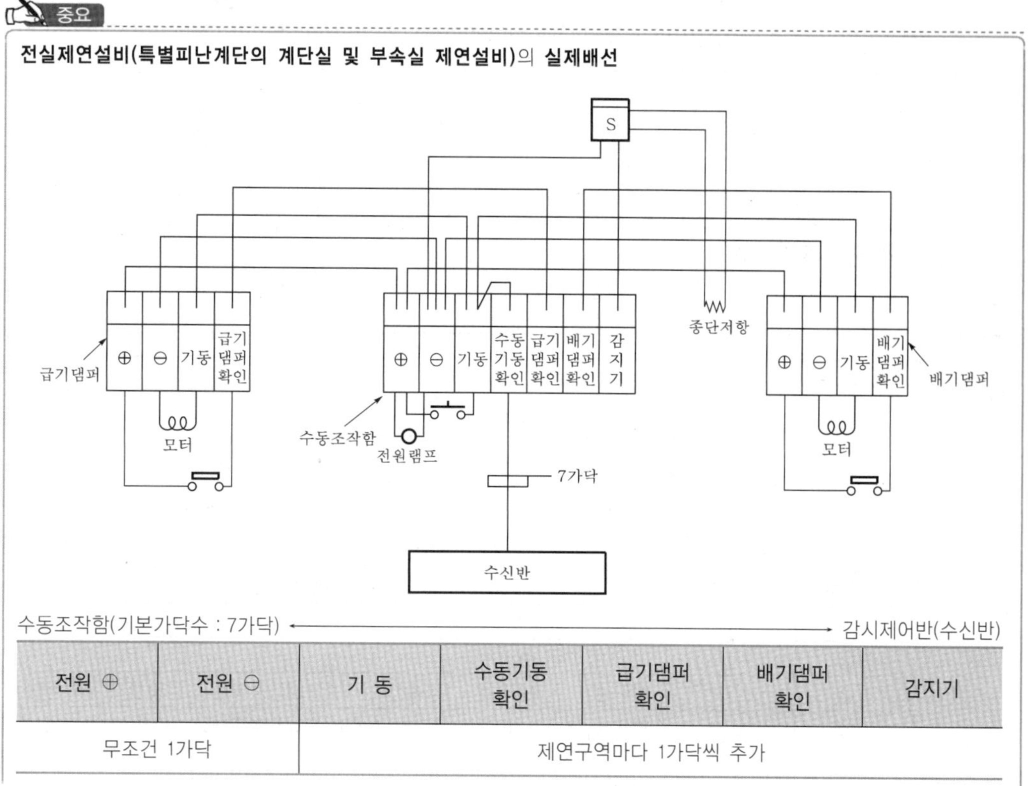

수동조작함(기본가닥수 : 7가닥) ←——→ 감시제어반(수신반)

전원 ⊕	전원 ⊖	기 동	수동기동 확인	급기댐퍼 확인	배기댐퍼 확인	감지기
무조건 1가닥		제연구역마다 1가닥씩 추가				

- 수동조작함이 급기댐퍼 아래에 위치하고 있을 경우 '**급기댐퍼확인, 배기댐퍼확인, 감지기**'는 수동조작함에 연결되지 않아도 됨
- 배기댐퍼확인=배기댐퍼개방확인
- 급기댐퍼확인=급기댐퍼개방확인

☆☆☆

문제 10

그림은 자동화재탐지설비와 프리액션 스프링클러설비의 계통도이다. 그림을 보고 다음 각 물음에 답하시오. (단, 감지기공통선과 전원공통선은 분리해서 사용하고, 프리액션밸브용 압력스위치, 탬퍼스위치 및 솔레노이드밸브의 공통선은 1가닥을 사용한다.) (16.4.문3, 14.7.문14)

득점	배점
	8

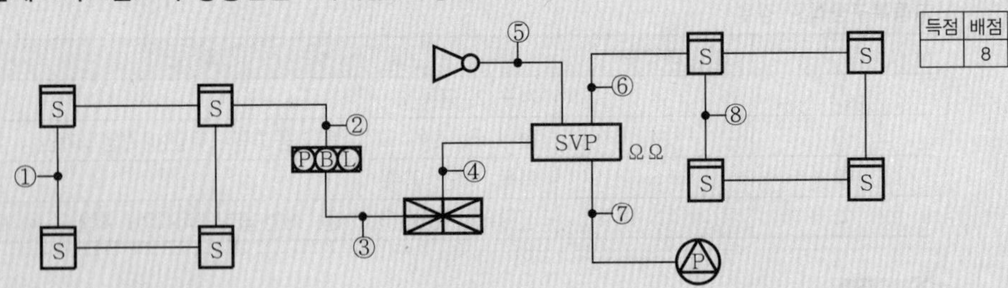

(가) 그림을 보고 ①~⑧까지의 가닥수를 쓰시오.

①		⑤	
②		⑥	
③		⑦	
④		⑧	

(나) ④의 배선내역을 쓰시오.

○

해답 (가)

①	2가닥	⑤	2가닥
②	4가닥	⑥	8가닥
③	6가닥	⑦	4가닥
④	9가닥	⑧	4가닥

(나) 전원 ⊕·⊖, 사이렌, 감지기 A·B, 솔레노이드밸브, 프리액션밸브용 압력스위치, 탬퍼스위치, 감지기 공통

해설

기 호	가닥수	배선내역
①	2가닥	지구선 1, 공통선 1
②	4가닥	지구선 2, 공통선 2
③	6가닥	지구선 1, 회로공통선 1, 경종선 1, 경종표시등공통선 1, 응답선 1, 표시등선 1
④	9가닥	전원 ⊕·⊖, 사이렌, 감지기 A·B, 솔레노이드밸브, 프리액션밸브용 압력스위치, 탬퍼스위치, 감지기 공통
⑤	2가닥	사이렌 2
⑥	8가닥	지구선 4, 공통선 4
⑦	4가닥	솔레노이드밸브 1, 프리액션밸브용 압력스위치 1, 탬퍼스위치 1, 공통선 1
⑧	4가닥	지구선 2, 공통선 2

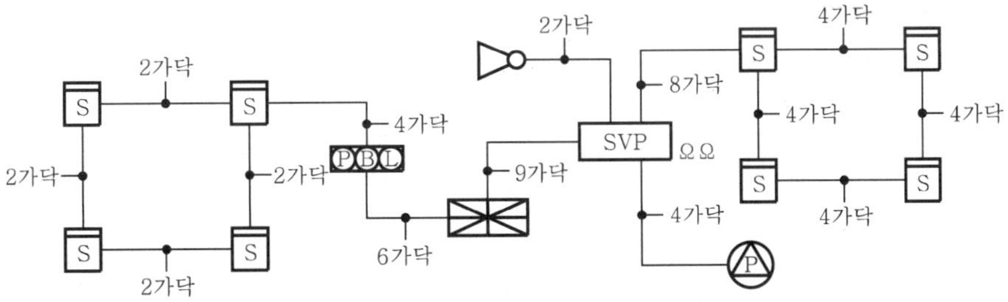

2가닥 4가닥 8가닥 4가닥 4가닥 4가닥 2가닥 2가닥 2가닥 2가닥 4가닥 SVP PBL 9가닥 4가닥 4가닥 6가닥 2가닥

‖ 가닥수 ‖

- 자동화재탐지설비의 회로수는 일반적으로 **수동발신기함**(ⓅⒷⓁ) 수를 세어보면 되므로 **1회로**(발신기세트 1개)가 되어 ③은 **6가닥**이 된다.
- 자동화재탐지설비에서 도면에 종단저항 표시가 없는 경우 **종단저항**은 **수동발신기함**에 설치된 것으로 보면 된다.
- 솔레노이드밸브=밸브기동=SV(Solenoid Valve)
- 프리액션밸브용 압력스위치=밸브개방 확인=PS(Pressure Switch)
- 탬퍼스위치=밸브주의=TS(Tamper Switch)
- 여기서는 조건에서 **프리액션밸브용 압력스위치, 탬퍼스위치, 솔레노이드밸브**라는 명칭을 사용하였으므로 (나)의 답에서 우리가 일반적으로 사용하는 밸브개방 확인, 밸브주의, 밸브기동 등의 용어를 사용하면 오답으로 채점될 수 있다. 주의하라! **주어진 조건**에 있는 **명칭**을 사용하여야 빈틈없는 올바른 답이 된다.

중요

송배선식과 **교차회로방식**

구 분	송배선식	교차회로방식
목적	**감지기회로**의 **도통시험**을 용이하게 하기 위하여	감지기의 **오동작** 방지
원리	배선의 도중에서 분기하지 않는 방식	하나의 담당구역 내에 **2 이상**의 **감지기회로**를 설치하고 **2 이상**의 **감지기회로**가 **동시**에 **감지**되는 때에 설비가 작동하는 방식으로 회로방식이 **AND 회로**에 해당된다.
적용 설비	• 자동화재탐지설비 • 제연설비	• **분**말소화설비 • **할**론소화설비 • **이**산화탄소 소화설비 • **준**비작동식 스프링클러설비 • **일**제살수식 스프링클러설비 • **할**로겐화합물 및 불활성기체 소화설비 • **부**압식 스프링클러설비 기억법 **분할이 준일할부**
가닥수 산정	종단저항을 수동발신기함 내에 설치하는 경우 **루프(loop)**된 곳은 **2가닥, 기타 4가닥**이 된다. 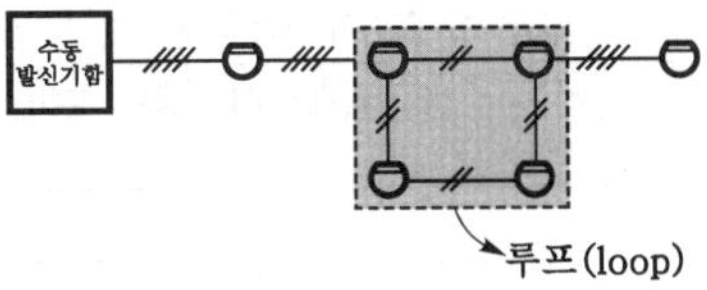 수동 발신기함 / 루프(loop) ‖ 송배선식 ‖	**말단**과 **루프**(loop)된 곳은 **4가닥, 기타 8가닥**이 된다. 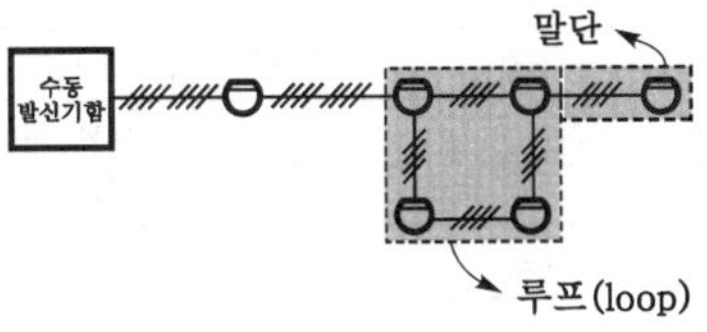 수동 발신기함 / 말단 / 루프(loop) ‖ 교차회로방식 ‖

비교

(1) 감지기공통선과 전원공통선은 1가닥을 사용하고 프리액션밸브용 압력스위치, 탬퍼스위치 및 솔레노이드밸브의 공통선은 1가닥을 사용하는 경우

기 호	가닥수	배선내역
①	2가닥	지구선 1, 공통선 1
②	4가닥	지구선 2, 공통선 2
③	6가닥	지구선 1, 회로공통선 1, 경종선 1, 경종표시등공통선 1, 응답선 1, 표시등선 1
④	8가닥	전원 ⊕·⊖, 사이렌, 감지기 A·B, 솔레노이드밸브, 프리액션밸브용 압력스위치, 탬퍼스위치
⑤	2가닥	사이렌 2
⑥	8가닥	지구선 4, 공통선 4
⑦	4가닥	솔레노이드밸브 1, 프리액션밸브용 압력스위치 1, 탬퍼스위치 1, 공통선 1
⑧	4가닥	지구선 2, 공통선 2

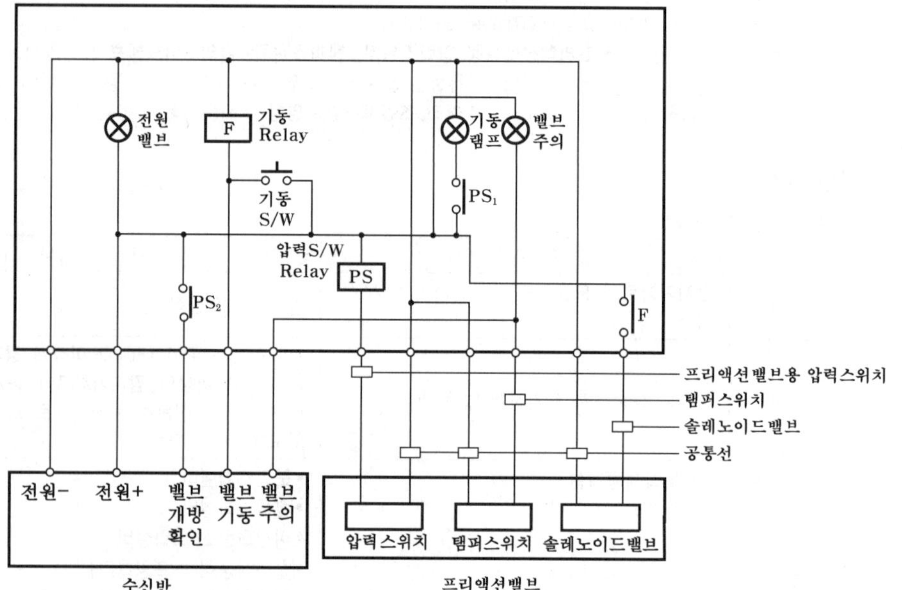

∥ 슈퍼비조리판넬~프리액션밸브 가닥수 : 4가닥인 경우 ∥

(2) 감지기공통선과 전원공통선은 1가닥을 사용하고 슈퍼비조리판넬(SVP)과 프리액션밸브간의 공통선을 사용하지 않는 경우

기 호	가닥수	배선내역
①	2가닥	지구선 1, 공통선 1
②	4가닥	지구선 2, 공통선 2
③	6가닥	지구선 1, 회로공통선 1, 경종선 1, 경종표시등공통선 1, 응답선 1, 표시등선 1
④	8가닥	전원 ⊕·⊖, 사이렌, 감지기 A·B, 솔레노이드밸브, 프리액션밸브용 압력스위치, 탬퍼스위치
⑤	2가닥	사이렌 2
⑥	8가닥	지구선 4, 공통선 4
⑦	6가닥	솔레노이드밸브 2, 프리액션밸브용 압력스위치 2, 탬퍼스위치 2
⑧	4가닥	지구선 2, 공통선 2

* 감지기공통선과 전원공통선(전원⊖)에 대한 조건이 없는 경우 감지기공통선은 전원공통선(전원⊖)에 연결하여 1선으로 사용하므로 감지기공통선이 필요 없다.
* 솔레노이드밸브(SV), 프리액션밸브용 압력스위치(PS), 탬퍼스위치(TS)에 대한 조건에 따라 공통선을 사용하지 않는다면 솔레노이드밸브(SV) 2, 프리액션밸브용 압력스위치(PS) 2, 탬퍼스위치(TS) 2 총 **6가닥**이 된다.

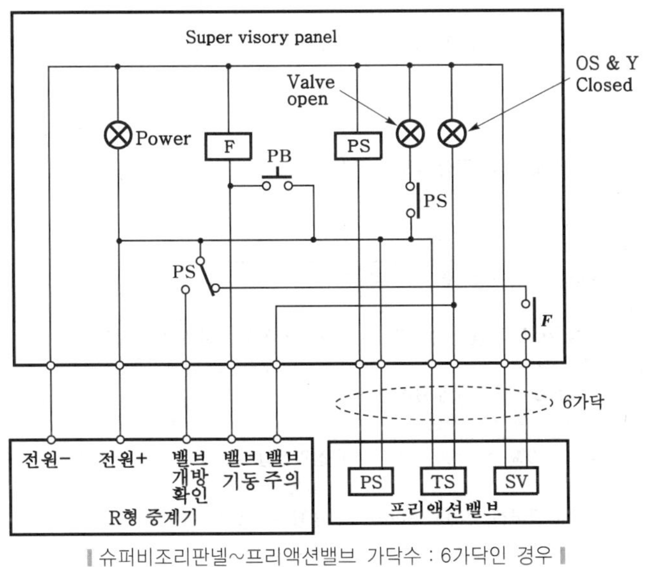

‖ 슈퍼비조리판넬~프리액션밸브 가닥수 : 6가닥인 경우 ‖

★★★

문제 11

지상 11층 연면적 3000m²를 초과하는 건축물에 자동화재탐지설비 지구음향장치를 설치하고자 한다. 다음 각 물음에 답하시오. (20.5.문17, 18.11.문12, 17.4.문14, 14.7.문3, 11.11.문16, 11.5.문10)

득점	배점
	4

(가) 다음의 경우에 경보를 발하여야 할 층을 쓰시오.

○ 지상 2층 발화 :

○ 지상 1층 발화 :

(나) 음향장치의 음량은 부착된 음향장치의 중심으로부터 몇 m 떨어진 위치에서 몇 dB 이상이 되는 것으로 하여야 하는가?

○

해답 (가) ① 지상 2층 발화 : 2층, 3층, 4층, 5층, 6층

② 지상 1층 발화 : 1층, 2층, 3층, 4층, 5층

(나) 1m, 90dB

해설

* 지상 1층 발화 : 문제에서 지상 11층으로 지하층은 없으므로 당연히 지하층은 경보대상이 아니다.

(가) **자동화재탐지설비의 발화층 및 직상 4개층 우선경보방식**(NFPC 203 8조, NFTC 203 2.5.1.2)

발화층	경보층	
	11층(공동주택은 16층) 미만	11층(공동주택은 16층) 이상
2층 이상 발화	전층 일제경보	• 발화층 • 직상 4개층

<table>
<tr><td>1층 발화</td><td rowspan="2">전층 일제경보</td><td>• 발화층
• 직상 4개층
• 지하층</td></tr>
<tr><td>지하층 발화</td><td>• 발화층
• 직상층
• 기타의 지하층</td></tr>
</table>

• 문제에서 층수가 11층이라고 **층수**가 **명확**히 주어졌으므로 1층, 2층 이런 식으로 답해야 정답! **발화층, 직상층, 기타의 지하층** 이런 식으로 답하면 안 됨!

용어

자동화재탐지설비의 발화층 및 직상 4개층 우선경보방식
11층(공동주택 **16층**) 이상인 특정소방대상물

(나) **음향장치**의 **구조** 및 **성능기준**

• **스프링클러설비** 음향장치의 구조 및 성능기준 • **간이스프링클러설비** 음향장치의 구조 및 성능기준 • **화재조기진압용 스프링클러설비** 음향장치의 구조 및 성능기준	**자동화재탐지설비** 음향장치의 구조 및 성능기준	비상방송설비 음향장치의 구조 및 성능기준
① 정격전압의 **80%** 전압에서 음향을 발할 것 ② 음량은 **1m** 떨어진 곳에서 **90dB** 이상일 것	① **정격전압**의 **80%** 전압에서 음향을 발할 것 ② **음량**은 **1m** 떨어진 곳에서 **90dB** 이상일 것 ③ **감지기·발신기**의 작동과 **연동**하여 작동할 것	① **정격전압**의 **80%** 전압에서 음향을 발할 것 ② **자동화재탐지설비**의 작동과 연동하여 작동할 것

☆☆☆

문제 12

자동화재탐지설비의 평면도이다. 이 도면을 보고 다음 각 물음에 답하시오.

(18.11.문1, 17.6.문2, 16.4.문8, 15.11.문15, 12.7.문4, 11.11.문4)

득점	배점
	9

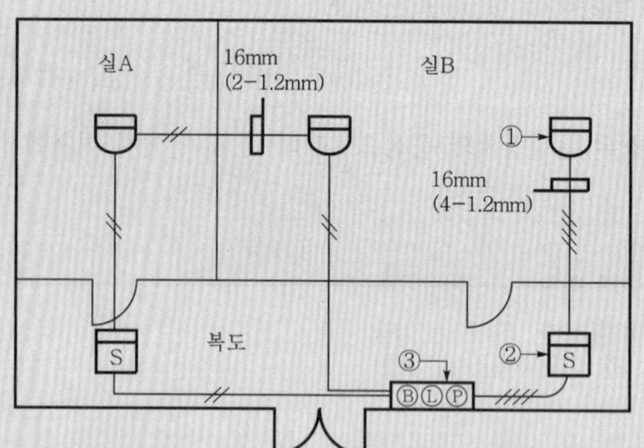

(가) 후강전선관으로 배관공사를 할 경우 주어진 다음 표의 배관 부속자재에 대한 수량을 구하시오. (단, 반자가 없는 구조이며, 감지기는 8각 박스에 직접 취부한다고 가정하고 수동발신기세트와 수신기 간의 배선과 관계되는 재료는 고려하지 않도록 한다.)

품 명	규 격	단 위	수 량
로크너트	16mm	개	
부싱	16mm	개	
8각 박스	8각 2인치	개	

(나) ①과 ②의 감지기의 종류를 쓰시오.

○①:

○②:

(다) ③에는 어떤 것들이 내장되어 있는지 그 내장품을 모두 쓰시오.

○

해답 (가)

품 명	규 격	단 위	수 량
로크너트	16mm	개	24
부싱	16mm	개	12
8각 박스	8각 2인치	개	5

(나) ① 차동식 스포트형 감지기

② 연기감지기

(다) 발신기, 경종, 표시등

해설 (가)

- 먼저 이 문제에서 잘못된 부분을 찾아보면 다음과 같다.
  16mm(2－1.2mm) → **16mm(2－1.5mm^2)**
  16mm(4－1.2mm) → **16mm(4－1.5mm^2)**
- **부싱**(○) : 12개
- **로크너트**는 부싱개수의 **2배**이므로 **24개**(12개×2＝24개)가 된다.

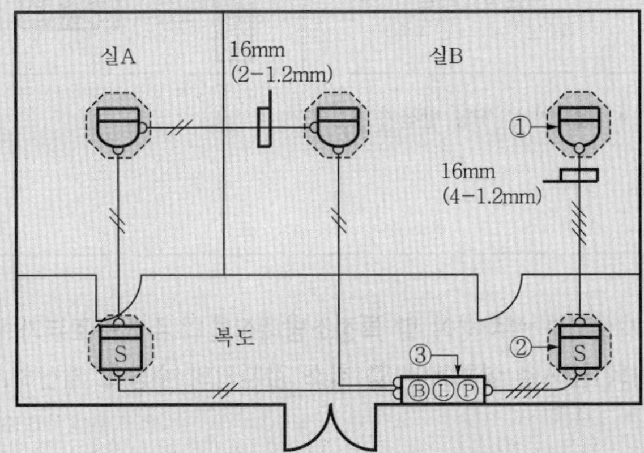

- **8각 박스**( ) : 감지기마다 설치하므로 총 **5개**가 된다.
- 단서조건에 의해 수동발신기세트와 수신기 간의 배선·재료는 고려하지 않아도 된다.
- **'수동발신기세트'**라는 말이 있어서 수동발신기세트에 설치되는 부싱, 로크너트까지 생략하면 틀린다. 단서조건의 글이 좀 이상하지만 수동발신기세트에서 수신기 간의 배선·재료를 고려하지 않는다고 이해해야 한다. 참고로 수동발신기세트와 수신기 간의 배선은 문제에서 그려져 있지 않다.

(나) **옥내배선기호**

명 칭	그림기호	적 요
차동식 스포트형 감지기		–
보상식 스포트형 감지기		–
정온식 스포트형 감지기		• 방수형 : • 내산형 : • 내알칼리형 : • 방폭형 : EX
연기감지기	S	• 점검박스 붙이형 : S • 매입형 : S
감지선		• 감지선과 전선의 접속점 : • 가건물 및 천장 안에 시설할 경우 : • 관통위치 :
공기관		• 가건물 및 천장 안에 시설할 경우 : • 관통위치 :
열전대		• 가건물 및 천장 안에 시설할 경우 :

(다) 전면에 부착되는 **전기적**인 **기기장치 명칭**

명 칭	도시기호	전기기기 명칭
수동발신기함 (발신기세트 단독형)	Ⓟ Ⓑ Ⓛ 또는 ⓅⒷⓁ	• Ⓟ : 발신기, P형 발신기 • Ⓑ : 경종 • Ⓛ : 표시등

• **'발신기'**를 **'P형 발신기'**라고 답해도 된다.

☆☆ 문제 13

자동화재탐지설비를 설치해야 할 특정소방대상물의 주요구조부가 내화구조인 바닥면적이 600m^{2}인 경우 감지기의 높이별 설치해야 할 최소 감지기의 수량을 계산하시오.

(20.11.문14, 20.10.문10, 16.6.문14, 14.4.문12, 13.11.문16)

득점	배점
	6

(가) 정온식 스포트형 1종을 3.5m 높이에 설치
○ 계산과정 :
○ 답 :

(나) 정온식 스포트형 1종을 4.0m 높이에 설치
○ 계산과정 :
○ 답 :

(다) 정온식 스포트형 1종을 4.5m 높이에 설치
○ 계산과정 :
○ 답 :

해답 (가) ○ 계산과정 : $\frac{600}{60}=10$개 ○ 답 : 10개

(나) ○ 계산과정 : $\frac{600}{30}=20$개 ○ 답 : 20개

(다) ○ 계산과정 : $\frac{600}{30}=20$개 ○ 답 : 20개

해설 **스포트형 감지기**의 **바닥면적**(NFPC 203 7조, NFTC 203 2.4.3.5)

부착높이 및 특정소방대상물의 구분		감지기의 종류				
		차동식·**보**상식 스포트형		**정**온식 스포트형		
		1종	2종	특종	1종	2종
4m 미만	내화구조	90m²	70m²	70m²	60m²	20m²
	기타구조	50m²	40m²	40m²	30m²	15m²
4m 이상 8m 미만	내화구조	45m²	35m²	35m²	30m²	−
	기타구조	30m²	25m²	25m²	15m²	−

기억법
차 보 정
1 2 특 1 2
9 7 7 6 2
5 4 4 3 ①
④ ③ ③ 3
3 ② ② ①
※ 동그라미 친 부분은 뒤에 **5**가 붙음

(가) 감지기의 설치개수(높이 3.5m) $=\frac{600\text{m}^2}{\text{감지기 1개의 바닥면적}}=\frac{600\text{m}^2}{60\text{m}^2}=10$개

(나) 감지기의 설치개수(높이 4.0m) $=\frac{600\text{m}^2}{\text{감지기 1개의 바닥면적}}=\frac{600\text{m}^2}{30\text{m}^2}=20$개

(다) 감지기의 설치개수(높이 4.5m) $=\frac{600\text{m}^2}{\text{감지기 1개의 바닥면적}}=\frac{600\text{m}^2}{30\text{m}^2}=20$개

☆☆☆ 문제 14

부착높이 15m 이상 20m 미만에 설치가능한 감지기 3가지를 쓰시오.

(20.11.문9, 19.11.문13, 19.6.문2, 15.7.문1, 15.4.문14, 13.7.문5, 13.4.문2)

○
○
○

득점	배점
	3

해답 ① 이온화식 1종
② 광전식 1종
③ 연기복합형

해설 **감지기**의 **설치기준** (NFPC 203 7조, NFTC 203 2.4.1)

부착높이	감지기의 종류
4m **미**만	• 차동식(스포트형, 분포형) • 보상식 스포트형 • 정온식(스포트형, 감지선형) ─ **열**감지기 • 이온화식 또는 광전식(스포트형, 분리형, 공기흡입형) : **연**기감지기 • 열복합형 • 연기복합형 • 열연기복합형 ─ **복**합형 감지기 • **불**꽃감지기 기억법 열연불복 4미
4~**8**m **미**만	• 차동식(스포트형, 분포형) • 보상식 스포트형 • **정**온식(스포트형, 감지선형) **특**종 또는 **1**종 ─ **열**감지기 • **이**온화식 **1**종 또는 **2**종 • **광**전식(스포트형, 분리형, 공기흡입형) 1종 또는 2종 ─ 연기감지기 • 열복합형 • 연기복합형 • 열연기복합형 ─ **복**합형 감지기 • **불**꽃감지기 기억법 8미열 정특1 이광12 복불
8~**15**m 미만	• 차동식 **분**포형 • **이**온화식 **1**종 또는 **2**종 • **광**전식(스포트형, 분리형, 공기흡입형) 1종 또는 2종 • **연**기**복**합형 • **불**꽃감지기 기억법 15분 이광12 연복불
15~**2**0m 미만	• **이**온화식 1종 • **광**전식(스포트형, 분리형, 공기흡입형) 1종 • **연**기**복**합형 • **불**꽃감지기 기억법 이광불연복2
20m 이상	• **불**꽃감지기 • **광**전식(분리형, 공기흡입형) 중 **아**날로그방식 기억법 불광아

☆☆☆

문제 15

도면은 할론(halon)소화설비의 수동조작함에서 할론제어반까지의 결선도 및 계통도(3zone)이다. 주어진 도면과 조건을 이용하여 다음 각 물음에 답하시오.

(19.4.문2, 17.6.문3, 16.6.문1, 14.7.문15, 13.4.문14, 12.11.문2)

득점	배점
	6

〔조건〕

◦ 전선의 가닥수는 최소가닥수로 한다.

◦ 복구스위치 및 도어스위치는 없는 것으로 한다.

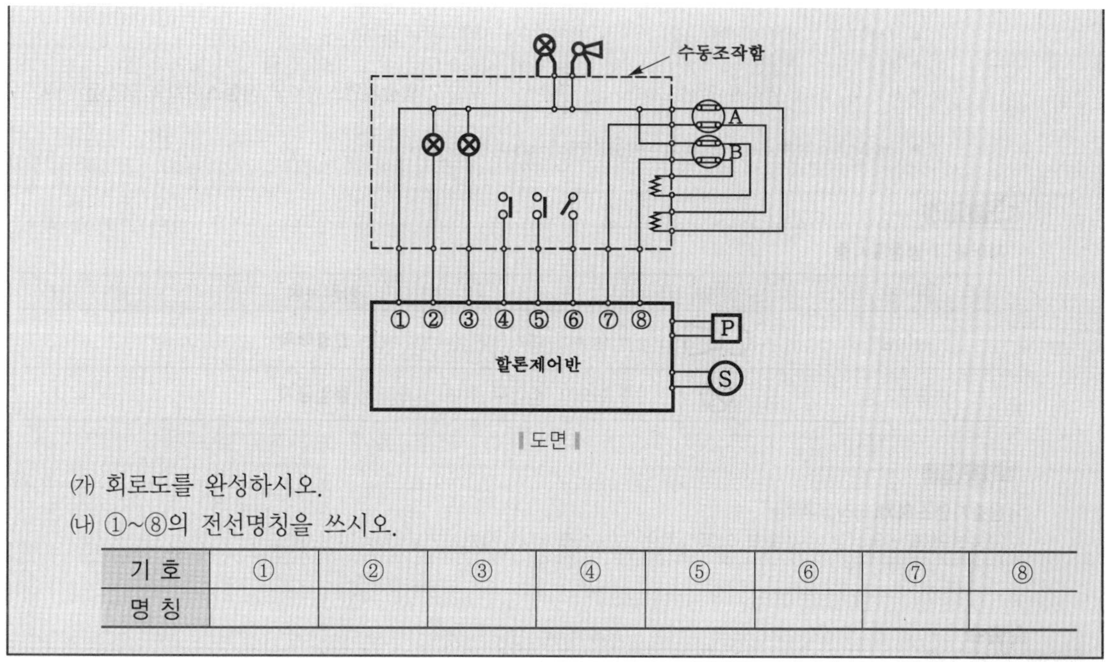

▮도면▮

(가) 회로도를 완성하시오.

(나) ①~⑧의 전선명칭을 쓰시오.

기 호	①	②	③	④	⑤	⑥	⑦	⑧
명 칭								

해답 (가)

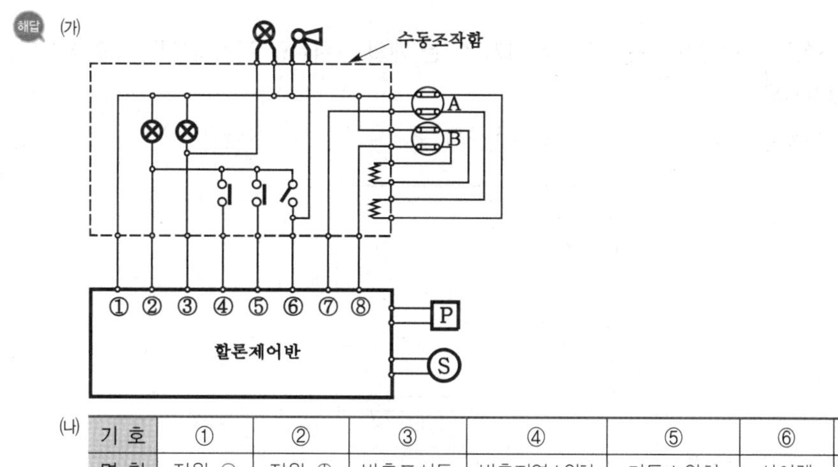

(나)

기 호	①	②	③	④	⑤	⑥	⑦	⑧
명 칭	전원 ⊖	전원 ⊕	방출표시등	방출지연스위치	기동스위치	사이렌	감지기 A	감지기 B

해설 (가), (나)

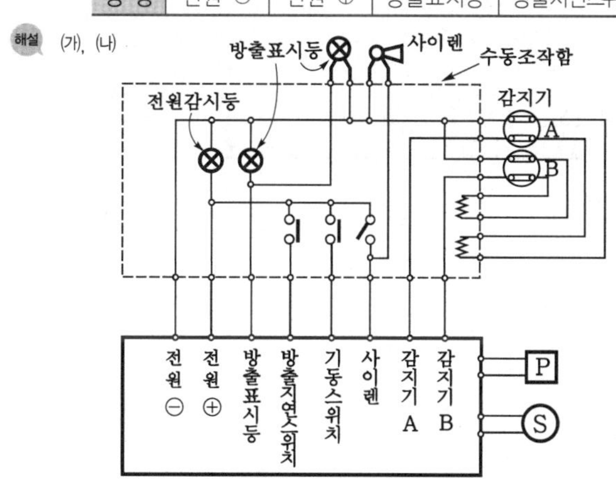

- 전선의 용도에 관한 명칭을 답할 때 전원 ⊖와 전원 ⊕가 바뀌지 않도록 주의할 것
- 일반적으로 공통선(common line)은 전원 ⊖를 사용하므로 기호 ①이 전원 ⊖가 되어야 한다.
- 기호 ④, ⑤의 명칭은 결선도상에서는 구분이 안 되므로 **방출지연스위치**와 **기동스위치**의 명칭을 바꿔도 된다.
- 방출지연스위치=비상스위치=방출지연비상스위치

중요

사이렌과 **방출표시등**

구 분	심 벌	설치목적
사이렌	◯◁	실내에 설치하여 실내에 있는 **인명대피**
방출표시등	⊗	실외의 출입구 위에 설치하여 **출입금지**

용어

방출지연스위치(비상스위치)
자동복귀형 스위치로서 수동식 기동장치의 타이머를 순간 정지시키는 기능의 스위치

☆☆☆

문제 16

그림은 시퀀스회로의 미완성 도면이다. 두 가지 중 한 개의 스위치만 작동하도록 하고자 한다. 다음 각 물음에 답하시오. (20.7.문17, 17.4.문8, 16.4.문11, 04.10.문10)

(가) 미완성된 회로를 완성하시오. (단, R_1 접점 1개, R_2 접점 1개를 사용한다.)

득점	배점
	6

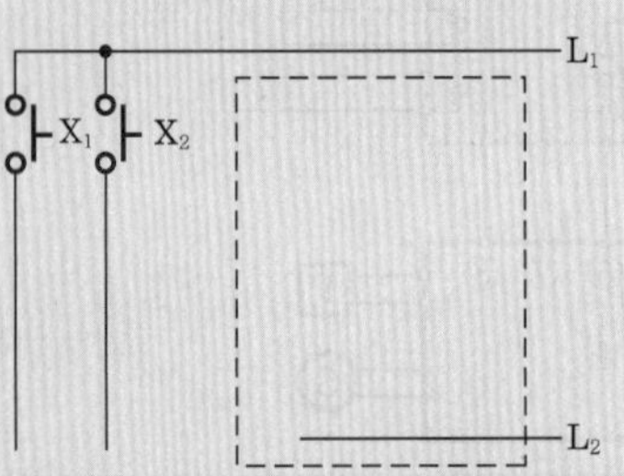

(나) 완성된 회로의 논리식을 쓰시오.

① $R_1=$

② $R_2=$

(다) 논리식에 알맞은 무접점회로를 그리시오.

해답 (가)

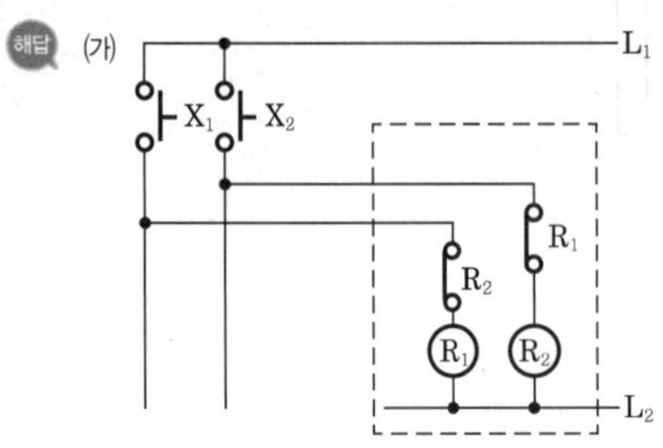

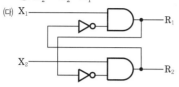

(나) ① $R_1 = X_1 \cdot \overline{R_2}$

② $R_2 = X_2 \cdot \overline{R_1}$

(다) X_1, X_2, R_1, R_2

해설 (가) **인터록회로**(interlock circuit)

① X_1과 X_2의 동시투입 방지

② 두 가지 중 어느 한 가지 동작만 이루어질 수 있도록 배선 도중에 b접점(R_1, R_2)을 추가하여 놓은 것

③ 전동기의 Y-△ **기동회로**에 많이 적용

(나) **무접점 논리회로**

시퀀스	논리식	논리회로
직렬회로	Z=A·B Z=AB	A, B, Z
병렬회로	Z=A+B	A, B, Z
a접점	Z=A	A, Z A, Z
b접점	$Z=\overline{A}$	A, Z A, Z A, Z

(다) 이 회로를 다음과 같이 그려도 정답!!

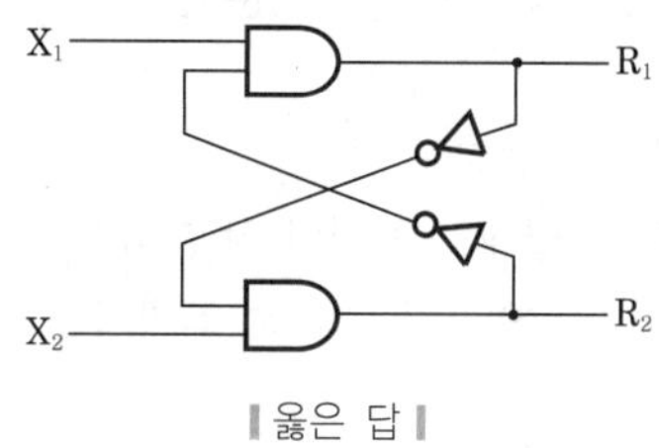

‖옳은 답‖

★★★

문제 17

정온식 감지선형 감지기의 설치기준에 대한 다음 (   ) 안을 완성하시오. (20.11.문16)

득점	배점
	5

○ 보조선이나 (①)를 사용하여 감지선이 늘어지지 않도록 설치할 것

○ 단자부와 마감 (①)와의 설치간격은 (②) 이내로 설치할 것

○ 감지선형 감지기의 굴곡반경은 (③) 이상으로 할 것

○ 케이블트레이에 감지기를 설치하는 경우에는 (④)에 마감금구를 사용하여 설치할 것

○ 창고의 천장 등에 지지물이 적당하지 않는 장소에서는 (⑤)을 설치하고 그 보조선에 설치할 것

해답 ① 고정금구
② 10cm
③ 5cm
④ 케이블트레이 받침대
⑤ 보조선

해설 **정온식 감지선형 감지기**의 **설치기준**(NFPC 203 7조 ③항, NFTC 203 2.4.3.12)
(1) **보**조선이나 **고정금구**를 사용하여 감지선이 늘어지지 않도록 설치할 것
(2) **단**자부와 마감 **고정금구**와의 실치간격은 **10cm** 이내로 실치할 것
(3) 감지선형 감지기의 **굴**곡반경은 **5cm** 이상으로 할 것
(4) 감지기와 감지구역의 각 부분과의 수평**거**리가 내화구조의 경우 **1종 4.5m** 이하, **2종 3m 이하**로 할 것. 기타구조의 경우 **1종 3m 이하**, **2종 1m 이하**로 할 것

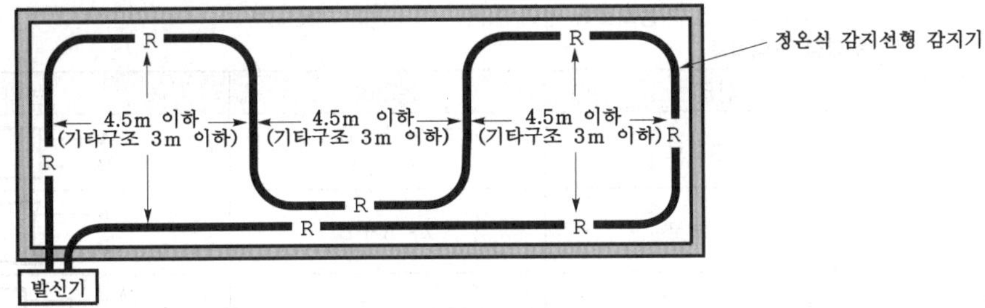

‖ 정온식 감지선형 감지기 ‖

(5) **케**이블트레이에 감지기를 설치하는 경우에는 **케이블트레이 받침대**에 마감금구를 사용하여 설치할 것
(6) **창고**의 **천장** 등에 지지물이 적당하지 않는 장소에서는 **보조선**을 설치하고 그 보조선에 설치할 것
(7) **분**전반 내부에 설치하는 경우 접착제를 이용하여 돌기를 바닥에 고정시키고 그 곳에 감지기를 설치할 것
(8) 그 밖의 설치방법은 형식승인 내용에 따르며 형식승인사항이 아닌 것은 제조사의 **시**방(示方)에 따라 설치할 것

기억법 **정감 보단굴거 케보분시**

문제 18

비상경보설비 중 단독경보형 감지기 설치기준에 대한 다음 (   ) 안을 완성하시오.

(20.10.문6, 15.11.문4, 14.7.문5, 09.10문15)

○ 각 실(이웃하는 실내의 바닥면적이 각각 (①)m^2 미만이고 벽체의 상부의 전부 또는 일부가 개방되어 이웃하는 실내와 공기가 상호 유통되는 경우에는 이를 1개의 실로 본다.)마다 설치하되, 바닥면적이 (②)m^2를 초과하는 경우에는 (③)m^2마다 (④)개 이상 설치할 것

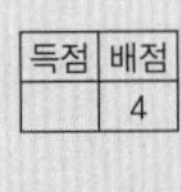

득점	배점
	4

해답 ① 30
② 150
③ 150
④ 1

해설 **단독경보형 감지기**의 **설치기준**(NFPC 201 5조, NFTC 201 2.2.1)
(1) 각 **실**(이웃하는 실내의 바닥면적이 각각 **30m² 미만**이고 벽체의 상부의 전부 또는 일부가 개방되어 이웃하는 실내와 공기가 상호 유통되는 경우에는 이를 1개의 실로 본다.)마다 설치하되, 바닥면적이 **150m²**를 초과하는 경우에는 **150m²**마다 **1개** 이상 설치할 것
(2) 최상층의 계단실의 **천**장(외기가 상통하는 계단실의 경우를 제외한다.)에 설치할 것
(3) 건전지를 주전원으로 사용하는 단독경보형 감지기는 정상적인 작동상태를 유지할 수 있도록 건전지를 **교**환할 것
(4) 상용전원을 주전원으로 사용하는 단독경보형 감지기의 2차 전지는 규정에 따라 제품검사에 합격한 것을 사용할 것

기억법 **실천교단**

2021. 7. 10 시행

2021년 산업기사 제2회 필답형 실기시험

자격종목	시험시간	형별	수험번호	성명	감독위원 확 인
소방설비산업기사(전기분야)	2시간 30분				

※ 다음 물음에 답을 해당 답란에 답하시오.(배점 : 100)

☆☆

문제 01

지하 3층, 지상 13층 건물에 비상콘센트를 설치하여야 할 층에 비상콘센트를 설치한다면 몇 개가 필요한지 직접 도면에 그려 넣으시오. (단, 비상콘센트의 심벌은 ⊙으로 한다.)

(18.11.문3, 14.7.문10, 11.11.문17)

득점	배점
	5

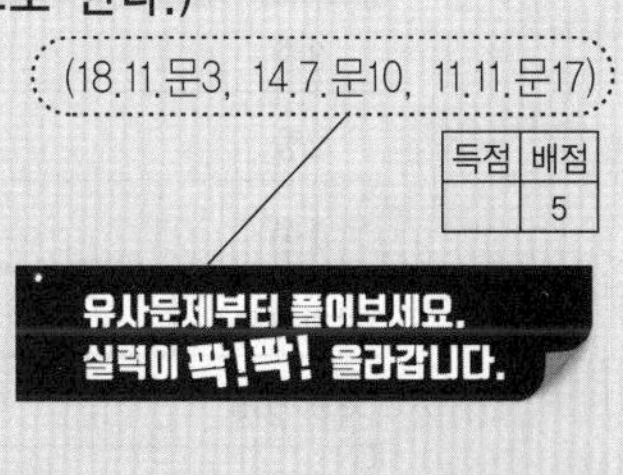

13층	600m²
12층	600m²
11층	600m²
10층	600m²
9층	600m²
8층	600m²
7층	800m²
6층	800m²
5층	800m²
4층	800m²
3층	800m²
2층	800m²
1층	800m²
지하 1층	1200m²
지하 2층	800m²
지하 3층	800m²

해답

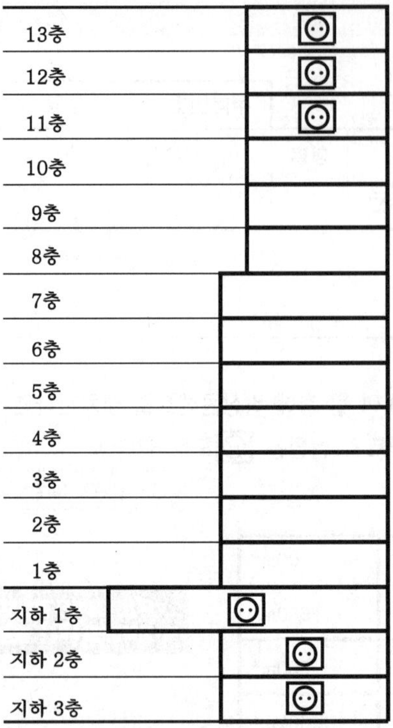

13층 ⊙
12층 ⊙
11층 ⊙
10층
9층
8층
7층
6층
5층
4층
3층
2층
1층
지하 1층 ⊙
지하 2층 ⊙
지하 3층 ⊙

- [단서]에 의해 비상콘센트는 ⊙을 사용한다.
- 지상은 **11층 이상**(지하층 제외)에 설치하므로 11~13층까지 **3**개가 된다.
- 길이가 주어지지 않았으므로 **층당 1개씩** 설치한다.
- 지하층 설치조건에 해당되므로 지하층의 모든 층에 설치한다.
- 문제에서 비상콘센트만 그리라고 하였으므로 배선은 하지 않아도 된다.

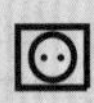

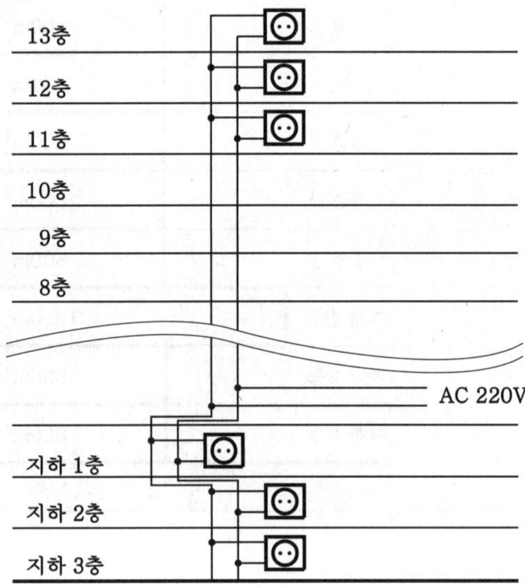

‖ 비상콘센트설비의 실제 배선 ‖

중요

(1) **비상콘센트설비**의 **설치대상**(소방시설법 시행령 [별표 4])

① **11층** 이상인 특정소방대상물의 경우에는 11층 이상의 층

② 지하층의 층수가 **3층** 이상이고 지하층의 바닥면적의 합계가 **1000m²** 이상인 것은 **지하층**의 **모든 층**

③ 지하가 중 터널로서 길이가 **500m** 이상인 것

(2) **비상콘센트설비**의 **설치기준**(NFPC 504 4조, NFTC 504 2.1)

① 하나의 전용회로에 설치하는 비상콘센트는 **10개** 이하로 할 것(전선의 용량은 **3개** 이상일 때 **3개**)

설치하는 비상콘센트 수량	전선의 용량 산정시 적용하는 비상콘센트 수량	전선의 용량
1	1개 이상	1.5kVA 이상
2	2개 이상	3.0kVA 이상
3~10	3개 이상	4.5kVA 이상

② 전원회로는 각 층에 있어서 **2 이상**이 되도록 설치할 것(단, 설치해야 할 층의 콘센트가 **1개**인 때에는 하나의 회로로 할 수 있다.)

③ 플러그접속기의 칼받이 접지극에는 **접지공사**를 해야 한다. (감전보호가 목적이므로 **보호접지**를 해야 한다.)

④ 풀박스는 **1.6mm** 이상의 철판을 사용할 것

⑤ 절연저항은 **전원부**와 **외함** 사이를 **직류 500V 절연저항계**로 측정하여 **20MΩ** 이상일 것

⑥ 전원으로부터 각 층의 비상콘센트에 분기되는 경우에는 **분기배선용 차단기**를 보호함 안에 설치할 것

⑦ 바닥으로부터 **0.8~1.5m** 이하의 높이에 설치할 것

⑧ 전원회로는 주배전반에서 **전용회로**로 하며, 배선의 종류는 **내화배선**이어야 한다.

☆☆ **문제 02**

가압송수장치를 기동용 수압개폐방식으로 사용하는 3층 공장 내부에 옥내소화전함과 자동화재탐지설비용 발신기를 다음과 같이 설치하였다. 다음 각 물음에 답하시오.

(20.11.문10, 20.7.문1, 19.6.문3, 17.4.문5, 16.6.문13, 16.4.문9, 15.7.문8, 14.4.문16, 13.11.문18, 13.4.문16, 10.4.문16, 09.4.문6)

득점	배점
	8

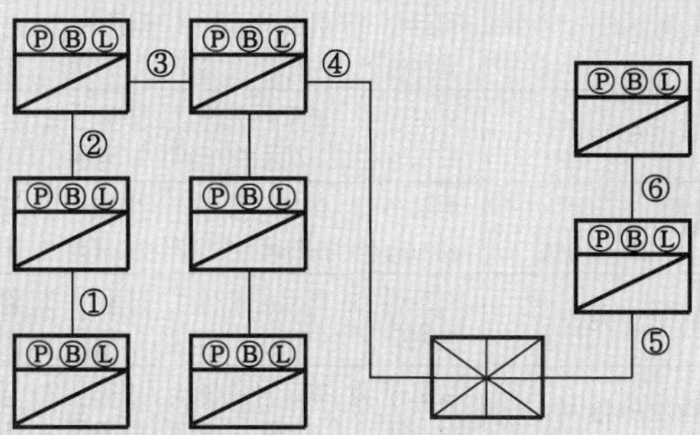

(가) 기호 ①~⑥의 배선수를 쓰시오.

기 호	①	②	③	④	⑤	⑥
배선수						

(나) 감지기회로의 전로저항은 몇 Ω 이하인가?

○

(다) 정격전압 몇 % 이하에서 작동하여야 하는가?

○

(라) 종단저항을 설치하는 이유를 쓰시오.

○

해답 (가)

기 호	①	②	③	④	⑤	⑥
배선수	8가닥	10가닥	12가닥	15가닥	10가닥	8가닥

(나) 50Ω 이하

(다) 80%

(라) 감지기회로의 도통시험 용이

해설 (가)

기 호	배선수	배선내역
①	HFIX 2.5－8	회로선 1, 회로공통선 1, 경종선 1, 경종표시등공통선 1, 응답선 1, 표시등선 1, 기동확인표시등 2
②	HFIX 2.5－10	회로선 2, 회로공통선 1, 경종선 2, 경종표시등공통선 1, 응답선 1, 표시등선 1, 기동확인표시등 2
③	HFIX 2.5－12	회로선 3, 회로공통선 1, 경종선 3, 경종표시등공통선 1, 응답선 1, 표시등선 1, 기동확인표시등 2
④	HFIX 2.5－15	회로선 6, 회로공통선 1, 경종선 3, 경종표시등공통선 1, 응답선 1, 표시등선 1, 기동확인표시등 2
⑤	HFIX 2.5－10	회로선 2, 회로공통선 1, 경종선 2, 경종표시등공통선 1, 응답선 1, 표시등선 1, 기동확인표시등 2
⑥	HFIX 2.5－8	회로선 1, 회로공통선 1, 경종선 1, 경종표시등공통선 1, 응답선 1, 표시등선 1, 기동확인표시등 2

- **지상 11층 미만**이므로 **일제경보방식**이다.
- 문제에서 기동용 수압개폐방식(**자동기동방식**)도 주의하여야 한다. 옥내소화전함이 자동기동방식이므로 감지기배선을 제외한 간선에 '**기동확인표시등 2**'가 추가로 사용되어야 한다. 특히, 옥내소화전배선은 구역에 따라 가닥수가 늘어나지 않는 것에 주의하라!

비교

옥내소화전함이 **수동기동방식**인 경우

기 호	배선수	배선내역
①	HFIX 2.5-11	회로선 1, 회로공통선 1, 경종선 1, 경종표시등공통선 1, 응답선 1, 표시등선 1, 기동 1, 정지 1, 공통 1, 기동확인표시등 2
②	HFIX 2.5-13	회로선 2, 회로공통선 1, 경종선 2, 경종표시등공통선 1, 응답선 1, 표시등선 1, 기동 1, 정지 1, 공통 1, 기동확인표시등 2
③	HFIX 2.5-15	회로선 3, 회로공통선 1, 경종선 3, 경종표시등공통선 1, 응답선 1, 표시등선 1, 기동 1, 정지 1, 공통 1, 기동확인표시등 2
④	HFIX 2.5-18	회로선 6, 회로공통선 1, 경종선 3, 경종표시등공통선 1, 응답선 1, 표시등선 1, 기동 1, 정지 1, 공통 1, 기동확인표시등 2
⑤	HFIX 2.5-13	회로선 2, 회로공통선 1, 경종선 2, 경종표시등공통선 1, 응답선 1, 표시등선 1, 기동 1, 정지 1, 공통 1, 기동확인표시등 2
⑥	HFIX 2.5-11	회로선 1, 회로공통선 1, 경종선 1, 경종표시등공통선 1, 응답선 1, 표시등선 1, 기동 1, 정지 1, 공통 1, 기동확인표시등 2

용어

옥내소화전설비의 **기동방식**

자동기동방식	수동기동방식
기동용 수압개폐장치를 이용하는 방식	ON, OFF 스위치를 이용하는 방식

(나), (다) 자동화재탐지설비의 감지기회로의 전로저항은 **50Ω** 이하가 되도록 해야 하며, 수신기의 각 회로별 종단에 설치되는 감지기에 접속되는 배선의 전압은 감지기 정격전압의 **80%** 이상이어야 할 것(NFPC 203 11조, NFTC 203 2.8.1.8)

‖ 전로저항 vs 절연저항 ‖

감지기회로의 전로저항	하나의 경계구역의 절연저항
50Ω 이하	**0.1MΩ 이상** (직류 250V 절연저항 측정기)

‖ 전압 ‖

감지기에 접속되는 배선의 전압	음향장치의 전압
정격전압의 **80% 이상**	정격전압의 **80% 전압**에서 음향을 발할 것

(라) **종단저항**

감지기회로의 **도통시험**을 용이하게 하기 위하여 감지기회로의 **끝**부분에 설치하는 저항

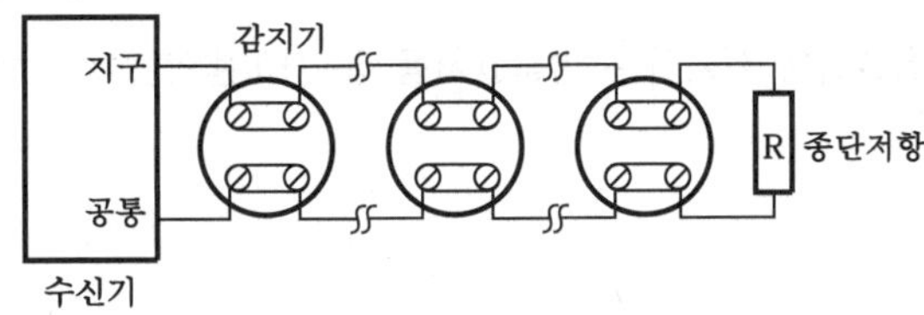

‖ 종단저항의 설치 ‖

중요

송배선식과 **교차회로방식**

구 분	송배선식(송배선방식)	교차회로방식
목적	**도통시험**을 용이하게 하기 위하여	감지기의 **오동작** 방지
원리	배선의 도중에서 분기하지 않는 방식	하나의 담당구역 내에 **2 이상**의 **감지기회로**를 설치하고 **2 이상**의 **감지기회로**가 **동시**에 **감지**되는 때에 설비가 작동하는 방식으로 회로방식이 **AND 회로**에 해당된다.
적용 설비	• 자동화재탐지설비 • 제연설비	• **분**말소화설비 • **할**론소화설비 • **이**산화탄소 소화설비 • **준**비작동식 스프링클러설비 • **일**제살수식 스프링클러설비 • **할**로겐화합물 및 불활성기체 소화설비 • **부**압식 스프링클러설비 기억법 **분할이 준일할부**
가닥수 산정	종단저항을 수동발신기함 내에 설치하는 경우 **루프(loop)**된 곳은 **2가닥**, **기타 4가닥**이 된다. 수동발신기함 / 루프(loop) ‖ 송배선식 ‖	**말단**과 **루프(loop)**된 곳은 **4가닥**, **기타 8가닥**이 된다. 말단 / 수동발신기함 / 루프(loop) ‖ 교차회로방식 ‖

★★★

문제 03

3종 연기감지기의 보행거리 및 수직거리는 각각 몇 m 이하이어야 하는가?

(20.10.문12, 17.11.문12, 15.11.문9, 12.11.문6, 09.10.문17)

득점	배점
	4

○ 보행거리 :

○ 수직거리 :

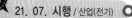

해답 ① 보행거리 : 20m 이하
② 수직거리 : 10m 이하

해설 **연기감지기**의 **설치기준**(NFPC 203 7조, NFTC 203 2.4.3.10.2)

설치장소	복도 · 통로		계단 · 경사로	
종 별	1 · 2종	3종	1 · 2종	3종
설치거리	보행거리 30m 이하	보행거리 20m 이하	수직거리 15m 이하	수직거리 10m 이하

☆☆☆
문제 04

이산화탄소 소화설비에 설치하는 방출표시등 및 사이렌의 설치위치 및 목적을 쓰시오. (13.4.문14)

득점	배점
	3

(가) 방출표시등
○ 설치위치 :
○ 목적 :

(나) 사이렌
○ 설치위치 :
○ 목적 :

해답 (가) 방출표시등
① 설치위치 : 실외 출입구 위
② 목적 : 실내 입실금지
(나) 사이렌
① 설치위치 : 실내
② 목적 : 실내 사람대피

해설
- **방출표시등** : '**실외**'라고만 쓰면 틀림! '**실외 출입구 위**'라고 정확히 쓰자! '**실내 입실금지**', '**외부인 출입금지**' 모두 정답!
- **사이렌** : '**실내 사람대피**', '**실내 인명대피**' 모두 정답!

‖ **이산화탄소 소화설비**에 사용하는 **부속장치** ‖

구 분	사이렌	방출표시등(벽붙이형)	수동조작함
심벌		⊗	RM
설치위치	실내	실외 출입구 위	실외 출입구 부근
설치목적	음향으로 경보를 알려 **실내**에 있는 **사람**을 **대피**시킨다.	소화약제의 방출을 알려 실내에 **입실**을 **금지**시킨다.	수동으로 **창문**을 **폐쇄**시키고 **약제방출신호**를 보내 화재를 진화시킨다.

☆☆
문제 05

P형 10회로 수신기에 대한 절연저항시험방법과 그 기준을 설명하시오. (단, 정격전압이 220V라고 한다.) (19.11.문7, 19.6.문9, 17.6.문12, 16.11.문11, 13.11.문5, 13.4.문10, 12.7.문11, 06.7.문8, 06.4.문9)

득점	배점
	6

(가) 절연저항시험
○ 수신기의 절연된 충전부와 외함간 :
○ 교류입력측과 외함간 및 절연된 선로간 :

(나) 절연내력시험 :

해답 (가) 절연저항시험

① 수신기의 절연된 충전부와 외함간 : 직류 500V 절연저항계로 50MΩ 이상

② 교류입력측과 외함간 및 절연된 선로간 : 직류 500V 절연저항계로 20MΩ 이상

(나) 절연내력시험 : 1440V의 실효전압으로 1분 이상 견딜 것

해설

- 절연내력시험 : 정격전압이 220V라고 주어졌으므로 정격전압별로 모두 답하면 틀리고 (220×2)+1000=1440V이므로 '**1440V의 실효전압으로 1분 이상 견딜 것**'이 정답이다. 만약 정격전압이 주어지지 않았다면 정격전압별로 다음과 같이 모두 답하는 것이 맞다.

‖ 절연내력시험(정격전압이 주어지지 않은 경우) ‖

정격전압	가하는 전압	측정방법
60V 이하	500V의 실효전압	1분 이상 견딜 것
60V 초과 150V 이하	1000V의 실효전압	
150V 초과	(정격전압×2)+1000V의 실효전압	

중요

P형 10회로 수신기(KOFEIS 0304)

절연저항시험	절연내력시험
① 수신기의 절연된 충전부와 외함간의 절연저항은 **직류 500V**의 절연저항계로 측정한 값이 **10회로 미만 5MΩ**, **10회로 이상 50MΩ**(교류입력측과 외함간에는 **20MΩ**) 이상이어야 한다. ② 절연된 선로간의 절연저항은 **직류 500V**의 절연저항계로 측정한 값이 **20MΩ** 이상이어야 한다.	60Hz의 정현파에 가까운 실효전압 **500V**(정격전압이 60V를 초과하고 150V 이하인 것은 **1000V**, 정격전압이 150V를 초과하는 것은 그 **정격전압**에 **2**를 곱하여 1000을 더한 값)의 교류전압을 가하는 시험에서 **1분**간 견디는 것이어야 한다.

비교

비상콘센트설비(NFPC 504 4조, NFTC 504 2.1.6)

(1) 절연저항시험

절연저항계	절연저항	측정방법
직류 500V	20MΩ 이상	전원부와 외함 사이

(2) 절연내력시험

정격전압	가하는 전압	측정방법
150V 이하	1000V의 실효전압	**1분** 이상 견딜 것
150V 초과	(정격전압×2)+1000V의 실효전압	

용어

절연저항시험과 **절연내력시험**

절연저항시험	절연내력시험
전원부와 외함 등의 절연이 얼마나 잘 되어 있는가를 확인하는 시험	평상시보다 높은 전압을 인가하여 절연이 파괴되는지의 여부를 확인하는 시험

☆☆
문제 06

다음은 비상방송설비의 계통도를 나타내고 있다. 각 층 사이의 ①~⑥까지의 배선수 및 배선의 용도를 쓰시오. (단, 비상전용 방송설비이다.)

(18.6.문9, 18.4.문5, 13.11.문15)

득점	배점
	6

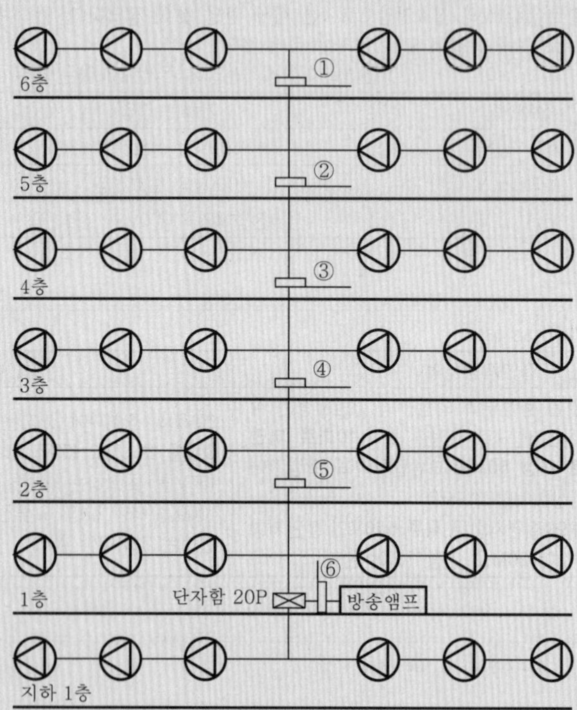

기 호	배선수	배선의 용도
①		
②		
③		
④		
⑤		
⑥		

해답

기 호	배선수	배선의 용도
①	2	긴급용 배선 1, 공통선 1
②	4	긴급용 배선 2, 공통선 2
③	6	긴급용 배선 3, 공통선 3
④	8	긴급용 배선 4, 공통선 4
⑤	10	긴급용 배선 5, 공통선 5
⑥	14	긴급용 배선 7, 공통선 7

해설

- [단서]에서 비상전용 방송설비이므로 업무용 배선은 필요 없다.
- **6층**이므로 일제경보방식 적용
- 일제경보방식이더라도 비상방송설비는 자동화재탐지설비와 달리 층마다 공통선과 긴급용 배선이 늘어난다는 것을 특히 주의하라!
- 공통선이 늘어나는 이유는 비상방송설비의 화재안전기준(NFPC 202 5조 1호, NFTC 202 2.2.1.1)에 **"화재로 인하여 하나의 층의 확성기 또는 배선이 단락 또는 단선되어도 다른 층의 화재통보에 지장이 없도록 할 것"**으로 되어 있기 때문이다.
- **'긴급용 배선'**은 **'긴급용'**이라고만 답해도 된다.

비교

비상용 방송과 **업무용 방송**을 **겸용**하는 **3선식 배선**인 **경우**

기 호	배선수	배선의 용도
①	3	업무용 배선 1, 긴급용 배선 1, 공통선 1
②	5	업무용 배선 1, 긴급용 배선 2, 공통선 2
③	7	업무용 배선 1, 긴급용 배선 3, 공통선 3
④	9	업무용 배선 1, 긴급용 배선 4, 공통선 4
⑤	11	업무용 배선 1, 긴급용 배선 5, 공통선 5
⑥	15	업무용 배선 1, 긴급용 배선 7, 공통선 7

문제 07

그림과 같은 유접점 시퀀스회로도를 보고 다음 각 물음에 답하시오.

(20.10.문13, 19.11.문2, 17.6.문16, 16.6.문10, 15.4.문4, 12.11.문4, 12.7.문10, 10.4.문3, 02.4.문14)

득점	배점
	6

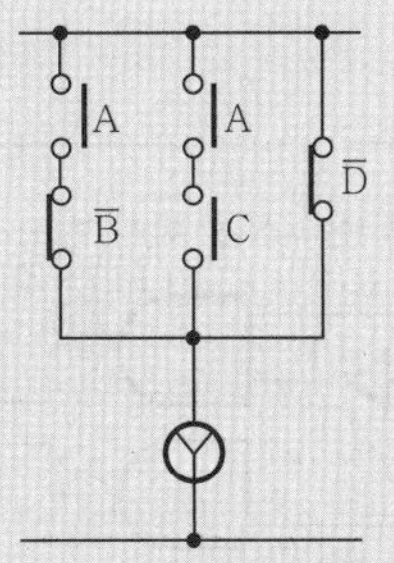

(가) 논리식으로 나타내시오.

○

(나) AND, OR, NOT 회로를 사용하여 무접점 논리회로를 그리시오.

해답 (가) $Y = A\overline{B} + AC + \overline{D}$

(나)

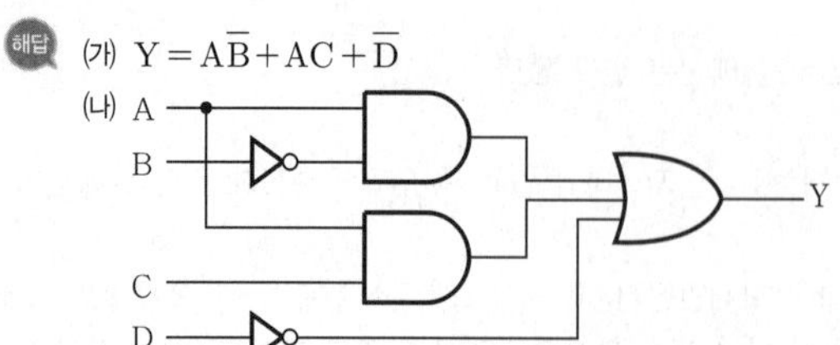

해설 (가)

- 위의 논리식은 더 이상 간소화되지 않는다.
- Y는 앞에 써도 되고, 뒤에 써도 된다.

$Y = A\overline{B} + AC + \overline{D}$

$A\overline{B} + AC + \overline{D} = Y$

(나) **무접점 논리회로**

시퀀스	논리식	논리회로
직렬회로	$Z = A \cdot B$ $Z = AB$	
병렬회로	$Z = A + B$	
a접점	$Z = A$	
b접점	$Z = \overline{A}$	

- 무접점 논리회로로 그린 후 논리식을 써서 반드시 다시 한번 검토해보는 것이 좋다.

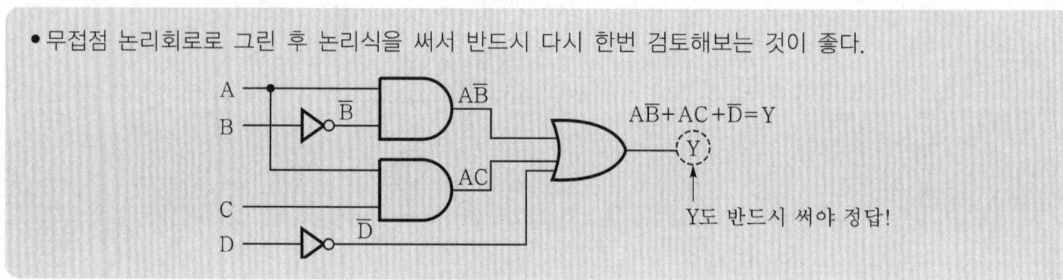

☆☆☆

문제 08

그림은 유도전동기의 Y-△ 기동운전제어의 미완성 도면이다. 도면을 보고 다음 각 물음에 답하시오.

(20.7.문18, 18.11.문8, 13.7.문9)

득점	배점
	8

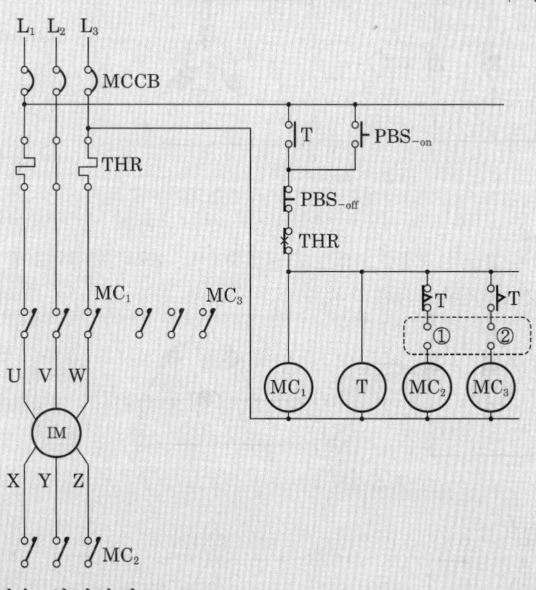

(가) 주회로의 Y－△ 배선을 완성하시오.

(나) 점선 안에 ①, ② 부분을 완성하시오.

(다) T의 용도를 쓰시오.

○

(라) MCCB의 우리말 명칭을 쓰시오.

○

해답 (가), (나)

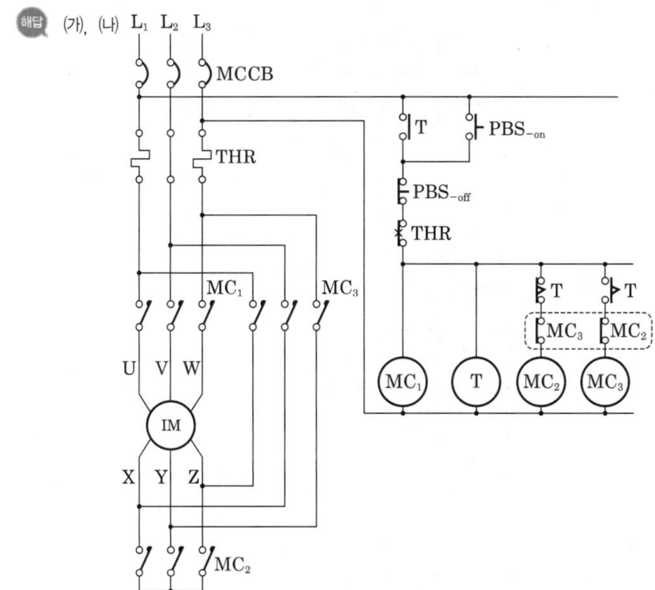

(다) 자기유지
(라) 배선용 차단기

 (가) **Y결선**

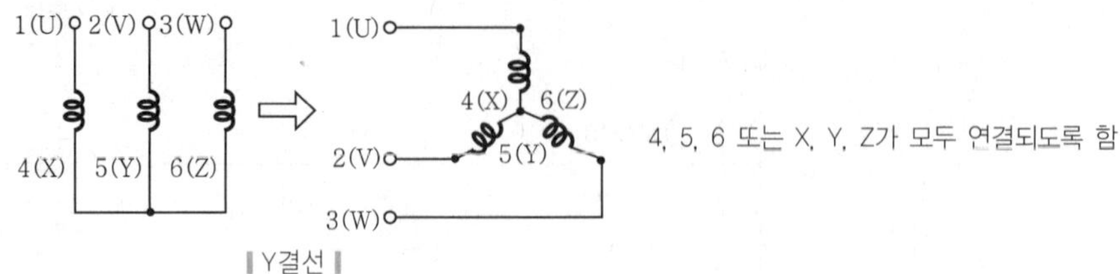

▎Y결선▎

△결선

△결선은 다음 그림의 △결선 1 또는 △결선 2 어느 것으로 연결해도 옳은 답이다.

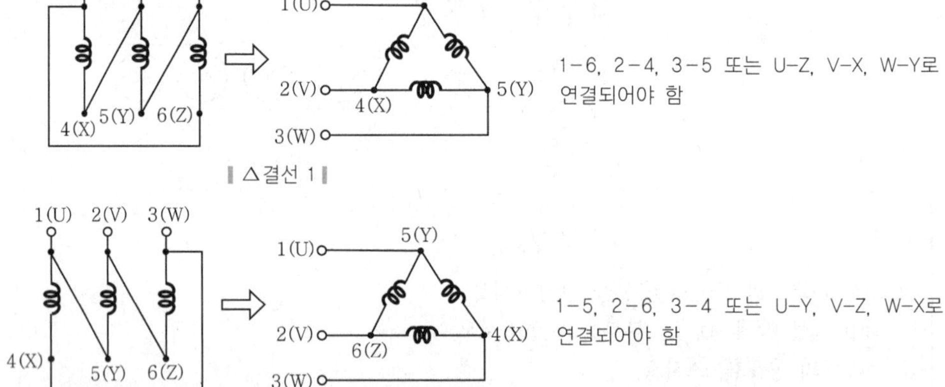

▎△결선 1▎

▎△결선 2▎

- 답에는 △결선을 U-Z, V-X, W-Y로 결선한 것을 제시하였다. 다음과 같이 △결선을 U-Y, V-Z, W-X로 결선한 도면도 답이 된다.

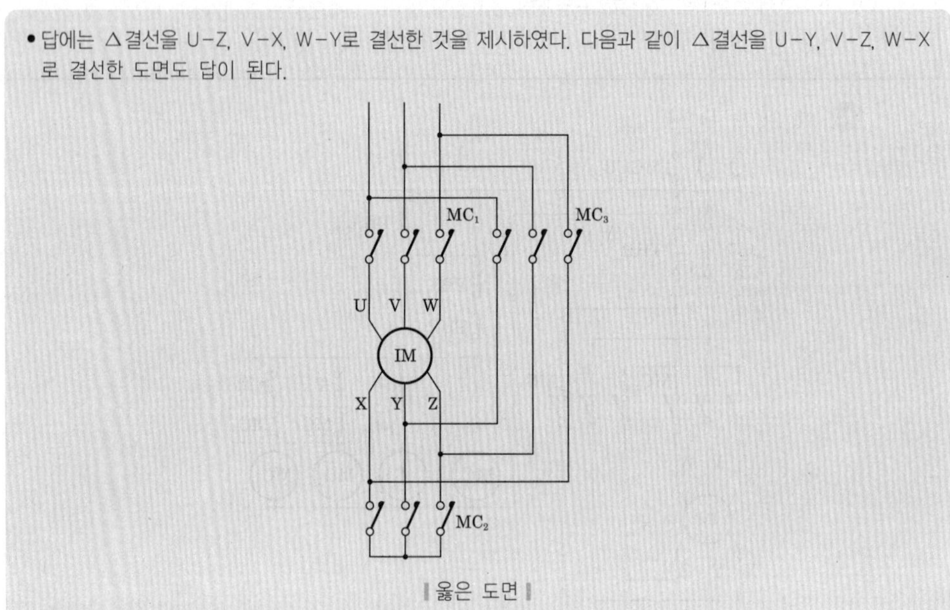

▎옳은 도면▎

(나) **인터록회로(interlock circuit)** : 두 가지 중 어느 한 가지 동작만 이루어질 수 있도록 배선 도중에 b접점을 추가하여 놓은 것으로, 전동기의 **Y-△ 기동회로 · 정역전 기동회로** 등에 적용된다.

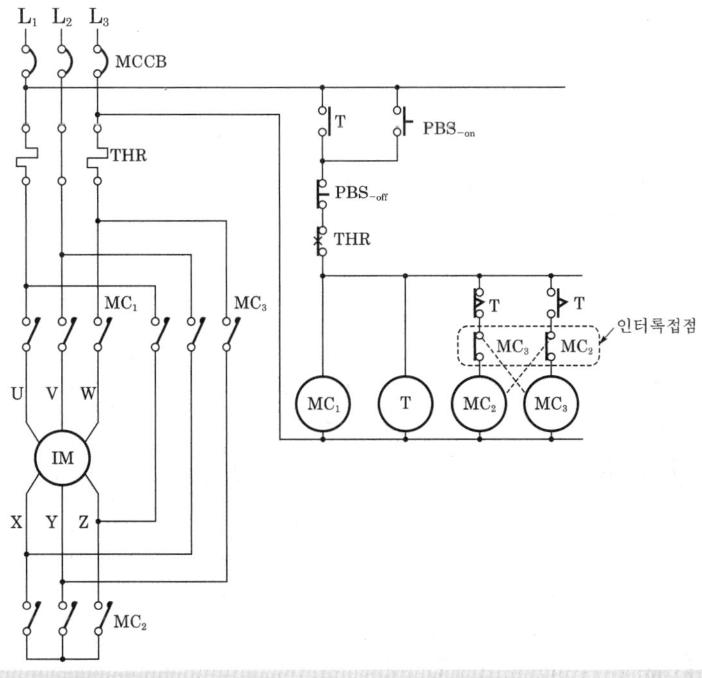

(다), (라)

- (다) 용도를 물어보았으므로 자기유지접점보다는 **'자기유지'**가 정답!

기 호	용 어	설 명
(다)	**자기유지**	푸시버튼스위치 등을 이용하여 회로를 동작시켰을 때 푸시버튼스위치를 조작한 후 손을 떼어도 그 상태를 계속 유지해주는 것
(라)	**배선용 차단기**(MCCB)	퓨즈를 사용하지 않고 **바이메탈**이나 **전자석**으로 회로를 차단하는 저압용 개폐기, 예전에는 **NFB**라고 불렀다.

문제 09

다음 주어진 도면은 옥내소화전설비의 3개소 기동정지회로의 미완성 도면이다. 조건을 참조하여 제어실 및 현장 어느 쪽에서도 기동 및 정지가 가능하도록 배선하시오. (17.6.문13, 09.7.문6, 03.7.문10)

득점	배점
	6

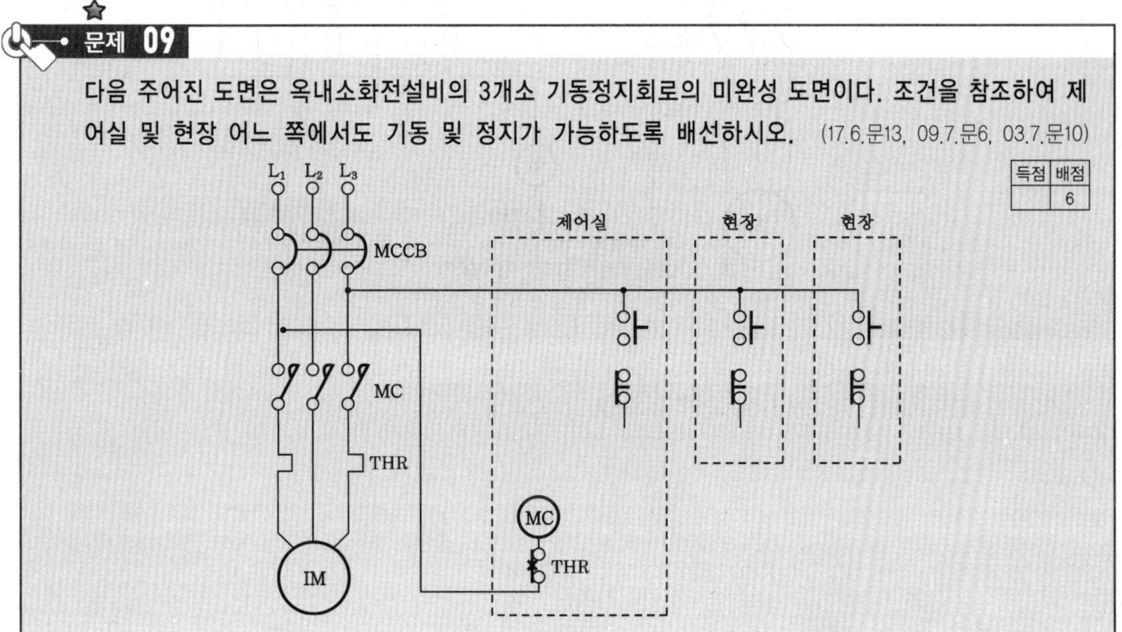

〔조건〕

① 각 층에는 옥내소화전이 1개씩 설치되어 있다.
② 이미 그려져 있는 부분은 수정하지 않는다.
③ 그려진 접점을 삭제하거나 별도로 접점을 추가하지 않는다.
④ 자기유지는 전자접촉기 a접점 1개를 사용한다.

해답

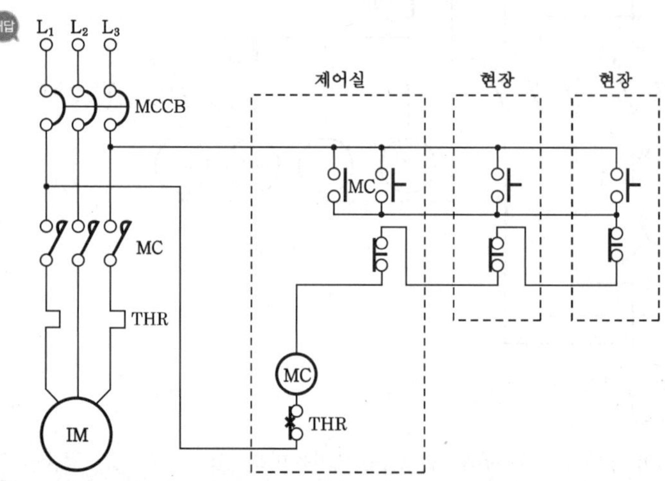

해설

• 연결부분 점(•)을 잘 찍을 것. 특히 주의! 점을 안 찍으면 틀린다.

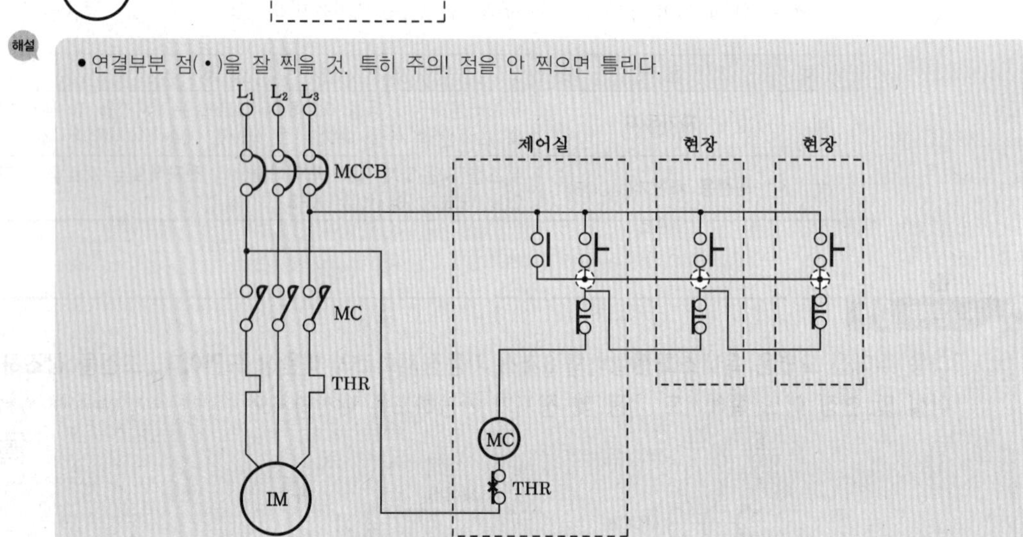

비교

고장지점을 **찾기 쉬운 3개소 기동정지회로**

기동방식이 ON-OFF 기동방식의 옥내소화전설비 시퀀스회로는 **유지보수** 측면을 고려하여 실무에서는 다음과 같이 배선한다. 일반적으로 OFF 버튼이 주로 고장이 나므로 이와 같이 회로를 설계하여 현장 중간지점에서 ON 버튼만 눌러서 전자접촉기(MC)의 작동유무를 확인하면, 어느 지점의 OFF 버튼이 고장났는지 확인하기 쉬우므로 **고장지점**을 쉽게 찾는다.

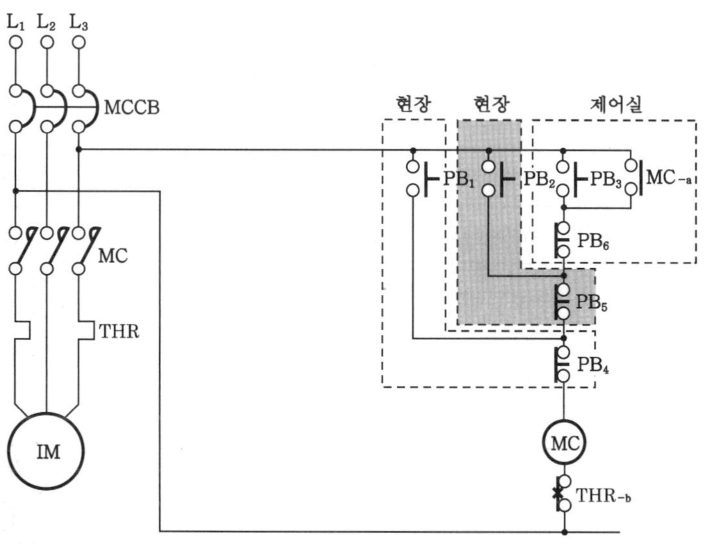

☆☆☆

문제 10

소방용 배관설계도에서 다음 명칭의 도시기호(심벌)를 그리시오.

(20.11.문2, 17.6.문3, 16.6.문6, 06.7.문4, 03.10.문13, 02.4.문8)

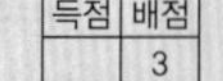

득점	배점
	3

(가) 경보밸브(습식)
(나) 경보밸브(건식)
(다) 프리액션밸브

해답 (가) 

(나) 

(다) 

해설

• 반대로 도시기호의 명칭을 쓰라고 할 때는 **경보밸브(습식)**, **경보밸브(건식)**, **프리액션밸브**가 소방청에서 고시하는 정식명칭이므로 이대로 쓰는 것이 좋지만 **습식밸브**, **건식밸브**, **준비작동식밸브**(준비작동밸브)라고 답해도 정답으로 인정될 것으로 보임

명 칭	도시기호
가스체크밸브	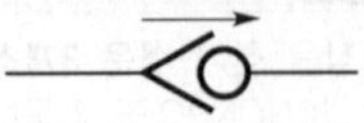
체크밸브	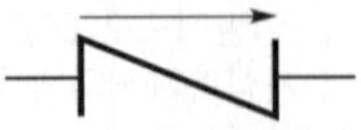
동체크밸브	
경보밸브(습식)	
경보밸브(건식)	
경보델류지밸브	 D
프리액션밸브	 P
추식 안전밸브	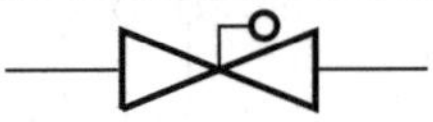
스프링식 안전밸브	
솔레노이드밸브	 S
모터밸브(전동밸브)	 M
볼밸브	

참고

프리액션밸브의 **심벌**

틀린 심벌	올바른 심벌
 P	 P

☆☆

문제 11

다음 그림은 배선도 표시방법이다. 각각이 의미하는 바를 쓰시오.

(19.4.문2, 17.6.문3, 12.11.문2)

득점	배점
	6

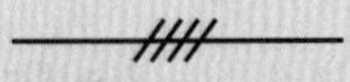

HFIX 1.5(22)

○ 가닥수 :
○ 전선 굵기 :
○ 전선의 종류 :
○ 배선공사명 :
○ 전선관 굵기 :
○ 전선관 종류 :

해답 ① 가닥수 : 4가닥
② 전선 굵기 : 1.5mm^2
③ 전선의 종류 : 450/750V 저독성 난연 가교폴리올레핀 절연전선
④ 배선공사명 : 천장은폐배선
⑤ 전선관 굵기 : 22mm
⑥ 전선관 종류 : 후강전선관

해설 (1) **전선**의 **종류**

약 호	명 칭	최고허용온도
OW	옥외용 비닐절연전선	60℃
DV	인입용 비닐절연전선	
HFIX	450/750V 저독성 난연 가교폴리올레핀 절연전선	90℃
CV	가교폴리에틸렌절연 비닐외장케이블	
MI	미네랄 인슐레이션 케이블	
IH	하이퍼론 절연전선	95℃
FP	내화전선(내화케이블)	–
HP	내열전선	
GV	접지용 비닐전선	
E	접지선	

• **배선도**가 나타내는 **의미**

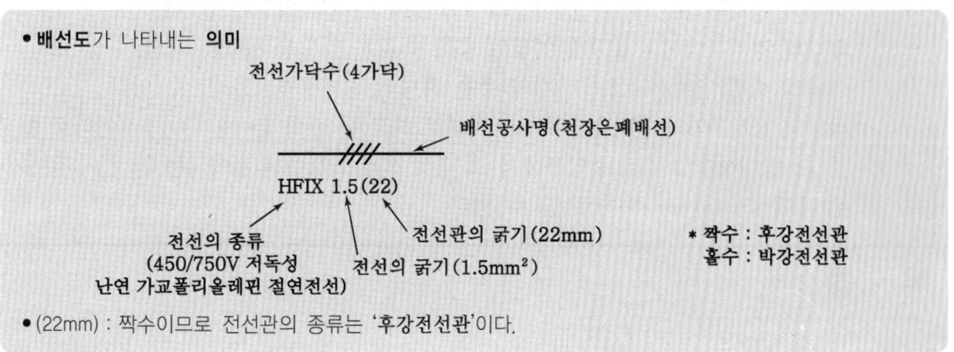

• (22mm) : 짝수이므로 전선관의 종류는 '**후강전선관**'이다.

(2) **옥내배선기호**

명 칭	그림기호	적 요
천장은폐배선	————	천장 속의 배선을 구별하는 경우 : —·—·—
바닥은폐배선	— — —	–
노출배선	-------------	바닥면 노출배선을 구별하는 경우 : —··—··—

• 하나의 배선에 여러 종류의 전선을 사용할 경우 전선관 표기는 한 곳에만 하면 된다.

CV25(36)　GV6(36)

▌잘못된 표기▌

• 전선의 위치가 좌우 바뀌어도 된다.

GV6　CV25(36)

▌올바른 표기▌

(3) **배관**의 **표시방법**

① 강제전선관의 경우 : // HFIX 2.5(19)

② 경질비닐전선관인 경우 : // 2.5(VE16)

③ 2종 금속제 가요전선관인 경우 : // 2.5(F₂17)

④ 합성수지제 가요관인 경우 : // 2.5(PF16)

⑤ 전선이 들어있지 않은 경우 : —C— (19)

(4) **전선관**의 **종류**

후강전선관	박강전선관
• 표시된 규격은 **내경**을 의미하며, **짝수**로 표시된다. • **폭발성 가스** 저장장소에 사용된다. ※ 규격 : 16mm, 22mm, 28mm, 36mm, 42mm, 54mm, 70mm, 82mm, 92mm, 104mm	• 표시된 규격은 **외경**을 의미하며, **홀수**로 표시된다. ※ 규격 : 19mm, 25mm, 31mm, 39mm, 51mm, 63mm, 75mm

☆☆☆

문제 12

자동화재탐지설비의 경계구역 설정기준에 관한 다음 ( ) 안을 완성하시오.

(19.11.문8, 14.4.문3, 13.11.문11, 10.10.문14, 02.7.문1)

득점	배점
	6

○ 하나의 경계구역이 (①)개 이상의 건축물에 미치지 않도록 할 것

○ 하나의 경계구역이 (①)개 이상의 층에 미치지 않도록 할 것. 다만, (②)m^2 이하의 범위 안에서는 (①)개의 층을 하나의 경계구역으로 할 수 있다.

○ 하나의 경계구역의 면적은 (③)m^2 이하로 하고 한 변의 길이는 (④)m 이하로 할 것. 다만, 해당 특정소방대상물의 주된 출입구에서 그 내부 전체가 보이는 것에서는 한 변의 길이가 (④)m의 범위 내에서 (⑤)m^2 이하로 할 수 있다.

해답 ① 2
② 500
③ 600
④ 50
⑤ 1000

해설 **자동화재탐지설비**의 **경계구역 설정기준**(NFPC 203 4조, NFTC 203 2.1.1)

(1) 하나의 경계구역이 **2개** 이상의 **건축물**에 미치지 않을 것

(2) 하나의 경계구역이 **2개** 이상의 층에 미치지 않을 것(단, **500m^2** 이하의 범위 안에서는 **2개** 층을 하나의 경계구역으로 가능)

(3) 하나의 경계구역의 면적은 **600m^2**(주출입구에서 내부 전체가 보이는 것은 **1000m^2**) 이하로 하고, 한 변의 길이는 **50m** 이하로 할 것

용어

경계구역과 **감지구역**

경계구역	감지구역
특정소방대상물 중 **화재신호**를 **발신**하고 그 **신호**를 **수신** 및 유효하게 **제어**할 수 있는 구역	감지기가 화재발생을 유효하게 탐지할 수 있는 구역

☆☆

문제 13

3선식 배선에 의하여 상시 충전되는 유도등의 전기회로에 점멸기를 설치하는 경우에 유도등이 반드시 점등되어야 할 때를 3가지만 쓰시오.

(20.7.문6, 18.6.문6, 18.4.문8, 17.6.문6, 16.6.문11, 15.11.문3, 14.4.문13, 12.4.문7, 10.10.문1)

득점	배점
	6

○

○

○

해답 ① 자동화재탐지설비의 감지기 또는 발신기가 작동되는 때
② 비상경보설비의 발신기가 작동되는 때
③ 상용전원이 정전되거나 전원선이 단선되는 때

해설 유도등의 **3선식 배선**시 반드시 점등되어야 하는 경우(NFTC 303 2.7.4)

(1) **자동화재탐지설비**의 **감지기** 또는 **발신기**가 작동되는 때

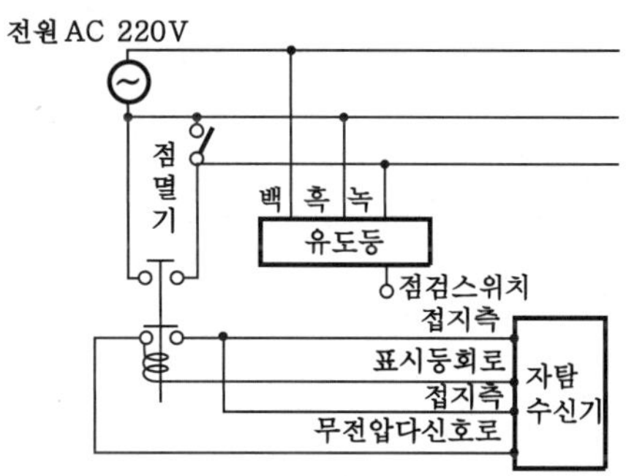

▮자동화재탐지설비와 연동▮

(2) **비상경보설비**의 **발신기**가 작동되는 때
(3) **상용전원**이 **정전**되거나 **전원선**이 **단선**되는 때
(4) **방재업무**를 **통제**하는 곳 또는 전기실의 **배**전반에서 **수동**으로 **점등**하는 때

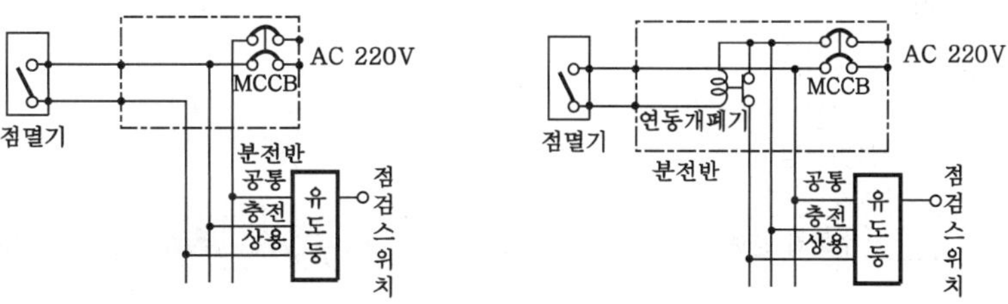

▮유도등의 원격점멸▮

(5) **자동소화설비**가 작동되는 때

기억법 탐감발
비경발
상정전단
방통배수점
자소

비교

유도등의 3선식 배선에 따라 상시 **충**전되는 경우 점멸기를 설치하지 아니하고 항상 점등상태를 유지하지 않아도 되는 장소(3선식 배선이 가능한 장소)(NFTC 303 2.7.3.2.1)
(1) **외부**의 빛에 의해 피난구 또는 피난방향을 쉽게 식별할 수 있는 장소
(2) **공연장, 암실** 등으로서 어두워야 할 필요가 있는 장소
(3) 특정소방대상물의 **관계인** 또는 **종사원**이 주로 사용하는 장소

기억법 **외충관공**(**외**부**충**격을 받아도 **관공**서는 끄덕 없음)

☆☆☆

문제 14

자동화재탐지설비의 수신기에 대하여 수신회로 성능검사를 하고자 한다. 수신기의 성능시험을 5가지만 쓰시오. (20.5.문3, 17.11.문9, 16.6.문3, 14.11.문3, 14.7.문11, 13.7.문2, 09.10.문3)

득점	배점
	5

○
○
○
○
○

해답 ① 화재표시작동시험
② 회로도통시험
③ 공통선시험
④ 예비전원시험
⑤ 동시작동시험

해설 **수신기**의 **성능시험**
(1) **화**재표시작동시험
(2) **회**로도통시험
(3) **공**통선시험
(4) **예**비전원시험
(5) 동시작동시험
(6) 회로저항시험
(7) 저전압시험
(8) 비상전원시험
(9) 지구음향장치 작동시험

기억법 **수화회 공예**

중요

자동화재탐지설비 수신기의 **시험**

시험 종류	시험방법	가부판정의 기준
화재표시 작동시험	① 회로선택스위치로서 실행하는 시험 : 동작시험스위치를 눌러서 스위치 주의등의 점등을 확인한 후 회로선택스위치를 차례로 회전시켜 **1회로**마다 화재시의 작동시험을 행할 것 ② 감지기 또는 발신기의 작동시험과 함께 행하는 방법 : 감지기 또는 발신기를 차례로 작동시켜 경계구역과 지구표시등과의 접속상태 확인	① 각 **릴레이**(relay)의 작동이 정상일 것 ② **화재표시등**, **지구표시등**, 그 밖의 표시장치의 점등이 정상일 것 ③ **음향장치**의 작동이 정상일 것 ④ **감지기회로** 또는 **부속기기회로**와의 연결접속이 정상일 것

회로도통시험	① 도통시험스위치 누름 ② 회로선택스위치를 차례로 회전 ③ 각 회선별로 전압계의 전압 확인 또는 발광다이오드의 점등유무 확인 ④ 종단저항 등의 접속상황 확인	각 회선의 **전압계**의 **지시치** 또는 발광다이오드의 점등유무 상황이 정상일 것
공통선시험 (단, 7회선 이하는 제외)	① 수신기의 회로공통선 1선 제거 ② 도통시험스위치를 누르고, 회로선택스위치를 차례로 회전 ③ 전압계 또는 발광다이오드를 확인하여 단선을 지시한 경계구역수 확인	공통선이 담당하고 있는 경계구역수가 **7 이하**일 것
동시작동시험 (단, 1회선은 제외)	① **동작시험스위치**를 시험위치에 놓는다. ② 상용전원으로 **5회선**(5회선 미만은 전회선) 동시 작동 ③ 주음향장치 및 지구음향장치 작동 ④ 부수신기와 표시장치도 모두를 작동상태로 하고 실시	① **수신기**의 기능에 이상이 없을 것 ② **부수신기**의 기능에 이상이 없을 것 ③ **표시장치**(표시기)의 기능에 이상이 없을 것 ④ **음향장치**의 기능에 이상이 없을 것
회로저항시험	① **저항계** 또는 **테스터**를 사용하여 감지기회로의 공통선과 회로선 사이 측정 ② 상시 개로식인 것은 회로 말단을 연결하고 측정	하나의 감지기회로의 합성저항치는 **50Ω 이하**로 할 것
예비전원시험	① 예비전원시험스위치 누름 ② 전압계의 지시치가 지정범위 내에 있을 것 또는 발광다이오드의 정상유무 표시등 점등확인 ③ 상용전원을 차단하고 자동절환릴레이의 작동상황 확인	① 예비전원의 전압이 정상일 것 ② 예비전원의 용량이 정상일 것 ③ 예비전원의 절환상태(절환상황)가 정상일 것 ④ 예비전원의 복구작동이 정상일 것
저전압시험	정격전압의 **80%**로 실시	–
비상전원시험	비상전원으로 **축전지설비**를 사용하는 것에 대해 행한다.	–
지구음향장치의 작동시험	임의의 감지기 또는 발신기를 작동했을 때 화재신호와 연동하여 음향장치의 정상작동 여부 확인	지구음향장치가 작동하고 음량이 정상일 것, 음량은 음향장치의 중심에서 **1m** 떨어진 위치에서 **90dB** 이상일 것

• 가부판정의 기준=양부판정의 기준=가부판단의 기준

비교

시험과목

중계기	속보기의 예비전원
• 주위온도시험 • 반복시험 • 방수시험 • 절연저항시험 • 절연내력시험 • 충격전압시험 • 충격시험 • 진동시험 • 습도시험 • 전자파 내성시험	• 충 · 방전시험 • 안전장치시험

☆☆ 문제 15

다음 그림에 다이오드(Diode) 4개를 추가하여 발화층 및 직상 4개층 우선경보방식의 배선을 완성하시오.

(18.4.문3, 11.5.문5)

득점	배점
	5

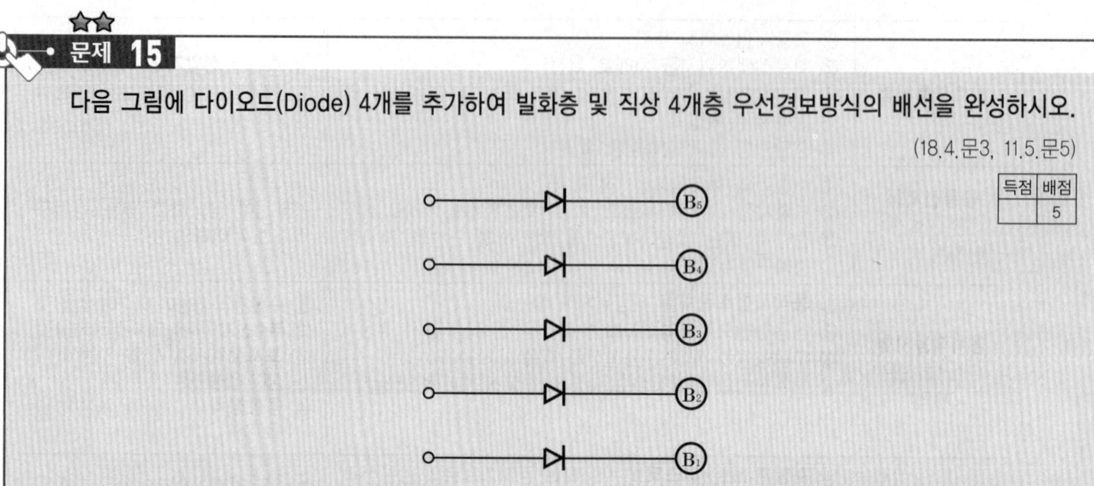

해답

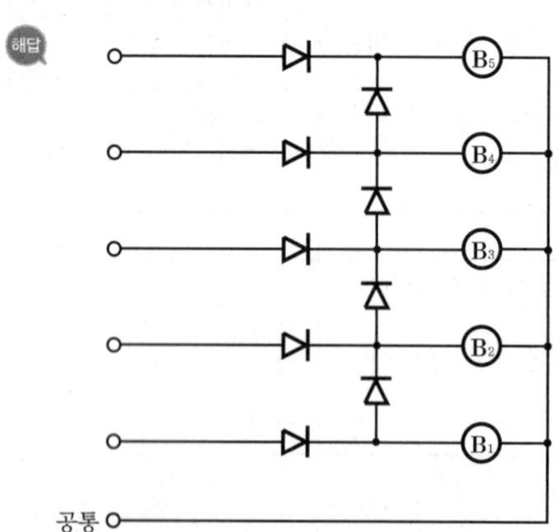

해설 (1) **발화층** 및 **직상 4개층 우선경보방식**(지상층의 경우)

- 공통선(⊖)이 있으므로 공통선까지 반드시 연결해야 한다. 다이오드 4개만 연결하고 공통선을 연결하지 않으면 틀린다. 주의!
- 공통선 부분에 접점(•)을 반드시 찍는 것도 잊지 말 것!
- 다이오드 표시를 ─▷├─ 로 표시할지, ─▶├─ 로 표시할지 고민할 필요는 없다. 문제에서 ─▷├─ 로 일부가 그려져 있으므로 ─▷├─ 로 그리면 된다.

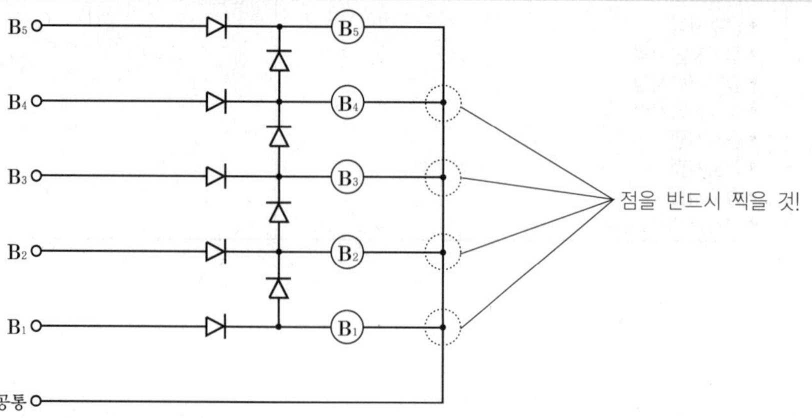

(2) **발화층** 및 **직상 4개층 우선경보방식**(지하층과 지상층이 있는 경우)
우선경보방식이라 할지라도 지하층은 매우 위험하여 모든 지하층에 경보하여야 하므로 다음과 같이 배선하여야 한다.

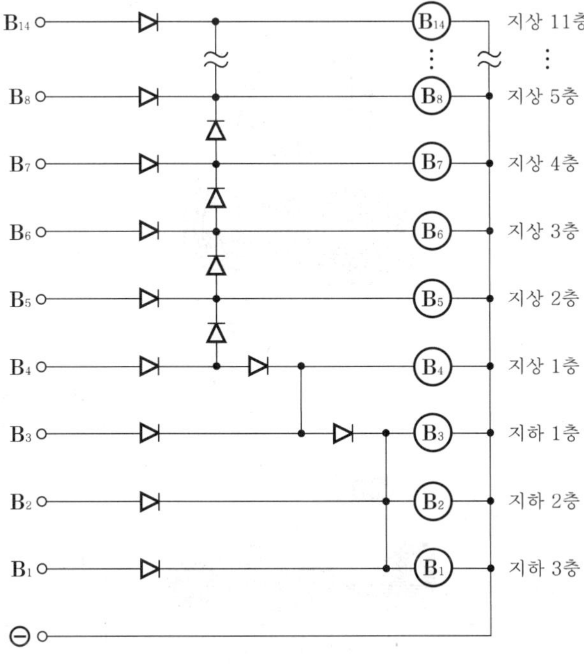

용어

발화층 및 **직상 4개층 우선경보방식**과 **다이오드**

발화층 및 직상 4개층 우선경보방식	다이오드(Diode)
화재시 안전하고 신속한 인명의 대피를 위하여 화재가 발생한 층과 인근 층부터 우선하여 별도로 경보하는 방식	2개의 단자를 갖는 단방향성 전자소자

☆☆☆

문제 16

다음은 저압옥내배선의 금속관공사(배선)에 이용되는 부품 및 공구이다. 다음 명칭에 대하여 설명하시오.
(20.10.문17, 19.11.문16, 18.11.문2, 18.4.문9, 17.11.문14, 16.11.문2, 16.6.문12, 15.7.문4, 14.4.문8, 13.7.문18, 12.4.문2, 04.7.문4, 03.4.문6)

득점	배점
	10

○ 부싱 :
○ 노멀밴드 :
○ 커플링 :
○ 새들 :
○ 리머 :

해답
① 부싱 : 전선의 절연피복을 보호하기 위하여 금속관 끝에 취부하여 사용되는 부품
② 노멀밴드 : 매입배관공사를 할 때 직각으로 굽히는 곳에 사용하는 부품
③ 커플링 : 금속전선관 상호간을 접속하는 데 사용되는 부품(관이 고정되어 있지 않을 때)
④ 새들 : 관을 지지하는 데 사용하는 재료
⑤ 리머 : 금속관 말단의 모를 다듬기 위한 기구

해설
- 노멀밴드＝노멀벤드
- 유니버설엘보＝유니버셜엘보우
- 유니언커플링＝유니온커플링

▌금속관공사에 이용되는 부품 및 공구▐

명 칭	외 형	설 명
부싱 (bushing)		**전선**의 **절연피복**을 **보호**하기 위하여 금속관 끝에 취부하여 사용되는 부품
유니언커플링 (union coupling)		**금속전선관 상호간**을 **접속**하는 데 사용되는 부품(**관**이 **고정**되어 있을 때)
노멀밴드 (normal bend)		**매입**배관공사를 할 때 **직각**으로 굽히는 곳에 사용하는 부품
유니버설엘보 (universal elbow)		**노출**배관공사를 할 때 관을 **직각**으로 굽히는 곳에 사용하는 부품
링리듀서 (ring reducer)		금속관을 아우트렛박스에 로크너트만으로 고정하기 어려울 때 보조적으로 사용되는 부품
커플링 (coupling)	커플링 전선관	**금속전선관 상호간**을 **접속**하는 데 사용되는 부품(**관**이 **고정**되어 있지 **않을 때**)
새들 (saddle)		**관**을 **지지**하는 데 사용하는 재료
로크너트 (lock nut)		**금속관**과 **박스**를 **접속**할 때 사용하는 재료로 최소 **2개**를 사용한다.
리머 (reamer)		금속관 **말단**의 **모**를 **다듬**기 위한 기구

파이프커터 (pipe cutter)		금속관을 **절단**하는 기구
환형 3방출 정크션박스		배관을 **분기**할 때 사용하는 박스
파이프벤더 (pipe bender)		금속관(후강전선관, 박강전선관)을 구부릴 때 사용하는 공구 ※ 28mm 이상은 **유압식 파이프벤더**를 사용한다.

문제 17

객석통로에 객석유도등을 설치하려고 한다. 객석통로의 직선부분의 거리가 29m이다. 몇 개의 객석유도등을 설치하여야 하는지 구하시오. (20.11.문13, 19.6.문16, 18.11.문4, 14.11.문8, 14.7.문6, 13.4.문7, 12.11.문16)

○ 계산과정 :

○ 답 :

득점	배점
	4

해답 ○ 계산과정 : $\frac{29}{4}-1=6.25 ≒ 7$개

○ 답 : 7개

해설 **최소 설치개수 산정식**(NFPC 303 7조, NFTC 303 2.4.2)

설치개수 산정시 소수가 발생하면 반드시 **절상**한다.

구 분	산정식
객석유도등	$설치개수=\frac{객석통로의\ 직선부분의\ 길이[m]}{4}-1$
유도표지	$설치개수=\frac{구부러진\ 곳이\ 없는\ 부분의\ 보행거리[m]}{15}-1$
복도통로유도등, 거실통로유도등	$설치개수=\frac{구부러진\ 곳이\ 없는\ 부분의\ 보행거리[m]}{20}-1$

$객석유도등\ 설치개수=\frac{객석통로의\ 직선부분의\ 길이[m]}{4}-1=\frac{29}{4}-1=6.25≒7$개(절상)

문제 18

바닥으로부터 천장까지의 높이가 20m 이상의 특정소방대상물에 설치할 수 있는 감지기의 종류를 2가지를 쓰시오. (20.11.문9, 19.11.문13, 19.6.문2, 15.7.문1, 15.4.문14, 13.7.문5, 13.4.문2)

○

○

득점	배점
	3

해답 ① 불꽃감지기

② 광전식(분리형, 공기흡입형) 중 아날로그방식

해설

- **'아날로그방식'**까지 정확히 써야 정답!
- 광전식(분리형) 중 **'아날로그방식'**이라고 써도 정답!
- 광전식(공기흡입형) 중 **'아날로그방식'**이라고 써도 정답!

감지기의 **설치기준** (NFPC 203 7조, NFTC 203 2.4.1)

부착높이	감지기의 종류
4m **미**만	• 차동식(스포트형, 분포형) • 보상식 스포트형 • 정온식(스포트형, 감지선형) └ **열**감지기 • 이온화식 또는 광전식(스포트형, 분리형, 공기흡입형) : **연**기감지기 • 열복합형 • 연기복합형 • 열연기복합형 └ **복**합형 감지기 • **불**꽃감지기 기억법 **열연불복 4미**
4~**8**m **미**만	• 차동식(스포트형, 분포형) • 보상식 스포트형 • **정**온식(스포트형, 감지선형) **특**종 또는 **1**종 └ **열**감지기 • **이**온화식 **1**종 또는 **2**종 • **광**전식(스포트형, 분리형, 공기흡입형) 1종 또는 2종 └ 연기감지기 • 열복합형 • 연기복합형 • 열연기복합형 └ **복**합형 감지기 • **불**꽃감지기 기억법 **8미열 정특1 이광12 복불**
8~**15**m 미만	• 차동식 **분**포형 • **이**온화식 **1**종 또는 **2**종 • **광**전식(스포트형, 분리형, 공기흡입형) 1종 또는 2종 • **연**기**복**합형 • **불**꽃감지기 기억법 **15분 이광12 연복불**
15~**2**0m 미만	• **이**온화식 1종 • **광**전식(스포트형, 분리형, 공기흡입형) 1종 • **연**기**복**합형 • **불**꽃감지기 기억법 **이광불연복2**
20m 이상	• **불**꽃감지기 • **광**전식(분리형, 공기흡입형) 중 **아**날로그방식 기억법 **불광아**

"인생은 흘러가는 것이 아니라 채워지는 것이다."

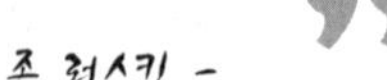

2021. 11. 13 시행

2021년 산업기사 제4회 필답형 실기시험

자격종목	시험시간	형별	수험번호	성명	감독위원 확 인
소방설비산업기사(전기분야)	2시간 30분				

※ 다음 물음에 답을 해당 답란에 답하시오.(배점 : 100)

☆☆☆

문제 01

한국전기설비규정(KEC)의 금속관시설에 관한 사항이다. (   ) 안에 알맞은 말을 쓰시오.

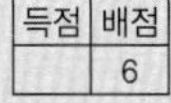

득점	배점
	6

- 관 상호간 및 관과 박스 기타의 부속품과는 (①)접속 기타 이와 동등 이상의 효력이 있는 방법에 의하여 견고하고 또한 전기적으로 완전하게 접속할 것
- 관의 (②)부분에는 전선의 피복을 손상하지 아니하도록 적당한 구조의 (③)을 사용할 것. 다만, 금속관공사로부터 (④)공사로 옮기는 경우에는 그 부분의 관의 (⑤)부분에는 (⑥) 또는 이와 유사한 것을 사용하여야 한다.

해답 ① 나사
② 끝
③ 부싱
④ 애자사용
⑤ 끝
⑥ 절연부싱

해설 **금속관시설**(KEC 232.12.3)

(1) 관 상호간 및 관과 박스 기타의 부속품과는 **나사접속** 기타 이와 동등 이상의 효력이 있는 방법에 의하여 견고하고 또한 전기적으로 완전하게 접속할 것

(2) 관의 **끝부분**에는 전선의 피복을 손상하지 아니하도록 적당한 구조의 부싱을 사용할 것(단, **금속관공사**로부터 **애자사용공사**로 옮기는 경우에는 그 부분의 관의 **끝부분**에는 **절연부싱** 또는 이와 유사한 것을 사용하여야 한다.)

(3) 금속관을 금속제의 **풀박스**에 접속하여 사용하는 경우에는 (1)의 규정에 준하여 시설하여야 한다(단, 기술상 부득이한 경우에는 관 및 풀박스를 건조한 곳에서 불연성의 조영재에 견고하게 시설하고 또한 관과 풀박스 상호간을 전기적으로 접속하는 때에는 제외)

- **풀박스**(pull box) : 배관이 긴 곳 또는 굴곡부분이 많은 곳에서 시공이 용이하도록 전선을 끌어들이기 위해 배선 도중에 사용하는 박스

☆☆☆
문제 02

그림과 같은 건물평면도의 경우 자동화재탐지설비의 최소경계구역의 수를 구하시오.

(20.10.문7, 14.11.문6, 14.4.문15, 07.11.문14)

득점	배점
	6

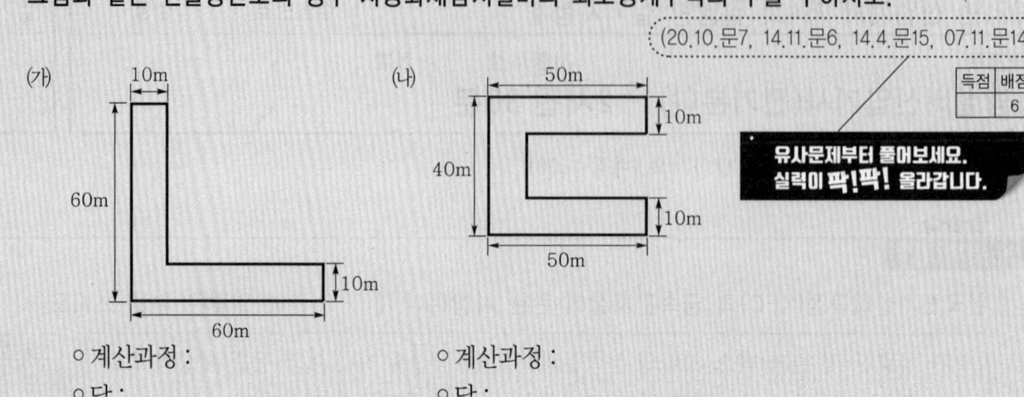

○ 계산과정 :
○ 답 :

○ 계산과정 :
○ 답 :

해답 (가) ○ 계산과정 : ① $\frac{50\times10}{600}=0.8 \fallingdotseq 1$경계구역

② $\frac{50\times10}{600}=0.8 \fallingdotseq 1$경계구역

③ $\frac{10\times10}{600}=0.1 \fallingdotseq 1$경계구역

○ 답 : 3경계구역

(나) ○ 계산과정 : $\frac{1200}{600}=2$경계구역

○ 답 : 2경계구역

해설 (가) 하나의 경계구역의 면적을 **600m²** 이하로 하고, 한 변의 길이는 **50m** 이하로 하여야 하므로

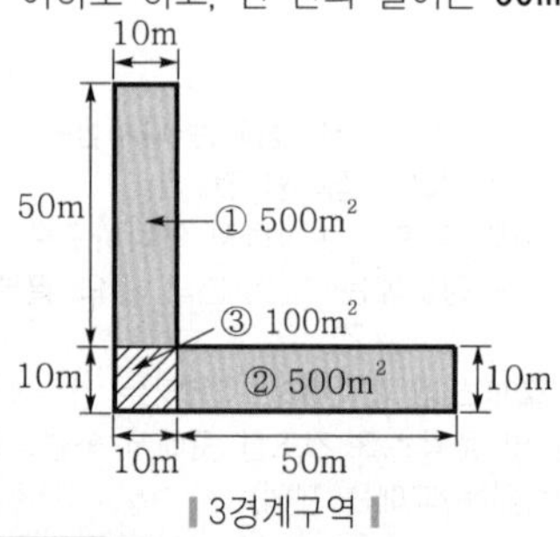

| 3경계구역 |

$$\text{경계구역수}=\frac{\text{바닥면적}[m^2]}{600m^2}\ (\text{절상})$$

① $\frac{(50\times10)m^2}{600m^2}=\frac{500m^2}{600m^2}=0.8 \fallingdotseq 1$경계구역(절상)

② $\frac{(50\times10)m^2}{600m^2}=\frac{500m^2}{600m^2}=0.8 \fallingdotseq 1$경계구역(절상)

③ $\frac{(10\times10)m^2}{600m^2}=\frac{100m^2}{600m^2}=0.1 \fallingdotseq 1$경계구역(절상)

∴ 1+1+1=3경계구역

(나) 히나의 경계구역의 면적을 **600m²** 이하로 하고, 한 변의 길이는 **50m** 이하로 하여 산정하면 **2경계구역**이 된다.

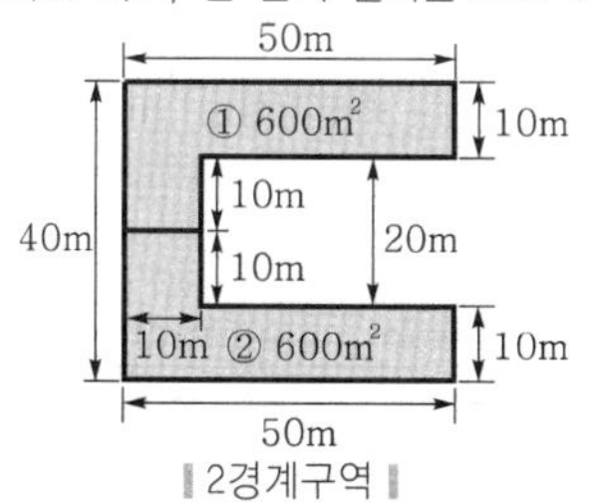

‖ 2경계구역 ‖

① $500\text{m}^2 + 100\text{m}^2 = 600\text{m}^2$

② $500\text{m}^2 + 100\text{m}^2 = 600\text{m}^2$

$\dfrac{1200\text{m}^2}{600\text{m}^2}$ =2경계구역

- 한 변의 길이가 50m 이하이므로 바닥면적을 600m²로 나누기만 하면 된다.

중요

자동화재탐지설비의 **경계구역 설정기준**(NFPC 203 4조, NFTC 203 2.1)
(1) 1경계구역이 2개 이상의 **건축물**에 미치지 않을 것
(2) 1경계구역이 2개 이상의 층에 미치지 않을 것(단, 2개층이 **500m²** 이하는 제외)
(3) 1경계구역의 면적은 **600m²**(주출입구에서 내부 전체가 보이는 것은 **1000m²**) 이하로 하고, 1변의 길이는 50m 이하로 할 것

☆☆☆

문제 03

P형 수신기와 감지기와의 배선회로가 종단저항 10kΩ, 릴레이저항 500Ω, 배선회로의 저항 50Ω, 회로전압을 DC 24V로 인가한 조건이다. 다음 각 물음에 답하시오.

(20.11.문4, 20.5.문9, 19.6.문11, 16.4.문5, 15.4.문13, 11.5.문3, 04.7.문8)

득점	배점
	6

(가) 평소 감시전류[mA]를 구하시오.
- ㅇ계산과정 :
- ㅇ답 :

(나) 화재가 발생하여 감지기가 동작할 때의 전류[mA]를 구하시오.
- ㅇ계산과정 :
- ㅇ답 :

해답

(가) ㅇ계산과정 : $\dfrac{24}{10000+500+50} = 2.274\times10^{-3}\text{A} = 2.27\times10^{-3}\text{A} = 2.27\text{mA}$

ㅇ답 : 2.27mA

(나) ㅇ계산과정 : $\dfrac{24}{500+50} = 0.043636\text{A} = 43.636\text{mA} ≒ 43.64\text{mA}$

ㅇ답 : 43.64mA

해설

주어진 값

- 종단저항 : 10kΩ=10000Ω(1kΩ=1000Ω)
- 릴레이저항 : 500Ω
- 배선저항 : 50Ω
- V : 24V
- 감시전류 : ?
- 동작전류 : ?

(가) **감시전류** I는

$$I = \frac{\text{회로전압}}{\text{종단저항} + \text{릴레이저항} + \text{배선저항}} = \frac{24}{10000+500+50}$$

$$= 2.274 \times 10^{-3}\text{A} = 2.27 \times 10^{-3}\text{A} = 2.27\text{mA} \ (1\text{A} = 1000\text{mA})$$

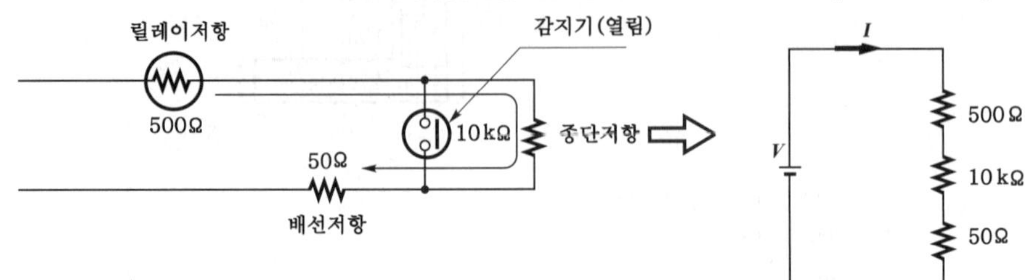

기억법 감회종릴배

(나) **동작전류** I는

$$I = \frac{\text{회로전압}}{\text{릴레이저항} + \text{배선저항}} = \frac{24}{500+50} = 0.043636\text{A} = 43.636\text{mA} \fallingdotseq 43.64\text{mA}$$

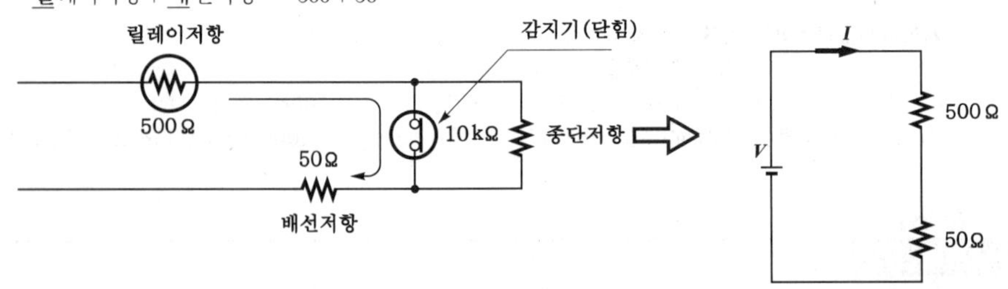

기억법 동회릴배

★★★
문제 04

40W 대형 피난구 유도등 9개가 교류 220V 상용전원에 연결되어 사용되고 있다면, 소요되는 전류를 구하시오. (단, 유도등(형광등)의 역률은 60%이고, 충전전류는 무시한다.) (16.4.문1)

○ 계산과정 :

○ 답 :

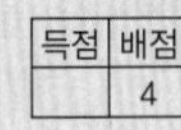

득점	배점
	4

해답

○ 계산과정 : $I = \frac{(40 \times 9\text{개})}{220 \times 0.6} = 2.727 \fallingdotseq 2.73\text{A}$

○ 답 : 2.73A

해설

기호

- P : 40W×9개
- V : 220V
- I : ?
- $\cos\theta$: 60%=0.6

유도등은 **단상 2선식**이므로

$$P = VI\cos\theta\eta$$

여기서, P : 전력[W], V : 전압[V]
I : 전류[A], $\cos\theta$: 역률
η : 효율

전류 I는

$$I=\frac{P}{V\cos\theta\eta}=\frac{(40\times 9\text{개})}{220\times 0.6}=2.727 \fallingdotseq 2.73\text{A}$$

• **효율**(η)은 주어지지 않았으므로 **무시**한다.

중요

방 식	공 식	적응설비
단상 2선식	$P=VI\cos\theta\eta$ 여기서, P : 전력[W], V : 전압[V] I : 전류[A], $\cos\theta$: 역률 η : 효율	• 기타설비 (유도등·비상조명등·솔레노이드밸브·감지기 등)
3상 3선식	$P=\sqrt{3}\,VI\cos\theta\eta$ 여기서, P : 전력[W], V : 전압[V] I : 전류[A], $\cos\theta$: 역률 η : 효율	• 소방펌프 • 제연팬

☆☆☆

문제 05

누전경보기에 대한 다음 각 물음에 답하시오. (19.4.문9, 17.11.문15, 15.11.문16, 12.7.문8)

(가) 1급 또는 2급 누전경보기를 설치해야 하는 경계전로의 정격전류는 얼마인지 쓰시오.

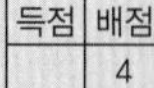

득점	배점
	4

○

(나) 전원은 분전반으로부터 전용 회로로 한다. 각 극에 무엇을 설치하여야 하는지 쓰시오.

○

해답 (가) 60A 이하

(나) 개폐기 및 15A 이하의 과전류차단기

해설 (가), (나) **누전경보기**의 **설치방법**(NFPC 205 4·6조, NFTC 205 2.1.1, 2.3.1)

정격전류	종 별
60A 초과	1급
60A 이하 질문 (가)	1급 또는 2급

① 변류기는 옥외인입선의 **제1지점**의 **부하측** 또는 **제2종**의 **접지선측**에 설치할 것(부득이한 경우 **인입구**에 **근접**한 옥내에 설치)

중요

변류기의 **설치위치**

옥외인입선의 제1지점의 부하측	제2종의 접지선측
ZCT, I_1, I_2, I_3, I_a, I_b, I_c, L, Tr, 보호접지	I_1, I_2, I_3, I_a, I_b, I_c, L, ZCT, Tr, 변압기 중성점접지

② 옥외전로에 설치하는 변류기는 **옥외형**을 사용할 것

③ 각 극에 **개폐기** 및 **15A** 이하의 **과전류차단기**를 설치할 것(**배선용 차단기**는 **20A 이하**) 질문 (나)

④ 분전반으로부터 **전용** 회로로 할 것

☆☆☆

문제 06

자동화재탐지설비의 화재안전기준의 배선에서 P형 수신기 및 GP형 수신기의 감지기회로의 배선에 있어서 하나의 공통선에 접속할 수 있는 경계구역은 몇 개 이하로 하여야 하는가?

(20.11.문14, 16.6.문15, 12.11.문3, 02.10.문1)

○

득점	배점
	3

해답 7개

해설 **P형 수신기** 및 **GP형 수신기**의 감지기회로의 배선에 있어서 하나의 공통선에 접속할 수 있는 **경계구역**은 **7개** 이하로 하여야 한다.

중요

전로저항 vs **절연저항**

감지기회로의 전로저항	하나의 경계구역의 절연저항
50Ω 이하	**0.1M**Ω 이상(직류 250V 절연저항측정기)

☆☆☆

문제 07

그림은 발신기세트와 P형 수신기 간의 내부결선도이다. 다음 각 물음에 답하시오.

(19.6.문7, 17.4.문10, 16.4.문4, 15.4.문3, 14.7.문16, 07.11.문15, 02.7.문7)

득점	배점
	6

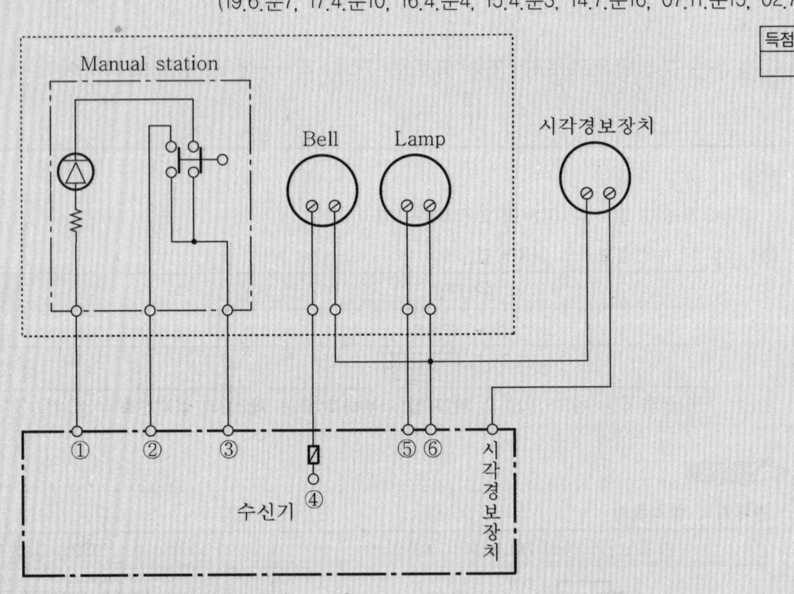

(가) 기호 ①~⑦에 해당되는 각 전선의 명칭을 쓰시오.

기호	①	②	③	④	⑤	⑥
전선 명칭						

(나) 천장높이가 2m 이상인 건축물에 청각장애인용 시각경보장치를 설치하고자 한다. 바닥으로부터 몇 m 이상 몇 m 이하의 높이에 설치해야 하는가?

해답 (가)

기호	①	②	③	④	⑤	⑥
전선 명칭	응답선	회로선	회로공통선	경종선	표시등선	경종표시등공통선

(나) 2m 이상 2.5m 이하

해설 (가)

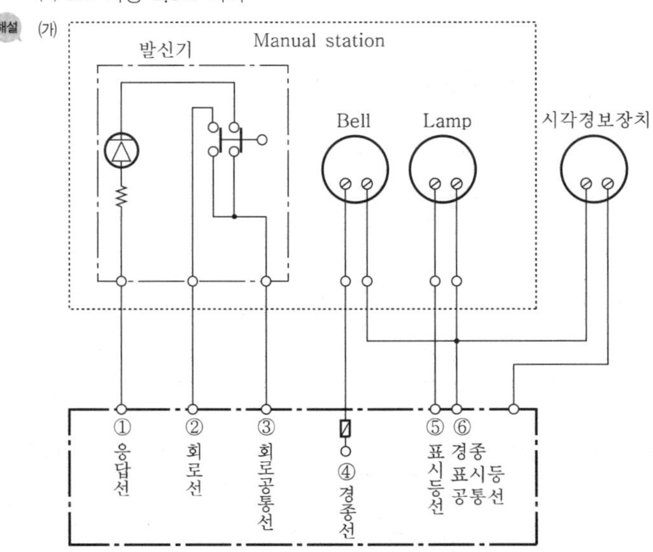

중요

동일한 용어

(1) 회로선=신호선=표시선=지구선=감지기선
(2) 회로공통선=신호공통선=지구공통선=감지기공통선=발신기공통선
(3) 응답선=발신기응답선=확인선=발신기선
(4) 경종표시등공통선=벨표시등공통선

(나) **청각장애인용 시각경보장치**의 **설치기준**(NFPC 203 8조, NFTC 203 2.5.2)

① **복도 · 통로 · 청각장애인용 객실** 및 공용으로 사용하는 **거실**에 설치하며, 각 부분에서 유효하게 경보를 발할 수 있는 위치에 설치할 것

② **공연장 · 집회장 · 관람장** 또는 이와 유사한 장소에 설치하는 경우에는 시선이 집중되는 **무대부 부분** 등에 설치할 것

③ 바닥으로부터 **2~2.5m** 이하의 높이에 설치할 것(단, 천장높이가 **2m 이하**는 천장에서 **0.15m** 이내의 장소에 설치)

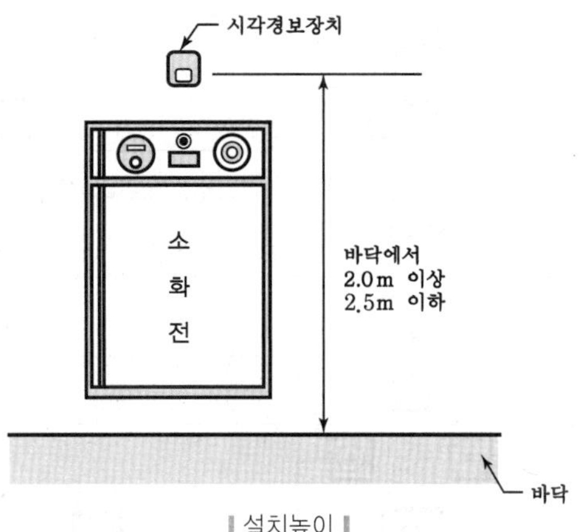

▮설치높이▮

④ 광원은 전용의 **축전지설비** 또는 **전기저장장치**에 의하여 점등되도록 할 것(단, 시각경보기에 작동전원을 공급할 수 있도록 형식승인을 얻은 **수신기**를 설치한 경우 제외)

용어

(1) **시각경보장치**
자동화재탐지설비에서 발하는 화재신호를 시각경보기에 전달하여 청각장애인에게 **점멸**형태의 **시각경보**를 하는 것

‖ 시각경보장치(시각경보기) ‖

(2) **전기저장장치**
외부 전기에너지를 저장해 두었다가 필요한 때 전기를 공급하는 장치

☆☆
문제 08

다음 소방시설 도시기호 각각의 명칭을 쓰시오. (20.11.문2, 17.6.문3, 16.6.문6)

득점	배점
	4

(가) RM (나) SVP
(다) S (라) S A

해답 (가) 수동조작함
(나) 프리액션밸브 수동조작함
(다) 연기감지기
(라) 광전식 연기감지기(아날로그)

해설
- (나) **'수퍼비조리판넬'** 또는 **'수퍼비조리패널'**이라고 쓰면 틀릴 수 있으니 정확하게 소방시설 도시기호 명칭대로 **'프리액션밸브 수동조작함'**이라고 정확히 쓰자!
- (라) **'아날로그식 연기감지기'**라고 쓰면 안 됨! **'광전식'**이란 말도 꼭 들어가야 정답!

‖ **소방시설 도시기호** ‖

명 칭	그림기호	적 요
제어반	[기호]	–
표시반	[기호]	• 창이 3개인 표시반 : [기호]3
수신기	[기호]	• 가스누설경보설비와 일체인 것 : [기호] • 가스누설경보설비 및 방배연 연동과 일체인 것 : [기호]
부수신기 (표시기)	[기호]	–
중계기	[기호]	–
회로시험기	[기호] 또는 [기호]	–
개폐기	S	• 전류계붙이 : S

연기감지기	S	• 점검박스 붙이형 : S • 매입형 : S
사이렌		• 모터사이렌 : M • 전자사이렌 : S
방출표시등	⊗	• 벽붙이형 : ⊗
수동조작함	RM	• 소방용 : RM F
프리액션밸브 수동조작함	SVP	–
이온화식 감지기 (스포트형)	S I	–
광전식 연기감지기 (아날로그)	S A	–
광전식 연기감지기 (스포트형)	S P	–

★★★

문제 09

다음은 습식 스프링클러설비의 계통도를 보여주고 있다. 각 유수검지장치에는 밸브개폐감시용 스위치가 부착되어 있지 않았으며, 사용전선은 HFIX 전선을 사용하고 있다. ①~⑤의 최소 전선수와 용도를 쓰시오. (08.11.문3, 05.10.문8, 02.4.문3)

득점	배점
	10

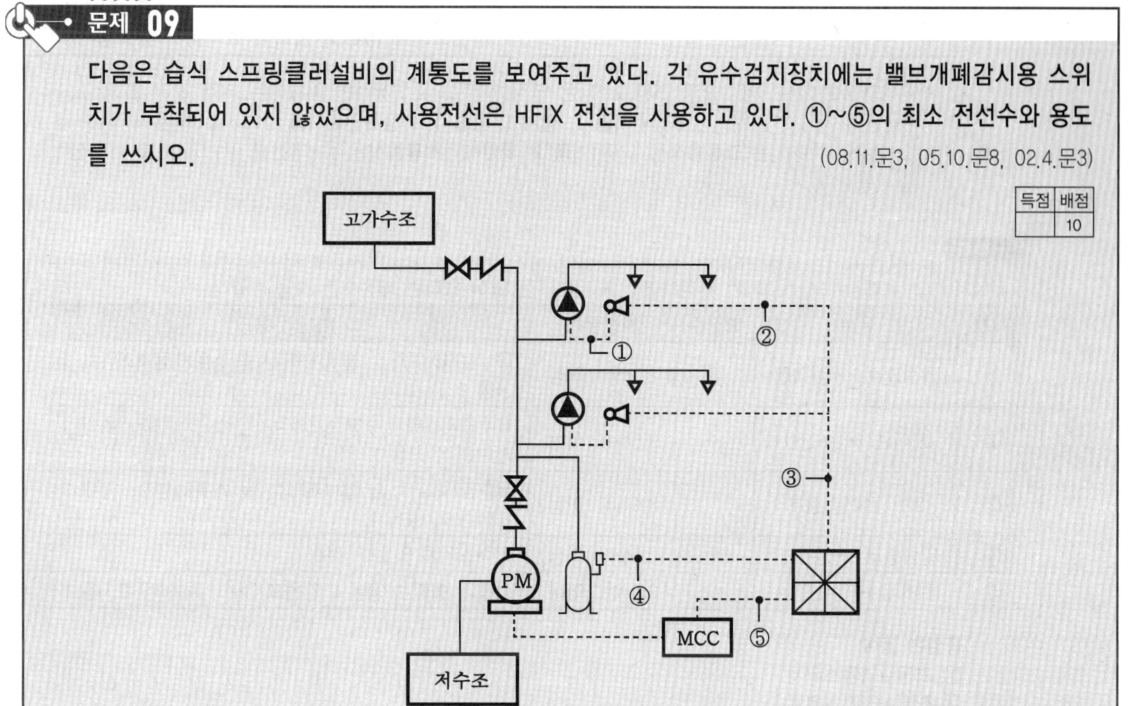

구 분	배선가닥수	배선의 용도
①		
②		
③		
④		
⑤		

해답

구 분	배선가닥수	배선의 용도
①	2	유수검지스위치 2
②	3	유수검지스위치 1, 사이렌 1, 공통 1
③	5	유수검지스위치 2, 사이렌 2, 공통 1
④	2	압력스위치 2
⑤	5	기동 1, 정지 1, 공통 1, 전원표시등 1, 기동확인표시등 1

해설

- 문제에서 "밸브개폐감시용 스위치가 부착되어 있지 않다."고 했으므로 **탬퍼스위치**는 필요 없음

(1)

기 호	구 분	배선수	배선굵기	배선의 용도
①	알람밸브 ↔ 사이렌	2	2.5mm^2 이상	유수검지스위치 2
②	사이렌 ↔ 수신반	3	2.5mm^2 이상	유수검지스위치 1, 사이렌 1, 공통 1
③	2개 구역일 경우	5	2.5mm^2 이상	유수검지스위치 2, 사이렌 2, 공통 1
④	알람탱크 ↔ 수신반	2	2.5mm^2 이상	압력스위치 2
⑤	MCC ↔ 수신반	4	2.5mm^2 이상	기동 1, 정지 1, 공통 1, 기동확인표시등 1 (MCC반의 전원표시등이 생략된 경우)

- 문제의 조건에서 "MCC반의 전원표시등은 생략한다."고 주어졌다면 이때에는 위와 같이 ⑤ : MCC ↔ 수신반의 가닥수가 반드시 **4가닥(기동 1, 정지 1, 공통 1, 기동확인표시등 1)**이 되어야 한다.
- ⑤ : 실제 실무에서는 **교류방식**은 4가닥(**기동 2, 확인 2**), **직류방식**은 4가닥(**전원 ⊕ · ⊖, 기동 1, 확인 1**)을 사용한다.

비교

문제에서 "밸브개폐감시용 스위치가 부착되어 있지 않다."는 말이 없다면 배선수는 다음과 같다.

기 호	구 분	배선수	배선굵기	배선의 용도
①	알람밸브 ↔ 사이렌	3	2.5mm^2 이상	유수검지스위치 1, 밸브개폐감시용 스위치(탬퍼스위치) 1, 공통 1
②	사이렌 ↔ 수신반	4	2.5mm^2 이상	유수검지스위치 1, 밸브개폐감시용 스위치(탬퍼스위치) 1, 사이렌 1, 공통 1
③	2개 구역일 경우	7	2.5mm^2 이상	유수검지스위치 2, 밸브개폐감시용 스위치(탬퍼스위치) 2, 사이렌 2, 공통 1
④	알람탱크 ↔ 수신반	2	2.5mm^2 이상	압력스위치 2
⑤	MCC ↔ 수신반	5	2.5mm^2 이상	기동 1, 정지 1, 공통 1, 전원표시등 1, 기동확인표시등 1

(2) **동일한 용어**

① 기동=기동스위치
② 정지=정지스위치
③ 전원표시등=전원감시등=전원표시
④ 기동확인표시등=기동표시등=기동표시

중요

작동순서

설 비	작동순서
습식 · 건식	① 화재발생 ② 헤드개방 ③ 유수검지장치 작동 ④ 수신반에 신호 ⑤ 밸브개방표시등 점등 및 사이렌 경보
준비작동식	① 감지기 A · B 작동 ② 수신반에 신호(**화재표시등** 및 **지구표시등** 점등) ③ **전자밸브** 작동 ④ **준비작동식 밸브** 작동 ⑤ **압력스위치** 작동 ⑥ 수신반에 신호(**기동표시등** 및 **밸브개방표시등** 점등) ⑦ 사이렌 경보
일제살수식	① 감지기 A · B 작동 ② 수신반에 신호(**화재표시등** 및 **지구표시등** 점등) ③ **전자밸브** 작동 ④ **델류지밸브** 동작 ⑤ **압력스위치** 작동 ⑥ 수신반에 신호(**기동표시등** 및 **밸브개방표시등** 점등) ⑦ 사이렌 경보
할론소화설비 · 이산화탄소 소화설비	① 감지기 A · B 작동 ② 수신반에 신호 ③ **화재표시등, 지구표시등** 점등 ④ **사이렌** 경보 ⑤ 기동용기 솔레노이드 개방 ⑥ 약제 방출 ⑦ **압력스위치** 작동 ⑧ 방출표시등 점등

☆☆

문제 10

복도의 길이가 70m, 계단의 높이가 40m인 어느 건물에 있어서 연기감지기 1종을 설치하려고 한다. 최소 소요개수를 산정하시오. (17.11.문12, 09.10.문17)

득점	배점
	4

(가) 복도
- ㅇ계산과정 :
- ㅇ답 :

(나) 계단
- ㅇ계산과정 :
- ㅇ답 :

해답 (가) 복도

ㅇ계산과정 : $\frac{70}{30} = 2.3 \fallingdotseq 3$개

ㅇ답 : 3개

(나) 계단

ㅇ계산과정 : $\frac{40}{15} = 2.6 \fallingdotseq 3$개

ㅇ답 : 3개

해설 **연기감지기**의 **설치기준**(NFPC 203 7조, NFTC 203 2.4.3.10.2)

설치장소	복도 · 통로		계단 · 경사로	
종 별	1 · 2종	3종	1 · 2종	3종
설치거리	보행거리 30m	보행거리 20m	수직거리 15m	수직거리 10m

(가) **복도** 연기감지기 개수 $= \dfrac{\text{복도길이}}{\text{보행거리}} = \dfrac{70\text{m}}{30\text{m}} = 2.3 \fallingdotseq 3$개(절상)

(나) **계단** 연기감지기 개수$= \dfrac{\text{계단높이}}{\text{수직거리}} = \dfrac{40\text{m}}{15\text{m}} = 2.6 \fallingdotseq 3$개(절상)

☆☆☆

 **문제 11**

무선통신보조설비 누설동축케이블의 끝부분에는 무엇을 설치하여야 하는지 쓰시오.

(20.11.문1, 19.11.문17, 15.7.문18, 14.7.문9, 13.7.문17, 06.4.문2)

득점	배점
	3

○

해답 무반사 종단저항

해설 **무선통신보조설비**의 **설치기준**(NFPC 505 5·8조, NFTC 505 2.2, 2.5)

(1) 누설동축케이블 및 안테나는 **금속판** 등에 의하여 **전파의 복사** 또는 **특성**이 현저하게 저하되지 않는 위치에 설치할 것

(2) **누설동축케이블**과 이에 접속하는 **안테나** 또는 **동축케이블**과 이에 접속하는 **안테나**로 구성할 것

(3) 누설동축케이블 및 동축케이블은 화재에 따라 해당 케이블의 피복이 소실된 경우에 케이블 본체가 떨어지지 않도록 **4m** 이내마다 **금속제** 또는 **자기제** 등의 지지금구로 벽 · 천장 · 기둥 등에 견고하게 고정시킬 것(단, **불연재료**로 구획된 반자 안에 설치하는 경우는 제외)

(4) 누설동축케이블 및 안테나는 고압전로로부터 **1.5m** 이상 떨어진 위치에 설치할 것(단, 해당 전로에 **정전기차폐장치**를 유효하게 설치한 경우는 제외)

(5) 누설동축케이블의 끝부분에는 **무반사 종단저항**을 견고하게 설치할 것 문제 11

(6) 누설동축케이블, 동축케이블, 분배기, 분파기, 혼합기 등의 임피던스는 **50**Ω으로 할 것

(7) 증폭기의 전면에는 주회로 전원의 정상여부를 표시할 수 있는 **표시등** 및 **전압계**를 설치할 것

(8) **비상전원용량**

설 비	비상전원의 용량
• 자동화재**탐**지설비, 비상**경**보설비, 자동화재**속**보설비, **물**분무소화설비 기억법 **탐경속물1**	**10분** 이상
• 유도등, 비상조명등, 비상콘센트설비, 제연설비, 물분무소화설비 • 옥내소화전설비(30층 미만) • 특별피난계단의 계단실 및 부속실 제연설비(30층 미만) • 스프링클러설비(30층 미만) • 연결송수관설비(30층 미만)	**20분** 이상
• 무선통신보조설비의 증폭기	**30분** 이상
• 옥내소화전설비(30~49층 이하) • 특별피난계단의 계단실 및 부속실 제연설비(30~49층 이하) • 연결송수관설비(30~49층 이하) • 스프링클러설비(30~49층 이하)	**40분** 이상
• 유도등 · 비상조명등(지하상가 및 11층 이상) • 옥내소화전설비(50층 이상) • 특별피난계단의 계단실 및 부속실 제연설비(50층 이상) • 연결송수관설비(50층 이상) • 스프링클러설비(50층 이상)	**60분** 이상

용어

(1) **누설동축케이블**과 **동축케이블**

누설동축케이블	동축케이블
동축케이블의 외부도체에 가느다란 홈을 만들어서 전파가 외부로 새어나갈 수 있도록 한 케이블	유도장애를 방지하기 위해 전파가 누설되지 않도록 만든 케이블

(2) **종단저항**과 **무반사 종단저항**

종단저항	무반사 종단저항
감지기회로의 **도통시험**을 용이하게 하기 위하여 **감지기회로**의 **끝**부분에 설치하는 저항	전송로로 전송되는 전자파가 전송로의 종단에서 반사되어 교신을 방해하는 것을 막기 위해 **누설동축케이블**의 **끝**부분에 설치하는 저항

★★★

문제 12

논리식 $Z = A + B \cdot C$에 대한 다음 각 물음에 답하시오.

(19.11.문2, 17.6.문16, 16.6.문10, 15.4.문4, 12.11.문4, 12.7.문10, 10.4.문3)

(가) 유접점 릴레이회로를 구성하여 그리시오.

득점	배점
	8

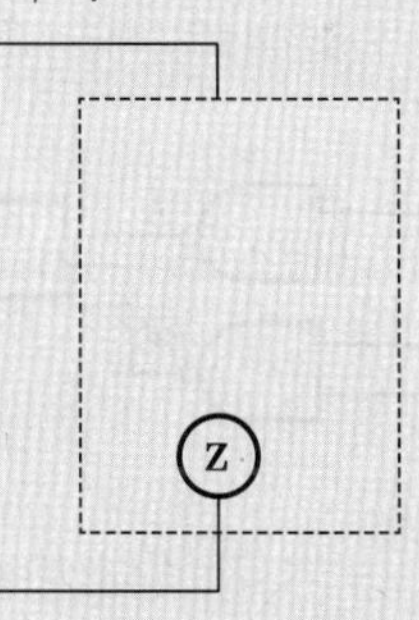

(나) 무접점회로를 구성하여 그리시오.

(다) (나)의 무접점회로를 NAND 무접점회로로 변경한 논리식을 쓰시오.

○

(라) (다)의 논리식을 NAND 시퀀스(NAND 무접점회로)로 구성하시오.

해답 (가)

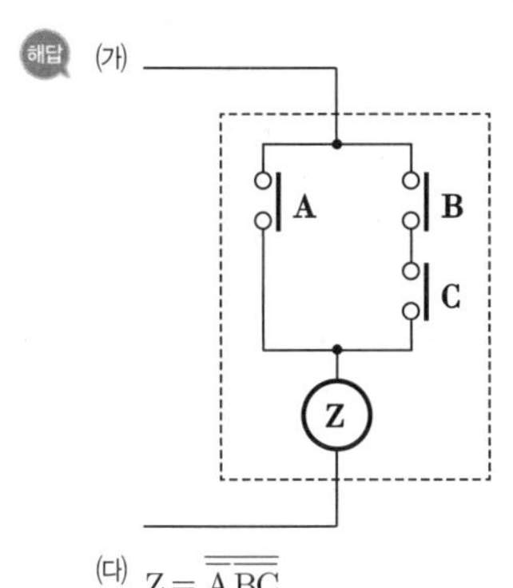

(나)

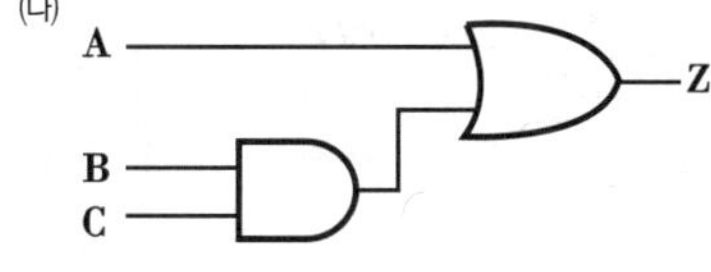

(다) $Z = \overline{\overline{A}\,\overline{BC}}$

(라)

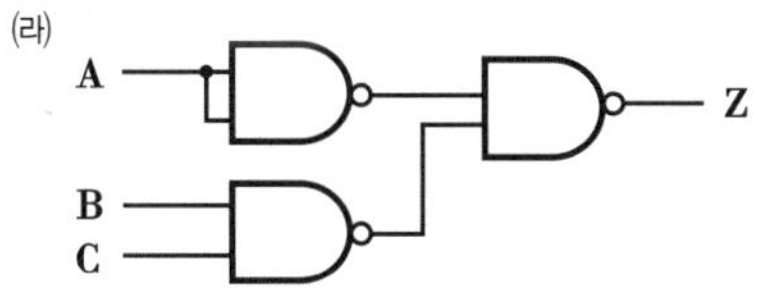

해설 (가), (나)

시퀀스	논리식	논리회로
직렬회로	Z=A · B Z=AB	
병렬회로	Z=A+B	
a접점	Z=A	
b접점	$Z=\overline{A}$	

(다)

- 치환법을 이용하여 NAND 무접점회로로 바꾼 다음 논리식을 작성하면 쉽다.

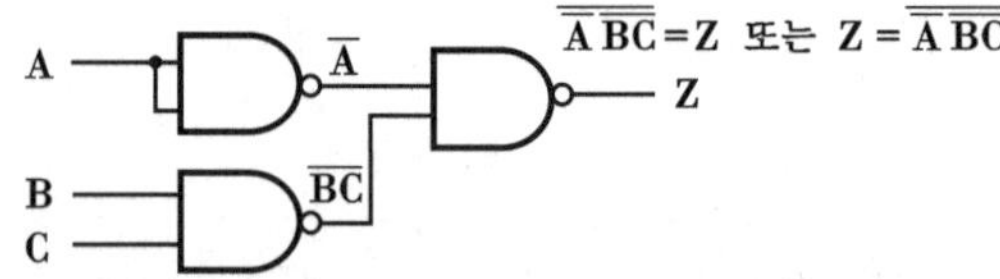

(라) **치환법**

- AND회로 → OR회로, OR회로 → AND회로로 바꾼다.
- 버블(bubble)이 있는 것은 버블을 없애고, 버블이 없는 것은 버블을 붙인다(버블(bubble)이란 작은 동그라미를 말한다).

논리회로	치 환	명 칭
버블		NOR회로
		OR회로
		NAND회로
		AND회로

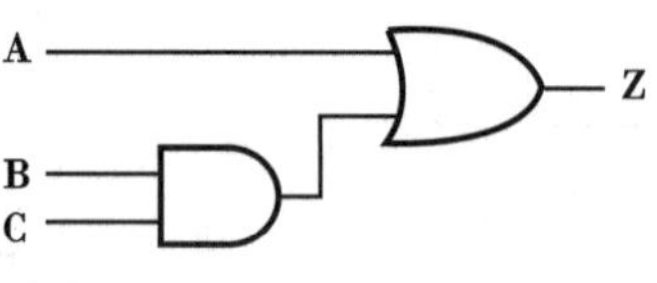

⬇

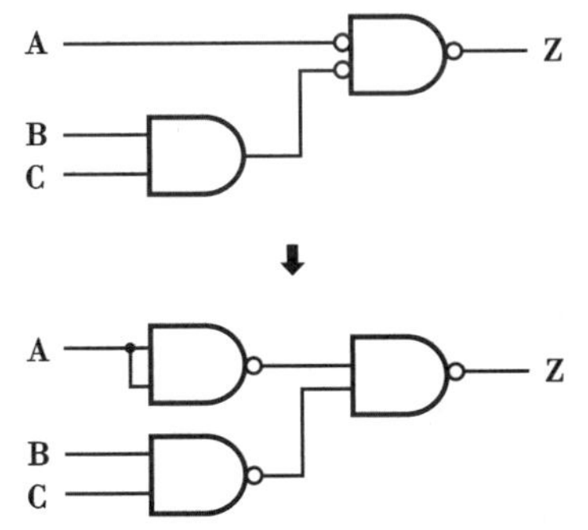

↓

A
B
C
Z

☆☆☆

문제 13

비상콘센트설비의 화재안전기준에서 비상콘센트는 바닥으로부터 높이 몇 m 이상 몇 m 이하의 위치에 설치하여야 하는가? (13.11.문1)

득점	배점
	3

○

해답 0.8m 이상 1.5m 이하

해설 **비상콘센트**의 **설치기준**(NFPC 504 4조, NFTC 504 2.1.5)

(1) 바닥으로부터 높이 **0.8~1.5m** 이하의 위치에 설치할 것

기 기	설치높이
기타 기기	바닥에서 **0.8~1.5m** 이하
시각경보장치	바닥에서 **2~2.5m** 이하(단, 천장의 높이가 **2m 이하**인 경우에는 천장으로부터 **0.15m 이내**의 장소에 설치)

(2) 비상콘센트의 배치는 바닥면적이 **1000m²** 미만인 층은 계단의 출입구(계단의 부속실을 포함하며, 계단이 2 이상 있는 경우에는 그 중 1개의 계단)로부터 **5m** 이내에, 바닥면적 1000m² 이상인 층은 각 계단의 출입구 또는 계단부속실의 출입구(계단의 부속실을 포함하며 계단이 3 이상 있는 층의 경우에는 그 중 2개의 계단)로부터 **5m** 이내에 설치하되, 그 비상콘센트로부터 그 층의 각 부분까지의 거리가 다음의 기준을 초과하는 경우에는 그 기준 이하가 되도록 비상콘센트를 추가하여 설치할 것

① **지하상가** 또는 **지하층**의 **바닥면적**의 **합계**가 **3000m²** 이상인 것은 **수평거리 25m**

② 기타 **수평거리 50m**

☆☆☆

문제 14

비상방송설비에 대한 다음 각 물음에 답하시오. (20.10.문1, 19.11.문12, 15.7.문14, 13.11.문14)

득점	배점
	8

(가) 확성기의 음성입력은 실외의 경우 몇 W 이상이어야 하는가?

○

(나) 비상방송설비의 음량조정기는 몇 선식 배선으로 하여야 하는가?

○

(다) 11층 이상 연면적 $3000m^2$를 초과하는 건축물에 경보를 발하여야 할 층을 쓰시오.

○ 지상 2층 발화 :

○ 지상 1층 발화 :

○ 지하층 발화 :

해답 (가) 3W

(나) 3선식

(다) ① 지상 2층 발화 : 발화층, 직상 4개층

② 지상 1층 발화 : 발화층, 직상 4개층, 지하층

③ 지하층 발화 : 발화층, 직상층, 기타의 지하층

해설

- (가) **실외**이므로 **3W** 정답!
- (다) 층수가 명확히 주어지지 않고 11층 이상으로 주어졌으므로 1·2층 식으로 답하면 안 됨! 발화층, 직상 4개층 등으로 답해야 정답!

비상방송설비의 **설치기준**(NFPC 202 4조, NFTC 202 2.1.1)

(1) 확성기의 음성입력은 **3W**(실내는 **1W**) 이상일 것

(2) 음량조정기의 배선은 **3선식**으로 할 것

(3) 기동장치에 의한 **화재신고**를 수신한 후 필요한 음량으로 방송이 개시될 때까지의 소요시간은 **10초** 이하로 할 것

(4) 조작부의 조작스위치는 바닥으로부터 **0.8~1.5m** 이하의 높이에 설치할 것

기 기	설치높이
기타 기기	바닥에서 **0.8~1.5m** 이하
시각경보장치	바닥에서 **2~2.5m** 이하(단, 천장의 높이가 **2m 이하**인 경우에는 천장으로부터 **0.15m 이내**의 장소에 설치)

(5) 다른 전기회로에 의하여 **유도장애**가 생기지 않도록 할 것

(6) 확성기는 **각 층**마다 설치하되, 각 부분으로부터의 **수평거리**는 **25m** 이하일 것

(7) **발화층** 및 **직상 4개층 우선경보방식**

① 화재시 원활한 대피를 위하여 위험한 층(발화층 및 직상 4개층)부터 우선적으로 경보하는 방식

② 발화층 및 직상 4개층 우선경보방식 적용대상물 : 11층(공동주택 16층) 이상의 특정소방대상물의 경보

‖ 음향장치의 경보 ‖

발화층	경보층	
	11층(공동주택 16층) 미만	11층(공동주택 16층) 이상
2층 이상 발화	전층 일제경보	• 발화층 • 직상 4개층
1층 발화	전층 일제경보	• 발화층 • 직상 4개층 • 지하층
지하층 발화	전층 일제경보	• 발화층 • 직상층 • 기타의 지하층

☆ 문제 15

자동화재탐지설비를 설치하여야 할 특정소방대상물(연면적, 바닥면적 등의 기준)에 대한 다음 ( ) 안을 완성하시오. (단, 전부 필요한 경우는 '전부'라고 쓰고, 필요 없는 경우에는 '필요 없음'이라고 답할 것)

득점	배점
	5

특정소방대상물	기 준
아파트 등·기숙사	(①)
자원순환관련시설	(②)
노유자생활시설	(③)
위험물 저장 및 처리시설	(④)
전통시장	(⑤)

해답

특정소방대상물	기 준
공동주택	전부
자원순환관련시설	연면적 $2000m^2$ 이상
노유자생활시설	전부
위험물 저장 및 처리시설	연면적 $1000m^2$ 이상
전통시장	전부

해설 **자동화재탐지설비**의 **설치대상**(소방시설법 시행령 〔별표 4〕)

설치대상	조 건
① 정신의료기관 · 의료재활시설	• 창살설치 : 바닥면적 **$300m^2$** 미만 • 기타 : 바닥면적 **$300m^2$** 이상
② 노유자시설	• 연면적 **$400m^2$** 이상
③ **근**린생활시설 · **위**락시설 ④ **의**료시설(정신의료기관, 요양병원 제외) ⑤ **복**합건축물 · **장례시설** 기억법 근위숙의복 6	• 연면적 **$600m^2$** 이상
⑥ 목욕장 · 문화 및 집회시설, 운동시설 ⑦ 종교시설 ⑧ 방송통신시설 · 관광휴게시설 ⑨ 업무시설 · 판매시설 ⑩ 항공기 및 자동차관련시설 · 공장 · 창고시설 ⑪ **지하가**(터널 제외) · 운수시설 · 발전시설 · 위험물 저장 및 처리시설 ⑫ 교정 및 군사시설 중 국방 · 군사시설	• 연면적 **$1000m^2$** 이상
⑬ **교**육연구시설 · **동**식물관련시설 ⑭ **자**원순환관련시설 · **교**정 및 군사시설(국방 · 군사시설 제외) ⑮ **수**련시설(숙박시설이 있는 것 제외) ⑯ 묘지관련시설 기억법 교동자교수 2	• 연면적 **$2000m^2$** 이상
⑰ 지하가 중 터널	• 길이 **1000m** 이상
⑱ 지하구 ⑲ 노유자생활시설 ⑳ 아파트 등 · 기숙사 ㉑ 숙박시설 ㉒ **6층** 이상인 건축물 ㉓ 조산원 및 산후조리원 ㉔ 전통시장 ㉕ 요양병원(정신병원, 의료재활시설 제외)	• 전부
㉖ 특수가연물 저장 · 취급	• 지정수량 **500배** 이상
㉗ 수련시설(숙박시설이 있는 것)	• 수용인원 **100명** 이상
㉘ 발전시설	• 전기저장시설

☆☆

문제 16

다음에 제시하는 자동화재탐지설비의 수신기의 명칭을 쓰시오. (14.11.문7)

(가) P형 수신기의 기능과 가스누설경보기의 수신부 기능을 겸한 것

○

득점	배점
	4

(나) 감지기 또는 발신기로부터 발하여지는 신호를 직접 또는 중계기를 통하여 고유신호로서 수신하여 화재의 발생을 당해 소방대상물 관계자에게 경보하여 주는 것
○
(다) R형 수신기의 기능과 가스누설경보기의 수신부 기능을 겸한 것
○
(라) 감지기 또는 발신기로부터 발하여지는 신호를 직접 또는 중계기를 통하여 공통신호로서 수신하여 화재의 발생을 당해 소방대상물의 관계자에게 경보하여 주고 자동 또는 수동으로 옥내·외소화전설비, 스프링클러설비, 물분무소화설비, 포소화설비, 이산화탄소 소화설비, 할론소화설비, 분말소화설비, 배연설비 등의 가압송수장치 또는 기동장치 등을 제어하는 것
○

해답 (가) GP형 수신기
(나) R형 수신기
(다) GR형 수신기
(라) P형 복합식 수신기

해설 **자동화재탐지설비**와 **관련된 기기**

용 어	설 명
P형 수신기	감지기 또는 P형 발신기로부터 발하여지는 신호를 **직접** 또는 **중계기**를 통하여 **공통신호**로서 수신하여 화재의 발생을 당해 소방대상물의 **관계자**에게 **경보**하여 주는 것
R형 수신기 질문 (나)	감지기 또는 P형 발신기로부터 발하여지는 신호를 **직접** 또는 **중계기**를 통하여 **고유신호**로서 수신하여 화재의 발생을 당해 소방대상물의 **관계자**에게 **경보**하여 주는 것
중계기	감지기·발신기 또는 전기적 접점 등의 작동에 따른 **신호**를 받아 이를 수신기의 제어반에 **전송**하는 장치
시각경보장치	**자동화재탐지설비**에서 발하는 화재신호를 시각경보기에 전달하여 **청각장애인**에게 **점멸형태**의 **시각경보**를 하는 것
P형 복합식 수신기 질문 (라)	감지기 또는 P형 발신기 등으로부터 발하여지는 신호를 **직접** 또는 **중계기**를 통하여 **공통신호**로서 수신하여 화재의 발생을 당해 소방대상물의 **관계자**에게 **경보**하여 주고 자동 또는 수동으로 옥내·외소화전설비, 스프링클러설비, 물분무소화설비, 포소화설비, 이산화탄소 소화설비, 할론소화설비, 분말소화설비, 배연설비 등의 가압송수장치 또는 기동장치 등의 제어기능을 수행하는 것
R형 복합식 수신기	감지기 또는 P형 발신기 등으로부터 발하여지는 신호를 **직접** 또는 **중계기**를 통하여 **고유신호**로서 수신하여 화재의 발생을 당해 소방대상물의 **관계자**에게 **경보**하여 주고 **제어기능**을 **수행**하는 것
발신기	화재발생신호를 수신기에 **수동**으로 **발신**하는 장치
감지기	화재시 발생하는 열, 연기, 불꽃 또는 연소생성물을 자동적으로 **감지**하여 **수신기**에 **발신**하는 장치
경계구역	특정소방대상물 중 **화재신호**를 **발신**하고 그 **신호**를 **수신** 및 유효하게 **제어**할 수 있는 구역
자동화재속보설비의 속보기	수동작동 및 **자동화재탐지설비** 수신기의 화재신호와 연동으로 작동하여 **관계자**에게 화재발생을 **경보**함과 동시에 **소방관서**에 자동적으로 **전화망**을 통한 당해 화재발생 및 당해 소방대상물의 위치 등을 **음성**으로 통보하여 주는 것
다신호식 수신기	감지기로부터 **최초** 및 **두 번째 화재신호** 이상을 수신하는 경우 주음향장치 또는 부음향장치의 명동 및 지구표시장치에 의한 경계구역을 각각 자동으로 표시함과 동시에 **화재등** 및 **지구음향장치**가 자동적으로 작동하는 것

<table>
<tr><td rowspan="2">축적형 수신기</td><td>전원차단시간</td><td>축적시간</td><td>화재표시감지시간</td></tr>
<tr><td>1~3초 이하</td><td>30~60초 이하</td><td>60초(전원 차단 및 인가 1회 이상 반복)</td></tr>
<tr><td>아날로그식 수신기</td><td colspan="3">아날로그식 감지기로부터 출력된 신호를 수신한 경우 예비표시 및 화재표시를 표시함과 동시에 입력신호량을 표시할 수 있어야 하며 또한 작동레벨을 설정할 수 있는 조정장치가 있을 것</td></tr>
<tr><td>GP형 수신기
질문 (가)</td><td colspan="3">P형 수신기의 기능과 가스누설경보기의 수신부 기능을 겸한 것</td></tr>
<tr><td>GR형 수신기
질문 (다)</td><td colspan="3">R형 수신기의 기능과 가스누설경보기의 수신부 기능을 겸한 것</td></tr>
</table>

★★★ **문제 17**

통로유도등의 설치기준에 관한 다음 ( ) 안을 완성하시오.

(19.6.문18, 17.11.문10, 17.6.문4, 15.4.문9, 14.4.문4, 12.11.문17, 08.11.문5)

득점	배점
	7

(가) 복도통로유도등 : 구부러진 모퉁이 및 피난구유도등이 설치된 출입구의 맞은편 복도에 입체형 또는 바닥에 설치된 통로유도등을 기점으로 보행거리 (①)m마다 설치하되, 바닥으로부터 높이 (②)m 이하의 위치에 설치할 것. 다만, 지하층 또는 무창층의 용도가 도매시장 · 소매시장 · 여객자동차터미널 · 지하역사 또는 지하상가인 경우에는 복도 · 통로 중앙부분의 (③)에 설치하여야 한다.

(나) 거실통로유도등
- ○ 거실의 통로에 설치할 것. 다만, 거실의 통로가 (④) 등으로 구획된 경우에는 복도통로유도등을 설치해야 한다.
- ○ 구부러진 모퉁이 및 보행거리 (⑤)m마다 설치하되, 바닥으로부터 높이 (⑥)m 이상의 위치에 설치할 것

(다) 계단통로유도등 : 바닥으로부터 높이 (⑦)m 이하의 위치에 설치할 것

해답
(가) ① 20, ② 1, ③ 바닥
(나) ④ 벽체, ⑤ 20, ⑥ 1.5
(다) ⑦ 1

해설
(가) **복도통로유도등**의 **설치기준**(NFPC 303 6조, NFTC 303 2.3.1.1) 질문 (가)
① **복도**에 설치하되 피난구유도등이 설치된 출입구의 맞은편 **복도**에는 **입체형**으로 설치하거나 바닥에 설치할 것
② 구부러진 **모**퉁이 및 피난구유도등이 설치된 출입구의 맞은편 복도에 입체형 또는 바닥에 설치된 통로유도등을 기점으로 **보행거리 20m**마다 설치할 것
③ 바닥으로부터 **높**이 **1m 이하**의 위치에 설치할 것(단, 지하층 또는 무창층의 용도가 **도매시장 · 소매시장 · 여객자동차터미널 · 지하역사** 또는 **지하상가**인 경우에는 복도 · 통로 중앙부분의 **바닥**에 설치할 것)
④ **바**닥에 설치하는 통로유도등은 하중에 따라 파괴되지 않는 강도의 것으로 할 것

기억법 복복 모거높바

(나) **거실통로유도등**의 **설치기준**(NFPC 303 6조, NFTC 303 2.3.1.2) 질문 (나)
① **거실**의 **통로**에 설치할 것. 다만, 거실의 통로가 **벽체** 등으로 **구획**된 경우에는 **복도통로유도등**을 설치해야 한다.
② 구부러진 **모**퉁이 및 **보행거리 20m**마다 설치할 것
③ 바닥으로부터 **높**이 **1.5m** 이상의 위치에 설치할 것. 단, **거실통로**에 **기둥**이 설치된 경우에는 기둥부분의 바닥으로부터 높이 **1.5m 이하**의 위치에 설치할 수 있다.

기억법 거통 모거높

(다) **계단통로유도등**의 **설치기준**(NFPC 303 6조, NFTC 303 2.3.1.3)
① **각 층**의 **경사로참** 또는 **계단참**마다(1개층에 경사로참 또는 계단참이 2 이상 있는 경우에는 2개의 계단참마다) 설치할 것

② 바닥으로부터 높이 **1m** 이하의 위치에 설치할 것 질문 (다)
③ 통행에 지장이 없도록 설치할 것
④ 주위에 이와 유사한 **등화광고물 · 게시물** 등을 설치하지 않을 것

중요

(1) **유도등**의 **종류**

①  : **피난구유도등**이고, 피난구의 바닥으로부터 높이 **1.5m** 이상의 곳에 설치해야 한다. 밝기는 피난구로부터 **30m** 거리에서 문자 및 색채를 쉽게 식별할 수 있어야 한다.

② : **복도통로유도등**이고, 바닥으로부터 높이 **1m 이하**의 위치에 복도의 구부러진 모퉁이 및 피난구유도등이 설치된 출입구의 맞은편 복도에 입체형 또는 바닥에 설치된 통로유도등을 기점으로 **보행거리 20m**마다 설치한다.

③ : **계단통로유도등**이고, 바닥으로부터 높이 **1m 이하**의 위치에, 각 층의 경사로참 또는 **계단참**마다 설치한다.

구 분	통로유도등			피난구유도등
	복도통로유도등	거실통로유도등	계단통로유도등	
설치장소	**복도**	**거실**의 **통로**	**계단**	**피난구**
설치방법	구부러진 모퉁이 및 피난구유도등이 설치된 출입구의 맞은편 복도에 입체형 또는 바닥에 설치된 통로유도등을 기점으로 **보행거리 20m마다**	구부러진 모퉁이 및 **보행거리 20m마다**	각 층의 **경사로참** 또는 **계단참**마다	피난구로부터 **30m** 거리에서 식별이 가능하도록
설치높이	바닥으로부터 높이 **1m 이하**	바닥으로부터 높이 **1.5m 이상**	바닥으로부터 높이 **1m 이하**	바닥으로부터 높이 **1.5m 이상**

(2) **설치높이**

설치높이	유도등 · 유도표지
1m 이하	• 복도통로유도등 • 계단통로유도등 • 통로유도표지
1.5m 이상	• 피난구유도등 • 거실통로유도등

(3) **표시면**의 **색상**

통로유도등	피난구유도등
백색바탕에 **녹색문자**	**녹색바탕**에 **백색문자**

☆☆☆

문제 18

그림과 같은 시퀀스회로를 보고 다음 각 물음에 답하시오. (단, PB_{-on}, PB_{-off}, MC_{-a} 접점 2개, MC_{-b} 접점 1개를 사용한다.)
(20.10.문15, 20.5.문1, 17.11.문3, 12.7.문6, 09.10.문4, 06.4.문6)

득점	배점
	9

〔범례〕

① 전자접촉기 : (MC)
② 기동용 표시등 : (RL)
③ 정지용 표시등 : (GL)
④ 누름버튼스위치 ON용 : PBS-on
⑤ 누름버튼스위치 OFF용 : PBS-off

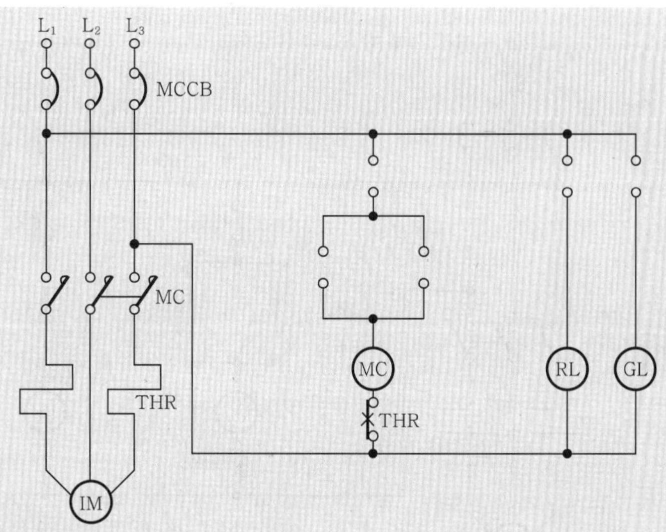

(가) 미완성 도면을 완성하시오.

(나) 도면의 주회로에 표기된 THR의 명칭 및 역할을 쓰시오.

○ 명칭 :

○ 역할 :

(다) 어떤 원인에 의하여 THR의 보조 b접점이 작동되었다. 원위치시키려면 어떻게 하여야 하는가?

○

해답 (가)

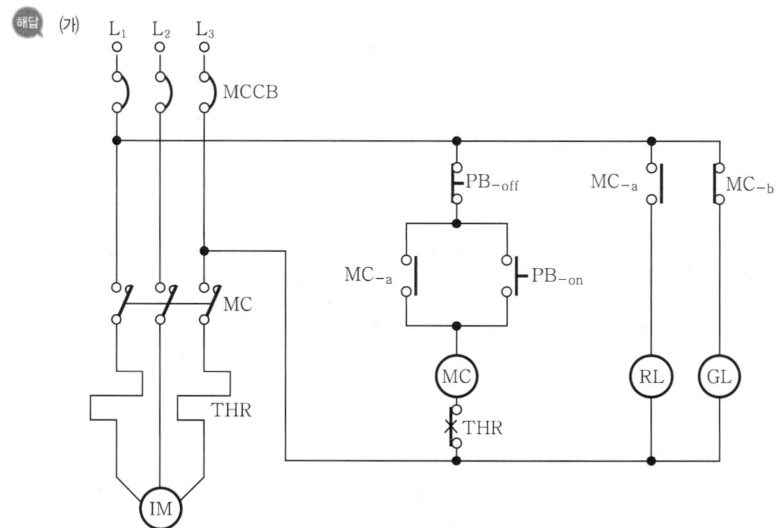

(나) ① 명칭 : 열동계전기

② 역할 : 전동기의 과부하 보호

(다) 수동복구시킴

해설 (가)

• PB_{-on}과 MC_{-a} 접점은 위치가 서로 바뀌어도 정답!

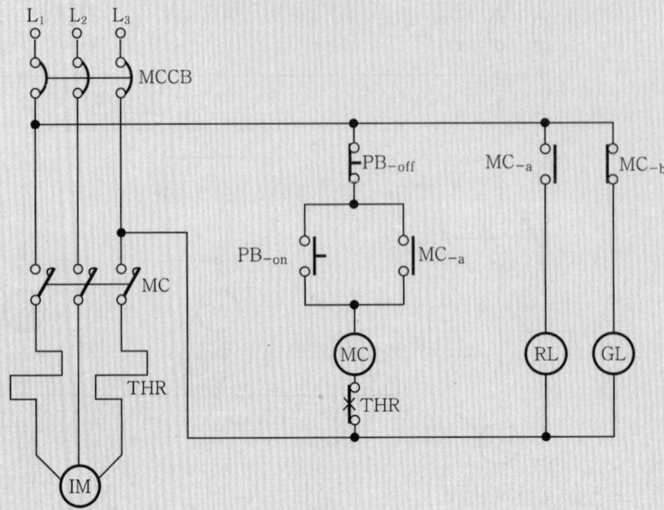

‖ 이것도 정답 ‖

• 〔범례〕에서 **기동용 표시등**이 (RL)이므로 (RL) 위에는 MC_{-a} 접점

• 〔범례〕에서 **정지용 표시등**이 (GL)이므로 (GL) 위에는 MC_{-b} 접점

(나)

• '**전동기에 과전류가 흐를 때 소손방지**', '**전동기에 과부하가 걸릴 때 소손방지**', '**전동기의 과부하감지**'도 정답!

중요

열동계전기가 **동작**되는 경우

(1) 전동기에 **과부하**가 걸릴 때

(2) 전류조정다이얼 세팅치를 적정 전류보다 **낮게 세팅**했을 때

(3) 열동계전기 단자의 접촉불량으로 **과열**되었을 때

• '**전동기에 과전류가 흐를 때**'도 답이 된다.

• '**전동기에 과전압이 걸릴 때**'는 틀린 답이 되므로 주의하라!

• **열동계전기의 전류조정다이얼 세팅** : **정격전류의 1.15~1.2배**에 세팅한다. 실제 현장에서는 이 세팅을 제대로 하지 않아 과부하 보호용 열동계전기를 설치하였음에도 불구하고 전동기(Motor)를 소손시키는 경우가 많으니 세팅치를 꼭 기억하여 현장에서 유용하게 사용하기 바란다.

용어

열동계전기 (Thermal Relay) : 전동기의 **과부하 보호용** 계전기

‖ 열동계전기 ‖

(다) 열동계전기가 동작되면 유도전동기의 과부하 등 어떤 원인에 의해 동작되었으므로 이의 원인을 파악하여 조치한 후 열동계전기의 리셋버튼을 **수동**으로 **복구**시키고 다시 PB_{-on}을 눌러서 유도전동기를 **기동**시키면 된다.

과년도 출제문제

2020년 소방설비산업기사 실기(전기분야)

** 수험자 유의사항 **

– 공통 유의사항

1. 시험 시작 시간 이후 입실 및 응시가 불가하며, 수험표 및 접수내역 사전확인을 통한 시험장 위치, 시험장 입실 가능 시간을 숙지하시기 바랍니다.
2. 시험 준비물 : 공단인정 신분증, 수험표, 계산기(필요 시), 흑색 볼펜류 필기구(필답, 기술사 필기), 계산기(필요 시), 수험자 지참 준비물(작업형 실기)
   ※ 공학용 계산기는 일부 등급에서 제한된 모델로만 사용이 가능하므로 사전에 필히 확인 후 지참 바랍니다.
3. 부정행위 관련 유의사항 : 시험 중 다음과 같은 행위를 하는 자는 국가기술자격법 제10조 제6항의 규정에 따라 당해 검정을 중지 또는 무효로 하고 3년간 국가기술자격법에 의한 검정을 받을 자격이 정지됩니다.
   - 시험 중 다른 수험자와 시험과 관련된 대화를 하거나 답안지(작품 포함)를 교환하는 행위
   - 시험 중 다른 수험자의 답안지(작품) 또는 문제지를 엿보고 답안을 작성하거나 작품을 제작하는 행위
   - 다른 수험자를 위하여 답안(실기작품의 제작방법 포함)을 알려 주거나 엿보게 하는 행위
   - 시험 중 시험문제 내용과 관련된 물건을 휴대하여 사용하거나 이를 주고받는 행위
   - 시험장 내외의 자로부터 도움을 받고 답안지를 작성하거나 작품을 제작하는 행위
   - 다른 수험자와 성명 또는 수험번호(비번호)를 바꾸어 제출하는 행위
   - 대리시험을 치르거나 치르게 하는 행위
   - 시험시간 중 통신기기 및 전자기기를 사용하여 답안지를 작성하거나 다른 수험자를 위하여 답안을 송신하는 행위
   - 그 밖에 부정 또는 불공정한 방법으로 시험을 치르는 행위
4. 시험시간 중 전자·통신기기를 비롯한 불허물품 소지가 적발되는 경우 퇴실조치 및 당해 시험은 무효처리가 됩니다.

– 실기시험 수험자 유의사항

1. 문제지를 받는 즉시 응시 종목의 문제가 맞는지 확인하셔야 합니다.
2. 답안지 내 인적 사항 및 답안작성(계산식 포함)은 **검정색** 필기구만을 계속 사용하여야 합니다.
3. 답안정정 시에는 **두 줄**(=)을 긋고 다시 **기재 가능**하며, **수정 테이프 사용** 또한 **가능**합니다.
4. 계산문제는 반드시 '계산과정'과 '답'란에 정확히 기재하여야 하며 계산과정이 틀리거나 없는 경우 0점 처리됩니다.
   ※ 연습이 필요 시 연습란을 이용하여야 하며, 연습란은 채점대상이 아닙니다.
5. 계산문제는 최종 결과값(답)에서 소수 셋째자리에서 반올림하여 둘째자리까지 구하여야 하나 개별 문제에서 소수 처리에 대한 별도 요구사항이 있을 경우, 그 요구사항에 따라야 합니다.
6. 답에 단위가 없으면 오답으로 처리됩니다. (단, 문제의 요구사항에 단위가 주어졌을 경우는 생략되어도 무방합니다)
7. 문제에서 요구한 가지 수 이상을 답란에 표기한 경우, 답란기재 순으로 요구한 가지 수만 채점합니다.

2020. 5. 24 시행

▌2020년 산업기사 제1회 필답형 실기시험▌

자격종목	시험시간	형별	수험번호	성명	감독위원 확인
소방설비산업기사(전기분야)	2시간 30분				

※ 다음 물음에 답을 해당 답란에 답하시오.(배점 : 100)

☆☆

문제 01

그림과 같은 시퀀스회로를 보고 다음 각 물음에 답하시오. (20.10.문15, 17.11.문3, 12.7.문6, 06.4.문6)

유사문제부터 풀어보세요.
실력이 팍!팍! 올라갑니다.

득점	배점
	10

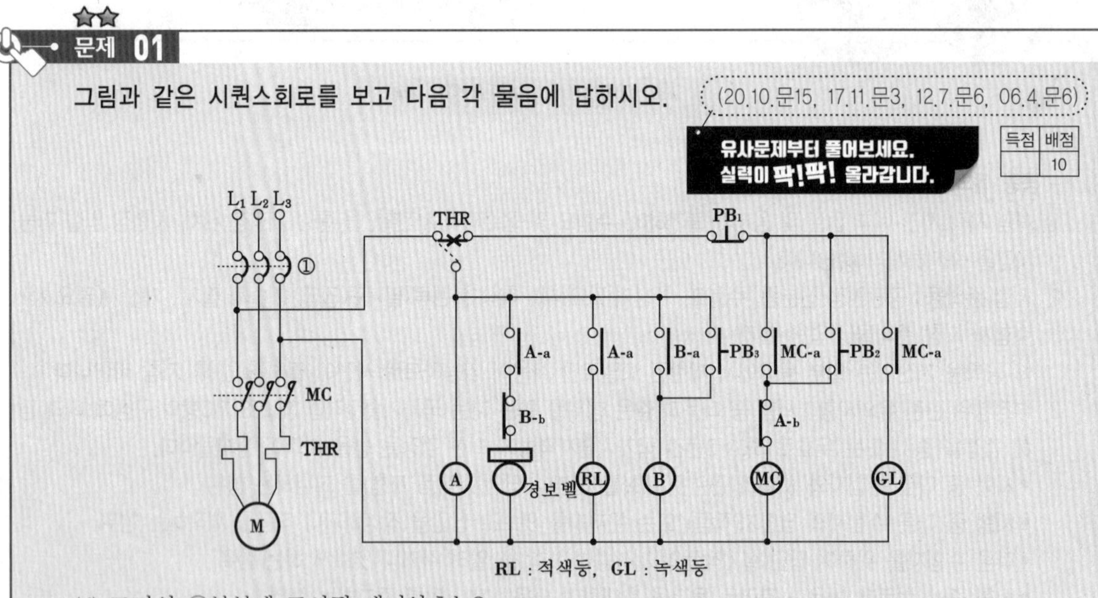

RL : 적색등, GL : 녹색등

(가) 도면의 ①부분에 표시될 제어약호는?
○

(나) 도면의 주회로에 표기된 THR의 명칭은 무엇인가?
○

(다) 계전기 (A)가 여자되었을 때 회로의 동작상황을 상세히 설명하시오.
○

(라) 경보벨이 명동되고 있다고 할 때 이 울림을 정지시키려면 어떻게 하여야 하는가?
○

(마) 도면에서 PB_1과 PB_2의 용도는 무엇인가?
○

(바) 어떤 원인에 의하여 THR의 보조 b접점이 떨어져서 계전기 (A)쪽에 붙었다고 할 때 접점이 떨어질 제반장애를 없앤 다음 이 접점을 원위치시키려면 어떻게 하여야 하는가?
○

(사) 문제의 도면 내용 중 동작에 불필요한 부분이 있으면 쓰고 없으면 '없음'이라고 쓰시오.
○

해답 (가) MCCB
(나) 열동계전기
(다) 계전기 A_{-a} 접점에 의하여 경보벨이 명동됨과 동시에 RL램프가 점등된다.
(라) PB_3를 누른다.
(마) ① PB_1 : 모터 정지용 ② PB_2 : 모터 기동용

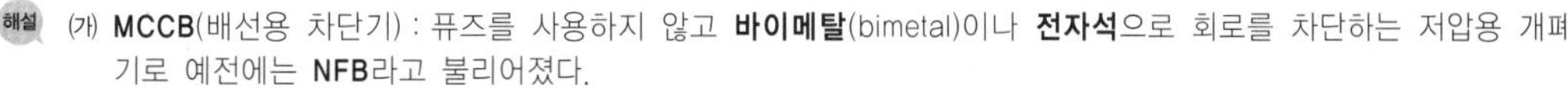

(바) 수동으로 복귀시킨다.
(사) A_{-b} 접점

해설 (가) **MCCB**(배선용 차단기) : 퓨즈를 사용하지 않고 **바이메탈**(bimetal)이나 **전자석**으로 회로를 차단하는 저압용 개폐기로 예전에는 **NFB**라고 불리어졌다.
(나) **열동계전기**(thermal relay) : 전동기의 **과부하보호용** 계전기

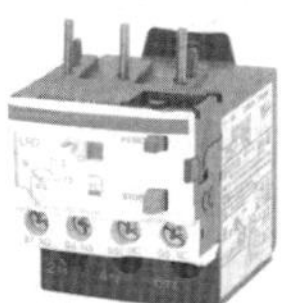

‖ 열동계전기 ‖

(다)~(바) **동작설명**

① 누름버튼스위치 PB_2를 누르면 전자개폐기 (MC)가 여자되어 자기유지되며, 녹색등 (GL) 점등, 전동기 (M)이 기동된다.

② 누름버튼스위치 PB_1을 누르면 여자 중이던 (MC)가 소자되어, (GL) 소등, (M)은 정지한다.

③ 운전 중 과부하가 걸리면 열동계전기 THR이 작동하여 전동기를 정지시키고 계전기 (A)가 여자되며, 적색등 (RL) 점등, 경보벨이 울린다.

④ 점검자가 THR의 동작을 확인한 후 PB_3를 누르면 계전기 (B)가 여자되어 자기유지되며 경보벨을 정지시킨다.

⑤ 제반장애를 없앤 다음 THR을 수동으로 복귀시켜 정상운전되도록 한다.

(사) ( )의 A_{-b} 접점은 THR 동작시 안전을 위해 (MC)를 다시 한번 개방시켜 주는 역할을 하지만 생략하여도 동작에는 문제가 없다.

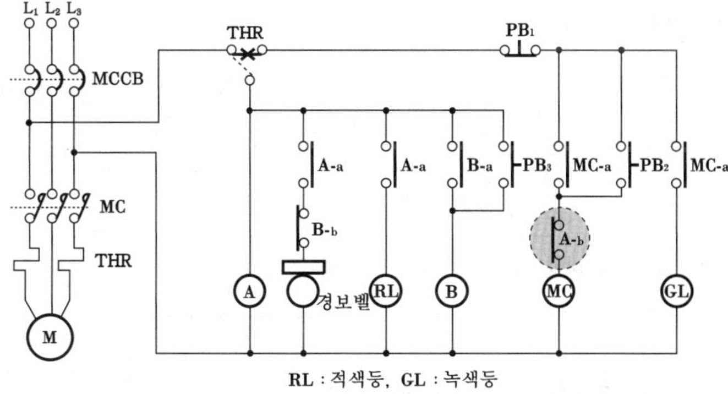

‖ A_{-b} 접점 생략도면 ‖

중요

과부하 경보장치 생략도면

본 도면에는 특별히 **잘못된 부분은 없다**. 단, 필요에 따라 과부하경보장치는 생략할 수 있을 것이다. 과부하경보장치를 생략했을 때의 도면은 다음과 같다.

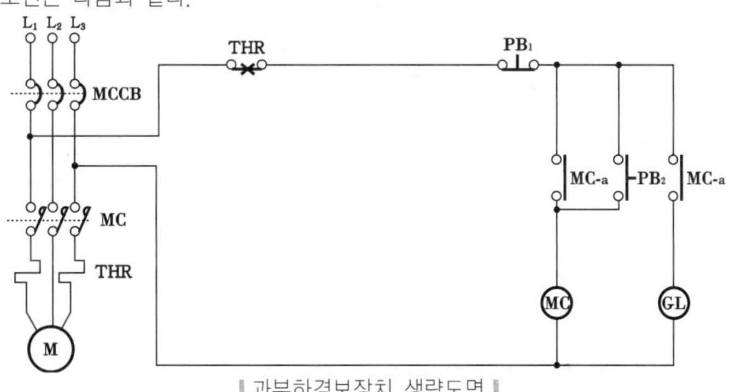

‖ 과부하경보장치 생략도면 ‖

☆☆☆

문제 02

자동화재탐지설비의 화재안전기준에서 정한 연기감지기의 설치기준이다. 다음 빈칸에 부착높이에 따라 연기감지기 1개 이상을 설치해야 하는 바닥면적을 쓰시오. (단, 해당사항이 없을 경우에는 "X"표시를 하시오.)

(12.11.문10)

득점	배점
	5

부착높이	감지기의 종류	
	1종 및 2종	3종
4m 미만		
4m 이상 20m 미만		

해답

부착높이	감지기의 종류	
	1종 및 2종	3종
4m 미만	150m^2	50m^2
4m 이상 20m 미만	75m^2	×

해설

- 150, 50, 75처럼 숫자만 쓰면 틀린다. 150m^2, 50m^2, 75m^{2}와 같이 단위도 반드시 쓰도록 하라!

중요

(1) **연기감지기의 바닥면적**(NFPC 203 7조, NFTC 203 2.4.3.10.1)

(단위 : m^2)

부착높이	감지기의 종류	
	1종 및 2종	3종
4m 미만	150	50
4~20m 미만	75	×

(2) **스포트형 감지기의 바닥면적**(NFPC 203 7조, NFTC 203 2.4.3.5)

(단위 : m^2)

부착높이 및 특정소방대상물의 구분		차동식·보상식 스포트형		정온식 스포트형		
		1종	2종	특 종	1종	2종
4m 미만	주요구조부를 내화구조로 한 특정소방대상물 또는 그 부분	**90**	70	**70**	60	20
	기타 구조의 특정소방대상물 또는 그 부분	50	**40**	40	30	15
4m 이상 8m 미만	주요구조부를 내화구조로 한 특정소방대상물 또는 그 부분	45	35	**35**	**30**	
	기타 구조의 특정소방대상물 또는 그 부분	30	**25**	25	**15**	

☆☆☆

문제 03

자동화재탐지설비의 수신기에 대하여 수신회로 성능검사를 하고자 한다. 수신기의 성능시험을 6가지만 쓰시오. (17.11.문9, 14.11.문3, 14.7.문11, 13.7.문2, 09.10.문3)

득점	배점
	6

○
○
○
○
○
○

해답
① 화재표시작동시험 ② 회로도통시험
③ 공통선시험 ④ 예비전원시험
⑤ 동시작동시험 ⑥ 회로저항시험

해설 **수신기**의 **성능시험**
(1) **화**재표시작동시험 (2) **회**로도통시험
(3) **공**통선시험 (4) **예**비전원시험
(5) 동시작동시험 (6) 회로저항시험
(7) 저전압시험 (8) 비상전원시험
(9) 지구음향장치 작동시험

기억법 **수화회 공예**

중요

자동화재탐지설비 수신기의 시험

시험 종류	시험방법	가부판정의 기준
화재표시 작동시험	① 회로선택스위치로서 실행하는 시험 : 동작시험스위치를 눌러서 스위치 주의등의 점등을 확인한 후 회로선택스위치를 차례로 회전시켜 **1회로**마다 화재시의 작동시험을 행할 것 ② 감지기 또는 발신기의 작동시험과 함께 행하는 방법 : 감지기 또는 발신기를 차례로 작동시켜 경계구역과 지구표시등과의 접속상태 확인	① 각 **릴레이**(Relay)의 작동이 정상일 것 ② **화재표시등**, **지구표시등**, 그 밖의 표시장치의 점등이 정상일 것 ③ **음향장치**의 작동이 정상일 것 ④ **감지기회로** 또는 **부속기기회로**와의 연결접속이 정상일 것
회로도통시험	① 도통시험스위치 누름 ② 회로선택스위치를 차례로 회전 ③ 각 회선별로 전압계의 전압 확인 또는 발광다이오드의 점등유무 확인 ④ 종단저항 등의 접속상황 확인	각 회선의 **전압계**의 **지시치** 또는 발광다이오드의 점등유무 상황이 정상일 것
공통선시험 (단, 7회선 이하는 제외)	① 수신기의 회로공통선 1선 제거 ② 도통시험스위치를 누르고, 회로선택스위치를 차례로 회전 ③ 전압계 또는 발광다이오드를 확인하여 단선을 지시한 경계구역수 확인	공통선이 담당하고 있는 경계구역수가 **7 이하**일 것
동시작동시험 (단, 1회선은 제외)	① **동작시험스위치**를 시험위치에 놓는다. ② 상용전원으로 **5회선**(5회선 미만은 전회선) 동시 작동 ③ 주음향장치 및 지구음향장치 작동 ④ 부수신기와 표시장치도 모두를 작동상태로 하고 실시	① **수신기**의 기능에 이상이 없을 것 ② **부수신기**의 기능에 이상이 없을 것 ③ **표시장치**(표시기)의 기능에 이상이 없을 것 ④ **음향장치**의 기능에 이상이 없을 것
회로저항시험	① **저항계** 또는 **테스터**를 사용하여 감지기회로의 공통선과 회로선 사이 측정 ② 상시 개로식인 것은 회로 말단을 연결하고 측정	하나의 감지기회로의 합성저항치는 **50Ω 이하**로 할 것

예비전원시험	① 예비전원시험스위치 누름 ② 전압계의 지시치가 지정범위 내에 있을 것 또는 발광다이오드의 정상유무 표시등 점등확인 ③ 상용전원을 차단하고 자동절환릴레이의 작동상황 확인	① 예비전원의 전압이 정상일 것 ② 예비전원의 용량이 정상일 것 ③ 예비전원의 절환상태(절환상황)가 정상일 것 ④ 예비전원의 복구작동이 정상일 것
저전압시험	정격전압의 **80%**로 실시	–
비상전원시험	비상전원으로 **축전지설비**를 사용하는 것에 대해 행한다.	–
지구음향장치의 작동시험	임의의 감지기 또는 발신기를 작동했을 때 화재신호와 연동하여 음향장치의 정상작동 여부 확인	지구음향장치가 작동하고 음량이 정상일 것. 음량은 음향장치의 중심에서 **1m** 떨어진 위치에서 **90dB** 이상일 것

• 가부판정의 기준=양부판정의 기준=가부판단의 기준

비교

시험과목

중계기	속보기의 예비전원
• 주위온도시험 • 반복시험 • 방수시험 • 절연저항시험 • 절연내력시험 • 충격전압시험 • 충격시험 • 진동시험 • 습도시험 • 전자파 내성시험	• 충 · 방전시험 • 안전장치시험

☆☆

문제 04

다음 그림과 같이 지하 1층에서 지상 5층까지 각 층의 평면이 동일하고, 각 층의 높이가 4m인 학원건물에 자동화재탐지설비를 설치한 경우이다. 다음 물음에 답하시오. (18.6.문12, 17.4.문2, 15.7.문9, 13.7.문3)

득점	배점
	10

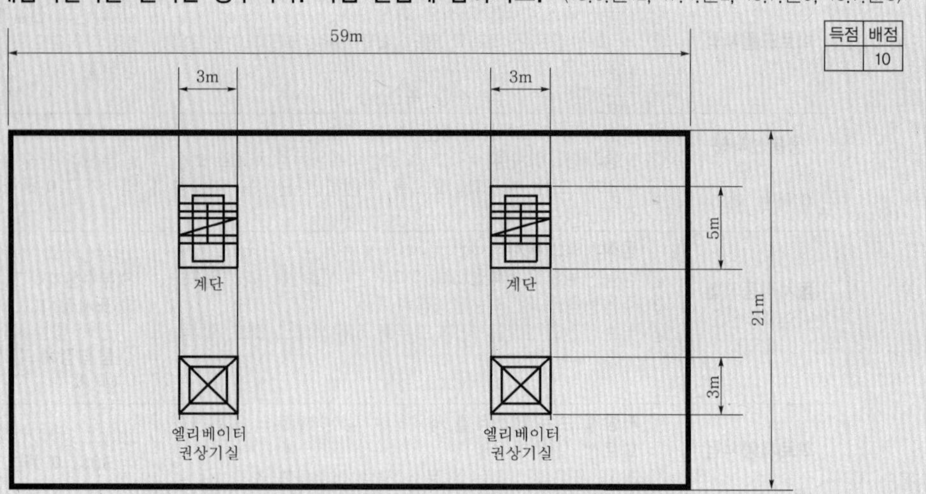

(가) 하나의 층에 대한 자동화재탐지설비의 수평경계구역수를 구하시오.

○ 계산과정 :

○ 답 :

(나) 본 소방대상물 자동화재탐지설비의 수직 및 수평 경계구역수를 구하시오.

① 수평경계구역

○ 계산과정 :

○ 답 :

② 수직경계구역

○ 계산과정 :

○ 답 :

(다) 본 건물에 설치해야 하는 수신기의 형별을 쓰시오.

○

(라) 계단감지기는 각각 몇 층에 설치해야 하는지 쓰시오.

○

(마) 엘리베이터 권상기실 상부에 설치해야 하는 감지기의 종류를 쓰시오.

○

(가) ○ 계산과정 : $\frac{(59\times21-3\times5\times2-3\times3\times2)}{600}=1.985 \fallingdotseq 2$경계구역

$\frac{59}{50}=1.18 \fallingdotseq 2$경계구역

○ 답 : 2경계구역

(나) ① 수평경계구역

○ 계산과정 : $2\times6=12$경계구역

○ 답 : 12경계구역

② 수직경계구역

○ 계산과정 : $\frac{4\times6}{45}=0.53 \fallingdotseq 1$

$2+(1\times2)=4$경계구역

○ 답 : 4경계구역

(다) P형 수신기

(라) 지상 2층, 지상 5층

(마) 연기감지기 2종

해설 (가)

구 분	경계구역
지상 1층	• 적용 면적 : 1191m^2(59m×21m−(3×5)m^2×2개−(3×3)m^2×2개=1191m^2) • 면적 경계구역 : $\frac{적용면적}{600m^2}=\frac{1191m^2}{600m^2}=1.985 \fallingdotseq 2$경계구역(절상) • 길이 경계구역 한 변의 길이가 59m로 50m를 초과하므로 길이를 나누어도 길이 경계구역 : $\frac{가장\ 긴\ 길이[m]}{50m}=\frac{59m}{50m}=1.18 \fallingdotseq 2$경계구역(절상) • 길이, 면적으로 각각 경계구역을 산정하여 둘 중 큰 것 선택

• **계단** 및 **엘리베이터**의 면적은 **적용 면적**에 포함되지 **않는다**.

아하! 그렇구나 각 층의 경계구역 산정

① 여러 개의 **건축물**이 있는 경우 각각 **별개**의 **경계구역**으로 한다.
② 여러 개의 **층**이 있는 경우 각각 **별개**의 **경계구역**으로 한다. (단, **2개층**의 면적의 합이 **500m² 이하**인 경우는 **1경계구역**으로 할 수 있다.)
③ **지하층**과 **지상층**은 **별개**의 **경계구역**으로 한다. (**지하 1층**인 경우에도 **별개**의 **경계구역**으로 한다. 주의! 또 주의!!)
④ 1경계구역의 면적은 **600m² 이하**로 하고, 한 변의 길이는 **50m 이하**로 한다.
⑤ **목욕실 · 화장실** 등도 **경계구역 면적**에 **포함**한다.
⑥ **계단** 및 **엘리베이터**의 면적은 **경계구역 면적**에서 **제외**한다.

(나) ① **수평경계구역**

한 층당 2경계구역×6개층=12경계구역

② **수직경계구역**

계단+엘리베이터=2+2=4경계구역

구 분	경계구역
엘리베이터	• 2경계구역
계단 (지하 1층~지상 5층)	• 수직거리 : 4m×6층 = 24m • 경계구역 : $\frac{수직거리}{45m} = \frac{24m}{45m}$ $= 0.53 ≒ 1$경계구역(절상) ∴ 1경계구역×2개소=2경계구역
합계	4경계구역

• **지하 1층**과 **지상층**은 **동일 경계구역**으로 한다.
• 수직거리 **45m 이하**를 **1경계구역**으로 하므로 $\frac{수직거리}{45m}$를 하면 경계구역을 구할 수 있다.
• 경계구역 산정은 **소수점**이 발생하면 반드시 **절상**한다.
• 엘리베이터의 경계구역은 높이 45m 이하마다 나누는 것이 아니고, **엘리베이터 개수**마다 **1경계구역**으로 한다.

아하! 그렇구나 계단 · 엘리베이터의 경계구역 산정

① **수직거리 45m** 이하마다 **1경계구역**으로 한다.
② **지하층**과 **지상층**은 **별개**의 **경계구역**으로 한다. (단, **지하 1층**인 경우에는 지상층과 **동일 경계구역**으로 한다.)
③ **엘리베이터마다 1경계구역**으로 한다.

(다) **수신기**의 **설치장소**

P형 수신기	R형 수신기
4층 이상이고 **40회로** 이하	**40회로** 초과, 중계기가 사용되는 대형 건축물(4층 이상)

• **지상 5층**으로서 **총 16경계구역**(수평 12경계구역+수직 4경계구역)으로서 **4층 이상**이고 **40회로 이하**이므로 **P형 수신기**를 설치한다.
• 16경계구역=16회로

(라), (마)

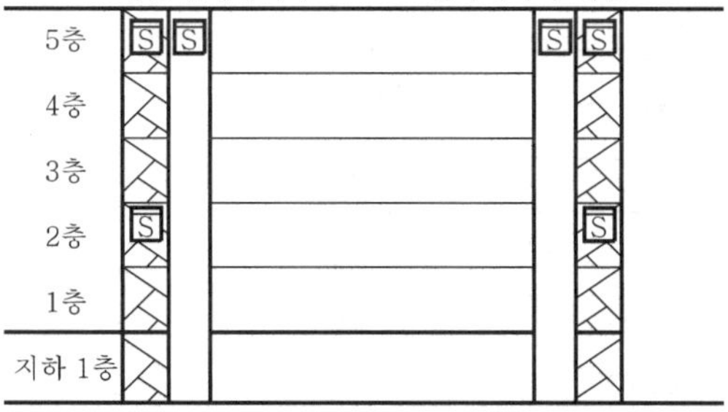

계단 엘리베이터 / 엘리베이터 계단

5층, 4층, 3층, 2층, 1층, 지하 1층

‖ 연기감지기(2종) ‖

구 분	감지기 개수
엘리베이터	2개
계단 (지하 1층~지상 5층)	• 수직거리 : 4m×6층=24m • 감지기 개수 : $\frac{\text{수직거리}}{15\text{m}}=\frac{24\text{m}}{15\text{m}}=1.6 \fallingdotseq 2$개(절상) ∴ 2개×2개소=4개
합계	6개

- 특별한 조건이 없는 경우 수직경계구역에는 **연기감지기 2종**을 설치한다.
- 연기감지기 2종은 수직거리 **15m 이하**마다 설치해야 하므로 $\frac{\text{수직거리}}{15\text{m}}$를 하면 감지기 개수를 구할 수 있다.
- 감지기 개수 산정시 **소수점**이 발생하면 반드시 **절상**한다.
- 엘리베이터의 연기감지기 2종은 수직거리 15m마다 설치되는 것이 아니고 **엘리베이터 개수**마다 **1개씩** 설치한다.
- 계단에는 2개를 설치하므로 적당한 간격인 **지상 2층**과 **지상 5층**에 설치하면 된다.

아하! 그렇구나 **계단 · 엘리베이터의 감지기 개수 산정**

① 연기감지기 **1 · 2종** : 수직거리 **15m**마다 설치한다.
② 연기감지기 **3종** : 수직거리 **10m**마다 설치한다.
③ **지하층**과 **지상층**은 **별도**로 **감지기 개수**를 **산정**한다. (단, 지하 1층의 경우에는 제외한다.)
④ **엘리베이터마다** 연기감지기는 **1개씩** 설치한다.

★★★

문제 05

다음은 지하 2층, 지상 6층인 건축물에 자동화재탐지설비를 설치하고자 한다. 조건을 참고하여 최소 경계구역수는 몇 개로 하여야 하는지 산출하시오. (19.6.문15, 17.4.문2, 15.7.문9, 13.7.문3)

득점	배점
	6

[조건]

① 건물의 층고는 3m이다.
② 건물 좌우측에 계단이 1개소씩 있다.
③ 각 층의 바닥면적은 600m^2이고 옥상층은 100m^2이다.
④ 엘리베이터 등 도면에 표기하지 않은 사항은 고려하지 않는다.

	100m²	
6F	600m²	
5F	600m²	
4F	600m²	
3F	600m²	
2F	600m²	
1F	600m²	
B1	600m²	
B2	600m²	

구 분	계산과정	답
수직경계구역		
수평경계구역		
총 경계구역		

해답

구 분	계산과정	답
수직경계구역	• 지상 : $\frac{3\times6}{45}=0.4 \fallingdotseq$ 1경계구역×2개소=2경계구역 • 지하 : $\frac{3\times2}{45}=0.13 \fallingdotseq$ 1경계구역×2개소=2경계구역	4경계구역
수평경계구역	• 각 층 : $\frac{600}{600}\times8=$ 8경계구역 • 옥탑 : $\frac{100}{600}\times1=0.16 \fallingdotseq$ 1경계구역	9경계구역
총 경계구역	4+9=13경계구역	13경계구역

해설 (1) **수직경계구역**

구 분	경계구역
지상층 (지상 1~6층)	• 수직거리 : 3m×6층=18m • 경계구역 : $\frac{\text{수직거리}}{45\text{m}}=\frac{18\text{m}}{45\text{m}}=0.4 \fallingdotseq$ 1경계구역×2개소=2경계구역
지하층 (지하 1·2층)	• 수직거리 : 3m×2층=6m • 경계구역 : $\frac{\text{수직거리}}{45\text{m}}=\frac{6\text{m}}{45\text{m}}=0.13 \fallingdotseq$ 1경계구역×2개소=2경계구역
합 계	4경계구역

- 경계구역=회로
- **지하층**과 **지상층**은 **별개**의 **경계구역**으로 한다.
- 수직거리 **45m 이하**를 **1경계구역**으로 하므로 $\frac{\text{수직거리}}{45\text{m}}$를 하면 경계구역을 구할 수 있다.
- 경계구역 산정은 **소수점**이 발생하면 반드시 **절상**한다.
- [조건 ②]에 의해 건물 **좌우측**에 **계단**이 1개소씩 있으므로 **2개소** 곱한다.

아하! 그렇구나 계단 · 엘리베이터의 경계구역 산정

① **수직거리 45m** 이하마다 **1경계구역**으로 한다.
② **지하층**과 **지상층**은 **별개**의 **경계구역**으로 한다. (단, **지하 1층**인 경우는 지상층과 **동일경계구역**으로 한다.)
③ **엘리베이터**마다 **1경계구역**으로 한다.

(2) **수평경계구역**

구 분	경계구역
지하 2층~ 지상 6층	• 1개층의 경계구역 적용면적 : 600m^2 • 경계구역 : $\dfrac{\text{1개층 경계구역 적용면적}}{600\text{m}^2} = \dfrac{600\text{m}^2}{600\text{m}^2}$=1경계구역 ∴ 1경계구역×8층=8경계구역
옥탑층	• 1개층의 경계구역 적용면적 : 100m^2 • 경계구역 : $\dfrac{\text{1개층 경계구역 적용면적}}{600\text{m}^2} = \dfrac{100\text{m}^2}{600\text{m}^2} = 0.16$ ≒1경계구역
합계	**9경계구역**

- 1경계구역은 **600m^2 이하**이고, 한 변의 길이는 **50m 이하**이므로 $\dfrac{\text{적용면적}}{600\text{m}^2}$을 하면 경계구역을 구할 수 있다.
- 옥탑층은 각 층 바닥면적의 $\dfrac{1}{8}$을 초과하면 경계구역으로 설정하므로 $\dfrac{100\text{m}^2}{600\text{m}^2}$은 $\dfrac{1}{8}$을 초과하여 1경계구역으로 산정한다.
- 경계구역 산정은 **소수점**이 발생하면 반드시 **절상**한다.

아하! 그렇구나 각 층의 경계구역 산정

① 여러 개의 **건축물**이 있는 경우 각각 **별개**의 **경계구역**으로 한다.
② 여러 개의 **층**이 있는 경우 각각 **별개**의 **경계구역**으로 한다. (단, **2개층**의 면적의 합이 **500m^2 이하**인 경우는 **1경계구역**으로 할 수 있다)
③ **지하층**과 **지상층**은 **별개**의 **경계구역**으로 한다. (**지하 1층**인 경우에도 **별개**의 **경계구역**으로 한다. 주의! 또 주의!)
④ 1경계구역의 면적은 **600m^2 이하**로 하고, 한 변의 길이는 **50m 이하**로 한다.
⑤ **목욕실 · 욕조**나 **샤워시설**이 있는 **화장실** 등도 **경계구역 면적**에 **포함**한다.
⑥ **계단** 및 **엘리베이터**의 면적은 **경계구역 면적**에서 **제외**한다.

∴ 총 경계구역=수직경계구역수+수평경계구역수=4경계구역+9경계구역=13경계구역

★★★ **문제 06**

P형 수신기에 비하여 R형 수신기가 갖는 장점 5가지를 쓰시오. (14.4.문1, 12.11.문11)

득점	배점
	3

○
○
○
○
○

해답 ① 선로수가 적어 경제적
② 선로길이를 길게 가능
③ 증설 또는 이설이 비교적 쉽다.
④ 화재발생지구를 선명하게 숫자로 표시 가능
⑤ 신호전달이 확실

해설 **R형 수신기**의 **특징**

(1) **선로수**가 적어 경제적이다.
(2) **선로길이**를 길게 할 수 있다.
(3) **증설** 또는 **이설**이 비교적 쉽다.
(4) **화재발생지구**를 선명하게 숫자로 표시할 수 있다.
(5) **신호**의 **전달**이 확실하다.

중요

P형 수신기와 **R형 수신기**의 **비교**

구 분	P형 수신기	R형 수신기
시스템의 구성	P형 수신기	중계기 R형 수신기
신호전송방식 (신호전달방식)	1 : 1 접점방식	다중전송방식
신호의 종류	공통신호	고유신호
화재표시기구	램프(lamp)	액정표시장치(LCD)
자기진단기능	없음	있음
선로수	많이 필요하다.	적게 필요하다.
기기비용	적게 소요	많이 소요
배관배선공사	선로수가 많이 소요되므로 복잡하다.	선로수가 적게 소요되므로 간단하다.
유지관리	선로수가 많고 수신기에 자기진단기능이 없으므로 어렵다.	선로수가 적고 자기진단기능에 의해 고장발생을 자동으로 경보·표시하므로 쉽다.
수신반 가격	기능이 단순하므로 가격이 싸다.	효율적인 감지·제어를 위해 여러 기능이 추가되어 있어서 가격이 비싸다.
화재표시방식	창구식, 지도식	창구식, 지도식, CRT식, 디지털식

☆☆

문제 07

무선통신보조설비의 무반사 종단저항과 안테나(공중선)의 설치이유를 쓰시오. (17.6.문8, 08.11.문7)

(가) 무반사 종단저항
(나) 안테나(공중선)

득점	배점
	5

해답 (가) 전송로로 전송하는 전자파가 전송로의 종단에서 반사되어 교신을 방해하는 것을 막기 위해
(나) 전파를 효율적으로 송수신하기 위해

해설 (1) **종단저항**과 **무반사 종단저항**

종단저항	무반사 종단저항
감지기회로의 **도통시험**을 용이하게 하기 위하여 **감지기회로**의 **끝**부분에 설치하는 저항	전송로로 전송되는 전자파가 전송로의 종단에서 반사되어 교신을 방해하는 것을 막기 위해 **누설동축케이블**의 **끝**부분에 설치하는 저항

- **안테나(antenna)** : 송신기에서 공간에 **전파**를 방사하거나 수신기로 끌어들이기 위한 장치로, **전파**를 효율적으로 **송수신**하기 위한 **기기**

(2) **누설동축케이블**과 **동축케이블**

누설동축케이블	동축케이블
동축케이블의 외부도체에 가느다란 홈을 만들어서 전파가 외부로 새어나갈 수 있도록 한 케이블	유도장애를 방지하기 위해 전파가 누설되지 않도록 만든 케이블

☆☆☆
문제 08

축적기능이 없는 감지기를 사용해야 하는 경우 3가지를 기술하시오. (17.11.문4, 17.4.문7, 16.6.문4, 11.5.문7)

득점	배점
	6

○

○

○

해답 ① 축적형 수신기에 연결하여 사용하는 경우
② 교차회로방식에 사용하는 경우
③ 급속한 연소확대가 우려되는 장소

해설 **축적형 감지기**(NFPC 203 5·7조, NFTC 203 2.2.2, 2.4.3)

설치장소 (축적기능이 있는 감지기를 사용하는 경우)	설치제외장소 (축적기능이 없는 감지기를 사용하는 경우)
① **지하층·무창층**으로 환기가 잘 되지 않는 장소 ② 실내면적이 **40m²** 미만인 장소 ③ 감지기의 부착면과 실내 바닥의 거리가 **2.3m 이하**인 장소로서, 일시적으로 발생한 열·연기·먼지 등으로 인하여 감지기가 화재신호를 발신할 우려가 있는 때 기억법 지423축	① **축적형 수신기에 연결하여 사용하는 경우** ② **교차회로방식**에 사용하는 경우 ③ **급속**한 **연소확대**가 우려되는 장소 기억법 축교급외

중요

(1) **감지기**

종 류	설 명
다신호식 감지기	① 각 서로 다른 종별 또는 감도 등의 기능을 갖춘 것으로서 일정 시간 간격을 두고 각각 다른 2개 이상의 화재신호를 발하는 감지기 ② 동일 종별 또는 감도를 갖는 2개 이상의 센서를 통해 감지하여 화재신호를 각각 발신하는 감지기
아날로그식 감지기	주위의 **온도** 또는 **연기**의 양의 변화에 따른 화재정보신호값을 출력하는 방식의 감지기
축적형 감지기	일정 농도·온도 이상의 **연기** 또는 **온도**가 **일정 시간 연속**하는 것을 전기적으로 **검출**함으로써 작동하는 감지기
재용형 감지기	**다시 사용**할 수 있는 성능을 가진 감지기

(2) **지하층·무창층** 등으로서 환기가 잘 되지 않거나 실내면적이 **40m²** 미만인 장소, 감지기의 부착면과 실내 바닥과의 거리가 **2.3m** 이하인 곳으로서, 일시적으로 발생한 열·연기 또는 먼지 등으로 인하여 화재신호를 발신할 우려가 있는 장소에 설치가능한 감지기
① **불꽃**감지기
② **정온식 감지선형** 감지기
③ **분포형** 감지기
④ **복합형** 감지기
⑤ **광전식 분리형** 감지기
⑥ **아날로그방식**의 감지기
⑦ **다신호방식**의 감지기
⑧ **축적방식**의 감지기

기억법 불정감 복분(복분자) 광아다축

★★★

문제 09

P형 수신기와 감지기와의 배선회로가 종단저항 10kΩ, 릴레이저항 400Ω, 배선회로의 저항 35Ω, 회로전압을 DC 24V로 인가한 조건이다. 다음 각 물음에 답하시오.

(19.6.문11, 16.4.문5, 15.4.문13, 11.5.문3, 04.7.문8)

득점	배점
	6

(가) 평소 감시전류[mA]를 구하시오.

○ 계산과정 :

○ 답 :

(나) 화재가 발생하여 감지기가 동작할 때의 전류[mA]를 구하시오.

○ 계산과정 :

○ 답 :

(가) ○ 계산과정 : $\frac{24}{10000+400+35}=2.299\times10^{-3}\text{A}=2.3\times10^{-3}\text{A} \fallingdotseq 2.3\text{mA}$

○ 답 : 2.3mA

(나) ○ 계산과정 : $\frac{24}{400+35}=0.055172\text{A}=55.172\text{mA} \fallingdotseq 55.17\text{mA}$

○ 답 : 55.17mA

주어진 값

- 종단저항 : 10kΩ=10000Ω(1kΩ=1000Ω)
- 릴레이저항 : 400Ω
- 배선저항 : 35Ω
- V : 24V
- 감시전류 : ?
- 동작전류 : ?

(가) **감시전류** I는

$$I=\frac{\text{회로전압}}{\text{종단저항}+\text{릴레이저항}+\text{배선저항}}=\frac{24}{10000+400+35}$$

$$=2.299\times10^{-3}\text{A}=2.299\times10^{-3}\text{A}=2.299\text{mA}\fallingdotseq 2.3\text{mA}(1\text{A}=1000\text{mA})$$

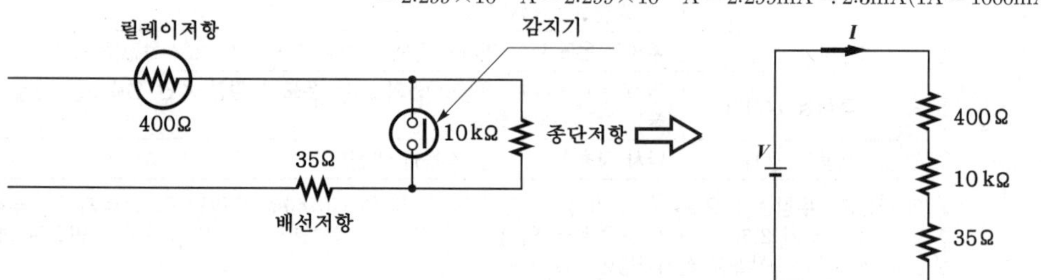

기억법 **감회종릴배**

(나) **동작전류** I는

$$I=\frac{\text{회로전압}}{\text{릴레이저항}+\text{배선저항}}=\frac{24}{400+35}=0.055172\text{A}=55.172\text{mA}\fallingdotseq 55.17\text{mA}$$

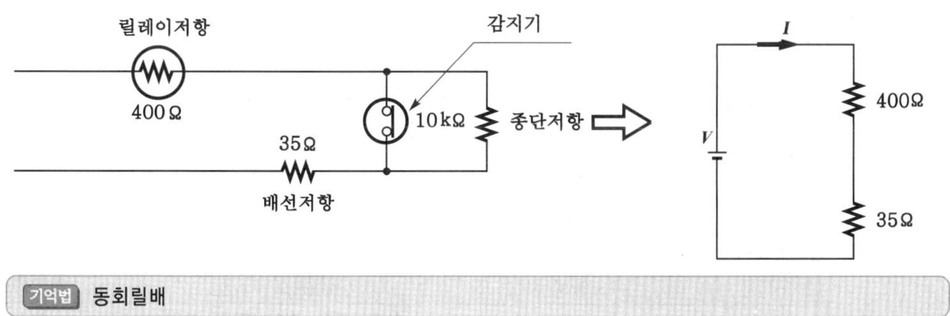

기억법 동회릴배

☆☆☆
문제 10

한국전기설비규정(KEC)에 의한 합성수지관공사에 관 상호간 및 박스와는 관을 삽입하는 깊이를 관의 바깥지름의 몇 배 이상으로 하여야 하는가? (단, 접착제를 사용하지 아니하는 경우이다.)

(14.4.문8, 04.7.문4)

○

득점	배점
	3

해답 1.2배

해설 합성수지관 및 부속품의 시설(KEC 232.11.3)

(1) 관 상호간 및 박스와는 관을 삽입하는 깊이를 관의 바깥지름의 **1.2배**(접착제를 사용하는 경우에는 **0.8배**) 이상으로 하고 또한 **꽂음 접속**에 의하여 견고하게 접속할 것
(2) 관의 지지점 간의 거리는 **1.5m** 이하로 하고, 또한 그 지지점은 관의 끝, 관과 박스의 접속점 및 관 상호간의 접속점 등에 가까운 곳에 시설할 것
(3) **습기**가 많은 장소 또는 **물기**가 있는 장소에 시설하는 경우에는 **방습장치**를 할 것

☆☆
문제 11

화재시 피난을 유도하기 위한 유도등의 종류 3가지를 쓰시오. (12.11.문17, 11.5.문16)

○
○
○

득점	배점
	3

해답 ① 피난구유도등
② 통로유도등
③ 객석유도등

해설 • 통로유도등의 종류가 아님을 특히 주의!

‖ 유도등 vs 통로유도등 ‖

유도등의 종류	통로유도등의 종류
① 피난구유도등 ② 통로유도등 ③ 객석유도등	① 복도통로유도등 ② 거실통로유도등 ③ 계단통로유도등

중요

(1) **피난구유도등**의 **종류**(NFPC 303 3조, NFTC 303 1.7)

종 류	정 의
피난구유도등	**피난구** 또는 **피난경로**로 사용되는 **출입구**를 표시하여 피난을 유도하는 등
통로유도등	**피난통로**를 **안내**하기 위한 유도등으로, **복도통로유도등**, **거실통로유도등**, **계단통로유도등**
객석유도등	객석의 **통로**, **바닥** 또는 **벽**에 설치하는 유도등

(2) **통로유도등**의 **종류**(NFPC 303 3·6조, NFTC 303 1.7, 2.3)

구 분	복도통로유도등	거실통로유도등	계단통로유도등
정의	피난통로가 되는 **복도**에 설치하는 통로유도등으로서 **피난구**의 **방향**을 명시하는 것	**거주**, **집무**, **작업**, **집회**, **오락**, 그 밖에 이와 유사한 목적을 위하여 계속적으로 사용하는 거실, 주차장 등 개방된 통로에 설치하는 유도등으로, 피난의 방향을 명시하는 것	피난통로가 되는 **계단**이나 **경사로**에 설치하는 통로유도등으로, **바닥면** 및 **디딤바닥면**을 비추는 것
설치장소	**복도**	**거실**의 **통로**	**계단**
설치방법	구부러진 모퉁이 및 피난구유도등이 설치된 출입구의 맞은편 복도에 입체형 또는 바닥에 설치된 **보행거리 20m마다**	구부러진 모퉁이 및 **보행거리 20m마다**	각 층의 **경사로참** 또는 **계단참**마다
설치높이	바닥으로부터 높이 **1m 이하**	바닥으로부터 높이 **1.5m 이상**	바닥으로부터 높이 **1m 이하**

☆☆

문제 12

자동화재탐지설비의 전원회로의 배선공사방법 3가지를 쓰시오.

득점	배점
	5

○

○

○

① 금속관공사
② 2종 금속제 가요전선관공사
③ 합성수지관공사

- 문제에서 **전원회로**의 **배선**이므로 **내화배선** 공사방법을 답해야 함
- '**가요전선관공사**'라고만 쓰면 틀린다. 정확히 '**2종 금속제 가요전선관공사**'라고 써야 정답!

(1) **자동화재탐지설비 및 시각경보장치**(NFPC 203 11조, NFTC 203 2.8.1.1)

전원회로의 배선	그 밖의 배선 (감지기 상호간 또는 감지기로부터 수신기에 이르는 감지기회로의 배선 제외)
내화배선	내화배선 또는 내열배선

(2) **공사방법**(NFTC 102 2.7.2)

내화배선 공사방법	내열배선 공사방법
① 금속관공사 ② 2종 금속제 가요전선관공사 ③ 합성수지관공사	① 금속관공사 ② 금속제 가요전선관공사 ③ 금속덕트공사 ④ 케이블공사

☆☆☆

문제 13

비상용 자가발전설비를 설치하려고 한다. 기동용량은 500kVA, 허용전압강하는 15%까지 허용하며, 과도리액턴스는 20%일 때 발전기용 차단기의 용량은 몇 kVA 이상인가? (단, 차단용량의 여유율은 25%로 계산한다.)

(17.11.문2, 11.11.문8)

○ 계산과정 :

○ 답 :

득점	배점
	4

해답

○ 계산과정 : $P_n = \left(\dfrac{1}{0.15} - 1\right) \times 0.2 \times 500 = 566.666\text{kVA}$

$P_s = \dfrac{566.666}{0.2} \times 1.25 \fallingdotseq 3541.662 \fallingdotseq 3541.66\text{kVA}$

○ 답 : 3541.66kVA

해설

발전기 정격용량(발전기용량)의 **산정**

$$P_n \geq \left(\frac{1}{e} - 1\right) X_L P$$

여기서, P_n : 발전기 정격용량(발전기용량)〔kVA〕

e : 허용전압강하

X_L : 과도리액턴스

P : 기동용량〔kVA〕

$P_n \geq \left(\dfrac{1}{0.15} - 1\right) \times 0.2 \times 500 = 566.666\text{kVA}$

발전기용 **차단기**의 **용량**

$$P_s \geq \frac{P_n}{X_L} \times 1.25(\text{여유율})$$

여기서, P_s : 발전기용 차단기의 용량〔kVA〕

X_L : 과도리액턴스

P_n : 발전기 정격용량(발전기용량)〔kVA〕

$P_s \geq \dfrac{566.666}{0.2} \times 1.25 = 3541.662 \fallingdotseq 3541.66\text{kVA}$

- 〔단서〕에서 여유율 **25%**를 계산하라고 하여 1.25를 추가로 곱하지 않도록 주의하라! 왜냐하면 발전기용 차단기의 용량공식에 이미 여유율 25%가 적용되었기 때문이다.

  $P_s \geq \dfrac{566.666}{0.2} \times 1.25 \times \cancel{1.25}$

☆☆☆

문제 14

수신기로부터 배선거리 100m의 위치에 모터사이렌이 접속되어 있다. 사이렌이 명동될 때의 사이렌의 단자전압을 구하시오. (단, 수신기는 정전압출력이라고 하고 전선은 2.5mm^2 HFIX전선이며, 사이렌의 정격전력은 48W라고 가정한다. 2.5mm^2 동선의 전기저항은 8.75Ω/km라고 한다.)

(17.4.문13, 16.6.문8, 15.11.문8, 14.11.문15)

○ 계산과정 :

○ 답 :

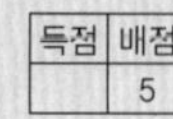

득점	배점
	5

○ 계산과정 : $R=\frac{24^2}{48}=12\,\Omega$

$\frac{100}{1000}\times 8.75=0.875\,\Omega$

$0.875\times 2=1.75\,\Omega$

$V_2=\frac{12}{1.75+12}\times 24=20.945 \fallingdotseq 20.95\text{V}$

○ 답 : 20.95V

- 문제에서 '**전압변동에 의한 부하전류의 변동은 무시한다**' 또는 '**전압강하가 없다고 가정한다**'라는 말이 없으므로 다음과 같이 계산한다.

(1) **사이렌**의 **저항**

$$P=VI=\frac{V^2}{R}=I^2R$$

여기서, P : 전력[W], V : 전압[V]

I : 전류[A], R : 저항(사이렌저항)[Ω]

사이렌의 **저항** R은

$R=\frac{V^2}{P}=\frac{24^2}{48}=12\,\Omega$

배선저항은 km당 전기저항이 8.75Ω이므로 100m일 때는 **0.875**Ω$\left(\frac{100}{1000}\times 8.75=0.875\,\Omega\right)$이 된다.

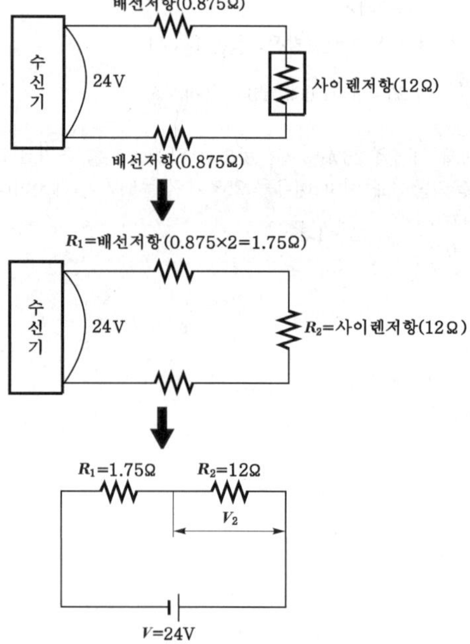

(2) **사이렌**의 **단자전압**

사이렌의 **단자전압** V_2는

$$V_2 = \frac{R_2}{R_1 + R_2} V = \frac{12}{1.75 + 12} \times 24 = 20.945 \fallingdotseq 20.95\text{V}$$

중요

단상 2선식과 **3상 3선식**

구 분	단상 2선식	3상 3선식
적응기기	• 기타기기(**사이렌**, 경종, 표시등, 유도등, 비상조명등, 솔레노이드밸브, 감지기 등)	• 소방펌프 • 제연팬
전압강하	$e = V_s - V_r = 2IR$	$e = V_s - V_r = \sqrt{3}\,IR$
	여기서, e : 전압강하[V], V_s : 입력전압[V], V_r : 출력전압[V], I : 전류[A], R : 저항[Ω]	

비교

단서에서 '**전압변동에 의한 부하전류의 변동은 무시한다.**' 또는 '**전압강하가 없다고 가정한다.**'라는 말이 있을 경우 수신기의 입력전압은 **직류 24V**이므로

전류 $I = \frac{P}{V} = \frac{48}{24} = 2\text{A}$

배선저항은 km당 전기저항이 8.75Ω이므로 100m일 때는 0.875Ω$\left(\frac{100}{1000} \times 8.75 = 0.875\Omega\right)$이 된다.

V_s : 입력전압, V_r : 출력전압(단자전압)

사이렌은 **단상 2선식**이므로 전압강하 $e = V_s - V_r = 2IR$에서

$e = 2IR = 2 \times 2 \times 0.875 = 3.5\text{V}$

위 식에서 **사이렌**의 **단자전압** $V_r = V_s - e = 24 - 3.5 = 20.5\text{V}$

☆☆

문제 15

비상경보설비 및 단독경보형 감지기의 화재안전기준에서 발신기의 설치기준에 관한 다음 (   ) 안을 완성하시오.

득점	배점
	7

○ (①)이 쉬운 장소에 설치하고, 조작스위치는 바닥으로부터 (②)m 이상 (③)m 이하의 높이에 설치할 것

○ 특정소방대상물의 층마다 설치하되, 해당 특정소방대상물의 각 부분으로부터 하나의 발신기까지의 수평거리가 (④)m 이하가 되도록 할 것. 다만, 복도 또는 별도로 구획된 실로서 보행거리가 (⑤)m 이상일 경우에는 추가로 설치해야 한다.

○ 발신기의 위치표시등은 함의 상부에 설치하되, 그 불빛은 부착면으로부터 (⑥)도 이상의 범위 안에서 부착지점으로부터 (⑦)m 이내의 어느 곳에서도 쉽게 식별할 수 있는 적색등으로 할 것

해답 
① 조작 ② 0.8 ③ 1.5 ④ 25 ⑤ 40 ⑥ 15 ⑦ 10

해설 **발신기**의 **설치기준**(NFPC 201 4조, NFTC 201 2.1.5)

(1) **조작**이 **쉬운 장소**에 설치하고, 조작스위치는 바닥으로부터 **0.8~1.5m** 이하의 높이에 설치할 것

(2) 특정소방대상물의 **층**마다 설치하되, 해당 특정소방대상물의 각 부분으로부터 하나의 발신기까지의 **수평거리가 25m** 이하가 되도록 할 것. 다만, **복도** 또는 **별도**로 **구획**된 **실**로서 보행거리가 **40m** 이상일 경우에는 추가로 설치해야 한다.

(3) 발신기의 위치표시등은 **함**의 **상부**에 설치하되, 그 불빛은 부착면으로부터 **15°** 이상의 범위 안에서 부착지점으로부터 **10m** 이내의 어느 곳에서도 쉽게 식별할 수 있는 **적색등**으로 할 것

| 표시등과 발신기표시등의 식별 |

① **옥내소화전설비**의 표시등(NFPC 102 7조 ③항, NFTC 102 2.4.3) ② **옥외소화전설비**의 표시등(NFPC 109 7조 ④항, NFTC 109 2.4.4) ③ **연결송수관설비**의 표시등(NFPC 502 6조, NFTC 502 2.3.1.6.1)	① **자동화재탐지설비**의 발신기표시등(NFPC 203 9조 ②항, NFTC 203 2.6) ② **스프링클러설비**의 화재감지기회로의 발신기표시등(NFPC 103 9조 ③항, NFTC 103 2.6.3.5.3) ③ **미분무소화설비**의 화재감지기회로의 발신기표시등(NFPC 104A 12조 ①항, NFTC 104A 2.9.1.8.3) ④ **포소화설비**의 화재감지기회로의 발신기표시등(NFPC 105 11조 ②항, NFTC 105 2.8.2.2.2) ⑤ **비상경보설비**의 화재감지기회로의 발신기표시등(NFPC 201 4조 ⑤항, NFTC 201 2.1.5.3)
부착면과 **15° 이하**의 각도로도 발산되어야 하며 주위의 밝기가 **0lx**인 장소에서 측정하여 **10m** 떨어진 위치에서 켜진 등이 확실히 식별될 것 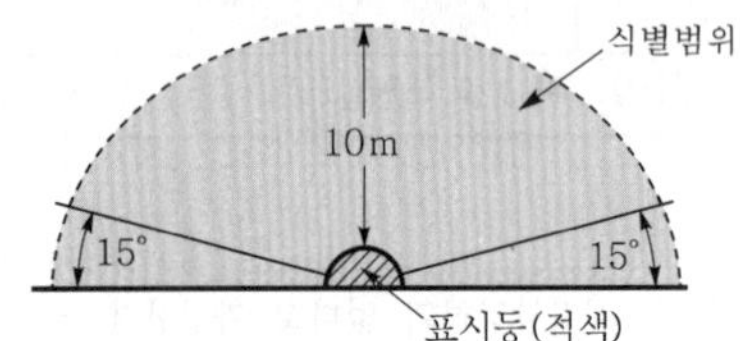 | 표시등의 식별범위 |	부착면으로부터 **15° 이상**의 범위 안에서 **10m** 거리에서 식별 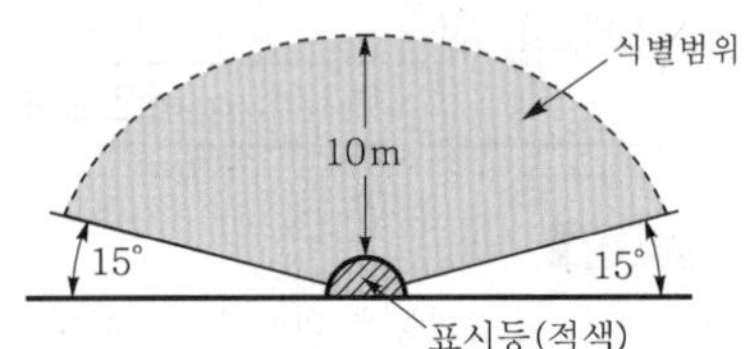 | 발신기표시등의 식별범위 |

☆☆☆

문제 16

유도표지의 설치기준에 관한 다음 (   ) 안을 완성하시오. (06.4.문1)

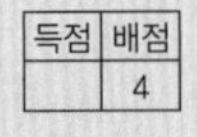

득점	배점
	4

○ 계단에 설치하는 것을 제외하고는 각 층마다 복도 및 통로의 각 부분으로부터 하나의 유도표지까지의 보행거리가 (①)m 이하가 되는 곳과 구부러진 모퉁이의 벽에 설치할 것

○ 피난구유도표지는 출입구 상단에 설치하고, 통로유도표지는 바닥으로부터 높이 (②)m 이하의 위치에 설치할 것

 ① 15 ② 1

 **유도표지**의 **설치기준**(NFPC 303 8조, NFTC 303 2.5.1)

(1) **계**단에 설치하는 것을 제외하고는 각 층마다 복도 및 통로의 각 부분으로부터 하나의 유도표지까지의 **보행거리**가 **15m** 이하가 되는 곳과 구부러진 모퉁이의 벽에 설치할 것
(2) **피**난구유도표지는 **출**입구 상단에 설치하고, **통**로유도표지는 바닥으로부터 **높**이 1m 이하의 위치에 설치할 것
(3) **주**위에는 이와 유사한 **등화 · 광고물 · 게시물** 등을 설치하지 않을 것
(4) 유도표지는 **부**착판 등을 사용하여 쉽게 떨어지지 않도록 설치할 것
(5) **축**광방식의 유도표지는 **외부**의 **빛** 또는 **조명장치**에 의하여 상시 조명이 제공되거나 **비상조명등**에 의한 조명이 제공되도록 설치할 것

기억법 **표계거 피출통높(노) 주부축**

중요

수평거리 · 보행거리

(1) **수평거리**

수평거리	기 기
수평거리 **25m** 이하	① **발**신기 ② **음**향장치(확성기) ③ **비**상콘센트(**지**하상가 · 지하층 바닥면적 **3000m²** 이상)
수평거리 **50m** 이하	① 비상콘센트(기타)

기억법 **발음2비지(발음이 비슷하지)**

(2) **보행거리**

보행거리	기 기
보행거리 **15m** 이하 ←	① 유도표지
보행거리 **2**0m 이하	② 복도**통**로유도등 ③ 거실**통**로유도등 ④ 3종 연기감지기
보행거리 **30m** 이하	① 1·2종 연기감지기

기억법 보통2(보통이 아니네요!)

(3) **수직거리**

수직거리	적용대상
수직거리 10m 이하	① 3종 연기감지기
수직거리 15m 이하	② 1 · 2종 연기감지기

(4) **설치높이**

유도등 · 유도표지	설치높이
• 복도통로유도등 • 계단통로유도등 • 통로유도표지	**1m** 이하
• 피난구유도등 • 거실통로유도등	**1.5m** 이상
• 피난구유도표지	**출입구 상단**

☆☆☆

문제 17

지하 3층, 지상 11층 연면적 3000m² 를 초과하는 건축물에 자동화재탐지설비 지구음향장치를 설치하고자 한다. 다음의 경우에 경보를 발하여야 할 층을 쓰시오.

(18.11.문12, 17.4.문14, 14.7.문3, 11.11.문16, 11.5.문10)

○ 지상 2층 발화 :
○ 지상 1층 발화 :
○ 지하 1층 발화 :

득점	배점
	6

해답 ① 지상 2층 발화 : 지상 2 · 3 · 4 · 5 · 6층
② 지상 1층 발화 : 지하 1 · 2 · 3층, 지상 1 · 2 · 3 · 4 · 5층
③ 지하 1층 발화 : 지하 1 · 2 · 3층, 지상 1층

해설 **자동화재탐지설비**의 **발화층** 및 **직상 4개층 우선경보방식**(NFPC 203 8조, NFTC 203 2.5.1.2)

발화층	경보층	
	11층(공동주택은 16층) 미만	11층(공동주택은 16층) 이상
2층 이상 발화	전층 일제경보	• 발화층 • 직상 4개층
1층 발화		• 발화층 • 직상 4개층 • 지하층
지하층 발화		• 발화층 • 직상층 • 기타의 지하층

- 문제에서 명확한 층수가 주어졌으므로 지상 1층, 지상 2층 이런 식으로 답해야 정답이며 **발화층**, **직상층**, **기타의 지하층** 이런 식으로 답하면 안 된다.

용어

자동화재탐지설비의 발화층 및 직상 4개층 우선경보방식
11층(공동주택 **16층**) 이상인 특정소방대상물

☆☆☆

문제 18

누전경보기의 전원 설치기준에 관한 다음 (   ) 안을 완성하시오.

(19.4.문9, 17.11.문15, 15.11.문16, 13.11.문5, 13.4.문10, 12.7.문8, 09.7.문2)

득점	배점
	6

○ 전원은 분전반으로부터 (①)회로로 하고, 각 극에 (②) 및 (③)A 이하의 과전류차단기(배선용 차단기에 있어서는 (④)A 이하의 것으로 각 극을 개폐할 수 있는 것)를 설치할 것
○ 전원의 (⑤)에는 (⑥)용임을 표시한 표지를 할 것

해답
① 전용
② 개폐기
③ 15
④ 20
⑤ 개폐기
⑥ 누전경보기

해설 **누전경보기**의 **전원 설치기준**(NFPC 205 6조, NFTC 205 2.3.1)

(1) 전원은 분전반으로부터 **전용회로**로 하고, 각 극에 **개폐기** 및 **15A** 이하의 **과전류차단기**(**배선용 차단기**에 있어서는 **20A** 이하의 것으로 각 극을 개폐할 수 있는 것)를 설치할 것
(2) 전원을 **분기**할 때에는 다른 차단기에 따라 전원이 차단되지 않도록 할 것
(3) 전원의 **개폐기**에는 **누전경보기**용임을 표시한 표지를 할 것

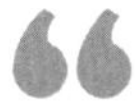
가장 잘 견디는 사람이 무엇이든지 잘 할 수 있는 사람이다.

- 밀턴 -

20년 2020. 7. 26 시행

▌2020년 산업기사 제2회 필답형 실기시험▌

자격종목	시험시간	형별	수험번호	성명	감독위원 확 인
소방설비산업기사(전기분야)	2시간 30분				

※ 다음 물음에 답을 해당 답란에 답하시오.(배점 : 100)

☆☆

문제 01

가압송수장치를 기동용 수압개폐방식으로 사용하는 1층 공장 내부에 옥내소화전함과 자동화재탐지설비용 발신기를 다음과 같이 설치하였다. 다음 각 물음에 답하시오.

(19.6.문3, 17.4.문5, 16.6.문13, 16.4.문9, 15.7.문8, 14.4.문16, 13.11.문18, 13.4.문16, 10.4.문16, 09.4.문6)

득점	배점
	7

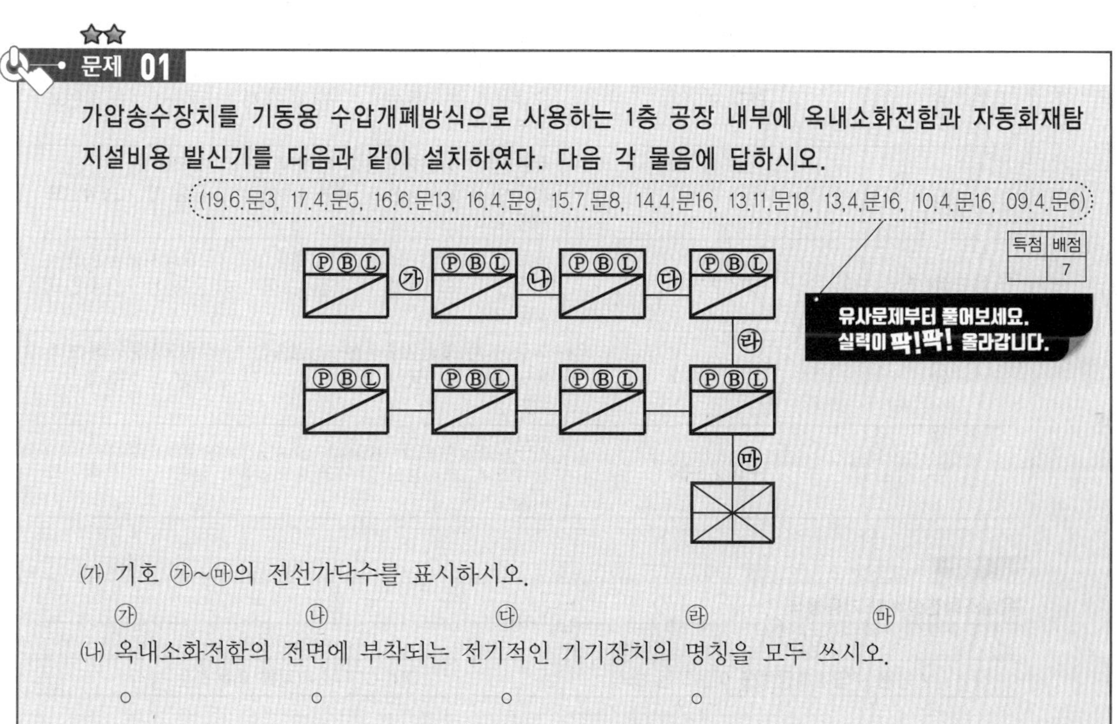

(가) 기호 ㉮~㉲의 전선가닥수를 표시하시오.

㉮ ㉯ ㉰ ㉱ ㉲

(나) 옥내소화전함의 전면에 부착되는 전기적인 기기장치의 명칭을 모두 쓰시오.

○ ○ ○ ○

해답 (가) ㉮ 8 ㉯ 9 ㉰ 10 ㉱ 11 ㉲ 16

(나) ① P형 발신기 ② 경종 ③ 표시등 ④ 기동확인표시등

해설 (가)

기 호	가닥수	배선내역
㉮	HFIX 2.5－8	회로선 1, 발신기공통선 1, 경종선 1, 경종표시등공통선 1, 응답선 1, 표시등선 1, 기동확인표시등 2
㉯	HFIX 2.5－9	회로선 2, 발신기공통선 1, 경종선 1, 경종표시등공통선 1, 응답선 1, 표시등선 1, 기동확인표시등 2
㉰	HFIX 2.5－10	회로선 3, 발신기공통선 1, 경종선 1, 경종표시등공통선 1, 응답선 1, 표시등선 1, 기동확인표시등 2
㉱	HFIX 2.5－11	회로선 4, 발신기공통선 1, 경종선 1, 경종표시등공통선 1, 응답선 1, 표시등선 1, 기동확인표시등 2
㉲	HFIX 2.5－16	회로선 8, 발신기공통선 2, 경종선 1, 경종표시등공통선 1, 응답선 1, 표시등선 1, 기동확인표시등 2

- 1층만 있으므로 **일제경보방식**으로 하면 된다.
- 문제에서 기동용 수압개폐방식(**자동기동방식**)도 주의하여야 한다. 옥내소화전함이 자동기동방식이므로 감지기배선을 제외한 간선에 '**기동확인표시등 2**'가 추가로 사용되어야 한다. 특히, 옥내소화전배선은 구역에 따라 가닥수가 늘어나지 않는 것에 주의하라!
- (나) '**발신기**'보다 '**P형 발신기**'가 확실한 정답!
- 1층이라고 했으므로 한 층으로 보아 **경종선**은 **모두 1가닥**이다.

비교

옥내소화전함이 **수동기동방식**인 경우

기 호	가닥수	배선내역
㉮	HFIX 2.5-11	회로선 1, 발신기공통선 1, 경종선 1, 경종표시등공통선 1, 응답선 1, 표시등선 1, 기동 1, 정지 1, 공통 1, 기동확인표시등 2
㉯	HFIX 2.5-12	회로선 2, 발신기공통선 1, 경종선 1, 경종표시등공통선 1, 응답선 1, 표시등선 1, 기동 1, 정지 1, 공통 1, 기동확인표시등 2
㉰	HFIX 2.5-13	회로선 3, 발신기공통선 1, 경종선 1, 경종표시등공통선 1, 응답선 1, 표시등선 1, 기동 1, 정지 1, 공통 1, 기동확인표시등 2
㉱	HFIX 2.5-14	회로선 4, 발신기공통선 1, 경종선 1, 경종표시등공통선 1, 응답선 1, 표시등선 1, 기동 1, 정지 1, 공통 1, 기동확인표시등 2
㉲	HFIX 2.5-19	회로선 8, 발신기공통선 2, 경종선 1, 경종표시등공통선 1, 응답선 1, 표시등선 1, 기동 1, 정지 1, 공통 1, 기동확인표시등 2

용어

옥내소화전설비의 **기동방식**

자동기동방식	수동기동방식
기동용 수압개폐장치를 이용하는 방식	ON, OFF 스위치를 이용하는 방식

(나) 전면에 부착되는 **전기적**인 **기기장치 명칭**

명 칭	도시기호	전기기기 명칭	비 고
발신기세트 옥내소화전 내장형	ⓅⒷⓁ ⊗ (상자 기호)	• Ⓟ : P형 발신기 • Ⓑ : 경종 • Ⓛ : 표시등 • ⊗ : 기동확인표시등	기동용 수압개폐방식 (자동기동방식)
	ⓅⒷⓁ ⊙⊙⊗ (상자 기호)	• Ⓟ : P형 발신기 • Ⓑ : 경종 • Ⓛ : 표시등 • ⊙ : 기동스위치 • ⊙ : 정지스위치 • ⊗ : 기동확인표시등	ON-OFF 방식 (수동기동방식)
발신기세트 단독형	Ⓟ Ⓑ Ⓛ 또는 ⓅⒷⓁ	• Ⓟ : P형 발신기 • Ⓑ : 경종 • Ⓛ : 표시등	-

☆☆
문제 02

비상콘센트설비에 접지공사를 하고자 한다. 그림과 같이 코올라우시(Kohlrausch) 브리지법에 의해 접지저항을 측정할 경우 접지관 X의 접지저항값은? (단, $R_{ab}=70\Omega$, $R_{ca}=95\Omega$, $R_{bc}=145\Omega$이다.)

(15.4.문5, 12.4.문11)

득점	배점
	5

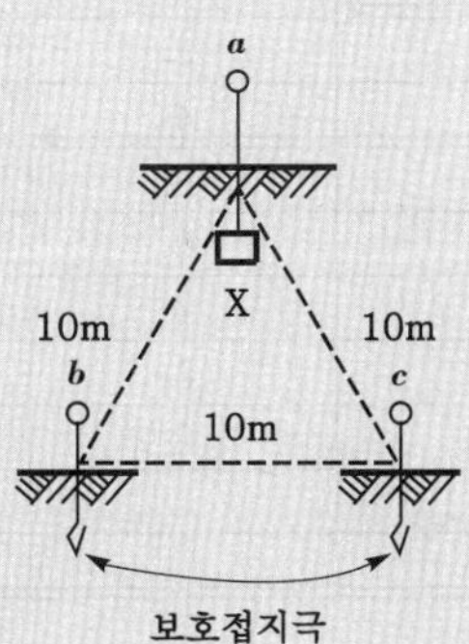

○ 계산과정 :
○ 답 :

해답 ○ 계산과정 : $\frac{1}{2}(70+95-145)=10\Omega$

○ 답 : 10Ω

해설 코올라우시 브리지법은 **접지저항측정**에 사용되는 것으로 접지저항 R_x

$$R_x=\frac{1}{2}(R_{ab}+R_{ca}-R_{bc})$$

$$=\frac{1}{2}(70+95-145)=10\Omega$$

중요

접지저항의 **측정방법**
(1) 코올라우시 브리지법
(2) 접지저항계법

☆☆
문제 03

다음 그림을 보고 저항의 값을 쓰시오.

(08.4.문10)

득점	배점
	4

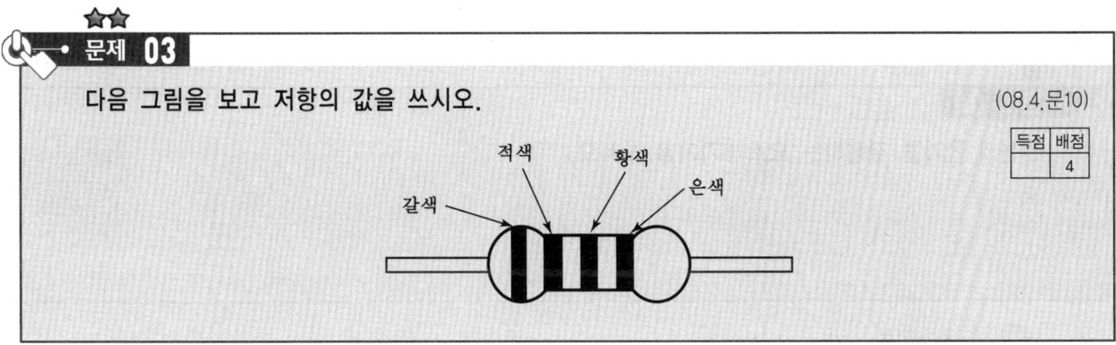

해답 120000Ω±10%

해설 (1) 컬러 코드표

색	제1색띠 제1숫자	제2색띠 제2숫자	제3색띠 제3숫자	제4색띠 제4숫자	제5색띠 허용오차
흑색	0	0	0	10^0	
갈색 →	1	1	1	10^1	±1%
적색 →	2	2	2	10^2	±2%
등색	3	3	3	10^3	
황색 →	4	4	4	10^4	
녹색	5	5	5	10^5	±0.5%
청색	6	6	6	10^6	±0.25%
밤색	7	7	7	10^7	±0.1%
회색	8	8	8		±0.05%
백색	9	9	9		
금색				10^{-1}	±5%
은색 →				10^{-2}	±10%

(2) **식별법**

리드선과 색띠의 간격이 좁은 것부터 오른쪽으로 읽어간다.

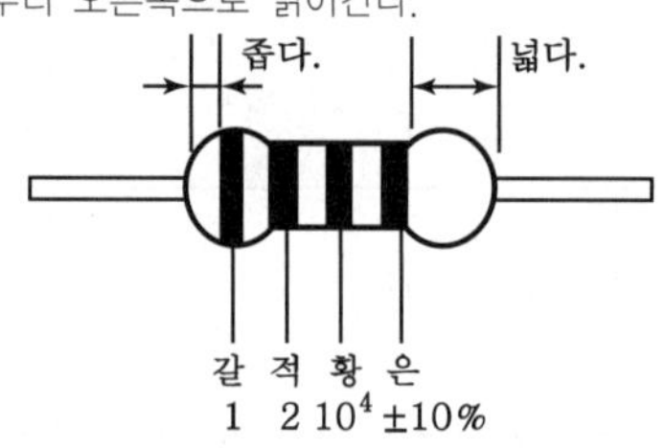

$12\times10^4\pm10\%=120000\Omega\pm10\%$

↑ 저항값 ↑ 허용오차

4줄표시와 5줄표시

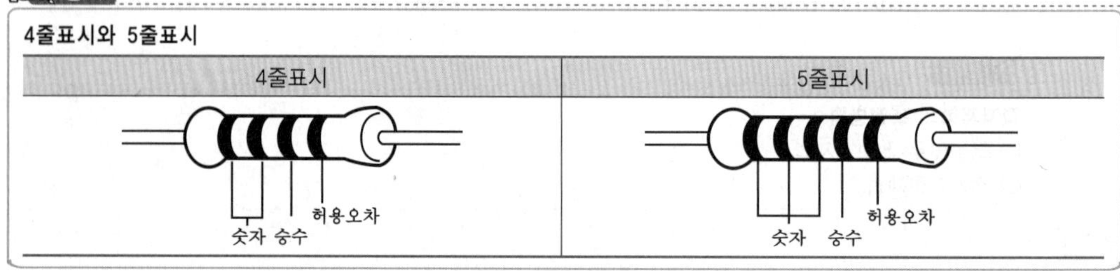

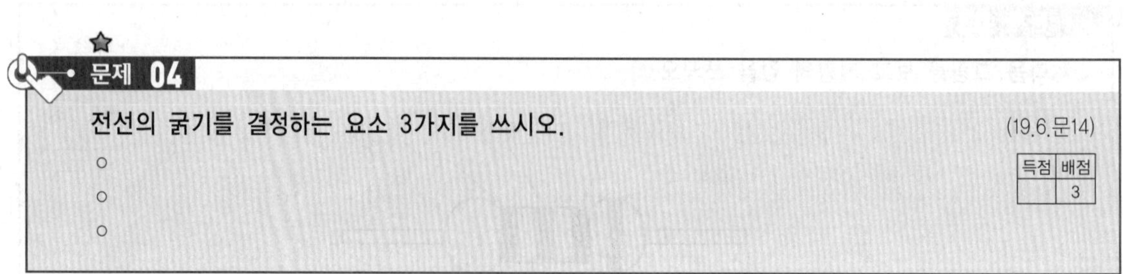

☆ 문제 04

전선의 굵기를 결정하는 요소 3가지를 쓰시오. (19.6.문14)

득점	배점
	3

○
○
○

해답 ① 허용전류
② 전압강하
③ 기계적 강도

해설 **전선**(간선)의 **굵기 결정요소**

(1) **허**용전류(가장 중요) ┐
(2) **전**압강하 ├ 3요소 ┐
(3) **기**계적 강도 ┘ ├ 5요소
(4) 전력손실 │
(5) 경제성 ┘

기억법 **허전기**

중요

전선의 **굵기 결정요소**

구 분	설 명
허용전류	전선에 안전하게 흘릴 수 있는 최대전류
전압강하	입력전압과 출력전압의 차
기계적 강도	기계적인 힘에 의하여 손상을 받는 일이 없이 견딜 수 있는 능력
전력손실	1초 동안에 전기가 일을 할 때 이에 소비되는 손실
경제성	투자경비에 대한 연간 경비와 전력손실 금액의 총합이 최소가 되도록 정함

☆☆

문제 05

감지기회로의 도통시험을 위한 종단저항의 설치기준 3가지를 쓰시오. (16.6.문15, 02.10.문1)

○
○
○

득점	배점
	6

해답 ① 점검 및 관리가 쉬운 장소에 설치
② 전용함 설치시 바닥으로부터 1.5m 이내의 높이에 설치
③ 감지기회로의 끝부분에 설치하며, 종단감지기에 설치시 구별이 쉽도록 해당 감지기의 기판 및 감지기의 외부 등에 별도의 표시를 할 것

해설 감지기회로의 **종단저항 설치기준**(NFPC 203 11조, NFTC 203 2.8.1.3)

(1) **점검** 및 **관리**가 쉬운 장소에 설치할 것
(2) **전**용함 설치시 바닥으로부터 **1.5m** 이내의 높이에 설치할 것
(3) **감**지기회로의 **끝부분**에 설치하며, **종단감지기**에 설치할 경우에는 구별이 쉽도록 해당 감지기의 **기판** 및 **감지기 외부** 등에 별도의 표시를 할 것

기억법 **감전점**

- **'점검 및 관리가 편리하고 화재 및 침수 등의 재해를 받을 우려가 없는 장소'**라고 쓰지 않도록 주의하라! 이것은 **종단저항**의 **설치기준**과 **중계기**의 **설치기준**이 섞여 있는 이상한 내용이다.
- 종단감지기에 설치시 **기판**뿐만 아니라 **감지기 외부**에도 설치하도록 법이 개정되었다. 그러므로 **감지기 외부**에도 꼭! 쓰도록 한다.

용어

(1) **종단저항** : 감지기회로의 **도통시험**을 용이하게 하기 위하여 감지기회로의 **끝**부분에 설치하는 저항

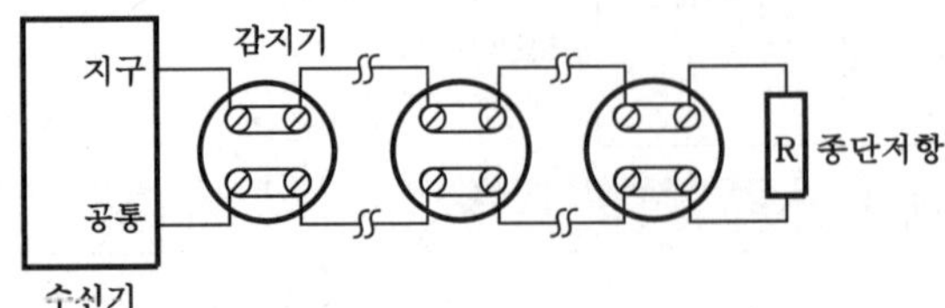

‖ 종단저항의 설치 ‖

(2) **송배선방식**(보내기배선) : 수신기에서 2차측의 외부배선의 **도통시험**을 용이하게 하기 위해 배선의 도중에서 분기하지 않도록 하는 배선이다.

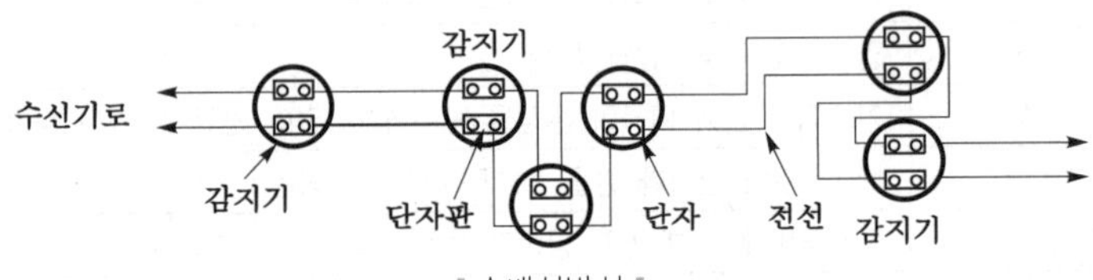

‖ 송배선방식 ‖

문제 06

유도등의 3선식 배선이 가능한 장소를 3가지 쓰시오. (단, 3선식 배선에 따라 상시 충전되는 구조인 경우이다.)

(12.4.문7)

○

○

○

득점	배점
	6

해답 ① 외부의 빛에 의해 피난구 또는 피난방향을 쉽게 식별할 수 있는 장소
② 공연장, 암실 등으로서 어두워야 할 필요가 있는 장소
③ 특정소방대상물의 관계인 또는 종사원이 주로 사용하는 장소

해설 유도등의 **3선식 배선**에 따라 **상시 충전**되는 경우 **점멸기**를 설치하지 아니하고 **항상 점등상태**를 **유지**하여야 하는데 유지하지 않아도 되는 장소(**3선식 배선**에 의해 **상시 충전**되는 **구조**)(NFTC 303 2.7.3.2.1)
(1) **외부**의 빛에 의해 피난구 또는 피난방향을 쉽게 식별할 수 있는 장소
(2) **공연장, 암실** 등으로서 어두워야 할 필요가 있는 장소
(3) 특정소방대상물의 **관계인** 또는 **종사원**이 주로 사용하는 장소

비교

유도등의 **3선식 배선**시 반드시 **점등**되어야 하는 경우(NFTC 303 2.7.4)
(1) **자동화재탐지설비**의 **감지기** 또는 **발신기**가 작동되는 때
(2) **비상경보설비**의 **발신기**가 작동되는 때
(3) **상용전원**이 **정전**되거나 **전원선**이 **단선**되는 때
(4) **방재업무**를 **통제**하는 곳 또는 전기실의 배전반에서 **수동**으로 **점등**하는 때
(5) **자동소화설비**가 **작동**되는 때

☆ **문제 07**

자동화재탐지설비의 화재안전기준에서 정하는 배선기준 중 P형 수신기의 감지기회로 배선에 있어서 공통선 시험방법에 대하여 설명하시오. (16.6.문7, 15.11.문11, 13.11.문7, 08.4.문1, 07.11.문6)

○

○

○

득점	배점
	6

해답 ① 수신기 내 접속단자의 회로공통선 1선 제거
② 도통시험스위치를 누르고, 회로선택스위치를 차례로 회전
③ 전압계 또는 발광다이오드를 확인하여 「단선」을 지시한 경계구역 회선수 조사

해설 **수신기**의 **시험**(성능시험)

시험종류	시험방법	가부판정의 기준
화재표시 작동시험	① 회로선택스위치로서 실행하는 시험 : 동작시험스위치를 눌러서 스위치 주의등의 점등을 확인한 후 회로선택스위치를 차례로 회전시켜 **1회로**마다 화재시의 작동시험을 행할 것 ② 감지기 또는 발신기의 작동시험과 함께 행하는 방법 : 감지기 또는 발신기를 차례로 작동시켜 경계구역과 지구표시등과의 접속상태를 확인할 것	① 각 **릴레이**(Relay)의 작동 ② **화재표시등** 그 밖의 표시장치의 점등(램프의 단선도 함께 확인할 것) ③ **음향장치** 작동확인 ④ **감지기회로** 또는 **부속기기회로**와의 연결접속이 정상일 것
회로도통시험	**감지기회로**의 **단선**의 **유무**와 기기 등의 접속상황을 확인하기 위해서 다음과 같은 시험을 행할 것 ① 도통시험스위치를 누른다. ② 회로선택스위치를 차례로 회전시킨다. ③ 각 회선별로 전압계의 전압을 확인한다. (단, 발광다이오드로 그 정상유무를 표시하는 것은 발광다이오드의 점등유무를 확인한다.) ④ 종단저항 등의 접속상황을 조사한다.	각 회선의 **전압계**의 **지시치** 또는 발광다이오드(LED)의 점등유무 상황이 정상일 것
공통선시험 (단, 7회선 이하는 제외) →	공통선이 담당하고 있는 경계구역의 적정 여부를 다음에 따라 확인할 것 ① 수신기 내 접속단자의 회로공통선을 1선 제거한다. ② 회로도통시험의 예에 따라 도통시험스위치를 누르고, 회로선택스위치를 차례로 회전시킨다. ③ 전압계 또는 발광다이오드를 확인하여 「**단선**」을 지시한 경계구역의 회선수를 조사한다.	공통선이 담당하고 있는 경계구역수가 **7 이하**일 것
예비전원시험	상용전원 및 비상전원이 사고 등으로 정전된 경우, 자동적으로 예비전원으로 절환되며, 또한 정전복구시에 자동적으로 상용전원으로 절환되는지의 여부를 다음에 따라 확인할 것 ① 예비전원시험스위치를 누른다. ② 전압계의 지시치가 지정범위 내에 있을 것(단, 발광다이오드로 그 정상유무를 표시하는 것은 발광다이오드의 정상 점등유무를 확인한다.) ③ 교류전원을 개로(상용전원을 차단)하고 자동절환릴레이의 작동상황을 조사한다.	① 예비전원의 **전압** ② 예비전원의 **용량** ③ 예비전원의 **절환상황** ④ 예비전원의 **복구작동**이 정상일 것
동시작동시험 (단, 1회선은 제외)	① **동작시험스위치**를 시험위치에 놓는다. ② 상용전원으로 **5회선**(5회선 미만은 전회선) 동시 작동 ③ 주음향장치 및 지구음향장치 작동 ④ 부수신기와 표시장치도 모두를 작동상태로 하고 실시	① **수신기**의 기능에 이상이 없을 것 ② **부수신기**의 기능에 이상이 없을 것 ③ **표시장치**(표시기)의 기능에 이상이 없을 것 ④ **음향장치**의 기능에 이상이 없을 것

지구음향장치 작동시험	목적 : 화재신호와 연동하여 음향장치의 정상작동 여부 확인, 임의의 감지기 또는 발신기 작동	① 지구음향장치가 작동하고 음량이 정상일 것 ② 음량은 음향장치의 중심에서 **1m** 떨어진 위치에서 **90dB** 이상일 것
회로저항시험	감지기회로의 선로저항치가 수신기의 기능에 이상을 가져오는지 여부 확인	하나의 감지기회로의 합성저항치는 **50Ω** 이하로 할 것
저전압시험	정격전압의 **80%**로 하여 행한다.	–
비상전원시험	비상전원으로 **축전지설비**를 사용하는 것에 대해 행한다.	–

기억법 **도표공동 예저비지**

• 가부판정의 기준=양부판정의 기준

☆☆☆

문제 08

다음에서 제시하는 전선의 명칭을 쓰시오. (19.4.문2, 17.6.문3, 09.4.문13, 07.4.문1)

득점	배점
	5

HIV	
IV	
RB	
OW	
CV	

해답

HIV	600V 2종 비닐절연전선
IV	600V 비닐절연전선
RB	고무절연전선
OW	옥외용 비닐절연전선
CV	가교폴리에틸렌 절연비닐 외장케이블

해설 **전선**의 **종류**

약 호	명 칭	최고허용온도
OW	옥외용 비닐절연전선	60℃
DV	인입용 비닐절연전선	
RB	고무절연전선	
IV	600V 비닐절연전선	
HIV	600V 2종 비닐절연전선	75℃
HFIX	450/750V 저독성 난연 가교폴리올레핀 절연전선	90℃
CV	가교폴리에틸렌절연 비닐외장케이블	
MI	미네랄 인슐레이션 케이블	
IH	하이퍼론 절연전선	95℃
FP	내화전선(내화케이블)	–
HP	내열전선	
GV	접지용 비닐전선	
E	접지선	

• 요즘에는 IV, HIV는 소방용 전선으로 더 이상 사용하지 않는다.

☆☆☆

문제 09

3ϕ 380V, 4P, 75HP의 전동기가 있다. 동기속도가 1500rpm일 때 이 전동기의 주파수〔Hz〕를 구하시오.

○ 계산과정 :

○ 답 :

득점	배점
	5

해답 ○ 계산과정 : $\frac{1500\times4}{120}=50\text{Hz}$

○ 답 : 50Hz

해설 (1) **기호**

- P : $4P$
- N_s : 1500rpm
- f : ?

(2) **동기속도**

동기속도	회전속도
$N_s=\frac{120f}{P}$〔rpm〕 여기서, f : 주파수〔Hz〕 P : 극수	$N=\frac{120f}{P}(1-s)$〔rpm〕 여기서, f : 주파수〔Hz〕 P : 극수 s : 슬립

동기속도 $N_s=\frac{120f}{P}$

$N_sP=120f$

$\frac{N_sP}{120}=f$

$f=\frac{N_sP}{120}=\frac{1500\times4}{120}=50\text{Hz}$

용어

슬립(slip)

유도전동기의 **회전자속도**에 대한 **고정자**가 만든 **회전자계**의 **늦음**의 **정도**를 말하며, 평상운전에서 슬립은 **4~8%** 정도되며, 슬립이 클수록 회전속도는 느려진다.

☆☆

문제 10

옥내소화전설비에서 비상전원으로 사용하는 설비 2가지를 쓰시오. (19.4.문13, 15.4.문2, 13.7.문15)

○

○

득점	배점
	4

해답 ① 자가발전설비

② 축전지설비

해설

- 자가발전설비, 축전지설비, 전기저장장치 중 2가지만 골라서 쓰면 된다.

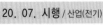

‖ 각 **설비**의 **비상전원 종류** ‖

설 비	비상전원	비상전원 용량
• 자동화재**탐**지설비	• **축**전지설비 • 전기저장장치	**10분** 이상(30층 미만) **30분** 이상(30층 이상)
• 비상**방**송설비	• 축전지설비 • 전기저장장치	
• 비상**경**보설비	• 축전지설비 • 전기저장장치	**10분** 이상
• **유**도등	• 축전지	**20분** 이상 ※ 예외규정 : **60분** 이상 (1) **11층** 이상(지하층 제외) (2) 지하층 · 무창층으로서 **도매시장 · 소매시장 · 여객자동차터미널 · 지하철역사 · 지하상가**
• **무**선통신보조설비	명시하지 않음	**30분** 이상 기억법 **탐경유방무축**
• 비상콘센트설비	• 자가발전설비 • 축전지설비 • 비상전원수전설비 • 전기저장장치	**20분** 이상
• **스**프링클러설비 • **미**분무소화설비	• **자**가발전설비 • **축**전지설비 • **전**기저장장치 • 비상전원**수**전설비(차고 · 주차장으로서 스프링클러설비(또는 미분무소화설비)가 설치된 부분의 바닥면적 합계가 1000m^2 미만인 경우)	**20분** 이상(30층 미만) **40분** 이상(30~49층 이하) **60분** 이상(50층 이상) 기억법 **스미자 수전축**
• 포소화설비	• 자가발전설비 • 축전지설비 • 전기저장장치 • 비상전원수전설비 – 호스릴포소화설비 또는 포소화전만을 설치한 차고 · 주차장 – 포헤드설비 또는 고정포방출설비가 설치된 부분의 바닥면적(스프링클러설비가 설치된 차고 · 주차장의 바닥면적 포함)의 합계가 1000m^2 미만인 것	**20분** 이상
• **간**이스프링클러설비	• 비상전원**수**전설비	**10분**(숙박시설 바닥면적 합계 300~600m^2 미만, 근린생활시설 바닥면적 합계 1000m^2 이상, 복합건축물 연면적 1000m^2 이상은 **20분**) 이상 기억법 **간수**
• 옥내소화전설비 • 연결송수관설비	• 자가발전설비 • 축전지설비 • 전기저장장치	**20분** 이상(30층 미만) **40분** 이상(30~49층 이하) **60분** 이상(50층 이상)
• 제연설비 • 분말소화설비 • 이산화탄소소화설비 • 물분무소화설비 • 할론소화설비 • 할로겐화합물 및 불활성기체 소화설비 • 화재조기진압용 스프링클러설비	• 자가발전설비 • 축전지설비 • 전기저장장치	**20분** 이상
• 비상조명등	• 자가발전설비 • 축전지설비 • 전기저장장치	**20분** 이상 ※ 예외규정 : **60분** 이상 (1) **11층** 이상(지하층 제외) (2) 지하층 · 무창층으로서 **도매시장 · 소매시장 · 여객자동차터미널 · 지하철역사 · 지하상가**
• 시각경보장치	• 축전지설비 • 전기저장장치	명시하지 않음

☆☆☆

문제 11

차동식 스포트형 감지기의 리크공이 막혔을 때 작동개시시간이 어떻게 작동하는지 답하시오.

(14.11.문2, 14.7.문13, 13.7.문7, 10.4.문5)

○

득점	배점
	3

해답 작동개시시간이 빨라진다.

해설 **공기관식 차동식 분포형 감지기** 또는 **차동식 스포트형 감지기**

작동개시시간이 허용범위보다 **늦게 되는 경우** (감지기의 동작이 늦어진다.)	**작동개시시간**이 허용범위보다 **빨리 되는 경우** (감지기의 동작이 빨라진다.)
• 감지기의 **리크저항**(leak resistance)이 **기준치 이하**일 때 • 검출부 내의 **다이어프램**이 부식되어 표면에 구멍(leak)이 발생하였을 때	• 감지기의 **리크저항**(leak resistance)이 **기준치 이상**일 때 • 감지기의 **리크구멍**이 이물질 등에 의해 막히게 되었을 때

• 리크구멍=리크공

☆

문제 12

연축전지가 여러 개 설치되어 그 정격용량이 200Ah인 축전지설비가 있다. 상시부하가 8kW이고, 표준전압이 100V라고 할 때 다음 각 물음에 답하시오. (단, 축전지의 방전율은 10시간율로 한다.)

(19.6.문17, 19.4.문3, 14.4.문9, 13.4.문4, 11.7.문7, 02.7.문9)

득점	배점
	6

(가) 연축전지는 몇 셀 정도 필요한가?

○ 계산과정 :

○ 답 :

(나) 충전시에 발생하는 가스의 종류는?

○

(다) 충전이 부족할 때 극판에 발생하는 현상을 무엇이라고 하는가?

○

해답 (가) ○ 계산과정 : $\frac{100}{2}=50$셀

○ 답 : 50셀

(나) 수소가스

(다) 설페이션 현상

해설 (가) **연축전지**와 **알칼리 축전지**의 **비교**

구 분	연축전지(납축전지)	알칼리 축전지
공칭전압	2.0V	1.2V
방전종지전압	1.75V(무보수 밀폐형 연축전지)	1V(원통형 니켈카드뮴 축전지)
기전력	2.05~2.08V	1.32V
공칭용량	10Ah	5Ah
기계적 강도	약하다.	강하다.
과충방전에 의한 전기적 강도	약하다.	강하다.
충전시간	길다.	짧다.
종류	클래드식, 페이스트식	소결식, 포켓식
수명	5~15년	15~20년

위 표에서 **연축전지**의 1셀의 전압(공칭전압)은 **2.0V**이므로

$\frac{100}{2}=50$셀(cell)

(나) **연축전지**(lead-acid battery)의 종류에는 **클래드식**(CS형)과 **페이스트식**(HS형)이 있으며 충전시에는 **수소가스**(H_2)가 발생하므로 반드시 **환기**를 시켜야 한다.
충·방전시의 화학반응식은 다음과 같다.

① 양극판 : $PbO_2 + H_2SO_4 \underset{충전}{\overset{방전}{\rightleftarrows}} PbSO_4 + H_2O + O$

② 음극판 : $Pb + H_2SO_4 \underset{충전}{\overset{방전}{\rightleftarrows}} PbSO_4 + H_2$

(다) **설페이션**(sulfation)
충전이 부족할 때 축전지의 극판에 **백색 황산연**이 생기는 현상

중요

축전지의 **과충전 원인**	**축전지**의 **충전 불량 원인**	**축전지**의 **설페이션 원인**
① 충전전압이 높을 때 ② 전해액의 비중이 높을 때 ③ 전해액의 온도가 높을 때	① 극판에 설페이션 현상이 발생하였을 때 ② 축전지를 장기간 방치하였을 때 ③ 충전회로가 접지되었을 때	① 과방전하였을 때 ② 극판이 노출되어 있을 때 ③ 극판이 단락되었을 때 ④ 불충분한 충·방전을 반복하였을 때 ⑤ 전해액의 비중이 너무 높거나 낮을 때

☆☆☆
문제 13

다음은 화재조기진압용 스프링클러설비 상용전원회로의 배선설치기준에 관한 사항이다. ( ) 안을 완성하시오. (13.7.문13)

득점	배점
	6

○ 저압수전인 경우에는 (①)의 직후에서 분기하여 (②)으로 해야 하며, 전용의 전선관에 보호되도록 할 것
○ 특고압수전 또는 고압수전일 경우에는 전력용 변압기 2차측의 (③)에서 분기하여 (④)으로 하되, 상용전원의 상시공급에 지장이 없을 경우에는 (⑤)에서 분기하여 (⑥)으로 할 것

해답 ① 인입개폐기　　② 전용배선　　③ 주차단기 1차측
④ 전용배선　　⑤ 주차단기 2차측　　⑥ 전용배선

해설 **화재조기진압용 스프링클러설비·옥내소화전설비 상용전원회로 배선**(NFPC 103B 14조(NFTC 103B 2.11.1), NFPC 102 8조(NFTC 102 2.5.1))

(1) **저압수전**인 경우에는 **인입개폐기**의 **직후**에서 분기하여 **전용배선**으로 해야 하며, 전용의 전선관에 보호되도록 할 것

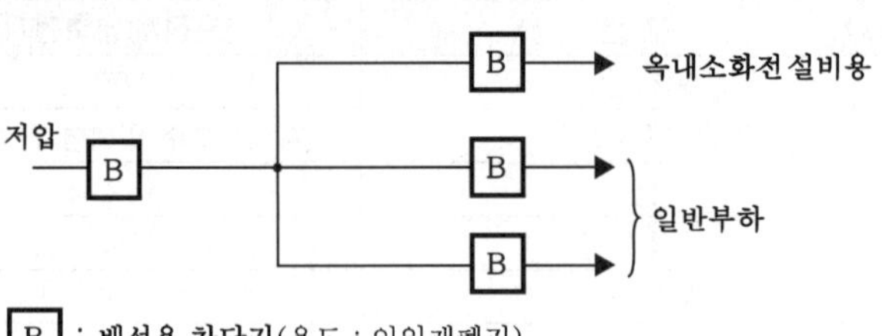

(2) **특고압수전** 또는 **고압수전**일 경우에는 **전력용 변압기 2차측**의 **주차단기 1차측**에서 분기하여 **전용배선**으로 하되, 상용전원의 상시공급에 지장이 없을 경우에는 **주차단기 2차측**에서 분기하여 **전용배선**으로 할 것

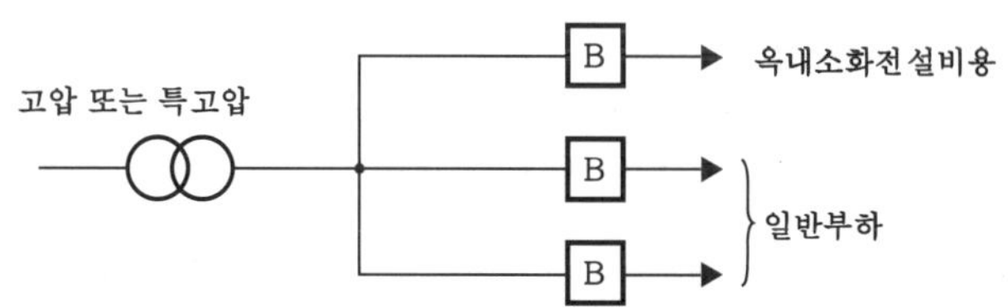

비교

비상콘센트설비의 **상용전원회로**의 배선(NFPC 504 4조, NFTC 504 2.1.1.1)

(1) **저압수전**인 경우에는 **인입개폐기**의 **직후**에서 분기하여 **전용배선**으로 해야 한다.

(2) **특고압수전** 또는 **고압수전**인 경우에는 전력용 변압기 2차측의 **주차단기 1차측 또는 2차측**에서 분기하여 **전용배선**으로 해야 한다.

문제 14

감지기회로의 결선도이다. 종단저항이 수신기에 설치되어 있다고 할 때 다음 각 물음에 답하시오.

(19.4.문5 · 11, 17.4.문1, 16.6.문16, 11.11.문14, 07.11.문11)

득점	배점
	6

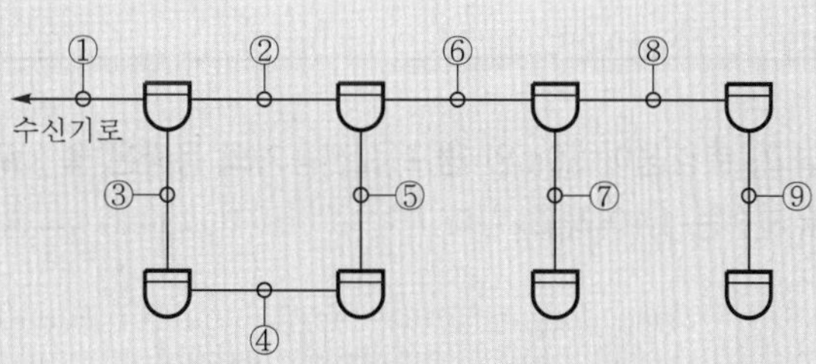

(가) 송배선식으로 배전할 때 ①~⑨의 최소 전선수를 쓰시오.

①	②	③	④	⑤	⑥	⑦	⑧	⑨

(나) 교차회로방식으로 배선할 때 ①~⑨의 최소 전선수를 쓰시오.

①	②	③	④	⑤	⑥	⑦	⑧	⑨

해답 (가)

①	②	③	④	⑤	⑥	⑦	⑧	⑨
4가닥	2가닥	2가닥	2가닥	2가닥	4가닥	4가닥	4가닥	4가닥

(나)

①	②	③	④	⑤	⑥	⑦	⑧	⑨
8가닥	4가닥	4가닥	4가닥	4가닥	8가닥	4가닥	8가닥	4가닥

해설 **송배선식**과 **교차회로방식**

송배선식(송배선방식)	교차회로방식
① 정의 : **도통시험**을 용이하게 하기 위하여 배선의 도중에서 분기하지 않는 방식 ② 적용설비 ┬ 자동화재탐지설비 └ 제연설비 ③ 가닥수 산정 : 종단저항을 수신기에 설치하는 경우 **루프(loop)**된 곳은 **2가닥, 기타 4가닥**이 된다. 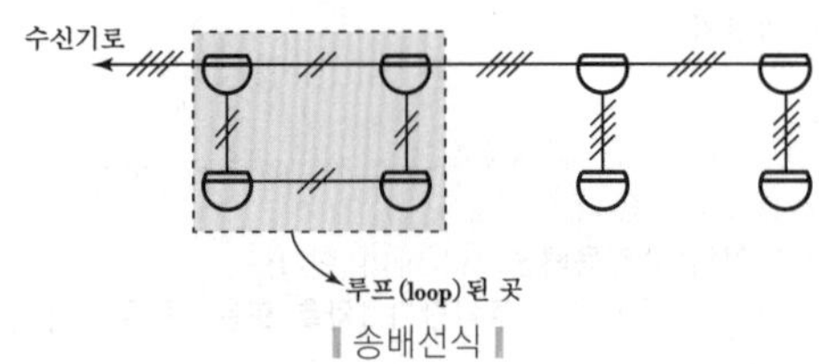 수신기로 루프(loop)된 곳 ‖ 송배선식 ‖	① 정의 : 하나의 담당구역 내에 2 이상의 감지기회로를 설치하고 **2 이상**의 **감지기회로**가 동시에 감지되는 때에 설비가 작동하는 방식 ② 적용설비 ┬ **분**말소화설비 ├ **할**론소화설비 ├ **이**산화탄소 소화설비 ├ **준**비작동식 스프링클러설비 ├ **일**제살수식 스프링클러설비 ├ **할**로겐화합물 및 불활성기체 소화설비 └ **부**압식 스프링클러설비 기억법 **분할이 준일할부** ③ 가닥수 산정 : **말단**과 **루프**(loop)된 곳은 **4가닥, 기타 8가닥**이 된다. 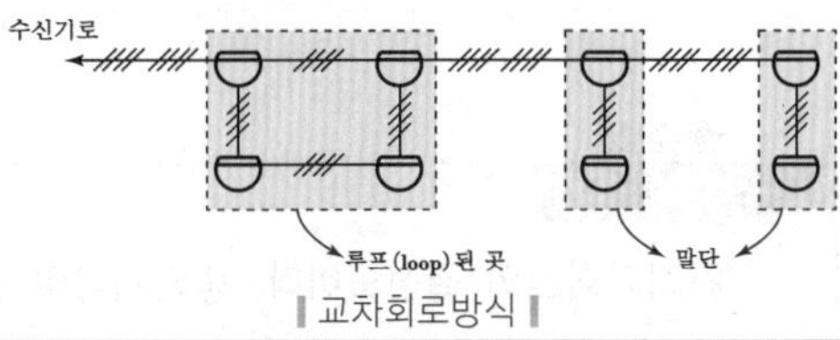 수신기로 루프(loop)된 곳 말단 ‖ 교차회로방식 ‖

★★★

문제 15

양수량이 매분 5m³이고, 총양정이 50m인 펌프용 전동기의 용량은 몇 kW인지 구하시오. (단, 펌프효율은 85%이고, 여유계수는 1.1이라고 한다.) (19.4.문15, 17.4.문9, 14.4.문7, 11.7.문3, 05.7.문13)

○ 계산과정 :

○ 답 :

득점	배점
	5

해답 ○ 계산과정 : $\frac{9.8\times1.1\times50\times5}{0.85\times60}=52.843 \fallingdotseq 52.84\text{kW}$

○ 답 : 52.84kW

해설 (1) **기호**

- t : 매분=60s
- Q : 5m³
- H : 50m
- P : ?
- η : 85%=0.85
- K : 1.1

(2) **전동기**의 **용량**

$$P\eta t=9.8KHQ$$

: **물**을 사용하는 설비

여기서, P : 전동기용량[kW]

η : 효율

t : 시간[s]

K : 여유계수

H : 전양정[m]

Q : 양수량[m³]

$$P=\frac{9.8KHQ}{\eta t}=\frac{9.8\times1.1\times50\times5}{0.85\times60}=52.843 \fallingdotseq 52.84\text{kW}$$

비교

제연설비(배연설비) **적용식** : **공기** 또는 **기류**를 사용하는 설비

$$P = \frac{P_T Q}{102 \times 60\eta} K$$

여기서, P : 배연기동력〔kW〕
P_T : 전압(풍압)〔mmAq, mmH_2O〕
Q : 풍량〔m^3/min〕
K : 여유율
η : 효율

중요

아주 중요한 단위환산(꼭! 기억하시라)
(1) $1mmAq = 10^{-3}mH_2O = 10^{-3}m$
(2) $760mmHg = 10.332mH_2O = 10.332m$
(3) $1Lpm = 10^{-3}m^3/min$
(4) $1HP = 0.746kW$

☆☆☆

문제 16

다음은 유도등에 대한 설명이다. ①~⑥까지 빈칸을 채우시오. (19.6.문18, 11.5.문16)

득점	배점
	6

구 분	설 명
유도등	화재시에 피난을 유도하기 위한 등으로서 (①)에서는 상용전원에 따라 켜지고 상용전원이 정전되는 경우에는 (②)으로 자동전환되어 켜지는 등
(③)	피난구 또는 피난경로로 사용되는 출입구를 표시하여 피난을 유도하는 등
통로유도등	피난통로를 안내하기 위한 유도등으로 (④), (⑤), (⑥) 등이 있다.

 ① 정상상태
② 비상전원
③ 피난구유도등
④ 복도통로유도등
⑤ 거실통로유도등
⑥ 계단통로유도등

해설

구 분	설 명
유도등	화재시에 피난을 유도하기 위한 등으로서 **정상상태**에서는 상용전원에 따라 켜지고 상용전원이 정전되는 경우에는 **비상전원**으로 자동전환되어 켜지는 등
피난구유도등	피난구 또는 피난경로로 사용되는 **출입구**를 표시하여 피난을 유도하는 등
통로유도등	피난통로를 안내하기 위한 유도등으로 **복도통로유도등**, **거실통로유도등**, **계단통로유도등**이 있다.
복도통로유도등	피난통로가 되는 **복도**에 설치하는 통로유도등으로서 **피난구**의 **방향**을 명시하는 것
거실통로유도등	**거주**, **집무**, **작업**, **집회**, **오락**, 그 밖에 이와 유사한 목적을 위하여 계속적으로 사용하는 거실, 주차장 등 개방된 통로에 설치하는 유도등으로 피난의 방향을 명시하는 것
계단통로유도등	피난통로가 되는 **계단**이나 **경사로**에 설치하는 통로유도등으로 **바닥면** 및 **디딤바닥면**을 비추는 것
객석유도등	객석의 **통로**, **바닥** 또는 **벽**에 설치하는 유도등

문제 17

그림과 같은 회로를 보고 다음 각 물음에 답하시오. (16.4.문11, 04.10.문10)

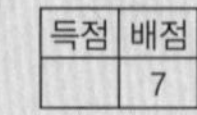

득점	배점
	7

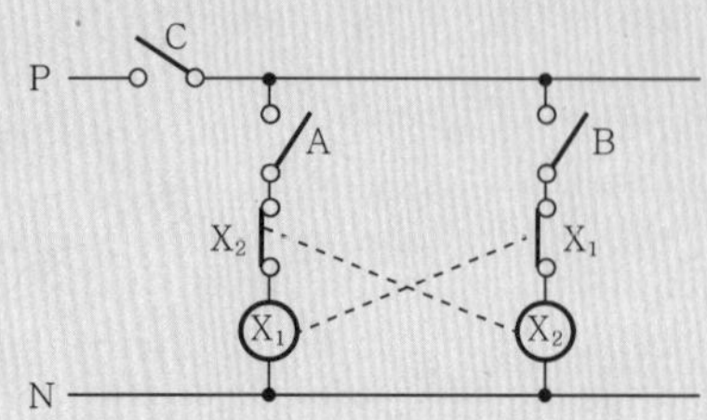

(가) 주어진 회로에 대한 논리회로를 그리시오.
○

(나) 주어진 회로에 대한 타임차트를 완성하시오.

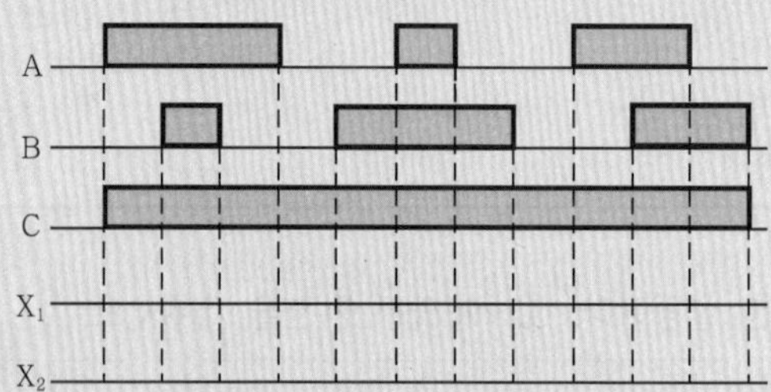

(다) 주어진 회로에서 X_1과 X_2의 b접점(Normal Close)의 사용목적을 쓰고, 이와 같은 회로의 명칭을 쓰시오.
○ 사용목적 :
○ 회로명칭 :

해답 (가)

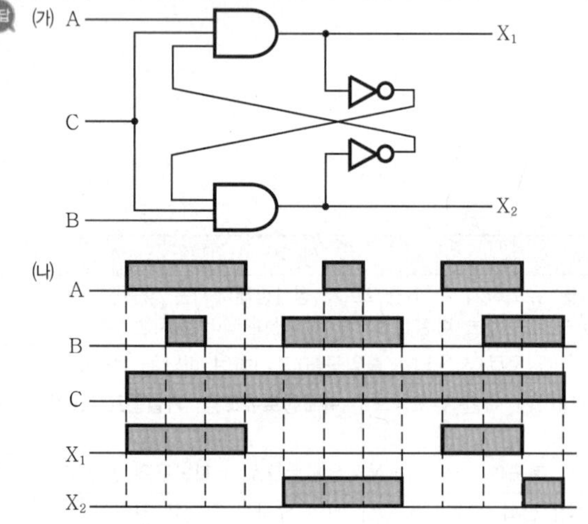

(다) ○ 사용목적 : X_1과 X_2의 동시투입 방지
○ 회로명칭 : 인터록회로

해설 (가) 이 회로를 보기 쉽게 변형해서 다음과 같이 그려도 정답!!

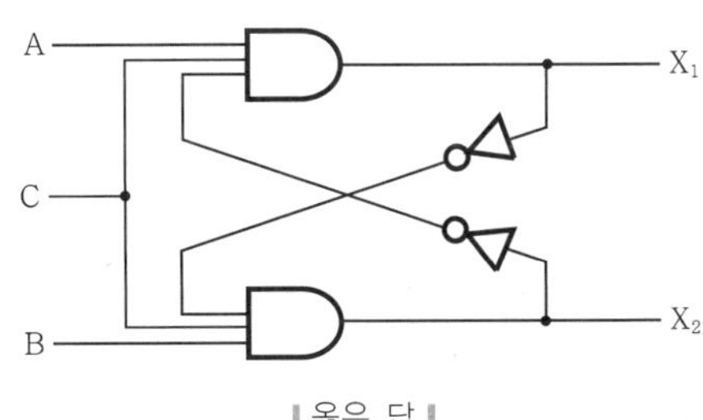

▮옳은 답▮

(나) **타임차트**(time chart) : 시퀀스회로의 동작상태를 시간의 흐름에 따라 변화되는 상태를 나타낸 표

(다) **인터록회로**(interlock circuit)

① X_1과 X_2의 동시투입 방지

② 두 가지 중 어느 한 가지 동작만 이루어질 수 있도록 배선 도중에 b접점을 추가하여 놓은 것

③ 전동기의 Y-△ **기동회로**에 많이 적용

☆☆☆

문제 18

그림은 Y-△ 기동에 대한 시퀀스 다이어그램이다. 그림을 보고 다음 각 물음에 답하시오. (13.7.문9)

득점	배점
	10

(가) 19-1과 19-2는 전자접촉기이다. 이것의 용도는 무엇인가?

① 19-1 :

② 19-2 :

(나) 그림에서 49는 어떤 계전기의 제어약호인가?

○

(다) MCCB는 무엇인가?

○

(라) 그림에서 (88)은 어떤 용도의 전자접촉기인가?

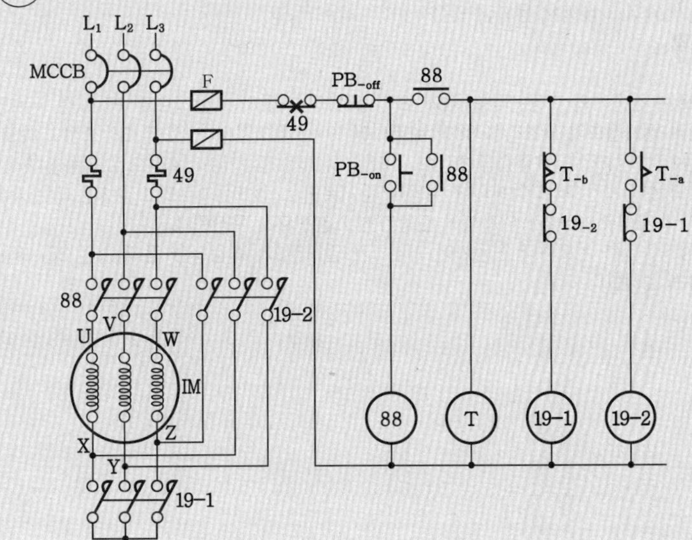

해답 (가) ① 19－1 : Y 기동용
② 19－2 : △ 운전용
(나) 열동계전기
(다) 배선용 차단기
(라) 주전원 개폐용

해설 (가), (라) ① 19-1 : **'Y결선'**이라고만 쓰면 틀린다. **'Y결선 기동용'**, **'Y기동용'** 등 Y와 **기동**이란 말이 꼭 들어가야 정답!
② 19-2 : **'델타결선'**이라고만 쓰면 틀린다. **'△결선 운전용, 델타결선 운전용'**, **'△운전용, 델타운전용'** 등 △와 **운전** 또는 **델타**와 **운전**이란 말이 꼭 들어가야 정답!
③ 88 : 주전원 개폐용

(나) **자동제어기구 번호**

번 호	기구 명칭
28	경보장치
29	소화장치
49	회전기 온도계전기(열동계전기)
52	교류차단기
88	보기용 접촉기(전자접촉기)

(다)

약 호	명 칭	기 능
MCCB(Molded Case Circuit Breaker)	배선용 차단기	과전류 차단
ELB(Earth Leakage Breaker), ELCB(Earth Leakage Circuit Breaker)	누전차단기	누설전류 차단
ELD(Earth Leakage Detector)	누전경보기	누설전류를 검출하여 경보
THR(Thermal Relay)	열동계전기	전동기의 과부하 보호

중요

(1) **배선용 차단기**의 **특징**
① 부하차단능력 우수
② 퓨즈가 필요 없으므로 **반영구적**으로 사용 가능
③ **신뢰성**이 높음
④ 충전부가 케이스 내에 수용되어 안전
⑤ **소형경량**

(2) **동작설명**
① 이 회로는 전동기의 기동전류를 작게 하기 위하여 사용하는 방법으로 PB_{-on}를 누르면 88이 여자되고, T가 통전되며 전자접촉기 보조접점 88이 폐로되어 19－1이 여자된다. 또한, 88 접점이 폐로되어 자기유지된다.
② 이와 동시에 전자접촉기 주접점 88, 19－1이 닫혀 유도전동기는 Y결선으로 기동한다.
③ 타이머의 설정시간 후 타이머의 한시동작 순시복귀 b접점이 개로되고 한시동작 순시복귀 a접점이 폐로되면 19－1이 소자되고 19－2가 여자되어 전동기는 △결선으로 운전된다.
④ 운전 중 PB_{-off}를 누르거나 전동기에 과부하가 걸려 49가 작동하면 동작 중인 88, 19－2, T가 모두 소자되고 전동기는 정지한다.

자신감은 당신을 합격으로 이끄는 원동력이 됩니다. 할 수 있습니다.

▌2020년 산업기사 제3회 필답형 실기시험▌

자격종목	시험시간	형별	수험번호	성명	감독위원 확인
소방설비산업기사(전기분야)	2시간 30분				

※ 다음 물음에 답을 해당 답란에 답하시오.(배점 : 100)

문제 01

비상방송설비에 대한 다음 각 물음에 답하시오. (19.11.문12, 15.7.문14, 13.11.문14)

득점	배점
	6

유사문제부터 풀어보세요. 실력이 팍!팍! 올라갑니다.

(가) 확성기의 음성입력은 실외의 경우 몇 W 이상이어야 하는가?

○

(나) 비상방송설비의 음량조정기는 몇 선식 배선으로 하여야 하는가?

○

(다) 조작부의 스위치 높이를 쓰시오.

○

(라) 다음과 같은 층에서 발화시 우선적으로 경보하여야 할 층은? (단, 지하 3층 지상 11층이고 연면적 $3500m^2$이다.)

○1층 :

○5층 :

○지하 2층 :

해답 (가) 3W

(나) 3선식

(다) 0.8m 이상 1.5m 이하

(라) ○1층 : 지하 1·2·3층, 지상 1·2·3·4·5층

○5층 : 지상 5·6·7·8·9층

○지하 2층 : 지하 1·2·3층

해설 **비상방송설비**의 **설치기준**(NFPC 202 4조, NFTC 202 2.1.1)

(1) 확성기의 음성입력은 **3W**(실내는 **1W**) 이상일 것
(2) 음량조정기의 배선은 **3선식**으로 할 것
(3) 기동장치에 의한 **화재신고**를 수신한 후 필요한 음량으로 방송이 개시될 때까지의 소요시간은 **10초** 이하로 할 것
(4) 조작부의 조작스위치는 바닥으로부터 **0.8~1.5m** 이하의 높이에 설치할 것

기 기	설치높이
기타 기기	바닥에서 **0.8~1.5m** 이하
시각경보장치	바닥에서 **2~2.5m** 이하(단, 천장의 높이가 **2m 이하**인 경우에는 천장으로부터 **0.15m 이내**의 장소에 설치)

(5) 다른 전기회로에 의하여 **유도장애**가 생기지 아니하도록 할 것
(6) 확성기는 **각 층**마다 설치하되, 각 부분으로부터의 **수평거리**는 **25m** 이하일 것
(7) **발화층** 및 **직상 4개층 우선경보방식**
① 화재시 원활한 대피를 위하여 위험한 층(발화층 및 직상 4개층)부터 우선적으로 경보하는 방식
② 발화층 및 직상 4개층 우선경보방식 적용대상물 : 11층(공동주택 16층) 이상의 특정소방대상물의 경보

▌음향장치의 경보▐

발화층	경보층	
	11층(공동주택 16층) 미만	11층(공동주택 16층) 이상
2층 이상 발화	전층 일제경보	• 발화층 • 직상 4개층
1층 발화		• 발화층 • 직상 4개층 • 지하층
지하층 발화		• 발화층 • 직상층 • 기타의 지하층

- (가) **실외**이므로 **3W** 정답
- (라) 명확히 층수가 주어졌으므로 1·2층 식으로 답해야 정답! 발화층, 직상 4개층 등으로 답하면 안 됨

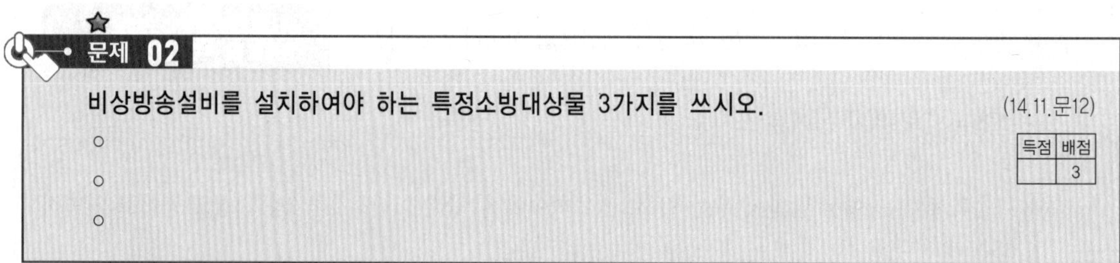

문제 02

비상방송설비를 설치하여야 하는 특정소방대상물 3가지를 쓰시오. (14.11.문12)

○
○
○

득점	배점
	3

해답 ① 연면적 3500m² 이상
② 11층 이상
③ 지하 3층 이상

해설 **비상방송설비**의 **설치대상**(소방시설법 시행령 〔별표 4〕)
(1) 연면적 **3500m²** 이상
(2) 층수가 **11층** 이상
(3) **지하층**의 층수가 **3층** 이상(지하 3층 이상)

- ② '**11층 이상**'이란 **지하층**을 **제외**한 **11층 이상**을 의미한다.
- '**비상방송설비의 설치기준**'을 쓰는 사람이 있다. 이것은 틀린 답이다. '**설치대상**'과 혼동하지 말라!

문제 03

간선의 굵기를 결정하는 요소 3가지를 쓰시오.

○
○
○

득점	배점
	4

해답 ① 허용전류
② 전압강하
③ 기계적 강도

해설 **전선(간선)의 굵기 결정요소**

(1) **허**용전류(가장 중요) ┐
(2) **전**압강하 ├ 3요소 ┐
(3) **기**계적 강도 ┘ │
(4) 전력손실 ├ 5요소
(5) 경제성 ┘

기억법 허전기

중요

전선의 굵기 결정요소

구 분	설 명
허용전류	전선에 안전하게 흘릴 수 있는 최대전류
전압강하	입력전압과 출력전압의 차
기계적 강도	기계적인 힘에 의하여 손상을 받는 일이 없이 견딜 수 있는 능력
전력손실	1초 동안에 전기가 일을 할 때 이에 소비되는 손실
경제성	투자경비에 대한 연간 경비와 전력손실 금액의 총합이 최소가 되도록 정함

★★★

문제 04

부하전류 45A가 흐르며 정격전압 220V, 3ϕ, 60Hz인 옥내소화전 펌프구동용 전동기의 외함에 접지공사를 시행하려고 한다. 접지시스템을 구분하고 접지도체로 구리를 사용하고자 하는 경우 공칭단면적이 몇 mm^2 이상이어야 하는지 답란에 쓰시오. (20.11.문17, 14.4.문6)

접지시스템	공칭단면적[mm^2]

득점	배점
	6

해답

접지시스템	공칭단면적[mm^2]
보호접지	$6mm^2$ 이상

해설 **접지시스템**(KEC 140)

접지대상	접지시스템 구분	접지시스템 시설 종류	접지도체의 단면적 및 종류
특고압 · 고압 설비	• 계통접지 : 전력계통의 이상현상에 대비하여 대지와 계통을 접지하는 것 • 보호접지 : 감전보호를 목적으로 기기의 한 점 이상을 접지하는 것 • 피뢰시스템 접지 : 뇌격전류를 안전하게 대지로 방류하기 위해 접지하는 것	• 단독접지 • 공통접지 • 통합접지	$6mm^2$ 이상 연동선
일반적인 경우			구리 $6mm^2$(철제 $50mm^2$) 이상
변압기		**• 변압기 중성점 접지**	$16mm^2$ 이상 연동선

☆☆

문제 05

다음은 자동화재탐지설비의 감지기를 나열하였다. 주어진 감지기를 설명하시오.

(18.6.문13, 14.4.문11, 10.7.문2, 10.4.문5)

(가) 차동식 스포트형 감지기
(나) 정온식 스포트형 감지기
(다) 보상식 스포트형 감지기
(라) 이온화식 스포트형 감지기

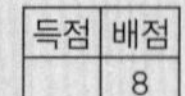

득점	배점
	8

해답 (가) 주위온도가 일정 상승률 이상일 때 작동하는 것으로 일국소에서의 열효과에 의하여 작동하는 것
(나) 일국소의 주위온도가 일정 온도 이상일 때 작동하는 것으로 외관이 전선이 아닌 것
(다) 차동식 스포트형+정온식 스포트형의 성능을 겸한 것으로, 둘 중 한 기능이 작동되면 신호를 발하는 것
(라) 주위의 공기가 일정 농도의 연기를 포함하는 경우에 작동하는 것으로 일국소의 연기에 의해 이온전류가 변화하여 작동하는 것

해설 **감지기 종류**와 **설명**

감지기의 종류	설 명
정온식 스포트형 감지기 질문 (나)	일국소의 주위온도가 **일정한 온도** 이상이 되는 경우에 작동하는 것으로서 외관이 **전선**으로 되어 있지 않는 것
보상식 스포트형 감지기 질문 (다)	**차동식 스포트형 감지기**와 **정온식 스포트형 감지기**의 성능을 겸용한 것으로서 차동식 스포트형 감지기의 성능 또는 정온식 스포트형 감지기의 한 기능이 작동되면 작동신호를 발하는 것
이온화식 스포트형 감지기 질문 (라)	주위의 공기가 일정한 농도의 연기를 포함하게 되는 경우에 작동하는 것으로서 일국소의 연기에 의하여 **이온전류**가 변화하여 작동하는 것
광전식 스포트형 감지기	주위의 공기가 일정한 농도의 연기를 포함하게 되는 경우에 작동하는 것으로서 일국소의 연기에 의하여 **광전소자**에 접하는 광량의 변화로 작동하는 것
축적형 감지기	일정농도・온도 이상의 **연기** 또는 **온도**가 **일정시간**(공칭축적시간) **연속**하는 것을 전기적으로 **검출**함으로써 작동하는 감지기(단, 단순히 작동시간만을 지연시키는 것 제외)를 말한다.
연동식 감지기	**단독경보형 감지기**가 작동할 때 화재를 경보하며 **유・무선**으로 주위의 다른 **감지기**에 신호를 발신하고 신호를 수신한 **감지기**도 화재를 경보하며 다른 감지기에 신호를 발신하는 방식의 것을 말한다.
광전식 **분**리형 감지기	**발광부**와 **수광부**로 구성된 구조로 발광부와 수광부 사이의 공간에 일정한 농도의 연기를 포함하게 되는 경우에 작동하는 것을 말한다. 기억법 발수광분
공기흡입형 감지기	감지기 내부에 장착된 **공기흡입장치**로 감지하고자 하는 위치의 공기를 흡입하고 흡입된 공기에 일정한 농도의 연기가 포함된 경우 작동하는 것
열・연기복합형 감지기	**차동식 스포트형 감지기**와 **이온화식 스포트형 감지기**, **차동식 스포트형 감지기**와 **광전식 스포트형 감지기**, **정온식 스포트형 감지기**와 **이온화식 스포트형 감지기** 또는 **정온식 스포트형 감지기**와 **광전식 스포트형 감지기**의 성능이 있는 것으로서 두 가지 성능의 감지기능이 함께 작동될 때 화재신호를 발신하거나 또는 두 개의 화재신호를 각각 발신하는 것
열복합형 감지기	**차동식 스포트형 감지기**와 **정온식 스포트형 감지기**의 성능이 있는 것으로서 두 가지 성능의 감지기능이 함께 작동될 때 화재신호를 발신하거나 또는 두 개의 화재신호를 각각 발신하는 것
연복합형 감지기	**이온화식 스포트형 감지기**와 **광전식 스포트형 감지기**의 성능이 있는 것으로서 두 가지 성능의 감지기능이 함께 작동될 때 화재신호를 발신하거나 또는 두 개의 화재신호를 각각 발신하는 것
단독경보형 감지기	화재에 의해서 발생되는 열, 연기 또는 불꽃을 감지하여 작동하는 것으로서 수신기에 작동신호를 발신하지 아니하고 감지기가 단독적으로 내장된 음향장치에 의하여 경보하는 감지기

불꽃자외선식 감지기	불꽃에서 방사되는 **자외선**의 변화가 일정량 이상 되었을 때 작동하는 것으로서 일국소의 자외선에 의하여 수광소자의 수광량 변화에 의해 작동하는 것
불꽃적외선식 감지기	불꽃에서 방사되는 **적외선**의 변화가 일정량 이상 되었을 때 작동하는 것으로서 일국소의 적외선에 의하여 수광소자의 수광량 변화에 의해 작동하는 것
불꽃 자외선·적외선 겸용식 감지기	불꽃에서 방사되는 불꽃의 변화가 일정량 이상 되었을 때 작동하는 것으로서 **자외선** 또는 **적외선**에 따른 수광소자의 수광량 변화에 의하여 1개의 화재신호를 발신하는 것
불꽃영상분석식	불꽃의 실시간 영상이미지를 자동분석하여 화재신호를 발신하는 것
불꽃복합식 감지기	**불꽃자외선식 감지기**의 성능 및 **불꽃적외선식 감지기** 및 불꽃영상분석식 감지기의 성능 중 두 가지 이상의 성능을 가진 것으로서 두 가지 성능의 감지기능이 함께 작동될 때 화재신호를 발신하거나 또는 두 개의 화재신호를 각각 발신하는 것
차동식 스포트형 감지기 질문 (가)	주위온도가 **일정상승률** 이상이 되는 경우에 작동하는 것으로서 **일국소**에서의 열효과에 의하여 작동하는 것
차동식 분포형 감지기	주위온도가 **일정상승률** 이상이 되는 경우에 작동하는 것으로서 **넓은 범위**에서의 열효과에 의하여 작동하는 것
정온식 감지선형 감지기	일국소의 주위 온도가 **일정한 온도** 이상이 되는 경우에 작동하는 것으로서 외관이 **전선**으로 되어 있는 것

★★ 문제 06

도면은 어느 건물의 자동화재탐지설비 평면도이다. 다음 각 물음에 답하시오. (14.7.문5, 09.10.문15)

득점	배점
	5

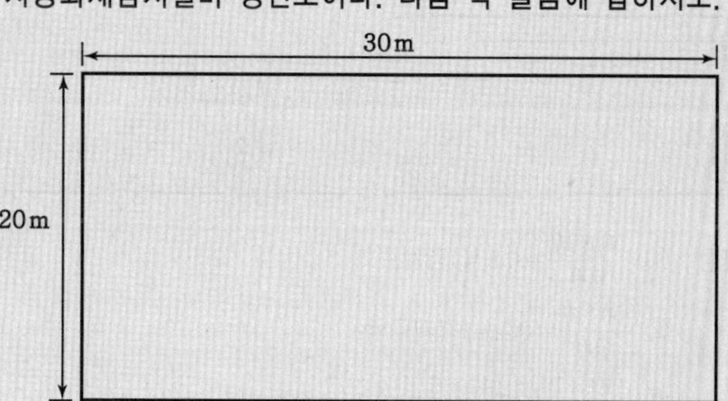

(가) 단독경보형 감지기를 설치할 경우 최소 몇 개를 설치하여야 하는지 구하시오.
　○ 계산과정 :
　○ 답 :

(나) 평면도에 감지기를 배치하시오. (단, 연기감지기 심벌을 사용할 것)
　○

해답 (가) ○ 계산과정 : $\frac{20\times30}{150}=4$개

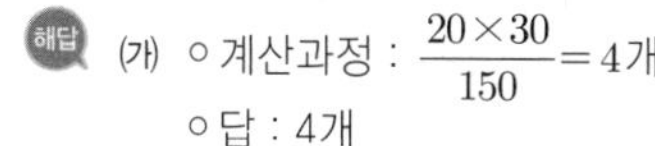

　○ 답 : 4개

(나)

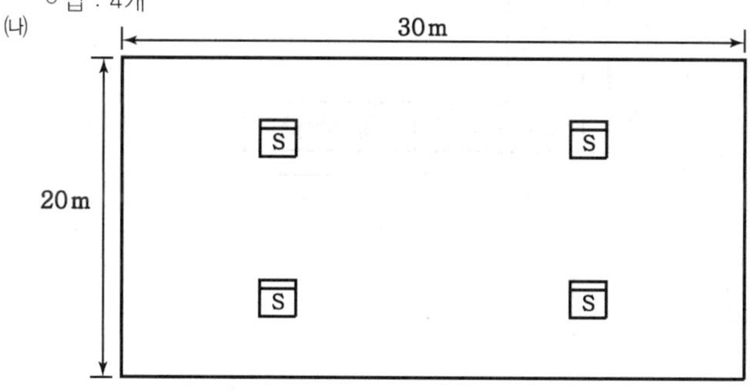

해설 (가) 단독경보형 감지기는 특정소방대상물의 각 실마다 설치하되, 바닥면적이 **150m²**를 초과하는 경우에는 **150m²**마다 1개 이상 설치해야 한다.

$$\text{단독경보형 감지기개수} = \frac{\text{바닥면적}[\text{m}^2]}{150}(\text{절상}) = \frac{(20\times30)\text{m}^2}{150} = 4\text{개}$$

(나)

- [단서]에 의해 연기감지기 심벌(S)을 사용하여 균등하게 **루프**(loop) **형태**로 **배치**하면 된다. 일렬로 배치하면 틀린다. 주의!

☆☆☆

문제 07

그림과 같은 건물평면도의 경우 자동화재탐지설비의 최소경계구역의 수를 구하시오.

(14.11.문6, 14.4.문15, 07.11.문14)

득점	배점
	4

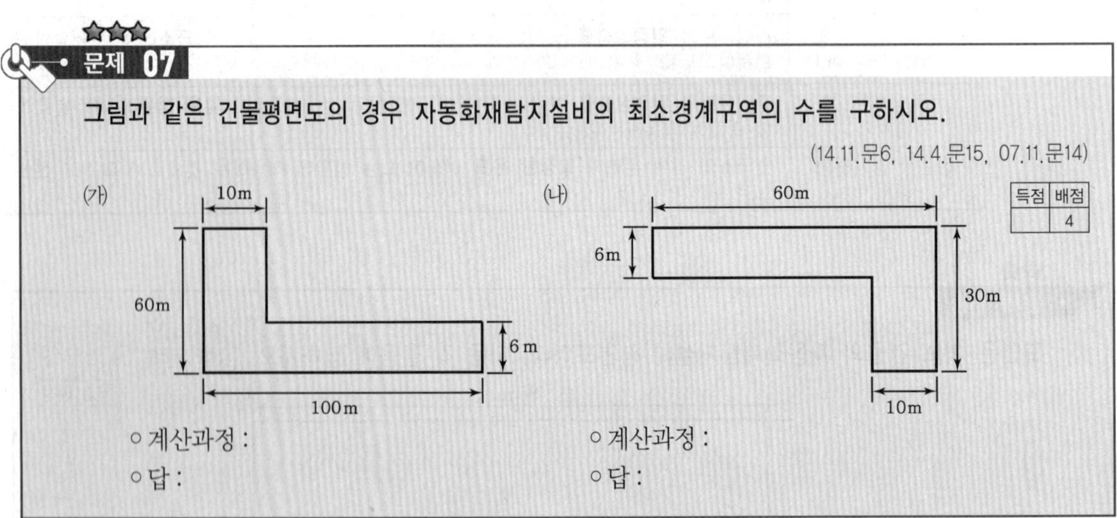

(가)
○ 계산과정 :
○ 답 :

(나)
○ 계산과정 :
○ 답 :

해답 (가) ○ 계산과정 : ① $\frac{50\times10}{600} = 0.8 ≒ 1$경계구역

② $\frac{50\times6}{600} = 0.5 ≒ 1$경계구역

③ $\frac{(10\times10)+(40\times6)}{600} = 0.5 ≒ 1$경계구역

○ 답 : 3경계구역

(나) ○ 계산과정 : ① $\frac{50\times6}{600} = 0.5 ≒ 1$경계구역

② $\frac{30\times10}{600} = 0.5 ≒ 1$경계구역

○ 답 : 2경계구역

해설 (가) 하나의 경계구역의 면적을 **600m²** 이하로 하고, 한 변의 길이는 **50m** 이하로 하여야 하므로

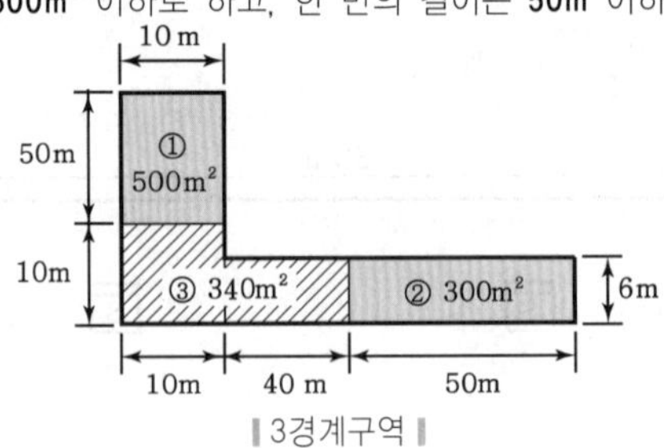

▌3경계구역▐

$$\text{경계구역수} = \frac{\text{바닥면적}[\text{m}^2]}{600\text{m}^2}(\text{절상})$$

① $\frac{(50\times10)\text{m}^2}{600\text{m}^2}=\frac{500\text{m}^2}{600\text{m}^2}=0.8 ≒ 1$경계구역(절상)

② $\frac{(50\times6)\text{m}^2}{600\text{m}^2}=\frac{300\text{m}^2}{600\text{m}^2}=0.5 ≒ 1$경계구역(절상)

③ $\frac{(10\times10)\text{m}^2+(40\times6)\text{m}^2}{600\text{m}^2}=\frac{340\text{m}^2}{600\text{m}^2}=0.5 ≒ 1$경계구역(절상)

∴ 1+1+1=3경계구역

(나) 하나의 경계구역의 면적을 **600m²** 이하로 하고, 한 변의 길이는 **50m** 이하로 하여 산정하면 **2경계구역**이 된다.

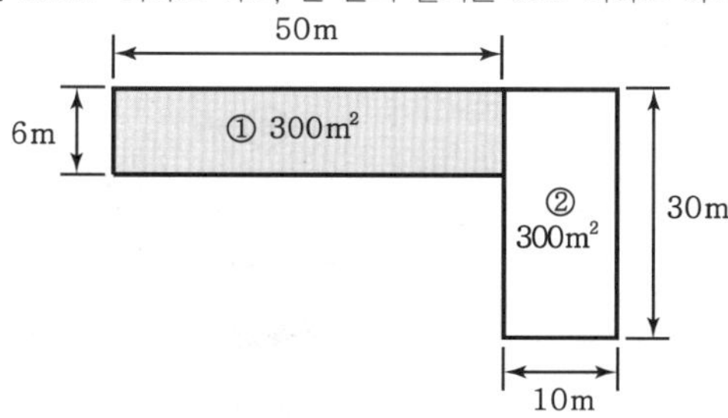

‖2경계구역‖

① $\frac{(50\times6)\text{m}^2}{600\text{m}^2}=\frac{300\text{m}^2}{600\text{m}^2}=0.5 ≒ 1$경계구역(절상)

② $\frac{(30\times10)\text{m}^2}{600\text{m}^2}=\frac{300\text{m}^2}{600\text{m}^2}=0.5 ≒ 1$경계구역(절상)

∴ 1+1=2경계구역

중요

자동화재탐지설비의 **경계구역 설정기준**(NFPC 203 4조, NFTC 203 2.1)

(1) 1경계구역이 2개 이상의 **건축물**에 미치지 않을 것

(2) 1경계구역이 2개 이상의 층에 미치지 않을 것(단, 2개층이 **500m²** 이하는 제외)

(3) 1경계구역의 면적은 **600m²**(주출입구에서 내부 전체가 보이는 것은 **1000m²**) 이하로 하고, 1변의 길이는 50m 이하로 할 것

★★★

문제 08

옥내배선에 사용되는 다음 명칭의 심벌을 그리시오. (19.11.문11, 19.6.문5, 13.11.문6, 12.7.문4, 11.11.문15)

감지선	공기관	열전대	열반도체

득점	배점
	8

해답

─⊙─	────	─■─	(oo)
감지선	공기관	열전대	열반도체

해설 **옥내배선기호**

명 칭	그림기호	기 호
사이렌	○◁	• 모터사이렌 : Ⓜ◁ • 전자사이렌 : Ⓢ◁
차동식 스포트형 감지기	⊖	–
보상식 스포트형 감지기	⊜	–

정온식 스포트형 감지기	(기호)	• 방수형 : (기호) • 내산형 : (기호) • 내알칼리형 : (기호) • 방폭형 : (기호) EX
연기감지기	S	• 점검박스 붙이형 : S • 매입형 : S
감지선	(기호)	• 감지선과 전선의 접속점 : (기호) • 가건물 및 천장 안에 시설할 경우 : (기호) • 관통위치 : (기호)
공기관	(기호)	• 가건물 및 천장 안에 시설할 경우 : (기호) • 관통위치 : (기호)
열전대	(기호)	• 가건물 및 천장 안에 시설할 경우 : (기호)
열반도체	(기호)	–
차동식 분포형 감지기의 검출부	(기호)	–
수신기	(기호)	• 가스누설 경보설비와 일체인 것 : (기호) • 가스누설 경보설비 및 방배연 연동과 일체인 것 : (기호)
부수신기(표시기)	(기호)	–
중계기	(기호)	–
제어반	(기호)	–
표시반	(기호)	• 창이 3개인 표시반 : (기호) 3

★★ 문제 09

자동화재탐지설비와 겸용하는 옥내소화전설비에 관한 다음 각 물음에 답하시오.

(18.6.문7, 18.11.문6, 15.11.문7, 14.4.문16, 08.4.문12)

득점	배점
	5

(가) 자동화재탐지설비 수신기와 발신기세트 간에 배선되는 1회로의 전선명칭 6가지를 쓰시오.

○

○

○

○

○

○

(나) 옥내소화전설비 펌프작동시 점등되는 표시등의 명칭을 쓰고, 이 표시등 2가닥의 배선을 따로 하는 이유는 무엇인가?

① 표시등 명칭 :

② 배선을 따로 하는 이유 :

해답 (가) ① 회로선　② 회로공통선　③ 응답선
④ 경종선　⑤ 경종표시등공통선　⑥ 표시등선

(나) ① 표시등 명칭 : 펌프기동표시등
② 배선을 따로 하는 이유 : 전압이 다르기 때문

해설 (가) **P형 수신기~수동발신기** 간 전선연결

- 순서대로 쓰지 않고 번호가 바뀌어도 정답!

중요

동일한 용어

(1) 회로선=신호선=표시선=지구선=감지기선
(2) 회로공통선=신호공통선=지구공통선=감지기공통선=발신기공통선
(3) 응답선=발신기응답선=확인선=발신기선
(4) 경종표시등공통선=벨표시등공통선=경종 · 표시등 공통선=경종 및 표시등 공통선

(나) **P형 수신기 1회로의 전체 결선도(종단저항을 발신기에 설치한 경우)**

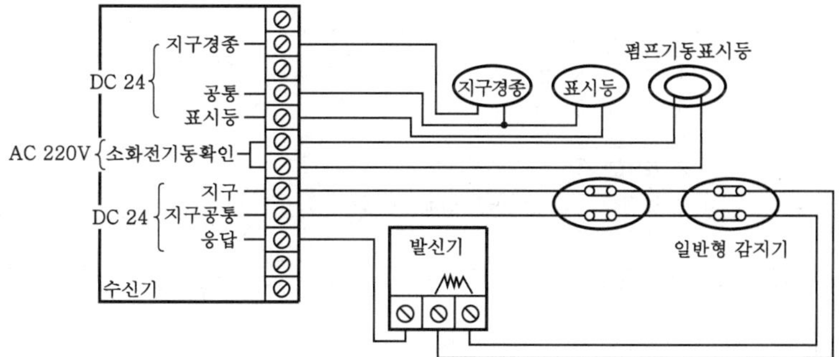

일반적으로 **소화전기동확인**(펌프기동표시등)은 **AC 220V**를 사용하고, 그 외 배선은 **DC 24V**를 사용하므로 소화전기동확인은 공통선을 사용하지 않고 다른 전선과 구분하여 배선을 따로해야 한다.

- 소화전기동확인=기동표시등=기동확인표시등=펌프기동표시등=펌프기동확인등

‖ 표시등 vs 펌프기동표시등 ‖

구 분	표시등	펌프기동표시등
용도	**옥내소화전설비**의 **위치표시**	**가압송수장치**의 **기동표시**
평상시 점등 여부	점등	소등
화재시 점등 여부 (옥내소화전 사용시 점등 여부)	점등	점등
점등되는 경우	24시간 상시 점등	① 방수구 개방시 ② 펌프기동시 ③ 배관 누수시 ④ 압력스위치 고장시 ⑤ 기동표시등 누전시 ⑥ 제어반 고장시

☆☆☆

문제 10

자동화재탐지설비를 설치하여야 할 주요구조부가 내화구조인 특정소방대상물의 바닥면적이 600m²이고 감지기의 부착높이가 바닥으로부터 4m일 때 정온식 스포트형 특종감지기의 설치개수를 구하시오.

(16.6.문14, 14.4.문12, 13.11.문16)

득점	배점
	5

○ 계산과정 :

○ 답 :

해답

○ 계산과정 : $\frac{600}{35} = 17.1 ≒ 18$개

○ 답 : 18개

해설 **스포트형 감지기**의 **바닥면적**(NFPC 203 7조, NFTC 203 2.4.3.5)

부착높이 및 특정소방대상물의 구분		감지기의 종류				
		차동식·**보**상식 스포트형		**정**온식 스포트형		
		1종	2종	특종	1종	2종
4m 미만	내화구조	**9**0m²	**7**0m²	**7**0m²	**6**0m²	**2**0m²
	기타구조	**5**0m²	**4**0m²	**4**0m²	**3**0m²	**1**5m²
4m 이상 8m 미만	내화구조	**4**5m²	**3**5m²	**3**5m²	**3**0m²	–
	기타구조	**3**0m²	**2**5m²	**2**5m²	**1**5m²	–

• [문제 조건] **4m**, **내화구조**, **정온식 스포트형 특종**이므로 감지기 1개가 담당하는 바닥면적은 **35m²**

기억법

차 보 정
9 7 7 6 2
5 4 4 3 ①
④ ③ ③ ③
3 ② ② ①
※ 동그라미 친 부분은 뒤에 5가 붙음

정온식 스포트형 특종감지기의 설치개수 $= \frac{600\text{m}^2}{\text{감지기 1개의 바닥면적}} = \frac{600\text{m}^2}{35\text{m}^2} = 17.1 ≒ 18$개(절상)

☆☆☆

문제 11

다음 평면도는 복도이다. 이곳에 유도표지를 설치하려고 한다. 최소설치개수는 얼마인지 구하시오.

(19.6.문16, 18.11.문4, 14.7.문6, 13.4.문7)

득점	배점
	4

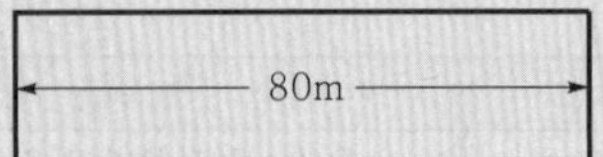

○ 계산과정 :

○ 답 :

해답

○ 계산과정 : $\frac{80}{15} - 1 = 4.3 ≒ 5$개

○ 답 : 5개

해설

$$\text{설치개수} = \frac{\text{구부러진 곳이 없는 부분의 보행거리[m]}}{15} - 1$$

$$= \frac{80\text{m}}{15} - 1 = 4.3 ≒ 5\text{개(절상)}$$

중요

최소설치개수 산정식(NFPC 303 8조, NFTC 303 2.5.1)

구 분	산정식
객석유도등	$\text{설치개수} = \frac{\text{객석통로의 직선부분의 길이[m]}}{4} - 1$
유도표지	$\text{설치개수} = \frac{\text{구부러진 곳이 없는 부분의 보행거리[m]}}{15} - 1$
복도통로유도등, 거실통로유도등	$\text{설치개수} = \frac{\text{구부러진 곳이 없는 부분의 보행거리[m]}}{20} - 1$

- 설치개수 산정시 소수가 발생하면 반드시 **절상**한다.

☆☆☆

문제 12

국가화재안전기준에서 정하는 연기감지기의 설치기준이다. ( ) 안에 알맞은 내용을 답란에 쓰시오.

(15.11.문9, 12.11.문6)

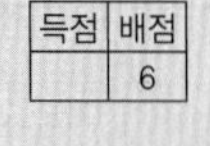

득점	배점
	6

(가) 감지기는 복도 및 통로에 있어서는 보행거리 (①)m[3종에 있어서는 20m]마다, (②) 및 경사로에 있어서는 수직거리 (③)m[3종에 있어서는 10m]마다 1개 이상으로 할 것

(나) 천장 또는 반자가 낮은 실내 또는 좁은 실내에 있어서는 (④)의 가까운 부분에 설치할 것

(다) 천장 또는 반자 부근에 (⑤)가 있는 경우에는 그 부근에 설치할 것

(라) 감지기는 벽 또는 보로부터 (⑥)m 이상 떨어진 곳에 설치할 것

○답란 :

①	②	③	④	⑤	⑥

해답

①	②	③	④	⑤	⑥
30	계단	15	출입구	배기구	0.6

해설 **연기감지기**의 **설치기준**(NFPC 203 7조 ③항 10호, NFTC 203 2.4.3.10)

(1) 감지기는 복도 및 통로에 있어서는 **보행거리 30m**(3종은 **20m**)마다, **계단** 및 **경사로**에 있어서는 **수직거리 15m**(**3종**은 **10m**)마다 1개 이상으로 할 것

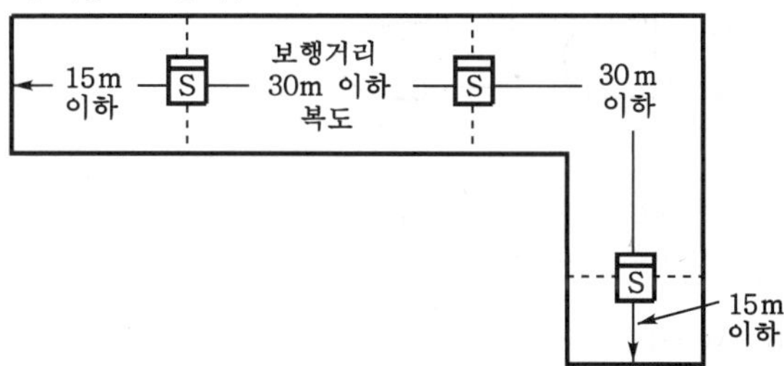

‖ 복도 및 통로의 연기감지기 설치 ‖

(2) 천장 또는 반자가 **낮은 실내** 또는 **좁은 실내**에 있어서는 **출입구**의 가까운 부분에 설치할 것

(3) 천장 또는 반자 부근에 **배기구**가 있는 경우에는 그 **부근**에 설치할 것

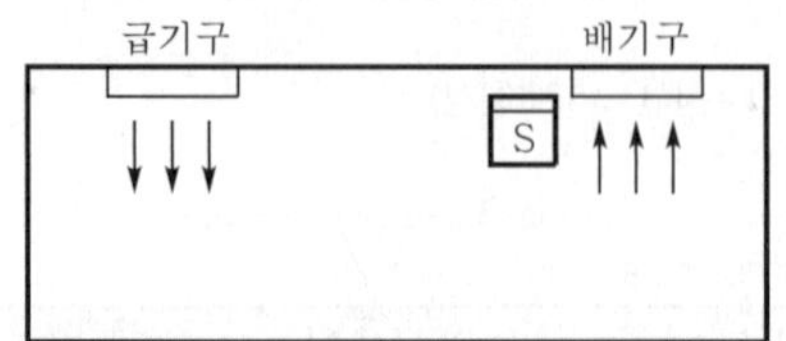

‖ 배기구가 있는 경우의 연기감지기 설치 ‖

(4) 감지기는 **벽** 또는 **보**로부터 **0.6m** 이상 떨어진 곳에 설치할 것

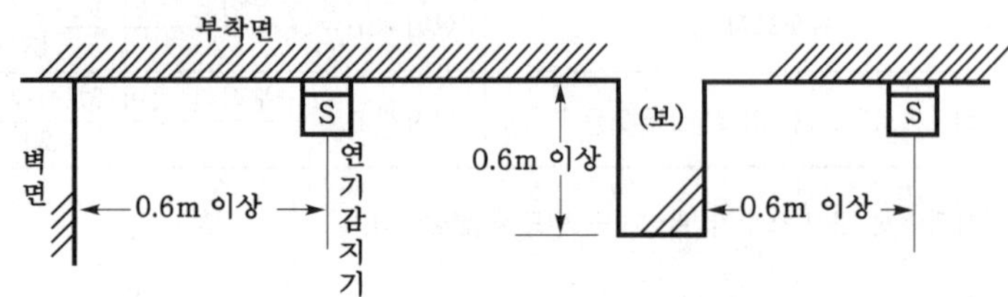

‖ 벽 또는 보로부터의 연기감지기 설치 ‖

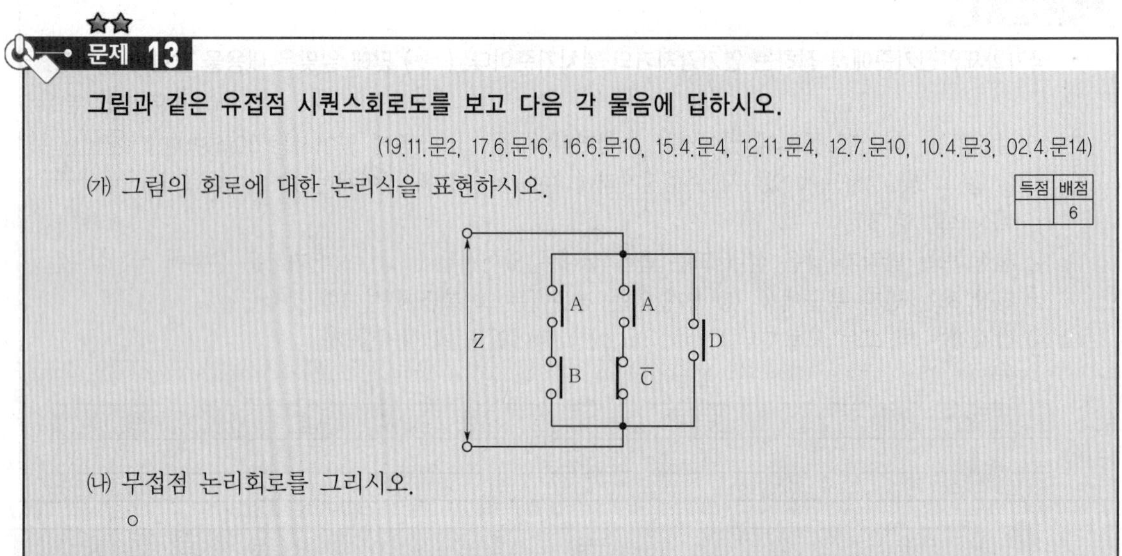

문제 13

그림과 같은 유접점 시퀀스회로도를 보고 다음 각 물음에 답하시오.

(19.11.문2, 17.6.문16, 16.6.문10, 15.4.문4, 12.11.문4, 12.7.문10, 10.4.문3, 02.4.문14)

(가) 그림의 회로에 대한 논리식을 표현하시오.

득점	배점
	6

(나) 무접점 논리회로를 그리시오.

○

해답 (가) $Z = AB + A\overline{C} + D$

(나)

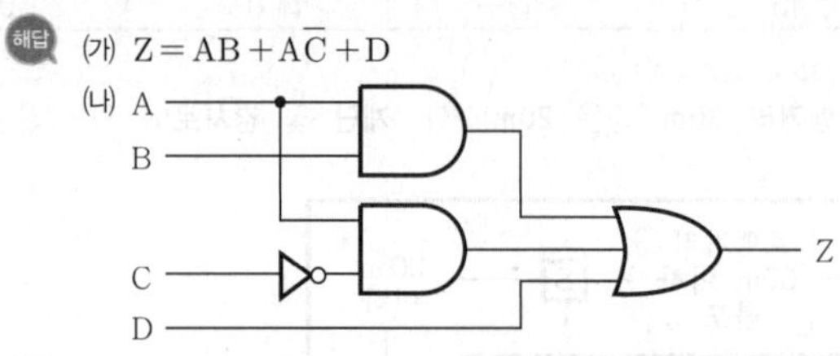

해설 (가)

- 위의 논리식은 더 이상 간소화되지 않는다.
- Z는 앞에 써도 되고, 뒤에 써도 된다.

$Z = AB + A\overline{C} + D$

$AB + A\overline{C} + D = Z$

(나) **무접점 논리회로**

시퀀스	논리식	논리회로
직렬회로	$Z=A \cdot B$ $Z=AB$	A, B → AND → Z
병렬회로	$Z=A+B$	A, B → OR → Z
a접점	$Z=A$	A → AND → Z A → OR → Z
b접점	$Z=\overline{A}$	A → NOT → Z A → NAND → Z A → NOR → Z

• 무접점 논리회로로 그린 후 논리식을 써서 반드시 다시 한번 검토해 보는 것이 좋다.

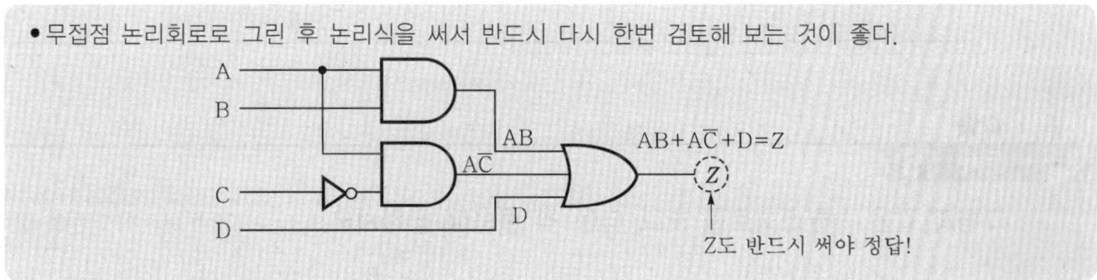

☆☆☆

문제 14

제어반으로부터 전선관 거리가 100m 떨어진 위치에 무선통신보조설비가 있다. 제어반 출력단자에서의 전압강하는 없다고 가정했을 때 무선통신보조설비의 전원단자전압〔V〕을 구하시오. (단, 제어회로 전압은 26V이며, 무선통신보조설비가 작동될 때의 정격전류는 2.0A이고, 배선의 km당 전기저항의 값은 상온에서 8.8Ω이라고 한다.) (18.6.문2, 17.4.문11 · 13, 16.6.문8, 15.11.문8, 14.11.문15, 06.7.문6)

○ 계산과정 :
○ 답 :

득점	배점
	4

해답 ○ 계산과정 : $V_r = 26-(2\times2\times0.88)=22.48\text{V}$
○ 답 : 22.48V

해설 제어회로전압은 **26V**이고, 배선의 전기저항은 km당 8.8Ω이므로 **100m**일 때는 **0.88**Ω이 된다.

• 1km=1000m
• 1000m : 8.8Ω=100m : X

$$X=\frac{8.8\,\Omega\times100\text{m}}{1000\text{m}}=0.88\,\Omega$$

무선통신보조설비는 **단상 2선식**이므로

$$e = V_s - V_r = 2IR \text{[V]}$$ 에서

$V_s - V_r = 2IR$

$V_s - 2IR = V_r$

좌우를 이항하면

$V_r = V_s - 2IR$

단자전압 $V_r = V_s - 2IR = 26 - (2\times2\times0.88) = 22.48\text{V}$

참고

전압강하

단상 2선식	3상 3선식
$e = V_s - V_r = 2IR$	$e = V_s - V_r = \sqrt{3}\,IR$
여기서, e : 전압강하[V] V_s : 입력전압[V] V_r : 출력전압(단자전압)[V] I : 전류[A] R : 저항[Ω]	여기서, e : 전압강하[V] V_s : 입력전압[V] V_r : 출력전압(단자전압)[V] I : 전류[A] R : 저항[Ω]

☆☆

문제 15

그림과 같은 시퀀스회로를 보고 다음 각 물음에 답하시오. (20.5.문1, 17.11.문3, 12.7.문6, 06.4.문6)

득점	배점
	10

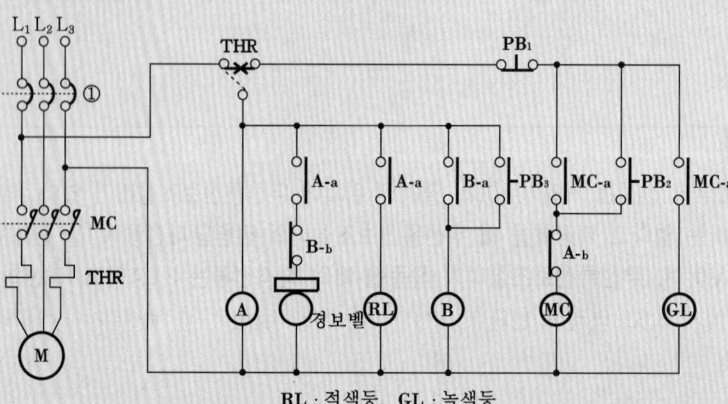

(가) 도면의 ①부분에 표시될 제어약호는?

○

(나) 도면의 주회로에 표기된 THR의 명칭은 무엇인가?

○

(다) 계전기 Ⓐ가 여자되었을 때 회로의 동작상황을 상세히 설명하시오.

○

(라) 경보벨이 명동되고 있다고 할 때 이 울림을 정지시키려면 어떻게 하여야 하는가?

○

(마) 도면에서 PB_1과 PB_2의 용도는 무엇인가?

○

(바) 어떤 원인에 의하여 THR의 보조 b접점이 떨어져서 계전기 (A)쪽에 붙었다고 할 때 접점이 떨어질 제반장애를 없앤 다음 이 접점을 원위치시키려면 어떻게 하여야 하는가?
○
(사) 문제의 도면 내용 중 틀린 부분이 있으면 쓰고 없으면 '없음'이라고 쓰시오.
○

해답 (가) MCCB
(나) 열동계전기
(다) 계전기 A_{-a} 접점에 의하여 경보벨이 명동됨과 동시에 RL램프가 점등된다.
(라) PB_3를 누른다.
(마) ① PB_1 : 모터 정지용
② PB_2 : 모터 기동용
(바) 수동으로 복귀시킨다.
(사) 없음

해설 (가) **MCCB**(배선용 차단기)
퓨즈를 사용하지 않고 **바이메탈**(bimetal)이나 **전자석**으로 회로를 차단하는 저압용 개폐기. 예전에는 **NFB**라고 불리어졌다.
(나) **열동계전기**(thermal relay) : 전동기의 **과부하보호용** 계전기

‖ 열동계전기 ‖

(다)~(바) **동작설명**

① 누름버튼스위치 PB_2를 누르면 전자개폐기 (MC)가 여자되어 자기유지되며, 녹색등 (GL) 점등, 전동기 (M)이 기동된다.

② 누름버튼스위치 PB_1을 누르면 여자 중이던 (MC)가 소자되어, (GL) 소등, (M)은 정지한다.

③ 운전 중 과부하가 걸리면 열동계전기 THR이 작동하여 전동기를 정지시키고 계전기 (A)가 여자되며, 적색등 (RL) 점등, 경보벨이 울린다.

④ 점검자가 THR의 동작을 확인한 후 PB_3를 누르면 계전기 (B)가 여자되어 자기유지되며 경보벨을 정지시킨다.
⑤ 제반장애를 없앤 다음 THR을 수동으로 복귀시켜 정상운전되도록 한다.

(사) ( )의 A_{-b} 접점은 THR 동작시 안전을 위해 (MC)를 다시 한번 개방시켜 주는 역할을 하지만 생략하여도 동작에는 문제가 없어서 **불필요한 부분**이지만 **틀린 부분**은 아니므로 여기서는 **'없음'**이 정답이다.

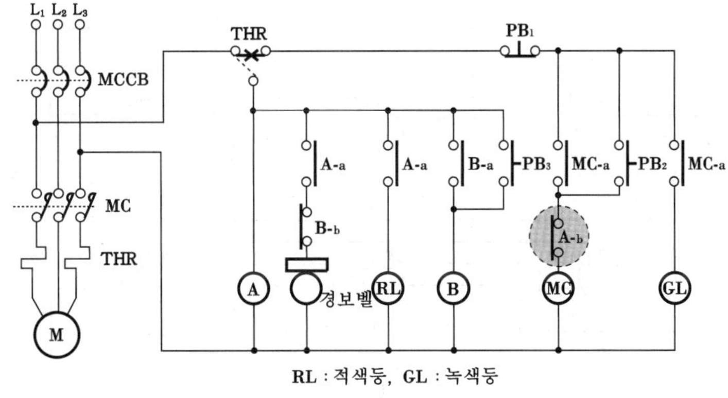

‖ A_{-b} 접점 생략도면 ‖

중요

과부하경보장치 생략도면

본 도면에는 특별히 **잘못된 부분은 없다**. 단, 필요에 따라 과부하경보장치는 생략할 수 있을 것이다. 과부하경보장치를 생략했을 때의 도면은 다음과 같다.

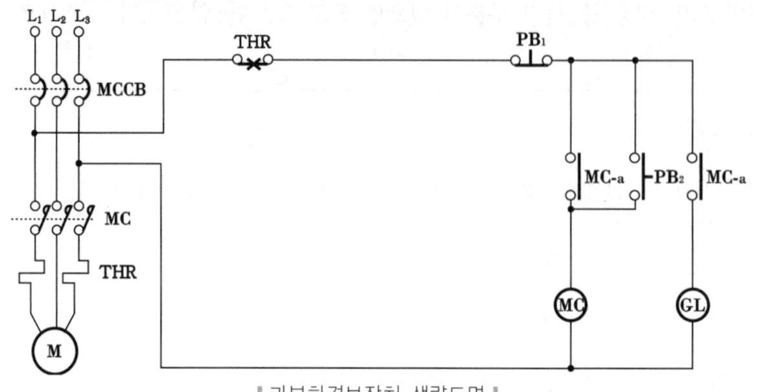

‖ 과부하경보장치 생략도면 ‖

문제 16

할론소화설비, 분말소화설비, 이산화탄소 소화설비 등에 사용되는 교차회로방식에 대한 다음 물음에 답하시오.

득점	배점
	5

(가) AB를 구분하여 교차회로방식이 되도록 회로를 결선하시오.

  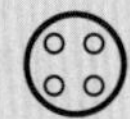

(나) 교차회로방식의 목적을 쓰시오.

○

해답 (가)

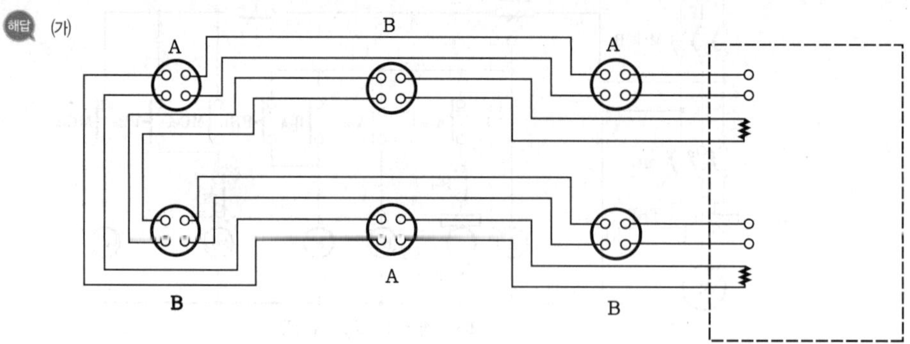

(나) 감지기의 오동작 방지

해설 (가) 별도의 배관이 있는 것이 아니므로 다음과 같이 배선해도 정답!

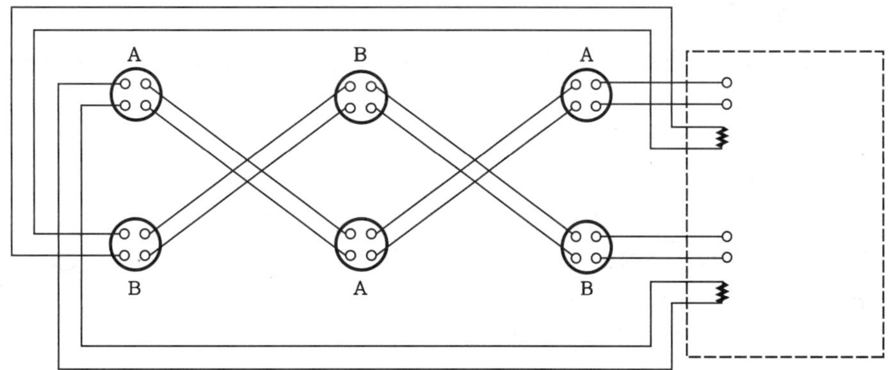

‖ 교차회로방식(정답) ‖

(나) 교차회로방식은 감지기의 **오동작**을 막기 위해 **2개** 이상의 감지기회로가 동시에 감지하였을 때 설비가 작동되도록 하는 방식으로서, 하나의 화재감지기회로가 화재를 감지하였을 경우에는 **음향장치**로 경보하여 관계인이 확인할 수 있도록 되어 있다.

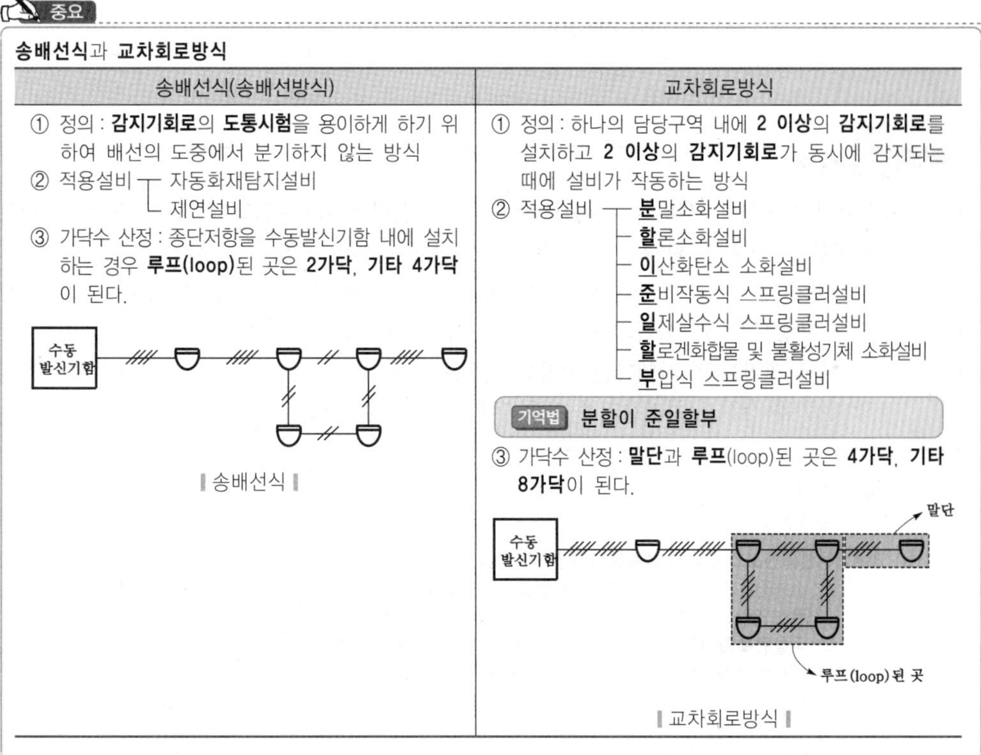

중요

송배선식과 **교차회로방식**

송배선식(송배선방식)	교차회로방식
① 정의 : **감지기회로**의 **도통시험**을 용이하게 하기 위하여 배선의 도중에서 분기하지 않는 방식 ② 적용설비 ┬ 자동화재탐지설비 └ 제연설비 ③ 가닥수 산정 : 종단저항을 수동발신기함 내에 설치하는 경우 **루프(loop)**된 곳은 **2가닥**, **기타 4가닥**이 된다. 수동 발신기함 ‖ 송배선식 ‖	① 정의 : 하나의 담당구역 내에 **2 이상**의 **감지기회로**를 설치하고 **2 이상**의 **감지기회로**가 동시에 감지되는 때에 설비가 작동하는 방식 ② 적용설비 ┬ **분**말소화설비 ├ **할**론소화설비 ├ **이**산화탄소 소화설비 ├ **준**비작동식 스프링클러설비 ├ **일**제살수식 스프링클러설비 ├ **할**로겐화합물 및 불활성기체 소화설비 └ **부**압식 스프링클러설비 기억법 **분할이 준일할부** ③ 가닥수 산정 : **말단**과 **루프**(loop)된 곳은 **4가닥**, **기타 8가닥**이 된다. 수동 발신기함 / 말단 / 루프(loop)된 곳 ‖ 교차회로방식 ‖

★★★
문제 17

한국전기설비규정(KEC)에서 규정하는 금속관공사의 시설조건에 관한 (　　) 안에 알맞은 말을 쓰시오.

득점	배점
	7

○ 전선은 (①)((②) 제외)일 것
○ 전선은 (③)일 것(단, 다음의 것은 적용하지 않는다.)
 – 짧고 가는 금속관에 넣은 것
 – 단면적 (④)mm^2(알루미늄선은 단면적 (⑤)mm^2) 이하의 것
○ 전선은 금속관 안에서 (⑥)이 없도록 할 것

해답 ① 절연전선　　② 옥외용 비닐절연전선
③ 연선　　④ 10
⑤ 16　　⑥ 접속점

해설 **금속관공사**의 **시설조건**(KEC 232.12.1)
(1) 전선은 **절연전선**(**옥외용 비닐절연전선** 제외)일 것
(2) 전선은 **연선**일 것(단, 다음의 것은 적용하지 않는다.)
 ① 짧고 가는 금속관에 넣은 것
 ② 단면적 **10**mm^2(알루미늄선은 단면적 **16**mm^2) 이하의 것
(3) 전선은 금속관 안에서 **접속점**이 없도록 할 것

★★★
문제 18

다음은 무선통신보조설비의 누설동축케이블 등에 관한 설치기준이다. (　　) 안을 완성하시오.

득점	배점
	4

○ 누설동축케이블은 화재에 따라 해당 케이블의 피복이 소실된 경우에 케이블 본체가 떨어지지 않도록 (①)m 이내마다 금속제 또는 자기제 등의 지지금구로 벽 · 천장 · 기둥 등에 견고하게 고정시킬 것. 다만, 불연재료로 구획된 반자 안에 설치하는 경우에는 그렇지 않다.
○ 누설동축케이블 및 안테나는 고압의 전로로부터 (②)m 이상 떨어진 위치에 설치할 것. 다만, 해당 전로에 정전기 차폐장치를 유효하게 설치한 경우에는 그렇지 않다.

해답 ① 4
② 1.5

해설 **무선통신보조설비 누설동축케이블 등**의 **설치기준**(NFPC 505 5조, NFTC 505 2.2.1)
(1) 소방전용주파수대에서 **전파**의 **전송** 또는 **복사**에 적합한 것으로서 **소방전용**의 것으로 할 것(단, **소방대 상호간**의 **무선연락**에 지장이 없는 경우에는 다른 용도와 겸용 가능)
(2) **누설동축케이블**과 이에 접속하는 **안테나** 또는 **동축케이블**과 이에 접속하는 **안테나**로 구성할 것
(3) 누설동축케이블 및 동축케이블은 **불연** 또는 **난연성**의 것으로서 습기 등의 환경조건에 따라 전기의 특성이 변질되지 않는 것으로 하고, 노출하여 설치한 경우에는 피난 및 통행에 장애가 없도록 할 것
(4) 누설동축케이블 및 동축케이블은 화재에 따라 해당 케이블의 피복이 소실된 경우에 케이블 본체가 떨어지지 않도록 **4m** 이내마다 **금속제** 또는 **자기제** 등의 지지금구로 벽 · 천장 · 기둥 등에 견고하게 고정시킬 것(단, **불연재료**로 구획된 반자 안에 설치하는 경우 제외)
(5) 누설동축케이블 및 안테나는 **금속판** 등에 따라 **전파**의 **복사** 또는 **특성**이 현저하게 저하되지 않는 위치에 설치할 것
(6) 누설동축케이블 및 안테나는 **고**압의 전로로부터 **1.5m** 이상 떨어진 위치에 설치할 것(단, 해당 전로에 **정전기 차폐장치**를 유효하게 설치한 경우 제외)
(7) 누설동축케이블의 **끝**부분에는 **무반사 종단저항**을 견고하게 설치할 것

기억법 **전불무 4고금판**

▌2020년 산업기사 제4회 필답형 실기시험▌

자격종목	시험시간	형별	수험번호	성명	감독위원 확인
소방설비산업기사(전기분야)	2시간 30분				

※ 다음 물음에 답을 해당 답란에 답하시오.(배점 : 100)

☆☆☆

문제 01

도면은 시퀀스회로이다. 이 회로를 보고 다음 각 물음에 답하시오.

득점	배점
	10

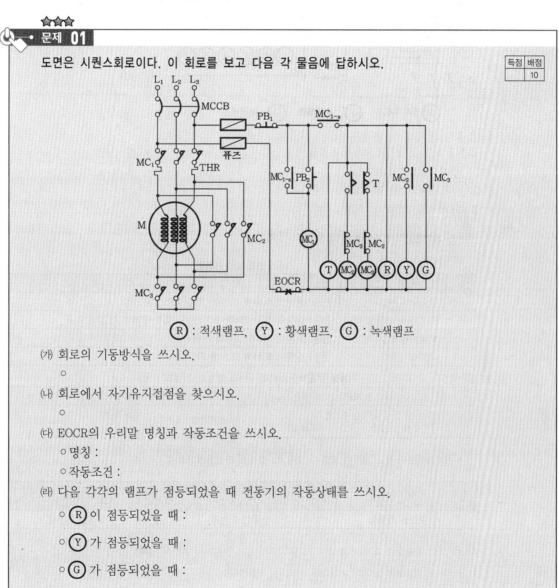

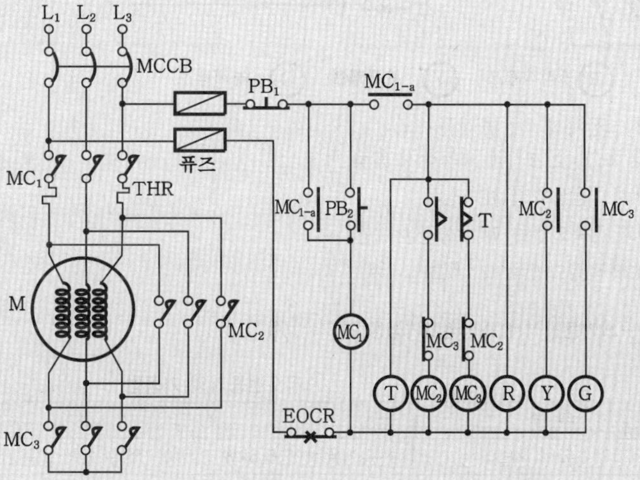

Ⓡ : 적색램프, Ⓨ : 황색램프, Ⓖ : 녹색램프

(가) 회로의 기동방식을 쓰시오.

○

(나) 회로에서 자기유지접점을 찾으시오.

○

(다) EOCR의 우리말 명칭과 작동조건을 쓰시오.

○ 명칭 :

○ 작동조건 :

(라) 다음 각각의 램프가 점등되었을 때 전동기의 작동상태를 쓰시오.

○ Ⓡ이 점등되었을 때 :

○ Ⓨ가 점등되었을 때 :

○ Ⓖ가 점등되었을 때 :

해답 (가) Y-△기동방식

(나)

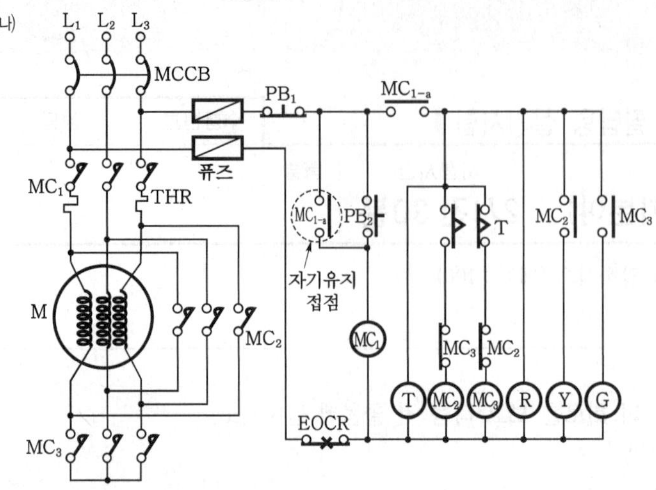

Ⓡ : 적색램프, Ⓨ : 황색램프, Ⓖ : 녹색램프

(다) ① 명칭 : 전자식 과전류계전기
② 작동조건 : 전동기에 과부하가 걸릴 때

(라) ① Ⓡ이 점등되었을 때 : 정지
② Ⓨ가 점등되었을 때 : △결선 운전
③ Ⓖ가 점등되었을 때 : Y결선 기동

해설 (가)

• **Y-△기동방식**은 **소방펌프기동용**으로 사용된다.

‖ 유도전동기의 기동법 ‖

구 분	적 용
전전압기동법(직입기동)	전동기용량이 **5.5kW** 미만에 적용(소형 전동기용)
Y-△기동법(Y-△기동방식)	전동기용량이 **5.5~15kW** 미만(또는 **18.5~90kW** 미만)에 적용
기동보상기법	전동기용량이 **15kW** 이상에 적용
리액터기동법	전동기용량이 **5.5kW** 이상에 적용

(나) 일반적으로 자기유지접점은 **기동용 누름버튼스위치**(PB_2)와 **병렬**로 연결되어 있다.

(다)

EOCR	THR
전자식 과전류계전기 (Electronic Over Current Relay)	열동계전기 (THermal Relay)

• **'과전류계전기'**라고 답하면 틀린다. 정확히 **'전자식 과전류계전기'**라고 답하라!

(라)

Ⓡ, MC_1	Ⓖ, MC_3	Ⓨ, MC_2
주전원 개폐용	Y결선 기동용	△결선 운전용

• Ⓡ이 점등되면 주전원 개폐용 MC_1만 여자되므로 **전동기**는 그대로 **정지**되어 있다.
• Ⓖ가 점등되면 MC_3가 여자되어 전동기는 **Y결선**으로 기동된다.
• Ⓨ가 점등되면 MC_2가 여자되어 전동기는 **△결선**으로 운전된다.

중요

동작설명

(1) 누름버튼스위치 PB_2를 누르면 전자개폐기 (MC_1)이 여자되어 적색램프 (R)을 점등시킨다.
(2) 이와 동시에 타이머 (T)가 통전되고 전자개폐기 (MC_3)가 여자되어 녹색램프 (G) 점등, 전동기를 (Y) 기동시킨다.
(3) 타이머의 설정시간 후 (MC_3) 소자, (G) 소등, 전자개폐기 (MC_2)가 여자되어 황색램프 (Y) 점등, 전동기를 △운전시킨다.
(4) 누름버튼스위치 PB_1을 누르면 여자 중이던 (MC_1)·(MC_2)가 소자되고, (R)·(Y)가 소등되며, 전동기는 정지한다.
(5) 운전 중 과부하가 걸리면 전자식 과전류계전기 EOCR이 작동하여 전동기를 정지시키므로 점검이 필요하다.

☆☆☆

문제 02

자동화재탐지설비 감지기 사이의 회로의 배선방식과 이 배선방식의 사용목적을 쓰시오.

(19.4.문5 · 11, 17.4.문1, 16.6.문16, 12.11.문3, 11.11.문14, 07.11.문11)

득점	배점
	3

○ 배선방식 :
○ 사용목적 :

유사문제부터 풀어보세요.
실력이 팍!팍! 올라갑니다.

해답 ① 배선방식 : 송배선방식
② 사용목적 : 도통시험을 용이하게 하기 위해

해설 **송배선식**과 **교차회로방식**

구 분	송배선식(송배선방식)	교차회로방식
정의	**도통시험**을 용이하게 하기 위하여	감지기의 **오동작** 방지
원리	배선의 도중에서 분기하지 않는 방식	하나의 담당구역 내에 **2 이상**의 **감지기회로**를 설치하고 **2 이상**의 **감지기회로**가 **동시**에 **감지**되는 때에 설비가 작동하는 방식으로 회로방식이 **AND 회로**에 해당된다.
적용 설비	• 자동화재탐지설비 • 제연설비	• **분**말소화설비 • **할**론소화설비 • **이**산화탄소 소화설비 • **준**비작동식 스프링클러설비 • **일**제살수식 스프링클러설비 • **할**로겐화합물 및 불활성기체 소화설비 • **부**압식 스프링클러설비 기억법 **분할이 준일할부**
가닥수 산정	종단저항을 수동발신기함 내에 설치하는 경우 **루프(loop)**된 곳은 **2가닥, 기타 4가닥**이 된다. 수동 발신기함 / 루프(loop) ‖ 송배선식 ‖	**말단**과 **루프**(loop)된 곳은 **4가닥, 기타 8가닥**이 된다. 수동 발신기함 / 말단 / 루프(loop) ‖ 교차회로방식 ‖

☆☆☆

문제 03

모터컨트롤센터(M.C.C)에서 소화전 펌프모터에 전기를 공급하는 전동기설비에 대한 다음 각 물음에 답하시오. (단, 전압은 3상 380V이고 모터의 용량은 20kW, 역률은 80%라고 한다.)

(17.6.문1, 17.4.문9, 15.7.문10, 14.11.문14, 14.4.문7, 11.7.문3, 10.10.문4, 10.4.문8, 09.7.문5, 08.4.문9)

득점	배점
	8

(가) 모터의 전부하전류는 몇 A인가?

○ 계산과정 :

○ 답 :

(나) 모터의 역률을 95%로 개선하고자 할 때 필요한 전력용 콘덴서의 용량은 몇 kVA인가?

○ 계산과정 :

○ 답 :

(다) 전동기외함에는 감전보호를 위해 어떤 접지를 해야 하는가?

○

(라) 배관공사를 후강전선관으로 하고자 한다. 후강전선관 1본의 길이는 몇 m인가?

○

해답 (가) ○ 계산과정 : $\dfrac{20\times10^3}{\sqrt{3}\times380\times0.8}=37.983 \fallingdotseq 37.98\text{A}$

○ 답 : 37.98A

(나) ○ 계산과정 : $20\left(\dfrac{\sqrt{1-0.8^2}}{0.8}-\dfrac{\sqrt{1-0.95^2}}{0.95}\right)=8.43\text{kVA}$

○ 답 : 8.43kVA

(다) 보호접지

(라) 3.66m

해설 (가) **3상 전력**

$$P=\sqrt{3}\,VI\cos\theta$$

여기서, P : 3상 전력(모터의 용량)〔W〕

V : 전압〔V〕

I : 전부하전류〔A〕

$\cos\theta$: 역률

$P=\sqrt{3}\,VI\cos\theta$ 에서

전부하전류 $I=\dfrac{P}{\sqrt{3}\,V\cos\theta}=\dfrac{20\times10^3}{\sqrt{3}\times380\times0.8}=37.983 \fallingdotseq 37.98\text{A}$

- $P(20\times10^3\text{W})$: $\text{k}=10^3$ 이므로 20kW=20×10^3W
- $V(380\text{V})$: 〔단서〕에서 주어짐
- $\cos\theta(0.8)$: 〔단서〕에서 **80%**이므로 **0.8**

(나) 역률개선용 **전력용 콘덴서**의 **용량** Q_c는

$$Q_c=P(\tan\theta_1-\tan\theta_2)=P\left(\frac{\sin\theta_1}{\cos\theta_1}-\frac{\sin\theta_2}{\cos\theta_2}\right)=P\left(\frac{\sqrt{1-\cos\theta_1{}^2}}{\cos\theta_1}-\frac{\sqrt{1-\cos\theta_2{}^2}}{\cos\theta_2}\right)\text{〔kVA〕}$$

여기서, Q_c : 콘덴서의 용량〔kVA〕

P : 유효전력〔kW〕

$\cos\theta_1$: 개선 전 역률

$\cos\theta_2$: 개선 후 역률

$\sin\theta_1$: 개선 전 부효율$(\sin\theta_1 = \sqrt{1-\cos\theta_1{}^2})$

$\sin\theta_2$: 개선 후 무효율$(\sin\theta_2 = \sqrt{1-\cos\theta_2{}^2})$

$$\therefore\ Q_c = P\left(\frac{\sqrt{1-\cos\theta_1{}^2}}{\cos\theta_1} - \frac{\sqrt{1-\cos\theta_2{}^2}}{\cos\theta_2}\right) = 20\left(\frac{\sqrt{1-0.8^2}}{0.8} - \frac{\sqrt{1-0.95^2}}{0.95}\right) = 8.43\text{kVA}$$

- P의 단위가 kW임을 주의!

(다) 접지시스템 구분

① 계통접지 : 전력계통의 이상현상에 대비하여 대지와 계통을 접지하는 것
② 보호접지 : 감전보호를 목적으로 기기의 한 점 이상을 접지하는 것
③ 피뢰시스템 접지 : 뇌격전류를 안전하게 대지로 방류하기 위해 접지하는 것

(라) **1본의 길이**

• 후강전선관 • 박강전선관	합성수지관
3.66m	4m

- 전선관은 KSC 8401 규정에 의해 1본의 길이는 **3.66m**이다.
- 3.6m, 3.64m라고 쓰면 틀린다.

중요

구 분	후강전선관	박강전선관
사용장소	• 공장 등의 배관에서 특히 **강도**를 필요로 하는 경우 • **폭발성 가스**나 **부식성 가스**가 있는 장소	• 일반적인 장소
관의 호칭 표시방법	• 안지름의 근사값을 **짝수**로 표시	• 바깥지름의 근사값을 **홀수**로 표시
규격	16mm, 22mm, 28mm, 36mm, 42mm, 54mm, 70mm, 82mm, 92mm, 104mm	19mm, 25mm, 31mm, 39mm, 51mm, 63mm, 75mm

Tip

- 후강전선관과 박강전선관은 과거 강관에 에나멜 칠을 할 당시에 사용되던 전선관이다.
- 후강전선관의 두께가 박강전선관보다 더 두껍다.
- 현재는 박강전선관은 생산되고 있지 않는 상태이다.
- **후강전선관**도 이제는 에나멜 칠은 하지 않고 모두 **아연도금강관**으로만 생산된다.

★★★

문제 04

자동화재탐지설비의 수신기에서 수신기의 공통선시험을 실시하는 목적을 쓰시오.

(16.6.문7, 15.11.문11, 13.11.문7, 08.4.문1, 07.11.문6)

○

득점	배점
	3

해답 공통선이 담당하고 있는 경계구역의 적정 여부 확인

해설

구 분	공통선시험	예비전원시험
목적	공통선이 담당하고 있는 경계구역의 적정 여부를 확인하기 위하여	상용전원 및 비상전원 정전시 자동적으로 예비전원으로 절환되며, 정전복구시에 자동적으로 상용전원으로 절환되는지의 여부를 확인하기 위하여

시험방법	① 수신기 내 접속단자의 **공통선**을 **1선 제거** ② 회로도통시험의 예에 따라 **회로선택스위치**를 차례로 **회전** ③ 전압계 또는 LED를 확인하여 「단선」을 지시한 경계구역의 **회선수**를 **조사**	① 예비전원 시험스위치 ON ② **전압계**의 지시치가 지정범위 내에 있을 것 ③ 교류전원을 개로(상용전원을 차단)하고 **자동절환릴레이**의 작동상황을 조사
판정기준	공통선이 담당하고 있는 **경계구역수**가 **7 이하**일 것	① 예비전원의 **전압**이 정상일 것 ② 예비전원의 **용량**이 정상일 것 ③ 예비전원의 **절환**이 정상일 것 ④ 예비전원의 **복구**가 정상일 것

참고

공통선시험
예전에는 **시험용 계기(전압계)**로 「단선」을 지시한 경계구역의 회선수를 조사했으나 요즘에는 **전압계** 또는 LED(발광다이오드)로 「단선」을 지시한 경계구역의 회선수를 조사한다.

문제 05

다음 주어진 진리표를 참고하여 각 물음에 답하시오.

(19.11.문2, 17.6.문16, 16.6.문10, 15.7.문16, 15.4.문4, 14.7.문8, 12.11.문4, 12.7.문10, 12.4.문13, 10.4.문3, 06.11.문12)

득점	배점
	5

A	B	X
0	0	0
0	1	1
1	0	1
1	1	0

(가) 릴레이회로(유접점회로)와 무접점회로(논리회로)를 그리시오.

릴레이회로	논리회로

(나) 논리식을 쓰시오.
○

해답 (가)

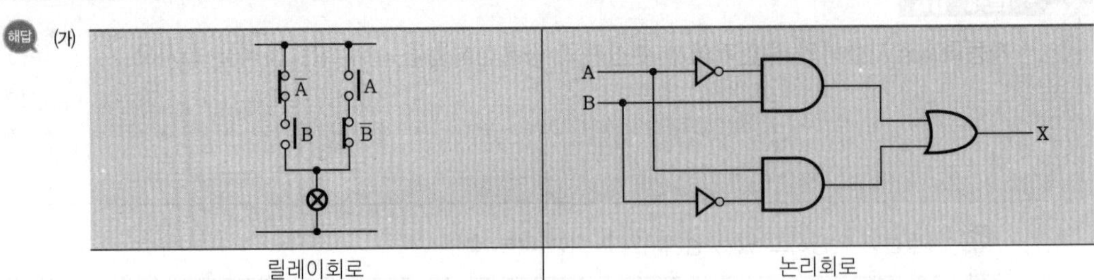

(나) $X = \overline{A}B + A\overline{B}$

해설

• 문제에서 주어진 진리표는 EXCLUSIVE OR회로이다.

‖ 시퀀스회로와 논리회로 ‖

명 칭	시퀀스회로	논리회로	진리표
AND회로 (직렬회로) (교차회로방식)	A, B, X_{-a}	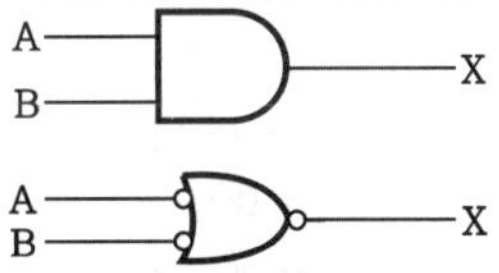 $X = A \cdot B$	A B X 0 0 0 0 1 0 1 0 0 1 1 1
OR회로 (병렬회로)	A, B, X_{-a}	$X = A + B$	A B X 0 0 0 0 1 1 1 0 1 1 1 1
a접점	A, Z	$Z = A$	A X 0 0 1 1
NOT회로 (b접점)	A, X_{-b}	$X = \overline{A}$	A X 0 1 1 0
NAND회로	A, B, X_{-b}	$X = \overline{A \cdot B}$	A B X 0 0 1 0 1 1 1 0 1 1 1 0
NOR회로	A, B, X_{-b}	$X = \overline{A + B}$	A B X 0 0 1 0 1 0 1 0 0 1 1 0
EXCLUSIVE OR회로	$\overline{A}$, A, B, $\overline{B}$, X_a	$X = A \oplus B = \overline{A}B + A\overline{B}$	A B X 0 0 0 0 1 1 1 0 1 1 1 0

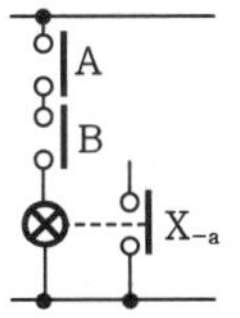

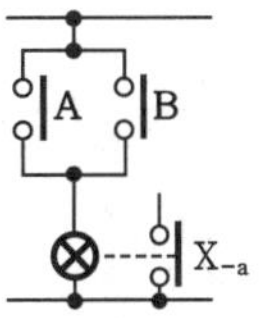

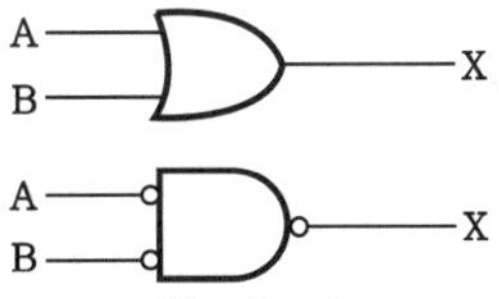

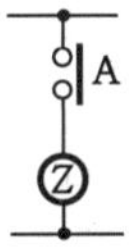

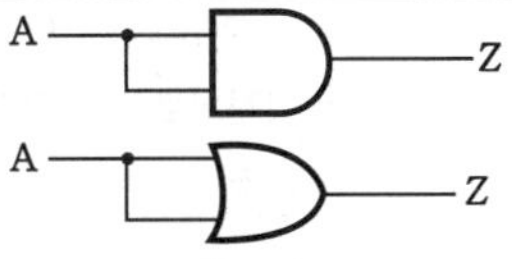

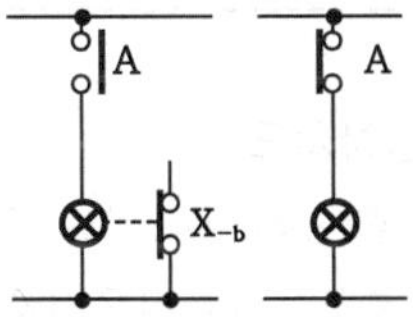

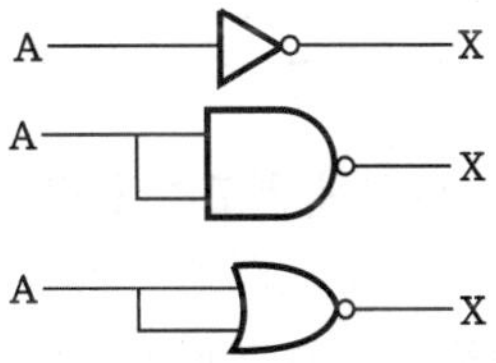

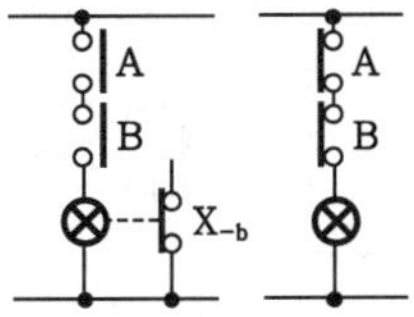

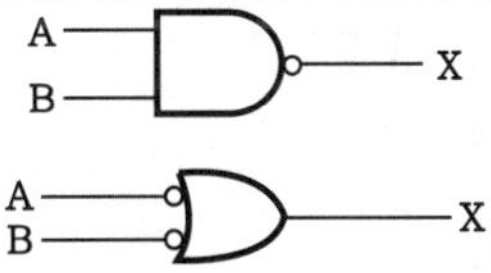

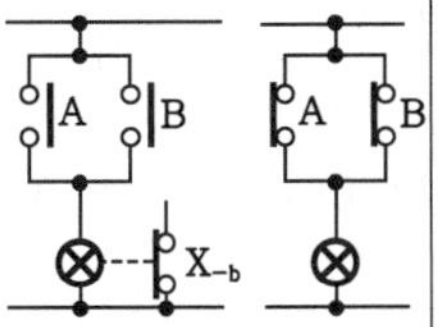

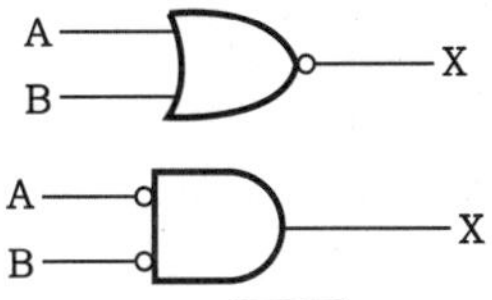

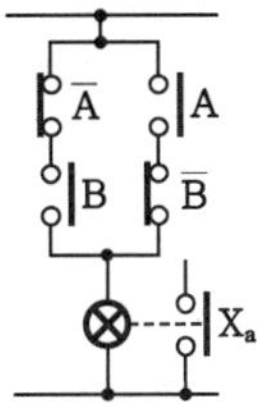

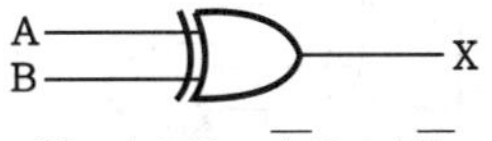

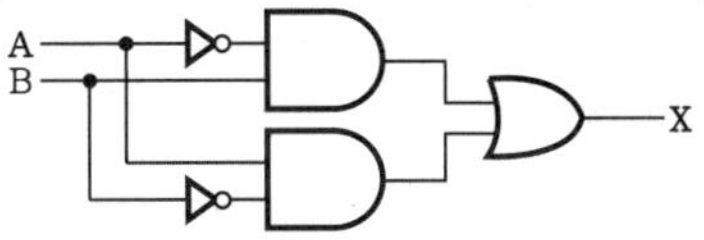

EXCLUSIVE NOR회로	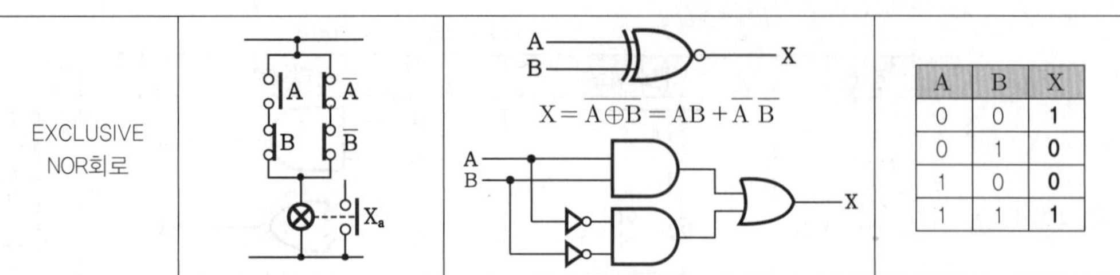		

A	B	X
0	0	**1**
0	1	**0**
1	0	**0**
1	1	**1**

용어

용 어	설 명
불대수(Boolean algebra) =논리대수	① 임의의 회로에서 일련의 기능을 수행하기 위한 **가장 최적**의 **방법**을 결정하기 위하여 이를 수식적으로 표현하는 방법 ② 여러 가지 조건의 논리적 관계를 **논리기호**로 나타내고 이것을 **수식**적으로 **표현**하는 방법
무접점회로(논리회로)	**집적회로**를 **논리기호**를 사용하여 알기 쉽도록 표현해 놓은 회로
진리표(진가표, 참값표)	논리대수에 있어서 ON, OFF 또는 동작, 부동작의 상태를 **1**과 **0**으로 나타낸 표

☆☆☆ **문제 06**

다음의 주어진 시퀀스회로를 참고하여 각 물음에 답하시오.

(19.11.문2, 17.6.문16, 16.6.문10, 15.4.문4, 12.11.문4, 12.7.문10, 10.4.문3)

(가) 다음의 시퀀스회로를 보고 논리회로의 미완성부분을 그려 넣으시오.

득점	배점
	3

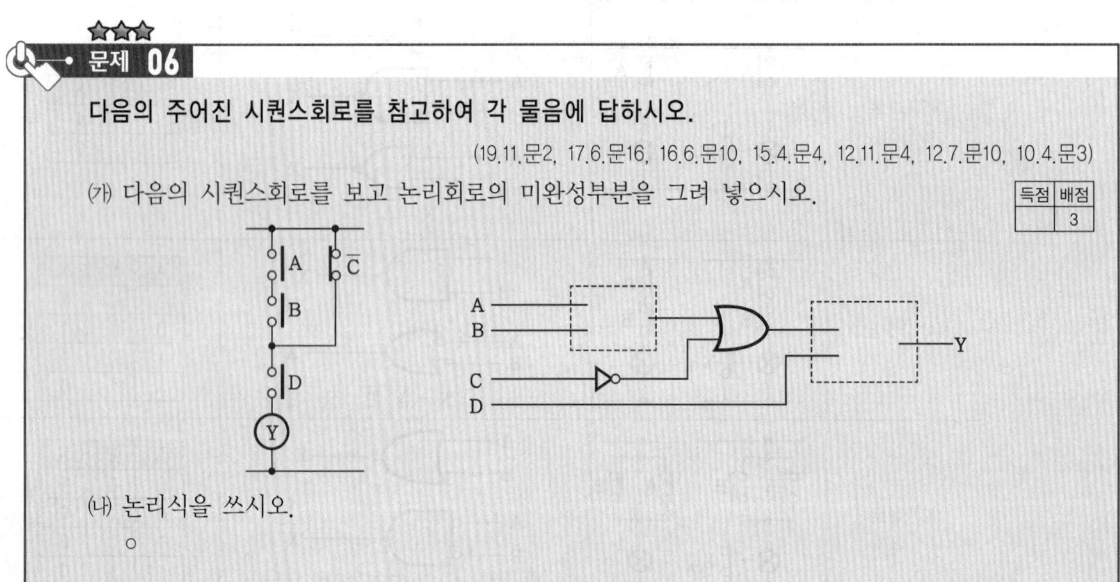

(나) 논리식을 쓰시오.

○

해답 (가)

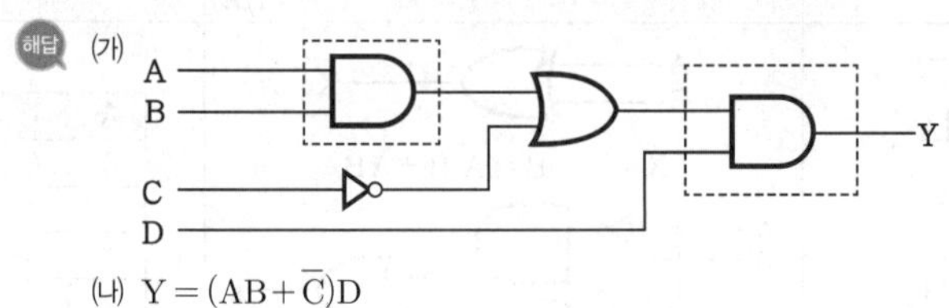

(나) $Y = (AB + \overline{C})D$

해설 **시퀀스회로**와 **논리회로**의 **관계**

회 로	시퀀스회로	논리식	논리회로
직렬회로		Z = A · B Z = AB	
병렬회로		Z = A + B	
a접점		Z = A	
b접점		$Z = \overline{A}$	

• 논리회로를 가지고 논리식을 써서 반드시 재검토하라!

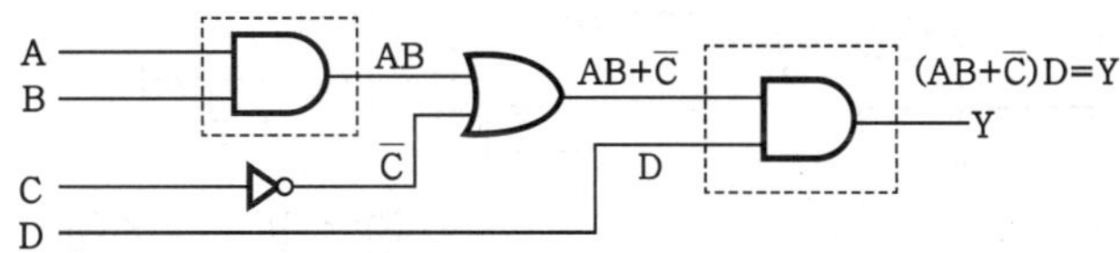

☆☆☆

문제 07

3ϕ 380V, 60Hz, 4P, 75HP의 전동기가 있다. 동기속도는 몇 rpm인가?

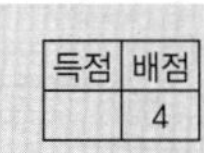

득점	배점
	4

○ 계산과정 :

○ 답 :

○ 계산과정 : $\dfrac{120 \times 60}{4} = 1800\text{rpm}$

○ 답 : 1800rpm

해설 (1) **기호**

- f : 60Hz
- P : 4극
- N_s : ?

(2) **동기속도**

$$N_s = \frac{120f}{P} = \frac{120 \times 60}{4} = 1800\text{rpm}$$

‖ 동기속도 vs 회전속도 ‖

동기속도	회전속도
$N_s = \frac{120f}{P}$ (rpm) 여기서, f : 주파수(Hz) P : 극수	$N = \frac{120f}{P}(1-s)$ (rpm) 여기서, f : 주파수(Hz) P : 극수 s : 슬립

용어

슬립(slip)

유도전동기의 **회전자 속도**에 대한 **고정자**가 만든 **회전자계**의 **늦음**의 **정도**를 말하며, 평상운전에서 슬립은 **4~8%** 정도되며, 슬립이 클수록 회전속도는 느려진다.

☆☆☆

문제 08

비상방송설비의 3선식 배선에 대한 미완성회로이다. 다음 ①~③의 명칭을 쓰고 이 회로의 미완성 부분을 완성하시오.

(16.11.문8)

득점	배점
	8

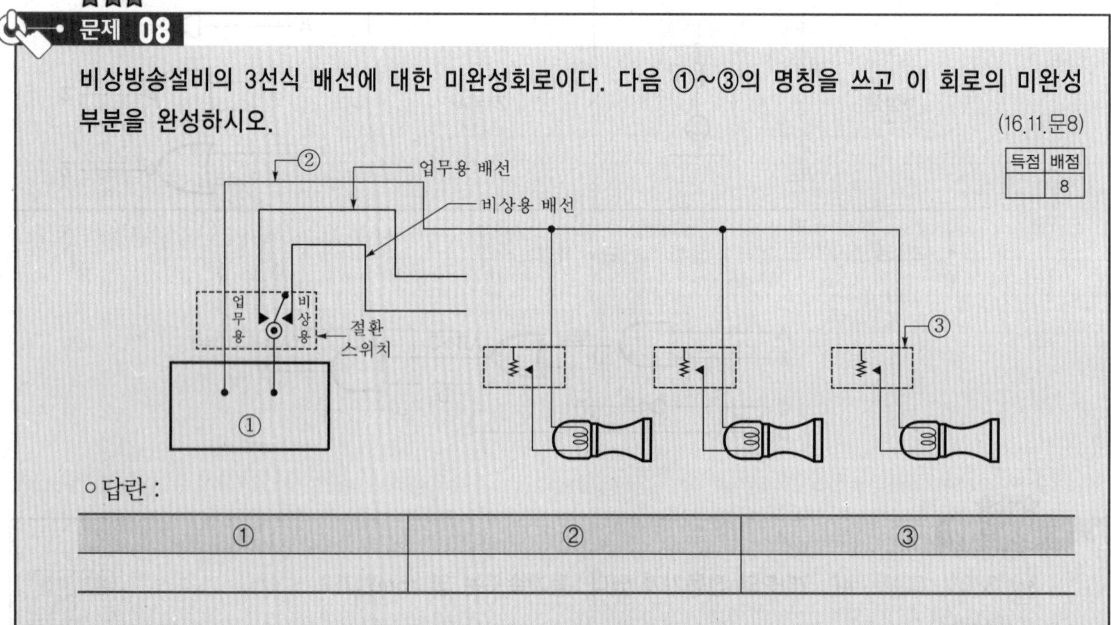

○답란 :

①	②	③

해답

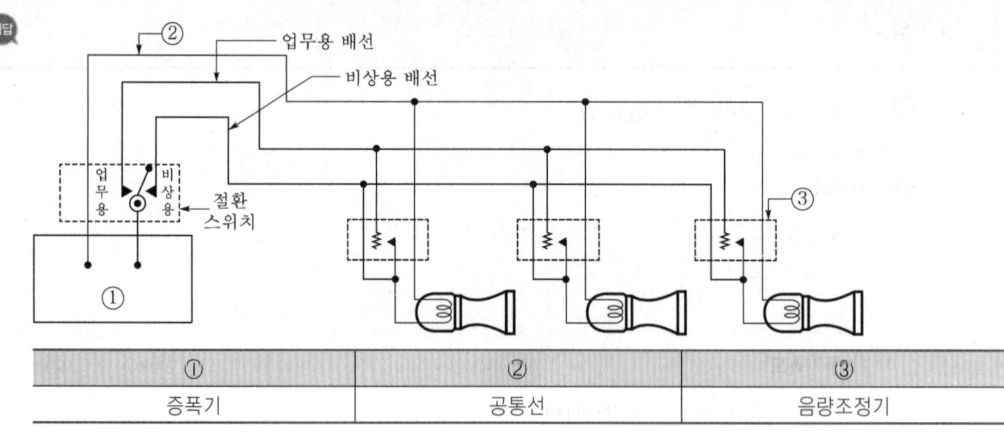

①	②	③
증폭기	공통선	음량조정기

해설

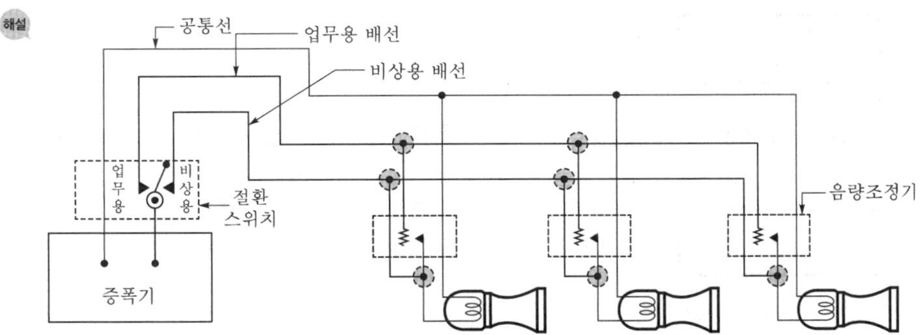

- 접속부분에는 반드시 점(●)을 찍어야 한다. 점을 찍지 않으면 접속이 안 된 것이므로 틀린 것이다. (점을 크게 찍으면 더 멋있다!)
- ③ '**음향조정기**'라고 쓰면 틀린다. 정확히 '**음량조정기**'라고 답해야 한다.
- 비상용 배선=긴급용 배선
- ① '**증폭부**'도 맞을 수 있지만 정확한 명칭은 '**증폭기**'이다.

중요

3선식 배선

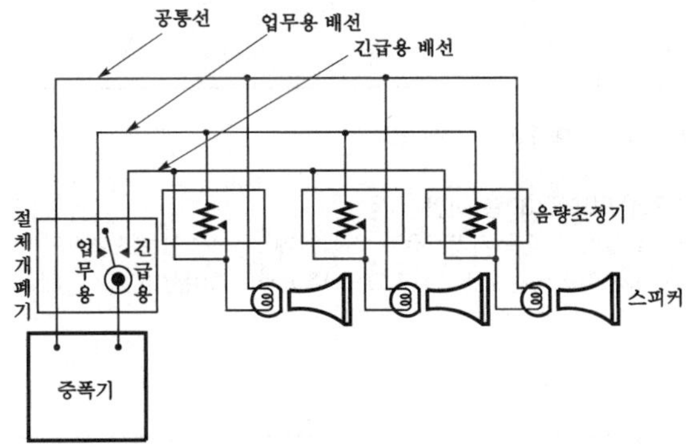

공통선
업무용 배선
긴급용 배선
절체개폐기
업무용
긴급용
음량조정기
스피커
증폭기

‖ 3선식 배선 1 ‖

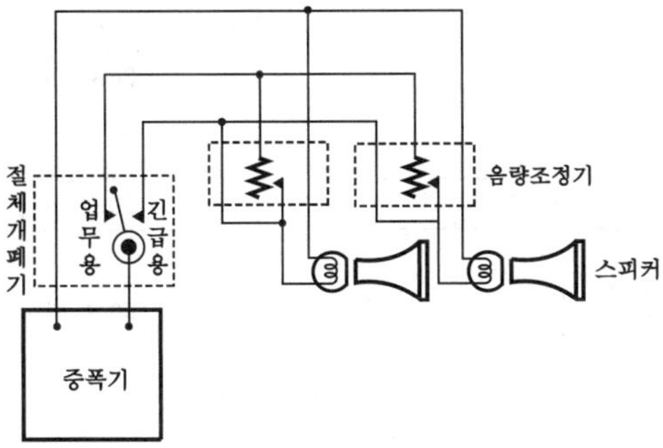

절체개폐기
업무용
긴급용
음량조정기
스피커
증폭기

‖ 3선식 배선 2 ‖

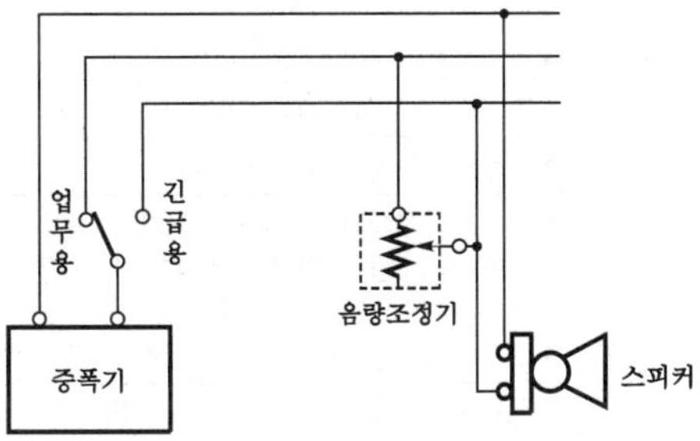

업무용
긴급용
음량조정기
스피커
증폭기

‖ 3선식 배선 3 ‖

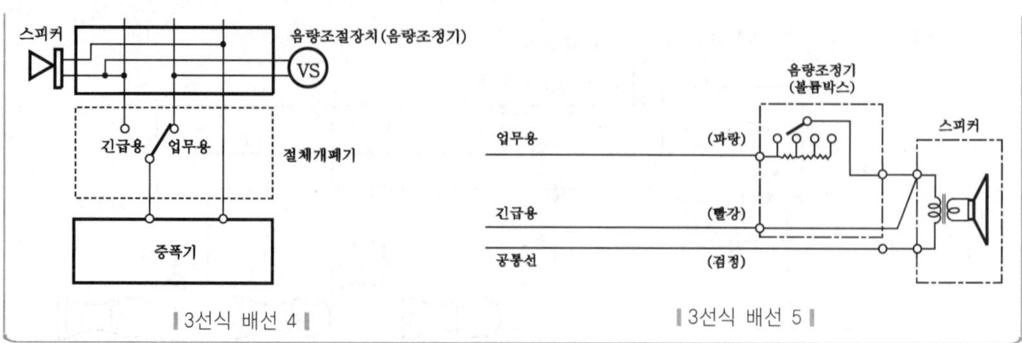

┃3선식 배선 4┃ ┃3선식 배선 5┃

★★★

문제 09

어느 29층 건물에 비상전원을 설치하고자 한다. 소방시설의 비상전원 종류에 따라 비상전원용량은 몇 분 이상 작동하여야 하는지 쓰시오. (16.11.문12, 15.7.문18, 14.7.문9)

득점	배점
	4

(가) 자동화재탐지설비, 비상경보설비, 자동화재속보설비 : (　　)분

(나) 무선통신보조설비의 증폭기 : (　　)분

(다) 스프링클러설비 : (　　)분

(라) 비상콘센트설비 : (　　)분

해답 (가) 10　(나) 30　(다) 20　(라) 20

해설

- 문제에서 29층이므로 **30층 미만** 적용
- 무선통신보조설비의 증폭기가 30분 이상인데 무선통신보조설비의 비상전원은 증폭기에만 사용되므로, 만약, 문제에서 무선통신보조설비라고만 주어져도 **30분**이라고 답해야 정답!

중요

비상전원용량

설 비	비상전원의 용량
• 자동화재탐지설비, 비상경보설비, 자동화재속보설비	**10분** 이상
• 유도등, 비상조명등, 비상콘센트설비, 제연설비, 물분무소화설비 • 옥내소화전설비(30층 미만) • 특별피난계단의 계단실 및 부속실 제연설비(30층 미만) • 스프링클러설비(30층 미만) • 연결송수관설비(30층 미만)	**20분** 이상
• 무선통신보조설비의 증폭기	**30분** 이상
• 옥내소화전설비(30~49층 이하) • 특별피난계단의 계단실 및 부속실 제연설비(30~49층 이하) • 연결송수관설비(30~49층 이하) • 스프링클러설비(30~49층 이하)	**40분** 이상
• 유도등 · 비상조명등(지하상가 및 11층 이상) • 옥내소화전설비(50층 이상) • 특별피난계단의 계단실 및 부속실 제연설비(50층 이상) • 연결송수관설비(50층 이상) • 스프링클러설비(50층 이상)	**60분** 이상

☆☆☆ 문제 10

사무실(1동)과 공장(2동)으로 구분되어 있는 건물에 P형 발신기세트를 설치하고, 수신기는 경비실에 설치하였다. 경보방식은 동별 구분경보방식을 적용하였으며, 옥내소화전의 가압송수장치는 기동용 수압개폐장치를 사용하는 방식인 경우에 표 안의 지구선과 경종선의 가닥수를 쓰시오.

(19.6.문3, 17.4.문5, 16.6.문13, 16.4.문9, 15.7.문8, 13.11.문18, 13.4.문16, 10.4.문16, 09.4.문6, 기사 08.4.문16)

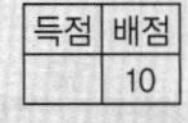

득점	배점
	10

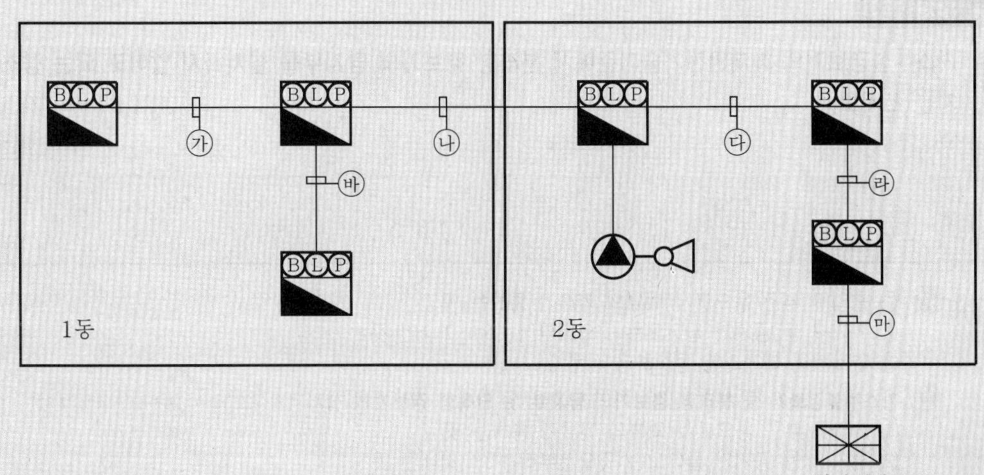

○ 답란 :

항 목	지구선	경종선
㉮		
㉯		
㉰		
㉱		
㉲		
㉳		

해답

항 목	지구선	경종선
㉮	1	1
㉯	3	1
㉰	4	2
㉱	5	2
㉲	6	2
㉳	1	1

해설

- 문제에서처럼 **동별 구분**이 되어 있을 때는 가닥수를 **구분경보방식**으로 산정한다.
- 구분경보방식은 우선경보방식 개념으로 생각하여 가닥수를 산정하면 된다. 단, 주의할 것은 **경종개수**가 **동별**로 **추가**되는 것에 주의하라!
- 구분경보방식=구분명동방식
- 지구선=회로선=신호선=감지기선

★

문제 11

가스누설경보기의 화재안전기술기준에서 분리형 경보기의 탐지부를 설치하지 않아도 되는 장소 3가지를 쓰시오. (16.4.문14)

득점	배점
	6

○

○

○

해답 ① 출입구 부근 등으로서 외부의 기류가 통하는 곳
② 환기구 등 공기가 들어오는 곳으로부터 1.5m 이내인 곳
③ 연소기의 폐가스에 접촉하기 쉬운 곳

해설 **가스누설경보기** 중 **분리형 경보기**의 **탐지부** 및 **단독형 경보기**의 설치제외장소(NFPC 206 6조, NFTC 2.3.1)
(1) 출입구 부근 등으로서 외부의 기류가 통하는 곳
(2) 환기구 등 공기가 들어오는 곳으로부터 1.5m 이내인 곳
(3) 연소기의 폐가스에 접촉하기 쉬운 곳
(4) 가구·보·설비 등에 가려져 누설가스의 유통이 원활하지 못한 곳
(5) 수증기 또는 기름 섞인 연기 등이 직접 접촉될 우려가 있는 곳

★★★

문제 12

차동식 분포형 감지기 중 공기관식의 주요구성요소 5가지를 쓰시오. (14.7.문13, 10.4.문5)

득점	배점
	5

○

○

○

○

○

해답 ① 공기관
② 다이어프램
③ 리크구멍
④ 접점
⑤ 시험장치

해설

- 시험콕, 테스트펌프, 고무관, 공기주입용 누즐 등은 차동식 분포형 감지기 **시험**에 **필요한 구성요소**이므로 정답이 될 수 없다.

차동식 분포형 감지기

구 분	주요구성요소		구 조
	수열부(감열부)	검출부	
공기관식	• 공기관	• 다이어프램 • 리크구멍 • 접점 • 시험장치	수신기로, 다이어프램, 접점, 리크구멍, 시험공, 검출부, 감열부(공기관)
열전대식	• 열전대	• 미터릴레이 (가동선륜, 스프링, 접점)	검출부(미터릴레이), 수신기로, 열전대, 접점
열반도체식	• 열반도체 소자 • 수열판	• 미터릴레이 (가동선륜, 스프링, 접점)	검출부, 지구, 공통, 접점, 수열판, 동니켈선, 열반도체소자, 수신기

☆☆☆ **문제 13**

객석통로의 직선부분의 길이가 89m일 때 객석유도등의 최소설치개수를 계산하시오. (12.11.문16)

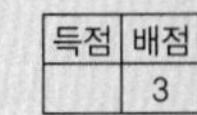

득점	배점
	3

○ 계산과정 :

○ 답 :

○ 계산과정 : $\frac{89}{4}-1=21.2 \fallingdotseq 22$개

○ 답 : 22개

최소설치개수 산정식(NFPC 303 7조, NFTC 303 2.4.2)

설치개수 산정시 소수가 발생하면 반드시 **절상**한다.

구 분	산정식
객석유도등	설치개수 $=\frac{\text{객석통로의 직선부분의 길이[m]}}{4}-1$
유도표지	설치개수 $=\frac{\text{구부러진 곳이 없는 부분의 보행거리[m]}}{15}-1$
복도통로유도등, 거실통로유도등	설치개수 $=\frac{\text{구부러진 곳이 없는 부분의 보행거리[m]}}{20}-1$

객석유도등 설치개수 $=\frac{\text{객석통로의 직선부분의 길이[m]}}{4}-1=\frac{89\text{m}}{4}-1=21.2 \fallingdotseq 22$개(절상)

☆☆ 문제 14

자동화재탐지설비를 설치해야 할 특정소방대상물의 바닥면적이 600m²인 경우 다음 조건을 고려하여 감지기의 종류별 설치해야 할 최소감지기의 수량을 계산하시오. (16.6.문14, 14.4.문12, 13.11.문16)

득점	배점
	6

〔조건〕

① 감지기의 설치부착높이 : 바닥으로부터 3.5m

② 주요구조부 : 내화구조

(가) 정온식 스포트형 특종감지기의 최소설치개수

○ 계산과정 :

○ 답 :

(나) 정온식 스포트형 1종 감지기의 최소설치개수

○ 계산과정 :

○ 답 :

(다) 정온식 스포트형 2종 감지기의 최소설치개수

○ 계산과정 :

○ 답 :

(가) ○ 계산과정 : $\frac{600}{70}=8.5=9$개

○ 답 : 9개

(나) ○ 계산과정 : $\frac{600}{60}=10$개

○ 답 : 10개

(다) ○ 계산과정 : $\frac{600}{20}=30$개

○ 답 : 30개

해설 **스포트형 감지기**의 **바닥면적**(NFPC 203 7조, NFTC 203 2.4.3.5)

부착높이 및 특정소방대상물의 구분		감지기의 종류				
		차동식·보상식 스포트형		정온식 스포트형		
		1종	2종	특종	1종	2종
4m 미만	내화구조	90m²	70m²	70m²	60m²	20m²
	기타구조	50m²	40m²	40m²	30m²	15m²
4m 이상 8m 미만	내화구조	45m²	35m²	35m²	30m²	–
	기타구조	30m²	25m²	25m²	15m²	–

(가) 특종감지기의 설치개수$=\frac{600\text{m}^2}{\text{감지기 1개의 바닥면적}}=\frac{600\text{m}^2}{70\text{m}^2}=8.5 \fallingdotseq 9$개(절상)

(나) 1종 감지기의 설치개수$=\frac{600\text{m}^2}{\text{감지기 1개의 바닥면적}}=\frac{600\text{m}^2}{60\text{m}^2}=10$개

(다) 2종 감지기의 설치개수$=\frac{600\text{m}^2}{\text{감지기 1개의 바닥면적}}=\frac{600\text{m}^2}{20\text{m}^2}=30$개

☆☆
문제 15

휴대용 비상조명등을 설치하지 않을 수도 있는 경우를 2가지 쓰시오. (17.4.문6, 16.11.문9, 13.7.문6)

○

○

득점	배점
	6

해답 ① 복도·통로 또는 창문 등의 개구부를 통하여 피난이 용이한 경우(지상 1층, 피난층)
② 숙박시설로서 복도에 비상조명등을 설치한 경우

해설 **휴대용 비상조명등**의 **설치제외**(NFPC 304 5조, NFTC 304 2.2.2)
(1) 복도·통로 또는 창문 등의 개구부를 통하여 피난이 용이한 경우(**지상 1층**, **피난층**)
(2) **숙박시설**로서 **복도**에 비상조명등을 설치한 경우

- '**숙박시설**'이라고만 쓰면 틀린다.

중요

휴대용 비상조명등 설치대상(소방시설법 시행령 [별표 4])
(1) 숙박시설
(2) 수용인원 **100명** 이상의 영화상영관
(3) **대규모 점포**
(4) **지하역사**
(5) **지하상가**

비교

비상조명등 설치제외 장소(NFPC 304 5조, NFTC 304 2.2.1)
(1) **거실**의 각 부분으로부터 하나의 출입구에 이르는 **보행거리**가 **15m 이내**인 부분
(2) **의**원·**경**기장·**공**동**주**택·**의**료시설·**학교**의 거실

기억법 **공주학교의 의경**

☆
문제 16

정온식 감지선형 감지기를 창고의 천장 등에 지지물이 적당하지 않는 장소에 설치시 설치해야 하는 것과 설치위치를 쓰시오.

○

득점	배점
	4

해답 보조선을 설치하고 그 보조선에 설치

해설 **정온식 감지선형 감지기**의 **설치기준**(NFPC 203 7조 ③항, NFTC 203 2.4.3.12)
(1) **보**조선이나 고정금구를 사용하여 감지선이 늘어지지 않도록 설치할 것
(2) **단**자부와 마감고정금구와의 설치간격은 **10cm** 이내로 설치할 것
(3) 감지선형 감지기의 **굴**곡반경은 **5cm** 이상으로 할 것
(4) 감지기와 감지구역의 각 부분과의 수평**거**리가 내화구조의 경우 **1종 4.5m** 이하, **2종 3m 이하**로 할 것. 기타구조의 경우 **1종 3m 이하**, **2종 1m 이하**로 할 것

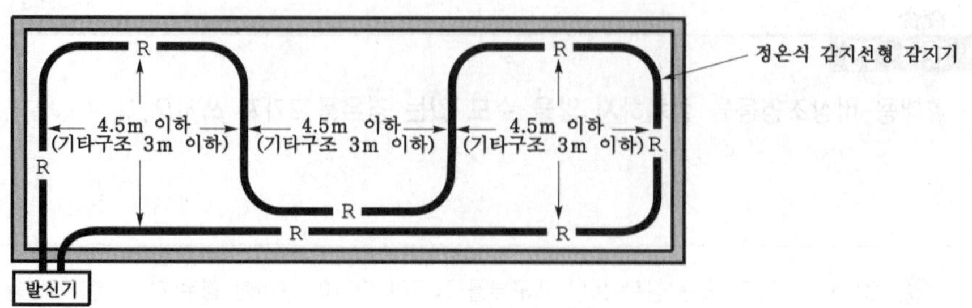

‖ 정온식 감지선형 감지기 ‖

(5) **<u>케</u>**이블트레이에 감지기를 설치하는 경우에는 **케이블트레이 받침대**에 마감금구를 사용하여 설치할 것
(6) **창고**의 **천장** 등에 지지물이 적당하지 않는 장소에서는 **<u>보조선</u>**<u>을 설치하고 그 보조선에 설치</u>할 것
(7) **<u>분</u>**전반 내부에 설치하는 경우 접착제를 이용하여 돌기를 바닥에 고정시키고 그 곳에 감지기를 설치할 것
(8) 그 밖의 설치방법은 형식승인내용에 따르며 형식승인사항이 아닌 것은 제조사의 **<u>시</u>**방(示方)에 따라 설치할 것

기억법 **정감 보단굴거 케분시**

문제 17

무선통신보조설비의 분배기 설치기준에 대하여 3가지를 쓰시오. (11.11.문1)

○
○
○

득점	배점
	6

해답 ① 먼지·습기 및 부식 등에 이상이 없을 것
② 임피던스는 50Ω의 것
③ 점검에 편리하고 화재 등의 피해의 우려가 없는 장소

해설 **분배기·분파기·혼합기**의 **설치기준**(NFPC 505 7조, NFTC 505 2.4)
(1) 먼지·습기 및 부식 등에 따라 기능에 이상을 가져오지 않도록 할 것
(2) 임피던스는 **50**Ω의 것으로 할 것
(3) **점검**에 **편리**하고 화재 등의 재해로 인한 피해의 우려가 없는 장소에 설치할 것

중요

무선통신보조설비

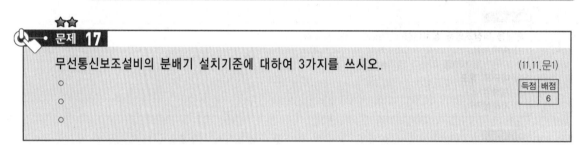

명 칭	그림기호	비 고
누설동축케이블	────	• 천장에 은폐하는 경우 : ── - ──
안테나	(안테나 기호)	• 내열형 : (안테나 기호)H
분배기	(분배기 기호)	–
무선기 접속단자	◎	• 소방용 : ◎F • 경찰용 : ◎P • 자위용 : ◎G
혼합기	(혼합기 기호)	–
분파기	(분파기 기호 F)	**필터**를 **포함**한다.

☆ **문제 18**

비상방송설비를 설치하여야 하는 특정소방대상물 3가지를 쓰시오. (단, 위험물저장 및 처리시설 중 가스시설, 사람이 거주하지 않는 동물 및 식물관련시설, 지하가 중 터널, 축사 및 지하구는 제외한다.)

(14.11.문12)

득점	배점
	6

○

○

○

해답 ① 연면적 3500m^2 이상
② 11층 이상
③ 지하 3층 이상

해설 **비상방송설비**의 **설치대상**(소방시설법 시행령 〔별표 4〕)
(1) 연면적 **3500m^2** 이상
(2) 층수가 **11층** 이상
(3) **지하층**의 층수가 **3층** 이상(지하 3층 이상)

- ② '**11층 이상**'이란 **지하층**을 **제외**한 **11층 이상**을 의미한다.
- '**비상방송설비의 설치기준**'을 쓰는 사람이 있다. 이것은 틀린 답이다. '**설치대상**'과 혼동하지 말라!

" 인생에서는 누구나 1등이 될 수 있다. 우리 모두 1등이 되는 삶을 향하여 한 발짝씩 전진해 봅시다. "

– 김영식 '10m만 더 뛰어봐' –

2020. 11. 29 시행

▌2020년 산업기사 제5회 필답형 실기시험▌

자격종목	시험시간	형별	수험번호	성명	감독위원 확 인
소방설비산업기사(전기분야)	2시간 30분				

※ 다음 물음에 답을 해당 답란에 답하시오.(배점 : 100)

☆☆☆

문제 01

무선통신보조설비의 누설동축케이블 등의 설치기준에 대한 다음 각 물음에 답하시오.

(19.11.문17, 15.7.문18, 14.7.문9, 13.7.문17, 06.4.문2)

득점	배점
	8

유사문제부터 풀어보세요. 실력이 팍!팍! 올라갑니다.

(가) 누설동축케이블의 끝부분에는 어떤 종류의 종단저항을 견고하게 설치하여야 하는가?
○

(나) 증폭기 전면에 설치하는 기기 2가지를 쓰시오.
○
○

(다) 누설동축케이블 또는 동축케이블의 임피던스는 몇 Ω으로 하는가?
○

(라) 증폭기를 설치할 때 비상전원이 부착된 것으로 하여야 한다. 이때, 해당 비상전원용량은 무선통신보조설비를 유효하게 몇 분 이상 작동시킬 수 있어야 하는가?
○

해답 (가) 무반사 종단저항
(나) ① 전압계
② 표시등
(다) 50Ω
(라) 30분

해설 **무선통신보조설비**의 **설치기준**(NFPC 505 5·8조, NFTC 505 2.2, 2.5)

(1) 누설동축케이블 및 안테나는 **금속판** 등에 의하여 **전파의 복사** 또는 **특성**이 현저하게 저하되지 않는 위치에 설치할 것
(2) **누설동축케이블**과 이에 접속하는 **안테나** 또는 **동축케이블**과 이에 접속하는 **안테나**일 것
(3) 누설동축케이블 및 동축케이블은 화재에 따라 해당 케이블의 피복이 소실된 경우에 케이블 본체가 떨어지지 않도록 **4m** 이내마다 **금속제** 또는 **자기제** 등의 지지금구로 벽·천장·기둥 등에 견고하게 고정시킬 것(단, **불연재료**로 구획된 반자 안에 설치하는 경우 제외)
(4) 누설동축케이블 및 안테나는 고압의 전로로부터 **1.5m** 이상 떨어진 위치에 설치할 것(단, 해당 전로에 **정전기 차폐장치**를 유효하게 설치한 경우 제외)
(5) 누설동축케이블의 끝부분에는 **무반사 종단저항**을 설치할 것
(6) 누설동축케이블 또는 동축케이블의 임피던스는 **50Ω**으로 하고 이에 접속하는 안테나·분배기 기타의 장치는 해당 임피던스에 적합한 것으로 해야 한다.
(7) 증폭기의 전면에는 주회로 전원의 정상여부를 표시할 수 있는 **표시등** 및 **전압계**를 설치할 것
(8) **비상전원용량**

설 비	비상전원의 용량
• 자동화재**탐**지설비, 비상**경**보설비, 자동화재**속**보설비, **물**분무소화설비 기억법 탐경속물1	**10분** 이상

• 유도등, 비상조명등, 비상콘센트설비, 제연설비, 물분무소화설비 • 옥내소화전설비(30층 미만) • 특별피난계단의 계단실 및 부속실 제연설비(30층 미만) • 스프링클러설비(30층 미만) • 연결송수관설비(30층 미만)	**20분** 이상
• 무선통신보조설비의 증폭기 ──→	**30분** 이상
• 옥내소화전설비(30~49층 이하) • 특별피난계단의 계단실 및 부속실 제연설비(30~49층 이하) • 연결송수관설비(30~49층 이하) • 스프링클러설비(30~49층 이하)	**40분** 이상
• 유도등 · 비상조명등(지하상가 및 11층 이상) • 옥내소화전설비(50층 이상) • 특별피난계단의 계단실 및 부속실 제연설비(50층 이상) • 연결송수관설비(50층 이상) • 스프링클러설비(50층 이상)	**60분** 이상

용어

(1) **누설동축케이블**과 **동축케이블**

누설동축케이블	동축케이블
동축케이블의 외부도체에 가느다란 홈을 만들어서 전파가 외부로 새어나갈 수 있도록 한 케이블	유도장애를 방지하기 위해 전파가 누설되지 않도록 만든 케이블

(2) **종단저항**과 **무반사 종단저항**

종단저항	무반사 종단저항
감지기회로의 **도통시험**을 용이하게 하기 위하여 **감지기회로**의 **끝**부분에 설치하는 저항	전송로로 전송되는 전자파가 전송로의 종단에서 반사되어 교신을 방해하는 것을 막기 위해 **누설동축케이블**의 **끝**부분에 설치하는 저항

☆☆☆

문제 02

소방용 배관설계도에서 다음 도시기호(심벌)의 명칭을 쓰시오.

(17.6.문3, 06.7.문4, 02.4.문8)

(가) 　(나) 　(다) 

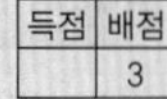

득점	배점
	3

해답 (가) 경보밸브(습식)

(나) 경보밸브(건식)

(다) 프리액션밸브

해설

• (가), (나) **'유수검지장치'**라고 쓰면 틀림. 왜냐하면 유수검지장치는 경보밸브(습식), 경보밸브(건식), 프리액션밸브를 모두 포함한 의미이기 때문

• 도시기호의 명칭을 쓰라고 할 때는 **경보밸브(습식)**, **경보밸브(건식)**, **프리액션밸브**가 소방청에서 고시하는 정식명칭이므로 이대로 쓰는 것이 좋지만 **습식밸브**, **건식밸브**, **준비작동식밸브**(준비작동밸브)라고 답해도 정답

명 칭	도시기호
가스체크밸브	(기호)
체크밸브	(기호)

동체크밸브	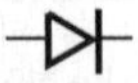
경보밸브(습식)	
경보밸브(건식)	
경보델류지밸브	
프리액션밸브	
추식 안전밸브	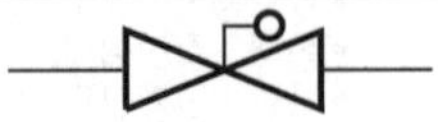
스프링식 안전밸브	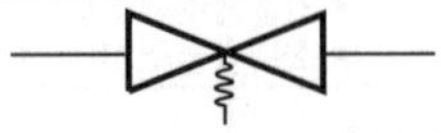
솔레노이드밸브	
모터밸브(전동밸브)	
볼밸브	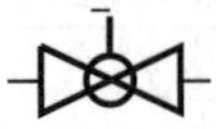

참고

프리액션밸브의 **심벌**

틀린 심벌	올바른 심벌

★★★

문제 03

누전경보기에 사용되는 변류기의 1차 권선과 2차 권선 간의 절연저항측정에 사용되는 측정기구와 측정된 절연저항의 양부에 대한 기준을 설명하시오.

(19.11.문7, 19.6.문9, 17.6.문12, 16.11.문11, 13.11.문5, 13.4.문10, 12.7.문11, 06.7.문8)

득점	배점
	4

○측정기구 :
○양부 판단기준 :

해답 ○측정기구 : 직류 500V 절연저항계
○양부 판단기준 : 5MΩ 이상

해설 **누전경보기**의 **변류기 절연저항시험**(누전경보기 형식승인 및 제품검사의 기술기준 19조)

변류기는 직류 **500V**의 절연저항계로 다음에 따른 시험을 하는 경우 **5MΩ** 이상이어야 한다.

(1) 절연된 **1차 권선**과 **2차 권선** 간의 절연저항
(2) 절연된 **1차 권선**과 **외부금속부** 간의 절연저항
(3) 절연된 **2차 권선**과 **외부금속부** 간의 절연저항

- **'직류'**라는 말까지 반드시 써야 함. **'500V'**만 쓰면 절대 안 됨
- **'이상'**이란 말까지 써야 정답!

중요

절연저항시험(정대! 정대! 중요)

절연저항계	절연저항	대 상
직류 250V	0.1MΩ 이상	• 1경계구역의 절연저항
직류 500V	**5MΩ 이상**	• **누전경보기** • 가스누설경보기 • **수신기**(10회로 미만, 절연된 충전부와 외함 간) • 자동화재속보설비 • 비상경보설비 • 유도등(교류입력측과 외함 간 포함) • 비상조명등(교류입력측과 외함 간 포함)
	20MΩ 이상	• 경종 • 발신기 • 중계기 • **비상콘센트** • 기기의 **절연된 선로 간** • 기기의 충전부와 비충전부 간 • 기기의 **교류입력측과 외함 간**(유도등 · 비상조명등 제외)
	50MΩ 이상	• **감지기**(정온식 감지선형 감지기 제외) • 가스누설경보기(10회로 이상) • 수신기(10회로 이상, 교류입력측과 외함 간 제외)
	1000MΩ 이상	• 정온식 감지선형 감지기

☆☆☆

문제 04

회로전압이 DC 24V인 P형 수신기와 감지기와의 배선회로에서 감지기가 동작할 때의 전류(동작전류)는 몇 mA인가? (단, 감시전류는 2mA, 릴레이저항은 200Ω, 종단저항은 10kΩ이다.)

(19.6.문11, 16.4.문5, 15.4.문13, 11.5.문3, 04.7.문8)

○ 계산과정 :

○ 답 :

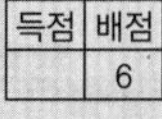

득점	배점
	6

해답

○ 계산과정 : $2\times10^{-3}=\dfrac{24}{10\times10^3+200+\text{배선저항}}$

$\text{배선저항}=\dfrac{24}{0.002}-10000-200=1800\,\Omega$

$I=\dfrac{24}{200+1800}=0.012\text{A}=12\text{mA}$

○ 답 : 12mA

해설

기호

- 회로전압 : 24V
- $I_{감}$: 2mA=0.002A(1000mA=1A)
- 릴레이저항 : 200Ω
- 종단저항 : 10kΩ=10000Ω(1kΩ=1000Ω)
- $I_{동}$: ?

감시전류 $I_{감}$는

$I_{감}=\dfrac{\text{회로전압}}{\text{종단저항}+\text{릴레이저항}+\text{배선저항}}$ 에서 회로전압은 **직류** 24V이므로

기억법 감회종릴배

$$\text{종단저항}+\text{릴레이저항}+\text{배선저항}=\frac{\text{회로전압}}{I}$$

$$\text{배선저항}=\frac{\text{회로전압}}{I}-\text{종단저항}-\text{릴레이저항}$$

$$=\frac{24}{0.002}-10000-200$$

$$=1800\,\Omega$$

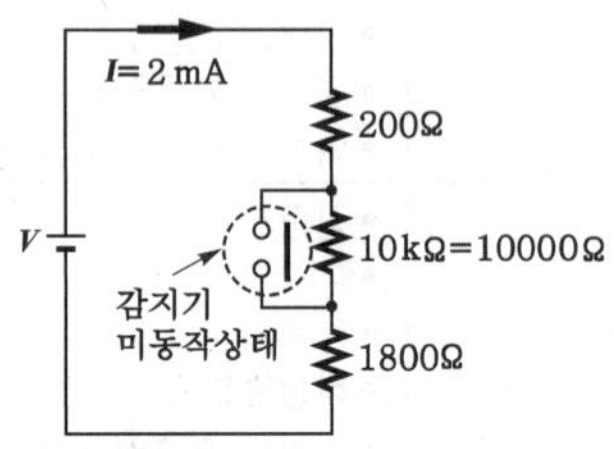

동작전류 $I_{동}$는

$$I_{동}=\frac{\text{회로전압}}{\text{릴레이저항}+\text{배선저항}}=\frac{24}{200+1800}=0.012\text{A}=12\text{mA}$$

기억법 동회릴배

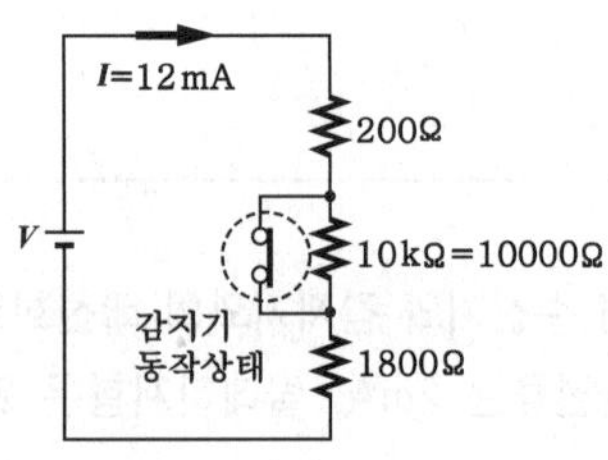

☆☆☆

문제 05

수신기로부터 180m 위치에 아래의 조건으로 사이렌이 접속되어 있다. 다음의 각 물음에 답하시오.

(17.4.문13, 16.6.문8, 15.11.문8, 14.11.문15, 06.7.문6)

득점	배점
	6

〔조건〕

① 수신기는 정전압출력이다.

② 전선은 2.5mm^2(HFIX 전선)을 사용한다.

③ 사이렌의 정격출력은 48W이다.

④ 2.5mm^2 HFIX 전선의 전기저항은 $8.75\Omega/\text{km}$이다.

(가) 전원이 공급되어 사이렌을 동작시키고자 할 때 단자전압을 구하시오.

○ 계산과정 :

○ 답 :

(나) (가)항의 단자전압의 결과를 참고하여 경종의 작동 여부를 설명하시오. (단, 그 이유를 반드시 쓰시오.)

○

(가) ○ 계산과정 : $R=\frac{24^2}{48}=12\,\Omega$

$$\frac{180}{1000}\times 8.75=1.575\,\Omega$$
$$1.575\times 2=3.15\,\Omega$$
$$V_2=\frac{12}{3.15+12}\times 24=19.009 \fallingdotseq 19.01\text{V}$$

○ 답 : 19.01V

(나) $24\times 0.8\sim 1.2=19.2\sim 28.8\text{V}$ 범위 내에 있지 않으므로 작동 불능

(가) **사이렌 저항**

$$P=VI=\frac{V^2}{R},\ P=\frac{V^2}{R}$$

여기서, P : 전력〔W〕
V : 전압〔V〕
I : 전류〔A〕

$$R=\frac{V^2}{P}=\frac{24^2}{48}=12\,\Omega$$

- V : 수신기의 입력전압은 **직류 24V**
- P : **48W**(〔조건 ③〕에서 주어진 값)

배선저항

1000m : 8.75Ω = 180m : R
$1000\text{m}\times R=8.75\,\Omega\times 180\text{m}$

배선저항 $R=\frac{180}{1000}\times 8.75=1.575\,\Omega$

- 〔조건 ④〕에서 8.75Ω/km=8.75Ω/1000m이므로 1000m일 때 8.75Ω(1km=1000m)
- **180m** : 문제에서 주어진 값

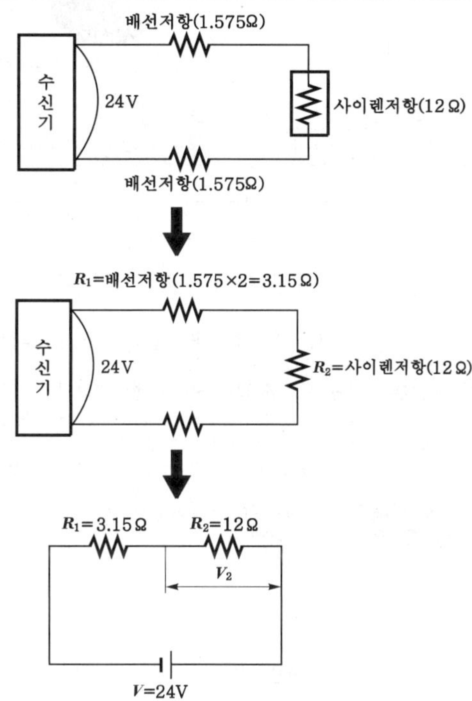

사이렌의 단자전압

사이렌의 **단자전압** V_2는

$$V_2 = \frac{R_2}{R_1 + R_2} V = \frac{12}{3.15+12} \times 24 = 19.009 ≒ 19.01\text{V}$$

(나) **경종**의 **작동전압**=24V×0.8~1.2=19.2~28.8V

∴ (가)에서 19.01V로서 19.2~28.8V 범위 내에 있지 않으므로 **작동 불능**

- 경종은 전원전압이 정격전압의 **±20%** 범위에서 변동하는 경우 기능에 이상이 생기지 않아야 한다. 단, 경종에 내장된 건전지를 전원으로 하는 경종은 건전지의 전압이 건전지 교체전압 범위의 하한값으로 낮아진 경우에도 기능에 이상이 없어야 한다. (경종의 형식승인 및 제품검사의 기술기준 4조)
- ±20% : 80~120%(0.8~1.2)

★★★

문제 06

비상콘센트설비의 전원회로의 설치기준에 관한 사항이다. ( ) 안을 채우시오. (14.7.문18, 11.5.문15)

비상콘센트설비의 전원회로는 단상교류 (①)V인 것으로서, 그 공급용량은 (②)kVA 이상인 것으로 하고, 하나의 전용회로에 설치하는 비상콘센트는 (③)개 이하로 할 것

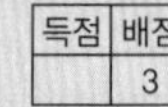

득점	배점
	3

 ① 220 ② 1.5 ③ 10

 **비상콘센트설비**(NFPC 504 4조, NFTC 504 2.1.2)

구 분	전 압	용 량	플러그접속기
단상교류	**220V**	**1.5kVA** 이상	접지형 2극

‖ 접지형 2극 플러그접속기 ‖

(1) 하나의 전용회로에 설치하는 비상콘센트는 **10개** 이하로 할 것(전선의 용량은 **3개** 이상일 때 **3개**)

설치하는 비상콘센트수량	전선의 용량산정시 적용하는 비상콘센트수량	전선의 용량
1	1개 이상	1.5kVA 이상
2	2개 이상	3.0kVA 이상
3~10	3개 이상	4.5kVA 이상

(2) 전원회로는 각 층에 있어서 **2 이상**이 되도록 설치할 것(단, 설치해야 할 층의 콘센트가 **1개**인 때에는 하나의 회로로 할 수 있다.)

(3) 플러그접속기의 칼받이 접지극에는 **접지공사**를 해야 한다. (감전보호가 목적이므로 **보호접지**를 해야 한다.)

(4) 풀박스는 **1.6mm** 이상의 철판을 사용할 것

(5) 절연저항은 **전원부**와 **외함** 사이를 **직류 500V 절연저항계**로 측정하여 **20MΩ** 이상일 것

(6) 전원으로부터 각 층의 비상콘센트에 분기되는 경우에는 **분기배선용 차단기**를 보호함 안에 설치할 것

(7) 바닥으로부터 **0.8~1.5m** 이하의 높이에 설치할 것

(8) 전원회로는 주배전반에서 **전용회로**로 하며, 배선의 종류는 **내화배선**이어야 한다.

- **풀박스**(pull box) : 배관이 긴 곳 또는 굴곡부분이 많은 곳에서 시공을 용이하게 하기 위하여 배선 도중에 사용하여 전선을 끌어들이기 위한 박스

용어

비상콘센트설비(emergency consent system)
화재시 **소화활동** 등에 필요한 **전원**을 **전용회선**으로 공급하는 설비

☆☆ 문제 07

휴대용 비상조명등의 설치장소에 관한 다음 ( ) 안을 완성하시오. (17.4.문6, 16.11.문9, 13.7.문6)

득점	배점
	6

○ 숙박시설 또는 다중이용업소에는 객실 또는 영업장 안의 구획된 실마다 잘 보이는 곳(외부에 설치시 출입문 손잡이로부터 (①)m 이내 부분)에 1개 이상 설치

○ 대규모점포(지하상가 및 지하역사는 제외)와 영화상영관에는 보행거리 (②)m 이내마다 (③)개 이상 설치

○ 지하상가 및 지하역사에는 보행거리 (④)m 이내마다 (⑤)개 이상 설치

해답 ① 1 ② 50 ③ 3 ④ 25 ⑤ 3

해설 **휴대용 비상조명등**의 **적합기준**(NFPC 304 4조, NFTC 304 2.1.2)

(1) 다음의 장소에 설치할 것

① **숙박시설** 또는 **다중이용업소**에는 **객실** 또는 영업장 안의 **구획**된 **실**마다 잘 보이는 곳(외부에 설치시 출입문 손잡이로부터 **1m** 이내 부분)에 **1개 이상** 설치

② 「유통산업발전법」에 따른 **대규모점포**(지하상가 및 지하역사를 제외)와 **영화상영관**에는 **보행거리 50m** 이내마다 **3개 이상** 설치

③ **지하상가** 및 **지하역사**에는 **보행거리 25m** 이내마다 **3개 이상** 설치

(2) 설치높이는 바닥으로부터 **0.8~1.5m** 이하의 높이에 설치할 것

(3) 어둠 속에서 위치를 확인할 수 있도록 할 것

(4) 사용시 **자동**으로 **점등**되는 구조일 것

(5) 외함은 **난연성능**이 있을 것

(6) 건전지를 사용하는 경우에는 **방전방지조치**를 해야 하고, **충전식 배터리**의 경우에는 **상시 충전**되도록 할 것

(7) 건전지 및 충전식 배터리의 용량은 **20분** 이상 유효하게 사용할 수 있는 것으로 할 것

비교

비상조명등 및 휴대용 비상조명등의 **종합점검**

구 분	점검항목
비상조명등	① **설치위치**(거실, 지상에 이르는 복도·계단, 그 밖의 통로) 적정 여부 ② 비상조명등 **변형·손상** 확인 및 정상 점등 여부 ③ 조도 적정 여부 ④ **예비전원 내장형**의 경우 **점검스위치** 설치 및 정상작동 여부 ⑤ 비상전원 종류 및 설치장소 기준 적합 여부 ⑥ 비상전원 성능 적정 및 **상용전원 차단시 예비전원 자동전환** 여부
휴대용 비상조명등	① 설치대상 및 설치수량 적정 여부 ② 설치높이 적정 여부 ③ 휴대용 비상조명등의 **변형** 및 **손상** 여부 ④ 어둠 속에서 위치를 확인할 수 있는 구조인지 여부 ⑤ 사용시 자동으로 점등되는지 여부 ⑥ 건전지를 사용하는 경우 유효한 방전 방지조치가 되어 있는지 여부 ⑦ 충전식 배터리의 경우에는 상시 충전되도록 되어 있는지의 여부

☆☆☆ 문제 08

양수량이 매분 12m^{3}이고, 총양정이 40m인 펌프용 전동기의 용량은 몇 kW이겠는가? (단, 펌프효율은 85%이고, 여유계수는 1.2라고 한다.) (19.4.문15, 14.4.문7)

○ 계산과정 :

○ 답 :

득점	배점
	4

해답 ○ 계산과정 : $\frac{9.8\times1.2\times40\times12}{0.85\times60}=110.682 ≒ 110.68\text{kW}$

○ 답 : 110.68kW

해설 **기호**

- t : 매분=60s
- Q : 12m^3
- H : 40m
- P : ?
- η : 85%=0.85
- K : 1.2

전동기용량

$$P\eta t=9.8KHQ$$: **물**을 사용하는 설비

여기서, P : 전동기용량[kW]
η : 효율
t : 시간[s]
K : 여유계수
H : 전양정[m]
Q : 양수량[m^3]

$$P=\frac{9.8KHQ}{\eta t}=\frac{9.8\times1.2\times40\times12}{0.85\times60}=110.682 ≒ 110.68\text{kW}$$

비교

제연설비(배연설비) **적용식** : **공기** 또는 **기류**를 사용하는 설비

$$P=\frac{P_T\,Q}{102\times60\eta}K$$

여기서, P : 배연기동력[kW]
P_T : 전압(풍압)[mmAq, mmH$_2$O]
Q : 풍량[m^3/min]
K : 여유율
η : 효율

중요

아주 중요한 단위환산(꼭! 기억하시라)
(1) 1mmAq=10^{-3}mH$_2$O=10^{-3}m
(2) 760mmHg=10.332mH$_2$O=10.332m
(3) 1Lpm=10^{-3}m^3/min
(4) 1HP=0.746kW

☆☆☆

문제 09

천장높이 15m 이상 20m 미만의 장소에 설치할 수 있는 감지기의 종류를 3가지만 쓰시오.

(19.6.문2, 15.7.문1, 15.4.문14, 13.7.문5, 13.4.문2)

득점	배점
	3

○

○

○

해답 ① 이온화식 1종
② 연기복합형
③ 불꽃감지기

해설 **감지기**의 **설치기준** (NFPC 203 7조, NFTC 203 2.4.1)

부착높이	감지기의 종류
4m **미**만	• 차동식(스포트형, 분포형) • 보상식 스포트형 • 정온식(스포트형, 감지선형) ─ **열**감지기 • 이온화식 또는 광전식(스포트형, 분리형, 공기흡입형) : **연**기감지기 • 열복합형 • 연기복합형 • 열연기복합형 ─ **복**합형 감지기 • **불**꽃감지기 기억법 열연불복 4미
4~**8**m **미**만	• 차동식(스포트형, 분포형) • 보상식 스포트형 • **정**온식(스포트형, 감지선형) **특**종 또는 **1**종 ─ **열**감지기 • **이**온화식 **1**종 또는 **2**종 • **광**전식(스포트형, 분리형, 공기흡입형) 1종 또는 2종 ─ 연기감지기 • 열복합형 • 연기복합형 • 열연기복합형 ─ **복**합형 감지기 • **불**꽃감지기 기억법 8미열 정특1 이광12 복불
8~**15**m 미만	• 차동식 **분**포형 • **이**온화식 **1**종 또는 **2**종 • **광**전식(스포트형, 분리형, 공기흡입형) 1종 또는 2종 • **연**기**복**합형 • **불**꽃감지기 기억법 15분 이광12 연복불
15~**20**m 미만	• **이**온화식 1종 • **광**전식(스포트형, 분리형, 공기흡입형) 1종 • **연**기**복**합형 • **불**꽃감지기 기억법 이광불연복2
20m 이상	• **불**꽃감지기 • **광**전식(분리형, 공기흡입형) 중 **아**날로그방식 기억법 불광아

☆☆
문제 10

그림과 같은 논리회로를 이용하여 다음 각 물음에 답하시오. (14.4.문5, 03.4.문9)

득점	배점
	6

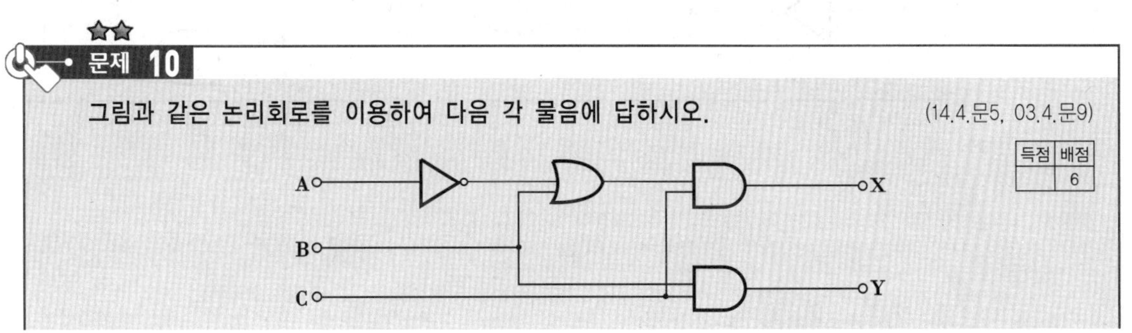

(가) 3개의 입력단자 A, B, C에 각각 1의 입력이 들어간다면 출력단자 X, Y에는 어떤 출력이 나오겠는가?

① X :

② Y :

(나) X와 Y에 대한 논리식을 작성하시오.

① X=

② Y=

해답 (가) ① X : 1

② Y : 1

(나) ① $X = (\overline{A}+B)C$

② $Y = BC$

해설 (가)

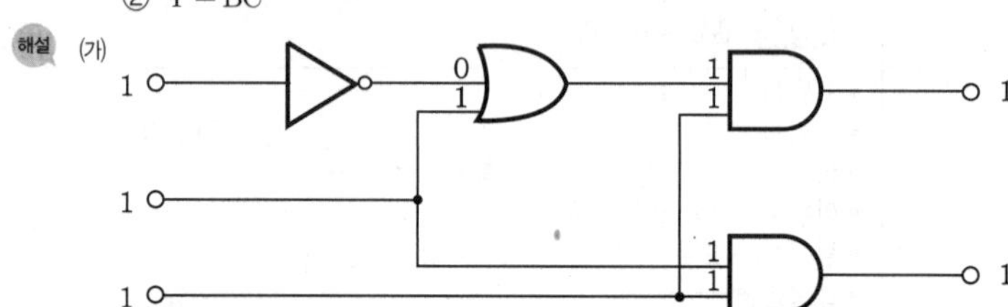

‖ 입력에 따른 출력 ‖

NOT회로	OR회로	AND회로
1 — 0	0, 1 — 0+1=1	1, 1 — 1·1=1

(나)

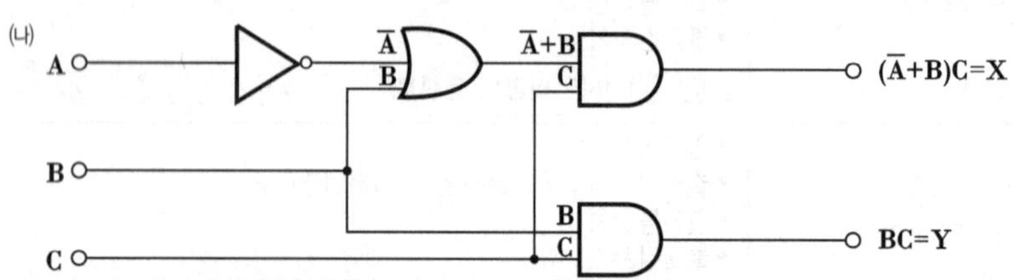

‖ 입력에 따른 출력 ‖

NOT회로	OR회로	AND회로
A — $\overline{A}$	$\overline{A}$, B — $\overline{A}$+B	$\overline{A}$+B, C — $(\overline{A}+B)C$ B, C — BC

☆☆☆ 문제 11

그림과 같은 유접점 시퀀스회로에 대해 다음 각 물음에 답하시오. (13.11.문2)

득점	배점
	6

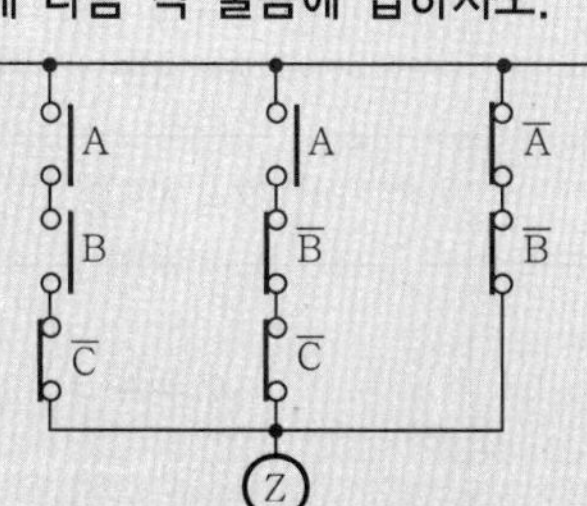

(가) 그림의 시퀀스도를 가장 간략화한 논리식으로 표현하시오. (단, 최초의 논리식을 쓰고 이것을 간략화하는 과정을 기술하시오.)

○

(나) (가)에서 가장 간략화한 논리식을 무접점 논리회로로 그리시오.

○

해답 (가) $Z = AB\overline{C} + A\overline{B}\,\overline{C} + \overline{A}\,\overline{B} = A\overline{C}(B+\overline{B}) + \overline{A}\,\overline{B} = A\overline{C} + \overline{A}\,\overline{B}$

(나)

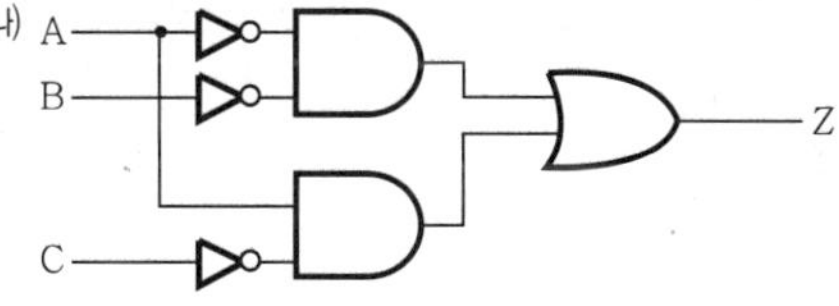

해설 (가) **간소화**

$Z = AB\overline{C} + A\overline{B}\,\overline{C} + \overline{A}\,\overline{B}$

$= A\overline{C}(\underbrace{B+\overline{B}}_{X+\overline{X}=1}) + \overline{A}\,\overline{B}$

$= \underbrace{A\overline{C}\cdot 1}_{X\cdot 1=X} + \overline{A}\,\overline{B}$

$= A\overline{C} + \overline{A}\overline{B}$

중요

불대수의 정리

정 리	논리합	논리곱	비 고
정리 1	$X+0=X$	$X\cdot 0=0$	–
정리 2	$X+1=1$	$X\cdot 1=X$	
정리 3	$X+X=X$	$X\cdot X=X$	
정리 4	$\overline{X}+X=1$	$\overline{X}\cdot X=0$	
정리 5	$\overline{X}+Y=Y+\overline{X}$	$X\cdot Y=Y\cdot X$	교환법칙
정리 6	$X+(Y+Z)=(X+Y)+Z$	$X(YZ)=(XY)Z$	결합법칙
정리 7	$X(Y+Z)=XY+XZ$	$(X+Y)(Z+W)=XZ+XW+YZ+YW$	분배법칙
정리 8	$X+XY=X$	$X+\overline{X}Y=X+Y$	흡수법칙
정리 9	$\overline{(X+Y)}=\overline{X}\cdot\overline{Y}$	$\overline{(X\cdot Y)}=\overline{X}+\overline{Y}$	드모르간의 정리

(나) **무접점 논리회로**

시퀀스	논리식	논리회로
직렬회로 (AND회로) (교차회로방식)	$Z=A\cdot B$ $Z=AB$	
병렬회로 (OR회로)	$Z=A+B$	
a접점	$Z=A$	
b접점 (NOT회로)	$Z=\overline{A}$	

• 무접점 논리회로로 그린 후 논리식을 써서 반드시 다시 한번 검토해 보는 것이 좋다.

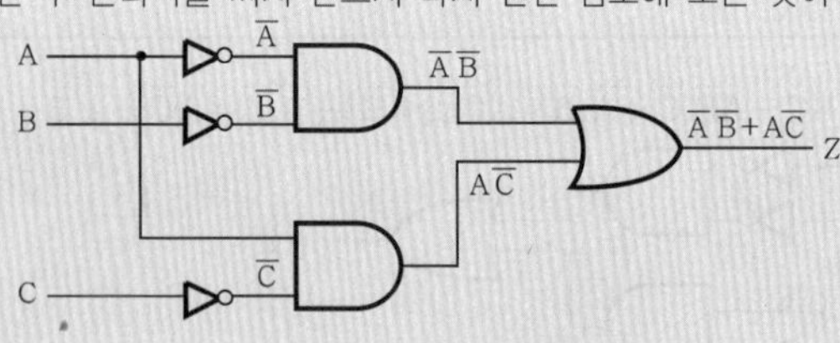

☆☆☆

문제 12

기동용 수압개폐장치를 사용하는 옥내소화전설비와 습식 스프링클러설비가 설치된 지상 1층인 공장의 계통도이다. 다음 물음에 답하시오.

(19.6.문3, 17.4.문5, 16.6.문13, 16.4.문9, 15.7.문8, 14.4.문16, 13.11.문18, 13.4.문16, 10.4.문16, 09.4.문6)

득점	배점
	8

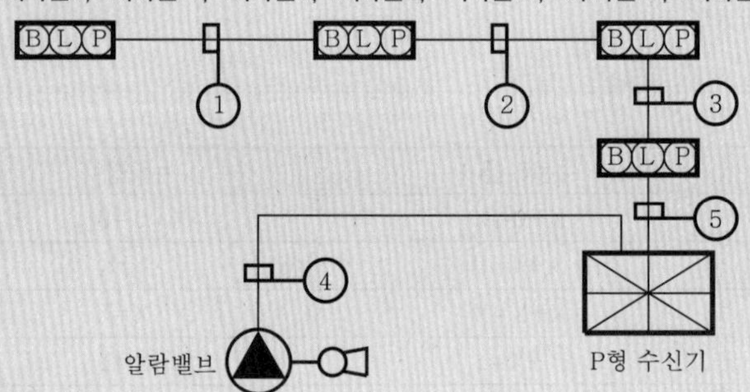

(가) ①~⑤까지의 최소배선가닥수를 쓰시오.

①:　　　　②:　　　　③:

④:　　　　⑤:

(나) ④의 배선내역을 적으시오.

○

(다) 사이렌은 소방시설의 어떤 기구가 작동한 후에 작동하는지 그 시점을 쓰시오.

○

해답 (가) ① : 8가닥 ② : 9가닥 ③ : 10가닥
④ : 4가닥 ⑤ : 11가닥
(나) 압력스위치 1, 탬퍼스위치 1, 사이렌 1, 공통 1
(다) 압력스위치

해설 (가), (나)

기 호	가닥수	배선내역
①	HFIX 2.5-8	회로선 1, 발신기공통선 1, 경종선 1, 경종표시등공통선 1, 응답선 1, 표시등선 1, 기동확인표시등 2
②	HFIX 2.5-9	회로선 2, 발신기공통선 1, 경종선 1, 경종표시등공통선 1, 응답선 1, 표시등선 1, 기동확인표시등 2
③	HFIX 2.5-10	회로선 3, 발신기공통선 1, 경종선 1, 경종표시등공통선 1, 응답선 1, 표시등선 1, 기동확인표시등 2
④	HFIX 2.5-4	압력스위치 1, 탬퍼스위치 1, 사이렌 1, 공통 1
⑤	HFIX 2.5-11	회로선 4, 발신기공통선 1, 경종선 1, 경종표시등공통선 1, 응답선 1, 표시등선 1, 기동확인표시등 2

- **지상 1층** 평면도이므로 **일제경보방식**으로 산정한다. **평면도**는 한 층밖에 없으니 무조건 **일제경보방식**!!
- 문제에서 기동용 수압개폐방식(**자동기동방식**)도 주의하여야 한다. 옥내소화전함이 자동기동방식이므로 감지기배선을 제외한 간선에 '**기동확인표시등 2**'가 추가로 사용되어야 한다. 특히, 옥내소화전배선은 구역에 따라 가닥수가 늘어나지 않는 것에 주의하라!
- 문제에서 자동화재탐지설비라는 말은 없지만 도면에 (B)(L)(P)가 있는 것으로 보아 **자동화재탐지설비**와 **겸용**한 **옥내소화전설비**로 보고 가닥수를 산정해야 한다.
- 문제에서 옥내소화전설비라고 했으므로 그림이  이렇게 되어야 맞지만 (B)(L)(P)만 그려져 있어도 옥내소화전설비가 설치되어 있다고 보는 것이 옳다.

압력스위치(Pressure Switch)	**탬퍼스위치**(Tamper Switch)
물의 흐름을 감지하여 제어반에 신호를 보내 **펌프**를 **기동**시키는 스위치	① 개폐표시형 밸브의 **개폐상태**를 **감시**하는 스위치 ② 탬퍼스위치는 개폐표시형 밸브(OS & Y valve)에 부착하여 개폐표시형 밸브가 폐쇄되었을 때 수신반에 신호를 보내어 관계인에게 알리는 것으로써, 평상시 개폐표시형 밸브는 반드시 개방시켜 놓아야 한다.

(다) **습식 밸브**의 **동작시퀀스**

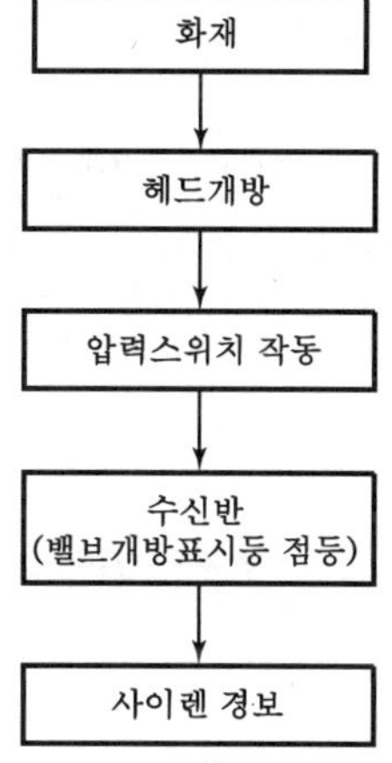

중요

스프링클러설비의 **작동순서**

설 비	작동순서
• 습식 • 건식	• 화재발생 • 헤드개방 • **압력스위치** 작동 • 수신반에 신호 • 수신반에 밸브개방표시등 점등 및 사이렌 경보
• 준비작동식	• **감**지기 A · B 작동 • **수**신반에 신호(**화재표시등** 및 **지구표시등** 점등) • **전**자밸브 작동 • **준비작동식 밸브** 작동 • **압**력스위치 작동 • **수**신반에 신호(**기동표시등** 및 **밸브개방표시등** 점등) • **사**이렌 경보 기억법 **감수전 준압수사**
• 일제살수식	• 감지기 A · B 작동 • 수신반에 신호(**화재표시등** 및 **지구표시등** 점등) • 전자밸브 작동 • **델류지밸브** 작동 • 압력스위치 작동 • 수신반에 신호(**기동표시등** 및 **밸브개방표시등** 점등) • 사이렌 경보

☆☆
문제 13

자동화재탐지설비의 GP형 수신기에 감지기회로의 배선을 접속하려고 할 때 경계구역이 15개인 경우 필요한 공통선의 최소 개수는?

득점	배점
	6

○ 계산과정 :

○ 답 :

○ 계산과정 : $\frac{15}{7}=2.1 ≒ 3$개(절상)

○ 답 : 3개

하나의 공통선에 접속할 수 있는 경계구역은 **7개** 이하이므로

$$공통선수 = \frac{경계구역}{7개}$$

$$공통선수 = \frac{15개}{7개}$$

$$= 2.1 ≒ 3개(절상)$$

• P형 수신기 및 GP형 수신기의 감지기회로의 배선에 있어서 하나의 공통선에 접속할 수 있는 경계구역은 **7개** 이하로 할 것

용어

절상

"**소수점을 올린다.**"는 의미이다.

중요

자동화재탐지설비의 **경계구역 설정기준**(NFPC 203 4조, NFTC 203 2.1)

(1) 1경계구역이 2개 이상의 **건축물**에 미치지 않을 것
(2) 1경계구역이 2개 이상의 층에 미치지 않을 것(단, 2개층이 **500m²** 이하는 제외)
(3) 1경계구역의 면적은 **600m²**(주출입구에서 내부 전체가 보이는 것은 **1000m²**) 이하로 하고, 1변의 길이는 50m 이하로 할 것

☆☆☆
문제 14

자동화재탐지설비의 화재안전기준에서 배선에 대한 다음 각 물음에 답하시오.

(16.6.문15, 12.11.문3, 02.10.문1)

득점	배점
	9

(가) 감지기회로의 도통시험을 위한 종단저항 설치기준 3가지를 쓰시오.
○
○
○

(나) 감지기 사이의 회로배선은 어떤 방식으로 하여야 하는가?
○

(다) P형 수신기 및 GP형 수신기의 감지기회로의 배선에 있어서 하나의 공통선에 접속할 수 있는 경계구역은 몇 개 이하로 하여야 하는가?
○

(라) 자동화재탐지설비의 감지기회로의 전로저항은 몇 Ω 이하가 되도록 하여야 하는가?
○

해답 (가) ① 점검 및 관리가 쉬운 장소에 설치
② 전용함 설치시 바닥으로부터 1.5m 이내의 높이에 설치
③ 감지기회로의 끝부분에 설치하며, 종단감지기에 설치할 경우에는 구별이 쉽도록 해당 감지기의 기판 등에 별도 표시
(나) 송배선식
(다) 7개
(라) 50Ω

해설 (가) 감지기회로의 **종단저항 설치기준**(NFPC 203 11조, NFTC 203 2.8.1.3)
① **점검** 및 **관리**가 쉬운 장소에 설치할 것
② 전용함 설치시 바닥으로부터 **1.5m** 이내의 높이에 설치할 것
③ 감지기회로의 **끝부분**에 설치하며, **종단감지기**에 설치할 경우에는 구별이 쉽도록 해당 감지기의 기판 등에 별도의 표시를 할 것

중요

종단저항

감지기회로의 **도통시험**을 용이하게 하기 위하여 감지기회로의 **끝**부분에 설치하는 저항

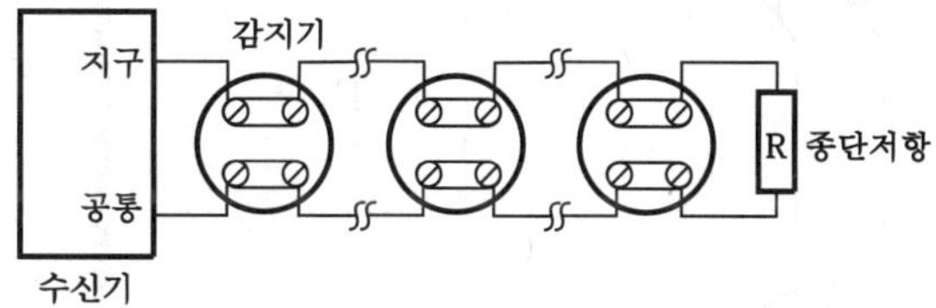

‖ 종단저항의 설치 ‖

(나) **송배선식**과 **교차회로방식**

구 분	송배선식(송배선방식)	교차회로방식
목적	**도통시험**을 용이하게 하기 위하여	감지기의 **오동작** 방지
원리	배선의 도중에서 분기하지 않는 방식	하나의 담당구역 내에 **2 이상**의 **감지기회로**를 설치하고 **2 이상**의 **감지기회로**가 **동시**에 **감지**되는 때에 설비가 작동하는 방식으로 회로방식이 **AND 회로**에 해당된다.
적용 설비	• 자동화재탐지설비 • 제연설비	• **분**말소화설비 • **할**론소화설비 • **이**산화탄소 소화설비 • **준**비작동식 스프링클러설비 • **일**제살수식 스프링클러설비 • **할**로겐화합물 및 불활성기체 소화설비 • **부**압식 스프링클러설비 기억법 **분할이 준일할부**
가닥수 산정	종단저항을 수동발신기함 내에 설치하는 경우 **루프(loop)**된 곳은 **2가닥, 기타 4가닥**이 된다. 수동발신기함 / 루프(loop) ▌송배선식▐	**말단**과 **루프(loop)**된 곳은 **4가닥, 기타 8가닥**이 된다. 말단 / 수동발신기함 / 루프(loop) ▌교차회로방식▐

(다) **P형 수신기** 및 **GP형 수신기**의 감지기회로의 배선에 있어서 하나의 공통선에 접속할 수 있는 **경계구역**은 **7개** 이하로 하여야 한다.

(라)

감지기회로의 전로저항	하나의 경계구역의 절연저항
50Ω 이하	**0.1MΩ** 이상(직류 250V 절연저항측정기)

★★★

문제 15

유도전동기를 현장 및 관리실 양측 모두에서 기동 및 정지가 가능하도록 점선 안에 회로도를 그리시오. (단, 푸시버튼스위치 기동용 2개(PB_1, PB_2), 정지용 2개(PB_3, PB_4), 자기유지용 전자접촉기 a접점 1개(MC_{-a}) 등을 사용한다.) (16.4.문13)

득점	배점
	6

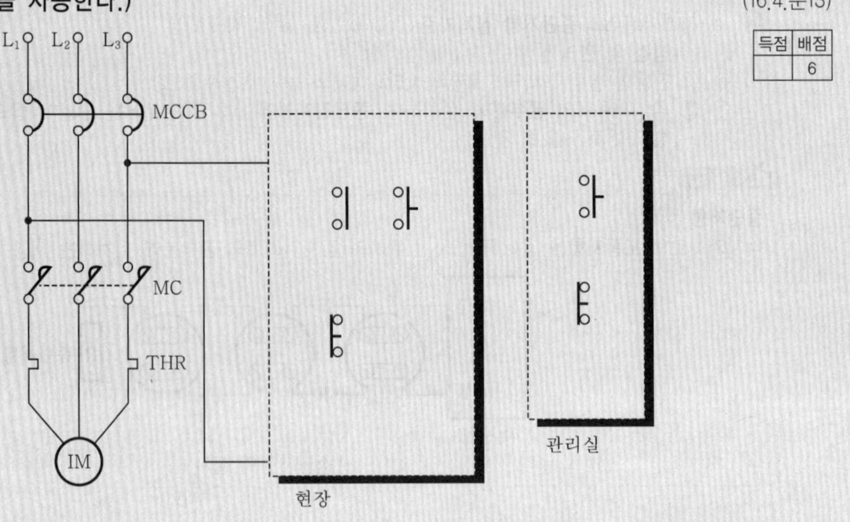

해답

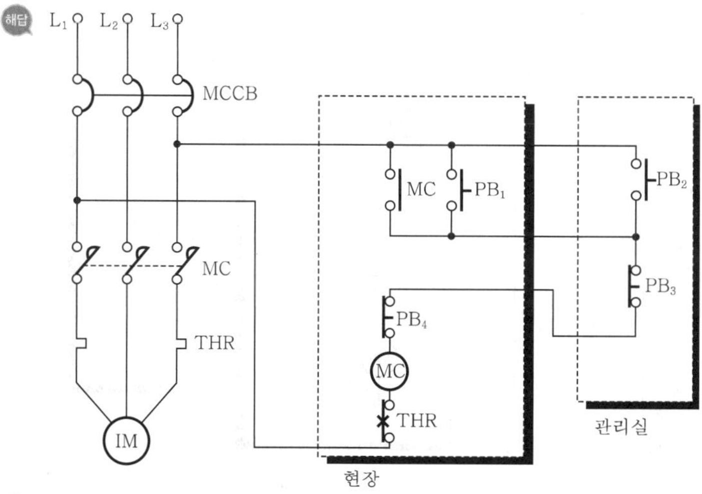

해설 **동작설명**

(1) PB_1 또는 PB_2를 누르면 전자접촉기 MC가 여자되고 MC접점이 폐로되어 자기유지된다.
(2) 전자접촉기 주접점이 닫혀 유도전동기 IM이 기동된다.
(3) PB_3 또는 PB_4를 누르면 전자접촉기 MC가 소자되어 자기유지가 해제되고 주접점이 열려 유도전동기는 정지한다.

- 주회로에 열동계전기(ㅁ)가 있으므로 보조회로의 배선을 완성할 때 열동계전기접점( )을 반드시 그리도록 한다.
- 주회로에 전자접촉기 명칭이 MC로 되어 있으므로 전자접촉기 코일(MC) 및 자기유지접점(MC)도 반드시 MC로 표시해야 한다. MS로 표시하면 안 된다.

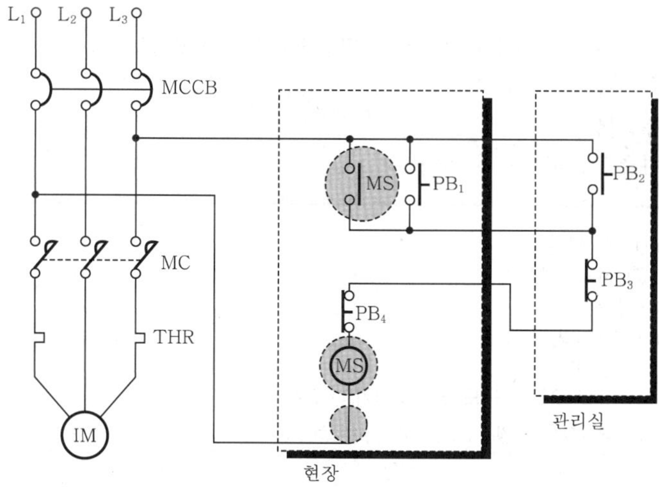

‖틀린 도면‖

- 자기유지접점(MC)을 MC-a라고 써도 된다. 여기서, a는 a접점이라는 것을 기호로 다시 한번 써준 것이다.
- 열동계전기접점(THR)을 다음의 위치에 그려도 된다.

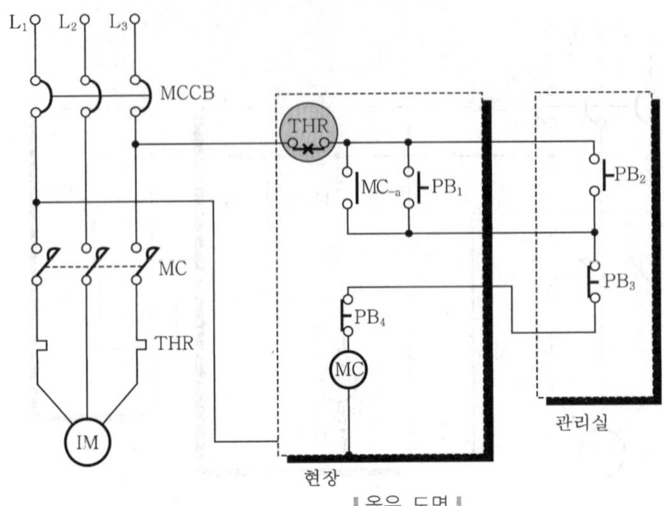

‖옳은 도면‖

☆☆☆
문제 16

유도등의 전원에 대한 다음 각 물음에 답하시오.

득점	배점
	6

(가) 전원으로 이용되는 것을 2가지 쓰시오.
- ○
- ○

(나) 비상전원을 쓰시오.
- ○

(다) 다음의 층수 및 용도에 해당하는 비상전원의 용량을 쓰시오.
- ○ 11층 미만 :
- ○ 11층 이상 :
- ○ 지하층으로서 용도가 지하상가 :

해답 (가) ① 축전지설비
② 전기저장장치
(나) 축전지
(다) ○ 11층 미만 : 20분
○ 11층 이상 : 60분
○ 지하층으로서 용도가 지하상가 : 60분

해설 (가), (나) **유도등의 전원**(NFPC 303 10조, NFTC 303 2.7)

전 원	비상전원
① 축전지설비 ② 전기저장장치 ③ 교류전압의 옥내간선	축전지

용어

전기저장장치
외부 전기에너지를 저장해 두었다가 필요한 때 전기를 공급하는 장치

(다)
- 20분 이상, 60분 이상이라고 써도 당연히 정답!
- '**이상**'이란 말 안 써도 정답!

‖ 각 설비의 비상전원 종류 ‖

설 비	비상전원	비상전원 용량
• 자동화재**탐**지설비	• **축**전지설비 • 전기저장장치	**10분** 이상(30층 미만) **30분** 이상(30층 이상)
• 비상**방**송설비	• 축전지설비 • 전기저장장치	
• 비상**경**보설비	• 축전지설비 • 전기저장장치	**10분** 이상
• **유**도등	• 축전지	**20분** 이상 ※ 예외규정 : **60분** 이상 (1) **11층** 이상(지하층 제외) (2) 지하층 · 무창층으로서 **도매시장 · 소매시장 · 여객자동차터미널 · 지하철역사 · 지하상가**
• **무**선통신보조설비	명시하지 않음	**30분** 이상 기억법 **탐경유방무축**
• 비상콘센트설비	• 자가발전설비 • 축전지설비 • 비상전원수전설비 • 전기저장장치	**20분** 이상
• **스**프링클러설비 • **미**분무소화설비	• **자**가발전설비 • **축**전지설비 • **전**기저장장치 • 비상전원**수**전설비(차고 · 주차장으로서 스프링클러설비(또는 미분무소화설비)가 설치된 부분의 바닥면적합계가 1000m^2 미만인 경우)	**20분** 이상(30층 미만) **40분** 이상(30~49층 이하) **60분** 이상(50층 이상) 기억법 **스미자 수전축**
• 포소화설비	• 자가발전설비 • 축전지설비 • 전기저장장치 • 비상전원수전설비 – 호스릴포소화설비 또는 포소화전만을 설치한 차고 · 주차장 – 포헤드설비 또는 고정포방출설비가 설치된 부분의 바닥면적(스프링클러설비가 설치된 차고 · 주차장의 바닥면적 포함)의 합계가 1000m^2 미만인 것	**20분** 이상
• **간**이스프링클러설비	• 비상전원**수**전설비	**10분**(숙박시설 바닥면적 합계 300~600m^2 미만, 근린생활시설 바닥면적 합계 1000m^2 이상, 복합건축물 연면적 1000m^2 이상은 **20분**) 이상 기억법 **간수**
• 옥내소화전설비 • 연결송수관설비	• 자가발전설비 • 축전지설비 • 전기저장장치	20분 이상(30층 미만) 40분 이상(30~49층 이하) 60분 이상(50층 이상)

• 제연설비 • 분말소화설비 • 이산화탄소소화설비 • 물분무소화설비 • 할론소화설비 • 할로겐화합물 및 불활성기체 소화설비 • 화재조기진압용 스프링클러설비	• 자가발전설비 • 축전지설비 • 전기저장장치	**20분** 이상
• 비상조명등	• 자가발전설비 • 축전지설비 • 전기저장장치	**20분** 이상 ※ 예외규정 : **60분** 이상 (1) **11층** 이상(지하층 제외) (2) 지하층 · 무창층으로서 **도매시장 · 소매시장 · 여객자동차터미널 · 지하철역사 · 지하상가**
• 시각경보장치	• 축전지설비 • 전기저장장치	명시하지 않음

☆☆☆

문제 17

부하전류 45A가 흐르며 정격전압 220V, 3ϕ, 60Hz인 옥내소화전 펌프구동용 전동기의 외함에 접지시스템을 시행하려고 한다. 접지시스템을 구분하고 접지도체로 구리를 사용하고자 하는 경우 공칭단면적이 몇 [mm^2] 이상이어야 하는지 답란에 쓰시오. (20.10.문4, 14.4.문6)

접지시스템	공칭단면적[mm^2]

득점	배점
	4

해답

접지시스템	공칭단면적[mm^2]
보호접지	$6mm^2$ 이상

해설 (1) **접지시스템**(KEC 140)

접지대상	접지시스템 구분	접지시스템 시설 종류	접지도체의 단면적 및 종류
특고압 · 고압 설비	• 계통접지 : 전력계통의 이상현상에 대비하여 대지와 계통을 접지하는 것 • 보호접지 : 감전보호를 목적으로 기기의 한 점 이상을 접지하는 것 • 피뢰시스템 접지 : 뇌격전류를 안전하게 대지로 방류하기 위해 접지하는 것	• 단독접지 • 공통접지 • 통합접지	$6mm^2$ 이상 연동선
일반적인 경우			구리 $6mm^2$(철제 $50mm^2$) 이상
변압기		**• 변압기 중성점 접지**	$16mm^2$ 이상 연동선

(2) **접지도체에 피뢰시스템이 접속되는 경우 접지도체의 단면적**(KEC 142.3.1)

구 리	철 제
$10mm^2$ 이상	$50mm^2$ 이상

(3) **큰 고장전류가 접지도체를 통하여 흐르지 않을 경우 접지도체의 최소 단면적**(KEC 142.3.1)

구 리	철 제
$6mm^2$ 이상	$50mm^2$ 이상

☆☆☆
문제 18

그림과 같은 평면도에 자동화재탐지설비의 광전식 스포트형 2종 감지기를 설치하고자 한다. 감지기의 설치높이가 3.6m일 때 평면도에 감지기를 적절하게 배치하고 가닥수를 표시하시오.

득점	배점
	6

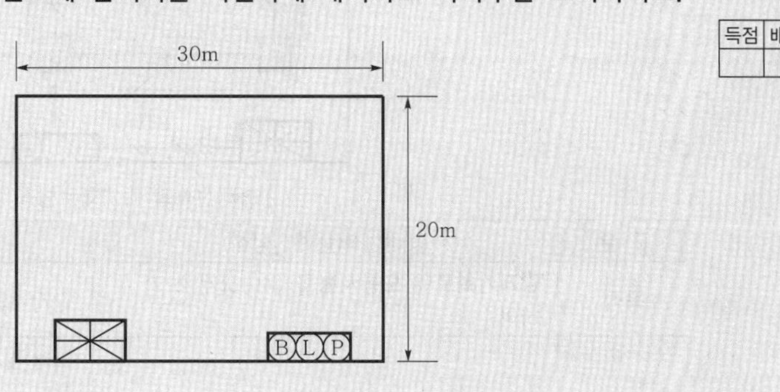

해답 $\frac{30 \times 20}{150} = 4$개

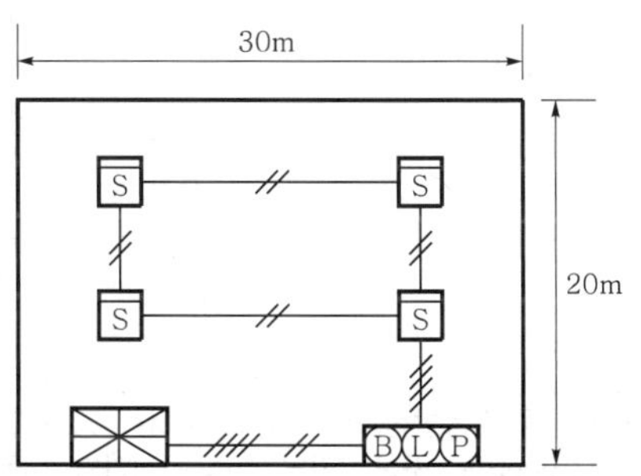

해설

- 광전식 스포트형은 연기감지기이므로 **연기감지기** 심벌(S)을 사용하여 그릴 것. 보다 정확히 하자면 문제에서 광전식 스포트형 감지기이므로 $\boxed{S}_P$로 그리면 보다 정확하다.

이온화식 스포트형 감지기	광전식 스포트형 감지기	광전식 아날로그 감지기
$\boxed{S}_I$	$\boxed{S}_P$	$\boxed{S}_A$

- 가능하면 **루프**(loop)형태로 배선해야 가닥수가 줄어드므로 **경제성**을 고려하여 **루프형태**로 배선하는 것이 좋다.

‖ 연기감지기의 바닥면적(NFPC 203 7조, NFTC 203 2.4.3.10.1) **‖**

(단위 : m^2)

부착높이	감지기의 종류	
	1종 및 2종	3종
4m 미만 →	150	50
4~20m 미만	75	–

설치높이 3.6m이므로 4m 미만이고 연기감지기 2종 : 바닥면적 **150m²**

$$\frac{(30 \times 20)\text{m}^2}{150\text{m}^2} = 4\text{개}$$

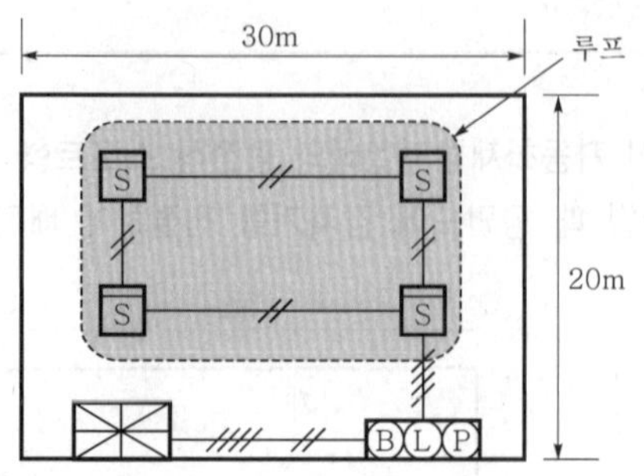

‖ 송배선식과 교차회로방식 ‖

구 분	송배선식(송배선방식)	교차회로방식
목적	**감지기회로**의 **도통시험**을 용이하게 하기 위하여	감지기의 **오동작** 방지
원리	배선의 도중에서 분기하지 않는 방식	하나의 담당구역 내에 **2 이상**의 **감지기회로**를 설치하고 **2 이상**의 **감지기회로**가 **동시**에 **감지**되는 때에 설비가 작동하는 방식으로 회로방식이 **AND 회로**에 해당된다.
적용설비	• 자동화재탐지설비 • 제연설비	• **분**말소화설비 • **할**론소화설비 • **이**산화탄소 소화설비 • **준**비작동식 스프링클러설비 • **일**제살수식 스프링클러설비 • **할**로겐화합물 및 불활성기체 소화설비 • **부**압식 스프링클러설비 기억법 분할이 준일할부
가닥수 산정	종단저항을 수동발신기함 내에 설치하는 경우 루프(loop)된 곳은 2가닥, 기타는 4가닥이 된다. 수동발신기함 / 루프(loop) ‖ 송배선식 ‖	말단과 루프(loop)된 곳은 4가닥, 기타는 8가닥이 된다. 수동발신기함 / 말단 / 루프(loop) ‖ 교차회로방식 ‖

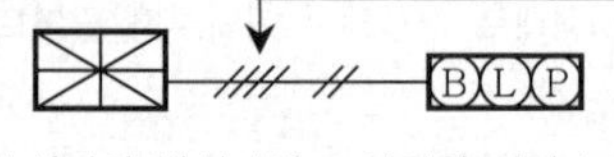

‖ 수신기와 발신기세트 사이의 가닥수 ‖

• 6가닥 : 회로선, 회로공통선, 경종선, 경종표시등공통선, 응답선, 표시등선

“ 집안이 나쁘다고 탓하지 마라. 가난하다고 말하지 마라.
배운 게 없다고 힘이 없다고 탓하지 마라. 지금의 힘든 과정은 생각하기 나름이다. ”

과년도 출제문제

2019년 소방설비산업기사 실기(전기분야)

** 수험자 유의사항 **

– 공통 유의사항

1. 시험 시작 시간 이후 입실 및 응시가 불가하며, 수험표 및 접수내역 사전확인을 통한 시험장 위치, 시험장 입실 가능 시간을 숙지하시기 바랍니다.
2. 시험 준비물 : 공단인정 신분증, 수험표, 계산기(필요 시), 흑색 볼펜류 필기구(필답, 기술사 필기), 계산기(필요 시), 수험자 지참 준비물(작업형 실기)
   ※ 공학용 계산기는 일부 등급에서 제한된 모델로만 사용이 가능하므로 사전에 필히 확인 후 지참 바랍니다.
3. 부정행위 관련 유의사항 : 시험 중 다음과 같은 행위를 하는 자는 국가기술자격법 제10조 제6항의 규정에 따라 당해 검정을 중지 또는 무효로 하고 3년간 국가기술자격법에 의한 검정을 받을 자격이 정지됩니다.
   - 시험 중 다른 수험자와 시험과 관련된 대화를 하거나 답안지(작품 포함)를 교환하는 행위
   - 시험 중 다른 수험자의 답안지(작품) 또는 문제지를 엿보고 답안을 작성하거나 작품을 제작하는 행위
   - 다른 수험자를 위하여 답안(실기작품의 제작방법 포함)을 알려 주거나 엿보게 하는 행위
   - 시험 중 시험문제 내용과 관련된 물건을 휴대하여 사용하거나 이를 주고받는 행위
   - 시험장 내외의 자로부터 도움을 받고 답안지를 작성하거나 작품을 제작하는 행위
   - 다른 수험자와 성명 또는 수험번호(비번호)를 바꾸어 제출하는 행위
   - 대리시험을 치르거나 치르게 하는 행위
   - 시험시간 중 통신기기 및 전자기기를 사용하여 답안지를 작성하거나 다른 수험자를 위하여 답안을 송신하는 행위
   - 그 밖에 부정 또는 불공정한 방법으로 시험을 치르는 행위
4. 시험시간 중 전자·통신기기를 비롯한 불허물품 소지가 적발되는 경우 퇴실조치 및 당해 시험은 무효처리가 됩니다.

– 실기시험 수험자 유의사항

1. 문제지를 받는 즉시 응시 종목의 문제가 맞는지 확인하셔야 합니다.
2. 답안지 내 인적 사항 및 답안작성(계산식 포함)은 **검정색** 필기구만을 계속 사용하여야 합니다.
3. 답안정정 시에는 **두 줄**(=)을 긋고 다시 **기재 가능**하며, **수정 테이프 사용** 또한 **가능**합니다.
4. 계산문제는 반드시 '계산과정'과 '답'란에 정확히 기재하여야 하며 계산과정이 틀리거나 없는 경우 0점 처리됩니다.
   ※ 연습이 필요 시 연습란을 이용하여야 하며, 연습란은 채점대상이 아닙니다.
5. 계산문제는 최종 결과값(답)에서 소수 셋째자리에서 반올림하여 둘째자리까지 구하여야 하나 개별 문제에서 소수 처리에 대한 별도 요구사항이 있을 경우, 그 요구사항에 따라야 합니다.
6. 답에 단위가 없으면 오답으로 처리됩니다. (단, 문제의 요구사항에 단위가 주어졌을 경우는 생략되어도 무방합니다)
7. 문제에서 요구한 가지 수 이상을 답란에 표기한 경우, 답란기재 순으로 요구한 가지 수만 채점합니다.

2019. 4. 14 시행

▌2019년 산업기사 제1회 필답형 실기시험▐

자격종목	시험시간	형별	수험번호	성명	감독위원 확인
소방설비산업기사(전기분야)	2시간 30분				

※ 다음 물음에 답을 해당 답란에 답하시오.(배점 : 100)

☆ **문제 01**

전압강하에 대해 설명하고, 저압으로 수전하는 경우 분기회로의 전압강하를 공급전압의 몇 % 이내로 하는지 쓰시오. (단 조명용인 경우이다.)

○ 전압강하 :

○ 분기회로의 전압강하 : 공급전압의 (　　)% 이내

(11.7.문14)

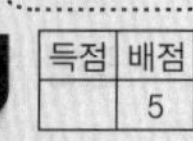
유사문제부터 풀어보세요.
실력이 팍!팍! 올라갑니다.

득점	배점
	5

 ○ 전압강하 : 입력전압과 출력전압의 차
○ 분기회로의 전압강하 : 3%

• 답을 2%라고 말하는 사람이 있다. 법이 개정되었다. 2%는 예전 규정으로 틀린다.

(1) **전압강하 1**

① **정의** : 입력전압과 출력전압의 차

② **수용가설비**의 **전압강하**(KEC 232.3.9)

설비의 유형	조명[%]	기타[%]
저압으로 수전하는 경우 … ㉠ ⟶	3	5
고압 이상으로 수전하는 경우 *)	6	8

*) 가능한 한 최종 회로 내의 전압강하가 ㉠ 유형의 값을 넘지 않도록 하는 것이 바람직하다. 사용자의 배선설비가 100m를 넘는 부분의 전압강하는 미터당 0.005% 증가할 수 있으나 이러한 증가분은 0.5%를 넘지 않아야 한다.

③ **전선단면적**

전기방식	전선단면적
단상 2선식	$A=\frac{35.6LI}{1000e}$
3상 3선식	$A=\frac{30.8LI}{1000e}$
단상 3선식 3상 4선식	$A=\frac{17.8LI}{1000e'}$

여기서, L : 선로길이[m]
I : 전부하전류[A]
e : 각 선간의 전압강하[V]
e' : 각 선간의 1선과 중성선 사이의 전압강하[V]

(2) **전압강하 2**

단상 2선식	3상 3선식
$e=V_s-V_r=2IR$	$e=V_s-V_r=\sqrt{3}IR$

여기서, e : 전압강하[V], V_s : 입력전압[V], V_r : 출력전압[V], I : 전류[A], R : 저항[Ω]

☆☆

문제 02

다음 그림은 배선도 표시방법이다. "가", "나", "다", "라", "마" 각각이 의미하는 바를 쓰시오.

(17.6.문3, 07.4.문1)

득점	배점
	5

(가) 1.6 (나)

HFIX 2.5 (16)

(다) (라) (마)

(가) :

(나) :

(다) :

(라) :

(마) :

해답 (가) : 배선공사명 노출배선(바닥면 노출배선을 구별하는 경우)

(나) : 전선가닥수(4가닥)

(다) : 전선의 종류(450/750V 저독성 난연 가교폴리올레핀 절연전선)

(라) : 전선굵기($2.5mm^2$)

(마) : 전선관굵기(16mm)

- (가) **'배선공사명(노출배선)'**이라고만 쓰면 틀린다. **'배선공사명 노출배선(바닥면 노출배선을 구별하는 경우)'** 라고 써야 정답!

(1) **전선**의 **종류**

약 호	명 칭	최고허용온도
OW	옥외용 비닐절연전선	60℃
DV	인입용 비닐절연전선	
HFIX	450/750V 저독성 난연 가교폴리올레핀 절연전선	90℃
CV	가교폴리에틸렌절연 비닐외장케이블	
MI	미네랄 인슐레이션 케이블	
IH	하이퍼론 절연전선	95℃
FP	내화전선(내화케이블)	–
HP	내열전선	
GV	접지용 비닐전선	
E	접지선	

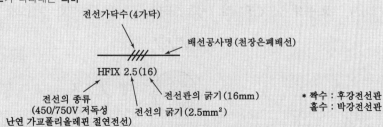

- **배선도**가 나타내는 **의미**

전선가닥수(4가닥)

배선공사명(천장은폐배선)

HFIX 2.5(16)

전선의 종류 (450/750V 저독성 난연 가교폴리올레핀 절연전선)

전선의 굵기($2.5mm^2$)

전선관의 굵기(16mm)

* 짝수 : 후강전선관
홀수 : 박강전선관

- **'의미하는 바를 쓰시오'**라고 했으므로 (나) **'전선가닥수(4가닥)'**처럼 정확히 쓰자! **'전선가닥수'** 또는 **'4가닥'** 처럼 일부분만 쓰면 의미가 불분명하다. (가), (다), (라), (마)도 마찬가지로 정확하게, 확실하게 쓰자!

(2) **옥내배선기호**

명 칭	그림기호	적 요
천장은폐배선	────────	천장 속의 배선을 구별하는 경우 : ─ · ─ · ─
바닥은폐배선	── ── ──	–
노출배선	-------------	바닥면 노출배선을 구별하는 경우 : ──··──··──

☆☆☆
문제 03

연축전지의 정격용량은 120Ah이다. 상시부하 3kW, 표준전압 100V이고, 부동충전방식으로 할 때 충전전류의 값을 구하시오. (15.4.문10, 11.7.문7)

득점	배점
	5

○ 계산과정 :
○ 답 :

해답

○ 계산과정 : $\frac{120}{10}+\frac{3\times10^3}{100}=42\text{A}$

○ 답 : 42A

해설

2차 충전전류$=\frac{\text{축전지의 정격용량}}{\text{축전지의 공칭용량}}+\frac{\text{상시부하}}{\text{표준전압}}=\frac{120\text{Ah}}{10\text{Ah}}+\frac{3\times10^3\text{W}}{100\text{V}}=42\text{A}$

중요

공칭용량

연축전지	알칼리축전지
10Ah	5Ah

비교

충전기 2차 출력
충전기 2차 출력=표준전압×2차 충전전류

☆☆☆
문제 04

소방설비용으로 사용되는 3상 유도전동기에 대한 다음 각 물음에 답하시오. (18.4.문1, 15.7.문17, 14.11.문14)

득점	배점
	6

(가) 15kW, 3상 농형 유도전동기의 분기회로의 케이블 선정을 위한 허용전류를 구하시오. (단, 전부하효율은 88%, 전부하역률은 80.5%로 하며, 허용전류는 전부하전류의 1.25배를 적용한다.)
○ 계산과정 :
○ 답 :

(나) 22kW, 3상 농형 유도전동기의 Y-△ 기동(Star-Delta)을 위한 결선도를 완성하시오.

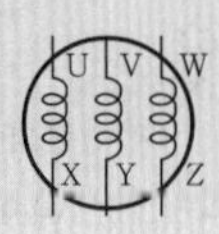

해답

(가) ○ 계산과정 : $I=\frac{15\times10^3}{\sqrt{3}\times380\times0.805\times0.88}≒32.171\text{A}$

허용전류$=1.25\times32.171=40.213≒40.21\text{A}$

○ 답 : 40.21A

(나)

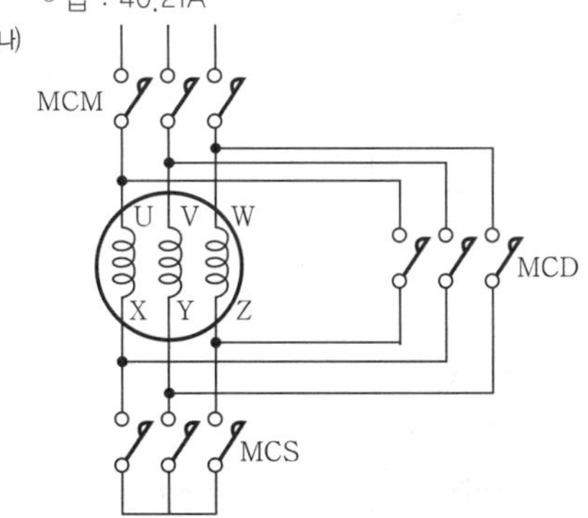

해설

(가) ① **3상 전력**

$$P=\sqrt{3}\,VI\cos\theta\eta$$

여기서, P : 3상 전력〔W〕

V : 전압〔V〕

I : 전류(전부하전류)〔A〕

$\cos\theta$: 역률

η : 효율

전부하전류 $I=\frac{P}{\sqrt{3}\,V\cos\theta\eta}$

$$=\frac{15\times10^3\text{W}}{\sqrt{3}\times380\text{V}\times0.805\times0.88}≒32.171\text{A}$$

- P(3상 전력) : $15\text{kW}=15\times10^3\text{W}$
- V(전압) : 이 문제에서처럼 전압이 주어지지 않았을 때는 실무에서 주로 사용하는 **380V** 적용, 전압이 주어지지 않았다고 당황하지 마라!
- $\cos\theta$(역률) : 80.5%=0.805
- η(효율) : 88%=0.88
- 계산과정에서의 소수점이 발생하면 2째 자리 또는 3째 자리까지 구하면 된다. 2째 자리까지 구하든 3째 자리까지 구하든 둘 다 맞다.

② **전선**의 **허용전류** 산정

허용전류$=1.25$배$\times$전동기 전류합계

$=1.25\times32.171\text{A}=40.213≒40.21\text{A}$

- 전부하전류가 **32.171**A이므로 단서조건에 의해 **1.25배**를 곱한다.

(나) ① Y결선

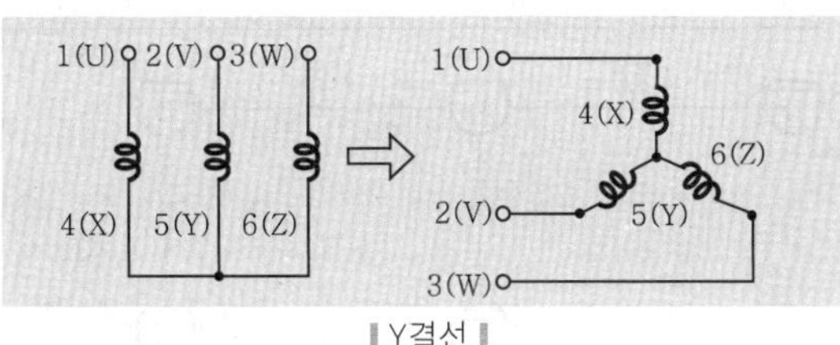

4, 5, 6 또는 X, Y, Z가 모두 연결되도록 함

‖Y결선‖

② △결선

△결선은 다음 그림의 △결선 1 또는 △결선 2 어느 것으로 연결해도 옳은 답이다.

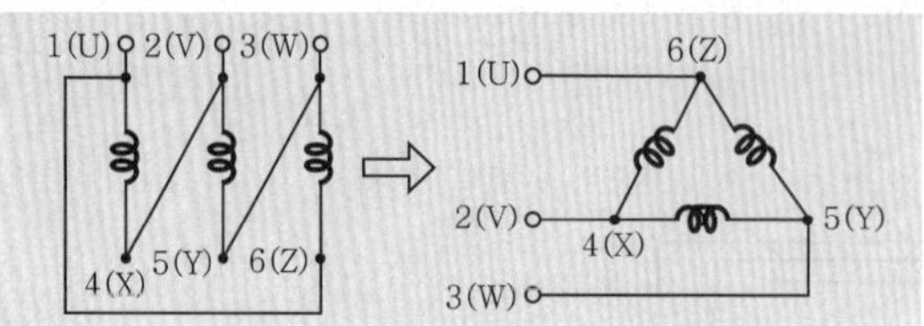

1-6, 2-4, 3-5 또는 U-Z, V-X, W-Y로 연결되어야 함

‖ △결선 1 ‖

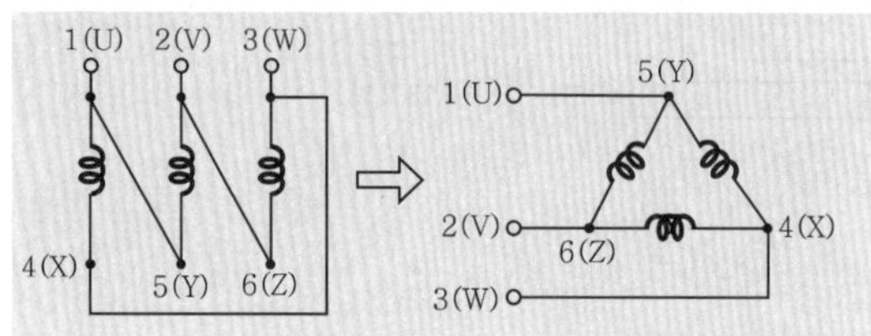

1-5, 2-6, 3-4 또는 U-Y, V-Z, W-X로 연결되어야 함

‖ △결선 2 ‖

③ 올바른 Y-△ 결선

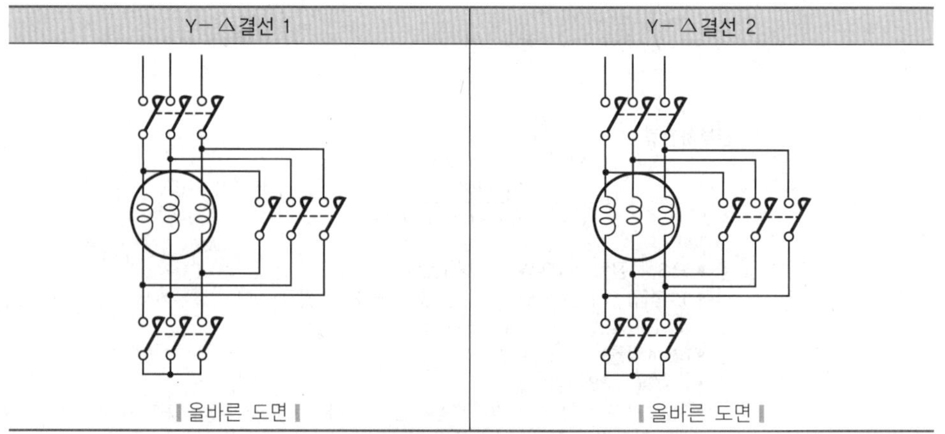

Y-△결선 1	Y-△결선 2
‖올바른 도면‖	‖올바른 도면‖

문제 05

그림은 자동화재탐지설비의 배선도이다. ①, ②, ③지점에 연결되는 최소 전선수는 몇 가닥인지 쓰시오.

(17.4.문1, 16.6.문16, 11.11.문14, 07.11.문11)

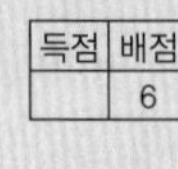

득점	배점
	6

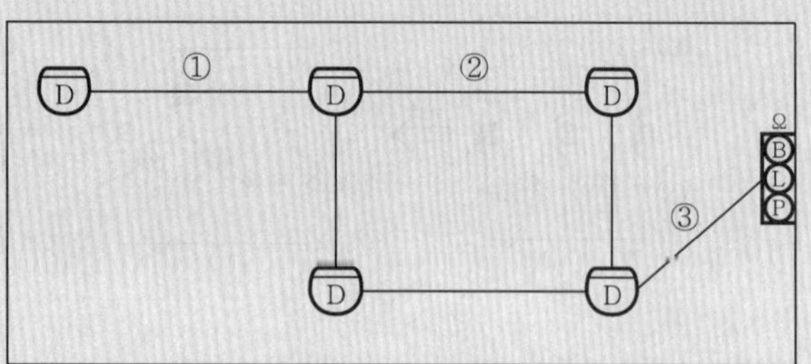

①:

②:

③:

해답 ① : 4가닥

② : 2가닥

③ : 4가닥

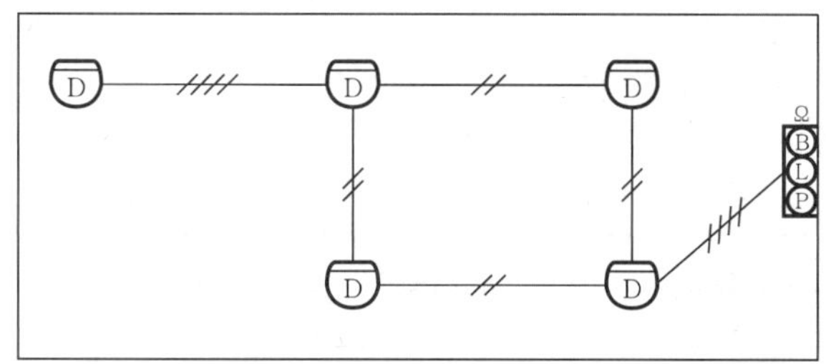

‖ 배선가닥수 표시 ‖

(1) **차동식 스포트형 감지기**

예전 심벌	요즘 심벌
D	

(2) **송배선식**과 **교차회로방식**

구 분	송배선식	교차회로방식
목적	• **도통시험**을 용이하게 하기 위하여	• 감지기의 **오동작** 방지
원리	• 배선의 도중에서 분기하지 않는 방식	• 하나의 담당구역 내에 **2 이상**의 **감지기회로**를 설치하고 **2 이상**의 **감지기회로**가 **동시**에 **감지**되는 때에 설비가 작동하는 방식으로 회로방식이 **AND 회로**에 해당된다.
적용 설비	• 자동화재탐지설비 • 제연설비	• **분**말소화설비 • **할**론소화설비 • **이**산화탄소 소화설비 • **준**비작동식 스프링클러설비 • **일**제살수식 스프링클러설비 • **할**로겐화합물 및 불활성기체 소화설비 • **부**압식 스프링클러설비 기억법 **분할이 준일할부**
가닥수 산정	• 종단저항을 수동발신기함 내에 설치하는 경우 **루프(loop)**된 곳은 **2가닥, 기타 4가닥**이 된다. 수동 발신기함 / 루프(loop) ‖ 송배선식 ‖	• **말단**과 **루프**(loop)된 곳은 **4가닥, 기타 8가닥**이 된다. 수동 발신기함 / 말단 / 루프(loop) ‖ 교차회로방식 ‖

☆☆☆

문제 06

공기관식 차동식 분포형 감지기의 설치기준에 대한 설명으로 (   ) 안에 알맞은 내용을 쓰시오.

(14.11.문10, 09.4.문4)

득점	배점
	9

○ 공기관의 노출부분은 감지구역마다 (①)m 이상이 되도록 할 것
○ 공기관과 감지구역의 각 변과의 수평거리는 (②)m 이하가 되도록 하고, 공기관 상호간의 거리는 (③)m(주요 구조부를 내화구조로 한 특정소방대상물 또는 그 부분에 있어서는 (④)m) 이하가 되도록 할 것
○ 하나의 검출부분에 접속하는 공기관의 길이는 (⑤)m 이하로 할 것
○ 검출부는 (⑥)도 이상 경사되지 아니하도록 부착할 것
○ (⑦)은(는) 바닥으로부터 (⑧)m 이상 (⑨)m 이하의 위치에 설치할 것

①		②		③	
④		⑤		⑥	
⑦		⑧		⑨	

해답

①	20	②	1.5	③	6
④	9	⑤	100	⑥	5
⑦	검출부	⑧	0.8	⑨	1.5

해설 **공기관식** 차동식 분포형 감지기의 **설치기준**(NFPC 203 7조 ③항, NFTC 203 2.4.3.7)

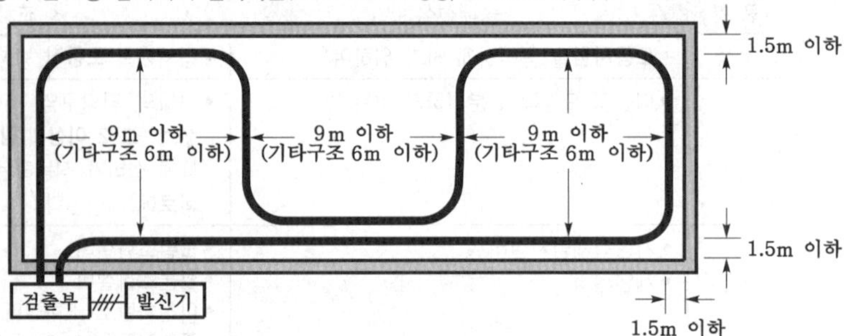

(1) 공기관의 노출부분은 감지구역마다 **20m** 이상이 되도록 설치할 것
(2) 공기관과 감지구역의 각 변과의 **수평거리**는 **1.5m** 이하가 되도록 할 것
(3) 공기관 상호간의 거리는 **6m**(내화구조는 **9m**) 이하가 되도록 할 것
(4) 하나의 **검출부**에 접속하는 공기관의 길이는 **100m** 이하가 되도록 할 것
(5) 검출부는 **5도** 이상 경사되지 않도록 부착할 것
(6) **검출부**는 바닥으로부터 **0.8~1.5m** 이하의 위치에 설치할 것
(7) 공기관은 도중에서 **분기**하지 않도록 할 것

• 경사제한각도

차동식 분포형 감지기	스포트형 감지기
5° 이상	45° 이상

비교

정온식 감지선형 감지기의 설치기준(NFPC 203 7조 ③항, NFTC 203 2.4.3.12)
(1) **보**조선이나 고정금구를 사용하여 감지선이 늘어지지 않도록 설치할 것
(2) **단**자부와 마감 고정금구와의 설치간격은 **10cm** 이내로 설치할 것
(3) 감지선형 감지기의 **굴**곡반경은 **5cm** 이상으로 할 것

(4) 감지기와 감지구역의 각 부분과의 수평**거**리가 내화구조의 경우 **1종 4.5m** 이하, **2종 3m** 이하로 할 것. 기타구조의 경우 **1종 3m** 이하, **2종 1m** 이하로 할 것

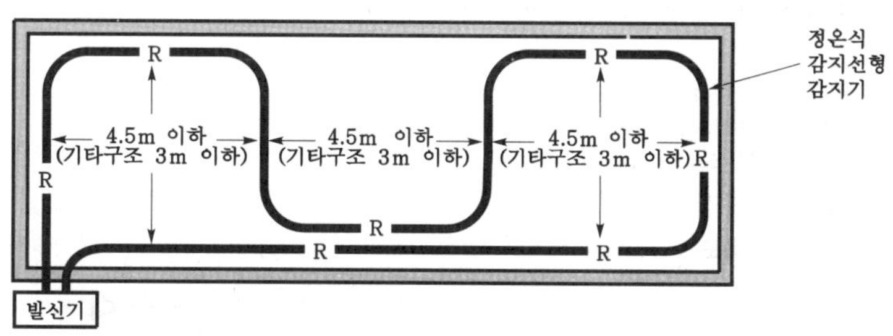

‖ 정온식 감지선형 감지기 ‖

(5) **케**이블트레이에 감지기를 설치하는 경우에는 **케이블트레이 받침대**에 마감금구를 사용하여 설치할 것
(6) **창고**의 **천장** 등에 지지물이 적당하지 않는 장소에서는 **보조선**을 설치하고 그 보조선에 설치할 것
(7) **분**전반 내부에 설치하는 경우 접착제를 이용하여 돌기를 바닥에 고정시키고 그곳에 감지기를 설치할 것
(8) 그 밖의 설치방법은 형식승인내용에 따르며 형식승인사항이 아닌 것은 제조사의 **시**방(示方)에 따라 설치할 것

기억법 **정감 보단굴거 케분시**

★★ 문제 07

다음은 어느 아파트의 지하주차장에 설치된 준비작동식 스프링클러의 블록다이어그램이다. 다음 각 물음에 답하시오.

(12.4.문1, 05.5.문11)

득점	배점
	11

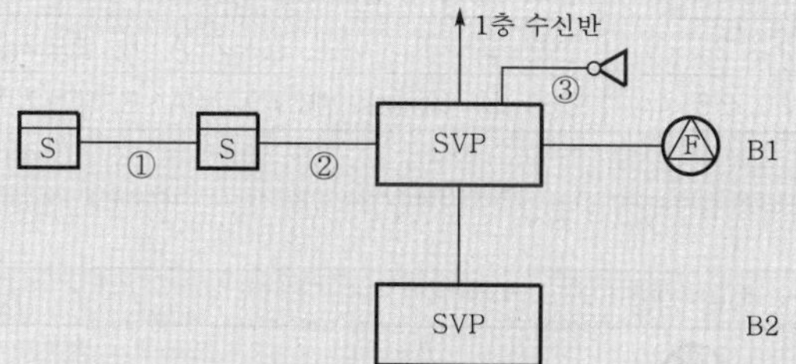

(가) ①, ②, ③의 전선가닥수는 몇 가닥인가?
①:
②:
③:

(나) 프리액션밸브에 부착된 전기적인 장치 3가지 이름과 그 역할을 쓰시오.
○
○
○

(다) SVP 전면에 부착되어 있는 표시등 3가지를 쓰시오.
○
○
○

(라) 감지기회로의 도통시험에 필요한 종단저항의 수량과 설치위치에 대해 쓰시오.
○ 종단저항의 수량 :
○ 설치위치 :

해답 (가) ① : 4가닥
② : 8가닥
③ : 2가닥

(나) ① 솔레노이드밸브 : 프리액션밸브의 개방
② 압력스위치 : 펌프 기동
③ 탬퍼스위치 : 개폐표시형 밸브의 개폐상태 감시

(다) ① 전원감시등
② 밸브개방표시등
③ 밸브주의표시등

(라) ○ 종단저항의 수량 : 2개
○ 설치위치 : SVP

해설 (가) **배선내역** 및 **용도**

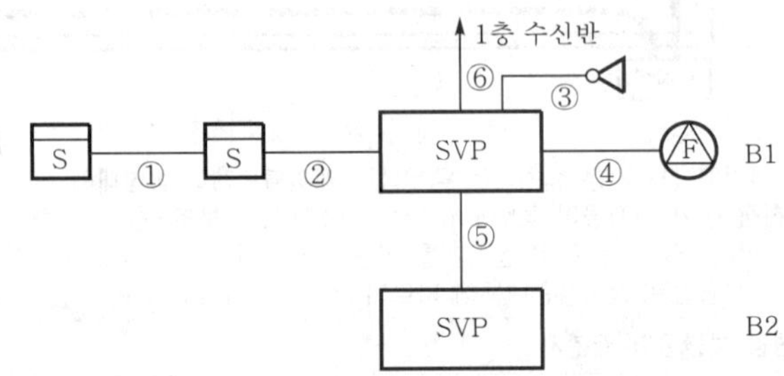

기 호	배선내역	용 도
①	HFIX 1.5-4	지구 2, 공통 2
②	HFIX 1.5-8	지구 4, 공통 4
③	HFIX 2.5-2	사이렌 2
④	HFIX 2.5-4	밸브기동(SV), 밸브개방확인(PS), 밸브주의(TS), 공통
⑤	HFIX 2.5-8	전원 ⊕·⊖, 사이렌, 감지기 A·B, 밸브기동, 밸브개방확인, 밸브주의
⑥	HFIX 2.5-14	전원 ⊕·⊖, (사이렌, 감지기 A·B, 밸브기동, 밸브개방확인, 밸브주의)×2

참고

프리액션밸브의 **심벌**

틀린 심벌	올바른 심벌
(F)	(P)

• 문제에서 잘못된 심벌을 사용하고 있다. 종종 출제문제가 소방청에서 고시하는 올바른 심벌을 사용하지 않는 경우가 있다.

(나) **프리액션밸브**의 **전기장치**

구 분	설 명
솔레노이드밸브 (Solenoid Valve)	① 수신반의 신호에 의해 동작하여 **프리액션밸브**를 **개방**시키는 밸브 ② 화재시 감지기 연동이나 슈퍼비조리판넬 기동 등으로 작동되는 솔레노이드밸브는 준비작동밸브(Preaction Valve)를 개방하여 화재실 내로 가압수를 방출시킨다.
압력스위치 (Pressure Switch)	① 물의 흐름을 감지하여 제어반에 신호를 보내 **펌프**를 **기동**시키는 스위치 ② 준비작동밸브의 측로를 통하여 흐르는 물의 압력으로 압력스위치 내의 벨로스(bellows)가 가압되면 전기적 회로가 구성되어 신호를 발생한다. 이 신호는 제어반으로 보내어 경보를 발하고 화재를 표시하며 가압펌프를 기동시킨다.
탬퍼스위치 (Tamper Switch)	① 개폐표시형 밸브의 **개폐상태**를 **감시**하는 스위치 ② 탬퍼스위치는 개폐표시형 밸브(OS & Y valve)에 부착하여 개폐표시형 밸브가 폐쇄되었을 때 슈퍼비조리판넬 및 제어반에 신호를 보내어 관계인에게 알리는 것으로, 평상시 개폐표시형 밸브는 반드시 개방시켜 놓아야 한다.

(다) **프리액션밸브**의 **SVP**(Supervisory Panel, **슈퍼비조리판넬**)

① **전원감시등** : 슈퍼비조리판넬에 전원이 공급될 경우 점등된다.
② **밸브개방표시등** : 준비작동식 밸브(Preaction Valve)가 개방될 경우 점등된다.

③ **밸브주의표시등** : 준비작동식 밸브 아래에 있는 게이트밸브가 잠겼을 경우 점등된다.
④ **기동스위치** : 수동으로 준비작동식 밸브를 개방시키기 위한 스위치

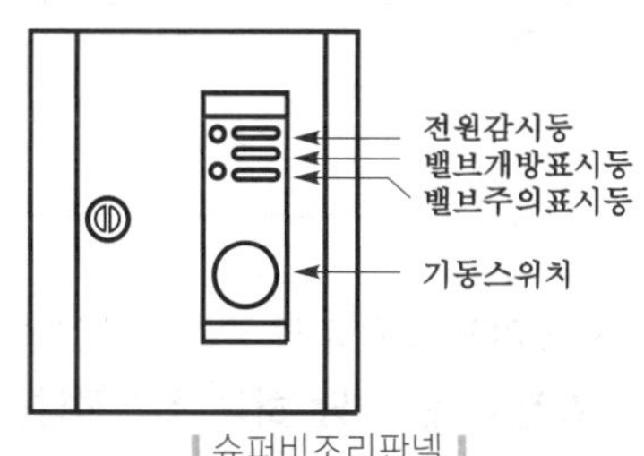

▎슈퍼비조리판넬▐

비교

이산화탄소 소화설비의 **수동조작함**

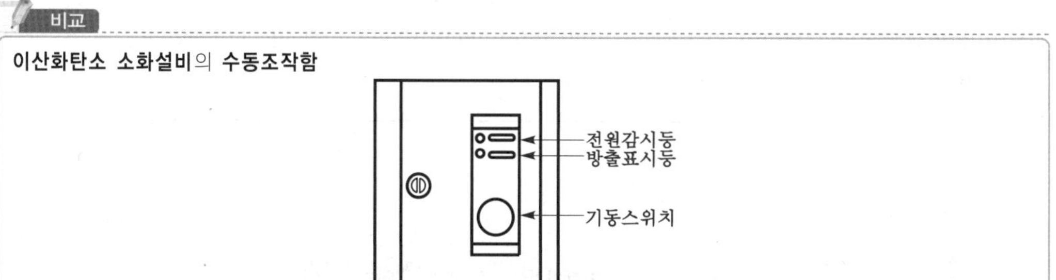

㈑ **송배선식**과 **교차회로방식**

구 분	송배선식	교차회로방식
목적	• **도통시험**을 용이하게 하기 위하여	• 감지기의 **오동작** 방지
원리	• 배선의 도중에서 분기하지 않는 방식	• 하나의 담당구역 내에 **2 이상**의 **감지기회로**를 설치하고 **2 이상**의 **감지기회로**가 **동시**에 **감지**되는 때에 설비가 작동하는 방식으로 회로방식이 **AND회로**에 해당된다.
적용설비	• 자동화재탐지설비 • 제연설비	• **분**말소화설비 • **할**론소화설비 • **이**산화탄소 소화설비 • **준**비작동식 스프링클러설비 • **일**제살수식 스프링클러설비 • **할**로겐화합물 및 불활성기체 소화설비 • **부**압식 스프링클러설비 기억법 **분할이 준일할부**
가닥수 산정	• 종단저항을 수동발신기함 내에 설치하는 경우 **루프(loop)**된 곳은 **2가닥**, **기타 4가닥**이 된다. 수동발신기함 / 루프(loop) ▎송배선식▐	• **말단**과 **루프(loop)**된 곳은 **4가닥**, **기타 8가닥**이 된다. 말단 / 수동발신기함 / 루프(loop) ▎교차회로방식▐
1구역당 종단저항 수량	• **1개**	• **2개**
종단저항 설치위치	• 자동화재탐지설비 : **발신기세트** 또는 **감지기회로**의 **말단** • 제연설비 : **수동조작함** 또는 **접속함**(단자반)	• 분말소화설비 : 수동조작함 • 할론소화설비 : 수동조작함 • 이산화탄소 소화설비 : 수동조작함 • 준비작동식 스프링클러설비 : SVP(**슈퍼비조리판넬**) • 일제살수식 스프링클러설비 : 수동조작함 • 할로겐화합물 및 불활성기체 소화설비 : 수동조작함

- 문제는 종단저항 전체 수량을 묻는 것이 아니라 감지기회로의 도통시험에 필요한 종단저항 수량(SVP 1개에 설치된 종단저항 수량)을 질문했으므로 **2개**가 정답!! 종단저항 전체 수량을 물었다면 SVP 1개당 2개씩 총 **4개**가 정답!!

☆☆☆

문제 08

부하의 허용 최저전압이 99V이고 축전지와 부하 간 접속선의 전압강하가 5V일 때, 직렬로 접속한 축전지의 개수가 55개인 축전지 한 개당 허용 최저전압을 구하시오. (단, 연축전지인 경우이다.)

(13.4.문4)

득점	배점
	4

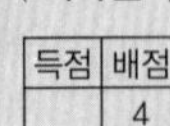

○ 계산과정 :
○ 답 :

해답

○ 계산과정 : $\frac{99+5}{55}=1.89\text{V}$

○ 답 : 1.89V

해설

- 이 문제를 푸는 데 단서의 **'연축전지'**는 아무 관계가 없다. 고민 말라!

축전지 1개의 **허용 최저전압** V는

$$V=\frac{V_a+V_c}{n}$$

여기서, V : 축전지 1개의 허용 최저전압[V], V_a : 부하의 허용 최저전압[V]
V_c : 축전지와 부하 간 접속선의 전압강하[V], n : 직렬로 접속한 축전지개수

축전지 1개의 허용 최저전압 $V=\frac{V_a+V_c}{n}=\frac{99\text{V}+5\text{V}}{55}=1.89\text{V}$

☆☆☆

문제 09

누전경보기에 대한 다음 각 물음에 답하시오. (17.11.문15, 15.11.문16, 12.7.문8)

득점	배점
	3

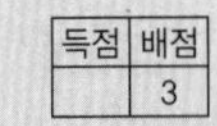

(가) 1급 또는 2급 누전경보기를 설치해야 하는 경계전로의 정격전류는 얼마인지 쓰시오.
○

(나) 전원은 분전반으로부터 전용 회로로 한다. 각 극에 무엇을 설치하여야 하는지 쓰시오.
○

(다) CT의 우리말 명칭을 쓰시오.
○

해답

(가) 60A 이하
(나) 개폐기 및 15A 이하의 과전류차단기
(다) 변류기

해설

(가), (나) **누전경보기**의 **설치방법**(NFPC 205 4 · 6조, NFTC 205 2.1.1, 2.3.1)

정격전류	종 별
60A 초과	1급
60A 이하	1급 또는 2급

① 변류기는 옥외인입선의 **제1지점**의 **부하측** 또는 **제2종**의 **접지선측**에 설치할 것(부득이한 경우 **인입구**에 **근접**한 옥내에 설치)

변류기의 **설치위치**

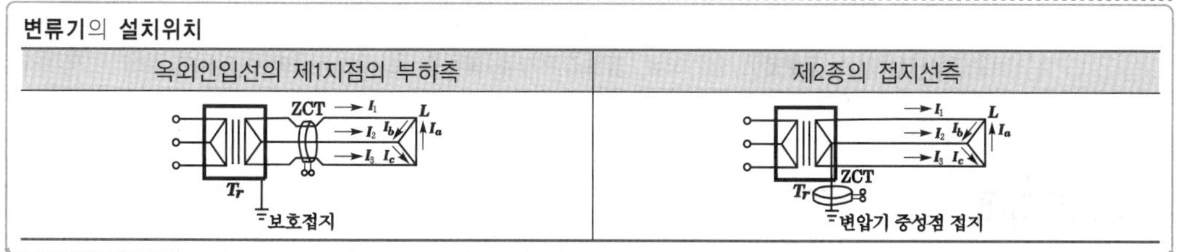

옥외인입선의 제1지점의 부하측	제2종의 접지선측
ZCT, I_1, I_2, I_3, I_a, I_b, I_c, L, T_r, 보호접지	ZCT, I_1, I_2, I_3, I_a, I_b, I_c, L, T_r, 변압기 중성점 접지

② 옥외전로에 설치하는 변류기는 **옥외형**을 사용할 것
③ 각 극에 **개폐기** 및 **15A** 이하의 **과전류차단기**를 설치할 것(**배선용 차단기**는 **20A 이하**)
④ 분전반으로부터 **전용** 회로로 할 것

(다) 명칭은 **변류기**이며, 이것을 점검하고자 할 때 **2차측**은 **단락**하여야 한다. 단락하지 않으면 변류기 2차측에 고압이 유발되어 소손의 우려가 있다.

‖ CT vs ZCT ‖

CT	ZCT
변류기	영상변류기

중요

공칭작동전류치 vs **감도조정장치**의 **조정범위**의 **최대치**

공칭작동전류치	감도조정장치의 조정범위의 최대치
200mA 이하	1A

문제 10

자동화재탐지설비에서 도통시험을 원활하게 하기 위하여 상시개로식의 배선에는 그 회로의 끝부분에 무엇을 설치하여야 하는지 쓰시오. (04.4.문9)

○

득점	배점
	3

 종단저항

 (1) **종단저항과 송배선방식**

구 분	설 명
종단저항	감지기회로의 **도통시험**을 용이하게 하기 위하여 감지기회로의 **끝**부분에 설치하는 저항 (지구, 공통, 수신기, 감지기, R 종단저항) ‖ 종단저항의 설치 ‖
송배선방식 (보내기배선)	수신기에서 2차측의 외부배선의 **도통시험**을 용이하게 하기 위해 배선의 도중에서 분기하지 않도록 하는 배선이다. (수신기로, 감지기, 단자판, 단자, 전선, 감지기) ‖ 송배선방식 ‖

(2) 감지기회로의 **종단저항 설치기준**(NFPC 203 11조, NFTC 203 2.8.1.3)

① **점검** 및 **관리**가 쉬운 장소에 설치할 것

② 전용함 설치시 바닥으로부터 **1.5m** 이내의 높이에 설치할 것

③ 감지기회로의 **끝부분**에 설치하며, **종단감지기**에 설치할 경우에는 구별이 쉽도록 해당 감지기의 기판 및 감지기 외부 등에 별도의 표시를 할 것

☆☆☆

문제 11

다음 그림과 같이 발신기와 감지기(S)를 설치할 때 이를 송배선방식으로 처리하면 각각의 배선수는 몇 가닥이 되어야 하는지 각각의 개소에 숫자로 표시하시오. (단, 종단저항은 발신기에 설치하는 조건이다.)

(17.4.문1, 16.6.문16, 11.11.문14, 07.11.문11)

득점	배점
	7

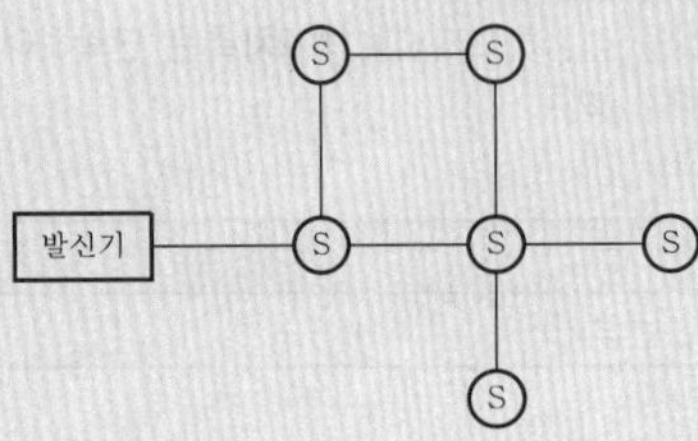

해답

발신기 —4— S —2— S —4— S
위쪽: S —2— S (세로 2, 2)
아래쪽: 4 — S

해설

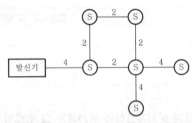

• 문제에서 숫자로 표시하라고 했으므로 빗금이 아닌 반드시 숫자로 표시해야 정답!! 이 문제에서는 다음과 같이 빗금으로 표시하면 틀림

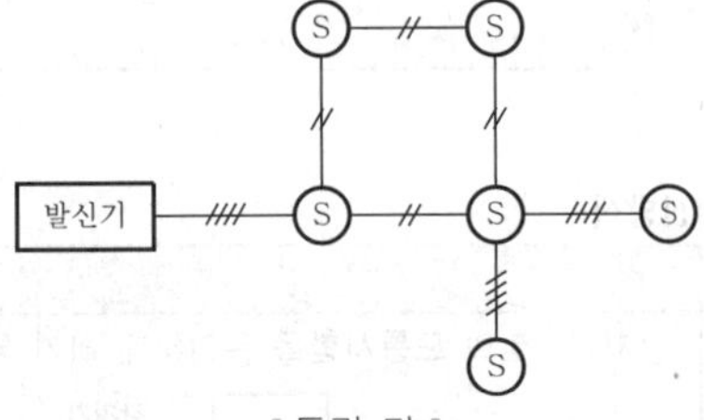

▮틀린 답▮

▮송배선식과 교차회로방식▮

구 분	송배선식(송배선방식)	교차회로방식
정의	• **도통시험**을 용이하게 하기 위하여 배선의 도중에서 분기하지 않는 방식	• 하나의 담당구역 내에 2 이상의 감지기회로를 설치하고 **2 이상**의 **감지기회로**가 동시에 감지되는 때에 설비가 작동하는 방식
적용 설비	• 자동화재탐지설비 • 제연설비	• **분**말소화설비 • **할**론소화설비 • **이**산화탄소 소화설비 • **준**비작동식 스프링클러설비 • **일**제살수식 스프링클러설비 • **할**로겐화합물 및 불활성기체 소화설비 • **부**압식 스프링클러설비 기억법 **분할이 준일할부**

가닥수 산정	• 종단저항을 발신기 또는 수신기에 설치하는 경우 **루프(loop)**된 곳은 **2가닥, 기타 4가닥**이 된다. 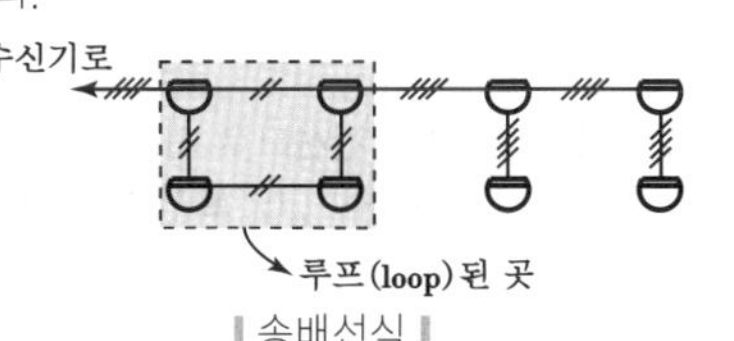 ‖송배선식‖	• **말단**과 **루프**(loop)된 곳은 **4가닥, 기타 8가닥**이 된다. 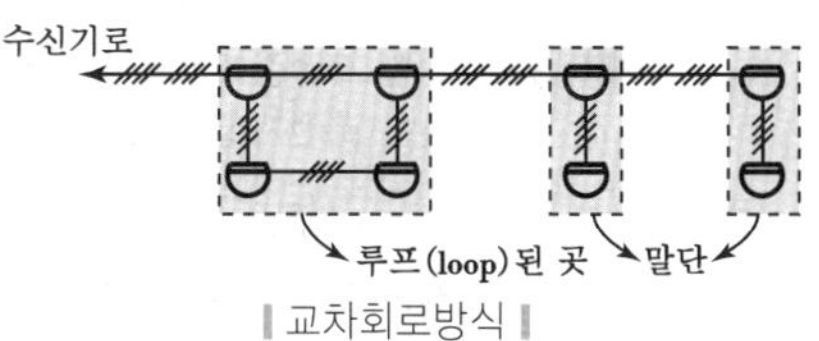 ‖교차회로방식‖

☆☆

문제 12

누전경보기에 사용되는 ZCT의 역할이 무엇인지 쓰시오. (14.7.문7, 10.10.문7)

○

득점	배점
	3

해답 누설전류 검출

해설 (1) **CT vs ZCT**

명 칭	변류기(CT)	영상변류기(ZCT)
그림기호		
역할(기능)	일반전류 검출	누설전류 검출

(2) **누전경보기의 구성**

구 성	설 명	비 고
영상변류기(ZCT)	누설전류 검출	간단히 **변류기**라고도 부른다.
음향장치	경보 발령	–
배선용 차단기	과부하시 회로 차단	–
수신기	누설전류 수신	–

(3) **누전경보기의 종별**

정격전류	누전경보기의 종별
60A 초과	1급
60A 이하	1급 또는 2급

참고

누전경보기와 **누전차단기**

누전경보기(Earth Leakage Detector ; ELD)	누전차단기(Earth Leakage Breakey ; ELB)
누설전류를 검출하여 특정소방대상물의 관계인에게 **경보**를 발하는 장치	누설전류를 검출하여 **회로**를 **차단**시키는 기기

☆☆

문제 13

무선통신보조설비에서 증폭기의 전원 3가지를 쓰시오. (15.4.문2, 09.10.문7)

○
○
○

득점	배점
	5

해답 ① 축전지설비
② 전기저장장치
③ 교류전압 옥내간선

해설 **증폭기 및 무선중계기의 설치기준**(NFPC 505 8조, NFTC 505 2.5.1)
(1) 전원은 **축전지설비, 전기저장장치** 또는 **교류전압 옥내간선**으로 하고, 전원까지의 배선은 **전용**으로 할 것
(2) 증폭기의 전면에는 주회로전원의 정상여부를 표시할 수 있는 **표시등** 및 **전압계**를 설치할 것
(3) 증폭기의 비상전원 용량은 **30분** 이상일 것
(4) **증폭기 및 무선중계기**를 설치하는 경우에는 전파법에 따른 적합성평가를 받은 제품으로 설치할 것
(5) 디지털방식의 무전기를 사용하는 데 지장이 없도록 설치할 것

용어

무반사 종단저항	전기저장장치
전송로로 전송되는 전자파가 전송로의 종단에서 반사되어 **교신**을 **방해**하는 것을 막기 위해 누설동축케이블의 **끝부분**에 설치하는 저항	외부 전기에너지를 저장해 두었다가 필요한 때 전기를 공급하는 장치

중요

각 **설비**의 **전원 · 비상전원 종류**

설 비	전 원	비상전원	비상전원 용량
• 자동화재**탐**지설비	• 축전지설비 • 전기저장장치 • 교류전압 옥내간선	• **축**전지설비 • 전기저장장치	• **10분** 이상(30층 미만) • **30분** 이상(30층 이상)
• 비상**방**송설비	• 축전지설비 • 전기저장장치 • 교류전압 옥내간선	• 축전지설비 • 전기저장장치	
• 비상**경**보설비	• 축전지설비 • 전기저장장치 • 교류전압 옥내간선	• 축전지설비 • 전기저장장치	• **10분** 이상
• **유**도등	• 축전지설비 • 전기저장장치 • 교류전압 옥내간선	• 축전지	• **20분** 이상 ※ 예외규정 : **60분** 이상 (1) **11층** 이상(지하층 제외) (2) 지하층 · 무창층으로서 **도매시장 · 소매시장 · 여객자동차터미널 · 지하철역사 · 지하상가**
• **무**선통신보조설비	• 축전지설비 • 전기저장장치 • 교류전압 옥내간선	명시하지 않음	• **30분** 이상 기억법 **탐경유방무축**
• 시각경보장치	법에서 명시하지 않음	• 축전지설비 • 전기저장장치	–
• 비상콘센트설비		• 자가발전설비 • 축전지설비 • 비상전원수전설비 • 전기저장장치	• **20분** 이상

• **스**프링클러설비 • **미**분무소화설비	법에서 명시하지 않음	• **자**가발전설비 • **축**전지설비 • **전**기저장장치 • 비상전원**수**전설비(차고·주차장으로서 스프링클러설비(또는 미분무소화설비)가 설치된 부분의 바닥면적 합계가 1000m² 미만인 경우)	• **20분** 이상(30층 미만) • **40분** 이상(30~49층 이하) • **60분** 이상(50층 이상) 기억법 스미자 수전축
• 포소화설비		• 자가발전설비 • 축전지설비 • 전기저장장치 • 비상전원수전설비 – 호스릴포소화설비 또는 포소화전만을 설치한 차고·주차장 – 포헤드설비 또는 고정포방출설비가 설치된 부분의 바닥면적(스프링클러설비가 설치된 차고·주차장의 바닥면적 포함)의 합계가 1000m² 미만인 것	• **20분** 이상
• **간**이스프링클러설비		• 비상전원**수**전설비	• **10분**(숙박시설 바닥면적 합계 300~600m² 미만, 근린생활시설 바닥면적 합계 1000m² 이상, 복합건축물 연면적 1000m² 이상은 **20분**) 이상 기억법 간수
• 옥내소화전설비 • 연결송수관설비		• 자가발전설비 • 축전지설비 • 전기저장장치	• **20분** 이상(30층 미만) • **40분** 이상(30~49층 이하) • **60분** 이상(50층 이상)
• 제연설비 • 분말소화설비 • 이산화탄소 소화설비 • 물분무소화설비 • 할론소화설비 • 할로겐화합물 및 불활성기체 소화설비 • 화재조기진압용 스프링클러설비		• 자가발전설비 • 축전지설비 • 전기저장장치	• **20분** 이상
• 비상조명등		• 자가발전설비 • 축전지설비 • 전기저장장치	• **20분** 이상 ※ 예외규정 : **60분** 이상 (1) **11층** 이상(지하층 제외) (2) 지하층·무창층으로서 **도매시장·소매시장·여객자동차터미널·지하철역사·지하상가**

★★

문제 14

공기관식 차동식 분포형 감지기의 시험에 관한 그림이다. 다음 각 물음에 답하시오.

(15.11.문12, 12.4.문10)

득점	배점
	7

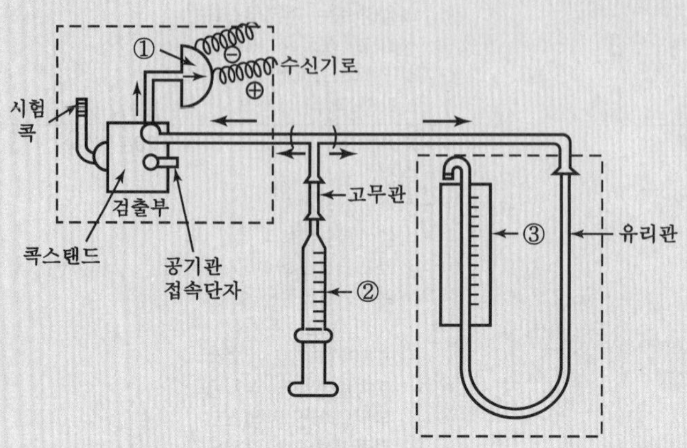

(가) 어떤 시험을 하기 위한 것인지 쓰시오.
 ○

(나) 그림에 표시된 ①~③의 명칭을 쓰시오.
 ① :
 ② :
 ③ :

(다) 이 시험에서의 양부판정기준을 쓰시오.
 ○

(라) 위 물음 (다)에서 기준치보다 낮을 경우나 높을 경우에 일어나는 현상을 쓰시오.
 ○낮을 경우 :
 ○높을 경우 :

해답 (가) 접점수고시험
(나) ① : 다이어프램
 ② : 테스트펌프
 ③ : 마노미터
(다) 접점수고치가 각 검출부의 지정값 범위 내에 있는지 확인
(라) ○낮을 경우 : 오동작
 ○높을 경우 : 지연동작

해설

- (가) 구성도가 **유통시험**도 되고 **접점수고시험**도 되기 때문에 '**유통시험**'이라고 써도 맞다고 생각할 수 있지만 그건 잘못된 생각이다. (라)에서 기준치보다 낮을 경우, 높을 경우의 문구가 있으므로 반드시 **접점수고시험**으로 답해야 한다.

(1) **구성도**

유통시험 · 접점수고시험	펌프시험 · 작동계속시험
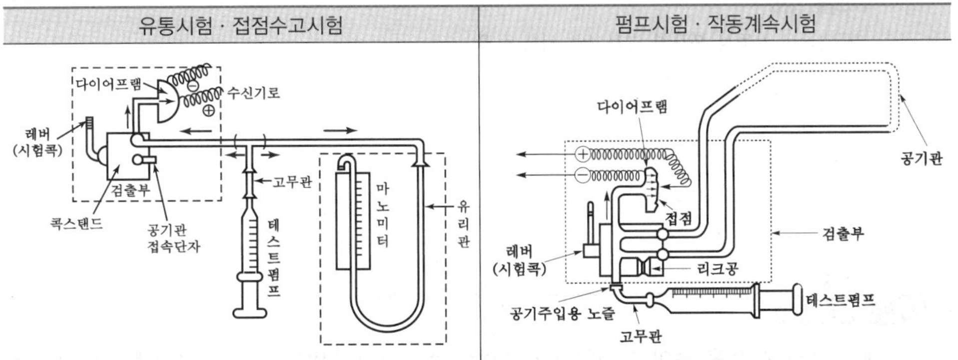	

(2) **시험방법 · 양부판정기준**

구 분	유통시험	접점수고시험
시험방법	공기관에 공기를 유입시켜 공기관이 새거나, 깨어지거나, 줄어듦 등의 유무 및 공기관의 길이를 확인하기 위하여 다음에 따라 행할 것 ① 검출부의 시험공 또는 공기관의 한쪽 끝에 **공기주입시험기**를, 다른 한쪽 끝에 **마노미터**를 접속한다. ② **공기주입시험기**로 공기를 불어넣어 마노미터의 수위를 100mm까지 상승시켜 수위를 정지시킨다(정지하지 않으면 공기관에 누설이 있는 것이다). ③ 시험콕을 이동시켜 송기구를 열고 수위가 **50mm**까지 내려가는 시간(**유통시간**)을 측정하여 공기관의 길이를 산출한다.	접점수고치가 **낮으면**(기준치 이하) 감도가 **예민**하게 되어 **오동작**(비화재보)의 원인이 되기도 하며, 접점수고값이 **높으면**(기준치 이상) 감도가 **저하**하여 **지연동작**의 원인이 되므로 적정치를 보유하고 있는가를 확인하기 위하여 다음에 따라 행한다. ① 시험콕 또는 스위치를 접점수고시험 위치로 조정하고 **공기주입시험기**에서 미량의 공기를 서서히 주입한다. ② 감지기의 접점이 폐쇄되었을 때에 공기의 주입을 중지하고 **마노미터**의 수위를 읽어서 접점수고를 측정한다.
양부판정기준	유통시간에 의해서 **공기관**의 **길이**를 산출하고 산출된 공기관의 길이가 하나의 검출의 **최대공기관 길이 이내**일 것	**접점수고치**가 각 검출부에 지정되어 있는 값의 범위 내에 있을 것
주의사항	공기주입을 서서히 하며 **지정량 이상** 가하지 않도록 할 것	–

비교

유통시험과 **접점수고시험**의 구성도를 다음과 같이 구분하여 그릴 수도 있다.

유통시험	접점수고시험
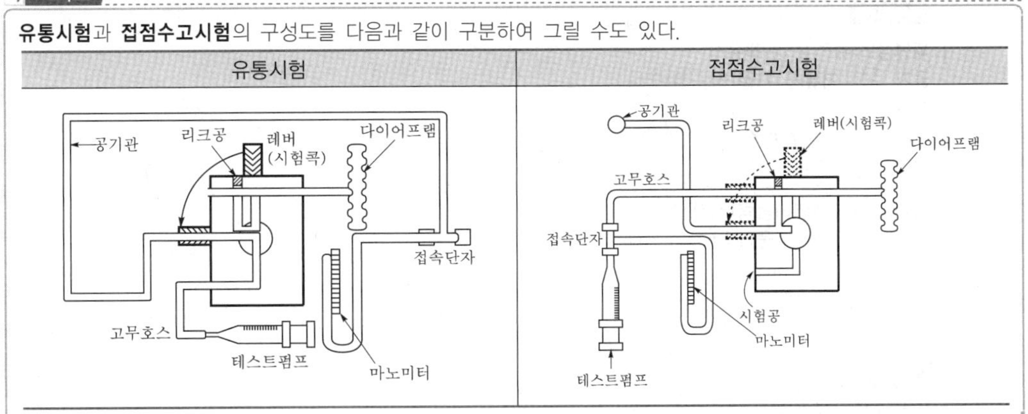	

중요

공기관식 차동식 분포형 감지기의 시험 종류
(1) 화재작동시험(펌프시험)
(2) 작동계속시험
(3) 유통시험
(4) 접점수고시험(다이어프램시험)
(5) 리크시험(리크저항시험)

☆☆☆
문제 15

매분 $12m^3$의 물을 높이 20m인 소화설비용 탱크에 양수하는 데 필요한 전동기의 소요출력〔kW〕을 구하시오. (단, 펌프와 전동기의 합성효율은 75%이고, 여유계수는 1.2이다.)

(17.4.문9, 14.4.문7, 11.7.문3, 05.7.문13)

○ 계산과정 :
○ 답 :

득점	배점
	5

해답 ○ 계산과정 : $\dfrac{9.8\times1.2\times20\times12}{0.75\times60}=62.72\text{kW}$

○ 답 : 62.72kW

해설 **전동기**의 **소요출력**(전동기의 용량)

$$P\eta t=9.8KHQ$$

: **물**을 사용하는 설비

여기서, P : 전동기용량〔kW〕
η : 효율
t : 시간〔s〕
K : 여유계수
H : 전양정(높이)〔m〕
Q : 양수량〔m^3〕

$$P=\frac{9.8KHQ}{\eta t}=\frac{9.8\times1.2\times20\text{m}\times12\text{m}^3}{0.75\times60}=62.72\text{kW}$$

비교

제연설비(배연설비) **적용식**
공기 또는 **기류**를 사용하는 설비

$$P=\frac{P_T\,Q}{102\times60\eta}K$$

여기서, P : 배연기동력〔kW〕
P_T : 전압(풍압)〔mmAq, mmH_2O〕
Q : 풍량〔m^3/min〕
K : 여유율
η : 효율

중요

아주 중요한 단위환산(꼭! 기억하시라)
(1) 1mmAq$=10^{-3}$$mH_2O$$=10^{-3}$m
(2) 760mmHg$=10.332$$mH_2O$$=10.332$m
(3) 1Lpm$=10^{-3}m^3$/min
(4) 1HP$=0.746$kW

☆☆ 문제 16

주어진 심벌을 이용하여 다음 수신기의 전원회로를 완성하시오. (09.4.문8, 08.4.문6)

득점	배점
	5

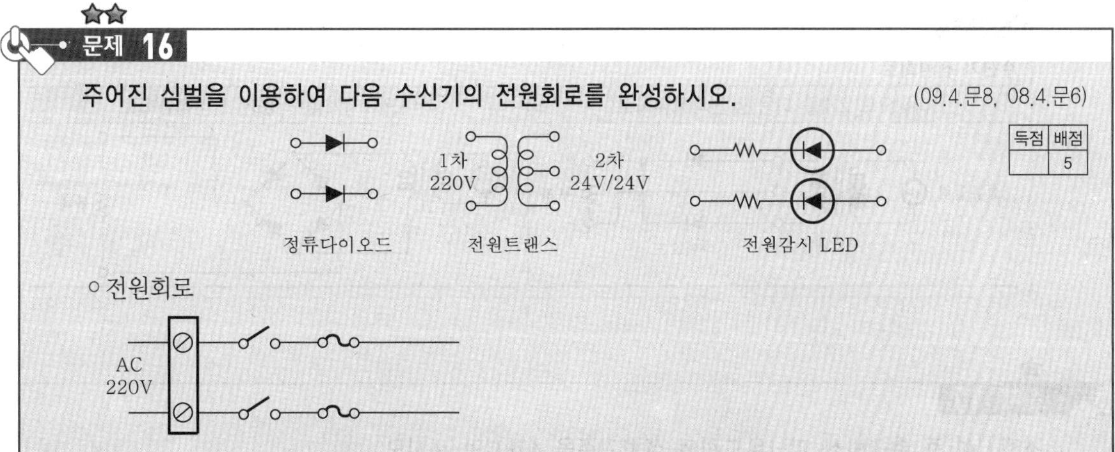

해답

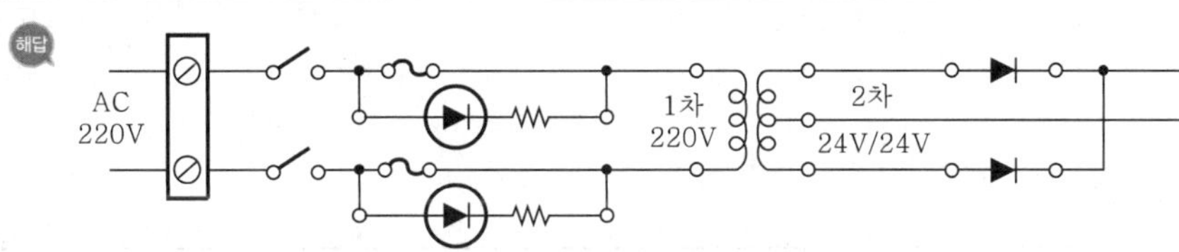

해설 정류다이오드를 보호하기 위해 전원트랜스 2차측에 **퓨즈**(Fuse)를 추가로 설치하였다면 전원감시 LED는 다음의 장소에 설치할 수도 있다.

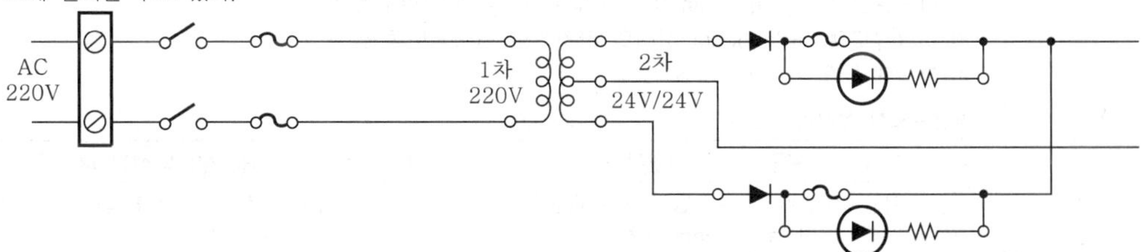

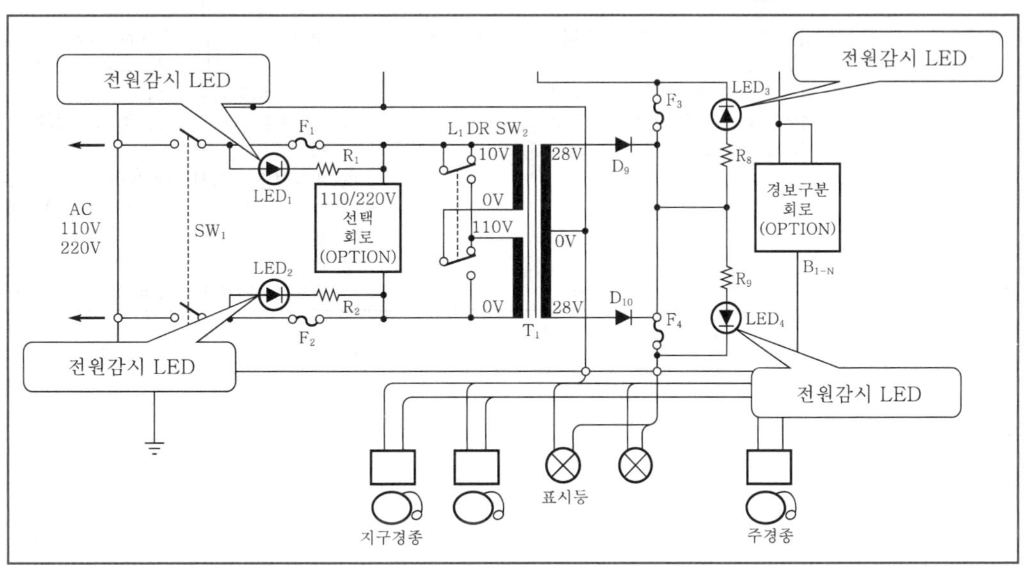

▌수신기 실제 회로도▐

중요

수신기 전원회로

다이오드 2개를 이용한 전파정류회로	다이오드 4개를 이용한 전파정류회로

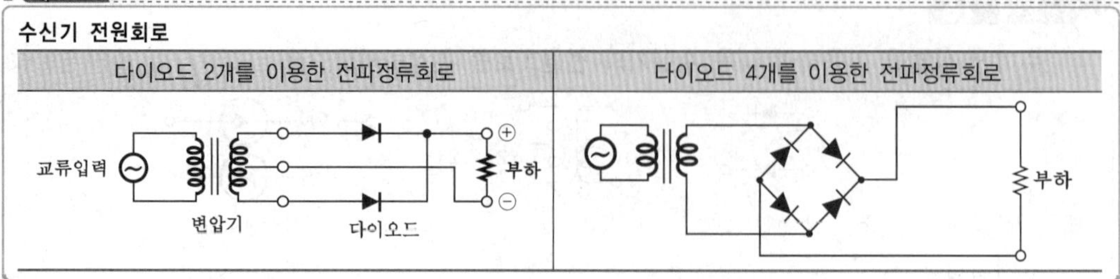

문제 17

소방시설 중 축광방식 피난유도선의 설치기준을 4가지만 쓰시오. (18.4.문8)

○

○

○

○

득점	배점
	5

해답 ① 구획된 각 실로부터 주출입구 또는 비상구까지 설치
② 바닥으로부터 높이 50cm 이하의 위치 또는 바닥면에 설치
③ 피난유도표시부는 50cm 이내의 간격으로 연속되도록 설치
④ 부착대에 의하여 견고하게 설치

해설 **피난유도선 설치기준**(NFPC 303 9조, NFTC 303 2.6)

축광방식의 피난유도선	광원점등방식의 피난유도선
① 구획된 각 실로부터 **주출입구** 또는 **비상구**까지 설치 ② 바닥으로부터 높이 **50cm 이하**의 위치 또는 바닥면에 설치 ③ 피난유도표시부는 **50cm 이내**의 간격으로 연속되도록 설치 ④ 부착대에 의하여 견고하게 설치 ⑤ **외부**의 **빛** 또는 **조명장치**에 의하여 상시 조명이 제공되거나 비상조명등에 따른 조명이 제공되도록 설치	① 구획된 각 실로부터 **주출입구** 또는 **비상구**까지 설치 ② 피난유도표시부는 바닥으로부터 높이 **1m 이하**의 위치 또는 바닥면에 설치 ③ 피난유도표시부는 **50cm 이내**의 간격으로 연속되도록 설치하되 실내장식물 등으로 설치가 곤란할 경우 **1m 이내**로 설치 ④ 수신기로부터의 **화재신호** 및 **수동조작**에 의하여 광원이 점등되도록 설치 ⑤ 비상전원이 **상시 충전상태**를 유지하도록 설치 ⑥ 바닥에 설치되는 피난유도표시부는 **매립**하는 방식을 사용 ⑦ 피난유도제어부는 조작 및 관리가 용이하도록 바닥으로부터 **0.8~1.5m** 이하의 높이에 설치

☆ 문제 18

다음 그림은 자동화재탐지설비의 전원설비를 표시한 것이다. 빈칸에 알맞은 관계전원을 쓰시오. (단, ②는 정전시 10분 이상 작동하는 설비이며, ③은 수신기 내부에 설치하는 설비이다.)

득점	배점
	6

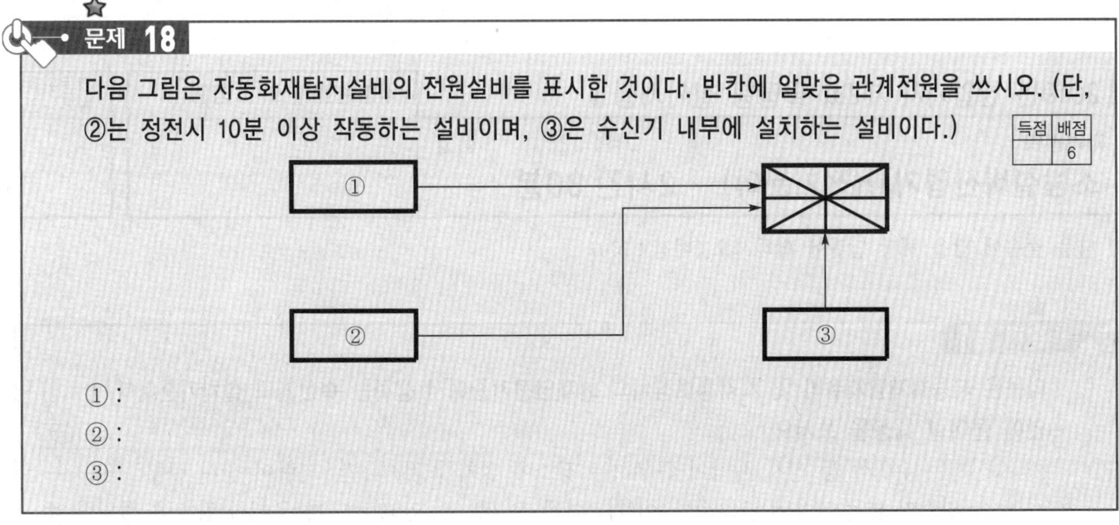

①:
②:
③:

해답 ① : 상용전원
② : 비상전원
③ : 예비전원

해설 **전원**의 **종류**

구 분	설 명
상용전원	평상시 주전원으로 사용되는 전원
비상전원	① 상용전원 정전 때를 대비하기 위한 전원 ② 정전시 **10분** 이상 작동하는 설비
예비전원	① 상용전원 고장시 또는 용량 부족시 최소한의 기능을 유지하기 위한 전원 ② **수신기 내부**에 설치하는 설비

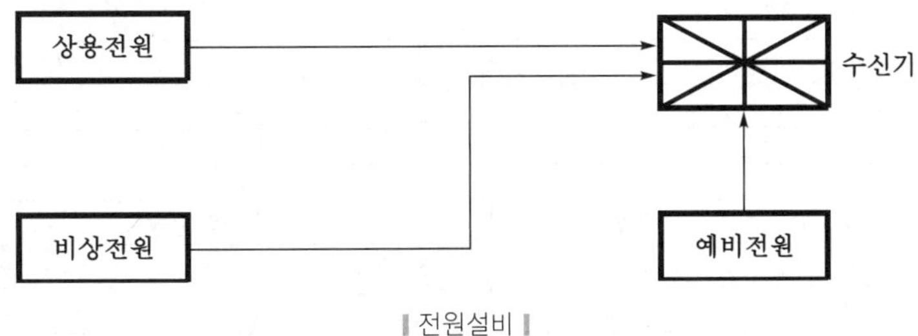

‖ 전원설비 ‖

"목표가 확실한 사람은 아무리 거친 길이라도 앞으로 나아갈 수 있습니다.
여러분은 목표가 확실한 사람입니다."
- 토마스 칼라일 -

2019. 6. 29 시행

▌2019년 산업기사 제2회 필답형 실기시험▐

자격종목	시험시간	형별	수험번호	성명	감독위원 확 인
소방설비산업기사(전기분야)	2시간 30분				

※ 다음 물음에 답을 해당 답란에 답하시오.(배점 : 100)

★

문제 01

다음은 자동화재탐지설비 및 시각경보장치의 화재안전기준에서 정하는 수신기의 설치기준이다. ( ) 안에 들어갈 내용을 쓰시오.

득점	배점
	7

(가) 수신기는 수위실 등 상시 사람이 근무하는 장소에 설치할 것. 다만, 사람이 상시 근무하는 장소가 없는 경우에는 (①)이(가) 쉽게 접근할 수 있고 관리가 용이한 장소에 설치할 수 있다.

(나) 수신기가 설치된 장소에는 (②)을(를) 비치할 것. 다만, 모든 수신기와 연결되어 각 수신기의 상황을 감시하고 제어할 수 있는 수신기를 설치하는 경우에는 (③)을(를) 제외한 기타 수신기는 그러하지 아니하다.

(다) 수신기의 (④)은(는) 그 음량 및 음색이 다른 기기의 (⑤) 등과 명확히 구별될 수 있는 것으로 할 것

(라) 수신기는 감지기 · 중계기 또는 발신기가 작동하는 (⑥)을(를) 표시할 수 있는 것으로 할 것

(마) 화재 · 가스 · 전기 등에 대한 (⑦)을(를) 설치한 경우에는 해당 조작반에 수신기의 작동과 연동하여 감지기 · 중계기 또는 발신기가 작동하는 경계구역을 표시할 수 있는 것으로 할 것

①		②		③	
④		⑤		⑥	
⑦					

해답

①	관계인	②	경계구역 일람도	③	주수신기
④	음향기구	⑤	소음	⑥	경계구역
⑦	종합방재반				

해설 **자동화재탐지설비** 및 **시각경보장치 수신기**의 **설치기준**(NFPC 203 5조, NFTC 203 2.2.3)

(1) **수위실** 등 상시 사람이 근무하고 있는 장소에 설치할 것(단, 사람이 상시 근무하는 장소가 없는 경우에는 **관계인**이 쉽게 접근할 수 있고 **관리**가 **용이**한 장소에 설치할 수 있음)

(2) 수신기가 설치된 장소에는 **경계구역 일람도**를 비치할 것(단, **주수신기**를 설치하는 경우에는 **주수신기**를 제외한 기타 수신기는 제외)

(3) 수신기의 **음향기구**는 그 **음량** 및 **음색**이 다른 기기의 **소음** 등과 명확히 **구별**될 수 있는 것으로 할 것

(4) 수신기는 **감지기 · 중계기** 또는 **발신기**가 작동하는 **경계구역**을 표시할 수 있는 것으로 할 것

(5) 화재 · 가스 · 전기 등에 대한 **종합방재반**을 설치한 경우에는 해당 조작반에 수신기의 작동과 연동하여 감지기 · 중계기 또는 발신기가 작동하는 **경계구역**을 표시할 수 있는 것으로 할 것

(6) 하나의 경계구역은 하나의 **표시등** 또는 하나의 **문자**로 표시되도록 할 것

(7) 수신기의 조작스위치는 바닥으로부터의 높이가 **0.8~1.5m** 이하인 장소에 설치할 것

(8) 하나의 특정소방대상물에 2 이상의 수신기를 설치하는 경우에는 수신기를 **상호간 연동**하여 **화재발생상황**을 각 수신기마다 **확인**할 수 있도록 할 것

> ① '**관계자**'로 쓰지 않도록 주의! **관계인**이 정답!
> ② '**경계구역 일람표**'로 쓰지 않도록 주의! **경계구역 일람도**가 정답!
> ④ '**음량기구**'로 쓰지 않도록 주의! **음향기구**가 정답!

용어

주수신기
모든 수신기와 연결되어 각 수신기의 상황을 감시하고 제어할 수 있는 수신기

★★★

문제 02

천장높이 15m 이상 20m 미만의 장소에 설치할 수 있는 감지기의 종류를 3가지만 쓰시오.

(15.7.문1, 15.4.문14, 13.7.문5, 13.4.문2)

득점	배점
	5

○
○
○

유사문제부터 풀어보세요.
실력이 팍!팍! 올라갑니다.

해답 ① 이온화식 1종 ② 연기복합형 ③ 불꽃감지기

해설 **감지기**의 **설치기준** (NFPC 203 7조, NFTC 203 2.4.1)

부착높이	감지기의 종류
4m **미**만	• 차동식(스포트형, 분포형) • 보상식 스포트형 • 정온식(스포트형, 감지선형) — **열**감지기 • 이온화식 또는 광전식(스포트형, 분리형, 공기흡입형) : **연**기감지기 • 열복합형 • 연기복합형 • 열연기복합형 — **복**합형 감지기 • **불**꽃감지기 기억법 열연불복 4미
4~**8**m **미**만	• 차동식(스포트형, 분포형) • 보상식 스포트형 • **정**온식(스포트형, 감지선형) **특**종 또는 **1**종 — **열**감지기 • **이**온화식 **1**종 또는 **2**종 • **광**전식(스포트형, 분리형, 공기흡입형) 1종 또는 2종 — 연기감지기 • 열복합형 • 연기복합형 • 열연기복합형 — **복**합형 감지기 • **불**꽃감지기 기억법 8미열 정특1 이광12 복불
8~**15**m 미만	• 차동식 **분**포형 • **이**온화식 **1**종 또는 **2**종 • **광**전식(스포트형, 분리형, 공기흡입형) 1종 또는 2종 • **연**기**복**합형 • **불**꽃감지기 기억법 15분 이광12 연복불
15~**20**m 미만	• **이**온화식 1종 • **광**전식(스포트형, 분리형, 공기흡입형) 1종 • **연**기**복**합형 • **불**꽃감지기 기억법 이광불연복2
20m 이상	• **불**꽃감지기 • **광**전식(분리형, 공기흡입형) 중 **아**날로그방식 기억법 불광아

☆☆☆

문제 03

기동용 수압개폐장치를 사용하는 옥내소화전설비와 습식 스프링클러설비가 설치된 지상 1층인 공장의 계통도이다. 다음 물음에 답하시오.

(17.4.문5, 16.6.문13, 16.4.문9, 15.7.문8, 14.4.문16, 13.11.문18, 13.4.문16, 10.4.문16, 09.4.문6)

득점	배점
	9

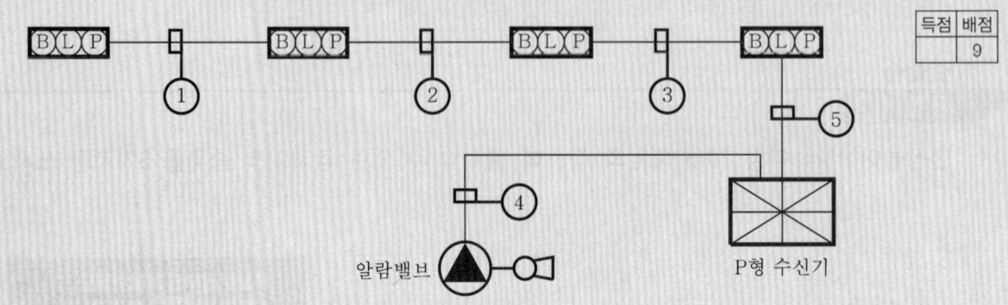

(가) ①~⑤까지의 최소 배선가닥수를 쓰시오.

①: ②: ③:

④: ⑤:

(나) ①의 배관길이가 20m일 경우 전선은 몇 m가 필요한지 소요량을 구하시오. (단, 전선의 할증률은 10%로 계상한다.)

○ 계산과정 :

○ 답(전선소요량) :

(다) 상시 그림에서 단독형 발신기 set에 부착해야 하는 기기장치 3가지를 쓰시오.

○

○

○

해답 (가) ① : 8가닥 ② : 9가닥 ③ : 10가닥

④ : 4가닥 ⑤ : 11가닥

(나) ○ 계산과정 : $(20\times8)\times1.1=176$m

○ 답(전선소요량) : 176m

(다) ① P형 발신기

② 경종

③ 표시등

해설 (가)

기 호	가닥수	배선내역
①	HFIX 2.5-8	회로선 1, 발신기공통선 1, 경종선 1, 경종표시등공통선 1, 응답선 1, 표시등선 1, 기동확인표시등 2
②	HFIX 2.5-9	회로선 2, 발신기공통선 1, 경종선 1, 경종표시등공통선 1, 응답선 1, 표시등선 1, 기동확인표시등 2
③	HFIX 2.5-10	회로선 3, 발신기공통선 1, 경종선 1, 경종표시등공통선 1, 응답선 1, 표시등선 1, 기동확인표시등 2
④	HFIX 2.5-4	압력스위치 1, 탬퍼스위치 1, 사이렌 1, 공통 1
⑤	HFIX 2.5-11	회로선 4, 발신기공통선 1, 경종선 1, 경종표시등공통선 1, 응답선 1, 표시등선 1, 기동확인표시등 2

- **지상 1층** 평면도이므로 **일제경보방식**으로 산정한다. **평면도**는 한 층밖에 없으니 무조건 **일제경보방식**!!
- 문제에서 기동용 수압개폐방식(**자동기동방식**)도 주의하여야 한다. 옥내소화전함이 자동기동방식이므로 감지기배선을 제외한 간선에 '**기동확인표시등 2**'가 추가로 사용되어야 한다. 특히, 옥내소화전배선은 구역에 따라 가닥수가 늘어나지 않는 것에 주의하라!
- 문제에서 자동화재탐지설비라는 말은 없지만 도면에 (B)(L)(P)가 있는 것으로 보아 **자동화재탐지설비**와 **겸용**한 **옥내소화전설비**로 보고 가닥수를 산정해야 한다.

(나) **소요전선량**=(20m×8가닥)×1.1=176m

- 20m : 문제에서 주어진 값
- 8가닥 : (가)의 ①에서 구한 값
- 1.1 : 단서에서 할증률 10%(100%+10%=110%=1.1)이므로 **1.1**, 10%라고 해서 0.1이 아님을 주의! 할증이란 100%가 기본적으로 있다는 것을 잊지 말라!

(다) **발신기세트**

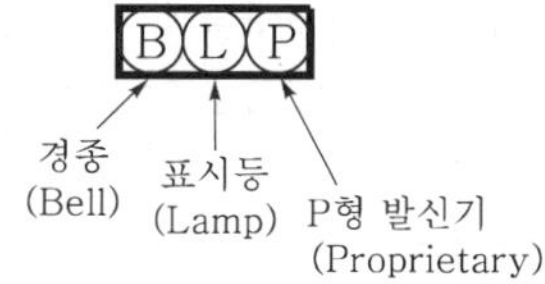

- '**발신기**'라고만 쓰면 틀릴 수도 있으니 '**P형 발신기**'라고 정확히 쓰자!

문제 04

다음의 기호는 폭발성 가스로부터의 위험을 방지하기 위한 방폭구조의 표시를 나타낸 것이다. 기호가 의미하는 내용을 쓰시오. (09.4.문15)

득점	배점
	5

d − 2 − G4

○d :
○2 :
○G4 :

해답 ○d : 내압방폭구조
○2 : 폭발등급 1·2의 가스 및 증기에 적용
○G4 : G1·G2·G3·G4의 가스 및 증기에 적용

해설 (1) **방폭구조**의 **종류**

종 류	기 호	설 명
내압(耐壓)방폭구조	d	폭발성 가스가 용기 내부에서 폭발하였을 때 용기가 그 **압력**에 견디거나 또는 외부의 폭발성 가스에 인화될 우려가 없도록 한 구조
내압(內壓)방폭구조	p	용기 내부에 **질소** 등의 **보호용 가스**를 **충전**하여 외부에서 폭발성 가스가 침입하지 못하도록 한 구조
안전증방폭구조	e	기기의 정상운전 중에 폭발성 가스에 의해 점화원이 될 수 있는 전기불꽃 또는 고온이 되어서는 안 될 부분에 **기계적, 전기적**으로 특히 **안전도**를 **증가**시킨 구조
유입방폭구조	o	전기불꽃, 아크 또는 고온이 발생하는 부분을 **기름** 속에 넣어 폭발성 가스에 의해 인화가 되지 않도록 한 구조
본질안전방폭구조	i	폭발성 가스가 **단선**, **단락**, **지락** 등에 의해 발생하는 전기불꽃, 아크 또는 고온에 의하여 점화되지 않는 것이 확인된 구조
특수방폭구조	s	위에서 설명한 구조 이외의 방폭구조로서 폭발성 가스에 의해 점화되지 않는 것이 시험 등에 의하여 확인된 구조

(2) 폭발등급 및 발화도

폭발등급 \ 발화도	G1	G2	G3	G4	G5
1	• 아세톤 • 암모니아 • 일산화탄소 • 에탄 • 초산 • 초산에틸 • 톨루엔 • 프로판 • 벤젠 • 메탄올 • 메탄	• 에탄올 • 초산이소아밀 • 이소부탄 • 부탄	• 가솔린 • 헥산	• 아세트알데하이드 • 에틸에터 • 부틸에터	없음
2	• 석탄가스	• 에틸렌 • 에틸렌옥시드	• 이소프렌	없음	없음
3	• 수성가스 • 수소	• 아세틸렌	없음	없음	• 이황화탄소

d－2－G4

① 내압(耐壓)방폭구조로서 폭발등급 1·2 및 발화도 G1·G2·G3·G4의 가스 및 증기에 적용이 가능하다.

② 위 표에서 ☐ 표시된 범위의 가스에 적용이 가능하며 **수성가스, 수소, 아세틸렌, 이황화탄소**에는 사용할 수 없다.

☆☆☆

문제 05

옥내배선도면에 다음과 같이 표현되었을 때 각각 어떤 배선을 의미하는지 쓰시오.

(18.11.문9, 13.7.문11, 12.7.문2, 11.11.문15)

득점	배점
	6

(가) ————————

(나) — — —

(다) -------------

해답 (가) 천장은폐배선

(나) 바닥은폐배선

(다) 노출배선

해설 (1) **옥내배선기호**

명 칭	그림기호	적 요
천장은폐배선	————————	천장 속의 배선을 구별하는 경우 : —·—·—
바닥은폐배선	— — —	
노출배선	-------------	바닥면 노출배선을 구별하는 경우 : —··—··—

(2) **배관**의 **표시방법**

① 강제전선관의 경우 : // HFIX 2.5(19)

② 경질비닐전선관인 경우 : // 2.5(VE16)

③ 2종 금속제 가요전선관인 경우 : // 2.5($F_2$17)

④ 합성수지제 가요관인 경우 : // 2.5(PF16)

⑤ 전선이 들어있지 않은 경우 : —C— (19)

☆☆☆

문제 06

도면은 특별피난계단 제연설비의 전기적인 계통도이다. 주어진 도면과 조건을 이용하여 다음 각 물음에 답하시오. (16.6.문2, 10.7.문16)

득점	배점
	13

[조건]

① 제연댐퍼의 기동시는 솔레노이드 기동방식을 채택한다.
② 제연댐퍼의 복구는 자동복구방식이다.
③ 터미널보드(T.B)에 감지기 종단저항을 내장한다.
④ 전원공통선과 감지기공통선을 별개로 사용한다.
⑤ 전선가닥수는 최소 가닥수를 적용한다.

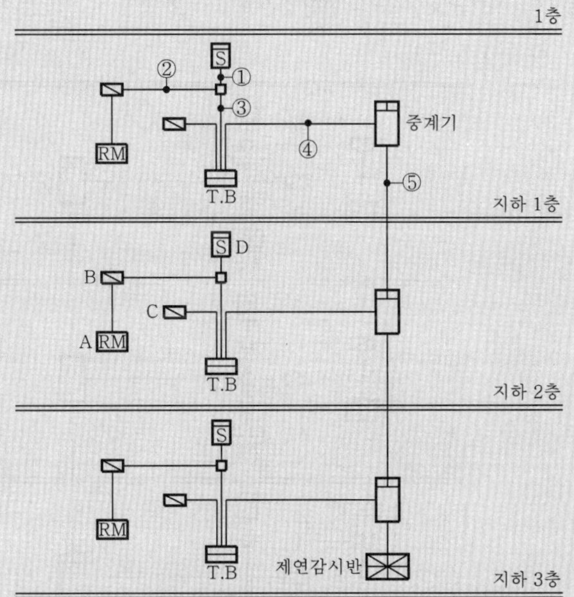

‖ 제연설비 전기계통도 ‖

(가) ①~⑤의 전선가닥수를 쓰시오.

①	②	③	④	⑤

(나) A~D의 명칭을 쓰시오.

A	B	C	D

(다) 터미널보드(T.B)에서 중계기까지 연결되는 각 선로의 전기적인 명칭을 모두 쓰시오.
○

해답 (가)

①	②	③	④	⑤
4가닥	5가닥	9가닥	8가닥	4가닥

(나)

A	B	C	D
수동조작함	급기댐퍼	배기댐퍼	연기감지기

(다) 전원 ⊕ 1, 전원 ⊖ 1, 감지기공통 1, 지구 1, 기동 1, 확인 3

해설 (가)

기 호	내 역	용 도
①	HFIX 1.5-4	지구 2, 공통 2
②	HFIX 2.5-5	전원 ⊕ 1, 전원 ⊖ 1, 기동 1(급기댐퍼기동 1), 확인 2(급기댐퍼확인 1, 댐퍼수동확인 1)
③	HFIX 2.5-9	전원 ⊕ 1, 전원 ⊖ 1, 감지기공통 2, 지구 2, 기동 1(급기댐퍼기동 1), 확인 2(급기댐퍼확인 1, 댐퍼수동확인 1)
④	HFIX 2.5-8	전원 ⊕ 1, 전원 ⊖ 1, 감지기공통 1, 지구 1, 기동 1(급 · 배기댐퍼기동 1), 확인 3(급기댐퍼확인 1, 배기댐퍼확인 1, 댐퍼수동확인 1)
⑤	HFIX 2.5-4	전원 ⊕ 1, 전원 ⊖ 1, 신호선 2

- 기호 ③, ④ : 〔조건 ④〕에서 '**전원공통선과 감지기공통선을 별개로 사용한다.**'라고 하였으므로 '**감지기공통**' 추가
- 기호 ⑤ : 일반적으로 제연설비는 전원 2(전원 ⊕ 1, 전원 ⊖ 1), 신호선 2가 사용되므로 **4가닥**
- 가닥수

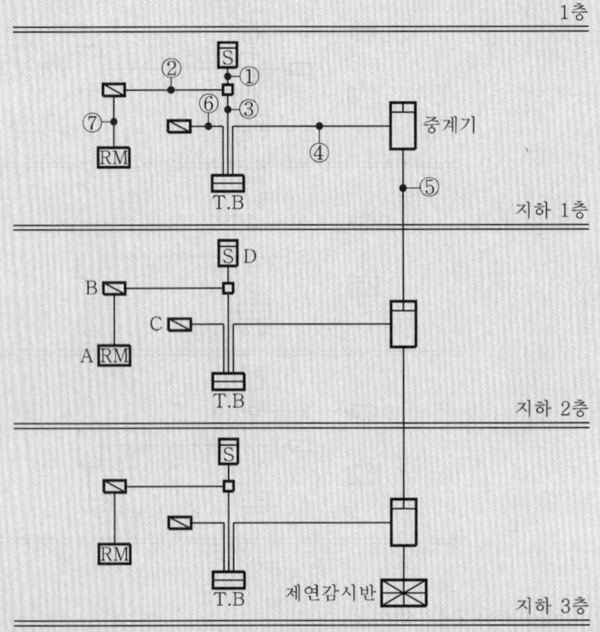

‖ 제연설비 전기계통도 ‖

기 호	내 역	용 도
①	HFIX 1.5-4	지구 2, 공통 2
②	HFIX 2.5-5	전원 ⊕ 1, 전원 ⊖ 1, 기동 1(급기댐퍼기동 1), 확인 2(급기댐퍼확인 1, 댐퍼수동확인 1)
③	HFIX 2.5-9	전원 ⊕ 1, 전원 ⊖ 1, 감지기공통 2, 지구 2, 기동 1(급기댐퍼기동 1), 확인 2(급기댐퍼확인 1, 댐퍼수동확인 1)
④	HFIX 2.5-8	전원 ⊕ 1, 전원 ⊖ 1, 감지기공통 1, 지구 1, 기동 1(급 · 배기댐퍼기동 1), 확인 3(급기댐퍼확인 1, 배기댐퍼확인 1, 댐퍼수동확인 1)
⑤	HFIX 2.5-4	전원 ⊕ 1, 전원 ⊖ 1, 신호선 2
⑥	HFIX 2.5-4	전원 ⊕ 1, 전원 ⊖ 1, 기동 1(배기댐퍼기동 1), 확인 1(배기댐퍼확인 1)
⑦	HFIX 2.5-4	전원 ⊕ 1, 전원 ⊖ 1, 기동 1(댐퍼수동기동 1), 확인 1(댐퍼수동확인 1)

- 특별피난계단 제연설비는 특별피난계단의 계단실 및 부속실 제연설비의 화재안전기준(NFPC 501A 22조, NFTC 501A 2.19.1)에 의해 수동기동장치(수동조작함)을 반드시 설치해야 하고, NFPC 501A 23조 2호 및 NFTC 501A 2.20.1.2.5에 의해 기호 ②, ③, ④, ⑦에는 '**댐퍼수동확인**'을 반드시 추가

-**NFPC 501A 22조, NFTC 501A 2.19.1 수동기동장치**

① 배출댐퍼 및 개폐기의 직근 또는 제연구역에는 다음의 기준에 따른 장치의 작동을 위하여 **수동기동장치**를 설치하고, 스위치는 바닥으로부터 0.8~1.5m 이하의 높이에 설치해야 한다(단, 계단실 및 그 부속실을 동시에 제연하는 제연구역에는 그 부속실에만 설치할 수 있다). → **수동조작함** 설치

-**NFPC 501A 23조, NFTC 501A 2.20.1.2.5 제어반**

2. 제어반은 다음의 기능을 보유할 것

마. 수동기동장치의 작동에 대한 감시기능 → **댐퍼수동확인**(수동기동확인)

① 실제 실무에서는 다음과 같이 결선하는 경우가 대부분이다.

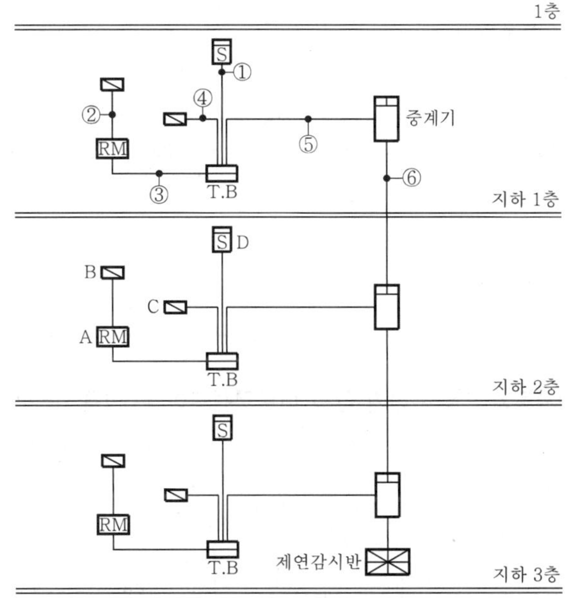

‖ 제연설비 전기계통도 ‖

기 호	내 역	용 도
①	HFIX 1.5-4	지구 2, 공통 2
②	HFIX 2.5-4	전원 ⊕ 1, 전원 ⊖ 1, 기동 1(급기댐퍼기동 1), 확인 1(급기댐퍼확인 1)
③	HFIX 2.5-5	전원 ⊕ 1, 전원 ⊖ 1, 기동 1(급기댐퍼기동 1), 확인 2(급기댐퍼확인 1, 댐퍼수동확인 1)
④	HFIX 2.5-4	전원 ⊕ 1, 전원 ⊖ 1, 기동 1(배기댐퍼기동 1), 확인 1(배기댐퍼확인 1)
⑤	HFIX 2.5-8	전원 ⊕ 1, 전원 ⊖ 1, 감지기공통 1, 지구 1, 기동 1(급·배기댐퍼기동 1), 확인 3(급기댐퍼확인 1, 배기댐퍼확인 1, 댐퍼수동확인 1)
⑥	HFIX 2.5-4	전원 ⊕ 1, 전원 ⊖ 1, 신호선 2

② 일반적인 **중계기~중계기** 사이의 가닥수

설 비	가닥수	내 역
자동화재탐지설비	7	• 전원선 2 • 신호선 2 • 응답선 1 • 표시등선 1 • 기동램프 1(옥내소화전설비와 겸용인 경우)
준비작동식 스프링클러설비, 제연설비, 가스계 소화설비	4	• 전원선 2 • 신호선 2

- 조건에서 **'자동복구방식'**이므로 수동으로 복구시키는 복구스위치는 필요 없다.
- 시중에 틀린 책들이 참 많다. 특히 주의!

(나)

용 어		설 명
A	**수동조작함**(manual box)	화재발생시 수동으로 급·배기댐퍼를 기동시키기 위한 조작반
B	**급기댐퍼**(supply damper)	전실 내에 신선한 공기를 공급하기 위한 통풍기의 한 부품
C	**배기댐퍼**(exhaust damper)	전실에 유입된 연기를 배출시키기 위한 통풍기의 한 부품
D	**연기감지기**(smoke detector)	화재시 발생하는 연기를 이용하여 자동적으로 화재의 발생을 감지기로 감지하여 수신기에 발신하는 것으로서 **이온화식**, **광전식**, **연기복합형**의 3가지로 구분한다.
중계기(code transmitter)		감지기나 발신기의 작동에 의한 신호를 받아 이를 수신기에 발신하여 소화설비, 제연설비, 기타 이와 유사한 방재설비에 제어신호를 발신한다.

• 기호 B·C는 댐퍼로서 그림의 심벌(symbol)로는 급기댐퍼와 배기댐퍼를 구분할 수 없지만 **수동조작함** RM과 연결된 댐퍼는 **급기댐퍼**이므로 **B : 급기댐퍼**, **C : 배기댐퍼**가 옳다.

(다) ① 터미널보드(T.B)에서 중계기까지 연결되는 선로는 기호 ④에 해당한다.
② 기호 ④ : 전원 ⊕ 1, 전원 ⊖ 1, 감지기공통 1, 지구 1, 기동 1(급·배기댐퍼기동 1), 확인 3(급기댐퍼확인 1, 배기댐퍼확인 1, 댐퍼수동확인 1)

★★★

문제 07

그림은 발신기세트와 P형 수신기 간의 내부결선도이다. 번호 ①~⑥에 해당되는 각 전선의 명칭을 쓰시오.

(17.4.문10, 15.4.문3, 14.7.문16, 02.7.문7)

득점	배점
	7

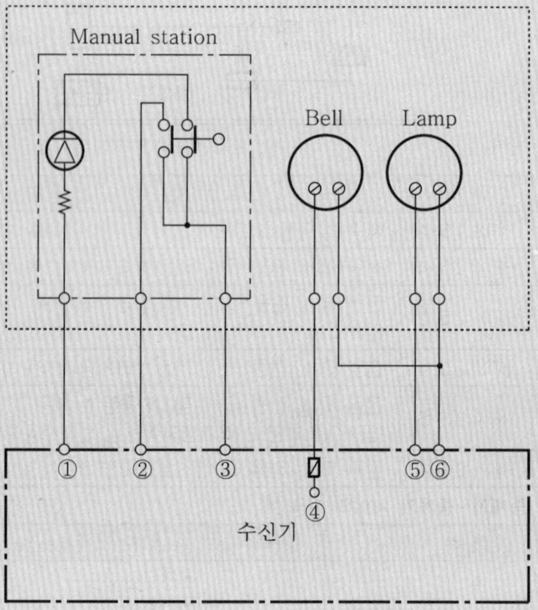

Manual station
Bell
Lamp
① ② ③ ④ ⑤⑥
수신기

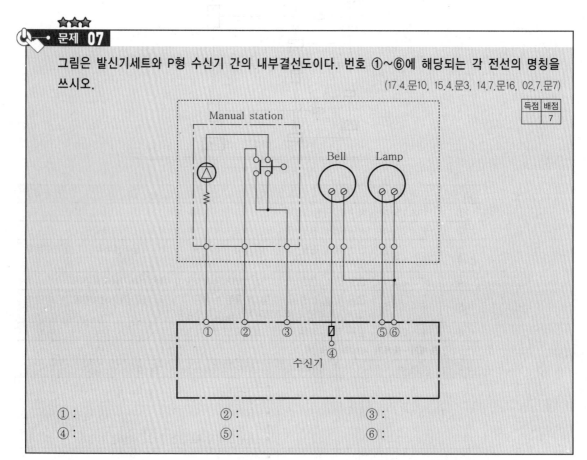

①: ②: ③:
④: ⑤: ⑥:

해답 ① : 응답선 ② : 회로선
③ : 회로공통선 ④ : 경종선
⑤ : 표시등선 ⑥ : 경종표시등공통선

해설

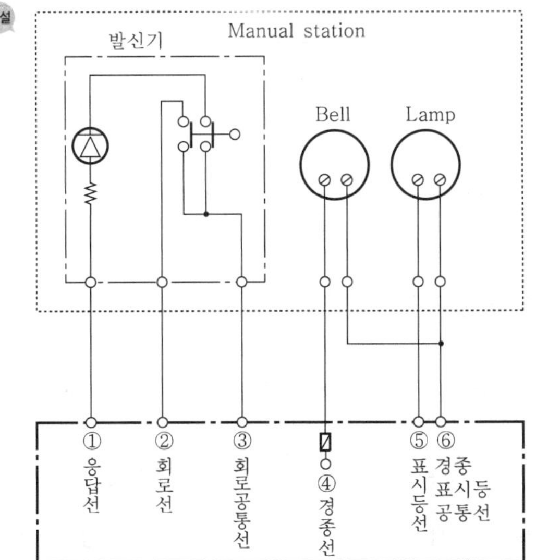

중요

동일한 용어

(1) 회로선=신호선=표시선=지구선=감지기선
(2) 회로공통선=신호공통선=지구공통선=감지기공통선=발신기공통선
(3) 응답선=발신기응답선=확인선=발신기선
(4) 경종표시등공통선=벨표시등공통선

☆☆

문제 08

다음은 화재안전기준에서 정하는 발신기의 설치기준이다. 다음 ( ) 안에 들어갈 내용을 쓰시오.

(16.11.문14, 15.7.문8)

득점	배점
	10

(가) 조작스위치는 바닥으로부터 (①) 이상 (②) 이하에 설치할 것
(나) 특정소방대상물의 각 부분으로부터 하나의 발신기까지의 수평거리가 (③) 이하가 되도록 할 것
(다) 터널에 설치하는 발신기는 주행차로 한쪽 측벽에 (④) 이내의 간격으로 설치하며, 편도 2차선 이상의 양방향터널이나 4차로 이상의 일방향터널의 경우에는 양쪽의 측벽에 각각 (⑤) 이내의 간격으로 엇갈리게 설치할 것
(라) 복도 또는 별도로 구획된 실로서 보행거리가 (⑥) 이상인 경우에는 추가로 설치할 것
(마) 발신기의 위치를 표시하는 표시등은 (⑦)에 설치하되 그 불빛은 부착면으로부터 (⑧) 이상의 범위 안에서 부착지점으로부터 (⑨) 이내의 어느 곳에서도 쉽게 식별할 수 있는 (⑩) 등으로 하여야 한다.

①		②	
③		④	
⑤		⑥	
⑦		⑧	
⑨		⑩	

①	0.8m	②	1.5m
③	25m	④	50m
⑤	50m	⑥	40m
⑦	함의 상부	⑧	15도
⑨	10m	⑩	적색

해설

- 단위를 적어야 되는 기호 ①, ②, ③, ④, ⑤, ⑥, ⑨는 반드시 단위 'm'를 적을 것. 단위가 없으면 틀린다.
- 기호 ⑦ '**함**'이라고만 쓰면 틀림. '**함의 상부**'라고 정확히 써야 정답!!
- 기호 ⑩ '**적색등**'이라고 쓰면 틀림. '**등**'이란 말이 뒤에 있으므로 '**적색**'이라고만 써야 한다.

발신기의 **설치기준**(NFPC 203 9조(NFTC 203 2.6.1), NFPC 603 8조(NFTC 603 2.4.1.1))

(1) 조작이 **쉬운 장소**에 설치하고, **스위치**는 바닥으로부터 **0.8~1.5m** 이하의 높이에 설치

(2) 특정소방대상물의 **층**마다 설치하되, 해당 특정소방대상물의 각 부분으로부터 하나의 발신기까지의 **수평거리**가 **25m** 이하가 되도록 할 것(단, 복도 또는 별도로 구획된 실로서 **보행거리**가 **40m** 이상일 경우에는 추가로 설치)

(3) **터널**에 설치하는 발신기는 주행차로 한쪽 측벽에 **50m** 이내의 간격으로 설치하며, 편도 2차선 이상의 양방향터널이나 4차로 이상의 일방향터널의 경우에는 양쪽의 측벽에 각각 **50m** 이내의 간격으로 엇갈리게 설치할 것

(4) **기둥** 또는 **벽**이 설치되지 않은 **대형공간**의 경우 **발신기**는 설치대상장소의 **가장 가까운 장소**의 **벽** 또는 **기둥** 등에 설치

(5) 발신기의 위치를 표시하는 **표시등**은 **함의 상부**에 설치하되, 그 불빛은 부착면으로부터 **15도** 이상의 범위 안에서 부착지점으로부터 **10m** 이내의 어느 곳에서도 쉽게 식별할 수 있는 **적색등**으로 해야 한다.

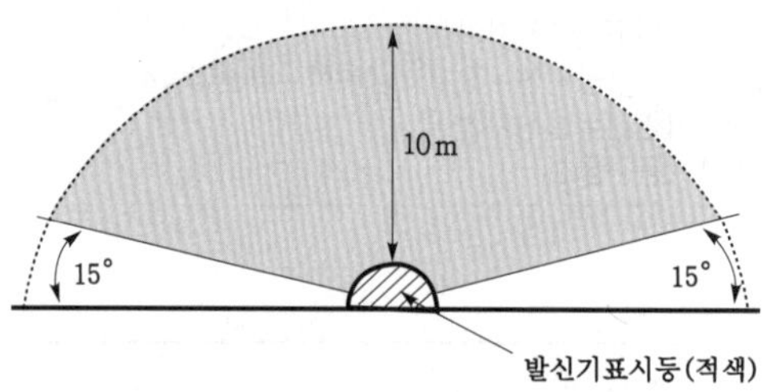

▮ 발신기표시등의 식별범위 ▮

중요

표시등과 **발신기표시등**의 식별

<table>
<tr><td>① 옥내소화전설비의 표시등(NFPC 102 7조 ③항, NFTC 102 2.4.3)
② 옥외소화전설비의 표시등(NFPC 109 7조 ④항, NFTC 109 2.4.4)
③ 연결송수관설비의 표시등(NFPC 502 6조, NFTC 502 2.3.1.6.1)</td><td>① 자동화재탐지설비의 발신기표시등(NFPC 203 9조 ②항, NFTC 203 2.6)
② 스프링클러설비의 화재감지기회로의 발신기표시등(NFPC 103 9조 ③항, NFTC 103 2.6.3.5.3)
③ 미분무소화설비의 화재감지기회로의 발신기표시등(NFPC 104A 12조 ①항, NFTC 104A 2.9.1.8.3)
④ 포소화설비의 화재감지기회로의 발신기표시등(NFPC 105 11조 ②항, NFTC 105 2.8.2.2.2)
⑤ 비상경보설비의 화재감지기회로의 발신기표시등(NFPC 201 4조 ⑤항, NFTC 201 2.1.5.3)</td></tr>
<tr><td>부착면과 15° 이하의 각도로도 발산되어야 하며 주위의 밝기가 0lx인 장소에서 측정하여 10m 떨어진 위치에서 켜진 등이 확실히 식별될 것
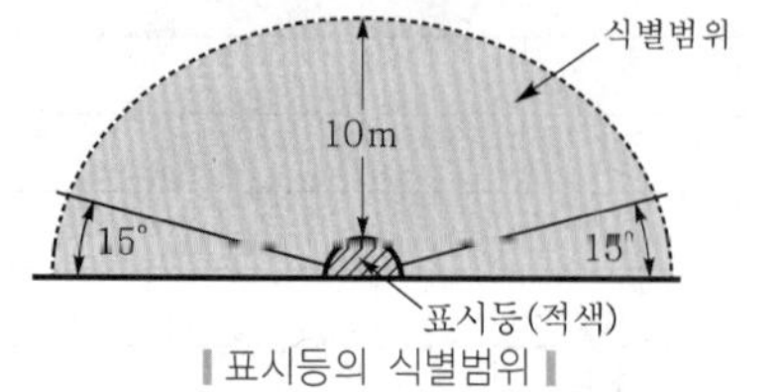

▮ 표시등의 식별범위 ▮</td><td>부착면으로부터 15° 이상의 범위 안에서 10m 거리에서 식별
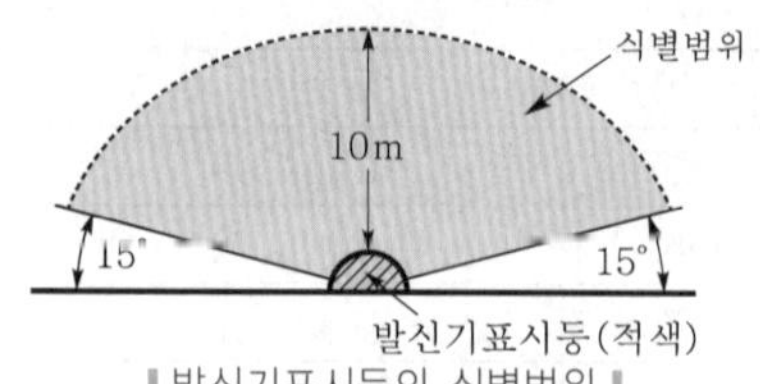

▮ 발신기표시등의 식별범위 ▮</td></tr>
</table>

☆☆☆

문제 09

다음 ( ) 안에 들어갈 내용을 쓰시오.

(18.4.문12, 17.11.문15, 17.6.문12, 16.11.문11, 13.11.문5, 13.4.문10, 12.7.문11, 06.7.문8)

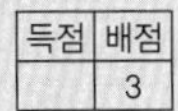

득점	배점
	3

자동화재탐지설비 및 시각경보장치의 화재안전기준상 전원회로의 전로와 대지 사이 및 배선 상호간의 절연저항은 전기설비기술기준이 정하는 바에 의하고, 감지기회로 및 부속회로의 전로와 대지 사이 및 배선 상호간의 절연저항은 (①)경계구역마다 직류 (②)V의 절연저항측정기를 사용하여 측정한 절연저항이 (③)MΩ 이상이 되도록 해야 한다.

①:
②:
③:

해답 ①: 1
②: 250
③: 0.1

해설 **자동화재탐지설비** 및 **시각경보장치**(NFPC 203 11조, NFTC 203 2.8.1.5)
전원회로의 전로와 대지 사이 및 배선 상호간의 절연저항은 「전기사업법」 67조에 따른 기술기준이 정하는 바에 의하고, 감지기회로 및 부속회로의 전로와 대지 사이 및 배선 상호간의 절연저항은 1경계구역마다 **직류 250V**의 **절연저항측정기**를 사용하여 측정한 절연저항이 **0.1M**Ω 이상이 되도록 할 것

‖ 절연저항시험 ‖

절연저항계	절연저항	대 상
직류 250V	0.1MΩ 이상	• 1경계구역의 절연저항
직류 500V	5MΩ 이상	• 누전경보기 • 가스누설경보기 • 수신기(10회로 미만, 절연된 충전부와 외함 간) • 자동화재속보설비 • 비상경보설비 • 유도등(교류입력측과 외함 간 포함) • 비상조명등(교류입력측과 외함 간 포함)
	20MΩ 이상	• 경종 • 발신기 • 중계기 • 비상콘센트 • 기기의 절연된 선로 간 • 기기의 충전부와 비충전부 간 • 기기의 교류입력측과 외함 간(유도등 · 비상조명등 제외)
	50MΩ 이상	• 감지기(정온식 감지선형 감지기 제외) • 가스누설경보기(10회로 이상) • 수신기(10회로 이상, 교류입력측과 외함 간 제외)
	1000MΩ 이상	• 정온식 감지선형 감지기

☆

문제 10

감지기의 형식승인 및 제품검사의 기술기준에서 정하는 감지기의 진동시험 중 감지기에 전원이 인가된 상태에서 주파수 범위와 가속도 진폭의 시험기준을 쓰시오.

득점	배점
	4

○ 주파수 범위 :
○ 가속도 진폭 :

해답 ○ 주파수 범위 : 10~150Hz
○ 가속도 진폭 : $5m/s^2$

해설 **감지기**의 **진동시험**(감지기의 형식승인 및 제품검사의 기술기준 29조)

구 분	전원이 인가된 상태	전원을 인가하지 아니한 상태
주파수 범위	**10~150Hz**	10~150Hz
가속도 진폭	**$5m/s^2$**	$10m/s^2$
축수	3	3
스위프 속도	1옥타브/min	1옥타브/min
스위프 사이클수	축당 1	축당 20

★★★
문제 11

감지기와 P형 수신기와의 배선회로에서 종단저항이 1.2kΩ, 릴레이저항이 400Ω, 배선회로의 저항은 60Ω이다. 회로전압이 24V일 때, 평상시와 화재시 감지기회로에 흐르는 전류〔mA〕를 구하시오.

(16.4.문5, 15.4.문13, 11.5.문3, 04.7.문8)

득점	배점
	6

(가) 평상시
○ 계산과정 :
○ 답 :

(나) 화재시
○ 계산과정 :
○ 답 :

해답 (가) ○ 계산과정 : $\dfrac{24}{1.2\times10^3+400+60}=14.457\times10^{-3}\text{A}=14.457\text{mA}\fallingdotseq14.46\text{mA}$

○ 답 : 14.46mA

(나) ○ 계산과정 : $\dfrac{24}{400+60}=52.173\times10^{-3}\text{A}=52.173\text{mA}\fallingdotseq52.17\text{mA}$

○ 답 : 52.17mA

해설 (가) **평상시 감시전류** I는

$$I=\frac{\underline{회}로전압}{\underline{종}단저항+\underline{릴}레이저항+\underline{배}선저항}$$

$$=\frac{24\text{V}}{1.2\text{k}\Omega\times10^3+400\Omega+60\Omega}=14.457\times10^{-3}\text{A}=14.457\text{mA}\fallingdotseq14.46\text{mA}$$

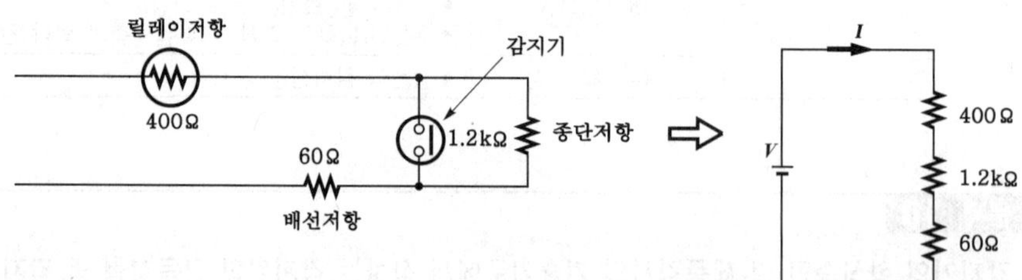

기억법 감회종릴배

• 1×10^{-3}A=1mA이므로 14.457×10^{-3}A=14.457mA

(나) **화재시 동작전류** I는

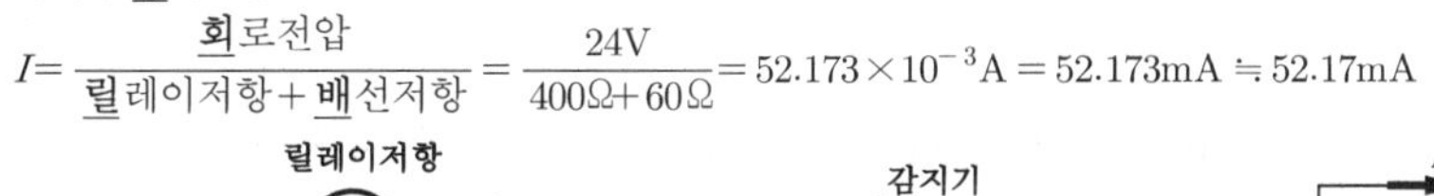

$$I=\frac{\text{회로전압}}{\text{릴레이저항}+\text{배선저항}}=\frac{24\text{V}}{400\Omega+60\Omega}=52.173\times10^{-3}\text{A}=52.173\text{mA}\fallingdotseq52.17\text{mA}$$

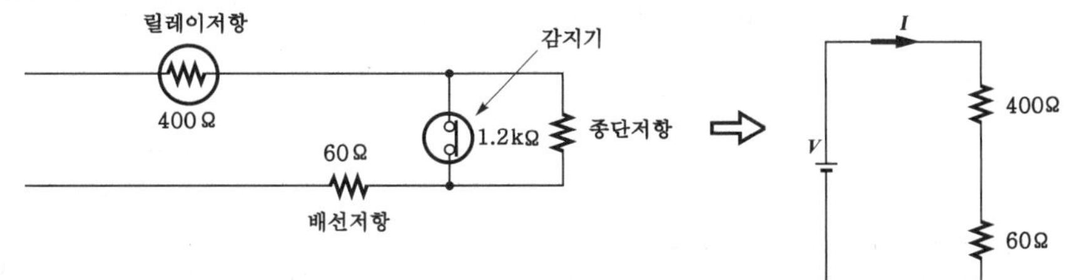

기억법 동회릴배

- 1A=1000mA이므로 52.173×10^{-3}A=52.173mA

문제 12

차동식 스포트형 감지기가 열을 감지하는 방식 중에 반도체를 이용하는 방식이 있다. 여기에는 부특성 서미스터(thermistor)라는 소자를 이용하는데 이 소자의 어떤 원리를 이용한 것인지 쓰시오.

○

득점	배점
	3

해답 온도 상승에 따라 저항값이 감소하는 원리

해설 **서미스터**

(1) **부특성 서미스터 vs 정특성 서미스터**

부(−)특성 서미스터(NTC)	정(+)특성 서미스터(PTC)
온도 상승에 따라 저항값이 감소하는 원리	온도 상승에 따라 저항값이 증가하는 원리

(2) **부특성 서미스터**

① 열을 감지하는 **감열 저항체** 소자이다.

② 온도 상승에 따라 저항값이 **감소**한다(저항값은 온도에 반비례).

③ 구성은 **망가니즈, 코발트, 니켈, 철** 등을 혼합한 것이다.

④ 화학적으로는 **금속산화물**에 해당된다.

기억법 서저온반

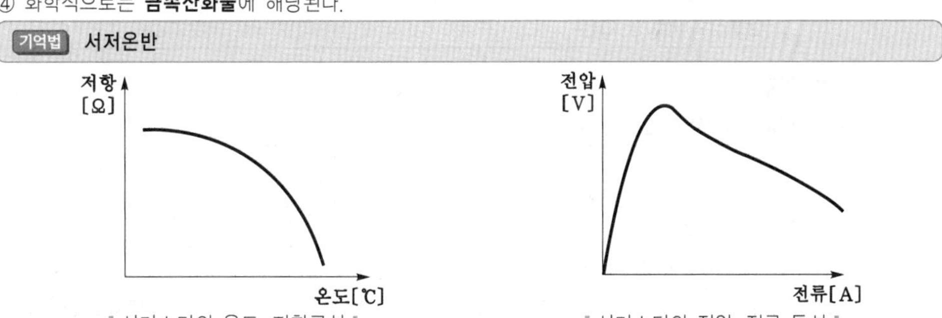

| 서미스터의 온도-저항곡선 | | 서미스터의 전압-전류 특성 |

(3) **서미스터의 종류**

소 자	설 명
NTC	화재시 온도 상승으로 인해 저항값이 **감소**하는 반도체소자 기억법 N감(인감)
PTC	온도 상승으로 인해 저항값이 **증가**하는 반도체소자
CTR	특정 온도에서 저항값이 **급격히 감소**하는 반도체소자

문제 13

무선통신보조설비에서 누설동축케이블의 끝부분에 설치하는 것이 무엇인지 쓰시오. (13.4.문5)

○

득점	배점
	3

해답 무반사 종단저항

해설 **무선통신보조설비**의 **설치기준**(NFPC 505 5·8조, NFTC 505 2.2.1, 2.5.1.2)

(1) 누설동축케이블 및 안테나는 **금속판** 등에 의하여 **전파의 복사** 또는 **특성**이 현저하게 저하되지 않는 위치에 설치할 것

(2) **누설동축케이블**과 이에 접속하는 **안테나** 또는 **동축케이블**과 이에 접속하는 **안테나**일 것

(3) 누설동축케이블 및 동축케이블은 화재에 따라 해당 케이블의 피복이 소실된 경우에 케이블 본체가 떨어지지 않도록 **4m** 이내마다 **금속제** 또는 **자기제** 등의 지지금구로 벽·천장·기둥 등에 견고하게 고정시킬 것(단, **불연재료**로 구획된 반자 안에 설치하는 경우 제외)

(4) 누설동축케이블 및 안테나는 고압전로로부터 **1.5m** 이상 떨어진 위치에 설치할 것(해당 전로에 **정전기차폐장치**를 유효하게 설치한 경우는 제외)

(5) 누설동축케이블의 끝부분에는 **무반사 종단저항**을 설치할 것

(6) 누설동축케이블 또는 동축케이블의 임피던스는 **50**Ω으로 하고 이에 접속하는 안테나·분배기 기타의 장치는 해당 임피던스에 적합한 것으로 해야 한다.

(7) 증폭기의 전면에는 주회로 전원의 정상여부를 표시할 수 있는 **표시등** 및 **전압계**를 설치할 것

(8) **비상전원용량**

설 비	비상전원의 용량
자동화재탐지설비, 비상경보설비, 자동화재속보설비	**10분** 이상
유도등, 비상조명등, 비상콘센트설비, 옥내소화전설비(30층 미만), 물분무소화설비, 제연설비, 특별피난계단의 계단실 및 부속실 제연설비(30층 미만), 스프링클러설비(30층 미만), 연결송수관설비(30층 미만)	**20분** 이상
무선통신보조설비의 증폭기	**30분** 이상
옥내소화전설비(30~49층 이하), 특별피난계단의 계단실 및 부속실 제연설비(30~49층 이하), 연결송수관설비(30~49층 이하), 스프링클러설비(30~49층 이하)	**40분** 이상
유도등·비상조명등(지하상가 및 11층 이상), 옥내소화전설비(50층 이상), 특별피난계단의 계단실 및 부속실 제연설비(50층 이상), 연결송수관설비(50층 이상), 스프링클러설비(50층 이상)	**60분** 이상

용어

(1) **누설동축케이블**과 **동축케이블**

누설동축케이블	동축케이블
동축케이블의 외부도체에 가느다란 홈을 만들어서 전파가 외부로 새어나갈 수 있도록 한 케이블	유도장애를 방지하기 위해 전파가 누설되지 않도록 만든 케이블

(2) **종단저항**과 **무반사 종단저항**

종단저항	무반사 종단저항
감지기회로의 **도통시험**을 용이하게 하기 위하여 **감지기회로**의 **끝**부분에 설치하는 저항	전송로로 전송되는 전자파가 전송로의 종단에서 반사되어 교신을 방해하는 것을 막기 위해 **누설동축케이블**의 **끝**부분에 설치하는 저항

문제 14

간선의 굵기를 결정하는 요소 3가지를 쓰시오.

득점	배점
	3

○

○

○

해답 ① 허용전류
② 전압강하
③ 기계적 강도

해설 **전선**(간선)의 **굵기 결정요소**

(1) **허**용전류(가장 중요) ┐
(2) **전**압강하 ├ 3요소 ┐
(3) **기**계적 강도 ┘ │
(4) 전력손실 ├ 5요소
(5) 경제성 ┘

기억법 **허전기**

중요

전선의 **굵기 결정요소**

구 분	설 명
허용전류	전선에 안전하게 흘릴 수 있는 최대전류
전압강하	입력전압과 출력전압의 차
기계적 강도	기계적인 힘에 의하여 손상을 받는 일이 없이 견딜 수 있는 능력
전력손실	1초 동안에 전기가 일을 할 때 이에 소비되는 손실
경제성	투자경비에 대한 연간 경비와 전력손실 금액의 총합이 최소가 되도록 정함

문제 15

다음 (　　) 안에 알맞은 내용을 쓰시오. (15.7.문9)

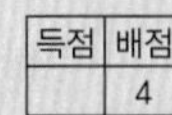

득점	배점
	4

> 화재안전기준에서 정하는 자동화재탐지설비의 경계구역 설정시 계단 · 경사로 · 엘리베이터 승강로 · 린넨슈트 · 파이프 피트 및 덕트, 기타 이와 유사한 부분에 대하여는 별도로 경계구역을 설정하되, 하나의 경계구역은 높이 (①)m 이하(계단 및 경사로에 한함)로 하고, 지하층의 계단 및 경사로(지하층의 층수가 (②)일 경우에는 제외)는 별도로 하나의 경계구역으로 해야 한다.

①:
②:

해답 ① : 45
② : 1

해설 **수직경계구역**(NFPC 203 4조, NFTC 203 2.1.2)

계단(직통계단 외의 것에 있어서는 떨어져 있는 상하계단의 상호간의 **수평거리**가 **5m** 이하로서 서로 간에 구획되지 아니한 것에 한함) · 경사로(에스컬레이터 경사로 포함) · **엘리베이터 승강로**(권상기실이 있는 경우에는 권상기실) · **린넨슈트 · 파이프 피트** 및 **덕트**, 기타 이와 유사한 부분에 대하여는 별도로 경계구역을 설정하되, 하나의 경계구역은 **높이 45m** 이하(계단 및 경사로에 한함)로 하고, 지하층의 계단 및 경사로(**지하층**의 층수가 **1일** 경우는 **제외**)는 별도로 하나의 경계구역으로 해야 한다.

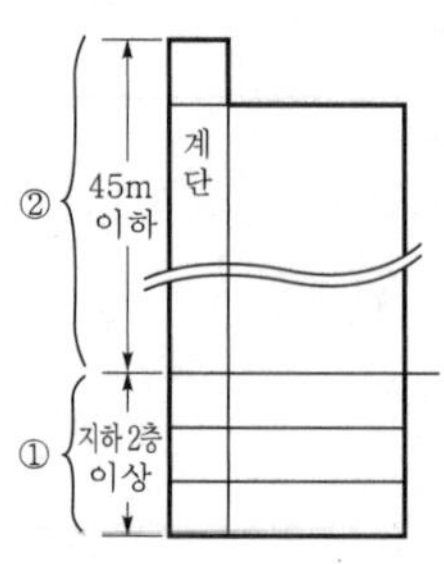

▮2경계구역(지하 2층 이상의 경우)▮

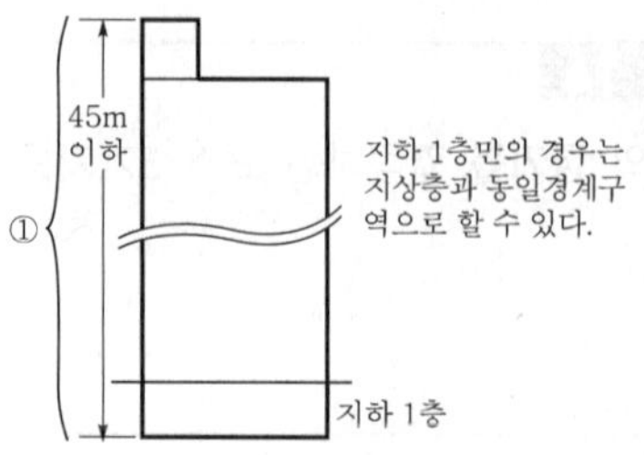

▮1경계구역(지하 1층의 경우)▮

아하! 그렇구나 계단 · 엘리베이터의 경계구역 산정

① **수직거리 45m** 이하마다 **1경계구역**으로 한다.
② **지하층**과 **지상층**은 **별개**의 **경계구역**으로 한다(단, **지하 1층**인 경우는 지상층과 **동일경계구역**으로 함).
③ **엘리베이터**마다 **1경계구역**으로 한다.

비교

각 층의 경계구역 산정

(1) 여러 개의 **건축물**이 있는 경우 각각 **별개**의 **경계구역**으로 한다.
(2) 여러 개의 **층**이 있는 경우 각각 **별개**의 **경계구역**으로 한다. (단, **2개층**의 면적의 합이 **500m^2 이하**인 경우는 **1경계구역**으로 할 수 있다)
(3) **지하층**과 **지상층**은 **별개**의 **경계구역**으로 한다. (**지하 1층**인 경우에도 **별개**의 **경계구역**으로 한다. 주의! 또 주의!)
(4) 1경계구역의 면적은 **600m^2 이하**로 하고, 한 변의 길이는 **50m 이하**로 한다.
(5) **목욕실 · 욕조**나 **샤워시설**이 있는 **화장실** 등도 **경계구역 면적**에 **포함**한다.
(6) **계단** 및 **엘리베이터**의 면적은 **경계구역 면적**에서 **제외**한다.

★★★
문제 16

다음 평면도는 복도이다. 이곳에 유도표지를 설치하려고 한다. 최소 설치개수는 얼마인지 구하시오.

(18.11.문4, 14.7.문6, 13.4.문7)

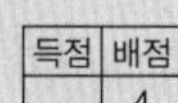

득점	배점
	4

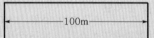

100m

○ 계산과정 :
○ 답 :

○ 계산과정 : $\frac{100}{15}-1=5.6 \fallingdotseq 6$개

○ 답 : 6개

$$설치개수=\frac{구부러진\ 곳이\ 없는\ 부분의\ 보행거리[m]}{15}-1$$

$$=\frac{100m}{15}-1=5.6 \fallingdotseq 6개(절상)$$

중요

최소 설치개수 산정식(NFPC 303 8조, NFTC 303 2.5.1)

구 분	산정식
객석유도등	설치개수 $= \dfrac{\text{객석통로의 직선부분의 길이[m]}}{4} - 1$
유도표지	설치개수 $= \dfrac{\text{구부러진 곳이 없는 부분의 보행거리[m]}}{15} - 1$
복도통로유도등, 거실통로유도등	설치개수 $= \dfrac{\text{구부러진 곳이 없는 부분의 보행거리[m]}}{20} - 1$

- 설치개수 산정시 소수가 발생하면 반드시 **절상**한다.

☆☆☆

문제 17

축전지의 충전 종류 중 균등충전방식에서 연축전지의 셀(cell)당 균등충전전압[V]의 범위를 쓰시오.

(14.4.문9, 13.4.문4)

○

득점	배점
	3

 2.4~2.5V

 **충전방식**

구 분	설 명
보통충전방식	필요할 때마다 표준시간율로 충전하는 방식
급속충전방식	보통충전전류의 **2배**의 **전류**로 충전하는 방식
부동충전방식	① 전지의 자기방전을 보충함과 동시에 상용부하에 대한 전력공급은 충전기가 부담하되, 부담하기 어려운 일시적인 대전류부하는 축전지가 부담하도록 하는 방식으로 **가장 많이 사용**된다. ② 축전지와 부하를 충전기(정류기)에 병렬로 접속하여 충전과 방전을 동시에 행하는 방식이다. ③ 표준부동전압 : **2.15~2.17V** 교류입력 / 정류기 / 축전지 / 부하 ▎부동충전방식▕ • 교류입력=교류전원=교류전압 • 정류기=정류부=충전기
균등충전방식	① 각 축전지의 전위차를 보정하기 위해 1~3개월마다 10~12시간 1회 충전하는 방식이다. ② 균등충전전압 : **2.4~2.5V**
세류(트리클)**충전 방식**	**자기방전량**만 항상 **충전**하는 방식
회복충전방식	축전지의 과방전 및 방전상태, 가벼운 설페이션현상 등이 생겼을 때 기능회복을 위하여 실시하는 충전방식 • **설페이션**(sulfation) : 충전이 부족할 때 축전지의 극판에 백색 황색연이 생기는 현상

☆☆☆

문제 18

통로유도등의 종류 3가지를 쓰시오. (12.11.문17, 11.5.문16)

득점	배점
	5

○
○
○

해답 ① 복도통로유도등
② 거실통로유도등
③ 계단통로유도등

해설 **통로유도등**의 **종류**(NFPC 303 3·6조, NFTC 303 1.7, 2.3)

구 분	복도통로유도등	거실통로유도등	계단통로유도등
정의	피난통로가 되는 **복도**에 설치하는 통로유도등으로서 **피난구**의 **방향**을 명시하는 것	**거주**, **집무**, **작업**, **집회**, **오락**, 그 밖에 이와 유사한 목적을 위하여 계속적으로 사용하는 거실, 주차장 등 개방된 통로에 설치하는 유도등으로 피난의 방향을 명시하는 것	피난통로가 되는 **계단**이나 **경사로**에 설치하는 통로유도등으로 **바닥면** 및 **디딤바닥면**을 비추는 것
설치장소	**복도**	**거실**의 **통로**	**계단**
설치방법	구부러진 모퉁이 및 피난구유도등이 설치된 출입구의 맞은편 복도에 입체형 또는 바닥에 설치된 **보행거리 20m마다**	구부러진 모퉁이 및 **보행거리 20m마다**	각 층의 **경사로참** 또는 **계단참**마다
설치높이	바닥으로부터 높이 **1m 이하**	바닥으로부터 높이 **1.5m 이상**	바닥으로부터 높이 **1m 이하**

중요

(1) **설치높이**

구 분	유도등 · 유도표지
1m 이하	• 복도통로유도등 • 계단통로유도등 • 통로유도표지
1.5m 이상	• 피난구유도등 • 거실통로유도등

(2) **표시면**의 **색상**

통로유도등	피난구유도등
백색바탕에 **녹색문자**	**녹색바탕**에 **백색문자**

낙제생이었던 천재 과학자 아인슈타인! 실력이 형편없다고 팀에서 쫓겨난 농구 황제 마이클 조던! 회사로부터 해고 당한 상상력의 천재 월트 디즈니! 그들이 수많은 난관을 딛고 성공할 수 있었던 비결은 무엇일까요? 바로 끈기입니다. 끈기는 성공의 확실한 비결입니다.

– 구지선 '지는 것도 인생이다' –

19년 2019. 11. 9 시행

▌2019년 산업기사 제4회 필답형 실기시험▐

자격종목	시험시간	형별	수험번호	성명	감독위원 확 인
소방설비산업기사(전기분야)	2시간 30분				

※ 다음 물음에 답을 해당 답란에 답하시오.(배점 : 100)

☆☆☆

문제 01

다음은 이산화탄소 소화설비의 도면이다. 각 물음에 답하시오. (단, 전원 ⊖와 감지기공통선은 분리하여 배선한다.)

(17.11.문6, 17.4.문3, 14.7.문15, 13.4.문14, 08.7.문12, 03.7.문7)

유사문제부터 풀어보세요.
실력이 팍!팍! 올라갑니다.

득점	배점
	10

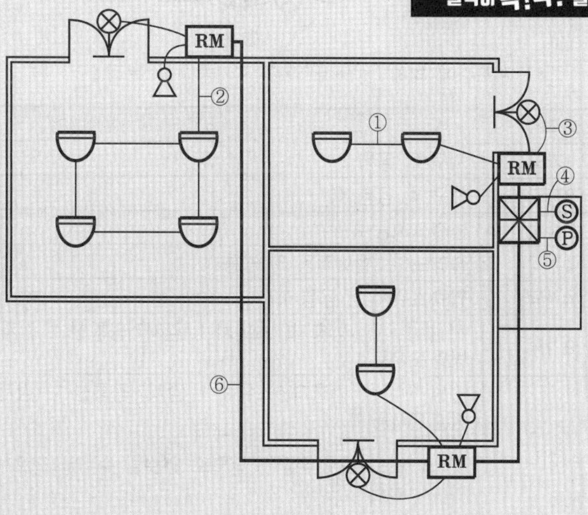

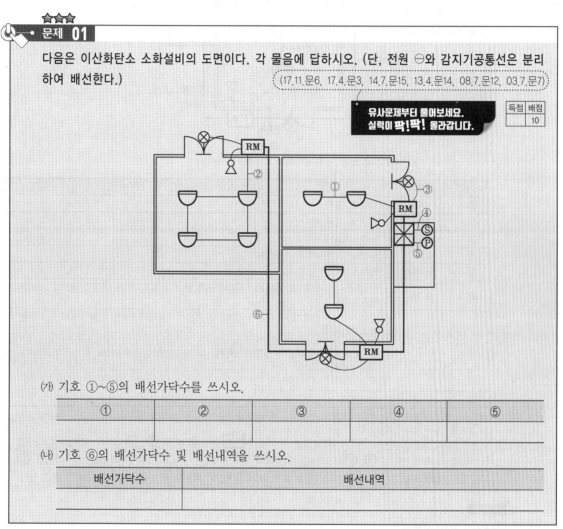

(가) 기호 ①~⑤의 배선가닥수를 쓰시오.

①	②	③	④	⑤

(나) 기호 ⑥의 배선가닥수 및 배선내역을 쓰시오.

배선가닥수	배선내역

해답 (가)

①	②	③	④	⑤
4가닥	8가닥	2가닥	4가닥	4가닥

(나)

배선가닥수	배선내역
9가닥	전원 ⊕·⊖, 방출지연스위치 1, 감지기공통선 1, 감지기 A·B, 기동스위치 1, 사이렌 1, 방출표시등 1

해설

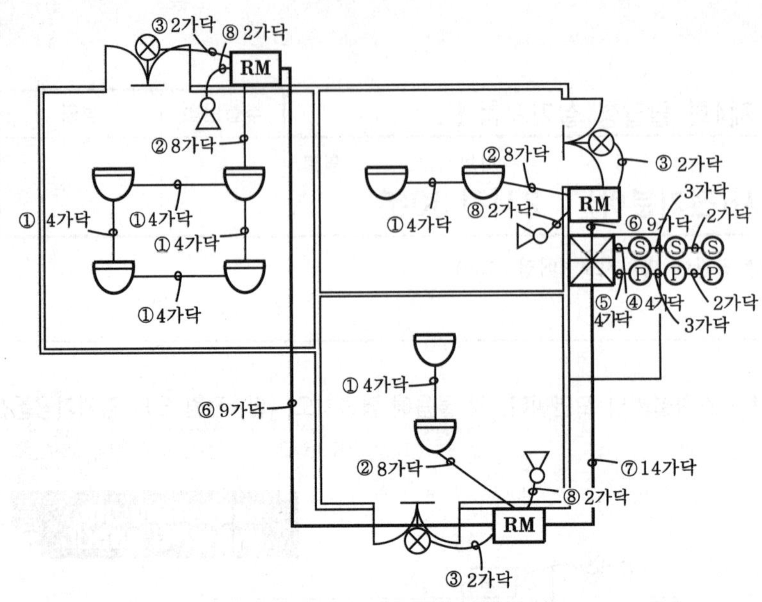

‖ 단서조건에 의해 '전원 ⊖'와 '감지기공통선' 분리 ‖

기 호	가닥수	배선내역
①	4가닥	지구 2, 공통 2
②	8가닥	지구 4, 공통 4
③	2가닥	방출표시등 2
④	4가닥	솔레노이드밸브기동 3, 공통 1
⑤	4가닥	압력스위치 3, 공통 1
⑥	9가닥	전원 ⊕ · ⊖, 방출지연스위치 1, 감지기공통선 1, 감지기 A · B, 기동스위치 1, 사이렌 1, 방출표시등 1
⑦	14가닥	전원 ⊕ · ⊖, 방출지연스위치 1, 감지기공통선 1, (감지기 A · B, 기동스위치 1, 사이렌 1, 방출표시등 1)×2 ※ 방출지연스위치는 병렬로 연결할 수 있으므로 방호구역마다 추가되지 않는다! 주의!
⑧	2가닥	사이렌 2

- 방출지연스위치=방출지연 비상스위치=비상스위치
- 기호 ④, ⑤는 2가닥이 아니고 **4가닥**임을 기억하라! RM 이 3개이므로 Ⓢ, Ⓟ도 각각 3개씩이 있는 것이다. 비록 도면에는 Ⓢ, Ⓟ가 1개씩만 표시되어 있어도 1개가 아니고 각각 3개가 있는 것이다(Ⓢ, Ⓟ 2개는 생략해 놓았음을 잊지 말라!). 종종 도면에서 Ⓢ, Ⓟ의 개수를 줄여서 1개로 표시하는 경우도 많다.

중요

송배선식과 **교차회로방식**

구 분	송배선식	교차회로방식
목적	• **도통시험**을 용이하게 하기 위하여	• 감지기의 **오동작** 방지
원리	• 배선의 도중에서 분기하지 않는 방식	• 하나의 담당구역 내에 **2 이상**의 **감지기회로**를 설치하고 **2 이상**의 **감지기회로**가 **동시**에 **감지**되는 때에 설비가 작동하는 방식

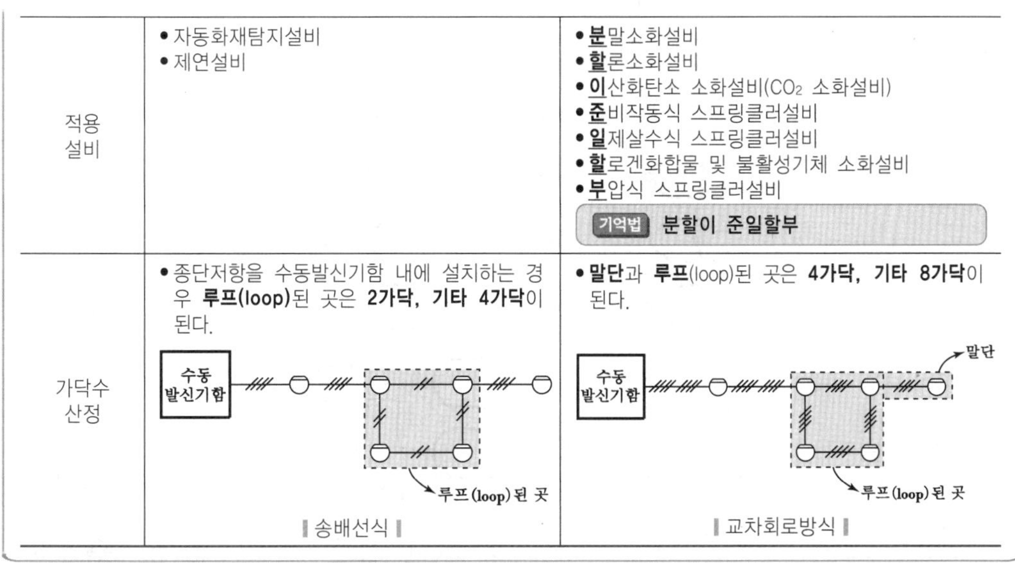

적용 설비	• 자동화재탐지설비 • 제연설비	• **분**말소화설비 • **할**론소화설비 • **이**산화탄소 소화설비(CO_2 소화설비) • **준**비작동식 스프링클러설비 • **일**제살수식 스프링클러설비 • **할**로겐화합물 및 불활성기체 소화설비 • **부**압식 스프링클러설비 기억법 **분할이 준일할부**
가닥수 산정	• 종단저항을 수동발신기함 내에 설치하는 경우 **루프(loop)**된 곳은 **2가닥, 기타 4가닥**이 된다. 수동발신기함 / 루프(loop)된 곳 송배선식	• **말단**과 **루프**(loop)된 곳은 **4가닥, 기타 8가닥**이 된다. 수동발신기함 / 말단 / 루프(loop)된 곳 교차회로방식

☆☆☆

문제 02

다음 NAND 무접점회로에 대한 다음 각 물음에 답하시오.

(17.6.문16, 16.6.문10, 15.4.문4, 12.11.문4, 12.7.문10, 10.4.문3)

득점	배점
	6

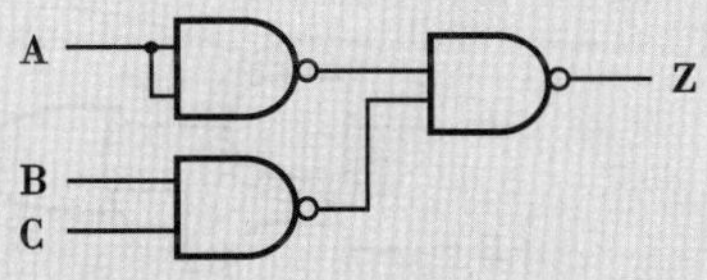

(가) AND회로 1개 및 OR회로 1개를 사용하여 무접점회로를 재구성하여 그리시오.

(나) '(가)'를 유접점 릴레이회로로 그리시오.

(다) '(나)'회로의 논리식을 쓰시오.

○

해답 (가)

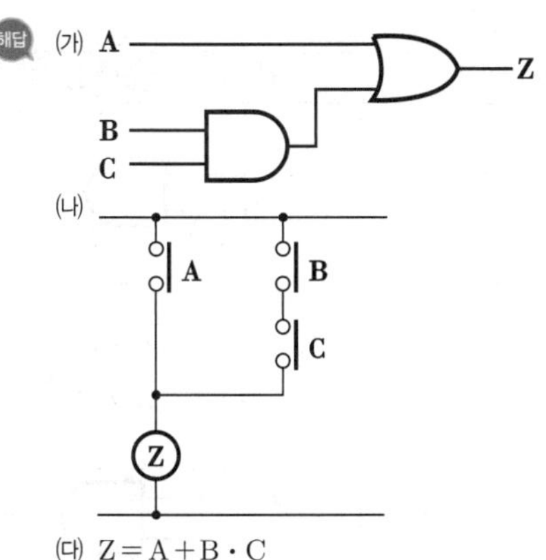

(다) $Z = A + B \cdot C$

해설 (가) **치환법**

- AND회로 → OR회로, OR회로 → AND회로로 바꾼다.
- 버블(bubble)이 있는 것은 버블을 없애고, 버블이 없는 것은 버블을 붙인다(버블(bubble)이란 작은 동그라미를 말함).

‖ 논리회로의 치환 ‖

논리회로	치 환	명 칭
버블		NOR회로
		OR회로
		NAND회로
		AND회로

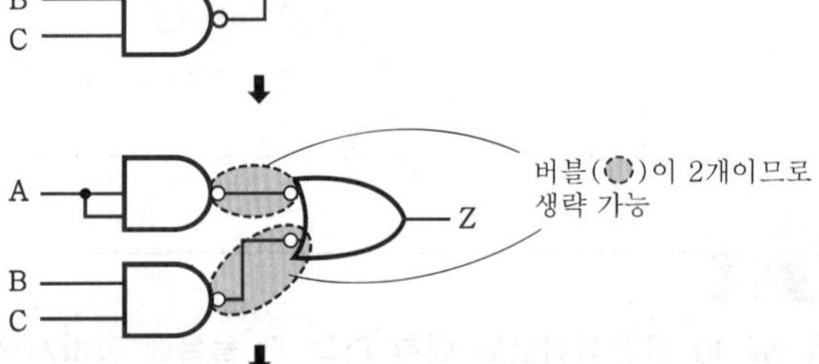

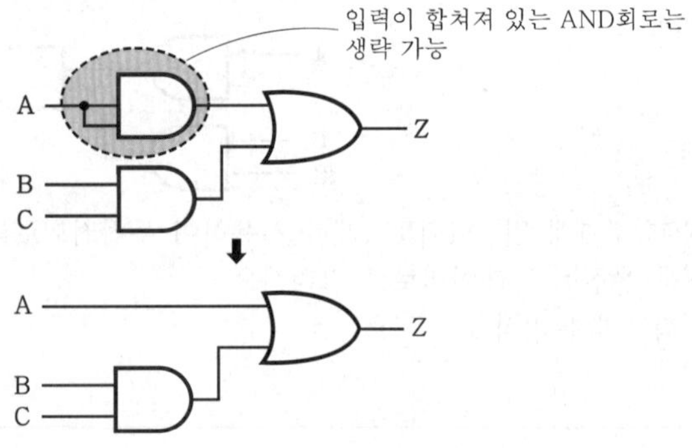

(나), (다) **시퀀스회로**와 **논리회로**의 관계

회 로	시퀀스회로	논리식	논리회로
직렬회로		Z = A · B Z = AB	
병렬회로		Z = A + B	
a접점		Z = A	

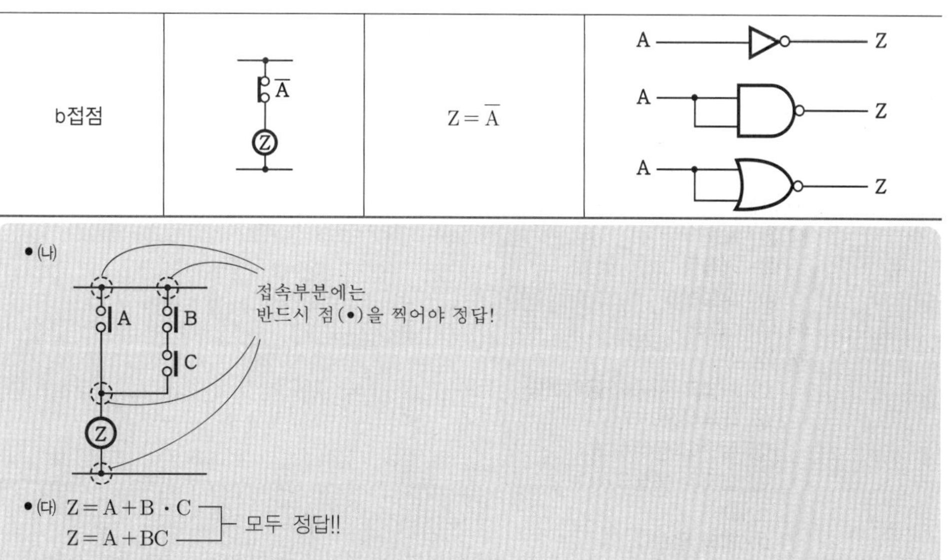

b접점		$Z = \overline{A}$	

• (나)

접속부분에는
반드시 점(•)을 찍어야 정답!

• (다) $Z = A + B \cdot C$
$Z = A + BC$ ─ 모두 정답!!

☆☆

문제 03

합성수지관공사 방법에 대한 다음 각 물음에 답하시오. (17.6.문5, 06.11.문11)

득점	배점
	10

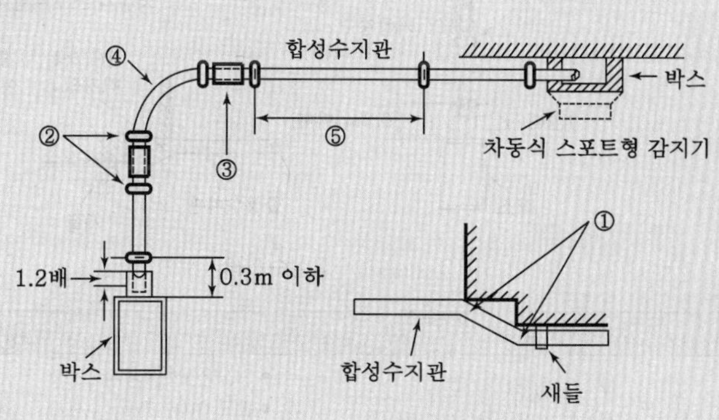

(가) 기호 ①의 굴곡반경은 직경의 몇 배 이상이어야 하는가?

○

(나) 기호 ②~④의 명칭을 쓰시오.

②:

③:

④:

(다) 기호 ⑤의 지지점 간의 간격[m]은?

○

(라) 합성수지관공사의 장점 4가지와 단점 2가지를 쓰시오. (단, 일반적인 경제적 특징은 제외한다.)

〈장점〉

○

○

○

○

〈단점〉
○
○

해답 (가) 6배
(나) ② : 새들
③ : 커플링
④ : 노멀밴드
(다) 1.5m 이하
(라) 〈장점〉
① 가볍고 시공이 용이하다.
② 내부식성이다.
③ 절단이 용이하다.
④ 접지가 불필요하다.
〈단점〉
① 열에 약하다.
② 충격에 약하다.

해설 **합성수지관공사**

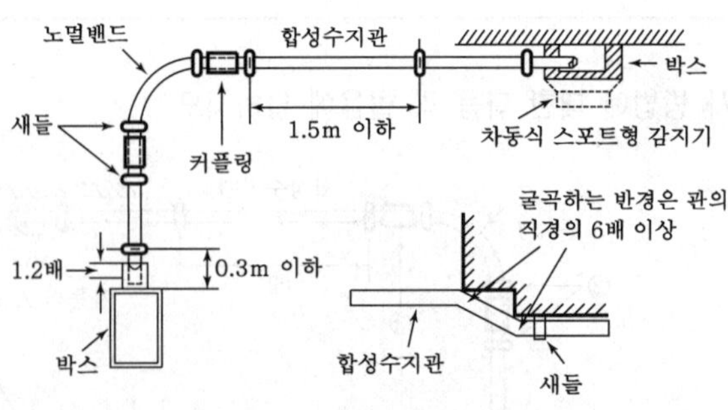

‖ 합성수지관공사 ‖

(1) 지지점 간 거리

구 분	공사방법
1m 이하	• 가요전선관공사 • 캡타이어 케이블공사
1.5m 이하	• 합성수지관공사
2m 이하	• 금속관공사 • 케이블공사
3m 이하	• 금속덕트공사 • 버스덕트공사

(2) **합성수지관공사**의 **장단점**

장 점	단 점
① **가**볍고 **시**공이 용이하다. ② **내부식성**이다. ③ **강**제전선관에 비해 **가격**이 **저렴**하다(단서조건에 의해 이 문제에서는 제외). ④ **절단**이 **용이**하다. ⑤ **접지**가 **불필요**하다. 기억법 가시내강접절	① **열**에 약하다. ② **충격**에 약하다.

• 합성수지관=경질비닐전선관

☆☆☆
문제 04

양수량이 매분 2600L이고, 총양정이 11m인 펌프용 전동기의 용량은 몇 kW이겠는가? (단, 펌프효율은 80%이고, 펌프의 동력은 20%의 여유를 둔다.) (12.7.문9)

○계산과정 :

○답 :

득점	배점
	4

해답 ○계산과정 : $\frac{9.8\times1.2\times11\times2.6}{0.8\times60}=7.007 ≒ 7.01\text{kW}$

○답 : 7.01kW

해설

$$P\eta t=9.8KHQ$$

여기서, P : 전동기용량[kW]

η : 효율

t : 시간[s]

K : 여유계수

H : 전양정[m]

Q : 양수량[m^3]

$$P=\frac{9.8KHQ}{\eta t}$$

$$=\frac{9.8\times1.2\times11\text{m}\times2.6\text{m}^3}{0.8\times60\text{s}}$$

$$=7.007 ≒ 7.01\text{kW}$$

- 2600L=2.6m^3(1000L=1m^3)
- 매분=1분=60s
- K : **1.2**(20% 여유는 100+20=120%라는 의미이므로 **1.2**)

비교

제연(배연)**설비 적용식**

$$P=\frac{P_T\,Q}{102\times60\eta}K$$

여기서, P : 배연기 동력[kW]

P_T : 전압(풍압)[mmAq, mmH$_2$O]

Q : 풍량[m^3/min]

K : 여유율

η : 효율

중요

아주 중요한 단위환산(꼭! 기억하시라)

(1) 1mmAq=10^{-3}mH$_2$O=10^{-3}m

(2) 760mmHg=10.332mH$_2$O=10.332m

(3) 1Lpm=10^{-3}m^3/min

(4) 1000L=1m^3

(5) 1HP=0.746kW

☆☆☆

문제 05

그림과 같이 지구경종과 표시등을 공통선을 사용하여 작동시키려고 한다. 이때 공통선에 흐르는 전류〔A〕를 구하시오. (단, 경종은 DC 24V, 1.52W용이며, 표시등은 DC 24V, 3.04W용이다.)

(15.11.문6, 12.4.문5)

득점	배점
	4

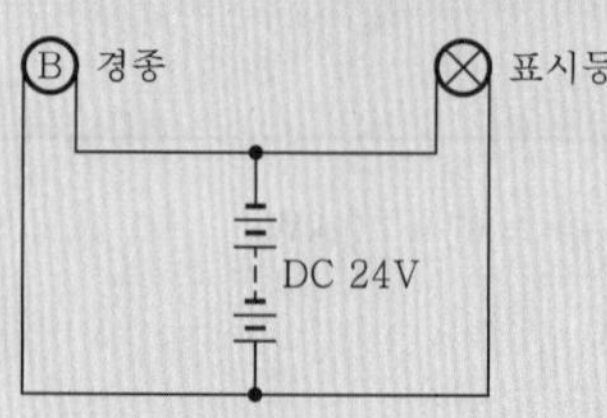

○ 계산과정 :

○ 답 :

해답

○ 계산과정 : $\frac{1.52}{24}+\frac{3.04}{24}=0.19\text{A}$

○ 답 : 0.19A

해설 **전력**

$$P=VI$$

여기서, P : 전력〔W〕

V : 전압〔V〕

I : 전류〔A〕

경종에 흐르는 전류를 I_1, 표시등에 흐르는 전류를 I_2라 하면 공통선에 흐르는 전류 I는

$$I=I_1+I_2=\frac{P_1}{V}+\frac{P_2}{V}\text{〔A〕}$$

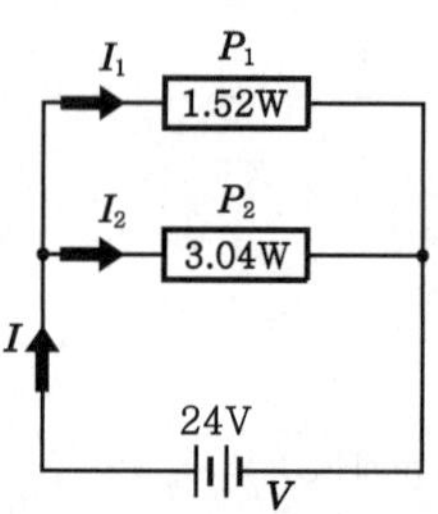

전원이 **직류 24V**이므로

$$I=\frac{P_1}{V}+\frac{P_2}{V}=\frac{1.52\text{W}}{24}+\frac{3.04\text{W}}{24}=0.19\text{A}$$

참고

경종(alarm bell)	**표시등**(pilot lamp)
경보기구 또는 비상경보설비에 사용하는 벨 등의 음향장치	발신기의 상부에 설치하여 발신기의 위치를 알려주는 적색등

☆☆ 문제 06

다음은 연축전지와 알칼리축전지를 비교한 표이다. ①~⑧까지 알맞은 내용을 쓰시오. (03.7.문4)

득점	배점
	8

구 분	연축전지	알칼리축전지
공칭전압	(①)V	(②)V
기전력	2.05~2.08V	1.32V
공칭용량	10Ah	5Ah
기계적 강도	(③)	(④)
과충·방전에 따른 전기적 강도	(⑤)	(⑥)
충전시간	(⑦)	(⑧)
종류	클래드식, 페이스트식	소결식, 포켓식
수명	5~15년	15~20년

해답 ① 2.0 ② 1.2
③ 약하다. ④ 강하다.
⑤ 약하다. ⑥ 강하다.
⑦ 길다. ⑧ 짧다.

해설 (1) **연축전지**와 **알칼리축전지**의 비교

구 분	연축전지	알칼리축전지
공칭전압	**2.0V**	**1.2V**
기전력	2.05~2.08V	1.32V
공칭용량	10Ah	5Ah
기계적 강도	**약하다.**	**강하다.**
과충·방전에 따른 전기적 강도	**약하다.**	**강하다.**
충전시간	**길다.**	**짧다.**
종류	클래드식, 페이스트식	소결식, 포켓식
수명	5~15년	15~20년

(2) **충전방식**

구 분	설 명
보통충전방식	필요할 때마다 표준시간율로 충전하는 방식
급속충전방식	보통충전전류의 **2배**의 **전류**로 충전하는 방식
부동충전방식	① 전지의 자기방전을 보충함과 동시에 상용부하에 대한 전력공급은 충전기가 부담하되, 부담하기 어려운 일시적인 대전류부하는 축전지가 부담하도록 하는 방식으로 **가장 많이 사용**된다. ② 축전지와 부하를 충전기(정류기)에 병렬로 접속하여 충전과 방전을 동시에 행하는 방식이다. ③ 표준부동전압 : **2.15~2.17V** 교류입력 (교류전원) / 정류기 (충전기) / 축전지 / 부하 (상시부하) ▮부동충전방식▮

균등충전방식	① 각 축전지의 전위차를 보정하기 위해 1~3개월마다 10~12시간 1회 충전하는 방식이다. ② 균등충전전압 : **2.4~2.5V**
세류(트리클)충전방식	**자기방전량**만 항상 **충전**하는 방식
회복충전방식	축전지의 과방전 및 방전상태, 가벼운 설페이션현상 등이 생겼을 때 기능회복을 위하여 실시하는 충전방식 • **설페이션**(sulfation) : 충전이 부족할 때 축전지의 극판에 백색 황색연이 생기는 현상

(3) **연축전지**(lead-acid battery)의 종류

클래드식(CS형)과 **페이스트식**(HS형)이 있으며 충전시에는 **수소가스**가 발생하므로 반드시 **환기**를 시켜야 한다. 충·방전시의 화학반응식은 다음과 같다.

① 양극판 : $PbO_2 + H_2SO_4 \underset{충전}{\overset{방전}{\rightleftarrows}} PbSO_4 + H_2O + O$

② 음극판 : $Pb + H_2SO_4 \underset{충전}{\overset{방전}{\rightleftarrows}} PbSO_4 + H_2$

☆☆☆

문제 07

감지기의 절연된 단자 간의 절연저항 및 단자와 외함 간의 절연저항 측정을 위한 절연저항계의 규격과 판정기준을 쓰시오. (단, 정온식 감지선형 감지기는 제외한다.)

(17.6.문12, 16.11.문11, 13.11.문5, 13.4.문10, 12.7.문11, 06.7.문8, 06.4.문9)

○규격 :

○판정기준 :

득점	배점
	4

해답 ○규격 : 직류 500V 절연저항계

○판정기준 : 50MΩ 이상

해설 **절연저항시험**(절대! 절대! 중요)

절연저항계	절연저항	대 상
직류 250V	0.1MΩ 이상	• 1경계구역의 절연저항
직류 500V	**5M**Ω 이상	• 누전경보기 • 가스누설경보기 • **수신기**(10회로 미만, 절연된 충전부와 외함 간) • 자동화재속보설비 • 비상경보설비 • 유도등(교류입력측과 외함 간 포함) • 비상조명등(교류입력측과 외함 간 포함)
	20MΩ 이상	• 경종 • 발신기 • 중계기 • 비상콘센트 • 기기의 **절연된 선로 간** • 기기의 충전부와 비충전부 간 • 기기의 교류입력측과 외함 간(유도등·비상조명등 제외)
	50MΩ 이상 ←	• 감지기(정온식 감지선형 감지기 제외) • 가스누설경보기(10회로 이상) • 수신기(10회로 이상, 교류입력측과 외함 간 제외)
	1000MΩ 이상	• 정온식 감지선형 감지기

• 규격에서 '**직류**'라는 말까지 반드시 써야 함. '500V'만 쓰면 틀림

☆☆☆

문제 08

자동화재탐지설비의 경계구역 설정기준 3가지를 쓰시오. (14.4.문3, 10.10.문14, 02.7.문1)

득점	배점
	6

○

○

○

해답 ① 하나의 경계구역이 2개 이상의 건축물에 미치지 않도록 할 것

② 하나의 경계구역이 2개 이상의 층에 미치지 않도록 할 것(단, 500m^2 이하의 범위 안에서는 2개 층을 하나의 경계구역으로 가능)

③ 1경계구역의 면적은 600m^2(주출입구에서 내부 전체가 보이는 것은 1000m^2) 이하로 하고, 1변의 길이는 50m 이하로 할 것

해설 **자동화재탐지설비**의 **경계구역 설정기준**(NFPC 203 4조, NFTC 203 2.1.1)

(1) 1경계구역이 2개 이상의 **건축물**에 미치지 않을 것

(2) 1경계구역이 2개 이상의 층에 미치지 않을 것(단, **500m^2** 이하의 범위 안에서는 2개 층을 하나의 경계구역으로 가능)

(3) 1경계구역의 면적은 **600m^2**(주출입구에서 내부 전체가 보이는 것은 **1000m^2**) 이하로 하고, 1변의 길이는 50m 이하로 할 것

용어

경계구역과 **감지구역**

경계구역	감지구역
특정소방대상물 중 **화재신호**를 **발신**하고 그 **신호**를 **수신** 및 유효하게 **제어**할 수 있는 구역	감지기가 화재발생을 유효하게 탐지할 수 있는 구역

☆☆☆

문제 09

발신기의 위치를 표시하는 표시등의 설치기준 중 다음 (　　) 안에 알맞은 내용을 쓰시오. (16.11.문14, 15.7.문8)

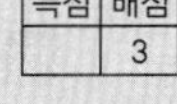

득점	배점
	3

발신기의 위치를 표시하는 표시등은 함의 상부에 설치하되, 그 불빛은 부착면으로부터 (①)도 이상의 범위 안에서 부착지점으로부터 (②)m 이내의 어느 곳에서도 쉽게 식별할 수 있는 (③)색등으로 해야 한다.

①:　　　　②:　　　　③:

해답 ① : 15　② : 10　③ : 적

해설 **자동화재탐지설비**의 **발신기**의 **설치기준**(NFPC 203 9조, NFTC 203 2.6.1)

(1) 조작이 **쉬운 장소**에 설치하고, **스위치**는 바닥으로부터 **0.8~1.5m** 이하의 높이에 설치

(2) 특정소방대상물의 **층**마다 설치하되, 해당 특정소방대상물의 각 부분으로부터 하나의 발신기까지의 **수평거리**가 **25m** 이하가 되도록 할 것(단, 복도 또는 별도로 구획된 실로서 **보행거리**가 **40m** 이상일 경우에는 추가로 설치)

(3) **기둥** 또는 **벽**이 설치되지 않은 **대형 공간**의 경우 **발신기**는 설치대상장소의 **가장 가까운 장소**의 **벽** 또는 **기둥** 등에 설치

(4) 발신기의 위치를 표시하는 **표시등**은 **함**의 **상부**에 설치하되, 그 불빛은 부착면으로부터 **15도** 이상의 범위 안에서 부착지점으로부터 **10m** 이내의 어느 곳에서도 쉽게 식별할 수 있는 **적색등**으로 해야 한다.

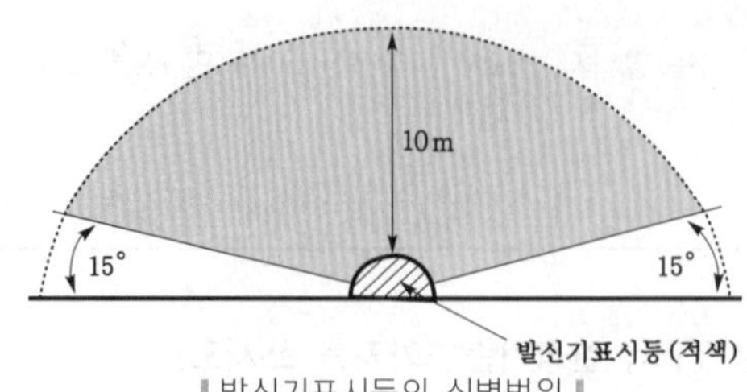

▌발신기표시등의 식별범위▐

중요

표시등과 **발신기표시등**의 식별

① **옥내소화전설비**의 표시등(NFPC 102 7조 ③항, NFTC 102 2.4.3) ② **옥외소화전설비**의 표시등(NFPC 109 7조 ④항, NFTC 109 2.4.4) ③ **연결송수관설비**의 표시등(NFPC 502 6조, NFTC 502 2.3.1.6.1)	① **자동화재탐지설비**의 발신기표시등(NFPC 203 9조 ②항, NFTC 203 2.6) ② **스프링클러설비**의 화재감지기회로의 발신기표시등(NFPC 103 9조 ③항, NFTC 103 2.6.3.5.3) ③ **미분무소화설비**의 화재감지기회로의 발신기표시등(NFPC 104A 12조 ①항, NFTC 104A 2.9.1.8.3) ④ **포소화설비**의 화재감지기회로의 발신기표시등(NFPC 105 11조 ②항, NFTC 105 2.8.2.2.2) ⑤ **비상경보설비**의 화재감지기회로의 발신기표시등(NFPC 201 4조 ⑤항, NFTC 201 2.1.5.3)
부착면과 **15° 이하**의 각도로도 발산되어야 하며 주위의 밝기가 **0lx**인 장소에서 측정하여 **10m** 떨어진 위치에서 켜진 등이 확실히 식별될 것 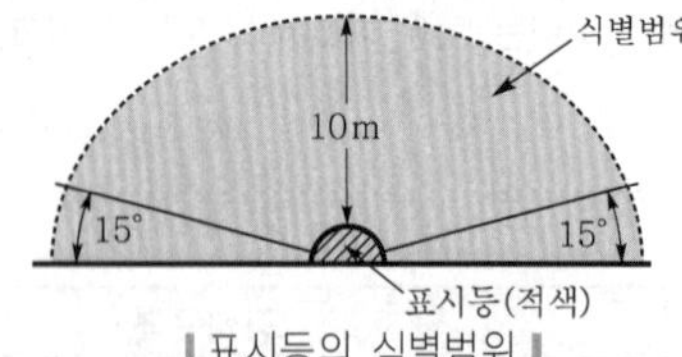 ▌표시등의 식별범위▐	부착면으로부터 **15° 이상**의 범위 안에서 **10m** 거리에서 식별 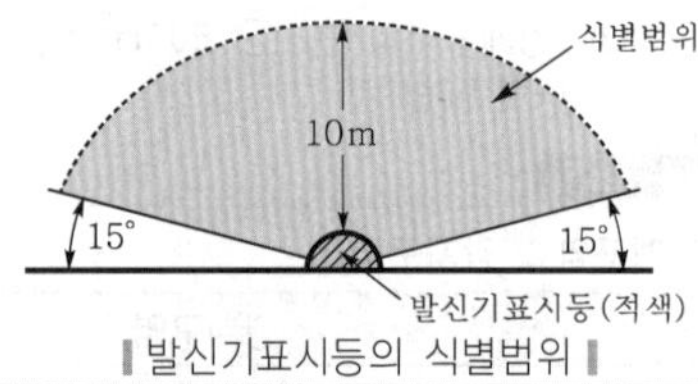 ▌발신기표시등의 식별범위▐

★★ 문제 10

자동화재탐지설비의 중계기 시험 2가지를 쓰고 설명하시오. (17.6.문15)

○

○

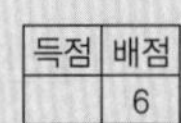

득점	배점
	6

해답 ① 상용전원시험 : 평상시 주전원으로 사용되는 전원의 이상 유무 확인
② 예비전원시험 : 상용전원 및 비상전원 정전시 자동적으로 예비전원으로 절환되며 정전 복구시에 자동적으로 상용전원으로 절환되는지 여부 확인

해설
- 중계기의 시험 2가지를 물어보면 **상용전원시험**과 **예비전원시험**이 정답! 중계기의 시험과 중계기의 시험기능을 잘 구분하라!

▌중계기의 시험기능 · 시험▐

중계기의 시험기능(중계기의 우수품질인증 기술기준 2조)	중계기의 시험(NFPC 203 6조, NFTC 203 2.3.1.3)
① 자동시험기능 : **화재경보설비**와 관련되는 기능이 이상 없이 **유지**되고 있는 것을 **자동**으로 확인할 수 있는 장치의 시험기능 ② 원격시험기능 : **감지기**에 관련된 기능이 이상 없이 **유지**되고 있는 것을 해당 감지기의 설치장소에서 떨어진 위치에서 **확인**할 수 있는 장치의 시험기능	① 상용전원시험 : 평상시 주전원으로 사용되는 전원의 이상 유무 확인 ② 예비전원시험 : 상용전원 및 비상전원 정전시 자동적으로 예비전원으로 절환되며 정전 복구시에 자동적으로 상용전원으로 절환되는지 여부 확인

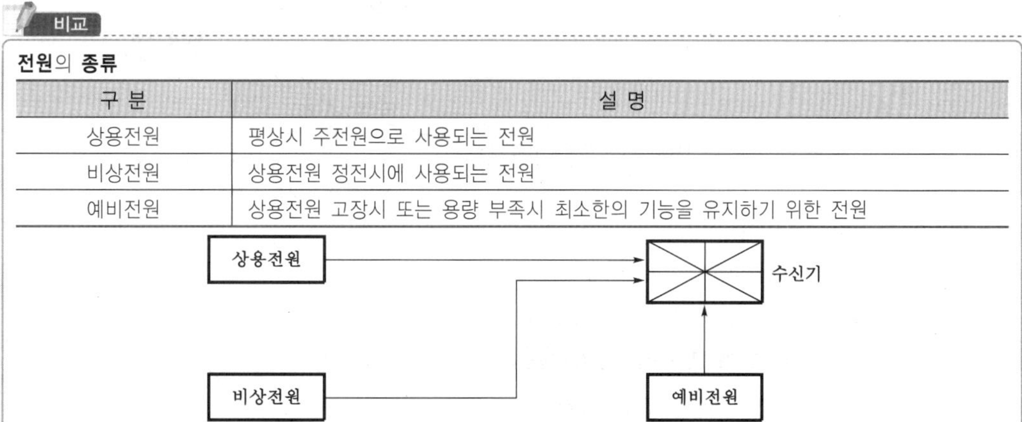

비교

전원의 **종류**

구 분	설 명
상용전원	평상시 주전원으로 사용되는 전원
비상전원	상용전원 정전시에 사용되는 전원
예비전원	상용전원 고장시 또는 용량 부족시 최소한의 기능을 유지하기 위한 전원

☆☆☆

문제 11

옥내배선 그림기호를 나타낸다. 그림기호에 해당하는 명칭을 쓰시오.

(18.11.문9, 13.7.문11, 12.7.문2, 11.11.문15)

(가) ————————

(나) - - - - - - - - - - - - -

(다) —— —— ——

득점	배점
	6

해답 (가) 천장은폐배선
(나) 노출배선
(다) 바닥은폐배선

해설 (1) **옥내배선기호**

명 칭		그림기호	적 요
천장은폐배선		————————	• 천장 속의 배선을 구별하는 경우 : —— - —— - ——
바닥은폐배선		—— —— ——	-
노출배선		- - - - - - - - - - - - -	• 바닥면 노출배선을 구별하는 경우 : ——-·-——-·-——
유도등	백열등	⊗	• 객석유도등 : ⊗S
	형광등	▭⊗▭	• 중형 : ■⊗■ 중 • 통로유도등 : ▭⊗▭ → • 계단에 설치하는 비상용 조명과 겸용 : ■⊗■
비상콘센트		⊙⊙	-

(2) **전선**의 **종류**

약 호	명 칭	최고허용온도
OW	옥외용 비닐절연전선	60℃
DV	인입용 비닐절연전선	
HFIX	450/750V 저독성 난연 가교폴리올레핀 절연전선	90℃
CV	가교폴리에틸렌절연 비닐외장케이블	
MI	미네랄 인슐레이션 케이블	
IH	하이퍼론 절연전선	95℃

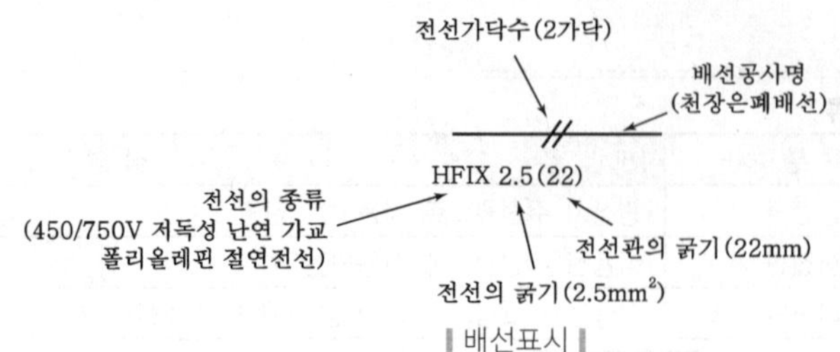

‖ 배선표시 ‖

(3) **배관**의 **표시방법**

① 강제전선관의 경우 : HFIX 2.5(19)

② 경질비닐전선관인 경우 : 2.5(VE16)

③ 2종 금속제 가요전선관인 경우 : 2.5(F₂17)

④ 합성수지제 가요관인 경우 : 2.5(PF16)

⑤ 전선이 들어있지 않은 경우 : (19)

(4) **전선관**의 **종류**

후강전선관	박강전선관
• 표시된 규격은 **내경**을 의미하며, **짝수**로 표시된다. • **폭발성 가스** 저장장소에 사용된다. ※ 규격 : 16mm, 22mm, 28mm, 36mm, 42mm, 54mm, 70mm, 82mm, 92mm, 104mm	• 표시된 규격은 **외경**을 의미하며, **홀수**로 표시된다. ※ 규격 : 19mm, 25mm, 31mm, 39mm, 51mm, 63mm, 75mm

☆☆☆

문제 12

지상 11층, 연면적 3500m²를 초과하는 어느 특정소방대상물에 비상방송설비를 설치해야 한다. 비상방송설비의 설치기준에 따른 다음 (　　) 안에 내용을 쓰시오. (15.7.문14, 13.11.문14)

득점	배점
	10

(가) 확성기의 음성입력은 3W(실내에 설치하는 것에 있어서는 (①)W) 이상일 것
(나) 3층에서 발화한 때에는 (②)층 및 (③)층에 경보를 발할 것
(다) (④)를 설치하는 경우 (④)의 배선은 3선식으로 할 것
(라) (⑤) 및 조작부는 수위실 등 상시 사람이 근무하는 장소로서 점검이 편리하고 방화상 유효한 곳에 설치할 것

①: 　②: 　③:
④: 　⑤:

① : 1
② : 3
③ : 4, 5, 6, 7
④ : 음량조정기
⑤ : 증폭기

• ④ '**음량조절기**' 또는 '**음향조정기**'가 아님을 주의! **음량조정기**라고 정확히 답해야 정답!!
• ⑤ '**증폭부**'라고 쓰지 않도록 주의하라! **증폭기**가 정답!!

비상방송설비의 **설치기준**(NFPC 202 4조, NFTC 202 2.1.1)

(1) 확성기의 음성입력은 **3W**(실내는 **1W**) 이상일 것
(2) 음량조정기의 배선은 **3선식**으로 할 것

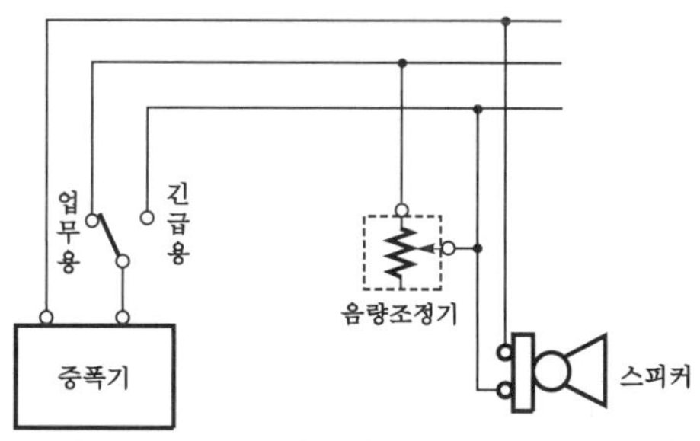

| 3선식 |

(3) 기동장치에 의한 **화재신고**를 수신한 후 필요한 음량으로 방송이 개시될 때까지의 소요시간은 **10초** 이하로 할 것
(4) 조작부의 조작스위치는 바닥으로부터 **0.8~1.5m** 이하의 높이에 설치할 것

기 기	설치높이
기타기기	바닥에서 **0.8~1.5m** 이하
시각경보장치	바닥에서 **2~2.5m** 이하(단, 천장의 높이가 **2m 이하**인 경우에는 천장으로부터 **0.15m 이내**의 장소에 설치)

(5) 증폭기 및 조작부는 **수위실** 등 상시 사람이 근무하는 장소로서 점검이 편리하고 방화상 유효한 곳에 설치할 것
(6) 다른 전기회로에 의하여 **유도장애**가 생기지 않도록 할 것
(7) 확성기는 **각 층**마다 설치하되, 각 부분으로부터의 **수평거리**는 25m 이하일 것
(8) **발화층** 및 **직상 4개층 우선경보방식**
① 화재시 원활한 대피를 위하여 위험한 층(발화층 및 직상 4개층)부터 우선적으로 경보하는 방식
② 발화층 및 직상 4개층 우선경보방식 적용대상물 : **11층**(공동주택 **16층**) 이상의 특정소방대상물의 경보

| 음향장치의 경보 |

발화층	경보층	
	11층(공동주택 16층) 미만	11층(공동주택 16층) 이상
2층 이상 발화	전층 일제경보	• 발화층 • 직상 4개층
1층 발화		• 발화층 • 직상 4개층 • 지하층
지하층 발화		• 발화층 • 직상층 • 기타의 지하층

☆☆☆

문제 13

감지기의 설치기준에 대한 다음 각 물음에 답하시오. (15.7.문1, 13.7.문5, 13.4.문2)

득점	배점
	6

(가) 주방·보일러실 등으로서 다량의 화기를 단속적으로 취급하는 장소에 설치하는 감지기는?
○
(나) 20m 이상 높이에 설치 가능한 감지기 2개를 쓰시오.
○
○
(다) 감지기회로의 오동작을 방지하기 위하여 적용하는 회로방식은?
○
(라) 공기관식 차동식 분포형 감지기의 공기관의 노출부분은 감지구역마다 몇 m 이상이 되도록 하여야 하는가?
○
(마) 터널에 설치하는 감지기의 감열부와 감열부 사이의 이격거리는 몇 m 이하로 설치하여야 하는가?
○

해답 (가) 정온식 감지기
(나) ① 불꽃감지기
② 광전식(분리형, 공기흡입형) 중 아날로그방식
(다) 교차회로방식
(라) 20m
(마) 10m

해설 (가) **정온식 감지기**(NFPC 203 7조, NFTC 203 2.4.3.4)
주방·보일러실 등으로서 다량의 화기를 취급하는 장소에 설치하되, 공칭작동온도가 최고주위온도보다 **20℃** 이상 높은 것으로 설치한다.

- 국가화재안전기준에는 '**정온식 감지기**'라고 명시하고 있지만, '**정온식 스포트형 감지기**'라고 해도 틀리지 않는다.

(나) **감지기**의 **부착높이**(NFPC 203 7조, NFTC 203 2.4.1)

부착높이	감지기의 종류
8~**15**m 미만	• 차동식 **분**포형 • **이**온화식 **1**종 또는 **2**종 • **광**전식(스포트형, 분리형, 공기흡입형) 1종 또는 2종 • **연**기**복**합형 • **불**꽃감지기 기억법 **15분 이광12 연복불**
15~**2**0m 미만	• **이**온화식 1종 • **광**전식(스포트형, 분리형, 공기흡입형) 1종 • **연**기**복**합형 • **불**꽃감지기 기억법 **이광불연복2**
20m 이상	• **불**꽃감지기 • **광**전식(분리형, 공기흡입형) 중 **아**날로그방식 기억법 **불광아**

(다) **송배선식**과 **교차회로방식**

구 분	송배선식	교차회로방식
목적	• **도통시험**을 용이하게 하기 위하여	• 감지기의 **오동작** 방지
원리	• 배선의 도중에서 분기하지 않는 방식	• 하나의 담당구역 내에 **2 이상**의 **감지기회로**를 설치하고 **2 이상**의 **감지기회로**가 **동시**에 **감지**되는 때에 설비가 작동하는 방식으로 회로방식이 **AND 회로**에 해당된다.
적용설비	• 자동화재탐지설비 • 제연설비	• **분**말소화설비 • **할**론소화설비 • **이**산화탄소 소화설비 • **준**비작동식 스프링클러설비 • **일**제살수식 스프링클러설비 • **할**로겐화합물 및 불활성기체 소화설비 • **부**압식 스프링클러설비 기억법 **분할이 준일할부**
가닥수 산성	• 종단저항을 수동발신기함 내에 설치하는 경우 **루프(loop)**된 곳은 **2가닥**, **기타**는 **4가닥**이 된다. 수동 발신기함 / 루프(loop) ‖ 송배선식 ‖	• **말단**과 **루프**(loop)된 곳은 **4가닥**, **기타**는 **8가닥**이 된다. 수동 발신기함 / 말단 / 루프(loop) ‖ 교차회로방식 ‖

(라) **공기관식 차동식 분포형 감지기**의 기준(NFPC 203 7조, NFTC 203 2.4.3.7)

① 공기관의 노출부분은 감지구역마다 **20m** 이상이 되도록 할 것(**길**이)
② 공기관과 감지구역의 각 변과의 **수평거리**는 **1.5m** 이하가 되도록 하고, 공기관 **상**호간의 거리는 **6m**(주요 구조부를 내화구조로 한 특정소방대상물 또는 그 부분에 있어서는 **9m**) 이하가 되도록 할 것
③ 공기관은 도중에서 **분기**하지 않도록 할 것
④ 하나의 검출부분에 접속하는 공기관의 길이는 **100m** 이하로 할 것
⑤ **검**출부는 **5°** 이상 경사되지 않도록 부착할 것
⑥ 검출부는 바닥으로부터 **0.8~1.5m 이하**의 위치에 설치할 것

기억법 **길거리 상검분**

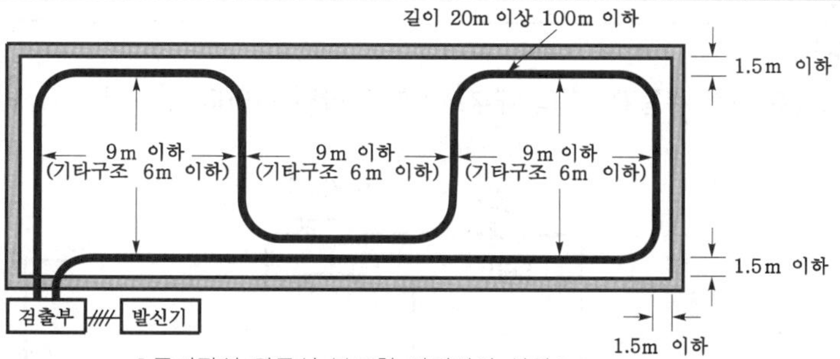

▎공기관식 차동식 분포형 감지기의 설치▎

(마) **감지기**의 **설치기준**(NFPC 603 9조, NFTC 603 2.5.3.1)
감지기의 감열부와 감열부 사이의 이격거리는 **10m** 이하로, 감지기와 터널 좌우측 벽면과의 이격거리는 **6.5m** 이하로 설치할 것

☆☆☆
문제 14

차동식 스포트형 감지기와 정온식 스포트형 감지기를 비교 설명하시오. (14.4.문11, 10.7.문2)

○차동식 스포트형 감지기 :
○정온식 스포트형 감지기 :

득점	배점
	4

해답
○차동식 스포트형 감지기 : 주위온도가 일정 상승률 이상일 때 작동하는 것으로 일국소에서의 열효과에 의하여 작동하는 것
○정온식 스포트형 감지기 : 일국소의 주위온도가 일정 온도 이상일 때 작동하는 것으로 외관이 전선이 아닌 것

해설 (1) **일반 감지기**

종 류	설 명
차동식 스포트형 감지기	주위온도가 **일정 상승률** 이상일 때 작동하는 것으로 **일국소에서의 열효과**에 의하여 작동하는 것
정온식 스포트형 감지기	일국소의 주위온도가 **일정 온도** 이상일 때 작동하는 것으로 **외관이 전선이 아닌 것**
보상식 스포트형 감지기	**차동식 스포트형+정온식 스포트형의 성능을 겸한 것**으로 **둘 중 한 기능**이 작동되면 신호를 발하는 것

(2) **감지기**

종 류	설 명
다신호식 감지기	① 각 서로 다른 종별 또는 감도 등의 기능을 갖춘 것으로서 일정 시간 간격을 두고 각각 다른 2개 이상의 화재신호를 발하는 감지기 ② 동일 종별 또는 감도를 갖는 2개 이상의 센서를 통해 감지하여 화재신호를 각각 발신하는 감지기
아날로그식 감지기	주위의 **온도** 또는 **연기**의 양의 변화에 따른 화재정보신호값을 출력하는 방식의 감지기

(3) **복합형 감지기**

종 류	설 명
열복합형 감지기	**차동식 스포트형+정온식 스포트형**의 성능이 있는 것으로 두 가지 성능의 감지기능이 함께 작동될 때 화재신호를 발신하거나 또는 두 개의 화재신호를 각각 발신하는 것

연복합형 감지기	**이온화식+광전식**의 성능이 있는 것으로 두 가지 성능의 감지기능이 함께 작동될 때 화재신호를 발신하거나 또는 두 개의 화재신호를 각각 발신하는 것
열·연기복합형 감지기	**열감지기+연기감지기**의 성능이 있는 것으로 두 가지 성능의 감지기능이 함께 작동될 때 화재신호를 발신하거나 또는 두 개의 화재신호를 각각 발신하는 것
불꽃복합형 감지기	**불꽃자외선식+불꽃적외선식** 및 불꽃영상분석식의 성능 중 두 가지 이상의 성능을 가진 것으로 두 가지 이상의 감지기능이 함께 작동될 때 화재신호를 발신하거나 또는 두 개의 화재신호를 각각 발신하는 것

☆☆☆

문제 15

다음 그림은 P형 수동발신기의 내부회로를 나타낸 것이다. ( ) 안에 단자 명칭을 쓰시오.

(17.11.문1, 15.7.문6, 05.5.문5)

득점	배점
	4

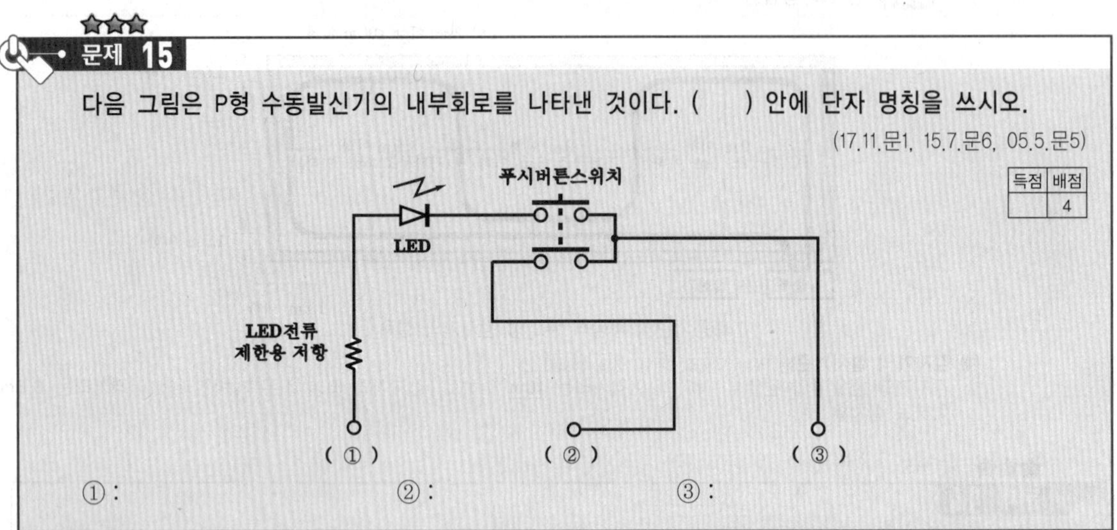

①: ②: ③:

해답 ① 응답선 ② 지구선 ③ 공통선

해설 **P형 수동발신기**의 **내부 회로**

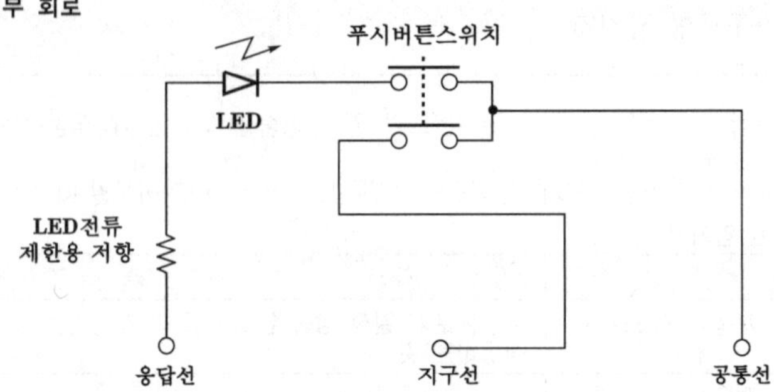

중요

동일한 용어

(1) 회로선=신호선=표시선=**지구선**=감지기선
(2) 회로공통선=신호공통선=지구공통선=감지기공통선=발신기공통선=**공통선**
(3) **응답선**=발신기응답선=확인선=발신기선
(4) 경종표시등공통선=벨표시등공통선

☆☆☆

문제 16

금속관 배관공사시 리머(Reamer)를 사용하여 금속관 말단의 모를 다듬는 이유를 쓰시오.

(17.11.문14, 16.11.문2, 15.7.문4)

○

득점	배점
	3

해답 전선의 피복보호

해설 **금속관공사**에 **이용**되는 **부품** 및 **공구**

명 칭	외 형	설 명
부싱 (bushing)		전선의 절연피복을 보호하기 위하여 **금속관 끝**에 취부하여 사용되는 부품
유니언커플링 (union coupling)		**금속전선관 상호**간을 **접속**하는 데 사용되는 부품(**관**이 **고정**되어 **있을 때**)
노멀밴드 (normal bend)		**매입배관**공사를 할 때 **직각**으로 굽히는 곳에 사용하는 부품
유니버설 엘보 (universal elbow)		**노출배관**공사를 할 때 관을 직각으로 굽히는 곳에 사용하는 부품
링리듀서 (ring reducer)		**금속관**을 **아웃렛박스**에 로크너트만으로 고정하기 어려울 때 **보조적**으로 사용되는 **부품**
커플링 (coupling)	커플링 전선관	**금속전선관 상호**간을 **접속**하는 데 사용되는 부품(**관**이 **고정**되어 있지 **않을 때**)
새들 (saddle)		**관**을 **지지**(**고**정)하는 데 사용하는 재료 기억법 **관고새**
로크너트 (lock nut)		**금속관**과 **박스**를 **접속**할 때 사용하는 재료로 최소 **2개**를 사용한다.
리머 (reamer)		① 금속관 **말단**의 **모**를 다듬기 위한 기구 ② 사용이유 : **전선**의 **피복보호**
파이프커터 (pipe cutter)		**금속관**을 **절단**하는 기구

환형 3방출 정크션박스		**배관**을 **분기**할 때 사용하는 박스
파이프벤더 (pipe bender)		**금속관**(후강전선관, 박강전선관)을 **구부릴 때** 사용하는 공구 ※ **28mm** 이상은 **유압식 파이프벤더**를 사용한다.
아웃렛박스 (outlet box)		① 배관의 **끝** 또는 **중간**에 부착하여 전선의 인출, 전기기구류의 부착 등에 사용 ② 감지기·유도등 및 전선의 접속 등에 사용되는 박스의 총칭 ③ 4각박스, 8각박스 등의 박스를 통틀어 일컫는 말
후강전선관	-	① **콘크리트 매입배관용**으로 사용되는 강관(두께 **2.3~4.5mm**) ② **폭발성 가스** 저장장소에 사용
박강전선관	-	① **노출배관용·일반배관용**으로 사용되는 강관(두께 **1.2~2.0mm**) ② 폭발성 가스 저장 이외의 장소에 사용

☆☆☆ 문제 17

무선통신보조설비의 증폭기 및 무선중계기의 설치기준에 대한 다음 (　　) 안을 완성하시오.

(13.7.문17, 06.4.문2)

득점	배점
	6

(가) 전원은 전기가 정상적으로 공급되는 축전지설비, 전기저장장치 또는 교류전압 옥내간선으로 하고, 전원까지의 배선은 (①)으로 할 것

(나) 증폭기의 전면에는 주회로의 전원이 정상인지의 여부를 표시할 수 있는 (②) 및 (③)를 설치할 것

(다) 증폭기에는 비상전원이 부착된 것으로 하고 해당 비상전원용량은 무선통신보조설비를 유효하게 (④)분 이상 작동시킬 수 있는 것으로 할 것

①:　　　　②:

③:　　　　④:

해답 ① 전용
② 표시등
③ 전압계
④ 30

해설

• ② 표시등과 ③ 전압계의 답은 서로 바꾸어서 써도 된다.

무선통신보조설비의 **설치기준**(NFPC 505 5·8조, NFTC 505 2.2, 2.5)

(1) 증폭기의 전원은 전기가 정상적으로 공급되는 **축전지설비**, **전기저장장치** 또는 **교류전압 옥내간선**으로 하고, 전원까지의 배선은 **전용**으로 할 것

(2) 증폭기의 전면에는 주회로의 전원이 정상인지의 여부를 표시할 수 있는 **표시등** 및 **전압계**를 설치할 것

(3) **비상전원**의 **용량**

설 비	비상전원의 용량
자동화재**탐**지설비, 비상**경**보설비, 자동화재**속**보설비, 물분무소화설비 기억법 **탐경속1**	1 0분 이상
① 유도등, 비상조명등, 비상콘센트설비, 제연설비, 물분무소화설비 ② 옥내소화전설비(30층 미만) ③ 특별피난계단의 계단실 및 부속실 제연설비(30층 미만) ④ 스프링클러설비(30층 미만) ⑤ 연결송수관설비(30층 미만)	20분 이상
무선통신보조설비의 증폭기 →	30분 이상
① 옥내소화전설비(30~49층 이하) ② 특별피난계단의 계단실 및 부속실 제연설비(30~49층 이하) ③ 연결송수관설비(30~49층 이하) ④ 스프링클러설비(30~49층 이하)	40분 이상
① 유도등 · 비상조명등(지하상가 및 11층 이상) ② 옥내소화전설비(50층 이상) ③ 특별피난계단의 계단실 및 부속실 제연설비(50층 이상) ④ 연결송수관설비(50층 이상) ⑤ 스프링클러설비(50층 이상)	60분 이상

(4) 누설동축케이블 및 안테나는 **금속판** 등에 의하여 **전파의 복사** 또는 **특성**이 현저하게 저하되지 않는 위치에 설치할 것

(5) **누설동축케이블**과 이에 접속하는 **안테나** 또는 **동축케이블**과 이에 접속하는 **안테나**일 것

(6) 누설동축케이블 및 동축케이블은 화재에 따라 해당 케이블의 피복이 소실된 경우에 케이블 본체가 떨어지지 않도록 **4m** 이내마다 **금속제** 또는 **자기제** 등의 지지금구로 벽 · 천장 · 기둥 등에 견고하게 고정시킬 것(단, **불연재료**로 구획된 반자 안에 설치하는 경우 제외)

(7) 누설동축케이블 및 안테나는 고압전로로부터 **1.5m** 이상 떨어진 위치에 설치할 것(해당 전로에 **정전기차폐장치**를 유효하게 설치한 경우는 제외)

(8) 누설동축케이블의 끝부분에는 **무반사 종단저항**을 설치할 것

(9) 누설동축케이블 또는 동축케이블의 임피던스는 **50**Ω으로 하고 이에 접속하는 안테나 · 분배기 기타의 장치는 해당 임피던스에 적합한 것으로 해야 한다.

용어

(1) **누설동축케이블**과 **동축케이블**

누설동축케이블	동축케이블
동축케이블의 외부도체에 가느다란 홈을 만들어서 전파가 외부로 새어나갈 수 있도록 한 케이블	유도장애를 방지하기 위해 전파가 누설되지 않도록 만든 케이블

(2) **종단저항**과 **무반사 종단저항**

종단저항	무반사 종단저항
감지기회로의 **도통시험**을 용이하게 하기 위하여 **감지기 회로**의 **끝**부분에 설치하는 저항	전송로로 전송되는 전자파가 전송로의 종단에서 반사되어 교신을 방해하는 것을 막기 위해 **누설동축케이블**의 **끝**부분에 설치하는 저항

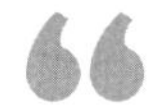
힘들다고 포기하거나 주저하지 마십시오. 당신은 반드시 해낼 수 있습니다.
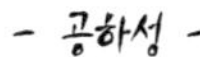
- 공하성 -

허물을 덮어주세요

어느 화가가 알렉산드로스 대왕의 초상화를 그리기로 한 후 고민에 빠졌습니다. 왜냐하면 대왕의 이마에는 추하기 짝이 없는 상처가 있었기 때문입니다.

화가는 대왕의 상처를 그대로 화폭에 담고 싶지는 않았습니다.

대왕의 위엄에 손상을 입히고 싶지 않았기 때문이죠.

그러나 상처를 그리지 않는다면 그 초상화는 진실한 것이 되지 못하므로 화가 자신의 신망은 여지없이 땅에 떨어지고 말 것입니다.

화가는 고민 끝에 한 가지 방법을 생각해냈습니다.

대왕이 이마에 손을 짚고 쉬고 있는 모습을 그려야겠다고 생각한 것입니다.

다른 사람의 상처를 보셨다면 그의 허물을 가려줄 방법을 생각해봐야 하지 않을까요? 사랑은 허다한 허물을 덮는다고 합니다.

• 「지하철 사랑의 편지」 중에서 •

과년도 출제문제

2018년 소방설비산업기사 실기(전기분야)

** 수험자 유의사항 **

– 공통 유의사항

1. 시험 시작 시간 이후 입실 및 응시가 불가하며, 수험표 및 접수내역 사전확인을 통한 시험장 위치, 시험장 입실 가능 시간을 숙지하시기 바랍니다.
2. 시험 준비물 : 공단인정 신분증, 수험표, 계산기(필요 시), 흑색 볼펜류 필기구(필답, 기술사 필기), 계산기(필요 시), 수험자 지참 준비물(작업형 실기)
   ※ 공학용 계산기는 일부 등급에서 제한된 모델로만 사용이 가능하므로 사전에 필히 확인 후 지참 바랍니다.
3. 부정행위 관련 유의사항 : 시험 중 다음과 같은 행위를 하는 자는 국가기술자격법 제10조 제6항의 규정에 따라 당해 검정을 중지 또는 무효로 하고 3년간 국가기술자격법에 의한 검정을 받을 자격이 정지됩니다.
   • 시험 중 다른 수험자와 시험과 관련된 대화를 하거나 답안지(작품 포함)를 교환하는 행위
   • 시험 중 다른 수험자의 답안지(작품) 또는 문제지를 엿보고 답안을 작성하거나 작품을 제작하는 행위
   • 다른 수험자를 위하여 답안(실기작품의 제작방법 포함)을 알려 주거나 엿보게 하는 행위
   • 시험 중 시험문제 내용과 관련된 물건을 휴대하여 사용하거나 이를 주고받는 행위
   • 시험장 내외의 자로부터 도움을 받고 답안지를 작성하거나 작품을 제작하는 행위
   • 다른 수험자와 성명 또는 수험번호(비번호)를 바꾸어 제출하는 행위
   • 대리시험을 치르거나 치르게 하는 행위
   • 시험시간 중 통신기기 및 전자기기를 사용하여 답안지를 작성하거나 다른 수험자를 위하여 답안을 송신하는 행위
   • 그 밖에 부정 또는 불공정한 방법으로 시험을 치르는 행위
4. 시험시간 중 전자·통신기기를 비롯한 불허물품 소지가 적발되는 경우 퇴실조치 및 당해 시험은 무효처리가 됩니다.

– 실기시험 수험자 유의사항

1. 문제지를 받는 즉시 응시 종목의 문제가 맞는지 확인하셔야 합니다.
2. 답안지 내 인적 사항 및 답안작성(계산식 포함)은 **검정색** 필기구만을 계속 사용하여야 합니다.
3. 답안정정 시에는 **두 줄**(=)을 긋고 다시 **기재 가능**하며, **수정 테이프 사용** 또한 **가능**합니다.
4. 계산문제는 반드시 '계산과정'과 '답'란에 정확히 기재하여야 하며 계산과정이 틀리거나 없는 경우 0점 처리됩니다.
   ※ 연습이 필요 시 연습란을 이용하여야 하며, 연습란은 채점대상이 아닙니다.
5. 계산문제는 최종 결과값(답)에서 소수 셋째자리에서 반올림하여 둘째자리까지 구하여야 하나 개별 문제에서 소수 처리에 대한 별도 요구사항이 있을 경우, 그 요구사항에 따라야 합니다.
6. 답에 단위가 없으면 오답으로 처리됩니다. (단, 문제의 요구사항에 단위가 주어졌을 경우는 생략되어도 무방합니다)
7. 문제에서 요구한 가지 수 이상을 답란에 표기한 경우, 답란기재 순으로 요구한 가지 수만 채점합니다.

2018. 4. 14 시행

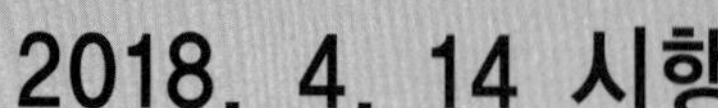

▌2018년 산업기사 제1회 필답형 실기시험▐

자격종목	시험시간	형별	수험번호	성명	감독위원 확인
소방설비산업기사(전기분야)	2시간 30분				

※ 다음 물음에 답을 해당 답란에 답하시오.(배점 : 100)

★★★

문제 01

소화전 펌프모터에 전기 케이블을 이용하여 전기를 공급하는 3상 농형 전동기설비에 관한 사항이다. 다음 각 물음에 답하시오. (단, 용량은 15kW, 역률은 88%, 효율은 80.5%이다.)

(19.4.문4, 15.7.문17, 14.11.문14, 10.7.문15)

유사문제부터 풀어보세요.
실력이 팍!팍! 올라갑니다.

득점	배점
	6

(가) 3상 농형 유도전동기의 허용전류는 몇 A인가?(단, 허용전류는 전부하전류에 1.25배를 적용한다.)
 ○ 계산과정 :
 ○ 답 :

(나) 3상 농형 유도전동기의 Y-△ 결선 전원부의 미완성 결선도이다. 결선을 완성하시오.

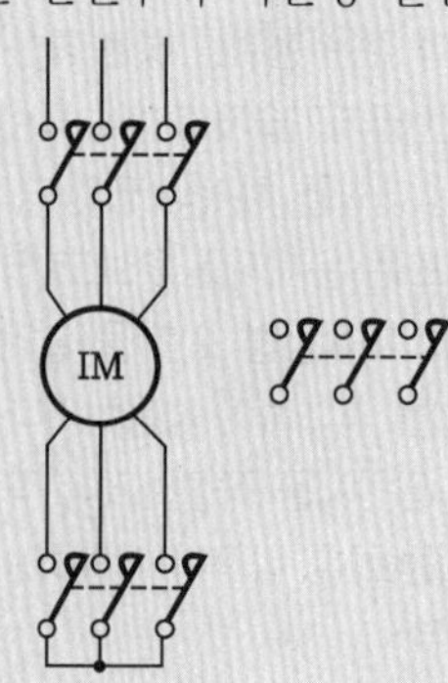

해답

(가) ○ 계산과정 : $I = \dfrac{15 \times 10^3}{\sqrt{3} \times 380 \times 0.88 \times 0.805} \fallingdotseq 32.171\text{A}$

허용전류 $= 1.25 \times 32.171 = 40.213 \fallingdotseq 40.21\text{A}$

○ 답 : 40.21A

(나)

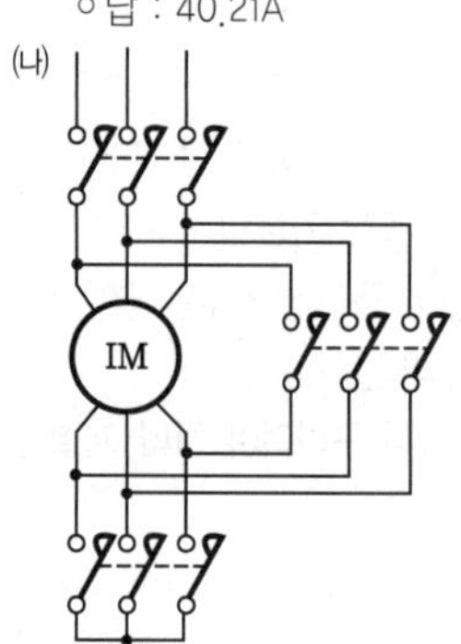

해설 (가) ① **3상전력**

$$P=\sqrt{3}\,VI\cos\theta\eta$$

여기서, P : 3상전력〔W〕
V : 전압〔V〕
I : 전류(전부하전류)〔A〕

전부하전류 $I=\dfrac{P}{\sqrt{3}\,V\cos\theta\eta}=\dfrac{15\times10^3}{\sqrt{3}\times380\times0.88\times0.805}\fallingdotseq 32.171\text{A}$

- P(3상전력) : $15\text{kW}=15\times10^3\text{W}$
- V(전압) : 이 문제에서처럼 전압이 주어지지 않았을 때는 실무에서 주로 사용하는 **380V** 적용. 전압이 주어지지 않았다고 당황하지 마라!
- $\cos\theta$(역률) : 88%=0.88
- η(효율) : 80.5%=0.805
- 계산과정에서의 소수점이 발생하면 둘째자리 또는 셋째자리까지 구하면 된다. 둘째자리까지 구하든 셋째자리까지 구하든 둘 다 맞다.

② **전선**의 **허용전류** 산정

허용전류 $I=1.25$배 $\times$ 전동기 전류합계 $=1.25\times32.171=40.213\fallingdotseq 40.21\text{A}$

- 전부하전류가 **32.171**A이므로 허용전류는 단서조건에 의해 **1.25배**를 곱한다.

(나) Y결선

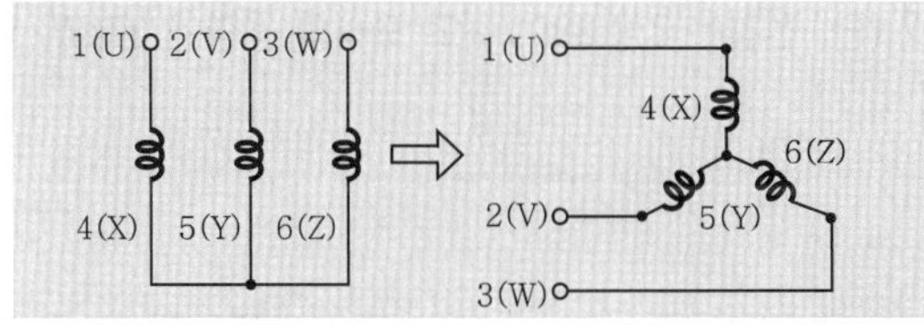

4, 5, 6 또는 X, Y, Z가 모두 연결되도록 함

‖ Y결선 ‖

△결선

△결선은 다음 그림의 △결선 1 또는 △결선 2 어느 것으로 연결해도 옳은 답이다.

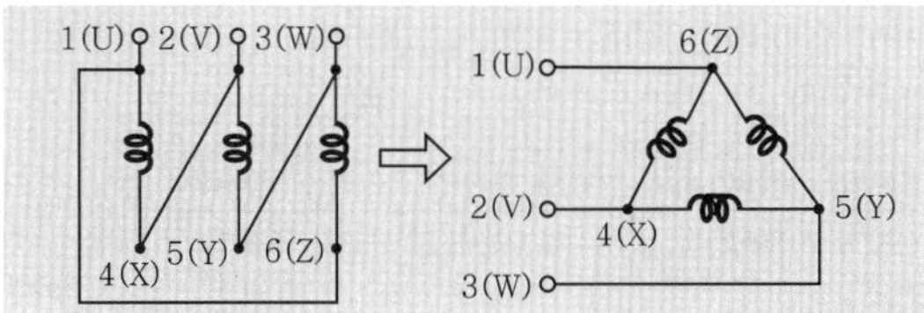

1-6, 2-4, 3-5 또는 U-Z, V-X, W-Y로 연결되어야 함

‖ △결선 1 ‖

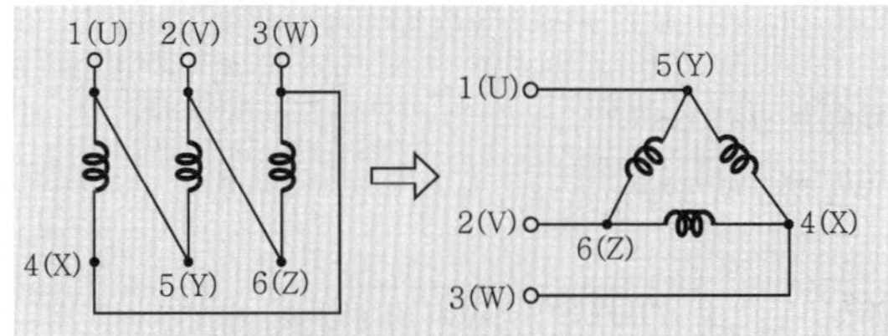

1-5, 2-6, 3-4 또는 U-Y, V-Z, W-X로 연결되어야 함

‖ △결선 2 ‖

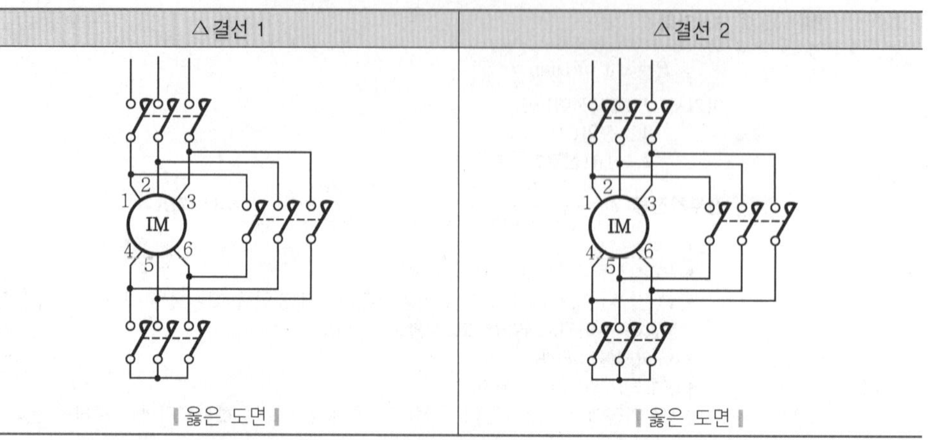

△결선 1	△결선 2
‖옳은 도면‖	‖옳은 도면‖

☆☆

문제 02

모터컨트롤센터(M.C.C)에서 소화전 펌프모터에 전기를 공급하는 전동기설비를 역률 90%로 개선하려면 전력용 콘덴서는 몇 kVA가 필요한가? (단, 전압은 3상 380V이고 모터의 용량은 37kW, 역률은 80%라고 한다.)

(14.11.문14)

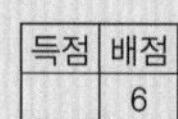

득점	배점
	6

○ 계산과정 :

○ 답 :

해답

○ 계산과정 : $37\left(\dfrac{\sqrt{1-0.8^2}}{0.8}-\dfrac{\sqrt{1-0.9^2}}{0.9}\right) \fallingdotseq 9.83\text{kVA}$

○ 답 : 9.83kVA

해설 역률개선용 **전력용 콘덴서**의 **용량** Q_c는

$$Q_c = P(\tan\theta_1 - \tan\theta_2) = P\left(\frac{\sin\theta_1}{\cos\theta_1} - \frac{\sin\theta_2}{\cos\theta_2}\right) = P\left(\frac{\sqrt{1-\cos\theta_1{}^2}}{\cos\theta_1} - \frac{\sqrt{1-\cos\theta_2{}^2}}{\cos\theta_2}\right) \text{[kVA]}$$

여기서, Q_c : 콘덴서의 용량[kVA]

P : 유효전력[kW]

$\cos\theta_1$: 개선 전 역률

$\cos\theta_2$: 개선 후 역률

$\sin\theta_1$: 개선 전 무효율($\sin\theta_1 = \sqrt{1-\cos\theta_1{}^2}$)

$\sin\theta_2$: 개선 후 무효율($\sin\theta_2 = \sqrt{1-\cos\theta_2{}^2}$)

콘덴서의 용량 Q_c는

$$Q_c = P\left(\frac{\sqrt{1-\cos\theta_1{}^2}}{\cos\theta_1} - \frac{\sqrt{1-\cos\theta_2{}^2}}{\cos\theta_2}\right) = 37\left(\frac{\sqrt{1-0.8^2}}{0.8} - \frac{\sqrt{1-0.9^2}}{0.9}\right) \fallingdotseq 9.83\text{kVA}$$

- 여기서, 단위 때문에 궁금해하는 사람이 있다. 원래 콘덴서 용량의 단위는 **kVar**인데, 우리가 언제부터인가 **kVA**로 잘못 표기하고 있는 것뿐이다. 그러므로 문제에서 단위가 주어지지 않았으면 kVar 또는 kVA 어느 단위로 답해도 정답! 이 문제에서는 kVA로 주어졌으므로 kVA로 답하면 된다.

☆☆
문제 03

다음 그림에 다이오드(Diode) 4개를 추가하여 발화층 및 직상 4개층 우선경보방식의 배선을 완성하시오.

(11.5.문5)

득점	배점
	5

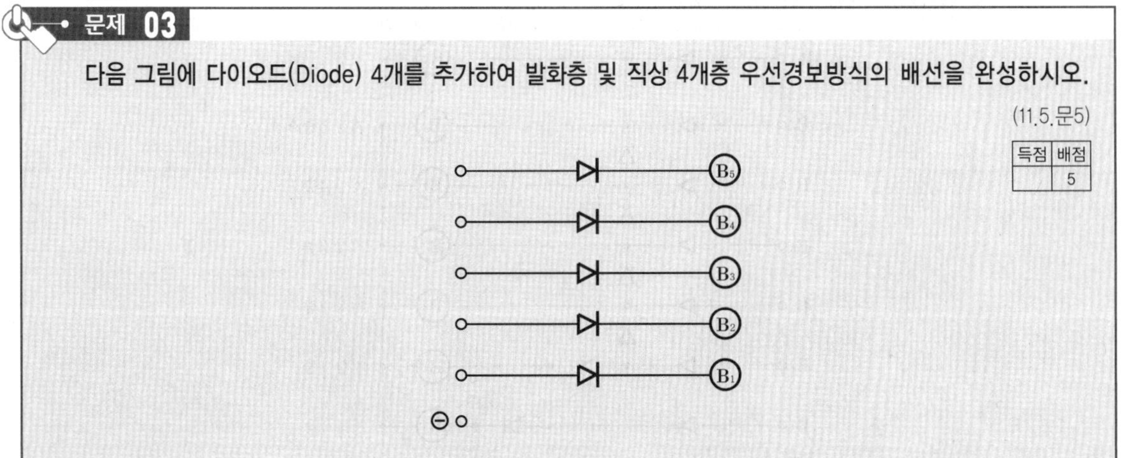

해답

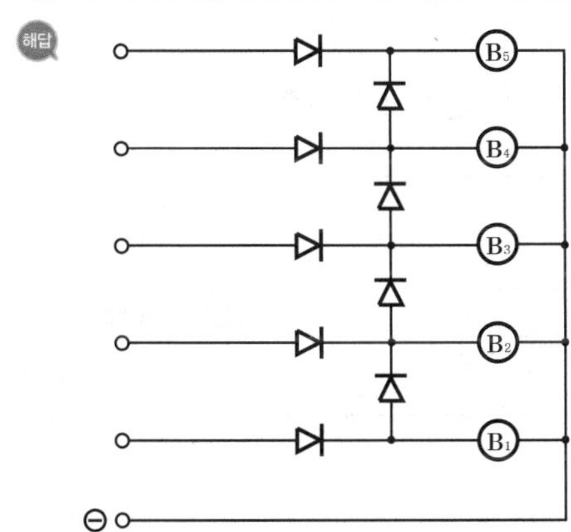

해설 (1) **발화층** 및 **직상 4개층 우선경보방식**(지상층의 경우)

- 공통선(⊖)이 있으므로 공통선까지 반드시 연결해야 한다. 다이오드 4개만 연결하고 공통선을 연결하지 않으면 틀린다. 주의!
- 공통선 부분에 접점(●)을 반드시 찍는 것도 잊지 말 것!
- 다이오드 표시를 ─▷├─ 로 표시할지, ─▶├─ 로 표시할지 고민할 필요는 없다. 문제에서 ─▷├─ 로 일부가 그려져 있으므로 ─▷├─ 로 그리면 된다.

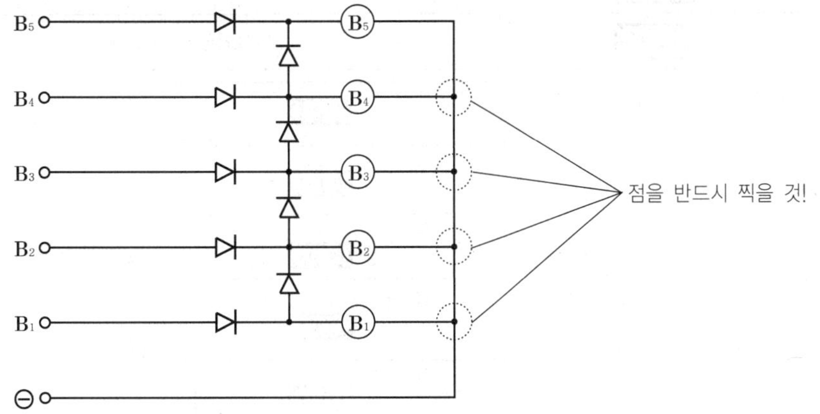

(2) **발화층 및 직상 4개층 우선경보방식**(지하층과 지상층이 있는 경우)
우선경보방식이라 할지라도 지하층은 매우 위험하여 모든 지하층에 경보하여야 하므로 다음과 같이 배선하여야 한다.

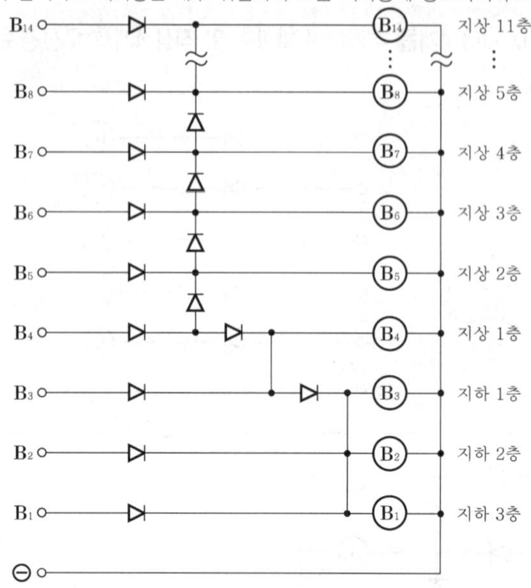

용어

발화층 및 직상 4개층 우선경보방식과 **다이오드**

발화층 및 직상 4개층 우선경보방식	다이오드(Diode)
화재시 안전하고 신속한 인명의 대피를 위하여 화재가 발생한 층과 인근 층부터 우선하여 별도로 경보하는 방식	2개의 단자를 갖는 단방향성 전자소자

★★ 문제 04

도면은 자동화재탐지설비의 수동발신기, 경종, 표시등과 수신기와의 간선연결을 나타낸 도면이다. 각각 일제경보방식과 우선경보방식으로 배선할 때 (　　) 안에 최소전선수를 표시하시오. (단, 수동발신기와 경종 및 표시등의 공통선은 수동발신기공통선 1선, 경종 및 표시등공통선에서 1선으로 한다.)

〔범례〕

심 벌	명칭(범례)
ⓅⒷⓁ	수동발신기 세트(수동발신기, 경종, 표시등)
⊠	수신기(P형 5회선)

득점	배점
	8

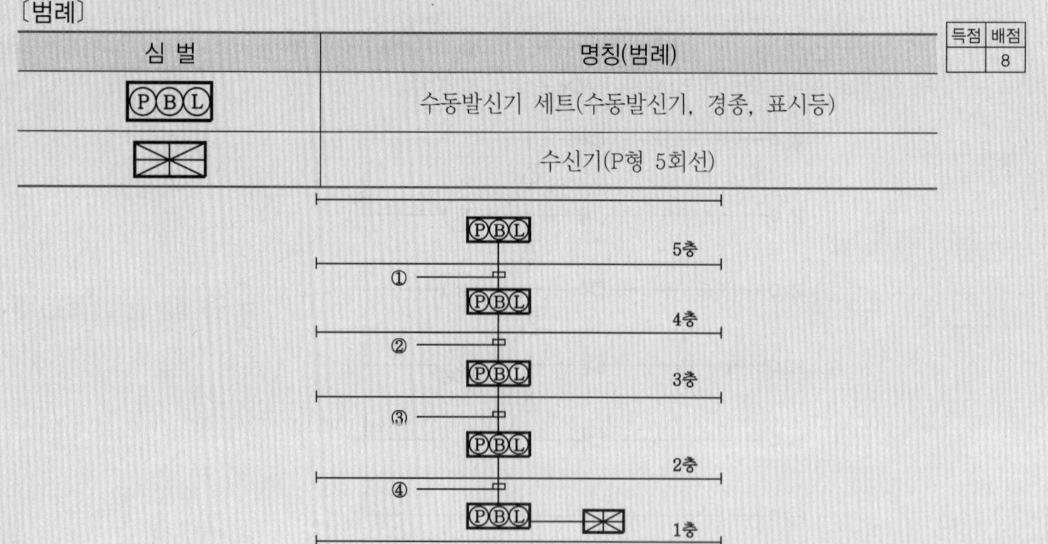

구 분	①	②	③	④
일제경보방식				
우선경보방식				

해답

구 분	①	②	③	④
일제경보방식	6	8	10	12
우선경보방식	6	8	10	12

해설

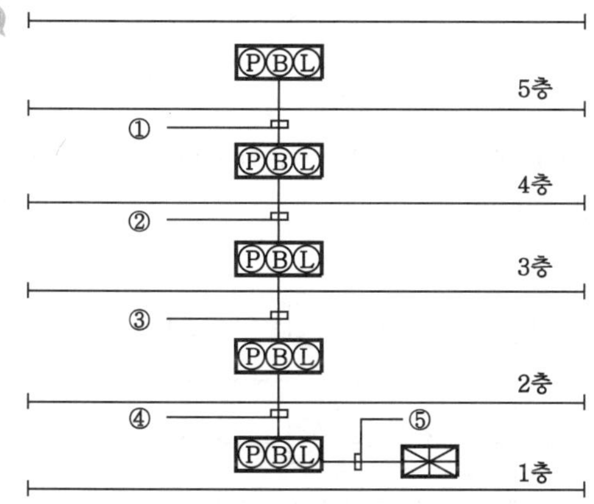

(1) 일제경보방식

기 호	내 역	배선의 용도
①	HFIX 2.5-6	회로선 1, 수동발신기공통선 1, 경종선 1, 경종 및 표시등공통선 1, 응답선 1, 표시등선 1
②	HFIX 2.5-8	회로선 2, 수동발신기공통선 1, 경종선 2, 경종 및 표시등공통선 1, 응답선 1, 표시등선 1
③	HFIX 2.5-10	회로선 3, 수동발신기공통선 1, 경종선 3, 경종 및 표시등공통선 1, 응답선 1, 표시등선 1
④	HFIX 2.5-12	회로선 4, 수동발신기공통선 1, 경종선 4, 경종 및 표시등공통선 1, 응답선 1, 표시등선 1
⑤	HFIX 2.5-14	회로선 5, 수동발신기공통선 1, 경종선 5, 경종 및 표시등공통선 1, 응답선 1, 표시등선 1

(2) 발화층 및 직상 4개층 우선경보방식

기 호	내 역	배선의 용도
①	HFIX 2.5-6	회로선 1, 수동발신기공통선 1, 경종선 1, 경종 및 표시등공통선 1, 응답선 1, 표시등선 1
②	HFIX 2.5-8	회로선 2, 수동발신기공통선 1, 경종선 2, 경종 및 표시등공통선 1, 응답선 1, 표시등선 1
③	HFIX 2.5-10	회로선 3, 수동발신기공통선 1, 경종선 3, 경종 및 표시등공통선 1, 응답선 1, 표시등선 1
④	HFIX 2.5-12	회로선 4, 수동발신기공통선 1, 경종선 4, 경종 및 표시등공통선 1, 응답선 1, 표시등선 1
⑤	HFIX 2.5-14	회로선 5, 수동발신기공통선 1, 경종선 5, 경종 및 표시등공통선 1, 응답선 1, 표시등선 1

용어

경보방식

일제경보방식	발화층 및 직상 4개층 우선경보방식
층별 구분 없이 일제히 경보하는 방식	① 화재시 안전한 대피를 위하여 위험한 층부터 우선적으로 경보하는 방식 ② 11층(공동주택 16층) 이상의 특정소방대상물의 경보

• 일제경보방식=일제명동방식

☆☆

문제 05

다음은 비상방송설비의 계통도를 나타내고 있다. 각 층 사이의 ①~⑥까지의 배선수를 쓰시오. (단, 비상용 방송과 업무용 방송을 겸용으로 하는 설비이다.)

(13.11.문15)

득점	배점
	6

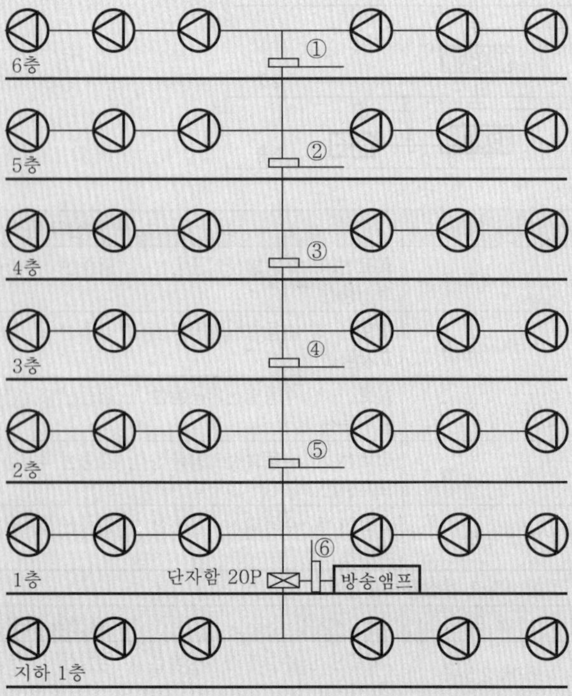

①	②	③	④	⑤	⑥

해답

①	②	③	④	⑤	⑥
3	5	7	9	11	15

기 호	가닥수	배선의 용도
①	3	업무용 배선 1, 긴급용 배선 1, 공통선 1
②	5	업무용 배선 1, 긴급용 배선 2, 공통선 2
③	7	업무용 배선 1, 긴급용 배선 3, 공통선 3
④	9	업무용 배선 1, 긴급용 배선 4, 공통선 4
⑤	11	업무용 배선 1, 긴급용 배선 5, 공통선 5
⑥	15	업무용 배선 1, 긴급용 배선 7, 공통선 7

- 단서에서 비상용 방송과 업무용 방송을 겸용하는 설비이므로 **3선식**으로 하여야 한다.
- **6층**이므로 **일제경보방식** 적용
- 일제경보방식이더라도 비상방송설비는 자동화재탐지설비와 달리 층마다 공통선과 긴급용 배선이 늘어난다는 것을 특히 주의하라! (층별로 업무용 배선과 긴급용 배선이 늘어나는 것이 아니다.)
- 공통선이 늘어나는 이유는 비상방송설비의 화재안전기준(NFPC 202 5조 1호, NFTC 202 2.2.1.1)에 **"화재로 인하여 하나의 층의 확성기 또는 배선이 단락 또는 단선되어도 다른 층의 화재통보에 지장이 없도록 할 것"**으로 되어 있기 때문이다.
- '**긴급용 배선**'은 '**긴급용**'이라고만 답해도 되고, '**업무용 배선**'은 '**업무용**'이라고만 답해도 된다.

비교

비상용 방송과 업무용 방송을 겸용하지 않는 2선식 배선인 경우

구 분	배선수	배선의 용도
①	2	긴급용 배선 1, 공통선 1
②	4	긴급용 배선 2, 공통선 2
③	6	긴급용 배선 3, 공통선 3
④	8	긴급용 배선 4, 공통선 4
⑤	10	긴급용 배선 5, 공통선 5
⑥	14	긴급용 배선 7, 공통선 7

☆☆☆
문제 06

그림은 준비작동식 스프링클러설비의 전기적 계통도이다. [조건]을 참조하여 Ⓐ~Ⓖ까지에 대한 다음 표의 빈칸에 알맞은 배선수와 배선의 용도를 작성하시오. (12.11.문1, 10.10.문10)

득점	배점
	11

〔조건〕
- ○ 사용전선은 HFIX 전선이다.
- ○ 배선수는 운전조작상 필요한 최소전선수를 쓰도록 한다.
- ○ 각 유수검지장치에는 밸브개폐감시용 스위치가 부착되어 있다.

기 호	구 분	배선수	배선굵기	배선의 용도
Ⓐ	감지기↔감지기		$1.5mm^2$	
Ⓑ	감지기↔SVP		$1.5mm^2$	
Ⓒ	사이렌↔SVP		$2.5mm^2$	
Ⓓ	Preaction Valve↔SVP		$2.5mm^2$	
Ⓔ	SVP↔SVP		$2.5mm^2$	

Ⓕ	2 Zone일 경우		$2.5mm^2$	
Ⓖ	3 Zone일 경우		$2.5mm^2$	

고가수조
Preaction Valve
Ⓐ Ⓑ Ⓒ Ⓓ Ⓔ Ⓕ Ⓖ
Ω ×2
Ω ×2
Ω ×2
MCC
M
저수조

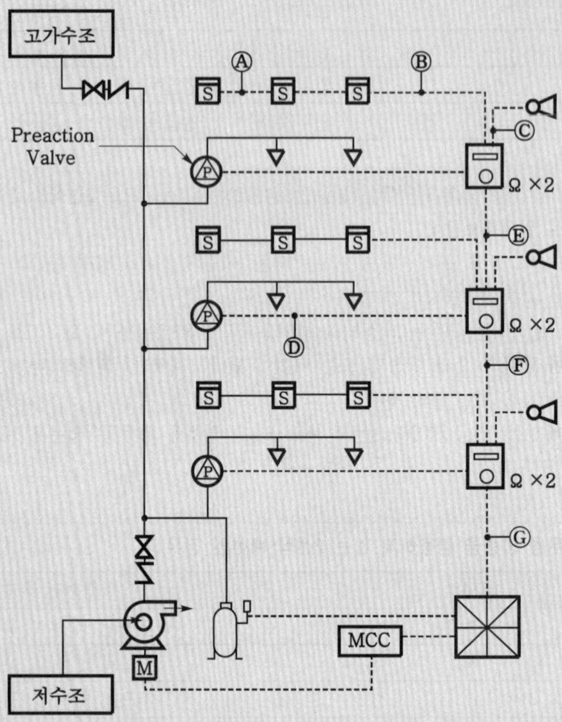

해답

기 호	구 분	배선수	배선굵기	배선의 용도
Ⓐ	감지기 ↔ 감지기	4	$1.5mm^2$	지구, 공통 각 2가닥
Ⓑ	감지기 ↔ SVP	8	$1.5mm^2$	지구, 공통 각 4가닥
Ⓒ	사이렌 ↔ SVP	2	$2.5mm^2$	사이렌 2
Ⓓ	Preaction Valve ↔ SVP	4	$2.5mm^2$	밸브기동, 밸브개방확인, 밸브주의, 공통
Ⓔ	SVP ↔ SVP	8	$2.5mm^2$	전원⊕ · ⊖, 감지기 A · B, 밸브기동, 밸브개방확인, 밸브주의, 사이렌
Ⓕ	2 Zone일 경우	14	$2.5mm^2$	전원⊕ · ⊖, (감지기 A · B, 밸브기동, 밸브개방확인, 밸브주의, 사이렌)×2
Ⓖ	3 Zone일 경우	20	$2.5mm^2$	전원⊕ · ⊖, (감지기 A · B, 밸브기동, 밸브개방확인, 밸브주의, 사이렌)×3

해설

- 지구 2, 공통 2 또는 회로 2, 공통 2라고 써도 정답
- 밸브기동=솔레노이드밸브기동
- 밸브개방확인=압력스위치
- 밸브개폐용 감시스위치=밸브개폐감시용 스위치=밸브주의이므로 여기서는 밸브주의를 **'밸브개폐용 감시스위치 또는 밸브개폐감시용 스위치'**라고 답해도 정답
- 〔소건〕에서 최소선선수로 답하라고 했으므로 Ⓓ가닥수는 4가닥이 정답! 6가닥(밸브기동 2, 밸브개방확인 2, 밸브주의 2)으로 답하면 틀리므로 주의!

준비작동식 스프링클러설비의 **동작설명**
(1) 감지기 A · B 작동
(2) 수신반에 신호(화재표시등 및 지구표시등 점등)
(3) 솔레노이드밸브 동작
(4) 프리액션밸브 동작
(5) 압력스위치 작동
(6) 수신반에 신호(기동표시등 및 밸브개방표시등 점등)
(7) 사이렌 경보

참고

준비작동식 스프링클러설비
준비작동식 스프링클러설비는 준비작동밸브의 1차측에 **가압수**를 채워놓고 2차측에는 **대기압**의 **공기**를 채운다. 화재가 발생하여 2개 이상의 감지기회로가 작동하면 준비작동밸브를 개방함과 동시에 가압펌프를 동작시켜 가압수를 각 헤드까지 송수한 후 대기상태에서 헤드가 열에 의하여 개방되면 즉시 살수되는 장치이다.

☆☆☆
문제 07

그림은 특별피난계단에 설치하는 전실제연설비의 계통도이다. 운전방식은 기동스위치에 따른 댐퍼기동방식과 Motor식에 따른 자동복구방식을 채용하였다. Ⓐ~Ⓒ에 대한 배선수, 배선의 용도를 각각 답란에 작성하시오.
(16.11.문15, 15.4.문16, 12.4.문12)

득점	배점
	12

〔조건〕
○ 전선의 가닥수는 최소한으로 한다.
○ MCC에는 전원감시기능이 있다.
○ 기호 Ⓓ, Ⓔ와 같이 배선의 용도를 작성할 것

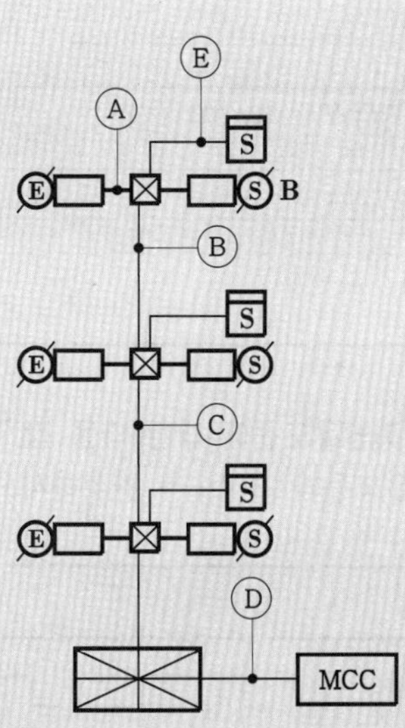

기 호	배선수	배선의 용도
Ⓐ		
Ⓑ		
Ⓒ		
Ⓓ	5	기동, 정지, 공통, 전원표시등, 기동확인표시등
Ⓔ	4	지구, 공통 각각 2가닥

해답

기 호	배선수	배선의 용도
Ⓐ	4	전원 ⊕·⊖, 기동, 확인
Ⓑ	7	전원 ⊕·⊖, 지구, 기동, 확인 3
Ⓒ	12	전원 ⊕·⊖, (지구, 기동, 확인 3)×2
Ⓓ	5	기동, 정지, 공통, 전원표시등, 기동확인표시등
Ⓔ	4	지구, 공통 각각 2가닥

해설

- 지구=감지기
- 문제에서 **'자동복구방식'**이므로 복구스위치는 필요없음. **복구스위치**는 **'수동복구방식'**일 때 적용

'전원선과 지구공통선을 분리하라'는 말이 있는 경우의 가닥수

기 호	배선수	배선의 용도
Ⓐ	4	전원 ⊕·⊖, 기동, 확인
Ⓑ	8	전원 ⊕·⊖, 지구공통, 지구, 기동, 확인 3(배기댐퍼확인, 급기댐퍼확인, 수동기동확인)
Ⓒ	13	전원 ⊕·⊖, 지구공통, (지구, 기동, 확인 3)×2
Ⓓ	5	기동, 정지, 공통, 전원표시등, 기동확인표시등
Ⓔ	4	지구, 공통 각각 2가닥

- Ⓓ : 실제 실무에서는 **교류방식**은 4가닥(**기동 2, 확인 2**), **직류방식**은 4가닥(**전원 ⊕·⊖, 기동 1, 확인 1**)을 사용한다.

참고

• 감지기와 연결되는 배선 • 감지기 간 배선	• 기타 배선
HFIX 1.5mm²	HFIX 2.5mm²

★★★

문제 08

유도등 및 피난유도선에 대한 다음 각 물음에 답하시오. (19.4.문17, 15.4.문11, 13.4.문13, 10.7.문5)

득점	배점
	12

(가) 2선식 유도등의 결선도를 완성하시오.

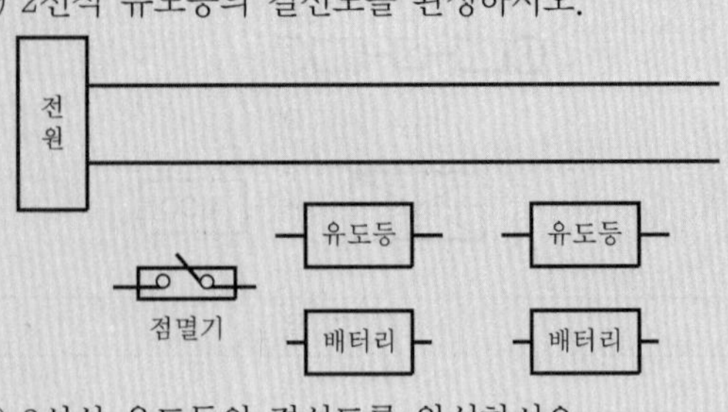

(나) 3선식 유도등의 결선도를 완성하시오.

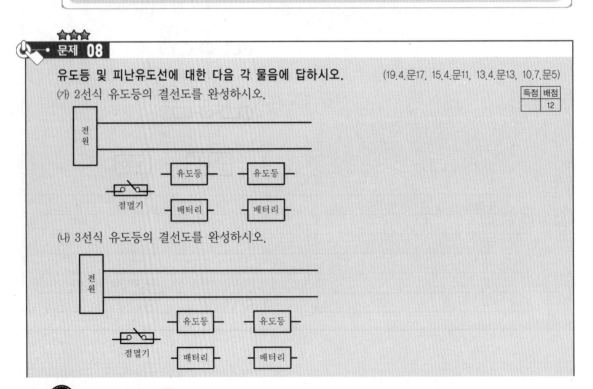

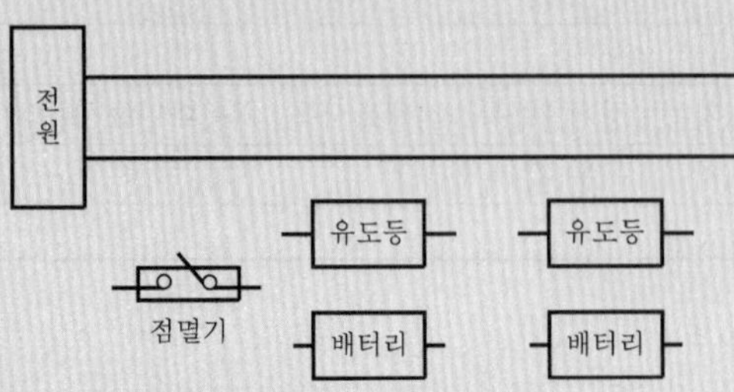

(다) 3선식 유도등의 전기회로에 점멸기를 설치하는 경우 어떠한 때에 반드시 점등되어야 하는지 4가지만 쓰시오.

○

○

○

○

(라) 피난유도선은 햇빛이나 전등불에 따라 축광하거나 전류에 따라 빛을 발하는 유도체로서 어두운 상태에서 피난을 유도할 수 있도록 띠 형태로 설치되는 피난유도시설이다. 피난유도선 중 광원점등방식의 피난유도선의 설치기준 4가지만 쓰시오.

○

○

○

○

해답 (가)

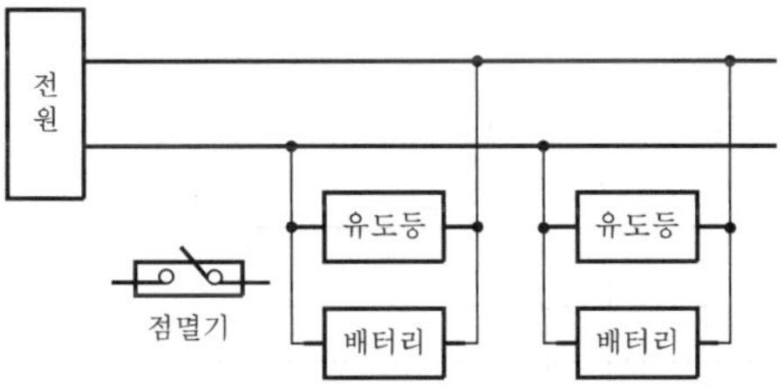

전원 / 유도등 / 유도등 / 점멸기 / 배터리 / 배터리

(나)

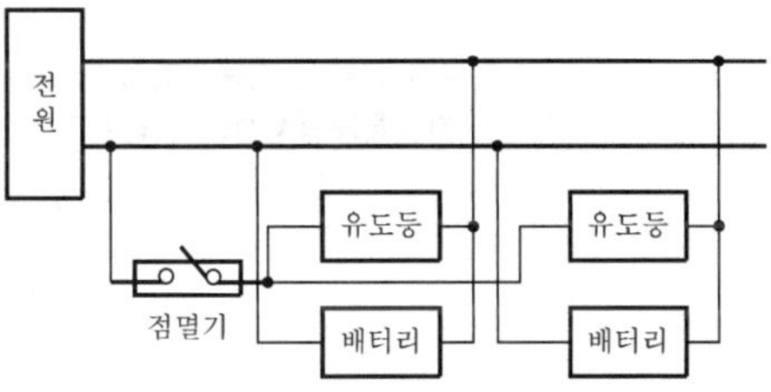

전원 / 유도등 / 유도등 / 점멸기 / 배터리 / 배터리

(다) ① 자동화재탐지설비의 감지기 또는 발신기가 작동되는 때
② 비상경보설비의 발신기가 작동되는 때
③ 상용전원이 정전되거나 전원선이 단선되는 때
④ 자동소화설비가 작동되는 때

(라) ① 구획된 각 실로부터 주출입구 또는 비상구까지 설치
② 피난유도 표시부는 바닥으로부터 높이 1m 이하의 위치 또는 바닥면에 설치
③ 수신기로부터의 화재신호 및 수동조작에 의하여 광원이 점등되도록 설치
④ 비상전원이 상시 충전상태를 유지하도록 설치

해설 (가), (나) **2선식 배선**과 **3선식 배선**

구 분	2선식 배선	3선식 배선
배선 형태	• 점멸기를 연결할 필요 없다. 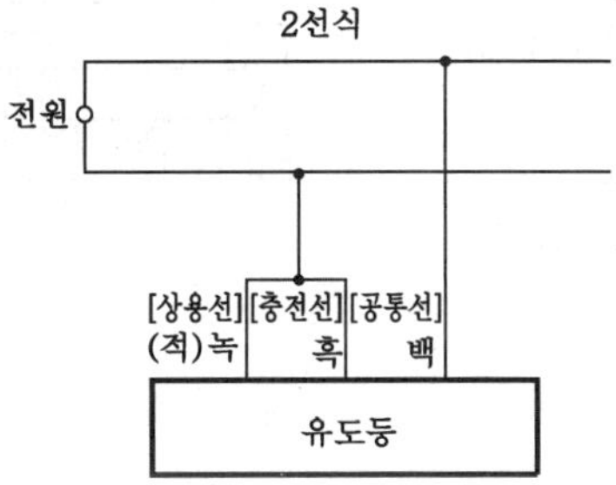 2선식 전원 [상용선] (적)녹 [충전선] 흑 [공통선] 백 유도등	• 점멸기를 연결해야 한다. 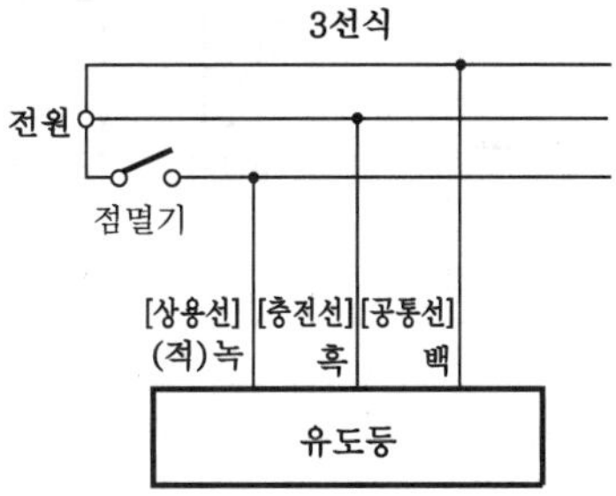 3선식 전원 점멸기 [상용선] (적)녹 [충전선] 흑 [공통선] 백 유도등

설명	• 평상시 **교류전원**에 의해 유도등이 점등되고 비상전원에 충전도 계속된다. • **정전** 또는 **단선** 등에 의해 유도등에 **교류전원**의 **공급**이 **중단**되면 자동으로 비상전원으로 절환되어 **20분** 또는 **60분** 이상 점등된 후 **소등**된다. • **2선식** 배선에는 **점멸기**(원격 S/W)를 **설치**해서는 **안 된다**.	• 평상시 **교류전원**에 의해 충전은 되지만 유도등은 소등되어 있다. • 점멸기(원격 S/W)를 ON하면 유도등은 점등된다. • 점멸기(원격 S/W)를 OFF하면 **유도등**은 **소등**되지만 비상전원에 의해 유도등에 **충전**은 **계속**된다. • **정전** 또는 **단선** 등에 의해 유도등에 **교류전원**의 **공급**이 **중단**되면 자동으로 비상전원으로 절환되어 **20분** 또는 **60분** 이상 점등된 후 **소등**된다.
장점	• **배선**이 **절약**된다.	• 평상시에는 유도등을 소등시켜 놓을 수 있으므로 **절전효과**가 있다.
단점	• 평상시에는 유도등이 점등상태에 있으므로 **전기소모**가 많다.	• **배선**이 **많이 소요**된다.

아하! 그렇구나 유도등의 비상전원 절환시 60분 이상 점등되어야 할 경우

① **11층** 이상(지하층 제외)
② 지하층 · 무창층으로서 **도매시장 · 소매시장 · 여객자동차터미널 · 지하철역사 · 지하상가**

(다) **점멸기 설치시 점등**되어야 할 경우(NFTC 303 2.7.4)

① **자동화재탐지설비**의 **감지기** 또는 **발신기**가 작동되는 때

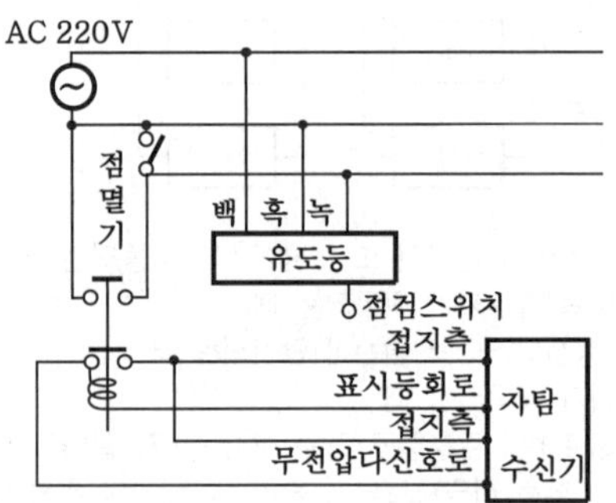

‖ 자동화재탐지설비와 연동 ‖

② **비상경보설비**의 **발신기**가 작동되는 때
③ **상용전원**이 **정전**되거나 **전원선**이 **단선**되는 때
④ **방재업무**를 **통제**하는 곳 또는 전기실의 배전반에서 **수동**으로 **점등**하는 때

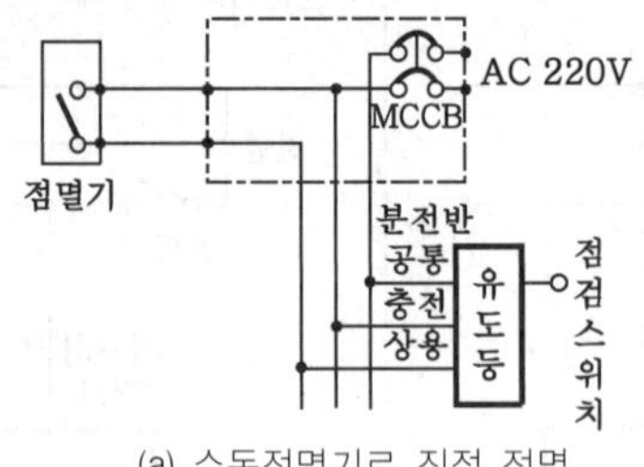

(a) 수동점멸기로 직접 점멸

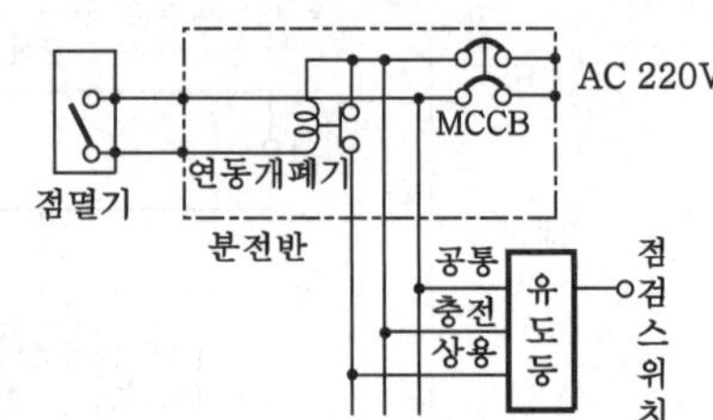

(b) 수동점멸기로 연동개폐기를 제어

‖ 유도등의 원격점멸 ‖

⑤ **자동소화설비**가 작동되는 때

아하! 그렇구나 **유도등을 항상 점등상태로 유지하지 않아도 되는 경우**(NFTC 303 2.7.3.2.1)

① 특정소방대상물 또는 그 부분에 **사람**이 **없는 경우**
② **외부**의 빛에 의해 피난구 또는 피난방향을 쉽게 식별할 수 있는 장소
③ **공연장, 암실** 등으로서 어두워야 할 필요가 있는 장소
④ 특정소방대상물의 **관계인** 또는 **종사원**이 주로 사용하는 장소

(②~④) — **3선식 배선**에 의해 **상시 충전**되는 **구조**

(라) **피난유도선 설치기준**(NFPC 303 9조, NFTC 303 2.6)

축광방식의 피난유도선	광원점등방식의 피난유도선
① 구획된 각 실로부터 **주출입구** 또는 **비상구**까지 설치 ② 바닥으로부터 높이 **50cm 이하**의 위치 또는 바닥면에 설치 ③ 피난유도 표시부는 **50cm 이내**의 간격으로 연속되도록 설치 ④ 부착대에 의하여 견고하게 설치 ⑤ **외부**의 **빛** 또는 **조명장치**에 의하여 상시 조명이 제공되거나 비상조명등에 따른 조명이 제공되도록 설치	① 구획된 각 실로부터 **주출입구** 또는 **비상구**까지 설치 ② 피난유도 표시부는 바닥으로부터 높이 **1m 이하**의 위치 또는 바닥면에 설치 ③ 피난유도 표시부는 **50cm 이내**의 간격으로 연속되도록 설치하되 실내장식물 등으로 설치가 곤란할 경우 **1m 이내**로 설치 ④ 수신기로부터의 **화재신호** 및 **수동조작**에 의하여 광원이 점등되도록 설치 ⑤ 비상전원이 **상시 충전상태**를 유지하도록 설치 ⑥ 바닥에 설치되는 피난유도 표시부는 **매립**하는 방식을 사용 ⑦ 피난유도 제어부는 조작 및 관리가 용이하도록 바닥으로부터 **0.8~1.5m** 이하의 높이에 설치

☆☆☆ 문제 09

한국전기설비규정(KEC)의 금속관시설에 관한 사항이다. (　　) 안에 알맞은 말을 쓰시오.

(14.4.문8, 09.10.문11, 04.7.문4)

득점	배점
	6

○관 상호간 및 관과 박스 기타의 부속품과는 (①) 접속 기타 이와 동등 이상의 효력이 있는 방법에 의하여 견고하고 또한 전기적으로 완전하게 접속할 것
○관의 (②) 부분에는 전선의 피복을 손상하지 아니하도록 적당한 구조의 (③)을 사용할 것. 다만, 금속관공사로부터 (④) 공사로 옮기는 경우에는 그 부분의 관의 (⑤) 부분에는 (⑥) 또는 이와 유사한 것을 사용하여야 한다.

해답 ① 나사　② 끝
③ 부싱　④ 애자사용
⑤ 끝　⑥ 절연부싱

해설 **금속관공사**의 **시설**(KEC 232.12.3)

(1) 관 상호간 및 관과 박스 기타의 부속품과는 나사접속 기타 이와 동등 이상의 효력이 있는 방법에 의하여 견고하고 또한 전기적으로 완전하게 접속할 것
(2) 관의 끝부분에는 전선의 피복을 손상하지 아니하도록 적당한 구조의 부싱을 사용할 것(단, 금속관공사로부터 애자사용공사로 옮기는 경우에는 그 부분의 관의 끝부분에는 절연부싱 또는 이와 유사한 것을 사용)
(3) 금속관을 금속제의 **풀박스**에 접속하여 사용하는 경우에는 (1)의 규정에 준하여 시설하여야 한다(단, 기술상 부득이한 경우에는 관 및 풀박스를 건조한 곳에서 불연성의 조영재에 견고하게 시설하고 또한 관과 풀박스 상호간을 전기적으로 접속하는 때에는 제외).

※ **풀박스**(pull box) : 배관이 긴 곳 또는 굴곡 부분이 많은 곳에서 시공이 용이하도록 전선을 끌어들이기 위해 배선 도중에 사용하는 박스

☆☆☆

문제 10

P형 수신기의 예비전원을 시험시 확인하여야 하는 가부판단의 기준 3가지를 쓰시오.

(17.11.문9, 16.6.문3, 16.4.문10, 14.11.문3, 14.7.문11, 13.7.문2, 09.10.문3)

득점	배점
	6

○

○

○

해답 ① 예비전원의 전압이 정상일 것
② 예비전원의 용량이 정상일 것
③ 예비전원의 절환상태가 정상일 것

해설 **예비전원시험 가부판단**(양부판단)의 기준
(1) 예비전원의 **전압**이 정상일 것
(2) 예비전원의 **용량**이 정상일 것
(3) 예비전원의 **절환상태**(절환상황)가 정상일 것
(4) 예비전원의 **복구작동**이 정상일 것

• 가부판단의 기준에 대한 질문이므로 시험방법을 쓰지 않도록 주의!

중요

자동화재탐지설비 수신기의 **시험**

시험 종류	시험방법	가부판정의 기준
화재표시 작동시험	① 회로선택스위치로서 실행하는 시험 : 동작시험스위치를 눌러서 스위치 주의등의 점등을 확인한 후 회로선택스위치를 차례로 회전시켜 **1회로**마다 화재시의 작동시험을 행할 것 ② 감지기 또는 발신기의 작동시험과 함께 행하는 방법 : 감지기 또는 발신기를 차례로 작동시켜 경계구역과 지구표시등과의 접속상태 확인	① 각 **릴레이**(Relay)의 작동이 정상일 것 ② **화재표시등**, **지구표시등** 그 밖의 표시장치의 점등이 정상일 것 ③ **음향장치**의 작동이 정상일 것 ④ **감지기회로** 또는 **부속기기회로**와의 연결접속이 정상일 것
회로도통 시험	① 도통시험스위치 누름 ② 회로선택스위치를 차례로 회전 ③ 각 회선별로 전압계의 전압 확인 또는 발광다이오드의 점등유무 확인 ④ 종단저항 등의 접속상황 확인	각 회선의 **전압계**의 **지시치** 또는 발광다이오드의 점등유무 상황이 정상일 것
공통선 시험 (단, 7회선 이하는 제외)	① 수신기의 회로공통선 1선 제거 ② 도통시험스위치를 누르고, 회로선택스위치를 차례로 회전 ③ 전압계 또는 발광다이오드를 확인하여 단선을 지시한 경계구역수 확인	공통선이 담당하고 있는 경계구역수가 **7 이하**일 것
동시작동 시험 (단, 1회선은 제외)	① **동작시험스위치**를 시험위치에 놓는다. ② 상용전원으로 **5회선**(5회선 미만은 전회선) 동시 작동 ③ 주음향장치 및 지구음향장치 작동 ④ 부수신기와 표시장치도 모두를 작동상태로 하고 실시	① **수신기**의 기능에 이상이 없을 것 ② **부수신기**의 기능에 이상이 없을 것 ③ **표시장치**(표시기)의 기능에 이상이 없을 것 ④ **음향장치**의 기능에 이상이 없을 것

회로저항 시험	① **저항계** 또는 **테스터**를 사용하여 감지기회로의 공통선과 회로선 사이 측정 ② 상시 개로식인 것은 회로 말단을 연결하고 측정	하나의 감지기회로의 합성저항치는 **50Ω 이하**로 할 것
예비전원 시험	① 예비전원시험스위치 누름 ② 전압계의 지시치가 지정범위 내에 있을 것 또는 발광다이오드의 정상유무 표시등 점등확인 ③ 상용전원을 차단하고 자동절환릴레이의 작동상황 확인	① 예비전원의 전압이 정상일 것 ② 예비전원의 용량이 정상일 것 ③ 예비전원의 절환상태(절환상황)가 정상일 것 ④ 예비전원의 복구작동이 정상일 것
저전압시험	정격전압의 **80%**로 실시	–
비상전원시험	비상전원으로 **축전지설비**를 사용하는 것에 대해 행한다.	–
지구음향장치의 작동시험	임의의 감지기 또는 발신기를 작동했을 때 화재신호와 연동하여 음향장치의 정상작동 여부 확인	지구음향장치가 작동하고 음량이 정상일 것, 음량은 음향장치의 중심에서 **1m** 떨어진 위치에서 **90dB** 이상일 것

가부판정의 기준=양부판정의 기준=가부판단의 기준

특별피난계단의 계단실 및 부속실 제연설비에서 제어반이 보유하여야 할 기능 3가지를 쓰시오.

득점	배점
	5

○
○
○

해답 ① 급기용 댐퍼의 개폐에 대한 감시 및 원격조작기능
② 수동기동장치의 작동여부에 대한 감시기능
③ 감시선로의 단선에 대한 감시기능

해설 특별피난계단의 계단실 및 부속실제연설비 **제**어반이 보유하여야 할 기능
(1) **급기용 댐퍼**의 개폐에 대한 **감시** 및 **원격조작기능**
(2) **배출댐퍼** 또는 개폐기의 작동여부에 대한 **감시** 및 **원격조작기능**
(3) 급기**송**풍기와 유입공기의 **배출용 송풍기**(설치한 경우에 한한다.)의 작동여부에 대한 **감시** 및 **원격조작기능**
(4) 제연구역의 **출**입문의 일시적인 **고정개방** 및 **해정**에 대한 **감시** 및 **원격조작기능**
(5) **수동기동장치**의 **작동여부**에 대한 **감시기능**
(6) 급기구 개구율의 자동조**절**장치(설치하는 경우에 한한다.)의 작동여부에 대한 감시기능. 다만, 급기구에 차압표시계를 고정부착한 **자동차압 급기댐퍼**를 설치하고 당해 제어반에도 차압표시계를 설치한 경우에는 그렇지 않다.
(7) **감시선로**의 단선에 대한 **감시기능**
(8) **예**비전원이 확보되고 예비전원의 적합여부를 시험할 수 있어야 할 것

기억법 **제배급 수출송 절감예**

☆☆☆

문제 12

다음은 절연저항값에 대한 설명이다. 각각의 설명에 따라 (   ) 안을 완성하시오.

(19.6.문9, 17.11.문15, 17.6.문12, 16.11.문11, 15.11.문16, 13.11.문5, 13.4.문10, 12.7.문8 · 11, 06.7.문8)

득점	배점
	5

절연저항값	설 명
( )	1경계구역의 감지기회로 및 부속회로의 전로와 대지 사이 및 배선 상호간의 절연저항
( )	누전경보기 변류기의 절연된 1차권선과 2차권선 간의 절연저항
( )	수신기의 교류입력측과 외함 간의 절연저항
( )	감지기의 절연된 단자 간의 절연저항 및 단자와 외함 간의 절연저항
( )	정온식 감지선형 감지기의 선간에서 1m당 절연저항

해답

절연저항값	설 명
(0.1MΩ 이상)	**1경계구역**의 **감지기회로** 및 부속회로의 전로와 대지 사이 및 배선 상호간의 절연저항
(5MΩ 이상)	**누전경보기** 변류기의 절연된 1차권선과 2차권선 간의 절연저항
(20MΩ 이상)	수신기의 **교류입력측**과 외함 간의 절연저항
(50MΩ 이상)	**감지기**의 절연된 단자 간의 절연저항 및 단자와 외함 간의 절연저항
(1000MΩ 이상)	**정온식 감지선형 감지기**의 선간에서 1m당 절연저항

- 단위 'MΩ'도 꼭 써야 정답!
- '**이상**'이란 말까지 써야 정확한 답이 된다.

해설 **절연저항시험**

절연저항계	절연저항	대 상
직류 250V	0.1MΩ 이상	• 1경계구역의 절연저항
직류 500V	5MΩ 이상	• 누전경보기 • 가스누설경보기 • 수신기(10회로 미만, 절연된 충전부와 외함 간) • 자동화재속보설비 • 비상경보설비 • 유도등(교류입력측과 외함 간 포함) • 비상조명등(교류입력측과 외함 간 포함)
	20MΩ 이상	• 경종 • 발신기 • 중계기 • 비상콘센트 • 기기의 절연된 선로 간 • 기기의 충전부와 비충전부 간 • 기기의 교류입력측과 외함 간(유도등·비상조명등 제외)
	50MΩ 이상	• 감지기(정온식 감지선형 감지기 제외) • 가스누설경보기(10회로 이상) • 수신기(10회로 이상, 교류입력측과 외함 간 제외)
	1000MΩ 이상	• 정온식 감지선형 감지기

☆☆☆
문제 13

다음은 건물의 평면도를 나타낸 것으로 거실에는 차동식 스포트형 감지기 2종, 복도에는 연기감지기 2종을 설치하고자 한다. 건물의 주요구조부는 내화구조건물이며, 감지기의 설치높이는 3m이다. 각 실에 설치될 감지기의 개수를 계산하시오. (단, 계산식을 활용하여 설치수량을 구하시오.)

(17.6.문2, 15.11.문15, 12.11.문15, 11.11.문4)

득점	배점
	6

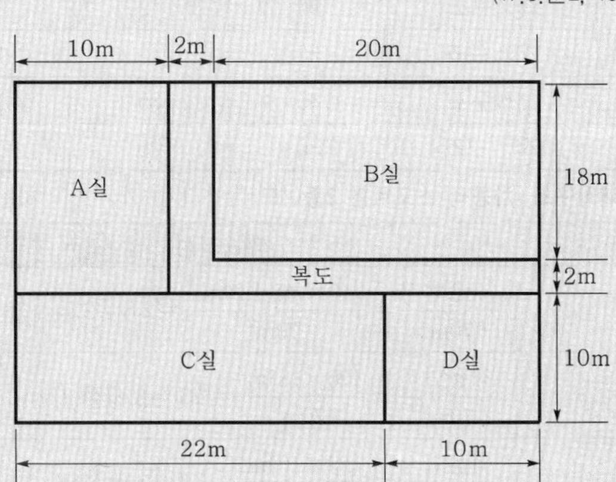

○ 감지기 설치수량

구 분	계산과정	설치수량(개)
A실		
B실		
C실		
D실		
복도		

해답 감지기 설치수량

구 분	계산과정	설치수량(개)
A실	$\frac{10\times(18+2)}{70}=2.8$ ≒ 3개	3개
B실	$\frac{(20\times18)}{70}=5.1$ ≒ 6개	6개
C실	$\frac{(22\times10)}{70}=3.1$ ≒ 4개	4개
D실	$\frac{(10\times10)}{70}=1.4$ ≒ 2개	2개
복도	$\frac{(19+21)}{30}=1.3$ ≒ 2개	2개

해설

• '**계산과정**'에서는 2.8, 5.1, 3.1, 1.4, 1.3까지만 답하고 절상값까지는 쓰지 않아도 정답이다.

스포트형 감지기의 **바닥면적**(NFPC 203 7조, NFTC 203 2.4.3.5)

(단위 : m^2)

부착높이 및 특정소방대상물의 구분		감지기의 종류				
		차동식 · 보상식 스포트형		정온식 스포트형		
		1종	2종	특 종	1종	2종
4m 미만	내화구조	90	70	70	60	20
	기타 구조	50	40	40	30	15
4m 이상 8m 미만	내화구조	45	35	35	30	설치 불가능
	기타 구조	30	25	25	15	

〔문제조건〕 **3m**, **내화구조**, **차동식 스포트형 2종**이므로 감지기 1개가 담당하는 바닥면적은 **70m²**

구 분	계산과정	설치수량(개)
A실	$\frac{\text{적용면적}}{70\text{m}^2} = \frac{[10\times(18+2)]\text{m}^2}{70\text{m}^2} = 2.8 ≒ 3$개(절상)	3개
B실	$\frac{\text{적용면적}}{70\text{m}^2} = \frac{(20\times18)\text{m}^2}{70\text{m}^2} = 5.1 ≒ 6$개(절상)	6개
C실	$\frac{\text{적용면적}}{70\text{m}^2} = \frac{(22\times10)\text{m}^2}{70\text{m}^2} = 3.1 ≒ 4$개(절상)	4개
D실	$\frac{\text{적용면적}}{70\text{m}^2} = \frac{(10\times10)\text{m}^2}{70\text{m}^2} = 1.4 ≒ 2$개(절상)	2개

〔문제조건〕 복도는 **연기감지기 2종**을 설치하므로(NFPC 203 7조, NFTC 203 2.4.3.10.2)

보행거리 20m 이하	보행거리 30m 이하
3종 연기감지기	1·2종 연기감지기

구 분	계산과정	설치수량(개)
복도	$\frac{\text{보행거리}}{30\text{m}} = \frac{(19+21)\text{m}}{30\text{m}} = 1.3 ≒ 2$개(절상)	2개

- 반드시 **복도 중앙**에 설치할 것
- 연기감지기 설치개수는 다음 식을 적용하면 금방 알 수 있다.

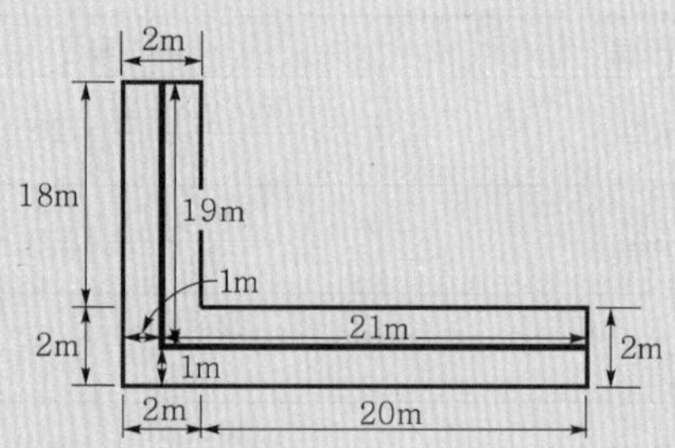

1·2종 연기감지기 설치개수 $= \frac{\text{복도 중앙의 보행거리}}{30\text{m}}(\text{절상}) = \frac{(19+21)\text{m}}{30\text{m}} = 1.3 ≒ 2$개(절상)

3종 연기감지기 설치개수 $= \frac{\text{복도 중앙의 보행거리}}{20\text{m}}(\text{절상}) = \frac{(19+21)\text{m}}{20\text{m}} = 2$개

☆☆
문제 14

그림은 자동화재탐지설비의 P형 수신기와 수동발신기 간의 미완성 결선도이다. 조건을 참고하여 결선도를 완성하시오.

득점	배점
	6

종단저항
감지기
수동발신기
지구
공통
응답
+
Bz 부저

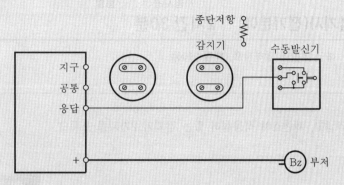

〔조건〕

- ○종단저항은 수동발신기에 설치한다.
- ○감지기회로의 배선은 송배선식으로 한다.
- ○수동발신기 스위치를 누르면 스위치 동작여부를 확인하기 위해 부저가 울린다.

해답

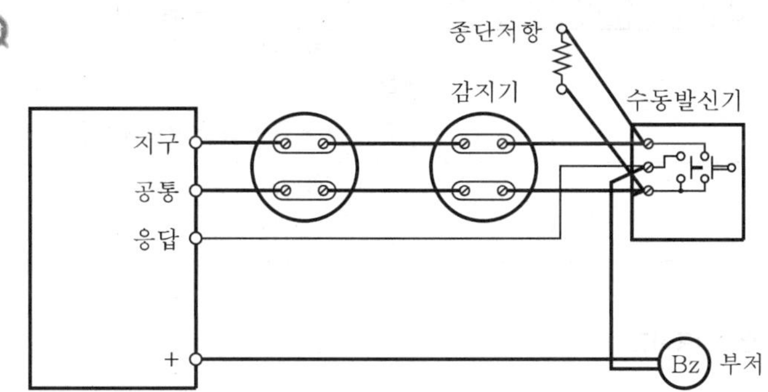

해설 다음과 같이 종단저항의 선이 바뀌어도 정답이다. 하지만 다른 선은 절대 바뀌면 안 된다.

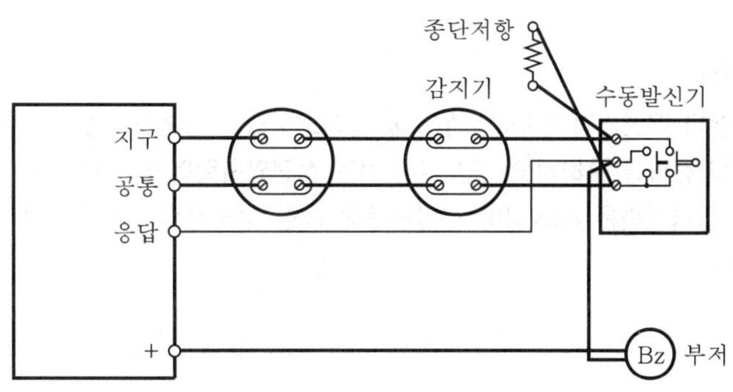

‖ 올바른 도면 ‖

▌2018년 산업기사 제2회 필답형 실기시험▌

자격종목	시험시간	형별	수험번호	성명	감독위원 확인
소방설비산업기사(전기분야)	2시간 30분				

※ 다음 물음에 답을 해당 답란에 답하시오.(배점 : 100)

☆☆

문제 01

화학공장, 격납고, 제련소에 적응성이 있는 감지기 2가지를 쓰시오. (17.11.문5)

○

○

득점	배점
	4

유사문제부터 풀어보세요.
실력이 팍!팍! 올라갑니다.

해답 ① 광전식 분리형 감지기
② 불꽃감지기

해설 **특수한 장소**에 **설치**하는 **감지기**(NFPC 203 7조, NFTC 203 2.4.4)

장 소	적응감지기
• **화**학공장 • **격**납고 • **제**련소	• 광전식 **분**리형 감지기 • **불**꽃감지기 기억법 화격제 불분(**화격제 불분**명)
• **전**산실 • **반**도체공장	• 광전식 **공**기흡입형 감지기 기억법 전반공(**전반**적으로 **공**짜)

중요

광전식 공기흡입형 감지기의 **연기이동시간**(감지기의 형식승인 및 제품검사의 기술기준 19조)
120초 이내

☆☆☆

문제 02

수신기로부터 배선거리 100m의 위치에 솔레노이드가 접속되어 있다. 사이렌이 명동될 때의 솔레노이드의 단자전압을 구하시오. (단, 수신기는 정전압출력이라고 하고 전선은 2.5mm^2 HFIX전선이며, 사이렌의 정격전력은 48W이며 전압변동에 의한 부하전류의 변동은 무시한다.) (17.4.문11, 14.11.문15)

○ 계산과정 :

○ 답 :

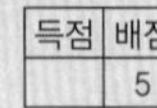

득점	배점
	5

해답 ○ 계산과정 : $I = \frac{48}{24} = 2\text{A}$

$$e = \frac{35.6LI}{1000A} = \frac{35.6 \times 100 \times 2}{1000 \times 2.5} = 2.848\text{V}$$

$$V_r = 24 - 2.848 = 21.152 ≒ 21.15\text{V}$$

○ 답 : 21.15V

해설 (1) **전류**

$$I = \frac{P}{V}$$

여기서, I : 전류[A]
P : 전력[W]
V : 전압[V]

전류 $I = \frac{P}{V} = \frac{48}{24} = 2\text{A}$

- 48W : 문제에서 주어짐
- 24V : 이 문제처럼 주어지지 않을 경우 사이렌의 전압은 일반적으로 DC 24V이므로 **24V** 적용

(2) **단상 2선식** 전선단면적

$$A = \frac{35.6LI}{1000e}$$

여기서, A : 전선의 단면적[mm^2]
L : 선로길이(배선거리)[m]
I : 전류[A]
e : 각 선 간의 전압강하[V]

솔레노이드는 **단상 2선식**이므로 전압강하 $e = \frac{35.6LI}{1000A} = \frac{35.6 \times 100 \times 2}{1000 \times 2.5} = 2.848\text{V}$

- 100m : 문제에서 주어짐
- 2A : 바로 위에서 구한 값
- 2.5mm^2 : 문제에서 주어짐

(3) 단상 2선식 전압강하

$$e = V_s - V_r = 2IR$$

여기서, e : 전압강하[V]
V_s : 입력전압[V]
V_r : 출력전압(단자전압)[V]
I : 전류[A]
R : 저항[Ω]

단자전압 $V_r = V_s - e = 24 - 2.848 = 21.152 ≒ 21.15\text{V}$

- 24V : 이 문제처럼 주어지지 않을 경우 솔레노이드의 전압은 일반적으로 DC 24V이므로 **24V** 적용
- 2.848 : 바로 위에서 구한 값
-

계산과정에서의 **소수점 처리**	**계산결과**에서의 **소수점 처리**
문제에서 주어지지 않은 경우 소수점 이하 2째자리 또는 3째자리까지 구하면 된다. 둘 다 맞다. 그렇지만 꼭! 한 가지만을 알려달라고 하면 소수점 이하 3째자리까지 구하기를 권장함	특별한 조건이 없는 한 소수점 이하 3째자리에서 반올림하여 2째자리까지 구함

중요

(1) **전압강하 1**
① **정의** : 입력전압과 출력전압의 차
② **수용가설비**의 **전압강하**(KEC 232.3.9)

설비의 유형	조명[%]	기타[%]
저압으로 수전하는 경우 … ㉠	3	5
고압 이상으로 수전하는 경우 *)	6	8

*) 가능한 한 최종 회로 내의 전압강하가 ㉠ 유형의 값을 넘지 않도록 하는 것이 바람직하다. 사용자의 배선설비가 100m를 넘는 부분의 전압강하는 미터당 0.005% 증가할 수 있으나 이러한 증가분은 0.5%를 넘지 않아야 한다.

③ **전선단면적**

전기방식	전선단면적
단상 2선식	$A=\frac{35.6LI}{1000e}$
3상 3선식	$A=\frac{30.8LI}{1000e}$
단상 3선식 3상 4선식	$A=\frac{17.8LI}{1000e'}$

여기서, L : 선로길이〔m〕

I : 전부하전류〔A〕

e : 각 선 간의 전압강하〔V〕

e' : 각 선 간의 1선과 중성선 사이의 전압강하〔V〕

(2) **전압강하 2**

단상 2선식	3상 3선식
$e=V_s-V_r=2IR$	$e=V_s-V_r=\sqrt{3}\,IR$

여기서, e : 전압강하〔V〕, V_s : 입력전압〔V〕, V_r : 출력전압〔V〕, I : 전류〔A〕, R : 저항〔Ω〕

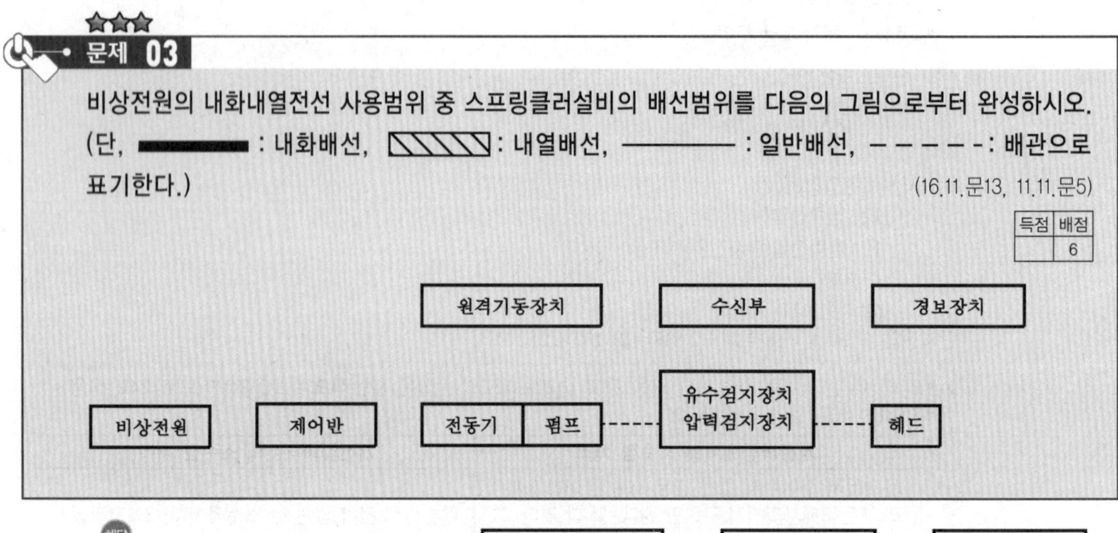

문제 03

비상전원의 내화내열전선 사용범위 중 스프링클러설비의 배선범위를 다음의 그림으로부터 완성하시오. (단, ▬▬▬ : 내화배선, ▨▨▨ : 내열배선, ──── : 일반배선, - - - - - : 배관으로 표기한다.)

(16.11.문13, 11.11.문5)

득점	배점
	6

해답

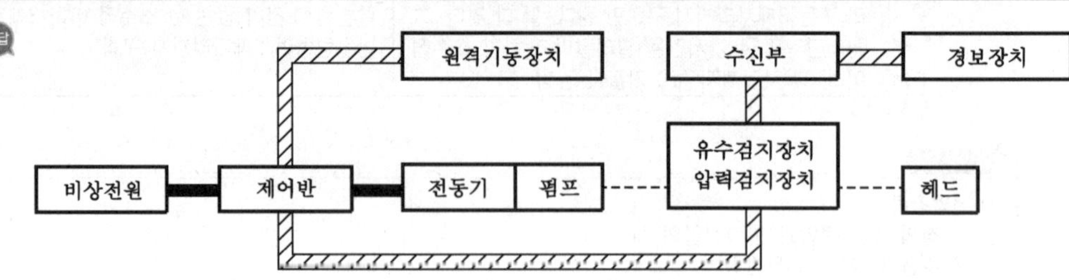

해설

• 일반배선은 사용되지 않는다. 일반배선을 어디에 그릴까를 고민하지 말라!

배선공사(내화배선 : ▬▬, 내열배선 : ▨, 일반배선 : ────, 배관 : ─ ─ ─ ─ ─)

(1) 옥내소화전설비

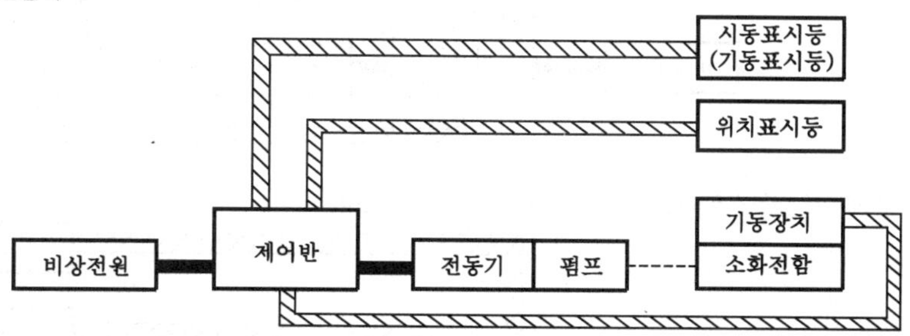

(2) 옥외소화전설비

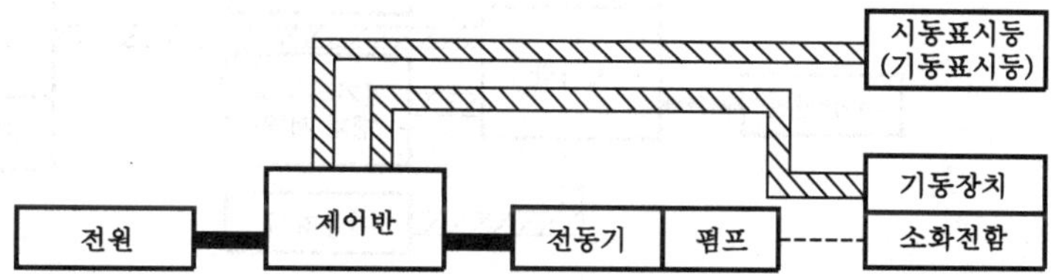

(3) 자동화재탐지설비

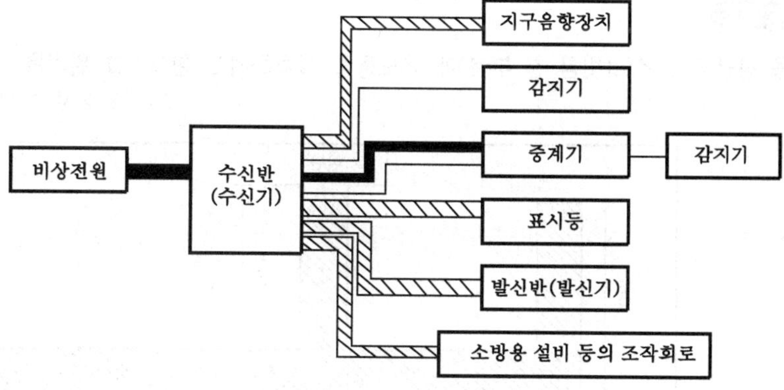

(4) 비상벨 · 자동식 사이렌

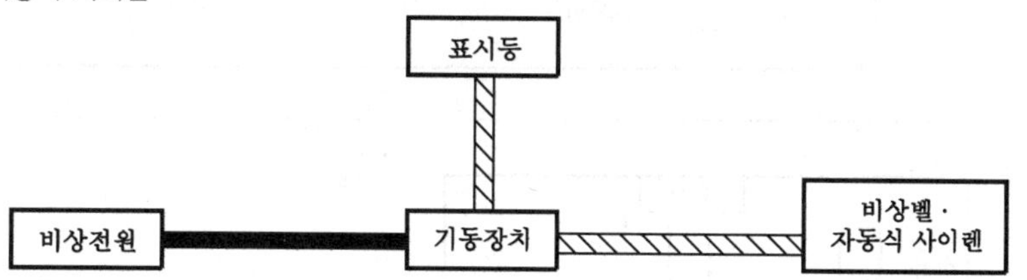

(5) 스프링클러설비 · 물분무소화설비 · 포소화설비

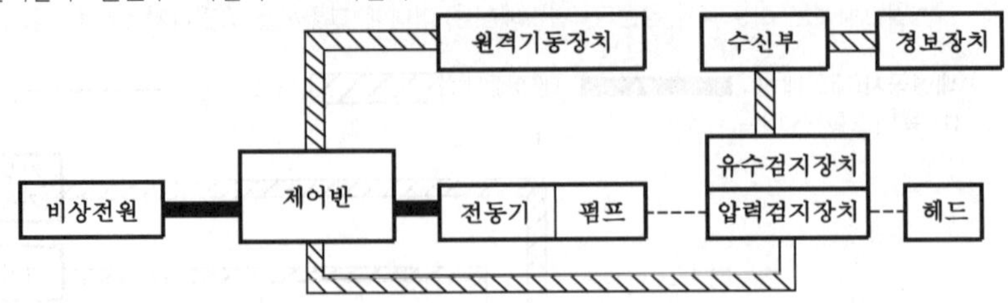

(6) 이산화탄소소화설비 · 할론소화설비 · 분말소화설비

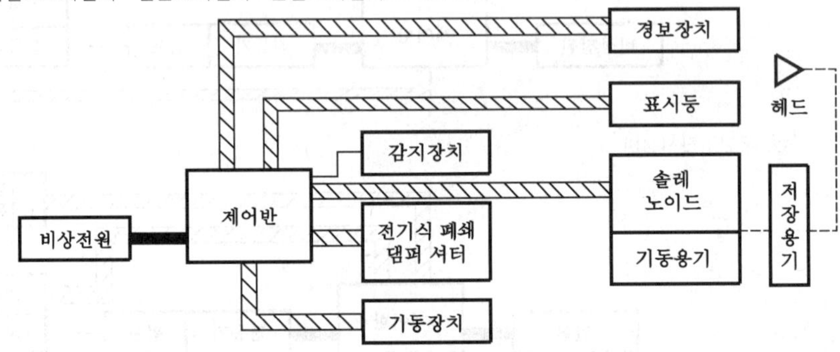

문제 04

다음 평면도의 복도(빗금 친 부분)에 유도등을 설치하려고 한다. 그 위치를 ⊗로 표시하시오.

(15.7.문3, 기사 12.7.문13, 08.11.문5, 07.7.문1)

득점	배점
	5

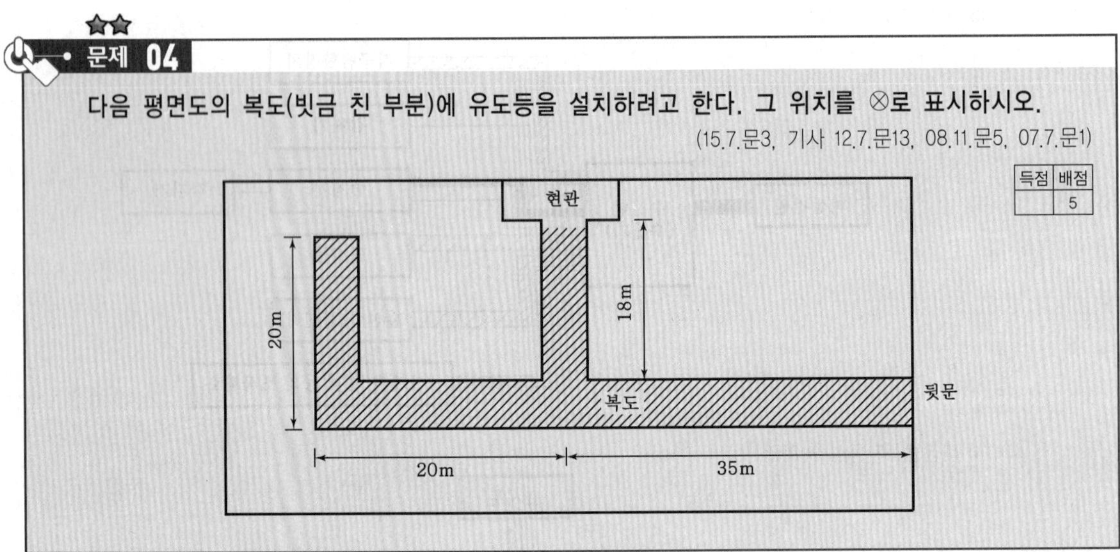

해답

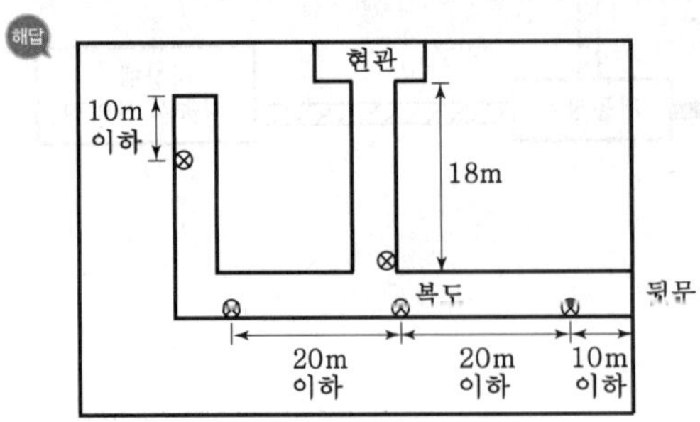

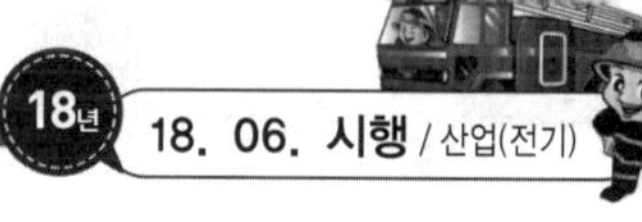

해설 복도통로유도등은 **구부러진 모퉁이** 및 피난구유도등이 설치된 출입구의 맞은편 복도에 입체형 또는 바닥에 설치된 **보행거리 20m**마다 설치해야 한다(벽으로부터는 **10m**마다 설치). 하지만 모퉁이 등 중복되는 부분은 생략하므로 **5개** 정답

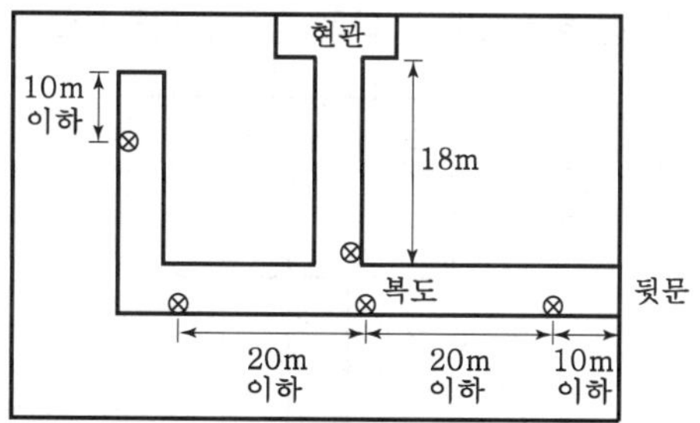

비교

다음과 같이 답을 하면 틀리니 주의할 것! **유도등**이 **잘 보이는 쪽**에 설치해야 한다. 다시 말해서 **구부러진 곳**의 **바깥쪽**에 설치해야 한다.

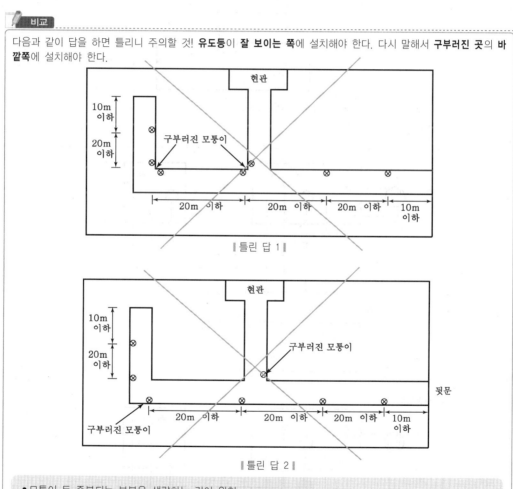

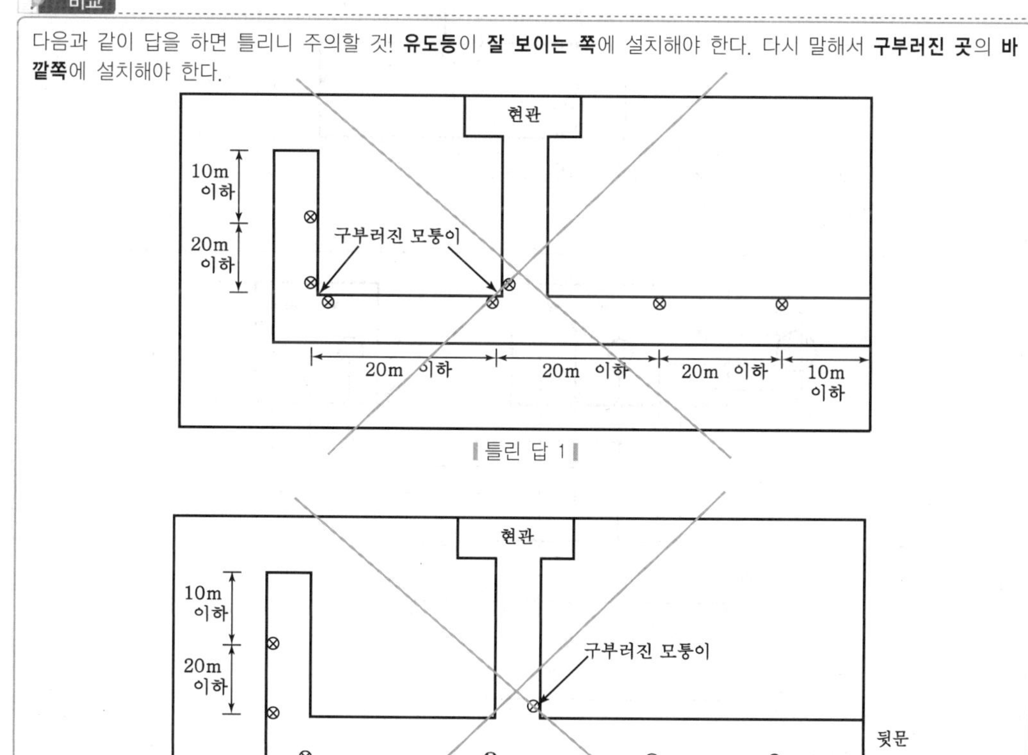

‖ 틀린 답 1 ‖

‖ 틀린 답 2 ‖

• 모퉁이 등 중복되는 부분은 생략하는 것이 원칙

★★★ 문제 05

자동방화문설비의 미완성 회로도이다. 다음 물음에 답하시오. (15.7.문5, 14.11.문4, 12.11.문9)

득점	배점
	7

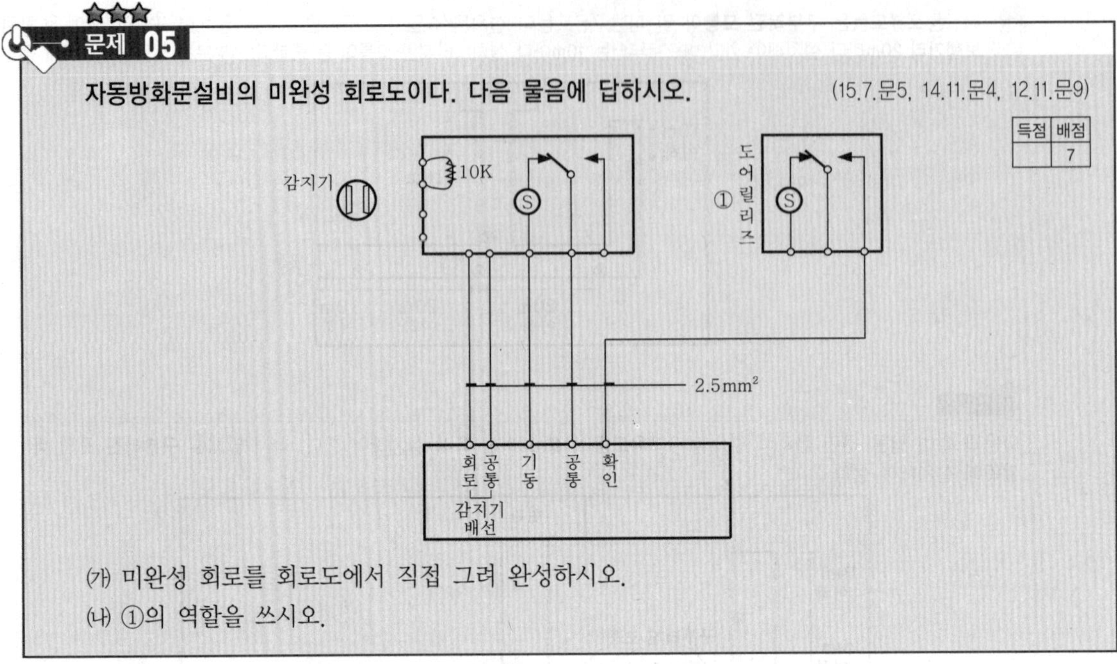

(가) 미완성 회로를 회로도에서 직접 그려 완성하시오.
(나) ①의 역할을 쓰시오.

해답 (가)

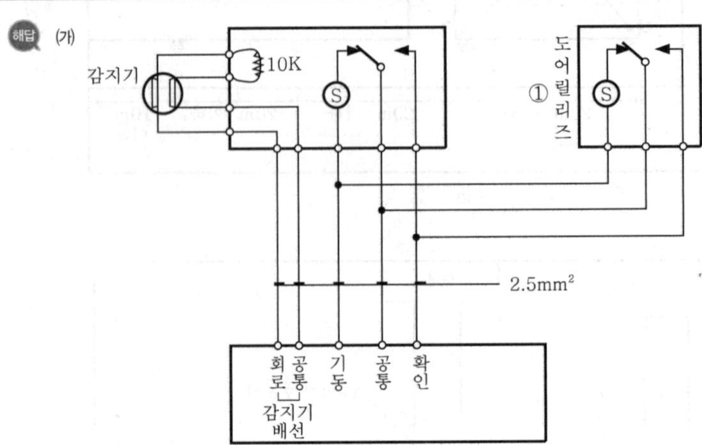

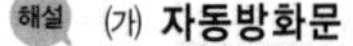

(나) 화재발생시 감지기 또는 기동스위치에 의해 방화문 폐쇄

해설 (가) **자동방화문**

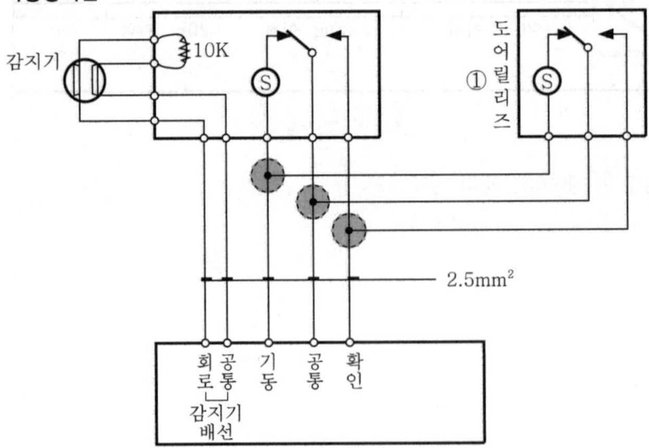

- 접속부분에는 **점**(Dot)도 반드시 찍도록 하라! 점(dot)을 찍지 않으면 틀린다.
- Ⓢ : 솔레노이드밸브(Solenoid Valve)
- : 리미트스위치(Limit Switch)
- 10K : 종단저항(10kΩ)

비교

자동방화문설비

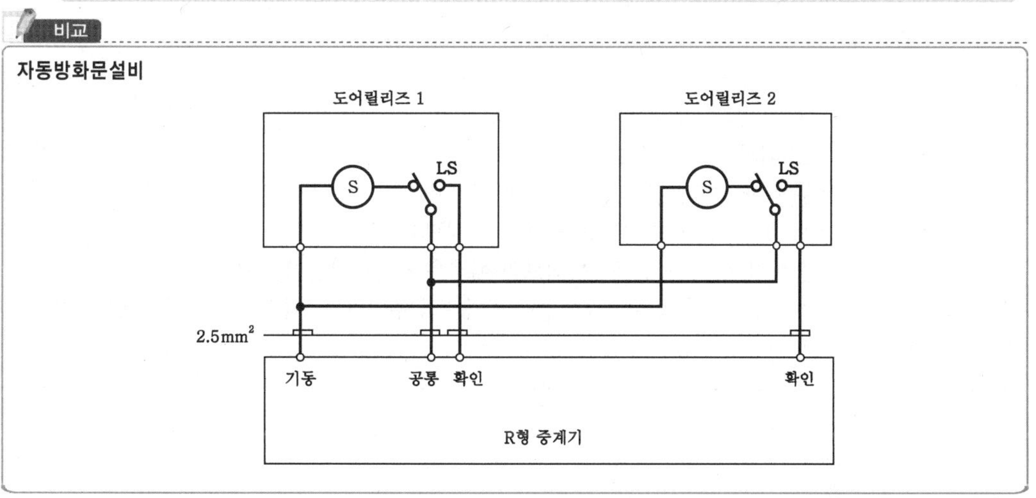

(나) ① **자동방화문**(Door Release) : 화재발생으로 인한 연기가 계단측으로 유입되는 것을 방지하기 위하여 피난계단전실 등의 출입문에 시설하는 설비로서, 평상시 개방되어 있다가 화재발생시 감지기의 작동 또는 기동스위치의 조작에 의하여 방화문을 폐쇄시켜 연기유입을 막음으로써 피난활동에 지장이 없도록 한다. 과거 자동방화문 폐쇄기(Door Release)는 **전자석**이나 **영구자석**을 이용하는 방식을 채택해 왔으나 정전, 자력감소 등 사용상 불합리한 점이 많아 최근에는 **걸고리방식**이 주로 사용된다.

‖ 자동방화문(Door Release) ‖

② **자동방화문설비**의 **계통도**

기호	내 역	용 도
ⓐ	HFIX 2.5-3	공통, 기동, 확인
ⓑ	HFIX 2.5-4	공통, 기동, 확인 2
ⓒ	HFIX 2.5-7	공통, (기동, 확인 2)×2
ⓓ	HFIX 2.5-10	공통, (기동, 확인 2)×3

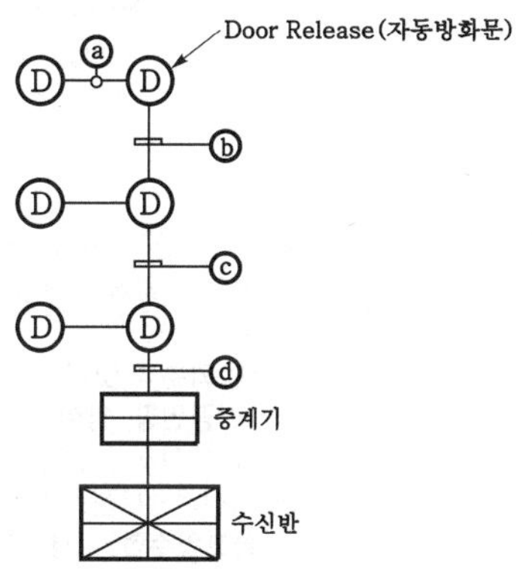

☆☆
문제 06

다음 소방시설에 대한 (　　) 안을 완성하시오. (14.11.문5, 13.7.문13, 09.4.문3)

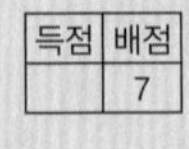

득점	배점
	7

(가) 누전경보기는 (①)이 100암페어를 초과하는 특정소방대상물에 설치해야 한다. 다만, 위험물저장 및 처리시설 중 가스시설, 지하가 중 터널 또는 지하구의 경우에는 그렇지 않다.

(나) 누전경보기의 변류기는 특정소방대상물의 형태, 인입선의 시설방법 등에 따라 옥외인입선의 제1지점의 (②) 또는 제(③)종의 접지선측의 점검이 쉬운 위치에 설치할 것

(다) 유도등은 전기회로에 점멸기를 설치하지 않고 항상 점등상태를 유지할 것. 다만, 특정소방대상물 또는 그 부분에 사람이 없거나 특정소방대상물의 (④) 또는 (⑤)이 주로 사용하는 장소로서 3선식 배선에 따라 상시 충전되는 구조인 경우에는 그렇지 않다.

(라) 비상콘센트설비의 전원 중 상용전원회로의 배선은 저압수전인 경우에는 (⑥)의 직후에서, 고압수전 또는 특고압수전인 경우에는 (⑦) 2차측의 주차단기 1차측 또는 2차측에서 분기하여 전용배선으로 할 것

해답 ① 계약전류용량
② 부하측　　③ 2
④ 관계인　　⑤ 종사원
⑥ 인입개폐기　　⑦ 전력용 변압기

해설 (가) 누전경보기는 **계약전류용량**이 **100A**를 **초과**하는 특정소방대상물에 설치해야 한다. 다만, 위험물저장 및 처리시설 중 **가스시설**, 지하가 중 **터널** 또는 **지하구**의 경우에는 그렇지 않다.

용어

계약전류용량
같은 건축물에 계약종류가 다른 전기가 공급되는 경우 그 중 최대계약전류용량

(나) 누전경보기의 **변류기**는 특정소방대상물의 형태, 인입선의 시설방법 등에 따라 옥외인입선의 **제1지점**의 **부하측** 또는 **제2종**의 **접지선측**의 점검이 쉬운 위치에 설치할 것(단, 인입선의 형태 또는 특정소방대상물의 구조상 부득이한 경우에는 인입구에 근접한 **옥내**에 설치 가능)

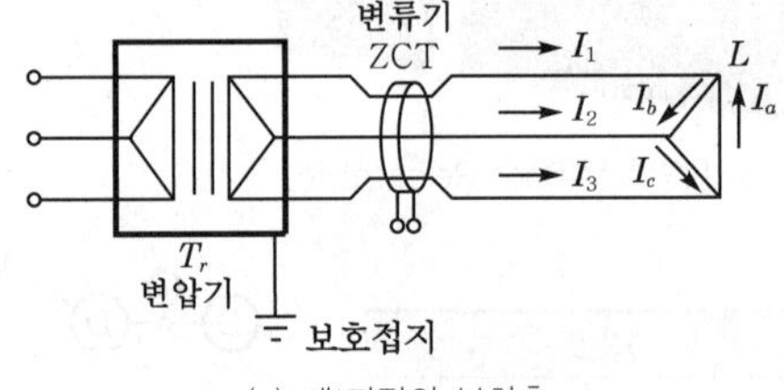

(a) 제1지점의 부하측

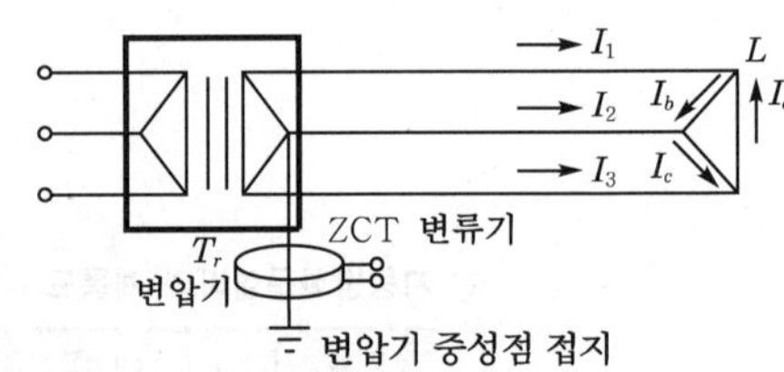

(b) 제2종 접지선측

‖ 변류기의 설치위치 ‖

(다) 유도등은 전기회로에 점멸기를 설치하지 않고 **항상 점등상태**를 유지할 것. 다만, 특정소방대상물 또는 그 부분에 사람이 없거나 다음에 해당하는 장소로서 **3선식 배선**에 따라 상시 충전되는 구조인 경우에는 그렇지 않다. (NFTC 303 2.7.3.2.1)

① **외부**의 빛에 의해 **피난구** 또는 **피난방향**을 쉽게 식별할 수 있는 장소
② **공연장**, **암실** 등으로서 어두워야 할 필요가 있는 장소
③ 특정소방대상물의 **관계인** 또는 **종사원**이 주로 사용하는 장소

(라) 비상콘센트설비의 전원 중 상용전원회로의 배선은 **저압수전**인 경우에는 **인입개폐기**의 **직후**에서, **고압수전** 또는 **특고압수전**인 경우에는 **전력용 변압기 2차측**의 **주차단기 1차측** 또는 **2차측**에서 분기하여 **전용배선**으로 할 것 (NFPC 504 4조, NFTC 504 2.1.1.1)

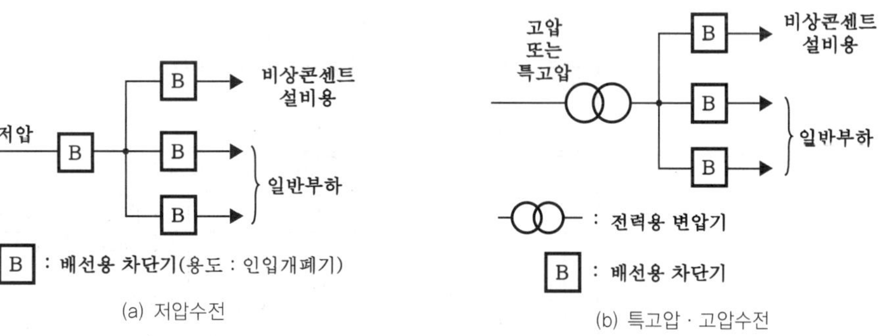

(a) 저압수전

(b) 특고압 · 고압수전

‖ 상용전원회로의 배선 ‖

비교

옥내소화전설비의 **상용전원회로**의 배선(NFPC 102 8조, NFTC 102 2.5.1)

(1) **저압수전**인 경우에는 **인입개폐기**의 **직후**에서 분기하여 **전용배선**으로 해야 한다.

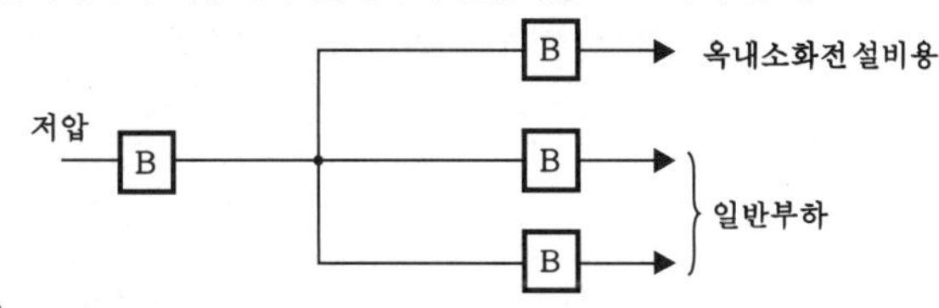

(2) **특고압수전** 또는 **고압수전**인 경우에는 전력용 변압기 2차측의 **주차단기 1차측**에서 분기하여 **전용배선**으로 해야 한다.

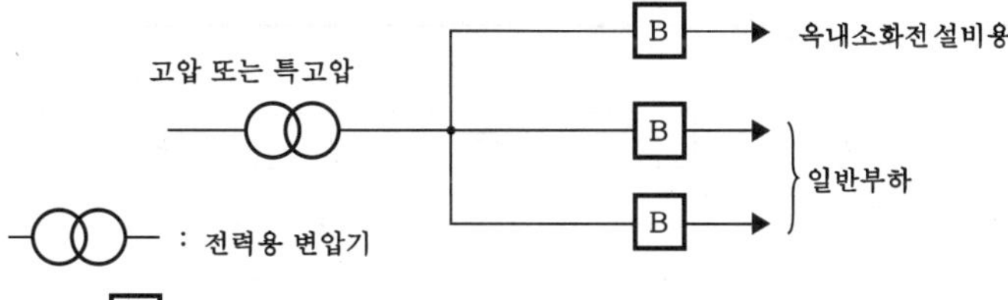

• **특고압수전** 또는 **고압수전**에서 비상콘센트설비는 **주차단기 1차측** 또는 **2차측**, 옥내소화전설비는 **주차단기 1차측**으로 차이가 있다. (잘~구분!)

‖ 특고압수전 또는 고압수전의 상용전원회로 ‖

비상콘센트설비	옥내소화전설비
전력용 변압기 2차측의 주차단기 **1차측** 또는 **2차측**에서 분기	전력용 변압기 2차측의 주차단기 1차측에서 분기

☆☆
문제 07

도면은 자동화재탐지설비의 간선계통도 및 평면도이다. 도면 및 조건을 보고 다음 각 물음에 답하시오.

(13.7.문4)

득점	배점
	9

〔조건〕
- ○부싱과 로크너트 산출시 발신기세트와 발신기세트, 발신기세트와 수신기 간은 제외한다.
- ○발신기세트와 수신기에는 자체 박스가 있으므로 별도의 박스를 사용하지 않는다.
- ○3방출 이상은 4각 박스를 사용한다.

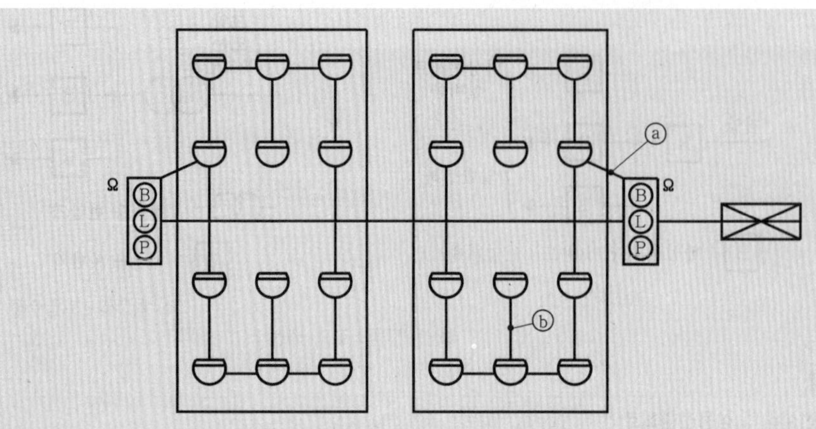

(가) 기호 ⓐ, ⓑ의 가닥수를 구하시오.

(나) 본 공사에서 소요되는 물량을 산출하여 빈칸을 채우시오.

종 류	규 격	단 위	수 량
차동식 스포트형 감지기	–	개	(　　)
발신기세트	–	개	(　　)
콘크리트박스	8각 철재	조(措)	(　　)
부싱	–	개	(　　)
로크너트	–	개	(　　)

해답 (가) ⓐ 4가닥, ⓑ 4가닥

(나)

종 류	규 격	단 위	수 량
차동식 스포트형 감지기	–	개	(24)
발신기세트	–	개	(2)
콘크리트박스	8각 철재	조(措)	(18)
부싱	–	개	(52)
로크너트	–	개	(104)

해설 (가)

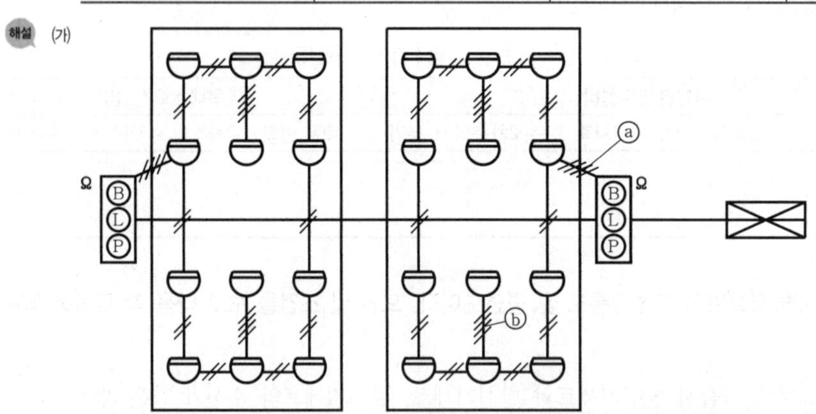

가닥수	내 역
2가닥	지구선 1, 공통선 1
4가닥	지구선 2, 공통선 2

비교

송배선식과 **교차회로방식**

구 분	송배선식	교차회로방식
목적	**도통시험**을 용이하게 하기 위하여	감지기의 **오동작** 방지
원리	배선의 도중에서 분기하지 않는 방식	하나의 담당구역 내에 **2 이상**의 **감지기회로**를 설치하고 **2 이상**의 **감지기회로**가 **동시**에 **감지**되는 때에 설비가 작동하는 방식
적용 설비	① 자동화재탐지설비 ② 제연설비	① **분**말소화설비 ② **할**론소화설비 ③ **이**산화탄소소화설비(CO_2 소화설비) ④ **준**비작동식 스프링클러설비 ⑤ **일**제살수식 스프링클러설비 ⑥ **할**로겐화합물 및 불활성기체 소화설비 ⑦ **부**압식 스프링클러설비 기억법 **분할이 준일할부**
가닥수 산정	종단저항을 수동발신기함 내에 설치하는 경우 **루프(Loop)**된 곳은 **2가닥**, **기타**는 **4가닥**이 된다. 수동 발신기함 / 루프(Loop)된 곳 ▌송배선식▐	**말단**과 **루프**(Loop)된 곳은 **4가닥**, **기타**는 **8가닥**이 된다. 수동 발신기함 / 말단 / 루프(Loop)된 곳 ▌교차회로방식▐

(나)
- 8각 콘크리트박스 : 18조
- 단위가 '**조**'라고 표시되어 있다고 너무 고민하지 말라! 그냥 '**개**'라고 생각하면 된다.
- [조건]에서 3방출 이상은 4각박스를 사용하므로 감지기 6곳은 설치 제외
- [조건]에 의해 발신기세트와 수신기는 박스설치 제외
- 8각 콘크리트박스 설치장소 : ◯ 표시
- 4각 콘크리트박스 설치장소 : □ 표시

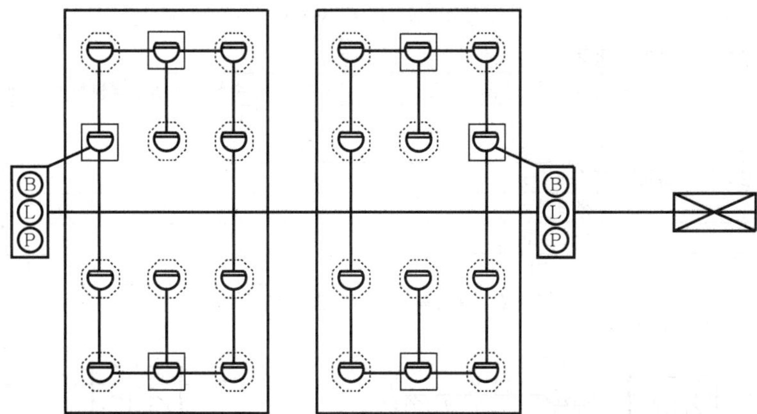

- 부싱 개수=라인(Line)×2 $= 26 \times 2 = 52$개
- 로크너트 개수=부싱×2 $= 52 \times 2 = 104$개
- [조건]에 의해 발신기세트-발신기세트, 발신기세트-수신기 간 제외

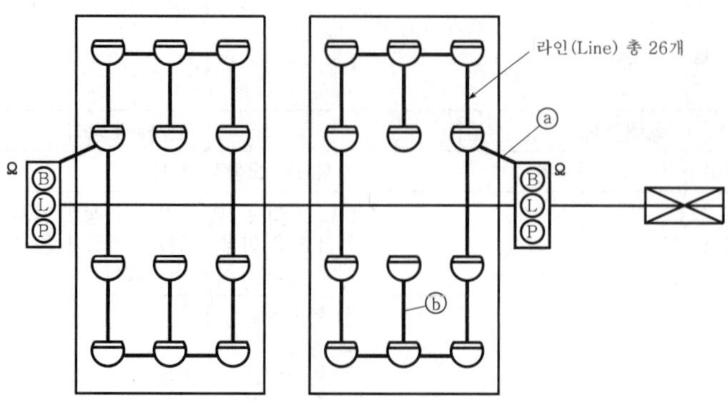

☆☆

문제 08

누전경보기의 기준에 관한 다음 (   ) 안을 완성하시오.

(17.11.문15, 17.6.문12, 16.11.문11, 15.11.문16, 13.11.문5, 13.4.문10, 12.7.문8·11, 06.7.문8)

득점	배점
	7

(가) 누전경보기의 공칭작동전류치는 (①)mA 이하이어야 한다.

(나) 변류기는 구조에 따라 (②)과 (③)으로 구분하고 수신부와의 상호호환성 유무에 따라 호환성형 및 비호환성형으로 구분한다.

(다) 전원은 분전반으로부터 전용회로로 하고, 각 극에 개폐기 및 15A 이하의 (④)(배선용 차단기에 있어서는 20A 이하의 것으로 각 극을 개폐할 수 있는 것)를 설치할 것

(라) 변류기는 DC 500V의 절연저항계로 절연된 1차 권선과 2차 권선 간의 절연저항시험을 하는 경우 (⑤)MΩ 이상이어야 한다.

해답 ① 200 ② 옥내형 ③ 옥외형 ④ 과전류차단기 ⑤ 5

해설 (가) **공칭작동전류치** vs **감도조정장치**

공칭작동전류치	감도조정장치의 조정범위의 최대치
200mA 이하	1A

용어

공칭작동전류치
누전경보기를 작동시키기 위하여 필요한 누설전류의 값으로 제조자에 의하여 표시된 값

(나) **누전경보기 변류기**의 **종류**(누전경보기의 형식승인 및 제품검사 기술기준 6조)

구조에 따른 종류	수신부의 상호호환성 유무에 따른 종류
① 옥내형 ② 옥외형	① 호환성형 ② 비호환성형

(다) **누전경보기**의 **설치방법**(NFPC 205 4·6조, NFTC 205 2.1.1, 2.3.1)

정격전류	종 별
60A 초과	1급
60A 이하	1급 또는 2급

① 변류기는 옥외인입선의 **제1지점**의 **부하측** 또는 **제2종**의 **접지선측**에 설치할 것(부득이한 경우 **인입구**에 **근접**한 옥내에 설치)

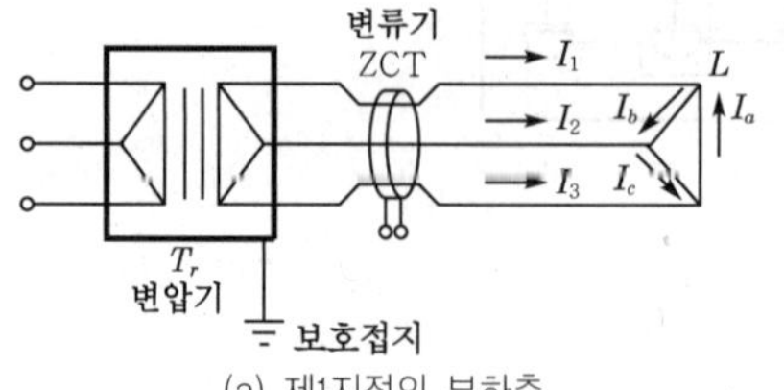

(a) 제1지점의 부하측

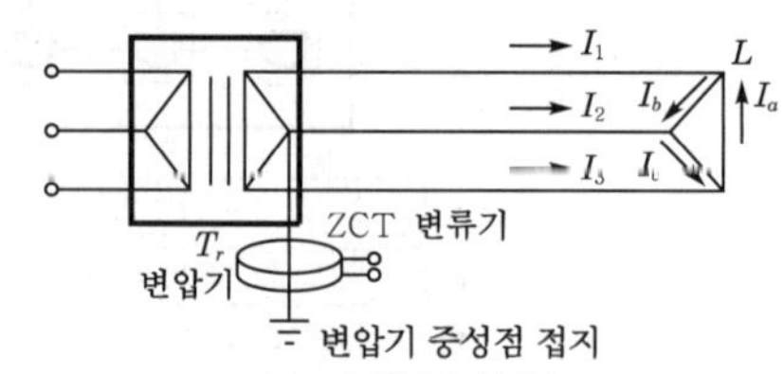

(b) 제2종 접지선측

‖ 변류기의 설치위치 ‖

② 옥외전로에 설치하는 변류기는 **옥외형**을 사용할 것
③ 각 극에 **개폐기** 및 **15A** 이하의 **과전류차단기**를 설치할 것(**배선용 차단기**는 **20A 이하**)
④ 분전반으로부터 **전용**회로로 할 것

기억법 2배(이배)

(라) 누전경보기의 **변류기 절연저항시험**(누전경보기의 형식승인 및 제품검사의 기술기준 19조)
변류기는 직류 **500V**의 **절연저항계**로 다음에 따른 시험을 하는 경우 **5MΩ** 이상이어야 한다.
① 절연된 **1차 권선**과 **2차 권선** 간의 절연저항
② 절연된 **1차 권선**과 **외부금속부** 간의 절연저항
③ 절연된 **2차 권선**과 **외부금속부** 간의 절연저항

중요

절연저항시험(정대! 정대! 중요)

절연저항계	절연저항	대 상
직류 250V	0.1MΩ 이상	• 1경계구역의 절연저항
직류 500V	5MΩ 이상	• **누전경보기** • 가스누설경보기 • **수신기**(10회로 미만, 절연된 충전부와 외함 간) • 자동화재속보설비 • 비상경보설비 • 유도등(교류입력측과 외함 간 포함) • 비상조명등(교류입력측과 외함 간 포함)
	20MΩ 이상	• 경종 • 발신기 • 중계기 • **비상콘센트** • 기기의 **절연된 선로 간** • 기기의 충전부와 비충전부 간 • 기기의 **교류입력측과 외함 간**(유도등 · 비상조명등 제외)
	50MΩ 이상	• **감지기**(정온식 감지선형 감지기 제외) • 가스누설경보기(10회로 이상) • 수신기(10회로 이상, 교류입력측과 외함 간 제외)
	1000MΩ 이상	• 정온식 감지선형 감지기

☆☆

문제 09

다음은 비상방송설비의 계통도를 나타내고 있다. 각 층 사이의 ①~⑤까지의 배선수와 각 배선의 용도를 쓰시오. (단, 비상용 방송과 업무용 방송을 겸용으로 하는 설비이다.) (13.11.문15)

득점	배점
	5

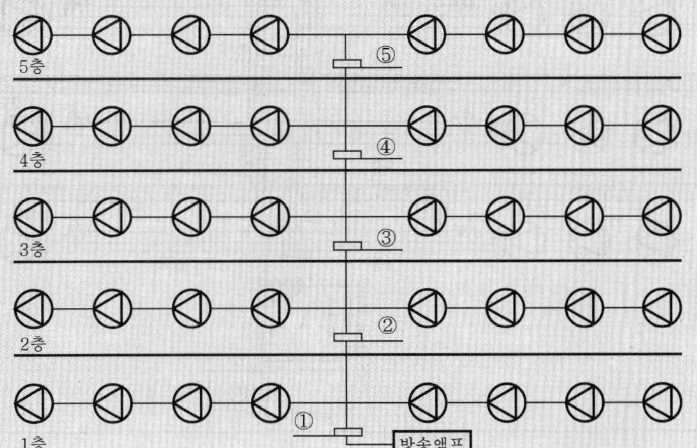

구 분	가닥수	배선의 용도
①		
②		
③		
④		
⑤		

해답

구 분	가닥수	배선의 용도
①	11	업무용 배선 1, 비상용 배선 5, 공통선 5
②	9	업무용 배선 1, 비상용 배선 4, 공통선 4
③	7	업무용 배선 1, 비상용 배선 3, 공통선 3
④	5	업무용 배선 1, 비상용 배선 2, 공통선 2
⑤	3	업무용 배선 1, 비상용 배선 1, 공통선 1

해설

구 분	가닥수	배선의 용도
①	11	업무용 배선 1, 비상용 배선 5, 공통선 5
②	9	업무용 배선 1, 비상용 배선 4, 공통선 4
③	7	업무용 배선 1, 비상용 배선 3, 공통선 3
④	5	업무용 배선 1, 비상용 배선 2, 공통선 2
⑤	3	업무용 배선 1, 비상용 배선 1, 공통선 1

- 단서에서 비상용 방송이라고 하였으므로 **'비상용 배선'**이라고 쓰는 것이 좋다. 긴급용 배선이라고 쓰면 틀릴 수 있으니 주의!

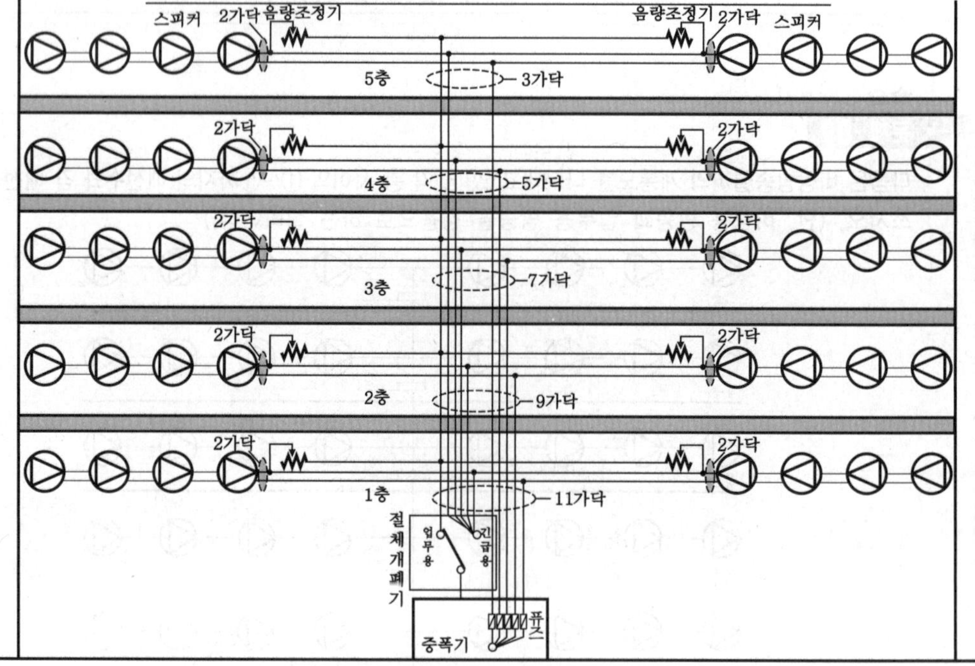

❚ 3선식 실제배선 ❚

- 단서에서 비상용 방송과 업무용 방송을 겸용하는 설비이므로 **3선식**으로 하여야 한다.
- **5층**이므로 **일제경보방식** 적용
- 일제경보방식이더라도 비상방송설비는 자동화재탐지설비와 달리 층마다 공통선과 긴급용 배선이 늘어난다는 것을 특히 주의하라! (층별로 업무용 배선과 긴급용 배선이 늘어나는 것이 아니다.)
- 공통선이 늘어나는 이유는 비상방송설비의 화재안전기준(NFPC 202 5조 1호, NFTC 202 2.2.1.1)에 **"화재로 인하여 하나의 층의 확성기 또는 배선이 단락 또는 단선되어도 다른 층의 화재통보에 지장이 없도록 할 것"**으로 되어 있기 때문이다.
- **'비상용 배선'**은 **'비상용'**이라고만 답해도 되고, **'업무용 배선'**은 **'업무용'**이라고만 답해도 된다.

비교

(1) **비상용 방송과 업무용 방송을 겸용하지 않는 2선식 배선인 경우**

구 분	배선수	배선의 용도
①	10	긴급용 배선 5, 공통선 5
②	8	긴급용 배선 4, 공통선 4
③	6	긴급용 배선 3, 공통선 3
④	4	긴급용 배선 2, 공통선 2
⑤	2	긴급용 배선 1, 공통선 1

(2) **3선식 배선**

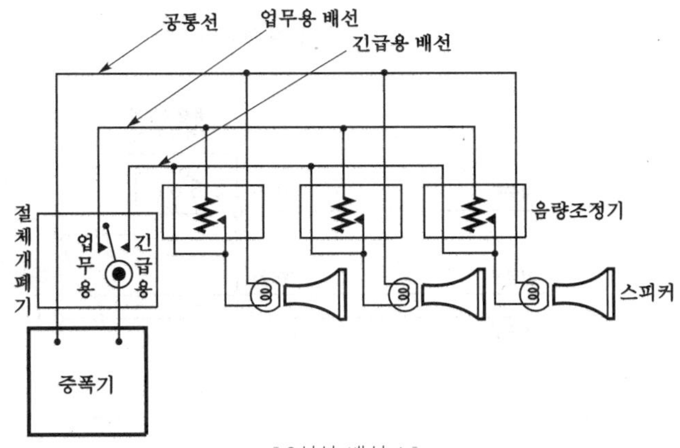

▌3선식 배선 1▐

음량조정기
절체개폐기
업무용
긴급용
스피커
증폭기

▌3선식 배선 2▐

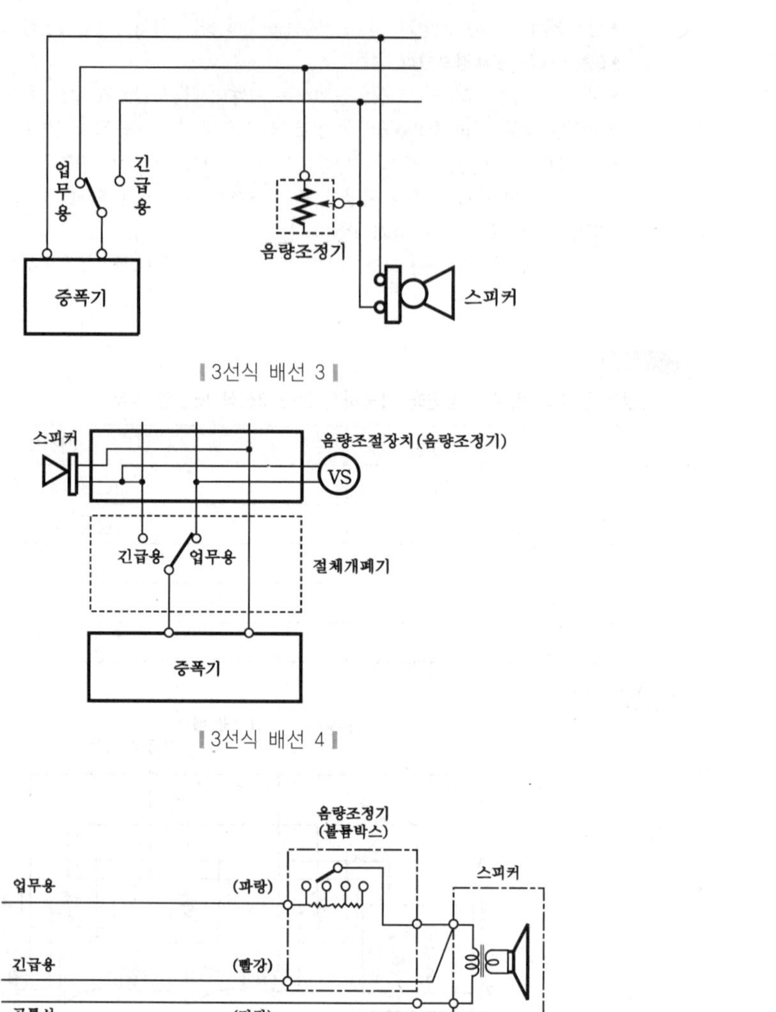

| 3선식 배선 3 |

| 3선식 배선 4 |

| 3선식 배선 5 |

★★ 문제 10

감지기 상호간 또는 감지기로부터 수신기에 이르는 감지기회로의 배선에 전자파 방해를 방지하기 위하여 실드선 등을 사용해야 하는 감지기 3가지를 쓰시오. (12.7.문7)

○

○

○

득점	배점
	5

해답 ① 아날로그식 감지기
② 다신호식 감지기
③ R형 수신기용 감지기

해설 **실드선**(Shield Wire)(NFPC 203 11조, NFTC 203 2.8.1.2.1)

구 분	설 명
사용감지기	① **아날로그식** 감지기 ② **다신호식** 감지기 ③ **R형 수신기용** 감지기
사용목적	**전자파 방해**를 **방지**하기 위하여
서로 꼬아서 사용하는 이유	**자계**를 서로 **상쇄**시키도록 하기 위하여 2선을 서로 꼬아서 사용 ▮ 실드선의 내부 ▮
종류	① **내열성 케이블(H-CVV-SB)** : 비닐절연 비닐시즈 내열성 제어용 케이블 ② **난연성 케이블(FR-CVV-SB)** : 비닐절연 비닐시즈 난연성 제어용 케이블
광케이블의 경우	**전자파방해**를 받지 않고 **내열성능**이 있는 경우 사용 가능

참고

실드선의 **단면** 및 **외형**

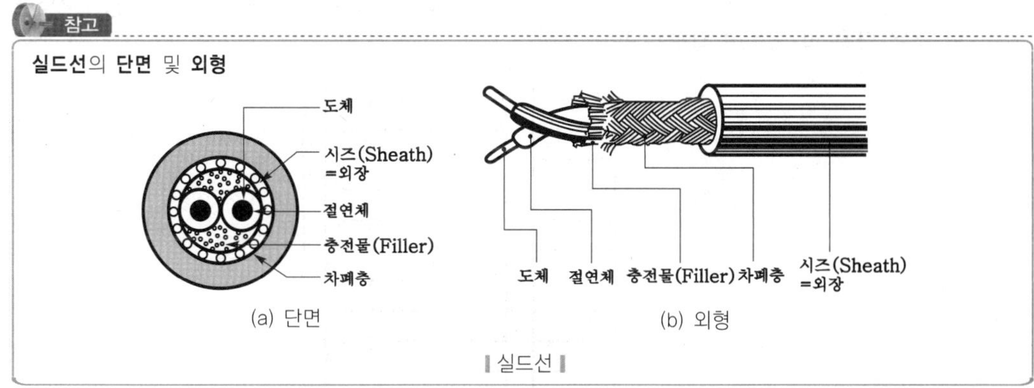

(a) 단면

(b) 외형

▮ 실드선 ▮

☆

문제 11

객석유도등을 설치하지 않아도 되는 곳 2가지를 쓰시오.

○

○

득점	배점
	5

해답 ① 채광이 충분한 객석(주간에만 사용)
② 통로유도등이 설치된 객석(거실 각 부분에서 거실 출입구까지의 보행거리 20m 이하)

해설 **객석유도등**의 **설치제외 장소**(NFPC 303 11조, NFTC 303 2.8.3)

(1) **채광**이 충분한 객석(**주간**에만 사용)

(2) **통**로유도등이 설치된 객석(거실 각 부분에서 거실 출입구까지의 **보행거리 20m** 이하)

기억법 채객보통(채소는 객관적으로 보통이다.)

비교

(1) **피난구유도등**의 **설치제외 장소**(NFPC 303 11조, NFTC 303 2.8.1)
① 옥내에서 직접 지상으로 통하는 출입구(바닥면적 **1000m²** 미만 층)
② 대각선 길이가 15m 이내인 구획된 실의 출입구
③ 비상조명등 · 유도표지가 설치된 거실 출입구(거실 각 부분에서 출입구까지의 **보행거리 20m** 이하)
④ 출입구가 **3 이상**인 거실(거실 각 부분에서 출입구까지의 보행거리 **30m** 이하는 주된 출입구 **2개 외**의 출입구)

(2) **통로유도등**의 **설치제외 장소**(NFPC 303 11조, NFTC 303 2.8.2)
① 길이 **30m** 미만의 복도 · 통로(구부러지지 않은 복도 · 통로)
② 보행거리 **20m** 미만의 복도 · 통로(출입구에 **피난구유도등**이 설치된 복도 · 통로)

(3) **비상조명등**의 **설치제외 장소**(NFPC 304 5조, NFTC 304 2.2.1)
① 거실 각 부분에서 출입구까지의 **보행거리 15m** 이내
② **공동주택 · 경기장 · 의원** · 의료시설 **· 학교 거실**

(4) **휴대용 비상조명등**의 **설치제외 장소**(NFPC 304 5조, NFTC 304 2.2.2)
복도 · 통로 · 창문 등을 통해 **피**난이 용이한 경우(**지상 1층 · 피난층**)

기억법 **휴피**(**휴**지로 **피**닦아.)

☆☆ 문제 12

지하 1층 및 지상 14층이고 각 층의 높이가 3.3m인 다음과 같은 소방대상물에 수직경계구역을 설정할 경우 다음 각 물음에 답하시오.

(12.7.문17)

득점	배점
	8

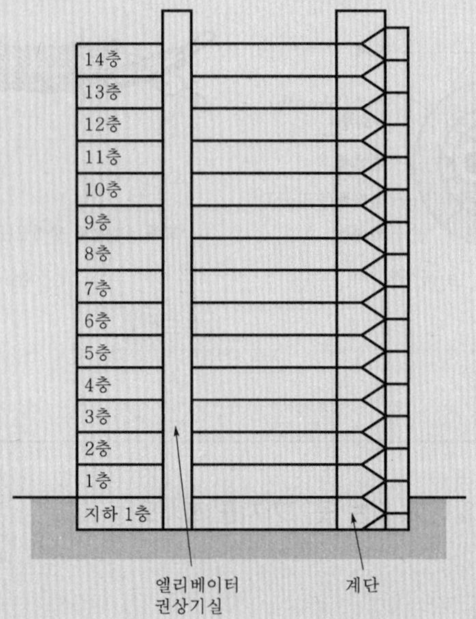

(가) 상기의 건축단면도상에 표시된 엘리베이터 권상기실과 계단실에 감지기를 설치해야 하는 위치를 찾아 연기감지기의 그림기호를 이용하여 도면에 그려 넣으시오.

(나) 본 소방대상물에 자동화재탐지설비의 수직경계구역은 총 몇 개의 회로로 구분해야 하는지 쓰시오.
○ 엘리베이터 권상기실 (　　　)회로+계단 (　　　)회로=합계 (　　　)회로

(다) 연기가 멀리 이동해서 감지기에 도달하는 장소에 설치하는 연기감지기의 종류를 3가지 쓰시오.
○
○
○

해답 (가)

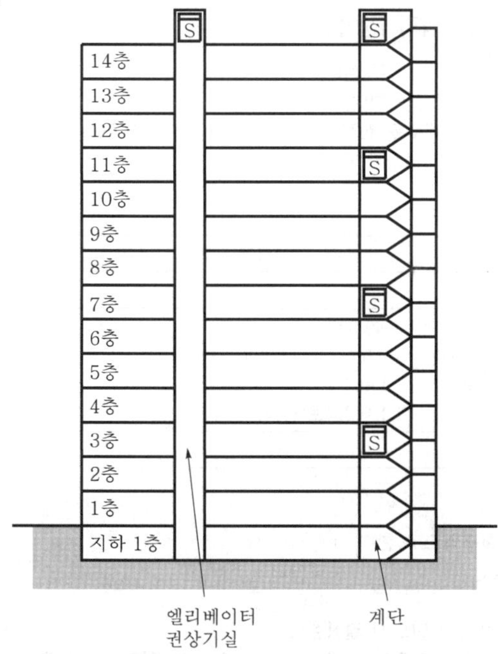

(나) 엘리베이터 권상기실 (1)회로＋계단 (2)회로＝합계 (3)회로

(다) ① 광전식 스포트형 감지기
② 광전식 분리형 감지기
③ 광전아날로그식 분리형 감지기

해설 (가) **연기감지기(2종)**

구 분	감지기 개수
엘리베이터	• **1개**
지하층 · 지상층	• 수직거리 : 3.3m×15개층＝49.5m • 감지기 개수 : $\frac{\text{수직거리}}{15\text{m}}=\frac{49.5\text{m}}{15\text{m}}=3.3\fallingdotseq$ **4개**(절상)
합계	**5개**

- 특별한 조건이 없는 경우 수직경계구역에는 **연기감지기 2종**을 설치한다.
- 연기감지기 2종은 수직거리 **15m 이하**마다 설치하여야 하므로 $\frac{\text{수직거리}}{15\text{m}}$를 하면 감지기 개수를 구할 수 있다.
- 지하 1층만 있으므로 지상층과 동일 경계구역으로 산정하므로 한 번에 계산한다.
- 감지기 개수 산정시 **소수점**이 발생하면 반드시 **절상**한다.
- 엘리베이터의 연기감지기 2종은 수직거리 15m마다 설치되는 것이 아니고 **엘리베이터 개수**마다 **1개**씩 설치한다.
- 연기감지기는 **옥상**에 **설치**해야 한다. 14층에 설치하면 틀린다.
- 지하층 및 지상층에는 4개의 감지기를 설치해야 하므로 약 **4개층씩** 적당한 간격으로 설치해야 한다.

아하! 그렇구나 계단 · 엘리베이터의 감지기 개수 산정

① 연기감지기 **1 · 2종** : 수직거리 **15m**마다 설치한다.
② 연기감지기 **3종** : 수직거리 **10m**마다 설치한다.
③ **지하층**과 **지상층**은 **별도**로 **감지기 개수**를 **산정**한다. (단, 지하 1층의 경우에는 제외한다.)
④ **엘리베이터**마다 **연기감지기**를 **1개**씩 설치한다.

(나) **경계구역수** : 1+2=3회로

구 분	경계구역
엘리베이터	• **1회로**
지하층 · 지상층	• 수직거리 : 3.3m×15개층=49.5m • 경계구역 : $\frac{\text{수직거리}}{45\text{m}}=\frac{49.5\text{m}}{45\text{m}}$ $=1.1 \fallingdotseq$ **2회로**(절상)
합계	**3회로**

• 경계구역=회로
• **지하 1층**과 **지상층**은 **동일 경계구역**으로 한다.
• 수직거리 **45m 이하**를 **1경계구역**으로 하므로 $\frac{\text{수직거리}}{45\text{m}}$를 하면 경계구역을 구할 수 있다.
• 경계구역 산정은 **소수점**이 발생하면 반드시 **절상**한다.
• 엘리베이터의 경계구역은 높이 45m 이하마다 나누는 것이 아니고, **엘리베이터 개수**마다 **1경계구역**으로 한다.

아하! 그렇구나 계단 · 엘리베이터의 경계구역 산정

① **수직거리 45m** 이하마다 **1경계구역**으로 한다.
② **지하층**과 **지상층**은 **별개**의 **경계구역**으로 한다. (단, **지하 1층**인 경우에는 지상층과 **동일 경계구역**으로 한다.)
③ **엘리베이터**마다 **1경계구역**으로 한다.

(다) 문제에서 **'수직경계구역'**이라고 하였으므로 여기서는 **계단**, **경사로**를 의미한다. 자동화재탐지설비 및 시각경보장치의 화재안전기준〔NFTC 203 2.4.6(2)〕에서 계단, 경사로로서 연기가 멀리 이동해서 감지기에 도달하는 장소에는 다음의 감지기를 설치할 수 있다.
① **광전식 스포트형 감지기**
② **광전 아날로그식 스포트형 감지기**
③ **광전식 분리형 감지기**
④ **광전아날로그식 분리형 감지기**

★★
문제 13

자동화재탐지설비의 감지기에 관한 설명이다. (　　) 안을 채우시오. (10.4.문5)

득점	배점
	14

(가) (　　)란 일국소의 주위온도가 일정한 온도 이상이 되는 경우에 작동하는 것으로서 외관이 전선으로 되어 있지 아니한 것을 말한다.
(나) (　　)란 주위의 공기가 일정한 농도의 연기를 포함하게 되는 경우에 작동하는 것으로서 일국소의 연기에 의하여 이온전류가 변화하여 작동하는 것을 말한다.
(다) (　　)란 주위의 공기가 일정한 농도의 연기를 포함하게 되는 경우에 작동하는 것으로서 일국소의 연기에 의하여 광전소자에 접하는 광량의 변화로 작동하는 것을 말한다.

(라) (　　)란 일정농도·온도 이상의 연기 또는 온도가 일정시간(공칭축적시간) 연속하는 것을 전기적으로 검출함으로써 작동하는 감지기(다만, 단순히 작동시간만을 지연시키는 것은 제외한다.)를 말한다.
(마) (　　)란 단독경보형 감지기가 작동할 때 화재를 경보하며 유·무선으로 주위의 다른 감지기에 신호를 발신하고 신호를 수신한 감지기도 화재를 경보하며 다른 감지기에 신호를 발신하는 방식의 것을 말한다.
(바) (　　)란 발광부와 수광부로 구성된 구조로 발광부와 수광부 사이의 공간에 일정한 농도의 연기를 포함하게 되는 경우에 작동하는 것을 말한다.
(사) (　　)란 감지기 내부에 장착된 공기흡입장치로 감지하고자 하는 위치의 공기를 흡입하고 흡입된 공기에 일정한 농도의 연기가 포함된 경우 작동하는 것을 말한다.
(아) (　　)란 화재에 의해서 발생되는 열, 연기 또는 불꽃을 감지하여 작동하는 것으로서 수신기에 작동신호를 발신하지 아니하고 감지기가 단독적으로 내장된 음향장치에 의하여 경보하는 감지기를 말한다.
(자) (　　)란 불꽃에서 방사되는 자외선의 변화가 일정량 이상 되었을 때 작동하는 것으로서 일국소의 자외선에 의하여 수광소자의 수광량 변화에 의해 작동하는 것을 말한다.
(차) (　　)란 불꽃에서 방사되는 적외선의 변화가 일정량 이상 되었을 때 작동하는 것으로서 일국소의 적외선에 의하여 수광소자의 수광량 변화에 의해 작동하는 것을 말한다.
(카) (　　)란 불꽃에서 방사되는 불꽃의 변화가 일정량 이상 되었을 때 작동하는 것으로서 일국소의 자외선 또는 적외선에 따른 수광소자의 수광량 변화에 의하여 1개의 화재신호를 발신하는 것을 말한다.
(타) (　　)란 주위온도가 일정상승률 이상이 되는 경우에 작동하는 것으로서 일국소에서의 열효과에 의하여 작동하는 것을 말한다.
(파) (　　)란 주위온도가 일정상승률 이상이 되는 경우에 작동하는 것으로서 넓은 범위에서의 열효과에 의하여 작동하는 것을 말한다.
(하) (　　)란 일국소의 주위온도가 일정한 온도 이상이 되는 경우에 작동하는 것으로서 외관이 전선으로 되어 있는 것을 말한다.

해답 (가) 정온식 스포트형 감지기
(나) 이온화식 스포트형 감지기
(다) 광전식 스포트형 감지기
(라) 축적형 감지기
(마) 연동식 감지기
(바) 광전식 분리형 감지기
(사) 공기흡입형 감지기
(아) 단독경보형 감지기
(자) 불꽃자외선식 감지기
(차) 불꽃적외선식 감지기
(카) 불꽃 자외선·적외선 겸용식 감지기
(타) 차동식 스포트형 감지기
(파) 차동식 분포형 감지기
(하) 정온식 감지선형 감지기

해설 **감지기 종류와 설명**

감지기의 종류	설 명
정온식 스포트형 감지기	일국소의 주위온도가 **일정한 온도** 이상이 되는 경우에 작동하는 것으로서 외관이 **전선**으로 되어 있지 않는 것
보상식 스포트형 감지기	**차동식 스포트형 감지기**와 **정온식 스포트형 감지기**의 성능을 겸용한 것으로서 차동식 스포트형 감지기의 성능 또는 정온식 스포트형 감지기의 한 기능이 작동되면 작동신호를 발하는 것
이온화식 스포트형 감지기	주위의 공기가 일정한 농도의 연기를 포함하게 되는 경우에 작동하는 것으로서 일국소의 연기에 의하여 **이온전류**가 변화하여 작동하는 것
광전식 스포트형 감지기	주위의 공기가 일정한 농도의 연기를 포함하게 되는 경우에 작동하는 것으로서 일국소의 연기에 의하여 **광전소자**에 접하는 광량의 변화로 작동하는 것
축적형 감지기	일정농도·온도 이상의 **연기** 또는 **온도**가 **일정시간**(공칭축적시간) **연속**하는 것을 전기적으로 **검출**함으로써 작동하는 감지기(단, 단순히 작동시간만을 지연시키는 것 제외)를 말한다.
연동식 감지기	**단독경보형 감지기**가 작동할 때 화재를 경보하며 **유·무선**으로 주위의 다른 **감지기**에 신호를 발신하고 신호를 수신한 **감지기**도 화재를 경보하며 다른 감지기에 신호를 발신하는 방식의 것을 말한다.
광전식 **분**리형 감지기	**발광부**와 **수광부**로 구성된 구조로 발광부와 수광부 사이의 공간에 일정한 농도의 연기를 포함하게 되는 경우에 작동하는 것을 말한다. 기억법 발수광분
공기흡입형 감지기	감지기 내부에 장착된 **공기흡입장치**로 감지하고자 하는 위치의 공기를 흡입하고 흡입된 공기에 일정한 농도의 연기가 포함된 경우 작동하는 것
열·연기복합형 감지기	**차동식 스포트형 감지기**와 **이온화식 스포트형 감지기**, **차동식 스포트형 감지기**와 **광전식 스포트형 감지기**, **정온식 스포트형 감지기**와 **이온화식 스포트형 감지기** 또는 **정온식 스포트형 감지기**와 **광전식 스포트형 감지기**의 성능이 있는 것으로서 두 가지 성능의 감지기능이 함께 작동될 때 화재신호를 발신하거나 또는 두 개의 화재신호를 각각 발신하는 것
열복합형 감지기	**차동식 스포트형 감지기**와 **정온식 스포트형 감지기**의 성능이 있는 것으로서 두 가지 성능의 감지기능이 함께 작동될 때 화재신호를 발신하거나 또는 두 개의 화재신호를 각각 발신하는 것
연복합형 감지기	**이온화식 스포트형 감지기**와 **광전식 스포트형 감지기**의 성능이 있는 것으로서 두 가지 성능의 감지기능이 함께 작동될 때 화재신호를 발신하거나 또는 두 개의 화재신호를 각각 발신하는 것
단독경보형 감지기	화재에 의해서 발생되는 열, 연기 또는 불꽃을 감지하여 작동하는 것으로서 수신기에 작동신호를 발신하지 아니하고 감지기가 단독적으로 내장된 음향장치에 의하여 경보하는 감지기
불꽃자외선식 감지기	불꽃에서 방사되는 **자외선**의 변화가 일정량 이상 되었을 때 작동하는 것으로서 일국소의 자외선에 의하여 수광소자의 수광량 변화에 의해 작동하는 것
불꽃적외선식 감지기	불꽃에서 방사되는 **적외선**의 변화가 일정량 이상 되었을 때 작동하는 것으로서 일국소의 적외선에 의하여 수광소자의 수광량 변화에 의해 작동하는 것
불꽃 자외선·적외선 겸용식 감지기	불꽃에서 방사되는 불꽃의 변화가 일정량 이상 되었을 때 작동하는 것으로서 **자외선** 또는 **적외선**에 따른 수광소자의 수광량 변화에 의하여 1개의 화재신호를 발신하는 것
불꽃영상분석식	불꽃의 실시간 영상이미지를 자동분석하여 화재신호를 발신하는 것
불꽃복합식 감지기	**불꽃자외선식 감지기**의 성능 및 **불꽃적외선식 감지기** 및 불꽃영상분석식 감지기의 성능 중 두 가지 이상의 성능을 가진 것으로서 두 가지 성능의 감지기능이 함께 작동될 때 화재신호를 발신하거나 또는 두 개의 화재신호를 각각 발신하는 것
차동식 스포트형 감지기	주위온도가 **일정상승률** 이상이 되는 경우에 작동하는 것으로서 **일국소**에서의 열효과에 의하여 작동하는 것
차동식 분포형 감지기	주위온도가 **일정상승률** 이상이 되는 경우에 작동하는 것으로서 **넓은 범위**에서의 열효과에 의하여 작동하는 것
정온식 감지선형 감지기	일국소의 주위 온도가 **일정한 온도** 이상이 되는 경우에 작동하는 것으로서 외관이 **전선**으로 되어 있는 것

문제 14

어떤 건물에 대한 소방설비의 배선도면을 보고 다음 각 물음에 답하시오. (단, 배선공사는 후강전선관을 사용한다고 한다.)

득점	배점
	13

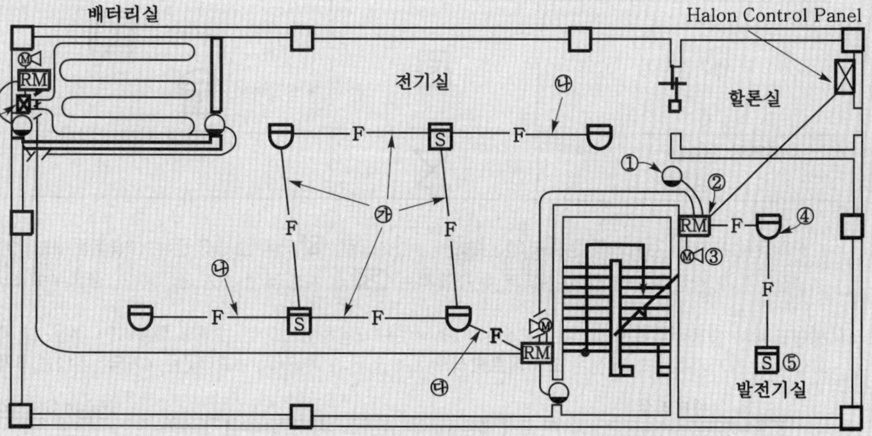

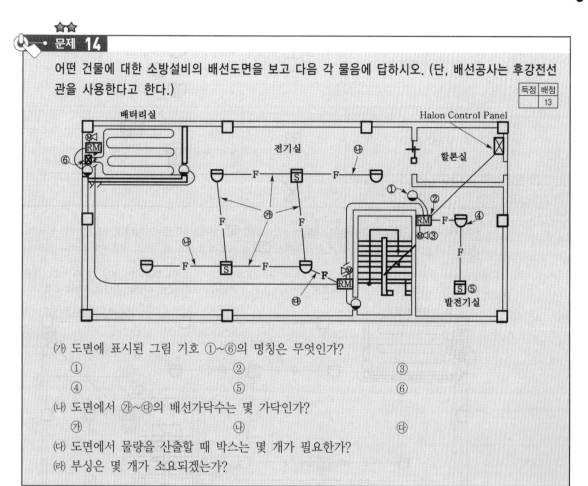

(가) 도면에 표시된 그림 기호 ①~⑥의 명칭은 무엇인가?

① ② ③

④ ⑤ ⑥

(나) 도면에서 ㉮~㉰의 배선가닥수는 몇 가닥인가?

㉮ ㉯ ㉰

(다) 도면에서 물량을 산출할 때 박스는 몇 개가 필요한가?

(라) 부싱은 몇 개가 소요되겠는가?

해답 (가) ① 방출표시등 ② 수동조작함 ③ 모터사이렌 ④ 차동식 스포트형 감지기
⑤ 연기감지기 ⑥ 차동식 분포형 감지기의 검출부

(나) ㉮ 4가닥 ㉯ 4가닥 ㉰ 8가닥

(다) 20개 (라) 40개

해설 (가) 옥내배선기호

명 칭	그림기호	적 요
방출표시등	⊗ 또는 ◐	• 벽붙이형 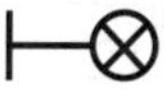 : ├⊗
수동조작함	RM	• 소방설비용 : RM_F
사이렌	 ○◁	• 모터사이렌  : Ⓜ◁ • 전자사이렌 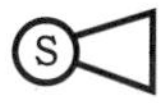 : Ⓢ◁
차동식 스포트형 감지기	⊖	–
보상식 스포트형 감지기	⊜	–

정온식 스포트형 감지기	(심벌)	• 방수형: (심벌) • 내산형: (심벌) • 내알칼리형: (심벌) • 방폭형: (심벌) EX
연기감지기	S	• 점검박스 붙이형: S • 매입형: S
차동식 분포형 감지기의 검출부	(심벌)	–

• 차동식 분포형 감지기의 검출부의 심벌은 원칙적으로 (심벌) 이지만 공기관의 접속부분에는 차동식 분포형 감지기의 검출부가 설치되므로 본 문제에서는 (심벌)을 차동식 분포형 감지기의 검출부로 보아야 한다.

(나) 평면도에서 할론컨트롤판넬(Halon Control Panel)을 사용하였으므로, 할론소화설비인 것을 알 수 있다. 할론소화설비의 감지기회로의 배선은 **교차회로방식**으로서 말단과 루프(Loop)된 곳은 **4가닥**, 기타는 **8가닥**이 있다.

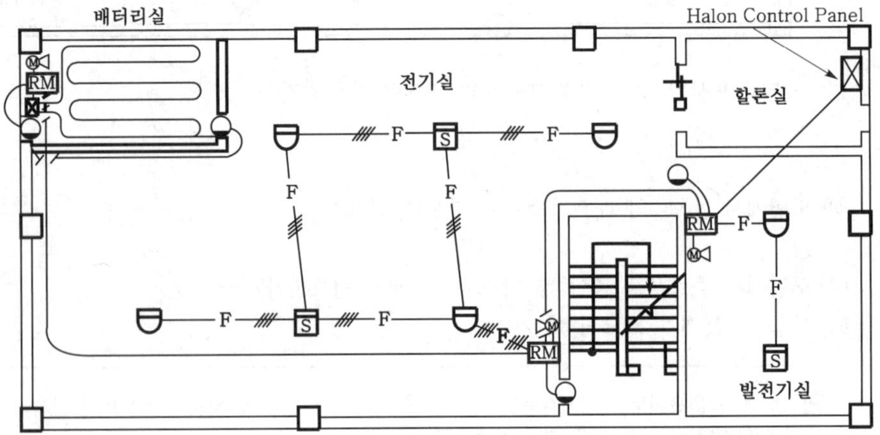

(다) ( ) : 박스표시(20개)

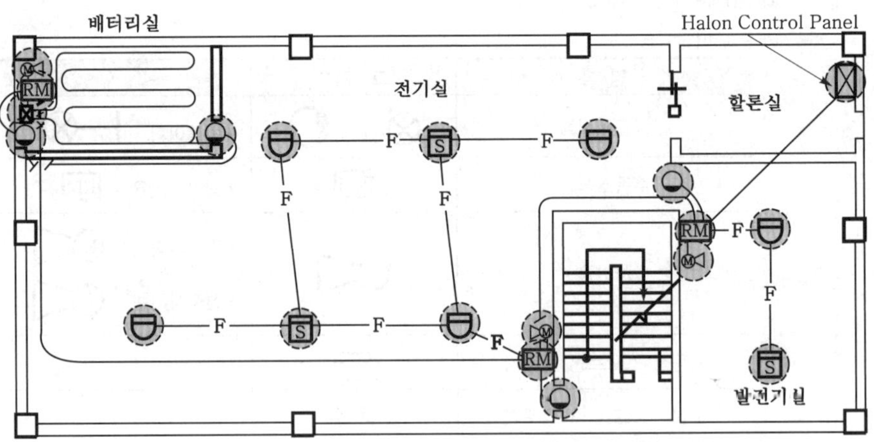

(라) ○ : 부싱표시(40개)

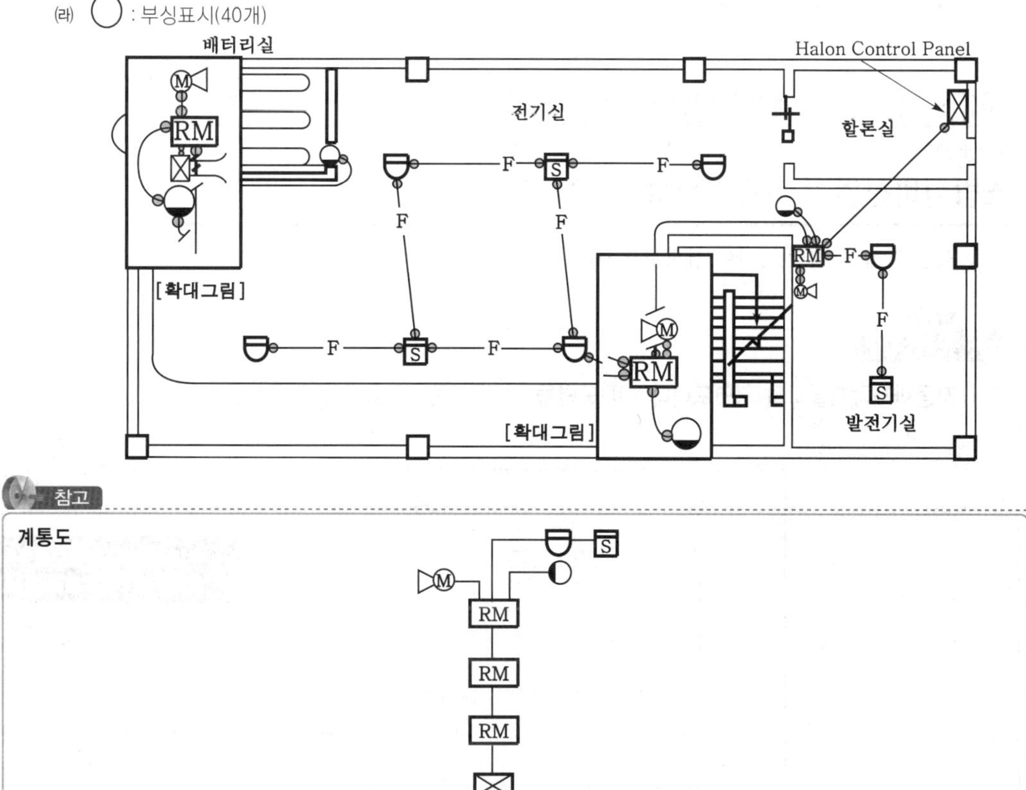

> 어느 누구도 과거로 돌아가서 새롭게 시작할 수 없지만 지금부터 시작해서 새로운 결실을 맺을 수는 있다.
>
> \- 칼 바르트 -

▌2018년 산업기사 제4회 필답형 실기시험▐

자격종목	시험시간	형별	수험번호	성명	감독위원 확 인
소방설비산업기사(전기분야)	2시간 30분				

※ 다음 물음에 답을 해당 답란에 답하시오.(배점 : 100)

문제 01

자동화재탐지설비의 평면도이다. 이 도면을 보고 다음 각 물음에 답하시오.

(17.6.문2, 15.11.문15, 12.7.문4, 11.11.문4)

득점	배점
	10

유사문제부터 풀어보세요. 실력이 팍!팍! 올라갑니다.

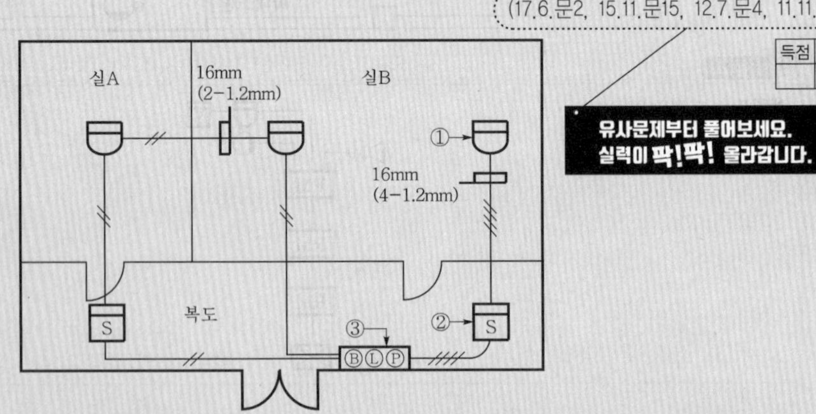

(가) 후강전선관으로 배관공사를 할 경우 주어진 다음 표의 배관 부속자재에 대한 수량을 구하시오.(단, 반자가 없는 구조이며, 감지기는 8각 박스에 직접 취부한다고 가정하고 수동발신기세트와 수신기 간의 배선과 관계되는 재료는 고려하지 않도록 한다.)

품 명	규 격	단 위	수 량
로크너트	16mm	개	
부싱	16mm	개	
8각 박스	8각 2인치	개	

(나) ①과 ②의 감지기의 종류를 쓰시오.

○ ① :

○ ② :

(다) ③에는 어떤 것들이 내장되어 있는지 그 내장품을 모두 쓰시오.

○

해답 (가)

품 명	규 격	단 위	수 량
로크너트	16mm	개	24
부싱	16mm	개	12
8각 박스	8각 2인치	개	5

(나) ① 차동식 스포트형 감지기 ② 연기감지기

(다) 발신기, 경종, 표시등

해설 (가)

- 먼저 이 문제에서 잘못된 부분을 찾아보세요. 16mm(2－1.2mm) → **16mm(2－1.5mm^2)**
16mm(4－1.2mm) → **16mm(4－1.5mm^2)**

- **부싱**(○) : 12개
- **로크너트**는 부싱개수의 **2배**이므로 **24개**(12개×2=24개)가 된다.

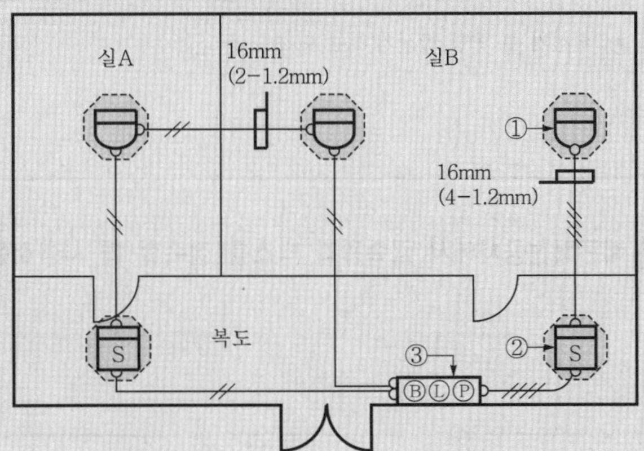

- **8각 박스**( ) : 감지기마다 설치하므로 총 **5개**가 된다.
- 단서조건에 의해 수동발신기세트와 수신기 간의 배선 · 재료는 고려하지 않아도 된다.
- **'수동발신기세트'**라는 말이 있어서 수동발신기세트에 설치되는 부싱, 로크너트까지 생략하면 틀린다. 단서조건의 글이 좀 이상하지만 수동발신기세트에서 수신기 간의 배선 · 재료를 고려하지 않는다고 이해해야 한다. 참고로 수동발신기세트와 수신기 간의 배선은 문제에서 그려져 있지 않다.

(나) **옥내배선기호**

명 칭	그림기호	적 요
차동식 스포트형 감지기	⊖	－
보상식 스포트형 감지기	⊜	－
정온식 스포트형 감지기	◡	• 방수형 : • 내산형 : • 내알칼리형 : • 방폭형 : $_{EX}$
연기감지기	S	• 점검박스 붙이형 : S • 매입형 : S
감지선	─◉─	• 감지선과 전선의 접속점 : ──●── • 가건물 및 천장 안에 시설할 경우 : --◉-- • 관통위치 : ──○──○──
공기관	────	• 가건물 및 천장 안에 시설할 경우 : ------------- • 관통위치 : ──○──○──
열전대	──▬──	• 가건물 및 천장 안에 시설할 경우 : ──□──

(다) 전면에 부착되는 **전기적**인 **기기장치 명칭**

명 칭	도시기호	전기기기 명칭
수동발신기함 (발신기세트 단독형)	ⓅⒷⓁ(세로) 또는 ⓅⒷⓁ	• Ⓟ : 발신기, P형 발신기 • Ⓑ : 경종 • Ⓛ : 표시등

• **'발신기'**를 **'P형 발신기'**라고 답해도 된다.

☆☆

문제 02

소방설비의 배관배선공사에서 금속관과 박스를 접속할 때 사용하는 재료 2가지를 쓰시오.

(13.7.문18, 03.4.문6)

○

○

득점	배점
	4

해답 ① 로크너트
② 링리듀서

해설 **금속관공사**에 **이용**되는 **부품** 및 **공구**

명 칭	외 형	설 명
로크너트 (Lock Nut)		**금**속관과 **박**스를 **접속**할 때 사용하는 재료로 최소 **2개**를 사용한다. 기억법 로금박
링리듀서 (Ring Reducer)		① **금속관**을 **아우트렛박스**에 로크너트만으로 고정하기 어려울 때 **보조적**으로 사용되는 **부품** ② 금속관과 박스를 접속할 경우 **박스**의 **구멍**이 **관보다 클 때** 사용되는 부품
부싱 (Bushing)		전선의 절연피복을 보호하기 위하여 **금속관 끝**에 취부하여 사용되는 부품
유니언 커플링 (Union Coupling)		**금속전선관 상호**간을 **접속**하는 데 사용되는 부품(**관**이 **고**정되어 **있을 때**)
노멀밴드 (Normal Bend)		**매입배관**공사를 할 때 **직각**으로 굽히는 곳에 사용하는 부품

유니버설 엘보 (Universal Elbow)		**노출배관**공사를 할 때 관을 직각으로 굽히는 곳에 사용하는 부품
커플링 (Coupling)		금속전선관 상호간을 접속하는 데 사용되는 부품(관이 고정되어 있지 않을 때)
새들(Saddle)		**관**을 **지지**하는 데 사용하는 재료
리머 (Reamer)		금속관 **말단**의 **모**를 다듬기 위한 기구
파이프커터 (Pipe Cutter)		**금속관**을 **절단**하는 기구
환형 3방출 정크션 박스		**배관**을 **분기**할 때 사용하는 박스

☆☆

문제 03

비상콘센트설비를 설치하여야 하는 특정소방대상물(위험물저장 및 처리시설 중 가스시설 또는 지하구는 제외한다.) 3가지를 쓰시오. (14.7.문10, 11.11.문17)

○
○
○

득점	배점
	6

해답 ① 11층 이상의 층
② 지하 3층 이상이고, 지하층의 바닥면적의 합계가 $1000m^2$ 이상인 것은 지하 전층
③ 지하가 중 터널길이 500m 이상

해설 **비상콘센트설비**의 **설치대상**(소방시설법 시행령 〔별표 4〕)
(1) **11층** 이상의 층
(2) **지하 3층** 이상이고, 지하층의 바닥면적의 합계가 $\mathbf{1000m^2}$ 이상인 것은 지하 전층
(3) 지하가 중 터널길이 **500m** 이상

- '**설치기준**'과 '**설치대상**'은 다르다. 혼동하지 말라!
- 일반적으로 '**11층 이상**'이란 지하층을 제외한 층수를 말한다.

비교

비상콘센트설비의 설치기준(NFPC 504 4조, NFTC 504 2.1)

(1) 하나의 전용회로에 설치하는 비상콘센트는 **10개** 이하로 할 것(전선의 용량은 **3개** 이상일 때 **3개**)

설치하는 비상콘센트 수량	전선의 용량 산정시 적용하는 비상콘센트 수량	전선의 용량
1	1개 이상	1.5kVA 이상
2	2개 이상	3.0kVA 이상
3~10	3개 이상	4.5kVA 이상

(2) 전원회로는 각 층에 있어서 **2 이상**이 되도록 설치할 것(단, 설치해야 할 층의 콘센트가 **1개**인 때에는 하나의 회로로 할 수 있다.)
(3) 플러그접속기의 칼받이 접지극에는 **접지공사**를 해야 한다. (감전보호가 목적이므로 **보호접지**를 해야 한다.)
(4) 풀박스는 **1.6mm** 이상의 철판을 사용할 것
(5) 절연저항은 **전원부**와 **외함** 사이를 **직류 500V 절연저항계**로 측정하여 **20MΩ** 이상일 것
(6) 전원으로부터 각 층의 비상콘센트에 분기되는 경우에는 **분기배선용 차단기**를 보호함 안에 설치할 것
(7) 바닥으로부터 **0.8~1.5m** 이하의 높이에 설치할 것
(8) 전원회로는 주배전반에서 **전용회로**로 하며, 배선의 종류는 **내화배선**이어야 한다.

★★★

문제 04

길이 18m의 통로에 객석유도등을 설치하려고 한다. 이때 필요한 객석유도등의 수량은 최소 몇 개인가?

(19.6.문16, 14.7.문6, 13.4.문7)

○ 계산과정 :
○ 답 :

득점	배점
	4

○ 계산과정 : $\frac{18}{4}-1=3.5 \fallingdotseq 4$개

○ 답 : 4개

설치개수 $=\frac{\text{객석통로의 직선부분의 길이[m]}}{4}-1=\frac{18}{4}-1=3.5 \fallingdotseq 4$개

∴ 객석유도등의 개수 산정은 절상이므로 **4개**를 설치한다.

중요

최소 설치개수 산정식(NFPC 303 7조, NFTC 303 2.4.2)

구 분	산정식
객석유도등	설치개수 $=\frac{\text{객석통로의 직선부분의 길이[m]}}{4}-1$
유도표지	설치개수 $=\frac{\text{구부러진 곳이 없는 부분의 보행거리[m]}}{15}-1$
복도통로유도등, 거실통로유도등	설치개수 $=\frac{\text{구부러진 곳이 없는 부분의 보행거리[m]}}{20}-1$

설치개수 산정시 소수가 발생하면 반드시 **절상**한다.

☆☆

문제 05

수신기와 지구경종과의 거리가 300m인 공장 건물에서 화재가 발생하여 지구경종 2개를 동시에 명동시킬 때 선로에서의 전압강하는 몇 V가 되는가? (단, 경종 2개의 전류용량은 50mA이며, 선로의 전선굵기는 2.5mm^{2}이다.) (11.7.문14)

○ 계산과정 :

○ 답 :

득점	배점
	4

해답

○ 계산과정 : $\frac{35.6\times300\times(50\times10^{-3})}{1000\times2.5}=0.213 ≒ 0.21\text{V}$

○ 답 : 0.21V

해설

- 경종 2개의 전류용량이 50mA이므로, 이때는 지구경종 2개라고 해서 2를 곱할 필요가 없다. 다시 말해 경종 1개의 전류용량이 25mA라는 뜻이다.

단상 2선식의 **전선단면적**

$$A=\frac{35.6LI}{1000e}$$

여기서, A : 전선단면적〔mm^2〕
L : 선로길이〔m〕
I : 전부하전류〔A〕
e : 각 선 간의 전압강하〔V〕

경종은 **단상 2선식**이므로

전압강하 $e=\frac{35.6LI}{1000A}=\frac{35.6\times300\times(50\times10^{-3})}{1000\times2.5}=0.213 ≒ 0.21\text{V}$

참고

주경종과 지구경종

주경종 (Chief Alarm Bell)	**지구경종** (Zone Alarm Bell)
수신기의 내부 또는 그 직근에 설치하는 경종	소방대상물의 각 구역에 설치하는 경종

중요

(1) **전압강하 1**

① **정의** : 입력전압과 출력전압의 차

② **수용가설비**의 **전압강하**(KEC 232.3.9)

설비의 유형	조명〔%〕	기타〔%〕
저압으로 수전하는 경우 … ㉠	3	5
고압 이상으로 수전하는 경우 *)	6	8

*) 가능한 한 최종 회로 내의 전압강하가 ㉠ 유형의 값을 넘지 않도록 하는 것이 바람직하다. 사용자의 배선설비가 100m를 넘는 부분의 전압강하는 미터당 0.005% 증가할 수 있으나 이러한 증가분은 0.5%를 넘지 않아야 한다.

③ **전선단면적**

전기방식	전선단면적
단상 2선식	$A=\frac{35.6LI}{1000e}$
3상 3선식	$A=\frac{30.8LI}{1000e}$
단상 3선식 3상 4선식	$A=\frac{17.8LI}{1000e'}$

여기서, L : 선로길이〔m〕, I : 전부하전류〔A〕
e : 각 선 간의 전압강하〔V〕, e' : 각 선 간의 1선과 중성선 사이의 전압강하〔V〕

(2) **전압강하 2**

단상 2선식	3상 3선식
$e = V_s - V_r = 2IR$	$e = V_s - V_r = \sqrt{3}\,IR$

여기서, e : 전압강하[V], V_s : 입력전압[V], V_r : 출력전압[V], I : 전류[A], R : 저항[Ω]

☆☆☆

문제 06

그림은 지하 2층, 지상 5층(상가 및 사무실) 건물의 옥내소화전함(자동기동방식)과 함께 설치된 P형 발신기세트 등의 외관도이다. 이것을 보고 다음 각 물음에 답하시오. (15.11.문7, 08.4.문12)

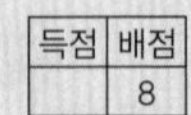

득점	배점
	8

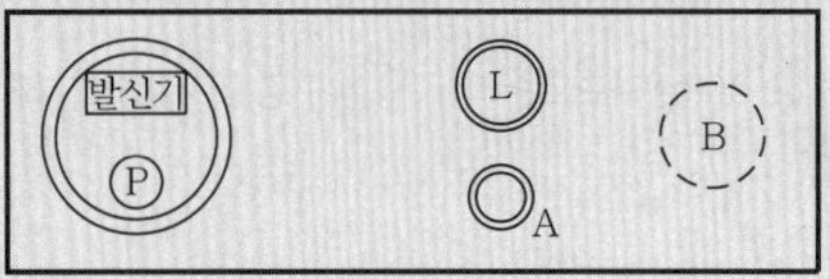

(가) 도면에서 "L"은 무엇인지 명칭, 용도 및 평상시 점등 여부를 쓰시오.
- ○ 명칭 :
- ○ 용도 :
- ○ 평상시 점등 여부 :

(나) 도면에서 "A"의 명칭은 무엇이며, 이것은 어느 경우에 점등되는지 4가지만 쓰시오.
- ○ 명칭 :
- ○ 점등되는 경우 :

(다) 도면에서 "B"의 명칭은 무엇이며, 그 동작상황은 어떻게 되는지를 쓰시오.
- ○ 명칭 :
- ○ 동작상황 :

(라) 발신기의 "P"를 누르면 어떤 것들이 작동되어서 인명을 대피할 수 있도록 하는지 2가지 쓰시오.
- ○
- ○

해답 (가) ○ 명칭 : 표시등
○ 용도 : 옥내소화전설비의 위치표시
○ 평상시 점등 여부 : 점등

(나) ○ 명칭 : 기동표시등
○ 점등되는 경우
① 방수구 개방시 ② 펌프 기동시
③ 배관 누수시 ④ 압력스위치 고장시

(다) ① 명칭 : 경종
② 동작상황 : 발신기를 누르면 수신기에 신호가 전달되고 수신기에서 경종으로 신호를 보내 경종 울림

(라) ① 음향장치
② 시각경보장치

해설 (가), (나)

구 분	표시등	기동표시등
용도	**옥내소화전설비**의 **위치표시**	**가압송수장치**의 **기동표시**
평상시 점등 여부	점등	소등
화재시 점등 여부 (옥내소화전 사용시 점등 여부)	점등	점등
점등되는 경우	24시간 상시 점등	① 방수구 개방시 ② 펌프 기동시 ③ 배관 누수시 ④ 압력스위치 고장시 ⑤ 기동표시등 누전시 ⑥ 제어반 고장시

- (가) **표시등**의 용도 : 문제에서 **'옥내소화전함'**이라고 하였으므로 **위치표시**라고만 쓰는 것보다 **'옥내소화전설비의 위치표시'**라고 정확히 답하라.
- (나) **기동표시등**의 명칭 : **기동확인표시등**이라고 써도 맞다.

(다) **P형 발신기**

구 분	설 명
명판	기기의 명칭을 표시해 놓은 것
경종	발신기를 누르면 수신기에 화재신호가 전달되고 수신기에서 경종으로 신호를 보내 경종이 울림
발신기스위치	수동조작에 의하여 수신기에 화재신호를 발신하는 장치

(라) 인명대피를 돕는 것은 **음향장치**와 **시각경보장치**이다.
'주음향장치'와 **'지구음향장치'**라고 쓰면 틀린다. **주음향장치**는 인명대피의 성격보다는 **관계인**에게 화재발생을 **통보**하는 역할을 한다.

☆☆☆
문제 07

그림은 지상 20층, 지하 2층인 어느 아파트의 지하주차장에 설치한 준비작동식 스프링클러설비의 계통도를 간단히 그린 것이다. 이 계통도를 보고 각 물음에 답하시오. (단, 지하 1, 2층의 구조 및 설비는 같고, 수신기는 1층에 있다고 한다.)
(16.4.문3, 12.4.문1)

득점	배점
	12

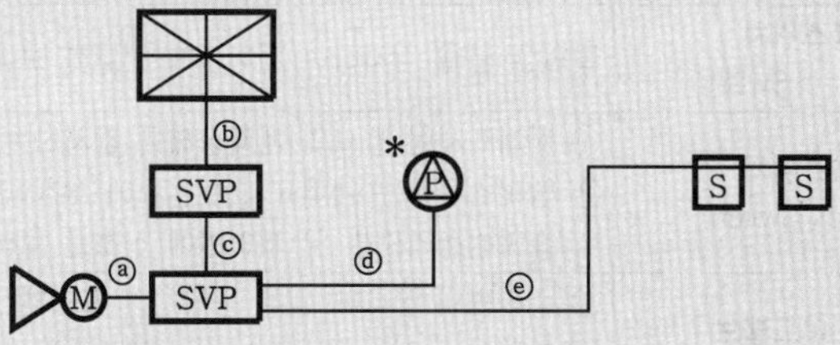

(가) ⓐ~ⓔ까지의 전선수는 각각 몇 가닥인가?
(나) * 표로 표시된 기구에 포함되어 있는 요소 3가지를 쓰시오.
○
○
○
(다) ⓒ에 이용되는 각 전선의 용도를 모두 쓰시오.
(라) 감지기 하나가 작동하면 주차장에는 어떤 상황이 발생하는지 소방설비의 작동상황으로 쓰시오.
(마) 모터사이렌은 소방시설의 어떤 기구가 작동한 후에 작동되는지 그 시점을 상세히 쓰시오.

해답 (가) ⓐ 2가닥
ⓑ 14가닥
ⓒ 8가닥
ⓓ 4가닥
ⓔ 8가닥
(나) ① 솔레노이드밸브
② 압력스위치
③ 탬퍼스위치
(다) 전원 ⊕, 전원 ⊖, 사이렌, 감지기 A, 감지기 B, 밸브기동, 밸브개방확인, 밸브주의
(라) 사이렌만 경보
(마) 압력스위치 작동 후

해설 (가), (다)

• ⓓ : 특별한 조건이 없는 한 최소가닥수로 산정하는 것이 원칙이므로 **4가닥**이 정답

기 호	내 역	용 도
ⓐ	HFIX 2.5－2	모터사이렌 2
ⓑ	HFIX 2.5－14	전원 ⊕ · ⊖, (사이렌, 감지기 A · B, 밸브기동, 밸브개방확인, 밸브주의)×2
ⓒ	HFIX 2.5－8	전원 ⊕ · ⊖, 사이렌, 감지기 A · B, 밸브기동, 밸브개방확인, 밸브주의
ⓓ	HFIX 2.5－4	밸브기동(SV) 1, 밸브개방확인(PS) 1, 밸브주의(TS) 1, 공통
ⓔ	HFIX 1.5－8	지구, 공통 각 4가닥

(나) (P)는 준비작동밸브(Preaction Valve)를 뜻하는 것으로서, 이것의 내부구조를 보면 다음과 같다. (유식한 사람은 영어발음 그대로 '프리액션밸브'라고도 읽는다. 당신은 유식한 사람인가?)

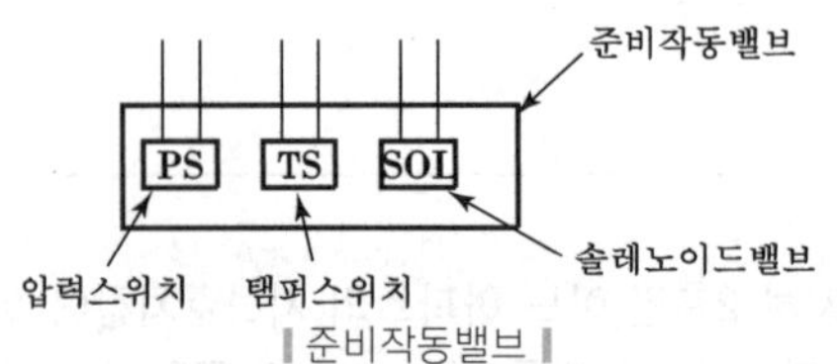

| 준비작동밸브 |

구 분	설 명
압력스위치 (Pressure Switch)	물의 흐름을 감지하여 제어반에 신호를 보내 **펌프**를 **기동**시키는 스위치
탬퍼스위치 (Tamper Switch)	① 개폐표시형 밸브의 **개폐상태**를 **감시**하는 스위치 ② 탬퍼스위치는 개폐표시형 밸브에 부착하여 개폐표시형 밸브가 폐쇄되었을 때 슈퍼비조리판넬 및 제어반에 신호를 보내어 관계인에게 알리는 것
솔레노이드밸브 (Solenoid Valve)	① 수신반의 신호에 의해 동작하여 **프리액션밸브**를 **개방**시키는 밸브 ② 화재시 감지기 연동이나 슈퍼비조리판넬 기동 등으로 작동되는 것 ③ 준비작동밸브를 개방시켜 화재실 내로 가압수 방출

(라) **감지기 1개**가 동작시에는 **준비작동밸브**(Preaction Valve)는 **개방**되지 **않고** 단지 수신반에 신호를 보내어 **표시등**을 **점등**시키고 **사이렌**으로 **경보**하여 감지기 1개가 동작됐다는 것을 **관계인**에게 알려서 **점검**하도록 한다.
또한, **감지기 2개 이상**이 동시에 작동하게 되면 비로소 **준비작동밸브**가 **개방**되어 소화가 이루어지게 된다. 이렇게 하여 **오동작**을 **방지**하게 되는 것이다.

감지기 1개 회로 작동시	감지기 2개 회로 작동시
사이렌만 작동	사이렌 경보 및 준비작동밸브 개방

(마) **준비작동밸브**(Preaction Valve)의 **동작 시퀀스**
압력스위치 작동에 의해 **사이렌 경보** 및 **펌프기동**이 기동한다.

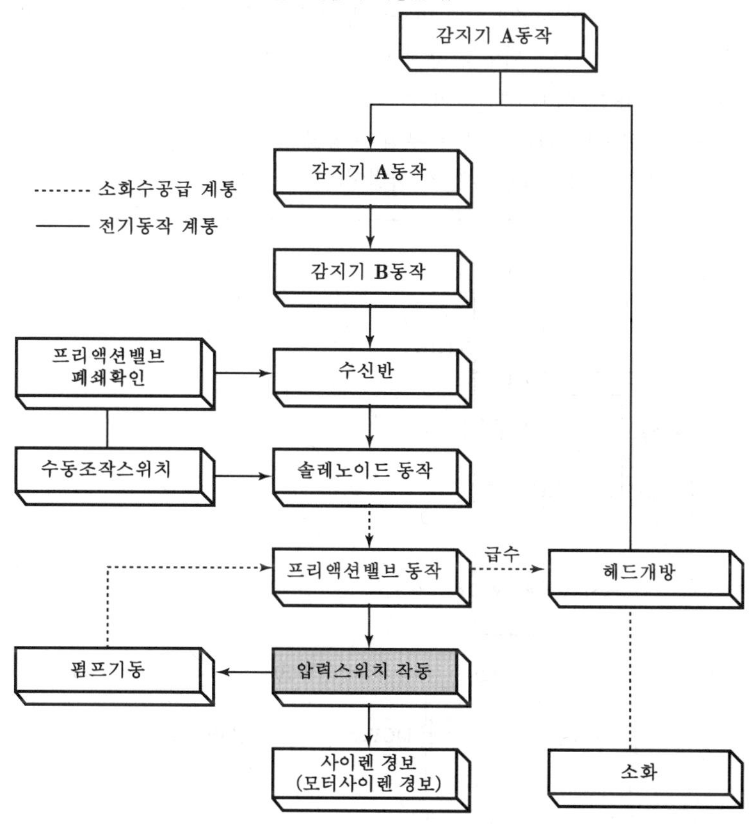

☆☆ **문제 08**

그림은 유도전동기의 Y−△ 기동운전제어의 미완성 도면이다. 도면을 보고 다음 각 물음에 답하시오.

(13.7.문9)

득점	배점
	7

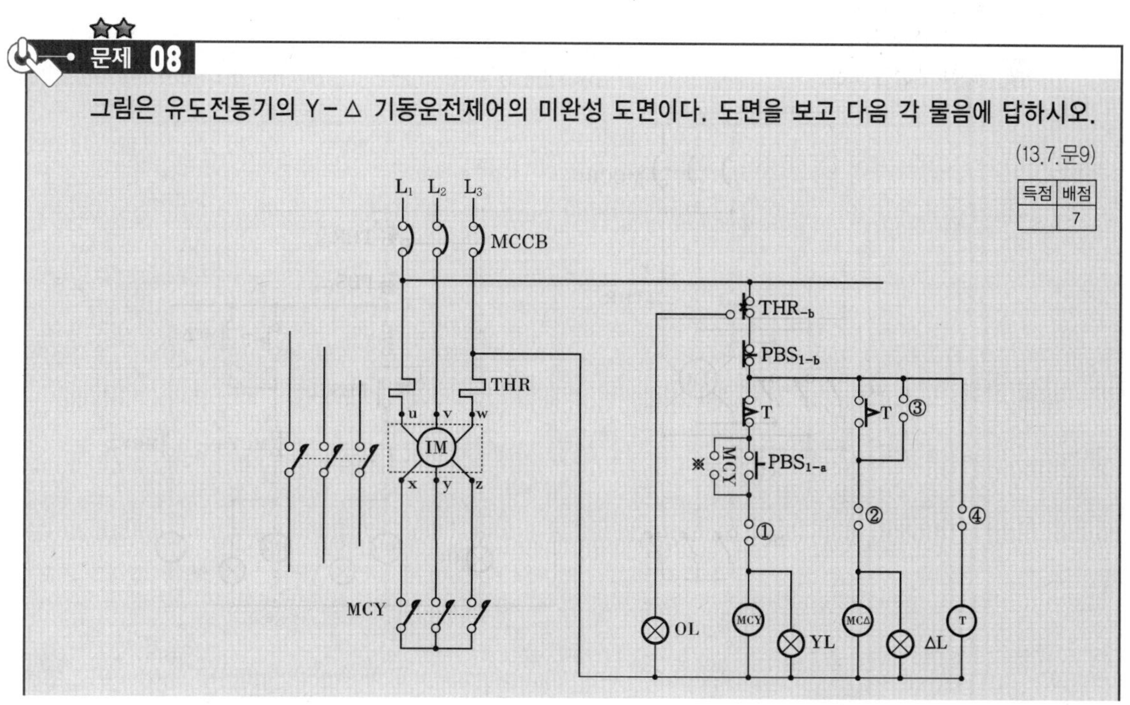

(가) 주회로부분의 Y－△에 대한 △부분(MC△)의 주접점회로를 완성하시오.
(나) MC△, MCY에 대한 보조접점의 미완성 부분에 알맞은 접점을 그려 넣으시오. 이때 어떤 전자개폐기의 접점인지 구분이 되도록 전자개폐기 명칭을 접점 옆에 쓰도록 하시오.
(다) 도면에서 THR은 어떤 계전기인가?
(라) 도면에서 MCCB의 원어에 대한 우리말 명칭은 무엇인가?
(마) ※표 부분의 접점은 어떤 역할의 접점이라 하는가?

해답 (가)

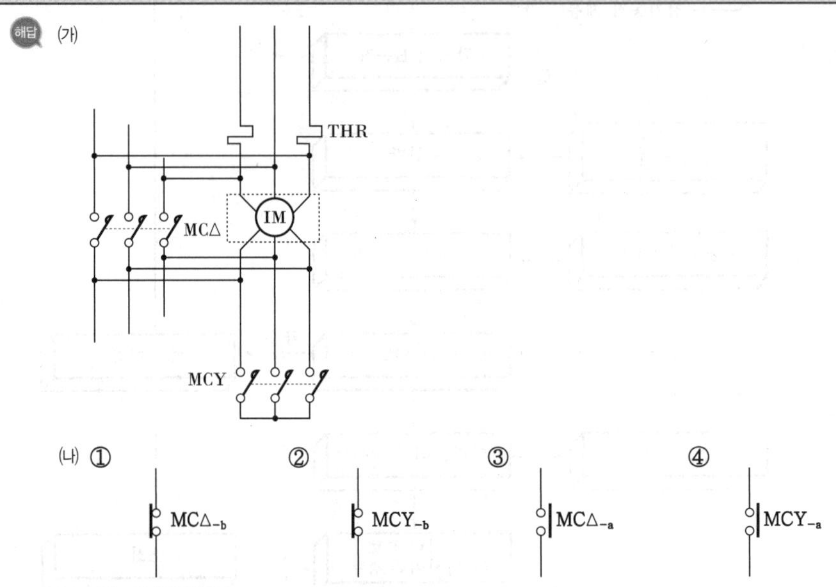

(다) 열동계전기
(라) 배선용 차단기
(마) 자기유지접점

해설 (가), (나) 완성된 도면

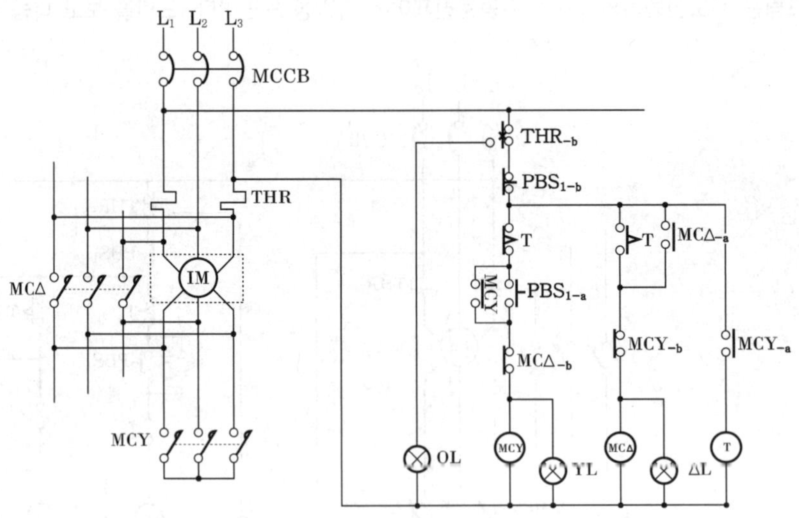

(다)~(마)

기 호	용 어	설 명
(다)	**열동계전기**(Thermal Relay)	전동기의 **과부하보호용** 계전기로서, 동작시 수동으로 복구시킨다. 자동제어기구의 번호는 49이다.
(라)	**배선용 차단기**(MCCB)	퓨즈를 사용하지 않고 **바이메탈**이나 전자석으로 회로를 차단하는 저압용 개폐기, 예전에는 **NFB**라고 불렀다.
(마)	**자기유지접점**	푸시버튼스위치 등을 이용하여 회로를 동작시켰을 때 푸시버튼스위치를 조작한 후 손을 떼어도 그 상태를 계속 유지해주는 접점

용어

인터록회로(Interlock Circuit) : 두 가지 중 어느 한 가지 동작만 이루어질 수 있도록 배선 도중에 b접점을 추가하여 놓은 것으로, 전동기의 **Y-Δ 기동회로 · 정역전 기동회로** 등에 적용된다.

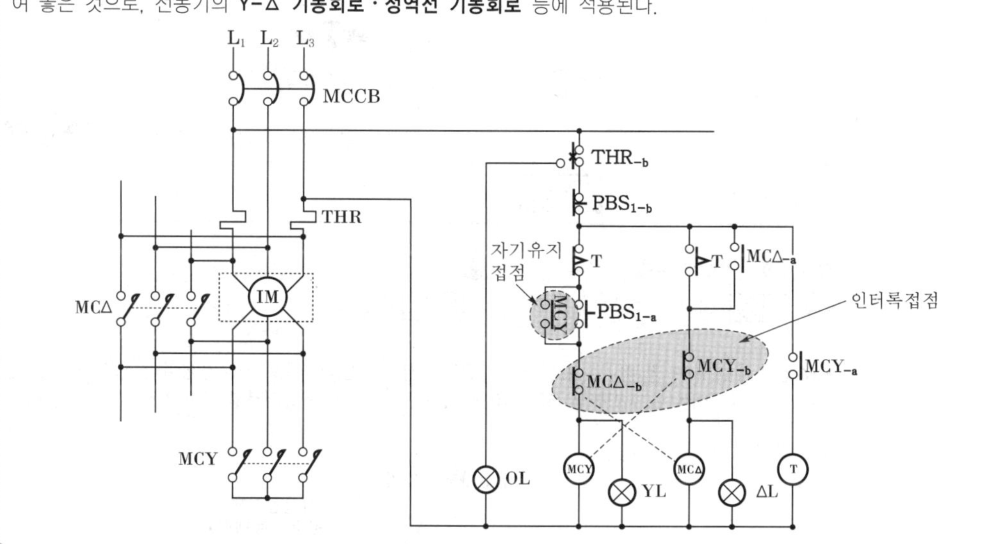

☆☆☆
문제 09

다음의 옥내배선기호와 배선표시에 관해 다음 각 물음에 답하시오.

(19.11.문11, 19.6.문5, 13.7.문11, 12.7.문2, 11.11.문15)

득점	배점
	9

(가) 그림기호에 맞는 명칭을 쓰시오.

① ────────

② ── ── ──

③ - - - - - - - - - - -

(나) 객석유도등의 그림기호를 그리시오.

(다) 비상콘센트설비의 그림기호를 그리시오.

(라) 배선표시가 의미하는 내용을 쓰시오.

○ ─//─ 2.5(19)

 (가) ① 천장은폐배선

② 바닥은폐배선

③ 노출배선

(나) ⊗s

(다) ⊙⊙

(라) 19mm 박강전선관에 전선 2.5mm² 2가닥을 천장은폐배선한다.

해설 (가)~(다) **옥내배선기호**

명 칭		그림기호	적 요
천장은폐배선		————	• 천장 속의 배선을 구별하는 경우 : —·—·—
바닥은폐배선		— — —	−
노출배선		------------	• 바닥면 노출배선을 구별하는 경우 : —··—··—
유도등	백열등	⊗	• 객석유도등 : ⊗s
	형광등	□⊗□	• 중형 : ■⊗■ 중 • 통로유도등 : □⊗□ → • 계단에 설치하는 비상용 조명과 겸용 : ■⊗■
비상콘센트		⊙⊙	−

• (나) ⊗s 이렇게 그리지 않도록 주의! ⊗s이 정답!
• (다) ⊙⊙ 이렇게 그리지 않도록 주의! ⊙⊙이 정답!

(라)

• (라) 전선의 종류는 명시하고 있지 않으므로 쓸 필요가 없다. 아무 전선명칭이나 쓰면 오히려 틀릴 수 있으니 주의! (19)는 홀수이므로 전선관이라고 쓰면 틀리고 **'박강전선관'**이라 정확히 써야 한다.

① 배선표시

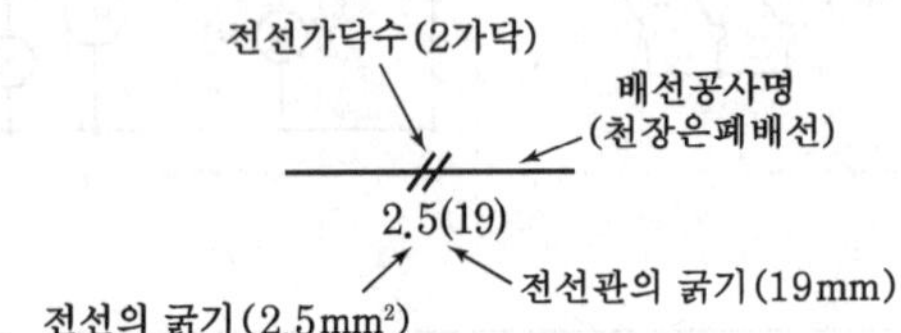

② **배관**의 **표시방법**

㉠ 강제전선관의 경우 : HFIX 2.5(19)

㉡ 경질비닐전선관인 경우 : 2.5(VE16)

㉢ 2종 금속제 가요전선관인 경우 : 2.5($F_2$17)

㉣ 합성수지제 가요관인 경우 : 2.5(PF16)

㉤ 전선이 들어있지 않은 경우 : (19)

③ **전선관**의 **종류**

후강전선관	박강전선관
표시된 규격은 **내경**을 의미하며, **짝수**로 표시된다. **폭발성 가스** 저장장소에 사용된다. ※ 규격 : 16mm, 22mm, 28mm, 36mm, 42mm, 54mm, 70mm, 82mm, 92mm, 104mm	표시된 규격은 **외경**을 의미하며, **홀수**로 표시된다. ※ 규격 : 19mm, 25mm, 31mm, 39mm, 51mm, 63mm, 75mm

☆☆
문제 10

알칼리축전지의 정격용량은 100Ah이고, 상시부하 5kW, 표준전압 100V인 부동충전방식 충전기의 2차 충전전류값은? (단, 알칼리축전지의 방전율은 5시간율로 한다.) (15.4.문10, 11.7.문7)

○ 계산과정 :

○ 답 :

득점	배점
	5

해답

○ 계산과정 : $\frac{100}{5}+\frac{5000}{100}=70\text{A}$

○ 답 : 70A

해설

2차 충전전류$=\frac{\text{축전지의 정격용량}}{\text{축전지의 공칭용량}}+\frac{\text{상시부하}}{\text{표준전압}}=\frac{100}{5}+\frac{5000}{100}=70\text{A}$

구 분	연축전지	알칼리축전지
공칭용량	10Ah	5Ah

- 공칭용량 : 문제에서 알칼리축전지이므로 5Ah
- 상시부하 : 5kW=5000W(1kW=1000W)

2차 출력=표준전압×2차 충전전류

☆
문제 11

발신기의 형식승인 및 제품검사의 기술기준에 따른 발신기의 반복시험에 대하여 간단히 설명하시오.

○

득점	배점
	5

해답 정격전압에서 정격전류를 흘려 5000회의 작동 반복시험을 하는 경우 구조기능에 이상이 생기지 않을 것

해설 (1) 반복시험 횟수

횟 수	기 기
1000회	**속**보기
2000회	**중**계기
5000회	**전**원스위치 · **발**신기
6000회	감지기
10000회	비상조명등, 스위치 접점, 기타의 설비 및 기기

기억법 속1
중2 (중이염)
5전발

(2) 반복시험

기 기	시 험	근 거
감지기	감지기(비재용형 제외)는 감지기가 작동하는 경우에 단자접점에 저항부하를 연결하고 정격전압전류를 가한 상태에서 감지기의 구분에 의하여 조작을 **6000회** 반복할 경우 구조 또는 기능에 이상이 생기지 않을 것	감지기의 형식승인 및 제품검사의 기술기준 28조

속보기	정격전압에서 **1000회**의 화재작동을 반복 실시하는 경우 구조 또는 기능에 이상이 생기지 않을 것	자동화재속보설비의 속보기의 성능인증 및 제품검사의 기술기준 9조
중계기	정격전압에서 정격전류를 흘리고 **2000회**의 작동을 반복하는 시험을 하는 경우 구조 또는 기능에 이상이 생기지 않을 것	중계기의 형식승인 및 제품검사의 기술기준 10조
발신기	정격전압에서 정격전류를 흘려 **5000회**의 작동 반복시험을 하는 경우 구조기능에 이상이 생기지 않을 것	발신기의 형식승인 및 제품검사의 기술기준 10조
비상조명등	정격사용전압에서 **10000회**의 작동을 반복하여 실시하는 경우 그 구조 또는 기능에 이상이 생기지 않을 것(이 경우 시험도중 광원 및 예비전원은 교체 가능)	비상조명등의 형식승인 및 제품검사의 기술기준 16조

☆☆☆

문제 12

11층 이상 연면적 3000m^{2}를 초과하는 건축물에 자동화재탐지설비 지구음향장치를 설치하고자 한다. 다음 각 물음에 답하시오. (17.4.문14, 14.7.문3, 11.11.문16, 11.5.문10)

득점	배점
	11

(가) 다음의 경우에 경보를 발하여야 할 층을 쓰시오.
- ○ 지상 2층 발화
- ○ 지상 1층 발화
- ○ 지하층 발화

(나) 음향장치의 음량은 부착된 음향장치의 중심으로부터 몇 m 떨어진 위치에서 몇 dB 이상이 되는 것으로 하여야 하는가?

해답 (가) ○ 지상 2층 발화 : 발화층, 직상 4개층
○ 지상 1층 발화 : 발화층, 직상 4개층, 지하층
○ 지하층 발화 : 발화층, 직상층, 기타의 지하층

(나) 1m, 90dB

해설 (가) **자동화재탐지설비의 발화층 및 직상 4개층 우선경보방식**(NFPC 203 8조, NFTC 203 2.5.1.2)

발화층	경보층	
	11층(공동주택은 16층) 미만	11층(공동주택은 16층) 이상
2층 이상 발화	전층 일제 경보	• 발화층 • 직상 4개층
1층 발화		• 발화층 • 직상 4개층 • 지하층
지하층 발화		• 발화층 • 직상층 • 기타의 지하층

- 문제에서 층수가 11층 이상이라고만 했지 명확한 층수가 주어지지 않았으므로 1층, 2층 이런 식으로 답하면 틀리고 **발화층, 직상층, 기타의 지하층** 이런 식으로 답해야 정답!

용어

자동화재탐지설비의 발화층 및 직상 4개층 우선경보방식
11층(공동주택 **16층**) 이상인 특정소방대상물

(나) 자동화재탐지설비의 **음향장치**의 **구조** 및 **성능기준**(NFPC 203 8조, NFTC 203 2.5.1.4)
① 정격전압의 **80%** 전압에서 음향을 발할 수 있는 것으로 할 것
② 음량은 부착된 음향장치의 중심으로부터 **1m** 떨어진 위치에서 **90dB** 이상이 되는 것으로 할 것

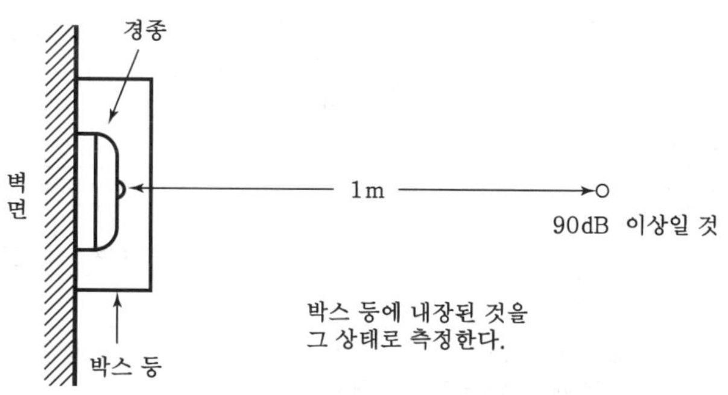

‖음향장치의 음량측정‖

③ **감지기 · 발신기**의 작동과 **연동**하여 작동할 수 있는 것으로 할 것

★★★

문제 13

다음 도면은 전실 급배기댐퍼를 나타낸 것이다. 다음 각 물음에 답하시오. (단, 댐퍼는 모터식이며 복구는 자동복구이고 전원은 제연설비반에서 공급하고 기동은 동시에 기동하는 것이다.)

(16.11.문15, 16.6.문2, 15.4.문16, 12.4.문12, 10.7.문16)

득점	배점
	10

(가) A, B, C의 명칭을 쓰시오.

A :

B :

C :

(나) ①, ②, ③, ④, ⑤의 전선가닥수를 쓰시오.

① ② ③ ④ ⑤

(다) B의 바닥으로부터의 설치높이는?

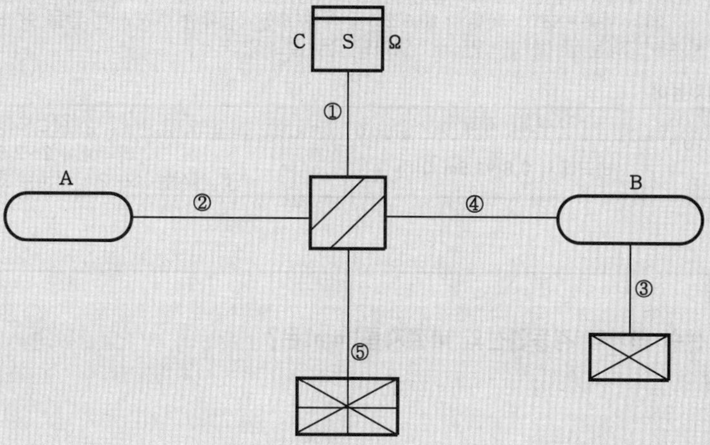

C S Ω

①

A ② ④ B

③

⑤

‖제연설비반‖

해답 (가) A : 배기댐퍼

B : 급기댐퍼

C : 연기감지기

(나) ① 2가닥 ② 4가닥 ③ 4가닥 ④ 5가닥 ⑤ 7가닥

(다) 0.8m 이상 1.5m 이하

해설 (가)

명 칭	기 능
급기댐퍼(Supply Damper)	전실 내에 신선한 공기를 공급하기 위한 통풍기의 한 부품으로 보통 **수동조작함 근처**에 **설치**되어 있다.
배기댐퍼(Exhaust Damper)	전실 내에 유입된 연기를 배출시키기 위한 통풍기의 한 부품
수동조작함(Manual Box)	화재발생시 수동으로 급·배기 댐퍼를 기동시키기 위한 조작반
연기감지기(Smoke Detector)	화재시 발생되는 연기를 이용하여 자동적으로 화재의 발생을 감지기로 감지하여 수신기에 발신하는 것으로서 **이온화식, 광전식, 연기복합형**의 3가지로 구분한다.

중요

이 문제처럼 급기댐퍼와 배기댐퍼가 기호로 구분되지 않는 경우 일반적으로 **수동조작함** 부근에 **급기댐퍼**가 설치되는 경우가 대부분이므로 B를 **급기댐퍼**라고 답해야 옳다!!
B를 급기댐퍼라고 답했으므로 당연히 A는 **배기댐퍼**가 정답!

(나)

기 호	가닥수	용 도
①	2	지구선 1, 공통선 1
②	4	전원선 2(⊕, ⊖), 기동선 1, 확인선 1(배기댐퍼확인)
③	4	전원선 2(⊕, ⊖), 기동선 1, 확인선 1(수동기동확인)
④	5	전원선 2(⊕, ⊖), 기동선 1, 확인선 2(급기댐퍼확인, 수동기동확인)
⑤	7	전원선 2(⊕, ⊖), 기동선 1, 확인선 3(급기댐퍼확인, 배기댐퍼확인, 수동기동확인), 지구선 1

- 기호 ① 종단저항이 연기감지기에 설치되어 있으므로 이때에는 지구선 1, 공통선 1이 된다. 만약, 종단저항이 단자함(▨)에 설치되어 있다면 지구선 2, 공통선 2가 된다.
- NFPC 501A 22 · 23조, NFTC 501A 2.19.1, 2.20.1.2에 따라 ③, ④, ⑤에는 '**수동기동확인**'이 반드시 추가되어야 한다.

> **특별피난계단의 계단실 및 부속실 제연설비**(NFPC 501A, NFTC 501A 2.19.1, 2.20.1.2)
> – **제22조(수동기동장치)** : 배출댐퍼 및 개폐기의 직근 또는 제연구역에는 장치의 작동을 위하여 **수동기동장치**를 설치하고, 스위치는 바닥으로부터 0.8~1.5m 이하의 높이에 설치해야 한다(단, 계단실 및 그 부속실을 동시에 제연하는 제연구역에는 그 부속실에만 설치할 수 있다).
> – **제23조(제어반)** : 제연설비의 제어반은 다음 각 호의 기준에 적합하도록 설치해야 한다.
> 마. **수동기동장치**의 **작동여부**에 대한 **감시기능**

※ '**수동기동확인**'은 근래에 법이 바뀌어 채점위원이 잘 모를 수도 있다. 그러므로 답란에 '**NFPC 501A 23조 마목, NFTC 501A 2.20.1.2.5에 의해 수동기동확인 추가**'라는 말을 꼭 쓰도록 하라!

- 기호 ③에는 급기댐퍼확인, 배기댐퍼확인은 필요 없다.

(다) **설치높이**

기타 기기	시각경보장치
바닥에서 **0.8~1.5m** 이하	바닥에서 **2~2.5m** 이하 (단, 천장높이가 2m 이하는 **천장**에서 **0.15m** 이내)

★★ 문제 14

2.6mm 소선수 19가닥 경동연선의 바깥지름[mm]은?

득점	배점
	5

○ 계산과정 :
○ 답 :

해답 ○ 계산과정 : $3n^2+3n+1=19$

$n=2$

$D=(1+2\times2)\times2.6=13\text{mm}$

○ 답 : 13mm

해설 (1) 소선의 총개수

$$N=3n(1+n)+1$$

여기서, N : 소선의 총개수
n : 소선의 층수(가운데 심선을 제외한 층수

(2) 연선의 직경

$$D=(1+2n)d\,[\text{mm}]$$

여기서, D : 연선의 직경[mm]
n : 소선의 층수(가운데 심선을 제외한 층수)
d : 소선 1가닥의 지름[mm]

(3) 연선의 단면적

$$S=\pi r^2 N\,[\text{mm}^2]$$

여기서, S : 연선의 단면적[mm²]
r : 소선 1가닥의 반지름[mm]
N : 소선의 총개수

소선의 총개수 $N=3n(1+n)+1$에서

$3n^2+3n+1=N$

$3n^2+3n+1=19$

$3n^2+3n+1-19=0$

$3n^2+3n-18=0$

계산편의를 위해 3으로 나누면

$\frac{3n^2}{3}+\frac{3n}{3}-\frac{18}{3}=0$

$n^2+n-6=0$

계산편의를 위해 n을 x로 표시하면

$x^2+x-6=0$

〈인수분해 공식〉
$x^2+(a+b)x+ab=(x+a)(x+b)$

$x^2+(a+b)x+ab=x^2+x-6$이 되기 위한 x값은 3, −2이다.

$(x+3)(x-2)=0$

$x=-3$ 또는 2

−값은 될 수 없으므로 2가 답이다.

$\therefore\ n=2$

연선의 직경(바깥지름) $D=(1+2n)d=(1+2\times2)\times2.6=13\text{mm}$

용어

소선
연선을 구성하는 하나하나의 단선

비교문제

2.6mm 소선수 19가닥 경동연선의 공칭단면적[mm²]을 구하시오.

연선의 단면적

$$S=\pi r^2 N\,[\text{mm}^2]$$

여기서, S : 연선의 단면적[mm²]
r : 소선 1가닥의 반지름[mm]
N : 소선의 총개수

연선의 단면적 $S=\pi r^2 N=\pi\times(1.3\text{mm})^2\times19\text{가닥}=100.87\text{mm}^2$

∴ 100.87mm²보다 같거나 큰 값은 **120mm²**

• r(1.3mm) : 지름이 d=2.6mm이므로 반지름 r=1.3mm

참고

공칭단면적

① 0.5mm² ② 0.75mm² ③ 1mm² ④ 1.5mm² ⑤ 2.5mm²
⑥ 4mm² ⑦ 6mm² ⑧ 10mm² ⑨ 16mm² ⑩ 25mm²
⑪ 35mm² ⑫ 50mm² ⑬ 70mm² ⑭ 95mm² ⑮ 120mm²
⑯ 150mm² ⑰ 185mm² ⑱ 240mm² ⑲ 300mm² ⑳ 400mm²
㉑ 500mm²

용어

공칭단면적

실제 실무에서 생산되는 규정된 전선의 굵기를 말한다.

과년도 출제문제

2017년 소방설비산업기사 실기(전기분야)

**** 수험자 유의사항 ****

– 공통 유의사항

1. 시험 시작 시간 이후 입실 및 응시가 불가하며, 수험표 및 접수내역 사전확인을 통한 시험장 위치, 시험장 입실 가능 시간을 숙지하시기 바랍니다.
2. 시험 준비물 : 공단인정 신분증, 수험표, 계산기(필요 시), 흑색 볼펜류 필기구(필답, 기술사 필기), 계산기(필요 시), 수험자 지참 준비물(작업형 실기)
   ※ 공학용 계산기는 일부 등급에서 제한된 모델로만 사용이 가능하므로 사전에 필히 확인 후 지참 바랍니다.
3. 부정행위 관련 유의사항 : 시험 중 다음과 같은 행위를 하는 자는 국가기술자격법 제10조 제6항의 규정에 따라 당해 검정을 중지 또는 무효로 하고 3년간 국가기술자격법에 의한 검정을 받을 자격이 정지됩니다.
   - 시험 중 다른 수험자와 시험과 관련된 대화를 하거나 답안지(작품 포함)를 교환하는 행위
   - 시험 중 다른 수험자의 답안지(작품) 또는 문제지를 엿보고 답안을 작성하거나 작품을 제작하는 행위
   - 다른 수험자를 위하여 답안(실기작품의 제작방법 포함)을 알려 주거나 엿보게 하는 행위
   - 시험 중 시험문제 내용과 관련된 물건을 휴대하여 사용하거나 이를 주고받는 행위
   - 시험장 내외의 자로부터 도움을 받고 답안지를 작성하거나 작품을 제작하는 행위
   - 다른 수험자와 성명 또는 수험번호(비번호)를 바꾸어 제출하는 행위
   - 대리시험을 치르거나 치르게 하는 행위
   - 시험시간 중 통신기기 및 전자기기를 사용하여 답안지를 작성하거나 다른 수험자를 위하여 답안을 송신하는 행위
   - 그 밖에 부정 또는 불공정한 방법으로 시험을 치르는 행위
4. 시험시간 중 전자·통신기기를 비롯한 불허물품 소지가 적발되는 경우 퇴실조치 및 당해 시험은 무효처리가 됩니다.

– 실기시험 수험자 유의사항

1. 문제지를 받는 즉시 응시 종목의 문제가 맞는지 확인하셔야 합니다.
2. 답안지 내 인적 사항 및 답안작성(계산식 포함)은 **검정색** 필기구만을 계속 사용하여야 합니다.
3. 답안정정 시에는 **두 줄**(=)을 긋고 다시 **기재 가능**하며, **수정 테이프 사용** 또한 **가능**합니다.
4. 계산문제는 반드시 '계산과정'과 '답'란에 정확히 기재하여야 하며 계산과정이 틀리거나 없는 경우 0점 처리됩니다.
   ※ 연습이 필요 시 연습란을 이용하여야 하며, 연습란은 채점대상이 아닙니다.
5. 계산문제는 최종 결과값(답)에서 소수 셋째자리에서 반올림하여 둘째자리까지 구하여야 하나 개별 문제에서 소수 처리에 대한 별도 요구사항이 있을 경우, 그 요구사항에 따라야 합니다.
6. 답에 단위가 없으면 오답으로 처리됩니다. (단, 문제의 요구사항에 단위가 주어졌을 경우는 생략되어도 무방합니다)
7. 문제에서 요구한 가지 수 이상을 답란에 표기한 경우, 답란기재 순으로 요구한 가지 수만 채점합니다.

2017. 4. 16 시행

▌2017년 산업기사 제1회 필답형 실기시험▐			수험번호	성명	감독위원 확 인
자격종목 소방설비산업기사(전기분야)	시험시간 2시간 30분	형별			

※ 다음 물음에 답을 해당 답란에 답하시오.(배점 : 100)

☆☆☆

문제 01

감지기회로의 결선도이다. 송배선식과 교차회로방식의 사용목적, 적용설비, 가닥수 산정에 대하여 다음 각 물음에 답하시오.

(19.4.문5·11, 16.6.문16, 11.11.문14, 07.11.문11)

득점	배점
	6

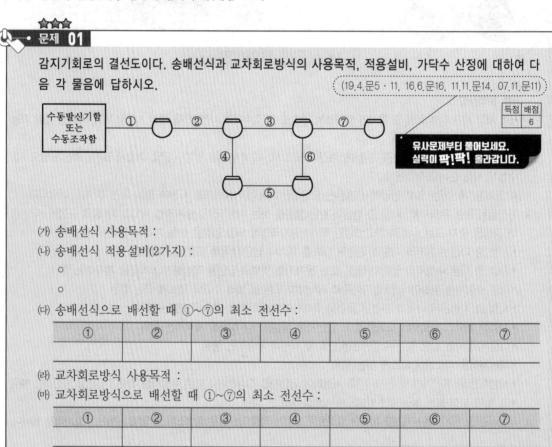

유사문제부터 풀어보세요.
실력이 팍!팍! 올라갑니다.

수동발신기함 또는 수동조작함 ① ② ③ ⑦ ④ ⑥ ⑤

(가) 송배선식 사용목적 :

(나) 송배선식 적용설비(2가지) :

ㅇ

ㅇ

(다) 송배선식으로 배선할 때 ①~⑦의 최소 전선수 :

①	②	③	④	⑤	⑥	⑦

(라) 교차회로방식 사용목적 :

(마) 교차회로방식으로 배선할 때 ①~⑦의 최소 전선수 :

①	②	③	④	⑤	⑥	⑦

해답 (가) 도통시험을 용이하게 하기 위하여

(나) ㅇ자동화재탐지설비

ㅇ제연설비

(다)

①	②	③	④	⑤	⑥	⑦
4가닥	4가닥	2가닥	2가닥	2가닥	2가닥	4가닥

(라) 감지기의 오동작 방지

(마)

①	②	③	④	⑤	⑥	⑦
8가닥	8가닥	4가닥	4가닥	4가닥	4가닥	4가닥

해설

- 교차회로방식의 사용목적에서 '**오동작**'을 '**오작동**'이라고 써도 맞다.

송배선식과 **교차회로방식**

구 분	송배선식	교차회로방식
목적	**도통시험**을 용이하게 하기 위하여	감지기의 **오동작** 방지
원리	배선의 도중에서 분기하지 않는 방식	하나의 담당구역 내에 **2 이상**의 **감지기회로**를 설치하고 **2 이상**의 **감지기회로**가 **동시**에 **감지**되는 때에 설비가 작동하는 방식으로 회로방식이 **AND 회로**에 해당된다.
적용설비	• 자동화재탐지설비 • 제연설비	• **분**말소화설비 • **할**론소화설비 • **이**산화탄소 소화설비 • **준**비작동식 스프링클러설비 • **일**제살수식 스프링클러설비 • **할**로겐화합물 및 불활성기체 소화설비 • **부**압식 스프링클러설비 기억법 **분할이 준일할부**
가닥수 산정	종단저항을 수동발신기함 내에 설치하는 경우 **루프(loop)**된 곳은 **2가닥**, **기타 4가닥**이 된다. 수동 발신기함 / 루프(loop) 송배선식	**말단**과 **루프**(loop)된 곳은 **4가닥**, **기타 8가닥**이 된다. 말단 / 수동 발신기함 / 루프(loop) 교차회로방식

☆☆
문제 02

다음 그림과 같이 지하 1층에서 지상 5층까지 각 층의 평면이 동일하고, 각 층의 높이가 4m인 학원건물에 자동화재탐지설비를 설치한 경우이다. 다음 물음에 답하시오. (15.7.문9, 13.7.문3)

득점	배점
	7

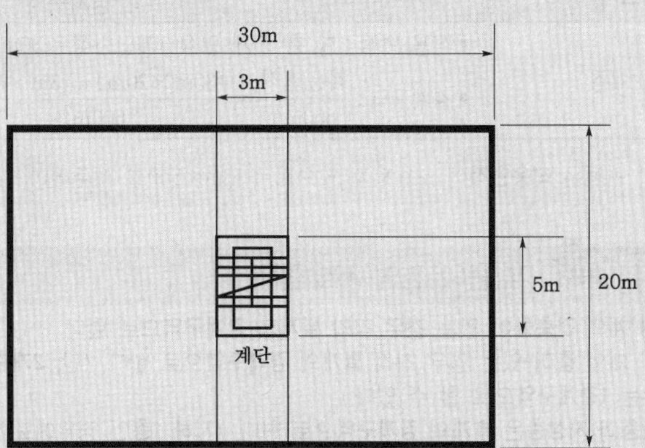

(가) 하나의 층에 대한 자동화재탐지설비의 수평경계구역수를 구하시오.
- ○ 계산과정 :
- ○ 답 :

(나) 본 소방대상물 자동화재탐지설비의 수직 및 수평 경계구역수를 구하시오.
- ○ 수평경계구역
  - − 계산과정 :
  - − 답 :

○ 수직경계구역
 – 계산과정 :
 – 답 :

(다) 계단에 다음과 같은 감지기를 설치하고자 한다. 각각의 명칭을 쓰시오.

○  :

○ [S] :

(라) 이 건물에 추가로 엘리베이터를 설치한다고 할 때 엘리베이터 권상기실 상부에 설치해야 하는 감지기의 종류 1가지를 쓰시오.

해답

(가) ○ 계산과정 : $\frac{(30\times20)-(3\times5)}{600}=0.975 \fallingdotseq 1$경계구역

○ 답 : 1경계구역

(나) ○ 수평경계구역

– 계산과정 : $1\times6=6$경계구역

– 답 : 6경계구역

○ 수직경계구역

– 계산과정 : $\frac{4\times6}{45}=0.53 \fallingdotseq 1$경계구역

– 답 : 1경계구역

(다) ① [S] : 연기감지기(매입형)

② [S] : 연기감지기(점검박스붙이형)

(라) 연기감지기 2종

해설

(가)

구 분	경계구역
1개층	• 적용 면적 : 한 층 전체 면적 − 계단면적=(30m×20m)−(3m×5m) • 경계구역 : $\frac{\text{적용면적}}{600\text{m}^2}=\frac{(30\text{m}\times20\text{m})-(3\text{m}\times5\text{m})}{600\text{m}^2}=0.975 \fallingdotseq 1$경계구역(절상)

• **계단**의 면적은 **적용면적**에 포함되지 않으므로 (3m×5m)를 빼주어야 한다.

아하! 그렇구나 각 층의 경계구역 산정

① 여러 개의 **건축물**이 있는 경우 각각 **별개**의 **경계구역**으로 한다.
② 여러 개의 **층**이 있는 경우 각각 **별개**의 **경계구역**으로 한다. (단, **2개층**의 면적의 합이 **500m²** **이하**인 경우는 **1경계구역**으로 할 수 있다.)
③ **지하층**과 **지상층**은 **별개**의 **경계구역**으로 한다. (**지하 1층**인 경우에도 **별개**의 **경계구역**으로 한다. 주의! 또 주의!!)
④ 1경계구역의 면적은 **600m²** **이하**로 하고, 한 변의 길이는 **50m** **이하**로 한다.
⑤ **목욕실 · 화장실** 등도 **경계구역 면적**에 **포함**한다.
⑥ **계단** 및 **엘리베이터**의 면적은 **경계구역 면적**에서 **제외**한다.

(나) ① **수평경계구역**

한 층당 1경계구역×6개층=6경계구역

② **수직경계구역**

구 분	경계구역
계단 (지하 1층~지상 5층)	• 수직거리 : 4m×6층 = 24m • 경계구역 : $\frac{\text{수직거리}}{45\text{m}} = \frac{24\text{m}}{45\text{m}}$ $= 0.53 ≒ 1$ 경계구역(절상)
합계	1경계구역

- **지하 1층**과 **지상층**은 **동일 경계구역**으로 한다.
- 수직거리 **45m 이하**를 **1경계구역**으로 하므로 $\frac{\text{수직거리}}{45\text{m}}$를 하면 경계구역을 구할 수 있다.
- 경계구역 산정은 **소수점**이 발생하면 반드시 **절상**한다.
- 만약 엘리베이터가 있다면 엘리베이터의 경계구역은 높이 45m 이하마다 나누는 것이 아니고, **엘리베이터 개수**마다 **1경계구역**으로 한다.

아하! 그렇구나 계단 · 엘리베이터의 경계구역 산정

① **수직거리 45m** 이하마다 **1경계구역**으로 한다.
② **지하층**과 **지상층**은 **별개**의 **경계구역**으로 한다. (단, **지하 1층**인 경우에는 지상층과 **동일 경계구역**으로 한다.)
③ **엘리베이터마다 1경계구역**으로 한다.

- **연기감지기(매입형)**를 '**매입형 연기감지기**'라고 써도 정답이다.
- **연기감지기(점검박스붙이형)**를 '**점검박스붙이형 연기감지기**'라고 써도 정답이다.
- '**점검박스붙이용**'이 아닌 '**점검박스붙이형**'으로 정확히 답하라!

(다) **옥내배선기호**

명 칭	그림기호	적 요
차동식 스포트형 감지기	⊖	
보상식 스포트형 감지기	⊜	
정온식 스포트형 감지기	◡	• 방수형 : ◡ • 내산형 : ◡ • 내알칼리형 : ◡ • 방폭형 : ◡EX
연기감지기	S	• 점검박스붙이형 : S • 매입형 : S
감지선	—⊙—	• 감지선과 전선의 접속점 : —●— • 가건물 및 천장 안에 시설할 경우 : --⊙-- • 관통위치 : —○—○—
공기관	———	• 가건물 및 천장 안에 시설할 경우 : ------------- • 관통위치 : —○—○—
열전대	—■—	• 가건물 및 천장 안에 시설할 경우 : —□—

(라)

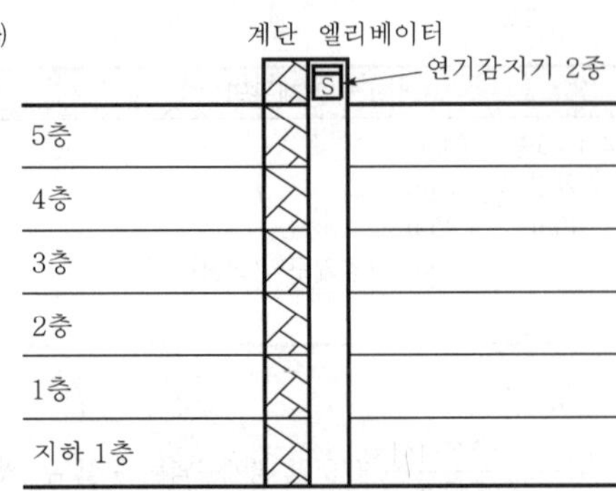

‖엘리베이터의 연기감지기 설치‖

- 특별한 조건이 없는 경우 수직경계구역에는 **연기감지기 2종**을 설치한다.
- 이 문제에서는 감지기 종류만 물어보았으므로 **'2종'**이라는 말까지는 안 써도 정답이다.

아하! 그렇구나 계단 · 엘리베이터의 감지기 개수 산정

① 연기감지기 **1 · 2종** : 수직거리 **15m**마다 설치한다.
② 연기감지기 **3종** : 수직거리 **10m**마다 설치한다.
③ **지하층**과 **지상층**은 **별도**로 **감지기 개수**를 **산정**한다. (단, 지하 1층의 경우에는 제외한다.)
④ **엘리베이터마다** 연기감지기는 **1개씩** 설치한다.

★★★

문제 03

다음 주어진 CO_2 설비의 미완성 전기도면을 보고 다음 각 물음에 답하시오. (단, ④의 표시등은 역할상의 명칭을 쓰도록 할 것)
(19.11.문1, 14.7.문15, 13.4.문14, 08.7.문12, 03.7.문7)

득점	배점
	14

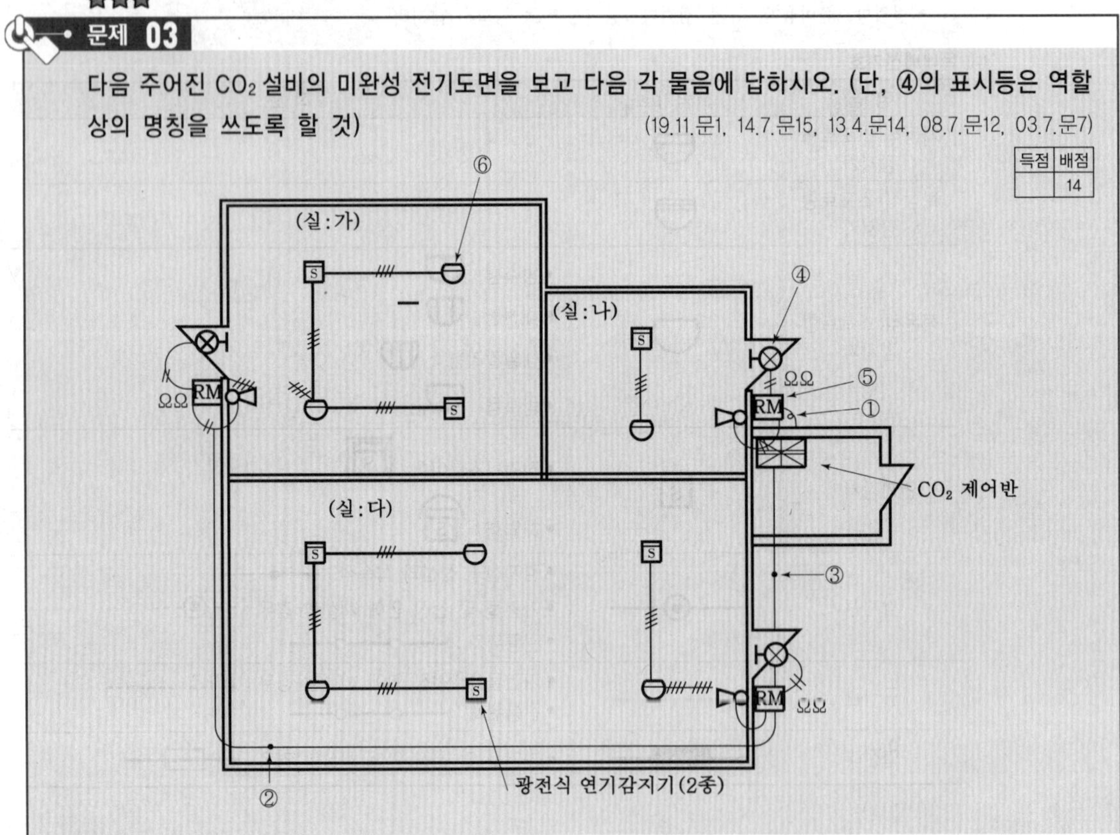

(가) 도면을 완성하시오.

(나) ①~③까지 선로에 필요한 최소 전선가닥수는?

①

②

③

(다) ④~⑤로 표시된 기기장치의 명칭 및 설치목적을 간단히 설명하시오.

④ ◦명칭 :

◦설치목적 :

⑤ ◦명칭 :

◦설치목적 :

(라) ⑥의 심벌 명칭은?

(마) ⑥의 심벌을 ㉠ [심벌]과 ㉡ [심벌]으로 표시한 경우의 의미는?

해답 (가)

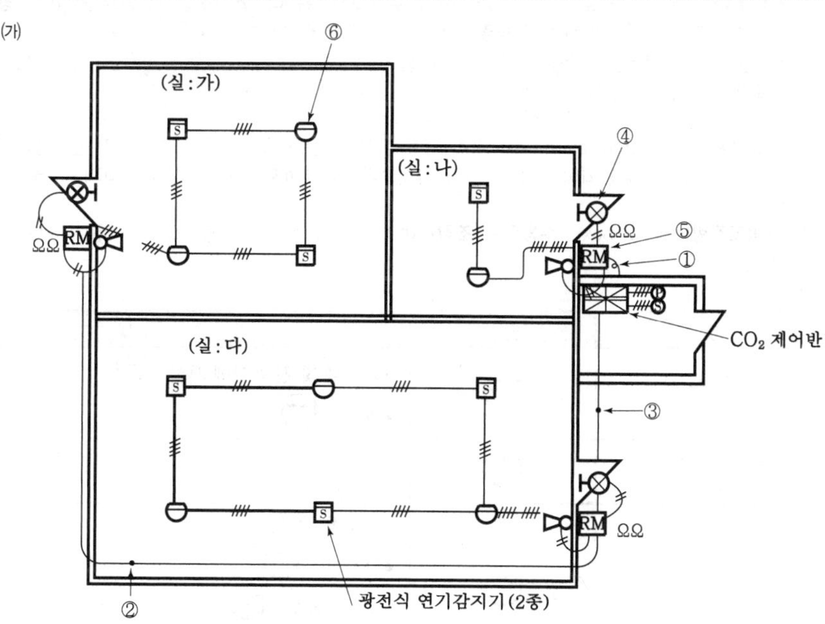

(나) ① 8가닥

② 8가닥

③ 13가닥

(다) ④ ◦명칭 : 방출표시등(벽붙이형)

◦기능 : 외부인의 출입금지

⑤ ◦명칭 : 수동조작함

◦기능 : 수동으로 조작하여 설비기동

(라) 차동식 스포트형 감지기

(마) ㉠ 가건물 및 천장 안에 시설

㉡ 매입

해설 (가)

- 감지기-감지기, 감지기-수동조작함 배선 : **말단**과 **루프 4가닥**, 기타는 **8가닥**
- 사이렌(⊂◁) : 2가닥
- 방출표시등(├⊗) : 2가닥
- 압력스위치(Ⓟ) : 4가닥
- 솔레노이드 밸브(Ⓢ) : 4가닥
- **압력스위치**와 **솔레노이드밸브**도 반드시 그리도록 한다. 그리지 않으면 틀릴 수 있다.
- 입력스위치와 솔레노이드밸브는 나음과 같이 그려도 된다.

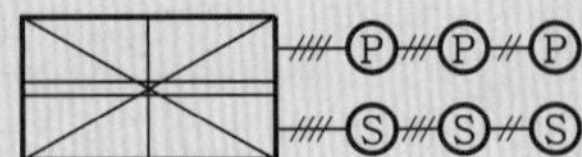

(나)

기 호	내 역	용 도
①, ②	28C(HFIX 2.5-8)	전원 ⊕ · ⊖, 방출지연스위치, 감지기 A · B, 기동스위치, 사이렌, 방출표시등
③	36C(HFIX 2.5-13)	전원 ⊕ · ⊖, 방출지연스위치, (감지기 A · B, 기동스위치, 사이렌, 방출표시등)×2

- 방출지연스위치는 방호구역마다 가닥수가 추가되지 않는다. 왜냐하면 각 방호구역마다 **방출지연스위치**가 설치되기는 하지만 배선이 **병렬**로 **연결**되기 때문에 그렇다.
- 방출지연스위치=방출지연비상스위치=비상스위치
- ④'**벽붙이형**'이란 말도 꼭 써야 한다.

(다) ④ **방출표시등**(discharge lamp) : 소화가스 방출시 점등되는 방출표시등은 방출구역 근접 **출입구** 위에 **부착**하는 것으로 방출등이 점등되어 있을 때는 완전소화가 될 때까지 가스가 방출된 화재구역을 밀폐상태로 두어야 한다.

⑤ **수동조작함**(manual box) : **수동**으로 **조작**하여 설비를 기동시키는 용도로 손이 닿기 쉬운 위치(**출입문 부근**)에 설치한다.

(라), (마)

명 칭	그림기호	적 요
차동식 스포트형 감지기	⊖	• 가건물 및 천장 안에 시설 : (점선 기호) • 매입 : (매입 기호)
보상식 스포트형 감지기	(보상식 기호)	
정온식 스포트형 감지기	(정온식 기호)	• 방수형 : (기호) • 내산형 : (기호) • 내알칼리형 : (기호) • 방폭형 : (기호)$_{EX}$
연기감지기	S	• 점검박스붙이형 : S • 매입형 : S
사이렌	○◁	• 모터사이렌 : Ⓜ◁ • 전자사이렌 : Ⓢ◁
방출표시능	⊗	• 벽붙이형 : ├⊗

문제 04

자동화재탐지설비 R형 수신기의 동작시험 실시방법을 자동과 수동으로 구분하여 설명하시오. (09.4.문11)

ㅇ자동으로 동작시험시 :

ㅇ수동으로 동작시험시 :

득점	배점
	6

해답 ㅇ자동으로 동작시험시
- 소화설비, 비상방송 등 설비 연동스위치 연동정지
- 축적·비축적 선택스위치를 비축적 위치로 전환
- 수신기 뒷면 기판의 "회로시험스위치"를 자동위치로 전환
- 자동복구스위치 누름
- 수신기 전면 회로시험스위치를 누르면 자동으로 1번 회로부터 n번 회로까지 자동 진행

ㅇ수동으로 동작시험시
- 소화설비, 비상방송 등 설비 연동스위치 연동정지
- 축적·비축적 선택스위치를 비축적 위치로 전환
- 수신기 뒷면 기판의 "회로시험스위치"를 수동위치로 전환
- 자동복구스위치 누름
- "동작시험 수동진행버튼"을 누르면 1회로씩 동작시험 진행

해설 **자동화재탐지설비 R형 수신기 동작시험**

자동으로 동작시험시	수동으로 동작시험시
① 소화설비, 비상방송 등 설비 **연동스위치 연동정지** ② 축적·비축적 **선택스위치**를 **비축적** 위치로 전환 ③ 수신기 뒷면 기판의 **"회로시험스위치"**를 **자동**위치로 전환 ④ **자동복구스위치**를 누름 ⑤ 수신기 전면 **"회로시험스위치"**를 누르면 자동으로 1번 회로부터 n번 회로까지 자동으로 진행	① 소화설비, 비상방송 등 설비 **연동스위치 연동정지** ② 축적·비축적 **선택스위치**를 **비축적** 위치로 전환 ③ 수신기 뒷면 기판의 **"회로시험스위치"**를 **수동**위치로 전환 ④ **자동복구스위치**를 누름 ⑤ **"동작시험 수동진행버튼"**을 누르면 1회로씩 동작시험 진행

문제 05

지상 3층 공장 건물에 옥내소화전설비의 기동용 수압개폐방식과 겸용한 자동화재탐지설비의 발신기세트와 습식 스프링클러설비를 설치하고, 수신기는 경비실에 설치하였다. 기호 ㉮~㉶의 전선가닥수를 표시하시오.

(19.6.문3, 16.6.문13, 16.4.문9, 15.7.문8, 14.4.문16, 13.11.문18, 13.4.문16, 10.4.문16, 09.4.문6)

득점	배점
	9

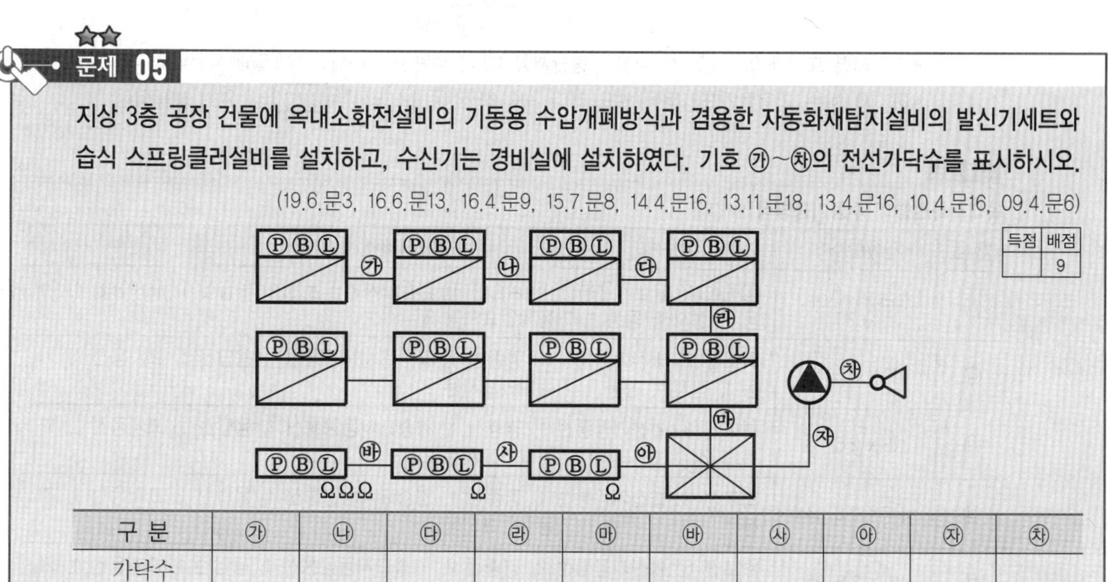

구 분	㉮	㉯	㉰	㉱	㉲	㉳	㉴	㉵	㉶	㉷
가닥수										

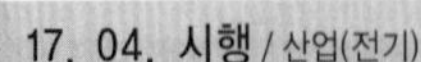

해답

구 분	㉮	㉯	㉰	㉱	㉲	㉳	㉴	㉵	㉶	㉷
가닥수	8가닥	9가닥	10가닥	11가닥	17가닥	8가닥	9가닥	10가닥	4가닥	2가닥

해설 (가)

기 호	가닥수	배선내역
㉮	HFIX 2.5－8	회로선 1, 발신기공통선 1, 경종선 1, 경종표시등공통선 1, 응답선 1, 표시등선 1, 기동확인표시등 2
㉯	HFIX 2.5－9	회로선 2, 발신기공통선 1, 경종선 1, 경종표시등공통선 1, 응답선 1, 표시등선 1, 기동확인표시등 2
㉰	HFIX 2.5－10	회로선 3, 발신기공통선 1, 경종선 1, 경종표시등공통선 1, 응답선 1, 표시등선 1, 기동확인표시등 2
㉱	HFIX 2.5－11	회로선 4, 발신기공통선 1, 경종선 1, 경종표시등공통선 1, 응답선 1, 표시등선 1, 기동확인표시등 2
㉲	HFIX 2.5－17	회로선 8, 발신기공통선 2, 경종선 2, 경종표시등공통선 1, 응답선 1, 표시등선 1, 기동확인표시등 2
㉳	HFIX 2.5－8	회로선 3, 발신기공통선 1, 경종선 1, 경종표시등공통선 1, 응답선 1, 표시등선 1
㉴	HFIX 2.5－9	회로선 4, 발신기공통선 1, 경종선 1, 경종표시등공통선 1, 응답선 1, 표시등선 1
㉵	HFIX 2.5－10	회로선 5, 발신기공통선 1, 경종선 1, 경종표시등공통선 1, 응답선 1, 표시등선 1
㉶	HFIX 2.5－4	압력스위치 1, 탬퍼스위치 1, 사이렌 1, 공통 1
㉷	HFIX 2.5－2	사이렌 2

- **지상 3층**이므로 **일제경보방식**이다.
- 문제에서 기동용 수압개폐방식(**자동기동방식**)도 주의하여야 한다. 옥내소화전함이 자동기동방식이므로 감지기배선을 제외한 간선에 **'기동확인표시등 2'**가 추가로 사용되어야 한다. 특히, 옥내소화전배선은 구역에 따라 가닥수가 늘어나지 않는 것에 주의하라!
- ㉲는 위에 **2층**이 있으므로 **경종선**이 **2가닥**이다.
- ㉳에는 종단저항이 **3개** 있으므로 **회로선**이 **3가닥**이다. 주의!

- 종단저항 표시가 없는 ㉮~㉲ 부분은 **종단저항 1개**가 **생략**된 것이다. 다시 말해 1개씩 있다고 보면 된다.
- ㉳, ㉴, ㉵는 기동확인표시등이 필요 없다. 왜냐하면 옥내소화전함(▭)이 없기 때문이다.

비교

옥내소화전함이 **수동기동방식**인 경우

기 호	가닥수	배선내역
㉮	HFIX 2.5–11	회로선 1, 발신기공통선 1, 경종선 1, 경종표시등공통선 1, 응답선 1, 표시등선 1, 기동 1, 정지 1, 공통 1, 기동확인표시등 2
㉯	HFIX 2.5–12	회로선 2, 발신기공통선 1, 경종선 1, 경종표시등공통선 1, 응답선 1, 표시등선 1, 기동 1, 정지 1, 공통 1, 기동확인표시등 2
㉰	HFIX 2.5–13	회로선 3, 발신기공통선 1, 경종선 1, 경종표시등공통선 1, 응답선 1, 표시등선 1, 기동 1, 정지 1, 공통 1, 기동확인표시등 2
㉱	HFIX 2.5–14	회로선 4, 발신기공통선 1, 경종선 1, 경종표시등공통선 1, 응답선 1, 표시등선 1, 기동 1, 정지 1, 공통 1, 기동확인표시등 2
㉲	HFIX 2.5–20	회로선 8, 발신기공통선 2, 경종선 2, 경종표시등공통선 1, 응답선 1, 표시등선 1, 기동 1, 정지 1, 공통 1, 기동확인표시등 2
㉳	HFIX 2.5–8	회로선 3, 발신기공통선 1, 경종선 1, 경종표시등공통선 1, 응답선 1, 표시등선 1

㉳	HFIX 2.5-9	회로선 4, 발신기공통선 1, 경종선 1, 경종표시등공통선 1, 응답선 1, 표시등선 1
㉴	HFIX 2.5-10	회로선 5, 발신기공통선 1, 경종선 1, 경종표시등공통선 1, 응답선 1, 표시등선 1
㉵	HFIX 2.5-4	압력스위치 1, 탬퍼스위치 1, 사이렌 1, 공통 1
㉶	HFIX 2.5-2	사이렌 2

용어

옥내소화전설비의 **기동방식**

자동기동방식	수동기동방식
기동용 수압개폐장치를 이용하는 방식	ON, OFF 스위치를 이용하는 방식

☆☆

문제 06

휴대용 비상조명등의 종합점검 항목을 7가지 쓰시오. (16.11.문9, 13.7.문6)

득점	배점
	7

○
○
○
○
○
○
○

해답 ① 설치대상 및 설치수량 적정 여부
② 설치높이 적정 여부
③ 휴대용 비상조명등의 변형 및 손상 여부
④ 어둠 속에서 위치를 확인할 수 있는 구조인지 여부
⑤ 사용시 자동으로 점등되는지 여부
⑥ 건전지를 사용하는 경우 유효한 방전 방지조치가 되어 있는지 여부
⑦ 충전식 배터리의 경우에는 상시 충전되도록 되어 있는지의 여부

해설 **비상조명등 및 휴대용 비상조명등**의 **종합점검**

구 분	점검항목
비상조명등	① **설치위치**(거실, 지상에 이르는 복도·계단, 그 밖의 통로) 적정 여부 ② 비상조명등 **변형·손상** 확인 및 정상 점등 여부 ③ 조도 적정 여부 ④ **예비전원 내장형**의 경우 **점검스위치** 설치 및 정상작동 여부 ⑤ 비상전원 종류 및 설치장소 기준 적합 여부 ⑥ 비상전원 성능 적정 및 **상용전원 차단시 예비전원 자동전환** 여부
휴대용 비상조명등	① 설치대상 및 설치수량 적정 여부 ② 설치높이 적정 여부 ③ 휴대용 비상조명등의 **변형** 및 **손상** 여부 ④ 어둠 속에서 위치를 확인할 수 있는 구조인지 여부 ⑤ 사용시 자동으로 점등되는지 여부 ⑥ 건전지를 사용하는 경우 유효한 방전 방지조치가 되어 있는지 여부 ⑦ 충전식 배터리의 경우에는 상시 충전되도록 되어 있는지의 여부

비교

휴대용 비상조명등의 **적합기준**(NFPC 304 4조, NFTC 304 2.1.2)

(1) 다음 각 목의 장소에 설치할 것
  ① **숙박시설** 또는 **다중이용업소**에는 **객실** 또는 영업장 안의 **구획**된 **실**마다 잘 보이는 곳(외부에 설치시 출입문 손잡이로부터 **1m** 이내 부분)에 **1개 이상** 설치
  ② 「유통산업발전법」 2조 3호에 따른 **대규모점포**(지하상가 및 지하역사를 제외한다)와 **영화상영관**에는 **보행거리 50m** 이내마다 **3개 이상** 설치
  ③ **지하상가** 및 **지하역사**에는 **보행거리 25m** 이내마다 **3개 이상** 설치
(2) 설치높이는 바닥으로부터 **0.8~1.5m** 이하의 높이에 설치할 것
(3) 어둠 속에서 위치를 확인할 수 있도록 할 것
(4) 사용시 **자동**으로 **점등**되는 구조일 것
(5) 외함은 **난연성능**이 있을 것
(6) 건전지를 사용하는 경우에는 **방전방지조치**를 하여야 하고, **충전식 배터리**의 경우에는 **상시 충전**되도록 할 것
(7) 건전지 및 충전식 배터리의 용량은 **20분** 이상 유효하게 사용할 수 있는 것으로 할 것

☆☆☆

문제 07

축적기능이 없는 감지기 적용제외장소 3가지를 기술하시오. (16.4.문7)

○

○

○

득점	배점
	6

해답 ① 지하층 · 무창층으로 환기가 잘 되지 않는 장소
② 실내면적이 $40m^2$ 미만인 장소
③ 감지기의 부착면과 실내 바닥의 거리가 2.3m 이하인 장소로서 일시적으로 발생한 열 · 연기 · 먼지 등으로 인하여 감지기가 화재신호를 발신할 우려가 있는 때

해설 **축적형 감지기**(NFPC 203 5 · 7조, NFTC 203 2.2.2, 2.4.3)

설치장소 (축적기능이 있는 감지기를 사용하는 경우)	설치제외장소 (축적기능이 없는 감지기를 사용하는 경우)
① **지하층 · 무창층**으로 환기가 잘 되지 않는 장소 ② 실내면적이 **$40m^2$** 미만인 장소 ③ 감지기의 부착면과 실내 바닥의 거리가 **2.3m 이하**인 장소로서 일시적으로 발생한 열 · 연기 · 먼지 등으로 인하여 감지기가 화재신호를 발신할 우려가 있는 때 기억법 **지423축**	① **축적형 수신기**에 연결하여 사용하는 경우 ② **교차회로방식**에 사용하는 경우 ③ **급속**한 **연소확대**가 우려되는 장소 기억법 **축교급외**

• '축적기능이 없는 감지기 적용제외장소=축적기능이 있는 감지기 적용장소'는 같은 말(한국말이 왜이리 어렵니ㅠㅠ)

중요

(1) **감지기**

종 류	설 명
다신호식 감지기	① 각 서로 다른 종별 또는 감도 등의 기능을 갖춘 것으로서 일정 시간 간격을 두고 각각 다른 2개 이상의 화재신호를 발하는 감지기 ② 동일 종별 또는 감도를 갖는 2개 이상의 센서를 통해 감지하여 화재신호를 각각 발신하는 감지기
아날로그식 감지기	주위의 **온도** 또는 **연기**의 양의 변화에 따른 화재정보신호값을 출력하는 방식의 감지기
축적형 감지기	일정 농도 · 온도 이상의 **연기** 또는 **온도**가 **일정 시간 연속**하는 것을 전기적으로 **검출**함으로써 작동하는 감지기
재용형 감지기	**다시 사용**할 수 있는 성능을 가진 감지기

(2) **지하층 · 무창층** 등으로서 환기가 잘 되지 않거나 실내면적이 **40m²** 미만인 장소, 감지기의 부착면과 실내 바닥과의 거리가 **2.3m** 이하인 곳으로서 일시적으로 발생한 열 · 연기 또는 먼지 등으로 인하여 화재신호를 발신할 우려가 있는 장소에 설치가능한 감지기

① **불꽃**감지기
② **정온식 감지선형** 감지기
③ **분포형** 감지기
④ **복합형** 감지기
⑤ **광전식 분리형** 감지기
⑥ **아날로그방식**의 감지기
⑦ **다신호방식**의 감지기
⑧ **축적방식**의 감지기

기억법 불정감 복분(복분자) 광아다축

문제 08

그림은 릴레이 시퀀스회로도이다. 도면을 참고하여 다음 각 물음에 답하시오. (09.4.문2)

득점	배점
	11

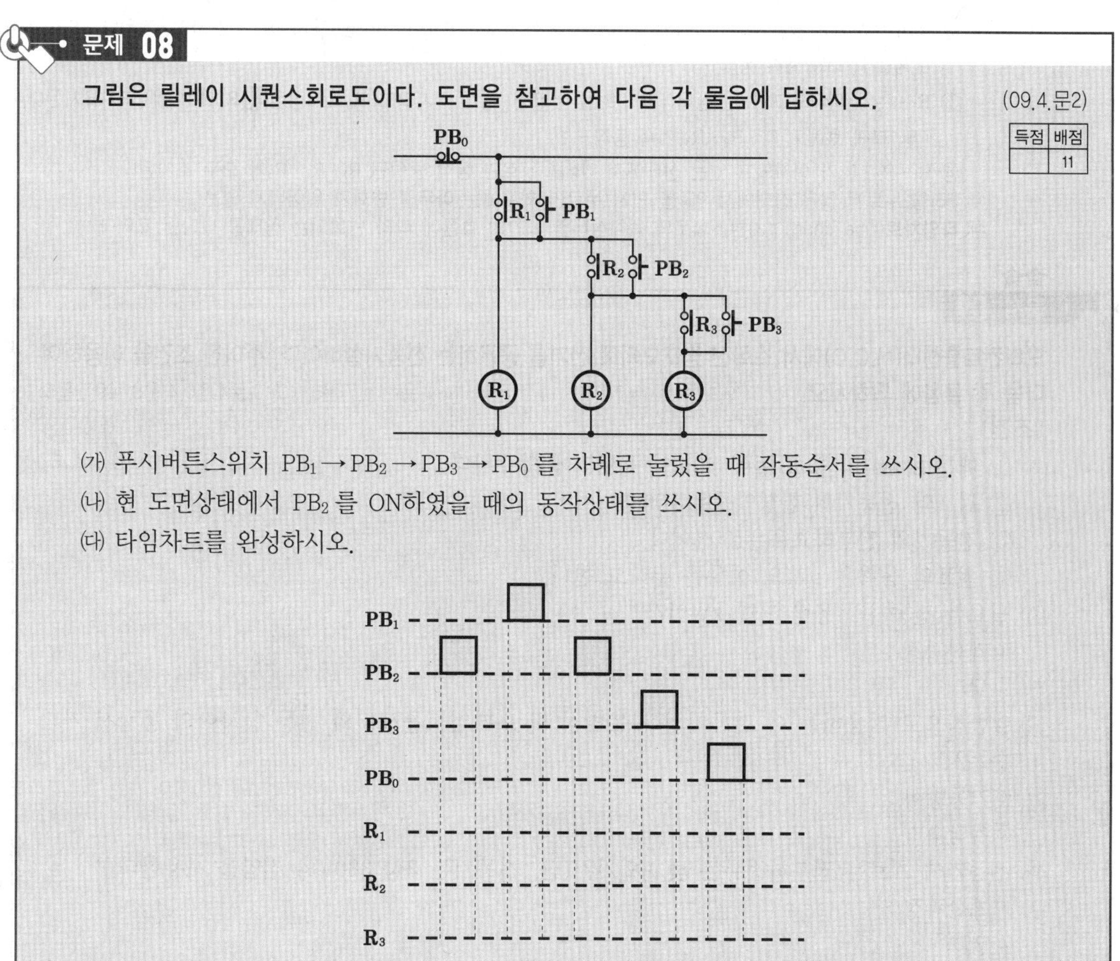

(가) 푸시버튼스위치 $PB_1 \rightarrow PB_2 \rightarrow PB_3 \rightarrow PB_0$ 를 차례로 눌렀을 때 작동순서를 쓰시오.
(나) 현 도면상태에서 PB_2 를 ON하였을 때의 동작상태를 쓰시오.
(다) 타임차트를 완성하시오.

해답 (가) ① PB_1을 누르면 R_1이 여자되고 R_1접점에 의해 자기유지
② PB_2를 누르면 R_2이 여자되고 R_2접점에 의해 자기유지
③ PB_3를 누르면 R_3이 여자되고 R_3접점에 의해 자기유지
④ PB_0를 누르면 동작 중이던 R_1, R_2, R_3가 소자
(나) 동작하지 않는다.

(다)

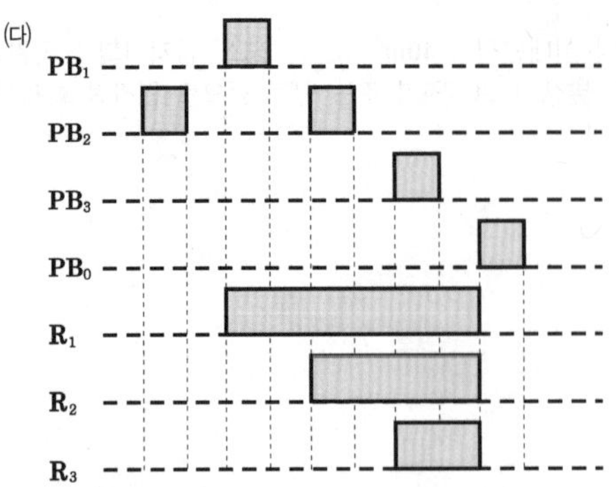

해설 (가) **작동순서**

① 푸시버튼스위치 PB_1을 누르면 계전기 R_1이 여자되고 R_1의 a접점(R_1)에 의해 자기유지된다. -PB_1 복귀 후에도 R_1 계속 동작-

② R_1이 여자되고 있는 상태에서 PB_2를 누르면 R_2가 여자되고 R_2의 a접점(R_2)에 의해 자기유지된다. -PB_2 복귀 후에도 $R_1 \cdot R_2$ 계속 동작-

③ $R_1 \cdot R_2$가 여자되고 있는 상태에서 PB_3를 누르면 R_3가 여자되고 R_3의 a접점(R_3)에 의해 자기유지된다. -PB_3 복귀 후에도 $R_1 \cdot R_2 \cdot R_3$ 계속 동작-

④ $R_1 \cdot R_2 \cdot R_3$가 여자되고 있는 상태에서 PB_0를 누르면 동작 중이던 $R_1 \cdot R_2 \cdot R_3$가 모두 소자된다.

(나) PB_1을 누르지 않은 상태에서 PB_2를 먼저 누르면 회로에는 아무런 변화가 일어나지 않는다.

(다) **타임차트**(time chart) : 시퀀스회로의 동작상태를 시간의 흐름에 따라 변화되는 상태를 나타낸 표이다.

★★

문제 09

모터컨트롤센터(M.C.C)에서 소화전 펌프모터에 전기를 공급하는 전동기설비이다. 주어진 조건을 이용하여 다음 각 물음에 답하시오. (19.4.문15, 15.7.문10, 14.11.문14, 14.4.문7, 11.7.문3, 10.10.문4, 10.4.문8, 09.7.문5)

득점	배점
	8

〔조건〕

① 매분 2.4m^3의 물을 높이 40m인 물탱크에 양수한다.

② 펌프와 전동기의 합성역률은 70%이다.

③ 전동기의 전부하효율은 60%이다.

④ 펌프의 동력은 10%의 여유를 둔다고 한다.

(가) 필요한 전동기의 용량은 몇 kW인가?

○ 계산과정 :

○ 답 :

(나) 일반적으로 적용하는 이 전동기의 기동방식 및 모터컨트롤센터와 전동기 사이의 동력선 가닥수는?

○ 기동방식 :

○ 가닥수 :

(다) 전동기에 흐르는 전부하전류는 몇 A인가? (단, 전동기는 3상 380V의 전압을 사용한다.)

○ 계산과정 :

○ 답 :

(라) 전동기의 역률을 개선할 때 쓰이는 기기는 무엇이며, 전동기의 역률을 90%로 개선하고자 할 때 이 기기의 용량은 몇 kVA가 적당한가?

○ 기기 :

○ 계산과정 :

○ 답 :

해답 (가) ○ 계산과정 : $\frac{9.8\times1.1\times40\times2.4}{0.6\times60}=28.746 ≒ 28.75\text{kW}$

○ 답 : 28.75kW

(나) ○ 기동방식 : Y－△ 기동방식

○ 가닥수 : 6가닥

(다) ○ 계산과정 : $\frac{28.75\times10^3}{\sqrt{3}\times380\times0.7}=62.401 ≒ 62.4\text{A}$

○ 답 : 62.4A

(라) ○ 기기 : 전력용 콘덴서

○ 계산과정 : $28.75\left(\frac{\sqrt{1-0.7^2}}{0.7}-\frac{\sqrt{1-0.9^2}}{0.9}\right)=15.406 ≒ 15.41\text{kVA}$

○ 답 : 15.41kVA

해설 (가)

$$P=\frac{9.8KHQ}{\eta t}$$

여기서, P : 전동기용량〔kW〕

η : 효율

t : 시간〔s〕

K : 여유계수

H : 전양정〔m〕

Q : 양수량(유량)〔m^3〕

$$P=\frac{9.8KHQ}{\eta t}=\frac{9.8\times1.1\times40\times2.4}{0.6\times60}=28.746 ≒ 28.75\text{kW}$$

- K(1.1) : 〔조건 ④〕에서 10% 여유를 둔다고 하였으므로 100%+10%=110% (1.1)
- H(40m) : 〔조건 ①〕
- Q(2.4m^3) : 〔조건 ①〕
- η(0.6) : 〔조건 ③〕에서 60%=0.6
- t(60s) : 〔조건 ①〕에서 매분=1분=60s

(나)

- (가)에서 전동기의 용량이 28.75kW이므로 **Y－△ 기동방식** 적용

‖ 유도전동기의 기동법 ‖

기동방식	적 용
전전압기동(직입기동)방식	18.5kW 미만
Y－△ 기동방식 →	18.5~90kW 미만
리액터기동방식	90kW 이상

- 28.75kW이면 이론상으로 **'기동보상기법'**을 적용할 수도 있지만 이 방식은 잘 쓰이지 않는 방식이다. 문제에서도 **'일반적으로 적용하는'** 방식이라고 물어보았으므로 **Y－△ 기동방식**이 정답
- **모터컨트롤센터**와 **전동기 사이**의 **가닥수**

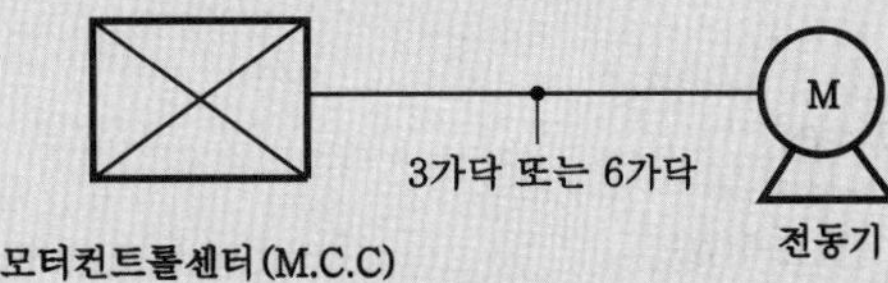

3가닥	6가닥
• 전전압기동법(직입기동)	• Y－△ 기동법(Y－△ 기동회로) • 리액터기동법

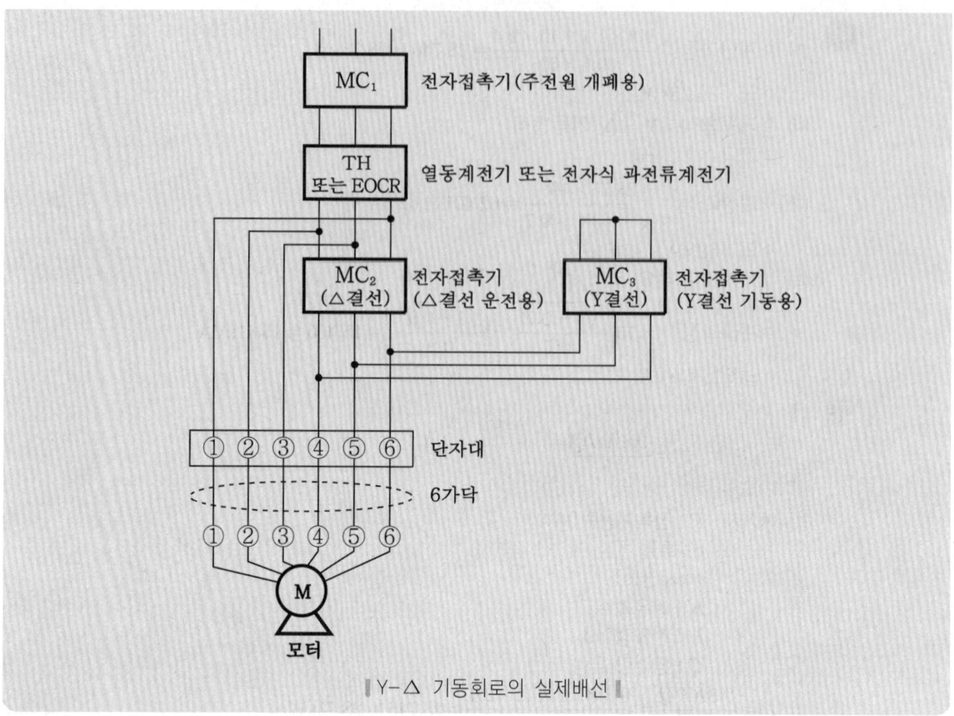

‖Y-△ 기동회로의 실제배선‖

(다) **3상전력**

$$P=\sqrt{3}\,VI\cos\theta\,[\mathrm{W}]$$

여기서, P : 3상 유효전력[W]
V : 전압[V]
I : 전류(전부하전류)[A]
$\cos\theta$: 역률

전부하전류 $I=\dfrac{P}{\sqrt{3}\,V\cos\theta}=\dfrac{28.75\times10^3}{\sqrt{3}\times380\times0.7}=62.401 ≒ 62.4\mathrm{A}$

- [단서]에서 '**3상**'이라고 주어졌으므로 '**3상전력**'식 적용
- $P(28.75\times10^3\mathrm{W})$: (가)에서 구한 값 $28.75\mathrm{kW}=28.75\times10^3\mathrm{W}$
- V(380V) : [단서]에서 주어짐
- $\cos\theta$(0.7) : [조건 ②]에서 70%=0.7
- η : 적용할 필요 없음, 3상 유효전력(P) 계산시 이미 효율(η)을 적용하였으므로 전부하전류를 구할 때 효율(η)을 다시 적용할 필요가 없다. 다시 효율(η)을 적용하면 안 된다.

비교

단상전력

$$P=VI\cos\theta\eta$$

여기서, P : 단상 유효전력[W]
V : 전압[V]
I : 전류(전부하전류)[A]
$\cos\theta$: 역률
η : 효율(전부하효율)

(라) ① **전력용 콘덴서, 직렬리액터, 방전코일**

전력용 콘덴서	직렬리액터	방전코일
역률 개선	**제5고조파**에 따른 **파형 개선**	투입시 과전압으로부터 보호하고 개방시 콘덴서의 **잔류전하 방전**

• **전력용 콘덴서=진상용 콘덴서=진상 콘덴서=스태틱 콘덴서**(static condenser)

② 역률 개선용 **전력용 콘덴서**의 **용량** Q_c

$$Q_c = P\left(\frac{\sqrt{1-\cos\theta_1^{\ 2}}}{\cos\theta_1} - \frac{\sqrt{1-\cos\theta_2^{\ 2}}}{\cos\theta_2}\right)\text{(kVA)}$$

여기서, Q_c : 콘덴서의 용량(kVA)
P : 유효전력(kW)
$\cos\theta_1$: 개선 전 역률
$\cos\theta_2$: 개선 후 역률

$$\therefore\ Q_c = P\left(\frac{\sqrt{1-\cos\theta_1^{\ 2}}}{\cos\theta_1} - \frac{\sqrt{1-\cos\theta_2^{\ 2}}}{\cos\theta_2}\right) = 28.75\left(\frac{\sqrt{1-0.7^2}}{0.7} - \frac{\sqrt{1-0.9^2}}{0.9}\right) = 15.406 \fallingdotseq 15.41\text{kVA}$$

• 여기서, 단위 때문에 궁금해하는 사람이 있다. 원래 콘덴서용량의 단위는 **kVar**인데 우리가 언제부터인가 **kVA**로 잘못 표기하고 있는 것 뿐이다. 신경쓰지 말고 그냥 문제에서 주어지는 대로 단위를 적으면 된다.
• P(28.75kW) : (가)에서 주어진 값
• $\cos\theta_1$(0.7) : [조건 ②]에서 70%=0.7
• $\cos\theta_2$(0.9) : 문제에서 90%=0.9

☆☆☆
문제 10

그림은 연면적이 3000m²인 어느 건축물의 자동화재탐지설비에 대한 1경계구역의 수신기와 발신기 세트 간의 결선도와 간선계통도를 나타낸다. 다음 물음에 답하시오. (19.6.문7, 14.7.문16, 02.7.문7)

득점	배점
	7

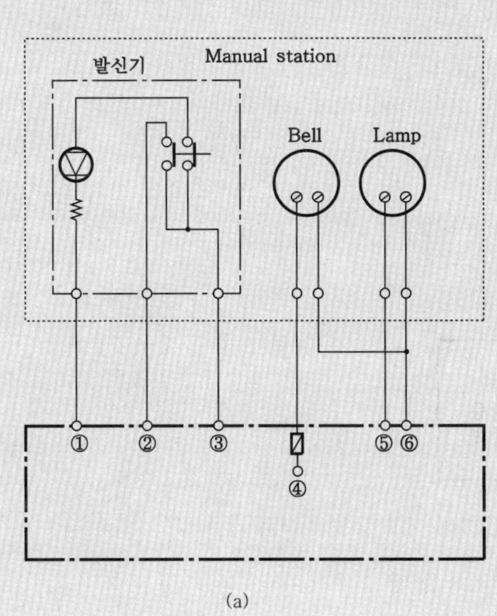

(a)

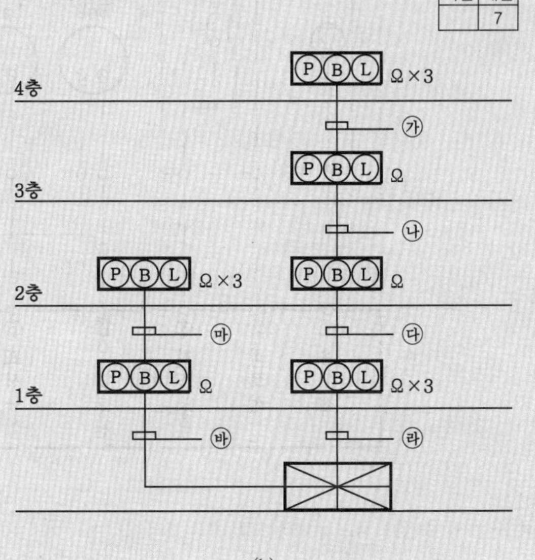

(b)

(가) ①~⑥의 전선명칭을 쓰시오.

(나) ㉮~㉳의 최소 가닥수를 쓰시오.

구 분	㉮	㉯	㉰	㉱	㉲	㉳
가닥수						

(다) 자동화재탐지설비의 감지기회로의 전로저항은 몇 Ω 이하가 되도록 하여야 하며, 수신기의 각 회로별 종단에 설치되는 감지기에 접속되는 배선의 전압은 감지기 정격전압의 몇 % 이상이어야 하는가?

해답 (가) ① 응답선
② 회로선
③ 회로공통선
④ 경종선
⑤ 표시등선
⑥ 경종표시등공통선

(나)

구 분	㉮	㉯	㉰	㉱	㉲	㉳
가닥수	8가닥	10가닥	12가닥	17가닥	8가닥	10가닥

(다) 50Ω, 80%

해설 (가)

- 문제에서 다이오드(Ⓥ) 방향이 반대로 잘못 출제되었다. 그래도 개의치 말고 명칭을 그냥 쓰면 된다.
- 응답선=발신기선
- 회로선=지구선
- 회로공통선=발신기공통선
- 경종표시등공통선=경종 · 표시등공통선

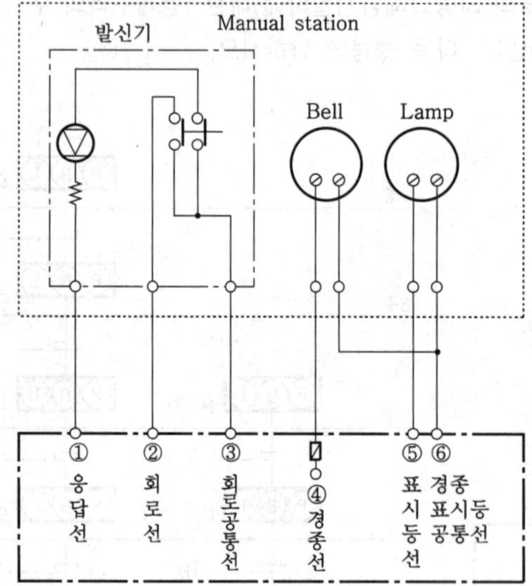

(나)

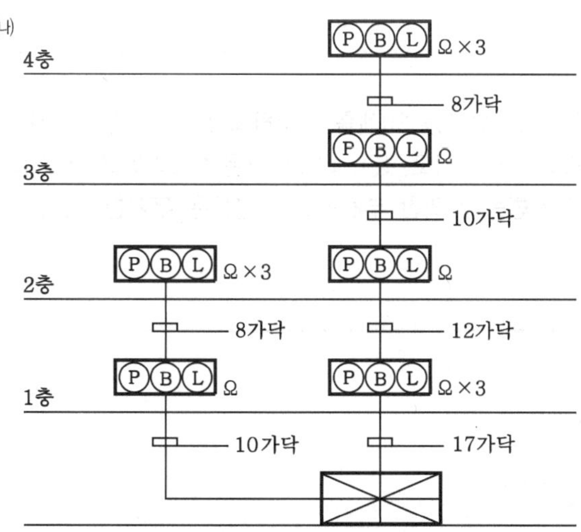

기 호	가닥수	배선내역
㉮	8가닥	회로선 3, 회로공통선 1, 경종선 1, 경종표시등공통선 1, 응답선 1, 표시등선 1
㉯	10가닥	회로선 4, 회로공통선 1, 경종선 2, 경종표시등공통선 1, 응답선 1, 표시등선 1
㉰	12가닥	회로선 5, 회로공통선 1, 경종선 3, 경종표시등공통선 1, 응답선 1, 표시등선 1
㉱	17가닥	회로선 8, 회로공통선 2, 경종선 4, 경종표시등공통선 1, 응답선 1, 표시등선 1
㉲	8가닥	회로선 3, 회로공통선 1, 경종선 1, 경종표시등공통선 1, 응답선 1, 표시등선 1
㉳	10가닥	회로선 4, 회로공통선 1, 경종선 2, 경종표시등공통선 1, 응답선 1, 표시등선 1

- **지상 4층**이므로 **일제경보방식**이다.
- ㉱ 회로공통선 가닥수$=\frac{\text{회로선}}{7}$(절상)$=\frac{8}{7}=1.1 \fallingdotseq 2$가닥

중요

발화층 및 **직상 4개층 우선경보방식 특정소방대상물**
11층(공동주택 **16층**) 이상인 특정소방대상물

(다) 자동화재탐지설비의 감지기회로의 전로저항은 **50Ω** 이하가 되도록 하여야 하며, 수신기의 각 회로별 종단에 설치되는 감지기에 접속되는 배선의 전압은 감지기 정격전압의 **80%** 이상이어야 할 것(NFPC 203 11조, NFTC 203 2.8.1.8)

‖ 전로저항 vs 절연저항 ‖

감지기회로의 전로저항	하나의 경계구역의 절연저항
50Ω 이하	**0.1MΩ 이상** (직류 250V 절연저항 측정기)

‖ 전압 ‖

감지기에 접속되는 배선의 전압	음향장치의 전압
정격전압의 **80% 이상**	정격전압의 **80% 전압**에서 음향을 발할 것

문제 11

분전반에서 35m의 거리에 20W, 220V인 유도등 30개를 설치하려고 한다. 전선의 굵기는 몇 mm^2 이상으로 해야 하는지 공칭단면적으로 표현하시오. (단, 배선방식은 1ϕ2W이며, 전압강하는 2% 이내이고, 전선은 동선을 사용한다. 전압변동에 의한 부하전류의 변동은 무시한다.) (11.7.문14)

○ 계산과정 :

○ 답 :

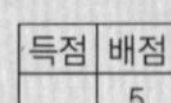

득점	배점
	5

해답 ○ 계산과정 : $e = 220 \times 0.02 = 4.4\text{V}$

$$I = \frac{20 \times 30}{220} \fallingdotseq 2.727\text{A}$$

$$A = \frac{35.6 \times 35 \times 2.727}{1000 \times 4.4} \fallingdotseq 0.77$$

○ 답 : 1mm^2

해설 (1) **전압강하**

전압강하 e = 전압×전압강하 = $220 \times 0.02 = 4.4\text{V}$

- 전압강하는 **2%** 이내이므로 **0.02** 적용

(2) **전류**

$$I = \frac{P}{V}$$

여기서, I : 전류[A]

P : 전력[W]

V : 전압[V]

전류 $I = \frac{P}{V} = \frac{20\text{W} \times 30\text{개}}{220} \fallingdotseq 2.727\text{A}$

- **계산과정**에서 소숫점 처리는 일반적으로 소숫점 이하 **셋째자리**까지 구하면 된다.
- 어떤 사람은 구해진 2.727A에 1.25 또는 1.1을 추가로 곱한다. 이것은 **허용전류**를 구할 때 그렇게 하는 것이다. 이 문제에서는 허용전류가 아니므로 해당사항이 없다. 허용전류는 **전동기**나 **비상콘센트**의 **전선 굵기**를 구할 때 적용한다.

단상 2선식이므로 전선단면적 $A = \frac{35.6LI}{1000e} = \frac{35.6 \times 35 \times 2.727}{1000 \times 4.4} \fallingdotseq 0.77$

- 35m : 문제에서 주어짐
- 2.727A : 바로 위에서 구한 값
- 4.4V : 바로 위에서 구한 값
- 문제에서 제시한대로 반드시 **공칭단면적**으로 답해야 맞다.

∴ 공칭단면적은 1mm^2를 선정한다.

참고

공칭단면적

① 0.5[mm^2]	② 0.75[mm^2]	③ 1[mm^2]	④ 1.5[mm^2]	⑤ 2.5[mm^2]
⑥ 4[mm^2]	⑦ 6[mm^2]	⑧ 10[mm^2]	⑨ 16[mm^2]	⑩ 25[mm^2]
⑪ 35[mm^2]	⑫ 50[mm^2]	⑬ 70[mm^2]	⑭ 95[mm^2]	⑮ 120[mm^2]
⑯ 150[mm^2]	⑰ 185[mm^2]	⑱ 240[mm^2]	⑲ 300[mm^2]	⑳ 400[mm^2]
㉑ 500[mm^2]				

용어

공칭단면적 : 실제 실무에서 생산되는 규정된 전선의 굵기를 말한다.

중요

(1) **전압강하 1**

① **정의** : 입력전압과 출력전압의 차

② **수용가설비**의 **전압강하**(KEC 232.3.9)

설비의 유형	조명[%]	기타[%]
저압으로 수전하는 경우 … ㉠	3	5
고압 이상으로 수전하는 경우 *)	6	8

*) 가능한 한 최종 회로 내의 전압강하가 ㉠ 유형의 값을 넘지 않도록 하는 것이 바람직하다. 사용자의 배선설비가 100m를 넘는 부분의 전압강하는 미터당 0.005% 증가할 수 있으나 이러한 증가분은 0.5%를 넘지 않아야 한다.

③ **전선단면적**

전기방식	전선단면적
단상 2선식	$A=\frac{35.6LI}{1000e}$
3상 3선식	$A=\frac{30.8LI}{1000e}$
단상 3선식 3상 4선식	$A=\frac{17.8LI}{1000e'}$

여기서, L : 선로길이[m]
I : 전부하전류[A]
e : 각 선간의 전압강하[V]
e' : 각 선간의 1선과 중성선 사이의 전압강하[V]

(2) **전압강하 2**

단상 2선식	3상 3선식
$e=V_s-V_r=2IR$	$e=V_s-V_r=\sqrt{3}\,IR$

여기서, e : 전압강하[V], V_s : 입력전압[V], V_r : 출력전압[V], I: 전류[A], R: 저항[Ω]

유도

전압강하유도식(소방시설관리사 또는 소방기술사를 공부할 때 피가 되고 살이 되는~)

단상 3선식 및 3상 4선식

(1) 전압강하

$$e'=IR \quad \cdots\cdots ①$$

여기서, e' : 전압강하(각 선의 1선과 중성선 사이의 전압강하)[V]
I : 전류[A]
R : 저항[Ω]

(2) 전압

$$R=\rho\frac{L}{A} \quad \cdots\cdots ②$$

여기서, R : 저항[Ω]
ρ : 고유저항$\left(\text{구리의 고유저항 표준값 } \frac{1}{58}\,\Omega\cdot \text{mm}^2/\text{m}\right)$
L : 전선의 길이[m]
A : 전선의 단면적[mm^2]

(3) 도전율

$$\sigma = \frac{1}{\rho}$$

여기서, σ : 도전율[m/Ω · mm^2]
ρ : 고유저항[Ω · mm^2/m]

경동선의 표준도전율은 97%(0.97)이므로 표준고유저항은 $\frac{1}{0.97}$

$$\therefore\ \rho = \frac{1}{58} \times \frac{1}{0.97} \fallingdotseq 0.0178\,\Omega \cdot \text{mm}^2/\text{m}$$ ············ ③

②식 및 ③식을 ①식에 각각 대입하면

$$e' = IR = I \times \rho\frac{L}{A} = 0.0178\frac{LI}{A}$$

$$\therefore\ A = \frac{0.0178LI}{e'} = \frac{17.8LI}{1000e'}$$

여기서, e' : 각 선의 1선과 중성선 사이의 전압강하[V]

단상 2선식

단상 2선식은 중성선이 없으므로 각 선간의 전압강하를 구하면 단상 2선식은 전선이 2가닥이므로

$$\rho = 0.0178 \times 2 = 0.0356\,\Omega \cdot \text{mm}^2/\text{m}$$

$$e = IR = I \times \rho\frac{L}{A} = 0.0356\frac{LI}{A}$$

$$\therefore\ A = \frac{0.0356LI}{e} = \frac{35.6LI}{1000e}$$

여기서, e : 각 선간의 전압강하[V]

3상 3선식

3상 3선식은 전선이 3가닥이고 위상차가 있으므로

$$\rho = 0.0178 \times \frac{3}{\sqrt{3}} \fallingdotseq 0.0308\,\Omega \cdot \text{mm}^2/\text{m}$$

$$e = IR = I \times \rho\frac{L}{A} = 0.0308\frac{LI}{A}$$

$$\therefore\ A = \frac{0.0308LI}{e} = \frac{30.8LI}{1000e}$$

여기서, e : 각 선간의 전압강하[V]

★★★
문제 12

다음은 3상 3선식 교류회로에서 누전경보를 위한 영상변류기(ZCT)에서의 누설전류를 검출하는 원리를 나타낸 그림이다. 정상상태시 선전류와 선전류의 벡터합 및 누전시 선전류의 벡터합을 계산하는 식을 구하시오. (기사 16.11.문8, 13.4.문11, 기사 09.4.문4)

득점	배점
	6

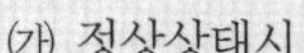

(가) 정상상태시

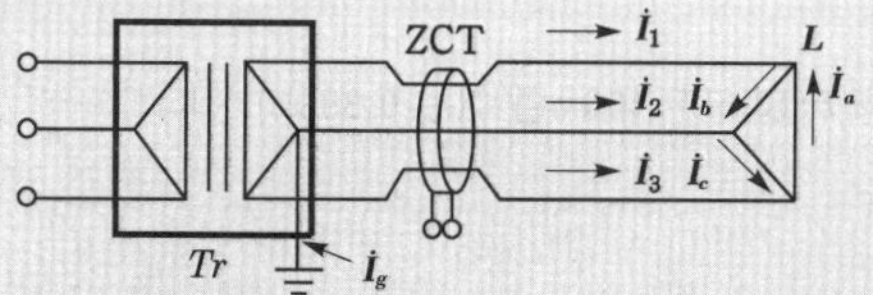

○ 선전류 $\dot{I}_1$:

○ 선전류 $\dot{I}_2$:

○ 선전류 $\dot{I}_3$:

○ 선전류의 벡터합 :

(나) 누전시

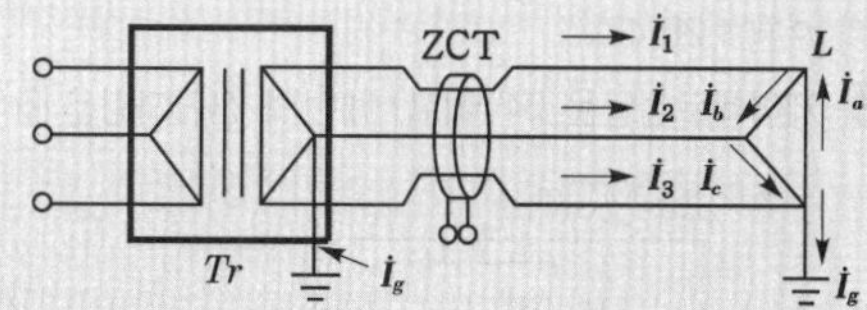

○ 선전류 $\dot{I}_1$:

○ 선전류 $\dot{I}_2$:

○ 선전류 $\dot{I}_3$:

○ 선전류의 벡터합 :

해답 (가) 정상상태시

① 선전류 $\dot{I}_1 = \dot{I}_b - \dot{I}_a$

② 선전류 $\dot{I}_2 = \dot{I}_c - \dot{I}_b$

③ 선전류 $\dot{I}_3 = \dot{I}_a - \dot{I}_c$

④ 선전류의 벡터합 $= \dot{I}_1 + \dot{I}_2 + \dot{I}_3 = \dot{I}_b - \dot{I}_a + \dot{I}_c - \dot{I}_b + \dot{I}_a - \dot{I}_c = 0$

(나) 누전시

① 선전류 $\dot{I}_1 = \dot{I}_b - \dot{I}_a$

② 선전류 $\dot{I}_2 = \dot{I}_c - \dot{I}_b$

③ 선전류 $\dot{I}_3 = \dot{I}_a - \dot{I}_c + \dot{I}_g$

④ 선전류의 벡터합 $= \dot{I}_1 + \dot{I}_2 + \dot{I}_3 = \dot{I}_b - \dot{I}_a + \dot{I}_c - \dot{I}_b + \dot{I}_a - \dot{I}_c + \dot{I}_g = \dot{I}_g$

해설 전류의 흐름이 **같은 방향**은 "**+**", **반대방향**은 "**−**"로 표시하면 다음과 같이 된다.

정상 상태시	누전시
① 선전류 $\dot{I}_1 = \dot{I}_b - \dot{I}_a$ ② 선전류 $\dot{I}_2 = \dot{I}_c - \dot{I}_b$ ③ 선전류 $\dot{I}_3 = \dot{I}_a - \dot{I}_c$ ④ 선전류의 벡터합 $= \dot{I}_1 + \dot{I}_2 + \dot{I}_3$ $= \dot{I}_b - \dot{I}_a + \dot{I}_c - \dot{I}_b + \dot{I}_a - \dot{I}_c = 0$	① 선전류 $\dot{I}_1 = \dot{I}_b - \dot{I}_a$ ② 선전류 $\dot{I}_2 = \dot{I}_c - \dot{I}_b$ ③ 선전류 $\dot{I}_3 = \dot{I}_a - \dot{I}_c + \dot{I}_g$ ④ 선전류의 벡터합 $= \dot{I}_1 + \dot{I}_2 + \dot{I}_3$ $= \dot{I}_b - \dot{I}_a + \dot{I}_c - \dot{I}_b + \dot{I}_a - \dot{I}_c + \dot{I}_g = \dot{I}_g$

- 벡터합이므로 I_1, I_2, I_3, I_a, I_b, I_c, I_g 기호 위에 반드시 '·'를 찍어야 맞다. 그렇지만 문제에서 I_1, I_2, I_3 위에 점이 찍혀있으면 똑같이 점을 찍어야 하며 점을 찍지 않았다면 똑같이 점을 찍지 않아도 맞는 답으로 채점될 것이다. 하지만 점(·)을 찍는다고 틀리지는 않기 때문에 무조건 점(·)을 찍는 것으로 하자!

★★★

문제 13

제어반으로부터 전선관 거리가 100m 떨어진 위치에 포소화설비의 일제개방반이 있고 바로 옆에 기동용 솔레노이드밸브가 있다. 제어반 출력단자에서의 전압강하는 없다고 가정했을 때 이 솔레노이드가 기동할 때의 솔레노이드 단자전압은 얼마가 되겠는가? (단, 제어회로전압은 24V이며, 솔레노이드의 정격전류는 2.0A이고, 배선의 km당 전기저항의 값은 상온에서 8.8Ω이라고 한다.)

(기사 17.6.문13, 16.6.문8, 15.11.문8, 14.11.문15, 06.7.문6)

○ 계산과정 :

○ 답 :

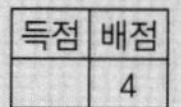

득점	배점
	4

해답 ○ 계산과정 : $V_r = 24-(2\times2\times0.88)=20.48$V

○ 답 : 20.48V

해설 제어회로전압은 24V이고, 배선의 전기저항은 km당 8.8Ω이므로 **100m**일 때는 **0.88**Ω이 된다.

- 1km=1000m
- 1000m : 8.8Ω=100m : X

$$X=\frac{8.8\,\Omega\times100\text{m}}{1000\text{m}}=0.88\,\Omega$$

솔레노이드밸브는 **단상 2선식**이므로

$$e=V_s-V_r=2IR[\text{V}]$$

에서

$V_s-V_r=2IR$

$V_s-2IR=V_r$

좌우를 이항하면

$V_r=V_s-2IR$

단자전압 $V_r=V_s-2IR=24-(2\times2\times0.88)=20.48$V

참고

전압강하

단상 2선식	3상 3선식
$e=V_s-V_r=2IR$	$e=V_s-V_r=\sqrt{3}IR$
여기서, e : 전압강하[V] V_s : 입력전압[V] V_r : 출력전압(단자전압)[V] I : 전류[A] R : 저항[Ω]	여기서, e : 전압강하[V] V_s : 입력전압[V] V_r : 출력전압(단자전압)[V] I : 전류[A] R : 저항[Ω]

☆☆☆

문제 14

다음 그림은 자동화재탐지설비의 음향장치에 관한 그림이다. 다음 각 물음에 답하시오.

(14.7.문3, 11.5.문10)

득점	배점
	4

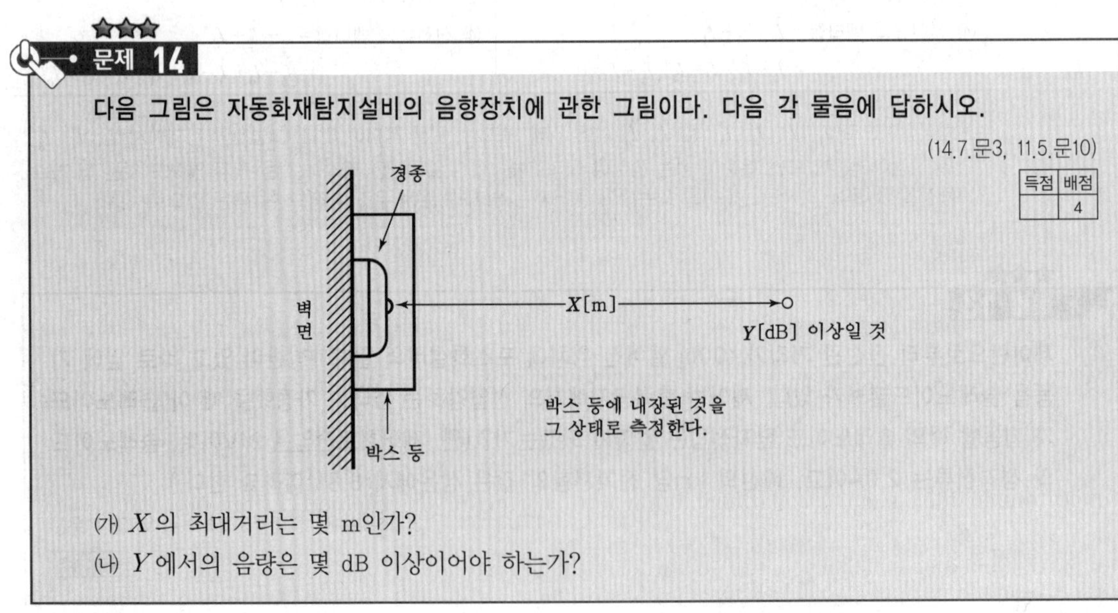

(가) X의 최대거리는 몇 m인가?

(나) Y에서의 음량은 몇 dB 이상이어야 하는가?

해답 (가) 1m
(나) 90dB

해설 자동화재탐지설비의 **음향장치**의 **구조** 및 **성능기준**(NFPC 203 8조, NFTC 203 2.5.1.4)
① 정격전압의 **80%** 전압에서 음향을 발할 수 있는 것으로 할 것
② 음량은 부착된 음향장치의 중심으로부터 **1m** 떨어진 위치에서 **90dB** 이상이 되는 것으로 할 것

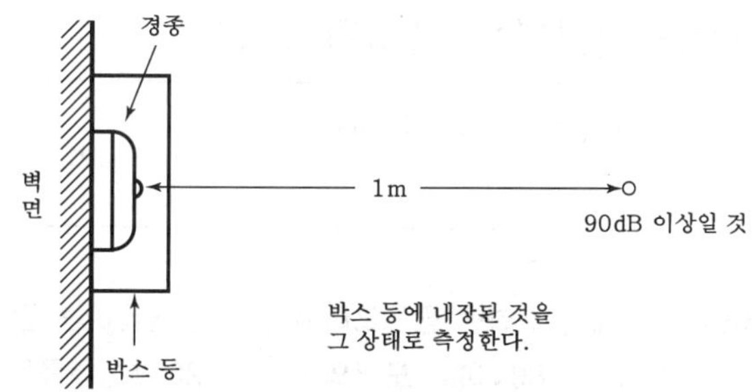

‖ 음향장치의 음량측정 ‖

③ **감지기 · 발신기**의 작동과 **연동**하여 작동할 수 있는 것으로 할 것

중요

대상에 **따른 음압**

음 압	대 상
40dB 이하	① 유도등 · 비상조명등의 소음
60dB 이상	① 고장표시장치용 ② 단독경보형 감지기(건전지 교체 **음성안내**)
70dB 이상	① 가스누설경보기(단독형 · 영업용) ② 누전경보기 ③ 단독경보형 감지기(건전지 교체 **음향경보**)
85dB 이상	① 단독경보형 감지기(화재경보음)
90dB 이상	① 가스누설경보기(공업용) ② 자동화재탐지설비의 음향장치

기억법 유비음4(유비는 음식 중 사발면을 좋아한다.)
고음6(고음악을 유창하게 해)
9공자

“ 밧줄을 던져라. 안전한 항구를 떠나 멀리 항해를 떠나라. 항해하며 바람과 맞서라. 탐험하라. 꿈을 꾸어라. 그리고 찾아내라. ”

– 마크 트웨인 –

2017. 6. 25 시행

2017년 산업기사 제2회 필답형 실기시험

자격종목	시험시간	형별	수험번호	성명	감독위원 확인
소방설비산업기사(전기분야)	2시간 30분				

※ 다음 물음에 답을 해당 답란에 답하시오.(배점 : 100)

☆☆☆

문제 01

모터컨트롤센터(M.C.C)에서 소화전 펌프모터에 전기를 공급하는 전동기설비에 대한 다음 각 물음에 답하시오. (단, 전압은 3상 380V이고 모터의 용량은 20kW, 역률은 80%라고 한다.)

(17.4.문9, 15.7.문10, 14.11.문14, 14.4.문7, 11.7.문3, 10.10.문4, 10.4.문8, 09.7.문5, 08.4.문9)

득점	배점
	8

유사문제부터 풀어보세요. 실력이 팍!팍! 올라갑니다.

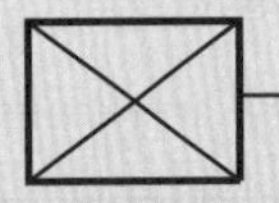

모터컨트롤센터(M.C.C)

(가) 모터의 전부하전류(full load current)는 몇 A인가?
  ○ 계산과정 :
  ○ 답 :

(나) 모터의 역률을 95%로 개선하고자 할 때 필요한 전력용 콘덴서의 용량은 몇 kVA인가?
  ○ 계산과정 :
  ○ 답 :

(다) 전동기외함의 접지는 어떤 접지를 하여야 하는가?

(라) 배관공사를 후강전선관으로 하고자 한다. 후강전선관 1본의 길이는 몇 m인가?

해답 (가) ○ 계산과정 : $\dfrac{20\times10^3}{\sqrt{3}\times380\times0.8}=37.983 ≒ 37.98\text{A}$

○ 답 : 37.98A

(나) ○ 계산과정 : $20\left(\dfrac{\sqrt{1-0.8^2}}{0.8}-\dfrac{\sqrt{1-0.95^2}}{0.95}\right)=8.43\text{kVA}$

○ 답 : 8.43kVA

(다) 보호접지

(라) 3.66m

해설 (가) **3상전력**

$$P=\sqrt{3}\,VI\cos\theta$$

여기서, P : 3상전력(모터의 용량)[W], V : 전압[V]
I : 전부하전류[A], $\cos\theta$: 역률

모터의 **용량** : $P=\sqrt{3}\,VI\cos\theta$ [kW]에서

전부하전류 $I=\dfrac{P}{\sqrt{3}\,V\cos\theta}=\dfrac{20\times10^3}{\sqrt{3}\times380\times0.8}=37.983 ≒ 37.98\text{A}$

- $P(20\times10^3\text{W})$: k=10^3이므로 20kW=20×10^3W
- $V(380\text{V})$: [단서]에서 주어짐
- $\cos\theta(0.8)$: [단서]에서 **80%**이므로 **0.8**

(나) 역률개선용 **전력용 콘덴서**의 **용량** Q_c 는

$$Q_c = P(\tan\theta_1 - \tan\theta_2) = P\left(\frac{\sin\theta_1}{\cos\theta_1} - \frac{\sin\theta_2}{\cos\theta_2}\right) = P\left(\frac{\sqrt{1-\cos\theta_1^{\ 2}}}{\cos\theta_1} - \frac{\sqrt{1-\cos\theta_2^{\ 2}}}{\cos\theta_2}\right)\text{[kVA]}$$

여기서, Q_c : 콘덴서의 용량[kVA]

P : 유효전력[kW]

$\cos\theta_1$: 개선 전 역률

$\cos\theta_2$: 개선 후 역률

$\sin\theta_1$: 개선 전 무효율($\sin\theta_1 = \sqrt{1-\cos\theta_1^{\ 2}}$)

$\sin\theta_2$: 개선 후 무효율($\sin\theta_2 = \sqrt{1-\cos\theta_2^{\ 2}}$)

$$\therefore\ Q_c = P\left(\frac{\sqrt{1-\cos\theta_1^{\ 2}}}{\cos\theta_1} - \frac{\sqrt{1-\cos\theta_2^{\ 2}}}{\cos\theta_2}\right) = 20\left(\frac{\sqrt{1-0.8^2}}{0.8} - \frac{\sqrt{1-0.95^2}}{0.95}\right) = 8.43\text{kVA}$$

- P의 단위가 kW임을 주의!

(다) ① **접지시스템**(KEC 140)

접지대상	접지시스템 구분	접지시스템 시설 종류	접지도체의 단면적 및 종류
특고압 · 고압 설비	• **계통접지** : 전력계통의 이상현상에 대비하여 대지와 계통을 접지하는 것 • **보호접지** : 감전보호를 목적으로 기기의 한 점 이상을 접지하는 것 • **피뢰시스템 접지** : 뇌격전류를 안전하게 대지로 방류하기 위해 접지하는 것	• 단독접지 • 공통접지 • 통합접지	6mm^2 이상 연동선
일반적인 경우			구리 6mm^2(철제 50mm^2) 이상
변압기		• **변압기 중성점 접지**	16mm^2 이상 연동선

② **접지도체**에 **피뢰시스템**이 **접속**되는 **경우 접지도체**의 **단면적**(KEC 142.3.1)

구 리	철 제
16mm^2 이상	50mm^2 이상

③ **큰 고장전류**가 **접지도체**를 **통하여 흐르지 않을 경우 접지도체**의 **최소 단면적**(KEC 142.3.1)

구 리	철 제
6mm^2 이상	50mm^2 이상

(라) **1본의 길이**

• 후강전선관 • 박강전선관	합성수지관
3.66m	**4m**

- 전선관은 KSC 8401 규정에 의해 1본의 길이는 **3.66m**이다.
- 3.6m, 3.64m라고 쓰면 틀린다.

중요

구 분	후강전선관	박강전선관
사용장소	• 공장 등의 배관에서 특히 **강도**를 필요로 하는 경우 • **폭발성 가스**나 **부식성 가스**가 있는 장소	• 일반적인 장소
관의 호칭 표시방법	• 안지름의 근사값을 **짝수**로 표시	• 바깥지름의 근사값을 **홀수**로 표시
규격	16mm, 22mm, 28mm, 36mm, 42mm, 54mm, 70mm, 82mm, 92mm, 104mm	19mm, 25mm, 31mm, 39mm, 51mm, 63mm, 75mm

Tip

- 후강전선관과 박강전선관은 과거 강관에 에나멜 칠을 할 당시에 사용되던 전선관이다.
- 후강전선관의 두께가 박강전선관보다 더 두껍다.
- 현재는 박강전선관은 생산되고 있지 않는 상태이다.
- **후강전선관**도 이제는 에나멜 칠은 하지 않고 모두 **아연도금강관**으로만 생산된다.

☆☆

문제 02

다음은 내화구조인 지하 1층, 지상 5층인 병원의 지상 1층 평면도이다. 각 층의 층고는 4.3m이고 천장과 반자 사이의 높이는 0.5m이다. 각 실에는 반자가 설치되어 있으며, 계단감지기는 3층과 5층에 설치되어 있다. 다음 각 물음에 답하시오. (단, A구역에는 반자가 없음)

(15.11.문15, 12.11.문15, 11.11.문4)

득점	배점
	8

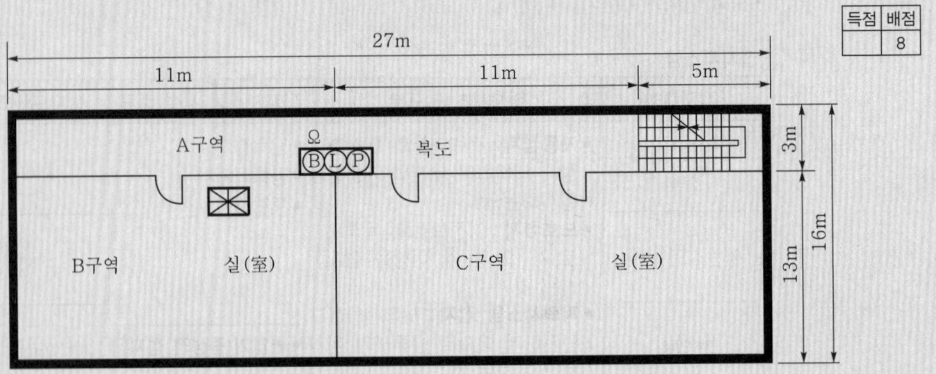

(가) 다음의 빈칸에 해당 개소에 설치하여야 하는 감지기의 수량을 산출식과 함께 쓰시오.

개 소	적용 감지기 종류	산출식	수량(개)
A구역			
B구역			
C구역			

(나) (가)에서 구한 감지기수량을 위 평면도상에 각 감지기의 도시기호를 이용하여 그려 넣고 각 기기간을 배선하되 배선수를 명시하시오. (배선수 명시 예 —//—)

해답 (가)

개 소	적용 감지기 종류	산출식	수량(개)
A구역	연기감지기 2종	$\frac{(11+11)\times 3}{75}=0.88 ≒ 1$	1개
B구역	연기감지기 2종	$\frac{11\times 13}{150}=0.95 ≒ 1$	1개
C구역	연기감지기 2종	$\frac{(11+5)\times 13}{150}=1.38 ≒ 2$	2개

(나)

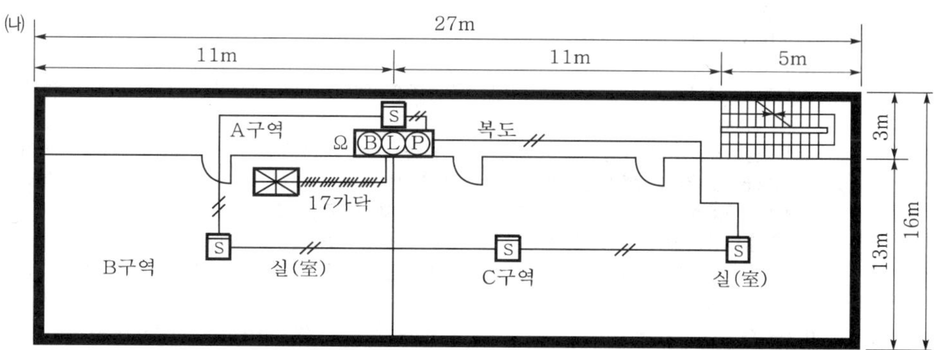

해설 (가)

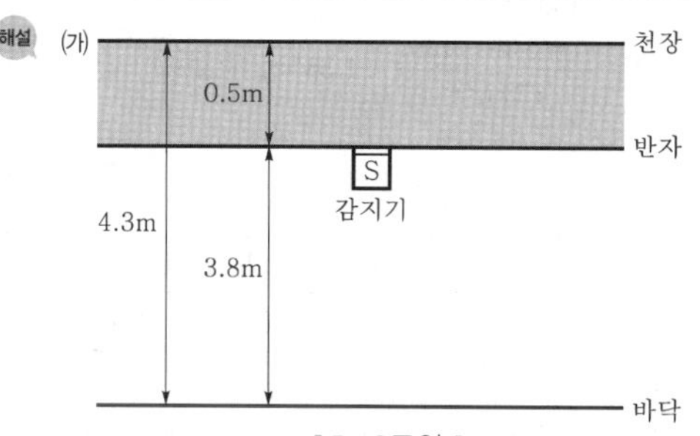

‖B, C구역‖

‖**연기감지기**의 **바닥면적**(NFPC 203 7조, NFTC 203 2.4.3.10.1)‖

(단위 : m^2)

부착높이	감지기의 종류	
	1종 및 2종	3종
B, C구역 : 4m 미만 →	150	50
A 구역 : 4~20m 미만 →	75	설치 불가능

A구역

- 복도는 연기감지기 설치장소로서 〔단서〕에 의해 반자가 없으므로 감지기 설치높이는 4.3m만 고려하고 내화구조 또는 기타 구조와 무관하게 바닥면적이 정해지므로 **연기감지기 2종** 1개가 담당하는 바닥면적은 **75m²**
- 복도의 길이가 (11+11)m=22m로서 **30m 미만**이므로 자동화재탐지설비 및 시각경보장치의 화재안전기준(NFPC 203 7조, NFTC 203 2.4.3.10.1)에 의해 보행거리가 아닌 **바닥면적**으로 연기감지기 개수 산정
- 복도는 보행거리로도 감지기 개수를 산정할 수 있고, 바닥면적으로도 감지기 개수를 산정할 수 있다. 이 문제에서는 보행거리 22m로서 30m 미만이므로 연기감지기를 생략할 수도 있지만 바닥면적으로 계산하면 1개가 나온다. 일반적으로 이와 같은 경우 실무에서 바닥면적 계산방식에 의해 연기감지기 1개를 설치하는 경우가 대부분이고 문제에서도 산출식과 수량을 적용하는 표가 있으므로 보행거리가 아닌 바닥면적으로 계산하여 1개로 답하는 것이 맞다.
- 특별한 조건이 없는 경우 **연기감지기**는 **2종** 설치

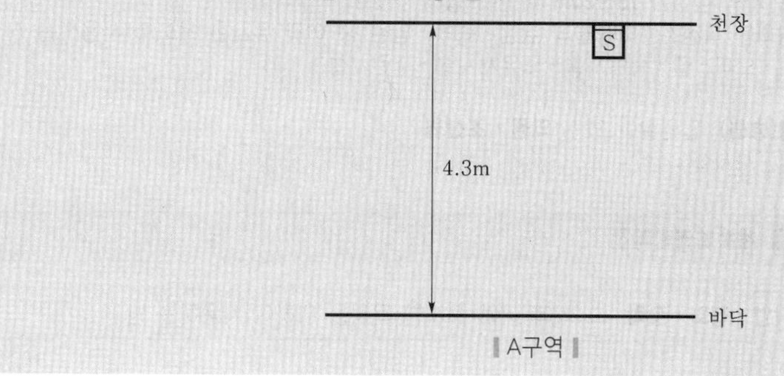

‖A구역‖

$$\text{연기감지기 2종} = \frac{\text{적용면적}}{\text{감지기 1개 바닥면적}} = \frac{(11+11)\text{m}\times 3\text{m}}{75\text{m}^2} = 0.88 \fallingdotseq 1\text{개(절상)}$$

B, C 구역

- 높이는 **4.3m**, 천장과 반자 사이의 간격은 **0.5m**이므로 바닥에서부터 감지기까지의 설치높이는 **4.3−0.5 =3.8m**가 됨
- 자동화재탐지설비 및 시각경보장치의 화재안전기준(NFPC 203 7조, NFTC 203 2.4.2)에 의해 **의료시설 (병원)**의 **거실**은 **연기감지기** 설치. 특히 주의! (차동식 스포트형 감지기를 설치하면 틀림)
- 높이 **3.8m**이고, 연기감지기 설치조건이므로 **내화구조**는 고려할 필요 없음
- 특별한 조건이 없는 경우 현장에서 주로 사용하는 **2종**을 설치하면 됨
- 그림에서 실(室)이라고 되어 있으므로 실(室)은 NFPC 203 3조에 의해 **거실**에 해당

B구역 연기감지기 2종$=\dfrac{\text{적용면적}}{\text{감지기 1개 바닥면적}}=\dfrac{(11\times13)\text{m}^2}{150\text{m}^2}=0.95 ≒ 1$개(절상)

C구역 연기감지기 2종$=\dfrac{\text{적용면적}}{\text{감지기 1개 바닥면적}}=\dfrac{(11+5)\text{m}\times13\text{m}}{150\text{m}^2} ≒ 1.38 ≒ 2$개(절상)

비교

연기감지기를 **보행거리**로 **산정**하는 **기준**(NFPC 203 7조, NFTC 203 2.4.3.10.2)

1·2종 연기감지기	3종 연기감지기
보행거리 **30m**마다 설치	보행거리 **20m**마다 설치

(나) 자동화재탐지설비의 감지기 사이의 회로의 배선은 송배선식으로 하여야 하므로 감지기 간 배선수는 루프된 곳은 **2가닥**, 그 외는 **4가닥**이 된다. 가능하면 루프(loop)형태로 배선해야 가닥수가 적게 소요되므로 경제적이다. 여기서는 감지기배선을 모두 루프로 배선할 수 있으므로 **2가닥**이다.

- **17가닥** : 회로선 7, 회로공통선 1, 경종선 6, 경종표시등공통선 1, 응답선 1, 공통선 1

  ⊠ ―――――― ⒷⓁⓅ
  17가닥

- **회로선** : 지하 1층, 지상 5층 건물이므로 각 층에 회로선 1가닥씩 **6가닥**, 계단에 회로선 **1가닥** 총 **7가닥**이 된다.
- **경종선** : 11층 미만이므로 일제경보방식이지만 경종선은 층수마다 추가되므로 **6가닥!**
- 계단은 경계구역 면적에서 제외하므로 (3m×5m)를 빼주어야 한다.
- 계단의 회로선은 $\dfrac{4.3\text{m}\times6\text{층}}{45\text{m}}=0.5 ≒ 1$회로가 된다(계단의 1경계구역은 높이 **45m** 이하이므로 45m로 나눔).
- 계단의 경계구역(회로)은 지하층과 지상층은 별개의 경계구역으로 하지만 지하 1층의 경우에는 지상층과 동일 경계구역으로 할 수 있으므로 **동일 경계구역**으로 처리하였다.

중요

(1) **연기감지기**의 **설치장소**(NFPC 203 7조, NFTC 203 2.4.2)

① **계**단 · 경사로 및 에스컬레이터 경사로
② **복**도(**30m** 미만 제외)
③ **엘**리베이터 승강로(**권**상기실이 있는 것은 권상기실) · **린**넨슈트 · **파**이프피트 및 덕트 기타 이와 유사한 장소
④ **천**장 또는 반자의 높이가 **15~20m** 미만의 장소
⑤ 다음에 해당하는 특정소방대상물의 취침 · 숙박 · 입원 등 이와 유사한 용도로 사용되는 거실
㉠ 공동주택 · 오피스텔 · 숙박시설 · 노유자시설 · 수련시설
㉡ **합숙소**
㉢ **의료시설(병원)**, 입원실이 있는 **의원** · **조산원**
㉣ 교정 및 군사시설
㉤ **고시원**

기억법 **계복엘권린파천**

(2) **거실**(NFPC 203 3조, NFTC 203 1.7.1.7)
거주 · 집무 · 작업 · 집회 · 오락, 그 밖에 이와 유사한 목적을 위하여 사용하는 방

☆☆☆

문제 03

그림은 대형 건물 전산실의 할론소화설비 평면도이다. 다음 각 물음에 답하시오.

(19.4.문2, 16.6.문1, 14.7.문15, 13.4.문14, 12.11.문2, 기사 12.4.문1)

득점	배점
	12

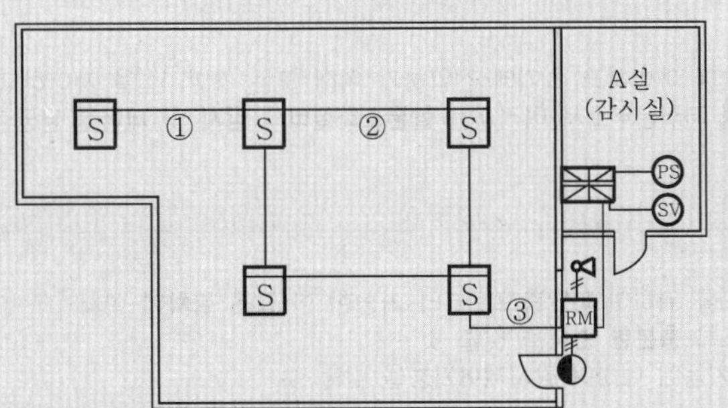

(가) 다음 그림기호의 명칭을 쓰시오.

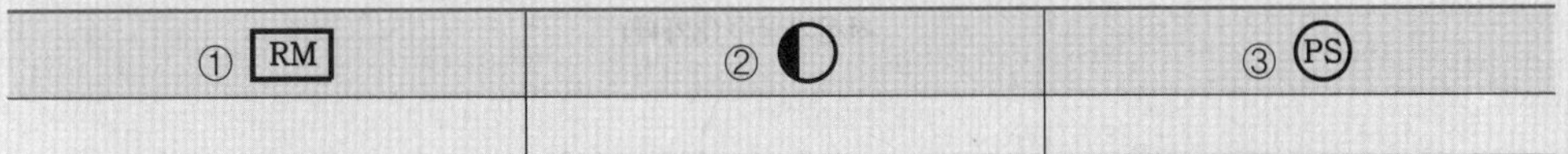

① RM	②	③ PS

(나) A실(감시실)의 용도 및 기능을 쓰시오.

○ 용도 :

○ 기능 :

(다) 제어반과 수동조작함 사이의 전선가닥수, 굵기, 전선의 종류, 전선관을 배선기호로 표시하시오.

(라) 주어진 도면의 틀린 곳을 찾아내고 고쳐야 하는 주된 이유를 쓰시오.

○ 틀린 곳 :

○ 이유 :

(마) 감지기선 ①~③의 가닥수를 쓰시오.

구 분	①	②	③
가닥수			

해답 (가)

① RM	②	③ PS
수동조작함	방출표시등	압력스위치

(나) ○ 용도 : 할론소화설비의 감시

○ 기능 : 할론소화설비의 제어

(다) HFIX 2.5(28)

(라) ① 틀린 곳 : 사이렌의 위치

② 이유 : 실내의 인명대피를 위해 실내에 설치

(마)

구 분	①	②	③
가닥수	4	4	8

해설 (가)

RM		PS	SV			S
수동조작함	방출표시등	압력스위치	솔레노이드밸브 (전자밸브)	감시제어반	사이렌	연기감지기

- ◐ : **'표시등'** 심벌과 동일하지만 그냥 **'표시등'**이라고 쓰지 않도록 주의하라! 문제에서 **'할론소화설비'**이므로 반드시 **'방출표시등'**이라고 답해야 한다.
- ▭ : 일명 **'수신반'**이라 부르기도 하지만 정확한 명칭은 **'감시제어반'**이다.

(나) **방재센터**

화재를 사전에 예방하고 초기에 진압하기 위해 모든 소방시설을 제어하고 비상방송 등을 통해 인명을 대피시키는 총체적 지휘본부로서 여기서는 **할론소화설비**의 **감시** 및 **제어**를 담당한다.

중요

방재센터

(1) 피난인원의 유도를 위하여 **피난층**으로부터 가능한 한 **같은 위치**에 설치
(2) 연소위험이 없도록 **충분한 면적**을 갖출 것
(3) 소화설비 등의 기동에 대하여 **감시제어기능**을 갖출 것

(다) **배선도**가 나타내는 **의미**

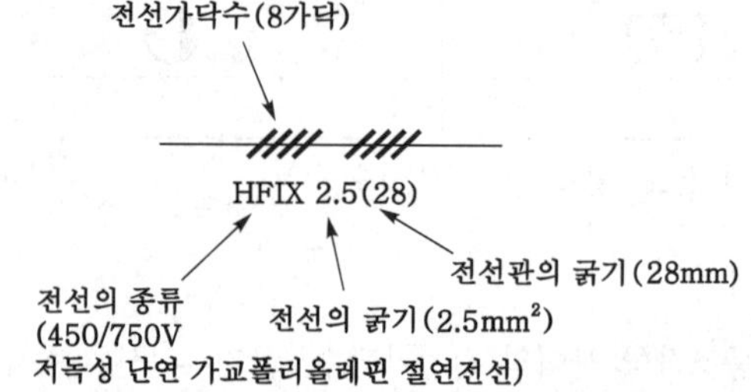

- 8가닥 : 전원 ⊕ · ⊖, 방출지연스위치, 감지기 A · B, 기동스위치, 사이렌, 방출표시등

① **전선**의 **종류**

약 호	명 칭	최고허용온도
HFIX	450/750V 저독성 난연 가교폴리올레핀 절연전선	**90℃**

② **사용전선** 및 **굵기**

구 분	감지기와 연결되는 배선, 감지기간 배선	기타 배선
사용전선	HFIX 전선	HFIX 전선
전선굵기	$1.5mm^2$	$2.5mm^2$

③ **전선관**의 **굵기**

- 전선의 굵기 $1.5mm^2$에 대한 표는 없으므로 이것은 암기하기 바란다.
- 여기서 전선굵기 표가 아예 주어지지 않았기 때문에 여기서는 전선의 굵기 $2.5mm^2$도 어느 정도는 암기하고 있어야 한다. (*대부분 문제에서는 전선관굵기 표가 주어지니까 너무 걱정하지는 마시고…*)

전선굵기 및 가닥수	전선관굵기
• $1.5mm^2$: 1~4가닥 • $2.5mm^2$: 1~4가닥	16mm
• $1.5mm^2$: 5~8가닥 • $2.5mm^2$: 5~7가닥	22mm
• $2.5mm^2$: 8~11가닥	28mm

(라) **할론소화설비**에 사용하는 **부속장치**

구 분	사이렌	방출표시등(벽붙이형)	수동조작함
심벌			RM
설치위치	실내	실외의 출입구 위	실외의 출입구 부근
설치목적	음향으로 경보를 알려 **실내**에 있는 **사람**을 **대피**시킨다.	소화약제의 방출을 알려 **외부인**의 **출입**을 **금지**시킨다.	수동으로 **창문**을 **폐쇄**시키고 **약제방출신호**를 보내 화재를 진화시킨다.

‖올바른 도면‖

(마)

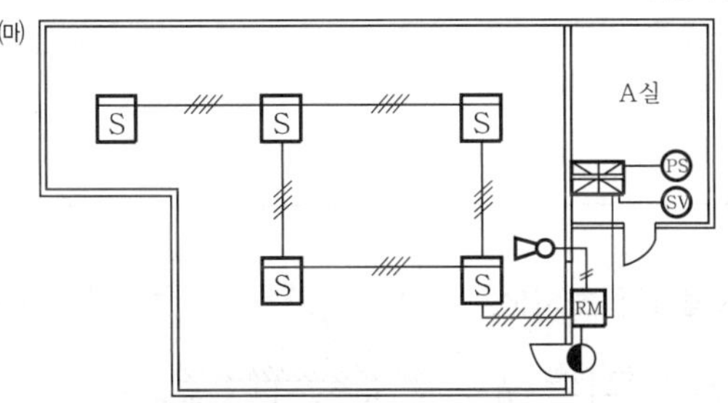

가닥수	배선의 용도
4가닥	회로선 2, 공통선 2
8가닥	회로선 4, 공통선 4

중요

송배선식과 **교차회로방식**

구 분	송배선식	교차회로방식
목적	**도통시험**을 용이하게 하기 위하여	감지기의 **오동작** 방지
원리	배선의 도중에서 분기하지 않는 방식	하나의 담당구역 내에 **2 이상**의 **감지기회로**를 설치하고 **2 이상**의 **감지기회로**가 **동시**에 **감지**되는 때에 설비가 작동하는 방식으로 회로방식이 **AND 회로**에 해당된다.
적용 설비	• 자동화재탐지설비 • 제연설비	• **분**말소화설비 • **할론소화설비** • **이**산화탄소 소화설비 • **준**비작동식 스프링클러설비 • **일**제살수식 스프링클러설비 • **할**로겐화합물 및 불활성기체 소화설비 • **부**압식 스프링클러설비 기억법 **분할이 준일할부**
가닥수 산정	종단저항을 수동발신기함 내에 설치하는 경우 **루프(loop)**된 곳은 **2가닥, 기타 4가닥**이 된다. 수동발신기함 / 루프(loop) ‖송배선식‖	**말단**과 **루프**(loop)된 곳은 **4가닥, 기타 8가닥**이 된다. 수동발신기함 / 말단 / 루프(loop) ‖교차회로방식‖

☆

문제 04

피난층에 이르는 부분의 유도등을 60분 이상 유효하게 작동시킬 수 있는 용량으로 하여야 하는 특정 소방대상물 2가지를 쓰시오. (15.4.문9, 12.11.문17)

득점	배점
	4

○

○

해답 ① 11층 이상(지하층 제외)
② 지하층·무창층으로서 도매시장·소매시장·여객자동차터미널·지하역사·지하상가

해설 **유도등·비상조명등**의 **60분 이상 작동용량**(NFPC 303 10조, NFTC 303 2.7.2.2 / NFPC 304 4조, NFTC 304 2.1.1.5)
(1) **11층** 이상(지하층 제외)
(2) 지하층·무창층으로서 **도매시장·소매시장·여객자동차터미널·지하역사·지하상가**

기억법 도소여지 11 60

• **'지하층 제외'**라는 말도 반드시 써야 한다.

☆☆

문제 05

합성수지관 공사방법에 대한 다음 각 물음에 답하시오. (19.11.문3, 06.11.문11)

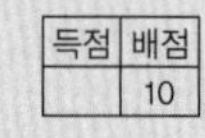

득점	배점
	10

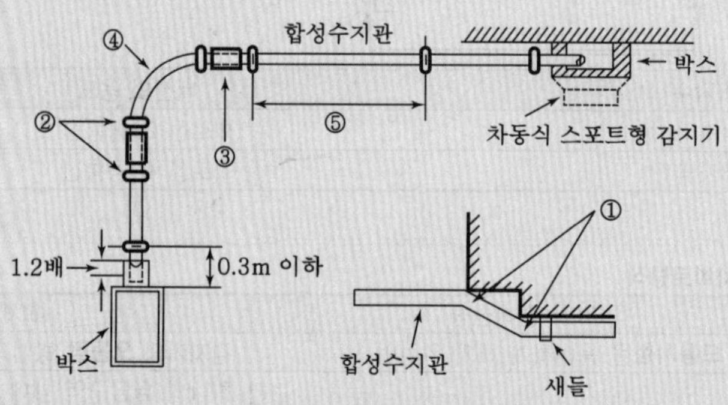

(가) 기호 ①의 굴곡반경은 직경의 몇 배 이상이어야 하는가?

(나) 기호 ②~④의 명칭을 쓰시오.

② ③ ④

(다) 기호 ⑤의 지지점간의 간격[m]은?

(라) 합성수지관공사의 장점 4가지와 단점 2가지를 쓰시오. (단, 일반적인 경제적 특징은 제외한다.)

〈장점〉

○

○

○

○

〈단점〉

○

○

해답 (가) 6배
(나) ② 새들
③ 커플링
④ 노멀밴드
(다) 1.5m 이하
(라) 〈장점〉
① 가볍고 시공이 용이하다.
② 내부식성이다.
③ 절단이 용이하다.
④ 접지가 불필요하다.
〈단점〉
① 열에 약하다.
② 충격에 약하다.

해설 **합성수지관공사**

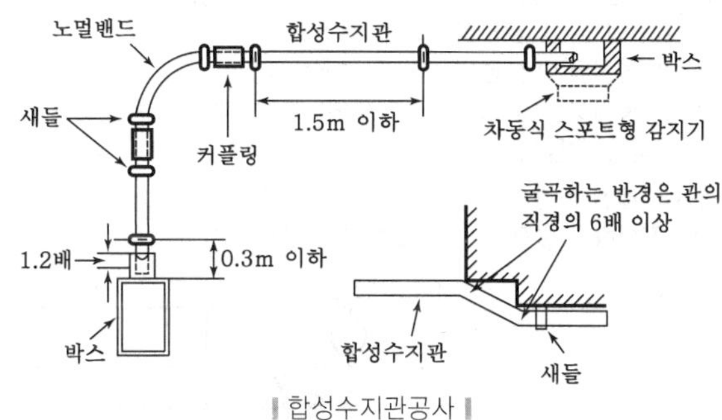

‖ 합성수지관공사 ‖

(1) 지지점간 거리

지지점간 거리	공사방법
1m 이하	• 가요전선관공사 • 캡타이어 케이블공사
1.5m 이하	• 합성수지관공사
2m 이하	• 금속관공사 • 케이블공사
3m 이하	• 금속덕트공사 • 버스덕트공사

(2) **합성수지관공사**의 **장단점**

장 점	단 점
① **가**볍고 **시**공이 용이하다. ② **내부식성**이다. ③ **강**제전선관에 비해 **가격**이 **저렴**하다. ([단서] 조건에 의해 이 문제에서는 제외) ④ **절단**이 **용이**하다. ⑤ **접지**가 **불필요**하다. 기억법 **가시내강접절**	① **열**에 약하다. ② **충격**에 약하다.

• 합성수지관=경질비닐전선관

☆☆

문제 06

3선식 배선에 의하여 상시 충전되는 유도등의 전기회로에 점멸기를 설치하는 경우에 유도등이 반드시 점등되어야 할 때를 5가지 쓰시오. (16.6.문11, 15.11.문3, 14.4.문13, 10.10.문1)

득점	배점
	5

○

○

○

○

○

해답 ① 자동화재탐지설비의 감지기 또는 발신기가 작동되는 때
② 비상경보설비의 발신기가 작동되는 때
③ 상용전원이 정전되거나 전원선이 단선되는 때
④ 방재업무를 통제하는 곳 또는 전기실의 배전반에서 수동으로 점등하는 때
⑤ 자동소화설비가 작동되는 때

해설 유도등의 **3선식 배선**시 반드시 점등되어야 하는 경우(NFTC 303 2.7.4)

(1) **자동화재탐지설비**의 **감지기** 또는 **발신기**가 작동되는 때

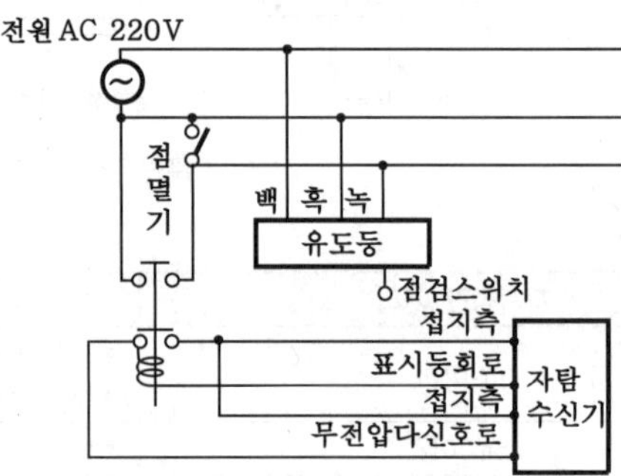

▮ 자동화재탐지설비와 연동 ▮

(2) **비상경보설비**의 **발신기**가 작동되는 때
(3) **상용전원**이 **정전**되거나 **전원선**이 **단선**되는 때
(4) **방재업무**를 **통제**하는 곳 또는 전기실의 **배**전반에서 **수동**으로 **점등**하는 때

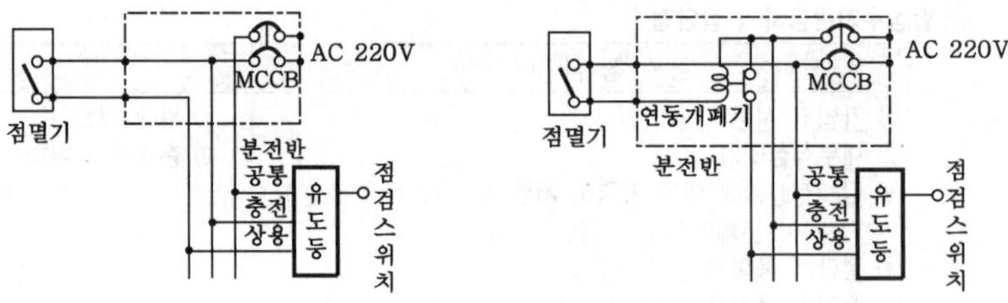

▮ 유도등의 원격점멸 ▮

(5) **자동소화설비**가 작동되는 때

기억법 탐감발
비경발
상정전단
방통배수점
자소

비교

유도등의 3선식 배선에 따라 상시 충전되는 경우 점멸기를 설치하지 아니하고 항상 점등상태를 유지하여야 하는데, 유지하지 않아도 되는 장소(3선식 배선이 가능한 장소)(NFTC 303 2.7.3.2.1)
(1) **외부**의 빛에 의해 피난구 또는 피난방향을 쉽게 식별할 수 있는 장소
(2) **공연장, 암실** 등으로서 어두워야 할 필요가 있는 장소
(3) 특정소방대상물의 **관계인** 또는 **종사원**이 주로 사용하는 장소

문제 07

설치장소의 환경상태와 적응장소를 참고하여 당해 설치장소에 적응성을 가지는 감지기를 표에 O로 나타내시오. (단, 연기감지기를 설치할 수 없는 경우이다.) (16.11.문3)

득점	배점
	5

설치장소		적응열감지기									
환경상태	적응장소	차동식 스포트형		차동식 분포형		보상식 스포트형		정온식		열 아날로그식	불꽃 감지기
		1종	2종	1종	2종	1종	2종	특종	1종		
현저하게 고온으로 되는 장소	건조실, 살균실, 보일러실, 주조실, 영사실, 스튜디오										

해답

설치장소		적응열감지기									
환경상태	적응장소	차동식 스포트형		차동식 분포형		보상식 스포트형		정온식		열 아날로그식	불꽃 감지기
		1종	2종	1종	2종	1종	2종	특종	1종		
현저하게 고온으로 되는 장소	건조실, 살균실, 보일러실, 주조실, 영사실, 스튜디오	×	×	×	×	×	×	○	○	○	×

해설 **자동화재탐지설비** 및 **시각경보장치**〔NFTC 203 2.4.6(1)〕

‖ 설치장소별 감지기 적응성(연기감지기를 설치할 수 없는 경우) ‖

설치장소		적응열감지기									
환경상태	적응장소	차동식 스포트형		차동식 분포형		보상식 스포트형		정온식		열 아날로그식	불꽃 감지기
		1종	2종	1종	2종	1종	2종	특종	1종		
주방, 기타 평상시에 연기가 체류하는 장소	• 주방 • 조리실 • 용접작업장	×	×	×	×	×	×	○	○	○	○
현저하게 고온으로 되는 장소	• 건조실 • 살균실 • 보일러실 • 주조실 • 영사실 • 스튜디오	×	×	×	×	×	×	○	○	○	×

〔비고〕 1. **주방, 조리실** 등 습도가 많은 장소에는 **방수형** 감지기를 설치할 것
2. **불꽃감지기**는 UV/IR형을 설치할 것

• 총 10개 O, ×표시를 하여야 하므로 **2개** 맞으면 **1점**으로 인정

비교

설치장소		적응열감지기									불꽃감지기
환경상태	적응장소	차동식 스포트형		차동식 분포형		보상식 스포트형		정온식		열아날로그식	
		1종	2종	1종	2종	1종	2종	특종	1종		
부식성 가스가 발생할 우려가 있는 장소	• 도금공장 • 축전지실 • 오수처리장	×	×	○	○	○	○	○	×	○	○

〔비고〕 1. **차동식 분포형 감지기**를 설치하는 경우에는 감지부가 피복되어 있고 검출부가 부식성 가스에 영향을 받지 않는 것 또는 검출부에 부식성 가스가 침입하지 않도록 조치할 것
2. **보상식 스포트형 감지기, 정온식 감지기** 또는 **열아날로그식 스포트형 감지기**를 설치하는 경우에는 부식성 가스의 성상에 반응하지 않는 **내산형** 또는 **내알칼리형**으로 설치할 것
3. **정온식 감지기**를 설치하는 경우에는 **특종**으로 설치할 것

설치장소		적응열감지기									불꽃감지기
환경상태	적응장소	차동식 스포트형		차동식 분포형		보상식 스포트형		정온식		열아날로그식	
		1종	2종	1종	2종	1종	2종	특종	1종		
배기가스가 다량으로 체류하는 장소	• 주차장, 차고 • 화물취급소 차로 • 자가발전실 • 트럭 터미널 • 엔진 시험실	○	○	○	○	○	○	×	×	○	○

〔비고〕 1. **불꽃감지기**에 따라 감시가 곤란한 장소는 적응성이 있는 열감지기를 설치할 것
2. **열아날로그식 스포트형 감지기**는 화재표시 설정이 **60℃ 이하**가 바람직하다.

☆☆ 문제 08

무선통신보조설비의 무반사 종단저항과 안테나의 설치이유를 쓰시오. (08.11.문7)

(가) 무반사 종단저항

(나) 안테나

득점	배점
	4

해답 (가) 전송로로 전송하는 전자파가 전송로의 종단에서 반사되어 교신을 방해하는 것을 막기 위해
(나) 전파를 효율적으로 송수신하기 위해

해설 (1) **종단저항**과 **무반사 종단저항**

종단저항	무반사 종단저항
감지기회로의 **도통시험**을 용이하게 하기 위하여 **감지기회로**의 **끝**부분에 설치하는 저항	전송로로 전송되는 전자파가 전송로의 종단에서 반사되어 교신을 방해하는 것을 막기 위해 **누설동축케이블**의 **끝**부분에 설치하는 저항

※ **안테나(antenna)** : 송신기에서 공간에 **전파**를 방사하거나 수신기로 끌어들이기 위한 장치로 **전파**를 효율적으로 **송수신**하기 위한 **기기**

(2) **누설동축케이블**과 **동축케이블**

누설동축케이블	동축케이블
동축케이블의 외부도체에 가느다란 홈을 만들어서 전파가 외부로 새어나갈 수 있도록 한 케이블	유도장애를 방지하기 위해 전파가 누설되지 않도록 만든 케이블

☆☆
문제 09

자동화재탐지설비의 P형 수신기에 연결되는 1개 회로의 미완성 결선도를 완성하고 화재감지기 회로에서 종단저항을 설치하는 이유에 대하여 쓰시오. (07.7.문13)

득점	배점
	7

(가) 미완성 결선도

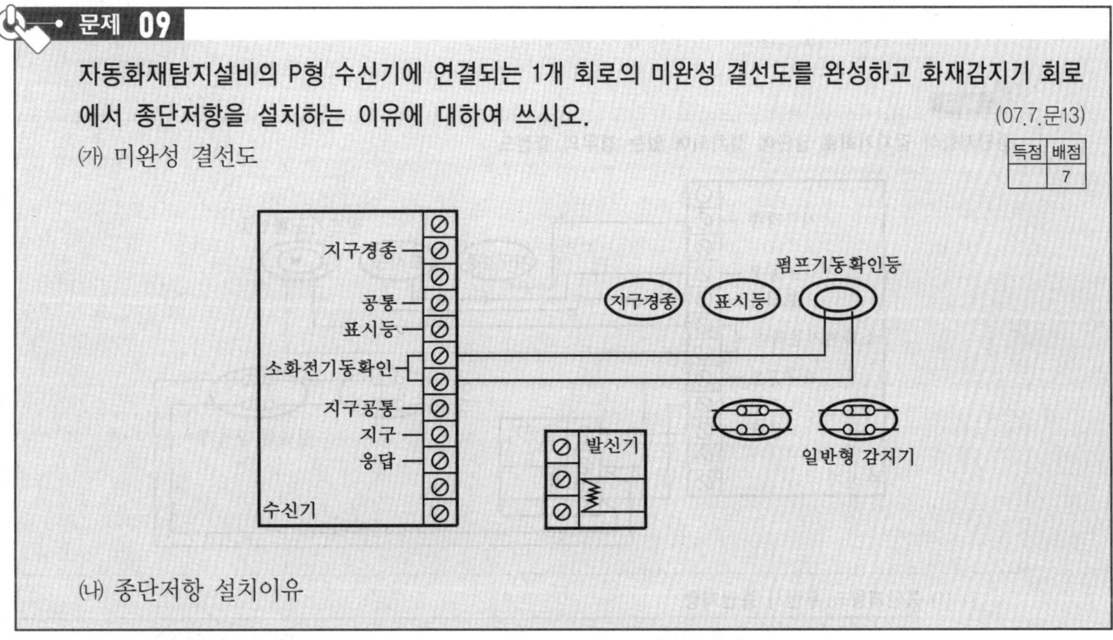

(나) 종단저항 설치이유

해답 (가)

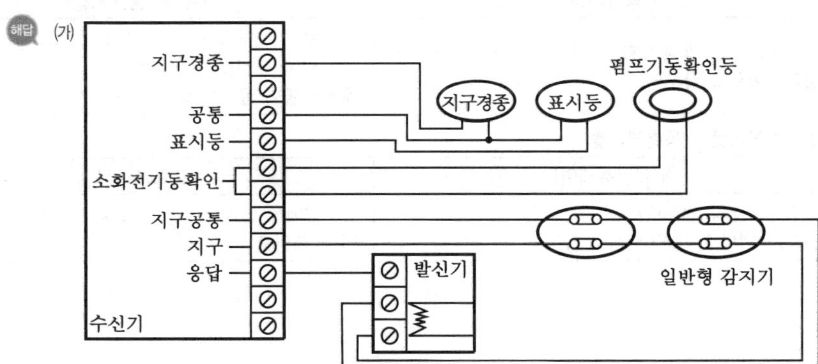

(나) 감지기회로의 도통시험을 용이하게 하기 위하여

해설 (가) 다음과 같이 결선하여도 틀리지 않는다. 즉, **지구공통**과 **지구**, **응답**은 선이 서로 바뀌어도 옳다.

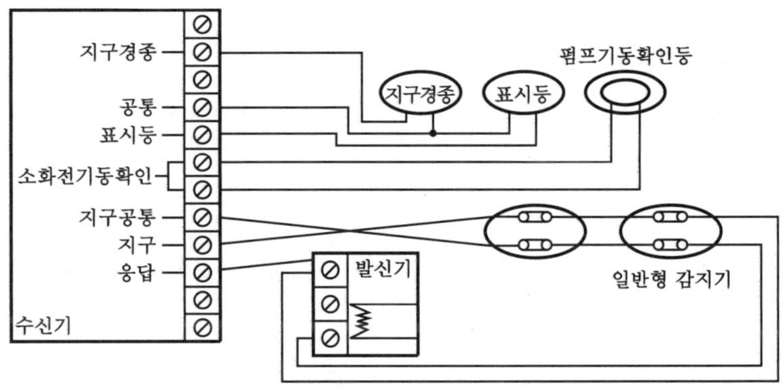

‖ 옳은 도면 ‖

• **지구경종**과 **표시등**을 따로따로 배선해서 공통에 연결하는 것은 틀린다. 왜냐하면 배선이 그만큼 많이 필요하고 실무에서도 그렇게 결선하지 않기 때문이다.

비교

종단저항이 감지기회로 말단에 설치되어 있는 경우의 결선도

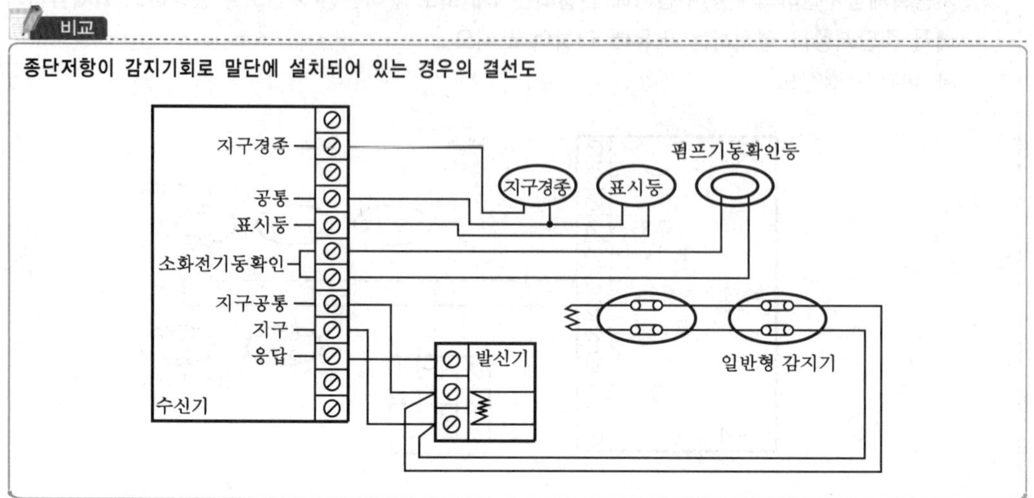

(나) (1) **종단저항**과 **무반사 종단저항**

종단저항	무반사 종단저항
감지기회로의 **도통시험**을 용이하게 하기 위하여 **감지기회로**의 **끝**부분에 설치하는 저항	전송로로 전송되는 전자파가 전송로의 종단에서 반사되어 교신을 방해하는 것을 막기 위해 **누설동축케이블**의 **끝**부분에 설치하는 저항

(2) **누설동축케이블**과 **동축케이블**

누설동축케이블	동축케이블
동축케이블의 외부도체에 가느다란 홈을 만들어서 전파가 외부로 새어나갈 수 있도록 한 케이블	유도장애를 방지하기 위해 전파가 누설되지 않도록 만든 케이블

☆☆☆
문제 10

건물 내부에 가압송수장치로서 기동용 수압개폐장치를 사용하는 옥내소화전함과 P형 발신기세트를 다음과 같이 설치하였다. ㉮~㉳ 전선종류, 전선굵기, 전선가닥수를 쓰시오. (단, 연면적은 1000m^2인 경우이다.)

(17.4.문5, 16.6.문13, 16.4.문9, 15.7.문8, 13.11.문18, 13.4.문16, 10.4.문16, 09.4.문6)

득점	배점
	6

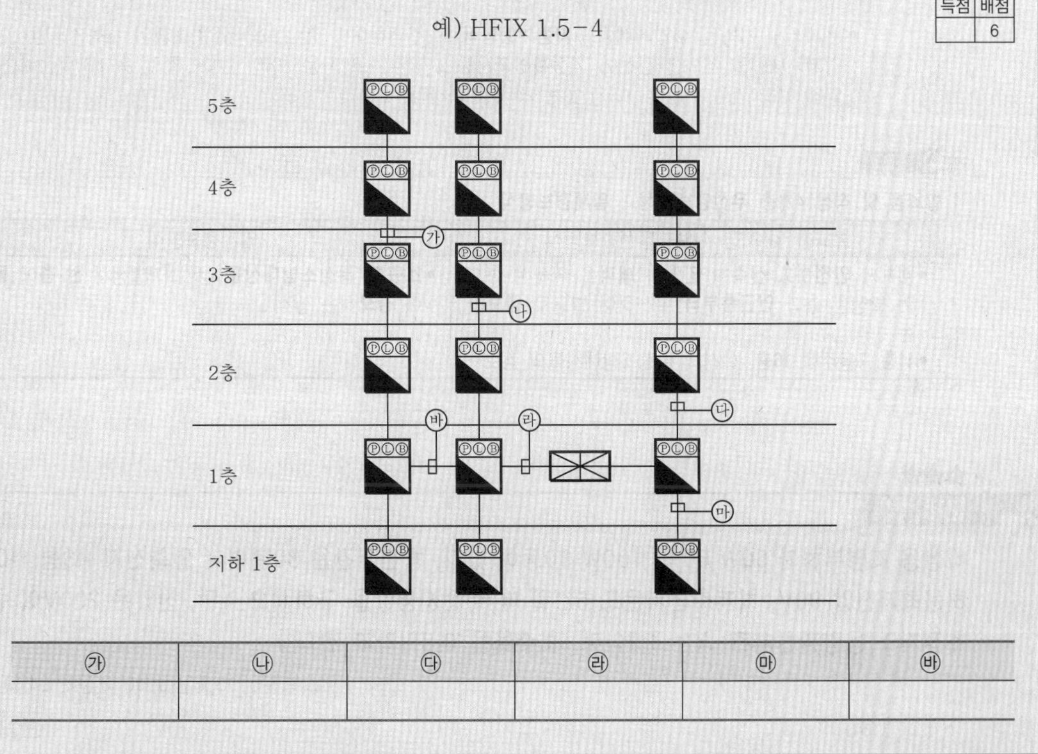

㉮	㉯	㉰	㉱	㉲	㉳

해답

㉮	㉯	㉰	㉱	㉲	㉳
HFIX 2.5-10	HFIX 2.5-12	HFIX 2.5-14	HFIX 2.5-25	HFIX 2.5-8	HFIX 2.5-18

해설

기 호	가닥수	전선의 사용용도(가닥수)
㉮	HFIX 2.5-10	회로선 2, 회로공통선 1, 경종선 2, 경종표시등공통선 1, 응답선 1, 표시등선 1, 기동확인표시등 2
㉯	HFIX 2.5-12	회로선 3, 회로공통선 1, 경종선 3, 경종표시등공통선 1, 응답선 1, 표시등선 1, 기동확인표시등 2
㉰	HFIX 2.5-14	회로선 4, 회로공통선 1, 경종선 4, 경종표시등공통선 1, 응답선 1, 표시등선 1, 기동확인표시등 2
㉱	HFIX 2.5-25	회로선 12, 회로공통선 2, 경종선 6, 경종표시등공통선 1, 응답선 1, 표시등선 1, 기동확인표시등 2
㉲	HFIX 2.5-8	회로선 1, 회로공통선 1, 경종선 1, 경종표시등공통선 1, 응답선 1, 표시등선 1, 기동확인표시등 2
㉳	HFIX 2.5-18	회로선 6, 회로공통선 1, 경종선 6, 경종표시등공통선 1, 응답선 1, 표시등선 1, 기동확인표시등 2

- 지상 5층이므로 **일제경보방식**이다.
- 문제에서 특별한 조건이 없더라도 **회로공통선**은 회로선이 7회로가 넘을 시 반드시 1가닥씩 추가하여야 한다. 이것을 공식으로 나타내면 다음과 같다.

$$\text{회로공통선} = \frac{\text{회로선}}{7} \ (\text{절상})$$

예 기호 ㉣ 회로공통선 $= \frac{\text{회로선}}{7} = \frac{12}{7} = 1.7 \fallingdotseq 2$가닥(절상)

- 문제에서 기동용 수압개폐방식(**자동기동방식**)도 주의하여야 한다. 옥내소화전함이 자동기동방식이므로 감지기배선을 제외한 간선에 '**기동확인표시등 2**'가 추가로 사용되어야 한다. 특히, 옥내소화전배선은 구역에 따라 가닥수가 늘어나지 않는 것에 주의하라!

중요

발화층 및 직상 4개층 우선경보방식과 **일제경보방식**

발화층 및 직상 4개층 우선경보방식	일제경보방식
• 화재시 **안전**하고 **신속**한 **인명**의 **대피**를 위하여 화재가 발생한 층과 **인근층부터** 우선하여 별도로 **경보**하는 방식 • **11층**(공동주택 **16층**) 이상의 특정소방대상물의 경보	• **소규모 특정소방대상물**에서 화재발생시 **전 층**에 **동시**에 **경보**하는 방식

★★★

문제 11

비상용 조명부하가 50W 60등, 100W 30등이 있다. 방전시간은 30분이며 연축전지 HS형 110셀, 허용최저전압 90V, 최저축전지온도 5℃일 때 축전지용량을 구하시오. (단, 전압은 200V이며 연축전지의 용량환산시간 K는 1.2이며, 보수율은 0.8이라고 한다.)

(15.11.문5, 13.7.문10, 10.10.문2, 04.10.문5)

○ 계산과정 :

○ 답 :

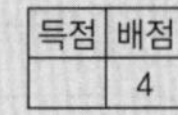

득점	배점
	4

 해답

○ 계산과정 : $I = \frac{(50\times60)+(100\times30)}{200} = 30\text{A}$

$$C = \frac{1}{0.8}\times1.2\times30 = 45\text{Ah}$$

○ 답 : 45Ah

 해설 (1) **전류**

$$I = \frac{P}{V} \ [\text{A}]$$

여기서, I : 전류〔A〕

P : 전력〔W〕

V : 전압〔V〕

$$I = \frac{P}{V} = \frac{(50\times60)+(100\times30)}{200} = 30\text{A}$$

- 전압 V는 허용최저전압이 아닌 일반전압 200V를 적용한다는 것을 알라!

(2) **축전지 용량**

$$C = \frac{1}{L} KI \text{(Ah)}$$

여기서, C : 축전지 용량
L : 용량저하율(보수율)
K : 용량환산시간(h)
I : 방전전류(A)

$$C = \frac{1}{L} KI = \frac{1}{0.8} \times 1.2 \times 30 = 45\text{Ah}$$

용어

보수율(용량저하율)
(1) 축전지의 용량저하를 고려하여 축전지의 용량 산정시 여유를 주는 계수
(2) 부하를 만족하는 용량을 감정하기 위한 계수

☆☆☆

문제 12

누전경보기에 사용되는 변류기의 1차 권선과 2차 권선간의 절연저항측정에 사용되는 측정기구와 측정된 절연저항의 양부에 대한 기준을 설명하시오. (19.11.문7, 19.6.문9, 16.11.문11, 13.11.문5, 13.4.문10, 12.7.문11, 06.7.문8)

○측정기구 :
○양부 판단기준 :

득점	배점
	4

해답 ○측정기구 : 직류 500V 절연저항계
○양부 판단기준 : 5MΩ 이상

해설 **누전경보기**의 **변류기 절연저항시험**(누전경보기의 형식승인 및 제품검사의 기술기준 19조)
변류기는 직류 **500V**의 절연저항계로 다음에 따른 시험을 하는 경우 **5MΩ** 이상이어야 한다.
① 절연된 **1차 권선**과 **2차 권선**간의 절연저항
② 절연된 **1차 권선**과 **외부금속부**간의 절연저항
③ 절연된 **2차 권선**과 **외부금속부**간의 절연저항

• **'이상'**이란 말까지 써야 정확한 답이 된다.

중요

절연저항시험(정대! 정대! 중요)

절연저항계	절연저항	대 상
직류 250V	0.1MΩ 이상	• 1경계구역의 절연저항
직류 500V	**5MΩ 이상**	• **누전경보기** • 가스누설경보기 • **수신기**(10회로 미만, 절연된 충전부와 외함간) • 자동화재속보설비 • 비상경보설비 • 유도등(교류입력측과 외함간 포함) • 비상조명등(교류입력측과 외함간 포함)

직류 500V	20MΩ 이상	• 경종 • 발신기 • 중계기 • **비상콘센트** • 기기의 **절연된 선로간** • 기기의 충전부와 비충전부간 • 기기의 **교류입력측과 외함간**(유도등·비상조명등 제외)
	50MΩ 이상	• **감지기**(정온식 감지선형 감지기 제외) • 가스누설경보기(10회로 이상) • 수신기(10회로 이상, 교류입력측과 외함간 제외)
	1000MΩ 이상	• 정온식 감지선형 감지기

문제 13

다음 주어진 도면은 옥내소화전설비의 3개소 기동정지회로의 미완성 도면이다. 조건을 참조하여 제어실 및 현장 어느 쪽에서도 기동 및 정지가 가능하도록 배선하시오. (09.7.문6, 03.7.문10)

득점	배점
	6

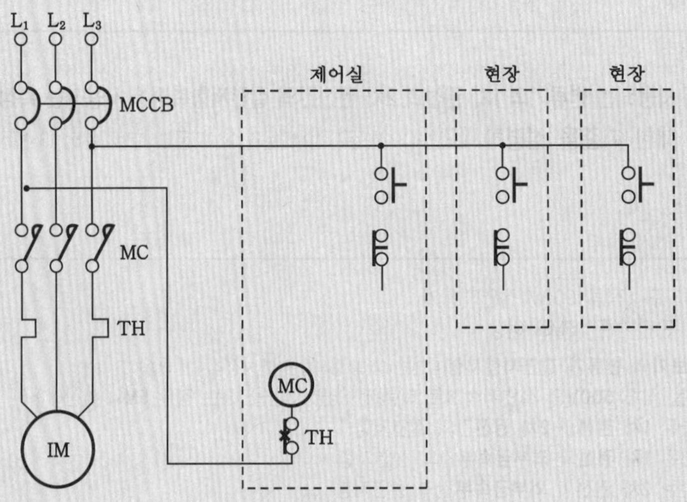

〔조건〕

① 각 층에는 옥내소화전이 1개씩 설치되어 있다.

② 이미 그려져 있는 부분은 수정하지 않는다.

③ 그려진 접점을 삭제하거나 별도로 접점을 추가하지 않는다.

④ 자기유지는 전자접촉기 a접점 1개를 사용한다.

해답

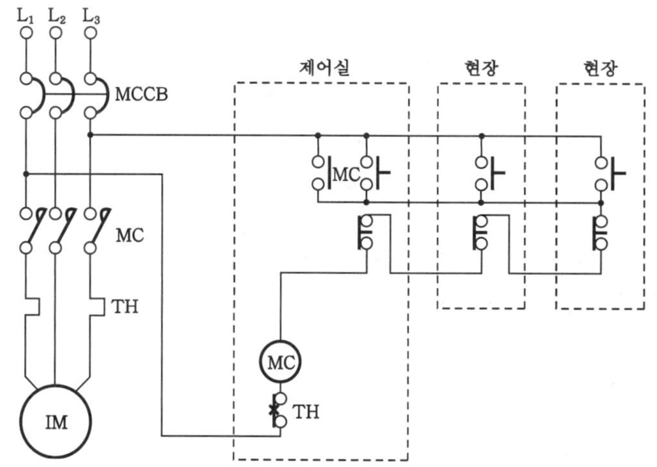

해설

● 연결부분 점(•)을 잘 찍을 것. 특히 주의! 점을 안 찍으면 틀린다.

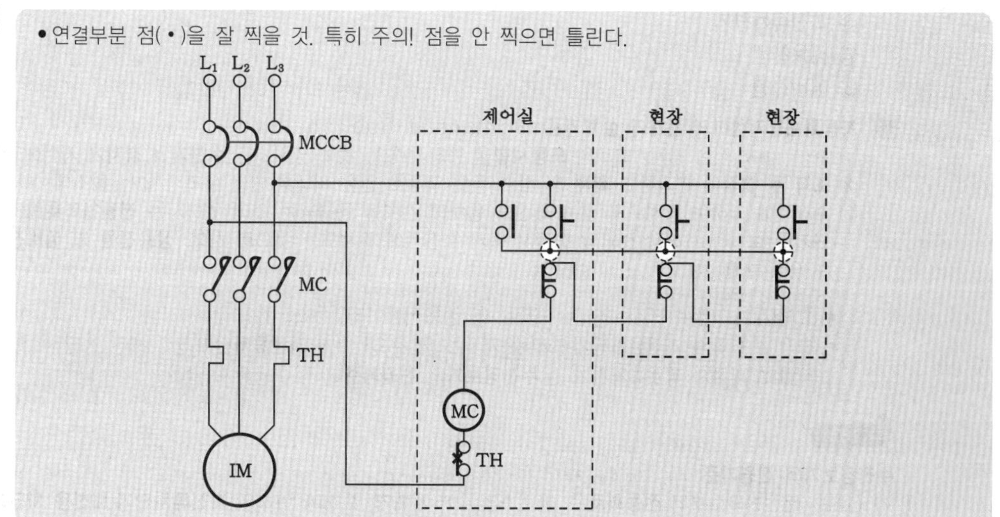

기동방식이 ON-OFF 기동방식의 옥내소화전설비 시퀀스회로는 **유지보수** 측면을 고려하여 실제 실무에서는 다음과 같이 배선한다. 이와 같이 회로를 설계할 경우 **고장지점**을 쉽게 찾을 수 있다.

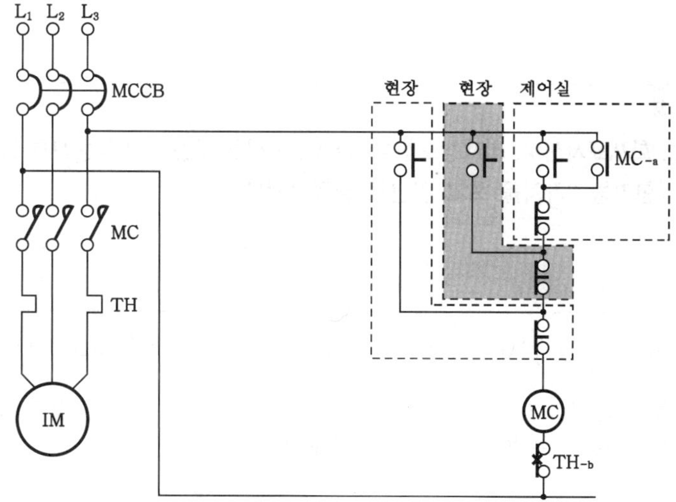

☆☆☆

문제 14

자동화재탐지설비의 중계기의 설치기준에 대한 다음 (   ) 안을 완성하시오.

(15.11.문13, 14.7.문12, 13.7.문14)

득점	배점
	5

○ 수신기에서 직접 감지기회로의 도통시험을 행하지 않는 것에 있어서는 (①)와 (②) 사이에 설치할 것

○ 수신기에 의하여 감시되지 않는 배선을 통하여 전력을 공급받는 것에 있어서는 전원입력측의 배선에 (③)를 설치하고 해당 전원의 정전시 즉시 수신기에 표시되는 것으로 하며, (④) 및 (⑤)의 시험을 할 수 있도록 할 것

해답 ① 수신기
② 감지기
③ 과전류차단기
④ 상용전원
⑤ 예비전원

해설 **자동화재탐지설비**의 **중계기 설치기준**(NFPC 203 6조, NFTC 203 2.3.1)

(1) 수신기에서 직접 감지기회로의 **도통시험**을 행하지 않는 것에 있어서는 **수신기**와 **감지기** 사이에 설치할 것
(2) **조작** 및 **점검**에 편리하고 **화재** 및 **침수** 등의 재해로 인한 피해를 받을 우려가 없는 장소에 설치할 것
(3) 수신기에 의하여 감시되지 않는 배선을 통하여 전력을 공급받는 것에 있어서는 **전원입력측**의 배선에 **과전류차단기**를 설치하고 해당 전원의 정전시 즉시 수신기에 표시되는 것으로 하며, **상용전원** 및 **예비전원**의 시험을 할 수 있도록 할 것

- ① 감지기 ② 수신기 ④ 예비전원 ⑤ 상용전원이라고 써도 정답
- ③ '15A 이하의 과전류차단기'라고 쓰지 않도록 주의! 그냥 **과전류차단기**라고 해야 정답
  → '15A 이하의 과전류차단기'는 **누전경보기**의 **전원기준**이다. 혼동하지 말라!

비교

누전경보기의 **전원기준**(NFPC 205 6조, NFTC 205 2.3.1)

(1) 전원은 분전반으로부터 **전용회로**로 하고, 각 극에 **개폐기** 및 **15A** 이하의 **과전류차단기**(**배선용 차단기**에 있어서는 **20A** 이하의 것으로 각 극을 개폐할 수 있는 것)를 설치할 것
(2) 전원을 분기할 때에는 다른 차단기에 따라 전원이 차단되지 않도록 할 것
(3) 전원의 개폐기에는 누전경보기용임을 표시한 표지를 할 것

☆

문제 15

화재신호, 화재표시신호, 화재정보신호, 가스누출신호 또는 설비작동신호 등을 수신하여 발신하는 중계기의 시험기능 2가지를 쓰고 간단히 설명하시오.

(19.11.문10)

득점	배점
	6

○

○

해답 ○ 자동시험기능 : 화재경보설비와 관련되는 기능이 이상 없이 유지되고 있는 것을 자동으로 확인할 수 있는 장치의 시험기능
○ 원격시험기능 : 감지기에 관련된 기능이 이상 없이 유지되고 있는 것을 해당 감지기의 설치장소에서 떨어진 위치에서 확인할 수 있는 장치의 시험기능

해설 **중계기**의 **시험기능**(중계기의 우수품질인증 기술기준 2조)

자동시험기능	원격시험기능
화재경보설비와 관련되는 기능이 이상 없이 **유지**되고 있는 것을 **자동**으로 확인할 수 있는 장치의 시험기능	**감지기**에 관련된 기능이 이상 없이 **유지**되고 있는 것을 해당 감지기의 설치장소에서 떨어진 위치에서 **확인**할 수 있는 장치의 시험기능

- 중계기의 시험 2가지를 물어보면 **상용전원시험**과 **예비전원시험**이 정답! 중계기의 시험과 중계기의 시험기능을 잘 구분하라!

중계기의 시험기능	중계기의 시험
① 자동시험기능 ② 원격시험기능	① 상용전원시험 ② 예비전원시험

★★★

문제 16

그림과 같은 유접점 시퀀스회로에 대해 다음 각 물음에 답하시오.

(19.11.문2, 16.6.문10, 15.4.문4, 12.11.문4, 12.7.문10, 10.4.문3, 02.4.문14)

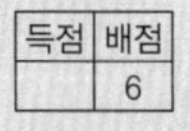

득점	배점
	6

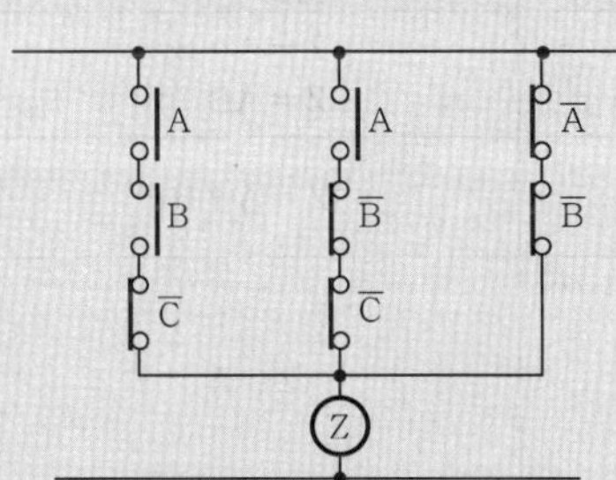

(가) 그림의 시퀀스도를 가장 간략화한 논리식으로 표현하시오. (단, 최초의 논리식을 쓰고 이것을 간략화하는 과정을 기술하시오.)

(나) (가)에서 가장 간략화한 논리식을 무접점 논리회로로 그리시오.

해답 (가) $Z = AB\overline{C} + A\overline{B}\,\overline{C} + \overline{A}\,\overline{B} = A\overline{C}(B+\overline{B}) + \overline{A}\,\overline{B} = A\overline{C} + \overline{A}\,\overline{B}$

(나)

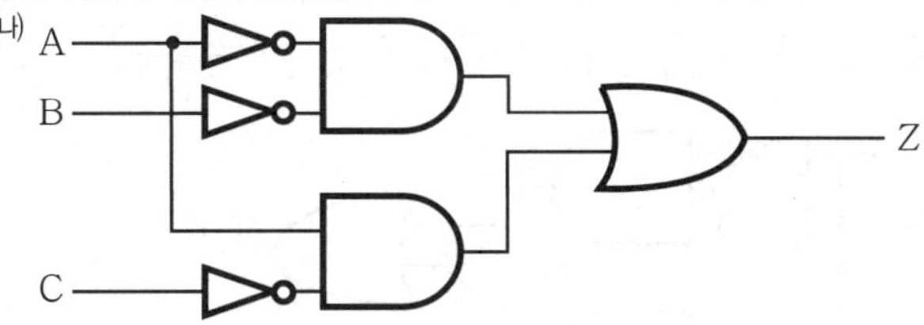

해설 (가) **간소화**

$$Z = AB\overline{C} + A\overline{B}\,\overline{C} + \overline{A}\,\overline{B}$$
$$= A\overline{C}(\underbrace{B+\overline{B}}_{X+\overline{X}=1}) + \overline{A}\,\overline{B}$$
$$= \underbrace{A\overline{C}\cdot 1}_{X\cdot 1 = X} + \overline{A}\,\overline{B}$$
$$= A\overline{C} + \overline{A}\overline{B}$$

중요

불대수의 정리

정 리	논리합	논리곱	비 고
(정리 1)	$X+0=X$	$X\cdot 0=0$	–
(정리 2)	$X+1=1$	$X\cdot 1=X$	
(정리 3)	$X+X=X$	$X\cdot X=X$	
(정리 4)	$\overline{X}+X=1$	$\overline{X}\cdot X=0$	
(정리 5)	$\overline{X}+Y=Y+X$	$X\cdot Y=Y\cdot X$	교환법칙
(정리 6)	$X+(Y+Z)=(X+Y)+Z$	$X(YZ)=(XY)Z$	결합법칙
(정리 7)	$X(Y+Z)=XY+XZ$	$(X+Y)(Z+W)=$ $XZ+XW+YZ+YW$	분배법칙
(정리 8)	$X+XY=X$	$X+\overline{X}Y=X+Y$	흡수법칙
(정리 9)	$\overline{(X+Y)}=\overline{X}\cdot\overline{Y}$	$\overline{(X\cdot Y)}=\overline{X}+\overline{Y}$	드모르간의 정리

(나) **무접점 논리회로**

시퀀스	논리식	논리회로
직렬회로	$Z=A\cdot B$ $Z=AB$	
병렬회로	$Z=A+B$	
a접점	$Z=A$	
b접점	$Z=\overline{A}$	

• 무접점 논리회로로 그린 후 논리식을 써서 반드시 다시 한 번 검토해 보는 것이 좋다.

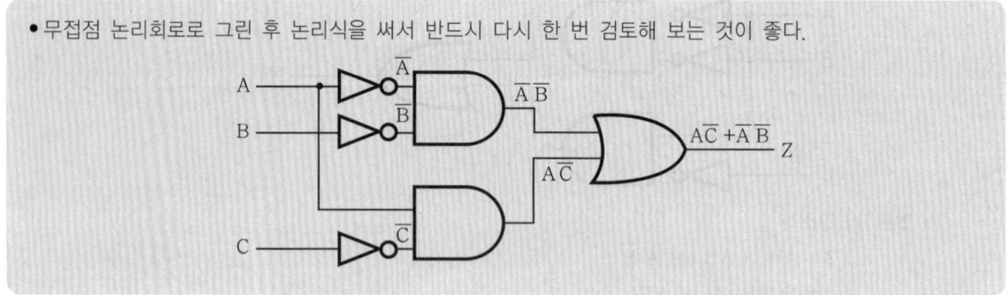

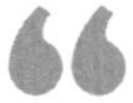
어려움 한가운데, 그곳에 기회가 있다.

- 알버트 아인슈타인 -

▌2017년 산업기사 제4회 필답형 실기시험▐

자격종목	시험시간	형별	수험번호	성명	감독위원 확 인
소방설비산업기사(전기분야)	2시간 30분				

※ 다음 물음에 답을 해당 답란에 답하시오.(배점 : 100)

문제 01

다음 그림은 P형 수동발신기의 내부회로를 나타낸 것이다. 다음 각 물음에 답하시오.

(19.11.문15, 15.7.문6, 05.5.문5)

득점	배점
	7

유사문제부터 풀어보세요. 실력이 팍!팍! 올라갑니다.

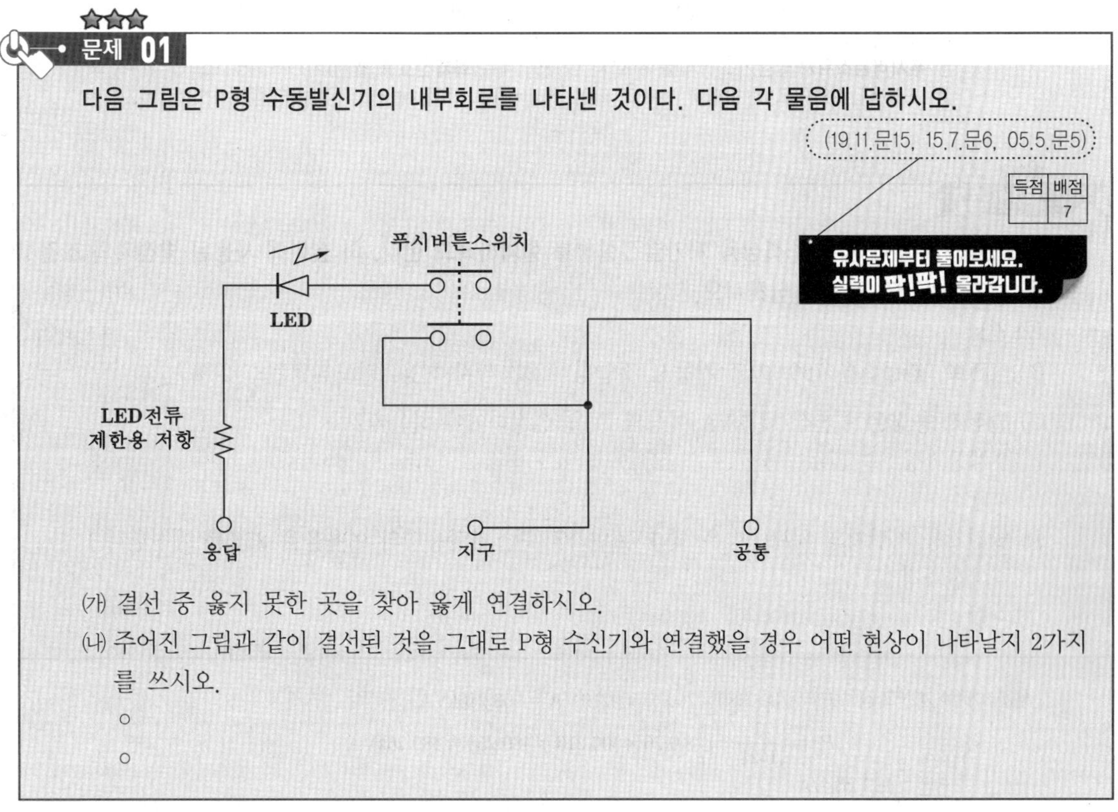

(가) 결선 중 옳지 못한 곳을 찾아 옳게 연결하시오.

(나) 주어진 그림과 같이 결선된 것을 그대로 P형 수신기와 연결했을 경우 어떤 현상이 나타날지 2가지를 쓰시오.

○

○

해답 (가)

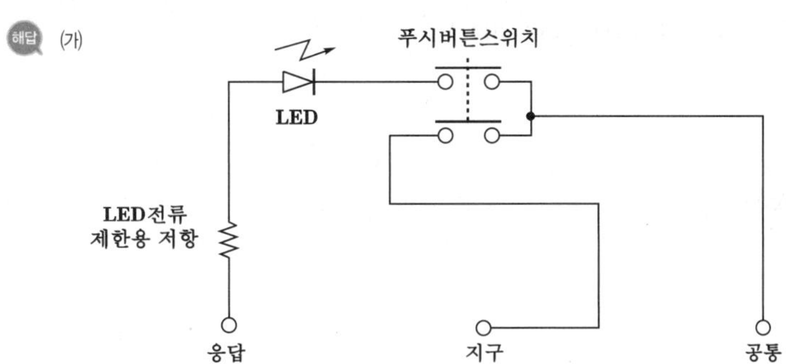

(나) ① 비화재시에도 경보발령

② 응답확인램프 미점등

해설 (가) 수정부분

① **LED**(응답확인램프)의 방향이 반대로 되었다.

② **공통선**이 푸시버튼스위치에 연결되어야 한다.

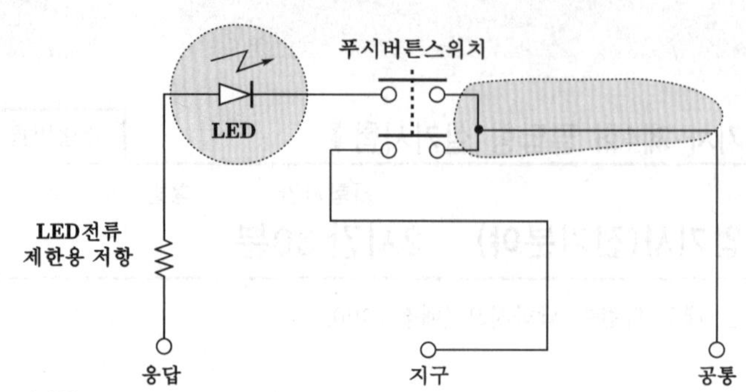

(나) 현 상태에서의 동작상황

① **푸시버튼스위치**(발신기스위치)를 누르지 않아도 계속 **화재신호**를 발한다.

② LED(응답확인램프)의 방향이 반대로 되어 푸시버튼스위치를 눌러도 응답확인램프가 점등되지 않는다.

문제 02

유도전동기부하에 사용할 비상용 자가발전설비를 설치하려고 한다. 이 설비에 사용된 발전기의 조건을 보고 다음 각 물음에 답하시오. (11.11.문8)

득점	배점
	5

[조건]

3상 380V, 기동전류 760A이고 기동시 전압강하 21%까지 허용, 과도리액턴스 26%

(가) 발전기 용량은 이론상 몇 kVA 이상의 것을 선정하여야 하는가?

○ 계산과정 :

○ 답 :

(나) 발전기용 차단기의 차단용량은 몇 kVA인가? (단, 차단용량의 여유율은 25%를 계산한다.)

○ 계산과정 :

○ 답 :

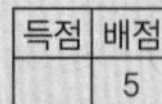

해답 (가) ○ 계산과정 : $P = \sqrt{3} \times 380 \times 760 \fallingdotseq 500216\,\text{VA} = 500.216\text{kVA}$

$$P_n = \left(\frac{1}{0.21} - 1\right) \times 0.26 \times 500.216 = 489.258 \fallingdotseq 489.26\text{kVA}$$

○ 답 : 489.26kVA

(나) ○ 계산과정 : $\frac{489.26}{0.26} \times 1.25 = 2352.211 \fallingdotseq 2352.21\text{kVA}$

○ 답 : 2352.21kVA

해설 (가) ① **기호**

- 정격전압 : 380V
- 기동전류 : 760A
- e : 21%=0.21
- X_L : 26%=0.26

② **기동용량**

$$P = \sqrt{3} \times \text{정격전압} \times \text{기동전류}$$

$$= \sqrt{3} \times 380 \times 760 \fallingdotseq 500216\text{VA} = 500.216\text{kVA}$$

- 1000VA=1kVA이므로 500216VA=500.216kVA

③ **발전기 용량**의 **산정**

$$P_n = \left(\frac{1}{e} - 1\right) X_L P \text{[kVA]}$$

여기서, P_n : 발전기 정격용량[kVA]
e : 허용전압강하
X_L : 과도리액턴스
P : 기동용량[kVA]($P= \sqrt{3}$×정격전압×기동전류)

$$P_n = \left(\frac{1}{e} - 1\right) X_L P = \left(\frac{1}{0.21} - 1\right) \times 0.26 \times 500.216 = 489.258 \fallingdotseq 489.26\text{kVA}$$

(나) 발전기용 **차단기**의 **용량**

$$P_s = \frac{P_n}{X_L} \times 1.25(\text{여유율})$$

여기서, P_s : 발전기용 차단기의 용량[kVA]
X_L : 과도리액턴스
P_n : 발전기 용량[kVA]

$$P_s = \frac{489.26}{0.26} \times 1.25 = 2352.211 \fallingdotseq 2352.21\text{kVA}$$

• 단서에서 여유율 **25%**를 계산하라고 하여 1.25를 추가로 곱하지 않도록 주의하라! 왜냐하면 발전기용 차단기의 용량공식에 이미 여유율 25%가 적용되었기 때문이다.

$$P_s \geq \frac{700}{0.25} \times 1.25 \times \cancel{1.25}$$

☆☆ **문제 03**

그림과 같은 시퀀스회로를 보고 다음 각 물음에 답하시오. (12.7.문6, 06.4.문6)

득점	배점
	10

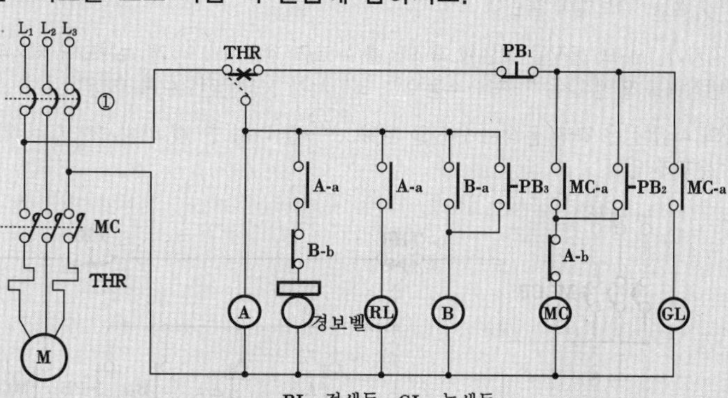

(가) 도면의 ①부분에 표시될 제어약호는?
(나) 도면의 주회로에 표기된 THR의 명칭은 무엇인가?
(다) 계전기 (A)가 여자되었을 때 회로의 동작상황을 상세히 설명하시오.
(라) 경보벨이 명동되고 있다고 할 때 이 울림을 정지시키려면 어떻게 하여야 하는가?
(마) 도면에서 PB_1과 PB_2의 용도는 무엇인가?
(바) 어떤 원인에 의하여 THR의 보조 b접점이 떨어져서 계전기 (A)쪽에 붙었다고 할 때 접점이 떨어질 제반 장애를 없앤 다음 이 접점을 원위치시키려면 어떻게 하여야 하는가?
(사) 문제의 도면 내용 중 동작에 불필요한 부분이 있으면 쓰고 없으면 '없음'이라고 쓰시오.

해답 (가) MCCB

(나) 열동계전기

(다) 계전기 A_{-a} 접점에 의하여 경보벨이 명동됨과 동시에 RL램프가 점등된다.

(라) PB_3를 누른다.

(마) ① PB_1 : 모터 정지용

② PB_2 : 모터 기동용

(바) 수동으로 복귀시킨다.

(사) A_{-b} 접점

해설 (가) **MCCB**(배선용 차단기) : 퓨즈를 사용하지 않고 **바이메탈**(bimetal)이나 **전자석**으로 회로를 차단하는 저압용 개폐기. 예전에는 **NFB**라고 불리어졌다.

(나) **열동계전기**(thermal relay) : 전동기의 **과부하보호용** 계전기

▌열동계전기▐

(다)~(바) **동작설명**

① 누름버튼스위치 PB_2를 누르면 전자개폐기 (MC)가 여자되어 자기유지되며, 녹색등 (GL) 점등, 전동기 (M)이 기동된다.

② 누름버튼스위치 PB_1을 누르면 여자 중이던 (MC)가 소자되어, (GL) 소등, (M)는 정지한다.

③ 운전 중 과부하가 걸리면 열동계전기 THR이 작동하여 전동기를 정지시키고 계전기 (A)가 여자되며, 적색등 (RL) 점등, 경보벨이 울린다.

④ 점검자가 THR의 동작을 확인한 후 PB_3를 누르면 계전기 (B)가 여자되어 자기유지되며 경보벨을 정지시킨다.

⑤ 제반장애를 없앤 다음 THR을 수동으로 복귀시켜 정상운전되도록 한다.

(사) ( )의 A_{-b}접점은 THR 동작시 안전을 위해 (MC)를 다시 한 번 개방시켜 주는 역할을 하지만 생략하여도 동작에는 문제가 없다.

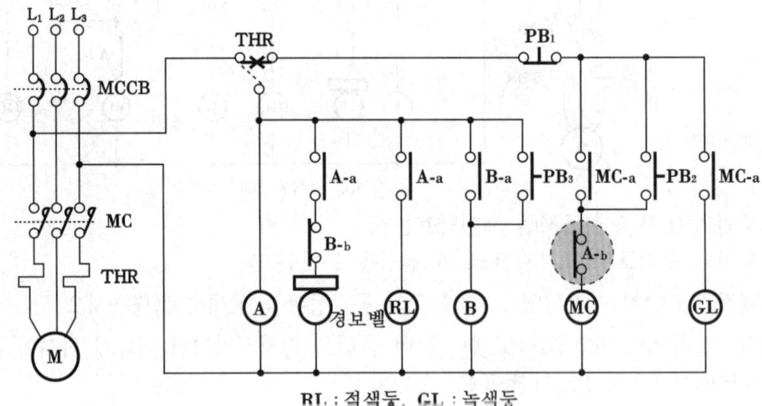

▌A_{-b} 접점 생략도면▐

중요

과부하 경보장치 생략도면

본 도면에는 특별히 **잘못된 부분은 없다**. 단, 필요에 따라 과부하 경보장치는 생략할 수 있을 것이다. 과부하 경보장치를 생략했을 때의 도면은 다음과 같다.

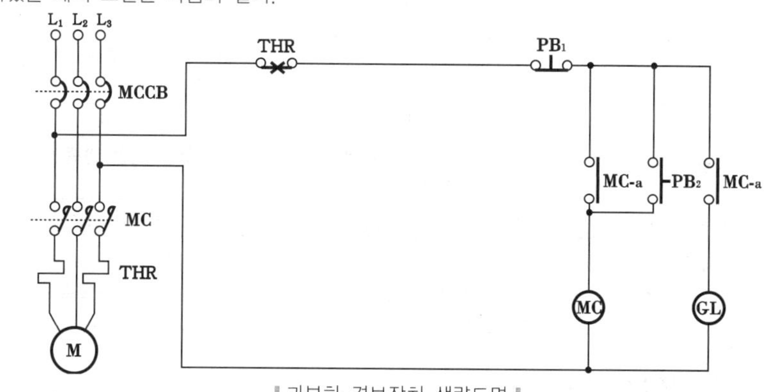

‖ 과부하 경보장치 생략도면 ‖

☆☆ 문제 04

축적형 감지기의 설치장소 2곳과 설치제외장소 3곳을 쓰시오.

(17.4.문7, 16.6.문4, 16.4.문7, 기사 15.11.문9, 기사 11.11.문10, 11.5.문7)

득점	배점
	6

〈설치장소〉

○

○

〈설치제외장소〉

○

○

○

해답 〈설치장소〉

① 지하층 · 무창층으로 환기가 잘 되지 않는 장소

② 실내면적이 40m^2 미만인 장소

〈설치제외장소〉

① 축적형 수신기에 연결 사용

② 교차회로방식에 사용

③ 급속한 연소확대가 우려되는 장소

해설 **축적형 감지기**(NFPC 203 5·7조, NFTC 203 2.2.2, 2.4.3)

설치장소 (축적기능이 있는 감지기를 사용하는 경우)	설치제외장소 (축적기능이 없는 감지기를 사용하는 경우)
① **지하층 · 무창층**으로 환기가 잘 되지 않는 장소 ② 실내면적이 **40m^2** 미만인 장소 ③ 감지기의 부착면과 실내 바닥의 거리가 **2.3m 이하**인 장소로서 일시적으로 발생한 열·연기·먼지 등으로 인하여 감지기가 화재신호를 발신할 우려가 있는 때 기억법 지423축	① **축적형 수신기**에 연결하여 사용하는 경우 ② **교차회로방식**에 사용하는 경우 ③ **급속**한 **연소확대**가 우려되는 장소 기억법 축교급외

중요

(1) **감지기**

종 류	설 명
다신호식 감지기	① 각 서로 다른 종별 또는 감도 등의 기능을 갖춘 것으로서 일정 시간 간격을 두고 각각 다른 2개 이상의 화재신호를 발하는 감지기 ② 동일 종별 또는 감도를 갖는 2개 이상의 센서를 통해 감지하여 화재신호를 각각 발신하는 감지기
아날로그식 감지기	주위의 **온도** 또는 **연기**의 양의 변화에 따른 화재정보신호값을 출력하는 방식의 감지기
축적형 감지기	일정 농도·온도 이상의 **연기** 또는 **온도**가 **일정 시간 연속**하는 것을 전기적으로 **검출**함으로써 작동하는 감지기
재용형 감지기	**다시 사용**할 수 있는 성능을 가진 감지기

(2) **지하층·무창층** 등으로서 환기가 잘 되지 않거나 실내면적이 **40m^2** 미만인 장소, 감지기의 부착면과 실내 바닥과의 거리가 **2.3m** 이하인 곳으로서 일시적으로 발생한 열·연기 또는 먼지 등으로 인하여 화재신호를 발신할 우려가 있는 장소에 설치가능한 감지기

① **불꽃**감지기
② **정온식 감지선형** 감지기
③ **분포형** 감지기
④ **복합형** 감지기
⑤ **광전식 분리형** 감지기
⑥ **아날로그방식**의 감지기
⑦ **다신호방식**의 감지기
⑧ **축적방식**의 감지기

기억법 불정감 복분(복분자) 광아다축

☆☆

문제 05

화학공장, 격납고, 제련소에 적응성이 있는 감지기 2가지를 쓰시오.

득점	배점
	4

○

○

해답 ① 광전식 분리형 감지기
② 불꽃감지기

해설 **특수한 장소**에 **설치**하는 **감지기**(NFPC 203 7조, NFTC 203 2.4.4)

장 소	적응감지기
• **화**학공장 • **격**납고 • **제**련소	• 광전식 **분**리형 감지기 • **불**꽃감지기 기억법 화격제 불분(**화격제 불분**명)
• **전**산실 • **반**도체공장	• 광전식 **공**기흡입형 감지기 기억법 전반공(**전반**적으로 **공**짜)

중요

광전식 공기흡입형 감지기의 **연기이동시간**(감지기의 형식승인 및 제품검사의 기술기준 19조)
120초 이내

☆☆☆

문제 06

다음 CO_2 소화설비의 도면을 완성하고 예시와 같이 배선의 가닥수를 표기하시오.

(19.11.문1, 17.4.문3, 14.7.문15, 13.4.문14, 08.7.문12, 03.7.문7)

득점	배점
	6

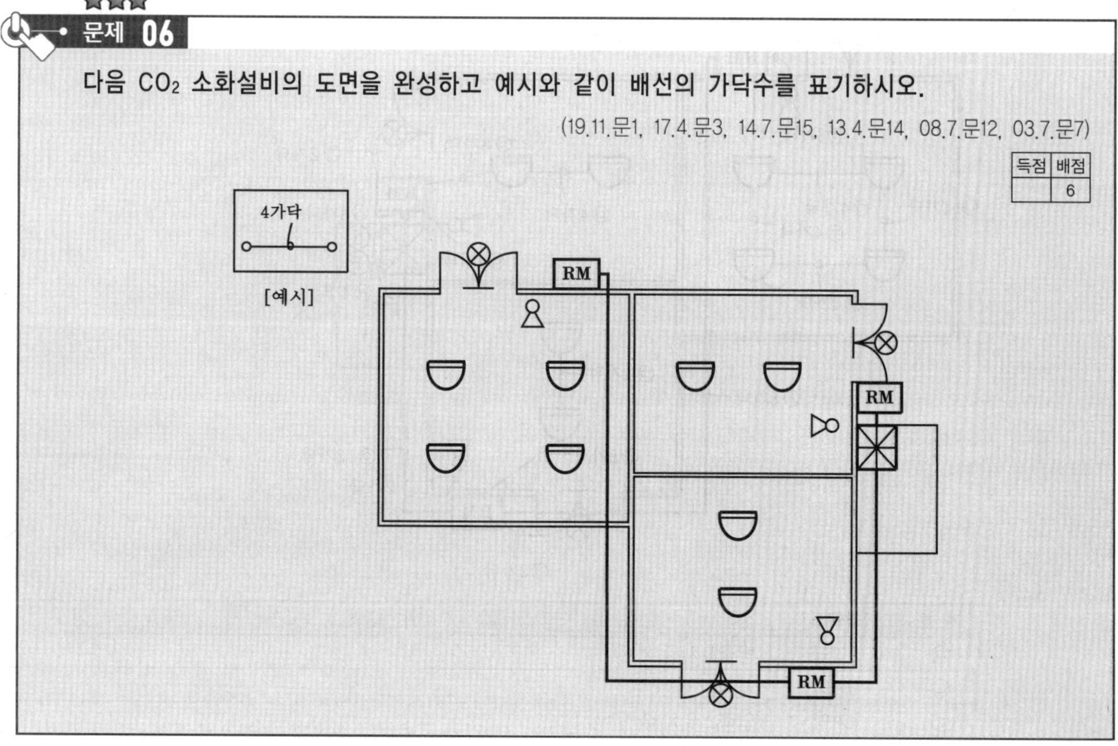

해답

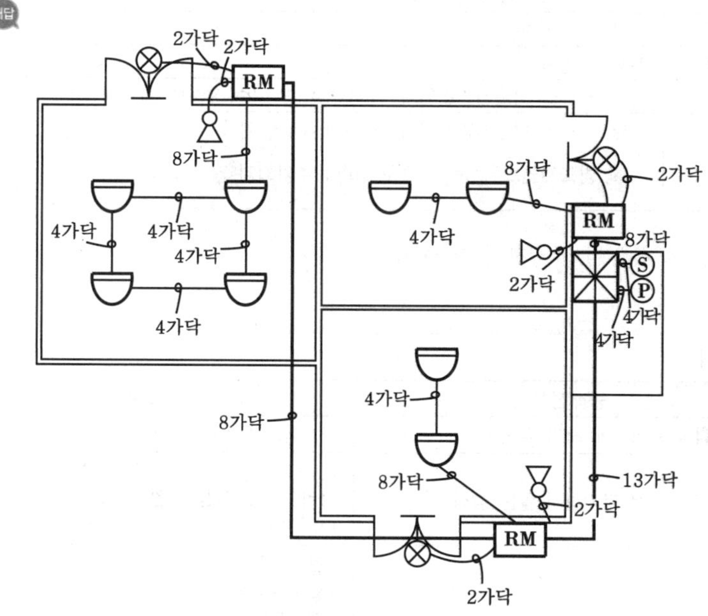

해설

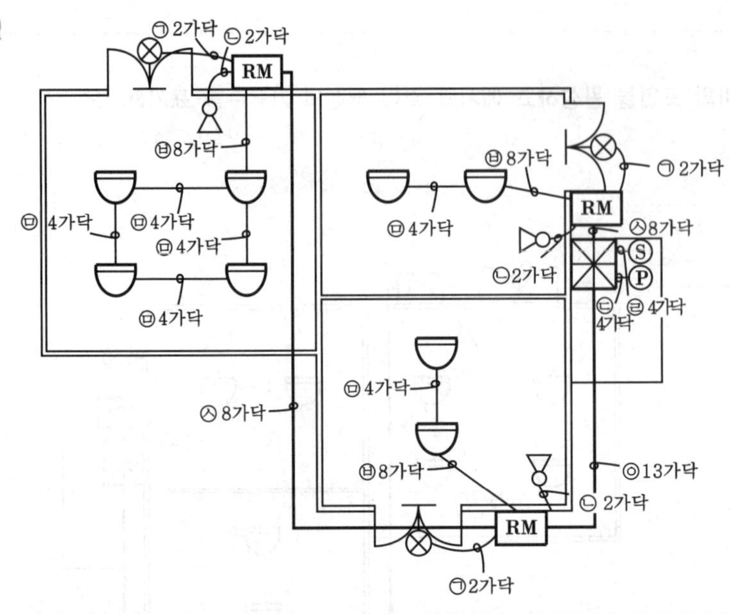

기 호	가닥수	배선내역
㉠	2가닥	방출표시등 2
㉡	2가닥	사이렌 2
㉢	4가닥	압력스위치 3, 공통 1
㉣	4가닥	솔레노이드밸브기동 3, 공통 1
㉤	4가닥	지구 2, 공통 2
㉥	8가닥	지구 4, 공통 4
㉦	8가닥	전원 ⊕ · ⊖, 방출지연스위치, 감지기 A · B, 기동스위치, 사이렌, 방출표시등
㉧	13가닥	전원 ⊕ · ⊖, 방출지연스위치, (감지기 A · B, 기동스위치, 사이렌, 방출표시등)×2 ※ 방출지연스위치는 방호구역마다 추가되지 않는다! 주의!

- 방출지연스위치=방출지연 비상스위치=비상스위치

중요

송배선식과 **교차회로방식**

구 분	송배선식	교차회로방식
목적	**도통시험**을 용이하게 하기 위하여	감지기의 **오동작** 방지
원리	배선의 도중에서 분기하지 않는 방식	하나의 담당구역 내에 **2 이상**의 **감지기회로**를 설치하고 **2 이상**의 **감지기회로**가 **동시**에 **감지**되는 때에 설비가 작동하는 방식
적용 설비	• 자동화재탐지설비 • 제연설비	• **분**말소화설비 • **할**론소화설비 • **이**산화탄소 소화설비(CO_2 소화설비) • **준**비작동식 스프링클러설비 • **일**제살수식 스프링클러설비 • **할**로겐화합물 및 불활성기체 소화설비 • **부**압식 스프링클러설비 기억법 **분할이 준일할부**

가닥수 산정	종단저항을 수동발신기함 내에 설치하는 경우 **루프(loop)**된 곳은 **2가닥**, **기타 4가닥**이 된다. ‖ 송배선식 ‖	**말단**과 **루프**(loop)된 곳은 **4가닥**, **기타 8가닥**이 된다. ‖ 교차회로방식 ‖

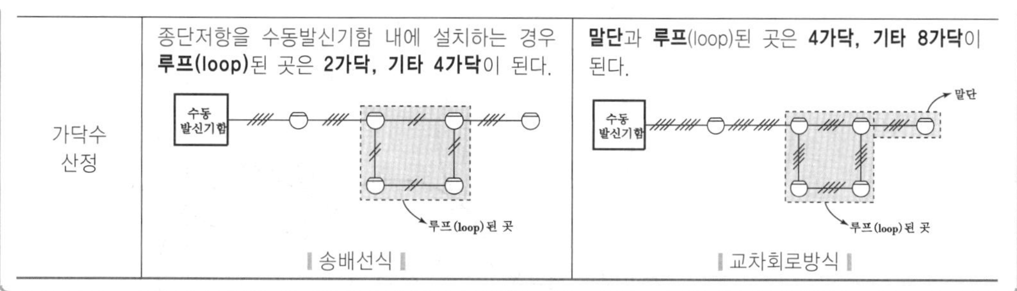

☆☆

문제 07

다음 그림과 같은 구역에 비상방송설비를 설치하려고 한다. 스피커의 설치위치를 평면도에 표시하시오. (단, 이때 스피커의 숫자는 최소로 설치하며, 배관배선은 표시하지 않으며 스피커의 심벌은 ▽ 로 표시한다.)

(10.7.문6)

득점	배점
	5

35m / 35m / 35m (상단), 35m / 35m (좌측), 70m (우측), 105m (하단)

해답

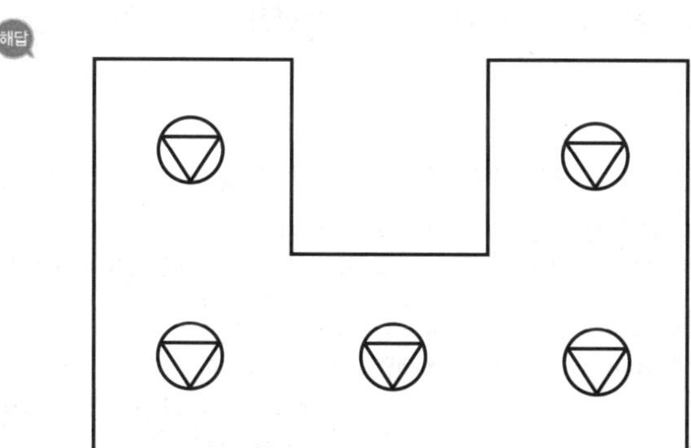

해설 확성기는 **각 층**마다 설치하되, 그 층의 각 부분으로부터 하나의 확성기까지의 **수평거리**가 **25m** 이하가 되도록 하고, 해당 층의 각 부분에 유효하게 경보를 발할 수 있도록 설치할 것(NFPC 202 4조, NFTC 202 2.1.1.2)

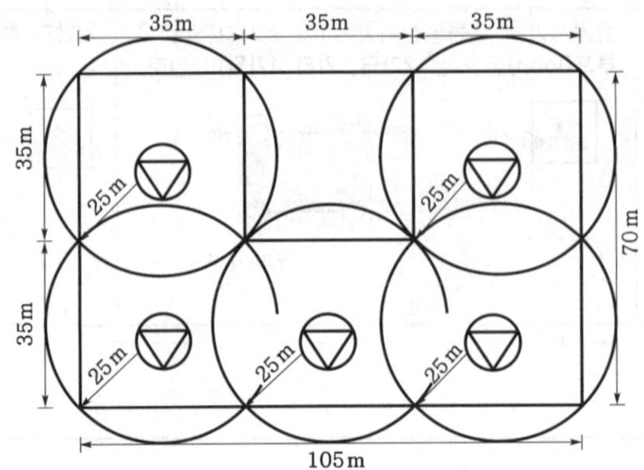

아하! 그렇구나 이런 유형의 문제인 경우

시험장에 **"자"**를 지참하여 **도면**의 **길이**와 **실제길이**를 측정하면 몇 %를 **축소**하여 나타내었는지를 알 수 있다. 확인 후 **컴퍼스**(compass)를 이용하여 나타내고자 하는 길이를 도면의 축소율만큼 축소시켜 그린 후 빈칸이 없어야 한다. 이 문제는 실제로 **35m**가 **3.5cm** 축소되어 출제되었었다. 그러므로 **수평거리 25m** 이하가 되어야 하므로 **2.5cm**로 축소하여 컴퍼스를 이용하여 그려보면 확성기의 개수를 쉽게 알 수 있다. 괜찮은 방법이지 않은가?

문제 08

옥내소화전설비에서 비상전원의 설치를 제외할 수 있는 경우 3가지를 쓰시오. (16.4.문2)

○

○

○

득점	배점
	6

해답 ① 2 이상의 변전소에서 전력을 동시에 공급받을 수 있는 경우
② 하나의 변전소로부터 전력의 공급이 중단되는 때에 자동으로 다른 변전소로부터 전원을 공급받을 수 있도록 상용전원을 설치하는 경우
③ 가압수조방식을 채용한 경우

해설 **비상전원**의 **설치**를 **제외**할 수 있는 **경우**

• **옥내소화전설비**(NFPC 102 8조, NFTC 102 2.5.2) • **스프링클러설비**(NFPC 103 12조, NFTC 103 2.9.2) • **화재조기진압용 스프링클러설비**(NFPC 103B 14조, NFTC 103B 2.11.2) • **물분무소화설비**(NFPC 104 12조, NFTC 104 2.9.2) • **포소화설비**(NFPC 105 13조, NFTC 105 2.10.2) 기억법 내스 조물포(**제물포**)	• **이산화탄소 소화설비**(NFPC 106 15조, NFTC 106 2.12.1) • **할론소화설비**(NFPC 107 14조, NFTC 107 2.11.1) • **할로겐화합물 및 불활성기체 소화설비**(NFPC 107A 16조, NFTC 107A 2.13.1) • **분말소화설비**(NFPC 108 15조, NFTC 108 2.12.1) • **제연설비**(NFPC 501 11조, NFTC 501 2.9.1) • **특별피난계단의 계단실 및 부속실 제연설비**(NFPC 501A 24조, NFTC 501A 2.21.1) • **비상콘센트설비**(NFPC 504 4조, NFTC 504 2.1.1.2)
① 2 이상의 변전소에서 **전력**을 **동시**에 **공급**받을 수 있는 경우 ② 하나의 변전소로부터 전력의 공급이 중단되는 때에 자동으로 **다른 변전소**로부터 **전원**을 **공급**받을 수 있도록 **상용전원**을 설치하는 경우 ③ **가압수조방식**을 채용할 경우	① 2 이상의 변전소에서 **전력**을 **동시**에 **공급**받을 수 있는 경우 ② 하나의 변전소로부터 전력의 공급이 중단되는 때에 자동으로 **다른 변전소**로부터 **전원**을 **공급**받을 수 있도록 **상용전원**을 설치하는 경우

☆☆
문제 09

자동화재탐지설비의 P형 수신기에 대한 시험종류 및 설명을 나열하였다. 다음 빈칸에 시험종류에 대한 올바른 설명의 기호를 쓰시오.

(16.6.문3, 16.4.문10, 기사 15.11.문14, 14.11.문3, 14.7.문11, 13.7.문2, 기사 11.7.문14, 09.10.문3)

득점	배점
	9

[시험종류]

① 공통선시험 ② 예비전원시험 ③ 동시작동시험
④ 회로저항시험 ⑤ 저전압시험 ⑥ 지구음향장치 작동시험
⑦ 비상전원시험 ⑧ 화재표시작동시험 ⑨ 회로도통시험

㉠ 1회로마다 지구표시등, 화재표시등 점등과 음향장치의 명동을 확인
㉡ 감지기회로의 선로저항치가 수신기의 기능에 이상을 가져오는지의 여부 확인
㉢ 공통선이 담당하고 있는 경계구역의 적정 여부 확인
㉣ 상용전원 및 비상전원이 사고 등으로 정전된 경우 자동적으로 예비전원으로 절환되는 장치 확인
㉤ 화재신호와 연동하여 음향장치의 정상작동 여부 확인
㉥ 감지기회로의 단선의 유무와 기기 등의 접속상황을 확인
㉦ 감지기가 동시에 수회선 작동하더라도 수신기의 기능에 이상없는지의 여부 확인
㉧ 상용전원이 사고 등으로 정전된 경우 자동적으로 비상전원으로 절환되며 또한 정전복구시에 자동적으로 일반 상용전원으로 절환되는지의 여부를 확인
㉨ 저전압 상태에서 수신기의 기능이 충분히 유지되는지 확인

①	②	③	④	⑤	⑥	⑦	⑧	⑨

해답

①	②	③	④	⑤	⑥	⑦	⑧	⑨
㉢	㉣	㉦	㉡	㉨	㉤	㉧	㉠	㉥

해설 **P형 수신기**

시험종류	설 명
① 공통선시험	㉢ 공통선이 담당하고 있는 경계구역의 적정 여부 확인
② 예비전원시험	㉣ 상용전원 및 비상전원이 사고 등으로 정전된 경우 자동적으로 예비전원으로 절환되는 장치 확인
③ 동시작동시험	㉦ 감지기가 동시에 수회선 작동하더라도 수신기의 기능에 이상 없는지의 여부 확인
④ 회로저항시험	㉡ 감지기회로의 선로저항치가 수신기의 기능에 이상을 가져오는지의 여부 확인
⑤ 저전압시험	㉨ 저전압 상태에서 수신기의 기능이 충분히 유지되는지 확인
⑥ 지구음향장치 작동시험	㉤ 화재신호와 연동하여 음향장치의 정상작동 여부 확인
⑦ 비상전원시험	㉧ 상용전원이 사고 등으로 정전된 경우 자동적으로 비상전원으로 절환되며 또한 정전복구시에 자동적으로 일반 상용전원으로 절환되는지의 여부를 확인
⑧ 화재표시작동시험	㉠ 1회로마다 지구표시등, 화재표시등 점등과 음향장치의 명동을 확인
⑨ 회로도통시험	㉥ 감지기회로의 단선의 유무와 기기 등의 접속상황을 확인

중요

자동화재탐지설비 수신기의 시험

시험 종류	시험방법	가부판정의 기준
화재표시 작동시험	① 회로선택스위치로서 실행하는 시험 : 동작시험스위치를 눌러서 스위치 주의등의 점등을 확인한 후 회로선택스위치를 차례로 회전시켜 **1회로**마다 화재시의 작동시험을 행할 것 ② 감지기 또는 발신기의 작동시험과 함께 행하는 방법 : 감지기 또는 발신기를 차례로 작동시켜 경계구역과 지구표시등과의 접속상태를 확인할 것	① 각 **릴레이**(Relay)의 작동 ② **화재표시등, 지구표시등** 그 밖의 표시장치의 점등(램프의 단선도 함께 확인할 것) ③ **음향장치** 작동확인 ④ **감지기회로** 또는 **부속기기회로**와의 연결접속이 정상일 것
회로도통 시험	**감지기회로**의 **단선**의 **유무**와 기기 등의 접속상황을 확인하기 위해서 다음과 같은 시험을 행할 것 ① 도통시험스위치를 누른다. ② 회로선택스위치를 차례로 회전시킨다. ③ 각 회선별로 전압계의 전압을 확인한다.(단, 발광다이오드로 그 정상유무를 표시하는 것은 발광다이오드의 점등유무를 확인한다.) ④ 종단저항 등의 접속상황을 조사한다.	각 회선의 **전압계**의 **지시치** 또는 발광다이오드(LED)의 점등유무 상황이 정상일 것
공통선 시험 (단, 7회선 이하는 제외)	공통선이 담당하고 있는 경계구역의 적정 여부를 다음에 따라 확인할 것 ① 수신기 내 접속단자의 회로공통선을 1선 제거한다. ② 회로도통시험의 예에 따라 도통시험스위치를 누르고, 회로선택스위치를 차례로 회전시킨다. ③ 전압계 또는 발광다이오드를 확인하여 「단선」을 지시한 경계구역의 회선수를 조사한다.	공통선이 담당하고 있는 경계구역수가 **7 이하**일 것
동시작동 시험 (단, 1회선은 제외)	① **동작시험스위치**를 시험위치에 놓는다. ② 상용전원으로 **5회선**(5회선 미만은 전회선) 동시 작동 ③ 주음향장치 및 지구음향장치 작동 ④ 부수신기와 표시장치도 모두를 작동상태로 하고 실시	① **수신기**의 기능에 이상이 없을 것 ② **부수신기**의 기능에 이상이 없을 것 ③ **표시장치**(표시기)의 기능에 이상이 없을 것 ④ **음향장치**의 기능에 이상이 없을 것
회로저항 시험	감지기회로의 1회선의 선로저항치가 수신기의 기능에 이상을 가져오는지 여부 확인 ① **저항계** 또는 **테스터**(tester)를 사용하여 감지기회로의 공통선과 표시선(회로선) 사이의 전로에 대해 측정한다. ② 항상 개로식인 것에 있어서는 회로의 말단을 도통상태로 하여 측정한다.	하나의 감지기회로의 합성저항치는 **50**Ω 이하로 할 것
예비전원 시험	상용전원 및 비상전원이 사고 등으로 정전된 경우, 자동적으로 예비전원으로 절환되며, 또한 정전복구시에 자동적으로 상용전원으로 절환되는지의 여부를 다음에 따라 확인할 것 ① 예비전원시험스위치를 누른다. ② 전압계의 지시치가 지정범위 내에 있을 것(단, 발광다이오드로 그 정상유무를 표시하는 것은 발광다이오드의 정상 점등유무를 확인한다.) ③ 교류전원을 개로(상용전원을 차단)하고 자동절환릴레이의 작동상황을 조사한다.	① 예비전원의 **전압** ② 예비전원의 **용량** ③ 예비전원의 **절환상황** ④ 예비전원의 **복구작동**이 정상일 것
저전압시험	정격전압의 **80%**로 하여 행한다.	–
비상전원시험	비상전원으로 **축전지설비**를 사용하는 것에 대해 행한다.	–
지구음향장치 작동시험	목적 : 화재신호와 연동하여 음향장치의 정상작동 여부 확인, 임의의 감지기 또는 발신기 작동	① 지구음향장치가 작동하고 음량이 정상일 것 ② 음량은 음향장치의 중심에서 1m 떨어진 위치에서 **90dB** 이상일 것

가부판정의 기준=양부판정의 기준

☆
문제 10

복도통로유도등의 설치기준에 관한 다음 (   ) 안을 쓰시오.

득점	배점
	5

바닥으로부터 높이 1m 이하의 위치에 설치할 것. 다만, 지하층 또는 무창층의 용도가 (①)·(②)·(③)·(④) 또는 (⑤)인 경우에는 복도·통로 중앙부분의 바닥에 설치하여야 한다.

해답 ① 도매시장　② 소매시장　③ 여객자동차터미널　④ 지하역사　⑤ 지하상가

해설

• ①~⑤의 답을 적는 순서는 바뀌어도 관계없다.

복도통로유도등의 **설치기준**(NFPC 303 6조, NFTC 303 2.3.1.1)

① 복도에 설치하되 피난구유도등이 설치된 출입구의 맞은편 **복도**에는 **입체형**으로 설치하거나 바닥에 설치할 것
② 구부러진 **모**퉁이 및 피난구유도등이 설치된 출입구의 맞은편 복도에 입체형 또는 바닥에 설치된 통로유도등을 기점으로 **보행거리 20m**마다 설치할 것
③ 바닥으로부터 **높**이 **1m 이하**의 위치에 설치할 것(단, 지하층 또는 무창층의 용도가 **도매시장·소매시장·여객자동차터미널·지하역사** 또는 **지하상가**인 경우에는 복도·통로 중앙부분의 **바닥**에 설치할 것)
④ **바**닥에 설치하는 통로유도등은 하중에 따라 파괴되지 않는 강도의 것으로 할 것

기억법 복복 모거높바

비교

(1) **거실통로유도등**의 **설치기준**(NFPC 303 6조, NFTC 303 2.3.1.2)
① **거실**의 **통로**에 설치할 것. 다만, 거실의 통로가 **벽체** 등으로 **구획**된 경우에는 **복도통로유도등**을 설치해야 한다.
② 구부러진 **모**퉁이 및 **보행거리 20m**마다 설치할 것
③ 바닥으로부터 **높**이 **1.5m** 이상의 위치에 설치할 것. 다만, **거실통로**에 **기둥**이 설치된 경우에는 기둥부분의 바닥으로부터 높이 **1.5m 이하**의 위치에 설치할 수 있다.

기억법 거통 모거높

(2) **계단통로유도등**의 **설치기준**(NFPC 303 6조, NFTC 303 2.3.1.3)
① **각 층**의 **경사로 참** 또는 **계단참**마다(1개층에 경사로 참 또는 계단참이 2 이상 있는 경우에는 2개의 계단참마다) 설치할 것
② 바닥으로부터 높이 **1m** 이하의 위치에 설치할 것
③ 통행에 지장이 없도록 설치할 것
④ 주위에 이와 유사한 **등화광고물·게시물** 등을 설치하지 않을 것

☆☆
문제 11

그림은 공장으로 쓰이는 어느 건축물의 외형도이다. 감지기의 높이 산정방법 및 설치높이를 구하시오.

(14.11.문11, 10.10.문9)

득점	배점
	4

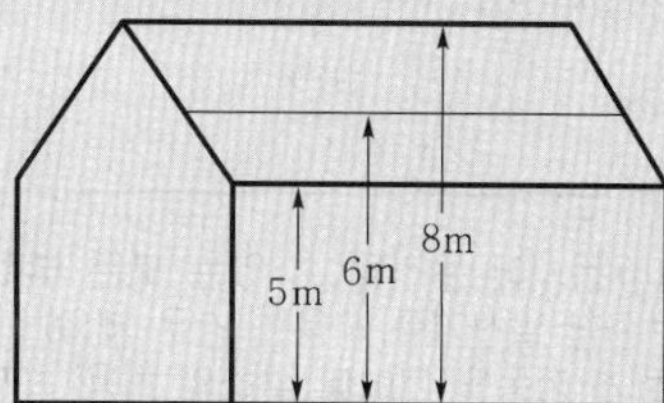

○ 산정방법 :
○ 설치높이 :

해답 ○산정방법 : $\frac{\text{가장 높은 곳[m]+가장 낮은 곳[m]}}{2}$

○설치높이 : $\frac{5+8}{2}=6.5\text{m}$

해설
- 그림과 같은 형태의 건물은 감지기의 설치높이 산정시 **가장 높은 곳**과 **가장 낮은 곳**을 더한 후 **2**로 **나누어 평균값**을 구하면 된다.
- 지붕구조의 감지기 설치높이= $\frac{\text{가장 높은 곳[m]+가장 낮은 곳[m]}}{2}=\frac{(5+8)\text{m}}{2}=6.5\text{m}$
- 산정방법의 답은 '$\frac{\text{가장 높은 곳[m]+가장 낮은 곳[m]}}{2}$' 또는 '$\frac{\text{최대높이[m]+최하높이[m]}}{2}$' 둘 중 어느 것으로 써도 **정답**이다.

☆☆
문제 12

복도의 길이가 50m, 계단의 높이가 35m인 어느 건물에 있어서 연기감지기 1종을 설치하려고 한다. 최소 소요개수를 산정하시오. (09.10.문17)

○복도(계산과정 및 답) :
○계단(계산과정 및 답) :

득점	배점
	4

해답 ○복도 ─ 계산과정 : $\frac{50}{30}=1.67 ≒ 2$개
└ 답 : 2개

○계단 ─ 계산과정 : $\frac{35}{15}=2.33 ≒ 3$개
└ 답 : 3개

해설 **연기감지기**의 **설치기준**(NFPC 203 7조, NFTC 203 2.4.3.10.2)

설치장소	복도 · 통로		계단 · 경사로	
종 별	1 · 2종	3종	1 · 2종	3종
설치거리	보행거리 30m	보행거리 20m	수직거리 15m	수직거리 10m

복도 연기감지기 개수 = $\frac{\text{복도길이}}{\text{보행거리}}=\frac{50\text{m}}{30\text{m}}=1.67 ≒ 2$개(절상)

계단 연기감지기 개수= $\frac{\text{계단높이}}{\text{수직거리}}=\frac{35\text{m}}{15\text{m}}=2.33 ≒ 3$개(절상)

☆
문제 13

스프링클러설비에 사용하는 비상전원의 출력용량 충족기준 3가지를 쓰시오.

득점	배점
	6

○
○
○

해답 ① 비상전원설비에 설치되어 동시에 운전될 수 있는 모든 부하의 합계 입력용량을 기준으로 정격출력을 선정할 것(단, 소방전원 보존형 발전기를 사용할 경우 제외)
② 기동전류가 가장 큰 부하가 기동될 때에도 부하의 허용 최저입력전압 이상의 출력전압 유지
③ 단시간 과전류에 견디는 내력은 입력용량이 가장 큰 부하가 최종 기동할 경우에도 견딜 수 있을 것

해설 **스프링클러설비**에 **사용**하는 **비상전원**의 **출력용량 충족기준**(NFPC 103 12조, NFTC 103 2.9.3.7)
(1) 비상전원설비에 설치되어 동시에 운전될 수 있는 모든 부하의 합계 입력용량을 기준으로 **정격출력**을 선정할 것 (단, **소방전원 보존형 발전기**를 사용할 경우 제외)

(2) 기동전류가 가장 큰 부하가 기동될 때에도 부하의 **허용 최저입력전압 이상**의 **출력전압** 유지
(3) 단시간 과전류에 견디는 내력은 입력용량이 가장 큰 부하가 최종 기동할 경우에도 견딜 수 있을 것

중요

스프링클러설비에 **사용**하는 **자가발전설비**의 **종류**(NFPC 103 12조, NFTC 103 2.9.3.8)

소방전용 발전기	소방부하 겸용 발전기	소방전원 보존형 발전기
소방부하용량을 기준으로 정격출력 용량을 산정하여 사용하는 발전기	소방 및 비상부하 겸용으로서 **소방부하**와 **비상부하**의 **전원용량**을 **합산**하여 정격출력용량을 산정하여 사용하는 발전기	소방 및 비상부하 겸용으로서 **소방부하**의 **전원용량**을 기준으로 정격출력용량을 산정하여 사용하는 발전기

★★★

문제 14

배관공사 중 금속관 배관공사에 사용하는 배관자재의 용도를 쓰시오. (19.11.문16, 16.11.문2, 15.7.문4)

득점	배점
	5

○ 노멀밴드 :
○ 후강전선관 :
○ 새들 :
○ 커플링 :
○ 부싱 :

해답

○ 노멀밴드 : 매입배관 공사시 관을 직각으로 굽히는 곳에 사용
○ 후강전선관 : 콘크리트 매입배관용
○ 새들 : 관의 지지
○ 커플링 : 금속관 상호간의 접속(관이 고정되어 있지 않을 때)
○ 부싱 : 전선의 피복 보호

해설 **금속관공사**에 **이용**되는 **부품** 및 **공구**

명 칭	외 형	설 명
부싱 (bushing)		전선의 절연피복을 보호하기 위하여 **금속관 끝**에 취부하여 사용되는 부품
유니언커플링 (union coupling)		**금속전선관 상호**간을 **접속**하는 데 사용되는 부품(**관**이 **고정**되어 **있을 때**)
노멀밴드 (normal bend)		**매입배관**공사를 할 때 **직각**으로 굽히는 곳에 사용하는 부품
유니버설 엘보 (universal elbow)		**노출배관**공사를 할 때 관을 직각으로 굽히는 곳에 사용하는 부품

명칭	그림	설명
링리듀서 (ring reducer)		**금속관**을 **아웃렛박스**에 로크너트만으로 고정하기 어려울 때 **보조적**으로 사용되는 **부품**
커플링 (coupling)	커플링 전선관	**금속전선관 상호**간을 **접속**하는 데 사용되는 부품(**관**이 **고정**되어 있지 **않을 때**)
새들 (saddle)		**관**을 **지지**(**고**정)하는 데 사용하는 재료 기억법 **관고새**
로크너트 (lock nut)		**금속관**과 **박스**를 **접속**할 때 사용하는 재료로 최소 **2개**를 사용한다.
리머 (reamer)		금속관 **말단**의 **모**를 다듬기 위한 기구
파이프커터 (pipe cutter)		**금속관**을 **절단**하는 기구
환형 3방출 정크션박스		**배관**을 **분기**할 때 사용하는 박스
파이프벤더 (pipe bender)		**금속관**(후강전선관, 박강전선관)을 **구부릴 때** 사용하는 공구 ※ **28mm** 이상은 **유압식 파이프벤더**를 사용한다.
아웃렛박스 (outlet box)		① 배관의 **끝** 또는 **중간**에 부착하여 전선의 인출, 전기기구류의 부착 등에 사용 ② 감지기·유도등 및 전선의 접속 등에 사용되는 박스의 총칭 ③ 4각박스, 8각박스 등의 박스를 통틀어 일컫는 말
후강전선관	–	① **콘크리트 매입배관용**으로 사용되는 강관(두께 **2.3~4.5mm**) ② **폭발성 가스** 저장장소에 사용
박강전선관	–	① **노출배관용·일반배관용**으로 사용되는 강관(두께 **1.2~2.0mm**) ② 폭발성 가스 저장 이외의 장소에 사용

☆☆ 문제 15

누전경보기의 기준에 관한 다음 (　　) 안을 완성하시오.

(19.6.문9, 19.4.문9, 17.6.문12, 16.11.문11, 15.11.문16, 13.11.문5, 13.4.문10, 12.7.문8・11, 06.7.문8)

득점	배점
	10

(가) 누전경보기의 공칭작동전류치는 (　　)mA 이하이어야 한다.

(나) 변류기는 구조에 따라 (　　)과 (　　)으로 구분하고 수신부와의 상호호환성 유무에 따라 호환성형 및 비호환성형으로 구분한다.

(다) 전원은 분전반으로부터 전용회로로 하고, 각 극에 개폐기 및 (　　)A 이하의 과전류 차단기(배선용 차단기에 있어서는 20A 이하의 것으로 각 극을 개폐할 수 있는 것)를 설치할 것

(라) 변류기는 DC 500V의 절연저항계로 절연된 1차 권선과 2차 권선간의 절연저항시험을 하는 경우 (　　)MΩ 이상이어야 한다.

해답 (가) 200 (나) 옥내형, 옥외형 (다) 15 (라) 5

해설 (가) **공칭작동전류치** vs **감도조정장치**(누전경보기의 형식승인 및 제품검사의 기술기준 7~8조)

공칭작동전류치	감도조정장치의 조정범위의 최대치
200mA 이하	1A

용어

공칭작동전류치
누전경보기를 작동시키기 위하여 필요한 누설전류의 값으로 제조자에 의하여 표시된 값

(나) **누전경보기 변류기**의 **종류**(누전경보기의 형식승인 및 제품검사 기술기준 6조)

구조에 따른 종류	수신부의 상호호환성 유무에 따른 종류
① 옥내형 ② 옥외형	① 호환성형 ② 비호환성형

(다) **누전경보기**의 **설치방법**(NFPC 205 4・6조, NFTC 205 2.1.1, 2.3.1)

정격전류	종 별
60A 초과	1급
60A 이하	1급 또는 2급

① 변류기는 옥외인입선의 **제1지점**의 **부하측** 또는 **제2종**의 **접지선측**에 설치할 것(부득이한 경우 **인입구**에 **근접**한 옥내에 설치)

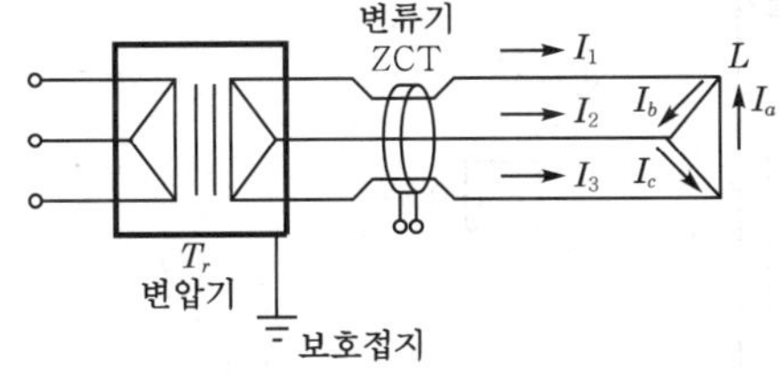

(a) 제1지점의 부하측

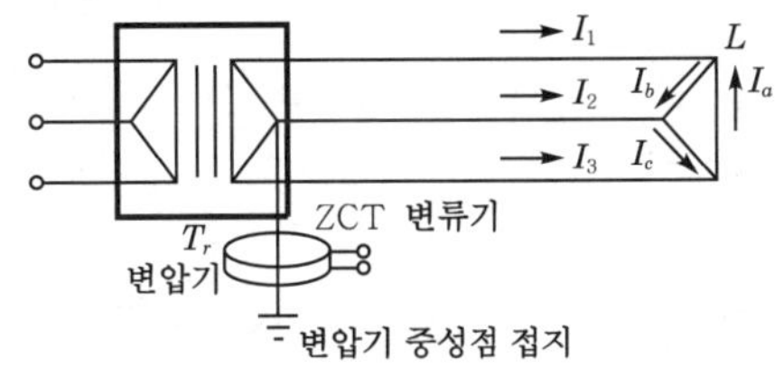

(b) 제2종 접지선측

‖변류기의 설치위치‖

② 옥외전로에 설치하는 변류기는 **옥외형**을 사용할 것

③ 각 극에 **개폐기** 및 **15A** 이하의 **과전류차단기**를 설치할 것(**배선용 차단기**는 **20A 이하**)

④ 분전반으로부터 **전용**회로로 할 것

기억법 2배(**이배**)

(라) 누전경보기의 **변류기 절연저항시험**(누전경보기의 형식승인 및 제품검사의 기술기준 19조)

변류기는 직류 **500V**의 **절연저항계**로 다음에 따른 시험을 하는 경우 **5M**Ω 이상이어야 한다.

① 절연된 **1차 권선**과 **2차 권선**간의 절연저항

② 절연된 **1차 권선**과 **외부금속부**간의 절연저항

③ 절연된 **2차 권선**과 **외부금속부**간의 절연저항

중요

절연저항시험(적대! 적대! 중요)

절연저항계	절연저항	대 상
직류 250V	0.1MΩ 이상	• 1경계구역의 절연저항
직류 500V	**5MΩ 이상**	• **누전경보기** • 가스누설경보기 • **수신기**(10회로 미만, 절연된 충전부와 외함간) • 자동화재속보설비 • 비상경보설비 • 유도등(교류입력측과 외함간 포함) • 비상조명등(교류입력측과 외함간 포함)
	20MΩ 이상	• 경종 • 발신기 • 중계기 • **비상콘센트** • 기기의 **절연된 선로간** • 기기의 충전부와 비충전부간 • 기기의 **교류입력측과 외함간**(유도등 · 비상조명등 제외)
	50MΩ 이상	• **감지기**(정온식 감지선형 감지기 제외) • 가스누설경보기(10회로 이상) • 수신기(10회로 이상, 교류입력측과 외함간 제외)
	1000MΩ 이상	• 정온식 감지선형 감지기

★★★

문제 16

전기실에 설치된 패키지 시스템(package system)에 대한 하론소화설비의 전기적인 계통도이다. Ⓐ~Ⓒ까지의 배선수와 각 배선의 용도를 쓰시오. (단, 운전조작상 필요한 최소의 배선수를 기입하도록 하시오.)

(15.4.문12, 09.10.문14)

득점	배점
	8

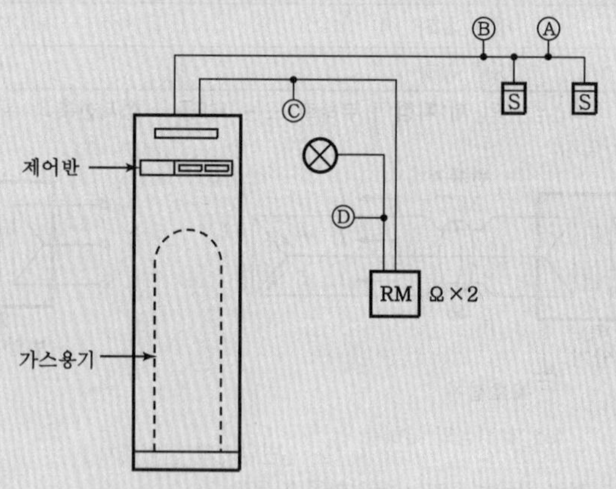

○ 답란

기 호	구 분	배선수	배선굵기	배선의 용도
Ⓐ	감지기-감지기		$1.5mm^2$	
Ⓑ	감지기-Package		$1.5mm^2$	
Ⓒ	Package-수동조작함		$2.5mm^2$	
Ⓓ	수동조작함-방출표시등		$2.5mm^2$	

기 호	구 분	배선수	배선굵기	배선의 용도
Ⓐ	감지기-감지기	4	1.5mm^2	지구 2, 공통 2
Ⓑ	감지기-Package	8	1.5mm^2	지구 4, 공통 4
Ⓒ	Package-수동조작함	7	2.5mm^2	전원 ⊕ · ⊖, 방출지연스위치, 감지기 A · B, 기동스위치, 방출표시등
Ⓓ	수동조작함-방출표시등	2	2.5mm^2	방출표시등 2

- 문제는 종단저항이 수동조작함에 설치되어 있고, 감지기배선이 직접 패키지에 연결되는 경우이다. 종단저항 위치와 배선에 따라 가닥수가 달라지므로 주의하라!
- 기호 Ⓐ : **'지구, 공통 각 2가닥'**이라고 답해도 된다.
- 기호 Ⓑ : **'지구, 공통 각 4가닥'**이라고 답해도 된다.
- 방출등=방출표시등
- [표]의 구분에서 **'방출등'**이라 했으므로 배선의 용도에서 **방출표시등**을 **방출등**이라고 해도 정답이다.
- Ⓓ : 배선의 용도를 **방출표시, 공통**이라고 해도 정답이다.

비교

(1) 종단저항이 **수동조작함**에 **설치**되어 있고, 감지기배선이 **수동조작함**을 거쳐서 패키지에 연결되는 경우

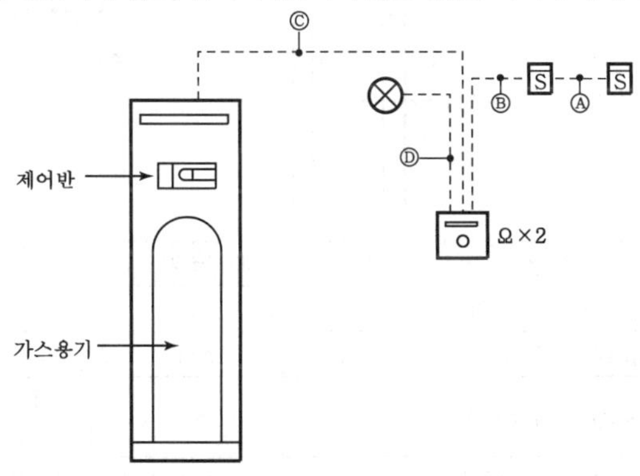

기 호	구 분	배선수	배선굵기	배선의 용도
Ⓐ	감지기 ↔ 감지기	4	1.5mm^2	지구 2, 공통 2
Ⓑ	감지기 ↔ 수동조작함	8	1.5mm^2	지구 4, 공통 4
Ⓒ	Package ↔ 수동조작함	7	2.5mm^2	전원 ⊕ · ⊖, 방출지연스위치, 감지기 A · B, 기동스위치, 방출표시등
Ⓓ	수동조작함 ↔ 방출표시등	2	2.5mm^2	방출표시등 2(방출표시, 공통)

(2) 종단저항이 **패키지**에 **설치**되어 있고, 감지기배선이 **수동조작함**을 거쳐서 패키지에 연결되는 경우

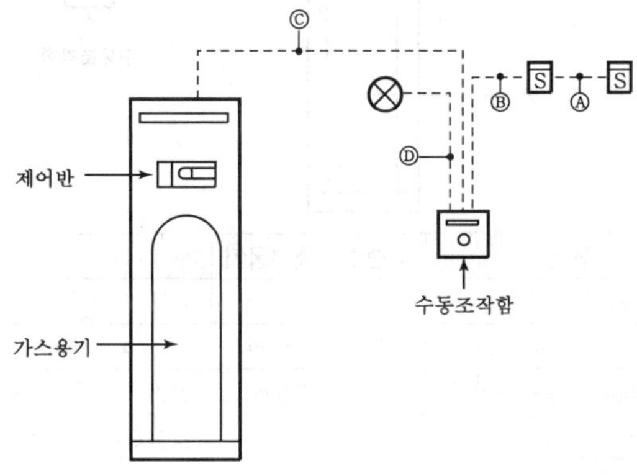

기 호	구 분	배선수	배선굵기	배선의 용도
Ⓐ	감지기 ↔ 감지기	4	1.5mm²	지구 2, 공통 2
Ⓑ	감지기 ↔ 수동조작함	8	1.5mm²	지구 4, 공통 4
Ⓒ	Package ↔ 수동조작함	13	2.5mm²	전원 ⊕·⊖, 방출지연스위치, 지구 4, 공통 4, 기동스위치, 방출표시등
Ⓓ	수동조작함 ↔ 방출표시등	2	2.5mm²	방출표시등 2(방출표시, 공통)

- 기호 Ⓒ : 기호 Ⓑ의 '**지구 4, 공통 4**'가 그대로 패키지까지 연결되어야 한다.

(3) 종단저항이 **수동조작함**에 **설치**되어 있고 감지기배선이 **직접 패키지**에 연결되는 경우

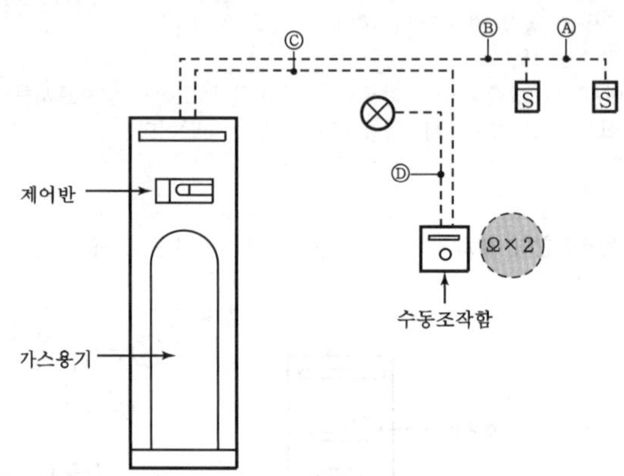

기 호	구 분	배선수	배선굵기	배선의 용도
Ⓐ	감지기 ↔ 감지기	4	1.5mm²	지구 2, 공통 2
Ⓑ	감지기 ↔ Package	8	1.5mm²	지구 4, 공통 4
Ⓒ	Package ↔ 수동조작함	7	2.5mm²	전원 ⊕·⊖, 방출지연스위치, 감지기 A·B, 기동스위치, 방출표시등
Ⓓ	수동조작함 ↔ 방출표시등	2	2.5mm²	방출표시등 2(방출표시, 공통)

(4) 종단저항이 **패키지**에 **설치**되어 있고 감지기배선이 **직접 패키지**에 연결되는 경우

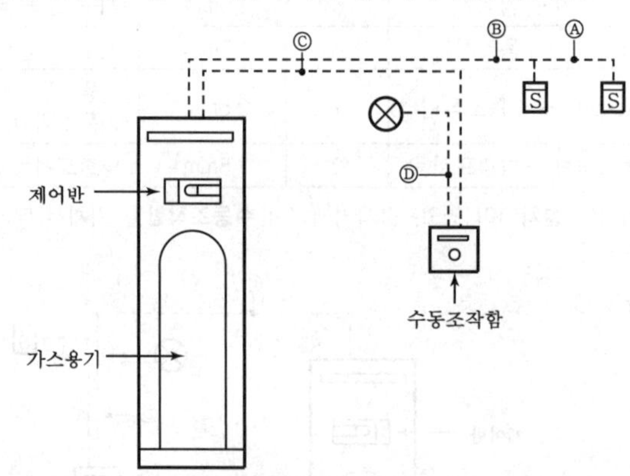

기 호	구 분	배선수	배선굵기	배선의 용도
Ⓐ	감지기 ↔ 감지기	4	1.5mm²	지구 2, 공통 2
Ⓑ	감지기 ↔ Package	8	1.5mm²	지구 4, 공통 4
Ⓒ	Package ↔ 수동조작함	5	2.5mm²	전원 ⊕·⊖, 방출지연스위치, 기동스위치, 방출표시등
Ⓓ	수동조작함 ↔ 방출표시등	2	2.5mm²	방출표시등 2(방출표시, 공통)

과년도 출제문제

2016년 소방설비산업기사 실기(전기분야)

** 수험자 유의사항 **

- 공통 유의사항

1. 시험 시작 시간 이후 입실 및 응시가 불가하며, 수험표 및 접수내역 사전확인을 통한 시험장 위치, 시험장 입실 가능 시간을 숙지하시기 바랍니다.
2. 시험 준비물 : 공단인정 신분증, 수험표, 계산기(필요 시), 흑색 볼펜류 필기구(필답, 기술사 필기), 계산기(필요 시), 수험자 지참 준비물(작업형 실기)
   ※ 공학용 계산기는 일부 등급에서 제한된 모델로만 사용이 가능하므로 사전에 필히 확인 후 지참 바랍니다.
3. 부정행위 관련 유의사항 : 시험 중 다음과 같은 행위를 하는 자는 국가기술자격법 제10조 제6항의 규정에 따라 당해 검정을 중지 또는 무효로 하고 3년간 국가기술자격법에 의한 검정을 받을 자격이 정지됩니다.
   - 시험 중 다른 수험자와 시험과 관련된 대화를 하거나 답안지(작품 포함)를 교환하는 행위
   - 시험 중 다른 수험자의 답안지(작품) 또는 문제지를 엿보고 답안을 작성하거나 작품을 제작하는 행위
   - 다른 수험자를 위하여 답안(실기작품의 제작방법 포함)을 알려 주거나 엿보게 하는 행위
   - 시험 중 시험문제 내용과 관련된 물건을 휴대하여 사용하거나 이를 주고받는 행위
   - 시험장 내외의 자로부터 도움을 받고 답안지를 작성하거나 작품을 제작하는 행위
   - 다른 수험자와 성명 또는 수험번호(비번호)를 바꾸어 제출하는 행위
   - 대리시험을 치르거나 치르게 하는 행위
   - 시험시간 중 통신기기 및 전자기기를 사용하여 답안지를 작성하거나 다른 수험자를 위하여 답안을 송신하는 행위
   - 그 밖에 부정 또는 불공정한 방법으로 시험을 치르는 행위
4. 시험시간 중 전자·통신기기를 비롯한 불허물품 소지가 적발되는 경우 퇴실조치 및 당해 시험은 무효처리가 됩니다.

- 실기시험 수험자 유의사항

1. 문제지를 받는 즉시 응시 종목의 문제가 맞는지 확인하셔야 합니다.
2. 답안지 내 인적 사항 및 답안작성(계산식 포함)은 **검정색** 필기구만을 계속 사용하여야 합니다.
3. 답안정정 시에는 **두 줄**(=)을 긋고 다시 **기재 가능**하며, **수정 테이프 사용** 또한 **가능**합니다.
4. 계산문제는 반드시 '계산과정'과 '답'란에 정확히 기재하여야 하며 계산과정이 틀리거나 없는 경우 0점 처리됩니다.
   ※ 연습이 필요 시 연습란을 이용하여야 하며, 연습란은 채점대상이 아닙니다.
5. 계산문제는 최종 결과값(답)에서 소수 셋째자리에서 반올림하여 둘째자리까지 구하여야 하나 개별 문제에서 소수 처리에 대한 별도 요구사항이 있을 경우, 그 요구사항에 따라야 합니다.
6. 답에 단위가 없으면 오답으로 처리됩니다. (단, 문제의 요구사항에 단위가 주어졌을 경우는 생략되어도 무방합니다)
7. 문제에서 요구한 가지 수 이상을 답란에 표기한 경우, 답란기재 순으로 요구한 가지 수만 채점합니다.

2016. 4. 17 시행

2016년 산업기사 제1회 필답형 실기시험

수험번호	성명	감독위원 확 인

자격종목	시험시간	형별
소방설비산업기사(전기분야)	2시간 30분	

※ 다음 물음에 답을 해당 답란에 답하시오.(배점 : 100)

★★★

문제 01

40W 대형 피난구 유도등 9개가 교류 220V 상용전원에 연결되어 사용되고 있다면, 소요되는 전류를 구하시오. (단, 유도등(형광등)의 역률은 60%이고, 충전전류는 무시한다.) (기사 06.7.문10)

○계산과정 :

○답 :

득점	배점
	5

유사문제부터 풀어보세요. 실력이 팍!팍! 올라갑니다.

해답

○계산과정 : $I=\dfrac{(40\times 9\text{개})}{220\times 0.6}=2.727 \fallingdotseq 2.73\text{A}$

○답 : 2.73A

해설 **유도등**은 **단상 2선식**이므로

$$P=VI\cos\theta\eta$$

여기서, P : 전력〔W〕, V : 전압〔V〕
I : 전류〔A〕, $\cos\theta$: 역률
η : 효율

전류 I는

$$I=\frac{P}{V\cos\theta\eta}=\frac{(40\times 9\text{개})}{220\times 0.6}=2.727 \fallingdotseq 2.73\text{A}$$

※ **효율**(η)은 주어지지 않았으므로 **무시**한다.

중요

방 식	공 식	적응설비
단상 2선식	$P=VI\cos\theta\eta$ 여기서, P : 전력〔W〕 V : 전압〔V〕 I : 전류〔A〕 $\cos\theta$: 역률 η : 효율	• 기타설비 (유도등·비상조명등·솔레노이드밸브·감지기 등)
3상 3선식	$P=\sqrt{3}\,VI\cos\theta\eta$ 여기서, P : 전력〔W〕 V : 전압〔V〕 I : 전류〔A〕 $\cos\theta$: 역률 η : 효율	• 소방펌프 • 제연팬

문제 02

비상콘센트설비의 비상전원으로 자가발전설비 또는 비상전원수전설비를 설치해야 하는 경우 2가지를 쓰시오.

(17.11.문8)

○

○

득점	배점
	4

해답 ① 7층 이상(지하층 제외)으로서 연면적 $2000m^2$ 이상
② 지하층 바닥면적 합계 $3000m^2$ 이상

해설 **비상콘센트설비**의 **비상전원 설치대상**(NFPC 504 4조, NFTC 504 2.1.1.2)
(1) **7층** 이상(지하층 제외)으로서 연면적 **$2000m^2$** 이상
(2) 지하층 바닥면적 합계 **$3000m^2$** 이상

- '**지하층 제외**'라는 말도 쓰는 게 좋다.

비교

비상콘센트설비 비상전원 설치제외(NFPC 504 4조, NFTC 504 2.1.1.2)
(1) 둘 이상의 변전소에서 전력을 동시에 공급받을 수 있는 경우
(2) 하나의 변전소로부터 전력의 공급이 중단되는 때에는 자동으로 다른 변전소로부터 전력을 공급받을 수 있도록 **상용전원**을 설치한 경우

중요

각 **설비**의 **비상전원 종류**

설 비	비상전원	비상전원 용량
• 자동화재**탐**지설비	• **축**전지설비 • 전기저장장치	**10분** 이상(30층 미만) **30분** 이상(30층 이상)
• 비상**방**송설비	• 축전지설비 • 전기저장장치	
• 비상**경**보설비	• 축전지설비 • 전기저장장치	**10분** 이상
• **유**도등	• 축전지	**20분** 이상 ※ 예외규정 : **60분** 이상 (1) **11층** 이상(지하층 제외) (2) 지하층 · 무창층으로서 **도매시장 · 소매시장 · 여객자동차터미널 · 지하철역사 · 지하상가**
• **무**선통신보조설비	명시하지 않음	**30분** 이상 기억법 **탐경유방무축**
• 비상콘센트설비	• 자가발전설비 • 축전지설비 • 비상전원수전설비 • 전기저장장치	**20분** 이상
• **스**프링클러설비 • **미**분무소화설비	• **자**가발전설비 • **축**전지설비 • **전**기저장장치 • 비상전원**수**전설비(차고 · 주차장으로서 스프링클러설비(또는 미분무소화설비)가 설치된 부분의 바닥면적 합계가 $1000m^2$ 미만인 경우)	**20분** 이상(30층 미만) **40분** 이상(30~49층 이하) **60분** 이상(50층 이상) 기억법 **스미자 수전축**
• 포소화설비	• 자가발전설비 • 축전지설비 • 전기저장장치 • 비상전원수전설비 – 호스릴포소화설비 또는 포소화전만을 설치한 차고 · 주차장	**20분** 이상

	- 포헤드설비 또는 고정포방출설비가 설치된 부분의 바닥면적(스프링클러설비가 설치된 차고·주차장의 바닥면적 포함)의 합계가 1000m^2 미만인 것	
• **간**이스프링클러설비	• 비상전원**수**전설비	**10분**(숙박시설 바닥면적 합계 300~600m^2 미만, 근린생활시설 바닥면적 합계 1000m^2 이상, 복합건축물 연면적 1000m^2 이상은 **20분**) 이상 기억법 **간수**
• 옥내소화전설비 • 연결송수관설비	• 자가발전설비 • 축전지설비 • 전기저장장치	**20분** 이상(30층 미만) **40분** 이상(30~49층 이하) **60분** 이상(50층 이상)
• 제연설비 • 분말소화설비 • 이산화탄소소화설비 • 물분무소화설비 • 할론소화설비 • 할로겐화합물 및 불활성기체 소화설비 • 화재조기진압용 스프링클러설비	• 자가발전설비 • 축전지설비 • 전기저장장치	**20분** 이상
• 비상조명등	• 자가발전설비 • 축전지설비 • 전기저장장치	**20분** 이상 ※ 예외규정 : **60분** 이상 (1) **11층** 이상(지하층 제외) (2) 지하층 · 무창층으로서 **도매시장 · 소매시장 · 여객자동차터미널 · 지하철역사 · 지하상가**
• 시각경보장치	• 축전지설비 • 전기저장장치	명시하지 않음

★★★ **문제 03**

스프링클러 프리액션밸브의 간선계통도이다. 다음 각 물음에 답하시오. (11.11.문7)

득점	배점
	8

(가) ㉮~㉳의 매설 가닥수를 쓰시오. (단, 프리액션밸브용 감지기공통선과 전원공통선은 분리해서 사용하고 압력스위치, 탬퍼스위치 및 솔레노이드밸브용 공통선은 1가닥을 사용하는 조건이다.)

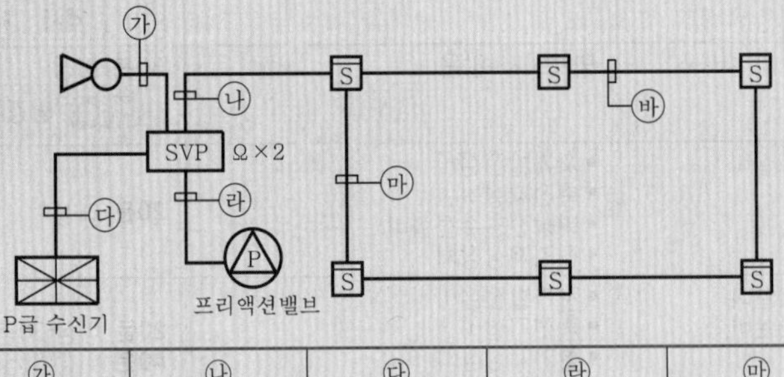

㉮ ㉯ SVP Ω×2 ㉰ ㉱ ㉲ ㉳ S P P급 수신기 프리액션밸브

기 호	㉮	㉯	㉰	㉱	㉲	㉳
가닥수						

(나) ㉰의 배선별 용도를 쓰시오.

해답 (가)

기 호	㉮	㉯	㉰	㉱	㉲	㉳
가닥수	2가닥	8가닥	9가닥	4가닥	4가닥	4가닥

(나) 전원 ⊕ · ⊖, 사이렌, 감지기 A · B, 솔레노이드밸브, 압력스위치, 탬퍼스위치, 감지기공통

기 호	가닥수	내 역
㉮	2가닥	사이렌 2
㉯	8가닥	지구 4, 공통 4
㉰	9가닥	전원 ⊕·⊖, 사이렌, 감지기 A·B, 솔레노이드밸브, 압력스위치, 탬퍼스위치, 감지기공통
㉱	4가닥	솔레노이드밸브 1, 압력스위치 1, 탬퍼스위치 1, 공통선 1
㉲	4가닥	지구 2, 공통 2
㉳	4가닥	지구 2, 공통 2

- 솔레노이드밸브 = 밸브기동 = SV(Solenoid Valve)
- 압력스위치 = 밸브개방 확인 = PS(Pressure Switch)
- 탬퍼스위치 = 밸브주의 = TS(Tamper Switch)
- 여기서는 조건에서 **압력스위치, 탬퍼스위치, 솔레노이드밸브**라는 명칭을 사용하였으므로 (나)의 답에서 우리가 일반적으로 사용하는 밸브개방 확인, 밸브주의, 밸브기동 등의 용어를 사용하면 오답으로 채점될 수 있다. 주의하라! 주어진 조건에 있는 명칭을 사용하여야 빈틈없는 올바른 답이 된다.
- 기호 ㉯, ㉲, ㉳ : 스프링클러 프리액션밸브는 감지기배선이 **교차회로방식**이므로 가닥수는 다음과 같다.

말단, 루프(loop)	기 타
4가닥	8가닥

감지기공통선과 전원공통선은 1가닥을 사용하고 압력스위치, 탬퍼스위치 및 솔레노이드밸브의 공통선은 1가닥을 사용하는 경우

기 호	가닥수	내 역
㉮	2가닥	사이렌 2
㉯	8가닥	지구 4, 공통 4
㉰	8가닥	전원 ⊕·⊖, 사이렌, 감지기 A·B, 솔레노이드밸브, 압력스위치, 탬퍼스위치
㉱	4가닥	솔레노이드밸브 1, 압력스위치 1, 탬퍼스위치 1, 공통선 1
㉲	4가닥	지구 2, 공통 2
㉳	4가닥	지구 2, 공통 2

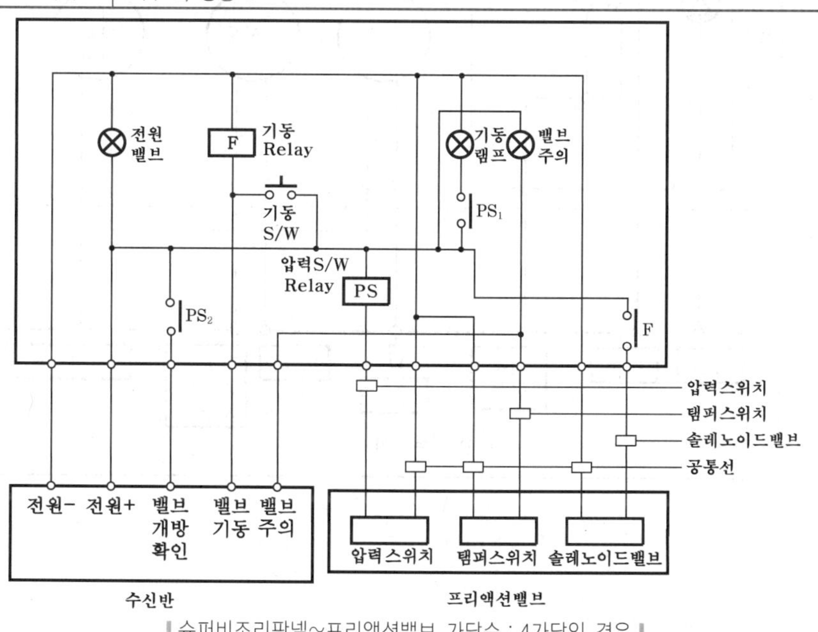

‖ 슈퍼비조리판넬~프리액션밸브 가닥수 : 4가닥인 경우 ‖

☆☆☆

문제 04

P형 수신기와 시각경보장치를 가진 P형 발신기 세트와의 회로도이다. 미완성된 결선도를 완성하시오.

(07.11.문15)

득점	배점
	6

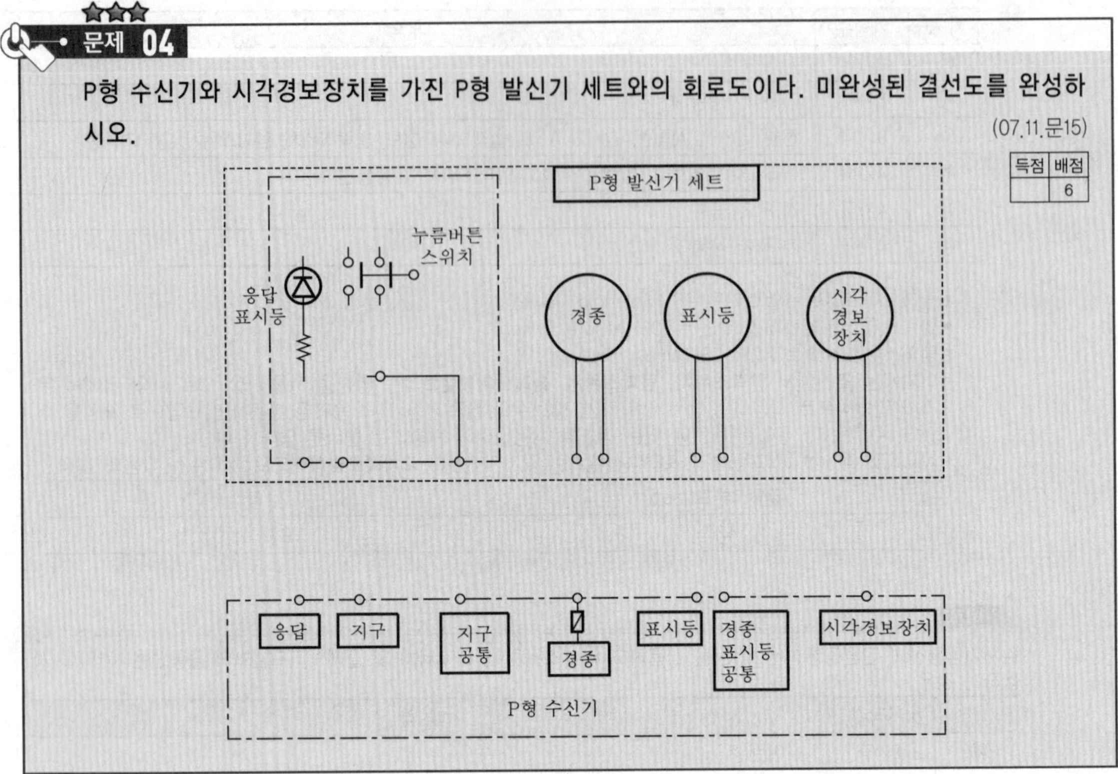

해답

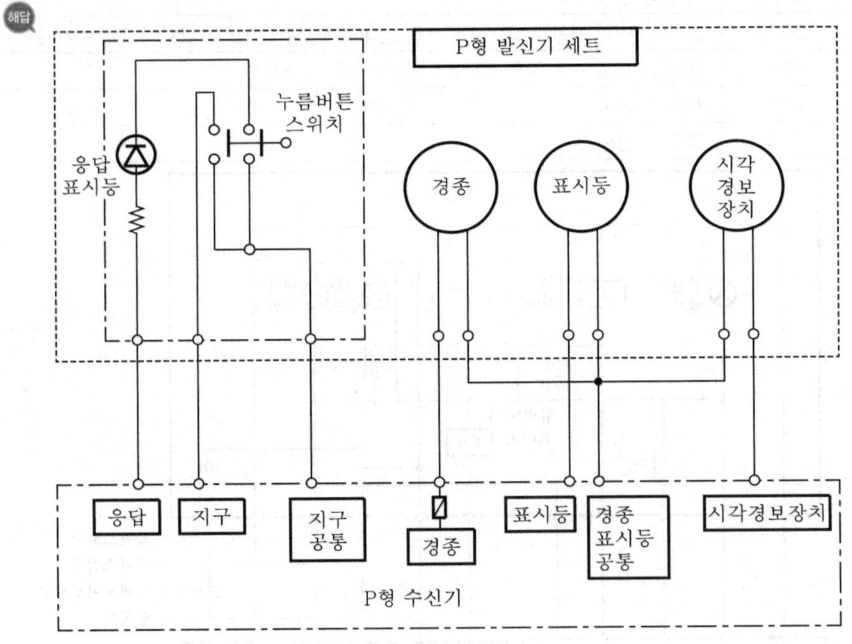

- **시각경보장치**는 한 선은 **시각경보**에, 다른 한 선은 **경종표시등공통선**에 결선하면 된다.
- 다음과 같이 결선해도 옳다.

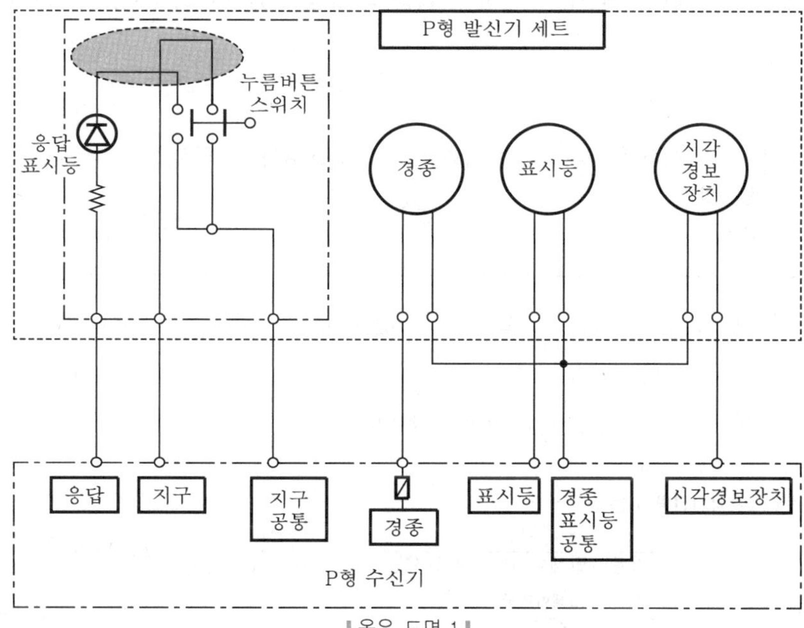

‖ 옳은 도면 1 ‖

- 또한, **발광다이오드**의 **방향**이 **반대**로 연결되었다면 다음과 같이 결선해야 한다.

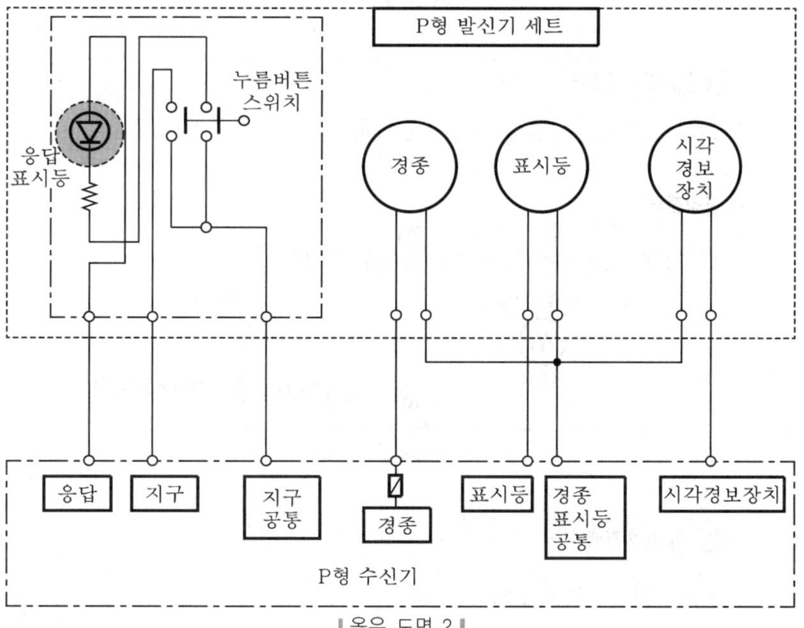

‖ 옳은 도면 2 ‖

☆☆☆

문제 05

P형 수신기와 감지기와의 배선회로가 종단저항 10kΩ, 릴레이저항 600Ω, 배선회로의 저항 200Ω, 회로전압을 DC 24V로 인가한 조건이다. 다음 각 물음에 답하시오. (19.6.문11, 15.4.문13, 11.5.문3, 04.7.문8)

득점	배점
	6

(가) 평소 감시전류〔mA〕를 구하시오.

○ 계산과정 :

○ 답 :

(나) 화재가 발생하여 감지기가 동작할 때의 전류〔mA〕를 구하시오.

○ 계산과정 :

○ 답 :

해답 (가) ○ 계산과정 : $\frac{24}{10\times10^3+600+200}=2.222\times10^{-3}\text{A}=2.222\text{mA}\fallingdotseq2.22\text{mA}$

○ 답 : 2.22mA

(나) ○ 계산과정 : $\frac{24}{600+200}=0.03\text{A}=30\text{mA}$

○ 답 : 30mA

해설 (가) **감시전류** I는

$$I=\frac{\text{회로전압}}{\text{종단저항}+\text{릴레이저항}+\text{배선저항}}=\frac{24}{10\times10^3+600+200}=2.222\times10^{-3}\text{A}=2.222\text{mA}\fallingdotseq2.22\text{mA}$$

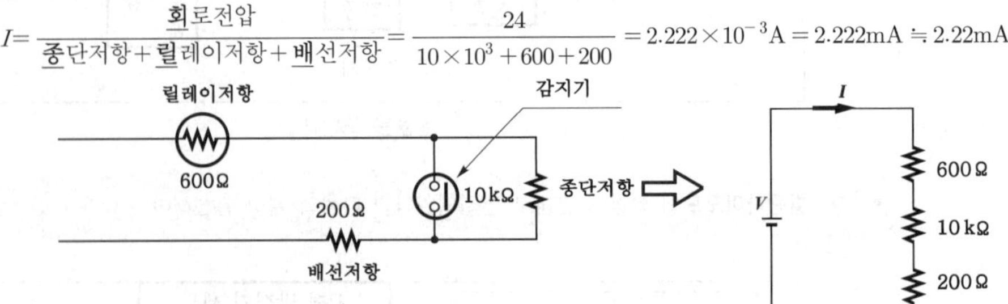

기억법 감회종릴배

- 1×10^{-3}A=1mA이므로 2.222×10^{-3}A=2.222mA

(나) **동작전류** I는

$$I=\frac{\text{회로전압}}{\text{릴레이저항}+\text{배선저항}}=\frac{24}{600+200}=0.03\text{A}=30\text{mA}$$

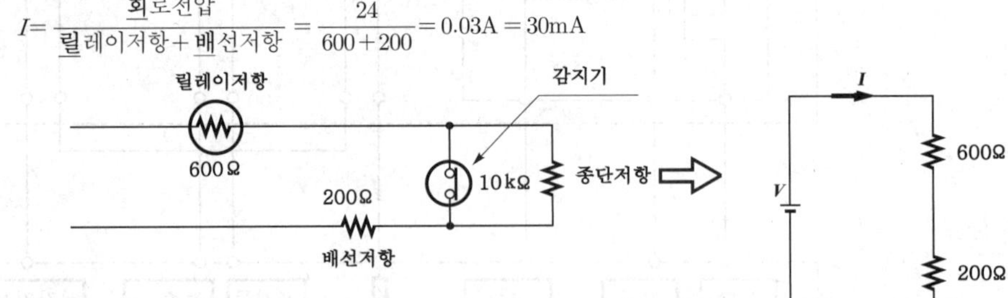

기억법 동회릴배

- 1A=1000mA이므로 0.03A=30mA

☆☆
문제 06

내화건축물에 연기감지기(1종)를 설치하고자 한다. 연기감지기의 부착높이가 7.5m일 때, 연기감지기 최소 설치수량을 구하시오. (13.11.문17)

득점	배점
	5

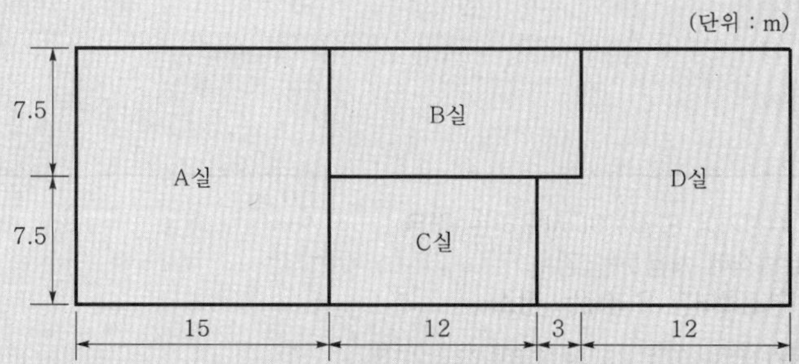

구 분	계산과정	감지기 수량
A실		
B실		
C실		
D실		

해답

구 분	계산과정	감지기 수량
A실	$\frac{15\times15}{75}=3$개	3개
B실	$\frac{15\times7.5}{75}=1.5 ≒ 2$개	2개
C실	$\frac{12\times7.5}{75}=1.2 ≒ 2$개	2개
D실	$\frac{(3\times7.5)+(12\times15)}{75}=2.7 ≒ 3$개	3개

해설 **감지기 설치개수**(NFPC 203 7조, NFTC 203 2.4.3.10.1)

부착높이	감지기의 종류	
	1종 및 2종	3종
4m 미만	150m²	50m²
4~20m 미만 →	75m²	–

- 〔문제조건〕 **설치높이 7.5m, 연기감지기 1종**이므로 감지기 1개가 담당하는 바닥면적은 **75m²**이다.
- **내화건축물**과는 **무관**

구 분	계산과정	설치수량(개)
A실	$\frac{\text{적용면적}}{75\text{m}^2}=\frac{[15\times(7.5+7.5)]\text{m}^2}{75\text{m}^2}=3$개	3개
B실	$\frac{\text{적용면적}}{75\text{m}^2}=\frac{[(12+3)\times7.5]\text{m}^2}{75\text{m}^2}=1.5 ≒ 2$개(절상)	2개
C실	$\frac{\text{적용면적}}{75\text{m}^2}=\frac{(12\times7.5)\text{m}^2}{75}=1.2 ≒ 2$개(절상)	2개
D실	$\frac{\text{적용면적}}{75\text{m}^2}=\frac{[(3\times7.5)+(12\times15)]\text{m}^2}{75\text{m}^2}=2.7 ≒ 3$개(절상)	3개

★★★
문제 07

축적기능이 없는 감지기를 사용해야 하는 경우 3가지를 기술하시오.

(17.11.문4, 17.4.문7, 16.6.문4, 기사 15.11.문9, 기사 11.11.문10, 11.5.문7)

득점	배점
	6

○

○

○

해답 ① 축적형 수신기에 연결하여 사용하는 경우
② 교차회로방식에 사용하는 경우
③ 급속한 연소확대가 우려되는 장소

해설 **축적형 감지기**(NFPC 203 5·7조, NFTC 203 2.2.2, 2.4.3)

설치장소 (**축**적기능이 있는 감지기를 사용하는 경우)	설치제**외**장소 (축적기능이 없는 감지기를 사용하는 경우)
① **지하층·무창층**으로 환기가 잘 되지 않는 장소 ② 실내면적이 **40m²** 미만인 장소 ③ 감지기의 부착면과 실내 바닥의 거리가 **2.3m 이하**인 장소로서 일시적으로 발생한 열·연기·먼지 등으로 인하여 감지기가 화재신호를 발신할 우려가 있는 때 기억법 지423축	① **축적형 수신기**에 연결하여 사용하는 경우 ② **교차회로방식**에 사용하는 경우 ③ **급속**한 **연소확대**가 우려되는 장소 기억법 축교급외

중요

(1) **감지기**

종 류	설 명
다신호식 감지기	① 각 서로 다른 종별 또는 감도 등의 기능을 갖춘 것으로서 일정 시간 간격을 두고 각각 다른 2개 이상의 화재신호를 발하는 감지기 ② 동일 종별 또는 감도를 갖는 2개 이상의 센서를 통해 감지하여 화재신호를 각각 발신하는 감지기
아날로그식 감지기	주위의 **온도** 또는 **연기**의 양의 변화에 따른 화재정보신호값을 출력하는 방식의 감지기
축적형 감지기	일정 농도·온도 이상의 **연기** 또는 **온도**가 **일정 시간 연속**하는 것을 전기적으로 **검출**함으로써 작동하는 감지기
재용형 감지기	**다시 사용**할 수 있는 성능을 가진 감지기

(2) **지하층·무창층** 등으로서 환기가 잘 되지 않거나 실내면적이 **40m²** 미만인 장소, 감지기의 부착면과 실내 바닥과의 거리가 **2.3m** 이하인 곳으로서 일시적으로 발생한 열·연기 또는 먼지 등으로 인하여 화재신호를 발신할 우려가 있는 장소에 설치가능한 감지기

① **불꽃**감지기
② **정온식 감지선형** 감지기
③ **분포형** 감지기
④ **복합형** 감지기
⑤ **광전식 분리형** 감지기
⑥ **아날로그방식**의 감지기
⑦ **다신호방식**의 감지기
⑧ **축적방식**의 감지기

기억법 불정감 복분(복분자) 광아다축

☆☆☆

문제 08

도면은 자동화재탐지설비의 평면도 및 간선계통도이다. 이 도면을 보고 다음 각 물음에 답하시오.

(기사 05.10.문6)

득점	배점
	14

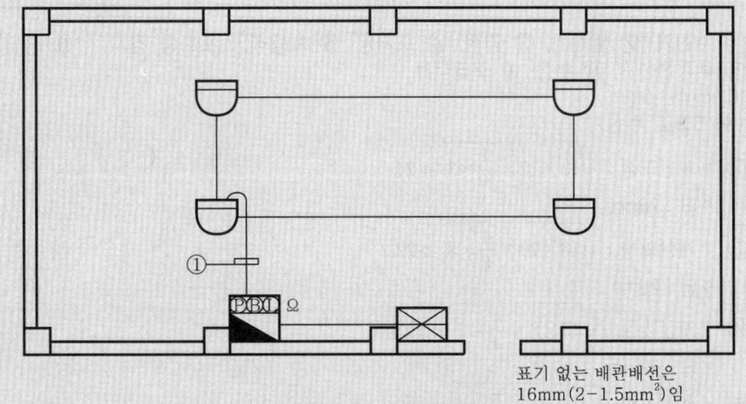

▮자동화재탐지설비 계통도▮

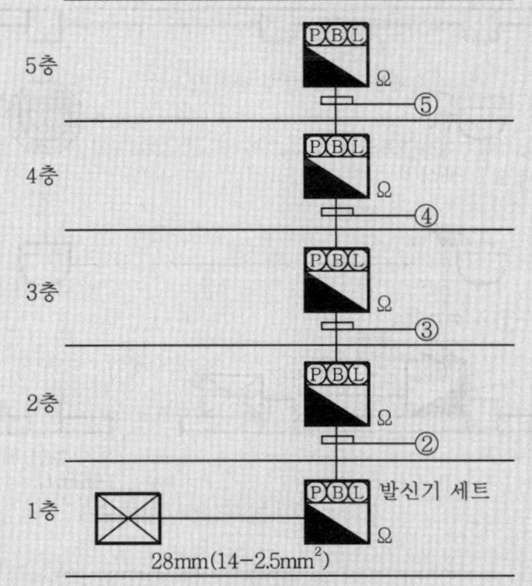

▮간선계통도▮

〔조건〕

① 본 건물은 콘크리트 슬라브 구조로서 지상 5층 건물이며, 전 층이 기준층이다.
② 각 층고는 3m로서, 이중천장의 높이는 천장면에서 0.5m에 설치된다.
③ 모든 배관은 후강전선관이며, 천장 및 벽체 매입으로 한다.
④ 후강전선관의 굵기, 전선가닥수, 전선굵기는 예시와 같이 표기한다.
(예시) 22mm(5－1.5mm^2)
⑤ 1.5mm^2 피복절연물을 포함한 전선의 단면적은 9mm^{2}이고, 2.5mm^2 피복절연물을 포함한 전선의 단면적은 13mm^{2}이다.

(가) 도면과 같은 설비를 하는 데 필요한 자재를 10가지만 쓰시오. (단, 규격, 수량 등은 필요 없음)
(나) 평면도의 ①에 해당되는 후강전선관의 굵기, 전선가닥수, 전선굵기는 어떻게 되는가?
(다) 사용될 수신기의 규격은 어떤 형의 몇 회로 수신기를 사용하여야 하는가?
(라) 간선계통도상의 ②~⑤까지의 후강전선관의 굵기, 전선가닥수, 전선굵기를 표기하시오.

② ○ 계산과정 : ○ 답 :	③ ○ 계산과정 : ○ 답 :
④ ○ 계산과정 : ○ 답 :	⑤ ○ 계산과정 : ○ 답 :

해답 (가) ① 수신기, ② 발신기, ③ 경종, ④ 표시등, ⑤ 차동식 스포트형 감지기, ⑥ 종단저항, ⑦ 옥내소화전함, ⑧ 후강전선관, ⑨ 부싱, ⑩ 로크너트

(나) 16mm(4–1.5mm^2)

(다) P형 5회로 수신기

(라) ② ○ 계산과정 : $\sqrt{13\times 12\times \frac{4}{\pi}\times 3} \geq 24.4$

○ 답 : 28mm

③ ○ 계산과정 : $\sqrt{13\times 10\times \frac{4}{\pi}\times 3} \geq 22.2$

○ 답 : 28mm

④ ○ 계산과정 : $\sqrt{13\times 8\times \frac{\pi}{4}\times 3} \geq 19.9$

○ 답 : 22mm

⑤ ○ 계산과정 : $\sqrt{13\times 6\times \frac{\pi}{4}\times 3} \geq 17.2$

○ 답 : 22mm

해설 (가)

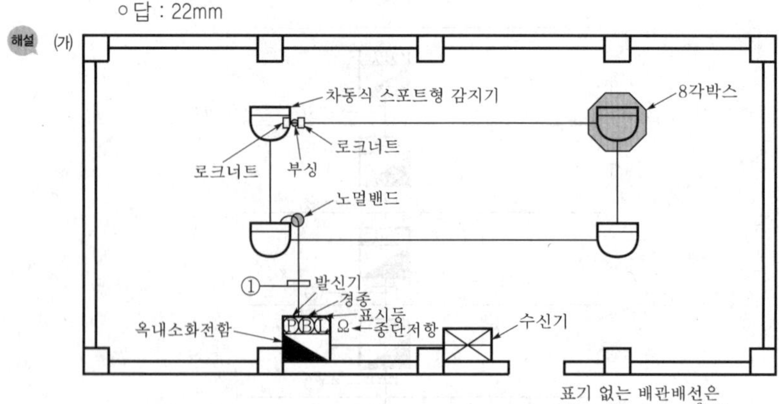

‖ 자동화재탐지설비 계통도 ‖

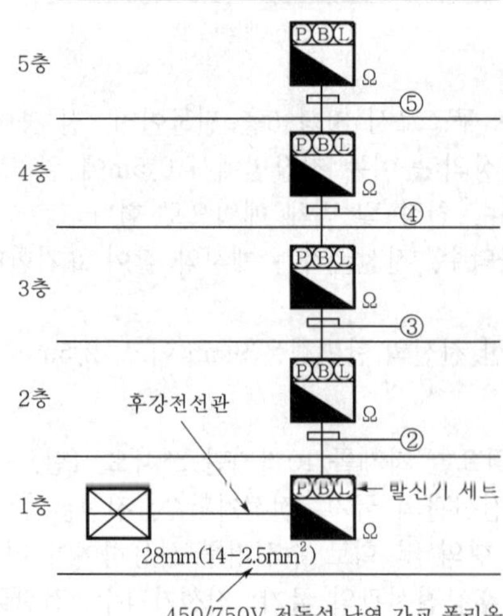

‖ 간선계통도 ‖

- 위의 자재 중 10가지만 답하도록 한다. **벽체 매입**이므로 노출배관에 사용하는 **'새들(saddle)'**은 해당되지 않는다.
- 〔조건 ③〕에서 **벽체 매입**이므로 수신기나 옥내소화전함에 **4각박스**는 필요 **없다.**
- 28mm는 **짝수**이므로 **'후강전선관'**이라고 정확히 답하는 것이 좋다. 홀수로 표시되어 있다면 **'박강전선관'**이 정답이다.
- **'HFIX전선'**이라고 쓰기보다 **'450/750V 저독성 난연 가교 폴리올레핀 절연전선'**이라고 정확히 답하자.
- 450 Ⓥ /750V 저독성 난연 가교 폴리올레핀 절연전선이라고 450 뒤에 V를 써도 맞다. 고민하지 말라! 하지만 가능하면 쓰지 않는 것으로 하자.
- 박스를 총칭하는 **'아우트렛박스'**보다 **8각박스**가 보다 정확한 답이다.

(나)

- 감지기회로의 가닥수는 종단저항이 발신기 세트에 설치되어 있을 때 루프 **2가닥**, 기타 **4가닥**이 된다.

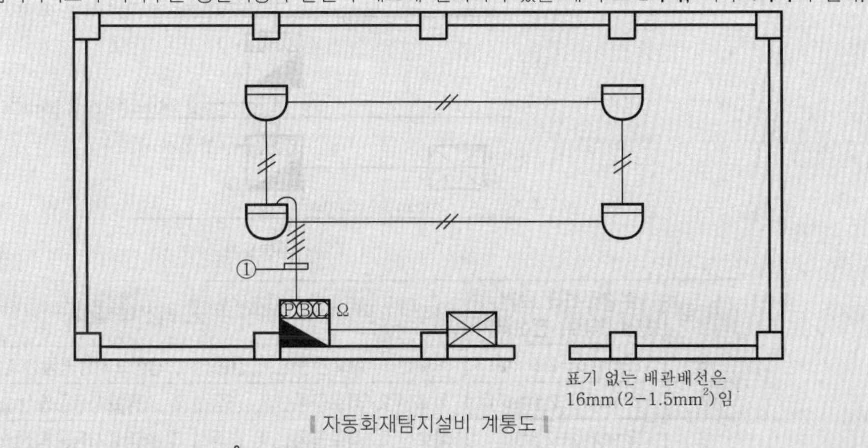

‖ 자동화재탐지설비 계통도 ‖

- **감지기회로**의 전선은 **1.5mm²**를 사용한다.

(다)

- **종단저항**이 **5개**로 **회로수**는 **5회로**이므로 **P형 5회로 수신기**를 사용하면 된다.
- **R형**은 일반적으로 **40회로 초과**시 사용한다.

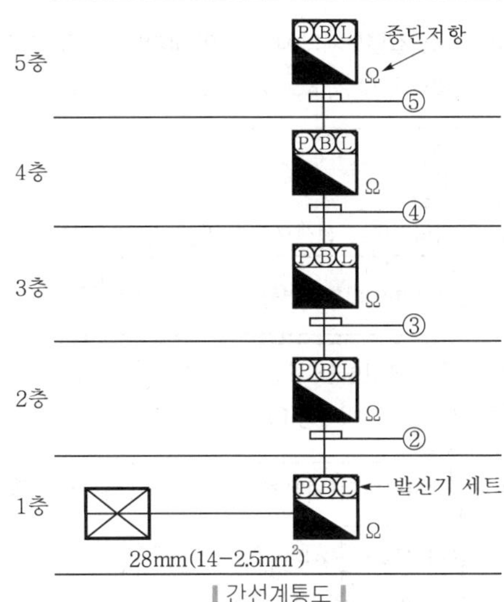

‖ 간선계통도 ‖

(라) **5층**이므로 **일제경보방식**이다.

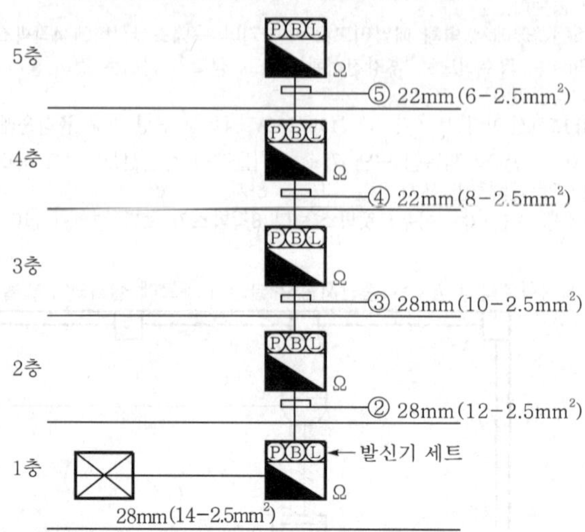

▍간선계통도▍

기 호	후강전선관 굵기, 전선가닥수, 전선굵기	배선의 내역
⑤	22mm(6−2.5mm²)	회로선 1, 회로공통선 1, 경종선 1, 경종표시등공통선 1, 응답선 1, 표시등선 1
④	22mm(8−2.5mm²)	회로선 2, 회로공통선 1, 경종선 2, 경종표시등공통선 1, 응답선 1, 표시등선 1
③	28mm(10−2.5mm²)	회로선 3, 회로공통선 1, 경종선 3, 경종표시등공통선 1, 응답선 1, 표시등선 1
②	28mm(12−2.5mm²)	회로선 4, 회로공통선 1, 경종선 4, 경종표시등공통선 1, 응답선 1, 표시등선 1
−	28mm(14−2.5mm²)	회로선 5, 회로공통선 1, 경종선 5, 경종표시등공통선 1, 응답선 1, 표시등선 1

중요

전선관 굵기 선정

접지선을 포함한 케이블 또는 절연도체의 내부 단면적(피복절연물 포함)이 금속관, 합성수지관, 가요전선관 등 전선관 단면적의 $\frac{1}{3}$을 초과하지 않도록 할 것(KSC IEC/TS 61200−52의 521.6 표준 준용, KEC 핸드북 p.301, p.306, p.313)

기호 ⑤ 22mm 6가닥
기호 ④ 22mm 8가닥
기호 ③ 28mm 10가닥
기호 ② 28mm 12가닥이므로 전선관의 굵기는 다음과 같다.

$$\frac{\pi D^2}{4}\times\frac{1}{3} \geq \text{전선단면적(피복절연물 포함)}\times\text{가닥수}$$

$$D \geq \sqrt{\text{전선단면적(피복절연물 포함)}\times\text{가닥수}\times\frac{4}{\pi}\times 3}$$

여기서, D : 후강전선관 굵기(내경)[mm]

후강전선관 굵기 D는

기호 ② $D \geq \sqrt{\text{전선단면적(피복절연물 포함)}\times\text{가닥수}\times\frac{4}{\pi}\times 3}$

$\geq \sqrt{13\times 12\times\frac{4}{\pi}\times 3}$

≥ 24.4mm(∴ 28mm 선정)

기호 ③ $D \geq \sqrt{\text{전선단면적(피복절연물 포함)}\times\text{가닥수}\times\frac{4}{\pi}\times 3}$

$\geq \sqrt{13\times 10\times\frac{4}{\pi}\times 3}$

≥ 22.2mm(∴ 28mm 선정)

기호 ④ $D \geq \sqrt{\text{전선단면적(피복절연물 포함)} \times \text{가닥수} \times \frac{4}{\pi} \times 3}$

$\geq \sqrt{13 \times 8 \times \frac{4}{\pi} \times 3}$

$\geq 19.9\text{mm}$(∴ 22mm 선정)

기호 ⑤ $D \geq \sqrt{\text{전선단면적(피복절연물 포함)} \times \text{가닥수} \times \frac{4}{\pi} \times 3}$

$\geq \sqrt{13 \times 6 \times \frac{4}{\pi} \times 3}$

$\geq 17.2\text{mm}$(∴ 22mm 선정)

- 13mm^2 : 〔조건 ⑤〕에서 주어짐
- 10가닥 : ㈑에서 구함

‖ 후강전선관 vs 박강전선관 ‖

구 분	후강전선관	박강전선관
사용장소	• 공장 등의 배관에서 특히 **강도**를 필요로 하는 경우 • **폭발성 가스**나 **부식성 가스**가 있는 장소	• 일반적인 장소
관의 호칭 표시방법	• **안지름**(내경)의 근사값을 **짝수**로 표시	• **바깥지름**(외경)의 근사값을 **홀수**로 표시
규격	16mm, 22mm, 28mm, 36mm, 42mm, 54mm, 70mm, 82mm, 92mm, 104mm	19mm, 25mm, 31mm, 39mm, 51mm, 63mm, 75mm

- 수신기와 발신기세트 간 가닥수가 36mm($14-2.5\text{mm}^2$)로서 14가닥으로 이 가닥수가 옥내소화전설비(자동기동방식) 기동확인표시등 2가닥을 포함하고 있지 않으므로 ②~⑤ 가닥수도 **'기동확인표시등 2'**를 추가하지 않는다. 주의!

비교

박강전선관 굵기

$D \geq \sqrt{\text{전선단면적(피복절연물 포함)} \times \text{가닥수} \times \frac{4}{\pi} \times 3} + 2 \times \text{관 두께}$

여기서, D : 박강전선관 굵기(외경)〔mm〕

★★★

문제 09

사무실(1동)과 공장(2동)으로 구분되어 있는 건물에 P형 발신기 세트를 설치하고, 수신기는 경비실에 설치하였다. 경보방식은 동별 구분 경보방식을 적용하였으며, 옥내소화전의 가압송수장치는 기동용 수압 개폐장치를 사용하는 방식인 경우에 다음 각 물음에 답하시오.

(19.6.문3, 17.4.문5, 16.6.문13, 15.7.문8, 13.11.문18, 13.4.문16, 10.4.문16, 09.4.문6, 기사 08.4.문16)

㈎ 빈칸 ㉮, ㉰, ㉱, ㉲, ㉳ 안에 전선가닥수 및 전선의 용도를 쓰시오. (단, 스프링클러설비와 자동화재탐지설비의 공통선은 각각 별도로 사용하며, 전선은 최소 가닥수를 적용한다.)

득점	배점
	12

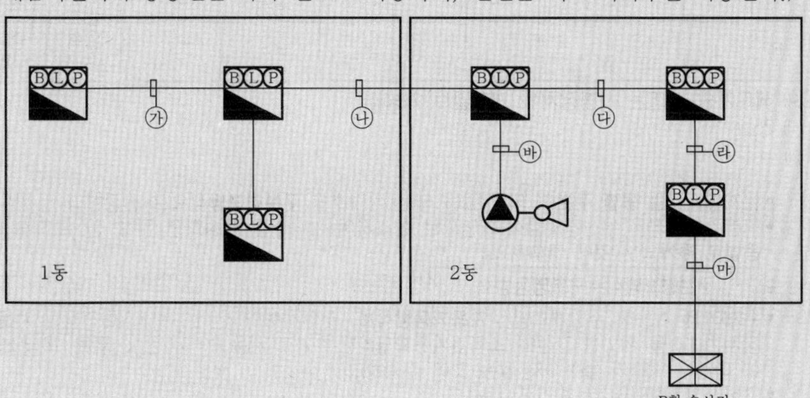

항 목	가닥수	자동화재탐지설비							스프링클러설비			
		용도1	용도2	용도3	용도4	용도5	용도6	용도7	용도1	용도2	용도3	용도4
㉮												
㉯	10	응답	지구 3	지구 공통	경종	표시등	경종 표시등 공통	소화전 기동 확인 2				
㉰												
㉱												
㉲												
㉳												

(나) 공장동에 설치한 폐쇄형 헤드를 사용하는 습식 스프링클러의 유수검지장치용 음향장치는 어떤 경우에 울리게 되는가?

○

(다) 습식 스프링클러 유수검지장치용 음향장치는 담당구역의 각 부분으로부터 하나의 음향장치까지 수평거리는 몇 m 이하로 하여야 하는지 쓰시오.

○

 해답 (가)

항 목	가닥수	자동화재탐지설비							스프링클러설비			
		용도1	용도2	용도3	용도4	용도5	용도6	용도7	용도1	용도2	용도3	용도4
㉮	8	응답	지구	지구 공통	경종	표시등	경종 표시등 공통	소화전 기동확인2				
㉯	10	응답	지구3	지구 공통	경종	표시등	경종 표시등 공통	소화전 기동확인2				
㉰	16	응답	지구4	지구 공통	경종2	표시등	경종 표시등 공통	소화전 기동확인2	압력 스위치	탬퍼 스위치	사이렌	공통
㉱	17	응답	지구5	지구 공통	경종2	표시등	경종 표시등 공통	소화전 기동확인2	압력 스위치	탬퍼 스위치	사이렌	공통
㉲	18	응답	지구6	지구 공통	경종2	표시등	경종 표시등 공통	소화전 기동확인2	압력 스위치	탬퍼 스위치	사이렌	공통
㉳	4								압력 스위치	탬퍼 스위치	사이렌	공통

(나) 헤드개방시 또는 시험장치의 개폐밸브 개방

(다) 25m

해설 (가)

- 문제에서처럼 **동별 구분**이 되어 있을 때는 가닥수를 **구분경보방식**으로 산정한다.
- 구분경보방식은 우선경보방식 개념으로 생각하여 가닥수를 산정하면 된다. 단, 주의할 것은 **경종개수**가 **동별**로 **추가**되는 것에 주의하라!
- 구분경보방식=구분명동방식
- 문제에서 기동용 수압개폐방식(**자동기동방식**)도 주의하여야 한다. 옥내소화전함이 자동기동방식이므로 감지기배선을 제외한 간선에 '**소화전기동확인2**'가 추가로 사용되어야 한다. 특히, 옥내소화전배선은 구역에 따라 가닥수가 늘어나지 않는 것에 주의하라!
- 소화전기동확인=기동확인표시등

• **습식 · 건식 스프링클러설비**의 **가닥수 산정**

배 선	가닥수 산정
• 압력스위치	**알람체크밸브** 또는 **건식밸브수**마다 1가닥씩 추가
• 탬퍼스위치	
• 사이렌	
• 공통	1가닥

• 압력스위치=유수검지스위치
• 탬퍼스위치(Tamper Switch)=밸브폐쇄 확인스위치=밸브개폐 확인스위치

(나) **유수검지장치용 음향장치**의 **경보**
① **헤드**가 **개방**되는 경우
② **시험장치**의 **개폐밸브**를 **개방**하는 경우

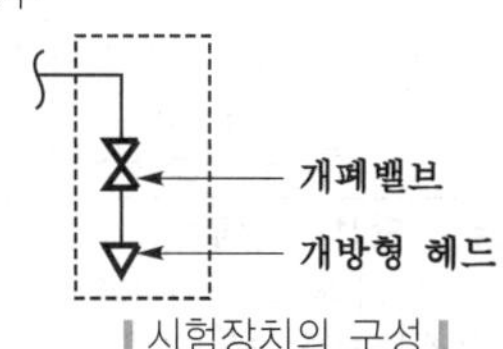

▎시험장치의 구성 ▎

• '**헤드개방시**'라고 써도 무리는 없겠지만 정확하게 '**헤드개방시 또는 시험장치의 개폐밸브 개방**'이라고 정확히 쓰도록 하자.

(다) **수평거리**와 **보행거리**
(1) **수평거리**

수평거리	적용대상
수평거리 **25m** 이하	• 발신기 • 음향장치(확성기) • 비상콘센트(지하상가 · 바닥면적 **3000m²** 이상)
수평거리 **50m** 이하	• 비상콘센트(기타)

(2) **보행거리**

보행거리	적용대상
보행거리 **15m** 이하	• 유도표지
보행거리 **20m** 이하	• 복도통로유도등 • 거실통로유도등 • 3종 연기감지기
보행거리 **30m** 이하	• 1 · 2종 연기감지기

(3) **수직거리**

수직거리	적용대상
수직거리 **10m** 이하	• 3종 연기감지기
수직거리 **15m** 이하	• 1 · 2종 연기감지기

• **음향장치**의 수평거리는 **25m** 이하이다.

☆☆
문제 10

P형 수신기 시험방법을 6가지만 열거하시오. (14.11.문3, 기사 11.7.문14)

득점	배점
	5

○
○
○
○
○
○

해답 ① 화재표시 작동시험
② 회로도통시험
③ 공통선시험
④ 동시작동시험
⑤ 회로저항시험
⑥ 예비전원시험

해설 **자동화재탐지설비 수신기**의 **시험**

시험 종류	시험방법	가부판정의 기준
화재표시 작동시험	① 회로선택스위치로서 실행하는 시험 : 동작시험스위치를 눌러서 스위치 주의등의 점등을 확인한 후 회로선택스위치를 차례로 회전시켜 **1회로**마다 화재시의 작동시험을 행할 것 ② 감지기 또는 발신기의 작동시험과 함께 행하는 방법 : 감지기 또는 발신기를 차례로 작동시켜 경계구역과 지구표시등과의 접속상태를 확인할 것	① 각 **릴레이**(Relay)의 작동 ② **화재표시등, 지구표시등** 그 밖의 표시장치의 점등(램프의 단선도 함께 확인할 것) ③ **음향장치** 작동확인 ④ **감지기회로** 또는 **부속기기회로**와의 연결접속이 정상일 것
회로도통 시험	**감지기회로**의 **단선**의 **유무**와 기기 등의 접속상황을 확인하기 위해서 다음과 같은 시험을 행할 것 ① 도통시험스위치를 누른다. ② 회로선택스위치를 차례로 회전시킨다. ③ 각 회선별로 전압계의 전압을 확인한다. (단, 발광다이오드로 그 정상유무를 표시하는 것은 발광다이오드의 점등유무를 확인한다.) ④ 종단저항 등의 접속상황을 조사한다.	각 회선의 **전압계**의 **지시치** 또는 발광다이오드(LED)의 점등유무 상황이 정상일 것
공통선 시험 (단, 7회선 이하는 제외)	공통선이 담당하고 있는 경계구역의 적정여부를 다음에 따라 확인할 것 ① 수신기 내 접속단자의 회로공통선을 1선 제거한다. ② 회로도통시험의 예에 따라 도통시험스위치를 누르고, 회로선택스위치를 차례로 회전시킨다. ③ 전압계 또는 발광다이오드를 확인하여 「단선」을 지시한 경계구역의 회선수를 조사한다.	공통선이 담당하고 있는 경계구역수가 **7 이하**일 것
동시작동 시험 (단, 1회선은 제외)	① **동작시험스위치**를 시험위치에 놓는다. ② 상용전원으로 **5회선**(5회선 미만은 전회선) 동시 작동 ③ 주음향장치 및 지구음향장치 작동 ④ 부수신기와 표시장치도 모두를 작동상태로 하고 실시	① **수신기**의 기능에 이상이 없을 것 ② **부수신기**의 기능에 이상이 없을 것 ③ **표시장치**(표시기)의 기능에 이상이 없을 것 ④**음향장치**의 기능에 이상이 없을 것
회로저항 시험	감지기회로의 1회선의 선로저항치가 수신기의 기능에 이상을 가져오는지 여부 확인 ① **저항계** 또는 **테스터**(tester)를 사용하여 감지기회로의 공통선과 표시선(회로선) 사이의 전로에 대해 측정한다. ② 항상 개로식인 것에 있어서는 회로의 말단을 도통상태로 하여 측정한다.	하나의 감지기회로의 합성저항치는 **50Ω** 이하로 할 것
예비전원 시험	상용전원 및 비상전원이 사고 등으로 정전된 경우, 자동적으로 예비전원으로 절환되며, 또한 정전복구시에 자동적으로 상용전원으로 절환되는지의 여부를 다음에 따라 확인할 것 ① 예비전원시험스위치를 누른다. ② 전압계의 지시치가 지정범위 내에 있을 것(단, 발광다이오드로 그 정상유무를 표시하는 것은 발광다이오드의 정상 점등유무를 확인한다.) ③ 교류전원을 개로(상용전원을 차단)하고 자동절환릴레이의 작동상황을 조사한다.	① 예비전원의 **전압** ② 예비전원의 **용량** ③ 예비전원의 **절환상황** ④ 예비전원의 **복구작동**이 정상일 것
저전압시험	정격전압의 **80%**로 하여 행한다.	−

비상전원 시험	비상전원으로 **축전지설비**를 사용하는 것에 대해 행한다.	-
지구음향장치 작동시험	목적 : 화재신호와 연동하여 음향장치의 정상작동 여부 확인, 임의의 감지기 또는 발신기 작동	① 지구음향장치가 작동하고 음량이 정상일 것 ② 음량은 음향장치의 중심에서 **1m** 떨어진 위치에서 **90dB** 이상일 것

가부판정의 기준=양부판정의 기준

문제 11

3개의 입력 A, B, C 중 어느 것이나 먼저 들어간 입력이 우선동작하여 입력의 종류에 따라 출력 X_a, X_b, X_c를 발생시키고, 그 후에 들어가는 신호는 먼저 들어간 신호에 의해서 LOCK(동작 불능상태)되어 출력이 없다고 한다. 이와 같은 사항을 그림과 같은 타임차트로 표현하였다. 이 타임차트를 보고 다음 각 물음에 답하시오. (기사 09.4.문5)

득점	배점
	8

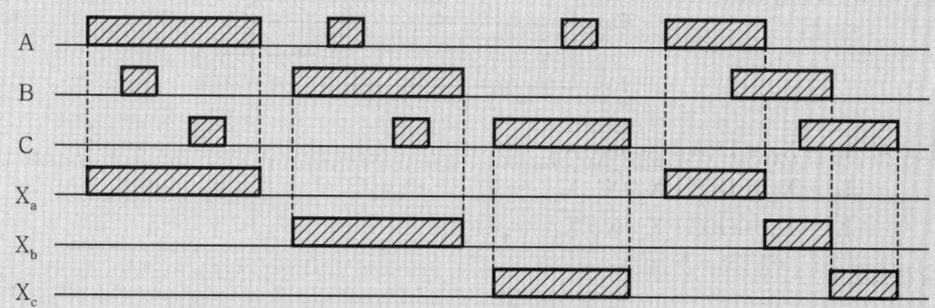

(가) 이 회로의 논리식을 작성하시오.

- $X_a =$
- $X_b =$
- $X_c =$

(나) 이 회로의 유접점 회로를 구성하여 그리시오.

(다) 이 회로의 무접점 논리회로를 구성하여 그리시오.

해답 (가)

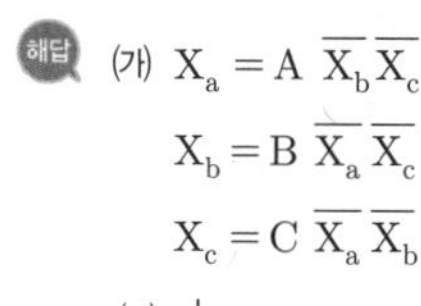

$X_a = A\,\overline{X_b}\,\overline{X_c}$

$X_b = B\,\overline{X_a}\,\overline{X_c}$

$X_c = C\,\overline{X_a}\,\overline{X_b}$

(나)

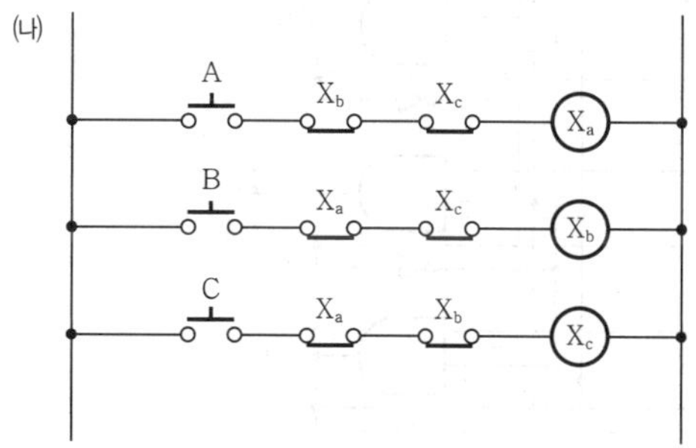

(다)

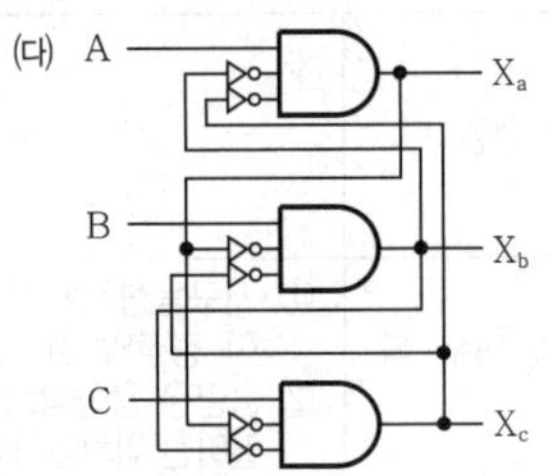

유사문제 풀기

타임차트(Time Chart)

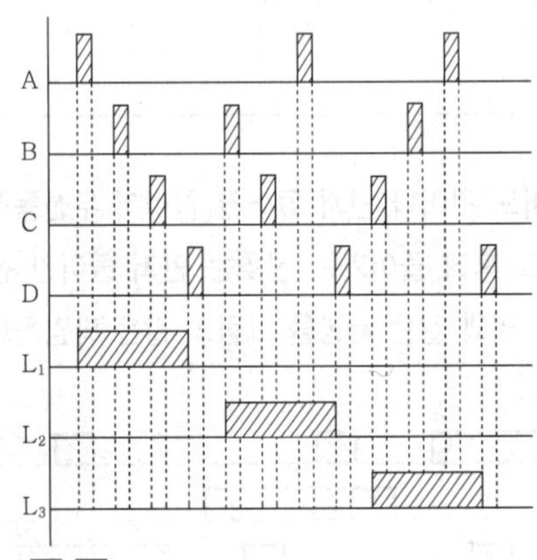

(1) 논리식 $L_1 = X_1 = \overline{D}(A+X_1)\overline{X_2}\ \overline{X_3}$

$L_2 = X_2 = \overline{D}(B+X_2)\overline{X_1}\ \overline{X_3}$

$L_3 = X_3 = \overline{D}(C+X_3)\overline{X_1}\ \overline{X_2}$

(2) 유접점회로

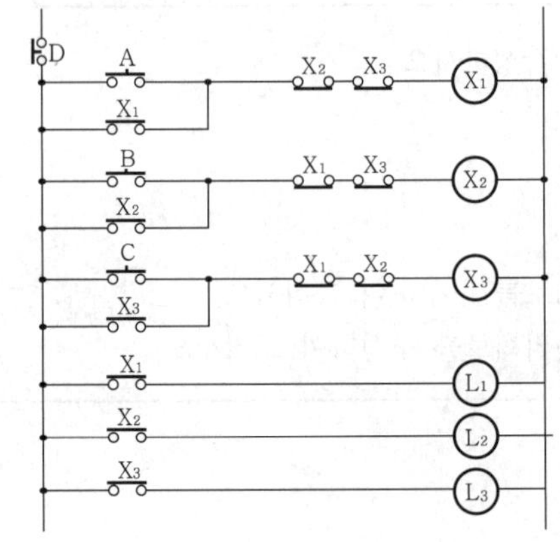

(3) 무접점회로

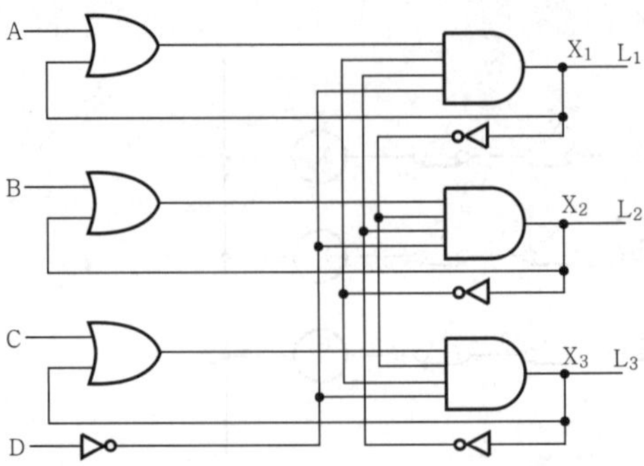

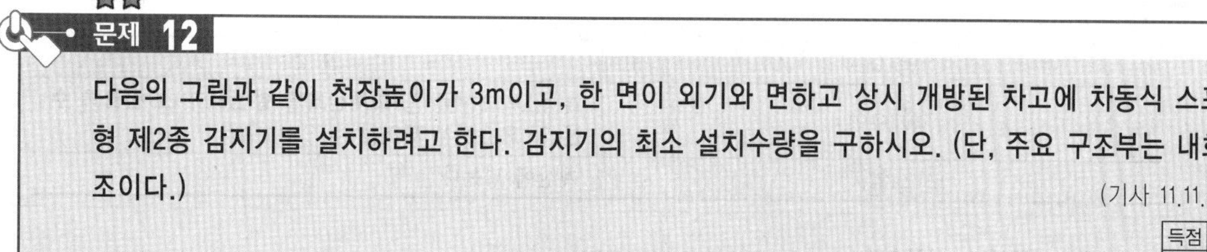

문제 12

다음의 그림과 같이 천장높이가 3m이고, 한 면이 외기와 면하고 상시 개방된 차고에 차동식 스포트형 제2종 감지기를 설치하려고 한다. 감지기의 최소 설치수량을 구하시오. (단, 주요 구조부는 내화구조이다.)

(기사 11.11.문11)

득점	배점
	4

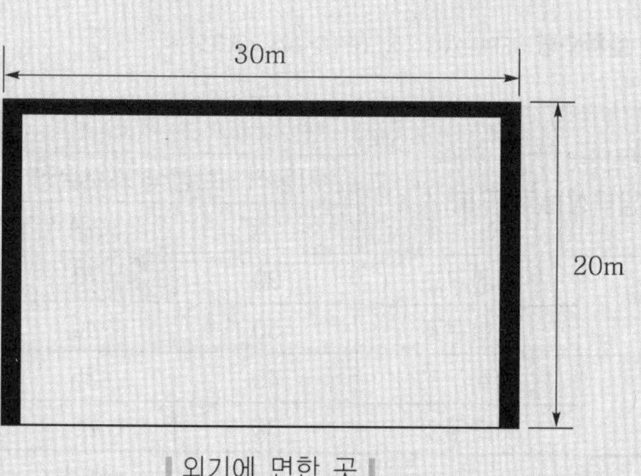

▌외기에 면한 곳▐

○ 계산과정 :

○ 답 :

해답 ○ 계산과정 : $30 \times 15 = 450\text{m}^2$

$$\frac{450}{70} = 6.4 ≒ 7\text{개}$$

○ 답 : 7개

해설 (1) **차고 · 주차장 · 창고 등의 경계구역 면적산정**(NFPC 203 4조, NFTC 203 2.1.3)

> 외기에 면하여 상시 개방된 부분이 있는 **차고 · 주차장 · 창고** 등에 있어서는 외기에 면하는 각 부분으로부터 **5m** 미만의 범위 안에 있는 부분은 경계구역의 면적에 산입하지 아니한다.

외기의 개방된 부분의 **5m** 미만은 경계구역 면적에 포함하지 않으므로

경계구역 면적 $= 30\text{m} \times 15\text{m} = 450\text{m}^2$

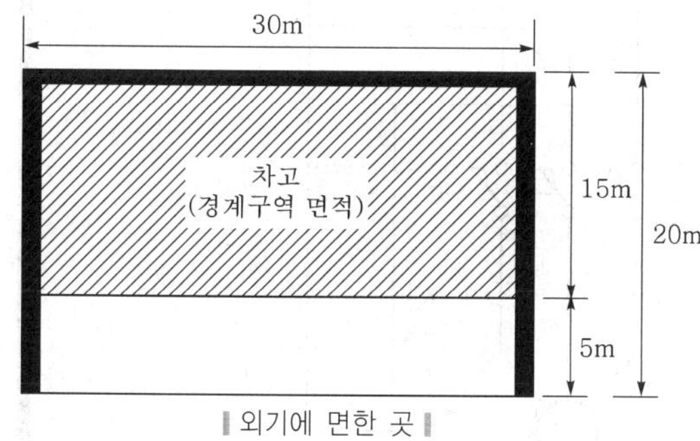

▌외기에 면한 곳▐

용어

용 어	설 명
경계구역	특정소방대상물 중 **화재신호**를 **발신**하고 그 **신호**를 **수신** 및 유효하게 **제어**할 수 있는 구역
산입(算入)	**'계산에 넣는다'**는 뜻

(2) **감지기의 최소 설치수량**(NFPC 203 7조, NFTC 203 2.4.3.5)

(단위 : m^2)

부착높이 및 특정소방대상물의 구분		감지기의 종류				
		차동식 · 보상식 스포트형		정온식 스포트형		
		1종	2종	특종	1종	2종
4m 미만	내화구조	90	70	70	60	20
	기타구조	50	40	40	30	15
4m 이상 8m 미만	내화구조	45	35	35	30	–
	기타구조	30	25	25	15	–

• 천장높이 **3m**, **내화구조**, **차동식 스포트형 2종**이므로 **70m²**

감지기의 최소 설치수량 $= \dfrac{\text{경계구역 면적}}{70\text{m}^2} = \dfrac{450\text{m}^2}{70\text{m}^2} = 6.4 ≒ 7$개(절상)

문제 13

유도전동기를 현장 및 관리실 양측 모두에서 기동 및 정지가 가능하도록 점선 안에 회로도를 그리시오. (단, 푸시버튼스위치 기동용 2개(PB_1, PB_2), 정지용 2개(PB_3, PB_4), 자기유지용 전자접촉기 a접점 1개(MC_{-a}) 등을 사용한다.)

(기사 13.7.문3)

득점	배점
	5

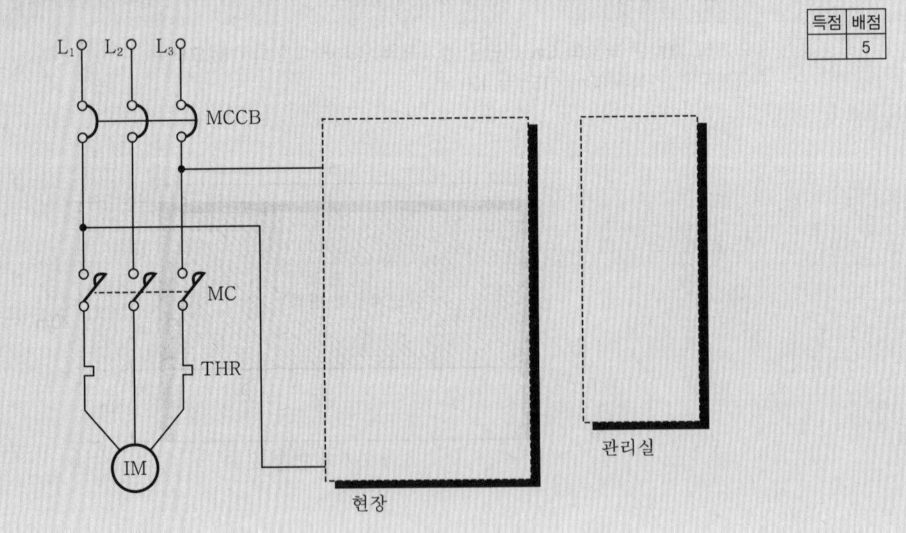

해답

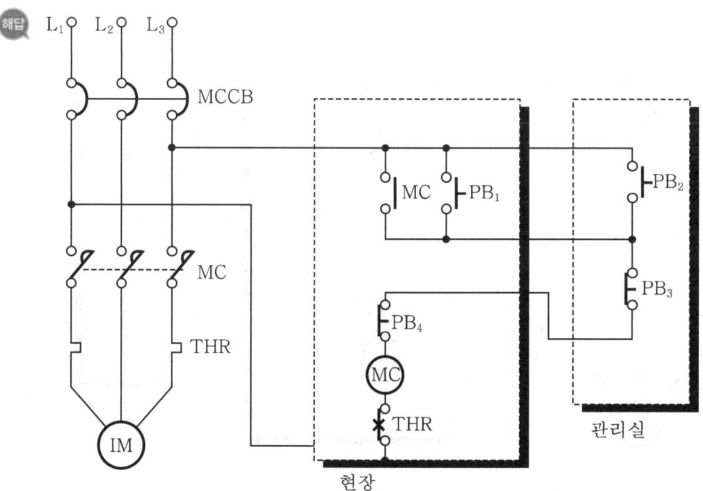

해설 **동작설명**

① PB_1 또는 PB_2를 누르면 전자접촉기 MC가 여자되고 MC접점이 폐로되어 자기유지된다.
② 전자접촉기 주접점이 닫혀 유도전동기 IM이 기동된다.
③ PB_3 또는 PB_4를 누르면 전자접촉기 MC가 소자되어 자기유지가 해제되고 주접점이 열려 유도전동기는 정지한다.

- 주회로에 열동계전기( )가 있으므로 보조회로의 배선을 완성할 때 열동계전기접점( )을 반드시 그리도록 한다.
- 주회로에 전자접촉기 명칭이 MC로 되어 있으므로 전자접촉기 코일(MC) 및 자기유지접점(MC)도 반드시 MC로 표시해야 한다.

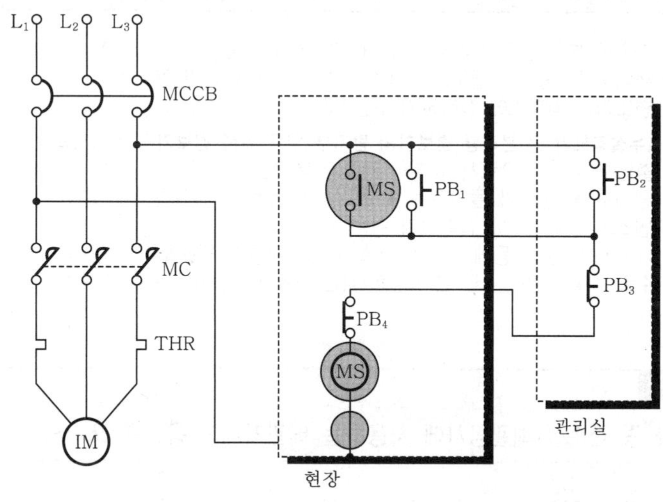

‖틀린 도면‖

- 자기유지접점(MC)을 MC_{-a}라고 써도 된다. 여기서 a는 a접점이라는 것을 기호로 다시 한 번 써준 것이다.
- 열동계전기접점(THR)을 다음의 위치에 그려도 된다.

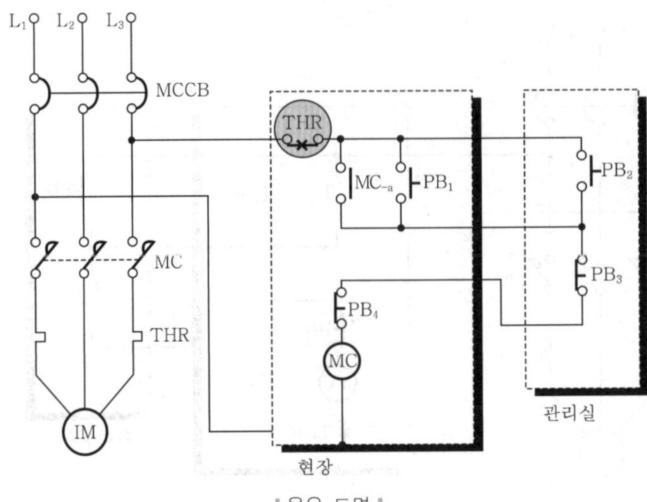

▌옳은 도면▐

☆

문제 14

가스누설경보기의 화재안전기술기준에서 분리형 경보기의 탐지부를 설치하지 않아도 되는 장소 3가지를 쓰시오.

(16.4.문14)

득점	배점
	6

○

○

○

해답 ① 출입구 부근 등으로서 외부의 기류가 통하는 곳
② 환기구 등 공기가 들어오는 곳으로부터 1.5m 이내인 곳
③ 연소기의 폐가스에 접촉하기 쉬운 곳

해설 **가스누설경보기** 중 **분리형 경보기**의 **탐지부** 및 **단독형 경보기**의 설치제외장소(NFPC 206 6조, NFTC 2.3.1)

(1) 출입구 부근 등으로서 외부의 기류가 통하는 곳
(2) 환기구 등 공기가 들어오는 곳으로부터 1.5m 이내인 곳
(3) 연소기의 폐가스에 접촉하기 쉬운 곳
(4) 가구・보・설비 등에 가려져 누설가스의 유통이 원활하지 못한 곳
(5) 수증기 또는 기름 섞인 연기 등이 직접 접촉될 우려가 있는 곳

☆☆☆

문제 15

배관공사 중 금속관 배관공사에 사용하는 배관자재의 용도를 쓰시오. (기사 14.7.문7)

득점	배점
	6

배관자재명	용 도
노멀밴드	
후강전선관	
아우트렛박스	
새들	
커플링	
부싱	

해답

배관자재명	용 도
노멀밴드	매입배관 공사시 관을 직각으로 굽히는 곳에 사용
후강전선관	콘크리트 매입배관용
아우트렛박스	전선의 인출, 전기기구류의 부착 등에 사용
새들	관의 지지
커플링	금속관 상호간의 접속(관이 고정되어 있지 않을 때)
부싱	전선의 피복 보호

해설

▌금속관 공사에 이용되는 부품 및 공구▐

명 칭	외 형	설 명
부싱 (bushing)		전선의 절연피복을 보호하기 위하여 **금속관 끝**에 취부하여 사용되는 부품
유니언커플링 (union coupling)		**금속전선관 상호**간을 **접속**하는 데 사용되는 부품(**관**이 **고정**되어 **있을 때**)
노멀밴드 (normal bend)		**매입배관**공사를 할 때 **직각**으로 굽히는 곳에 사용하는 부품
유니버설엘보 (universal elbow)		**노출배관**공사를 할 때 관을 직각으로 굽히는 곳에 사용하는 부품
링리듀서 (ring reducer)		**금속관**을 **아우트렛박스**에 로크너트만으로 고정하기 어려울 때 **보조적**으로 사용되는 **부품**
커플링 (coupling)	커플링 전선관	**금속전선관 상호**간을 **접속**하는 데 사용되는 부품(**관**이 **고정**되어 있지 **않을 때**)
새들 (saddle)		**관**을 **지지**(**고**정)하는 데 사용하는 재료 기억법 **관고새**
로크너트 (lock nut)		**금속관**과 **박스**를 **접속**할 때 사용하는 재료로 최소 **2개**를 사용한다.

리머 (reamer)		금속관 **말단**의 **모**를 다듬기 위한 기구
파이프커터 (pipe cutter)		**금속관**을 **절단**하는 기구
환형 3방출 정크션박스		**배관**을 **분기**할 때 사용하는 박스
파이프벤더 (pipe bender)		**금속관**(후강전선관, 박강전선관)을 **구부릴 때** 사용하는 공구 ※ 28mm 이상은 **유압식 파이프벤더**를 사용한다.
아우트렛박스 (outlet box)		① 배관의 **끝** 또는 **중간**에 부착하여 전선의 인출, 전기기구류의 부착 등에 사용 ② 감지기·유도등 및 전선의 접속 등에 사용되는 박스의 총칭 ③ 4각박스, 8각박스 등의 박스를 통틀어 일컫는 말
후강전선관	–	① **콘크리트 매입배관용**으로 사용되는 강관(두께 2.3~4.5mm) ② **폭발성 가스** 저장장소에 사용
박강전선관	–	① **노출배관용·일반배관용**으로 사용되는 강관(두께 1.2~2.0mm) ② 폭발성 가스 저장 이외의 장소에 사용

"갈 수 있는 한 최대한 멀리 가보지 않는다면 어떻게 나의 한계를 알 수 있겠는가?
최대한 멀리 나아가보자. 나의 한계가 어디까지인지."

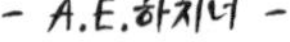

2016. 6. 26 시행

▌2016년 산업기사 제2회 필답형 실기시험▐

자격종목	시험시간	형별	수험번호	성명	감독위원 확 인
소방설비산업기사(전기분야)	**2시간 30분**				

※ 다음 물음에 답을 해당 답란에 답하시오.(배점 : 100)

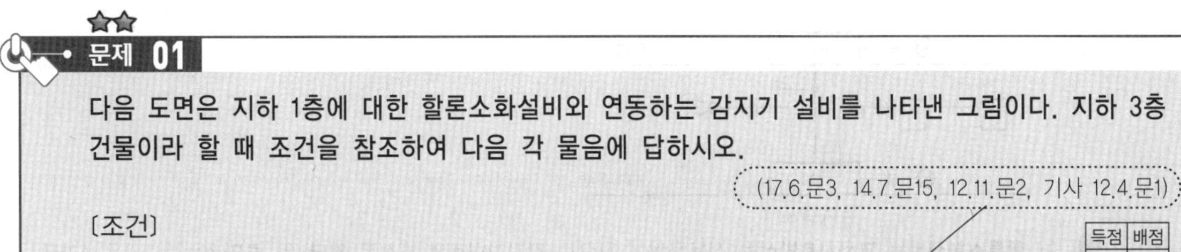

문제 01

다음 도면은 지하 1층에 대한 할론소화설비와 연동하는 감지기 설비를 나타낸 그림이다. 지하 3층 건물이라 할 때 조건을 참조하여 다음 각 물음에 답하시오.

(17.6.문3, 14.7.문15, 12.11.문2, 기사 12.4.문1)

득점	배점
	9

유사문제부터 풀어보세요. 실력이 팍!팍! 올라갑니다.

[조건]

① 지하 1층, 지하 2층, 지하 3층에 할론소화설비를 시설하고 수신반은 지상 1층에 설치한다.

② 사용하는 전선은 후강전선관이며, 콘크리트 매입으로 한다.

③ 기동을 만족시키는 최소의 배선을 하도록 한다.

④ 건축물은 내화구조로 각 층의 높이는 3.8m이다.

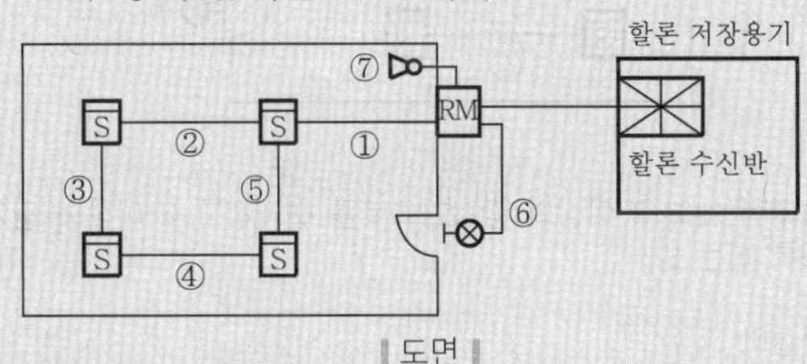

▌도면▐

(가) ①~⑤까지의 전선가닥수를 쓰시오.

① ② ③ ④ ⑤

(나) 위와 같은 설비의 감지기 회로에 사용되는 회로방식을 쓰시오.

(다) ⑥과 ⑦의 명칭을 쓰시오.

⑥ ⑦

(라) 주어진 계통도에 배선가닥수를 표시하시오.

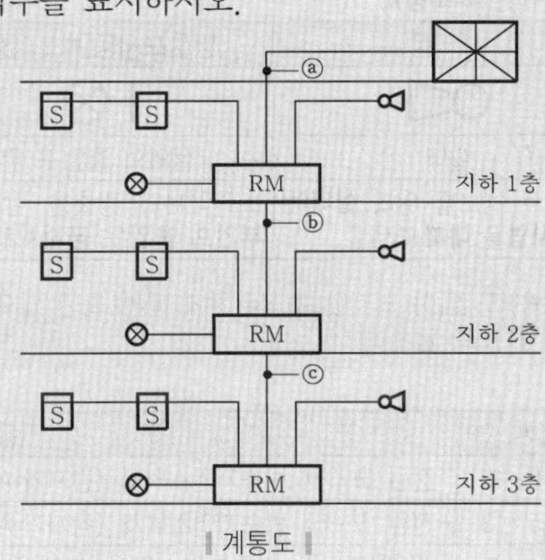

▌계통도▐

해답 (가) ① 8가닥 ② 4가닥 ③ 4가닥 ④ 4가닥 ⑤ 4가닥

(나) 교차회로방식

(다) ⑥ 방출표시등(벽붙이형) ⑦ 사이렌

(라)

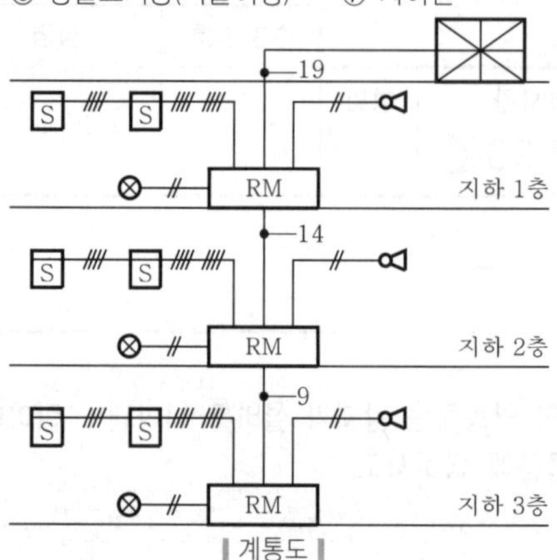

‖ 계통도 ‖

해설 (가) **할론소화설비**는 **교차회로방식**을 적용하여야 하므로 감지기회로의 배선은 **말단** 및 **루프**(loop)된 곳은 **4가닥**, 그 외는 **8가닥**이 된다.

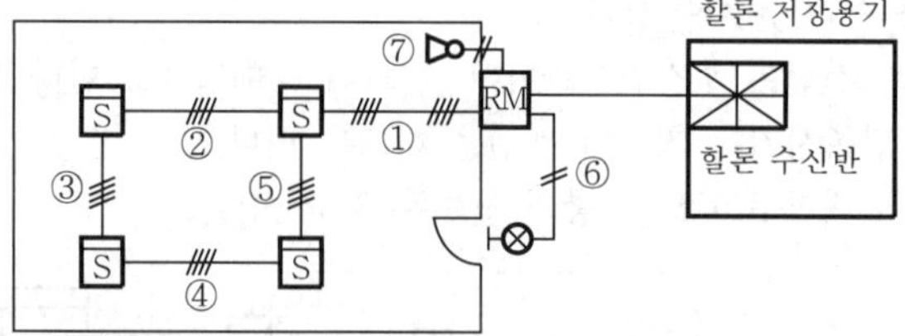

(나) **교차회로방식**

① 정의

하나의 방호구역 내에 2 이상의 감지기회로를 설치하고 2 이상의 감지기회로가 동시에 감지되는 때에 설비가 작동되도록 하는 방식

② 적용설비

㉠ **분**말소화설비
㉡ **할**론소화설비
㉢ **이**산화탄소소화설비
㉣ **준**비작동식 스프링클러설비
㉤ **일**제살수식 스프링클러설비
㉥ **할**로겐화합물 및 불활성기체 소화설비
㉦ **부**압식 스프링클러설비

기억법 **분할이 준일할부**

(다) **할론소화설비**에 사용하는 **부속장치**

구 분	사이렌	방출표시등(벽붙이형)	수동조작함
심벌			RM
설치위치	실내	실외의 출입구 위	실외의 출입구 부근
설치목적	음향으로 경보를 알려 **실내**에 있는 **사람**을 **대피**시킨다.	소화약제의 방출을 알려 **외부인**의 **출입**을 **금지**시킨다.	수동으로 **창문**을 **폐쇄**시키고 **약제방출신호**를 보내 화재를 진화시킨다.

• '방출표시등(벽붙이용)'도 답이 되지만 채점위원에 따라 틀린 답으로 채점될 수도 있으니 정확한 용어인 '방출표시등(벽붙이형)'으로 답하라!

(라) **계통도**

층	내 역	용 도
지하 1층	HFIX 2.5－18	전원 ⊕·⊖, 방출지연스위치, (감지기 A·B, 기동스위치, 방출표시등, 사이렌)×3
지하 2층	HFIX 2.5－13	전원 ⊕·⊖, 방출지연스위치, (감지기 A·B, 기동스위치, 방출표시등, 사이렌)×2
지하 3층	HFIX 2.5－8	전원 ⊕·⊖, 방출지연스위치, 감지기 A·B, 기동스위치, 방출표시등, 사이렌

- 사이렌 : **2가닥**, 방출표시등 : **2가닥**
- 가닥수는 **감지기**, **방출표시등**, **사이렌**, **간선** 모든 부분에 표시하는 것이 좋다.
- 방출지연스위치=방출지연비상스위치
- 기동스위치=수동조작스위치
- [조건]이 없으므로 **감지기공통선**은 별도로 사용하지 않는다.

☆☆☆
문제 02

도면은 특별피난계단 제연설비의 전기적인 계통도이다. 주어진 도면과 조건을 이용하여 다음 각 물음에 답하시오. (19.6.문6, 10.7.문16)

득점	배점
	13

[조건]
① 제연댐퍼의 기동시는 솔레노이드 기동방식을 채택한다.
② 제연댐퍼의 복구는 자동복구방식이다.
③ 터미널보드(T.B)에 감지기 종단저항을 내장한다.
④ 전원공통선과 감지기공통선을 별개로 사용한다.
⑤ 전선가닥수는 최소 가닥수를 적용한다.

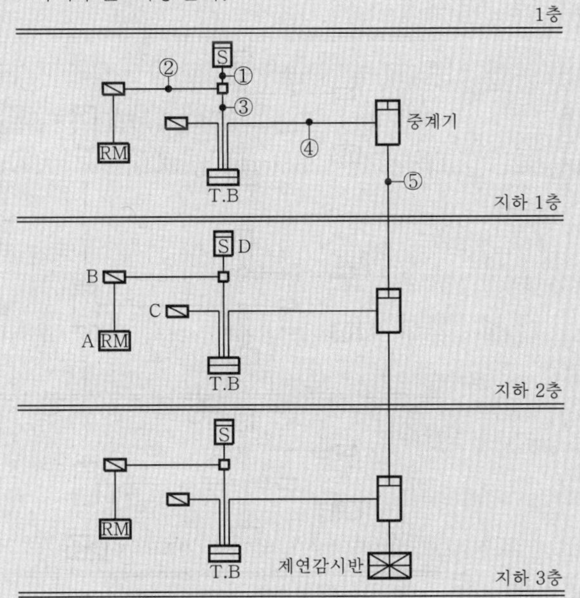

‖ 제연설비 전기계통도 ‖

(가) ①~⑤의 전선가닥수를 쓰시오.

①	②	③	④	⑤

(나) A~D의 명칭을 쓰시오.

A	B	C	D

(다) 터미널보드(T.B)에서 중계기까지 연결되는 각 선로의 전기적인 명칭을 모두 쓰시오.
○

해답 (가)

①	②	③	④	⑤
4가닥	5가닥	9가닥	8가닥	4가닥

(나)

A	B	C	D
수동조작함	급기댐퍼	배기댐퍼	연기감지기

(다) 전원 ⊕ 1, 전원 ⊖ 1, 감지기공통 1, 지구 1, 기동 1, 확인 3

해설 (가)

기 호	내 역	용 도
①	HFIX 1.5-4	지구 2, 공통 2
②	HFIX 2.5-5	전원 ⊕ 1, 전원 ⊖ 1, 기동 1(급기댐퍼기동 1), 확인 2(급기댐퍼확인 1, 댐퍼수동확인 1)
③	HFIX 2.5-9	전원 ⊕ 1, 전원 ⊖ 1, 감지기공통 2, 지구 2, 기동 1(급기댐퍼기동 1), 확인 2(급기댐퍼확인 1, 댐퍼수동확인 1)
④	HFIX 2.5-8	전원 ⊕ 1, 전원 ⊖ 1, 감지기공통 1, 지구 1, 기동 1(급 · 배기댐퍼기동 1), 확인 3(급기댐퍼확인 1, 배기댐퍼확인 1, 댐퍼수동확인 1)
⑤	HFIX 2.5-4	전원 ⊕ 1, 전원 ⊖ 1, 신호선 2

- 기호 ③, ④ : [조건 ④]에서 **'전원공통선과 감지기공통선을 별개로 사용한다.'**라고 하였으므로 **'감지기공통'** 추가
- 기호 ⑤ : 일반적으로 제연설비는 전원 2(전원 ⊕ 1, 전원 ⊖ 1), 신호선 2가 사용되므로 **4가닥**
- 가닥수

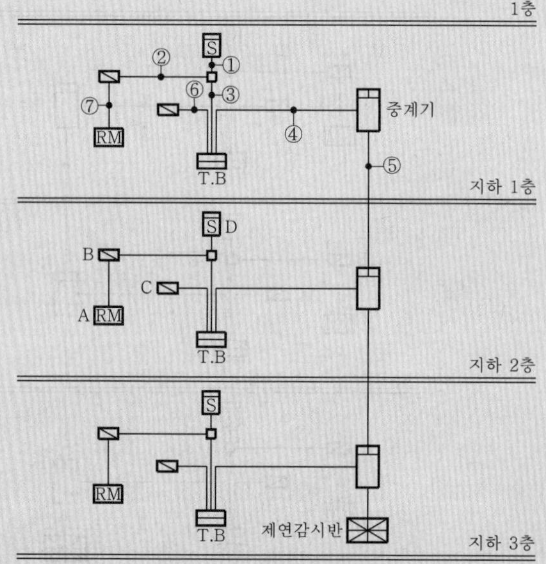

‖ 제연설비 전기계통도 ‖

기 호	내 역	용 도
①	HFIX 1.5-4	지구 2, 공통 2
②	HFIX 2.5-5	전원 ⊕ 1, 전원 ⊖ 1, 기동 1(급기댐퍼기동 1), 확인 2(급기댐퍼확인 1, 댐퍼수동확인 1)
③	HFIX 2.5-9	전원 ⊕ 1, 전원 ⊖ 1, 감지기공통 2, 지구 2, 기동 1(급기댐퍼기동 1), 확인 2(급기댐퍼확인 1, 댐퍼수동확인 1)
④	HFIX 2.5-8	전원 ⊕ 1, 전원 ⊖ 1, 감지기공통 1, 지구 1, 기동 1(급 · 배기댐퍼기동 1), 확인 3(급기댐퍼확인 1, 배기댐퍼확인 1, 댐퍼수동확인 1)
⑤	HFIX 2.5-4	전원 ⊕ 1, 전원 ⊖ 1, 신호선 2
⑥	HFIX 2.5-4	전원 ⊕ 1, 전원 ⊖ 1, 기동 1(배기댐퍼기동 1), 확인 1(배기댐퍼확인 1)
⑦	HFIX 2.5-4	전원 ⊕ 1, 전원 ⊖ 1, 기동 1(댐퍼수동기동 1), 확인 1(댐퍼수동확인 1)

- 특별피난계단 제연설비는 특별피난계단의 계단실 및 부속실 제연설비(NFPC 501A 22조, NFTC 501A 2.19.1)에 의해 수동기동장치(수동조작함)을 반드시 설치해야 하고, NFPC 501A 23조 2호, NFTC 501A 2.20.1.2.5에 의해 기호 ②, ③, ④, ⑦에는 **'댐퍼수동확인'**을 반드시 추가

-**NFPC 501A 22조, NFTC 501A 2.19.1 수동기동장치**
① 배출댐퍼 및 개폐기의 직근 또는 제연구역에는 다음의 기준에 따른 장치의 작동을 위하여 **수동기동장치**를 설치하고, 스위치는 바닥으로부터 0.8~1.5m 이하의 높이에 설치해야 한다(단, 계단실 및 그 부속실을 동시에 제연하는 제연구역에는 그 부속실에만 설치할 수 있다). → **수동조작함** 설치
-**NFPC 501A 23조, NFTC 501A 2.20.1.2.5 제어반**
2. 제어반은 다음의 기능을 보유할 것
마. 수동기동장치의 작동에 대한 감시기능 → **댐퍼수동확인**

① 실제 실무에서는 다음과 같이 결선하는 경우가 대부분이다.

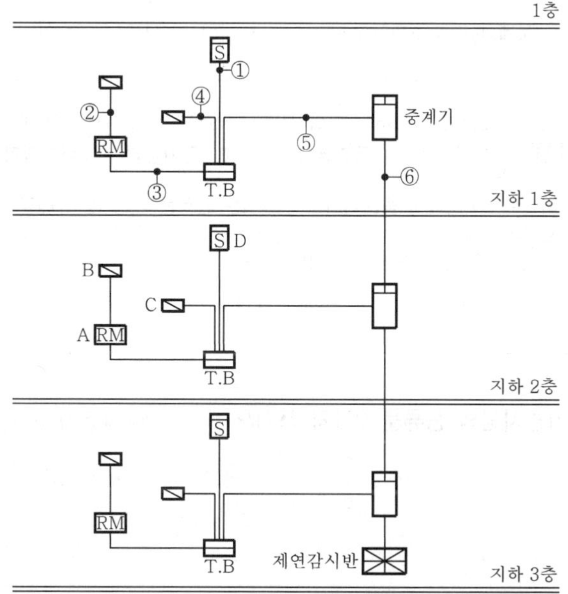

‖ 제연설비 전기계통도 ‖

기 호	내 역	용 도
①	HFIX 1.5-4	지구 2, 공통 2
②	HFIX 2.5-4	전원 ⊕ 1, 전원 ⊖ 1, 기동 1(급기댐퍼기동 1), 확인 1(급기댐퍼확인 1)
③	HFIX 2.5-5	전원 ⊕ 1, 전원 ⊖ 1, 기동 1(급기댐퍼기동 1), 확인 2(급기댐퍼확인 1, 댐퍼수동확인 1)
④	HFIX 2.5-4	전원 ⊕ 1, 전원 ⊖ 1, 기동 1(배기댐퍼기동 1), 확인 1(배기댐퍼확인 1)
⑤	HFIX 2.5-8	전원 ⊕ 1, 전원 ⊖ 1, 감지기공통 1, 지구 1, 기동 1(급·배기댐퍼기동 1), 확인 3(급기댐퍼확인 1, 배기댐퍼확인 1, 댐퍼수동확인 1)
⑥	HFIX 2.5-4	전원 ⊕ 1, 전원 ⊖ 1, 신호선 2

② 일반적인 **중계기~중계기** 사이의 가닥수

설 비	가닥수	내 역
자동화재탐지설비	7	• 전원선 2 • 신호선 2 • 응답선 1 • 표시등선 1 • 기동램프 1(옥내소화전설비와 겸용인 경우)
준비작동식 스프링클러설비, 제연설비, 가스계 소화설비	4	• 전원선 2 • 신호선 2

• 조건에서 **'자동복구방식'**이므로 수동으로 복구시키는 복구스위치는 필요 없다.
• 시중에 틀린 책들이 참 많다. 특히 주의!

(나)

용 어		설 명
A	**수동조작함**(manual box)	화재발생시 수동으로 급·배기댐퍼를 기동시키기 위한 조작반
B	**급기댐퍼**(supply damper)	전실 내에 신선한 공기를 공급하기 위한 통풍기의 한 부품
C	**배기댐퍼**(exhaust damper)	전실에 유입된 연기를 배출시키기 위한 통풍기의 한 부품
D	**연기감지기**(smoke detector)	화재시 발생하는 연기를 이용하여 자동적으로 화재의 발생을 감지기로 감지하여 수신기에 발신하는 것으로서 **이온화식**, **광전식**, **연기복합형**의 3가지로 구분한다.
중계기(code transmitter)		감지기나 발신기의 작동에 의한 신호를 받아 이를 수신기에 발신하여 소화설비, 제연설비, 기타 이와 유사한 방재설비에 제어신호를 발신한다.

• 기호 B · C는 댐퍼로서 그림의 심벌(symbol)로는 급기댐퍼와 배기댐퍼를 구분할 수 없지만 **수동조작함** RM과 연결된 댐퍼는 **급기댐퍼**이므로 **B : 급기댐퍼**, **C : 배기댐퍼**가 옳다.

(다) ① 터미널보드(T.B)에서 중계기까지 연결되는 선로는 기호 ④에 해당한다.
② 기호 ④ : 전원 ⊕ 1, 전원 ⊖ 1, 감지기공통 1, 지구 1, 기동 1(급·배기댐퍼기동 1), 확인 3(급기댐퍼확인 1, 배기댐퍼확인 1, 댐퍼수동확인 1)

☆☆☆

문제 03

P형 수신기 기능시험의 종류를 9가지 쓰시오. (16.4.문10, 기사 15.11.문14, 14.11.문3, 기사 11.7.문14)

○ ○ ○
○ ○ ○
○ ○ ○

득점	배점
	9

해답
① 화재표시 작동시험 ② 회로도통시험
③ 공통선시험 ④ 동시작동시험
⑤ 회로저항시험 ⑥ 예비전원시험
⑦ 저전압시험 ⑧ 비상전원시험
⑨ 지구음향장치 작동시험

해설 **수신기**의 **시험**(성능시험)

시험 종류	시험방법	가부판정기준(확인사항)
화재표시 작동시험	① 회로선택스위치로서 실행하는 시험 : 동작시험스위치를 눌러서 스위치 주의등의 점등을 확인한 후 회로선택스위치를 차례로 회전시켜 **1회로**마다 화재시의 작동시험을 행할 것 ② 감지기 또는 발신기의 작동시험과 함께 행하는 방법 : 감지기 또는 발신기를 차례로 작동시켜 경계구역과 지구표시등과의 접속상태를 확인할 것	① 각 **릴레이**(relay)의 작동 ② **화재표시등, 지구표시등** 그 밖의 표시장치의 점등(램프의 단선도 함께 확인할 것) ③ **음향장치** 작동확인 ④ **감지기회로** 또는 **부속기기회로**와의 연결접속이 정상일 것
회로도통시험	목적 : **감지기회로**의 **단선**의 **유무**와 기기 등의 접속상황을 확인 ① 도통시험스위치를 누른다. ② 회로선택스위치를 차례로 회전시킨다. ③ 각 회선별로 전압계의 전압을 확인한다. (단, 발광다이오드로 그 정상유무를 표시하는 것은 발광다이오드의 점등유무를 확인한다.) ④ 종단저항 등의 접속상황을 조사한다.	각 회선의 **전압계**의 **지시치** 또는 발광다이오드(LED)의 점등유무 상황이 정상일 것

공통선시험 (단, 7회선 이하는 제외)	목적 : 공통선이 담당하고 있는 경계구역의 적정여부 확인 ① 수신기 내 접속단자의 회로공통선을 1선 제거한다. ② 회로도통시험의 예에 따라 도통시험스위치를 누르고, 회로선택스위치를 차례로 회전시킨다. ③ 전압계 또는 발광다이오드를 확인하여 **'단선'**을 지시한 경계구역의 회선수를 조사한다.	공통선이 담당하고 있는 경계구역수가 **7 이하**일 것
예비전원시험	목적 : 상용전원 및 비상전원이 사고 등으로 정전된 경우, 자동적으로 예비전원으로 절환되며, 또한 정전복구시에 자동적으로 상용전원으로 절환되는지의 여부 확인 ① 예비전원시험스위치를 누른다. ② 전압계의 지시치가 지정범위 내에 있을 것(단, 발광다이오드로 그 정상유무를 표시하는 것은 발광다이오드의 정상 점등 유무를 확인한다.) ③ 교류전원을 개로(상용전원을 차단)하고 자동절환릴레이의 작동상황을 조사한다.	① 예비전원의 **전압** ② 예비전원의 **용량** ③ 예비전원의 **절환상황** ④ 예비전원의 **복구작동**이 정상일 것
동시작동시험 (단, 1회선은 제외)	① **동작시험스위치**를 시험위치에 놓는다. ② 상용전원으로 **5회선**(5회선 미만은 전회선) 동시 작동 ③ 주음향장치 및 지구음향장치 작동 ④ 부수신기와 표시장치도 모두를 작동상태로 하고 실시	① **수신기**의 기능에 이상이 없을 것 ② **부수신기**의 기능에 이상이 없을 것 ③ **표시장치**(표시기)의 기능에 이상이 없을 것 ④ **음향장치**의 기능에 이상이 없을 것
지구음향장치 작동시험	목적 : 화재신호와 연동하여 음향장치의 정상 작동여부 확인 임의의 감지기 또는 발신기를 작동	① 지구음향장치가 작동하고 음량이 정상일 것 ② 음량은 음향장치의 중심에서 **1m** 떨어진 위치에서 **90dB** 이상일 것
회로저항시험	감지기회로의 선로저항치가 수신기의 기능에 이상을 가져오는지 여부 확인	하나의 감지기회로의 합성저항치는 **50Ω** 이하로 할 것
저전압시험	정격전압의 **80%**로 하여 행한다.	–
비상전원시험	비상전원으로 **축전지설비**를 사용하는 것에 대해 행한다.	

기억법 도표공동 예저비지

☆☆☆

문제 04

축적형 감지기를 사용하여야 하는 장소 2개소와 사용하지 않는 장소 2개소를 각각 기술하시오.

(11.5.문7)

득점	배점
	4

(가) 축적형 감지기를 설치하여야 하는 장소

○

○

(나) 축적형 감지기를 사용하지 않는 장소

○

○

해답 (가) ① 지하층 · 무창층으로 환기가 잘 되지 않는 장소
② 실내면적이 $40m^2$ 미만인 장소
(나) ① 축적형 수신기에 연결하여 사용하는 경우
② 교차회로방식에 사용하는 경우

해설 **축적형 감지기**(NFPC 203 5 · 7조, NFTC 203 2.2.2, 2.4.3)

설치장소 (축적기능이 있는 감지기를 사용하는 경우)	설치제외장소 (축적기능이 없는 감지기를 사용하는 경우)
① **지하층 · 무창층**으로 환기가 잘 되지 않는 장소 ② 실내면적이 **$40m^2$** 미만인 장소 ③ 감지기의 부착면과 실내 바닥의 거리가 **2.3m 이하**인 장소로서 일시적으로 발생한 열 · 연기 · 먼지 등으로 인하여 감지기가 화재신호를 발신할 우려가 있는 때 기억법 지423축	① **축적형 수신기에 연결하여 사용하는 경우** ② **교차회로방식**에 사용하는 경우 ③ **급속**한 **연소확대**가 우려되는 장소 기억법 축교급외

중요

(1) **감지기**

종 류	설 명
다신호식 감지기	① 각 서로 다른 종별 또는 감도 등의 기능을 갖춘 것으로서 일정 시간 간격을 두고 각각 다른 2개 이상의 화재신호를 발하는 감지기 ② 동일 종별 또는 감도를 갖는 2개 이상의 센서를 통해 감지하여 화재신호를 각각 발신하는 감지기
아날로그식 감지기	주위의 **온도** 또는 **연기**의 양의 변화에 따른 화재정보신호값을 출력하는 방식의 감지기
축적형 감지기	일정 농도 · 온도 이상의 **연기** 또는 **온도**가 **일정 시간 연속**하는 것을 전기적으로 **검출**함으로써 작동하는 감지기
재용형 감지기	**다시 사용**할 수 있는 성능을 가진 감지기

(2) **지하층 · 무창층** 등으로서 환기가 잘 되지 않거나 실내면적이 **$40m^2$** 미만인 장소, 감지기의 부착면과 실내 바닥과의 거리가 **2.3m** 이하인 곳으로서 일시적으로 발생한 열 · 연기 또는 먼지 등으로 인하여 화재신호를 발신할 우려가 있는 장소에 설치 가능한 감지기

① **불꽃**감지기 ② **정온식 감지선형** 감지기 ③ **분포형** 감지기 ④ **복합형** 감지기
⑤ **광전식 분리형** 감지기 ⑥ **아날로그방식**의 감지기 ⑦ **다신호방식**의 감지기 ⑧ **축적방식**의 감지기

기억법 불정감 복분(복분자) 광아다축

☆☆
문제 05

가스압 기동방식 CO_2 설비의 계통을 블록다이어그램으로 나타낸 것이다. 빈칸 ①, ②에 나타나 있지 않은 장치의 명칭을 쓰고 그 장치의 기능에 대하여 설명하시오. (12.4.문8)

득점	배점
	8

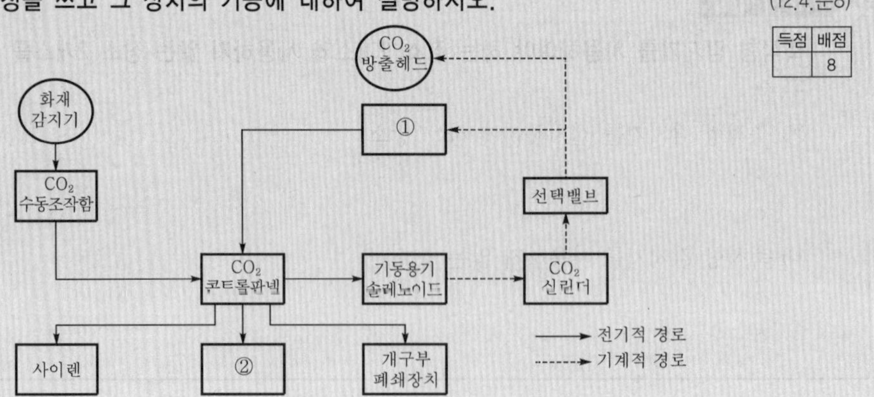

(가) "①" 장치명 :
기능 :
(나) "②" 장치명 :
기능 :

해답 (가) 장치명 : 압력스위치
기능 : 선택밸브의 개방에 의해 소화약제가 방출되면 이 압력에 의해 콘트롤판넬에 신호를 보냄
(나) 장치명 : 방출표시등
기능 : 소화가스의 방출을 알려 실내로의 입실 금지

해설
- 콘트롤판넬=컨트롤판넬

CO_2 설비의 **동작설명**

수동조작함의 스위치를 작동시키거나 화재가 발생하여 2개 이상의 감지기회로(**교차회로**)가 작동하면 CO_2 콘트롤판넬에 신호를 보내어 **화재표시등** 및 **지구표시등**이 점등되고 이와 동시에 화재가 발생한 구역에 **사이렌**을 울려 인명을 대피시킨다. 설정시간 후 기동용기의 **솔레노이드**가 **개방**되어 가스용기 내의 소화약제가 방출된다. 이때 이 압력에 의해 **압력스위치**가 작동되어 **방출표시등**을 점등시킴으로써 외부인의 출입을 금지시킨다.

비교

CO_2 설비의 **블록다이어그램**

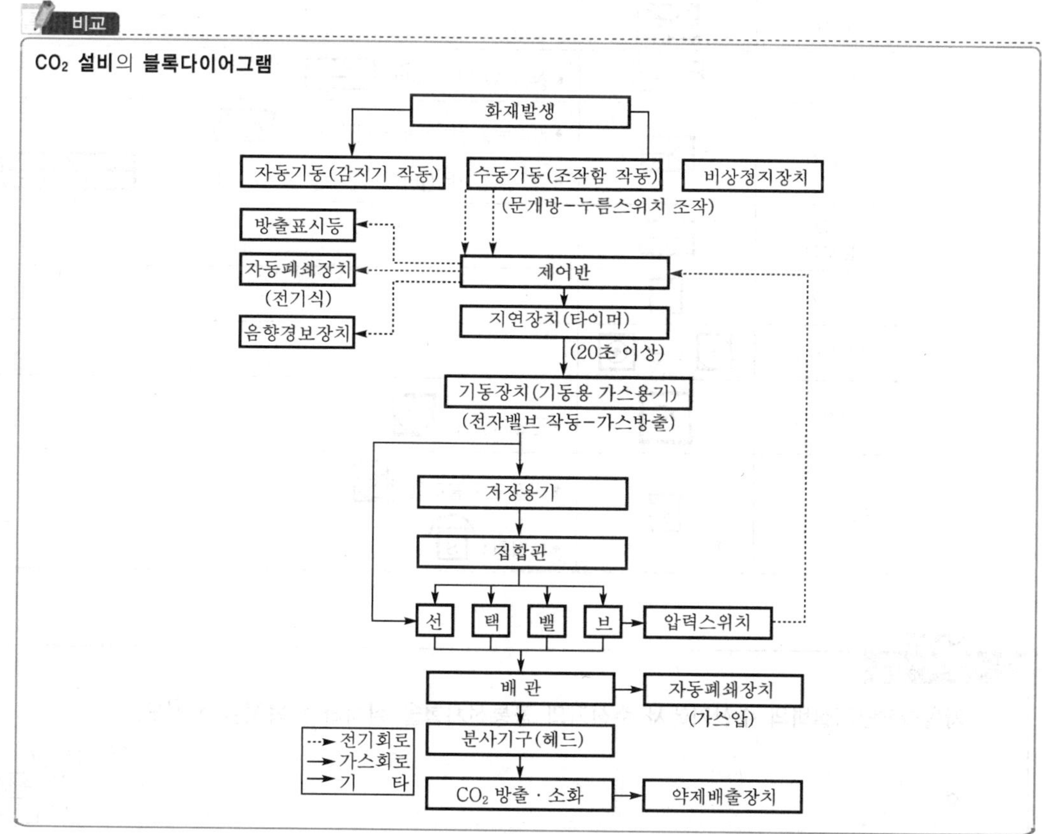

☆☆

문제 06

다음 소방시설 도시기호 각각의 명칭을 쓰시오.

득점	배점
	5

(가) (나)

(다) (라) S

해답 (가) 수신기
(나) 중계기
(다) 회로시험기
(라) 연기감지기

해설 **소방시설 도시기호**

명 칭	그림기호	적 요
제어반		-
표시반		• 창이 3개인 표시반 : 3
수신기		• 가스누설경보설비와 일체인 것 : • 가스누설경보설비 및 방배연 연동과 일체인 것 :
부수신기 (표시기)		-
중계기		-
회로시험기	또는	-
개폐기	S	• 전류계붙이 : S
연기감지기	S	• 점검박스 붙이형 : S • 매입형 : S

☆☆☆

문제 07

자동화재탐지설비의 수신기에서 수신기의 공통선시험을 실시하는 목적을 쓰시오.

(15.11.문11, 13.11.문7, 08.4.문1, 07.11.문6)

○

득점	배점
	3

해답 공통선이 담당하고 있는 경계구역의 적정여부 확인

해설

구 분	공통선시험	예비전원시험
목적	공통선이 담당하고 있는 경계구역의 적정여부를 확인하기 위하여	상용전원 및 비상전원 정전시 자동적으로 예비전원으로 절환되며, 정전복구시에 자동적으로 상용전원으로 절환되는지의 여부를 확인하기 위하여
시험방법	① 수신기 내 접속단자의 **공통선**을 **1선 제거** ② 회로도통시험의 예에 따라 **회로선택스위치**를 차례로 **회전** ③ 전압계 또는 LED를 확인하여 「단선」을 지시한 경계구역의 **회선수**를 **조사**	① 예비전원 시험스위치 ON ② **전압계**의 지시치가 지정범위 내에 있을 것 ③ 교류전원을 개로(상용전원을 차단)하고 **자동절환릴레이**의 작동상황을 조사
판정기준	공통선이 담당하고 있는 **경계구역수**가 **7 이하**일 것	① 예비전원의 **전압**이 정상일 것 ② 예비전원의 **용량**이 정상일 것 ③ 예비전원의 **절환**이 정상일 것 ④ 예비전원의 **복구**가 정상일 것

참고

공통선시험
예전에는 **시험용계기(전압계)**로 「단선」을 지시한 경계구역의 회선수를 조사했으나 요즘에는 **전압계** 또는 **LED(**발광다이오드)로 「단선」을 지시한 경계구역의 회선수를 조사한다.

★★★
문제 08

수신기로부터 180m 위치에 아래의 조건으로 사이렌이 접속되어 있다. 다음의 각 물음에 답하시오.

(기사 17.6.문13, 17.4.문13, 15.11.문8, 14.11.문15, 06.7.문6)

득점	배점
	5

[조건]
① 수신기는 정전압 출력이다.
② 전선은 2.5mm^2(HFIX 전선)을 사용한다.
③ 사이렌의 정격출력은 48W이다.
④ 2.5mm^2 HFIX 전선의 전기저항은 $8.75\Omega/\text{km}$이다.

(가) 전원이 공급되어 사이렌을 동작시키고자 할 때 단자전압을 구하시오.
○ 계산과정 :
○ 답 :

(나) (가)항의 단자전압의 결과를 참고하여 경종의 작동여부를 설명하시오. (단, 그 이유를 반드시 쓰시오.)
○ 답 :

해답

(가) ○ 계산과정 : $R = \dfrac{24^2}{48} = 12\Omega$

$\dfrac{180}{1000} \times 8.75 = 1.575\Omega$

$1.575 \times 2 = 3.15\Omega$

$V_2 = \dfrac{12}{3.15+12} \times 24 = 19.009 ≒ 19.01\text{V}$

○ 답 : 19.01V

(나) ○ 답 : $24 \times 0.8 \sim 1.2 = 19.2 \sim 28.8\text{V}$ 범위 내에 있지 않으므로 작동 불능

해설 (가) **전류**

$$P = VI$$

여기서, P : 전력〔W〕
V : 전압〔V〕
I : 전류〔A〕

전류 $I = \frac{P}{V} = \frac{48}{24} = 2\text{A}$

- V : 수신기의 입력전압은 **직류 24V**
- P : **48W**(〔조건〕에서 주어진 값)

저항

1000m : 8.75Ω = 180m : R
$1000\text{m} \times R = 8.75\,\Omega \times 180\text{m}$

저항 $R = \frac{180}{1000} \times 8.75 = 1.575\,\Omega$

- 〔조건〕에서 8.75Ω/km=8.75Ω/1000m이므로 1000m일 때 8.75Ω(1km=1000m)
- **180m** : 문제에서 주어진 값

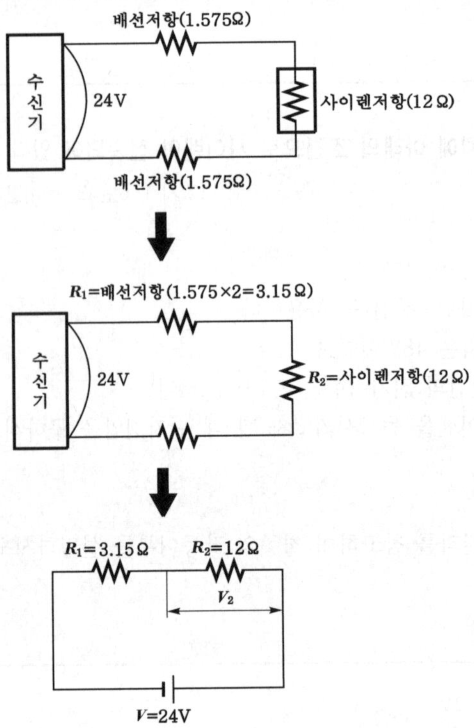

사이렌의 단자전압

사이렌의 **단자전압** V_2는

$$V_2 = \frac{R_2}{R_1 + R_2} V = \frac{12}{3.15 + 12} \times 24 = 19.009 ≒ 19.01\text{V}$$

(나) **경종**의 **작동전압**=24V×0.8~1.2=19.2~28.8V

∴ (가)에서 19.01V로서 19.2~28.8V 범위 내에 있지 않으므로 **작동 불능**

- 경종은 전원전압이 정격전압의 **±20%** 범위에서 변동하는 경우 기능에 이상이 생기지 않아야 한다. 단, 경종에 내장된 건전지를 전원으로 하는 경종은 건진지의 전압이 긴전지 교체전압 범위의 히한값으로 낮아진 경우에도 기능에 이상이 없어야 한다. (경종의 형식승인 및 제품검사의 기술기준 4조)
- ±20% : 80~120%(0.8~1.2)

★★

문제 09

차동식 스포트형 감지기의 설치기준을 그림으로 표시하였다. 설치개소 관련 실내로의 공기유입구로부터의 이격거리와 천장면의 경사각도에 대하여 쓰시오. (09.7.문8)

득점	배점
	5

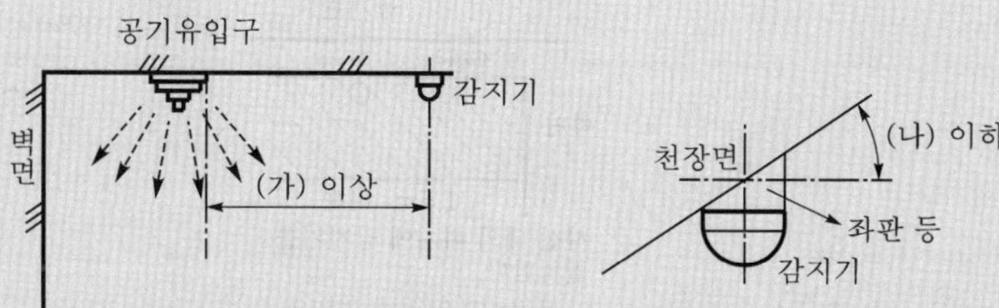

(가) 이격거리 :

(나) 경사각도 :

해답 (가) 1.5m

(나) 45°

해설 **차동식 스포트형 감지기**의 **설치기준**(NFPC 203 7조, NFTC 203 2.4.3)

① 감지기는 실내로의 공기유입구로부터 **1.5m** 이상 떨어진 위치에 설치할 것

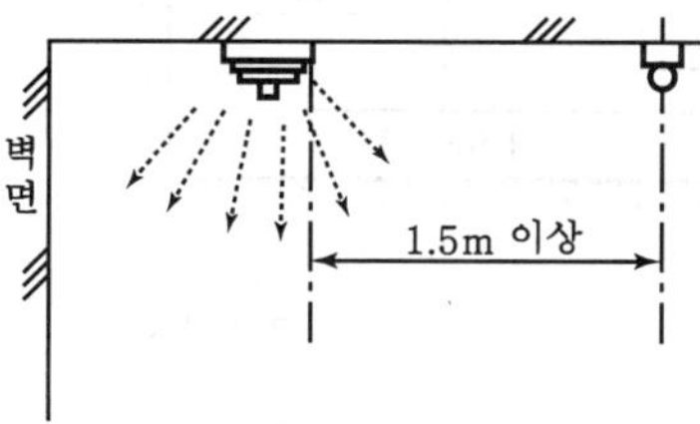

‖ 감지기의 이격거리 ‖

② 감지기는 **천장** 또는 **반자**의 옥내에 면하는 부분에 설치할 것

③ 감지기는 **45°** 이상 경사되지 않도록 부착할 것

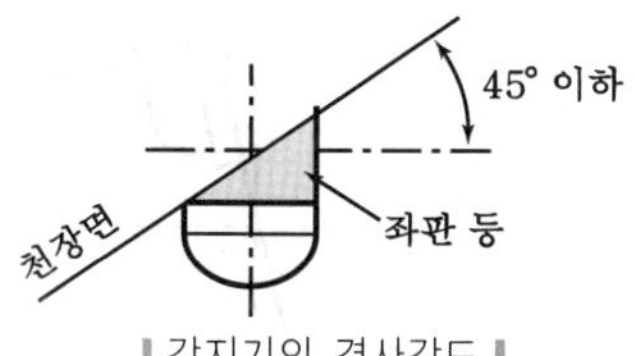

‖ 감지기의 경사각도 ‖

비교

공기관식 차동식 분포형 감지기의 설치기준(NFPC 203 7조 ③항, NFTC 203 2.4.3.7)

(1) 공기관의 노출부분은 감지구역마다 20m 이상이 되도록 설치한다. 작은 방 또는 작은 창고, 벽장 등으로서 부착면의 각 변에 공기관을 부설하여도 20m 이상이 되지 않는 경우에는 **2중감기**, **3중감기** 또는 **코일감기**를 할 것

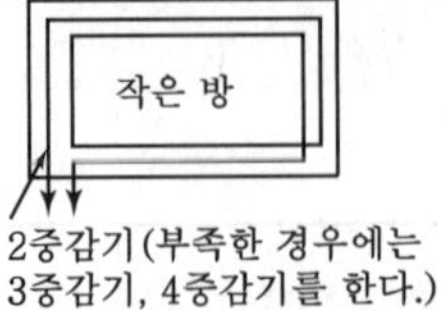

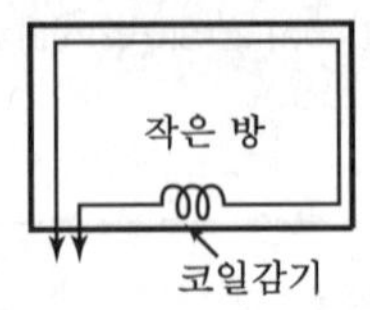

‖ 공기관의 노출부분 ‖

(2) 공기관과 감지구역의 각 변과의 수평거리는 **1.5m** 이하가 되도록 한다.

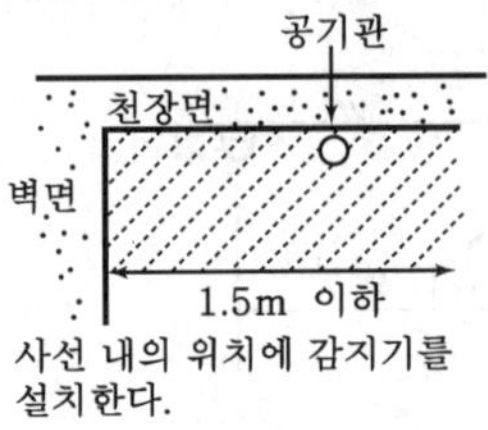

‖ 공기관의 부착위치 ‖

(3) 공기관 상호간의 거리는 **6m**(내화구조는 **9m**) 이하가 되도록 한다.

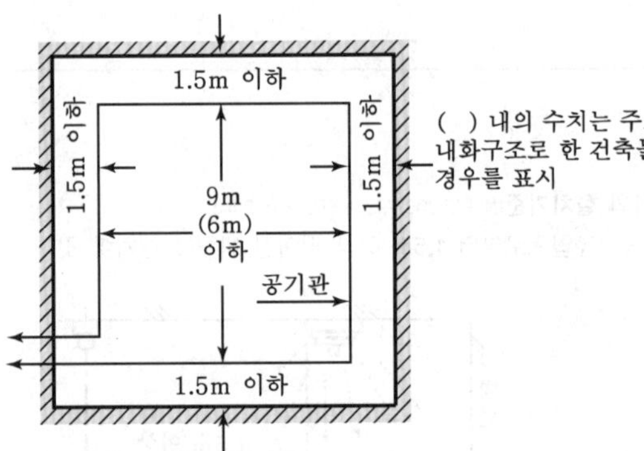

‖ 공기관 상호간의 간격 ‖

(4) 하나의 검출부에 접속하는 공기관의 길이는 **100m** 이하가 되도록 한다.

(5) 검출부는 **5°** 이상 경사되지 않도록 한다.

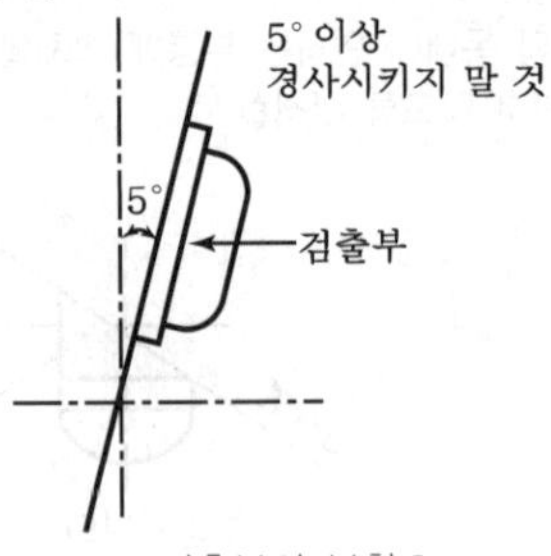

‖ 검출부의 부착 ‖

(6) 검출부는 바닥으로부터 **0.8~1.5m** 이하의 위치에 설치한다.

(7) 공기관은 도중에서 **분기**하지 않도록 한다.

★★★

문제 10

그림과 같은 회로도를 보고 다음 각 질문에 답하시오.

(19.11.문2, 17.6.문16, 15.4.문4, 12.11.문4, 12.7.문10, 10.4.문3, 02.4.문14)

득점	배점
	6

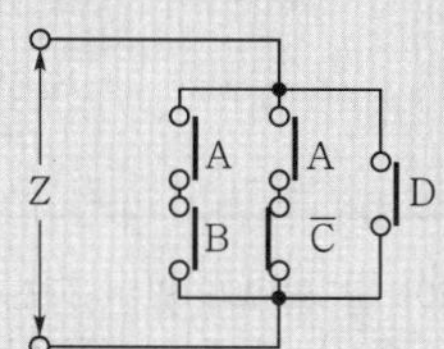

(가) 그림의 회로에 대한 논리식을 표현하시오.

○

(나) 논리회로를 그리시오.

해답 (가) $Z = AB + A\overline{C} + D$

(나)

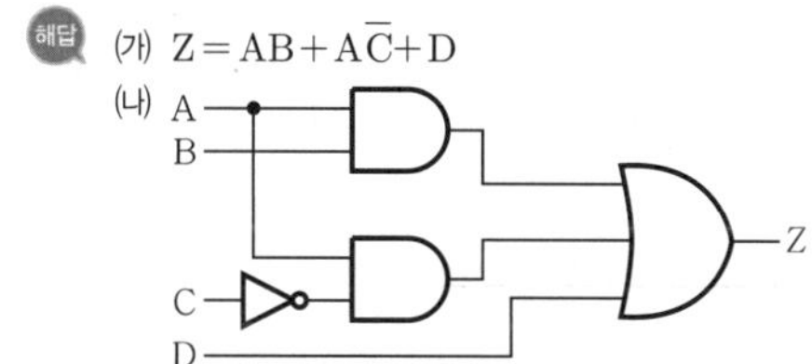

해설 (가) 이 시퀀스회로는 더 이상 간소화되지는 않으므로 논리식으로만 나타내면 된다. 아래 논리식 모두 답이 됨

$Z = AB + A\overline{C} + D$, $AB + A\overline{C} + D = Z$

$Z = A(B + \overline{C}) + D$, $A(B + \overline{C}) + D = Z$

(나) 논리회로도 아래의 2가지가 답이 된다.

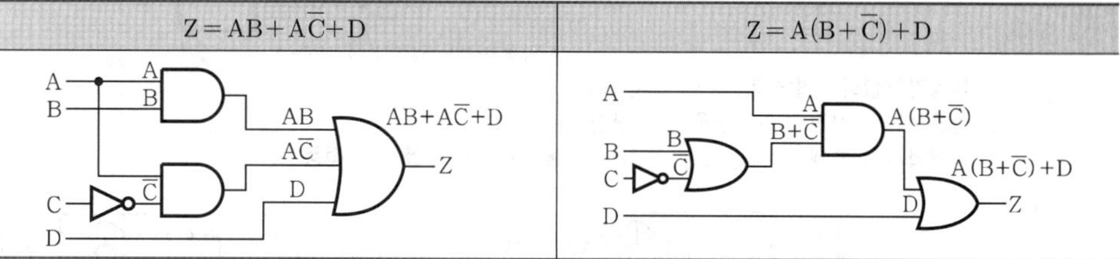

중요

시퀀스	논리식	논리회로	접점회로
직렬회로	$Z = A \cdot B$ $Z = AB$	A, B → X	A, B
병렬회로	$Z = A + B$	A, B → X	A, B
b접점	$Z = \overline{A}$	A → X	$\overline{A}$

★★
문제 11

유도등의 3선식 배선이 가능한 장소를 2가지만 쓰시오. (단, 3선식 배선에 따라 상시 충전되는 구조인 경우이다.) (15.11.문13, 14.4.문13, 10.10.문1)

○

○

득점	배점
	4

해답 ① 공연장, 암실 등으로서 어두워야 할 필요가 있는 장소
② 특정소방대상물의 관계인 또는 종사원이 주로 사용하는 장소

해설 유도등의 3선식 배선에 따라 상시 충전되는 경우 점멸기를 설치하지 않고 항상 점등상태를 유지해야 하는데 유지하지 않아도 되는 장소(**3선식 배선**이 **가능**한 **장소**)(NFTC 303 2.7.3.2.1)
(1) **외부**의 빛에 의해 피난구 또는 피난방향을 쉽게 식별할 수 있는 장소
(2) **공연장, 암실** 등으로서 어두워야 할 필요가 있는 장소
(3) 특정소방대상물의 **관계인** 또는 **종사원**이 주로 사용하는 장소

비교

유도등의 **3선식 배선**시 반드시 점등되어야 하는 경우(NFTC 303 2.7.4.)
(1) **자동화재탐지설비**의 **감지기** 또는 **발신기**가 작동되는 때

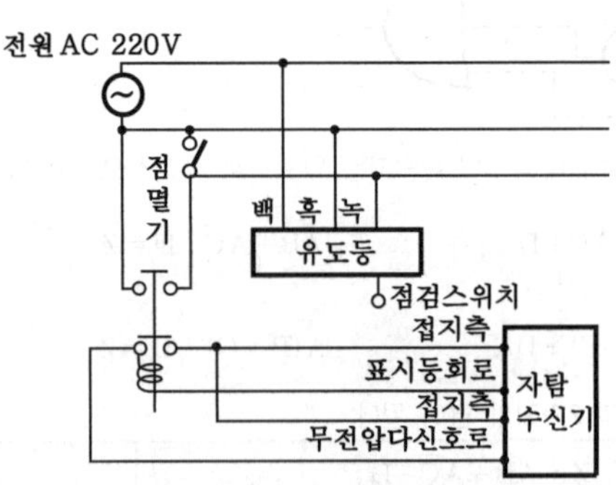

▮ 자동화재탐지설비와 연동 ▮

(2) **비상경보설비**의 **발신기**가 작동되는 때
(3) **상용전원**이 **정전**되거나 **전원선**이 **단선**되는 때
(4) **방재업무**를 **통제**하는 곳 또는 전기실의 **배**전반에서 **수동**으로 **점등**하는 때

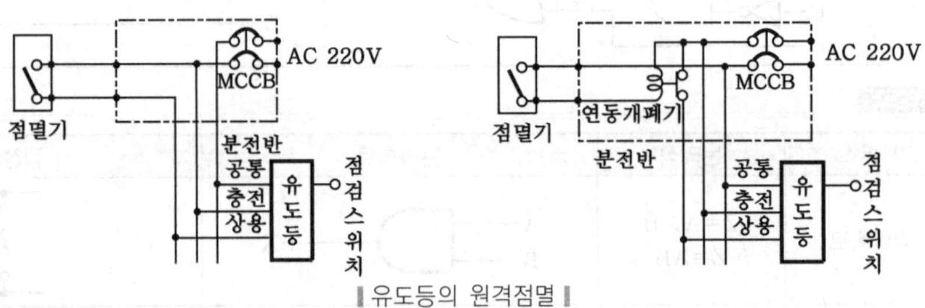

▮ 유도등의 원격점멸 ▮

(5) **자동소화설비**가 작동되는 때

기억법 탐감발
비경발
상정전단
방통배수점
자소

★★★

문제 12

금속관공사에서 사용되는 다음 자재의 명칭을 쓰시오. (12.4.문2)

득점	배점
	5

(가) 전선의 절연피복을 보호하기 위하여 금속관의 끝부분에 부착하는 자재
○
(나) 금속관 상호 접속용으로 관이 고정되어 있을 때 부착하는 자재
○
(다) 배관의 직각 굴곡부분에 사용하는 자재
○
(라) 노출배관공사에서 관을 직각으로 굽히는 곳에 사용하는 자재
○

 해답
(가) 부싱
(나) 유니언커플링
(다) 노멀밴드
(라) 유니버설엘보

 해설

- 노멀밴드=노멀벤드
- 유니버설엘보=유니버셜엘보우
- 유니언커플링=유니온커플링
- (다) '**매입배관**'인지 '**노출배관**'인지 구분이 없다고 너무 고민하지 말라! (라)가 노출배관이므로 (다)는 당연히 매입배관이라고 판단하여 '**노멀밴드**'라고 답하면 되는 것이다.

중요

금속관공사에 이용되는 부품 및 공구

명 칭	외 형	설 명
부싱 (bushing)		전선의 절연피복을 보호하기 위하여 **금속관 끝**에 취부하여 사용되는 부품
유니언커플링 (union coupling)		**금속전선관 상호**간을 **접속**하는 데 사용되는 부품(**관**이 **고정**되어 **있을 때**)
노멀밴드 (normal bend)		**매입배관**공사를 할 때 **직각**으로 굽히는 곳에 사용하는 부품
유니버설엘보 (universal elbow)		**노출배관**공사를 할 때 관을 직각으로 굽히는 곳에 사용하는 부품
링리듀서 (ring reducer)		**금속관**을 **아우트렛박스**에 로크너트만으로 고정하기 어려울 때 **보조적**으로 사용되는 **부품**

커플링 (coupling)	커플링 전선관	**금속전선관 상호**간을 **접속**하는 데 사용되는 부품(**관**이 **고정**되어 있지 **않을 때**)
새들 (saddle)		**관**을 **지지**(**고**정)하는 데 사용하는 재료 기억법 관고새
로크너트 (lock nut)		**금속관**과 **박스**를 **접속**할 때 사용하는 재료로 최소 **2개**를 사용한다.
리머 (reamer)		금속관 **말단**의 **모**를 다듬기 위한 기구
파이프커터 (pipe cutter)		**금속관**을 **절단**하는 기구
환형 3방출 정크션박스		**배관**을 **분기**할 때 사용하는 박스
파이프벤더 (pipe bender)		**금속관**(후강전선관, 박강전선관)을 **구부릴 때** 사용하는 공구 ※ 28mm 이상은 **유압식 파이프벤더**를 사용한다.
아우트렛박스 (outlet box)		① 배관의 **끝** 또는 **중간**에 부착하여 전선의 인출, 전기기구류의 부착 등에 사용 ② 감지기 · 유도등 및 전선의 접속 등에 사용되는 박스의 총칭 ③ 4각박스, 8각박스 등의 박스를 통틀어 일컫는 말
후강전선관	–	① **콘크리트 매입배관용**으로 사용되는 강관(두께 2.3~4.5mm) ② **폭발성 가스** 저장장소에 사용
박강전선관	–	① **노출배관용 · 일반배관용**으로 사용되는 강관(두께 1.2~2.0mm) ② 폭발성 가스 저장 이외의 장소에 사용

☆☆☆
문제 13

건물 내부에 가압송수장치로서 기동용 수압개폐장치를 사용하는 옥내소화전함과 P형 발신기 세트를 다음과 같이 설치하였다. 다음 각 물음에 답하시오. (단, 연면적은 5000m² 이상인 경우이다.)

(19.6.문3, 17.6.문10, 17.4.문5, 16.4.문9, 15.7.문8, 13.11.문18, 13.4.문16, 10.4.문16, 09.4.문6)

득점	배점
	7

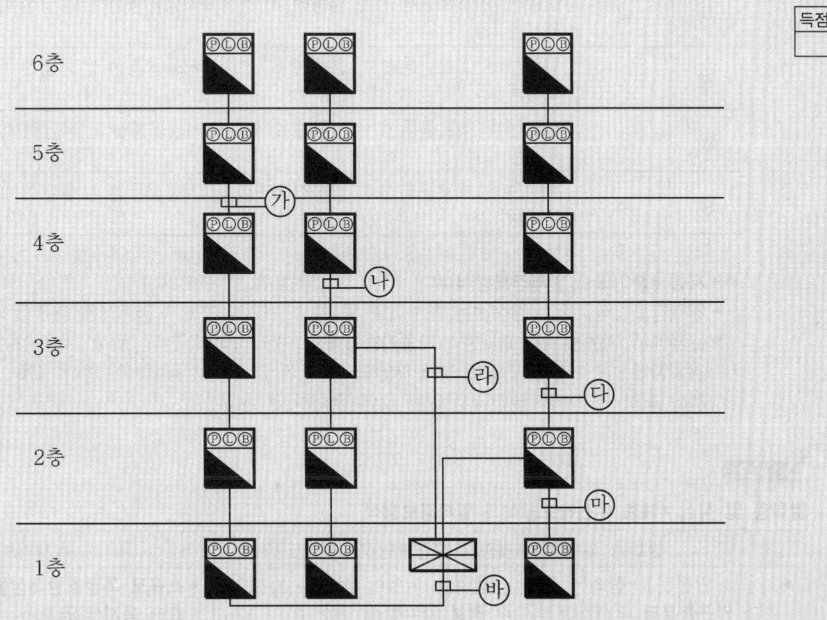

(가) ㉮~㉳의 전선가닥수를 답란에 쓰시오.

구 분	㉮	㉯	㉰	㉱	㉲	㉳
가닥수						

(나) 설치된 P형 수신기는 몇 회로용인가?

○답 :

(다) 1층과 2층에서 동시에 발화하였다면 음향경보를 해야 하는 층은?

○답 :

(라) 발신기에 부착되는 음향장치에 대하여 다음 항목에 답하시오.

○정격전압의 (　　)% 전압에서 음향을 발할 수 있는 것으로 할 것

○음량의 성능 :

해답 (가)

구 분	㉮	㉯	㉰	㉱	㉲	㉳
가닥수	10	12	14	18	8	18

(나) 20회로용

(다) 1~6층

(라) ○80

○음량의 성능 : 부착된 음향장치의 중심에서 1m 위치에서 90dB 이상

해설 (가)

기 호	가닥수	전선의 사용용도(가닥수)
㉮	10	회로선 2, 회로공통선 1, 경종선 2, 경종표시등공통선 1, 응답선 1, 표시등선 1, 기동확인표시등 (2)
㉯	12	회로선 3, 회로공통선 1, 경종선 3, 경종표시등공통선 1, 응답선 1, 표시등선 1, 기동확인표시등 (2)
㉰	14	회로선 4, 회로공통선 1, 경종선 4, 경종표시등공통선 1, 응답선 1, 표시등선 1, 기동확인표시등 (2)
㉱	18	회로선 6, 회로공통선 1, 경종선 6, 경종표시등공통선 1, 응답선 1, 표시등선 1, 기동확인표시등 (2)
㉲	8	회로선 1, 회로공통선 1, 경종선 1, 경종표시등공통선 1, 응답선 1, 표시등선 1, 기동확인표시등 (2)
㉳	18	회로선 6, 회로공통선 1, 경종선 6, 경종표시등공통선 1, 응답선 1, 표시등선 1, 기동확인표시등 (2)

- **지상 6층**이므로 **일제경보방식**이다.
- 일제경보방식이므로 경종선은 층수마다 증가한다. 다시 말하면 경종선은 층수를 세어보면 된다.
- 문제에서 기동용 수압개폐방식(**자동기동방식**)도 주의하여야 한다. 옥내소화전함이 자동기동방식이므로 감지기배선을 제외한 간선에 '**기동확인표시등 2**'가 추가로 사용되어야 한다. 특히, 옥내소화전배선은 구역에 따라 가닥수가 늘어나지 않는 것에 주의하라!

중요

발화층 및 직상 4개층 우선경보방식과 **일제경보방식**

발화층 및 직상 4개층 우선경보방식	일제경보방식
• 화재시 **안전**하고 **신속**한 **인명**의 **대피**를 위하여 화재가 발생한 층과 **인근층부터** 우선하여 별도로 **경보**하는 방식 • 11층(공동주택 16층) 이상의 특정소방대상물의 경보	• **소규모 특정소방대상물**에서 화재발생시 **전층**에 **동시**에 **경보**하는 방식

(나) 회로수=  개수이므로 총 18회로이다.

18회로이므로 P형 수신기는 20회로용으로 사용하면 된다. P형 수신기는 5회로용, 10회로용, 15회로용, 20회로용, 25회로용, 30회로용, 35회로용, 40회로용… 이런 식으로 5회로씩 증가한다. 일반적으로 실무에서는 40회로가 넘는 경우 R형 수신기를 채택하고 있다.(그냥 18회로라고 답하면 틀린다. 주의하라!)

(다)

- 일제경보방식이므로 전층(1~6층) 경보

발화층	경보층	
	11층(공동주택은 16층) 미만	11층(공동주택은 16층) 이상
2층 이상 발화	전층 일제경보	• 발화층 • 직상 4개층
1층 발화		• 발화층 • 직상 4개층 • 지하층
지하층 발화		• 발화층 • 직상층 • 기타의 지하층

(라) **자동화재탐지설비 음향장치**의 **구조** 및 **성능기준**(NFPC 203 8조, NFTC 203 2.5.1.4)
① 정격전압의 **80%** 전압에서 음향을 발할 수 있는 것으로 할 것
② 음량은 부착된 음향장치의 중심으로부터 1m 떨어진 위치에서 **90dB** 이상이 되는 것으로 할 것
③ **감지기** 및 **발신기**의 작동과 연동하여 작동할 수 있는 것으로 할 것

☆☆
문제 14

자동화재탐지설비를 설치해야 할 특정소방대상물의 바닥면적이 600m²인 경우 다음 조건을 고려하여 감지기의 종류별 설치해야 할 최소 감지기의 수량을 계산하시오. (14.4.문12, 13.11.문16)

득점	배점
	6

〔조건〕
① 감지기의 설치 부착높이 : 바닥으로부터 3.5m
② 주요구조부 : 내화구조

(가) 정온식 스포트형 특종 감지기의 최소 설치개수
○ 계산과정 :
○ 답 :

(나) 정온식 스포트형 1종 감지기의 최소 설치개수
○ 계산과정 :
○ 답 :

(다) 정온식 스포트형 2종 감지기의 최소 설치개수
○ 계산과정 :
○ 답 :

해답 (가) ○ 계산과정 : $\frac{600}{70}=8.5=9$개
○ 답 : 9개

(나) ○ 계산과정 : $\frac{600}{60}=10$개
○ 답 : 10개

(다) ○ 계산과정 : $\frac{600}{20}=30$개
○ 답 : 30개

해설 **스포트형 감지기**의 **바닥면적**(NFPC 203 7조, NFTC 203 2.4.3.5)

(단위 : m²)

부착높이 및 특정소방대상물의 구분		감지기의 종류				
		차동식·**보**상식 스포트형		**정**온식 스포트형		
		1종	2종	특 종	1종	2종
4m 미만	내화구조	90	70	70	60	20
	기타 구조	50	40	40	30	15
4m 이상 8m 미만	내화구조	45	35	35	30	설치 불가능
	기타 구조	30	25	25	15	

기억법
차 보 정
9 7 7 6 2
5 4 4 3 ①
④ ③ ③ 3 ×
3 ② ② ① ×
※ 동그라미(○) 친 부분은 뒤에 5가 붙음

(가) 특종 감지기의 설치개수 $=\frac{600\text{m}^2}{\text{감지기 1개의 바닥면적}}=\frac{600\text{m}^2}{70\text{m}^2}=8.5 \fallingdotseq 9$개(절상)

(나) 1종 감지기의 설치개수 $=\frac{600\text{m}^2}{\text{감지기 1개의 바닥면적}}=\frac{600\text{m}^2}{60\text{m}^2}=10$개

(다) 2종 감지기의 설치개수 $=\frac{600\text{m}^2}{\text{감지기 1개의 바닥면적}}=\frac{600\text{m}^2}{20\text{m}^2}=30$개

☆☆

문제 15

감지기회로의 도통시험을 위한 종단저항의 설치기준을 3가지 쓰시오. (02.10.문1)

득점	배점
	5

ㅇ

ㅇ

ㅇ

해답 ① 점검 및 관리가 쉬운 장소에 설치
② 전용함 설치시 바닥으로부터 1.5m 이내의 높이에 설치
③ 감지기회로의 끝부분에 설치하며, 종단감지기에 설치시 구별이 쉽도록 해당 감지기의 기판 및 감지기의 외부 등에 별도의 표시를 할 것

해설 감지기회로의 **종단저항 설치기준**(NFPC 203 11조, NFTC 203 2.8.1.3)
① **점검** 및 **관리**가 쉬운 장소에 설치할 것
② **전**용함 설치시 바닥으로부터 **1.5m** 이내의 높이에 설치할 것
③ **감**지기회로의 **끝부분**에 설치하며, **종단감지기**에 설치할 경우에는 구별이 쉽도록 해당 감지기의 **기판** 및 **감지기 외부** 등에 별도의 표시를 할 것

기억법 감전점

- '**점검 및 관리가 편리하고 화재 및 침수등의 재해를 받을 우려가 없는 장소**'라고 쓰지 않도록 주의하라! 이것은 **종단저항**의 **설치기준**과 **중계기**의 **설치기준**이 섞여 있는 이상한 내용이다.
- 종단감지기에 설치시 **기판**뿐만 아니라 **감지기 외부**에도 설치하도록 법이 개정되었다. 그러므로 **감지기 외부**에도 꼭! 쓰도록 한다.

용어

(1) **종단저항** : 감지기회로의 **도통시험**을 용이하게 하기 위하여 감지기회로의 **끝**부분에 설치하는 저항

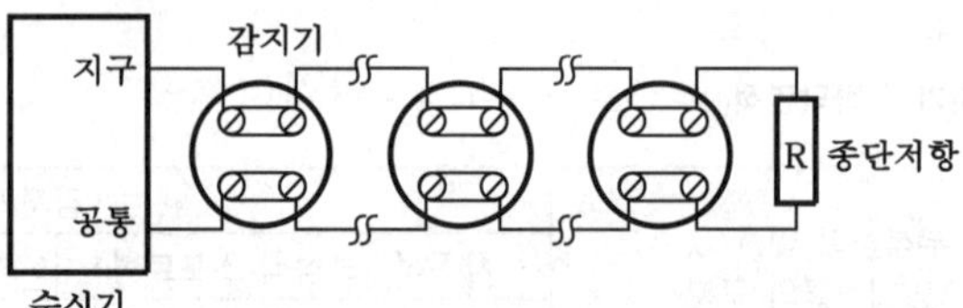

❙종단저항의 설치❙

(2) **송배선방식** (보내기배선) : 수신기에서 2차측의 외부배선의 **도통시험**을 용이하게 하기 위해 배선의 도중에서 분기하지 않도록 하는 배선이다.

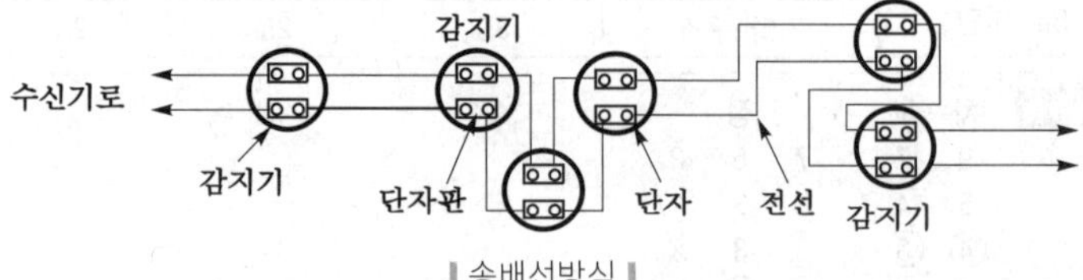

❙송배선방식❙

★★★

문제 16

감지기회로의 결선도이다. 종단저항이 수신기에 설치되어 있다고 할 때 다음 각 물음에 답하시오.

(19.4.문5 · 11, 17.4.문1, 11.11.문14, 07.11.문11)

득점	배점
	6

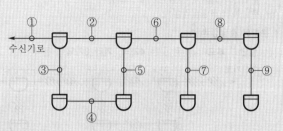

(가) 송배선식으로 배전할 때 ①~⑨의 최소 전선수를 쓰시오.

①	②	③	④	⑤	⑥	⑦	⑧	⑨

(나) 교차회로방식으로 배선할 때 ①~⑨의 최소 전선수를 쓰시오.

①	②	③	④	⑤	⑥	⑦	⑧	⑨

해답 (가)

①	②	③	④	⑤	⑥	⑦	⑧	⑨
4가닥	2가닥	2가닥	2가닥	2가닥	4가닥	4가닥	4가닥	4가닥

(나)

①	②	③	④	⑤	⑥	⑦	⑧	⑨
8가닥	4가닥	4가닥	4가닥	4가닥	8가닥	4가닥	8가닥	4가닥

해설 **송배선식**과 **교차회로방식**

(1) **송배선식**(송배선방식)

① 정의 : **도통시험**을 용이하게 하기 위하여 배선의 도중에서 분기하지 않는 방식

② 적용설비 ┬ 자동화재탐지설비
　　　　　└ 제연설비

③ 가닥수 산정 : 종단저항을 수신기에 설치하는 경우 **루프(loop)**된 곳은 **2가닥, 기타 4가닥**이 된다.

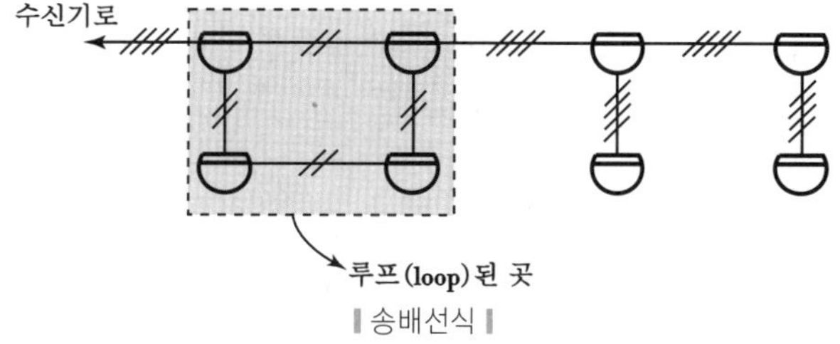

‖ 송배선식 ‖

(2) **교차회로방식**

① 정의 : 하나의 담당구역 내에 2 이상의 감지기회로를 설치하고 **2 이상**의 **감지기회로**가 동시에 감지되는 때에 설비가 작동하는 방식

② 적용설비
- **분**말소화설비
- **할**론소화설비
- **이**산화탄소 소화설비
- **준**비작동식 스프링클러설비
- **일**제살수식 스프링클러설비
- **할**로겐화합물 및 불활성기체 소화설비
- **부**압식 스프링클러설비

기억법 **분할이 준일할부**

③ 가닥수 산정: **말단**과 **루프**(loop)된 곳은 **4가닥, 기타 8가닥**이 된다.

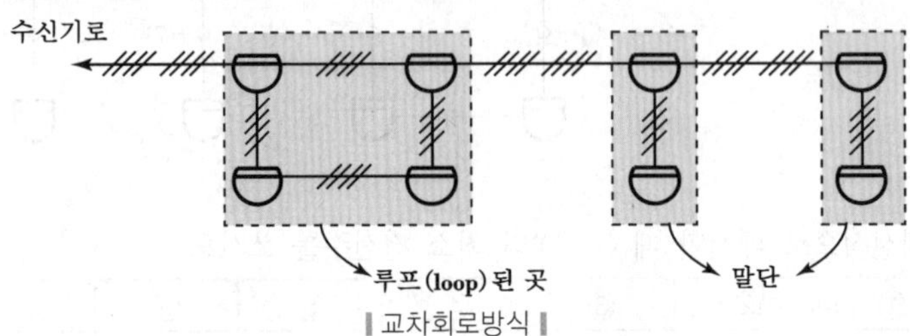

‖교차회로방식‖

아는 것만으로는 충분하지 않다. 적용해야만 한다.
자발적 의지만으로는 충분하지 않다. 실행해야만 한다.

– 괴테 –

2016. 11. 12 시행

▌2016년 산업기사 제4회 필답형 실기시험▌

자격종목	시험시간	형별	수험번호	성명	감독위원 확인
소방설비산업기사(전기분야)	2시간 30분				

※ 다음 물음에 답을 해당 답란에 답하시오.(배점 : 100)

문제 01

옥내소화전설비의 감시 및 동력제어반의 연결계통도를 참고하여 다음 각 물음에 답하시오.

(12.4.문4, 기사 09.10.문18)

득점	배점
	8

유사문제부터 풀어보세요. 실력이 팍!팍! 올라갑니다.

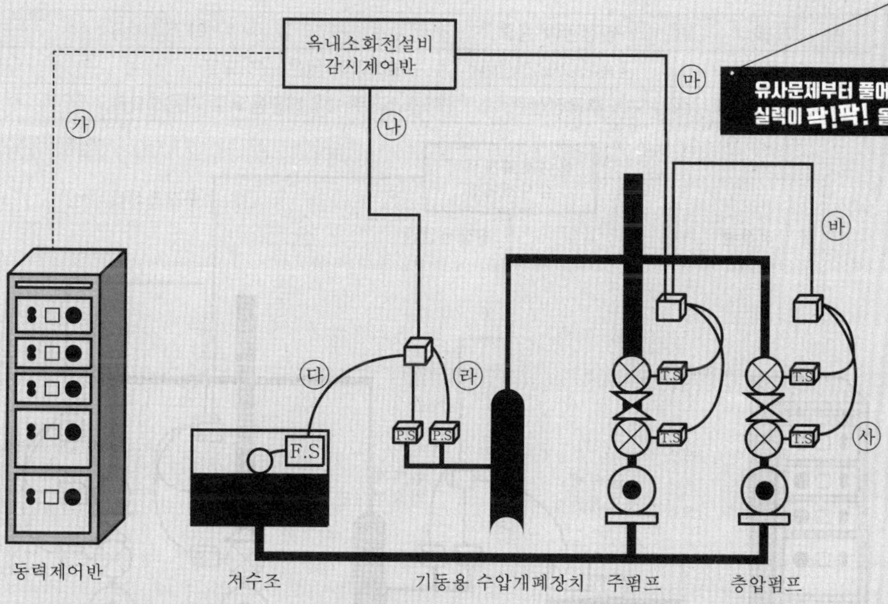

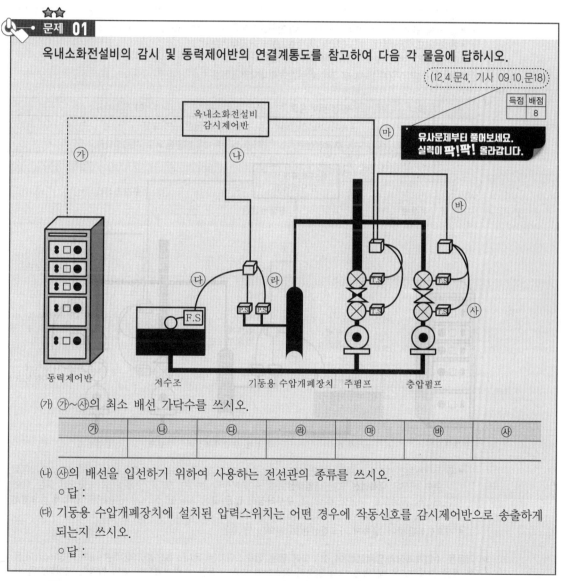

(가) ㉮~㉴의 최소 배선 가닥수를 쓰시오.

㉮	㉯	㉰	㉱	㉲	㉳	㉴

(나) ㉴의 배선을 입선하기 위하여 사용하는 전선관의 종류를 쓰시오.

○답 :

(다) 기동용 수압개폐장치에 설치된 압력스위치는 어떤 경우에 작동신호를 감시제어반으로 송출하게 되는지 쓰시오.

○답 :

해답 (가)

㉮	㉯	㉰	㉱	㉲	㉳	㉴
5가닥	4가닥	2가닥	2가닥	5가닥	3가닥	2가닥

(나) 금속제 가요전선관

(다) 기동용 수압개폐장치 내의 압력이 저하되었을 때

해설 (가)

기 호	내 역	배선의 용도
㉮	HFIX 2.5-5	기동 1, 정지 1, 공통 1, 전원표시등 1, 기동표시등 1
㉯	HFIX 2.5-4	플로트스위치 1, 압력스위치 2, 공통 1
㉰	HFIX 2.5-2	플로트스위치 2
㉱	HFIX 2.5-2	압력스위치 2
㉲	HFIX 2.5-5	탬퍼스위치 4, 공통 1
㉳	HFIX 2.5-3	탬퍼스위치 2, 공통 1
㉴	HFIX 2.5-2	탬퍼스위치 2

- ㉮ 동력제어반(MCC반)에는 일반적으로 **전원표시등**을 사용한다. 사용하는 것이 원칙이다.
- ㉮ 전원표시등=전원감시표시등, 기동표시등=기동확인표시등
- ㉯ 플로트스위치(Float Switch)=감수경보스위치
- ㉲~㉴ 탬퍼스위치(Tamper Switch)=밸브폐쇄확인스위치

(나)

기 호	전선관의 종류	이 유
㉰, ㉱, ㉴	금속제 가요전선관	구부러짐이 많은 곳이므로
㉮, ㉯, ㉲, ㉳	후강전선관	콘크리트 매입배관용으로 사용하므로

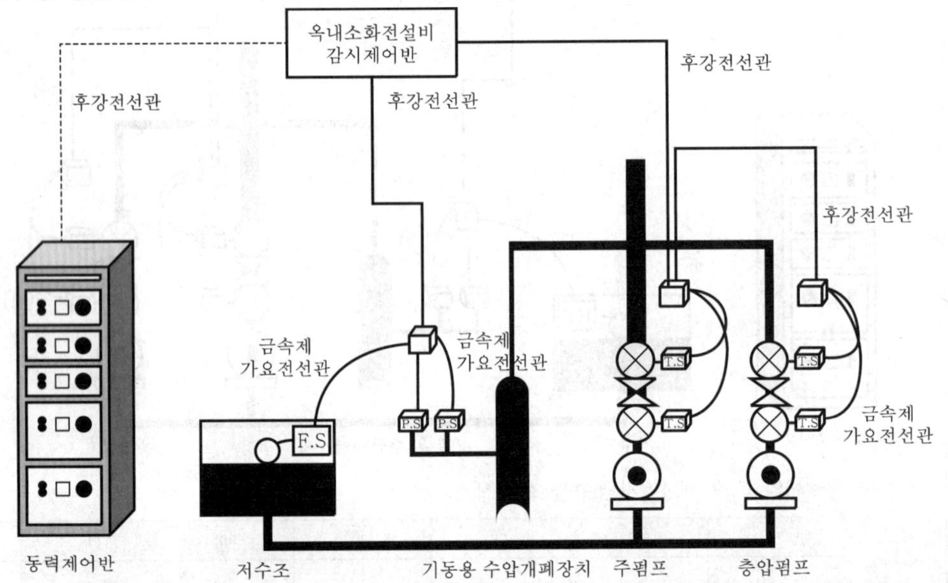

- ㉴ 옥내소화전설비의 화재안전기준 NFTC 102 2.7.2에 의해 옥내소화전설비의 감시·조작 또는 표시등회로의 배선은 **내화배선** 또는 **내열배선**으로 하여야 한다. NFTC 102 2.7.2에 의해 내화배선 또는 내열배선에 공통으로 사용할 수 있고, **구부러짐**이 **많은 곳**에 사용할 수 있는 전선관은 '**금속제 가요전선관**'이다.
- '**가요전선관**'보다 '**금속제 가요전선관**'이 정확한 답이다.

(다) 기동용 수압개폐장치(압력챔버)에 설치되어 있는 압력스위치는 옥내소화전설비의 배관 내의 관창(nozzle)을 통해 물을 방사하였을 때 배관 내의 압력이 감소함에 따라 기동용 수압개폐장치 내의 압력이 저하되었을 때 작동신호를 감시제어반에 송출한다.

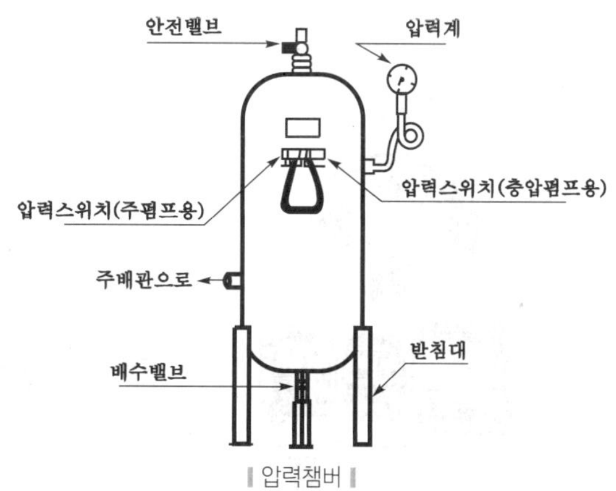

▎압력챔버 ▎

☆ 문제 02

금속관공사에 사용되는 관재료의 용도에 대한 설명 중 다음 (　　) 안에 알맞은 내용을 쓰시오.

(19.11.문16, 17.11.문14, 15.7.문4)

득점	배점
	4

유니버샬 엘보우는 금속관공사 중 (①) 배관공사에 사용되며 전선관을 (②)으로 굽히는 곳에 사용되고 (③)방향 분기형과 (④)방향 분기형이 있다.

○답란

①	②	③	④

해답

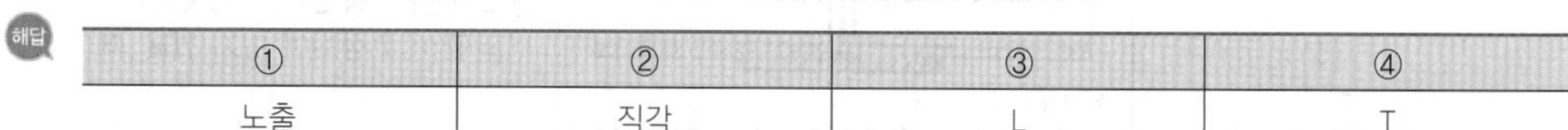

①	②	③	④
노출	직각	L	T

해설

- 유니버샬 엘보우는 금속관공사 중 (**노출**) 배관 공사에 사용되며 전선관을 (**직각**)으로 굽히는 곳에 사용되고 (**L**)방향 분기형과 (**T**)방향 분기형이 있다.
- 유니버샬 엘보우=유니버셜 엘보우=유니버설 엘보
- L방향=2방향, T방향=3방향으로 해도 맞을 것으로 판단됨

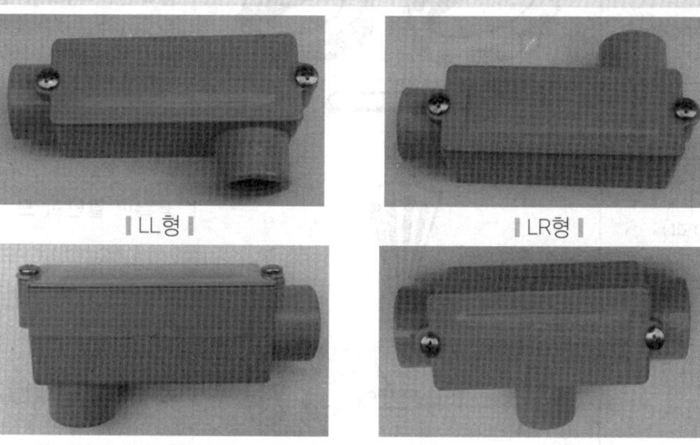

▎LL형 ▎ ▎LR형 ▎ ▎LB형 ▎ ▎T형 ▎

▎유니버샬 엘보우 ▎

중요

금속관공사에 이용되는 부품 및 공구

명 칭	외 형	설 명
부싱 (bushing)		전선의 절연피복을 보호하기 위하여 **금속관 끝**에 취부하여 사용되는 부품
유니언커플링 (union coupling)		**금속전선관 상호**간을 **접속**하는 데 사용되는 부품(**관**이 **고정**되어 **있을 때**)
노멀밴드 (normal bend)		**매입배관**공사를 할 때 **직각**으로 굽히는 곳에 사용하는 부품
유니버설엘보 (universal elbow)		**노출배관**공사를 할 때 관을 직각으로 굽히는 곳에 사용하는 부품
링리듀서 (ring reducer)		**금속관**을 **아우트렛박스**에 로크너트만으로 고정하기 어려울 때 **보조적**으로 사용되는 **부품**
커플링 (coupling)		**금속전선관 상호**간을 **접속**하는 데 사용되는 부품(**관**이 **고정**되어 있지 **않을 때**)
새들 (saddle)		**관**을 **지지**(**고**정)하는 데 사용하는 재료 기억법 관고새
로크너트 (lock nut)		**금속관**과 **박스**를 **접속**할 때 사용하는 재료로 최소 **2개**를 사용한다.
리머 (reamer)		금속관 **말단**의 **모**를 다듬기 위한 기구
파이프커터 (pipe cutter)		**금속관**을 **절단**하는 기구

환형 3방출 정크션박스		**배관**을 **분기**할 때 사용하는 박스
파이프벤더 (pipe bender)		**금속관**(후강전선관, 박강전선관)을 **구부릴 때** 사용하는 공구 ※ 28mm 이상은 **유압식 파이프벤더**를 사용한다.
아우트렛박스 (outlet box)		① 배관의 **끝** 또는 **중간**에 부착하여 전선의 인출, 전기기구류의 부착 등에 사용 ② 감지기·유도등 및 전선의 접속 등에 사용되는 박스의 총칭 ③ 4각박스, 8각박스 등의 박스를 통틀어 일컫는 말
후강전선관	–	① **콘크리트 매입배관용**으로 사용되는 강관(두께 2.3~4.5mm) ② **폭발성 가스** 저장장소에 사용
박강전선관	–	① **노출배관용·일반배관용**으로 사용되는 강관(두께 1.2~2.0mm) ② 폭발성 가스 저장 이외의 장소에 사용

☆☆ 문제 03

설치장소의 환경상태와 적응장소를 참고하여 당해 설치장소에 적응성을 가지는 감지기를 표에 ○로 나타내시오. (단, 연기감지기를 설치할 수 없는 경우이다.) (17.6.문7)

득점	배점
	5

설치장소		적응열감지기									불꽃감지기
환경상태	적응장소	차동식 스포트형		차동식 분포형		보상식 스포트형		정온식		열아날로그식	
		1종	2종	1종	2종	1종	2종	1종	2종		
현저하게 고온으로 되는 장소	건조실, 살균실, 보일러실, 주조실, 영사실, 스튜디오										

해답

설치장소		적응열감지기									불꽃감지기
환경상태	적응장소	차동식 스포트형		차동식 분포형		보상식 스포트형		정온식		열아날로그식	
		1종	2종	1종	2종	1종	2종	1종	2종		
현저하게 고온으로 되는 장소	건조실, 살균실, 보일러실, 주조실, 영사실, 스튜디오	×	×	×	×	×	×	○	×	○	×

해설 **자동화재탐지설비** 및 **시각경보장치**(NFTC 203 2.4.6(1))

‖ 설치장소별 감지기 적응성(연기감지기를 설치할 수 없는 경우) ‖

설치장소		적응열감지기									불꽃감지기
환경상태	적응장소	차동식 스포트형		차동식 분포형		보상식 스포트형		정온식		열아날로그식	
		1종	2종	1종	2종	1종	2종	특종	1종		
주방, 기타 평상시에 연기가 체류하는 장소	• 주방 • 조리실 • 용접작업장	×	×	×	×	×	×	○	○	○	○
현저하게 고온으로 되는 장소	• 건조실 • 살균실 • 보일러실 • 주조실 • 영사실 • 스튜디오	×	×	×	×	×	×	○	○	○	×

〔비고〕 1. **주방, 조리실** 등 습도가 많은 장소에는 **방수형** 감지기를 설치할 것
2. **불꽃감지기**는 UV/IR형을 설치할 것

- 원칙적으로 이 문제는 좀 잘못되었다. **정온식**이 **특종, 1종**으로 출제되어야 하는데 실수로 다른 감지기와 동일하게 1종, 2종으로 출제된 것이다. 이럴 때 당황하지 말고 침착하게 **정온식 1종**에는 **O**, **2종**에는 **×**로 표시하면 된다.
- 총 10개 O, ×표시를 하여야 하므로 2개 맞으면 1점으로 인정

비교

설치장소		적응열감지기									불꽃감지기
환경상태	적응장소	차동식 스포트형		차동식 분포형		보상식 스포트형		정온식		열아날로그식	
		1종	2종	1종	2종	1종	2종	특종	1종		
부식성 가스가 발생할 우려가 있는 장소	• 도금공장 • 축전지실 • 오수처리장	×	×	○	○	○	○	○	×	○	○

〔비고〕 1. **차동식 분포형 감지기**를 설치하는 경우에는 감지부가 피복되어 있고 검출부가 부식성 가스에 영향을 받지 않는 것 또는 검출부에 부식성 가스가 침입하지 않도록 조치할 것
2. **보상식 스포트형 감지기, 정온식 감지기** 또는 **열아날로그식 스포트형 감지기**를 설치하는 경우에는 부식성 가스의 성상에 반응하지 않는 **내산형** 또는 **내알칼리형**으로 설치할 것
3. **정온식 감지기**를 설치하는 경우에는 **특종**으로 설치할 것

설치장소		적응열감지기									불꽃감지기
환경상태	적응장소	차동식 스포트형		차동식 분포형		보상식 스포트형		정온식		열아날로그식	
		1종	2종	1종	2종	1종	2종	특종	1종		
배기가스가 다량으로 체류하는 장소	• 주차장, 차고 • 화물취급소 차로 • 자가발전실 • 트럭 터미널 • 엔진 시험실	○	○	○	○	○	○	×	×	○	○

〔비고〕 1. **불꽃감지기**에 따라 감시가 곤란한 장소는 적응성이 있는 열감지기를 설치할 것
2. **열아날로그식 스포트형 감지기**는 화재표시 설정이 **60℃ 이하**가 바람직하다.

★★★ 문제 04

전기실에 설치된 패키지 시스템(Package System)에 대한 할론소화설비의 전기적인 계통도이다. Ⓐ~Ⓒ까지의 배선수와 각 배선의 용도를 쓰시오. (단, 운전조작상 필요한 최소의 배선수를 기입하도록 하시오.)

(17.11.문16, 15.4.문12, 09.10.문14)

득점	배점
	6

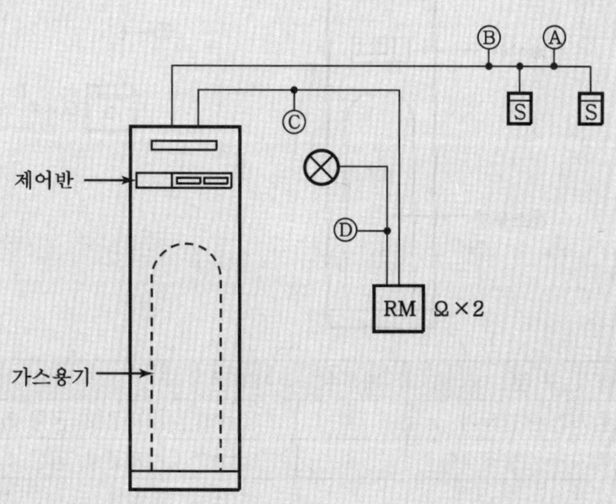

○ 답란

기 호	구 분	배선수	배선굵기	배선의 용도
Ⓐ	감지기-감지기		1.5mm²	
Ⓑ	감지기-Package		1.5mm²	
Ⓒ	Package-수동조작함		2.5mm²	
Ⓓ	수동조작함-방출등	2	2.5mm²	방출표시, 공통

해답

기 호	구 분	배선수	배선굵기	배선의 용도
Ⓐ	감지기-감지기	4	1.5mm²	지구 2, 공통 2
Ⓑ	감지기-Package	8	1.5mm²	지구 4, 공통 4
Ⓒ	Package-수동조작함	7	2.5mm²	전원 ⊕·⊖, 방출지연스위치, 감지기 A·B, 기동스위치, 방출표시등
Ⓓ	수동조작함-방출등	2	2.5mm²	방출표시, 공통

해설

- 문제는 종단저항이 수동조작함에 설치되어 있고, 감지기배선이 직접 패키지에 연결되는 경우이다. 종단저항 위치와 배선에 따라 가닥수가 달라지므로 주의하라!
- 기호 Ⓐ : **'지구, 공통 각 2가닥'**이라고 답해도 된다.
- 기호 Ⓑ : **'지구, 공통 각 4가닥'**이라고 답해도 된다.
- 방출등=방출표시등
- 〔표〕의 구분에서 **'방출등'**이라 했으므로 배선의 용도에서 **방출표시등**을 **방출등**이라고 해도 정답

비교

(1) 종단저항이 **수동조작함**에 **설치**되어 있고, 감지기배선이 **수동조작함**을 거쳐서 패키지에 연결되는 경우

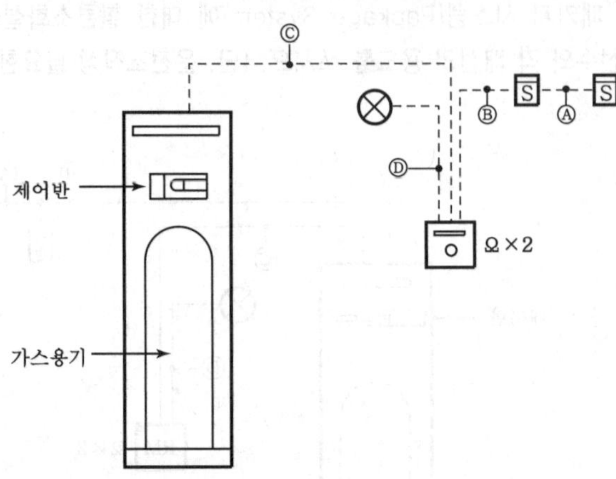

기 호	구 분	배선수	배선굵기	배선의 용도
Ⓐ	감지기 ↔ 감지기	4	1.5mm^2	지구 2, 공통 2
Ⓑ	감지기 ↔ 수동조작함	8	1.5mm^2	지구 4, 공통 4
Ⓒ	Package ↔ 수동조작함	7	2.5mm^2	전원 ⊕·⊖, 방출지연스위치, 감지기 A·B, 기동스위치, 방출표시등
Ⓓ	수동조작함 ↔ 방출표시등	2	2.5mm^2	방출표시등 2(방출표시, 공통)

(2) 종단저항이 **패키지**에 **설치**되어 있고, 감지기배선이 **수동조작함**을 거쳐서 패키지에 연결되는 경우

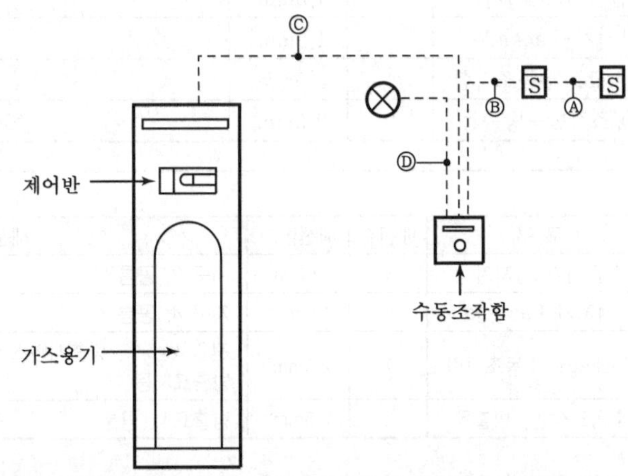

기 호	구 분	배선수	배선굵기	배선의 용도
Ⓐ	감지기 ↔ 감지기	4	1.5mm^2	지구 2, 공통 2
Ⓑ	감지기 ↔ 수동조작함	8	1.5mm^2	지구 4, 공통 4
Ⓒ	Package ↔ 수동조작함	13	2.5mm^2	전원 ⊕·⊖, 방출지연스위치, 지구 4, 공통 4, 기동스위치, 방출표시등
Ⓓ	수동조작함 ↔ 방출표시등	2	2.5mm^2	방출표시등 2(방출표시, 공통)

- 기호 Ⓒ : 기호 Ⓑ의 '**지구 4, 공통 4**'가 그대로 패키지까지 연결되어야 한다.

(3) 종단저항이 **수동조작함**에 **설치**되어 있고 감지기배선이 **직접 패키지**에 연결되는 경우

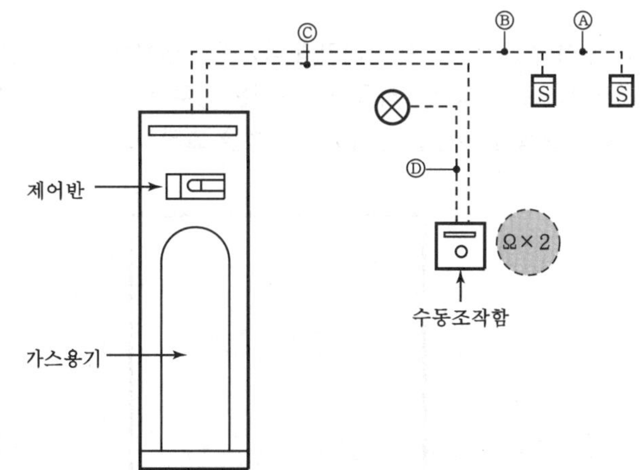

기 호	구 분	배선수	배선굵기	배선의 용도
Ⓐ	감지기 ↔ 감지기	4	1.5mm^2	지구 2, 공통 2
Ⓑ	감지기 ↔ Package	8	1.5mm^2	지구 4, 공통 4
Ⓒ	Package ↔ 수동조작함	7	2.5mm^2	전원 ⊕·⊖, 방출지연스위치, 감지기 A·B, 기동스위치, 방출표시등
Ⓓ	수동조작함 ↔ 방출표시등	2	2.5mm^2	방출표시등 2(방출표시, 공통)

(4) 종단저항이 **패키지**에 **설치**되어 있고 감지기배선이 **직접 패키지**에 연결되는 경우

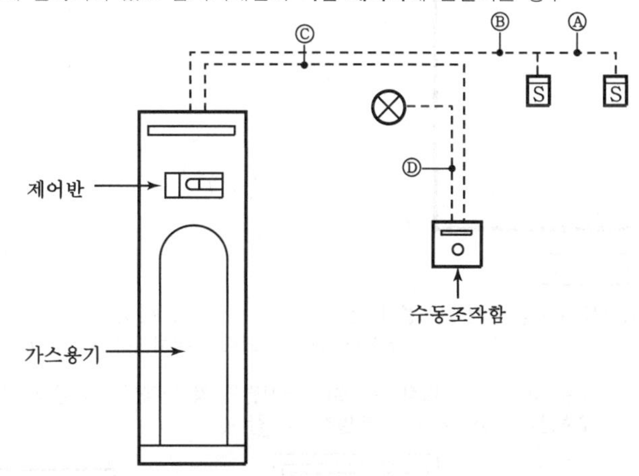

기 호	구 분	배선수	배선굵기	배선의 용도
Ⓐ	감지기 ↔ 감지기	4	1.5mm^2	지구 2, 공통 2
Ⓑ	감지기 ↔ Package	8	1.5mm^2	지구 4, 공통 4
Ⓒ	Package ↔ 수동조작함	5	2.5mm^2	전원 ⊕·⊖, 방출지연스위치, 기동스위치, 방출표시등
Ⓓ	수동조작함 ↔ 방출표시등	2	2.5mm^2	방출표시등 2(방출표시, 공통)

☆☆
문제 05

작은 구역에 공기관식 차동식 분포형 감지기의 공기관을 설치하다 보니 공기관의 노출부분이 20m에 미치지 못하여 정상적으로 감지기가 작동하지 못하는 경우가 발생하였다. 다음 그림에 감지기가 정상적으로 작동할 수 있도록 공기관을 설치하는 방법을 그리시오. (07.11.문1)

득점	배점
	5

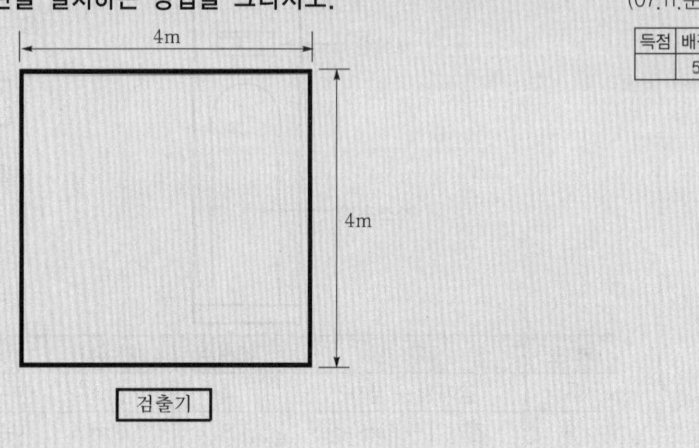

해답

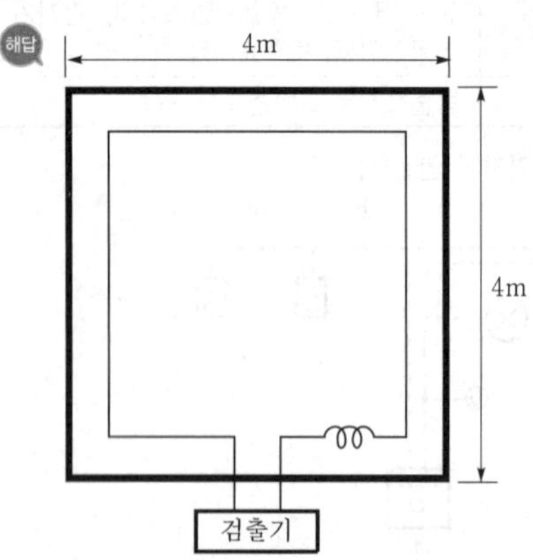

해설 **공기관식 차동식 분포형 감지기**의 **설치기준**(NFPC 203 7조, NFTC 203 2.4.3.7)

① 공기관의 노출부분은 감지구역마다 **20m** 이상이 되도록 설치한다.

작은 방 또는 작은 창고, 벽장 등으로서 부착면의 각 변에 공기관을 부설하여도 20m 이상이 되지 않는 경우에는 **2중감기, 3중감기** 또는 **코일감기**를 할 것

작은 방
2중감기(부족한 경우에는 3중감기, 4중감기를 한다.)

작은 방
코일감기

‖공기관의 노출부분‖

② 공기관과 감지구역의 각 변과의 수평거리는 **1.5m** 이하가 되도록 한다.

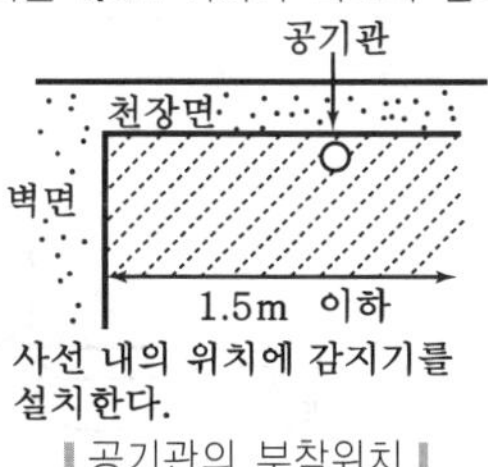

‖ 공기관의 부착위치 ‖

③ 공기관 상호간의 거리는 **6m**(내화구조는 **9m**) 이하가 되도록 한다.

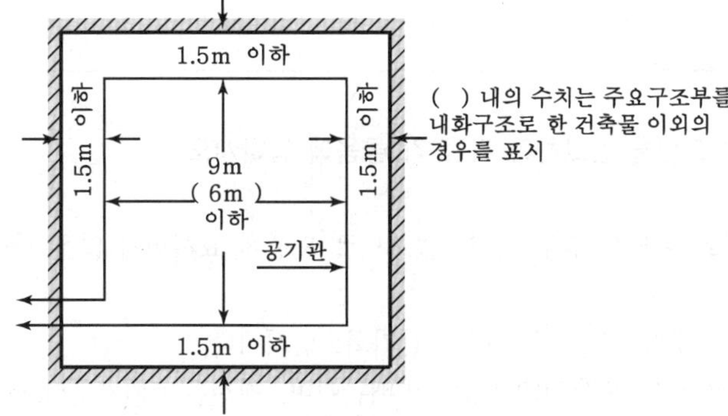

‖ 공기관 상호간의 간격 ‖

④ 하나의 검출부에 접속하는 공기관의 길이는 **100m** 이하가 되도록 한다.
⑤ 검출부는 **5°** 이상 경사되지 않도록 한다.

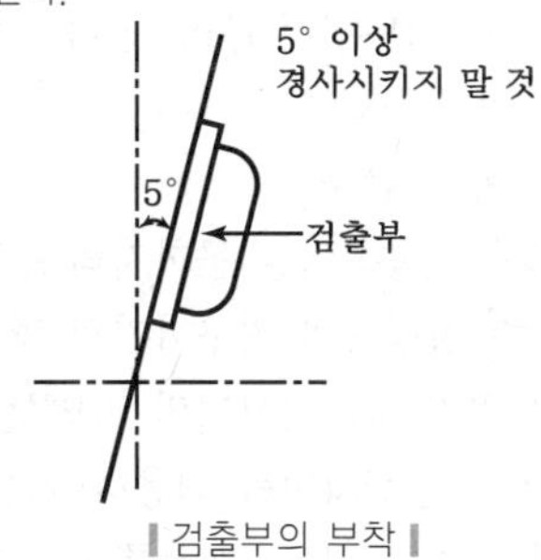

‖ 검출부의 부착 ‖

⑥ 검출부는 바닥으로부터 **0.8~1.5m** 이하의 위치에 설치한다.
⑦ 공기관은 도중에서 **분기**하지 않도록 한다.

비교

차동식 스포트형 감지기의 **설치기준**(NFPC 203 7조, NFTC 203 2.4.3)
(1) 감지기는 실내로의 공기유입구로부터 **1.5m** 이상 떨어진 위치에 설치할 것

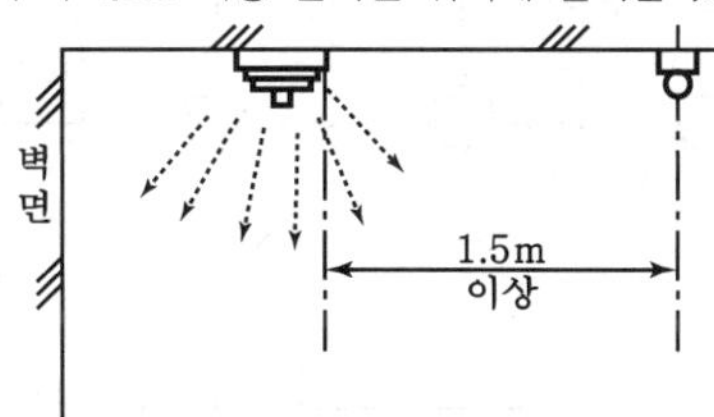

‖ 감지기의 이격거리 ‖

(2) 감지기는 **천장** 또는 **반자**의 옥내에 면하는 부분에 설치할 것
(3) 감지기는 **45°** 이상 경사되지 않도록 부착할 것

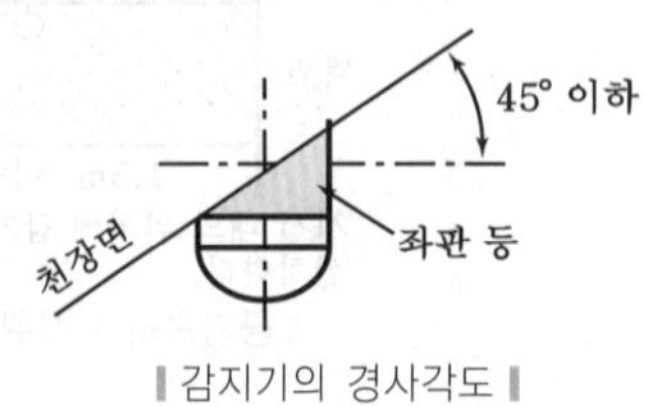

‖ 감지기의 경사각도 ‖

☆☆

문제 06

주어진 조건과 도면을 참고하여 다음 각 물음에 답하시오. (06.7.문7)

득점	배점
	13

〔조건〕

① 본 도면은 편의상 일부 생략되었으므로 도면에 표시되지 않은 사항은 고려하지 않는다.

② 감지기 회로방식은 2개 이상의 감지회로방식이다.

③ 모든 전선관은 후강 16C로서 매입배관이며, 전선은 HFIX $1.5mm^2$이다.

④ 전선관 3방출 이상은 4각 박스 사용, 기타는 필요시 8각 박스를 사용하며, 하론제어반은 별도 제작하여 사용한다.

⑤ 바닥면에서 이중천장까지의 높이는 3m이며, 상부 슬래브면과 이중천장까지는 1m이다.

⑥ 하론제어반은 바닥면에서 상단까지 1.8m 높이에 위치하며, 감지기를 제외한 기타 기구는 바닥면에서 2.5m 높이에 위치한다.

⑦ 기준거리의 수치는 다음과 같다.
- 하론제어반에서 ②번 방향쪽의 기구까지의 평면상 거리 : 6.5m
- 하론제어반에서 ④번 방향쪽의 기구까지의 평면상 거리 : 8m
- 하론제어반에서 첫 번째 감지기까지의 평면상 거리 : 5m
- 기타는 기구 중심에서 중심까지를 적용하여 산출한다.
- 하론제어반 내에서는 결속 리드선 1m를 더하여 적용시킬 것(예 : 전선 3가닥 1×3=3m)

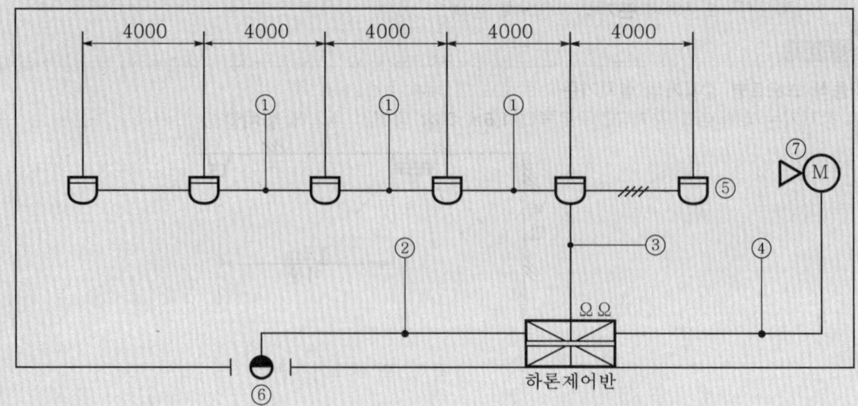

(가) ①~④에 필요한 전선 최소 가닥수를 쓰시오.

번 호	가닥수
①	
②	
③	
④	

(나) ⑤~⑦번 도시기호의 명칭을 쓰시오.

⑤ ⑥ ⑦

(다) 본 설비에 필요한 후강전선관은 몇 m인지 구하시오.

○계산과정 :

○답 :

(라) 본 설비에 필요한 부싱과 로크너트의 수를 구하시오.

○부싱 : ○로크너트 :

(마) 본 설비에 필요한 4각 박스와 8각 박스의 수를 구하시오.

○4각 박스 : ○8각 박스 :

해답 (가)

번 호	가닥수
①	8가닥
②	2가닥
③	8가닥
④	2가닥

(나) ⑤ 차동식 스포트형 감지기 ⑥ 방출표시등 ⑦ 모터사이렌

(다) ○계산과정 : $4\times5+5+6.5+8+1.5+1.5+2.2\times3=49.1$m

○답 : 49.1m

(라) ○부싱 : 16개 ○로크너트 : 32개

(마) ○4각 박스 : 1개 ○8각 박스 : 7개

해설 (가) ① 할론(halon)소화설비는 **교차회로방식**(2개 이상 감지기회로)을 적용하여야 하므로 감지기회로의 배선은 말단과 루프(loop)된 곳은 **4가닥**, 그 외는 **8가닥**이 된다.

② 모터사이렌(motor siren)과 방출표시등(discharge lamp)은 **2가닥**이 필요하다.

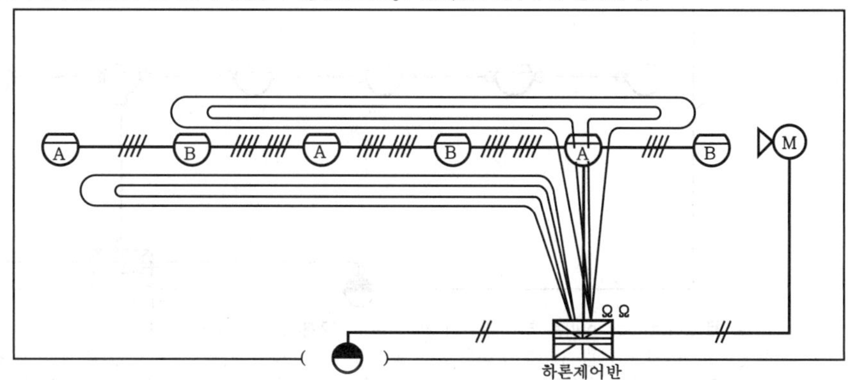

(나)

기 호	명 칭	설 명
⑤	**차동식 스포트형 감지기** (rate of rise spot type detector)	주위의 온도가 일정상승률 이상이 되는 경우에 작동하는 것으로서 **일국소**에서의 **열효과**에 의하여 작동하는 것
⑥	**방출표시등**(discharge lamp)	방출구역 근접출입구 위에 부착하여 소화가스 방출시 점등되어 실내의 **입실**을 **금지**시킨다.
⑦	**모터사이렌**(motor siren)	실내에 설치하여 경보함으로써 **인명**을 **대피**시킨다.

(다) **후강전선관** 16mm의 길이는 다음과 같다.

① 감지기 간의 평면거리 4m×5개소
② 하론제어반에서 첫 감지기까지의 평면거리 5m×1개소
③ 하론제어반에서 방출표시등까지의 평면거리 6.5m×1개소
④ 하론제어반에서 모터사이렌까지의 평면거리 8m×1개소
⑤ 상부 슬래브면에서 방출표시등까지의 거리 1.5m×1개소
⑥ 상부 슬래브면에서 모터사이렌까지의 거리 1.5m×1개소
⑦ 상부 슬래브면에서 하론제어반까지의 거리 2.2m×3개소
∴ 4×5+5+6.5+8+1.5+1.5+2.2×3=49.1m

• 상부 슬래브면에서 감지기까지는 가요전선관을 사용하므로 후강전선관이 필요 없다.

참고

실체도

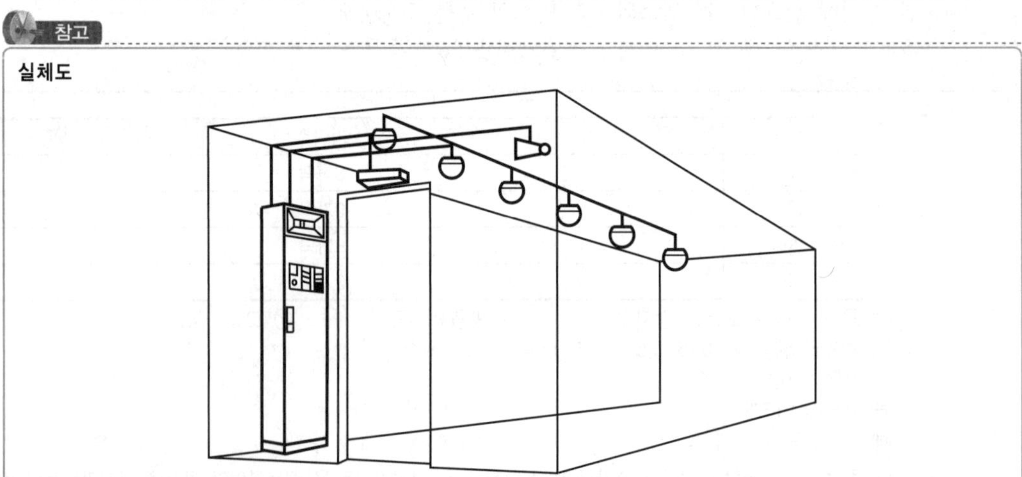

(라) ① **부싱**(bushing) 설치장소를 ○로 표기하면 다음과 같다.

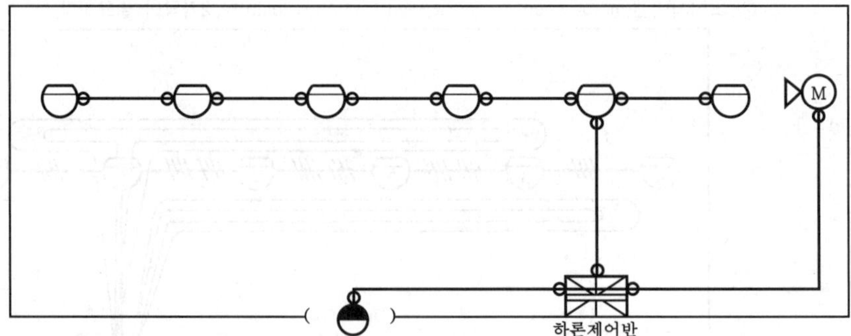

② **로크너트**(lock nut)는 부싱개수의 2배이므로 **32개**(16개×2=32개)가 된다.

(마) ① 조건에서 전선관 3방출 이상은 4각 박스를 사용한다고 하였으므로, 3방출 이상은 **2개소**(감지기 1개소+하론제어반 1개소)이나 하론제어반은 별도 제작하여 사용한다고 하였으므로 4각 박스는 **1개**가 필요하다.
② 8각 박스는 **7개**(감지기 5개소+방출표시등 1개소+모터사이렌 1개소)가 필요하다.

☆☆
문제 07

주어진 조건과 도면을 참고하여 자동화재탐지설비의 ①~⑦의 연결가닥수 및 용도별 가닥수를 답란에 쓰시오. (07.11.문4)

득점	배점
	10

〔조건〕

① 선로의 수는 최소로 하고 발신기 공통선 : 1선, 경종 및 표시등 공통선 : 1선으로 하고 7경계구역이 넘을 때는 발신기간 공통선과 경종 및 표시등 공통선은 각각 1선씩 추가하는 것으로 한다.

② 건물의 규모는 지하 1층, 지상 2층이며, 연면적은 $9000m^2$인 공장이다.

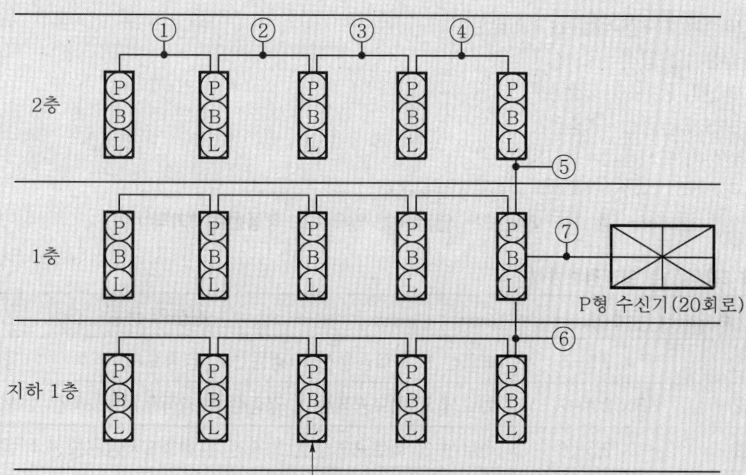

○ 답란

번 호	가닥수	용 도					
		발신기 지구선	발신기 응답선	발신기 공통선	발신기 경종선	발신기 표시등선	경종 및 표시등 공통선
①							
②							
③							
④							
⑤							
⑥							
⑦							

번 호	가닥수	용 도					
		발신기 지구선	발신기 응답선	발신기 공통선	발신기 경종선	발신기 표시등선	경종 및 표시등 공통선
①	6	1	1	1	1	1	1
②	7	2	1	1	1	1	1
③	8	3	1	1	1	1	1
④	9	4	1	1	1	1	1
⑤	10	5	1	1	1	1	1
⑥	10	5	1	1	1	1	1
⑦	26	15	1	3	3	1	3

해설

- 발신기 지구선=지구선=회로선
- 발신기 응답선=응답선
- 발신기 공통선=회로공통선
- 발신기 경종선=경종선
- 발신기 표시등선=표시등선
- 경종 및 표시등 공통선=경종표시등공통선
- 번호 ⑦ 지하 1층, 1층, 2층 모두 연결되어 있으므로 **경종선**은 **3가닥**이다.

지상 2층이므로 **일제경보방식**이다.

기 호	내 역	배선의 용도
①	HFIX 2.5−6	회로선 1, 회로공통선 1, 경종선 1, 경종표시등공통선 1, 응답선 1, 표시등선 1
②	HFIX 2.5−7	회로선 2, 회로공통선 1, 경종선 1, 경종표시등공통선 1, 응답선 1, 표시등선 1
③	HFIX 2.5−8	회로선 3, 회로공통선 1, 경종선 1, 경종표시등공통선 1, 응답선 1, 표시등선 1
④	HFIX 2.5−9	회로선 4, 회로공통선 1, 경종선 1, 경종표시등공통선 1, 응답선 1, 표시등선 1
⑤	HFIX 2.5−10	회로선 5, 회로공통선 1, 경종선 1, 경종표시등공통선 1, 응답선 1, 표시등선 1
⑥	HFIX 2.5−10	회로선 5, 회로공통선 1, 경종선 1, 경종표시등공통선 1, 응답선 1, 표시등선 1
⑦	HFIX 2.5−26	회로선 15, 회로공통선 3, 경종선 3, 경종표시등공통선 3, 응답선 1, 표시등선 1

- 회로공통선=발신기공통선

중요

발화층 및 직상 4개층 우선경보방식 특정소방대상물
11층(공동주택 **16층**) 이상인 특정소방대상물

문제 08

비상방송설비의 3선식 배선에 대한 미완성 회로이다. 다음 ①~③의 명칭을 쓰고 이 회로의 미완성 부분을 완성하시오.

(기사 12.11.문11)

득점	배점
	8

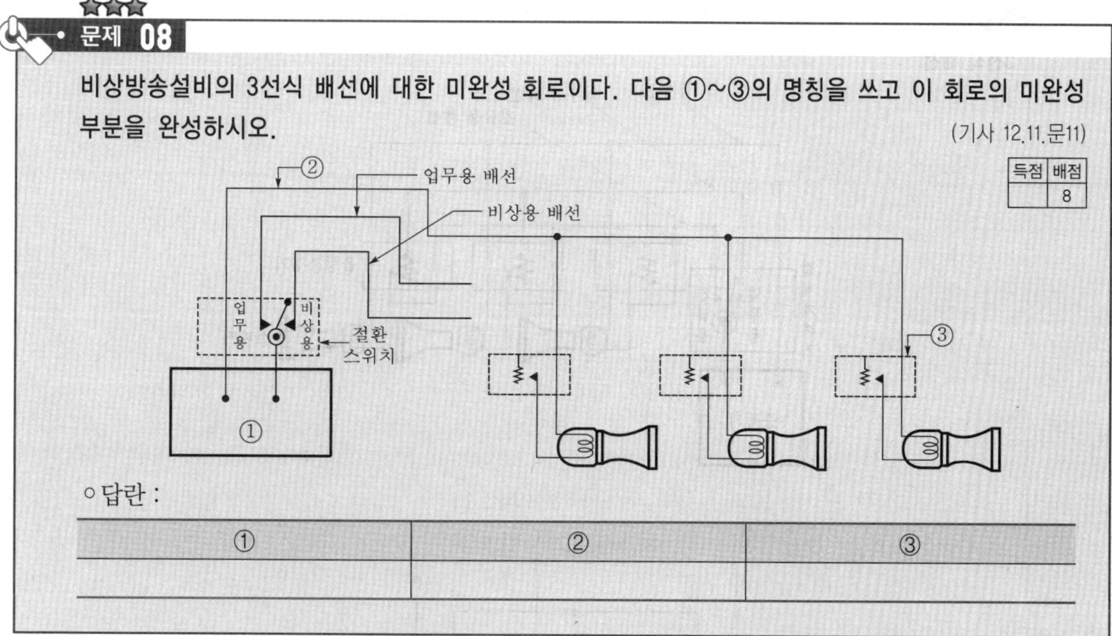

○답란 :

①	②	③

해답

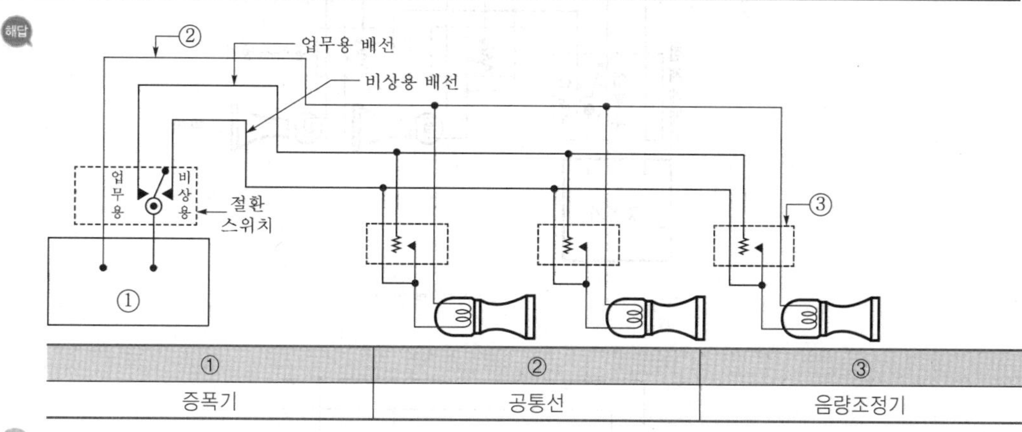

①	②	③
증폭기	공통선	음량조정기

해설

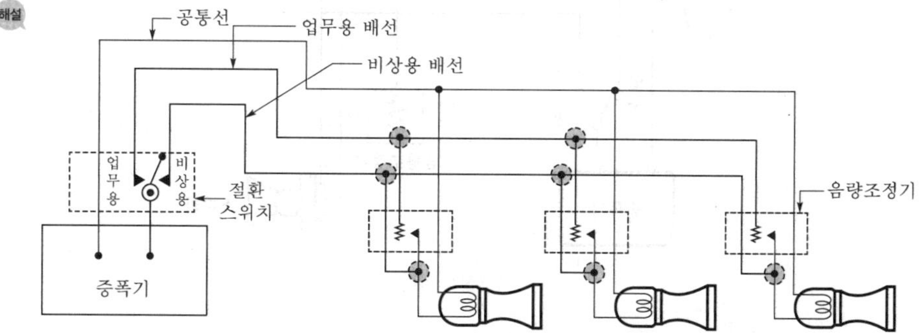

- 접속부분에는 반드시 점(•)을 찍어야 한다. 점을 찍지 않으면 접속이 안 된 것이므로 틀린다.(점을 크게 찍으면 더 멋있다!)
- ③ '**음향조정기**'라고 쓰면 틀린다. 정확히 '**음량조정기**'라고 답해야 한다.
- 비상용 배선=긴급용 배선
- ① '**증폭부**'도 맞을 수 있지만 정확한 명칭은 '**증폭기**'이다.

중요

3선식 배선

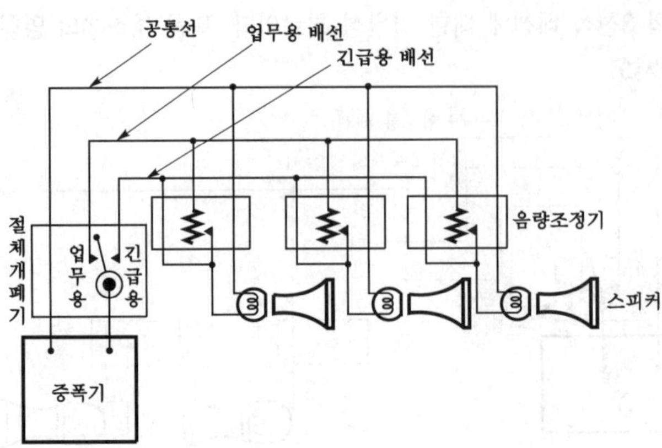

▌3선식 배선 1▐

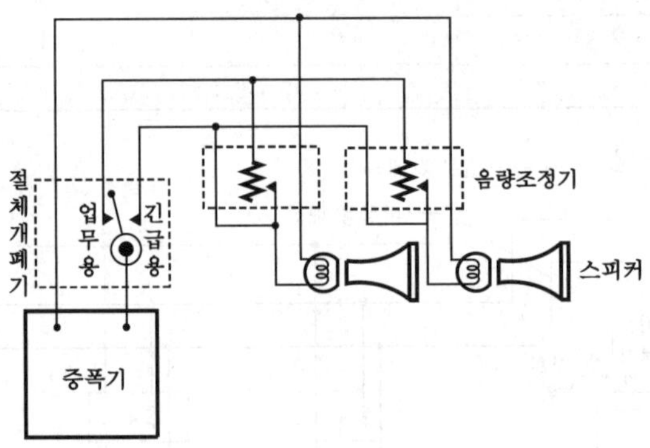

▌3선식 배선 2▐

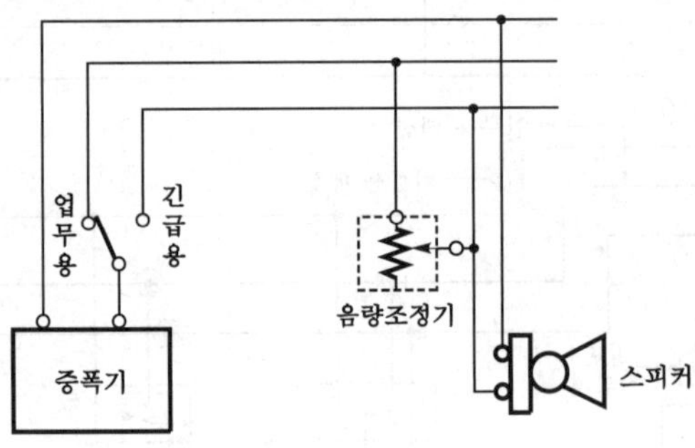

▌3선식 배선 3▐

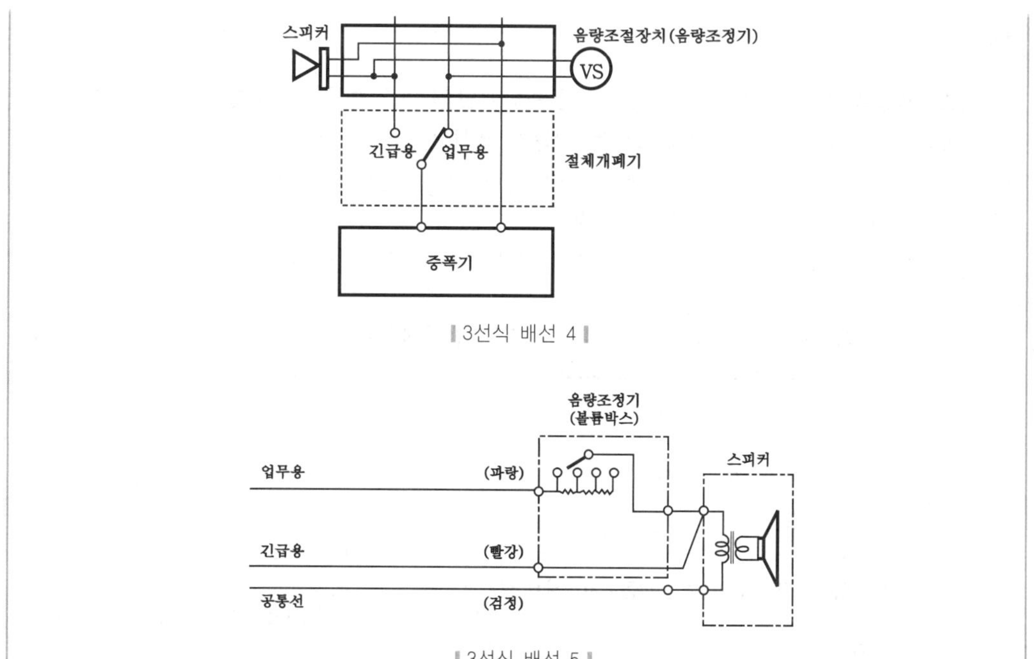

▌3선식 배선 4▐

▌3선식 배선 5▐

문제 09

휴대용 비상조명등을 설치하지 않을 수도 있는 경우를 2가지 쓰시오. (17.4.문6, 13.7.문6)

○

○

득점	배점
	6

해답 ① 복도·통로 또는 창문 등의 개구부를 통하여 피난이 용이한 경우(지상 1층, 피난층)
② 숙박시설로서 복도에 비상조명등을 설치한 경우

해설 **휴대용 비상조명등의 설치제외**(NFPC 304 5조, NFTC 304 2.2.2)
(1) 복도·통로 또는 창문 등의 개구부를 통하여 피난이 용이한 경우(**지상 1층**, **피난층**)
(2) **숙박시설**로서 **복도**에 비상조명등을 설치한 경우

• '숙박시설'이라고만 쓰면 틀린다.

중요

휴대용 비상조명등 설치대상(소방시설법 시행령 〔별표 4〕)
(1) 숙박시설
(2) 수용인원 **100명** 이상의 영화상영관
(3) **대규모 점포**
(4) **지하역사**
(5) **지하상가**

비교

비상조명등 설치제외 장소(NFPC 304 5조, NFTC 304 2.2.1)
(1) **거실**의 각 부분으로부터 하나의 출입구에 이르는 **보행거리**가 **15m 이내**인 부분
(2) **의**원·**경**기장·**공**동**주**택·**의**료시설·**학교**의 거실

기억법 **공주학교의 의경**

☆
문제 10

스프링클러설비 급수배관에 설치되어 급수를 차단할 수 있는 급수개폐밸브의 작동표시 스위치의 설치기준 중 다음 (   ) 안에 알맞은 내용을 쓰시오.

득점	배점
	7

(가) 급수개폐밸브가 잠길 경우 탬퍼스위치의 동작으로 인하여 (①) 또는 (②)에 표시되어야 하며 경보음을 발할 것
(나) 탬퍼스위치는 감시제어반 또는 수신기에서 동작의 유무확인과 동작시험, (③)을 할 수 있을 것
(다) 급수개폐밸브의 작동표시스위치에 사용되는 전기배선은 (④) 또는 (⑤)으로 설치할 것

해답 (가) ① 감시제어반, ② 수신기
(나) ③ 도통시험
(다) ④ 내화전선, ⑤ 내열전선

해설
• (다) ④, ⑤의 답은 서로 바뀌어도 된다.

스프링클러 급수개폐밸브의 **작동표시스위치 설치기준**(NFPC 103 8조, NFTC 103 2.5.16)
(1) 급수개폐밸브가 잠길 경우 탬퍼스위치의 동작으로 인하여 (**감시제어반**) 또는 (**수신기**)에 표시되어야 하며 **경보음**을 발할 것
(2) 탬퍼스위치는 감시제어반 또는 수신기에서 **동작**의 **유무확인**과 **동작시험**, (**도통시험**)을 할 수 있을 것
(3) 급수개폐밸브의 작동표시스위치에 사용되는 전기배선은 (**내화전선**) 또는 (**내열전선**)으로 설치할 것

☆☆
문제 11

P형 10회로 수신기에 대한 절연저항시험 및 절연내력시험의 방법과 그 기준을 설명하시오. (단, 정격전압이 100V라고 한다.) (19.11.문7, 19.6.문9, 17.6.문12, 13.11.문5, 13.4.문10, 12.7.문11, 06.7.문8, 06.4.문9)

○ 절연저항시험 :
○ 절연내력시험 :

득점	배점
	6

해답 ○ 절연저항시험

절연저항계	절연저항	측정방법
직류 500V	50MΩ 이상	• 수신기의 절연된 충전부와 외함간
	20MΩ 이상	• 교류입력측과 외함간 • 절연된 선로간

○ 절연내력시험 : 1000V의 실효전압으로 1분 이상 견딜 것

해설
(가) [문제]에서 **10회로**이므로 수신기의 절연된 충전부와 외함간 **50MΩ** 이상
(나) 절연내력시험 : 정격전압이 100V라고 주어졌으므로 정격전압별로 모두 답하면 틀리고 **'1000V의 실효전압으로 1분 이상 견딜 것'**이 정답이다. 만약 정격전압이 주어지지 않았다면 정격전압별로 다음과 같이 모두 답하는 것이 맞다.

‖ 절연내력시험(정격전압이 주어지지 않은 경우) ‖

정격전압	가하는 전압	측정방법
60V 이하	500V의 실효전압	1분 이상 견딜 것
60V 초과 150V 이하	1000V의 실효전압	
150V 초과	(정격전압×2)+1000V의 실효전압	

• 절연내력시험의 방법과 기준을 물어보았으므로 **'1000V의 실효전압'**이라고만 쓰면 틀린다.

중요

P형 10회로 수신기(KOFEIS 0304)

절연저항시험	절연내력시험
① 수신기의 절연된 충전부와 외함간의 절연저항은 **직류 500V**의 절연저항계로 측정한 값이 **10회로 미만** 5MΩ, **10회로 이상 50MΩ**(교류입력측과 외함간에는 **20MΩ**) 이상이어야 한다. ② 절연된 선로간의 절연저항은 **직류 500V**의 절연저항계로 측정한 값이 **20MΩ** 이상이어야 한다.	60Hz의 정현파에 가까운 실효전압 **500V**(정격전압이 60V를 초과하고 150V 이하인 것은 **1000V**, 정격전압이 150V를 초과하는 것은 그 **정격전압**에 **2**를 곱하여 1000을 더한 값)의 교류전압을 가하는 시험에서 **1분**간 견디는 것이어야 한다.

비교

비상콘센트설비(NFPC 504 4조, NFTC 504 2.1.6)

(1) 절연저항시험

절연저항계	절연저항	측정방법
직류 500V	20MΩ 이상	전원부와 외함 사이

(2) 절연내력시험

정격전압	가하는 전압	측정방법
150V 이하	1000V의 실효전압	**1분** 이상 견딜 것
150V 이상	(정격전압×2)+1000V의 실효전압	

용어

절연저항시험과 **절연내력시험**

절연저항시험	절연내력시험
전원부와 외함 등의 절연이 얼마나 잘 되어 있는가를 확인하는 시험	평상시보다 높은 전압을 인가하여 절연이 파괴되는지의 여부를 확인하는 시험

☆☆☆

문제 12

비상전원(축전지)설비 용량 기준에 대하여 빈칸에 알맞은 내용을 쓰시오. (단, 고층건축물은 제외한다.)

(15.7.문18)

사용설비	비상전원의 용량(분 이상)
옥내소화전설비	
자동화재탐지설비, 비상경보설비	
지하상가 및 11층 이상의 층의 유도등 및 비상조명등	

득점	배점
	6

해답

사용설비	비상전원의 용량(분 이상)
옥내소화전설비	20
자동화재탐지설비, 비상경보설비	10
지하상가 및 11층 이상의 층의 유도등 및 비상조명등	60

• 문제에서 층수가 주어지지 않은 경우에는 **30층 미만**을 적용하면 된다.

해설 **비상전원용량**

설 비	비상전원의 용량
• 자동화재탐지설비, 비상경보설비, 자동화재속보설비	**10분** 이상
• 유도등, 비상조명등, 비상콘센트설비, 제연설비, 물분무소화설비 • 옥내소화전설비(30층 미만) • 특별피난계단의 계단실 및 부속실 제연설비(30층 미만) • 스프링클러설비(30층 미만) • 연결송수관설비(30층 미만)	**20분** 이상
• 무선통신보조설비의 증폭기	**30분** 이상
• 옥내소화전설비(30~49층 이하) • 특별피난계단의 계단실 및 부속실 제연설비(30~49층 이하) • 연결송수관설비(30~49층 이하) • 스프링클러설비(30~49층 이하)	**40분** 이상
• 유도등 · 비상조명등(지하상가 및 11층 이상) • 옥내소화전설비(50층 이상) • 특별피난계단의 계단실 및 부속실 제연설비(50층 이상) • 연결송수관설비(50층 이상) • 스프링클러설비(50층 이상)	**60분** 이상

☆☆ **문제 13**

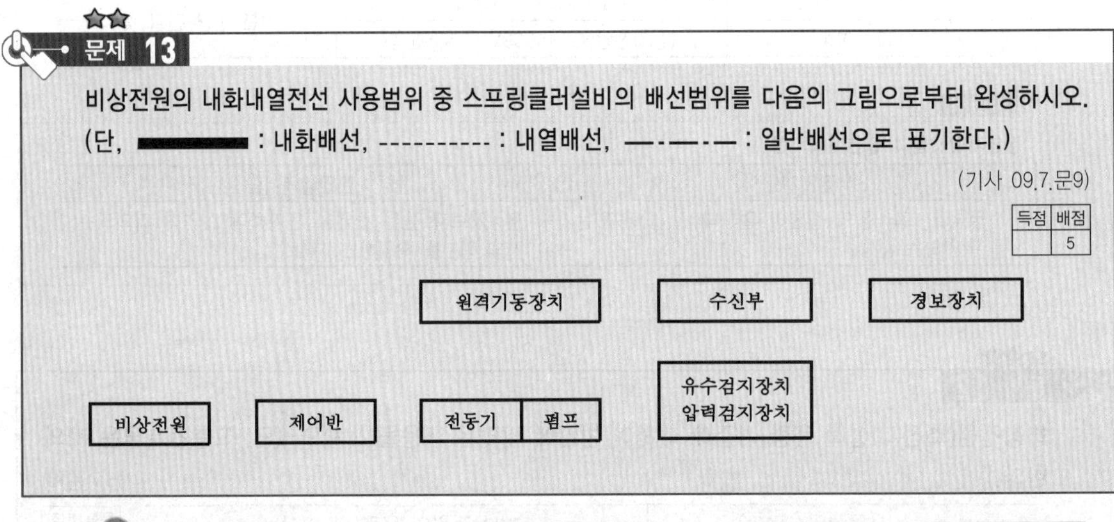

비상전원의 내화내열전선 사용범위 중 스프링클러설비의 배선범위를 다음의 그림으로부터 완성하시오. (단, ▬▬▬ : 내화배선, ---------- : 내열배선, —·—·— : 일반배선으로 표기한다.)

(기사 09.7.문9)

득점	배점
	5

해답

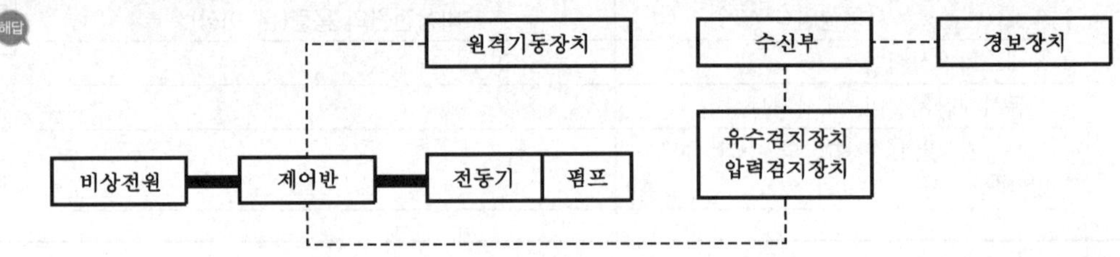

해설

- 일반배선은 사용되지 않는다. 일반배선을 어디에 그릴까를 고민하지 말라!
- **배관**(펌프 – 압력검지장치(유수검지장치), 압력검지장치(유수검지장치) – 헤드)를 표시하라는 말이 없으므로 표시하지 않는 것이 좋다.
- 내화배선 : ▬▬▬, 내열배선 : ----------, 일반배선 : —·—·— 이런 식으로 배선명칭을 먼저 쓰고 표시방법을 써주면 좋으련만 반대로 나와서 좀 혼동되기도 한다.

배선공사(내화배선 : ▬▬, 내열배선 : ------, 일반배선 : —·—·—, 배관 : ··········)

① 옥내소화전설비

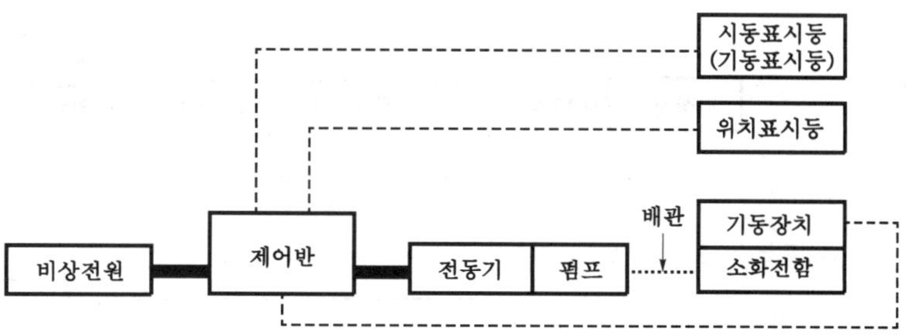

② 옥외소화전설비

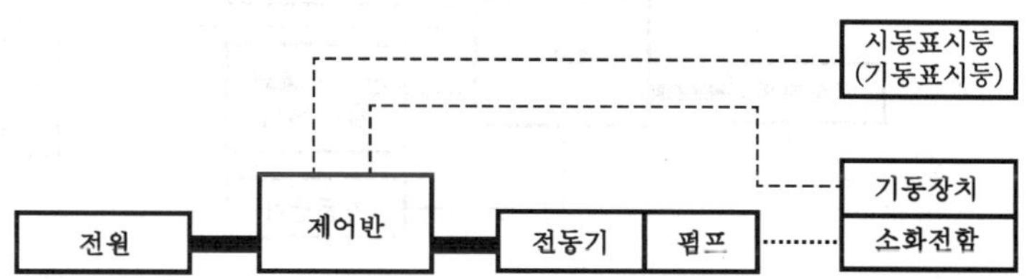

③ 자동화재탐지설비

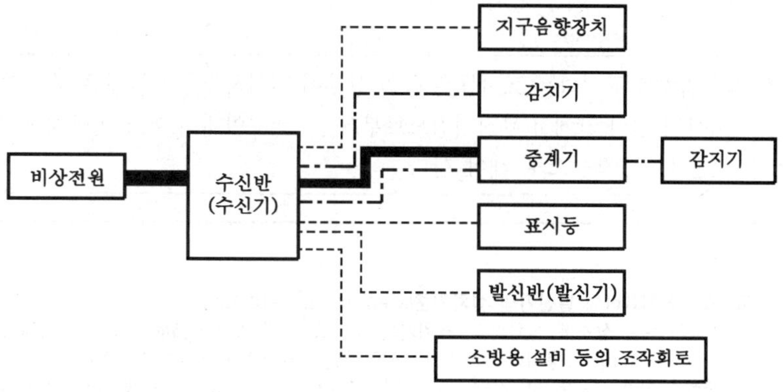

④ 비상벨 · 자동식 사이렌

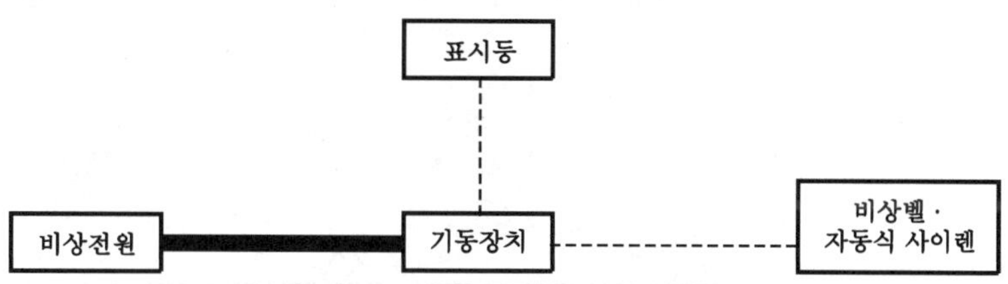

⑤ 스프링클러설비 · 물분무소화설비 · 포소화설비

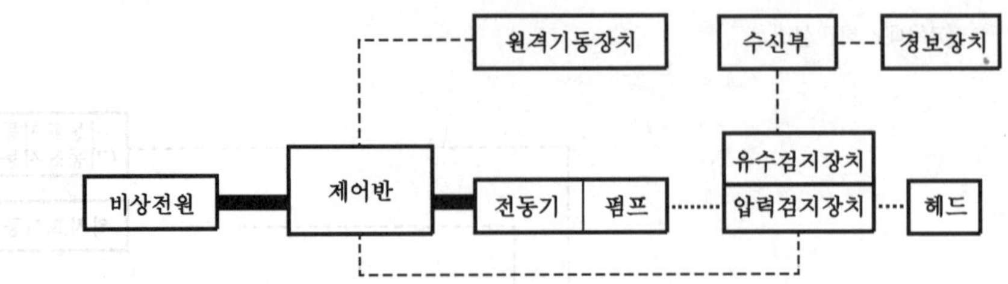

⑥ 이산화탄소소화설비 · 할론소화설비 · 분말소화설비

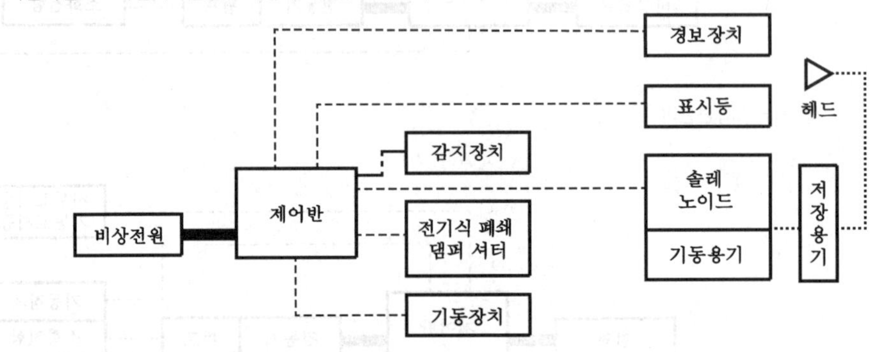

문제 14

발신기의 위치를 표시하는 표시등의 설치기준 중 다음 (　　) 안에 알맞은 내용을 쓰시오.

(19.11.문9, 19.6.문8, 15.7.문8)

득점	배점
	3

발신기의 위치를 표시하는 표시등은 함의 상부에 설치하되, 그 불빛은 부착면으로부터 (　　)° 이상의 범위 안에서 부착지점으로부터 (　　)m 이내의 어느 곳에서도 쉽게 식별할 수 있는 (　　)색등으로 해야 한다.

해답 15, 10, 적

해설 **자동화재탐지설비**의 **발신기**의 **설치기준**(NFPC 203 9조, NFTC 203 2.6.1)

(1) 조작이 **쉬운 장소**에 설치하고, **스위치**는 바닥으로부터 **0.8~1.5m** 이하의 높이에 설치
(2) 특정소방대상물의 **층**마다 설치하되, 해당 특정소방대상물의 각 부분으로부터 하나의 발신기까지의 **수평거리**가 **25m** 이하가 되도록 할 것(단, 복도 또는 별도로 구획된 실로서 **보행거리**가 **40m** 이상일 경우에는 추가로 설치)
(3) **기둥** 또는 **벽**이 설치되지 아니한 **대형공간**의 경우 **발신기**는 설치대상장소의 **가장 가까운 장소**의 **벽** 또는 **기둥** 등에 설치
(4) 발신기의 위치를 표시하는 **표시등**은 **함**의 **상부**에 설치하되, 그 불빛은 부착면으로부터 (**15**)° 이상의 범위 안에서 부착지점으로부터 (**10**)m 이내의 어느 곳에서도 쉽게 식별할 수 있는 (**적**)**색등**으로 해야 한다.

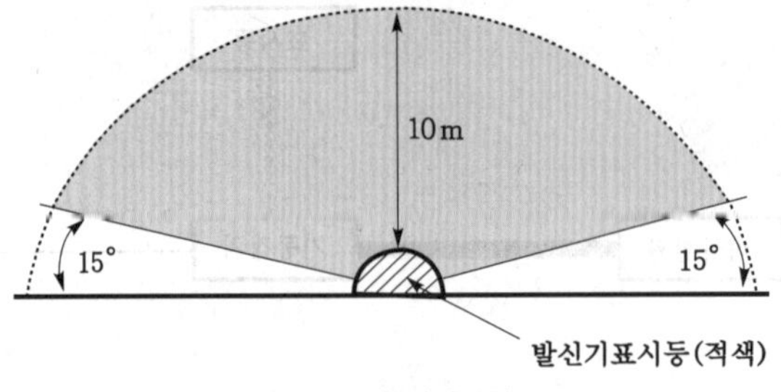

▮ 표시등의 식별범위 ▮

비교

표시등과 **발신기표시등**의 식별

① **옥내소화전설비**의 표시등(NFPC 102 7조 ③항, NFTC 102 2.4.3) ② **옥외소화전설비**의 표시등(NFPC 109 7조 ④항, NFTC 109 2.4.4) ③ **연결송수관설비**의 표시등(NFPC 502 6조, NFTC 502 2.3.1.6.1)	① **자동화재탐지설비**의 발신기표시등(NFPC 203 9조 ②항, NFTC 203 2.6) ② **스프링클러설비**의 화재감지기회로의 발신기표시등(NFPC 103 9조 ③항, NFTC 103 2.6.3.5.3) ③ **미분무소화설비**의 화재감지기회로의 발신기표시등(NFPC 104A 12조 ①항, NFTC 104A 2.9.1.8.3) ④ **포소화설비**의 화재감지기회로의 발신기표시등(NFPC 105 11조 ②항, NFTC 105 2.8.2.2.2) ⑤ **비상경보설비**의 화재감지기회로의 발신기표시등(NFPC 201 4조 ⑤항, NFTC 201 2.1.5.3)
부착면과 **15° 이하**의 각도로도 발산되어야 하며 주위의 밝기가 **0lx**인 장소에서 측정하여 **10m** 떨어진 위치에서 켜진 등이 확실히 식별될 것 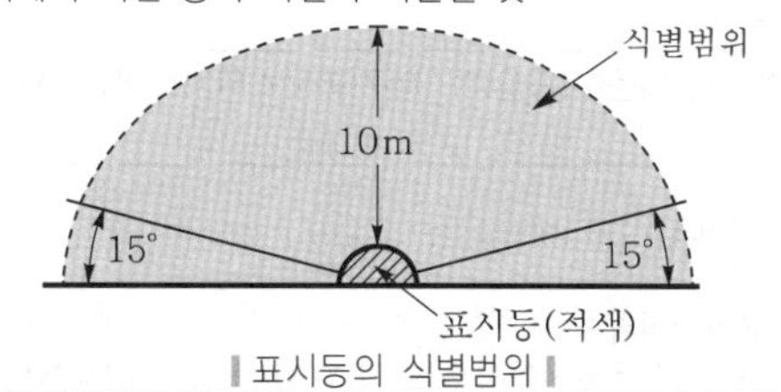 ▎표시등의 식별범위▕	부착면으로부터 **15° 이상**의 범위 안에서 **10m** 거리에서 식별 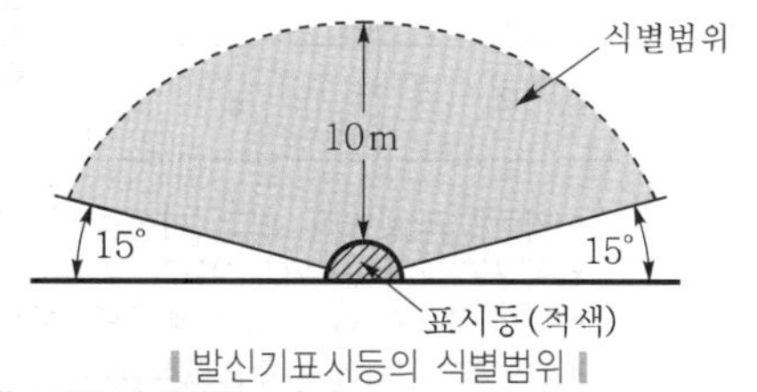 ▎발신기표시등의 식별범위▕

★★★

문제 15

다음은 솔레노이드 스위치에 의한 댐퍼기동방식과 수동복구방식을 채택한 전실제연설비의 계통도를 보여주고 있다. 시스템을 운영하는 데 필요한 전선가닥수와 선로의 용도를 쓰시오. (08.7.문17)

득점	배점
	8

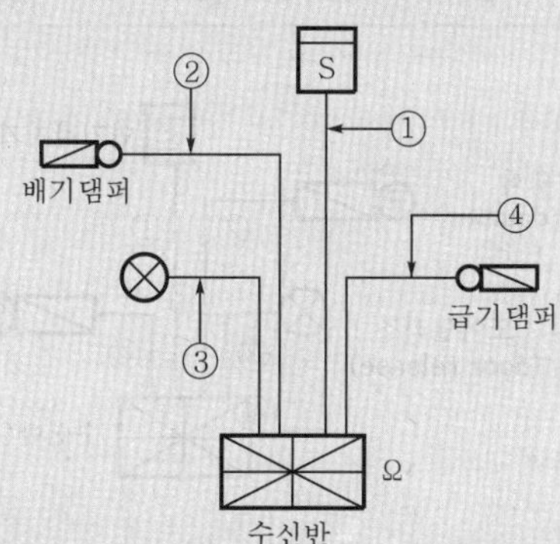

○답란

항 목	전선가닥수	용 도
①		
②		
③		
④		

해답

• **전실제연설비**란 전실 내에 신선한 공기를 유입하여 연기가 계단쪽으로 확산되는 것을 방지하기 위한 설비로 **'특별피난계단의 계단실 및 부속실 제연설비'**를 의미한다.

기 호	전선가닥수	용 도
①	4	지구 2, 공통 2
②	5	전원 ⊕, 전원 ⊖, 기동, 복구, 확인
③	3	기동, 확인, 공통
④	6	전원 ⊕, 전원 ⊖, 기동, 복구, 확인 2

해설

기 호	전선가닥수	용 도
①	4	지구 2, 공통 2
②	5	전원 ⊕, 전원 ⊖, 기동(기동출력), 복구(복구스위치), 확인(배기댐퍼확인)
③	3	기동, 확인, 공통
④	6	전원 ⊕, 전원 ⊖, 기동(기동출력), 복구(복구스위치), 확인(급기댐퍼확인), 확인(수동기동확인)

• **'기동'**이라고 써도 되고 **'기동출력'**이라고 써도 된다.
• **'복구'**라고 써도 되고 **'복구스위치'**라고 써도 된다.
• **'확인'**이라고 써도 되고 **'배기댐퍼확인'** 또는 **'급기댐퍼확인'**이라고 써도 된다.
• 전실제연설비에는 **수동조작함**이 반드시 필요하며, 수동조작함이 별도의 표시가 없는 경우에는 급기댐퍼에 내장되어 있는 경우가 일반적이다. 또한 수동조작함에는 확인(수동기동확인)이 반드시 필요하다.
• NFPC 501A 22 · 23조, NFTC 501A 2.19.1, 2.20.1.2.5에 따라 ④에는 **'수동기동확인'**이 반드시 추가되어야 한다.

특별피난계단의 계단실 및 부속실 제연설비(NFPC 501A 22 · 23조, NFTC 501A 2.19.1, 2.20.1.2.5)
- **제22조 수동기동장치** : 배출댐퍼 및 개폐기의 직근 또는 제연구역에는 장치의 작동을 위하여 **수동기동장치**를 설치하고, 스위치는 바닥으로부터 0.8~1.5m 이하의 높이에 설치해야 한다(단, 계단실 및 그 부속실을 동시에 제연하는 제연구역에는 그 부속실에만 설치할 수 있다).
- **제23조 제어반** : 제연설비의 제어반은 다음 각 호의 기준에 적합하도록 설치해야 한다.
  마. **수동기동장치**의 **작동여부**에 대한 **감시기능**

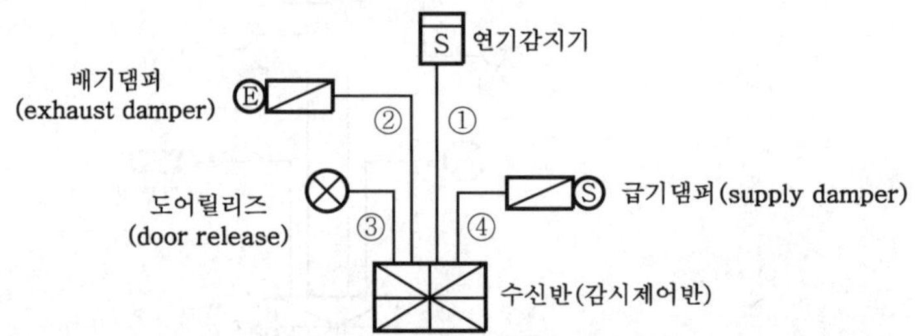

• 배기댐퍼기동확인=배기댐퍼확인
• 급기댐퍼기동확인=급기댐퍼확인

비교

자동복구방식인 **경우**

기 호	가닥수	용 도
①	4	지구 2, 공통 2
②	4	전원 ⊕, 전원 ⊖, 기동(기동출력), 확인(배기댐퍼확인)
③	3	기동, 확인, 공통
④	5	전원 ⊕, 전원 ⊖, 기동, 확인(급기댐퍼확인), 확인(수동기동확인)

중요

전실제연설비(특별피난계단의 계단실 및 부속실 제연설비)의 실제배선

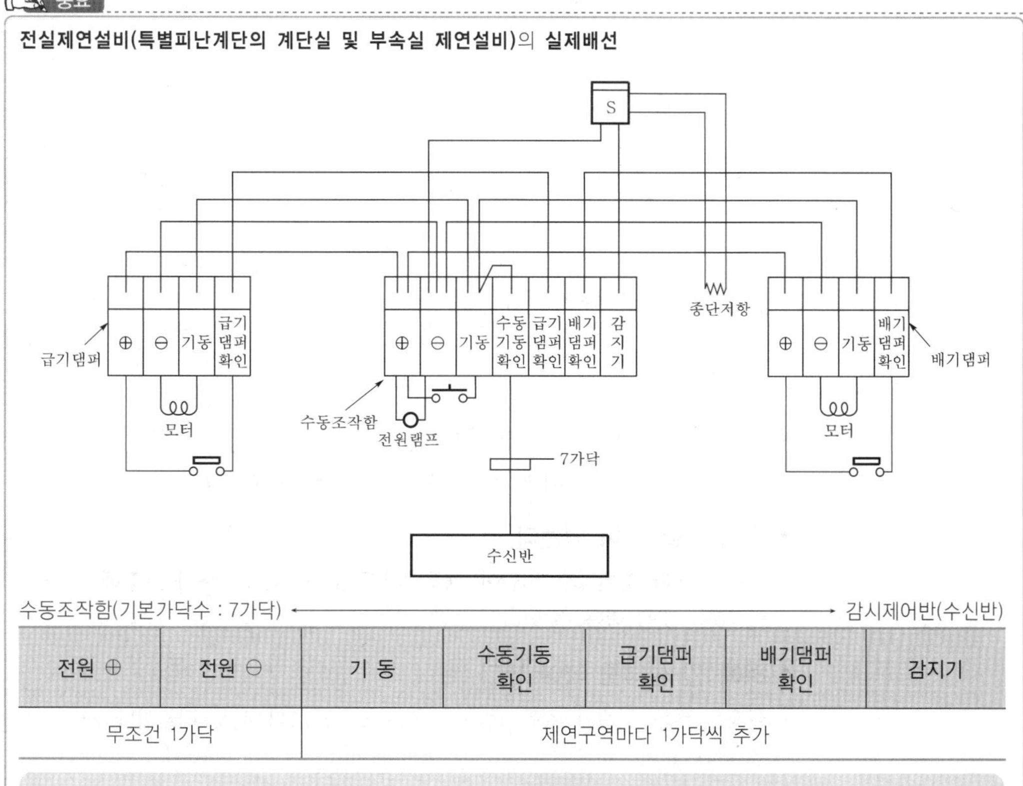

수동조작함(기본가닥수 : 7가닥) ←→ 감시제어반(수신반)

전원 ⊕	전원 ⊖	기 동	수동기동 확인	급기댐퍼 확인	배기댐퍼 확인	감지기
무조건 1가닥		제연구역마다 1가닥씩 추가				

- 수동조작함이 급기댐퍼 아래에 위치하고 있을 경우 '**급기댐퍼확인, 배기댐퍼확인, 감지기**'는 수동조작함에 연결되지 않아도 됨
- 배기댐퍼확인=배기댐퍼개방확인
- 급기댐퍼확인=급기댐퍼개방확인

우리 내부에는 승리와 패배의 씨앗이 있다. 당신은 어느 씨앗을 뿌릴 것인가?
승리의 씨앗!

- 롱펠로 -

입냄새 예방수칙

- **식사 후에는 반드시 이를 닦는다.**

  식후 입 안에 낀 음식찌꺼기는 20분이 지나면 부패하기 시작.

- **음식은 잘 씹어 먹는다.**

  침의 분비가 활발해져 입안이 깨끗해지고 소화 작용을 도와 위장에서 가스가 발산하는 것을 막을 수 있다.

- **혀에 낀 설태를 닦아 낸다.**

  설태는 썩은 달걀과 같은 냄새를 풍긴다. 1일 1회 이상 타월이나 가제 등으로 닦아 낼 것.

- **대화를 많이 한다.**

  혀 운동이 되면서 침 분비량이 늘어 구강내 자정작용이 활발해진다.

- **스트레스를 다스려라.**

  긴장과 피로가 누적되면 침의 분비가 줄어들어 입냄새의 원인이 된다.

- **과음, 과식을 피하고 규칙적인 식습관을 갖는다.**

과년도 출제문제

2015년 소방설비산업기사 실기(전기분야)

** 수험자 유의사항 **

- 공통 유의사항

1. 시험 시작 시간 이후 입실 및 응시가 불가하며, 수험표 및 접수내역 사전확인을 통한 시험장 위치, 시험장 입실 가능 시간을 숙지하시기 바랍니다.
2. 시험 준비물 : 공단인정 신분증, 수험표, 계산기(필요 시), 흑색 볼펜류 필기구(필답, 기술사 필기), 계산기(필요 시), 수험자 지참 준비물(작업형 실기)
   ※ 공학용 계산기는 일부 등급에서 제한된 모델로만 사용이 가능하므로 사전에 필히 확인 후 지참 바랍니다.
3. 부정행위 관련 유의사항 : 시험 중 다음과 같은 행위를 하는 자는 국가기술자격법 제10조 제6항의 규정에 따라 당해 검정을 중지 또는 무효로 하고 3년간 국가기술자격법에 의한 검정을 받을 자격이 정지됩니다.
   - 시험 중 다른 수험자와 시험과 관련된 대화를 하거나 답안지(작품 포함)를 교환하는 행위
   - 시험 중 다른 수험자의 답안지(작품) 또는 문제지를 엿보고 답안을 작성하거나 작품을 제작하는 행위
   - 다른 수험자를 위하여 답안(실기작품의 제작방법 포함)을 알려 주거나 엿보게 하는 행위
   - 시험 중 시험문제 내용과 관련된 물건을 휴대하여 사용하거나 이를 주고받는 행위
   - 시험장 내외의 자로부터 도움을 받고 답안지를 작성하거나 작품을 제작하는 행위
   - 다른 수험자와 성명 또는 수험번호(비번호)를 바꾸어 제출하는 행위
   - 대리시험을 치르거나 치르게 하는 행위
   - 시험시간 중 통신기기 및 전자기기를 사용하여 답안지를 작성하거나 다른 수험자를 위하여 답안을 송신하는 행위
   - 그 밖에 부정 또는 불공정한 방법으로 시험을 치르는 행위
4. 시험시간 중 전자·통신기기를 비롯한 불허물품 소지가 적발되는 경우 퇴실조치 및 당해 시험은 무효처리가 됩니다.

- 실기시험 수험자 유의사항

1. 문제지를 받는 즉시 응시 종목의 문제가 맞는지 확인하셔야 합니다.
2. 답안지 내 인적 사항 및 답안작성(계산식 포함)은 **검정색** 필기구만을 계속 사용하여야 합니다.
3. 답안정정 시에는 **두 줄**(=)을 긋고 다시 **기재 가능**하며, **수정 테이프 사용** 또한 **가능**합니다.
4. 계산문제는 반드시 '계산과정'과 '답'란에 정확히 기재하여야 하며 계산과정이 틀리거나 없는 경우 0점 처리됩니다.
   ※ 연습이 필요 시 연습란을 이용하여야 하며, 연습란은 채점대상이 아닙니다.
5. 계산문제는 최종 결과값(답)에서 소수 셋째자리에서 반올림하여 둘째자리까지 구하여야 하나 개별 문제에서 소수 처리에 대한 별도 요구사항이 있을 경우, 그 요구사항에 따라야 합니다.
6. 답에 단위가 없으면 오답으로 처리됩니다. (단, 문제의 요구사항에 단위가 주어졌을 경우는 생략되어도 무방합니다)
7. 문제에서 요구한 가지 수 이상을 답란에 표기한 경우, 답란기재 순으로 요구한 가지 수만 채점합니다.

15년 2015. 4. 19 시행

2015년 산업기사 제1회 필답형 실기시험

자격종목	시험시간	형별	수험번호	성명	감독위원 확인
소방설비산업기사(전기분야)	2시간 30분				

※ 다음 물음에 답을 해당 답란에 답하시오.(배점 : 100)

문제 01

어느 2층 건물에 자동화재탐지설비와 겸용한 자동기동방식의 옥내소화전설비와 습식 스프링클러설비를 설치하고 경보방식은 일제경보방식으로 하는 경우에 다음 각 물음에 답하시오. (08.7.문9)

득점	배점
	8

유사문제부터 풀어보세요. 실력이 팍!팍! 올라갑니다.

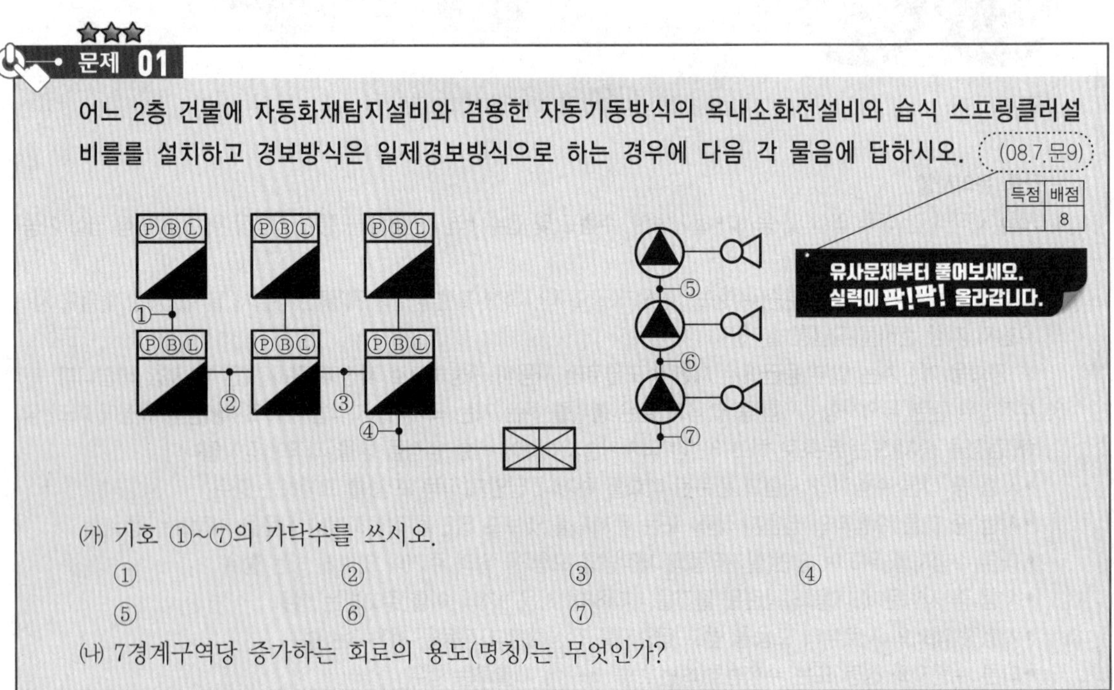

(가) 기호 ①~⑦의 가닥수를 쓰시오.

① ② ③ ④

⑤ ⑥ ⑦

(나) 7경계구역당 증가하는 회로의 용도(명칭)는 무엇인가?

해답 (가) ① 8가닥 ② 10가닥 ③ 12가닥 ④ 14가닥

⑤ 4가닥 ⑥ 7가닥 ⑦ 10가닥

(나) 회로공통선

해설 (가)

기 호	가닥수	배선의 용도
①	8	회로선 1, 회로공통선 1, 경종선 1, 경종표시등공통선 1, 표시등선 1, 응답선 1, 기동확인표시등 2
②	10	회로선 2, 회로공통선 1, 경종선 2, 경종표시등공통선 1, 표시등선 1, 응답선 1, 기동확인표시등 2
③	12	회로선 4, 회로공통선 1, 경종선 2, 경종표시등공통선 1, 표시등선 1, 응답선 1, 기동확인표시등 2
④	14	회로선 6, 회로공통선 1, 경종선 2, 경종표시등공통선 1, 표시등선 1, 응답선 1, 기동확인표시등 2
⑤	4	압력스위치 1, 탬퍼스위치 1, 사이렌 1, 공통 1
⑥	7	압력스위치 2, 탬퍼스위치 2, 사이렌 2, 공통 1
⑦	10	압력스위치 3, 탬퍼스위치 3, 사이렌 3, 공통 1

(나) **회로공통선** : 7경계구역(7회로)마다 1가닥씩 증가되어야 한다.

- 문제조건에 의해 **'일제경보방식'** 적용
- 기호 ②, ③, ④ : 지상 2층이므로 **경종선**은 **2가닥**이다.
- 습식 · 건식 스프링클러설비의 가닥수 산정

배 선	가닥수 산정
• 압력스위치	**알람체크밸브** 또는 **건식 밸브수**마다 1가닥씩 추가
• 탬퍼스위치	
• 사이렌	
• 공통	1가닥

용 어	설 명
압력스위치 (Pressure Switch)	• 물의 흐름을 감지하여 제어반에 신호를 보내 **펌프**를 **기동**시키는 스위치 • 유수검지장치의 작동 여부를 확인할 수 있는 전기적 장치
탬퍼스위치 (Tamper Switch)	• 개폐표시형 밸브의 **개폐상태**를 **감시**하는 스위치

- 압력스위치= 유수검지스위치
- 탬퍼스위치(Tamper Switch)=밸브폐쇄확인스위치=밸브개폐확인스위치

문제 02

옥내소화전설비에서 비상전원으로 사용하는 설비 2가지를 쓰시오. (19.4.문13)

○

○

득점	배점
	4

해답 ① 축전지설비

② 자가발전설비

해설 각 **설비**의 **비상전원 종류**

설 비	비상전원	비상전원 용량
• 자동화재**탐**지설비	• **축**전지설비 • 전기저장장치	**10분** 이상(30층 미만) **30분** 이상(30층 이상)
• 비상**방**송설비	• 축전지설비 • 전기저장장치	
• 비상**경**보설비	• 축전지설비 • 전기저장장치	**10분** 이상
• **유**도등	• 축전지	**20분** 이상 ※ 예외규정 : **60분** 이상 (1) **11층** 이상(지하층 제외) (2) 지하층 · 무창층으로서 **도매시장 · 소매시장 · 여객자동차터미널 · 지하철역사 · 지하상가**
• **무**선통신보조설비	명시하지 않음	**30분** 이상 기억법 **탐경유방무축**
• 비상콘센트설비	• 자가발전설비 • 축전지설비 • 비상전원수전설비 • 전기저장장치	**20분** 이상
• **스**프링클러설비 • **미**분무소화설비	• **자**가발전설비 • **축**전지설비 • **전**기저장장치 • 비상전원**수**전설비(차고 · 주차장으로서 스프링클러설비(또는 미분무소화설비)가 설치된 부분의 바닥면적 합계가 $1000m^2$ 미만인 경우)	**20분** 이상(30층 미만) **40분** 이상(30~49층 이하) **60분** 이상(50층 이상) 기억법 **스미자 수전축**

• 포소화설비	• 자가발전설비 • 축전지설비 • 전기저장장치 • 비상전원수전설비 – 호스릴포소화설비 또는 포소화전만을 설치한 차고·주차장 – 포헤드설비 또는 고정포방출설비가 설치된 부분의 바닥면적(스프링클러설비가 설치된 차고·주차장의 바닥면적 포함)의 합계가 1000m^2 미만인 것	**20분** 이상
• **간**이스프링클러설비	• 비상전원**수**전설비	**10분**(숙박시설 바닥면적 합계 300~600m^2 미만, 근린생활시설 바닥면적 합계 1000m^2 이상, 복합건축물 연면적 1000m^2 이상은 **20분**) 이상 기억법 **간수**
• 옥내소화전설비 • 연결송수관설비	• 자가발전설비 • 축전지설비 • 전기저장장치	**20분** 이상(30층 미만) **40분** 이상(30~49층 이하) **60분** 이상(50층 이상)
• 제연설비 • 분말소화설비 • 이산화탄소소화설비 • 물분무소화설비 • 할론소화설비 • 할로겐화합물 및 불활성기체 소화설비 • 화재조기진압용 스프링클러설비	• 자가발전설비 • 축전지설비 • 전기저장장치	**20분** 이상
• 비상조명등	• 자가발전설비 • 축전지설비 • 전기저장장치	**20분** 이상 ※ 예외규정 : **60분** 이상 (1) **11층** 이상(지하층 제외) (2) 지하층·무창층으로서 **도매시장·소매시장·여객자동차터미널·지하철역사·지하상가**
• 시각경보장치	• 축전지설비 • 전기저장장치	명시하지 않음

☆☆ 문제 03

P형 수신기의 1경계구역에 대한 결선도를 보고 배선내역을 작성하시오. (19.6.문7)

득점	배점
	5

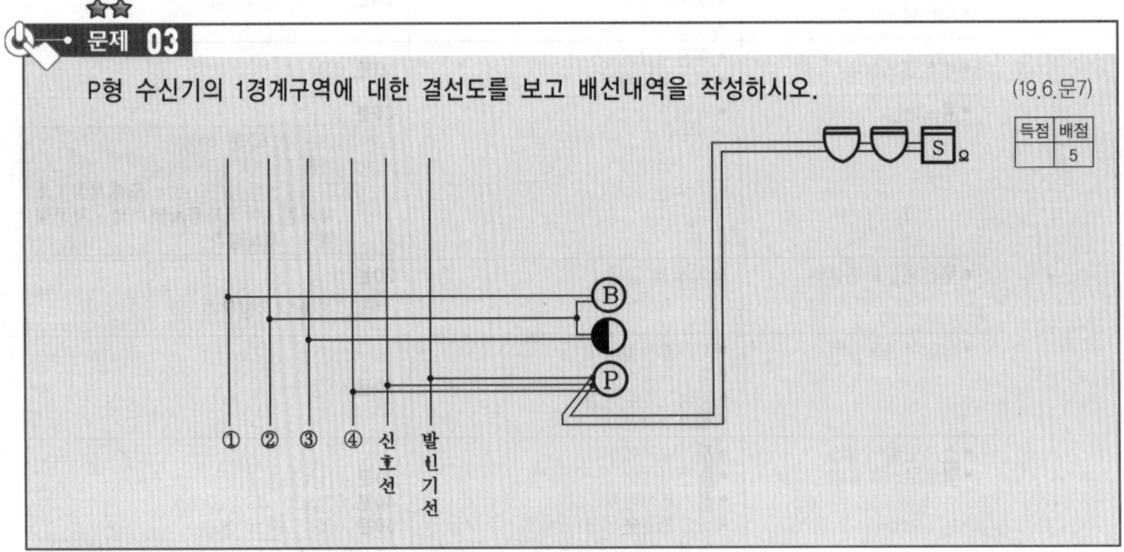

해답 ① 경종선 ② 경종표시등공통선 ③ 표시등선 ④ 신호공통선

해설

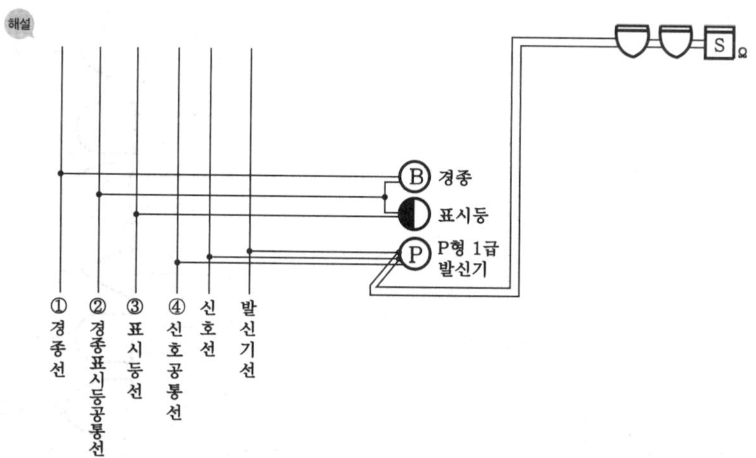

중요

(1) **P형 발신기**

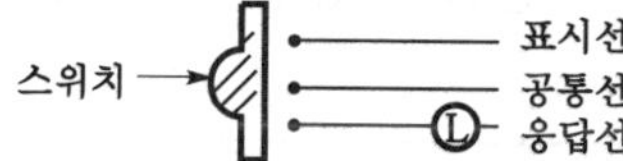

(2) **동일한 용어**

① 회로선=신호선=표시선=지구선=감지기선

② 회로공통선=신호공통선=지구공통선=감지기공통선=발신기공통선

③ 응답선=발신기응답선=확인선=발신기선

④ 경종표시등공통선=벨표시등공통선

문제 04

논리식 $Z = A + B \cdot C$ 에 대한 다음 각 물음에 답하시오.

(19.11.문2, 17.6.문16, 16.6.문10, 12.11.문4, 12.7.문10, 10.4.문3)

(가) 유접점 릴레이회로를 구성하여 그리시오.

(나) 무접점회로를 구성하여 그리시오.

(다) NAND시퀀스(NAND 무접점회로)로 구성하시오.

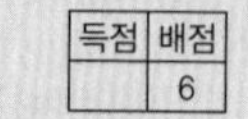

득점	배점
	6

해답

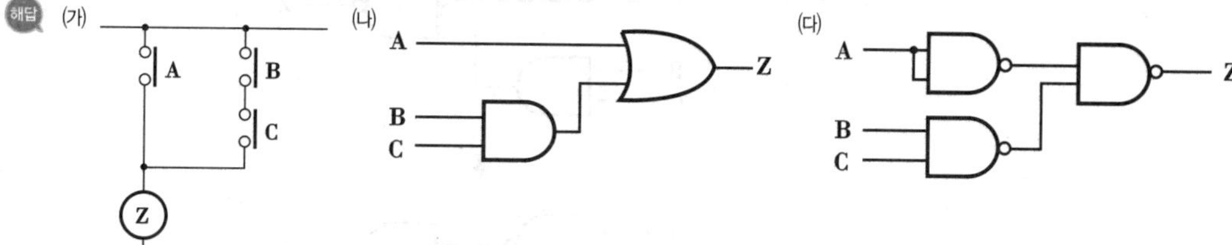

해설 (가), (나)

시퀀스	논리식	논리회로
직렬회로	$Z = A \cdot B$ $Z = AB$	A, B → Z

병렬회로	Z=A+B	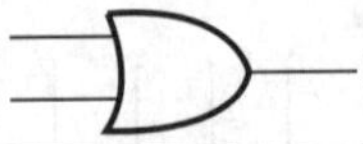
a접점	Z=A	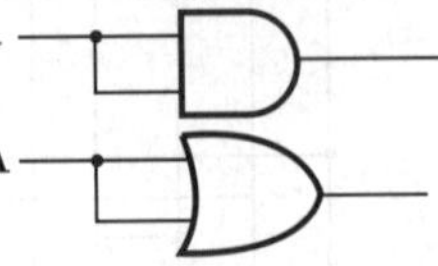
b접점	$Z=\overline{A}$	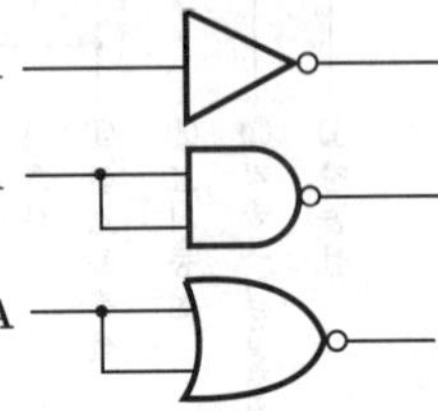

(다) **치환법**

- AND회로 → OR회로, OR회로 → AND회로로 바꾼다.
- 버블(bubble)이 있는 것은 버블을 없애고, 버블이 없는 것은 버블을 붙인다(버블(bubble)이란 작은 동그라미를 말한다).

논리회로	치 환	명 칭
버블 		NOR회로
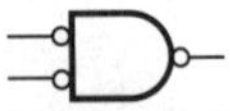	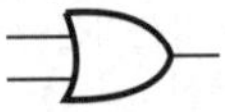	OR회로
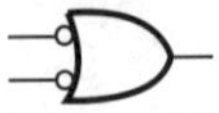	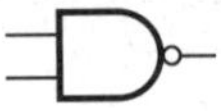	NAND회로
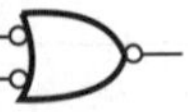	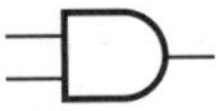	AND회로

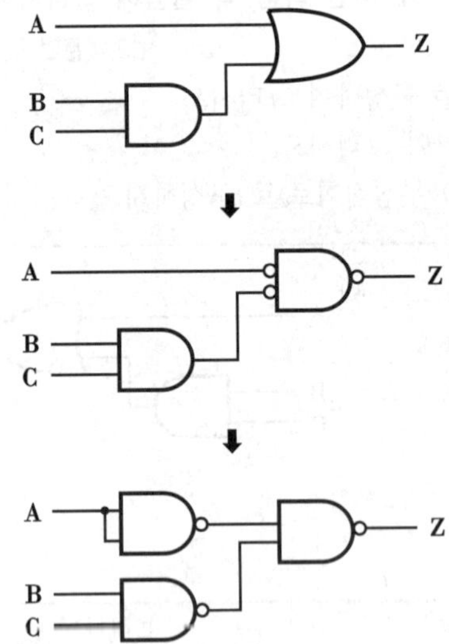

☆☆
문제 05

한국전기설비규정(KEC)에 의한 접지시스템에 대하여 다음 물음에 답하시오.

득점	배점
	12

(가) 특고압 · 고압 설비에서 접지도체로 연동선을 사용할 때 공칭단면적은 몇 mm^2 이상 사용하여야 하는가?

(나) 접지도체에 피뢰시스템이 접속되는 경우 접지도체로 구리선을 사용할 때 공칭단면적은 몇 mm^2 이상 사용하여야 하는가?

(다) 구리선을 사용할 때 큰 고장전류가 접지도체를 통하여 흐르지 않을 경우, 접지도체의 최소 단면적은 몇 mm^2 이상이어야 하는가?

(라) 철제를 사용할 때 큰 고장전류가 접지도체를 통하여 흐르지 않을 경우 접지도체의 최소 단면적은 몇 mm^2 이상이어야 하는가?

해답 (가) 6 (나) 16 (다) 6 (라) 50

해설 (1) **접지시스템**(KEC 140)

접지대상	접지시스템 구분	접지시스템 시설 종류	접지도체의 단면적 및 종류
특고압 · 고압 설비	• 계통접지 : 전력계통의 이상현상에 대비하여 대지와 계통을 접지하는 것 • 보호접지 : 감전보호를 목적으로 기기의 한 점 이상을 접지하는 것 • 피뢰시스템 접지 : 뇌격전류를 안전하게 대지로 방류하기 위해 접지하는 것	• 단독접지 • 공통접지 • 통합접지	$6mm^2$ 이상 연동선
일반적인 경우			구리 $6mm^2$(철제 $50mm^2$) 이상
변압기		**• 변압기 중성점 접지**	$16mm^2$ 이상 연동선

(2) **접지도체**에 **피뢰시스템**이 **접속**되는 **경우 접지도체**의 **단면적**(KEC 142.3.1)

구 리	철 제
$16mm^2$ 이상	$50mm^2$ 이상

(3) **큰 고장전류**가 **접지도체**를 **통하여 흐르지 않을 경우 접지도체**의 **최소 단면적**(KEC 142.3.1)

구 리	철 제
$6mm^2$ 이상	$50mm^2$ 이상

☆
문제 06

스프링클러설비에서 감시제어반과 동력제어반으로 구분하여 설치하지 않아도 되는 경우 4가지를 쓰시오.

득점	배점
	4

○
○
○
○

해답 ① 다음의 어느 하나에 해당하지 않는 특정소방대상물에 설치되는 스프링클러설비
㉠ 지하층을 제외한 층수가 7층 이상으로서 연면적이 $2000m^2$ 이상인 것
㉡ ㉠에 해당하지 않는 특정소방대상물로서 지하층의 바닥면적의 합계가 $3000m^2$ 이상인 것
② 내연기관에 따른 가압송수장치를 사용하는 스프링클러설비
③ 고가수조에 따른 가압송수장치를 사용하는 스프링클러설비
④ 가압수조에 따른 가압송수장치를 사용하는 스프링클러설비

해설 **스프링클러설비에서 감시제어반과 동력제어반으로 구분하여 설치하지 않아도 되는 경우**(NFPC 103 13조, NFTC 103 2.10.1)

① 다음의 어느 하나에 해당하지 않는 특정소방대상물에 설치되는 스프링클러설비
㉠ 지하층을 제외한 층수가 **7층** 이상으로서 연면적이 **2000m²** 이상인 것
㉡ ㉠에 해당하지 않는 특정소방대상물로서 **지하층**의 바닥면적의 합계가 **3000m²** 이상인 것
② **내연기관**에 따른 가압송수장치를 사용하는 스프링클러설비
③ **고가수조**에 따른 가압송수장치를 사용하는 스프링클러설비
④ **가압수조**에 따른 가압송수장치를 사용하는 스프링클러설비

기억법 감동 72 지3 내고가

☆☆
문제 07

다음 주어진 자동화재탐지설비 도면을 다음 조건을 참고하여 배관배선을 완성하고 그 가닥수를 표시하시오. (08.11.문11)

득점	배점
	5

〔조건〕
① C방호구역은 B방호구역의 발신기를 같이 사용한다.
② 모든 발신기는 Joint box를 지나가게 한다.
③ 경종과 표시등의 공통선은 회로공통선과 분리하여 사용하며, 종단저항은 발신기세트 내부에 설치한다.

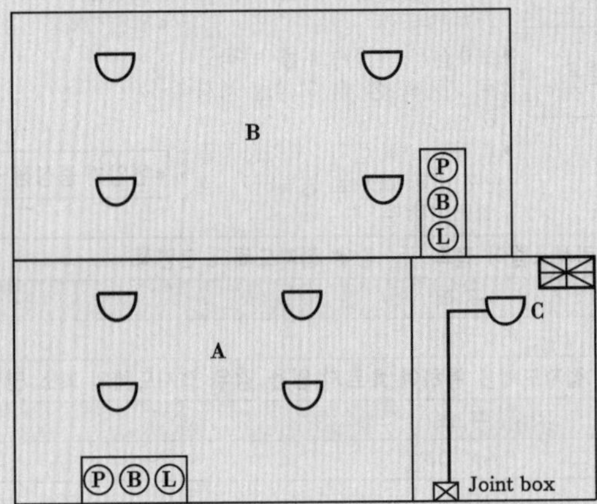

해답

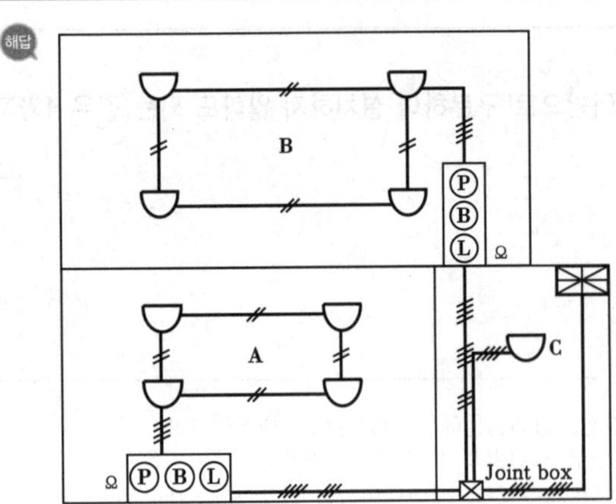

해설

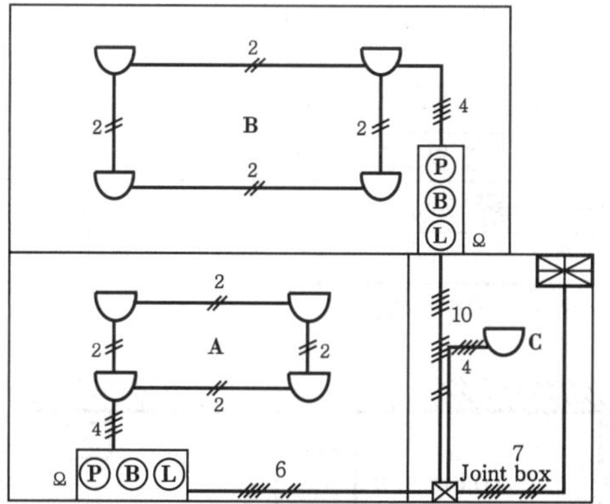

- **평면도**이므로 **일제경보방식**으로 산정하면 **경종선**은 **모두 1가닥**이다.
- **발신기세트**가 **2개**이므로 일반적으로 **2회로**로 구성하면 된다.
- **종단저항**도 꼭 표시하도록 할 것

가닥수	배선의 용도
2가닥	지구 1, 공통 1
4가닥	지구 2, 공통 2
6가닥	회로선 1, 회로공통선 1, 경종선 1, 경종표시등공통선 1, 응답선 1, 표시등선 1
7가닥	회로선 2, 회로공통선 1, 경종선 1, 경종표시등공통선 1, 응답선 1, 표시등선 1
6가닥+4가닥=10가닥	회로선 1, 회로공통선 1, 경종선 1, 경종표시등공통선 1, 응답선 1, 표시등선 1, 지구 2, 공통 2

- **10가닥** : 기본 6가닥에 〔조건 ①〕에 의해 C방호구역의 감지기배선이 B방호구역 발신기에 연결되어야 하므로 4가닥(지구 2, 공통 2)이 추가된다. 확대부분 그림을 잘 보라!

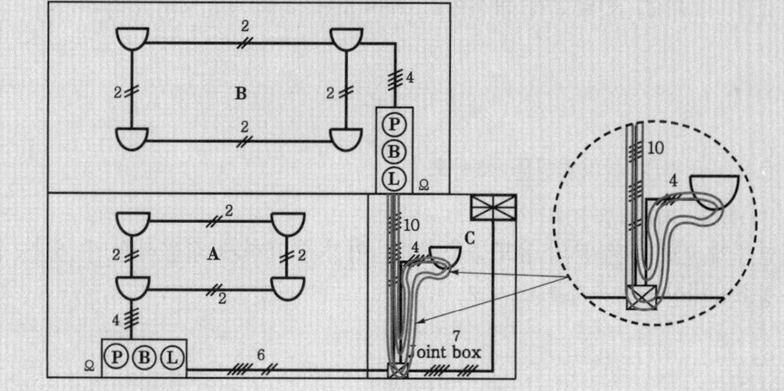

★★★
문제 08

어느 건물에 연기감지기를 설치하고자 한다. 연기감지기는 2종을 사용하며 부착높이는 3m일 때 다음 각 물음에 답하시오.

득점	배점
	4

(가) 바닥면적 몇 m^2마다 1개 이상 설치하여야 하는가?
(나) 벽 또는 보로부터 몇 m 이상 떨어진 곳에 설치하여야 하는가?
(다) 복도에 있어서는 보행거리 몇 m마다 1개 이상 설치하여야 하는가?
(라) 계단에 있어서는 수직거리 몇 m마다 1개 이상 설치하여야 하는가?

 (가) $150m^2$ (나) 0.6m (다) 30m (라) 15m

해설 (가) **연기감지기**의 **바닥면적**(NFPC 203 7조, NFTC 203 2.4.3.10.1)

부착높이	감지기의 종류	
	1종 및 2종	3종
4m 미만 →	$150m^2$	$50m^2$
4~20m 미만	$75m^2$	설치 불가능

(나) 연기감지기는 벽 또는 보로부터 **0.6m** 이상 떨어진 곳에 설치할 것

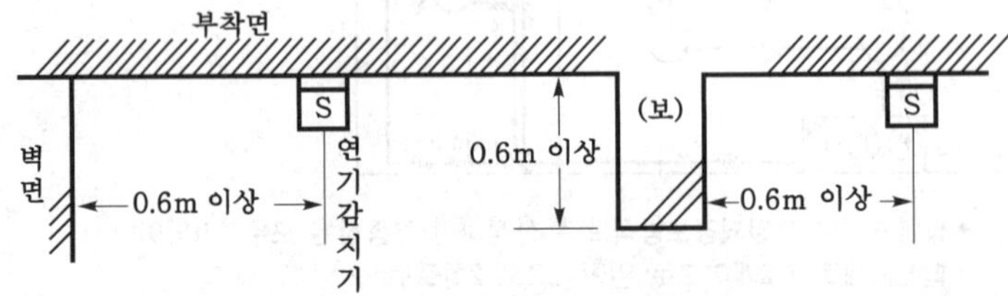

‖ 벽 또는 보로부터의 연기감지기 설치 ‖

(다), (라) **연기감지기**의 **설치기준**(NFPC 203 7조, NFTC 203 2.4.3.10.2)

구 분	감지기의 종류	
	1종 및 2종	3종
복도 및 통로 →	보행거리 **30m**	보행거리 **20m**
계단 및 경사로 →	수직거리 **15m**	수직거리 **10m**

☆

문제 09

유도등에 관한 다음 각 물음에 답하시오. (17.6.문4, 12.11.문17)

득점	배점
	4

(가) 공연장, 집회장, 관람장에 설치하는 유도등의 종류 3가지를 쓰시오.

○

○

○

(나) 통로유도표지의 설치위치를 쓰시오.

○

(다) 피난층에 이르는 부분의 유도등을 60분 이상 유효하게 작동시킬 수 있는 용량으로 하여야 하는 특정소방대상물 2가지를 쓰시오.

○

○

해답 (가) ① 대형 피난구유도등
② 통로유도등
③ 객석유도등

(나) 바닥으로부터 높이 1m 이하

(다) ① 11층 이상(지하층 제외)
② 지하층 · 무창층으로서 도매시장 · 소매시장 · 여객자동차터미널 · 지하역사 · 지하상가

해설 (가) **유도등 및 유도표지**의 **종류**(NFPC 303 4조, NFTC 303 2.1.1)

설치장소	유도등 및 유도표지의 종류
• **공연장 · 집회장 · 관람장** · 운동시설 • 유흥주점 영업시설(카바레, 나이트클럽)	• **대형** 피난구유도등 • 통로유도등 • 객석유도등
• 위락시설 · 판매시설 · 운수시설 · 장례시설(장례식장) • 관광숙박업 · 의료시설 · 방송통신시설 • 전시장 · 지하상가 · 지하역사	• **대형** 피난구유도등 • 통로유도등
• 숙박시설 · 오피스텔 • 지하층 · 무창층 및 11층 이상인 특정소방대상물	• **중형** 피난구유도등 • 통로유도등
• 근린생활시설 · 노유자시설 · 업무시설 · 발전시설 • 종교시설 · 교육연구시설 · 공장 · 수련시설 • 교정 및 군사시설 • 자동차정비공장 · 운전학원 및 정비학원 • 다중이용업소 · 복합건축물	• **소형** 피난구유도등 • 통로유도등
• 그 밖의 것	• 피난구유도표지 • 통로유도표지

(나) **설치높이**(설치위치)

설치높이	유도등 · 유도표지
바닥으로부터 높이 **1m 이하**	• 복도통로유도등 • 계단통로유도등 • 통로유도표지
바닥으로부터 높이 **1.5m 이상**	• 피난구유도등 • 거실통로유도등
출입구 상단	• 피난구유도표지

• '**1m 이하**'라고만 쓰면 틀린다. '**바닥으로부터 높이 1m 이하**'라고 정확히 쓰자.

(다) **유도등 · 비상조명등**의 **60분 이상 작동용량**(NFPC 303 10조, NFTC 303 2.7.2.2 / NFPC 304 4조, NFTC 304 2.1.1.5)

(1) **11층** 이상(지하층 제외)

(2) 지하층 · 무창층으로서 **도매시장 · 소매시장 · 여객자동차터미널 · 지하역사 · 지하상가**

기억법 **도소여지 11 60**

• '**지하층 제외**'라는 말도 반드시 써야 한다.

☆☆

문제 10

알칼리축전지의 정격용량은 70Ah, 상시부하 2kW, 표준전압 100V인 부동충전방식인 충전기의 2차 출력은 몇 kVA인가? (19.4.문3)

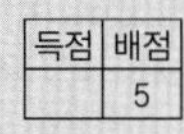

○ 계산과정 :

○ 답 :

○ 계산과정 : $\frac{70}{5}+\frac{2\times10^3}{100}=34\text{A}$

$100\times34=3400\text{VA}=3.4\text{kVA}$

○ 답 : 3.4kVA

해설

$$2차\ 충전전류 = \frac{축전지의\ 정격용량}{축전지의\ 공칭용량} + \frac{상시부하}{표준전압} = \frac{70}{5} + \frac{2\times10^3}{100} = 34\text{A}$$

충전기 2차 출력=표준전압×2차 충전전류 $= 100 \times 34 = 3400\text{VA} = 3.4\text{kVA}$

- 문제에서 **알칼리축전지**이므로 공칭용량은 **5Ah**
- 1000VA=1kVA이므로 3400VA=3.4kVA

참고

연축전지와 알칼리축전지의 비교

구 분	연축전지	알칼리축전지
공칭전압	2.0V	1.2V
방전종지전압	1.75V(무보수 밀폐형 연축전지)	1V(원통형 니켈카드뮴 축전지)
기전력	2.05~2.08V	1.32V
공칭용량	10Ah	5Ah
기계적 강도	약하다.	강하다.
과충방전에 의한 전기적 강도	약하다.	강하다.
충전시간	길다.	짧다.
종류	클래드식, 페이스트식	소결식, 포켓식
수명	5~15년	15~20년

★★★

문제 11

유도등에 관한 다음 각 물음에 답하시오. (13.4.문13, 10.7.문5)

(가) 유도등의 3선식 배선 미완성 결선도이다. 결선을 완성하시오.

득점	배점
	9

전원

원격 S/W

백 흑 적 유도등

백 흑 적 유도등

(나) 2선식 배선의 특징을 4가지 쓰시오.

○

○

○

○

(다) 3선식 배선의 특징을 4가지 쓰시오.

○

○

○

○

해답 (가)

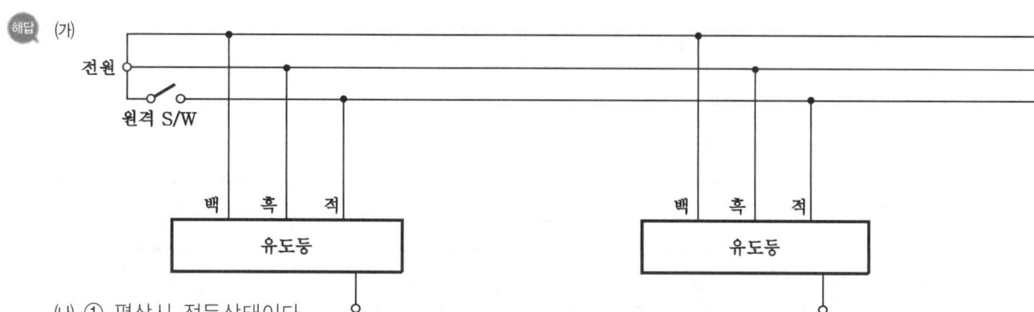

(나) ① 평상시 점등상태이다.
② 전선소모가 적다.
③ 전력소모가 많다.
④ 원격 S/W가 필요 없다.

(다) ① 평상시 소등상태이고, 정전시 또는 비상시에 점등된다.
② 전선소모가 많다.
③ 전력소모가 적다.
④ 원격 S/W가 필요하다.

해설 **2선식 배선**과 **3선식 배선**

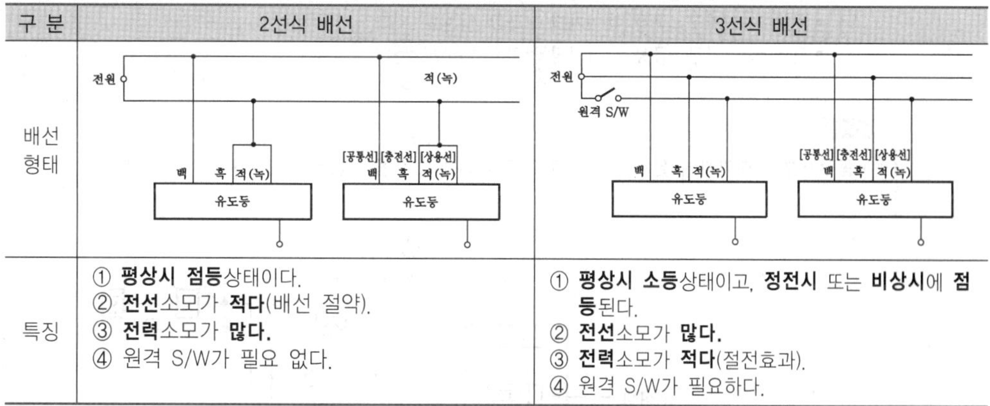

구 분	2선식 배선	3선식 배선
배선 형태		
특징	① **평상시 점등**상태이다. ② **전선**소모가 **적다**(배선 절약). ③ **전력**소모가 **많다.** ④ 원격 S/W가 필요 없다.	① **평상시 소등**상태이고, **정전시** 또는 **비상시**에 **점등**된다. ② **전선**소모가 **많다.** ③ **전력**소모가 **적다**(절전효과). ④ 원격 S/W가 필요하다.

☆☆☆

문제 12

전기실에 설치된 패키지 시스템(package system)에 대한 할론소화설비의 전기적인 계통도를 참고하여 배선수와 각 배선의 용도를 다음 표에 작성하시오. (단, 운전조작상 필요한 전선수를 답하도록 한다.)

(17.11.문16, 16.11.문4, 09.10.문14)

득점	배점
	8

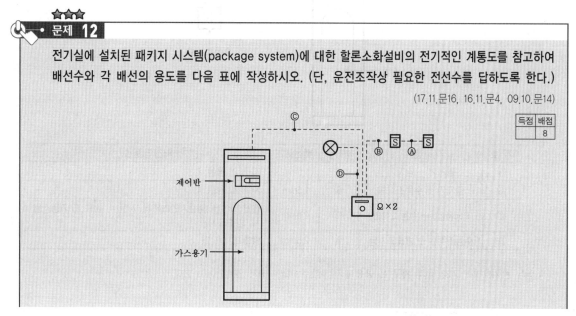

Ⓒ
Ⓑ Ⓐ
Ⓓ
제어반
Ω×2
가스용기

기 호	배선수	배선의 용도
Ⓐ		
Ⓑ		
Ⓒ		
Ⓓ		

해답

기 호	구 분	배선수	배선굵기	배선의 용도
Ⓐ	감지기 ↔ 감지기	4	$1.5mm^2$	지구 2, 공통 2
Ⓑ	감지기 ↔ 수동조작함	8	$1.5mm^2$	지구 4, 공통 4
Ⓒ	Package ↔ 수동조작함	7	$2.5mm^2$	전원 ⊕·⊖, 방출지연스위치, 감지기 A·B, 기동스위치, 방출표시등
Ⓓ	수동조작함 ↔ 방출표시등	2	$2.5mm^2$	방출표시등 2

해설

- 문제는 종단저항이 수동조작함에 설치되어 있고, 감지기배선이 수동조작함을 거쳐서 패키지에 연결되는 경우이다. 종단저항위치와 배선에 따라 가닥수가 달라지므로 주의하라!
- 기호 Ⓐ : '**지구, 공통 각 2가닥**'이라고 답해도 된다.
- 기호 Ⓑ : '**지구, 공통 각 4가닥**'이라고 답해도 된다.

비교

(1) **종단저항**이 **패키지**에 **설치**되어 있고, 감지기배선이 **수동조작함**을 거쳐서 패키지에 연결되는 경우

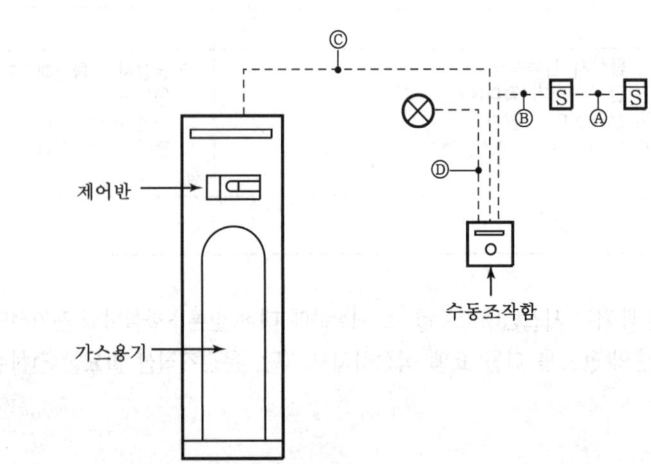

기 호	구 분	배선수	배선굵기	배선의 용도
Ⓐ	감지기 ↔ 감지기	4	$1.5mm^2$	지구 2, 공통 2
Ⓑ	감지기 ↔ 수동조작함	8	$1.5mm^2$	지구 4, 공통 4
Ⓒ	Package ↔ 수동조작함	13	$2.5mm^2$	전원 ⊕·⊖, 방출지연스위치, 지구 4, 공통 4, 기동스위치, 방출표시등
Ⓓ	수동조작함 ↔ 방출표시등	2	$2.5mm^2$	방출표시등 2

- 기호 Ⓒ : 기호 Ⓑ의 '**지구 4, 공통 4**'가 그대로 패키지까지 연결되어야 한다.

(2) **종단저항**이 **수동조작함**에 **설치**되어 있고 감지기배선이 직접 패키지에 연결되는 경우

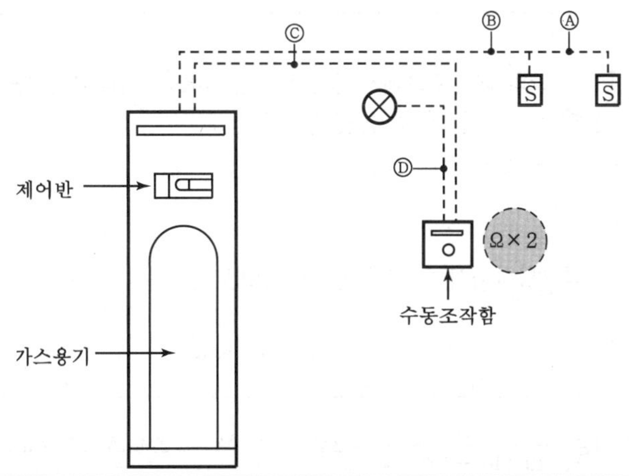

기 호	구 분	배선수	배선굵기	배선의 용도
Ⓐ	감지기 ↔ 감지기	4	1.5mm^2	지구 2, 공통 2
Ⓑ	감지기 ↔ Package	8	1.5mm^2	지구 4, 공통 4
Ⓒ	Package ↔ 수동조작함	7	2.5mm^2	전원 ⊕·⊖, 방출지연스위치, 감지기 A·B, 기동스위치, 방출표시등
Ⓓ	수동조작함 ↔ 방출표시등	2	2.5mm^2	방출표시등 2

(3) **종단저항**이 **패키지**에 **설치**되어 있고 감지기배선이 직접 패키지에 연결되는 경우

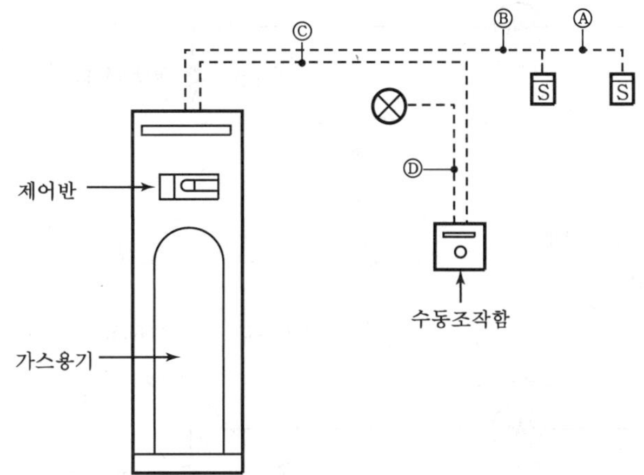

기 호	구 분	배선수	배선굵기	배선의 용도
Ⓐ	감지기 ↔ 감지기	4	1.5mm^2	지구 2, 공통 2
Ⓑ	감지기 ↔ Package	8	1.5mm^2	지구 4, 공통 4
Ⓒ	Package ↔ 수동조작함	5	2.5mm^2	전원 ⊕·⊖, 방출지연스위치, 기동스위치, 방출표시등
Ⓓ	수동조작함 ↔ 방출표시등	2	2.5mm^2	방출표시등 2

☆☆

 문제 13

P형 수신기와 감지기와의 배선회로에서 종단저항은 10kΩ, 릴레이저항은 500Ω, 배선회로의 저항은 50Ω이며, 회로전압이 24V일 때 각 물음에 답하시오. (19.6.문11, 16.4.문5, 11.5.문3, 04.7.문8)

득점	배점
	6

(가) 평상시 감시전류는 몇 mA인가?
- ○계산과정 :
- ○답 :

(나) 감지기가 동작할 때(화재시)의 전류는 몇 mA인가?
- ○계산과정 :
- ○답 :

해답 (가) ○계산과정 : $\frac{24}{10\times10^3+500+50}=2.274\times10^{-3}\text{A}=2.274\text{mA} \fallingdotseq 2.27\text{mA}$

○답 : 2.27mA

(나) ○계산과정 : $\frac{24}{500+50}=0.043636\text{A}=43.636\text{mA} \fallingdotseq 43.64\text{mA}$

○답 : 43.64mA

해설 (가) **감**시전류 I는

$$I=\frac{\underline{회}로전압}{\underline{종}단저항+\underline{릴}레이저항+\underline{배}선저항}=\frac{24}{10\times10^3+500+50}=2.274\times10^{-3}\text{A}=2.274\text{mA} \fallingdotseq 2.27\text{mA}$$

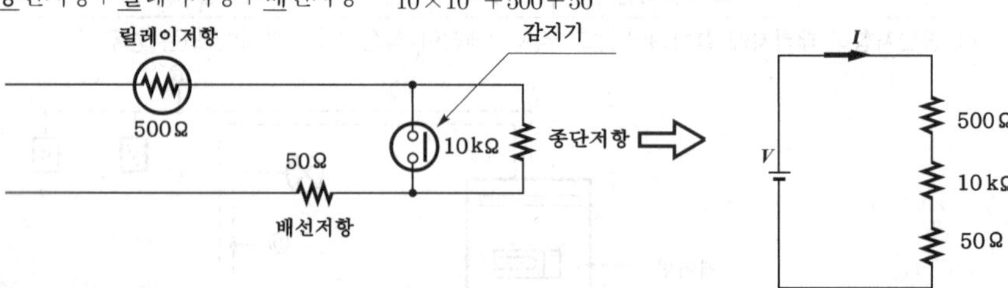

기억법 감회종릴배

(나) **동작전류** I는

$$I=\frac{\underline{회}로전압}{\underline{릴}레이저항+\underline{배}선저항}=\frac{24}{500+50}=0.043636\text{A}=43.636\text{mA} \fallingdotseq 43.64\text{mA}$$

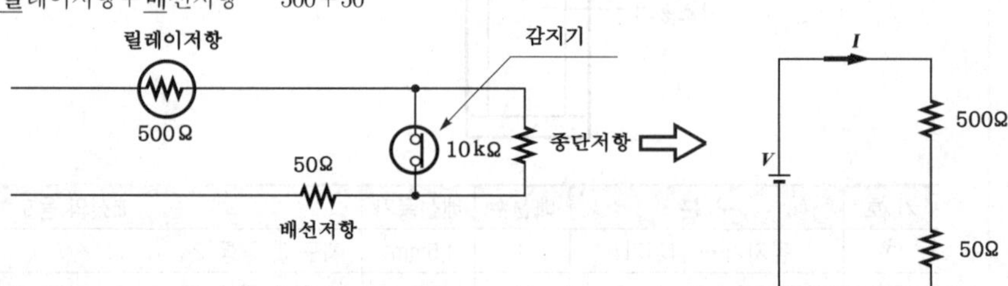

기억법 동회릴배

☆☆☆

문제 14

바닥으로부터 천장까지의 높이가 15m 이상 20m 미만인 특정소방대상물에 설치할 수 있는 감지기의 종류를 3가지만 쓰시오. (19.6.문2)

○ ○ ○

득점	배점
	3

해답 ① 이온화식 1종 ② 연기복합형 ③ 불꽃감지기

해설 **감지기**의 **설치기준** (NFPC 203 7조, NFTC 203 2.4.1)

부착높이	감지기의 종류
4m **미**만	• 차동식(스포트형, 분포형) • 보상식 스포트형 • 정온식(스포트형, 감지선형) — **열**감지기 • 이온화식 또는 광전식(스포트형, 분리형, 공기흡입형) : **연**기감지기 • 열복합형 • 연기복합형 • 열연기복합형 — **복**합형 감지기 • **불**꽃감지기 기억법 **열연불복 4미**
4~**8**m **미**만	• 차동식(스포트형, 분포형) • 보상식 스포트형 • **정**온식(스포트형, 감지선형) **특**종 또는 **1**종 — **열**감지기 • **이**온화식 **1**종 또는 **2**종 • **광**전식(스포트형, 분리형, 공기흡입형) 1종 또는 2종 — 연기감지기 • 열복합형 • 연기복합형 • 열연기복합형 — **복**합형 감지기 • **불**꽃감지기 기억법 **8미열 정특1 이광12 복불**
8~**15**m 미만	• 차동식 **분**포형 • **이**온화식 **1**종 또는 **2**종 • **광**전식(스포트형, 분리형, 공기흡입형) 1종 또는 2종 • **연**기**복**합형 • **불**꽃감지기 기억법 **15분 이광12 연복불**
15~**2**0m 미만	• **이**온화식 1종 • **광**전식(스포트형, 분리형, 공기흡입형) 1종 • **연**기**복**합형 • **불**꽃감지기 기억법 **이광불연복2**
20m 이상	• **불**꽃감지기 • **광**전식(분리형, 공기흡입형) 중 **아**날로그방식 기억법 **불광아**

☆ **문제 15**

광전식 스포트형 감지기(아날로그식 제외)에 대한 다음 각 물음에 답하시오.

득점	배점
	5

(가) 감도시험에 관한 다음 표의 (   ) 안을 완성하시오.

○ 작동시험 : 1m당 감광률 $1.5K$인 농도의 연기를 포함하는 풍속이 V[cm/s]의 기류에 투입하는 경우 비축적형인 것은 T초 이내에서 작동하고, 축적형은 T초 이내에서 감지한 후 공칭축적시간 ±5 범위에서 화재신호를 발신하여야 한다.

○ 부작동시험 : 1m당 감광률 $0.5K$ 농도의 연기를 포함하는 풍속이 V[cm/s]의 기류에 투입하는 경우 t분 이내에는 작동하지 아니하여야 한다.

종 별	K	V	T	t
1종	(①)	20 이상 40 이하	(②)	(③)
2종	10			
3종	15			

(나) 빛의 파장이 먼지 등에 의해 산란을 일으켜 수광부에 들어오는 빛이 감광하여 저항이 감소되는 법칙을 무엇이라고 하는가?

(다) 농도 K의 단위는 무엇인가?

해답 (가) ① 5 ② 30 ③ 5
(나) MIE 분산법칙
(다) %/m

해설 (가) **광전식 스포트형 감지기**(아날로그식 제외)의 **화재정보신호** 및 **감도시험**

① **작동시험** : 1m당 감광률 **1.5K**인 농도의 연기를 포함하는 풍속이 V[cm/s]의 기류에 투입하는 경우 비축적형인 것은 T초 이내에서 작동하고, 축적형은 T초 이내에서 감지한 후 공칭축적시간 **±5** 범위에서 화재신호를 발신하여야 한다.

② **부작동시험** : 1m당 감광률 **0.5K**인 농도의 연기를 포함하는 풍속이 V[cm/s]의 기류에 투입하는 경우 t분 이내에는 작동하지 아니하여야 한다.

종 별	K	V	T	t
1종	5	20 이상 40 이하	30	5
2종	10			
3종	15			

(주) K는 공칭작동농도로서 **감광률**로 나타낸다. 이 경우 감광률은 광원을 색온도 **2800도**인 **백열전구**로 하고 수광부는 시감도에 비슷한 것으로 한다.

비교

이온화식 감지기(아날로그식 제외)의 **화재정보신호** 및 **감도시험**

(1) **작동시험** : 전리전류의 변화율 **1.35K**인 농도의 연기를 포함하는 풍속이 V[cm/s]의 기류에 투입하는 경우 비축적형은 T초 이내에서 작동하고, 축적형은 T초 이내에서 감지한 후 공칭축적시간 **±5초** 범위에서 화재신호를 발신하여야 한다.

(2) **부작동시험** : 전리전류의 변화율 **0.65K**인 농도의 연기를 포함하는 풍속이 V[cm/s]의 기류에 투입하는 경우 t분 이내에는 작동하지 아니하여야 한다.

종 별	K	V	T	t
1종	0.19	20 이상 40 이하	30	5
2종	0.24			
3종	0.28			

(주) K는 공칭작동 전리전류변화율로서 평행판전극(전극간의 간격이 2cm이고 한쪽의 전극이 직경 **5cm**의 원형인 금속판에 **3.034×105Bq(8.2μCi)**의 아메리시움 241을 부착한 것을 말함) 사이에 **20V**의 직류전압을 가하는 경우 연기에 의한 전리전류의 변화율을 말한다.

(나) **MIE 분산(산란)법칙**(MIE Dispersion Law)

① **빛**의 **파장**이 먼지 등에 의해 산란을 일으켜 수광부에 들어오는 빛이 감광하여 **저항**이 **감소**되는 법칙

② 모든 광전식 감지기의 기본원리이며 공기 중에 부유하는 작은 입자의 직경이 분산된 빛의 파장보다 길어야만 빛이 반사된다는 법칙

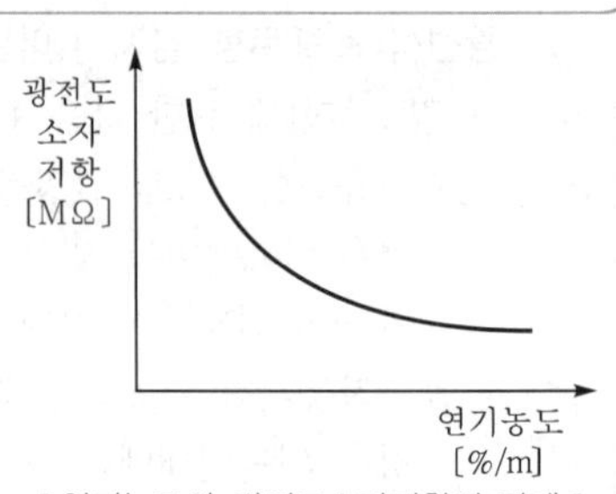

▌연기농도와 광전도소자저항의 관계▐

(다) **연기농도 · 감광률의 단위** : %/m

☆☆
문제 16

어떤 건물의 실(室)에 전실 제연설비를 설치하고자 한다. 도면과 조건을 참고하여 배선수 및 배선의 용도를 쓰시오. (12.4.문12)

득점	배점
	12

[조건]

① 감지기공통선은 전원 ⊖와 공통으로 사용한다.
② 모든 댐퍼는 모터구동방식이며, 별도의 복구선은 없는 것으로 한다.
③ 배선은 운전조작상 필요한 최소전선수로 한다.

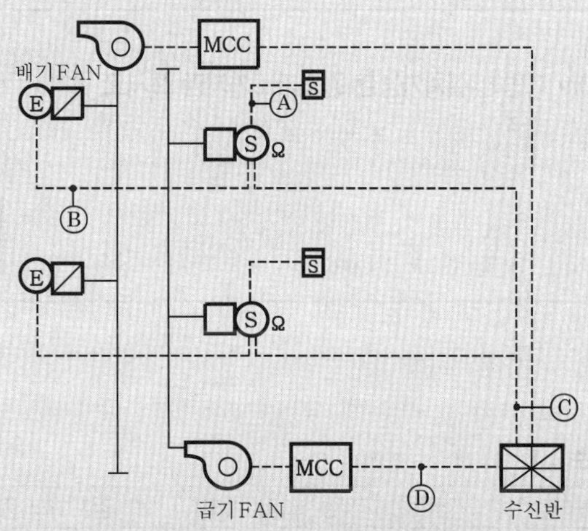

구 분	배선수	배선의 용도
ㅁ 급기댐퍼↔감지기		
ㅁ 배기댐퍼↔급기댐퍼		
ㅁ 2개 구역일 때		
ㅁ MCC↔수신반		기동, 정지, 기동표시등, 전원표시등, 공통

해답

구 분	배선수	배선의 용도
Ⓐ 급기댐퍼 ↔ 감지기	4	지구 2, 공통 2
Ⓑ 배기댐퍼 ↔ 급기댐퍼	4	전원 ⊕ · ⊖, 기동, 확인
Ⓒ 2개 구역일 때	12	전원 ⊕ · ⊖, (기동, 감지기, 확인 3)×2
Ⓓ MCC ↔ 수신반	5	기동, 정지, 기동표시등, 전원표시등, 공통

해설 **'감지기공통선과 전원 ⊖를 분리'해서 사용하는 경우**

구 분	배선수	배선의 용도
Ⓐ 급기댐퍼 ↔ 감지기	4	지구 2, 공통 2
Ⓑ 배기댐퍼 ↔ 급기댐퍼	4	전원 ⊕ · ⊖, 기동, 확인
Ⓒ 2개 구역일 때	13	전원 ⊕ · ⊖, 감지기공통, (기동, 감지기, 확인 3)×2
Ⓓ MCC ↔ 수신반	5	기동, 정지, 기동표시등, 전원표시등, 공통

* Ⓓ : 실제 실무에서는 **교류방식**은 4가닥(**기동 2, 확인 2**), **직류방식**은 4가닥(**전원 ⊕ · ⊖, 기동 1, 확인 1**)을 사용한다.

• 감지기=지구

2015. 7. 12 시행

▌2015년 산업기사 제2회 필답형 실기시험▌

자격종목	시험시간	형별	수험번호	성명	감독위원 확 인
소방설비산업기사(전기분야)	2시간 30분				

※ 다음 물음에 답을 해당 답란에 답하시오.(배점 : 100)

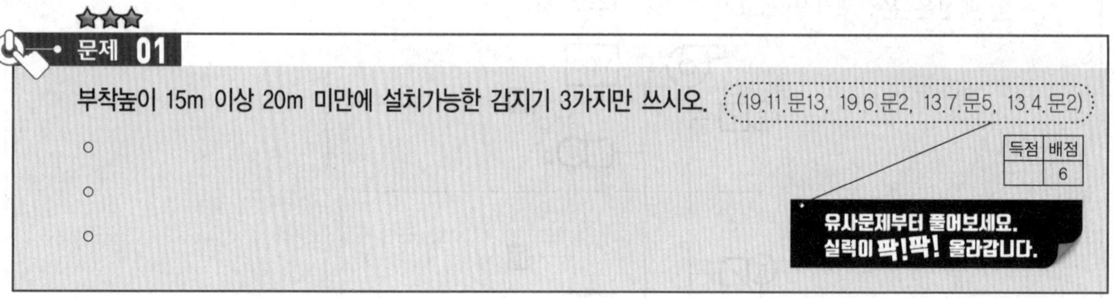

☆☆☆

문제 01

부착높이 15m 이상 20m 미만에 설치가능한 감지기 3가지만 쓰시오. (19.11.문13, 19.6.문2, 13.7.문5, 13.4.문2)

○

○

○

득점	배점
	6

유사문제부터 풀어보세요.
실력이 팍!팍! 올라갑니다.

해답 ① 이온화식 1종
② 광전식 1종
③ 연기복합형

해설 **감지기**의 **설치기준**(NFPC 203 7조, NFTC 203 2.4.1)

부착높이	감지기의 종류
4m **미**만	• 차동식(스포트형, 분포형) • 보상식 스포트형 • 정온식(스포트형, 감지선형) — **열**감지기 • 이온화식 또는 광전식(스포트형, 분리형, 공기흡입형) : **연**기감지기 • 열복합형 • 연기복합형 • 열연기복합형 — **복**합형 감지기 • **불**꽃감지기 기억법 열연불복 4미
4~**8**m **미**만	• 차동식(스포트형, 분포형) • 보상식 스포트형 • **정**온식(스포트형, 감지선형) **특**종 또는 **1**종 — **열**감지기 • **이**온화식 **1**종 또는 **2**종 • **광**전식(스포트형, 분리형, 공기흡입형) 1종 또는 2종 — 연기감지기 • 열복합형 • 연기복합형 • 열연기복합형 — **복**합형감지기 • **불**꽃감지기 기억법 8미열 정특1 이광12 복불
8~**15**m 미만	• 차동식 **분**포형 • **이**온화식 **1**종 또는 **2**종 • **광**전식(스포트형, 분리형, 공기흡입형) 1종 또는 2종 • **연**기**복**합형 • **불**꽃감지기 기억법 15분 이광12 연복불

15~20m 미만	• **이**온화식 1종 • **광**전식(스포트형, 분리형, 공기흡입형) 1종 • **연**기**복**합형 • **불**꽃감지기 기억법 이광불연복2
20m 이상	• **불**꽃감지기 • **광**전식(분리형, 공기흡입형) 중 **아**날로그방식 기억법 불광아

문제 02

다음은 방화셔터설비에 관한 그림이다. 그림을 보고 표 안의 배선수 및 배선의 용도를 쓰시오.

득점	배점
	6

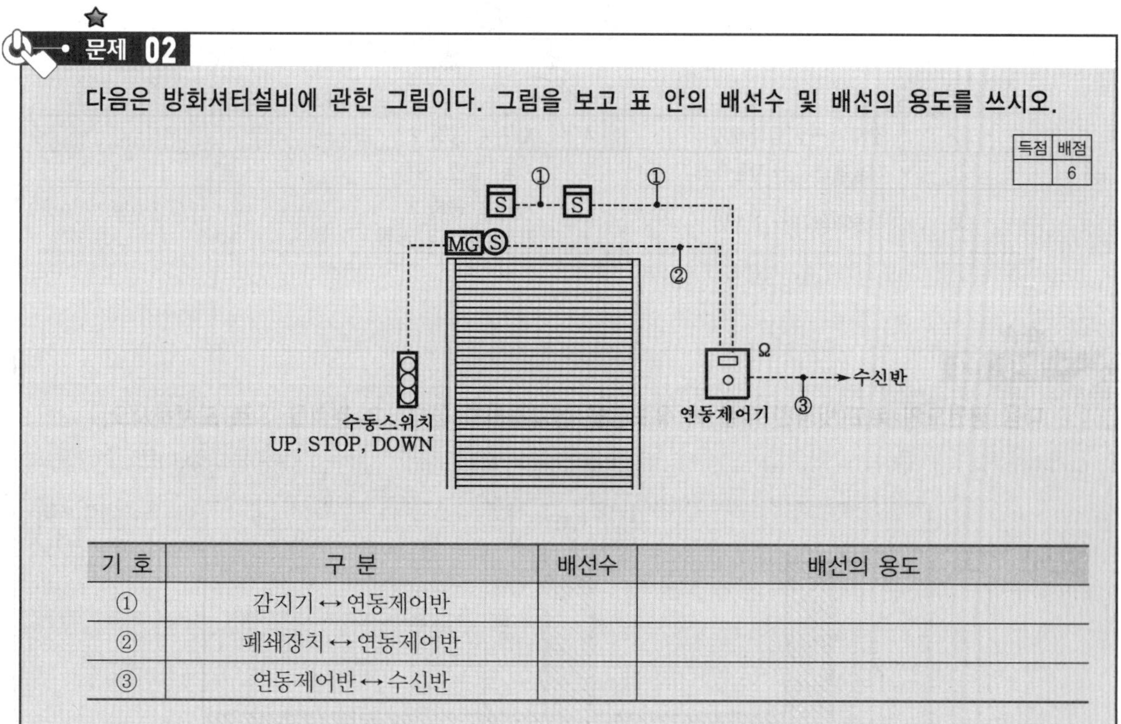

기 호	구 분	배선수	배선의 용도
①	감지기 ↔ 연동제어반		
②	폐쇄장치 ↔ 연동제어반		
③	연동제어반 ↔ 수신반		

해답

기 호	구 분	배선수	배선의 용도
①	감지기 ↔ 연동제어반	4	지구 2, 공통 2
②	폐쇄장치 ↔ 연동제어반	3	기동, 확인, 공통
③	연동제어반 ↔ 수신반	6	지구, 공통, 기동 2, 확인 2

해설 **방화셔터설비**

자동방화셔터	일체형 자동방화셔터
방화구획의 용도로 화재시 연기 및 열을 감지하여 자동폐쇄되는 것으로서, 공항·체육관 등 넓은 공간에 부득이하게 내화구조로 된 벽을 설치하지 못하는 경우에 사용하는 방화셔터	방화셔터의 일부에 피난을 위한 출입구가 설치된 셔터

(1) 감지기의 작동이나 연동제어기의 기동스위치를 동작시켰을 경우 방화셔터가 폐쇄되어 화재의 확산을 방지한다.
(2) 수동스위치는 평상시 셔터의 운용과 화재로 인한 동작 후 복구시에 사용하는 스위치로 화재 연동과는 무관한 스위치이다.
(3) 연동제어기용 AC전원 공급선은 별도로 배선 배관한다.

비교

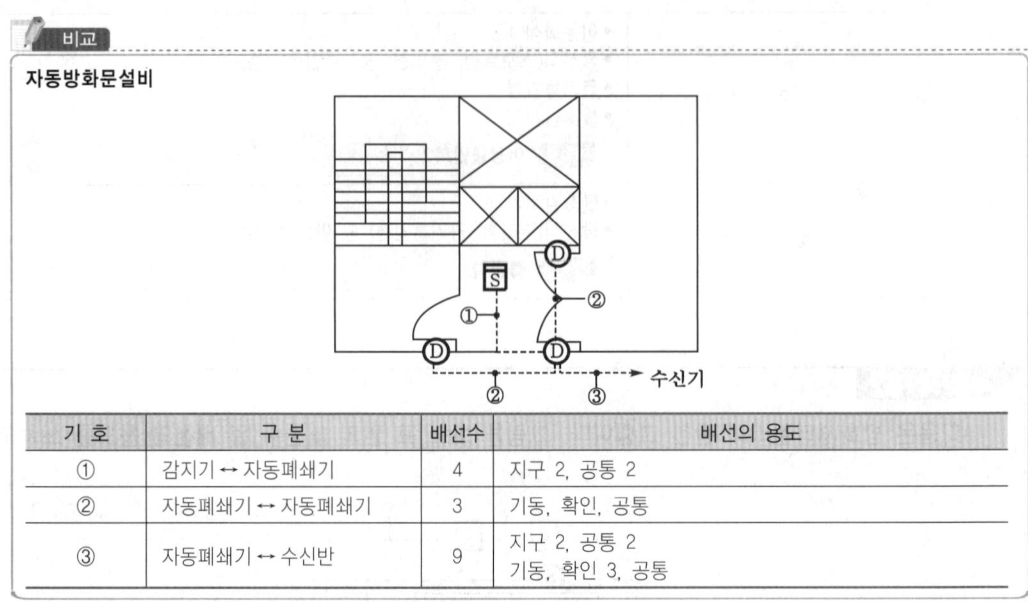

자동방화문설비

기 호	구 분	배선수	배선의 용도
①	감지기 ↔ 자동폐쇄기	4	지구 2, 공통 2
②	자동폐쇄기 ↔ 자동폐쇄기	3	기동, 확인, 공통
③	자동폐쇄기 ↔ 수신반	9	지구 2, 공통 2 기동, 확인 3, 공통

☆☆

문제 03

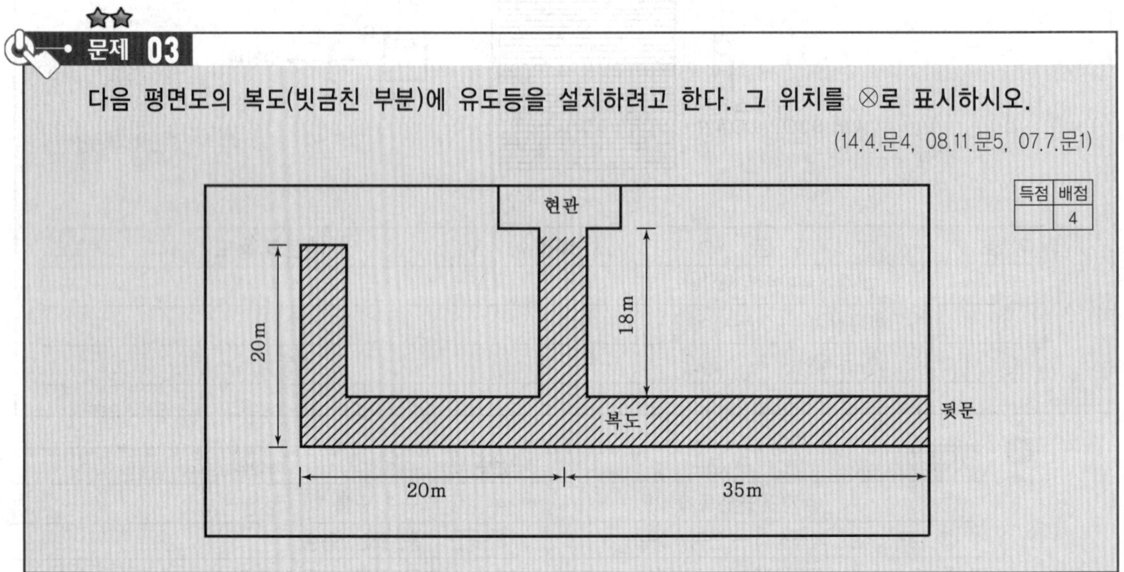

다음 평면도의 복도(빗금친 부분)에 유도등을 설치하려고 한다. 그 위치를 ⊗로 표시하시오.

(14.4.문4, 08.11.문5, 07.7.문1)

득점	배점
	4

해답

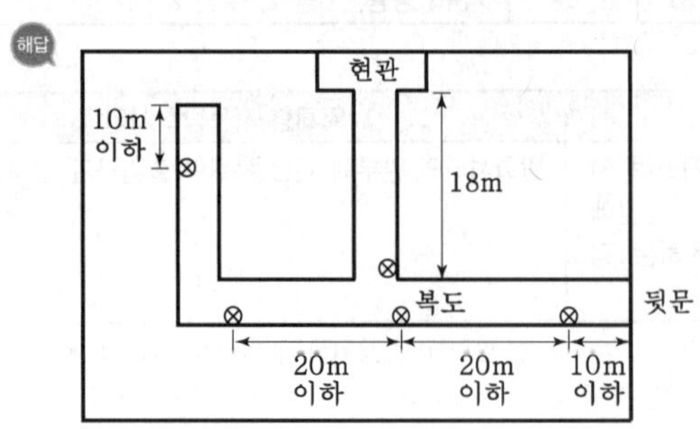

해설 복도통로유도등은 **구부러진 모퉁이** 및 피난구유도등이 설치된 출입구의 맞은편 복도에 입체형 또는 바닥에 설치된 통로유도등을 기점으로 **보행거리 20m**마다 설치해야 한다(벽으로부터는 **10m**마다 설치). 하지만 모퉁이 등 중복되는 부분은 생략하므로 **5개** 정답

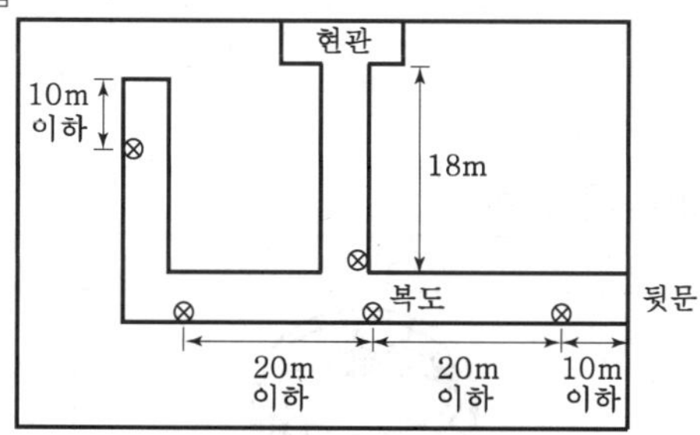

비교

다음과 같이 답을 하면 틀리니 주의할 것! **유도등**이 **잘 보이는 쪽**에 설치해야 한다. 다시 말해서 **구부러진 곳**의 **바깥쪽**에 설치해야 한다.

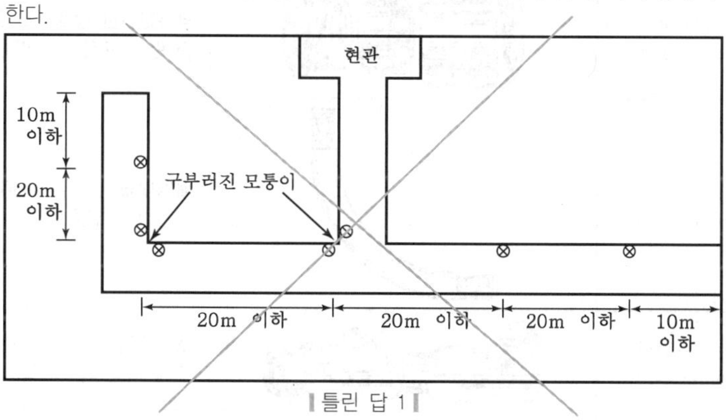

‖틀린 답 1‖

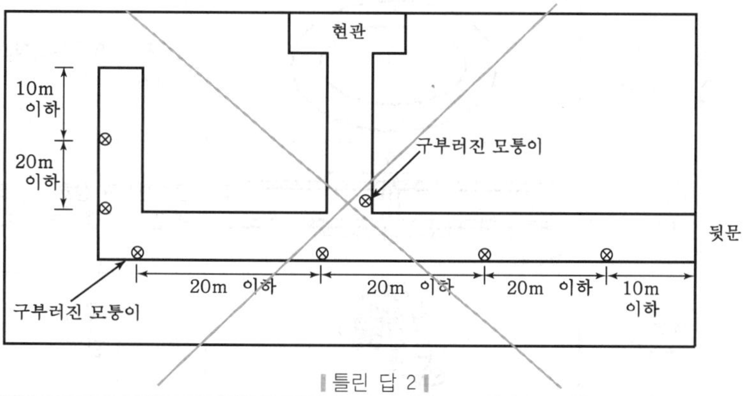

‖틀린 답 2‖

• 모퉁이 등 중복되는 부분은 생략하는 것이 원칙

문제 04

노출배관공사시 벽, 기둥, 천장 등에 관을 고정할 때 사용하는 자재의 명칭을 쓰시오.

(19.11.문16, 17.11.문14, 16.11.문2, 07.11.문3)

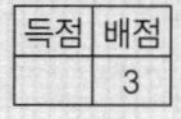

득점	배점
	3

해답 새들

해설

- 가끔 '**행거**'라고 답하는 사람이 있다. 행거는 천장 등에 배관을 매달아 놓을 때 사용하는 것으로 관을 고정하는 것이 아니다.

중요

금속관공사에 이용되는 부품 및 공구

명 칭	외 형	설 명
부싱 (bushing)		전선의 절연피복을 보호하기 위하여 **금속관 끝**에 취부하여 사용되는 부품
유니언커플링 (union coupling)		**금속전선관 상호**간을 **접속**하는 데 사용되는 부품(**관**이 **고정**되어 **있을 때**)
노멀밴드 (normal bend)		**매입배관**공사를 할 때 **직각**으로 굽히는 곳에 사용하는 부품
유니버설엘보 (universal elbow)		**노출배관**공사를 할 때 관을 직각으로 굽히는 곳에 사용하는 부품
링리듀서 (ring reducer)		**금속관**을 **아우트렛박스**에 로크너트만으로 고정하기 어려울 때 **보조적**으로 사용되는 **부품**
커플링 (coupling)	커플링 전선관	**금속전선관 상호**간을 **접속**하는 데 사용되는 부품(**관**이 **고정**되어 있지 **않을 때**)
새들 (saddle)		**관**을 **지지**(**고**정)하는 데 사용하는 재료 기억법 관고새
로크너트 (lock nut)		**금속관**과 **박스**를 **접속**할 때 사용하는 재료로 최소 **2개**를 사용한다.
리머 (reamer)		금속관 **말단**의 **모**를 다듬기 위한 기구

파이프커터 (pipe cutter)		**금속관**을 **절단**하는 기구
환형 3방출 정크션박스		**배관**을 **분기**할 때 사용하는 박스
파이프벤더 (pipe bender)		**금속관**(후강전선관, 박강전선관)을 **구부릴 때** 사용하는 공구 ※ 28mm 이상은 **유압식 파이프벤더**를 사용한다.
아우트렛박스 (outlet box)		감지기·유도등 및 전선의 접속 등에 사용되는 박스의 총칭
후강전선관	–	① **콘크리트 매입배관용**으로 사용되는 강관(두께 2.3~4.5mm) ② **폭발성 가스** 저장장소에 사용
박강전선관	–	① **노출배관용·일반배관용**으로 사용되는 강관(두께 1.2~2.0mm) ② 폭발성 가스 저장 이외의 장소에 사용

☆☆ 문제 05

자동방화문설비의 미완성 회로도이다. 다음 물음에 답하시오. (14.11.문4, 12.11.문9)

득점	배점
	7

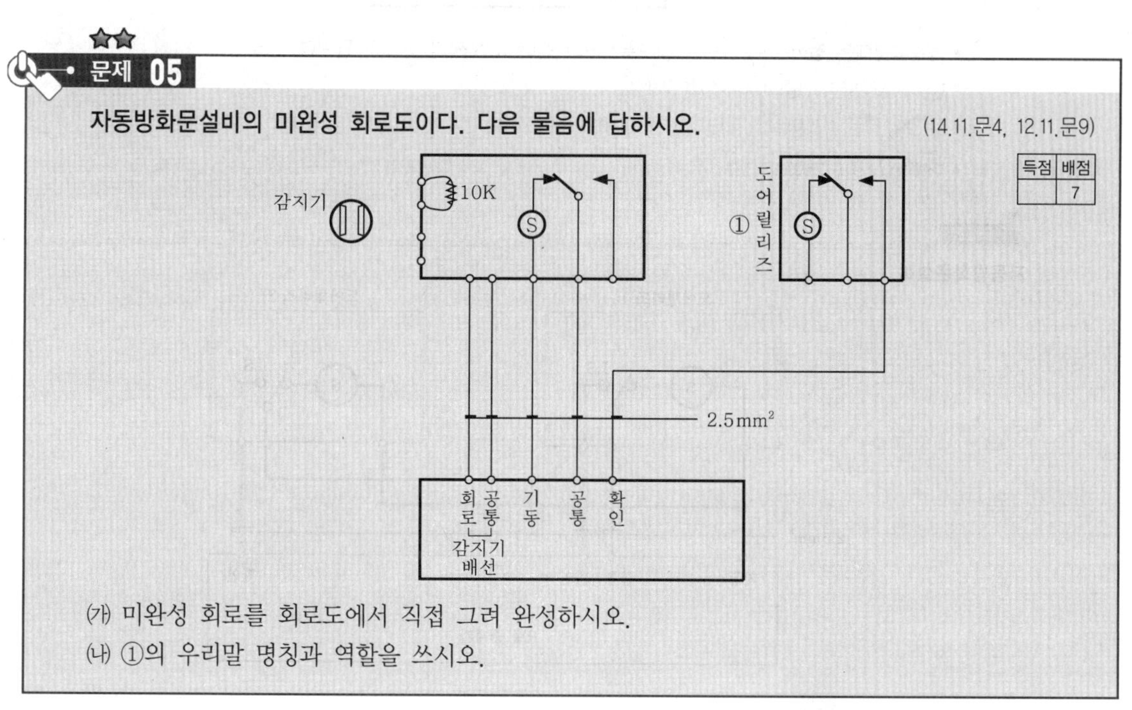

(가) 미완성 회로를 회로도에서 직접 그려 완성하시오.

(나) ①의 우리말 명칭과 역할을 쓰시오.

해답 (가)

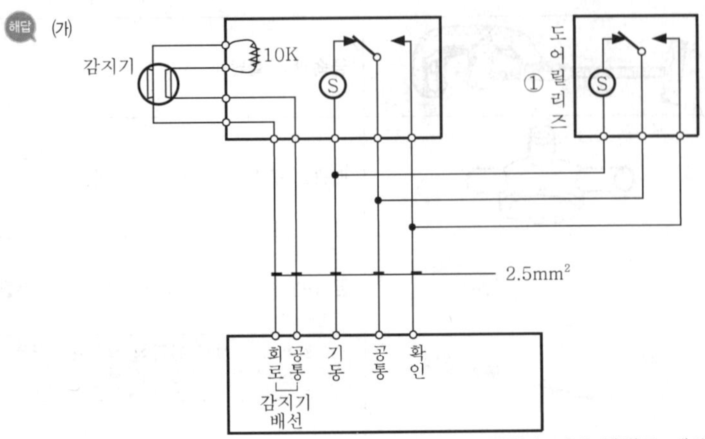

(나) 자동방화문 : 화재발생시 감지기 또는 기동스위치에 의해 방화문 폐쇄

해설 (가) **자동방화문**

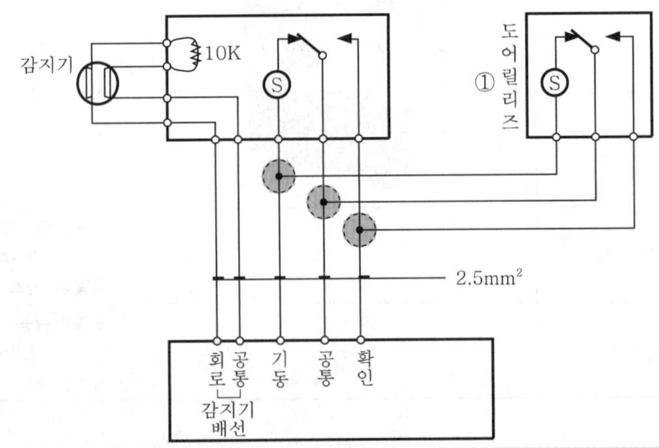

- 접속부분에는 **점**(dot)도 반드시 찍도록 하라! 점(dot)을 찍지 않으면 틀린다.
- Ⓢ : 솔레노이드밸브(Solenoid Valve)
- 리미트스위치 기호 : 리미트스위치(Limit Switch)
- 10K : 종단저항(10kΩ)

비교

자동방화문설비

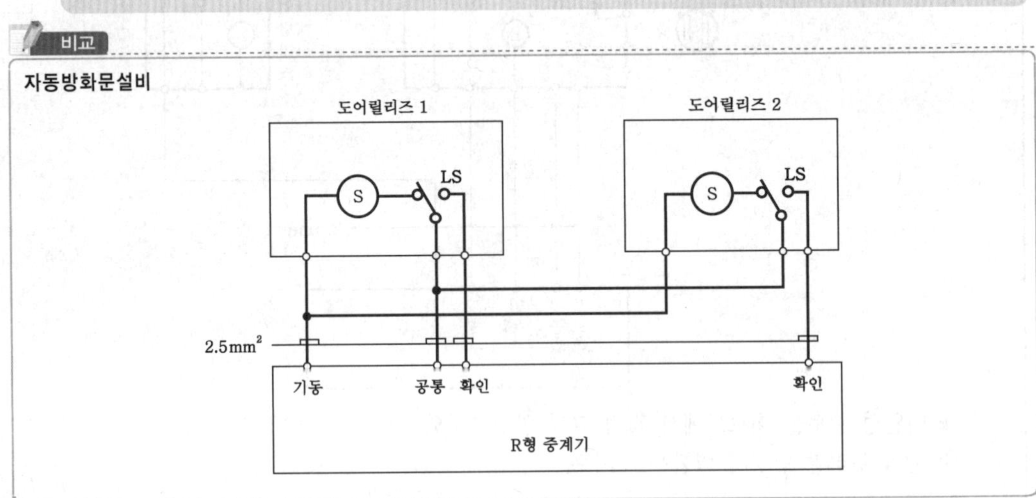

(나) ① **자동방화문**(door release) : 화재발생으로 인한 연기가 계단측으로 유입되는 것을 방지하기 위하여 피난계단 전실 등의 출입문에 시설하는 설비로서, 평상시 개방되어 있다가 화재발생시 감지기의 작동 또는 기동스위치의 조작에 의하여 방화문을 폐쇄시켜 연기유입을 막음으로써 피난활동에 지장이 없도록 한다. 과거 자동방화문 폐쇄기(door release)는 **전자석**이나 **영구자석**을 이용하는 방식을 채택해 왔으나 정전, 자력감소 등 사용상 불합리한 점이 많아 최근에는 **걸고리방식**이 주로 사용된다.

‖ 자동방화문(door release) ‖

② **자동방화문설비**의 **계통도**

기호	내 역	용 도
ⓐ	HFIX 2.5－3	공통, 기동, 확인
ⓑ	HFIX 2.5－4	공통, 기동, 확인 2
ⓒ	HFIX 2.5－7	공통, (기동, 확인 2)×2
ⓓ	HFIX 2.5－10	공통, (기동, 확인 2)×3

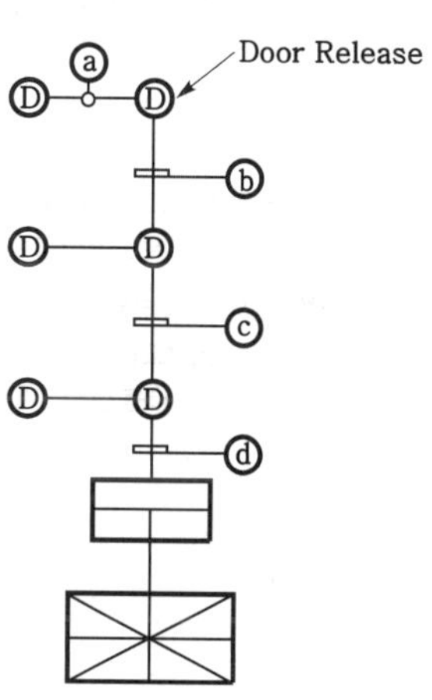

☆☆☆

문제 06

다음 그림은 P형 수동발신기의 내부회로를 나타낸 것이다. 다음 각 물음에 답하시오.

(19.11.문15, 17.11.문1, 05.5.문5)

득점	배점
	7

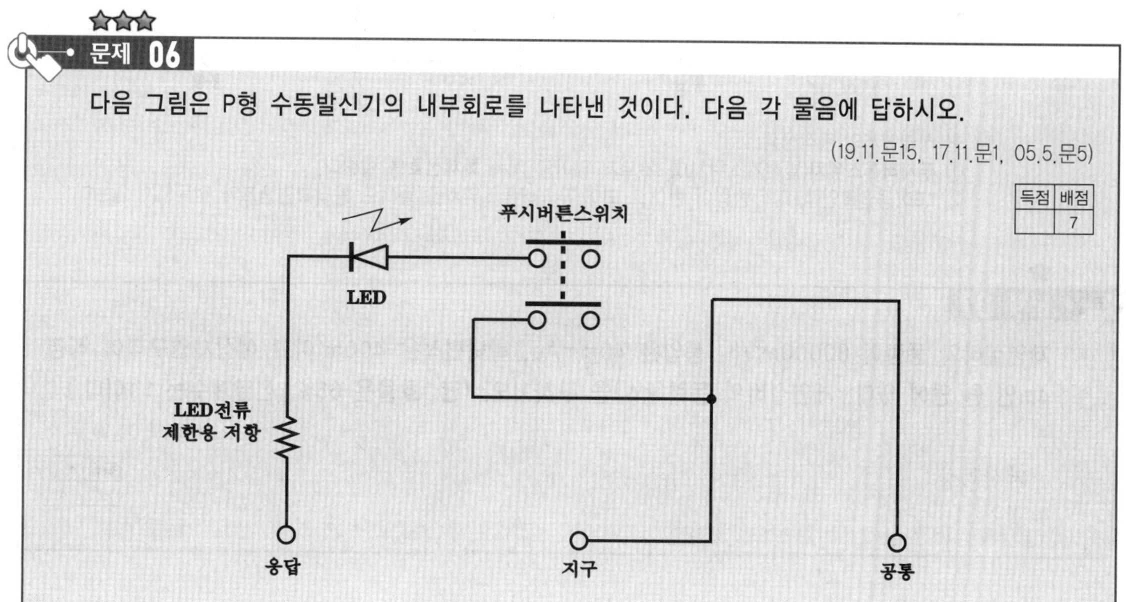

(가) 결선 중 옳지 못한 곳을 찾아 옳게 연결하시오.
(나) 주어진 그림과 같이 결선된 것을 그대로 P형 수신기와 연결했을 경우 어떤 현상이 나타날지 2가지를 쓰시오.
○
○

해답 (가)

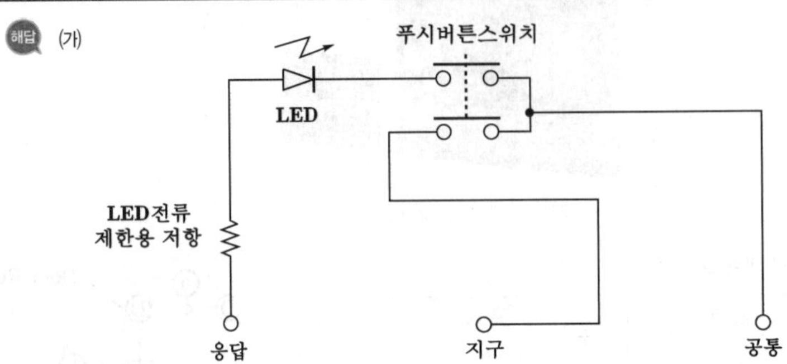

(나) ① 비화재시에도 경보발령
② 응답확인램프 미점등

해설 (가) 수정부분
① **LED**(응답확인램프)의 방향이 반대로 되었다.
② **공통선**이 푸시버튼스위치에 연결되어야 한다.

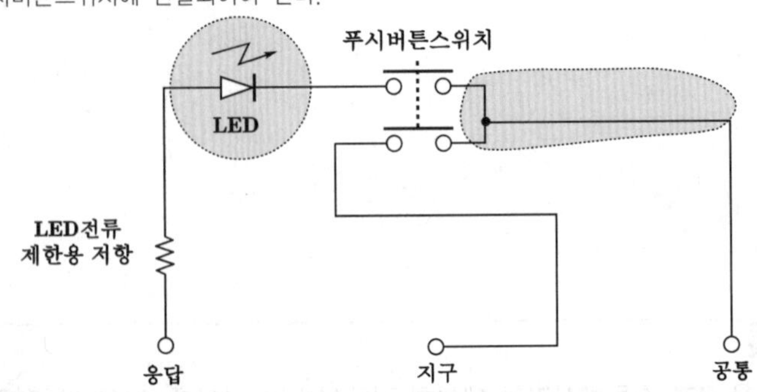

(나) 현 상태에서의 동작상황
① **푸시버튼스위치**(발신기스위치)를 누르지 않아도 계속 **화재신호**를 발한다.
② **LED**(응답확인램프)의 방향이 반대로 되어 푸시버튼스위치를 눌러도 응답확인램프가 점등되지 않는다.

문제 07

제연설비의 풍량이 60000m³/h, 풍압은 40mmAq, 바닥면적은 400m²이고 예상제연구역이 직경 4m인 원 안에 있다. 제연설비의 동력〔kW〕을 구하시오. (단, 효율은 65%, 전달계수는 1.1이다.)

(기사 09.10.문14)

득점	배점
	4

○ 계산과정 :
○ 답 :

해답 ○ 계산과정 : $\frac{40 \times 60000/60}{102 \times 60 \times 0.65} \times 1.1 ≒ 11.06\text{kW}$

○ 답 : 11.06kW

해설 **전동기**의 **용량**

$$P = \frac{P_T Q}{102 \times 60\eta} K$$
$$= \frac{40 \times 60000/60}{102 \times 60 \times 0.65} \times 1.1 ≒ 11.06\text{kW}$$

- P_T : 40mmAq
- Q(풍량) : 60000m^3/h=60000m^3/60min(1h=60min)
- η(효율) : 단서에서 65%=0.65
- K(전달계수) : 1.1
- **'제연설비'**이므로 반드시 제연설비식에 의해 전동기의 용량을 산출하여야 한다. 다른 식으로 구해도 답은 비슷하게 나오지만 틀린다. 주의!

중요

1. **전동기의 용량을 구하는 식**

(1) **일반적인 설비** : **물**을 사용하는 설비

$$P = \frac{9.8KHQ}{\eta t}$$

여기서, P : 전동기의 용량〔kW〕
η : 효율
t : 시간〔s〕
K : 여유계수
H : 전양정〔m〕
Q : 양수량(유량)〔m^3〕

(2) **제연설비(배연설비)** : **공기** 또는 **기류**를 사용하는 설비

$$P = \frac{P_T Q}{102 \times 60\eta} K$$

여기서, P : 배연기의 동력〔kW〕
P_T : 전압(풍압)〔mmAq, mmH$_2$O〕
Q : 풍량〔m^3/min〕
K : 여유율
η : 효율

2. **아주 중요한 단위환산**(꼭! 기억하시라.)

① 1mmAq=10^{-3}mH$_2$O=10^{-3} m
② 760mmHg=10.332mH$_2$O=10.332m
③ 1$l$pm=10^{-3}m^3/min
④ 1HP=0.746kW

문제 08

도면은 기동용 수압개폐장치를 사용하는 옥내소화전함과 자동화재탐지설비가 설치된 8층의 건축물이다. 다음 각 물음에 답하시오. (단, 건축물의 연면적은 3000m²를 초과하고 경종, 표시등의 공통선은 1선으로 한다.)

(19.11.문9, 19.6.문3 · 8, 17.4.문5, 16.11.문14, 16.6.문13, 16.4.문9, 13.11.문18, 13.4.문16, 기사 12.11.문10, 10.4.문16, 09.4.문6, 기사 08.4.문16)

득점	배점
	11

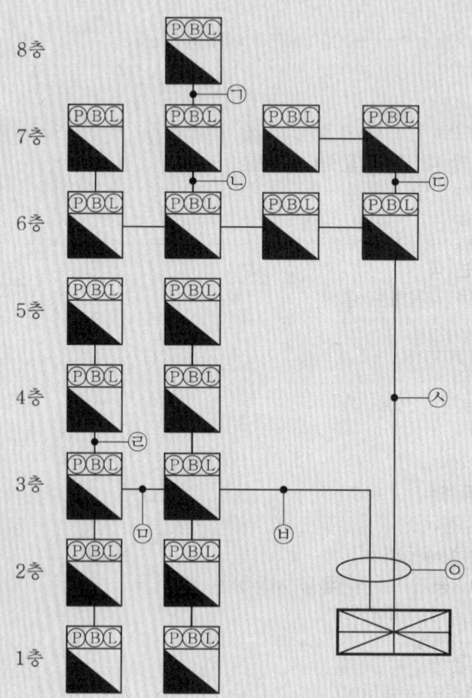

(가) 다음에 해당하는 가닥수를 쓰시오.

㉠	㉡	㉢	㉣	㉤	㉥	㉦	㉧

(나) 자동화재탐지설비의 설치기준에 관한 (   ) 안을 완성하시오.

- 조작이 쉬운 장소에 설치하고, (①)는 바닥으로부터 0.8m 이상 1.5m 이하의 높이에 설치할 것
- 특정소방대상물의 (②)마다 설치하되, 해당 특정소방대상물의 각 부분으로부터 하나의 발신기까지의 수평거리가 (③)m 이하가 되도록 할 것(다만, 복도 또는 별도로 구획된 실로서 보행거리가 (④)m 이상일 경우에는 추가로 설치할 것)
- 발신기의 위치를 표시하는 표시등은 함의 상부에 설치하되, 그 불빛은 부착면으로부터 15° 이상의 범위 안에서 부착지점으로부터 (⑤)m 이내의 어느 곳에서도 쉽게 식별할 수 있는 (⑥)으로 하여야 한다.

해답 (가)

㉠	㉡	㉢	㉣	㉤	㉥	㉦	㉧
8	10	9	10	16	22	19	41

(나) ① 스위치 ② 층 ③ 25m ④ 40m ⑤ 10m ⑥ 적색등

기 호	가닥수	전선의 사용용도(가닥수)
㉠	8	회로선(1), 회로공통선(1), 경종선(1), 경종표시등공통선(1), 응답선(1), 표시등선(1), 기동확인표시등(2)
㉡	10	회로선(2), 회로공통선(1), 경종선(2), 경종표시등공통선(1), 응답선(1), 표시등선(1), 기동확인표시등(2)
㉢	9	회로선(2), 회로공통선(1), 경종선(1), 경종표시등공통선(1), 응답선(1), 표시등선(1), 기동확인표시등(2)
㉣	10	회로선(2), 회로공통선(1), 경종선(2), 경종표시등공통선(1), 응답선(1), 표시등선(1), 기동확인표시등(2)
㉤	16	회로선(5), 회로공통선(1), 경종선(5), 경종표시등공통선(1), 응답선(1), 표시등선(1), 기동확인표시등(2)
㉥	22	회로선(10), 회로공통선(2), 경종선(5), 경종표시등공통선(1), 응답선(1), 표시등선(1), 기동확인표시등(2)
㉦	19	회로선(9), 회로공통선(2), 경종선(3), 경종표시등공통선(1), 응답선(1), 표시등선(1), 기동확인표시등(2)
㉧	41	회로선(19), 회로공통선(4), 경종선(8), 경종표시등공통선(2), 응답선(2), 표시등선(2), 기동확인표시등(4)

- **8층**이므로 **일제경보방식**이다.
- **경종선** 가닥수는 **층수**를 세면 된다.
- 문제에서 특별한 조건이 없더라도 **회로공통선**은 회로선이 7회로가 넘을 시 반드시 1가닥씩 추가하여야 한다. 이것을 공식으로 나타내면 다음과 같다.

$$회로공통선 = \frac{회로선}{7} \text{(절상)}$$

예 기호 ㉥ 회로공통선$= \frac{회로선}{7} = \frac{10}{7} = 1.4 ≒ 2$가닥(절상)

- 문제에서 특별한 조건이 없으면 경종표시등공통선은 회로선이 7회로가 넘더라도 계속 1가닥으로 한다. 다시 말하면 경종표시등공통선은 문제에서 조건이 있을 때만 가닥수가 증가한다. 주의하라!
  이 문제에서는 단서에서 경종표시등공통선은 1선으로 하라고 정확히 명시하였으므로 무조건 1가닥으로 하면 되는 것이다.
- 문제에서 기동용 수압개폐방식(**자동기동방식**)도 주의하여야 한다. 옥내소화전함이 자동기동방식이므로 감지기배선을 제외한 간선에 '**기동확인표시등 2**'가 추가로 사용되어야 한다. 특히, 옥내소화전배선은 구역에 따라 가닥수가 늘어나지 않는 것에 주의하라!
- 기호 ㉧ : 배관이 분리되어 있으므로 기호 ㉥과 기호 ㉦의 합한 가닥수(22+19=41가닥)이어야 한다.

중요

발화층 및 직상 4개층 우선경보방식과 **일제경보방식**

발화층 및 직상 4개층 우선경보방식	일제경보방식
• 화재시 **안전**하고 **신속**한 **인명**의 **대피**를 위하여 화재가 발생한 층과 **인근 층**부터 우선하여 별도로 **경보**하는 방식 • 11층(공동주택 16층) 이상의 특정소방대상물의 경보	• **소규모 특정소방대상물**에서 화재발생시 **전층**에 **동시**에 **경보**하는 방식

(나) **자동화재탐지설비**의 **발신기**의 **설치기준**(NFPC 203 9조, NFTC 203 2.6.1)

① 조작이 **쉬운 장소**에 설치하고, **스위치**는 바닥으로부터 **0.8~1.5m** 이하의 높이에 설치

② 특정소방대상물의 **층**마다 설치하되, 해당 특정소방대상물의 각 부분으로부터 하나의 발신기까지의 **수평거리**가 **25m** 이하가 되도록 할 것(단, 복도 또는 별도로 구획된 실로서 **보행거리**가 **40m** 이상일 경우에는 추가로 설치)

③ **기둥** 또는 **벽**이 설치되지 아니한 **대형공간**의 경우 **발신기**는 설치대상장소의 **가장 가까운 장소**의 **벽** 또는 **기둥** 등에 설치

④ 발신기의 위치를 표시하는 **표시등**은 **함**의 **상부**에 설치하되, 그 불빛은 부착면으로부터 **15°** 이상의 범위 안에서 부착지점으로부터 **10m** 이내의 어느 곳에서도 쉽게 식별할 수 있는 **적색등**으로 해야 한다.

☆☆☆

문제 09

다음은 지하 2층, 지상 6층인 건축물에 자동화재탐지설비를 설치하고자 한다. 조건을 참고하여 최소 경계구역수는 몇 개로 하여야 하는지 산출하시오. (19.6.문15, 17.4.문2, 13.7.문3)

득점	배점
	4

[조건]

① 건물의 층고는 3m이다.
② 건물 좌우측에 계단이 1개소씩 있다.
③ 각 층의 바닥면적은 600m²이고 옥상층은 100m²이다.
④ 엘리베이터 등 도면에 표기하지 않은 사항은 고려하지 않는다.

	100m²
6F	600m²
5F	600m²
4F	600m²
3F	600m²
2F	600m²
1F	600m²
B1	600m²
B2	600m²

구 분	계산과정	답
수직 경계구역		
수평 경계구역		
총 경계구역		

해답

구 분	계산과정	답
수직 경계구역	지상 : $\frac{3\times6}{45}=0.4$ ≒1경계구역×2개소=2경계구역 지하 : $\frac{3\times2}{45}=0.13$ ≒1경계구역×2개소=2경계구역	4경계구역
수평 경계구역	각 층 : $\frac{600}{600}\times8=8$경계구역 옥탑 : $\frac{100}{600}\times1=0.16$ ≒1경계구역	9경계구역
총 경계구역	4+9=13경계구역	13경계구역

해설 (1) **수직 경계구역**

구 분	경계구역
지상층 (지상 1~6층)	• 수직거리 : 3m×6층=18m • 경계구역 : $\frac{수직거리}{45m}=\frac{18m}{45m}=0.4$ ≒1경계구역×2개소=2경계구역
지하층 (지하 1·2층)	• 수직거리 : 3m×2층=6m • 경계구역 : $\frac{수직거리}{45m}=\frac{6m}{45m}=0.13$ ≒1경계구역×2개소=2경계구역
합 계	4경계구역

경계구역=회로

- **지하층**과 **지상층**은 **별개**의 **경계구역**으로 한다.
- 수직거리 **45m 이하**를 **1경계구역**으로 하므로 $\frac{\text{수직거리}}{45\text{m}}$를 하면 경계구역을 구할 수 있다.
- 경계구역 산정은 **소수점**이 발생하면 반드시 **절상**한다.
- 〔조건 ②〕에 의해 건물 **좌우측**에 **계단**이 1개씩 있으므로 **2개소** 곱함

아하! 그렇구나 계단 · 엘리베이터의 경계구역 산정

① **수직거리 45m** 이하마다 **1경계구역**으로 한다.
② **지하층**과 **지상층**은 **별개**의 **경계구역**으로 한다. (단, **지하 1층**인 경우는 지상층과 **동일경계구역**으로 한다.)
③ **엘리베이터**마다 **1경계구역**으로 한다.

(2) **수평 경계구역**

구 분	경계구역
지하 2층~ 지상 6층	• 1개층의 경계구역 적용면적 : 600m^2 • 경계구역 : $\frac{\text{1개층 경계구역 적용면적}}{600\text{m}^2} = \frac{600\text{m}^2}{600\text{m}^2}$=1경계구역 ∴ 1경계구역×8층=8경계구역
옥탑층	• 1개층의 경계구역 적용면적 : 100m^2 • 경계구역 : $\frac{\text{1개층 경계구역 적용면적}}{600\text{m}^2} = \frac{100\text{m}^2}{600\text{m}^2} = 0.16 \fallingdotseq$1경계구역
합계	**9경계구역**

- 1경계구역은 **600m^2 이하**이고, 한 변의 길이는 **50m 이하**이므로 $\frac{\text{적용면적}}{600\text{m}^2}$을 하면 경계구역을 구할 수 있다.
- 옥탑층은 각 층 바닥면적의 $\frac{1}{8}$을 초과하면 경계구역으로 설정하므로 $\frac{100\text{m}^2}{600\text{m}^2}$은 $\frac{1}{8}$을 초과하여 1경계구역으로 산정한다.
- 경계구역 산정은 **소수점**이 발생하면 반드시 **절상**한다.

아하! 그렇구나 각 층의 경계구역 산정

① 여러 개의 **건축물**이 있는 경우 각각 **별개**의 **경계구역**으로 한다.
② 여러 개의 **층**이 있는 경우 각각 **별개**의 **경계구역**으로 한다(단, **2개층**의 면적의 합이 **500m^2 이하**인 경우는 **1경계구역**으로 할 수 있다).
③ **지하층**과 **지상층**은 **별개**의 **경계구역**으로 한다(**지하 1층**인 경우에도 **별개**의 **경계구역**으로 한다. 주의! 또 주의!).
④ 1경계구역의 면적은 **600m^2 이하**로 하고, 한 변의 길이는 **50m 이하**로 할 것
⑤ **목욕실 · 욕조**나 **샤워시설**이 있는 **화장실** 등도 **경계구역 면적**에 **포함**한다.
⑥ **계단** 및 **엘리베이터**의 면적은 **경계구역 면적**에서 **제외**한다.

∴ 총 경계구역=수직 경계구역수+수평 경계구역수=4경계구역+9경계구역=13경계구역

☆☆

문제 10

다음은 전동기와 전력용 콘덴서에 관련된 사항이다. 각 물음에 답하시오.

(14.11.문14, 14.4.문6, 10.10.문4·12, 10.4.문8, 09.7.문5)

득점	배점
	6

(가) 전동기 용량은 200kW이며 역률은 60%이다. 역률을 95%로 개선하기 위한 전력용 콘덴서는 몇 kVA가 필요한가?

○ 계산과정 :

○ 답 :

(나) 투입시 과전압으로부터 보호하고 개방시 콘덴서의 잔류전하를 방전시키며 콘덴서를 회로에서 분리시켰을 경우 잔류전하를 방전시켜 위험을 방지하기 위한 목적으로 사용되는 것을 무엇이라 하는가?

(다) 직렬리액터의 설치목적을 쓰시오.

해답

(가) ○ 계산과정 : $200 \times \left(\dfrac{\sqrt{1-0.6^2}}{0.6} - \dfrac{\sqrt{1-0.95^2}}{0.95} \right) = 200.929 \fallingdotseq 200.93\text{kVA}$

○ 답 : 200.93kVA

(나) 방전코일

(다) 제5고조파에 의한 파형 개선

해설 (가) **역률개선용 전력용 콘덴서**의 **용량**

$$Q_c = P(\tan\theta_1 - \tan\theta_2) = P\left(\frac{\sin\theta_1}{\cos\theta_1} - \frac{\sin\theta_2}{\cos\theta_2} \right) \text{[kVA]}$$

여기서, Q_c : 콘덴서의 용량[kVA], P : 유효전력[kW]

$\cos\theta_1$: 개선 전 역률, $\cos\theta_2$: 개선 후 역률

$\sin\theta_1$: 개선 전 무효율($\sin\theta_1 = \sqrt{1-\cos\theta_1^{\ 2}}$)

$\sin\theta_2$: 개선 후 무효율($\sin\theta_2 = \sqrt{1-\cos\theta_2^{\ 2}}$)

$$\therefore Q_c = P\left(\frac{\sqrt{1-\cos\theta_1^{\ 2}}}{\cos\theta_1} - \frac{\sqrt{1-\cos\theta_2^{\ 2}}}{\cos\theta_2} \right)$$

$$= 200 \times \left(\frac{\sqrt{1-0.6^2}}{0.6} - \frac{\sqrt{1-0.95^2}}{0.95} \right) = 200.929 \fallingdotseq 200.93\text{kVA}$$

(나), (다) **콘덴서회로**의 **주변기기**

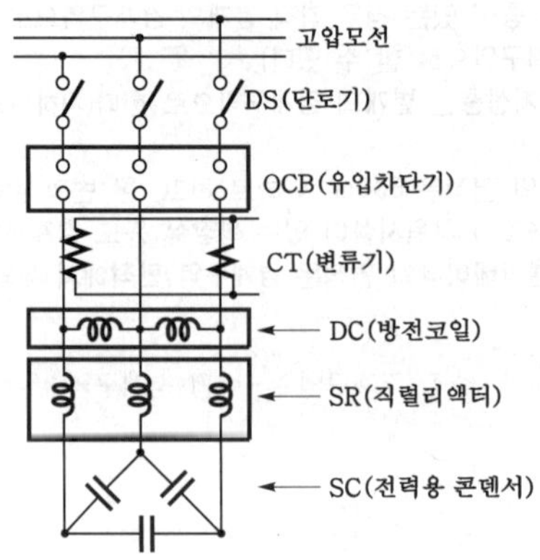

주변기기	설 명
방전코일 (discharge coil)	**투입**시 **과전압**으로부터 **보호**하고, **개방**시 **콘덴서**의 **잔류전하**를 **방전**시킨다. 콘덴서(condenser)를 회로에서 분리시켰을 경우 잔류전하를 방전시켜 위험을 방지하기 위한 목적으로 사용되는 것으로 계기용 변압기(potential transformer)와 비슷한 구조로 되어 있다.
직렬리액터 (series reactor)	**제5고조파**에 의한 **파형**을 **개선**한다. 역률개선을 위하여 회로에 전력용 콘덴서를 설치하면 제5고조파가 발생하여 회로의 파형이 찌그러지며 이것을 방지하기 위하여 회로에 **직렬**로 리액터(reactor)를 설치하는데 이것을 "**직렬리액터**"라고 한다.
전력용 콘덴서 (static condenser)	부하의 **역률을 개선한다.** "**진상용 콘덴서**" 또는 영어발음 그대로 "**스테틱 콘덴서**(static condenser)"라고도 부르며 **부하**의 **역률**을 **개선**하는 데 사용된다.

☆☆

문제 11

유도등이 상용전원에서 비상전원으로 절환되었을 때 비상전원에서 점등되지 않는 원인을 3가지만 쓰시오. (단, 전선의 단선에 대한 사항은 답에서 제외한다.) (기사 14.11.문16, 07.4.문13)

○

○

○

득점	배점
	3

해답 ① 축전지의 접촉불량
② 축전지의 불량
③ 축전지의 누락

해설 유도등에는 **비상전원 감시램프**가 있어서 축전지의 이상유무를 확인할 수 있는데 **충전**이 **완료**되면 비상전원 감시램프는 **소등상태**가 정상이며 점등상태일 때는

① **축전지**의 **접촉불량**
② **비상전원용 퓨즈**의 **단선**
③ **축전지**의 **불량**
④ **축전지**의 **누락**
⑤ **축전지**의 **단자 부식**(단자불량)

기억법 접불누락

등의 원인이 있다.

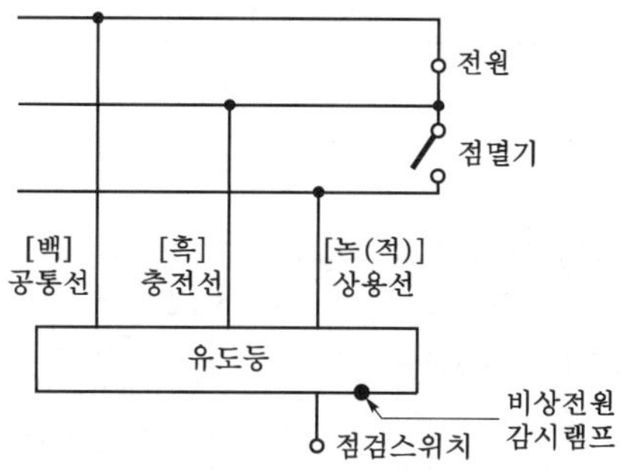

▮유도등▮

중요

(1) 유도등을 항상 **점등상태**로 **유지**하지 **않아도 되는 경우**(NFTC 303 2.7.3.2.1)
① 특정소방대상물 또는 그 부근에 사람이 없는 경우
② 3선식 배선에 의해 상시 충전되는 구조로서 다음의 장소
㉠ 외부의 빛에 의해 **피난구** 또는 **피난방향**을 쉽게 식별할 수 있는 장소
㉡ **공연장, 암실** 등으로서 어두워야 할 필요가 있는 장소
㉢ 특정소방대상물의 **관계인** 또는 **종사원**이 주로 사용하는 장소
(2) **3선식 배선시 점멸기**를 설치할 경우 **점등**되어야 하는 경우(NFTC 303 2.7.4)
① **자동화재탐지설비**의 **감지기** 또는 **발신기**가 작동되는 때
② **비상경보설비**의 **발신기**가 작동되는 때
③ **상용전원**이 **정전**되거나 **전원선**이 **단선**되는 때
④ **방재업무**를 **통제**하는 곳 또는 전기실의 배전반에서 **수동**으로 **점등**하는 때
⑤ **자동소화설비**가 작동되는 때

★

문제 12

열반도체 차동식분포형 감지기에서 하나의 검출기에 접속하는 감지부는 몇 개 이상 몇 개 이하가 되도록 하여야 하는가? (02.7.문8)

득점	배점
	3

해답 하나의 검출기에 접속하는 감지부 및 열전대부의 설치개수

열반도체식 차동식분포형 감지기	열전대식 차동식분포형 감지기
2~15개 이하	**4~20개** 이하

★★★

문제 13

내화구조로 된 어느 빌딩의 사무실면적이 1000m² 이고, 천장높이가 5m이다. 이 사무실에 차동식스포트형 2종 감지기를 설치하려고 한다. 최소 몇 개가 필요한지 구하시오. (07.11.문10)
○ 계산과정 :
○ 답 :

득점	배점
	5

해답
○ 계산과정 : $\frac{560}{35}+\frac{440}{35}=28.57 \fallingdotseq 29$개
○ 답 : 29개

해설 **스포트형 감지기**의 **바닥면적**(NFPC 203 7조, NFTC 203 2.4.3.5)

부착높이 및 특정소방대상물의 구분		감지기의 종류						
		차동식 스포트형		보상식 스포트형		정온식 스포트형		
		1종	2종	1종	2종	특 종	1종	2종
4m 미만	내화구조	90	70	90	70	70	60	20
	기타구조	50	40	50	40	40	30	15
4~8m 미만	내화구조	45	35	45	35	35	30	
	기타구조	30	25	30	25	25	15	

내화구조의 특정소방대상물로서 부착높이가 **5m**, **자동화재탐지설비**라고 보면 1경계구역은 **600m²** 이하로 하여야 하고 차동식스포트형 감지기 1개가 담당하는 바닥면적은 **35m²**이므로

$\frac{1000}{35} = 28.571 \fallingdotseq 29$개(최소개수)

$\frac{560}{35} + \frac{440}{35} = 28.57 \fallingdotseq 29$개(소수점 발생시 절상)

• $600m^2$ 초과시 반드시 $600m^2$ 이하로 나누어 계산해야 정답이다. 전체면적으로 바로 나누면 틀림

〈$600m^2$ 초과시 감지기 개수 산정방법〉

① $\frac{\text{전체면적}}{\text{감지기 1개가 담당하는 바닥면적}}$ 으로 계산하여 최소개수 확인

② 전체면적을 $600m^2$ 이하로 적절히 분할하여 $\frac{600m^2 \text{ 이하}}{\text{감지기 1개가 담당하는 바닥면적}}$ 로 각각 계산하여 최소개수가 나오도록 적용

문제 14

비상방송설비에 대한 다음 각 물음에 답하시오. (19.11.문12, 13.11.문14)

득점	배점
	6

(가) 확성기의 음성입력은 실외의 경우 몇 W 이상이어야 하는가?

(나) 비상방송설비의 음량조정기는 몇 선식 배선으로 하여야 하는가?

(다) 조작부의 스위치 높이를 쓰시오.

(라) 다음과 같은 층에서 발화시 우선적으로 경보하여야 할 층은? (단, 11층 이상이고 연면적 $3000m^2$를 초과하는 경우이다.)

○ 2층 이상 :

○ 1층 :

○ 지하층 :

해답 (가) 3W

(나) 3선식

(다) 0.8m 이상 1.5m 이하

(라) ○ 2층 이상 : 발화층, 직상 4개층

○ 1층 : 발화층, 직상 4개층, 지하층

○ 지하층 : 발화층, 직상층, 기타의 지하층

해설 **비상방송설비**의 **설치기준**(NFPC 202 4조, NFTC 202 2.1.1)

(1) 확성기의 음성입력은 **3W**(실내는 **1W**) 이상일 것

(2) 음량조정기의 배선은 **3선식**으로 할 것

(3) 기동장치에 의한 **화재신고**를 수신한 후 필요한 음량으로 방송이 개시될 때까지의 소요시간은 **10초** 이하로 할 것

(4) 조작부의 조작스위치는 바닥으로부터 **0.8~1.5m** 이하의 높이에 설치할 것

기 기	설치높이
기타 기기	바닥에서 **0.8~1.5m** 이하
시각경보장치	바닥에서 **2~2.5m** 이하(단, 천장의 높이가 **2m 이하**인 경우에는 천장으로부터 **0.15m 이내**의 장소에 설치)

(5) 다른 전기회로에 의하여 **유도장애**가 생기지 아니하도록 할 것

(6) 확성기는 **각 층**마다 설치하되, 각 부분으로부터의 **수평거리**는 **25m** 이하일 것

(7) **발화층** 및 **직상 4개층 우선경보방식** : 화재시 원활한 대피를 위하여 위험한 층(발화층 및 직상 4개층)부터 우선적으로 경보하는 방식

발화층	경보층	
	11층(공동주택 16층) 미만	11층(공동주택 16층) 이상
2층 이상 발화	전층 일제경보	• 발화층 • 직상 4개층
1층 발화		• 발화층 • 직상 4개층 • 지하층
지하층 발화		• 발화층 • 직상층 • 기타의 지하층

- (가) **실외**이므로 **3W** 정답
- (라) 단서에서 층수가 11층 이상으로 주어졌으므로 1층, 2층으로 답하는 것보다 발화층, 직상 4개층 등으로 답하는 것이 정답!

문제 15

어느 계기용 변압기의 1차 권수가 120이고, 2차 권수가 20이다. 2차 전압이 24V일 때 1차 전압을 구하시오.

(기사 14.4.문16)

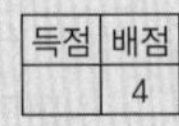

득점	배점
	4

○ 계산과정 :

○ 답 :

해답 ○ 계산과정 : $\frac{120}{20} \times 24 = 144\text{V}$

○ 답 : 144V

해설 **권수비**

$$a = \frac{N_1}{N_2} = \frac{V_1}{V_2} = \frac{I_2}{I_1} = \sqrt{\frac{R_1}{R_2}}$$

여기서, a : 권수비

N_1 : 1차 코일권수, N_2 : 2차 코일권수

V_1 : 정격 1차전압〔V〕, V_2 : 정격 2차전압〔V〕

I_1 : 정격 1차전류〔A〕, I_2 : 정격 2차전류〔A〕

R_1 : 정격 1차저항〔Ω〕, R_2 : 정격 2차저항〔Ω〕

$$\frac{N_1}{N_2} = \frac{V_1}{V_2}$$

$$\frac{N_1}{N_2} \times V_2 = V_1$$

$$V_1 = \frac{N_1}{N_2} \times V_2 = \frac{120}{20} \times 24 = 144\text{V}$$

- N_1 : 120
- N_2 : 20
- V_2 : 24V

☆☆☆

문제 16

그림의 시퀀스도를 보고 다음 각 물음에 답하시오. (14.7.문8, 12.4.문13, 06.11.문12)

득점	배점
	11

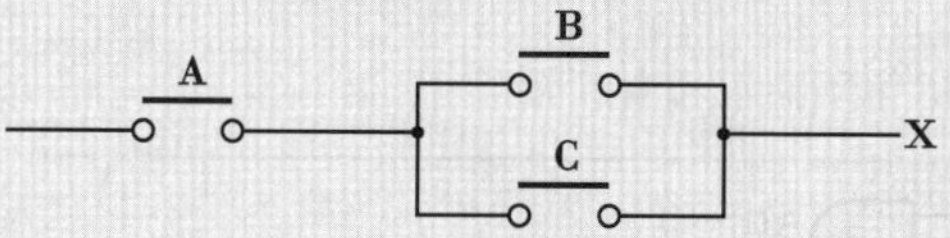

(가) 논리식을 쓰시오.

(나) 진리표를 완성하시오.

A	B	C	X

(다) 무접점회로를 그리시오.

해답 (가) $X = A(B+C)$

(나)

A	B	C	X
0	0	0	0
0	0	1	0
0	1	0	0
0	1	1	0
1	0	0	0
1	0	1	1
1	1	0	1
1	1	1	1

(다)

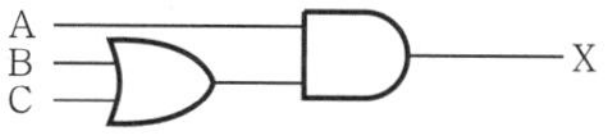

해설 (가), (나) 입력신호 A, B 또는 A, C 또는 A, B, C 가 1일 때 출력신호 X는 1이 된다.

시퀀스	논리식	논리회로
직렬회로	$Z = A \cdot B$ $Z = AB$	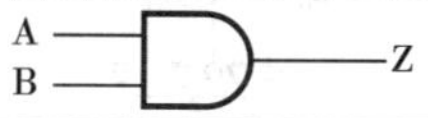
병렬회로	$Z = A + B$	
a접점	$Z = A$	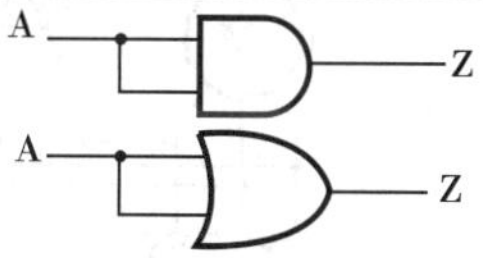

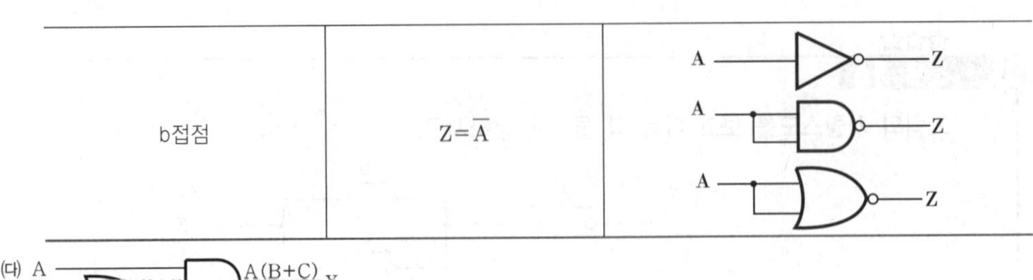

b접점	$Z=\overline{A}$	

(다) A, B, C → $B+C$ → $A(B+C)$ X

★★★

문제 17

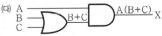

소화전 펌프모터에 전기 케이블을 이용하여 전기를 공급하는 3상 농형 전동기설비에 관한 사항이다. 다음 각 물음에 답하시오. (단, 용량은 15kW, 역률은 60%, 효율은 80%이다.)

(19.4.문4, 14.11.문14, 10.7.문15)

득점	배점
	6

(가) 3상 농형 유도전동기의 허용전류는 몇 A인가? (단, 허용전류는 전부하전류의 1.25배를 적용한다.)

○ 계산과정 :

○ 답 :

(나) 3상 농형 유도전동기의 Y-△ 결선 전원부의 미완성 결선도이다. 결선을 완성하시오.

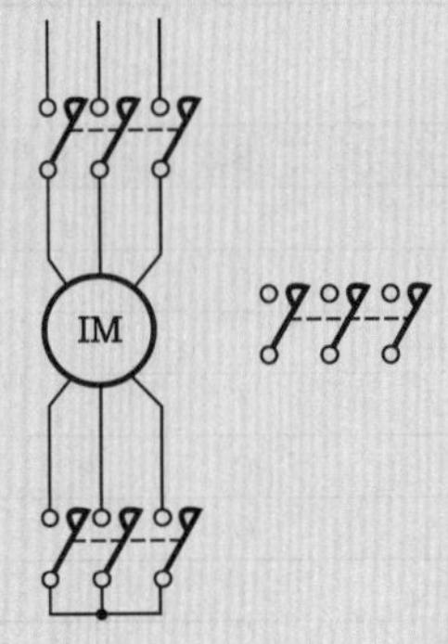

해답

(가) ○ 계산과정 : $I=\dfrac{15\times10^3}{\sqrt{3}\times380\times0.6\times0.8}\fallingdotseq 47.479\text{A}$

허용전류 $=1.25\times47.479=59.348\fallingdotseq59.35\text{A}$

○ 답 : 59.35A

(나)

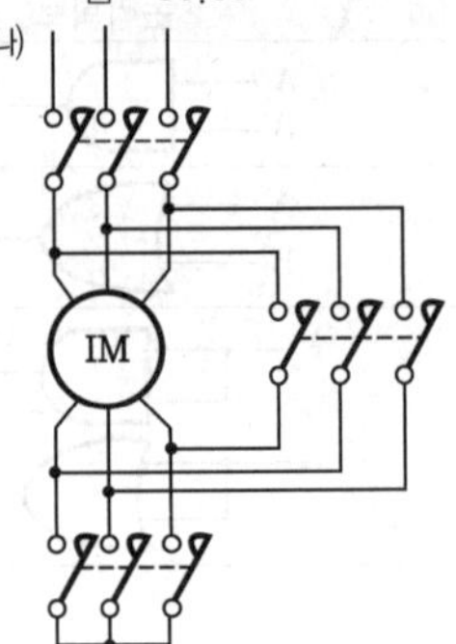

해설 (가) ① **3상전력**

$$P=\sqrt{3}\,VI\cos\theta\eta$$

여기서, P : 3상전력〔W〕
V : 전압〔V〕
I : 전류(전부하전류)〔A〕

전부하전류 $I=\dfrac{P}{\sqrt{3}\,V\cos\theta\eta}=\dfrac{15\times10^3}{\sqrt{3}\times380\times0.6\times0.8}\fallingdotseq 47.479\text{A}$

- P(3상전력) : $15\text{kW}=15\times10^3\text{W}$
- V(전압) : 이 문제에서처럼 전압이 주어지지 않았을 때는 실무에서 주로 사용하는 **380V** 적용. 전압이 주어지지 않았다고 당황하지 마라!
- $\cos\theta$(역률) : 60%=0.6
- η(효율) : 80%=0.8
- 계산과정에서의 소수점이 발생하면 둘째자리 또는 셋째자리까지 구하면 된다. 둘째자리까지 구하든 셋째자리까지 구하든 둘 다 맞다.

② **전선**의 **허용전류** 산정

허용전류 $I=1.25\text{배}\times\text{전동기 전류합계}=1.25\times47.479=59.348\fallingdotseq59.35\text{A}$

- 전부하전류가 **47.479**A이므로 단서에 의해 **1.25배**를 곱한다.

(나) Y결선

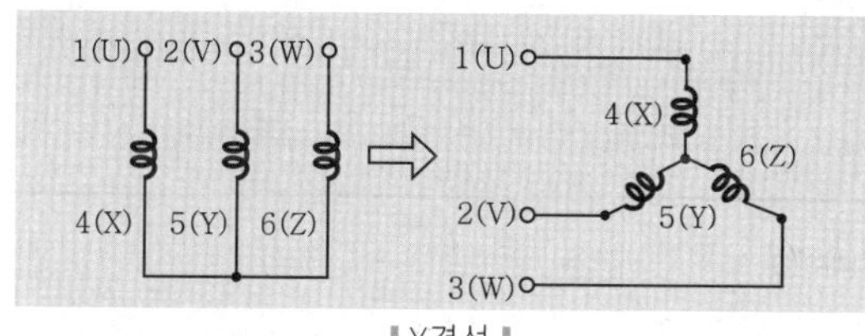

4, 5, 6 또는 X, Y, Z가 모두 연결되도록 함

▌Y결선▐

△결선

△결선은 다음 그림의 △결선 1 또는 △결선 2 어느 것으로 연결해도 옳은 답이다.

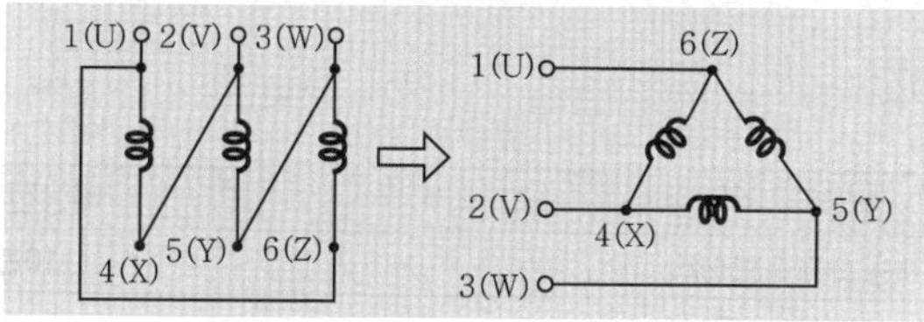

1−6, 2−4, 3−5 또는 U-Z, V-X, W-Y로 연결되어야 함

▌△결선 1▐

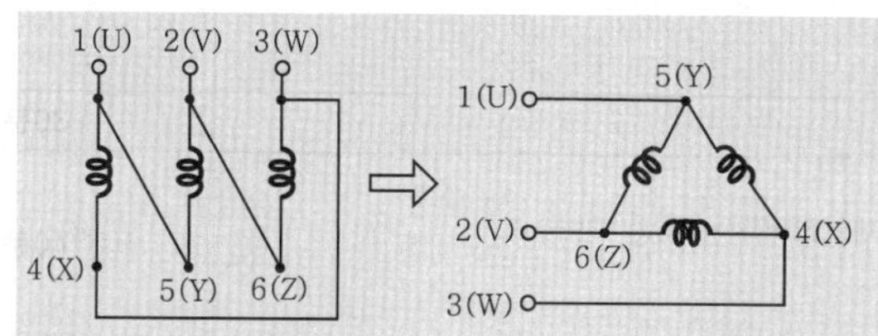

1−5, 2−6, 3−4 또는 U-Y, V-Z, W-X로 연결되어야 함

▌△결선 2▐

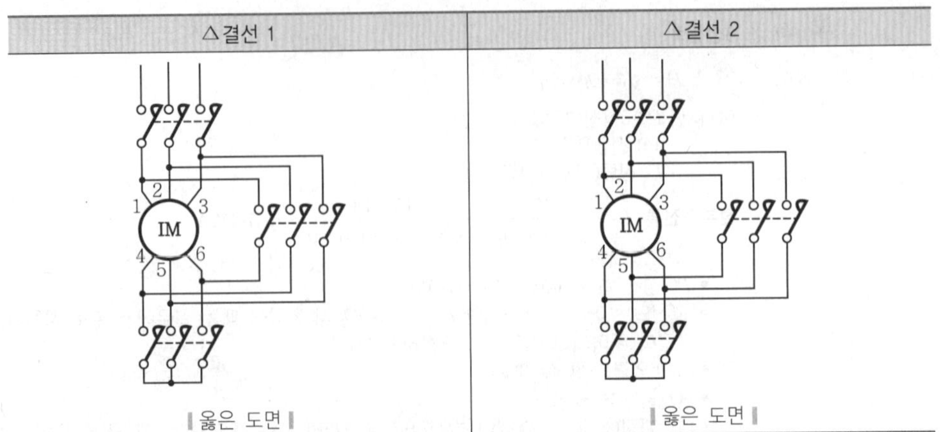

문제 18

비상전원 종류에 따라 비상전원용량은 몇 분 이상 작동하여야 하는가? (16.11.문12, 14.7.문9)

득점	배점
	4

(가) 비상경보설비 : ( )분
(나) 무선통신보조설비 : ( )분
(다) 스프링클러설비 : ( )분
(라) 비상콘센트설비 : ( )분

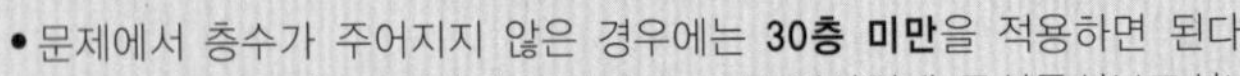

해답 (가) 10 (나) 30 (다) 20 (라) 20

해설
- 문제에서 층수가 주어지지 않은 경우에는 **30층 미만**을 적용하면 된다.
- 원래는 무선통신보조설비의 증폭기가 30분 이상인데 무선통신보조설비의 비상전원은 증폭기에만 사용되므로 무선통신보조설비라고만 주어져도 **30분**이라고 답해야 한다.

중요

비상전원용량

설 비	비상전원의 용량
• 자동화재탐지설비, 비상경보설비, 자동화재속보설비	**10분** 이상
• 유도등, 비상조명등, 비상콘센트설비, 제연설비, 물분무소화설비 • 옥내소화전설비(30층 미만) • 특별피난계단의 계단실 및 부속실 제연설비(30층 미만) • 스프링클러설비(30층 미만) • 연결송수관설비(30층 미만)	**20분** 이상
• 무선통신보조설비의 증폭기	**30분** 이상
• 옥내소화전설비(30~49층 이하) • 특별피난계단의 계단실 및 부속실 제연설비(30~49층 이하) • 연결송수관설비(30~49층 이하) • 스프링클러설비(30~49층 이하)	**40분** 이상
• 유도등 · 비상조명등(지하상가 및 11층 이상) • 옥내소화전설비(50층 이상) • 특별피난계단의 계단실 및 부속실 제연설비(50층 이상) • 연결송수관설비(50층 이상) • 스프링클러설비(50층 이상)	**60분** 이상

▮ 2015년 산업기사 제4회 필답형 실기시험 ▮

자격종목	시험시간	형별	수험번호	성명	감독위원 확 인
소방설비산업기사(전기분야)	2시간 30분				

※ 다음 물음에 답을 해당 답란에 답하시오.(배점 : 100)

문제 01

다음은 단상전동기의 기동제어회로이다. 푸시버튼스위치(PBS)에 의해 기동 · 정지가 가능하도록 미완성 회로도를 완성하고, 회로도에 사용된 문자기호의 명칭을 쓰시오. (14.4.문17)

득점	배점
	9

유사문제부터 풀어보세요. 실력이 팍!팍! 올라갑니다.

(가) 미완성 회로도

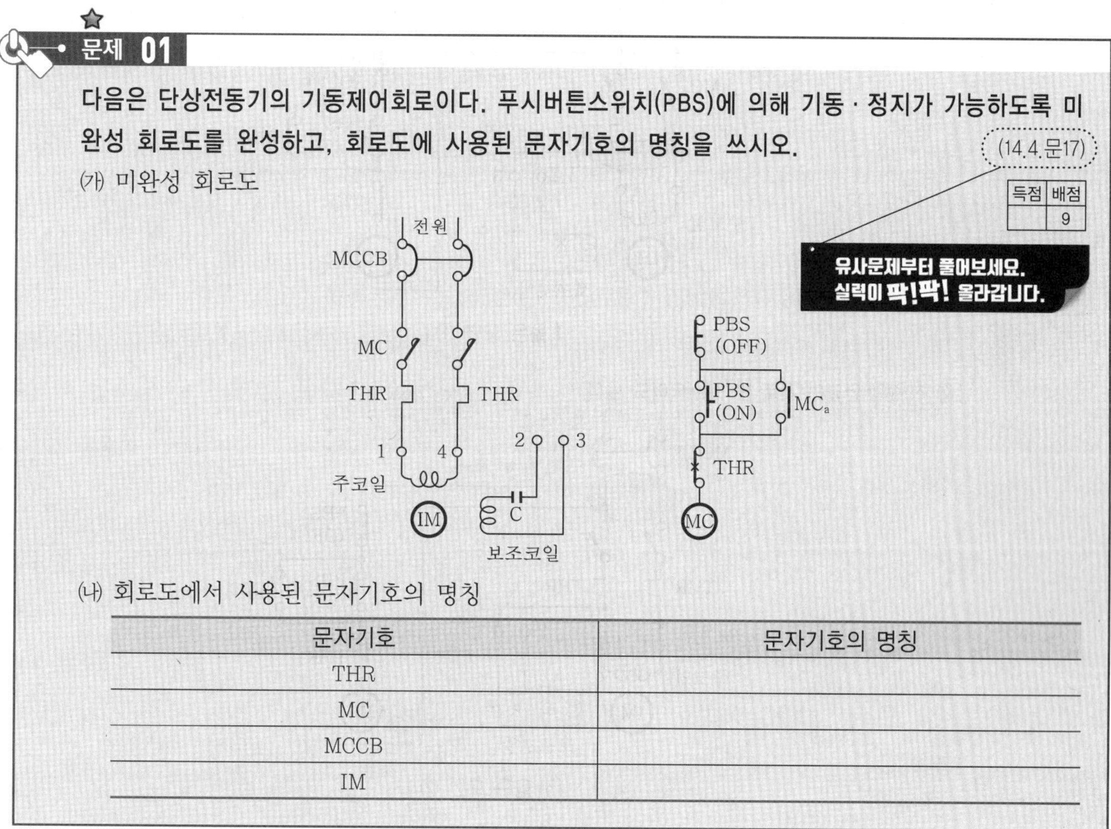

(나) 회로도에서 사용된 문자기호의 명칭

문자기호	문자기호의 명칭
THR	
MC	
MCCB	
IM	

해답 (가)

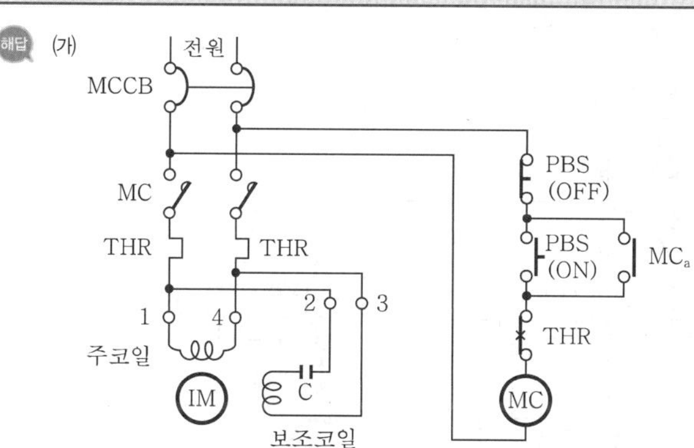

- 보조코일 2, 3은 THR 아래에 접속하는 것에 주의할 것

(나)

문자기호	문자기호의 명칭
THR	열동계전기
MC	전자접촉기
MCCB	배선용차단기
IM	단상유도전동기

해설 (가) ① 보조코일의 연결이 서로 반대로 되어도 옳다. 이때는 단지 전동기의 회전방향만 반대로 될 뿐이다.

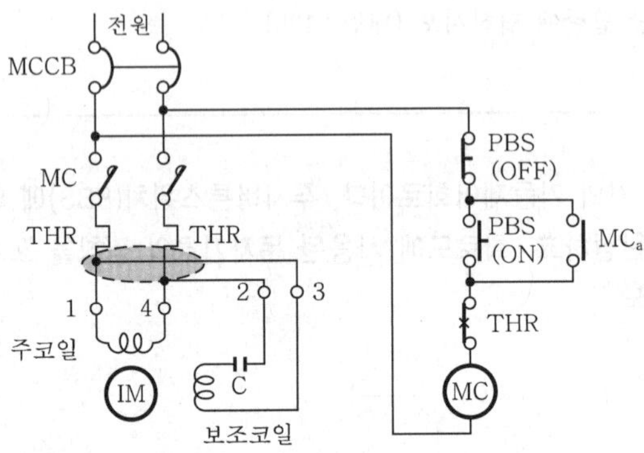

▌옳은 도면 ①▐

② 전원의 연결이 서로 반대로 되어도 옳다.

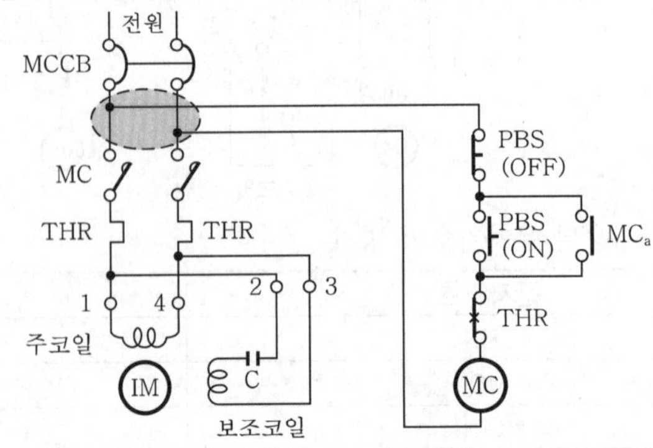

▌옳은 도면 ②▐

③ 보조코일과 전원의 연결이 모두 반대로 되어도 옳다.

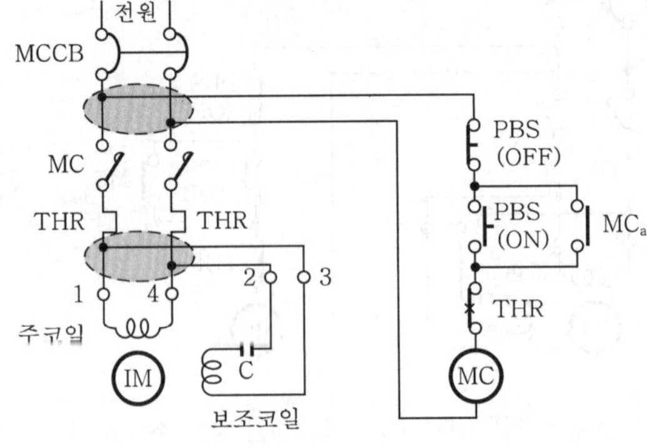

▌옳은 도면 ③▐

④ 접속부분에 점(•)을 찍지 않으면 틀림

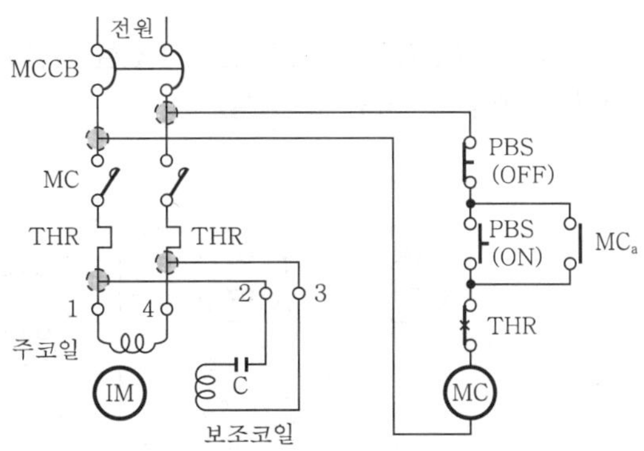

‖ 틀린 도면 ① ‖

⑤ 보조코일이 THR 위에 연결되면 틀림

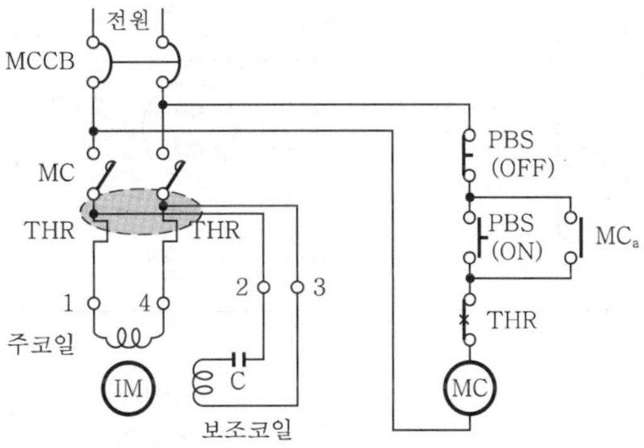

‖ 틀린 도면 ② ‖

(나)

- IM : '**유도전동기**'라고 써야 정답이다. 단지 '**전동기**'라고만 쓰면 틀린다.

문자기호	문자기호의 명칭
THR(Thermal Relay)	열동계전기
MC(Magnetic Contactor)	전자접촉기
MCCB(Molded Case Circuit Breaker)	배선용차단기
IM(Induction Motor)	단상유도전동기
C(Condenser)	콘덴서
PBS(OFF)	푸시버튼 스위치(OFF)
PBS(ON)	푸시버튼 스위치(ON)
MC_a	전자접촉기 a접점

☆☆ 문제 02

다음 그림을 보고 감지기와 발신기 및 수신기 간의 배선을 연결하시오. (단, 발신기 내부에 설치된 단자는 왼쪽으로부터 1. 응답, 2. 지구, 3. 공통)

(기사 12.7.문15)

득점	배점
	5

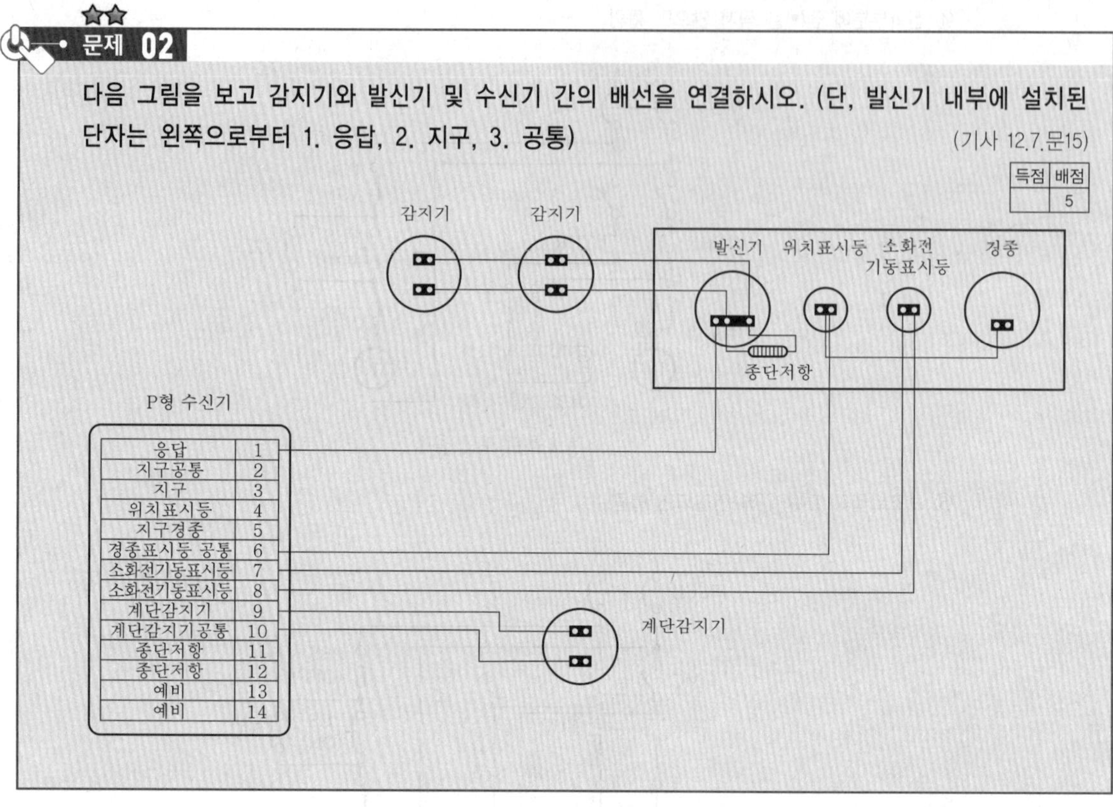

해답

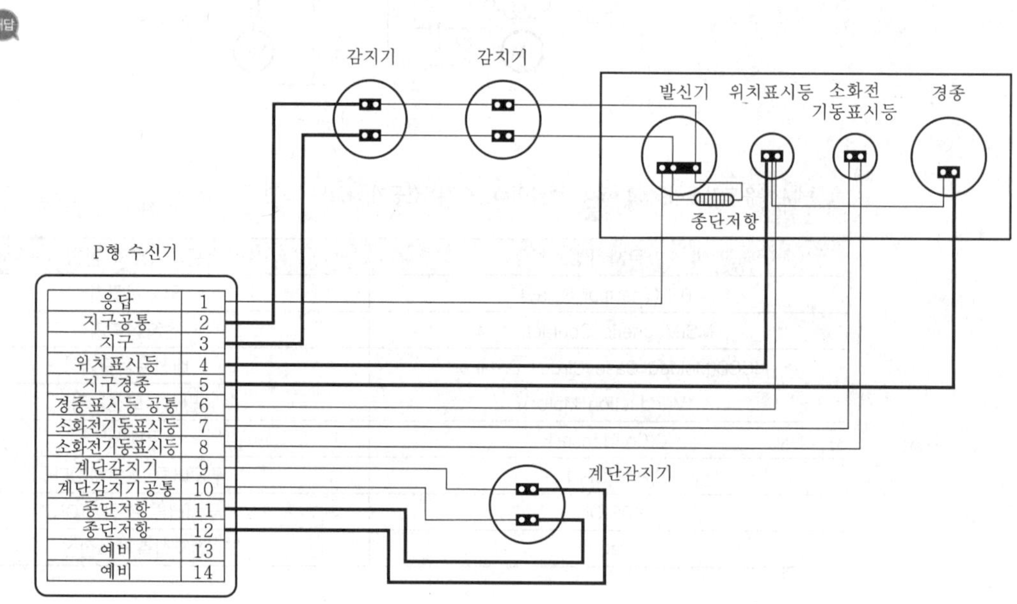

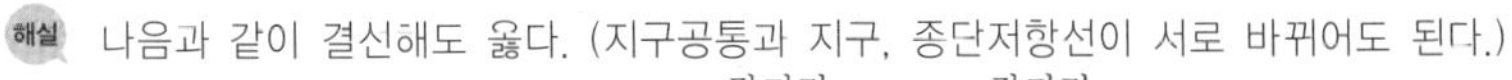

해설 나음과 같이 결신해도 옳다. (지구공통과 지구, 종단저항선이 서로 바뀌어도 된다.)

감지기
감지기
발신기
위치표시등
소화전 기동표시등
경종
종단저항
P형 수신기
응답 1
지구공통 2
지구 3
위치표시등 4
지구경종 5
경종표시등 공통 6
소화전기동표시등 7
소화전기동표시등 8
계단감지기 9
계단감지기공통 10
종단저항 11
종단저항 12
예비 13
예비 14
계단감지기

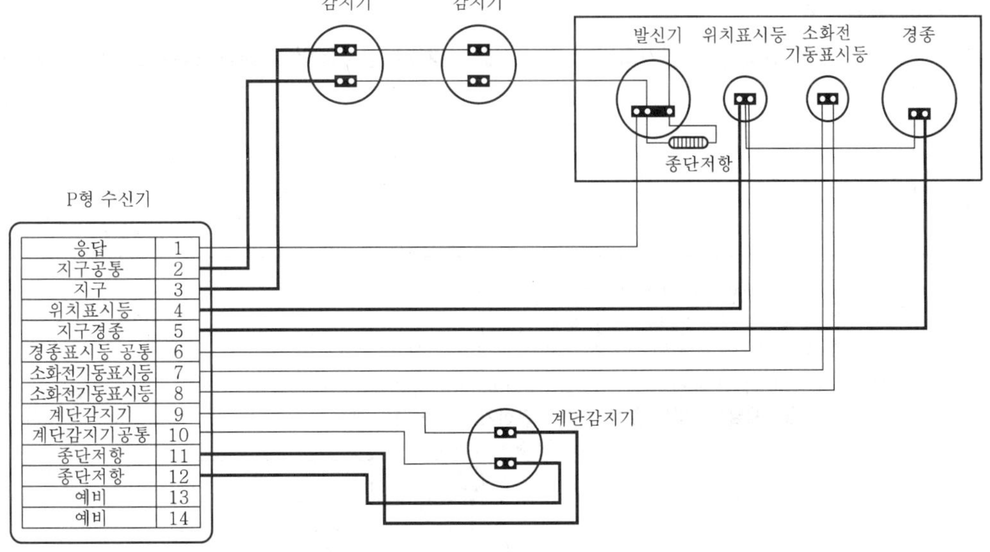

▌옳은 배선▐

중요

P형 수신기 1회로의 **전체 결선도**(유사도면)

(1) **회로도 1**

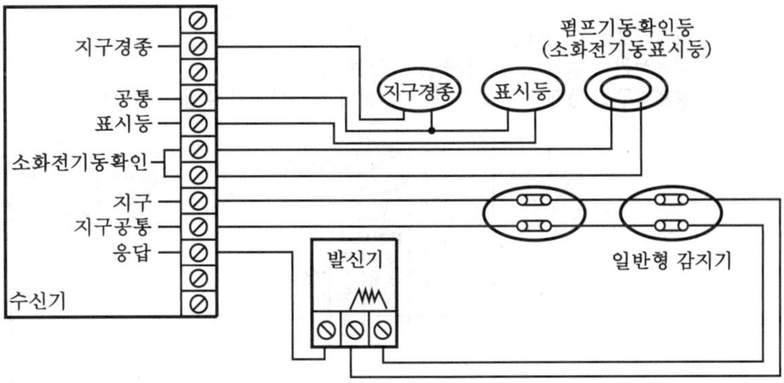

지구경종
공통
표시등
소화전기동확인
지구
지구공통
응답
수신기
펌프기동확인등
(소화전기동표시등)
지구경종
표시등
발신기
일반형 감지기

(2) **회로도 2**

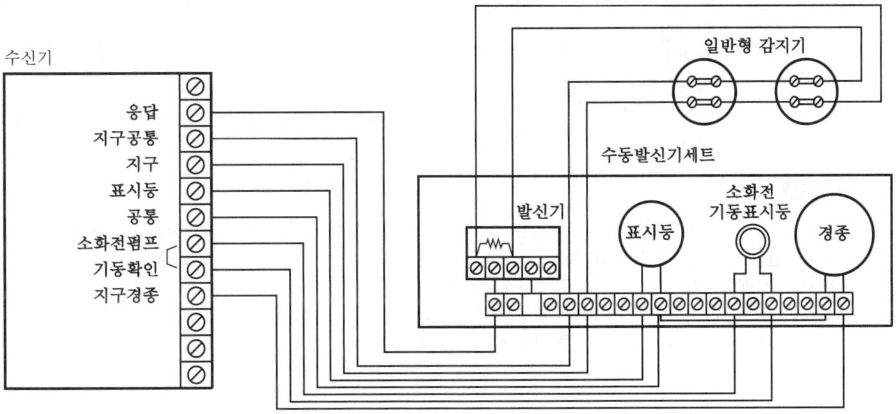

수신기
응답
지구공통
지구
표시등
공통
소화전펌프
기동확인
지구경종
일반형 감지기
수동발신기세트
발신기
표시등
소화전
기동표시등
경종

문제 03

3선식 배선 유도등의 전기회로에 점멸기를 설치시 점등되어야 하는 경우 3가지를 쓰시오.

(14.4.문13, 10.10.문1)

득점	배점
	5

○

○

○

해답 ① 자동화재탐지설비의 감지기 또는 발신기가 작동되는 때
② 비상경보설비의 발신기가 작동되는 때
③ 상용전원이 정전되거나 전원선이 단선되는 때

해설 유도등의 **3선식 배선**시 반드시 점등되어야 하는 경우(NFTC 303 2.7.4)

(1) **자동화재탐지설비**의 **감지기** 또는 **발신기**가 작동되는 때

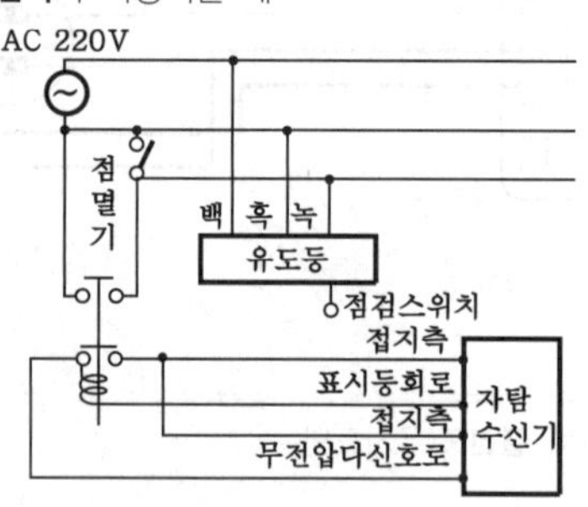

▮ 자동화재탐지설비와 연동 ▮

(2) **비상경보설비**의 **발신기**가 작동되는 때
(3) **상용전원**이 **정전**되거나 **전원선**이 **단선**되는 때
(4) **방재업무**를 **통제**하는 곳 또는 전기실의 **배**전반에서 **수동**으로 **점등**하는 때

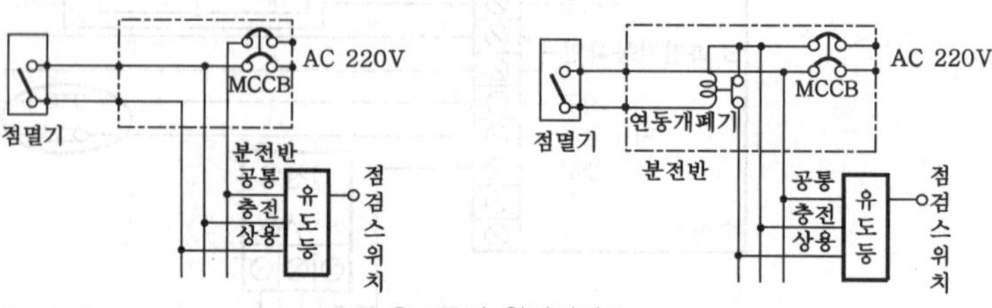

▮ 유도등의 원격점멸 ▮

(5) **자동소화설비**가 작동되는 때

기억법 탐감발
비경발
상정전단
방통배수점
자소

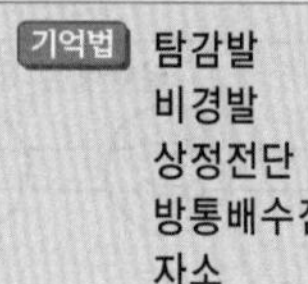

비교

유도등의 3선식 배선에 따라 상시 충전되는 경우 점멸기를 설치하지 아니하고 항상 점등상태를 유지하여야 하는데 유지하지 않아도 되는 장소(NFTC 303 2.7.3.2.1)

(1) **외부**의 빛에 의해 피난구 또는 피난방향을 쉽게 식별할 수 있는 장소
(2) **공연장, 암실** 등으로서 어두워야 할 필요가 있는 장소
(3) 특정소방대상물의 **관계인** 또는 **종사원**이 주로 사용하는 장소

★★
문제 04

단독경보형 감지기에 대한 각 물음에 답하시오.

득점	배점
	8

(가) 단독경보형 감지기의 정의를 쓰시오.

○

(나) 다음 (　　) 안에 알맞은 숫자를 쓰시오.

각 실(이웃하는 실내의 바닥면적이 각각 (①)m^2 미만이고 벽체의 상부의 전부 또는 일부가 개방되어 이웃하는 실내와 공기가 상호유통되는 경우에는 이를 1개의 실로 본다)마다 설치하되, 바닥면적이 (②)m^2를 초과하는 경우에는 (③)m^2마다 (④)개 이상 설치할 것

해답 (가) 화재발생 상황을 단독으로 감지하여 자체에 내장된 음향장치로 경보하는 감지기
(나) ① 30　② 150　③ 150　④ 1

해설 (가)

감지기	단독경보형 감지기
화재시 발생하는 열, 연기, 불꽃 또는 연소생성물을 자동적으로 **감지**하여 **수신기**에 **발신**하는 장치	화재발생 상황을 **단독**으로 감지하여 자체에 **내장**된 **음향장치**로 경보하는 감지기

(나) **단독경보형 감지기**의 **설치기준**(NFPC 201 5조, NFTC 201 2.2.1)

① 각 **실**(이웃하는 실내의 바닥면적이 각각 **30**$\mathbf{m^2}$ 미만이고 벽체의 상부의 전부 또는 일부가 개방되어 이웃하는 실내와 공기가 상호 유통되는 경우에는 이를 1개의 실로 본다.)마다 설치하되, 바닥면적이 **150**$\mathbf{m^2}$를 초과하는 경우에는 **150**$\mathbf{m^2}$마다 **1개** 이상 설치
② 최상층의 계단실의 **천장**(외기가 상통하는 계단실의 경우를 제외한다)에 설치할 것
③ 건전지를 주전원으로 사용하는 단독경보형 감지기는 정상적인 작동상태를 유지할 수 있도록 건전지 **교**환
④ 상용전원을 주전원으로 사용하는 단독경보형 감지기의 2차전지는 제품검사에 합격한 것 사용

기억법 실천교단

★★★
문제 05

비상용 조명부하가 40W 120등, 60W 50등이 있다. 방전시간은 30분이며 연축전지 HS형 54cell, 허용최저전압 90V, 최저축전지온도 5℃일 때 축전지용량을 구하시오. (단, 전압은 100V이며, 연축전지의 용량환산시간 K는 표와 같으며, 보수율은 0.8이다.)

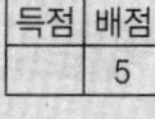

득점	배점
	5

(17.6.문11, 13.7.문10, 10.10.문2, 04.10.문5)

〈연축전지의 용량환산시간 K(상단은 900~2000Ah, 하단은 900Ah 이하)〉

형 식	온도(℃)	10분			30분		
		1.6V	1.7V	1.8V	1.6V	1.7V	1.8V
CS	25	0.9 0.8	1.15 1.06	1.6 1.42	1.41 1.34	1.6 1.55	2.0 1.88
	5	1.15 1.1	1.35 1.25	2.0 1.8	1.75 1.75	1.85 1.8	2.45 2.35
	−5	1.35 1.25	1.6 1.5	2.65 2.25	2.05 2.05	2.2 2.2	3.1 3.0
HS	25	0.58	0.7	0.93	1.03	1.14	1.38
	5	0.62	0.74	1.05	1.11	1.22	1.54
	−5	0.68	0.82	1.15	1.2	1.35	1.68

○ 계산과정 :
○ 답 :

해답

○ 계산과정 : $\frac{90}{54}=1.666=1.7\text{V/셀}$

$I=\frac{40\times120+60\times50}{100}=78\text{A}$

$C=\frac{1}{0.8}\times1.22\times78=118.95\text{Ah}$

○ 답 : 118.95Ah

해설

축전지의 공칭전압 $=\frac{\text{허용최저전압[V]}}{\text{셀수}}=\frac{90}{54}=1.666=1.7\text{V/셀}$

방전시간 30분, 축전지의 공칭전압 1.7V, 형식 HS형 최저축전지온도 5℃이므로 도표에서 용량환산시간은 **1.22**가 된다.

형 식	온도[℃]	10분				30분	
		1.6V	1.7V	1.8V	1.6V	1.7V	1.8V
CS	25	0.9 0.8	1.15 1.06	1.6 1.42	1.41 1.34	1.6 1.55	2.0 1.88
	5	1.15 1.1	1.35 1.25	2.0 1.8	1.75 1.75	1.85 1.8	2.45 2.35
	−5	1.35 1.25	1.6 1.5	2.65 2.25	2.05 2.05	2.2 2.2	3.1 3.0
HS	25	0.58	0.7	0.93	1.03	1.14	1.38
	5	0.62	0.74	1.05	1.11	1.22	1.54
	−5	0.68	0.82	1.15	1.2	1.35	1.68

전류 $I=\frac{P}{V}=\frac{40\times120+60\times50}{100}=78\text{A}$

축전지의 용량 $C=\frac{1}{L}KI=\frac{1}{0.8}\times1.22\times78=118.95\text{Ah}$

☆☆☆

문제 06

그림과 같이 지구경종과 표시등을 공통선을 사용하여 작동시키려고 한다. 이때 공통선에 흐르는 전류[A]를 구하시오. (단, 경종은 DC 24V, 1.52W용이며, 표시등은 DC 24V, 3.04W용이다.) (19.11.문5, 12.4.문5)

득점	배점
	5

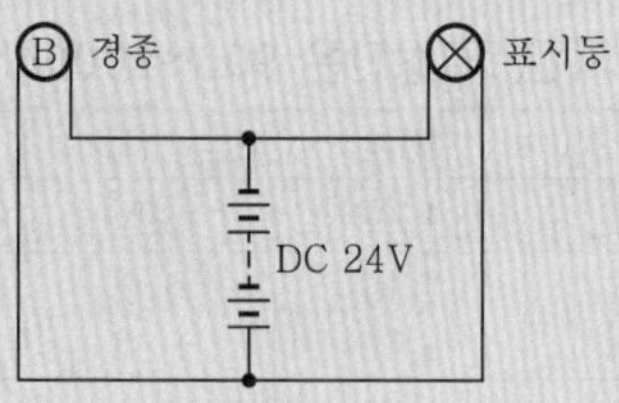

○ 계산과정 :

○ 답 :

해답

○ 계산과정 : $\frac{1.52}{24}+\frac{3.04}{24}=0.19\text{A}$

○ 답 : 0.19A

해설 **전력**

$$P = VI$$

여기서, P : 전력〔W〕
V : 전압〔V〕
I : 전류〔A〕

경종에 흐르는 전류를 I_1, 표시등에 흐르는 전류를 I_2라 하면
공통선에 흐르는 전류 I는

$I = I_1 + I_2 = \frac{P_1}{V} + \frac{P_2}{V}$〔A〕에서

전원이 **직류 24V**이므로

$I = \frac{P_1}{V} + \frac{P_2}{V} = \frac{1.52}{24} + \frac{3.04}{24} = 0.19\text{A}$

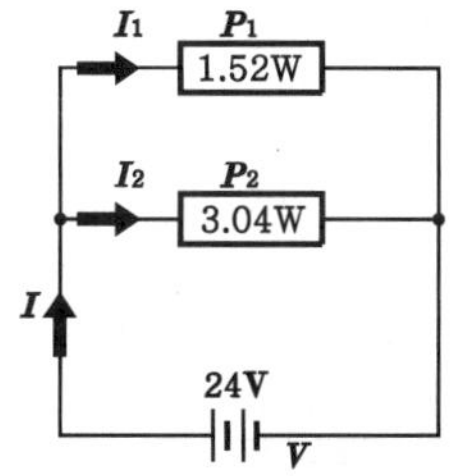

참고

경종(alarm bell)	**표시등**(pilot lamp)
경보기구 또는 비상경보설비에 사용하는 벨 등의 음향장치	발신기의 상부에 설치하여 발신기의 위치를 알려주는 적색등

☆☆ 문제 07

그림은 지하 2층, 지상 5층(상가 및 사무실) 건물의 옥내소화전함(자동기동방식)과 함께 설치된 P형 발신기세트 등의 외관도이다. 이것을 보고 다음 각 물음에 답하시오. (18.11.문6, 08.4.문12)

득점	배점
	10

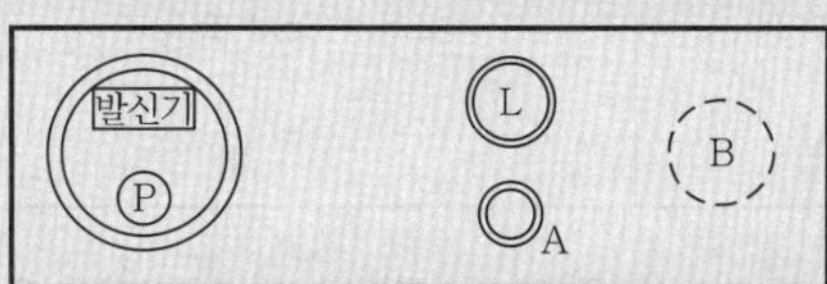

(가) 도면에서 "L"은 무엇인지 명칭, 용도 및 평상시 점등 여부를 쓰시오.
- ○ 명칭 :
- ○ 용도 :
- ○ 평상시 점등 여부 :

(나) 도면에서 "A"의 명칭은 무엇이며, 이것은 어느 경우에 점등되는지 4가지만 쓰시오.
- ○ 명칭 :
- ○ 점등되는 경우 :

(다) 도면에서 "B"의 명칭은 무엇이며, 그 동작상황은 어떻게 되는지를 쓰시오.
- ○ 명칭 :
- ○ 동작상황 :

(라) 발신기의 "P"를 누르면 어떤 것들이 작동되어서 인명을 대피할 수 있도록 하는지 쓰시오.
- ○
- ○

해답 (가) ○명칭 : 표시등
○용도 : 옥내소화전설비의 위치표시
○평상시 점등 여부 : 점등

(나) ○명칭 : 기동표시등
○점등되는 경우
① 방수구 개방시
② 펌프 기동시
③ 배관 누수시
④ 압력스위치 고장시

(다) ○명칭 : 경종
○동작상황 : 발신기를 누르면 수신기에 신호가 전달되고 수신기에서 경종으로 신호를 보내 경종 울림

(라) ○음향장치
○시각경보장치

해설 (가), (나)

구 분	표시등	기동표시등
용도	**옥내소화전설비**의 **위치표시**	**가압송수장치**의 **기동표시**
평상시 점등 여부	점등	소등
화재시 점등 여부 (옥내소화전 사용시 점등 여부)	점등	점등
점등되는 경우	24시간 상시 점등	① 방수구 개방시 ② 펌프 기동시 ③ 배관 누수시 ④ 압력스위치 고장시 ⑤ 기동표시등 누전시 ⑥ 제어반 고장시

- (가) **표시등**의 용도 : 문제에서 '**옥내소화전함**'이라고 하였으므로 **위치표시**라고만 쓰는 것보다 '**옥내소화전설비의 위치표시**'라고 정확히 답하라.
- (나) **기동표시등**의 명칭 : **기동확인표시등**이라고 써도 맞다.

(다) **발신기세트**

구 분	설 명
명판	기기의 명칭을 표시해 놓은 것
경종	발신기를 누르면 수신기에 화재신호가 전달되고 수신기에서 경종으로 신호를 보내 경종이 울림
발신기스위치	수동조작에 의하여 수신기에 화재신호를 발신하는 장치

(라) 인명대피를 돕는 것은 **음향장치**와 **시각경보장치**이다.
'**주음향장치**'와 '**지구음향장치**'라고 쓰면 틀린다. **주음향장치**는 인명대피의 성격보다는 **관계인**에게 화재발생을 **통보**하는 역할을 한다.

☆☆☆
문제 08

수신기로부터 150m 위치에 아래의 조건으로 사이렌이 접속되어 있으며, 사이렌이 작동될 때 다음 각 물음에 답하시오. (기사 17.6.문13, 17.4.문13, 16.6.문8, 14.11.문15, 06.7.문6)

득점	배점
	5

〔조건〕
① 수신기는 정전압 출력이다.
② 전선은 $2.5mm^2$의 NRI선을 사용한다.
③ 사이렌의 정격출력은 45W이다.
④ $2.5mm^2$의 NRI선의 전기저항은 8.45Ω/km이다.

(가) 단자전압을 구하시오.
○ 계산과정 :
○ 답 :

(나) 경종의 작동여부를 판정하시오.
○

해답

(가) ○ 계산과정 : $R=\frac{24^2}{45}=12.8\,\Omega$

$$\frac{150}{1000}\times 8.45=1.2675\,\Omega$$
$$1.2675\times 2=2.535\,\Omega$$
$$V_2=\frac{12.8}{2.535+12.8}\times 24=20.032\fallingdotseq 20.03\text{V}$$

○ 답 : 20.03V

(나) ○ 정상작동

해설

• 먼저 이 문제에서 잘못된 부분을 찾아보세요. **NRI → HFIX**

(가) **전력**

$$P=\frac{V^2}{R}$$

여기서, P : 전력〔W〕
V : 전압〔V〕
R : 저항〔Ω〕

저항 $R=\frac{V^2}{P}=\frac{24}{45^2}=12.8\,\Omega$

• P : **45W**(〔조건 ③〕에서 주어진 값)
• V : 수신기의 입력전압은 **직류 24V**

배선의 1가닥의 저항

1000m : 8.45Ω = 150m : R

$1000\text{m}\times R=8.45\,\Omega\times 150\text{m}$

배선의 **1가닥**의 **저항** $R=\frac{150}{1000}\times 8.45=1.2675\,\Omega$

• 〔조건 ④〕에서 8.45Ω/km=8.45Ω/1000m이므로 1000m일 때 8.45Ω(1km=1000m)
• **150m** : 문제에서 주어진 값

전체저항

1선의 저항이 1.2675Ω이므로 2선의 저항은
2선의 저항 $=2R=2\times 1.2675=2.535\,\Omega$

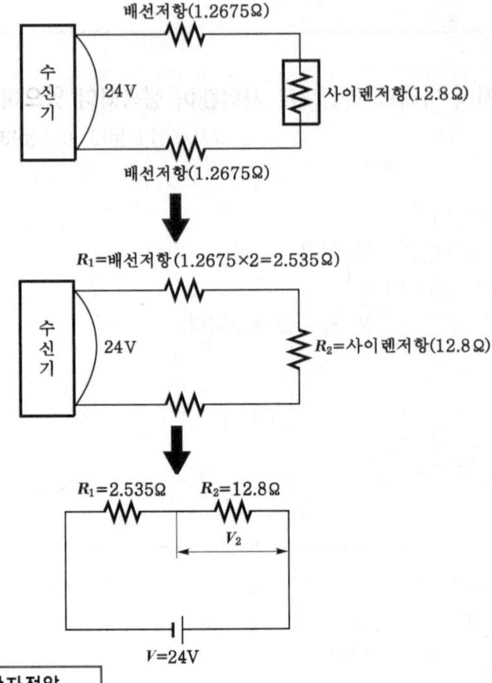

사이렌의 단자전압

사이렌의 **단자전압** V_2는

$$V_2 = \frac{R_2}{R_1 + R_2} V = \frac{12.8}{2.535 + 12.8} \times 24 = 20.032 \fallingdotseq 20.03\text{V}$$

(나) **경종**의 **작동전압**=24V×0.8~1.2=19.2~28.8V

∴ (가)에서 20.03V로서 19.2~28.8V 범위 내에 있으므로 **정상작동**

- 경종은 전원전압이 정격전압의 **±20%** 범위에서 변동하는 경우 기능에 이상이 생기지 않아야 한다. 단, 경종에 내장된 건전지를 전원으로 하는 경종은 건전지의 전압이 건전지 교체전압 범위의 하한값으로 낮아진 경우에도 기능에 이상이 없어야 한다. (경종의 형식승인 및 제품검사의 기술기준 4조)
- ±20% : 80~120%(0.8~1.2)

☆☆☆

문제 09

국가화재안전기준에서 정하는 연기감지기 설치기준이다. ( ) 안에 알맞은 내용을 답란에 쓰시오.

(12.11.문6)

득점	배점
	5

(가) 감지기는 복도 및 통로에 있어서는 보행거리 (①)m[3종에 있어서는 (②)m]마다, 계단 및 경사로에 있어서는 수직거리 (③)m[3종에 있어서는 (④)m]마다 1개 이상으로 할 것

(나) 천장 또는 반자가 낮은 실내 또는 좁은 실내에 있어서는 (⑤)의 가까운 부분에 설치할 것

(다) 천장 또는 반자 부근에 (⑥)가 있는 경우에는 그 부근에 설치할 것

(라) 감지기는 벽 또는 보로부터 (⑦)m 이상 떨어진 곳에 설치할 것

○답

①	②	③	④	⑤	⑥	⑦

해답

①	②	③	④	⑤	⑥	⑦
30	20	15	10	출입구	배기구	0.6

해설 **연기감지기**의 **설치기준**(NFPC 203 7조 ③항 10호, NFTC 203 2.4.3.10)

(1) 감지기는 복도 및 통로에 있어서는 **보행거리 30m**(3종은 **20m**)마다, 계단 및 경사로에 있어서는 **수직거리 15m**(**3종**은 **10m**)마다 1개 이상으로 할 것

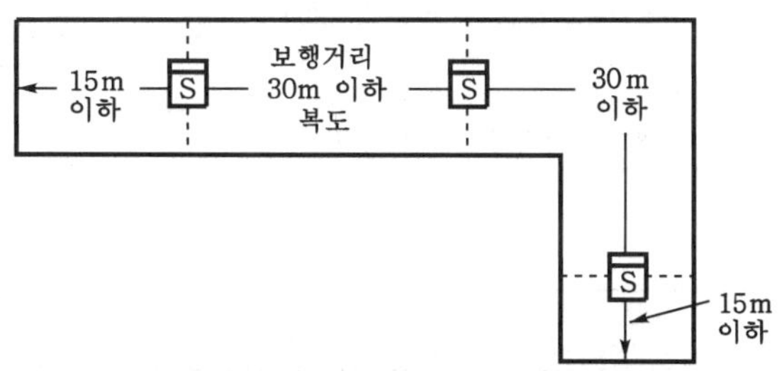

‖ 복도 및 통로의 연기감지기 설치 ‖

(2) 천장 또는 반자가 **낮은 실내** 또는 **좁은 실내**에 있어서는 **출입구**의 가까운 부분에 설치할 것

(3) 천장 또는 반자 부근에 **배기구**가 있는 경우에는 그 **부근**에 설치할 것

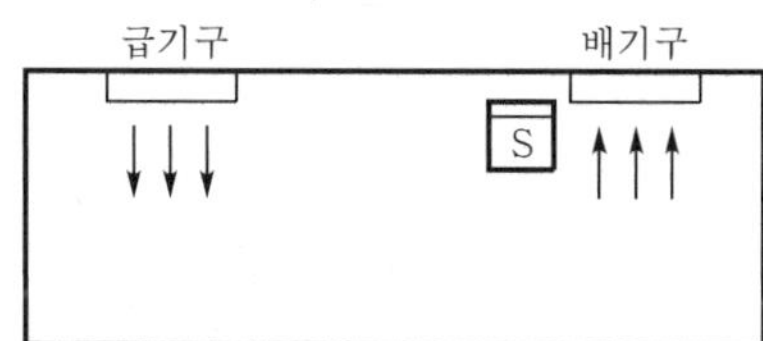

‖ 배기구가 있는 경우의 연기감지기 설치 ‖

(4) 감지기는 벽 또는 보로부터 **0.6m** 이상 떨어진 곳에 설치할 것

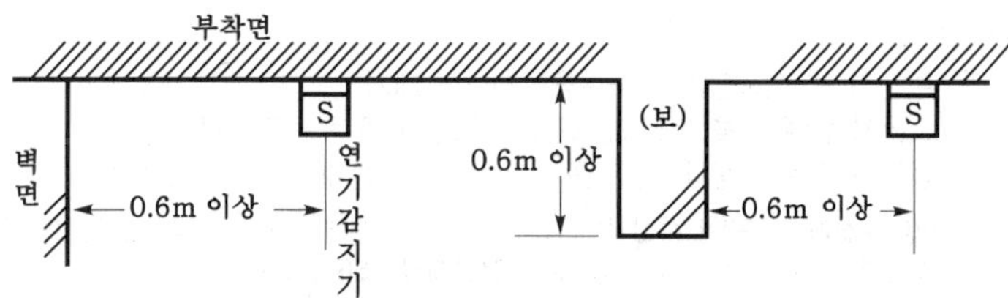

‖ 벽 또는 보로부터의 연기감지기 설치 ‖

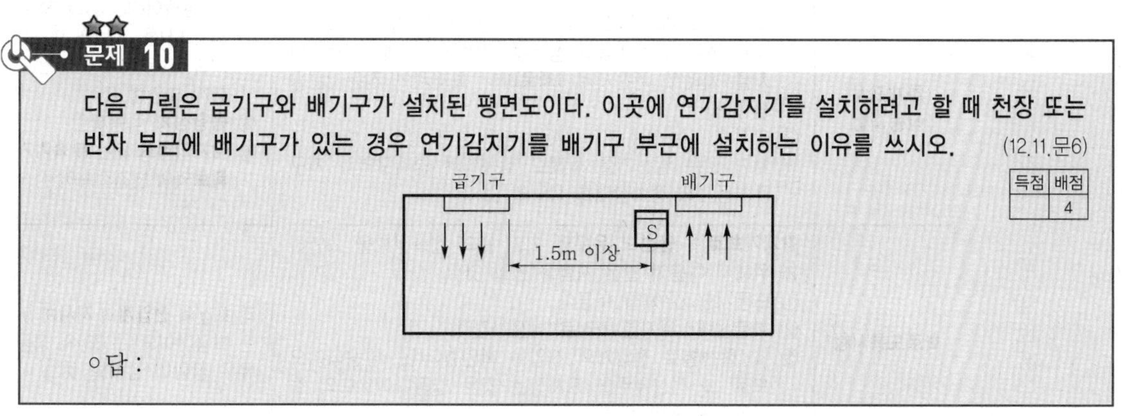

문제 10

다음 그림은 급기구와 배기구가 설치된 평면도이다. 이곳에 연기감지기를 설치하려고 할 때 천장 또는 반자 부근에 배기구가 있는 경우 연기감지기를 배기구 부근에 설치하는 이유를 쓰시오. (12.11.문6)

득점	배점
	4

○답 :

해답 배기구를 통해 연기가 배출되면서 연기감지기를 동작시키기 때문

해설 **연기감지기**의 **설치**

구 분	공기유입구(급기구)	배기구
설치거리	공기유입구(급기구)로부터 **1.5m** 이상	그 부근
이유	공기유입구를 통해 신선한 공기가 유입되므로 1.5m 이상 정도는 거리를 두어야 **실내**의 **연기**를 **감지**할 수 있기 때문	배기구를 통해 **연기**가 **배출**되면서 **연기감지기**를 유효하게 **동작**시키기 때문

문제 11

자동화재탐지설비의 화재안전기준에서 정하는 배선기준 중 P형 수신기의 감지기회로 배선에 있어서 하나의 공통선에 접속할 수 있는 경계구역의 수는 몇 개 이하이며, 공통선 시험방법에 대하여 설명하시오.

(16.6.문7, 13.11.문7, 08.4.문1, 07.11.문6)

득점	배점
	6

(가) 경계구역의 수

○

(나) 공통선 시험방법

○

○

○

해답 (가) 7개

(나) ① 수신기 내 접속단자의 회로공통선 1선 제거

② 도통시험스위치를 누르고, 회로선택스위치를 차례로 회전

③ 전압계 또는 발광다이오드를 확인하여 「단선」을 지시한 경계구역 회선수 조사

해설 (가) ① **P형 수신기** 및 **GP형 수신기**의 감지기회로의 배선에 있어서 하나의 공통선에 접속할 수 있는 **경계구역** : **7개** 이하

② 자동화재탐지설비의 감지기회로의 **전로저항** : **50**Ω 이하

(나) **수신기**의 **시험**(성능시험)

시험종류	시험방법	가부판정의 기준
화재표시 작동시험	① 회로선택스위치로서 실행하는 시험 : 동작시험스위치를 눌러서 스위치 주의등의 점등을 확인한 후 회로선택스위치를 차례로 회전시켜 **1회로**마다 화재시의 작동시험을 행할 것 ② 감지기 또는 발신기의 작동시험과 함께 행하는 방법 : 감지기 또는 발신기를 차례로 작동시켜 경계구역과 지구표시등과의 접속상태를 확인할 것	① 각 **릴레이**(Relay)의 작동 ② **화재표시등** 그 밖의 표시장치의 점등(램프의 단선도 함께 확인할 것) ③ **음향장치** 작동확인 ④ **감지기회로** 또는 **부속기기회로**와의 연결접속이 정상일 것
회로도통시험	**감지기회로**의 **단선**의 **유무**와 기기 등의 접속상황을 확인하기 위해서 다음과 같은 시험을 행할 것 ① 도통시험스위치를 누른다. ② 회로선택스위치를 차례로 회전시킨다. ③ 각 회선별로 전압계의 전압을 확인한다(단, 발광다이오드로 그 정상유무를 표시하는 것은 발광다이오드의 점등유무를 확인한다). ④ 종단저항 등의 접속상황을 조사한다.	각 회선의 **전압계**의 **지시치** 또는 발광다이오드(LED)의 점등유무 상황이 정상일 것

공통선시험 (단, 7회선 이하는 제외)	공통선이 담당하고 있는 경계구역의 적정여부를 다음에 따라 확인할 것 ① 수신기 내 접속단자의 회로공통선을 1선 제거한다. ② 회로도통시험의 예에 따라 도통시험스위치를 누르고, 회로선택스위치를 차례로 회전시킨다. ③ 전압계 또는 발광다이오드를 확인하여 「**단선**」을 지시한 경계구역의 회선수를 조사한다.	공통선이 담당하고 있는 경계구역수가 **7 이하**일 것
예비전원시험	상용전원 및 비상전원이 사고 등으로 정전된 경우, 자동적으로 예비전원으로 절환되며, 또한 정전복구시에 자동적으로 상용전원으로 절환되는지의 여부를 다음에 따라 확인할 것 ① 예비전원시험스위치를 누른다. ② 전압계의 지시치가 지정범위 내에 있을 것(단, 발광다이오드로 그 정상유무를 표시하는 것은 발광다이오드의 정상 점등유무를 확인한다) ③ 교류전원을 개로(상용전원을 차단)하고 자동절환릴레이의 작동상황을 조사한다.	① 예비전원의 **전압** ② 예비전원의 **용량** ③ 예비전원의 **절환상황** ④ 예비전원의 **복구작동**이 정상일 것
동시작동시험 (단, 1회선은 제외)	① **동작시험스위치**를 시험위치에 놓는다. ② 상용전원으로 **5회선**(5회선 미만은 전회선) 동시 작동 ③ 주음향장치 및 지구음향장치 작동 ④ 부수신기와 표시장치도 모두를 작동상태로 하고 실시	① **수신기**의 기능에 이상이 없을 것 ② **부수신기**의 기능에 이상이 없을 것 ③ **표시장치**(표시기)의 기능에 이상이 없을 것 ④ **음향장치**의 기능에 이상이 없을 것

차동식 분포형 공기관식 감지기의 시험에 관한 그림이다. 다음 각 물음에 답하시오. (19.4.문14, 12.4.문10)

득점	배점
	7

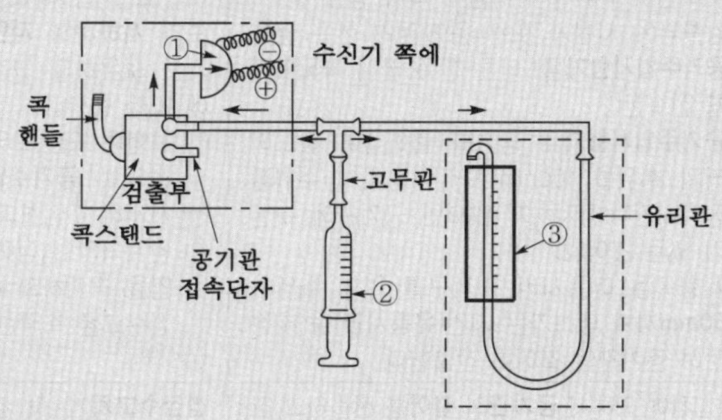

(가) 어떤 시험을 하기 위한 것인지 쓰시오.

○

(나) 그림에 표시된 ①~③의 명칭을 쓰시오.

①: ②: ③:

(다) 이 시험에서의 양부판정 기준을 쓰시오.

○

(라) 위 물음 "(다)"에서 기준치보다 낮을 경우와 높을 경우에 일어나는 현상을 쓰시오.

○낮을 경우 :

○높을 경우 :

해답 (가) 접점수고시험
(나) ① 다이어프램 ② 테스트펌프 ③ 마노미터
(다) 접점수고치가 검출부의 지정값 범위 내에 있는지 확인
(라) ○ 낮을 경우 : 오동작
○ 높을 경우 : 지연동작

해설
- (가) 구성도가 **유통시험**도 되고 **접점수고시험**도 되기 때문에 '**유통시험**'이라고 써도 맞다고 생각할 수 있지만 그건 잘못된 생각이다. (라)에서 기준치보다 낮을 경우, 높을 경우의 문구가 있으므로 반드시 **접점수고시험**으로 답해야 한다.

(1) **구성도**

유통시험 · 접점수고시험	펌프시험 · 작동계속시험

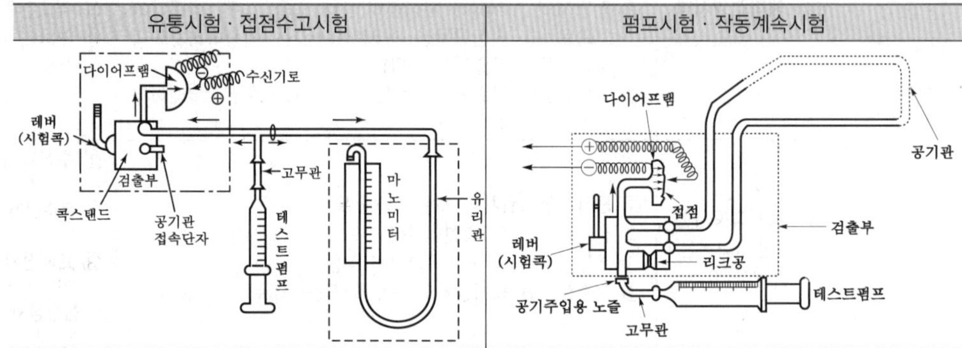

(2) **시험방법, 양부판정기준**

구 분	유통시험	접점수고시험
시험방법	공기관에 공기를 유입시켜 공기관이 새거나, 깨어지거나, 줄어듦 등의 유무 및 공기관의 길이를 확인하기 위하여 다음에 따라 행할 것 ① 검출부의 시험공 또는 공기관의 한쪽 끝에 **공기주입시험기**를, 다른 한쪽 끝에 **마노미터**를 접속한다. ② **공기주입시험기**로 공기를 불어넣어 마노미터의 수위를 100mm까지 상승시켜 수위를 정지시킨다(정지하지 않으면 공기관에 누설이 있는 것이다). ③ 시험콕을 이동시켜 송기구를 열고 수위가 **50mm**까지 내려가는 시간(**유통시간**)을 측정하여 공기관의 길이를 산출한다.	접점수고치가 **낮으면**(기준치 이하) 감도가 **예민**하게 되어 **오동작**(비화재보)의 원인이 되기도 하며, 또한 접점수고값이 **높으면**(기준치 이상) 감도가 **저하**하여 **지연동작**의 원인이 되므로 적정치를 보유하고 있는가를 확인하기 위하여 다음에 따라 행한다. ① 시험콕 또는 스위치를 접점수고시험 위치로 조정하고 **공기주입시험기**에서 미량의 공기를 서서히 주입한다. ② 감지기의 접점이 폐쇄되었을 때에 공기의 주입을 중지하고 **마노미터**의 수위를 읽어서 접점수고를 측정한다.
양부판정기준	유통시간에 의해서 **공기관**의 **길이**를 산출하고 산출된 공기관의 길이가 하나의 검출의 **최대공기관 길이 이내**일 것	**접점수고치**가 각 검출부에 지정되어 있는 값의 범위 내에 있을 것
주의사항	공기주입을 서서히 하며 **지정량 이상** 가하지 않도록 할 것	–

비교

유통시험과 **접점수고시험**의 구성도를 다음과 같이 구분하여 그릴 수도 있다.

구 분	유통시험	접점수고시험
시험 장치	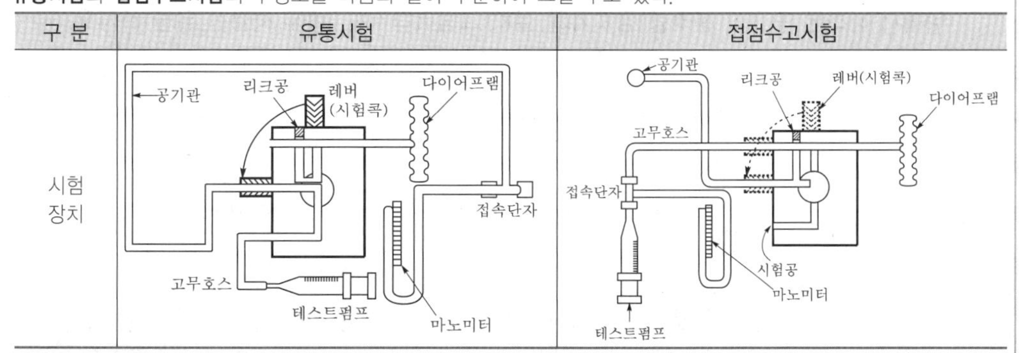	

중요

공기관식 차동식 분포형 감지기의 **시험 종류**

(1) 화재작동시험(펌프시험)
(2) 작동계속시험
(3) 유통시험
(4) 접점수고시험(다이어프램시험)
(5) 리크시험(리크저항시험)

☆☆☆

문제 13

다음은 자동화재탐지설비의 중계기 설치기준에 대한 설명이다. ( ) 안에 알맞은 내용을 쓰시오.

(17.6.문14, 14.7.문12, 13.7.문14)

득점	배점
	5

ㅇ수신기에서 직접 감지기회로의 도통시험을 행하지 않는 것에 있어서는 수신기와 (①) 사이에 설치할 것

ㅇ수신기에 따라 감시되지 않는 배선을 통하여 전력을 공급받는 것에 있어서는 전원입력측의 배선에 (②)를 설치하고 해당 전원의 정전 시 즉시 수신기에 표시되는 것으로 하며, (③) 및 (④)의 시험을 할 수 있도록 할 것

해답 ① 감지기 ② 과전류차단기 ③ 상용전원 ④ 예비전원

해설 **자동화재탐지설비**의 **중계기 설치기준**(NFPC 203 6조, NFTC 203 2.3.1)

(1) 수신기에서 직접 감지기회로의 **도통시험**을 행하지 않는 것에 있어서는 **수신기**와 **감지기** 사이에 설치할 것
(2) **조작** 및 **점검**에 편리하고 **화재** 및 **침수** 등의 재해로 인한 피해를 받을 우려가 없는 장소에 설치할 것
(3) 수신기에 의하여 감시되지 않는 배선을 통하여 전력을 공급받는 것에 있어서는 **전원입력측**의 배선에 **과전류차단기**를 설치하고 당해 전원의 정전시 즉시 수신기에 표시되는 것으로 하며, **상용전원** 및 **예비전원**의 시험을 할 수 있도록 할 것

☆☆☆

문제 14

위에서 바라본 광전식 분리형 감지기의 설치 그림이다. ㉮, ㉯에 적합한 답을 쓰시오. (11.5.문12)

득점	배점
	4

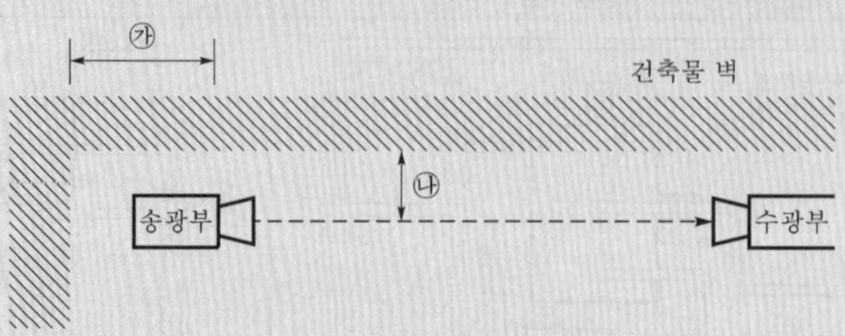

(가) 감지기의 송광부와 수광부는 설치된 뒷벽으로부터 (㉮)m 이내 위치에 설치할 것

(나) 광전식 분리형 감지기의 광축(송광면과 수광면의 중심을 연결한 선)은 나란한 벽으로부터 (㉯)m 이상 이격하여 설치할 것

해답 ㉮ 1 ㉯ 0.6

해설 **광전식 분리형 감지기의 설치기준**(NFPC 203 7조, NFTC 203 2.4.3.15)

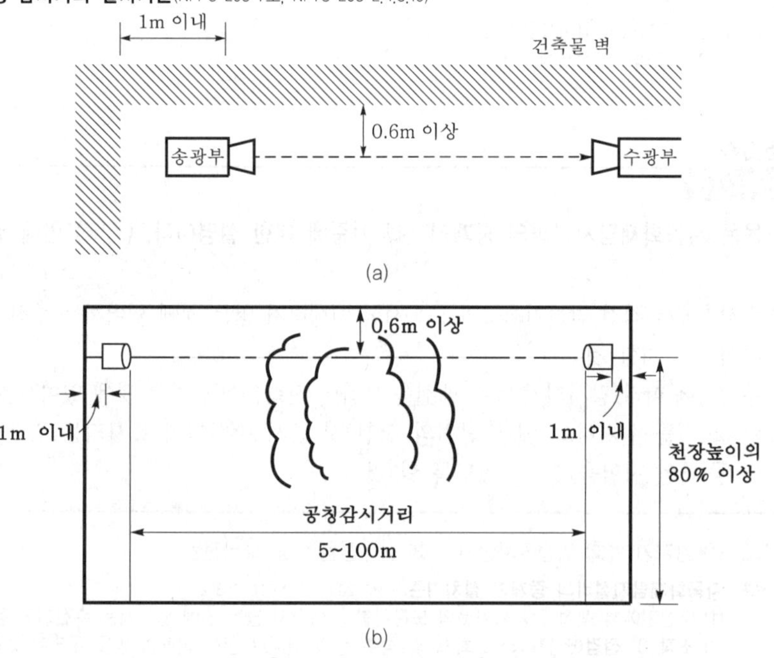

‖ 광전식 분리형 감지기 ‖

(1) 감지기의 송광부와 수광부는 설치된 뒷벽으로부터 **1m 이내** 위치에 설치할 것
(2) 감지기의 광축길이는 **공칭감시거리** 범위 이내일 것
(3) 광축높이는 천장 등 높이의 **80% 이상**일 것
(4) 광축은 나란한 벽으로부터 **0.6m 이상** 이격하여 설치할 것
(5) 감지기의 수광면은 햇빛을 직접 받지 않도록 설치할 것

- **아날로그식 분리형 광전식 감지기의 공칭감시거리**(감지기의 형식승인 및 제품검사의 기술기준 19조)
  5~100m 이하로 하여 **5m 간격**으로 한다.

비교

(1) 광전식 분리형 감지기의 구성도 1

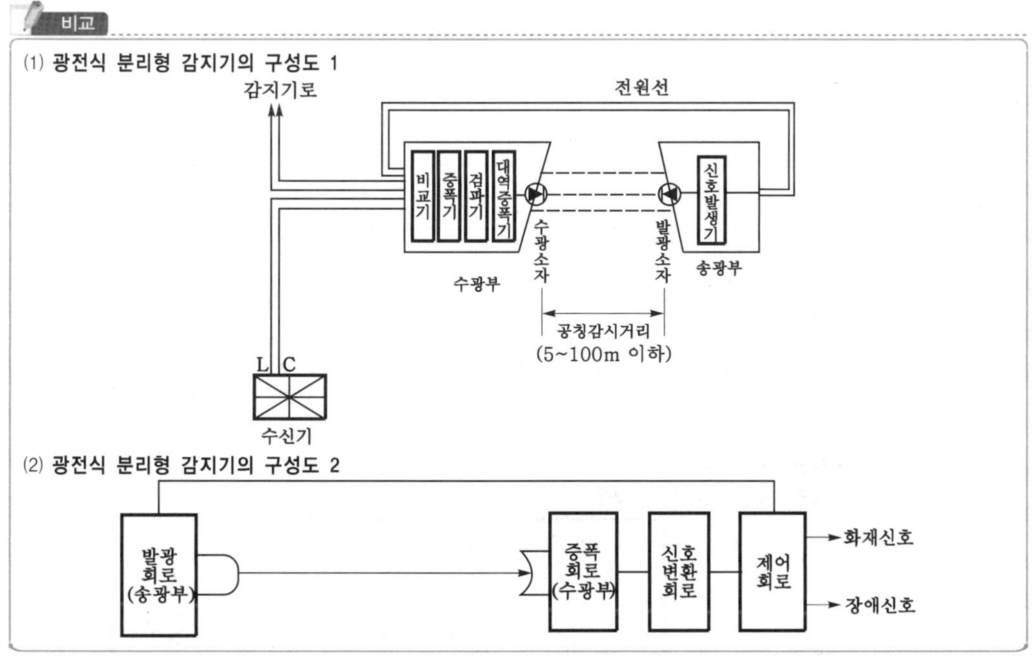

(2) 광전식 분리형 감지기의 구성도 2

발광회로(송광부) → 증폭회로(수광부) — 신호변환회로 — 제어회로 → 화재신호, 장애신호

★★★

문제 15

자동화재탐지설비의 평면도이다. 이 도면을 보고 다음 각 물음에 답하시오. (17.6.문2, 12.7.문4, 11.11.문4)

득점	배점
	10

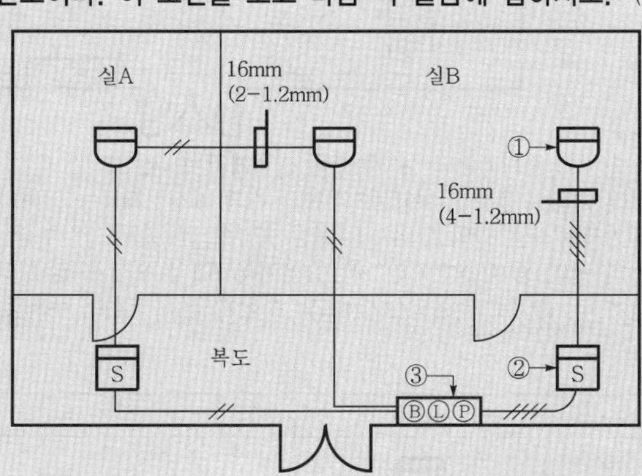

(가) 후강전선관으로 배관공사를 할 경우 주어진 다음 표의 배관 부속자재에 대한 수량을 구하시오. (단, 반자가 없는 구조이며, 감지기는 8각 박스에 직접 취부한다고 가정하고 수동발신기 세트와 수신기 간의 배선과 관계되는 재료는 고려하지 않도록 한다.)

품 명	규 격	단 위	수 량
로크너트	16mm	개	
부싱	16mm	개	
8각 박스	8각 2인치	개	

(나) ①과 ②의 감지기의 종류를 쓰시오.

○①:

○②:

(다) ③에는 어떤 것들이 내장되어 있는지 그 내장품을 모두 쓰시오.

○

해답 (가)

품 명	규 격	단 위	수 량
로크너트	16mm	개	24
부싱	16mm	개	12
8각 박스	8각 2인치	개	5

(나) ① 차동식 스포트형 감지기　　② 연기감지기

(다) 발신기, 경종, 표시등

해설 (가)

- 먼저 이 문제에서 잘못된 부분을 찾아보세요. 16mm(2－1.2mm) → **16mm(2－1.5mm^2)**
  16mm(4－1.2mm) → **16mm(4－1.5mm^2)**

- **부싱**(○) : 12개
- **로크너트**는 부싱개수의 **2배**이므로 **24개**(12개×2=24개)가 된다.

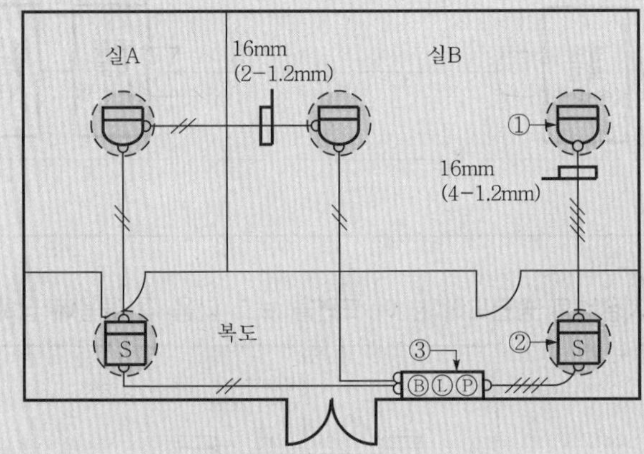

- **8각 박스**( ) : 감지기마다 설치하므로 총 **5개**가 된다.
- 단서조건에 의해 수동발신기세트와 수신기 간의 배선 · 재료는 고려하지 않아도 된다.
- **'수동발신기세트'**라는 말이 있어서 수동발신기세트에 설치되는 부싱, 로크너트까지 생략하면 틀린다. 단서조건의 글이 좀 이상하지만 수동발신기세트에서 수신기 간의 배선 · 재료를 고려하지 않는다고 이해해야 한다. 참고로 수동발신기세트와 수신기 간의 배선은 문제에서 그려져 있지 않다.

(나) **옥내배선기호**

명 칭	그림기호	적 요
차동식 스포트형 감지기		－
보상식 스포트형 감지기		－
정온식 스포트형 감지기		• 방수형 : • 내산형 : • 내알칼리형 : • 방폭형 : EX
연기감지기	S	• 점검박스 붙이형 : S • 매입형 : S

감지선	─◉─	• 감지선과 전선의 접속점 : ──●── • 가건물 및 천장 안에 시설할 경우 : --◉-- • 관통위치 : ──○──○──
공기관	────	• 가건물 및 천장 안에 시설할 경우 : ------------ • 관통위치 : ──○──○──
열전대	─■─	• 가건물 및 천장 안에 시설할 경우 : ─□─

(다) 전면에 부착되는 **전기적**인 **기기장치 명칭**

명 칭	도시기호	전기기기 명칭
수동발신기함 (발신기세트 단독형)	Ⓟ Ⓑ Ⓛ (세로) 또는 ⓅⒷⓁ	• Ⓟ : 발신기 • Ⓑ : 경종 • Ⓛ : 표시등

• **'발신기'**를 **'P형 발신기'**라고 답해도 된다.

★★★

문제 16

누전경보기의 화재안전기준과 형식승인 및 제품검사의 기술기준을 설명하고 있다. 다음 (　　)에 알맞은 내용을 쓰시오. (19.4.문9, 17.11.문15, 17.6.문12, 16.11.문11, 13.11.문5, 13.4.문10, 12.7.문8·11, 06.7.문8)

득점	배점
	7

(가) 누전경보기를 작동시키기 위하여 필요한 누설전류의 값으로 제조자에 의하여 표시된 값을 (①)라 하고 이 값은 (②)mA 이하여야 한다.

(나) 감도조정장치를 갖는 누전경보기에 있어 감도조정장치의 조정범위는 최대치가 (　　)A 이어야 한다.

(다) 전원은 분전반으로부터 전용회로로 하고, 각 극에 개폐기 및 (①)A 이하의 과전류차단기를 설치하여야 한다(배선용 차단기는 (②)A 이하를 설치하여야 한다).

(라) 누전경보기의 경보기구에 내장하는 음향장치에서 사용전압의 80%에서 경보하는 데 주음향은 (①)dB 이상, 고장표시장치용은 (②)dB 이상이어야 한다.

해답 (가) ① 공칭작동전류치 ② 200
(나) 1
(다) ① 15 ② 20
(라) ① 70 ② 60

해설 (가), (나)

공칭작동전류치	감도조정장치의 조정범위의 최대치
200mA 이하	1A

용어

공칭작동전류치
누전경보기를 작동시키기 위하여 필요한 누설전류의 값으로 제조자에 의하여 표시된 값

(다) **누전경보기**의 **설치방법**(NFPC 205 4·6조, NFTC 205 2.1.1, 2.3.1)

정격전류	종 별
60A 초과	1급
60A 이하	1급 또는 2급

① 변류기는 옥외인입선의 **제1지점**의 **부하측** 또는 **제2종**의 **접지선측**에 설치할 것(부득이한 경우 **인입구**에 **근접**한 옥내에 설치)
② 옥외전로에 설치하는 변류기는 **옥외형**을 사용할 것
③ 각 극에 **개폐기** 및 15A 이하의 **과전류차단기**를 설치할 것(**배선용 차단기**는 20A 이하)
④ 분전반으로부터 **전용**회로로 할 것

(라) **대상에 따른 음압**

음 압	대 상
40dB 이하	① **유**도등 · **비**상조명등의 소음
60dB 이상	① **고**장표시장치용 ② 단독경보형 감지기(건전지 교체 **음성안내**)
70dB 이상	① 가스누설경보기(단독형 · 영업용) ② 누전경보기 ③ 단독경보형 감지기(건전지 교체 **음향경보**)
85dB 이상	① 단독경보형 감지기(화재경보음)
90dB 이상	① 가스누설경보기(**공**업용) ② **자**동화재탐지설비의 음향장치

기억법 유비음4(**유비**는 **음**식 중 **사**발면을 좋아한다.)
고음6(**고음**악을 **유**창하게 해.)
9공자

"장벽이 서있는 것은 가로막기 위함이 아니라 그것을 우리가 얼마나 간절히 원하는지 보여줄 기회를 주기 위해 거기 서있는 것이다."

- 랜디 포시 '마지막 강의' -

찾아보기

ㄱ

ㄴ

ㅍ

ㅎ

2025 최신개정판

소방설비산업기사 전기⑥ 실기

2006. 2. 24. 초 판 1쇄 발행
2017. 2. 3. 4차 개정증보 11판 1쇄(통산 23쇄) 발행
2017. 10. 13. 4차 개정증보 11판 2쇄(통산 24쇄) 발행
2018. 2. 1. 5차 개정증보 12판 1쇄(통산 25쇄) 발행
2019. 2. 28. 6차 개정증보 13판 1쇄(통산 26쇄) 발행
2019. 7. 15. 6차 개정증보 13판 2쇄(통산 27쇄) 발행
2020. 2. 13. 7차 개정증보 14판 1쇄(통산 28쇄) 발행
2021. 2. 15. 8차 개정증보 15판 1쇄(통산 29쇄) 발행
2021. 3. 5. 8차 개정증보 15판 2쇄(통산 30쇄) 발행
2022. 3. 2. 9차 개정증보 16판 1쇄(통산 31쇄) 발행
2023. 3. 15. 10차 개정증보 17판 1쇄(통산 32쇄) 발행
2024. 3. 6. 11차 개정증보 18판 1쇄(통산 33쇄) 발행
2025. 2. 26. 12차 개정증보 19판 1쇄(통산 34쇄) 발행

지은이 | 공하성
펴낸이 | 이종춘
펴낸곳 | BM (주)도서출판 성안당
주소 | 04032 서울시 마포구 양화로 127 첨단빌딩 3층(출판기획 R&D 센터)
10881 경기도 파주시 문발로 112 파주 출판 문화도시(제작 및 물류)
전화 | 02) 3142-0036
031) 950-6300
팩스 | 031) 955-0510
등록 | 1973. 2. 1. 제406-2005-000046호
출판사 홈페이지 | www.cyber.co.kr
ISBN | 978-89-315-1306-6 (13530)
정가 | 46,000원(별책부록, 해설가리개 포함)

이 책을 만든 사람들
기획 | 최옥현
진행 | 박경희
교정·교열 | 김혜린, 최주연
전산편집 | 전채영
표지 디자인 | 박현정
홍보 | 김계향, 임진성, 김주승, 최정민
국제부 | 이선민, 조혜란
마케팅 | 구본철, 차정욱, 오영일, 나진호, 강호묵
마케팅 지원 | 장상범
제작 | 김유석

전기 | 실기

요점노트

소방설비[산업]기사

우석대학교 소방방재학과 교수 공하성

BM (주)도서출판 성안당

도서 A/S 안내

성안당에서 발행하는 모든 도서는 저자와 출판사, 그리고 독자가 함께 만들어 나갑니다.

좋은 책을 펴내기 위해 많은 노력을 기울이고 있습니다. 혹시라도 내용상의 오류나 오탈자 등이 발견되면 **"좋은 책은 나라의 보배"**로서 우리 모두가 함께 만들어 간다는 마음으로 연락주시기 바랍니다. 수정 보완하여 더 나은 책이 되도록 최선을 다하겠습니다.

성안당은 늘 독자 여러분들의 소중한 의견을 기다리고 있습니다. 좋은 의견을 보내주시는 분께는 성안당 쇼핑몰의 포인트(3,000포인트)를 적립해 드립니다.

잘못 만들어진 책이나 부록 등이 파손된 경우에는 교환해 드립니다.

저자 문의 : Ch http://pf.kakao.com/_TZKbxj
Daum cafe.daum.net/firepass
NAVER cafe.naver.com/fireleader

본서 기획자 e-mail : coh@cyber.co.kr(최옥현)

홈페이지 : http://www.cyber.co.kr 전화 : 031) 950-6300

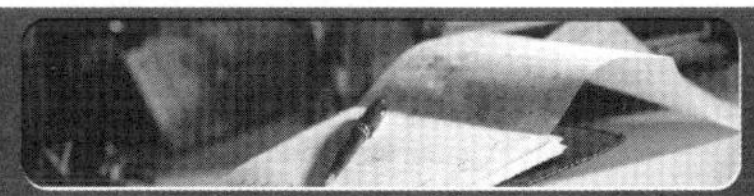

CONTENTS

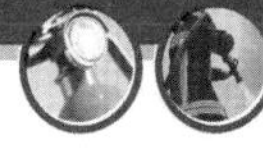

소방시설의 설계 및 시공

특별부록

승리의 원리

서부 영화를 보면 대개 어떻습니까?

어느 술집에서, 카우보이 모자를 쓴 선한 총잡이가 담배를 물고 탁자에 앉아 조용히 술잔을 기울이고 있습니다.

곧이어 그 뒤에 등장하는 악한 총잡이가 양다리를 벌리고 섰습니다.

손은 벌써 허리춤에 찬 권총 가까이 대고 이렇게 소리를 지르죠.

"야, 이 비겁자야! 어서 총을 뽑아라. 내가 본때를 보여줄 테다."

여전히 침묵이 흐르고 주위 사람들은 숨을 죽이고 이들을 지켜봅니다.

그러다가 일순간 총성이 울려 퍼지고 한 총잡이가 쓰러집니다.

물론 각본에 따라 이루어지는 일이지만, 쓰러진 총잡이는 등을 보이고 앉아 있던 선한 총잡이가 아니라 금방이라도 총을 뽑을 것처럼 떠들어대던 악한 총잡이입니다.

승리는 침묵 속에서 준비한 자의 것입니다. 서두르는 사람이 먼저 쓰러지게 되어 있거든요.

무슨 일을 하든 조용히 준비하는 사람이 승리합니다.

• 도서출판 규장의 「지하철 사랑의 편지」 중에서 •

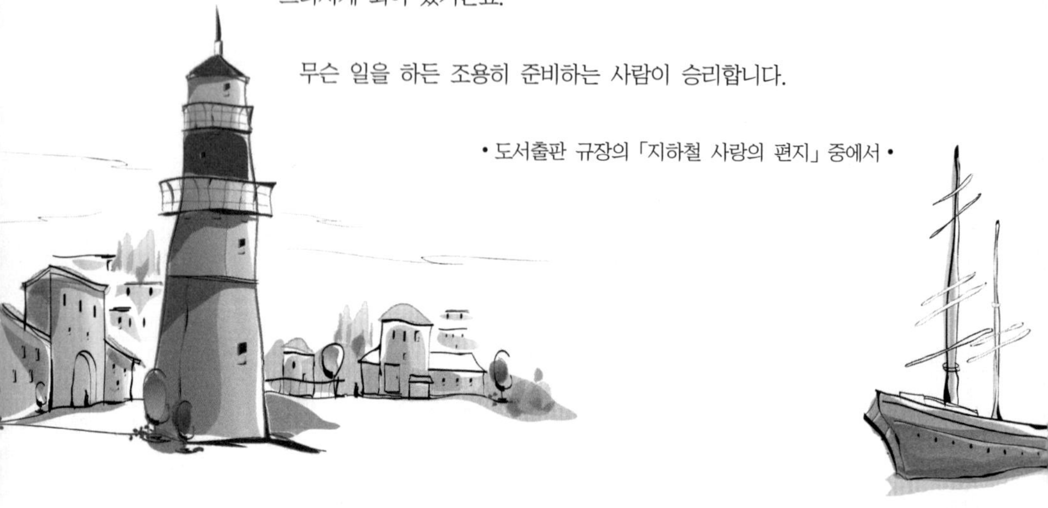

소방시설의 설계 및 시공

소방시설의 설계 및 시공

제 1 장 경보설비의 구조 및 원리

*** 경보설비**
화재발생 사실을 통보하는 기계·기구 또는 설비

1. 경보설비의 종류

① 자동화재탐지설비·시각경보기　② 자동화재속보설비
③ 누전경보기　④ 비상방송설비
⑤ 비상경보설비(비상벨설비, 자동식 사이렌설비)
⑥ 가스누설경보기　⑦ 단독경보형 감지기
⑧ 통합감시시설　⑨ 화재알림설비

2. 자동화재탐지설비

*** 자동화재탐지설비**
건물 내에 발생한 화재를 초기단계에서 자동적으로 발견하여 관계인에게 통보하는 설비

(1) 구성요소

① 감지기　② 수신기　③ 발신기　④ 중계기
⑤ 음향장치　⑥ 표시등　⑦ 전원　⑧ 배선

(2) 설치대상(소방시설법 시행령 [별표 4])

설치대상	조 건
① 정신의료기관·의료재활시설	• 창살설치 : 바닥면적 300〔m²〕 미만 • 기타 : 바닥면적 300〔m²〕 이상
② 노유자시설	• 연면적 400〔m²〕 이상
③ <u>근</u>린생활시설·<u>위</u>락시설 ④ <u>의</u>료시설(정신의료기관, 요양병원 제외) ⑤ <u>복</u>합건축물·장례시설 기억법 근위의복 6	• 연면적 <u>6</u>00〔m²〕 이상
⑥ 목욕장·문화 및 집회시설, 운동시설 ⑦ 종교시설 ⑧ 방송통신시설·관광휴게시설 ⑨ 업무시설·판매시설 ⑩ 항공기 및 자동차 관련시설·공장·창고시설 ⑪ 지하가(터널 제외)·운수시설·발전시설·위험물 저장 및 처리시설 ⑫ 교정 및 군사시설 중 국방·군사시설	• 연면적 1000〔m²〕 이상
⑬ <u>교</u>육연구시설·<u>동</u>식물관련시설 ⑭ <u>자</u>원순환관련시설·<u>교</u>정 및 군사시설(국방·군사시설 제외) ⑮ <u>수</u>련시설(숙박시설이 있는 것 제외) ⑯ 묘지관련시설 기억법 교동자교수 2	• 연면적 <u>2</u>000〔m²〕 이상
⑰ 지하가 중 터널	• 길이 1000〔m〕 이상
⑱ 특수가연물 저장·취급	• 지정수량 500배 이상

⑲ 수련시설(숙박시설이 있는 것)	• 수용인원 100명 이상
⑳ 발전시설	• 전기저장시설
㉑ 지하구 ㉒ 노유자생활시설 ㉓ 전통시장 ㉔ 숙박시설 ㉕ 아파트 등 · 기숙사 ㉖ 6층 이상 건축물 ㉗ 요양병원(정신병원, 의료시설 제외) ㉘ 조산원, 산후조리원	• 전부

(3) 구성도

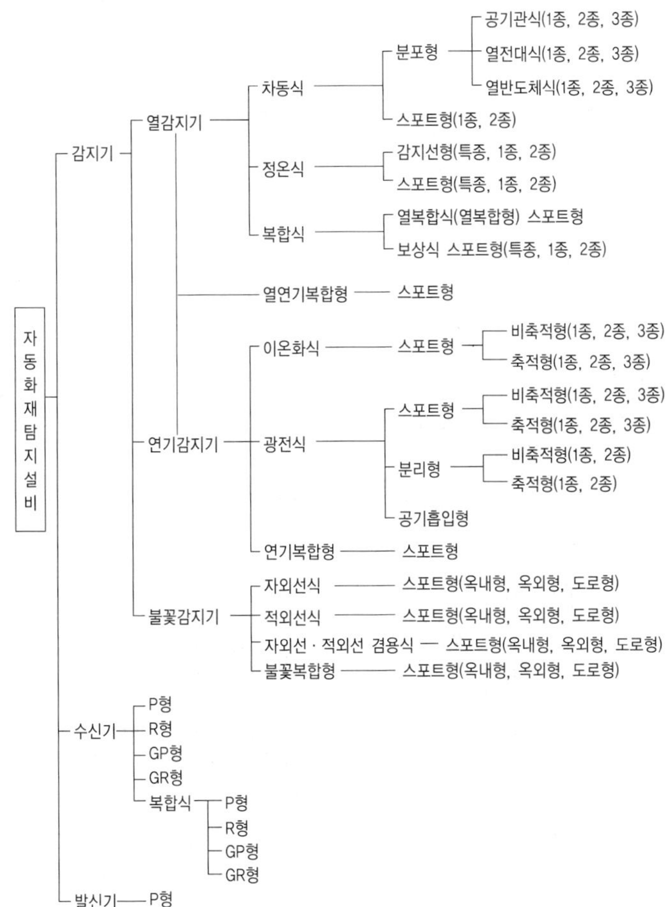

*** P형 수신기**
소방대상물에 설치되는 수신기

Key Point

※ 차동식 분포형 감지기의 종류
① 공기관식
② 열전대식
③ 열반도체식

3. 감지기

(1) 종별

종 별	설 명
차동식 분포형 감지기	**넓은 범위**에서의 **열효과**에 의하여 작동한다.
차동식 스포트형 감지기	**일국소**에서의 **열효과**에 의하여 작동한다.
이온화식 연기감지기	**이온전류**가 **변화**하여 작동한다.
광전식 연기감지기	**광량**의 **변화**로 작동한다.
보상식 스포트형 감지기	**차동식 스포트형+정온식 스포트형**의 성능을 겸한 것으로 둘 중 **한** 기능이 작동되면 신호를 발한다.
열복합형 감지기	**차동식 스포트형+정온식 스포트형**의 성능이 있는 것으로 **두 가지** 성능의 감지기능이 함께 작동될 때 화재신호를 발신하거나 또는 두 개의 화재신호를 각각 발신한다.

(2) 형식

형 식	설 명
다신호식 감지기	① 각 서로 다른 종별 또는 감도 등의 기능을 갖춘 것으로서 일정 시간 간격을 두고 각각 다른 2개 이상의 화재신호를 발하는 감지기 ② 동일 종별 또는 감도를 갖는 2개 이상의 센서를 통해 감지하여 화재신호를 각각 발신하는 감지기
아날로그식 감지기	주위의 온도 또는 연기의 양의 변화에 따른 화재정보신호값을 출력하는 방식의 감지기

※ 차동식 분포형 감지기
넓은 범위의 열효과에 의하여 작동하는 것

※ 차동식 스포트형 감지기
일국소의 열효과에 의하여 작동하는 것

※ 공기관식의 구성요소
① 공기관
② 다이어프램
③ 리크구멍
④ 접점
⑤ 시험장치

4. 차동식 분포형 감지기

(1) 공기관식

① 구성요소 : 공기관(두께 0.3〔mm〕 이상, 바깥지름 1.9〔mm〕 이상) 다이어프램, 리크구멍, 시험장치, 접점

리크구멍=리크공=리크홀=리크밸브

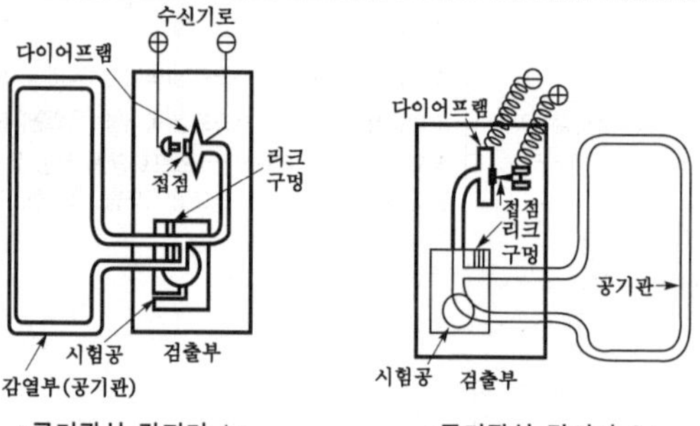

| 공기관식 감지기 1 | | 공기관식 감지기 2 |

② 동작원리 : 화재발생시 공기관 내의 공기가 팽창하여 **다이어프램**을 밀어 올려 접점을 붙게 함으로써 수신기에 신호를 보낸다.

Key Point

③ 공기관 상호간의 접속 : **슬리브**에 삽입한 후 **납땜**한다.

④ 검출부와 공기관의 접속 : **공기관 접속단자**에 삽입한 후 납땜한다.

⑤ 고정방법

㉠ 직선 부분 : 35〔cm〕 이내

㉡ 굴곡 부분 : 5〔cm〕 이내

㉢ 접속 부분 : 5〔cm〕 이내

㉣ 굴곡반경 : 5〔mm〕 이상

(2) 열전대식

① 구성요소 : 열전대, 미터릴레이

※ 미터릴레이 : 전압계가 부착되어 있는 릴레이

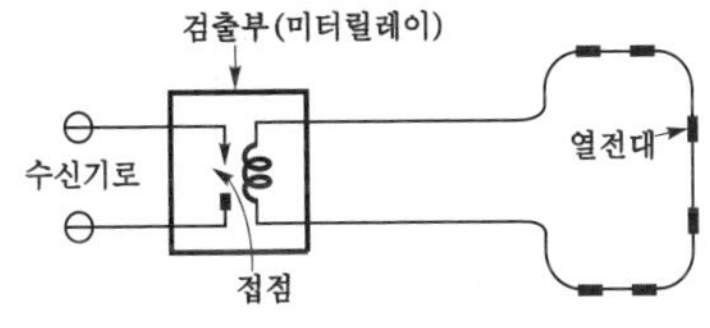

‖ 열전대식 감지기 ‖

② 동작원리 : 화재발생시 열전대부가 가열되면 **열기전력**이 발생하여 **미터릴레이**에 전류가 흘러 접점을 붙게 함으로써 수신기에 신호를 보낸다.

③ 열전대부의 접속 : **슬리브**에 삽입한 후 **압착**한다.

④ 고정방법 : 메신저와이어(Messenger Wire) 사용시 30〔cm〕 이내

※ 메신저와이어 : 열전대가 늘어지지 않도록 고정시키기 위한 철선

(3) 열반도체식

① 구성요소 : 열반도체 소자, 수열판, 미터릴레이

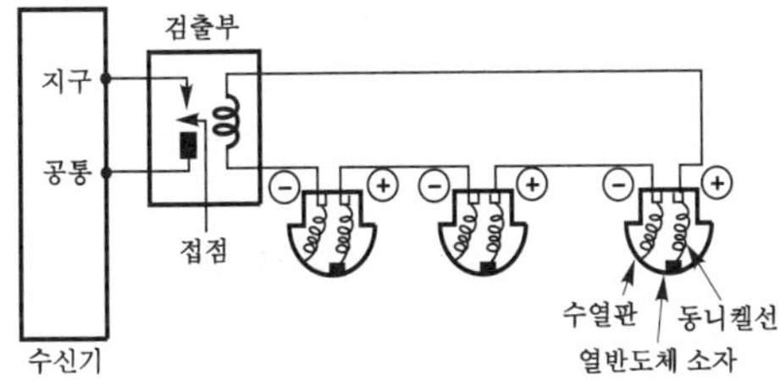

‖ 열반도체식 감지기 ‖

② 동작원리 : 화재발생시 수열판이 가열되면 열반도체 소자에 **열기전력**이 발생하여 **미터릴레이**를 작동시켜 수신기에 신호를 보낸다.

*** 미터릴레이**
전압계가 부착되어 있는 릴레이

*** 극성이 있는 감지기**
① 열전대식
② 열반도체식

*** 열반도체 소자의 구성요소**
① 비스무트(Bi)
② 안티몬(Sb)
③ 텔루륨(Te)

5. 차동식 스포트형 감지기

(1) 공기의 팽창을 이용한 것

① 구성요소 : 감열실, 다이어프램, 리크구멍, 접점, 작동표시장치

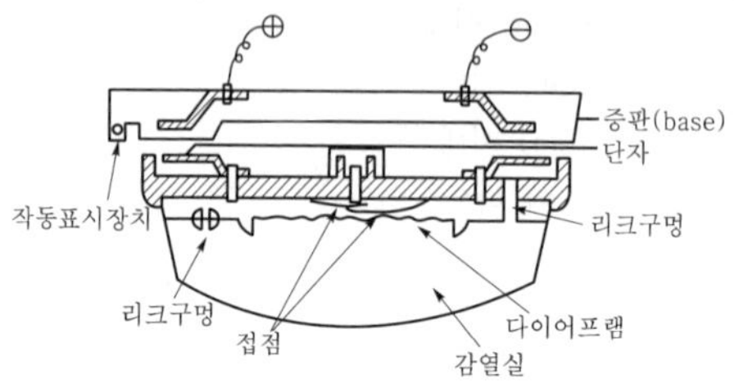

‖ 공기의 팽창을 이용한 것 1 ‖

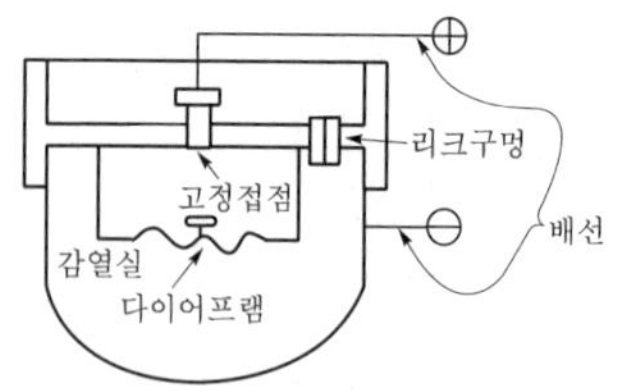

‖ 공기의 팽창을 이용한 것 2 ‖

② 동작원리 : 화재발생시 감열부의 공기가 팽창하여 다이어프램을 밀어 올려 접점을 붙게 함으로써 수신기에 신호를 보낸다.

(2) 열기전력을 이용한 것

① 구성요소 : 감열실, 반도체열전대, 고감도릴레이

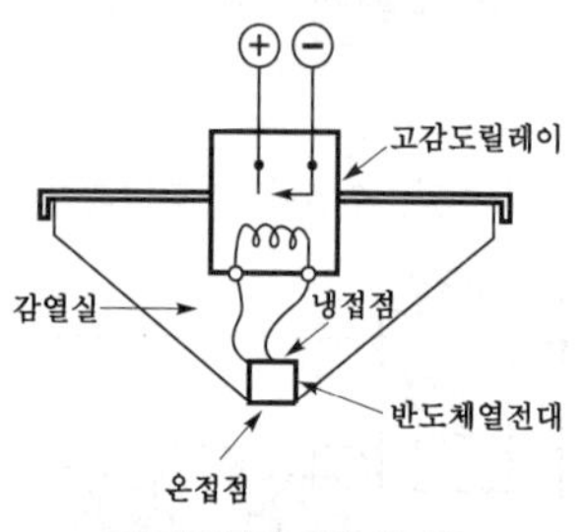

‖ 열기전력을 이용한 것 ‖

② 동작원리 : 화재발생시 반도체열전대가 가열되면 열기전력이 발생하여 **고감도릴레이**를 작동시켜 수신기에 신호를 보낸다.

> ※ **고감도릴레이** : 미소한 전압으로도 동작하는 계전기

Key Point

✱ **차동식 스포트형 감지기**
1. 공기의 팽창 이용
 ① 감열실
 ② 다이어프램
 ③ 리크구멍
 ④ 접점
 ⑤ 작동표시장치
2. 열기전력 이용
 ① 감열실
 ② 반도체열전대
 ③ 고감도릴레이

✱ **리크구멍과 같은 의미**
① 리크공
② 리크홀
③ 리크밸브

✱ **고감도릴레이**
미소한 전압으로도 동작하는 계전기

6. 정온식 스포트형 감지기

(1) **바이메탈**의 활곡 · 반전을 이용한 것

(2) 금속의 팽창계수차를 이용한 것

(3) **액체(기체)**의 팽창을 이용한 것

(4) 가용절연물을 이용한 것

※ **바이메탈** : 팽창계수가 다른 금속을 서로 붙여서 열에 의해 어느 한쪽으로 휘어지게 만든 것

7. 정온식 감지선형 감지기

(1) **종류**

① 선 전체가 감열 부분으로 되어 있는 것

② 감열부가 띄엄띄엄 존재해 있는 것

(2) **고정방법**

① 직선 부분 : 50〔cm〕 이내

② 단자 부분 : 10〔cm〕 이내

③ 굴곡 부분 : 10〔cm〕 이내

④ 굴곡반경 : 5〔cm〕 이상

(3) **감지선의 접속**

단자를 사용하여 접속한다.

※ 정온식 감지선형 감지기 : 비재용형

8. 보상식 스포트형 감지기의 동작원리

차동식으로 동작	정온식으로 동작
화재발생시 주위의 온도가 급격히 상승하면 **다이어프램**을 밀어 올려 수신기에 신호를 보낸다.	화재발생시 일정 온도 이상이 되면 팽창률이 큰 금속이 **활곡** 또는 **반전**하여 수신기에 신호를 보낸다.

Key Point

※ 바이메탈
팽창계수가 다른 금속을 서로 붙여서 열에 의해 어느 한쪽으로 휘어지게 만든 것

※ 비재용형
① 정온식 스포트형 감지기(가용절연물 이용)
② 정온식 감지선형 감지기

※ 보상식 스포트형 감지기의 구성요소
① 감열실
② 다이어프램
③ 리크구멍
④ 고팽창금속
⑤ 저팽창금속

9. 이온화식 연기감지기

(1) 구성요소

이온실, 신호증폭회로, 스위칭회로, 작동표시장치

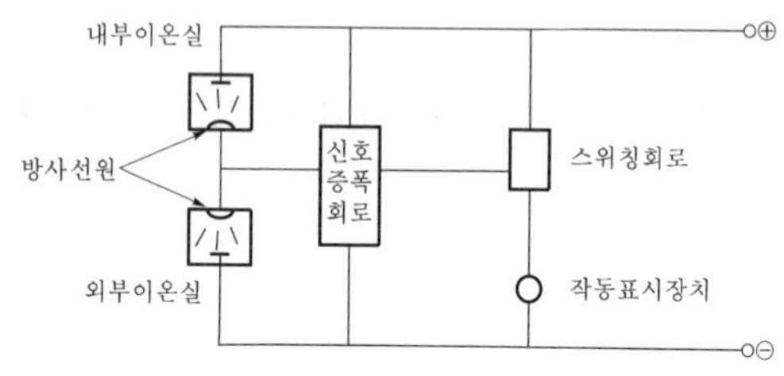

| 이온화식 감지기 1 |

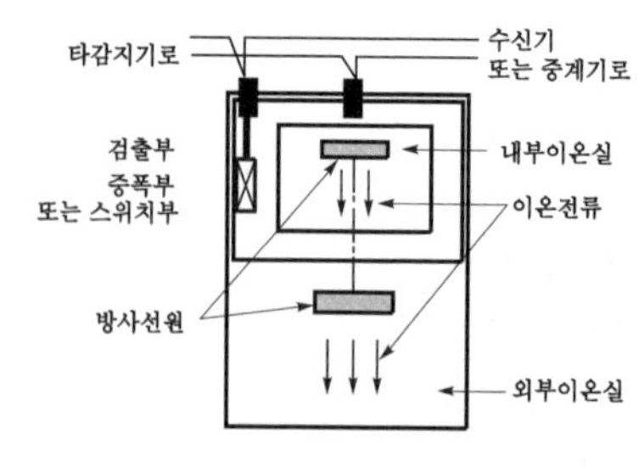

| 이온화식 감지기 2 |

※ **방사선원** : Am^{241}, Am^{95}, Ra

(2) 동작원리

화재발생시 연기입자의 침입으로 **이온전류**의 흐름이 저항을 받아 이온전류가 작아지면 이것을 검출부, 증폭부, 스위칭 회로에 전달하여 수신기에 신호를 보낸다.

※ **방사선** : α선

10. 광전식 스포트형 감지기

(1) 구성요소

발광부, 수광부, 차광판, 신호증폭회로, 스위칭회로, 작동표시장치

＊ 이온실
내부이온실(⊕전류)과 외부이온실(⊖전류)로 구성되어 있으며, 내부이온실은 밀폐되어 있고, 외부이온실은 개방되어 있다.

＊ 광전식 스포트형 감지기
① 산란광식
② 감광식

‖광전식 스포트형 감지기 1‖

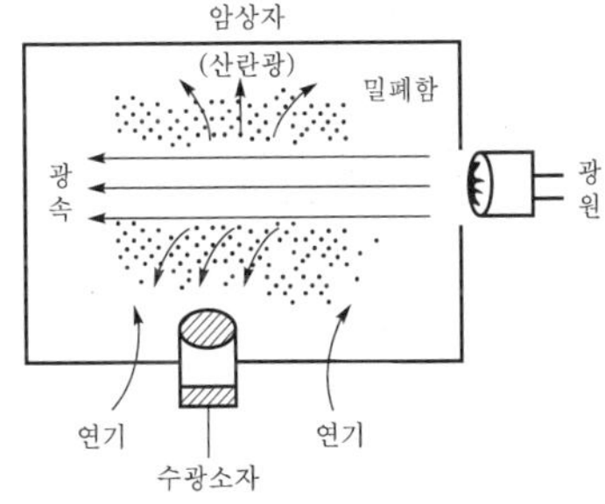

‖광전식 스포트형 감지기 2‖

(2) 동작원리

화재발생시 연기입자의 침입으로 광반사가 일어나 광전소자의 저항이 변화하면 이것을 수신기에 전달하여 신호를 보낸다.

> ※ **산란광식 감지기** : 연기가 암상자 내로 유입되면 빛이 산란현상을 일으켜 광전소자의 저항이 변화하여 수신기에 신호를 보낸다.

11. 감지기의 설치기준

(1) 부착높이(NFPC 203 7조, NFTC 203 2.4.1)

부착높이	감지기의 종류
4[m] 미만	• 차동식(스포트형, 분포형) • 보상식 스포트형 • 정온식(스포트형, 감지선형) ─ **열**감지기 • 이온화식 또는 광전식(스포트형, 분리형, 공기흡입형) : **연**기감지기 • 열복합형 • 연기복합형(연복합형) • 열연기복합형 ─ **복**합형 감지기 • **불**꽃감지기 기억법 열연불복 4미

Key Point

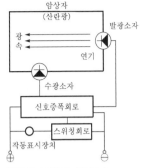

* **산란광식 감지기의 동작원리**
연기가 암상자 내로 유입되면 빛이 산란현상을 일으켜 광전소자의 저항이 변화하여 수신기에 신호를 보낸다

* **감광식 감지기의 동작원리**
연기가 암상자 내로 유입되면 수광소자로 들어오는 빛의 양이 감소하여 광전소자 저항의 변화로 수신기에 신호를 보낸다.

Key Point

4~8[m] 미만	• 차동식(스포트형, 분포형) • 보상식 스포트형 • 정온식(스포트형, 감지선형) 특종 또는 1종 — 열감지기 • 이온화식 1종 또는 2종 • 광전식(스포트형, 분리형, 공기흡입형) 1종 또는 2종 — 연기감지기 • 열복합형 • 연기복합형(연복합형) • 열연기복합형 — 복합형 감지기 • 불꽃감지기 기억법 8미열 정특1 이광12 복불
8~15[m] 미만	• 차동식 분포형 • 이온화식 1종 또는 2종 • 광전식(스포트형, 분리형, 공기흡입형) 1종 또는 2종 • 연기복합형(연복합형) • 불꽃감지기 기억법 15분 이광12 연복불
15~20[m] 미만	• 이온화식 1종 • 광전식(스포트형, 분리형, 공기흡입형) 1종 • 연기복합형(연복합형) • 불꽃감지기 기억법 이광불연복2
20[m] 이상	• 불꽃감지기 • 광전식(분리형, 공기흡입형) 중 아날로그방식 기억법 불광아

※ 8~15[m] 미만에 설치 가능한 감지기
① 차동식 분포형
② 이온화식 1·2종
③ 광전식 1·2종
④ 연기복합형(연복합형)
⑤ 불꽃감지기

(2) 연기감지기의 설치장소

① 계단 · 경사로 및 에스컬레이터 경사로
② 복도(30[m] 미만 제외)
③ 엘리베이터 승강로(권상기실이 있는 경우에는 권상기실) · 린넨슈트 · 파이프피트 및 덕트, 기타 이와 유사한 장소
④ 천장 또는 반자의 높이가 15~20[m] 미만의 장소
⑤ 다음에 해당하는 특정소방대상물의 취침 · 숙박 · 입원 등 이와 유사한 용도로 사용되는 거실
  ㉠ 공동주택 · 오피스텔 · 숙박시설 · 노유자시설 · 수련시설
  ㉡ 합숙소
  ㉢ 의료시설, 입원실이 있는 의원 · 조산원
  ㉣ 교정 및 군사시설
  ㉤ 고시원

기억법 공오숙노수 합의조 교군고

※ 린넨슈트 : 병원, 호텔 등에서 세탁물을 구분하여 실로 유도하는 통로

※ 린넨슈트
병원, 호텔 등에서 세탁물을 구분하여 실로 유도하는 통로

Key Point

(3) 감지기 설치기준

① 감지기(차동식 분포형 제외)는 실내로의 공기유입구로부터 1.5〔m〕 이상 떨어진 위치에 설치할 것

② 감지기는 천장 또는 반자의 옥내의 면하는 부분에 설치할 것

③ 보상식 스포트형 감지기는 정온점이 감지기 주위의 평상시 최고온도보다 20〔℃〕 이상 높은 것으로 설치하여야 한다.

④ 정온식 감지기는 **주방 · 보일러실** 등으로 다량의 화기를 단속적으로 취급하는 장소에 설치한다.

⑤ 스포트형 감지기는 45° 이상 경사지지 아니하도록 부착할 것

⑥ 바닥면적 (단위 : 〔m^2〕)

부착높이 및 소방대상물의 구분		감지기의 종류				
		차동식 · 보상식 스포트형		정온식 스포트형		
		1종	2종	특종	1종	2종
4〔m〕 미만	내화구조	90	70	70	60	20
	기타구조	50	40	40	30	15
4〔m〕 이상 8〔m〕 미만	내화구조	45	35	35	30	–
	기타구조	30	25	25	15	–

중요

정온식 감지기의 설치장소

① 주방
② 조리실
③ 용접작업장
④ 건조실
⑤ 살균실
⑥ 보일러실
⑦ 주조실
⑧ 영사실
⑨ 스튜디오

(4) 공기관식 감지기의 설치기준

① 노출 부분은 감지구역마다 20〔m〕 이상이 되도록 할 것

② 각 변과의 수평거리는 1.5〔m〕 이하가 되도록 하고, 공기관 상호간의 거리는 6〔m〕(내화구조는 9〔m〕) 이하가 되도록 할 것

③ 공기관은 도중에서 분기하지 아니하도록 할 것

④ 하나의 검출 부분에 접속하는 공기관의 길이는 100〔m〕 이하로 할 것

⑤ 검출부는 5° 이상 경사지지 아니하도록 부착할 것

⑥ 검출부는 바닥으로부터 0.8~1.5〔m〕 이하의 위치에 설치할 것

＊공기관의 길이
20~100〔m〕 이하

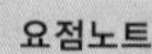

※ 각 부분과의 수평거리
1. 공기관식 : 1.5[m] 이하
2. 정온식 감지선형
① 1종 : 3[m] 이하 (내화구조 4.5[m] 이하)
② 2종 : 1[m] 이하 (내화구조 3[m] 이하)

※ 열전대식 감지기
4~20개 이하

※ 열반도체식 감지기
2~15개 이하

중요

경사제한각도

차동식 분포형 감지기	스포트형 감지기
5° 이상	45° 이상

(5) 열전대식 감지기의 설치기준

① 하나의 검출부에 접속하는 열전대부는 **4~20개** 이하로 할 것

② 바닥면적

(단위 : [m²])

분 류	바닥면적	설치개수(최소개수)
내화구조	22[m²]	1개 이상(4개)
기타구조	18[m²]	1개 이상(4개)

(6) 열반도체식 감지기의 설치기준

① 하나의 검출기에 접속하는 감지부는 **2~15개** 이하가 되도록 할 것

② 바닥면적

(단위 : [m²])

부착높이 및 소방대상물의 구분		감지기의 종류	
		1종	2종
8[m] 미만	내화구조	65	36
	기타구조	40	23
8[m] 이상 15[m] 미만	내화구조	50	36
	기타구조	30	23

(7) 정온식 감지선형 감지기의 설치기준

① 각 부분과의 수평거리

1종	2종
3[m](내화구조는 4.5[m]) 이하	1[m](내화구조는 3[m]) 이하

(8) 연기감지기의 설치기준

① 복도 및 통로는 보행거리 **30[m]**(3종은 **20[m]**)마다 1개 이상으로 할 것

② 계단 및 경사로는 수직거리 **15[m]**(3종은 **10[m]**)마다 1개 이상으로 할 것

③ 천장 또는 반자가 낮은 실내 또는 좁은 실내는 **출입구**의 가까운 부분에 설치할 것

④ 천장 또는 반자 부근에 **배기구**가 있는 경우에는 그 부근에 설치할 것

⑤ 감지기는 벽 또는 보로부터 **0.6[m]** 이상 떨어진 곳에 설치할 것

⑥ 바닥면적 (단위 : 〔m²〕)

부착높이	감지기의 종류	
	1종 및 2종	3종
4〔m〕 미만	150	50
4~20〔m〕 미만	75	

벽 또는 보의 설치거리

스포트형 감지기	연기감지기
0.3〔m〕 이상	0.6〔m〕 이상

(9) 감지기의 설치제외장소

① 천장 또는 반자의 높이가 **20〔m〕** 이상인 장소

② 부식성 가스가 체류하고 있는 장소

③ **목욕실** · 화장실, 기타 이와 유사한 장소

④ 파이프덕트 등 2개층마다 방화구획된 것 또는 수평단면적이 **5〔m²〕** 이하인 것

⑤ 먼지 · 가루 또는 **수증기**가 다량으로 체류하는 장소

12. 감지기의 기능시험

(1) 차동식 분포형 감지기

① 화재작동시험

㉠ 공기관식 : 펌프시험, 작동계속시험, 유통시험, 접점수고시험

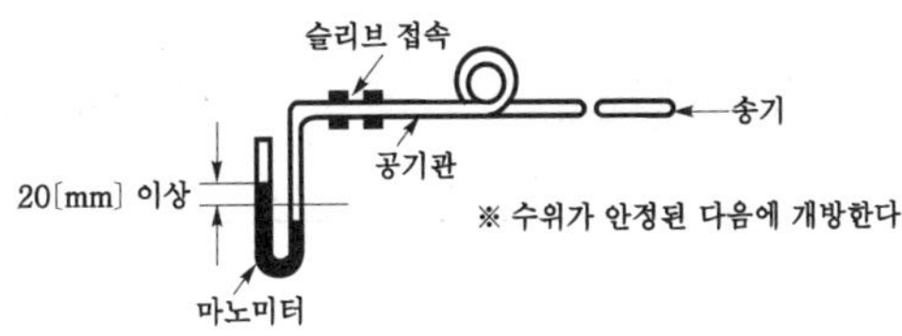

‖ 유통시험 ‖

㉡ 열전대식 : 화재작동시험, 합성저항시험

② 연소시험

㉠ 감지기를 작동시키지 않고 행하는 시험

㉡ 감지기를 작동시키고 행하는 시험

Key-Point

* **벽 또는 보의 설치거리**
① 스포트형 감지기 : 0.3〔m〕 이상
② 연기감지기 : 0.6〔m〕 이상

* **방화구획**
화재시 불이 번지지 않도록 내화구조로 구획해 놓은 것

* **펌프시험**
테스트펌프로 감지기에 공기를 불어넣어 작동할 때까지의 시간이 지정치인가를 확인하기 위한 시험

* **유통시험**
확인할 수 있는 것
① 공기관의 길이
② 공기관의 누설
③ 공기관의 찌그러짐

Key Point

(2) 스포트형 감지기

① 가열시험 : 감지기를 가열한 경우 감지기가 정상적으로 작동하는가를 확인

② 연소시험

(3) 정온식 형식승인 및 감지선형 감지기

① 합성저항시험 : 감지기의 **단선 유무** 확인

(4) 연기감지기

① 가연시험 : 가연시험기에 의해 가연한 경우 **동작 유무** 확인

13. 감지기의 형식승인 및 제품검사기술기준

(1) 부품의 구조 및 기능

① 표시등

㉠ 2개 이상을 **병렬**로 접속할 것(단, **방전등** 또는 **발광다이오드** 제외)

㉡ 보호덮개를 설치할 것(단, 발광다이오드 제외)

㉢ 작동표시장치의 표시등은 주변 조도가 (500±25)〔lx〕인 조건에서 감지기 정면으로부터 6〔m〕 떨어진 위치에서 식별되어야 한다.

* 옥내소화전표시등
130〔%〕 전압을 24시간 연속하여 가함

② 음향장치

㉠ 사용전압의 80〔%〕인 전압에서 경보할 것

㉡ 음압은 1〔m〕 떨어진 곳에서 85〔dB〕 이상일 것

③ 변압기

㉠ 정격 1차 전압은 300〔V〕 이하로 한다.

㉡ 외함에는 접지단자를 설치하여야 한다.(단, 단독경보형 감지기 제외)

* 절연저항시험
① 측정기구
: 직류 500〔V〕 메거
② 판정기준
: 50〔MΩ〕 이상

(2) 절연저항시험

정온식 감지선형 감지기	기타의 감지기
직류 500〔V〕 절연저항계, 1〔m〕당 **1000〔MΩ〕** 이상	직류 500〔V〕 절연저항계, **50〔MΩ〕** 이상

14. 수신기

수신기 종류	설 명
P형 수신기	감지기 또는 발신기의 신호를 **공통신호**로서 수신하여 화재발생을 **관계인**에게 통보한다.
R형 수신기	감지기 또는 발신기의 신호를 **고유신호**로서 수신하여 화재발생을 **관계인**에게 통보한다.
GP형 수신기	P형 수신기와 **가스누설경보기**의 수신부 기능을 겸한다.
GR형 수신기	R형 수신기와 **가스누설경보기**의 수신부 기능을 겸한다.

* P형 수신기
공통신호방식
* R형 수신기
개별신호방식
* GP형 수신기
P형 수신기+가스누설경보기
* GR형 수신기
R형 수신기+가스누설경보기

Key Point

15. P형 수신기의 기능

① 화재표시 작동시험장치
② 수신기와 감지기 사이의 도통시험장치
③ 상용전원과 예비전원의 자동절환장치
④ 예비전원 양부시험장치
⑤ 기록장치

16. R형 수신기

구 분	설 명
기능	① 화재표시 작동시험장치 ② 수신기와 중계기 사이의 단선 · 단락 · 도통시험장치 ③ 상용전원과 예비전원의 자동절환장치 ④ 예비전원 양부시험장치 ⑤ 기록장치 ⑥ 지구등 또는 적당한 표시장치
특징	① 선로수가 적어 경제적이다. ② 선로길이를 길게 할 수 있다. ③ 증설 또는 이설이 비교적 쉽다. ④ 화재발생지구를 선명하게 숫자로 표시할 수 있다. ⑤ 신호의 전달이 확실하다.

※ **R형 수신기의 특징**
① 선로수가 적어 경제적이다.
② 선로길이를 길게 할 수 있다.
③ 신호전달이 확실하다.

17. 수신기의 적합기준(NFPC 203 5조, NFTC 203 2.2.1)

① 해당 특정소방대상물의 경계구역을 각각 표시할 수 있는 회선수 이상의 수신기를 설치할 것
② 해당 특정소방대상물에 가스누설탐지설비가 설치된 경우에는 가스누설탐지설비로부터 가스누설신호를 수신하여 가스누설경보를 할 수 있는 수신기를 설치할 것(가스누설탐지설비의 수신부를 별도로 설치한 경우는 제외)

18. 수신기의 설치기준

① 수신기가 설치된 장소에는 **경계구역일람도**를 비치할 것(단, **주수신기**를 설치하는 경우에는 **주수신기**를 제외한 기타 수신기는 제외)
② 음향기구는 음량 및 음색이 다른 기기의 소음 등과 구별될 수 있을 것
③ **감지기 · 중계기 · 발신기**가 작동하는 경계구역을 표시할 수 있을 것
④ 1 경계구역은 하나의 **표시등** 또는 하나의 **문자**로 표시되도록 할 것
⑤ 조작스위치는 바닥으로부터 0.8~1.5〔m〕 이하의 높이에 설치할 것
⑥ 하나의 특정소방대상물에 2 이상의 수신기를 설치하는 경우에는 수신기를 **상호** 간 연동하여 **화재발생 상황**을 각 수신기마다 **확인**할 수 있도록 할 것

※ **수신기의 설치기준**
★ 꼭 기억하세요 ★

※ **경계구역일람도**
회로배선이 각 구역별로 어떻게 결선되어 있는지 나타낸 도면

Key Point

＊ 예비전원시험

1. 시험목적
상용전원 및 비상전원 정전시 자동적으로 예비전원으로 절환되며, 정전복구시에 자동적으로 상용전원으로 절환되는지의 여부 확인
2. 시험방법
① 예비전원 시험스위치 ON
② 전압계의 지시치가 지정범위 내에 있을 것
③ 교류전원을 개로(또는 상용전원을 차단)하고 자동절환 릴레이의 작동상황을 조사
3. 판정기준
① 예비전원의 전압이 정상일 것
② 예비전원의 용량이 정상일 것
③ 예비전원의 절환이 정상일 것
④ 예비전원의 복구가 정상일 것

＊ 동시작동시험

5회선을 동시에 작동시켜 수신기의 기능에 이상 여부 확인

설치높이

기 기	설치높이
기타기기	바닥에서 0.8~1.5[m] 이하
시각경보장치	바닥에서 2~2.5[m] 이하(단, 천장의 높이가 2[m] **이하**인 경우에는 천장으로부터 0.15[m] **이내**의 장소에 설치)

19. 수신기의 성능시험

성능시험	설 명
화재표시작동시험	**1회로**마다 화재시의 작동시험을 행한다.
회로도통시험	감지기회로의 **단선 유무** 확인 중요 회로도통시험 정상상태: 2~6[V] / 단선상태: 0[V] / 단락상태: 22~26[V]
회로저항시험	감지기회로의 선로저항치가 수신기의 기능에 이상을 가져오는지 여부 확인
공통선시험	공통선이 담당하고 있는 경계구역의 적정 여부 확인
예비전원시험	상용전원과 비상전원이 자동절환되는지의 여부 확인
동시작동시험	**5회선**을 동시에 작동시켜 행한다.
저전압시험	정격전압의 **80[%]** 이하로 하여 행한다.
비상전원시험	비상전원으로 **축전지설비**를 사용하는 것에 대해 행한다.
지구음향장치 작동시험	화재신호와 연동하여 음향장치의 정상 작동여부를 확인한다.

중요

제외되는 경우

공통선시험	동시작동시험
7회선 이하	1회선

20. 수신기 부근에 비치하여야 할 부속품

① 예비전구
② 예비퓨즈
③ 취급설명서
④ 수신기회로도
⑤ 예비품 교환에 필요한 특수한 공구
⑥ 경계구역일람도

Key Point

중요

수신기의 부속품
① 예비전구
② 예비퓨즈
③ 취급설명서

21. 수신기의 형식승인 및 제품검사기술기준

(1) 구조 및 일반기능

① P형 · R형 수신기의 수신완료까지의 소요시간은 **5초** 이내이어야 한다.

② 축적형인 수신기(아날로그식 축적형인 수신기는 제외)
축적을 설정한 회선으로 화재신호를 수신하는 경우 다음에 적합하여야 한다.

㉠ 최초의 화재신호수신 시점부터 30초 이상 60초 이하의 시간(이하 **"축적시간"**이라 함)동안 해당 회선의 전원을 차단 및 전원인가를 1회 이상 반복한 후 60초의 시간(이하 **"화재표시감지시간"**이라 함)동안 화재신호를 감시하여야 한다. 이 경우 전원차단시간은 1초 이상 3초 이하이어야 한다.

㉡ 공칭축적시간(제조사 설계시간)은 축적시간 범위에서 10초 간격이어야 한다.

㉢ 최초 화재신호수신 시점부터 화재표시감지시간동안 주음향장치에 의해 경보하여야 하며 지구표시장치에 의해 해당 경계구역을 자동적으로 표시하고 해당 회선의 축적검출을 확인할 수 있어야 한다.

㉣ 화재표시감지시간동안 동일 회선의 화재신호를 수신하는 경우 해당 기준에 따른 화재표시를 하여야 한다. 이 경우 화재신호수신 시점부터 화재표시까지의 소요시간은 5초 이내이어야 한다.

㉤ 발신기로부터 화재신호를 수신하는 경우 축적검출기능을 해제하고 화재표시를 하여야 한다.

③ 수신기의 예비전원

㉠ 원통밀폐형 니켈카드뮴축전지

㉡ 무보수밀폐형 연축전지

＊수신기의 예비전원
① 원통밀폐형 니켈 카드뮴축전지
② 무보수밀폐형 연축전지

(2) 사용하지 않는 회로방식

① 접지전극에 직류전류를 통하는 회로방식

② 수신기에 접속되는 외부배선과 다른 설비의 외부배선을 공용으로 하는 회로방식

(3) 절연저항시험

구 분	설 명	
절연된 충전부와 외함간	10회로 미만	직류 500〔V〕 절연저항계, **5〔MΩ〕** 이상
	10회로 이상	직류 500〔V〕 절연저항계, **50〔MΩ〕** 이상
교류입력측과 외함간	직류 500〔V〕 절연저항계, **20〔MΩ〕** 이상	
절연된 선로간	직류 500〔V〕 절연저항계, **20〔MΩ〕** 이상	

Key Point

22. 발신기

발신기 종류	설 명
P형 발신기	수동으로 발신기의 **공통신호**를 수신기에 발신하는 것으로서 동시통화가 되지 않는 것

*** P형 발신기**
① 공통신호
② 발신과 동시에 통화 불가능

23. P형 발신기

구성요소 : 보호판, 스위치, 응답램프, 외함, 명판

*** P형 발신기**

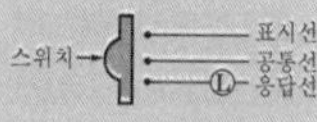

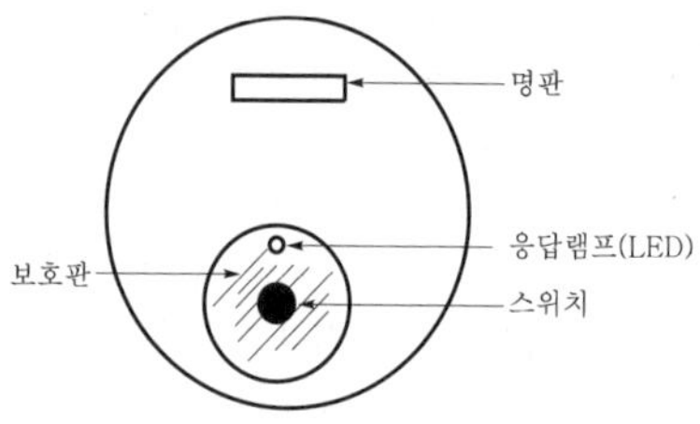

▮P형 발신기▮

*** 표시선과 같은 의미**
① 지구선
② 회로선
③ 신호선

24. 발신기의 설치기준

① 조작이 쉬운 장소에 설치하고, 스위치는 바닥으로부터 0.8~1.5〔m〕 이하의 높이에 설치할 것

② 특정소방대상물의 **층**마다 설치하되, 해당 소방대상물의 각 부분으로부터 하나의 발신기까지의 **수평거리**가 25〔m〕 이하가 되도록 할 것. 다만, 복도 또는 별도로 구획된 실로서 **보행거리**가 40〔m〕 이상일 경우에는 추가로 설치하여야 한다.

*** 수평거리와 같은 의미**
① 유효반경
② 직선거리

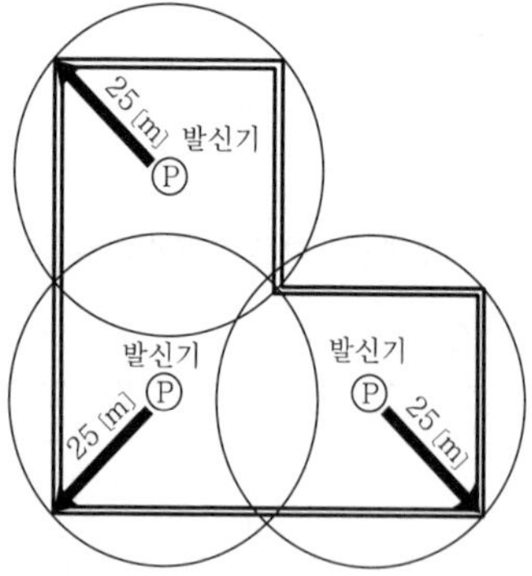

▮발신기의 설치거리▮

Key Point

25. 발신기의 형식승인 및 제품검사기술기준

(1) 외함의 두께(강판 사용)

1.2〔mm〕 이상

(2) 절연저항시험

절연된 단자간	단자와 외함간
직류 500〔V〕 절연저항계, 20〔MΩ〕 이상	직류 500〔V〕 절연저항계, 20〔MΩ〕 이상

26. 중계기의 설치기준

① 수신기에서 직접 감지기회로의 도통시험을 하지 않는 경우에는 **수신기**와 **감지기** 사이에 설치할 것

② 조작 및 **점검**이 편리하고 **화재** 및 **침수** 등의 재해로 인한 피해를 받을 우려가 없는 장소에 설치할 것

③ 중계기로 직접 전력을 공급받을 경우에는 **전원 입력측**의 배선에 과전류차단기를 설치하고 전원의 정전이 즉시 수신기에 표시되는 것으로 하며, **상용전원** 및 **예비전원**의 시험을 할 수 있도록 할 것

***중계기**
수신기와 감지기 사이에 설치

27. 중계기의 기능시험

① 절연저항시험

② 작동시험

③ 예비전원시험

***중계기의 시험**
① 상용전원시험
② 예비전원시험

28. 중계기의 형식승인 및 제품검사기술기준

(1) 구조 및 기능

① 수신개시로부터 발신개시까지의 시간 : **5초** 이내

② 중계기의 예비전원

㉠ 원통밀폐형 니켈카드뮴 축전지

㉡ 무보수밀폐형 연축전지

***중계기의 예비전원**
① 원통밀폐형 니켈카드뮴축전지
② 무보수밀폐형 연축전지

(2) 절연저항시험

절연된 충전부와 외함간	절연된 선로간
직류 500〔V〕 절연저항계, 20〔MΩ〕 이상	직류 500〔V〕 절연저항계, 20〔MΩ〕 이상

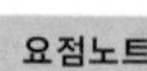

Key Point

※ 음향장치의 종류
① 주음향장치
: 수신기의 내부 또는 그 직근에 설치하는 음향장치
② 지구음향장치
: 소방대상물의 각 구역에 설치하는 음향장치

29. 자동화재 탐지설비의 음향장치 설치기준

① 주음향장치는 수신기의 내부 또는 그 직근에 설치할 것

② **11층**(공동주택 **16층**) **이상**인 특정소방대상물의 경보

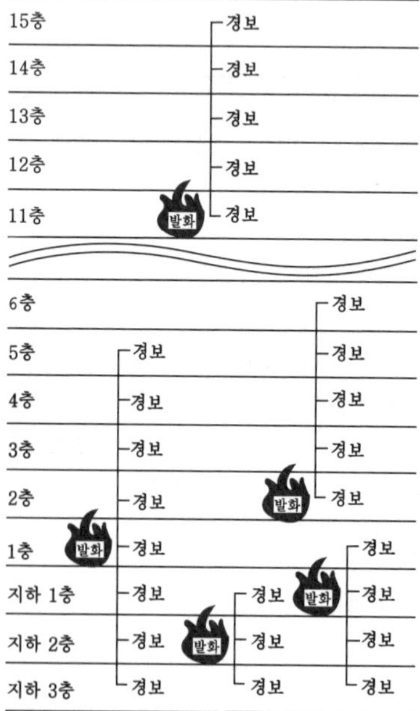

| 음향장치의 경보 |

※ 발화층 및 직상 4개층 우선경보방식의 특정소방대상물
11층(공동주택은 16층) 이상의 특정소방대상물
① 2층 이상 : 발화층 · 직상 4개층
② 1층 : 발화층 · 직상 4개층 · 지하층
③ 지하층 : 발화층 · 직상층 · 기타의 지하층

| 발화층 및 직상 4개층 우선경보방식 |

발화층	경보층	
	11층(공동주택 16층) 미만	11층(공동주택 16층) 이상
2층 이상 발화	전층 일제경보	• 발화층 • 직상 4개층
1층 발화		• 발화층 • 직상 4개층 • 지하층
지하층 발화		• 발화층 • 직상층 • 기타의 지하층

③ 지구음향장치는 특정소방대상물의 **층**마다 설치하되, 해당 특정소방대상물의 각 부분으로부터 하나의 음향장치까지의 **수평거리**가 25[m] 이하가 되도록 하고, 해당 층의 각 부분에 유효하게 경보를 발할 수 있도록 설치할 것(단, **비상방송설비**를 자동화재탐지설비의 **감지기**와 연동하여 작동하도록 설치한 경우에는 지구음향장치를 설치하지 아니할 수 있다.)

Key Point

중요

수평거리와 보행거리

(1) 수평거리

수평거리	적용대상
수평거리 25[m] 이하	• 발신기 • 음향장치(확성기) • 비상콘센트(지하상가 · 바닥면적 3000[m²] 이상)
수평거리 50[m] 이하	• 비상콘센트(기타)

(2) 보행거리

보행거리	적용대상
보행거리 15[m] 이하	• 유도표지
보행거리 20[m] 이하	• 복도통로유도등 • 거실통로유도등 • 3종 연기감지기
보행거리 30[m] 이하	• 1 · 2종 연기감지기

30. 음향장치의 구조 및 성능기준

① 정격전압의 80[%] 전압에서 음향을 발할 것
② 음량은 1[m] 떨어진 곳에서 90[dB] 이상일 것
③ **감지기 · 발신기**의 작동과 **연동**하여 작동할 것

* 음향장치의 구조 및 성능기준
★ 꼭 기억하세요 ★

31. 경종의 형식승인 및 제품검사기술기준

(1) 구조 및 일반기준

① 정격전압의 ±20[%] 범위에서 기능에 이상이 없을 것
② 소비전류는 정격전압에서 50[mA] 이하일 것

* 경종의 소비전류
50[mA] 이하

(2) 절연저항시험

절연된 단자간	단자와 외함간
직류 500[V] 절연저항계, 20[MΩ] 이상	직류 500[V] 절연저항계, 20[MΩ] 이상

* 절연저항시험
① 절연된 단자간 : 20[MΩ] 이상
② 단자와 외함간 : 20[MΩ] 이상

32. 가부판정의 기준(KEC 112, 211.2.8, 211.5)

전로의 사용전압	시험전압	절연저항
SELV 및 PELV	직류 250[V]	0.5[MΩ] 이상
FELV, 500[V] 이하	직류 500[V]	1.0[MΩ] 이상
500[V] 초과	직류 1000[V]	1.0[MΩ] 이상

[비고] 1. **ELV**(Extra Low Voltage) : 특별저압(2차 저압이 교류 50[V] 이하, 직류 120[V] 이하)
2. **SELV**(Safety Extra Low Voltage) : 비접지회로(1차와 2차가 전기적으로 절연되고 비접지)
3. **PELV**(Protective Extra Low Voltage) : 접지회로(1차와 2차가 전기적으로 절연되고 접지)
4. **FELV**(Functional Extra-Low Voltage) : 기능적 특별저압(전기적으로 절연되어 있지 않음)

33. 비화재보가 발생하는 원인

① 표시회로의 절연 불량
② 감지기의 기능 불량
③ 급격한 온도변화에 의한 감지기 동작
④ 수신기의 기능 불량

34. 동작하지 않는 경우의 원인

① 전원의 고장
② 전기회로의 접촉불량 및 단선
③ 릴레이 · 감지기 등의 접점 불량
④ 감지기의 기능 불량

＊ 릴레이
'계전기'라고도 부른다.

35. 자동화재속보설비

(1) 표시기능

① 동작시간 표시기능
② 동작횟수 표시기능
③ 전화번호 표시기능
④ 화재경보 표시기능
⑤ 비상스위치동작 표시기능

(2) 설치기준

① **자동화재탐지설비**와 연동하여 소방관서에 통보할 것
② 스위치는 바닥으로부터 0.8~1.5〔m〕 이하의 높이에 설치하고, 보기 쉬운 곳에 스위치임을 표시할 것

(3) 설치대상

설치대상	조 건
① 수련시설 ② 노유자시설	• 바닥면적 500〔m^2〕 이상
③ 공장 및 창고시설 ④ 업무시설(무인경비시스템)	• 바닥면적 1500〔m^2〕 이상

36. 속보기의 성능시험 기술기준

(1) 구조 및 기능

① **20초** 이내에 **3회** 이상 소방관서에 자동속보할 것
② 다이얼링 : **10회** 이상

＊ 속보기
20초 이내에 3회 이상 소방관서에 속보

(2) 부품의 구조 및 기능 : 예비전원

① 알칼리계 2차 축전지

② 리튬계 2차 축전지
③ 무보수밀폐형 연축전지

(3) 절연저항시험

구 분	설 명
절연된 충전부와 외함간	직류 500〔V〕 절연저항계, 5〔MΩ〕 이상
교류입력측과 외함간	직류 500〔V〕 절연저항계, 20〔MΩ〕 이상
절연된 선로간	직류 500〔V〕 절연저항계, 20〔MΩ〕 이상

37. 비상경보설비의 계통도

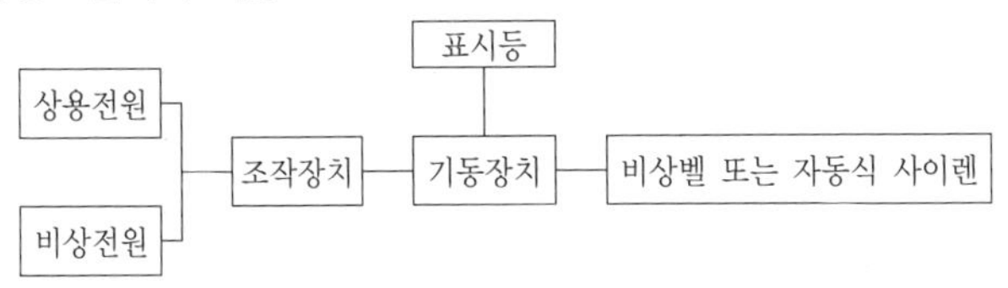

‖ 비상경보설비 1 ‖

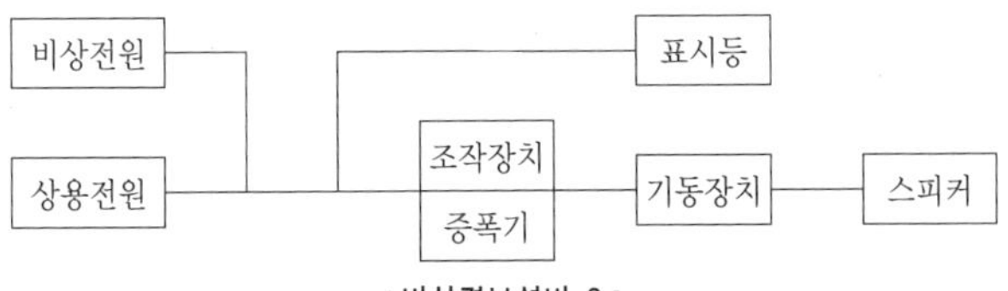

‖ 비상경보설비 2 ‖

※ 비상벨설비
화재발생상황을 경종으로 경보하는 설비

※ 자동식 사이렌설비
화재발생상황을 사이렌으로 경보하는 설비

38. 단독경보형 감지기의 설치기준

각 실마다 설치하되, 바닥면적이 150〔m^2〕 초과시 **150〔m^2〕마다** 1개씩 설치할 것

※ 단독경보형 감지기
감지기에 음향장치가 내장되어 있는 것으로서, 150〔m^2〕마다 설치한다.

39. 비상방송설비의 계통도

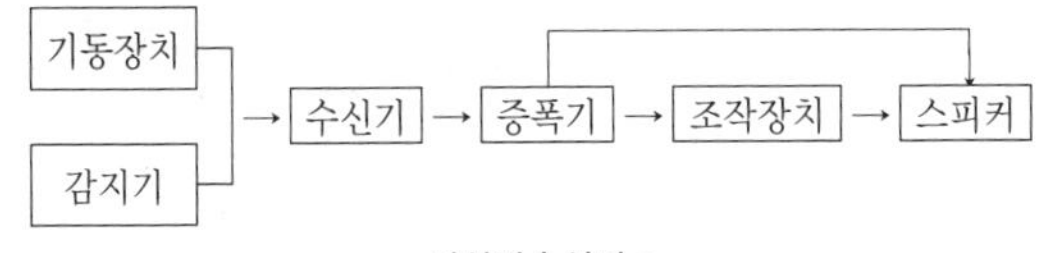

‖ 비상방송설비 ‖

40. 비상방송설비의 설치기준

① 확성기의 음성입력은 실내 **1〔W〕**, 실외 **3〔W〕** 이상일 것
② 확성기는 **각 층**마다 설치하되, 각 부분으로부터의 수평거리는 **25〔m〕** 이하일 것
③ 음량조정기는 **3선식** 배선일 것
④ 조작스위치는 바닥으로부터 **0.8~1.5〔m〕** 이하의 높이에 설치할 것
⑤ 다른 전기회로에 의하여 **유도장애**가 생기지 않을 것

Key Point

* 확성기(스피커)

① 스피커

② 스피커(벽붙이형)

③ 스피커(소방설비용)

④ 스피커
(아우트렛만인 경우)

⑤ 폰형 스피커

* 누전경보기의 기능 시험

① 누설전류측정시험
② 동작시험
③ 도통시험

⑥ 비상방송 개시시간은 **10초** 이하일 것

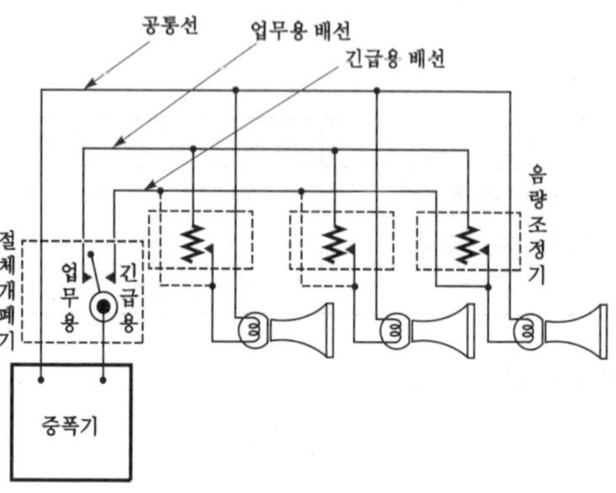

▌3선식 배선 1▌

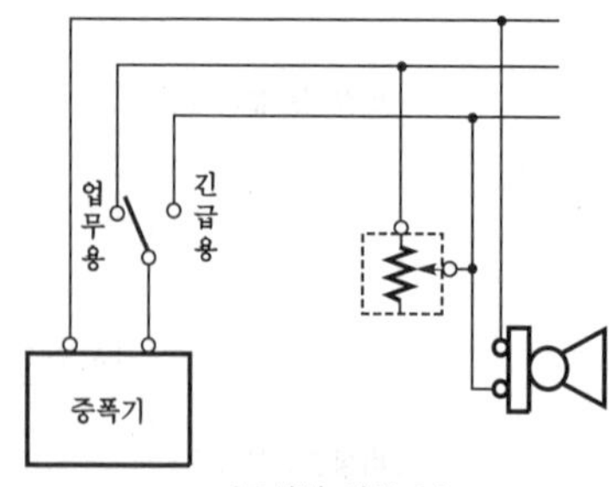

▌3선식 배선 2▌

41. 누전경보기

(1) 구성요소

구성요소	설 명
영상변류기	**누설전류**를 **검출**한다.
수신부(차단기구 포함)	**누설전류**를 **증폭**한다.
음향장치	경보를 발한다.

영상변류기와 변류기

영상변류기(ZCT)	변류기(CT)
누설전류 검출	일반전류 검출

(2) 집합형 수신부의 내부결선도(5~10회로용)

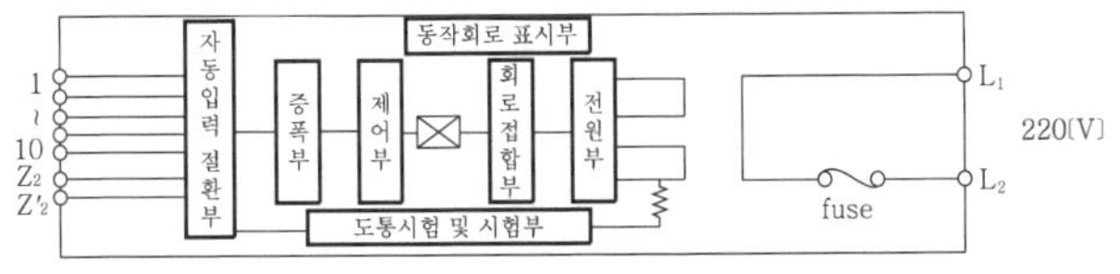

‖ 집합형 수신부 ‖

(3) 수신부 증폭부의 방식

① **매칭트랜스**나 **트랜지스터**를 조합하여 계전기를 동작시키는 방식

② **트랜지스터**나 I.C로 증폭하여 계전기를 동작시키는 방식

③ **트랜지스터** 또는 I.C와 **미터릴레이**를 증폭하여 계전기를 동작시키는 방식

※ **매칭트랜스** : 변류기의 신호를 수신부에 유효하게 전달해 주기 위한 변압기

(4) 차단기구가 있는 수신부의 내부 회로도

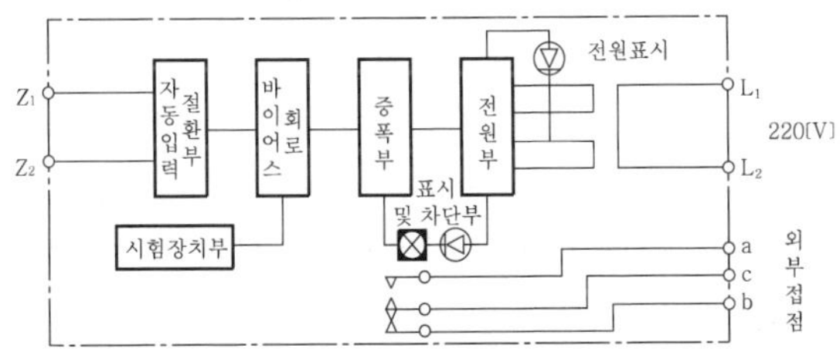

‖ 수신부(차단기구 부착) ‖

수신부의 설치장소	수신부의 설치제외장소
옥내의 점검에 편리한 장소	① 습도가 높은 장소 ② 온도의 변화가 급격한 장소 ③ 화약류제조 · 저장 · 취급장소 ④ **대전류회로 · 고주파발생회로** 등의 영향을 받을 우려가 있는 장소 ⑤ 가연성의 증기 · 먼지 · 가스 · 부식성의 증기 · 가스 다량체류장소

42. 누전경보기의 설치방법

60[A] 초과	60[A] 이하
1급 누전경보기 설치	**1급** 또는 **2급** 누전경보기 설치

Key Point

※ **집합형 수신부**
2개 이상의 변류기를 연결하여 사용하는 수신부로서 하나의 전원장치 및 음향장치 등으로 구성된 것

※ **트랜지스터**
PNP 또는 NPN 접합으로 이루어진 3단자 반도체 소자로서, 주로 증폭용으로 사용된다.

※ **바이어스회로**
증폭부가 정상적인 기능을 발휘할 수 있도록 도와주는 회로

※ **누전경보기 설치**
① 60[A] 초과 : 1급
② 60[A] 이하 : 1급 또는 2급

※ **변류기의 설치**
① 옥외인입선의 제1지점의 부하측
② 제2종 접지선측

(1) 변류기는 옥외인입선의 **제1지점**의 **부하측** 또는 **제2종**의 **접지선측**에 설치할 것
(2) 옥외전로에 설치하는 변류기는 **옥외형**을 사용할 것

중요

유기전압식

$$E = 4.44 f N_2 \phi_S [\text{V}]$$

여기서, ϕ_g : 누설전류에 의한 자속[Wb], N_2 : 변류기 2차 권선수
f : 주파수[Hz], E : 유기전압[V]

43. 누전경보기의 전원기준

❋ 누전경보기의 설치
① 개폐기 및 15[A] 이하의 과전류차단기 설치
② 20[A] 이하의 배선용 차단기 설치

① 각 극에 **개폐기** 및 **15[A] 이하**의 **과전류차단기**를 설치할 것(배선용 차단기는 20[A] 이하)
② 분전반으로부터 전용회로로 할 것
③ 개폐기에는 누전경보기임을 표시할 것

44. 누전경보기의 형식승인 및 제품검사기술기준

(1) 용어의 정의

① 누전경보기 : 변류기+수신부(600[V] 이하)
② 집합형 누전경보기의 수신부 : **전원장치+음향장치**(2개 이상의 변류기 사용)

(2) 부품의 구조 및 기능

❋ 음향측정
① 사용기기 : 음량계
② 판정기준 : 1[m] 위치에서 70[dB] 이상(고장표시장치용은 60[dB] 이상)

① 음향장치
㉠ 사용전압의 **80[%]**에서 경보할 것
㉡ 주음향장치용 : **70[dB]** 이상
㉢ 고장표시장치용 : **60[dB]** 이상
② 반도체 : **최대사용전압** 및 **최대사용전류**에 견딜 수 있을 것

❋ 공칭작동전류치
누전경보기를 작동시키기 위하여 필요한 누설전류의 값으로서 제조자에 의하여 표시된 값

용어

※ dB(decibel) : 음향의 국제표준단위

중요

공칭작동전류치	감도조정장치의 조정범위
200[mA] 이하	1[A] 이하

Key Point

(3) **절연저항시험 :** 직류 500〔V〕 절연저항계, 5〔MΩ〕 이상

① 절연된 1차 권선과 2차 권선간의 절연저항

② 절연된 1차 권선과 외부금속부간의 절연저항

③ 절연된 2차 권선과 외부금속부간의 절연저항

45. 가스누설경보기의 형식승인 및 제품검사기술기준

(1) 경보기의 분류

단독형	분리형
• 가정용	• 영업용 : **1회로용** • 공업용 : 1회로 이상용

(2) 분리형 수신부의 기능

수신개시로부터 가스누설표시까지의 소요시간은 **60초** 이내일 것

(3) 음향장치

구 분	설 명
주음향장치용(공업용)	90〔dB〕 이상
주음향장치용(단독형, 영업용)	70〔dB〕 이상
고장표시장치용	60〔dB〕 이상
충전부와 비충전부 사이의 절연저항	직류 500〔V〕 절연저항계, **20**〔MΩ〕 이상

(4) 절연저항시험

구 분	설 명
절연된 충전부와 외함간	직류 500〔V〕 절연저항계, **5**〔MΩ〕 이상
교류입력측과 외함간	직류 500〔V〕 절연저항계, **20**〔MΩ〕 이상
절연된 선로간	직류 500〔V〕 절연저항계, **20**〔MΩ〕 이상

중요

수신기~감지부 전선

공업용	영업용
0.75〔mm^2〕 4P	0.75〔mm^2〕 3P

*** 가스누설경보기**
가스로 인한 사고를 미연에 방지하여 주는 경보장치

*** 가스누설경보기**
1. 단독형 : 70〔dB〕 이상
2. 분리형
① 영업용 : 70〔dB〕 이상
② 공업용 : 90〔dB〕 이상

Key Point

제 2 장 피난구조설비 및 소화활동설비

※ 유도등
화재시에 피난을 유도하기 위한 등으로서 정상상태에서는 상용전원에 따라 켜지고 상용전원이 정전되는 경우에는 비상전원으로 자동전환되어 켜지는 등

1. 유도등

구 분	설 명
피난구유도등	피난구 또는 피난경로로 사용되는 출입구가 있다는 것을 표시하는 녹색등화의 유도등
통로유도등	피난통로를 안내하기 위한 유도등
객석유도등	객석의 통로, 바닥 또는 벽에 설치하는 유도등

2. 유도등 및 유도표지의 종류

피난구유도등, 통로유도등, 유도표지	객석유도등
모든 소방대상물	① 공연장 ② 집회장 ③ 관람장 ④ 운동시설 ⑤ 유흥주점 영업시설(카바레, 나이트클럽)

중요

색 표시

피난구유도등	통로유도등
녹색바탕에 **백색**문자	**백색**바탕에 **녹색**문자

※ 피난구유도등의 설치장소
★ 꼭 기억하세요 ★

3. 피난구유도등의 설치장소

① 옥내로부터 직접 지상으로 통하는 **출입구** 및 그 부속실의 출입구
② **직통계단**·직통계단의 계단실 및 그 부속실의 출입구
③ 출입구에 이르는 **복도** 또는 통로로 통하는 **출입구**
④ **안전구획**된 거실로 통하는 출입구

Key Point

4. 복도통로유도등의 설치기준

① 복도에 설치할 것

② 구부러진 모퉁이 및 피난구유도등이 설치된 출입구의 맞은편 복도에 입체형 또는 바닥에 설치된 통로유도등을 기점으로 보행거리 20[m]마다 설치할 것

③ 바닥으로부터 높이 **1[m] 이하**의 위치에 설치할 것(단, 지하층 또는 무창층의 용도가 **도매시장 · 소매시장 · 여객자동차터미널 · 지하철역사** 또는 **지하상가**인 경우에는 복도 · 통로 중앙 부분의 바닥에 설치할 것)

④ 바닥에 설치하는 통로유도등은 하중에 따라 파괴되지 아니하는 강도의 것으로 할 것

조명도

통로유도등	비상조명등	객석유도등
1[lx] 이상	1[lx] 이상	0.2[lx] 이상

5. 유도표지의 설치기준(NFPC 303 8조, NFTC 303 2.5.1.2)

피난구 유도표지	통로 유도표지
출입구 상단에 설치	바닥에서 **1[m] 이하**의 높이에 설치

6. 유도표지의 적합기준

‖ 축광표지(축광표지 성능인증 8 · 9조) ‖

구 분	피난기구 · 유도표지
식별도 시험	위치표지는 주위조도 0[lx]에서 60분간 발광 후 직선거리가 **축광유도표지**는 20[m], **축광위치표지**는 10[m] 떨어진 위치에서 식별
휘도 시험	표지면의 휘도는 주위조도 0[lx]에서 **60분**간 발광 후 7[mcd/m^2] 이상

7. 최소설치개수 산정식

(1) 객석유도등

$$\text{설치개수} = \frac{\text{객석통로의 직선 부분의 길이[m]}}{4} - 1$$

(2) 유도표지

$$\text{설치개수} = \frac{\text{구부러진 곳이 없는 부분의 보행거리[m]}}{15} - 1$$

(3) 복도통로유도등, 거실통로유도등

$$\text{설치개수} = \frac{\text{구부러진 곳이 없는 부분의 보행거리[m]}}{20} - 1$$

＊ 조명도
① 통로유도등
: 바로 밑의 바닥으로부터 수평으로 0.5[m] 떨어진 곳에서 측정하여(바닥매설시 직상부 1[m] 높이에서 측정) 1[lx] 이상
② 객석유도등
: 바닥면 또는 디딤 바닥면에서 높이 0.5[m]의 위치에 설치하고 그 유도등의 바로 밑에서 0.3[m] 떨어진 위치에서의 수평조도가 0.2[lx] 이상

＊ 보행거리
1. 보행거리 15[m] 이하 : 유도표지
2. 보행거리 20[m] 이하
① 복도통로유도등
② 거실통로유도등
③ 3종 연기감지기
3. 보행거리 30[m] 이하 : 1·2종 연기감지기

Key Point

8. 유도등의 전원

구 분	설 명
전원	축전지, 전기저장장치, 교류전압의 옥내간선
비상전원	축전지
비상전원 용량	20분 이상

＊ 비상전원
상용전원 정전시를 대비하기 위한 전원

예외규정

유도등의 60분 이상 작동용량
(1) **11층** 이상(지하층 제외)
(2) 지하층 · 무창층으로서 **도매시장 · 소매시장 · 여객자동차터미널 · 지하철역사 · 지하상가**

＊ 유도등 배선
① 백색 : 공통선
② 흑색 : 충전선
③ 녹색(적색) : 상용선

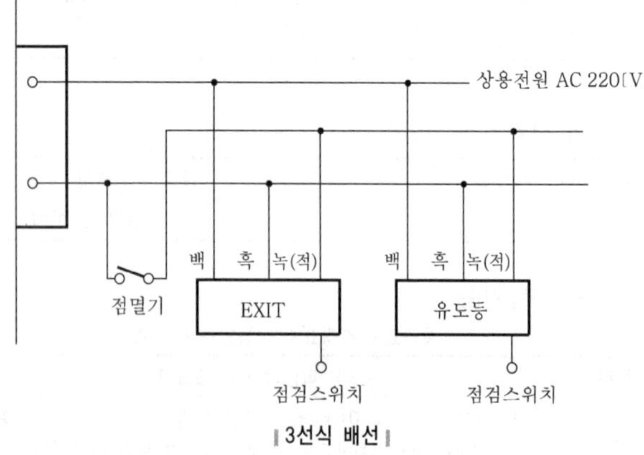

| 3선식 배선 |

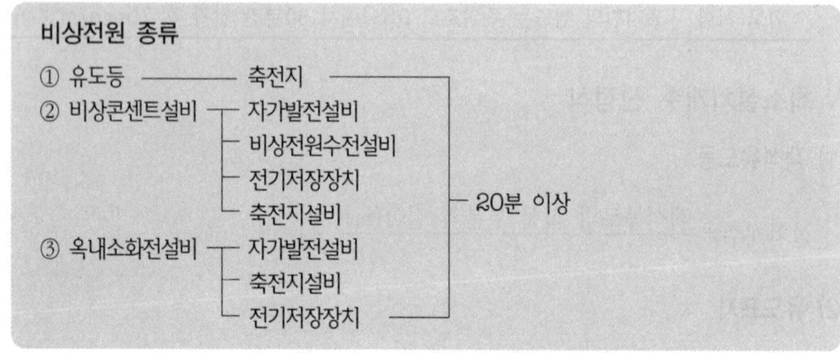

＊ 배전반
제어스위치, 모선, 표시등 등을 하나의 함에 설치해 놓은 것

＊ 분전반
배전반 내의 차단기 2차측에서 분기하여 여러 분기개폐기를 하나의 함에 설치해 놓은 것

9. 유도등의 3선식 배선시 점등되는 경우(점멸기 설치시)

① **자동화재탐지설비**의 감지기 또는 발신기가 작동되는 때
② **비상경보설비**의 발신기가 작동되는 때
③ 상용전원이 정전되거나 전원선이 단선되는 때
④ 방재업무를 통제하는 곳 또는 전기실의 배전반에서 수동적으로 점등하는 때
⑤ **자동소화설비**가 작동되는 때

Key Point

10. 유도등의 비상전원 감시램프가 점등상태일 때의 원인

① 축전지의 접촉 불량
② 비상전원용 퓨즈의 단선
③ 축전지의 불량
④ 축전지의 누락

11. 유도등의 형식승인 및 제품검사기술기준

(1) 용어의 정의

용 어	설 명
광속표준전압	비상전원으로 유도등을 켜는 데 필요한 축전지의 단자전압
표시면	피난구나 피난방향을 안내하기 위한 문자 또는 부호등이 표시된 면
조사면	표시면 외의 조명에 사용되는 면

(2) 일반구조

인출선 굵기	인출선 길이
0.75〔mm^2〕 이상	150〔mm〕 이상

(3) 예비전원

① 유도등의 예비전원은 **알칼리계 2차 축전지** 또는 **리튬계 2차 축전지**이어야 한다.
② 인출선은 적당한 **색깔**에 의하여 쉽게 구분할 수 있어야 한다.
③ 방전종지전압

알칼리계 2차 축전지	리튬계 2차 축전지
셀당 1〔V〕	셀당 2.75〔V〕

(4) 절연저항시험

직류 500〔V〕 절연저항계, 5〔MΩ〕 이상

(5) 소음의 크기

0.1〔m〕 거리에서 40〔dB〕 이하

12. 비상조명등의 설치기준

① 소방대상물의 각 거실과 지상에 이르는 복도·계단·통로에 설치할 것
② 조도는 각 부분의 바닥에서 1〔lx〕 이상일 것
③ **점검스위치**를 설치하고 **20분** 이상 작동시킬 수 있는 용량의 **축전지**와 **예비전원 충전장치**를 내장할 것

* **피난구유도등**
녹색바탕에 백색글씨 또는 문자

* **통로유도등**
백색바탕에 녹색글씨 또는 문자

* **비상조명등**
화재발생 등에 따른 정전시에 안전하고 원활한 피난활동을 할 수 있도록 거실 및 피난통로 등에 설치되어 자동 점등되는 조명등

* **예비전원을 내장하는 비상조명등**
① 점검스위치 설치
② 축전지 내장
③ 예비전원 충전장치 내장

예외규정

비상조명등의 **60분 이상 작동용량**
(1) **11층** 이상(지하층 제외)
(2) 지하층 · 무창층으로서 **도매시장 · 소매시장 · 여객자동차터미널 · 지하철역사 · 지하상가**

13. 비상조명등의 형식승인 및 제품검사기술기준

(1) 일반구조

인출선 굵기	인출선 길이
0.75〔mm²〕 이상	**150〔mm〕** 이상

(2) 절연저항시험

직류 500〔V〕 절연저항계, **5〔MΩ〕** 이상

※ 비상콘센트설비
화재시 소화활동 등에 필요한 전원을 전용회선으로 공급하는 설비

※ 풀박스
배관이 긴 곳 또는 굴곡 부분이 많은 곳에서 시공이 용이하도록 전선을 끌어들이기 위해 배선 도중에 사용하는 박스

※ 설치높이

기 기	설치높이
기타 기기	바닥에서 0.8~1.5〔m〕 이하
시각 경보 장치	바닥에서 2~2.5〔m〕 이하 (단, 천장의 높이가 2〔m〕 이하인 경우에는 천장으로부터 0.15〔m〕 이내의 장소에 설치)

14. 비상콘센트설비

(1) 전원회로의 설치기준

구 분	전 압	용 량	플러그접속기
단상교류	220〔V〕	1.5〔kVA〕 이상	접지형 2극

① 1 전용회로에 설치하는 비상콘센트는 **10개** 이하로 할 것(전선의 용량은 최대 **3개**)
② 풀박스는 **1.6〔mm〕** 이상의 철판을 사용할 것

(2) 설치대상

① **11층** 이상의 층
② **지하 3층** 이상이고, 지하층의 바닥면적 합계가 **1000〔m²〕** 이상은 지하층의 전 층
③ 지하가 중 터널길이 **500〔m〕** 이상

15. 비상콘센트의 설치기준

바닥으로부터 **0.8~1.5〔m〕** 이하의 높이에 설치할 것

16. 누설동축케이블의 설치기준

① 소방전용 주파수대에 **전파의 전송** 또는 **복사**에 적합한 것으로서 **소방전용**의 것으로 할 것(단, 소방대 상호간의 **무선연락**에 지장이 없는 경우에는 다른 용도와 겸용할 수 있다.)

② 누설동축케이블과 이에 접속하는 안테나 또는 동축케이블과 이에 접속하는 안테나일 것

③ 누설동축케이블 및 동축케이블은 화재에 따라 해당 케이블의 피복이 소실된 경우에 케이블 본체가 떨어지지 않도록 4[m] 이내마다 금속제 또는 자기제 등의 지지금구로 벽·천장·기둥 등에 견고하게 고정시킬 것(단, **불연재료**로 구획된 반자 안에 설치하는 경우 제외)

④ 누설동축케이블 및 안테나는 고압전로로부터 1.5[m] 이상 떨어진 위치에 설치할 것(단, 해당 전로에 **정전기차폐장치**를 유효하게 설치한 경우에는 제외)

⑤ 누설동축케이블의 끝 부분에는 **무반사 종단저항**을 설치할 것

※불연재료
불에 타지 않는 재료

용어

※ **무반사 종단저항** : 전송로로 전송되는 전자파가 전송로의 종단에서 반사되어 교신을 방해하는 것을 막기 위한 저항

17. 분배기·분파기·혼합기의 설치기준

① 먼지·습기 및 부식 등에 의하여 기능에 이상을 가져 오지 않을 것

② 임피던스는 50[Ω]일 것

③ 점검에 편리하고 재해로 인한 피해의 우려가 없는 장소에 설치할 것

용어

분배기, 분파기, 혼합기

용 어	설 명
분배기	신호의 전송로가 분기되는 장소에 설치하는 것으로 임피던스 매칭(Matching)과 신호 균등분배를 위해 사용하는 장치
분파기	서로 다른 주파수의 합성된 신호를 분리하기 위해서 사용하는 장치
혼합기	두 개 이상의 입력신호를 원하는 비율로 조합한 출력이 발생하도록 하는 장치

Key Point

※ 증폭기 전면설치
① 표시등
② 전압계

※ 전기저장장치
외부 전기에너지를 저장해 두었다가 필요한 때 전기를 공급하는 장치

※ 비상전원용량
★ 꼭 기억하세요 ★

18. 증폭기 및 무선중계기의 설치기준(NFPC 505 8조, NFTC 505 2.5)

① 전원은 **축전지설비, 전기저장장치** 또는 **교류전압 옥내간선**으로 하고, 전원까지의 배선은 **전용**으로 할 것
② 증폭기의 전면에는 주회로전원의 정상여부를 표시할 수 있는 **표시등** 및 **전압계**를 설치할 것
③ 증폭기의 비상전원 용량은 **30분** 이상일 것
④ **증폭기 및 무선중계기**를 설치하는 경우에는 전파법에 따른 적합성평가를 받은 제품으로 설치할 것
⑤ 디지털방식의 무전기를 사용하는 데 지장이 없도록 설치할 것

비상전원용량

설 비	비상전원의 용량
① 자동화재**탐**지설비, 비상**경**보설비, 자동화재**속**보설비 기억법 탐경속1	10분 이상
① 유도등, 비상조명등, 비상콘센트설비, 제연설비, 물분무소화설비 ② 옥내소화전설비(30층 미만) ③ 특별피난계단의 계단실 및 부속실 제연설비(30층 미만) ④ 스프링클러설비(30층 미만) ⑤ 연결송수관설비(30층 미만)	20분 이상
① 무선통신보조설비의 증폭기	30분 이상
① 옥내소화전설비(30~49층 이하) ② 특별피난계단의 계단실 및 부속실 제연설비(30~49층 이하) ③ 연결송수관설비(30~49층 이하) ④ 스프링클러설비(30~49층 이하)	40분 이상
① 유도등·비상조명등(지하상가 및 11층 이상) ② 옥내소화전설비(50층 이상) ③ 특별피난계단의 계단실 및 부속실 제연설비(50층 이상) ④ 연결송수관설비(50층 이상) ⑤ 스프링클러설비(50층 이상)	60분 이상

19. 무선통신보조설비의 설치제외(NFPC 505 4조, NFTC 505 2.1.1)

① 지하층으로서 소방대상물의 바닥부분 **2면 이상**이 지표면과 동일한 경우의 해당층
② 지하층으로서 지표면으로부터의 깊이가 **1[m] 이하**인 경우의 해당층

Key Point

제 3 장 소화 및 제연 · 연결송수관설비

1. 옥내소화전설비의 상용전원

저압수전	특고압 · 고압수전
인입개폐기의 **직후**에서 분기하여 **전용배선**으로 할 것	전력용 변압기 2차측의 주차단기 1차측에서 분기하여 **전용배선**으로 할 것

2. 옥내소화전설비의 비상전원

자가발전설비, 축전지설비

① 점검에 편리하고 재해로 인한 피해를 받을 우려가 없는 곳에 설치할 것
② **20분** 이상 작동할 수 있을 것
③ 비상전원의 설치장소는 다른 장소와 **방화구획**할 것
④ 비상전원을 실내에 설치하는 때에는 그 실내에 **비상조명등**을 설치할 것

중요

비상전원 설치제외
① 2 이상의 변전소에서 동시에 전력을 공급받을 수 있는 경우
② 하나의 변전소로부터 전력의 공급이 중단된 때에 자동으로 다른 변전소로부터 전력을 공급받을 수 있도록 상용전원을 설치한 경우

3. 옥내소화전설비의 표시등 설치기준

① **위치표시등**은 함의 상부에 설치하되 불빛은 15° 이상의 범위 안에서 10〔m〕 떨어진 범위 안에서 쉽게 식별할 수 있을 것
② 가압송수장치의 기동을 표시하는 표시등은 옥내소화전함의 상부 또는 그 직근에 설치하되 적색등일 것
③ 적색등은 사용전압의 130〔%〕인 전압을 **24시간** 가하는 경우 **단선, 현저한 광속변화, 전류변화** 등이 발생하지 않을 것

4. 스프링클러설비 제어반의 도통시험 및 작동시험을 할 수 있어야 하는 회로

① 기동용 수압개폐장치의 압력스위치회로
② 수조 또는 물올림수조의 저수위감시회로
③ 유수검지장치 또는 일제개방밸브의 압력스위치회로
④ 일제개방밸브를 사용하는 설비의 화재감지기회로
⑤ 개폐밸브의 개폐상태 확인회로

＊수전
전기를 공급하는 것

＊상용전원회로의 배선
① 저압수전
: 인입개폐기의 직후에서 분기
② 특 · 고압수전
: 전력용 변압기 2차측의 주차단기 1차측에서 분기

＊방화구획
화재시 불이 번지지 않도록 내화구조로 구획해 놓은 것

＊수조
물을 담아 두는 큰 통

＊유수검지장치
배관 내에서 물이 이동하는 것을 감지하는 장치

Key Point

※ 전자개방밸브
솔레노이드밸브

※ 제연설비의 설치 장소
① 1 제연구역의 면적은 1000[m²] 이내
② 거실과 통로는 각각 제연구획
③ 통로상의 제연구역은 보행중심선의 길이가 60[m]를 초과하지 않을 것
④ 1 제연구역은 직경 60[m] 원내에 들어갈 것

※ 전원의 종류
1. 상용전원
① 교류전원
② 축전지설비
2. 비상전원
① 비상전원수전설비
② 자가발전설비
③ 축전지설비
④ 전기저장장치
3. 예비전원

※ 부동충전전압
2.15~2.17[V]

※ 균등충전전압
2.4~2.5[V]

5. CO_2 · 분말소화설비의 전기식 기동장치 설치기준

7병 이상의 저장용기를 동시에 개방하는 설비는 **2병** 이상에 **전자개방밸브**를 설치할 것

6. 분말소화약제의 가압용 가스용기

가스용기를 **3병** 이상 설치한 경우 **2병** 이상에 **전자개방밸브**를 부착할 것

7. 제연구역의 구획

① 1 제연구역의 면적은 **1000**[m²] 이내로 할 것
② 거실과 통로는 각각 제연구획할 것
③ 통로 상의 제연구역은 보행중심선의 길이가 **60**[m]를 초과하지 않을 것
④ 1 제연구역은 직경 **60**[m] 원내에 들어갈 것
⑤ 1 제연구역은 **2개** 이상의 층에 미치지 않을 것

제 4 장 소방전기설비

1. 전원의 종류

전원 종류	설 명
상용전원	평상시 주전원으로 사용되는 전원
비상전원	상용전원 정전 때를 대비하기 위한 전원
예비전원	상용전원 고장시 또는 용량 부족시 최소한의 기능을 유지하기 위한 전원

2. 충전방식

(1) 보통충전

(2) 급속충전

(3) 부동충전

① 전지의 자기방전을 보충함과 동시에 상용부하에 대한 전력공급은 충전기가 부담하되 부담하기 어려운 일시적인 대전류 부하는 축전지가 부담하도록 하는 방식

Key Point

② 축전지와 **부하**를 **충전기**에 **병렬**로 **접속**하여 사용하는 충전방식

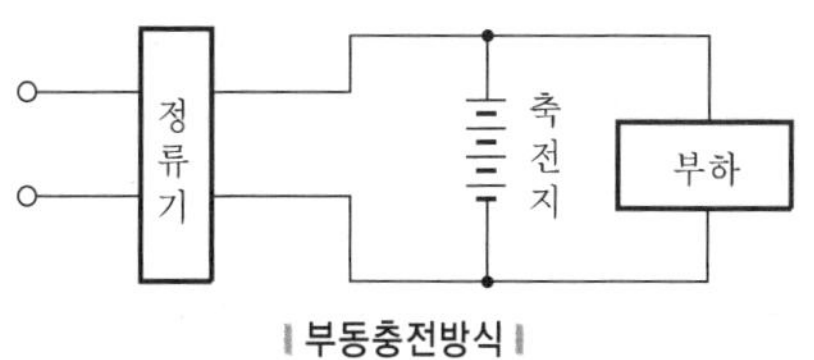

| 부동충전방식 |

(4) 균등충전

(5) 세류충전(트리클충전)

자기방전량만 항상 충전하는 방식

3. 부동충전방식

(1) 장점

① 축전지의 수명이 연장된다.
② 축전지 용량이 적어도 된다.
③ 부하변동에 대한 방전전압을 일정하게 유지할 수 있다.
④ 보수가 용이하다.

(2) 2차 전류

$$2\text{차 전류}=\frac{\text{축전지의 정격용량}}{\text{축전지의 공칭용량}}+\frac{\text{상시부하}}{\text{표준전압}}\,\text{[A]}$$

(3) 2차 출력

2차 출력=표준전압×2차 전류[kVA]

(4) 축전지의 용량

$$C=\frac{1}{L}KI\,\text{[Ah]}$$

여기서, C : 축전지용량
L : 용량저하율(보수율)
K : 용량환산시간[h]
I : 방전전류[A]

※ **부동충전방식의 장점**
★ 꼭 기억하세요 ★

※ **용량저하율**
부하를 만족하는 용량을 감정하기 위한 계수

4. 축전지(Battery)

(1) 축전지의 비교

구 분	연축전지	알칼리축전지
기전력	2.05~2.08[V]	1.32[V]
공칭전압	2.0[V]	1.2[V]
방전종지전압	1.75[V](무보수 밀폐형 연축전지)	1[V](원통형 니켈카드뮴 축전지)
공칭용량	10[Ah]	5[Ah]
충전시간	길다	짧다
수명	5~15년	15~20년
종류	클래드식, 페이스트식	소결식, 포켓식

※ 공칭전압
공통적으로 결정하여 사용되고 있는 전압

※ 소결식
니켈을 주성분으로 한 금속분말을 소결해서 만든 다공성 기판의 가는 구멍 속에 양극작용 물질을 채운 양극판과 음극작용 물질을 채운 음극판으로 된 알칼리 축전지의 형식

(2) 연축전지의 화학반응식

$$\underset{(+)}{PbO_2} + \underset{\text{전해액}}{2H_2SO_4} + Pb \underset{\text{충전}}{\overset{\text{방전}}{\rightleftarrows}} \underset{(+)}{PbSO_4} + 2H_2O + \underset{(-)}{PbSO_4}$$

연축전지

충전시	방전시
① 양극 : 적갈색 ② 음극 : 회백색	① 양극 : 회백색 ② 음극 : 회백색

5. 비상전원

(1) 비상전원수전설비

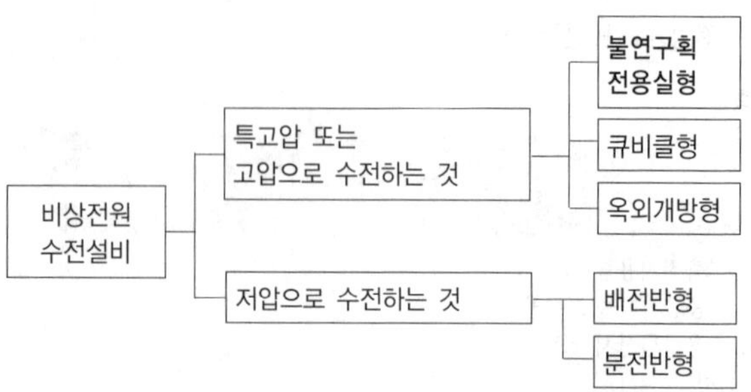

※ 큐비클
차단기, 단로기, 각종 계기 등이 들어 있는 철제함

※ 배전반
제어스위치, 모선, 표시등 등을 하나의 함에 설치해 놓은 것

※ 분전반
배전반 내의 차단기 2차측에서 분기하여 여러 분기 개폐기를 하나의 함에 설치해 놓은 것

(2) 축전지설비

Key Point

※ **역변환장치** : 직류를 교류로 바꾸는 장치

(3) 자가발전설비

① 비상용 동기발전기의 병렬운전조건

㉠ 기전력의 **크기**가 같을 것

㉡ 기전력의 **위상**이 같을 것

㉢ 기전력의 **주파수**가 같을 것

㉣ 기전력의 **파형**이 같을 것

② 발전기의 용량산정식

$$P_n \geq \left(\frac{1}{e}-1\right) X_L P \text{ (kVA)}$$

여기서, P_n : 발전기 정격출력(kVA)　　e : 허용전압강하
X_L : 과도리액턴스　　P : 기동용량(kVA)

③ 발전기용 차단용량

$$P_s = \frac{1.25P_n}{X_L} \text{ (kVA)}$$

여기서, P_s : 발전기용 차단용량(kVA)　　P_n : 발전기용량(kVA)
X_L : 과도리액턴스

6. 예비전원

(1) 예비전원의 구비조건

① 사용목적에 적합할 것

② 신뢰도가 높을 것

③ 취급, 운전, 조작이 간편할 것

④ 경제적일 것

(2) 자동절환장치의 시설

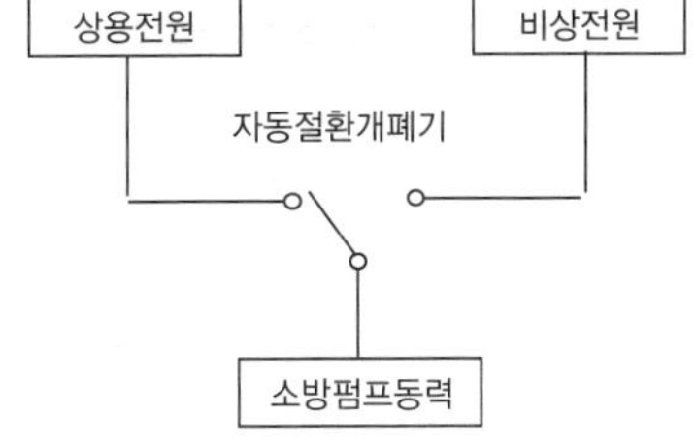

※ 비상용 동기발전기의 병렬운전조건
★ 꼭 기억하세요 ★

※ 자동절환장치와 같은 의미
① 자동절환스위치
② 자동절환개폐기

Key Point

※ 자동화재탐지설비
1. 내화배선
① 비상전원~수신반
② 수신반~중계기
2. 내열배선
① 수신반~지구음향장치
② 수신반~발신반
③ 수신반~소방용 설비 등의 조작회로

※ 무선통신보조설비 배선공사
★ 꼭 기억하세요 ★

※ 누설동축케이블
동축케이블의 외부도체에 가느다란 홈을 만들어서 전파가 외부로 새어나갈 수 있도록 한 케이블

※ 동축케이블
전파가 유도장애를 받지 않도록 중앙도체를 관에 넣고 전체를 절연체로 피복한 케이블

7. 소방시설의 배선공사

(1) 자동화재탐지설비

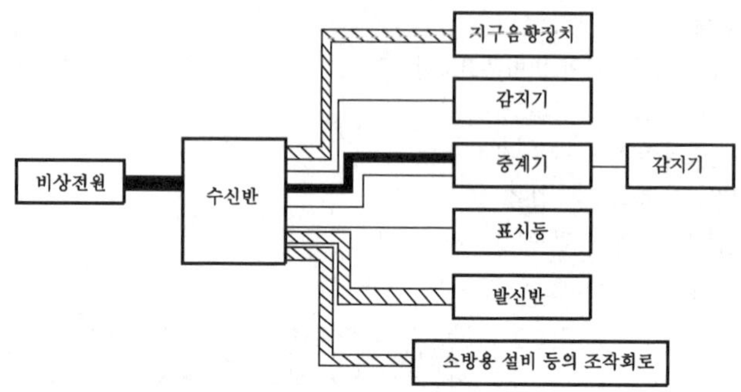

(2) 무선통신보조설비

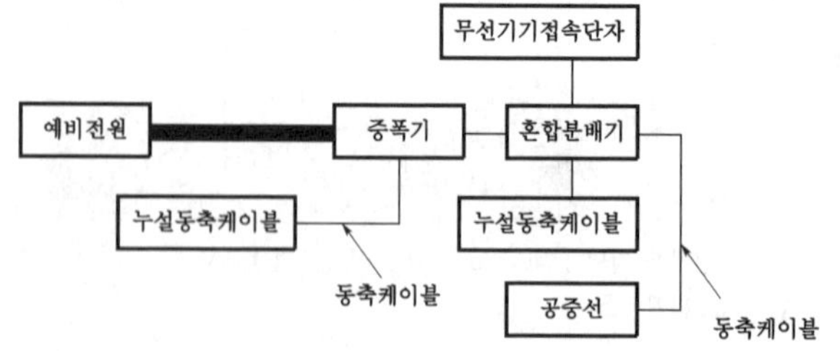

(3) 옥내소화전설비

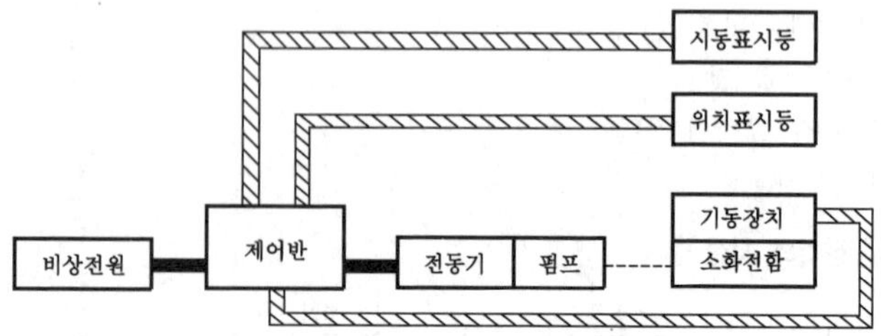

Key Point

(4) 옥외소화전설비

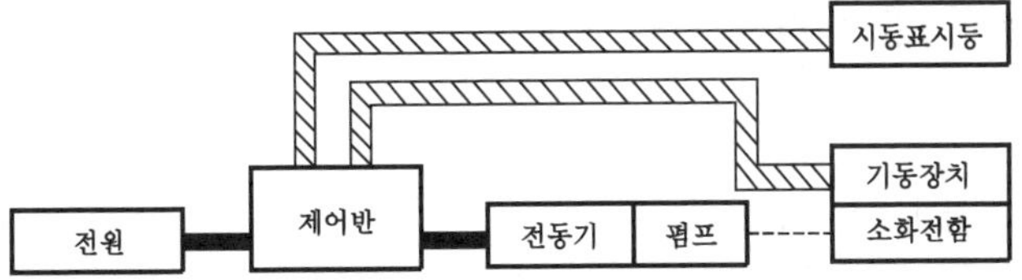

※ 옥내소화전설비 배선공사
★ 꼭 기억하세요 ★

8. 내화배선과 내열배선

(1) 내화배선

사용전선의 종류	공사방법
① 450/750〔V〕 저독성 난연 가교폴리올레핀 절연전선(HFIX) ② 0.6/1〔kV〕 가교폴리에틸렌 절연 저독성 난연 폴리올레핀 시스 전력 케이블 ③ 6/10〔kV〕 가교폴리에틸렌 절연 저독성 난연 폴리올레핀 시스 전력용 케이블 ④ 가교폴리에틸렌 절연 비닐시스 트레이용 난연 전력 케이블 ⑤ 0.6/1〔kV〕 EP 고무 절연 클로로프렌 시스 케이블 ⑥ 300/500〔V〕 내열성 실리콘 고무 절연전선(180〔℃〕) ⑦ 내열성 에틸렌-비닐 아세테이트 고무 절연 케이블 ⑧ 버스덕트(Bus Duct)	• 금속관공사 • 2종 금속제 가요전선관공사 • 합성수지관공사 내화구조로 된 벽 또는 바닥 등에 벽 또는 바닥의 표면으로부터 25〔mm〕 이상의 깊이로 매설할 것
내화전선	• 케이블공사

※ 내화배선 공사방법
① 금속관공사
② 2종 금속제 가요전선관공사
③ 합성수지관공사

(2) 내열배선

사용전선의 종류	공사방법
① 450/750〔V〕 저독성 난연 가교폴리올레핀 절연전선(HFIX) ② 0.6/1〔kV〕 가교폴리에틸렌 절연 저독성 난연 폴리올레핀 시스 전력 케이블 ③ 6/10〔kV〕 가교폴리에틸렌 절연 저독성 난연 폴리올레핀 시스 전력용 케이블 ④ 가교폴리에틸렌 절연 비닐시스 트레이용 난연 전력 케이블 ⑤ 0.6/1〔kV〕 EP 고무 절연 클로로프렌 시스 케이블 ⑥ 300/500〔V〕 내열성 실리콘 고무 절연전선(180〔℃〕) ⑦ 내열성 에틸렌-비닐 아세테이트 고무 절연 케이블 ⑧ 버스덕트(Bus Duct)	• 금속관공사 • 금속제 가요전선관공사 • 금속덕트공사 • 케이블공사
내화전선	• 케이블공사

※ 내열배선 공사방법
① 금속관공사
② 금속제 가요전선관공사
③ 금속덕트공사
④ 케이블공사

Key Point

제 5 장 간선 및 배선 시공기준

1. 전선

(1) 전선의 굵기 결정 3요소

3요소	설 명
허용전류	전선에 안전하게 흘릴 수 있는 최대전류
전압강하	입력전압과 출력전압의 차
기계적 강도	기계적인 힘에 의하여 손상을 받는 일이 없이 견딜 수 있는 능력

※ 전선의 굵기 결정요소
① 허용전류
② 전압강하
③ 기계적 강도
④ 전력손실
⑤ 경제성

※ 허용전류
전선의 피복이 손상되지 않는 한 흘릴 수 있는 최대전류

(2) 전선의 단면적 계산

전기방식	전선 단면적
단상2선식	$A=\frac{35.6LI}{1000e}$
3상3선식	$A=\frac{30.8LI}{1000e}$

여기서, A : 전선의 단면적〔mm^2〕
L : 선로길이〔m〕
I : 전부하전류〔A〕
e : 각 선간의 전압강하〔V〕

(3) 전선의 구비조건

① 도전율이 클 것
② 내구성이 좋을 것
③ 비중이 작을 것
④ 기계적 강도가 클 것
⑤ 가설이 쉽고 가격이 저렴할 것

(4) 전선의 접속시 주의사항

① 접속으로 인하여 전기저항이 증가하지 않을 것
② 접속 부분의 전선의 강도를 20〔%〕 이상 감소시키지 않을 것
③ 접속 부분은 그 부분의 절연전선의 절연물과 동등 이상의 절연효력이 있는 것으로 충분히 피복할 것

(5) 연선에 관련된 식

① 소선의 총수

$$N=3n(1+n)+1$$

여기서, N : 소선의 총수
n : 소선의 층수

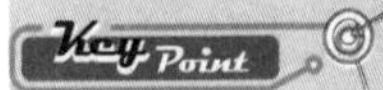

② 연선의 직경

$$D=(1+2n)d\ \text{[mm]}$$

여기서, D : 연선의 직경
n : 소선의 층수
d : 소선 한 가닥의 지름[mm]

③ 연선의 단면적

$$S=\pi r^2 N\ [\text{mm}^2]$$

여기서, S : 연선의 단면적[mm²]
r : 소선 1가닥의 반지름[mm]
N : 소선의 총수

(6) 전선의 명칭

약 호	명 칭	최고허용온도
OW	옥외형 비닐절연전선	60[℃]
DV	인입용 비닐절연전선	
HFIX	450/750[V] 저독성 난연 가교폴리올레핀 절연전선	90[℃]
CV	가교폴리에틸렌절연 비닐외장케이블	

2. 전압강하율과 전압변동률

(1) 전압강하율

$$\varepsilon=\frac{V_S-V_R}{V_R}\times 100\ [\%]$$

여기서, V_S : 입력전압[V]
V_R : 출력전압[V]

(2) 전압변동률

$$\delta=\frac{V_{Ro}-V_R}{V_R}\times 100\ [\%]$$

여기서, V_{Ro} : 무부하시 출력전압[V]
V_R : 부하시 출력전압[V]

※ 전압강하
① 단상2선식

$$e=V_s-V_r=2IR$$

② 3상3선식

$$e=V_s-V_r=\sqrt{3}IR$$

여기서,
e :전압강하[V]
V_s :입력전압[V]
V_r :출력전압[V]
I :전류[A]
R :저항[Ω]

3. 전동기

(1) 전동기의 용량산정

$$P\eta t = 9.8KHQ$$

여기서, P : 전동기 용량〔kW〕 η : 효율
t : 시간〔s〕 K : 여유계수
H : 전양정〔m〕 Q : 양수량〔m^3〕

단위환산

① 1〔$l$pm〕$=10^{-3}$〔m^3/min〕
② 1〔mmAq〕$=10^{-3}$〔m〕
③ 1〔HP〕$=0.746$〔kW〕

❋ $l$pm
'Liter per minute'의 약자이다.

(2) 전동기의 속도

① 동기속도

$$N_S = \frac{120f}{P} \text{〔rpm〕}$$

여기서, N_S : 동기속도〔rpm〕 P : 극수
f : 주파수〔Hz〕

② 회전속도

$$N = \frac{120f}{P}(1-S) \text{〔rpm〕}$$

여기서, N : 회전속도〔rpm〕 P : 극수
f : 주파수〔Hz〕 S : 슬립

(3) 과전류트립 동작시간 및 특성(산업용 배선차단기)(KEC 표 212.3-2)

정격전류의 구분	시 간	정격전류의 배수 (모든 극에 통전)	
		부동작전류	동작전류
63A 이하	60분	1.05배	1.3배
63A 초과	120분		

전선관 단면적

케이블 또는 절연도체의 내부 단면적이 휨(가요)전선관 단면적의 $\frac{1}{3}$을 초과하지 않도록 할 것(KSC IEC/TS 61200-52의 521.6 표준 준용)

Key Point

(4) 역률개선용 전력용 콘덴서의 용량

$$Q_C = P(\tan\theta_1 - \tan\theta_2) = P\left(\frac{\sin\theta_1}{\cos\theta_1} - \frac{\sin\theta_2}{\cos\theta_2}\right)$$
$$= P\left(\frac{\sqrt{1-\cos\theta_1{}^2}}{\cos\theta_1} - \frac{\sqrt{1-\cos\theta_2{}^2}}{\cos\theta_2}\right)\text{[kVA]}$$

여기서, Q_C : 콘덴서의 용량[kVA]
P : 유효전력[kW]
$\cos\theta_1$: 개선 전 역률
$\cos\theta_2$: 개선 후 역률
$\sin\theta_1$: 개선 전 무효율($\sin\theta_1 = \sqrt{1-\cos\theta_1{}^2}$)
$\sin\theta_2$: 개선 후 무효율($\sin\theta_2 = \sqrt{1-\cos\theta_2{}^2}$)

(5) 조명

$$FUN = AED$$

여기서, F : 광속[lm]
U : 조명률
N : 등 개수
A : 단면적[m²]
E : 조도[lx]
D : 감광보상률$\left(D = \frac{1}{M}\right)$
M : 유지율

4. 감지기회로의 도통시험을 위한 종단저항의 기준

① 점검 및 관리가 쉬운 장소에 설치할 것
② 전용함 설치시 바닥에서 1.5[m] 이내의 높이에 설치할 것
③ 감지기회로의 **끝 부분**에 설치하며, 종단감지기에 설치할 경우 구별이 쉽도록 해당감지기의 기판 등에 별도의 표시를 할 것

5. 송배선식과 교차회로방식

(1) 송배선식

① 정의 : 수신기에서 2차측의 외부배선의 **도통시험**을 용이하게 하기 위해 배선의 도중에서 분기하지 않도록 하는 배선
② 적응감지기
㉠ **차동식** 스포트형 감지기
㉡ **정온식** 스포트형 감지기
㉢ **보상식** 스포트형 감지기

＊콘덴서의 용량단위
원래 콘덴서 용량의 단위는 kVar인데 우리가 언제부터인가 kVA로 잘못 표기하고 있는 것이다.

＊감광보상률
먼지 등으로 인하여 빛이 감소되는 것을 보상해 주는 비율

＊도통시험
감지기회로의 단선유무 확인

＊송배선방식
① 자동화재탐지설비
② 제연설비

Key Point

※ 교차회로방식
① CO_2소화설비
② 분말소화설비
③ 할론소화설비
④ 준비작동식 스프링클러설비
⑤ 일제살수식 스프링클러설비
⑥ 부압식 스프링클러설비
⑦ 할로겐화합물 및 불활성기체 소화설비

(2) 교차회로방식

① 정의 : 하나의 담당구역 내에 2 이상의 감지기회로를 설치하고 2 이상의 감지기회로가 동시에 감지되는 때에 설비가 기동되도록 하는 방식

② 적응설비
㉠ **분**말소화설비
㉡ **할**론소화설비
㉢ **이**산화탄소소화설비
㉣ **준**비작동식 스프링클러설비
㉤ **일**제살수식 스프링클러설비
㉥ **부**압식 스프링클러설비
㉦ **할**로겐화합물 및 불활성기체 소화설비

기억법 **분할이 준일부할**

6. 저압옥내배선공사의 지지점간 거리

지지점간 거리	저압옥내배선공사
1[m] 이하	가요전선관 · 캡타이어케이블공사
1.5[m] 이하	합성수지관공사
2[m] 이하	금속관 · 케이블공사
3[m] 이하	금속덕트 · 버스덕트공사

※ 금속관의 두께
① 콘크리트 매설 : 1.2[mm] 이상
② 기타 : 1[mm] 이상

※ 금속관공사
① 곡률반경 : 6배 이상
② 굴곡각도 : 90° 이하
③ 굴곡개소 : 3개소 이하
④ 관의 길이 : 30[m] 이하

7. 금속관공사

① 금속관의 굴곡은 되도록 적게 할 것
② 관 안측의 반지름은 관 안지름의 **6배** 이상으로 할 것
③ 1개소의 굴곡각도는 **90°** 이하로 할 것
④ 굴곡개소는 **3개소** 이하로 할 것
⑤ 관의 길이는 **30[m]** 이하로 할 것

8. 합성수지관공사

(1) 합성수지관의 장점

① 가볍고 시공이 용이하다.
② 내부식성이다.
③ 강제전선관에 비해 가격이 저렴하다.
④ 절단이 용이하다.
⑤ 접지가 불필요하다.

합성수지관=경질비닐전선관

Key-Point

(2) 공사방법

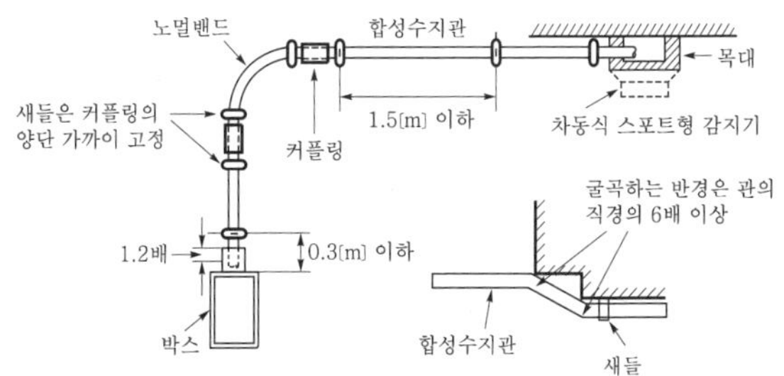

‖ 합성수지관공사 ‖

9. 접지시스템

(1) 접지시스템의 구분(KEC 140)

<table>
<tr><th>접지대상</th><th>접지시스템 구분</th><th>접지시스템
시설 종류</th><th>접지도체의 단면적
및 종류</th></tr>
<tr><td>특고압 · 고압 설비</td><td rowspan="3">• 계통접지 : 전력계통의 이상현상에 대비하여 대지와 계통을 접지하는 것
• 보호접지 : 감전보호를 목적으로 기기의 한 점 이상을 접지하는 것
• 피뢰시스템 접지 : 뇌격전류를 안전하게 대지로 방류하기 위해 접지하는 것</td><td rowspan="2">• 단독접지
• 공통접지
• 통합접지</td><td>6[mm²] 이상 연동선</td></tr>
<tr><td>일반적인 경우</td><td>구리 6[mm²]
(철제 50[mm²]) 이상</td></tr>
<tr><td>변압기</td><td>• 변압기 중성점 접지</td><td>16[mm²] 이상 연동선</td></tr>
</table>

(2) 접지도체에 피뢰시스템이 접속되는 경우 접지도체의 단면적(KEC 142.3.1)

구 리	철 제
16[mm^2] 이상	50[mm^2] 이상

(3) 큰 고장전류가 접지도체를 통하여 흐르지 않을 경우 접지도체의 최소 단면적(KEC 142.3.1)

구 리	철 제
6[mm^2] 이상	50[mm^2] 이상

※ 접지시스템의 구분
★ 꼭 기억하세요 ★

※ 접지저항 측정
어스테스트(접지저항계)

※ 절연저항 측정
메거(절연저항계)

※ 접지선의 종류
① 절연전선
② 게이블

(4) 접지공사의 노출시공

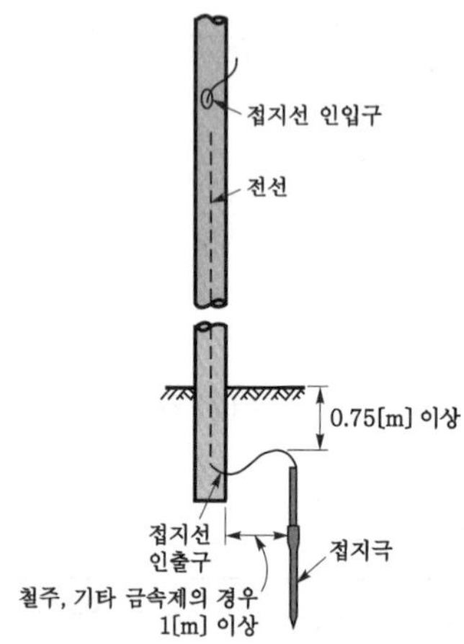

제 6 장 도 면

1. 경계구역

※ 경계구역의 설정 기준
★ 꼭 기억하세요 ★

※ 별도의 경계구역
① 계단
② 경사로
③ 엘리베이터 권상기실
④ 린넨슈트
⑤ 파이프피트 및 덕트

※ 계단의 1경계구역
높이 45[m] 이하

※ 5[m] 미만 경계구역 면적 삽입제외
① 차고
② 주차장
③ 창고

(1) 정의

소방대상물 중 화재신호를 발신하고 그 신호를 수신 및 유효하게 제어할 수 있는 구역

(2) 경계구역의 설정기준

① 1경계구역이 2개 이상의 **건축물**에 미치지 않을 것
② 1경계구역이 2개 이상의 **층**에 미치지 않을 것
③ 1경계구역의 면적은 **600**[m^2] 이하로 하고, 1변의 길이는 **50**[m] 이하로 할 것

(3) **1경계구역 높이** : 45[m] 이하

(4) 경계구역의 경계선

① 복도
② 통로
③ 방화벽

Key-Point

중요

약호

배 선	약 호
지구선	L
경종선	B
지구공통선	Lc
응답선	A
표시등선	PL

2. 자동화재탐지설비

(1) 일제명동방식(일제경보방식), 발화층 및 직상 4개층 우선경보방식

배 선	가닥수 산정
• 회로선	**종단저항수** 또는 **경계구역번호 개수** 또는 **발신기세트수**마다 1가닥 추가
• 공통선	**회로선 7개** 초과시마다 1가닥씩 추가
• 경종선	**층수**마다 1가닥씩 추가
• 경종표시등공통선	1가닥(조건에 따라 1가닥씩 추가)
• 응답선(발신기선)	1가닥
• 표시등선	

(2) 구분명동방식(구분경보방식)

배 선	가닥수 산정
• 회로선	**종단저항수** 또는 **경계구역번호 개수** 또는 **발신기세트수**마다 1가닥 추가
• 공통선	**회로선 7개** 초과시마다 1가닥씩 추가
• 경종선	**동**마다 1가닥씩 추가
• 경종표시등공통선	1가닥(조건에 따라 1가닥씩 추가)
• 응답선(발신기선)	1가닥
• 표시등선	

중요

경보방식

경보방식	설 명
일제경보방식	층별 구분 없이 일제히 경보하는 방식
발화층 및 직상 4개층 우선경보방식	화재시 안전한 대피를 위하여 위험한 층부터 우선적으로 경보하는 방식
구분경보방식	동별로 구분하여 경보하는 방식

※ **지하층과 지상층**
별개의 경계구역

※ **회로공통선과 같은 의미**
① 지구공통선
② 발신기공통선
③ 감지기공통선

3. 옥내 및 옥외소화전설비

(1) 계통도

(a) 기동용 수압개폐장치 이용방식 (b) ON－OFF 기동방식

소화전 기동 확인표시등
소화전 기동(ON)
소화전 정지(OFF)
옥내소화전설비의 제어반
M.C.C
M
비상전원반
Ⓖ비상발전기

기 호	내 역	용 도
①	HFIX 2.5-2	기동확인표시등 2
②	HFIX 2.5-5	기동, 정지, 공통, 기동확인표시등 2
③	HFIX 2.5-5	기동, 정지, 공통, 전원표시등, 기동확인표시등
④	HFIX 2.5-2	감수경보장치 2
⑤	HFIX 2.5-2	압력스위치 2

* 기호 ③에서 전원표시등은 생략할 수 있다.

(2) 계통도

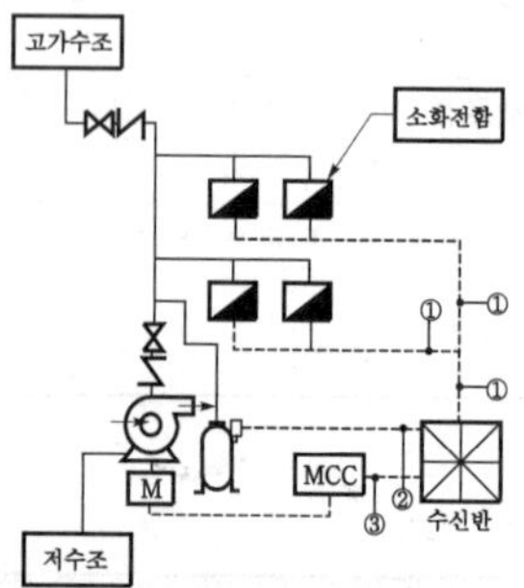

기 호	내 역	용 도	비 고
①	HFIX 2.5-2	기동확인표시등 2	수압개폐식
	HFIX 2.5-5	기동, 정지, 공통, 기동확인표시등 2	ON－OFF식
②	HFIX 2.5-2	압력스위치 2	－
③	HFIX 2.5-5	기동, 정지, 공통, 전원표시등, 기동확인표시등	－

* 기호 ③에서 전원표시등은 생략할 수 있지만 일반적으로는 추가한다.

※ 소화전펌프의 기동방식
① 기동용 수압개폐장치 이용방식
② ON-OFF 기동방식

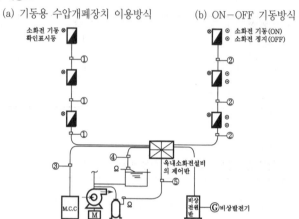

※ M.C.C
모터컨트롤센터로서, 동력제어반이라고도 부른다.

※ 감수경보장치
물올림장치 내의 물의 양이 저하되었을 때 경보하여 주는 장치

※ 기동확인표시등
간단히 "확인"이라고도 한다.

4. 스프링클러설비

(1) 습식

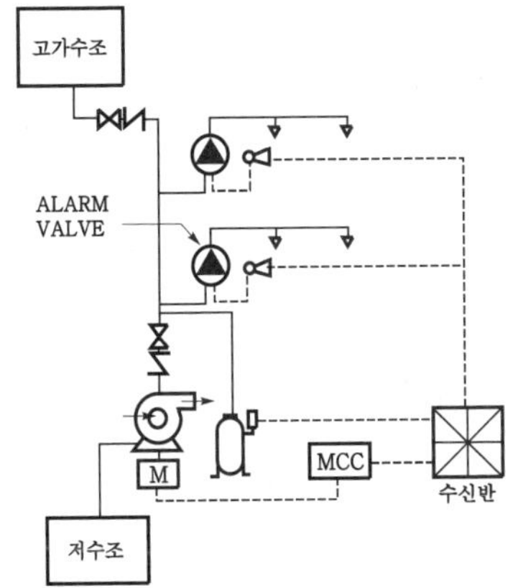

| 스프링클러설비(습식) |

① 알람밸브 ↔ 사이렌 : 유수검지스위치 1, 탬퍼스위치 1, 공통 1
② 사이렌 ↔ 수신반

내 역	추 가
• 유수검지스위치	(습식 밸브)마다 1가닥씩 추가
• 탬퍼스위치	
• 사이렌	
• 공통	무조건 1가닥

(2) 건식

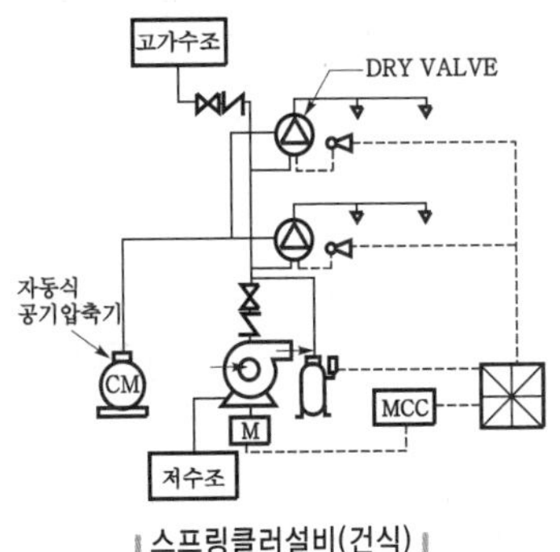

| 스프링클러설비(건식) |

Key Point

* 습식의 작동순서
① 화재발생
② 헤드개방
③ 유수검지장치작동
④ 수신반에 신호
⑤ 수신반의 밸브개방표시등 점등 및 사이렌 경보

* 유수검지스위치와 같은 의미
① 알람스위치
② 압력스위치

* 탬퍼스위치와 같은 의미
① 밸브폐쇄확인스위치
② 밸브개폐확인스위치
③ 모니터링스위치
④ 밸브모니터링스위치
⑤ 개폐표시형 밸브모니터링스위치

* 경보밸브(건식)

① 알람밸브 ↔ 사이렌 : 유수검지스위치 1, 탬퍼스위치 1, 공통 1

② 사이렌 ↔ 수신반

내 역	추 가
• 유수검지스위치	Ⓐ(건식 밸브)마다 1가닥씩 추가
• 탬퍼스위치	
• 사이렌	
• 공통	무조건 1가닥

※ 준비작동식
스프링클러설비의 오동작을 방지하기 위하여 개발된 것으로, 2개 이상의 감지기 및 헤드가 작동되어야 살수되는 장치이다.

※ SV(밸브기동)
① 밸브개방
② 솔레노이드밸브
③ 솔레노이트밸브 기동

※ PS(밸브개방 확인)
압력스위치

※ TS(밸브주의)
탬퍼스위치

(3) 준비작동식

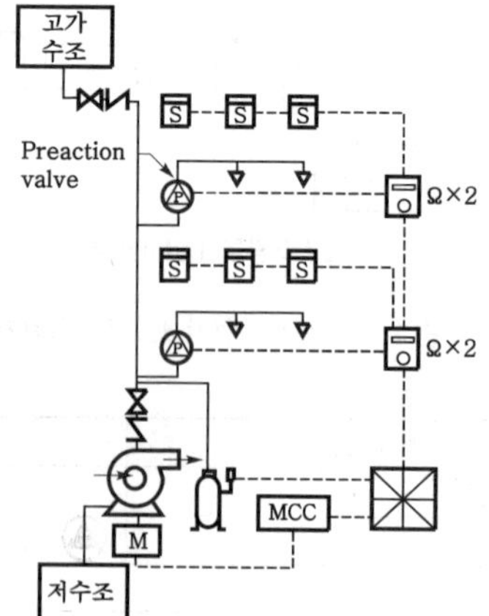

‖ 스프링클러설비(준비작동식) ‖

내 역	추 가
• 전원 ⊕	무조건 1가닥
• 전원 ⊖	
• 감지기 A	Ⓟ(준비작동식 밸브) 또는 SVP(슈퍼비조리 판넬)마다 1가닥씩 추가
• 감지기 B	
• 밸브기동(SV)	
• 밸브개방 확인(PS)	
• 밸브주의(TS)	
• 사이렌	

Key Point

※ 슈퍼비조리 판넬
준비작동밸브의 조정장치로서, '수동조작함'이라고 말할 수 있다.

(4) 슈퍼비조리 판넬 접속도

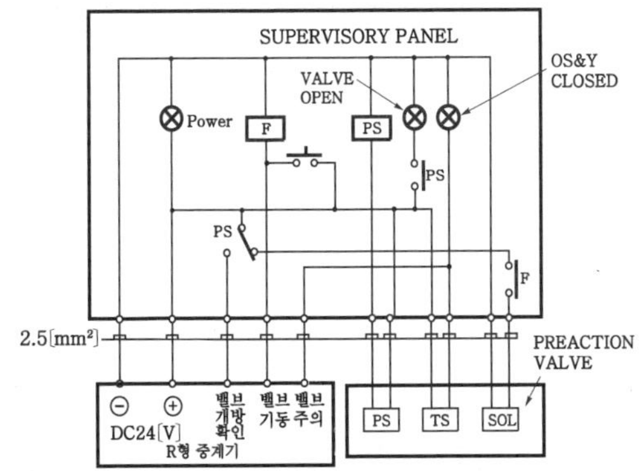

| 예전 접속도 |

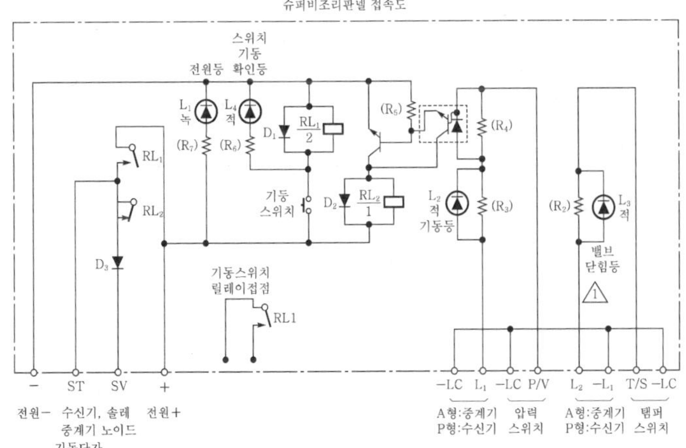

| 요즘 접속도 |

5. CO_2 및 할론소화설비

(1) 고정식 시스템

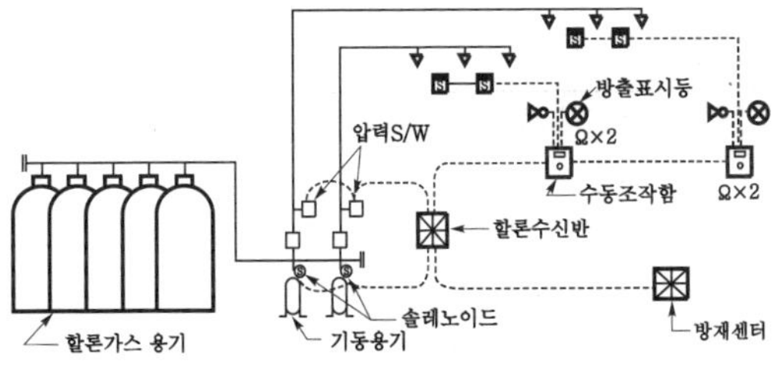

| 고정식 시스템 |

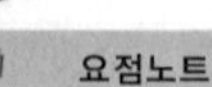

① 수동조작함 ↔ 수동조작함

내 역	추 가
• 전원 ⊕	무조건 1가닥
• 전원 ⊖	
• 방출지연스위치	
• 감지기 A	RM(수동조작함)마다 1가닥씩 추가
• 감지기 B	
• 기동스위치	
• 사이렌	
• 방출표시등	

※ 사이렌
실내에 설치하여 인명을 대피시킨다.

※ 방출표시등
실외에 설치하여 출입을 금지시킨다.

② 할론수신반 ↔ 방재센터

내 역	추 가
• 전원표시등	무조건 1가닥
• 화재표시등	
• 공통	
• 감지기 A	RM(수동조작함)마다 1가닥씩 추가
• 감지기 B	
• 방출표시등	

※ 방재센터
화재를 사전에 예방하고 초기에 진압하기 위해 모든 소방시설을 제어하고 비상방송 등을 통해 인명을 대피시키는 총체적 지휘본부

(2) PACKAGE SYSTEM

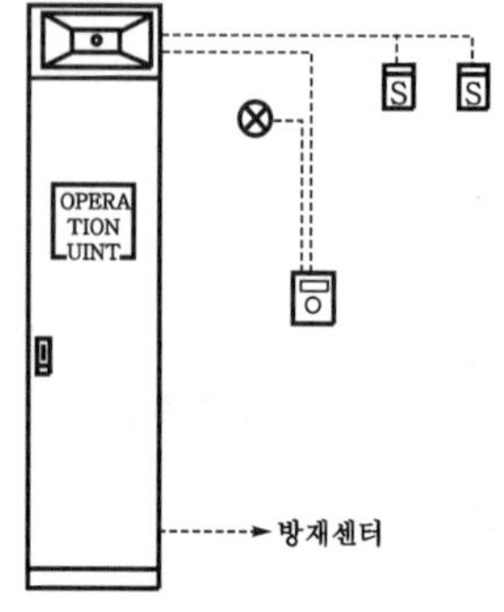

❙PACKAGE SYSTEM❙

※ 수동조작함
화재발생시 작동문을 폐쇄시키고 가스방출, 화재를 진화시키는 데 사용되는 함

① 수동조작함 ↔ 패키지

내 역	추 가
• 전원 ⊕	
• 전원 ⊖	
• 방출지연스위치	
• 기동스위치	*
• 방출표시등	*

② 패키지 ↔ 방재센터

내 역	추 가
• 공통	*
• 감지기 A	*
• 감지기 B	*
• 방출표시등	*

(3) HALON 수동조작함 결선도

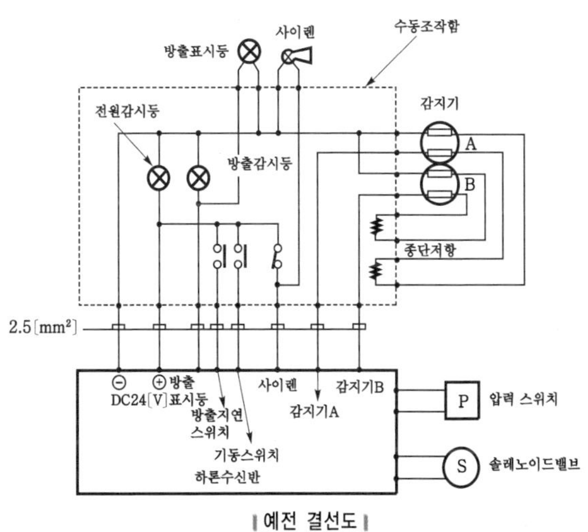

| 예전 결선도 |

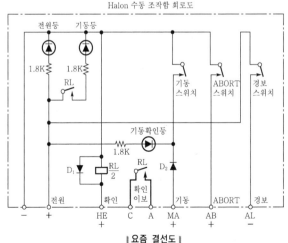

Halon 수동 조작함 회로도

전원등 기동등 1.8K 1.8K RL 기동 스위치 ABORT 스위치 경보 스위치 기동확인등 1.8K D₁ RL/2 RL D₂ 확인 이보 전원 확인 기동 ABORT 경보

− + HE + C A MA + AB + AL −

| 요즘 결선도 |

Key Point

※ 심벌

명 칭	심 벌
방출표시등	⊗
방출표시등(벽붙이형)	⊢⊗
사이렌	(사이렌 심벌)
모터사이렌	(M 사이렌 심벌)
전자사이렌	(S 사이렌 심벌)

※ 회로도의 각 기능

① 기동등 : 수동조작함 전면표시부에 위치
② 기동확인등 : 기동스위치 동작확인(기동스위치 바로 위에 위치)
③ D_1 : Relay 역지 Diode
④ D_2 : 기동확인등 및 기동스위치 역류 방지
⑤ 확인 이보 : 외부 소방시설 연동용(평상시에는 사용하지 않음)
⑥ 경보스위치 : 문을 열면 사이렌이 울리도록 되어 있음
⑦ 방출지연스위치 : ABORT 스위치

Key Point

※ 전실 제연설비
전실 내에 신선한 공기를 유입하여 연기가 계단 쪽으로 확산되는 것을 방지하기 위한 설비

※ 기동출력
간단히 "기동"이라고도 부른다.

※ 기동확인
간단히 "확인"이라고도 부른다.

※ 지구선과 같은 의미
① 감지기선
② 회로선
③ 신호선
④ 표시선

6. 제연설비

1. **전실 제연설비(특별피난계단의 계단실 및 부속실 제연설비)** : NFPC 501A, NFTC 501A에 따름

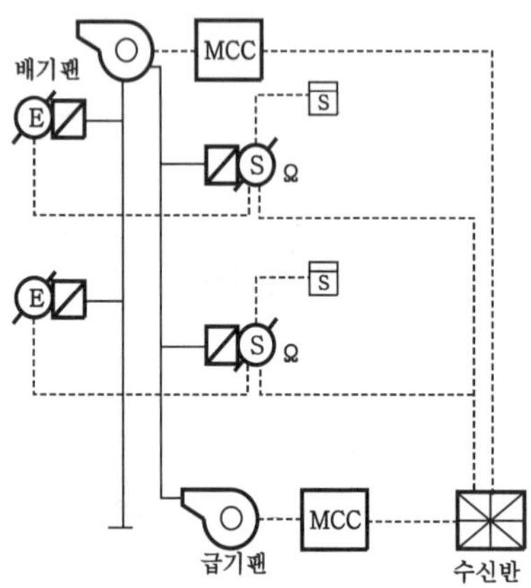

‖전실 제연설비‖

① 배기댐퍼 ↔ 수신반

내 역	추 가
• 전원 ⊕	무조건 1가닥
• 전원 ⊖	
• 기동(배기댐퍼 기동)	(배기댐퍼)마다 1가닥씩 추가
• 확인(배기댐퍼 확인)	

② 급기댐퍼 ↔ 수신반

내 역	추 가
• 전원 ⊕	무조건 1가닥
• 전원 ⊖	
• 지구	(배기댐퍼) 또는 (급기댐퍼)마다 1가닥씩 추가
• 기동(급기댐퍼 기동)	
• 확인(배기댐퍼 확인)	
• 확인(급기댐퍼 확인)	
• 확인(수동기동 확인)	

Key Point

③ MCC ↔ 수신반

내 역	추 가
• 기동스위치	무조건 1가닥
• 정지스위치	
• 공통	
• 전원표시등	
• 기동확인표시등	

• 기동·복구방식을 채택할 경우 복구스위치가 구역당 1가닥씩 추가된다.
• MCC ↔ 수신반 : 실제 실무에서는 **교류방식**은 4가닥(**기동 2, 확인 2**), **직류방식**은 4가닥(**전원 ⊕·⊖, 기동 1, 확인 1**)을 사용한다.

2. 상가제연설비(거실제연설비) : NFPC 501, NFTC 501에 따름

(1) 개방형

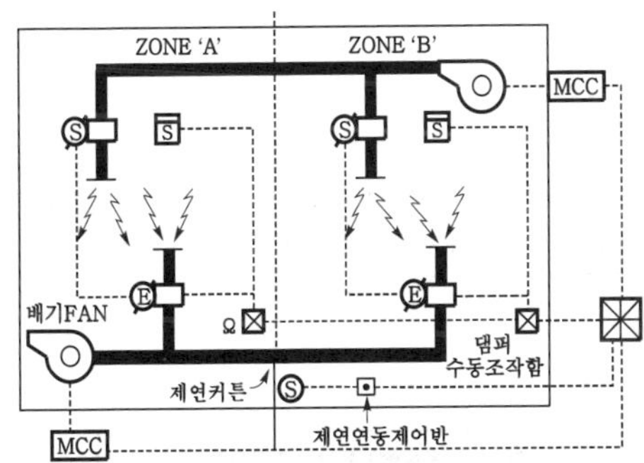

▮상가제연설비(개방형)▮

① 급기댐퍼 ↔ 배기댐퍼

내 역	추 가
• 전원 ⊕	무조건 1가닥
• 전원 ⊖	
• 기동(급기댐퍼 기동)	Ⓢ▨(급기댐퍼)마다 1가닥씩 추가
• 확인(급기댐퍼 확인)	

② 배기댐퍼 ↔ 수동조작함

내 역	추 가
• 전원 ⊕	무조건 1가닥
• 전원 ⊖	
• 기동(급기댐퍼 기동)	Ⓢ▨(급기댐퍼) 또는 Ⓔ▨(배기댐퍼)마다 1가닥씩 추가
• 기동(배기댐퍼 기동)	
• 확인(급기댐퍼 확인)	
• 확인(배기댐퍼 확인)	

＊ 급기댐퍼

그림에서 S는 'Supply(공급하다)'의 약자이다.

＊ 배기댐퍼

그림에서 E는 'Exhaust(배출하다)'의 약자이다.

③ 수동조작함 ↔ 수동조작함

내 역	추 가
• 전원 ⊕	무조건 1가닥
• 전원 ⊖	
• 지구	Ⓢ⧄(급기댐퍼) 또는 Ⓔ⧄(배기댐퍼)마다 1가닥씩 추가
• 기동스위치	
• 기동 2(배기댐퍼 기동, 급기댐퍼 기동)	
• 확인(급기댐퍼 확인)	
• 확인(배기댐퍼 확인)	

※ MCC
'Motor Control Center'의 약자로서 동력제어반을 의미한다.

④ MCC ↔ 수신반

내 역	추 가
• 기동스위치	무조건 1가닥
• 정지스위치	
• 공통	
• 전원표시등	
• 기동확인표시등	

- 기동·복구방식을 채택할 경우 복구스위치가 구역당 1가닥씩 추가된다.
- MCC ↔ 수신반 : 실제 실무에서는 **교류방식**은 4가닥(**기동 2, 확인 2**), **직류방식**은 4가닥(**전원 ⊕·⊖, 기동 1, 확인 1**)을 사용한다.

※ 밀폐형의 동작순서
① 매장의 화재발생
② 감지기작동
③ 수신반에 신호
④ 화재가 발생한 매장의 배기댐퍼·배기 FAN 작동
⑤ 연기배출
⑥ 복도의 급기 FAN 작동

(2) 밀폐형

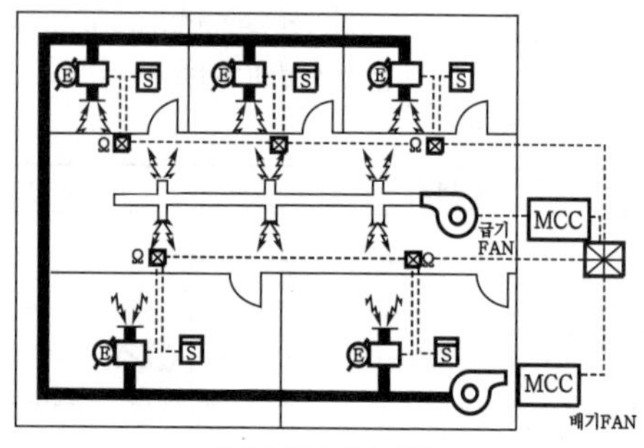

‖ 상가제연설비(밀폐형) ‖

① 배기댐퍼 ↔ 수동조작함

내 역	추 가
• 전원 ⊕	무조건 1가닥
• 전원 ⊖	
• 기동(배기댐퍼 기동)	Ⓔ⧄(배기댐퍼)마다 1가닥씩 추가
• 확인(배기댐퍼 확인)	

Key Point

② 수동조작함 ↔ 수동조작함

내 역	추 가
• 전원 ⊕	
• 전원 ⊖	
• 지구	*
• 기동(배기댐퍼 기동)	*
• 확인(배기댐퍼 확인)	*

③ MCC ↔ 수신반

내 역	추 가
• 기동스위치	
• 정지스위치	
• 공통	
• 전원표시등	
• 기동확인표시등	

- 기동 · 복구방식을 채택할 경우 복구스위치가 구역당 1가닥씩 추가된다.
- MCC ↔ 수신반 : 실제 실무에서는 **교류방식**은 4가닥(**기동** 2, **확인** 2), **직류방식**은 4가닥(**전원** ⊕ · ⊖, **기동** 1, **확인** 1)을 사용한다.

7. 자동방화문설비(도어릴리즈설비)

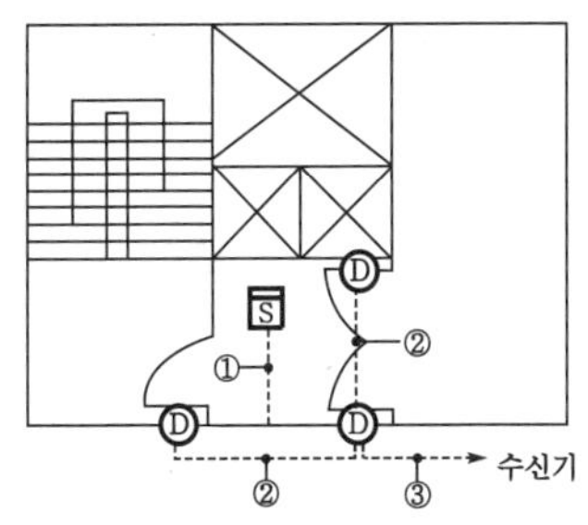

기 호	내 역	용 도
①	HFIX 1.5-4	지구, 공통 각 2가닥
②	HFIX 2.5-3	기동, 확인, 공통
③	HFIX 1.5-4	지구, 공통 각 2가닥
④	HFIX 2.5-5	기동, 확인 3, 공통

※ **배기댐퍼 확인**
간단히 '확인'이라고도 말한다.

※ **자동방화문**
영어로는 "DOOR RELEASE"라고 한다.

※ **자동방화문의 간선 내역**

내 용	추 가
• 기동	*
• 확인	*
• 공통	

8. 방화셔터설비

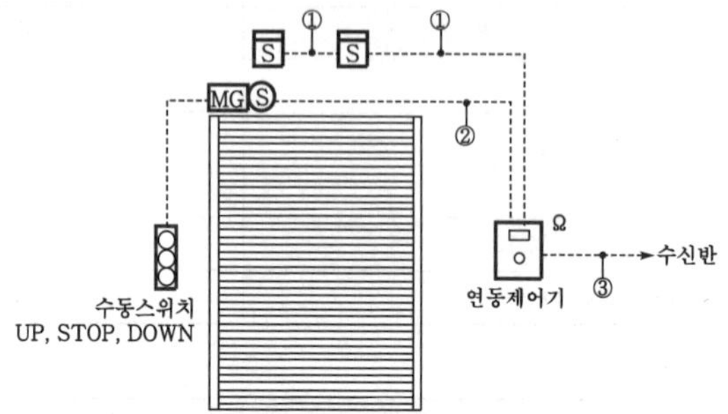

기 호	내 역	용 도
①	HFIX 1.5-4	지구, 공통 각 2가닥
②	HFIX 2.5-3	기동, 확인, 공통
③	HFIX 2.5-6	지구, 공통, 기동 2, 확인 2

※ 방화셔터의 간선 내역

내 용	추 가
• 기동	*
• 확인	*
• 공통	

9. 배연창설비

(1) 솔레노이드방식

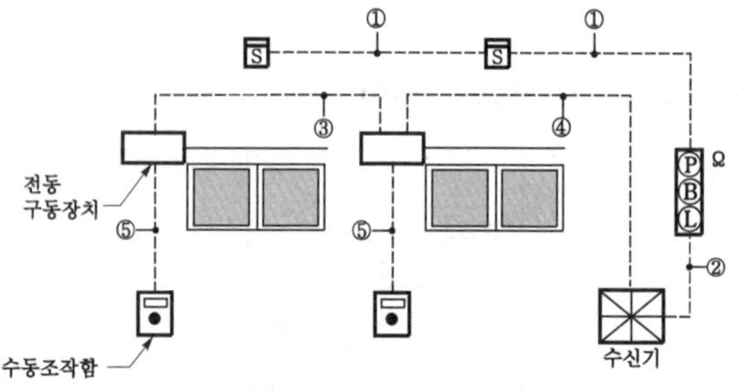

기 호	내 역	용 도
①	HFIX 1.5-4	지구, 공통 각 2가닥
②	HFIX 2.5-6	응답, 지구, 경종표시등 공통, 경종, 표시등, 지구 공통
③	HFIX 2.5-3	기동, 확인, 공통
④	HFIX 2.5-5	기동 2, 확인 2, 공통
⑤	HFIX 2.5-3	기동, 확인, 공통

※ 배연창설비
화재로 인한 연기를 신속하게 외부로 배출시키므로, 피난 및 소화 활동에 지장이 없도록 하기 위한 설비

※ 전동구동장치
배연창을 자동으로 열리게 하기 위한 장치

※ 솔레노이드방식
솔레노이드의 작동에 의해 배연창이 열리게 하는 방식

(2) MOTOR방식

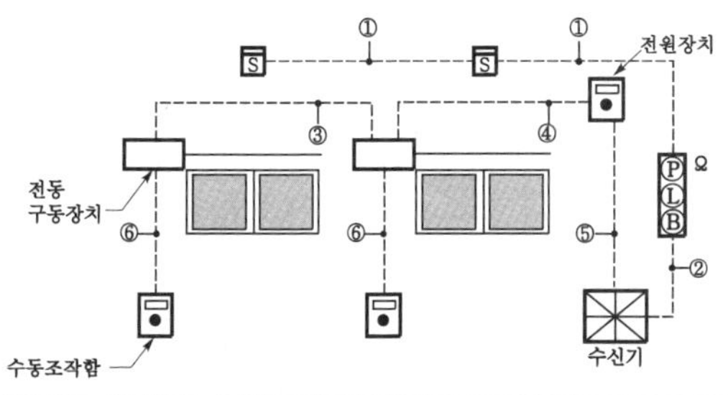

기 호	내 역	용 도
①	HFIX 1.5-4	지구, 공통 각 2가닥
②	HFIX 2.5-6	응답, 지구, 경종표시등 공통, 경종, 표시등, 지구공통
③	HFIX 2.5-5	전원 ⊕·⊖, 기동, 복구, 동작확인
④	HFIX 2.5-6	전원 ⊕·⊖, 기동, 복구, 동작확인 2
⑤	HFIX 2.5-8	전원 ⊕·⊖, 교류전원 2, 기동, 복구, 동작확인 2
⑥	HFIX 2.5-5	전원 ⊕·⊖, 기동, 복구, 정지

10. 시퀀스의 기본회로

(1) 자기유지회로

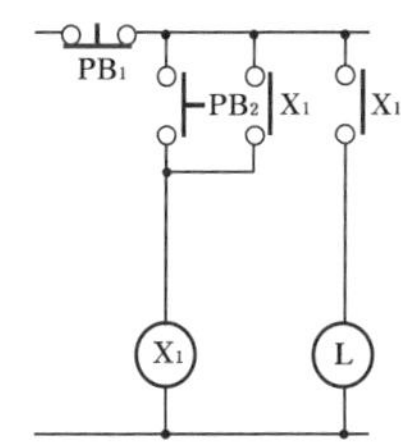

(2) 1개소 기동정지회로

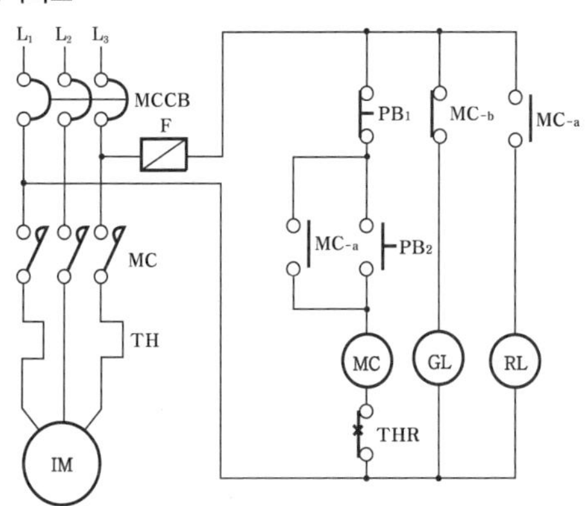

Key Point

※ **MOTOR방식**
MOTOR의 작동에 의해 배연창이 열리게 하는 방식

※ **주로 사용되는 시퀀스회로**
① 자기유지회로
② 2개소 기동정지회로
③ Y-△ 기동회로

※ **자기유지**
한 번 동작하면 원상태를 계속 유지하는 것

Key Point

(3) 2개소 기동정지회로 1

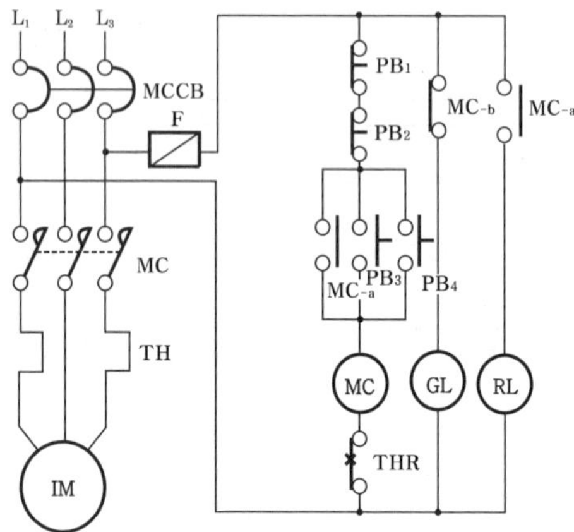

(4) 2개소 기동정지회로 2

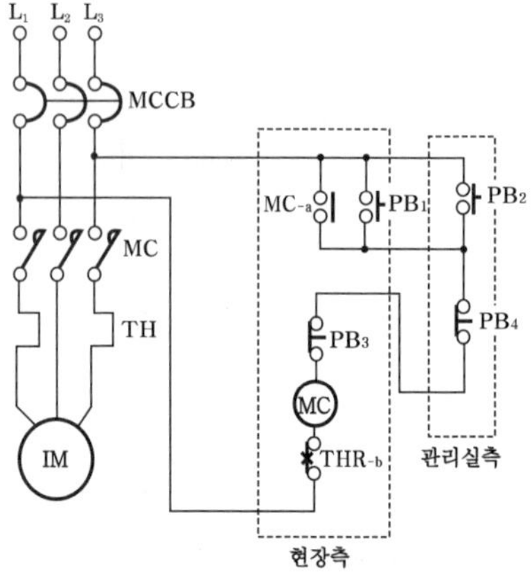

※ 유도전동기(IM)
교류전동기의 일종으로 전자유도작용에 의한 힘을 받아 회전하는 기계

※ MCCB
'Molded Case Circuit Breaker'의 약자로서 배선용 차단기를 의미한다.

Key Point

(5) 3개소 기동정지회로

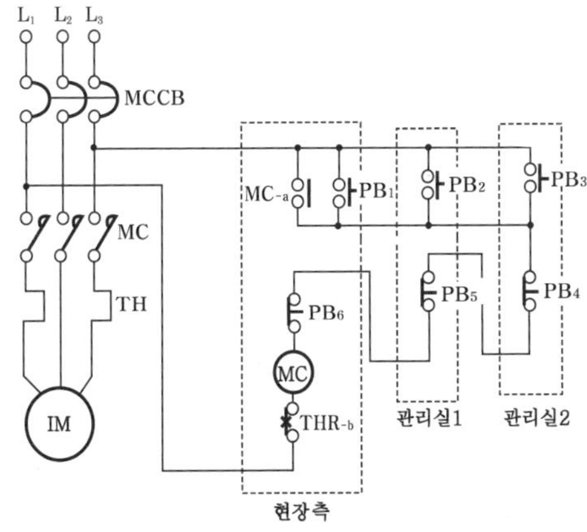

* 3개소 기동정지회로
★ 꼭 기억하세요 ★

(6) 상용전원과 예비전원의 절환회로

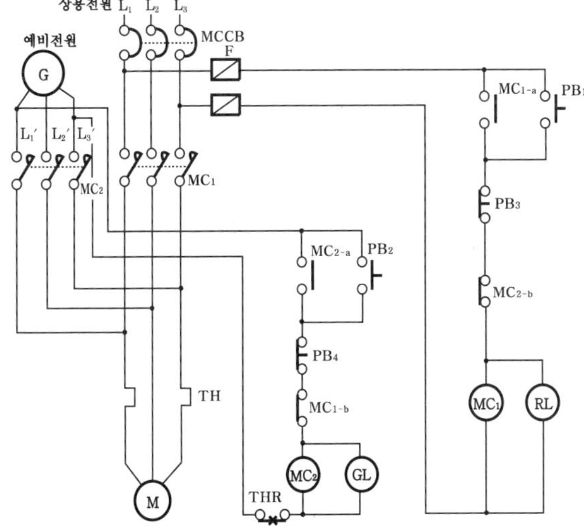

* 상용전원
평상시 주전원으로 사용되는 전원으로, 종류로는 교류전원과 축전지설비가 있다.

* 예비전원
상용전원 고장시 또는 용량부족시 최소한의 기능을 유지하기 위한 전원

(7) 펌프모터의 레벨제어

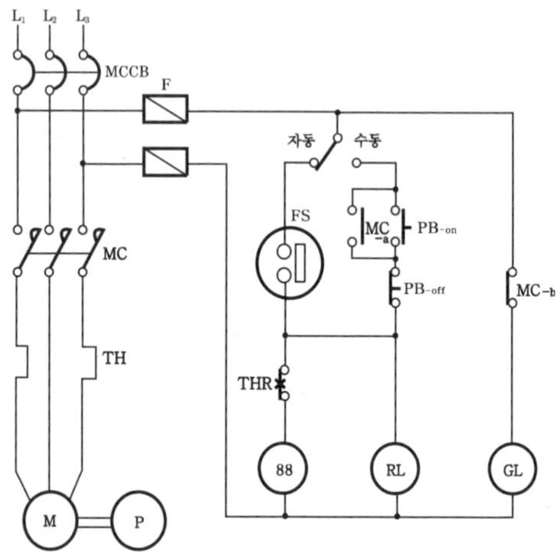

※ 퓨즈(Fuse)의 역할
① 부하전류 통전
② 과전류 차단

(8) 3상 유도 전동기의 Y-Δ 기동회로 1

※ Y-Δ 기동회로
★ 꼭 기억하세요 ★

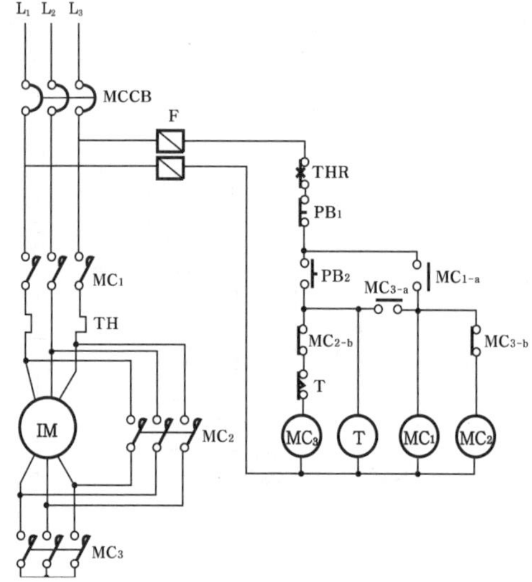

※ Y-Δ 기동회로
전동기의 기동전류를 적게 하기 위하여 Y결선으로 기동한 후 일정 시간 후 Δ결선으로 운전하는 방식

Key-Point

(9) 3상 유도전동기의 Y-△ 기동회로 2

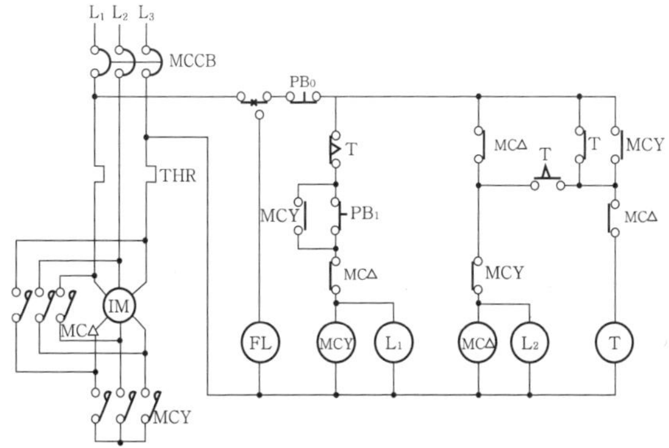

(10) 3상 유도 전동기의 Y-△ 기동회로 3

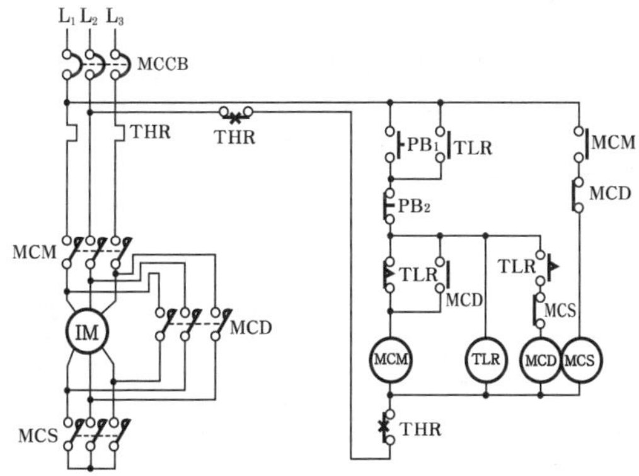

※ **푸시버튼스위치(PB)**
사람의 손에 의하여 누르면 작동하고 손을 떼면 스프링의 힘에 의해 원상태로 복귀되는 스위치로서, 이것은 '수동조작 자동복귀접점'이라 한다.

※ **Y-△ 기동회로**
설계자에 따라 여러 가지 형태로 설계할 수 있다. 안전을 가장 우선시한다면 Y-△ 기동회로(10)을 권한다.

Key Point

(11) 3상 유도전동기의 Y-△ 기동회로 4

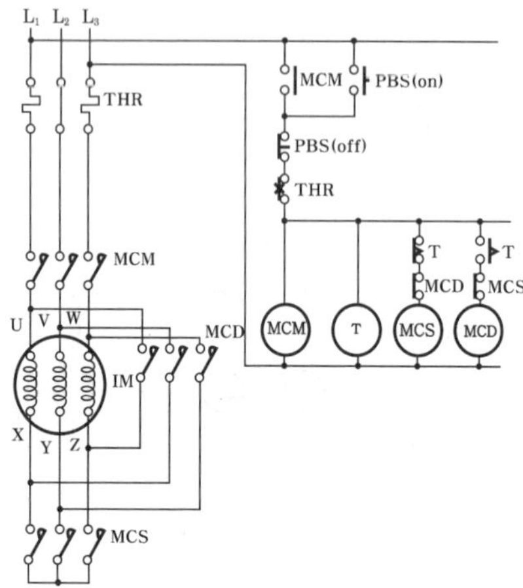

❋ 타이머(Timer)
미리 설정된 시간 후에 이미 ON 또는 OFF하는 기능을 가진 스위치

11. 옥내배선기호(KSC 0301) : 1990 2015 확인

명 칭		그림기호	적 요
천장은폐배선		────	• 천장 속의 배선을 구별하는 경우 : ─·─·─··
바닥은폐배선		-----	
노출배선		···········	• 바닥면 노출배선을 구별하는 경우 : ─··─··─
상승		○↗	• 케이블의 방화구획 관통부 : ◎↗
인하		↙○	• 케이블의 방화구획 관통부 : ↙◎
소통		↙○↗	• 케이블의 방화구획 관통부 : ↙◎↗
정류장치		[정류장치 기호]	
축전지		[축전지 기호]	
비상조명등	백열등	●	• 일반용 조명 형광등에 조립하는 경우 : [기호]
	형광등	[기호]	• 계단에 설치하는 통로유도등과 겸용 : [기호]

❋ 정류장치
교류를 직류로 바꾸어 주는 장치

❋ 역변환장치
직류를 교류로 바꾸어 주는 장치

❋ 비상조명등
평상시에 소등되어 있다가 비상시에 점등된다.

Key Point

명 칭		그림기호	적 요
유도등	백열등	(symbol)	• 객석유도등 : (symbol) S
	형광등	(symbol)	• 중형 : (symbol) 중 • 통로유도등 : (symbol) • 계단에 설치하는 비상용 조명과 겸용 : (symbol)
비상 콘센트		(symbol)	
배전반, 분전반 및 제어반		(symbol)	• 배전반 : (symbol) • 분전반 : (symbol) • 제어반 : (symbol)
보안기		(symbol)	
스피커		(symbol)	• 벽붙이형 : (symbol) • 소방설비용 : (symbol) F • 아우트렛만인 경우 : (symbol) • 폰형 스피커 : (symbol)
증폭기		AMP	• 소방설비용 : AMP F
차동식 스포트형 감지기		(symbol)	
보상식 스포트형 감지기		(symbol)	
정온식 스포트형 감지기		(symbol)	• 방수형 : (symbol) • 내산형 : (symbol) • 내알칼리형 : (symbol) • 방폭형 : (symbol) EX
연기 감지기		S	• 점검박스 붙이형 : S • 매입형 : S

※ **유도등**
평상시에 상용전원에 의해 점등되어 있다가, 비상시에 비상전원에 의해 점등된다.

※ **아우트렛만인 경우**
스피커의 배관 및 배선이 모두 되어 있는 상태에서 스피커는 설치되어 있지 않고 단지 박스만 설치되어 있는 경우를 말한다.

※ **방폭형**
폭발성 가스에 의해 인화되지 않는 형태

Key Point

※ 가건물
임시로 설치되어 있는 건물

※ 경보벨
'소방시설도시기호'에서는 **비상벨**이라고 말한다.

※ 부수신기
수신기의 보조역할을 하는 것으로서, 경계구역을 블록(Block) 단위로 표현한다.

※ 경계구역
소방대상물 중 화재신호를 발신하고 그 신호를 수신 및 유효하게 제어할 수 있는 구역

명 칭	그림기호	적 요
감지선	—⊙—	• 감지선과 전선의 접속점 : ——●—— • 가건물 및 천장 안에 시설할 경우 : ---⊙--- • 관통 위치 : —○-○—
공기관	————	• 가건물 및 천장 안에 시설할 경우 : -------- • 관통 위치 : —○-○—
열전대	—■—	• 가건물 및 천장 안에 시설할 경우 : —⊟—
열반도체	(oo)	
차동식 분포형 감지기의 검출부	⧗	
P형 발신기	(P)	• 옥외형 : (P) • 방폭형 : (P) EX
회로 시험기	⊡	
경보벨	(B)	• 방수용 : (B) • 방폭형 : (B)EX
수신기	⊠	• 가스누설경보설비와 일체인 것 : ⊠△ • 가스누설경보설비 및 방배연 연동과 일체인 것 : ⊠△⊠
부수신기 (표시기)	⊞	
중계기	⊟	
표시등	◐	
차동스포트 시험기	[T]	
경계구역 경계선	—·—	
경계구역 번호	○	• 경계구역 번호가 1인 계단 : (계단/1)

Key Point

명 칭	그림기호	적 요
기동장치	(F)	• 방수용 : (F) • 방폭형 : (F)EX
비상 전화기	(ET)	
기동 버튼	(E)	• 가스계 소화설비 : (E)G • 수계 소화설비 : (E)W
제어반		
표시반		• 창이 3개인 표시반 :
표시등		• 시동표시등과 겸용 :
자동폐쇄 장치	(ER)	• 방화문용 : (ER)D • 방화셔터용 : (ER)S • 연기방지 수직벽용 : (ER)W • 방화댐퍼용 : (ER)SD
연동 제어기		• 조작부를 가진 연동제어기 :
누설동축 케이블		• 천장에 은폐하는 경우 :
안테나		• 내열형 : H
혼합기		
분배기		
분파기 (필터 포함)	F	
무선기 접속단자		• 소방용 : F • 경찰용 : P • 자위용 : G

* **혼합기**
두 개 이상의 입력신호를 원하는 비율로 조합한 출력이 발생하도록 하는 장치

* **분배기**
신호의 전송로가 분기되는 장소에 설치하는 것으로 임피던스 매칭(Matching)과 신호 균등분배를 위해 사용하는 장치

* **분파기**
서로 다른 주파수의 합성된 신호를 분리하기 위해서 사용하는 장치

좋은 습관 3가지

1. 남보다 먼저 하루를 계획하라.
2. 메모를 생활화하라.
3. 항상 웃고 남을 칭찬하라.

새로운 출제경향에 따른 특별부록

제 1 장 자동화재탐지설비

제 2 장 누전경보기

제 3 장 비상방송설비

제 1 장 자동화재탐지설비

1 불꽃감지기(KOFEIS 0301)

※ 불꽃감지기의 종류
① 자외선식
② 적외선식
③ 자외선·적외선 겸용식
④ 불꽃복합식

종 류	설 명
자외선식 (불꽃자외선식)	불꽃에서 방사되는 **자외선**의 **변화**가 일정량 이상 되었을 때 작동하는 것으로서 **일국소**의 자외선에 의하여 수광소자의 수광량 변화에 의해 작동하는 것
적외선식 (불꽃적외선식)	불꽃에서 방사되는 **적외선**의 **변화**가 일정량 이상 되었을 때 작동하는 것으로서 **일국소**의 적외선에 의하여 수광소자의 수광량 변화에 의해 작동하는 것
자외선·적외선 겸용식 (불꽃자외선·적외선 겸용식)	불꽃에서 방사되는 **불꽃**의 **변화**가 일정량 이상 되었을 때 작동하는 것으로서 **자외선** 또는 **적외선**에 의한 수광소자의 수광량 변화에 의하여 1개의 화재신호를 발신하는 것
불꽃복합식	불꽃자외선식+불꽃적외선식+불꽃영상분석식의 성능 중 두 가지 성능이 있는 것으로 두 가지 성능의 **감지기능**이 함께 작동될 때 화재신호를 발신하거나 또는 두 개의 **화재신호**를 각각 발신하는 것

중요

불꽃 검출방식

검출방식	설 명	검출소자
외부광전 효과를 이용한 방식	빛에 의해 고체 내의 **여기전자**가 진공 중에 방출되는 **광전자 방사원리**를 이용한 방식	• UV tron
광도전 효과를 이용한 방식	빛에 의해 **전기저항**이 변화하는 것을 이용한 방식	• PbS • PbSe
광기전력 효과를 이용한 방식	빛에 의해 발생한 **기전력**을 이용한 방식	• 태양전지 • 광트랜지스터

※ 불꽃 검출원리 : 광전자방출 효과형·광도전 효과형·광기전력 효과형

※ UV tron
'가스봉입 방전관'을 의미한다.

※ 불꽃감지기의 불꽃 검출원리
① 광전자방출 효과형
② 광도전 효과형
③ 광기전력 효과형

(1) 자외선식 감지기의 구성도

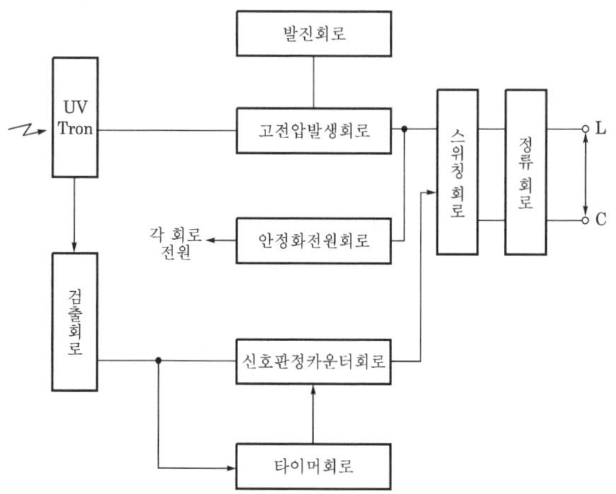

(2) 적외선식 감지기

① 적외선식 감지기의 구성도

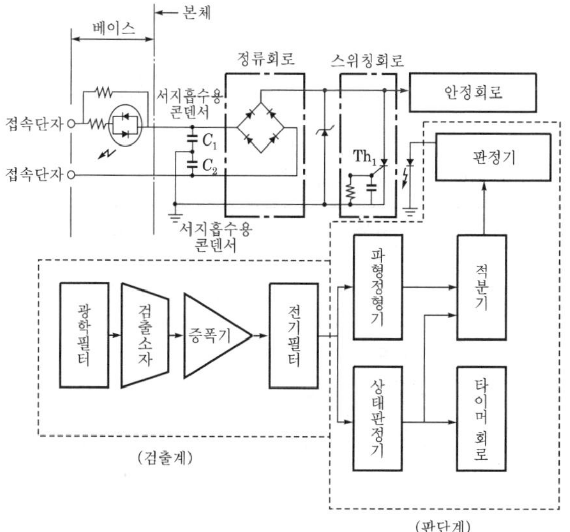

Key Point

※ 감지기의 인장시험
10[kg]의 인장하중을 가하는 경우 이상이 없을 것

※ 공기관식 감지기의 표시사항
① 공기관 길이
② 공기관 외경
③ 공기관 내경

Key Point

※ 열전대식 감지기
열전대 단위 : [mA]

※ 주음향장치의 설치
수신기의 내부 또는 그 직근

※ 음향장치의 성능실험기준
음향장치의 중심으로부터 1[m] 떨어진 지점에서 음량계로 측정

② 적외선식 감지기의 감지방식

감지방식	설 명
탄산가스공명방사 검출방식	연소시 탄산가스분자는 약 4.3[μm]의 중간적외선 영역에서 **공명방사**가 일어나는데 이 공명선을 검출하는 방식
정방사 검출방식	0.72[μm] 이하의 가시광선을 차단하는 적외선필터에 의하여 적외선 파장영역 내에서 일정한 방사량을 광트랜지스터를 이용하여 검출하는 방식
2파장 검출방식	불꽃과 조명광이나 자연광의 분광특성분포는 서로 다르므로 **공명선**의 **파장**과 **다른 파장**의 **에너지 차이** 또는 대비를 검출하는 방식
플리커 검출방식	불꽃에서 발생되는 **플리커성분**을 검출하는 방식

③ 적외선 센서의 특징

형 식	원 리	동작모드	비 고
열형	**적외선 방사에너지**의 **흡수**에 따른 소자의 온도변화 감지	• 도전형 • 기전형 • 초전형	화재경보기용
양자형	**반도체**의 **광전효과**를 이용한 온도 측정	• 도전형 • 기전형 • 전자형	–

중요

자외선식 감지기와 적외선식 감지기의 비교

구 분	자외선 감지기	적외선 감지기
검출파장	0.18~0.26[μm]	4.35[μm]
감도	**민감**하다.	**둔감**하다.
오동작	오동작의 우려가 높다.	오동작의 우려가 낮다.
연기영향	연기 중에서 **불꽃감지 불가능**	연기 중에서 **불꽃감지 가능**
투과창관리	투과창 오손시 감도저하가 심하다.	투과창 오손시 감도저하가 심하지 않다.

2 아날로그식 감지기

종 류	설 명
열아날로그식 스포트형 감지기	일국소의 주위온도가 일정온도로 될 때 해당온도에 대응한 **화재정보신호**를 발신하는 것
아날로그 이온화식 스포트형 감지기	주위 공기가 연기를 포함하여 일정농도에 도달할 때 해당농도에 대응한 화재정보신호를 발신하는 것(**이온전류**의 **변화**)
아날로그 광전식 스포트형 감지기	주위공기가 연기를 포함하여 일정범위의 농도에 도달할 때 해당농도에 대응한 화재정보신호를 발신하는 것(**일국소**의 **광전소자 수광량 변화**)
아날로그 광전식 분리형 감지기	주위공기가 연기를 포함하여 일정범위의 농도에 도달할 때 해당농도에 대응하는 **화재정보신호**를 발신하는 것(**광범위한 광전소자 수광량 변화**)

(1) 아날로그식 감지기의 구성도

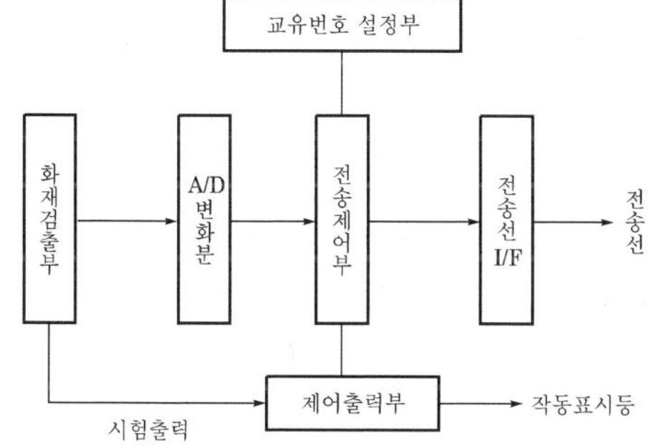

(2) 아날로그식 감지기의 단계별 경보출력

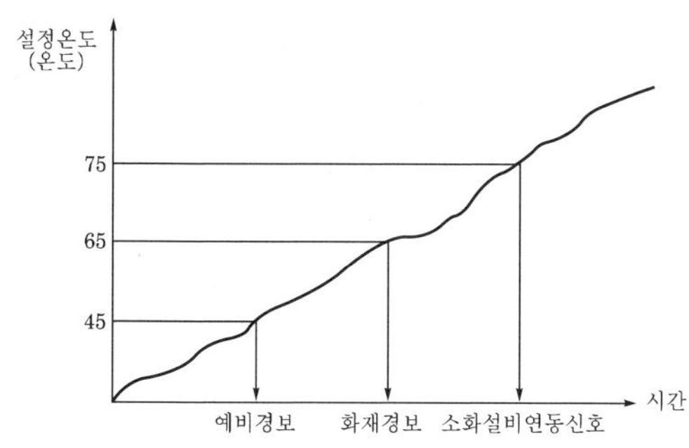

※ 아날로그식 감지기
① 열아날로그식 감지기
② 아날로그 이온화식 스포트형 감지기
③ 아날로그 광전식 스포트형 감지기
④ 아날로그 광전식 분리형 감지기

※ 도로형 불꽃감지기
불꽃 검출범위가 180° 이상으로 방화대상물이 도로로 제한되어 사용되고 있는 감지기

Key Point

중요

1. 아날로그 이온화식 스포트형 감지기의 구성도

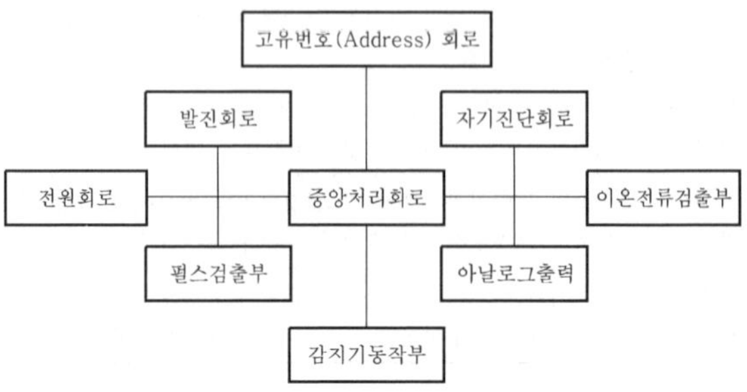

※ 아날로그 이온화식 스포드형 감지기의 구조

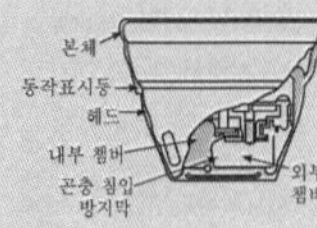

2. 아날로그 광전식 스포트형 감지기의 구성도

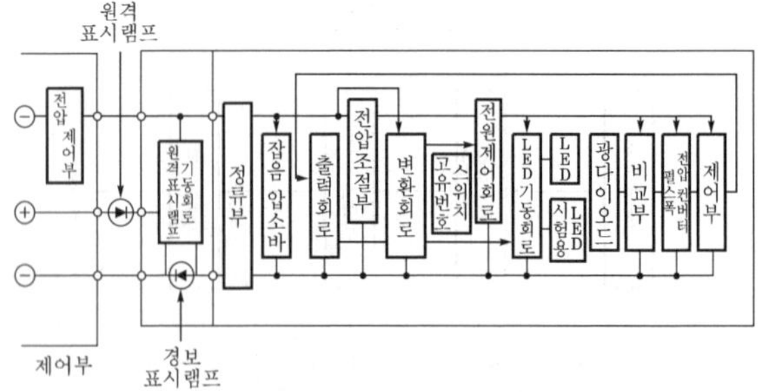

3. 아날로그 광전식 분리형 감지기의 구성도

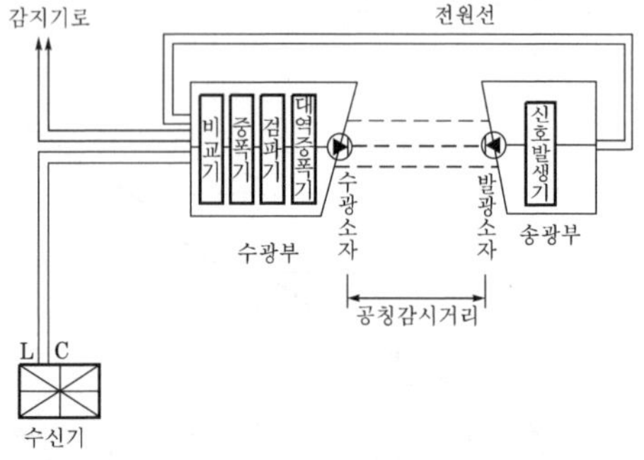

※ L
'Line'의 약자로서 회로선을 의미한다.

※ C
'Common'의 약자로서 공통선을 의미한다.

4. 아날로그 광전식 스포트형 감지기의 적합시험(KOFEIS 0301)

① 풍속을 20~40〔cm/s〕 이하로 하여 공칭감지농도의 최저농도값에서 최고농도값에 도달할 때까지 1〔m〕 감광률로 2.5〔%/min〕 이하의 일정한 간격으로 직선상승하는 연기기류를 가할 때 연기농도에 대응하는 **화재정보신호**를 발신하여야 한다.

※ **지하구·터널에 설치하는 감지기**
먼지·습기 등의 영향을 받지 아니하고 발화지점을 확인할 수 있는 감지기

Key Point

② 공칭감지농도범위의 임의의 농도에서 작동시험을 실시하는 경우 **30초** 이내에 작동하여야 한다.

5. **아날로그 광전식 분리형 감지기의 적합시험**(KOFEIS 0301)
   ① 공칭감시거리는 5~100〔m〕 이하로 하여 5〔m〕 간격으로 한다.
   ② 송광부와 수광부 사이에 감광필터를 설치할 때 공칭감지농도범위(설계치)의 최저농도값에 해당하는 감광률에서 최고농도값에 해당하는 감광률에 도달할 때까지 공칭감시거리의 최대값까지 30〔%/min〕 이하로 일정하게 분할한 감광필터를 직선상승하도록 설치할 경우 각 감광필터값의 변화에 대응하는 **화재정보신호**를 발신하여야 한다.
   ③ 공칭감지농도범위의 임의의 농도에서 **30초 이내**에 작동하여야 한다.

※ **실드선 사용 감지기**
① 아날로그식 감지기
② 다신호식 감지기
③ R형 수신기용 감지기

(3) 아날로그식 감지기의 광전소자의 일반적인 특징

① **무접촉 검출**이 가능하다.
② **모든 물체**가 **검출대상**이 된다.
③ **고속검출**이 가능하며 **응답속도**가 빠르다.
④ 비교적 간단하게 **집광 · 확산 · 굴절**이 가능하며, 검출범위를 조정하기 쉽다.
⑤ **장거리 검출**이 가능하고 **판별력**이 뛰어나다.
⑥ **자석** 및 **진동**의 영향이 **적다.**
⑦ 수광한 빛의 변화에 따라 색의 판별 및 농도검출이 가능하다.

(4) 아날로그 감지기의 광원용 빛의 종류

빛의 종류	설 명	비 고
변조광	일정한 시간마다 일정한 변조폭의 빛을 방사하는 것 (그래프: 방사조도 – 시간)	**광전센서**에 가장 적합한 빛
직류광	**발열전구**를 정전압전원 등에 직류전원으로 점등시킬 때 얻는 빛 (그래프: 방사조도 – 시간)	–
맥류광	일정한 방사조도로 규칙적인 변화가 일어나며 백열전구를 일반 상용의 교류전원으로 점등시킬 때 얻는 빛 (그래프: 방사조도 – 시간)	–

※ **광원으로 사용되는 빛의 종류**
① 변조광
② 직류광
③ 맥류광

＊ 정온식 감지선형 감지기
일국소의 주위온도가 일정한 온도 이상이 되는 경우에 작동하는 것으로서 외관이 전선으로 되어 있는 것

┃정온식 감지선형┃

＊ 광전식 분리형 감지기 · 불꽃감지기의 적응장소
① 화학공장
② 격납고
③ 제련소

＊ 광전식 공기흡입형 감지기의 설치장소
① 전산실
② 반도체공장

＊ 광전식 공기흡입형 감지기의 구성요소
① 흡입배관
② 공기흡입펌프
③ 감지부
④ 계측제어부
⑤ 필터

중요

정온식 감지선형 감지기의 공칭작동온도의 색상

온 도	색 상
80[℃] 이하	**백색**
80[℃] 이상~120[℃] 이하	**청색**
120[℃] 이상	**적색**

3 광전식 분리형 감지기

(1) 광전식 분리형 감지기의 구성도

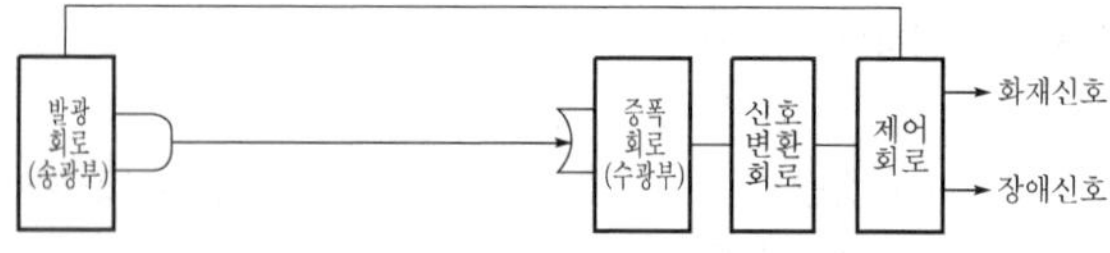

(2) 광전식 분리형 감지기의 설치기준

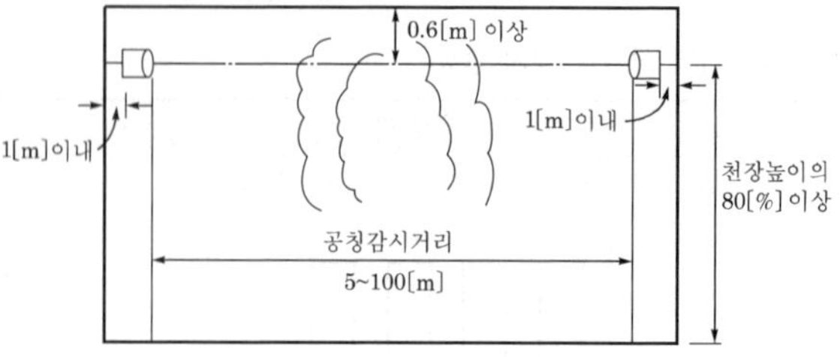

4 광전식 공기흡입형 감지기

(1) 광전식 공기흡입형 감지기의 동작원리

① 감지하고자 하는 공간의 **공기흡입**
② **챔버** 내의 **압력**을 **변**화시켜 응축
③ 광전식 **검지장치**로 측정
④ 수적(Water Droplet)의 **밀도**가 설정치 이상이면 **화재신호** 발신

(2) 광전식 공기흡입형 감지기의 공기흡입방식

① 표준흡입파이프 시스템(standard sampling pipe system)
② 모세관튜브흡입 방식(capillary tube sampling type)
③ 순환공기흡입 방식(return air sampling type)

(3) 연기이송시간(KOFEIS 0301 ⑲)

광전식 공기흡입형 감지기의 공기흡입장치는 공기배관망에 설치된 가장 먼 샘플링지점에서 감지 부분까지 120초 이내에 연기를 이송할 수 있어야 한다.

중요

1. 이온화식 감지기와 광전식 감지기의 비교

이온화식 감지기	광전식 감지기
B급화재에 유리	**A급화재**에 유리
표면화재에 유리	**훈소화재**에 유리
작은 연기입자(0.01~0.3[μm])에 유리	**큰 연기입자**(0.3~1[μm])에 유리
전자파의 영향이 **없다.**	전자파의 영향이 **있다.**
온도 · 습도 · 바람에 민감하다.	**빛**에 민감하다.

2. 연기입자의 크기에 따른 감도 비교

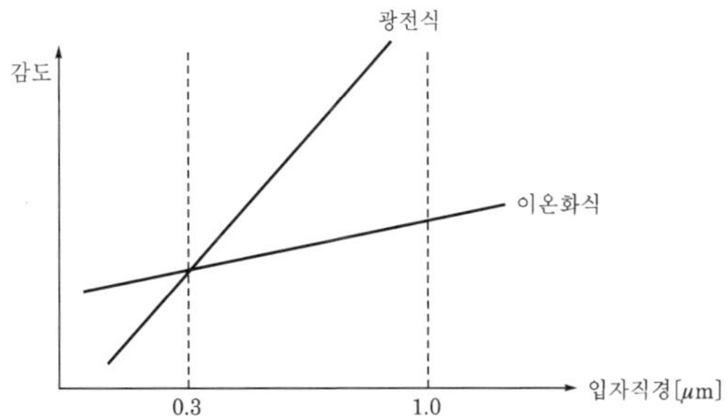

‖ 연기입자의 크기에 따른 감도 ‖

3. 연기의 농도에 따른 감도 비교

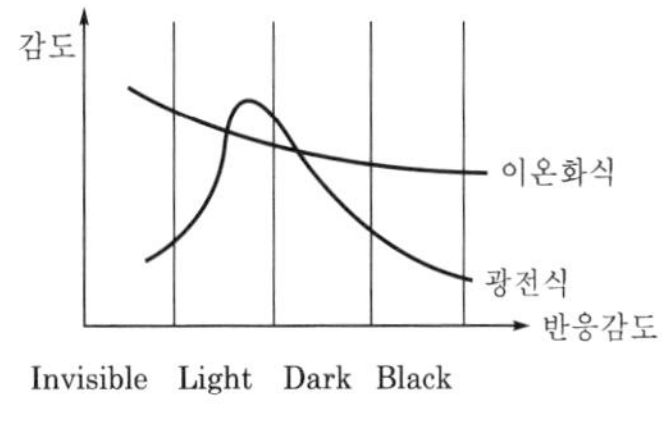

‖ 연기의 농도에 따른 감도 ‖

※ Invisible Light
희미하게 보이는 정도로서 연기농도가 옅은 상태를 나타낸다.

※ Dark
조금 어두운 느낌을 주는 정도로서 연기농도가 보통상태를 나타낸다.

※ Black
아주 캄캄한 정도로서 연기농도가 짙은 상태를 나타낸다.

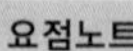

＊시분할 다중방식
펄스를 사용하여 많은 전송로를 얻는 방식

＊주파수분할 다중방식
원래의 변조신호의 주파수 스펙트럼의 형태를 변화시키지 않고 주파수만을 일정한 값만큼 변위시켜 전송하는 방식

5 R형 수신기

(1) R형 수신기의 신호전송방식

① 시분할 다중방식(Time Division Multiplexing)
② PCM 방식(Pulse Code Modulation)
③ 주파수분할 다중방식(Frequency Division Multiplexing)

(2) R형 수신기의 기능

① **화재표시작동시험**을 할 수 있는 장치와 종단저항기에 연결되는 외부배선의 **단선** 및 수신기에서부터 각 중계기까지의 **단락**을 검출하는 장치가 있어야 하며, 이들 장치의 조작 중에 다른 회선으로부터 화재신호를 수신하는 경우 **화재표시**가 될 수 있어야 한다.
② 주전원이 정지한 경우에는 자동적으로 **예비전원**으로 전환되고, 주전원이 정상상태로 복귀한 경우에는 자동적으로 예비전원으로부터 주전원으로 전환되는 장치를 가져야 한다.
③ 중계기의 신호를 수신하는 경우 자동적으로 **음신호** 또는 **표시등**에 의하여 지시되는 **고장신호표시장치**가 있어야 한다.

비교

※ **2신호식 수신기** : 화재신호를 한 번 수신하면 주음향장치 및 지구표시장치를 작동시켜 수신기가 설치되어 있는 장소의 근무자에게 알리고, 두 번째 화재신호를 수신하는 시점을 화재발생이라고 판단하여 소방대상물 전역에 통보하는 것

Key Point

6 중계기

(1) 중계기의 종류

구 분		집합형	분산형
계통도		‖R형 수신기‖	‖R형 수신기‖
입력전원		외부전원(AC 220[V])	수신기전원(DC 24[V])
정류장치		있음	없음
전원공급사고		내장된 예비전원에 의해 정상적인 동작 수행	중계기 전원선로사고시 해당 계통 전체 시스템 마비
외형크기		**대형**	**소형**
회로수		대용량**(30~40회로)**	소용량**(5회로 미만)**
설치방식		전기피트(Pit) 등에 설치	발신기함에 내장하거나 별도의 중계기 격납함에 설치
적용대상		• 전압강하가 우려되는 대규모 건축물 • 수신기와 거리가 먼 초고층 건축물	• 대단위 아파트단지 • 전기피트(Pit)가 없는 건축물 • 객실별로 아날로그 감지기를 설치한 호텔
설치 비용	중계기 가격	**적게** 소요	**많이** 소요
	배관·배선 비용	**많이** 소요	**적게** 소요

※ 중계기의 종류

① 집합형
: 전원장치를 내장하며 일반적으로 전기피트실 등에 설치

② 분산형
: 전원장치를 내장하지 않고 수신기의 전원을 이용하며 발신기함 등에 내장하여 설치

Key Point

* E.P.S실
'전력시스템실'을 의미한다.

(2) 중계기의 설치장소

구 분	집합형	분산형
설치장소	E.P.S실 전용	① **소화전함** 및 단독 **발신기세트** 내부 ② 댐퍼 수동조작함 내부 및 조작스위치함 내부 ③ 스프링클러 접속박스 내 및 SVP 판넬 내부 ④ 셔터, 배연창, 제연스크린, 연동제어기 내부 ⑤ **할론패키지** 또는 판넬 내부 ⑥ 방화문 중계기는 근접 댐퍼 수동조작함 내부

(3) P형 중계기와 R형 중계기

P형 중계기	R형 중계기
연기감지기, 가스누설경보기의 **탐지부** 또는 **특수감지기**가 중계기를 이용하는 형식으로, 이들의 신호를 증폭하거나 기동회로(구동회로)용의 신호 송출이나 기동회로용의 전원을 공급하는 등, 감지기나 가스누설경보기의 탐지부의 발신신호를 수신시에 중계하는 역할을 맡고 있는 중계기	**고유신호**를 갖고 있는 것으로 **감지기** 또는 **P형 발신기**의 신호를 공통의 신호선을 통해 **R형 수신기**에 발신하는 역할을 하는 중계기

* 축적형 감지기를 사용하지 않는 장소
① 교차회로용 감지기를 사용하는 장소
② 유류취급 장소와 같이 급속한 연소확대의 우려가 있는 장소
③ 축적기능용 수신기에 연결한 경우

(4) 축적식 중계기

설 명	장 점
일정한 축적시간 내에 감지기에서의 화재신호가 계속되고 있는가를 확인한 다음 수신을 개시하는 중계기	오동작 방지

(5) 중계기에 사용해서는 안 되는 회로방식

① **접지전극**에 **직류전류**를 통하는 회로방식
② **중계기**에 **접속**되는 **외부배선**과 **다른 설비**의 **외부배선**을 공용하는 회로방식(단, 화재신호, 가스누설신호 및 제어신호의 전달에 영향을 미치지 아니하는 것 제외)

* 방수시험
물을 3[mm/min]의 비율로 전면 상방에 45° 각도로 1시간 이상 물을 주입하는 경우 기능에 이상이 없을 것

(6) 중계기의 시험

시험의 종류	설 명
주위온도시험	**−10~50[℃] 범위**의 주위온도에서 기능에 이상이 없을 것
반복시험	정격전압에서 정격전류를 흘리고 **2000회** 작동반복시험을 하는 경우 기능에 이상이 없을 것
절연저항시험	**직류 500[V] 절연저항계에서** 절연된 충전부와 외함간 및 절연된 선로간의 절연저항을 측정하여 **20[MΩ]** 이상일 것
절연내력시험	–
방수시험	–

Key Point

제 2 장 누전경보기

1 절연전선에 과대전류가 흐를 경우 발열 4단계

단 계	설 명
인화단계	허용전류의 **3배** 정도가 흐르는 변화
착화단계	대전류가 흐르는 경우 절연물은 탄화하고 절연된 심선이 노출
발화단계	심선 용단
순간용단단계	**대전류**가 순간적으로 흐를 때 심선이 용단되고 피복을 뚫고나와 동시에 비산(도선 폭발)

※ 누전경보기의 유도장애 원인이 되는 것
① 대전류회로
② 고주파 발생회로

2 단계별 전선 전류밀도

단 계	인화단계	착화단계	발화단계		순간용단단계
			발화 후 용단	용단과 동시발화	
전선 전류밀도	40~43 〔A/mm^2〕	43~60 〔A/mm^2〕	60~70 〔A/mm^2〕	75~120 〔A/mm^2〕	120 이상 〔A/mm^2〕

※ 누설전류가 흐르지 않을 경우 누전경보기 경보시의 원인
누설전류의 설정치가 적당하지 않을 때

중요

변류기 표시사항

2-CT, 100/5, 50〔VA〕

- 50〔VA〕 — 정격용량
- 5 — 변류기 2차 전류
- 100 — 변류기 1차 전류
- CT — 명칭(변류기)
- 2 — 수량(2개)

제 3 장 비상방송설비

* 확성기의 동작원리에 따른 분류
  ① 마그네틱 확성기
  ② 다이내믹 확성기
  ③ 크리스털 확성기
  ④ 콘덴서 확성기

* 가장 많이 사용되는 확성기
  ① 마그네틱 확성기
  ② 다이내믹 확성기

1 비상방송설비용 증폭기의 구성형태

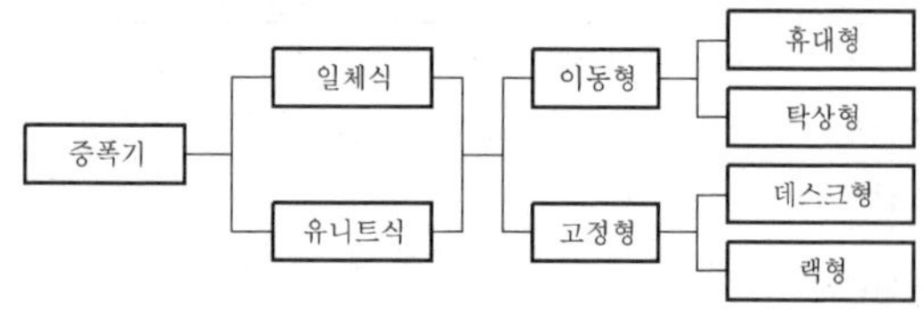

종 류	정격출력	특 징
휴대형	5~15〔W〕	경량의 증폭기로서 **소화활동**시에 **안내방송** 등에 이용
탁상형	10~60〔W〕	**소규모 방송설비**에 사용
데스크형	30~180〔W〕	**책상식**의 형태로 입력장치는 랙형과 유사
랙형	200〔W〕 이상	데스크형과 외형이 같으나 **교체 · 철거 · 신설이 용이**하고 **용량**의 **제한**이 **없다.**

2 비상방송설비용 증폭기의 출력단자

종 류	설 명	비 고
정저항방식	증폭기 출력단자 저항을 4〔Ω〕, 8〔Ω〕, 16〔Ω〕 등의 정저항값으로 고정하여 확성기를 직접 증폭기에 접속하는 방식	–
정전압방식	증폭기 출력단자 전압을 50〔V〕, 70〔V〕, 100〔V〕, 140〔V〕, 200〔V〕 등의 정전압 또는 임피던스값을 50~500〔Ω〕의 고임피던스값으로 표시하고 확성기와 증폭기 출력단자 사이에 **출력변압기**를 설치하여 임피던스정합을 시키는 방식	비상경보설비용